第五届
中国航空科学技术大会论文集

中国航空学会　主编

北京航空航天大学出版社
BEIHANG UNIVERSITY PRESS

内容简介

为梳理航空科技及产业进展，展望未来发展趋势，表彰科技创新成果与人才，加强国际合作，促进学科交流，鼓励科技创新，推动航空事业发展，中国航空学会每两年举办一届中国航空科学技术大会，至今已成功举办四届，现已成为我国航空领域层次最高、规模最大、最具影响力和权威性的科技盛会。本届大会中文论文集共录用论文195篇，涵盖了航空科技与产业发展政策和规划、飞行器设计与总体优化关键技术、空气动力学及飞行力学、结构设计、先进航空材料与制造技术、先进航空推进技术、导航制导与控制技术、航空机载系统、机电技术、环控救生技术、多电飞机和全电飞机关键技术、航空测试技术、临近空间飞行器关键技术、无人驾驶航空器及其相关技术、通用航空飞行安全、民航交通运输和其他相关技术领域。

本书适合对航空技术及产业感兴趣的读者阅读。

图书在版编目(CIP)数据

第五届中国航空科学技术大会论文集 / 中国航空学会主编. -- 北京 ：北京航空航天大学出版社，2022.2

ISBN 978-7-5124-3726-5

Ⅰ. ①第… Ⅱ. ①中… Ⅲ. ①航空学—学术会议—文集 Ⅳ. ①V2-53

中国版本图书馆CIP数据核字(2022)第010973号

第五届中国航空科学技术大会论文集

中国航空学会　主编

策划编辑　胡晓柏　　责任编辑　胡晓柏

*

北京航空航天大学出版社出版发行

北京市海淀区学院路37号(邮编:100191)　http://www.buaapress.com.cn

发行部电话:(010)82317024　传真:(010)82328026

读者信箱:emsbook@buaacm.com.cn　邮购电话:(010)82316936

北京富资园科技发展有限公司印装　各地书店经销

*

开本:889×1 194　1/16　印张:68.25　字数:2 306千字

2022年4月第1版　2022年4月第1次印刷

ISBN 978-7-5124-3726-5　定价:299.00元

若本书有倒页、脱页、缺页等印装质量问题，请与本社发行部联系调换。联系电话:(010)82317024

前　言

由中国航空学会主办的第五届中国航空科学技术大会在浙江嘉兴举办。来自全国各地、各单位的广大航空科技工作者参加此次大会，进行学习和交流。

中国航空学会自成立以来一直以助力航空人才成长和推动航空科学技术进步为己任，及时根据需要开展各种活动，促进思想交流，促进航空领域的发展进步。中国航空科学技术大会是中国航空学会在学术年会基础上举办的重点大型综合性学术交流活动，在学会学术委员会的指导下，每两年举办一届，每届选定一个符合当前科技发展潮流的主题，开展学术交流活动，是我会规模最大、层次最高、参与面最广的学术会议。

国家主席习近平在致我会承办的第32届国际航空科学大会的贺信中指出，航空科技是20世纪以来发展最为迅速、对人类生产生活影响最大的科技领域之一。当今世界正经历深刻的科技革命和产业变革，航空科技面临前所未有的发展机遇，开展全球航空科技合作十分必要、大有前途。为深入贯彻落实习近平主席贺信精神，第五届中国航空科学技术大会以新一代航空装备与技术为主题，由张彦仲院士担任大会主席，旨在梳理航空科技及产业进展，展望科技及产业发展趋势，表彰科技创新成果与人才，促进学科交流，鼓励科技创新，加强国际合作，从而推动航空事业发展，以期为我国航空科技领域抓住发展机遇，持续推进全球航空科技合作发挥积极作用。

本届大会中文论文集共录用论文195篇，涵盖了航空科技与产业发展政策和规划、飞行器设计与总体优化关键技术、空气动力学及飞行力学、结构设计、先进航空材料与制造技术、先进航空推进技术、导航制导与控制技术、航空机载系统、机电技术、环控救生技术、多电飞机和全电飞机关键技术、航空测试技术、临近空间飞行器关键技术、无人驾驶航空器及其相关技术、通用航空飞行安全、民航交通运输和其他相关技术领域。

中国航空学会

2021年10月

目　　录

飞机横侧向 H_∞ 混合灵敏度控制设计及仿真

杨金龙，张羽

中航贵州飞机有限责任公司，安顺 561000

摘要： 研究飞机横侧向航姿稳定性问题，设计基于 H_∞ 混合灵敏度理论的飞机横侧向控制系统，在一定范围内抑制内外干扰对飞机横侧向飞行状态的影响。该系统以飞机的侧滑角、滚转角速率、偏航角速率和滚转角四个变量的增量为被控对象，通过对加权函数的选取将控制系统转化为 H_∞ 混合灵敏度问题，并编制 MATLAB 程序求解控制器。通过大量的仿真试验，验证了上述理论设计的可靠性和合理性。实验结果表明，上面提出的控制器设计思想能够确保系统在扰动作用下仍然保持较好的镇定性，具有一定的鲁棒性。

关键词： H_∞ 混合灵敏度；飞机横侧向；鲁棒性；不确定性；飞行控制

Design and Simulation of Airplane Lateral and Lateral H_∞ Mixed Sensitivity Control

YANG Jinlong, ZHANG Yu

AVIC Guizhou Aircraft Corporation Ltd. Flight, Anshun 561000, China

Abstract: In this paper, the problem of aircraft lateral attitude stability is studied, and the aircraft lateral control system based on the H_∞ mixed sensitivity theory is designed to suppress the influence of internal and external interference on the lateral flight state of the aircraft within a certain range. The system takes the aircraft's sideslip angle, roll angle rate, yaw angle rate, and roll angle as the controlled object, and transforms the control system into an H_∞ mixed sensitivity problem by selecting the weighting function, and compiles it. The MATLAB program solves the controller. A large number of simulation tests have verified the reliability and rationality of the above theoretical design. The experimental results show that the above-mentioned controller design idea can ensure that the system still maintains good stability under disturbance action, and has a certain degree of robustness.

Keywords: H_∞ mixed sensitivity; aircraft lateral direction; robustness; uncertainty; flight control

1 引 言

随着科学技术的突飞猛进，航空事业呈现出高速发展的态势。伴随而来的是，飞机飞行控制系统的设计越来越复杂，对其性能要求也越来越高。飞机是一项复杂的系统工程，普遍存在着非线性环节、非线性因素和不确定性，很难建立精确的数学模型，工程人员一般采取的措施是对飞机的气动模型进行近似处理，在一定的范围内谋求合理参数，得到较为合理的数学模型。在此过程中当忽略系统的不确定性时，可能最终导致整个控制系统变得不稳定甚至崩溃[1-3]。H_∞ 混合灵敏度控制是专门针对这种不确定性而被提出的现代控制理论方法[4-5]。基于该理论设计控制器时，针对系统的性能、控制器及鲁棒系统输出选取加权函数，以此来满足飞控系统在不同频段内的稳态跟踪、外界扰动和模型参数摄动的系统性能鲁棒性要求，也是工程实际应用中采用鲁棒控制的一个较好选择[1]。

基金项目：国家自然科学基金；航空科学基金

通讯作者. E-mail：hkxb@buaa.edu.cn

2 飞机横侧向 H_∞ 混合灵敏度控制

2.1 飞机横侧向数学模型

为了实现控制系统的参数设计，首先必须对受控对象进行建模。根据参考文献[6]，建立飞机横侧向小扰动运动状态方程

$$\begin{cases}\Delta\dot{\boldsymbol{x}} = A\Delta\boldsymbol{x} + B\Delta\boldsymbol{u} \\ \Delta\boldsymbol{y} = C\Delta\boldsymbol{x}\end{cases} \tag{1}$$

式中，$\Delta\boldsymbol{x}=(\Delta\beta,\Delta p,\Delta r,\Delta\phi)^{\mathrm{T}}$，$\Delta\boldsymbol{u}=(\Delta\delta_a,\Delta\delta_r)^{\mathrm{T}}$，$\Delta\boldsymbol{y}=(\Delta\beta,\Delta p,\Delta r,\Delta\phi)^{\mathrm{T}}$。$\Delta\beta$、$\Delta p$、$\Delta r$、$\Delta\phi$ 分别为飞机侧滑角、滚转角速率、偏航角速率、滚转角四个参数的增量，$\Delta\delta_a$、$\Delta\delta_r$ 分别为副翼、方向舵的偏转角增量。

副翼传递函数为

$$G_{aa}(s)=\frac{1}{0.05s+1} \tag{2}$$

其中副翼偏转角度范围为$-10°\sim+15°$，偏转速率为$-90°/\mathrm{s}\sim+90°/\mathrm{s}$。

方向舵传递函数为

$$G_{ar}(s)=\frac{1}{0.05s+1} \tag{3}$$

其中方向舵偏转角度范围为$-10°\sim+15°$，偏转速率为$-90°/\mathrm{s}\sim+90°/\mathrm{s}$。

2.2 H_∞ 混合灵敏度控制建模

通过对飞机横侧向系统的跟踪误差、控制器输入和系统输出分别选取适当的加权函数，构造广义控制对象模型[7]，将控制器的求解转化为对标准的 H_∞ 控制问题进行求解，其控制结构如图 1 所示。

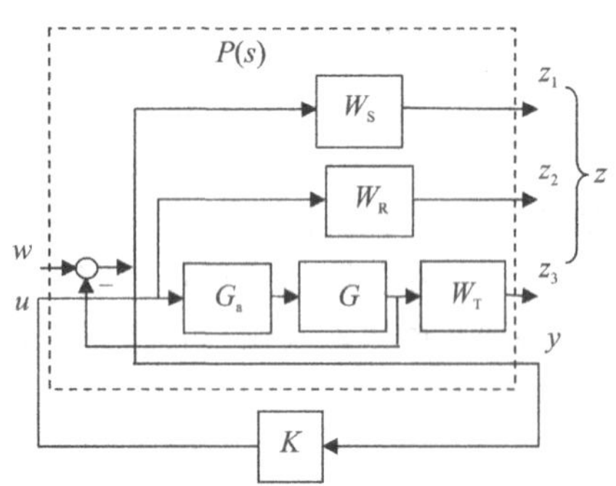

图 1 H_∞ 混合灵敏度控制系统结构

图 1 中，w、u 分别为参考(扰动)输入、控制输入，$P(s)$模块为广义被控对象，$K(s)$为鲁棒控制器，y 为测量输出，z 为系统扰动输出信号。引入加权函数，其中 $W_S(s)$为控制系统性能加权函数，也为系统灵敏度加权函数，$W_R(s)$为鲁棒控制器的约束权函数，$W_T(s)$为鲁棒控制系统输出的加权函数，也是系统补灵敏度加权函数。$G_a(s)$为舵机传递函数，$G(s)$为飞机横侧向飞行动力学方程。

分别选择加权函数 $W_S(s)$、$W_R(s)$、$W_T(s)$，使得 $G_a(s)G(s)$，$W_S(s)$与 $W_T(s)G_a(s)G(s)$均正定，即传递函数在 $s\to\infty$ 时均应该是有界的。鲁棒控制的目的是设计一镇定控制器

$$u(s)=K(s)y(s)$$

使得闭环系统 $\boldsymbol{T}_{zw}(s)$的 H_∞ 范数取一个小于 1 的值，亦即$\|\boldsymbol{T}_{zw}(s)\|_\infty<1$。

由图 1 可得

$$\begin{bmatrix} z_1 \\ z_2 \\ z_3 \\ y \end{bmatrix} = \begin{bmatrix} W_S & -G_aGW_S \\ 0 & W_R \\ 0 & G_aGW_T \\ I & -G_aG \end{bmatrix} \begin{bmatrix} w \\ u \end{bmatrix} = \begin{bmatrix} \boldsymbol{P}_{11} & \boldsymbol{P}_{12} \\ \boldsymbol{P}_{21} & \boldsymbol{P}_{22} \end{bmatrix} \begin{bmatrix} w \\ u \end{bmatrix} \tag{4}$$

式中，

$$\boldsymbol{P}_{11}=\begin{bmatrix} W_S \\ 0 \\ 0 \end{bmatrix},\boldsymbol{P}_{12}=\begin{bmatrix} -G_aGW_S \\ W_R \\ G_aGW_T \end{bmatrix},\boldsymbol{P}_{21}=\boldsymbol{I},\boldsymbol{P}_{22}=-G_aG$$

因此，系统可得

$$\begin{aligned}\boldsymbol{T}_{wz}(s)=&\boldsymbol{P}_{11}(s)+\boldsymbol{P}_{12}(s)K(s)[\boldsymbol{I}(s)-\\&\boldsymbol{P}_{22}(s)K(s)]^{-1}\boldsymbol{P}_{21}(s)=\\&\begin{bmatrix} W_S(s) \\ 0 \\ 0 \end{bmatrix}+\begin{bmatrix} -G_a(s)G(s)W_S(s) \\ W_R(s) \\ G_a(s)G(s)W_T(s) \end{bmatrix}K(s)[I(s)+\\&G_a(s)G(s)K(s)]^{-1}\boldsymbol{I}(s)=\begin{bmatrix} W_S(s)S(s) \\ W_R(s)K(s)S(s) \\ W_T(s)T(s) \end{bmatrix}\end{aligned} \tag{5}$$

式中，$S(s)$为参考输入到跟踪误差传递函数，即系统灵敏度函数，减小 $S(s)$的增益就等价于减小干扰对控制误差的影响，因此灵敏度降低能抑制干扰对系统性能影响；但是一味提高增益会使 Nyquist 图更靠近$(-1,\mathrm{j}0)$点，从而反过来影响系统稳定性。$T(s)$为参考输入到系统输出传递函数，即系统补灵敏度函数。

H_∞ 混合灵敏度控制问题实质上就是通过选择加权函数 $W_S(s)$、$W_R(s)$、$W_T(s)$，寻找一正则的有理函数控制器 $K(s)$，使之满足

$$\min_k \|\boldsymbol{T}_{wz}(s)\|_\infty = \min_k \left\| \begin{bmatrix} W_S(s)S(s) \\ W_R(s)K(s)S(s) \\ W_T(s)T(s) \end{bmatrix} \right\|_\infty < 1 \tag{6}$$

2.3 H_∞ 混合灵敏度加权函数选取

加权函数 $W_S(s)$ 的选择由系统性能要求决定，一般具有积分特性或高增益低通特性，积分可以有效抑制系统超调量，而适当提高增益可以增加频宽，提高系统动态响应，具有在低频段稳态跟踪输入信号和抑制外界低频扰动能力。

加权函数 $W_R(s)$ 的选择由系统不确定性的摄动范围来决定，一般主要用来约束鲁棒控制器的输出，H_∞ 混合灵敏度设计中可以通过对加权阵 $W_R(s)$ 的选取实现对控制器信号幅值的限制。为了降低控制器的阶次，通常取 $W_R(s)$ 为一常数，从而保证了系统的频宽要求。

加权函数 $W_T(s)$ 的选择通常根据系统模型不确定性(未建模动态)来选取，一般具有高通特性，且 $W_S(s)$ 和 $W_T(s)$ 的频率尽可能不要重叠，同时 $W_T(s)$ 的选取阶次应不宜过大，以免影响系统迭代速度及控制器阶数，增加系统复杂度。

3 仿真实验分析

以文献[8]中的飞机横侧向系数矩阵模型为例，研究飞机在某一飞行状态以及几个不同飞行状态(飞行阶段)下，通过反复试凑的方法选取加权函数，使得系统频率特性曲线适当覆盖系统全部摄动，获得的系统加权函数分别为

$$W_{S11}(s) = W_{S14}(s) = \frac{0.009\,5s + 0.38}{12.889s + 0.024}$$

$$W_{S12}(s) = W_{S13}(s) = \frac{0.009\,5s + 0.38}{12.890s + 0.024}$$

$$W_{R1}(s) = W_{R2}(s) = 0.000\,268$$

$$W_{T11}(s) = W_{T12}(s) = W_{T13}(s) = W_{T14}(s) = 0.087\,7s + 0.08$$

$$W_{T21}(s) = W_{T22}(s) = W_{T23}(s) = W_{T24}(s) = 0.087\,7s + 0.08$$

式中，$W_{S11}(s)$、$W_{S12}(s)$、$W_{S13}(s)$、$W_{S14}(s)$ 分别为副翼通道作用下 $\Delta\beta$、Δp、Δr、$\Delta\phi$ 的系统灵敏度的加权函数；$W_{S21}(s)$、$W_{S22}(s)$、$W_{S23}(s)$、$W_{S24}(s)$ 分别为方向舵通道作用下 $\Delta\beta$、Δp、Δr、$\Delta\phi$ 的系统灵敏度的加权函数。

$W_{R1}(s)$、$W_{R2}(s)$ 分别为副翼、方向舵通道作用下的鲁棒控制器输入的约束权函数。

$W_{T11}(s)$、$W_{T12}(s)$、$W_{T13}(s)$、$W_{T14}(s)$ 分别为副翼通道作用下 $\Delta\beta$、Δp、Δr、$\Delta\phi$ 的系统输出加权函数；$W_{T21}(s)$、$W_{T22}(s)$、$W_{T23}(s)$、$W_{T24}(s)$ 分别为方向舵通道作用下 $\Delta\beta$、Δp、Δr、$\Delta\phi$ 的系统输出加权函数。

3.1 某一状态下系统分析

选取飞机在高度 10 000 m、马赫数为 0.8 时的巡航飞行，横侧向系数矩阵为

$$\boldsymbol{A} = \begin{bmatrix} -0.102\,7 & 0.001\,5 & -0.993\,8 & 0.040\,8 \\ -6.348\,9 & -2.509\,9 & 1.811\,6 & 0 \\ 2.503\,3 & -0.191\,7 & -0.408\,8 & 0 \\ 0 & 1 & 0.004\,5 & 0 \end{bmatrix}$$

$$\boldsymbol{B} = \begin{bmatrix} 0 & 0.032\,4 \\ -3.023\,3 & 0.879\,5 \\ 0 & -2.322\,9 \\ 0 & 0 \end{bmatrix}$$

设 S1(s)、T1(s)分别为副翼通道系统的灵敏度函数、补灵敏度函数；S2(s)、T2(s)分别为方向舵通道系统的灵敏度函数、补灵敏度函数。通过上述加权函数的选取，在全频段范围内确保 S1(s)、S2(s)、T1(s)和 T2(s)的奇异值均小于其加权函数矩阵的逆阵奇异值，满足文献[9]中的奇异值特性理论要求。

此外，在横侧向飞行动力学模型参数摄动增加 15%和减小 15%时，上述加权矩阵的灵敏度函数、补灵敏度函数及其加权函数倒数的奇异值曲线仍然满足奇异值特性的要求。正常模型参数下仿真结果如图 2 所示。

通过选用上述加权函数，利用 MATLAB 工具编写算法，求得飞机横侧向 H_∞ 混合灵敏度控制的鲁棒控制律，通过 SIMULINK 建模仿真，其中，横侧向飞控系统中作用于副翼通道的为一幅值为 5、周期为 20 s、指令为 1 s 的脉冲激励信号，系统响应结果如图 3 所示。

图 3 中，输入指令(扰动)触发副翼 $\Delta\delta_a$ 在 1 s 时间正向偏转 5°，在此过程，飞机横侧向运动的瞬态主要表现为滚转阻尼运动特性，滚转角速度增量 Δp 顺航向向左发生快速响应，伴随指令取消，Δp 快速回中，滚转角增量 $\Delta\phi$ 随 Δp 的变化趋势进行相对缓慢变化，持续 12 s 左右最终回零。飞机快速向左滚转，产生左侧滑，但由于惯性作用(横侧向稳定性)，方向舵顺航向自动

向右偏转 $\Delta\delta_r$，Δr 快速响应，引导飞机向右偏转，用以抑制或抵消飞机持续的向左侧滑，此过程主要表现了系统的荷兰滚阻尼运动特性，$\Delta\beta$ 在方向舵右偏作用下迅速响应，向右偏转，最终收敛零位用时 16 s 左右。结果显示，在飞机横侧向模型参数出现±15%摄动后，系统仍然能够正常响应，且响应准确，能够在较短时间内恢复到初始稳定状态。

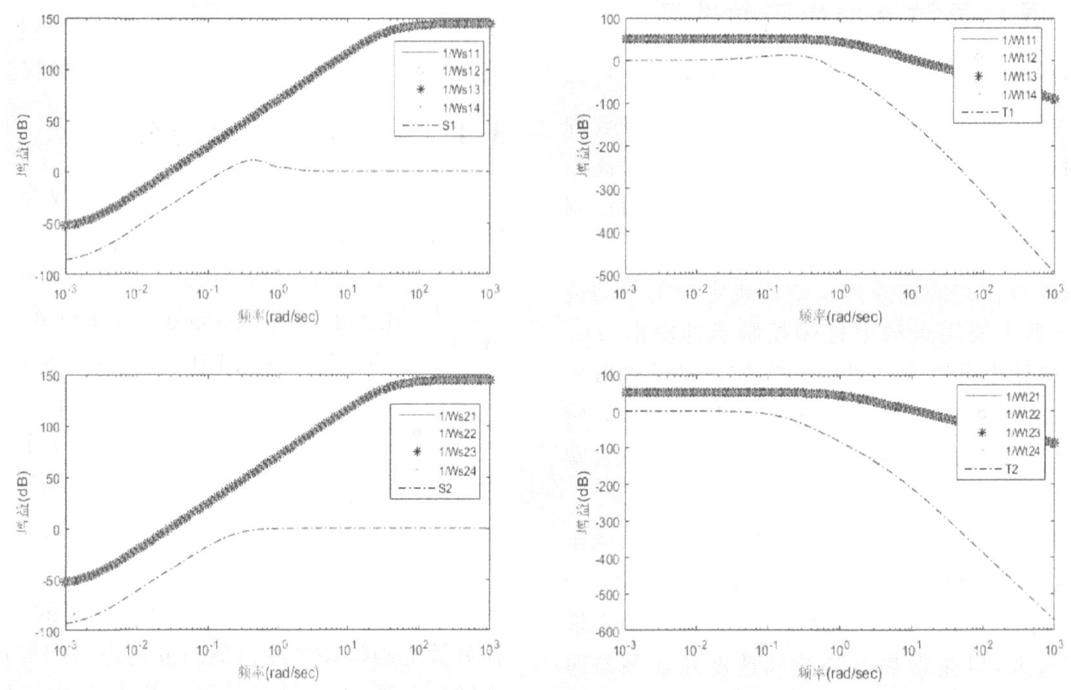

图 2　混合灵敏度系统奇异值曲线

3.2　不同状态下系统分析

研究飞机在不同飞行阶段产生的 H_∞ 鲁棒控制律对于横侧向飞行控制进行仿真实验，在此，选取飞机横侧向系统的以下三种典型飞行状态进行实验分析：

状态一：爬升阶段，当高度为 1 500 m，马赫数为 0.39 时，飞机横侧向系数矩阵为

$$\boldsymbol{A}=\begin{bmatrix}-0.1206 & 0.0172 & -0.9869 & 0.0751\\ -5.3548 & -2.9093 & 3.5546 & 0\\ 1.5014 & -0.2846 & -0.4658 & 0\\ 0 & 1 & 0.0939 & 0\end{bmatrix}$$

$$\boldsymbol{B}=\begin{bmatrix}0 & 0.045\\ -2.1708 & 0.6616\\ 0 & -1.7474\\ 0 & 0\end{bmatrix}$$

状态二：巡航阶段，当高度为 10 000 m，马赫数为 0.80 时，飞机横侧向系数矩阵为

$$\boldsymbol{A}=\begin{bmatrix}-0.1027 & 0.0015 & -0.9938 & 0.0408\\ -6.3489 & -2.5099 & 1.8116 & 0\\ 2.5033 & -0.1917 & -0.4088 & 0\\ 0 & 1 & 0.0045 & 0\end{bmatrix}$$

$$\boldsymbol{B}=\begin{bmatrix}0 & 0.0324\\ -3.0233 & 0.8795\\ 0 & -2.3229\\ 0 & 0\end{bmatrix}$$

状态三：进场阶段，当高度为 500 m，马赫数为 0.24 时，飞机横侧向系数矩阵为

$$\boldsymbol{A}=\begin{bmatrix}-0.0984 & 0.0088 & -0.9851 & 0.1224\\ -3.8071 & -2.2866 & 6.9582 & 0\\ 0.8256 & -0.4328 & -0.3319 & 0\\ 0 & 1 & -0.0355 & 0\end{bmatrix}$$

$$\boldsymbol{B}=\begin{bmatrix}0 & 0.0320\\ -1.8129 & 0.2901\\ 0 & -0.7661\\ 0 & 0\end{bmatrix}$$

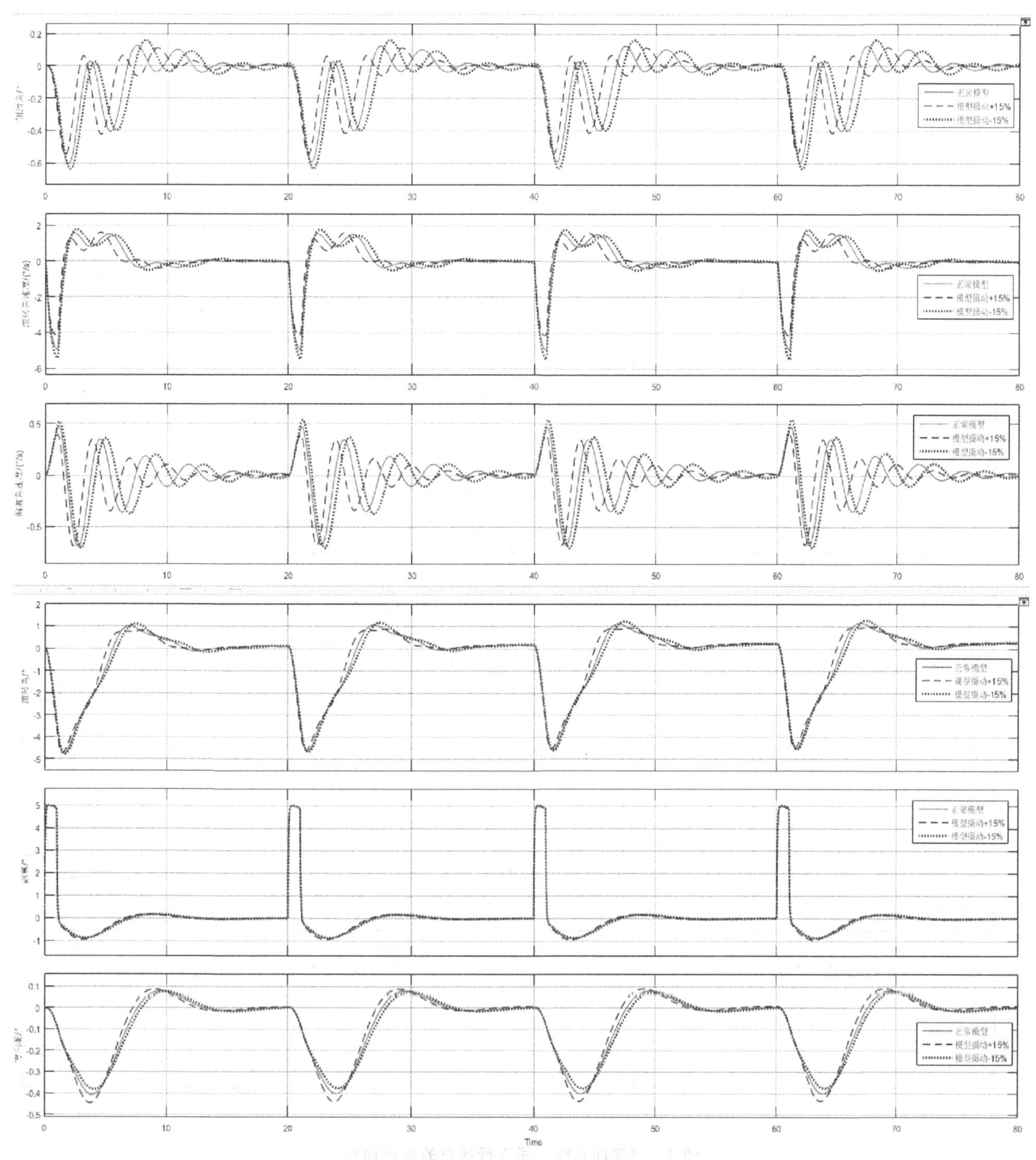

图 3　正常模型和模型参数发生一定摄动时的系统响应

针对以上三种典型状态，通过选用的加权函数，在确保各状态奇异值曲线特性要求的条件下，利用 MATLAB 工具分别解算出各状态 H_∞ 混合灵敏度控制律，仿真结果如图 4 所示，其中，横侧向飞控系统中作用于副翼通道的为一幅值为 5、周期为 20 s、指令为 1 s 的脉冲激励信号。

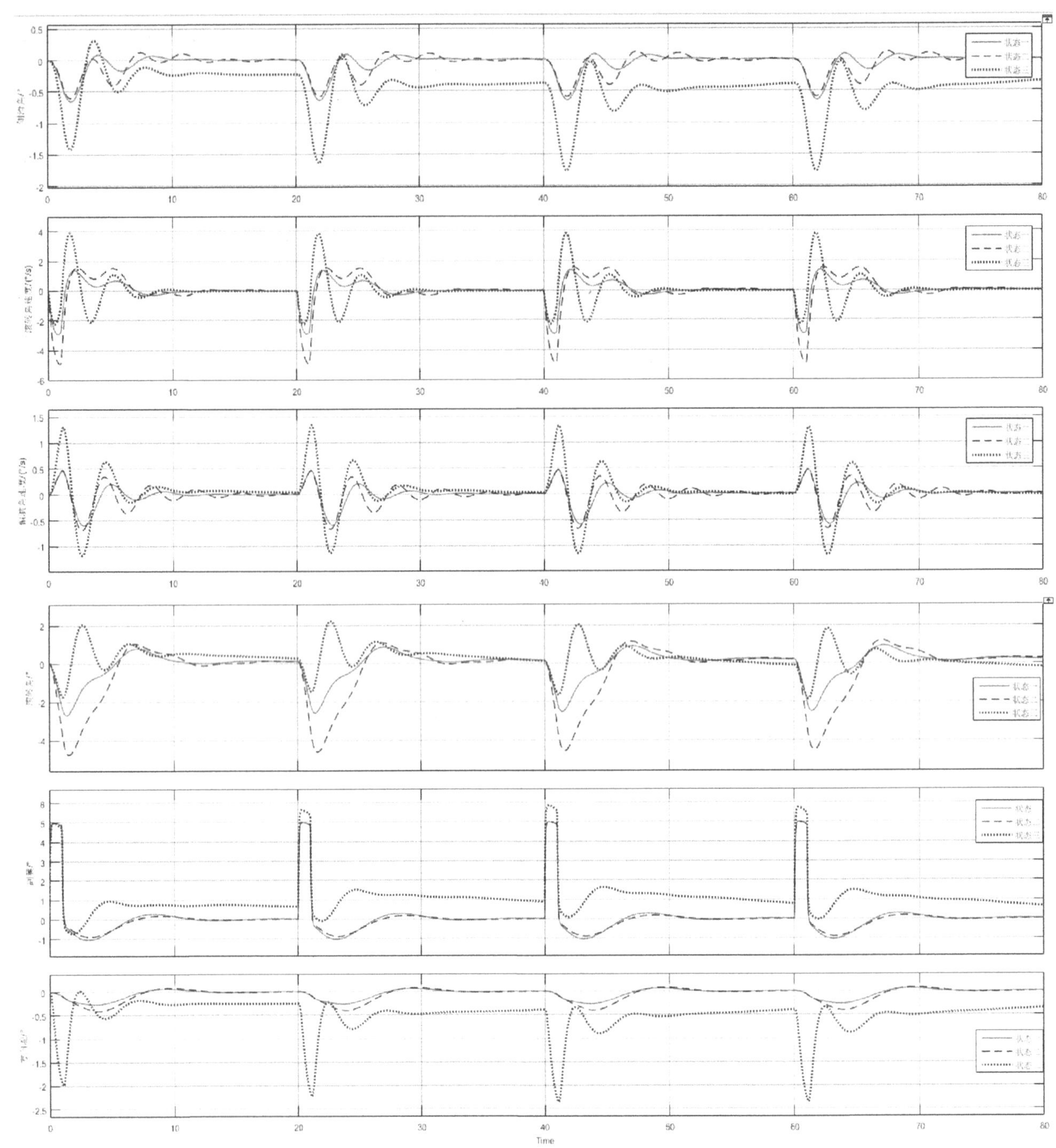

图 4　横侧向系统不同飞行状态的响应曲线

4　结　论

通过反复试凑选取一组合适的加权函数，实验结果表明，在飞机不同飞行阶段横侧向飞控系统产生不同的鲁棒控制律，系统可以有效控制相应状态横侧向系统的输出，且各状态系统响应准确，同时，对于同一状态下系统气动参数的不确定性如模型参数在一定范围内的摄动，系统始终能够保持镇定性，具有一定的鲁棒性和鲁棒稳定性，这也是控制系统能够应用的前提和保证，而在实际应用中，对于鲁棒控制器的降阶仍是值得探讨的问题。

参考文献

[1] Chen B S, Lee T S, Feng J H. A nonlinear H control design in robotic systems under parameter perturbation and external disturbance. Int. J. Control, 1994, 59(2): 430-461.

[2] 申铁龙. 机器人鲁棒控制. 北京：清华大学出版社，1989.

[3] Adballah C. Survey of robust control for rigid robots. IEEE control System Magazine, 1991, 6(2): 24-30.

[4] 吴敏，桂卫华，何勇. 现代鲁棒控制[M]. 长沙：中南大学出版社，2006.

[5] Zames G. Feedback and optimal sensitivity: Model reference transformations, multi-plicative seminorms and approximate inverses. IEEE Trans. Automatic Control, 1981, 26(4): 301-320.

[6] 徐军，[加]杨亚炜. 飞机电传操纵系统. 北京：北京理工大学出版社，2018.

[7] 李群明，朱伶，徐霞. 磁悬浮球的鲁棒控制器设计[J]. 中南大学学报，2007，38(5)：922-92.

[8] 李欣. 大型客机自动飞行控制律研究. 南京航空航天大学，2013.

[9] 吴旭东，解学书. H_∞ 鲁棒控制中的加权阵选择[J]. 清华大学学报(自然科学版)，1997，37(1). 27-30.

MDR 测试系统在某型直升机振动试验中的应用

赵春状

哈尔滨飞机工业集团有限责任公司，哈尔滨 150066

摘要：针对某型直升机振动试验关于测试参数采集的实际要求，首先，对 MDR 测试系统的组成进行了研究，了解了系统的硬件组成为机箱和模块，软件组成为 D4Recorder 和 D4Converter，总结了 MDR 测试系统的架构方法和参数配置方式；其次，对该型直升机振动试验的特点进行了分析，实现了振动信号的采集和记录，获取了振动数据；最后，对该型直升机振动试验中的不足进行了分析，提出了 MDR 测试系统在振动试验应用中的不足和解决措施，为后续各型飞机的振动试验提供了有效参考。

关键词：直升机；振动；试验；MDR；测试

Application of MDR Test System in Helicopter Vibration Test

ZHAO Chunzhuang

Harbin Aircraft Industry Group Co. LTD.，Harbin 150066，China

Abstract：In the light of actual requirements for test parameters for a helicopter vibration test，first of all，make a research on the composition of the MDR test system，understand that the hardware composition of the system is chassis and modules，and software composition is D4Recorder and D4Converter，summarize the architectural method and parameter configuration of the MDR test system；second，analyze the characteristics of the helicopter vibration test，realize the collection and record of vibration signals，get vibrating data；at last，analyze deficiency of the helicopter vibration test，give shortage and solution in Application of MDR Test System in Helicopter Vibration Test，provide a powerful reference for the vibration test of other aircraft.

Keywords：helicopter；vibration；experiment；MDR；test

MDR 是法国卓达数据系统公司（ZODIAC DATA SYSTEMS GMBH）生产的一款机载数据采集记录系统，数据记录符合 IRIG106 ch10 标准，具有 800 Mb/s 的记录速度、1.2 TB 固态硬盘的存储空间、体积小、高集成、坚固耐用和模块化等特点，能够根据用户的需求配置信号采集模块以满足用户的各种应用，可应用于直升机的振动试验。

直升机振动试验是直升机飞行试验中不可或缺的一项重要试验。旨在获取直升机稳定飞行时关键部位的振动水平数据，通过对这些数据的处理和分析，确定和判断各部位振动水平是否在允许的范围内。稳定飞行是指直升机匀速（包括悬停）直线飞行[1]。在配置遥测系统后，直升机振动试验可实现机上各部位振动水平数据的地面实时监测，在一定程度上，加强了飞行指挥系统的风险规避能力，提升了飞行安全；加强了试飞测试系统的故障预判能力，提升了排故效率。

振动测试系统的前端组成为传感器和信号适调仪，后端组成为采集记录器。国内研发采集记录器的代表公司有江苏东华测试技术股份有限公司等，代表型号有 DH5902、DH5909 和 DH5916 等；国外研发采集记录器的代表公司有爱尔兰的 ACRA CONTROLLTD 公司、德国的 IMC 公司和法国的 ZODIAC DATA SYSTEMS 公司等，代表型号有 KAM-500、UMA2000、MDR 和 XMA 等；发展趋势为小型化、集成化和模块化。

基金项目：国家自然科学基金；航空科学基金

通讯作者. E-mail：hkxb@buaa.edu.cn

1 MDR 测试系统

MDR 是一种高度集成的模块化系统，主要由机箱和各种类型的模块组成。按照可最多配置模块的数量不同，分为 MDR2、MDR4 和 MDR8，分别对应模块数量为 2、4 和 8。包含 1 个 CF 卡插槽或 SSD 固态硬盘插槽用于记录数据，CF 卡槽容量有 16 GB、32 GB 和 64 GB 等，SSD 固态硬盘容量有 32 GB 到 1.2 TB 可选。

振动信号的采集模块主要有四种，分别为 MANA8、MANA16IEPE、MANA16AC 和 MANA16DC。MANA8 振动信号采集模块包含 8 个采集通道，可同步采集最多 8 个振动信号，每个振动信号的输入形式可选 IEPE、AC 或 DC 其中任意一种，采集模块的输入形式设置状态为可选，可实现 8 通道不同输入形式设置；MANA16IEPE、MANA16AC 和 MANA16DC 振动信号采集模块包含 16 个采集通道，可同步采集最多 16 个振动信号，振动信号的输入形式依次为 IEPE、AC 或 DC，采集模块的输入形式设置状态为不可选，每种采集模块只可采集同一输入形式的振动信号。

MDR 测试系统由传感器、信号适调仪、MDR 采集记录器和电缆组件组成，传感器、信号适调仪和 MDR 采集记录器之间由电缆组件实现互联互通。直升机振动试验中的振动信号属于确定性信号中的周期信号；传感器以压电式加速度传感器为主，经积分可换算速度、位移等物理量[2]，基于压电效应原理设计，信号适调仪以电荷放大器为主，将传感器的高阻抗输出变换为低阻抗输出并放大传感器输出的微弱电信号[3-4]，电缆组件在高阻抗输出时要进行低噪声处理以防将电缆噪声引入测量信号[5]。MDR 测试系统的工作原理见图 1。

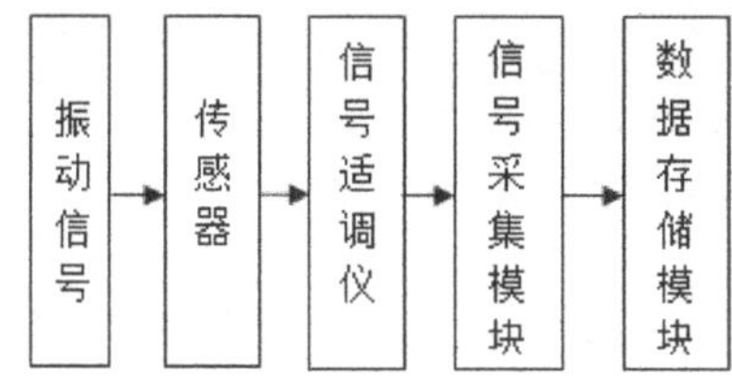

图 1 MDR 测试系统的工作原理

厂家提供配套软件 2 个，分别为 D4Recorder 和 D4Converter，软件图标见图 2 和图 3。

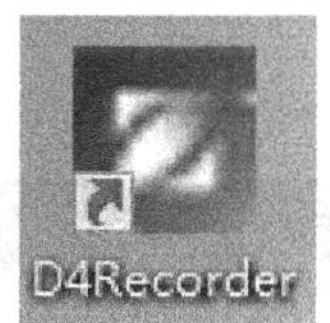

图 2 D4Recorder 软件图标

图 3 D4Converter 软件图标

D4Recorder 软件为参数配置、在线调试的原厂专用软件，界面见图 4，应用时计算机需要具备 Java 环境，连接 MDR 后方可打开软件，仅可在线连接调试，D4Recorder 主要实现的设置内容如下：

(1) 连接设置：设置电脑 IP，调用专属子模块 D4Launcher 连接设备。

(2) 采集记录器基本设置：开始记录方式、时钟(采样频率)、断电保存方式、硬盘格式等。

(3) 采集模块设置：采样频率、电压量程、通道名称等。

(4) 在线调试：在线记录、实时监测、在线数据回收等。

D4Converter 软件为数据格式转换的原厂专用软件，界面见图 5，主要实现存储文件的单通道化格式转换。

2 某型直升机振动试验中的应用

某型直升机在振动试验过程中，要求获取各个测量位置的振动数据。振动数据中包含 29 个振动测试参数，要求实现全部参数的同步记录和存储。

振动试验的测试系统由传感器、信号适调仪、采集记录器和电缆组件组成。传感器选用加速度传感器，信号适调仪选用电荷放大器，采集记录器选用 MDR，三个部分之间通过电缆组件实现互联互通。由于振动测试参数数量为 29 个，且全部为 IEPE 输出形式，所以选用 MANA16IEPE 振动信号采集模块，以实现采集通道数量最大化和采集模块数量最小化。由于振动信号采样频率全部超过 1 000 Hz，数据量大，一小时产生的数据文件大小近 1 GB，所以选用大容量的硬盘式记录模块。应用于该型直升机振动试验的 MDR 采集记录器见图 6。

振动试验参数配置包括 MDR 基本配置和 MANA16IEPE 采集模块配置两部分。

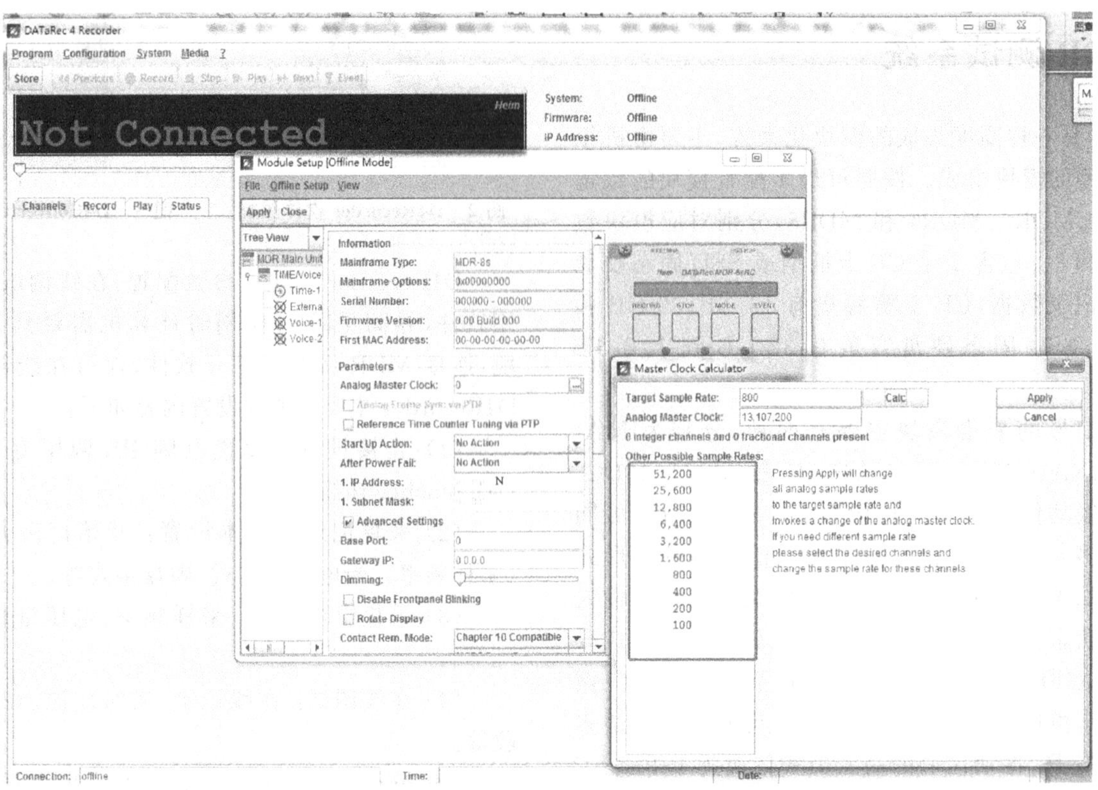

图 4　D4Recorder 软件界面

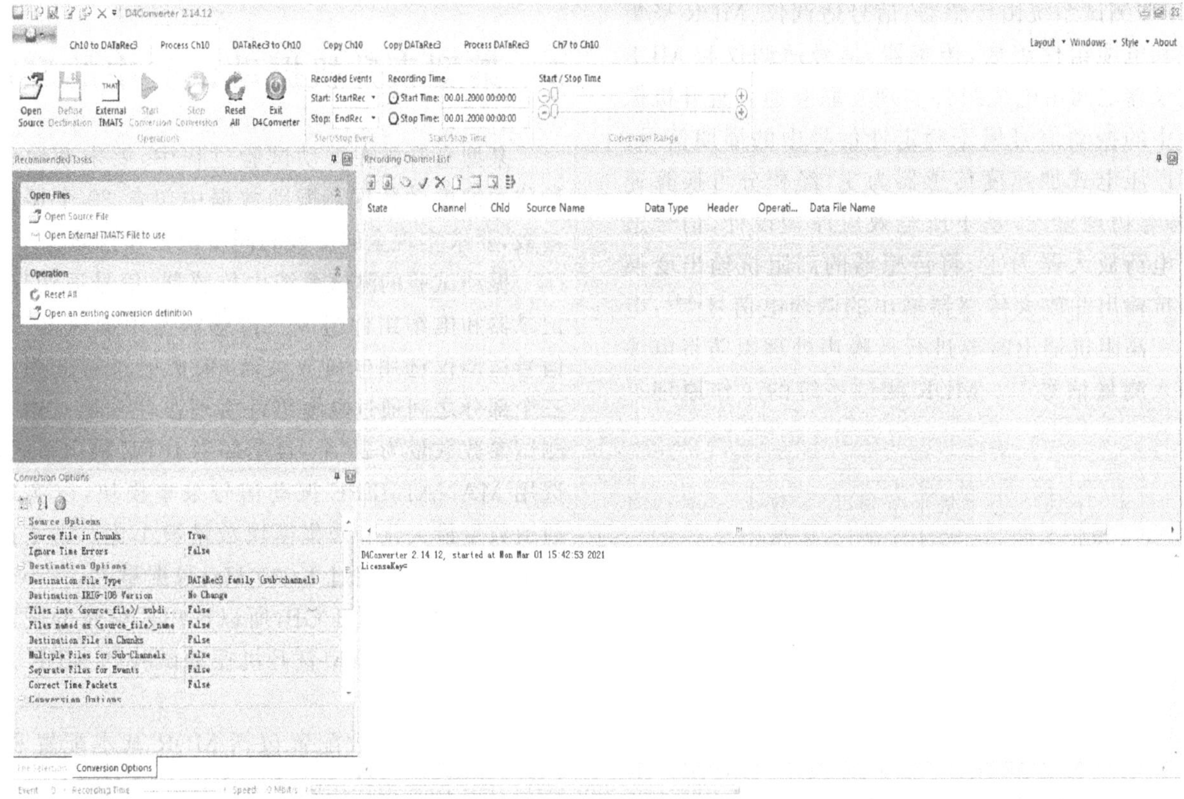

图 5　D4Converter 软件界面

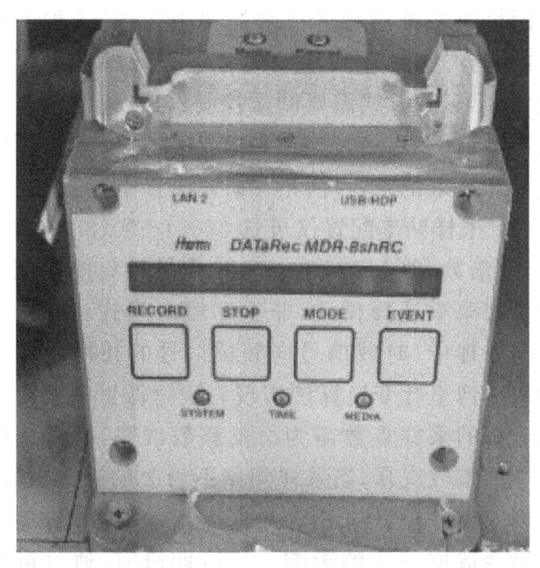

图 6　应用于某型直升机振动试验的 MDR 采集记录器

MDR 基本配置的主要内容如下：

(1) 配置开始记录方式为“开机自启动”，以降低机组人员的工作负担。

(2) 配置断电保存方式为“断电自动保存”，以防止突然断电造成的数据丢失。

(3) 配置硬盘格式为 FAT32，简化数据回收流程。

MANA16IEPE 采集模块配置的主要内容如下：

(1) 配置采样频率，按实际需求配置。

(2) 配置电压量程为±5 V，一般加速度传感器信号的电压范围为±5 V。

(3) 配置通道名称，将通道重命名为通道代号，可便于数据处理和分析。

在实验室环境(校准)和装机环境分别对装机的加速度传感器和 MDR 信号采集模块 MANA16IEPE 进行振动标定。

实验室环境(校准)的加速度传感器振动标定工作由计量部门完成，标定合格后，出具校准证书或检定证书。证书示意见图 7 和图 8。

装机环境的振动标定[6]工作由技术部门完成，标定流程为：

(1) 将加速度传感器与测量对象分离。

(2) 由手持式振动校准台(见图 9)对每个加速度传感器持续激励。

(3) MDR 同步记录振动数据。

(4) 回收数据、转换格式、数据处理和分析。

(5) 确认装机环境下振动标定有效。

振动信号的实测实采随该型直升机的飞行试验完成，选取典型振动数据完成处理和分析。

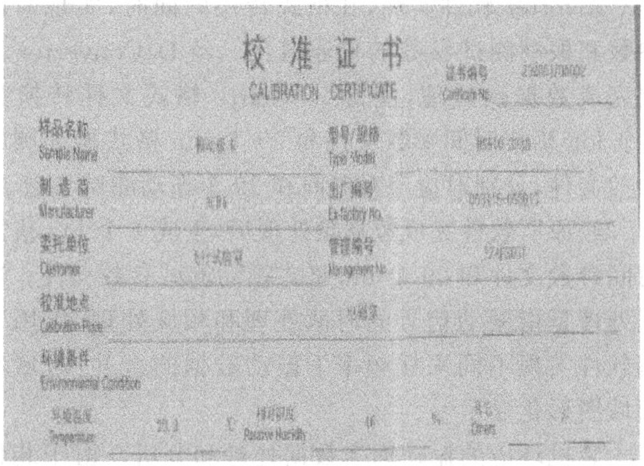

图 7　MANA16IEPE 振动信号采集模块校准证书示意

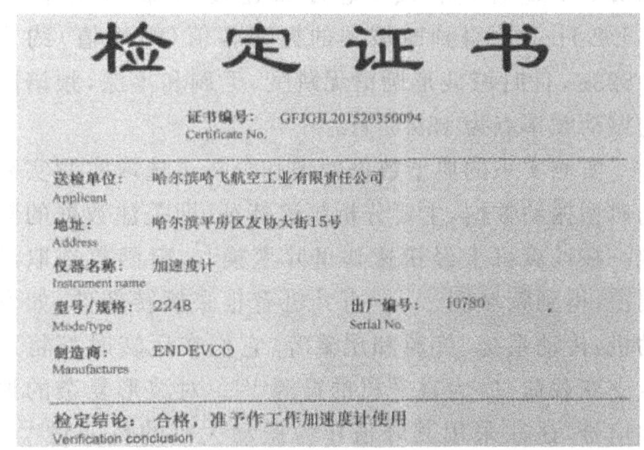
检定证书

证书编号：GFJGJL201520350094
Certificate No.

送检单位：哈尔滨哈飞航空工业有限责任公司
Applicant

地址：哈尔滨平房区友协大街15号
Address

仪器名称：加速度计
Instrument name

型号/规格：2248　出厂编号：10780
Mode/type　Serial No.

制造商：ENDEVCO
Manufactures

检定结论：合格，准予作工作加速度计使用
Verification conclusion

图 8　加速度传感器检定证书示意

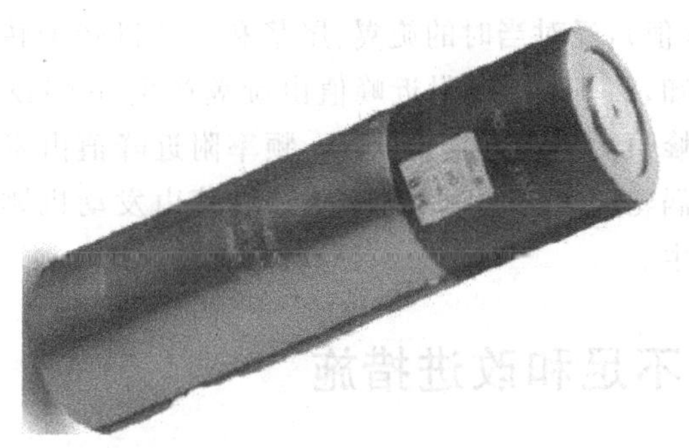

图 9　手持式振动校准台

MDR 存储的数据为 ch10 格式文件，振动测试参数和时间参数均包含在此文件中。数据回收指的是将数据文件从 MDR 下载至计算机中。振动试验的数据回收由 MDR 硬盘下载至计算机，FAT32 格式的 MDR 硬盘在计算机中显示为单独的盘符，双击进入硬盘后，即可直接复制所需数据，粘贴至硬盘外指定位置。

格式转换指的是将 ch10 格式文件转换成其他格式文件，如 bin 或 log 等。振动试验的格式转换由

D4Converter 软件实现，在格式转换的同时，实现时间参数和振动测试参数的单通道化。经 D4Converter 软件完成数据预处理，使得 1 个 ch10 格式文件转换为 1 个 log 格式时间参数文件和 29 个 bin 格式振动测试参数文件，分别对应绝对时间和 29 个振动测试参数。

经原厂软件完成数据预处理后，生成 1 个 log 格式时间参数文件和 29 个 bin 格式振动测试参数文件。数据处理是指振动信号的时域处理和频域处理，应用自编软件实现不同采样频率下振动数据的合并、时域和频域图形化显示[7]。

装机环境的振动标定数据处理和分析。由于装机环境的振动标定激励源使用的手持式振动校准台振动幅值（有效值）为 1g（重力加速度），振动频率为 159.2 Hz。所得到时域图的振动幅值（峰峰值）约为 2.828g，且时域波形圆滑无跳变、毛刺和零漂，频谱图的振动频率点为 159.2 Hz。

实测实采的典型数据处理和分析。选取实测实采的典型振动数据，主要分析频谱特征，即关注数据的频域。在计算机上经快速傅里叶变换[8]，窗函数选取汉明窗，得到频域图[9-10]。直升机有很多旋转部件，如发动机、传动系统、旋翼和尾桨等，它们在运转时都将产生交变载荷，成为直升机的振源[11]。对波形复杂的振动信号，往往采用其峰值作为振动大小的特征量[12]。由频域图可知，根据测量位置的不同，观察到主要在 24 Hz、60 Hz、350 Hz 和 600 Hz 频率附近存在振动幅值（峰值），经对当时的旋翼、尾桨和发动机转子转速分析可知，24 Hz 频率附近峰值由旋翼产生、60 Hz 频率附近峰值由尾桨产生、350 Hz 频率附近峰值由发动机动力涡轮产生、600 Hz 频率附近峰值由发动机燃气涡轮产生。

3 不足和改进措施

经某型直升机振动试验长期应用，MDR 测试系统存在以下不足，针对各不足提出了改进措施，可在后续各型飞机的振动试验中应用。

（1）开始记录方式配置为“开机自启动”后，由于 MDR 内部存在操作系统，通电后在系统未完全启动时即开始记录数据，所以在 20 s 左右的启动过程中，记录的数据幅值较大，存在失真现象。目前，MDR 采集记录器可配置的开始记录方式有三种，一是手动按压前部面板“RECORD”按钮，二是“开机自启动”，三是制作“控制器”。第一种方式将加重机组人员的工作负担，容易因机组人员遗忘造成数据的丢失；第二种方式为目前配置方式，在系统启动过程中记录的数据存在失真现象；第三种方式需要制作控制器，从控制接口的记录控制通道引线，通过接通和断开操作，实现数据的开始记录和结束记录，目前正在研究改善中。

（2）采样频率配置仅可选 800、1 600、3 200、6 400 等 10 的倍数，即 MANA16IEPE 信号采集模块配置界面为下拉菜单选择模式，非主动填入模式。在振动信号数据处理中，时域信号向频域信号的转换依靠计算机的快速傅里叶变换算法实现。快速傅里叶变换算法要求分析的采样点数需为 2 的整数次幂，即采样频率应为 2 的整数次幂，当采样频率不为 2 的整数次幂时，多采用以零补位的方式满足采样点数的要求，这对处理结果会造成一定的影响。经后期研究，通过调整时钟的方式可实现采样频率的 2 的整数次幂化。在 MANA16IEPE 信号采集模块配置界面下拉菜单中显示的可选采样频率是经时钟确定的，在 MDR 基本设置界面点选时钟，输入目标采样频率，可自动换算对应时钟配置值，保存时钟配置后，信号采集模块配置界面下拉菜单中的采样频率也随之变化，即实现采样频率的 2 的整数次幂化。

（3）硬盘存储的数据量大于 2 GB 时会自动分段。分段数据在文件名上有明显提示，尾号非 f000 的文件即为分段数据，一般尾号依次为 f001、f002 等，分段数据无表头，表头数据仅存储在 f000 文件中。在某型直升机振动试验中，为简化数据回收程序，将机载硬盘格式配置成 FAT32，当数据量大于 2 GB 时无法存储，会自动以每个文件 2 GB 大小进行分段。MDR 硬盘格式可选 FAT32、EXT2 和 STANAG 三种，FAT32 硬盘格式可使得硬盘作为一个盘符显示在计算机中，便于数据回收；EXT2 和 STANAG 硬盘格式单个文件的存储数据量可大于 2 GB，但数据回收需安装系统环境模拟器，从而增加了数据回收程序的烦琐度。现可通过 D4Converter 软件在格式转换时实现数据合并，但是如果后续其他飞机振动试验在数据处理时可直接对原始 ch10 文件进行操作，那么数据分段问题将变得严重化。

4 结　论

（1）实现了某型直升机振动试验的信号采集和记录，获得了试验数据。

（2）总结了 MDR 测试系统应用在某型直升机振动试验时的不足，提出了解决措施。

(3) 掌握了 MDR 测试系统的架构方法和参数配置方式,为后续各型飞机的振动试验提供了有效参考。

参考文献

[1] 高正,陈仁良.直升机飞行动力学[M].北京:科学出版社,2003:54.

[2] 周华.振动加速度信号时域和频域积分方法研究[J].机械工程师,2018,4:147-149.

[3] 李其汉,胡碧刚,徐志怀.航空发动机强度振动测试技术[M].北京:北京航空航天大学出版社,1995:59-64.

[4] 龚丽农,张惠莉,孙霞.现代测试技术[M].北京:国防工业出版社,2014:1-2,51-55.

[5] 朱丽,王小辉.试验机环境振动测试技术研究[J].电子设计工程,2018,5:91-94.

[6] 赵春状.某型直升机全机振动测试系统设计与实现[J].百科论坛,2020,12:248.

[7] 赵春状.某型直升机典型飞行状态下驾驶舱地板振动特性研究[J].科学与技术,2020,28(17):299-300.

[8] 袁芳.多通道振动信号分析系统研究与设计[D].南京:南京理工大学,2014:32-39.

[9] 贺尔铭,赵志彬.飞行器振动及测试基础[M].西安:西北工业大学出版社,2014:164-166.

[10] 孙灿飞,沈勇,段超.直升机振动信号处理技术研究[C].北京:中国航空学会,2010.

[11] 孙之钊,萧秋庭,徐佳祺.直升机强度[M].北京:航空工业出版社,1990:113.

[12] 谭众.航空发动机试车振动监测及故障诊断系统研究[C].北京:中国航空学会,2014.

民机废水系统综合控制与故障分级处理方法研究

赵一婕[1,2],李超群[2,3],刘进[2,3],沈天驹[2,3],夏雨[2,3]

1. 航宇救生装备有限公司武汉创新中心,武汉 430070

2. 航空防护救生技术航空科技重点实验室,襄阳 441000

3. 航宇救生装备有限公司,襄阳 441000

摘要: 废水系统是大中型民用飞机上的机载系统,是干线飞机机上乘客旅行生活不可缺少的关键系统。国外对民用飞机废水系统的研究较早,且技术成熟,但国内在民用飞机废水系统领域的相关研究还处于起步阶段。本文介绍了民机废水系统,采用基于综合模块化航空电子系统(Integrated Modular Avionics,IMA)的综合控制架构,设计了民机废水系统的控制方案和控制逻辑,提出了一种针对多工况多部件民机废水系统的故障分级处理方法,搭建了软硬件平台,开展了功能半物理仿真验证,实现了民机废水系统的综合控制。民机废水系统综合控制技术与故障分级处理方法研究,实现了废水系统各控制部件的故障精准定位与故障分级处理,对废水系统各控制部件进行统一管理与动态调度,减少了独立控制器和线缆的数量,实现了数据共享,提升了系统的安全性和维护性,为民机废水系统的国产化打下了基础。

关键词: 综合模块化航空电子;废水系统;综合控制;故障分级

Study on Integrated Control and Fault Classification Treatment of Civil Aircraft Wastewater System

ZHAO Yijie[1,2], LI Chaoqun[2,3], LIU Jin[2,3], SHEN Tianju[2,3], XIA Yu[2,3]

1. Wuhan Innovation Center, AVIC Aerospace Life-Support Industries, Ltd. ,Wuhan 430070, China

2. Aviation Key Laboratory of Science and Technology on Life-Support Technology, Xiangyang 441000, China

3. AVIC Aerospace Life-Support Industries, Ltd. , Xiangyang 441000, China

Abstract: Wastewater system is the on-board system of large and medium-sized civil aircraft, and it is the key system indispensable for passengers′ travel and life on trunk aircraft. The research on civil aircraft wastewater system in foreign countries is earlier and the technology is mature, but the research on civil aircraft wastewater system in China is still in the initial stage. In this paper, we introduce the conception of civil aircraft wastewater system, design the structure and the flow diagram, propose a fault classification treatment method for wastewater system with multiple working conditions and multiple components, develop the software and hardware platform, and make the simulation experiment, and realize the comprehensive control of waste water system of civil aircraft. Through this study, the precise fault location and fault classification treatment of each control component of the wastewater system are realized, the wastewater system based in the IMA aircraft integrated control are managed, the number of the controllers and cables are decreased, data integration and sharing are achieved, the security and maintainability of the system are improved, which lays a foundation for the nationalization of the wastewater system.

Keywords: integrated modular avionics; wastewater system; integrated control; fault classification

基金项目:工信部民机预研专项(MJ-2017-S-47)

通讯作者. E-mail: 979356111@qq. com

废水系统的主要功能是满足机上乘客生活及生理需求，采用机内外压差作动力对厨房工作灰水、盥洗室盥洗灰水以及马桶废水进行处理，以提供和保持一个清洁卫生的机上环境，在飞行过程中，还需进行废水水量指示，当废水量达到 75%和 100%时，进行预警提示，并在飞机地面维护时，进行废水排放。废水系统与机上乘客旅行生活息息相关，是民用飞机不可或缺的关键系统[1-3]。

国内民机废水系统的研究尚处于起步阶段，只能满足最基本的乘客生活需求，在舒适性、安全性和可靠性等方面均处于较为落后的状态，ARJ21 支线客机及 C919 窄体客机上的废水系统均为国外供应商制造[4-5]。目前，基于 IMA 的综合控制是民机废水系统最先进的控制方式[6-7]，该控制是采用 ARINC664 数据总线和通用处理机技术对机载系统进行物理上和功能上的综合，实现统一管理、科学组合与动态调度，代表机型有 B787、C919，基于 IMA 的综合控制是未来航空领域一大重点发展方向[8-10]。因此，有必要开展民机废水系统的研究，尤其是其控制系统的研究。

此外，民机废水系统的工作模式较多，且涉及部件众多，包括马桶组件、灰水界面阀、液位传感器、真空泵和废水箱排放球阀等，不同部件的故障模式在不同工况下对民机废水系统的影响程度不同。因此，有必要提出一种适用于多工况多部件的民机废水系统的故障精准定位及处理方法。

本文介绍了民机废水系统的组成、工作状态和工作模式，采用基于 IMA 的综合控制架构，设计了民机废水系统的控制方案和控制逻辑，提出了一种针对多工况多部件的故障分级处理方法，实现了故障精准定位与故障分级处理，搭建了软硬件平台，开展了功能半物理仿真验证，实现了民机废水系统的综合控制。

1 废水系统的组成

民用飞机废水系统主要由灰水系统、废水处理系统、废水勤务系统和水量指示系统组成。灰水系统包括洗手盆水处理组件、灰水界面阀、灰水排放管路等；废水处理系统包括真空泵，废水箱、单向阀、马桶组件、废水管路等；废水勤务系统包括勤务面板组件、排放球阀、冲洗接头、冲洗管路和排放管路等。废水量指示系统包括超声波液位传感器、光学液位传感器等。废水系统的组成结构图如图 1 所示。

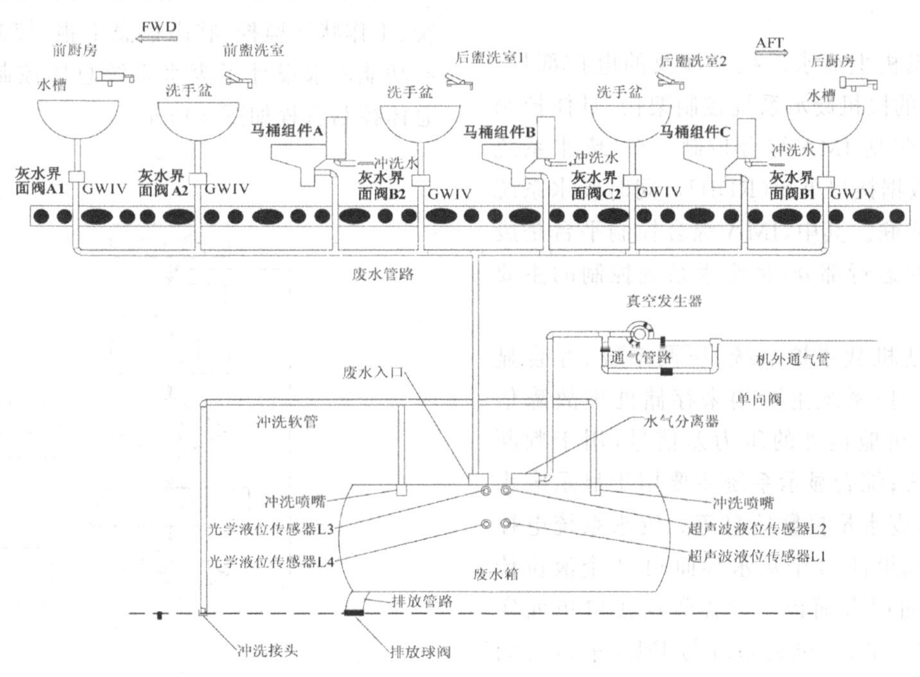

图 1　废水系统组成结构图

2 废水系统工作状态及工作模式

按照工作状态划分，废水系统分为正常工作状态、故障状态、勤务状态。出现任意故障则系统为故障状态；当地面服务面板打开，且压调信号显示舱内外压差小于 20 kPa 时，为勤务状态；勤务状态结束后未出现任何故障为正常工作状态。

按照工作模式划分，废水系统可分为地面模式和巡航模式，地面模式分为地面维护模式和地面非维护模式。在巡航模式下，3个部件可同时工作（马桶优先工作），且真空泵不工作。在地面非维护模式，只允许1个设备（3个马桶、5个灰水界面阀）工作，此时真空泵工作。在地面维护模式下，部件不工作。废水系统的工作模式转换图如图2所示。

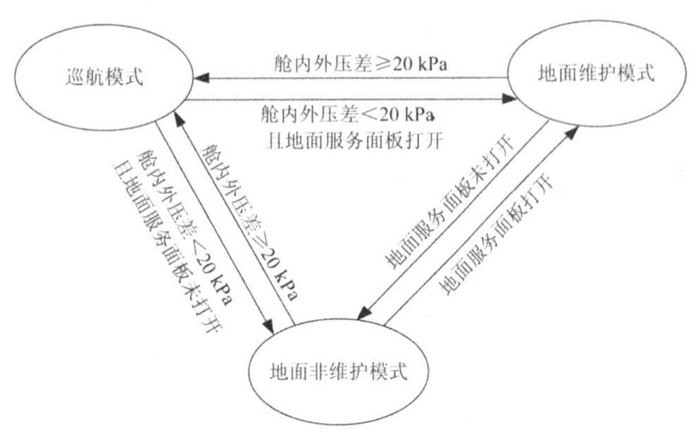

图2 工作模式转换图

3 废水系统综合控制架构设计

针对某民用飞机上废水系统所涉及的电控部件，设计了基于IMA的民机废水系统控制架构，具体控制架构如图3所示，包括IMA综合控制平台、废水系统电控部件和远程数据接口单元（RDIU），同时废水系统与其他机载系统交联。其中，IMA综合控制平台是废水系统控制软件的运行部分，是废水系统控制的主要决策单元。

机载系统包括机载维护系统、压调系统、综合显示系统等。机载维护系统主要用来存储处理故障信号；压调系统提供机舱内外的压力差信号，用于判断是否处于巡航模式；综合显示系统主要用于显示废水系统的工作状态，废水量报警信息等。废水系统电控部件包括3个马桶组件、5个灰水界面阀、4个液位传感器、真空泵、地面服务面板。远程数据接口单元实现电控部件与IMA平台、机载系统与IMA平台之间交联信号的转换。IMA平台与RDIU通过ARINC664总线进行通信。废水系统与机上其他机载系统之间也通过RDIU连接，并通过ARINC429总线进行通信。

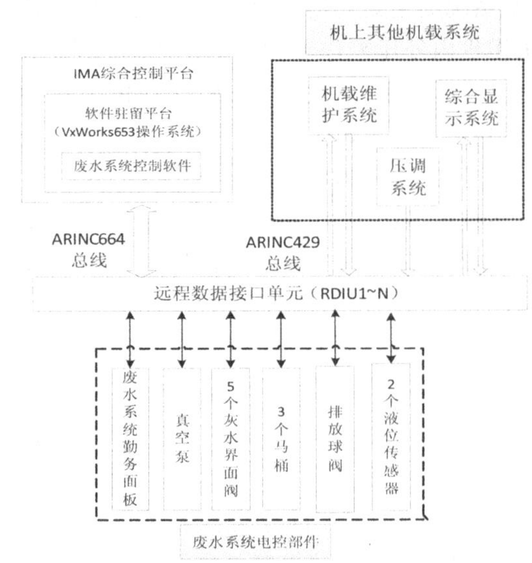

图3 综合控制架构

4 废水系统控制逻辑设计

4.1 总体控制

废水系统需要实现故障自检、故障处理、废水量报警、工作状态监控、状态信息上报、控制服务等功能，按照功能需求设计了废水系统总体控制逻辑，废水系统总体控制流程如图4所示。

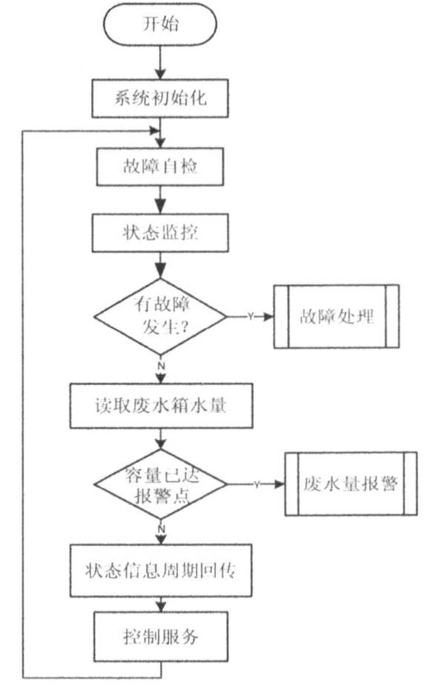

图4 总体控制流程

4.2 控制服务

控制服务主要实现对 3 个马桶的冲洗排放控制和 5 个灰水界面阀的排放控制，在收到马桶/灰水界面阀的抽真空请求后，根据不同工作模式下的具体要求进行综合判断是否需要响应抽真空请求。控制服务流程如图 5 所示。

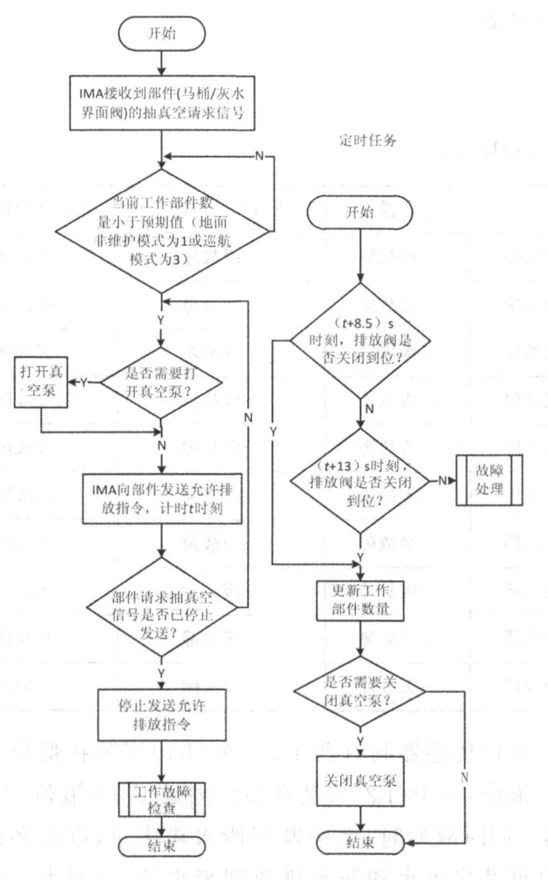

图 5　控制服务流程

当系统处于巡航模式时，最多可允许 3 个部件(3 个马桶，5 个灰水界面阀)可同时工作(马桶优先工作)，且真空泵不工作。

当系统处于地面非维护模式时，只允许 1 个设备(3 个马桶、5 个灰水界面阀)工作，真空泵可以工作。

在控制服务过程中，根据压调系统传递来的客舱压差信号，判断真空泵是否需要打开和关闭。

4.3 马桶/灰水界面阀控制流程

马桶冲洗排放和灰水界面阀的排放控制逻辑基本相同，仅仅是马桶多了冲洗的控制过程，马桶控制流程如图 6 所示，灰水界面阀控制流程可在马桶控制流程的基础上，取消冲洗的控制过程。

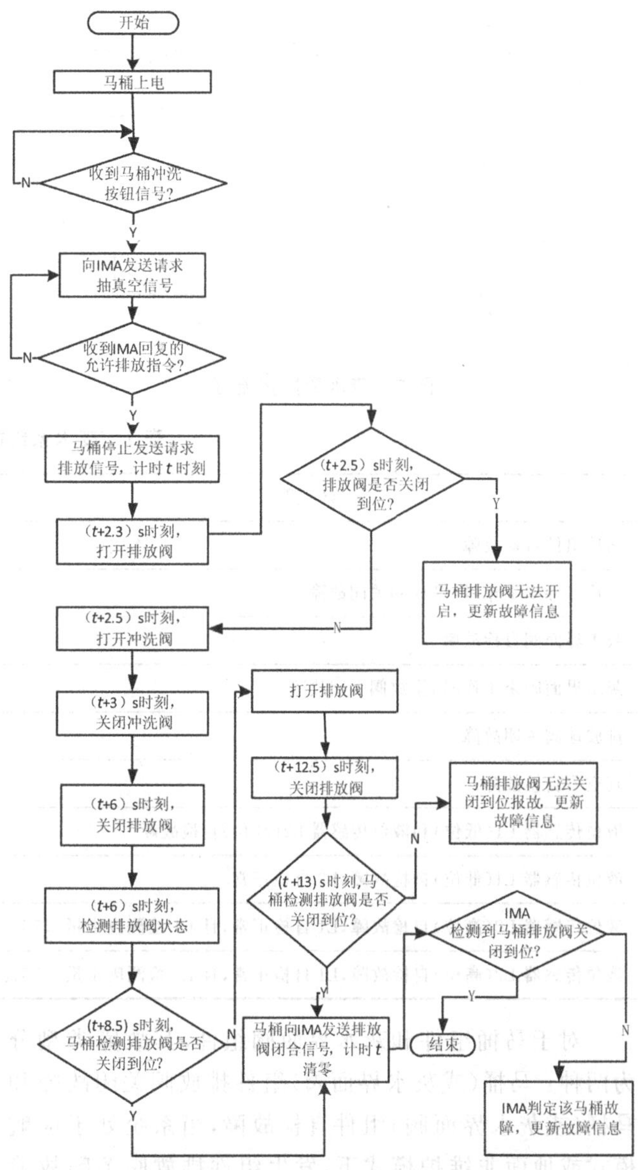

图 6　马桶控制流程

在控制服务过程中，根据压调系统传递过来的客舱压差信号，判断真空泵是否需要打开和关闭。

4.4 废水量报警

液位传感器 L1、L3 安装在低位液位 75%的位置，液位传感器 L2、L4 安装在高位液位 100%的位置。当箱内 L2 或 L4 发出液位到达信号时，若此时由飞控系统传来的数据计算出废水箱液面角 $\alpha \leqslant 5^{\circ}$ 且 $\beta \leqslant 5^{\circ}$ 时，判定液位到达 100%，则给机载发出液位 100%报警信号，并禁止废水系统工作。当箱内 L1 或 L3 发出液位到达信号时，若此时由飞控系统传来的数据计算出废水箱液面角 $\alpha \leqslant 5^{\circ}$ 且 $\beta \leqslant 5^{\circ}$ 时，判定液位到达 75%，则给机载发出液位 75%报警信号。废水量报警流程如图 7 所示。

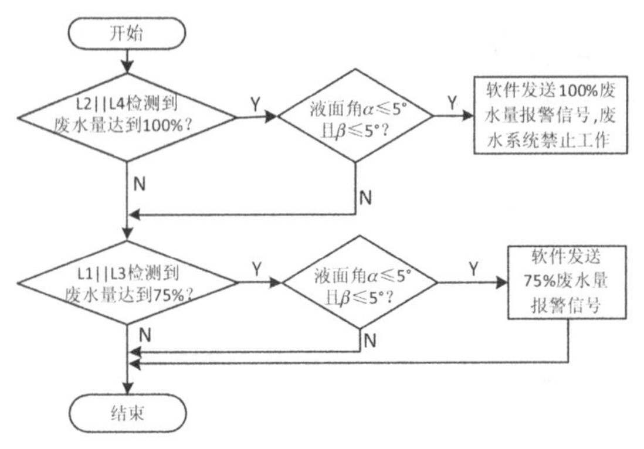

图 7　废水量报警流程

5　故障分级处理方法

在上电自检、巡航模式、地面非维护模式和地面维护模式四种工作模式下，各部件发生故障对废水系统造成的危害程度将会不同，依据危害程度将故障分级，可将废水系统故障等级分为 3 级，共 10 种故障类型，具体见表 1。

表 1　废水系统故障类型及故障分级

类　型	上电自检	巡航模式	地面非维护模式	地面维护模式
马桶组件自检故障	二级故障	二级故障	二级故障	三级故障
马桶组件未工作时，排放阀关闭故障	一级故障	一级故障	一级故障	三级故障
灰水界面阀自检故障	二级故障	二级故障	二级故障	三级故障
灰水界面阀未工作时，排放阀关闭故障	一级故障	一级故障	一级故障	三级故障
排放球阀关闭故障	一级故障	一级故障	一级故障	三级故障
真空泵自检故障	一级故障	三级故障	一级故障	三级故障
液位传感器 L1(低位)和液位传感器 L2(高位)自检故障	一级故障	一级故障	一级故障	三级故障
液位传感器 L1(低位)自检故障，L2 自检正常	三级故障	三级故障	三级故障	三级故障
液位传感器 L2(高位)自检故障，L1 自检正常，且 L1 检测废水量<75%	三级故障	三级故障	三级故障	三级故障
液位传感器 L2(高位)自检故障，L1 自检正常，且 L1 检测废水量≥75%	一级故障	一级故障	一级故障	三级故障

对于马桶组件和灰水界面阀组件，其故障类型分为两种：马桶(或灰水界面阀)组件排放阀关闭故障和马桶(或灰水界面阀)组件自检故障，当系统处于巡航模式或地面非维护模式下，发生组件排放阀关闭故障时，废水箱无法形成封闭空间，无法形成压力差，致使整个废水系统无法完成冲洗工作，同时会有异味进入机舱，故将该类故障列为一级故障；马桶(或灰水界面阀)组件自检故障只会使该组件无法工作，不会影响其他马桶(或灰水界面阀)组件工作，故列为二级故障。

当系统处于巡航模式或地面非维护模式下，排放球阀关闭故障，会使废水箱内废水排放到机内，故也定为一级故障。

对于真空泵，当故障发生在巡航模式时，此时系统不需要使用真空泵，故列为三级故障；当发生在地面非维护模式下时，真空泵故障将无法完成抽真空动作，整个废水系统无法完成冲洗工作，故定义为一级故障。

液位传感器共有两个，一个(L1)安装在低位测量75%液位，一个(L2)安装在高位测量 100%液位，当 L1 和 L2 同时故障时，无法监测废水箱水量，废水系统不允许继续将废水和灰水排放到废水箱，故列为一级故障；当 L1 故障，L2 正常时，可以继续监测废水箱水量，废水系统可继续工作，故列为三级故障；当 L1 正常，L2 故障时，如果此时 L1 已经发送了 75%液位报警信号，系统无法继续监测后续废水量变化，列为一级故障，如果此时 L1 尚未发送 75%液位报警信号，系统可以继续监测后续废水量变化，列为三级故障。

当处于地面维护模式时，各部件的故障不会对系统造成大的危害，均可列为三级故障。

发生故障时，系统会详细记录故障信息，并将故障信息上报给机载维护系统。对于一级故障，废水控制系统禁止工作，即只通讯不控制；对于二级故障，废水控制系统某一个部件(3 个马桶组件，5 个灰水界面阀)故障，该部件禁止工作，即该故障部件不响应；对于三级故障，废水系统需要继续工作。

6 半物理仿真验证

如图 8 所示，搭建了半物理仿真平台，将废水系统 3 个马桶、5 个灰水界面阀、4 个废水箱液位传感器连接到 RDIU；RDIU 与通用控制平台之间通过网线连接两者的 AFDX 总线接口，实现 ARINC664 协议通信；RDIU 与地面测试设备之间通过 SCSI-100 接插件连接，实现 ARINC429 通信。

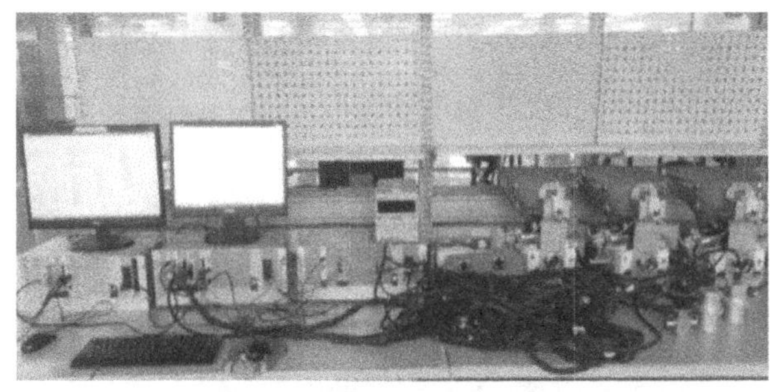

图 8 半物理仿真平台

真空泵需要接到废水箱密闭空间，由于暂无废水箱及管路，RDIU 发送给真空泵的控制信号使用示波器采集查看。

在半物理仿真验证平台进行了单个马桶排放、单个灰水界面阀排放、多个设备（马桶和灰水界面阀）同时请求排放等功能验证。

通过地面检测设备模拟压调系统、飞控系统发送相关信号，同时模拟机载维护系统、客舱核心服务系统接收相关信号。

如图 9 所示为 RDIU 信号监测界面，通过查看 RDIU 信号监测情况和相关被控设备的动作情况，综合判断各设备是否按照控制逻辑正常运行。

通过仿真试验验证，废水系统各项功能均正常，各设备均可按照控制逻辑正常运行，达到预期目标。

7 结　论

（1）针对多工况多部件的民机废水系统，采用了基于 IMA 的综合控制方法，提出了综合控制架构和控制逻辑，实现了系统的综合管理和科学调度，综合管理后，从根本上改变传统废水系统的体系结构，减少了独立控制器和线缆的数量，减轻系统重量，实现了数据共享，为国内民机废水系统的综合控制研究提供了技术支撑。

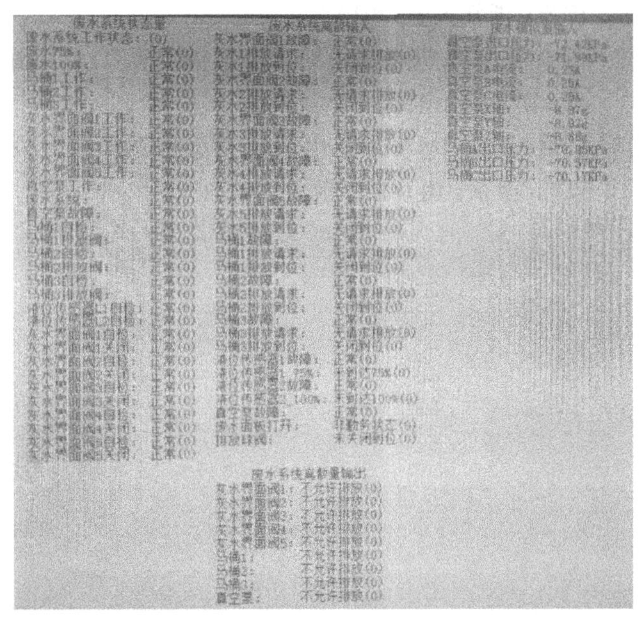

图 9 信号监测界面

（2）针对多工况多部件的民机废水系统，提出了一种故障分级处理方法，对核心部件进行故障模式的细化，根据不同部件在不同工况下的故障模式对废水系统的影响程度，进行故障分级，并针对不同的故障级别，采取对应的处理措施，在定位故障部件的同时尽可能缩小故障影响范围，实现故障定位和分级处理，并将故障信息上传机载维护系统，将故障诊断、容错控制融为一体，全面提升飞机的安全性、可靠性和维修性。

参考文献

[1] 孙鉴非，孙欢庆，喻文韬，等．基于机电综合的民用飞机水废水系统构架建模初步分析[J]．科技视界，2016(14)：151．

[2] 张贺磊，吴慧祥．飞机废水系统仿真计算方法及程序[J]．江苏航空，2010(S2)：149-150．

[3] 张维方，肖世旭，雷美玲．民用飞机厨房废水处理技术研究[J]．民用飞机设计与研究，2009(3)：44-47．

[4] 温波．民用飞机污水处理系统选型研究[J]．军民两用技术与产品，2017(2)：46．

[5] 周传记．MD-90 飞机真空废水系统设计[J]．民用飞机设计与研究，2000(2)：27-30．

[6] 丁斐．大型客机液压系统综合管理技术研究[D]．

杭州：浙江大学，2010.

[7] 何成东. 民机机电系统综合控制技术研究[D]. 南京：南京航空航天大学，2009.

[8] 林晨. 基于 IMA 的机电综合系统仿真平台开发[D]. 南京：南京航空航天大学，2013.

[9] 王明，龙慷，解文涛，等. 下一代 IMA 架构机载系统综合化关键技术研究[J]. 信息通信，2016，13(1)：19-23.

[10] 尤海峰，刘煜. 大型民用飞机 IMA 系统应用分析及发展建议[J]. 电讯技术，2013，13(1)：19-23.

基于模糊 PID 的平流层飞艇姿态控制器设计

张经伦*，杨希祥，邓小龙，郭正，翟嘉琪

国防科技大学空天科学学院，长沙 410073

摘要：为实现控制平流层飞艇飞行阶段姿态角稳定，研究动力学模型参数摄动和风场扰动条件下平流层飞艇姿态控制问题。采用 Newton-Euler 方法建立飞艇动力学模型，将平流层飞艇模型解耦为纵向与横侧向运动方程，利用小扰动线性化方法将横侧向运动模型线性化。设计一种模糊 PID 姿态控制器，通过模糊控制规则在线动态调整 PID 参数。以美国 HALE-D 飞艇为对象开展仿真验证，仿真结果表明，在风场风向随机变化下，控制器对风场扰动的抗干扰性强，鲁棒性好。设计的控制器控制精度高，15 s 内实现对变化期望姿态角的跟踪控制，动态响应性能好。为平流层浮空器姿态控制系统设计提供参考。

关键词：平流层飞艇；姿态控制；模糊控制规则；PID 控制器

Design of Attitude Controller of Stratospheric Airship Based on Fuzzy PID

ZHANG Jinglun*, YANG Xixiang, DENG Xiaolong, GUO Zheng, ZHAI Jiaqi

College of Aerospace Science and Engineering, National University of Defense Technology, Changsha 410073, China

Abstract: In order to control the attitude angle of stratospheric airship during flight, the attitude control of stratospheric airship under dynamic model parameter perturbation and wind field disturbance is studied. The Newton-Euler method was used to establish the dynamics model of airship, the stratospheric airship model was decoupled into longitudinal and transverse lateral motion equations, and the lateral-lateral motion model was linearized by the small perturbation linearization method. A fuzzy PID attitude controller is designed, and PID parameters are dynamically adjusted online through fuzzy control rules. The simulation results of American HALE-D airship show that the controller has strong anti-interference and good robustness against wind disturbance under random wind direction changes. The designed controller has high control precision, the tracking control of the expected attitude angle changes within 15 s, and good dynamic response performance. It provides a reference for the design of attitude control system for stratospheric aerosols.

Keywords: stratospheric airship; attitude control; fuzzy control rules; PID controller

大气平流层(离地面 10～50 km)风速变化小，太阳辐射充足，特别是在 20 km 高度附近存在大尺度范围内风速较小、风向稳定的低速风带，非常适合以平流层飞艇和太阳能飞机为代表的飞行器以较小能源代价实现长期抗风驻留[1]。与卫星相比，平流层飞艇不受轨道重访周期限制，在对地观测、侦察预警、通信导航、环境探测等领域存在广阔应用前景[2]。

可控飞行是平流层飞艇实现区域长期驻留的关键技术之一，姿态稳定控制是可控飞艇的重要方面。与飞机、导弹、卫星等常规飞行器相比，平流层飞艇具有大惯量、长时延、欠驱动、模型参数摄动、受环境风场干扰影响大等特点，姿态控制难度较高[3]。基于平流层飞艇线性模型，Paiva 等[4]设计了 PID 姿态控制器，利用了极点配置分析满足了系统稳态响应性能。基于平流层飞艇非线性模型，Park 等[5]利用平流层飞艇非线性特性，通过神经网络动态逆方法设计控制器，提高控

基金项目：国家自然科学基金(基金号 61903369)；湖南省自然科学基金(基金号 2017JJ3590)；国家部委基金(基金号 2019A0X0233)资助课题

* 通讯作者. E-mail: zhangjinglun97@163.com

制器的动态响应。王晓亮等[6]采用反馈线性化设计控制器，该控制器抑制了外界扰动对飞艇的影响。杨跃能等[7]利用模糊滑膜控制方法研究了飞艇的姿态控制问题，通过建立模糊规则，自适应调整参数，减弱滑模控制的系统抖振问题，文献[8]应用模型预测方法设计平流层飞艇控制器，利用滚动时域优化控制实现平流层飞艇的路径跟踪，文献[9]将鲁棒控制与模型预测控制相结合，用于平流层飞艇路径跟踪控制。

PID控制是工程上浮空器姿态控制领域的常用方法，具有控制器简单，稳定性高，易于实现等优点，平流层飞艇本身受到大惯量和外界干扰，PID系统的性能将明显下降，无法达到良好的控制效果。随着模糊数学的发展，通过建立模糊规则自适应的调整PID控制器参数[10]。Kuantama等[11]设计模糊PID控制器实现对旋翼无人机的姿态控制，文献[12]利用模糊PID控制器实现一种机器人的智能路径跟踪，本文提出一种模糊控制规则来调整PID参数，实现控制器参数的动态优化，从而达到更好的控制效果。

1 平流层飞艇动力学模型

为了简化飞艇的运动方程，引入以下几个假设[13]：

(1) 地面作为惯性坐标系，忽略地球自转；

(2) 将飞艇视为刚体，忽略飞艇内部气体的变化和飞艇自身的弹性形变；

(3) 飞艇体积外形和质量关于纵平面对称，体心和浮心重合。

1.1 六自由度动力学模型

在惯性坐标系下建立平流层飞艇六自由度动力学模型：

$$\begin{bmatrix} F \\ \tau \end{bmatrix} = \begin{bmatrix} m & -m\boldsymbol{r}_G \\ m\boldsymbol{r}_G & I_0 \end{bmatrix} \begin{bmatrix} \dot{\boldsymbol{v}}_0 \\ \dot{\boldsymbol{w}} \end{bmatrix} + \begin{bmatrix} m\boldsymbol{w} \times \boldsymbol{v}_0 + m\boldsymbol{w} \times (\boldsymbol{w} \times \boldsymbol{r}_G) \\ \boldsymbol{w} \times (I_0 \boldsymbol{w}) + m\boldsymbol{r}_G \times (\boldsymbol{w} \times \boldsymbol{v}_0) \end{bmatrix} \tag{1}$$

式中，m 为平流层飞艇质量，F 为作用在飞艇上的力，I_0 为平流层飞艇相对于体心的转动惯量，τ 为力对质心的力矩，$\boldsymbol{v}_0 = [u \quad v \quad w]^{\mathrm{T}}$ 为体心速度(浮心速度)沿三个坐标轴的速度分量，$\boldsymbol{w} = [p \quad q \quad r]^{\mathrm{T}}$ 为角速度在三个坐标轴上的角速度分量，$\boldsymbol{r}_G = [x_G \quad y_G \quad z_G]^{\mathrm{T}}$ 为浮心到重心的矢径。

在体坐标系下平流层飞艇六自由度运动学模型表示为

$$\begin{cases} \dot{x} = u\cos\theta\cos\psi + v(\sin\phi\sin\theta\cos\psi - \cos\varphi\sin\psi) + \\ \quad w(\sin\phi\sin\psi + \cos\phi\sin\theta\cos\psi) \\ \dot{y} = u\cos\theta\sin\psi + v(\sin\phi\sin\theta\sin\psi + \cos\phi\cos\psi) \\ \dot{z} = u\sin\theta - v\sin\varphi\cos\theta - w\cos\phi\cos\theta \\ \dot{\theta} = q\cos\phi - r\sin\phi \\ \dot{\psi} = \sec\theta(r\cos\phi + q\sin\phi) \\ \dot{\phi} = p + (r\cos\phi + q\sin\phi)\tan\theta \end{cases} \tag{2}$$

式中，x、y、z 为飞艇相对地面的坐标，p、q、r 分别为滚转、俯仰和偏航角速度，$\theta \in (-\pi/2, \pi/2)$、$\psi \in (-\pi, \pi)$、$\phi \in (-\pi/2, \pi/2)$ 分别为俯仰、偏航和滚转角。地面坐标系 $O_g X_g Y_g Z_g$、飞艇体坐标系 $O_b X_b Y_b Z_b$ 和速度坐标系 $O_w X_w Y_w Z_w$ 如图1所示。

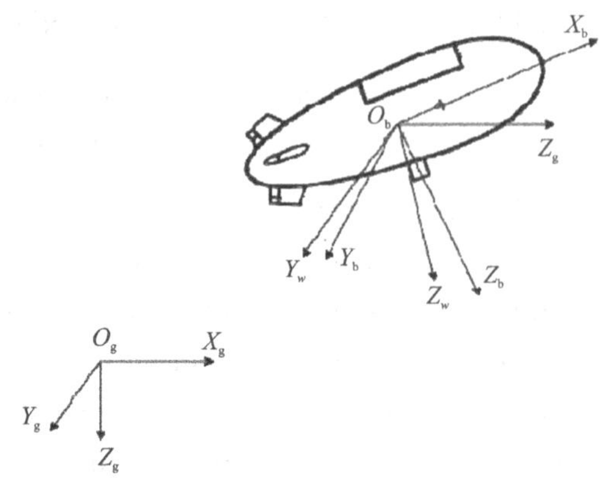

图1 飞艇平台的坐标系统

1.2 飞艇动力学线性化

在公式(1)(2)中，得到了平流层飞艇六自由度动力学模型，将公式(1)和公式(2)动力学方程解耦为两组方程，即横侧向和纵向运动方程。将系统动力学方程采用小扰动线性化方法，泰勒展开后忽略高阶参数项的变化，得到相对简单的线性系统。

平流层飞艇驻空期间，以水平面运动为主[14]，本文分析平流层飞艇的前向和侧向运动。以横侧向动力学方程分析为例，在横侧向运动分析中，选取状态向量 $\boldsymbol{x}_L = [u \quad v \quad r \quad \psi]^{\mathrm{T}}$，控制向量 $\boldsymbol{u}_L = [F_x \quad F_y \quad \tau]^{\mathrm{T}}$，得到横侧向线性状态方程

$$\boldsymbol{M}_L \dot{\boldsymbol{x}}_L = \boldsymbol{A}_L \boldsymbol{x}_L + \boldsymbol{B}_L \boldsymbol{u}_L \tag{3}$$

公式(3)中，经计算可以得到

$$\boldsymbol{M}_{\mathrm{L}}=\begin{bmatrix} m+m_{11} & 0 & mZ_{\mathrm{G}} & 0 \\ 0 & m+m_{33} & mX_{\mathrm{G}} & 0 \\ mZ_{\mathrm{G}} & -mX_{\mathrm{G}} & I_y+m_{55} & 0 \\ 0 & 0 & 0 & 1 \end{bmatrix} \tag{4}$$

$$\boldsymbol{A}_{\mathrm{L}}=\begin{bmatrix} X_u & X_w & X_q & X_\theta \\ Z_u & Z_w & Z_q & Z_\theta \\ M_u & M_w & M_q & M_\theta \\ 0 & 0 & 1 & 0 \end{bmatrix} \tag{5}$$

$$\boldsymbol{B}_{\mathrm{L}}=\begin{bmatrix} X_{\mathrm{F}} & X_\tau & X_{\delta_e} \\ Z_{\mathrm{F}} & Z_\tau & Z_{\delta_e} \\ M_{\mathrm{F}} & M_\tau & M_{\delta_e} \\ 0 & 0 & 0 \end{bmatrix} \tag{6}$$

其中，X_i、Z_i、M_i（$i=u,w,q,\phi,v,\delta,T$）分别为轴向力、垂直方向力以及俯仰力矩对纵向运动参数和控制量的偏导数。

2　平流层飞艇偏航姿态控制器设计

2.1　基于PID的平流层飞艇姿态控制器

平流层飞艇姿态控制问题可描述为：通过飞艇模型设计姿态控制器，使得系统输入在 t_1-t_0 的时间内能够跟踪指定期望输出$[\theta_d \quad \psi_d \quad \phi_d]^{\mathrm{T}}$，即

$$[\theta-\theta_d \quad \psi-\psi_d \quad \phi-\phi_d]^{\mathrm{T}}=[0 \quad 0 \quad 0]^{\mathrm{T}}$$

由公式(3)得到飞艇横侧向小扰动线性化模型。飞艇运动方程可为偏航通道与滚转通道，偏航角控制与滚转角控制方法相似，下面以偏航通道分析为例。有公式

$$u(t)=K_p e(t)+K_d\dot{e}(t)+K_i\int_0^t e(t)\mathrm{d}t \tag{7}$$

式中，$u(t)$为控制器输出，$e(t)$、$\dot{e}(t)$分别为控制系统输出误差及其微分，K_p、K_i、K_d 分别为控制器的参数，飞艇偏航通道PID控制系统如图2所示。

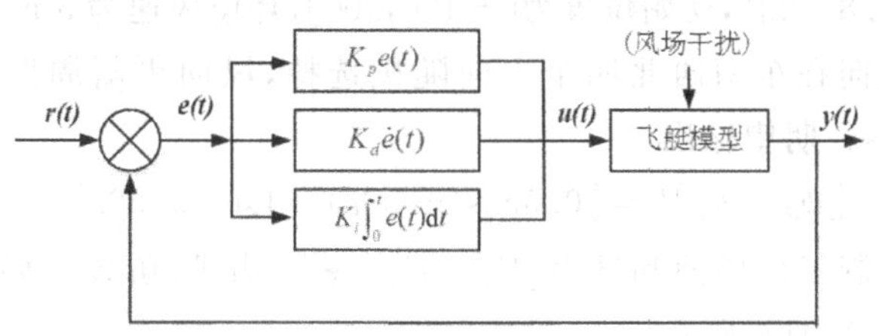

图2　平流层飞艇偏航通道PID控制器

在实际项目中，参数设置是整个控制系统的核心。设置的目的是尝试使控制器的特性与受控对象匹配，以获得最佳控制效果。一般情况下，PID控制器的参数 K_p、K_i、K_d 可通过经验法或反复试验法来确定[15]。对于线性时不变系统，PID控制器有着良好的稳定裕度。闭环动态响应对于PID控制器的参数变化比较敏感，当被控对象系统处于不断变化的环境下，PID控制算法的参数无法达到最佳，需要根据环境的变化来调整PID参数。基于以上原因，本文提出模糊PID控制器。

2.2　模糊PID控制器设计

平流层飞艇的模型参数在实际应用中可能是未知的或受干扰的，本文设计一种模糊规则对PID控制器参数自适应调整。模糊PID控制可以实现系统参数的自适应调整、响应速度快和鲁棒性强等特点。平流层飞艇偏航角通道模糊PID控制器结构如图3所示。

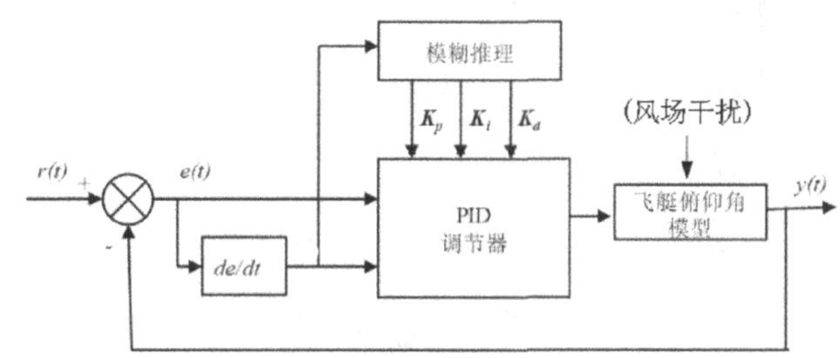

图3　平流层飞艇偏航通道模糊PID控制器

模糊规则规定了系统误差 e、误差变化率 e_c 与PID控制器三个参数之间的关系。当系统误差 e，误差变化率 e_c 发生变化时，PID的控制参数 K_p、K_i、K_d 也重新改变，最后根据调整后参数重新代入PID公式进行运算，计算结果为控制器的最终输出量 u，从而使被控对象具有良好的动、静态特性。

考虑到控制的效果和实现的可能性，模糊规则设置为11个模糊子集。模糊子集是 $e,e_c=\{NB,NM,NS,ZO,PS,PM,PN\}$，子集中元素分别表示为负大、负中、负小、零、正小、正中、正大。确定每个模糊子集的隶属度，并采用三角隶属度函数，隶属度函数如图4、图5所示。

根据每个模糊子集的隶属度函数和每个参数的模糊控制模型，采用模糊规则设计PID的参数变化，并对 K_p、K_i、K_d 这三个参数进行模糊控制。模糊规则表如表1所列。

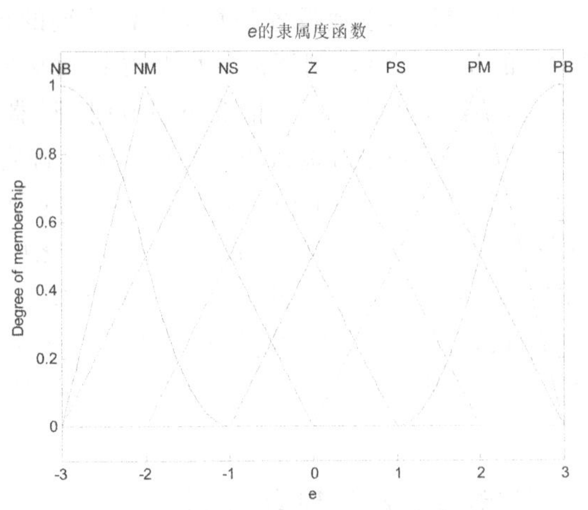

图 4　误差和误差变化率的隶属度函数

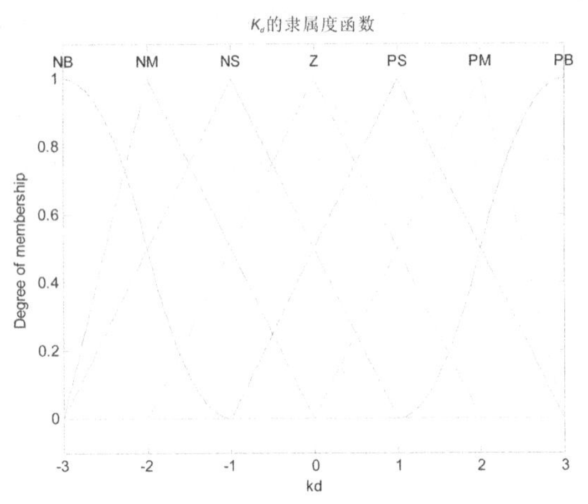

图 5　控制量的隶属度函数

表 1　模糊控制规则表

e	e_c						
	NB	NM	NS	ZO	PS	PM	PB
NB	PB	PB	PM	PM	PS	ZO	ZO
NM	PB	PB	PM	PS	PS	ZO	NS
NS	PM	PM	PM	PS	ZO	NS	NS
ZO	PM	PM	PS	ZO	NS	NM	NM
PS	PS	PS	ZO	NS	NS	NM	NM
PM	PS	ZO	NS	NM	NM	NM	NB
PB	ZO	ZO	NM	NM	NM	NB	NB

利用隶属度函数去模糊化，参数变化量代入式(8)计算得到更新后的 PID 参数为

$$\left.\begin{aligned}K_p(k)&=K_p(k-1)+\{e_i,ec_i\}_p\\K_i(k)&=K_i(k-1)+\{e_i,ec_i\}_i\\K_d(k)&=K_d(k-1)+\{e_i,ec_i\}_d\end{aligned}\right\}\tag{8}$$

存在外界扰动作用下，建立模糊规则，通过查表、参数变化和运算结果更新，实现了 PID 参数的自校正。工作流程如图 6 所示。

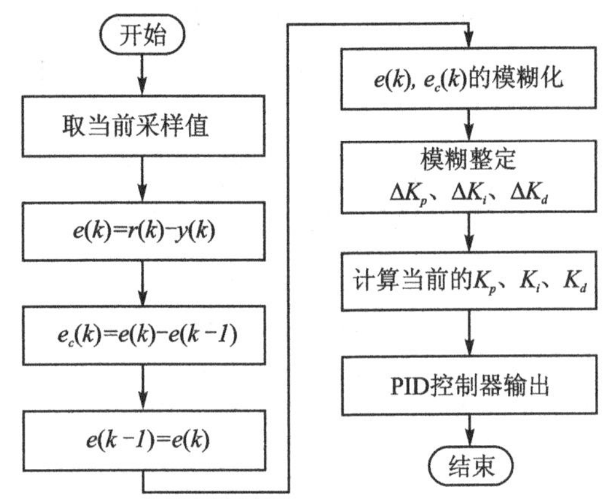

图 6　模糊 PID 参数自校正流程图

3　仿真结果与分析

以美国 HALE-D 平流层飞艇为参考[16]，飞艇采用保压外形，内部填充氦气，通过自身浮力长时间驻空飞行，HALE-D 飞艇两侧共安装了两台螺旋桨作为动力装置，主要参数如表 2 所列。

表 2　HALE-D 飞艇主要参数

参数名称	数　值	参数名称	数　值
体积/m^3	14 150	滚转方向转动惯量/($kg\cdot m^2$)	41 820
长度/直径/m	73/21	俯仰方向转动惯量/($kg\cdot m^2$)	41 820
总质量/kg	1 360	偏航方向转动惯量/($kg\cdot m^2$)	54 790
巡航速度/($m\cdot s^{-1}$)	15	螺旋桨推进功率/(kW)	2×5

搭载平流层飞艇姿态控制器 simulink 仿真模型如图 7 所示。平流层飞艇初始状态为$[\psi_0\quad \phi_0]^T=[0.8\quad 2]^T$，初始位置为$[-100,200]$，环境风速为 5 m/s，风向在东南西北四个方向随机选择，风向更新周期为 5 s。期望输出

$$[\psi_d\quad \phi_d]^T=[0.5\cos(\pi/50t)\quad 4\sin(\pi/50t)]^T$$

控制量由舵面和推力$[F_x\quad F_y\quad \tau]^T$构成，仿真结果如图 8、图 9 所示。

由图 8 可以看出，在环境风场风向随机和期望姿态角变化的条件下，模糊 PID 控制器不断调整 PID 参

数 K_p、K_i 和 K_d，使得参数在一定范围内波动。面对扰动风场可以自适应调整控制器参数，体现模糊 PID 控制器鲁棒性强。由图 7 可以看出，平流层飞艇在姿态控制下，运动轨迹平滑。控制变量 F_x、F_y 在[−450 N，450 N]范围内，满足平流层飞艇螺旋桨输出动力约束范围内，过度平滑，可实现性好。由图 9 可以看出，在模糊 PID 控制作用下，平流层飞艇在 15 s 左右偏航角 ψ 和滚转角 φ 实现跟踪期望姿态角，响应速度快。误差较小。存在扰动风情况下，平流层飞艇速度大小迅速收敛，三轴速度 u 最终趋向于 4 m/s，v 趋向于 −12 m/s。最终飞艇在风场风向随机扰动下可以实现姿态角稳定沿直线飞行，验证了姿态控制方法的有效性。

仿真表明，模糊 PID 控制器实现了跟踪期望姿态角，且响应速度较快。在环境风场风向不确定下，通过模糊 PID 控制作用，提高了系统鲁棒性与稳定性。在一定范围内的环境干扰下实现了平流层飞艇的姿态稳定。不足之处在于，对于平流层飞艇参数摄动的特点，缺少分析参数变化对模糊 PID 控制器控制效果分析，后续工作围绕着这一问题展开研究。

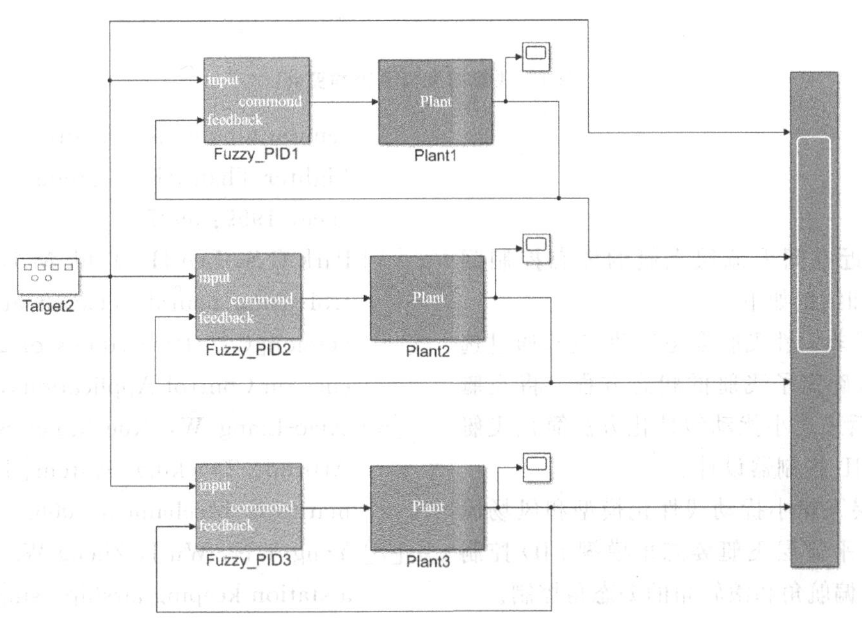

图 7 平流层飞艇姿态控制仿真模型

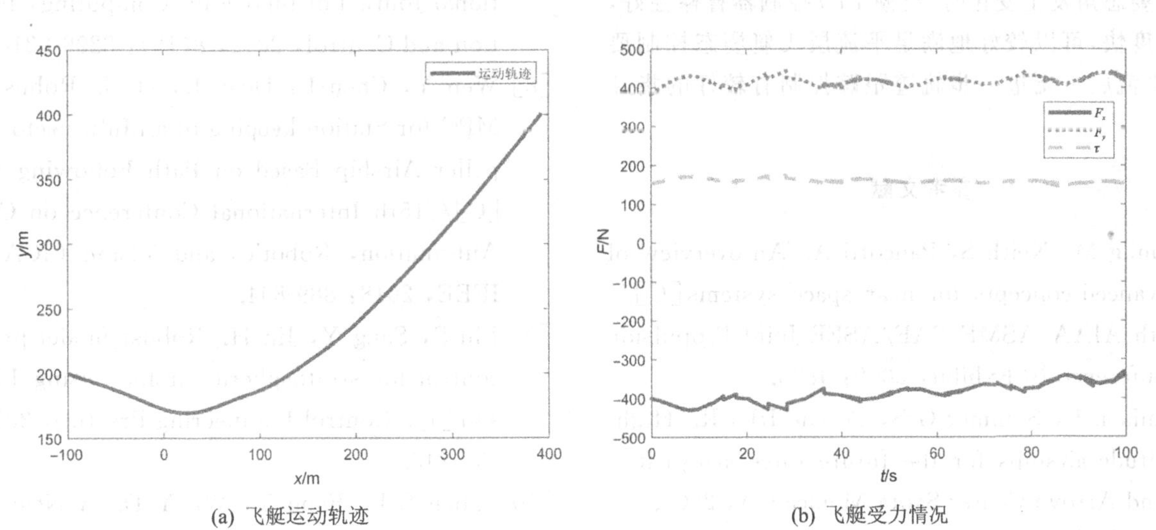

(a) 飞艇运动轨迹 (b) 飞艇受力情况

图 8 飞艇运动轨迹与控制量变化

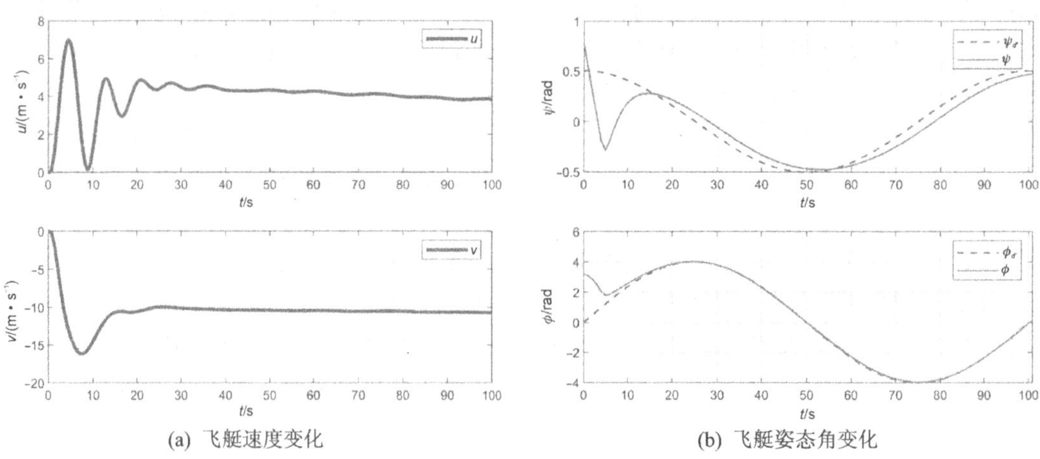

(a) 飞艇速度变化　　(b) 飞艇姿态角变化

图 9　飞艇速度与姿态角变化

4　结　论

本文研究了临近空间平流层飞艇的姿态控制问题。主要研究工作和结论如下：

(1) 首先推导了非线性飞艇姿态运动方程，通过选取状态量和控制量，确定了飞艇的状态方程。将飞艇六自由度方程解耦后采用小扰动线性化方法简化飞艇模型，有利于模糊 PID 控制器设计。

(2) 基于平流层飞艇小扰动线性化模型和风场风向不确定下，提出了平流层飞艇姿态角模糊 PID 控制器，在横侧向实现对偏航角和滚转角的姿态角控制。

(3) 仿真结果表明，在环境风场风向随机变化中，当期望姿态角发生变化时，模糊 PID 控制器鲁棒性好，响应速度快，可以较好地满足平流层飞艇姿态控制要求，对平流层飞艇进一步轨迹跟踪控制有较好的指导意义。

参考文献

[1] Young M, Keith S, Pancotti A. An overview of advanced concepts for near space systems[C]//45th AIAA/ASME/SAE/ASEE Joint Propulsion Conference & Exhibit, 2009: 4805.

[2] Jamison L, Sommer G S, Porche III I R. High-altitude airships for the future force army[R]. Rand Arroyo Center Santa Monica CA, 2005.

[3] 李智斌，李智斌，吴雷，等. 平流层飞艇动力学与控制研究进展[J]. 力学进展，2012，42(4)：482-493.

[4] Paiva Ely Carneiro de, Bueno S, Bergerman M. A robust pitch attitude controller for AURORA's semi-autonomous robotic airship [C]//13th Lighter-Than-Air Systems Technology Conference, 1999: 3907.

[5] Park C S, Lee H, Tahk M J, et al. Airship control using neural network augmented model inversion[C]//Proceedings of 2003, IEEE Conference on Control Applications, 2003. 1: 558-563.

[6] Xiao-Liang W, Xue-Xiong S. Study of Airship Attitude Tracking System[J]. Applied Mathematics & Mechanics, 2006.

[7] Yang Y N, Wu J, Zheng W. Attitude control for a station keeping airship using feedback linearization and fuzzy sliding mode control[J]. International Journal of Innovative Computing, Information and Control, 2012, 8(12): 8299-8310.

[8] Wen Y, Chen L, Duan D, et al. Robust Fuzzy MPC for Station-keeping of a Multi-vectored Propeller Airship Based on Path Following Method [C]//15th International Conference on Control, Automation, Robotics and Vision (ICARCV), IEEE, 2018: 889-894.

[9] Liu S, Sang Y, Jin H. Robust model predictive control for stratospheric airships using LPV design[J]. Control Engineering Practice, 2018, 81: 231-243.

[10] Chen S L, Fang Y, Wu Y D. A New Hybrid Fuzzy Clustering Approach to Takagi-Sugeno Fuzzy Modeling [J]. International Journal of Digital Content Technology & Its Application, 2012, 6(18): 341-348.

[11] Li Z, Xiao D, He S. Self-adjusting PID controller based on fuzzy inferences[J]. Control Theory & Applications, 1997, 2.

[12] Kuantama E, Vesselenyi T, Dzitac S, et al. PID and Fuzzy-PID control model for quadcopter attitude with disturbance parameter[J]. International journal of computers communications & control, 2017, 12(4): 519-532.

[13] 张礼学,王中伟,杨希祥,等.面向有效载荷质量的平流层飞艇设计参数优化[J].中南大学学报(自然科学版),2013,44(4):1367-1372.

[14] 李家宁.平流层飞艇定点控制技术研究[D].南京航空航天大学,2009.

[15] 肖军,章玮玮,郭晓鹏,等.基于模糊PID控制的飞艇压力调节系统设计[J].辽宁工程技术大学学报(自然科学版),2010,29(5):807-809.

[16] Ahn K K, Truong D Q. Online tuning fuzzy PID controller using robust extended Kalman filter [J]. Journal of Process Control, 2009, 19(6): 1011-1023.

小直径深孔钻削技术研究进展

田静[1,*],李少敏[2],刘长栋[1]

1. 中国航空工业集团公司北京长城航空测控技术研究所,北京 101111

2. 北京航空航天大学,北京 100191

摘要: 孔加工作为机械加工中的常见工艺,其加工质量直接影响着零部件的使用性能。作为微细加工技术,小直径深孔钻削技术已经被广泛应用到航空航天、汽车制造等领域。本文展示了小直径深孔钻削技术在排屑以及表面完整性方向的研究进展,详细介绍了普通钻削、振动辅助钻削的分类、加工机理、加工特点和系统组成,论述了国内外小直径深孔钻削的研究进展,着重介绍了超声振动辅助钻削、低频振动辅助钻削、自激振动辅助钻削在原理研究、设备开发、技术应用方面的研究状况。基于小直径深孔钻削技术的研究现状,本文最后从理论研究、设备研发设计、优化新材料加工工艺等方面对小直径深孔钻削技术提出了研究趋势与展望。

关键词: 小直径深孔钻削;排屑;加工机理;振动辅助钻削

Research Progress of Small-diameter Deep Hole Drilling Technology

TIAN Jing[1,*], LI Shaomin[2], ZHANG Changdong[1]

1. AVIC Beijing Chang Cheng Aeronautical Measurement and Control Technology Research Institute, Beijing 101111, China

2. Beihang University, Beijing 100191, China

Abstract: The quality of hole machining directly affects the performance of parts, which is a common process in mechanical manufacturing. As a micro machining technology, small-diameter deep hole processing technology has been widely used in aerospace, automobile manufacturing and other fields. This paper first shows the small-diameter deep hole drilling technology research progress in the direction of the chip evacuation and surface integrity. In addition, the classification, processing principle, processing characteristics and system composition of Common Drilling(CD) and Vibration Assisted Drilling(VAD) are also introduced. Then this paper discusses the research progress of small-diameter deep hole drilling at home and abroad, and emphatically introduces the research status of Ultrasonic Assisted vibration Drilling(UAD), Low-Frequency assisted Vibration Drilling (LFVD) and Self-excited Vibration Drilling(SVD) in principle research, equipment development and technical application. Finally, based on the development status of small-diameter deep hole drilling technology, the research trend and prospect are put forward from the aspects of theoretical research, equipment development and design, and optimization of new materials processing technology.

Keywords: small-diameter deep hole; chip evacuation; processing principle; assisted vibration drilling

随着航空航天、汽车制造、金属模具、医疗器械等领域的不断发展,机械零部件的精细程度也变得越来越高。以航空航天领域为例,孔加工约占整个飞机制造工作量的四分之一,其中小直径深孔钻削是重要的组成部分。在孔加工过程中,认为 0.3～3 mm 的孔为小直径,认为孔深超过孔径 5 倍的为深孔[1]。作为微细加工技术,自小直径深孔加工技术诞生以来,就被广泛运用汽车、医疗器械、航空航天等高精尖领域[2-5]。

由于小直径深孔加工过程处于封闭状态,受制于各种外部条件,因此伴有加工难度大、加工不稳定的现

* 通讯作者. E-mail: tianj@avic-bmc.com

象。由于小直径深孔加工所用的刀具直径小、长度长，所以在对孔进行钻削的过程中容易发生振动，影响加工质量，难以满足较高同心度的要求。在加工硬度高、韧性强等材料时，由于切削空间狭小，冷却液无法注入，加工所产生的切屑难以排出，容易堵塞刀具。此外，切削过程中所产生的热量难以降低，刀具磨损速度加快，因此需要频繁地重新磨尖或更换刀具，从而降低了生产率[6-7]。另外，刀具的磨损会加大孔的直线度偏差，影响最终的加工质量。

目前小直径深孔加工一般采用麻花钻进行钻削，此外使用枪钻也是一种经济、高效的加工手段[8-10]。振动辅助钻削技术自20世纪中旬出现以来，得到了广泛的研究。与普通钻削的区别在于，制孔过程中通过振动辅助装置使钻头与工件之间产生可控的相对运动。目前，超声振动辅助钻削工艺和低频振动钻削工艺以其各自特有的钻削特性引起了国内外学者的关注，在难加工材料的钻削实验中均获得了良好的工艺效果，成为特种加工领域的研究热点和难点[11-17]。

1 小直径深孔钻削基本原理

1.1 排屑研究

小直径深孔钻削的作业区相对封闭，切屑的排出成为一个具有挑战性的问题。不良的切屑形态以及长的切屑形状极易导致切屑堵塞，引起刀具损坏，无法完成加工过程。另外由于持续产生的切屑与孔壁以及钻头的摩擦和挤压，会导致切削力随着钻深显著增大，钻头容易发生折断。已加工表面由于切屑的不能及时排出也会导致划伤等损害。D. Biermann[18]等提出了一种分析小直径深孔钻削过程中切屑形成的新方法。通过枪钻工艺分别对镍基高温合金Inconel718以及贝氏体钢20MnCrMo7进行小直径深孔钻削实验。实验结果验证了所提出的方法的正确性。Friedrich Bleicher[19]等通过有限元模拟以及实验分析，研究了低频率和高振幅对小直径深孔钻削排屑率的影响。通过与普通钻削相比，证实了在低频率和高振幅下的振动钻削可以明显改善切屑的排出状况，排屑率提高10～20倍。Ce Han[20]等研究通过分析主轴转速和进给率对切屑排屑力系数的影响，建立了一种新的深孔钻削过程中切屑排屑力预测分析模型，并进行实验验证。

1.2 表面完整性

表面完整性是描述和衡量加工表面层对工作性能的影响的技术指标。它包括表面几何特征和表面物理力学特征。其中，表面几何特征又包括表面粗糙度、波纹度、纹理和表面缺陷；表面物理力学特征包括残余应力、表面加工硬化等。它们对工件的使用性能以及疲劳寿命有着重要的影响。在小直径深孔钻加工过程中，由于孔的长径比较大，刀轴的刚度较差，容易产生振动、颤振或偏位，最终会导致孔的表面质量恶化。为了得到高质量的孔，需要对切削速度、进给速度、切削深度、切削液、刀具-工件材料等因素进行研究。Tauseef[21]等通过“啄钻”(peck drilling)钻削法加工AISI D2，研究了主轴转速、进给速度、进给方式对孔的圆度、圆柱度、尺寸误差以及表面粗糙度的影响。Robert Schmidt[21]等分析了BTA深孔钻进过程中切削速度、进给量、切削力对AISI 4140以及AISI 304 L深孔亚表面区功能特性的关系以及对工件疲劳强度、使用寿命的影响。Robert Wegert[22]等通过有限元软件分析单刃深孔钻削过程中进给力、扭矩与温度的关系，通过实验研究切削力和切削温度对孔表面粗糙度的影响。

2 小直径深孔钻削工艺

2.1 普通钻削

采用麻花钻进行钻、扩、铰是小直径深孔加工中常见的工艺，虽然该工艺简单，但是存在许多问题，如轴向阻力大、排屑难、刀具磨损严重等等。采用手动进给的加工方式，钻削一定深度后让刀具退出工件，可以缓解排屑困难程度、及时散热，但是也严重影响了加工效率，只适合于单件小批量生产[23]。通过改变刀具参数，可以改善切削条件，如增大钻头顶角，在两主刀刃后刀面上交错磨出窄槽，可以降低切削热量、降低排屑难度。

使用枪钻进行钻削是一种经济高效的深孔加工方式。为了在Ti6Al4V材料上加工出$\phi 10\times 400$ mm($L/D=400$)，Hidenori Inada等[24]设计和制造一个小直径深孔枪钻机床。图1所示为小直径深孔枪钻机床的构造，枪钻加工设备主要包括机床主轴、工件、枪钻、刀架、固定支架等。与常规钻孔工艺相比，这种工艺的优点之一是尺寸公差好[56]。加工时，枪钻高速旋转实现切削运动，电机带动枪钻实现进给运动，枪钻钻头带有内孔，冷却液从枪钻尾部带压注入，直达工件的切削部位，以达到冷却降温和排屑的作用。加工前，需要在工件上钻导引孔，或是在工件和枪钻间安装导引套。枪钻深孔加工很难一次性完成，需要进行多次分级进给钻削，降低了生产效率。此外，由于无法直接观察切削情况，切屑可能无法被冷却液及时带走，增大了切削摩擦力，影响工件的加工表面质量，甚至导致枪钻折断[25]。

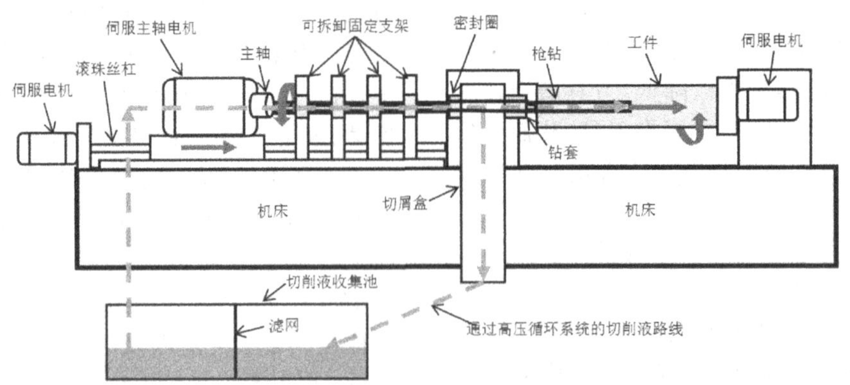

图 1　小直径深孔枪钻机床组成

2.2　振动辅助钻削

1. 振动辅助钻削简介

振动钻削技术的概念由日本学者于 1954 年提出[25]，即在钻削过程中添加振动源，使得刀具与工件之间产生相对振动，通过改变振动的频率和幅值来控制钻削量，钻削机理如图 2 所示。由于加工过程中存在振动，刀具只是利用振动周期某个瞬间或时段进行切削，刀具与工件处于即切即离的状态。与普通钻削始终处于钻削的状态相比，振动钻削的加工条件明显得到改善。

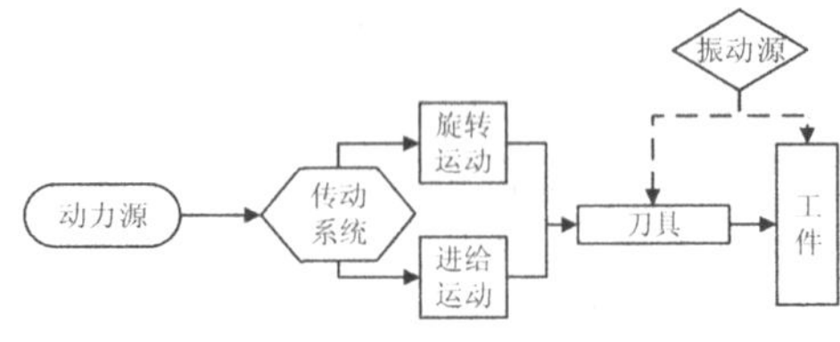

图 2　振动加工原理

根据振动的方向的不同，可以将振动钻削分为：轴向振动钻削，即振动方向与刀具的轴线方向一致；扭转振动钻削，即振动方向与刀具旋转方向一致；混合振动钻削，即结合轴向和扭转振动钻削，如图 3 所示。

根据振动的性质不同，可以把振动钻削分为强迫振动辅助钻削和自激振动辅助钻削。强迫振动辅助钻削是在普通钻削的基础上利用外部设备产生规律、可控的振动进行辅助加工，主要加工形式有超声振动辅助钻削、低频振动辅助钻削等。与强迫振动辅助钻削不同，自激振动辅助钻削是在普通钻削的基础上利用自身产生的振动进行辅助加工。加工过程中不需要外部设备辅助。

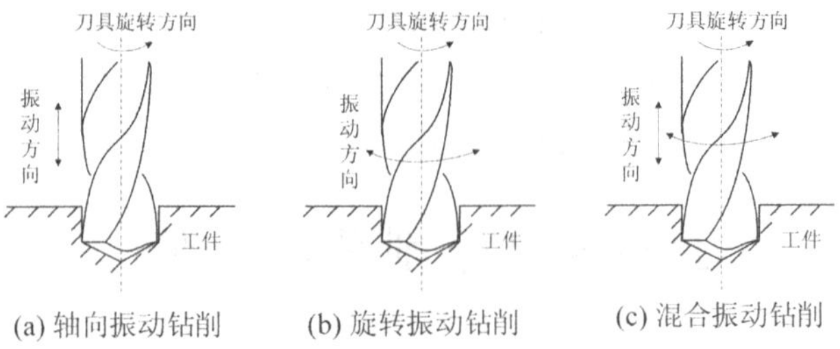

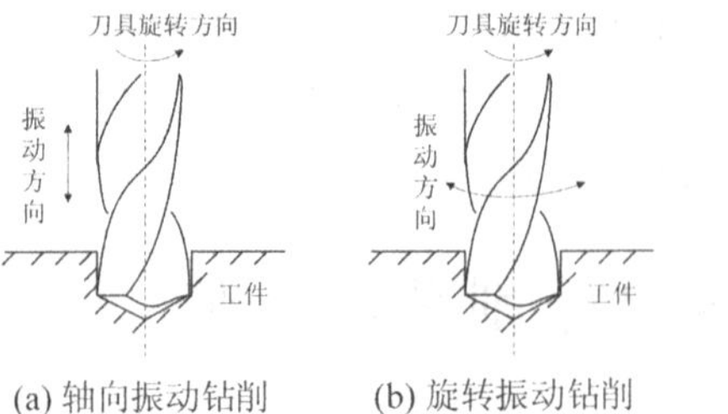

图 3　振动钻削方向

2. 工作原理

以轴向振动钻削为例，建立刀具上任意一点的切削运动模型，如图 4 所示。在轴向振动钻削过程中，刀具主要存在三种运动形式：旋转、进给、振动。

旋转方向上的位移为

$$S_x = \pi D n t \tag{1}$$

式中，D 为刀具直径，n 为刀具转速，t 为时间。

轴向位移由进给和振动决定，即

$$S_y = n f_r t + A\sin(2\pi f t) \tag{2}$$

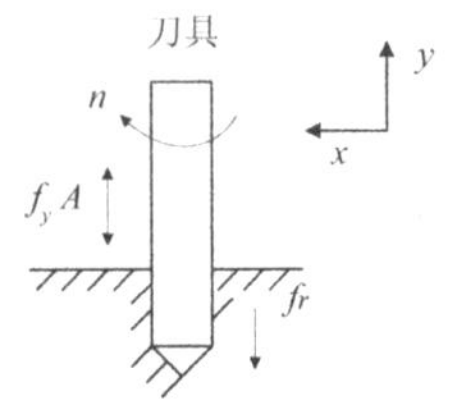

图 4　轴向振动钻削运动

式中，f_r 为刀具的进给量，n 为刀具转速，t 为时间，A 为振动幅度，f 为振动频率。

相应的，刀刃上任意一点的速度为

$$V = \sqrt{V_x^2 + V_y^2} = \sqrt{(\pi D n)^2 + [n f_r + 2\pi f A\cos(2\pi f t)]^2} \tag{3}$$

实际的切削速度方向为

$$\delta = \arctan(V_y / V_x) =$$

$$\arctan\{[nf_r + 2\pi fA\cos(2\pi ft)]/\pi Dn\} \tag{4}$$

刀具的工作前角为

$$\gamma = \gamma_0 + \delta = \gamma_0 + \arctan\{[nf_r + 2\pi fA\cos(2\pi ft)]/\pi Dn\} \tag{5}$$

刀具的工作后角为

$$\alpha = \alpha_0 - \delta = \alpha_0 - \arctan\{[nf_r + 2\pi fA\cos(2\pi ft)]/\pi Dn\} \tag{6}$$

由式(3)可知，刀刃上任意一点的切削速度和方向呈周期性变化。由式(5)、(6)可知，刀具工作的前角和后角呈现周期性变化，使得刀具在钻削时保持即切即离的状态，减少了刀具与工件之间的摩擦，降低了切削力和切削扭矩，从而降低了切削温度，延长了刀具的寿命[26]。

由式(3)～式(6)可知，转速、振动幅度、振动频率、进给量直接影响着加工质量，因此需要对这些影响参数进行研究。史尧臣[26]等采用单变量试验法钻削不锈钢，结果发现进给量越大，刀具受到的钻削力越大，这是由于进给量的增大使得刀具的单次切削量增加。Tian Y J[27]等分析了振幅、主轴转速、进给速度、钻头直径等因素对表面粗糙度的影响，探讨了最佳工艺参数。结果表明，四个因素对表面粗糙度的影响顺序为振幅、主轴转速、钻头直径和进给速度。Hussein R[28]等观察了振动辅助钻削 Ti6Al4V 的切削形貌，裂纹的形成与振动幅度存在联系。结果表明，振幅越大，切屑厚度比越小，分割程度越高，增加振幅表现出较高的有效前角，对切削剪应力有直接影响。赵亭[29]等在低频钻削钛合金的试验中，发现控制振幅和进给量可以实现自主断屑，进给量、振幅、钻削速度对钻削力的影响依次减小，如图 5 所示。

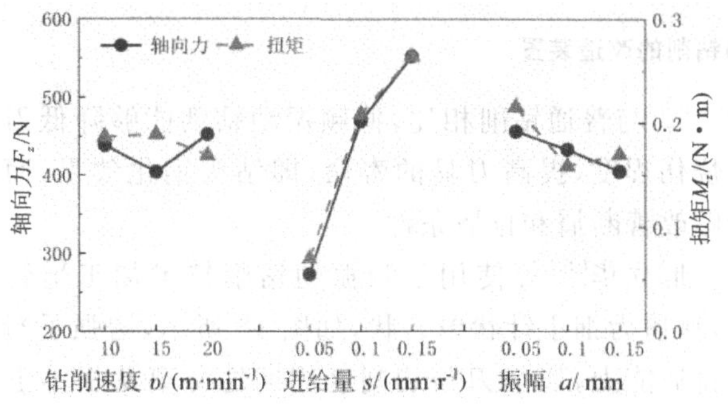

图 5 切削参数对钻削力的影响

3 振动辅助小直径深孔钻削技术

3.1 超声振动钻削

在钻头上施加大于 15 kHz 的振动频率的加工方法为超声振动钻削，振动由专门的超声系统产生。超声振动系统主要由超声振动单元、超声能量传输单元、超声电源组成[30]，如图 6 所示。超声振动单元中的超声换能器将电能转化为机械振动，超声变幅杆将机械振动幅值进行放大，并传递至麻花钻。超声能量传输单元起到把高频电信号传递给超声振动单元的作用，有非接触和接触式两种形式，如图 7 所示。超声电源为整个系统提供电能，输出高频电信号，监测整个系统的谐振频率以调节输出信号频率。

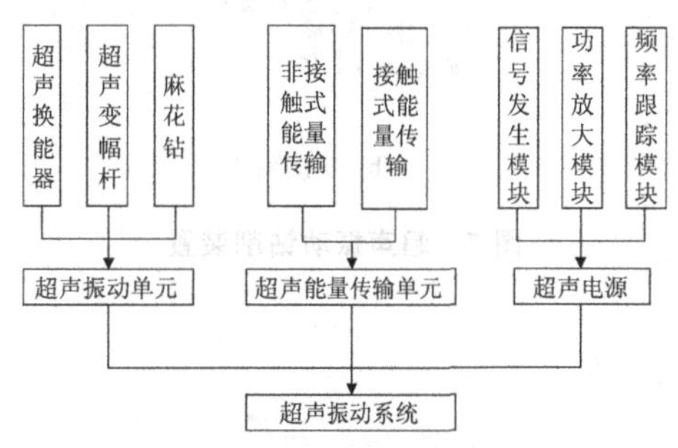

图 6 超声振动系统

与普通麻花钻钻削相比，超声振动钻削可以降低钻削力、改善断屑和排屑条件、提高加工质量、延长刀具寿命[31-35]。自超声振动钻削技术提出后，国内外学者进行了以下大量研究：

(1) 切削质量研究。王立江[36]等采用轴向超声振动钻削技术加工微小孔，与普通钻削相比，超声振动钻削的加工粗糙度下降 50%左右，轴向钻削力降低 30%以上。针对微小型孔，采用小振幅可以有效减小毛刺厚度和高度。Heisel[37]利用超声振动钻削技术对马氏体钢以及电解铜进行深孔钻削实验，实验结果表明超声振动钻削技术对钻削扭矩以及轴向力有良好的影响。与常规钻削相比，超声振动钻削可以获得更高的表面质量。Chu N H[38]等建立了深孔钻削扭矩模型，该模型由切削、排屑和黏滑扭矩三部分组成，与以往模型相比，新模型的主要优点在于只有一个系数，因此更容易评估和比较不同的深钻过程，该模型可用于预测深孔钻削的临界深度和扭矩。

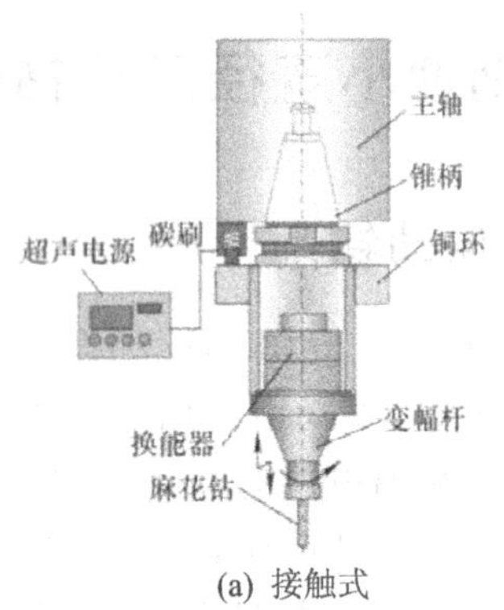

(a) 接触式

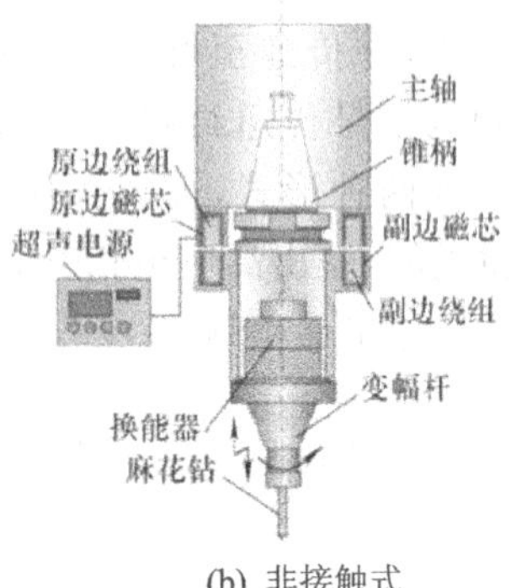

(b) 非接触式

图 7 超声振动钻削装置

(2) 装置设计研究。刘战锋[39]等在保持原有机床结构的基础上，在摇臂钻床上添加了超声振动钻削设备，开发了一种适用于加工深孔的轴向超声振动钻削装置。Shen X H[40]介绍了通过钻头振动方向或增加一些辅助机构，对车床、立铣床、立式加工中心进行改造，使之具备深孔钻削能力。通过这些改造，机床的加工效率和精度提高，加工质量稳定，排屑容易，成本低等优点，如图 8 所示。

(3) 新材料应用加工。Baghlani V[41]等采用超声振动钻削加工镍合金小直径深孔，与普通钻削相比，刀具寿命显著提高，钻削力也减少了 40%，加工时间缩短 90%，圆柱度提高约 50%，孔尺寸精度提高 80%，表面粗糙度降低 52%。在加工硬脆材料大长径微孔时，刘翔[42]等建立了轴向力的计算模型，模拟了钻头的切削轨迹和动态切削厚度，得到了加工过程中钻头受到的轴向力和转矩。Azarhoushang B[43]等采用超声振动钻削技术，研究了在镍合金 738LC 加工长径比为 10 的孔，结果表明超声振动钻削加工的工件的平均表面粗糙度和圆度提高了 60%。切削力矩减少，刀具寿命增加。

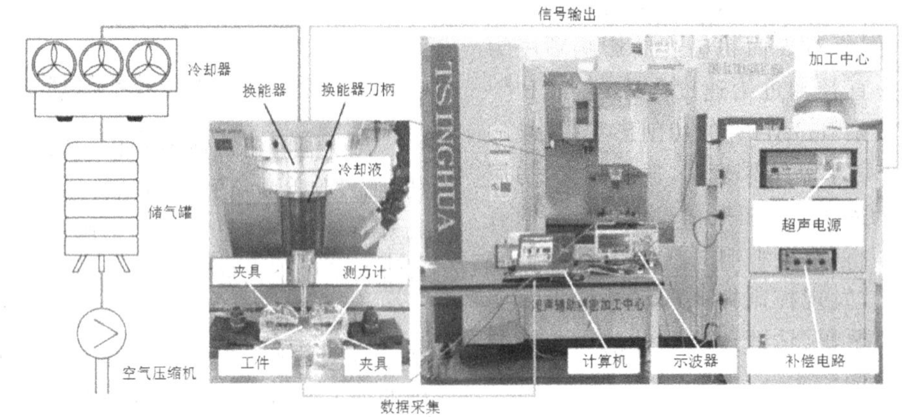

图 8 加工中心向超声振动钻削的改造装置

3.2 低频振动钻削

与高频振动辅助钻削相比，低频振动钻削的振动频率在几百赫兹以下。图 9 是一种机械式低频轴向振动辅助钻削装置。电机的转动由皮带传递给小带轮，主动轴与套筒共同旋转，套筒上有三条不同的封闭正弦曲线，由于弹簧的作用，振动轴与套筒始终贴合，套筒带动振动轴运动，使得工作台振动。该装置结构简单，振动参数简单可调，能够有效提高深孔加工质量[44]。与普通钻削相比，低频振动钻削能够降低刀具的烧伤程度，提高刀具的寿命，即钻头钢化效果，而且能够改善断屑和排屑条件。

邢立华[45]等使用低频振动钻削技术加工炮管深孔，切屑为细小针状单元状，如图 10 所示，增强了断屑和排屑能力，切削刃与切削区周期性分离从根本上抑制了积屑瘤的形成，避免了已加工表面的犁沟和鳞刺。平均轴向力比普通钻削降低约 40%，振动钻削的平均扭矩比普通钻削降低约 50%，大大降低了刀具的磨损，

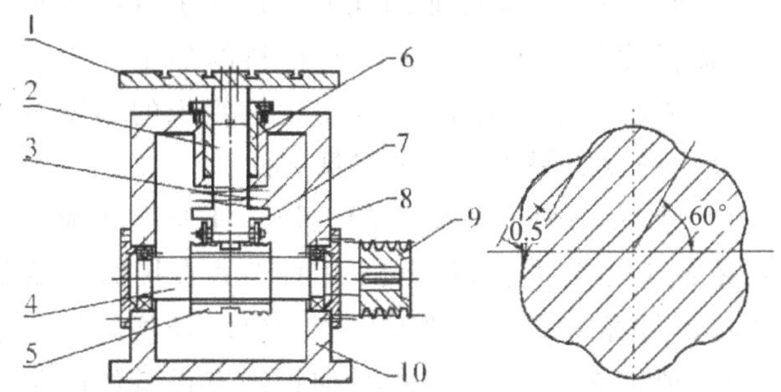

1. 工作台；2. 振动轴；3. 压缩弹簧；4. 主动轴；5. 套筒；6. 直线轴承；7. 小轮；8. 上箱体；9. 小带轮；10. 下箱体

图 9　振动钻削装置

延长刀具的寿命。振动钻削的表面粗糙度 Ra 比普通钻削至少提高了 3 级，振动钻削的表面粗糙度 Ry 不到普通钻削的 1/5。

图 10　单元切屑

Bleicher F[46]等研究低频振动辅助对小直径深孔切屑形成的影响，用运动学模型描述了振动与工艺参数之间的相互关系。该模型有助于协调振动与切削参数之间的关系，以保证切屑的破碎。切削试验证实，在低频和高振幅下，低频辅助振动应用显著改善了切屑的形成。即使在 $D=0.94$ mm（微钻削）的情况下，与传统单刃深孔加工相比，进给速度增加 10～20 倍，也可确保排屑。

Shao Z[47]等研制了一种新型旋转低频振动装置。对钛合金进行钻削实验结果表明，与单刃深孔加工相比，低频振动辅助单刃钻削由于刀具磨损小，可显著延长钻孔深度 9 倍，并可减轻由于分离切削方式而产生的孔表面螺旋结，所研制的旋转低频振动装置可作为机床附件，能够显著提高了加工能力。

3.3　自激振动钻削

自激振动是利用机械加工系统自身各种应变力引起的振动进行加工，不需要外界能量输入就能够维持自身振动，并伴随着整个机械加工过程。一般加工中的自激振动都是难以控制的，影响机械加工的质量，大多数学者注重于抑制自激振动，以维持稳定的加工条件[48-51]。但是自激振动属于机械系统的固有现象，且振动加工需要振动源，所以可以利用自激振动进行加工[52-55]。

如图 11 所示，自激振动钻削模型由三个主要元素组成：钻夹、主体和弹簧，钻夹用于固定钻头，主体用于连接主轴，弹簧连接着钻夹和主体。由于主体和钻夹之间的弹簧的刚度低，系统会产生振动，而其他构成加工系统的元素（机床，工件，固定装置和钻头）的刚度高。此外，弹簧在扭转时具有很大的刚度，在压缩时具有低的刚度。通过更改钻头的质量和弹簧刚度，可以改变振动状态。

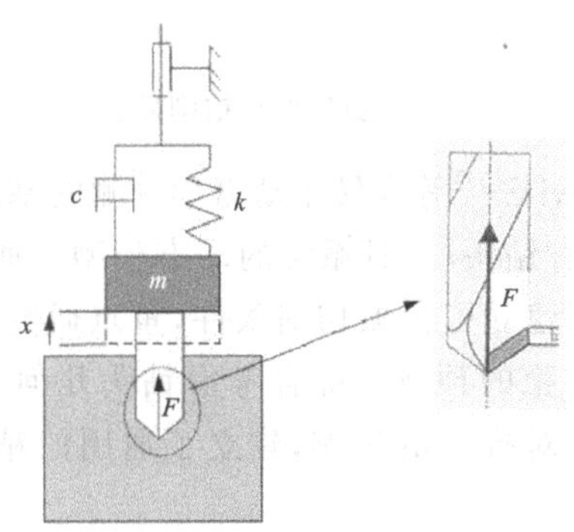

图 11　自激励振动钻削模型

Olcay，Önder[56]等研究了麻花钻几何形状对自振钻削加工的影响。结果表明，间隙角对自激振动钻削的动态特性影响最大。此外，麻花钻直径减小时，间隙角的允许范围也较窄。为了优化麻花钻的几何结构和自激振动钻削的结构，开发了一种能够考虑麻花钻几何误差的仿真器。

Gouskov A M[57]等采用特殊的自振钻削头，再生切削机构和嵌入的特殊弹性元件提供了足够的轴向灵活性，从而保持了所需的自激振动。针对自激振动的维持稳定问题，提出了一种振动速度反馈自适应控制算法。通过切削连续性指数调整反馈增益，以提供所需的切削条件，建立了振动钻削过程动力学控制数学模型。

Forestier F[46]等使用轴向刚度可调的振动钻削头进行深孔加工。在转子动力学预测的基础上，建立了高速主轴/钻头/刀具系统的动态模型。利用接收耦合方法识别系统部件间接口的动态特性，并将其集成到模型中。将基于模型的刀尖频率响应函数与颤振方法相结合，建立了自振切削条件。为了保证主轴刀具组在工业寿命方面的合理使用，还对主轴滚动轴承的寿命进行了研究。

Peigné G[58]等研制了一种钻孔装置。这项技术非常紧凑，可用于所有传统机床，如图12所示。该自振动钻削装置由三个主要部件组成：钻架1固定钻头并使其轴向运动，板簧2是一种动态切削夹具，可以产生钻孔所需的幅度和频率，主体3将装置连接到机床主轴上。

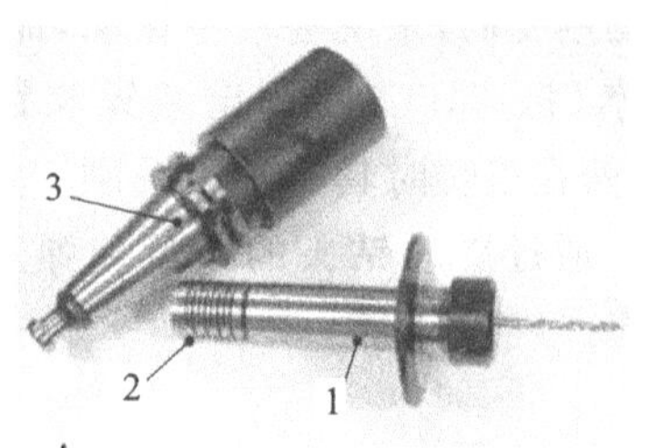

图12 自激振动钻削装置

Mousavi S[59]等在转子动力学预测的基础上，建立了高速主轴/钻头/刀具系统的动态模型。通过具体的稳定波瓣图建立了自振切削条件，重点研究了对扭转-轴向耦合失稳的预测。综合考虑钻头几何结构、切削参数和扭矩对推力的影响，建立了通用的精确钻削力模型。

4 结 论

随着航空航天、精密仪器等领域的发展，对钻削技术的要求越来越高。小直径深孔钻削一直是机加工领域亟待解决的关键技术难题之一。普通钻削存在排屑难、切削温度高、刀具寿命低等问题；振动辅助钻削存在振动装备开发复杂，稳定性较差等缺点。因此仍存在以下问题有待继续深入研究：

(1) 普通钻削无法满足生产需求。受限于工艺特点，虽然麻花钻钻削和枪钻钻削的设备简单、易操作，但只适用于单件小批量生产，且加工质量较低，无法满足大批量、高精度的生产需求。

(2) 振动辅助钻削理论研究需要加强。理论研究的目的是指导生产实际，目前振动辅助钻削发展还是不是很充分，尤其是自激振动钻削的理论和试验都很缺乏，虽然研究了许多振动加工动力学模型，但是往往做了简化处理，忽略了环境、加工条件等因素带来的影响。

(3) 优化新材料的钻削工艺。在航空航天、武器制造领域，新材料的应用不断出现，如复合材料、新型合金等。新材料带来高性能的同时也使切削难度越来越大，急需优化钻削工艺来满足新材料的加工要求。此外，由于外科手术的需求，骨骼等生物组织的钻削也为钻削技术的发展提供了新的发展方向。

(4) 加大钻削设备研发的力量。任何一种加工技术都依赖于加工设备，设备质量的优劣直接影响着加工质量的好坏。不仅要研发实用、高效、经济的加工设备，也需要发展设备改造技术，使得现有设备经改装后具有相应的加工能力。

(5) 研究小直径深孔钻削仿真技术。随着计算机技术的发展，仿真技术成为必要手段之一。利用计算机技术对小直径深孔钻削过程进行仿真，寻求最佳的切削参数，提高工艺质量，节约大量的加工时间和成本。

参考文献

[1] 杨忠麟. 小孔深孔自动钻削技术探讨[J]. 机床与液压，2001(5)：157-158.

[2] 王峻. 现代深孔加工技术[M]. 哈尔滨工业大学出版社，2005.

[3] 郭景哲，贾宝贤，王冬生，等. 微细深孔加工研究进展及关键技术分析[J]. 机械设计与制造，2009(10)：262-263.

[4] 卜泳，许国康，肖庆东. 飞机结构件的自动化精密制孔技术[J]. 航空制造技术，2009(24)：61-64.

[5] 毕秀国，卜繁岭，康健. 钛合金钻削加工及其新发展[J]. 工具技术，2008，42(12)：19-22.

[6] Biermann D, Bleicher F, Heisel U, et al. Deep hole drilling [J]. CIRP Annals, 2018, 67: 673-694.

[7] 冯新肖，祖妍，谭宝龙. 机械加工过程中的深孔加工方法探究[J]. 科技创新导报，2016，6：36-37.

[8] Li L, He N, Wu P, et al. A gun drill mechanics model analysis based on 15-5PH solid solution stainless steel[J]. Machining Science & Technology, 2019, 23(2): 218-231.

[9] 李峰. 枪钻在深孔加工中的应用[J]. 机床与液压，2017，45(4)：198-201.

[10] 汪洋华，李亮，龙韬，等. 枪钻深孔加工颤振稳定性及振动加工技术综述[J]. 机械制造，2018，84-87.

[11] 张平宽，王慧霖. 微小深孔的超低频振动切削机理研究[J]. 农业机械学报，2002(2)：102-104.

[12] 粟朝刚，张平宽. 轴向振动钻削切削力的分析[J].

现代制造技术与装备,2007(2):36-38.

[13] LI Z, YANG D, HAO W, et al. A novel technique for micro-hole forming on skull with the assistance of ultrasonic vibration. [J]. Journal of the Mechanical Behavior of Biomedical Materials, 2015, 57: 1-13.

[14] PECAT O, BRINKSMEIER E. Tool wear analyses in low frequency vibration assisted drilling of CFRP/Ti6Al4V stack material [J]. Procedia Cirp, 2014, 14(14): 142-147.

[15] Ning F D, Cong W L, Pei Z J, et al. Rotary ultrasonic machining of CFRP: A comparison with grinding[J]. Ultrasonic, 2016, 66: 125-132.

[16] Jian H Z, Yan Z, Fu Q T, et al. Kinematics and experimental study on ultrasonic vibration-assisted micro end grinding of silica glass[J]. International Journal of Advanced Manufacturing Technology, 2015, 78(9-12): 1893-1904.

[17] 冯亚洲. 超声振动钻削小直径深孔的研究与应用[D]. 西安:西安石油大学,2011.

[18] Biermann D, Kirschner M, Eberhardt D. A novel method for chip formation analyses in deep hole drilling with small diameters[J]. Production Engineering, 2014, 8(4).

[19] Friedrich Bleicher, Manuel Reiter, Jens Brier. Increase of chip removal rate in single-lip deep hole drilling at small diameters by low-frequency vibration support[J]. CIRP Annals—Manufacturing Technology, 2019, 68(1).

[20] Ce, Han, Dinghua, et al. Chip evacuation force modelling for deep hole drilling with twist drills [J]. International Journal of Advanced Manufacturing Technology, 2018.

[21] Tauseef Aized, Muhammad Amjad. Quality improvement of deep-hole drilling process of AISI D2[J]. The International Journal of Advanced Manufacturing Technology, 2013, 69(9-12).

[22] Wegert Robert, Guski Vinzenz, Schmauder Siegfried, et al. Effects on surface and peripheral zone during single lip deep hole drilling[J]. Procedia CIRP, 2020, 87(C).

[23] 叶宝根. 浅析小直径深孔的机械加工[J]. 科技风,2015(16):82-82.

[24] Hidenori Inada, Hiroshi Inada, Yagishita H. Small Diameter-Deep Hole Drilling for Hard-to-Machine Metals — Drilling of $\phi 1.0 \times 400$ mm for Ti6Al4V[J]. Procedia Manufacturing, 2020, 48.

[25] 马艳萍,郭辉,沈勇,等. 枪钻在车床上的深孔加工技术分析[J]. 机械工程师,2019(1):117-119.

[26] 史尧臣,宗姝,李占国,等. 进给量对超声振动钻削力的影响研究[J]. 机床与液压,2019,47(7):61-63.

[27] Tian Y J, Zou P, Yan X L. Study on chip morphology and surface roughness in ultrasonically assisted drilling of 304 stainless steel[J]. International Journal of Advanced Manufacturing Technology, 2020, 108(7): 2079-2090.

[28] Hussein R, Sadek A, Elbestawi M A, et al. Low-frequency vibration-assisted drilling of hybrid CFRP/Ti6Al4V stacked material[J]. The International Journal of Advanced Manufacturing Technology, 2018, 98: 2801-2817.

[29] 赵亭,肖继明,范思敏,等. TC4 钛合金低频振动钻削切屑形态和切削力研究[J]. 中国机械工程,2020,1(1):1-6.

[30] 张园,康仁科,刘津廷,等. 超声振动辅助钻削技术综述[J]. 机械工程学报,2017,53(19):47-58.

[31] ZHANG L B, WANG L J, LIU X Y, et al. Mechanical model for predicting thrust and torque in vibration drilling fibre-reinforced composite materials[J]. International Journal of Machine Tools & Manufacture, 2001, 41(17): 641-657.

[32] 冯平法,王健健,张建富,等. 硬脆材料旋转超声加工技术的研究现状及展望[J]. 机械工程学报,2017,53(19):3-21.

[33] 马利杰,刘贯军,王贵成. 轴向振动钻削的断屑机理研究[J]. 机械设计与制造,2009(2):228-230.

[34] 池龙珠,卢龙,金在权,等. 振幅对钻削钻头寿命的影响[J]. 机械工程师,2000(3):54-55.

[35] 李潜,袁静. 振动钻削对改善深孔加工质量因素的研究[J]. 科技传播,2013(4):211.

[36] 张明,王立江.轴向超声波振动钻削微小孔的研究[J].机械工程师,1999(7):20-21.

[37] Heisel U, Wallaschek J, Eisseler R, et al. Ultrasonic deep hole drilling in electrolytic copper ECu 57 [J]. CIRP Annals—Manufacturing Technology,2008,57(1).

[38] Chu N H, Nguyen D B, Ngo N K, et al. A New Approach to Modelling the Drilling Torque in Conventional and Ultrasonic Assisted Deep-Hole Drilling Processes[J]. Applied Sciences, 2018, 8(12).

[39] 刘战锋,杨立合.深孔超声轴向振动钻削装置的设计与研究[J].机床与液压,2007,35(3):85-87.

[40] Shen X H, Zhao H B . The Method of Transforming Ordinary Machine Tools to Ultrasonic Vibration Deep Hole Drilling Machine Tools[J]. Applied Mechanics & Materials, 2014: 538-543.

[41] Baghlani V, Mehbudi P, Akbari J,et al. An optimization technique on ultrasonic and cutting parameters for drilling and deep drilling of nickel-based high-strength Inconel 738LC superalloy with deeper and higher hole quality[J]. International Journal of Advanced Manufacturing Technology, 2016,82(5): 877-888.

[42] 刘翔,董志国,轧刚,等. 超声振动微孔钻削轴向力研究[J].现代制造工程,2015(11): 93-98.

[43] Azarhoushang B, Akbari J. Ultrasonic-assisted drilling of Inconel 738-LC [J]. International Journal of Machine Tools & Manufacture, 2007, 47(7-8): 1027-1033.

[44] 李章东,田军伟,焦锋,等.机械式低频轴向振动钻削装置的设计与分析[J].河南理工大学学报(自然科学版),2019,38(3): 89-95.

[45] 邢立华,江旭初,雷丙旺,等.浮动铰刀振动铰削小口径火炮身管的研究[J]. 兵工学报,2007,28(6): 739-743.

[46] Forestier F, Gagnol V, Ray P, et al. Model-based cutting prediction for a self-vibratory drilling head-spindle system[J]. International Journal of Machine Tools & Manufacture, 2012, 52(1): 59-68.

[47] Shao Z, Jiang X, Geng D, et al. Deep hole drilling of large-diameter titanium alloy with a novel rotary low-frequency vibration device[J]. IEEE Access, 2019(99): 1.

[48] Novakov T, Jackson M J. Chatter problems in micro- and macro-cutting operations, existing models, and influential parameters—a review [J]. International Journal of Advanced Manufacturing Technology, 2010, 47(5-8): 597-620.

[49] Ema S, Marui E . Theoretical analysis on chatter vibration in drilling and its suppression[J]. Journal of Materials Processing Technology, 2003, 138(1-3): 572-578.

[50] 马腾.深孔加工颤振抑制装置设计与研究[D].太原:中北大学,2017.

[51] 王建英.立车切削加工振动抑制探讨[J].现代制造技术与装备,2018,2: 103-104.

[52] Guibert N, Paris H, Rech J. A numerical simulator to predict the dynamical behavior of the self vibratory drilling head [J]. International Journal of Machine Tools & Manufacture, 2008, 48(6): 644-655.

[53] Hussein R, Sadek A, Elbestawi M A, et al. Effect of process parameters on chip formation during vibration-assisted drilling of Ti6Al4V [J]. The International Journal of Advanced Manufacturing Technology, 2020, 106(3): 1105-1119.

[54] Paris H, Brissaud D, Gouskov A, et al. Influence of the ploughing effect on the dynamic behaviour of the self-vibratory drilling head[J]. CIRP Annals—Manufacturing Technology, 2008, 57(1): 385-388.

[55] A X P, A L L, B B C, et al. Experimental study on drilling basalt with self-vibratory drilling head[J]. Advances in Space Research, 2020, 65(5): 1344-1352.

[56] Önder Olcay, Paris H, Rech Joël. Influence of twist drill geometry on chip split with self vibratory drilling head[J]. Mechanics & Industry, 2012, 13(1): 11-16.

[57] Gouskov A M, Voronov S A, Ivanov I I, et al. Investigation of Vibratory Drilling Model with Adaptive Control Part I: Control of Cutting Continuity Index[J]. Journal of Vibroengineering, 2015, 17(7): 3702.

[58] Peigné G, Kamnev E, Brissaud D, et al. Self-excited vibratory drilling: a dimensionless parameter approach for guiding experiments[J]. Proceedings of the Institution of Mechanical Engineers Part B: Journal of Engineering Manufacture, 2005, 219(1): 73-84.

[59] Mousavi S, Gagnol V, Ray P. Machining prediction of spindle-self-vibratory drilling head[J]. Journal of Materials Processing Tech, 2013, 213(12): 2119-2125.

民用航空发动机技术出版物验证工作研究

李文静，张胜男，张超，李永恒，徐友平

中国航发商用航空发动机有限责任公司市场客服中心，上海 200241

摘要：民用航空发动机技术出版物是指导用户正确开展发动机维修、维护工作的重要技术依据。对技术出版物进行验证，最终目的是为确保发动机的可靠性、安全性。发动机制造商通过制定验证计划、验证流程、验证方法等关键措施，对技术出版物内容的准确性、程序的可执行性、所描述对象是否满足既定功能等多个方面进行验证。民用航空发动机技术出版物的验证工作将从三方面进行探讨，包括技术出版物的验证策划、验证前准备、验证实施。

关键词：技术出版物；验证要求；验证方法；验证计划；验证流程

Research on Verification of Civil Aircraft Engine Technical Publications

LI Wenjing, ZHANG Shengnan, ZHANG Chao, LI Yongheng, XU Youping

AECC Commercial Aircraft Engine Co. Ltd., Market and Customer Service Center, Shanghai 200241, China

Abstract: Civil aircraft engine technical publications serve as an important guide for users to conduct repair or maintenance correctly. Verification of civil aircraft engine is to ensure the reliability and safety of the engine. The engine OEM (Original Equipment Manufacturer) verifies the correctness of contents, operability of procedures, and whether the object can meet the predesigned functions by setting up key steps as verification plan, verification process, verification methods, etc. The verification of civil aircraft engine technical publications will be discussed from three aspects, including planning, pre-preparation and conducting.

Keywords: technical publications; verification requirements; verification methods; verification plan; verification process

根据民用航空发动机技术出版物的编制管理流程，技术出版物在交付用户前，必须对其内容的准确性、可操作性进行验证，以确保技术出版物能够正确地指导用户更加便捷地开展发动机维修、维护工作。

通用电气、罗罗、赛峰等国外航空发动机制造商早在 20 世纪 70、80 年代已陆续建立并逐步完善了航空发动机技术出版物的验证体系和验证技术。但这些技术以及其积累的验证经验均属于商业秘密，并不对外公开。

目前，国内航空企业的技术出版物验证工作尚处于起步阶段。在民用航空发动机领域，仅中法联合研制并取证的涡轴-16 发动机具备技术出版物的验证经验。在航空器领域，以 ARJ-21、C919 为代表，飞机研发、制造及客服企业通过多个飞机型号的研制及取证工作，正在不断地完善飞机技术出版物的验证体系。民用航空发动机主制造商，应基于上述经验，并结合飞机与发动机技术出版物的异同点，持续完善相关验证工作。

1 验证策划工作

在开展实际的验证工作前，需对验证工作进行策划，明确其对于技术出版物的必要性、开展验证的目的，以及验证工作需要哪些专业参与。按初步的验证策划建立验证团队，并明确各自职责分工，为后续开展技术出版物验证工作奠定基础。

1.1 论证验证工作的必要性

航空发动机技术出版物的验证工作是编制管理流程中的重要环节，用以保证技术出版物对于用户的可用性及好用性。若技术出版物中的内容未经验证即分发，则会对产品及人员造成安全隐患，甚至危及生命。以某型国产民用客机为例，其飞机手册分发前包含未验证内容，分发后再择机安排验证试验，从而在导致产品交付后存在很多潜在安全风险[1]。因此,在技术出版物分发前开展相应的验证工作是非常必要的。

根据对适航条款的符合性要求,CCAR-33 部中有关适航性限制的条款,例如第 33.27 条、第 33.70 条、第 33.90 条,本身是有验证要求的[2]。并且根据第 33.4 条、第 33.5 条要求,发动机技术出版物中必须包含这些适航性限制条款所涉及的内容及数据,因此需要对发动机技术出版物中适航性限制内容及数据进行验证,以确保其准确性。

虽然 CCAR-33 部没有明确对发动机的维修程序进行验证,但根据 CCAR-25 部第 22.611 条,需采取措施以保证飞机部件、包括航空发动机的维修可达性[3]。对于无法直接目视检查的部位应采取有效的无损检查的方法,并在维护手册中包含相应的无损检查程序。因此需要对发动机技术出版物中保证维修可达性的内容、无损检查的内容进行验证,以确保其准确性。

《航空器的持续适航文件》(AC-91-11R1)中明确:经过审核的持续适航文件内容,应当以草稿的形式予以内部出版编辑,并提供预期使用人员(如试飞维修人员、教员、工程支援人员等)进行必要的验证,确认持续适航文件的内容可被正确理解和具备可操作性[5]。与飞机配套的发动机技术出版物属于航空器型号设计资料的一部分。对于 CCAR-33 部中没有明确验证要求的发动机维修程序,通常审查方将基于常规认识来判断其是否符合逻辑、是否具备可操作性。并会参考航空器评审(AEG)准则判断这些维修程序是否具备实际良好的操作性。因此需要对发动机技术出版物中的维修程序进行验证,以确保其可操作性。

1.2 明确验证的目的

对航空发动机技术出版物进行验证,首先,应确保其准确性,包括技术出版物格式正确、内容完整,也包括文文相符的一致性,即内容与源数据一致、手册间及同一本手册内的内容一致。其次,在发动机维修、维护的实际或虚拟仿真环境中,按其内容执行操作程序,以确保程序内容完整、文实相符、具备可执行性,例如具备可达、可操作性。并且程序中应包含必要的告警信息,在执行程序的过程中、执行后无危害性结果发生,例如参与操作的人员、发动机零部件、工具设备等无损伤。再有,在发动机维修、维护的实际或虚拟仿真环境中,按其内容执行操作程序,以确保程序执行后能实现发动机制造商设定的预期功能,即程序能够通过功能测试,并满足技术、质量对该项功能测试的要求。

总之,对航空发动机技术出版物进行验证的最终目的是为确保发动机的可靠性、安全性。

1.3 组建跨专业的验证团队

航空发动机技术出版物的验证工作实际上是一项相对复杂的系统工程,需要多个技术领域的跨专业协同、合理分配各专业的职责分工,并根据技术出版物的验证目的组建高效高质量的验证团队。验证团队通常包括验证管理组,验证技术及质量保障组,和验证执行组[7]。各小组成员通常来自多个专业,包括技术文件、维修工程、部件及系统研发设计、总装试车、材料工艺、项目管理、适航质量,等等。

验证管理组的首要任务是开展验证工作策划,包括制定待验证手册清单、制定验证目的、规划验证里程碑节点、评估当前团队的验证技术能力、明确当前验证团队的职责。相应的具体工作包括进行验证需求分析、制定验证要求、验证流程和验证计划。

验证执行组负责具体的技术出版物的书面验证和操作验证工作。相应的主要工作包括编制验证大纲和执行验证。同时,验证执行组负责验证设备的管理,包括试验设备的采购、运输、定期检查及维护,以及对操作验证开展技术培训。

验证技术及质量保障组主要负责技术出版物整个验证过程中技术及质量管理、验证人员资质考核及授权,为验证工作的开展提供技术及质量保障措施。

2 验证前准备工作

航空发动机技术出版物验证工作在执行前,必须由验证团队制定具体的验证要求、验证方法、验证流程。

2.1 制定验证要求

验证团队应对即将开展的验证工作进行需求分析,并得到相应的验证要求。应从适航审查方需求和用户需求两方面开展验证需求的捕获[6]。适航审查方需求主要指来自适航条款、适航咨询通告、适航审查工作程序、审查方发文等文件中包含的要求。用户需求主要是指来自发动机大修车间维修服务供应商、飞机制造商、航空公司运营商三方提供的、针对航空发动机技术出版物的要求。可以通过客户调查问卷、客户研讨会、市场竞争力分析等途径捕获上述用户的验证需求。捕获需求后,可以通过亲和图、系统图、KANO 模型等精益六西格玛工具对捕获到的需求进行筛选、整理。可以通过系统图、鱼骨图、关联图等工具开展需求分解，将复杂需求逐步分解为简单的、可测量的指标，并找到对这些指标有重要影响的关键要素。最后根据上述关键要素、量化的指标，制定具体的验证要求。

航空发动机技术出版物通常分为维修类手册、运行类手册和构型类手册，具体如表1所列。对于不同类型的手册，其验证要求差别较大。

表1 航空发动机技术出版物分类

手册分类	手册清单
维修类手册	发动机车间维修手册
	发动机标准施工手册
	无损检测手册
	部件维修手册
	消耗品手册
	发动机安装手册
	动力装置总成手册
	运输手册
运行类手册	发动机操作指南
	服务通告
构型类手册	发动机图解零件目录
	发动机图解工具和设备手册

构型类手册主要验证航空发动机及其载体客户化的构型信息，通过验证确保信息的准确性、一致性、有效性、完整性。因此，需指定验证人员资质要求、验证工具或平台要求。维修类、运行类手册主要验证维修程序、运行程序的准确性、可执行性、方便操作性以及能够实现零部件的功能完整性。因此，通常从“人机料环”几个方面制定维修类、运行类手册的验证要求[1]，例如制定验证人员资质要求、验证设备要求、验证对象及验证载体要求、验证环境要求。

实施验证工作必须提前规划合理的验证载体[1]。航空发动机技术出版物的验证载体通常包含研制阶段的总装发动机、挂飞阶段的挂飞试验发动机、试飞后专门用于验证的专项发动机、复杂系统物理样机以及三维数字样机等。应根据验证对象、验证环境、验证设备等要素选取适合的验证载体。选取的验证载体应能主动创建合理的验证条件，使验证条件与发动机实际维修、运行条件的差异尽量小。

2.2 制定验证方法及其选取原则

根据飞机技术出版物的验证经验，航空发动机技术出版物的验证方法同样分为两大类，分别为书面验证和操作验证[6]。所有技术出版物均需首先进行书面验证，而后根据验证计划按需开展操作验证。根据《航空器型号合格审定程序》(AP-21-AA-2011-03-R4)，型号合格审查过程中，为了获得所需的证据资料以表明适航条款的符合性，申请人通常需要采用不同的方法，而这些方法统称为符合性验证方法[4]。与技术出版物相关的符合性验证方法有MC0(符合性声明)、MC1(说明性文件)、MC4(试验室试验)、MC5(地面试验)、MC6(飞行试验)、MC8(模拟器试验)和MC9(设备合格性)。结合符合性验证方法的分类，可以将书面验证和操作验证方法进行细化。同时，在验证方法选取时，可选取一种或多种方法组合进行验证，并应考虑验证方法应尽量简单、数量尽量少，以保证验证成本低、进度快。对于需要进行适航审查的技术出版物，其验证方法应由适航审查代表和申请方共同协商选定。

1. 书面验证

书面验证是指将技术出版物内容与图纸、报告、合格证等信息进行对比分析，主要检查技术出版物内容的信息来源和内容落实是否准确。根据验证内容的不同，书面验证可细分为以下几类：

(1) 符合性声明：若技术出版物内容只涉及正文前资料，例如目录、有效数据模块清单、缩略语清单、介绍等，则可依据技术出版物编制规范，对技术出版物内容进行完整性、正确性检查。

(2) 说明性文件：若技术出版物内容来源于型号设计文件，例如工程图纸、工艺规范、方案报告、计算分析报告(例如载荷、强度、性能数据分析报告，以及与以往型号的相似性分析报告[8])、安全性评估报告(例如功能危害性评估报告、系统安全性分析报告[9])等，则可对比上述文件，对技术出版物内容进行完整性、一致性检查。

(3) 设备合格性：若技术出版物中引用设备或材料的合格证明文件(例如装机设备或材料的符合性说明报告，零部件产品合格证，供应商提供的设备鉴定试验报告等[8])，则可对比上述文件，对技术出版物内容进行完整性、一致性检查。

2. 操作验证

操作验证是指通过实际操作或试验，对技术出版物中的维修程序和运行程序进行检验，主要检查所验证程序的可执行性，以及程序能否实现预期功能。根据验证内容和验证对象的不同，操作验证可分为以下几类，并按方法选取的优先级从高到低排序，分别为：

（1）模拟器试验：通过在三维数字样机、飞行模拟机或复杂系统物理样机上，模拟实际的维修场景，对部分维修程序或运行程序进行验证，特别适用于与飞机驾驶特性相关的程序。通常，该方法不单独使用，应结合其他验证方法共同使用，例如发动机挂飞前的模拟器试验[8]。该方法主要用于验证可能导致设备损伤或人员危害性结果的程序。

（2）试验室试验：指在理化计量试验室中进行发动机非整机试验，用于验证标准工艺程序、无损检测程序。也指在发动机半物理仿真平台上验证系统或部件的运行类程序。

（3）地面试验：指在发动机总装车间中进行发动机整机试验，用于验证小部分拆装程序、测试程序、运输程序等。也指在地面维修车间中验证大部分拆装程序、清洗程序、检查程序、修理程序、定检程序等；在发动机地面试车台上验证试车程序；在地面高空台上验证功能测试程序、排故程序、短舱作动程序。

（4）飞行试验：指发动机与飞机共同完成的试飞科目。飞行试验的结论具有权威性，能够最客观、最全面地同时验证飞发综合性能，特别适用于飞发紧密相关的运行类程序。由于飞行试验的成本高、周期长，仅在其他方法无法完成验证时，采用该方法。

2.3 制定验证流程

航空发动机技术出版物的验证工作包括验证策划、验证前准备和验证实施三个主要环节。在正式实施验证工作前，验证管理团队应先建立各个主要环节的通用验证流程，如图1所示为验证实施环节的通用流程。并针对不同类型的技术出版物，根据其不同的验证要求、验证方法，细化通用流程中的每一步骤。制定验证流程时，应指明每一环节或步骤的责任主体、具体工作项描述，以及各环节或步骤间的上下游关系、接口定义，确保验证工作系统化、规范化。

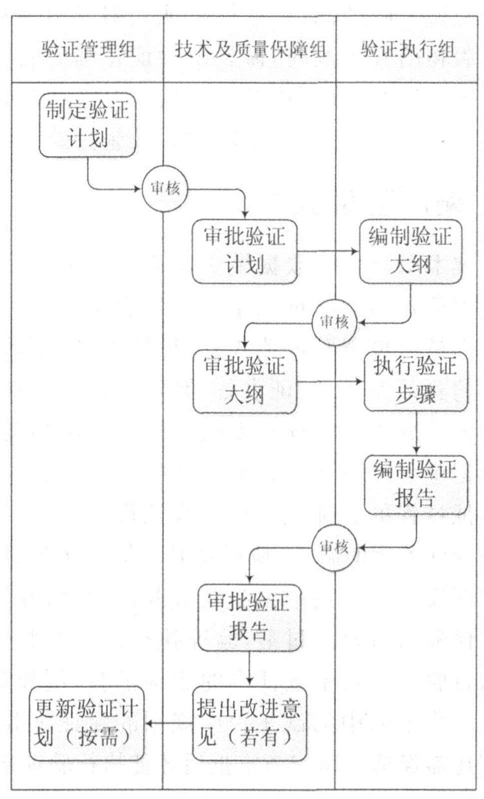

图1 验证实施环节的通用流程

3 实施验证

根据技术出版物验证流程，实施验证工作时，需由验证团队制定具体的验证计划、编制验证大纲并执行验证工作。

3.1 制定验证计划

根据民用飞机产品相对成熟的验证经验，航空发动机技术出版物的验证工作应与技术出版物的编制及修订计划、发动机的研发计划、制造计划、挂飞及试飞计划、维修计划等产品全寿命周期的重要节点相匹配[7]。在不影响产品重要节点的前提下，验证管理团队应合理安排资源，并制定技术出版物的验证计划，以确保验证工作能够有序开展。

验证计划应包含每项验证工作的执行时间、执行地点、执行人员，并制定具体的验证目标，选取适当的验证对象、验证载体和验证环境。应综合考虑产品的研制进度，与负责总装、试车、挂飞及试飞等各专业及时沟通协调。对周期较长、环境要求较为严苛的验证试验应特别关注，并根据技术出版物的草稿、初稿、定稿的各阶段规划合理的验证计划。

当验证未通过、需要修订验证大纲或由源数据端发起出版物内容更改时，需要由验证管理组及时更新验证计划，以对更改项进行重新验证。完成验证计划制定后，应提交至验证执行组，用以编制验证大纲。

3.2 编制验证大纲

在技术出版物的数据模块完成校对审核后，由验证执行组负责编制验证大纲。在编制验证大纲时，验证执行人员应根据验证流程、验证要求、验证计划，选取合适的验证方法、验证设备，制定具体的验证步骤、详细的人员分工。并针对不同的技术出版物类型，编制用于记录书面验证过程的验证检查单，或用于记录操作验证过程的验证记录单。验证检查单、验证记录单作为验证大纲的附件，应保持其对同一手册、同一类型的数据模块均适用。编制完成验证大纲，并经技术及质量保障组审核通过后，验证执行组应按验证大纲开始执行验证。对于取证类的验证试验，例如对发动机车间维修手册中的试车程序规划的验证试验，其验证大纲还需经适航审查方审批后才能执行验证步骤。

3.3 执行验证工作

在执行验证具体工作时，验证执行人员应根据验证大纲，完成验证试验前的准备、检查工作，包括验证设备调试、校准，验证记录工具、表格是否齐全，验证人员是否就位等。

在执行书面验证时，验证执行人员应根据验证检查单中所列检查项，对数据模块描述信息的准确性、插图信息的匹配性、告警信息的完整性等几个维度进行评估，并将评估结论填入验证检查单[10]。当对个别数据模块所特有的、非普适性的内容开展书面验证时，应在验证检查单的备注栏中，对验证情况进行简要说明。

在执行操作验证时，验证执行人员应根据验证记录单中所列记录项，对数据模块程序步骤的可理解性、可操作性、程序步骤逻辑的正确性等几个维度进行评估，并将评估结论填入验证记录单。当对个别数据模块所特有的、非普适性的内容开展操作验证时，应在验证记录单的备注栏中，对验证情况进行简要说明。

3.4 编制验证报告

执行完成验证步骤后，验证执行人员应及时梳理、汇总验证过程中生成的验证检查单或记录单，以及验证过程其他记录资料，包括照片、多媒体文件等[10]。并根据上述单据和资料形成整本手册的验证报告，提交至验证技术及质量保障组进行审批、归档。对于取证类的验证项目，验证报告可作为支撑条款的符合性证明提交适航审查方审批。

4 验证过程管理

首先，对于有适航审查要求的技术出版物，验证管理组应提前与审查方沟通适航审定计划，在制定其验证计划时明确审查方介入的时间节点。在开展适航符合性验证试验时，邀请审查方，按节点开展试验目击工作。

其次，验证技术及质量保障组应给出验证技术及质量的保障措施。其中，验证技术保障措施包括：制定验证技术审核规范，给出技术检查单据，执行具体的技术审核工作。技术审核的对象包括：验证要求、验证流程、验证计划、验证大纲、验证报告中的技术内容。在进行技术审核时，小组成员应针对审核中发现的技术问题给出解决方案，包含但不限于设计技术参数、制造工艺参数、维修工艺参数、试验设备调试参数等的修正意见，以及验证技术风险的规避方案。验证质量保障措施包括：制定验证质量审核规范，给出质量检查单据，执行具体的质量审核工作。质量审核的对象包括：验证流程、验证计划、验证大纲中的质量内容。在进行质量审核时，小组成员应针对审核中发现的质量问题给出解决方案，包含但不限于质量成本的优化方案（例如验证通过率提升方案），质量风险的规避方案等。

5 结束语

目前我国民航技术出版物的验证工作仍处在探索阶段。本文结合飞机技术出版物的验证经验，归纳总结了发动机技术出版物的主要验证工作，涉及验证团队、验证方法、验证计划、验证大纲、验证报告等验证工作的关键要素。从长远来看，高效、有序的验证工作可以提升技术出版物的质量，进而保证发动机产品的安全性、可靠性和良好的维护经济性。因此，对民用航空发动机技术出版物验证工作的研究，对民航领域的技术发展有着积极、深远的意义。

参考文献

[1] 马思宁. 飞机维修手册验证的研究[J]. 航空维修与工程，2015(9)：93-95.

[2] 中国民用航空局. 航空发动机适航规定：CCAR-

33R2[S]. 北京：中国民用航空局，2011.

[3] 中国民用航空局. 运输类飞机适航标准：CCAR-25-R4[S]. 北京：中国民用航空局，2011.

[4] 中国民用航空局航空器适航审定司. 航空器型号合格审定程序：AP-21-AA-2011-03-R4 [S]. 北京：中国民用航空局，2011.

[5] 中国民用航空局航空器适航审定司. 航空器的持续适航文件：AC-91-11R1 [S]. 北京：中国民用航空局，2014.

[6] 李卿卿，曹焱，孙有朝，等. 民用飞机技术出版物验证方法探讨[J]. 中国民航飞行学院学报，2015，27(2)：37-41.

[7] 陈金宇. 民用飞机技术出版物验证工作探讨[J]. 科技创新导报，2015(35)：21-22.

[8] 曹继军，张越梅，赵平安. 民用飞机适航符合性验证方法探讨[J]. 民用飞机设计与研究，2008(4)：37-41.

[9] 陆中，孙有朝，周伽. 民用飞机适航符合性验证方法与程序研究[J]. 航空标准化与质量，2007(4)：6-8.

[10] 解志锋，武红姣. 民用飞机维修类技术出版物符合性验证方法 [J]. 民用飞机设计与研究，2018(4)：109-112.

飞行员生理约束下弹射座椅运动仿真方法研究

吴铭，吴屹斌*

航宇救生装备有限公司总体技术研发部，襄阳 441003

摘要：在弹射座椅控制规律的设计中会综合考虑最低安全救生高度和飞行员生理约束条件，以提高不同工况下弹射救生的成功率。为了获得不同工况下满足飞行员生理约束条件的最优弹射控制参数，根据新构建的弹射座椅基本参数及飞行员生理约束控制条件，进行生理约束控制条件下弹射座椅运动仿真研究。根据飞行员生理约束条件及其评价标准，采用 MDRC（多轴动态响应指数）作为飞行员生理约束条件，对多种工况进行了仿真优化计算，分析了影响 MDRC 计算峰值的主要因素，并对不同 MDRC 约束控制下的主火箭冲量进行了优选，以合理增加主火箭冲量，提升救生伞张满高度，进而提高弹射座椅的综合性能。

关键词：弹射座椅；飞行员生理约束；MDRC；仿真方法

Research on Simulation Method of Ejection Seat Movement Under Pilot's Physiological Constraints

WU Ming, WU Yibin*

Aerospace Life-support Industries, Ltd., Xiangyang 441003, China

Abstract: In the design of the ejection seat control law, the minimum safe rescue altitude and pilot's physiological constraints will be comprehensively considered to improve the success rate of ejection life-saving under different working conditions. In order to obtain the optimal ejection control parameters that meet pilot's physiological constraints under different working conditions, according to the newly constructed basic parameters of the ejection seat and pilot's physiological constraints control conditions, we conducted a simulation study of the ejection seat movement under the control condition of physiological constraints. According to pilot's physiological constraints and its evaluation criteria, we used MDRC (Multi-Axes Dynamic Response Criterion) as pilot's physiological constraints, and a variety of working conditions are simulated and optimized. We analyzed the main factors affecting the MDRC calculation peak, and optimized the impulse of the main rocket under the control of different MDRC constraints, therefore, to increase the impulse of the main rocket reasonably, increase the altitude of the life-saving parachute full, and improve the overall performance of the ejection seat.

Keywords: ejection seat; pilot's physiological constraints; MDRC; simulation method

在不同的弹射工况下，采用不同的主火箭总冲和弹射控制方式，会得到不同的救生伞张满高度及其对应的生理约束指标。如果在弹射过程的控制中不对相关生理指标进行限制，仅追求最高的救生高度，则在主火箭、姿态火箭和气动力等的作用下，人体就会承受超出其承受范围的过载，严重时甚至会危及飞行员的生命。因此，有必要对飞行员生理约束条件下的弹射座椅运动仿真方法进行研究，通过对仿真计算结果的统计分析，一方面分析生理约束指标的主要影响因素，另一方面分析改变飞行员生理约束条件对主火箭总冲及救生伞张满高度的影响。

1 研究内容

本文以专门构建的能进行俯仰和横滚姿态控制的弹射座椅为研究对象，研究内容主要包括以下几方面：

* 通讯作者. E-mail: wuyibin300306@qq.com

(1) 分析确定飞行员生理承受能力的评价准则：本文拟明确一个评价准则，并应用于对飞行员生理约束的控制；

(2) 飞行员生理约束条件下弹射过程仿真程序编制：根据可以进行横滚和俯仰姿态控制的对象座椅数学模型，编制飞行员生理约束条件下弹射座椅包含出舱、自由飞、救生伞拉直和救生伞充满各阶段的仿真程序；

(3) 飞行员生理约束条件下弹射控制参数优化分析：选取特定多种工况进行优化计算，以研究不同弹射工况下不同飞行员生理约束条件对弹射控制参数影响。

2 研究方法

本文根据自行推导的弹射座椅运动数学模型，编制以多轴动态响应指数(MDRC)为生理约束条件的仿真程序，对飞行员生理约束控制条件下弹射座椅运动仿真方法进行研究。

3 飞行员生理承受能力的评价准则

目前，评价弹射过载值对人体造成的影响主要有两个标准，即动态响应指数 DRI 和多轴动态响应标准 MDRC。DRI 表示人体脊椎的最大压缩指数，用来表征冲击型外力对人体脊椎的影响。DRI 是通过一个包含质量、弹性和阻尼的集中参数机械模型来模拟人体承受动态载荷的方法计算出来的。DRI 的计算方法在相关标准中已有明确规定，当作用在人体脊柱方向上的加速度已知时，即可计算出 DRI 值。

由于 DRI 值是单一过载方向的指标，而弹射过程中的生理指标限制需要考虑三个过载方向的生理耐限，因此在研究飞行员生理约束时也常考虑多轴动态响应指数 MDRC。MDRC 是目前国际上最先进的用来判断施加在飞行员身上加速度严重程度的标准，其具体公式为

$$\mathrm{MDRC}=\sqrt{\left(\frac{\mathrm{DRI}_X}{\mathrm{DRI}_{XL}}\right)^2+\left(\frac{\mathrm{DRI}_Y}{\mathrm{DRI}_{YL}}\right)^2+\left(\frac{\mathrm{DRI}_Z}{\mathrm{DRI}_{ZL}}\right)^2} \tag{1}$$

式中：DRI_X、DRI_Y、DRI_Z 分别为乘员所受动态响应在三轴方向上的分量，DRI_{XL}、DRI_{YL}、DRI_{ZL} 为其对应的耐限值，这些耐限值都有试验前提下对应的具体数值。

4 影响 MDRC 的主要因素分析

MDRC 值会受到弹射速度、座椅控制方式、乘员质量特性、主火箭总冲等因素的影响，本文选取部分工况研究上述因素对 MDRC 的影响。

4.1 不同弹射速度对 MDRC 的影响分析

为了研究弹射速度对 MDRC 的影响，本文选取自由飞阶段不同控制方式在不同弹射速度情况进行仿真计算，计算中选取大重量乘员参数，主火箭总冲固定为 6 300 N·s。本文根据各姿态火箭是否工作及姿态火箭的工作先后顺序，共拟定 6 种不同的控制方式，这 6 种控制方式包含了工程上可能采取的所有控制可能性，但具体控制参数需通过仿真方法进行确认。拟定的 6 种控制方式见表 1。

表 1 仿真研究选取的控制方式

控制方式	控制方式描述
方式 1	主火箭不工作，出舱后延迟一定时间直接射伞
方式 2	两通道姿态火箭均不工作，仅主火箭工作
方式 3	横滚姿态火箭和主火箭先后工作
方式 4	俯仰姿态火箭和主火箭先后工作
方式 5	两通道姿态火箭均工作，且横滚先于俯仰工作，主火箭再工作
方式 6	两通道姿态火箭均工作，且俯仰先于横滚工作，主火箭再工作

在此 6 种控制方式下，选取了 24 种速度范围涵盖了从低速到高速的典型工况，见表 2。典型工况对应 MDRC 计算结果见表 3。表 3 中“—”表示姿态火箭无须工作。

表 2 MDRC 影响因素仿真典型工况

工况号	速度/(km·h^{-1})	俯冲角/(°)	横滚角/(°)
1	100	0	0
2	100	0	45
3	100	45	0
4	100	45	45
5	250	0	0
6	250	0	45
7	250	45	0
8	250	45	45

续表 2

工况号	速度/(km·h^{-1})	俯冲角/(°)	横滚角/(°)
9	450	0	0
10	450	0	45
11	450	45	0
12	450	45	45
13	650	0	0
14	650	0	45
15	650	45	0
16	650	45	45
17	850	0	0
18	850	0	45
19	850	45	0
20	850	45	45
21	1 100	0	0
22	1 100	0	45
23	1 100	45	0
24	1 100	45	45

表 3 不同弹射速度及控制方式下对应的 MDRC 计算结果

工况号	不同控制方式下对应的 MDRC 计算结果					
	方式 1	方式 2	方式 3	方式 4	方式 5	方式 6
1	0.09	0.67	—	—	—	—
2	0.10	0.71	0.69	—	—	—
3	0.09	0.67	—	0.69	—	—
4	0.09	0.69	0.69	0.69	0.69	0.69
5	0.10	0.69	—	—	—	—
6	0.12	0.69	0.69	—	—	—
7	0.09	0.69	—	0.71	—	—
8	0.10	0.69	0.69	0.71	0.70	0.69
9	0.16	0.67	—	—	—	—
10	0.19	0.70	0.66	—	—	—
11	0.13	0.67	—	0.74	—	—
12	0.15	0.69	0.66	0.80	0.69	0.66
13	0.28	0.70	—	—	—	—
14	0.32	0.74	0.60	—	—	—
15	0.26	0.69	—	0.75	—	—
16	0.28	0.70	0.63	0.77	0.68	0.62
17	0.58	0.81	—	—	—	—
18	0.61	0.84	—	—	—	—
19	0.55	0.80	—	—	—	—
20	0.58	0.82	—	—	—	—
21	1.04	1.19	—	—	—	—
22	1.07	1.22	—	—	—	—
23	1.02	1.17	—	—	—	—
24	1.04	1.19	—	—	—	—

根据表 3 的计算结果，可以分析弹射速度在各种不同控制方式情况下对 MDRC 的影响情况：

(1) 对于仅主火箭工作的控制方式(方式 2)，弹射速度对 MDRC 的影响在高速情况下较明显。当速度小于 650 km/h 时，座椅出舱后受到的气动力较小，其加速度主要来源于主火箭的推力。

主火箭的推力在体轴 y 方向相对稳定，因此低速情况下 MDRC 的计算结果比较接近，一般在 0.7 左右。而当速度大于 650 km/h 后，座椅出舱后受到的气动力显著增加，对各个方向的加速度产生了较大的影响，MDRC 计算值随弹射速度的增加而增加。当弹射速度达到 1 100 km/h 时，MDRC 值达到了 1.2，即使主火箭不工作，仅在气动力的作用下，MDRC 值也超过了 1.0。可见，高速情况下气动力引起的加速度对 MDRC 造成了较大影响。

(2) 主火箭工作对 MDRC 有显著影响，而姿态火箭工作对 MDRC 的影响很小。对比控制方式 1、方式 2 可以发现，在低速情况下若主火箭不工作，则 MDRC 很小，若主火箭工作，则 MDRC 显著提高，可见主火箭总冲引起的加速度是影响 MDRC 的最主要因素。当对比姿态火箭工作或不工作情况对应的 MDRC 计算结果时，发现姿态火箭工作对 MDRC 影响很小。这一方面是因为姿态火箭调整姿态结束后主火箭才会工作，另一方面，姿态火箭引起的加速度较小，而引起的角加速度较大，MDRC 衡量的是体轴坐标系下的加速度对人体的影响，角速度和角加速度对 MDRC 影响不大。因此，姿态火箭工作不会对低速工况下的 MDRC 的计算值造成较大影响。

4.2 不同乘员重量对 MDRC 的影响分析

分别选取了大重量、中重量、小重量乘员参数，对应表 2 确定的 24 种工况，计算在仅主火箭工作情况下的 MDRC 值，计算结果见表 4。

表 4　不同重量参数对应的 MDRC 值

工况号	大重量 MDRC	中重量 MDRC	小重量 MDRC
1	0.67	0.71	0.72
2	0.71	0.73	0.75
3	0.67	0.70	0.73
4	0.69	0.73	0.75
5	0.69	0.71	0.72
6	0.69	0.72	0.74
7	0.69	0.70	0.72
8	0.69	0.72	0.74
9	0.67	0.72	0.73
10	0.70	0.74	0.76
11	0.67	0.71	0.72
12	0.69	0.73	0.75
13	0.70	0.73	0.77
14	0.74	0.73	0.77
15	0.69	0.73	0.73
16	0.70	0.74	0.74
17	0.86	0.91	0.95
18	0.89	0.95	0.98
19	0.85	0.90	0.94
20	0.87	0.93	0.96
21	1.19	1.27	1.34
22	1.22	1.30	1.37
23	1.17	1.25	1.32
24	1.19	1.28	1.34

由表 4 可知，重量参数对 MDRC 计算结果有一定的影响。大重量参数对应的 MDRC 值普遍小一些，而小重量参数对应的 MDRC 值大一些。这是因为当座椅受到相同的主火箭推力和气动力时，加速度与重量呈反比，大重量对应较小的加速度，而小重量对应较大的加速度。后续的优化计算过程中统一选择“中重量”参数进行计算，以尽量体现不同质量参数的平均情况。

4.3　不同主火箭总冲对 MDRC 的影响分析

前述分析表明，主火箭总冲引起的加速度是影响 MDRC 的主要因素。在计算中采用主火箭总冲 6 300 N·s，其中主火箭推力为 21 000 N，主火箭工作时间为 0.3 s。为进一步分析主火箭总冲对 MDRC 计算值的影响，本文选择 450 km/h 弹射速度、45°俯冲角、0°横滚角计算工况（姿态火箭不工作，主火箭出舱即开始工作，0.5 s 射救生伞），分别通过增加主火箭推力和延长主火箭工作时间来改变主火箭总冲，计算相应的 MDRC 峰值和救生伞张满高度，计算结果见表 5。

表 5　改变主火箭总冲对应的 MDRC 计算结果

主火箭总冲/(N·s)	MDRC 计算值		救生伞张满高度/m	
	增加推力	延长时间	增加推力	延长时间
6 300	0.67	0.67	−102.91	−102.91
6 350	0.68	0.67	−102.72	−102.84
6 400	0.68	0.67	−102.48	−102.83
6 450	0.69	0.67	−102.29	−102.76
6 500	0.69	0.67	−102.10	−102.75
6 550	0.70	0.67	−101.91	−102.75
6 600	0.71	0.67	−101.72	−102.67

表 5 中“增加推力”表示主火箭总冲增加后，原工作时间不变，增加的总冲都体现在推力的增加中；“延长时间”的意义类似。由表 5 可知，通过增加推力提高主火箭总冲会使 MDRC 计算值稍微增加，同时可以提升救生伞张满高度；通过延长主火箭工作时间提高主火箭总冲不会改变 MDRC 峰值，能够略微提升救生伞张满高度，但效果有限，不如增加推力的效果好。

分析其原因，计算过程数据中 MDRC 峰值一般出现在主火箭工作后的很短的时间内。若增加主火箭推力，则会增大加速度，使 MDRC 峰值有所增加；而延长主火箭工作时间不会对主火箭工作后的加速度造成影响，只会使 y 向加速度持续更长时间，故 MDRC 峰值不变。根据该计算结果，本文将通过增加主火箭推力的方式来改变主火箭总冲，对不同 MDRC 约束控制下的主火箭总冲进行选择。

5　MDRC 约束下主火箭总冲的优化选择

本文研究的弹射座椅采用 6 300 N·s 的主火箭总冲，该火箭总冲可保证在绝大多数工况下 MDRC≤1.0。但对于 850 km/h 以下弹射速度的工况，采用更大的主火箭总冲同样可以保证 MDRC≤1.0，而且随着主火箭总冲的增加，救生伞张满高度也能得到一定程度的提升，从而提高座椅的最低安全高度性能。为此，特编制了不同 MDRC 约束条件下主火箭总冲的优化仿真程序，探索在适当放宽生理约束条件后，选择合适的主火箭总冲以获得更高的救生伞张满高度。

5.1 MDRC约束下主火箭总冲选择程序的编制

本文分别选择了MDRC≤1.0、MDRC≤1.1、MDRC≤1.2等生理约束条件进行计算。

程序编制中设定主火箭总冲可以在6 300 N·s到6 600 N·s范围内选择，按50 N·s步长递增。具体选择方法如下：首先给定MDRC约束值，如MDRC≤1.0，在该条件下首先选择6 300 N·s的主火箭总冲进行计算，得到其对应的救生伞张满高度和MDRC峰值。之后，通过改变主火箭推力来调整，若某次计算后MDRC未超过约束条件，则将主火箭总冲增加50 N·s后再进行迭代计算，直至MDRC超过约束条件或主火箭总冲达到6 600 N·s，程序终止，输出MDRC未超标对应的最大主火箭总冲及其对应的救生伞张满高度。

5.2 计算结果与分析

由于低速情况下MDRC一般不会超出约束标准，因此本文选择了弹射速度较大的一些工况进行计算，具体计算工况及计算结果见表6、表7。

表6 不同生理约束下的主火箭总冲选择表

速度/(km·h^{-1})	俯冲角/(°)	横滚角/(°)	MDRC≤1.0对应总冲/(N·s)	MDRC≤1.1对应总冲/(N·s)	MDRC≤1.2对应总冲/(N·s)
650	30	0	6 600	6 600	6 600
650	30	45	6 600	6 600	6 600
650	30	90	6 600	6 600	6 600
650	60	0	6 600	6 600	6 600
650	60	45	6 600	6 600	6 600
650	60	90	6 600	6 600	6 600
850	30	0	6 600	6 600	6 600
850	30	45	6 600	6 600	6 600
850	30	90	6 550	6 600	6 600
850	60	0	6 600	6 600	6 600
850	60	45	6 600	6 600	6 600
850	60	90	6 600	6 600	6 600
1 000	30	0	—	6 500	6 600
1 000	30	45	—	—	6 600
1 000	30	90	—	—	6 600
1 000	60	0	—	6 500	6 600
1 000	60	45	—	—	6 600
1 000	60	90	—	—	6 600

表7 不同生理约束下的主火箭总冲对应张满高度表

速度/(km·h^{-1})	俯冲角/(°)	横滚角/(°)	MDRC≤1.0对应张满高度/m	MDRC≤1.1对应张满高度/m	MDRC≤1.2对应张满高度/m
650	30	0	−88.29	−88.29	−88.29
650	30	45	−95.38	−95.38	−95.38
650	30	90	−115.29	−115.29	−115.29
650	60	0	−182.70	−182.70	−182.70
650	60	45	−179.34	−179.34	−179.34
650	60	90	−182.90	−182.90	−182.90
850	30	0	−133.40	−133.40	−133.40
850	30	45	−145.14	−145.14	−145.14
850	30	90	−170.15	−170.12	−170.12
850	60	0	−258.66	−258.66	−258.66
850	60	45	−266.16	−266.16	−266.16
850	60	90	−276.92	−276.92	−276.92
1 000	30	0	—	−181.96	−181.48
1 000	30	45	—	—	−192.22
1 000	30	90	—	—	−214.05
1 000	60	0	—	−335.61	−335.32
1 000	60	45	—	—	−343.93
1 000	60	90	—	—	−352.15

表6、表7中“—”表示在该工况下无法得到满足相应生理约束条件的计算结果。当弹射速度增大到1 000 km/h时，即便采用6 300 N·s的主火箭总冲也无法使MDRC≤1.0。而当约束条件放宽到MDRC≤1.2时，采用6 600 N·s的主火箭总冲也可以满足约束条件。

为对比分析增加主火箭总冲对救生伞张满高度的影响，特将6 300 N·s主火箭总冲对应的救生伞张满高度及MDRC峰值进行统计，见表8。

表 8　主火箭总冲 6 300 N·s 计算结果表

速度/(km·h^{-1})	俯冲角/(°)	横滚角/(°)	张满高度/m	MDRC
650	30	0	−89.38	0.73
650	30	45	−96.20	0.76
650	30	90	−115.37	0.81
650	60	0	−183.31	0.74
650	60	45	−179.86	0.76
650	60	90	−183.05	0.79
850	30	0	−134.64	0.90
850	30	45	−146.16	0.93
850	30	90	−170.26	0.97
850	60	0	−259.61	0.91
850	60	45	−266.89	0.92
850	60	90	−277.09	0.95
1 000	30	0	−182.90	1.08
1 000	30	45	−193.28	1.11
1 000	30	90	−214.18	1.15
1 000	60	0	−336.19	1.08
1 000	60	45	−344.64	1.10
1 000	60	90	−352.31	1.12

由表 7 的计算结果可知，当弹射速度小于 850 km/h 时，选择 6 600 N·s 的冲量一般可以满足 MDRC≤1.0 的约束条件。仅速度 850 km/h、俯冲角 30°、横滚角 90°工况下需采用 6 550 N·s 的主火箭总冲才能将 MDRC 控制在小于 1.0 的范围之内。

根据对表 6～表 8 相关数据的对比分析可知，采用更大的主火箭总冲可以提升不同工况下的救生伞张满高度。总体而言，增加主火箭总冲能够在一定程度上提高救生伞张满高度，同时也会引起 MDRC 峰值的增加，在弹射速度小于 850 km/h 时，绝大多数工况都能保证 MDRC≤1.0 的约束条件。

综上所述，分析认为在低速情况下可以适当增加主火箭总冲至 6 600 N·s，以提升救生伞张满高度。当弹射速度很高，达到 1 000 km/h 时，只要主火箭工作就很难满足 MDRC≤1.0 的约束条件，此时亦可考虑适当放宽生理约束条件，以获得更高的救生伞张满高度，提升整体弹射救生效果。

6　结　论

本文在已有弹射座椅运动仿真数学模型的基础上，分析了飞行员在弹射过程中可能受到的生理损伤，确定以多轴动态响应指数 MDRC 作为飞行员生理约束评价准则对不同工况下的控制方式的选择进行限制。

本文选取了多种工况进行计算，确定主火箭推力和高速工况下气动力引起的加速度是影响 MDRC 的主要因素。姿态火箭工作与否对 MDRC 影响不大。此外，计算结果显示，重量参数对 MDRC 值也有影响，重量越大，MDRC 值越小，但总体上影响的量值不大。

根据分析结果，本文对在 MDRC 约束控制下合理增加主火箭冲量进行仿真。仿真结果显示，低速情况下采用更大的主火箭总冲可以提高救生伞张满高度，且 MDRC 一般不会超过 1.0。但当弹射速度达到 1 000 km/h 以上时，主火箭工作会使 MDRC 计算值超过 1.0，此时亦可考虑适当放宽生理约束条件，以获得更高的救生伞张满高度，提升整体弹射救生效果。

综合上述研究结果，在后续研究过程中有必要综合考虑救生伞张满高度和飞行员生理约束条件，以保证飞行员能够在相应工况下安全救生。

参考文献

[1] Stewart D, Sabo B, Cromer W. ACES II Pre-Planned Product Improvement (P3I) Program Update[R]. ARMSTRONG LAB BROOKS AFB TX HUMAN SYSTEMS PROGRAM OFFICE, 2004.

[2] 吴铭. 飞行员生理约束控制条件下弹射座椅运动仿真方法研究报告[R]. 襄阳：航宇救生装备有限公司，2020.

[3] 李宝峰. 战斗机弹射救生人-椅系统的数字仿真研究[D]. 西安：西北工业大学，2005.

[4] 袁文明. 弹射座椅姿态控制方案研究[D]. 南京：南京航空航天大学，2007.

短舱风扇舱泄压门参数对泄压效果的影响研究

季佳圆，邓阳

中国航发商用航空发动机有限责任公司，上海 201100

摘要： 商用航空发动机短舱风扇舱舱内存在 ATS 管、防冰管等高温高压管路，当管路发生爆裂失效时，需通过合适泄压装置来释放舱内高温高压气体，以保障短舱风扇舱结构安全。本文提出了一种风扇舱泄压快速估算近似分析模型，并基于该模型分析了泄压门面积、触发压力等设计参数对风扇舱舱压、舱温、泄压时间等参数的影响规律。

关键词： 风扇舱；泄压；面积；触发压力；快速估算模型

Study on the Pressure Relief Influence of Nacelle Fan Compartment Pressure Relief Door Parameters

JI Jiayuan，DENG Yang

Commercial Aircraft Engine Company Limited，Aero Engine Corporation of China，Shanghai 201100，China

Abstract： There are some high pressure gas tubes such as ATS pipe and anti-icing pipe in the commercial engine nacelle，and when the gas tube burst，it is required to release the high temperature and pressure gas through the pressure relief door to ensure the safety of the nacelle structure. In this paper，an approximate analysis rapid estimation method for fan compartment pressure relief is proposed，and based on this method，the influence of design parameters such as pressure relief door area and trigger pressure on fan compartment pressure，compartment temperature and pressure relief time are analyzed.

Keywords： fan compartment；pressure relief；area；trigger pressure；approximate analysis rapid estimation method

1 引 言

商用航空发动机短舱的研究是当今困扰我国的先进制造业关键技术之一，按照 FAA AC25.863-1(draft)[1]和 FAA AC 1187-1[2]中定义，短舱划分为以下区域：无危害区、火区、可燃液体泄漏区等。其中风扇舱及核心机舱存在可燃蒸汽及高温高压管路等点火源，为火区，对这两个舱进行设计时，一方面需考虑通风措施将舱内的可燃蒸汽顺利移除，另一方面根据适航条款 25.1103(d)[3]的要求，当这两个舱内发生高压管路爆裂等故障时，短舱结构不会被破坏。

当舱内发生管道破裂[4]时，舱内高压气体迅速积聚，通常需在火区风扇舱及核心机舱设置泄压门(Pressure Relief Door，简称 PRD)等泄压装置，在发生爆管后可自动开启，泄出过多气体，使舱内压力维持在短舱结构可承受的范围内，以防止对其进一步的损害[5-6]。但是由于舱内存在大量管路附件等，几何模型复杂[7]；此外泄压过程时间尺度小(毫秒级)，压力梯度大，故若采用传统三维 CFD 仿真工具进行泄压过程仿真，需耗费大量人力及计算资源。

本文以风扇舱(Fan Compartment，简称 FC)为例，提出了一种短舱泄压快速估算近似分析模型，并基于该模型研究了泄压门面积、触发压力等设计参数对风扇舱舱内参数的影响规律，相关规律可为航空发动机短舱泄压门设计奠定一定理论基础。

2 研究对象及方法

2.1 对象及物理模型

本文选择了 MTO 推力等级、环境温度 328.1 K、环境压力 108.8 kPa、马赫数 0.25 的风扇舱泄压系统(见图 1)为研究对象，并对比了 1/4～4 倍基准面积的 PRD 对舱内压力等参数的影响，具体工况参数列于表 1。

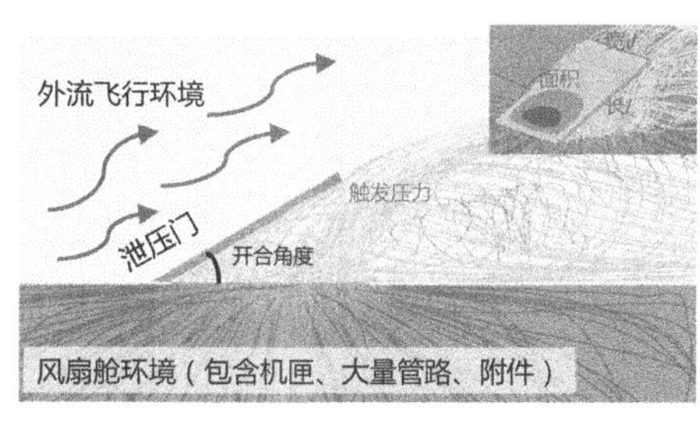

图 1　风扇舱泄压门泄压环境示意图

表 1　不同泄压门面积的风扇舱泄压计算工况条件

环境条件	工况编号	泄压面积/基准面积
推力等级 MTO，环境温度 328.1 K，环境压力 108.8 kPa，马赫数 0.25	1	1/4
	2	1/3
	3	1/2
	4	1
	5	2
	6	3
	7	4

此外，本文还以基准面积系统为对象，研究了触发压力在 0.5～3.0 psid 范围内的泄压参数影响规律，具体工况详见表 2。

表 2　不同触发压力的风扇舱泄压计算工况条件

环境条件	工况编号	触发压力/psid
推力等级 MTO，环境温度 328.1 K，环境压力 108.8 kPa，马赫数 0.25	1	0.5
	2	1.0
	3	1.5
	4	2.0
	5	2.5
	6	3.0

本文计算中考虑了质量守恒、能量守恒及气体状态方程，将短舱划分成空间上相互独立，流量能量参数相互联系的 12 个独立腔体单元，并针对腔体单元相对应的风扇舱位置，给定相应流量的输入输出，其中 12 个腔体流量的交换模式如图 2 所示，各腔体单元与周围四个腔体存在质量的交换，此外对于不同的位置，腔体间可能存在进气的质量输入、排气的质量输出、机匣泄漏的质量流入、管道泄漏的质量流入，爆裂的质量输入以及泄压的质量输出，以及随着质量输入输出所携带的能量的输入输出变化。

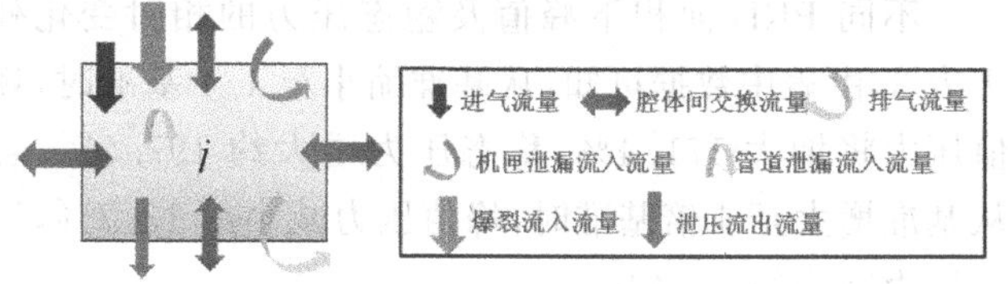

图 2　腔体间流量交换模式示意图

2.2　计算模型

本文基于 2.1 节中商用航空发动机短舱腔体化思路提出的风扇舱泄压快速分析模型示意图如图 3 所示。

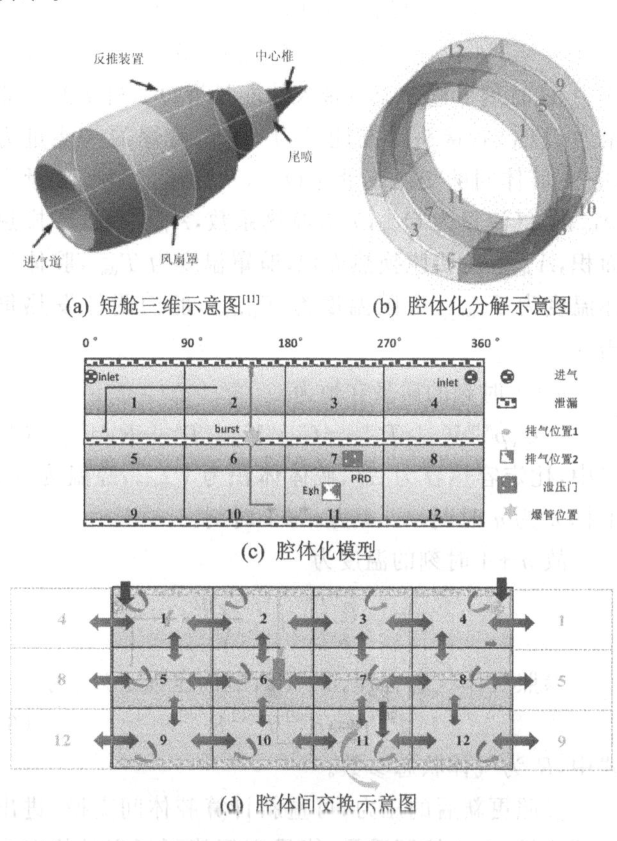

图 3　风扇舱泄压快速分析模型示意图

该模型包含的相关原理如下：

以腔体 i 为控制体，由质量守恒定律可以得出，在任何时刻，腔体内的质量积存率应等于流进流出该腔体的质量流量之差额，即

$$\iiint \frac{\partial \rho}{\partial t} \mathrm{d}\Omega = -\iint \rho \dot{V} \cdot n \mathrm{d}S \tag{1}$$

式中，ρ 为腔体气体密度，$\mathrm{d}\Omega$ 为单位体积，t 为时间，$\dot{V}$ 为速度矢量，n 为方向，S 为流入流出面积，考虑到风扇舱腔体化后各腔体间的质量输入输出，腔体 i 的质量守恒，故腔体 i 的 $n+1$ 时刻的密度 ρ^{n+1} 为

$$\rho^{n+1} = \rho^{n} + (\dot{m}_{\text{in}}^{n} + \dot{m}_{\text{eleak}}^{n} + \dot{m}_{\text{dleak}}^{n} + \dot{m}_{\text{burst}}^{n} -$$

$$\dot{m}^{n}_{\text{mfr}} - \dot{m}^{n}_{\text{dec}} - \dot{m}^{n}_{\text{out}}) \times \text{d}t \div V_{\text{cavity}} \tag{2}$$

式中，n 时刻下的进气流量为 $\dot{m}^{n}_{\text{in}}$，机匣漏气量为 $\dot{m}^{n}_{\text{eleak}}$，管接头泄漏量为 $\dot{m}^{n}_{\text{dleak}}$，管爆漏气量为 $\dot{m}^{n}_{\text{burst}}$，腔体间的交换流量为 $\dot{m}^{n}_{\text{mfr}}$，从泄压门漏出的流量为 $\dot{m}^{n}_{\text{dec}}$，排气流量为 $\dot{m}^{n}_{\text{out}}$。

腔体内能量变化为 R_{E}，除质量输入输出所带来的腔体内的能量变化外，还包含气体与机舱外壳内部的换热、气体与机匣的换热、热源输入等，具体公式为

$$R_{\text{E}} = Q_{\text{in}} + Q_{\text{eleak}} + Q_{\text{dleak}} + Q_{\text{burst}} - Q_{\text{mfr}} - Q_{\text{dec}} - Q_{\text{out}} + hA_{\text{core}}(T_{\text{core}} - T_{\text{cavity}}) + hA_{\text{engine}}(T_{\text{engine}} - T_{\text{cavity}}) + \dot{q} \tag{3}$$

式中，n 时刻下进气流量带入的能量为 Q_{in}，机匣漏气能量为 Q_{eleak}，管接头泄漏能量为 Q_{dleak}，管爆漏气能量为 Q_{burst}，腔体间的交换流量为 Q_{mfr}，从泄压门漏出流量为 Q_{dec}，排气流量为 Q_{out}，h 为换热系数，A_{core} 为舱罩换热面积，A_{engine} 为机匣换热面积，舱罩温度为 T_{core}，腔体气体温度为 T_{cavity}，机匣温度为 T_{cengine}，舱内附件发热量为 $\dot{q}$。

$n+1$ 时刻的质量守恒为

$$C_V \rho^{n+1} V_{\text{cavity}} T^{n+1} = C_V \rho^{n} V_{\text{cavity}} T^{n} + R_{\text{E}} \text{d}t \tag{4}$$

式中，比定容热容为 C_V，腔体体积为 V_{cavity}，腔温为 T，上标 n 为 n 时刻，$n+1$ 为 $n+1$ 时刻。

故 $n+1$ 时刻的温度为

$$T^{n+1} = \frac{\rho^{n} T^{n}}{\rho^{n+1}} + \frac{R_{\text{E}} \text{d}t}{C_V V_{\text{cavity}}} \tag{5}$$

参照气体状态方程，$n+1$ 时刻的压强 P^{n+1} 为

$$P^{n+1} = \rho^{n+1} T^{n+1} R \tag{6}$$

式中，R 为气体状态参数。

参照更新后的压力，可重新计算腔体间交换、进出口等流量，重新按照质量、能量守恒等更新实时状态参数。其中风扇舱埋入式引气口的流量系数参照 ESDU86002[8] 中试验数据进行设置，排气口采用 NACA3443[9] 相关数据进行设置，PRD 流量系数参照 Pratt 等人[10] 以及 E. Benard 等人[11] 的研究进行设置。

2.3 数据处理

爆管峰值压力及稳态压力

当管爆后舱压逐渐升高至最大，随后回落至稳定。爆管过程中达到的最大压力为峰值压力，泄压后的稳定压力为稳态压力，以上两种压力为强度校核的关键物理量之一（见图 4）。

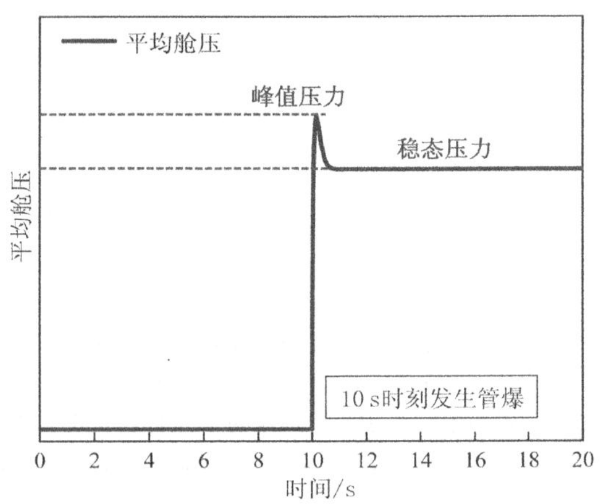

图 4　泄压过程峰值压力与稳态压力示意图

3　结果与讨论

3.1　泄压门面积对风扇舱泄压的影响

1. 爆管后峰值与稳态压力的变化

本文分别模拟了相对尺寸 1/4、1/3、1/2、1 倍，以及 2 倍、3 倍、4 倍基准面积尺寸下 FC 泄压情况下的舱压变化情况，由图 5 可知，峰值和稳态压力均随面积增大而减小，且下降趋势逐渐减缓。

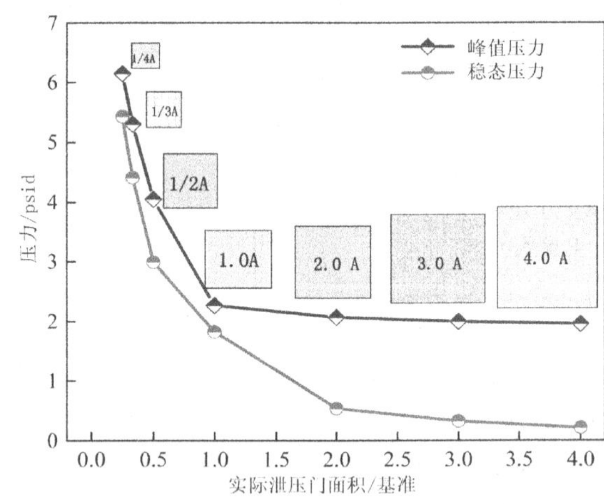

图 5　不同泄压门面积的峰值压力和稳态压力变化

不同 PRD 面积下峰值及稳态压力的相对变化列于表 3，由表中数据可知，从基准缩小至 1/4 基准时，峰值压力将增大 171.4%，稳态压力增大约 197.5%；若从基准增大至 4 倍基准时，峰值压力减小约 13.7%，稳态压力减小约 88.4%。

表 3 不同泄压门面积下峰值压力与稳态压力的变化

面 积	峰值压力变化程度（相对于基准的）	稳态压力变化程度（相对于基准的）
1/4 基准	171.4%	197.5%
1/3 基准	134.1%	141.5%
1/2 基准	78.6%	63.9%
1 倍基准	0.0%	0.0%
2 倍基准	−8.7%	−70.5%
3 倍基准	−11.8%	−82.3%
4 倍基准	−13.7%	−88.4%

当 10 s 时刻管爆，舱压随时变化示于图 6，由图可知：不同面积下压力均迅速达到峰值，达到峰值与稳值压力的时间均随面积减小而延迟。

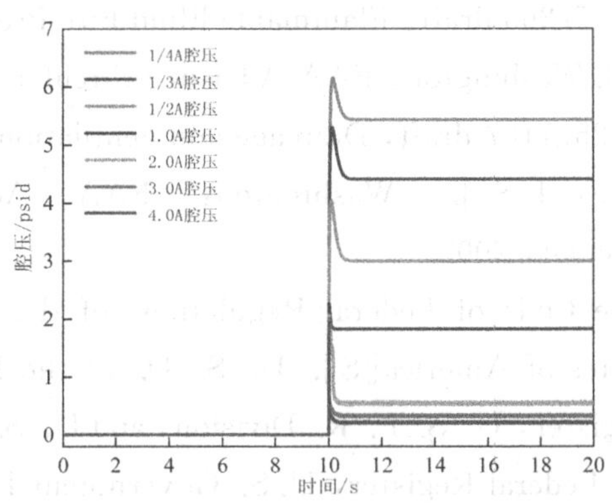

图 6 风扇舱泄压过程压力随时间的变化规律

2. 爆管后舱内温度的变化

根据本文模拟结果，当 10 s 时发生管爆，不同 PRD 面积下的风扇舱舱内各位置处的舱温均迅速升高，且在 1 s 内达到稳定温度，其中 1/4 基准工况下舱温的变化示于图 7。由图中舱温可以看出，爆裂点所在

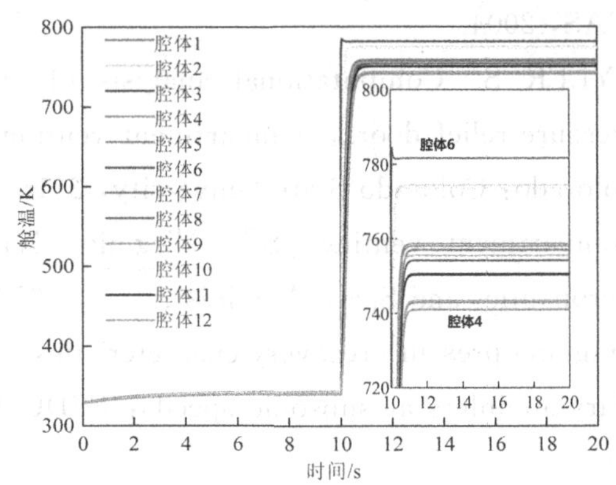

图 7 风扇舱各腔体舱温变化曲线图(1/4 基准面积)

腔体 6 的舱温变化率最显著，稳定舱温也最高；离爆裂点距离最远的风扇舱前端引气口位置腔体 4 的舱温升高速度相对最慢，分析其原因是因为爆裂高温气体向该区域的传递质量相对较小，此外由于腔体 4 处于风扇舱引气位置，因此部分引气气流将带来一定降温效果。

以 1/4 基准与 4 倍基准面积下为例，爆管稳定后的舱温分布示于图 8。由图可知，舱温以爆裂点为中心，向引气口所在区域逐渐温度递减，这表明虽然爆裂源会对风扇舱整体环境起显著升温作用，但是由于舱内存在通风冷却的引排气影响，舱内气流仍与环境大气间存在一定质量、能量的交换，故舱温呈现放射性分布。

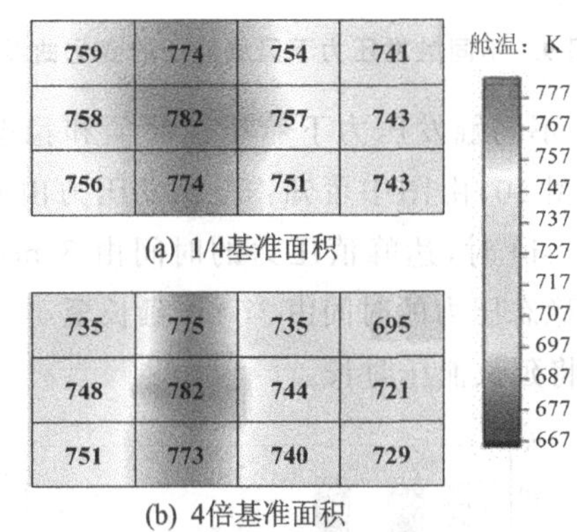

图 8 风扇舱各腔体舱温分布

进一步分析图 8 中的舱温数据，爆裂位置的局部舱温与爆裂源温度直接相关，不受泄压门面积影响。此外，距离爆裂源较远区域的舱温将随 PRD 面积的增大而减小。其中腔体 4(引气口所在位置)在 1/4 基准面积时的舱温是 741 ℃，在 4 倍基准面积时的舱温是 695 ℃，下降约 46 ℃。这是因为腔体 4 位置为风扇舱远离爆裂源且存在引气口的区域，当泄压门面积增大时，泄压稳定后的舱压较 PRD 面积小的工况而言更低，舱内将从环境引进更多的冷却气体，更大量的冷却气将导致该位置的舱温下降，与此同时风扇舱整体的舱温环境将下降。

3.2 触发压力对风扇舱泄压的影响

泄压门的触发压力(舱内压力大于某一压差泄压门触发打开时的压力)是泄压设计的重要影响因素之一。本节基于基准 PRD 面积，研究了推力等级 MTO、泄压门基准面积、环境温度 328.1 K、环境压力 108.8 kPa、马赫数 0.25、爆裂源信息等其他变量一定的条件下，不同触发压力状态下的泄压效果，平均舱压的变化趋势示于图 9。根据图中的压力变化可知，峰值压力随着触发压力增大而逐渐升高，但稳值压力的变化不明显。

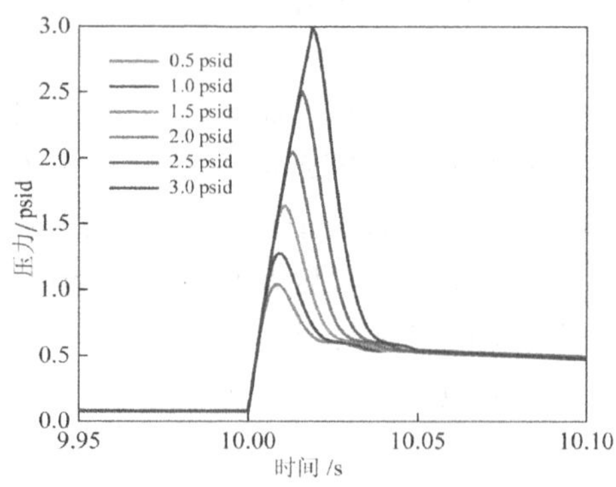

图 9　不同触发压力下风扇舱压的变化曲线

此外，不同触发压力下舱压达峰值和稳态压力的时间示于图 10，由图中可知：当触发压力由 0.5 psid 升高至 3 psid 时，达峰值压力的时间由 8 ms 延长至 19 ms，达稳态压力的时间由 37 ms 延长至 53 ms，触发压力提高将延长泄压时长。

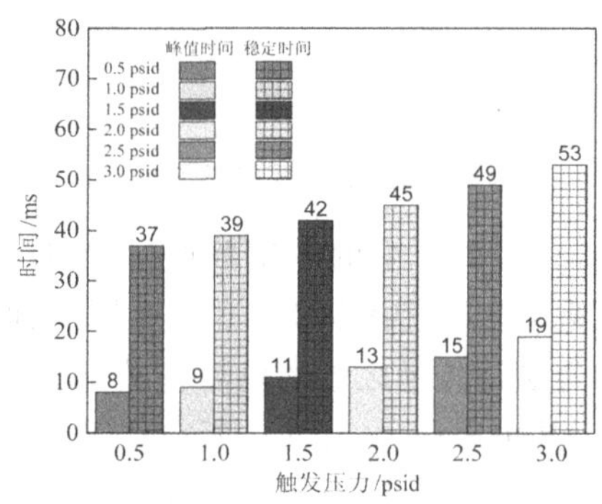

图 10　不同触发压力下达到峰值和稳态压力的时间

4　结　论

PRD 面积（1/4 ～4 倍基准）及泄压触发压力（0.5～3 psid）对 FC 泄压影响的主要结论：

1. PRD 面积的影响规律

（1）峰值和稳态压力均随 PRD 面积增大而减小，且下降趋势逐渐减缓。

（2）当 PRD 面积由基准缩小至 1/4 时，峰值压力将增大约 171.4%，稳态压力将增大约 197.5%；若大于一定基准面积后，峰值和稳态压力随面积变化不敏感，若基准增大至 4 倍，峰值压力将减小约 13.7%，稳态压力将减小约 88.4%。

（3）由于舱内通风冷却的影响泄压稳定后舱内温度呈现放射状分布，且远离爆裂点的区域的舱温随着泄压门面积的增大而降低。

2. 触发压力的影响规律

（1）风扇舱舱内的峰值压力随着触发压力的增大而增大，但稳态压力变化不明显。

（2）触发压力提高将延长泄压时长：当触发压力由 0.5 psid 升高至 3 psid 时，峰值压力时间由 8 ms 延长至 19 ms，稳态压力时间由 37 ms 延长至 53 ms。

参考文献

[1] AC25.863 draft, Flammable Fluid Fire Protection [S]. Washington: FAA Advisory Circular, 2002.

[2] AC25.1187 draft, Drainage and ventilation of fire zones [S]. Washington: FAA Advisory Circular, 2002.

[3] The Code of Federal Regulations of the United States of America[S]. U. S. D. of the Federal Register, U. S. F. R. Division, and U. S. O. of the Federal Register, U. S. Government Printing Office, 1982.

[4] OLMSTEAD B, CAMPBELL B. Burst duct pressure relief analysis [J]. Presentation, 2014,9(9).

[5] PRATT P R, WATTERSON J K, BENARD E, et al. Performance of a flapped duct exhausting into a compressible external flow[C]. 24th International Congress of the Aeronautical Sciences, ICAS, 2004.

[6] TYLER S. Computational analysis of aircraft pressure relief doors, compartment venting[D]. Colorado: Colorado State University, 2016.

[7] Compartment venting [S]. Virginia: National Aeronautics and Space Administration, 1970.

[8] Drag and pressure recovery characteristics of auxiliary air inlets at subsonic speeds: ESDU 86002 [S].

[9] DEWEY P E, VICK A R. An Investigation of the Discharge and Drag Characteristics of Auxiliary

Air Outlets Discharging into a Transonic Stream [J]. International congress of the aeronautical sciences, 1955.

[10] BENARD E, WATTERSON J K, GAULT R, et al. Review and Experimental Survey of Flapped Exhaust Performance[J]. Engineering Notes, 2008, 45(1).

[11] RAGHUNATHAN S, et al, Key aerodynamic technologies for aircraft engine nacelles[J]. The aeronautical journal, 2006.

制造偏差对燃烧室出口燃气温度分布的影响

王帅*，宋双文，陈盛，彭中九，李元星

中国航发湖南动力机械研究所，株洲 412002

摘要： 以发动机燃烧室为研究对象，采用响应面与蒙特卡洛方法开展了制造偏差（火焰筒主燃孔开孔偏差、掺混孔开孔偏差、涡流器与燃油喷嘴流量偏差）对燃烧室出口燃气温度场的影响研究，本文分析了各制造偏差的概率分布形式，建立了各制造偏差对燃烧室出口燃气温度场分布的响应面模型，获取了燃烧室出口燃气温度对制造偏差的敏感性分析结果，并基于响应面模型采用蒙特卡洛方法得到了上述制造偏差建议选取范围。分析结果表明：头部出口平均温度场对涡流器流量偏差最敏感，但进气不均匀与燃油流量偏差的耦合影响不可忽视。

关键词： 制造偏差；出口温度场；响应面模型；敏感性分析；蒙特卡洛方法

Sensitivity Analysis Between Combustor Outlet Distribution of Temperature and Manufacturing Variability

WANG Shuai*, SONG Shuangwen, CHEN Sheng, PENG Zhongjiu, LI Yuanxing

AECC Hunan Aviation Powerplant Research Institute, Zhuzhou 412002, China

Abstract: In this paper, the impact of manufacturing variability on combustor outlet distribution of temperature has been completed by Response Surface Model (RSM) and Monte Carlo Method (MCM). The manufacturing variability contains the dimension deviation of primary-hole and dilution-hole. The flow rates of swirl and the nozzle, and those variability are represented by independent, normally distributed random variables. The RSM has been established between combustor outlet distribution of temperature and manufacturing variability. The sensitivity analysis have been obtained between combustor outlet distribution of temperature and manufacturing variability, and on this basis, the suggested range of the dimension deviation of primary-hole and dilution-hole, the flow rates of swirl and the nozzle have been obtained by the MCM. The result identified the leading drivers of the combustor outlet distribution of temperature as the flow rates of the swirl, however, the coupling effect of other manufacturing variability shouldn't be neglected.

Keywords: manufacturing variability; distribution of temperature; response surface model; sensitivity analysis; Monte Carlo method

航空发动机燃烧室出口燃气温度分布优劣一方面极大影响着涡轮叶片的寿命，另一方面为保证涡轮叶片寿命，必须对涡轮叶片开展相应的冷却设计，较差的燃烧室出口燃气温度场意味着更多的叶片冷却气量，从而带来发动机推力/功率的下降[4]。

文献[1-6]的研究结果表明燃烧室每个区域气量分配，特别是直接参与燃烧的空气量对燃烧室出口燃气温度场影响较大。此外燃油分布的不均匀程度也影响着下游温度场分布。

随着发动机循环参数及可靠性要求的提升，对燃烧室出口燃气温度场精细化设计十分有必要。研究人员[7-11]逐渐开始研究一些不可控因素（火焰筒开孔制造偏差、涂层厚度喷涂偏差、进口参数波动等）对相关的燃烧性能参数的影响程度，并开展改进设计。文献[7]基于DOE试验设计方法获取了火焰筒壁温参数与不可控变量之间的响应面模型，并基于通过预估不可控变量的概率分布形式开展蒙特卡洛分析，确定了火焰筒冷却孔与涂层厚度的合适取值范围。文献[8]则进

* 通讯作者. E-mail: shuai_wong@163.com

一步基于丰富的故障数据获取了燃烧室各部组件制造偏差与火焰筒寿命的响应面模型，并开展了制造偏差对火焰筒寿命的敏感性分析，为燃烧室各零部件制造控制方法提供指导。

针对燃烧室出口燃气温度场设计问题，由于影响其变化的关键参数如：气量分配、油气分配等一定程度上受到制造水平的影响而偏离设计值，因此真实温度场与设计值往往存在一定程度的偏离，十分有必要开展制造偏差对燃烧室出口燃气温度场的影响研究。工程实践表明：对于复杂问题，可以通过建立响应面模型的方法获取各头部对应的出口平均温度与上述制造偏差的函数关系式。

综上，本文分析了燃油喷嘴流量偏差、涡流器流量偏差、主燃孔偏差、掺混孔偏差的分布特征，采用响应面与蒙特卡洛相结合的方法开展了燃烧室出口燃气温度分布对制造水平的敏感性分析研究。

1 分析模型

某发动机燃烧室为环形直流燃烧室，头部数为 16，采用双油路离心喷嘴与双级轴向涡流器组合雾化，每个头部对应内、外环主燃孔各 2 个，对应内、外环掺混孔各 2 个，主燃孔、掺混孔距头部距离分别为 51 mm、101.3 mm，燃烧室结构形式见图 1。基于该型燃烧室部件试验结果，并结合试验前的计量结果开展了出口温度场与制造偏差开展了燃烧室出口燃气温度对制造水平的敏感性分析。

在分析之初，根据火焰筒头部数可将燃烧室分为 16 个区域，当制造无偏差时，16 个区域内的进气量、燃油流量一致，此时每个头部出口温度场一致，由于制造偏差的存在，每个区域的进气量、燃油流量均发生了变化，偏离了设计值，由此每个区域出口温度场也偏离了设计值，通过统计 16 个区域对应的燃油喷嘴流量偏离量、涡流器流量偏离量、主燃孔偏离量、掺混孔偏离量、出口平均温度偏离量，即可建立前四个变量与出口平均温度偏离量的 2 阶响应面模型，其中，四个自变量与每个区域进气量、燃油流量偏离值相关，可以视为影响出口平均温度的关键制造因子。通过得到的响应面模型即可结合现有制造水平（燃油喷嘴流量偏离量、涡流器流量偏离量、主燃孔偏离量、掺混孔偏离量）的分布情况，基于蒙特卡洛的方法开展燃烧室出口燃气温度对制造水平的敏感性分析研究。分析过程见图 2。

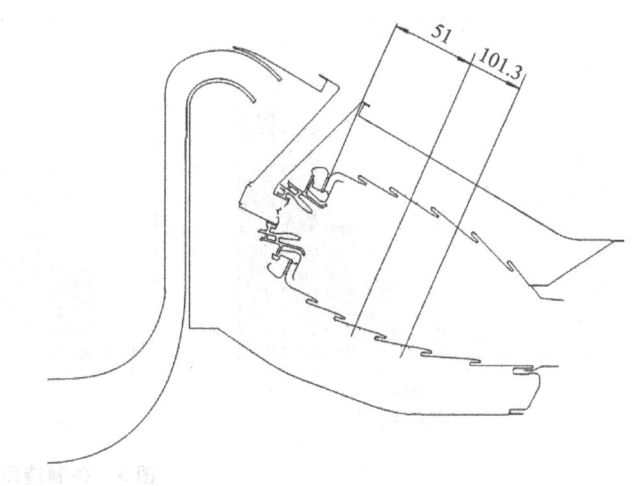

图 1 燃烧室结构示意图

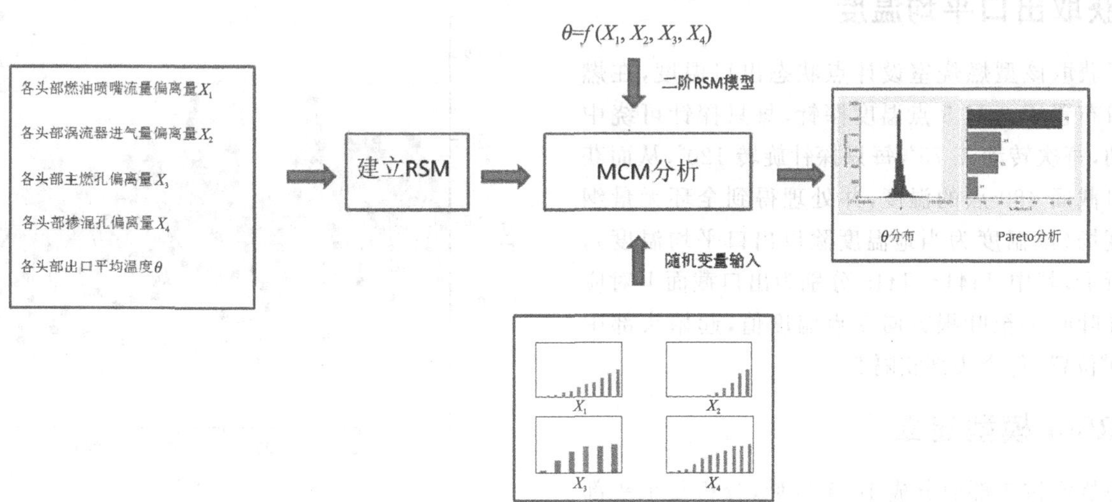

图 2 分析模型示意图

1.1 制造偏差分布分析

对于燃烧室零组件制造而言，以燃油喷嘴流量偏离量、涡流器流量偏离量、主燃孔偏离量、掺混孔偏离量作为衡量其制造水平的四个因子，事实上，这四个因子是随机变化的，仅由操作人员、制造设备决定，从统计学来看，其分布符合正态分布。图 3 展示了该燃烧室外环主燃孔（图 3(a)）、内环主燃孔（图 3(b)）、外环掺混孔（图 3(c)）、内环掺混孔（图 3(d)）、涡流器流量（图 3(e)）、喷嘴流量（图 3(f)）的统计累积概率分布。图中横坐标为除以平均值的无量纲值，纵坐标为对应的累积概率，可以看出累积概率呈指数分布，表明图中各参数基本符合正态分布规律。

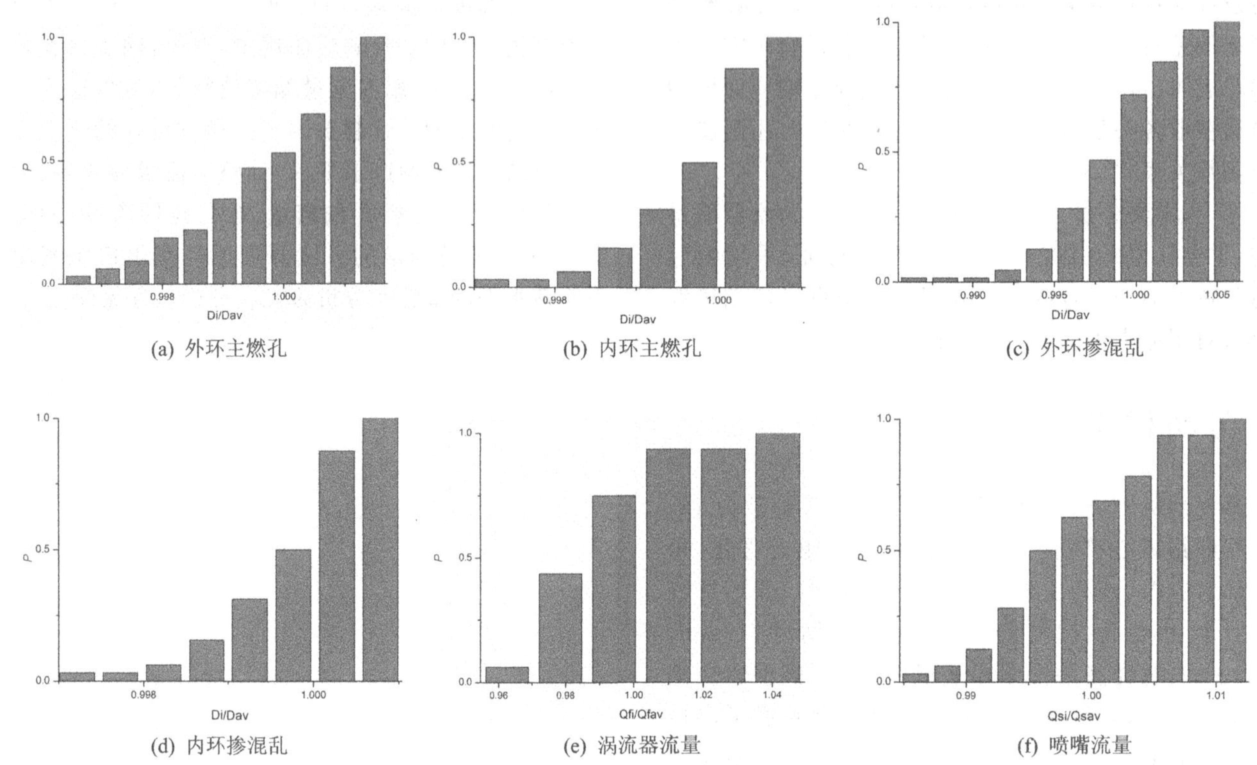

图 3 各制造因素统计概率分布

1.2 获取出口平均温度

为了获取该型燃烧室设计点状态出口温度，在燃烧室出口布置了 3 只 5 点温度探针，每只探针可绕中心轴转动，每次转动 3.75°，每只探针旋转 120°，从而获取了出口截面 480 点的温度，并处理得到全环无量纲化量温度场（该温度为当地温度除以出口平均温度），如图 4 所示，其中 Tt41～Tt45 分别为出口截面上对应沿涡轮导叶叶尖至叶根方向 5 点温度值，起始头部中心对应 0°位置，每个头部相隔 22.5°。

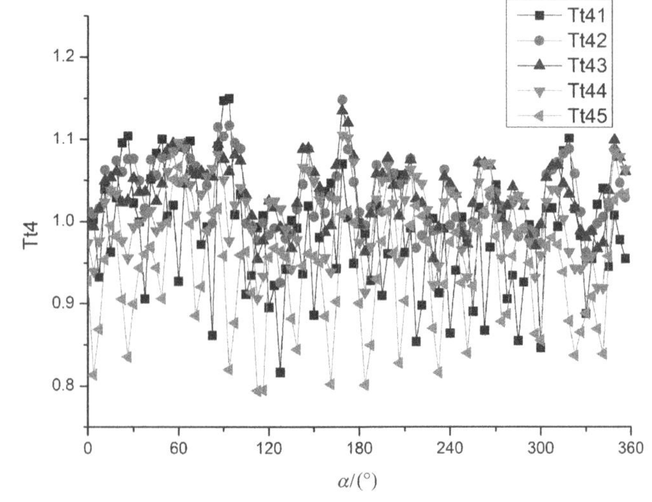

图 4 无量纲温度分布图

1.3 RSM 模型建立

将燃烧室按头部数分成 16 个区域，分析每个头部内各制造因子的概率分布情况进及对应的出口温度场分布，建立 RSM 模型。用 X_1、X_2 衡量燃油喷嘴和涡流器制造偏差，为了简化分析，将内外环主燃孔合为一个制造因子，内外环掺混孔合为一个制造因子，分别用因子 X_3、X_4 衡量，通过公式(1)～(4)可获取标准正态分布对应的 X_1～X_4。

$$X_{1,j}=\frac{(Q_{\mathrm{f}})_j-(Q_{\mathrm{f}})_{\mathrm{av}}}{\delta_{Q_{\mathrm{f},j}}} \tag{1}$$

$$X_{2,j}=\frac{(Q_{\mathrm{s}})_j-(Q_{\mathrm{s}})_{\mathrm{av}}}{\delta_{Q_{\mathrm{s},j}}} \tag{2}$$

$$X_{3,j}=\frac{(D_{\mathrm{p}})_j-(D_{\mathrm{p}})_{\mathrm{av}}}{\delta_{D_{\mathrm{p},j}}} \tag{3}$$

$$X_{4,j}=\frac{(D_{\mathrm{d}})_j-(D_{\mathrm{d}})_{\mathrm{av}}}{\delta_{D_{\mathrm{d},j}}} \tag{4}$$

式中，j 表示头部序号，其取值为 1～16；δ 表示统计标准差；av 表示 4 个因子平均值；Q_{f}、Q_{s}、D_{p}、D_{d} 分别表示每个头部对应的燃油喷嘴流量、涡流器流量、主燃孔平均直径、掺混孔平均直径。

将各头部平均温度进行标准正态分布化，计算式为

$$\theta_j=\frac{(T_{\mathrm{t4av}})_j-(T_{t4\mathrm{av}})_{\mathrm{av}}}{\delta_{T_{\mathrm{t4av},j}}} \tag{5}$$

式中，T_{t4av} 为单个头部范围内出口平均温度；av 表示全环出口温度平均值。

通过公式(1)～(5)可获取标准正态分布下各头部对应的制造偏差 X_1～X_4 及标准正态分布化的平均温度 θ。

由于统计样本数为 16，满足建立二阶响应面模型的条件，模型可表示为

$$\theta_j=a_0+\sum_{i=1}^{4}a_{1,i}\cdot X_{i,j}+\sum_{i=1}^{4}a_{2,i}\cdot(X_{i,j})^2+\sum_{i=1}^{3}\sum_{i'=i+1}^{4}a_{3,ii'}\cdot(X_{i,j})\cdot(X_{i',j}) \tag{6}$$

由此，可以通过公式(6)建立 16 个 θ 与 X_1～X_4 的线性方程组，通过待定系数法即可获取 θ 与 X_1～X_4 二阶 RSM 模型，其中各系数取值见表 1，X_1～X_4 效应见图 5。可以看出：四个效应中，燃油喷嘴流量(X_1)、涡流器流量偏差(X_2)单调影响出口平均温度 θ，主燃孔(X_3)与掺混孔(X_4)则为非单调性影响。

表 1　各系数取值

序　号	值
a_0	−1.856 630 348 181 1
$a_{1,i}$	−0.565 516 734 148 056， 4.134 017 283 379 55， −1.248 646 592 917 18， −1.404 838 071 784 16
$a_{2,i}$	−1.668 778 384 997 33， 1.427 952 825 758 17， −1.059 620 547 790 57， 3.305 144 497 205 51
$a_{3,ii'}$	−1.580 842 594 161 3， −0.664 667 002 402 529， −4.862 714 246 905 52， 0.020 078 859 109 970 5， −6.099 171 221 986 43， −4.777 668 063 520 3

1.4　Monte Carlo 结果分析

基于 RSM 模型，结合当前 X_1～X_4 满足标准正态分布，开展 10 000 次蒙特卡洛分析获取出口平均温度 θ 的影响分析结果与帕累托结果分别见图 6(a)～(c)。

由图 6(a)可知：各头部出口平均温度场分布仍近似正态分布；由图 6(b)可以看出：在当前制造水平下，出口平均温度 θ 对制造偏差的线性响应效应为：涡流器流量(X_2)＞掺混孔流量(X_4)＞主燃孔流量(X_3)＞燃油流量(X_1)，其中 X_2 为正效应；图 6(c)可以看出：出口平均温度 θ 对于二阶耦合效应为：涡流器流量－掺混孔流量(X_2-X_4)＞主燃孔流量－掺混孔流量(X_3-X_4)＞燃油喷嘴流量－掺混孔流量(X_1-X_4)＞掺混孔流量的平方($X_4{}^2$)，仅列出前 4 项，可以发现这 6 项基本占据了总响应的 66%；线性响应与二阶耦合响应结果皆表明：各头部进气偏离是导致出口平均温度偏离的主要原因，但燃油喷嘴流量偏离的影响不可忽视。

根据蒙特卡洛分析结果，当 θ 取值范围为(−0.1，0.1)时，此时各头部平均温度的变化范围为(−3 ℃，3 ℃)，对应的 X_1～X_4 的取值范围见表 2。

表 2　制造因子(X_1～X_4)取值范围

制造因子	对应标准正态分布范围	实际取值范围
燃油喷嘴流量 X_1	−1.607～2.395	896.14(−29.72，44.31)(g/min)
涡流器流量 X_2	−1.909～1.874	15.36(−0.19，0.19)(g/s)
主燃孔流量 X_3	−3.193～1.654	8.31(−0.02，0.01)(平均直径 mm)
掺混孔流量 X_4	−1.858～2.287	5.70(−0.02，0.02)(平均直径 mm)

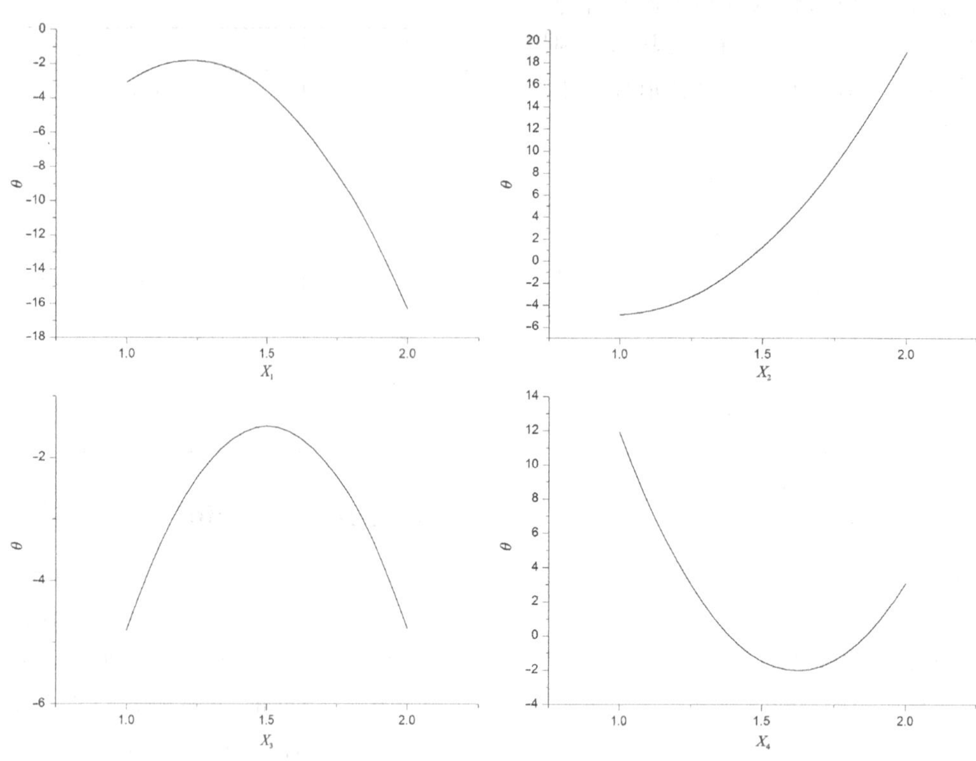

图 5　制造因子($X_1 \sim X_4$)效应图

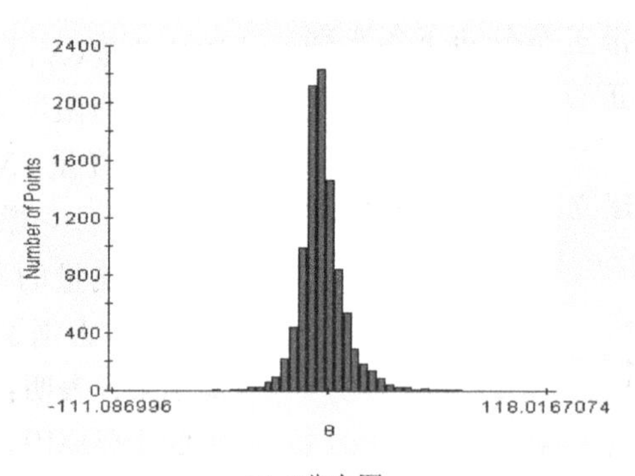

(a) θ分布图

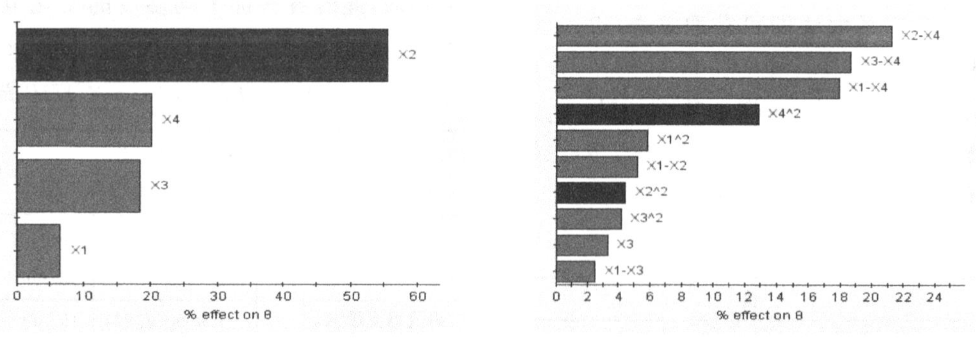

(b) 线性影响帕累托图　　(c) 耦合影响帕累托图

图 6　$X_1 \sim X_4$ 敏感性分析结果

2 结 论

本文基于二阶 RSM 模型与 MCM 分析开展了某发动机燃烧室各头部平均温度制造水平(燃油喷嘴流量偏离量、涡流器流量偏离量、主燃孔偏离量、掺混孔偏离量)的敏感性分析,得到以下结论:

(1) 当前制造水平下,该燃烧室的燃油喷嘴流量偏离量、涡流器流量偏离量、主燃孔偏离量、掺混孔偏离量基本成正态分布,通过 RSM 与 MCM 分析得到的燃烧室出口燃气温度场分布仍近似正态分布;

(2) 在当前制造水平下,各头部进气偏离是导致出口平均温度偏离的主要原因,但燃油喷嘴流量偏离的影响不可忽视;

(3) 为减小制造偏差对出口温度场的影响,可以采用 RSM 与 MCM 相结合的方法,获得指定温度偏离范围内的制造因子($X_1 \sim X_4$)取值范围。

参考文献

[1] Arthur H Lefebvre, Cilip R Ballal. Gas turbine combustion[M]. 3rd ed. CRC Press, 2010.

[2] 金如山.航空燃气轮机燃烧室[M].北京:宇航出版社,1988:340-373.

[3] 徐旭常,等.燃烧技术手册[M].北京:化学工业出版社,2008:631-753.

[4] George B Cox, Jr. Predicting exit temperature profile from gas turbine combusters[C]. AIAA/SAE 11th Propulsion Conference, 1975.

[5] Li J, Chin J. Experimental and analytical study on exit radial temperature profile of experimental 2D combustor: AIAA 89-0493[C]. 27th Aerospace sciences meeting, 1989.

[6] Maqsood O, LaViolette M. Effects of inlet air distortion on gas turbine combustion chamber exit temperature profiles[C]. Turbine Technical Conference and Exposition, 2015.

[7] Dimitri N Mavris, Bryce Roth. A methology for robust design of impingement cooled HSCT combustor liners[C]. AIAA, 35th Aerospace Sciences Meeting & Exhibits, 1997.

[8] Sean Bradshaw, Ian Waitz. Impact of manufacturing variability on combustor liner durability [J]. Journal of engineering for Gas Turbines and Power, 2009.

[9] George B Cox, Jr. Effects of inlet air distortion on gas turbine combustion chamber exit temperature profiles[C]. Turbine Technical Conference and Exposition, 2015.

[10] Jyothishkumar V, Ganesan V. Gas turbine combustor-Modeling and Optimization[C]. ASME International Mechanical Engineering Congress and Exposition, 2005.

[11] Rizk N K, Mongia H C. Gas turbine combustor Design Methodology[C]. AIAA/ASME 22nd Joint Propulsion Conference, 1986: 1531.

某型液压马达驱动系统控制算法设计

李欣洁[1,*]，凡佳飞[2]，孟雪奎[1]

1. 中国航空工业集团公司金城南京机电液压工程研究中心电子工程部，南京 210016

2. 中国人民解放军驻五一一厂军代表室，南京 210016

摘要：通过对某型液压马达驱动系统的工作特性和性能要求的分析可知，为了使系统精准完成指令控制单元的操作命令，其控制核心在于根据指令控制液压马达的转速。本文在基于 TMS320F240X 的 16 位定点 DSP 硬件平台上，设计了转速闭环控制算法。该控制算法的控制对象为液压马达转速信号，因此重点介绍了通过捕获中断获得实时马达转速信号，以及采用带有前馈的 PID 控制方案。文末通过实验验证了该控制算法可以满足液压马达驱动系统快速性和稳定性的控制要求，对后续其他型号类似控制算法设计具有一定的参考意义。

关键词：液压马达；转速闭环；PID 控制；快速性；稳定性

Control Algorithm Design of Hydraulic Motor Drive System

LI Xinjie[1,*], FAN Jiafei[2], MENG Xuekui[1]

1. Department of Electronic Engineering, AVIC Jincheng Nanjing Engineering Institute of Aircraft Systems, Nanjing 210016, China

2. Office of the Military Representatives from PLA to No. 511 Factory, Nanjing 210016, China

Abstract: Through the analysis of the working characteristics and performance requirements of a certain type hydraulic motor drive system, it can be seen that, in order to complete the operation command of the command control unit accurately, the key is to control the speed of the hydraulic motor according to the command. Based on 16 bit fixed-point DSP TMS320F240X hardware platform, the control algorithm of speed closed-loop control law is designed. The control object of the control algorithm is the speed signal of the hydraulic motor. Therefore, this paper focuses on obtaining real-time speed of the hydraulic motor by capturing interrupt and PID control scheme with feed forward. At the end of this paper, the system experiment shows that the control algorithm can meet the control requirements of rapidity and stability of the hydraulic motor drive system. The method can also be used for other similar control algorithm design in other types of airplanes.

Keywords: hydraulic motor; speed closed-loop; PID control; rapidity; stability

液压马达驱动系统常用于飞机作战设备，是军用飞机武器系统的重要一部分。在执行任务时，其安全性和可靠性尤为重要。安全可靠地完成指令控制单元操作命令的关键在于系统控制算法的设计，本文以某型液压马达驱动系统为项目背景，根据该系统控制要求进行控制算法研究，设计了单闭环控制算法、带有前馈的 PID 控制算法、通过捕获中断采集转速算法，并通过系统试验验证了该控制律算法的可行性和有效性。

1 系统控制要求

液压马达驱动系统的结构示意图如图 1 所示，主要由指令控制单元、驱动控制单元、机械响应单元三大部分组成，其中驱动控制单元是实现系统控制律的核心部件。驱动控制单元以 16 位定点 DSP 芯片 TMS320F240x 为中央处理器。中央处理器通过串口

基金项目：国家自然科学基金；航空科学基金

* 通讯作者. E-mail: hkxb@buaa.edu.cn

通信接收来自指令控制单元的指令信号，根据指令信号按照系统控制律确定液压马达参考转速曲线。同时通过霍尔传感器采集液压马达的反馈转速信号。参考转速与采集的反馈转速形成速度闭环，通过 PID 运算输出控制信号给 D/A 芯片，从而产生驱动电流控制伺服阀的开口大小和方向，以达到控制液压马达转速的目的。

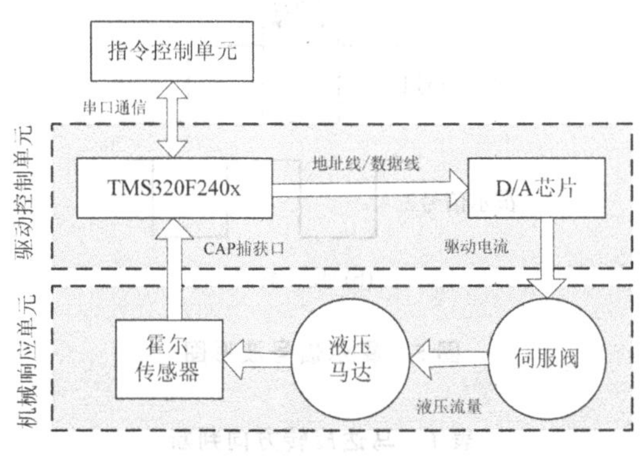

图 1　系统结构示意图

根据液压马达驱动系统的工作要求，当驱动控制单元处于待机状态(自检完毕且无故障)，指令控制单元会依次向驱动控制单元发送启动、制动、反转、停止命令。驱动控制单元响应指令控制单元各个指令的工作过程示意图如图 2 所示，当驱动控制单元接收到指令控制单元的启动指令时，控制液压马达转速启动至 700 r/min，启动时间(从接收到启动指令到马达转速达到 630 r/min 的时间)不大于 300 ms，稳态误差不大于 ±30 r/min；当收到制动指令时，控制液压马达转速降至 330 r/min；当收到反转指令时，控制液压马达转速反向降至 150 r/min；当收到停止指令后，控制液压马达停止。

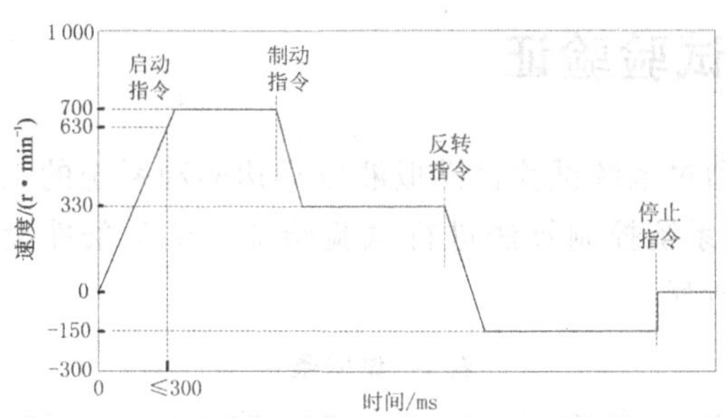

图 2　液压马达工作过程示意图

2　控制算法设计

根据液压马达驱动系统工作特点和性能要求，可见控制律算法既要满足快速性(启动时间要求)又要满足稳定性(稳态误差要求)，传统的位移和转速双闭环控制算法较复杂，且双闭环控制算法 PID 参数较多，参数调节困难。因此，本文直接以液压马达转速为控制对象，采用转速单闭环控制算法，同时，为了达到快速响应的要求，在普通的 PID 控制器中增加前向反馈。

2.1　单闭环控制方案设计

液压马达驱动系统转速单闭环控制框图如图 3 所示，以液压马达转速作为闭环控制对象。其中，n_{ref} 为马达参考转速，根据指令控制单元发送的不同指令，按照图 2 的工作过程设定参考转速值。n_{fdb} 为通过霍尔传感器采集到的液压马达反馈转速。参考转速与反馈转速通过转速 PID 运算得到驱动电流 I_{drive} 控制伺服阀的开口大小和方向，进而通过液压流量 Q_{drive} 控制液压马达转速大小和方向。

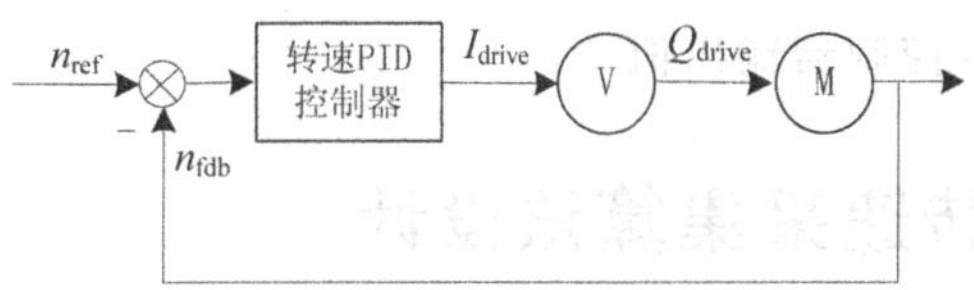

图 3　闭环控制框图

2.2　带有前馈的 PID 控制算法

本文采用带有前馈的抗积分饱和数字 PID 控制器。与普通 PID 控制器相比，带有前馈的抗积分饱和数字 PID 控制器不仅可以提高系统的快速性和稳定性，还可以防止由于积分项的误差累积造成驱动控制系统过载，具体控制算法框图如图 4 所示。

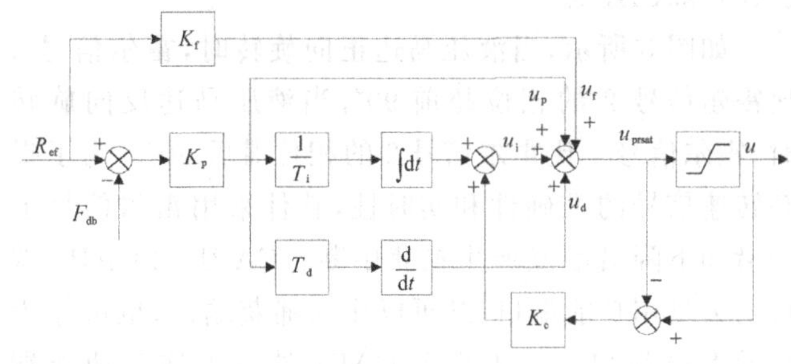

图 4　PID 控制器算法框图

将 PID 控制器算法进行离散化，转换为可被计算机识别的算法，改进后的 PID 控制器算法公式为

$$\begin{cases} e(k)=R_{ef}(k)-F_{db}(k) \\ u_p(k)=K_p e(k) \\ u_f(k)=K_f R_{ef} \\ u_i(k)=u_i(k-1)+K_i u_p(k)+ \\ \qquad K_c[u(k)-u_{prsat}(k)] \\ u_d(k)=K_d[u_p(k)-u_p(k-1)] \\ u_{prsat}(k)=u_p(k)+u_f(k)+u_i(k)+u_d(k) \end{cases} \tag{1}$$

式中：K_p 为比例系数；K_f 为前馈系数；K_i 为积分系数；K_d 为微分系数；K_c 为补偿系数；u_p 为比例项；u_f 为前馈项；u_i 为积分项；u_d 为微分项；u_{prsat} 为补偿项；e 为偏差值；R_{ef} 为参考值；F_{db} 为反馈值；(k)表示当前这一拍的数值；$(k-1)$表示上一拍的数值。

经过限幅后 PID 控制器最终输出值的公式为

$$u(k)=\begin{cases} u_{prsat}(k), u_{min} \leqslant u_{prsat}(k) \leqslant u_{max} \\ u_{max}, u_{prsat}(k) \geqslant u_{max} \\ u_{min}, u_{prsat}(k) \leqslant u_{min} \end{cases} \tag{2}$$

式中：u_{max} 为最大值限幅；u_{min} 为最小值限幅。u 为数字 PID 控制器输出值。

3 转速采集算法设计

闭环控制的对象为液压马达转速，因此为了获得较好的控制性能，液压马达转速计算的准确性是关键因素。本系统采用霍尔传感器获得液压马达转速信号，软件中通过捕获中断来计算马达转速。因为转速信号不仅有大小还有正负，因此本系统在马达磁极上安装两个相位相差 90°的霍尔传感器，随着液压马达转子的转动，两个霍尔传感器会产生两路脉冲信号，如图 5 所示。两路霍尔信号分别进入到 DSP 的捕获端口 CAP1 和 CAP2。

如图 5 所示，当液压马达正向旋转时，霍尔信号 1 比霍尔信号 2 的相位超前 90°，当液压马达反向旋转时，霍尔信号 1 比霍尔信号 2 的相位滞后 90°。为了提高转速信号的准确性和实时性，软件采用霍尔信号上升沿和下降沿触发产生捕获中断。CAP1 和 CAP2 端口均为复用功能端口，既可以作为捕获端口，也可作为普通 I/O 端口。首先设置 CAP1 端口为捕获功能端口，当采集到霍尔信号的上升沿或下降沿，则触发 CAP1 中断，进入中断后，将复用功能端口 CAP1 和 CAP2 都设置为普通 I/O 端口，根据此时两个端口的电平状态组合来判断液压马达的旋转方向，如表 1 所列。

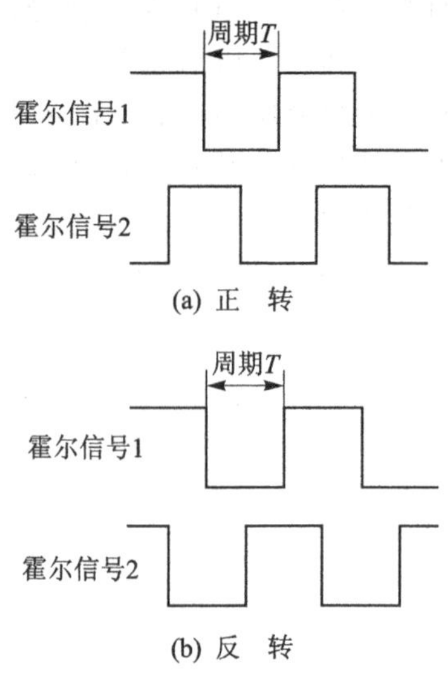

(a) 正 转

(b) 反 转

图 5 霍尔信号波形图

表 1 马达旋转方向判断

CAP1 口电平状态	CAP2 口电平状态	马达旋转方向
低电平	高电平	正转
高电平	低电平	正转
低电平	低电平	反转
高电平	高电平	反转

本系统中的液压马达采用 12 对极结构，马达转子每转动一圈霍尔信号会产生 12 个脉冲信号，软件采用上升沿和下降沿触发产生捕获中断，那么说明两次捕获中断之间马达转动了 $1/24\times2\pi$ rad，根据系统时钟和两次捕获中断时寄存器 CAP1FIFO 的值可计算两次中断时间间隔 T，即马达在 T 时间内转动了 $1/24\times 2\pi$ rad，由此即可计算马达转速大小。

4 试验验证

通过系统试验台模拟液压马达驱动系统的工作条件，对系统控制算法进行试验验证。试验条件设定如表 2 所列。

表 2 试验条件

油压/MPa	启动段运行时间/ms	制动段运行时间/ms	反转段运行时间/ms	停止段运行时间/ms
27.5	600	600	600	600

根据表 2 设定的试验条件进行验证，航炮液压马达驱动系统运行曲线如图 6 所示。根据系统运行曲线

可知，液压马达驱动系统包括启动、制动、反转、停止四个运行阶段，在启动段稳态转速为 705 r/min，满足稳态误差±30 r/min 要求，启动时间 210 ms，满足不大于 300 ms 的要求，且液压马达转速能够快速跟随指令控制单元的指令变化。因此，该系统的稳定性和快速性均满足设计要求。

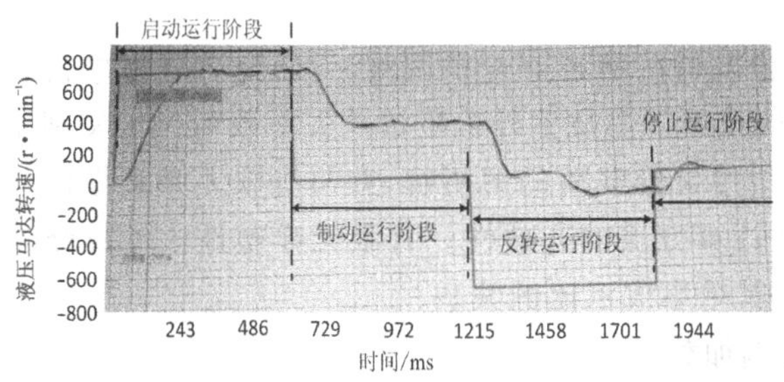

图 6　试验波形图

5　结　论

(1) 通过理论分析和系统试验验证了某型液压马达驱动系统控制算法的可行性和有效性，具有较高的控制精度，可以满足系统稳定性和快速性的控制要求。

(2) 设计的转速单闭环 PID 控制算法相比传统的双闭环 PID 控制算法具有控制参数调节简单的优点。

(3) PID 控制器增加前向反馈，有效地提高系统调节的快速性。

(4) 采用两路霍尔信号参与液压马达转速计算，通过霍尔信号上升沿和下降沿触发 CAP 中断，提高了转速计算精度和实时性。

参考文献

[1] 黄英哲，董胜源. TMS320C240 原理与 C 语言控制应用实习[M]. 北京：中国水利水电出版社，2005：90-160.

[2] 闫学文. 液压马达实验方法研究[J]. 设备管理与维修技术，2005(11)：60-62.

[3] 张浩强. 基于遗传算法泵控液压马达系统优化研究[J]. 机床与液压，2017，45(22)：90-92.

[4] 王春行. 液压控制系统[M]. 北京：机械工业出版社，1999：40-60.

[5] 符永法. 几种新型 PID 调节器参数的整定法[J]. 化工自动化与仪表，1997，24(1)：25-29.

[6] 陶永华. 新型 PID 控制及其应用[M]. 北京：机械工业出版社，2005：2-18.

[7] 张原，刘小龙. 基于 DSP 的某航炮综合测控系统[J]. 现代电子技术，2014，37(8)：55-57.

[8] 温嘉斌，刘子宁，赵红阳，等. 永磁无刷直流电机霍尔传感器故障诊断与容错运行新方法[J]. 黑龙江大学自然科学学报，2019，36(2)：234-239.

[9] 金爱娟，徐峥鹏，郑柯童，等. 基于霍尔传感器的无刷之流电机的双闭环系统[J]. 农业装备与车辆工程，2019，57(2)：1-3.

[10] 崔淑梅，匡志，杜博超，等. 基于自抗扰控制原理的全电飞机用永磁同步电机转速闭环控制[J]. 电工技术学报，2017，32(1)：107-113.

[11] 潘海鸿，林晓词，陈琳，等. 基于模块化的可重构 PMSM 伺服驱动系统设计与实现[J]. 微特电机，2016，44(5)：40-44.

燃烧室外机匣的壁厚与其塑性失稳载荷的关系

周雄，韦日光，许丹丹

中国航发贵阳发动机设计研究所，贵阳 550081

摘要：由于航空发动机燃烧室外机匣结构复杂，获得其塑性失稳载荷的解析解存在困难，为研究燃烧室外机匣的壁厚与其塑性失稳载荷的关系，需采用有限元弹塑性法计算不同壁厚下燃烧室外机匣塑性失稳载荷。本文利用薄壁圆筒压力容器的塑性失稳理论，计算了薄壁圆筒压力容器的塑性失稳载荷的解析解，并与有限元弹塑性法计算结果进行对比，二者相对误差在5%以内，验证了有限元弹塑性计算方法的有效性。有限元弹塑性法计算结果表明，与薄壁圆筒压力容器一致，燃烧室外机匣的塑性失稳载荷与其壁厚成正比例关系。

关键词：航空发动机；燃烧室外机匣；塑性失稳；压力容器；等比例加载

Relationship Between Wall Thickness of Combustor Outer Casing and Its Plastic Instability Load

ZHOU Xiong, WEI Riguang, XU Dandan

AECC Guiyang Engine Design Research Institute, Guiyang 550081, China

Abstract: Due to the complex structure of the aero-engine combustor outer casing, it is difficult to obtain the analytical solution of its plastic instability load. In order to study the relationship between the wall thickness of the combustor outer casing and its plastic instability load, the finite element elastic-plastic method needs to be used to calculate the plastic instability load of the combustor outer casing under different wall thicknesses. The analytical solution of the plastic instability load of the thin-walled cylindrical pressure vessel is calculated by using its plastic instability theory, compared with the results of the finite element elastic-plastic method, the relative error is within 5%, which verifies the effectiveness of the finite element elastic-plastic calculation method. The results of the finite element elastic-plastic method show that, consistent with the thin-walled cylindrical pressure vessel, the plastic instability load of the combustor outer casing is proportional to its wall thickness.

Keywords: aero-engine; combustor outer casing; plastic instability; pressure vessel; proportional loading

1 引　言

燃烧室机匣是航空发动机重要承力构件，包容着高速流动的高温、高压燃气，主要承受压差、轴向力、扭矩、弯矩、惯性力以及热不协调等多种载荷[1-2]。在转子卡滞、断轴、应急着陆等极端情况下，如果燃烧室外机匣发生破裂，可能导致航空发动机出现灾难性的破坏。适航规章[3]规定，在极限载荷下，燃烧室外机匣可以出现永久变形，但不能发生破裂失效。工程经验表明，燃烧室外机匣在破裂前首先会发生塑性失稳，因此，预测其塑性失稳载荷非常必要和重要。

在内压载荷作用下，燃烧室外机匣近似处于平面应力状态，可依据压力容器塑性失稳理论进行设计。由于采用解析方法存在困难，采用非线性有限元法[4-6]对压力容器极限承载能力和结构危险点进行分析可较好地进行工程应用。将应变强化技术应用于压力容器，可以提高压力容器的承载能力[7-8]，压力容器设计时需充分考虑材料塑形硬化效应。王博伟[9]导出了单向载荷下薄壁圆筒的塑形失稳载荷的理论公式，与采用有限元工程弹塑性法的计算结果进行对比，发现理论计算得到的塑形失稳载荷较有限元法大。邓阳春[10]导出了平面应力状态下薄壁圆筒塑性失稳的理论公式，并对薄壁圆筒容器承受内压进行了有限元计算和实验，论证了薄壁圆筒容器受内压塑性失稳应变理论正确可靠，可应用于压力容器弹塑性应力分析。扬眉[11]采用Neuber法、工程弹塑性法和真实弹塑性法对燃烧室机匣在内压载荷下的应力应变分别进行数值仿真分析，并与试验结果进行对比，发现真实弹塑性法与试验测量结果具有相对最高的一致性。S. K. Panigrahi[12]采用试验和有限元弹塑性计算方法对燃烧室机匣进行强度考核，有限元计算与试验的燃烧室机匣的应变值吻合较好。燃烧室外机匣在生产加工过程中，外机匣壁厚不可避免会出现加工公差，从而影响燃烧室外机匣的塑性失稳载荷，目前国内外关于燃烧室外机匣塑性失稳载荷的相关研究较少。

本文以薄壁圆筒的塑性失稳理论为基础，在平面应力状态下进行等比例加载，分别采用理论和有限元弹塑性方法计算薄壁圆筒压力容器的塑性失稳载荷，从而对有限元计算方法进行验证。由于燃烧室外机匣不属于标准压力容器，很难获得其塑性失稳载荷的理论解，需采用有限元弹塑性方法来计算燃烧室外机匣的塑性失稳载荷。本文利用有限元弹塑性方法来计算不同壁厚燃烧室外机匣的塑性失稳载荷，通过计算结果的分析，从而获得燃烧室外机匣壁厚与其塑性失稳载荷的关系。

2 薄壁圆筒在平面应力等比例加载条件下的塑性失稳载荷

对于薄壁圆筒结构，平面应力等比例加载条件为

$$\sigma_2 = x\sigma_1, \sigma_3 = 0 \tag{1}$$

式中，σ_1、σ_2、σ_3 分别为第一、第二、第三主应力，x 为平面应力等比例加载条件比例系数。

薄壁圆筒在承受内压和轴向拉伸载荷时，满足平面应力等比例加载条件，主应力为

$$\sigma_1 = \frac{pr}{t}, \sigma_2 = x\sigma_1 = \frac{prx}{t}, \sigma_3 = 0 \tag{2}$$

式中，p 为内压，r、t 分别为不同载荷条件下薄壁圆筒的内径和壁厚。

假设材料拉伸真应力-真塑性应变曲线满足Swift形式，即

$$\bar{\sigma} = A(B + \bar{\varepsilon})^n \tag{3}$$

式中，$\bar{\sigma}$ 为材料的真实应力，$\bar{\varepsilon}$ 为材料的真实塑性应变，A、B、n 为材料系数。则薄壁圆筒的塑性失稳内压为[10]

$$P_{in} = \frac{t_0}{r_0} A (1 - x + x^2)^{-1/2} \left[\frac{2(1 - x + x^2)^{1/2} n}{3} \right]^n e^{(3B/2\sqrt{1-x+x^2} - n)} \tag{4}$$

式中，P_{in} 为薄壁圆筒的塑性失稳内压，r_0、t_0 分别为薄壁圆筒的初始内径和初始壁厚。

对于薄壁圆筒压力容器，在内压条件下，当 $\sigma_1 : \sigma_2 : \sigma_3 = 2:1:0$ 时，满足平面应力等比例加载条件，比例系数 $x = 1/2$，求得薄壁圆筒压力容器承受内压条件下的失稳内压为

$$P_{in} = \frac{t_0}{r_0} A \frac{2}{\sqrt{3}} \left(\frac{n}{\sqrt{3}} \right)^n e^{(\sqrt{3}B - n)} \tag{5}$$

当结构相同，材料相同时，A、B、n、r_0 均为常数，式(5)可简化为

$$P_{in} = Ct_0 \tag{6}$$

式中，C 为与零件结构和材料相关的常数。可知薄壁圆筒压力容器承受内压条件下的失稳载荷与壁厚成正比例关系。

3 薄壁圆筒压力容器塑性失稳分析

ASME BPVC. Ⅷ. 2—2015[13]压力容器分析设计标准提出压力容器的有限元弹塑性应力分析法，采用弹塑性材料模型，打开结构大变形开关，有限元求解出现不收敛结果时的内压值即为薄壁圆筒压力容器的塑性失稳载荷。

为了分析壁厚对薄壁圆筒压力容器塑性失稳载荷的影响，取压力容器直径为698 mm，当筒体长度直径之比大于3时，压力容器的塑性失稳载荷保持稳定[14]，筒体长度取2 792 mm，壁厚度取1.25 mm、2.50 mm和3.75 mm三种尺寸，材料与燃烧室外机匣材料均为GH2150，实测GH2150的工程应力-应变曲线见图1[15]，转换得到材料的真实应力-真实塑性应变曲线，并采用Swift公式对曲线进行拟合，拟合材料参数 A、B、n 分别为2 613.81、0.018 43、0.267 58，见图2，计算得到 C 为4.009 68 MPa/mm。

有限元计算采用Ansys Workbench 19.0程序，材料设置为各向同性等向强化，采用真应力-真塑性应变材料参数，采用二维轴对称模型进行计算，设置网格尺寸保证厚度方向有3层网格，计算时打开大变形开关。理论和有限元计算得到压力容器塑性失稳载荷见表1，二者相对误差在5%以内，验证了有限元计算方法的有效性，薄壁圆筒塑性失稳载荷与壁厚成正比例关系，见图3。

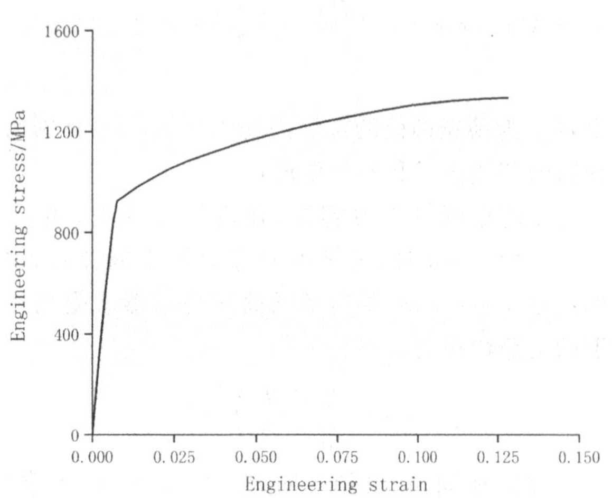

图 1 GH2150 的工程应力-应变曲线

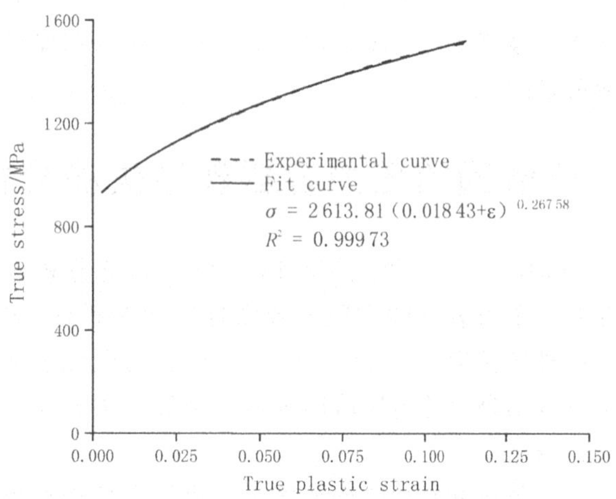

图 2 GH2150 的真应力-真塑性应变曲线

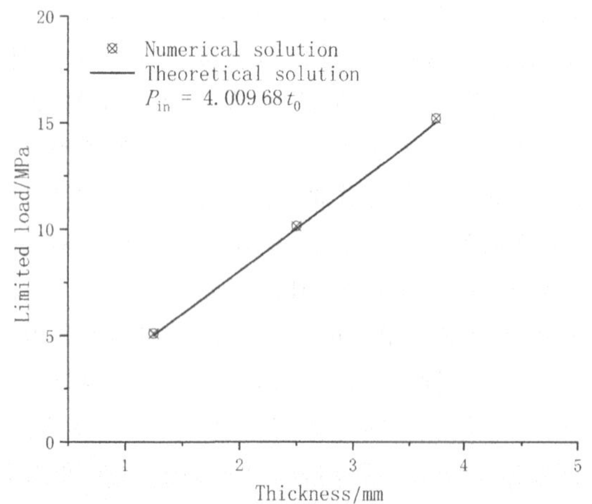

图 3 不同壁厚下薄壁圆筒压力容器塑性失稳载荷

表 1 薄壁圆筒压力容器塑性失稳载荷计算结果

壁厚/mm	C/(MPa·mm^{-1})	理论计算/MPa	有限元计算/MPa	相对误差/%
1.25	4.009 68	5.01	5.09	1.60
2.50		10.02	10.15	1.30
3.75		15.04	15.22	1.26

4 燃烧室外机匣塑性失稳分析

燃烧室外机匣的结构包含直筒段和锥筒段部分，直筒段的直径为 698 mm，锥筒段小端直径为 572 mm，锥筒段大端与直筒段通过倒圆相连，倒圆半径为 200 mm，前、后安装边对结构存在一定刚度约束，不属于标准的薄壁圆筒压力容器，很难得到其塑性失稳载荷的理论解，工程上一般采用有限元法进行计算。燃烧室外机匣设计时，安装座焊缝处设有增厚补强区域，保证焊缝区的强度不低于正常厚度区域，计算分析时可以不考虑安装座影响，采用二维轴对称模型进行简化。某燃烧室外机匣压力试验计算模型如图 4 所示，图中主要包括燃烧室外机匣和前后安装边及夹具。燃烧室外机匣材料为 GH2150，试验夹具材料为不锈钢。

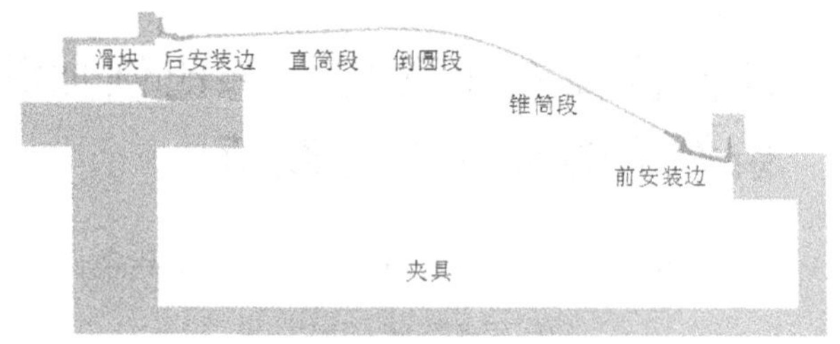

图 4 某型燃烧室外机匣计算模型

为了分析壁厚对燃烧室外机匣塑性失稳载荷的影响，分别取 1.25 mm、2.50 mm 和 3.75 mm 三种壁厚尺寸进行计算。材料设置为各向同性等向强化，采用真应力-真塑性应变材料参数，设置网格尺寸保证厚度方向有 3 层网格，计算时打开大变形开关。燃烧室外机匣前后安装边与夹具之间采用绑定约束，滑块与夹具之间采用摩擦接触，计算发现摩擦系数在 0.1～0.2 范围内对计算结果影响较小，摩擦系数取 0.15，在整个腔体内施加均布内压。

计算得到 1.25 mm、2.50 mm 和 3.75 mm 壁厚下燃烧室外机匣的塑性失稳压力分别为 4.10 MPa、8.17 MPa 和 12.13 MPa，对应的最大 von-Mises 等效

应力分别为1 039 MPa、1 028 MPa和1 030 MPa，均小于材料的真实拉伸强度1 510 MPa，不同壁厚下燃烧室外机匣等效应力分布相似，见图5，对应的最大等效塑性应变分别为0.013 2、0.012 0和0.012 2，均小于材料断裂时对应的塑性应变0.112 7，不同壁厚下燃烧室外机匣等效塑性应变分布相似，见图6。在不同壁厚下，燃烧室外机匣的最大等效应力和最大等效塑性应变均位于锥筒段中部，最大值分别位于半径等于313 mm、313 mm和309 mm处，最大等效应力值基本相同，最大等效塑性应变值基本相同，见图7，燃烧室外机匣由锥筒区域开始塑性失稳。

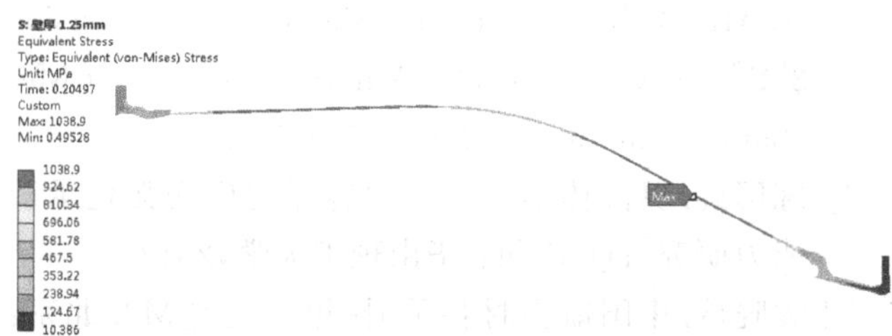

图5　1.25 mm壁厚下燃烧室外机匣等效应力云图

图6　1.25 mm壁厚下燃烧室外机匣等效塑性应变云图

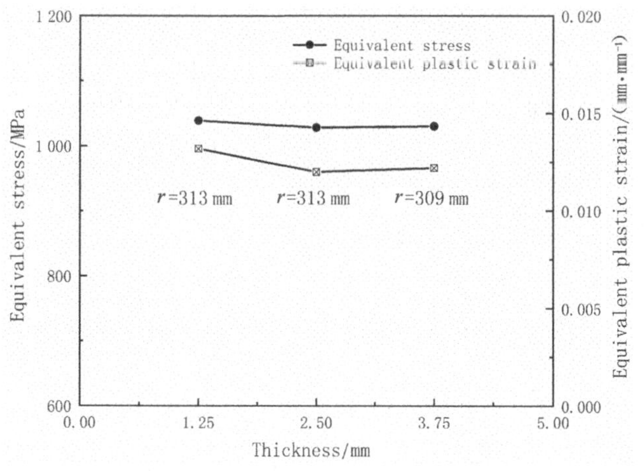

图7　燃烧室外机匣的最大等效应力和等效塑性应变

计算结果表明，不同壁厚下燃烧室外机匣的等效塑性应变均远小于材料断裂时的塑性应变，燃烧室外机匣不会发生断裂失效，而属于塑性失稳失效。对有限元计算得到的塑性失稳载荷进行线性拟合，得到$P_{in}=3.247\ 43t_0$，线性相关系数为0.999 9，可知燃烧室外机匣塑性失稳载荷与壁厚成正比例关系，见图8。

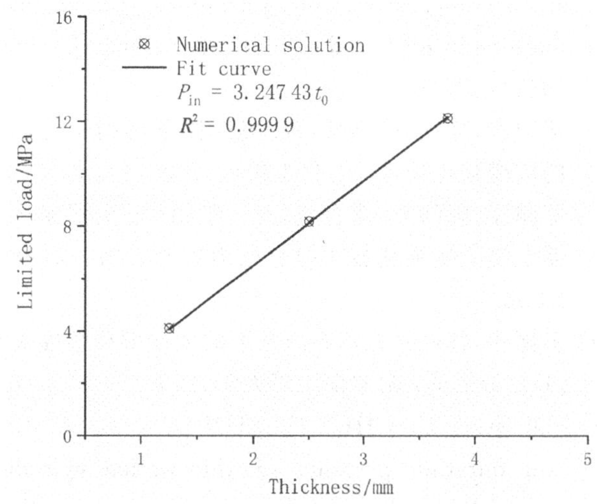

图8　不同壁厚下燃烧室外机匣塑性失稳载荷

5　结　论

(1) 理论和有限元计算得到薄壁圆筒压力容器塑性失稳载荷相对误差在5%以内，验证了有限元计算方法的有效性；

(2) 采用有限元方法计算了不同壁厚的某燃烧室外机匣塑性失稳载荷，获得了与薄壁圆筒压力容器一致的结果，其塑性失稳载荷与壁厚成正比例关系；

(3) 在不同壁厚下，燃烧室外机匣的最大等效应力和最大等效塑性应变均位于锥筒段中部，最大等效应力值基本相同，最大等效塑性应变值基本相同，燃烧室外机匣由锥筒区域开始塑性失稳。

参考文献

[1] 刘长福，邓明. 航空发动机结构分析[M]. 西安：西北工业大学出版社，2006：166-167.

[2] 龚良慈. 航空发动机设计手册：第17册[M]. 北京：航空工业出版社，2001：87-88.

[3] 中国民用航空局. CCAR-33R2 航空发动机适航规定[S]. 北京：中国民用航空局，2012：9.

[4] Dwivedi N, Kumar V, Shrivastava A, et al. Burst pressure assessment of pressure vessel using finite element analysis: a review[J]. Pressure Vessel Technology, 2013, 135(4): 1023-1028.

[5] 刘芳,王海峰,桑芝富.轴向斜接管内压容器爆破压力的预测[J].石油机械,2009,37(2):15-18.

[6] Christopher T, Sarma B S V R, Potti P K G, et al. A comparative study on failure pressure estimations of unflawed cylindrical vessels[J]. 2002, 79(1):53-66.

[7] 邓阳春,陈钢,杨笑峰,等.奥氏体不锈钢压力容器的应变强化技术[J].化工机械,2008(1):54-59.

[8] 郑津洋,郭阿宾,缪存坚,等.奥氏体不锈钢深冷容器室温应变强化技术[J].压力容器,2010,27(8):28-32.

[9] 王博伟.圆柱壳在均布内压下的大变形弹塑性失稳[D].哈尔滨:哈尔滨工程大学,2006.

[10] DENG Y C, CHEN G, SUN L, et al. A study on bursting pressure of thin-walled cylinders [C]//Proceedings of the 16th International Conference on Nuclear Engineering. The American Society of Mechanical Engineers Publishers, 2008: 1-7.

[11] 扬眉,许璠璠,宁宝军,等.航空发动机燃烧室机匣破裂安全性预测方法[J].航空科学技术,2018,29(5):18-24.

[12] Panigrahi S K, Sarangi N, Chandrasekhar U. Experimental evaluation of overload capability of annular combustor casing of a gas turbine engine [J]. Society for Experimental Mechanics, 2016, 40: 841-848.

[13] The American Society of Mechanical Engineers Boiler and Pressure Vessel Committee. 2015 ASME Boiler & Pressure Vessel Code: Division 2[S]. New York: The American Society of Mechanical Engineers, 2015: 554-554.

[14] 陈国旋.奥氏体不锈钢压力容器的应变强化承载能力研究[D].广州:华南理工大学,2013.

[15] 袁晓玲.中国航空材料手册(第 2 卷)[M].北京:中国标准出版社,2001:117.

基于 TracePro 的舰载机着舰三色灯仿真建模与分析

刘洪德[1,*]，肖珺[2]，何理[1]，杜超超[1]

1. 航空工业第一飞机设计研究院，西安 710089

2. 海装西安局驻西安地区第六军事代表室，西安 710089

摘要：着舰三色灯用于舰载机着舰阶段向着舰信号指挥官(LSO)提示该机迎角、拦阻钩等状态信息，需要满足一定的设计指标以确保舰面人员能有效获取其灯光指示信息。因此，在方案设计阶段，验证着舰三色灯光学性能指标具有指导性意义。本文针对着舰三色灯在舰载机着舰过程中的应用进行研究，结合着舰引导技术发展现状、着舰过程中的风险特点以及着舰三色灯的使用需求，提出一种着舰三色灯的光能利用率计算方法，并借助 TracePro 光学仿真工具对着舰三色灯进行建模和仿真，在设计初期阶段实现对着舰三色灯的性能参数分析，以提升设计和验证效率。

关键词：航空母舰；舰载机；着舰引导；着舰三色灯；TracePro

Simulation Modeling and Analysis Based on TracePro for Approach Light of Carrier-based Aircraft

LIU Hongde[1,*], XIAO Jun[2], HE Li[1], DU Chaochao[1]

1. The First Aircraft Institute, AVIC, Xi'an 710089, China

2. Office of Sixth Military Representative of the Navy in Xi'an, Xi'an 710089, China

Abstract: Approach light aims at providing Landing Signal Officer (LSO) with aircraft's angle of attack, mode of arresting hook etc. during landing phase, which requires the characteristics of the light to meet the design specification. So, it is necessary to verify the features of approach light at the plan stage. This paper focuses on the application of approach light when carrier-based aircraft landing on deck, investigating the current development of carrier landing guide technology, major risks of carrier-based landing and usage requirements of approach light. On this basis, the paper improved a method for approach light to calculate utilization efficiency of light energy. Also, it implemented simulation modeling and analysis based on TracePro for approach light during the period of preliminary design to analyze the approach light's characteristics, which have promoted the productivity of design and verification.

Keywords: carrier; carrier-based aircraft; carrier landing guide; approach light; TracePro

航空母舰是一种大型水面舰艇，是世界海军强国的核心装备[1]。舰载机作为航母的主要作战工具，其作战性能对航母的威慑力有重要影响。然而，舰载机着舰存在诸多难点。首先，与陆地机场相比，航母着舰跑道长度仅为其跑道长度的 1/10[2]，对于常规的不具备垂直或者短距起降的舰载机，需要在着舰期间提供有效的拦阻措施；并且，航母在海浪等因素作用下做三自由度偏摆及垂直起伏运动，导致舰载机的预期降落点不断变化；此外，舰载机着舰时受到的大气流、航母尾流以及甲板俯仰运动等因素所造成空气紊流扰动，也给着舰带来了极大的难度。统计数据表明飞机着舰事故率比陆基飞机着陆高约 3.6 倍[3]，因此，确保舰载机在飞行甲板上安全降落是一项非常艰巨的任务。

为确保舰载机安全着舰，需要依靠一系列助降措施，航母上的助降装置主要包括“菲涅尔”透镜光学助降系统(FLOLS)和拦阻索/阻拦网等。近来随着科学、

* 通讯作者. E-mail: nwpulhd@sina.cn

电子技术不断发展并在航母上广泛的应用，出现了航母自动着舰系统(ACLS)。另外，航母上配备了大量的指挥引导人员，负责控制各种助降装置并引导舰载机着舰[4]。某些舰载机上配备了着舰三色灯(approach light)，指挥引导人员通过着舰三色灯上的信号灯颜色判断舰载机迎角和速度是否合适，并将信息反馈给飞行员。以FA-18舰载机所配备的着舰三色灯为例，其安装位置在前起落架支柱顺航向一侧，这是着舰三色灯常见的一种结构形式和安装位置方式。

然而，不同于安装在座舱内的信号灯，根据着舰三色灯的使用需求，其指示信号要在规定距离内传递给着舰指挥官(Landing Signal Officer，LSO)，因此着舰三色灯的二次配光设计十分关键，可保证其信号灯的空间光强分布符合使用要求。

为验证着舰三色灯及其二次配光设计的有效性，提升设计和验证效率，本文提出一种适用于着舰三色灯的光能利用率计算方法，并运用TracePro光学仿真平台的光学特性分析功能对着舰引导过程开展仿真建模分析，计算着舰三色灯的空间光强分布以及光能利用率等性能参数和技术指标，验证其光源参数选择和二次配光设计的合理性和有效性。

1 基本理论

1.1 着舰三色灯引导程序

为确保安全着舰，舰载机需要遵循规定的着舰程序，包括待机、引导、进近、着舰以及着舰失利时的复飞阶段。根据天气能见度和昼夜任务情况，舰载机可以采用目视进场或仪表指示进近方式[5]，对中跑道并在菲涅尔透镜等助降设备的引导下等角下滑，以合适的速度被拦阻装置捕获并降落到甲板跑道上。舰载机舰基降落流程见图1。

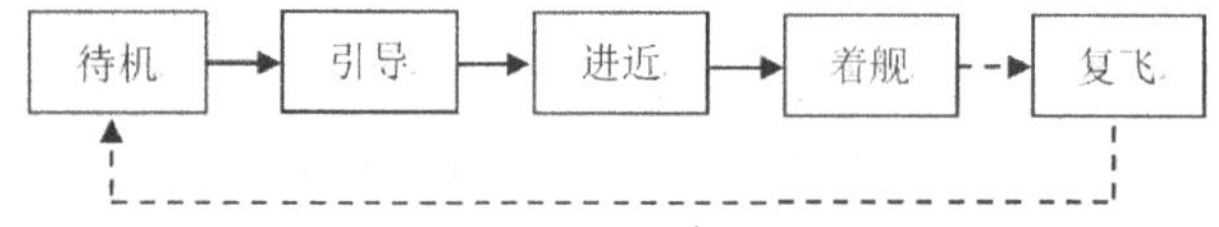

图1 舰载机舰基降落流程图

着舰三色灯在着舰阶段使用。在着舰阶段，LSO根据中心线相机判断飞机下滑过程中的横向位置，同时观察机上着舰三色灯的状态来判断飞机的姿态[6]。

着舰三色灯包括三种颜色的信号灯，分别为绿色、黄色和红色，依次对应迎角偏大、适中、偏小，同时，信号灯还具有燃亮和闪亮两种状态，分别表示拦阻钩放下与收起。当观察到绿色指示灯亮时，LSO将联系飞行员告知其飞机迎角偏大速度太慢，应操纵飞机低头并减小迎角；当红色指示灯时亮，将联系飞行员告知其飞机迎角偏小速度太快，应操纵飞机抬头以减小速度以达到最优迎角；当黄色环形灯亮时，说明飞机速度正好，应继续保持。

为保证着舰三色灯满足使用要求，需要完成二次配光设计，下面给出二次配光设计基本理论以及着舰三色灯二次配光系统光能利用率计算方法。

1.2 二次配光设计基本理论

着舰三色灯采用LED光源，LED光源在飞机照明中应用广泛，具有结构简单、重量轻、寿命长、功耗低的优点[7]。

在使用LED发光器件作为光源时，为了集中光能量，提高光能利用率以提升中心发光强度，使得信号灯的灯光指示能够在下滑过程让LSO清晰辨认，因而，需要对着舰三色灯LED光源进行二次配光设计，优化LED的空间光强分布，将能量向期望的方向集中，从而让整个灯光系统的出光效果、光强分布状况能够满足设计的需要。

LED二次配光设计的主要配光形式分为反射、折射和反射加折射混合。其中，反射式二次光学配光主要通过反光碗等反射光学元件将LED发出的光线调整照射方向，以达到重新分配且控制光线方向的效果。折射式配光则通过透镜改变光线原先的辐射方向，以获得合理的光型分布。但是，单一的反射或透射发挥的作用有限，为了达到更好的配光效果，在LED配光中可考虑采取反射与折射相结合的方式，通过折射与反射方式依次对LED小角度、大角度光线进行整形。

LED二次配光设计还需考虑LED光源空间光强分布特性。典型的LED光源空间光强分布呈朗伯型分布，通常用配光曲线来描述光源的空间光强分布，将LED简化为理想朗伯体，其配光曲线公式[8]为

$$I(\varphi)=I_0\cos\varphi \tag{1}$$

式中，φ为LED的视角，代表某光线与LED发光面法向的角度，I_0为发光中心方向上的亮度值。

对应的LED总出射光通量为

$$\Phi=\int I(\varphi)\,\mathrm{d}\varphi=2\pi I_0\sin^2\varphi_{\max} \tag{2}$$

式中，$\varphi_{\max}$为LED出射光线的最大发散半角，通常

取 90°。

1.3 光能利用率计算方法

二次配光设计可有效提升光能利用率[9-10]。为评估着舰三色灯二次配光系统设计合理性，提出一种采用 TracePro 仿真工具实现的适用于着舰三色灯的光能利用率计算方法。

根据非成像光学理论，现有的二次配光系统的光能利用率评估方法采用能量收集比率进行衡量，即根据输入、输出截面面积与立体角的关系，使用光学系统输入、输出截面面积的比值表征光能的收集能力。

但是，在采用 TracePro 仿真工具对着舰三色灯进行二次配光设计和仿真的应用中，用反射器方式收集能量，且不便于测量光型的输入、输出截面积。因此，考虑通过仿真间接计算其二次配光系统的输入、输出光功率来评估光能利用率，评估方法用公式描述为

$$R_{\mathrm{L}}=\frac{W_{\mathrm{out}}}{W_{\mathrm{in}}} \tag{3}$$

式中，W_{in} 为二次配光系统输入光功率；W_{out} 为二次配光系统输出光功率；R_{L} 为输出光功率与输入光功率之比，用于衡量光能利用率。

2 建模与仿真

着舰三色灯的建模需要完成结构简化、三维绘图、材质与参数赋值。着舰三色灯结构和光学模型的建立在 TracePro 中的 model 窗口中完成，包括以下步骤：

(1) 绘制并简化着舰三色灯三维模型，简化后的灯体和 LED 分别为 $18\times45\times6\ \mathrm{cm}^3$ 和 $1\times1\times0.2\ \mathrm{cm}^3$ 的长方体，反光器采用圆锥面，使用布尔运算在灯体中切除形成圆台凹坑，其母线与底面夹角为 30°，透镜球面半径取 $r=5$ cm；

(2) 定义 LED 光源发光特征，设置 LED 出射规律符合朗伯体特征，三个 LED 光源波长分别定义成绿(530 nm)、黄(597 nm)、红(650 nm)，光源光线数统一设置为 1 000 000，光功率定义为 10 W；

(3) 完成着舰三色灯表面材质特征赋值，设置反光器表面材料为镜面，吸收率为 0.05，透镜材料采用普通玻璃。

完成上述步骤，得到着舰三色灯模型如图 2 所示。

建模完成后，首先进行光线追迹分析，随后完成光强分析、照度分析仿真步骤，并在光学系统出光口建立材料特征为全吸收的几何面，测量输出功率，用于计算

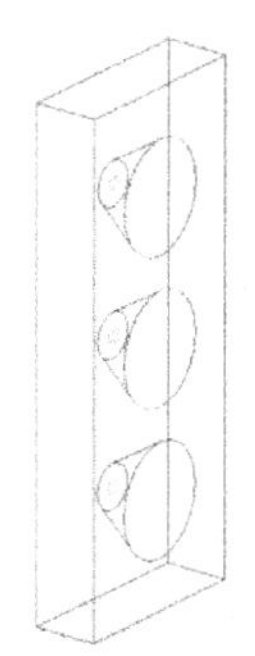

图 2 着舰三色灯实体模型

着舰三色灯光能利用率。

3 仿真结果分析

3.1 配光曲线分析

对进行着舰三色灯二次配光系统光学仿真，依次进行光线追迹分析、光强分析、照度分析，得到进行二次配光前的配光曲线，如图 3 所示，以及配光后的配光曲线，如图 4 所示。

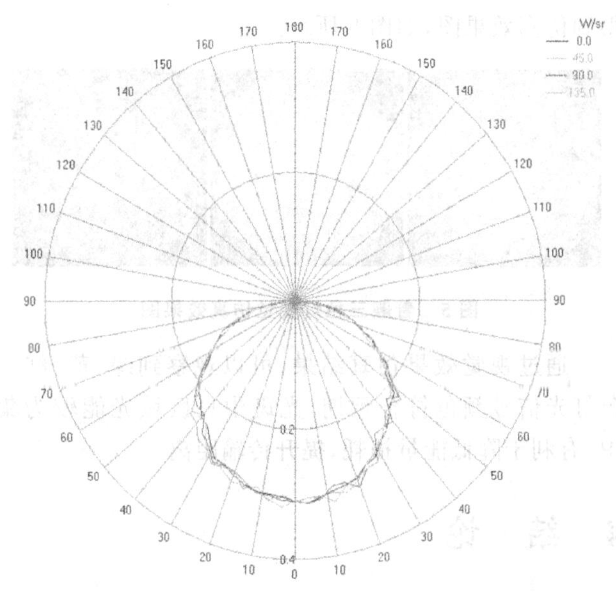

图 3 二次配光前的配光曲线

通过分析配光曲线可以得到：配光前，中心光强为 0.32 W/sr，配光后，中心光强为 34.1 W/sr，且光强空间分布均匀性较好。

根据光能利用率计算方法，在光学系统出光口建立材料特征为全吸收的几何面，对输出光功率进行测量，并计算得到着舰三色灯光能利用率为 96.364%。

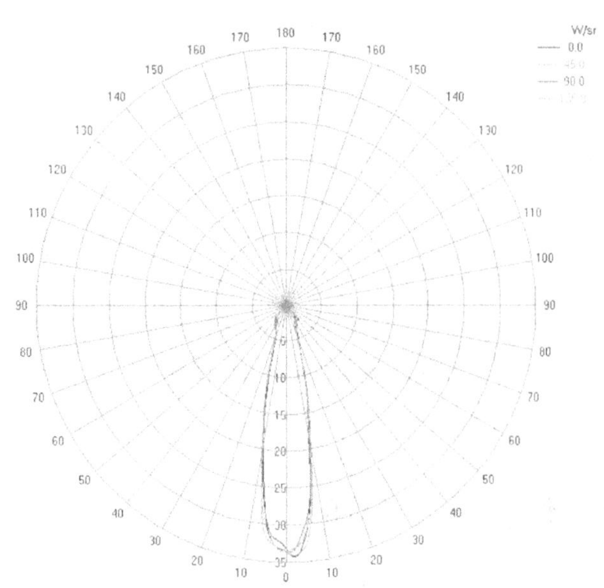

图 4　二次配光后的配光曲线

3.2　仿真视觉效果

在指定距离内设置平面，通过照度分析模块进行仿真分析，模拟人眼观察着舰三色灯信号的视觉效果，得到仿真效果图，如图 5 所示。

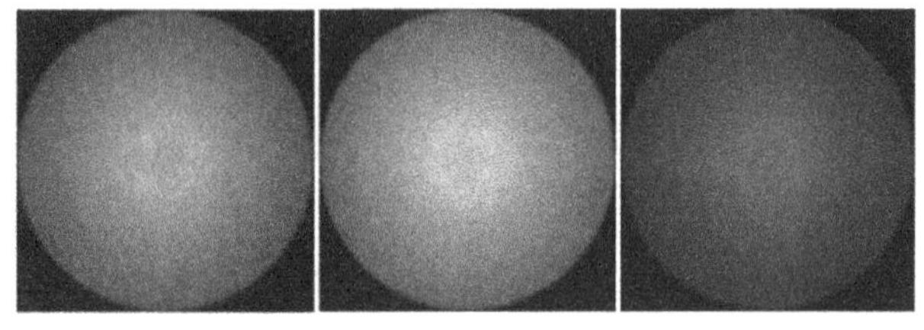

图 5　着舰三色灯视觉仿真效果图

通过视觉效果仿真结果，可以观察到绿、黄、红三色灯光信号颜色符合预期，光斑中央区域光能较为集中，有利于降低能量损耗，提升传输距离。

4　结　论

根据着舰三色灯在舰载机着舰过程中的使用需求，进行设计与仿真验证，主要内容与结论如下：

(1) 提出了一种适用于着舰三色灯二次配光系统的光能利用率计算方法，并借助 TracePro 光学仿真工具对着舰三色灯进行结构和光学建模，完成光线追迹分析、光强分析、视觉仿真，计算性能参数和光能利用率。

(2) 通过分析仿真结果可知，二次配光设计可有效改善着舰三色灯性能指标，将中心光强提升 10 倍以上，实现 96.364%的光能利用率。

参考文献

[1] 朱英富，熊治国，胡王龙. 航空母舰发展的思考[J]. 中国舰船研究，2016，11(1)：1-7.

[2] 姚宗杰，张国良. 当代航空母舰与舰载机[M]. 北京：中国市场出版社，2013.

[3] 郑峰婴. 舰载机着舰引导技术研究[D]. 南京：南京航空航天大学，2007.

[4] 陈彩辉，周荣坤，吴红兵. 基于机舰协同的舰载机着舰过程分析[J]. 电脑与信息技术，2010，18(4)：8-10.

[5] 张健，潘华，姜程亮，等. 舰载战斗机夜间着舰引导方式初步研究[J]. 航空科学技术，2017，8(11).

[6] 王鹏，焦晓辉. 舰载机着舰指挥引导技术[J]. 中国科技信息，2019，1(3).

[7] 梁程远. LED 的二次配光设计[D]. 杭州：浙江大学，2008.

[8] 罗秉东. LED 照明系统二次配光设计方法研究[D]. 厦门：厦门大学，2014：26.

[9] 陈波，李伟平，黄杨程，等. 一款 LED 后位灯的光学设计与仿真[J]. 光学仪器，2006，5(28)：37-41.

[10] 钱雯伟，李筠，陈晓荣，等. 用 TracePro 设计高功率 LED[J]. 仪器仪表学报，2007，8(28)：967-970.

火焰筒Z形环气膜孔流量系数影响的试验研究

段小瑶*,张德宝,张帆,涂波

中国航发湖南动力机械研究所,株洲 412002

摘要: 本文采用平板流量系数试验的方法,获得了不同结构参数下Z形环气膜孔的流量系数特性曲线,分析得到了不同结构参数对Z形环气膜孔流量系数的影响规律。试验结果表明:Z形环气膜孔的流量系数随着气膜孔长径比的增加先增大后减小,当长径比大约为3时,流量系数达到最大值;随着孔倾角的增大,同样出现先增大后减小的趋势,当倾角为6°时,流量系数达到最大值;当两排气膜孔的中心位于Z形环面的正中间时,流量系数最大。

关键词: Z形环;流量系数;长径比;倾角;试验研究

Experimental Study on the Influence of the Flow Coefficient of the Z-ring Gas Film Hole on the Flame Tube

DUAN Xiaoyao*, ZHANG Debao, ZHANG Fan, TU Bo

AECC Hunan Aviation Powerplant Research Institute, Zhuzhou 412002, China

Abstract: This paper adopts the method of flat flow coefficient test, the flow coefficient characteristic curve of the Z-ring gas film hole under different structural parameters is obtained, and the influence of different structural parameters on the flow coefficient of the Z-ring gas film hole is analyzed. The test results shows: the flow coefficient of the Z-ring gas film hole increases first and then decreases with the increase of the length-diameter ratio of the gas film hole; when the length-diameter ratio is about 3, the flow coefficient reaches the maximum. With the increase of dip angle of the gas film hole, the tread of first increasing and then decreasing also appears, when the dip angle is 6°, the flow coefficient reaches the maximum. When the center of the two gas film holes is located in the middle of the Z-ring annulus, the flow coefficient is the largest.

Keywords: Z-ring; flow coefficient; length-diameter ratio; dip angle; experimental study

Z形环冷却结构作为一种新型的冷却结构已在RR公司研制的军用发动机燃烧室中得到了应用[1]。相比于常规缝槽式气膜冷却,Z形环冷却结构省去了舌片,结构如图1所示。舌片结构的作用是使多个分离的冷却空气射流聚结在一起并形成连续的气膜,通过减小这些射流的初始直径可以相应减小舌片长度,其中极限情况便是Z形环冷却结构。由此,与常规的缝槽式气膜冷却结构相比,Z形环冷却结构不仅具有优越的冷却性能,而且还可消除环带开裂对火焰筒使用寿命的限制。

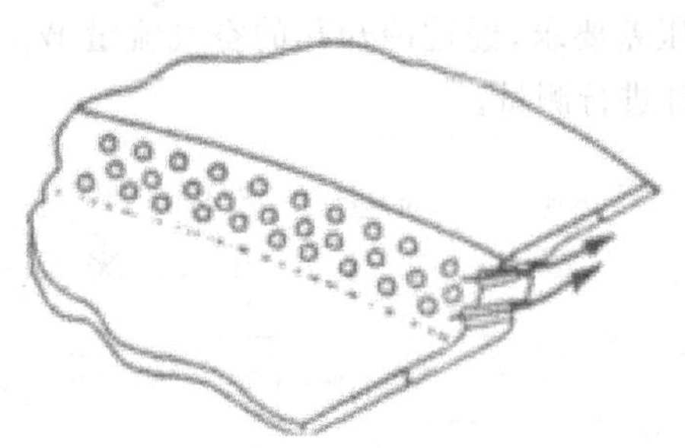

图1 Z形环气膜冷却结构示意图

影响流量系数的因素有很多,针对流量系数的影响因素,国内外学者进行了广泛研究。文献[2-3]在大量试验基础上进行了总结,详细给出了各类型孔的流量系数。Hay、Burd、Gritsch等[4-7]分别研究了在不同气膜孔倾角、不同切向角条件下气膜孔的流量系数。

基金项目:国家自然科学基金;航空科学基金

*通讯作者. E-mail: 550557422@qq.com

朱惠人、杨卫华等[8-9]通过实验研究了不同气膜孔形状对流量系数的影响。方韧[10]针对5种不同几何结构的多斜孔试验板展开了流量系数研究，得到以下结论：主路气流对流量系数影响甚微，环腔流动与小孔内气流流动状态对流量系数影响较大；单排孔流量系数与多排孔流量系数差别不大；孔排方式、孔的长度、孔倾角和孔偏角对流量系数影响较大。许全宏、林宇震等[11]对冲击加多斜孔双层壁冷却方式的流量系数进行了试验，研究了主流流量、孔排列方式、双层壁缝高以及压力参数为0～80时对流量系数的影响。

综上所知，国内外学者对各种形状气膜孔的流量系数进行了广泛系统的研究，但对Z形环冷却结构气膜孔的研究成果少有发表。本文参考常见气膜冷却结构气膜孔流量系数的研究方法开展Z形环气膜孔的流量系数试验研究，分别获得了长径比、孔倾角及孔排位置等不同结构参数对Z形环气膜孔流量系数的影响规律。

1 试验系统及试验件

1.1 试验系统

平板流量系数试验系统如图2所示，试验由气源站供气，气流经过流量计对其进口流量 W_{a1} 进行测量，再进入稳压筒；稳压筒可减小进口气流的压力波动，最后进入试验段；进入试验段后气流分成两股，在平板试验件的下游出口设置一台管道式引射器，通过调节引射器气量来控制平板试验件的出口压力，以满足试验所需的压差要求，经过冷却孔的空气流量 W_{a3} 采用质量流量计进行测量。

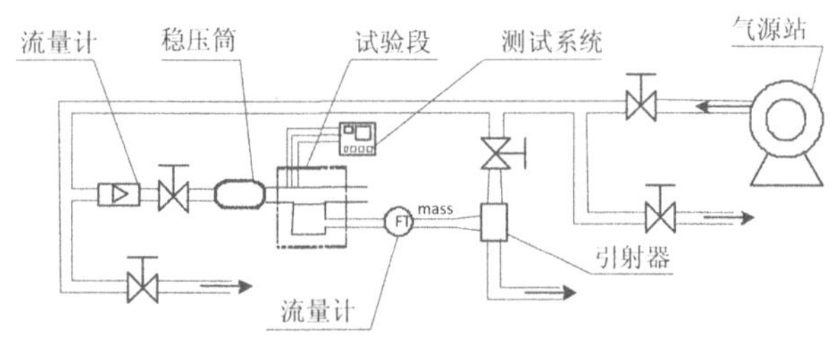

图2 平板流量系数试验系统示意图

1.2 试验段及试验方案

根据方韧、林宇震等人的研究成果，主流流动对流量系数的影响甚微，而环腔流动与小孔内气流流动状态对流量系数的影响较大[11]，为了获取经过Z形环气膜孔气流流量的精确数据，本次试验不设主流流动，通过引射器抽负压的方式控制Z形环气膜孔进出口通道的压差，使用质量流量计测量通过气膜孔的气流流量。Z形环气膜孔平板流量系数试验段结构如图3所示，主要由进气段组件、出口排气组件和平板试验件组成。气流进入试验段后，一部分空气直接从进气段组件出口排出形成主流，另一部分空气通过平板试验件上的冷却孔流出形成次流。采用单点总压管测量试验段进口空气总压 P_{t1}，采用壁面静压座测量进口空气静压 P_{s1} 以及冷却孔出口空气静压 P_{s3}，精度均为±0.5%。

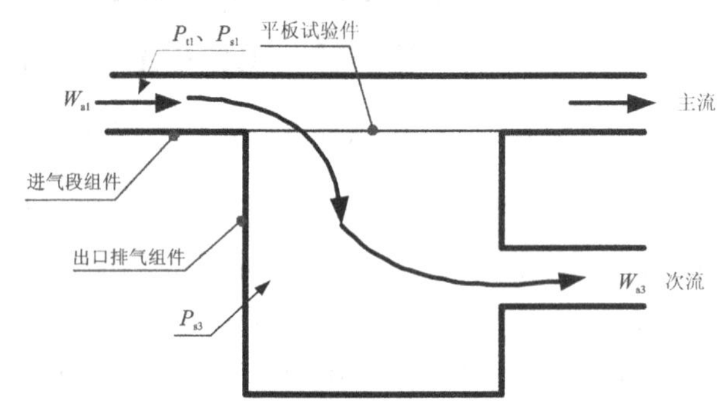

图3 平板流量系数试验段结构示意图

分别设计了不同结构参数的Z形环冷却结构平板试验件，试验件上布置了两排叉排分布的气膜孔，所有气膜孔均采用电火花加工，具体试验方案见表1。采用控制变量法，在开展某一结构参数的流量系数试验时，其余结构参数均保持一致，Z形环冷却结构平板试验件结构如图4所示。

表1 试验方案

结构参数	1	2	3	4	5	6	7
Z形环壁厚 t/mm	1.1	1.4	1.7	2.1	2.34	2.8	3.4
气膜孔孔径 ϕd/mm	0.51	0.69	0.75	0.86	0.92	—	—
孔倾角 β	0°	4°	6°	10°	—	—	—
孔排位置 (L_1,L_2)/mm	(1.75, 3.1)	(2.75, 4.1)	(2.35, 3.7)	—	—	—	—

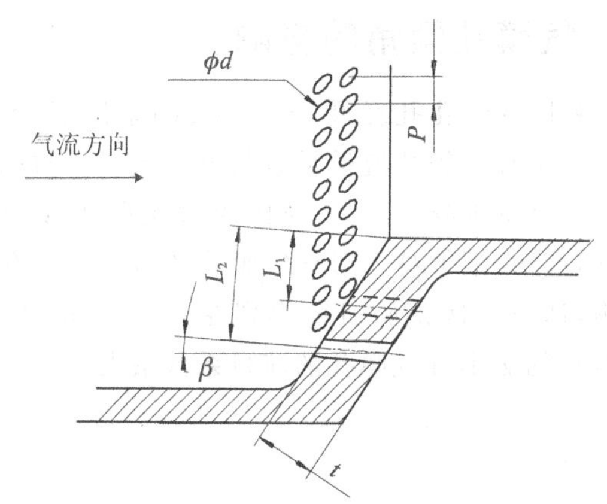

图4　Z形环冷却结构平板试验件结构及参数示意图

2　数据处理

2.1　压降系数

为了对压力工况无量纲化，定义压降系数 α 为

$$\alpha=\frac{P_{s1}-P_{s3}}{P_{t1}-P_{s3}} \tag{1}$$

式中：P_{s1}——次流进口空气静压；

P_{s3}——次流出口空气静压；

P_{t1}——次流进口空气总压。

2.2　流量系数

冷却气流经气膜孔孔壁时，由于存在进口损失、摩擦损失、出口突扩损失，而导致实际通过小孔气流流量 m_{re} 比相同流动情况下的理论流量 m_{th} 小，由此引出气膜孔流量系数 C_d 的定义，即

$$C_d=m_{re}/m_{th} \tag{2}$$

由于影响实际流量的因素很多，因此实际流量由试验确定，理论流量由连续方程及伯努利方程计算得到

$$m_{th}=A_2\sqrt{2\rho_2(P_{t1}-P_{s3})} \tag{3}$$

式中：A_2——气膜孔总面积；

ρ_2——次流的密度。

气膜孔的流量系数为

$$C_d=m_{re}/A_2\sqrt{2\rho_2(P_{t1}-P_{s3})} \tag{4}$$

3　误差分析

本试验中，气膜孔的孔径已经过精密计量，并在流量系数的计算公式中考虑了气膜孔径的加工误差，因此，流量系数的误差不考虑气膜孔孔径的加工误差。本试验测量气膜孔空气流量 W_{a3} 所用质量流量计的最大量程为 30 g/s，相对误差为±0.5%，其中通过气膜孔的最大流量约为 6.5 g/s，因此，质量流量计测得的实际质量流量的最大相对误差为 2.3%。环腔通道气流入口处的总压 P_{t1} 和气膜孔出口通道内静压 P_{s3} 均由压力扫描阀测量得到，试验时控制压力波动范围为±0.5%，由随机误差传递公式计算可得本试验流量系数的最大相对误差为 3.22%。

4　试验结果及分析

4.1　气膜孔长径比的影响

1. Z形环壁厚差异

在相同气膜孔孔径及排布条件下，对不同Z形环壁厚 t 的Z形环气膜孔开展了流量系数试验，将壁厚 t 和气膜孔孔径 ϕd 换算成长径比，得到相同压降系数下，流量系数与最大流量系数的比值（$C_d/C_{d\text{-max}}$）随长径比的变化趋势，如图5所示，由图可知，由Z形环壁厚变化引起的气膜孔长径比变化对Z形环气膜孔流量系数存在影响，长径比在 1.6～5 的范围内，随着长径比的增大，流量系数先增大后减小，当长径比为 3 左右时，流量系数达到最大值。

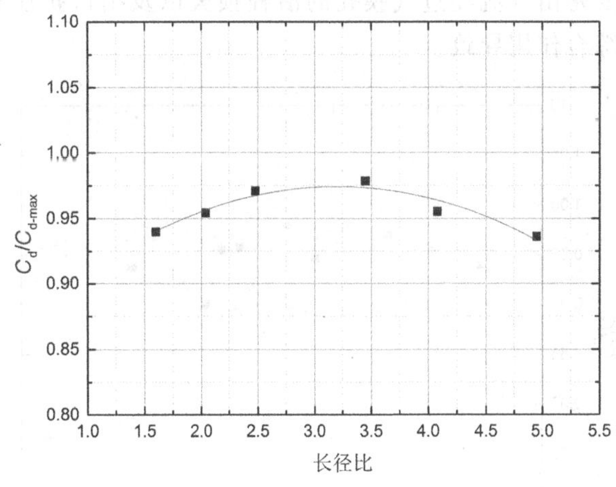

图5　长径比对流量系数的影响(Z形环壁厚差异)

2. 气膜孔孔径差异

在相同Z形环壁厚 t 及气膜孔排布条件下，对不同孔径 ϕd 的Z形环气膜孔进行了流量系数试验，将壁厚 t 和气膜孔孔径 ϕd 换算成长径比，得到相同压降系

数下，流量系数与最大流量系数的比值（$C_d/C_{d\text{-max}}$）随长径比的变化趋势，如图 6 所示，由图可知，由孔径变化引起的气膜孔长径比变化对 Z 形环气膜孔流量系数存在较大影响，在本次试验研究的长径比范围内（3.18～5.75），流量系数随着长径比的增大而减小，当长径比大约为 3 时，流量系数最大。

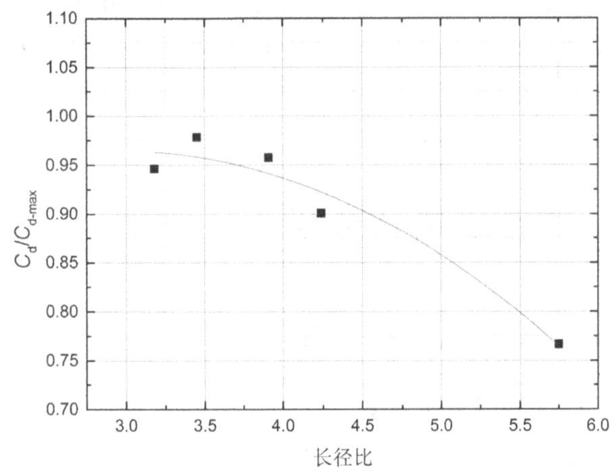

图 6 长径比对流量系数的影响（气膜孔孔径差异）

3. 综合分析

综合以上分别由 Z 形环壁厚 t 以及气膜孔孔径 ϕd 变化引起的气膜孔长径比变化对流量系数的影响规律，得到的结果如图 7 所示。由图可知，Z 形环气膜孔的流量系数随着长径比的增加先增大后减小，当长径比大约为 3 时，流量系数达到最大值。该现象的原因主要是由气流经过气膜孔的沿程损失以及出口扩压损失综合作用导致。

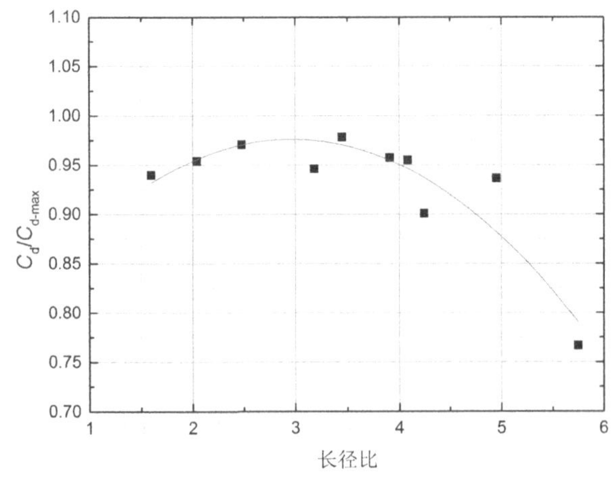

图 7 流量系数随长径比的变化曲线

4.2 气膜孔倾角的影响

在相同气膜孔孔径及排布方式的条件下，不同倾角 β 的 Z 形环气膜孔流量系数与最大流量系数的比值（$C_d/C_{d\text{-max}}$）随压降系数 α 变化的对比曲线如图 8 所示，由图可知，倾角对 Z 形环气膜孔的流量系数存在较大影响，通过本次试验研究得到在 0°～10°的范围内，倾角为 6°的 Z 形环气膜孔的流量系数最大。

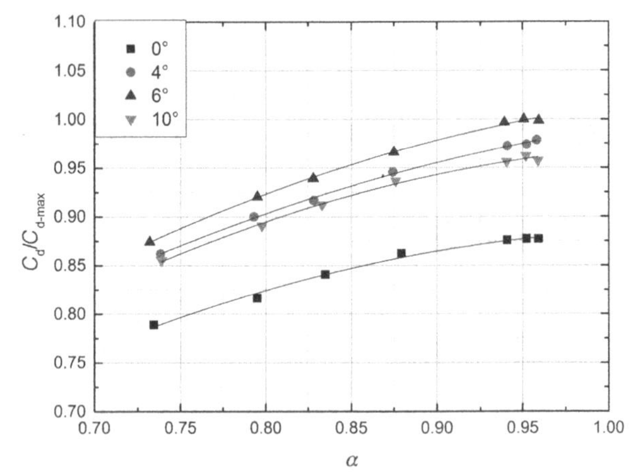

图 8 不同倾角的流量系数对比曲线

在相同压降系数下，流量系数与最大流量系数的比值（$C_d/C_{d\text{-max}}$）随 Z 形环气膜孔倾角的变化曲线如图 9 所示，根据图中曲线可以明显看出，在倾角为 0°～10°的范围内，Z 形环气膜孔的流量系数随着倾角的增大出现先增大后减小的趋势，当倾角为 6°时，流量系数达到最大值。造成这种现象主要是由两方面综合作用的结果：① 随着孔倾角的增加，孔进口的偏转变大，入口损失增大；② 孔倾角增大时，长径比减小，孔内部的边界层作用减弱，气流经过孔的沿程损失也减小，当倾角小于 6°

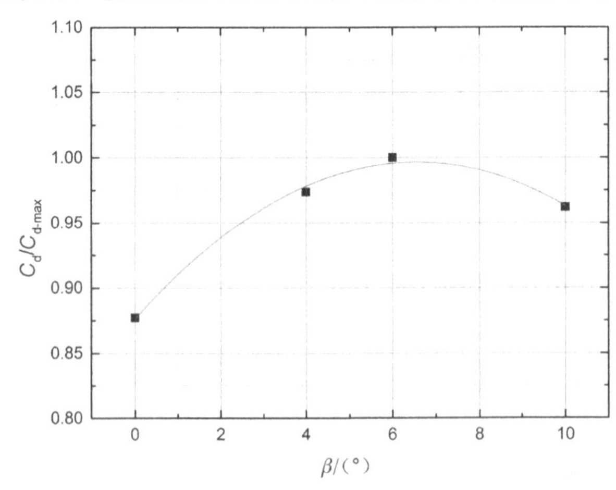

图 9 流量系数随倾角的变化曲线

时，沿程损失对流量系数占主导作用。

4.3 气膜孔孔排位置的影响

在两排气膜孔的孔间距及排间距相同的前提下，不同孔排轴向位置的Z形环气膜孔的流量系数与最大流量系数的比值($C_d/C_{d\text{-max}}$)对比曲线如图10所示，由图可知，孔排轴向位置对Z形环气膜孔的流量系数影响较大，存在一个最佳的孔排轴向位置使得Z形环气膜孔的流量系数达到最大值，该位置基本位于Z形环面的正中间，两排孔整体靠内侧或外侧时，其流量系数均会降低。

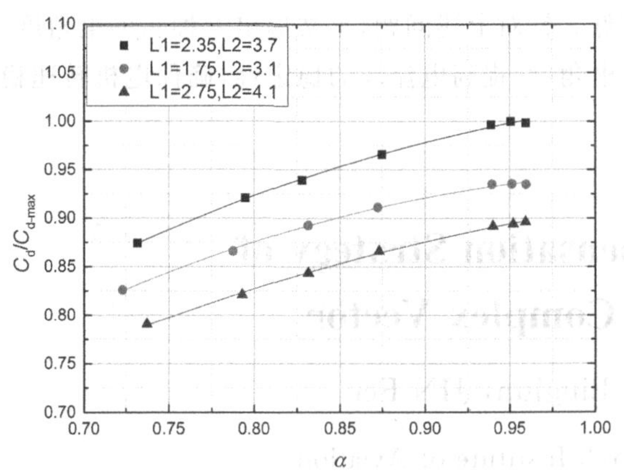

图10 不同孔排位置的流量系数对比曲线

5 结论

本文通过对不同结构参数的Z形环气膜孔平板试验件分别开展流量系数试验，研究了长径比、孔倾角以及孔排位置分别对气膜孔流量系数的影响规律。得到以下结论：

(1) Z形环气膜孔的流量系数随着气膜孔长径比的增加出现先增大后减小的趋势，当长径比大约为3时，流量系数达到最大值；

(2) 在倾角为0°～10°的范围内，Z形环气膜孔的流量系数随着气膜孔倾角的增大同样出现先增大后减小的趋势，当倾角为6°时，流量系数最大；

(3) 孔排位置对Z形环气膜孔的流量系数影响较大，当两排气膜孔的中心位置位于Z形环面的正中间时，流量系数最大。

参考文献

[1] Arthur H Lefebvre, Dilip R Ballal. 燃气轮机燃烧：替代燃料与排放[D].

[2] Dittrich R T, Graves C C. Discharge Holes with Parallel Flow. NACA, TN 3663, 1956.

[3] Dittrich R T. Discharge Coefficients for Combustor Liner Air-Entry, Flush Rectangular Holes, Step Louvers and Scoops. NACA, TN 3924, 1958.

[4] Hay N, Henshall S E, Manning A. Discharge coefficients of hole angled to the flow direction[J]. ASME Journal of turbomachinery, 1994, 116(1): 92-96.

[5] Burd S W, Simon T W. Measurement of discharge coefficients in film cooling[J]. ASME J. Turbomach, 1999, 1121(2): 243-248.

[6] Li S C, Mongia H C. An Improved Method for Correlation of Film-Cooling Effectiveness of Gas Turbine Combustor Liners: AIAA Paper 2001-3268[R]. 2001.

[7] Gritsch M, Schulz A, Witting S. Effect of crossflows on the discharge coefficient of film cooling holes with varying angles of inclination and orientation[J]. Journal of Turbom achinery, 2001, 123(4).

[8] 杨卫华，马国锋，张靖周，等. 气膜孔冷却几何结构对流量系数的影响[J]. 推进技术，2005，26(5)：413-416.

[9] 朱惠人，许都纯，刘松龄，等. 气膜孔形状对流量系数影响的试验研究[J]. 推进技术，1998，19(1)：42-45.

[10] 方韧，林宇震，李彬，等. 燃烧室多斜孔壁流量系数研究[J]. 航空动力学报，1998，13(1)：61-64.

[11] 许全宏，林宇震，刘高恩. 冲击加多斜孔双层壁冷却方式流量系数研究[J]. 推进技术，2000，21(5)：49-52.

基于复矢量的电角度动态补偿策略研究

江晓明*，周炳俊，金飞

中国航空工业集团公司雷华电子技术研究所，无锡 214063

摘要：在航空机载雷达扫描器伺服传动系统中，永磁同步电机因其效率高、转矩脉动小等特点而被广泛应用。传统的电流环调节器只能提供固定的零点，而随着电机转速的升高，d-q轴电压耦合程度加剧，被控系统极点远离零点，无法保证全速范围内零极点对消，电流环性能降低，最终失稳。精确的矢量控制需要实时获取电机转子电角度，但由于机载系统有些场合对伺服机构空间的限制，无法在电机轴上安装旋转变压器，电角度的获取只能经过安装在负载端的编码器转换得到，存在延迟问题，导致控制性能降低。针对上述问题，本文提出一种新的电角度动态补偿策略，并结合复矢量控制，在电机全速范围内实时动态校正电角度，提高电流环的稳定性，确保电机转速稳定，实验结果证明了本文提出的动态补偿策略的可行性及有效性。

关键词：复矢量；电角度；动态补偿；永磁同步电机

Research on Dynamic Compensation Strategy of Electric Angle Based on Complex Vector

JIANG Xiaoming*, ZHOU Bingjun, JIN Fei

Leihua Electronic Technology Research Institute of Aviation Industry Corporation of China, Wuxi 214063, China

Abstract: Permanent Magnet Synchronous Motor (PMSM) is widely used in the servo drive system of airborne radar scanner because of its high efficiency and small torque ripple. The traditional current loop regulator can only provide a fixed zero point, but with the increase of motor speed, the voltage coupling degree of d-q axis is intensified, and the poles of the controlled system are far away from the zero point, which can't guarantee the pole point and zero point cancellation within the full speed range. The performance of the current loop is degraded and eventually leads to instability. Accurate vector control requires real-time access to the electric angle of the motor rotor. However, due to the space limit of the servo mechanism in the airborne system, it's impossible to install a rotary transformer on the motor shaft, and the electric angle can only be obtained through the conversion of the encoder installed at the load, which leads to the delay problem and the control performance is reduced. According to the above problem, this paper proposes a new electric angle dynamic compensation strategy, combined with the complex vector control. The real-time dynamic correction of the electric angle within the full motor speed range can improve the stability of current loop and motor speed. The experimental results show that the dynamic compensation strategy proposed in this paper is feasible and effective.

Keywords: complex vector; electric angle; dynamic compensation; permanent magnet synchronous motor

* 通讯作者. E-mail: jxm930323kl@163.com

1 引 言

雷达伺服系统是雷达的重要组成部分，其精度直接影响雷达的测角精度。现代化战争迫切需求高性能雷达，对雷达的灵活性、系统的稳定性以及跟踪精度、适应性提出了更高的要求；并且相比于其他伺服系统，雷达伺服系统是一个充满多种未知因素且更加复杂的系统。永磁同步电机由于其高效率、高功率密度、调速范围宽等优点[1-2]，且克服了直流伺服电动机机械式换向器和电刷带来的一系列限制，目前已广泛应用于雷达伺服领域。

在同步旋转坐标系下，d－q 轴存在交叉耦合，传统的电流环调节器只提供固定的零点，而随着电机转速升高，d－q 轴电压耦合程度加剧，被控系统极点远离零点，电流环性能降低，最终失稳，影响电机控制性能[3-4]。

针对电流环失稳的问题，各学者提出了不同的研究方案。文献[5]使用复矢量调节器使得电机从多输入/多输出系统简化为单输入/单输出系统，利用复零点对消系统的复极点，实现了零极点的完全对消，从本质上改善了电流的动态耦合现象；同时，对电机参数的敏感性进行分析，验证了复矢量电流调节器对电机参数变化具有良好的鲁棒性。文献[6]提出一种基于复矢量的电流环解耦控制策略，建立了更精确的电机控制模型，通过传递函数对解耦特性进行分析，实验结果表明，复矢量电流环控制器可以提高电流跟踪速度，减小稳速时的电流波动。文献[7-8]针对电励磁同步电机及 PWM 整流器的被控对象，基于复矢量电流调节器，均能实现电流的有效解耦，动态稳定性能良好。文献[9]针对低载波比情况，建立复矢量电流环控制模型，采用一种改进的带角度补偿的复矢量 PI 控制器，将数字控制延时造成的影响通过改变调节器参数来补偿，解决电流环失稳问题。针对高度速电机在低载波比下，文献[10]考虑控制延迟和 PWM 延迟带来的影响，文献[11]分析研究时间延迟下对电压幅值及相位的影响，采用 1.5 倍采样周期来补偿时间延迟，提高了电流环的稳定性和动态性。

伺服系统一般采用电流环、转速环、位置环三环控制，永磁同步电机控制采用空间矢量控制(SVPWM)算法。精确的矢量控制需要实时获取电机转子电角度，但由于机载系统有些场合对伺服机构空间的限制，无法在电机轴上安装旋转变压器，电角度的获取只能经过安装在负载端的编码器转换得到，由于受到编码器的更新速率及 CPLD 的转换速率影响，电机转速越高，电角度数值的延迟越大，最终导致控制性能降低。

针对上述问题，本文提出一种新的电角度动态补偿策略，结合复矢量控制，在电机全速范围内实时动态校正电角度，提高电流环的稳定性，确保电机转速稳定。实验结果证明，所提出的控制策略可以有效补偿电角度的滞后，确保相电压与相电流同相位，功率因数接近 1，电机效率高，算法简单且无须增加专门测量电角度器件，降低了成本，提高了系统可靠性。

2 永磁同步电机模型

2.1 复矢量数学模型

对于表贴式的永磁同步电机 $L_d=L_q=L_s$，当采用 $i_d=0$ 控制时，在 d－q 轴旋转坐标系下的电压表达式为

$$\begin{cases} u_d=Ri_d+L_d\dfrac{di_d}{dt}-\omega_e\psi_q \\ u_q=Ri_q+L_q\dfrac{di_q}{dt}+\omega_e\psi_d \\ \psi_q=L_qi_q \\ \psi_d=L_di_d+\psi_f \end{cases} \tag{1}$$

式中：u_q、u_d 为定子电压矢量的交直轴分量；i_q、i_d 为定子电流矢量的交直轴分量；ψ_q、ψ_d 为定子磁链矢量的交直轴分量；ψ_f 为转子耦合磁链；L_d、L_q 为 d－q 轴电感；R 为定子等效相电阻；ω_e 为转子电角度速度。

定义复矢量 $\tilde{f}_{dq}=f_d+jf_q$，则 d－q 旋转坐标系下的复矢量数学模型表达式为

$$\tilde{u}_{dq}=R\tilde{i}_{dq}+L_sp\tilde{i}_{dq}+j\omega_eL_s\tilde{i}_{dq}+j\omega_e\psi_f \tag{2}$$

式中：p 为微分算子；$\tilde{u}_{dq}$ 和 $\tilde{i}_{dq}$ 分别为复矢量形式的电压和电流；L_s 为等效电感。

2.2 复矢量电流调节器模型

如图 1 所示为复矢量电流调节器框图，将公式(2)中的 d－q 轴电压电流矢量转换为标量即可，其与传统的电流调节器相比，增加了一个随速度变化的复零点，从而实现控制器的零点与被控系统的极点 $p=-R/L_s\pm j\omega_e$ 完全对消，在全速范围内保持电流环稳定性。

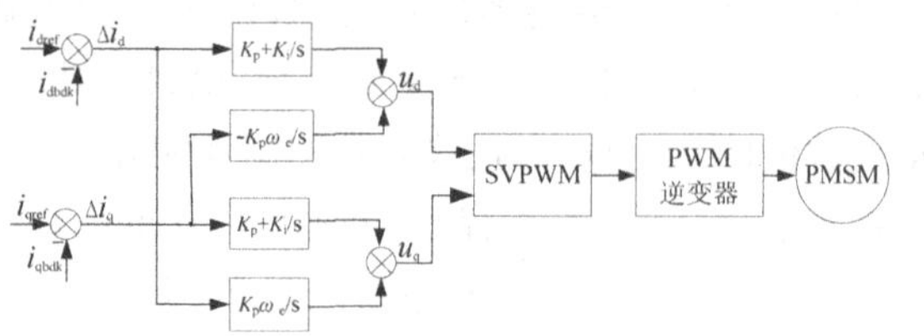

图 1 复矢量电流调节器框图

2.3 控制框图模型

伺服系统电机为永磁同步电机，三相绕组星形连接，驱动算法采用磁场定向控制(FOC)，其位置转速电流三环的控制框图如图 2 所示。位置反馈角度值和转速反馈值由编码器数据计算获得，电流环反馈值通过采样 A、B 两相电流经 CLARKE、PARK 变换得到；PID 控制后经 IPARK 变换和 SVPWM 得到占空比，调节 IPM 模块的三相全桥管子的通断时间，控制电机运行；其中电角度由编码器数据经减速器、电机磁极对数折算得到。

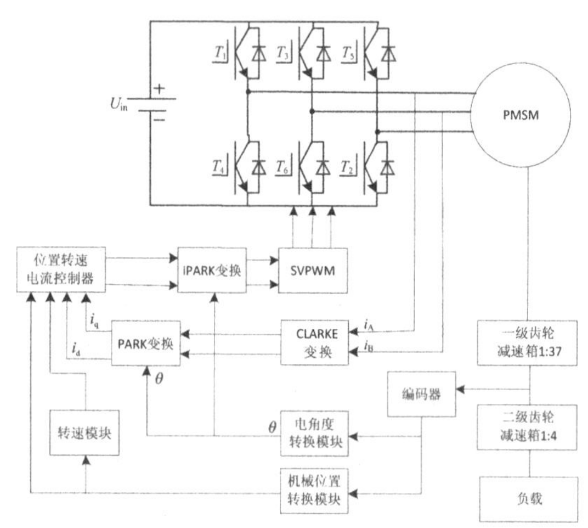

图 2 伺服系统控制框图

电机采用 FOC 算法控制，精确的转子电角度应用于坐标变换中，理想状态下，SVPWM 模块输出的占空比(等效为相电压)与相电流同相位，经过电流环 PI 控制器控制后，定子电流 i_d 反馈接近于 0，形成圆形的旋转磁场。

但是由于机载系统有些场合对伺服机构空间的限制，无法在电机轴上安装旋转变压器，电角度的获取只能经过安装在负载端的编码器转换得到，但由于受到编码器的更新速率及 CPLD 的转换速率影响，电机转速越高，电角度数值的延迟越大，经坐标变换后 i_d 反馈失真，导致 SVPWM 模块输出的占空比与相电流的相位不同步，降低电机运行效率，严重时电流环失稳，电机失速。

3 动态补偿策略

针对上述问题，本文提出一种新的电角度动态补偿策略，其算法流程如图 3 所示。首先获取电角度数值和 SVPWM 输出 A 相占空比 Ta 值，当 Ta 由正值向负值穿越时获取此时的电角度数值 θ_{error}，数值大小标幺化，1.0 对应电角度 360°。根据其数值的大小是否大于 0.5 来求取不同的电角度补偿值 θ_{com}，再折算为编码器补偿数值，将其补偿到下一个电角度周期内获得的编码器原始数值上，确保占空比 Ta 与相电流同相位。

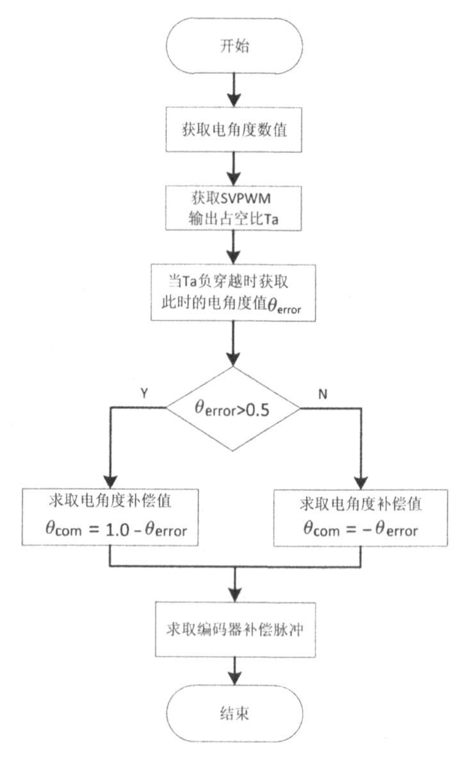

图 3 动态补偿策略流程图

4 实验结果分析

基于现有的某型号雷达伺服系统平台，对提出的动态补偿策略进行实验验证。本文控制对象是科尔摩根 KBM-43X01B 系列电机，电机参数如表 1 所列；硬件驱动控制采用 TMS320F28335 实现，控制频率为 10 kHz；电机到负载端经过二级减速器传递，减速比为 148。通过仿真器 SEEDX560V2，将实验数据传递到 CCS，保存后用 MATLAB 绘制。

负载端安装的是17位的绝对式编码器，其旋转一圈共131 072个脉冲，电机轴经减速比为37的减速器与编码器相连，且电机的磁极对数是8；故电机端360°电角度对应的编码器脉冲数是131 072/37/8＝442.81，向上取整后转换系数是443。

表1 电机参数表

序 号	电机参数(单位)	数 值
1	额定电压(V)	240
2	额定转速(r/min)	4 750
3	相间电阻(Ω)	0.976
4	相间电感(mH)	2.4
5	转矩常数(Nm/A)	0.721
6	磁极对数	8

4.1 未加补偿前实验波形

如图4所示为未加补偿负载40 (°)/s下实验图，图4(a)所示为指令与反馈转速曲线。其电流环使用传统PI控制器，从图中可以看出在此条件下，电机转速稳定在40 (°)/s附近，存在0.5 (°)/s的稳定误差。

图4(b)所示为电角度及占空比Ta曲线。从图中可以看出，在占空比Ta由正值变负值时，电角度标幺值为0.914，即电角度滞后30.96°，需要补偿38个脉冲。

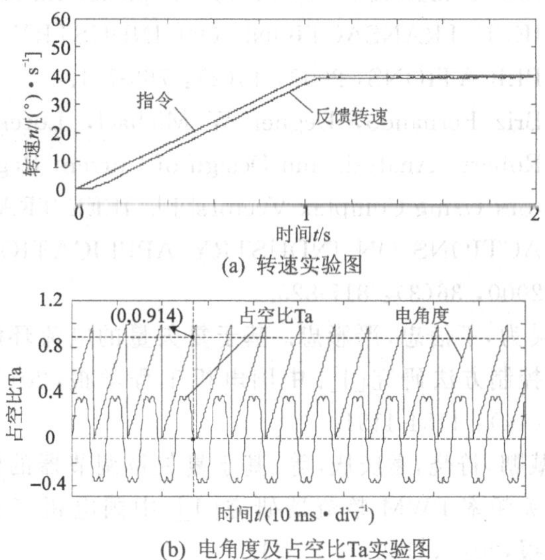

(a) 转速实验图

(b) 电角度及占空比Ta实验图

图4 未加补偿负载40 (°)/s实验图

如图5所示为未加补偿负载60 (°)/s实验图，图5(a)所示为指令与反馈转速曲线。其电流环使用传统PI控制器，从图中可以看出在此条件下，电机转速达到50 (°)/s后，开始失控，电机无法稳定运行，转速波动大。

图5(b)所示为电角度、占空比Ta及i_d电流曲线。从图中可以看出，在占空比Ta由正值变负值时，电角度标幺值为0.89，即电角度滞后39.6°，需要补偿48.73个脉冲，相比在40 (°)/s下电角度滞后更大，且i_d电流反馈失稳，无法维持在0左右。

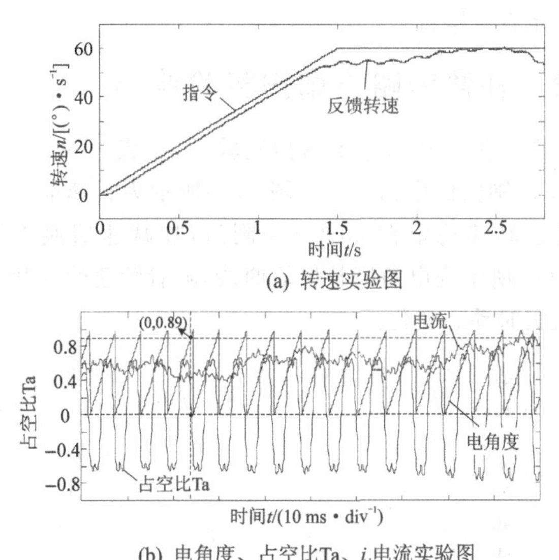

(a) 转速实验图

(b) 电角度、占空比Ta、i_d电流实验图

图5 未加补偿负载60 (°)/s实验图

4.2 补偿策略下实验波形

如图6所示为补偿策略负载60 (°)/s实验图，图6(a)所示为指令与反馈转速曲线。其电流环使用复矢量电流PI控制器且加入电角度动态补偿策略，从图中可以看出在此条件下，电机转速稳定在60 (°)/s附

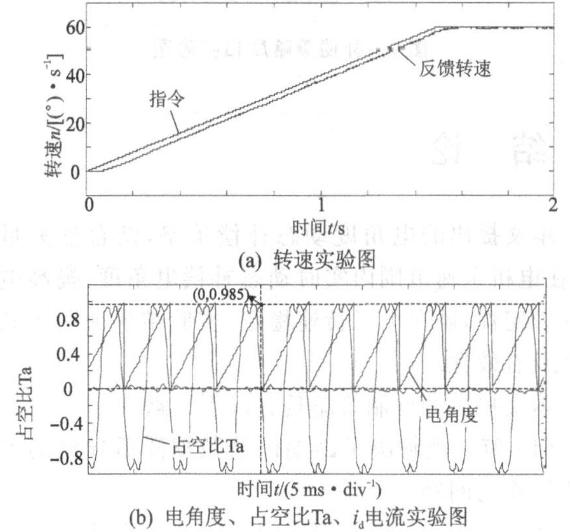

(a) 转速实验图

(b) 电角度、占空比Ta、i_d电流实验图

图6 补偿策略负载60 (°)/s实验图

近，存在 0.3 (°)/s 的稳定误差。

图 6(b)所示为电角度、占空比 Ta 及 i_d 电流曲线。从图中可以看出，在占空比 Ta 由正值变负值时，电角度标幺值为 0.985，即电角度滞后 5.4°，可见经过电角度动态补偿后，电角度滞后减小，由于控制频率只有 10 kHz，无法更快地获取电角度数据，故补偿后依旧存在电角度滞后，但这不影响电流环的稳定性，i_d 电流反馈稳定在 0 附近。

4.3 补偿策略下扇扫实验波形

图 7 为补偿策略下扇扫实验图，负载以 60 (°)/s、±90°范围内做扇扫运动。图 7(a)所示为转速曲线，负载稳态转速稳定在 60 (°)/s 附近，加减速切换平滑；图 7(b)所示为电角度补偿值曲线，随着转速的变化，补偿值实时动态变化。

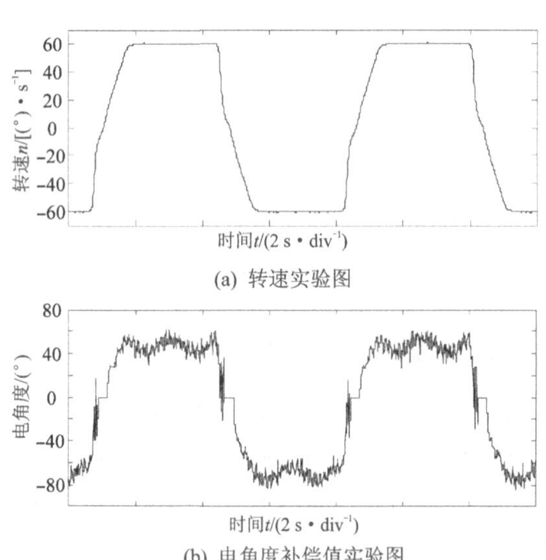

(a) 转速实验图

(b) 电角度补偿值实验图

图 7 补偿策略扇扫实验图

5 结 论

本文提出的电角度动态补偿策略，结合复矢量控制，在电机全速范围内实时动态补偿电角度，提高电流环的稳定性，确保电机转速稳定，实验结果证明了其可行性及有效性。

本文提出的控制策略具有以下贡献：

(1) 有效地解决了因编码器数据滞后导致的电机转速失稳的问题；

(2) 解决了伺服机构空间受限无法安装旋转变压器带来的控制问题；

(3) 确保了相电压与相电流同相位，功率因数接近于 1，提高了电机运行效率；

(4) 算法简单且无须增加专门测量电角度的旋转变压器及硬件电路设计，降低了成本。

参考文献

[1] Mohammad Hossein Vafaie, Behzad Mirzaeian Dehkordi, et al. Improving the Steady-State and Transient-State Performances of PMSM Through an Advanced Dead-Beat Direct Torque and Flux Control System[J]. IEEE TRANSACTIONS ON POWER ELECTRONICS, 2017, 32(4): 2964-2975.

[2] 王伟华，肖曦. 永磁同步电机高动态响应电流控制方法研究[J]. 中国电机工程学报，2013，33(21)：117-123.

[3] Samuel J Underwood, Iqbal Husain. Online Parameter Estimation and Adaptive Control of Permanent-Magnet Synchronous Machines [J]. IEEE TRANSACTIONS ON INDUSTRIAL ELECTRONICS, 2010, 57(7): 2435-2443.

[4] Yim Jung-Sik, Sul Seung-Ki, Bae Bon-Ho, et al. Modified Current Control Schemes for High-Performance Permanent-Magnet AC Drives with Low Sampling to Operating Frequency Ratio[J]. IEEE TRANSACTIONS ON INDUSTRY APPLICATIONS, 2009, 45(2): 763-771.

[5] Briz Fernando, Degner W Michael, Lorenz D Robert. Analysis and Design of Current Regulators Using Complex Vectors[J]. IEEE TRANSACTIONS ON INDUSTRY APPLICATIONS, 2000, 36(3): 817-825.

[6] 吴为，丁信忠，严彩忠. 基于复矢量的电流环解耦控制方法研究[J]. 中国电机工程学报，2017，37(14)：4184-4191.

[7] 戴鹏，符晓，袁庆庆，等. 基于复矢量调节器的低开关频率 PWM 整流器研究[J]. 中国电机工程学报，2011，31(21)：25-31.

[8] 伍小杰，袁庆庆，付晓，等. 基于复矢量调节器的低开关频率同步电机控制[J]. 中国电机工程学报，2012，33(3)：124-129.

[9] 国敬，范涛，章回炫，等. 高速低载波比下永磁同步电机电流环稳定性分析[J]. 中国电机工程学报，

2019,39(24)：7336-7346.

[10] Dong Zhen，Yu Yong. A Comparison of Discrete-time Complex Vector Current Regulators at Low Frequency Ratio[C]. IEEE Transportation Electrification Conference and Expo，Asia-Pacific，2017：1-6.

[11] Bae Bon-Ho，Sul Seung-Ki. A Compensation Method for Time Delay of Full-Digital Synchronous Frame Current Regulator of PWM AC Drives[J]. IEEE TRANSACTIONS ON INDUSTRY APPLICATIONS，2003，39（3）：802-810.

某飞机冲压空气涡轮模式选型及布置分析研究

周瑜

中航工业西飞公司，西安 710089

摘要：冲压空气涡轮系统(RAT)作为一套独立的应急能源，在紧急情况下可将动能转化为电能或液压能，从而驱动液压泵或发电机，为飞机的关键系统提供能源。本文通过对该系统工作原理、工作模式、产品重量进行分析，针对目前飞机的安装空间，结合国内外军民机 RAT 舱安装位置进行了类比，最终形成适应于某飞机的 RAT 系统，为后期某飞机 RAT 系统安装布置提供了借鉴意义。

关键词：冲压空气涡轮系统；RAT 工作模式；应急能源；布置分析

Analysis and Research on Model Selection of Ram Air Turbine for Military Aircraft

ZHOU Yu

AVIC Xi'an Aircraft Industry Company Ltd.，Xi'an 710089，China

Abstract：As an independent emergency energy source，the Ram Air Turbine (RAT) system can convert kinetic energy into mechanical energy in an emergency，thereby driving hydraulic pumps or generators to provide energy for key users of the aircraft. This paper analyzes the working principle，working mode，and product weight of the installation space of the current aircraft with the installation position of the RAT cabin of military and civilian aircraft at home and abroad. Finally，a RAT system suitable for a certain military aircraft is formed，which will be used for later military use. The installation arrangement of the aircraft RAT system provides a reference.

Keywords：ram air turbine system；RAT cabin；emergency energy；layout

1 引　言

随着多电飞机的发展和电传操纵系统的广泛应用，国内外民用飞机均已实现全电传飞控系统操纵，经历了早期的机械杆式系统、助力器系统、增稳系统、控制增稳系统，大大提高了飞机的操纵性和稳定性，减小了空勤的操纵负担，实现了飞机控制系统的跨越式进步。

国军标及适航条款对飞行品质的要求有：① GJB2191 在“3.1.8 生存力”中提到应按订购方要求提供Ⅳ级或Ⅴ级飞行控制系统工作状态；② 适航条例 CCAR 25.671 条(d)款：“飞机必须设计成在所有发动机都失效的情况下仍可操纵”。

基于此，飞机必须增加应急能源系统，当双发失效时，须确保飞机舵面的可操纵性，保证飞机安全着陆。

某飞机为提高舵面的操纵性及稳定性，须从纯机械拉杆式过渡到电传操纵系统，液压系统由两套改为三套，分别为 1,2,3 号系统，其中 3 号液压源配置一台电动泵，一台应急冲压空气涡轮 RAT(Ram Air Turbine)，如图 1 所示是飞机上的一套独立能源，从属于液压系统下的一套子系统，用于在三套液压源失效后，手动或自动展开 RAT 泵，为飞机提供应急液压源。

本文将对某型机 RAT 系统的能源需求进行分析。首先完成了 RAT 舱的位置选取工作，根据 RAT 涡轮头对动压损失的要求，经多次迭代，基本确定机头安装位置；其次根据现有安装空间，以及液压管路、电缆布置的难易程度，选取适合的 RAT 工作模式，最终完成某型机 RAT 系统的选型安装工作。

图 1　某型机 RAT 产品

2　系统组成及工作原理

2.1　系统组成

RAT 系统主要由涡轮部件、齿轮箱部件、液压泵、支撑臂部件和收放作动筒等组成，其中收放作动筒为外场可更换单元，其组成如图 2 所示。

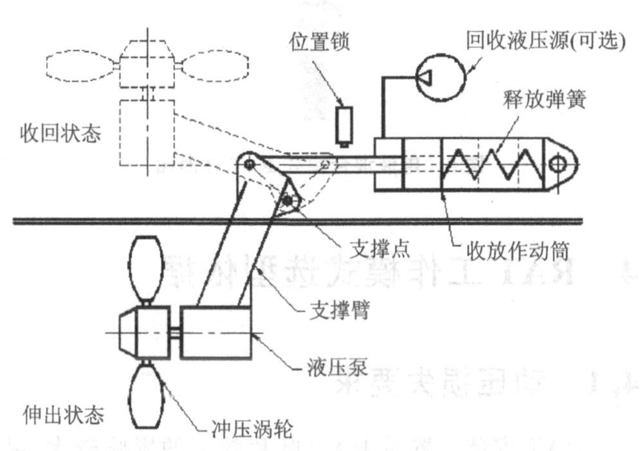

图 2　RAT 结构组成

2.2　自动展开工作原理

当机电管理计算机判断机上三套液压系统均处于低压状态，且飞机空速大于某一值时，机电管理计算机发出控制指令，控制 RAT 收放作动筒的展开电磁铁上电，电磁铁阀芯动作，使得 RAT 作动筒解除锁定，作动筒在内部弹簧的作用下伸长，推动 RAT 组件展开，RAT 展开过程中通过舱门连杆使 RAT 舱门打开，当 RAT 展开到位以后，作动筒实现位置锁定。

2.3　手动展开工作原理

按压液压系统控制板上的“RAT 放出”按钮，发送 RAT 放出指令，机电管理计算机接收到 RAT 放出指令后，使 RAT 收放作动筒的展开电磁铁上电，RAT 作动筒动作，展开 RAT。

2.4　手动回收工作原理

飞机在地面时，按压“RAT 收回”按钮，发送 RAT 收回指令，机电管理计算机接收到 RAT 收回指令后，使 RAT 回收阀上电，接通通往 RAT 作动筒的高压油路，RAT 作动筒回收，RAT 收回。当 RAT 组件到达完全回收状态时，RAT 作动筒锁定并保持在锁定状态，同时收到位传感器发出“RAT 收到位”信号，机电管理计算机使 RAT 回收阀断电。

3　系统工作模式

RAT 工作模式分为液压模式、电气模式、电液混合模式。

液压模式下将涡轮气流能输出为 RAT 液压能，架构图如图 3 所示，一部分供飞控作动器使用，一部分经液压马达、发电机两级转换成电能供飞控电子设备使用。此模式下由于马达、发电机转换环节多，架构比较复杂，组成模块多，重量大，且应急发电子系统效率较低，因此对涡轮叶片输出功率值要求较高。A320 采用的就是该模式，外形图如图 4 所示。

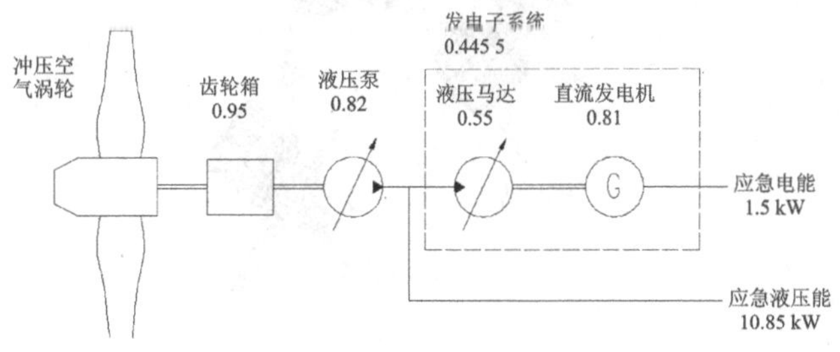

图 3　液压模式 RAT 架构图

电气模式下将涡轮气流能输出为电能，架构图如图 5 所示，一部分直接供飞控电子设备使用，一部分驱动电动泵输出液压能供飞控作动器使用。此模式下 RAT 系统附件转换模块少，能源损耗较低。该模式的架构简单，技术成熟度较高。E170/190 采用的就是该

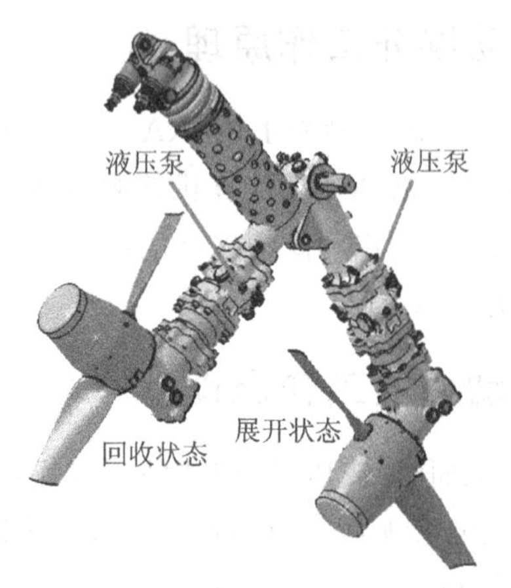

图 4　液压模式 RAT 外形图

模式，外形图如图 6 所示。

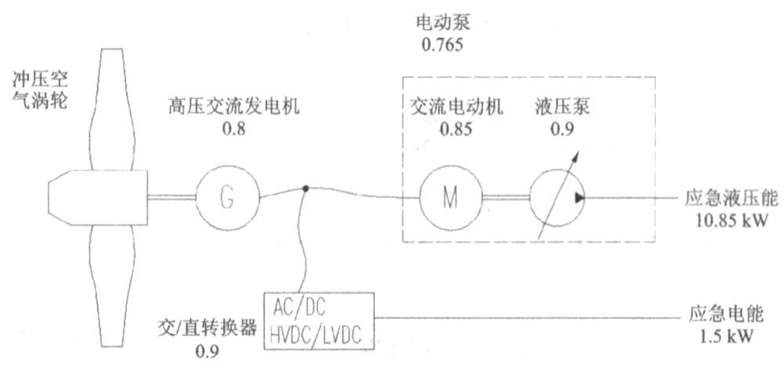

图 5　电气模式 RAT 架构

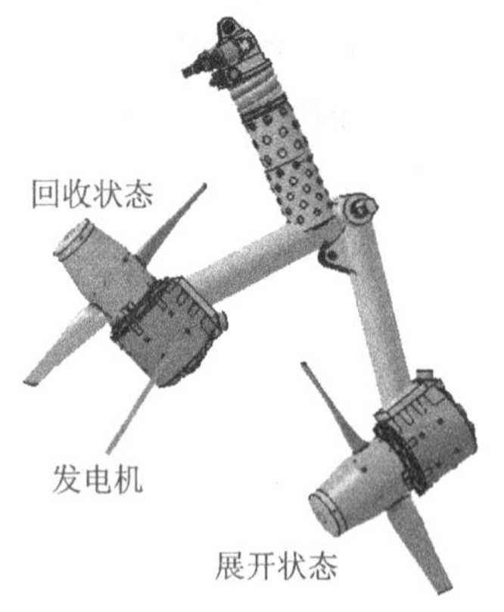

图 6　电气模式 RAT 外形图

电液混合模式下将涡轮气流能分别驱动发电机、液压泵，使之直接输出电能和液压能。架构图如图 7 所示。该模式的能源利用率高，接口清晰，技术风险低。B787 采用的就是该模式，外形图如图 8 所示。

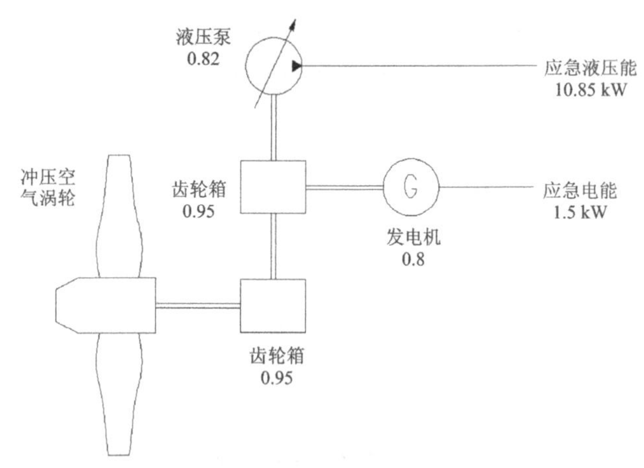

图 7　混合模式 RAT 架构

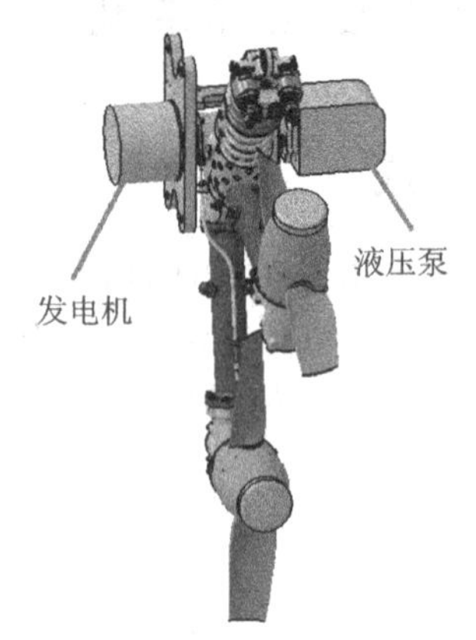

图 8　电液混合模式 RAT 外形图

4　RAT 工作模式选型依据

4.1　动压损失要求

RAT 安装位置对 RAT 叶片效率的影响较大，纵观国内外军民机，大部分 RAT 安装在机头，动压损失约 5%～10%；小部分 RAT 安装在中部机腹(翼身整流罩区域)，动压损失约 25%～45%；极少部分 RAT 安装在后机身，由于动压损失极大，已大到无法接受的程度，以致不可安装 RAT。

液压模式 RAT 系统加应急发电子系统设计的安装如图 9 所示，其需外界液压马达和发电机，两级转换能源损失较高。据货架产品反馈结果知，需求电功率越小，马达转换效率越低，即对涡轮叶片输出功率的要求极高，很难达到要求。若要新研发电子系统，技术攻关难度较大，耗期又不可把控。

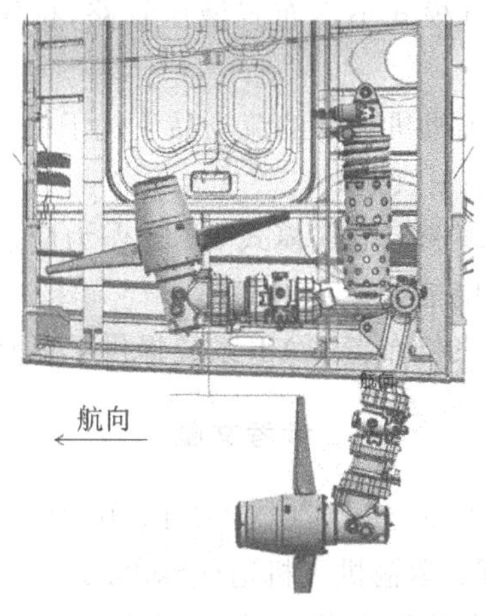

图 9　液压模式 RAT 安装图

电气模式 RAT 系统加电动泵设计的安装图如图 10 所示，其能源转换损失较低，架构简单，技术成熟度较高，且电动泵有货架产品。因无须布置液压管路，故减小了对液压油箱近距离的依赖性；缺点是 RAT 系统的发电机距离舱门较近，作动筒的 RAT 挂点位置需重新设计。

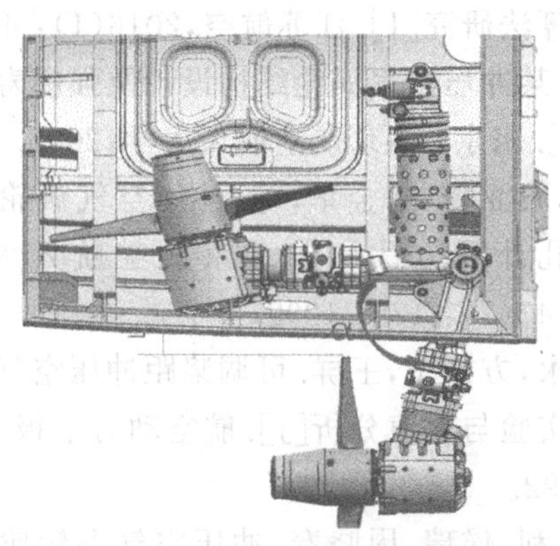

图 10　电气模式 RAT 安装图

混合模式 RAT 系统的安装图如图 11 所示，其能源利用率高，对涡轮叶片输出功率的要求低，接口清晰，技术风险低。缺点一是液压泵与发电机的轴向安装尺寸较大，需要评估舱内空间是否放得下，故总体需要重新设计的部分较多，研制周期较长；二是需要评估液压泵连接管路重量与飞机整体重量的关系。

4.2　安装区域要求

液压模式 RAT 和混合模式 RAT 都需布置液压管路，从液压油箱吸油，即两种模式的 RAT 系统的布置

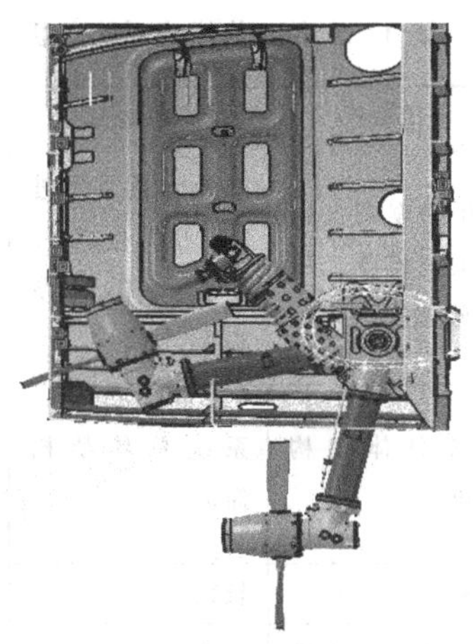

图 11　混合模式 RAT 安装图

位置与液压油箱的距离不能太远，且根据液压系统的属性，油箱一般布置在飞机中部，即两种 RAT 系统不能安装在机头。

电气模式 RAT 不需要布置液压管路，即安装位置为机头或机腹均可。

4.3　重　量

液压模式 RAT 自身有液压泵，重量较轻，但需增加液压马达和发电机的重量，以满足飞控系统供电需求，因此整体重量较大，经总体性能评估后认为对飞机的动平衡特性有影响，且需布置液压管路，增加了重量，从而对总体设计造成负担。

电气模式 RAT 自身只有发电机，重量较轻，不需要布置液压管路，而只需布置电缆，电缆重量会增加，但整体增重不会超过液压模式 RAT。

混合模式 RAT 既有发电机，又有液压泵，既需要布置液压管路，又要考虑电缆的重量，故整体重量偏重，对于飞机总体来说，不是最优选择。

5　RAT 系统工作模式选定

5.1　三种模式对比分析

以上通过对三种 RAT 工作模式的分析，现将对比结果总结如表 1 所列。

表1 三种工作模式对比分析

模式	液压模式	电气模式	混合模式
功率转换特点	液压功率到发电子系统需要二次转换,功率损失大	部分能量需要进行二次转换,有较小的功率转换损失	功率无须二次转换,无功率转换损失
结构特点	系统总体架构复杂	系统总体架构简单	系统总体架构简单,集成度较高
重量	较重	较轻	较重
功率符合性	输出功率能力满足主机需求	稳态输出功率满足主机需求	输出功率满足主机需求
机上安装位置	需布置液压管路,且距液压油箱近,适宜机腹安装	不需要布置液压管路,只需电缆布置,机头、机腹安装均可	需布置液压管路和电缆,适宜机腹下安装

5.2 飞机安装现状

目前某飞机的安装现状为:

(1) 机头比机身处的流场品质更好,更适宜 RAT 安装;

(2) 机头处不适宜布置液压管路,故需采用电气模式 RAT 安装。

综上所述,最终安装方案为:某飞机机头安装电气模式 RAT 作为应急液压能源,用于应急情况下,为飞机提供电能和液压能,保证飞机安全着陆。

6 结论

本文通过对液压模式、电气模式、混合模式的工作原理、能源转换效率、安装区域、重量等方面进行对比,以及结合某型机的安装现状进行分析,总结如下:

(1) 液压模式和混合模式 RAT 安装须靠近液压油箱,即适合机腹下安装;

(2) 电气模式不需布置液压管路,机腹、机头安装均可;

(3) 某飞机机头处的流场品质优于机腹处,故适宜电气模式 RAT 安装;

(4) 最终选定电气模式 RAT 作为应急能源系统,为飞机提供电能。

本文为飞机布置 RAT 系统提供了思路和方法。

参考文献

[1] 中国民用航空局. CCAR-25R3 中国民用航空规章第 25 部:运输机飞机适航标准. 2001.
[2] 魏娟. 民用飞机蓄电池选型浅析[J]. 科技视界,2015(25):98-99.
[3] 万伟悦,严仰光. 现代飞机电源系统及其发展. 黑龙江科技信息,2011.
[4] 向俐霞. 机载电源系统简述. 今日科苑,2008.
[5] 王永鑫,崔宇. 冲压空气涡轮在民用涡桨飞机中的应用[J]. 航空制造技术,2014(14):86-88.
[6] 张冬雨,杨斐,翟笑天,等. 冲压空气涡轮气动性能快速算法研究[J]. 江苏航空,2016(1):4-6.
[7] 吴佳. 某冲压空气涡轮结构设计及强度寿命振动分析[D]. 南京:南京航空航天大学,2008.
[8] 王岩,殷亚峰,陈金华,等. 冲压空气涡轮泵的温控节流孔计算方法[J]. 北京航空航天大学学报,2017,43(7):1287-1292.
[9] 刘思永,方祥军,王屏. 可调桨距冲压空气涡轮气动特性实验与数值分析[J]. 航空动力学报,2003(5):587-592.
[10] 李兴利,侯瑞,周晓春. 冲压空气涡轮舱门开缝问题研究[J]. 航空科学技术,2015,26(12):16-19.
[11] 周兰午. 风力机离心调速系统特性分析[J]. 河北机电学院学报,1990,2(1):1-7.
[12] 陈永琴,汪大兴,苏三买,等. 反推力装置液压作动系统 AMESim 建模与仿真[J]. 航空动力学报,2017(11):238-246.

一种海陆空三栖型动态无人威胁发射器训练装置

周游[1,*]，陈清健[2]，孙晨[1]，郝冰[1]

1. 航空工业成都飞机设计研究所售后部，成都 610091

2. 航空工业成都飞机设计研究所航电部，成都 610091

摘要： 随着武器系统的发展和作战形态的改变，战斗机在执行任务过程中，会面临多种类型雷达威胁。着眼于实战训练，为弥补传统训练装置的不足，同时尽可能真实模拟战斗机在战场上面临的威胁源，创新性地提出开发一种可提供实战环境下的多方位、多模态雷达模拟威胁源。本文为研制一种小型化、便携化、模块化、定制化且成本低廉、集成难度低、能适应多搭载平台的海陆空三栖型动态无人威胁发射器训练装置提供可行思路。该装置若向部队大范围推广，可快速丰富空军飞行员实战模拟训练方案，大力提升我军训练作战水平，具有一定的经济效益和军事效益。

关键词： 作战训练；无人；动态；威胁发射器

An Aeroamphibious Dynamic Unmanned Threat Emitter for Training

ZHOU You[1,*], CHEN Qingjian[2], SUN Chen[1], HAO Bing[1]

1. Dept. of After-Sales Service and Support for Military Air Vehicles, Chengdu Aircraft Design & Research Institute, Chengdu 610091, China

2. Dept. of Avionics and Weapon System Design, Chengdu Aircraft Design & Research Institute, Chengdu 610091, China

Abstract: With the development of weapon system and the change of battle form, during the execution of certain missions, the fighter jet usually faces many types of radar threats. Focusing on actual combat training, and in order to make up for the shortcomings of traditional training devices, we decide to design a kind of multi-directional and multi-modal radar threat emitter that can provide a simulated radar threat source in the actual combat environment. The paper provides a feasible idea to make a miniaturized, portable, modular, customized, low-cost aeroamphibious dynamic unmanned threat emitter for training and could adapt to multiple movable platforms. If the device is widely promoted to the Air Force, the simulated actual combat training program for air force pilots can be enriched rapidly and the training combat level of the army can be improved greatly. In addition, if the device is used on a large scale, it has certain economic and military benefits.

Keywords: combat training; unmanned; dynamic; threat emitter

伴随当前战争形态的变化和武器装备的复杂化，日常作战训练作为战斗力的孵化器和倍增器被赋予更重要的作用，其中由于模拟训练具有组织实施方便、降低训练成本等优势而倍受重视[1]。

自第二次世界大战雷达发明以来，雷达在飞行器、舰船和卫星等军事领域扮演了诸如侦察、监视警戒和探测/锁定/攻击等重要角色。据目前的统计分析，雷达对飞行器的威胁占60%以上。战斗机在执行任务过程中，会面对多种类型的雷达威胁，如陆基雷达、机载雷达、海基雷达等。根据有关各型雷达数据统计，针对飞行器的L、S和X波段的雷达数目分别约占20%、25%和30%，其余波段雷达总计约占25%。为尽可能真实模拟战斗机在战场上面临的威胁源，当前可利用配备雷达的地-空导弹系统进行威胁源模拟，但这些设

* 通讯作者. E-mail: i_zhouyou@163.com

施/设备体积大，难以移动，需要大量配套的基础设施；或利用先进电子战飞机模拟机载电子进攻[2]，成本高昂；此外，由于难以移动，定位固化，导致训练场景变化度低，无法创建动态训练方案。

雷达电子战具有技术密集、功能设备复杂、协同要求高等特点，导致战斗力提升的难度较大，必须依靠大量的日常训练[3]。实战化训练是在近似实战的条件与环境下进行的训练，对提升战斗力具有重要作用[4]。美国空军某支援中队与亚利桑那州立大学的学生在2020年1月对外界展示了一种动态无人威胁发射器原型机，其造价为传统威胁发射系统的1/50，除此之外，美军并未公布其系统组成及具体技术指标等信息。据调研，我军尚无该类训练装置，因此，本文借鉴美军设计思路，着眼于训战一体化思想，力争为我军提供实战环境下多方位、多模态的雷达威胁源，为研制一种小型化、便携化、模态化、定制化且成本低廉、集成难度小、能适应多搭载平台的海陆空三栖型动态无人威胁发射器训练装置而提出可行思路。该装置如向部队进行大范围推广，可快速丰富我军空军飞行员实战模拟训练方案。本文为该装置取名为“Threat Maker”，并探讨该训练装置的功能、组成、使用场景等问题，为该装置的设计与研制提供一定的参考作用。

1 装置功能及组成

1.1 装置功能

作为一种海陆空三栖型动态无人威胁发射器训练装置，装置借助不同的搭载平台，可在陆面、水面、空中等不同环境中分别投入使用，并主要用于电子对抗实战训练，其具体功能如下：

(1) 具有雷达波形库，雷达威胁源可重构，同时具备移动功能，实现威胁源波形和辐射发生地点“双动态”调整。装置可根据训练情况/场次实时动态选择雷达波形参数，制造不同波段和调制方式的雷达威胁源，可在一次起落过程中实现多构型威胁情况的训练，为飞行员制造动态“X因素”，以便飞行员做出电子对抗选择和处置措施，例如改变航迹和启用电子干扰，功率压制或制造假目标，从而大大增强训练与作战仿真度。

(2) 具有电子干扰效果评估功能。装置可实现飞机电子干扰信号实时采集、记录与回放功能，根据对采集信号在频域和时域内进行的分析，评估飞机电子干扰效果。

1.2 装置组成

该装置主要由搭载平台、电源模块、无线通信模块、雷达波形库、信号发生器、射频发射机、收发单元、天线及信号分析仪等组成，如图1所示。

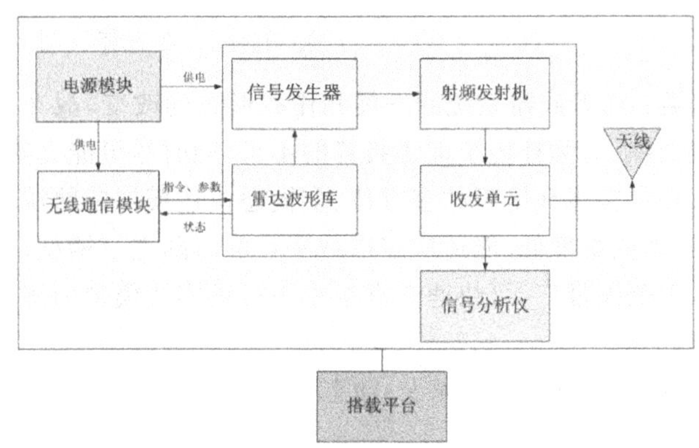

图1 装置组成

搭载平台主要为该装置提供可移动的平台，应设计为通用的机械接口，并在训练场内实现人工远程控制其可到达的指定工作地点，如地面无人运输车、无人机及海上无人船等。

电源模块为装置供电，可由小型发电机或太阳能电池板等组成。

雷达波形库为该装置的软件部分，可选择使用Keysight公司开发的商用软件SystemVue，其具备射频模块设计资源库，完备的雷达、电子战模型库，以及可扩充、可重用、可嵌套等功能，以图符化模块构建理论模型，在仿真实现上易懂易行[5-7]。地面保障人员可根据训练需求选择不同雷达波形，使用时通过调整参数来设置特定的波形，并在使用过程中实现动态调整[8]。SystemVue模型库提供了多达35个高度参数化的原型模块和更高层次的参考设计，可以生成一个功能基本完整的雷达系统[9]。当前，常用的雷达波形包括CW Pulse（连续波脉冲）、LFM（线性调频信号）、NLFM（非线性调频信号）、FMCW（调频连续波）等均已集成在SystemVue雷达库中，具有很高的应用成熟度。此外，利用商业软件进行编程（如MATLAB等），也可建立雷达仿真波形库。LFM典型雷达发射信号示意如图2所示。

无线通信模块实现与作训控制中心的数据交联，通过无线加密信号实现雷达波形参数设置、设备工作指令下发及设备状态监控等功能。

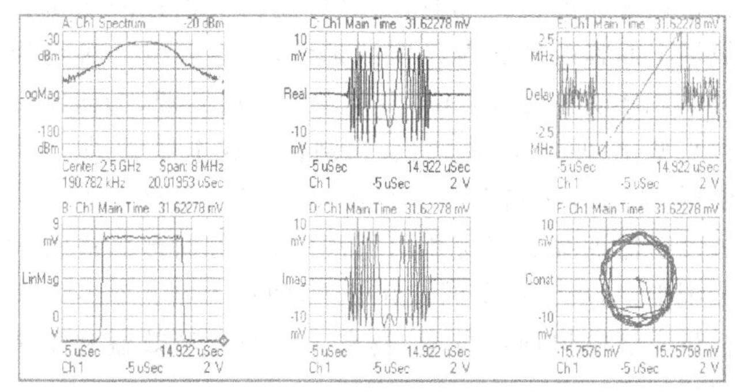

图 2　LFM 典型雷达发射信号示意

信号发生器包含基带信号发生器、IQ 数据存储器、DAC 和超宽带 IQ 调制器。利用信号发生器可以将任意的 IQ 信号数据转换为微波矢量调制信号。对于任意调制信号，可用软件来建立信号数据模型。雷达波形库中的信号数据可以直接下载到矢量信号源的基带数据存储器中，利用信号源的矢量调制能力合成相应频率和功率的调制信号。

射频发射机主要实现信号发生器的频率扩展和功率放大。

收发单元主要实现收发信号隔离及接收信号预处理。

天线用于雷达信号的辐射和接收。

信号分析仪可实现飞机电子干扰信号实时采集、记录和回放功能，根据对采集信号在频域和时域内进行的分析，评估飞机电子干扰效果，检验飞行员的操作是否合理。

2　技术指标

该装置应能满足小型化、便携化、模块化和定制化要求，尺寸建议控制在 100 cm×70 cm×50 cm 范围内；使用小型发电机或者太阳能电池板供电，发射功率预计可达到 100 W；支持 L、S、C、X 波段，其中，X 波段(8～12 GHz)也是使用较多的一个雷达波段，在该波段上，雷达的体积小、波瓣窄，适于空中或其他移动平台。

该装置采用模块化设计思路，并设计了与搭载平台的通用机械接口，可节约成本。同时，该装置辐射功率较低，可以更好地验证现代航空电子设备“探测低功率威胁”能力。此外，该设备尺寸紧凑，可利用无线电远程控制搭载平台实现移动，在训练场的陆面、海面和空中多处进行随机布置。

3　使用场景

该装置可实现海陆空三栖搭载，通过搭载不同的平台发挥其功能。

在陆地模式下，可通过无人遥控车搭载装置进行快速移动；在飞行模式下，可通过小负载无人机挂载装置进行悬停或空中移动；在水航模式下，可通过无人遥控船搭载装置进行位置变化。通过无线电或其他遥控手段对装置发射的雷达波形及装置的搭载平台进行动态双重调整，如图 3 所示，实现辐射发生地点和威胁源波形“双动态”变化，如 S 波段、L 波段及 X 波段的随机切换等。可在单次训练任务的不同时间段为训练提供动态方案，为受训飞行员快速提供多种未知的训练场景，大大节约训练成本和人力成本。

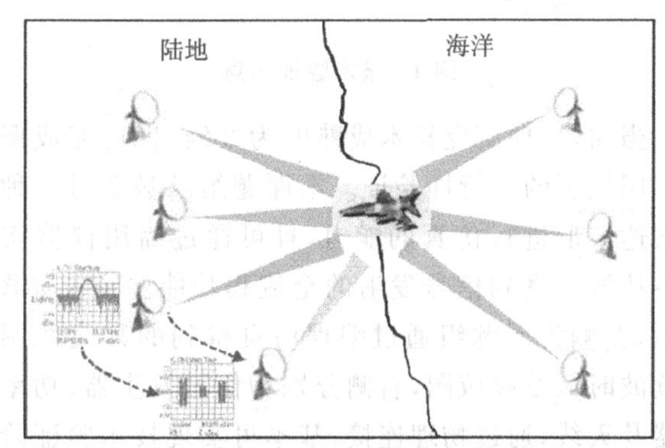

图 3　训练场景示意

近年来，无人机蜂群作战受到了世界各国军队的普遍重视，而无人机蜂群作战对飞机的主要威胁在于其一体化察打技术[10]。由于该装置成本较低，因此可大量搭载无人机进行威胁发射，并针对未来如无人机蜂群作战或其他战争形态和作战模式的变化来设计模拟训练方案。

4　研制计划

据调研，依托现有商用射频仪器可搭建原理演示样件，后期可通过定制化设计，将各组成部分进行集成，并设计适用于海陆空三种搭载平台的通用机械接口，实现海陆空三栖。

该项目的研制计划可分为 4 个阶段，分别为：技术验证阶段、装置研发阶段、试验验证阶段和训练应用阶段。

技术验证阶段的主要工作是建立雷达波形库和评

估电子干扰效果，可采用商用硬件进行半实物信号级仿真测试验证，可对雷达波是否符合要求进行验证，如图 4 所示。

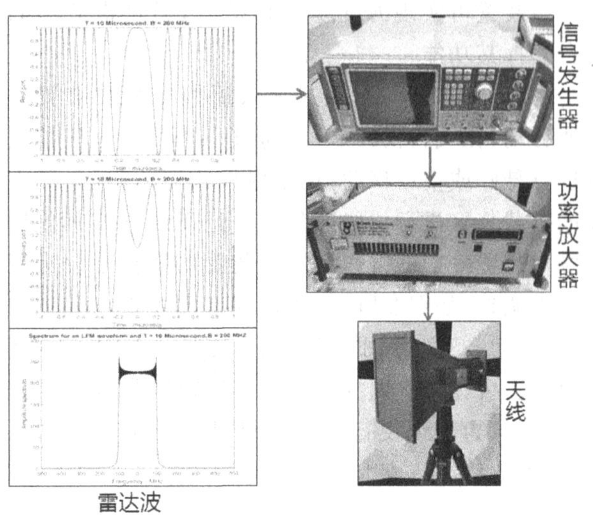

图 4　技术验证示意

当前，该项研究技术成熟度为 3 级，即已完成概念和应用设想的可行性验证。本课题组已具备对多种类型雷达波形进行仿真的能力，且可通过商用仪器实现从雷达波仿真到信号发射的全流程功能验证。如图 4 所示，左侧为课题组通过编程仿真得到的某线性调频连续波时域及频域图，右侧分别为信号发生器、功率放大器及天线，通过物理连接，基本可实现技术验证阶段的所有工作。

装置研发阶段可对各模块进行设计与整合，从而研制出便携化、定制化、模块化且适应多类型搭载平台的训练装置样件。

试验验证阶段主要指在实验室辐射条件下的功能性能验证，为后续进行应用训练奠定基础。

训练应用阶段主要是将该装置向部队推广，并广泛应用于多威胁源战场环境的模拟训练中。

5　结　语

本文着眼于战斗机在执行任务过程中将面对的多种雷达威胁的任务场景，为尽可能真实模拟战斗机在战场上面临的威胁源及实战训练，设想开发一种可提供实战环境下的多方位、多模态雷达威胁源，为研制一种小型化、便携化、模块化、定制化且成本低廉、集成难度低、能适应多搭载平台的海陆空三栖型动态无人威胁发射器训练装置提供可行思路，并可向部队进行大范围推广，成为我军训练好帮手，快速丰富我军空军飞行员实战模拟训练方案，具有一定的经济效益和军事效益。

参考文献

[1] 吉玉洁，张高峰，吴亮. 应用于仿真训练的模块化雷达建模与实现[J]. 重庆文理学院学报，2014，26(2)：242-247.

[2] 王勇军，王柏杉，于群. 机载电子进攻模拟训练方法研究[J]. 舰船电子工程，2020(1)：103-107.

[3] 许成君，宁宇，吴冰. 雷达电子对抗仿真训练系统设计与应用[J]. 航天电子对抗，2014(5)：57-60.

[4] 王鹏，宋华文，陈祥斌，等. 外军装备保障实战化训练主要做法、发展趋势及启示[J]. 装备学院学报，2015(6)：43-47.

[5] 赵杨，尚朝轩，韩壮志. SystemVue 在雷达系统仿真中的应用[J]. 舰船电子工程，2017(1)：73-77.

[6] 姚国国. 基于 SystemVue 的相控阵雷达系统性能评估仿真技术[J]. 舰船电子工程，2019(4)：75-79.

[7] 张杰，何强，韩壮志. 基于 SystemVue 的某型雷达发射信号生成[J]. 现代电子技术，2014(21)：45-52.

[8] 刘婧逸，邸雪娜. 基于 SystemVue 的雷达模拟仿真技术[J]. 电子技术与软件工程，2017(21)：94-95.

[9] 张文辉，张永宁，田雨书，等. 基于 SystemVue 的复杂电磁环境中雷达半实物仿真[J]. 火控雷达技术，2018(2)：85-90.

[10] 张旭，张涛，赵汉武. 现代战斗机威胁源分类方法[J]，飞机设计，2019，39(5)：52-56.

飞机供电故障问题的分析与解决

牛宸龚*，吕程

沈阳飞机工业(集团)有限公司，沈阳 110034

摘要：飞机电源系统是其他所有系统运行的基础，如果电源系统出现任何问题都将直接影响飞机的飞行安全。而电源系统中由于三相交流电源为主电源系统，因此交流电源的供电品质也格外重要，是飞机正常上电工作的基础。本文针对飞机首次全状态通电检查时，各系统无响应、电压表无示数等故障问题，进行了故障现象和原理的分析，对比不同状态通电时的差异，列出故障树以确定排故方案，逐步排查可能的故障原因，最终确定故障点并将故障排除。本着举一反三的原则，避免相似故障重复发生，本文又对故障产生的原因进行了深入分析，并总结经验，为今后故障的排查提供有力的理论依据。

关键词：航空航天地面设施技术保障；电源系统；三相交流；相序

Analysis and Solution of Aircraft Power Supply Fault

NIU Chenyan*, LV Cheng

Shenyang Aircraft Manufacture Company, Shenyang 110034, China

Abstract: Aircraft power system is the basis of all other systems. If there is any problem in the power system, it will directly affect the flight safety of the aircraft. The three-phase AC power supply is the main power supply system, so the quality of AC power supply is particularly important, which is the basis of aircraft normal power on work. Aiming at the problem of aircraft power supply fault, this paper analyzes the fault phenomenon and principle, lists the fault tree, determines the troubleshooting scheme and eliminates it. Based on the principle of drawing inferences from one instance, this paper avoids the recurrence of similar faults, analyzes the causes of faults in depth, and summarizes the experience, so as to provide a strong theoretical basis for future troubleshooting.

Keywords: aerospace ground facility technical support; power system; three-phase AC; phase sequence

随着目前多电、全电飞机的发展，使得原有的机械、气压、液压等作动的负载，很多已经开始逐步转化为电气负载，使得电气负载目前在机上所占的比例逐渐增加，因此飞机对电源系统的依赖性增高，也对电源系统的可靠性提出了更高的要求[1]。

三相电路是一种特殊的交流电路，由三相电源、三相负载和三相输电线路组成。三相交流电源指能够提供 3 个频率相同而相位不同的电压或电流的电源，最常用的是三相交流发电机。三相发电机各相电压的相位互差 120°，它们之间各相电压超前或滞后的次序称为相序。三相电动机在正序电压供电时正转，改为负序电压供电时则反转，因此，使用三相电源时必须注意其相序。

本文论述了一个电源系统三相交流相序的典型故障及排查方案，从故障现象入手，进行了状态对比分析，列出排查故障树，根据每项排查的难易程度，采取先易后难的思路进行逐一排查，逐步定位故障点，再对故障产生原因进行分析确认及更改验证，最后加以总结，举一反三，归纳经验。

1 问题描述

某飞机在装配完成后进行通电时，发现飞机无法正常上电，接通总电源开关后，各系统均未开始工作，

*通讯作者. E-mail: 18900926639@163.com

座舱内电压表左、右两通道电压值显示均始终为 0 V。飞机电源系统作为机载电气设备的一个重要组成部分，承担了向飞机上所有用电设备供电的任务[2]，因此电源系统故障问题的解决对整个飞机系统的安全与稳定都具有重要意义。

经过进一步查看，地井供电指示灯正常燃亮，电压显示正常，飞机电源线、地线已可靠连接，飞机各相关成品已安装完成，无缺件、缺装等现象，说明装配状态并无问题，飞机无法上电很有可能是内部电路原因造成的。

2 问题的分析与排查

2.1 故障分析

现代飞机电源系统功能全面、结构复杂、自动化水平高，为了能够有效保障电源系统处于良好状态，飞机在进行全状态通电之前，已经利用专用试验器进行了电源系统的通电检查[3]，因此理论上飞机上电应该不存在问题。虽然现状态与飞机电源系统通电时的状态差异较大，安装了各系统大量的成品，但是由于飞机现状态下连初始的上电都没有达到，因此各系统并没有开始工作，所以该故障问题只与飞机电源系统相关。

为了缩小故障排查范围，对比了电源系统通电时与现状态通电时飞机电源系统的差异，发现主要差异为“机电管理计算机”。电源系统通电时飞机未安装机电管理计算机，利用电源试验器模拟机电管理计算机的控制和采集信号，对飞机电源系统进行分项检查，因此机电管理计算机的相关状态在前期并未进行检查。

通过电源系统原理图可以分析出，机电管理计算机不但是机电管理系统的上位机，同时也是电源系统工作的控制中心，既能够对电源系统所有的状态进行监控[4]，同时也对供电系统具有以下控制功能：

(1) 完成飞机直流电源系统左、右通道中心汇流条的管理，控制 ILC2、ILC3 的接通与断开，实现汇流条的接通与转换；

(2) 控制 3 个整流装置的转换；

(3) 实现直流配电系统的 6 个配电装置接通与断开控制；

(4) 完成直流供电系统的部分维护 BIT 功能，以及下发维护 BIT 指令信号；

(5) 控制 EPC 的接通与断开。

所以如果机电管理计算机自身出现故障或者输入/输出信号出现问题极有可能造成飞机不能正常上电。因此根据初步分析结果，从机电管理计算机入手，依据飞机电源系统工作原理列出故障树，如图 1 所示。

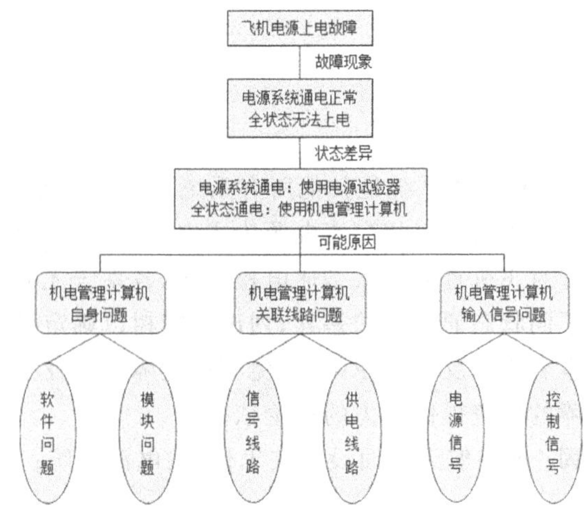

图 1 故障树

2.2 计算机自身的排查

机电管理计算机具有对包括飞机电源系统在内的机电管理系统的数据采集和综合管理功能[5]，若计算机自身存在问题，则会误判飞机状态，从而阻止飞机上电或失去控制功能无法令飞机上电，通常会有两种可能的原因：一是其软件版本不对，与机上其他成品状态不匹配，导致其控制功能失效，无法正确传输信号；二是其内部模块出现问题，不能正常工作，丧失了控制能力。

首先对软件进行了排查，查看正常的装机软件版本，再与成品履历本上的软件状态进行核对，结果显示版本完全一致，且该架飞机为中间架次，前后架次飞机的成品与该架成品同批出厂，软件出现差异的可能性非常小，因此基本排除了由软件问题造成的飞机故障。

为了进一步判断模块是否存在问题，将机上两台机电管理计算机拆下在实验室进行检查复试，并未发现异常，各个模块的功能性检查均正常，将两台设备又安装在其他架次飞机上进行验证，安装后能够正常上电，说明机电管理计算机自身并无问题。

2.3 关联线路的排查

由于机电管理计算机工作时是自动运行对电源系统进行控制，无法监控电源系统的工作状态及相关参数，因此电源系统通电检查时是利用电源试验器模拟机电管理计算机的控制功能，进行手动操作，逐步检查电源系统线路、工作逻辑等的正确性；同时利用试验器采集相关参数，可以直观查看数据的正确性。因此，在进行电源系统通电时已经对大部分关联线路进行了检查，尤其对信号线路的完好性进行了验证，无须再次检查。

但是，由于试验器是依靠自身电源进行工作的，所以对机电管理计算机的供电线路及其回路并未进行检查，每台机电管理计算机分别含有3条供电线路和3条对应的地线，故需要检查这6条线路的导通情况、绝缘情况、混线情况等[6]。结果显示并无问题，对插头也进行了目视检查，并无掉落多余物或损坏等情况，说明关联线路本身也无问题。

2.4 输入信号的排查

由于机电管理计算机是电源系统的控制中心，因此其接收的输入信号数量也非常多，导致其排查难度增大。为了缩小排查范围，对故障做了进一步分析，接通机上地面电源开关后，飞机各系统未上电，座舱内直流电压表示数为0，说明左、右直流保护配电装置汇流条上无电压，而汇流条上的电压是通过三个整流装置把三相交流电转换成直流电来提供的，整流装置的交流电则来自1号、2号交流配电装置。从测试的难易程度考虑，交流配电装置最易测量，因此测试了两个交流配电装置上的电压值。测试结果显示，两个交流配电装置均无电压输出，同时也都没有电压输入。

从原理图可以看出，交流配电装置输入的电压是地面电源通过交流控制器提供的，主要通过交流控制器中的“EPC”继电器控制通断，只有当EPC吸合后电压才能加到交流配电装置上[7]。因此目前故障最大的可能原因就是EPC没有吸合，而EPC的控制信号一端来自座舱的地面电源开关，另一端则来自机电管理计算机。电源系统通电时已经验证了EPC和地面电源开关并无问题，而机电管理计算机也经过了排查，同样没有问题。由于地面电源开关的信号是硬线传输，不受其他干扰，而机电管理计算机的输出信号会受到其输入信号的影响，所以最有可能的原因就是机电管理计算机没有收到令其可以输出“EPC控制信号”的输入信号。

对供电系统的原理进行了进一步的深入分析，发现利用电源试验器进行通电时，只采集了电压信号的存在情况，并没有对电源品质进行分析，也就是说如果电源品质不好，电源试验器照常可以令飞机上电工作，但机电管理计算机会进行识别判定来限制是否让飞机上电工作[8]。

为了确认分析结果的正确性，对飞机再次展开了测量，地面电源端电源品质无问题，符合相关要求，而在机电管理计算机端进行测试时，发现其他参数正常；但是利用相序表测量三相的相序时结果显示存在异常，经过进一步检查，发现A相和B相的相序颠倒了。对地面电源到交流控制器的电缆和交流控制器到机电管理计算机的电缆分别进行了测量，并没有混线或串线等情况，说明交流控制器内部线路出现了问题。

3 问题的验证及解决

3.1 问题验证

经过上述排查、分析，已经将故障原因定位在交流控制器内部线路，为了对故障原因进行验证，需对成品进行复试检查和分解检查，因此将交流控制器从机上拆下，送到试验室进行检查，经测试发现交流控制器确实存在问题，插头处线路接反，与排查、分析结果一致，至此故障已被准确定位[9]。

3.2 解决措施

根据定位的故障原因，将成品进行返修，返修完成后进行了测试，确认无问题后进行了装机验证，恢复装机后测量了电压相序，已无异常，重新对飞机上电，飞机上电后恢复了正常，各项参数均符合要求，说明故障已被彻底解决。

本着举一反三的原则，进一步分析了问题未能及时定位的原因，由于电源系统通电过程中已将电源系统主要线路全部覆盖，理论上飞机全状态通电时电源部分应无问题，但是由于电源试验器没能仿真出机电管理计算机对相序的监控和判断，导致三相交流电相序出现问题后电源系统通电时无法发现，进而出现了飞机全状态时不能上电的问题。

为了有效避免相似问题再次发生，对电源试验器进行了改造，增加了对三相交流电的相序监控，在软件界面中也增加了地面电源和2个交流配电装置的相序指示灯，并完善了工艺规程，增加了测试过程中观察相序指示灯是否燃亮的检查要求。

4 结　论

本文阐述了一个电源系统相关的典型故障以及排

查方案，通过此次对某型飞机上电问题的排查，防止了因飞机相序错误带来的潜在事故隐患，并通过举一反三的进一步分析[10]，对电源试验器进行了改造，同时完善了工艺规程，增加了相序的监控和检查。在之后其他飞机的调试任务中也陆续出现过几次相似问题，由于本次解决措施的及时落实，后续飞机均在第一时间发现和定位了问题，保障飞机生产任务的正常进行，未影响飞机整体的进度，确保了后续检查工作正常进行，节省了大量时间。同时通过该问题的有效解决提高了专业技术水平，优化了测试工艺过程，并为日后飞机相似的故障问题提供了重要的理论依据。

参考文献

[1] 杨乐.飞机电源系统的建模方法研究[J].科学技术与工程，2013，13(9)：2611-2615.

[2] 和麟，王彦松，张慧敏，等.故障传播模型的飞机电源系统故障诊断研究[J].机械与电子，2012(9)：7-11.

[3] 王自强，江亮亮.基于模型的故障诊断在飞机电源系统中的应用[J].飞机设计，2014，34(5)：20-24.

[4] 赵志斌，骆彬，唐婷，等.基于LabVIEW的机电管理电源监测系统设计[J].计算机测量与控制，2018，26(10)：39-48.

[5] 惠晓强.机电综合管理系统计算机技术研究[J].电子技术，2014(6)：8-12.

[6] 杨文杰，姜霖，施全芝.某型飞机电源系统的故障分析及排除方法[J].西安航空学院学报，2014，32(3)：3-6.

[7] 曾健.浅析飞机电源系统[J].科技创新导报，2015(14)：68-70.

[8] 骆彬，刘震霍，杨圣平.某型飞机交流电源系统故障分析[J].科技信息，2009(9)：23-31.

[9] 杨大光，常波，汪丹丹.某型飞机直流电源系统故障分析[J].航空维修与工程，2014(6)：52-53.

[10] 牛宸栾.地面电源延展监测系统的研究与应用[J].测控技术，2020，39：537-540.

直升机被动减振技术分析方法研究

尹中伟[1,*],曹金华[2],朱洪艳[1],林长亮[1],王金亮[1]

1. 哈尔滨飞机工业集团有限责任公司,哈尔滨 150066

2. 陆军装备部航空军事代表局驻哈尔滨地区航空军事代表室,哈尔滨 150066

摘要: 采用有限元分析方法,对某民用直升机的被动减振设计进行了系统性研究。模态分析和敏度分析表明机头平台上的大质量设备及其安装刚度对机体振动水平有显著影响;进一步分析表明,在机头平台施加幅值 380 N、频率 23.75 Hz 的反向激振力可使前舱左脚地板处的振动水平下降 61.9%。设计了一种满足静强度要求的"Z"字形动力吸振器,通过调整配重可使其固有频率接近旋翼激振频率而发生共振,在直升机平飞状态下提供反向激振,起到减振效果。同时该吸振器还能在一定程度上适应主结构的频率偏移。

关键词: 吸振器;被动减振;直升机;有限元

Research on Analysis Method of Helicopter Passive Vibration Reduction Technology

YIN Zhongwei[1,*], CAO Jinhua[2], ZHU Hongyan[1], LIN Changliang[1], WANG Jinliang[1]

1. Harbin Aircraft Industry Group Co., Ltd., Harbin 150066, China

2. The Military Representative Office of the Army Aviation Department in Harbin Region, Harbin 150066, China

Abstract: The passive vibration reduction technology of a civil helicopter is studied systematically based on finite element method. The modal analysis and structural sensitivity analysis indicate that the mass of large equipment on the nose platform and its installation stiffness obviously affect the level of the helicopter vibration. Further analysis indicates that the reverse exciting force of amplitude=380 N and frequency=23.75 Hz, acting on the nose platform of the helicopter, can observably reduce the vibration level at the left front foot floor of the front cabin by 61.9%. Then a Z-shaped dynamic vibration absorber is designed whose natural frequency can approach the rotor excitation frequency and occur resonance by adjusting its counterweight, then it will reduce the level of the helicopter vibration by providing reverse excitation force at flat flight status. To a certain extent, the dynamic vibration absorber also has the ability to adapt to the frequency offset of the main structure.

Keywords: dynamic vibration absorber; passive vibration reduction; helicopter; finite element method

因具有垂直起落、空中悬停、无需专用跑道等优点,直升机已经成为军民两用平台极具竞争力的航空设备。但是,直升机特有结构形式带来的振动问题不仅是影响其结构安全性、驾乘舒适性、各机载设备功能完备性的主要因素,还会带来过高的噪声水平,从而降低其战场隐身性能[1],因此,减振一直是直升机研制的关键技术问题。

直升机的减振技术可分为主动式和被动式两类,主动式减振技术的基本原理是根据采集的振动信息,通过实时调整外部能量输入的大小来改善振动响应,主要包括结构响应主动控制、主动桨叶、主动桨距等[2],需要在型号设计之初就予以考虑。被动式减振无须外加能量,结构简单易于实现,可在定型甚至服役后期根据现有的结构形式进行适应性设计,是直升机减振领域广泛采用的技术手段[3],赵泽乾等[4]针对机载设备设计了一种被动减振装置,林长亮等[5]设计了

* 通讯作者. E-mail: 826455757@qq.com

刚度可调结构并成功降低了某现役直升机减振的振动水平,陈俊伟等[6]通过试验验证了动力吸振器在抑制旋翼桨叶摆振方向载荷上的可行性。另外,随着智能材料的发展,变刚度和变质量动力吸振器的研究也逐渐成为热点[7-8]。

有限元法能在设计之初对结构进行详细的力学分析,是现今直升机设计领域的重要分析方法。本文基于有限元分析,以某民用直升机为研究对象,对直升机的被动减振设计方法进行系统性研究,建立振动被动控制的设计流程和方法,为相关减振设计工作提供参考。

1 模态分析

进行模态分析的基础是建立直升机整机动力学模型。直升机动力学模型的建立技术最早由 Heverly Ⅱ等人[9]提出并加以完善。图 1 示出了本文建立的某民用直升机的全机动力学模型,全机有限元模型共计 1 040 个四边形单元,293 个三角形单元,1 384 个杆单元,48 个集中质量单元,1 268 个节点,表 1 列出了动力学建模要点。

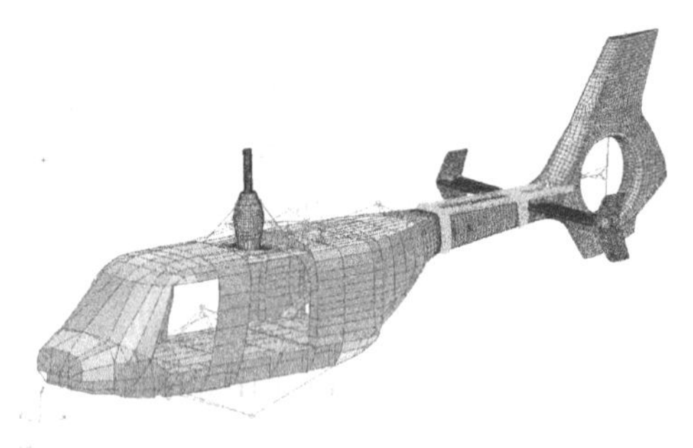

图 1 全机动力学模型

表 1 动力学建模要点

序 号	要 求
1	蒙皮简化成四边形剪力板,地板简化成四边形壳元,框简化成梁元,设备简化成点元,主减/发动机简化成刚体
2	用收缩单元的方法检查单元连接是否正确
3	无冗余节点和单元,且单元间无间隙
4	梁元的弯曲平面和偏心正确
5	自由边界条件
6	无多余刚体模态和弱刚度节点

取自由-自由状态,用兰索斯方法计算全机固有频率,图 2 示出了计算得到的 30 Hz 以内的固有频率和模态,可以看出,该型机的个别固有频率(尾梁侧向二弯 26.05 Hz)与旋翼通过频率(23.75 Hz)的相差率仅为 9.68%,考虑到分析误差和后期制造安装偏差,机体频率与旋翼通过频率发生耦合的可能性很高,导致较高的振动水平。

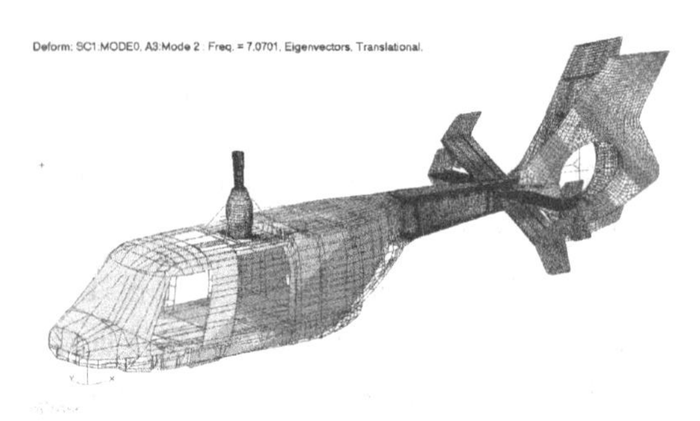

(a) 尾梁侧向一弯7.07 Hz

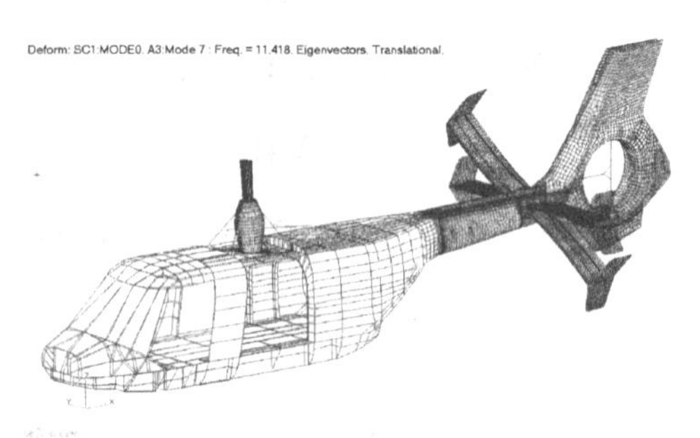

(b) 平尾反对称一弯11.42 Hz

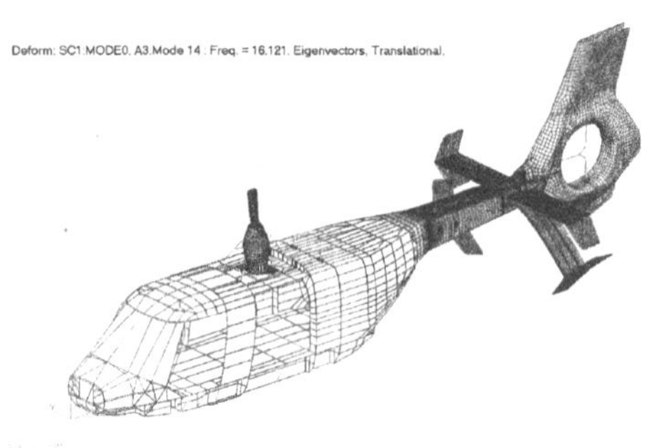

(c) 平尾对称一弯16.12 Hz

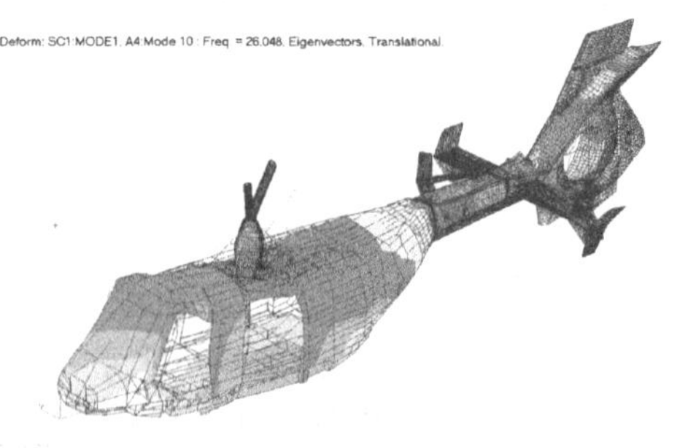

(d) 尾梁侧向二弯26.05 Hz

图 2 全机 30 Hz 以内主要振型

下面通过敏感性分析来查找对机体尾梁侧向二弯模态频率有显著影响的结构部位，为后续进行被动减振设计提供着手点。表 2 列出了修改机体结构仿真参数前后尾梁侧向二弯模态频率的变化，可见，对关注频率影响较高的结构参数有：

① 机头设备舱平台与机体连接刚度；

② 机头大质量设备重量及连接刚度。

表 2　结构敏感性分析结果

序　号	参数调整方案	关注频率/Hz（尾梁侧向二弯）	变化率
1	原状态	26.05	—
2	地板厚度－10%	26.31	1.00%
3	前舱罩复材管梁刚度－10%	25.95	－0.38%
4	纵梁刚度－10%	26.32	1.03%
5	边梁刚度－10%	25.27	－0.299%
6	机头大质量设备重量－10%	25.13	－3.53%
7	大质量设备连接刚度－10%	24.81	－4.76%
8	平台与机体连接刚度－10%	27.48	5.49%

可以看出对所研究的直升机来讲，可以从机头平台及其上安装的大质量设备入手，开展被动减振设计研究。

2 被动吸振分析

被动式减振技术主要包括隔振、吸振、结构剪裁三类。隔振指通过特定的系统来降低旋翼向机身的振动传输；吸振主要是采用特殊设计的吸振器来抵消主结构的振动能量；而结构剪裁是更为复杂的振动控制技术，往往需要对机体结构或桨叶参数进行更改优化。隔振和结构剪裁需要更改直升机的原机结构，风险性较大，所以相比较而言，吸振的设计可行性更高。吸振的主要减振思想就是“以振治振”，即通过在目标结构处施加一个同频等幅的反向振动来抵消原结构振动。基于以上分析，建立了如图 3 所示的吸振分析模型，旋翼 4 Ω 激振载荷施加在桨毂中心，表 3 以 220 km/h 平飞速度为例列出了所加的载荷形式。

表 3　速度为 220 km/h 的旋翼激振载荷

力	幅值/N	相位/(°)	力　矩	幅值/(N·m)	相位/(°)
航向	726	－52	航向	242	27
侧向	586	33	侧向	194	57.8
垂向	743	50.6	垂向	665	－13.3

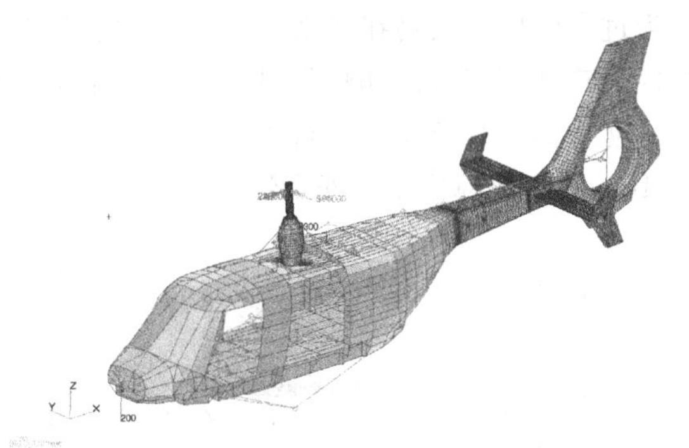

图 3　吸振分析模型

由于吸振系统固有频率与目标频率相等时，减振效果最好[10]，所以在机头平台大质量设备附近施加一个频率为 23.75 Hz 的周期反向激振力来研究“以振治振”的可能性，另外，不断调整激振力幅值，以获得最大吸振效果，同时确保平台及附近结构安全。

利用上述模型进行频率响应分析，重点计算前舱左右脚蹬处、前舱左右座椅处、仪表板和操纵台等有低振动要求部位的垂向振动值，这些部位振动水平的高低将直接影响驾乘舒适度。

图 4 给出了当激振力幅值为 380 N、频率为 23.75 Hz，以 120 km/h 和 160 km/h 速度平飞时，前舱左脚处垂向振动水平的时域响应图，说明了在机头平台施加反向激振力可以起到减振作用。

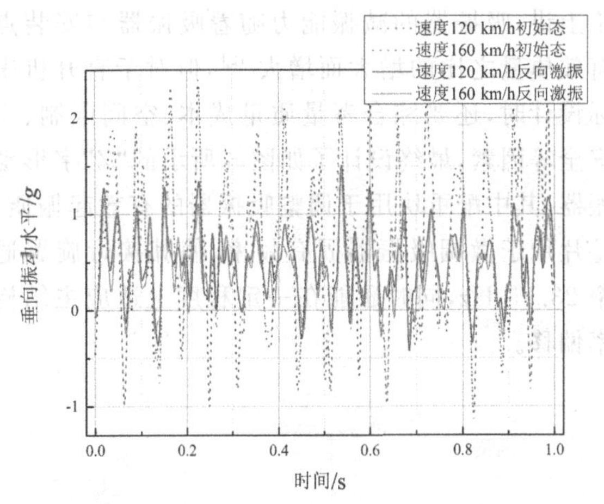

图 4　机头反向激振前后前舱左脚地板处振动水平对比

图 5 示出了不同激振力幅值下，关注部位的垂向振动值，可以看出，随着机头平台处反向激振力幅值的不断增加，各部位的振动水平随之降低，在幅值为 380 N 时，减振效果最好，前舱左脚处振动值降幅达到了 61.9%，但激振力幅值超过 400 N 以后，振动水平变化不大甚至个别位置会有所增加（增幅约 18.2%），这

是因为过大的反向激励在抵消原平台振动后的余量对原机振动产生了不利影响，另外，此时平台处的最大 Mises 应力为 532 MPa，已经超过结构材料许用值 435 MPa，无法保障原结构安全性。

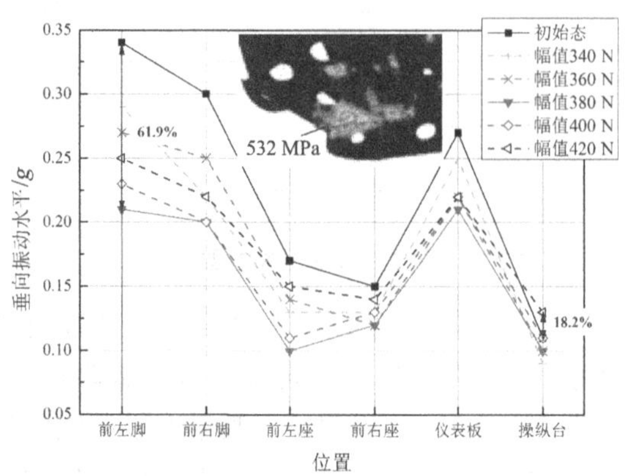

图 5　关注部位振动水平随激振力幅值变化

3　减振方案设计

根据上述分析，直升机平飞时，需要被动吸振系统在机头平台处能够提供幅值 380 N 的反向激振力才能达到最好的减振效果，考虑到平飞时载荷系数 3.5[11]，吸振系统的有效起振质量应为 11 kg 左右，而机头平台处安装的大质量设备重 36.8 kg，二者的质量比为 0.3。理论上讲，吸振器的减振能力随着吸振器与安装点处的有效质量之比的增大而增大[12]，但对于直升机来说实际设计时，还要综合考量质量成本、空间限制、主结构安全等因素，最终设计了如图 6 所示的“Z”字形动力吸振器，其中配重块用于调整吸振器的有效起振质量，调整片用于微调吸振器固有频率，使其接近旋翼通过频率 23.75 Hz，同时还能在一定程度上适应主结构的频率偏移。

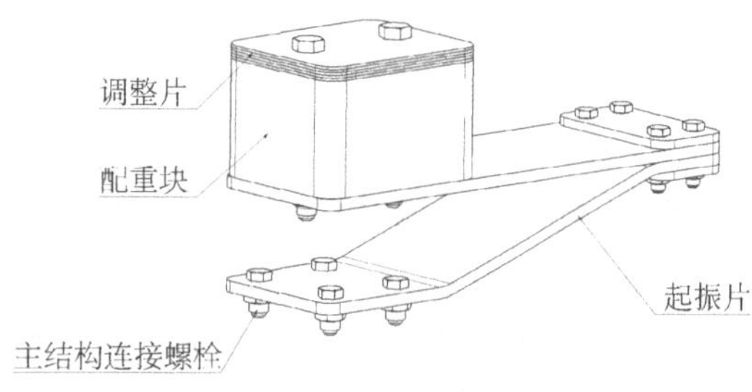

图 6　动力吸振器

建立如图 7 所示的“Z”字形动力吸振器有限元模型，分析计算其固有频率和配重的关系，最终确认当配重为 12.80 kg、调整片为 0.136 kg 时，其垂向固有频率为 23.773 Hz(见图 8)，与旋翼通过频率 23.75 Hz 最为接近，能与目标频率发生共振，起到减振作用。

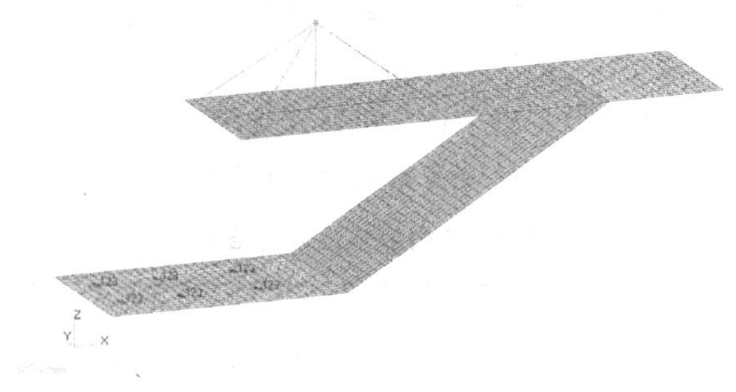

图 7　动力吸振器模型

Deform: SC1:DEFAULT, A1:Mode 4 : Freq. = 23.773, Eigenvectors, Translational.

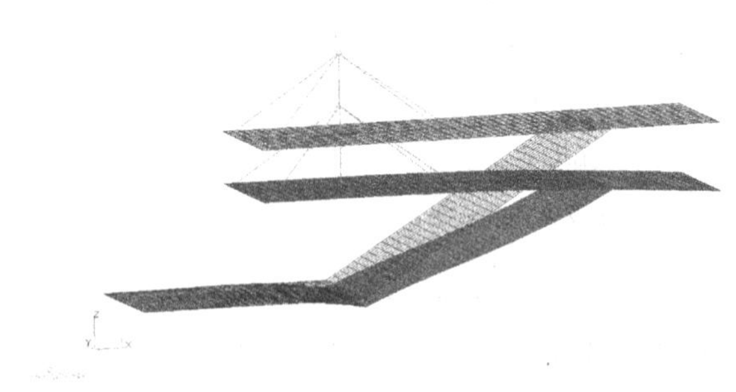

图 8　动力吸振器固有频率

同时，图 9 示出了吸振器在平飞工作状态下的应力情况，自身最大 Mises 应力为 409.07 MPa，与主结构固定处的最大连接载荷为拉伸 183 N、剪切 9 N，均小于许用值，满足强度要求。

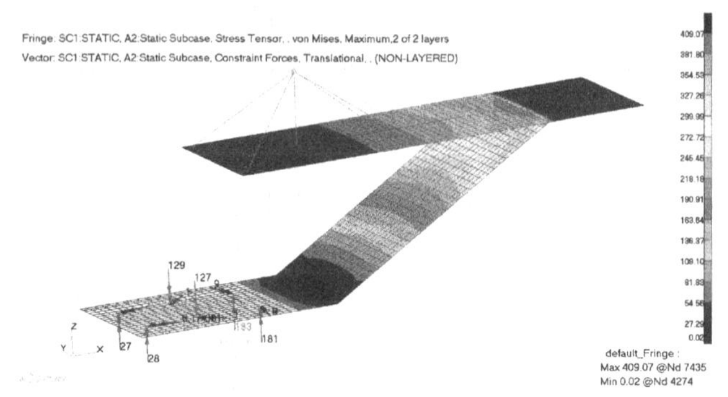

图 9　动力吸振器应力

4　结　论

基于有限元分析，开展了民用直升机的被动减振设计，主要结论如下：

(1) 通过模态分析和结构敏感性分析，确认被动减振设计的入手点在机头平台大质量设备安装处。

(2) 当被动吸振结构提供幅值 380 N、频率 23.75 Hz 的反向激振载荷时,减振效果最好,前舱左脚处振动水平理论上可降低 61.9%。

(3) 设计了一种"Z"字形动力吸振器,结构满足静强度要求,在配重 12.8 kg、调整片 0.136 kg 时,其固有频率为 23.773 Hz,可以与旋翼激振频率(23.75 Hz)发生共振,起到吸振作用。

参考文献

[1] 吴希明.我国直升机外部噪声控制技术发展思路研究[J].直升机技术,2014(3):1-1.

[2] 朱洪艳,吴宝昌,王刚,等.直升机振动主动控制技术研究进展[J].测控技术,2020,39(增刊):144-148.

[3] 印明勋,吴宝昌,朱洪艳.直升机振动控制方法研究综述[J].测控技术,2016,35(增刊):23-27.

[4] 赵泽乾,秦鹏,林长亮,等.一种机载设备安装用减振装置:CN209634742U[P].2019-11-15.

[5] 林长亮,夏双满,张体磊,等.刚度可调结构在直升机减振上的应用研究[J].振动工程学报,2019,32(6):950-954.

[6] 陈俊伟,吴世杰,韩东.基于桨叶吸振器的旋翼摆振载荷抑制试验方案设计[C]//第三十届(2014)全国直升机年会论文集.哈尔滨:中国航空学会,2014.

[7] 殷永康,陈光冶.半主动动力吸振器的变刚度技术[J].机械科学与技术,2014,33(7):1000-1007.

[8] 刘刚,郑大胜,丁志雨,等.变质量-负刚度动力吸振器试验研究[J].中国机械工程,2018,29(5):538-543.

[9] David E, Heverly II. Optimal Actuator Placement and Active Structure Design for Control of Helicopter Airframe Vibrations[D]. Pennsylvania State University, 2002: 46-50.

[10] 房祥波.变质量动力吸振器及其控制策略研究[D].西安:长安大学,2013:23-24.

[11] 中国民用航空总局.运输类旋翼航空器适航规定:CCAR-29-R1[S].北京,2002.

[12] 陈实泉,高亚东.直升机机体动力吸振器参数设计与分析[C]//第二十九届(2013)全国直升机年会论文集.景德镇:中国航空学会,2013.

机载电机驱动器的供电兼容性问题及解决办法

张峻涛，李欣洁，刘丹，黄义红

中国航空工业金城南京机电液压工程研究中心，南京 211106

摘要： 由于电机驱动器的被控对象属于惯性负载，在电源发生快速变化时，其负载无法快速跟随电源的变换，在处理不当时，极易引起系统过流、过压保护以及失速保护，导致任务中断。因此需要从硬件电路和软件策略上进行有针对性的设计，以保证电源在快速变化时整个系统实现平稳过渡。本文简要介绍了机载电机驱动器的系统特点和工作原理，对于此类驱动器，由于其被控对象属于惯性负载，针对其在机载电源体制下工作时出现的若干供电兼容性问题进行探讨，主要从硬件设计和软件设计两方面进行有针对性的改进设计，并结合实测波形和仿真结果进行验证，结果表明采用的技术手段能够有效解决驱动器的供电兼容性问题。

关键词： 供电兼容；预充电；母线电压；供电中断；电压瞬变

Power Supply Compatibility of Airborne Motor Driver and Its Solution

ZHANG Juntao, LI Xinjie, LIU Dan, HUANG Yihong

AVIC Nanjing Engineering Institute of Aircraft System, Nanjing 211106, China

Abstract: Because the controlled object of motor driver belongs to inertial load, when the power supply changes rapidly, its load can't follow the change of power supply quickly. When the power supply is not handled properly, it is very easy to cause system over-current, over-voltage protection and stall protection, resulting in task interruption. Therefore, it is necessary to design the hardware circuit and software strategy to ensure the smooth transition of the whole system when the power supply changes rapidly. This paper briefly introduces the system characteristics and working principle of airborne motor driver. As the controlled object of this kind of driver belongs to inertial load, some power supply compatibility problems are discussed when it works under airborne power supply system. This paper mainly improves the design from the hardware design and software design, and verifies it by combining the measured waveform and simulation results. The results show that the technical means can effectively solve the power supply compatibility problem of the driver.

Keywords: power supply compatibility; precharge; bus voltage; power supply interruption; voltage transient

随着多电飞机、全电飞机的发展，尤其是 270 V 高压直流电源在飞机电源领域的发展应用日趋成熟[1]，传统的机械驱动装置逐步由电驱动系统取代。从机上用电环境看，由于用电设备的增加，供电系统与用电设备的兼容性问题也日益突出[2-3]。在飞机运行中不可避免地会发生由于大功率设备启动对电源系统的冲击，从而出现瞬时掉电、电源电压突变等现象，而对于电机类惯性负载的高压直流驱动器，如何保证在电源波动的过程中维持系统稳定运行也是驱动器设计的一大难点[4]。对于电机驱动器，通常都会设计过流保护和过压保护等措施用于保护功率器件，当对供电模式进行切换时，由于电源的突变，负载的跟随性跟不上电源的波动，极易触发驱动器的过流保护、过压保护等动作(原理详见后文部分)，而在某些应用场景下，尤其在飞行过程中，任务系统是不允许中途发生停机保护而导致任务中断，因此如何让保证电源波动过程中整个系统的平滑过渡，提高系统的任务可靠性显得尤为重要。

基金项目：国家自然科学基金；航空科学基金

通讯作者. E-mail：hkxb@buaa.edu.cn

1　高压直流电机驱动系统构成及工作特点

典型的高压直流电机驱动系统的结构如图 1 所示。

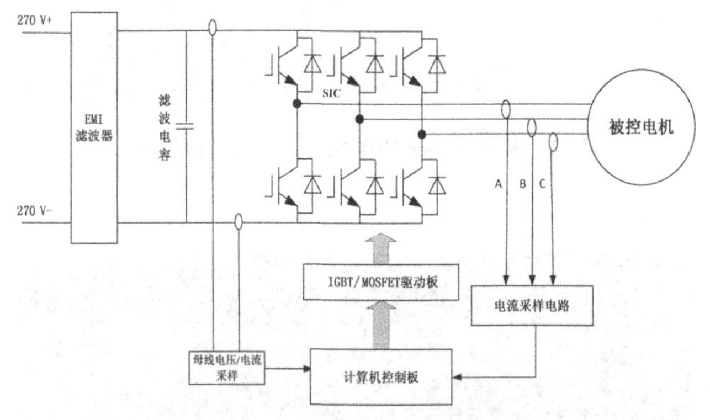

图 1　典型的电机驱动系统硬件结构

工作原理简要描述：驱动器通过电机转子位置检测装置或者通过解调电机自身的物理量(相电压、相电流等)得到电机控制需要的角度和速度信息；通过搭建硬件平台结合软件控制策略进行电机速度环和电流环的 PID 调节，实现电机转速的闭环控制。详细控制策略这里不做赘述。

2　上电电流冲击问题及解决办法

2.1　上电电流冲击现象描述

为抑制因负载的突变造成直流母线以及电容器本身的寄生电感产生感生电势而导致的直流母线电压大幅度突变，并滤除由于逆变器开关斩波引起的电压尖峰和电流尖峰，平滑直流母线电压，通常在逆变器输出侧需要并联一定容量的电容器，该电容器的容量与逆变器的输出功率有关，功率越大则电容量越大。该电容一般被称作母线支撑电容[5](DC-link)。目前主流的支撑电容均使用低 ESR 的电容材料，正是由于内阻较小，在驱动器输入电源开关闭合的一瞬间，会产生较大的充电电流，实测达到 310 A，如图 2 所示。

该问题在高压直流供电电源系统中尤为突出，目前机载电源配电线路上一般都设计有过流保护装置，

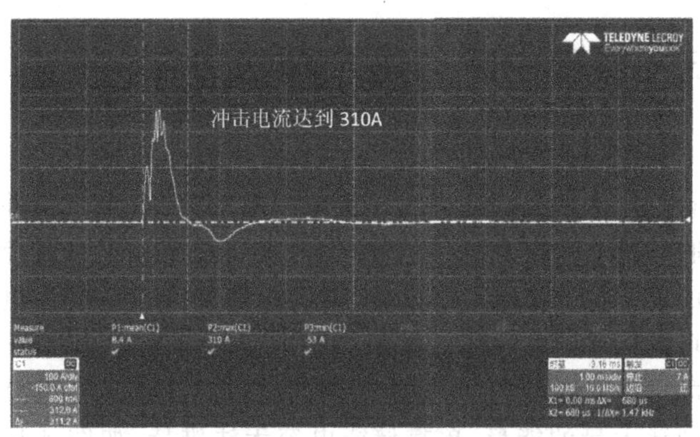

图 2　产品上电时的冲击电流测试波形(最大 310 A)

如固态功率控制器[6](SSPC)，过高的电流冲击极易触发机上过流保护报警。

2.2　解决办法

目前较为常见的解决办法是在产品内部增加预充电电路[7]，在电容前端增加充电电阻，抑制充电电流，当电容电压建立到足以维持内部电源工作时，通过功率管短接该电阻，防止电阻过热损坏。切换预充电电阻功率开关的条件可以通过检测电容电压，通过与门槛电压进行硬件比较后输出控制信号，也可以采用软件控制，取决于系统电路设计的复杂程度。

2.3　验证情况

采用专用的供电兼容试验电源，结合驱动器供电兼容性试验，对增加预充电后的产品进行上电冲击电流测试(对应供电兼容性试验 HDC101 项目)，实测上电电流降为 97 A，比原有的冲击电流大大降低，实测波形如图 3 所示。

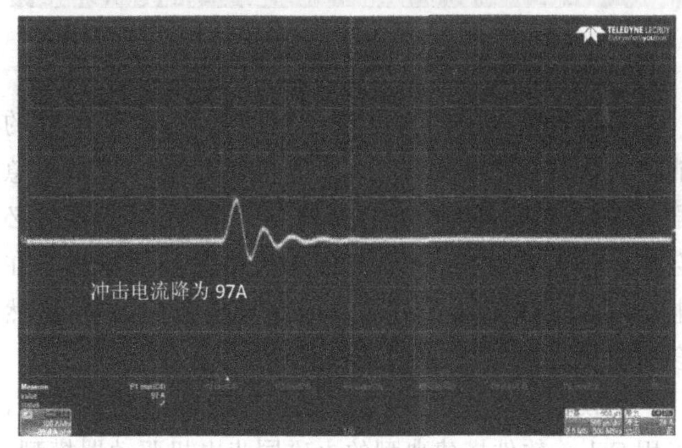

图 3　增加预充电后产品上电测试波形(充电电流降为 97A)

3 供电中断问题及解决办法

在传统的飞机供电系统中，电源发生转换或工作状态发生转变时都会出现供电中断的现象，无论是并联还是非并联系统，短暂的供电中断现象是不可避免的[8]。对于普通用电设备，电源中断期间设备的用电可以依靠设备内部的储能电容进行短时维持，但对于电机类惯性负载，电源中断期间电机继续运转会继续消耗大量的能量，单靠储能电容无法维持，如图 4 所示，当电机运行过程中出现 50 ms 供电中断时，维持电容上的电压会跌落至 150 V 左右(图中紫色波形为电容上的电压波形)，在这种情况下，电机转速必然会下降甚至停机。并且在电源中断恢复时，电源重新对母线电容进行充电，又会产生一个大的母线电流冲击，如图 4 所示。同时由于驱动器内部电源滤波器内部滤波电感以及线路上的杂散电感影响，会在母线电压恢复瞬间产生一个较大的寄生电压叠加在直流母线电压上，该电压超过功率侧器件的耐压值时会对其造成损伤。

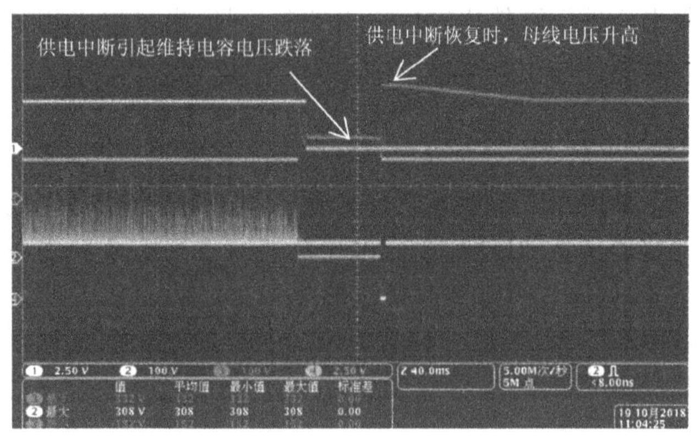

图 4 供电中断时实测电压波形

再分析供电中断对电机控制的影响，由于电容的能量无法维持电机持续运行，电机转速受负载影响急剧下降，反馈转速与给定目标值偏差加大，调节器势必会加大 PWM 输出占空比，以加大电流环的输出。在电压恢复时，电流环输出来不及跟随电压的突变，必然会引起过流冲击，触发过流保护动作。

为模拟供电中断时的系统各物理量的变化情况，采用 Saber 软件搭建典型的永磁同步电机驱动器模型，如图 5 所示，在电机运行过程中发生电源中断的仿真波形图片如图 6 所示。

从仿真结果看，50 ms 中断期间，驱动器关断逆变

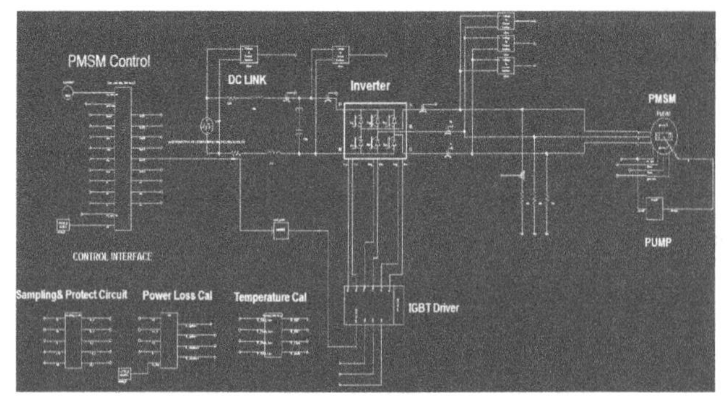

图 5 基于 Saber 的电机和驱动器仿真模型

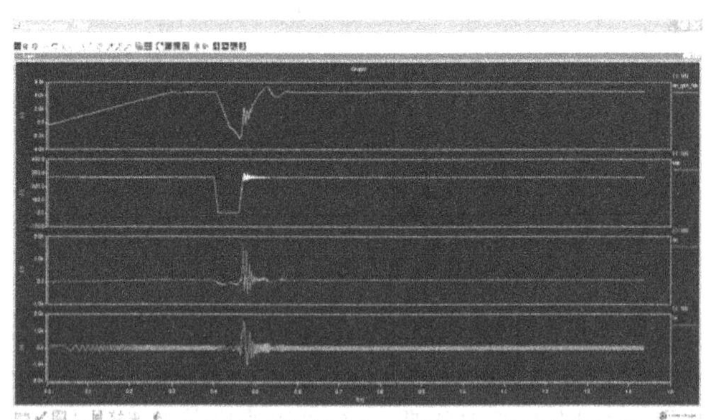

图 6 电源中断仿真波形

器，若内部转速环和电流环仍旧保持调节使得积分项饱和，则当电压恢复时，会出现很大的电流超调，电机相电流和转速都出现波动现象，如图 6 所示。

为应对供电中断恢复后引起的电流超调和母线电压冲击问题，需要从硬件和软件两方面采取措施：硬件上需要加入预充电电阻用于抑制母线电压恢复时引起的电流冲击，同时由于电流变化率的减缓，也同样可以改善寄生电压的影响，继而改善母线电压过电压冲击；软件上的处理机制则需要结合加快母线电压检测的实时性和及时调整 PWM 输出策略两方面进行调节。

软件具体处理策略为：当检测到母线电压低于某个电压时(可假定为 200 V)，关闭 PWM 输出，并且清 PI 参数。因为此时没有维持电机运行的能量，电机转速会逐渐下降，若电源中断时间较短，母线电压恢复时电机因为惯性还保持一定转速，此时会产生较大的反电势叠加在母线电压上造成母线电压冲击，若此时恢复 PWM 输出，会产生较大冲击电流，因此，在软件上设置 PWM 延时输出，即当检测到母线电压恢复后，延时一段时间保证电机降到较低转速再恢复 PWM 输出，以减小母线电压和电流的冲击，延时时间根据系统特性确定。检测流程图如图 7 所示。

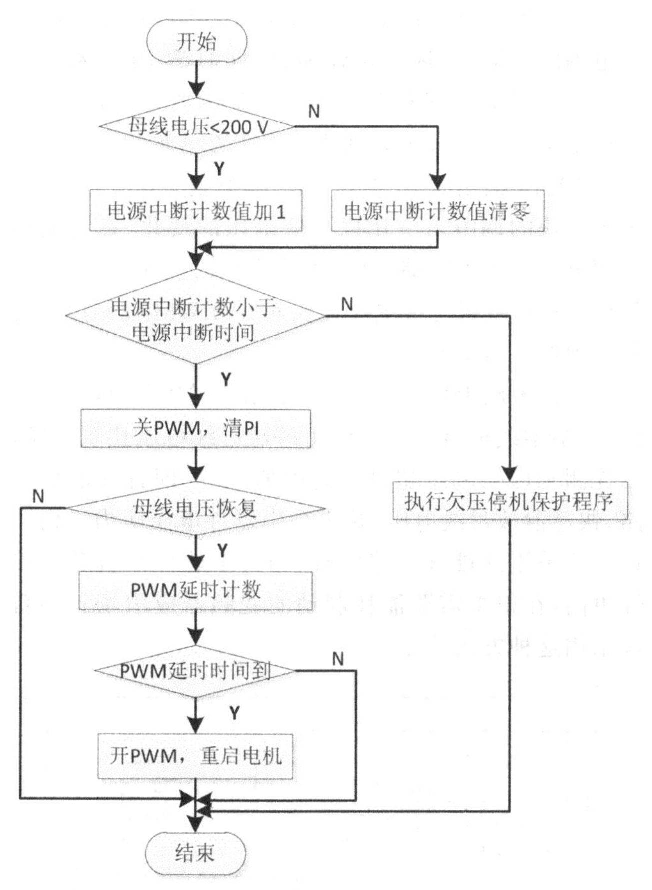

图 7　电源中断检测流程图

在进行了软硬件结合的改进措施后重新进行供电中断仿真，从得到仿真曲线可以看到：电机转速有短暂的跌落，随后又自动恢复运转至额定转速。相电流冲击和母线电流不再有如图 6 所示的冲击，不会触发过流保护动作。整个系统除了转速有短暂跌落外其他物理量没有产生明显的冲击，任务执行没有受到影响。

4　电压瞬变问题及解决办法

电压瞬变指的是机载电源在进行电源切换或由于故障清除产生的非正常扰动，引起直流电压的变化以及交流电压和频率的变化[9]，GJB181B 中规定的270 V 用电设备的正常瞬变包络曲线及实验曲线如图 8、图 9 所示。其目的是检验用电设备在承受规定的电源正常电压瞬变时，能否正常工作并保持其规定的性能。

对于电机驱动器类用电设备，发生电源电压瞬变时，电机转速无法突变，转速环的调节滞后会造成 PWM 占空比维持当前不变，尤其在发生过压瞬变或是欠压瞬变恢复至正常电压时，转速调节来不及跟随电压的突变，而电压的突变会导致电流的突变，在此情况

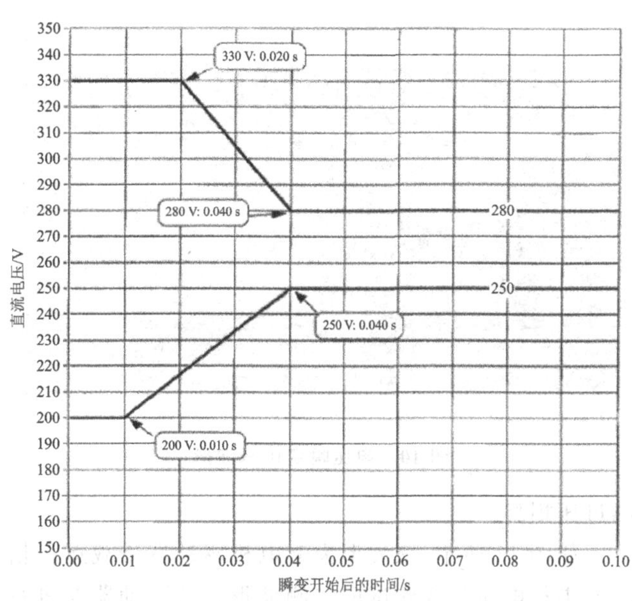

图 8　270 V 正常电压瞬变包络线

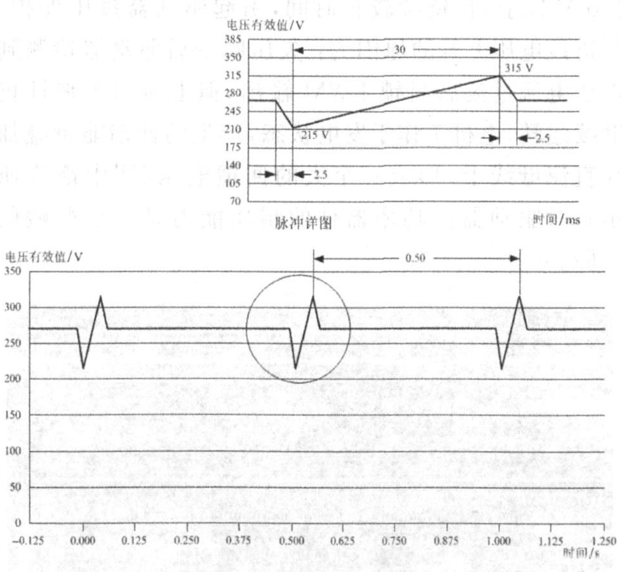

图 9　270 V 直流正常电压瞬变重复性试验波形

下极易触发驱动器的过流保护动作（同理供电中断恢复瞬间）。

同样搭建如图 5 所示的仿真结构，建立一个典型的电压瞬变仿真模型，模拟一个 240～330 V 的电压瞬变，得到的仿真波形如图 10 所示，从仿真波形可以看到过压瞬变的同时，电机相电流出现了突变，与前面的分析吻合，同时母线电流也有一定突变。

在实际的硬件系统中，电压的瞬变不仅会引起电流的突变，由于母线维持电容的存在，电机运转过程中的反电势影响以及杂散电感产生的寄生电压，都会对母线电压也产生影响，严重时候甚至会造成功率器件

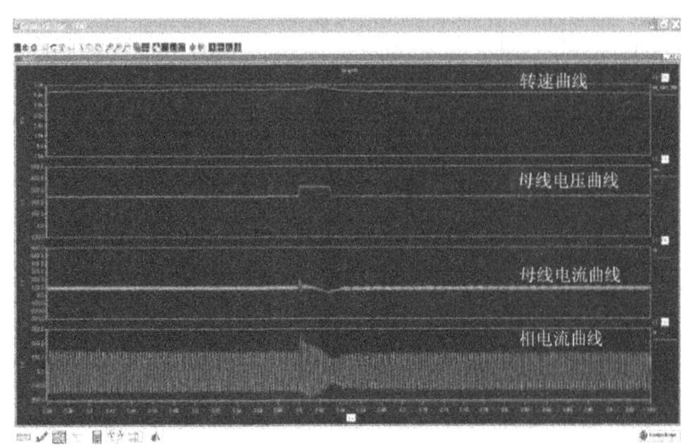

图 10 电压瞬变仿真波形

的过压损坏。

如图 11 所示，该波形为某电机驱动器带载运行情况下进行电压瞬变测试的实测波形。该驱动器在进行欠压瞬变后电压恢复瞬间时，母线电压会突然升高至 400 V 以上，且持续较长时间，引起驱动器过压保护。分析该电压上升的原因为：欠压瞬变后驱动器检测到母线电流过流后封锁 PWM 输出，但电机由于惯性仍继续运转，电机工作于发电状态，产生的回馈能量叠加在直流母线上，形成一个大的回馈电压（图中箭头所示），对驱动器的功率器件的耐压能力是一个严峻的考验。

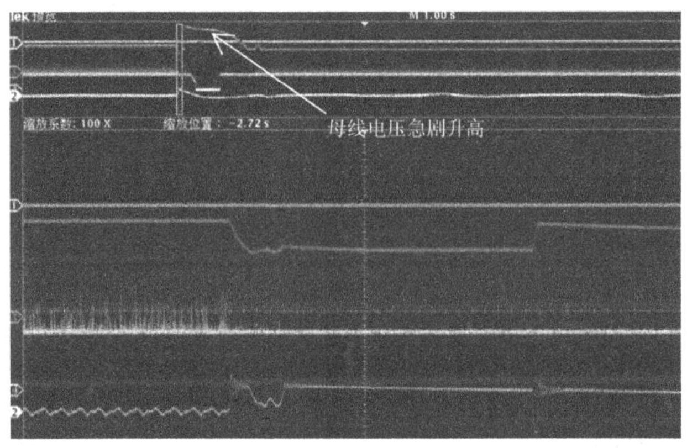

图 11 欠压瞬变时母线电压实测波形

为了减小这种电压瞬变情况下的电压冲击，在软件上可采取相应的调节措施：由于在电压瞬变过程中电压的变化很快，为了使 PWM 占空比调节跟得上母线电压的变化，软件中母线电压的采集与处理需要兼顾实时性与平滑性，因此将母线电压采样与处理都放在优先级最高的中断中进行，同时母线电压处理采用非常浅的一阶低通滤波。将处理后的实时母线电压值代入 SVPWM 控制律实时调节 PWM 占空比。

在检测到电压瞬变至驱动器安全工作能承受的电压范围之外时，关闭 PWM 输出，同时清 PI 参数。当检测到母线电压恢复至正常工作范围时，延时一段时间保证电机降到较低转速再恢复 PWM 输出。由于在关闭 PWM 输出时 PI 参数被清零，恢复 PWM 输出后，为了较快的调节占空比以适应电压的变化，在电流环的积分项中增加前馈，保证负载变化的快速响应，同时将处理后的实时母线电压值代入 SVPWM 控制律实时调节 PWM 占空比。

硬件电路上可采取的措施：增加过压泄放电路（如图 12 中虚线框所示），硬件上搭建母线电压比较电路，当检测到母线电压超过一定阈值时，立即打开泄放回路，快速泄放母线电压，减少功率器件电压应力。由于该方法采用纯硬件电路实现，相对于软件而言其实时性更高，在很多需要能耗制动的变频器应用场景中普遍采用这种方法[10]。

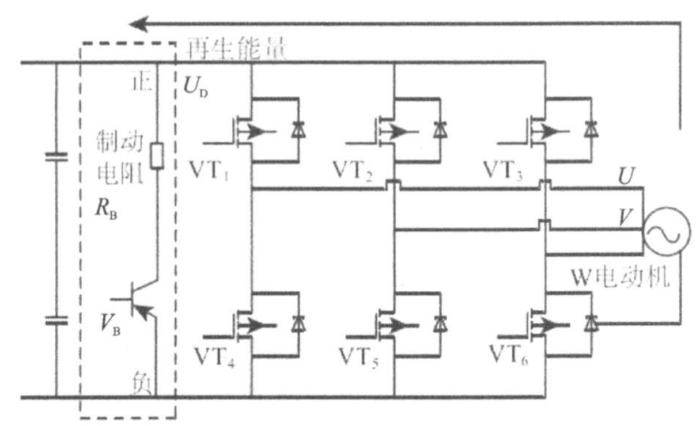

图 12 过压泄放电路原理图

在实际工程应用中，应采取软件和硬件相结合的处理措施以应对电压瞬变期间母线电压对系统的影响。

5 总 结

高压直流电机驱动器由于自身的结构特点以及负载特性使其在面临供电兼容性方面存在一定的解决难点，电机属于惯性负载，在电压进行突变时其转速并不能发生阶跃调节，调节器的输出必然滞后于电压变化，因此需要从控制策略上及时作出调整，以减少外部电源变化对整个系统的冲击，同时在硬件保护上也要适当进行取舍，避免系统任务中断，提高任务可靠性。本文从理论结合仿真和实测试验出发，提出了一系列设计手段用以解决电机驱动系统在面临供电兼容性方面遇到的问题，实践证明该措施可以改善系统供电兼容性问题，可以在型号应用中借鉴。

参考文献

[1] 万伟悦，严仰光. 现代飞机电源系统及其发展[J]. 黑龙江科技信息，2011，3：47-48.

[2] 任仁良，强喜龙. 飞机机载电源与其负载适配性研究[J]. 中国民航大学学报，2012，30：6-9.

[3] 陈卫华. 飞机 270V 高压直流供电系统结构及仿真技术研究[D]. 南京：南京航空航天大学，2010：5-10.

[4] 孙雨. 多电飞机电气负载特性研究[D]. 南京. 南京航空航天大学，2016：13-16.

[5] 罗荣海. 薄膜电容替代电解电容在 DC-link 电容中的运用分析[J]. 电子世界，2013，13：71-72.

[6] 冯建朝，任仁良. 飞机供配电系统保护器件的研究[J]. 测控技术，2013，32(11)：151-158.

[7] 朱新宇. 飞机交流电源正常供电转换中的不中断转换技术[J]. 中国民航飞行学院学报，2001，1：25-27.

[8] 黎云斌. 军用混合动力汽车高压管理的预充电控制策略[J]. 军事交通学院学报，2017，19(5)：36-41.

[9] 王显承，王宏霞，等. 飞机供电特性：GJB 181B—2012[S]. 北京：总装备部军标出版发行部，2013.

[10] 童克波. 变频器能耗制动单元的设计及制动电阻算法[J]. 自动化与仪器仪表，2013，1：76-78.

飞机空气分配系统计算分析

魏树壮[1,*]，杨熊飞[2]

1. 航空工业哈尔滨飞机工业集团有限责任公司飞机设计研究所，哈尔滨 150066

2. 陆军装备部航空军事代表局驻哈尔滨地区航空军事代表室，哈尔滨 150066

摘要： 飞机空气分配系统作为环境控制系统的重要组成部分，直接参与座舱温度和舒适性调节，是飞机设计中必须考虑的环节。本文完整地介绍了空气分配系统设计过程中的相关计算，包含飞机座舱热载荷计算、空气流量分配计算、管路内空气温度损失计算以及空气分配系统性能计算等；并以某型机空气分配系统为研究对象，对空气出口处的空气流量、温度进行计算分析，结果显示计算数据和地面开车得到的试验数据吻合良好，分布趋势一致，验证了本文的计算方法是合理可行的。

关键词： 空气分配系统；空气管路；热载荷；流量；温度

Calculation and Analysis of Aircraft Air Distribution System

WEI Shuzhuang[1,*], YANG Xiongfei[2]

1. Aircraft Design and Research Institute, AVIC Harbin Aircraft Industry Group Co., Ltd., Harbin 150066, China

2. The Military Representative Office of the Representative Bureau of Army Armament Department in Harbin Region, Harbin 150066, China

Abstract: The aircraft air distribution system, as a part of environmental control system, directly participates in cabin temperature and comfort regulation, and must be considered in aircraft design. This paper introduces the calculation methods in the design process of air distribution system completely and comprehensively, including aircraft cabin heat load calculation, air flow distribution calculation, air temperature loss calculation in pipeline and system performance calculation, etc. This paper, taking X type aircraft as the research object, calculates the air flow distribution and air temperature at air outlets of the air distribution system. Through comparison and analysis, it is found that the calculation results are in good agreement with the ground driving experimental data, which verifies the feasibility of the calculation method in this paper.

Keywords: air distribution system; air pipeline; heat load; flow; temperature

飞机空气分配系统作为环境控制系统的重要组成部分，其功能是将经过制冷、加温处理的空气送入座舱，与座舱空气热量交换后经排气口排出。空气不断的进入与排出引起了舱内空气的流动，鉴于座舱空间比较封闭、人员密集，座舱内的速度场和温度场分布非常复杂。若空气分配系统设计的不合理，会导致舱内部分区域新鲜空气供给不足，有害物质残留积累，以及座舱空间温度分布不均匀等不良现象，影响人员的热舒适性且还对人员健康造成危害[1-2]。因此，在飞机设计中对空气分配系统进行计算分析是十分必要的。

1 飞机座舱热载荷计算

飞机座舱热载荷是指飞机在地面停机或飞行状态，座舱与周围环境发生的热量交换[3]。座舱热载荷的计算是空气分配系统及整个环控系统设计的重要输入。

* 通讯作者. E-mail: weishuzhuang1987@163.com

飞机座舱热载荷(Q_{Heat})主要包括:通过飞机座舱结构壁的热载荷($Q_{Structure}$)、通过透明表面的太阳辐射热载荷($Q_{Radiation}$)、人体热载荷(Q_{Human})、空气泄露热载荷(Q_{Leak})、舱内电子设备热载荷($Q_{Electricity}$)等[3-5],即

$$Q_{Heat}=Q_{Structure}+Q_{Radiation}+Q_{Human}+Q_{Leak}+Q_{Electricity} \tag{1}$$

1.1 通过飞机座舱结构壁的热载荷

飞机除风挡和窗户等透明部分外,其他座舱壁一般均有金属蒙皮、隔热层、桁条、框架等等结构元件组成。

鉴于座舱结构复杂,结构热载荷的变化也复杂,难以分析,因此,为简化计算,假设通过飞机舱壁及结构元件的热量传导是独立的、一维的。

1.2 通过透明表面的太阳辐射热载荷

飞机的风挡玻璃透明表面,除了座舱结构壁壁通过对流、导热进行传热,还可以透过太阳辐射形成另一部分座舱热载荷。

为了简化计算,忽略舱内结构对所接受的太阳辐射能的存储作用,即认为进入座舱内的太阳辐射能立即全部传给了座舱空气。

1.3 人体热载荷

人体新陈代谢过程不断地产生热量,其中大部分热量以显热(对流、辐射)和潜热(呼吸、汗液蒸发)的形式散发给周围环境,成为座舱热载荷。

1.4 座舱泄露损失的热量

对于非气密舱,当部分调节空气以不同于座舱的平均温度值泄漏出座舱时,必须将这种泄漏作为一项热载荷来考虑。

1.5 舱内电子设备散热量

在现代飞机的机载电子设备日益增多,其工作时会向周围环境散发出大量热量,成为座舱热载荷的重要部分。

2 空气流量分配计算

飞机空气分配系统主要由不同规格的空气管路组成。空气管路的尺寸设计十分关键,直接决定了各空气出口处的流量分配情况。因此,对空气管路内的空气流动及分配特性计算分析是十分必要的。

以直径不变且流量不变的一段圆管为例,其压力损失[6]为

$$\Delta P=\left(f\frac{L}{D}+\xi\right)\frac{1}{2}\rho V^2 \tag{2}$$

式中:L 为管路长度;D 为管路直径;f 为流动沿程损失因子;ξ 为流动局部损失因子;ρ 为流动介质密度;V 为流动速度。

对于圆管,将质量流量 $Q_m=0.25\pi D^2 V\rho$ 代入式(2)得到

$$\Delta P=\frac{8\left(f\frac{L}{D}+\xi\right)}{\rho\pi^2 D^4}Q_m^2 \tag{3}$$

定义水头阻抗 S_h:

$$\Delta P=gS_hQ_m^2/\rho \tag{4}$$

在串联管路中,各处管路的质量流量保持不变,因此总的阻抗等于各简单管路的阻抗之和:

$$S_h=S_1+S_2+\cdots+S_n \tag{5}$$

在并联管路中,并联的管路应具有相同的压力损失,且系统的总质量流量等于各支管路质量流量之和:

$$\Delta P=\Delta P_1=\Delta P_2=\cdots=\Delta P_i \tag{6}$$

$$Q_m=Q_{m1}+Q_{m2}+\cdots+Q_{mi} \tag{7}$$

联合上文公式,得到并联的各支管路间的质量流量关系:

$$Q_{m1}:Q_{m2}:\cdots:Q_{mi}=\frac{1}{\sqrt{S_1}}:\frac{1}{\sqrt{S_2}}:\cdots:\frac{1}{\sqrt{S_i}} \tag{8}$$

为简化计算,在进行理论计算时,进行以下必要的简化假设[6]:

(1) 空气管路是圆滑过渡,且内壁光滑。

(2) 空气管路是密封的,无气体泄漏。

(3) 空气管路同一横截面各处空气流速相同。

3 管路内空气温度损失计算

空气在管路中流动,会通过管路壁及外层保温材料与周围环境进行热量交换,热量的损失会导致空气出口温度的变化,进而影响环控系统性能。因此,对管路空气温度损失进行计算是十分必要的[7-9]。

以直径不变且流量不变的一段圆管为例,其传热过程如图1所示。

在稳态条件下,通过各环节的热量流量 Q_h 是不变

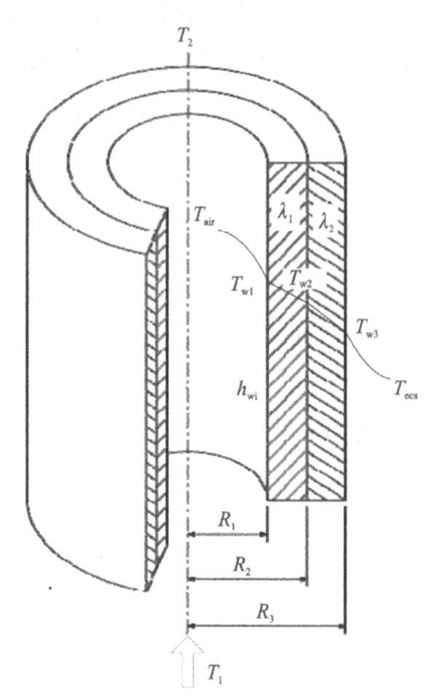

图 1　圆管传热示意图

的。各环节的温度差可表示如下：

$$T_{air} - T_{w1} = \frac{Q_h}{h_{wi}\pi R_1 L} \tag{9}$$

$$T_{w1} - T_{w2} = \frac{Q_h}{2\pi\lambda L}\ln\frac{R_1}{R_2} \tag{10}$$

$$T_{w2} - T_{w3} = \frac{Q_h}{2\pi\lambda L}\ln\frac{R_2}{R_3} \tag{11}$$

$$T_{w3} - T_{ecs} = \frac{Q_h}{h_{wo}\pi R_3 L} \tag{12}$$

式中：R_1、R_2、R_3 为管路内表面半径、管路外表面半径、保温材料外表面径；T_{air}、T_{ecs} 为管路内空气平均温度、周围环境温度；T_{W1}、T_{W2}、T_{W3} 为管路内表面温度、管路外表面温度、保温材料外表面温度；T_1、T_2 为管路入口空气温度、出口空气温度；h_{wi}、h_{wo} 为管路内表面传热系数、保温材料外表面传热系数；λ_1、λ_2 为管路、保温材料的导热系数。

公式相加得到，单位时间内给定长度 L 的管路内热空气通过管路传热损失的热量为

$$Q_h = \frac{\pi L(T_{air} - T_{out})}{\dfrac{1}{h_{wi}R_1} + \sum\limits_{i=1}^{2}\dfrac{1}{2\lambda_i}\ln\dfrac{R_{i+1}}{R_i} + \dfrac{1}{h_{wo}R_3}} \tag{13}$$

单位时间内空气流经该段管路，热量损失为：

$$Q_h = cQ_m(T_1 - T_2) \tag{14}$$

式中：c 为空气比定压热容；Q_m 为管内质量流量。

为简化计算，假设流经单位长度管路的空气平均温度等于入口温度，即 $T_{air} = T_1$，将公式联合，得到单位长度管路的输出气体温度

$$T_2 = T_1 - \frac{\pi L(T_1 - T_{out})/(cQ_m)}{\dfrac{1}{h_{wi}R_1} + \sum\limits_{i=1}^{2}\dfrac{1}{2\lambda_i}\ln\dfrac{R_{i+1}}{R_i} + \dfrac{1}{h_{wo}R_3}} \tag{15}$$

为简化计算，在进行理论计算时，进行以下必要的简化假设[10]：

(1) 空气管路是圆滑过渡的，且内壁光滑。

(2) 空气管路是密封的，无气体泄漏。

(3) 空气管路同一横截面各处的空气流速和温度相同。

(4) 保温材料的热特性在所考虑的温度范围内与温度无关。

(5) 座舱地板以及内设与飞机蒙皮之间空间内的空气流速为零。

4　系统性能计算

空气分配系统将经过加温、制冷的新鲜空气分配并运输至座舱各处空间，由空气出口供入座舱。因此，在对空气分配系统性能评估时，应根据各处空气出口处的空气流量和温度进行计算，求得参与座舱温度调节的有效冷/热量

$$Q = \sum_{i=1}^{n} cm_i(T_i - T_{air}) \tag{16}$$

5　计算流程

空气分配系统设计过程完整的计算流程如图 2 所示。

将空气总流量和初步假设的管路尺寸作为输入，进行空气流量分配计算，得到各处空气出口的流量值；利用流量分配计算结果、管路尺寸以及空气初始温度、绝热材料厚度以及导热系数等参数计算，得到各处空气出口处的空气温度；利用空气流量和温度计算评估系统性能，同座舱热载荷的计算结果比较分析。修正管路尺寸、绝热材料厚度等参数，如此多次重复计算，直至得到满足座舱热载荷分配要求的空气管路尺寸、空气出口流量、温度等参数。

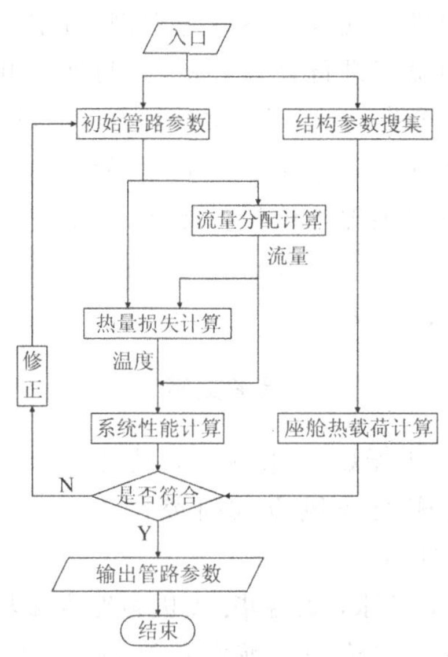

图 2　计算流程图

6　实例验证

以某型机冬季座舱加温时空气分配系统为实例进行计算分析，来验证计算方法的合理性。该飞机空气管路流程图如图 3 所示。

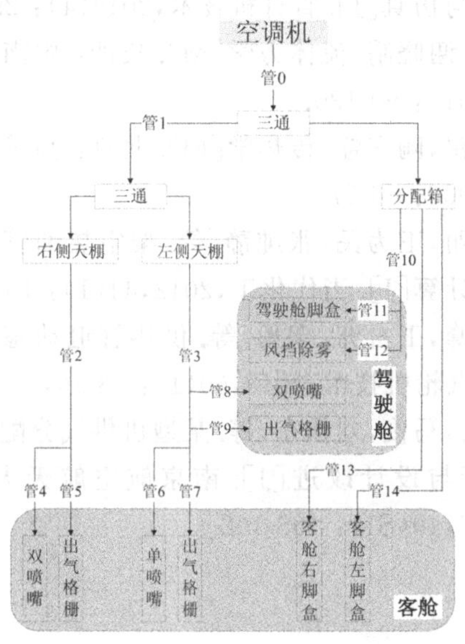

图 3　空气管路流程图

鉴于该飞机空气分配系统已完成设计，本文不再对座舱热载荷以及系统性能进行计算分析，仅通过对各处空气出口处的空气流量和温度进行计算和试验对比分析。

搜集各处空气管路尺寸，如表 1 所列。

表 1　空气管路的尺寸表

序　号	长度/m	内径/m	序　号	长度/m	内径/m
管路 0	2.52	0.128	管路 8	0.9	0.032
管路 1	1.55	0.135	管路 9	1.35	0.032
管路 2	5.96	0.140	管路 10	3.5	0.067
管路 3	3.94	0.100	管路 11	0.25	0.032
管路 4	0.17	0.032	管路 12	0.47	0.032
管路 5	1.7	0.032	管路 13	0.57	0.067
管路 6	0.2	0.032	管路 14	2.49	0.067
管路 7	0.4	0.032			

6.1　计算分析

某型机冬季加温时空气分配系统的空气总流量为 750 kg/h，系统入口处空气初始温度为 90 ℃；计算得到空气分配系各处空气出口处的空气流量、温度数值如表 2 所列。

表 2　空气流量、温度的计算结果

项　目	流量/(kg・h^{-1})	温度/℃
驾驶员左脚	18.0	35.8
驾驶员右脚	20.1	39.0
左风挡除雾	13.7	31.6
右风挡除雾	15.3	34.8
驾驶舱天棚喷嘴	79.7	48.9
客舱左脚盒	59.5	21.6
客舱右脚盒	78.7	34.6
客舱左天棚喷嘴	138.9	41.6
客舱右天棚喷嘴	325.7	46.6

6.2　试验数据对比

某型机进行地面加温试验，试验条件：发动机功率为 Ng＝86％，地面环境温度为－17 ℃。待空调机运行 6 min 后，手持式风速仪和测温设备依次置于驾驶员左脚、驾驶员右脚、左风挡除雾、右风挡除雾、客舱左脚盒、客舱右脚盒这 6 处空气出口附近，测量空气出口处的气体流速和温度。

图 4 为飞机座舱各处空气出口的空气流量曲线，其中空气流量计算值是由表 2 中质量流量除以对应空气出口的横截面积计算得到。

图 5 为飞机座舱各空气出口处的空气温度曲线。

图 5 曲线显示座舱各空气出口处的气体流量和温

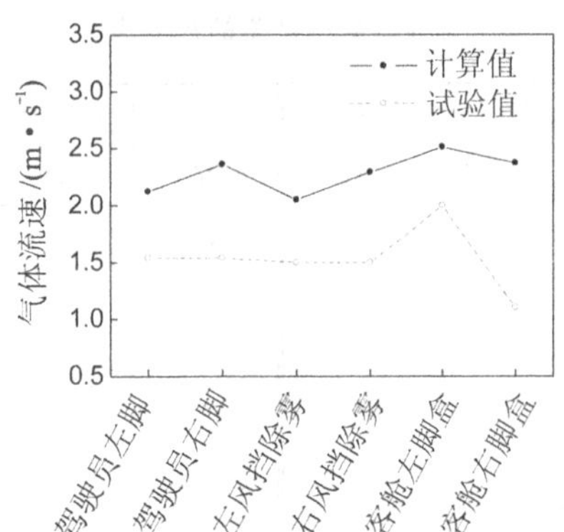

图4　空气流量对比曲线

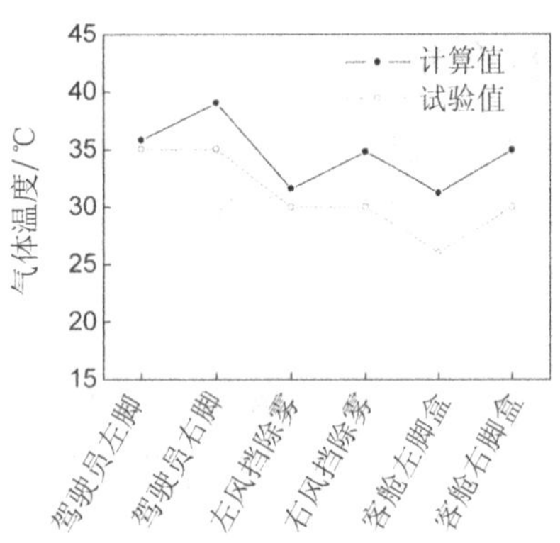

图5　空气温度对比曲线

度的试验数据偏低于计算值，考虑到手持试验设备同空气出口的距离会造成测量数据偏差，以及计算过程进行多项简化和假设，误差值在可接受范围。此外，计算值同实验数据分布趋势一致。证明了本文计算方法的合理可行的，可用于空气分配系统的设计。

7　结　论

本文阐述了空气分配系统设计中计算分析的必要性，并完整详细地讲述了飞机座舱热载荷、空气流量分配、管路空气温度损失以及空气分配系统性能评估的计算方法。

以某型机空气分配系统为实例，对空气出口处的空气流量和温度进行计算分析，并与地面开车试验测得数据对比分析，验证了本文计算方法的可行性。

该计算方法具有通用性，可为后续产品的研发、系统性能评估提供理论依据。此外，在工程运用过程应根据实际情况对计算方法进行完善，最终形成对生产由指导意义的方法。

参考文献

[1] 陈希远，王振斌，马博文，等．考虑污染物传播规律的飞机座舱送风方式研究[J]．航空学报，2018(7)：121994.

[2] 高飞飞，姚冰，梁益华．飞机客舱内流场数值模拟与舒适性评价[J]．航空计算技术，2019，49(3)：20-23.

[3] 寿荣中，何慧珊．飞行器环境控制[M]．北京：北京航空航天大学出版社，2004：62-78.

[4]《飞机设计手册》编委会．飞机设计手册　第15册：生命保障和环控系统设计[M]．北京：航空工业出版社，1999：1-36.

[5] 黄新松，李文辉．直升机用蒸发循环制冷系统设计计算与仿真[J]．直升机技术，2016(4)：29-33，37.

[6] 王英，谢晓晴．流体力学[M]．长沙：中南大学出版社，2015：90-120.

[7] 杨世铭，陶文铨．传热学[M]．北京：高等教育出版社，2006：46-57.

[8] 于丽丽，王为民，张纯静，等．架空热油管道保温层厚度计算[J]．当代化工，2012，41(1)：103-105.

[9] 赵金峰，王占洲，李勇，等．供热管道动态特性分析[J]．汽轮机技术，2018，60(1)：23-26，5.

[10] 安杨，马俊，刘伟东，等．某型机供气分配系统故障分析与设计改进[J]．南京航空航天大学学报，2017，49(S1)：158-162.

基于结构覆盖的机载软件部件测试技术研究

韩丽丽*，李昌，宋雁翔

中国航空工业集团公司成都飞机设计研究所，成都 610091

摘要： 软件部件测试是验证航空关键软件质量的重要方法，但在具体实施过程中存在单元间交互功能测试不充分，接口测试不可靠，开发桩和驱动器的工作量大，无法统计调用覆盖等问题。为了解决以上问题，在充分研究软件测试完整性原理的基础上，本文提出了基于结构覆盖的航空机载软件部件测试方案，采用基于 MM-路径的测试策略，通过程序插桩、桩点压缩采集技术，标识可执行路径，完成了结构覆盖率基础信息的采集；通过数据融合，本文将采集到的相关信息加以分析综合，得到部件测试关键技术指标，使软件部件测试灵活可控，其完整性和充分性得到有效保障。本文将所提方法应用于型号软件部件测试，并与现有方法比较，应用结果证实了所提方法的可行性、有效性和优越性。

关键词： 部件测试；MM-路径；结构覆盖；数据融合

Study on Component Testing Based on Structure Coverage Towards Airborne Software

HAN Lili*, LI Chang, SONG Yanxiang

Chengdu Aircraft Design & Research Institute, Chengdu 610091, China

Abstract: Software component testing is one of the important methods to verify the quality of software. But during the actual testing process there are many obstacles such as the inadequate testing on functions interactivities between units, the uncertain of interface testing, the huge workload on developing stubs and drivers, and the difficulty on counting coverage of callers. To solve the problems, this paper propose a component testing scheme based on path integrations, which adopts the MM-path strategy and identify the MM-path through program instrumentation and stub compression to collect the basic information about structural coverage. And it analyzes the gathered information to obtain the key technology indicator. Therefore the component testing becomes flexible and steerable. The preliminary application results show that our approach is feasible, effective and superiority.

Keywords: component testing; MM-path; structure coverage; data fusion

随着航空装备信息化水平的迅速提升，机载软件在机载设备中所占的比例越来越高，代码规模日趋庞大，复杂度呈指数上升，增加了验证的难度。机载软件在其生命周期内各阶段[1]应根据测试对象的不同分别开展单元测试、部件测试、配置项测试及系统测试等不同测试级别的验证，以保证测试的完整性和充分性。但在实际工程实践中，部件测试缺乏保证测试完整性的方法和工具，GJB/Z141《军用软件测试指南》[1]仅给出了实施要求，并未提供相应的方法指导。

长期以来，针对航空机载软件部件测试完整性的评价方式还停留在较大颗粒度的调用对覆盖上，不能得到软件设计至代码结构的覆盖，存在工作效率低，测试人员构造驱动模块困难等问题，这也是工程实践中部件测试不好开展的重要原因，给航空关键软件的安全运行带来了隐患。文献[3-4]梳理了部件测试的原理与方法，总结了飞机项目研制中部件测试的流程与策略。文献[3]在设计测试用例时采用了基于功能分支路径的集成方式，但执行时仍然是将测试用例涉及的

* 通讯作者. Tel：18982188613. E-mail：hanll001@avic.com

单元集成在一个集合中来完成测试，未解决软件开发与测试本身的需要，且无法避免以代码测代码的困境以及测试中工作量大的问题。为解决以上问题，完成测试过程中对需求覆盖和结构覆盖的综合分析，本文提出了基于结构覆盖的航空关键软件部件测试方案，通过程序插桩，标识程序执行路径，采集结构覆盖率基础信息，将采集到的相关信息通过数据融合技术加以分析综合，从而得到部件需求覆盖分析和结构覆盖分析的量化指标。通过实际工程应用，该方案比传统的部件测试方案效率更高，充分性更强，表明了该技术方案的可行性和有效性。

本文第 1 节将定义部件测试的充分性准则；第 2 节描述了基于结构覆盖的集成测试策略以及如何满足部件测试的充分性；第 3 节在第 2 节的基础上展示了技术方案的技术难点及实现方式；第 4 节通过实践展示了技术方案的应用情况并说明本文方法开展部件测试的有效性。

1 部件测试充分性

军用软件测试指南中明确提出，测试的目的是[1]：

(1) 验证软件是否符合各类文档所规定的软件质量特性要求；

(2) 通过测试，发现软件缺陷；

(3) 为软件产品质量的评价提供依据。

部件测试作为关键软件测试生命周期中不可或缺的一环，其对象是软件部件的组装过程及组装得到的软件部件[1]，其目的是检验软件单元和软件部件之间的接口关系，并验证软件部件是否符合设计要求。

我们期望部件测试可以完成三个目标：

(1) 建立可重复的部件测试过程；

(2) 定义规范的部件测试流程；

(3) 可定量评价部件测试的效果。

前两个目标已根据飞机项目软件工程化要求及相应的测试作业指导书实现。针对第三个目标，军用软件测试指南中提出了相关的技术要求，为达到部件测试的充分性，通常需满足以下条件[1]：

(1) 应逐项测试软件设计文档规定的软件部件的功能、性能等特性；

(2) 应覆盖部件之间、部件和硬件之间的所有接口；

(3) 应测试软件单元和软件部件之间的所有调用，达到 100% 的测试覆盖率；

(4) 应测试软件部件的输出数据及其格式；

(5) 应测试运行条件在边界状态下，进而在认为设定的状态下，软件部件的功能和性能；

(6) 达不到覆盖要求的有合理解释或正确有效的处理。

因此，要达到部件测试的充分性，需要综合考虑基于部件功能的测试指标和基于代码结构的测试指标。

2 基于结构覆盖的集成策略

为了同时对需求和结构覆盖进行综合分析，我们采用了基于路径的集成，这是功能性测试和结构性测试的一种混合[5]，不仅关注单元之间的接口，还关注单元的交互。将整个被测软件运行起来，根据部件功能设计测试用例，通过执行用例得到实际执行路径。只要部件是由多个单元集合在一起实现其功能的，实际的执行路径一定是跨越单元的，那么不但可以覆盖到单元与单元之间接口，还可以覆盖部件和单元之间、单元与单元之间的调用关系。

为了更好地开展研究，先明确以下定义：

定义 1：源节点是程序执行开始或重新开始处的语句片段[5]。

定义 2：汇节点[5]是程序执行结束处的语句片段。

定义 3：执行路径[5]是以源节点开始、汇节点结束的语句序列，中间没有插入汇节点。

定义 4：消息[5]是一种程序设计语言机制，通过这种机制一个单元将控制转移给另一个单元。

定义 5：MM(Message-Method)-路径[5-6]用于描述单元之间的控制转移，是模块执行路径和消息穿插出现的序列。给定一组单元，其 MM-路径是一种有向图，其中的节点表示模块执行路径，边表示消息和单元之间的返回。

一条 MM-路径如图 1 消息路径图中的粗线所示，代表单元 A 调用单元 B，单元 B 调用单元 C。在单元 A 中，节点 1 和节点 5 是源节点，3 和 7 是汇节点。同样，在单元 B 中，1 和 3 是源节点，2 和 5 是汇接点。

记部件为 CSC，部件实现其功能的路径集合为 $P=\{p_1, p_2, \cdots, p_m\}$，$T$ 是根据部件需求 R 设计的测试集 $\{t_1, t_2, \cdots, t_n\}$，假设运行测试用例 t_i，执行的路径即为 MM-路径 $P(t_i)$。若 T 完全覆盖部件 CSC 的需求 R，则认为测试集 T 针对部件需求 R 是充分的。若实际执行路径即 MM-路径的集合为 $P'=\{P(t_1)$,

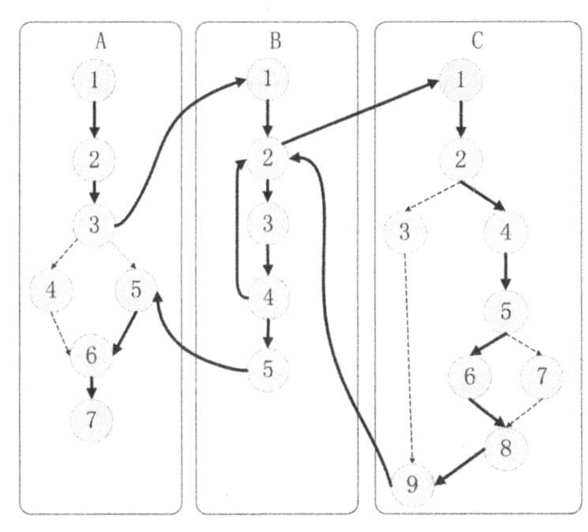

图1 消息路径图

$P(t_2),\cdots,P(t_n)\}$等于集合 P，则认为路径覆盖达到了100%，相应地调用覆盖也达到了100%，达到了部件测试的充分性要求。

MM-路径图是按照单元集合定义的，因此能够直接支持单元合成，甚至可以打开单元内部分析单元内的执行路径，给出单元的结构化测试信息，即可以根据需要进一步得到逻辑覆盖率信息。

基于路径集成的部件测试技术的关键和难点在于在测试中如何标识MM-路径[6]。解决了这一难题，就可以从根本上改变部件测试的测试策略，提高部件测试的测试效率。本文采用程序插桩和数据融合技术来对MM-路径进行标识以记录实际可执行路径。

3 标识MM-路径

结合前文理论和实际工程应用，采用基于MM-路径的测试技术开展部件测试的步骤如下：

步骤1：依据软件概要设计，分解出一条软件设计需求；

步骤2：分解软件设计需求为测试需求，设计测试用例，将其纳入测试用例集 T；

步骤3：执行测试用例，标记实际执行路径，若满足测试充分性准则(需求覆盖、路径覆盖)，结束测试；

步骤4：分析软件概要设计与函数调用对覆盖率的追溯情况，查找未覆盖的需求和路径信息，转步骤1。

为了标识步骤3中的实际执行路径即MM-路径，本文利用了程序插桩和数据融合技术。

3.1 程序插桩

插桩技术[7-9]属于一种动态分析源程序的方式，是一种理解程序动态行为的途径，能有效地获取程序运行时的数据，被广泛应用于程序分析，性能测试等领域。程序插桩[10]如图2所示。

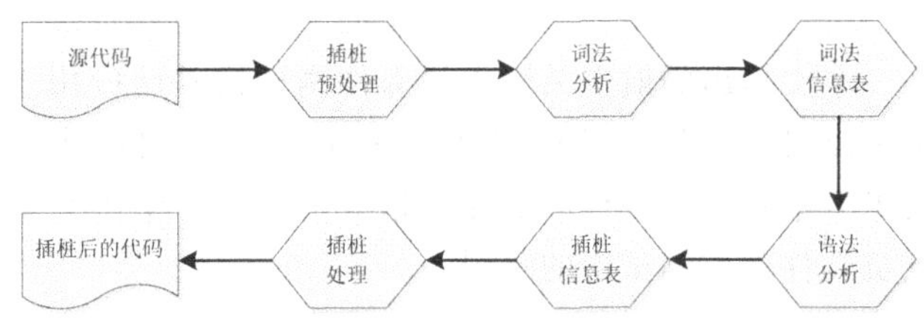

图2 程序插桩

先对源代码进行插桩预处理，经过词法、语法分析，得到源程序的静态信息，在保证被测程序原有逻辑完整性的基础上，在需要插桩的关键位置插入一些探针(桩点)，把插入的标记送入数据库文件中生成一个符号数据库暂存起来，得到插桩后的代码。

桩点的植入位置一般分为以下几种情况：

(1) 函数单元的程序入口处与出口处；

(2) 分支语句的开始与结束；

(3) 循环语句的开始与结束；

(4) 选择语句的开始与结束。

若仅需要调用覆盖率，只需要对函数单元的程序入口处与出口处进行插桩。若需要更低层的逻辑覆盖关系，则选择在分析、循环、选择语句的开始和结束处进行插桩。

当根据需求插入桩点后，设计测试用例，执行预处理后的程序，根据消息传递和插桩信息得到该测试用例对应的动态函数调用路径。

3.2 数据融合

在计算部件测试的覆盖率时，需要根据对源代码静态分析得到的数据与插桩后代码运行后的动态数据进行融合。

词法、语法分析得到的静态信息包含了源程序中声明的所有函数、函数的调用关系以及函数的调用频次。插桩后动态运行可以得到源程序中实际执行的所有函数、MM-路径以及函数的执行时间。无论是静态分析还是动态分析，都可以得出一定数量的函数单元。这部分函数的调用关系和调用次数，所获取的性能指标相互关联，这是数据融合的前提条件，也为融合处理提供了数据基础。

数据融合时，在静态数据的基础之上，根据程序插桩后运行的动态数据，以不同的颜色标识出MM-路径，在代码中标识出已执行的代码。

4 项目应用

本文提出的航空关键软件部件测试技术已应用于某重点飞机项目的部件测试过程，依据本项目提出的技术方案制定了部件测试作业指导书。本节给出在某飞机软件部件测试中的示例。

4.1 实验环境

部件测试实验环境如图 3 所示，针对某型航空机载软件编码风格和仿真测试环境外部接口的特点，设计开发结构覆盖率采集模块和覆盖率验证模块。通过客户端插桩器对通过单元测试的程序进行预编译和插桩，将插桩后的代码进行编译生成可执行目标代码送到目标板上运行。当程序在目标系统运行到插桩点的位置时，将桩点数据发送到服务器端。服务器端对收到的桩点数据进行分析处理，与插桩时生成的符号数据库中的数据进行比较，得知当前程序的运行状态，借此完成被测程序的功能验证和覆盖率分析，通过数据融合，支持代码的语句、分支、MC/DC 覆盖率信息以及函数调用对覆盖信息的分析。

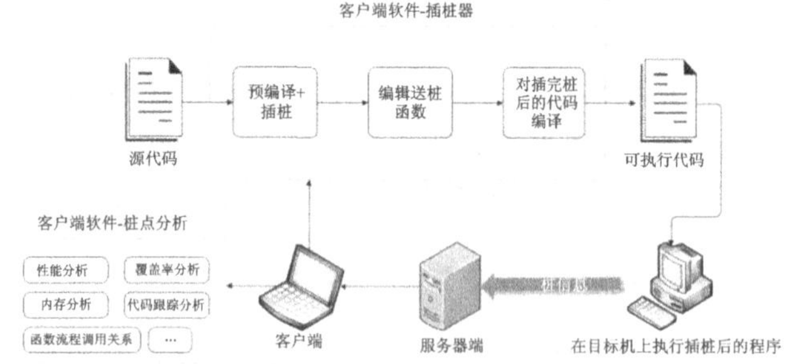

图 3 实验环境图

完整的部件测试流程如图 4 所示。

4.2 实验及结果分析

待测软件配置项由 5 个部件组成，本文以惯导表决部件(ins_vm)为例开展部件测试，其静态调用关系如图 5 所示。桩点内部格式如表 1 所列，插桩后的部分代码如图 6 所示，在函数的入口处，for 循环的入口、出口处都插入了桩点。当程序运行起来后，桩点不仅代表了所在的函数，还可以提供程序运行的路径，代码的覆盖信息。

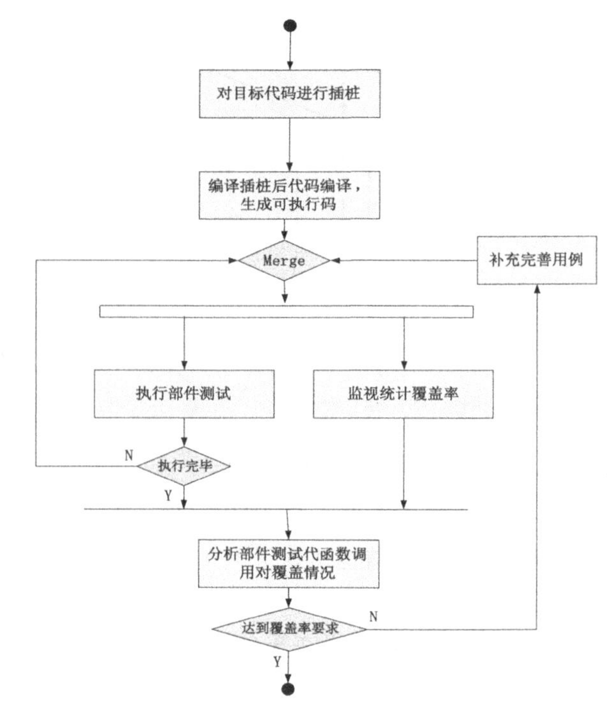

图 4 测试流程图

表 1 桩点内部格式

字节号	信号名称	标 识	单 位	长 度
1	帧头	0xAAAA	字节	2
2	字符串长度	—	字节	2
3	测试部件名+测试项名	—	字节	n
4	线程 ID	—	字节	4
5	桩点数据	—		

```
void PutPixelDemo(void)
{ctTag(0x74F00011);{
 int seed = 1958;
 int i, x, y, h, w, color;
 struct viewporttype vp;
 MainWindow( "PutPixel / GetPixel
Demonstration" );
 getviewsettings( &vp );
 h = vp.bottom - vp.top;
 w = vp.right - vp.left;
 srand( seed );

 for( i=0 ; i<5000 ; ++i )
 {ctTag(0x446FFFBF);{
  x = 1 + random( w - 1 );
  y = 1 + random( h - 1 );
  color = random( MaxColors );
  putpixel( x, y, color );
 }}

}ctTag(0x22100011);}
```

图 5 插桩后的代码

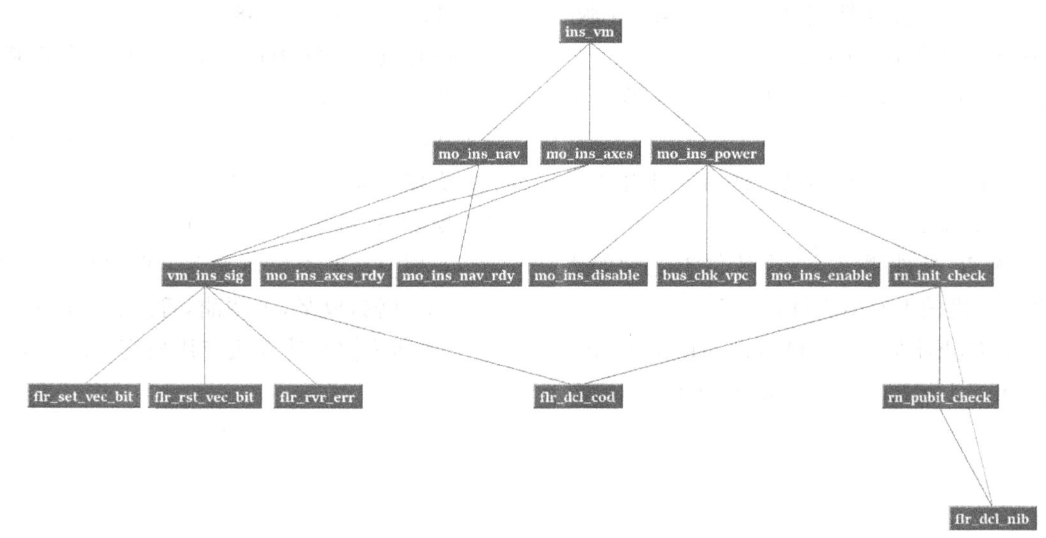

图 6　ins_vm 静态调用图

需求分析时，依据软件概要设计的要求，分解出一条软件设计需求。然后针对 ins_vm 部件创建一个测试需求，设计 5 个测试用例。在前述部件测试环境下，执行全部测试用例。

执行完毕之后分析软件概要设计与函数调用对覆盖率的追溯情况，如图 7 所示，需新增 1 个测试用例覆盖未达到覆盖率的函数调用关系。

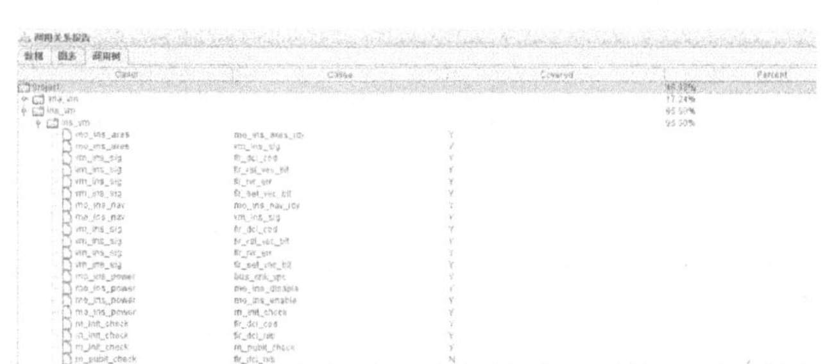

图 7　ins_vm 动态调用关系

通过 ins_vm 的动态调用关系可以看出，本文采用的方法可以对所有单元间的交互功能进行测试。为了便于对比，采用传统的自底向上集成策略也对同一部件进行了测试。在表 2 中给出了两种方法在测试能力及效率方面的统计信息。

表 2　基于两种策略的部件测试执行统计信息

策　略	交互功能的测试能力	测试用例个数	测试时间/h	调用覆盖
自底向上集成	有限单元对	35	3	手工统计
MM-路径	所有单元	6	0.5	自动统计

从表 2 可以看出，本文提出的基于结构覆盖的测试技术可以有效地对软件部件进行测试。首先，MM-路径克服了传统方法无法对所有单元的交互功能进行测试的局限。其次，通过插桩和桩点数据的收集，可以自动呈现调用覆盖情况。同时，本文提出的技术在达到相同的结构覆盖信息的情况下用时更少，设计的测试用例数目更少，降低了测试用例的冗余，节省了测试时间。总体上，相对于传统方法，本文方法取得了较好的测试效果。

5　结　论

本文为航空关键软件开展部件测试工作提供了技术思路，保障了软件验证过程的完整性与规范性，提高了部件测试的效率。本文所提出的部件测试策略优势在于：从部件测试需求入手开展测试，结合了功能性测试与结构性测试，摆脱以代码测试代码的困境，可定量评价部件测试的效果；解决了传统方法无法提供动态执行路径及动态覆盖的难题；通过程序插桩和总线监听的方式解决了标识 MM-路径和代码膨胀的问题，实现了对目标程序执行过程的跟踪；通过数据融合以显性的方式提供给测试人员覆盖率的函数分布图和上升趋势图，提高了测试人员的工作效率。

在未来的工作中，我们将尝试拓展本文方法的应用场景，通过应用中暴露的缺陷来改进测试策略。

参考文献

[1] 军用软件测试指南：GJB/Z 141—2004[S]，2004.

[2] 梅耶(Myers G J),等. 软件测试的艺术[M]. 3 版. 北京：机械工业出版社,2012.

[3] 杨国勇. 机载软件部件测试方法的研究与实现[J]. 航空宇航科学与技术,2016,10.

[4] 王泉. 规范化嵌入式软件自测试方法[J]. 计算机工程与设计,2013,10.

[5] 保罗 C 乔根森. 软件测试：一个软件工艺师的方法[M]. 北京：机械工业出版社,2017.

[6] Jorgensen P C, Erickson C. Object-oriented integration testing[J]. Communications of the ACM, 1994,37(9)：30-38.

[7] 佟伟光. 软件测试[M]. 北京：北京邮电出版社, 2008：46-47.

[8] JORGENSE Paul C. Software testing[M]. 北京：机械工业出版社,2003.

[9] 晏华,袁海东,尹立孟. 代码自动插装技术的研究与实现[J]. 电子科技大学学报,2002,31(1)：62-66.

[10] 王克朝,成坚,王甜甜,等. 面向程序分析的插桩技术研究[J]. 计算机应用研究,2015,32(2).

航空燃气涡轮发动机红外辐射试验现状及方法研究

李松，郭立全，梁东启*，成兵，胡长寿

中国航发贵阳发动机设计研究所，贵阳 550081

摘要： 红外辐射特性是军用飞行器战场生存的重要指标之一，在航空发动机研制的初始飞行前、持久试车前和设计定型阶段，需要通过发动机红外辐射特性试验来进行发动机外部特征分析，以确定在不同方位角、仰角、红外线辐射带通、高度以及发动机状态下的最大红外线辐射强度。本文研究了红外辐射特性试验需要的环境、设备和方法等要素，为深入研究和考核发动机红外辐射特性，提高试验结果准确性和推进改进改型提供了参考。

关键词： 发动机；红外辐射；外部特征；方位角；热空腔；尾射流

在目前世界各国采用的军用对空探测器中，红外探测器占了30%左右。有资料表明，在现代战争中红外制导导弹击落的飞机占被击落飞机总数的75%左右，因此对军用飞机进行红外隐身设计是提高其战场生存力和作战效能的重要措施之一[1]。红外辐射特性等发动机外部特征指标已经列入航空发动机研制的方案和技术要求中，不容忽视。

航空燃气涡轮发动机排气系统的红外辐射源大都由两部分组成：一是高温的尾射流，其辐射具有全向特征，甚至可向飞机前向传播，辐射能量占发动机整体辐射的5%～15%；二是高温的发动机排气系统热空腔辐射，空腔辐射涵盖了中心锥、合流环、火焰稳定器、涡轮后支板、排气喷管内壁面等固体部件的红外辐射。空腔辐射具有方向性，大约在尾向20°范围内，在此角度范围内其辐射能量占发动机整体辐射的30%～80%[2]。

《航空涡轮喷气和涡轮风扇发动机通用规范》GJB/241A—2010中明确要求在航空发动机研制的初始飞行前持久试车前和设计定型阶段，需要通过发动机红外辐射特性试验来进行发动机外部特征分析，以确定在不同方位角、仰角、红外线辐射带通、高度以及发动机状态下的最大红外线辐射强度[3]。

目前，中国航发606所利用露天台开展了发动机的红外辐射特性试验；空军工程大学和中国航发624所利用可移动式简易台架也开展了发动机的红外辐射特性试验；南京航空航天大学等高校利用热喷流实验台等实验设施开展了等比例缩放喷管、不同涵道比发动机模型和不同长宽比、不同形式遮挡的二元喷管红外辐射特性测试实验[1-2,4-5]。

关于红外辐射特性试验，国内开展了较多数值模拟以及实验研究，但正式运用在发动机研制过程中的试验验证较少，也缺少较完整的试验规范指导具体试验开展。红外辐射特性试验开展通常是在试验前把试验对象安装在环境适宜的工作机构上，如实验台、露天台、移动式简易台架或者飞机上，当试验对象运转至预定的各状态，从不同方位角使用标定过的红外辐射特性测量装置测取红外强度数据[6-10]。

随着国内航空发动机研制隐身技术的不断发展，国内科研人员在飞行器红外辐射特性数值模拟、模拟实验和型号试验方法等方面开展了一些研究工作，本文主要对航空燃气涡轮发动机红外辐射试验的现状、试验标准和试验方法等进行研究。

1 试验要求

1.1 试验对象

红外辐射试验对象涉及多类别、多型号航空发动机，主要考核发动机在不同工况下的后半球红外辐射特性，验证发动机在外部特征性能、可探测性和红外抑制指标是否满足研制总要求的指标要求。

1.2 试验标准与解读

在初始飞行前持久试车开始前，对红外线辐射进行特征分析，以确定在下列方位角、仰角、红外线辐射带通、高度以及发动机状态下的最大红外线辐射强度。

(1) 方位角(见图1)：0°、5°、10°、15°、20°、30°、40°、

* 通讯作者. E-mail: liangdongq-2019@foxmail.com

60°、90°、135°和180°(把发动机后部中心线的延长线定为0°方位角和0°俯仰角位置。0°方位角、0°俯仰角和中心线均定义在一个平行于地面的平面内。如果辐射图谱对称于中心线,就可以使用表示对称性的极坐标曲线)。整机试验由于尾射流影响区域远,一般选择在周边空旷地区,缺少有效的隔音隔振手段,出于劳动保护和人体工程学的考虑,测试人员和测试设备所处的测试方位距离试验对象较远,一般来说方位角越小距离越远。

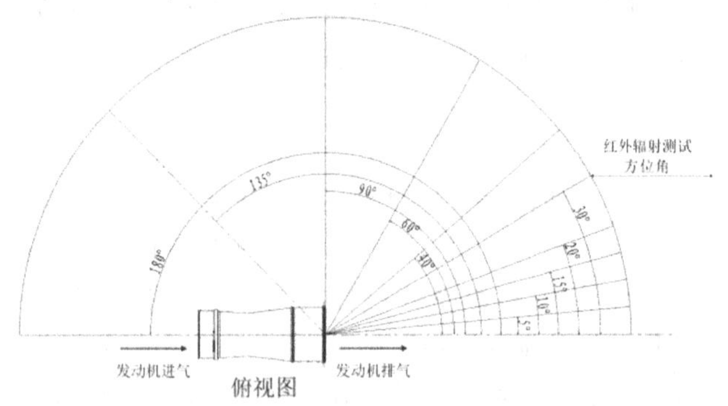

图1　不同测试方位角示意图

(2) 俯仰角(见图2):0°、5°、10°、15°、20°、30°、40°、60°和90°。整机试验时,由于一般选择在周边空旷地区,缺少有效的改变俯仰角手段;另外,大部分整机可以视为轴对称圆柱体。不同俯仰角的红外辐射特性测量可以直接参考不同方位角的测试结果,考虑省略不做。

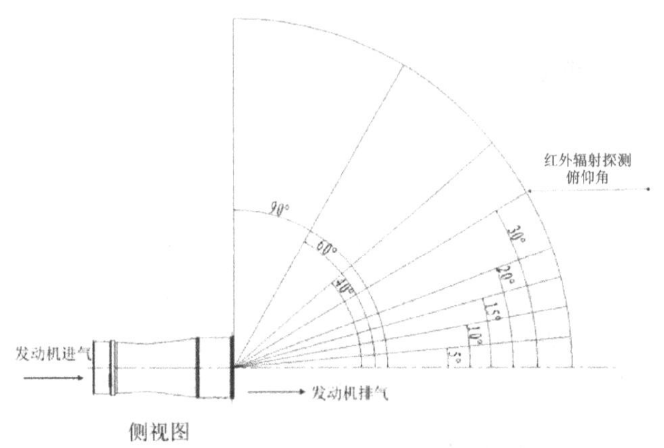

图2　不同测试俯仰角示意图

(3) 红外线辐射带通条件:1～3 μm、3～5 μm、8～10 μm、10～12 μm和12～14 μm。考虑到发动机不同截面的壁温和加力型整机尾射流温度差异极大,必须保证特性测量的带宽。使用从0°到180°的每个方位角上的分辨率至少为0.05 μm的光谱仪来进行光谱测量,以辨别出排气火焰的红外辐射信号。

(4) 高度:海平面、11 km以及发动机工作的最大工作高度。由于不同高度的空气传播介质稀薄程度、温度、黏性、大气透过率各不相同,直接影响飞行器的可探测性,所以有必要在典型高度下测量红外辐射特性。但是高空状态的特性只能在高空模拟试车台测量,所以一般仅在试验当地测量红外辐射特性,海拔差异不大的情况下近似认为空气传播介质特性相同,试验结果视为等同于海平面高度下的特性。

(5) 发动机工作状态:选择发动机常用工作状态,即最可能被探测工作状态,作为红外辐射特性测试状态点,一般选择全加力状态(加力型)、中间状态(加力型)或最大状态(非加力型)和巡航状态。每个状态下保持一段时间,直到排气系统部件的温度稳定下来以后再录取红外辐射数据。测量发动机总的(热零件+反射+排气尾流)最大红外线实际辐射信号及辐射图谱。

(6) 在红外辐射特性测定前后,对红外辐射测试设备的红外强度以及光谱响应进行校准,并记录数据。测试设备使用标准的红外辐射源校准(黑体),确定它们在红外辐射试验期间对红外辐射的实际响应,并对作为辐射图谱和测试设备基准所使用的标准红外线源加以规定。用记录的大气条件(温度、湿度、天空下降物、云的构成、气象范围、太阳位置以及试验位置),帮助计算场地标准和发动机实际的红外辐射。测量方法应尽量减少来自背景及通常由飞机结构所覆盖的发动机外表面的外来辐射,一般可以采用遮蔽设备来作为背景。

(7) 对于具有专门红外抑制系统的发动机,需要在抑制系统工作及不工作的两种情况下进行上述各项试验。有必要充分评估抑制系统,包括工作方式、抑制状态时的工作限制以及破损安全装置等。同时考量红外线抑制系统对推力、耗油率及其他性能参数的影响。

2　试验设备

2.1　室外试车台

目前,室外试车台一般指露天台或简易试车台。简易试车台可以分为两种,试验系统的主要内容基本一致，只是在搭建方式和使用需求上略有不同。一种是固定式简易试车台，在试验地点预留试验设备搭建基础，当所有试验系统相关物件到位后，临时组装开展工作。条件较好的情况下，试验系统也可以长期安装在固定地点，每次试验只要试验对象到位即可开展试验[11]；另一种是移动式简易试车台，试验系统搭建调试完毕后简单脱开，采用一定的运输方式拖运到指定地点后，迅速组建并完成试验工作，之后再简单脱开返回。这种方式的简易试车台机动性强、占用资源少、使用方便。

简易试车台的主要组成包括移动台架、测控车、油罐车、动力保障车、电机加载站等[12-14]，其框架示意图如图 3 所示。图 4 为正在开展吞水试验的露天台，图 5 为国外露天台。

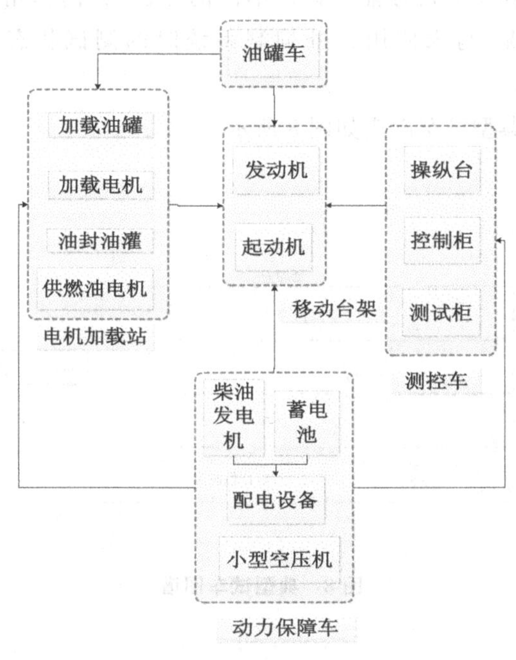

图 3 简易试车台框架示意图

图 4 正在开展吞水试验的露天台[15]

图 5 国外露天台[16]

2.2 红外测试专项设备

红外测试专项设备（核心设备 FTIR 即傅里叶变换红外光谱辐射计）主要用于完成发动机红外隐身能力目标特征参数测试，具体包括光谱测试（辐射对波长的曲线）（见图 6）、辐射变化测试（辐射对时间的曲线）、目标物体等效辐射温度测试、反射率测试、发射率测试、透过率测试、目标在复杂背景下的光谱/辐射测量、大气传输率的测试。需要其他辅助设备，包括制冷式中波、长波红外热像仪、面源黑体、腔室黑体。红外热像仪主要完成被测试对象的实际温度测试，以便对 FTIR 的测试结果进行修正；面源黑体、腔室黑体主要用于 FTIR 的标定和大气透射率的测试。

图 6 红外光谱仪测尾气[17]

3 试验设计

试验具体内容可以划分为场地布置、调整准备和红外辐射特性测量试车。

3.1 场地布置

试验场地一般要选择每天气象要素比较稳定的空旷地区,适宜布置室外试车台和红外测试专项设备。测试背景不应出现强光或较强辐射物干扰测。

当试验场地确定以后,开展试验前需要进行场地布置。场地布置的内容主要包括台架布置、系统连接和遮蔽设备布置。台架布置主要是指发动机安装和台架固定;系统连接是指在室外试车台把预先搭建好的各个系统连接调试,以确定试车的正确性,固化发动机性能状态;遮蔽设备布置分为红外遮蔽布置和背景遮蔽布置,红外遮蔽布置用于模拟发动机在空中装机状态下的实际辐射情形,保证红外辐射源的精度;背景遮蔽布置(见图7)用于开展发动机试验过程中背景的遮蔽,提高红外测量精度。当以上场地布置工作全部完成以后,可以进入调试准备。

图7 背景遮蔽布置示意图

3.2 调整准备

调整准备主要包括调整试车和红外校准。调整试车是为了进行发动机功能检查及性能调试,验证发动机工作稳定性及是否满足试验开车条件;红外校准是为了减少来自气象要素对试验过程中的测试结果产生影响,校准红外测试专项设备。

调整试车作为常规发动机试车工作,此处不再赘述。红外校准一般使用黑体校准的方式。由于被测目标和红外测试专项设备之间是大气,存在能量吸收和粒子散射,辐射强度在传播过程中会衰减,衰减程度取决于辐射波长,同时受当地温湿度和大气压、光线、天气、刮风情况等环境条件影响。所以在试验现场使用标准黑体对红外测试专项设备进行标定。标准黑体一般分为面源黑体和腔式黑体。面源黑体的辐射面大,易于标定,可用于800 ℃以内的红外校准;腔式黑体的辐射面一般较小,但温度控制精度高,可达2 000 ℃。红外校准时可以根据被测目标的具体情况选择标准黑体,结合使用。

3.3 红外辐射特性测量试车

试验时间一般选择每天气象要素比较稳定的时间段,通常选择在傍晚或凌晨等低辐射、环境条件相对变化不大时进行,最好与红外校准时的情况保持一致,避免极端天气。如果试验过程中的气象要素变化较大,可以在试车结束后再次进行红外校准,或者重做。

开展发动机未使用红外抑制系统时的红外辐射特性测量和发动机性能测试,逐个方位角测试。有必要和条件具备时可以逐个俯仰角测试;条件具备时还可以开展不同高度下的红外辐射特性测量。

开展发动机使用红外抑制系统时的红外辐射特性测量和发动机性能测试。不同的方位角、俯仰角和高度情况,与未使用红外抑制系统时的测试状态保持一致。

典型试车图谱如图8所示。

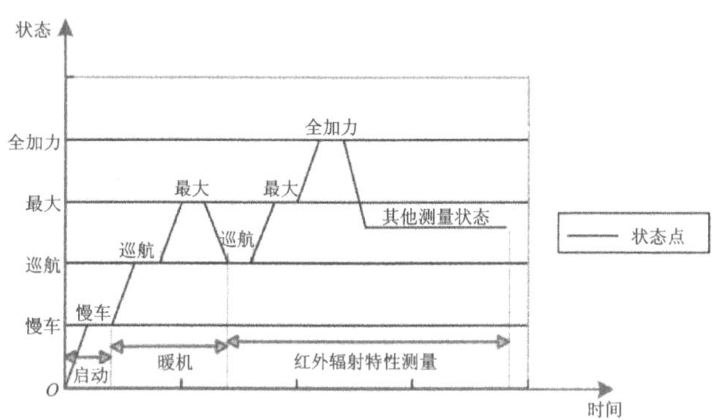

图8 典型试车图谱

4 结论

本文以航空燃气涡轮发动机为研究对象,开展红外辐射试验技术研究:

(1) 调研国内开展红外辐射试验的现状,对研究机构和高校目前的试验开展情况、试验设备和试验方法进行了较为细致的了解。

(2) 解读红外辐射试验相关标准、规定,形成红外辐射试验关键技术要点。

(3) 制订了较为标准的试验流程和试车方法,指导试验完成。

（4）一般来说，红外辐射的最大值不一定在方位角为0°时，可能是偏离了一个小方位角，且在方位角大于一定值后迅速减小。在前半球（方位角大于90°），只存在尾射流辐射，热空腔辐射为0。在后半球，尤其在方位角较小时，热空腔辐射是红外辐射最大来源。以上情况与发动机是否使用加力状态关系极大，当然每型发动机还需要具体问题具体分析。

本文研究内容可作为航空燃气涡轮发动机红外辐射试验技术参考，具有较高的工程应用价值。通过红外辐射试验的验证，促进发动机红外隐身设计不断改进，有效提高飞行器的战场生存能力。

参考文献

[1] 罗明东，吉洪湖，等.无加力涡扇发动机二元喷管的红外辐射特性实验[J].航空动力学报，2006，21(4).

[2] 单勇，张靖周，等.涡扇发动机排气系统中心锥气膜冷却结构的气动和红外辐射特性实验[J].航空动力学报，2012，27(1).

[3] 航空涡轮喷气和涡轮风扇发动机通用规范：GJB/241A—2010.

[4] 王丰，吉洪湖，等.涡扇发动机涵道比与红外辐射特征的关系实验[J].重庆理工大学学报（自然科学），2015，29(1).

[5] 单勇，张靖周，等.某型涡扇排气系统缩比模型红外辐射特性实验[J].航空动力学报，2009，24(10).

[6] 关玉波，尚守堂，等.发动机整机红外辐射特性测试方案研究[J].测控技术，2014(33).

[7] 金捷，朱谷君，徐南荣，等.发动机高速排气系统红外辐射特性的数值计算与分析[J].航空动力学报，2002，17(5)：582-585.

[8] 徐南荣，朱谷君.热空腔-喷气流的组合辐射[J].航空动力学报，1995，10(5).

[9] 徐南荣，瞿荣贞.飞行器的红外特性[J].红外与激光工程，1999，28(1).

[10] 徐南荣，朱谷君.热空腔-喷气流的组合辐射[J].航空动力学报，1995，10(3)：295-298.

[11] 张洪伟.未来战机外场发动机试车场建设构想[C]//航空试验测试技术学术交流会论文集，2015.

[12] 陈矛.某型发动机试车台的设计与研制[J].科学技术与工程，2007.

[13] 刘大响.航空发动机定型试验中的高空模拟试验[J].燃气涡轮试验与研究，1989.

[14] 杜鹤龄.高空台在新机研制中的地位及国内外现状[J].燃气涡轮试验与研究，1989.

[15] 薛洪科，常鸿雯，等.某型航空发动机地面吞水试验设备技术研究[J].机械工程师，1989.

[16] 焦天佑，陆宝富，等.露天试车台——研制大飞机发动机的保障[J].国际航空，2008.

[17] 张若岚，张晋，等.红外技术在航空发动机工作状态监控中的应用[J].红外技术，2014，36(2).

基于数据驱动的直升机模型辨识研究

蒋超，张松，黄飞飞

西安飞行自动控制研究所，西安 710065

摘要：在实际试飞过程中，直升机由于其本身操纵耦合性强与稳定性弱等特性，直接应用开环辨识算法难以实现模型参数的无偏估计。针对上述问题，本文通过试飞数据驱动的方法对直升机横侧向通道模型进行修正辨识，通过正交投影对输入与输出数据进行白化，引入正则项并在模型辨识阶段实现先验机理信息与后验数据信息的融合，降低了模型参数搜索的空间，保证了直升机横侧向通道模型数值计算的稳定性与辨识结果的合理性。

关键词：闭环子空间；扫频；正则项处理；模型修正

Helicopter Model Identification Research Based on Data

JIANG Chao, ZHANG Song, HUANG Feifei

Flight Automatic Control Research Institute, Xi'an 710065, China

Abstract: In the course of the actual test flight, the helicopter is unable to realize the unbiased estimation of the model parameters directly because of its own manipulation of the characteristics of the coupling and the stability. In this paper, the input and output data of the helicopter are modified by orthogonal projection, the introduction of the regular item and the fusion of the transcendental mechanism information and the posterior data information are realized in the model recognition phase, and the space of the model parameter search is reduced, and the stability and the rationality of the identification result are guaranteed.

Keywords: closed loop subspace; sweep frequency; regular item processing; model correction

1 引　言

与固定翼飞机相比，直升机特有的旋翼使得直升机气动复杂性大幅提高，使得直升机建模具有非常高的挑战性，在目前的直升机项目研制过程中，用于控制律设计的直升机模型和真实系统存在一定的误差，导致控制律设计过程极其依赖试飞验证，需要大量试飞架次进行控制律调参优化，方能使得直升机的飞行品质达标，带来繁重的软件更改、验证和升级工作，导致项目研发周期长，耗费大量人力物力。

另一方面，科研院所在多型直升机科研生产中掌握了大量的试飞数据，基于该科研现状，我们将模型辨识环节引入到控制律设计研发流程之中，基于试飞数据开展直升机系统辨识工作，结合先验知识经验，提升直升机的模型精度，来解决传统直升机建模误差大的问题。从而减少控制律试飞调参架次，降低研发成本，进一步提升项目研发效率，缩短整个项目研发周期。

2 国内外研究现状

由于直升机复杂的旋翼气动特性，传统的基于物理动力学机理的正向建模方法通常比较难以获取具有较高精度的直升机模型。近些年来，在实际工程应用中，以数据驱动式为代表的基于辨识理论的逆向建模方法显著降低了直升机的建模成本，得到了众多学者的广泛关注[1-5]。系统辨识建模将直升机动力学特性抽象为灰箱或黑箱的输入输出模型，利用已有飞行试验数据并通过优化搜索的方式找到最佳拟配飞行数据的模型。

目前，常见的系统辨识方法主要包括最小二乘法、预报误差法和极大似然法等[6]。上述辨识方法要求待辨识的系统处于开环条件。由于直升机气动模型具有稳定性差、非线性与轴间耦合性强等特点，直升机飞控系统通常均在闭环条件下，由于反馈的引入导致了系统的输入与扰动具有较强的相关性。因此，在闭环条件下如何克服系统输入与扰动的相关性是系统辨识所需解决的核心问题。

针对上述问题，闭环子空间辨识理论利用与外扰不相关的激励信号张成了与扰动信号正交的数据空间，并将系统输入与输出投影向上述正交空间进行投影，从而消除干扰的相关性对辨识造成的影响，最终得到系统参数的一致无偏估计。闭环子空间辨识理论应用的前提是存在与系统干扰无关的有效外部激励。在实际的飞行试验中，系统激励由飞行员杆指令进行给定，通过合理的指令设计，能够满足与系统干扰不相关的要求。此外子空间辨识方法具有数值计算稳定的优点，具有良好的工程可应用性。

3 闭环子空间辨识算法

3.1 基于投影理论的模型辨识算法

直升机横侧向线性模型建立如下：

$$\begin{cases} x_{t+1} = \boldsymbol{A}x_t + \boldsymbol{B}u_t + \boldsymbol{K}e_t \\ y_t = \boldsymbol{C}x_t + \boldsymbol{D}u_t + e_t \end{cases} \tag{1}$$

式中，$x_t \in \mathbf{R}^n$ 为系统状态，$y_t \in \mathbf{R}^m$ 为系统输出，$u_t \in \mathbf{R}^p$ 为系统输入，e_t 为 m 维的系统残差序列，$\boldsymbol{K}$ 表示卡尔曼增益。

在闭环子空间辨识理论的框架下，将模型状态、输入与输出重新排列为 Hankel 矩阵形式：

$$\boldsymbol{X}_{k|k+i-1} = \begin{bmatrix} x_k & x_{k+1} & \cdots & x_{k+j-1} \\ x_{k+1} & x_{k+2} & \cdots & x_{k+j} \\ \vdots & \vdots & & \vdots \\ x_{k+i-1} & x_{k+i} & \cdots & x_{k+i+j-2} \end{bmatrix} \tag{2}$$

定义 $\boldsymbol{X}_p = \boldsymbol{X}_{0|i-1}$，$\boldsymbol{X}_f = \boldsymbol{X}_{i|2i-1}$。系统输入矩阵为 $\boldsymbol{U}_p$、$\boldsymbol{U}_f$，输出矩阵为 $\boldsymbol{Y}_p$、$\boldsymbol{Y}_f$，残差矩阵为 $\boldsymbol{E}_p$ 和 $\boldsymbol{E}_f$。同时根据系统状态方程，可以得到

$$\begin{cases} \boldsymbol{Y}_f = \boldsymbol{\Gamma}_i \boldsymbol{X}_f + \boldsymbol{H}_i^d \boldsymbol{U}_f + \boldsymbol{H}_i^s \boldsymbol{E}_f \\ \boldsymbol{Y}_p = \boldsymbol{\Gamma}_i \boldsymbol{X}_p + \boldsymbol{H}_i^d \boldsymbol{U}_p + \boldsymbol{H}_i^s \boldsymbol{E}_p \\ \boldsymbol{X}_f = \boldsymbol{A}^i \boldsymbol{X}_p + \boldsymbol{\Delta}_i^d \boldsymbol{U}_p + \boldsymbol{\Delta}_i^s \boldsymbol{E}_p \end{cases} \tag{3}$$

式中，

$$\boldsymbol{\Gamma}_i = \begin{bmatrix} \boldsymbol{C} \\ \boldsymbol{CA} \\ \boldsymbol{CA}^2 \\ \vdots \\ \boldsymbol{CA}^{i-1} \end{bmatrix} \tag{4}$$

$$\boldsymbol{\Delta}_i^d = [\boldsymbol{A}^{i-1}\boldsymbol{B} \quad \boldsymbol{A}^{i-2}\boldsymbol{B} \quad \cdots \quad \boldsymbol{AB} \quad \boldsymbol{B}] \tag{5}$$

$$\boldsymbol{\Delta}_i^s = [\boldsymbol{A}^{i-1}\boldsymbol{K} \quad \boldsymbol{A}^{i-2}\boldsymbol{K} \quad \cdots \quad \boldsymbol{AK} \quad \boldsymbol{K}] \tag{6}$$

$$\boldsymbol{H}_i^d = \begin{bmatrix} \boldsymbol{D} & 0 & 0 & \cdots & 0 \\ \boldsymbol{CB} & \boldsymbol{D} & 0 & \cdots & 0 \\ \boldsymbol{CAB} & \boldsymbol{CB} & \boldsymbol{D} & \cdots & 0 \\ \vdots & \vdots & \vdots & & \vdots \\ \boldsymbol{CA}^{i-2}\boldsymbol{B} & \boldsymbol{CA}^{i-3}\boldsymbol{B} & \boldsymbol{CA}^{i-4}\boldsymbol{B} & \cdots & \boldsymbol{D} \end{bmatrix} \tag{7}$$

$$\boldsymbol{H}_i^s = \begin{bmatrix} \boldsymbol{I} & 0 & 0 & \cdots & 0 \\ \boldsymbol{CK} & \boldsymbol{I} & 0 & \cdots & 0 \\ \boldsymbol{CAK} & \boldsymbol{CK} & \boldsymbol{I} & \cdots & 0 \\ \vdots & \vdots & \vdots & & \vdots \\ \boldsymbol{CA}^{i-2}\boldsymbol{K} & \boldsymbol{CA}^{i-3}\boldsymbol{K} & \boldsymbol{CA}^{i-4}\boldsymbol{K} & \cdots & \boldsymbol{I} \end{bmatrix} \tag{8}$$

闭环子空间辨识算法基于投影理论来实现系统矩阵的估计。其斜投影如图 1 所示。

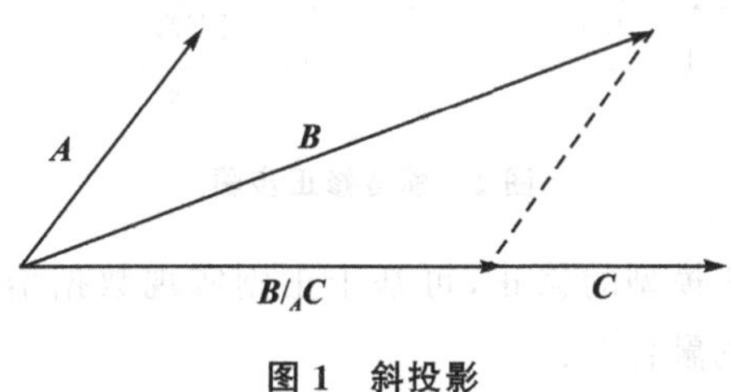

图 1 斜投影

$\boldsymbol{B}$ 的斜投影 $\boldsymbol{B}/_{\boldsymbol{A}}\boldsymbol{C}$ 表征沿着与空间 $\boldsymbol{A}$ 平行的方向，向量 $\boldsymbol{B}$ 到空间 $\boldsymbol{C}$ 上的投影。根据斜投影的定义可以得到

$$\boldsymbol{A}/_{\boldsymbol{A}}\boldsymbol{C} = 0 \tag{9}$$

$$\boldsymbol{A}/_{\boldsymbol{C}}\boldsymbol{A} = \boldsymbol{A} \tag{10}$$

定义矩阵 $\boldsymbol{W}_p = [\boldsymbol{Y}_p^{\mathrm{T}} \quad \boldsymbol{U}_p^{\mathrm{T}}]^{\mathrm{T}}$，将矩阵 $\boldsymbol{Y}_f$ 沿着 $\boldsymbol{U}_f$ 的行空间投影至 $\boldsymbol{W}_p$ 的行空间，即

$$\boldsymbol{Y}_f/_{\boldsymbol{U}_f}\boldsymbol{W}_p = \boldsymbol{\Gamma}_i \boldsymbol{X}_f/_{\boldsymbol{U}_f}\boldsymbol{W}_p + \boldsymbol{H}_i^d \boldsymbol{U}_f/_{\boldsymbol{U}_f}\boldsymbol{W}_p + \boldsymbol{H}_i^s \boldsymbol{E}_f/_{\boldsymbol{U}_f}\boldsymbol{W}_p \tag{11}$$

在开环辨识的环境下，系统残差 e_t 与系统输入及输出均不相关，因此 $\boldsymbol{H}_i^s \boldsymbol{E}_f/_{\boldsymbol{U}_f}\boldsymbol{W}_p$ 为 0，可通过矩阵分解与回归分析实现系统矩阵的估计。

在闭环辨识的框架下，通过选择适当的辅助变量以处理由反馈引入的辨识偏差问题。首先在实际工程应用中，扫频数据为预先设计好的确定性数据，通常与系统噪声以及外界扰动不相关。其次，驾驶杆扫频输入信号为系统输入与输出的激励数据，其本身与系统输入输出具有很高的相关性。此外，良好设计的扫频数据可合理覆盖直升机正常操纵区间的频率范围，能有效反映关键频段的动态特性。

利用驾驶员操纵数据 r_t，按照公式(2)同样的方式构造 Hankel 矩阵 $\boldsymbol{R}$。利用正交投影，将系统输入、输

出和残差矩阵投影至 $\boldsymbol{R}$ 的行空间。

3.2 基于正则化的直升机模型修正

所辨识的模型虽然并不具有真实的物理意义，但其频率及时域响应却与真实系统是相同的。直升机模型修正具体分为两步，如图 2 所示。第一步通过子空间方法，利用闭环数据估计系统模型的无偏估计，尽管该模型不能反映系统真实物理参数，但能从数据中提取系统输入输出的动态信息；第二步则是基于所辨识的模型估计的无偏频率响应，通过融合真实系统机理信息与从数据中提取的系统输入输出动态信息，对模型进行修正，保证模型的准确性与可实用性。

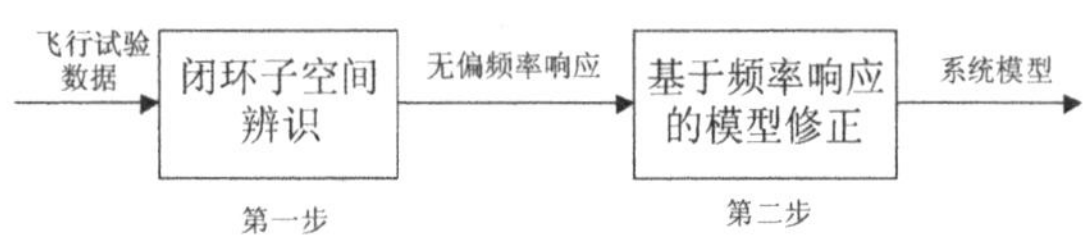

图 2 模型修正步骤

对于模型的修正，可基于正则实现数据信息与机理信息的融合[8]：

$$\min_{\boldsymbol{\Theta}} \sum_{i=1}^{n_y} \sum_{k=1}^{n_\omega} |G_i(\mathrm{j}\omega_k \mid \boldsymbol{\Theta}) - \tilde{G}_i(\mathrm{j}\omega_k)|^2 + \lambda(\boldsymbol{\Theta} - \boldsymbol{\Theta}_0)^{\mathrm{T}} \boldsymbol{W} (\boldsymbol{\Theta} - \boldsymbol{\Theta}_0) \tag{12}$$

式中，$\boldsymbol{\Theta}$ 为待优化的模型参数，$G(\mathrm{j}\omega_k|\boldsymbol{\Theta})$ 为给定参数 $\boldsymbol{\Theta}$ 基于真实模型结构所计算的频率响应。$\lambda(\boldsymbol{\Theta}-\boldsymbol{\Theta}_0)^{\mathrm{T}}\boldsymbol{W}(\boldsymbol{\Theta}-\boldsymbol{\Theta}_0)$ 为正则项，其中 $\boldsymbol{\Theta}_0$ 表征系统模型参数的先验信息，$\boldsymbol{W}$ 为正则权重矩阵。上述正则项可视为对模型参数的软约束：待修正的模型参数不仅需要尽可能最小化模型误差，同时应尽可能符合对模型参数的先验认识。通过引入正则化，实现数据信息与先验机理信息的合理融合，实现辨识结果准确性与可靠性之间的权衡。

线性化的直升机横侧向运动模态可划分为荷兰滚、滚转衰减模态与螺旋模态。闭环子空间辨识方法本质上属于时域方法，其能应用的前提是模型本身是稳定的。对于直升机的横向短周期模态，尤其是重型直升机，荷兰滚模态与滚转衰减模态通常是稳定的。长周期螺旋模态有可能发散，但其倍幅时间较长，通常在 1 min 以上，故对于短周期以及中等周期的响应，可忽略螺旋模态的影响。其短周期模态是直升机横侧向控制设计所重点关注的模态。因此，闭环子空间辨识对于直升机横测向模型的辨识具有合理的工程可应用性。

4 仿真算例

本文以单旋翼以及带尾桨的直升机为研究对象。考虑其飞行模拟器仿真模型悬停模态的横测向动力学模型的模型修正问题。直升机处于闭环控制的状态，对横滚杆与脚蹬注入扫频激励信号，对横滚杆的响应曲线如图 3 所示，对脚蹬的响应曲线如图 4 所示。在进行辨识之前，对数据的预处理包括：数据野点的剔除、数据的内插以及数据相容性检查等。扫频的频率范围是 0.2～5 Hz。

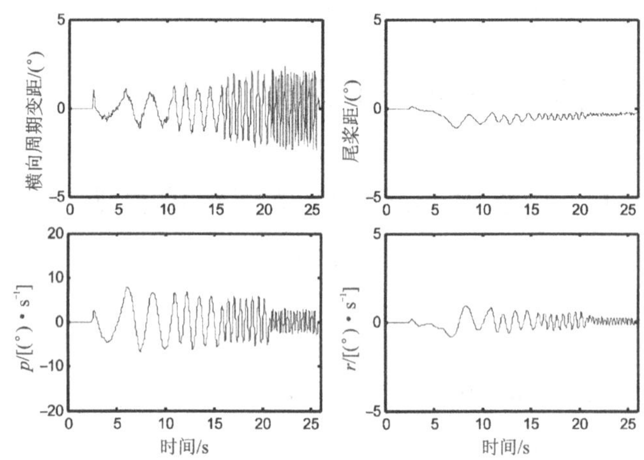

图 3 横滚杆响应曲线

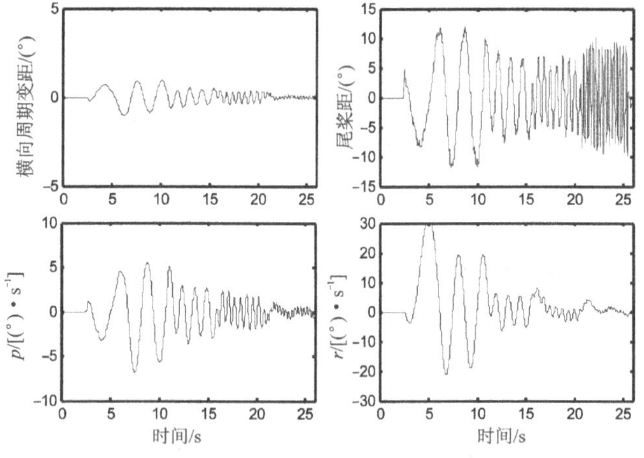

图 4 脚蹬响应曲线

根据响应曲线，对于横滚杆的激励，横滚角速率信号具有较满意的信噪比，而对于脚蹬的激励，偏航角速率具有较满意的信噪比。因此对辨识数据进行如下输入输出数据的匹配：利用横滚杆激励数据辨识对滚转角速率通道的模型，利用脚蹬激励信号辨识对偏航角速率的模型。

基于闭环子空间辨识方法，可实现频谱的无偏估计。横向周期变距对横滚角速率以及尾桨距对偏航角速率的频率特性响应伯德图分别见图5和图6。

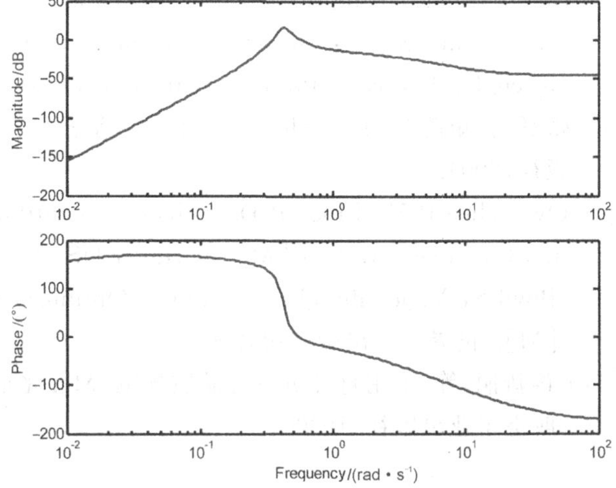

图5 横向周期变距对横滚角速率的频率响应

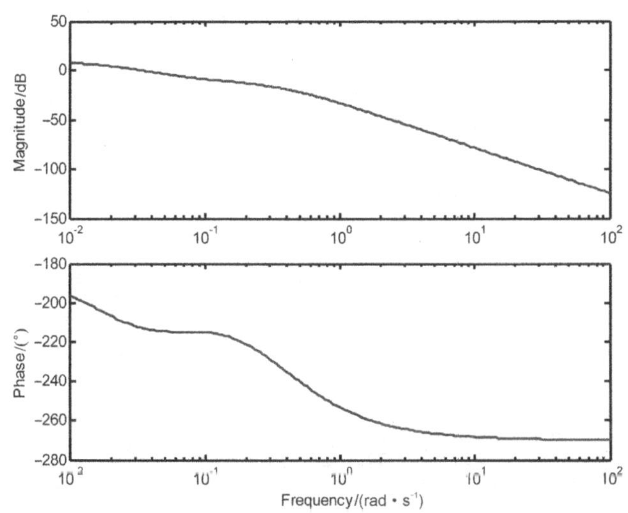

图6 尾桨距对横滚角速率的频率响应

基于上述频域响应曲线，可根据式(12)所定义的优化目标对横向通道的模型参数进行修正。根据对机体横向气动的先验信息，侧向力在悬停段与侧向速度相关性较小，故 $Y_v \approx 0$；滚转阻尼 L_p 与航向阻尼 N_r 具有较高的确认度，故对于正则的设置，Y_v、L_p 和 N_r 具有较高的正则权重，其余的气动导数的不确定性较高，故其正则权重项较小。根据式(12)的优化计算，可获取对横向模型的参数修正结果。

为了验证方法在闭环条件下的有效性，需要针对辨识结果进行验证。作为对比，采用了开环子空间辨识算法利用上述扫频数据进行辨识。由于扫频输入的频率范围覆盖了正常的操纵频率，故在飞行模拟器上对横杆和脚蹬进行中等周期脉冲操纵，通过采集系统的输出，并将其与模型的预测进行对比。横滚与航向通道的模型校验结果分别见图7和图8。

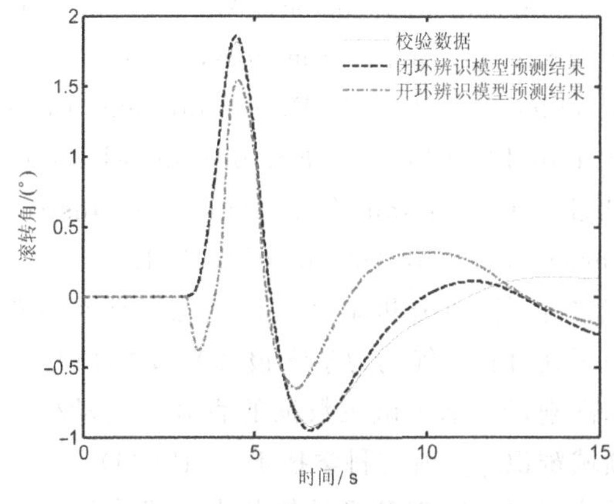

图7 横滚通道模型验证

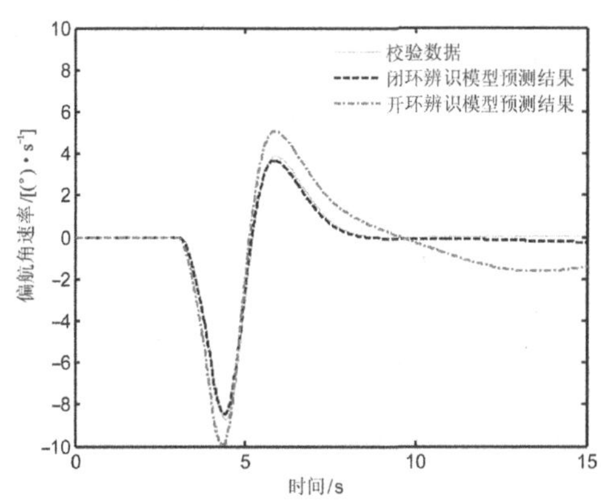

图8 航向通道模型验证

根据验证结果，在闭环条件下，本文所提出方法的辨识结果能实现较为准确的预测，而直接通过开环子空间辨识法出现了较大偏差，其原因是因为闭环反馈导致残差与模型输入具有显著的相关性，无法实现模型的无偏估计。上述实验对方法在闭环条件下的实用性进行了有效的验证。

5 结 论

本文通过试飞数据驱动的方法，结合闭环子空间辨识理论提高了直升机建模的精度。本文所提出的方法对于自稳定的过程适用性较好，不适宜在不稳定过程的模型修正。对于绝大部分直升机，其纵向各工作点的线性化模型是不稳定的。对于纵向通道的模型修正问题值得进一步研究。

参考文献

[1] Jategankar R. Flight Vehicle System Identification: A Time Domain Methodology[M]. American Institute of Aeronautics and Astronautics, 2006.

[2] Tischler M, Remple R. Aircraft and Rotorcraft System Identification Engineering Methods with Flight Test Examples. American Institute of Aeronautics and Astronautics, 2019.

[3] 陈仁良,等.直升机垂直飞行状态气动参数辨识方法研究[J].空气动力学学报,2006, 24(1).

[4] 李富刚,等.基于试飞数据的直升机气动模型参数频域辨识[J].航空科学技术,2018(29).

[5] 吴伟,陈仁良.直升机悬停状态全耦合飞行动力学模型辨识方法[J].航空学报,2011(32).

[6] Ljung L. System Identification: Theory for the user[M]. Englewood Cliffs, NJ: Prentice-Hall, 1987.

[7] BIAO Huang, Ding S, Qin S J. Closed-loop subspace identification: an orthogonal projection approach[J]. Journal of Process Control, 2005(15).

[8] 张贤达.矩阵分析与应用[M].北京:清华大学出版社,2004.

[9] Overschee P V, Moor B D. Subspace Identification for Linear Systems[M]. Springer US, 1996.

[10] Boyd S, Vandenberghe L. Convex Optimization [M]. 世界图书出版公司,2004.

[11] 蒋新桐,等.军用直升机飞行品质规范[M].北京:航空工业出版社,1990.

直升机双通道全权限数字发动机控制技术研究

杨春宝[1,*]，李若男[2]，修杰辰[1]，李存[1]

1. 哈尔滨飞机工业集团有限责任公司飞机设计研究所，哈尔滨 150066

2. 陆军装备部航空军事代表局驻哈尔滨地区航空军事代表室，哈尔滨 150066

摘要：现代直升机全权限数字发动机控制系统(FADEC)能够控制发动机在整个飞行包线内都具有最佳性能。直升机双通道 FADEC 系统取消了传统的机械备份燃油调节方式，双通道均采用 PID 的控制方式进行发动机燃油流量控制，进而使发动机功率快速响应旋翼转速需求变化，每个通道通过独立传感器来测量控制所需的发动机参数，通过多余度设计保证了控制参数的可靠和系统安全。同时根据直升机和发动机的扭矩限制、发动机的涡轮间温度限制来限制系统燃油流量，控制主要参数运行在安全限制内。

关键词：全权限数字发动机控制；FADEC；余度设计；PID 控制；双通道

Research on Dual-channel Full Authority Digital Engine Control Technology of Helicopter

YANG Chunbao[1,*], LI Ruonan[2], XIU Jiechen[1], LI Cun[1]

1. Harbin Aircraft Industry Group Co. Ltd., Aircraft Design and Research Institute, Harbin 150066, China

2. The Military Representative Office of the Representative Bureau of Army Armament Department in Harbin Region, Harbin 150066, China

Abstract: Full Authority Digital Engine Control (FADEC) system can control the engine throughout the flight envelope to have the best performance. Dual-channel FADEC system of helicopter cancelled the traditional way of mechanical backup fuel regulating, dual channel adopts PID control method for engine fuel flow control, and then the engine power demand response to the rotor speed change quickly, and each channel through independent sensor control the engine parameters, through the redundancy design to ensure the safe reliable, and the control parameters of the system. At the same time, the fuel flow of the system is limited according to the torque limits of the helicopter and the engine and the temperature limits between the turbine of the engine, and the main parameters are controlled to operate within the safety limits.

Keywords: Full Authority Digital Engine Control; FADEC; redundancy design; PID control; dual-channel

现代直升机要求发动机在整个飞行包线内都具有最佳性能，要求更多的变量参与发动机控制。在多变量多回路控制系统中，任何一个回路的参数变化，都会影响其他控制回路，因此如何克服回路之间的交互耦合影响成为多变量系统设计的难点[1]。传统的机械控制方式不可能满足这样的系统需求。电子控制技术的不断发展和完善，为多变量控制提供了新思路，全权限数字发动机控制系统(FADEC 系统)成为实现多变量复杂控制系统的有效途径[2]。无论在民用机、直升机乃至陆用装置上，将越来越多地采用发动机电子控制系统，尤其是全权限数字发动机控制系统，将使发动机控制技术达到更新更高的水平，已获得航空专业领域的普遍认同[3]。

1 概 述

直升机双通道 FADEC 系统以发动机电子控制单元为核心，包含两个控制通道。两个控制通道相互独

* 通讯作者. E-mail: hacavicycb@163.com

立，都能独立进行发动机功率控制，并具备检测、隔离部件故障的能力。同一时间只有一个通道处于控制状态，当一个通道受控时，另一通道处于备份中，两个控制通道交互受控，受控通道持续计算发动机燃油流量需求并通过执行机构燃油计量阀调节发动机燃油流量。燃油计量阀有两个独立的步进电机，两个通道各控制一个步进电机，受控通道全权控制步进电机调节燃油流量；两个通道均通过双路直升机电源和发动机自带的三相交流发电机多余度供电。低转速下燃气发生器驱动该三相交流发电机向系统供电。当该三相交流发电机不能维持系统电源需求时，系统使用直升机电源作为备份电源[4]。两个通道分别通过数据总线与直升机进行双向数据通信；两个通道分别通过数据总线与另一控制单元的相同通道进行数据通信；两个通道之间通过内部总线进行数据交互(见图 1)。

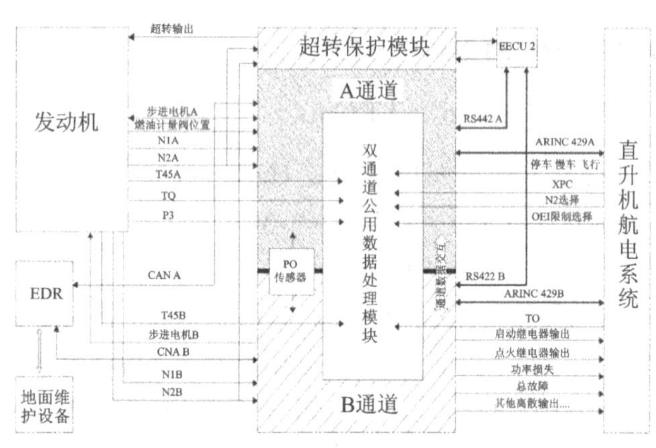

图 1　全权限数字发动机控制系统交联框图

2　直升机全权限发动机功率控制参数余度

由于完全替代了传统机械油门的控制方式，全权限数字式发动机功率控制系统的燃油控制完全由电子控制单元根据控制指令与参数变化自动进行。控制指令主要包括启动、停车/慢车/飞行、单发、训练等功率状态的输入。

全权限数字式发动机功率控制系统的控制参数包括两类。第一，功能参数，此类参数直接影响自由涡轮转速的控制，主要包括燃气涡轮转速、自由涡轮转速、名义自由涡轮转速。此类参数失效一般不会导致系统燃油控制功能丧失，第二，性能参数，此类参数不直接作用于自由涡轮转速的控制，但影响控制功率的上下限，此类参数失效一般导致系统性能降低和功能降级，而不会导致功能丧失，例如总距、大气压力、大气温度、扭矩和涡轮间温度。因此，全权限数字式发动机功率控制系统要求关键控制参数有高可靠性。为了满足航空发动机安全性和可靠性的要求，FADEC 系统一般采用双通道架构，每个通道通过独立的传感器测量控制所需的发动机参数。当 1 个通道的传感器发生故障时，可以切换到另一通道传感器的测量值进行控制，从而保证发动机正常工作。然而当其中一个通道传感器由于各种原因发生故障而偏离真实值，由于缺少其他参考，很难判断究竟哪个余度发生了故障[5]。由于单个传感器可靠性不足，可增加余度以保证系统可靠性。余度设计是对完成规定功能设置重复的结构，备件等，以备局部发生失效时，整个系统仍不至发生丧失规定功能的设计[6]，当某部分可靠性要求很高，但目前的技术水平很难满足时，采用余度设计可能成为一种较好的设计方法。

对于全权限数字式发动机功率控制系统的两个通道 A 和 B 而言，通道 A 通过对应传感器 A 获取燃气涡轮转速。通道 B 通过对应传感器 B 获取燃气涡轮转速，对于单个通道而言，每个通道通过各自独立的传感器计算燃气涡轮转速。

在正常情况下，每个通道通过范围和梯度检查燃气涡轮转速数据有效性。如果这两个通道燃气涡轮转速都有效，则进行差异测试。如差异测试通过，则当前通道燃气涡轮转速有效，不影响发动机功率正常控制。

如果两个通道中任意通道的燃气涡轮转速范围和梯度失效，当前通道使用范围和梯度有效的通道所采集的燃气涡轮转速进行发动机功率的控制，此时燃气涡轮转速余度降低，但是系统功能和性能不受影响。如果两个通道的燃气涡轮转速范围和梯度同时失效，系统将不能获取燃气涡轮转速或不能判断燃气涡轮转速的有效性，燃气涡轮转速失效，系统丧失燃油自动控制功能，保持当前的油门开度，飞行员按预定的程序进行应急处置。在以上情况下，将不继续执行差异性测试及后续程序。

如果两个通道燃气涡轮转速范围和梯度都有效，则进行差异测试。如果的如差异测试失败，则附加空值和强化梯度测试，如果其中一个燃气涡轮转速的附加测试失效，该通道燃气涡轮转速失效。如果双通道附加空值和强化梯度测试均失败或者均成功，则燃气涡轮转速失效(见图 2)。

全权限数字式发动机功率控制系统是一个复杂的控制系统，其故障模式多样，但从系统功能来看，可将

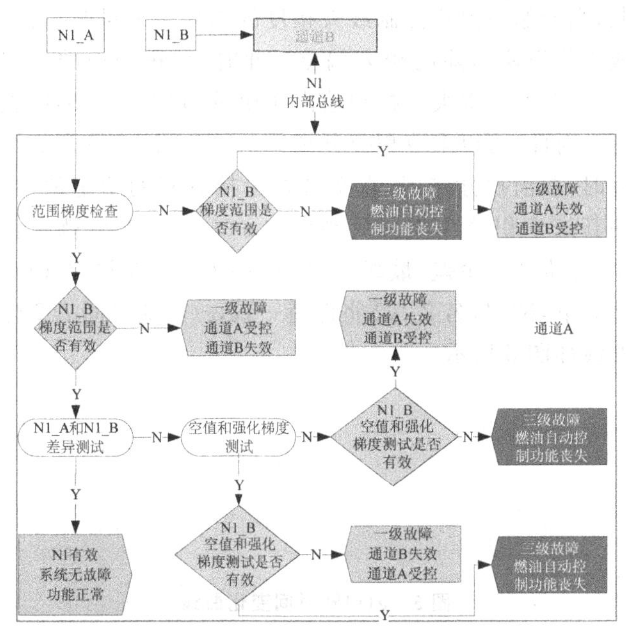

图 2　燃气涡轮转速(N1)余度控制流程图

故障划分为三级：一为控制参数备份失效，不影响系统功能和性能，仅影响系统控制余度；二为非重要参数失效，影响系统性能但系统功能不会丧失；三为重要参数失效，系统发动机功率控制功能丧失。驾驶员不需要关注具体出现了什么问题，只是需要按相应故障级别的操作程序进行处置即可，减轻了驾驶员的负担。

3　发动机燃油流量控制

直升机 FADEC 系统是通过调节燃油流量实现发动机功率调节的，在直升机当前功率模式下快速稳定的实现自由涡轮转速调节，并基于反馈的概念以减少不确定性。反馈理论的要素包括三个部分：测量、比较和执行。测量被控变量的实际值，与期望值相比较，用这个偏差来纠正系统的响应，执行调节控制。直升机 FADEC 系统通过采集自由涡轮转速、名义自由涡轮转速、燃气涡轮转速、总距位置、大气压力、大气温度、扭矩和涡轮间温度等参数，实现对发动机燃油流量的控制，从而使自由涡轮转速在整个飞行包线内与名义自由涡轮转速趋于一致，而不受载荷变化的影响。

3.1　名义自由涡轮转速控制

1. 低功率下的名义自由涡轮转速控制

当发动机燃气涡轮转速低于门限值时，名义自由涡轮转速以 2%每秒的速率增加，当燃气涡轮转速高于门限值 5%时，名义自由涡轮转速按飞行模式下的控制规律进行控制。上述门限值受发动机进气温度变化的影响。

2. 飞行模式下的名义自由涡轮转速控制

飞行模式下名义自由涡轮转速与大气压力相关，即由直升机依据大气压力计算并提供给发动机控制系统(见图 3)。

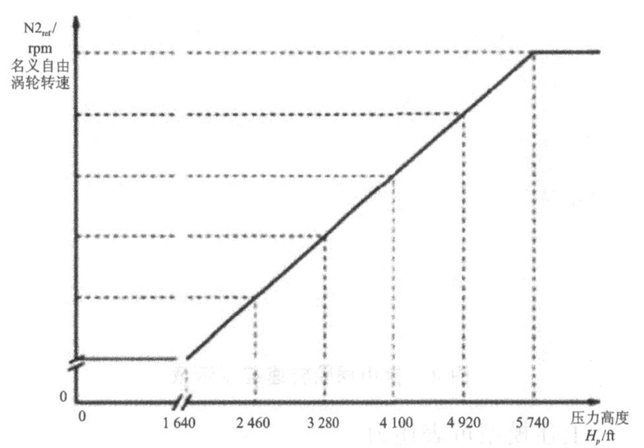

图 3　飞行模式下名义自由涡轮转速曲线

除在低功率下变化速率为 2%/s 外，在其他条件下，为了防止名义自由涡轮转速控制瞬变过大，限制名义自由涡轮转速控制变化率在±0.8%/s 以内。

3.2　自由涡轮转速控制

发动机自由涡轮转速采用 PI 控制，控制系统比较自由涡轮转速并与名义自由涡轮转速(期望值)，如果自由涡轮转速低，则增加油门开度，提高燃气涡轮转速；反之，则减小油门开度，降低燃气涡轮转速。同时，控制系统根据总距位置计算名义燃气涡轮转速，对发动机燃油流量进行预调，使发动机功率快速响应旋翼负载变化。另外，左右发动机控制系统之间通过数据总线进行数据交联，均衡左右发动机负载，当一发负载低于另一发时，则提高燃气涡轮转速(见图 4)。

最终的燃气涡轮转速是考虑到上述调整之后得到，系统测量燃气涡轮转速并与名义燃气涡轮转速数据相比较，如果燃气涡轮转速低，则提高燃油流量；如果燃气涡轮转速高，则降低燃油流量。

通过自由涡轮转速与名义自由涡轮转速余差的比例和积分调节控制自由涡轮转速达到名义值，如果自由涡轮转速小于名义值，则控制增加燃油量使燃气涡轮转速增加，进而驱动自由涡轮转速增加。反之，则减小燃油流量，驱动自由涡轮转速降低。

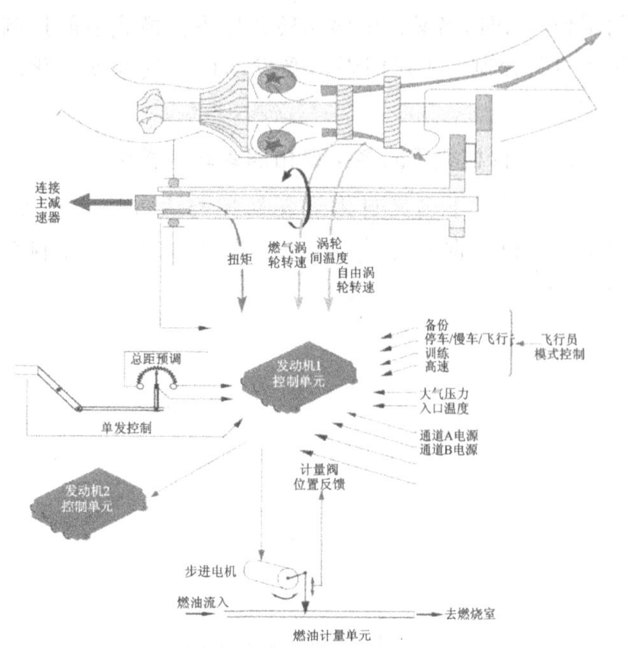

图 4　自由涡轮转速控制示意

上述模型可表述为

$$N2(t)=K_{p}e(t)+\frac{1}{T_{i}}\int_{0}^{t}e(t)\mathrm{d}t$$

$$e(t)=N2_{ref}(t)-N2(t)$$

式中，$N2_{ref}$ 为名义自由涡轮转速，K_p 为比例系数，T_i 为积分时间常数，t 为当前时间。

对上式进行拉普拉斯变换，得

$$N2_{ref}(s)=K_{p}E(s)+\frac{E(s)}{T_{i}s}$$

式中，$E(s)$为输入，以 $N2(s)$为输出，其传递函数为

$$G(s)=\frac{N2(s)}{E(s)}=\left[K_{p}E(s)+\frac{E(s)}{T_{i}s}\right]\Big/E(s)=K_{p}+\frac{1}{T_{i}s}$$

上述控制在宏观表述了直升机涡轮轴发动机自由涡轮转速 PI 控制的过程，实际上，为了满足控制要求，还需要对 PI 控制器采取积分分离、抗积分饱和等改进措施[7]。在控制系统中，K_p 参数影响系统动作的灵敏度及控制的稳态精度，增大 K_p 的值有利于减小稳态误差，提高系统控制精度，但随着 K_p 的增大，系统稳定性变差；积分环节的 T_i 参数用于控制系统的稳态误差，T_i 若设置的太小，震荡次数将增多，若设置的太大，不利于消除系统的稳态误差，难以获得较高的控制精度[8]。通过设置适当的比例系数 K_p 和积分时间常数 T_i 能够调节系统在单位时间内的响应速度。

由于航空发动机各个执行机构的线性范围受到限制，当开始或停止控制或大幅度的提降输入量时，将形成不能很快消除的较大偏差。此时，在积分项的作用下，将会产生很大的控制输出作用量（超调），并形成震荡。对此，可以采取积分分离算法，即在被控量开始跟踪时，取消积分作用，直至被控量接近新的给定值，才使其产生积分作用。只要余差 $e(t)\neq 0$ 调节就会作用，逐步消除余差，最终达到 $e(t)=0$[9]。因此，在稳定状态下，N2 与名义 N2 将保持一致，$e(t)$随时间 t 变化曲线如图 5 所示。

图 5　$e(t)$随时间变化曲线

3.3　发动机燃油流量限制

随着航空发动机技术的不断发展，对其性能要求不断提高，发动机既要发挥极限性能又不能超过限制边界，发动机通过限制燃油流量来保证主要限制参数运行在安全限制内[10]。以保护发动机的安全。发动机燃油流量限制主要有以下两方面考虑。

第一，限制扭矩不超直升机主减速器传动轴和发动机传动轴的限制保护传动系统。根据直升机主减速器传动轴和发动机传动轴的扭矩限制，并结合功率状态动态计算最大扭矩对应的最大燃油流量限制，避免直升机超过限定的扭矩门限而损伤发动机和直升机传动系统。扭矩用于燃油流量限制的计算，两个通道扭矩使用一个共同的扭矩传感器，每个通道对扭矩数据进行梯度与范围检查，用于限制燃油计算的扭矩是双发扭矩的平均值。同时系统通过燃气涡轮转速、自由涡轮转速、大气压力和大气温度计算一个等效扭矩。当双发扭矩与等效扭矩不一致或失效时，扭矩限制无法计算，扭矩对燃油流量的限制失效。控制系统根据当前状态的最大扭矩限制与当前的扭矩计算扭矩限制的最大燃油流量。

第二，限制涡轮间温度防止发动机超温。发动机涡轮间温度用于燃油流量限制的计算，每台发动机安装有两套用于测量涡轮间温度的热电偶，控制系统两个通道同时接两组热电偶的涡轮间温度数据，只要这两个涡轮间温度有效，系统就使用这两个涡轮间温度的平均数进行发动机的控制。当其中一个涡轮间温度

参数失效时，系统使用另一个涡轮间温度参数进行发动机控制。当两个参数都失效时，系统使用备份参数进行燃油流量限制计算。

4 结 论

(1) 直升机双通道 FADEC 系统保证了系统的可靠性与安全性，实现了对发动机功率的精确控制，改善了发动机响应，提高了发动机性能，并具有自动检测故障、主动降级备份控制等功能。

(2) 由于采用了余度控制，系统可靠性较传统系统大大提高。系统通过例积分的控制方式实现发动机燃油流量调节，通过设置适当的控制参数设置使系统达到合适的响应速度，满足发动机功率需求的变化。

参考文献

[1] 聂恰耶夫. 航空动力装置控制规律与特性[M]. 单凤桐，程振海，译. 北京：国防工业出版社，1999.

[2] 张绍基. 航空发动机控制系统的研发与展望[J]. 航空动力学报，2004，19(3)：376-382.

[3] 任士斌，孟庆明. 中国发展航空发动机 FADEC 技术的途径[J]. 航空发动机，2010，36(3)：54-55，28-29.

[4] 刘冬冬，张天宏，盛汗霖. 开放式 FADEC 系统结构及其关键技术探讨[J]. 中国航空学会第十五届航空发动机自动控制专业学术交流会论文集，2010：496-500.

[5] 卢莹，孟庆明，张绍基. 可靠性设计技术在 FADEC 系统中的应用[J]. 航空发动机，2001，2：33-38.

[6] 李叶波，蒋平国，田迪，等. 航空发动机传感器解析余度模型的建立方法[J]. 航空发动机，2018，44(4)：67-71.

[7] Parameters and control laws[J]. ASME2000-GT-3，2000，5.

[8] Xiao Lian Jiang，Xiu Ling Wei，et al. Analysis on aeroengine digital electronic control[J/OL]. Applied Mechanics and Materials，2014. https://doi.org/10.4028/www.scientific.net/AMM.602-605.1173.

[9] 叶云岳，陆凯元. 直线电机的 PID 控制与模糊控制[J]. 电工技术学报，2001，16(3)：11-16.

[10] Nihad Daidzic. FADEC advances allow better engine performance，Professional Pilot [J]. 2012，46(3)：78-82.

直升机集中告警设计研究

李昊晗[1,*]，李思齐[2]，李阳[1]

1. 哈尔滨飞机工业集团有限责任公司，哈尔滨 150066

2. 陆军装备部航空军事代表局驻哈尔滨地区航空军事代表室，哈尔滨 150066

摘要： 直升机集中告警系统可以快速向驾驶员提供直升机系统出现的故障信息，提醒驾驶员采取必要的纠正动作，降低飞行危险，是保证直升机安全飞行的重要系统。在直升机集中告警系统设计过程中，通过对集中告警系统的架构、告警级别、引起告警故障类型等的分析，依据一定的控制规则对告警信息进行抑制及整合，可以有效减少驾驶员的误读及误判，提高机组人员工作效率。本文以国内某型直升机集中告警系统为例，总结归纳了直升机告警系统的设计特点及设计过程中应该注意的问题，为新型直升机集中告警系统的研究积累经验及提供设计参考。

关键词： 集中告警；告警抑制；告警判断；告警形式

Research on Helicopter Centralized Warning System

LI Haohan[1,*], LI Siqi[2], LI Yang[1]

1. Harbin Aircraft Industry Group Co. Ltd., Harbin 150066, China

2. The Military Representative Office of the Representative Bureau of Army Armament Department in Harbin Region, Harbin 150066, China

Abstract: The helicopter centralized warning system can quickly provide the pilot with fault information of helicopter and remind the pilot to take necessary corrective action to reduce flight risk. It is an important system to ensure safe flight of helicopter. In the design process of helicopter centralized alarm system, through the analysis of the architecture, alarm level and fault types of the centralized alarm system. The alarm information is suppressed and integrated according to certain control rules, which can effectively reduce the pilot's misreading and misjudgment, and improve the flight crew's work efficiency. In this paper, taking a domestic helicopter warning system as an example, the design features and problems that should be paid attention to in the design process of the helicopter warning system are summarized, and accumulate experience and design reference for the research of new helicopter centralized warning system.

Keywords: centralized alarm; alarm level; alarm judgement; alarm modality

1 概　述

早期直升机告警系统主要是基于系统原始故障，通过独立的告警装置向驾驶员输出设备告警信息，这些告警信息只显示设备故障后的结果以及由此引发的相关信息。由于某种故障原因引起的故障告警信息全部显示出来，同时出现的多个故障信息将会导致驾驶员判断信息的延迟，多个故障信息并不能给出具体的故障原因，驾驶员只能按照不同故障的处理程序进行应急操作，这种状态势必增加驾驶员的负担，同时也可能会使故障进一步恶化，最终导致重大或灾难事件的发生。

随着直升机系统功能的不断增加，需要输出的告警信息也越来越多，各控制系统间也不再是孤立的存在，系统联系越来越紧密。由于某一故障原因同时输出的告警信息也越来越复杂，如此大量的告警信息并非都需要驾驶员及时采取措施，对驾驶员来说，多用一

* 通讯作者. E-mail: hacaviclhh@163.com

秒进行信息判断，就等于浪费一点逃生的机会，抑制不重要的或者不合适的告警，把重要告警信息通知驾驶员显得格外重要。

近几十年电子技术的巨大发展和多种探测技术应用到航空领域，集中告警技术取得了重大突破，通过直升机座舱显示系统可以共享直升机的各种参数及状态信息，通过有效的告警信息的抑制及优先级设计，可以为驾驶员及时准确地提供系统故障原因，为驾驶员采取纠正动作争取了时间，可以有效降低飞行危险。

2 集中告警系统架构

随着电子技术集成化的提高，民用直升机的告警系统与航电系统结合越来越紧密，已成为航电系统的一部分功能模块。民用直升机各控制系统和飞行数据直接与模块化的航电系统的 RDC(远程数据采集单元)链接，大多数告警功能也是通过驻留的应用软件在航电系统内部执行，同时航电系统的 MFD(多功能显示器)、PFD(主飞行显示器)显示直升机告警信息，并通过总线将告警数据发送到外部设备，可以下载及存贮。这一开放式的架构设计，可以依据设计需求对直升机告警系统进行升级或更改。

通过 MFD、PFD 输出与告警信息等级相同的主警告、主告诫闪光信号，通过输出的主警告、主告诫信号驱动直升机的主警告灯、主告诫灯闪亮，以达到复示告警的目的。安装在正、副驾驶侧的主警告、主告诫信号如果采集不同的 MFD 或 PFD 信息，势必造成主警告、主告诫闪光频率的不一致，不同闪光频率的主警告、主告诫告警信号将会对驾驶员视觉产生不必要的干扰。可以通过 MFD、L_PFD 上的决断信号，判断 MFD、L_PFD 是否有效，从而按 MFD→L_PFD1→R_PFD 的顺序依次输出闪光信号，同时驱动正、副驾驶侧的主警告、主告诫信号，使左、右两侧的主警告、主告诫闪光频率一致。同时保证在 MFD、L_PFD 显示器依次失效时，不会影响主警告、主告诫信息的显示。图 1 为告警系统架构。

3 告警级别

直升机主要通过集中告警系统达到告警的目的，对驾驶员来说最为关心的就是数目繁多的告警信息的

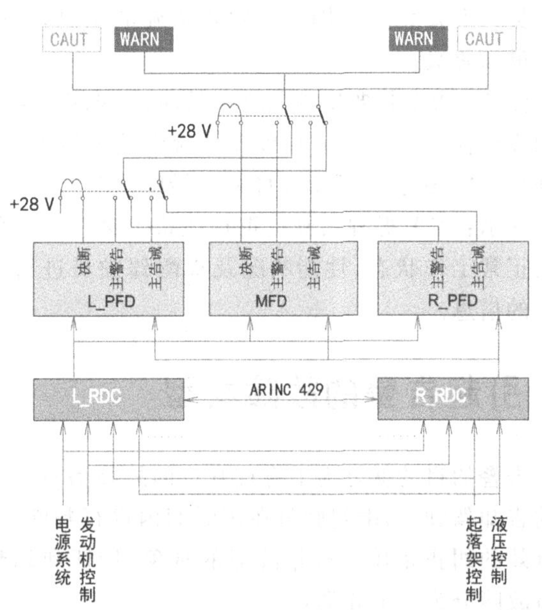

图 1 告警系统架构

紧急程度，这种紧急程度可以依据系统的安全等级进行划分，告警信息等级的划分可以参照 SAE ARP4102/4《Flight Deck Alerting System(FAS)》。SAE ARP4102/4 对告警信息的定义如表 1 所列。

表 1 告警级别

告警级别	评定标准	告警形式			
		视觉		听觉	触觉
		信息显示	告警颜色		
警告	紧急操作或要求机组人员立即知晓并立即采取纠正或补偿行动	字母+数字	红色	音频+语音	触柄摇动
注意	非正常操作或要求机组人员立即知晓，随后需要采取纠正或补偿行动	字母+数字	琥珀色	音频	无
提示	操作或者要求机组人员知晓，但不需采取动作	字母+数字	其他颜色	音频(选装)	无
状态	由机组触发的系统状态，提示机组选择了特殊飞机构型或运行状态	字母+数字	绿、蓝或白	无	无

一般告警系统可以使用警告、注意、提示三级。通常以视觉告警为主，听觉告警为辅，尽量少用触觉告警。

警告：表明已出现了危及飞行安全的状态，需要让

驾驶员马上知悉并立即采取纠正措施的信息，它是告警的最高等级。

注意：表明将要出现危险状况，或某系统故障将会影响飞行任务的完成或导致该系统性能的降级，需要驾驶员立即知道，但不需立即采取措施的信息。

提示：需要提醒驾驶员重视飞机上某些系统的安全或正常工作状态、性能状况及提醒驾驶员进行例行操作的信息。

4 引起告警的故障类型

告警的目的就是为了将直升机的故障信息及时准确的告知驾驶员，由驾驶员在短时间内进行判断，并做出有效的纠正措施。根据故障的现象、特征和趋势可以将故障分为以下几类：

(1) 随机特征故障。故障的出现是突发的，一旦发生后所呈现的现象保持不变，如功率开关器件故障、控制器故障等。

(2) 损耗特征故障。故障的发生是逐渐变化的，随着时间的延续故障会变得越发严重，如电机轴承磨损、线圈老化、电容电阻老化参数变化等。

(3) 瞬态性特征故障。非固定故障，出现是瞬态的，很快就会消失，如微处理器受到干扰、数字电路受到干扰、接线接触不良等。

对于呈现随机特征的故障，很难预先探测到故障趋势，无法进行故障预测；对于呈现损耗特征的故障，存在比较明显的故障变化趋势，比较适宜进行故障预测；对于呈现瞬态特征的故障，可以通过统计频率的方法进行故障预测，即随着瞬态故障的增加，就表示成为固定性故障的可能性增大。

确定系统的故障类型并不仅仅是为了告警，更多情况下是为了依据故障类型，提出针对故障的防护对策。比如功率开关故障可能会导致发动机功率控制失效，在这种情况下，输出告警信息意义不大，更多情况下，要依据系统的安全等级采取余度设计，保证发动机功率控制可控。

5 告警抑制

随着直升机系统功能的增加，控制系统日趋复杂，系统的告警信息越来越多。以某型直升机为例，告警信息多达100余条，很多告警信息是由于共模故障引起，比如液压系统故障，除了正常输出液压压力低故障信息外，同时还要输出液压助力器伺服卡滞故障；直升机在停车状态时，还会输出发动机滑油压力低、主减滑油压力低等故障。这些故障信息并不是直升机系统真正的故障，而是该状态的正常显示。通过采取适当的抑制规则，抑制掉不重要、共模的、正常的信息，或对同时出现的同类信息进行组合，抑制多余的信息显示。

集中告警系统中告警信息抑制主要分为优先级抑制、飞行阶段抑制、显示信息抑制以及告警系统失效抑制等。集中告警抑制需结合整个告警系统，给出飞行机组确保飞行安全最合适的告警策略。

5.1 优先级抑制

不同的告警信息要求驾驶员知晓的时间以及纠正非正常操作的时间不同，因而告警存在着优先级的高低。对于机组告警系统而言，每个告警都有的优先级，其优先级排序按照以下规则：

(1) 对于有对应音响告警的告警信息，需按照其对应音响的优先级排序。

(2) 对于没有对应音响告警的告警信息，优先级按照从高到低告警顺序排列，其优先级均低于同一类别里有音响的告警。

当机组告警系统面对多个告警系统或多个告警信息时，应当按照优先级次序进行告警故障处置，以保证飞行安全。依据上述的优先级排序规则，高优先级的告警出现时，应抑制低优先级的告警。

5.2 飞行阶段抑制

某些告警信息会分散驾驶员在关键飞行阶段的注意力，或这些告警消息本身就是源自特定阶段的正常操作。针对地面、起飞、着陆等每一特定的飞行阶段，都要相应的定义需要抑制的告警信息。对于在特定阶段被抑制的告警信息，当新的阶段到来时，如果该告警状态仍然存在，该告警信息将被激活。

电源系统的发电机断开(L(R)DC GEN)告警信息在地面发电机没有并网时，是正常的状态显示；在空中，如果显示该信息，就说明发电机断网，是一种故障显示。因此，在发电机没有并网时系统探测到该信息应该抑制掉，避免使驾驶员产生困惑。

5.3 显示信息抑制

为了减轻驾驶员负担，应尽量减少告警信息数量，避免出现需同时处理多个故障的情况，告警系统在设计中应考虑尽量采用一个告警消息来应对复杂情况的方式，包括组合信息和集合信息等。

当同一系统出现多个功能失效的故障时，可以通过一个组合信息可以用来代替多个单独的信息，这时就应抑制单独的消息。

当存在多个告警信息，信息的触发原因不同，但对飞机具有相同的影响并需要机组采取相同的措施时，则可以用一条集合信息代替以上多个信息。例如：当多个舱门同时打开时，只需显示一条“DOORS”信息，抑制掉那些单独的舱门告警信息。

对于由某个故障源引发系统故障的情况，只有作为根源的那个故障会触发产生告警信息，后续引发的那些故障不应再产生告警信息。例如：由于液压压力低时会引起 HYD PRESS（液压压力低）和 SERVO STUCK（伺服卡滞）同时出现，所以在空中，如果出现 HYD PRESS（液压压力低）信息时，将 SERVO STUCK（伺服卡滞）信息抑制，避免驾驶员产生错判。

5.4 音响告警抑制

音响告警作为告警系统的重要组成部分，有时其音响会影响驾驶员对告警信息的判断，需要驾驶员人为操作关闭音响告警，在这种情况下必须提供目视告警信息，告知驾驶员音响告警处于抑制状态。

6 告警信息的判断及形式

直升机告警系统并不是为了将所有的故障信息显示给驾驶员，而是依据一定的抑制规则和故障类型进行设计的。直升机告警系统与直升机的参数显示相关联，参数的显示范围及显示形式也是告警系统的一部分，设计过程中，需要保证参数显示状态与告警状态保持一致，以免引起错误的判断。

6.1 告警信息的判断

为了避免出现误告警，通常的做法是每间隔 50 ms 采集一次，连续采集 3 次有效后，确认输出告警信息，通过这种处理方法，所有的告警信息都会延时 150 ms 输出。

大多数告警信息来自故障设备输出的信号，对这样的告警信息，只需将设备状态的变化输出给告警系统即可。随着系统集成度的增高，更多的告警信息来自座舱显示系统的逻辑判断。如发动机滑油压力告警，必须在满足发动机 NG 转速、发动机滑油温度有效的状态下，如果发动机滑油压力低于最小值或高于最大值，最终确认输出发动机滑油压力告警信息，如图 2 所示。

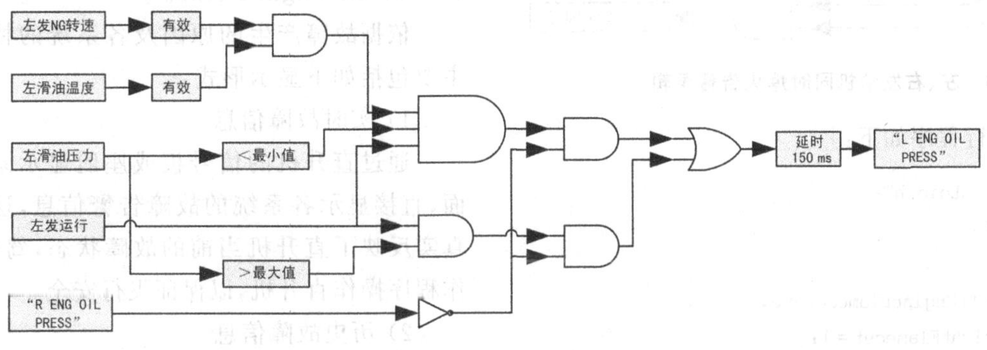

图 2 发动机滑油压力告警逻辑

其典型执行程序如下：

```
#include<stdio.h>
Void main()
{
    int leftSpeedFlag = 0,leftTempFlag = 0, leftEngine-
Run = 1;
    int leftPressMax = f (Oil Tm), leftPressMin =
f(NG);
    int leftOilPress = 0;
    int i = 0;
    int flag_1 = 0;
    flag_1 = leftSpeedFlag && left TempFlag &&(left-
Press<leftPressMin) && leftEngineRun;
    leftOilPress = (flag _ 1 &&! rightOilPress) ||
(leftEngineRun && (leftPress>leftPressMax)&&! rightOil-
Press);
    For(i = 0;i<150;i++)
    {
        ;
    }
    If (leftOilPress == 1)
    {
        Printf("L ENG OIL PRESS!");
    }
```

```
        else
        {
            Printf("Nothing need to do");
            Printf("Nothing need to do");
        }
    }
```

通过对参数信息判断输出的告警信息，可以保证告警信息与参数的颜色范围相对应，不会由于告警信息与参数的颜色不一致导致驾驶员产生误判。

现有的座舱显示系统由于页面所限，并不能直接将所有出现的告警信息都显示出来，一般情况下，告警信息页面必须保证能同时显示所有红色的告警信息。对于左右系统或左右发动机同时出现的故障信息，需要结合显示，如发动机熄火故障信息的显示：当左发动机熄火时，系统显示"L ENG OUT"告警信息；当右发动机出现火警时，系统显示"R ENG OUT"告警信息；当左、右发动机同时出现告警信息时，系统显示"L+R ENG OUT"告警信息，如图 3 所示。

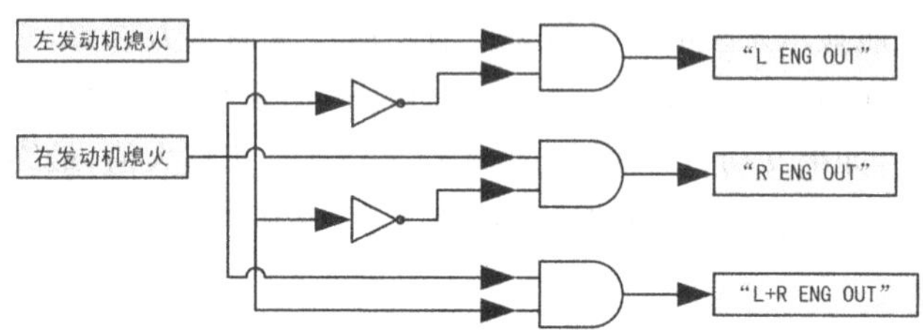

图 3　左、右发动机同时熄火告警逻辑

其典型执行程序如下：

```
#include<stdio.h>
Void main()
{
    int leftEngineFlameout = 0,
        rightFlameout = 1;
    int leftEngFlameout = 0,
        rightEngineOut = 0;
    if(leftFlameout == 1)
    {
        leftEngineFlameout = 1;
        printf("L ENG OUT\n");
    }
    else
    {
        leftEngineFlameout = 0;
    }
    if(rightEngineFlameout == 1)
    {
        rightEngineFlameout = 1;
        printf("R ENG OUT\n");
    }
    else
    {
        rightEngineFlameout = 0;
    }
}
```

6.2　告警形式

集中告警系统综合直升机各系统告警信息，依据各系统的故障分析状态，及时准确的输出告警信息。这些告警信息都采用感官告警形式，主要包括视觉、听觉、触觉告警信息。通常情况下，除了触觉告警不建议单独采用外，其他两种告警形式可以单独使用，更多情况下是相互配合以达到最佳告警效果。

1. 视觉告警

视觉告警的目的就是第一时间通知驾驶员直升机各系统发生的具体故障信息，所有这些故障信息尽量采用简略的语言或通用的缩写字符，不能人为制造缩写信息，以免产生歧义，一般缩写可以参照 SAE ARP4105《Abbreviations, Acronyms, and Terms for Use on the Flight Deck》。

依据故障产生的原因及各系统的特点，视觉告警主要包括如下显示形式：

1) 实时故障信息

通过直升机的信号板或座舱显示系统的 CAS 页面，直接显示各系统的故障告警信息，这些告警信息，真实反映了直升机当前的故障状态，驾驶员按故障操作程序操作直升机，以保证飞行安全。

2) 历史故障信息

对于一些瞬时故障，驾驶员在空中可能无法捕捉，这些故障在地面也无法进行模拟。通过对一些容易出现的瞬时故障设定空中采集并记录，这些信息与直升机的飞行次数、飞行时间等相关联，为地面维护分析提供数据支撑。

3) 系统维护信息

直升机在空中飞行过程中，由于某种原因，可能会出现重要参数超限的情况，由于参数超限，可能会对设备的寿命、使用次数产生影响，记录相关参数的超限数值及超限时间，并与日历时间关联，为分析有寿成品设备的寿命提供依据，可以对设备进行故障预判，并采取相关的维护措施。

2. 音响告警

音响告警可以与视觉告警同时存在，也可以单独输出告警信息。音响告警按优先级输出，高级别的音响告警可以抑制低级别的音响告警。一般情况下，音响告警有以下两种形式：音调＋语音，或单独的音调。

语音信息内容与视觉信息内容应一致，避免产生歧义。每种音调应相互区别明显，应与其表达的含义对应。用于语音提示的音调，警告信息采用双音提示，告诫信息采用单音提示。

3. 参数页面告警

随着直升机系统越来越复杂，告警信息不再只是局限于音响＋字符的形式，很多告警信息以更加直观的图形(见表 2)或字符等形式，直接显示在参数页面上。这些图形并没有明确的文件规定其显示形式，但可以在单机规范中采用特性字符表示。这些图形告警信息可以更加直观的告知驾驶员系统的告警状态。

表 2　告警图形

图　形	状　态	图　形	状　态
	发动机培训		放气活门开
	OEIL 使用时间 <145 s		OEIH 使用时间<25 s
	145 s<OEIL 使用时间<150 s		25 s<OEIH 使用时间<30 s
	OEIL 使用时间>150 s		OEIH 使用时间>30 s

4. 参数限制告警

直升机各系统参数区域的划分不再是简单的区域描述，其显示范围与直升机的各告警信息必须一致，为体现出其状态的变化，当参数进入琥珀色区域、红色区域时，相应的区域线会逐级变粗，以更加醒止的显示形式，提醒驾驶员状态发生了变化，如图 4 所示。

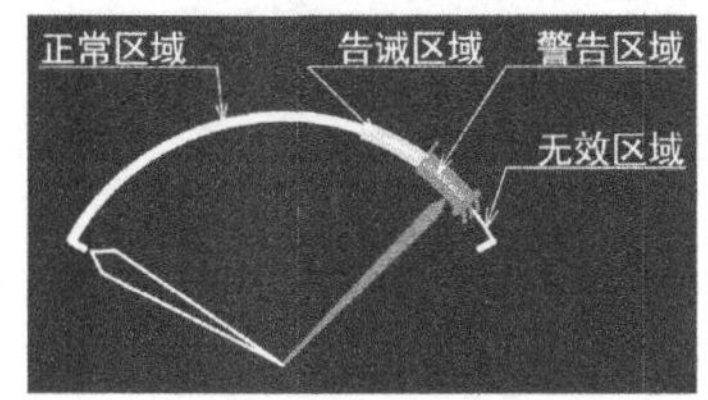

图 4　参数限制告警

5. 简图页告警

随着航电技术的不断发展，现代直升机利用座舱显示系统的参数显示功能，可以将各系统部件及功能以简图页的形式体现出来。简图页可以更加直观的显示系统的组成及工作状态，在简图页中包括系统的参数、告警、状态等信息，如图 5 所示。

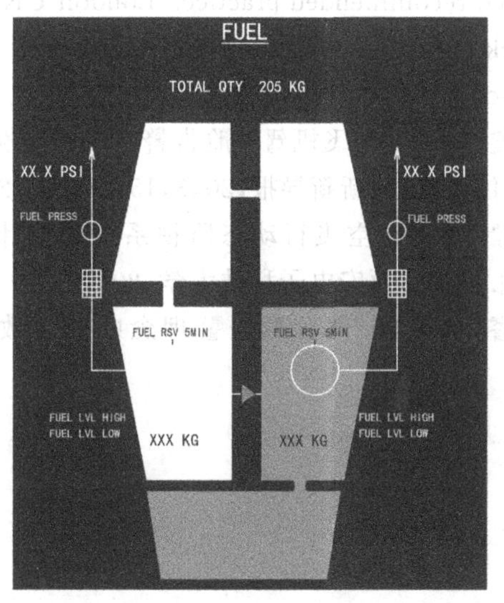

图 5　简图页告警

7　结束语

现代直升机控制系统越来越复杂，现有直升机集中告警系统的设计水平及设计理念仍然无法对任意非正常化故障组合信息给出处理意见。

直升机各控制系统间相互交联越来越复杂，直升机集中告警系统直接关系到直升机的飞行安全，告警信息过多过少都会影响到驾驶员的正常操作，认真研究各控制系统的控制机理及交联关系，采用更加合理的方法实现各系统的集中告警功能，需着重从以下三个方面进行分析：

(1) 对直升机各控制系统进行安全性分析，在进行安全分析时，要重点分析共模故障、外部事件以及人为操作对告警系统的影响；

(2) 确定所有控制系统需要告警的信息内容，初步确定告警级别及告警形式，确定警告信息的优先级，依据产生告警信息的条件，确定产生告警信息的类别，对告警信息进行分类；

(3) 确定直升机各阶段所需告警信息内容，依据各阶段状态，对告警信息施加抑制条件。

对民用直升机集中告警系统进行研究，建立民用直升机集中告警系统设计准则及配置原则，为今后新型直升机设计和现有直升机改进改型提供理论指导，具有重大意义。

参考文献

[1] SAE Committee S7, SAE ARP 4102/4. Aerospace recommended practice. London UK: Flight Deck Alerting System SAE Aerospace Group, Europe Office, 1988, 2007.

[2] 张鑫. 轻型运动飞机驾驶舱告警系统适航性技术研究[J]. 科技创新新导报，2018，15(451)：12-15.

[3] 郭豫. 通用航空飞行动态监视系统的设计与实现[C]. 西安：西安电子科技大学，2017.

[4] 杨睿，许凌志. 驾驶舱告警理念中的一致性研究[J]. 中国高新科技，2020(81)：59-60.

[5] 殷媛媛，贺旺. 民用飞机机组告警级别设计原则[J]. 飞机设计，2018，38(186)：69-72.

[6] 王菡，陆奇. 大型客机机组告警系统人机接口设计方法研究[J]. 中国高新科技，2019(41)：53-55.

[7] 陈楠. 当代民机告警系统发展综述[J]. 科技世界，2016(182)：14，21.

[8] 张博. 民用飞机机组告警系统设计[J]. 中国高新技术企业，2014(305)：35-36.

[9] 姚新斌. 民用飞机机组告警系统设计研究[J]. 科技创新导报，2012(243)：20-21.

[10] 李春峰，迟福海，李宝清，等. 某型飞机综合告警系统深度修理工艺技术研究[J]. 航空维修与工程，2020(352)：67-70.

民机起飞场长指标与经济性的权衡分析方法

范周伟，余雄庆*

南京航空航天大学 航空学院，南京 210016

摘要：起飞场长和经济性是民机顶层需求的两个重要方面，两者之间存在制约的关系，需要进行权衡分析。将起飞场长与经济性权衡分析问题转化为优化问题。应用优化方法，通过设置一系列不同的起飞场长约束，计算出对应约束条件下的直接使用成本最小值，从而获得起飞场长指标与直接使用成本之间的定量关系。宽体客机示例表明，当起飞场长指标设置得较严格时，直接使用成本对起飞场长指标较为敏感；当起飞场长指标放宽至某一值时，直接使用成本不再受起飞场长指标的影响。本文方法有助于确定合理的客机起飞场长指标。

关键词：顶层飞机需求；起飞场长；直接使用成本；权衡分析；优化

A Tradeoff Method for Take-off Field Length Requirement and Cost of Commercial Aircraft

FAN Zhouwei, YU Xiongqing*

College of Aerospace Engineering, Nanjing University of Aeronautics and Astronautics, Nanjing 210016, China

Abstract: Take-off field length (TOFL) and direct operating cost (DOC) are two critical elements of top-level requirements for commercial aircraft. A tradeoff analysis for the TOFL and DOC is imperative due to the mutual impact between them. The tradeoff problem between TOFL and DOC is solved using an optimization method. By the optimization, a set of optimal values of DOC is obtained with different TOFL constraints. The quantitative impact of TOFL requirements on the optimal DOC is then illustrated by a curve, on which every point corresponds to an optimally sized aircraft. A case study of wide-body commercial aircraft indicates that the TOFL requirement has a large impact on the DOC when the TOFL requirement is set to be stricter. But the DOC is no longer affected by the TOFL requirement when the TOFL requirement is relaxed to a certain degree. Through the method in this paper, a reasonable take-off field length requirement for commercial aircraft can be determined.

Keywords: top-level aircraft requirement; take-off field length; direct operating cost; tradeoff analysis; optimization

顶层飞机需求是飞机总体设计的输入[1]。顶层飞机需求是否合理对飞机型号的成功与否具有决定性的影响。顶层飞机需求中各项指标往往存在相互制约的关系，改变一项需求指标往往会影响到其他需求指标，因此有必要对顶层需求之间的影响关系进行深入的分析。对于民机而言，起飞场长和经济性是顶层需求的两个重要方面。起飞场长短意味着飞机具有更好的机场适应性。但为了实现更短的起飞场长，飞机需要配装推力更大的发动机，或增大机翼面积，或采用更复杂的襟翼，这意味着会增加飞机的油耗、重量和成本，从而导致飞机的经济性下降。另一方面，如果起降场长指标过于宽松，飞机的机场适应性下降，会导致飞机竞争力的下降。因此，在确定顶层飞机需求时，理清起飞场长指标与经济性之间的影响关系十分必要。

起飞场长指标对飞机经济性影响问题已引起飞机设计研究人员的关注。Anton 等人[1]研究了短程双发喷气飞机的顶层需求对飞机设计的影响，其结果显示过于严苛的起降能力需求会导致飞机的油耗增加。Si-

* 通讯作者. E-mail: yxq@nuaa.edu.cn

mos 和 Jenkinson[2] 在对一款短航程飞机的研究中发现，在基准机型的基础上，过高的起飞场长指标会导致成本明显增加；但起飞场长指标放宽到一定程度后，对成本的影响较小。Dzikus 等人[3] 对飞机的起飞场长需求进行了研究，结果表明机场海拔高度和参考温度对飞机的起飞场长需求有很大的影响。这些研究表明，起降场长指标对飞机经济性具有较大的影响。

本文以大型客机为研究对象，建立一种起飞场长指标与经济性的权衡分析方法，获得起飞场长指标对经济性影响的定量关系。

1 起飞场长与直接使用成本

1.1 起飞场长的定义

根据中国民用航空局适航条例 CCAR－25 的规定，飞机正常起飞所需要的跑道长度至少为飞机所经过地面距离的 1.15 倍。飞机关键发动机失效时，飞行员根据飞机的速度判断继续起飞或者中断起飞。起飞平衡场长是飞机在关键发动机失效后，继续起飞和中断起飞距离相等时飞机所经过的地面距离。起飞场长为起飞平衡场长和 1.15 倍正常起飞地面距离二者中的较大值。

考虑到运营机场地理位置不同，其海拔高度、气温等环境因素存在差异，在顶层飞机需求中，一般在标准海平面和最大起飞重量情况下定义飞机的起飞场长。

从飞机特性的角度来看，影响起飞场长的主要因素有翼载、起飞推力、起飞升力系数等。而这些参数与机翼设计参数、发动机推力、增升装置的类型等有密切的关系。

1.2 直接使用成本

评价民机经济性的一个重要指标是直接使用成本(Direct Operating Cost，DOC)[4]。DOC 由所有权成本和现金成本组成。所有权成本包括了保险成本、折旧成本、贷款利息。现金成本包括了维护成本、燃油成本、机场使用成本、空勤成本。飞机的直接使用成本可以表述为不同的形式，如座公里成本和航次成本。

飞机使用重量、发动机推力和耗油率、航段油耗、座位数等对 DOC 有直接影响。给定油价后，航段油耗决定了燃油成本。通常，燃油成本在 DOC 中占据较大比例，仅次于折旧成本[4]。而任务航程的油耗主要取决于气动效率(升阻比)、使用空重、发动机耗油率。这些飞机特性又取决于飞机总体设计参数，包括机翼面积、展弦比、后掠角、发动机涵道比等。因此，为降低 DOC，应该对飞机总体设计参数进行优化。

2 权衡分析的方法

起飞场长指标与经济性的权衡分析的基本思路为：设置一系列不同的起飞场长指标(其他顶层需求指标固定)，以 DOC 最小为优化目标，优化总体参数，获得起飞场长指标与 DOC 之间的定量关系。简言之，就是将起飞场长指标与经济性的权衡分析问题转化为总体参数优化问题。

2.1 总体参数优化模型

优化模型的三个要素是：优化目标、约束条件和设计变量。起飞场长指标与经济性的权衡分析问题的优化模型为：

目标函数：DOC(最小)；

约束条件：起飞场长以及其他设计要求；

设计变量：机翼参数以及发动机参数。

上述优化模型中，约束条件反映了设计要求。其中，起飞场长为可变化的约束，即设置一系列不同的起飞场长指标作为约束；其他设计要求包括顶层设计需求中的性能需求和相关的适航要求。将机翼外形设计参数和发动机参数设为设计变量，是因为这些设计参数对飞机起飞场长和 DOC 具有很大的影响；机身外形参数主要取决于客舱布置，设为固定参数；尾翼参数对 DOC 的影响较小，也设为固定参数。定义完成优化模型后，可采用优化算法求解该优化问题。

在优化迭代计算过程中，需要进行大量的设计方案的分析，即给定设计变量和其他固定参数，计算约束条件和目标函数。对于本文研究的问题，给定设计变量和其他固定参数意味着定义了飞机概念方案。因此，求解上述问题需要首先建立飞机概念方案的分析模型和计算程序。

2.2 概念方案综合分析程序

概念方案分析的功能是计算出飞机概念方案的起降性能、航线性能、经济性等飞机特性。通过概念方案分析可计算出目标函数 DOC 的值，评估各项约束条件是否满足要求。

飞机概念方案分析涉及多个学科，通常包括推进、几何、气动、重量、性能、成本等多个方面。因此，概念方案分析实际上是一种多学科综合分析。本文采用一款针对民机的概念方案分析工具[5]。图 1 通过“设计结构矩阵”[6]展示了各模块间的逻辑关系和数据传递。其中，推进系统分析模块采用零维分析模型，计算发动机不同工作状态下的推力、耗油率。几何分析模块对飞机外形进行参数化定义，并计算飞机的基本几何参数，包括油箱容积和外露面积等。气动分析模块通过工程经验方法[7]计算飞机的气动特性。重量分析模块采用基于统计数据的方法计算飞机的重量[8]。性能分析模块基于简化的动力学方程，计算飞机的起降和航线性能。通过调整设计燃油重量，在性能分析模型和重量分析模型间进行迭代，使得飞机的航程与设计航程匹配。成本分析模型基于 AEA 方法[9]，对飞机的 DOC 进行计算。

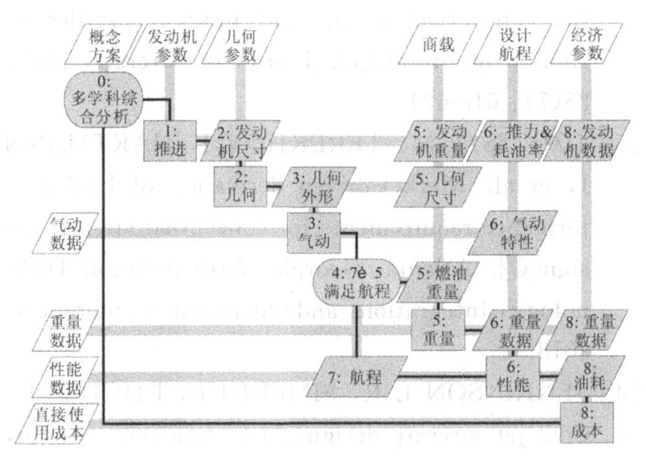

图 1　民机概念方案的综合分析的架构

3 示　例

以宽体客机为例，分析起飞场长指标与经济性之间的关系。该客机是一款双通道宽体客机，设计航程为 12 000 km，巡航高度为 11 000 m，巡航马赫数为 0.85，标准三舱布局可装乘客 280 名。客机采用下单翼双发布局，外形如图 2 所示。表 1 列出了基准概念方案的主要设计参数。

图 2　宽体客机的外形

表 1　主要设计参数

部　件	参　数	取　值
机翼	参考面积/m^2	355.49
	展弦比	10.47
	1/4 弦线后掠角/(°)	32
	梯形比	0.11
	后缘增升装置类型	单缝富勒襟翼
	前缘增升装置类型	前缘缝翼
机身	长/m	60
	宽/m	5.92
	高/m	6.07
发动机	海平面最大静推力/kN	334
	涵道比	11

该实例的起飞场长指标与经济性权衡分析通过以下优化问题进行：

(1) 目标函数：DOC 最小。

(2) 约束条件：① 起飞场长小于 L_{TO}，L_{TO} 为 1 500～4 000 m 间的一系列数值；② 初始巡航高度爬升率大于或等于 1.5 m/s；③ 设计航程等于 12 000 km；④ 起飞第二阶段单发失效爬升梯度大于或等于 2.4%；⑤ 油箱容积大于需燃油体积。

(3) 设计变量：机翼参数和发动机(单台)海平面最大推力。设计变量取值范围见表 2。

表 2　设计变量及其范围

变　量	下　界	初始值	上　界
单发海平面最大静推力/kN	230	334	400
机翼参考面积/m^2	300	355	430
机翼展弦比	8.5	10.5	12
机翼 1/4 弦线后掠角/(°)	25	32	36
机翼梯形比	0.09	0.11	0.25
机翼翼根相对厚度	0.12	0.14	0.15

DOC 计算中所设置的成本参数见表 3。

表 3　DOC 计算参数设置

参　数	数　值	参　数	数　值
油价/(元·kg^{-1})	4.2	贷款期/年	11
折旧周期/年	15	贷款利率/%	5
年利用率/小时	3 600	保险费率/%	0.6

为了减少计算量，在优化中使用代理模型替代概念方案综合分析程序。通过概念方案综合分析程序对

拉丁超立方抽样生成的 400 组样本点进行计算。利用 Kriging 模型[10]拟合样本数据，得到客机特性代理模型。随机生成 20 组测试点，检测出代理模型对各项参数预测的平均相对误差都在 3%以下，代理模型预测精度满足要求。

在优化问题中，设置一系列的起飞场长约束(1 500～4 000 m)，应用多岛遗传算法[11]求出不同起飞场长约束下的 DOC 最小值，结果如图 3 所示。当起飞场长小于 1 900 m 时，没有可行解，说明此时在设定的设计变量范围内没有可行的设计方案。当起飞场长约束为 1 900～2 600 m 时，DOC 对起飞场长约束较为敏感，起飞场长从 1 900 m 放宽至 2 600 m 时，DOC 减小约为 6.2%；当起飞场长约束为 2 600～2 900 m 时，DOC 值对起飞场长约束的敏感度减小；当起飞场长约束大于 2 900 m 时，DOC 随起飞场长的增加几乎没有变化。根据图 3 也可由给定的 DOC 指标计算出对应的起飞场长指标。例如，当 DOC 设为 0.368 元/座・公里时，起飞场长指标应设为小于 2 700 m。

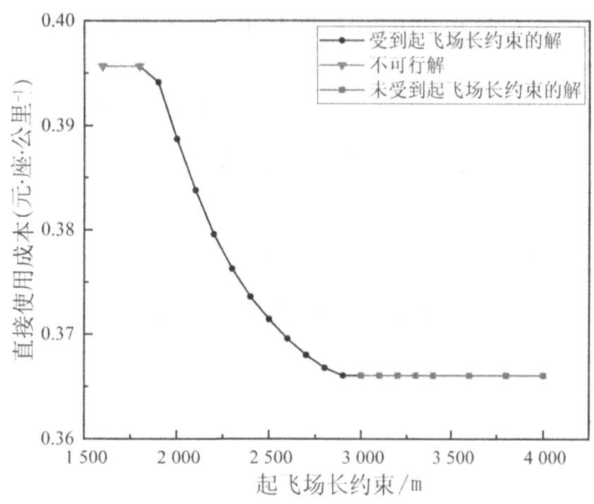

图 3　不同起飞场长约束下的 DOC 最小值

4　结　论

针对大型客机起飞场长指标与经济性权衡分析，本文将该权衡分析问题转化为总体参数优化问题。通过设置一系列不同的起飞场长约束，计算出相应的起飞场长约束下 DOC 的最小值，从而获得起飞场长指标与 DOC 间的定量关系。以宽体客机为例，验证了方法的有效性。应用本文所述方法，获得了宽体客机起飞场长指标与 DOC 的关系，识别出了 DOC 对起飞场长指标的敏感程度。当起飞场长指标设置得较严格时(起飞场长较短)，DOC 对起飞场长指标较为敏感；当起飞场长指标设置得较宽松时(起飞场长较长)，DOC 对起飞场长指标的敏感度降低；当起飞场长指标放宽至某一值时，DOC 不再受起飞场长指标的影响。起飞场长指标与 DOC 的权衡分析为确定合理的起飞场长指标提供了一种定量的决策方法。

参考文献

[1] ANTON E, LAMMERING T, HENKE R. Fast estimation of top-level aircraft requirement impact on conceptual aircraft designs[C]. Fort Worth, Texas: 10th AIAA Aviation Technology, Integration, and Operation (ATIO) Conference, 2010.

[2] SIMOS D, JENKINSON L R. Optimization of the conceptual design and mission profiles of short-haul aircraft[J]. Journal of Aircraft, 1988, 25(7): 618-624.

[3] DZIKUS N M, TEREKHOV I, HARTMANN J, et al. Market-driven derivation of field performance requirements for conceptual aircraft design[C]. Atlanta, Georgia: 2018 Aviation Technology, Integration, and Operations Conference, 2018.

[4] JENKINSON L R, SIMPKIN P, RHODES D. Civil jet aircraft design[M]. London: Arnold, 1999: 306-315.

[5] CHAI X, YU X, WANG Y. Multipoint optimization on fuel efficiency in conceptual design of wide-body air-craft[J]. Chinese Journal of Aeronautics, 2018, 31(1): 99-106.

[6] LAMBE A B, MARTINS J R R A. Extensions to the design structure matrix for the description of multidisciplinary design, analysis, and optimization processes[J]. Structural and Multidisciplinary Optimization, 2012, 46(2): 273-284.

[7] ISIKVEREN A T. Quasi-analytical modelling and optimisation techniques for transport aircraft design[D]. Stockholm, Sweden: Royal Institute of Technology, 2002: 75-96.

[8] HOWE D. Aircraft conceptual design synthesis[M]. London: Professional Engineering Publishing Limited, 2000: 153-164.

[9] LEE M, LI L K B, SONG W. Analysis of direct

operating cost of wide-body passenger aircraft: a parametric study based on Hong Kong[J]. Chinese Journal of Aeronautics, 2019, 32(5): 1222-1243.

[10] BOUHLEL M A, HWANG J T, BARTOLI N, et al. A python surrogate modeling framework with derivatives[J]. Advances in Engineering Software, 2019, 135: 102662.

[11] WHITLEY D, RANA S, HECKENDORN R. The island model genetic algorithm: on separability, population size and convergence[J]. Journal of Computing and Information Technology, 1998, 7.

钻石系列飞机翼梢装置气动特性研究及优化

刘毅[1,2]，曾锐[1,2]，李洪淼[1,2]

1. 中电科芜湖通用航空产业技术研究院有限公司，芜湖 241000

2. 中电科芜湖钻石飞机制造有限公司，芜湖 241000

摘要：钻石系列飞机有两种类型的翼梢装置，即剪切翼尖和上反 75°小翼。基于 CFD 方法研究表明两种构型典型飞行状态的气动减阻量分别为 4.8%、7.0%，在同等翼根弯矩增量的条件下相对翼尖延伸的减阻量提升了 30%、68%，具备较高的减阻效率。对横向静稳定性导数的影响量分别为 36.8%和 123.2%，差异较大。为满足新研飞机对力矩稳定性的需求，提出了一种上反角按需调节的翼梢小翼设计方法，新设计的 4 种翼梢小翼方案上反角在 0°～45°之间，气动减阻量在 6.9%～8.0%之间，对横向稳定性的贡献量在 1.2%～118.6%之间。相对原翼梢装置的主要优势是横向静稳定性导数可控，能满足飞机稳定性的需求，气动减阻量有所提升，机翼翼根弯矩增量变化不大。

关键词：翼梢小翼；减阻；横向静稳定性；上反角

The Research of the Aerodynamic Characteristics of the Wingtip Devices of the Diamond Aircraft Series and the Optimization Design

LIU Yi[1,2], ZENG Rui[1,2], LI Hongmiao[1,2]

1. CETC Wuhu General Aviation Industrial Technology Research Institute Co. Ltd., Wuhu 241000, China

2. CETC Wuhu Diamond Aircraft Manufacture Co. Ltd., Wuhu 241000, China

Abstract: The Diamond aircraft series have two types of wingtip devices, i. e. the shark fin wingtip and winglet of 75° dihedral angle. The research based on CFD method shows that the drag is reduced by 4.8% and 7.0% respectively at typical flight condition, which are 30% and 68% higher compared with wingtip extension at the same wing root bending moment increment. The lateral stability derivatives are increased by 36.8% and 123.2% for the two devices, which are of large difference. In order to meet the needs for stability of new aircraft types, a design method for winglet incorporating adjustable dihedral angle is advanced. The newly designed 4 winglets have dihedral angles between 0° to 45°, and the drag reduction rate is between 6.9% to 8.0%, and the increment of lateral stability derivative is between 1.2% to 118.6%. The major advantage of the optimized winglets is the controllable lateral stability, while the drag reduction is increased with small variation of wing root bending moment.

Keywords: winglet; drag reduction; lateral stability; dihedral angle

翼梢小翼自 20 世纪 70 年代末期发明后已广泛应用于各类亚声速飞行器，其主要机理是以较小的机翼翼根弯矩代价，削弱机翼翼尖涡强度，减小诱导阻力[1]。除单上反式翼梢小翼外，翼尖涡扩散器、翼梢帆片、剪切翼尖等不同形式的翼梢装置也得到了发展，均有效地降低了诱导阻力[2,3]。

翼梢装置的设计需要进行综合优化，最常见的是考虑机翼翼根弯矩增量的约束，还需要考虑流场特性、力矩稳定性、颤振速度等[4]。翼梢装置的设计评估可通过涡格法、求解雷诺平均 NS 方程等，还可结合响应

基金项目：国家自然科学基金；航空科学基金

通讯作者. E-mail：hkxb@buaa.edu.cn

面法等优化设计方法。相关文献研究表明，在翼根弯矩增量较小的情况下实现了更高的气动减阻量[5-7]。翼梢装置对飞机力矩稳定性的研究相对较少，参考文献[8-9]研究表明，带有上反的翼梢小翼可使飞机横向静稳定性增加，对飞机航向和纵向静稳定性的影响相对较小。参考文献[10]通过风洞试验研究表明，对于大展弦比飞机，翼梢小翼上反角变化 15°可使横向静稳定性变化达 23%，翼梢装置是影响飞机滚转力矩的重要因素。

钻石系列飞机采用了两种形态差异较大的翼梢装置，需要全面研究其气动特性影响量。当前的翼梢装置设计和优化多数以气动减阻量较大、机翼翼根弯矩增量尽量小为设计目标，本文在此基础上进一步发掘翼梢小翼调节飞机横向静稳定性的潜力，并适配至钻石系列飞机。

1 翼梢装置外形

钻石系列飞机主要采用了剪切翼尖和上反 75°小翼两类翼梢装置，分别应用于 DV20E 和 DA42 型飞机。两种翼梢小翼除减小气动阻力外，还对力矩稳定性，尤其是横向静稳定性有较大影响。为评估两种翼梢装置的气动特性，额外评估了无翼梢装置状态、单侧翼尖直接延伸 0.3 m、0.6 m、0.9 m 方案，以评估这两种翼梢装置是否在气动减阻与机翼翼根弯矩综合特性方面相对翼尖延伸具有先进性，以及对力矩稳定性的影响。

上述两种翼梢装置对横向静稳定性的影响差异较大，不能完全满足新研飞机对横向静稳定性的需求，且气动减阻量还有进一步提升的可能性，因此设计了上反角 0°、15°、30°和 45°共 4 个代表性的翼梢小翼方案，以同时获得气动减阻和横向静稳定性可调节两个优势。本文所设计的小翼上反角还可根据飞机横向静稳定性的需求进行进一步的精细调节。

钻石系列飞机采用的剪切翼尖、上反 75°小翼和 4 个优化小翼外形见图 1。基本翼尖弦弦长记为 C_t，则剪切翼尖展长为 $0.40C_t$，上反 75°小翼展长为 $1.06C_t$。4 个优化小翼由梯形翼面和过渡段组成，其中梯形翼面外形一致，主要差异是上反角。梯形翼面根弦弦长为 $0.76C_t$，尖弦弦长为 $0.34C_t$，翼面安装角为−12°，前缘后掠角为 33°，翼梢小翼总展长为 $0.78C_t$，选取的典型上反角为 0°、15°、30°和 45°。

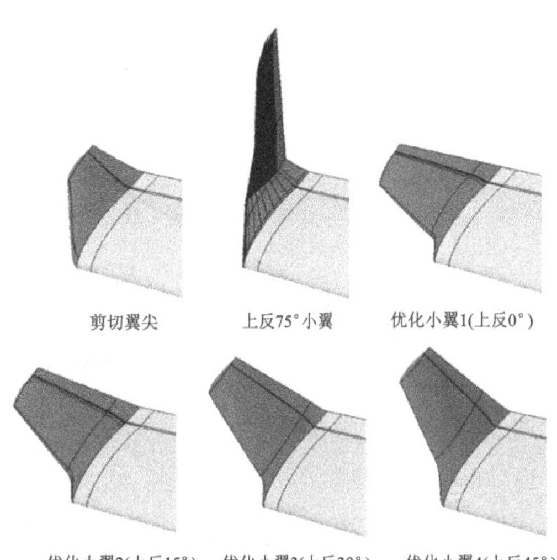

图 1 剪切翼尖、上反 75°小翼和优化小翼外形

2 数值计算方法

基于某通用飞机外形，采用非结构混合网格方法生成了飞机加装不同翼梢装置的数值计算网格，对关注的流动区域的表面和空间网格进行了加密，垂直于物面生成了 15 层三棱柱层，总网格数量约为 2 000 万个，网格外形示意图见图 2。计算条件下物面 y+范围主要在 20～30 之间，采用壁面函数法进行近壁面与远场物理量的衔接。

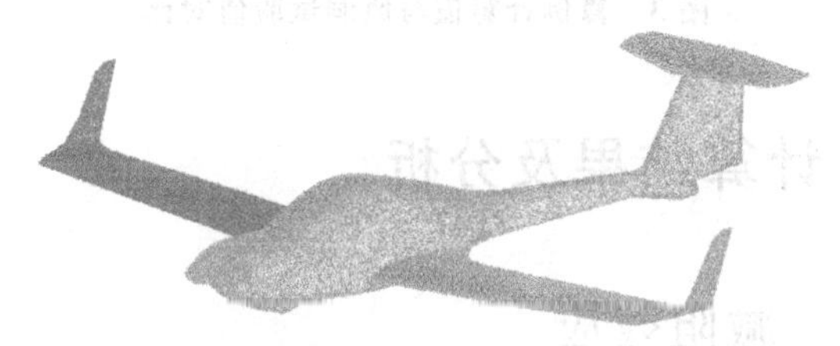

图 2 数值计算网格

数值迭代在 FLUENT 软件中完成，采用压力与速度同时求解的耦合式解法。对流项采用二阶迎风格式离散，湍流模型为一方程 SA 模型。以构型相似的 DA42 飞机为算例进行了计算可信度验证，与风洞试验数据的对比见图 3，可见本文算法的计算值与风洞试验值升力特性基本吻合，阻力特性量值接近，但 C_D 相对 C_L^2 的斜率稍小，可能与风洞试验模型翼尖涡不能充分发展有关。综合来看，计算方法能够满足方案评估的精度需求。

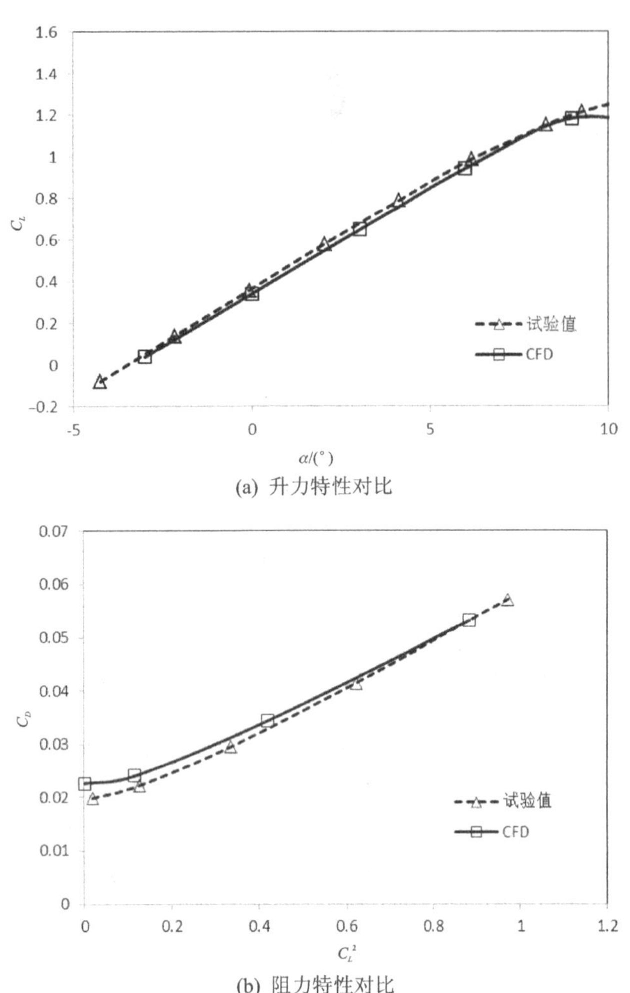

图 3 算例计算值与风洞试验值对比

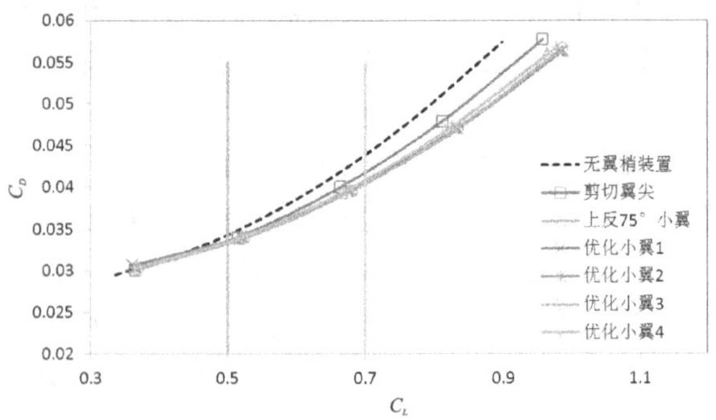

图 4 6 种翼梢装置的阻力特性曲线

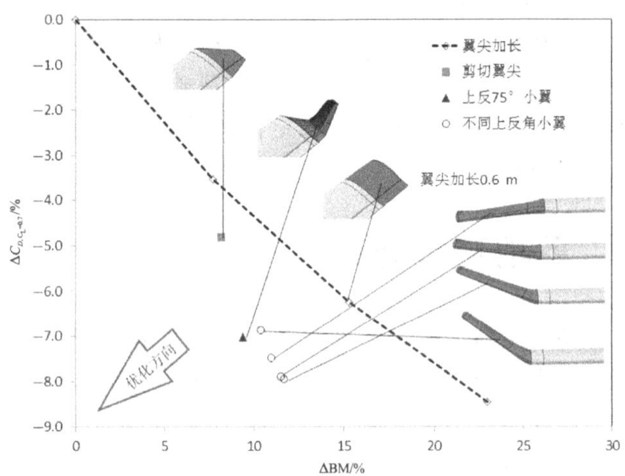

图 5 $C_L=0.7$ 条件下的 ΔC_D - ΔBM 曲线

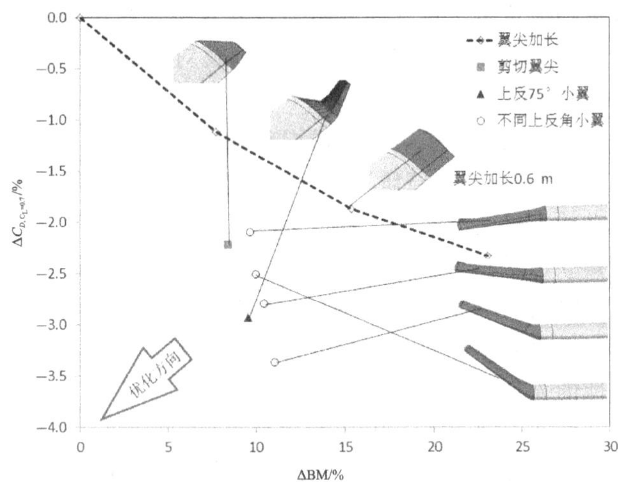

图 6 $C_L=0.5$ 条件下的 ΔC_D - ΔBM 曲线

3 计算结果及分析

3.1 减阻效应

剪切翼尖、上反 75°小翼和 4 个优化小翼的阻力特性曲线见图 4。可见这 6 种翼梢装置均不同程度地减小了气动阻力，但不能直观地表明是在多少翼根弯矩增量的基础上实现的减阻，即减阻效率。结合飞机飞行特性选择 $C_L=0.5$、0.7 作为典型状态点，绘制了选定 C_L 下相对无翼梢装置状态的 ΔC_D 和 ΔBM，以相同 ΔBM 下实现更大的 ΔC_D 则减阻效率越高。以翼尖延伸 0.3 m、0.6 m、0.9 m 对应的 ΔC_D 和 ΔBM 点作为对比基准，形成的 ΔC_D - ΔBM 曲线见图 5、图 6。

从图可见 $C_L=0.7$ 时，剪切翼尖和上反 75°小翼的气动减阻量分别为 4.8%和 7.0%，且在同等的 ΔBM 下相对翼尖延伸减阻量明显提升，差量为 30%和 68%。4 种优化方案的气动减阻量在 6.9%～8.0%之间，在同等 ΔBM 曲线下实现的减阻量相对翼尖延伸方案提升了 50%～60%，同样也是减阻效率很高的翼梢装置，同时还能额外调节飞机横向静稳定性。

在较小的升力系数 $C_L=0.5$、上述翼梢装置的减阻量在 BM 相同的条件下，相对翼梢延伸同样有一定提升。

3.2 力矩稳定性

不同翼梢装置的横向气动导数见表 1。从表中数据可见剪切翼尖和上反 75°翼梢小翼对 $C_{l\beta}$ 的贡献量分别为 36.8%和 123.2%，差异很大，对于新研机型而言可能存在稳定性不匹配的问题。新设计的 4 种优化小翼对 $C_{l\beta}$ 的贡献依次增加，分别为 1.2%、47.7%、86.4%和 118.6%，且还可以对上反角进行精细调节，满足横向稳定性导数的不同需求。更换翼梢小翼对飞机的设计改动量很小，对于飞机研发改进非常有利。4 种优化小翼对航向静稳定性导数的影响量较小，不超过 6.2%。

表 1 不同翼梢装置的横向气动导数

	$C_{n\beta}/(°)^{-1}$	$C_{l\beta}/(°)^{-1}$	$\Delta C_{n\beta}/\%$	$\Delta C_{l\beta}/\%$
无翼尖	0.000 919	−0.000 34		
剪切翼尖	0.000 879	−0.000 70	−4.0	36.8
上反 75°翼梢小翼	0.000 948	−0.001 57	2.9	123.2
优化小翼 1	0.000 885	−0.000 35	−3.4	1.2
优化小翼 2	0.000 876	−0.000 81	−4.3	47.7
优化小翼 3	0.000 857	−0.001 20	−6.2	86.4
优化小翼 4	0.000 885	−0.001 52	−3.4	118.6

注：根据飞机特性选择求取 $C_{n\beta}$、$C_{l\beta}$ 比例的基准为 0.001 0、−0.001 0。

4 结 论

本文对钻石系列飞机原有的两种翼梢装置气动特性的影响量进行了研究，并提出上反角可调节的优化翼梢小翼方案，在保持较高的减阻效果基础上，实现了横向静稳定性可调节的作用，具备较强的工程实用性。

参考文献

[1] WHITCOMB R T. A design approach and selected wind-tunnel results at high subsonic speeds for wing-tip mounted winglets: NASA TN D-8260 [R]. Hampton, VA: NASA, 1976.

[2] 唐登斌，钱家祥，史明泉. 机翼翼尖减阻装置的应用和发展[J]. 南京航空航天大学学报，1994，26(1)：9-16.

[3] 李宇飞，白俊强，郭博智，等. 基于 FFD 技术的民用运输机翼尖装置设计研究[J]. 西北工业大学学报，2015，33(4)：533-539.

[4] 王妙香. 翼梢小翼在运输飞机上的应用研究[C]//第六届中国航空学会青年科技论坛论文集. 沈阳：中国航空学会，2014：100-103.

[5] 张雨，孙刚，张淼. 民用飞机翼梢小翼多约束优化设计[J]. 空气动力学学报，2006，24(3)：367-370.

[6] 姜琬，金海波，舒恪晟. 某水陆两栖飞机机翼和翼梢小翼一体化设计[J]. 飞机设计，2012，32(5)：63-39.

[7] 马玉敏，魏剑龙. 融合式翼梢小翼减阻效应研究[J]. 航空工程进展，2018，9(2)：245-251.

[8] JACOBS P F, Flechner S G. The effect of winglets on the static aerodynamic stability characteristics of a representative second generation jet transport model: NASA TN D-8267 [R]. Hampton, VA: NASA，1976.

[9] 张建军，杨士普，司江涛. 不同翼梢小翼对飞机横航向特性的影响[J]. 飞行力学，2011，29(4)：41-44.

[10] 刘毅，孟水良，魏秦华，等. 考虑力矩稳定性的翼梢小翼方案气动特性研究[C]//2019 年(第四届)中国航空科学技术大会论文集. 沈阳：中国航空学会，2019：1112-1116.

高涵道比发动机短舱对全机气动焦点的影响

方欣瑞，余雄庆*

南京航空航天大学 航空学院，南京 210016

摘要：衍生型客机通常配装涵道比更高的涡扇发动机，导致发动机短舱尺寸增大，对全机气动焦点产生影响，进而影响飞机的稳定性和安全性。以典型窄体客机为研究对象，分析了短舱尺寸和安装位置对全机气动焦点的影响。应用参数化建模方法生成不同尺寸的短舱外形，应用面元法计算全机气动焦点。分析结果表明：短舱尺寸对全机气动焦点有明显影响，当短舱最大直径增加一倍时，气动焦点位置约前移 5%平均气动弦长；短舱位置的影响相对较小，当短舱前移、上移时，全机气动焦点有少量前移，前移量为 0.5%～1%。研究结果可为配装大涵道比发动机的客机总体设计提供参考。

关键词：民机；短舱；焦点；参数化建模；面元法

Analysis of Impact of High Bypass Ratio Engine Nacelle on Aerodynamic Center for Jetliner

FANG Xinrui, YU Xiongqing*

College of Aerospace Engineering, Nanjing University of Aeronautics and Astronautics, Nanjing 210016, China

Abstract: The derivative commercial aircraft is usually equipped with turbofan engines with high bypass ratio, which means that the nacelle size is increased significantly. The larger nacelle has substantial effect on aerodynamic center of the aircraft, and might lead to the issues of flight stability and safety. A typical narrow-body civil jet is used as reference aircraft for the analysis of influence of nacelle size and installation position on the aerodynamic center. In this study, the nacelle geometric models with different sizes are generated by a parametrical modeling method. The aerodynamic center of the aircraft is computed by the panel method. Results show that the change of nacelle size has a considerable influence on the aerodynamic center. Doubling size of the nacelle results in about 5% mean aerodynamic chord forward movement of the aerodynamic center. The nacelle position has small influence on the aerodynamic center. When the nacelle moves upward or forward, aerodynamic center will move forward slightly around 0.5% to 1%. The results from this study might be helpful for preliminary design of commercial aircraft equipped with high bypass ratio engines.

Keywords: commercial aircraft; nacelle; aerodynamic center; parametrical modeling; panel method

现代大型民用客机的动力装置一般采用涡扇发动机，且大多采用翼下吊舱布局。换装新型涡扇发动机是衍生型客机研发的主要措施之一[1]。为追求更高的推进效率和燃油经济性，涡扇发动机涵道比越来越大，与之相应的是衍生型客机通常需配装涵道比更高的发动机。例如，波音 B737 和空客 A320 在初始机型基础上，衍生出了多种新的机型，所配装的发动机涵道比由 5～6 增大到 9～12.5，风扇直径由最初的 1.12 m 增大到 2 m。

发动机涵道比增大，意味着短舱尺寸增大。由于短舱对全机气动特性有一定的影响，且随着短舱尺寸的增大，这种影响就越显著。短舱对全机气动特性的

基金项目：江苏高校优势学科建设工程资助项目

* 通讯作者. E-mail: yxq@nuaa.edu.cn

影响，不仅体现为短舱与机翼之间的气动干扰会增加阻力，也体现为短舱对全机气动焦点会产生较大的影响[2]，进而对飞机的俯仰力矩特性和飞行安全性产生影响。例如，空客公司 A321 飞机的衍生型 A321neo 采用了 LEAP-1A 型高涵道比发动机。测试时发现，在极端条件下，A321neo 可能会出现“过度俯仰问题”。为此，欧洲航空安全局针对 A321neo 和 A320neo 发出适航指令：在运行这些飞机时要求增加飞机重心限制的临时措施，以防止“过度俯仰”问题[3]。再如，波音公司 B737MAX 型飞机在换装了 LEAP-1B 型高涵道比发动机后，出现了二次致命的坠机事故。虽然该事故的主要原因在于控制系统设计的缺陷，但问题的起因是 B737MAX 换装了大涵道比发动机，导致短舱尺寸增大，进而影响了飞机的气动特性和安全性。因此，在飞机设计中，短舱尺寸和安装位置对飞机气动特性的影响是一个不可忽视的问题。

从现有公开发表的文献来看[4-9]，关于短舱对全机气动特性的影响研究，通常以减阻为主要目的，研究了如何减少短舱与机翼之间的气动干扰问题，而对于短舱尺寸和安装位置对飞机气动焦点的影响，还缺乏详细的分析。由于气动焦点对飞机的稳定性和安全性具有重要影响，分析短舱尺寸和安装位置对飞机气动焦点的影响是十分必要的。

本文以典型的客机为研究对象，应用短舱外形参数化建模和气动数值计算方法，获得短舱尺寸和安装位置对全机气动焦点的影响关系。

1 参考飞机模型与短舱参数

1.1 参考机型

本文研究的参考机型为单通道客机，飞机外形尺寸主要参考了 B737-800 和 A320-200，主要的外形尺寸如表 1 所列。根据这些飞机的外形尺寸，应用 CATIA 软件建立了飞机的三维几何模型，如图 1 所示。

表 1 参考机型主要外形尺寸

	737-800	A320-200	本文机型
机身长/m	39.5	37.57	37.41
翼展/m	35.79	34.09	35.07
前缘后掠角/(°)	25.02	25	27
机身宽/m	3.76	3.95	3.94

图 1 客机的三维几何模型

1.2 短舱外形与安装位置参数

短舱型式为分段式短舱[10]，其外形尺寸以短舱的最大直径 D_{max} 为基准进行整体按比例放大或缩小。位置尺寸主要关注弦向位置尺寸，包括前伸量和下沉量。如图 2 所示，前伸量(x/c)定义为：短舱外涵后缘点相对于当地翼弦前缘点的纵向距离 x 与当地机翼弦长 c 之比，且短舱外涵后缘点在翼弦前缘点之前时为负；下沉量(h/c)定义为：短舱外涵后缘最高点相对于当地翼弦前缘点的垂直距离 h 与当地机翼弦长 c 之比。

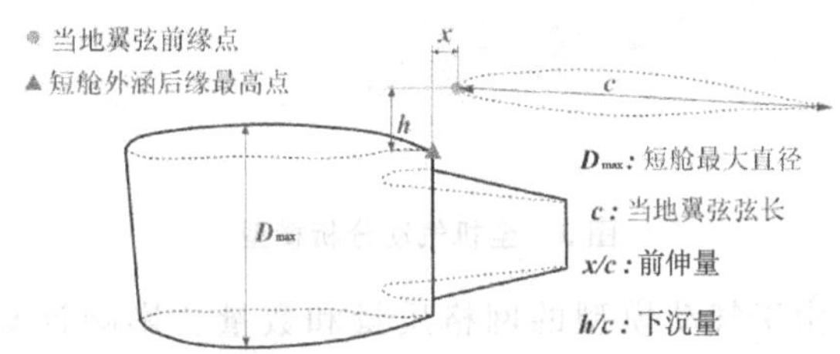

图 2 短舱弦向位置尺寸定义

短舱的弦向位置尺寸变化范围的设定，参考了波音公司提出的翼吊式发动机短舱安装的经验边界[9]。首先保持短舱的安装位置为前伸 −0.09、下沉 0.15 不变，只改变短舱的最大直径 D_{max}，选取 1.2、1.5、1.8、2.1、2.4(单位：m)5 个值。然后选定 D_{max} 为 2.1 m 的短舱，分别只改变某一个特征位置尺寸，包括：前伸量：+0.2、+0.1、−0.1、−0.2、−0.3；下沉量：0.1、0.15、0.2。

应用 CATIA 二次开发技术，通过设置不同的短舱尺寸和位置参数，可快速生成安装不同短舱的飞机外形三维模型，这些模型将用于全机气动焦点的计算。

2 气动焦点计算方法

2.1 气动计算程序

本文气动计算的目的是分析短舱尺寸对全机气动

焦点的影响。基于普朗特-格劳特(P-G)方程的面元法可快速且较精确地确定亚声速飞机的气动焦点[11]，且波音公司曾应用该方法成功地解决了短舱与飞机机体一体化气动分析和设计问题[9]。因此，本文采用面元法程序PAN AIR来分析短舱尺寸对全机气动焦点的影响。

PAN AIR采用线性源和二次偶极子的强度分布，应用高阶面源法，求解迅速，数值稳定性较好，适用于亚声速或超声速线性势流中复杂构型的气动分析[12]，已广泛应用于飞机外形初步设计。

2.2 气动网格

根据已建立的飞机几何模型，应用Pointwise软件，生成PAN AIR程序所需的飞机表面网格和尾迹网格，尾迹面长度一般取为平均气动弦长的25倍即可，如图3所示。

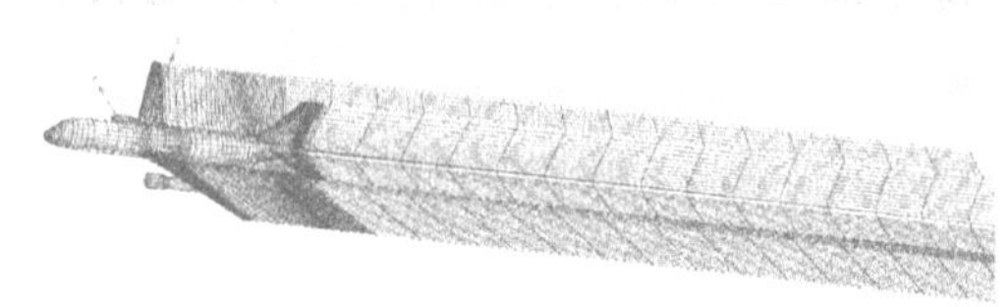

图3 全机气动分析模型

由于气动模型的网格质量和数量会影响计算结果，因此在进行具体气动计算前需要进行网格无关性验证。为确保网格质量，在物面曲率变化或气流状态变化较大的位置需要适当加密网格，如机鼻，翼面与机身交界处，机翼、尾翼以及短舱前后缘等。

为了确定合理的网格数量，分析了网格数量对气动特性的影响。图4为$Ma=0.2$、迎角$\alpha=0°$时网格数量对全机的升力系数C_L和俯仰力矩系数C_M的影响。从图中看出，当网格加密至9 000，全机的升力系数C_L、俯仰力矩系数C_M就已基本稳定不变了。根据这一分析结果，本文采用的网格总量为11 000左右。

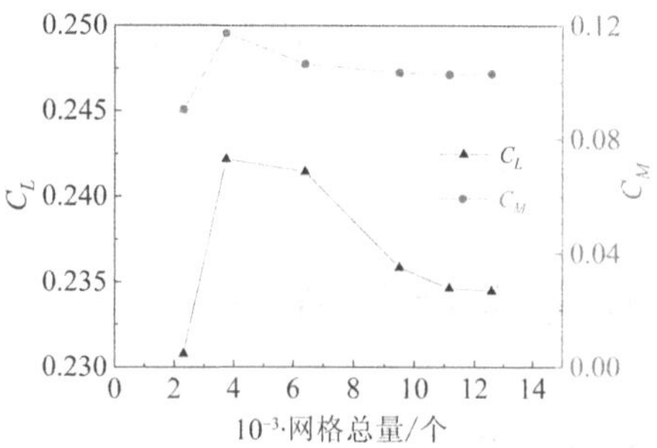

图4 网格总量对C_L和C_M的影响

2.3 焦点位置计算方法

飞机的气动焦点(气动中心)被定义为俯仰力矩系数不随升力系数变化的力矩参考点。

根据空气动力学，气动焦点的计算式为

$$x_{ac}=x_{cg}-\mathrm{d}C_M/\mathrm{d}C_L \tag{1}$$

式中，x_{ac}和x_{cg}分别表示气动焦点和重心距机翼平均气动弦前缘的弦向距离占平均气动弦长的百分比；C_M是相对于重心的俯仰力矩系数；C_L为升力系数。

给定飞行马赫数Ma和重心位置x_{cg}，应用PAN AIR程序，取不同的迎角，可计算出一组C_L和C_M数据，然后拟合出相应的俯仰力矩曲线，测量其斜率值，得$\mathrm{d}C_M/\mathrm{d}C_L$，最后代入公式(1)，便可求得全机焦点位置。在本文计算中重心位置x_{cg}设为0.25。

2.4 计算工况

短舱采用通气式，在气动分析中，通气短舱模型需要尽可能匹配相应的流量系数[13]。亚声速阶段，随马赫数增大，焦点会略微后移[14]，因此，从安全性角度考虑，应着重关注低速时的焦点位置。本文选取两个典型的计算工况分别为：$Ma=0.2$(低速状态)和$Ma=0.785$(巡航状态)。

3 计算结果与分析

根据上述飞机外形模型和焦点的计算方法，分析短舱尺寸和安装位置对全机焦点的影响。

3.1 短舱尺寸的影响

图5给出了不同短舱尺寸对全机焦点的影响趋势，表2给出了具体的焦点位置数据以及相应的变化量。结合图5和表2看出，马赫数从0.2增大到0.785，焦点后移1%平均气动弦长左右；随着短舱的最

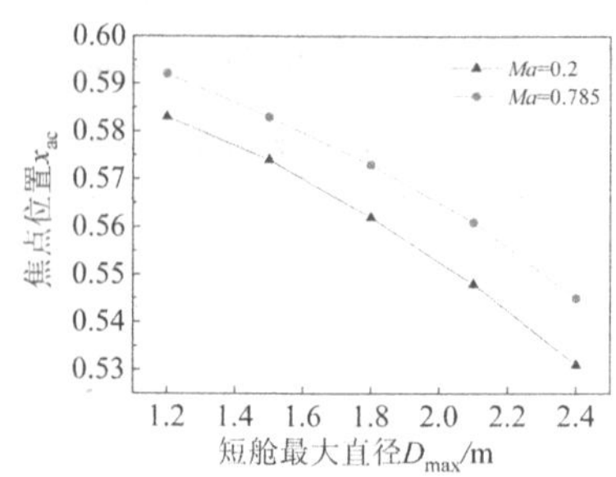

图5 气动焦点随短舱大小尺寸的变化趋势

大直径 D_{max} 从 1.2 m 增大到 2.4 m，低速状态下焦点前移 5.24%，巡航状态下焦点前移 4.68%，短舱的尺寸对焦点位置有明显影响。

表 2 短舱大小对气动焦点位置的影响

短舱最大直径 D_{max}/m	焦点位置 x_{ac}/% $Ma=0.2/Ma=0.785$	焦点移动量/% $Ma=0.2/Ma=0.785$
1.2	58.32/59.15	—/—
1.5	57.41/58.33	−0.91/−0.82
1.8	56.24/57.28	−2.08/−1.87
2.1	54.84/56.07	−3.48/−3.08
2.4	53.08/54.47	−5.24/−4.68

3.2 短舱安装位置的影响

表 3～表 4 分别给出了不同的前伸量和下沉量情况下，全机焦点位置以及相应的变化量。随着短舱前移，前伸量从 +0.2～−0.3，低速状态下焦点前移 1.16%，巡航状态下焦点前移小于 0.5%；随着短舱下沉，下沉量从 0.10～0.20，低速状态下焦点后移 0.72%，巡航状态下焦点后移 0.52%。从这个结果可以看出，相较于短舱的大小尺寸，位置尺寸变化对焦点的影响较小。

表 3 短舱前伸量(x/c)对气动焦点位置的影响

前伸量 x/c	焦点位置 x_{ac}/% $Ma=0.2/Ma=0.785$	焦点移动量/% $Ma=0.2/Ma=0.785$
+0.2	55.72/56.48	—/—
+0.1	55.34/56.22	−0.38/−0.26
−0.1	54.81/56.07	−0.91/−0.41
−0.2	54.67/56.10	−1.05/−0.38
−0.3	54.56/56.11	−1.16/−0.37

表 4 短舱下沉量(h/c)对气动焦点位置的影响

下沉量 h/c	焦点位置 x_{ac}/% $Ma=0.2/Ma=0.785$	焦点移动量/% $Ma=0.2/Ma=0.785$
0.1	54.44/55.79	—/—
0.15	54.84/56.07	0.40/0.28
0.2	55.16/56.31	0.72/0.52

由于翼吊布局的短舱易受到翼下安装空间的限制，短舱尺寸的增大一般会导致其安装位置发生相对的前移和上移，此三者的影响效果都使得全机气动焦点前移，纵向静稳定性减弱。

4 结 论

本文以典型单通道客机为例，应用参数化建模方法和面元法气动分析程序，分析了短舱尺寸和安装位置对全机气动焦点的影响。研究结果表明：① 短舱尺寸对焦点有明显影响，当短舱最大直径从 1.2 m 增大到 2.4 m 时，低速状态和巡航状态下焦点分别前移 5.24%和 4.68%的平均气动弦长；② 短舱位置对焦点影响较小，当短舱前移、上移时，焦点少量前移，低速状态和巡航状态下焦点分别约前移 1%和 0.5%；③ 当短舱尺寸增加 1 倍且安装位置前移和上移时，焦点前移量可能超过 6%。

对于配装大涵道比发动机的飞机，应充分考虑短舱尺寸对气动焦点的影响。在飞机总体设计中，为满足飞机纵向稳定性和俯仰力矩的要求，需对重心进行限制或适当调整机翼与机身的纵向相对位置。

参考文献

[1] 余雄庆，欧阳星，王宇，等. 用适应性理念指导短程客机概念设计[J]. 南京航空航天大学学报，2014，46(3)：349-354.

[2] SCHAUFELE R D. The element of aircraft preliminary design[M]. Santa Ana, California: Aries Publications, 2000: 139-142.

[3] 李健. 加强适航审定是实现民用航空工业高质量发展的重要保证[J]. 国际航空，2020，2：12-19.

[4] 雷熙薇，桑为民，段卓毅，等. 运输机短舱挂架纵向位置优选数值研究[J]. 空气动力学学报，2011，29(5)：658-663.

[5] 张冬云，张美红，王美黎，等. 翼吊布局民机短舱位置气动影响[J]. 空气动力学学报，2017，35(6)：781-786.

[6] 沈琼. 飞机总体设计中若干气动分析和优化问题研究[D]. 南京：南京航空航天大学，2009：17-31.

[7] 王卫军，王玲玲，马宝峰. 翼上吊舱布局对民机纵向静稳定性的影响研究[J]. 科学技术与工程，2010，10(15)：3640-3644.

[8] DIETZ G, MAI H, SCHRODER A, et al. Unsteady wing-pylon-nacelle interference in transonic flow[J]. Journal of Aircraft, 2008, 45(3): 934-944.

[9] CHEN A W, TINOCO E N. PAN AIR applica-

tions to aero-propulsion integration[J]. Journal of Aircraft, 1984, 21(3): 161-167.

[10] JENKINSON L R, SIMPKIN P, RHODES D. Civil jet aircraft design [M]. Reston, VA: AIAA, 1999: 197-201.

[11] CUMMINGS R M, MASON W H, MORTON S A, et al. Applied computational aerodynamics-a modern engineering approach[M]. Cambridge: Cambridge University Press, 2015: 267-302.

[12] CARMICHAEL R L, ERICKSON L L. PAN AIR-A higher order panel method for predicting subsonic or supersonic linear potential flows about arbitrary configurations: AIAA-81-1255 [R]. Palo Alto, CA: AIAA, 1981.

[13] 胡仞与,张东云,施永毅.民机低速风洞试验通气发房设计[J].民用飞机设计与研究,2014,4: 7-9,37.

[14] RAYMER D P. Aircraft design: a conceptual approach [M]. Reston, VA: AIAA, 2018: 594-595.

飞机前起落架动力学特性研究

肖森，黄光强，赵正大，赵爽忻

航空工业成都飞机工业(集团)有限责任公司，成都 610037

摘要：本文以飞机前起落架为研究对象。首先，引入等效刚度的概念，仿真计算了起落架等效刚度和固有频率。其次，通过试验研究，对起落架动力学特性及其相关参数的影响规律进行分析。最后，分析了飞机实际滑行过程中起落架的振动响应特征。研究表明：起落架结构复杂，起落架振动特性表现出明显的非线性特征，其固有振动频率并非为一固定值，而是一个较宽的频带。起落架振动受支柱压缩量、轮胎压力、安装强度以及其安装壁板强度的影响明显。

关键词：等效刚度；起落架；有限元；非线性；振动特性

The Dynamic Characteristics Research for the Aircraft's Nose Gear

XIAO Sen, HUANG Guangqiang, ZHAO Zhengda, ZHAO Shuangxin

Aviation Industry Chengdu Aircraft Industry (Group) Co. Ltd., Chengdu 610037, China

Abstract: This article takes the aircraft nose gear as the research object. First, the concept of equivalent stiffness is introduced, and the equivalent stiffness and natural frequency of the nose gear are simulated. Secondly, the dynamic characteristics of the nose gear and the influence of related parameters are analyzed through the experimental research. Finally, the vibration response characteristics of the nose gear during the flight of the aircraft are analyzed. Research has shown: The structure of the nose gear is complex, and the vibration characteristics show obvious nonlinear characteristics. The natural frequency of the nose gear is not a fixed value, but a relatively wide frequency band. The nose gear vibration is significantly affected by the compression of the struts, tire pressure, installation strength and the strength of installation siding.

Keywords: equivalent stiffness; landing gear; finite element; nonlinearity; vibration characteristics

1 引　言

起落架是飞机的重要组成部件，主要用以保障飞机停放、滑行和起飞着陆[1]。飞机滑行过程中，跑道不平和机轮不平衡等原因往往引起飞起产生振动，起落架必须能够有效减小该振动，防止飞机出现振动破坏，因此它的动力学特性与飞机在地面运动时，尤其是起飞和着陆滑跑阶段的安全密切相关[2]。由于起落架地面滑跑阶段的复杂性，在起落架的设计阶段，除需考虑它的静力学分析外，对其在滑跑过程中的动力学分析也是十分重要的[3]。飞机起落架在滑跑过程中会受到静动载荷的反复作用，它的受力和振动情况会非常复杂，如果强度不满足要求就会出现结构破坏。最常见的破坏形式包括[4]：第一，由于起落架振动过大和着陆撞击等导致的结构完整性破坏；第二，复杂的运动引起的各部件结构强度耗损，或者各部件之间相对位置发生移动引起的功能失效破坏；第三，焊点裂开、部件分离和连接件松动等工艺故障造成的结构破坏。但是振动过大或者反复振动引起的结构强度破坏和疲劳破坏是起落架结构最主要的破坏形式[5-6]。起落架动力学特性分析是起落架强度分析的基础，具有非常重要的意义。目前国内外主要通过试验和计算机仿真两种方法对起落架的动力学特性进行研究。国外对于起落架动力学特性的研究较早，开发有大型的 CAD/CAE 软件用于起落架的分析和研究。国内在八九十年代开始对起落架的动力学特性开展研究，1989 年刘锐琛等[7]编著的《飞机起落架强度设计指南》，详细介绍了起落架设计过程中的动、静强度分析的基本问题；2007 年陈玉振[8]运用 Ansys 对起落架进行了强度分析，着重对主起落架减振支柱的强度进行了分析；2012 年秦飞[9]利用 ADAMS 软件进行了整机建模，运用 Ansys 对飞机滑跑过程中起落架的动力学特性进行了仿真分析。目前，国内对起落架的研究已取得了一些成绩，但是对于起落架振动试验尤其是实际滑行过程中起落架的动力学特性的研究较少。

随着航空产业的不断发展，具有体积小、使用方便、适应强等优点的通用飞机和无人机等已成为当今航空领域的热门研究对象。然而，相对一般飞机来说，这类飞机起飞重量小、空间有限、结构系数小，尤其是起落架一般直接连接在机体框段立板上，而立板刚度相对起落架来说，要弱得多，使得起落架振动问题更加复杂，更加突出。因此，本文在前人研究的基础上，以某前起落架为研究对象，重点研究起落架结构的动力学特性，通过对起落架动力学行为进行预测和评估，为起落架设计和使用提供参考，以保证飞机在使用过程中的安全性。

2 起落架动力学特性仿真分析

2.1 起落架结构介绍

起落架结构如图 1 所示，起落架主要由起落架与飞机壁板连接结构、支柱和机轮等部分组成。

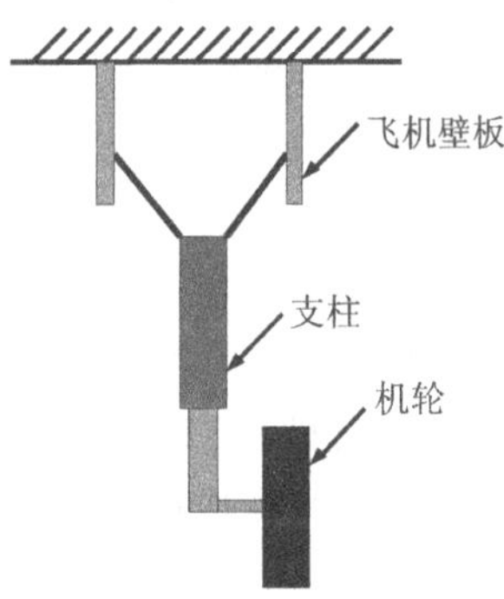

图 1 起落架结构示意图

2.2 起落架动力学特性仿真分析

1. 起落架有限元模型

根据起落架结构特点及分析类型，对其进行网格划分，网格采用实体单元。在不影响分析结果的基础上对结构进行简化，主要对机轮和前轮转弯内部结构进行简化。其中机轮在本分析中主要影响是其质量特性，模拟其质量特性。前轮转弯内部结构对起落架的整体刚度有影响，根据具体结构的作用关系，进行了归类划分。总体原则是，将内部部件划分为对整体刚度有直接影响的和无影响或影响小的两类，有影响的部件进行直接或等刚度近似建模，而影响较小的部件通过约束仅表达其质量特性。

图 2 起落架网格模型

整个前起落架主结构的网格模型采用实体的六面体和四面体单元划分，如图 2 所示。整个模型包括有 122 562 个结点，234 462 个实体单元，起落架与壁板连接位置采用固支的边界条件。

2. 起落架刚度分析

本文分析的材料属性见表 1。

表 1 材料属性

材　料	E/MPa	ρ/(t·mm^{-3})
钢	210 000	7.9E−9

如图 3 所示，分别对起落架 A 位置处施加力 F 和力矩 M，计算得到该位置处的等效位移 L 和等效角位移 θ，进而得到该位置等效侧向刚度和等效扭转刚度，计算结果见表 2。

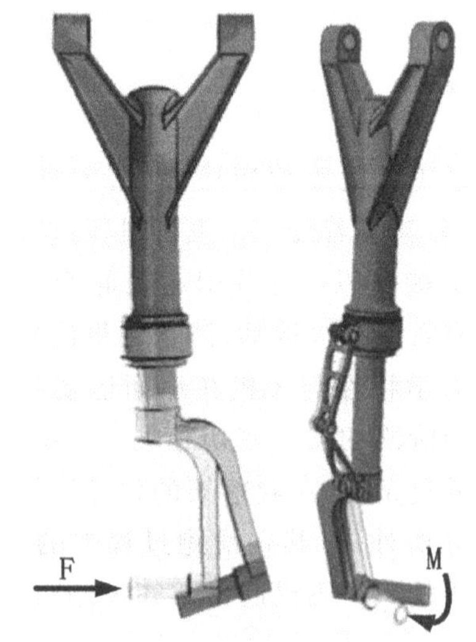

图 3 起落架变形云图

表 2　起落架刚度

支柱压缩量/mm	侧向刚度/(N·m^{-1})	扭转刚度/(N·m·rad^{-1})
0	5.44E+05	1.79E+07
35	6.50E+05	1.85E+07
75	8.06E+05	1.92E+07
95	9.05E+05	1.95E+07
107	9.40E+05	1.96E+07
115	9.77E+05	1.98E+07

起落架 A 位置处，扭转刚度远大于侧向刚度，且等效侧向刚度和等效扭转刚度随着支柱压缩量的增加明显增大。

2.3　起落架固有特性分析

采用 Ansys 软件对不同支柱压缩量下起落架的固有特性进行仿真计算，计算结果见表 3 和图 4。

表 3　不同压缩量下起落架固有频率

支柱压缩量/mm	第一阶/Hz	第二阶/Hz	第三阶/Hz	第四阶/Hz
0	29.7	48.6	119.0	145.8
35	38.3	60.9	146.1	224.5
75	41.0	66.9	150.2	229.0
95	42.5	69.6	152.4	230.9
107	43.3	71.4	153.8	232.1
115	43.8	72.5	154.7	233.2

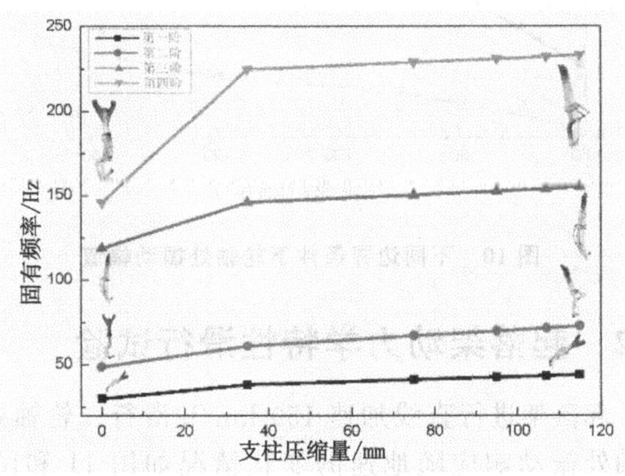

图 4　各阶固有频率随压缩量的变化曲线

如图 4 所示，由于起落架等效扭转刚度远大于等效侧向刚度，因此起落架前 4 阶固有频率对应的振型为轮轴端摆动和起落架整体弯曲，未出现起落架扭转振动振型。随着支柱压缩量的增加，各阶固有频率对应的振型不变，各阶频率存在敏感区，在 0～35 mm 的压缩量范围内，起落架各阶固有频率随支柱压缩量的增加而明显增大，起落架压缩量大于 35 mm 后，各阶频率随压缩量的增加而略有增大。

3　起落架振动特性试验分析

3.1　起落架振动特性试验

在起落架动力学试验室的振动试验台上开展起落架振动特性试验研究，试验系统原理如图 5 所示。选取轮胎压力、机轮速度、起落架安装等试验参数，进行起落架振动试验。

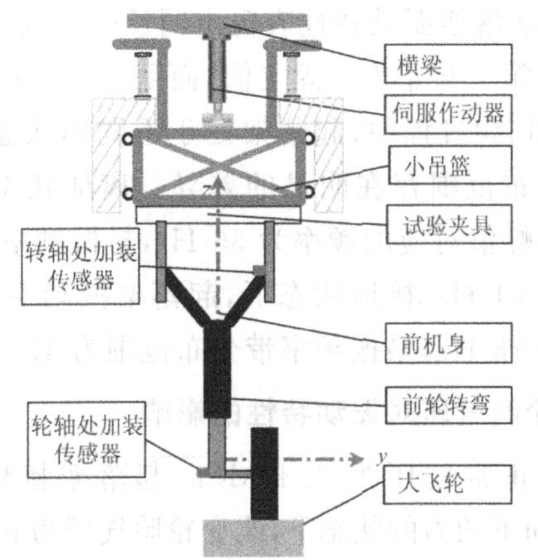

图 5　试验台原理图

1. 起落架振动特性分析

起落架分别处于离地和接地(起落架施加大小为 1.54 kN 的垂直向下的力)状态，通过激振器对起落架轮轴施加频率范围为 10～100 Hz 的激励进行扫频分析，起落架轮轴处振动曲线见图 6 和图 7。

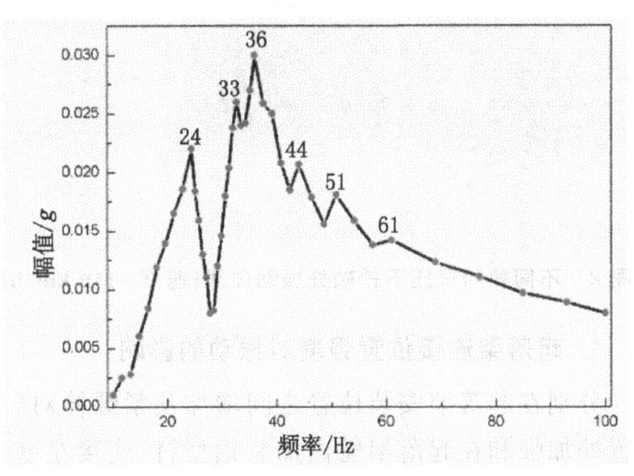

图 6　机轮离地状态起落架扫频试验轮轴频响

如图 6 和图 7 所示：

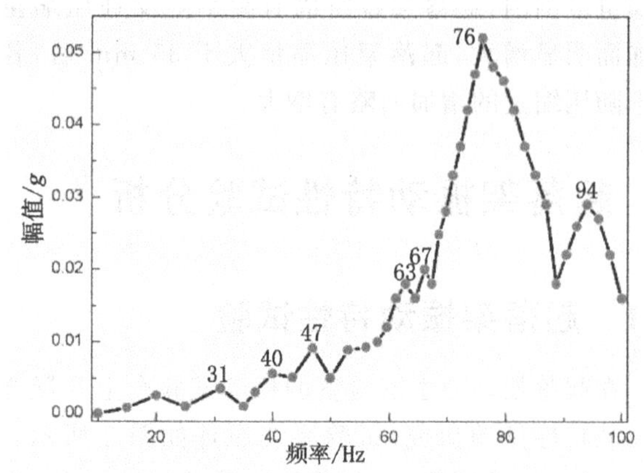

图 7 机轮接地状态起落架扫频试验轮轴频响

(1) 起落架振动特性表现出明显的非线性特征,其固有振动频率并非为一固定值,而是一个较宽的频带。

(2) 扫频过程中,起落架处于不同的状态下,其振动频率分布范围存在明显的差异。离地状态下,起落架振动主峰值对应的频率为 36 Hz,易振频率带分布范围为 24～61 Hz;接地状态下,起落架振动主峰值对应的频率为 76 Hz,易振频率带分布范围为 47～94 Hz。

2. 轮胎气压对振动特性的影响

轮胎正常气压为 0.4 MPa,起落架接地且施加 1.5 kN 向下的力的状态下,改变轮胎气压为 0.35 MPa、0.40 MPa 和 0.45 MPa 进行试验。

如图 8 和图 9 所示,轮胎气压对起落架动力学特性具有一定的影响,轮胎气压减小,轮轴处振动减小,频率降低;反之振动增大,频率升高。

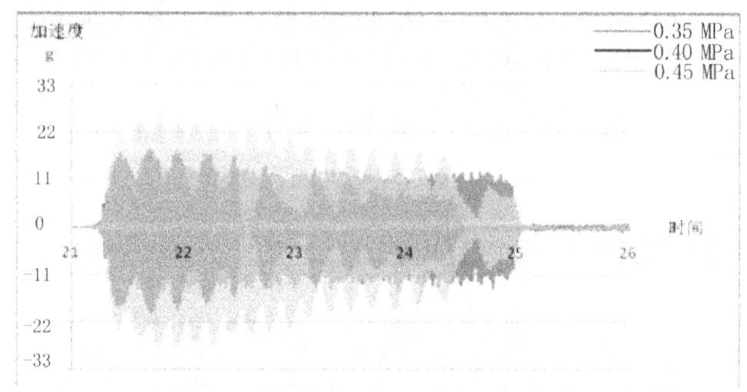

图 8 不同轮胎气压下轮轴处振动曲线(速度: 110 km/h)

3. 起落架连接位置强度对振动的影响

分别在起落架安装位置之间增加预紧螺栓对安装位置处加强和在起落架舱内加装铝型材,连接左壁板、右壁板、顶部蒙皮对起落架舱加强,进行试验。对试验数据进行统计分析,试验结果见图 10。

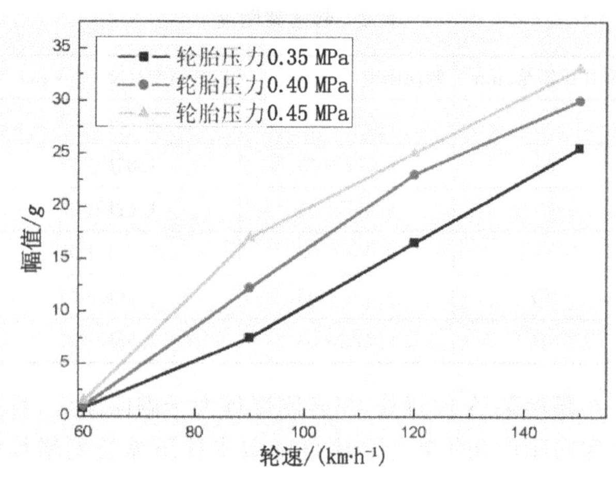

图 9 不同轮胎气压下轮轴处振动幅值

如图 10 所示,改变起落架安装位置结构安装强度对起落架轮轴处振动幅值影响明显,起落架轮轴处侧向最大加速度明显增大。加装铝型材增加安装位置壁板强度可以有效抑制起落架振动,起落架轮轴处侧向最大加速度明显减小。

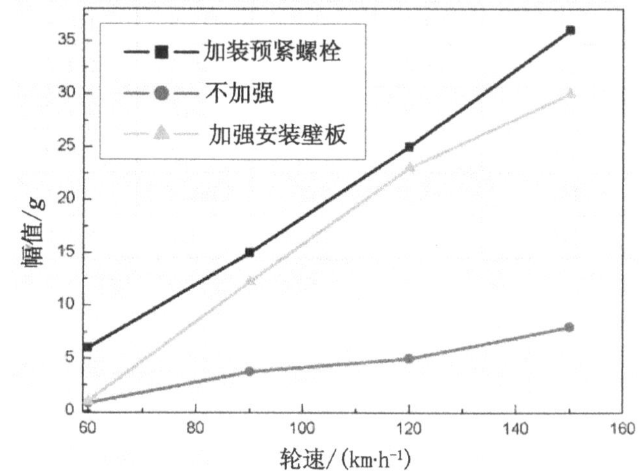

图 10 不同边界条件下轮轴处振动幅值

3.2 起落架动力学特性滑行试验

起落架进行直线加速 150 km/h 滑行。轮轴处和转轴处振动响应随地速的变化情况如图 11 和图 12 所示。

如图 11 和图 12 所示,飞机刹车过程中,会产生使飞机埋头的力,前支柱压缩量增大,轮轴和转轴处振动频率存在增大现象。转轴处存在明显的基频、2 倍频和 3 倍频响应,表现出明显的非线性特征。

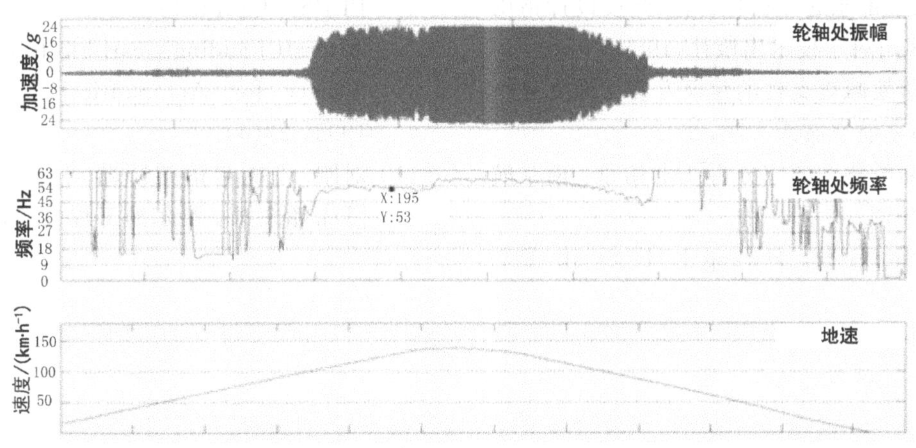

图 11　150 km/h 直线加速滑行数据图

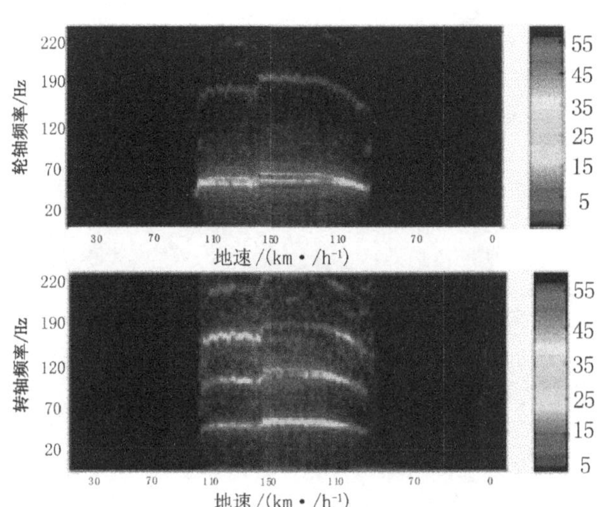

图 12　150 km/h 直线加速滑行三维图

4 结　论

本文以飞机前起落架为研究对象，首先利用 Ansys 仿真软件建立了有限元分析模型并分析了起落架固有特性；其次搭建振动分析试验台，分析了起落架振动特性及相关参数的影响规律；最后结合飞机滑行过程，分析了起落架在实际滑跑过程中的振动响应特征，得出了一些对起落架振动分析有益的结论：

(1) 起落架刚度随着支柱压缩量的增大而增大，导致起落架各阶固有频率也随之增大。因此在实际滑跑过程中，如采取刹车前后或刹车压力变化前后，支柱压缩量发生变化，起落架振动频率也会跟着发生相应的改变。

(2) 起落架结构复杂，起落架本身的油腔，起落架与前轮转弯配合位置的齿轮配合间隙以及起落架与腹板连接位置的配合间隙，都会给起落架带来较强的非线性特征，因此起落架振动特性表现出明显的非线性，其固有振动频率并非为一个固定值，而是一个较宽的频带。

(3) 起落架振动受轮胎压力、连接强度以及其安装壁板强度的影响明显，轮胎压力增大，起落架振动频率升高，振动幅值加大，适当地增加安装壁板强度能够有效抑制起落架振动幅值。

参考文献

[1] 袁东. 飞机起落架仿真数学模型建立方法[J]. 飞行力学，2002，20(4)：44-47.

[2] 方平. 小车式飞机起落架着陆与滑跑动态性能仿真分析[D]. 南京：南京航空航天大学，2004.

[3] 曹荣生. 飞机起落架模型建立及着陆性能仿真分析[D]. 哈尔滨：哈尔滨工程大学，2007.

[4] Brot A, Chester D H. Determining nose landing gear taxiing loads by computer simulation[C]. San Antonio, Texas: The 2000 USAF Aircraft Structural Integrity Program Conference, 2000: 1-8.

[5] Nie H, Kortuüm W. Analysis for aircraft taxiing at variable velocity on unevenness runwayby the power spectral density method[J]. Transactions of Nanjing University of Aeronauticsand, 2000, 243(1): 64-70.

[6] 汪岸柳. 飞机着陆滑跑动力学控制与仿真[D]. 南京：南京航空航天大学，2005.

[7] 刘锐琛,苏开鑫,邵永起.飞机起落架强度设计指南[M].成都:四川科学技术出版杜,1989.

[8] 陈玉振.主起落架减震支柱的建模方法与强度分析[D].南京:南京航空航天大学,2007.

[9] 秦飞.飞机着陆滑跑动响应分析[D].南京:南京航空航天大学,2012.

[10] Kim D M, Im G H, Hwang J H, et al. PAPERS : Optimal Design of Shock Absorber in an Aircraft Landing Gear[J]. Journal of the Korean Society for Aeronautical & Space Sciences, 1995, 23(4).

[11] 刘刚.飞机起落架降落动响应研究及强度计算[D].哈尔滨:哈尔滨工程大学,2015:1-84.

数字化检测技术在飞机制造中的应用

郭天俊，祁瑞迪，马睿

中航西安飞机工业集团股份有限公司，西安 710089

摘要：本文首先探讨了数字化检测技术的研究背景和意义，介绍了三维激光扫描技术的工作原理及应用范围，主要对三维激光扫描技术在飞机零部件制造与装配上的应用现状进行了相关研究。其次分析了三维激光扫描技术与激光跟踪测量技术、数字化照相测量等技术间的优势和存在的局限性，在后期的测量应用方面做了具体的说明。最后，对飞机研制生产过程中的各类待检测问题进行了分类总结，旨在提高零部件制造精度，解决各类飞机生产中的装配问题，优化检测方案。

关键词：数字化检测；三维激光扫描技术；零部件生产装配；优化方案

Application of Digital Detection Technology in Aircraft Manufacturing

GUO Tianjun，QI Ruidi，MA Rui

AVIC Xi'an Industrial Group Co. Ltd.，Xi'an 710089，China

Abstract：This paper first discusses the background and significance of the research on the application of digital inspection technology，the current status of the application of 3D laser scanning technology in the manufacture and assembly of aircraft parts is introduced for related research. Secondly，the advantages and limitations between 3D laser scanning technology and laser tracking measurement technology and digital photogrammetric technology are analyzed，in the later part of the measurement application to do a specific description. Finally，a summary of the classification of various types of problems to be inspected in the development and production of aircraft is given，aiming at improving the manufacturing accuracy of parts，solving the assembly problems in the production of various types of aircraft and optimizing the inspection scheme.

Keywords：digital measurement；three-dimensional laser scanning technology；parts production assembly；optimization solution

引　言

数字化检测技术是现代飞机制造与装配技术的重要组成部分，随着飞机数字化装配与检测技术的发展，传统手工检测手段已不能满足现代化飞机装配的需求，自 20 世纪 80 年代起，国外的航空公司已经逐步利用计算机辅助设备，如测量机、激光跟踪仪等高精度、大范围的数字化检测设备，代替传统的手工测量手段[1]。

自 20 世纪 90 年代初以来，国内数字化检测技术在传统民用工业、国防工业特别是航空航天领域都得到了广泛的应用[2]。各种测量设备、精密仪器的使用场景不再局限于实验室或计量室中，而是被广泛应用于实际生产过程中。进入 21 世纪，伴随着国家“智能制造”发展规划，各类先进的检测技术如三维激光扫描技术、激光跟踪测量技术、数字化照相测量技术、计算机辅助经纬仪、三坐标等，各自以其独特的测量特点在飞机制造领域发挥着重要的作用[3]。

检测手段的优劣将直接影响到产品的制造精度，并最终影响到飞机的交付质量[4]。现阶段虽然各类先进的测量设备能够提高产品的测量精度，但是由于飞机装配零部件种类复杂且分布位置广、空间位置的限制等方面的原因，造成许多先进测量设备无法使用。三维激光扫描技术具有对使用环境要求不高、便于携带、分辨率高、分析数据周期短等优势。同时，能够与其他检测设备配合使用，以提高测量精度和测量范围，对飞机零部件及装配后的产品进行整体外形检测，因此被广泛应用于飞机的研制生产过程中。

1 技术发展现状

随着科学技术的进步,特别是激光、半导体、计算机等技术的飞速发展,各类三维数据获取工具不断出现,推动着三维空间数据获取向着集成化、数字化和智能化的方向发展。第一代测量扫描技术已经不能满足工业化生产的需求,以三维激光扫描为代表的第二代测量扫描技术应运而生。三维激光扫描技术在测量精度、测量速度和操作性等方面依靠着激光的高亮度、单色性等特性照射工件表面,再经过接收传感器得到工件表面的三维数据信息,在不经过接触被测工件的情况下,就能直接捕获工件表面的三维坐标信息和反射率[5]。

三维激光扫描技术主要分为数据采集和数据分析两部分,其中数据采集由三维激光扫描仪与工作电脑组成,利用激光测距原理,通过记录被测物体表面大量密集点的三维坐标、反射率和物体表面特征等信息,在工作电脑上同时显现出被测物体的点、线、面等图样数据[6]。数据分析是通过对采集数据进行编辑、整合、优化等处理,然后用于逆向建模、空间位置测量和对比分析等方面,如图 1 所示。

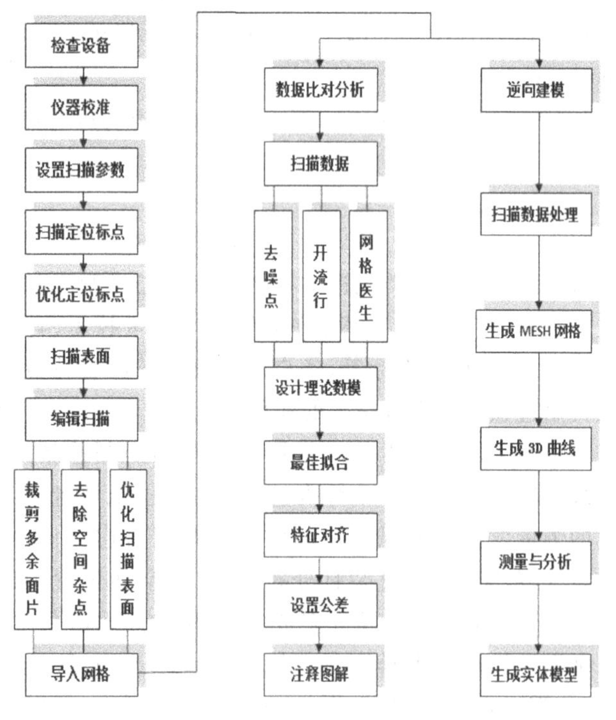

图 1 三维激光扫描流程图

随着三维激光扫描技术研究领域的不断扩大,各类国内外先进的扫描仪生产厂家也越来越多。目前,对三维扫描技术的研发和数据处理领先的有美国 FARO 公司、加拿大 OpTech 公司、瑞士 Leica、中国武汉中观自动化科技有限公司等。这些公司生产的扫描仪在数据的采集、最小点的间距、激光的波长、激光等级、模型化点定位的精度、测距的精度及范围等方面有所差异。主要分类见表 1。

表 1 三维激光扫描系统分类

<table>
<tr><td>划分指标</td><td colspan="4">仪器类型</td></tr>
<tr><td>承载平台</td><td>机载三维激光扫描系统</td><td>车载三维激光扫描系统</td><td>光扫描系统</td><td>手持三维激光扫描</td></tr>
<tr><td>扫描距离</td><td>远程,最远距离 300 m</td><td>中程,最远距离 100 m</td><td>短程,最远距离 10~25 m</td><td>超短程,最远距离 10 m</td></tr>
<tr><td>扫描现场</td><td>矩形扫描系统</td><td colspan="2">环形扫描系统</td><td>弯形扫描系统</td></tr>
<tr><td>扫描方式</td><td colspan="2">线扫描系统</td><td colspan="2">面扫描系统</td></tr>
<tr><td>测距原理</td><td>脉冲飞行时间差测距</td><td colspan="2">相位差测距</td><td>三角测量原理</td></tr>
</table>

在软件应用方面,各类计算机辅助软件相继推出 3D 对比测量功能,先进的数字化测量平台将扫描处理数据导入对比测量模块,具有测量数据准确,数据信息完整,实时对比快速等特点。目前使用主要表现在以下几个方面:

(1) 通过激光扫描得到被测物体的点云数据,编辑后形成网格形式,与理论数模进行比对分析来判断被测物体的三维尺寸和外部变形情况[7]。

(2) 将扫描得到的数据通过逆向建模工程建立产品数模,用于模具库的数字化建设。

2 在飞机制造中的应用

2.1 蒙皮外形三维尺寸检测

在飞机制造领域,蒙皮是飞机零件的重要组成部分,具有尺寸大、刚度小、外形复杂和易变形等特点。在蒙皮成型过程中主要靠成型模具和成型工艺参数保证精度,由于蒙皮回弹现象的客观存在且无法精准预测,导致根据理论型面制造的过程中,需要多次修整型面,大大增加了制造成本和研制周期。使用三维激光扫描技术后,通过对蒙皮外形数据的扫描与逆向对比分析，可以精确地获得蒙皮三维尺寸检查报告，从而掌握零件的全尺寸信息，测量结果不仅全面、准确，而且测量结果清晰可视化，可以从色差对比分析图上反映出尺寸的误差。方便后续的工艺改进，极大地缩短了二次修整周期。

如图 2 所示为某机型蒙皮比对分析过程。首先对扫描数据进行编辑优化处理，然后将优化后数据与理论蒙皮数模导入比对分析软件进行分析。具体分为以下几个步骤：

(1) 去噪点、开流行运用网格医生将扫描数据进行二次优化处理。

(2) 在扫描数据和理论数模表面分别选取三个能够代表整体蒙皮特性的坐标点。

(3) 用 N 点对齐的方式将选取的点位分别对应。

(4) 选取局部特征，将扫描数据与理论数模最佳拟合。

(5) 将整体蒙皮全部选中，用最佳拟合对齐进行最终拟合。

(6) 根据设计要求，确定分析误差。

(7) 使用 3D 分析模块，得出最后的比对数据。

图 2 中(d)代表比对分析数据，其中灰色区域为公差范围内合格尺寸，黑色区域为缺肉部位(沿理论数模法线负方向偏移)，深灰色区域为多肉部位(沿理论数模法线正方向偏移)。

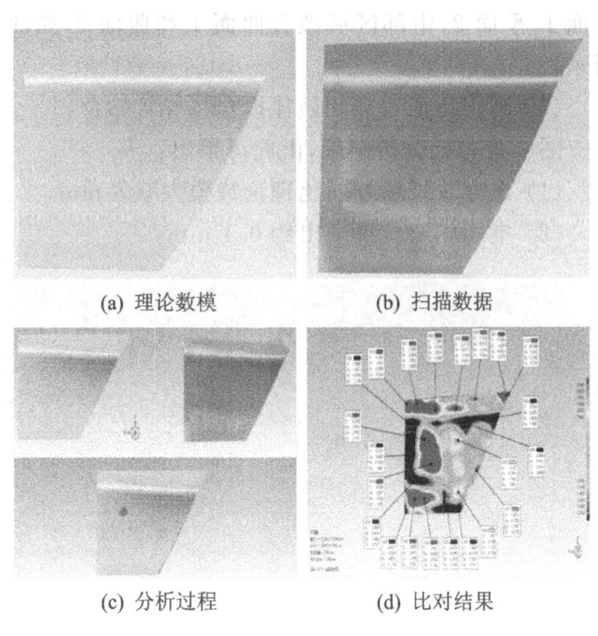

(a) 理论数模　(b) 扫描数据

(c) 分析过程　(d) 比对结果

图 2　蒙皮对比分析

2.2　零部件逆向建模

随着飞机制造水平的不断提升，对于航空制造领域来说，以往大量机型零部件采用样板进行模胎制造，不仅生产效率低，而且由于采用手工划线制造，导致模胎尺寸及精度难以控制，质量不能得到保障，大规模制造能力相对较低。随着老旧模胎的报废补制及新研模胎数量的不断增多，传统手工制造模胎的方式已不再适应“智能制造”发展的需求，因此，引入高级的数字化制造技术已成为飞机制造发展的必然趋势。逆向建模是进一步提高数字化设计制造水平的有效途径[8]，通过三维激光扫描技术将零部件进行扫描测量和表面优化处理，得到三维扫描数据。通过逆向建模技术对测量得到的数据进行数字化建模[9]，有效地解决了零部件生产效率低、质量难以保证等问题。

逆向建模主要分为以下几个步骤：

(1) 扫描数据(点云)导入与处理；

(2) 生成 MESH 网格；

(3) 生成 3D 曲线与光顺；

(4) 测量与分析；

(5) 生成曲面及实体数模；

(6) 检查并保存。

如图 3 所示为某机型模胎模逆向建模分析过程，将模胎经过三维扫描后形成的数据，经过表面优化处理后保存为网格形式，运用 CATIA 三维制图软件进行逆向建模处理，形成实体数模。

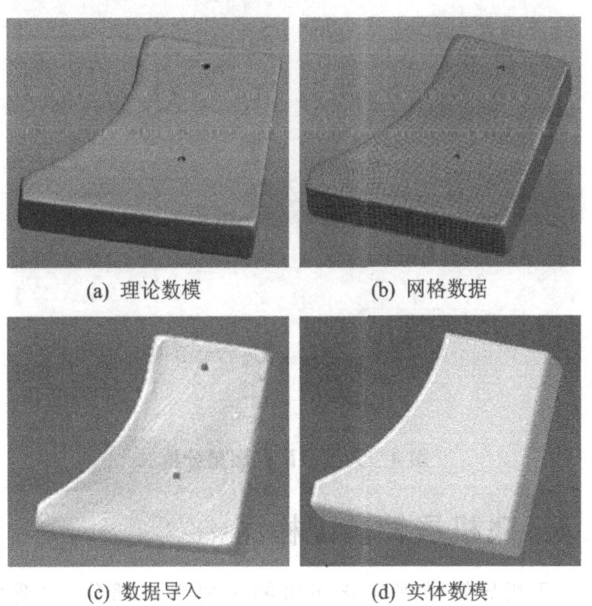

(a) 理论数模　(b) 网格数据

(c) 数据导入　(d) 实体数模

图 3　逆向建模过程

2.3 装配测量

飞机装配作为飞机制造中的重要组成部分，先后经历了从最初的手工装配时代到后期的半自动化、自动化装配，以及现在的智能装配时代，是各零件组装成部件构成飞机的核心过程。具体是通过专用工艺设备与技术，保证零件与零件、工装与工装、零件与工装之间的协调与准确，从而使装配对象结构特征与性能满足实际要求。同时，飞机装配的检测也由传统的工具测量到现在的利用三维激光扫描等测量技术的数字化测量时代[10]。

飞机各零部件之间的装配不协调是飞机生产制造中的关键问题，往往单个零件的制造误差问题在整个部件组装完成后会造成巨大的尺寸超差。通过三维激光扫描技术可以将装配部件进行整体扫描测量，与理论装配数模进行最佳拟合，可以精确地找出各个零部件之间的位置偏移量及整体装配超差问题，充分保障了飞机装配过程中的准确性，并且在提升飞机性能、维护飞机运行稳定与安全方面发挥着至关重要的作用。

如图 4 所示，该部件由大量零件构成，整体组装完成后尺寸超差，需要在保证底面平整度和侧面基准的情况下测量超差尺寸，通过三维扫描技术测量后，运用分析软件将底面和侧面分别做特征平面，通过拟合将基准对齐后，分析得出结论。

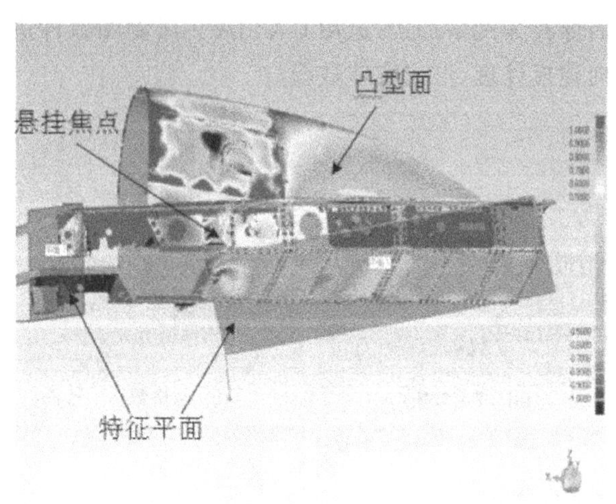

图 4 大型装配件测量分析

2.4 飞机导管装配检测

飞机导管是现代化飞机的重要组成部分，主要应用在发动机、液压、冷气、燃料等系统中。导管在飞机工作过程中承担内部油料及燃气的传输作用，但是在装配和使用过程中也有着应力的存在，在实际生产过程中经常会出现变形等情况，从而导致导管出现爆裂、漏油等情况。因此导管的装配检测是不可或缺的重要环节。由于受飞机结构设计和导管安装位置等因素的影响，致使导管的装配及空间位置无法得到精确检测。

如图 5 所示，该导管在装配过程中两端头不能协调安装，空间位置出现偏差，手工测量不能确定导管长度且不能确定中间弯曲部位是否符合设计要求。

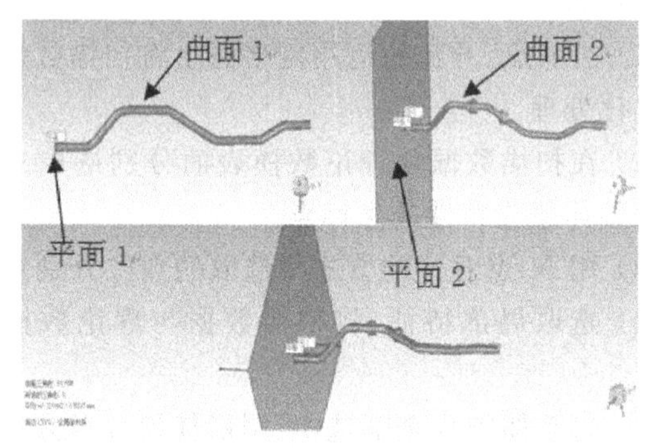

图 5 导管外形分析

针对以上问题，使用三维激光扫描技术，定出如下解决方案：

（1）使用三维激光扫描仪对导管进行测量。

（2）扫描数据优化并导入理论数模。

（3）在理论数模与扫描数据相同端头上分别建立平面 1、平面 2，中部区域拟合曲面 1 和曲面 2，如图 5 所示。

（4）利用特征对齐和最佳拟合将导管贴合。

图 6 为对比分析结果，由此可得出：

（1）该导管长度方向比理论数模大 0.8 mm。

（2）空间相对位置高出约 0.4 mm。

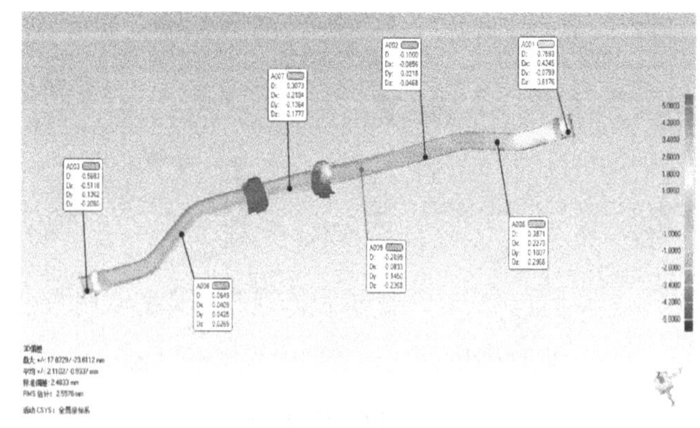

图 6 导管分析结果

3 结 论

基于飞机研制生产领域出现的各类零部件超差和装配检测等问题，本文通过三维激光扫描技术的实际应用案例分析给出了高效的解决方案。利用三维激光扫描仪对待测部位进行三维检测，通过对比分析得出相应的结论，并且为逆向建模提供精准可靠的点云数据。相较于使用游标卡尺、高度尺等传统手工检测工具，能够在空间尺寸、相对位置等方面提供全面测量数据，提高了飞机零部件的返修效率，缩短了生产周期，避免了因测量误差而导致的二次返修。

参考文献

[1] 周娜. 飞机数字化测量及质量控制技术研究[D]. 长春：长春理工大学，2013：34-39.

[2] 王巍，安宏喜，赵永拓，等. 基于关键特性的数字化飞机检测技术研究[J]. 机械设计与制造，2015(3)：240-243.

[3] 候红亮，余肖放，曾元松. 国内航空钣金装备技术现状与发展[J]. 航空制造技术，2009(1)：34-39.

[4] 沈继伟. 飞机航电设备激光数字化校准技术[D]. 长春：长春理工大学，2012：13-17.

[5] 白瑞林，孟伟，等. 结构现场可调的点激光精密测量系统[J]. 光学技术，2012(1)：46-51.

[6] 李鹏，张文兵，李静. 三维激光扫描测量技术[J]. 科技信息，2009，16(31)：833.

[7] 黄东，南海，赵嘉琪等，三维测量技术在精密铸件加工中的应用[J]. 特种铸造及有色合金，2015，35(2)：172-173.

[8] 邵毅翔. 基于逆向工程及3D打印技术的误差分析应用研究[D]. 上海：华东理工大学，2017：19-21.

[9] 赵燕. 激光扫描数据重建研究[J]. 激光杂志，2017(7)：180-183.

[10] 刘胜兰，罗志光，谭高山，等. 飞机复杂装配部件三维数字化综合测量与评估方法[J]. 航空学报，2013，34(2)：409-418.

人工肌肉作为智能主动防护执行终端可行性分析

邸亚[1,3,*]，邹磊[2,3]，田少平[2]，王婷[2]

1. 航宇救生装备有限公司 武汉创新中心，武汉 430074

2. 航宇救生装备有限公司 个体防护技术研发部，襄阳 441003

3. 航空防护救生技术航空科技重点实验室，襄阳 441003

摘要：智能主动防护通过对战机飞行员生理心理、机舱、环境的态势感知、分析和预判，根据判断结果对飞行员进行告警、采取执行手段，以达到主动防护的目的。随着智能化技术的推进，战机飞行员智能主动防护进度加快，在智能主动防护系统多采用电源驱动的前提下，电驱动智能防护执行终端是智能防护系统的一种优化选择。通过对人工肌肉工作原理分析、设计实施方案，判断得出人工肌肉作为智能主动防护的一种执行终端具有可行性和优越性的结论，为下一阶段人工肌肉应用研究提供依据。

关键词：人工肌肉；智能主动；执行终端；防护

Feasibility Analysis of Artificial Muscle as Intelligent Active Protection Executive Terminal

DI Ya[1,3,*], ZOU Lei[2,3], TIAN Shaoping[2], WANG Ting[2]

1. Wuhan Innovation Center, AVIC Aerospace Life-Support Industries, Ltd., Wuhan 430074, China

2. Aviation Key Laboratory of Science and Technology on Life-Support Technology, Xiangyang 441003, China

3. AVIC Aerospace Life-Support Industries, Ltd., Xiangyang 441003, China

Abstract: Intelligent active protection can sense, analyze and predict the physiological and psychological characteristics, cabin and environment of fighter pilots. According to the judgment results, the pilot is alerted and executive measures are taken to achieve the purpose of active protection. With the development of intelligent technology, the progress of intelligent active protection for fighter pilots is accelerated. Under the premise that the intelligent active protection system mostly adopts power drive, the electric drive intelligent protection executive terminal is an optimal choice for the intelligent protection system. By analyzing the working principle of artificial muscle, it is concluded that artificial muscle as an executive terminal of intelligent active protection has feasibility and superiority. Through the design of artificial muscle improvement scheme, it provides the basis for the next stage of artificial muscle application research.

Keywords: artificial muscle; intelligent active; executive terminal; protection

人工肌肉是主要利用电压、磁场、光或温度驱动的尺寸变化来产生力和位移的执行器材料。人工肌肉通过材料内部结构的改变而呈现出伸缩、弯曲、束紧或膨胀等各种复杂的形态变化，与生物肌肉十分相似。其作为一种新型智能材料，具有广泛的应用空间[1-3]。

随着智能化技术的推进，战机飞行员智能主动防护进度加快，在智能主动防护系统多采用电源驱动的前提下，电驱动智能防护执行终端是智能防护系统的一种优化选择。本文通过开展电驱动人工肌肉技术分析，研究其作为智能主动防护执行终端的可行性。

战机飞行员防护主要通过对人体特定部位加压以达到抗击高空过载的目的。人工肌肉具有质量轻、柔软灵活的特点[4]。以直流电为能源输入，电压驱动高分子材料与碳纳米管纤维形成的人工肌肉进行收缩形

* 通讯作者. E-mail: diya123@126.com

变,从而在人体表面产生额定压力,可达到快速、精准加压的目的。

1 国内外发展现状及趋势

最早对人工肌肉的理论研究可追溯至1880年,由德国物理学家 Wilhelm Rontgen 提出"电流对介质形状和体积变化的影响",奠定了人工肌肉理论基础。

麻省理工学院车载实验室于2004年为NASA高级研究所完成了名为"Bio-Suit System"舱外航天服的概念设计[5-7],如图1所示。压力系统原理为:以电能为驱动,由形状记忆合金网和粘性的热调节凝胶分配层共同作用形成。热调节凝胶提供可变化的热量,形状记忆合金网在不同热量条件下进行形变产生对人体的压力。

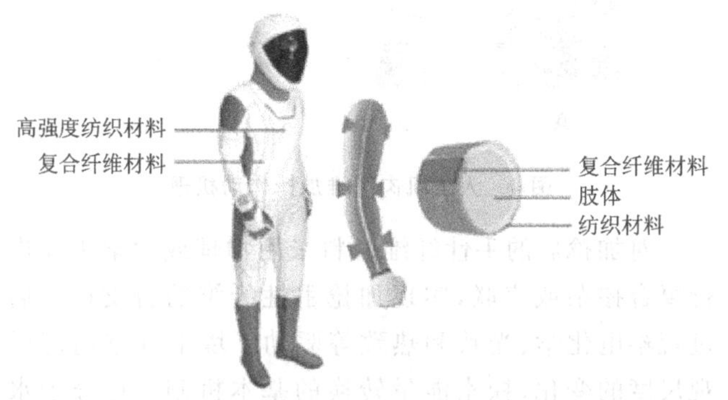

图1 Bio-Suit System 概念设计

Haines 等提出了一种新型热致收缩聚合物人工肌肉——TCPA[8-9],对尼龙鱼线等低成本高强度聚合物纤维丝加捻成类弹簧结构的线圈肌肉,在加热时,长度在极限情况下可收缩49%;在与人体肌肉相同长度和质量的情况下,可提升的载荷在100倍以上,即产生5.3 kW/kg 的机械功;可经历超过100万次的寿命,并且比SMA(形状记忆合金)具有更小的滞后。然而,该种人工肌肉由聚合物材料制成,在热收缩时,其弹性模量随着温度上升而减小,相应地,人工肌肉的刚度较低,无法稳定保持其形态。

2020年7月12日,美国得克萨斯州立大学达拉斯分校教授 Ray Baughman 课题组与国际合作者在新一期《科学》杂志上刊文,提出了一种全新结构模式——将活性材料作为壳层覆盖在载体纤维外部,形成一种壳层结构;活性壳层材料在多种驱动方式的触发下产生体积膨胀,让人工肌肉纤维可恢复性退捻,产生机械能,从而更有效地提高人工肌肉纤维的机械功输出密度和速率。实验结果显示,"在电化学触发条件下,采用壳层结构的人工肌肉纤维单位质量机械功率可达1.98 W/g,是人体肌肉的40倍以上。"壳层驱动的人工肌肉材料无论是在气体驱动、热能驱动还是电化学能驱动方式下,其在响应速度、输出功密度上都表现出较大的优势,如图2所示。

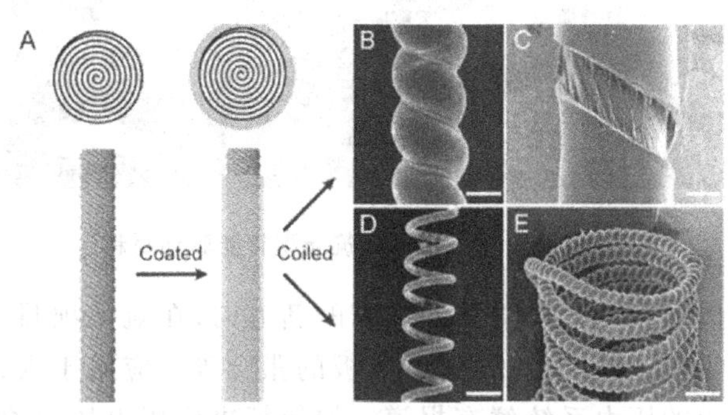

图2 "壳层驱动"人工肌肉纤维的制备流程,以及多种螺旋结构

科罗拉多大学博尔德分校机械工程实验室 Christoph Keplinger 教授带领的柔性驱动器课题组发明了HASEL人工肌肉概念,并于2018年1月公布实验室研究成果。HASEL人工肌肉由多层高度可拉伸的离子导体组成制动器,离子导体层中间含有一层液体,在通电时,制动器可以做线性收缩和膨胀。HASEL人工肌肉柔软、速度快,能够产生自身质量200倍的力,且爆发力强;足够像真的肌肉一样延展和收缩,可用来驱动机器人手臂,并感知自己的状态;可进行精准移动,动作流畅。但也存在结构强度低、所需电压为kV级别等缺点。

南开大学化学学院研究员张振杰科研团队,正在研究"基于晶态材料构筑新型智能驱动材料"[10],见图3。首次将小尺寸的有机小分子晶体通过混合基质膜的策略制备成大尺寸的人工肌肉材料,并展示了其多变的运动方式。同时,科研人员还利用高分子与共价有机框架(COFs)材料复合,成功构建了一类具有高机械性能的COFs膜,不仅可以作为高效分离膜,还可以作为人工肌肉进行复杂的运动行为。晶态材料需在光或蒸汽刺激下产生形变,驱动响应时间为s级,应用条件不满足飞行员工作场景要求。

总体而言:① 中国在人工肌肉领域的研究整体达到国际先进水平,在高性能分子材料设计、合成方面甚至具备领先优势。但是,在高分子结构的控制与仿真、构建柔性仿生执行器及其实用化方面,还相对薄弱。② 国内外对于人工肌肉完成了实验室阶段研究,已到达从基础研究向应用转化的关键时期。在生物医学领

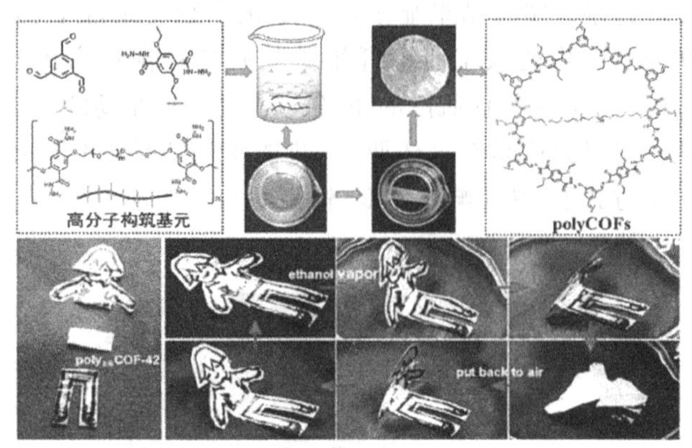

图 3　基于晶态材料构筑新型智能驱动材料

域的应用成为科学家们研究的新方向；在航天项目中也进行了初步应用，如电池板的张合等。应用于人体体表的压力系统鲜有报道。如何解决应用电压过高、形变刺激无法满足战机工作场景等问题成为实验室研究成果应用于航空领域的关键。而与人体生理学相结合，解决未来实际应用中将面临的压力阈值范围窄、控制精度高等各种科学和技术问题，则需要材料、化学、电子生物、航空医学等领域多学科深度交叉合作。

2　可行性分析

针对智能主动防护技术对执行终端的要求，借助HASEL人工肌肉理念在人工肌肉纤维壳层结构基础上进行改进与拓展，构建面向体表加压的电驱动人工肌肉体表加压机理模型，实现飞行员体表差异化、精确加压技术。

设计基于智能高分子材料电能-机械能转换与输运特性的执行终端机构，可解决高性能战机作动下产生的G-LOC、头盔滑移等问题，缓解长航时疲劳，提供颈部支撑能力。

2.1　设计方案

定向开发可体表加压的人工肌肉纤维，探索人工肌肉在飞行员个体防护中的应用是实施设计方案的初衷。采取理论分析、结构设计、材料制备、数学模型仿真、机械性能测试、驱动特性表征、作动应用探索相结合的方法，逐步深入与扩展。整个研究围绕三个部分进行。① 人工肌肉纤维特性与制造方法研究；② 人工肌肉纤维的物理性质、驱动性能的表征；③ 人工肌肉纤维在飞行员体表加压等领域中的探索性应用研究。

为了使材料实现类似于生物体肌肉纤维的收缩行为，通过对纤维加入形态学捻曲，使其获得相手性，从而使纤维材料表现出肌肉纤维的扭转行为。当加入了足够多的捻曲使纤维产生螺旋结构，可大大提高肌肉的致动行程。在前期工作中对橡胶纤维加捻引入相手性，制备了多种形态的电场驱动的介电弹性体人工肌肉纤维，见图4。采用多种功能材料复合作为人工肌肉纤维的前驱体，在研究纤维材料加捻的基础上，探索加捻后固定以达到自支撑的方案。

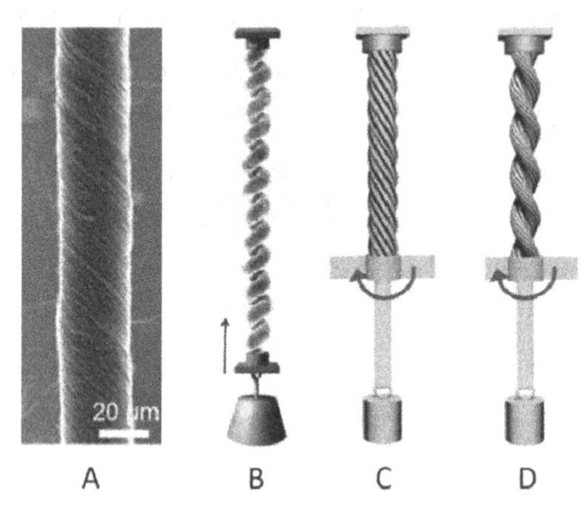

图 4　人工肌肉纤维加捻作动机理

对加捻后的手性纤维材料采用物理或化学手段进行复合掺杂或交联，实现加捻手性纤维的自支撑。通过观察电化学、光致和热致等驱动环境下纤维内部微观尺度的变化，探索能量转换的基本机制。在分子水平和微观尺度理解热、电等性质与力学驱动性质的影响，尤其是电子、离子、分子链等的运动对手性人工肌肉纤维力学传输的影响。研究以下基本问题：① 人工肌肉纤维中各功能材料的界面因素、力学匹配；② 热致驱动体系中，相变系统的体积膨胀与热导率、电阻变化率之间的关系，电能-热能-机械能之间的转换效率、传递速率；③ 人工肌肉纤维中各功能材料的规模性制备、人工肌肉纤维工艺技术流程。

在材料科学研究的基础上，通过研究纤维纳米材料和纳米结构中的结构-性能关系，实现高性能自支撑人工肌肉的构建。探索人工肌肉纤维在飞行员可穿戴装备可行性，解决：① 人体对非线性体表加压的耐受限值问题；② 人工肌肉作动形式与作动效用之间的关系问题；③ 能量损耗以及安全性问题等。为飞行员人体体表加压领域提供智能防护手段。

2.2　实施途径

以电驱动为基础、以建立智能主动防护执行终端为目标，面向飞行员体表加压，采用人工肌肉纤维作为主要功能单元，分析穿戴式人工肌肉技术原理（见图5），建立具体实施方案。

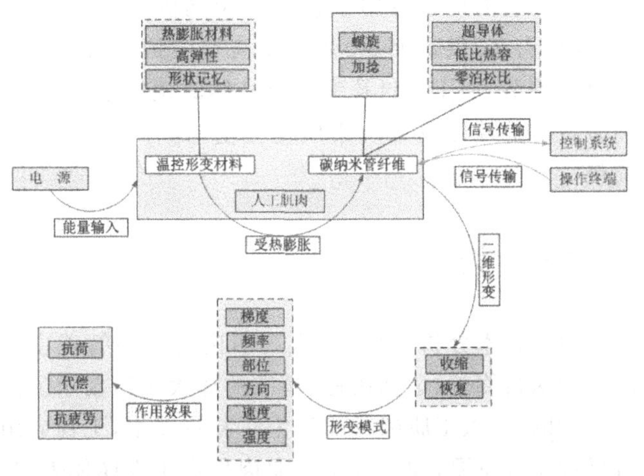

图5 飞行员穿戴式人工肌肉技术原理

通过采用机理分析、性能测试、数学建模等手段，突破关键技术，打通从人工肌肉纤维到体表加压实际应用之间的壁垒，具体实施途径如下：

以电驱动为能源输入，电压驱动人工肌肉进行收缩形变，从而在人体表面产生压力。其中：① 温控形变材料具备热敏感性、高弹性以及形状记忆功能，通电状态下受热膨胀、沿直径向外做功；② 碳纳米管纤维具备电流超导、零泊松比特性，能量转换率极高；先对成股碳纳米管纤维加捻产生内应力，再通过形变诱导的方法，使加捻后的碳纳米管纤维形成螺旋，最终碳纳米管纤维生成二维的褶皱结构，见图6。

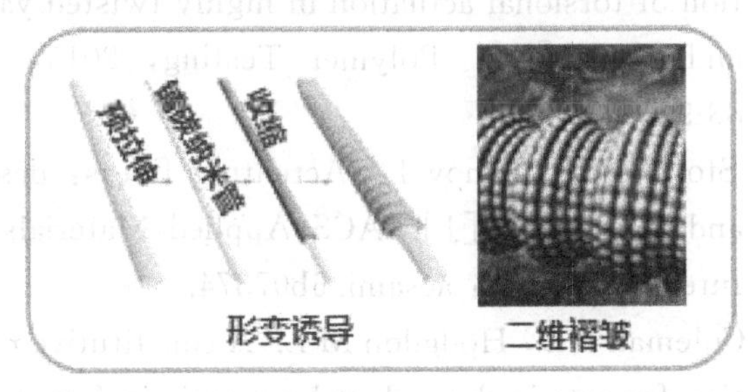

图6 人工肌肉

温控形变材料进行预拉伸，作为“芯”；具备二维褶皱结构的碳纳米管纤维紧密缠绕在“芯”外层，形成人工肌肉。对人工肌肉通电，温控形变材料受热膨胀、直径加大，外层的碳纳米管纤维受膨胀影响以及自身内应力共同作用下收缩做功。

本技术路线如下：

(1) 先对成股碳纳米管纤维加捻产生内应力（见图7,D），再通过形变诱导方法，使加捻后的碳纳米管纤维形成螺旋（见图7,F），最终碳纳米管纤维生成二维的褶皱结构，见图7。

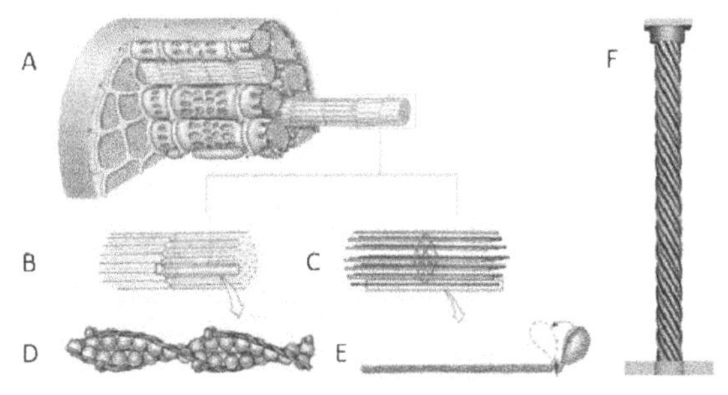

图7 碳纳米管纤维加捻结构

(2) 温控形变材料进行预拉伸，作为“芯”；具备二维褶皱结构的碳纳米管纤维紧密缠绕在“芯”外层，形成人工肌肉纤维。对人工肌肉通电，温控形变材料受热膨胀、直径加大，外层的碳纳米管纤维受膨胀影响以及自身内应力共同作用下收缩做功，见图7。

(3) 人工肌肉纤维与高强度纺织纤维混合编织，形成可用于飞行员体表加压防护装备衣面材料，如图8所示。

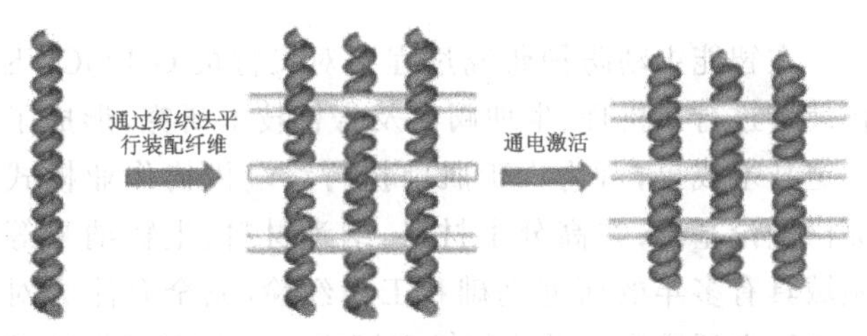

图8 人工肌肉的编织

碳纳米管纤维为螺旋状，在通电情况下，螺旋状纤维收缩，对外界产生拉伸应力，试验表明，该材料收缩量可达到14.2%，且具有质轻高强、高导电、高导热和优异的结构柔性等特点，同时，其较低的工作温度，螺旋形碳纳米管驱动器与其他普通纺织材料或导电体复合不会发生热降解等负面效应。

基于人工肌肉的飞行员体表加压防护新技术，其实现舒张、收缩的功能单元-温控形变材料和碳纳米纤维均为纳米尺度，对比于传统装备通过结构实现功能的模式，将复杂的功能结构下沉至纤维一级。同时，碳纳米纤维本身导电性能优异，可直接作为导线使用，实现一种纤维材料对多种功能的集中，减少目前智能化装备衣面内部导线的大量使用、因布线而增加的结构工艺，能够实现材料级别高性能集约化复合，呈现在人们面前的仅是由单层纤维织物制成的服装装备。

实验研究表明，鱼线粗细的人工肌肉在10 V直流电压下，弹性形变>10倍，电阻变化<5%，做功达到2.1 kW/kg，达到人类肌肉水平。人工肌肉做功示意见图9。

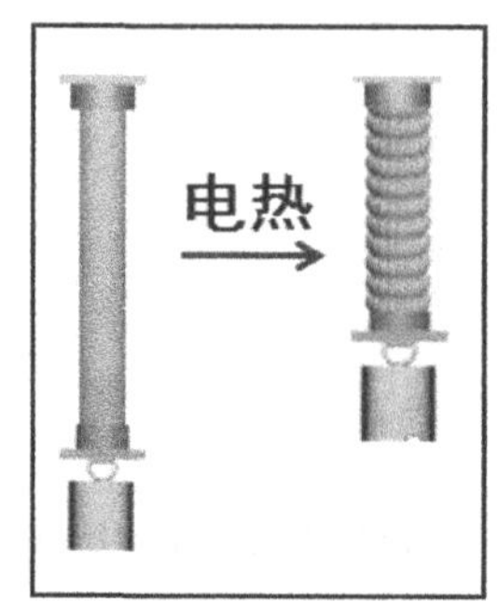

图9 人工肌肉做功示意图

人工肌肉控制系统可输出强度、速度、频率、方向等不同指令信号，人工肌肉执行梯度加压、脉冲式加压等多种加压形式，通过在指定位置增加人工肌肉体量的方式实现人体穴位按压，能够起到肌肉放松、舒缓长航时造成的人体疲劳。

2.3 可行性分析

在智能主动防护研究过程中对飞行员G-LOC、飞行疲劳进行了机理、生理阈值及告警技术研究，形成了一定技术成果，可为人工肌肉执行终端机构作业模式提供理论基础；在高分子材料、纳米材料、生物纳米等领域具有多年的研究基础和工作经验，完全有能力对人工肌肉纤维进行设计与机理探索。在前期工作基础上开发自支撑手性加捻人工肌肉纤维，采取高分子复合、交联等技术对加捻后的手性人工肌肉纤维进行固定，解决人工肌肉形变恢复率不足等问题，从理论和实验上均是可行的。

3 应用前景

人工肌肉技术其作动方式由气动转为电驱动，可以取消服装上的充气组件和飞机抗荷系统供气调节装置，大大简化装备的重量和复杂程度，同时提升抗荷效果及穿戴舒适性。未来多军种立体联合作战模式下，人工肌肉可提高飞行员高空作战能力、应急逃生概率；并通过对穴位精准的适度压力刺激，可消除疲劳，提高飞行员长航时舒适性。对于中长期可能的高空-陆地/舰上作战，为飞行员提供作战场地转换过程中的防护，简化后的装备便于灵活战场转换，提高作战机动性。

人工肌肉技术作为一种智能化的执行终端机构，可应用于未来先进多电飞机，对飞行员装备的智能主动防护发展有着重要的意义。

人工肌肉技术可用于包括空天飞机全压服、密闭盔、保护头盔、供氧面罩、弹射座椅等防护装备的自适应尺寸调节、加压密封及弹射时身体的预约束，极大提高装备防护性能及系统集成化程度，具有广泛的应用前景。

4 结 论

通过技术分析，电驱动人工肌肉可作为智能主动防护的执行终端，达到快速、精准的体表加压要求。需要注意的是，人工肌肉目前仅为实验室技术，工程应用可靠性尤为重要，如：① 人工肌肉作用于人体体表，其应用电压应在人体安全阈值范围内；② 在使用周期内，人工肌肉应能够稳定作业。

致 谢

感谢刘遵峰老师。

参考文献

[1] Mirvakili S M, Hunter I W. Artificial muscles: mechanisms, applications, and challenges [J]. Advanced Materials, 2017, 30(6): 1704407.

[2] Aziz S, Naficy S, Foroughi J, et al. Characterisation of torsional actuation in highly twisted yarns and fibres [P]. Polymer Testing, 2015, 46: 88-97.

[3] Stoychev G, Ionov L. Actuating fibers: design and applications[J]. ACS Applied Materials & Interfaces, 2016: acsami.6b07374.

[4] Coleman B D, Hodgdon M L. A constitutive relation for rate-in-dependent hysteresis in ferromagnetically soft materials[J]. Int J Eng Sci, 1986, 24: 897-919.

[5] Dava J Newman, Kristen Bethke, Christopher Carr, et al. Guillermo Trotti, Astronaut Bio-Suit System to Enable Planetary Exploration [C]. Vancouver, Canada: 55th International Astronautical Congress, IAC-04-U.1.03, 2004.

[6] Fay J P, Steele C R. Forces for rolling and asym-

metric pinching of pressurized cylindrical tubes [J]. Journal of Spacecraft and Rockets, July-August 1999,36(4): 531-537.

[7] Fay, J P, Steele C R, Bending and symmetric pinching of pressurized tubes [J]. International Journal of Solids and Structures, 2000, 37: 6917-6931.

[8] Haines C S, Lima M D, Li N, et al. For-oughi, J. Artificial muscles from fishing line and sewing thread[J]. Science, 2014,343(6173): 868-872.

[9] Haines C S, Li N, Spinks G M, et al. New twist on artificial muscles [J]. Proc Natl Acad Sci USA, 2016, 113(42): 11709-11716.

[10] Wang Z, Yu Q, Huang Y, et al. PolyCOFs: A New Class of Freestanding Pesponsive Covalent Organic Framework Membranes with High Mechanical Performance [J]. ACS Cent. Sci., 2019, 5: 1352-1359.

航空飞行器防/除冰技术研究进展及展望

曹毓鹏[1,*]，张贺[2]

1. 太原理工大学 航空航天学院，太原 030024

2. 航天科工空间工程发展有限公司，北京 100854

摘要： 在寒冷气象条件下，航空飞行器表面极易出现结冰现象。冰的附着和过度积累会改变航空飞行器的飞行状态，对飞行器的飞行性能和飞行品质造成重大影响，严重时甚至出现机毁人亡事故，造成惨重灾难。因此，开展航空飞行器的防/除冰技术研究具有重要意义。本文综述了当前航空飞行器主要防/除冰技术的原理、特点及国内外研究现状。基于此，对未来航空飞行器防/除冰技术的发展趋势进行了展望，旨在为推动高效可靠防/除冰技术的快速发展提供参考。

关键词： 航空飞行器；结冰危害；防冰；除冰

Research Progress and Prospect of Anti-icing and De-icing Technology for Aeronautical Aircraft

CAO Yupeng[1,*], ZHANG He[2]

1. College of Aeronautics and Astronautics, Taiyuan University of Technology, Taiyuan 030024, China

2. CASIC Space Engineering Development Co., Ltd. Beijing 100854, China

Abstract: Under cold weather conditions, the surface of the aircraft is easy to freeze. The adhesion and excessive accumulation of ice can change the flight status of the aircraft and have a significant impact on the flight performance and flight quality of the aircraft. In severe cases, the aircraft may even be destroyed, causing serious disasters. Therefore, it is of great significance to study the anti-/de-icing technology of aircraft. In this paper, the principles, characteristics, and research status of the main anti-/de-icing technologies of aircraft are summarized. Based on this, the development trend of anti-/de-icing technologies for aircraft in the future is prospected, all of which provide reference for the rapid development of efficient and reliable anti-/de-icing technology.

Keywords: aeronautical aircraft; icing hazard; anti-icing; de-icing

航空飞行器结冰是一种普遍存在的现象。特别是在飞行阶段，当飞行器遇到云层中的过冷水滴时，其迎风表面常常会出现不同程度的结冰[1]。以固定翼飞行器为例，结冰主要发生在机翼、水平尾翼、外置传感器、发动机进气道和风挡玻璃等部位[2]。不同部位的结冰对飞行器的性能将产生不同的影响。

作为飞行器产生升力、调整飞行姿态的重要部件，机翼和尾翼结冰将改变环绕翼型气流的平滑流线，造成升阻比减小，破坏飞行器的操纵性和稳定性[3]。2004 年，包头飞往上海的 MU5210 航班坠毁造成 55 人丧生。事后调查结果表明，飞机机翼积冰未得到有效处理，使机翼失速临界迎角减小是造成失事的重要原因。而用于飞行器测速的空速管结冰会导致测速不准，使飞行员无法准确获悉航速信息，引发错误操作，从而导致灾难性事故。2018 年，俄罗斯载有 71 人的安 148 客机就是由于空速管结冰，导致飞机失速坠毁。2009 年，法航 AF447 同样由于空速管结冰，造成了 228 人死亡的重大事故[4]。发动机结冰则将减小发动机进气流量，改变空气动力特性，降低发动机推力，轻则影响发动机工作稳定性，重则可能造成压气机机械

* 通讯作者. E-mail: justdoit1a2b@126.com

损伤，导致发动机停车，直接引发飞行事故。1986 年，一架安 24 飞机在兰州坠毁，其事故原因就是飞机在起飞后 2 号发动机结冰并造成了发动机停车。风挡玻璃结冰则会影响风挡透明度，影响飞行员目测，降低飞机的起落安全性。

由此可见，航空飞行器结冰会严重影响飞行器的飞行状态和飞行安全。为了保障航空安全，必须开展航空飞行器的防/除冰技术研究。本文针对当前航空飞行器主要防/除冰技术的原理、特点和研究进展进行了综述，并展望了未来航空飞行器防/除冰技术的发展趋势。

1　防/除冰技术

根据工作方式的不同，当前航空飞行器的防/除冰技术可分为两类：一类是主动除冰技术，包括机械除冰[5]、热气除冰[6]和电热除冰[7]等；另一类是被动防冰技术，包括液体防冰[8]和仿生超疏水防冰[9-10]等。

1.1　机械除冰技术

机械除冰是指依靠机械力的作用去除飞行器的表面结冰，主要包括气动除冰和电脉冲除冰两种。其中，气动除冰是最早出现的机翼机械除冰技术。该技术是通过在机翼前沿安装一层可膨胀的橡胶管，通过向橡胶管内周期性地充放气，使其表面冰层发生形变并破碎，随后通过气流冲刷作用将碎冰吹除[11]。图 1 所示为气囊式气动除冰装置模型，该系统具有质量较轻、耗能较少，且易于安装等优点。但同时也存在一些不足，如气囊工作时会改变飞行器的气动外形，增加飞行阻力，提高飞行能耗。因此，气动除冰技术目前主要用于通用飞机或螺旋桨飞机等飞行速度较小的飞行器除冰，并不适用于高速飞机除冰[12]。

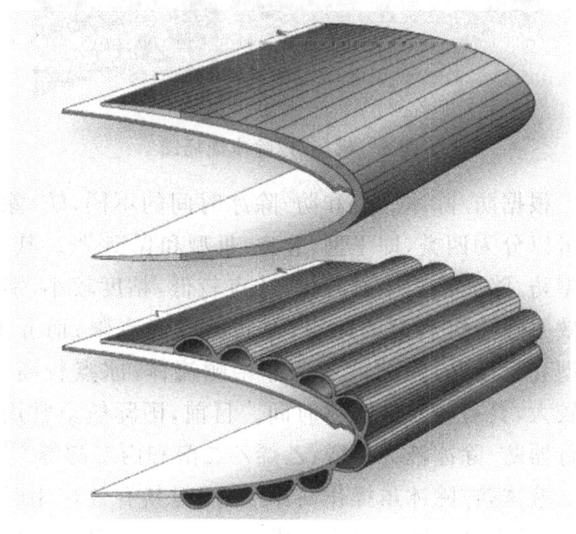

图 1　气囊式气动除冰装置模型

而电脉冲除冰，是指利用机翼内部安置线圈产生的高能量电脉冲激励需除冰蒙皮，使蒙皮产生高频振动，以破坏冰层粘附，达到除冰的目的[13]。图 2 所示为电脉冲除冰装置示意图。电脉冲除冰具有高效、稳定、节能等优点[14]。自 1972 年苏联首次将电脉冲系统用于飞机除冰开始，俄罗斯已发展到第五代电脉冲除冰系统，并在伊尔系列飞机上获得应用[15]。美国国家航空航天局在 20 世纪 80 年代开启电脉冲除冰系统的研究，并进行了大量冰风洞试验和飞行试验，形成了诸如超薄除冰元件、低压电脉冲除冰技术、复合材料应用电脉冲除冰技术等研究成果[16-17]。我国对于电脉冲除冰技术的研究相对较晚，直至 21 世纪初才开始兴起。目前形成了以北京航空航天大学、南京航空航天大学和重庆大学为主的科研单位。其中，北京航空航天大学主要开展电脉冲除冰系统的模拟仿真[18-20]，南京航空航天大学[21-23]和重庆大学[24-25]主要进行电脉冲除冰系统的设计及实验研究。

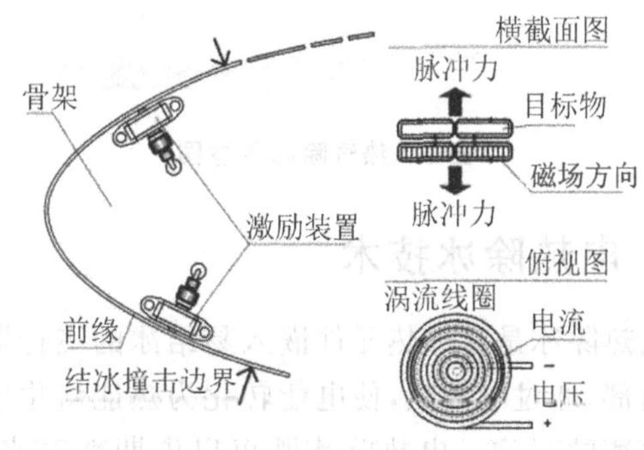

图 2　电脉冲除冰装置示意图

尽管电脉冲除冰技术相对气动除冰优势明显，但其也存在不足，如电脉冲产生的高频振动可能会引起蒙皮的疲劳损伤；同时，形成的电磁场可能会对飞行器部分元器件产生电磁干扰，影响飞行安全[26]。因此，还需进一步优化改善。

1.2　热气除冰技术

热气除冰，顾名思义是利用热气加热待除冰部位，通过破坏冰层与结冰面的粘附力来实现表面除冰。热气除冰示意图如图 3 所示。通常，热气从发动机的压气机中引出，经供气管道分配到需除冰部位，然后通过热交换提高相应部位的表面温度，使与表面接触的冰层熔化,从而去除结冰。热气除冰常用于飞行器翼面前缘和发动机进气道唇口的除冰,具有稳定性高、除冰效果良好等优势,但其供气管路复杂、能耗较大且热利用率较低[11]。因此,国内外研究者目前主要通过调整热气防冰腔结构参数和管路布置等,试图提高热气利用率和除冰效率[27-32]。郭之强等人[27]采用数值模拟对比研究了光滑表面和具有表面凸起结构的热气防冰腔内的传热特性,结果表明,相比光滑表面,表面凸起结构可以将发散的壁面射流集中为高速射流,有效提高壁面射流区的传热系数,增强传热效率。相似的结果也曾被SHARIF等人发现[28]。张靖周等人[30]则研究了防冰腔内笛形管结构参数,包括射流孔直径、间距、位置等对热气加热效率的影响,结果显示,笛形管射流孔直径对加热效率的影响最为显著,不同孔径的热射流加热效率相对差值可达7%。

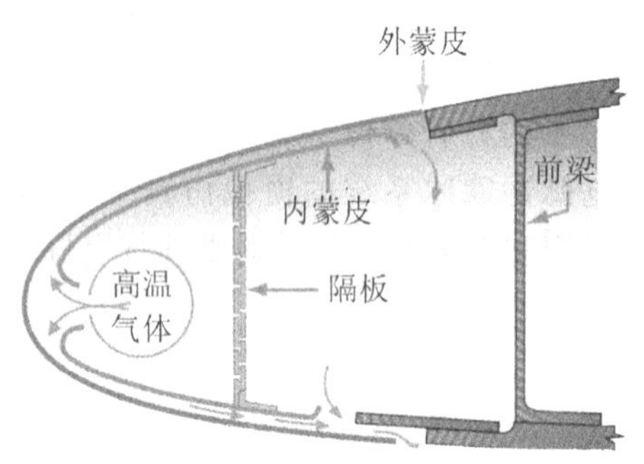

图3 热气除冰示意图

1.3 电热除冰技术

电热除冰是将加热元件嵌入易结冰的飞行器部件结构内部,通过电加热,使电能转化为热能熔化冰层以达到除冰的目的。电热除冰既可以周期性除冰使用,也可以连续性防冰使用,具有能耗较低、易于控制等优点,常用于风挡、大气数据探测头、翼面前缘、螺旋桨桨叶及桨毂整流罩等部件的防/除冰。

图4为翼型前缘典型电热除冰结构的二维剖面图,自外向内分别是冰层、外蒙皮、外绝缘层、加热单元、内绝缘层和内蒙皮。

电热除冰系统一般由电源、控制器、温度传感器和加热元件等部件组成。传统的加热元件为金属丝、金属箔和导电金属膜等,但其普遍存在电热转化效率较低、加热速度较慢,与复合材料贴合性较差等缺点。为了提高电热除冰效率,实现更优的除冰效果,目前关于电热除冰的研究主要集中在加热元件材料的选取、电热除冰系统的优化控制及传热特性解析等方面。例

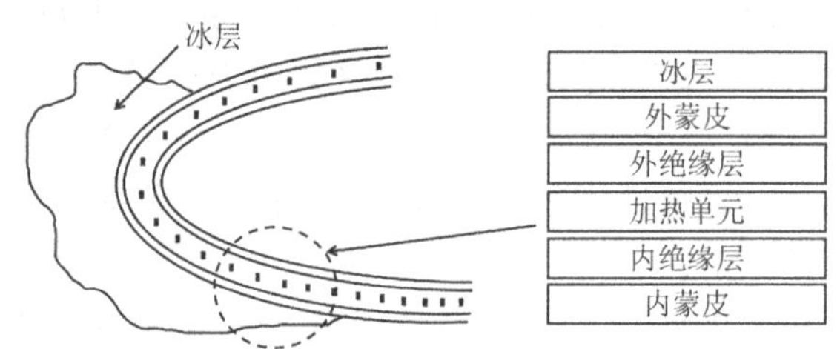

图4 翼型前缘电热除冰结构剖面

如,采用高导热系数、低电阻率的石墨烯复合材料取代传统金属电阻丝作为加热元件,以提升加热效率[33];设计合理的加热控制律,以实现更加高效且节能的加热[34];在电热层表面制备石墨烯层增加传热效率,以提升待除冰面的升温速率等[35]。

1.4 液体防/除冰技术

液体防/除冰,通常是对起飞前停留在地面的飞行器表面进行防/除冰,以避免飞行器带冰起飞。如图5所示,液体防/除冰具体是通过在飞行器表面喷洒冰点很低的液体,使其与过冷水滴混合,促使混合物的凝固温度低于表面温度以去除或防止结冰。液体防/除冰是目前使用最广泛的防/除冰技术。据估算,一座中型国际机场每年需要使用的飞机防/除冰液可达1 000~10 000吨。

图5 机场防/除冰现场图

根据防/除冰能力和防/除冰时间的不同,防/除冰液可以分为四类,即Ⅰ型、Ⅱ型、Ⅲ型和Ⅳ型[36]。其中,Ⅰ型防/除冰液为牛顿流体,冰点较低,粘度较小,能够有效去除飞机表面的冰霜,但防冰时间有限;而Ⅱ型、Ⅲ型和Ⅳ型防/除冰液属于非牛顿流体,冰点较高,粘度较大,具有较长的防冰时间。目前,国际航空常用的飞行器防/除冰液为甲醇、乙烯乙二醇和丙二醇等[36]。

液体防/除冰虽操作简单易行,但其有效作用时间短、用量大,防/除冰效果有限,而且多元醇对飞行器表面存在腐蚀作用,同时会污染生态环境,危害人体健

康[37-38]。因此,开发和应用环境友好型防/除冰液势在必行。

1.5 仿生超疏水防冰技术

受荷叶表面疏水性的启示(见图6),近年来,接触角大于150°且滚动角小于10°的超疏水涂层因其独特的自清洁、低耗能、重量轻、结构简单且易于实施等优点,被越来越多的研究者关注[39]。采用超疏水涂层可以促使水滴在发生冻结前以反弹或滚动的方式脱离表面,有效减少或消除液态水在结构表面的积累。对于已附着液滴,液滴与涂层表面间残留的空气可以减小实际接触面积并降低固体表面和液体间的热传递,从而大大延缓结冰的发生[40-41]。因此,超疏水涂层在防冰方面具有巨大的发展潜力。

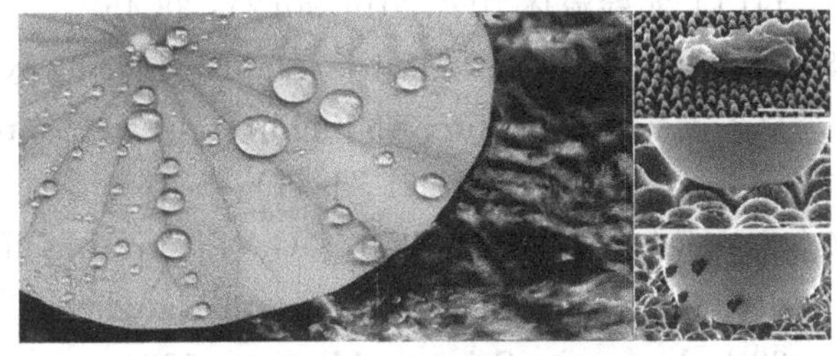

图6 荷叶表面超疏水结构

通常,制备超疏水涂层须满足以下两个条件:一是涂层应具有低的表面能;二是涂层表面应具有微纳结构[42]。聚四氟乙烯(PTFE)是目前最常用的低表面能材料,可涂敷在大多数金属或其他金属氧化物表面。MENINI 等人[43]在经磷酸电解液阳极氧化生成的 Al_2O_3 底层上制备了极粘附的 PTFE 涂层,并通过蚀刻获得了超疏水涂层。涂层与冰的粘附强度只有裸铝的20%。而且,涂层经14次表面平滑测试后,仍能保持良好的超疏水性。CHAO 等人[44]在钛合金表面制备了 PTFE 超疏水涂层,连续冷冻—解冻实验表明,PTFE 超疏水涂层表面液滴冻结时间相比未改性的钛合金表面延长了近7倍,起到了明显的防冰效果。但与此同时,研究发现,PTFE 这类长链含氟聚合物属于致癌物质,且随使用时间的延长会氧化降解产生污染,对人类健康和生态环境具有潜在危害[9]。因此,研究人员开始寻找其他氟化或非氟化化学物质来代替长链全氟烷基酸及其前体,如硬准晶金属材料[45]、TiO_2 涂层[46]等。

目前超疏水防冰还未得到实际应用,主要原因是:超疏水涂层在低温高湿环境下的适应性较弱,涂层表面会由于结构孔隙中的水凝结,导致结构内空隙减少而失去疏冰特性,这种现象将促使冰层与涂层表面发生连锁反应,显著增加冰的附着力[47]。另外,超疏水涂层较差的机械稳定性和抗冲击性能也是造成其尚未应用的关键[48]。为此,研究者采取各种措施试图延缓超疏水涂层的结冰并提高涂层的耐久性。CHENG[49]和 WU 等人[50]将氨基官能化的磁性纳米粒子 Fe_3O_4 引入超疏水涂层中作为热介质,利用磁性粒子优异的光热效应和磁热效应,使涂层的结冰延迟时间从50 s延长至2 878 s,同时使冰的粘附强度显著低于纯共聚物涂层的冰粘附强度。LIAO 等人[51]通过射频磁控溅射法在玻璃上制备了含有高硬度 SiO_2 的 ZnO/SiO_2/PTFE 的超疏水薄膜。实验表明,SiO_2 的添加可以大幅提高涂层的耐腐蚀性和耐久性。SHARIFI 等人[46]通过悬浮液等离子喷涂制备了超疏水 TiO_2 涂层,相比市售超疏水涂层,高硬度的 TiO_2 涂层在干颗粒和结冰/除冰循环测试中表现出更高的耐久性;而且,即使涂层超疏水性能变差,通过用硬脂酸溶液对涂层简单处理,涂层也可快速恢复其超疏水性。

1.6 其他防/除冰技术

除了以上几种防/除冰技术外,为了充分发挥各防/除冰技术的优势,将几种防/除冰技术复合的防/除冰技术也逐渐兴起。ZHAO 等人[52]在玻璃纤维增强聚合物基地上制备了基于多壁碳纳米管的组合式电加热涂层和顶部超疏水涂层,与传统电加热方法相比,这种多层结构在保证高效除冰的前提下,可减少多达58%的能量耗损。JIANG 等人[53]通过简单的喷涂方法制备了具有光热除冰和超疏水防冰性能的 SiC/CNTs 涂层,借助 CNT 的光热效应和峰状微结构 SiC 提供的超疏水性,实现了高效的远程防/除冰效果。

2 结论与展望

航空飞行器防/除冰技术是保障航空飞行安全的必备措施,发展先进的防/除冰技术具有重要意义。本文从原理、特点、研究现状等角度,总结分析了目前航空飞行器主要的防/除冰技术。基于当前研究应用过程中存在的不足,总结提出以下几点发展建议。

(1) 由于实际环境条件中温度、湿度、风速、水滴形态等跨度较大,现阶段的防/除冰技术只在个别环境中有效,不具有普适性。因此,应不断对其进行优化设计,拓宽其应用范围。以仿生超疏水涂层防冰技术为例,可以赋予涂层更多的性能,如防雷击、耐紫外线、耐磨性、隔热性、阻燃性等,以实现涂层在不同环境中的适应性。

(2)目前所用防除冰技术大多需要消耗能量或对环境有害,而能源和环境问题是当今世界各国普遍关注的焦点。如何节约能源和避免环境污染是现代技术发展必须解决的关键问题。太阳能作为最经济环保的可持续能源,通过光电效应和光热效应可以实现能量的高效转化。因此,未来可以充分利用太阳能作为航空飞行器防/除冰的能量来源。

(3)针对航空飞行器防/除冰技术,现阶段没有统一的性能评价标准,各研究团队考核方法层出不穷,测试结果缺乏可比性。因此,建立统一的防/除冰检测试验方法技术标准,是未来防/除冰技术发展的一个重要方向。

参考文献

[1] POLITOVICH M K. Aircraft icing caused by large supercooled droplets[J]. Journal of Applied Meteorology, 1989, 28(9): 856-868.

[2] 马辉. 发动机复合材料导向叶片防冰性能研究[D]. 南京:南京航空航天大学,2013:15-17.

[3] 胡林权. 民用飞机机翼电加热防/除冰应用现状及技术难点[J]. 航空科学技术,2016, 27(7): 8-11.

[4] 王莉芳,何舟东. 飞机结冰对飞行安全的影响[N]. 中国航空报,2018-04-17(6).

[5] GORNIK A. Mechanical vibration deicing system: U.S. 8517313[P]. 2013-08-27.

[6] THOMAS S K, CASSONI R P, Arthur C M. Aircraft anti-icing and de-icing techniques and modeling[C]. 34th Aerospace Sciences Meeting and Exhibit, 1996: 841-854.

[7] PETRENKO V F, SULLIVAN C R, KOZLYUK V, et al. Pulse electro-thermal de-icer (PETD)[J]. Cold Regions Science and Technology, 2011, 65(1): 70-78.

[8] CORNELL J S, PILLARD D A, HERNANDEZ M T. Comparative measures of the toxicity of component chemicals in aircraft deicing fluid[J]. Environmental Toxicology and Chemistry, 2010, 19(6): 1465-1472.

[9] ZHANG S N, HUANG J Y, CHENG Y, et al. Bioinspired surfaces with superwettability for anti-icing and ice-phobic application: concept, mechanism, and design[J]. Small, 2017, 13(48): 1701867.

[10] 徐玉坤,朱宝,孙林峰,等. 超疏水和超润滑防冰表面的制备技术概述[J]. 航空制造技术, 2017, 14(533): 39-43.

[11] 詹大可,张帆,赵澎渤. 民用飞机气动除冰系统技术[J]. 中国科技信息,2016,535(9): 52-52.

[12] WEISEND N A. Design of an advanced pneumatic deicer for the composite rotor blade[J]. Journal of Aircraft, 1989, 26(10): 947-950.

[13] 李广超,何江,林贵平. 电脉冲除冰(EIDI)技术研究[J]. 航空动力学报,2011(8): 1728-1735.

[14] 何舟东,朱永峰,周景锋. 飞机电脉冲除冰技术探讨[J]. 实验流体力学,2016,30(2): 38-45.

[15] LEVIN I A. USSR electric impulse de-icing system design[J]. Aircraft Engineering and Aerospace Technology, 1972, 44(7): 7-10.

[16] SCHRAG R, ZUMWALT G. Electro-impulse deicing-concept and electrodynamic studies[C]. 22th Aerospace Sciences Meeting, 1984.

[17] NELEPOVITZ D O, ROSENTHAL H A, ROCKHOLT H M. Test and analysis of electro-impulse de-icing systems in turbine engine inlets[C]. 26th Aerospace Sciences Meeting, 1988.

[18] 姚远,林贵平. 电脉冲除冰系统的建模与计算分析[J]. 飞机设计,2008,28(1): 64-70.

[19] ZHANG Z, SHEN X, LIN G, et al. Dynamic response analysis of multi-excitation structure of electro-impulse deicing system[C]. 2016 IEEE/CSAA International Conference on Aircraft Utility Systems (AUS), 2016.

[20] 袁起航,林贵平,李广超,等. 电脉冲除冰系统电磁脉冲力仿真分析[J]. 北京航空航天大学学报,2016,42(3): 632-638.

[21] 李清英. 电脉冲除冰系统的实验、理论与设计研究[D]. 南京:南京航空航天大学,2012: 31-139.

[22] DU Q, ZHU C. On measuring key parameters of an electro-impulse deicing system[J]. Proceedings of the Institution of Mechanical Engineers, 2019, 233(6): 2321-2328.

[23] 陈鹏,葛红娟,杨宗翰. 飞机电脉冲除冰电源系统的研究[J]. 电子测量技术,2015,38(5): 75-77.

[24] WANG Y Y, Jiang X L. Design research and experimental verification of the electro-impulse de-icing system for wind turbine blades in the xuefeng mountain natural icing station[J]. IEEE Access, 2020, 8: 28915-28924.

[25] JIANG X L, WANG Y Y. Studies on the electro-impulse de-icing system of aircraft[J]. Aerospace, 2019, 6(6): 67.

[26] 胡琪,黄安平,孙涛,等.机翼防/除冰技术研究进展[J].科技导报,2015,33(7):114-119.

[27] 郭之强,郑梅,董威,等.表面凸起对机翼热气防冰腔内换热强化的影响[J].航空学报,2017,38(2):81-90.

[28] SHARIF M, RAMIREZ N M. Surface roughness effects on the heat transfer due to turbulent round jet impingement on convex hemispherical surfaces[J]. Applied Thermal Engineering, 2013, 51(1-2): 1026-1037.

[29] WAN C Y, RAO Y, CHEN P. Numerical predictions of jet impingement heat transfer on square pin-fin roughened plates[J]. Applied Thermal Engineering, 2015, 80: 301-309.

[30] 张靖周,关涛,单勇.笛形管结构参数对热气防冰凹腔表面温度分布的影响[J].南京航空航天大学学报,2017,49(5):83-89.

[31] 倪章松,刘森云,张军,等.环境参数对飞机防冰热载荷的影响规律[J].航空动力学报,2021,36(1):8-14.

[32] 常士楠,杨波,冷梦尧,等.飞机热气防冰系统研究[J].航空动力学报,2017,32(5):1025-1034.

[33] 田甜,王渊,陶明杰,等.石墨烯复合材料电热除冰实验研究[J].科学技术与工程,2019,19(28):393-398.

[34] 熊建军,刘锡,冉林,等.基于控制律的电加热防除冰系统设计与验证[J].测控技术,2021,40(2):130-139.

[35] LONG C, ZANG Y D, WU Q. Effect of graphene coating on the heat transfer performance of a composite anti-/deicing component [J]. Coatings, 2017, 7(10): 158.

[36] 李斌.飞机除冰/防冰液及除冰技术[J].清洗世界,2012,28(1):26-31.

[37] 夏祖西,彭华乔,苏正良,等.机场除冰液对水环境影响的研究进展[J].四川环境,2009,28(1):54-56.

[38] MOHILEY A, FRANZARING J, CALVO O C, et al. Potential toxic effects of aircraft de-icers and wastewater samples containing these compounds[J]. Environmental Science and Pollution Research, 2015, 22(17): 13094-13101.

[39] NGUYEN-TRI P, TRAN H N, PLAMONDON C O, et al. Recent progress in the preparation, properties and applications of superhydrophobic nano-based coatings and surfaces: a review[J]. Progress in Organic Coatings, 2019, 132: 235-256.

[40] HEJAZI V, SOBOLEV K, NOSONOVSKY M. From superhydrophobicity to icephobicity: forces and interaction analysis[J]. Scientific Reports, 2013, 3(1): 2194.

[41] LING E, UONG V, RENAULT-CRISPO J S, et al. Reducing ice adhesion on nonsmooth metallic surfaces: wettability and topography effects[J]. ACS Applied Materials and Interfaces, 2016, 8(13): 8789-8800.

[42] QIAN H, XU D, DU C, et al. Dual-action smart coatings with a self-healing superhydrophobic surface and anti-corrosion properties[J]. Journal of Materials Chemistry A, 2017, 5(5): 2355-2364.

[43] MENINI R, GHALMI Z, FARZANEH M. Highly resistant icephobic coatings on aluminum alloys[J]. Cold Regions Science and Technology, 2011, 65(1): 65-69.

[44] QIU C, LI M, CHEN S. Anti-icing characteristics of PTFE super hydrophobic coating on titanium alloy surface[J]. Journal of Alloys and Compounds, 2020, 860(S1): 157907.

[45] MORA J, GARCíA P, MUELAS R, et al. Hard quasicrystalline coatings deposited by HVOF thermal spray to reduce ice accretion in aero-structures components[J]. Coatings, 2020, 10(3): 290.

[46] SHARIFI N, DOLATABADI A, PUGH M, et al. Anti-icing performance and durability of suspension plasma sprayed TiO_2 coatings[J]. Cold

Regions Science and Technology, 2019, 159: 1-12.

[47] NOSONOVSKY M, HEJAZI V. Why superhydrophobic surfaces are not always icephobic[J]. Acs Nano, 2012, 6(10): 8488-8391.

[48] FARHADI S, FARZANEH M, KULINICH S A. Anti-icing performance of superhydrophobic surfaces[J]. Applied Surface Science, 2011, 257 (14): 6264-6269.

[49] CHENG T T, REN H, ZHANG Q H, et al. Magnetic particle-based super-hydrophobic coatings with excellent anti-icing and thermoresponsive deicing performance[J]. Journal of Materials Chemistry A, 2015, 3(43): 21637-21646.

[50] WU B, CUI X, JIANG H, et al. A superhydrophobic coating harvesting mechanical robustness, passive anti-icing and active de-icing performances[J]. Journal of Colloid and Interface Science, 2021, 590: 301-310.

[51] LIAO R, LI C, YUAN Y, et al. Anti-icing performance of ZnO/SiO_2/PTFE sandwich-nanostructure superhydrophobic film on glass prepared via RF magnetron sputtering[J]. Materials Letters, 2017, 206: 109-112.

[52] ZHAO Z, CHEN H, LIU X, et al. Development of high-efficient synthetic electric heating coating for anti-icing/de-icing[J]. Surface and Coatings Technology, 2018, 349: 340-346.

[53] JIANG G, CHEN L, ZHANG S D, et al. Superhydrophobic SiC/CNTs coatings with photothermal deicing and passive anti-icing properties [J]. Acs Applied Materials and Interfaces, 2018, 10(42): 36505-36511.

直升机液压助力器总体性能分析

马小伟[1,*],时丽[2],李文龙[1],王君[1]

1. 哈尔滨飞机工业集团有限责任公司,哈尔滨 150066

2. 陆军装备部航空军事代表局驻哈尔滨地区航空军事代表室,哈尔滨 150066

摘要: 通过对直升机液压助力器功能、组成的简要说明和原理的详细说明,以及对收集到的国外部分直升机液压助力器总体性能参数的梳理,报告了现阶段主要直升机的液压助力性能设计方面的现状,通过对国内相应液压助力器标准的简要分析,提出了现有标准的局限性,并参考相关手册文献资料对直升机的液压助力器总体性能分条目进行了详细的分析研究,其实际操作性强,可供相关直升机专业设计人员参考和使用。

关键词: 直升机;液压助力器;总体性能;功能;原理

Helicopter Servo Control Collectivity Performance of Analysis

MA Xiaowei[1,*], SHI Li[2], LI Wenlong[1], WANG Jun[1]

1. Harbin Aircraft Industry Group Co. Ltd., Harbin 150066, China

2. The Military Representative Office of the Representative Bureau of Army Armament Department in Harbin Region, Harbin 150066, China

Abstract: Based on function and compose in brief description, and principium in detail explication for helicopter servo control. as well as hackle the information for the overseas helicopter servo control collectivity performance, reported the actuality present helicopter servo control performance of the design, at the same time brief analyzed correspond to the country standard, put forward the country standard limitations, and refer to the manual related literature information to the collectivity performance of helicopter servo control points of items carried on detailed analysis, in fact the manipulation is better, and it can be supply helicopter engineer helicopter for reference and use.

Keywords: helicopter; servo control; collectivity performance; funtion; principium

1 引　言

随着当今科技水平的进步,出现了以全电控制的飞机,但是,目前液压助力器仍然以其优异的性能和高可靠性广泛应用于飞机的飞行操纵系统中。

直升机液压助力器(伺服作动器)作为飞行操纵系统的关键部件,它的性能直接影响直升机的飞行品质和飞行安全。

虽然直升机的总体设计单位并不具体设计液压助力器的结构和零部件,但提出关于液压助力器的关键技术性能仍是直升机总体设计单位的责任。通过本文的分析和研究提出的液压助力器总体性能要求可为直升机相关专业设计人员参考和使用。

2 液压助力器功能及原理

2.1 功　能

直升机液压助力器主要用于直升机飞机操纵系统的周期变距、总距操纵以及尾桨距操纵,以减少座舱操纵装置的操纵载荷,承担将旋翼系统载荷传递到机体机构的功能。它的输入端(输入摇臂)与飞行操纵系统的拉杆相连,输出端安装于主减速器和尾减速器壳

* 通讯作者. E-mail: maxiaowie_001@163.com

体上。

飞行员通过操纵驾驶杆控制液压助力器分配阀的开启和关闭，使高压油进入液压助力器的上腔或下腔，从而使活塞杆产生相应方向的运动，实现周期、总距以及尾桨的操纵。主要功能为操纵力的放大作用，实现对输入信号的实时跟踪输出。

直升机液压助力器主要由壳体组件、活塞杆、滑阀组件、旁通阀、输入摇臂组件以及油滤组件等组成。

2.2 原 理

以国内通用的机械位置液压助力器为例，其原理如下：

1. 无输入指令

A 点无输入，输入摇臂在中立位置，*A*、*B*、*C* 三点处于 *X* - *Y* 轴的铅垂线上，此时转阀呈关闭状态，液压助力器不动(见图 1)。

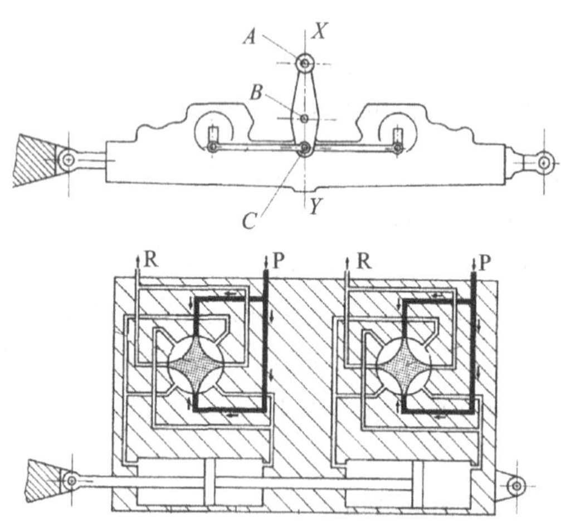

图 1 处于无指令下的液压助力器

2. 有输入指令

液压助力器为机械-液压位置液压助力器，并且输入指令是在很短时间内给出的，液压助力器的响应时间大约为(1/20) s，为了便于分析，可将液压助力器的作动过程划分为两个不真实的阶段，使分析得以简化(见图 2)。

1) 第一阶段

输入摇臂 *A* 点接受输入指令并绕 *B* 点逆时针偏转，*C* 点向右偏转，通过操纵连杆带动转阀逆时针旋转，转阀开启，液压油进入作动筒“D”和“F”腔，由于活塞杆固定不动，使得壳体作动筒向左运动(收进)。

2) 第二阶段

输入摇臂 *A* 点输入指令停止，*A* 点固定，由于壳体作动筒向左运动，带动输入摇臂绕 *A* 点偏转，使输入摇臂回到中立位置，转阀又重新关闭，液压助力器回到一个新的平衡位置。

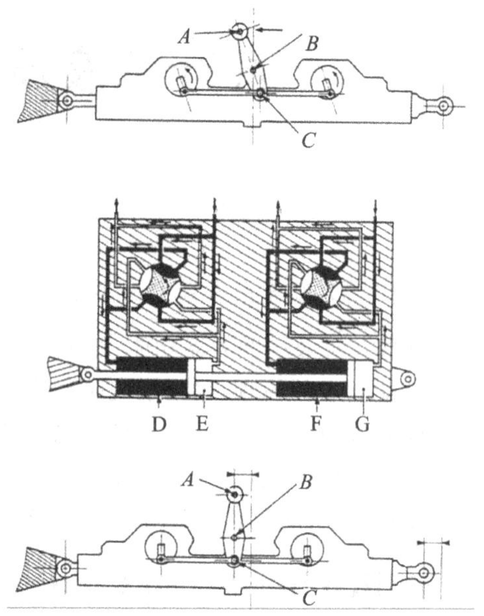

图 2 处于指令下的液压助力器

A 点的运动方向决定了转阀油路的开启方向，*A* 点向右移动时，作动筒 E、G 腔进油，D、F 腔回油，此时壳体作动筒向右运动(伸出)，液压助力器的运动速度与转阀开启角度成正比。

3 相关标准及资料

3.1 标 准

1. GJB 1004—90 要求

GJB 1004—90 是航空液压助力器通用规范，规定了航空液压助力器的分类、技术要求、试验方法等。其技术要求分为设计与制造要求、性能要求、可靠性与寿命以及维修性。

2. HB 5802—94 要求

HB 5802—94 是航空液压舵机通用规范，针对液压助力器为该标准的 A 类型。其技术要求分为一般结构要求、液压要求、电气要求、静态要求、动态要求、环境要求、寿命要求以及可靠性要求。

针对航空液压助力器的标准，目前 GJB 1004 和 HB 5802 对航空液压助力器的分类、技术要求、试验方法进行了明确，但是由于该标准发布于 20 世纪 90 年代，其分类只是从工作油液温度进行了分类，技术要求中针对性能要求进行了简要的说明，这些可以作为液压助力器的设计参考，但是从整机的液压助力器总体性能要求还需要专业设计人员依据整机要求给出具体的性能要求。

3.2 部分直升机液压助力器性能

1. EC175 型直升机液压助力器

该型机液压助力器功能主要是用来接收驾驶员通过操纵主桨和尾桨传递的指令，实现对旋翼系统的操纵控制，承担将旋翼系统载荷传递到机体机构的功能。它由 3 台主助力器(横向 2 台、纵向 1 台)和 1 台尾助力器组成。

横向两个液压助力器和尾液压助力器主要由壳体组件、活塞杆、随动阀组件、旁通阀、输入摇臂组件等组成。纵向液压助力器除旁通阀带有液压锁外，其余同横向、尾液压助力器，均为机械-液压位置随动装置，是一个基于输入位移而产生输出运动的液压功率放大器，用一个很小的力(≤6 N)使输入摇臂移动，通过液压压力的作用，使助力器输出相应的位移和力，以减轻驾驶员的操纵负荷。

其中主液压助力器的技术性能如下：

- 产品交付工作液清洁度：NAS1638，7～8 级。
- 使用温度：油液温度：－40～＋105 ℃；
  环境温度：－40～＋50 ℃。
- 额定供油压力：175 bar ± 5 bar，1 bar = 0.1 MPa。
- 额定回油压力：5 bar(20 ℃)，10 bar(－10 ℃)。
- 最低工作压力：100 bar。
- 使用行程：138 mm。
- 活塞杆行程：142 mm。
- 输入摇臂行程：±3 mm±0.2 mm。
- 恒压 175 bar 载荷情况下：活塞杆伸出，单腔 1 900 daN，双腔 3 900 daN；活塞杆缩回，单腔 1 400 daN，双腔 3 900 daN。
- 液压系统供压时的操纵力：小于 3 N。
- 输入摇臂上允许的极限力：4 500 N。
- 最大空载速度：150～200 mm/s。
- 拉杆上的等效质量：260 kg。
- 摇臂不灵敏区：≤0.2 mm。
- 阀故障摇臂操纵力：≤60 N。
- 内部漏油量：不大于 0.5 L/min。
- 外部漏油量：100 次循环少于 1 滴。
- 同步性：≤0.5 mm。

2. EC120 型直升机液压助力器

该型直升机装备有 3 个液压助力器，液压助力器可使驾驶员不必太费力地操纵直升机。液压助力器均为单体式的，可移动的缸体推动自动倾斜器，与主减锥形壳体相连的活塞杆是固定不动的。缸体和活塞组成了由一个线性分配活门控制的双向液压助力器。

液压助力器由线性分配阀、油滤、供油管接头、输入摇臂、自动锁紧装置、单体液压作动筒、蓄压器、电磁阀以及单向阀等组成。

性能指标如下：

- 液压油：H537。
- 工作压力：37 bar。
- 最小压力：12 bar。
- 回油压力：0～5 bar。
- 蓄压器充气压力：10～12 bar。
- 死区：≤0.2 mm。
- 旁路转换压力：关闭/开锁≤12 bar，打开/上锁≥6 bar。

3. 365N3 型直升机液压助力器

主要用于飞机操纵系统的周期变距、总距操纵以及尾桨距操纵，以减少座舱操纵装置的操纵载荷。它的输入端(输入摇臂)与飞行操纵系统的拉杆相连，输出端安装于主减和尾减壳体上。飞行员通过操纵驾驶杆控制液压助力器分配阀的启闭，使高压油进入液压助力器的上腔或下腔，从而使活塞杆产生相应方向的运动，实现周期、总距以及尾桨的操纵。

其中主液压助力器主要技术数据如下：

- 工作液清洁度：NAS1638，7～8 级。
- 使用温度：油液温度，－55～＋110 ℃。
- 额定供油压力：60～105 bar。
- 最低工作压力：25 bar。
- 使用行程：148 mm。
- 两制动器之间活塞行程：152 mm。
- 输入摇臂处制动器间的行程：±3 mm±0.2 mm。
- 60 bar 时的伸出力：7 200 N。
- 105 bar 时的伸出力：12 000 N。
- 60 bar 时的缩回力：4 850 N。
- 105 bar 时的缩回力：8 500 N。
- 输入摇臂上允许的极限力：7 500 N。
- 最大空载速度：90～150 mm/s。

通过以上国外直升机液压助力器的性能以及功能

可以看出，直升机液压助力器(双腔)的功能和原理基本以原法国“海豚”直升机基础进行设计和制造。

4 总体性能分析

由于现代直升机的舵面铰链力矩一般都比较大，飞行品质要求高并且不可逆助力器的技术已经相当成熟，因此液压助力器的设计主要是考虑飞行操纵系统的方案时采用不可逆助力器操纵形式。参照《飞机设计手册》第19册以及《飞机飞行控制液压伺服作动器》关于液压助力器的设计说明，现就液压助力器的总体性能分析进行如下说明。

在进行性能设计时，主要考虑内容是确定助力器的余度配置方案、反馈形式、分配阀形式、传动比、最大输出力、输入行程、最大空载速度、最大输出行程、最大输出速度、动态特性、环境适应性以及寿命等，其确定的依据还是飞行操纵系统的余度等级要求、传动比分配、直升机桨叶的最大铰链力矩、最大偏角和偏转角速度，同时也需要考虑系统的稳定性、跟随性、阻抗特性以及工作可靠性。

1. 余度配置

液压助力器的余度配置包括作动筒的余度配置和分配阀的余度配置。

作动筒的余度配置有无余度(单腔)和多余度(双腔或多腔)，目前直升机为了提高安全性、可靠性，都采用双腔作动筒，由直升机上两个独立的液压系统分别供压。

分配阀的余度配置有无余度(单阀)和多余度(主副复式阀或并行复式阀)，一般现有的直升机都采用余度分配阀，主要是为了提高工作可靠性，防止油液污染导致阀体卡死引起操纵失效。

从国内外主流直升机上安装的液压助力器余度配置情况来看，为了提高安全性、可靠性，都采用双腔作动筒，因此，采用双余度结构形式。

2. 反馈形式

液压助力器的反馈形式包括内反馈和外反馈两种。

内反馈液压助力器的特点是传动比不可改变，只能为1；安装支座的变形位移不反馈给分配阀；结构紧凑，没有专门的反馈杆系，尺寸更小，重量更轻。

外反馈液压助力器的特点是传动比可根据需要随意设计；安装支座的变形位移反馈给分配阀；需要专门的反馈杆系，外廓尺寸较大。

目前，现有直升机的液压助力器大都采用内反馈式。

3. 分配阀形式

液压助力器的分配阀形式主要有圆柱滑阀、柱式转阀以及平板阀等。

柱式转阀的操纵力较小，而平板阀的抗污染能力较强，选择分配阀的形式，需要考虑内漏量、阀操纵力、抗污染能力等，同时由于分配阀工作可靠性关系到直升机的飞行安全，因此，需要进行充分论证分配阀的工作情况。

基于柱式转阀的操纵力较小和抗污染能力比较强，以及国内直升机研发的继承性，结合国内各承研单位的技术水平，一般采用柱式转阀形式。

4. 传动比

液压助力器的传动比主要以飞行操纵系统的传动比分配为主，驾驶杆/脚蹬-操纵面传动系数 K 是根据直升机总体设计要求确定的，需要合理分配液压助力器的传动比以获得系统的性能。

其中驾驶杆/脚蹬-操纵面传动系数由驾驶杆/脚蹬-液压助力器传动比、液压助力器传动系数以及液压助力器-操纵面传动系数确定。

其选择应考虑如下问题：

(1) 液压助力器作动器前的系统摩擦力大于作动器的摩擦力；

(2) 液压助力器到操纵面应具有足够的刚度和尽可能小的间隙；

(3) 液压助力器-操纵面传动系统尽量最小。

5. 输入行程

液压助力器的输入行程为输入端两个方向上的运动，输入端在极限位置时与输入端中立位置相垂直的位移量。通常可以依据液压助力器的滑阀行程进行计算。

液压助力器的输入行程能及时反馈给助力器的阀行程，影响阀口面积梯度，决定分配阀的最大开度，从而确定助力器的最大输出速度。值越小，输出速度对输入信号的响应越敏感。

一般情况下可按3 mm进行要求。

6. 最大输出力

液压助力器的最大输出力是指速度为零时额定压力下，液压助力器输出端可以输出的最大作用力。它根据直升机旋翼桨叶的铰链力矩、助力器到桨叶的传动系统所确定。

由于直升机液压助力器既承受常值载荷，又承受交变载荷，并且一般情况下，直升机上液压助力器的交变载荷频率远大于液压助力器的带宽频率，因此确定液压助力器的最大输出力时只需要考虑其所承受的常值载荷。通常取飞行包线内所承受的最大常值载荷的1.1～1.15倍作为液压助力器的最大输出力。

以国内某型民用直升机为例，在载荷系数2.11俯冲拉起的情况下，液压助力器上测得的最大载荷为7 560 N，其性能指标给出双腔最大输出力7 200 N，基本符合直升机的载荷要求。

7. 最大输出行程

液压助力器的工作行程由直升机旋翼桨叶最大偏转角度、助力器到桨叶的传动系数所确定。

而最大输出行程等于工作行程加上一定的余量，一般在作动筒的两端各留出3～5 mm的余量。例如EC175和Z9型机都留出4 mm的余量。

8. 同步性

液压助力器的同步性主要涉及双余度(双腔)运动是否同步。可以在一腔通压，另外一腔不通压时测量活塞杆的位移量。

同步性没有特定的公式进行计算，根据现有国内外的性能参数可以看出，其值都比较小，随着助力器承载能力的提高，分配阀的中立位置的不重合度也增大，目前最大不超过0.5 mm，可根据结构形式取最小。

9. 最大空载速度

液压助力器的最大空载速度是指机械操纵点(操纵输入端)在最大行程时，转阀阀口全打开后，液压油进入腔体后产生的输出端速度。速度过大，会使液压系统流量增大。

由桨叶最大偏转速度和助力器到桨叶的传动系数进行确定，当不能给出桨叶最大偏转速度时，可以按照类似机型的助力器给出最大速度。

10. 不灵敏区(死区)

在输入端操纵机械操纵点，使液压助力器输出端分别在两个方向上产生持续、速度为0.1 mm/s的输出运动，输入操纵点在两个方向上的位移量之和，即为不灵敏区。一般不灵敏区取不大于0.2 mm。

11. 阶跃特性

时间常数一般采用阶跃响应，即将液压助力器通额定进、回油压力，操纵机械输入点，使液压助力器活塞杆处于行程中间位置，在输入端操纵点处输入幅值规定的阶跃信号，测量液压助力器输出响应的时间常数。

典型的阶跃特性如下：

幅值$A=\pm 1$ mm，± 2 mm，± 3 mm；

输出响应的时间常数≤70 ms。

12. 频率特性

频率特性主要测量液压助力器通压时，输入端操纵点在相应幅值施加下，输出信号相对于输入信号的相位滞后以及幅值衰减情况。

典型的频率特性要求如下：

小开启时，输入幅值±0.35 mm，频率1 Hz，输出幅值≥±0.28 mm；

大开启时，输入幅值±3 mm，频率3 Hz，输出相位差≤35°，幅值比≥−2 dB。

13. 稳定性

在液压助力器在输入端接受不同幅值、不同速度和快速运动并突然制动的人工操纵信号时，系统不应出现任何自激、颤振或其他不正常现象。

在稳定性设计时，必须考虑液压助力器输出端的等效质量、结构支撑刚度和安装配合间隙。

14. 环境适应性

液压助力器大部分安装在直升机减速器上，基本裸露在外，且外部载荷和大气环境比较恶劣，因此在进行性能设计时需要注重考虑液压助力器的高低温、湿热、盐雾、霉菌、沙尘、振动和冲击等环境因素。

15. 寿　命

液压助力器作为飞行操纵系统的重要部件，其寿命指标作为监控部件的重要指标需要重点提出。在设计时需要按照直升机的载荷情况提出液压助力器所处的载荷情况，并开展相应的寿命试验和评估。

寿命指标包括首次翻修期限、翻修间隔时间、总寿命和贮存期限。首次翻修期限不低于直升机的首次翻修期限、翻修间隔时间，总寿命应依据直升机的旋翼载荷进行估算并以试验验证，贮存期限应不少于3年。

5　结　论

通过以上对直升机液压助力器功能、组成、原理、国外液压助力器性能的梳理以及国内相应标准的分析研究，同时对相关资料中关于液压助力器的性能设计方面内容的分析，提出的直升机液压助力器总体性能要求，可供相关直升机专业设计人员参考和使用。

参考文献

[1] 王永熙. 飞机飞行控制液压伺服作动器[M]. 北京：航空工业出版社，2014：161-205.

[2] 姚晓光. 伺服系统设计[M]. 北京：机械工业出版社，2013：1-25.

[3] 飞机设计手册总编委会. 飞机设计手册/12/飞行控制系统和液压系统设计[M]. 北京：航空工业出版社，2003：131-163.

[4] 飞机设计手册总编委会. 飞机设计手册/19/直升机设计[M]. 北京：航空工业出版社，2005：898-899.

[5] 国防科学技术工业委员会. 航空液压助力器通用规范：GJB 31004-90[S]. 北京：1991.

[6] 中国航空工业总公司. 航空液压舵机通用规范：HB5802-94[S]. 北京：1995.

[7] 顾晨. 方向舵液压助力器初步设计[J]. 中国科技信息，2017(15)：28-29.

[8] 王占勇，祝华远，唐有才. 飞机液压助力器的稳定性分析[J]. 机床与液压，2006(1)：79，84-85.

[9] 林其昌，王新洲. 直-9 直升机主液压助力器稳定性分析[J]. 直升机技术，2000(1)：32-39.

[10] 周华刚，曹春泉，余慧玲. 飞机液压助力器模型分析[J]. 机床与液压，2014(42-7)：137-140.

[11] 郭辉，王平军，郭涛. 基于 Simulink 的飞机液压助力器建模与仿真研究[J]. 机床与液压，2007，35(9)：222-223.

铝合金表面镀渗复合制备 Cr－N/Al－Cr 改性层的研究

丁一[1,2]，张晓林[2]，章凡勇[1,*]，范丽娜[2]

1. 河北工业大学 材料科学与工程学院，天津市材料层状复合与界面控制技术重点实验室，天津 300130

2. 中航成飞民用飞机有限责任公司 钣金热表中心，成都 610000

摘要： 铝合金具有重量轻、比强度高、导电性良好和的疲劳强度较高的特点，被广泛用于航空、船舶、汽车等重要产业，但铝合金的低硬度、低耐磨性和较差的耐腐蚀等缺陷又限制了其更广泛的应用。Cr－N 涂层具有高硬度、高韧性、高耐磨性和高耐磨性等性能。本文针对提高铝合金的硬度和耐磨性，采用磁控溅射和等离子渗氮技术相结合的方法，在铝合金表面制备出一种 Cr－N/Al－Cr 复合改性层。结果显示复合层可以显著提高铝合金的表面硬度和耐磨性，表面硬度最高达到 9.39 GPa，摩擦系数从 0.72 下降到 0.32。

关键词： 铝合金；磁控溅射；等离子渗氮；硬度

Study on Preparation of Cr－N/Al－Cr Modified Layer by Plating and Permeation on Aluminum Alloy Surface

DING Yi[1,2], ZHANG Xiaolin[2], ZHANG Fanyong[1,*], FAN Lina[2]

1. Hebei University of Technology, School of Material Science and Engineering, Tianjin Key Laboratory of Materials Laminating Fabrication and Interface Control Technology Research Institute for Energy Equipment Materials, Tianjin 300130, China

2. AVIC Chengfei Commercial Aircraft Company(CCAC) PMC, Chengdu 610000, China

Abstract: Aluminum alloy has the characteristics of light weight, high specific strength, good electrical conductivity and high fatigue strength. It has been widely used in important industries such as aviation, shipbuilding, and automobiles. However, aluminum alloy has low hardness, low wear resistance, and relatively high strength. Defects such as poor corrosion resistance limit its wider application. The Cr－N coating has the properties of high hardness, high toughness, high wear resistance and high wear resistance. This article aimed at improving the hardness and wear resistance of aluminum alloys, using a combination of magnetron sputtering and plasma nitriding technology., Prepare a Cr－N/Al－Cr composite modified layer on the surface of aluminum alloy. The results showed that the composite layer can significantly improve the surface hardness and wear resistance of the aluminum alloy. The surface hardness could reach 9.39 GPa, and the friction coefficient could be reduced from 0.72 to 0.32.

Keywords: Aluminum alloy; magnetron sputtering; plasma nitriding; hardness

铝合金因其密度小、比强度高、易成型加工、良好的导电导热性能，被广泛应用于航空、船舶、汽车等重要产业，尤其是在航空飞行器结构制造，如机身的蒙皮、壁板、起落架等[1-2]部件。铝及铝合金在使用之前，通常会经过特殊工艺的表面处理过程，来改善其自身的缺陷，以满足适应复杂多变的环境要求。

常用的铝合金表面处理方法有：阳极氧化、电镀、磁控溅射、等离子渗氮等。这些方法都可以提高铝合金的硬度和耐蚀性[3-5]。赵红锦[6]采用阳极氧化技术，在 7075 铝合金表面上制备了一层致密的阳极氧化膜，

基金项目：国家自然科学基金（No. 51701062）；四川省“十四五”航空与燃机重大科技专项（No：21ZDZX0001）

* E-mail：fany_zhang@163.com

相较于基体硬度，提高了63%，同时阳极氧化膜改善了7075铝合金的润湿性能。Zhang[7]采用直流磁控溅射法在铝合金表面制备了不同Cr含量的纯Ti和Ti-Cr薄膜。Ti-Cr合金薄膜在添加Cr后表现出稳定的bcc结构(β相)。随着Cr含量的增加，Ti-Cr薄膜的形貌更致密，晶粒更细小。Ti-Cr薄膜具有更好的塑性和耐磨性。张恒[8]利用磁控溅射技术在铝合金表面制备Ti/TiN/TiCN复合薄膜，通过改变磁控溅射的工艺参数，发现氮气流量是影响TiN薄膜色差值的第一因素，而基体偏压是次要因素。

Cr涂层具有较好的耐蚀性和耐磨性，被广泛用于航空船舶汽车的零部件中[9]。Cr元素不仅对铝合金基体有较好的强化作用，而且与N元素可以形成较高硬度的Cr-N化合物。考虑到环保、经济等因素，因此本次试验先后采用非平衡磁控溅射和等离子渗氮技术，在2024铝合金表面制备Cr-N/Al-Cr复相改性涂层，从而提高铝合金的硬度和耐磨性[10-13]。

1 试验材料及测试方法

1.1 试验材料

本次试验采用高强度硬铝Al-Cu-Mg系列2024铝合金作为基体材料。在表面处理前，铝合金表面需进行打磨抛光，分别用240、400、800、1500、2000、2500、3000号的砂纸打磨，再用抛光机进行抛光处理，直至基体表面无明显划痕，再用超声波振荡进行最终清洗。

1.2 试验设备

本次试验预镀Cr膜选用英国TEER公司的UDP-450型闭合非平衡磁控溅射机，渗氮处理选用LDMC-30AFZ离子渗氮炉，该设备主要由控制系统、真空系统、供气系统、冷却系统组成。

1.3 分析方法

本次试验采用德国Bruker D8 Advance衍射仪测试，测试采用Cu-Kα靶，扫描角度范围为20°～100°，掠入射角为1°。利用日本FEIQUANTI 200F场发射电子显微镜观察试样渗氮前后的表面形貌、截面形貌。摩擦学性能测试后的表面形貌呈现磨痕形貌，同时搭配使用配备的能谱仪对试样表面成分和截面进行点元素分析。采用日本岛津生产的DUH-211S型微力硬度计对薄膜表面硬度和弹性模量进行测量。固定载荷30 mN，加载时间为10 s，得到不同薄膜的载荷位移曲线。试验采用德国布鲁克公司生产的UMT-3型球盘式摩擦磨损试验机，对薄膜改性层的表面摩擦性能进行研究，在室温环境下，载荷大小为2 N，旋转半径为2.5 mm，加载时间为20 min。

2 结果与分析

2.1 铝合金表面复合涂层的制备

打磨抛光后的铝合金基体经过磁控溅射技术处理，在其表面预镀一层5 μm的致密单质Cr膜，溅射工艺参数为：基体偏压－70 V，靶材功率为2.0 kW，溅射时间为2 h。再通过等离子渗氮处理，制备出Cr-N/Al-Cr复相改性涂层。渗氮工艺参数为：渗氮温度460 ℃，渗氮时间8 h，H_2流量：300 mL/min，N_2流量分别为：100 mL/min、200 mL/min、300 mL/min，如表1所列。

表1 Cr膜等离子渗氮工艺参数

序号	渗氮温度/℃	渗氮时间/h	H_2流量/(mL·min^{-1})	N_2流量/(mL·min^{-1})
PN1	460	8	300	100
PN2	460	8	300	200
PN3	460	8	300	300

2.2 试验结果

图1给出了各膜层的XRD图谱，铝合金表面制备的单质Cr膜，晶粒均为晶体结构，单质Cr薄膜呈现出典型的强(110)峰和弱(211)峰，(220)峰为体心立方

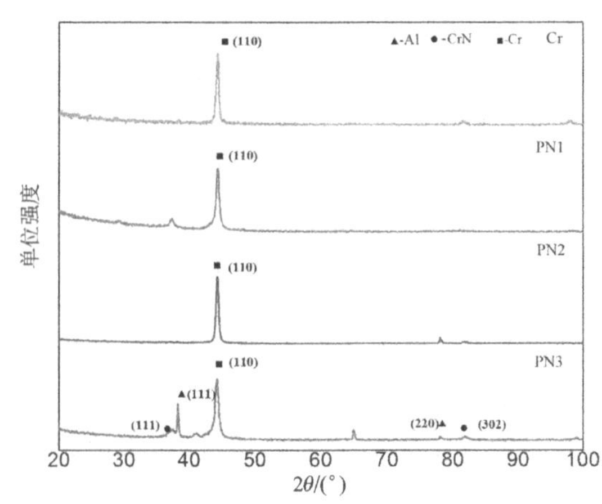

图1 2024铝合金表面不同渗氮气氛下Cr膜XRD图谱

(bcc)结构[14-15]。Cr 膜在 460 ℃不同的渗氮气氛下相结构发生了变化，三种膜层仍以 Cr(110)峰为主，随着氮含量的增加，铝合金表面出现了 CrN 的衍射峰，且在(111)晶面方向发生择优取向，PN3 中出现了较强的 Al 衍射峰。

图 2 给出了经过不同渗氮气氛处理下铝合金的表面形貌。单质 Cr 膜表面有大小两种形貌晶粒，晶粒排列紧密，晶粒之间有缝隙。经过渗氮处理后，晶粒与晶粒之间缝隙减少，随着 N 流量的增加，铝合金表面更加致密，且大晶粒从屋顶状变成花瓣状，这是由于高能粒子强烈轰击铝合金表面造成的。当 N 流量增加到 300 mL/min 时，铝合金表面 N 含量从 16.68%增加到 28.63%，铝合金表面生成了大量的 Cr－N 化合物。

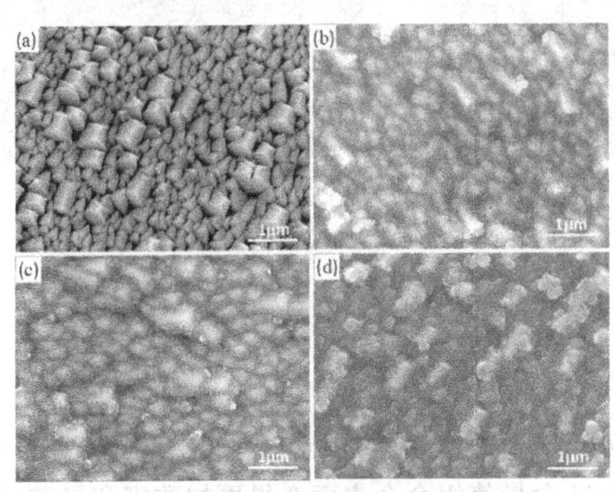

(a) RT; (b) PN1; (c) PN2; (d) PN3

图 2　表面形貌

图 3 所示涂层的截面形貌，可以观察到当 N 流量在 100 mL/min 时，Cr 膜与基体之间没有发生明显的冶金反应，扩渗层不明显。随着 N 流量的增加，从 PN2 开始出现了锯齿状的扩渗层，这是因为随着 N 流量的增加，更多的离子轰击铝合金表面，轰击变得剧烈，导致局部温度升高，促进了 Cr－N 化合物的生成，同时 Cr 膜与铝合金基体之间形成了明显的 Cr－Al－Mg 化合物扩渗层，从 EDS 分析结果可以看出扩渗层分为两层。

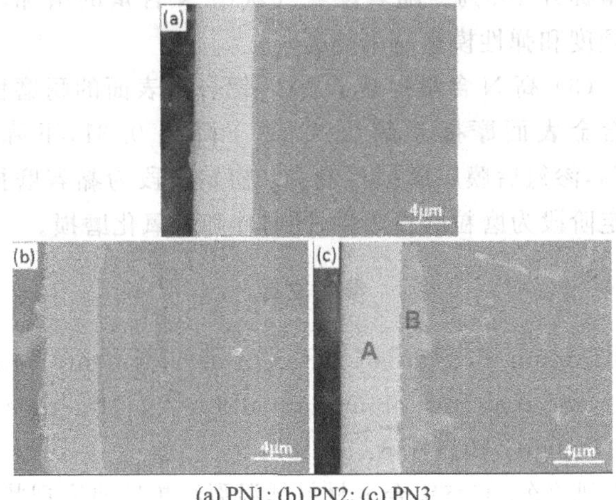

(a) PN1; (b) PN2; (c) PN3

图 3　截面形貌

表 2 给出了 PN3 截面不同区域元素分布。

表 2　PN3 截面不同区域元素分布

元素原子百分数/%	N	Cr	Mg	Al	Cu
A	4.29	95.71	0	0	0
B	0	8.82	11.25	73.9	6.03

图 4 给出了不同渗氮气氛下的薄膜载荷-位移曲线和硬度模量柱状图。从图 4(a)可以看到铝合金基体压痕深度最深(0.88 μm)，微力硬度值为 1.57 GPa，弹性模量值为 82 GPa。随着渗氮气氛 N 流量的增加，PN3 压痕深度最浅，硬度值和弹性模量值也最高，分别为 9.08 GPa、172 GPa，是铝合金基体的 5.78 倍和 2.09 倍。从图 4(b)也可以发现随着 N 流量的增加，铝合金表面硬度和弹性模量也随着提高，这是因为铝合金表面变得越来越致密，表面生成了 Cr－N 化合物。

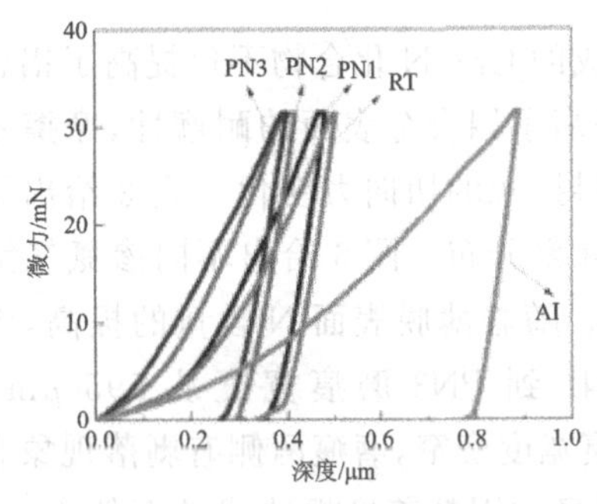

(a) 载荷-位移曲线

(b) 硬度与弹性模具

图 4　不同渗氮气氛膜层表面微力硬度

图 5 给出不同渗氮气氛下薄膜的摩擦系数曲线。可以看出，未经表面处理的铝合金基体，摩擦系数曲线

系数高(0.72),上下波动剧烈,曲线不稳定,这是因为硬度较高的钢球和硬度较低的铝合金发生了严重的粘着磨损。三种渗氮薄膜与基体铝合金相比,摩擦系数下降,明显分别为0.61、0.56、0.53,摩擦系数曲线平缓且上下波动小,摩擦系数曲线稳定。PN3曲线最平缓,说明较高的N流量可以提高Cr膜的耐磨性,起到对铝合金表面保护的作用。

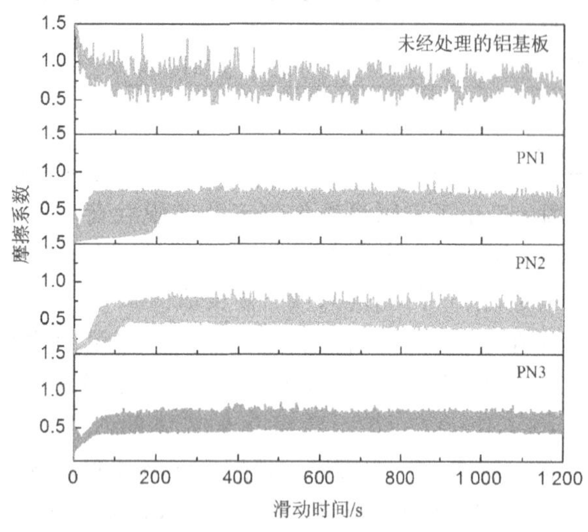

图5 不同渗氮气氛Cr膜的摩擦系数曲线

表面形成的Cr-N化合物不仅提高了铝合金表面的硬度,还提高了铝合金表面的耐磨性,摩擦系数曲线揭示的是材料接触的切向力变化。表3给出了摩痕表面不同区域元素分布。图6给出不同渗氮气氛下的薄膜磨痕形貌。随着薄膜表面N含量的提高,固溶强化明显。从PN1到PN3磨痕宽度从595 μm减小到570 μm,磨痕宽度变窄,磨痕两侧有剥落现象和磨屑堆积,局部有明显的因粘着磨损造成的高低不平的凹坑。磨痕中间有犁沟,两侧剥落的磨屑在高速反复摩擦过程中充当磨粒,在摩擦系数稳定阶段表现为磨粒磨损,从磨痕的EDS结果分析,有O元素存在,说明摩擦磨损期间因高温伴随着有氧化磨损。

表3 磨痕表面不同区域元素分布

元素原子百分数/%	N	O	Mg	Al	Cr	Fe	Cu
A	1.94	21.08	1.01	19.96	53.71	0.85	1.45
B	0.09	3.40	13.08	69.87	8.34	0.48	4.75
C	1.92	45.81	0.47	20.08	26.45	4.36	0.92

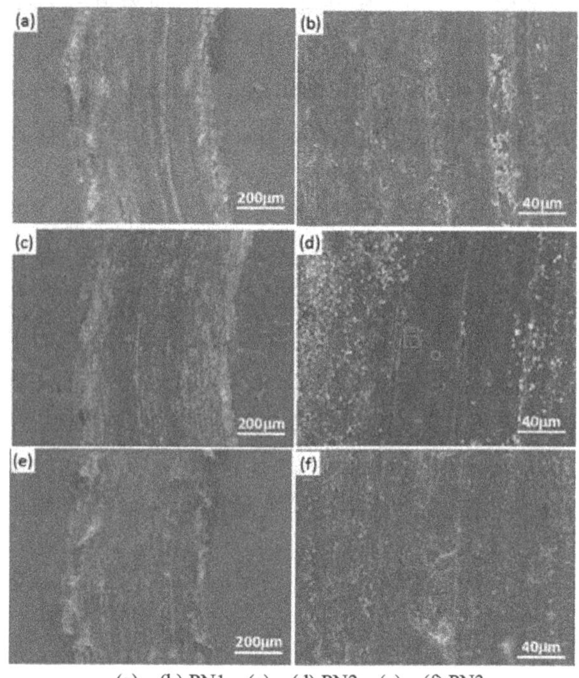

(a)、(b) PN1; (c)、(d) PN2; (e)、(f) PN3

图6 不同渗氮气氛Cr膜磨痕形貌

3 结 论

(1) 渗氮气氛的变化对Cr膜相组成没有太大影响,高N含量使铝合金表面变得更加致密和平整,晶粒与晶粒之间空隙减少,PN3表面N含量增加到28.61%,膜层开始出现Cr-N/Al-Cr的扩渗层。

(2) 经过渗氮处理后,铝合金的表面硬度和弹性模量明显提升,硬度从1.57 GPa增加到9.08 GPa,弹性模量从82 GPa增加到172 GPa,硬度提高478%,弹性模量提升109%。随着渗氮气氛中N含量的增加,表面硬度和弹性模量越来越高。

(3) 高N含量提升了2024铝合金表面的耐磨性,铝合金表面摩擦系数从0.72下降到0.31,下降了57%,渗氮后膜层磨损机制为:初始阶段为黏着磨损,稳定阶段为磨粒磨损为主,同时伴随着氧化磨损。

参考文献

[1] Dursun T, Soutis C. Recent developments in advanced aircraft aluminium alloys[J]. Materials & Design, 2014, 56: 862-871.

[2] 刘牧东. 航空铝合金材料低温裂纹扩展研究现状与展望[J]. 航空工程进展, 2020, 11(43): 14-23.

[3] Altun H, Sen S. The effect of PVD coatings on the wear behaviour of magnesium alloys[J]. Materials Characterization, 2007, 58(10): 917-921.

[4] Ardelean H, Frateur I, Zanna S, et al. Corrosion protection of AZ91 magnesium alloy by anodizing in niobium and zirconium-containing electrolytes [J]. Corrosion Science, 2009, 51(12): 0-3038.

[5] Xue W B, Wu X L, Du J C, et al. Structure and Properties of Microarc Oxidation Films on Zinc-containing Aluminum Alloy[J]. Materials Science Forum, 2006: 546-549.

[6] 赵红锦. 7075 铝合金表面阳极氧化膜的制备及其摩擦学性能的研究[D]. 青岛：青岛理工大学,2018.

[7] Zhang F Y, Li C, Yan M F, et al. Microstructure and nanomechanical properties of co-deposited Ti-Cr films prepared by magnetron sputtering [J]. Surface and Coatings Technology, 2017: 636-642.

[8] 张恒. 铝合金表面磁控溅射 Ti/TiN/TiCN 复合薄膜工艺的研究[D]. 镇江：江苏大学,2017.

[9] 严肃. 高功率脉冲磁控溅射圆筒内表面制备 Cr 薄膜的研究[D]. 哈尔滨：哈尔滨工业大学,2015.

[10] Kabir M S, Munroe P, Zhou Z, et al. Structure and mechanical properties of graded Cr/CrN/Cr-TiN coatings synthesized by close field unbalanced magnetron sputtering [J]. Surface and Coatings Technology, 2016: 779.

[11] Warcholinski B, Gilewicz A. Effect of substrate bias voltage on the properties of CrCN and CrN coatings deposited by cathodic arc evaporation [J]. Vacuum, 2013, 90(Complete): 145-150.

[12] Stockemer J, Winand R, Brande P V. Comparison of wear and corrosion behaviors of Cr and CrN sputtered coatings[J]. Surface and Coatings Technology, 1999, 115(2-3): 230-233.

[13] Polcar T, Parreira N M G, Novak R. Friction and wear behaviour of CrN coating at temperatures up to 500 ℃ [J]. Surface & Coatings Technology, 2007, 201(9): 5228-5235.

[14] Ming H, Mingli S, Zhengliang L, et al. Self-ion bombarded Cr films: Crystallographic orientation and oxidation behaviour, 2018: 212-220.

[15] Ferreira F, Serra R, Oliveira J C, et al. Effect of peak target power on the properties of Cr thin films sputtered by HiPIMS in deep oscillation magnetron sputtering (DOMS) mode[J]. Surface and Coatings Technology, 2014, 258: 249-256.

基于 IEEE 1588 的 FC - AE - 1553 机载总线网络时间同步技术

焦璐，高驰，代真*

中国航空工业集团公司成都飞机设计研究所，成都 610091

摘要：随着航空航天科技的发展，FC - AE - 1553 机载总线网络的应用越来越广泛，同时对于网络终端间的时间同步提出了更高的要求。IEEE 1588V2 是一种以太网中使用的高精度时间同步协议，精度可以达到纳秒级。基于此，提出了一种在 FC - AE - 1553 机载总线网络中使用 IEEE 1588 时间同步的方案。通过 FPGA 在 FC - AE - 1553 总线网络上实现 IEEE 1588 所需的频率同步，收发 IEEE 1588 报文以及标记时间戳的方法，经过测试表明，这个方法降低了网络延迟抖动，将时钟同步的性能在单一的时间节点上提高到原来的 265%，能够满足高精度时间同步的要求。

关键词：FC - AE - 1553；IEEE 1588；时钟同步；机载总线

Time Synchronization Technology of FC - AE - 1553 Avionics Bus Network Based on IEEE 1588

JIAO Lu, GAO Chi, DAI Zhen*

Avic ChengDu Aircraft Design&Research Institute, Chengdu 610091, China

Abstract: With the development of aerospace science and technology, FC - AE - 1553 Avionics Bus application becomes widely available. So, higher requirements for time synchronization are proposed. IEEE 1588V2 is precision clock synchronization protocol in Ethernet, the synchronization accuracy can reach nanoseconds. Based on this, a scheme of using IEEE 1588V2 time synchronization in FC - AE - 1553 avionics bus is proposed. Implemented frequency synchronism, 1588 packet sending and receiving, time-stamping marked by FPGA on 1553 bus. The test results show that this solution greatly reduces the impact of network delay jitter on time synchronization accuracy and meets high-precision requirements of time synchronization.

Keywords: FC - AE - 1553; IEEE 1588V2; time synchronization; avionics

引 言

随着航空航天科技战略的推进，空间应用信息通信系统、机载总线传输系统等系统时间准确度已经成为其中不可或缺的一部分。为满足科学研究和应用开发的需要，越来越多的空间科学试验、机载子系统的协同、目标和数据融合计算以及相关应用载荷业务也随之增加，因此对航空电子系统中应用系统的网络传输、时间同步提出了越来越高的要求。基于光纤通道技术的 FC - AE - 1553 协议网络，由于其高带宽、低延迟，以及良好的扩展性，使其逐渐被应用于当代的航空电子机载总线通信网络领域中。FC - AE - 1553 支持 FC (Fibre Channel)原语 SYNx/SYNy/SYNz 时钟同步功能，时间精度可以达到 100 ns 级。但是 FC 并未考虑到链路延迟等因素。随着网络拓扑复杂度的增大，同步效果会越来越差，且 FC 原语无法做数据正确性验证，链路抖动可能会导致原语中数据错误，从而造成同步错误，影响机载系统的正常工作。

在以太网的应用中，时间同步的重要性也越来越

* 通讯作者. E-mail: zhendai91@163.com

高。然而，以 NTP(Network Time Protocol)为代表的简易版本的时间同步协议精度只能维持在 ms 级。因此 IEEE 1588V2（IEEE 1588 Precision Clock Synchronization Protocol）简称 PTP（Precision Timing Protocol)被提出[1]，这是一种致力于提高网络中分布式节点间时钟同步精度的标准规范，参考以太网进行协议的编制，通过网络就能够将分布式系统间的各个节点进行高精度的时钟同步，通用性强，可以应用在各种系统中。

本文阐述了一种在 FC-AE-1553 总线网络系统承载 PTP 协议的方法，使其利用 PTP 的高精度同步特性以及消除网络设备内部的延迟不确定性。

1 PTP 时间同步机制

IEEE 1588V2 是网络测量和控制系统的精密时钟同步协议标准，采用 PTP(精密时钟同步)协议机制，精度可以达到 ns 级，实现了频率同步与相位同步[2]。时间的发起端被称为 master，时间的终结端被称为 slave。

频率同步通常使用 SyncE(同步以太网时钟)进行，从以太网链路码流恢复频率。在以太网源端的接口上使用高精度的时钟发送数据，在接收端恢复并提取这个时钟，完全可以保持高精度时钟的性能[3]。

PTP 定义了多种时钟模式：OC(Ordinary Clock，普通时钟)是网络终端设备，该设备只有一个 1588 端口，该端口只可以作为 master 或 slave 使用，支持 PTP 消息的收发。端口处于 slave 时根据 PTP 时间消息恢复 master 的频率和时间；TC(Transparent Clock，透传时钟)是网络中间透传时钟设备，它转发所有 PTP 消息，并且计算 PTP 的事件消息报文在设备内的驻留时间，修正时间戳信息。PTP 主要使用了 Delay request-response 机制来进行时间同步，其基本原理如图 1 所示。

报文类型有 Sync、Delay_Req、Delay_Resp。Master 周期性地发送 Sync 报文，Sync 报文携带离开 master 的精确发送时间 t_1，所以要求这个时间戳的标记尽可能地靠近物理层。Slave 在 t_2 时刻收到 sync 报文，记录下这个时间，也是要求尽可能地靠近物理层。Slave 在 t_3 时刻发送 Delay_Req 报文给 master。Master 在 t_4 时刻收到了 Delay_Req 报文，记录下这个时

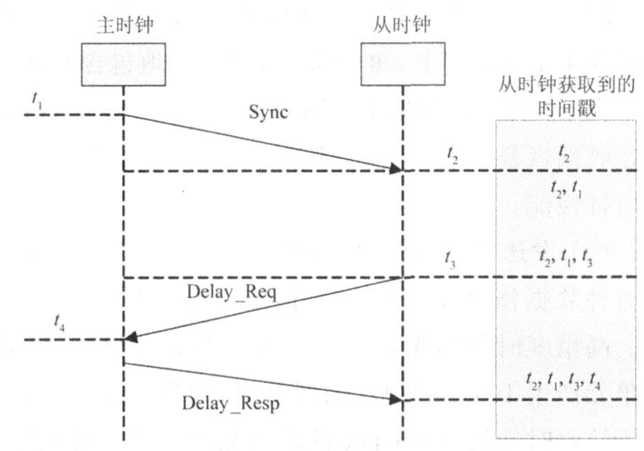

图 1 PTP 同步过程

间，然后通过 Delay_Resp 将含有 t_4 的时刻信息发送给 slave。至此 slave 就获取了 t_1、t_2、t_3、t_4 时刻的信息。假设 master 和 slave 之间报文互相传输所需要的时长相同，那么

$$t_2 - t_1 = \text{Delay} - \text{Offset} \tag{1}$$

$$t_4 - t_3 = \text{Delay} + \text{Offset} \tag{2}$$

因此 master 和 slave 之间的 Offset(相位偏移)和 Delay(传输延迟)可以通过式(1)和式(2)计算得到，计算方式为式(3)和式(4)，根据此调整本地时钟，完成一次时间同步。

$$\text{Offset} = [(t_2 - t_1) - (t_4 - t_3)]/2 \tag{3}$$

$$\text{Delay} = [(t_4 - t_3) + (t_2 - t_1)]/2 \tag{4}$$

2 FC-AE-1553 承载 PTP 方案

2.1 时钟方案

(1) 采用更高精度时钟晶振，精度要求：+/−25×10^{-6}，保证高性能时钟传递。在传统的设计中，因为物理层接收方在数据处理过程中可以分段缓存，所以发送时钟的精度要求较低，只有 100×10^{-6}，时钟不要求持续稳定，不同的链路也不要求频率完全一致。但是，在需要同步的场景，采用高精度时钟或者跟踪高精度时钟源，替换低精度时钟，可以保证接收侧锁定物理层的高精度信号，获得高性能时钟，从而实现时钟的传递。

(2) 采用 8B/10B 技术，从链路码流恢复时钟。采用传输带宽小、转换密度高以及码字游程长受限的8B/10B 编解码方案：8B/10B 编码平均每 8 bit 就要插入

一个附加 bit,这样在其所传输的数据码流中不会出现连续 8 个 1 或者 8 个 0 的情景,可以有效地包含时钟信息。在 FC 源端的接口上使用高精度的时钟发送数据,在接收端恢复并提取这个时钟,完全可以保持高精度的时钟性能。

(3) 发送、接收各自时钟域纯净,采用 FC 收发器的时钟数据恢复单元(CDR)锁定远端的发送时钟频率。高精度时钟晶振作为时钟源,FPGA 内部时钟管理单元产生 106.25 MHz 的时钟,作为发送线路时钟。由于接收时钟是通过 CDR 锁定远端的发送时钟频率,从而避免了发端和收端之间的频率偏差对时间戳的影响。

2.2 消息流程

IEEE 1588V2 同步过程与 FC-AE-1553 协议的 NC→NT 模式一致。NC 充当 Master 的角色,NT 充当 Slave 的角色。建立 E2ETC 模型,时钟源位置固定,NT 与 NC 时戳原样互传。考虑到网络结构相较于传统以太网更为固定,Delay 计算结果稳定,降低计算频次,高频次推算 Offset,从而优化带宽占用。将 NC 端 CMD+SYNC 消息分为广播、单播两种。前者发送频次高于后者,NT 端对广播包只收不回复,对单播包走消息流程。高频次计算复用低频次的稳定计算结果,保证计算精度的同时,减少流程往返,节约链路带宽。CMD+SYNC(单播)与 STATUS+Delay_Req 用一组命令消息和状态消息传递,CMD+Delay_Resp 用状态抑制模式下的命令消息传递,达到等效的结果。其网络拓扑及消息流程如图 2 所示。

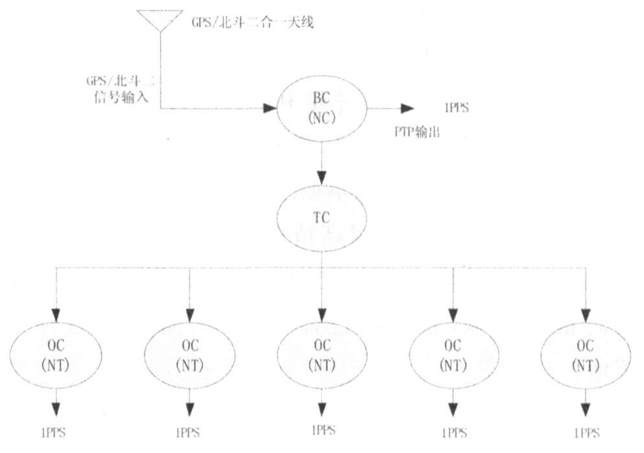

图 2 系统间时钟同步原理框图

图 3 所示为消息流程。

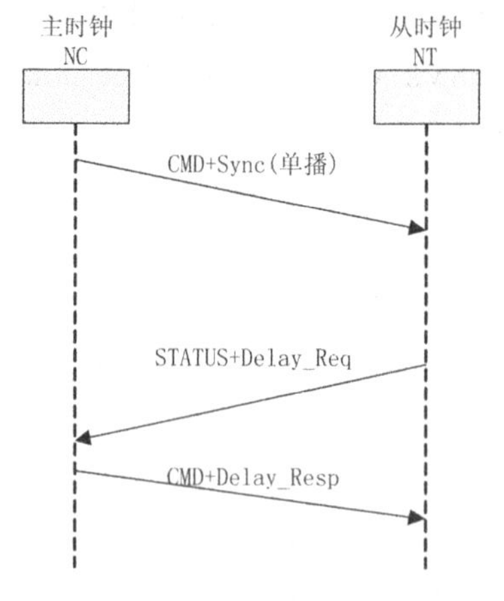

图 3 消息流程

2.3 基于 PTP 的 FC-AE-1553 帧结构

FC-AE-1553 协议定义了三种帧类型[4],分别为命令帧、状态帧和数据帧;PTP 包含的消息类型有 Sync、Delay_Req、Announce、Delay_Resp 等。基于两种协议,构建出基于 PTP 的 FC-AE-1553 帧结构。以常规类型 Sync、Delay_Req、Announce、Delay_Resp 为例,组合设计如下:Sync 命令帧、Delay_Req 状态帧、Announce 命令帧、Delay_Resp 命令帧。帧结构如图 4 所示。

SOF	光纤通道帧头	FC-AE-1553扩展帧头	PTP消息	CRC	EOF

图 4 帧结构

2.4 数据收发

1. 数据发送通道

数据发送通道采用统一的发送线路时钟域。Tx PTP Packet Buffer 提供存储逻辑,将发送所需的 PTP 帧存入其中。软件驱动端口通过 AXI4-Lite 接口读取/修改/写入 PTP 帧内容,在需要时,可以请求发送适当的 PTP 帧。Tx PTP Packet Buffer 采用双端口 RAM 实现,RAM 的端口 A 连接到 AXI4-Lite 配置总线,缓冲区中的所有地址均可读/写。RAM 的端口 B 连接到 TX Arbit 模块,允许读取 PTP 帧用于发送。FC-AE-1553 链路建立后,标记新的时间戳 Tx Time Stamp,组成基于 IEEE 1588V2 的 FC-AE-1553 帧结构的 FC 帧,8B/10B 编码后串行输出。FPGA 数据通道如图 5 所示。

2. 数据接收通道

数据接收通道采用统一的接收线路时钟域。Rx PTP Packet Buffer 提供存储逻辑，将接收到的 PTP 帧存入其中。软件驱动端口通过 AXI4-Lite 接口读取和解码接收到的 PTP 帧的内容。Rx PTP Packet Buffer 采用双端口 RAM 实现，RAM 的端口 A 连接到 AXI4-Lite 配置总线，可以读取缓冲区中的所有地址，但不允许写入。RAM 的端口 B 连接到 Frame Filter 模块，该滤波器将所有接收到的 PTP 帧送入 Rx PTP Packet Buffer 进行存储。数据经过收发器完成数据流的解串行化处理，8B/10B 解码，并恢复出接收线路时钟。串/并转换后，按照基于 IEEE 1588 的 FC-AE-1553 帧结构进行解析，得到时间戳 Rx Time Stamp。系统间时钟同步精度测量图如图 6 所示。

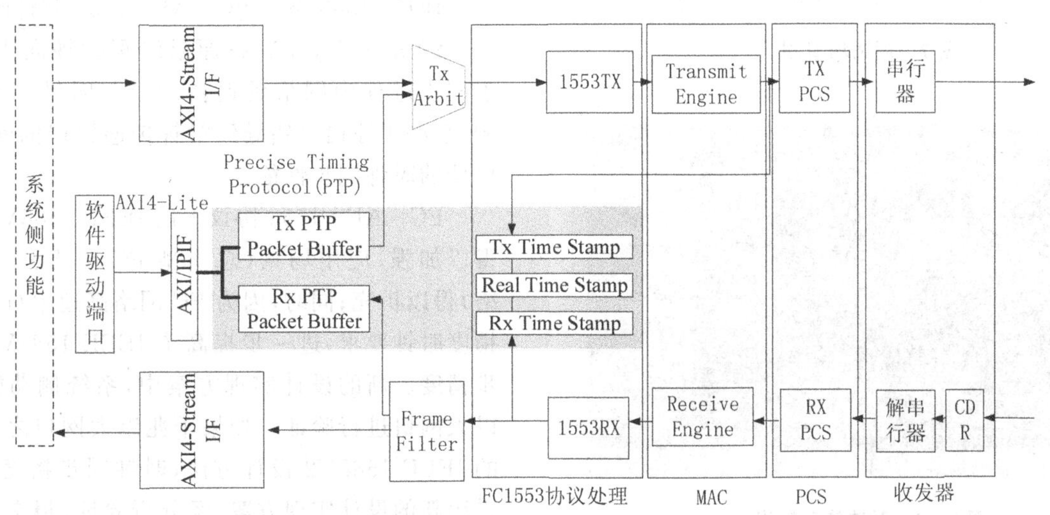

图 5 FPGA 数据通道

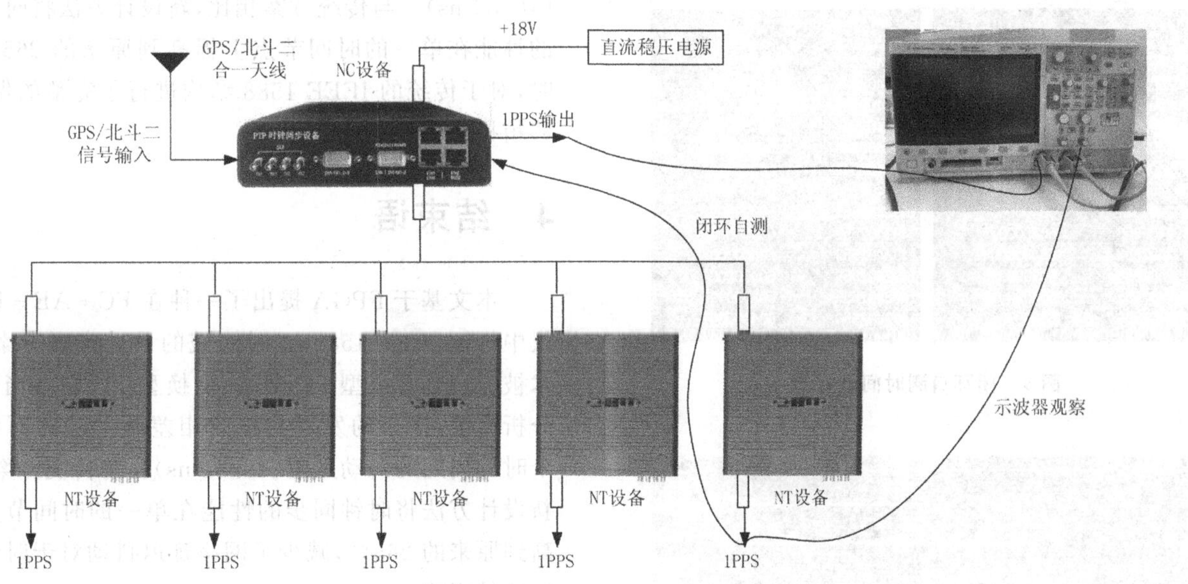

图 6 系统间时钟同步精度测量图

3 结果及分析

本文采用硬件描述语言 Verilog HDL 完成设计，利用 Xilinx7 系列 FGPA 器件[5]，在 vivado V2016.3 软件开发环境下编译综合布局布线，编写测试激励文件在 Modelsim SE10.1c 中完成仿真。利用实验室现有条件，如图 6 所示搭建了测试环境。如图 7 所示为测试场景图。通过闭环自测、示波器观察两个维度获得测试结果，如图 8～图 10 所示。

图 7　测试场景图

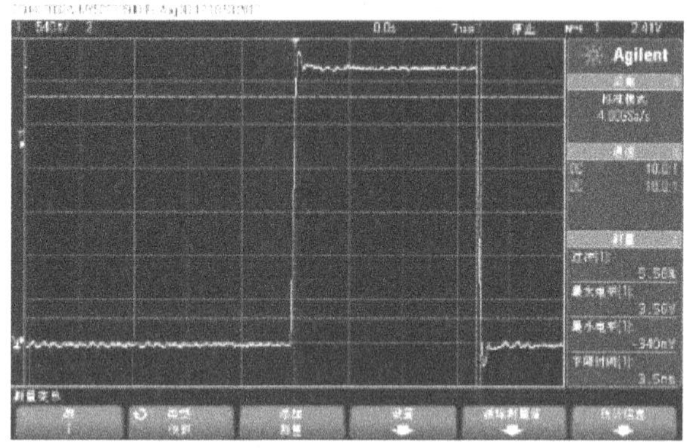

图 8　1 s 时钟信息输出

MASTER		SLAVE	
originTimestamp (seconds)	originTimestamp (nanoseconds)	originTimestamp (seconds)	originTimestamp (nanoseconds)
1492402544	604000007	1492402544	603999995
1492402545	603999998	1492402545	604000006
1492402546	603999994	1492402546	604000003
1492402547	604000000	1492402547	604000009
1492402548	604000003	1492402548	604000007
1492402549	603999998	1492402549	603999993
1492402550	604000002	1492402550	604000009
1492402551	604000001	1492402551	603999992
1492402552	604000005	1492402552	604000005
1492402553	604000004	1492402553	604000007
1492402554	603999998	1492402554	604000008
1492402555	604000010	1492402555	603999995
1492402556	603999997	1492402556	604000007
1492402557	603999996	1492402557	603999994

图 9　闭环自测时间戳打印

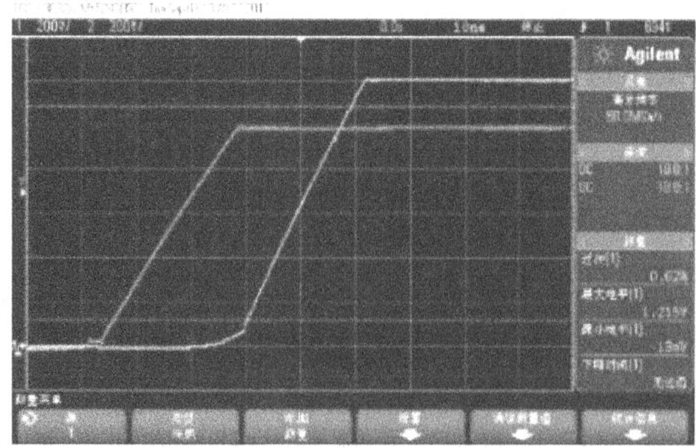

图 10　主从时钟同步精度

如图 7 所示为时钟同步系统现场设备，包括一个 NC、5 个 NT。设置了 NC 为 GPS\北斗双模授时模式。闭环自测中，将 NT 时间反馈回 NC，NC 内部完成时间戳记录，通过以太网口传递给计算机显示，如图 9 所示。NT 收到 1 ms 的时钟信息后输出高电平，通过示波器观察，如图 10 所示，主从时钟节点同步精度约为 18 ns。

IEEE 1588 下的 FC-AE-1553 时钟同步，取代之前 SYNx/SYNy/SYNz 原语级别时钟同步功能，消减了同步过程中网络延迟抖动对于时钟同步精度的影响，解决了原语易错导致时钟传递错误的问题，获得了更佳的时钟同步性能。

FC-AE-1553 协议上的 IEEE 1588V2，组网能力得以加强，应用场景（总线型 FC 网络、交换型 FC 网络）得以扩充；同时，因为 FC 网络高速串行口本身的高精度时钟要求，进一步提高了 IEEE 1588V2 的时钟同步精度。新的设计实现方案中，系统侧功能采用千兆以太网口进行验证。如果千兆以太网口之间采用传统的 IEEE 1588V2 设计方法，时钟同步精度在 ±50 ns。采用新的设计实现方案，经分析验证，报文的发送与接收相差两个时钟而导致两个时钟周期的抖动延迟（18.82 ns）。与传统方案相比，新设计方法将时钟同步的性能在单一的时间节点上提高到原来的 265%。同时，对于传统的 IEEE 1588 结构进行了完整的保留，为移植提供了便利。

4　结束语

本文基于 FPGA 提出了一种在 FC-AE-1553 协议中标记 IEEE 1588V2 时间戳的设计实现方案，该技术被应用到总线型 FC 网络、交换型 FC 网络当中。经分析验证，报文的发送与接收相差两个时钟而导致两个时钟周期的抖动延迟（18.82 ns）。与传统方案相比，新设计方法将时钟同步的性能在单一的时间节点上提高到原来的 265%，减少了网络延迟抖动对于时钟同步精度的影响。

参考文献

[1] IEEE Std 1588—2008. 1588 IEEE Standard for a Precision Clock Synchronization Protocol for Networked Measurement and Control Systems [S]. 2008.

[2] 陈良华，黄源. PTP 协议时间同步精度测试[J]. 仪器仪表用户，2008，2.
[3] 孟宇麟，沈涛，王帅豪，等. 基于以太网和光纤网的仿真系统时钟同步研究[J]. 系统仿真学报，2019(11).
[4] 陈勇，林宝军，张善从. 不同拓扑结构 FC-AE-1553B 网络性能研究[J]. 计算机工程，2011(22).
[5] 刘大林，王琦，黄华明. 基于 FPGA 的高精度 IEEE 1588 时间戳的设计与实现[J]. 光通信技术，2015(6).

涡桨支线运输机总体方案分析的快速工具

郑婧雯，余雄庆*

南京航空航天大学 航空学院，南京 210016

摘要：涡轮螺旋桨飞机以其经济性好、更环保等优点，广泛用于100座以下的支线航空运输。开发一个涡桨支线运输机总体方案分析的工具，有助于快速评估总体设计方案。本文总结出一套适用于涡桨支线运输机总体方案分析的方法，并应用开源软件OpenVSP二次开发方法和MATLAB编程技术，开发了相应的分析工具。应用该工具，可快速分析涡桨支线运输机总体方案的推进系统、几何、重量、气动、性能和直接使用成本。以典型60座级涡桨支线客机总体方案为例，验证本文工具的适用性。示例表明，该程序的分析结果合理。本文开发的工具可有效提高涡桨运输机总体设计的效率。

关键词：涡桨支线运输机；飞机总体设计；综合分析；分析工具

A Fast Analysis Tool for Conceptual Design of Turboprop Regional Aircraft

ZHENG Jingwen, YU Xiongqing*

College of Aerospace Engineering, Nanjing University of Aeronautics and Astronautics, Nanjing 210016, China

Abstract: Turboprop aircraft is widely used in regional air transportation with less than 100 seats due to its better economy and less environmental impact. A tool for analysis of conceptual design of turboprop regional aircraft is quite helpful to evaluate the conceptual design quickly. The analysis methods suitable for conceptual design of the turboprop regional aircraft are presented in this paper. The analysis tool is developed by use of the API of open source software OpenVSP and MATLAB programming. The propulsion system, geometry, weight, aerodynamics, performance and direct operating cost of design concept of the turboprop regional aircraft can be quickly evaluated by the tool. A typical 60 seats turboprop regional aircraft is used as an example to illustrate usefulness of the tool. The example shows that analysis results are reasonable. The tool developed in this work is helpful to improve efficiency of the conceptual design of turboprop aircraft.

Keywords: turboprop regional aircraft; aircraft conceptual design; comprehensive analysis; analysis tool

支线飞机是指100座以下、航行于中心城市与中小型城市或中小型城市之间的客货运输机，其航程一般在3 000 km以下[1]。按照动力装置划分，支线飞机可分为涡扇支线飞机和涡轮螺旋桨(涡桨)支线飞机。涡桨飞机巡航速度和高度较涡扇飞机低，经济性好，且燃油消耗和排放比同等级涡扇飞机更低，在现代支线航空领域占有重要地位。在涡桨飞机的研制过程中，飞机总体方案的设计是最重要的阶段。飞机总体设计指的是从概念设计到初步设计阶段所进行的总体方案设计全过程，目标是确定出最优的总体方案[2]。总体设计中往往需要反复迭代以满足设计要求。传统的人工设计分析耗时长、工作量大，开发飞机总体方案分析的快速工具可以提高总体设计的效率，加速飞机总体设计的进程。

目前，全球许多大公司和高校都开发了基于计算机的客机综合分析平台。英国Simos博士开发了Piano[3]民机概念设计软件，可以完成包括螺旋桨类、涡扇类的常规构型民航运输机的推进、几何、气动、重量、

基金项目：江苏高校优势学科建设工程资助项目

*通讯作者. E-mail: yxq@nuaa.edu.cn

性能、成本、排放等分析和总体参数优化。南京航空航天大学的张帅、张陈力子等人[4]以MATLAB为平台，建立了针对涡扇运输机的总体综合分析与优化平台。目前开发的运输机分析平台大多仅针对涡扇运输机。涡桨飞机在发动机、重量、气动等模块与涡扇飞机有所不同，因此有必要对其进行开发。

本文针对涡桨运输机总体设计的需要，总结一套适用于涡桨运输机总体方案分析的方法，并开发出一个快速的分析工具。

1 工具总体架构

本文开发的涡桨支线运输机总体方案分析程序是在南京航空航天大学张帅、张陈力子等人开发的民航运输机分析平台CTAOP基础上进行编写的。该程序以MATLAB为平台编写，具有推进、几何、气动、重量、性能和成本分析模块，且可以通过开源建模软件OpenVSP进行飞机三维外形显示。采用.mat文件作为数据库储存和传递数据，将上述各个子模块集成，形成涡桨支线运输机总体方案分析模型，模型的总体架构如图1所示。

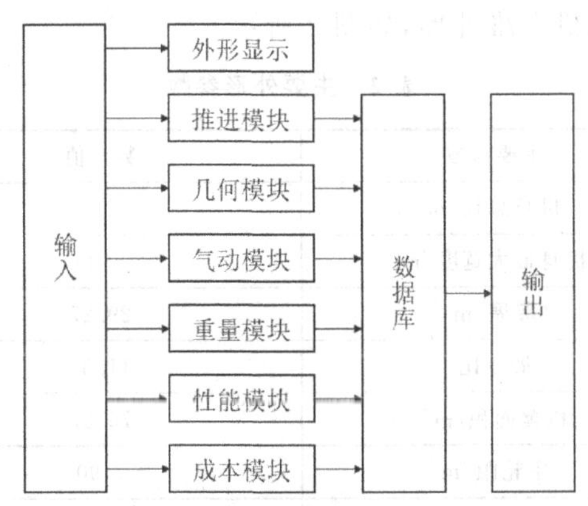

图1 涡桨支线运输机总体方案综合分析的架构

程序中的各个子模块分别用于分析飞机的各方面特性。推进模块用于计算涡桨发动机的推力和油耗特性。几何模块用于计算飞机主要部件的关键几何参数，如油箱容积、机翼参考面积等。气动模块用于计算飞机的升力、阻力特性。重量模块用于计算各部件重量、最大起飞重量、各部件重心等。性能模块用于计算飞机的航线和场域性能。成本模块用于计算飞机的直接使用成本。

2 各模块的分析方法

本文总结出一套适用于涡桨支线运输机总体方案的分析方法，将工程方法与调用开源软件OpenVSP计算的方法相结合，完成各个模块的程序开发。

2.1 外形显示模块

在外形显示模块中，只需给出飞机构型的必要参数，程序便可自动调用外部软件OpenVSP显示涡桨飞机的三维外形。OpenVSP软件是一个由NASA开发[5]的飞行器概念设计三维建模开源软件，用户可编写相应脚本对其进行二次开发。定义好飞机各部件外形及位置参数（机身宽度、长度、机翼展弦比、后掠角、螺旋桨直径等），运用相应函数及参数编写生成涡浆飞机外形的脚本并显示外形。

2.2 推进系统分析模块

涡桨发动机的输出推力、功率和油耗随飞行高度和速度而变化，程序采用工程方法对其变化特性进行快速计算。首先根据Loftin[6]总结的参数和方程得到涡桨发动机功率随飞行高度和马赫数变化的公式，再根据Howe[7]给出的效率计算公式，将功率除以飞行速度并乘以效率得出非静止状态下的涡桨发动机推力。最大海平面静推力及油耗特性参考Howe[7]的方法得到。该模块还可进行涡桨发动机的重量估算，根据最大海平面功率，应用统计公式估算发动机重量[8]。

2.3 几何分析模块

几何分析模块用于计算飞机各部件的关键几何参数，程序采用的是OpenVSP计算和近似几何计算相结合的方法。其中各部件的浸润面积和机翼参考面积通过编写脚本调用OpenVSP的Comp-Geom和Projected Area模块自动计算，其余几何参数（平均气动弦长、油箱容积等）根据近似的几何模型[9]进行计算。

2.4 气动分析模块

气动分析模块用于计算飞机在不同构型下的气动特性。通过编写脚本自动调用OpenVSP的VSPAERO模块进行干净构型的升致阻力系数和升力系数的计算，选用的方法为涡格法。零升阻力系数通过编写脚本自动调用 OpenVSP 的 Parasite Drag 模块进行计算。其余气动特性如抖振升力系数、增升装置对升力及阻力的影响、起落架的阻力增量等，则通过相应工程方法[9]进行快速估算。综合上述两部分的计算结果，获得不同速度高度条件下的全机气动特性。

2.5 重量分析模块

重量分析模块用于计算飞机的重量和重心特性，采用工程方法进行快速估算。机身、机翼、尾翼的结构重量由 Howe[7]给出公式进行计算，起落架结构重量参考 Pasquale[10]给出的公式估算。系统和固定设备重量结合了 Snorri[8]、Pasquale[10]以及 Torenbeek[11]提供的方法进行估算，标准项目和使用项目重量参考了 Jenkinson[12]的估算方法。各部件和系统重心位置的估算沿用了 CTAOP 平台原有方法[4]。

2.6 性能分析模块

性能分析模块用于计算飞机的起飞、着陆性能和航线性能。起飞性能包括起飞距离、平衡场长、起飞爬升阶段的爬升梯度等，着陆性能包括飞机的进场速度和着陆距离。起降性能采用飞机起降状态运动方程的解析表达式[9]计算。

航线性能采用任务剖面分段解析的方法，对各个阶段对应的飞行距离、耗油量、时间等进行计算。根据 Jenkinson 的方法，可将航线飞行归纳为四种典型飞行方式[12]，每种方式采用一组简化运动方程来描述。将航线任务剖面划分成细小航段分别求解[9]，可得到较为准确的结果。该模块沿用了 CTAOP 平台的原有程序。

2.7 成本分析模块

成本分析模块用于计算飞机的直接使用成本(DOC)。DOC 主要可用每轮档小时成本、每航次成本和座公里成本三种形式表达。DOC 可分为所有权成本和现金成本[9]，所有权成本可细分为折旧费、保险费和利息费，现金成本可细分为燃油费、空勤费、维修费、餐饮费、运营费。其中，购机成本按照价格随制造空重变化的函数进行估算。发动机价格分为发动机机体价格和螺旋桨价格[8]分别进行估算，发动机维护费用参考 Snorri[8]提供的参数进行估算。其余费用计算沿用了 CTAOP 平台的原有方法[9]。

3 示　例

3.1 设计要求简述

应用本文开发的程序对 60 座级涡桨支线客机进行分析。该客机的主要设计要求如表 1 所列。

表 1　主要设计要求

设计要求	数　值
乘客数/人	58
设计航程/km	1 600
巡航速度/(km·h^{-1})	455
巡航高度/m	6 000
起飞场长/m	1 400
着陆场长/m	1 460

3.2 概念方案描述

参考典型双发涡桨支线飞机，对示例客机进行外形参数的定义。主要外形参数如表 2 所列，其余主要设计参数如表 3 所列。运行程序自动调用 OpenVSP 生成飞机三维外形，如图 2 所示。

表 2　主要外形参数

主要参数	数　值
机身总长/m	24.71
机身最大宽度/m	2.90
翼展/m	29.27
展弦比	11.37
机翼面积/m^2	75.37
主轮距/m	7.90
前主轮距/m	9.564
螺旋桨直径/m	3.75

表 3　主要设计参数

模　块	主要参数	数　值
推进模块	单发海平面功率/kW	2 323
	螺旋桨转速/(r·min^{-1})	1 200
重量模块	最大商载/kg	5 500
	最大着陆质量比例	0.98
	每位乘客质量/kg	75
	每位乘客行李质量/kg	20

续表 3

模　块	主要参数	数　值
性能模块	设计航程/km	1 600
	设计马赫数	0.4
	起飞后缘襟翼偏角/(°)	15
	着陆后缘襟翼偏角/(°)	30
成本模块	折旧周期/年	15
	年利用率/小时	2 500
	借款期/年	10

图 2　涡桨客机外形

3.3　分析结果

所有所需参数设置完成后，运行程序自动进行推进、几何、气动、质量、性能和成本模块的分析，得到的部分结果见图 3、图 4 及表 4。

图 3 为飞机干净构型的升阻比曲线。典型巡航条件下的最大升阻比约为 15.3，对应升力系数约为 0.53。起飞时(后缘襟翼偏角 15°)的最大升力系数约为 1.66，着陆时(后缘襟翼偏角 30°)的最大升力系数约为 1.98。

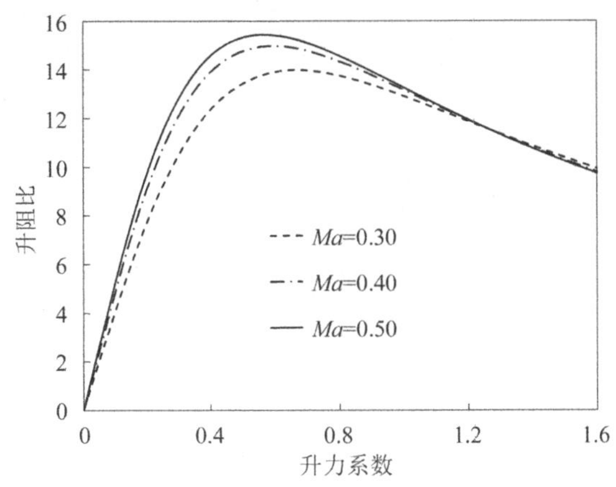

图 3　不同马赫数下干净构型的升阻比

图 4 为飞机的质量组成饼图。该飞机的最大起飞质量为 21 838.3 kg，设计燃油质量为 2 578.5 kg，最大零油质量为 19 249.7 kg，使用空重为 13 749.7 kg，最大着陆质量为 21 401.5 kg。

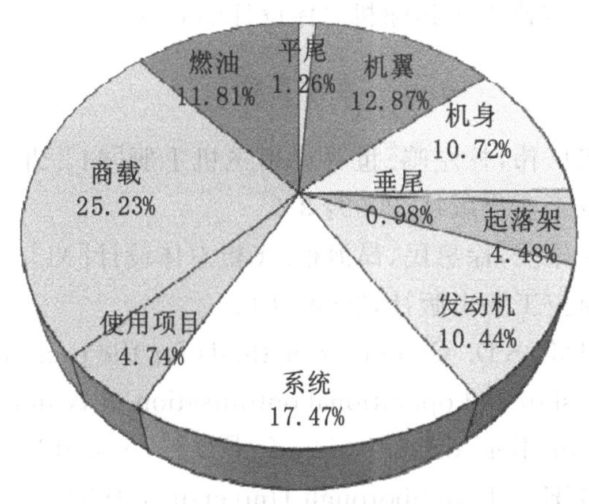

图 4　重量组成饼图

飞机的主要性能计算结果如表 4 所列。由此可见，该飞机的起飞、着陆场长均小于设计要求，任务航程距离大于设计航程，第二阶段爬升的单发失效爬升梯度大于适航要求的 2.4%，即该飞机的场域性能和航程性能均满足设计要求。

成本模块的计算结果为：轮档小时成本为 9 169 元/轮档小时，座公里成本为 0.39 元/(座公里)，航次成本为 35 819 元。

表 4　主要性能

性　能	数　值
离地速度/($m \cdot s^{-1}$)	63.46
进场速度/($m \cdot s^{-1}$)	62.22
着陆速度/($m \cdot s^{-1}$)	55.04
起飞滑跑距离/m	887.9
起飞场长/m	1 382.4
着陆滑跑距离/m	531.9
着陆场长/m	1 451.0
单发失效爬升梯度/%	4.89
任务航程/km	1 604
总油耗/kg	2 604.8

4　结　论

本文总结出了一套适用于涡桨支线运输机总体方案综合分析的方法，并在南航 CTAOP 平台的基础上，开发了一个涡桨支线运输机总体方案综合分析的工具。以60座级涡桨支线客机为例,用该程序对其总体方案进行了分析。结果表明,该程序能较为合理地分析出涡桨支线运输机的各方面特性。本文开发的工具可有效提高涡桨运输机总体设计的效率。

参考文献

[1] 张庆伟,林左鸣. 世界民用飞机手册[M]. 北京:航空工业出版社,2009: 3-4.

[2] 余雄庆,徐惠民,昂海松. 飞机总体设计[M]. 北京:航空工业出版社,2000: 4-6.

[3] SIMOS D. Computer methods for the preliminary design and operational optimisation of twin engine propeller driven aircraft [D]. Loughborough (UK): Loughborough University, 1984: 2-3.

[4] 张陈力子. 客机总体分析平台 CTAP 的开发[D]. 南京:南京航空航天大学,2015: 4-30.

[5] 韩传东. 轻型通用飞机总体设计与分析程序的开发研究[D]. 南京:南京航空航天大学,2017: 13-14.

[6] LENSSEN R H. Series hybrid electric aircraft comparing the well-to-propeller efficiency with a conventional propeller aircraft [D]. Delft: Delft University of Technology, 2016: 21-22.

[7] HOWE D. Aircraft conceptual design synthesis [M]. London: Professional Engineering Publishing Limited, 2000: 36-163.

[8] GUDMUNDSSON S. General aviation aircraft design: applied method and procedures [M]. Waltham: Elsevier, 2014: 31-121.

[9] 张帅. 客机总体综合分析与优化及其在技术评估中的应用[D]. 南京: 南京航空航天大学,2012: 32-64.

[10] PASQUALE M S, Commercial airplane design principles [M]. Waltham: Elsevier, 2014: 311-327.

[11] TORENBEEK E. Synthesis of subsonic airplane design [M]. Dordrecht: Kluwer Academic Publishers, 1982: 130-154.

[12] JENKINSON L R, SIMOKIN P, RHODES D. Civil jet aircraft design[M]. London: Arnold, 1999: 132-244.

IMA 系统开发方法的研究

韩嫚莉*，高杨，高瑞坤

中国航空工业集团 西安航空计算技术研究所，西安 710068

摘要：随着 IMA 架构的推广应用，IMA 架构已成为大型民用飞机系统的典型架构，而 IMA 系统的开发涉及到与飞机制造商的交互、现有技术的应用、安装位置的环境、维护人员的操作等多方利益相关者提出的约束。本文主要从两个方面探讨 IMA 系统的开发方法：一是与飞机制造商的交互，通过飞机级任务的运行场景捕获功能系统的需求，协商 IMA 可驻留的飞机系统，确定 IMA 系统的功能、性能需求；二是技术、环境、利益相关者等多方提出的约束，包括成熟技术复用、适航要求、维修性要求、装机环境要求、时间和成本、人为因素、公司战略等方面的约束要求。IMA 系统开发方法的研究旨在帮助开发人员深入了解这些利益相关者对 IMA 的影响，为 IMA 系统设计实践提供参考。

关键词：IMA；系统开发方法；功能需求；设计约束

Research on the Development Approach of IMA System for Civil Aircraft

HAN Manli*, GAO Yang, GAO Ruikun

Xi'an Aeronautics Computing Technique Research Institute, AVIC, Xi'an 710068, China

Abstract: With the application of the IMA architecture, the IMA architecture has been the typical architecture for large civil aircraft. The development of the IMA system involves the constraints proposed by multiple stakeholders, which include the interaction with aircraft OEM, the reuse of experienced technologies, the environment of installation, the operation of maintenance personnel, etc. This article describes the research on the development method of IMA system from two aspects. The first aspect is the interactions with the aircraft OEM. These interactions will set the scene for top-level requirements and contribute to capture the functional requirements; then, negotiate with aircraft OEM to determine the systems which should be hosted on IMA, and identify the function/performance requirements for IMA system. The second aspect is the constraints related to technology, environment and stakeholders, which include the reuse of experienced technology, airworthiness, maintainability, environment of installation, time and cost, human factors, corporate strategy and other aspects. The purpose of this research is to identify the related stakeholders and acquaint their impact on IMA, and provides the reference for IMA system development.

Keywords: IMA; system development process; functional requirement; constraints

随着飞机对航电系统需求的不断增长，机载系统的功能和性能要求不断提高，现代航空电子系统越来越呈现复杂系统特征，联合式架构已远不能满足航电系统的发展要求。为解决上述问题，20 世纪 90 年代国外开始了综合模块化航空电子系统的研究工作，并很快取得技术突破；而微电子技术和集成电路的迅速发展，强大的微处理器技术、集成电路集成度的不断增长和成本降低，大大促进了综合模块化航空电子（Integrated Modular Avionics，IMA）架构的推广应用，IMA 架构成为大型民用飞机系统的典型架构。

目前 IMA 技术的发展日趋成熟，开放式 IMA 系统架构能够满足大型客机对航空电子系统高灵活性、

基金项目：装备预研中航工业联合基金（6141B05060402）

*通讯作者. E-mail：hmli@avic.com

高可靠性以及便于升级换代的要求，综合化航电系统得到了广泛关注[1]，并逐步成为民用客机航空电子系统发展的主流趋势。典型代表包括美国波音公司B787飞机、欧洲空客公司的A380飞机和A350飞机等先进干线飞机。我国正在研制的大型客机C919也采用IMA系统架构[2]。

1 IMA系统简介

DO-297[3]中对IMA的定义是："IMA是一组灵活的、可重用的、可互操作的[4]共享硬件和软件资源，当把这些资源综合在一起时可以构建一个平台，该平台按一组确定的安全和性能需求进行设计和验证，能提供各种服务，并驻留执行飞机功能的应用"。由此可见，IMA系统由IMA平台以及一组驻留应用组成，其中IMA平台通常包含1个或多个模块/组件，驻留应用通常也包含1个或多个组件。

联合式架构下，每个航电功能都有各自特定的独享的计算资源(处理器、数据通信和接口)，这些计算资源驻留在各自独立的现场可更换单元(Line Replaceable Unit, LRU)中。[5]IMA系统架构为高度集成的实时系统提供所必需的核心资源框架，[6]提供公共硬件计算模块的集中计算资源，为航电系统的通用处理功能构建了一个独立的通用处理平台，提供公共硬件计算模块的集中计算资源。IMA架构为多个飞机功能的驻留提供了公共计算资源，取代了联合式架构中航电功能面向任务的专用计算机。[7]以前联合式航空电子应用软件嵌入在面向任务的专用计算机中，现在则驻留在IMA系统的公共核心计算资源上，提高了系统资源的利用率和可用性。

IMA平台属复杂机载设备，为飞机功能提供支持通用功能的公共平台，如计算功能、网络传输功能、数据转换功能；而且，IMA平台与机上多个驻留应用软件、机载设备/组件(如传感器、控制器、显示器、作动器等)进行交互，并为驻留应用软件提供支持其运行的执行环境，包括硬件资源和平台基础服务。虽然IMA平台可以驻留多个飞机功能，但是IMA平台本身并不具备专用的飞机功能。因此，开发IMA平台可独立于专用飞机功能和驻留应用进行定义与开发。

2 IMA系统开发方法

由于IMA系统驻留多个飞机功能，因此IMA系统的综合化程度、系统内和系统间的相互关系的复杂度相对于单一功能实现方式的联合式架构均有了很大的提升，联合式架构的开发方法很难适用于IMA架构的开发。

IMA系统的开发涉及与飞机制造商的交互、现有技术的应用、安装位置的环境、维护人员的操作等多方利益相关者提出的约束。其主要可划分为两个方面：一是与飞机制造商的交互，IMA系统供应商可捕获飞机级任务的运行场景和飞机功能需求，并参与飞机系统联合设计即飞机功能的划分和分配、迭代，协商可驻留在IMA平台上的飞机功能，确定IMA系统的功能、性能需求；二是技术、环境、利益相关者等多方提出的约束，包括IMA成熟技术复用、适航条款、维修性要求、装机环境要求、人为因素、公司战略等方面的约束要求。这两个方面与IMA系统开发的关系如图1所示。

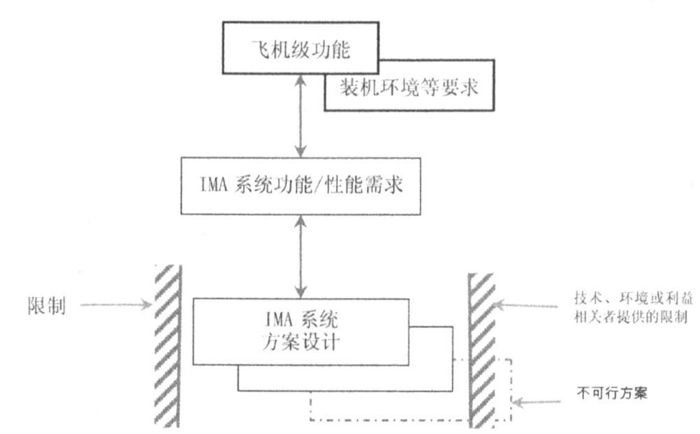

图1 IMA系统开发输入因素之间的关系

图1中，垂直方向代表自顶向下分解的功能/性能维度，水平方向代表IMA系统开发的约束集(图1黑斜线外侧的区域)，这两个维度的交集(黑斜线内侧的区域)是可接受的方案设计。显而易见，功能/性能需求和开发约束集这两个方面决定了IMA系统的解决方案，IMA系统开发不但要考虑飞机级自顶向下分解出IMA系统的功能/性能需求，还要考虑这些约束集对方案设计的"限制"，才能交付出满足装机要求的IMA系统。

2.1 功能/性能需求

随着飞机任务复杂度的提升，飞机功能和系统功能之间并不是简单的一对一的分配关系，一个飞机级功能可能由多个系统完成，一个系统也可能完成多个飞机级功能。飞机级功能分配的过程也是确定飞机级系统架构的过程，需要对多种因素进行设计权衡。飞机级功能分配首先应确定初步飞机级系统架构，然后根据初步飞机级系统架构将飞机级功能分配到相关系统，经过多次迭代安全性评估结果以及与系统供应商的协商结果，确定最终的飞机级系统架构及分配给特定系统的功能。

飞机功能分配阶段，飞机制造商自顶向下分解来自飞机系统的功能，确定驻留在 IMA 平台上的飞机功能，形成 IMA 系统的顶层需求。IMA 系统开发商应积极联系飞机制造商、参与飞机系统设计过程即联合设计阶段，向飞机制造商提供来自 IMA 的技术支持(包括 IMA 架构、模块设计、硬件设计、软件设计、安全性评估、平台资源、运行效率等)，以实现航空电子系统逻辑架构到 IMA 公共处理资源的映射，通过双方协商联合设计 IMA 系统初步架构确保满足飞机级系统架构的要求。同时，联合设计还有助于 IMA 系统开发商更好地了解飞机级顶层需求、确定 IMA 系统需求并向下分解、制定公司战略、将系统级需求作为开发下一代可认证 IMA 平台的输入等工作，为 IMA 系统开发奠定了基础。

IMA 平台为多个飞机功能提供公共计算资源以及通用接口资源，支持同时驻留多个飞机功能，其开发涉及多个机载系统的参与。基于 IMA 架构的飞机级功能分配过程中，飞机系统被划分为计算处理功能和系统专用功能两部分，其中飞机系统的计算处理功能可被分配到 IMA 系统中实现，系统专用功能则必须保留由具有特殊接口的专用设备完成；由于 IMA 系统主要提供公共计算资源以及通用接口资源，不能满足所有驻留功能的需求，对于一些需要特殊资源的系统功能，需要 IMA 系统和系统专用设备共同实现。此外，基于 IMA 架构下除完成联合式架构下飞机级功能分配工作外，还需要通过对安全性、平台资源、运行效率等多种因素进行权衡，确定可驻留在 IMA 平台中的系统功能。

飞机功能分配到 IMA 系统后，需要再多次逐级向下进行功能分解，一直分解到软硬件可进行设计实现的程度。功能/性能的需求在层与层之间的追踪关系必须严格得到保证，即设计过程中任何层级的描述和考虑始终对最顶层——任务层负责，这样才能确保最终的设计实现与飞机任务需求的一致性，才能为飞机的适航认证提供有效的证据。

2.2 约束集

IMA 系统开发不但要考虑飞机级自顶向下分解出 IMA 系统的功能/性能需求，还要考虑这些约束集对方案设计的“限制”。“约束”经常以需求的形式出现，例如认证需求，同样，来自于顶层飞机级任务的功能/性能需求将逐级分解到底层——实现层，以驱动底层需求生成某种形式的解决方案。对于 IMA 开发商，识别飞机级任务的需求与约束之间的差异性非常重要，在多方协商以及解决方案的“权衡”中起到至关重要的作用。

1. 适航认证需求

适航认证需求源自飞机级的定义，是飞机制造商与适航认证的局方达成一致的结果，中国民用航空局(Civil Aviation Administration of China, CAAC)发布的适航规章(或者美国联邦航空管理局(Federal Aviation Administration, FAA)或欧洲航空安全局(European Aviation Safety Agency, EASA) 等效规范)使用。例如，中国民用航空规章(China Civil Aviation Regulation, CCAR) 第 25[8]部适用于航空运输类飞机的适航认证。国内民用飞机以 CCAR 25 部为审定基础，但考虑到型号后续发展以取得 FAA 和 EASA 颁发的型号合格证的需要，[9]因此在设计过程中往往会同时考虑 FAA 颁发的适航规章 14 CFR－25[10]和 EASA 颁发的适航认证规范 CS－25[11]的要求。

下面以 CCAR 25 条款为例说明适航认证需求到飞机系统和航电系统的分解。条款§25.1301 规定，“(a) 所安装的每项设备必须符合下列要求：(1) 其种类和设计与预定功能相适应。”其中设备的设计与安装符合“预定功能”是指在飞机的运行和环境条件下，设备功能正常。在研制过程中设备的功能及性能指标通常在设备规范中明确，作为后续研制的依据。[12]此需求是通过符合技术标准规定(Technical Standard Order, TSO)来满足的，而 TSO 又会调用一系列行业标准，例如美国航空无线电技术委员会 (Radio Technical Commission for Aeronautics, RTCA) 发布的相关最低操作性能标准(Minimum Operational Performance Standards, MOPS)，这些需求都需要与认证机构进行讨论并达成一致。

此外，功能/性能需求和适航需求生成的约束均对系统/子系统的可靠性需求产生影响。通常，飞机任务成功率的目标是电子设备可靠性要求的关键驱动因素;但是,适航规章的安全性段落也包括可靠性需求。例如,适航规章 CCAR 25 中安全性相关条款 §25.1309 以及相应可接受的符合性方法 AC 25.1309-1A[13]描述安全性需求及其与可靠性需求之间的关系。飞机安全性相关的失效状况影响与可靠性之间的关系如表1所列。

表1 功能危害性影响分类

分类	影响描述	功能开发保证等级(FDAL)	定性要求	失效概率的定量要求
灾难性的(CAT)	故障或失效会引起乘员死亡或飞机的毁坏,无法继续安全飞行与着陆	A	极不可能的	$<10^{-9}$
危险的(HAZ)	危险性故障,故障或失效会导致极大地降低安全裕度,飞机操纵带来驾驶员极大的体力负荷,引起乘员的严重伤害或导致飞机结构损坏	B	极端少的	$<10^{-7}$
重大的(MAJ)	较大的故障,故障或失效会导致较大地降低安全裕度,极大地加重驾驶员工作负担,引起乘客极不舒适	C	极少的	$<10^{-5}$
微小的(MIN)	较小的故障,故障或失效会导致轻微地降低安全裕度,轻微地增加驾驶员工作负担,引起乘客的某些不便	D	可能的	$<10^{-3}$
无影响(NSE)	失效状态不产生任何类似于妨碍飞机营运能力或增加机组工作负担的安全性影响	E	无	—

由于飞机功能的失效可能会对飞机性能产生不利影响,所以必须评估飞机功能的失效影响。如果失效影响涉及到机组人员和/或乘客,那么相关飞机功能的失效概率必须是远不可能发生的。例如:如果某飞机功能失效对飞机乘员的影响包括对少数乘客或机组人员造成严重的致命的伤害,那么该飞机功能的失效概率不能高于1×10^{-7}/飞行小时。由此可见,飞机级的安全性要求被转换成功能/子功能级的可靠性需求。在功能层及以下层级不存在“安全性”需求,只有可靠性需求;这些可靠性需求将伴随着功能一起逐级向下分解,以确保满足顶层功能级的初始可靠性需求。因此,系统/子系统的可靠性指标必须同时满足顶层任务分解的可靠性需求和来自适航安全性的可靠性需求。

2. 运营需求

飞机运营必须考虑要求强制执行的功能和性能需求。如欧洲颁发规章作为“委任规章 No. 965/2012”,根据欧洲议会和理事会的 No. 216/2008 规定,制定航空运营相关的技术需求和行政程序。飞机运营要求由局方发布规章制定航空运营相关的技术需求和行政程序,这些规章包括对运营组织方的不同类型的需求。对于飞机功能,为了进行特定类别的操作飞机必须装备机载电子设备,如“商用航空运输”。常见的相关飞机功能包括,高度告警系统、地形识别及告警系统、防碰撞系统、天气探测设备、飞行机组对讲系统、座舱语音及飞行数据记录仪、最小无线电导航与通信功能等。这些功能来自飞机运营的需求,而不是适航;而且,这些设备的装机必须满足适航认证的要求,即满足安全性、可靠性的要求。

3. 行业标准和推荐实践

所有航电设备和相关功能的分配和实现都应与行业标准、规定保持一致,分别规定并逐项详细说明,以获取认可和航空可批准的性能(即适航性),行业互换性符合航空实践(即考虑人为因素,材料,表面处理,制造工艺)以及与通用航空领域规定保持一致。常用行业标准和推荐实践包括:

(1) RTCA,美国航空无线电技术委员会,协调 MOPS 和最低航空系统性能标准(Minimum Aviation System Performance Standards, MASPS)并达成共识。符合 MOPS 和 MASPS 的标准通常由 TSO 提出,因此 TSO 是设备获得 FAA 认可、装机使用资格的基础。

(2) EUROCAE (European Organization for Civil Aviation Equipment),欧洲民航设备组织,是欧洲相当于 RTCA 的机构,负责制定欧洲的航空标准。EUROCAE 标准是设备获得 EASA 认可、装机使用资格的基础。

(3) SAE (Society of Automotive Engineers),汽车工程学会,负责航空电子相关功能和性能领域的航空航天标准和航空航天推荐实践的编写和汇总,如飞行操纵和飞行控制、飞行座舱显示和信号、维护实践、应用人为因素。

(4) ARINC (Aeronautical Radio, Inc.)，航空无线电公司，由航空公司电子工程委员会组成，根据电子设备特性制定类型、尺寸和功能约定，是设备之间独立于系统制造商实现互换性所必需的。该特性定义了设备的功能/性能、系统间和控制/显示接口的连接器引脚层等规定。

4. 时间和成本目标

与航电功能相关的时间和成本目标必须在飞机级的设计和开发过程中被识别，并向下分解到系统级作为系统供应商的成本目标或预算，IMA 系统开发需关注开发周期、开发成本、飞行和维护机组的培训费用、维护成本等因素。

5. 企业标准

企业标准可能需要在开发过程中进行特定的考虑，如首选工具、首选开发功能、特殊开发软件的使用、特定的命名、归档、记录规定等。这些标准可能会偏离或增加以其他方式或从行业通用实践中获得的标准，由其他项目应用或因成本的考虑等因素产生的标准。

6. 最低性能要求(MPS)

航电设备包研发过程中的一个关键参数是各功能的性能要求。性能要求将适用于每个航电设备功能，因此每个航电设备功能必须毫无例外地派生出所需的性能指标值，MPS 源于认证和操作批准需求，例如 IMA 模块 MPS 来自 TSO－153[14]。

7. 复用需求

复用需求与公司战略和公司标准密切相关。根据公司制定的商业计划和技术发展战略，航空电子设备研发项目可能是公司已经参与或者希望在未来参与的多个类似项目之一。在这种情况下，可应用到多个项目的技术复用会为公司节约开发成本，提高利润。反过来说，技术复用也可能会在设计方面规定约束，包括文档、功能分区、系统性能、系统成本，甚至系统功能。当前项目可能只需要这些功能的一个子集，但是将来的技术重用的需求可能会更为广泛。

而且，复用需求可能会迫使公司使用专用的项目管理和财务功能，由于公司项目管理和财务工作只能在当前项目上收取部分费用，其余工作的收费将在复用项目中产生。

8. 环　境

目标飞机为航电设备提供装机环境，航电功能必须在机上运行性能必需的等级。环境特性包括：温度、高度(气压)、空气质量和湿度、振动和冲击、气压梯度(爆炸)、电磁特性和对射频信号的敏感性、闪电效应的敏感性等。实际的飞机环境为每种试验“类型”给出一组特定的值和参数，因此必须从标准 RTCA DO－160[15]中选出适用环境特性的相关章节。

环境适应性设计是航电设备研发工作中非常重要和相当严苛的一个方面，因为设备装机环境需求方面出现错误将会导致已完成研发的设备无法应用到预期的装机环境中，而设计更改到位后，代价高昂的试验和评估功能的工作可能必须重新开展。例如，IMA 系统开发者对装机环境要求的理解出错，温度范围未完全覆盖，那么元器件的选型就会出错，设备的散热/加热设计、结构设计可能不满足散热要求。

9. 重　量

飞机制造商在飞机初步设计中确定了飞机的总体重量，以及分配给各系统和航电设备包的重量“预算”，并向下分解到各子功能。IMA 架构下，因为 IMA 硬件可能是整个系统架构中的通用公共计算资源，而 IMA 平台的重量可能与驻留应用的数量不存在线性关系，因此重量设计具有一定的优势，而“正确的”初步系统架构定义则变得非常重要。

从飞机设计的视角来看，超过或低于重量预算都可能是不利于飞机设计的，因此设备重量设计出现偏差应该及时与飞机制造商进行协商。

10. 功　耗

与重量预算类似，飞机制造商在飞机初步设计中将功耗预算分配给系统和航电设备包，这些将作为整体飞机功耗组成的一部分。

功耗不超出预算非常重要，因此在航电系统设计阶段初期，分配给各系统的功耗预算必须被尽可能精确地分配，以便飞机功能初步验证架构设计的可行性。在 IMA 架构下，面向软件的飞机应用与硬件需求不存在线性关系，这是 IMA 架构的优点，但它以更复杂的设计迭代和系统复杂性为代价。

11. 散　热

散热预算与功耗预算相辅相成。散热需要设计机械接口，根据设备装机运行环境的温度和湿度，与航电系统设计工作进行协调，选择正确散热方式(如自然散热、强迫风冷散热、传导散热、液体冷却等)是至关重要的。

散热在很大程度上影响了航电设备的平均故障间隔时间(MTBF)，而航电设备硬件的内部热分布需要根据实际硬件设计进行专用的/特殊的热设计，通过在设备内部设计专用的热传递路径，包括热布局、散热方式、散热介质、热传输路径、风道、液冷通道等，以便将设备内部的热量传导到散热区。

任何散热需求都可能规定后续具体的要求，例如大气洁净度、大气温度、压力和湿度；而且考虑到飞机服役寿命和设备将来潜在的功能升级或设计更改，可能会提出更高的散热需求。

12. 维护和修理需求

维护和修理需求是考虑从机场外场维护到车间维修等各种维修场景、不同维护级别的维护、修理需求。外场维护需要设备具有一定的故障报告和诊断的能力，既有与飞机操作人员的数据链路，也有与飞行机组人员到达后的沟通交流，以便航线维护人员在规定的时间内做出响应。

因此，飞机航线维护规定内部航电设备失效状态和飞机级安装问题（如线缆、连接器、系统内部通信故障）并汇总形成通用语言的故障报告，既可以通过维护电脑的诊断功能输出，也可以通过与飞行机组人机接口输出，用于航线维护人员成功响应故障并保持低概率无故障发现（NFF）状况。

一旦设备从飞机上拆除，假定设备具备良好的故障检测覆盖率以避免 NFF，随后的仓库和车间维修也需要类似的故障诊断和报告的能力，以加快故障设备恢复到可用状态的周转。如果库存备件允许设备拆卸和更换，那么需要考虑维修成本和周转成本可能会改变，而且还会影响航电设备故障隔离和诊断能力的需求。因此，根据维护人员的操作方式选择正确的目标场景非常重要。

简而言之，维护和修理需求必须根据飞机任务时间表分析和衍生，还需要考虑修理费用、NFF 发生的费用、设备更换的费用、库存备件和飞机停飞时间所造成的费用/影响。

13. 人机接口需求和考虑

人机交互需求主要指座舱内的人机应用层面和维修层面。应用层面关注飞机操作者接口即人机接口，一般指驾驶舱和客舱机组人员操作应用，如飞行管理功能的显示控制子系统、客舱管理与娱乐功能、故障报告和诊断的交互。维修层面关注设备的拆卸和安装、搬运和运输。

3 IMA 系统开发示例

由于 IMA 系统驻留多个飞机功能，因此 IMA 系统的综合化程度、系统内和系统间的相互关系的复杂度相对于单一功能实现方式的联合式架构均有了很大的提升，IMA 系统开发除了完成传统的飞机级功能分配外，还需要通过安全性、平台资源、运行效率等多种因素权衡确定哪些系统驻留在 IMA 平台中以及 IMA 系统与驻留 ATA 系统的关系等。

为了便于理解本文介绍的 IMA 系统开发方法，本节以起落架系统（Landing Gear System，LGS）、座舱显示系统（Cockpit Display System，CDS）、飞行管理系统（Flight Management System，FMS）和机上维护系统（On Board Maintenance，OMS）到 IMA 系统的驻留为例，通过飞机系统功能 IMA 平台通用资源的分配以及对约束的权衡来进一步说明 IMA 系统开发方法。

LGS 由起落架收放系统（Landing Gear Extension and Retraction System，LGERS）、刹车控制系统（Braking Control System，BCS）、车轮转向控制系统（Wheel Steering Control System，WSCS）、起落架监控系统（Landing Gear Monitoring System，LGMS）四个功能子系统以及三个独立的起落架组成。

LGERS 负责起落架的控制以及监控功能，由 LGERS 命令通道和自检测通道组成；BCS 负责飞机刹车控制以及监控功能，由 BCS 命令通道、监控通道和自检测通道组成；WSCS 负责起落架前轮转向控制液压伺服阀的控制和监控功能，由 WSCS 命令通道和监控通道组成；LGMS 负责刹车温度监控与指示、胎压检测与指示、刹车散热风扇的控制功能，由 LGMS 控制功能和自检测功能组成；以上各子系统命令通道的开发保证等级（DAL）均为 A 级，监控通道的开发保证等级均为 B 级，且必须考虑命令通道与监控通道的隔离性。其中 IMA 平台通用处理资源可以满足 LGS 各应用软件的处理需求，四个功能子系统可以驻留在 IMA 平台上；但是起落架需要特殊的飞机接口来实现，因此不能驻留在 IMA 平台上。

CDS 由 6 个显示单元和 2 个键盘控制单元组成。CDS 软件驻留在每个显示单元上，IMA 平台仅提供通用数据传输和接口的驻留。

FMS 包括飞行计划、飞行优化与预测、导航和飞行指引四部分功能，均由应用软件实现。因此，FMS 的应用软件均驻留在 IMA 系统中，飞行管理功能由 IMA

系统实现。

OMS 包括数据加载与配置管理、中央维护系统、飞机状况监控系统三部分功能。IMA 平台的硬件资源可以满足这三部分的功能需求，因此 OMS 所有功能都驻留在 IMA 平台上。

初步飞机级功能到 IMA 的分配示意如图 2 所示。

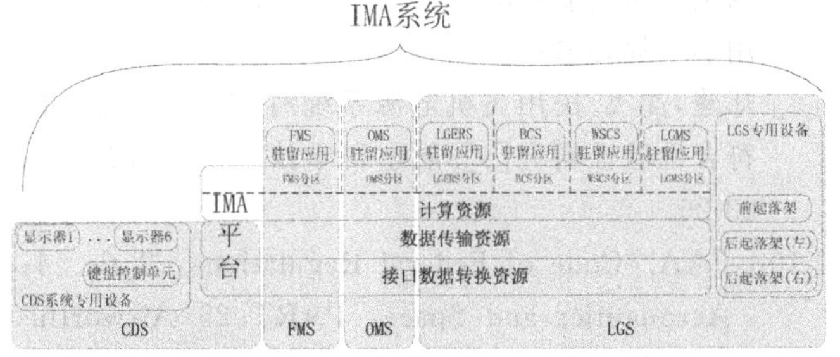

图 2 IMA 系统中飞机级功能分配示意图

从图 2 可以看出，FMS、OMS 这两个系统均由软件实现，因此均驻留在 IMA 系统上，与 IMA 系统一起实现系统功能；LGS 的应用软件部分均驻留在 IMA 系统上，与各自系统的专用设备一起实现系统功能；CDS 的通信功能和接口数据转换功能驻留在 IMA 系统上，与 CDS 系统的专用设备、显示器与键盘控制单元，一起实现显示系统的功能。

飞机级功能分配阶段，IMA 平台供应商首先需要考虑使用能够满足各系统应用软件驻留的要求，其次要初步评估平台性能以确保满足各系统驻留应用的运行需求，还需要详细考虑 2.2 节描述的各项约束，逐步实现 IMA 系统的开发，例如：

(1) 适航认证约束：识别适航认证需求，即必须满足的适航规章，如大型运输类飞机以 CCAR 25 部为审定基础。

(2) 适航符合性约束：确定 IMA 系统适航方法，如采用 DO - 297 作为 IMA 系统开发和认证的可接受的符合性方法，IMA 系统通过增量式认可方法获得安装批准。

(3) 安全性约束：如驻留应用 DAL - A 级的安全性要求、命令通道与监控通道的隔离性要求等。

(4) 供电约束：余度供电的隔离性要求以及应急供电的要求等。

(5) 环境约束：根据 LGS 的需求，确定 IMA 平台，尤其关注执行 LGS 接口数据转换功能的远程接口单元的安装环境、安装方式、功耗及散热条件等。

(6) MPS：TSO 是局方颁布的民用航空器上所用的特定零部件的最低性能标准。IMA 系统相关的 TSO 分为两大类：① TSO - 153，适用于 IMA(硬件)模块单元。覆盖到 IMA 系统用到的两类硬件组件——通用硬件模块和驻留这些硬件模块的机柜。② 功能 TSOs，适用于飞机功能单元。

(7) 复用：考虑到开发周期、认证成本、研制风险等因素，IMA 系统开发首选采纳成熟技术的复用，包括驻留系统以及 IMA 平台技术的复用。

(8) 维修保障性约束：确定平均修复性时间、维修间隔等。

通过考虑这些约束集对 IMA 系统方案设计的“限制”，系统设计人员将来自于顶层飞机级任务的功能/性能需求逐级分解到底层实现层，最终以驱动底层需求生成具体的解决方案。

以驻留在 IMA 系统的飞行管理系统为例，其飞机功能分配到 IMA 系统的功能/性能需求层次结构如图 3 深色图框所示。最顶层的任务描述与最底层的设计实现从不同的角度描述了同一个飞机功能，“最顶层”是从飞机级任务的角度抽象地描述整个飞机的预期操作；“最底层”的设计实现层则是从软硬件设计实现的角度，描述飞机级任务的最终实现。“设计实现层”描述的是具体的设计“需求”，可以逐级向上追溯到最顶层的“任务”描述，即最底层的需求是从最顶层的任务分解而捕获到的。

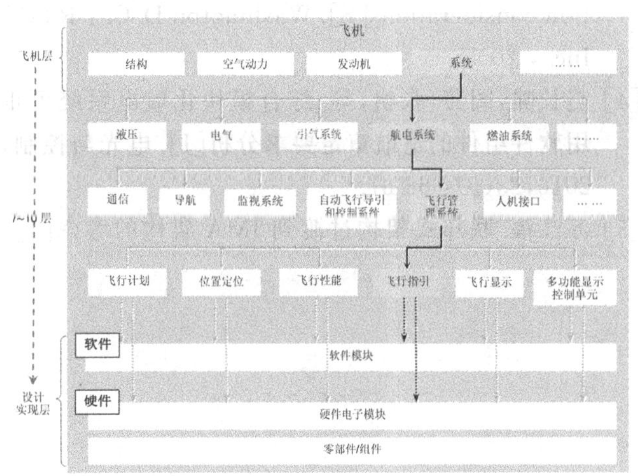

图 3 功能/性能需求层次结构示意图

由图 3 可以看出，设计实现层的软件和硬件模块组成了飞行指引功能，逐级向上看，飞行指引功能是飞行管理功能的组成部分，飞行管理功能是航电系统的组成部分，航电系统是飞机系统的组成部分。一般情况下，从飞机层到最终的设计实现层之间会包括 7～

10 层级(某些复杂系统可能会超过 10 层),相邻层与层之间的功能/性能需求存在一一对应的关系,需求自顶向下逐层分解,而底层设计实现逐层向上集成,最终支持顶层飞机级任务功能的实现。

4 结 论

无论是基于传统的联合式架构还是复杂可复用的 IMA 架构的航电设备研发,都与飞机整体定义密切相关,都需要满足飞机的功能/性能要求以及各种“限制因素”。本文通过研究 IMA 系统开发中与飞机制造商的交互、现有技术的应用、安装位置的环境、维护人员的操作等多方利益相关者提出的约束,帮助开发人员深入了解这些利益相关者对 IMA 的影响,为 IMA 系统开发提供参考。

参考文献

[1] 陈福,郭庆,段海军,等. 民用飞机综合化航电系统驻留应用验证技术研究[J]. 信息通信,2017(1): 50-51.

[2] 赵净净. 综合模块化航空电子系统的构型索引要求[J]. 科技创新导报,2015(9): 3-4.

[3] SC-200. RTCA DO-297. Integrated Modular Avionics(IMA) development guidance and certification considerations[S]. Washington D. C.: RTCA Inc., 2005.

[4] 赵长啸,阎芳,张帆,等. 综合模块化航电系统可重用软件组件的适航审定要求分析[J]. 电光与控制, 2016,23(9): 63-67.

[5] 苏江福. 联邦式架构过渡到 IMA 架构的考虑[J]. 科技视界,2014(4): 75-79.

[6] 高凌岚,杜晓鹏. 综合模块化航电(IMA)系统设计方法研究[J]. 信息化工业,2015(34): 21-22.

[7] 韩嫚莉,田莉蓉,杨柳. 民用飞机 IMA 系统开发过程的研究[J]. 航空计算技术,2020(1): 116-119.

[8] 中国民用航空局. 中国民用航空规章 第 25 部 运输类飞机适航标准(CCAR-25-R4)[S]. 中国民用航空局,2011.

[9] 郑建,沈飞. 民用飞机电源系统对 25.1309 条款的符合性验证研究[J]. 航空科学技术,2014,25(7): 23-26.

[10] FAA. Code of Federal Regulations, Title 14: Aeronautics and Space, PART 25 Airworthiness Standards: Transport Category Airplanes [S]. Washington D. C.: FAA, 2014.

[11] EASA. CS-25: Certification Specifications and Acceptable Means of Compliance for Large Aeroplanes[S]. EASA, 2018.

[12] 刘正权. 运输类飞机适航条款 CCAR 25.1301 与 25.1309 解读与符合性方法研究[J]. 技术与市场,2017,24(9): 41-42,45.

[13] AC No: 25.1309-1A, System Design and Analysis[S]. Washington D. C.: FAA, 1988.

[14] FAA. TSO-C153 Integrated Modular Avionics Hardware Elements [S]. Washington D. C.: FAA, 2002.

[15] RTCA. DO-160 Environmental Conditions and Test Procedures for Airborne Equipment[S]. Washington, DC: RTCA Inc., 2010.

有人机/无人机协同作战模式及关键技术研究

杨玉龙

中国航空无线电电子研究所，上海 200241

摘要： 随着作战需求的不断提高以及无人机装备技术水平的快速跃升，有人机/无人机协同作战已快速发展成为新型作战模式。本文研究有人机/无人机协同作战概念，梳理有人/无人协同作战发展现状，提炼协同作战系统组成及各组成部分功能。对任务规划及装订、飞行集结、协同飞行、协同打击及毁伤评估等协同作战流程进行阐述，展现协同作战过程。重点总结分析协同作战模式中所需的协同任务规划、协同控制、协同态势感知、智能决策分配等关键技术，在此基础上，预测智能化交互与通信技术、作战云计算在跨域协同作战中的应用前景。

关键词： 有人机；无人机；协同作战；任务规划

Research on Cooperative Operation Pattern and Key Technologies of Manned-Unmanned Aerial Vehicles

YANG Yulong

China National Aeronautical Radio Electronics Institute, Shanghai 200241, China

Abstract: With the continuous improvement of combat requirements and the rapid improvement of the technical level of UAV equipment, manned-unmanned aerial vehicles cooperative combat has rapidly developed into a new combat mode. This paper studies the concept of manned-unmanned aerial vehicles cooperative combat, combs the development status of manned/unmanned cooperative combat, and refines the composition and functions of the cooperative combat system. The collaborative combat processes such as mission planning and binding, flight assembly, cooperative flight, cooperative strike and damage assessment are described to show the collaborative combat process. On the basis of summarizing and analyzing the key technologies needed in the joint operation mode, such as collaborative task planning, collaborative control, collaborative situation awareness, intelligent decision allocation and so on, predict the application prospect of intelligent interaction and communication technology and operational cloud computing in cross-domain cooperative operations.

Keywords: manned aerial vehicle; unmanned aerial vehicle; cooperative combat; mission planning

引　言

无人机作为新型作战武器，凭借无人员伤亡、机动灵活、效费比高等特点，在网络化、信息化、智能化牵引的体系化作战背景下，应用越来越广泛。无人机使用模式已经逐渐由传统背景下单一的情报侦查、战场监视、火力打击等简单任务向战场协同态势感知、对敌防空火力压制、纵深精确打击、有人/无人协同等复杂任务转变。受限于当前智能化水平，无人机单平台在战场态势感知及理解判读方面相对薄弱，无法充分发挥其作战效能。针对当前体系化联合作战环境及作战任务的变化，无人机与有人机通过优势互补，采用有人/无人协同作战的方式，能够有效弥补单一作战平台短板，提高航空武器装备整体作战效能，遂行复杂战场环境下的作战任务。

美国空中机动作战实验室于 1993 年提出基于编队的有人无人航空平台系统能力的先进概念。美国国防部《2011—2036 无人机系统综合路线图》[1] 对有人机/无人机协同进行了定义，有人机/无人机协同是指有人机与无人机为完成某一确定任务而建立的统一编队，通过协同控制、平台互操作及资源信息共享，最终完成既定任务目标的过程。

以美国为典型代表的各军事强国陆续开展有人机/无人机协同作战方面的研究工作，通过对作战概念、协同模式、使用场景、关键技术等方面进行理论研究、仿真、飞行验证，探索有人机/无人机协同作战的可行性，提升有人机/无人机协同技术成熟度，典型代表性项目包括“猎人远距离杀手编队(HSKT)”计划、“机载有人/无人系统(AMUST-D)”计划、“机载指挥控制系统(A2C2S)”计划、“有人/无人系统集成能力(MUSIC)”演习等，有人机通过接收无人机平台转发的目标探测信息、侦查视频、图像信息，实现对目标的协同打击。有人机/无人机协同作战概念的本质内涵可按照协同对象、协同等级、协同阶段及协同任务进行划分，如图1所示[2]。

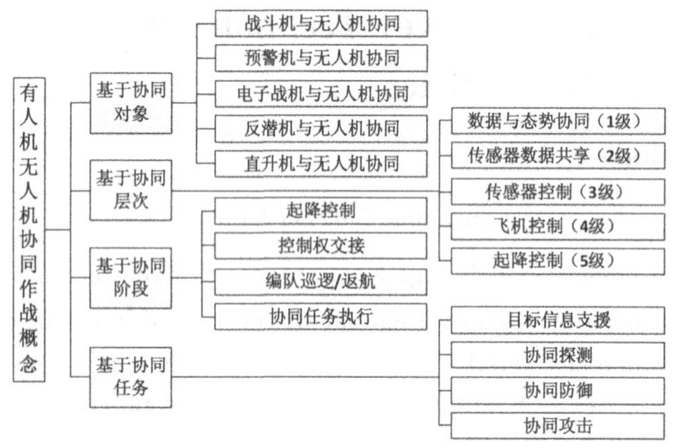

图1　有人机/无人机协同作战概念

1　组成及体系结构

有人机/无人机协同作战系统一般由有人机系统、无人机系统、数据链通信系统、一体化指挥控制系统组成[3]，如图2所示。

1. 有人机系统

在完成有人机传统作战任务的基础上，负责有人无人协同任务规划、协同态势感知、协同控制任务分配；通过数据链通信系统完成与无人机及一体化指挥控制系统之间的数据通信。

2. 无人机系统

按照装订航线或按照有人机发送的实时任务规划航线飞行，到达指定作战区域后开展战场侦察、探测及目标持续跟踪等任务，将侦察信息及获得的战场态势信息实时传送至有人机系统及一体化指挥控制系统，必要时可协同有人机完成持续打击、火力压制及毁伤评估任务。

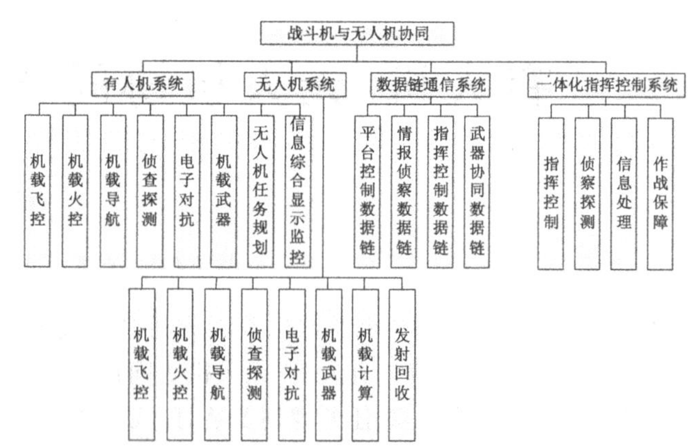

图2　有人机/无人机协同作战系统

3. 数据链通信系统

通过搭载数据链通信系统，实现有人机与无人机之间、飞机与指挥控制系统之间的信息传递，完成对飞机平台的控制、情报数据的分发共享、指挥信息的生成与转发、武器载荷的协同等任务。

4. 一体化指挥控制系统

通过作战保障系统完成保障任务，结合指挥控制网络体系下各级节点的侦察探测信息形成战场综合态势，将各类决策指令实时发送至协同编队，实现对协同编队的指挥控制。

2　协同作战流程

有人机/无人机协同作战在充分发挥有人机与无人机各自长处的同时，通过系统协同配合，最大程度地激发协同作战能力，有人机、无人机作为系统中独立作战节点，在一体化指挥控制系统的指挥控制条件下，一方面通过自身对作战环境进行侦察感知，一方面通过数据共享、处理掌握战场综合态势信息。在特定任务情况下，通过任务分配、协同航路规划、编队飞行、任务区域协同监视/打击、毁伤评估等一系列活动，完成对典型作战目标的侦察与打击[4]。协同作战流程如图3所示。

1. 任务规划及装订

根据作战场景及任务需求，完成顶层任务规划方案，并对协同编队内的各参战节点的行动进行分解规划，将顶层任务逐层分解，形成各级节点的任务规划方案，完成编组生成及任务预先分配，生成任务队列，各节点完成任务装订工作，完成任务执行前的准备工作。

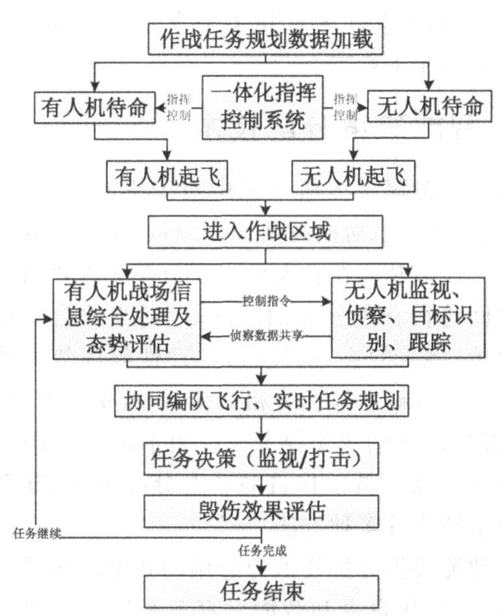

图3 有人机/无人机协同作战系统

2. 飞行集结

作战指挥中心发出起飞指令，有人机与无人机听令执行，分别按照规划航线飞往作战区域，根据作战需求，在作战区域附近完成飞行集结。

3. 协同飞行

有人机与无人机协同进入作战区域，有人机向无人机下达协同侦察命令，无人机利用各类侦察载荷对目标区域进行监视、侦察、目标识别及跟踪，必要时可完成自主火力分配。同时，无人机将侦察数据共享给有人机，有人机完成战场信息综合处理及态势评估，同意或视情调整侦察/打击方案，向无人机发送相应控制指令。

4. 协同打击

通过信息交互、任务协同和动态反应，无人机根据有人机发送的控制指令，完成编队形成与保持、姿态校准、平台攻击占位及火力单元解算，最终与有人机配合完成对目标的协同火力打击。

5. 毁伤评估

在有人机的指挥控制下，无人机对目标完成搜索、识别及打击后，需对任务执行效果进行评估，主要利用机载电视或侦察载荷对目标区域的毁伤情况进行分析评估，并将毁伤评估效果发送给有人机及指挥控制中心，有人机完成总体毁伤评估。

6. 任务结束

根据毁伤评估结果及当前作战编队生存状况制定下一步任务计划，若需继续执行任务，则按照上述流程再次攻击；若达到任务预期，则协同编队按照预定航线返回，任务结束。

3 关键技术

3.1 协同任务规划技术

协同任务规划技术是指根据任务计划、有人机/无人机性能、战场环境等约束条件，为有人机/无人机制定完成任务的航路，并满足有人机/无人机在时间、空间上的协同关系。其本质上是一个带约束的优化问题，目标在于规划满足有人机/无人机综合效能指标最优的任务航线。协同任务规划技术可分为编队生成、目标分配及航路规划等内容。

1. 编队生成

协同作战场景下，将联合作战任务逐级分解给若干个任务编队，每个任务编队由有人机与无人机协同配合，根据平台特点及优势完成各自任务分工，最终共同完成任务编队作战子任务。不同编队间的子任务既相对独立又相互支撑，可满足单一编队失效条件下的应急处置，保证所有子任务顺利完成，达到整体编队动态重组且资源灵活配置的目的。

2. 任务分配

协同任务分配是指在有人机/无人机协同作战场景下，为实现最终作战任务，在相关约束条件下，将对任务目标的侦察、打击等各项子任务按照最佳分配原则分配给有人机和无人机，充分利用各自优势达到发挥最大作战效能的目的。通常情况下，有人机根据战场侦察信息及战场综合态势情况可向无人机下达指挥命令，无人机按照有人机指令执行任务，结合自身武器装载情况确定打击方案，对目标区域实施打击。

任务分配的本质是组合优化的非确定性问题，其求解方式包括基于传统精确优化求解方法的分支定界法、分支修建法、约束满足问题及动态规划等和基于启发式方法的禁忌搜索、交叉熵、粒子群优化算法、遗传算法、进化算法等[5]。

3. 航路规划

协同航路规划是在有人/无人编队协同任务方案情况下规划出有人机、无人机可行、高效的飞行航路，在飞行约束条件下，规划出起始地至目的地的最优航路。航路规划的关键点在于满足有人机和无人机之间的协同关系，实现避障和避碰，主要包括空间协同、时间协同及任务协同等。当前航路规划的主要方法有数学规划、混合整数线性规划、A＊算法、D＊优化算法、Voronoi图表算法等[6]，另外还有神经网络、模拟控制及遗传算法等。

3.2 协同控制技术

有人机与无人机通过协同配合、信息传递构成一个完整的作战系统，数据交互促使作战系统内各单独作战节点能够实时建立联系。在协同作战系统中，有人机需要完成其单平台作战任务；同时，有人机还要处理分析无人机和地面信息系统提供的战场信息，根据分析结果对协同编组其他单元分配任务。为实现最佳作战效能，要求系统内的协同信息传输简单高效。

协同信息交互需要定义一套完整的标准指令集，以便于交互信息在有人机、无人机之间的传输、识别、理解、分析。通常，协同任务指令集包含3种指令信息：有人机任务指令集、无人机指令集以及指令编码[7]。标准指令集的设计需满足全面性、简洁性、规范性，全面性要求指令集能够覆盖各种实际作战场景中的各种可能出现的情况；简洁性能够有效提高数据传输的实时性，降低数据延时造成的影响；规范性要求信息协议标准合理，能够提高信息的有效性，降低信息传输误码及干扰导致信息异常的可能性。

3.3 协同态势感知技术

有人机与无人机在复杂对抗环境下协同完成作战任务时，需在时间及空间两个维度实现一致的态势感知识别。有人机通过协同机组携带的各类传感器持续获取战场信息，通过共享和融合所有的传感器信息和情报数据源信息，从中提取有用信息，并结合外界动态变化对战场态势发展趋势进行预测，提高有人机/无人机编队作战模式下机上和地面指挥人员的态势感知能力，完成态势评估，并制定行动决策[8]。在协同态势感知技术方面，包括多传感器数据融合、基于代理的数据分发技术、询问时态势感知和全局评估技术等。数据融合算法通过融合调遣和融合控制等方式将运动信息处理与飞行器类型、特定信息和敌友信息处理结合，可通过数据链将分布式信息融合至有人机平台。基于代理的数据分发技术通过搜索、修正和用户请求代理的方式完成软件处理，识别、定位和重现指挥控制需要的数据，实现有人机与无人机间的数据共享。询问式态势感知和全局评估将询问结果与随机冻结仿真的态势进行比较，研究基于不同情境下个人和环境因素对感知和决策结果的影响。

3.4 智能决策分配技术

决策分配属于人机系统中对于决策功能的分配，在有人机/无人机协同编队作战领域，主要研究将指挥控制系统决策功能在有人机指挥员与无人机自主决策系统之间进行合理分配的问题，以适当的自动化等级完成决策，将人的直观、经验、主动性等优势与计算机算力、速度、准确性等优势相结合，形成优势互补，协同决策，得到最优的决策结果[9]。目前的智能决策分配技术有基于操作员工作量的动态分配触发、基于多属性群决策技术等多种方法。

以智能决策分配技术为应用的智能决策系统通过人机协同、优化自主和智能发育三个层次形成无人系统的任务分配和规划，实现多类型协同模式智能化作战场景，生成一致的指挥意图。智能决策系统以不同的感知信息、预设方案为基础，结合作战场景、使命任务、目标和情报信息，形成决策任务命令列表，按照决策属性和重要度等级，对决策功能进行分析和分解，确定分配方法。利用人工智能技术为决策系统提供预测，通过机器学习实现信息的自动识别，建立决策模型。决策建模与分配主要研究的内容包括跨域强对抗环境下的实时任务重规划技术和多源分布式决策知识的自主学习技术。可根据异构飞机平台的决策信息多源化特点，研究决策知识的抽象描述、自主学习，以及知识发育的表示、存储和更新等方法，实现有人机/无人机协同作战的智能决策。

4 发展趋势

随着航空科学技术的发展，智能化是有人/无人系统未来的重要发展方向，新型的交互与通信技术将逐步形成，未来将会涌现出语音、文字、肢体语言、表情甚至脑电波等多种形式来完成有人/无人系统间的数据通信[10]。另外，随着云计算技术的发展，作战云将会成为未来协同作战模式的有力支撑。综合运用网络通信技术、虚拟现实技术、分布式平台计算技术及负载均衡技术，将分散部署的作战资源进行重组和整合，形成动态可变且灵活可组的作战数据资源池，具备虚拟化、连续性、去中心化、可扩展、定制服务等特点，根据作战任务的不同按需提供资源服务，提升跨域互操作能力，高度实现陆、海、空、天、网、电等多域资源整合，增强空天情报信息共享时效，促进协同作战指挥效能的提升。

5 结 论

本文以有人机/无人机协同作战为切入点，对有人机/无人机协同作战的概念、作战流程进行阐述，分析典型作战的场景，探讨有人机/无人机协同作战能力形成和提升的关键技术，并对未来有人机/无人机协同的应用发展趋势进行展望。

参考文献

[1] The Department of Defense of USA. Unmanned Systems Integrated Roadmap FY2011-2036 [R]. Washington DC：DoD，2012.

[2] 高遐，熊健. 有人机/无人机协同概念及相关技术[J]. 电讯技术，2014，54(12)：1612-1616.

[3] 杜梓冰，张立丰，陈敬志，等. 有人/无人机协同作战演示验证试飞关键技术[J]. 航空兵器，2019，26(4)：75-81.

[4] 李相民，薄宁，代进进，等. 有/无人机编队协同作战指挥控制关键技术综述[J]. 飞航导弹，2017(9)：29-35.

[5] 马向玲，雷宇曜，孙永芹，等. 有人/无人机协同空地作战关键技术综述[J]. 电光与控制，2011，18(3)：56-60.

[6] 罗维尔，魏瑞轩. 有人/无人机协同打击航路智能规划[J]. 控制理论与应用，2019，36(7)：1090-1095.

[7] 蔡俊伟，龙海英，张昕. 有人机/无人机协同作战系统关键技术[J]. 指挥信息系统与技术，2013，4(2)：10-14.

[8] 韩志钢. 美军有人直升机与无人机协同技术发展及启示[J]. 电讯技术，2018，58(1)：113-118.

[9] 李江. 面向无人作战体系的智能化指控技术研究[C]//第六届中国指挥控制大会论文集，2018：443-446.

[10] 黄汉桥，白俊强，周欢，等. 智能空战体系下无人协同作战发展现状及关键技术[J]. 导航与控制，2019，18(1)：10-18.

无人机差分卫星起降引导系统试飞方法研究

余晓艇*，付泱，刘辉，张引跃

航空工业成都飞机设计研究所指控部，成都 610091

摘要：差分卫星导航技术因其高精度持续的定位导航能力，被广泛应用于无人机自主起降控制，可有效保证无人机起降阶段的飞行安全。根据中大型无人机组合导航系统中的BDS/GPS双模四频差分卫星起降引导子系统的功能和性能要求，研究制定了一套高效、合理、可行的试飞测试验证方案；针对试飞产生的相关飞行测试参数，研究并设计了差分卫星引导数据采集与处理以及修正的专用方法。通过该试飞方法可实现对BDS/GPS双模差分卫星起降引导系统功能和性能的全面考核与验证，支持了差分卫星导航试飞工作的高效开展和顺利完成，取得了良好的效果。

关键词：无人机；差分定位；北斗导航系统；试飞

The Flight Test Method Research of Differential GNSS Taking Off and Landing Guidance System for UAV

YU Xiaoting*, FU Yang, LIU Hui, ZHANG Yinyue

Department of Command and Control, AVIC Chengdu Aircraft Design and Research Institute, Chengdu 610091, China

Abstract: For its ability of high-precision and continuous positioning and navigation, the differential GNSS navigation technology has been used extensively at the UAV's autonomous takeoff and landing, which ensures the safety of UAV in the taking off and landing stage. In view of function and performance requi-rements of a taking off and landing guidance system based on BDS/GPS differential technology for the middle-large size UAV, a set of high efficiency and reasonable methods for flight test and verify has been implemented, meanwhile a data acquisition and processing method for relative flight test data also has been implemented. Through this flight test method, the function and performance of this differential GNSS taking off and landing guidance system for UAV has been completely validated, and the specific flight test of UAV differential GNSS system differen has been efficiently conducted and accomplished, also it has achieved good results.

Keywords: UAV; differential positioning; BDS; flight test

引　言

国内外中大型无人机广泛采用轮式自主起降方式[1]。中大型无人机起飞和着陆是复杂的飞行过程，在大速度起降和低高度飞行的情况下，要求精确地控制其姿态和轨迹，无人机的飞行状态都必须高精度响应，准确完成起飞、滑行、爬升和着陆阶段的对准跑道下滑、着陆点接地以及纠偏滑行、减速刹停。该过程对无人机组合导航系统的实时性、连续性和高精度定位能力均提出了较高的要求[2]。目前美国先进的无人机起降引导系统主要有“全球鹰”无人机起降引导系统[3]和联合精密进近系统(JPALS)[4]，其起降引导方式主要由结合了GPS广域增强和局域增强的差分GPS实现起降引导。我国自主知识产权的北斗全球定位系统已实现全球范围内的定位服务，各项指标与美国GPS相当，已可初步应用于无人机的差分卫星起降引导[5]，需要通过试飞加以验证。

* 通讯作者. E-mail: yuxiaoting173@126.com

本文主要面向无人机应用的 BDS/GPS 双模四频差分卫星起降引导系统，开展其在无人机起降过程中的试飞方法研究。

1 无人机差分卫星引导系统工作原理

无人机差分卫星起降引导系统的组成和工作原理如图 1 所示[6]。它由地面差分卫星基准站设备和机载差分卫星设备组成，其中地面差分卫星基准站设备主要包括：地面差分卫星基准接收机、地面卫星测绘天线、地面数传发射电台、地面电台发射天线以及设备之间的连接电缆；机载差分卫星导航设备主要包括：机载差分卫星接收机、机载卫星航空天线、机载数传接收电台、机载电台接收天线以及设备之间的连接电缆。地面差分卫星基准接收机已事先测知地面卫星测绘天线精准位置，并实时观测和记录导航卫星的原始数据定位信息，通过对两者信息进行计算处理生成差分修正信息报文，周期性发送给地面数传发射电台。地面数传发射电台与机载数传接收电台组成差分卫星无线数据链，机载数传接收电台将接收到的地面数传发射电台输出的差分修正信息报文周期性地发送给机载差分卫星设备，机载差分卫星设备实时利用差分修正信息进行 BDS/GPS 码伪距差分和实时动态载波相位差分，削弱卫星定位存在的轨道误差、时钟误差、星历误差、电离层误差以及对流层延时误差[7]，从而实现高精度定位能力。

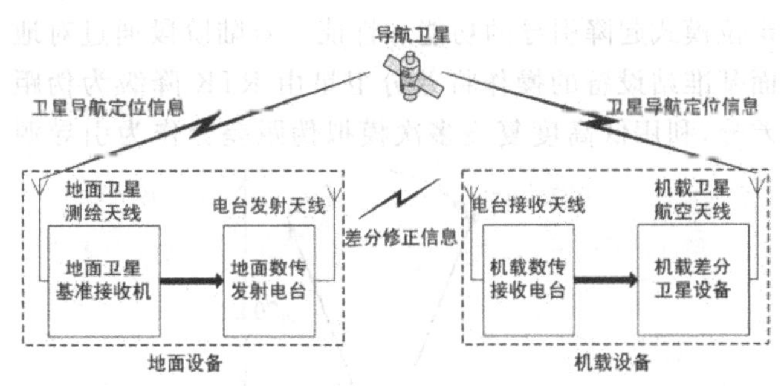

图 1 无人机差分卫星起降引导系统组成示意图

2 系统功能及性能介绍

无人机差分卫星起降引导系统为起飞和进场着陆的无人机提供全天候、高精度、实时、连续的精密引导信息，保障无人机自主安全起飞和着陆，支持场面滑行、复飞等场景的引导。该系统主要技术指标如下。

1. 双模四频卫星导航系统信号接收与测量功能

(1) 能够同时接收 BDS B1、B3 和 GPS L1、L2 双系统四频点信号；

(2) 能够进行 BDS B1、B3 和 GPS L1、L2 单点定位及误差估计。

2. 局域增强功能

能够实现码伪距差分(RTD)和实时动态载波相位差分(RTK)两种技术体制下的局域增强功能，具备以下功能和性能：

(1) BDS B1、B3 频点平滑码伪距差分局域增强模式；

(2) GPS L1 频点平滑码伪距差分局域增强模式；

(3) BDS B1/B3 双频 RTK 局域增强模式；

(4) GPS L1/L2 双频 RTK 局域增强模式。

3. 动态引导定位精度

(1) 码伪距差分精度：水平和垂直方向分别为米级；

(2) RTK 精度：水平和垂直方向分别为分米级。

3 试飞方法及其研究

依托研究所建立的歼击机综合仿真航空科技重点实验室，建立了无人机差分卫星起降引导系统的实验环境，为试飞方法研究提供支撑。通过深入研究，为满足该无人机差分卫星起降引导系统相关功能及性能试飞验证需求，设计了基于一款高精度 GPS 测绘接收机作为评测基准的试验试飞验证方案。该款接收机通过不同的配置后即可分别作为地面基准接收机或机载移动接收机模式，采用两台即可与相应数传电台构建一套差分卫星定位的评测系统，其 L1、L2 双频实时 RTK 整周模糊度固定解定位精度可达到厘米级，经理论分析和试验评估，可作为差分卫星起降引导系统的评测基准。

3.1 装机试飞前摸底试验方法研究

差分卫星起降引导系统的功能和性能直接关系到中大型无人机自主起降的安全性。在装机试飞前，必须考虑将经过试验室测试的差分卫星起降引导系统机载设备和高精度 GPS 接收机(配置为移动站)安装至卫星导航地面试验车与地面差分卫星基准站(包括地面差分卫星基准站设备和配置为基准站的高精度GPS接收机)，配合进行地面跑车试验，对被测差分卫星起降引导设备的功能和性能进行不同基线长度的动态跑车摸底测试，为无人机后续试飞中的滑行和飞行提供数据支持，以确保飞机安全。主要包括以下试验内容：

1. 机站差分链联试

对地面差分卫星基准站设备和机载差分卫星设备差分链通信情况以及多模态的差分模式进行功能检查。

2. 单点精度动态摸底跑车试验

对机载差分卫星设备BDS B1、B3和GPS L1、L2单点定位的定位精度进行摸底测试。

3. 伪距差分精度动态摸底跑车试验

对机载差分卫星设备BDS B1、B3和GPS L1伪距差分的定位精度和可用度进行摸底测试。

4. RTK动态精度动态摸底跑车试验

对机载差分卫星设备BDS B1/B3和GPS L1/L2双频RTK的定位精度和可用度进行摸底测试。

地面跑车试验需选择可测试较长基线的空旷开阔地和试飞机场环境进行，尽量将地面差分卫星基准站放置在该区域的地势最高处或试飞机场预选位置处，确保试验车与基准站能够通视，以保证差分链通信不被地面其他物体遮挡。试验过程中可对被测系统和评测系统两套设备周期输出的试验数据进行存储、对比计算和精度误差处理显示。

有条件的还可参照地面跑车试验的方式开展它机摸底飞行试验。

完成摸底试验后，即可装机准备无人机飞行试验。

3.2 飞行试验方法研究

1. 试飞方案设计

首先针对性地制定了一套差分卫星起降引导系统考核试飞的测试项目，如表1所列，包括机场静态测试、跑道拉距测试和飞行测试。其中机场静态测试主要是对差分卫星起降引导系统的各定位模式进行一个静态摸底测试；跑道拉距测试主要是利用牵引设备拖动无人机在机场跑道范围内进行一个差分卫星起降引导系统的动态摸底测试；飞行测试则是对差分卫星起降引导系统功能和性能做全面覆盖测试。

表1 测试科目

序 号	飞行科目		测试目的
1	机场静态测试		考核装机后系统功能、接口和交联逻辑以及各定位模式静态定位精度
2	跑道拉距测试		考核各定位模式动态定位精度和本场差分数据链通信情况
3	飞行测试	BDS RTK	考核精度、RTK基线距离以及可用性
		GPS RTK	
		BDS伪距差分	考核精度、伪距差分基线距离以及可用性
		GPS伪距差分	

在飞行测试环节，为提高测试效率和减少试飞架次，制定了一套差分卫星起降引导系统专项考核试飞的流程。该流程贯穿了无人机起飞、爬升、巡航、下降、着陆的整个飞行过程，详细规划了各操作的发起点和操作方法。其中RTK作为该型无人机默认常态起降引导源进行重点考核验证。在无人机巡航段设计了一条专用类似8字形试飞航线，如图2所示，该航线由两个直飞段和两个转弯段组成，在高空水平面上以机场为中心按图示箭头所示方向循环飞行，其最远端水平距离机场为最大进近距离的2倍左右，能够有效覆盖整个差分卫星起降引导系统的考核范围；同时在两个转弯段结束航路点位置设置切换点对差分卫星起降引导系统的定位模式进行切换，并且采用多航次的试飞方法重复无人机进场离场的测试，大量采样该系统各定位模式起降引导的功能和性能。着陆阶段通过对地面基准站设备的操作将差分卫星由RTK降级为伪距差分，利用低高度复飞多次模拟伪距差分作为引导源

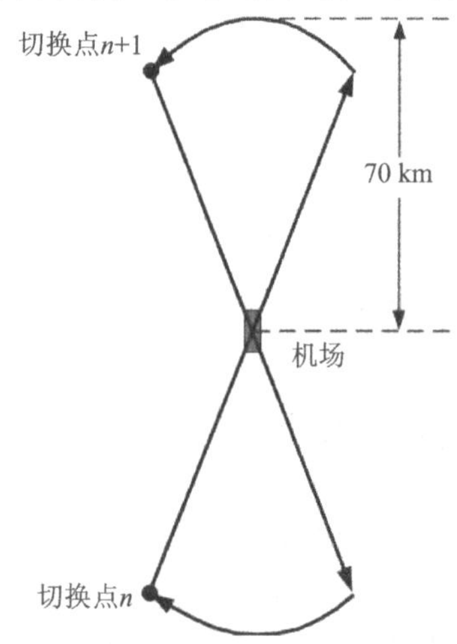

图2 飞行试验专用航线示意图

自主着陆，为将来差分卫星的降级使用提供数据支撑。

2. 飞行数据采集与处理方法

依托无人机飞行参数记录仪，同时记录机载差分卫星设备和评测接收机两设备实时周期性输出的串行数据，事后对两设备输出记录数据进行处理、对比分析。

数据处理方法如下：

(1) 将飞行参数记录仪记录的两设备数据按照UTC时间进行以时间为基准的历元对准处理，数据对齐后将两设备数据与飞机姿态信息一起以文本格式输出保存；

(2) 两设备在机上通常无法共用一个卫星接收天线，直接采用设备输出的经纬高进行差值比较无法补偿两设备各自连接卫星接收天线之间的安装位置差，因此需要进行坐标系转换。本文研究了一种实用的工程简化坐标转换方法将设备输出大地坐标系[8]下的经纬高信息转换为地理东北天坐标系[8]下的 x、y、z，研究获得的转换公式如下：

$$a_1 = \frac{r + \text{height\_in}}{f}$$

$$a_2 = \cos\left(\frac{1}{f} \times \frac{\text{lat\_in} + \text{lat\_ref}}{2}\right)$$

$$x = a_1 \times (\text{long\_in-long\_ref}) \times a_2$$

$$y = a_1 \times (\text{lat\_in-lat\_ref})$$

$$z = \text{height\_in}$$

式中，$r=6\ 378\ 137.0$(地球平均半径)，$f=57.295\ 779\ 5$；lat_in、long_in 和 height_in 为设备输出的纬度、经度和海拔高度；

lat_ref、long_ref 为起飞点的纬度，经度；

x、y、z 分别为以起飞点为原点的地理东北天坐标系下的东向位置、北向位置和天向位置。

(3) 文本数据中两设备输出的经纬高数据经(2)所示方法处理后的数据分别作差后，还需对两设备连接天线的安装位置差进行修正，本文研究[9-10]并获得了修正公式如下：

$$x_r = \sin\psi\cos\theta\Delta x + (\cos\psi\cos\phi + \sin\psi\sin\theta\sin\phi)\Delta y + (\sin\psi\sin\theta\cos\phi - \cos\psi\sin\phi)\Delta z$$

$$y_r = \cos\psi\cos\theta\Delta x + (\cos\psi\sin\theta\sin\phi - \sin\psi\cos\phi)\Delta y + (\sin\psi\sin\phi + \cos\psi\sin\theta\cos\phi)\Delta z$$

$$z_r = \sin\theta\Delta x - \sin\phi\cos\theta\Delta y - \cos\phi\cos\theta\Delta z$$

式中，θ、ψ、ϕ 分别为机载惯导输出的俯仰角、航向角和滚转角；

Δx、Δy、Δz 分别为两天线机体安装轴向相对位置差、侧向相对位置差和法向相对位置差；

x_r、y_r、z_r 分别为两天线在地理坐标东北天三方向上的相对位置差。

(4) 经过(3)所示方法完成修正计算后可得到两设备在地理东北天坐标系下东向、北向和天向的定位差值，以高精度 GPS 接收机定位状态为 L1、L2 双频实时 RTK 整周模糊度固定解对数据进行筛选，得到的定位差值数据可作为该型差分卫星起降引导系统各定位模式的实时精度数据。依照各定位模式对上述数据进行再次筛选并完成数据统计就可以得到该型差分卫星起降引导系统各定位模式的试飞精度统计值。

4 工程应用

本文研究的无人机差分卫星起降引导系统试飞方法，先后在多型中大无人机差分卫星起降引导系统试飞考核中成功应用并顺利完成，多型差分卫星起降引导系统顺利通过鉴定，证明了差分卫星引导航数据采集与处理及修正的专用方法研究和设计的有效性，表明该试飞方法是一套高效、合理、可行的无人机差分卫星起降引导系统试飞测试验证方法，可实现对差分卫星起降引导系统功能和性能的全面考核与验证，同时可支持差分卫星导航试飞工作的高效开展，取得了良好的效果。

5 结　论

本文对无人机差分卫星起降引导系统试飞方法进行了深入研究，通过装机试飞前摸底试验、飞行试验及试飞操作流程和专用测试航线的设计研究，制定了一套安全高效的飞行试验实施方案，同时研究设计了一套工程应用性极强的飞行数据采集与处理及修正方法，形成了完整的试飞方法，实现了对系统功能和性能的试飞验证，并在多型无人机差分卫星起降引导系统试飞中取得了良好的效果。

参考文献

[1] 高九州. 无人机自主着陆控制[D]. 北京：中国科学院大学，2016：4.

[2] 王磊，史丰丰，寇凯洋，等. 基于 SINS/GPS 的无人机组合导航系统建模与仿真[J]. 测绘工程，2016(10)：17.

[3] 包强,姜为学,刘小松,等. 全球鹰无人机导航系统分析[J]. 飞航导弹,2009(11):60-61.

[4] 刘菁. 基于联合精密进近着陆系统(JPALS)技术研究[J]. 现代导航,2014,2(2):75.

[5] 张国旺,袁炳南,房瑾,等. 北斗定位系统在飞行试验中的应用研究[J]. 计算机与控制,2015,23(5):1734-1735.

[6] 王党卫. 北斗卫星导航着陆系统信号质量监视技术研究[D]. 西安:西安电子科技大学,2014:3.

[7] 袁建平,方群,郑谔. GPS 在飞行器定位导航中的应用[M]. 西安:西北工业大学出版社,2000:47-48.

[8] 方群,袁建平,郑谔. 卫星导航系统基础[M]. 西安:西北工业大学出版社,1999:35-36.

[9] 肖业伦. 飞行器运动方程[M]. 北京:航空工业出版社,1987:22-27.

[10] 吴森堂,费玉华. 飞行控制系统[M]. 北京:北京航空航天大学出版社,2005:11-13.

商用航空发动机标准设计图样及其管理研究

卢晓燕，舒锋

中国航发商用航空发动机有限责任公司，上海 200241

摘要： 航空发动机工程设计图样承载了发动机设计与制造的主要信息，为提高商用航空发动机设计图样表达的清晰性、规范性，解决细节关注不够、工程化水平不高、设计要求不完整等问题，通过分析国外先进航空发动机典型零件图样的设计要素与特点，从图样格式和图样内容两方面提出标准设计图样绘制要求。借助信息化手段，通过标准图库对典型件标准设计图样进行统一的审核与管理，在提高图样设计水平与图样质量的同时，实现了经验和知识的有效沉淀，为航空发动机的型号设计提供了共用的技术支持。

关键词： 航空发动机；标准设计图样；图样格式；图样内容；标准图库

Study on Commercial Aeroengine Standard Design Drawings and its Management

LU Xiaoyan, SHU Feng

AECC Commercial Aircraft Engine Co. Ltd., Shanghai 200241, China

Abstract: In order to improve the clarity and standardization of aero-engine design drawings and solve the problems such as ignorance of details, low engineering level and incomplete design requirements of drawings, this paper analyzed the design elements and characteristics of typical drawings in foreign advanced aero-engine companies, then put forward the definition and drawing requirements of standard drawings from aspects of drawing format and content. Then, through the unified review and management of typical standard drawings by standard drawing library, the design level and quality of drawings are improved, and the experience and knowledge are effectively precipitated, which can finally provide common technical support for the aero-engine product design.

Keywords: aeroengine; standard design drawings; drawing format; drawing content; standard design drawing library

设计图样是航空发动机研制与生产过程中重要的信息载体，是最直接的产品基线文件。目前，国内商用航空发动机设计图样普遍存在表述不清晰规范、设计要求不完整、细节关注不够的现象，造成图纸更改率高、产品可制造性差等问题，最终对发动机的可靠性、安全性造成巨大隐患。因此，通过分析国外先进民用航空发动机设计图样的关键要素，提炼先进图样的绘制要求，结合我国实际情况，形成标准设计图样模板，对提高我国设计图样的工程化水平，为我国航空发动机的研制提供共用的技术支持具有重要意义。

1 标准设计图样概述

1.1 国外标杆企业设计图样分析

商用航空发动机包含盘、轴、机匣、叶片、齿轮、轴承、管路等典型零件[1]，通过分析国外先进民用航空发动机企业的典型零件设计图纸，提炼出各要素分布示意图，如图 1、图 2 所示，并从图样格式和图样内容两方面总结出其图样特点信息，具体见表 1。

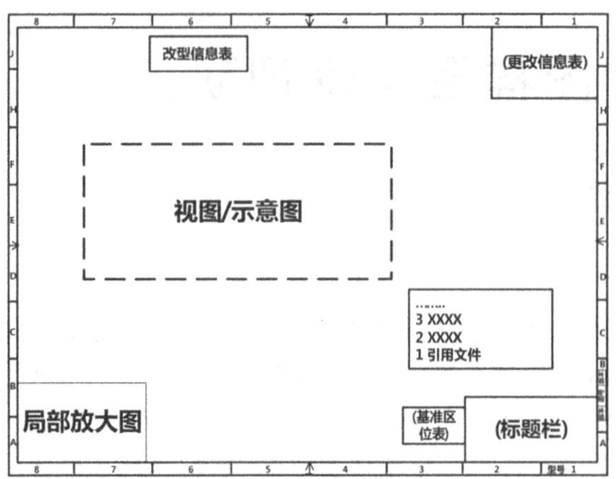

图 1　国外标杆图纸各要素分布示意图(首页)

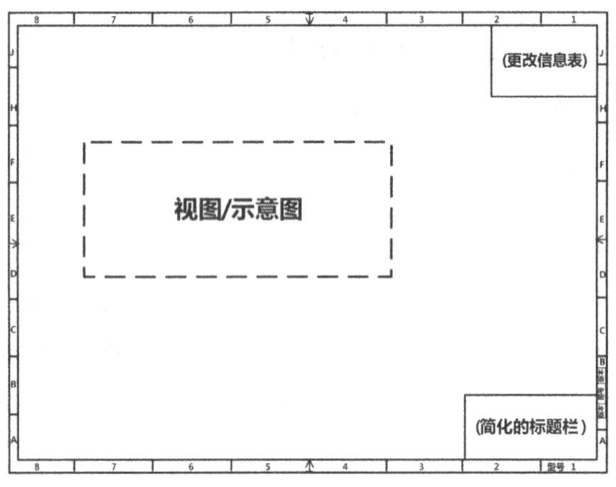

图 2　国外标杆图纸各要素分布示意图(续页)

表 1　国外标杆设计图样要素及特点

项　目	要　素	国外设计图样特点
图样格式	标题栏	首页信息详细、全面,包含图号、名称、图幅大小、比例、所有权信息、图样类型、投影识别符号、供应商代码、型号、合同号、尺寸单位、表面粗糙度、材料、相似件件号,以及签审信息表等,位置如图 1 所示。续页简单描述,仅包括版本、供应商代码、图号、审签表(仅编制及批准)以及所有权信息,位置如图 2 所示
	基准区位表	提供了基准区位的查询表格,方便快速定位设计基准,位置如图 1 所示
	修改历程表	图样更改历程记录清晰,标出了每页图纸的更改版次,清楚注释了 CID/DCID 号和时间,并对最近一次的更改内容、审签人、时间等进行简要描述,位置如图 1 所示。续页信息同首页,位置如图 2 所示

续表 1

项　目	要　素	国外设计图样特点
图样格式	改型信息表	采用多构型制图方式,将多个件号相同、构型号不同的类似零件绘制在一张图样中,对有差异的地方分视图展示并在表格中描述,有助于生产加工单位对同类零件改进、改型的跟踪,如图 1 所示
	适用标准及文件	在技术要求的第一条中列出图纸引用的所有标准和文件的编号,方便统计,如图 1 所示
图样内容	尺寸及公差	尺寸标注系统、完整,除理论尺寸、参考尺寸外,所有尺寸都有公差,不需通过其他标准文件定义尺寸公差
	视图分解	图样详尽,通常由不同视图、截面、特征等分页组成,视图比例较大,视图表达层次分解较多,同一视图中极少有尺寸线的重叠交叉,视图更清晰直观
	技术要求注释	首页注释自下而上编号,对注释进行序号识别,并将图形中要素与所需采用的注释技术条件进行紧密关联,对标准的具体细节提出了额外的细致规定和要求,提高了对图形要素的制造控制力。续页仅标示"技术注释见首页"
	工艺要求	制造全流程由标准控制,不遗漏任何工艺过程细节,引用标准全面,涵盖范围广,涵盖了材料、工艺和质量标准,对零件的加工控制全面而细致
	关键控制点	在大量经验基础上对关键工艺进行了识别,在最易出现问题的工艺上,不放过任何一个关键控制点,做到控制要求完整

1.2　标准设计图样的概念

根据以上分析结果,考虑国内设计图样现状,提出标准设计图样的概念,即按照统一的图样格式,符合相关标准要求(见图 3),内容清晰、完整、规范,可供设计参考的优秀零组件设计图样。标准设计图样的先进性主要体现在图样格式和图样内容两方面。结合国内商用航空发动机设计与制造时的实际需要,将标准设计图样的图样格式要素分解为标题栏、通用要求表、技术要求表、引用文件表、更改记录表等;将标准设计图样的图样内容要素分解为结构要素、视图表达、工艺要求和关键控制点。

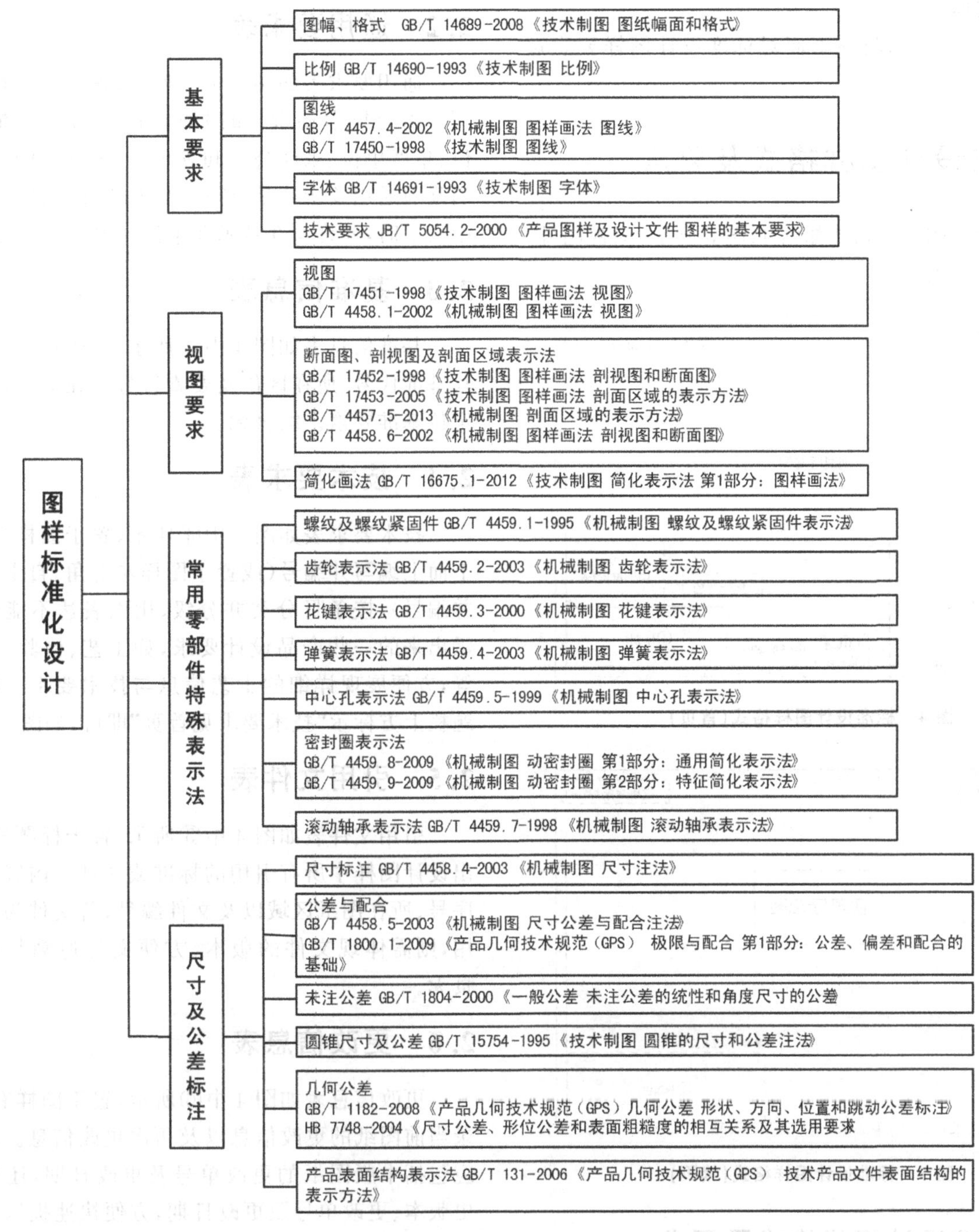

图 3 图样标准化设计标准

1.3 标准设计图样的特点

标准设计图样应具有以下特点：

(1) 图样信息完整、系统：有能完整体现图样基本信息的标题栏、基准区位表、更改历程表、引用标准及文件表等。

(2) 图样信息可追溯性、防错性好：图样具有完善的更改历史记录和严格的版次与更改控制。

(3) 尺寸标注、工艺要求、关键控制点要求完整：尺寸、公差、基准等要素标注系统、完整，表达直接，视图分解清晰，工艺及加工控制全面而具体，关键点要求完整细致。

(4) 图样准确、唯一：对细节和重点进行准确的表达和解释，外观验收标准清晰、详细。

(5) 可制造性、经济性强：图样设计时充分考虑加工实际情况，体现出宽严结合的精度要求[2]，并重视设计制造的沟通。

基于以上特点，将在下面对标准设计图样要素逐项进行规定。

2 标准设计图样格式及要求

标准设计图样的格式如图 4、图 5 所示，除视图外，应具备如下要素。

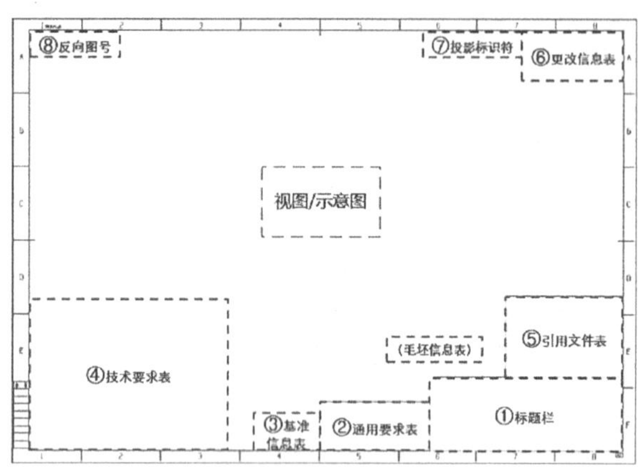

图 4 标准设计图样格式(首页)

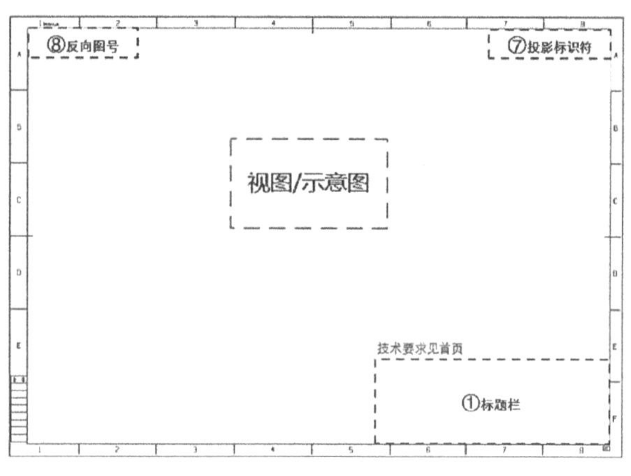

图 5 标准设计图样格式(续页)

2.1 标准设计图样格式及要求

首页标题栏如图 4 中①所示，置于图样右下角，应具备名称栏、图号栏、特性栏、材料栏、版本栏、质量栏、型号栏、审签栏、比例栏、页次栏、单位标记栏、审签栏、密级栏以及所有权声明。续页标题栏如图 5 中①所示，进行简化，可仅包括名称栏、图号栏、型号栏、密级栏、版本栏、比例栏、审签栏等。设计员需按照相关填写要求正确填写标题栏各值，以方便其他相关方快速提取关键信息。

2.2 通用要求表

通用要求表如图 4 中②所示，置于标题栏附近，填写常用的技术要求，如图样解释与标印标准、尺寸单位、角度单位、未注公差和硬度等，方便查阅通用要求。当某项通用要求内容较多，无法以简单的字词在表格中表示时，允许写在技术要求注释中。续页无。

2.3 基准信息表

基准信息表如图 4 中③所示，置于标题栏附近，填写基准代号、所在区位及要素符号所在页次，方便快速定位基准要素。续页无。

2.4 技术要求表

技术要求表如图 4 中④所示，置于图样左下角，自下而上编写并编号(或置于图样左上角，自上而下编写并编号)，按条目分类并分级，用以表达不能用图形表示出来的一些产品设计要求，如工艺、检验、试验要求等，方便展现详细的工艺信息与技术要求。续页在标题栏上方标示“技术要求见首页”即可，如图 5 所示。

2.5 引用文件表

引用文件表如图 4 中⑤所示，置于标题栏上方，列出设计图样中所有引用的标准或文件。内容包括文件序号、所在图纸区域以及文件编号，若文件为带版本引用，则需体现文件的版本，方便文件追溯与统计。续页无。

2.6 更改信息表

更改信息表如图 4 中⑥所示，置于图样右上角，记录当前图纸的更改信息以及历次更改信息。内容不仅应包括本版图纸的更改单号及更改日期，还应包括历史版本、更改单号及更改日期，方便快速提取并追溯更改信息。续页无。

2.7 投影标识符

投影标识符如图 4 中⑦所示，置于图样右上角，除非在项目中另有协定，绘图时应使用第一角投影画法进行绘图，并注明第一角画法投影识别符号，方便识图。续页保留，如图 5 中⑦所示。

2.8 反向图号

反向图号如图 4 中⑧所示，置于图样左上角，反向填写图样编号，以便在反方向快速辨图。续页保留，如图5中⑧所示。

2.9 其 他

标准设计图样的格式中还可包含毛坯信息表、参数表等信息，帮助完善图纸要求。

3 标准设计图样内容及要求

商用航空发动机零件结构精密，薄壁件多，工艺复杂，尺寸公差和形位公差要求严格，对于设计、加工和检测具有一定的难度；此外，对于成本和研制周期都有相应的限制。因此，标准设计图样在内容方面应满足以下各节的要求。

3.1 结构要素方面

结构要素包括基准、尺寸及公差等。在选择设计基准时，应考虑以功能为导向、公差积累小、工艺基准转换少、零件变形影响因素小等综合问题[3]，尽量保持设计基准和工艺基准的统一性，以避免加工过程复杂化，同时可获得较高的加工精度和较好的零件互换性，也可简化零件检测。在标注时，应符合GB/T 1182—2008的要求，采用功能尺寸标注优先原则，同时考虑制造和检测上的要求[4]，并合理选择图样公差形式、公差等级，有效优化公差分配，保证图样尺寸链的完整和正确，规范标注的系统性和完整性，降低设计、加工和检测难度。

3.2 视图表达方面

主视图、特征视图、截面图等视图表达比例合适、层次清晰且直观，必要时分页展示，尽量避免尺寸线重叠交叉的情况。型面角向位置、孔位角向位置、厚度位置等细节描述应详尽，局部放大图应尽量至于被放大部位附近，且比例标注清晰、易查。

3.3 工艺要求方面

工艺要素识别、表征齐全，将倒角接刀、倒角检测、圆弧过渡检测、材料检验等体现在设计图样中，在考虑可制造性的同时，提高零件工艺细节与关键工艺参数的精度、严格控制关键零件的加工细节。如在满足使用前提下，叶盘结构特征的图纸上使用过切圆角代替相切圆角，在起到退刀槽作用的同时，有效防止干涉，避免存在接刀痕，以提高零件的加工工艺性，如图6所示。体现在技术要求注释中时，应做到注释信息要求全面，包括设计标准、标印标准、工艺标准、材料的验收标准、无损探伤方法和验收级别、装配要求、验收标准和检测区域、特种工艺（热处理和喷丸）等要求，覆盖设计制造全流程，提高产品的可制造性、可装配性、结构工艺性和可加工性。

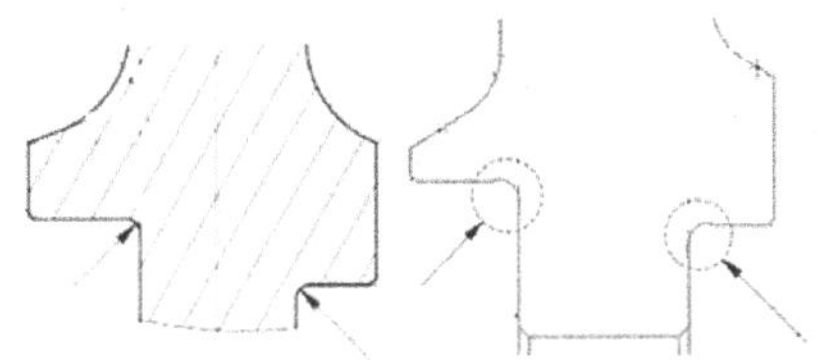

图6 相切圆角（左）及过切圆角（右）示意图

3.4 关键控制点方面

关重特性包含设计分析（产品的材料、工艺要求、互换性、协调性、寿命、安全、裕度等方面）及技术指标分析（产品的功能、持续工作时间、环境条件、维修性、失效等方案）[5]。应将关重特性合理表征，将设计所要求的产品的性能、寿命，或可制造性要求合理地表现为工艺要求，对表面完整性、抗疲劳制造理念等关重特性进行特殊控制。

根据以上标准设计图样的格式与内容要求，形成典型件标准设计图样模板，为设计提供规范化、标准化的参考，有助于快速理清设计思路，提高图样绘制效率与质量。

4 标准设计图样的管理与应用

4.1 典型件标准设计图样分类及编号

为对标准设计图样进行有效管理，可在结构协同设计系统中搭建标准设计图样分类库（简称“标准图库”），并依据典型件类别设置层级分类结构，将典型件标准设计图样进行分类存储与管理，为设计员提供快速查阅、调用、参考的功能。标准设计图样的分类按照各设计专业的典型件类别进行划分，允许在典型件分类的基础上进行剪裁或新增，分类结构示例如图7所示。

典型件标准设计图样按照统一要求进行编号，与产品设计图样进行区分。编号可由“前缀”+“一级分类代码”+“二级分类序号”+“顺序号”组成，如图8所示。

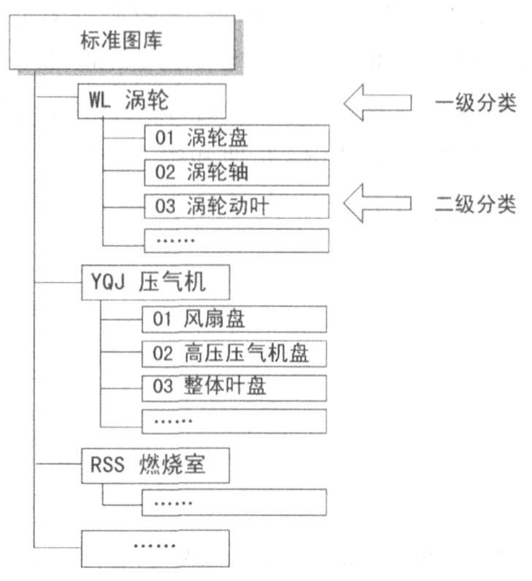

图 7 标准图库分类结构示意图

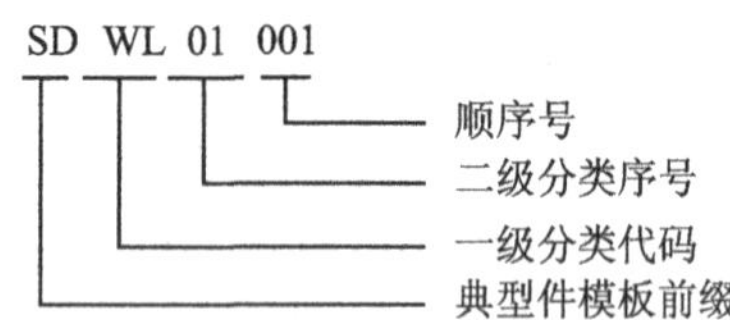

图 8 典型件标准设计图样编号

以上图编号 SDWL01001 为例，表示涡轮专业顺序号为 001 的涡轮盘模板。

4.2 典型件标准设计图样入库及管理

典型件标准设计图样绘制完成后，按照入库流程发布到标准图库的相应分类中，具体入库流程如图 9 所示。

流程的具体描述如表 2 所列。

表 2 典型件标准设计图样入库流程描述

序　号	流程名称	责任人	主要工作
01	按规则编号并构建典型件标准设计图样模板	设计员	按标准设计图样编号、格式、内容等要求构建典型件标准设计图样模板
02	发起入库流程	设计员	在系统中发起入库申请
03	技术审核	各设计专业及材料工艺相关技术负责人	审查提出的申请是否合理、设计图样内容是否满足标准设计图样内容的要求等
04	标准化审核	标准化人员	审查入库的设计图样格式及填写是否满足标准设计图样格式的要求、属性填写是否完整等
05	执行入库操作	各专业标准图库管理员	在系统中执行入库操作

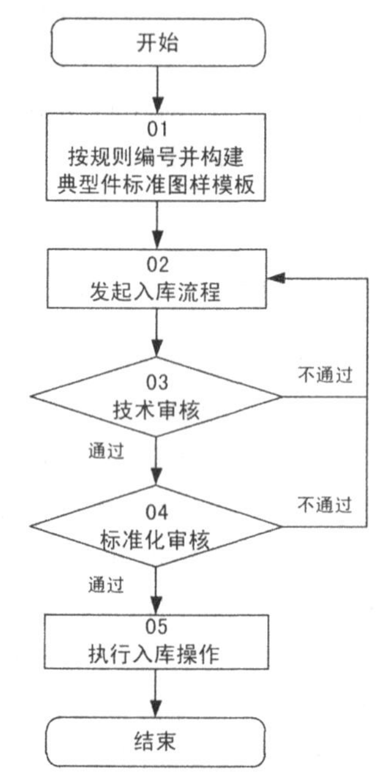

图 9 典型件标准设计图样入库流程

标准图库及其数据的管理原则如下：

（1）由系统管理员（可以是标准化人员）负责标准图库的建设和维护；

（2）由各专业管理员负责相应典型件标准设计图样的入库操作；

（3）系统管理员应负责解答各专业管理员及使用部门在使用标准图库及构建典型件标准设计图样时遇到的相关疑问；

（4）标准图库系统管理员应负责其他与标准图库相关的事宜。

4.3 典型件标准设计图样查看与应用

各典型件分类需设置并关联相关的关键属性（属性示例见表 3），各标准设计图样在入库时填写关键属性值，设计员可在标准图库中通过关键参数值检索的方式检索出对应的标准设计图样。

表 3 标准设计图样关键属性示例

属性 ID	名 称	单 位
0001	图号	—
0002	型号	—
0003	齿数	个
0004	机匣总长	mm
0005	轮盘外径	mm
0006	叶冠半径	mm
⋮	⋮	⋮

检索结果界面中会显示该标准设计图样的名称、图号、关键属性与属性值，以及图样模型的预览图信息等。设计员可通过结构协同设计系统对标准设计图样的设计数据集进行进一步查看，了解具体设计细节。

5 总 结

针对国内商用航空发动机设计图样存在的设计细节关注不够，设计图样工程化水平不高、验证不足等问题，通过分析国外民用航空发动机标杆企业典型件设计图样的关键要素及特点，从图样格式、图样内容两方面提出了通用的标准设计图样绘制要求，提高了产品的工程化水平、可制造性和经济性。同时，以商用航空发动机典型件为对象，形成典型件标准设计图样模板，通过标准图库的方式将模板审核入库并统一管理，实现了经验和知识的有效沉淀，方便设计人员快速查看与参考，提高了图样的准确性与出图效率，为航空发动机的型号设计提供了共用的技术支持。后续将继续深化标准设计图样的制造端验证研究，进一步提高设计图样的工艺性与稳定性。

参考文献

[1] 航空发动机设计手册编委会. 航空发动机设计手册：第 2 册[M]. 北京：航空工业出版社，1999：8-9.

[2] 王金凤. 浅谈机械产品图样的标准化设计[J]. 机械工业标准化与质量，2015(501)：20-25.

[3] 张敏. 航空发动机设计图样典型标准化问题分析[J]. 航空发动机，2011，37(4)：54-57.

[4] 中国国家标准化管理委员会. 产品几何技术规范(GPS)几何公差 形状、方向、位置和跳动公差标注：GB/T 1182—2008[S]. 北京：中国标准出版社，2008：2.

[5] 中华人民共和国航空航天工业部. 航空产品特性和单元件分类及质量控制原则：HB 5842—1990[S]. 中华人民共和国航空航天工业部，1990：1-2.

无人机平台空投声呐浮标搜潜效能评估模型

包建伟*,金晓南,杨晶

航空工业无线电电子研究所,上海 200233

摘要: 针对无人机平台自主决策作战规划的需求,本文通过对航空反潜作战的流程进行分析,筛选出航空反潜作战规划流程中影响空投声呐浮标搜潜效能的关键因素。之后本文对关键因素进行分解得到仿真模型对搜潜效能指标量化所需的数值参数需求,搭建了一套通用化空投浮标反潜效能评估仿真模型。根据实际作战成功的判别依据,通过蒙特卡洛仿真计算方法,得到当前态势场景下的搜潜效能;并且通过对仿真模型中作战样式参数的调整,实现对无人机平台不同作战方式搜潜能效的量化和评估,可适用于作战规划自主决策的需求。

关键词: 声呐浮标;效能评估;航空反潜;蒙特卡洛仿真

The Airdrop Sonar Buoy Search Performance Evaluation Model of the UAV

BAO Jianwei*, JIN Xiaonan, YANG Jing

AVIC Aeronautical Radio Electronic Research Institute, Shanghai 200233, China

Abstract: With the application of the aerial anti-submarine UAV platform, the demand for autonomous decision-making is also growing. By analyzing and decomposing the aerial anti-submarine process, we establish the effectiveness assessment model. And according to the relevant factors which will impact search efficiency, we design related control variables in the model such as sonar buoy performance. Through the monte carlo simulation method, the search efficiency is obtained. By this model, we can quantify the performance, and adjust to different combat programs.

Keywords: sonar buoy; effectiveness assessment; aerial anti-submarine; monte carlo simulation

1 引 言

随着航空无人平台的技术进步,长航时、低成本、搜索范围更广的无人机平台也逐步成为各国海军的航空反潜主力之一[1]。无人机平台反潜与有人机平台不同,在执行任务时,无人机需基于当前的态势场景自主进行作战规划,得到不同的作战样式。而不同作战样式的作战效能在声呐浮标搜潜作战时,受到态势信息精度、声呐浮标布阵阵型、声呐浮标布设方式等多项耦合因素的影响,难以用简单的公式进行表达和评估。因此,本文基于无人机平台的约束及反潜作战的流程场景,采用蒙特卡洛的计算机仿真方法,搭建了一套通用化声呐浮标搜潜作战效能评估模型,将搜潜效能指标进行量化[2],可用于无人机平台反潜作战能力的评估。

2 仿真模型技术

基于无人机平台的反潜作战主要依托于声呐浮标的搜潜系统,通过空投声呐浮标传感器,对水下的潜艇目标进行搜索,其作战流程如图 1 所示。

在搜潜作战中,实际作战成功的判别[3]依据需满足下列 3 个条件,如图 2 所示。

(1) 水下目标运动进入声呐浮标的搜潜距离范围;

(2) 该枚声呐浮标存活;

(3) 该枚浮标处于无人机的监听范围内。

在一次作战场景中,目标的运动状态会根据目标

* 通讯作者. E-mail: baojianwei_avic@163.cn

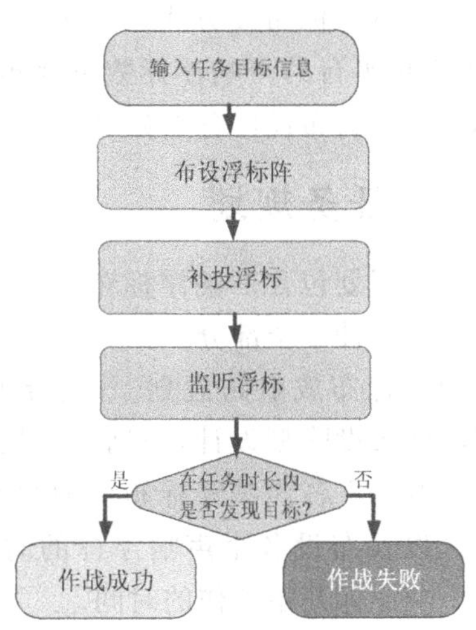

图 1　反潜作战流程图

运动状态及时间改变，声呐浮标布设点的位置会随着战术改变，监听无人机所在位置随声呐浮标布放航路、监听航路及时间改变。因此作战成功概率缺乏通用的计算公式进行表述，在应用时具有一定的局限性。

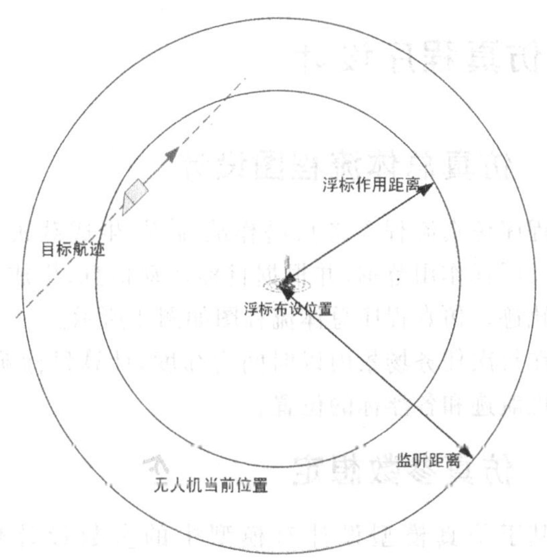

图 2　作战成功场景示意图

基于上述作战流程和作战成功的判别依据，分析得到影响无人机平台的声呐浮标搜潜作战效果的主要因素包含：空投声呐浮标性能、无人机平台模型、目标运动模型、声呐浮标布设阵型、无人机任务规划。通过上述主要因素进行设计，得到不同时间下目标位置、各声呐浮标位置、监听无人机位置等，并采用蒙特卡洛统计学的方式，对场景进行多次仿真，统计仿真中作战成功的概率，作为声呐浮标搜潜作战效能指标。

3　仿真模型设计

3.1　空投声呐浮标性能设计

空投声呐浮标性能包含声呐浮标存活率、有效搜潜距离、监听距离和声呐浮标正常工作时间 4 个部分。由于空投声呐浮标投放时，入水时刻声呐浮标遭受海水冲击有概率会出现故障，设置声呐浮标存活率表示声呐浮标未出现故障的概率；声呐浮标基于潜艇运动时的噪声判别是否存在潜艇，而潜艇噪声会随距离的增大而减小，设置有效搜潜距离表示声呐浮标对目标的搜潜范围；空投声呐浮标布设后通过无线电将声信息传输至无人机，而声呐浮标的无线电作用距离有限，设置监听距离表示无线电的作用范围；声呐浮标正常工作时间一般大于任务规定时间，但在多机协同条件下，任务规定时间可能会超出声呐浮标正常工作时间，设置声呐浮标的正常工作时间用于适应长时任务。

3.2　无人机平台模型

无人机平台模型包含无人机的航速、声呐浮标携带数量、声呐浮标布阵精度、作战任务飞机数量和任务滞空时间 5 个部分。由于不同的飞行航速会直接导致各作战流程的耗时变化，设置无人机航速，计算无人机对各个任务段的完成时间；作战资源会直接影响搜潜能效，设置声呐浮标携带数量和作战任务飞机数量，表示当前场景无人机的作战资源；浮标布设时会受到飞行性能的影响，无法准确投放至规划位置[3]，设置声呐浮标布阵精度，以模拟无人机投放时由于环境因素不准确的情况；设置滞空时间，可得到当前场景的时长上限。

3.3　目标运动模型

目标的位置由目标的运动模型确定，其当前位置计算公式如下。

$$\begin{cases} M.X = M.X_0 + \Delta T \times \cos(\theta) \times V \\ M.Y = M.Y_0 + \Delta T \times \sin(\theta) \times V \end{cases} \tag{1}$$

式中，$(M.X, M.Y)$ 表示目标当前位置，$(M.X_0, M.Y_0)$ 表示 ΔT 时间之前目标所在位置，θ 表示在 ΔT 时间内目标的航向，V 表示目标在 ΔT 时间内的航速。

因此目标的初始位置、航速、航向均会影响声呐浮标搜潜作战效果[4]。目标运动模型设置包含目标初始位置信息、目标运动信息和目标运动方式 3 个部分。

目标的初始位置信息分为点信息、区域信息和目标发现时间延迟。点信息包含目标的经纬度信息、定位精度信息。区域信息包含目标的均匀分布任务区大小。目标发现时间延迟表示获取到目标信息源到无人机进入目标任务区间所需的时间。

目标运动信息包含目标的航速、航向、航速精度及航向精度。当无法获取目标当前的航速信息时，则设置目标航速概率分布为服从均值为经济航速的瑞利分布。当无法获取目标的航向信息时，则设置航线概率分布为 0°～360°航向的均匀分布。

目标运动方式包含匀速直线运动、加速直线运动和旋回转向运动 3 种。在搜潜阶段，目标运动目标一般趋向于匀速直线运动，或长时间间隔做小角度的旋回转向运动。图 3 为运动目标在匀速直线运动时，某一时刻的概率密度分布示意图。

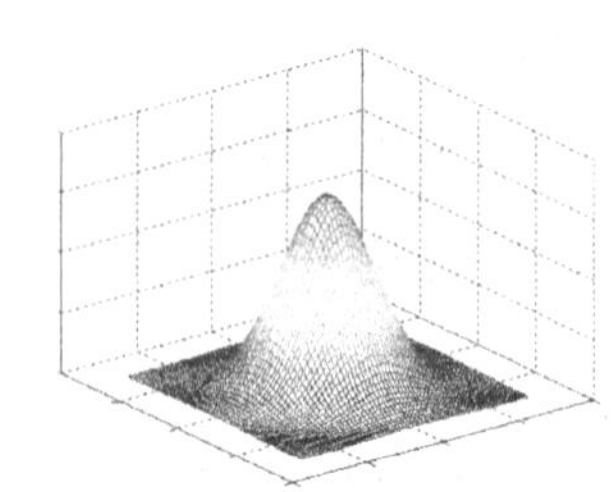

(a) 航速未知航向未知场景

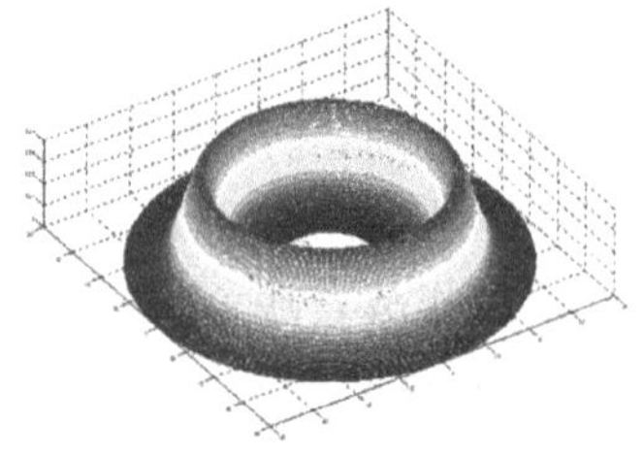

(b) 航速已知航向未知场

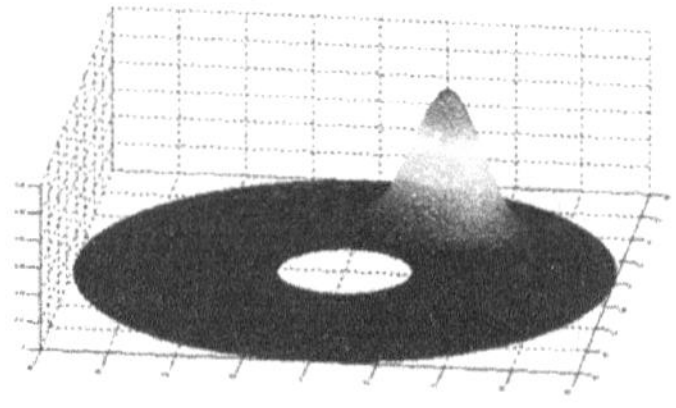

(c) 航速已知航向已知场

图 3 不同运动信息下目标概率密度分布示意图

3.4 声呐浮标布设阵型设计

为保障声呐浮标搜潜作战的效能，依据目标运动模型，设置不同的声呐浮标布阵方式[6]，包含目标航向未知时的应召搜索、目标航向已知时的应召搜索、区域覆盖搜索 3 种声呐浮标布设方式。基于声呐浮标布设方式，以及无人机平台的声呐浮标数量及布阵精度，得到声呐浮标在海面的布设位置点数组。

3.5 无人机任务规划

无人机任务规划包含声呐浮标布放航路设计和声呐浮标监听航路设计 2 个部分。

通过声呐浮标布放航路规划[7]，结合无人机平台性能及声呐浮标布设阵型设计，规划无人机航迹，得到声呐浮标布放航路下各声呐浮标布设的时间。获取飞机抵达任务区以及布设各个声呐浮标的时间延迟，即可得到各个声呐浮标开始工作的时间。

声呐浮标监听航路规划[8]包含布听同步搜索和布听异步搜索 2 种。若采用布听同步搜索，声呐浮标在入水后立即开始搜索任务[9]；若采用布听异步搜索，需等待所有声呐浮标完成布设后开始搜索任务[10]。

通过无人机任务规划可以得到不同时刻下的目标位置($P.X$，$P.Y$)。

4 仿真程序设计

4.1 仿真总体流程图设计

程序仿真流程参考反潜作战流程，生成载机运动航迹及浮标作用范围，并根据目标运动信息，生成目标运动轨迹。仿真程序总体流程图如图 4 所示。

在每次任务场景内以时间为纬度，计算目标航迹、无人机航迹和各浮标的位置。

4.2 仿真参数想定

基于仿真模型设计对模型中的参数设计想定如下：

(1) 空投声呐浮标性能想定。

浮标存活率为 90%，有效搜潜距离为 5 km，监听距离为 50 km，声呐浮标正常工作时间为 8 h。

(2) 无人机平台模型想定。

无人机航速为 370 km/h，携带浮标数量为 12 枚，声呐浮标布阵精度为 100 m，作战飞机数量为 1 架，任务滞空时间为 20 h。

(3) 目标运动模型想定。

目标初始位置为[120,30]，初始位置误差为1 km，目标发现时间延迟作为变量进行评估。目标航速为 6 节(1 节＝1.852 km/h)，航速精度为 1 节，航向未知。

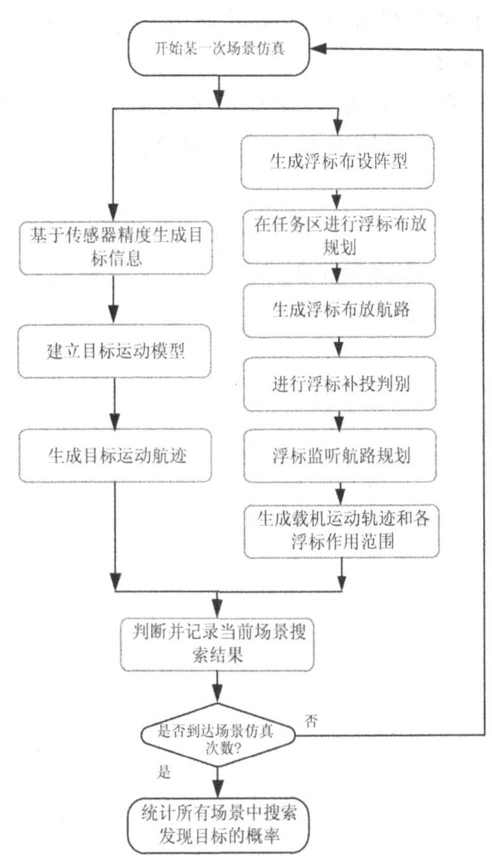

图 4 仿真程序总体流程图

采用匀速直线运动方式。

(4) 声呐浮标布设阵型想定。

布阵采用 12 枚浮标,布设方形包围阵对目标进行拦截。

(5) 无人机任务规划想定。

无人机的布阵航路及监听航路规划如图 5 所示,采用布听异步搜索方式。

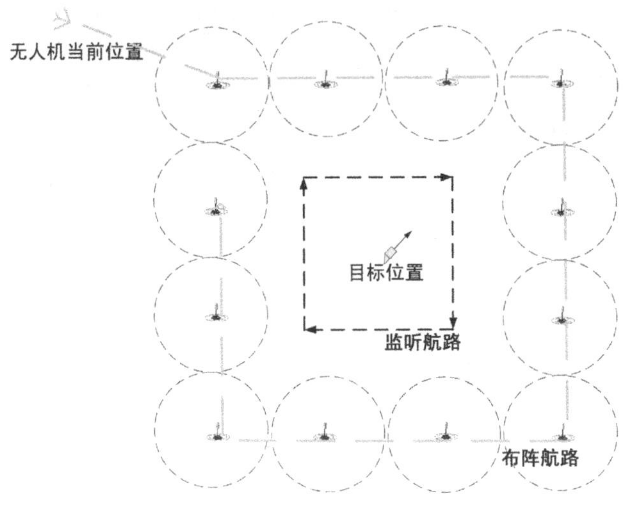

图 5 布阵航路及监听航路规划示意图

4.3 仿真结果

以不同时间延迟作为环境变量,对无人机平台的搜潜效能进行仿真分析,仿真结果如图 6 所示。

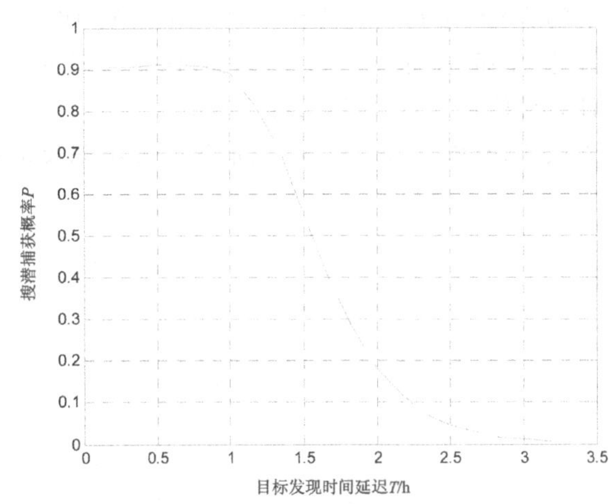

图 6 不同时间延迟下的搜潜概率曲线图

对目标的搜潜捕获概率会随着目标发现时间延迟的增加而降低,特别是当目标在延迟时间段到达浮标阵边缘时,概率下降比例最高。若需取得较好的搜潜概率,则需在目标到达浮标阵边缘之前完成布阵。

5 结 论

本文根据作战流程及作战需求的分析,对作战场景下的关键因素进行分析和分解,建立了基于蒙特卡洛仿真的无人机平台空投声呐浮标搜潜效能评估模型。

在无人机进行战术任务规划时,可通过本模型对当前态势场景下无人机的搜潜效能进行评估,实现对当前作战方案搜潜效果的量化,可用于不同作战方案的比较和筛选。

参考文献

[1] 孙凯军,付义伟,陆冬平,等. 某中空长航时无人机机载浮标分离安全性研究[J]. 航空工程进展,2021,12(1): 56-63.

[2] 许爱强,盛沛,谭勖. 机载浮标搜潜系统搜潜效能评估模型[J]. 兵工自动化,2011,30(8): 43-45.

[3] 丛红日. 声呐浮标阵搜潜效能通用仿真模型研究[J]. 系统仿真技术,2010,6(2): 104-109.

[4] 蔡爱华,何建伟,王鹏. 浮标布阵投放航线实验与误差分析[J]. 中国电子科学研究院学报,2016,11

(1)：21-24,50.

[5] 屈也频．反潜巡逻飞机搜潜辅助决策系统建模与仿真研究[D]．长沙：国防科学技术大学，2009.

[6] 杨日杰，王正红，周旭，等．浮标阵形对搜潜效能影响的研究[J]．计算机仿真，2009,26(12)：16-20.

[7] 陈芳，夏炜．浮标布阵航路规划算法仿真研究[J]．计算机仿真，2011,28(12)：20-23.

[8] 王庆江，尹德强，彭军，等．扇形浮标阵跟踪反潜背景下无人机监听航路的研究[J]．电光与控制，2015,22(4)：36-40.

[9] 谭安胜，王新为．反潜巡逻机声呐浮标区域搜索研究——布听同步搜索[J]．电光与控制，2017,24(5)：1-9.

[10] 谭安胜，王新为．反潜巡逻机声呐浮标区域搜索研究——布听异步搜索[J]．电光与控制，2017,24(6)：1-7.

复杂航电系统底事件失效概率计算审定要求分析

孙紫荆[1]，张帆[1,2]，肖国松[1,2]，王鹏[1,2]

1. 民航航空器适航审定技术重点实验室，天津 300300

2. 中国民航大学 适航学院，天津 300300

摘要：复杂航电系统是集信息处理、网络互连、前端系统于一体的综合集成化系统，其组成模块的多样性以及功能逻辑的复杂性使得定量安全性分析的准确性难以保证。针对复杂航电系统安全性分析过程中底事件失效率处理不当、证据链缺乏等问题，提出分别适用于电子与机械部件的定量计算思路，明确底事件失效数据在适航审定中的关键要素，并对定量分析过程中的监控覆盖度、顺序失效等保守性问题提出定量故障树模型。以平视显示系统的定量安全性分析为例，说明失效数据确定过程及相关审定考虑。研究成果为复杂航电系统底事件数据处理与定量计算提供参考，有助于提升型号安全性分析结果的准确性，进一步支持复杂系统正向设计过程。

关键词：复杂航电系统；安全性分析；底事件；失效率；适航审定

Airworthiness Certification Requirements Analysis for Failure Probabilities of Basic Events in Complex Avionics Systems

SUN Zijing[1], ZHANG Fan[1,2], XIAO Guosong[1,2], WANG Peng[1,2]

1. Key Laboratory of Civil Aircraft Airworthiness Technology, CAAC, Tianjin 300300, China

2. School of Airworthiness, Civil Aviation University of China, Tianjin 300300, China

Abstract: The complex avionics system is characterized by its integration of information processing, network interconnection, and front-end systems. It's difficult to guarantee the accuracy of quantitative safety analysis because of the diversity of constituent modules and the complexity of functional logic. Aiming at the problems of improper handling of basic event failure rate and lack of evidence chain in the process of safety analysis of complex avionics system, a quantitative calculation method suitable for electronic and mechanical components is proposed. The key elements of basic event failure data in airworthiness certification are clarified, and the quantitative fault tree model is proposed for the conservatism problems such as monitoring coverage and sequence failure in the process of quantitative analysis. Take the quantitative safety analysis of the head-up display system as an example to illustrate the failure data determination process and related verification considerations. The research results provide reference for the data processing and quantitative calculation of the complex avionics system basic events, which will help to improve the level of model safety design and further support the forward design process of complex systems.

Keywords: complex avionics system; safety analysis; basic event; failure rate; airworthiness certification

随着航空电子技术的发展及整机需求的不断提升，航电系统呈现出综合化、模块化的特点，集成了如座舱显示、飞行管理、通信导航等诸多功能应用，飞机电源、机轮刹车等非典型航电功能也随着综合模块化航空电子技术的发展被逐渐纳入航电系统范畴进行综合考虑[1]。飞机各功能系统向航电系统的整合集成使得其整合资源愈加复杂，系统的底层构成元素也愈加多样，除大量电子软硬件、复杂电路功能模块外，还可能涉及机械部件。

安全性分析工作是飞机系统研制过程不可或缺的

关键环节，以 CCAR25.1309 条款为基础、SAE ARP 4761 为普遍认可的评估指南的安全性分析工作与飞机系统的正向设计过程相互支撑，共同构成飞机研制的完整过程。SAE ARP 4761 是一套闭环的标准安全性评估流程，涵盖定性与定量安全性分析工作的基本指南。故障树分析(Fault Tree Analysis，FTA)、故障模式及影响分析(Failure Modes and Effects Analysis，FMEA)、故障模式及影响分析摘要(Failure Modes and Effects Summary，FMES)等是 SAE ARP 4761 中常用且有效的定量分析工具。而对于复杂航电系统，上述方法应用于实际定量安全性分析工作时，在基础支撑数据的准确性、可信性、追溯性等方面将面临诸多问题。

(1) 底层数据追溯性问题。复杂系统底层构成元素多样，对其底层数据的追溯审查没有同一标准，如机械部件可靠性数据难以确定、电路功能模块底事件失效数据来源不明等。作为定量分析工作基本支撑的底层数据的来源与准确性难以保证会对最终分析结果产生难以预知的影响，难以为适航审定提供证据支持。

(2) 风险暴露时间设置问题。风险暴露时间往往通过经验分析确定，而在具体工作中，可能面临分析人员对系统应用场景分析不足、风险暴露时间设置脱离实际运行情况等问题，导致维修性需求缺乏合理性。

(3) 保守性计算问题。底事件失效发生概率的定量计算高度复杂，底事件数据处理方式过于保守，可能造成故障树计算结果无法满足顶层安全性需求，如顺序失效及监控功能覆盖度等。

针对上述问题，根据航电系统中电子与机械部分的失效差异，提出分类分层的分析思路。首先解决“机”“电”失效率计算方法、风险暴露时间的设置问题，并分析其审定要素；其次考虑监控覆盖度与顺序失效等保守性问题，提出相应的定量故障树分析模型；最后以平视显示系统的定量安全性分析为例，说明底事件失效数据确定过程及相关审定考虑，为复杂航电系统底事件数据定量计算及适航审定提供参考。

1 底事件失效概率计算方法概述

不同于电子元器件的大批量、标准化生产现状，机械零部件大多为专门设备定制，可靠性数据难以积累；且机械零部件以损耗性失效为主，与工作环境、维护情况等密切相关，难以适用于电子元器件的可靠性分析及指标分析。

因此针对复杂航电系统的安全性分析问题，提出底事件“机”“电”分类独立处理思路。复杂航电系统底层构成元素包括航电部分与机械部分，其中电子元器件、航电功能模块即为航电部分在不同层级上的体现；此外，FPGA 驻留逻辑与机载软件也属航电部分范畴，但并不以失效率数据进行衡量。机械部分则包括典型机械零件、机械结构件、机械组件。底事件失效率计算方法如表 1 所列。

表 1 底事件失效概率计算方法

系统组成	底事件	失效率计算方法	底事件数据来源
航电部分	功能模块	1. 失效率 $\lambda_i=\sum_{j=1}^{n}\lambda_{ij}$，功能模块的失效率为各故障模式失效率的总和； 2. 失效率 $P=f(\lambda_i)$，对于冗余系统，模块失效率为其内部各冗余模块失效率的函数，可通过马尔可夫法求解[2-3]	1. 供应商测试数据； 2. IEEE 1413：可靠性预计标准； 3. MIL-HDBK-217：电子设备可靠性预计
	电子元器件	失效率为 1/MTBF：选择额定试验条件和加速试验来累计元器件工作时间，计算平均无故障工作时间 MTBF	1. GJB/Z299C-06：电子设备可靠性预计手册； 2. MIL-HDBK-217：电子设备可靠性预计； 3. 供应商测试数据

续表 1

系统组成	底事件	失效率计算方法	底事件数据来源
机械部分	机械零件	失效率为 λ：参考机械设备可靠性手册，考虑工作条件、受载情况等对理想零件失效率进行系数修正，得到失效率	1. NSCW 机械设备可靠性预计手册； 2. 供应商试验数据
	机械结构	失效率为 $1-R$：依据“应力-强度”干涉模型，对概率密度函数积分，或以数值积分法、Monte Carlo 法求解可靠度 R[4-5]	供应商试验数据
	机械机构	1. 失效率为 $1/\int_0^{\infty} R(t)\mathrm{d}t$，利用数理统计方法分析机构特征退化量分布，对不同时刻分布参数进行拟合得到可靠度 $R(t)$ 随时间变化的规律[6-7]； 2. 失效率为 $1/N$，N 为无故障飞行次数，通过试验确定机构无故障运动次数，结合其每次飞行中的使用情况计算无故障飞行次数	供应商试验数据

2 底事件失效概率计算审定考虑

复杂航电系统的安全性分析工作以底层失效数据作为定量计算的支撑，即依托故障树进行的初步系统安全性分析进行至系统底层时，需要明确故障树底事件失效概率及风险暴露时间。

上述底事件失效数据的计算方法与来源是依据航电部分与机械部分的分类规则给出的，而在实际分析工作中，底层失效数据的确定可能与 FMEA、FMES 等工作直接相关，这是由具体分析时所定义的底层元件颗粒度所决定的。同时，失效数据及风险暴露时间直接影响最终的定量分析结果，其确定过程的合理性与追溯性本身即是审定工作的关注要点。因此在上述底事件失效数据计算方法基础上，进一步说明其计算过程，梳理审定关键要素。

2.1 航电功能模块

1. 航电功能模块底事件失效数据确定

1）功能型 FMEA 失效概率计算

航电部分安全性分析的底事件为功能模块或电子元器件。以电子元器件为底事件的定量分析过于繁琐，相应的部件型 FMEA 难以识别出所有的失效模式。因此航电部分的定量安全性分析通常以功能模块作为底事件，执行功能型 FMEA，在约定层

级上对功能模块进行定量分析，模块失效率参考供应商测试结果，或 IEEE 1413、MIL－HDBK－217 等相关标准。功能型 FMEA 如表 2 所列。功能模块 i 的失效率为其所有故障模式失效率之和：

$$\lambda_i = \sum_{j=1}^{n_i} \lambda_{ij} \tag{1}$$

FMEA 仅用于分析单点故障。对于存在冗余结构的系统，失效模式及故障率应适当进行处理。例如两个相同功能模块为并联关系，则其失效模式描述为“两功能模块同时失效”，失效率为单个功能模块失效率的平方。

表 2　功能型 FMEA

名　称	失效模式	失效率
功能模块 1	失效模式 1	λ_{11}
	失效模式 2	λ_{12}
	⋮	⋮
	失效模式 N_1	λ_{1n_1}
⋮		
功能模块 N	失效模式 1	λ_{n1}
	⋮	⋮
	失效模式 N_n	λ_{nn_n}

对于更加复杂的冗余结构，可借助 FMEA 与马尔可夫分析相结合的失效率计算方法[2-3]。对系统内部失效进行逐一判断，先判断系统内部发生一个失效后系统的可能状态，再以此为基础判断系统内部发生第二个失效后的可能状态，以此类推，直至系统中出现任意一个失效都会导致整体失效。之后借助马尔可夫分析法计算失效率，失效率 P 为系统内各部分失效率的函数。

$$P = f(\lambda_i),\quad i = 1,2,\cdots,n \tag{2}$$

2）复杂逻辑及软件

复杂系统常常存在共模失效，严重降低系统的安全性水平。对于复杂航电系统，电子硬件复杂逻辑与

机载软件设计差错极有可能造成系统共模失效。在进行故障树分析时，需要检查每一个与门下事件的独立性。

软件产品高度复杂，其可靠性无法通过对产品的全面检查而确定，而对于电子硬件复杂逻辑，也难以用定量的可靠性指标来衡量驻留逻辑的失效率。因此机载软件与电子硬件复杂逻辑的安全性通过 DO-178[8] 及 DO-254[9] 保证，在定量分析的过程中通常将其失效率置为零。

DO-178、DO-254 强调对研制过程的管控，通过研制保证等级对产品的整个生命周期进行管控，消除在研制开发阶段的错误，保证产品以一定的置信度实现预期功能。同时 DO-178、DO-245 也为软、硬件设计差错可能引起的共模失效问题提供实际应用指导。

2. 航电功能模块风险暴露时间

定量安全性分析指标以“平均每飞行小时的失效概率”为单位[10]，因此除底事件失效率外，定量分析还应确定模块处于风险的时间。

风险暴露时间依据底事件所对应的部件在整个飞行阶段的使用情况确定，如表 3 所列。相应部件在整个飞行阶段都需使用，风险暴露时间则为平均飞行时间。如仅在特定飞行阶段使用，暴露时间为从飞行开始到相应阶段结束，或从功能检查到相应阶段结束。

表 3 风险暴露时间类别

类 型	风险暴露时间	举 例
全飞行阶段	每次飞行的飞行小时数	飞机电源系统
特定飞行阶段	开始运行到相关阶段结束	起落架系统
	功能检出到相关阶段结束（相应部件在使用前已经开始工作）	自动驾驶系统
隐蔽故障	维修间隔	平显系统支架

当故障树最小割集中存在隐蔽故障时，可将隐蔽故障的暴露时间视作底事件处于风险的时间，一般为对应的检查维修间隔。在进行定量计算时，此种近似计算方式较为保守，若满足安全性要求则不需要再进行进一步精确计算；否则，需要根据实际情况，完整列举可能的失效组合，逐一推导计算得到平均失效概率[11]。

2.2 机械部分

1. 机械部分失效率计算方法

不同于电子产品，机械组件内部各构件之间的失效通常存在耦合关系，一个部件的性能退化或失效可能影响其他部件的正常工作。因此机械组件的安全性分析需要特别关注其故障树底事件的粒度选择，通常不必细化至零部件级，需根据具体功能及可能存在的失效模式具体分析。机械部分可分为典型机械零件、机械结构件、机械机构。

1）机械零件

典型机械零件的可靠性问题可参考 NSWC 机械设备可靠性手册，考虑实际工作情况对理想零件失效率进行系数修正得到失效率 λ。由于机械部件的失效耦合现象通常不以机械零件失效为定量安全性分析的底事件，故对机械机构或结构件进行整体分析更为实用。

2）机械结构件

机械结构件主要考虑其强度及疲劳、磨损等失效。利用“应力-强度”干涉模型对结构件可靠性指标进行分析，可对部件应力、强度概率密度函数积分求解析解，得到结构可靠度 R。解析解不可得时，以数值积分或 Monte Carlo 法求解可靠度 R 的数值解并计算失效率[4-5]。

CCAR25 部 C 结构分部中对于飞机结构件做出明确要求，其中 25.307 与 25.571 分别对结构强度与变形、损伤容限与疲劳评定做出要求。根据航空器型号合格审定程序 AP-21-AA-2011-03-R4[13]，可通过符合性验证方法如工程评审 MOC1、MOC2，试验 MOC4、MOC5、MOC6、MOC8，检查 MOC7，设备鉴定 MOC9 等对机械结构件进行符合性验证。通常认为结构件的安全性由结构分部保证，在故障树定量计算时将结构件的失效率置为零。

3）机械机构

机械机构不同于结构件，其失效多与相对运动有关，需要考虑性能参数劣化、运动损耗等由运动引起的问题。不同机构的常见失效模式与易损部位不同，可通过工程经验判断其故障机理、易损部位及关键退化表征量等。通过合理试验与数理统计方法确定性能退化量分布及随时间的变化规律，并由此计算不同时刻的可靠度相关指标及失效率[6-7]。

针对具体机械机构，充分考虑其工作环境及各项条件后，可采用工程试验确定其无故障运动次数，再结合每次飞行所需的运动次数计算机构能够保证的无故障飞行次数，从而得出其失效率。除此之外，机械机构的定量安全性分析可参考机械机构件的处理方法，通过参考 CCAR25 部 C 结构分部条款要求，以选择适当的符合性验证方法保证机构的安全性。

2. 机械部件风险暴露时间

风险暴露时间需根据底事件所对应的部件在整个飞行阶段的使用情况确定。对于隐蔽故障，其风险暴露时间一般对应部件的检查维修间隔。

维修间隔可以参考相应的审定维修要求CMR，或由航空器制造厂商提供的维修计划、生产厂商提供的部件维修手册等相关文件确定。审定维修要求CMR是系统安全性分析与工程经验相结合的产物，一般衍生自灾难性失效状态，作为飞机型号合格证使用限制部分，用于探查潜在的重大失效。

对于机械组件，首先，应适当选择故障树底事件粒度，失效率数据依据适当的计算方式以及可靠来源；其次，风险暴露时间根据相应部件工作情况确定。对于结构件与部分机构可考虑在故障树中将其失效率置零。机械部件底事件数据处理方法汇总如表4所列。

表4 机械部件底事件数据处理方法

机械件类别	失效率	失效率来源	风险暴露时间	风险暴露时间来源
机械零件	参考可靠性手册并进行修正后确定	NSCW机械设备可靠性预计手册	平均飞行小时或维修间隔	1. 维修间隔：审定维修要求或维修计划、适航维修方案等相关文件 2. 根据部件实际使用阶段确定
结构件	置零	—	维修间隔	
机械机构	置零	—	维修间隔	
	由机构运动试验确定	供应商试验结果	平均飞行小时或根据实际使用情况确定	

注：机械零件的失效通常不直接作为底事件。

2.3 定量安全性分析中的保守性计算

对于高可靠性要求的复杂航电系统，定量计算的保守性可能对安全性分析结果产生影响。航电系统中存在大量监控环节，不考虑监控实际覆盖度，以监控完全覆盖进行安全性分析，将会高估系统运行的可靠程度，使定量分析结果低于实际失效概率，缺乏保守性。而忽略监控环节与主功能间的失效顺序，则会使得定量分析结果较为保守，高于实际失效概率。

当系统定量安全性分析结果满足顶事件相应的安全性设计目标时，其过程中的保守计算环节实则为分析结果带来一定的余量，使得系统设计对安全性要求的符合性更加可靠。而若安全性分析结果不能满足顶事件相应的安全性设计目标，则可考虑依据系统实际情况对与保守性计算相关的定量计算过程进行调整，使得定量分析结果更贴近实际。

1. 监控覆盖度

理想故障树分析认为失效监控能够完全覆盖预期的范围，且监控环节自检功能完全可靠。对于实际问题需要依据实际监控覆盖度以及自检可靠度对故障树进行改进。

以某功能X失效为例，考虑覆盖度问题对其进行定量分析，故障树如图1所示。监控功能覆盖度为90%，监控自检可靠性为95%。λ_m、λ_f分别为监控失效率与功能X失效率，T_f为飞行时长，即风险暴露时间，T_S为监控功能检测周期，T_m为自检功能平均无故障工作时间，则功能X的失效概率为

$$P=0.9\times 0.95\lambda_m\lambda_f T_s T_f+0.9\times 0.05\lambda_m\lambda_f T_m T_f+0.1\lambda_f T_f \tag{3}$$

2. 顺序失效

故障树中的“与”门不包含有关失效顺序的信息，在定量分析时可在“与”门中加入一个表示预定失效顺序的未展开事件，引入顺序因子$k/n!$，k为满足失效要求的顺序数，n为顺序中包含的事件数[12]。

以某功能X失效为例，考虑顺序失效问题对该事件进行定量计算，故障树如图2所示。假设特定顺序为模块1、模块2、模块3依次失效，λ_1、λ_2、λ_3分别为相应失效率，$k=1$，$n!=6$，则功能X失效概率为

$$P=\frac{k}{n!}\lambda_1\lambda_2\lambda_3 T_f^3 \tag{4}$$

顺序因子$k/n!$为近似估计值，在各底事件的风险暴露时间相同时适用。其精确值的计算较为繁琐，需要逐一分析所有可能导致失效的顺序组合方式的概率，通常并不必要。

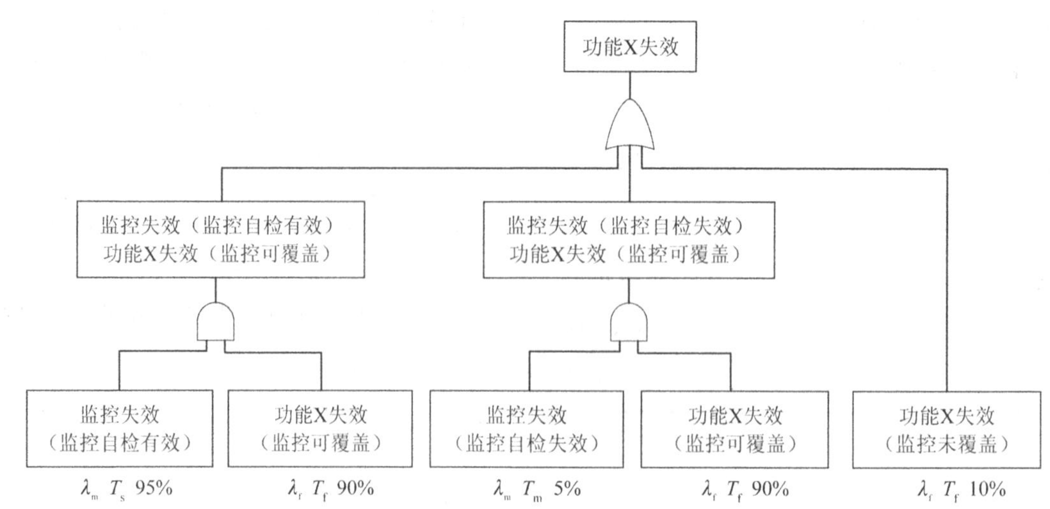

图 1　考虑覆盖度的功能 X 失效故障树

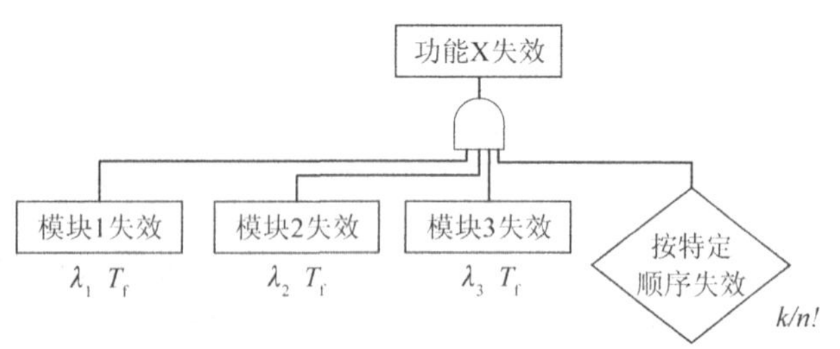

图 2　考虑顺序失效的功能 X 失效故障树

3　审定案例

3.1　平视显示系统故障树分析

1. 平视显示系统概述

平视显示系统能够实现对飞机各个系统及传感器信息的综合处理与投射显示，是典型的复杂航电系统，组成架构如图 3 所示。其中，平显计算机是以模块形式集成的综合航电设备，进行信息综合处理。投影装置包括光学组件与部分电子电路，实现投影与显示亮度的控制。组合仪是一个独立的 LRU，包括一个上底梁结构和一块光学玻璃。

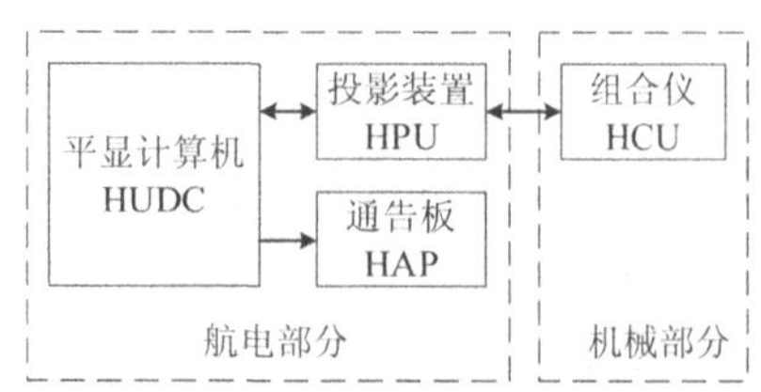

图 3　平视显示系统架构

平视显示系统中航电系统承担主链路信息及数据处理功能，而组合仪作为显示成像装置，承担与飞行员的交互功能。组合仪机械部分失效可能影响平显系统的共形实现，使得关键飞行信息无法与外界实景对应，在飞机起降等关键阶段可能造成灾难性的后果；低能见度等不利条件下影响更甚。

2. 故障树分析

对某型 HUD 系统“导引误显示”失效状态开展系统层级故障树分析，该失效状态是灾难性的，顶事件安全性定量指标要求为 1E－9，故障树如图 4 所示。“导引误显示”的全部最小割集为：{EV1，EV3}、{EV1，EV4}、{EV1，EV5}、{EV2，EV3}、{EV2，EV4}、{EV2，EV5}、{EV6，EV8}、{EV7，EV8}、{EV6，EV9}、{EV7，EV9}、{EV6，EV10}、{EV7，EV10}。

导引误显示失效可能由导引数据输入错误且监控丧失、平显系统数据处理错误且监控丧失、组合仪共形错误且告警丧失引起，平显系统在数据输入、数据处理、组合仪共形等环节都有相应的监控机制，只有当上述三种失效与监控丧失同时发生时，才可能导致导引误显示。

3.2　底事件失效概率分析

1. 航电部分失效概率分析

对 HUD 系统导引误显示失效状态进行 FMEA 分析，以“HUD 数据处理错误”底事件的失效数据确定过程为例，分层级列出部分自下而上的 FMEA 分析表，如表 5 所列。平显系统组成如图 3 所示。投影装置除图像矫正模块外，还包含电源模块、接口模块等。

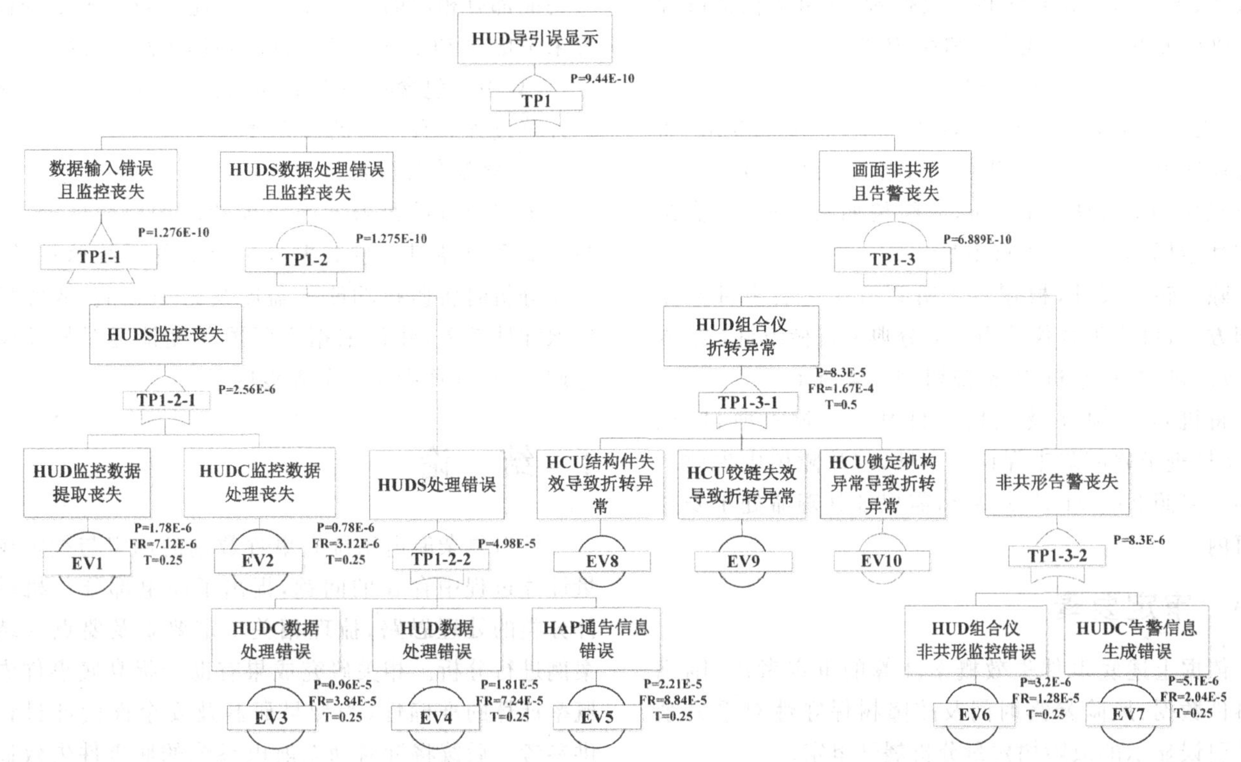

图 4 某型平视显示系统导引误显示故障树

表 5 图像矫正模块 FMEA 分析

功能名称	失效模式	模式失效率	失效影响
输入信号处理	信号处理功能丧失	3.28E−8	投影装置信息提取功能丧失
	信号处理功能错误	6.74E−8	投影装置信息提取功能错误
图像校正	图像校正功能丧失	4.12E−8	投影装置视频投射功能丧失
	图像校正功能错误	5.07E−8	投影装置视频投射功能错误

FMEA 分析过程是自下而上的。首先分析较低约定层次上的失效模式及其在高一层级可能造成的影响。进一步归纳汇总得到高一层级的 FMEA。通常可选的层级有单元、模块、组件、系统等。FMEA 的结果为故障树定量分析提供支撑，作为 PSSA 底事件失效率对比分析的参考，反复迭代直至设计完成。

(1) 功能模块级 FMEA。

(2) LRU 级 FMEA。

表 6 所列为投影装置 HPU FMEA 分析。

表 6 投影装置 HPU FMEA 分析

功能名称	故障模式	模式失效率	失效影响
信息提取	信息提取功能丧失	1.78E−6	HUD 显示信息丧失
	信息提取功能错误	1.83E−6	HUD 显示信息错误
视频投射	视频投射功能丧失	2.12E−6	HUD 显示信息丧失
	视频投射功能错误	1.94E−6	HUD 显示信息错误

(3) 系统级 FMEA。

表 7 所列为 HUD FMEA 分析。

表 7 HUD FMEA 分析

功能名称	故障模式	模式失效率
HUD 数据处理	HUD 数据处理丧失	6.331E−5
	HUD 数据处理错误	7.24E−5

2. 机械部分失效概率分析

平显系统机械部分涉及的零部件较多，如底座、支撑架、显示板、连接机构等。将机械部分拆分至零部件进行逐一分析将会大幅增加工作量，且分析准确性也难以保证。而依据平显系统功能清单，其机械部分仅承担组合仪折转功能，因此可将组合仪看作整体机械组件进行分析。通过折转试验证明当前折转次数为 24 000 次，一次飞行中组合仪进行航前检查收放、飞行

中放下、飞行结束收起的共 4 次折转，即组合仪能够保证 6 000 次飞行。因此失效概率 P 为

$$P = \mathrm{FR} \times T \tag{5}$$

式中，失效率 FR 取 1/6 000，风险时间 T 取 0.5 h。将组合仪底事件失效概率代入最小割集，得导引误显示失效概率为 9.44E−10/fh，故障树如图 4 所示，满足可靠性指标 10E−9/飞行小时。

除折转试验外，根据表 4 所列机械件底事件数据处理方法，可将组合仪分为三部分典型机械组件：结构件、铰链机构、锁紧机构，故障树如图 4 所示。

将机械结构件及机构组件作为 CMR 项目，以 CMR 检查维修间隔来保证安全性，将故障树中失效率置零。参照 25.571 条款要求，需保证其寿命处于安全阈值内。

3.3 审定要素

依据上述底事件失效概率计算的审定考虑，围绕底事件数据、风险暴露时间及故障树保守性对平显系统导引误显示的故障树定量分析展开审定。

1. 底事件失效率及来源审查

平显系统底事件失效率数据主要来源于供应商测试数据，需判断其来源文件是否完整合理，确保底事件数据的可追溯性，如可靠性试验验证是否满足飞机级可靠性确认要求文件中的试验要求，试验报告是否清晰完整，供应商是否对其子供应商进行充分评审，子供应商相应可靠性分析要求文件是否完整等。

2. 风险暴露时间审查

对于风险暴露时间的审查需对照顶事件 FHA 分析结果，结合该失效状态对应的飞行阶段判断风险暴露时间是否具有保守性。

组合仪机械部分按照隐蔽故障处理，应关注其检查维修间隔的合理性。需查询 CMR 中是否包含相应部件的明确维修要求；而对于供应商提供的部件维修手册中的检查维修间隔，需要进一步关注其数据来源，确定其试验方案的合理性，如为经验值则应对其是否可靠进行评估。

此外，平显系统航电部分不存在隐蔽故障，因此需要确定飞行员操作手册中是否包含有关系统航前自检测的规定。

3. 故障树保守性审查

1）顺序失效保守性

平显系统导引功能的数据输入、处理、组合仪折转等功能都有相应的监控环节。上述故障树定量分析过程未考虑主功能失效与相应监控功能失效的先后顺序，计算中不包含顺序因子，因此关于顺序失效问题上述计算过程具有一定的保守性。

2）覆盖度保守性

上述分析过程未考虑监控功能的覆盖度问题，如与平显系统导引信息数据处理对应的系统监控功能，即在分析时将监控功能覆盖度视为 100%。故障树分析保守性较差，建议依据实际覆盖度情况对故障树进行调整，在计算中添加覆盖度因子。

4 结论

针对复杂航电系统底事件数据的确定与故障树定量计算过程中存在的问题，提出了航电部分与机械部件分类的处理思路，梳理相关审定要素及要点并结合案例进行分析。相关研究成果有助于提高底事件失效概率计算的准确性，为型号研制及安全性设计过程提供参考。后续将针对动态航电系统的底事件失效概率计算开展分析，进一步完善复杂航电系统的底层定量分析问题研究。

参考文献

[1] 阎芳，向晨阳，董磊，等. DIMA 架构下飞机全电刹车系统故障传播行为分析与评估[J]. 航空学报，2021，42(6)：324674.

[2] Najafi A A, Karimi H, Chambari A, et al. Two metaheuristics for solving the reliability redundancy allocation problem to maximize mean time to failure of a series-parallel system[J]. Scientia Iranica, 2012.

[3] 吴俊鹏，景传奇，张凤登. 汽车冗余线控转向系统的可靠性分析[J]. 信息与控制，2018，47(1)：29-35.

[4] 陈循，陶俊勇，张春华，等. 机电系统可靠性工程[M]. 北京：科学出版社，2016：110-115.

[5] 吴炳辉，袭建军，宫娜. 基于蒙特卡洛法的结构可靠度预计[J]. 机械制造与自动化，2015，44(6)：68-70.

[6] Mukras S, Kim N H, Mauntler N A, et al. Gregory Sawyer Analysis of Planar Multibody Systems with Revolute Joint Wear[J]. Wear, 2010, 268(5): 643-652.

[7] 黄周霖，王召斌，王佳炜. 基于性能退化数据的可靠性评估方法综述[J]. 电器与能效管理技术，2017

(19): 35-40.

[8] RTCA Inc. Software Considerations in Airborne Systems and Equipment Certification (RTCA DO-178), 1992.

[9] RTCA Inc. Design Assurance Guidance for Airborne Electronic Hardware (RTCA DO-254), 2000.

[10] FAA, System Design and Analysis (AC 25-1309-1B), 2002.

[11] SAE ARP 4761. Guidelines and Methods for Conducting the Safety Assessment Process on Civil Airborne Systems and Equipment [S]. 1996: 82-83.

[12] 修忠信,王鹏,郭强,等.民用飞机系统安全性设计与评估技术概论[M]. 2 版. 上海: 上海交通大学出版社,2018: 136-137.

[13] CAAC,航空器型号合格审定程序: AP-21-AA-03-R4[S]. 2011: 123.

低空风切变对飞机性能的影响研究

魏家兴[1]，孙瑞山[2]

1. 中国民航大学 经济与管理学院，天津 300300

2. 中国民航大学 飞行分校，天津 300300

摘要：为了研究低空风切变对于民航客机飞行所产生的安全隐患问题，文章主要阐述了低空风切变的种类和低空风切变所形成的天气背景及其所处的环境条件，其中，采用空气动力学原理，当飞机遇到水平风切变时，飞机的水平瞬时速度发生改变，迎角没有发生改变；遭遇垂直风切变时，除了影响相对气流速度，还有相对气流速度变化导致迎角变化；侧向风切变导致飞机航向发生偏移，同时也会对飞机的空速和迎角产生影响，且影响升力。通过分析飞机在滑跑、起飞、进近时的状态，提出应对低空风切变的措施，在遭遇风切变时最大限度地保证飞行安全。

关键词：低空风切变；飞机性能；空气动力学；飞行安全

Study on the Influence of Low Altitude Wind Shear on Aircraft Performance

WEI Jiaxing[1], SUN Ruishan[2]

1. School of Economics and Management, Civil Aviation University of China, Tianjin 300300, China

2. School of Flying, Civil Aviation University of China, Tianjin 300300, China

Abstract: In order to study the potential safety hazard of low-level windshear for civil aircraft flight, this paper mainly describes the types of low-level windshear, the weather background formed by low-level windshear and its environmental conditions. According to the principle of aerodynamics, when the aircraft encounters horizontal windshear, the horizontal instantaneous velocity of the aircraft changes, but the angle of attack does not change; In the case of vertical windshear, in addition to affecting the relative air velocity, it is also affected by the change of relative air velocity, which leads to the change of angle of attack; lateral windshear leads to the deviation of aircraft heading, and also changes the airspeed and angle of attack, which affects the lift. Further judge the state of the aircraft during taxiing, take-off and approach. Finally, the measures to deal with low-level windshear are put forward to ensure flight safety when encountering windshear.

Keywords: low-altitude wind shear; aircraft performance; aerodynamics; flight safety

1 引　言

有“机场瘟神”之称的低空风切变是造成飞行事故的一个重要原因，近几年，低空风切变造成航班迫降的事件层出不穷[1]。因此，了解风切变的形成原因以及风切变如何对航空器飞行造成影响是至关重要的。

风切变指的是一个矢量值，代表的是在空间中两点之间风的速度及其方向发生的变化[2]。各种风切变中对于客机飞行安全造成威胁最大的是低空风切变，即通常发生在 600 m 以下的风矢量在空中水平和(或)垂直距离上的变化现象。根据飞机相对于风矢量的运动情况，能够将低空风切变划分为 4 种情况：顺风切变、逆风切变、侧风切变、垂直风切变[3]。

低空风切变的改变持续时间短，影响的范围较小，预测和分析的难度极大，飞机一旦在风切变发生的区域内高速飞行，就会严重危及到飞机安全。气象监视和风切变检测系统并不能检测到所有类型的风切变，

通讯作者. E-mail：17854335363@163.com

飞行员们应该敏感地觉察到不同类型风切变的特殊征兆，主动地意识到遭遇风切变时，俯仰和空速是否与正常状态下的相同[4]。

2 产生低空风切变的条件

低空风切变产生的原因主要有两种，一种是大气运动本身变化产生的；另一种则是由于地理和环境因素产生的，有时是两者综合形成的。

2.1 气象条件

1. 雷暴天气

雷暴天气内部往往都会存在很强的下冲气流，对应而产生的外部冲击气流就可能会在此过程中产生风切变，有时还可能会产生最强大的风切变，即微下击暴流。当气流在冲击到地面时，以冲击点作为中心向各方位扩散[5]。气象学研究表明，微下击暴流现象是造成风切变等与此类相关的飞行事故发生的最主要原因。其特点为：持续时间短，影响强度大，春季、夏季容易发生。

2. 锋面天气

由于锋面两侧存在温差且其他气象要素不同，锋面中的过渡区便能形成低空风切变；并且当锋面温差≥5 ℃或移动速度≥55 km/h 的时候，有可能形成较强风切变[2]。冷锋的移速比较快，但是随之而来的风切变消失得也很迅速；由于暖锋的移动速度比较缓慢，而且伴随着暖风而出现低空风切变持续时间也比较长，影响也就相对更严重。

3. 逆温现象

一般情况下，空气的温度是随高度的增大而减小的，但在秋冬季晴空夜间，地表的温度较低，就会有一股相对温暖的气流移来，从而出现逆温现象。这些逆温层可能会大大阻碍上层的冷空气流向下层的传递，大量气流堆积在逆温层上，而逆温层下面的地面风风力较弱，风速小，因此产生了逆温风切变。此类风切变强度与雷暴和锋面产生的风切变相比，力量较弱，季节规律性强，很难检测。

2.2 环境条件

地形环境同样是造成低空风切变的一个不可忽视的因素，多数的机场均建立在一些较为偏远或者距离市区较远的地方，当机场周围环境较为复杂时，例如邻近山地、大面积的水域、建筑群等，一旦具备形成条件，极易造成低空风切变。

地形对气流的影响非常明显，不仅改变风的方向和速度，同时地形高度、坡度、地貌也决定了风向和风速的水平变化和垂直变化。

3 低空风切变对飞机升力的影响

当一个飞机遇到强风切变时，由于各种气象条件复杂多变，飞机的速度、迎角、侧滑角、坡度等均可能发生变化，导致升力发生变化，飞机平衡也遭到了破坏，飞机处于危险的状态。

飞机的升力 L 与升力系数 C_L、密度 ρ、速度 v 和机翼面积 S 成正比。

$$L=\frac{1}{2}\rho v^2 C_L S \tag{1}$$

机翼的升力系数 C_L 随迎角 α 的增大而增大。若是理想流体，升力系数 C_L 与迎角呈线性关系，可表示为

$$C_L=C_L^{\alpha}(\alpha-\alpha_0) \tag{2}$$

式中，C_L^{α} 是机翼升力系数曲线的斜率，大小只取决于机翼形状等；α_0 称作零升迎角，即升力为 0 时的迎角。

将式(1)左右两边取对数得

$$\ln L=\ln\frac{1}{2}+\ln\rho+2\ln v+\ln S+\ln C_L \tag{3}$$

将式(3)微分得

$$\frac{\mathrm{d}L}{L}=2\frac{\mathrm{d}v}{v}+\frac{\mathrm{d}C_L}{C_L} \tag{4}$$

3.1 水平风切变

由式(4)可以推断，水平风切变将影响空气流动速度，$\frac{\mathrm{d}v}{v}$ 发生改变，迎角未发生改变，即 $\frac{\mathrm{d}C_L}{C_L}$ 未发生改变。

假如水平方向遇见逆风，v 增大，升力 L 瞬间增大，飞机高度随之增大；遭遇顺风切变，v 减小，升力瞬间减小，飞机高度减小。

3.2 垂直风切变

当飞机遭遇垂直风切变时，飞机的初速度为 v，垂直风速为 w，变化的速度为 Δv，此时飞机的速度为 $v+\Delta v$，如图 1 所示。此时有

$$v+\Delta v=\sqrt{v^2+w^2}$$

$$\Delta v=\sqrt{v^2+w^2}-v$$

$$\Delta v=\frac{(\sqrt{v^2+w^2}-v)(\sqrt{v^2+w^2}+v)}{\sqrt{v^2+w^2}+v}$$

$$\Delta v=\frac{v^2+w^2-v^2}{\sqrt{v^2+w^2}+v}$$

$$\Delta v=\frac{w^2}{\sqrt{v^2+w^2}+v}$$

$$\Delta v=\frac{w^2}{2v} \tag{5}$$

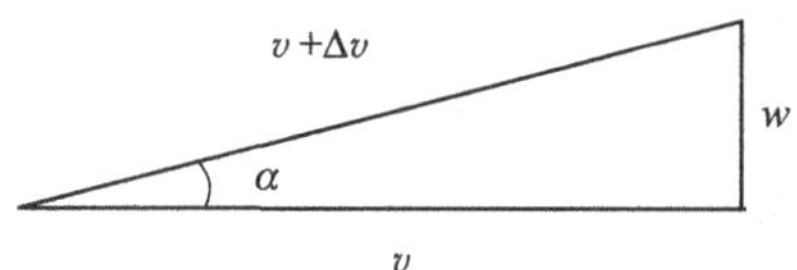

图1 速度三角形

根据式(2)可得

$$\Delta C_L=C_L^{\alpha}\Delta\alpha \tag{6}$$

将式(5)和式(6)代入式(3)得

$$\frac{\mathrm{d}L}{L}=2\frac{w^2}{v^2}+\frac{C_L^{\alpha}}{C_L}\left(\frac{w}{v}\right) \tag{7}$$

从式(7)中可以看出,前者是后者的高阶,主要影响因素为后者,垂直风切变会引起飞机的瞬时速度和迎角都发生改变,但是在遭遇垂直风切变时,相比速度的改变,迎角对飞机的影响更大,迎角增大,升力瞬间增大,飞行高度增大;迎角变小,升力瞬间减小,飞行高度减小。

如图2所示,参考飞机迎角与升力系数的关系图可以得出,在飞机迎角达到 α_1 时,飞机的升力系数变化速率减少,当超过临界迎角 α_{cr} 时,造成失速[6]。

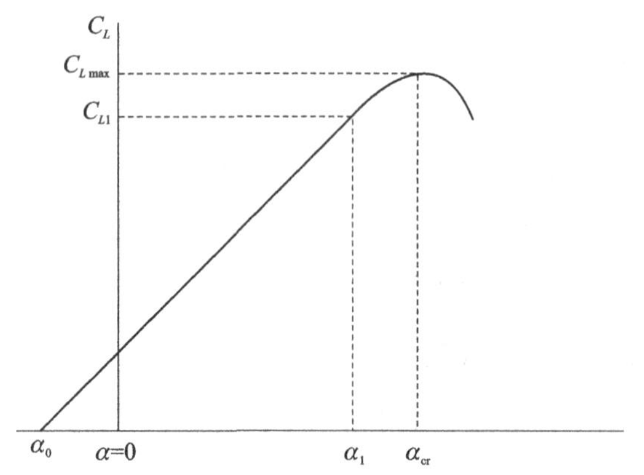

图2 升力系数曲线

3.3 侧向风切变

除了水平风切变和垂直风切变以外,侧向风切变也很普遍,遭遇瞬时的侧向风切变时,会造成飞机的航向瞬间发生偏离,在飞机进近着陆时,机组要尤为注意。值得一提的是,飞机遭遇侧向风切变时,侧风的压力中心和飞机重心不重合,飞机两翼所受风的作用力不同,迎风一侧的机翼升力会增加,此时,两翼的升力不平衡,会产生一个倾斜的力矩,使飞机发生旋转,十分危险。

4 微下击暴流对飞机性能的影响

4.1 顺风/逆风切边

在穿越一个微下击暴流时,遭遇风切变的强弱与飞行的线路有紧密联系。逐渐增强的逆风或者是逐渐变弱的顺风,通过公式 $\frac{\mathrm{d}L}{L}=2\frac{\mathrm{d}v}{v}+\frac{\mathrm{d}C_L}{C_L}$ 可知,此时飞机相对气流速度增大,v 增大,升力 L 增大,这种低空风切变情况会降低正常飞行飞机的减速率,从而可能造成平漂持续时间过长,甚至冲出跑道[7]。

飞机穿越微下击暴流时,先遭遇逆风切边,后遭遇顺风切边,飞机预备着陆时,飞行员会将空速调整到合适的大小。然而,遭遇逆风切变后,飞机升力增大,飞行员的反应是降低空速,减小升力;之后,飞机穿越顺风切边区域,飞机升力再一次减小,最后升力不足导致事故。微下击暴流通常认为是一种非对称性的气流结构,并且不是只遭遇一种风切变类型,需要时刻保持警惕。

4.2 垂直风切边

微下击暴流中同样也存在垂直方向的风切变,且其强度也随着高度上升而逐渐增大。下冲气流的强弱与飞机的飞行高度和距微下击暴流中心的距离均有关系。

根据公式 $\frac{\mathrm{d}L}{L}=2\frac{w^2}{v^2}+\frac{C_L^{\alpha}}{C_L}\left(\frac{w}{v}\right)$,飞机遭遇垂直风切变时,迎角的改变对飞机升力影响最大。假如飞机准备着陆,当飞机靠近微下击暴流中心时,下冲气流增强,对飞机迎角减小,且减小的速度快,升力系数 C_L 会快速减小,飞机升力 L 减弱,且减弱的速度也快;当飞机远离中心时,情况相反。

与下冲气流相比，微下击暴流中更为危险的是水平涡流，当飞机高速通过水平涡流时，会交替产生上升和下降的气流，飞机姿态发生上下俯仰，甚至可能造成飞机强烈的颠簸[8]。

4.3 侧风切变

侧风方向的风切变引起飞机发生横向翻滚、方向偏转。强烈的侧风切变可能要求飞机驾驶员进行大量和快速的精准操控。这种风切变会直接造成驾驶员的工作量大幅度增加以及注意力的分散。此外，风切变还会伴随着剧烈的晃动。持续的颠簸会影响飞机速度的变化，从而影响对风切变的识别。

5 低空风切变对不同飞行阶段的影响

5.1 起飞离地后遭遇风切变

飞机在建立一个稳定的爬升的过程遭受到低空风切变，所以当空速降低时，飞行员会通过减少俯仰的姿态，以便再次获得更高的空速。飞行员仅仅考虑了飞机减少俯卧姿态，，导致飞机失去了高度。所以当前方有障碍物威胁时，飞行员再次将其拉杆推至初期的俯仰姿势，此时就需要非常大的杆力。然而，由于校准修正的时间过长，飞机轨迹变得向下倾斜，会造成严重的后果[9]。

如图 3 所示，1 时刻是离地后前 5 s 的正常运行状态。2 时刻是遭遇强烈的低空风切变，根据公式 $\frac{\mathrm{d}L}{L}=2\frac{\mathrm{d}v}{v}+\frac{\mathrm{d}C_L}{C_L}$，此时飞机空速 v 和迎角 α 同时减小，升力系数 C_L 减小，飞机的升力 L 减小。3 时刻升力减小造成俯仰姿态减小。4 时刻为距离地 20 s 在机场跑道的末端坠毁。

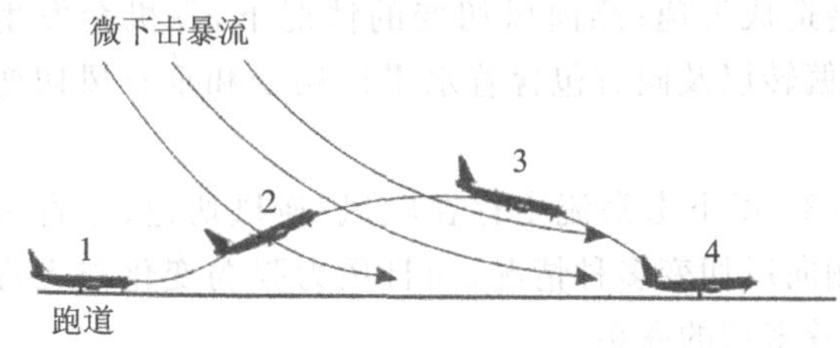

图 3　飞机起飞离地遭遇风切变

5.2 起飞滑跑遭遇风切变

如图 4 所示，飞机由于遭受了低空风切变，无法正常进行加速，从而使飞行员无法取得足够的提升力以及及时躲避地面上的障碍物。1 时刻表示飞机开始正常滑行。2 时刻突然遇到顺风风切变，空速增加缓慢，由 $\frac{\mathrm{d}L}{L}=2\frac{\mathrm{d}v}{v}+\frac{\mathrm{d}C_L}{C_L}$ 可知，v 增加缓慢，升力 L 增加缓慢。3 时刻表示飞机在靠近跑道尽头才能达到抬轮的速度。4 时刻表示飞机在离地时撞上跑道终点的障碍物。

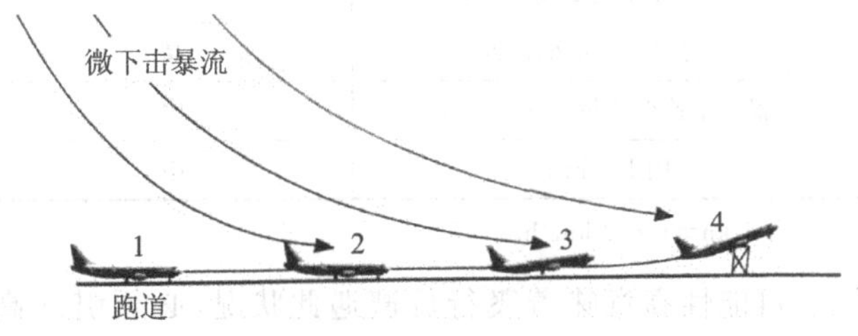

图 4　起飞滑跑遭遇风切变

在正常训练中，为避免发生俯仰姿态过大导致擦机尾的事故，明令禁止滑跑速度小于抬轮的速度而抬起前轮。而飞机遭遇强烈的低空风切变时，即便是存在摩擦机尾的风险，飞行员也需要在低于抬轮的速度时抬轮，从而实现正常离地。

5.3 进近时遭遇风切变

如图 5 所示，1 时刻为飞机进近正常。2 时刻为飞机遭遇了微下击暴流，顺风切变和下冲气流不断变化加剧，从前面的分析可知，顺风切变导致空速减小，升力减小；下冲气流导致迎角减小，升力减小。3 时刻为飞机的高度严重损失，飞行轨迹在下滑道的下方。4 时刻为飞机提前触地。

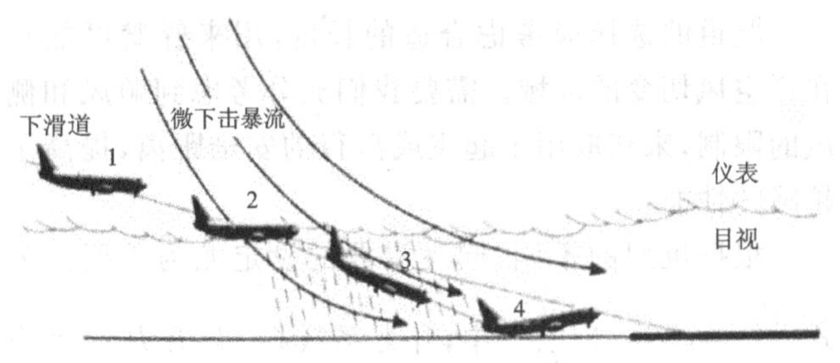

图 5　进近过程遭遇风切变

6 预防风切变的措施

目前为止，飞行员进行低空风切变的判断决策没有通用的量化标准。表 1 列出了评估信息的参考量[6]。

表 1 风切变的可能性

现 象	风切变的可能性
局部强风	高
强烈降水	高
报告空速变化量超 15 kn	高
风切变探测系统警告	高
报告空速变化量小于 15 kn	中
闪电、阵雨	中

注：1 kn=1.852 km/h。

可能性高意味着飞行员遭遇此状况，必须引起高度重视，最好的方法是避开此区域或者备降；中等可能性应考虑避开天气区域，做好防范措施。

虽然规避是预防低空风切变最好的办法，但飞行员不能判断是否存在风切变危险。在这种条件下，飞行员们就要采取一些相应的预防和控制措施。这些防护措施都要充分考虑到推力、襟翼、跑道、速度、自动装置等因素的影响，做出恰当的选择。

6.1 起飞预防风切变措施

使用最大的起飞推力，根据$\frac{dL}{L}=2\frac{dv}{v}+\frac{dC_L}{C_L}$可以看出，推力增大，空速 v 增大，升力 L 增大，有效地缩短了起飞和滑行的距离，降低了冲出跑道的危险；可以提供最优的爬升速度，给遭受风切变的时间提供了更多余度。

跑道的选择应考虑合适的长度，用来躲避可能存在低空风切变的区域。需要我们充分考虑到顺风和侧风的限制，来获取用于起飞或滑行的安全距离，提高了越障的性能。

根据机型的不同，起飞襟翼的设定尤为重要。公式$\frac{dL}{L}=2\frac{dv}{v}+\frac{dC_L}{C_L}$中，升力系数 C_L 与升力 L 大小相关联，而飞机升力系数曲线的斜率 C_L^α 与飞机襟翼设定相关。若在高速滑跑中受到较强低空风切变，较大襟翼设定可以为其提供良好的控制性能；若在空中遭遇较强风切变，较小襟翼设定可以为其提供良好的高空运动性。

选择更大的速度。较大的抬轮速度可以有效地提高飞机离地后应对风切变的能力，减少潜在的风险和工作负荷[10]。

6.2 进近预防风切变的措施

稳定的推进，在具有潜在低空风切变的情况下，在距离地面 1 000 ft(1 ft=0.304 8 m)之前就要进行稳定的进近，提高对风切变的识别。

降低推力应该更为谨慎。从$\frac{dL}{L}=2\frac{dv}{v}+\frac{dC_L}{C_L}$中可以看出，飞机的空速 v 对于飞机升力 L 有显著影响，飞行员进近时，为了减小飞机升力；通常选择减小发动机推力，若遭遇了顺风切变，较大的速度和推力有助于飞机克服低空风切变的影响。

对于空速的提高，不要马上减少发动机的推力以便稳定空速，飞行员需要冷静地判断。

跑道位置选取。如果位于顺风和侧风风切变的区域内，则应选择一个合适的跑道来减少飞行中可能发生的风切变。跑道越长，滑行距离余度就越大，使得风险降到最低[11]。

遭遇侧风进场，机头偏向侧风来的方向，抵消掉侧向的风速，使飞机的机头正对跑道着陆。

7 结 论

(1) 雷暴天气、锋面天气、逆温现象是风切变形成的主要原因。

(2) 当飞机遇到水平风切变时，改变的是飞机的瞬时速度，迎角未发生改变，速度越大，升力越大；垂直风切变的情况下，除了相对气流速度的大小变化外，还有迎角变化，且迎角的改变影响更大，迎角变大，升力变大，高度增加，但不是一直增加，当迎角超过临界迎角时，会造成失速；侧向风切变的情况下，飞机会发生航向的偏转以及同时包含着水平风切变和垂直风切变的情况。

(3) 微下击暴流中存在顺风/逆风切边、垂直风切变、侧向风切变多种情况，而且风力强弱变化与飞行路径有着密切的联系。

(4) 飞机在起飞离地、起飞滑跑、进近时都可能遭遇风切变，只有飞行员在认知和操纵技术上有所改变，提高对风切变识别的意识，才能应对低空风切变，主动进行规避，因为风切变的影响可能远远超出飞行员的能力和飞机的性能。

参考文献

[1] 王永庆."机场瘟神"——低空风切变[J/OL].中国气象报社.(2012-7-17)[2021:3-24].http://www.cma.gov.cn/2011qxfw/2011qqxkp/2011qkpdt/201207/t20120717_178765.html.

[2] 桑会文.浅析低空风切变和飞行安全[J].科技创新导报,2012(18):239.

[3] 肖勇强.浅谈低空风切变的危害、处置与预防[J].科技创业家,2013(7):250-251.

[4] 黄冠.低空风切变的形成过程以及影响飞行安全的因素[J].科技展望,2015,25(15):150.

[5] 曹亚妮.微下冲气流对飞行安全的影响[J].科技资讯,2011(25):61.

[6] 庆锋,朱怡.飞机飞行原理[M].北京:中国民航出版社,2016:200-201.

[7] 张建荣.气象条件对飞机及其飞行的影响分析[J].航空科学技术,2014,25(5):54-56.

[8] 航空器驾驶员指南:低空风切变指南[J/OL].民航资源网.(2014-05-02)[2021:3-24].http://news.carnoc.com/list/280/280804.html.

[9] 彭笑非.低空风切变对飞机进近着陆的影响分析[J].科技经济市场,2010(7):34-36.

[10] 陈国宇.低空风边对着陆的影响[J].科技传播,2012(10):29.

[11] 黄阳广.低空风切变的预防与应对研究[J].中国高新技术企业,2015(33):9-11.

空气静压转台定位精度测量分析与优化

滕凯冰，郭晓月，毕超，房建国

中国航空工业集团公司北京航空精密机械研究所 精密制造技术航空科技重点实验室，北京 100076

摘要：某用于发动机装配检测一体化系统的高定位精度空气静压转台（以下简称“气浮转台”）要求定位精度达到1.5″，为了提高该气浮转台的定位精度，需进行误差补偿，搭建由23面棱体、光电自准直仪、中心固定装置以及底座组成的实验平台。对整个实验系统进行了误差理论分析，可以看出：基本可以忽略23面棱体偏心对定位精度的影响，偏心导致的定位误差比较小，但是光电自准直仪未调平的误差和23面棱体相对于气浮转台有倾斜角的误差不能忽略。为了有效消除误差，提出了一种误差补偿方法，进行第一次测量，将测量得到的结果作为补偿系数导入到软件中，再次进行测量，并进行了实验验证。未调整的气浮转台精度为9.4″，通过精调得到的气浮转台定位精度为1.75″，采用补偿方法后测得的定位精度为1.4″。实验结果证明了本文所述方法可以大大提高检测气浮转台精度的时效性和可靠性。

关键词：气浮转台；定位精度；光电自准直仪；误差补偿；测量技术

Measurement Analysis and Optimization of Positioning Accuracy of Aerostatic Turntable

TENG Kaibing, GUO Xiaoyue, BI Chao, FANG Jianguo

Aviation Key Laboratory of Science and Technology on Precision Manufacturing Technology, Beijing Precision Engineering Institute for Aircraft Industry, Beijing 100076, China

Abstract: A high-precision aerostatic turntable (hereinafter referred to as “air-floating turntable”) for engine assembly and testing integration system requires positioning accuracy of 1.5". In order to improve the positioning accuracy of the platform, error compensation is required. An experimental platform composed of 23-sided prism, photoelectric autocollimator, central fixture and base is built. The error theoretical analysis of the whole experimental system shows that the influence of 23-sided prism eccentricity on positioning accuracy can be basically ignored, and the positioning error caused by eccentricity is relatively small. However, the errors of non-leveling of the photoelectric autocollimator and the inclination angle of the 23-sided prism relative to the floating table can not be ignored. In order to eliminate errors effectively, an error compensation method is proposed. The first measurement is carried out, the measured results are imported into the software as compensation coefficients, the measurement is carried out again, and the experimental verification is carried out. The precision of the unadjusted air-floating table is 9.4". The precision of the fine-tuned air-floating table is 1.75". The precision of the compensation method is 1.4". The experimental results prove that the method in this paper can greatly improve the timeliness and reliability of the precision detection of the air-floating turntable.

Keywords: air flotation turntable; positioning accuracy; photoelectric autocollimator; error compensation; measurement technology

1 引　言

气浮转台是一种复杂的精密机械设备，在多个领域中都有所应用，在航空领域同样也有着广泛的应用。例如研制飞行器的过程中，可以通过多轴转台模拟飞行器姿态，根据飞行器方位的变化观察飞行器的运动特性，从而实现性能仿真[1]；通过向转台传输指令，获取到转台的信息，从而实现方位解调和雷达引导[2]；在军事上，转台运动可以对雷达天线进行瞄准控制，战术导弹、高射炮的跟踪，军舰、坦克的控制也可以通过转台运动来实现[3]；气浮转台可以为超精密加工、精密检测等领域提供精准定位和相对稳定运动的平台。

目前在国外比较著名的精密气浮转台制造公司包括：美国 AEROTECH、HASS，德国的 LT Ultr 和 Peiseler，其中美国 AEROTECH 公司所生产的气浮转台精度经检测可以达到 0.18″[4]，轴向跳动和径向跳动都可以达到 20 mm 以下。国内的转台研究相较国外而言，起步比较晚。随着现代航空航天科学信息技术的不断发展，我国的转台技术虽然取得了巨大进步，但是与发达国家相比仍有差距，转台的精度仍然是一个关键性技术问题。

对于误差补偿，国内采用的主流方法是软件补偿，即先通过光电自准直仪和多面棱体的组合，测得数据，通过软件补偿对测得数据进行补偿。这种方法精确度比较高，简单有效，目前已经成为了主流的补偿方式。其他研究方法主要包括从圆光栅无线传感器的可检测角度和原理设计角度考虑出发，对其内部安装无线偏心仪后进行无线消除[5]；部分中国学者采用了无线谐波分析[6]、样条插值[7]、傅里叶无线神经网络[8]等不同方法进行修正补偿。近年来涌现出一部分专家、学者通过圆光栅的实时测角原理，可以实现通过安装中心偏离和偏轴径向物体运动的实时视角测量，从而可以使测量精度提高[9-10]。

为了提高气浮转台的精度，需要进行误差补偿，而确定补偿系数需要搭建实验台，由定心装置、23 面棱体、光电自准直仪器以及底座支架搭建。此解决方法中需要涉及的角度误差因素较多，主要因素包括多面棱体的精确工作运动角度的偏差、安装角度调整时的误差，以及采用光电自准直仪的重复性能的误差等。在使用自准直仪测量时，多次重复测量误差可以通过多次重复测量来减轻对测量结果的直接影响。23 面棱体的工作点对角度和误差补偿，可以通过各个不同角度的棱体工作点对角度偏差值来进行自动补偿或者修正。而针对安装高度调整时的误差，曾经的检测方案都是调整仪器的螺丝来仔细调整从而降低误差，但是这种方法既麻烦又不一定可以完全达到效果，不能完全消除误差的影响。针对这个技术问题，本文研究提出了一种基于误差测量补偿的新的方法，并通过新的实验结果验证了这种补偿测试的测量可靠性以及测量高效性。

2 气浮转台定位精度检测原理

转台定位精度的基本测量工作原理如下：首先将转台定心回转装置主体放在固定转台支架中心附近，然后通过千分表对转台定心回转装置主体进行转台定心，定心以后将 23 面棱体固定在转台定心回转装置上，以便于保证转台、定心回转装置与 23 面棱体自动回转装置同步，光电自准直仪可以通过固定转台支架，固定在与 23 面棱体相同的高度。

对气浮转台进行测量时，首先需要启动一个气浮转台光电测量处理软件，先对其进行转台复位，将每个转台绝对复位至绝对零位，校准转台光电自准直仪和 23 面棱体的绝对零度水平面，对准后即可读取转台光电自定向准直仪显示出的读数。控制程序使台面沿被测回转轴相对转动一个角度，和 23 面棱体所示角度一致，记录每次转动停止后光电自准直仪的读数 x_i（$i=1,2,\cdots,22$）。由于加工时存在误差，23 面棱体的各个面之间都有工作角度误差，本次实验中使用的 23 面棱体的工作角误差如表 1 所列。

表 1　23 面棱体工作角偏差

理论转角	工作角偏差	理论转角	工作角偏差
0	0.0	187.826 080 3	−0.1
15.652 166 6	−0.2	203.478 25	1.4
31.304 361	−0.3	219.130 444 4	0.7
46.956 527	0.7	234.782 611 1	0.2
62.608 694	0.3	250.434 777 8	−0.4
78.260 861	1	266.086 944 4	−1.1
93.913 055	−0.5	281.739 138 9	1.3
109.565 194 4	0	297.391 305 6	0.5
125.217 388 9	−0.4	313.043 472 2	0.7
140.869 555 6	0.2	328.695 638 9	0.7
156.521 75	−0.8	344.347 833 3	0.8
172.173 916 7	1.0		

3 测量误差分析

当转台检测到分度测量误差时，影响转台测量测试结果的因素主要包括转盘安装位置调整误差、光电自动准直仪之间反复出现的性能误差以及外部使用环境变化的影响。本文主要通过分析仪器安装位置调整对仪器测量测试结果的直接影响。

3.1 23面棱体安装偏心误差

如图1所示，o 为主旋转台的纵向回转回旋中心；o_1 为23面棱体的回转中心；o'_1 为23面棱体向台转动后的回旋中心；oo_1 为用于安装偏心轴的 e。光线直接照射在多面多角棱体环绕零度的三角面的一个中心，23面棱体随着旋转台一起向环绕零度 o 点方向转动一个新的角度，由于存在偏心的问题，转动后的23面棱体与该台转动前的多面多角棱体偏心位置不完全重合。

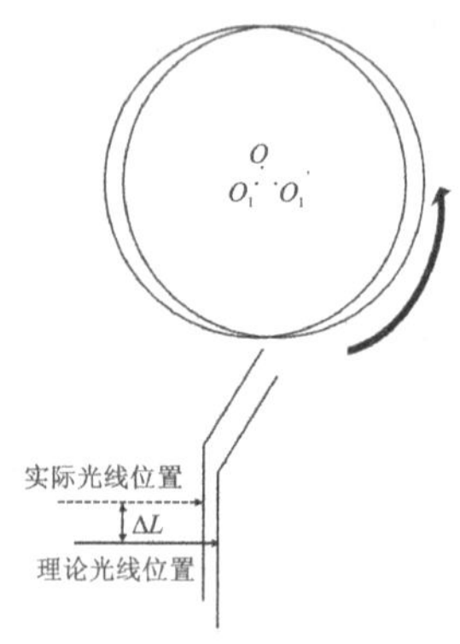

图1 23面棱体安装时产生偏心

根据数学几何中的关系式即可得到，转动后多面棱体的各个反射面与之前的各个反射面相互保持平行即可，即在安装偏心时，不会直接改变一个自准直仪反射光线和23面反射棱体对其照射的光线倾斜和夹角，只会直接改变一个自准直仪反射光线对其照射在23面棱体各个面上的反射位置。在实际检测光线过程中，保证自准直仪不动，光线的转动方向不会因此发生太大改变，但是转动后实际检测光线和之前理论检测光线的方向位置不会相重合，二者之间的距离为 Δl。

由于23面棱体安装偏心，造成的光线照射在反射镜面上的水平方向改变了 Δl 时，对应的23面棱体反射镜平面度导致的转台定位误差为

$$\Delta_1 = 8h\Delta l p / H^2 \tag{1}$$

式中，H 为径向反射体表面的光线宽度；Δl 为径向光线弧度偏离反射理论确定位置的观测距离；h 为各径反射体表面的光平面度数的误差；ρ 光线弧度与夹角秒的径向转换速率尺度，$\rho=206\ 265$。

本次实验用到的23面棱体的夹角宽度 $H=30$ mm，平面度误差小于60 mm。将相关定位参数代入式中，计算即可得到 $\Delta_1=0.045''$，远小于转台要求的定位精度。由此可以得到：在本文的实验中，23面棱体偏心对转角位置同心测量所得结果的精度影响很小，即在无法保证一定的棱体位置同心测量精度时，安装棱体偏心产生的精度误差几乎可以完全忽略。

3.2 光电自准直仪调平误差

一般在进行检验转台的定位精度时，光电自准直仪在正常使用时必须进行调平，调平的精度要求一般为：光电自准直仪的轴和水平面之间的夹角应 $\pm 800''$ 范围内发生变化，竖直水平轴的角度变化和测量精度应不得小于 $10''$。在开始进行这个实验时，由于没有专门的测试工具，利用自准直仪的电机底座的3个角度调整器的螺丝孔来进行仔细的调整，费时费力，并且有时会发现有大量误差点的残存，因此这就导致了在光电自准直仪底座十字丝杠的竖线和气浮转台的两个轴线之间有一定的夹角 γ。

3.3 23面棱体相对于转台水平面的倾斜误差

转台的角端面和之间轴线不完全垂直以及23面棱体各个角端面和23面棱体转台之间的轴线不完全平行，导致了各个角端面和气浮转台之间的轴线横向倾斜，用一台光电自准直仪测量转台定位精度时，y 轴的横向读数就是23面棱体各个角端面和23面棱体转台之间轴线的横向倾斜和夹角。在实际测量时，光电自准直仪的纵向调平角度误差和23面体棱体上相对于其旋转台中心轴线的横向倾斜角度误差一定程度上都会同时存在，这必然也会导致实际检测到的结果可能产生系统误差。如图2所示，xOy 为气浮转台的坐标系，$x'Oy'$ 为自准直仪转台坐标系，气浮转台坐标系和两个自准直仪坐标系的两个交点为 x 和 O，也是两转台坐标系的一个原点。水平倾斜方向的高度定位读数误差均值为 x_i，竖直倾斜方向的高度定位读数误差均值为 y_i，理论实际测量读数值误差为 (x_i, y_i)，由于两个 y 向的轴和两个 y' 轴之间存在高度夹角，光电自由度准直仪的实际测量读数误差为 (x'_i, y'_i)。

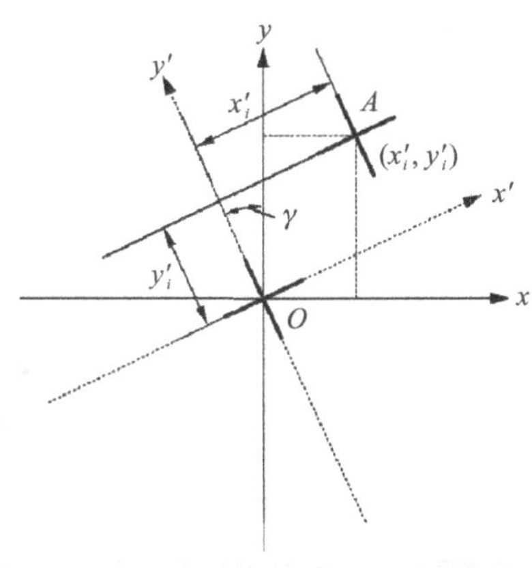

图 2 光电自准直仪相对于转台平面有倾斜

由图 2 可知

$$\begin{cases} x'_i=(x_i+y'_i\sin\gamma)/\cos\gamma \\ y'_i=(y_i-x'_i\sin\gamma)/\cos\gamma \end{cases} \tag{2}$$

实际检测时的值很小，当 $\gamma<8°$时，$\cos\gamma\geqslant0.99\approx1$，则式(2)可简化为

$$\begin{cases} x'_i=x_i+y'_i\sin\gamma \\ y'_i=y_i-x'_i\sin\gamma \end{cases} \tag{3}$$

式中，x_i 为转台实际的角度零起倾角定位倾斜误差；y_i 各转台面与各个转台中心轴线的零起倾斜误差值；x'_i和 y'_i为自准直仪的实际定位读数。

可直接求得一个检测系统误差 $\Delta x_i=y'_i\sin\gamma$。由于实际检测过程中 γ 不变，即 $\sin\gamma$ 是一个恒定常数。在检测气浮转台的过程中，当 x 和 y 为各轴最大值时读数的值为 100″，若是假设 $\gamma=0.5°$，则通过读数计算可以得到各轴调整转台误差的值为 $\Delta_{x_i}=1.035''$，与调整转台安装要求的最高定位精度(±1.325″)相当，安装时的调整转台误差小但相对于高定位精度和低定位精度转台检测的结果影响显著，不能完全忽略。

4 误差补偿分析

4.1 补偿程序原理分析

在需要检测大型气浮转台的定位精度时，可以考虑使用软件检测精度，并对所测得数据进行补偿。

假设光电自准直仪测得数据为 α，气浮转台的实际转角为 θ，定位误差为 ε，所以可以得到

$$\varepsilon=\alpha-\theta \tag{4}$$

在检测时先将气浮转台复位至零位，输入需要检测的 23 面棱体对应端面的角度值，此时软件中将这个值记为 angle，通过单位换算为 desDou，程序中通过补偿，将补偿值记为 compVal，这个补偿值通过单位换算为 compCount，需要输出值为 desDou，需要在输出前加上补偿值，公式表达为

$$\alpha_{输出}=\alpha+\alpha_{补偿} \tag{5}$$

在程序中表达为

$$\text{desDou}=\text{desDou}+\text{compCount} \tag{6}$$

4.2 通过补偿检验定位精度方法

如果用调整的方法减小测量误差，则需要多次调整，比较困难且费时费力，且检测精度要求越高，对检测前的调整要求也越高。

当使用调整方法来减小测量误差时，需要调整很多次，这让调整变得更加困难，不仅费时、劳动强度大，并且对检测精度的要求越高，则检测前的调整难度就越高。

现提出一种检测方法：调整好 23 面棱体和自准直仪，首先进行第一次测量，直接使用转台检测程序进行测量。首先转台需要回零，回零以后，依次输入 23 面棱体的角度，使转台运动到相应位置。记录第一组实验数据，即为程序中当前位置所显示的数值，然后将这一组数据导入到操作转台程序中，以第一次测量的实验数据生成下一次实验的补偿系数，得到的结果经过数据处理，即得到了经过补偿后的定位精度值。使用这种方法，对于检测之前的 23 面棱体安装偏心误差，光电自准直仪是否调平等要求不高，简化了调整过程，实验过程中不需要精准调整，调整的难度大大减小，同时引入补偿后，测量过程也变得容易、简单。

5 实验验证及数据处理

实验台装置如图 3 所示。

实验中使用的 23 面棱体和光电自准直仪如图 4 和图 5 所示。

图 3 实验台装置

为了证明补偿方法的准确，将进行一个对比实验。为了验证补偿效果，第一次和第二次实验。进行当 23 面棱体有较大倾斜角和光电自准直仪未调平有较大倾斜角时的重复实验；第三次和第四次实验，进行精调 23 面棱体和光电自准直仪位置后的实验，此时的调整误差可以忽略；第

五次和第六次实验，将之前生成补偿系数导入到补偿程序中，测量得到定位误差。

图4　23面棱体

图5　光电自准直仪

6组实验数据如图6所示。

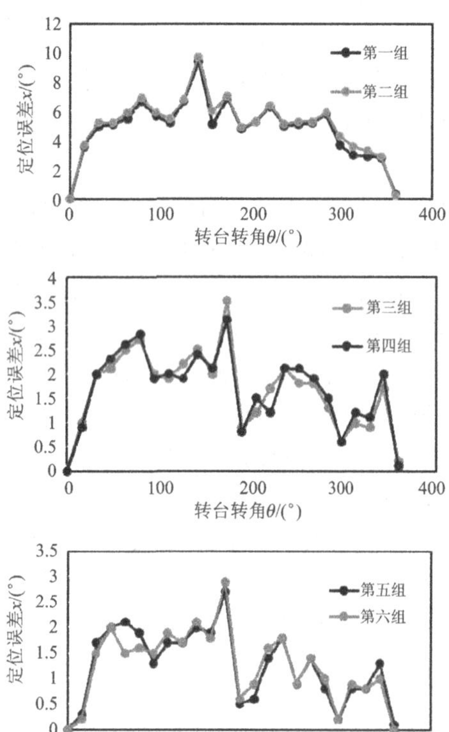

图6　组气浮转台定位精度测量实验数据

分别取3组实验数据中误差最小的3组放在同一组中进行对比分析。6次的精确测量测试结果，需要将前两组和第三组通过精确测量结果得到的测试结果误差进行定量比较，定位后的误差计算曲线如图7所示。可以明显看出，前两次的调整结果误差较大。

表2所列为3组误差最小的定位误差对比。

表2　3组误差最小的定位误差对比

类　别	第一组	第三组	第五组
误差最大值/(″)	9.2	3.5	2.8
误差最小值/(″)	0	0	0
定位精度/(″)	4.6	1.75	1.4

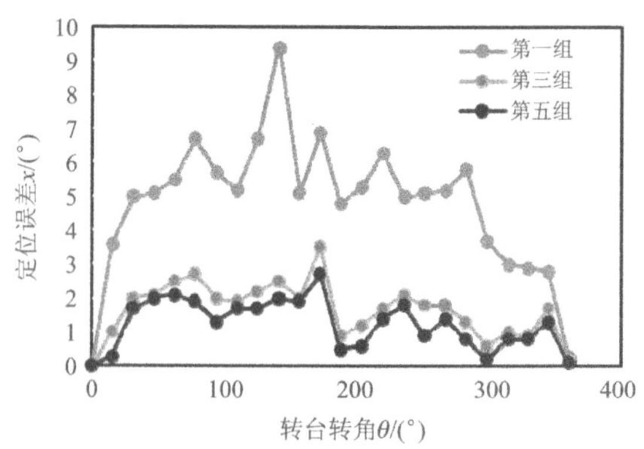

图7　与精调经过补偿测量的定位精度进行对比

第一组数据测量角度误差的最大值为9.2″，最小值为0″；第二组数据测量角度误差的最大值为3.5″，最小值为0″；第五组数据测量角度误差的最大值为2.8″，最小值为0″，根据JJF 140—2010计算得到气浮转台的定位误差分别为4.6″、1.75″、1.4″。

根据三组数据的对比，可以清楚地看出，补偿前转台的最大定位误差应该是4.6″，误差补偿后的最大定位误差应该为1.4″，误差明显减小。由此可见，采用本文所述的误差补偿检测方法，能够显著提高检测到气浮动转台的定位准确率。

6　结　论

(1) 本文提出一种方法，将第一次的测量结果用来生成下一次测量的补偿系数，可以相对快速、准确地完成高精度气浮转台的定位精度测量。

(2) 选取了23面棱体作为定位角度的基准，通过光电自准直仪的读数，对气浮动转台定位精确性进行了检测。在偏心误差检测时，根据定位精度对于转台的误差进行分析，23面棱体安装偏心误差对于结果的影响较小，可以忽略；光电自准直仪调平误差和23面棱体相对于转台倾斜误差不可以忽略，影响较大，一般都是通过多次调整减小误差。

(3) 通过实验证明了该方法是否正确。通过多次实验对比分析了气浮转台精度设计为9.4″的各种气浮转台精度进行了补偿，进行精度补偿以后各种定位精度的误差设计为1.4″，检测气浮转台的定位精度水平得到了的提升。

参考文献

[1] 李洋，曹铁泽，瞿剑苏. 基于三维坐标的转台定位精

度标定方法[J]. 计测技术，2020，40(2)：14-19.
[2] 王小凌. 一种飞机近场飞行轨迹跟踪的系统方法[A]//中国航空学会. 2015 年第二届中国航空科学技术大会论文集. 中国航空学会，2015：4.
[3] 王鑫，闫杰，冯冬竹. 高速飞行器转台测试设备研制关键技术[J]. 计算机测量与控制，2011，19(2)：354-355，358.
[4] 喻里程. 超精密气浮转台的设计和静动态特性分析[D]. 广州：广东工业大学，2017.
[5] 于连栋，鲍文慧，赵会宁，等. 新型圆光栅测角误差补偿方法及其应用[J]. 光学精密工程，2019，27(8)：1719-1726.
[6] 王显军. 大型望远镜测角系统误差的修正[J]. 光学精密工程，2015，23(9)：2446-2451.
[7] 卢荣胜，李万红，劳达宝，等. 激光跟踪仪测角误差补偿[J]. 光学精密工程，2014，22(9)：2299-2305.
[8] Fang Deng, et al. Measurement and calibration method for an optical encoder based on adaptive differential evolution-Fourier neural networks[J]. Measurement Science & Technology, 2013, 24(5): 055007-1-055007-9.
[9] Device and method for optically compensating for the measuring track decentralization in rotation angle sensors. HOPP D, PRUSS C, OSTEN W. EP201013395436, 2012.
[10] Li Xuan, et al. A novel optical rotary encoder with ec centricity self-detection ability[J]. The Review of scientific instruments, 2017, 88(11): 115005.

基于数字建模的机载显控台人机工效设计

王环*,陈慧娟,李晓东,庄迁政

航空工业无线电电子研究所,上海 200233

摘要:针对现有机载显控台存在操作体验不佳、工作效率低下等问题,同时为了减少显控台研制过程中的设计迭代,提出一种基于数字建模的显控台人机工效设计方法。在结构初步设计阶段,根据相关设计约束确定显控台尺寸,利用 CATIA 建立初版数模,将数模导入 Jack 分析软件中,并选用不同百分位数人体模型模拟操作员的典型操作姿态,对其进行可视性评估、可达性评估、容膝空间评估、舒适度评估以及快速上肢分析(RULA),并根据数字化仿真评估结果优化相关设计,优化后的设计方案能够降低上肢关节弯曲角相对标准值的偏差值,同时降低上肢操作负荷值。该设计方法可提高显控台人机工效的合理性,为后续详细设计奠定基础。

关键词:机载显控台;数字建模;人机工效;数字化仿真评估

Ergonomic Design of Airborne Display and Control Console Based on Digital Modeling

WANG Huan*, CHEN Huijuan, LI Xiaodong, ZHUANG Qianzheng

Chinese Aeronautical Radio Electronics Research Institute, Shanghai 200233, China

Abstract: Aiming at the problems of poor experience and low work efficiency of the existing air borne display console, and in order to reduce the design iteration in the development process of the display console, an ergonomic design method of the display console based on digital modeling is proposed. In the preliminary design stage of the structure, the size of the display console is determined according to the relevant design constraints, the first version of the digital model is established by CATIA, then the digital model is imported in to software Jack, and different percentile manikins are selected to simulate the typical operating posture of the operator for visibility evaluation, accessibility evaluation, legroome valuation, comfort evaluation and rapid upper limb analysis (RULA). The optimized design scheme can reduce the deviation of the upper limb joint bending angle relative to the standard value and reduce the uppe limb operation load. This design method can improve the rationality of human-machine interface of display console and lay a foundation for subsequent detailed design stage.

Keywords: airborne display console; digital modeling; ergonomics; digital simulation evaluation

1 引言

显控台作为一种具有显示、控制和人机交互操作功能的设备被广泛应用于各领域和各种大型系统中[1]。机载显控台作为特种飞机工作舱段人机交互的重要媒介,承载着任务规划、传感器控制、目标信息处理等功能。而特种飞机有限的载重量和舱内空间限制了显控台的尺寸和重量[2],因此结构设计不仅要通过结构优化和材料升级实现减重,还需要充分考虑人的因素。在结构初步设计阶段,需要确定显控台的三类尺寸,分别是与人相关、与产品功能相关、与外观(造型)相关的,每类尺寸都会影响人机工效的合理性。目前显控台的结构设计方案大多是参考人机工程学的推荐尺寸[3-4],涉及的设计要素单一,且未考虑实际的操作和维护情况;而对设计方案的评估内容大多仅限于可达性和最大视角[2,5],没有进一步分析操作设备时的舒适度和可持续性。因此,如何在显控台结构初步设

* 通讯作者. E-mail: 18729259659@163.com

计阶段进行人机工效设计与评估，达到舒适度提升和疲劳感延缓的效果，进而提高工作效率就显得尤为重要。本文首先基于设计约束建立三维模型，随后利用Jack软件进行数字化仿真评估，最后根据评估结果优化显控台初版设计方案，进一步完善设计方案中的人机工效合理性，并将优化后的方案直接作为后续详细设计的输入。

2 显控台人机工效设计流程

机载显控台研制可分为概念设计、结构初步设计、详细设计、样机制造等多个阶段，人机工效设计主要在初步设计阶段进行。在概念设计阶段，通过分解其功能需求确定显控台的结构组成；在结构初步设计阶段，将设计约束进一步分解转化为设计参数、利用CATIA建立初版方案的三维数模。与此同时进行人机工效评估与优化，将初版数模导入人机工效评估软件Jack中并搭建仿真评估环境，模拟操作员的典型操作姿态，对其进行可视性评估、可达性评估、容膝空间评估、舒适度评估以及快速上肢分析(RULA)，根据结果优化当前的设计方案，基于优化方案转入详细设计阶段，如图1所示。

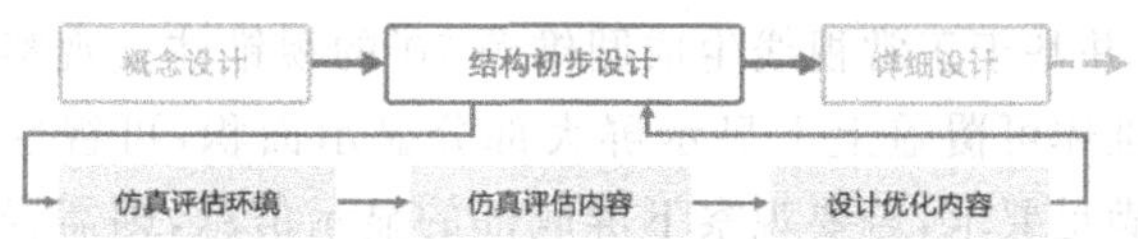

图1 显控台人机工效设计流程

3 显控台结构初步设计

本设计中综合考虑了外观尺寸、产品功能和人机关系，构建了一个首要约束和三个次要约束。考虑到载机平台上空间狭小、对载荷重量严格限制，为了尽可能减小显控台占用的空间，应将与造型相关的显控台外形尺寸限制作为首要设计约束；将与产品功能相关的安装布局作为次要约束1；参考相关标准中的作业空间设计原则提取次要约束2；为保证显示控制资源位于操作员正常的视野范围和操作范围内，将相关标准中的人体尺寸作为次要约束3。设计约束转化为设计参数的步骤如下：

(1) 根据首要约束，确定显控台总体外廓尺寸。

(2) 根据次要约束1，确定显控台形态为上下双屏分段式显控台；上台体安装显示控制设备，下台体安装若干处理机箱；控制盒布置于显示器右侧，输入设备安装于水平台面；确定上下显示屏的安装角度。

(3) 根据次要约束2，确定下台体深度及机箱安装托架离地高度、水平台面高度及离地高度。

(4) 根据次要约束3，确定显示器、控制盒等设备的安装深度。

(5) 根据结构强度、设备安装接口的需求，明确上下台体其他尺寸、各设备安装接口的位置及尺寸，形成初版设计方案，具体如图2所示。

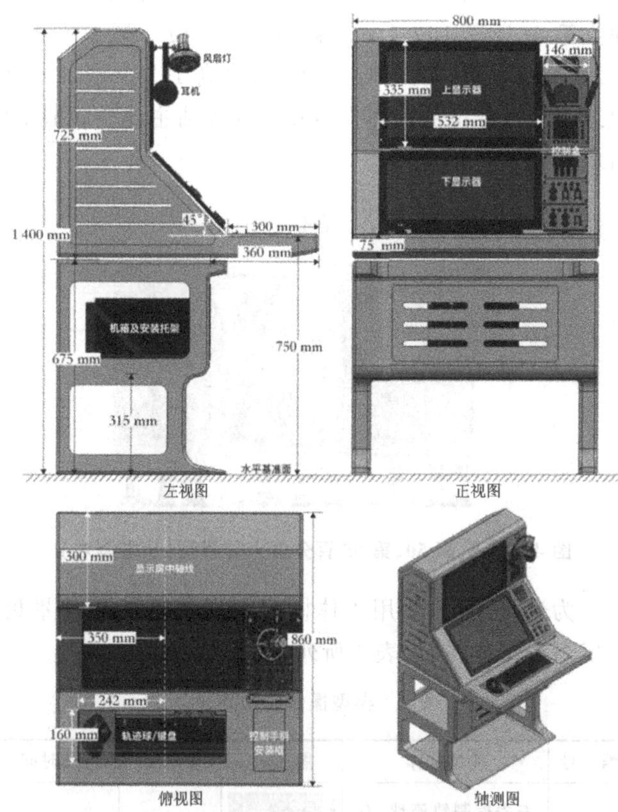

图2 显控台初版设计方案

4 显控台人机工效评估

数字化仿真评估环境由评估对象和评估主体组成，评估对象包括显控台和座椅的三维模型，还可导入载机舱段的三维模型；评估主体是基于相关人体标准数据建立的数字人体模型。

4.1 仿真评估环境

仿真评估环境主要由评估对象和评估主体组成。将显控台、座椅以及舱段数模等评估对象导入软件并调整相对位置构建工作舱环境，如图3所示。

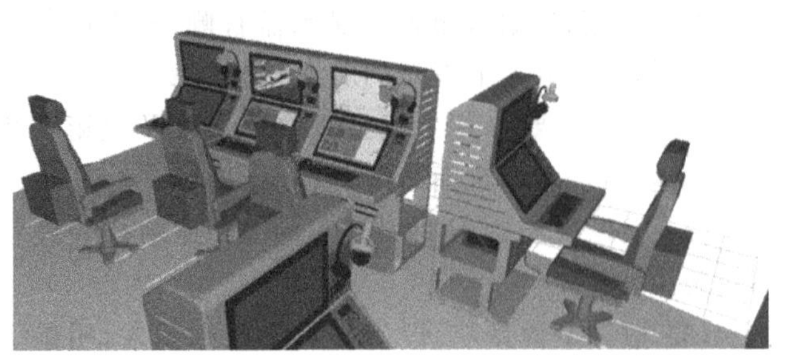

图 3 工作舱仿真环境

根据相关标准中男性飞行员人体尺寸参数，依次建立第 5(身高 169.2 cm，体重 57.0 kg)、第 50(身高 172.6 cm，体重 71.0 kg)、第 95(身高 177.9 cm，体重 91.0 kg)百分位的人体模型并作为评估主体[8]，如图 4 所示。

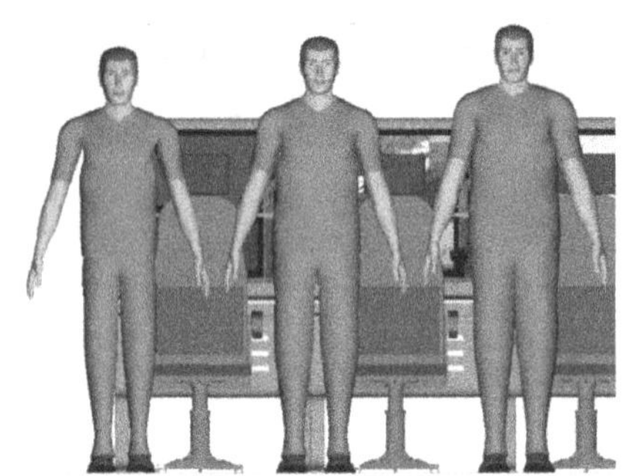

图 4 第 5、第 50、第 95 百分位人体模型(从左到右)

为进行评估，使用人体模型根据实际任务场景模拟以下典型操作，如表 1 所列。

表 1 典型操作模拟定义

编 号	典型操作	图 示	坐 姿	持续时间
A.	左手控制轨迹球，右手控制手柄，双眼观察上下屏		正直	≥30 分钟
B.	左手敲击键盘，右手敲击键盘，双眼观察屏幕输入区域		正直	≥30 分钟
C.	左手支撑，右手操作控制盒，双眼观察右手		前倾，腿部轻微前移	<5 分钟

4.2 仿真评估内容

结合定义的典型操作以及不同尺寸人体模型的运用原则[9]，仿真评估内容包括以下几个方面：

(1) 可视性评估使用第 50 百分位人体模型模拟操作 A，以确定上、下显示屏是否位于其正直坐姿时的有效视区内；

(2) 可达性评估使用第 5 百分位人体模型模拟操作 C，以确定其双手功能可及范围是否涵盖当前显示器、控制盒、风扇灯、供氧盒等设备；

(3) 容膝空间评估使用第 95 百分位人体模型模拟操作 C，以确定下台体是否能够提供充足的下肢活动空间；

(4) 关节舒适度分析使用第 50 百分位人体模型模拟操作 A 和 B，以确定操作员使用控制盒、键盘、轨迹球等设备时各关节舒适度是否合格；

(5) 快速上肢分析(RULA)使用第 50 百分位人体模型模拟操作 A 和 B，以确定操作员能否长时间使用控制盒、键盘、轨迹球等设备。

1. 可视性评估

Jack 软件基于人体模型可生成以双眼为顶点的圆锥形可视区域[10]。操作员主动寻找和观察目标信号的有效视区为：水平方向为 0°视线左右 35°内，垂直方向为正常视线(水平视线向下偏 15°)上下 35°内[11]。

使用第 50 百分位数字人体模型模拟操作 A，在显控台水平台面边缘上方设置对应的参考眼位点，移动人体模型使其两眼瞳孔的水平中心点与该眼位点重合，并基于正常视线生成圆锥角 70°的视锥体。观察到视锥体可覆盖上下显示屏大部分显示面积，可视性基本满足要求，若要观察下屏底部的显示信息，则需轻微转动眼球或头部，如图 5 所示。

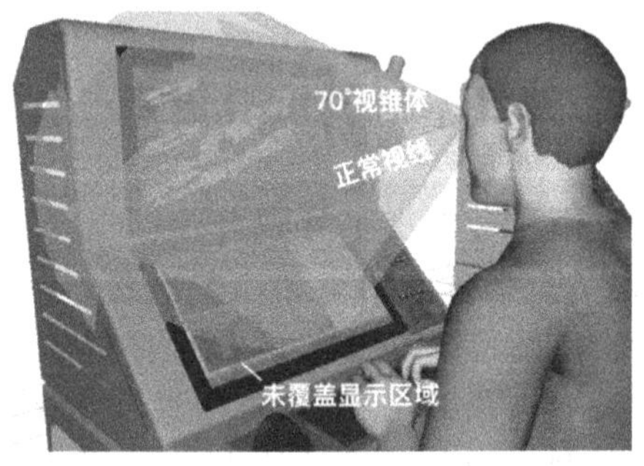

图 5 有效视区仿真

2. 可达性评估

Jack 软件能够以肩关节点为起点，绘制右手食指的最大可触及范围[10]。

使用第 5 百分位数字人体模型模拟操作 C，生成右手的可达域包络面。观察到生成的包络面可覆盖下显示器、右侧控制盒、风扇灯等设备，操作员在不离开座椅的前提下可操作全部的显示控制资源，可达性满足要求，如图 6 所示。

图 6 左手食指及右手食指可达域仿真

3. 容膝空间评估

Jack 软件能够生成长方体模拟容膝空间[10]。当操作员上半身前倾(如操作 B 变为操作 C)时，大腿及膝盖可能发生轻微连带前移，充足的容膝空间可以为操作员腿部提供足够的活动空间。

使用第 95 百分位数字人体模型模拟操作 C，并以水平台面边缘所在竖直平面为基准生成 640 mm×510 mm×460 mm 的长方体[6]。观察到腿部与下台体间距较小，且长方体与下台体出现干涉。

此外，在模拟维护操作时若座椅后退行程有限，那么维护人员很难从下台体前方取出机箱，甚至可能会盲操作，降低了机箱的可维护性，下台体所提供的容膝空间不满足要求，如图 7 所示。

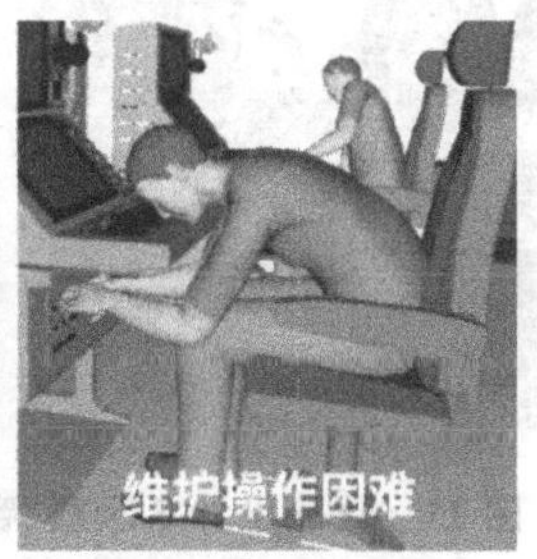

图 7 容膝空间及维护操作仿真

4. 舒适度分析

Jack 软件能够测量关节弯曲角度，并计算与标准值之间的偏差值，以此判断操作姿势下的关节舒适度[10]。

使用第 50 百分位数字人体模型分别模拟操作 A 和 B，测量各关节角度并关注与上肢相关的右上臂弯曲、左上臂弯曲、右肘部弯曲、左肘部弯曲等 4 个角度，并选用 Porter 数据库作为参考。若测量值与标准值的偏差值落在限定区间内，显示为绿色，即关节舒适度合格；若超出区间则为黄色，关节舒适度不合格。结果表明操作员在使用水平台面上键盘、轨迹球、手柄等设备时，右肘部弯曲的舒适度合格，其他三个关节的舒适度均不合格。由于上述设备安装位置距离操作员过近，同时深度方向没有足够空间方便操作员手臂活动，会导致人体模型上肢各关节弯曲幅度过大，超出限定范围。各个关节角度偏差值如表 2 所列。

表 2 关节角度偏差值统计

关节名称	右上臂弯曲	左上臂弯曲	右肘部弯曲	左肘部弯曲
限定区间	[−31,25]	[−31,25]	[−42,36]	[−42,36]
操作 A	−46.6	−51.3	−36.2	−50.4
操作 B	−33.4	−45.1	−41.8	−47.9

5. 快速上肢分析(RULA)

Jack 软件通过快速上肢分析方法对各个姿势进行评分，所得分数表明被要求降低的上肢过度负荷的干预措施等级[10]。

使用第 50 百分位数字人体模型分别模拟操作 A 和 B，计算各关节角度及身体各部分扭转来进行评分，并关注与上肢相关(A 组)的上臂、前臂、手腕、手腕扭转等 4 个部位。评分等级越高，则说明该姿势持续时间不宜过长并需要改变，其中：1～2 分为绿色，3～4 分为黄色，5～6 分为橙色，7 分以上为深红[10]。结果表明操作员在使用水平台面上键盘、轨迹球、手柄等设备时身体 A 组总评分均为 3，即可持续较长时间后再改变姿势，RULA 评分基本满足要求。同样受限于水平台面深度，操作员操控时一部分前臂会伸出台面，导致其手臂缺乏足够支撑，从而增加 RULA 评分，操作 A 和 B 中上肢各部位的 RULA 评分如表 3 所列。

表 3 RULA 评分统计

部　位	上　臂	前　臂	手　腕	手腕弯曲	总　分
操作 A	2	3	1	2	3
操作 B	1	2	3	2	3

4.3 评估结果

综合上述评估结果，其中未满足人机工效要求的包括以下几项：

(1) 有效视区无法完全覆盖上下显示屏；

(2) 容膝空间紧张且维护操作困难；

(3) 上肢操作舒适度较低。

5 设计优化

通过分析初版设计方案的评估结果，提出如下改进方案：

(1) 为增加对上下显示屏的视觉覆盖比例，应增加下屏安装高度，缩小上下屏间距；

(2) 为改善容膝空间并提升可维护性，优化下台体空间设计，应将机箱布置于下台体右侧，且分上下两层安装；

(3) 为扩大上肢的操作空间，增加水平台面深度，将键盘、轨迹球、控制手柄安装在更远离人的位置，同时增大显示器倾角。优化后的设计方案如图 8 所示。

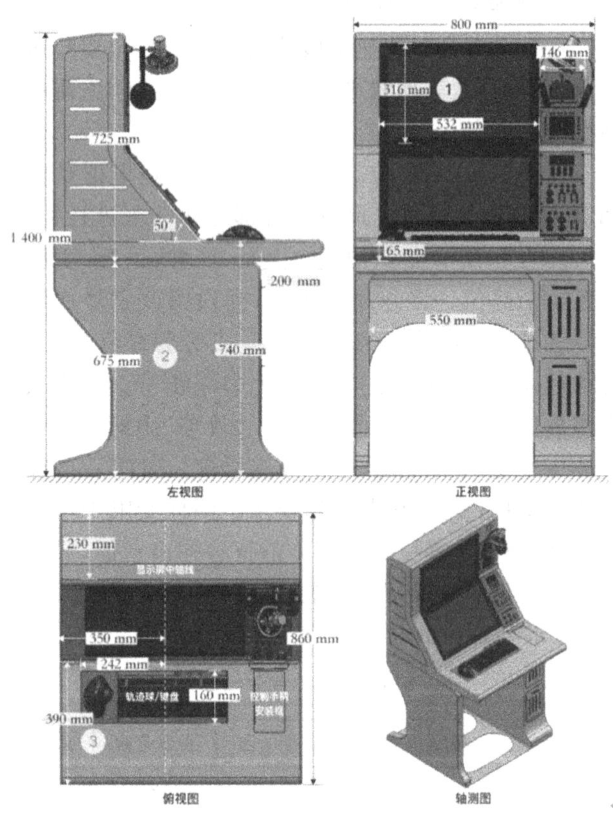

图 8 优化设计

将优化后的数模导入 Jack 软件并构建仿真环境，沿用 4.2 小节中的评估分析方法，结果如下：

(1) 可视性评估，视锥体可覆盖上下显示屏全部显示面积，操作员无需转动眼球或头部就可进行寻找和观察相关信息，如图 9 所示。

(2) 可达性评估，左右手的可达域包络面可覆盖下显示器、右侧控制盒、风扇灯等设备，增加台面深度和屏幕倾角后可达性仍满足要求，如图 10 所示。

图 9 优化设计 1 示意及视锥仿真结果

图 10 左手食指及右手食指可达域仿真

(3) 容膝空间评估，模拟的容膝空间长方体与下台体不再发生干涉，操作员腿部获得了充足活动空间，同时方便维护人员在机上快速拆装及更换机箱，如图 11 所示。

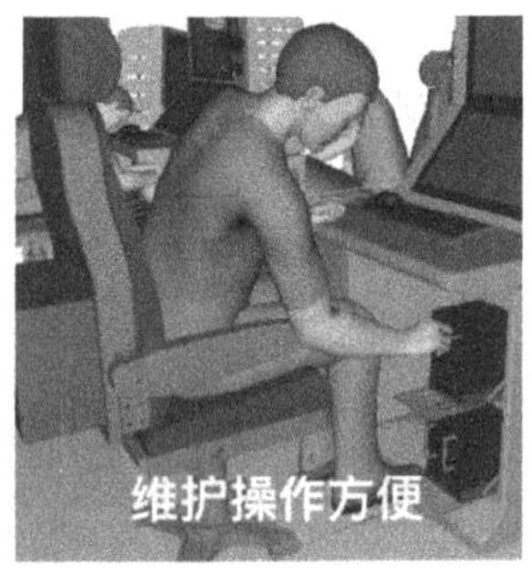

图 11 优化设计 3 示意、容膝空间及维护操作仿真

(4) 舒适度分析，相关关节角相对于标准值的偏差值均减小至限定范围内，舒适度合格。优化后各个关节角度偏差值如表 4 所列。

表 4 关节角度偏差值统计(优化后)

关节名称	右上臂弯曲	左上臂弯曲	右肘部弯曲	左肘部弯曲
限定区间	[−31,25]	[−31,25]	[−42,36]	[−42,36]
操作 A	−28.8	−51.3	−13.4	−29.0
操作 B	−25.0	−30.1	−15.7	−23.4

(5) 快速上肢分析(RULA)，人体模型模拟 A 和 B 两种操作时身体 A 组总评分各降低了 1，可进一步减小操作的疲劳程度并延长操作时间，RULA 评分如

表 5 所列。

表 5 RULA 评分统计(优化后)

部 位	上 臂	前 臂	手 腕	手腕弯曲	总 分
操作 A	1	2	2	1	2
操作 B	1	2	2	2	2

对比初版设计方案,优化后的方案不仅满足基本的可视性和可达性要求,解决了下台体容膝空间与维修空间的矛盾,而且提升了上肢操作的舒适度。

6 结 论

为了优化机载显控台的人机工效设计,在产品生产前完成设计评估与迭代,提高显控台设计流程的合理性,本文在结构初步设计阶段提出了一种“设计—评估—优化”的人机工效设计方法。通过引入本方法,可在初步设计阶段充分考虑人的因素,确保人机工程设计要求的落实,降低后续阶段的迭代设计成本。本方法已成功运用于某型机载显控台的研制过程中,产品提升了操作体验,有助于操作员高效完成任务。

参考文献

[1] 朱辉.显控台的内涵和分类方法及型谱研究[J].电讯技术,2012,52(10):1706-1710.

[2] 李文志,于扬.基于人机工程学的机载显控台结构设计[J].电子机械工程,2010,26(4):28-30.

[3] 杨飞.适应直升机力学条件的轻型双屏显控台设计[J].机械工程师,2019,1:141-143.

[4] 李高杰,陈弼,李谦.第三代雷达显控台人机工程与造型设计研究[C].2019 年船舶电子自主可控技术发展学术年会论文集,2019(11):126-129.

[5] 孙帆.机载碳纤维显控台的设计研究[D].南京:南京理工大学,2013:15-20.

[6] 中国人民解放军总装备部.军用设备和设施的人机工程设计准则:GJB 2873—97[S].北京:总装备部军标出版发行部,1997:13-17,103-108.

[7] 中国人民解放军总装备部.海军机载显控台通用要求:GJB 6674—2009[S].北京:总装备部军标出版发行部,2009:7-8.

[8] 中国人民解放军总装备部.中国男性飞行员人体尺寸:GJB 4856—2003[S].北京:总装备部军标出版发行部,2003:22-82.

[9] 陈圆.基于人机工程学的控制室设计研究[J].控制工程,2019,26(4):664-669.

[10] 钮建伟,张乐.Jack 人因工程基础及应用实例[M].北京:电子工业出版社,2012:102-240.

[11] 中华人民共和国电力行业标准.控制中心人机工程设计导则第 2 部分:视野与视区划分:DL/T 575.2—1999[S].中华人民共和国国家经济贸易委员会,2000:9-10.

基于某型发动机燃烧室前置扩压器的改进设计

赵婷杰*，于小兵

中国航发贵阳发动机设计研究所，贵阳 550081

摘要： 基于某型发动机前置扩压器为直壁式、小扩张比扩压器，直壁式扩压器气流易分离，静压恢复低，总压损失大，因而对原型前置扩压器进行改进设计，将原型前置扩压器直壁段优化为等压力梯度型面，增大扩张比，以提高扩压器的静压恢复，减少总压损失性能。通过理论计算和数值模拟的方法，仅将直壁式型面优化为等压力梯度型面而不改变扩压器的扩张比，不能提高扩压器的静压恢复、总压恢复等性能；在前置扩压器流道内不发生明显气流分离的前提下，扩张比越大，静压恢复性能越好，总压损失越小，但随着扩张比的提高，其性能的提高越不明显。通过原型及优化后扩压器的性能对比分析，优化后不同扩张比的前置扩压器流道内未发生明显分离，出口流场与原型相近，AR=1.6 的优化方案中，静压恢复系数由原来的 0.312 增大到 0.545，总压损失由原来的 2.4%降低到 1.5%，扩压器的性能得到较好的提高。

关键词： 前置扩压器；等压力梯度型面；总压损失系数；静压恢复系数；数值仿真

Optimal Design of the Pre-diffuser Based on the Combustor of the Prototype Engine

ZHAO Tingjie*，YU Xiaobing

AECC Guiyang Engine Design Research Institute，Guiyang 550081，China

Abstract: The pre-diffuser based on the combustion chamber of engine is a straight-wall and small expansion ratio of pre-diffuser short protrusion diffuser. The pressure recovery coefficient of the diffuser and total pressure of the diffuser recovery coefficient is low. In addition，the diffuser is easy to occur flow separation. Therefore，the design of pre-diffuser was improved. The straight-wall pre-diffuser of prototype optimize for constant pressure gradient of pre-diffuser. According to the simulation results and experience，if the pre-diffuser only changed a straight-wall to constant-pressure-gradient-wall Without changing the expansion ratio，The static pressure recovery coefficient and total pressure recovery coefficient of the diffuser cannot be improved. In the premise that prediffuser does not occur significant flow separation，the expansion ratio of the front diffuser is larger，the The pressure recovery coefficient of the diffuser and total pressure of the diffuser recovery coefficient is greater. However，The larger the expansion ratio of the pre-diffuser is，the more easily the flow separation occurs. Performance of diffuser was compared before and after optimization. The results indicate that no significant flow separation occurred in the optimized diffuser and the flow field of pre-diffuser outlet varies a little compared to the pre-diffuser of prototype. in the optimum scheme，The static pressure recovery coefficient increases from 0.7 to 0.8 and The total pressure recovery coefficient increases from 0.7 to 0.8，The performance of the diffuser is improved.

Keywords: pre-diffuser；constant pressure gradient；static pressure recovery coefficient；total pressure recovery coefficient；simulation

* 通讯作者. E-mail：zhaotingjie2010@163.com

1 引 言

扩压器是燃烧室的重要部件，可以将燃烧室头部的动压头有效转换成静压，以降低进入火焰筒的速度，提高火焰筒进口的静压，起到减少燃烧室的总压损失的作用。扩压器的损失为无效损失，应尽量减少[1]。

在燃烧室设计过程中，希望尽可能降低扩压器的压力损失，目前三代机中，扩压器的压力损失约为燃烧室总损失的 15%～30%[1]。我所某型三代机燃烧室扩压器采用的直壁式扩压器，易分离，扩张比小，总压损失达 2.4%，占燃烧室总压损失的 40%。结合燃烧室入口马赫数 Ma 约为 0.25 分析，该型燃烧室扩压器的总压损失仍有优化空间。相关研究表明，等压力梯度型面的设计，可以有效延迟前置扩压器的气流分离，增大扩张比[2]。Fishenden 等[3]、Hestermann 等[4]、何小民等[5-11]对扩压器的性能进行了实验及仿真研究，结果表明几乎所有的静压恢复都发生在前置扩压器；大部分的压力损失发生在突扩段，总压损失与前置扩压器的扩张比直接相关。因而可以将该型扩压器的前置压扩器由直壁式型面优化为等压力梯度型面设计，在前置扩压器不出现气流分离的前提下，适当增大前置扩压器的扩张比，以提高扩压器的静压恢复系数，减少扩压器的总压损失等性能。

2 原型及优化后扩压器的几何型面

2.1 原型扩压器

原型前置扩压器为直壁式型面设计，前置扩压器长度为 36 mm，上壁面张角为 α，下壁面张角为 β，扣除扩压器空心支板阻塞面积 A，前置扩压器的有效扩张比为 1.4。原型扩压器几何型面如图 1 所示。

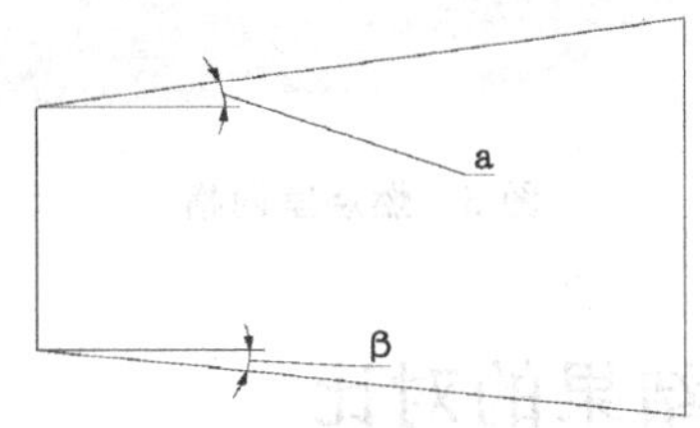

图 1 原型扩压器几何型面

2.2 优化后扩压器的几何型面

原型扩压器采用的是直壁式、小扩张比的前置扩压器，扩压器损失较大。扩压器的损失主要发生在突扩段，前置扩压器的损失较小。增大前置扩压器的扩张比，可减少突扩段的扩张比，进而减少突扩段扩压器的损失，但直壁式扩压器易分离，等压力梯度型面设计可有效延迟前置扩压器的气流分离。因而优化后扩压器采用等压力梯度型面设计，扩压器长度与原型一致，在前置扩压器不发生分离的基础上增大前置扩压器扩张比，优化后前置扩压器的有效扩张比分别为 1.4(与原型一致)、1.5、1.6。等压力梯度型面前置扩压器示意图如图 2 所示，型面设计过程如式(1)～式(4)所示。

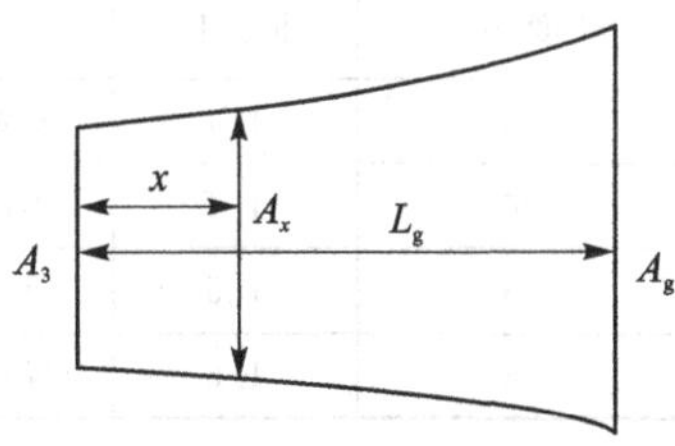

图 2 等压力梯度扩压器型面示意图

$$A_x = \frac{A_3}{\sqrt{1-\left[1-\left(\frac{A_3}{A_g}\right)^2\right]\frac{x}{L_g}}} \tag{1}$$

式中，A_3 为扩压器进口面积，A_g 为前置扩压器出口面积，L_g 为前置扩压器的长度，x 为扩压器进口到前置扩压器任意截面的距离，A_x 为前置扩压器任意截面的面积。等压力梯度型面面积公式是通过压力损失等梯度变化推导所得，如式(1)所示。

扣除支板阻塞面积后，前置扩压器的有效扩张比公式为

$$\mathrm{AR} = \frac{A_g - A}{A_3} \tag{2}$$

等压力梯度扩压器型面方程是通过流量分配进一步确定的。D_{cp} 为扩压器中心流线，与原型扩压器保持一致。m_k 为中径常数，扩压器被中心流线分割的外内面积比，也与原型扩压器保持一致。前置扩压器型面方程如下：

$$R_x = \frac{1}{2}\left(D_{cp}^2 + \frac{b}{\sqrt{1-ax}}\right)^{1/2} \tag{3}$$

$$r_x = \frac{1}{2}\left(D_{cp}^2 - \frac{b'}{\sqrt{1-ax}}\right)^{1/2} \tag{4}$$

式中，

$$a=\left[1-\left(\frac{A_3}{A_g}\right)^2\right]\frac{1}{L_g}$$

$$b=\frac{m_k}{m_k+1}\frac{4}{\pi}A_3$$

$$b'=\frac{1}{m_k+1}\frac{4}{\pi}A_3$$

原型及优化后的前置扩压器具体几何参数对比如表 1 所列，原型扩压器、扩张比为 1.4(与原型一致)的等压力梯度型面、扩张比为 1.5 的等压力梯度型面、扩张比为 1.6 等压力梯度型面扩压器建模如图 3 所示。

表 1　优化前后扩压器的几何尺寸

类　别	前置扩压器长度/mm	有效扩张比	备　注
原型	36	1.4	直壁式型面设计
优化方案 1	36	1.4	等压力梯度型面
优化方案 2	36	1.5	等压力梯度型面
优化方案 3	36	1.6	等压力梯度型面

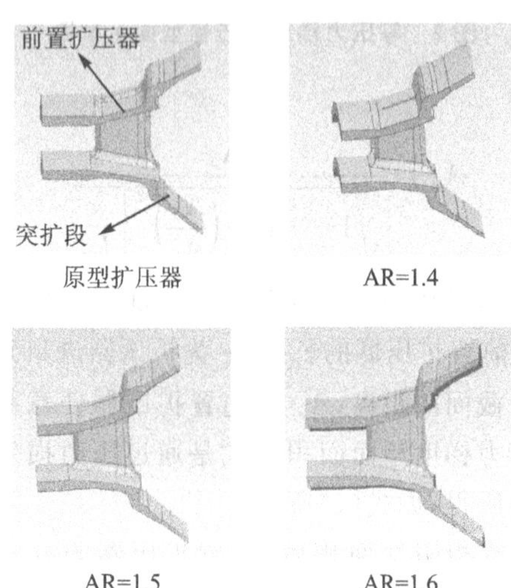

图 3　优化前后扩压器的几何模型示意图

3　计算模型和方法

3.1　计算模型

为比较优化后扩压器的性能，建立了优化前后扩压器物理模型。由于扩压器突扩段、整流罩及火焰筒头部等结构影响扩压器出口的速度、压力等参数分布，因而评估扩压器的性能还需要结合燃烧室结构进行分析。该型主燃烧室是由多个头部组成的环形燃烧室，沿周向均匀分布，计算模型取主燃烧室 1 个扇形头部，并设置周期性边界。为避免计算时主燃烧室进、出口气流的影响，在进、出口增加一段平直段。原型及优化后等压力梯度扩压器计算模型，除前置扩压器外，其余几何模型保持一致。采用 UG 软件进行建模，计算模型见图 4。

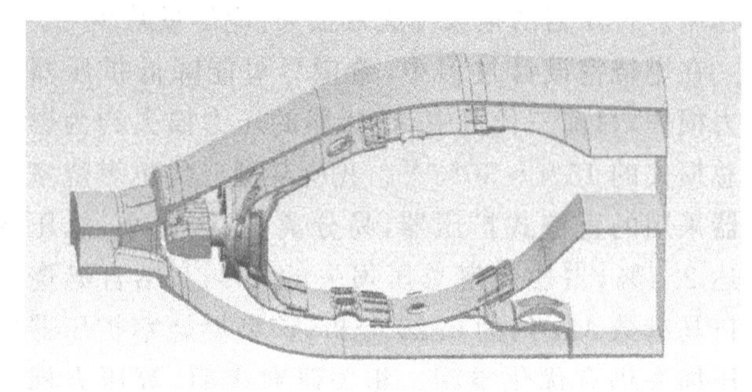

图 4　计算模型示意图

3.2　网格及计算方法

各计算模型采用非结构化网格，网格设置一致，网格数量基本相当，网格单元总数约为 1 700 万，由于火焰筒头部及火焰筒中冷却孔尺寸较小，为了提高网格质量，对小尺寸部位进行加密，最小网格为 0.3 mm。计算模型采用 FLUENT 软件进行计算，在求解的过程中，基于压力求解器，湍流模型选用标准 $k-\varepsilon$ 模型。流体介质选用理想气体，不考虑两股通道的高压涡轮冷却引气，入口选用流量入口，流量为 1.5 kg/s；出口选取压力出口，压力为－120 kPa；操作压力为 2 000 kPa。收敛的判断标准是相对残差小于 1×10^{-5}。

图 5 所示为燃烧室网格。

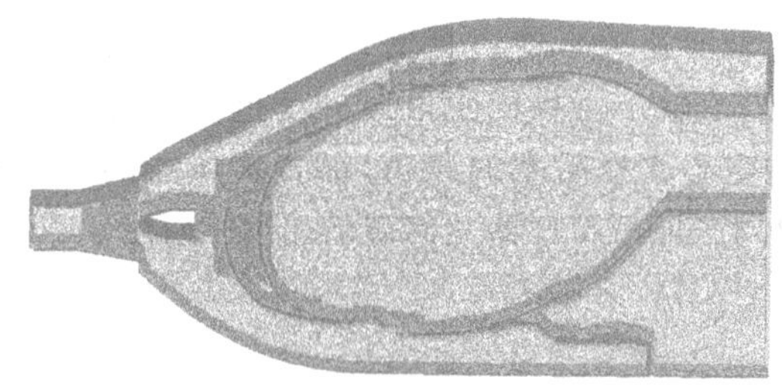

图 5　燃烧室网格

4　仿真结果的对比

4.1　扩压器的性能参数评估

扩压器的总压恢复系数、静压恢复系数等性能参数表征了扩压器压力、速度等的变化关系，在一定程度上可以对其性能的好坏进行评估。扩压器总压恢复系数 σ_p 指扩压器进、出口总压的比值，反映了空气流经扩压器后压力损失的程度，其表达式为

$$\sigma_p = \frac{P_{t,out}}{P_{t,in}} \tag{5}$$

静压恢复系数 c_p 反映了扩压器进口动压头转化为静压的程度，体现了扩压器减速增压的特点，是扩压器最重要的性能指标。其表达式如下：

$$c_p = \frac{P_{s,out} - P_{s,in}}{q_{in}} \tag{6}$$

此外，还应保证前置扩压器内不发生流场的分离，扩压器出口流场稳定。

4.2 仿真结果参数的截面选取

计算扩压器静压恢复系数和总压损失系数时，扩压器进口位置选取在扩压器支板前的进口截面，出口选取为火焰筒主燃孔前的内、外两股通道截面，如图 6 所示。扩压器出口总压、静压按内外两股通道选取截面的流量平均进行求解。

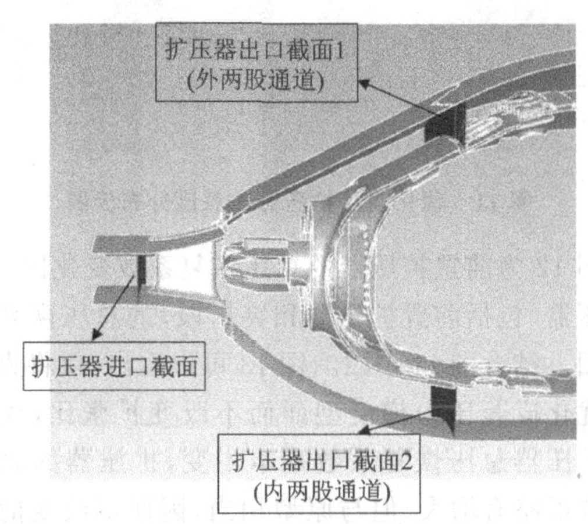

图 6 参数的截面选取

4.3 仿真结果

1. 流场分析

如图 7 所示为前置扩压器和突扩段的速度分布。通过速度矢量图可以看出，原型及优化后不同扩张比的前置扩压器整个流道内均未发生明显分离，出口速度分布较为均匀。

取 $x=36$ mm(扩压器出口截面)截面，分析扩压器出口速度在径向的分布。x 轴为扩压器的径向坐标，y 轴为扩压器的速度，扩压器在出口径向的速度分布如

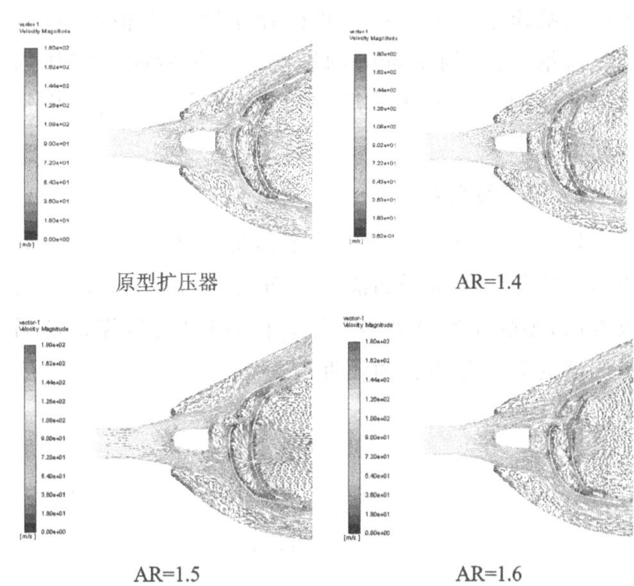

图 7 优化前后扩压器的流场分布

图 8 所示。由于前置扩压器出口到整流罩前端的距离较小(≯1 mm)，可在一定程度延迟分离，但会导致出口速度分布在径向上不均匀。原型及优化后前置扩压器内均未出现气流分离，出口速度分布均为中间低、两边高，受壁面附面层影响，近壁面速度较低。径向的速度分布是由于气流在前置扩压器出口整流罩前端滞止，靠近壁面的两侧气流局部加速，流动损失也会有所增加，静压恢复有所降低。此外，还可以看出，原型前置扩压器及 AR=1.4 等压力梯度型面前置扩压器，优化前后扩张比相同，但优化后前置扩压器的出口速度略低于原型，速度分布更均匀。比较优化后相同等压力梯度型面，可以看出扩张比越大，出口速度越小，但随着扩张比继续增大，其出口速度变化不大，扩张比 AR=1.5 及扩张比 AR=1.6 出口速度相差不大，表明

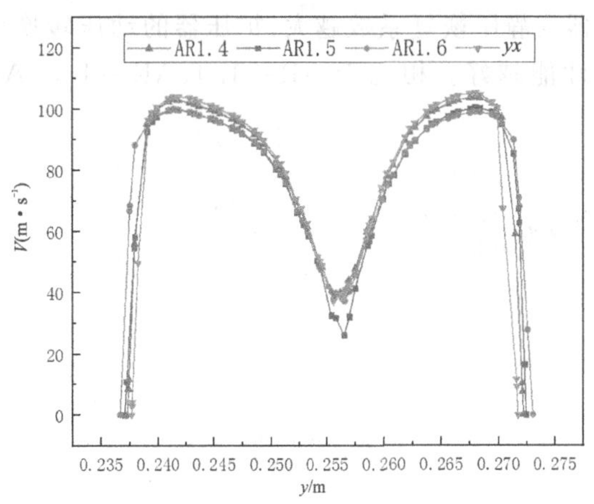

图 8 优化前后扩压器出口速度分布

扩压器减速增压的性能与扩张比不完全正相关，还受到整流罩、火焰筒头部等的影响。优化后前置扩压器出口速度的径向分布与原型相似，能满足该型燃烧室的性能要求。

2. 压力场分析

扩压器的静压恢复是扩压器最重要的性能指标。原型及优化后扩压器的静压分布云图如图 9 所示。可以看出，在静压恢复大多发生在前置扩压器，优化前后扩压器的静压分布较为相近。

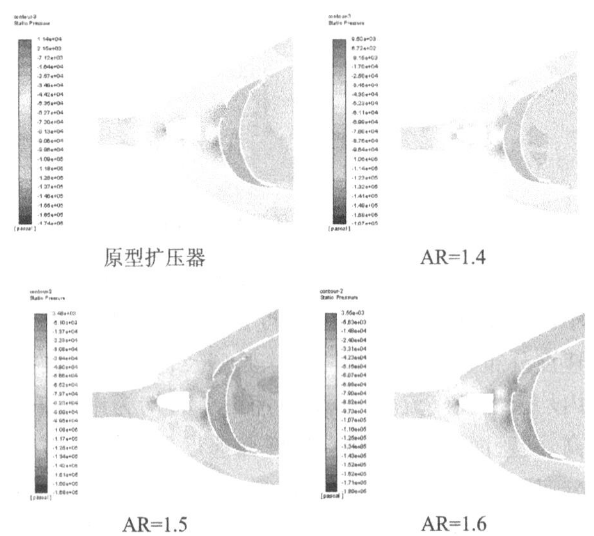

图 9　优化前后扩压器的静压分布云图

图 10 为优化前后扩压器的静压恢复系数变化，比较原型扩压器及 AR＝1.4 计算结果可以看出，单纯的将直壁扩压器优化成等压力梯度型面而不改变扩张比，优化后的静压恢复系数虽略有增大，但与原型基本相当，不能提高扩压器动压头转换成静压的性能。在前置扩压器流道内不发生分离的情况下，扩张比越大，扩压器的静压恢复系数越大，扩压器的动压转换成静压的性能越好。相比于 AR＝1.4、AR＝1.5、AR＝1.6，前置扩压器扩张比越大，静压恢复能力越好，但随着扩张比的增大，静压恢复系数增大的速率越小，且扩张比越大，前置扩压器流道内发生分离的可能越大。常规的短突扩扩压器，前置扩压器的扩张比一般控制在 AR＝1.6 左右[12]。原型与扩张比优化后 AR＝1.6 的扩压器相比，静压恢复系数由原型的 0.312 提高至 0.545，扩压器的减速增压性能大大提高。

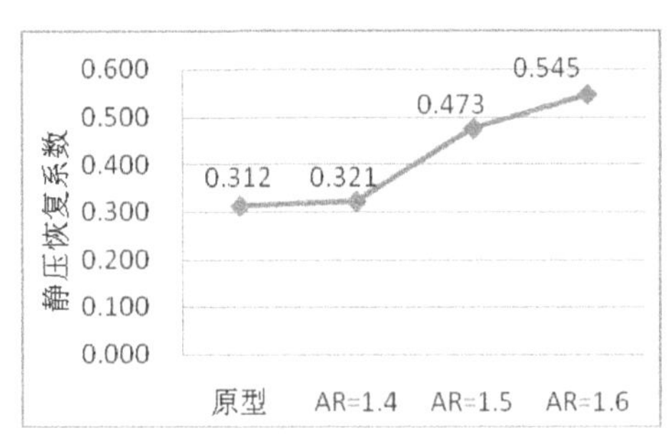

图 10　各物理模型静压恢复系数变化

原型及优化后扩压器的总压分布云图如图 11 所示。优化前后扩压器的总压分布云图相似，前置扩压器内总压损失少，主要的损失发生在突扩段。

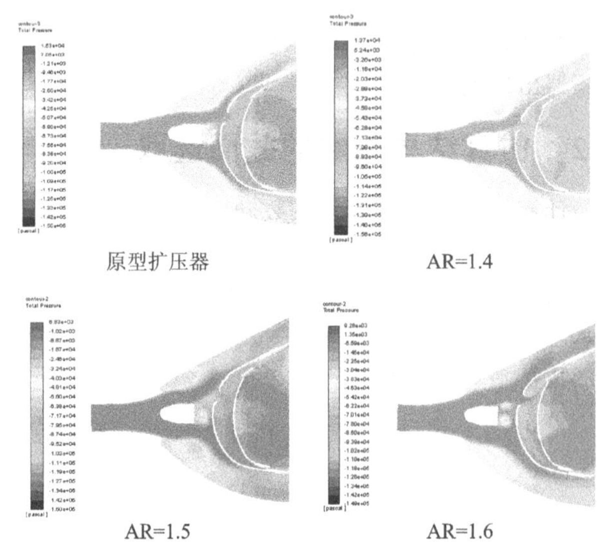

图 11　优化前后扩压器的总压分布云图

图 12 为前置扩压器的总压恢复系数变化图，图 13 为扩压器（包括前置扩压器和突扩段）的总压恢复系数变化图。结合图 11、图 12、图 13 可以看出，仅将直壁扩压器优化成等压力梯度型面而不改变扩张比，优化后前置扩压器总压恢复系数基本不变，扩压器的总压恢复系数虽略有增大，但与原型相当，因而不改变前置扩压器的扩张比，仅优化前置扩压器型面，不能提高扩压器的总压恢复性能。在前置扩压器流道内不发生分离的情况下，扩张比越大，扩压器的总压恢复系数越大，扩压器的损失越小。原型与扩张比 AR＝1.6 优化后扩压器相比，扩压器的总压恢复系数由原来的 97.6％提高至 98.5％，扩压器的损失大大减少。

综合判断，优化后扩压器的静压恢复系数及总压恢复系数都得到大大提高，前置扩压器总压损失较小，大部分总压损失发生在突扩段，AR＝1.6 扩压器的总压恢复系数为 98.5％，即损失约为 1.5％，与原型相比减少了 0.9％的总压损失，优化后扩压器的损失约占燃烧室损失的 30％，扩压器的压力损失占比更为合理。

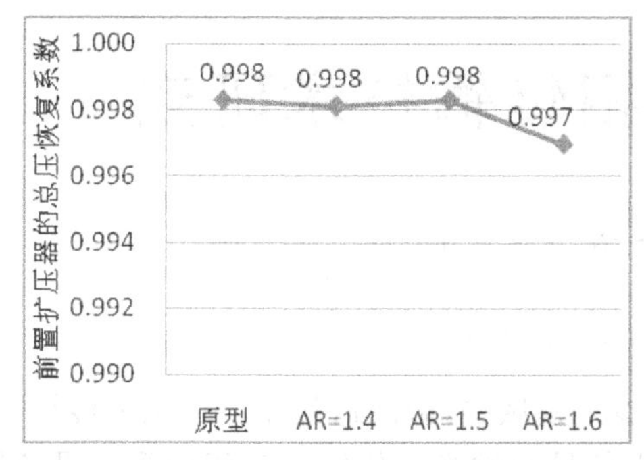

图 12 各物理模型前置扩压器总压恢复系数变化

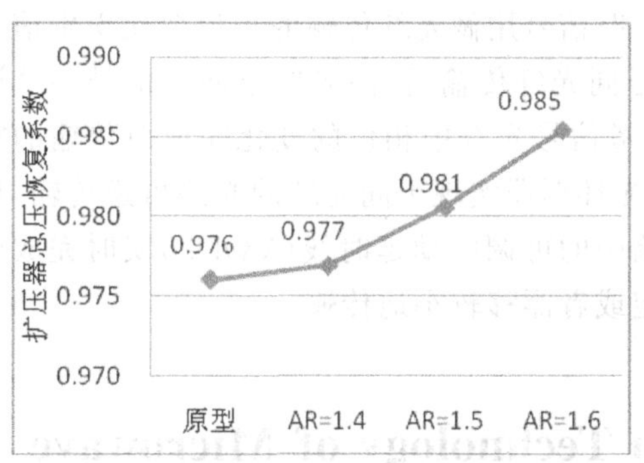

图 13 各物理模型总压恢复系数变化

因而扩张比 AR＝1.6 作为该型燃烧室扩压器改进的最优方案。

5 结 论

本文基于数值仿真对某型发动机直壁式扩压器进行了优化设计，将直壁式前置扩压器改成等压力梯度型面扩压器，并对不同扩张比进行了研究，得出如下结论：

(1) 不增大前置扩压器的扩张比，仅改变扩压器的型面设计方法，扩压器的静压恢复系数和总压恢复系数几乎没有变化，扩压器的性能未提高；

(2) 增大前置扩压器的扩张比，扩压器的静压恢复系数增大，总压恢复系数也相应增大，但前置扩压器扩张比增大，可能带来前置扩压器的气流分离；

(3) 优化后扩压器的总压恢复系数约为 98.5%，即损失约为 1.5%，相比于某型发动机扩压器损失 2.4%，降低了 0.9%的总压损失。优化后扩压器静压恢复较高，总压损失较为合理，扩压器出口流场与原型相似，因而扩压器改进方案较为合理，满足燃烧室设计要求。

参考文献

[1] 李长林，航空发动机燃烧室设计[M]. 航空专业教材编审组.

[2] 潘锦珊. 气体动力学基础[M]. 北京：国防工业出版社，2011.

[3] Fishenden C R, Stevens S J. Performance of annular combustor-dump diffusers[J]. Journal of Aircraft, 1977, 14(1): 60-67.

[4] Hestermann R, Kim S, Khaled A B, et al. Flow field and performance characteristics of combustor diffusers: a basic study[J]. Journal of engineering for gas turbines and power, 1995, 117(4): 686-694.

[5] 何小民，谈浩元. 短突扩扩压器压力特性的数值研究[J]. 南京航空航天大学学报，2002(6): 527-530.

[6] He Xiaomin, Tan Haoyuan. Numerical investigation on pressure characteristics of dump diffuser[J]. Journal of Nanjing University of aeronautics &astronautics, 2002, 34(6): 527-530.

[7] 何小民，谈浩元. 短突扩扩压器与火焰筒匹配的实验研究[J]. 航空动力学报，2001(2): 115-118.

[8] He Xiaomin, Tan Haoyuan. An investigation of matching between dump diffuser and flame tube[J]. Journal of aerospace power, 2001, 16(2): 115-118

[9] 何小民，毛军逵，谈浩元. 突扩扩压器突扩间隙与压力损失间关系的研究[J]. 推进技术，2002，23(2): 158-160.

[10] He Xiaomin, Mao Junkui, Tan Haoyuan. Relationship between the dump gap and pressure loss[J]. Journal of propulsion technology, 2002, 23(2): 158-160.

[11] He Xiaomin, Mao Junkui, Tan Haoyuan. Effect of dump gap on total pressure loss in dump diffuser[J]. Transactions of Nanjing University of Aeronautics & Astronau, 2002(2): 157-160.

[12] 金如山，索建秦. 先进燃气轮机燃烧室[M]. 北京：航空工业出版社，2016.

基于自反馈的微波光纤稳相传输技术研究

吉宪*，赵利国，左朋莎，亢海龙，刘朋

中航光电科技股份有限公司，洛阳 471000

摘要： 在军工雷达系统、电子对抗系统以及卫星导航和深空探测等多个领域中，微波信号需要远距离传输，通常会利用微波光子技术将微波信号调制成光信号在光纤中传输，微波光信号经过光纤传输后其相位受外界环境的影响，相位无法实现稳定传输。本文首次提出了一种基于自反馈技术的光纤稳相传输方法，实现了微波信号光纤中稳相传输。该技术利用晶振产生相位稳定的两路同参基准信号，一路信号用做光纤传输的相位变化识别信号与需稳相的微波光信号同光纤传输；另外一基准信号经过与被稳相信号同光纤传输后，同光路返回光信号调试调制端完成光电转换后，与同晶振输出胡基准信号进行鉴相，实现利用参考信号光纤中相位的变化完成对传输的宽带射频微波信号相位变化的识别。该文中巧妙地利用光波分复用器和光环形器实现了同光纤的光路可逆传输，最后由自动采样电路对参考信号相位的实时变化进行采样，实时控制光路中的可调电动延时线（VODL）实时完成微波信号光纤中光程差的实时补偿，最终可实现微波信号光纤中相位稳定或者漂移较小地传输。

关键词： 微波光子技术；自反馈；相位稳定；光路可逆；VODL

Research on Stable Phase Transmission Technology of Microwave Optical Fiber Based on Self Feedback

JI Xian*, ZHAO Ligou, ZUO Pengsha, KANG Hailong, LIU Peng

AVIC Jonhon Optronic Technology Co. Ltd., Luoyang 471000, China

Abstract: In many fields, such as military radar system, electronic countermeasure system, satellite navigation and deep space exploration, microwave signal needs long-distance transmission. Microwave photonics technology is usually used to modulate the microwave signal into optical signal for transmission in optical fiber. The phase of microwave optical signal is affected by the external environment after transmission through optical fiber, so the phase cannot achieve stable transmission. In this paper, an optical fiber phase stable transmission method based on self feedback technology is proposed for the first time to realize the phase stable transmission of microwave signal in optical fiber. In this technology, crystal oscillator is used to generate two channels of phase stable reference signals with the same parameter. One channel is used as the phase change identification signal of optical fiber transmission, and the microwave optical signal which needs phase stabilization is transmitted with optical fiber; In addition, the reference signal and the stabilized phase signal are transmitted through the same optical fiber, and the modulation end of the return optical signal is debugged. After the photoelectric conversion is completed, the reference signal and the output signal of the crystal oscillator are used for phase discrimination, and the phase change of the transmitted broadband radio frequency microwave signal is identified by using the phase change in the reference signal optical fiber. In this paper, optical wavelength division multiplexer and optical circulator are skillfully used to realize reversible transmission with optical fiber. Finally, the automatic sampling circuit samples the real-time change of reference signal phase, and controls the adjustable electric delay line (VODL) in the optical path in real time to complete the real-time compensation of optical path difference in microwave signal optical fiber, Finally, the microwave signal can be transmitted in the fiber with stable phase or

* 通讯作者. E-mail: jixian@jonhon.cn

small drift.

Keywords: microwave photonic technology; self feedback; phase stability; the optical path is reversible; VODL

1 引　言

随着微波光子技术的发展,将微波信号调制到光信号中传输的技术被广泛研究,与其相关的技术在光控相控阵列雷达、射电天文以及现代空间技术之中也得到重视。微波光子技术具有许多优点,如抗电磁干扰、传输损耗小、轻便灵活、带宽大和易于构造等。利用光纤传输微波信号不仅可以克服传统相控阵天线只能向特定方向辐射波束的弊端[1-3],而且能够缩小相控阵天线雷达的尺寸,重量更轻且损耗更小。同时,相控阵雷达系统,多组阵元同时产生的多波束信号需要多个分布式收发模块和链路网络复杂的控制台,传统的微波器件传输分配技术已经很难适应需求,使用多个微波移相器和波导互连传输分配系统而造成整个系统体积笨重、损耗大、电磁干扰强、信号相位受温度影响变化大等诸多缺点[4]。而利用光纤对微波信号进行传输,可以有效地避免以上存在的问题。利用光纤对微波信号进行传输时,微波信号相位在光纤中受外界温度变化影响较大,为了解决温度对相位的影响,光纤稳相技术成为了急需开发的技术。由于微波信号光纤传输技术在相控阵雷达以及现代空间技术之中被广泛应用[5],因而光纤稳相技术成为微波光纤传输技术应用于现代光控雷达等重点领域中的关键技术。

光器件及光纤传输技术较同轴电缆在损耗、带宽、电磁兼容及信号泄露等方面有突出的优点,使得在光控相控阵雷达系统中引入光纤传输技术成为一种趋势,而光纤稳相传输技术就成为光控相控阵雷达信号传输分配系统的关键技术之一。周围环境对微波光子信号的相位变化影响较大。其中对光纤影响最大的为温度变化和机械振动,两者均会在不同程度上影响链路的传输延时,进而导致光纤中传输的信号相位出现随机抖动[4-6]。传输微波信号的相位会出现漂移,影响相位的稳定性,这对于分布式天线系统精确馈相、空间系统应用中的稳相传输以及分布式系统中的时钟同步有较大的影响[11],因而开发一种相位实时补偿的稳相系统,是微波信号光纤传输中最重要的一部分。本文针对该核心技术首次利用光路自动相位补偿的自反馈技术对宽带射频微波信号的相位进行自动稳相传输。

2 设计方案

该光纤稳相设计的核心思路是构建光路可逆传输系统和自反馈控制方法。在光路可逆系统中,充分利用了光分路器、光波分复用器和光环形器巧妙地完成了被稳相光信号的传输,其相位监测参考光信号进行可逆传输后返回到光信号传输的起点,然后将光信号再次转换为可鉴相的电信号。方案中利用了自动采样电路,然后将不同相位出现的对应采样电压输入到单片机中,由程序自动识别并控制光链路中的信号光程差,最终完成光限号的稳定传输。

由于被鉴相信号为微波信号,而参考信号需要尽快高,这样在改变光链路中信号时,其参考信号的变化会较为敏感,进而鉴相会更加准确。所以我们利用100 MHz晶振,通过倍频后经过等功率功分器输出2路同参稳相的2 GHz信号,一路经过电光转换与被稳相的射频光信号进行同光纤传输,利用两组相同的光环形器和波分复用器将该路光信号由后端设备返回到前端设备,再经过光电转换模块以及射频放大电路将光信号还原为射频信号与另外一路同参信号进行鉴相。利用混频器的工作原理,将与被稳相光信号经过同光纤传输的同参信号再经过光电转化后输入到混频器的(RF)端,由频率源输出的另外一路同参的信号输入到混频器的本振(LO)端,根据混频器工作原理,其中频(IF)端输出一个随RF端和LO端信号相位差变化的直流信号,在IF输出端加一个低通滤波器,将RF和LO泄露到IF端的高频信号进行滤波处理,然后由采样电路完成对相位差的识别,再通过单片机控制可调电动延时线(VODL)进行相位补偿,具体的自反馈微波光纤稳相传输系统原理框图见图1所示。

2.1 混频器的相位识别原理

根据混频器的工作原理可得到中频输出直流信号的特性,在信号输出端存在的信号,包含“和频信号”和本振信号,以及随LO和RF输入相位差的一个“零频信号”,在IF输出端增加一个低通滤波器可以将本振信号和“和频信号”滤除,最终在IF输出端输出一个直流信号,如图2所示。

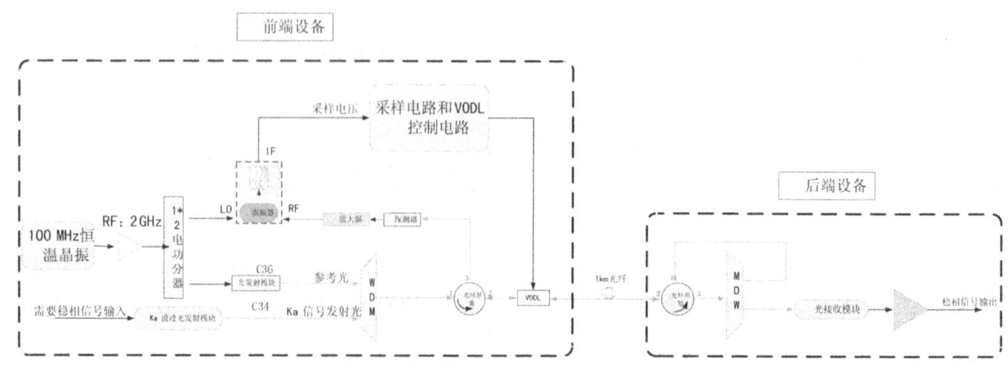

图 1　自反馈微波光纤稳相传输系统原理框图

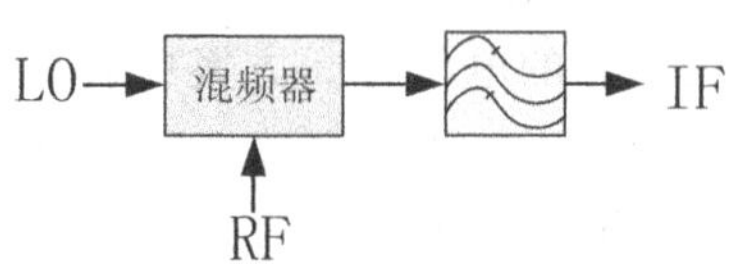

图 2　双平衡混频器组件原理框图

针对 2 GHz 本振信号，通过改变本振与射频的输入端的相位差，可得到对应不同相位差的输出电压值。其中 f_1 和 f_2 为同参不同相的信号，分别给到双混频器的本振输入端口和 RF 输入端口。

$$f_1 = a\cos(\omega_1 t + \varphi_1) \tag{1}$$

$$f_2 = a'\cos(\omega_1 t + \varphi_2) \tag{2}$$

$$\begin{aligned} f' = {} & f_1 * f_2 = \\ & [a'\cos(\omega_1 t + \varphi_1)] * [a\cos(\omega_1 t + \varphi_2)] = \\ & \frac{a * a'}{2}[\cos(2\omega t + \varphi_1 + \varphi_2) + \cos(\varphi_1 - \varphi_2)] \end{aligned} \tag{3}$$

其中，LO 和 RF 端输入均为同频率相参信号，所以它们输入端的 ω 是一样的，通过混频后，输出两种信号：一种为 2ω 信号，经 IF 端输出后再经过一个低通滤波器可以将和频信号滤除，其 IF 端输出只有一个与 LO 与 RF 两路信号相位差相关的常数，即本振与射频的相位差可以通过中频输出的一个余弦函数表示出来，RF 与 LO 端信号的相位差为随两路信号相位不同而不同。

2.2　相位变化的自动采样电路

由于从双平衡混频器输出的电压值存在负数部分，而 A/D 采样范围为 0～2.4 V，利用减法电路将负数采样部分进行修正。图 3 为 A/D 采样电路原理图，该电路由两个运放组成。首先 A/D 采样输入后，利用一个电压跟随电路，可以对采样电压值进行稳定传输到差分比较电路中，通过改变差分输入端的参考电压值，确定 X 的范围。图 3 中选用滑动变阻器可以调整的范围为 0～1.1 V，而 A/D 采样的输入范围为 −0.4～0.4 V，所以可以满足给 A/D 采样输入端的电压为正。后一级为一个比例放大电路，通过调整 R7 和 VR 的大小比例值使得其输入到单片机的 A/D 采样端的电压在 0～2.4 V 之间。所选 LM158 最小采样电压精度为 2 mV，而双平衡混频器 2 GHz 信号相位差与中频输出相位的关系近似为 5 mV/(°)，可以满足相位差对采样电压的要求。

2.3　相位自动识别的软件控制原理

该稳相设备软件控制的主要思路为：微波光纤稳相设备上电后通过单片机的 A/D 接口采集由鉴相器中频输出端口的基准信号相位差信息(相位差转换为不同的电压值)，然后由单片机通过串口控制 VODL 的延时量来调整光链路的相位，之后再通过鉴相器采样，进而进行光链路相位的调整，最终达到稳相的目的。

软件执行流程如图 4 所示。产品上电后首先进行初始化，步进电机进行归位，然后单片机控制其移动到 VODL 中间位置，通过单片机 A/D 接口采集电压换算成光路相位值，该值作为产品的基础相位；产品实时采集当前相位，判断当前相位和基础相位差是否在 10°以内，如果相位差超出 10°，则驱动电动延迟线调整相位。

在实时采集当前相位时，分别使用算术平均滤波法和递推平均滤波法对采集到的数据进行滤波。具体做法为：单片机每 1 ms 采集 1 次 A/D 值，1 s 采集 1 000 次数据，对这 1 000 个数据做算术平均滤波后作为 1 个数据元素，取 10 个数据元素长度做递推平均滤波处理，经过两种滤波后的数据作为当前的相位值。算术平均滤波可以过滤掉随机信号产生的干扰，递推平均滤波可以过滤掉周期信号的干扰，两种滤波算法结合起来可以最大限度地消除干扰信号。

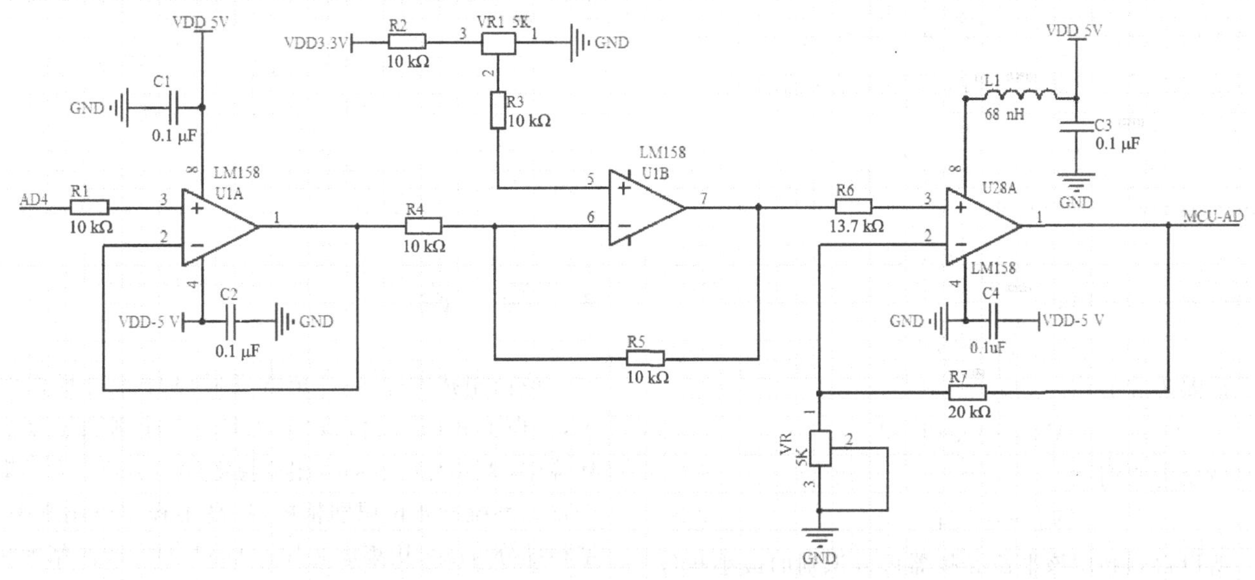

图 3　A/D 采样电路原理框图

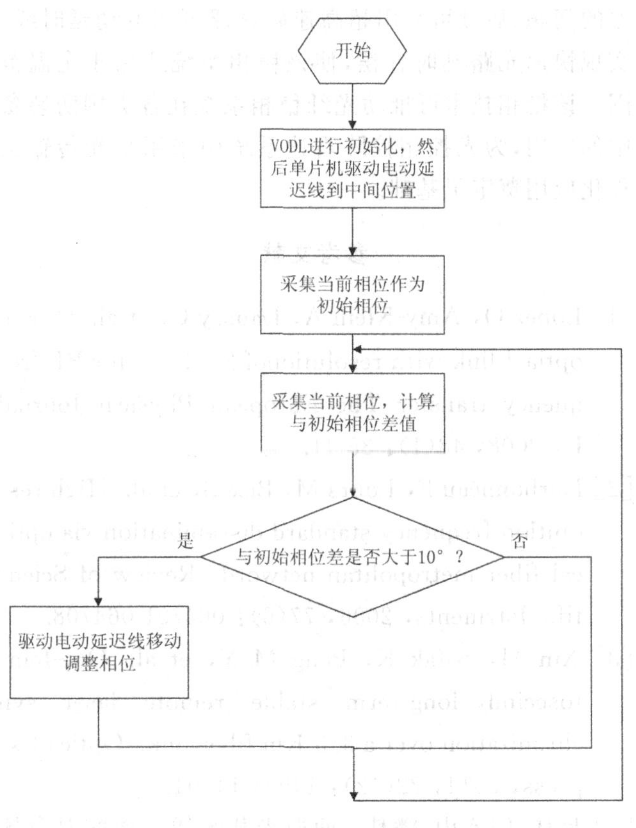

图 4　软件执行流程框图

2.4　光链路光程差的补偿

微波信号经过光纤传输时，由于光纤受外界环境影响较大，光调制信号在光纤中传输时其相位受外界温度影响最大。光纤温度的变化会影响光纤的长度(热胀冷缩)和光纤的折射率。光纤长度和折射率的变化会影响光信号的传输路径和传输速度，进而引起信号电长度的变化，相位也随之改变。

对于大多数光纤，熔融石英其热膨胀系数 α 在 $-150\sim150$ ℃，为$(5.5\sim8.5)\times10^{-7}$/℃，光纤的长度几乎不随着温度变化，而单模光纤的折射率温度系数为 7.62×10^{-6}/℃(在 1 310 nm)、8.11×10^{-6}/℃(在 1 550 nm)，比热膨胀系数大一个量级，因此，在短距离传输时热胀冷缩带来的相位变化几乎可以忽略[10-11]。

决定各路信号相位大小的因素主要有链路光纤长度、波分复用器各个通道的光程差[7-9]、光分路器各个通道光纤的长度、各路器件的一致性、射频放大器中微带线的长度以及同轴线的长度。链路中各个通道的光纤长度均控制在 1 mm 以内，频率为 1 GHz。光纤长度变化 1 mm 时，实际相位变化值为 1.8°。

相位随着温度的变化而变化，所以方案中增加了相位反馈控制模块，能够将相位控制在一定的范围之内，且实时跟踪。

根据混频器计算公式可以得到 IF 输出的电压为

$$V_{\mathrm{IF}}=\frac{aa'}{2}\left[\cos(2\omega t+\varphi_1+\varphi_2)+\cos(\varphi_1-\varphi_2)\right] \tag{4}$$

经过低通滤波器后实际输出为

$$V'_{IF}=-\frac{aa'}{2}[\cos(\varphi_1-\varphi_2)] \tag{5}$$

而输入信号幅度 $V=\sqrt{R\times P(W)}$，其中 R 取 50 Ω；当输入功率增益为 13 dBm 时，相应的信号幅度电压为 0.99 V。所以

$$V'_{IF}=-0.5[\cos(\varphi_1-\varphi_2)] \tag{6}$$

可以得到相位差为 0°时，

$$V'_{IF}=-0.5\ \text{V} \tag{7}$$

当相位差为 180°时，

$$V'_{IF}=0.5\ \text{V} \tag{8}$$

当相位差为 8°时，

$$V'_{IF}=-0.495\ \text{V} \tag{9}$$

当相位差为 5°时，

$$V'_{IF}=-0.498\ \text{V} \tag{10}$$

所以得到利用该平衡混频器可以识别的最小相位差为 5°。

1 550 nm 波长的光信号在光纤中的折射率为 1.467，其在光纤中的传输速度为 2.045×108 m/s[10]，而 31 GHz 信号在光纤中的波长为 6.6 mm；330 ps 光纤延时线对 31 GHz 信号可移动相位为 3681.0°；0.1 ps 对于 1 GHz 信号可改变相位 0.36°，对于 31 GHz 信号可改变相位 11.2°；而选用的 VODL 最小步进为 0.01 ps，则对于 31 GHz 信号的可改变相位为 1.12°，可以达到相位要求的≤±5°。

3 实验结果

该微波光纤稳相传输系统由前端设备和后端设备组成，中间由 1 km 的 G.652 光缆连接。其中稳相主要控制源在前端设备中，信号光路传输单元光元器件分布在前后端设备中。

不同频率下相位的变化近似呈线性变化。为了测试方便，该稳相测试系统中测试频点选用 31 GHz，分别测试了接入稳相系统和不接入稳相系统两种情况，测试时间为 120 min，分别在上午和下午不同时间段进行了相位测试。1 km 光纤呈盘状固定，分别对每路微波信号的绝对相位进行测试，测试数据见表 1。从实际测试结果可以看出，增加了稳相系统的相位稳定性远比不增加稳相系统的光链路相位稳定得多，说明该稳相设备对微波信号光纤传输相位的稳定控制起到了一定的作用。

表 1 增加相位反馈与不增加相位反馈相位测试数据

测试时间	相位指标测试条件	
	不增加稳相系统 (31 GHz)相位/(°)	增加稳相系统 (31 GHz)相位/(°)
09:00—11:00	148.2	19.5
15:00—17: 0	136.7	14.2

4 结 论

该稳相技术采用了光路可逆原理和自反馈的原理，实现了 Ka 波段信号(31 GHz)在非剧烈温度变化环境中，光纤传输 1 km，相位稳定度≤±5°。为了提高该稳相系统的相位识别精度，提高工程化应用水平，其鉴相部分可以采用集成芯片(ADI8302)完成高精度相位差识别功能(2GHz 信号，相位识别精度为 10 mV/(°))。为了克服目前可调电动延时线(VODL)环境适应性较差的问题，后续可采用超高速磁悬浮可调电动延时线，实现快速光路延时补偿，使该稳相系统适用于全温范围。该稳相技术可推动光纤稳相系统在各类国防装备中的应用，为光控相控阵雷达系统中采用全光传输工程化应用奠定了基础。

参考文献

[1] Lopez O, Amy-Klein A, Daussy C, et al. 86-Km optiacl link with resolutionof 2×10^{-18} for RF frequency transfer The European Physical Journal D, 2008, 48(1): 35-41.

[2] Narbonneau F, Lours M, Bize S, et al. High resolution frequency standard dissemination via optical fiber metropolitan netword. Review of Scientific Istrments, 2006, 77(6): 064701-064708.

[3] Xin M, Safak K, Peng M Y, et al. One-femtosecind, long-term stable remote laser syn chronization over a 3.5-Km fiber link. Optics Express, 2014, 22(12): 14904-14904.

[4] 吕佳，闫连山，潘伟. 面向光载无线系统的混合频相调制信号产生[J]. 光学学报, 2018, 38(5): 0506002.

[5] Dewdney P E, Hall P J, Schilizzi R T, et al. The square kilometre array[J]. Proceedings of the IEEE, 2009, 97(8): 1482-1489.

[6] 刘安良，殷红玺，吴宾. 光载无线通信系统射频信号相移特性研究[J]. 光学学报，2018，38(5)：0506003.

[7] 常乐，董毅，孙东宁，等. 光纤稳相微波频率传输中相干瑞丽噪声的影响与抑制[J]. 光学学报，2012，32(5)：0506004.

[8] 姜瑶，邹喜华，严相雷，等. 基于被动补偿的点到多点微波信号光纤稳相传输[J]. 光学学报，2019，39(9)：0906005.

[9] 柯先文，张伟，杜建卫，等. ROF 技术及其在军事上的应用分析[J]. 国防基础技术，2010(12)：23-26.

[10] He Y B, Baldwin K G H, Orr B J, et al. long-distance telecom-fiber transfer of a radio-frequency reference for radio ast ronomy [J]. Optica, 2018, 5(2)：138-146.

[11] 尹怡辉，朱宏韬，熊汉林，等. 射频信号光纤传输技术研究现状及进展[J]. 光通信技术，2020，44(2)：19-23.

隐身飞机超短波天线布局设计及效能提升研究

孙宏涛，张彪*，林赟，乐翔，王阳

中国航空工业集团公司成都飞机设计研究所，成都 610091

摘要：机载超短波通信从二代机发展至三代机，至当今四代隐身战斗机，一直是飞机实现视距话音和数据通信最基本、最常用，也是最重要的一种通信技术手段。传统二代机以及三代机，机载超短波通信天线普遍采用“马刀”形单极子技术体制，其天线布局形式基本上以采用机背/机腹双天线布局设计形式为主；然而进入第四代隐身战斗机发展阶段，传统马刀天线技术体制和机背/机腹双天线布局形式已无法适应新一代机载平台要求。原因首先是隐身战斗机要求机载天线孔径具有低电磁散射特性，机载超短波通信天线需采用内埋或一体化共形设计形式；其次是由于四代机具有超机动性，对超短波通信天线布局提出了近似全空域覆盖要求，传统单极子机理天线和双天线布局形式已无法满足要求。本文研究对比分析了当今世界主流的三代机及四代隐身战斗机超短波通信天线的技术特征、布局形式、空域覆盖能力等，并总结分析了主流先进战机超短波通信天线体制和布局设计的技术发展趋势。本文提出了基于空域覆盖统计的天线布局性能分析方法，实现了对机载天线布局三维方向图的二维可视化、量化性能评估。提出了双天线合成布局，并进行了机载通信仿真，通信距离提升 25%。

关键词：甚高频/超高频通信；天线布局；隐身战斗机；增益方向图

Research on Layout Design and Efficiency Improvement of VHF/UHF Antennas for Stealth Fighter

SUN Hongtao, ZHANG Biao*, LIN Yun, LE Xiang, WANG Yang

AVIC Chengdu Aircraft Design & Research Institute, Chengdu 610091, China

Abstract: From the second generation fighter aircraft to the third generation and even to the fourth generation stealth fighter, the airborne VHF/UHF communication has been the most basic, important and commonly used technology for voice and data transmission. In the second and third generation aircraft, the airborne VHF/UHF antenna generally adopts blade monopole, and its layout is mainly on the dorsal spine and belly of the plane with dual antennas. However, in the fourth generation stealth fighter, the blade antenna and its traditional layout have not suited to it. The first reason is that the stealth fighter requires the antenna aperture to have the characteristics of low RCS, and the antenna should adopt the embedded or integrated conformation. Second is due to the super maneuverability of stealth fighter, which puts the airspace communication coverage requirement forward to total space. The single or dual antenna layout forms have been unable to meet the requirements. This paper compares and analyzes the technical characteristics, layout forms and airspace coverage of VHF/UHF antennas of the mainstream third- generation and fourth-stealth fighters in the world, and summarizes the development trend of VHF/UHF antenna of next generation advanced fighter. Simultaneously, this paper proposed an antenna layout performance analysis method which realized the graphical and quantitative analysis the three-dimensional pattern through the statistics of the gain directional pattern of the whole space. A composite layout of two antennas is proposed, and aircraft communication simulation is carried out, the communication range is increased by 25%.

Keywords: VHF/UHF communication; antenna layout; stealth fighter; gain pattern

* 通讯作者. E-mail: zhb-365@163.com

引　言

机载超短波通信，亦称为机载甚高频/超高频(VHF/UHF)通信，主要用于飞机与地面指挥所/塔台、编队内飞机之间的相互通信[1-3]。三代机及其更早前的二代机由于对机动性能要求不高且无隐身要求，因此机载超短波通信天线布局主要考虑水平俯仰角±30°、方位角0°～360°内的空域覆盖要求，多采用单极子天线形式[4]。然而发展到第四代隐身战斗机，超机动性、低可探测性，尤其是雷达隐身要求，则跃居成为飞行设计的首要目标和关键性能。因此超机动性、低可探测性对第四代隐身战斗机超短波通信天线设计和布局带来了重大技术挑战和难题：① 超机动性决定了超短波的覆盖空域由俯仰角±30°、方位角0°～360°向近似全向4π空间转变，传统单天线、机背/机腹双天线布局形式已无法满足；② 雷达隐身要求对机载超短波天线孔径提出了额外约束，孔径设计需要权衡电磁辐射和电磁散射之间的矛盾；③ 针对四代机全空域覆盖天线性能评估分析，传统的方位/横滚/俯仰三正交面方向图已无法准确、全面地评估分析飞机机动状态下超短波通信性能，需要提出一种适用于隐身战斗机天线布局性能的分析方法。

1　常规战斗机超短波天线设计及布局

1.1　空域覆盖需求

三代机的超短波通信空域覆盖范围通常为俯仰角±30°、方位角0°～360°的环形区域，满足飞机远距离空空、空地通信的需求。

1.2　天线设计体制

机载超短波天线根据通信体制的需求，采用垂直极化设计，频率覆盖民航、军航等常用频段，通常为108～400 MHz，为宽带天线。传统三代机采用“刀”形天线设计，如图1所示，采用单极子天线形式，其特征是天线为薄片设计，延机体航向布局在机背和机腹中轴线上[5-6]，机身对天线影响小，同时对飞机飞行性能无影响。

图1　传统“刀”形超短波天线

1.3　天线布局设计

国外主流三代机的超短波通信天线布局设计如图2～图4所示。机背上天线主要用于飞机上半空域通信，机腹下天线主要用于下半空域通信。其突出特点是利用单极子的全向辐射特性满足水平方位面的360°覆盖，同时紧贴机身安装，减小机身电磁反射、散射对方向图的影响。

图2　阵风战斗机

图3　F-16战斗机

图4　JAS-39战斗机

2 隐身战斗机超短波天线设计及布局

2.1 空域覆盖需求

四代机超短波主要承担飞机与地面指挥台、飞机与友机之间的语音通话功能，通话时间不定、时长不一，由于四代机的超机动特点，在飞行中为了确保该功能随时连通、话音不间断的需求，需要飞机在任意飞行姿态下均具备对地、对空的实时通信能力，因此机载超短波天线需要满足大空域覆盖的要求，其空域覆盖能力要求达到三代机的1倍以上。

四代机超短波通信空域覆盖要求近似 4π 空间，即在俯仰角±90°、方位角0°～360°范围内，大于95%以空域可通。

2.2 超短波天线设计体制

由于超短波天线需要满足大空域覆盖需求，因此通常飞机上至少需要布局2副超短波天线，安装于机身背部和腹部，分别满足上半空域和下半空域的覆盖需求。但是在四代机设计中，由于隐身需求的提升，突出飞机表面安装的"刀"形天线不具备隐身能力，因此必须在垂直极化和频段不变的情况下，探索超短波天线的隐身化，同时还需要满足全向覆盖的需求。

2.3 国外先进隐身战斗机超短波天线布局

超短波天线的隐身设计通常有两种措施，一是采取内埋方式，即将天线的辐射体部分放在机体内部，由机身遮挡实现隐身；二是采取与机表结构一体化措施，即将传统的"刀"形天线与飞机垂尾结构共形设计，实现结构功能隐身[7-9]，据公开资料显示，美国F-22及F-35战斗机均采用垂尾结构与超短波通信天线一体化设计技术，如图5、图6所示。

图5 F-22战机超短波天线

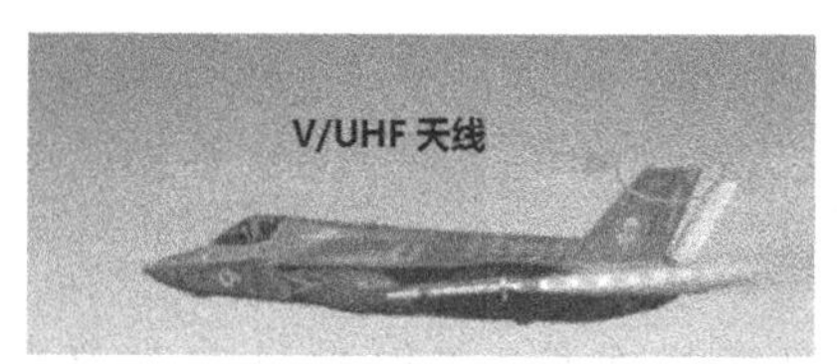

图6 F-35战机超短波天线

当采用内埋方式实现天线设计时，通常可布局在机身上较为平坦的区域，如机背、机腹、机翼等部位，但是由于VHF频率较低，天线的孔径尺寸通常需要0.7 m以上，对战斗机而言空间占用太大，难以实现，因此现在实现共形设计的通常是UHF天线，如F-22[10]。当采用结构共形设计天线时，通常需要提供一个垂直或接近垂直的面以提供天线安装的基础面，因此常将超短波天线与飞机垂尾进行一体化设计[10-11]。

3 基于空域覆盖的天线布局性能分析

3.1 天线布局对性能的影响分析

当超短波天线布局在飞机垂尾上，其距离机身表面的垂直距离为 h，由于隐身战斗机机身背部比较平坦，因此可以等效为有限大的平面地，因此其会将超短波天线下半空域内，部分角度的能量反射至上半空域，与上半空域辐射方向相同的电磁波叠加。如图7中所示，当向下的直射波角度为 θ 时，其反射波方向为 $\pi-\theta$，即图中黑粗线所表示的方向，与上空域中的辐射方向为 $\pi-\theta$ 的直射波方向一致，而两者之间的相位差为

$$\Delta\gamma = 2\pi \cdot d_1/\lambda \tag{1}$$

$$d_1 = 2h \cdot \sin\theta \tag{2}$$

当 $\Delta\gamma=(2n+1)\cdot\pi, n=0,1,2,\cdots$ 时，上半空域直射波与下半空域向上的反射波相位相反。理想单极子天线上下空域辐射的能量一致，即布局后入射波与反射波幅度相同、相位相反，此时两者之间能量抵消，因此在此方向上，辐射场幅度出现波谷，导致方向图较深

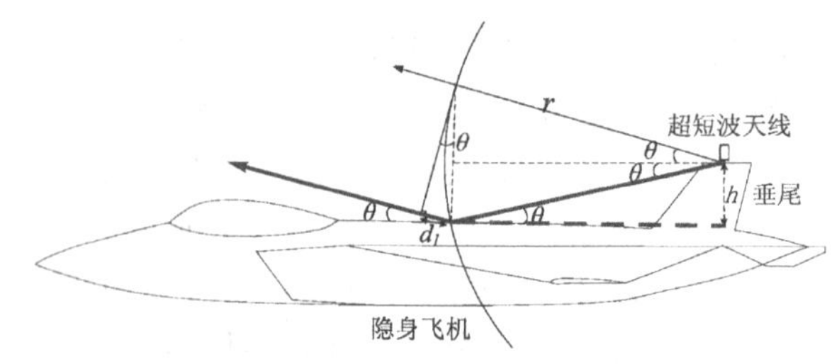

图7 隐身飞机垂尾天线布局示意图

凹陷。

d_1 长度随 θ 的变化而变化，其中：

$$a\sin(h/L) \leqslant \theta \leqslant 90° \tag{3}$$

式中，L 为机身至垂尾根部之间的距离。

取典型的战斗机尺寸参数，$h=1.4$ m，$L=15$ m 时，d_1 的变化范围为

$$0.26 \text{ m} \leqslant d_1 \leqslant 2.8 \text{ m} \tag{4}$$

而在超短波频段，半波长变化范围为

$$0.375 \text{ m} \leqslant \lambda/2 \leqslant 1.39 \text{ m} \tag{5}$$

因此当反射点变化时，由于入射波和反射波的波程差 d_1 引起的半波长相位差的数量为

$$1 \leqslant \text{NUM} \leqslant 7 \tag{6}$$

取其中典型值 174 MHz，半波长长度为 0.86 m。根据上述计算可以得到其入射波和反射波出现半波长相位差的数量为 3 个，即 d_1 长度分别为 0.86 的 1～3 倍。表 1 为 174 MHz 理论计算凹陷角度。

表 1　174 MHz 理论计算凹陷角度

序　号	波程差/m	理论凹陷角/(℃)	仿真凹陷角/(℃)
1	0.86	17.8	14.6
2	1.72	37.9	41
3	2.58	67.1	74.5

通过全波仿真，可以得到在此频点超短波天线的空间辐射场存在 3 处凹陷，如图 8 所示，即为直射波和反射波的叠加电场，与理论分析结果一致。对应的天线方向图同样在对应角度上出现较大凹陷，如图 9 所示。

图 8　机身布局的超短波天线 174 MHz 辐射电场分布

从上述分析和表 1 的结果可以看出，直射波与反射波叠加的理论分析，与全波仿真得到的结果基本一致，通过本文的分析方法，可以快速得到垂尾或其他高于翼身的天线布局方向图凹陷情况，从而实现对天线布局效果的初步评估。

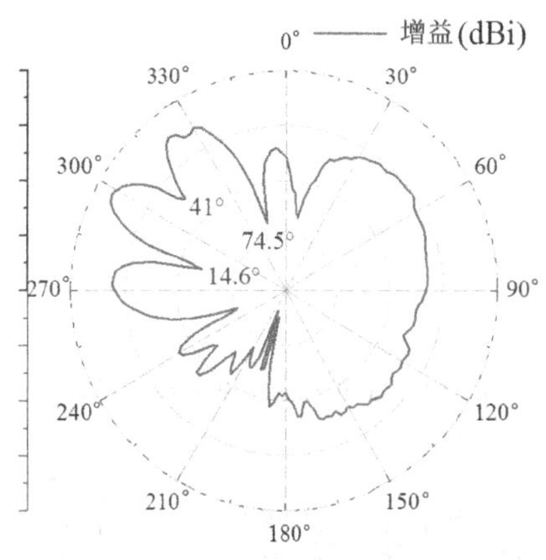

图 9　机身布局的超短波天线 174 MHz 辐射 E 面方向图

3.2　基于空域覆盖统计的天线布局性能分析方法

传统的天线分析过程中，普遍采取 E 面、H 面的两个剖面来表示天线的方向图特性，但是在隐身战斗机的超短波天线布局后，根据上一节的分析结果，方向图存在多个凹陷区域，仅从方位、俯仰、横滚三个正交剖面，难以反映天线在空域内的覆盖特性，因此本文提出了基于空域覆盖统计的天线布局性能分析方法。

基于空域覆盖统计的天线布局性能分析方法是通过对天线的三维方向图进行全空域数据统计，给出天线布局后增益覆盖合格区域在 4π 空间所占的比例，实现对天线布局后增益方向图性能和效果的定量分析。通过该方法，可以清晰、直观地分辨出天线布局方向图由于机身反射或遮挡而导致的畸变或凹陷程度、影响空域范围和总体空域覆盖合格率等数据，从而判断天线设计和布局设计是否满足通信功能需求。

由于仿真得到的结果为二维平面结果，而实际方向图是三维结果，因此需要将二维的直角坐标系数据结果转换为三维极坐标系结果，对三维结果进行统计，计算满足指标要求的空域覆盖率。

如图 10 所示阴影区域，在直角坐标系中，其面积为

$$S_1 = \mathrm{d}\theta \cdot \mathrm{d}\varphi \tag{7}$$

与之对应的极坐标系下阴影区域面积为

$$S_2 = \sin\theta \mathrm{d}\varphi \cdot \mathrm{d}\theta = \sin\theta \cdot S_1 \tag{8}$$

合格空域覆盖率为

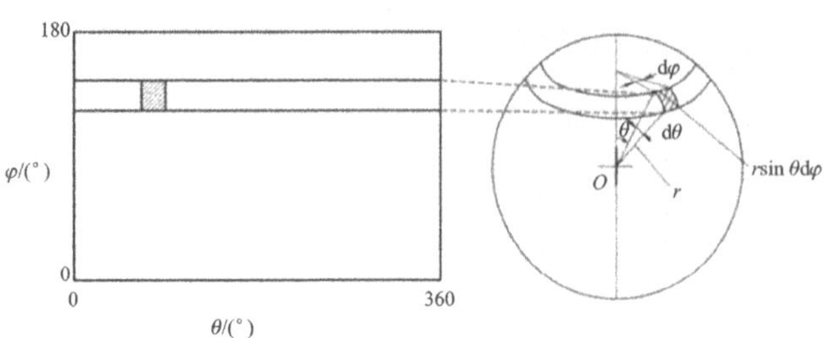

图 10 直角坐标与极坐标的转换

$$\eta=\frac{\text{球面合格区域面积}}{\text{球总面积}}=\frac{\int_{\text{合格区域}} S_2}{\text{球面积}}$$

$$=\frac{\sin\theta\int_{\text{合格区域}} S_1}{\text{矩形面积}}$$

$$=\frac{\sum_{\text{合格点}}\sin\theta}{(\theta\text{ 个数})\cdot\varphi\text{ 个数}} \tag{9}$$

3.3 仿真实例

通过对上一节中的 174 MHz 天线方向图进行分析，取一定的阈值作为参考，分析了高于此阈值的区域及合格比例，得到详细区域分布如图 11 所示，(0°，90°)为机头方向，俯仰 0°～90°为机身上半空域，90°～180°为机身下半空域。图中白色区域即为合格空域，根据上述公式，得到单侧垂尾超短波天线空域覆盖合格比例为 68.6%。

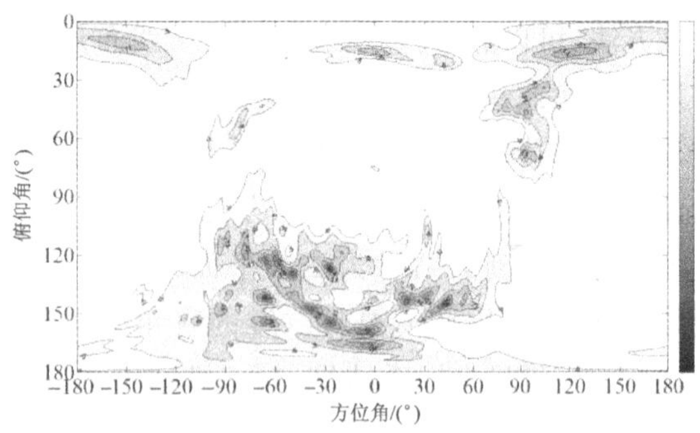

图 11 单垂尾超短波天线 174 MHz 辐射增益方向图

通过对天线增益方向图的分析，能够很清晰地看到，当天线布局在垂尾上时，机腹下方的空域，即俯仰角在 90°～180°之间，天线增益下降明显，无法做到全覆盖，因此需要在飞机机体腹部进行天线布局设计，实现下空域覆盖。

为了提升超短波天线的空域覆盖，需采用多天线综合布局设计，进行空域互补。利用双垂尾的天线，进行双垂尾天线综合设计。

采用上节所述基于全空域统计的天线布局性能分析方法进行分析，得到如图 12 所示的合成天线增益方向图。双侧垂尾超短波天线合成后空域覆盖合格比例为 81%，相比单天线提升了 13%。

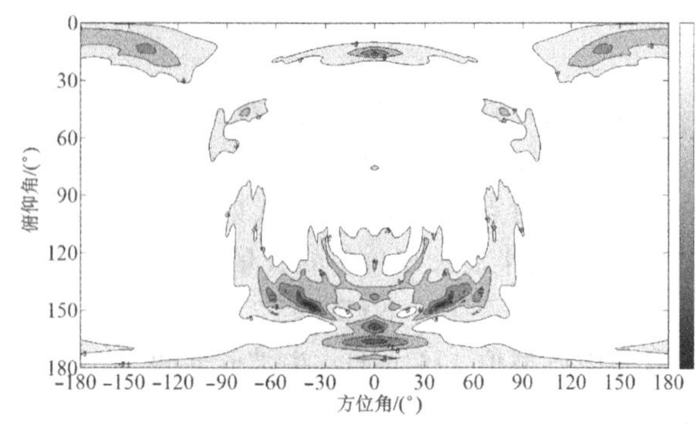

图 12 双侧垂尾合成的 174 MHz 辐射增益方向图

在此基础上对其他频点进行了仿真分析，得到表 2。通过双天线合成，双天线对全空域的覆盖显著优于单天线，其合格空域普遍提升约 20%。

表 2 双天线与单天线空域覆盖统计对比表

频率/MHz	双天线空域合格率/%	单天线空域合格率/%	提升值
F_1	71.59	49.03	22.57
F_2	83.12	63.26	19.85
F_3	82.35	65.30	17.04
F_4	85.94	67.36	18.58
F_5	80.96	64.14	16.81
F_6	56.07	37.12	18.96
F_7	64.24	44.55	19.69
F_8	69.77	51.59	18.18

双天线合成后，对单天线产生的反射叠加凹陷得到了较好的补充，能够适应四代机的全向通信需求。通过以上的分析，可以得到基于空域覆盖统计的天线布局性能分析方法是一种对全向天线布局设计性能较为全面和量化的分析方法，能够直观、清晰和准确地指导飞机天线设计和天线布局设计及其优化改进，是一种科学合理的天线布局设计性能评估方法。

4 基于动态场景下链路实时通断的天线布局性能评估方法

在方向图布局分析的基础上，本文提出并实现了基于三维动态场景下链路实时通断的天线布局性能评估。通过建立通信链路的仿真算法模型，加载天线装机三维方向图，惯导和卫星等运动轨迹等用户数据，实现对射频链路收发通、断情况的实时仿真评估，完成对天线布局方案性能的全面动态评估。

4.1 仿真原理模型

通信链路的计算采用自由空间中信号传输公式，接收端信号强度 $A(t)$ 的大小是由设定场景中的收发链路特性决定，发射信号经过射频功放放大和发射天线调制后辐射到空中，经过空间传输到达接收天线，进入接收机通道。

接收端信号功率 P_r 为

$$P_r = P_t + G_t - \mathrm{SpaceLoss} + G_r - \mathrm{SysLoss} \tag{10}$$

式中，P_t 为目标源的发射功率；G_t 为发射天线在收发径向的天线增益，与飞机相对姿态和经纬高等相关；G_r 为接收天线在收发径向的天线增益，与飞机相对姿态和经纬高等相关；SpaceLoss 为空间传输损耗，具体包括大气损耗 L_{atmo}、多径损耗 L_s、雨衰 L_{rain}；SysLoss 为接收链路的系统损耗，包括多普勒损耗 $L_{doppler}$、插损 IL 等。

$$\mathrm{SpaceLoss} = L_{atmo} + L_s + L_{rain} \tag{11}$$

$$\mathrm{SysLoss} = L_{doppler} + \mathrm{IL} \tag{12}$$

通信传输过程及主要影响因素如图 13 所示。

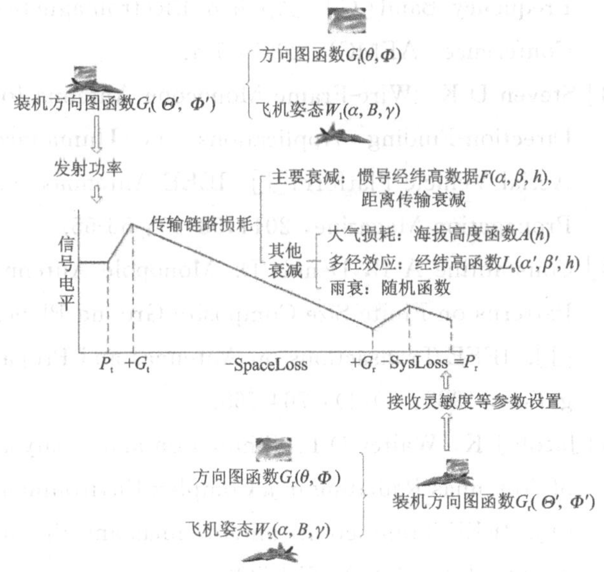

图 13 通信传输链路组成

4.2 仿真实例

在天线方向图仿真的基础上，进行了通信效果仿真分析，通过采集飞行航线数据，如图 14 所示，同时加载飞行姿态和仿真方向图数据，分别分析飞机和地面站之间的通信情况。

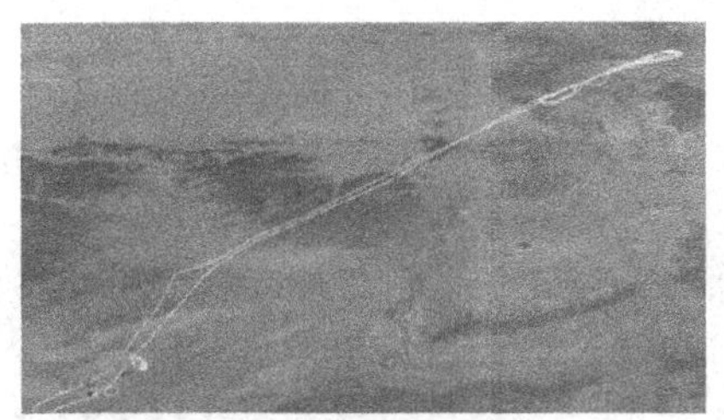

图 14 飞行仿真场景图

图 15 所示为单天线和双天线方向图加载示意图。

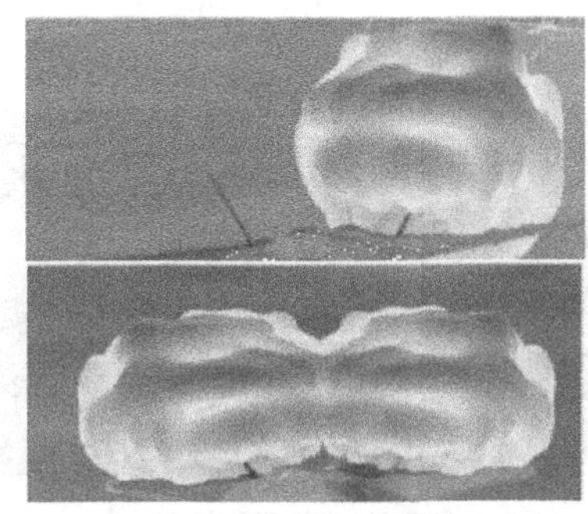

图 15 单天线和双天线方向图加载示意图

当采用单天线进行通信时，通信链路通、断情况如图 16 所示，上图为飞机发射，地面台接收情况；下图为地面台发射，飞机接收情况。图中横坐标为时间，纵坐标为地面站与飞机的直线距离（单位 km），由通、断情况与距离的关系可以看出，飞机起飞后背向地面台飞行且通信链路正常，当飞到离地面站 Δ km 时，通信链路断开，而后飞机在 Δ km+24 km 时掉头朝向地面站飞行，飞行至相距大约 Δ km−94 km 时，通信链路恢复，通信正常的时间仅占全过程的 73%。与当日实际试飞视距基本吻合。

在相同的场景下，当采用双天线进行通信时，如图 17 所示，飞机起飞后背向地面台飞行且通信链路正常，当飞到离地面站 Δ km+17 km 时，通信链路断开，而后飞机在 Δ km+24 km 时掉头朝向地面站飞行，飞行至相距大约 Δ km−36 km 时，通信链路恢复，通信正常的时间仅占飞行全过程的 85%以上，在通信距离要求内均可正常通信。

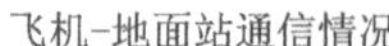
飞机-地面站通信情况

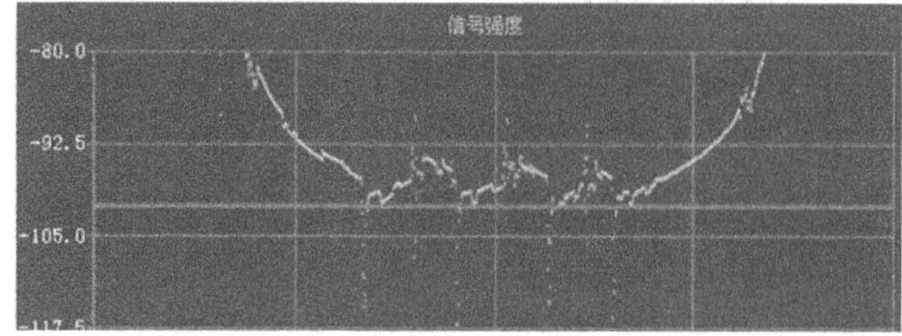

地面站-飞机通信情况

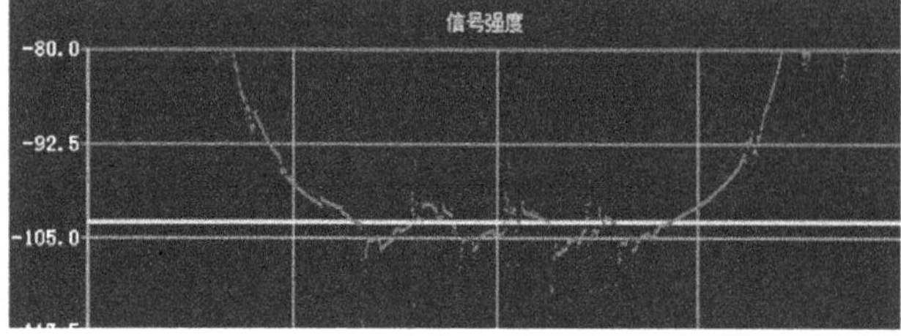

图 16　单天线通信效果图

飞机-地面站通信情况

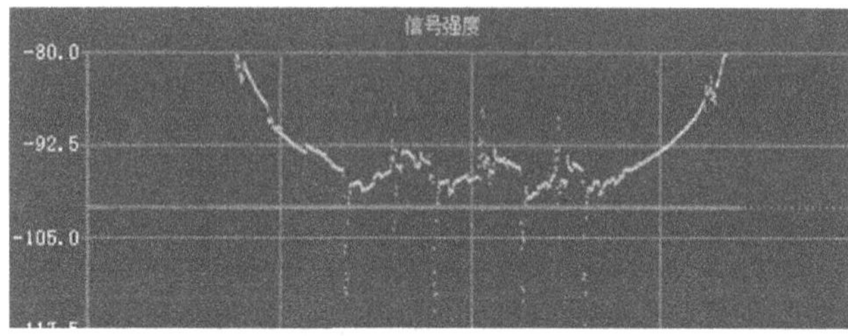

地面站-飞机通信情况

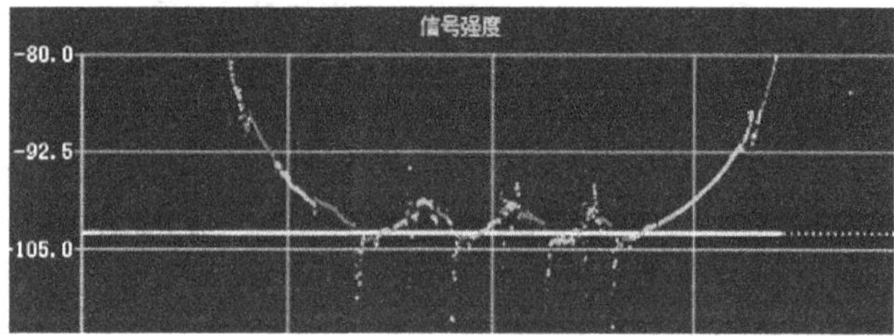

图 17　双天线通信效果图

5　总　结

本文通过对常规三代战斗机的超短波天线布局分析，提出了传统超短波天线与隐身飞机设计之间的矛盾，并进一步结合典型隐身战斗机的超短波天线布局设计，选取了垂尾布局方式。通过对垂尾布局的理论分析，得到了垂尾布局高度、工作频率和方向图凹陷之间的影响因素。基于该布局的特点，提出了基于全空域统计的天线布局性能分析方法，通过全空域增益方向图统计分析，实现了对三维方向图的量化分析。在此基础上研究了布局优化设计，通过双天线同时工作，有效弥补了单垂尾布局带来的空域覆盖不足的缺陷。

在方向图分机基础上，开展了动态场景下链路实时状态的天线布局性能分析，较传统二维静态分析，更加全面地检验了天线设计布局方案的合理性和鲁棒性。通过软件模拟，利用飞机海量的试飞、训练包线样本，开展真实模拟飞行条件下的三维动态链路仿真，可以暴露出以往必须通过试飞验证才能发现天线布局缺陷，大大降低了设计成本。基于飞行航迹分析了单天线和双天线的通信情况，双天线相比于单天线，有效通信距离提升了约 25%，显著提升了隐身战机的通信效果，满足了指标需求。

未来下一代战斗机要求具备更高的隐身能力，无垂尾化设计已经成为设计趋势，因此下一步将继续开展机载小型化、共形超短波天线[11-13]的设计和布局分析工作。

参考文献

[1] Walter D B, Elvin C G, Ronald J M, et al. A Study of KC-135 Aircraft Antenna Patterns[J]. IEEE Transactions on Antennas and Propagation, 1975, 23(2): 309-316.

[2] Ahirwar S D, Sairam C, Kumar A. Broadband Blade Monopole Antenna Covering 100～200 MHz Frequency Band[C]. Applied Electromagnetics Conference (AEMC), 2009: 1-4.

[3] Steven D K. Wire-Frame Monocone Antenna for Direction-Finding Applications on Unmanned Aerial Vehicle Platform[J]. IEEE Antennas and Propagation Magazine, 2011,53(1): 56-65.

[4] Constantine A B, Dennis D. Monopole Antenna Patterns on Finite Size Composite Ground Planes [J]. IEEE Transactions on Antennas and Propagation, 1982, 30(4): 764-768.

[5] Jacob J K, Walter D B. Simulation and Analysis of Antennas Radiating in a Complex Environment [J]. IEEE Transactions on Antennas and Propagation, 1986,34(4): 554-562.

[6] 魏亮，王涛涛，李峰. 飞机超短波天线合理布局仿真计算[J]. 现代电子技术，2012,35(13): 95-97.

[7] 王冰，黄寨华. 超短波通信天线隐身技术研究[J].

现代导航,2012,3(1):46-50.

[8] 刘芸,孙红兵.垂尾隐蔽式超短波全向天线的一体化设计[J].电子测量技术,2017,40(7):59-63.

[9] 安兆卫,王明皓,洪铁山.机载宽频带超短波天线的设计[C]//全国天线年会论文集,2009:474-477.

[10] 杨伟,等.美国第四代战斗机—F-22“猛禽”[M].北京:航空工业出版社,2009:103-106.

[11] 连铧,郭庆功.一种小型化超短波单极子天线设计[J].太赫兹科学与电子信息学报,2013,11(3):416-419.

[12] 陈爱新,姜铁华,苏东林.一种可齐平安装的机载复合结构宽带天线的设计[J].航空学报,2011,32(5):900-907.

[13] 任苹,陈斌斌,朱永忠.机载共形 UHF 天线的设计与仿真[J].武警工程大学学报,2014,30(4):31-34.

30CrMnSiNi2A 心杆断裂失效成因诊断分析

张越，林文钦，王炯

成都飞机工业(集团)有限责任公司，成都 610092

摘要： 针对一起 30CrMnSiNi2A 心杆断裂失效故障，经金相分析判定断裂模式为氢脆断裂，通过对磁粉检测工艺的改进，采用低浓度荧光磁悬液剩磁法检验，在 20 倍的放大镜下观察评判，有效检出了螺纹根部的氢脆裂纹，并找到了缺陷产生的根本原因系螺纹机械加工不当在螺纹根部产生沟槽，引起局部应力集中，并在后续的电镀工艺过程中产生扩展开裂；最后提出了工艺改进方向，以及高强度钢螺纹根部氢脆裂纹磁粉检测的最佳工艺与磁痕鉴别方法。

关键词： 螺纹根部；氢脆；裂纹；磁粉检测；诊断

Diagnosis and Analysis of Fracture Failure of 30CrMnSiNi2A Mandrel

ZHANG Yue, LIN Wenqin, WANG Jiong

Chengdu Aircraft Industrial (Group) Limited Corp, Chengdu 610092, China

Abstract: Aiming at a fracture failure of 30CrMnSiNi2A mandrel, the fracture mode was determined to be hydrogen embrittlement after metallographic analysis. Through the improvement of magnetic particle testing process, the hydrogen embrittlement cracks at the root of thread was effectively detected by using the residual method, low concentration fluorescent magnetic suspension, and observing under 20 times magnifying glasses, the root cause of the defect was found. It is because of the groove formed at the root of the thread due to the improper machining led to the local stress concentration, and cracking and expanding in the subsequent electroplating process. Finally, the direction of process improvement is proposed, and the best process of magnetic particle testing and magnetic indication interpretation method to the hydrogen embrittlement crack at the root of thread of high strength steel are gaven.

Keywords: Thread root; hydrogen embrittlement; crack; magnetic particle; diagnosis

1 引言

一个 30CrMnSiNi2A 拉杆组件在使用过程中多次发生断裂，断裂位置为拉环与心杆连接部位。断裂问题发生后，工艺部门将拉杆表面处理工艺由镀 Cr 更改为低氢脆的镀镉-钛工艺，重新生产并交付产品，但在现场准备安装时再次发生断裂，经失效分析判定心杆断裂属氢脆断裂。

钢的氢脆问题是 20 世纪 40 年代才逐渐被人们发现和认识的。氢脆断裂具有延迟断裂，破坏性、隐蔽性强等特点，发生断裂之前无任何征兆，无法在事先通过正常方法检查发现，它的存在对产品的质量安全具有严重威胁。有关氢脆断裂的案例在生产过程中其实是屡见不鲜的[1-9]。据文献报道，某发动机右进气道螺栓在飞行 5 h 25 min、6 个飞行起落后，在空中发生断裂，螺栓材料为 30CrMnSiA，零件表面进行了电镀锌，镀锌完成后进行(90 ℃±10 ℃)/4 h 的除氢处理，螺栓断裂于第一扣螺纹根部。氢脆断裂问题给飞机的安全飞行带来严重的挑战。

氢脆断裂的另外一个重要影响是可能造成重大经济损失。据报道，20 世纪 80 年代初，美国通用汽车公司轿车底部控制架上有两种螺栓曾经发生氢脆断裂，造成通用汽车公司不得不在 640 万辆轿车上更换了这两种螺栓，最终造成 7 000 多万美元的经济损失[10]。

对于氢脆断裂的进一步成因，以及如何进行预防控制，一直是各方亟待解决的问题。本文通过对 30CrMnSiNi2A 心杆断裂失效故障的深入分析，找出了产生氢脆裂纹的深层次原因，同时通过对磁粉检测工艺的改进分析，提出了螺纹根部氢脆裂纹磁粉检测的最佳工艺与磁痕鉴别方法。

2 试验与分析

2.1 外观观察

拉杆组件由心杆、吊环和尾柱组成(见图 1)，心杆材料为 30CrMnSiNi2A 钢，表面处理工艺为镀镉-钛，硬度要求为 HRC45～49。心杆两头为螺纹端，分别旋入吊环和尾柱内螺纹。故障心杆在尾柱螺纹连接处发生断裂，进一步观察，断裂位置位于旋入尾柱的第一扣螺纹位置。

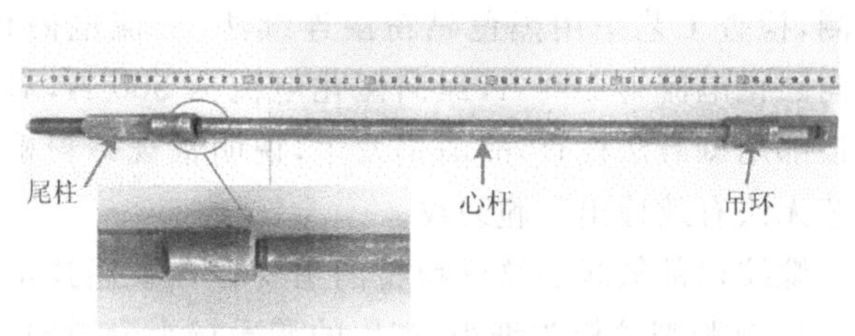

图 1 断裂的心杆外观形貌

2.2 断口观察

宏观观察，尾柱一侧的心杆断口整体发绿，而另一侧的匹配断口上绿色不明显。心杆断口较为平齐，未见塑性变形。断口上可见磨损特征，断口可见一侧往另一侧的扩展棱线，起始一侧发亮的颗粒特征较为明显，另一侧可见一小月牙形的剪切区。清洗后对心杆断口在扫描电镜下观察，断口靠起始一侧 2/3 区域均为沿晶断裂特征，靠剪切唇一侧的断口 1/3 区域为穿晶韧窝断裂形貌，见图 2。

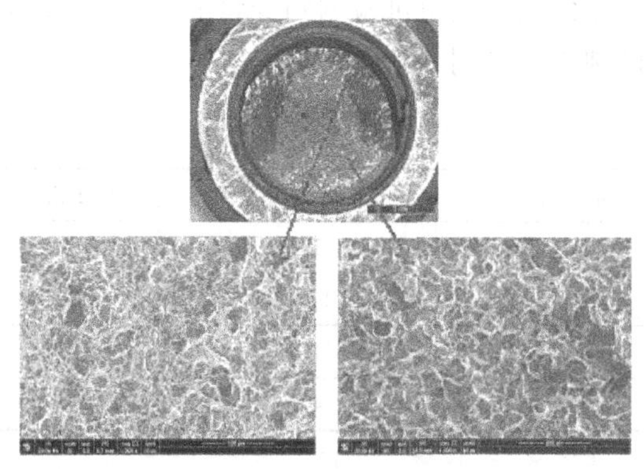

图 2 断口微观特征

进一步观察尾柱一侧断口(断面发绿的断口)，起始位置的边缘局部可见摩擦挤压形貌的片状物(后续能谱分析以 Cd 的为主)，局部沿晶面上可见明显的附着物，稍远离起始处，沿晶表面较干净，但晶面上可见撕裂棱特征(鸡爪痕)，见图 3。而心杆另一侧的匹配断口上除个别位置有些外来物污染外，整个断口沿晶面均比较干净。

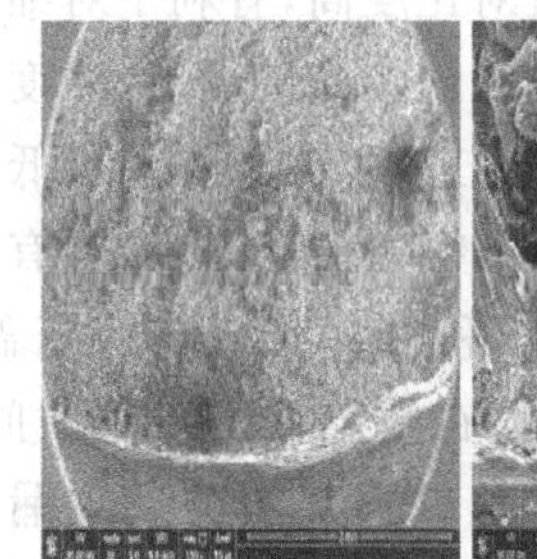

(a) 起始位置表面的片状物

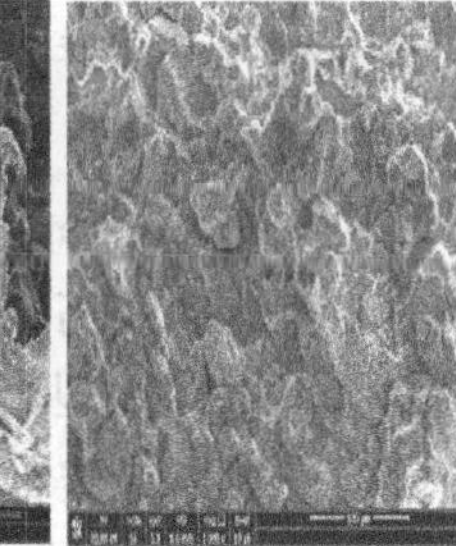
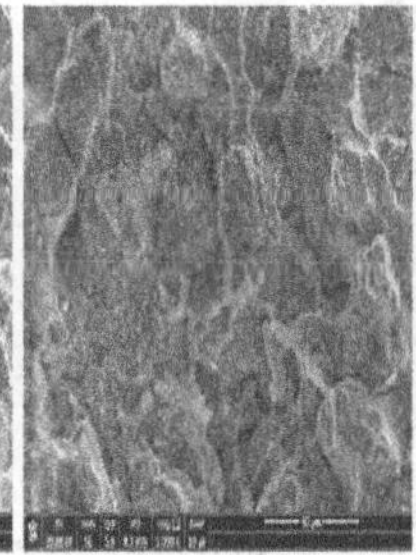

(b) 起始一侧沿晶断裂及晶面上的附着物

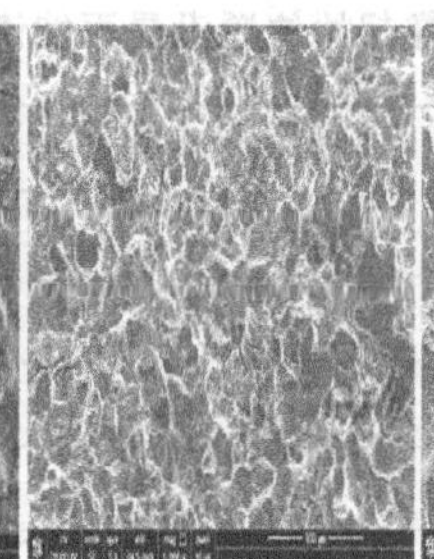

(c) 断口中部沿晶面上的撕裂棱

图 3 心杆断口沿晶区特征

2.3 组织和硬度检查

截取心杆横、纵截面试样，制备金相腐蚀后进行金相组织观察。两个截面心杆组织均为回火马氏体组织，组织稍粗大；除此之外，组织未见异常。心杆横截面硬度平均值为 HRC49.6，略高于技术要求上限，见表 1。

表 1 基体硬度检测/HRC

测试部位	1	2	3	4	均 值	技术要求
横截面故障心杆硬度 HRC 值	49.6	50.0	49.8	49.2	49.6	45～49

2.4 能谱分析

在断口上对不同的位置进行能谱分析，起始位置片状物主要为Cd元素（见表2），起始位置螺纹表面的颗粒物含有50%的Cd元素（见表3），而靠起始位置有附着物的沿晶面上Cd元素含量高达40%（见表4），其他稍干净的晶面上也可检测到少量的Cd元素；而韧窝断裂区则未检测到Cd元素。

表2 起始位置能谱

元素	重量占比/%	原子占比/%
Al	1.58	5.86
Cd	92.39	82.46
K	1.09	2.80
Fe	4.94	8.88

表3 起始位置螺纹表面能谱

元素	重量占比/%	原子占比/%
O	22.09	58.78
Cd	49.59	18.79
K	1.46	1.59
Cr	7.86	6.43
Mn	1.56	1.21
Fe	15.09	11.51
Co	2.34	1.69

表4 靠起始位置沿晶面能谱

元素	重量占比/%	原子占比/%
O	18.26	50.88
Cd	40.68	16.13
K	0.61	0.70
Cr	1.25	1.07
Fe	37.94	30.27
Co	1.25	0.95

2.5 试验小结

根据断口观察，心杆断裂位置位于第一扣螺纹位置，断口平齐，未见塑性变形；扫描电镜下观察，断口区域呈沿晶断裂特征。断口沿晶面上可见撕裂棱（鸡爪痕），断口上可检测到不同含量的Cd元素，尤其是靠近起源位置局部Cd元素含量高达40%，而韧窝断裂区则未检测到Cd元素。心杆断裂为氢致脆性断裂[11]较大，不排除发生在镀镉钛工艺过程中。

此心杆前期表面工艺为镀Cr，因多次发生氢脆断裂，后将表面工艺更改为低氢脆的镀镉-钛工艺，但仍发生了氢脆断裂，说明对于高强度钢，即便在较低的氢含量下也具有发生氢脆的可能。此外，心杆材料为30CrMnSiNi2A，材料本身对氢脆敏感，故障件基体硬度稍超出技术条件要求上限，进一步加剧氢脆失效可能。

3 磁粉检测工艺与分析

3.1 检测工艺分析与改进

此心杆断裂前均已按GJB 2028A标准经过了磁粉检测，检查工艺采用黑色磁粉湿连续法、交流电磁化，周向磁化电流为200 A，纵向磁化电流为500 A，对螺纹根部用剩磁法检查，故障仍发生，说明常规磁粉检测工艺无法有效检出氢脆裂纹。

螺纹根部氢脆裂纹磁粉检测主要存在下述技术难点：① 氢脆裂纹极为细小，产生的漏磁场十分微弱，难以吸附磁粉形成可供观察的磁痕；② 螺纹根部几何变形大，易产生磁粉堆积，掩盖真实缺陷，且不易观察；③ 镀镉层会削弱表面漏磁场，不易在材料表面产生磁极吸附磁粉形成磁痕。

针对上述检测难点，对检测工艺做如下改进：① 采用荧光磁悬液，荧光磁痕对比度高，有利于对细小磁痕的观察评判；② 采用低浓度的荧光磁悬液，浓度在0.15 mL/100 m左右，该浓度偏正常范围下限，更低于1.8 mL/100 m左右的常规黑磁粉磁悬液浓度，可有效避免浓度过高产生的磁粉堆积和对真实缺陷的掩盖；③ 采用剩磁法检测并延长磁粉在缺陷处的凝聚时间，便于形成稳定的磁痕，以解决螺纹根部氢脆裂纹漏磁场弱、难以形成磁痕的问题；④ 采用20倍的放大镜并在黑光灯下进行观察评判，解决螺纹根部氢脆裂纹细小不易观察发现的问题。

3.2 检测与实验

1. 磁粉检测

采用改进后的检测工艺，对后续送交的心杆进行磁粉检测，检测工序均为电镀后进行，检测心杆17件，发现有13件有明显的线性磁痕显示。将心杆退镉后重新进行检测，磁痕显示仍然存在且更加清晰。磁痕特征为：所有磁痕均出现在螺纹第一牙与第二牙之间的螺纹根部位置，磁痕显示呈线性，两端圆钝、无尖锐状，显示有一定的显示亮度，如图 5 所示。

2. 金相实验

通常情况下的裂纹的磁痕显示为两端尖细、显示强烈、轮廓清晰的特征[12]，而该心杆故障件磁痕显示不具备该特征，是否判定为氢脆裂纹无把握，取其中 1 件进行后续金相实验分析。图 4 所示为心杆螺纹根部磁痕显示。

图 4　心杆螺纹根部磁痕显示

在 200 倍的低倍下观察，磁痕显示区域存在一条宽为 117.24 μm、深为 42.18 μm 的沟槽区（见图 5(a)）；500 倍的低倍观察，沟槽下部产生了一条宽度约 5 μm、深度为 25.49 μm 的延伸裂纹（见图 5(b)），扫描电镜下裂纹形貌更加明显，主裂纹旁另还伴生有一条小裂纹（见图 5(c)）。此外，在螺纹齿面非承载部位，还观察到有明显的折叠，且折叠尾端已有裂纹扩展（见图 5(d)），该折叠在磁粉检测时未能被检出。

3. 分析讨论

（1）磁粉检测采用低浓度（0.15 mL/100 m）荧光磁悬液、剩磁法检查、直流电磁化工艺，并采用 20 倍以上的放大镜观察评判，可以有效检出螺纹根部的氢脆裂纹。

（2）根据图 5(a)所示结果，氢脆裂纹产生原因是因螺纹车加工不当，导致在螺纹根部产生沟槽，在后续电镀过程中因应力集中，沟槽向深度方向扩展开裂（如图 5(b)所示）。

（3）螺纹根部的氢脆裂纹是由尖锐的加工伤向下部扩展延伸，其磁痕呈两端圆钝、无尖锐状的显示特征，不能按常规方法进行鉴别，需结合磁痕显示是否有显示亮度，即是否存在漏磁场和磁粉吸附，并结合加工工艺特点综合考虑，否则容易产生漏判。

（4）图 5(d)所示结果表明，即便采用适合的检测工艺，磁粉检测也不一定能检出螺纹部位的全部缺陷。本案例所检出的裂纹宽度为 5 μm，深度为 25 μm，基本处于磁粉检测对裂纹检出技术约束条件（缺陷深宽比为 5∶1）[12]的下限。

(a) 磁痕显示位置 200×

(b) 裂纹深入度 500×

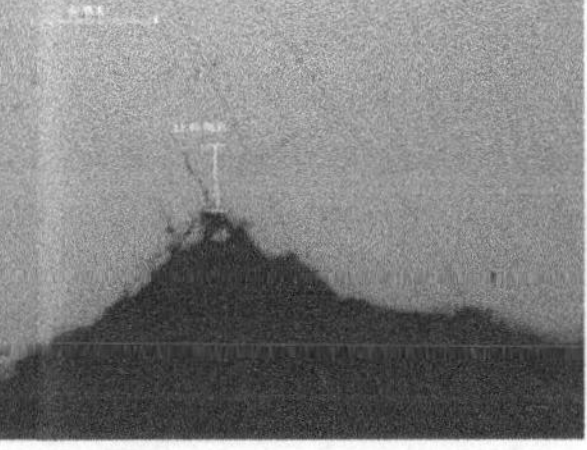

(c) 裂纹微观形貌 500×

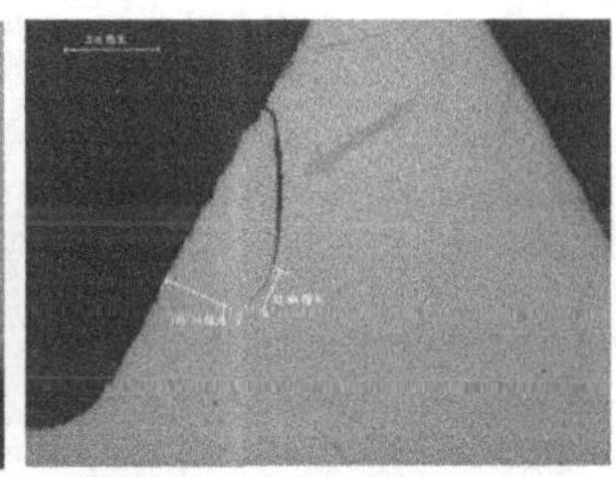

(d) 螺纹非承载部分 100×

图 5　心杆螺纹根部金相结果

4　结　论

（1）心杆断裂失效的根本原因系螺纹车加工不当，导致在螺纹根部产生细小的沟槽，引起局部应力集中，并在后续的电镀工艺过程中产生扩展开裂，为避免问题继续发生，螺纹加工宜改进为滚制加工。

（2）对于高强度钢，采用低氢脆的镀镉-钛工艺仍不能有效避免氢脆裂纹的产生。

（3）对螺纹根部氢脆裂纹的磁粉检测，宜采用如下检测工艺：低浓度（0.15 mL/100 m 左右）的荧光磁悬液，剩磁法检查，20 倍的放大镜下观察。

（4）螺纹根部氢脆裂纹的磁痕不具备两头尖细的裂纹显示典型特征，鉴别时需结合是否存在磁粉吸附和显示亮度，并结合加工工艺综合判定。

参考文献

[1] 刘德林，胡小春，何玉怀，等，从失效案例探讨钢制

紧固件的氢脆问题[J]. 材料工程，2011(10)：78-83.

[2] 张家付，王维，等. 起落架 40CrNi2Si2MoVA 钢螺桩断裂分析[J]. 失效分析与预防，2008(11)：51-54.

[3] 林轻，杨兴林. 某型高强度螺栓断裂失效分析[J]. 材料热处理技术，2009(1)：128-130.

[4] 王会，张青春，梁世河，等. 发动机底座高强度六角头螺栓断裂的失效分析[J]. 机械工程材料，2013(1)：98-104.

[5] 王菲，张鹏. 42CrMo 钢螺杆开裂原因分析及改进措施[J]. 金属热处理，33(4)：104-108.

[6] 杨春，钟振前，司红，等. 汽车缸盖螺栓断裂原因分析[J]. 金属热处理，41(11)：175-177.

[7] 李春光，于洋. 机翼盖板用 30CrMnSiNi2A 钢螺钉断裂失效分析[J]. 机械工程材料，2010(10)：75-78.

[8] 巨根利，35CrMoA 螺栓断裂原因分析[J]. 热加工工艺，2012(10)：223-224.

[9] 王荣，孙明正. 高强度螺栓断裂失效分析[J]. 物理测试，2008(3)：50-54.

[10] 惠卫军，董瀚，等. 耐延迟断裂高强度螺栓钢的研究开发[J]. 钢铁，2001，36(3)：69-73.

[11] 张栋，钟培道，陶春虎，等. 失效分析[M]. 北京：国防工业出版社，2005.

[12] 叶代平. 磁粉检测[M]. 北京：机械工业出版社，2013.

飞机液压系统电磁干扰抑制与敏感防护研究

杨顺[1,*]，孙宏涛[1]，林赟[1]，张晓玲[2]，杨庭豪[1]

1. 中国航空工业集团公司成都飞机设计研究所，成都 610091

2. 电子科技大学信息与通信学院，成都 611731

摘要：本文基于飞机液压系统的设计架构，对其电磁敏感机理及在复杂外部射频电磁环境下的电磁防护能力进行了评估分析研究。结合飞机使用过程中出现的液压系统电磁干扰问题及系统优化设计过程，重新审视复杂电磁环境下飞机液压系统的防护设计要点，通过原理分析、电路设计、单机考核、系统级验证实现对于整机级液压系统电磁防护设计能力的提升。

关键词：液压系统；电磁环境效应(E3)；电磁兼容(EMC)

Research on Electromagnetic Interference Suppression and Susceptible Defending for Aircraft Hydraulic System

YANG Shun[1,*], SUN Hongtao[1], LIN Yun[1], ZAHNG Xiaoling[2], YANG Tinghao[1]

1. Chengdu Aircraft Design and Research Institute, Chengdu, 610091, China

2. University of Electronic Science and Technology of China, Chengdu, 611731, China

Abstract: Based on the hydraulic system design for the advanced aircraft, this paper has made further research and evaluation on its electromagnetic defending capability. Based on the EMC problems caused by hydraulic system and its final solution, the paper has made a review of the hydraulic designing key point for the electromagnetic environment effect, through theoretical analysis/circuit design/component test/system level experiment, EMC designing capability of aircraft hydraulic system can be improved effectively.

Keywords: aircraft; hydraulic system; electromagnetic environment effect (E3); electromagnetic capability(EMC)

飞机液压系统是飞机飞行控制系统的重要组成部分[1]，通常用来实现起落架收放、襟翼、减速板操纵和刹车控制以及操纵舵面偏转等功能，其可靠性直接影响飞行安全[2-5]。伴随着飞机设计自动化、信息化、精益化控制要求的进一步提升，与液压系统相关的电磁干扰问题日益突出和严重，部分问题已经严重影响到飞机的正常使用，亟需开展深入研究，为下一代飞机的液压系统电磁环境效应设计提供技术支撑。

现代飞机液压系统由供压部分、执行部分、控制部分、辅助部分组成，为实现快速响应，液压控制系统中大量采用电磁阀作为通道开关控制元件、分布式液压压力传感器是为系统压力提供实时数据，两类器件大量使用使得液压系统体现典型飞机机电系统电磁干扰与电磁敏感的双重特征。本文结合飞机使用过程中出现的液压系统电磁干扰与受扰问题，研究飞机液压系统防护设计要点，提出系统优化设计建议，提升整机级液压系统的电磁防护设计能力。

1 飞机液压系统电磁防护介绍

1.1 飞机液压系统功能特点介绍

飞机液压系统一般采用 28 MPa 压力系统集中供压方式，系统组成包括液压能源子系统、起落架收放子系统、飞控供压子系统、通用负载供压子系统，主要实现飞机舵面控制、起落架收放前轮转弯、刹车等动作的

* 通讯作者. yangshunemc@163.com

完成。液压系统组成框图如图 1 所示。

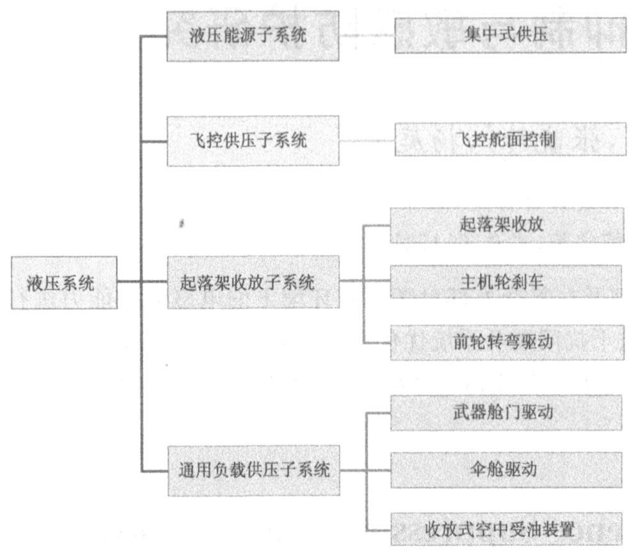

图 1 液压系统组成框图

集中式液压系统液压油路的导通控制通过电磁阀的驱动来完成，系统压力监测由压力传感器采集后送分布式参数采集器进行分析和处理。

1.2 飞机液压系统电磁防护需求分析

为了实现对于飞机舵面控制、起落架收放、减速板收放、刹车等有效精确控制功能，液压系统中采用了大功率电磁阀，其断开过程产生的负向尖峰可达几百伏特，对电源系统产生较大冲击，可能导致同一电源系统下其他成品遭受严重的传导干扰。尖峰传递过程中对邻近线路造成的容性耦合干扰可能导致其他系统的弱信号受到干扰，破坏飞机控制监测系统的稳定，对飞机安全造成影响。液压系统的电磁阀表现出的强电磁干扰特征对系统安全性造成很大的挑战。

为保证全机液压压力参数的准确性，飞机液压系统采用分布式压力参数采集方式，在各分支处将液压压力采集后经放大传递给远端数据处理单元，但由于飞机系统结构紧凑、设备布局紧凑、线缆布局密集，加上大功率无线设备的装备，使得处于开敞区的液压压力传感器的电磁兼容问题显得格外突出。液压压力传感器在使用过程中频繁受到外界干扰产生不稳定输出，无法满足使用要求。

从飞机实际使用情况来看，液压系统既是机上的强干扰源，也是典型电磁敏感源，需要开展系统顶层设计，从源头化解风险，提升系统的测试性和可靠性。

2 液压系统电磁干扰分析与抑制研究

2.1 液压系统电磁干扰机理分析

电磁阀是液压控制系统的主要组成部分，其工作原理如图 2 所示，通过控制电磁铁的吸合实现阀芯运动，从而实现对于某一特定液压通道的打开和关闭。为实现对起落架、减速板、阻力伞舱等机构的有效控制，电磁阀需要较大电磁力矩以实现对于通道开关指令的快速响应，这也导致电磁线圈在关断瞬间会形成较大的反向电动势，线圈反向电动势的产生原理如图 3 所示。

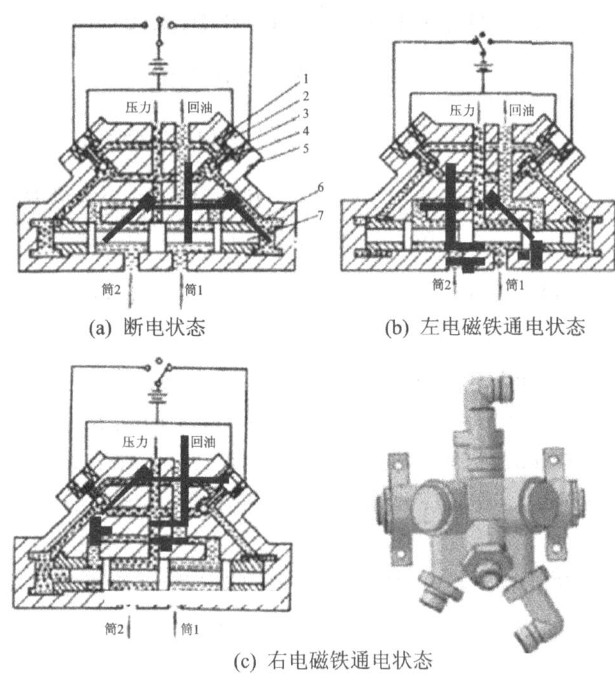

图 2 飞机液压系统电磁阀工作原理示意图

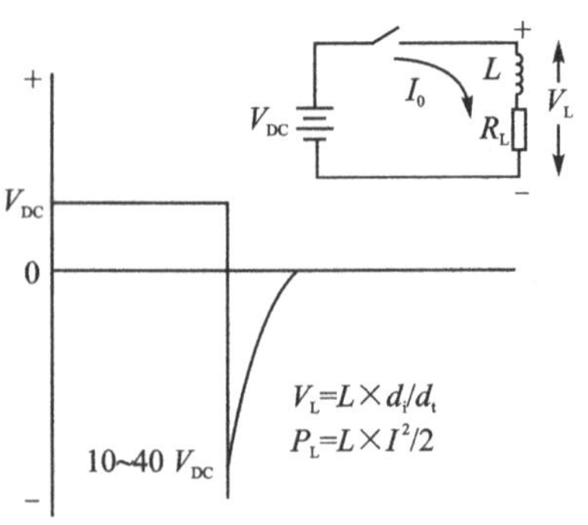

图 3 电磁阀反向电动势产生原理

根据 GJB 151B—2013《军用设备和分系统电磁发射和敏感度要求和测量》的规定，对于直流设备在手动或者自动开关操作时产生的开关瞬态传导发射不应该超过额定电压的＋50％、－150％，即对于 28 V 的直流用电设备，电源线尖峰信号波动应处于－14～42 V 之间。

对某飞机减速板收放电磁阀（供电电压 28 V）进行电源线瞬态尖峰信号（时域）传导发射测试方法（GJB 151B CE107 项目）进行测试，结果如图 4 所示，其关断瞬间产生－130 V 的负向尖峰，远超过标准中瞬态尖峰的限制要求。

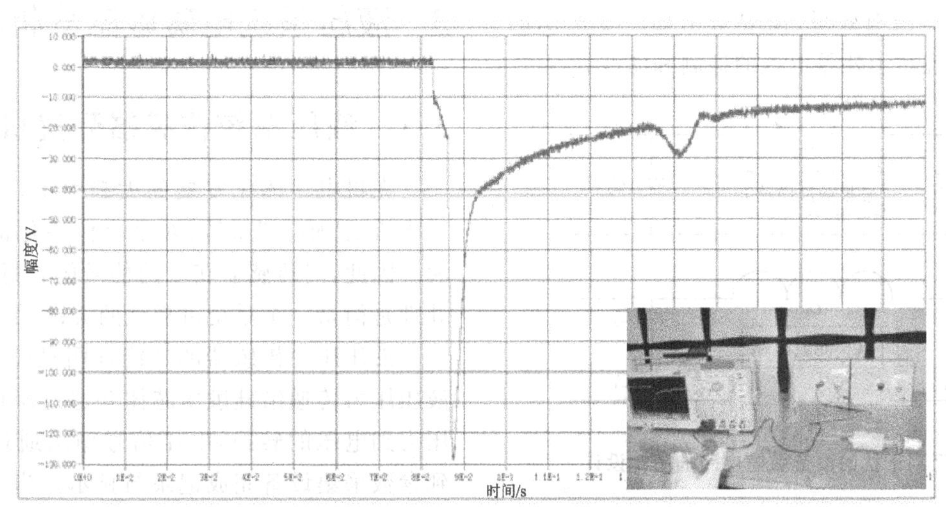

图 4　电磁阀反向电动势测试结果

感性负载关断瞬间反向电动势危害主要包含以下 2 个方面。

1）造成汇流条电压显著波动

通过反向电动势直接作用于所连接的汇流条，瞬态高电压对汇流条造成电压波动，导致整机电磁兼容测试的电源瞬态测量项目超标。

汇流条电压波动会通过传导方式传递给挂接在同汇流条下的其他设备，造成其他设备受扰，例如飞机刹车电磁阀下电导致电源分配单元配电通道异常通断。

2）造成线缆并走传输线干扰

由于飞机内部结构空间紧凑，不同电磁发射等级的线缆难以实现有效的隔离，导致携带的较大干扰信号的电磁阀供电电缆与其他低电压、弱信号并走，导致出现电磁阀干扰飞机其他控制信号或者显示信号的情况。通过分布式电容效应，将部分能量通过耦合方式传递给邻近的电缆，对低电平信号、弱信号（如 LVDS）形成信号干扰，造成视频画面闪烁、丢失等故障。

2.2　液压系统对外电磁干扰防护设计

1. 针对反向电动势的抑制设计

针对反向电动势抑制，推荐以下四种抑制设计方案，如图 5 所示。方案 1 为 RC 网络方案，电感断开瞬间产生的尖峰电流通过并联的 RC 支路，初始电容起短路作用，通过电阻将尖峰的能量进行吸收；方案 2 为反向二极管方案，电感线圈正常通电情况下二极管为关闭状态，电感断电瞬间，二极管在反向尖峰作用下导通，抑制反向尖峰向电源端传递；方案 3 在方案 2 基础上增加一个串联的齐纳二极管，可以实现对于尖峰电流的更加快速释放；方式 4 为两个反向串联的齐纳二极管，可以用于交流电路的瞬态尖峰抑制。

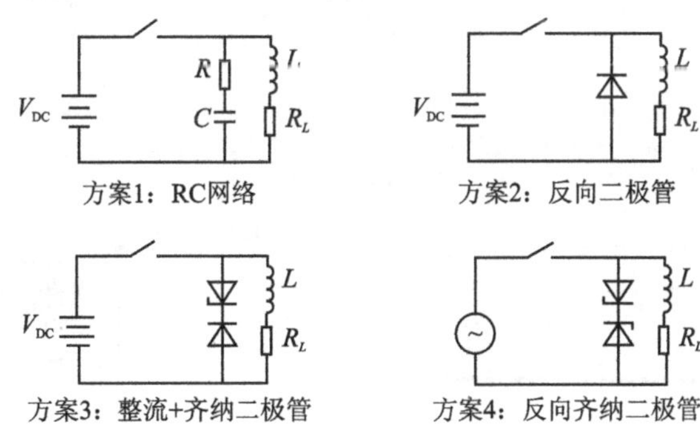

图 5　电磁阀反向电动势电磁防护方案设计

2. 针对线缆并走传输线干扰抑制设计

针对线缆并走形成的电磁干扰可以通过调整布线方式、增加线缆间距等方法实现干扰线路与受扰线路之间的隔离度。试验表明，当线缆之间距离增加到

10 cm后干扰显著减小，干扰现象消失，但是由于飞机内部电缆的布线空间紧张，部分区间很难实现10 cm的布线间隔，因此需要在受扰的电路接口进行滤波增强设计。电源瞬态尖峰信号通过近距离的线间耦合将干扰传导给邻近的弱信号传输线（一般为双线制），因此受扰电缆主要体现为共模干扰，传统的超模抑制电路对于该干扰基本没有效果，需要采用如图6所示的共模抑制电路实现对于外界干扰的抑制和滤波。

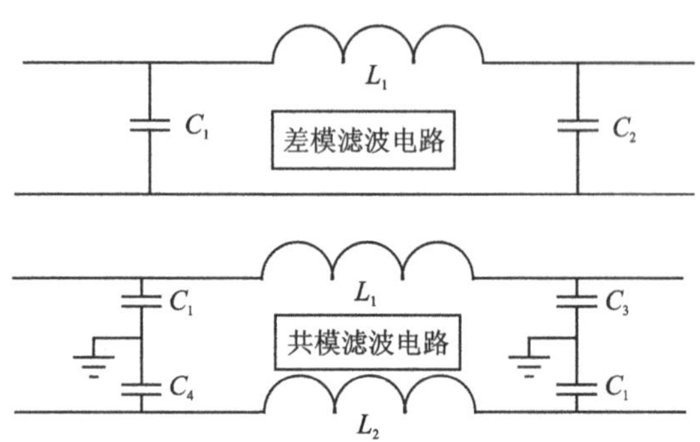

图6 针对受到干扰的设备敏感电路的防护设计

2.3 液压系统对外电磁干扰防护效果验证

某型液压系统电磁阀在有/无续流二极管（见方案2）的条件下分别进行了电源线尖峰信号（时域）传导发射对比试验，试验结果如图7所示。当电磁阀未加电磁防护措施，断流断开瞬间有高大－160 V的负向尖峰，显著超过GJB 151B—2013中CE107项目关于设备电源线尖峰信号（时域）传导发射指标的要求，当增加了续流二极管设计之后，负向尖峰减小到－2.2 V，满足标准要求。

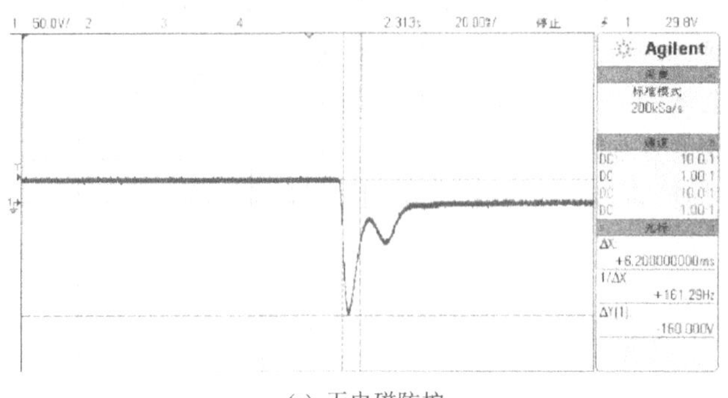

(a) 无电磁防护

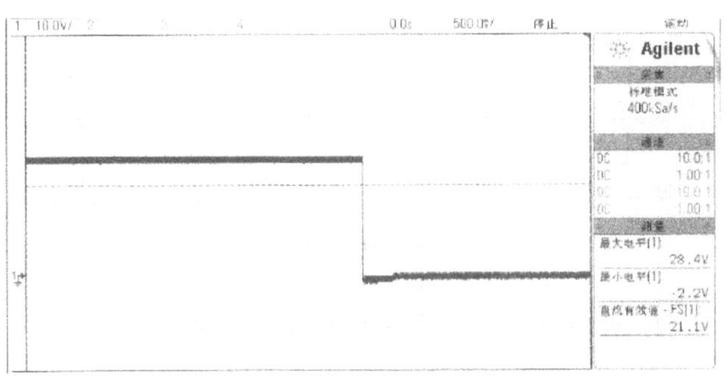

(b) 有电磁防护

图7 有/无电磁防护电磁阀反向电动势测试结果

3 液压系统电磁敏感分析与防护研究

3.1 液压系统传感器受扰机理分析

在机电一体化发展的大趋势下，各型传感器构建了飞机的“感官”系统，对全机体系化信息交联意义重大。因此，对传感器获取的信号能否进行准确的提取、处理是衡量一个系统可靠性的关键因素[6-7]。

液压压力传感器的功能框图见图8，正常工作时，液压压力传递给硅敏压芯体并通过调理电路完成液压压力到电压的转换，电压信号输出通过线缆通道传递到参数采集设备完成记录与显示。当压力传感器的调理电路受到外界干扰时，会直接影响信号输出，从而导致干扰信号直接对采集和显示设备造成影响。

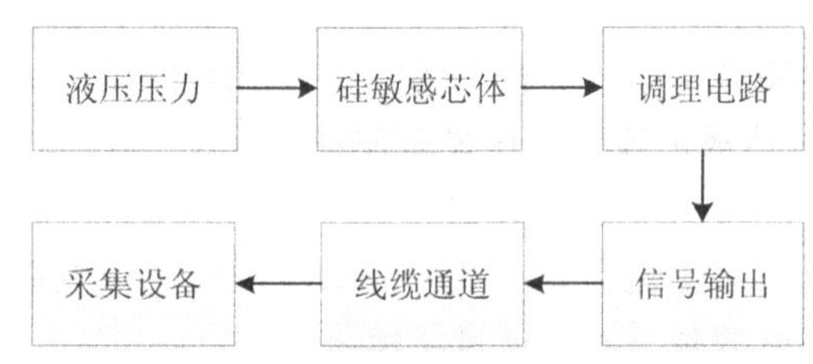

图8 液压压力传感器功能框图

飞机液压压力传感器受到的外部电磁干扰主要包括电源干扰、开关干扰、射频干扰等类型[2]。例如在某型液压压力传感器的使用过程中，偶发出现压力陡降的过程，经查该过程与飞机无线通信有很强的相关性，为压力传感器受到外界射频干扰所导致，液压压力信号受电磁干扰曲线如图9所示。从数据中可以看出，外界射频设备工作在某一固定频率，液压压力传感器受到强烈干扰，参数剧烈波动。

典型的液压压力传感器的供电接口电路及干扰路径如图10所示。

液压压力传感器接口电路的电磁干扰的传播路径分析：

当外部电磁干扰通过电源电缆进入到传感器内部时，接口位置的去耦电容（C_7、C_8）由于电容值较小无法对该共模信号形成有效滤除，共模干扰信号继续向内

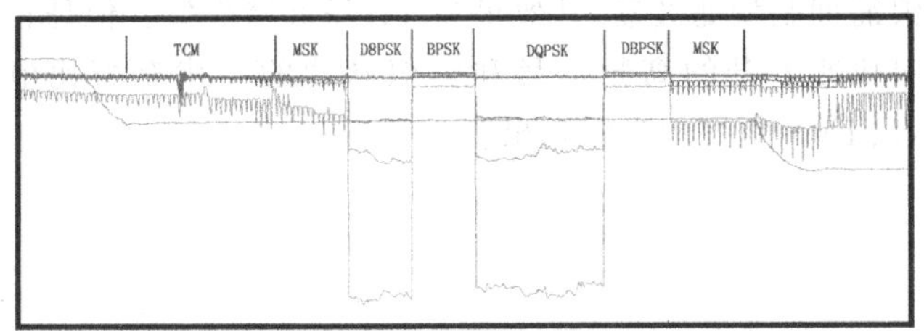

图 9　飞机超短波发射下飞机液压压力波动曲线

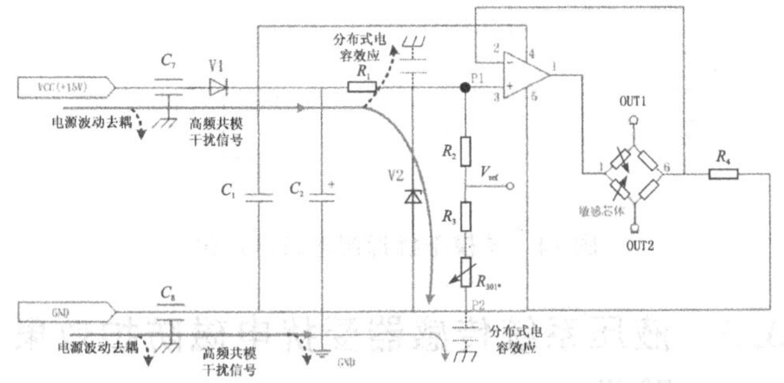

图 10　液压压力传感器干扰路径分析

传播，其中 C_1 和 C_2 为差模电容，对于共模干扰信号无抑制作用，电源负线干扰信号通过直连地线导入数字地，电源正线在传输过程中通过分布式电容部分导入设备壳体，但大部分共模干扰信号在传输线上通过电阻 R_1、R_2、R_3、R_{301} 传输转换成对地差模电压，在 P1 点及电路中运算放大器正端形成干扰波动信号，根据运放的“虚短虚断”特征，运算放大器正端波动将传导至运算放大器负端、传感器零位参考点(V_{ref})以及后端硅敏感芯体分压输出电路。

信号输入端的波动最终导致了敏感芯体输出端(OUT1 和 OUT2)的电压异常，经压力传感器信号输出接口电路的第二级差动放大后最终造成输出电压的异常波动，压力传感器的输出接口电路如图 11 所示。

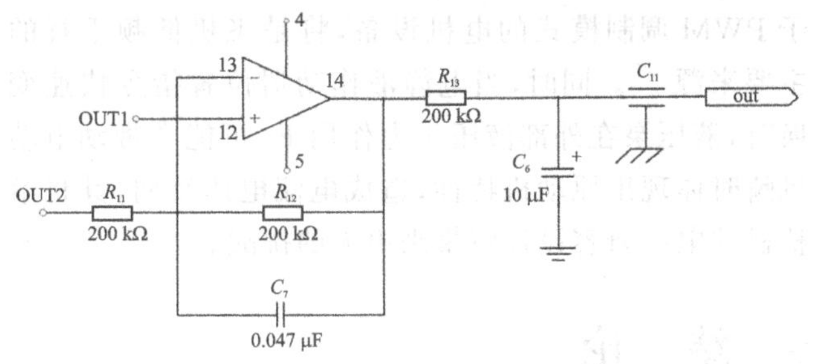

图 11　液压压力传感器信号输出接口电路

由于外部干扰信号的进入，在敏感芯体未受到任何外部作用情况下液压传感器输出电压异常。

综上分析，液压压力传感器虽然在供电接口电路和信号输出电路上做了一定的电磁兼容设计，但存在明显缺陷：

(1) 接口电路上的滤波器件设计过于单薄，面对复杂电磁环境耦合形成的低、中、高频共模干扰、差模干扰，很难形成有效的吸收和反射。

(2) 滤波器件本身并非理想器件，比如电容本身具有寄生电感和阻抗，导致对高频信号阻抗升高以及低频信号的对地泄漏，很难保证理想的滤波效果。

(3) 供电接口电路主要针对高端电压进行干扰滤波，当地线耦合外界电磁干扰时，现有的电路器件很难满足要求。

当前液压压力传感器的滤波设计无法满足 GJB151B 中电场辐射敏感度(RS103)的要求，在外部辐射照射条件下液压压力传感器参数出现显著波动，与飞机实际使用过程中出现的干扰现象一致，未能通过新标准下的电磁兼容试验。

3.2　液压系统传感器受扰电磁防护设计研究

对于传感器设备主要电磁防护措施为滤波设计，包括瞬态干扰抑制，纹波、噪声抑制，共模干扰抑制，差模干扰抑制等[8-9]。

在不改变接口定义的情况下对液压压力传感器进行电磁兼容改进设计，为了防止电磁干扰对调理电路产生干扰，改进型压力传感器采用了双板设计方案，分别为调理电路和 EMC 电路，整体的电磁兼容性能由 EMC 电路决定，此处仅对 EMC 电路进行分析。

1. 瞬态抑制

为了抑制压力传感器供电端可能存在的尖峰、浪涌干扰，在电源端设计了 TVS 抑制电路，瞬态抑制器 D1 由多层半导体陶瓷构造，提供了双向钳位电压，在正常工作电压范围内表现为高阻态；当出现高于击穿电压的瞬态时，立刻转变为低阻态，使电流离开被保护电路，实现对电路的瞬态电压保护。

2. 纹波、噪声抑制

对于外界电磁干扰，优先选择通过外壳泄放的形式进行防护，在 EMC 电路中对电源端、地线端和信号端设计穿心电容，其壳体与传感器金属壳体相接，可以减小普通电容带来的寄生参数，接近于理想电容的效果，一般容值也较小，对于高频噪声有较好的抑制效果。

为了进一步利用壳体对电磁干扰的泄放，在穿心电容后对电源端和地线端均设计了铁氧体磁珠加电容的形式，对中、高频纹波及噪声信号进行滤除，如图 12 所示。

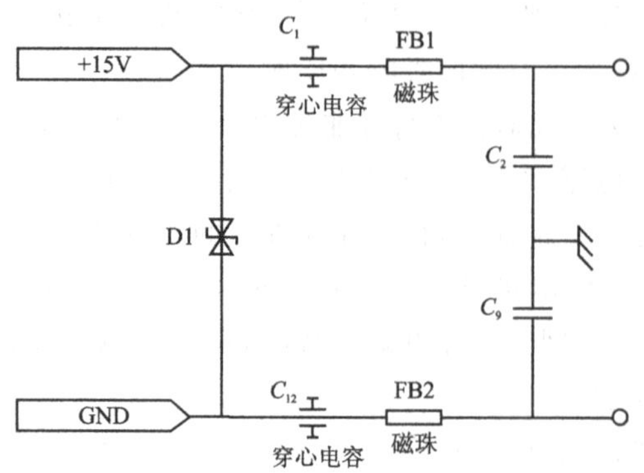

图 12　纹波、噪声抑制电路示意图

3. 共模干扰抑制

由于传感器安装位置根据 GJB151A 要求属于外部设备，辐射敏感度试验场强应该为 200 V/m，而外界干扰通过线缆耦合进入压力传感器电路中主要表现为共模干扰，因此电路中设计了两级共模电感电路。

根据共模电感的特性曲线选择了 CMW 型和 ASMF 型两级电路。CMW 型共模电感主要针对共模干涉进行抑制，随着信号频率的继续增大，其阻抗也在以接近线性的形式增大，配合对外壳的滤波电容能对中、高频共模信号有很好的抑制作用。第二级 ASMF 型共模电感在较低频率具有更好的共模阻抗，对外壳的滤波电容能对频率较低的共模信号进行抑制，电路示意如图 13 所示。

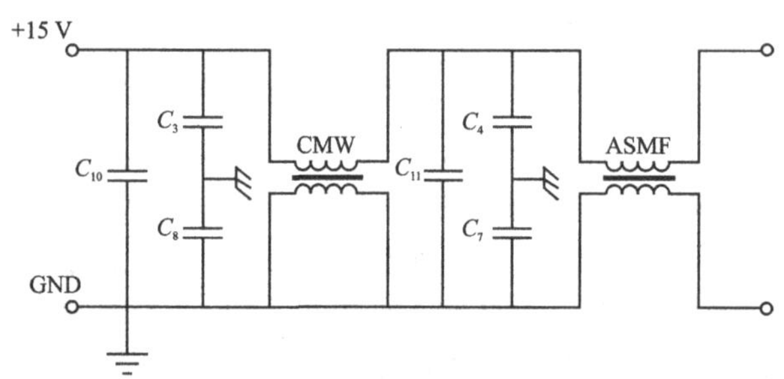

图 13　共模干扰抑制电路示意图

4. 差模干扰抑制

线缆上存在的干扰信号除了共模干扰外，还有差模干扰。针对电源线上的差模干扰信号，压力传感器选用了 TL 滤波器和 VL 滤波器进行滤除抑制，如图 14 所示。TL 滤波器是一种小封装一体的 T 形的滤波器，能对高频差模信号衰减有效。VL 滤波器是一种浪涌抑制型滤波器，其效果和 TL 滤波器类似。但是它对快速上升的高频信号和类似脉冲的干扰有着比电容、TVS 更好的吸收效果。

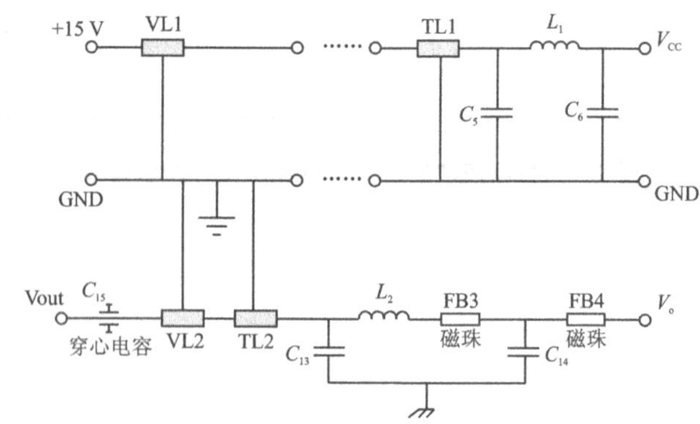

图 14　差模干扰抑制电路示意图

3.3　液压系统传感器受扰电磁防护效果验证

改进设计后的液压压力传感器按照 GJB 151B—2013 中 RS103 项目 200 V/m 进行试验，试验结果经机上试验，表明通过对液压压力传感器相关接口电路的共模、差模抑制可以有效地保护内部电路的信号完整性，增强液压系统参数采集的电磁防护能力，提升飞机液压系统参数采集的可靠性。

4　新一代液压系统电磁防护设计展望

新一代液压系统将采用混合式液压系统构型和分布式液压系统构型，两种设计构型中均增加了电动液压泵的设计需求，除了包含原有液压系统存在的电磁阀、液压压力传感器等干扰源和敏感源外，还增加了基于 PWM 调制模式的电机设备，将是飞机低频干扰的主要来源[10]。同时，当电静液作动器位置指令快速变换时，液压泵在外部液压压力作用下，可能会带动电动机瞬时体现出原动机特性，造成电流电压反向，其将给整机的电磁兼容设计将带来更大的挑战。

5　结　论

本文基于当前飞机液压系统的设计架构，结合飞机使用过程中出现的液压系统电磁干扰问题进行了分析评估；针对液压系统对外形成的瞬态电磁干扰和受扰情况进行了深入研究，提出了基于干扰源抑制和敏感源防护的综合电磁防护设计思路；通过理论分析、系统级试验的方法验证了相关电磁兼容改进优化方案的可行性和有效性，有助于提升飞机液压系统在复杂电磁环境中使用的可靠性和稳定性。

参考文献

[1] 朱林，孔凡让，尹成龙，等. 基于仿真计算的某型飞机起落架收放机构的仿真研究[J]. 中国机械工程，2007(1)：26-29.

[2] 范士娟，杨超. 液压系统故障智能诊断技术现状与发展趋势[J]. 液压与气动，2010(3)：22-26.

[3] 和麟，梁丽嫒，马存宝. 飞机起落架液压收放系统多故障仿真与健康评估[J]. 西北工业大学学报，2016，34(6)：990-995.

[4] 李耀华，王星州. 飞机液压系统故障诊断[J]. 计算机工程与应用，2019，55(5)：232-236.

[5] 周密愉. 飞机液压系统健康管理技术研究进展[J]. 液压气动与密封，2021，41(3)：6-8，15.

[6] 李彦芳，张晓海. 传感器电磁兼容技术研究[J]. 电子设计工程，2013，21(15)：134-136.

[7] 崔宏敏，陈关君，董加国，等. 压力传感器的电磁兼容设计[J]. 传感器技术，2004，23(6)：27-29.

[8] 张文娜，叶湘滨. 传感器接口电路的抗干扰技术及其应用[J]. 计算机自动测量与控制，2001，9(3)：60-62.

[9] 王洪岩，王滨，智文虎. 压力传感器的电磁干扰及其解决方法[J]. 传感器技术，2000，19(5)：44-46.

[10] 吕新. 直驱式转动和直线电液伺服装置的理论与试验研究[D]. 哈尔滨：哈尔滨工业大学，2006.

PH13-8Mo 不锈钢防钝化变色工艺研究

乔永莲*，贺蒙，周石磊，翟翠芬，郭桥

沈阳飞机工业(集团)有限公司，沈阳 110034

摘要： 为了解决 PH13-8Mo 不锈钢零件钝化后变色问题，通过 SEM 和 XPS 对钝化后变色的钝化膜进行分析研究，梳理零件加工流程及过程控制，确认变色膜形成的原因，优化了 PH13-8Mo 热处理过程控制。通过改进热处理工艺，可有效去除 PH13-8Mo 不锈钢零件钝化变色问题。结果表明，加强零件在热处理前的清洗，以及将零件抽气压实埋钛屑后再进行热处理消除应力，形成的钝化膜完整且不变色，该膜层能通过硫酸铜点滴试验，实现 PH13-8Mo 不锈钢钝化零件合格交付。

关键词： 钝化；变色；热处理；XPS 分析

Abstract: In order to solve the problem of discoloration of PH13-8Mo stainless steel parts after passivation, the passivation film of discoloration after passivation was analyzed by SEM and XPS, the processing flow and process control parts were combed, and the causes of discoloration film formation were confirmed. The process control of PH13-8Mo heat treatment is optimized. The passivation and discoloration of PH13-8Mo stainless steel parts can be effectively removed by improving the heat treatment process. The results show that the passivation film formed by strengthening the cleaning of the parts before heat treatment and after the parts are pumped and compacted to bury titanium chips, the stress is eliminated by heat treatment. The passivation film is complete and does not change color. The film can pass the copper sulfate drop test, and the passivation parts of stainless steel are qualified delivery

Keywords: passivation; discoloration; heat treatment; XPS analysis

1 引 言

PH13-8Mo(0Cr13Ni8Mo2Al)是美国沉淀硬化型不锈钢，是一种采用双真空冶炼的高强度马氏体沉淀硬化不锈钢。该不锈钢的突出特点是具有较高的强度、优良的断裂韧性、良好的横向力学性能，以及在海洋环境中良好的耐应力、腐蚀性能。空客公司的 C 系列项目飞机中接头、销、齿形板等大量采用了该材料的不锈钢，根据产品制造记录，该类零件的加工工序为机加工、热处理、吹砂、钝化、磁粉检查等。按照该加工流程进行生产，钝化后零件表面会出现蓝色和棕色的钝化膜，严重影响零件交付。经查阅钝化膜变色的相关文献发现，不锈钢进行钝化时，常发现有些不锈钢零件变黑[1]。取出后多次吹砂或机械抛光后再钝化能形成无色的钝化膜，但这样会造成零件尺寸超差或报废。研究发现，不锈钢钝化变色的原因主要有热处理后的氧化膜、硫化层及敏化温度的回火、机械加工的表面粗糙度、钝化液中的杂质、钝化前处理的质量等，这些都会造成不锈钢钝化后变色。

本文主要针对钝化后变色膜进行成分分析，优化零件加工工序及过程控制，通过采用加强零件在热处理前的清洗及将零件抽气压实埋钛屑法进行热处理消除应力，可解决钝化后零件变色问题，保证生产顺利进行。

2 试 验

选取 40 mm×40 mm×8 mm 的 PH13-8Mo 不锈钢板材，按照零件加工工序随零件一起进行加工。工序为：数控铣→清洗→消除应力→磁粉探伤检查→吹砂→钝化→交付。数控铣切后的零件用酒精擦洗后进行 480 ℃真空热处理消除应力，炉内真空度控制在小于 0.133 Pa，氩气冷却至 370 ℃以下出炉空冷。钝化

* 通讯作者. E-mail：qiaoyonglian80@163.com

工艺前处理采用 44＃清洗剂，浓度 45～75 g/L，清洗温度 57～63 ℃，清洗时间≥10 min。钝化液采用室温下的硝酸浓度 450～550 g/L，时间 40 min。钝化后按照 BATS5073 标准中的硫酸铜点滴液进行测试钝化膜的完整性。通过 SEM 和 XPS 对钝化膜进行成分分析。

3 分析研究

3.1 钝化膜变色分析

按照零件的加工流程及制造记录，图 1 是真空热处理消除应力后的随炉试片照片。从图中可以看出，真空热处理后零件表面部分出现了变色，也有未出现变色的试片，将这两种试片进行了钝化处理，钝化后表面均出现了一层黄色的钝化膜层，如图 2 所示。

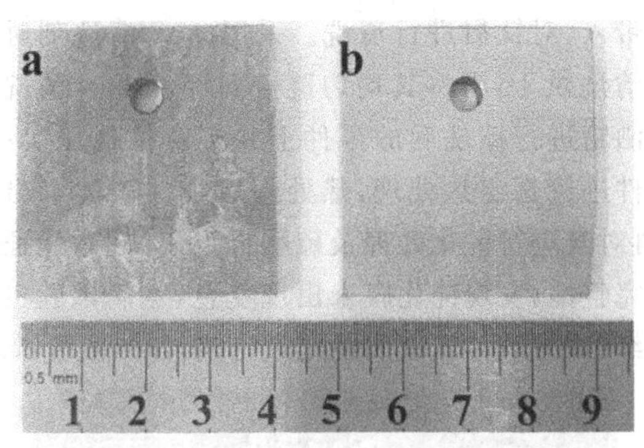

a—黄色钝化膜；b—无色钝化膜

图 1 真空热处理钝化后样品照片

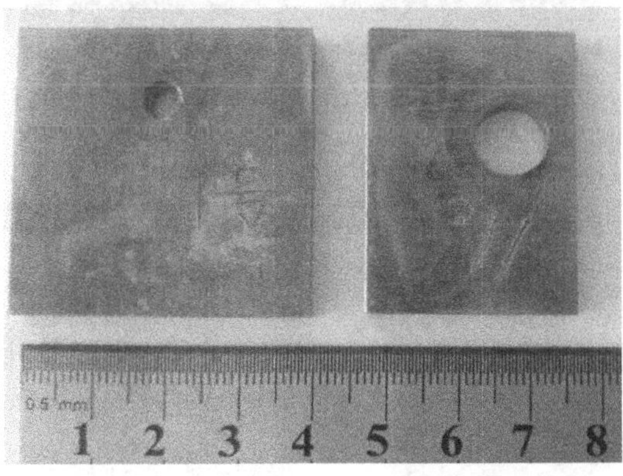

图 2 钝化后 a 和 b 送检样品

正常 PH13-8Mo(0Cr13Ni8Mo2Al)材料钝化后应无色，由于钝化膜颜色发生变化致使零件无法正常交付。为保证生产顺利进行，通过 SEM 和 XPS 对变色的钝化膜进行成分分析，如图 3 和图 4 所示。

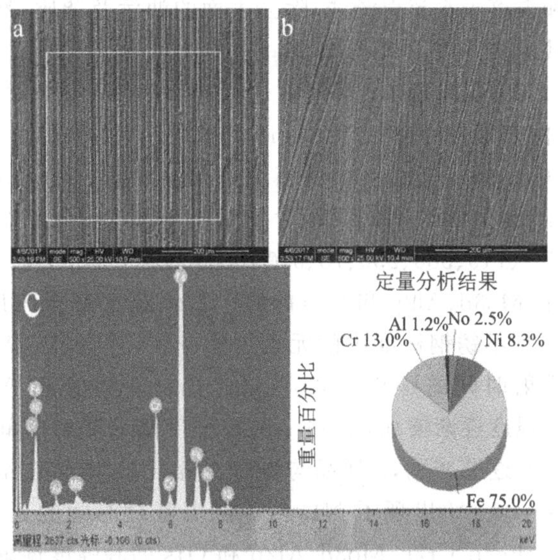

图 3 a 和 b 样品的 SEM 形貌及 EDX 能谱分析

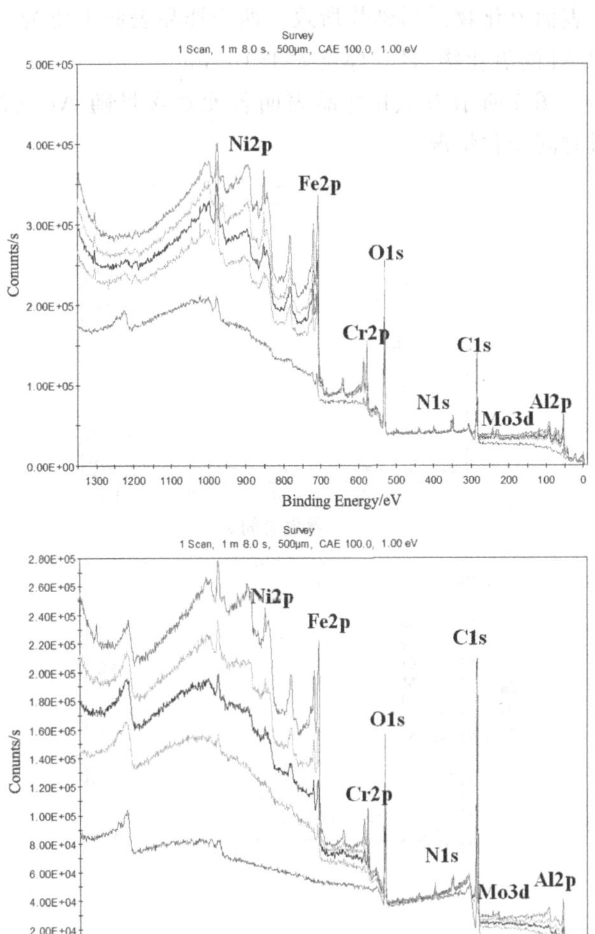

图 4 a、b 样品 Ar 气溅射不同时间的 XPS 全谱

对现有的变色样品进行成分分析，由于 PH13-8Mo 型不锈钢具有弱磁性，需减小样品的尺寸，将其切割为 2 mm×2 mm×0.5 mm。样品测试前依次经丙酮、酒精和去离子水超声清洗，除去表面的油污及杂质，然后对其退磁并进行 XPS 分析。

对样品采用 Ar 气溅射 0 s、10 s、30 s、60 s、120 s 后(由表及里剥离约 10 nm 厚)进行全谱扫描及 Ni、Fe、Cr、Mo、Al、O 和 N 的精细谱扫描。图 4 为 a、b 样品经 Ar 气溅射不同时间后的 XPS 全谱，图中结合能在 850、710、580、230、75、530 eV 分别对应 Ni2p、Fe2p、Cr2p、Mo3d、Al2p 和 O1s 的峰。其元素组成与 PH13-8Mo 型不锈钢标准中的元素组成一致，并且，随着 Ar 气溅射时间的延长，Ni2p、Fe2p、Cr2p、Mo3d 和 Al2p 的峰强度逐渐增加，而 O1s 的峰强度随着溅射时间的延长而逐渐减弱，a 样品与 b 样品相比，b 样品在结合能为 400 eV 出现了 N1s 峰。随着溅射时间的延长，Ni2p、Fe2p、Cr2p、Mo3d、Al2p 和 O1s 的峰强度逐渐增加，而 N1s 的峰强度逐渐减弱，N1s 峰的出现可能是由于表面氮化物或污染物所致。两个样品表面主要为 Cr 和 Al 的氧化物，且其厚度大于 10 nm[3]。

图 5 所示为 a、b 样品表面各元素含量随 Ar 气溅射时间变化情况。

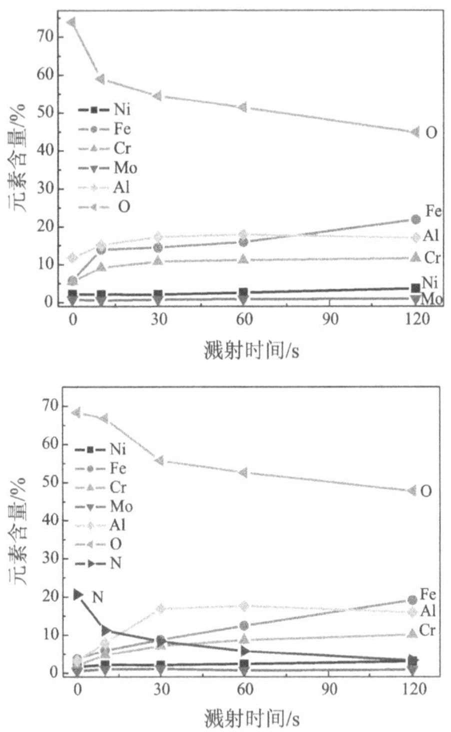

图 5 a、b 样品表面各元素含量随 Ar 气溅射时间变化情况

3.2 热处理工艺对钝化膜的影响分析

根据对变色的钝化膜成分及含量的分析结果，推断变色的原因可能是热处理前零件清洗不彻底，零件表面残余的切削液等污染物在消除应力过程中对零件表面造成污染，影响钝化膜的形成；同时真空炉的真空度无法做到绝对真空，剩余的空气也会造成零件表面氧化，需对零件进行辅助隔绝空气处理。

3.3 热处理前清洗对钝化膜的影响

为了保证在热处理前零件表面的清洁度，在热处理前对零件进行 44＃清洗剂清洗 10 min，再采用酒精进行擦洗，然后对其进行真空热处理消除应力和碱清洗钝化。钝化后发现钝化膜仍存在变色，说明仅加强对零件的清洗仍不能解决钝化零件表面变色的问题。

3.4 埋屑热处理对钝化膜的影响

为提高真空炉的真空度，选取钛合金屑作为零件的预埋屑。在进行对零件预埋屑之前，为防止钛屑有污染带入，对钛屑进行清洗。采用 44＃清洗剂对钛屑进行清洗烘干，再将其均匀覆盖到经过 44＃清洗剂清洗和酒精进行擦洗后的零件上并进行抽气压实；然后对零件进行真空热处理，热处理后零件表面未出现变色；再对其进行钝化处理及硫酸铜点滴试验，验证钝化膜的完整性，发现钝化膜未出现变色，点滴试验也未发现有红色的铜析出，说明钝化膜完整，如图 6 所示。

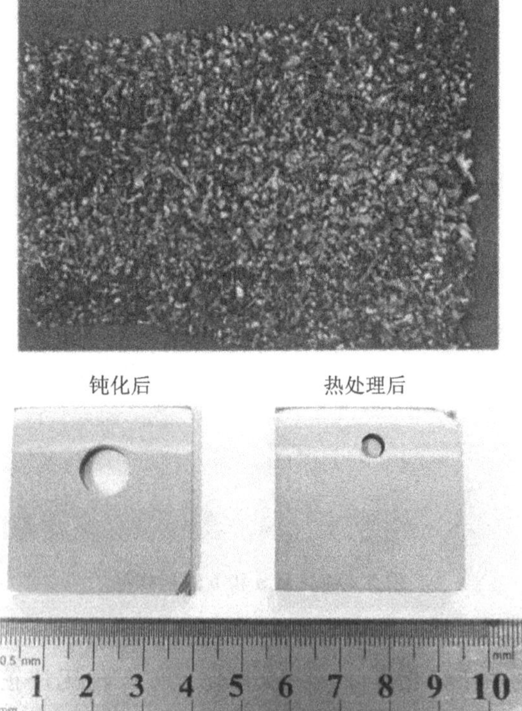

图 6 埋屑热处理后的钝化试片及零件

图 6 为埋屑热处理消除应力后经硝酸钝化的 PH13-8Mo 型不锈钢。结果显示，改进工艺后，零件及试片表面均呈金属光泽，未再出现变色情况。经质量检验后，满足零件交付状态，零件可正常交付。为了确认经炉内添加钛屑热处理消除应力后的试片钝化膜的成分情况，对样品的特征区域进行表面及次表面成分分析，如图 7 所示。

图 8 所示为试片随 Ar 气溅射时间变化情况。

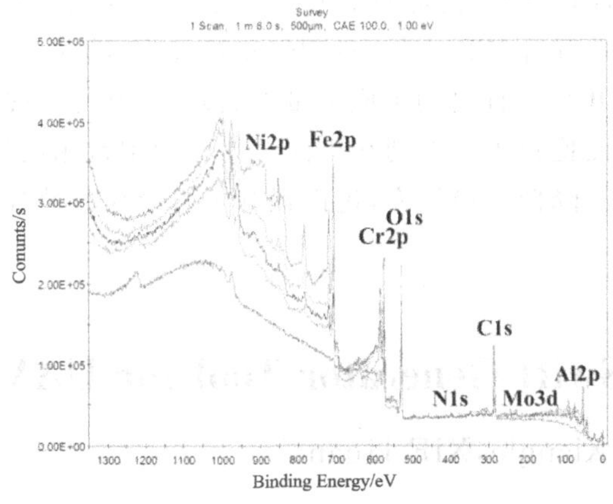

图 7　试片 Ar 气溅射 XPS 全谱

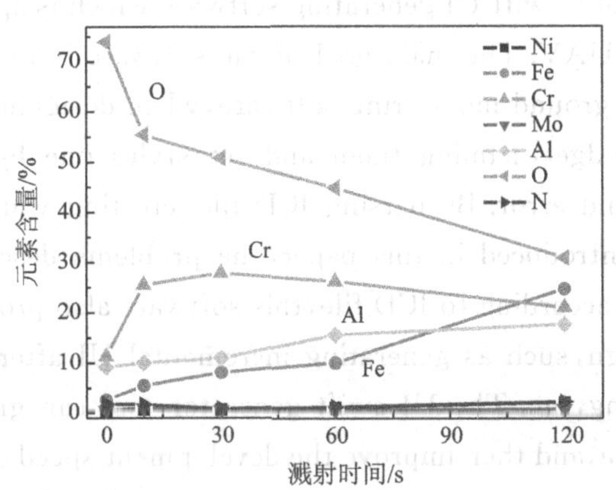

图 8　试片随 Ar 气溅射时间变化情况

表 1 为热处理工艺改进前后经 Ar 气溅射 120 s 后其表面各元素含量与 PH13-8Mo 型不锈钢标准中元素成分的对比。由表中数据可见，溅射 120 s 后，其表面平均 Cr 和 Al 的含量明显高于基体（即标准）中。表面 Al 浓度高的主要原因是，基体中 Al 的活度比较高，而表层 Al 以氧化铝（Al_2O_3）的形式存在，其活度可认为是“零”。因此，基体中的铝会逐渐向基体外表面进行扩散，从而导致表层铝的总含量（包括原子态铝和氧化铝）高于基体中。

表 1　热处理改进前后试片表面元素变化

	质量百分比 w_t/%				
元　素	Ni2p3	Fe2p1	Cr2p	Mo3d	Al2p
改进前溅射 120 s	8.34	47.00	23.21	3.76	17.7
改进后溅射 120 s	3.88	56.49	31.51	2.52	5.6
标准	7.5～8.5	余量	12.25～13.25	2.0～2.5	0.9～1.35

4　结　论

① 真空热处理样品表层主要由较厚的富 Cr 和富 Al 的氧化物膜层组成，且其膜层厚度大于 10 nm。

② 加强在热处理前对零件表面的清洗及在真空热处理炉内对零件进行抽气埋钛屑，可明显降低炉内氧分压，从而减小零件表面形成氧化膜的厚度，可有效解决钝化膜变色现象。

参考文献

[1] 王林奇，毛喆．不锈钢零件钝化变黑成因及对策[J]．材料保护，2003，36(11)：66-68.

[2] 姜越，艾莹莹，周蓓蓓，等．马氏体时效不锈钢钝化膜 XPS 研究[J]．腐蚀与防护，2012，33(10)：856-860.

[3] 全国量和单位标准化技术委员会．量和单位：GB 3100～3102—1993[S]．北京：中国标准出版社，1994：40-42.

地面监控软件界面快速生成工具设计

姜鹄，田峰，江相乐，谢欢

航空工业成都飞机工业(集团)有限责任公司，成都 610000

摘要：本文介绍了一种应用于无人机地面监控类软件开发平台的界面快速生成软件的设计及实现。软件的主要目标是针对地面监控类软件显控控件多，地面软件设计人员在界面设计时，需对照 ICD 文件逐个参数创建相应控件、命名、设置样式，造成效率低且易出错的问题。通过本软件自动解析 ICD 文件，自动创建控件、自动命名、自动填写样式参数，从而实现软件自动化替代人工重复劳动。除根据 ICD 文件自动生成全量界面外，本软件还提供了 ICD 更改后生成增量界面、界面样式可视化设计及寻找控件、界面检查等一系列在界面设计过程中常用的功能。采用界面自动化生成工具可以大幅提升界面设计人员的工作效率、降低了错误率，进而提升了整个地面监控类软件的研制速度。

关键词：无人机；地面软件；界面设计；自动生成；Qt

Design of Ground Monitor Software UI Swift Generator Tool for UAV

JIANG Hu, TIAN Feng, JIANG Xiangle, XIE Huan

AVIC Chengdu Aircraft Industrial (Group) Co. Ltd., Chengdu 610000, China

Abstract: This paper introduces the design and implementation of a swift UI generating software which is applied to the development platform of ground monitoring software of UAV. The main goal of the software is to solve the problem that there are many display and control widgets in ground monitoring software, when designing the software UI, the UI designer need to create corresponding widget, naming them and set styles one by one according to the ICD parameters, this will result inefficiency and error. By parsing ICD file, creating widgets, naming and styling widgets through the use of the software introduced in this paper, the problems described above will be solved. In addition to automatically generating UI according to ICD file, this software also provides a series of functions commonly used in the process of UI design, such as generating incremental UI after ICD change, visual design of UI style, searching widget, UI checking, etc. The UI swift generator tool can greatly improve the work efficiency of UI designers, reduce the error rate, and then improve the development speed of the ground monitoring software.

Keywords: UAV; ground software; UI Design; auto generator; Qt

1 引 言

本文介绍一种无人机地面监控类软件开发平台中使用的一款工具软件——界面生成器，顾名思义，这是一款界面控件元素自动快速生成软件。

现有界面自动生成技术主要利用了 XML 格式具有的可读性、便于信息检索、跨平台性、面向对象等优点[2]，实现了界面的自动生成；但在无人机地面监控软件中，该项技术却鲜有涉及。本文主要针对界面自动生成技术在无人机地面监控类软件领域的设计与应用。

地面监控类软件开发平台实现了软件的插件化、模块化设计，主要包括 4 个部分：插件式框架、接口(ICD)编辑工具、界面生成工具、配置项测试工具。

本文介绍的界面快速生成软件，通过软件自动化替代了原本需要的人工重复劳动，实现了 ICD 文件解析、控件创建、命名及样式设置等工作的自动化，大幅提升了工作效率。

2 软件的整体介绍

在软件设计之初，首先充分调研了用户的实际需求，用户的需求主要集中为以下几点：

① 能够根据ICD文件对控件的定义生成所有界面设计人员需要的界面元素，以供后续布局。

② 能够定制并编辑控件样式，后续可以对样式进行修改。

③ 在ICD文件有改动时，能够自动生成新增控件并标注需要删除的控件。

根据用户需求及实际项目中的需求补充，绘制界面生成器用例图，如图1所示。

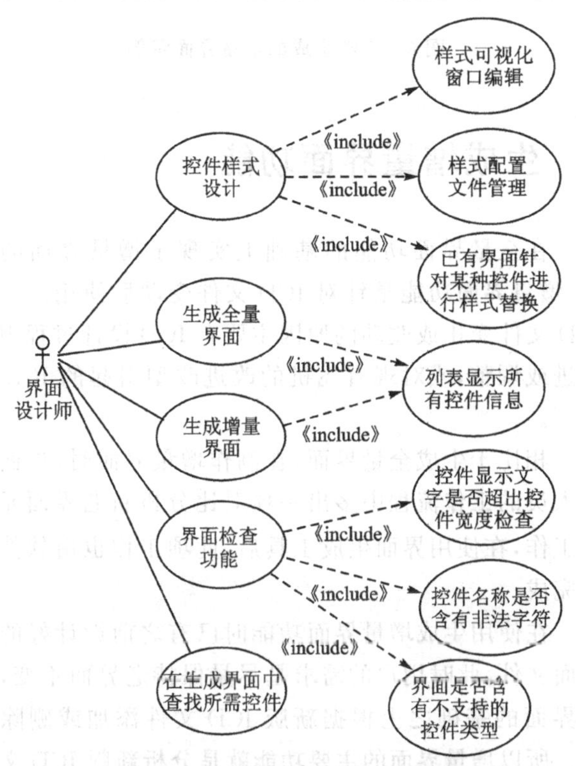

图1 界面生成器的主要用例图

使用面向对象程序设计模式，对不同功能及属性进行分析，程序由图2所示几个主类构成。

① UIGenerator类，程序的主界面类，通过信号槽方式响应用户的所有界面点击事件。

② WidgetParam类，是一个描述控件的类，比如控件的名称、类型、所属的系统、上下行、显示的文字等属性，同时也包含这些属性的设置/获取函数。

③ StyleParam类，是一个描述控件样式的类，主要控件的宽高、字体大小及颜色、背景颜色等，同时也包括这些属性的设置/获取函数。

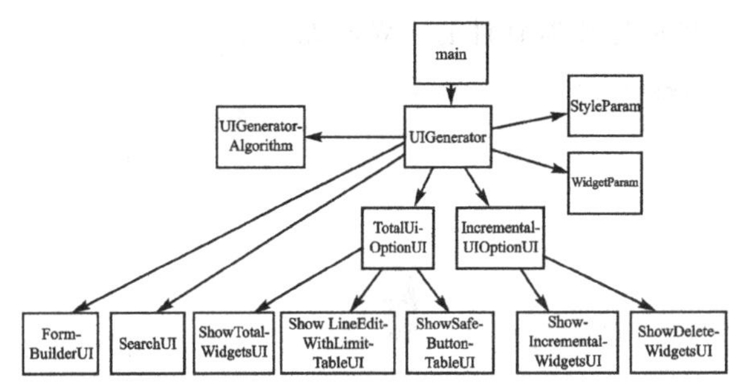

图2 软件静态内部结构

④ UIGeneratorAlgorithm类，是一个算法类，定义了所有软件使用过程中使用到的算法，比如生成增量界面时新旧控件集合的比较及xml dom树的操作等。

⑤ 其他类，除了以上四大类外，主要为一些UI界面类，主要封装了不同界面内的一些操作逻辑，比如生成全量界面和增量界面后弹出的控件列表界面。

软件典型操作流程图如图3所示，具体功能的描述见下文详细说明。

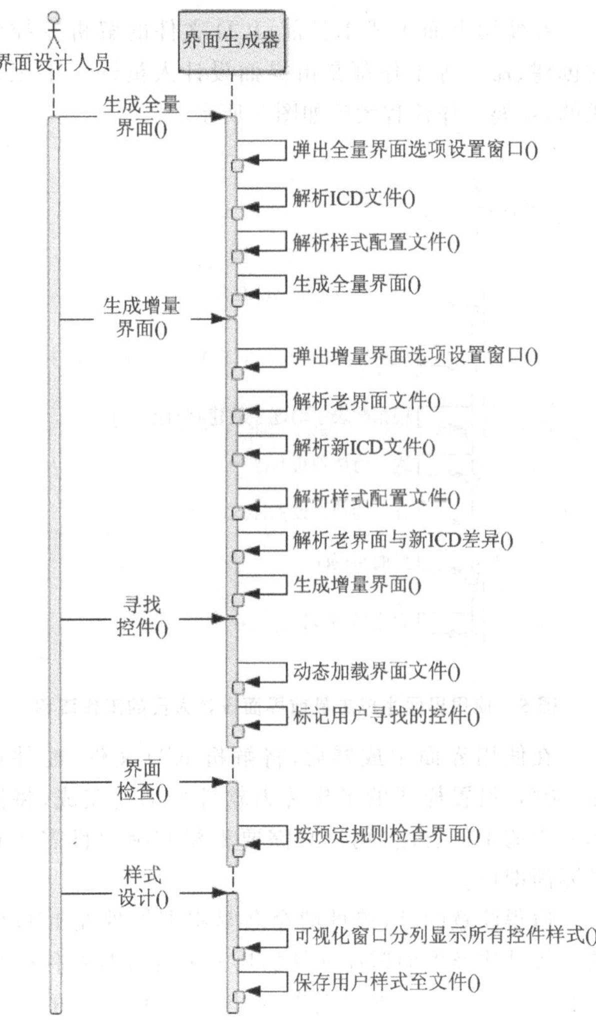

图3 软件典型操作流程图

界面生成器软件的主界面如图 4 所示。

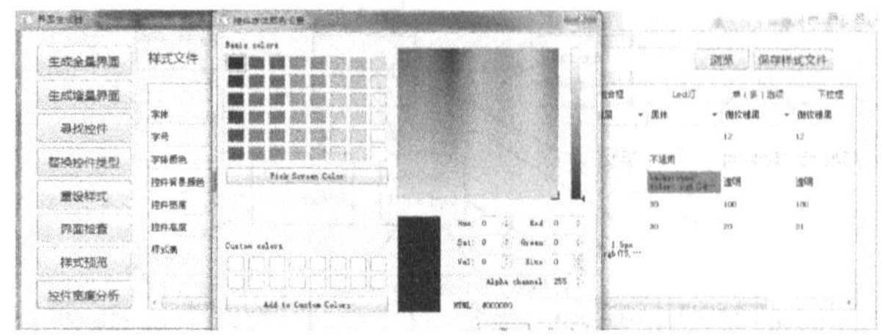

图 4　界面生成器软件主界面

3　生成全量界面功能

全量界面生成功能的输入文件是 ICD 编辑器生成的 ICD 文件，需要将 ICD 文件中需要生成控件的参数翻译为界面控件并逐个排布在 QDesigner 界面窗口中以供界面设计人员布局，需要解析的信息包括控件的类型、命名、样式，还包括特殊控件，如上下限、状态灯的颜色等信息。

在使用界面生成工具前，ICD 文件的解析及控件的创建、命名等工作都是由界面设计人员逐一手工完成的，主要工作流程大致如图 5 所示。

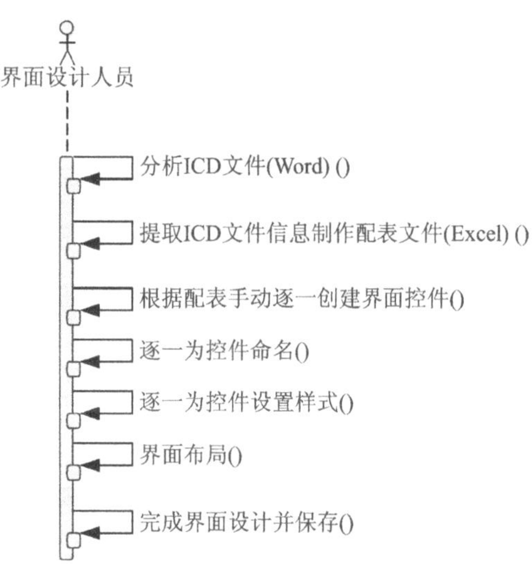

图 5　使用界面生成工具前界面设计人员的工作流程

在使用界面生成器后，将解析 ICD 文件、控件创建、命名、设置样式的工作转为软件自动化完成，将制作配表的工作省略，用户只需要根据实际项目需要布局界面即可。

值得注意的是，控件的命名是根据控件在 ICD 中的层级结构及地面监控软件的界面插件查找控件的规则制定的一套命名规则计算得出的，不同类型的控件的命名规则存在略微差异。

录入示例 ICD 并生成示例全量界面如图 6 所示。

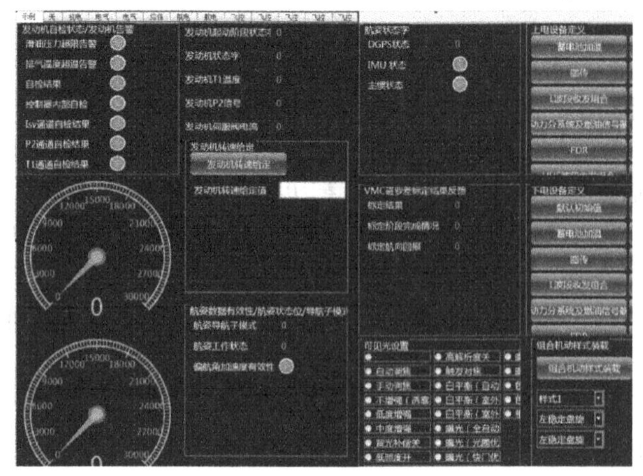

图 6　自动生成的全量界面示例

4　生成增量界面功能

在全量界面功能的基础上实现了增量界面的功能，增量界面功能是针对 ICD 文件变动后使用。具体 ICD 文件变化或改动的原因主要有 ICD 设计过程中的改进或调整，或对现有飞机的改进改型引起的 ICD 变化等。

相比于生成全量界面，在制作增量界面时，界面设计人员的工作流程中多出一项对比分析新老界面元素的工作，在使用界面生成工具后，此项工作也由软件自动完成。

在使用生成增量界面功能时已有之前设计好的老界面文件，此时用户的需求是尽量保持老界面不变，在老界面的基础之上根据新版 ICD 文件添加或删除控件。所以增量界面的主要功能就是分析新版 ICD 文件与老界面文件之间的差异，找出新增控件和需要删除的控件。将新增控件放置于新建的 Tab 页中，将需要删除的控件标红以提示界面设计人员删除。

控件变化的依据目前支持如下判据：

① 控件名称；

② 控件所在系统；

③ 控件类型；

④ 上下限；

⑤ 上下行。

支持界面设计人员对以上判据进行选择性组合以作为实际变化判据。

5 自定义控件

Qt 提供了如标签 QLabel、按钮 QPushButton 及输入框 QLineEdit 等标准控件，但在实际项目中，内置标准控件还不足以满足需求，比如 QDesigner 不提供 Led 灯。通过对 QDesigner 进行插件二次开发，实现所需特殊控件，然后在本界面生成软件中对其进行支持，从而实现了用户需求的特殊控件的自动生成。

针对发动机的开关指令，在发送指令前需要进行二次确认，所以需要自定义一种安控按钮，如图 7 所示；又如带有上下限的组合装订指令输入框，如舵机位置参数，需要在飞行员输入参数后首先进行上下限检查及非法字符检查，检查合格后才能发送指令，如图 8 所示。以上这些特殊需求都可以通过自定义特殊控件的方式实现。

图 7 安控按钮

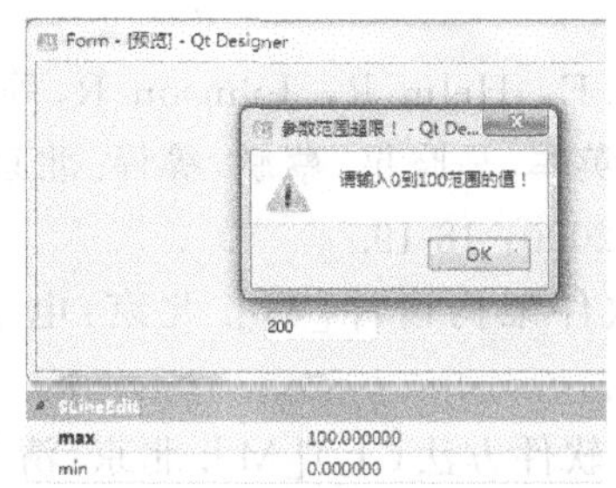

图 8 具有上下限限制的输入框

自定义控件是通过 QDesigner 提供的 QDesignerCustomWidgetInterface 接口(customwidget. h 文件中定义)实现的，通过该接口将自定义控件暴露给 QDesigner 以供其调用。主要接口包括控件的创建、对应的头文件、图标、名字 xml 模板等。在实现了自定义控件接口后，还需要实现控件的具体逻辑，比如点击后弹出确认框等。一般都是首先选择某款比较接近的现有控件作为自定义控件的基类，然后捕获具体点击信号，通过信号槽的方式实现的。如果自定义了多个控件，可以将这些控件封装到一个 dll 文件中。封装的方式是实现 QDesignerCustomWidgetCollectionInterface 接口。该接口类含有一个 QList <QDesignerCustomWidgetInterface *> 类型的字段，存放所有自定义控件的实例指针，在接口类构造时创建控件实例指针并存于该 list 中，通过调用 customWidgets()函数获得该 list。

通过以上步骤可以实现实际项目中所需要的自定义控件。

6 其他辅助功能

在最主要的生成全量界面和增量界面功能的基础之上，随着项目的不断进行，在界面设计的不断实践中又发现提取了一些新需求，这些需求可能文字描述起来很简单，但在实际工作中对提升用户的工作效率和避免错误方面有很大助益。在软件需求分析时，将这些需求归纳为界面生成器的辅助功能。辅助功能的主要应用场景如下：

① 控件样式的批量替换。界面生成器提供样式的可视化窗口编辑及样式配置文件保存功能，可通过配置文件(. ini)对项目中常用的控件样式进行配置，对于不同的项目可配置多份样式文件，使用时在界面生成器中进行选择。但是，当用户已经完成界面的布局之后，如果此时需要更改某类控件的样式，比如按钮控件，这时可能就需要对几百个控件进行逐一手动修改，效率很低。界面生成器的样式批量替换功能可以实现对不同种类控件的所有可设计样式进行批量替换。

② 控件类型的批量替换。这种情况在自定义控件比较多且同类型控件功能比较接近的情况下使用得比较多。比如输入框有 Qt 自带的 QLineEdit，同时又自定义了具有上下限检查和非法字符检查的输入框，在该输入框的基础之上又定义了可以呼出软键盘的输入框。若界面设计人员在最初设计时没有考虑到使用软键盘，但随着项目的推进，后期增加了软件盘的需求，这时就需要将所有已经布局好的 QLineEdit 全部替换为 LineEditWithKeyBoard(自定义)。当然可以采用文本编辑器批量替换的方式，但这种方式极易造成误修改，导致界面崩溃甚至意想不到的错误，不如通过软件替换安全性高。

③ 寻找所需控件。正如摘要中介绍的，无人机地面监控类软件涉及的显控控件多，当生成全量界面后即使是按帧或按系统分组通过 Tab 页显示(多达 10～20 页)，界面设计人员也难以在短时间内找到所需控件。使用 QFormLoader 动态加载生成界面，再通过界

面搜索框实现搜索逻辑,可以帮助用户快速找到所需控件。

④ 界面检查功能。界面生成器是根据ICD协同设计平台生成的ICD文件作为输入生成界面的。在实际项目中,用户在ICD录入时录入的内容可能是来自Word或PDF的复制内容,这样就容易在控件名字中引入换行符等符号,导致后期地面软件无法识别该控件,所以需要在界面生成后进行检查并去除换行符。同时,界面生成器还可以实现界面中存在的不支持的控件类型的检查,还能实现对控件文本长度是否超出控件宽度的检查。

⑤ 样式可视化设计功能。界面生成器实现了对不同控件样式的窗口可视化设计并通过配置文件的方式保存,实现了对支持的不同种类控件分别进行宽度、高度、字体字号、背景颜色等样式进行定义,增加了对非软件专业用户的友好度。

7 效率对比

界面自动生成工具实现了对手工重复工作的软件自动化替代。目前该工具已经在实际项目的地面站软件和综检软件得到了应用,以综检软件为例,与以往项目相比,在使用该工具后效率提升明显。表1为粗略统计情况。

表1 使用界面自动生成工具前后效率对比

项	使用前	使用后
制作配表	手动/3天	省略
控件创建	手动/3天	自动
控件命名	手动/2天	自动
样式设置	手动/1天	自动
新旧界面对比(增量界面)	手动/2天	自动
界面布局	手动/2天	手动/2天

8 结束语

本文介绍的界面生成工具实现了界面快速自动生成的功能,软件自动化替代了人工的重复劳动,提升了系统人员的工作效率,降低了错误出现的概率,为地面软件的研发真正实现"低成本、高质量、快速研发"提供了一款有效工具。

参考文献

[1] 苗壮,孙盛智,段炼,等. 军用无人机关键技术发展应用及主要作战样式研究[J]. 飞航导弹,2020,9:52-56.

[2] 郭庆华. 基于XML的界面自动生成技术研究和应用[D]. 西安:西安石油大学,2010.

[3] 彭亚云. 基于XML的信息家电界面自动生成的研究[D]. 长沙:湖南师范大学,2017.

[4] 于盟. 面向Android的Web Service界面自动生成技术研究[D]. 青岛:中国海洋大学,2012.

[5] 刘洋,韩泉泉,赵娜. 无人机地面综合监控系统设计与实现[J]. 飞机设计,2016,24(14):110-115.

[6] 王兴龙,白清源,刘泽石,等. 军用无人机指控系统人机交互发展分析[J]. 飞机设计,2020,40(4):77-80.

[7] Gamma E, Helm R, Johnson R,等. 设计模式[M]. 李英军,马晓星,蔡敏,等译. 北京:机械工业出版社,2000: 18-19.

[8] 温昱. 软件架构设计[M]. 北京:电子工业出版社,2007.

[9] 潘加宇. 软件方法(上)[M]. 北京:清华大学出版社,2018:4-6.

[10] 谭云杰. 大象:Thinking in UML[M]. 北京:中国水利水电出版社,2012:51-56.

基于模态试验的航空发动机管路模型修正

辛立波

中国航发上海商用航空发动机制造有限责任公司，上海 201306

摘要：航空发动机管路作为传输燃油、滑油和空气等介质的部件，受到温度、压力和振动载荷等作用，需要建立有效的仿真模型进行动力学分析。由于管路系统比较复杂，卡箍等连接刚度对于建立准确的仿真模型具有重要作用。本文基于模态试验结果，对管路卡箍的连接刚度进行了模型修正，结果表明基于修正的仿真模型可以与试验结果吻合较好。

关键词：航空发动机；管路；模型修正；模态分析

Model Verification of Aircraft Engine Pipeline Based on Model Test

XIN Libo

AECC Commercial Aircraft Engine Manufacturing Co. Ltd., Shanghai 201306, China

Abstract: Aircraft engine pipelines work as components which transfer fuel, hydraulic oil and air. Due to pressure of transfer medium and casing vibration load, effective simulation model should be built to do dynamic analysis. For the reason that pipelines are complex, the connect stiffness has great influence on building accurate simulation model. In this paper, the connection stiffness of pipelines is verified on the base of test results. It is concluded that the verified simulation model coincide with the test results.

Keywords: aircraft engine; pipeline; model verification; modal analysis

1 引 言

航空发动机的管路被称为发动机的血管，承担着传输燃油、滑油和空气等介质的功能，管路正常运行是发动机安全工作的重要保障。管路系统由于受到温度、压力和振动等载荷的综合作用，需要对其强度进行设计和验证。建立有限元模型是一种常用的分析方法，但是由于模型与实际结构的差异，导致仿真分析不能有效地反映真实的管路动力学特性，因而需要基于试验结果对模型进行修正。

杨莹[1]使用 ANSYS 有限元软件对航空发动机管路的流固耦合振动进行分析研究。林君哲[2]以航空发动机附件装置中的管路系统为研究对象，对比分析了管路系统耦合振动机制及故障诊断等内容。李占营[3]为研究流体哥氏力和管路参数等因素对航空发动机管路固有振动频率的影响规律，采用 Galerkin 方法建立了管路流固耦合数学模型，并通过复特征值分析得到了系统的固有频率。彭刚[4]针对航空发动机外部管路系统的动力学设计需求，采用理论计算与试验测试相结合的方法研究管路系统的关键设计参数及影响规律。白晓兰[5]针对目前航空发动机管路布局的研究现状和航空发动机外部管路布局空间的特点，提出了基于工程规则和空间离散的航空发动机管路布局方法。刘元朋[6]针对航空发动机管路的反求建模问题，提出了基于特征的航空发动机管路反求建模系统框架。吕振[7]研究了航空发动机液压管路系统在流固耦合作用的情况下，液压管路系统的振动机理，以解决液压管路因共振而产生的裂纹和漏油现象，提高航空发动机的可靠性。贾志刚[8]运用有限元方法，通过计算机仿真，分析了航空发动机复杂管路系统的结构振动，得到了管路固有频率分布状况以及直观的振型特征。冯凯[9]用有限元方法对航空发动机外部管路模态进行了计算，得到了管路的固有频率及模态振型；通过计算，分析了安装不同数量、位置的卡箍对管路固有频率的影响，以此为依据进行了管路调频，避免了管路共振的发生。罗泽明[10]针对某型发动机工作过程中一段管路重复发生泄漏的情况，利用有限元方法对该段管路模态进行了计算，得到了管路的固有频率及模态振型。康力[11]针对航空发动机外部管路的动力学设计需求，采用基于试车实测数据的振动响应求解方法，对典型管路的振动响应特性进行了计算分析。

有限元分析能够模拟管路系统在对应载荷下的响应，减少试验耗费的人力、物力。但是有限元模型由于进行了实际结构的简化，模型的刚度和阻尼等与实际结构不同，因此分析结果和测试结果存在偏差。FEMtools 的模型修正功能可以提高分析模型的准确度，保证分析结果和试验结果一致。

本文基于管路的模态试验结果，应用 FEMtools 软件对管路的有限元模型进行修正，得到了卡箍连接刚度的修正值。分析结果表明，修正后的模型可以很好地反映管路的动力学特性，为仿真结果的准确性提供保证。

2 有限元模型

2.1 研究对象

一台典型的发动机上，管道多达 150～200 根。本文以商用航空发动机中的一段输油管路作为研究对象，其管路主要包含管接头、导管、卡箍和支架，其具体结构如图 1 所示。管路两端的接头与航空发动机的相关附件连接，可认为是固支结构。

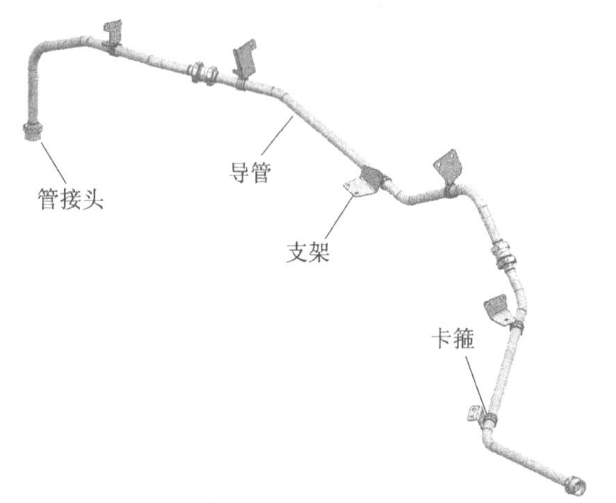

图 1　典型航空发动机管路结构

2.2 材料参数

分析所选取的管路，导管的外径为 0.75 in，壁厚为 0.035 in，导管总长约为 75 in，管路支架厚为 0.08 in。

管路结构均采用不锈钢材料，材料牌号选用国外标准 UNS S32100，管接头和支架材料牌号选用同样材料。卡箍的材料主要分为箍带不锈钢材料(17－7PH)和衬垫纤维加强硅橡胶材料(MIL－C－85052)。其材料参数如表 1 所列。

表 1　材料属性(室温)

名　称	ANSI321 管材	ANSI321 板材	17－7PH 带材
弹性模量 E/GPa	200	200	196.6
密度 ρ/(kg·m^{-3})	7.916×10^3	7.916×10^3	7.805×10^3
泊松比 μ	0.27	0.27	0.27
屈服强度 $\sigma_{0.2}$/MPa	207	172	1 172
极限强度 σ_b/MPa	517	483	1 310

2.3 模型简化和假设

航空发动机管路中，导管部分是薄壁件，是关注的主要区域，其主要失效来源于振动应力，管路的主要支撑刚度来源于管路的卡箍、支架固定和管路端头处的约束。质量、刚度是影响航空发动机管路动力特性的主要因素，也是有限元建模中需要重点关注的主要参数，根据管路组件的结构特点，在建立有限元计算模型时需要有针对性地对外部管路模型进行必要的假设和简化。

导管是薄壁件，应用壳单元在管壁的中面处进行建模，见图 2。

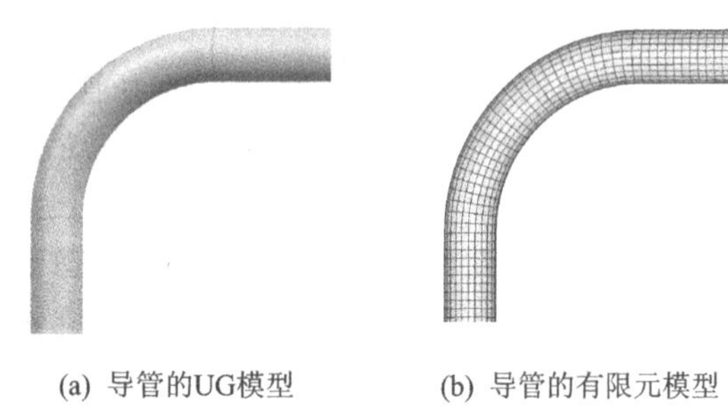

(a) 导管的UG模型　　(b) 导管的有限元模型

图 2　导管的有限元建模

管路中管接头由公头、母头和外套螺母三部分组成，如图 3 所示。为了简化计算模型，将其简化为一个实体模型，并将其中的某些细节结构去除，如去除保险丝孔，将六角螺母简化为圆台。管接头的质量是影响管路动力特性的主要因素，因此在简化模型时需要使简化后的模型质量与简化前保持一致。

卡箍和支架均为薄壁件(本文中不考虑卡箍中的橡胶衬垫)，在建模中将卡箍和支架简化为片体，使用

(a) 管接头的UG模型

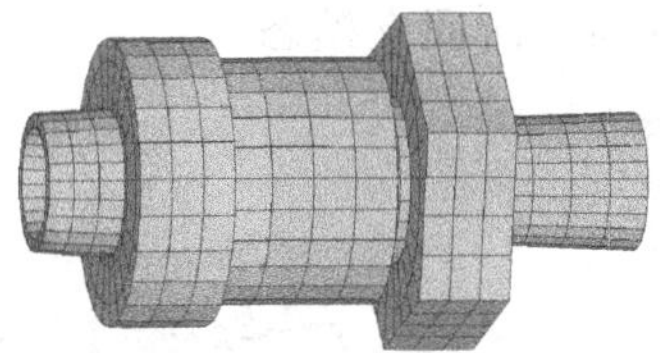

(b) 管接头的有限元模型

图 3 管接头的有限元建模

二维 SHELL 单元进行网格划分，在模拟卡箍和管路之间的连接关系时，要建立局部坐标，并在同一物理坐标处建立重合节点，重合节点之间建立三个方向的弹簧单元，如图 4 所示。

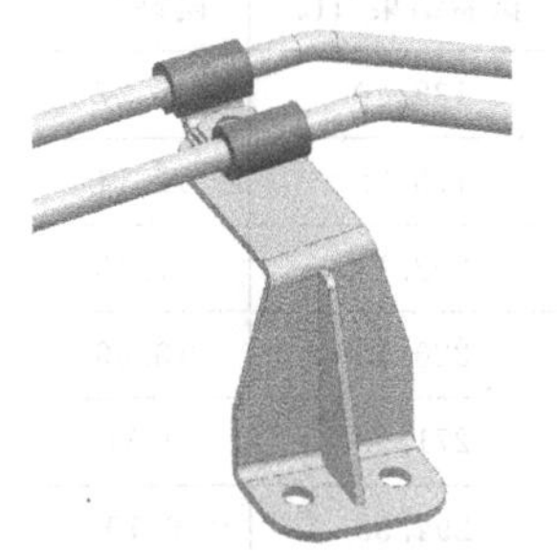

(a) 卡箍和支架的UG模型

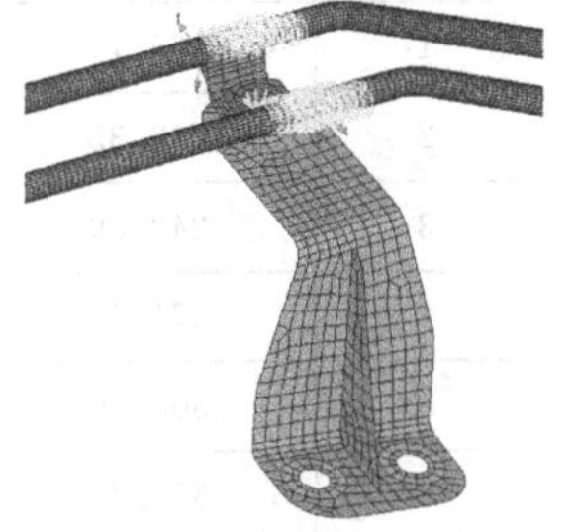

(b) 导管的有限元模型

图 4 导管的有限元建模

2.4 网格划分

将管路三维模型导入有限元前处理软件中进行网格划分，建立管路的有限元模型。管路部分为薄壁件，采用四边形单元和三角形单元进行建模；管接头采用实体单元进行建模，主要为六面体单元，卡箍与导管连接处采用弹簧单元。管路组件的有限元模型如图 5 所示，模型共生成四边形单元 23 641 个，三角形单元 3 个，六面体单元 2 832 个，弹簧单元 1 710 个，单元总数 27 186 个，节点总数 27 624 个。

2.5 约束和加载

管路组件的载荷及边界条件包括压力载荷和位移约束；其中，压力载荷用于压力分析，位移约束用于压力分析和模态分析。位移约束施加于管路的约束支撑位置，如管接头的端面、支架的螺栓孔处，如图 6 所示。

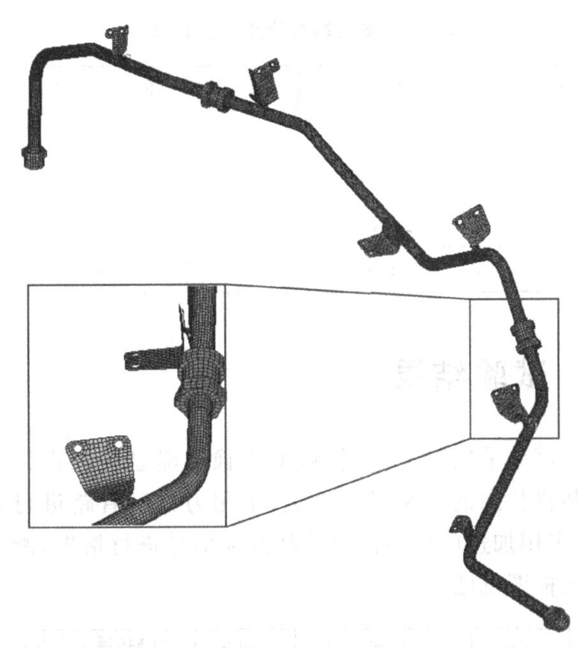

图 5 典型航空发动机管路有限元模型

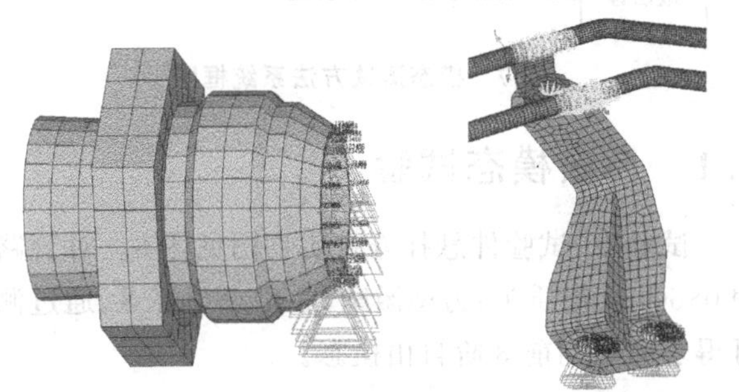

图 6 位移约束加载

3 仿真分析结果

运用 NASTRAN 对管路组件进行模态分析，可得自由状态下前 8 阶管路固有频率，其结果见表 2，固支状态下分析结果见表 3。

表 2 自由状态时管路的固有频率

阶 次	固有频率/Hz
1	16.15
2	30.24
3	39.15
4	49.67
5	66.04
6	80.01
7	141.64
8	148.28

表 3 固支状态时管路的固有频率

阶　次	固有频率/Hz	阶　次	固有频率/Hz
1	165.10	5	300.60
2	202.35	6	313.74
3	243.89	7	344.63
4	271.96	8	410.59

4　试验结果

试验采用敲击法，管路采用橡皮绳悬挂和模拟实际装机状态的工装进行固定，采用力锤对管路进行激励，采用加速度传感器对管路振动信号进行拾振，测试系统框图见图 7。

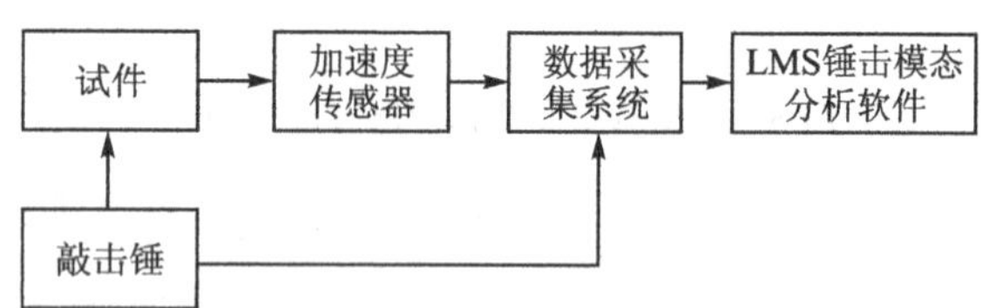

图 7　模态测试方法系统框图

4.1　自由模态试验

试验中，试验件悬挂方式实物图见图 8。对管路采用 086C01（铝质头）力锤激励，激励点为红点，通过测试可得表 4 所列前 8 阶自由模态。

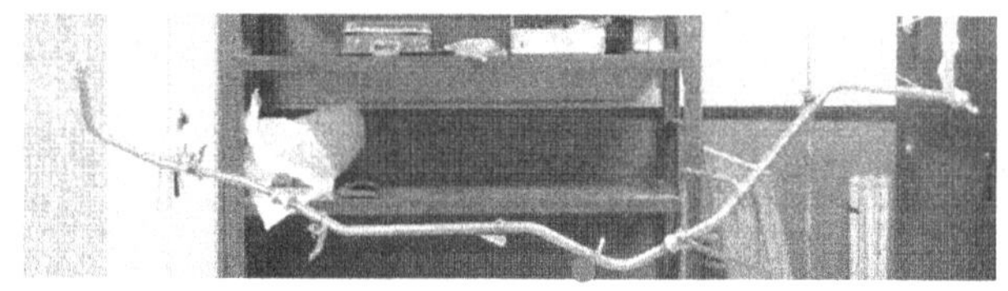

图 8　自由悬挂状态模态试验

表 4　自由状态模态分析结果对比表

阶　次	仿真结果/Hz	试验结果/Hz	误差/%
1	16.15	14.66	9.23
2	30.24	31.86	5.36
3	39.15	39.90	1.92
4	49.67	50.23	1.13
5	66.04	67.22	1.79
6	80.01	81.73	2.15
7	141.64	140.98	0.47
8	148.28	150.76	1.67

4.2　固支模态试验

试验中，管路组件按卡箍设计角度通过卡箍与连接支架安装到试验平台上，保持管路安装状态与装机状态一致。试验件固定方式见图 9，试验中采用 086C01（钢制头）力锤激励，激励点同 4.1 节所述。通过测试可得表 5 所列前 8 阶固支模态。

图 9　固支状态管路实物图

表 5　固支状态模态分析结果对比表

阶　次	仿真结果/Hz	试验结果/Hz	误差/%
1	165.10	139.40	15.57
2	202.35	176.98	12.54
3	243.89	202.11	17.13
4	271.96	226.93	16.56
5	300.60	271.93	9.54
6	313.74	294.33	6.19
7	344.63	307.54	10.76
8	410.59	326.40	20.50

自由状态下的仿真结果和试验测试得到的结果进行对比，见表 4，二者的结果分布见图 10。

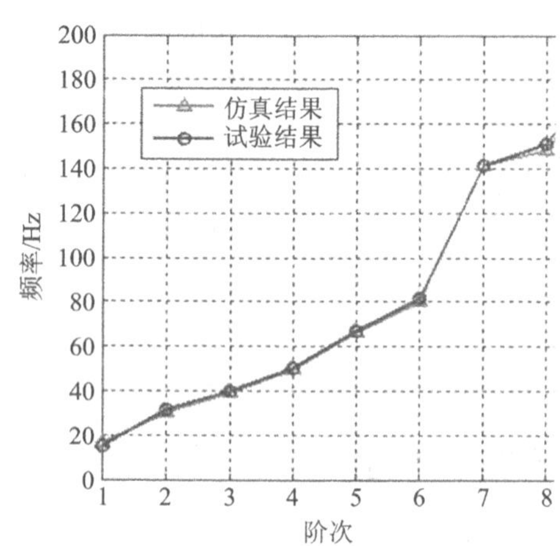

图 10　自由状态下固有频率对比图

从结果可知,除去低阶频率由于基准数值小,故其误差范围会较大外,绝大部分管路固有频率的误差范围均在2%以内,故将管壁和支架简化为壳单元,将管接头简化为实体单元的建模方法是可行的。

固支状态下的仿真结果和试验测试得到的结果进行对比,具体见表5,二者的结果分布见图11。

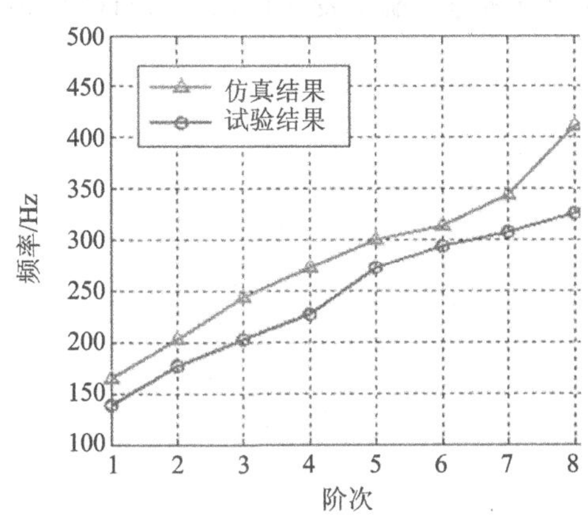

图11 固支状态下固有频率对比图

从结果看,固支状态时试验结果和仿真结果趋势一致,但分析结果的频率普遍大于试验数据。原因主要有以下几方面的原因:

① 管路安装于试验工装时边界条件的刚度要小于仿真分析中固支边界条件的刚度。

② 被测管路试验件的两端未完全固定。

③ 管路在加工和装配过程中极易造成变形,从而导致实测模型和仿真模型存在一定的差异。

5 模态修正结果

FEMtools软件通过对参数修正,使结构更好地与试验结果匹配,在管路分析中卡箍连接刚度一般是通过经验值设定,影响了仿真结果的准确性。对有限元模型进行模型修正,采用的修正参数是卡箍的连接刚度,分别为KX、KY、KZ,修正前后的卡箍刚度如表6所列。

表6 模型修正参数对比表

序 号	类 型	刚度方向	原始值	修正值
1	GLOBAL	KX	89.36	119.36
2	GLOBAL	KY	76.93	188.23
3	GLOBAL	KZ	118.19	31.83

采用修正之后的卡箍刚度计算前10阶固有频率。见表7,可以看到修正后的频率误差最大10%,比未修正的模型误差20%,准确度大大提高。根据所关心的固有频率,可以有针对性地进行模型修正,从而得到更准确的仿真模型。

表7 模型修正固有频率对比表

模态阶数	仿真频率/Hz	测试频率/Hz	误差/%
1	154.07	139.40	10.52
2	189.30	176.98	6.96
3	210.75	202.11	4.28
4	236.24	226.93	4.10
5	263.49	271.93	−3.10
6	276.96	294.33	−5.90
7	289.65	307.54	−5.82
8	316.36	326.40	−3.08

6 结 论

试验结果与仿真结果对比表明,有限元模型由于对连接刚度等参数设置不准确,导致仿真结果与试验结果偏差较大。采用模型修正方法可以有效地对参数进行修正,从而得到准确的仿真模型,更加有效地指导设计工作。

参考文献

[1] 杨莹,陈志英.航空发动机管路流固耦合固有频率计算与分析[J].燃气涡轮试验与研究,2010(1):42-46.

[2] 林君哲,周恩涛,杜林森,等.航空发动机管路系统振动机制及故障诊断研究综述[J].机床与液压,2013,41(1):163-164.

[3] 李占营,王建军,邱明星.航空发动机管路流固耦合振动的固有频率分析[J].航空发动机,2017,43(1):66-70.

[4] 彭刚,于乃江,贾文强.航空发动机外部管路的结构与动力学特征参数分析[J].航空发动机,2017,43(5).

[5] 白晓兰,张禹.航空发动机管路智能布局[J].机械设计与制造,2013(9):56-59.

[6] 刘元朋.基于特征的航空发动机管路反求建模系统关键技术研究[D].西安:西北工业大学,2006.

[7] 吕振.基于 ANSYS Workbench 的航空发动机液压管路系统流固耦合振动研究[D].辽宁:东北大学,2014.

[8] 贾志刚,陈志英.基于参数化的航空发动机管路调频方法研究[J].航空发动机,2008,34(4):34-37.

[9] 冯凯,郝勇,廉正彬.航空发动机外部管路调频的有限元计算方法[J].航空发动机,2010,36(1):31-33.

[10] 罗泽明,郑丽,王国平.某型航空发动机管路振动特性的有限元研究[J].装备制造技术,2011(2):29-30.

[11] 康力,洪杰,徐雷,等.航空发动机外部管路的振动响应分析[J].航空发动机,2015,41(2):50-54.

无人机地面监控软件框架设计

沙亚雄，田峰，江相乐

航空工业成都飞机工业(集团)有限责任公司，成都 610000

摘要：为实现无人机地面监控软件的“低成本、高质量、快速研发”，本文对无人机地面监控类软件进行了研究。首先阐明了地面监控软件框架的作用和意义，然后使用 UML 建模方法对地面站软件和综合检测软件进行软件建模和需求分析，归纳了地面软件的共性和差异，分析出软件变化点，同时结合框架设计关键要点和软件业务进行复用粒度确定，最后以插件式设计方法实现了一套无人机地面监控软件框架。经在某型无人机项目中实际使用表明，该框架在保证软件质量的同时，设计、开发、测试和升级时长降低约 50%。

关键词：无人机；地面软件；框架设计；软件建模

Design of Ground Monitor Software Framework for UAV

SHA Yaxiong, TIAN Feng, JIANG Xiangle

AVIC Chengdu Aircraft Industrial (Group) Co. Ltd., Chengdu 610000, China

Abstract: In order to achieve the “low cost, high quality and rapid development” of UAV ground monitor software, research of UAV ground monitor software has been carried out. Firstly, clarified the role and significance of the ground monitor software framework, then use the software modeling method of UML to perform software modeling and Analyze the needs of the ground station control software and comprehensive detection software, summarize the commonalities and differences of the ground monitor software. Analyze the change points of the ground monitor software, at the same time, combine the key points in the design process of software framework and the ground monitor software business to determine the reuse granularity of base unit. Finally, a plug-in design method is used to implement a set of UAV ground monitor software framework. The actual use in a certain type of drone project shows that the framework can reduce the time of design, development, test, maintenance and upgrade by about 50% while ensuring the quality of the software.

Keywords: UAV; ground software; framework design; software modeling

1 引 言

随着科学技术的进步，无人机功能不断丰富，性能不断提升，在军事领域无人机已经渐渐从辅助装备发展为不可获取的主战装备，在定点打击等领域的优势甚至超越有人机[1]。成本优势是无人机较有人机的核心优势，国内外各大机构投入力量提高无人机性能功能的同时也在不断试图压缩生产成本[2]。提高配套软硬件成品的通用性是降低成本的有效方法，无人机地面监控系统作为无人机控制系统的重要组成部分，进行地面监控软件框架研究设计对保证软件质量、降低开发成本有重要作用和意义。

2 地面监控软件框架的意义

2.1 地面监控软件功能介绍

无人机地面监控软件(简称地面软件)包括综合检测软件(简称综检软件)和地面站席位控制软件(简称地面站软件)。其中综检软件主要用于无人机日常维护和起飞前状态检测；地面站软件则用于无人机飞行时监视控制[3]。

首先，二者都有以下两点核心功能：

① 指令发送功能：飞行员或维护人员可以通过软件界面中的指令控件或硬件按钮等设备发送控制指令

或者检测指令，以对无人机进行控制和状态检测。

② 状态信息显示功能：可以使用文字控件、图形控件在界面中对无人机下传的状态信息进行显示。

其次，二者也有一些不同点，如地面站软件安全性要求较高，需进行运行时备份的余度设计，通常为多计算机运行模式，故需要考虑各机之间的状态协调管理问题；而综检软件安全性要求相对略低，通常为单机运行模式，无需进行状态管理。此外，地面站软件还包括航线规划、载荷数据处理等功能，是综检软件无须具备的。

2.2 地面监控软件框架的必要性

框架是一组相互协作的类。对于特定的一类软件，框架构成了一种可重用的设计[4]。框架设计是针对某一领域软件进行的总结归纳性设计，它提取特定领域软件的共性部分，并封装实现为可复用的软件资源。针对地面软件，框架带来的好处体现如下[5]：

① 提高软件质量：无人机的设计常常是基于某成熟型号，进行衍生式设计，故地面软件也常为衍生式设计开发。若地面软件基于框架进行增量式开发，框架已经过测试和验证，就可以将质量因素限制在增量部分，减少质量保障工作的同时提高软件质量。

② 降低研发成本：地面软件框架对软件功能模块进行固化，可以有效避免地面软件开发资源的重复投入，从而降低软件研发成本。主要体现在两方面，首先，通常在无人机型号项目研发过程中，综检软件和地面站软件会分别投入资源进行开发，造成资源重复投入；其次，在进行改型设计时，即使软件功能变化不大，但常常因为软件结构不好，导致旧版本资源复用困难，不得不投入资源进行重复开发。

③ 缩短研发周期：地面框架经过测试验证之后，地面软件的设计开发都变为在框架基础上的增量式开发，设计、开发、测试都仅针对变化的部分，这无疑会大大缩短软件的研发周期。

④ 易于维护承接：一个清晰的层次结构和功能模块划分有助于软件的维护和承接。首先，清晰的软件结构可以帮助维护人员快速定位软件故障位置并进行修改；其次，也大大提高了软件的可读性，新手可以快速对软件进行理解并承接。一个好的软件框架有利于实现清晰的软件结构。

3 地面监控软件框架设计方法

3.1 UML 建模方法

软件建模可以帮助我们梳理软件内外关系，捕获软件功能。建模流程一般分为以下 4 个工作流[6]：

① 系统级建模。系统级建模指在系统层级分析其内部子系统（人脑子系统、硬件子系统、软件子系统……）之间如何协调以提供有价值的系统级服务。

② 软件需求捕获。软件需求描述了为解决系统问题软件必须具备的功能，可以从系统级建模中捕获。

③ 软件需求分析。软件需求分析是找出为了满足功能需求，软件需要封装的核心域机制。

④ 设计实现。设计实现指为了满足质量需求和设计约束，核心域机制如何映射到选定平台上实现。

软件建模表示方法很多，使用广泛的是 UML 表示方法，UML 中元素众多，用例图表达需求、时序图表达交互关系、类图表达结构关系等[7]。

3.2 变化点识别预测

需求变化伴随着软件的整个生命周期，软件框架在设计时必须预测软件的发展趋势，识别软件可能的变化点，将变化点进行隔离，进行可变式设计，从而提高软件的可维护性。软件的可变式设计指软件的某个功能模块使用某种设计方法可以应对将来的变化而不影响软件的其他组成部分。软件可变式设计实现方式有两种，针对数据变化点，可以将数据以配置文件的形式进行加载；针对功能实现变化点，可以将功能流程以抽象接口实现，具体实现以库的形式进行加载。

3.3 复用粒度确定

软件框架强调组成软件单元的复用性，软件单元的粒度大小和复用性是矛盾的。可以将框架设计为一个软件单元进行复用，也可以将框架设计为类组成单元进行复用。组成软件单元粒度大的优点是结构简单、易于二次开发，缺点是降低了可维护性和复用性，软件单元粒度小的优点是组合灵活、易于扩展、复用性高，缺点是结构复杂，不利于二次开发。软件单元粒度大小确定无绝对的方法，需要结合软件的业务功能和变化点选取合适的粒度使框架既要体现业务易于二次开发，又要保证较高的复用性。

3.4 框架设计关键要点

软件框架在设计时需要考虑很多因素，其中最重要的是复用性、可扩展性和结合业务[7]。复用性指框架组成软件单元的复用性，复用单元尽可能是可部署软件实体，如 lib 库或 dll 库；可扩展性指框架必须建立一套规范标准，满足标准的模块均可被框架识别加载；结合业务指框架设计时必须要体现所服务领域软件的特点，对于地面监控软件框架来说，框架的设计需要针对地面监控类软件特点进行。

4 地面监控软件框架设计与实现

4.1 地面系统建模

地面系统级建模主要使用系统用例图和系统时序图。地面站软件和综检软件分别为地面站系统、综合检测系统中的一个软件配置项，它们与系统中的其他配置项协作完成系统功能。软件配置项在系统时序图中表示为一个对象(方块)。

在系统时序图中我们只需要关注和研究软件有交互的动作，外部指向软件的调用为软件对外提供的功能，自身的调用则是功能的内部分解。

1. 地面站系统建模

地面站系统用例包括发送控制指令、显示状态信息和模式切换等(用例图略)，其中发送控制指令的方式包括界面触发的软指令和硬件按钮触发的硬指令。下面使用系统时序图描述每个用例的实现流程。

(1) 地面站发送界面软指令

地面站发送界面软指令系统时序图如图 1 所示，对外提供的功能为发送界面指令、发送指令和接收处理指令回报，其中发送指令功能实际的触发者为内部定时器，可将其归为内部功能。因此，从发送界面指令系统中可得到以下两个功能：

① 步骤 1 发送界面指令：飞行员点击界面上的指令控件，软件进行动作捕获、指令转换、指令发送等流程将指令发送出去。

② 步骤 6 接收处理指令回报：地面站软件指令发送为闭环发送，指令发送逻辑需结合无人机的指令执行回报情况。

(2) 地面站发送硬指令

地面站发送硬指令系统时序图如图 2 所示，步骤 3

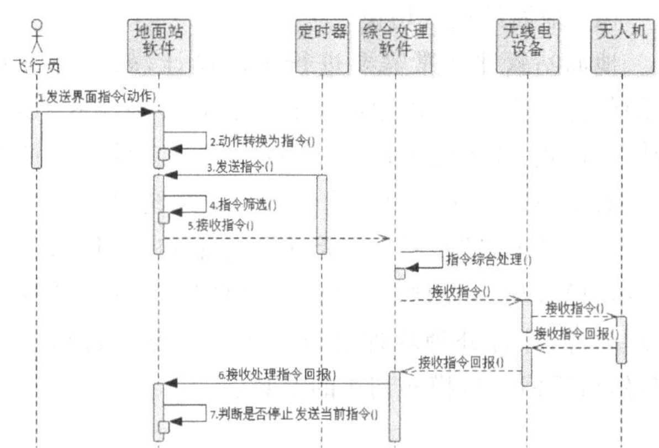

图 1 地面站发送界面软指令系统时序图

之后和发送界面指令相同。从发送硬指令系统时序图中可得到一个功能，即步骤 1 发送硬件指令，飞行员操作硬件设备后，软件接收硬件设备的状态信息，进行动作转换、指令转换、指令发送等流程将指令发送出去。

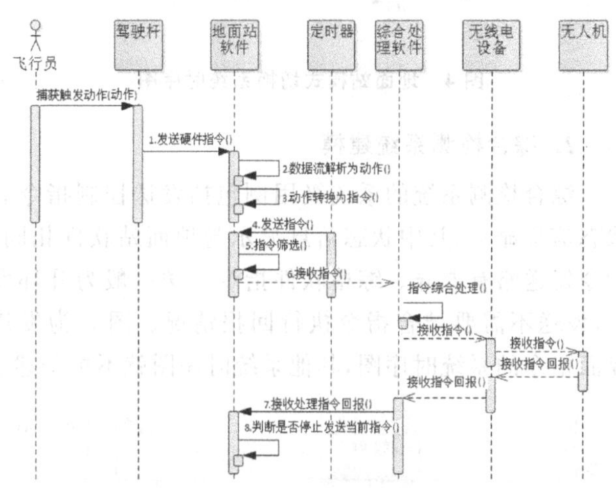

图 2 地面站发送硬指令系统时序图

(3) 地面站状态信息显示

地面站状态信息显示系统时序图如图 3 所示。从状态信息显示系统时序图中可得到一个功能，即步骤 1 显示状态信息，无人机通过链路将状态信息发到无线电设备，经链路管理软件和综合处理软件转发，最终在地面站软件解析并在界面显示。

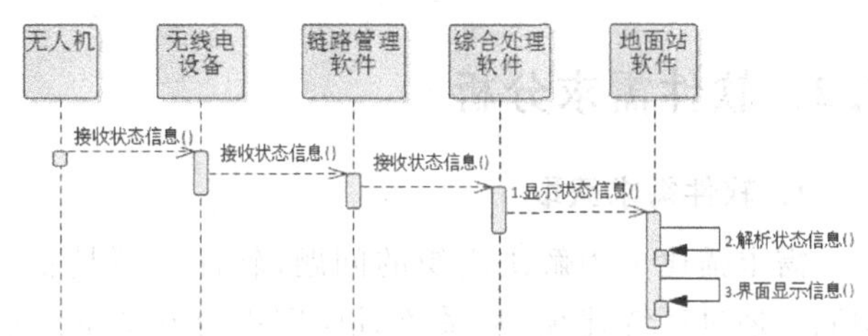

图 3 地面站状态信息显示系统时序图

（4）地面站模式切换

地面站软件通常需要进行余度设计，软件部署在不同的计算机中，所以地面站软件存在多种模式，如飞行监控模式、任务监控模式、监视模型等。模式切换的系统时序图如图4所示。从模式切换系统时序图中可得到一个功能，即步骤1切换为任务监控（动作），飞行员点击模式切换控件后，地面站软件发送请求到综合处理软件，综合处理软件结合多机的状态进行请求处理，然后返回进行模式切换的消息。

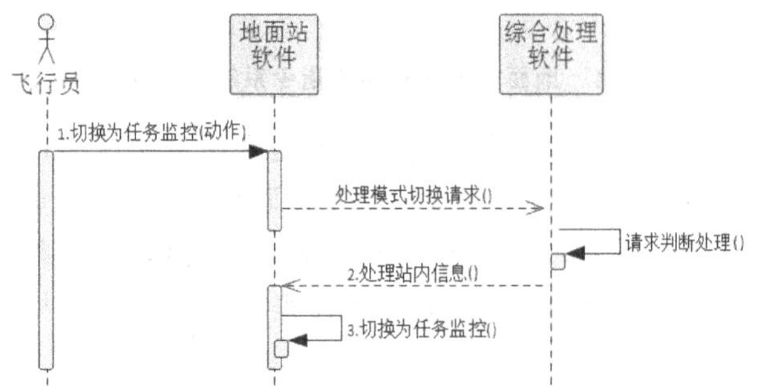

图4 地面站模式切换系统时序图

2. 综合检测系统建模

综合检测系统的系统级用例包括发送控制指令和状态信息显示，其中状态信息显示与地面站软件相同，指令发送略有差异。综检软件指令发送一般为开环发送，发送不需要结合指令执行回报情况。图5为发送界面指令的系统时序图，其他系统时序图就不再赘述。

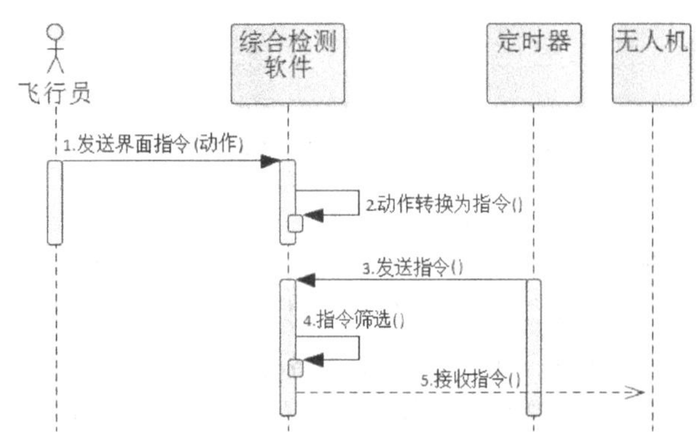

图5 发送界面指令系统时序图

4.2 软件需求分析

1. 软件需求获取

需求描述了为解决组织的问题，软件必须具备的功能。通过系统建模，从系统时序图中得到地面站软件和综检软件的软件功能，使用用例图表示，如图6所示。

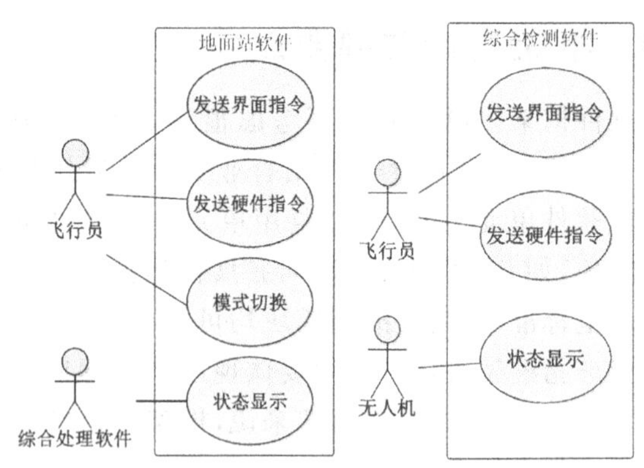

图6 地面软件用例图

2. 软件需求分析

捕获地面站软件和综检软件功能需求之后，对二者功能进行分析，其中完全相同之处为状态显示；部分相同之处为发送界面指令和发送硬件指令；完全不同之处为综检软件无模式切换功能。框架设计首先关注的是相同之处，将相同之处进行抽象封装，形成不变的可复用模块；其次，也需要考虑不同之处，为不同之处设计标准接口，方便在框架中进行融合与扩展。

4.3 软件框架实现

1. 插件式设计方法

框架的实现方式有很多，插件式设计是一种较好的解决方案，在增强代码重用性、功能模块解耦、提高软件研发效率等方面有显著优势。插件式设计方法有以下主要特点：

① 可部署实体：插件自身为可部署软件实体，开发和部署不影响软件其他组成部分。

② 接口实现分离：插件对外只提供接口，实现封装为二进制文件，隐藏了内部实现细节。

③ 统一管理：插件拥有统一的接口，生命周期依赖于框架，框架可以对插件进行集中监控管理。

2. 插件间交互设计

使用插件设计方法实现框架时，需要对插件间的交互方法进行设计实现。插件间的信息交互方式根据信息处理时机可以分为同步交互和异步交互。同步交互是信息发布后待接收者处理完再返回，异步交互无需等待信息处理完成直接返回。同步交互实时性比较强，同步交互实现时可以使用函数调用实现和中介者调用实现。函数调用需要发布者持有处理者对象和函数接口，二者有一定耦合。中介者调用则通常使用数字、字符串等标记进行二者信息交互关系绑定，发布订阅机制是实现中介者调用的常用办法。

如图7所示为发布订阅机制的典型过程。首先订阅者通过消息库订阅消息，记录所需消息和处理者函数，进行交互时发布者发布消息标记和数据，消息库根据记录的消息处理者进行消息分发处理。发布消息后消息库可以立即同步处理也可以使用额外线程进行排队异步处理，具体使用可以在订阅消息时指定或让消息库根据二者所处线程情况进行判断。

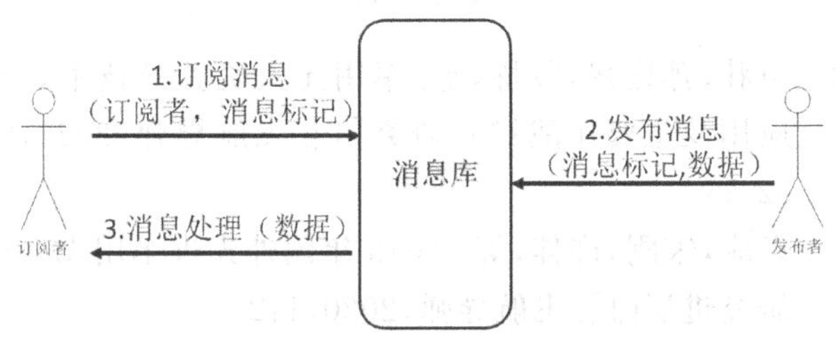

图7　发布订阅过程示意图

3. 框架静态结构

进行框架静态结构设计，首先根据功能设计插件，功能到插件的实现并非一对一关系，需要考虑插件的粒度并结合软件变化点进行设计。

通过地面软件需求共性分析，我们可以分析得到地面软件的数据变化点主要是ICD(Interface Control Document)信息和显示界面，可以使用配置文件进行可变设计；功能变化点多且难以预测，可以使用专用插件的形式实现可扩展设计。

在地面软件框架设计中，考虑无人机功能复杂性日渐提高，已经出现一站控多机、一席控多机、多载荷控制的需求，将来需求必然是复杂多变，为了框架有较高的复用性，本设计中插件的设计倾向于小粒度设计。图8所示为插件式地面软件框架组成示意图。

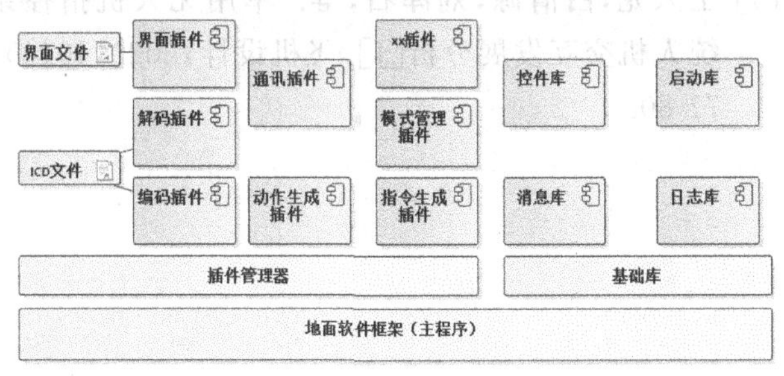

图8　插件式地面软件框架组成示意图

框架实现一共分为三大部分：主程序、插件管理器及功能插件和基础库。功能插件分为通用插件和专用插件，通用插件是软件不变功能的分解固化，专用插件是特殊功能的扩展实现。各模块功能如下：

主程序：软件的入口，负责软件启动、插件管理器创建等。

基础库：提供常用的基础共享库，如日志库、消息库等。

插件管理器：负责功能插件的配置文件获取，插件的加载、启动、卸载，以及运行状态监控。

通信插件：负责软件的数据通信功能，包括串口通信、网络通信等多种通信方式。

解码插件：负责软件的数据解析工作，根据ICD信息将数据流解析为相应的变量状态。

动作生成插件：负责将解析后的硬件指令设备数据根据动作映射表生成动作指令。

界面插件：负责指令控件的指令动作捕获和状态显示控件的显示刷新。

编码插件：负责将指令动作根据ICD信息进行编码和组帧。

指令生成插件：负责指令的发送流程，比如发送条件、发送周期、发送次数等。

模式管理插件：地面站软件特有，负责模式切换功能的实现。

4. 框架动态交互

框架的静态结构描述了内部模块之间的层次结构和依赖关系，动态交互则描述了为了实现软件的某一项功能，框架内模块之间是如何相互调用或信息交互的。为使插件解耦，除有时序要求的功能外，插件间交互均采用消息库的发布订阅机制同步处理完成。图9为地面站软件发送界面指令框架内部时序图，图10为地面站软件状态信息显示框架内部时序图，其他功能插件间交互类似，在此不再赘述。

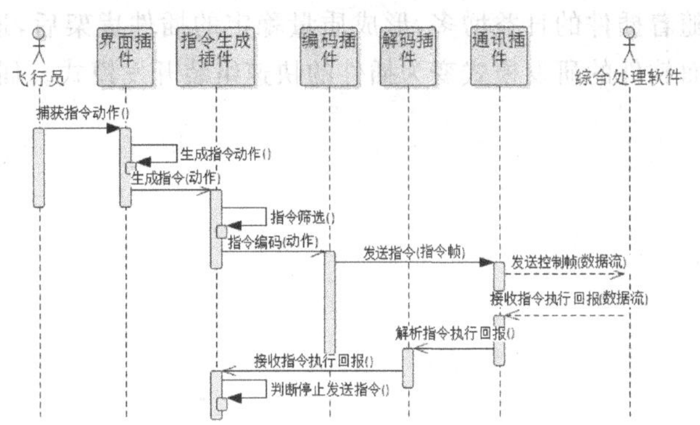

图9　地面站软件发送界面指令框架内部时序图

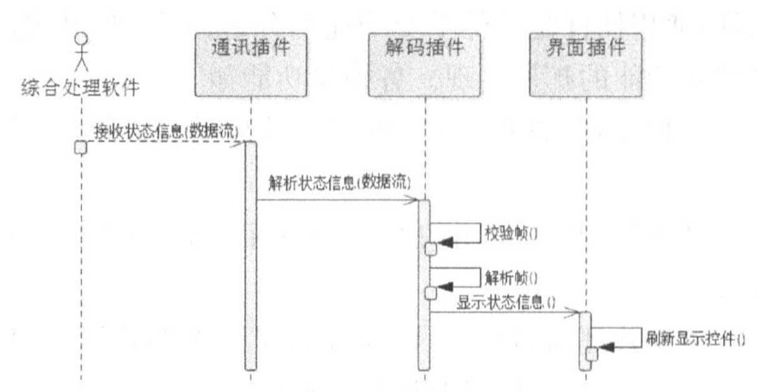

图 10 地面站软件状态信息显示框架内部时序图

5 框架应用

地面软件基于插件式框架开发，实现了软件组装式设计，增量式开发、测试和维护。目前该框架已经应用于某型无人机地面站软件和综检软件。以该地面站软件为例，与以往型号相比，在投入相同资源的情况下，基于框架开发的软件在设计、开发、测试和升级方面优势明显。表 1 为粗略统计情况。

表 1 某地面站软件框架应用效果表

项	无框架	有框架
设计时间	10 天	6 天
开发时间	15 天	5 天
测试时间	5 天	2 天
升级时间	3 天	2 天

6 结束语

无人机地面监控软件框架实现了地面站软件和综检软件的统型，降低了软件设计人员的水平要求，节约了软件研发成本，为日后地面软件的开发奠定了基础。随着插件的日益增多，形成质量稳定的插件货架后，地面软件的研发模式变为插件的快速组装开发模式。届时，地面软件的研发将真正实现"低成本、高质量、快速研发"。

随着科技发展，无人机功能日益复杂，集群协同已经兴起[9]，地面控制方式必将趋于智能化发展，语音、手势等多模态交互将成为未来智能交互的主流形态[10]。本文描述的框架在将来或许会被替代，但小粒度设计依然能够为相关软件设计实现提供一定的参考价值。

参考文献

[1] 苗壮，孙盛智，段炼，等. 军用无人机关键技术发展应用及主要作战样式研究[J]. 飞航导弹，2020，9：52-56.

[2] 袁成，宋刚，许佳，等. 2019 年国外先进军用无人机研究进展[J]. 飞航导弹，2020，1：21-29.

[3] 刘洋，韩泉泉，赵娜. 无人机地面综合监控系统设计与实现[J]. 飞机设计，2016，24(14)：110-115.

[4] Erich Gamma，Richard Helm，Ralph Johnson，等. 设计模式[M]. 李英军，马晓星，蔡敏，等译. 北京：机械工业出版社，2000：18-19.

[5] 温昱. 软件架构设计[M]. 北京：电子工业出版社，2007.

[6] 潘加宇. 软件方法(上)[M]. 北京：清华大学出版社，2018：4-6.

[7] 谭云杰. 大象：Thinking in UML[M]. 北京：中国水利水电出版社，2012：51-56.

[8] 马聪颖，高瑞周，朱玉祐. 无人机地面控制站通用化软件架构[J]. 航空计算技术，2013，43(3)：112-115.

[9] 胡雷刚，李宗璞，邱占奎. 无人机蜂群作战运用分析[J]. 无人机，2018(11).

[10] 王兴龙，白清源，刘泽石，等. 军用无人机指控系统人机交互发展分析[J]. 飞机设计，2020，40(4)：77-80.

飞机辅助动力系统 HIL 测试平台设计与开发

李士弘*，高春燕，张春新，田永全

西安翔迅科技有限责任公司，陕西西安 710068

摘要：飞机辅助动力系统具有结构复杂、价格昂贵、试车代价大等特点，国内外广泛对其主要部件-辅助动力装置开展建模与仿真测试研究，但缺乏系统性。为了避免试车过程中的危险，减少项目研制费用与周期，设计开发一种基于模型的飞机辅助动力系统硬件在环（Hardware In Loop，HIL）仿真测试系统，试验结果表明，该仿真测试系统可以用来完成对该系统功能性能的试验验证。

关键词：辅助动力系统；系统建模；实时仿真；HIL 测试

Design of HIL Test System for an Aircraft Auxiliary Power System

LI Shihong，GAO Chunyan，ZHANG Chunxin，TIAN Yongquan

Xi'an Xiangxun Technology Co. Ltd.，Xi'an 710068，China

Abstract：The aircraft auxiliary power system has the characteristics of complex structure，expensive price and high test cost. The modeling and simulation for the main components-auxiliary power unit are widely carried out，but lack of systematism. In order to avoid the danger in the process of test run and reduce the development cost and cycle of the project，a model-based hardware in loop（HIL）simulation test system for aircraft auxiliary power system is designed and developed. The results show that the test system can be used to verify the performance of this system.

Keywords：auxiliary power system；system modeling；real-time simulation；HIL test

1 引 言

飞机辅助动力系统（简称 APS）指的是装在飞机上的一套不依赖于机外任何能源，自成独立体系的小型燃气涡轮动力系统，主要由进排气装置、应急动力装置（EPU）、辅助动力装置（APU）、空气涡轮起动机（ATS）以及控制器等组成。APS 的功能是为飞机发动机起动和环控系统提供引气，同时带动发电机向飞机提供电源，是飞机的重要子系统[1]。其中 EPU 带有高压气瓶，可以在自启动后带动 APU 起动与点火，另外某些类型的 APU 通过电起动系统进行起动[2]。由于 APS 设备结构复杂、价格昂贵、试车代价大等原因，无法随时用真实设备进行系统功能性能的测试，为了便于系统的开发、性能改善及故障诊断，需要开发一种利用模型代替产品对 APS 进行 HIL 仿真测试的系统[3]。该测试系统利用模型对控制器进行测试，使得控制器的试验验证不再依赖真机，不仅可以避免试车过程中的危险，还可以减少项目研制费用，缩短产品研制周期[4-8]。

国内外针对辅助动力装置（简称 APU）的研究比较广泛，文献[1]对带负载压气机结构 APU 进行建模分析与仿真，得到了可应用于该类 APU 性能进行数值仿真的模型。文献[2]对飞机辅助动力装置电起动系统进行模型设计与仿真。文献[3-4]针对某型辅助动力装置设计与开发了一套仿真测试平台，平台采用基于 PXI 测试总线的硬件构架，能够对 APU 进行仿真测试与故障注入。以上文献的研究多集中在对辅助动力装置（APU）的建模以及仿真测试平台研究，暂没有相关文献对辅助动力系统（APS）进行建模仿真与测试。

基金项目：国家重点研发计划资助（2018YFB2003100）

* 通讯作者. E-mail：lishihong@avicxx.com

本文从辅助动力系统角度出发，对辅助动力装置以及与之相关的进排气装置、应急动力装置、空气动力涡轮等进行建模仿真与在环测试，设计开发了一套APS的HIL仿真测试系统。本文将建立的系统模型下载到实时机后与APS控制器进行联合测试，对关键信号的HIL测试结果进行分析与总结。

2 APS的HIL仿真测试概述

辅助动力装置APU是一种小型的燃气涡轮发动机，因此必须通过EPU的转动进行启动。EPU的启动主要通过飞机上的高压气瓶与燃油进行点火燃烧，产生的燃体推动EPU涡轮转轴进行转动，并提供APU初始转动所需的机械能。随着APU压气机部分开始旋转，压气机把外界的空气抽入APU并进行压缩，压缩空气被导入燃烧室，燃油喷入其中点火燃烧，化学能转化为热能，燃气的压力被进一步提高。高温高压气体通过涡轮的收敛形喷口，速度增加，直接冲击在涡轮转子的叶尖上，这样热能在涡轮段转化成机械能。在控制器的调节下，APU经过一段时间后达到稳定状态，此时可以打开APU的引气阀门，用于空气涡轮起动机的启动。

HIL仿真测试是一种将控制器(实物)与在计算机上实现的控制对象的仿真模型(数学仿真)连接在一起进行实验的技术。在这种实验中，控制器的动态特性、静态特性和非线性因素等都能真实地反映出来，因此它是一种更接近实际的仿真实验技术[6]。HIL仿真测试是基于模型的系统工程以及V模式开发流程中非常重要的环节，已被广泛应用于飞机、汽车等各领域的产品研发与测试。

辅助动力系统的HIL仿真测试系统应能对APS控制系统运行和工作的基本功能指标进行原理验证，具体功能包括APS起动、加载及停车时序控制逻辑、APU控制(包括地面和空中模式)、EPU控制(包括贫油和富油模式)、进排气装置控制、空气涡轮起动机控制、系统状态监控和故障注入。

3 硬件构架设计

根据APS的硬件在环测试要求，设计的仿真测试系统可以划分为4个结构层，包括人机交互层、模型及硬件接口层、电接口管理层、物理模拟设备层，如图1所示。仿真平台的网络拓扑由试验测控和实时数据流两条网络总线构成。

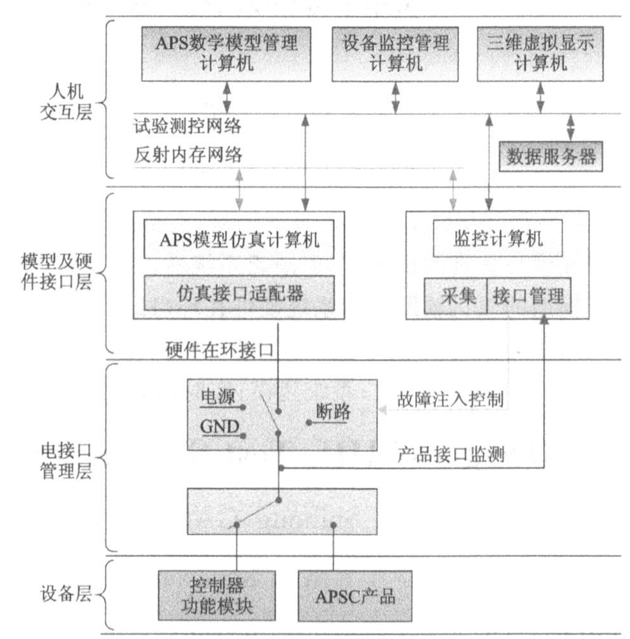

图1 APS仿真测试系统构架

人机交互层包括数学模型管理计算机、设备监控计算机以及三维虚拟显示计算机与数据服务器。数学模型管理计算机用来对APS模型进行开发与接口管理、代码生成与部署；设备监控计算机主要完成设备测试与管理界面的设计，在测试过程中完成指令与状态的图形化监控；三维虚拟显示计算机主要用来完成对试验过程中的仿真结果进行3D展示；人机交互层通过试验测控网络和对应模型仿真下位机及数据服务器进行数据交互。

模型及硬件接口层主要包括APS数学模型仿真计算机、监控计算机以及接口适配器，实现模型的实时仿真运行以及模型数据接口到硬件接口的转换。模型仿真计算机采用NI PXI硬件平台架构，并选用相应硬件板卡作为接口适配器[2-3]，与控制模块进行联合试验。模型及硬件接口层之间通过反射内存网络进行数据交互。

电接口管理层是硬件电接口的切换的设备，能对各个信号的接线状态进行管理，主要完成电接口电缆回路切换和管理的功能，保证各信号回路正确耦合。同时在控制器与外部电缆间接入一个故障注入器，用于控制器的测试性及故障诊断功能的验证[10]。

物理模拟设备层由监控计算机控制，监控计算机通过共享内存网络和APS模型仿真计算机进行数据交互,根据模型运算得到的数据输出控制指令与工作状态。

4　测试软件设计

仿真平台测试软件利用 LABVIEW 软件进行软件开发[2-3],主要用来完成人机交互、试验流程监控与试验数据管理等功能,采用模块化的设计方法,按照软件功能需求划分为通用功能模块和功能测试模块,如图 2 所示。

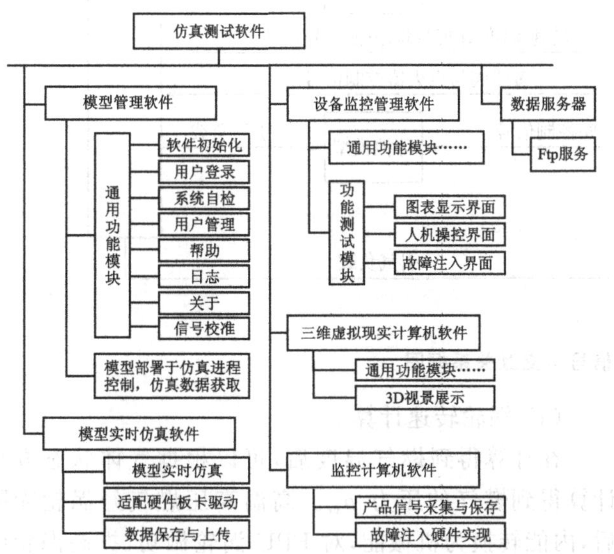

图 2　APS 仿真测试系统软件组成

通用功能模块:主要用于完成测试软件的初始化、用户登录和启动自检、信号校准、用户管理、帮助、日志等功能。

功能测试模块:主要包括模型管理软件、模型实时仿真软件、设备监控管理软件、监控软件、三维虚拟现实计算机软件。模型管理软件用于部署、控制 APS 数学模型的仿真进程,并完成模型仿真计算机中保存数据的获取,模型仿真关键参数显示等。模型实时仿真软件主要完成模型代码实时仿真、试验过程中试验数据的实时保存以及试验数据文件上传至服务器等功能。设备监控管理软件主要包括数据显示界面。数据操控界面以及故障注入界面,显示界面完成系统中各部件间所有接口参数的监控,并以虚拟仪表、图表等形式显示;操控界面完成对被测控制产品的指令输入;故障注入界面完成对监控计算机的故障注入指令输入。监控软件在采集被测控制产品的接口信号并对数据保存、上传的同时,完成对故障注入指令的硬件实现。三维虚拟现实计算机软件利用 Unity 软件设计实现,利用接收到的模型仿真数据以 3D 视景的方式动态展示 APS 的工作过程。

5　模型设计

5.1　模型框架

根据产品的功能特性,将 APS 划分为进排气门模型、EPU 模型、燃调模型、APU 模型、左 ATS 模型、右 ATS 模型、环控模型、故障注入模型共 8 个功能模块。各模型的输入/输出信号与交互关系如图 3 所示。

5.2　建模原理

HIL 仿真测试系统中的模型是对 APS 物理系统实际产品的能量转换与传递的数学描述,本文通过 Simulink 平台对数学描述进行建模[2,9]。

1. 进排气门模型

进排气门主要根据 APS 控制器发送的 PWM 控制信号,通过模型计算得到电机的旋转角度,进而得到进排气门开或关的角度。为保证系统仿真的实时性,将电机模型简化为

$$u(t)=L\frac{\mathrm{d}i(t)}{\mathrm{d}t}+Ri(t)+K_e\omega(t) \tag{1}$$

$$J\frac{\mathrm{d}\omega(t)}{\mathrm{d}t}+B\omega(t)=K_t i(t)-T_L \tag{2}$$

式中,u 为施加到电机的电压,由控制器的 PWM 信号计算得到;i 为电机的电流;L、R 分别为电机的等效电感和电阻;K_e、K_t 分别为电机的反电动势系数和力矩系数;J 为系统转动惯量;B 为电机阻力系数;ω 为电机角速度。

2. EPU 模型

EPU 模型主要原理是接收控制器的减压阀、主副空气阀、主副燃油阀、点火器等的开关信号(经过故障注入后的),根据减压阀的打开情况、高压气瓶的压力计算 EPU 管道内的压力,再根据压力计算空气流量与燃油流量,进而计算 EPU 燃烧产生的功率、EPU 转速以及输出功率。

(1) 空气流量计算

气体在阀中的流动是一个复杂的变质量系统热力学过程,为了便于模型的建立,必须对其进行适当的简化,即视为一维定常流动。根据气体动力学原理,可以

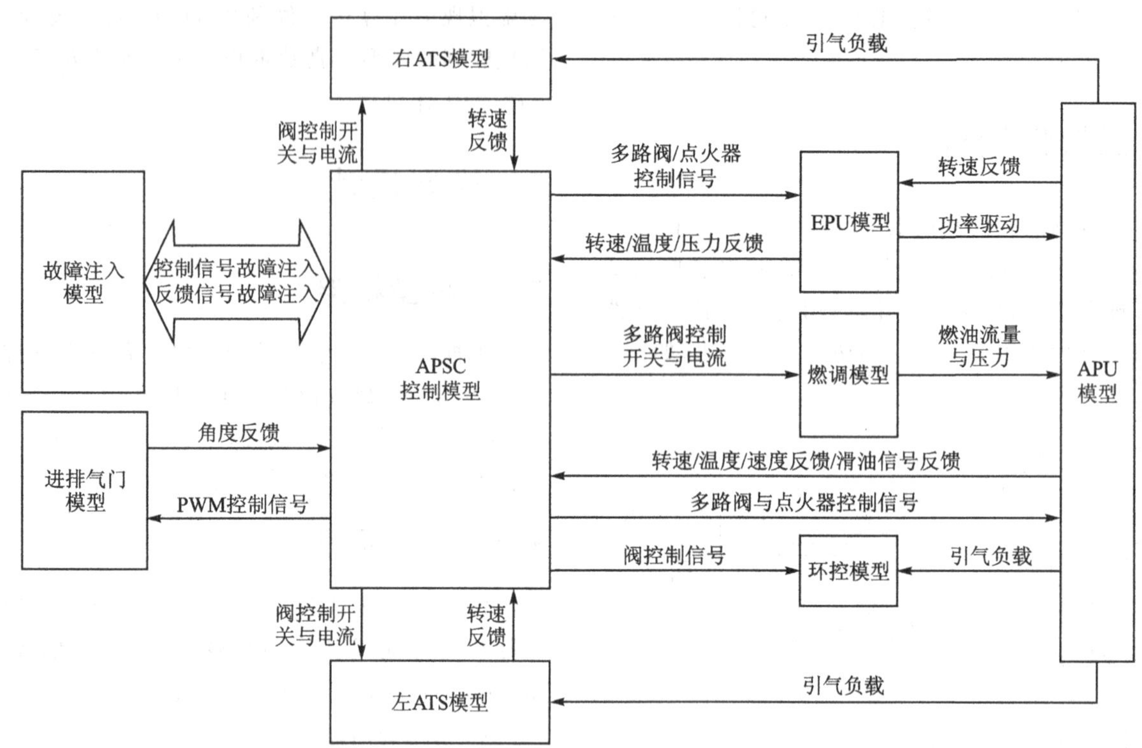

图3　APS模型的输入输出信号与交互关系框图

得到进入EPU燃烧室的空气流量 Q_a，公式如下：

$$Q_a = K\frac{P^* q(\lambda)A}{\sqrt{T^*}} \tag{3}$$

$$K = \sqrt{\frac{k}{R}\left(\frac{2}{k+1}\right)^{\frac{k+1}{k-1}}} \tag{4}$$

式中，P^*、T^* 分别为气体的总压和总温；$q(\lambda)$ 为气动函数；A 为有效流动截面积；k 为空气的绝热指数；R 为气体常数。

（2）燃油流量计算

可以采用紊流型的节流流动模型计算燃油阀流量。燃油在控制阀出口处的流量 Q_f 可以表示为

$$Q_f = C_{dF}W_{xF}\sqrt{2/\rho_F(p_F - p_{FL})} \tag{5}$$

式中，C_{dF} 为流量系数；W_{xF} 为面积梯度；ρ_F 为燃油的密度；p_F 为燃油的压力；p_{FL} 为燃料控制阀的背压。

（3）燃烧能量计算

EPU 燃烧室产生的功率可以根据能量守恒定律计算，即根据空气与燃油的入口焓值，以及燃油燃烧时产生的热量，可以得到出口燃气的焓值。公式如下：

$$Q_a h_a^* + Q_f h_f^* + Q_f \eta_b H_u = (Q_a + Q_f)h_g^* \tag{6}$$

式中，h_a^*、h_f^*、h_g^* 分别为空气、燃油以及燃气的焓值；η_b、H_u 分别为燃油燃烧效率和低热值。

（4）涡轮转速计算

在计算得到燃气温度后，可以根据气体状态方程计算得到燃气的压力 p_{in}。高温高压燃气经涡轮膨胀后，内能转换为机械能，对EPU涡轮做功，提高涡轮的动能。燃气在EPU涡轮的出口压力计算式如下：

$$p_{out} = p_{in}/\pi_t \tag{7}$$

式中，π_t 为涡轮的膨胀比。

涡轮膨胀可以简化为等熵多变过程，EPU的出口温度计算式如下：

$$T_{out} = T_{in}\left(\frac{p_{out}}{p_{in}}\right)^{\frac{n-1}{n}} \tag{8}$$

燃气对涡轮所做机械功可以按照多变气体对外做功进行计算，公式如下：

$$W_g = \frac{\eta_v}{\eta_{el}} p_{in} v_{in} \frac{n}{n-1}\left[1 - \left(\frac{p_{out}}{p_{in}}\right)^{\frac{n-1}{n}}\right] \tag{9}$$

式中，W_g 为燃气膨胀对涡轮做的功；η_v、η_{el} 分别为涡轮膨胀的容积效率和机械效率。

根据能量守恒以及力矩平衡原理，涡轮动力装置的运动方程可以描述为

$$W_g\eta_m - W_{pload} = (J_t\dot{n}_t + B_t n_t + T_f)n_t \tag{10}$$

式中，η_m 为负载机械效率；W_{pload} 为涡轮负载功率；J_t 为涡轮的转动惯量；B_t 为涡轮转动的摩擦阻尼；n_t 为涡轮转速；T_f 为涡轮的摩擦阻力。利用式(10)可以得

到 EPU 动力轴的转速。

3. APU 模型

APU 的燃调主要根据控制器的开始燃油阀、主燃油阀的开关信号以及燃油伺服阀的控制电流，得到 APU 的燃油压力与流量。燃油流量的计算可根据式(5)进行。

APU 建模原理是根据燃调模型计算得到的燃油流量，对 APU 点火情况进行判断，如果点火成功，根据燃油流量与空气流量计算涡轮功率与 APU 排气温度，并根据计算得到的空气压缩机所需功率，计算 APU 的驱动功率，从而计算得到 APU 的速度。APU 的空气流量、燃烧功率、排气压力与温度、涡轮轴转速的计算方法与 EPU 类似，不再详述。

4. ATS 模型

空气动力涡轮 ATS 的建模原理是根据伺服阀的电流控制信号，计算得到伺服阀的引气流量，并根据 ATS 电磁阀的开关状态，计算得到 ATS 的转速以及 ATS 转动带动左发动机驱动功率，从而计算得到发动机的速度。计算方法详见 EPU 动力涡轮转速计算方法，不同的是驱动气体由燃气变为引气。

5. 故障注入模型

故障注入方法就是按照事先选定的故障模型，采用某种策略人为地将故障引入目标系统中，通过观察和分析系统在被注入故障情况下的行为，提供所需的定性和定量的评价结果。APS 系统可能出现的故障主要包括：传感器故障、接口故障、部件运转故障。传感器故障、接口故障通过注入固定错误值的方式进行。部件运转故障模型可以对单一故障以及相关级联故障进行模拟，并仿真典型部件由正常工作状态到故障状态的动态变化过程。

5.3 系统模型

利用前面分析的建模原理与公式，分别建立进排气门、EPU、燃调、APU 以及 ATS 部件模型，根据各部件的交互信号，得到 APS 系统模型。APS 模型接收控制器的控制信号，通过模型内部求解，获得系统的转动速度等物理特性，并反馈给 APS 控制系统。建立的 APS 物理系统的模型以及接口见图 4。

模型调试通过后，利用 Simulink 的自动生成代码功能将模型编译为 *.dll 文件，并通过 Veristand 软件将 dll 文件下载到 NI 实时仿真机中。

6 HIL 仿真测试结果

根据硬件与软件设计，研制的 APS 系统 HIL 仿真测试平台如图 5 所示，将图中的设备与控制产品连接，组成测试系统，得到的测试结果如图 6 所示。

在进气门打开到位后，8 s 时 EPU 开始点火，EPU 开始加速并带动 APU 开始加速。APU 开始点火，

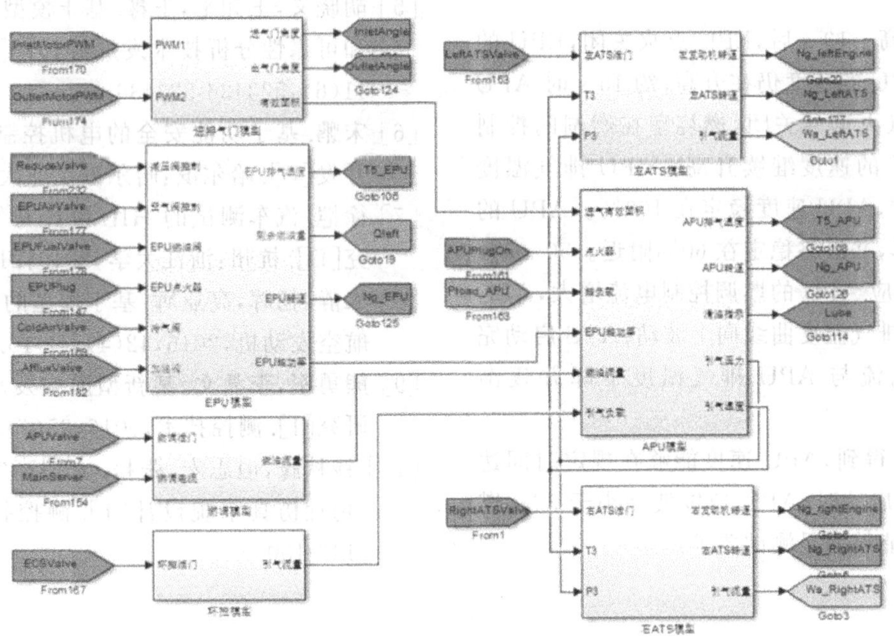

图 4　APS 被控对象模型

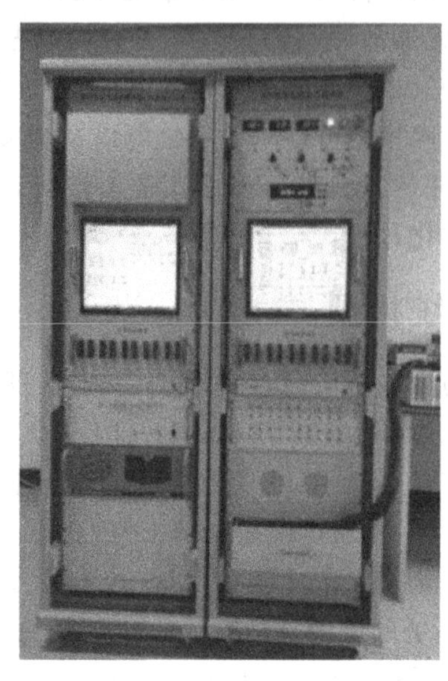

图 5 APS 的 HIL 仿真测试平台

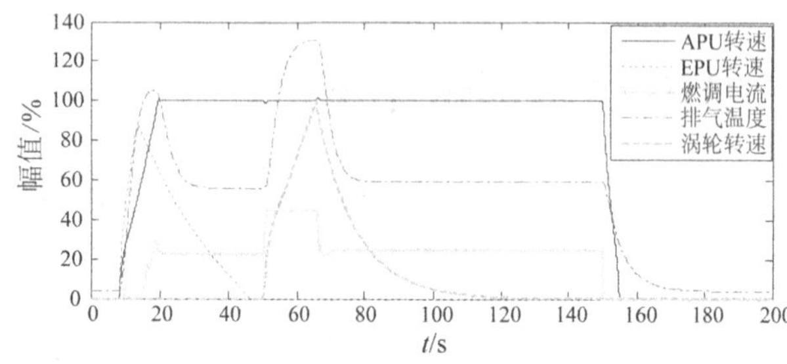

图 6 HIL 测试结果

APU 排气温度升高。13 s 后，EPU 点火关闭，EPU 的速度开始下降，APU 的速度仍在升高；约 15 s 时 APU 点火成功，APU 点火信号关闭，燃烧室在燃调的控制下持续燃烧，APU 的速度继续升高。APU 排气温度不断升高。20 s 时，APU 速度稳定在 100%。APU 的排气温度开始下降，并最终稳定在 60%附近。50 s 时，ATS 开始启动，对应 APU 的燃调控制电流增大，APU 的速度向下波动，排气温度曲线向上波动；ATS 启动完成后，燃调控制电流与 APU 排气温度下降并逐渐稳定。

通过图 6 可以得到，APU 速度能够在规定时间达到 100%，在 ATS 启动时，APU 速度波动小于 3%，燃调电流曲线平滑，能够满足测试要求。

7 结 论

本文主要对某型飞机辅助动力系统 HIL 仿真测试系统进行研究。

① 对仿真测试系统的硬件以及软件进行设计，并建立辅助动力系统模型。

② 模型仿真结果满足要求后，将模型自动生成代码并部署到实时仿真机上，与控制器实际产品搭建 HIL 测试环境。

③ 试验结果表明，该仿真测试系统满足对控制器的功能性能测试要求。

参考文献

[1] 常博博，苏三买，刘铁庚．辅助动力装置建模及数值仿真[J]．航空动力学报，2011，26(9)：2122-2127.

[2] 黄婷婷．辅助动力装置仿真测试平台设计与开发[D]．上海：华东理工大学，2015：10-22.

[3] 柯杰，唐宏刚，周伟．基于 PXI 总线的动力装置控制系统测试平台设计[J]．计测技术，2014，34(6)：40-44.

[4] 杨娟，任仁良，韩勇．飞机辅助动力装置电起动系统模型设计及仿真[J]．计算机仿真，2018，35(1)：61-65.

[5] 胡晓义，王如平，王鑫．基于模型的复杂系统安全性和可靠性分析技术发展综述[J]．航空学报，2020，41(6)：523436-523436.

[6] 宋鹏．基于功能安全的电机控制系统及 HIL 测试开发[D]．哈尔滨：哈尔滨工业大学，2018：18-40.

[7] 徐恺．汽车测试的 HIL 设计与驾驶行为标准化研究[D]．杭州：浙江大学，2019：21-34.

[8] 朱静，杨晖，高亚辉．基于模型的系统工程概述[J]．航空发动机，2016，42(4)：12-16.

[9] 熊勇军，李鼎文．某新型航空发动机的建模及仿真研究[J]．测控技术，2016，35(1)：141-143.

[10] 钱秋朦，但志宏，张松．大型高空台进排气控制半物理仿真系统设计[J]．测控技术，2019，38(5)：146-150.

航空无刷直流电机转子结构强度与模态分析

李志鹏，祁霖，陈玉升

航空工业金城南京机电液压工程研究中心电机部，南京 210016

摘要：以某型航空油泵用无刷直流电机胶粘转子结构为研究对象，分析其在高转速离心力作用下转子结构的强度、固有频率和模态振型，来保证转子结构设计的安全性和合理性。首先建立匀角速度转动转子结构的有限元模型，经仿真计算得到 13 200 r/min 时，磁钢的应力分布规律由内表面向外表面递减，最大应力集中在内表面的边缘处，仅为 2.17 MPa，保护罩最大应力仅为 4.64 MPa，两者强度裕度充足，无破坏失效风险。沿用转子静强度计算的有限元模型，设置不考虑转速和考虑转速预应力模态计算两种工况，经计算，考虑转速预应力的固有频率略低于不考虑转速工况同阶次固有频率，表明旋转角速度降低了该转子结构的刚度。转子的一阶固有频率为 1 723 Hz，折算成一阶临界转速为 103 380 r/min，远远高于电机的设计转速，因此该转子结构不会在工作转速共振失效。

关键词：无刷直流电机；转子强度；磁钢；保护罩；模态分析

Structural Strength and Modal Analysis of a Brushless DC Motor Rotor in Aviation

LI Zhipeng, QI Lin, CHEN Yusheng

AVIC Nanjing Engineering Institute of Aircraft Systems, Motor Department, Nanjing 210016, China

Abstract: Taking the adhesive rotor structure of a brushless DC motor for an aviation oil pump as the research object, the strength, natural frequency and modal shape of the rotor structure under the action of high speed centrifugal force are analyzed to ensure the safety and rationality of the rotor structure design. Firstly, the finite element model of the rotor structure with uniform angular velocity is established. After simulation calculation, the stress distribution law of the magnetic steel decreases from the inner surface to the outer surface at 13 200 r/min. The maximum stress is concentrated at the edge of the inner surface, which is only 2.17 MPa, and the maximum stress of the protective cover is only 4.64 MPa, both strength margin of which are sufficient. The finite element model of rotor static strength calculation is used, and two working conditions are set, which are not considering rotational speed and prestressing mode calculation with rotational speed. By calculation, the natural frequency of prestressing with rotational speed is slightly lower than the natural frequency of the same order without rotational speed, indicating that the rotational angular speed reduces the stiffness of the rotor structure. The first-order natural frequency of the rotor is 1 723 Hz, which is converted into a first-order critical speed of 103 380 r/min, far higher than the design speed of the motor, so the rotor structure will not resonance failure at the working speed.

Keywords: brushless DC motor; rator stress; magnetic steel; protective cover; modal analysis

1 引 言

无刷直流电机（简称 BLDCM）因其体积小、功率密度、效率和可靠性高等优势[1]，被广泛应用于飞机液压系统、燃油系统、环控系统等航空机电领域。转子结构作为无刷直流电机的核心部件，其工作转速较高，通常高达 10 000 r/min，甚至几万转。在电机设计实践中，往往注重电磁功能性能的设计，转子机械结构强度问题常被忽视或依赖经验。

高转速电机转子在工作时将受到更大离心惯性载荷作用，这就要求转子结构中的磁钢和保护罩必须具有足够的抗拉强度[2]。目前国内对于转子结构强度的理论计算、有限元分析多集中在高速永磁同步电机上，研究的问题主要围绕磁钢与护罩过盈配合量对转子应力水平的影响规律[3-7]。此外，为分析高转速电机转轴失效原因、优化设计，基于 ANSYS 对电机转轴进行初步模态分析之后，还进一步做了随机振动分析和谐响应分析方面的研究[8-10]。本文以应用于飞机燃油系统的油泵无刷直流电机为例，基于 ANSYS Workbench 给出胶粘转子结构强度和模态分析的一般仿真计算方法和规律，这对同类电机转子结构的安全性和轻量化设计将有一定的参考意义。

2 转子强度分析

2.1 有限元模型建立

选取某型飞机燃油系统泵用无刷直流电动机为研究对象，其功率 1 kW，额定转速 11 000 r/min。转子结构组成如图 1 所示，利用环氧树脂胶将 4 块扇形磁钢对应粘接于轴的最大外表面处，为了保护磁钢，在其外围又粘接了 0.5 mm 厚的保护罩；考虑到电机散热要求，电机转轴中心打 ϕ2.5 mm 通孔，转子最大外径 41 mm，长度 126 mm。

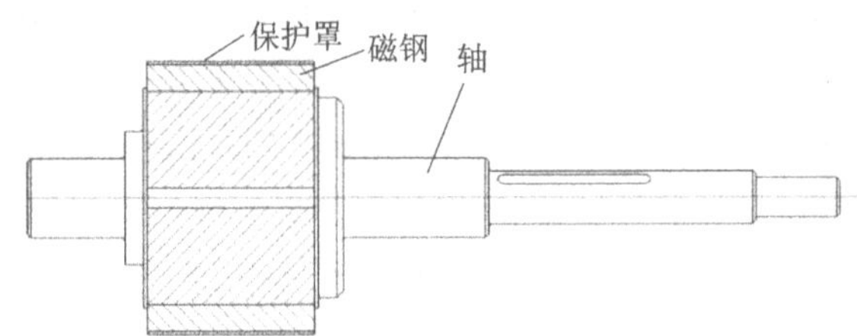

图 1　转子结构组件图

转子材料的基本参数如表 1 所列，保护罩材料为奥氏体不锈钢 0Cr18Ni9，轴材料为马氏体不锈钢 1Cr11Ni2W2MoV，磁钢为钐钴永磁材料 SmCo26H。

表 1　电机转子材料参数

材　料	密度/(g·cm^{-3})	弹性模量/GPa	泊松比
0Cr18Ni9	7.85	199	0.3
1Cr11Ni2W2MoV	7.8	196	0.3
SmCo26H	8.4	113	0.23

将转子结构几何模型导入 Workbench Static-Structral 模块，保护罩和磁钢采用六面体单元划分网格，轴采用四面体单元划分网格，网格离散单元总计 70 001 个，如图 2 所示。磁钢和保护罩、轴之间采用 bonded 接触设置，通过惯性载荷 Rotational Velocity 方法将匀角速度施加于转子结构上。转子约束方式选择 Cylindrical Support，施加在轴与轴承配合表面上，限制径向和轴向自由度。

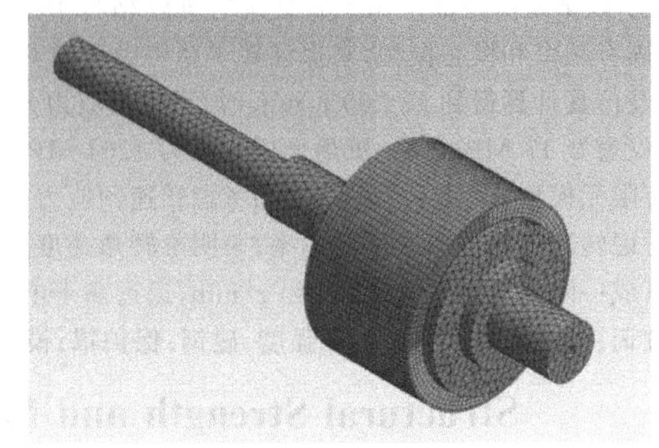

图 2　有限元网格模型

2.2 转子强度仿真计算结果分析

考虑到电机超速试验，计算转速设置为 1.2 倍额定转速，即 13 200 r/min，得到磁钢和保护罩的应力云图如图 3 所示。由于磁钢为耐压不抗拉的脆性材料，

(a) 保护罩

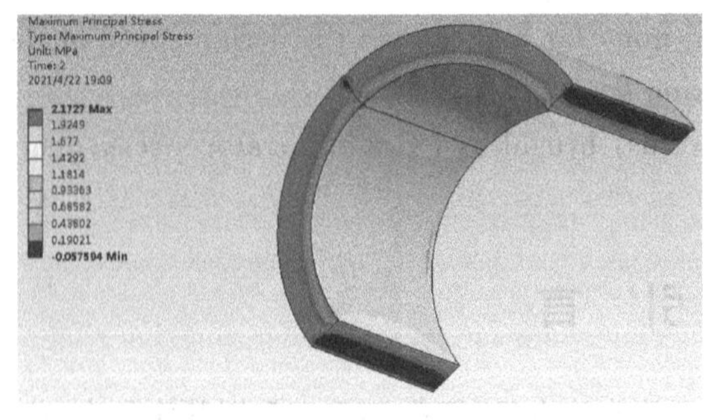

(b) 磁　钢

图 3　磁钢和保护罩应力云图

依据第一强度理论，选取最大主应力作为等效应力，可以看出磁钢的应力分布规律由内表面向外表面递减，最大应力集中在内表面的边缘处，仅为 2.17 MPa。而磁钢材料的许用拉应力为 45 MPa，因此无破裂风险。保护罩采用塑性不锈钢材料，依据第四强度理论，取 von-mise 应力作为等效应力，可以看出应力主要集中在磁钢与磁钢交接处，最大应力仅为 4.64 MPa，远小于保护罩材料许用屈服应力 171 MPa，无屈服破坏风险。

再设定电机转速 20 000 r/min、40 000 r/min、60 000 r/min 三个工况，得到不同转速下最大等效应力的计算结果，如表 2 所列。可以得出，材料在线弹性范围内，当转速升至原来的 n 倍时，等效应力增大至原来的 n^2 倍。该钐钴永磁体磁钢的许用拉应力为 45 MPa，保护罩不锈钢的许用屈服应力为 171 MPa，即当转速达 60 000 r/min 时，该结构尺寸的转子磁钢即将失效，保护罩强度裕度仍然充足。

表 2　不同转速下应力计算结果

转速/($r\cdot min^{-1}$)	磁钢最大等效应力/MPa	保护罩最大等效应力/MPa
13 200	2.17	4.64
20 000	5	10.64
40 000	19.96	42.57
60 000	44.91	95.77

3　转子模态分析

模态分析是结构动力学分析的基础，目的是获得结构的固有频率和振型，为判定结构的合理性和优化设计提供依据。由于模态是结构的固有特性，与外部施加的载荷无关，固有频率 ω_i 和振型 u 满足下列方程：

$$(\boldsymbol{K}-\omega_i^2\boldsymbol{M})u=0 \qquad (1)$$

式中，$\boldsymbol{K}$ 为刚度矩阵，$\boldsymbol{M}$ 为质量矩阵。

利用 Workbench 中的 Modal 模块进行电机转子系统的模态计算分析，旨在校核结构的固有频率是否远离共振区，了解结构设计的振动特性。模态分析的有限元模型沿用前述转子静强度计算的有限元模型，设置 2 种计算工况。工况 1 不设置转子旋转角速度，工况 2 将 13 200 r/min 转子的结构静力计算结果导入模态计算模块，进行预应力模态计算。经计算，两种工况的前 5 阶固有频率如表 3 所列，结果显示考虑转速预应力的固有频率略低于不考虑转速工况同阶次固有频率，表明旋转角速度降低了转子结构的刚度。转子的一阶固有频率为 1 723 Hz，折算成一阶临界转速为 103 380 r/min，远远高于电机的设计转速，因此该转子结构不会在工作转速共振失效。

表 3　前 5 阶固有频率

阶　次	工况 1 频率/Hz	工况 2 频率/Hz	偏差/%
1	1 723	1 709	0.8
2	1 811	1 798	0.7
3	10 447	10 445	0.02
4	10 646	10 644	0.02
5	12 340	12 339	0.01

图 4 为工况 1 各固有频率对应的模态振型图，可以看出一、二阶固有频率和模态振型相接近，分别为轴伸端在 XOZ 平面摆动和 XOY 平面摆动；三、四阶固有频率和模态振型相一致，分别为轴伸在 XOZ 平面弯曲和 XOY 平面弯曲；五阶模态振型为轴伸绕 X 轴的扭转变形。

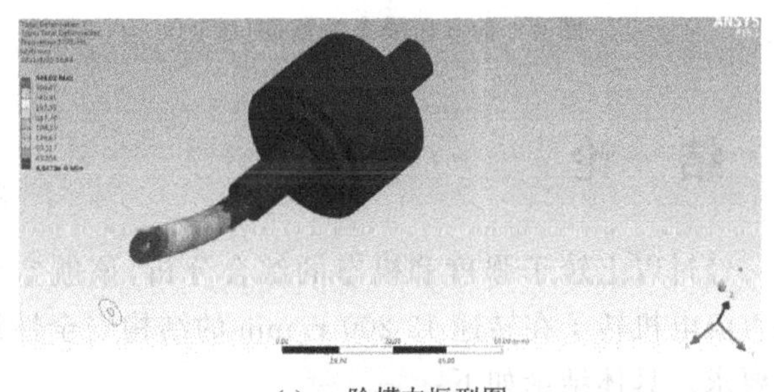

(a) 一阶模态振型图

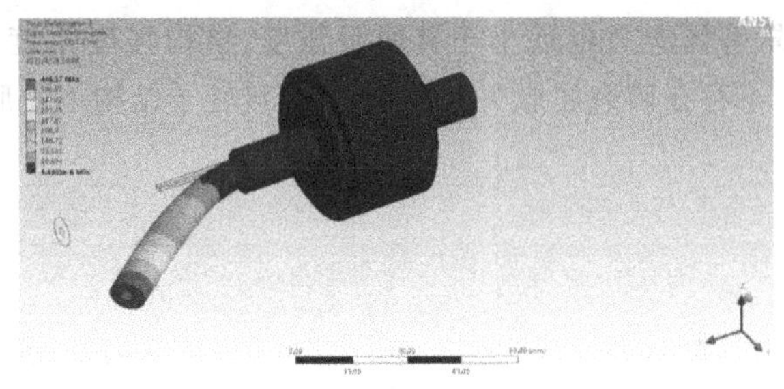

(b) 二阶模态振型图

图 4　前 5 阶模态振型图

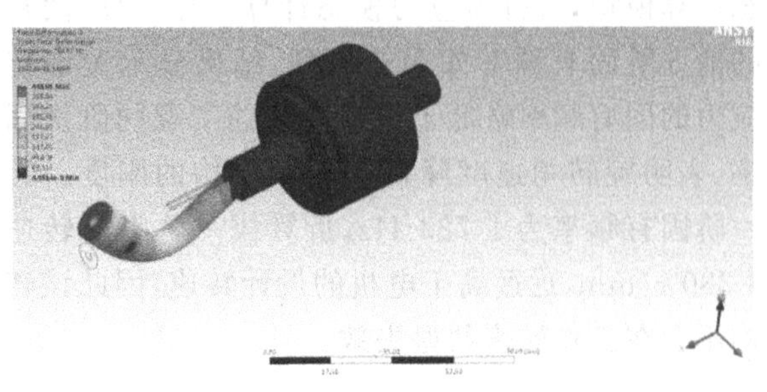

(c) 三阶模态振型图

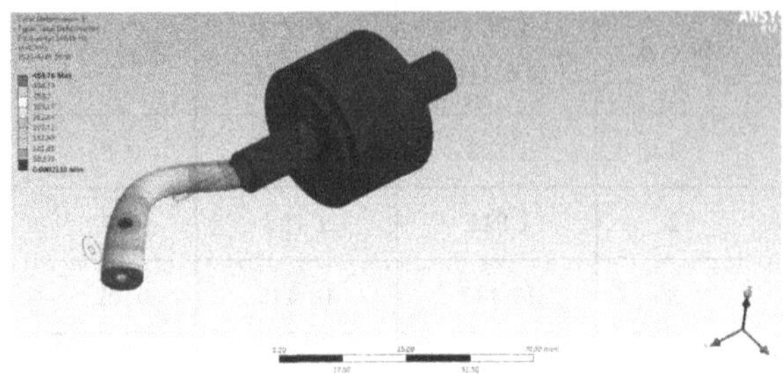

(d) 四阶模态振型图

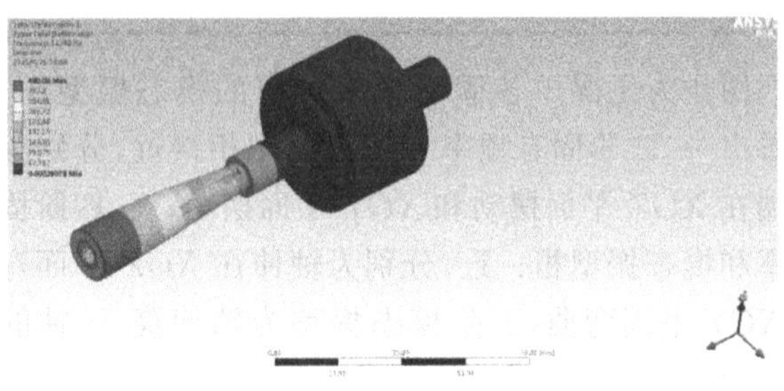

(e) 五阶模态振型图

图 4 前 5 阶模态振型图(续)

5 结 论

经过以上转子强度和模态的综合分析，该航空无刷直流电机转子在转速 13 200 r/min 的结构安全性满足要求。具体结论如下：

① 该转子磁钢的等效应力远小于其抗拉强度，保护罩等效应力也远小于其屈服强度，结构强度裕度充足，不存在破裂屈服失效风险，且在该转子结构不脱胶前提下，最高可承受 60 000 r/min 转速所产生的应力。

② 该转子的一阶固有频率为 1 723 Hz，合一阶临界转速为 103 380 r/min，远远高于电机的设计转速，因此转子结构设计在工作转速下不存在共振风险。转子考虑转速预应力的固有频率略低于不考虑转速工况同阶次固有频率，即预应力降低了该转子结构的刚度。

③ 该转子一、二阶固有频率和模态振型相接近，主要变形表现为轴伸端在平面内摆动；三、四阶固有频率和模态振型相一致，主要变形表现为轴伸在平面内弯曲；五阶模态振型为轴伸绕 X 轴的扭转变形。

参考文献

[1] 胡岩，武建文，李德成. 小型电动机现代实用设计技术[M]. 北京：机械工业出版社，2008：431-436.

[2] 张萌，韩雪岩，杨毅. 基于 ANSYS 的高速表贴式永磁电机转子强度分析[J]. 电工技术，2019：8-11.

[3] 程文杰，耿海鹏，冯圣. 高速永磁同步电机转子强度分析[J]. 中国电机工程学报，2012：87-94.

[4] 张凤阁，杜光辉，王天煜. 高速永磁电机转子不同保护措施的强度分析[J]. 中国电机工程学报，2013：195-202.

[5] 丁鸿昌，肖林京，张华宇. 高速永磁电机转子护套过盈配合量计算及应力分析[J]. 机械设计与研究，2011：95-98.

[6] 王继强，王凤翔，鲍文博. 高速电机转子设计与强度分析[J]. 中国电机工程学报，2005：140-145.

[7] 李振平，占彦. 高速永磁同步电机的转子结构强度分析研究[J]. 机电工程，2016：900-903.

[8] 蔡黎明，黄开盛. 基于 ANSYS 的永磁同步电机转轴的仿真分析[J]. 微电机，2015：17-19.

[9] 刘刚，张卫，陈强. 基于 ANSYS 的航空电机转子振动分析微特电机[J]. 微特电机，2014：47-52.

[10] 方晓强，金九大 ANSYS 在电机转轴失效分析中的应用[J]. 微特电机，2014：74-76.

基于改进滑模观测器的永磁电机转子位置和转速估计

刘雪杰，韩镇锚，张月明

中航工业南京机电液压工程研究中心，南京 210016

摘要：传统的滑模观测器(SMO)存在抖振，通常需要增加低通滤波器来提取反电势基波，这将造成估算的反电势存在相位延迟，直接影响到转子位置估算的准确性，同时，PLL估计出的转速含有较高噪声，影响电机的控制性能。为此，本文在SMO+PLL算法的基础上，使用二阶广义积分器锁频环(SOGI-FLL)替代低通滤波器(LPF)，改善了反电势谐波和相位延迟问题，提高转子位置估计的精度，并借助二阶广义积分锁频环对转速进行观测，以得到更平滑的转速信息。最后，在Saber中搭建了基于SMO+SOGI-FLL+PLL算法的模型，通过仿真证明了该方法的有效性。

关键词：永磁同步电机；位置估计；二阶广义积分锁频环；滑模观测器

Rotor Position and Speed Estimation of PMSM Based on Improved SMO

LIU Xuejie, HAN Zhenmao, ZHANG Yueming

AVIC Nanjing Engineering Institute of Aircraft Systems, Nanjing 210016, China

Abstract: The traditional sliding mode observer(SMO) needs to add a low pass filter(LPF) to extract the back EMF, which causes phase delay and error of rotor position estimation. At the same time, the rational speed is calculated by phase-locked loop(PLL), which results in noise of speed estimation and affects the system control accuracy. For this purpose, this paper based on algorithm of SMO+PLL added second-order generalized integral frequency-locked loop(SOGI-FLL) instead of LPF. On the one hand, the problem of the harmonic and phase delay of EMF is improved; On the other hand, the rotor speed can be estimated by SOGI-FLL algorithm to avoid noise caused by PLL. Finally, a model was built in Saber, and the simulation results showed the effectiveness of the improved method.

Keywords: permanent magnet synchronous motor; position and speed estimation; second-order generalized integral frequency-locked loop; sliding mode observer

1 引 言

永磁同步电机具有高效率、结构简单、功率密度大等优点，在航空领域有着广泛的应用前景[1]。传统的永磁同步电机控制系统中，通常需要借助旋转变压器等位置传感器来检测转子位置和转速，以实现磁场定向控制。近年来，各类转子位置估计方法的提出[2-3]，使得永磁同步电机可以实现无传感器控制，由于不再需要在电机上预留传感器的安装位置，航空电机的尺寸和重量得以进一步减小，与此同时，也减少了电机与控制系统的电气连线，提高了系统的抗干扰能力。

滑模观测器(SMO)由于具有较强的鲁棒性，在电机无传感器控制算法中得到了广泛应用，但由于其固有的抖振，估算出的反电动势中存在高频谐波，进而造成估计的角度与实际角度有较大误差。为此，很多文献[4-5]采用低通滤波器滤除高频信号，并借助锁相环取代反电势正切公式来估算转子位置，但是，利用低通滤波器会带来相位延迟问题，造成估计的转子位置滞后，虽然锁相环相比正切公式可避免反电势谐波引起的位置估计误差，提高转子位置的估计精度，但估计的转速中含有较高噪声。

二阶广义积分锁频环(SOGI-FLL)方法最初被广泛应用于电网电压同步信号的检测领域[6-7]，由于其传递函数在特定频率内存在无穷大的增益，因此可实现系统对交流信号的无静差跟踪。利用SOGI-FLL在基波信号提取及频率观测上的优势，文献[8]借助 SOGI-FLL 观测得到永磁同步电机角频率，应用于磁链观测器中，实现了无传感器的永磁同步电机直接转矩控制；提出一种改进的反电势观测器，并构造了复合二阶广义积分锁频环-锁相环的转子位置和转速估计方法，通过仿真和实验证明了有效性。

在上述文献的基础上，本文将 SOGI-FLL 方法引入到转子位置和转速估计方法中，对传统滑模观测器进行进一步改进，在 Saber 中搭建了基于 SMO＋SOGI-FLL＋PLL 算法的模型，并对该方法的效果进行了仿真验证。

2　基于锁相环的滑模观测器设计

2.1　SMO 推导

传统 SMO 算法是在基于两相静止坐标系下的数学模型设计的，永磁同步电机在 α、β 两相静止坐标系下的公式如下：

$$\begin{bmatrix} u_\alpha \\ u_\beta \end{bmatrix} = \begin{bmatrix} R + pL_d & \omega_e(L_d - L_q) \\ -\omega_e(L_d - L_q) & R + pL_q \end{bmatrix} \begin{bmatrix} i_\alpha \\ i_\beta \end{bmatrix} + \begin{bmatrix} E_\alpha \\ E_\beta \end{bmatrix} \tag{1}$$

式中，L_d、L_q 为定子电感；ω_e 为电角速度；$p=\frac{\mathrm{d}}{\mathrm{d}t}$为微分算子；$u_\alpha$、$u_\beta$ 为两相静止坐标系下的定子电压；i_α、i_β 为两相静止坐标系下的定子电流；E_α、E_β 为扩展反电动势，公式如下：

$$\begin{bmatrix} E_\alpha \\ E_\beta \end{bmatrix} = [(L_d - L_q)(\omega_e i_d - p i_q) + \omega_e \varphi_f] \begin{bmatrix} -\sin\theta_e \\ \cos\theta_e \end{bmatrix} \tag{2}$$

式中，φ_f 为永磁电机磁链；θ_e 为电角度。

由式(2)可知，永磁同步电机的扩展反电动势中包含转子位置信息，获得准确的扩展反电动势是转子位置和转速估计的前提。将式(1)改写成如下形式：

$$\begin{cases} \frac{\mathrm{d}}{\mathrm{d}t}\begin{bmatrix} i_\alpha \\ i_\beta \end{bmatrix} = A\begin{bmatrix} i_\alpha \\ i_\beta \end{bmatrix} + \frac{1}{L_d}\begin{bmatrix} u_\alpha \\ u_\beta \end{bmatrix} - \frac{1}{L_d}\begin{bmatrix} E_\alpha \\ E_\beta \end{bmatrix} \\ A = \frac{1}{L_d}\begin{bmatrix} -R & -(L_d - L_q)\omega_e \\ (L_d - L_q)\omega_e & -R \end{bmatrix} \end{cases} \tag{3}$$

根据式(3)，将 SMO 设计成下式：

$$\frac{\mathrm{d}}{\mathrm{d}t}\begin{bmatrix} \hat{i}_\alpha \\ \hat{i}_\beta \end{bmatrix} = A\begin{bmatrix} \hat{i}_\alpha \\ \hat{i}_\beta \end{bmatrix} + \frac{1}{L_d}\begin{bmatrix} u_\alpha \\ u_\beta \end{bmatrix} - \frac{1}{L_d}\begin{bmatrix} \hat{E}_\alpha \\ \hat{E}_\beta \end{bmatrix} \tag{4}$$

式中，$\hat{i}_\alpha$、$\hat{i}_\beta$ 为定子电流的观测值；$\hat{E}_\alpha$、$\hat{E}_\beta$ 为扩展反电势的观测值。设计滑模控制律为

$$\begin{bmatrix} \hat{E}_\alpha \\ \hat{E}_\beta \end{bmatrix} = \begin{bmatrix} k\,\mathrm{sgn}(i_\alpha - \hat{i}_\alpha) \\ k\,\mathrm{sgn}(i_\beta - \hat{i}_\beta) \end{bmatrix} \tag{5}$$

当观测器的状态变量到达滑模面后，观测器状态将一直保持在滑模面上，此时观测器估计得到的扩展反电动势 $\hat{E}_\alpha$、$\hat{E}_\beta$，与真实的扩展反电动势 E_α、E_β 相等。

2.2　基于 SMO＋PLL 的转子位置估计

传统 SMO 算法的实现原理如图 1 所示。由式(5)可见，SMO 观测出的扩展反电动势是一个高频切换信号，需要加入低通滤波器滤除高频成分，获得连续的 E_α、E_β，再通过反正切函数计算转子位置。

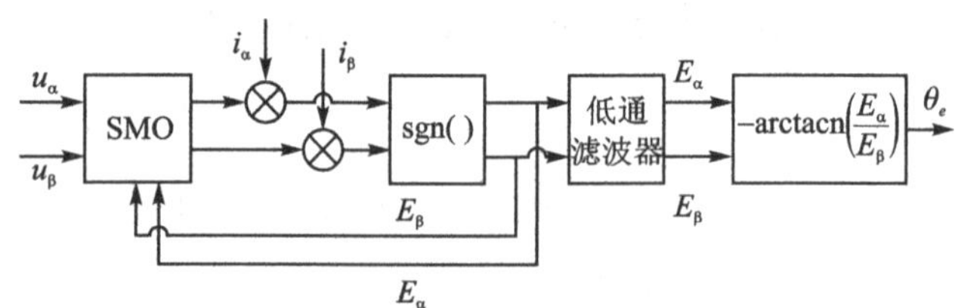

图 1　传统 SMO 算法实现原理

通过反正切函数计算转子位置的方法，易将反电动势谐波引入到反正切的除法运算中，造成较大的估计误差，因此，目前多采用 PLL 代替反正切函数估计转子位置，如图 2 所示。

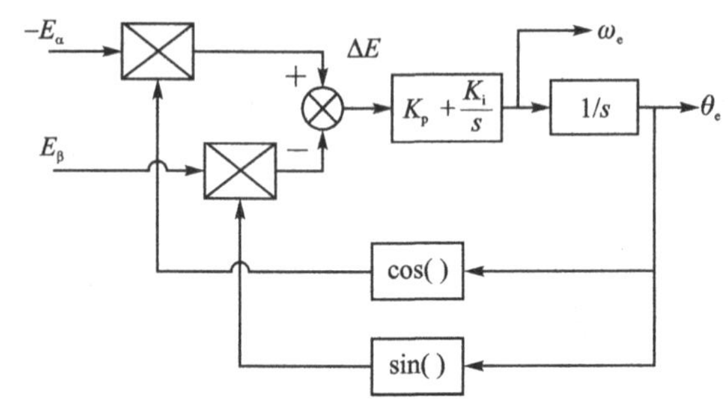

图 2　PLL 原理

基于 SMO＋PLL 的转子位置估计方法虽然对转子位置的估计精度较高，但由其估计出的转速值存在噪声，同时，低通滤波器的加入将使转子位置估计值和实际值存在误差，需要进行角度补偿。

3　二阶广义积分器锁频环理论研究

二阶广义积分器锁频环(SOGI-FLL)方法是一种

信号处理方法，近年来在电力控制领域被广泛应用，主要用于实现对信号幅值、频率的跟踪及检测。SOGI-FLL 的结构如图 3 所示，包括正交信号发生器（SOGI）和锁频环（FLL）两部分。

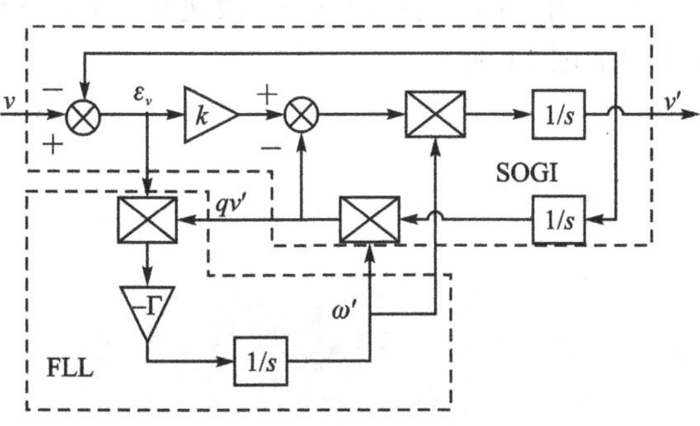

图 3 SOGI-FLL 结构

3.1 SOGI 结构

SOGI 部分的输入为信号 v，输出为 v' 和 qv'，v' 与 qv' 相位相差 90°，估计频率为 ω'。

输出 v' 和 qv' 对输入 v 的传递函数为

$$G_{\mathrm{d}}(s)=\frac{v'}{v}=\frac{k\omega' s}{s^2+k\omega' s+\omega'^2} \tag{6}$$

$$G_{\mathrm{q}}(s)=\frac{qv'}{v}=\frac{k\omega'^2}{s^2+k\omega' s+\omega'^2} \tag{7}$$

误差传递函数为

$$E(s)=\frac{\varepsilon_v}{v}=\frac{s^2+\omega'^2}{s^2+k\omega' s+\omega'^2} \tag{8}$$

改变式(6)中 k 的取值，可以得到不同控制参数下误差传递函数的伯德图，如图 4 所示。可以看出，k 值越小，在频率 ω' 处的滤波效果越好，但与此同时，带宽也更窄，响应时间也更长。

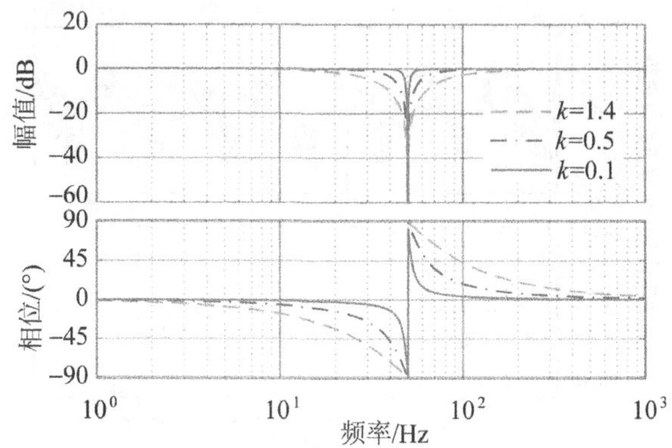

图 4 SOGI 误差传递函数伯德图

根据式(8)可以画出 SOGI 误差传递函数的伯德图，如图 5 所示。可以看出，接近谐振频率 ω' 处，误差有很大的衰减，其他频率输入时，误差几乎没有衰减，相当于陷波器。值得注意的是，在谐振频率 ω' 处，信号的幅值和相位都没有误差，可实现对频率 ω' 信号的准确跟踪。

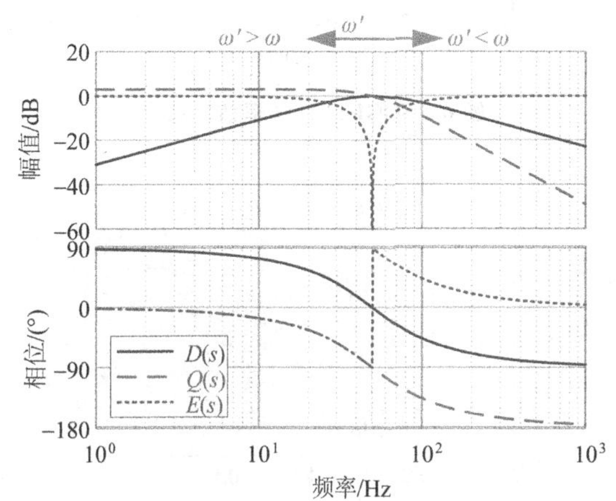

图 5 FLL 原理

3.2 FLL 结构

FLL 的作用是估计频率。式(8)与式(7)相除，可得到

$$G_{\varepsilon q}(s)=\frac{\varepsilon_v}{qv'}=\frac{s^2+\omega'^2}{k\omega'^2} \tag{9}$$

当输入信号的频率低于 FLL 估计的频率时，信号 ε_v 与信号 qv' 同相位；当输入信号的频率高于 FLL 估计的频率时，信号 ε_v 与信号 qv' 相位相反；当输入信号频率与 FLL 估计频率相等时，此时误差信号为 0。因此可通过信号 ε_v 与 qv' 的乘积判断当前输入信号频率与估计频率之间的关系，进而调节估计频率的大小。

3.3 SOGI-FLL 仿真

为验证 SOGI-FLL 对输入信号频率的自适应效果，在 MATLAB 中搭建 SOGI-FLL 模型，0～0.5 s 间输入幅值为 20，频率为 50 Hz 的正弦信号，0.5 s 后切换为幅值为 50，频率为 150 Hz 的正弦信号，0～1 s 间加入幅值为 2、频率为 1 000 Hz 的干扰。

如图 6 所示，在仿真过程中，SOGI-FLL 可快速估计出基波频率，实现频率自适应。

如图 7 所示，SOGI-FLL 的输出信号可根据估计频率的变化准确跟随基波信号。

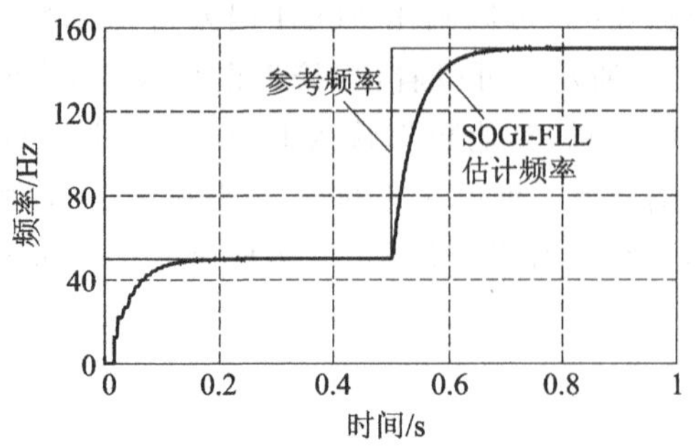

图 6 SOGI-FLL 频率估计波形

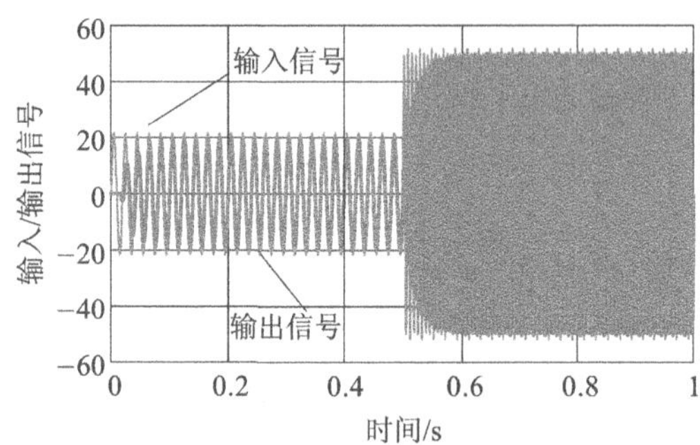

图 7 SOGI-FLL 基波信号跟随波形

4 仿真验证

4.1 仿真模型建立

Saber 仿真软件兼容模拟、数字、控制量的混合仿真，是全球最先进的系统仿真软件，在电路仿真及伺服系统设计中得到广泛应用。在 Saber 中搭建仿真模型，主要由驱动电路、电机模型、控制器软件构成，原理示意图如图 8 所示。

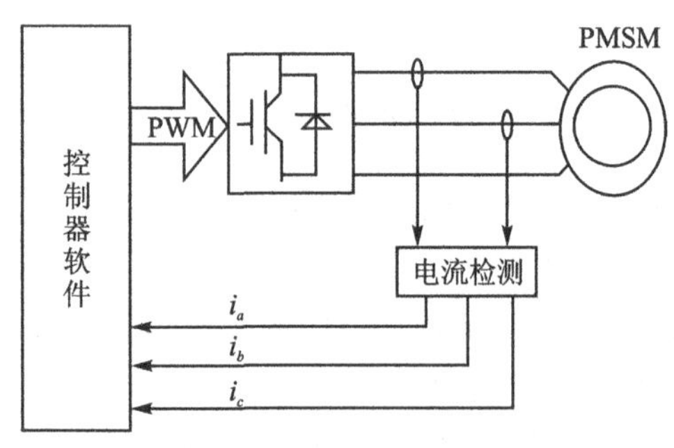

图 8 Saber 仿真原理示意图

为与实际控制器对应，控制器软件采用 C 语言编程实现，对 SOGI 和 FLL 分别进行离散化。SOGI 主要对积分器采用离散化，离散积分器采用前向通道前向欧拉，反馈通道后向欧拉，具体推导过程见参考文献[9]。

4.2 仿真结果比较

电机转速从零上升至 1 000 r/min，分别采用 LPF、SOGI-FLL 方法对反电势进行滤波，处理得到反电势基波分别如图 9、图 10 所示，改进前、后反电势局部放大图如图 11 所示。

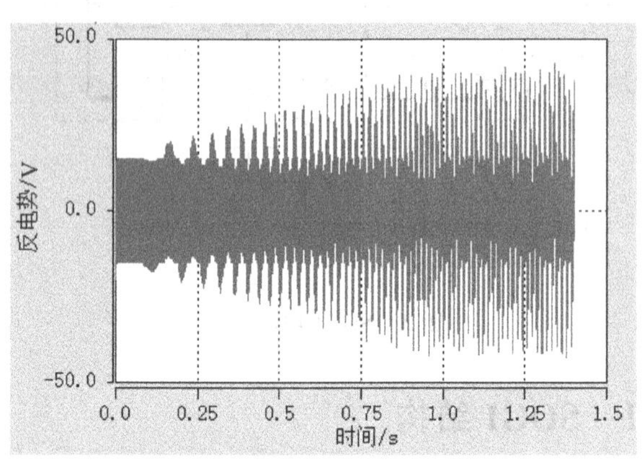

图 9 LPF 方法处理的反电势

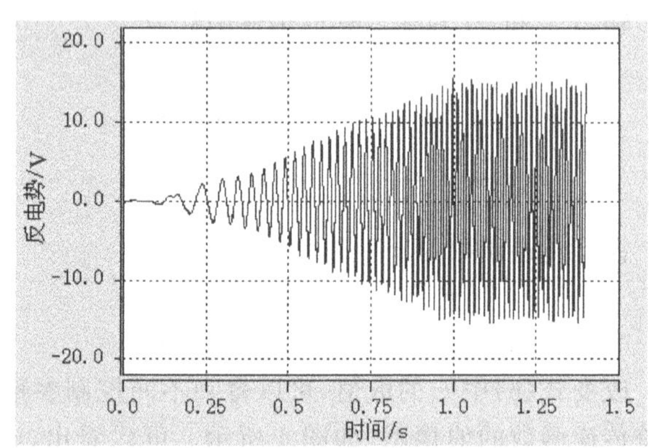

图 10 SOGI-FLL 方法处理的反电势

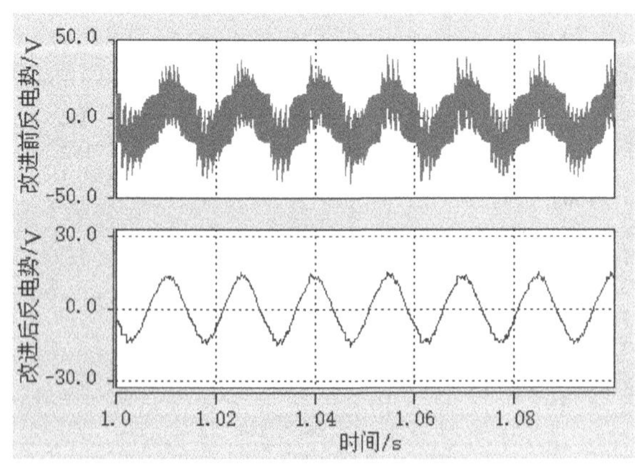

图 11 反电势局部放大图

相比于 LPF 方法，经 SOGI-FLL 方法处理得到的反电势基波谐波含量更低，波形平滑，幅值衰减和相位延迟更小，更接近实际反电势波形。

转速稳定在 1 000 r/min 时，SMO＋LPF＋FLL 方法和 SMO＋SOGI-FLL＋PLL 方法估计的电角度与实际电角度如图 12、图 13 所示。

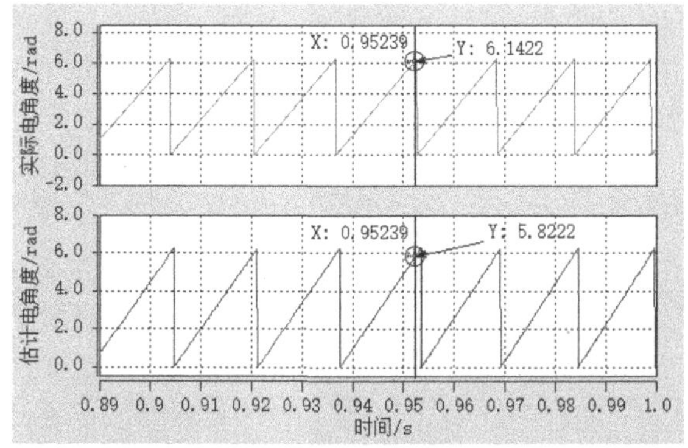

图 12　LPF 方法位置估计

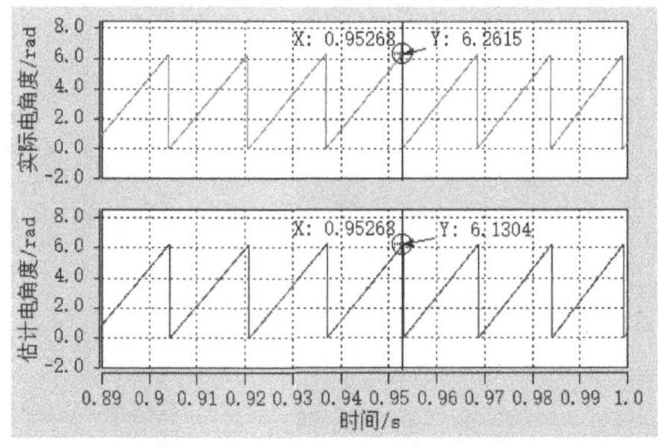

图 13　SOGI-FLL 方法位置估计

SMO＋LPF＋PLL 方法观测的电角度与实际电角度误差为 0.32 rad，SMO＋SOGI-FLL＋PLL 方法观测的电角度与实际电角度误差为 0.13 rad，可见 SMO＋SOGI-FLL＋PLL 方法观测得到的角度值更加接近实际电角度。

电机启动过程中，SMO＋LPF＋PLL 方法估计的转速和 SMO＋SOGI-FLL＋PLL 方法估计的转速如图 14 所示。

由图 14 可见，PLL 观测的转速具有很大的噪声，实际控制中需要再次进行低通滤波才能使用。而采用 SMO＋SOGI-FLL＋PLL 方法，可直接利用锁频环提取反电势基波频率，噪声较小，其实际转速误差缩小到 ±5 r/min。

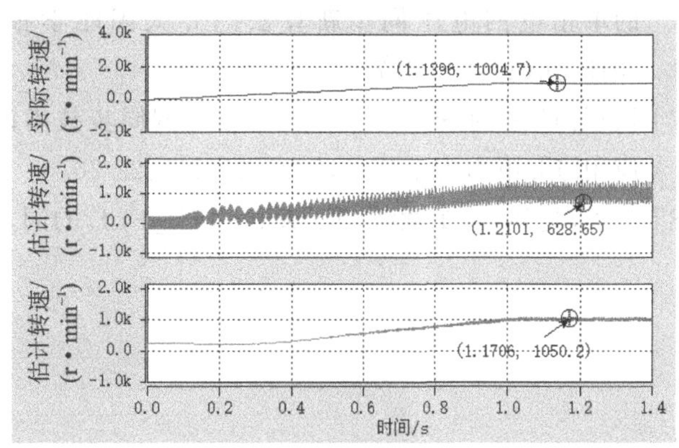

图 14　转速估计波形

5　结　论

为在传统滑模观测器的基础上，进一步削弱滑模控制器抖振，提高电机转子位置和转速的估计精度，本文采用二阶广义积分锁频环替代低通滤波器，构建 SMO＋SOGI-FLL＋PLL 的无传感器观测方法。该方法可以实现对反电势基波的提取，由于 SOGI-FLL 在基波频率处有无穷大的增益，相比于低通滤波器，滤波后的反电势幅值衰减和相位延迟更小，估计得到的角度和转速更加精确，基于 Saber 的仿真结果证明了改进方法的上述优点。

参考文献

[1] 刘卫国. 稀土永磁电机在航空航天领域的应用[C]//稀土产业发展论坛专家报告集. 中国稀土学会，2009：6.

[2] 孙佃升. 基于改进型 ESO 的表贴式永磁同步电机无位置传感器控制[J]. 电气传动，2021，51(3)：3-8.

[3] 宋文祥，任航，叶豪. 基于 MRAS 的双三相永磁同步电机无位置传感器控制研究[J]. 中国电机工程学报，2021：1-11.

[4] 涂志文，蒋成明，涂群章，等. 基于改进型 SMO 的 PMSM 无传感器控制方法[J]. 装备制造技术，2020(11)：12-17.

[5] 陈小丹，何山，丁正龙，等. 基于自适应滤波器的改进 SMO 矢量控制策略[J]. 电力电子技术，2020，54(9)：90-94.

[6] 邓哲，周峰武，侯尧杰，等. 基于双输入 SOGI-FLL

的单相电网电压同步新算法[J]. 太阳能学报，2015，36(2)：399-407.

[7] 段乐. 改进的 SOGI-FLL 在单相并网同步技术的应用[J]. 电力安全技术，2020，22(11)：22-26.

[8] 孙强，赵朝会，龙觉敏，等. 基于 SOGI_FLL 的同步角频率估计方法在 PMSM 的应用[J]. 微特电机，2017，45(4)：52-56.

[9] 杨才伟，王剑，游小杰，等. 二阶广义积分器锁频环数字实现准确性对比[J]. 电工技术学报，2019，34(12)：2584-2596.

基于价值流的飞机线束装配精益改善

金钊，陈振

成都飞机工业(集团)有限责任公司，成都 610092

摘要：针对飞机总装线束装配中存在人员利用率低、装配周期长等问题，提出基于价值流图技术的装配流程优化方法。根据生产现状，绘制并分析了线束装配价值流现状图，识别出当前装配过程中存在的问题：从生产线平衡、改变分工方式和优化装配工艺流程等方面提出改善措施，并进行系统性的价值流改善研究。实践表明，利用价值流图分析技术有助于快速发现飞机线束装配中的问题，整个生产过程的增值比得到了提高，生产周期缩短了 5 天，为企业带来了良好的经济效益。

关键词：价值流图；精益改善；工艺流程；线束装配

Lean Improvement of Aircraft Harness Assembly Based on Value Stream

JIN Zhao, CHEN Zhen

Chengdu Aircraft Industry (Group) Co. Ltd., Chengdu 610092, China

Abstract: Aiming at the problems of low utilization of personnel and long assembly cycle in the assembly of aircraft wiring harness, a method of assembly process optimization based on value flow graph is proposed. According to the current situation of production, drew and analyzed the current situation of wiring harness assembly value flow, identified the problems existing in the current assembly process: The improvement measures were put forward from the aspects of production line balance, changing division of labor and optimizing assembly process, and carried on the systematic value stream improvement research. Practice shows that, it is helpful to find the problems in the assembly of aircraft wiring harness by using the analysis technology of value stream graph, the value-added ratio of the whole production process has been improved, and the production cycle has been shortened by 5 days, which has brought good economic benefits to the enterprise.

Keywords: value stream map; lean improvement; technological process; wiring harness assembly

1 引 言

飞机线束是机上各系统、成品协调工作的“神经网络”，通过关联电气、航电等系统为飞机提供电源、控制信号和数据信息。随着新一代飞机朝着强感知、快速决策能力发展[1]，整机线束装配也越来越呈现出电缆数量多、敷设跨度大、分支多、路径复杂等特点。据统计，飞机线束装配的工作量约占总工作量的 20%，装配所需时间占总装配周期的 30%左右，装配成本占总成本的 15%。此外，由于线束柔性特点，装配过程自动化程度低，主要由操作者手工完成。因此，如何消除线束装配过程中的浪费以降低装配成本、提高装配效率尤为重要。

通过降低生产过程中的浪费来降低成本是精益生产的精髓，因此产生了体现价值流思想的价值流图优化方法[2]。利用价值流图可以揭示价值流中存在的浪费和不增值活动，有利于生产流程的分析和改进。近年来，很多学者将价值流优化方法应用于企业精益生产中，为精益改善提供依据和方向。陈钊[3]将价值流图技术应用于装配流水线平衡问题中，通过识别浪费和降低库存，有效缩短了装配周期；宋庭新等[4]利用价值流图绘制了传动轴装配线价值流现状图，发掘出当前生产中存在的问题，结合精益思想提出改善方案；谢庆红等[5]探求了价值流图在复杂产品装配中的应用，构建了 DM3 生产装配价值流图，通过参数分析、确定非增值时间等方法进行装配优化。从上述研究可以发现，价值流技术在生产线改善方面得到普遍应用，然而，以上研究都只针对具体产品的具体方面进行分析，而缺少对精益改善提出系统的、具体可操作的改善方案。

本文以某型飞机线束装配过程为具体研究对象，针对线束装配柔性强、人员作业效率低等特点，通过对现状价值流图的分析，提出改善的方法和策略来消除生产过程中的瓶颈及非增值部分，从而提高装配效率，达到提高增值比、缩短装配周期的目的。

2 飞机线束装配工艺流程

某型飞机线束装配的工艺流程包括：高频线束装配、飞管与FC线束装配、低频与显控线束装配。线束装配分为线束敷设与线束安装二个环节。按照生产管理部的计划，部件组装厂将组装好的飞机机体推送至某型飞机线束装配站位，同时线束制造中心将制造好的线束运输给某型飞机线束装配站位，随后线束装配站位按照工艺装配流程进行各类线束的敷设、安装工作，站位移交完成后飞机进入下一站位。线束装配工艺流程如图1所示。

2.1 高频线束

高频线束从物料接收，到敷设安装，最终到检验验收，总时间24 h，作业人员16人。目前高频线束送至站位时没有经过预集束处理，因此从接收高频线束到开始装配，平均等待时间为1 h。

2.2 飞管与FC线束

飞管及FC线束从物料就位至装配验收，总时间22 h，作业人员12人。

2.3 低频与显控线束

低频及显控线束从线束运输到位至装配验收，总时间66 h，作业人员20人。

3 线束装配现状价值流图及问题分析

3.1 绘制现状价值流图

通过对飞机线束装配过程的现场调查，获得了飞机线束装配过程的相关数据，包括生产班次、每个班次用于生产的时间、作业人数、客户订单要求的生产节拍和每个流程的生产周期等。某型飞机线束装配每周工作日为周一至周五，每天为长白班工作制，每班工作8 h，以飞机线束装配生产过程为对象，根据工艺流程、现场实际观测数据，绘制出现状价值流图，如图2所示。

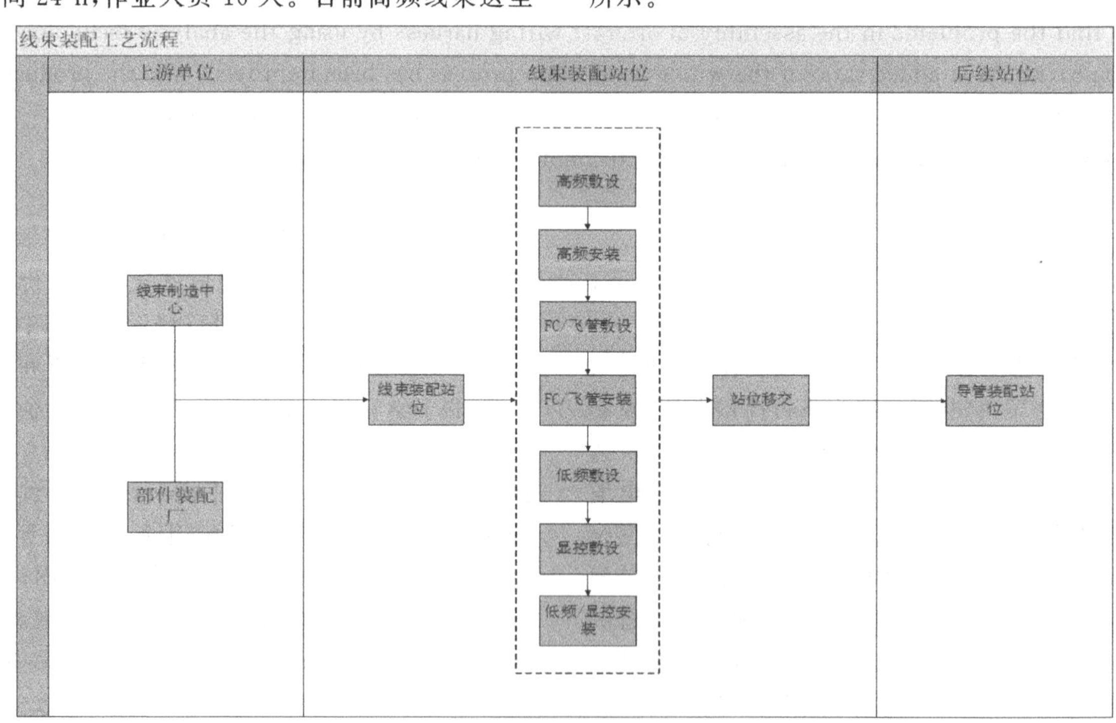

图1 线束装配工艺流程图

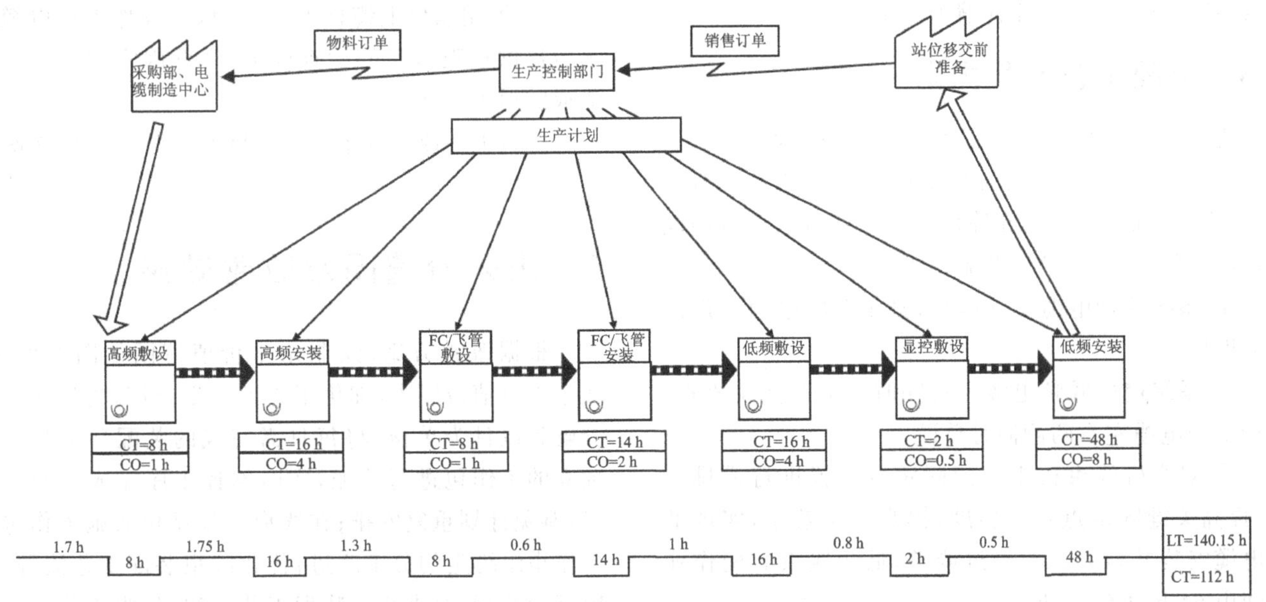

图 2　现状价值流图

从图 2 可以看出，其增值作业时间 CT＝112 h，非增值作业时间 VA＝LT－CT＝28.15 h，增值比为：Z1＝CT/LT＝79.91％。该厂各工序为串行工艺流程，每个工序需要等待上个工序完成后才开始进行；工序与工序之间存在不同时长的不增值时间，影响作业时间。低频安装工序作业时间最长，为 48 h，显控敷设工序只需 2 h，存在明显的不均衡现象，在此主要对瓶颈工序进行改善。工序内不同的装配环节的作业时间也存在较大差异，形成了工序内部的不均衡。

3.2　问题分析

根据上述现状价值流图和计算结果，当前线束装配存在的主要问题如下：

① 生产计划颗粒度粗。计划排产对排产人员经验依赖程度大，常出现工序重复等情况，且未将工装、物料、设备等开工条件纳入管控，导致计划调整频率高、时间长。

② 线束敷设顺序不明确，生产返工量大。线束缺少明确的上机敷设顺序，操作者在地面接收检查等准备工作完成后，根据个人经验决定电缆上机顺序，未考虑电缆的交互影响，造成电缆敷设混乱交叉、绞扭等问题，为后续的绑扎、检修均带来了巨大困难。

③ 目前线束装配工艺主要以参考数字模型、遵从装配大纲的形式开展作业。实际电缆装配过程中，采取现场查看三维模型的方式，操作者看图、查图需耗费大量的时间，容易出现因看图错误导致电缆装配错误，对于粗大电缆，返工调整通道的时间远远超出正常装配周期。

4　飞机线束装配工艺流程的优化与改善

当前飞机线束装配流程中存在的主要问题是“生产线不平衡”和“浪费严重”。根据精益生产思想，本文提出如下改善措施：

4.1　生产计划细化

细化生产计划排产，将生产计划分解到以日为单位，将每日需完成的装配环节整合为独立的工作包进行分派，实时掌控工序完成及归档情况，避免计划重复安排。提前清理工装、物料等开工条件，暴露出日计划执行困难及所需补充条件，减少计划调整频率及条件不足造成的停工等待时间。经过改善，不增值时间由 28.15 h 减至 15.15 h。

4.2　装配作业分工合理化

对所有工序进行了梳理，并将原有的抓阄分工方式改为固定舱位分工模式。将所有操作大纲以组合的形式分成工作量均衡的若干组，也就是工作包；将所有操作人员按照技能水平分组，每组人员负责固定工作包。通过分工模式变更，站位总操作人员数量没有变化，工作量没有变化，但作业效率得到提升。经过调整，线束装配作业时间整体缩短 8 h。

4.3 装配工艺流程优化

现行的线束装配工艺流程以串行为主，线束敷设缺乏固定的顺序；线束安装按从前往后的顺序串行进行，最大开工面不足，存在等待时间。针对以上典型问题，制定了低频电缆的工艺流程优化方案：

① 系统梳理电缆交互影响，排定低频电缆敷设的先后顺序。

② 系统梳理低频电缆左右同时开工条件及要素，实行低频电缆左右两侧同时敷设。

③ 对全机线束机上关键固定点位置进行摸排校准，提高关键固定点定位精度，提高固定效率，实现低频电缆安装并行开工。经过调整，低频线束装配作业时间由 64 h 降至 40 h。

4.4 装配工艺方法优化

针对目前线束装配缺乏直观的电缆装配标准、操作人员需要往返电脑查看三维模型而导致作业效率低下的问题，在详细调研并结合技术状态管控的基础上，编制工艺图册来指导实际作业过程，主要措施有：

① 编制高频电缆敷设指导图册、总线电缆敷设指导图册、低频电缆敷设及安装指导图册，以图片的形式将每个舱位、每根电缆的走向及位置进行注明，提高工艺文件的指导性，减少操作人员往返查询模型的时间，提高操作人员机上实际工作的有效时间。

② 编制舱位电缆标准化图册，为操作人员电缆固定后提供直观形象的检查标准，降低因安装不规范等造成的返工时间。

经过上述改善优化，线束装配作业时间整体减少 8 h。

5 未来价值图及改善效果

根据改善方案，绘制未来价值流图如图 3 所示。在未来价值流图中，细化了生产计划排产，将生产计划分解到以日为单位，将每日需完成的装配环节整合为独立的工作包进行分派，实时掌控工序完成及归档情况，避免计划重复安排；在线束装配站位实施工作包与工作小组绑定的分工改进；优化线束装配工艺流程，改串行为并行；改进线束装配工艺方法，加强工艺文件的指导性。

此时其增值作业时间 CT＝72 h，非增值作业时间 VA＝LT－CT＝15.15 h，增值比为：

$$Z1=CT/LT=82.62\%$$

生产效率提高了(112－72)/112＝35.7%。

通过本次改善，在投资量较少的情况下，系统地对生产运作模式、站位工作机制、工艺布局进行了改善，使非增值时间由 28.15 h 降至 15.15 h，实际增值时间由 112 h 缩短至 72 h，且增值比由 79.91% 提高至 82.62%，极大地提升了装配效率，缩短了装配周期，达到了预期的效果。

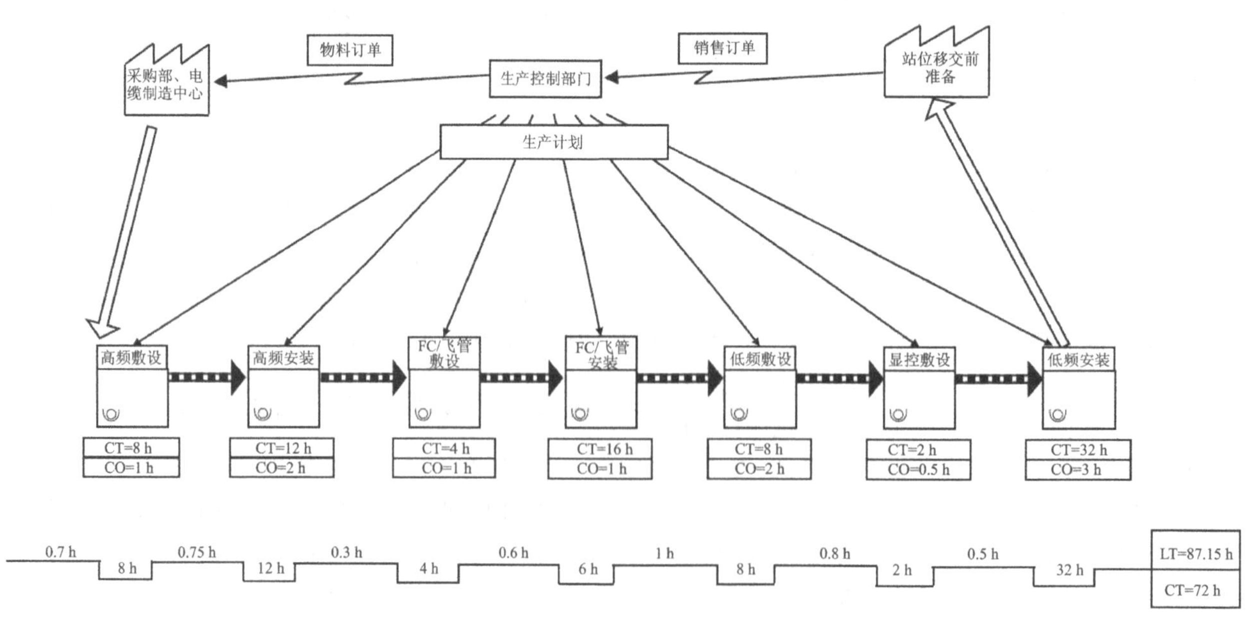

图 3 未来价值流图

6 结 论

本文以飞机线束装配流程为具体研究对象进行研究，利用价值流图技术识别装配流程中存在的浪费和不合理因素，引入精益思想，同时结合装配现场实地调研，对飞机线束装配流程进行优化和改善。实践证明，经过此次改善，飞机线束装配的非增值作业时间减少了 13 h，实际装配周期缩短了 35.7%，明显改善了装配厂的效益。下一步将采取建模仿真技术，对改善方案进行迭代完善，进一步提升改善方案的可行性。

参考文献

[1] 杨伟. 关于未来战斗机发展的若干讨论[J]. 航空学报，2020(6).

[2] 郭洪飞，陈德强，屈挺，等. 基于价值流的 S 生产线精益优化[J]. 计算机集成制造系统，2020，26(2)：46-56.

[3] 陈钊. 基于价值流图析技术的装配流水线平衡及优化研究[D]. 杭州：杭州电子科技大学，2012.

[4] 宋庭新，童一鸣，李西兴. 基于价值流图技术的传动轴装配流程优化[J]. 计算机集成制造系统，2020，26 (9)：2463-2473.

[5] 谢庆红，王小彬，潘志霄，等. 基于价值流图析的复杂产品装配优化研究——以 G 公司 DM3 生产装配优化为例[J]. 工业工程与管理，2013，18(4)：117-121.

基于 Simcenter 3D 的复合材料 U 形件固化成型仿真分析

陈剑州,冷晟*,董海伟,周钰焜

南京航空航天大学 机电学院,南京 210016

摘要: 热压罐成型过程中罐内温度呈梯度分布,复合材料构件会在不同区域产生不同程度的固化变形,而构件最终的结构变形和残余应力利用传统试验方法比较难以预测和控制。因此利用 Simcenter 3D 对复合材料 U 形件在热压罐中的固化成型过程进行了热化学仿真和力学仿真,并将仿真结果与实验数据进行了对比。结果表明,固化反应初始阶段,铺层表面固化度比铺层内部高,一段时间后,铺层内部固化度变得比铺层表面高。构件曲面部分的应力、应变相对边缘较大。仿真得到 U 形件的最大变形为 2.834 mm,实验得到的变形约为 3 mm,仿真结果与实验数据的误差约为 5.5%,误差较小。

关键词: 热压罐成型;结构变形;残余应力;Simcenter 3D;复合材料 U 形件

Simulation Analysis of Curing Molding of Composite U-shaped Parts Based on Simcenter 3D

CHEN Jianzhou, LENG Sheng*, DONG Haiwei, ZHOU Yukun

College of Automation Engineering, Nanjing University of Aeronautics and Astronautics, Nanjing 210016, China

Abstract: In the process of autoclave molding, the temperature in the tank presents a gradient distribution, and the composite material components will produce different degrees of solidification deformation in different areas, and the final structural deformation and residual stress of the components are difficult to predict and control by traditional test methods. Therefore, Simcenter 3D was used to conduct thermochemical simulation and mechanical simulation of the curing and molding process of composite U-shaped parts in the autoclave, and the simulation results were compared with the experimental data. The results show that the surface curing degree of the ply is higher than that of the inner layer in the initial stage of the curing reaction, and after a while, the inner layer of the ply has a higher degree of curing than the surface of the ply. The stress and strain of the curved part of the component are relatively large relative to the edge. The simulation shows that the maximum deformation of the U-shaped part is 2.834 mm, and the experimental deformation is about 3 mm. The error between the simulation result and the experimental data is about 5.5%, which is relatively small.

Keywords: autoclave forming; structural deformation; residual stress; simcenter 3D; composite U-shaped parts

1 引 言

热压罐成型法是目前制造复合材料构件的主要方法[1]。热压罐成型法具有罐内温度相对均匀、成型后的复合材料构件孔隙率低和力学性能稳定等优点[2],是制造连续纤维增强热固性复合材料构件的主要方法[3],主要用于机体结构蒙皮壁板、肋、框等构件的制造成型,是广泛应用于航空航天领域先进复合材料成形方法之一[2]。

采用热压罐成型法制造的复合材料构件的力学性能主要取决于其在热压罐中的固化温度[4-5]。目前,国内外对于热压罐中固化温度场分布均匀程度的研究较多。Hu Jian 等[6]采用 Fluent 对模具的温度场进行模

资助项目:飞溅油润滑减速器热平衡分析技术,中国航空发动机集团 2018 年集团科技创新平台项目

* 通讯作者. E-mail: Meesleng@nuaa.edu.cn

拟，提出了在温度上升较慢的区域安装导热翅片的方法来提高模具和热空气的传热效率，从而减小热压罐中的温度梯度。Han Ning 等[7]通过 Fluent 建立了热压罐的 CFD 模型，对大型框架模具的温度分布进行了模拟，提出了一种通过改变模具放置角度来控制温度分布的方法。Weber 等[8]使用 ABAQUS 探究了模具材料、形状、位置等因素对对流换热系数的影响，模拟出热压罐内的模具温度分布。

固化温度对构件固化成型的质量至关重要，但却无法通过固化温度的分布直观地看出在当前温度条件下构件最终产生的变形和残余应力，所以最近国内对构件的固化变形和残余应力的研究逐渐增多。乔巍等[9-10]采用 ABAQUS 建立了预测复合材料构件残余应力和固化变形的三维模型，先对模型进行了热化学分析，然后将结果加载到力学分析模型的网格节点中得到固化变形和残余应力，并通过实验验证了模型的合理性。闵荣[11]等基于 ABAQUS 的二次开发功能和广义 MaxWell 黏弹性本构模型建立了固化变形和残余应力的三维模型，进行了同样仿真分析，证明模型具有较高的可靠性。

目前，大多数对于热压罐成型仿真的研究都是基于 Fluent 和 ABAQUS 的，而 Simcenter 3D 与 Fluent 和 ABAQUS 相比，能够加快层压复合材料的分析建模过程，而且能够与多种软件集成，比如和复合材料设计软件 Fibersim 集成，来使模型更加贴近实际情况，进而获得比 Fluent 和 ABAQUS 仿真结果更加接近实际数据的结果。

本文基于 Simcenter 3D 对复合材料 U 形件的固化成型过程进行仿真分析，模拟 U 形件固化过程中温度、固化度和残余应力等参数的分布情况。在设计阶段以数值模拟的方法优化固化成型工艺以提高构件的最终成型质量并降低工艺优化成本。

2 热压罐成型工艺

热压罐成型工艺主要包括铺层和热固化两个过程，工作原理如图 1 所示。首先将预浸料铺贴在工装上，然后制备真空袋，制备真空袋的顺序为在零件上依次放上隔离膜、透气毡，用腻子条将真空袋密封在工装上，置于热压罐中，加温加压固化，脱模，最终使预浸料坯件固化成型为满足设计要求的复合材料零件[12]。

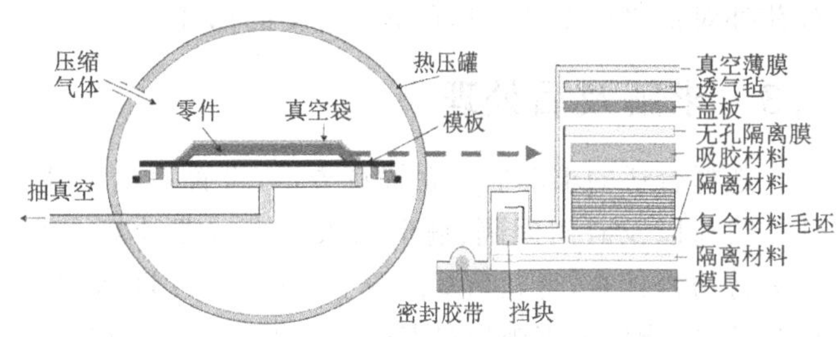

图 1 热压罐工作原理

3 仿真过程

热压罐成型仿真分析主要包括热化学仿真分析和力学仿真分析两个部分。首先进行热化学仿真，在热化学仿真中，通过定义热压罐热边界条件和完整的材料热化学属性计算出基体在固化过程中随时间变化的特征参数（温度、固化度等）。然后通过映射把热化学分析的结果映射到结构网格上，软件会自动通过各个单元的特征参数判断其中树脂基体的力学属性，并结合纤维的属性计算出整个单元的力学性能。最后进行力学仿真，定义构件与模具之间的非线性接触，完成构件的力学分析，获得构件的位移、应力、应变等结果。具体操作如下。

3.1 网格划分

将模具导入 Simcenter 3D，在 U 形件模具表面创建 2D 单元网格，设置单元网格的大小，网格类型选择层合板，划分结果如图 2 所示。

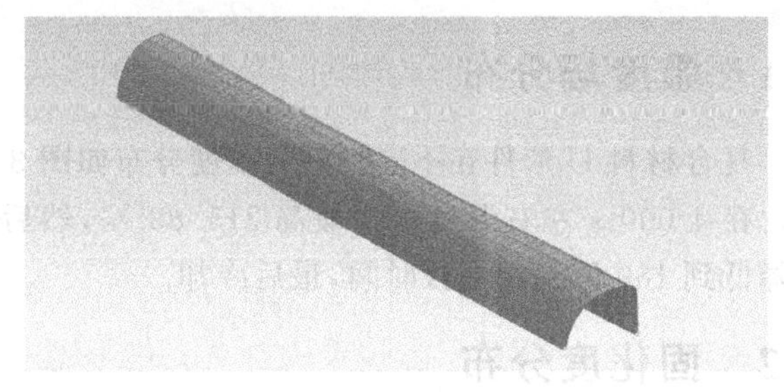

图 2 网格划分结果

3.2 铺层设置

Simcenter 3D 自带的铺层建模工具可以方便地进行铺层设计、剪口拼接设计、真实纤维角度计算、二维展开图生成，亦可以直接从外部专门的层合板设计工具中导入铺层设计。铺层设置包括铺层区域、铺层角度、铺层材料和层片厚度的设置，是仿真过程中除温度载荷外对最终成型结果具有重要意义的部分。

3.3 求解及后处理

选择合适的求解器建立解算方案，设置初始条件、外加载荷以及时间间隔、输出结果等求解器计算参数并进行仿真计算，得到仿真结果。同时，可以将结果处理为动画，能更加直观地观察输出结果的变化规律。

4 热化学仿真分析

热化学仿真分析主要研究固化过程中由于温度分布不均所导致的铺层不同区域温度、固化度和玻璃态转变温度的不同。在热化学分析中，首先进行网格划分和铺层设置，网格单元的大小为 25 mm。然后建立映射区域来将该部分温度场的分布情况记录下来供力学仿真分析部分使用。最后选择瞬态非线性热传递作为解算类型，设置初始温度为 20 ℃，设置外加温度载荷如表 1 所列，进行瞬态热化学分析得到结果。

表 1 外加温度载荷

序 号	时间/s	温度/℃
1	0	20
2	3 480	165
3	4 080	180
4	12 180	180
5	14 580	60
6	15 180	30

4.1 温度场分布

复合材料 U 形件在不同时刻的温度分布如图 3 所示。在 4 000 s 左右温度达到最高 215.83 ℃，然后温度降低到 180 ℃保持一段时间，最后冷却。

4.2 固化度分布

复合材料 U 形件在不同时刻的固化度分布如图 4 所示。随着固化反应的进行，铺层材料固化度逐渐升高，在 4 080 s 左右固化基本完成。升温初始阶段，表面温度比内部高，因此表面固化度比内部高；但是之后由于固化反应放热导致内部温度上升超过了表面温度，所以内部固化度也逐渐超过了表面固化度。

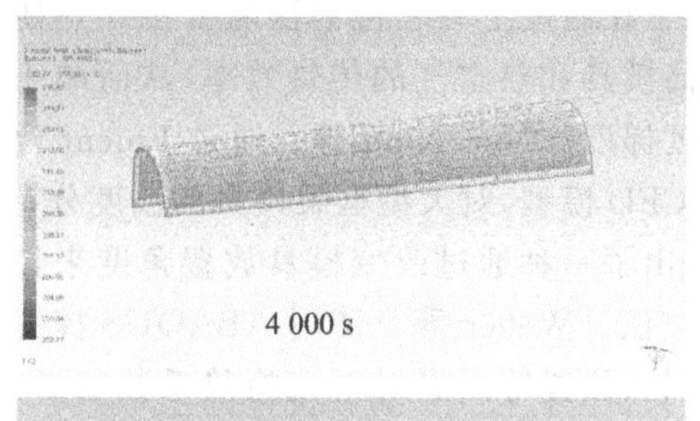

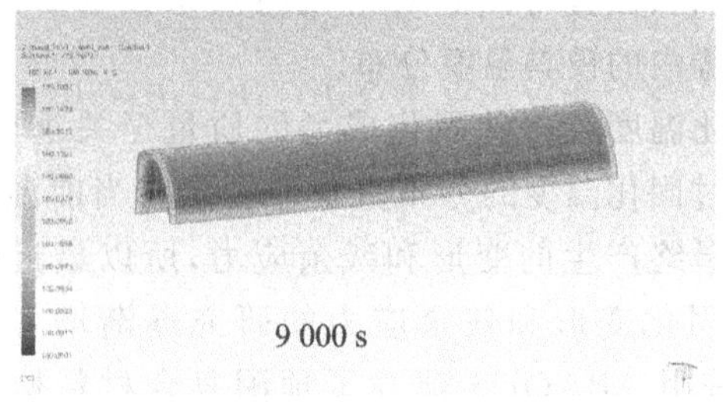

图 3 温度分布

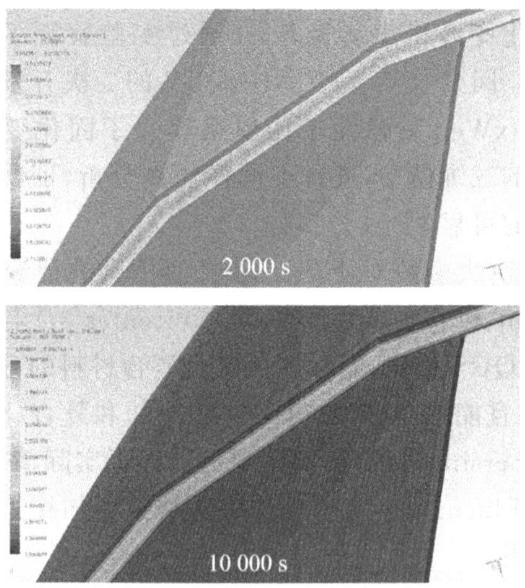

图 4 固化度分布

5 力学仿真分析

力学仿真分析主要研究构件在热压罐内压力场的作用下，在任意时刻的精确变形和应力分布情况。在力学分析中，同样先进行网格划分，操作与热化学仿真部分相同，网格单元大小为 15 mm。然后新建一个解算方案将热化学仿真部分的结果映射过来作为约束条件，接着新建一个非线性瞬态响应解算方案并定义简单支撑约束，同时设置求解器相关参数。最后将两个解算方案成链，用前一个解算方案的温度场计算构件的变形及应力分布情况。

5.1 位移分布

复合材料 U 形件在不同时刻的位移分布如图 5 所示。热压罐中将热源端作为罐头，另一端作为罐尾。在固化过程中，复合材料结构件两端位移大中间位移小，罐头端最大位移为 2.834 mm，罐尾端位移约为 1.185 mm，中间部分位移较小，存在最小位移为 0.007 mm。

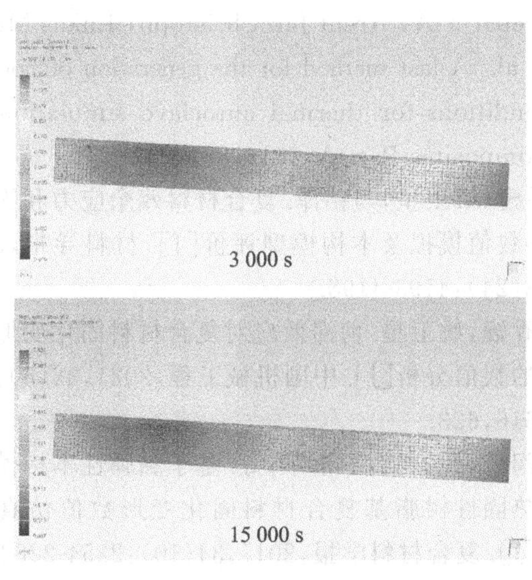

图 5　位移分布

5.2 应变分布

复合材料 U 形件在不同时刻的应变分布如图 6 所示。在固化过程中，复合材料结构件应变逐渐增大，在 7 080 s 时，材料的最大应变达到 0.036 5，后续基本不再变化。

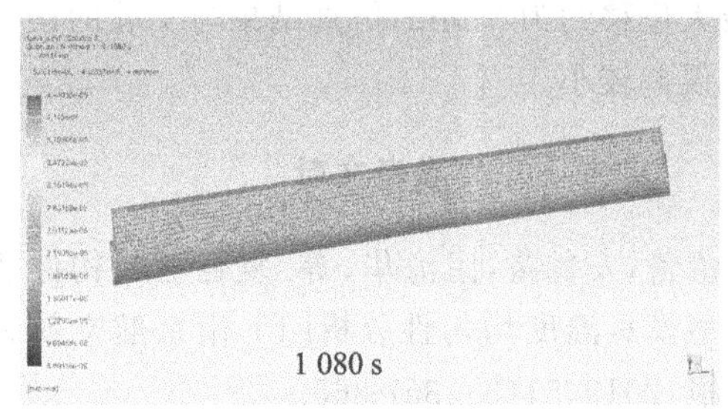

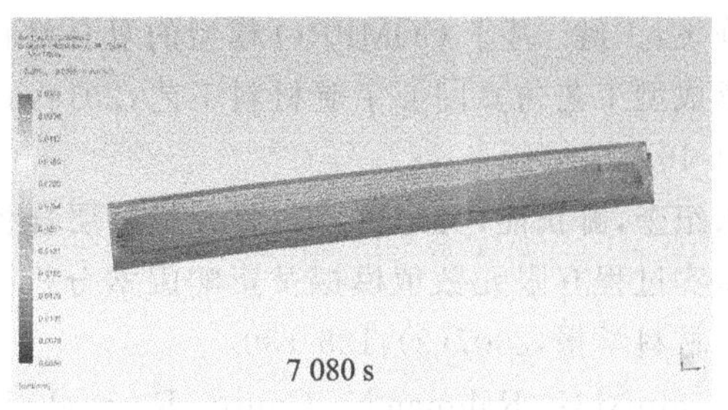

图 6　应变分布

5.3 应力分布

复合材料 U 形件在不同时刻的应力分布云图，如图 7 所示。在固化过程中，复合材料结构件的应力逐渐增大，在 7 080 s 时达到 0.053 7 MPa，并保持基本不变直到固化成型结束。结构件两端最先出现较大的应力，U 形曲面部分的应力相对边缘部分较大，相差约为 0.018 MPa。

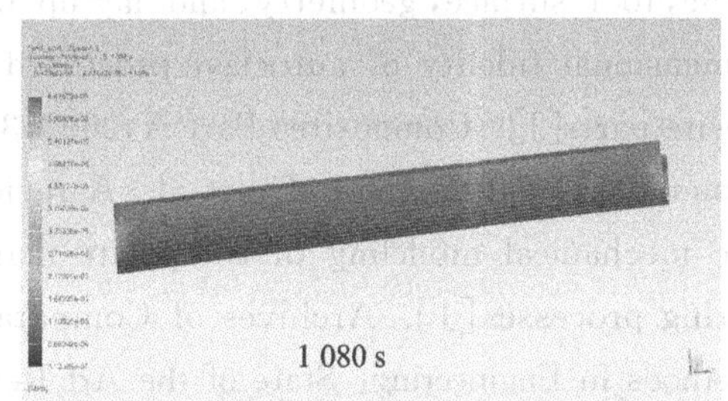

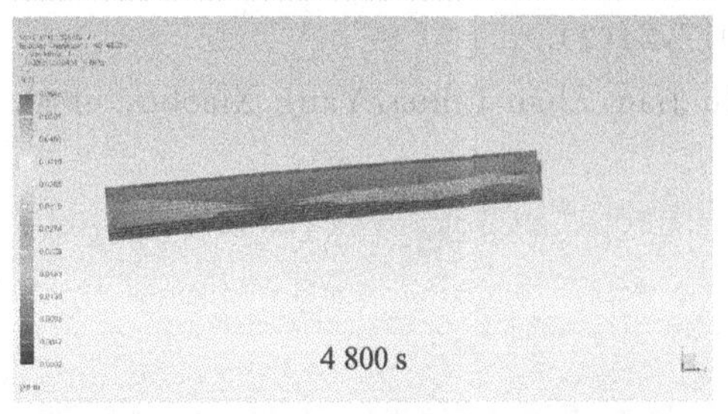

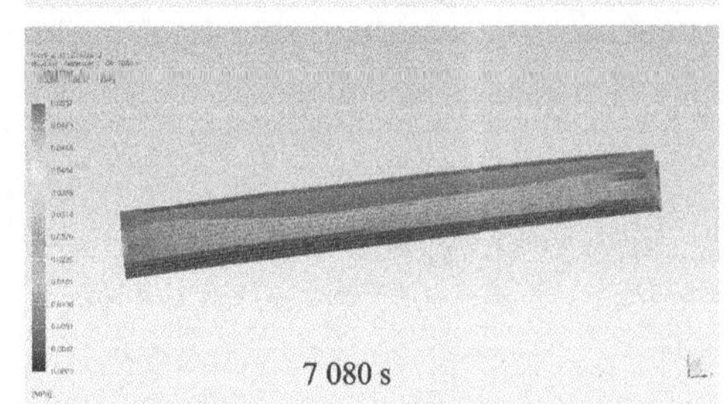

图 7　应力分布

6 结　论

复合材料 U 形件仿真结果表明：

① 固化成型过程中，热压罐内升温速度比降温速度快。

② 在升温初始阶段，构件表面固化度比内部固化度高；之后由于固化反应放热，构件内部固化度逐渐超过表面固化度。

③ 构件曲面部分的应力、应变相对边缘较大。

④ 构件从罐头端到罐尾端的变形分布为先减小后增大。构件在罐头端变形最大，为 2.834 mm。实验得

到的最大位移约为 3 mm,仿真结果与实验的误差约为 5.5%,误差较小。

参考文献

[1] 花蕾蕾,安鲁陵,匡海华,等.复合材料构件热压罐成型模具温度均匀性分析[J].南京航空航天大学学报,2019,51(3):357-365.

[2] 陈飞,王健.基于 COMPRO 模型的复合材料热压罐成型工艺仿真[J].宇航材料工艺,2014,44(1):41-46.

[3] 张纪奎,郦正能,关志东,等.复合材料层合板固化压实过程有限元数值模拟及影响因素分析[J].复合材料学报,2007(2):125-130.

[4] Fernlund G, Rahman N, Courdji R, et al. Experimental and numerical study of the effect of cure cycle, tool surface, geometry, and lay-up on the dimensional fidelity of autoclave-processed composite parts[J]. Composites Part A,2002,33(3).

[5] Ismet B, Kenan C, Nuri E, et al. A review on the mechanical modeling of composite manufacturing processes[J]. Archives of Computational Methods in Engineering: State of the Art Reviews, 2017,24(2).

[6] Hu Jian, Zhan Lihua, Yang Xiaobo, et al. Temperature optimization of mold for autoclave process of large composite manufacturing[J]. Journal of Physics: Conference Series,2020,1549(3).

[7] Han Ning, An Luling, Fan Longxin, et al. Research on temperature field distribution in a frame mold during autoclave process[J]. Materials (Basel, Switzerland),2020,13(18).

[8] Weber T A, Arent Jan-Christoph, Lukas Münch, et al. A fast method for the generation of boundary conditions for thermal autoclave simulation[J]. Composites Part A,2016,88.

[9] 乔巍,姚卫星,马铭泽.复合材料残余应力和固化变形数值模拟及本构模型评价[J].材料导报,2019,33(24):4193-4198.

[10] 乔巍,姚卫星.剪滞效应对复合材料固化变形影响的数值分析[J].中国机械工程,2021,32(5):611,616,623.

[11] 闵荣,元振毅,王永军,等.基于黏弹性本构模型的热固性树脂基复合材料固化变形数值仿真模型[J].复合材料学报,2017,34(10):2254-2262.

[12] 陈晓静.复合材料构件固化成型的变形预测与补偿[D].南京:南京航空航天大学,2011.

小直径薄壁管涡流检测技术

姜红，王炯

成都飞机工业(集团)有限责任公司，成都 610092

摘要： 本文针对小直径薄壁管的涡流检测，完成了管材涡流检测系统的设计与制造，完成了对比试样的设计与制作；通过工艺试验确定了涡流检测的最佳工艺参数，通过不同实验室检测结果的比对，证明了涡流检测结果的正确性和一致性；最后介绍了该项技术研究的工程应用情况。

关键词： 薄壁管；对比试样；试验间比对；涡流

Eddy Current Testing Technology for Small Diameter Thin Wall Tube

JIANG Hong, WANG Jiong

Chengdu Aircraft Industrial (Group) Co. Ltd., Chengdu 610092, China

Abstract: The article is for eddy current testing for small diameter thin wall tube, finish to design and manufacture for tube eddy current testing system, finish to design and manufacture for contrast sample, determine the optimum parameters of eddy current testing by process testing, prove the accuracy of measurement results of eddy current and consistency by different laboratory testing results. Finally introduces the technique research case used.

Keywords: thin wall tube; contrast sample; comparison in different laboratory; eddy current

1 引 言

涡流检测广泛用于小直径薄壁管的缺陷检测。开展管材涡流检测试验，必须对被检构件的特点和可能产生的缺陷种类、形状、取向、大小及存在位置进行分析，确定检测缺陷特征和部位，以便选择和制定合理有效的方法和手段；最后结合被检构件的形状、尺寸和材质，选择合适的频率和检查参数，设计制作相应的对比试样，确保检测结果准确可靠。

本文主要介绍小直径铝合金管材对比试样的设计与制造，通过开展管材自动涡流检测工艺试验，获得管材涡流检测的频率、增益、相位、检测速度和信噪比等工艺参数，最后通过不同试验室的比对，分析研究检测结果的准确性和可靠性。最后介绍了该项技术研究的工程应用情况。

2 总体方案

总体方案包括检测系统设计与制造、对比试块的设计与制作、工艺参数试验和工程应用 4 个部分，其框图见图 1。

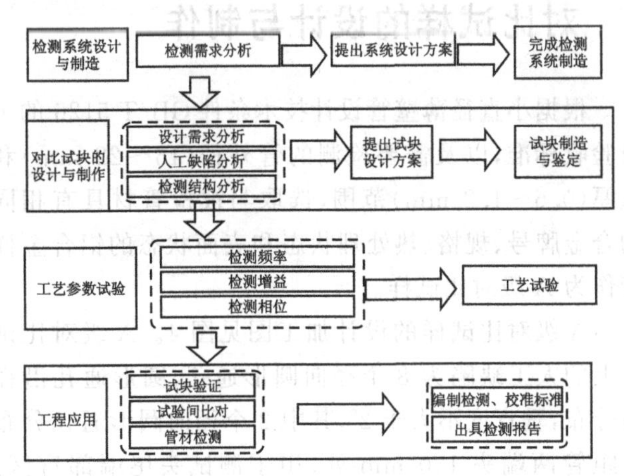

图 1 总体方案框图

基金项目：国家自然科学基金；航空科学基金

通讯作者. E-mail: hkxb@buaa.edu.cn

3 管材检测系统的设计与制造

根据检测需求制定了该检测系统的制造设计方案，确定了系统设计框架和配置要求，并按设计方案完成了系统制造。涡流检测系统设计框架见图 2。

该系统由上料架、进料架、涡流检测线圈、出料架、正品下料架和次品下料架组成。该系统属于自动化涡流检测系统，试件从自动进给部分由滚轮等速、同心地送入并通过检测线圈，由线圈拾取缺陷信号；最后根据检测结果进行自动分选，由下料机构按质量分选为合格品和次品，并分别送入各自对应的料槽，实现自动上下料和不合格品的自动分选功能。其适合大批量管材的涡流检测，图 3 为涡流检测现场。

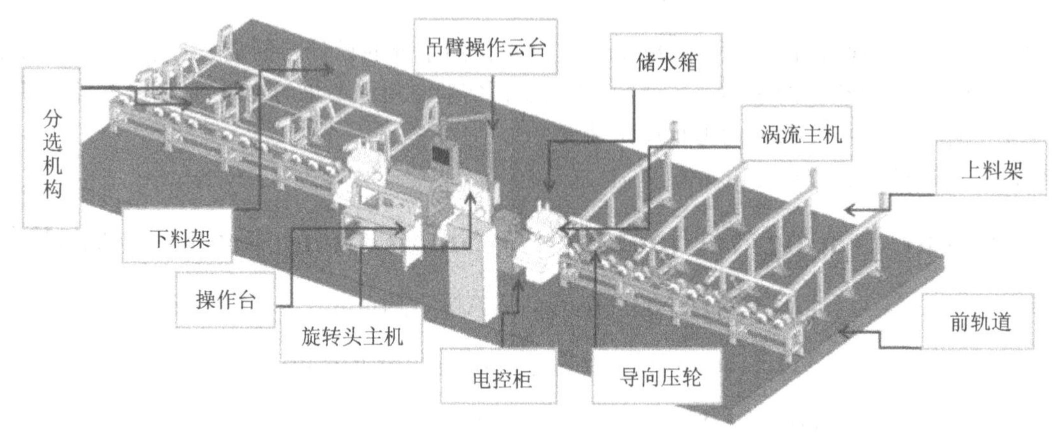

图 2 涡流检测系统设计框架

图 3 涡流检测现场

4 对比试样的设计与制作

根据小直径薄壁管设计技术条件 GB/T 5126 的 A 级验收标准，以及需要检测的管外径(16～22 mm)和壁厚(0.6～1.2 mm)范围，选取与被检管材具有相同的合金牌号、规格、热处理状态和表面状态的铝合金样管作为 A 级对比试样。

A 级对比试样的设计加工图见图 4。A 级对比试样上的人工缺陷为 8 个径向圆形通孔，圆形通孔沿径向分布，垂直度不大于 2°，其中 2 个径向圆形通孔分布在距管两端头 100 mm 处，用于测试头尾端部盲区。这 2 个通孔的直径相同，另外 6 个径向圆形通孔按 2 组分布在距样管端头不小于 500 mm 的管壁上，每组圆形通孔的直径相同，相邻孔纵向间距为(150±10) mm，孔周向分布相差 120°±5°。这 2 组通孔用于调试最佳检测参数、报警电平、重复校验等。

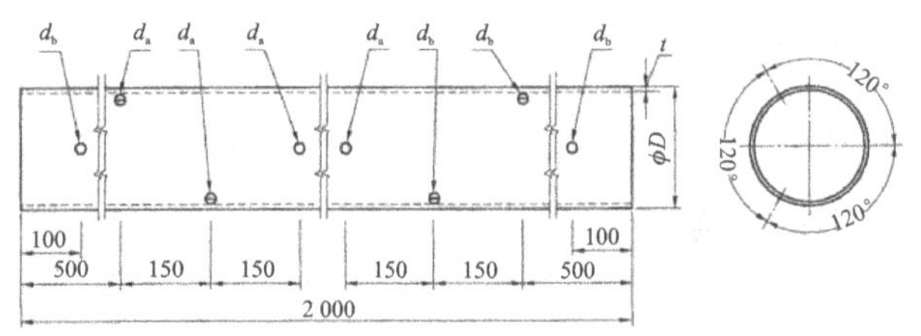

图 4 A 级对比试样设计加工图

根据铝合金管的检测范围，检测管外径为 16～22 mm，壁厚为 0.6～1.2 mm 铝合金管，按 GB/T 5126 的 A 级验收标准采用对比试样的人工缺陷尺寸见表 1。

表 1 A 级对比试样人工缺陷尺寸

序号	对比试样管外径 D/mm	对比试样管壁厚 t/mm			
		>0.6～0.8	>0.8～1.2	>0.6～0.8	>0.8～1.2
		人工缺陷通孔直径 d_a/mm		人工缺陷通孔直径 d_b/mm	
1	>16～18	0.6	0.5	0.8	0.7
2	>18～20	0.6	0.55	0.8	0.75
3	>20～22	0.65	0.6	0.85	0.8

注：人工缺陷通孔直径的孔径偏差为±0.2 mm。

5 工艺参数试验

选取不同检测频率、增益、相位开展管材涡流检测工艺参数试验，确定对比试样上人工缺陷达到最佳信噪比的检测参数。表 2 为检测参数列表。可以看出，第 6 组参数的检测效果最佳，该组参数有利于对比试样上人工缺陷的检测。图 5 为最佳检测参数的阻抗显示。

表 2　检测参数列表

组　别	参　数	结　论
1	频率：400 kHz 相位：45° 增益：52 dB	不佳，无法发现缺陷
2	频率：300 kHz 相位：48° 增益：38 dB	不佳，无法发现缺陷
3	频率：200 kHz 相位：62° 增益：45 dB	欠佳，不利于缺陷检测
4	频率：100 kHz 相位：68° 增益：40 dB	欠佳，不利于缺陷检测
5	频率：50 kHz 相位：42° 增益：55 dB	欠佳，不利于缺陷检测
6	频率：20 kHz 相位：55° 增益：35 dB	最佳，利于缺陷检测

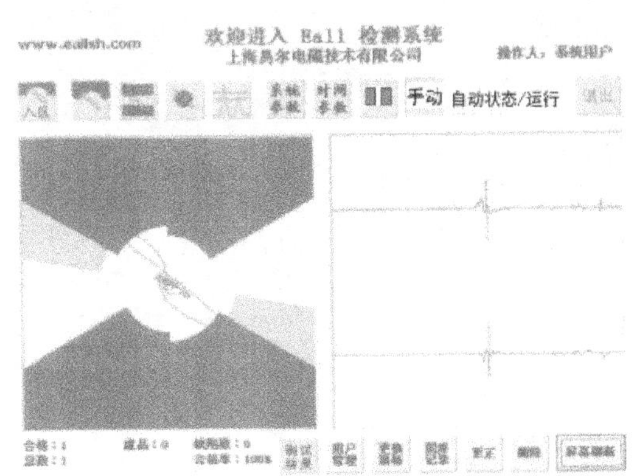

图 5　第 6 组参数的阻抗显示

6 试验间对比

我们与核工业某实验室对材料牌号为 6061 的铝合金样管按 GB/T 5126 的 A 级验收标准进行涡流检测，检测结果分别见表 3 和表 4。

表 3　核工业实验室检测结果

缺陷尺寸 /mm	缺陷位置 /mm	检测幅值 /V	评定结果
ϕ0.75	500	7.9	任何一个通孔缺陷的幅值与三个通孔缺陷的平均幅值相比，偏离量小于 10%，满足 A 级试样偏离不超过 10%的要求
	650	8.4	
	80	8.1	
ϕ0.60	1 200	4.5	任何一个通孔缺陷的幅值与三个通孔缺陷的平均幅值相比，偏离量小于 10%，满足 A 级试样偏离不超过 20%的要求
	1 350	4.5	
	1 500	4.6	

表 4　成飞检测结果

缺陷尺寸 /mm	缺陷位置 /mm	检测幅值 /V	评定结果
ϕ0.75	500	8.1	任何一个通孔幅值与三个通孔平均幅值相比，偏离量小于 10%，满足 A 级对比试样偏离 10%的要求
	650	8.5	
	80	8.2	
ϕ0.60	1 200	4.7	任何一个通孔幅值与三个通孔平均幅值相比，偏离量小于 10%，满足 A 级对比试样偏离 20%的要求
	1 350	4.5	
	1 500	4.8	

将两家实验室的检测结果进行比对，可以看出 ϕ0.75 通孔缺陷分别在 500、650、800 处的幅值与其平均幅值偏差均小于 10%；ϕ0.6 通孔缺陷分别在 1 200、1 350、1 500 处的幅值与其平均幅值偏差也均小于 10%，检测结果均满足 GB/T 5126—2013《铝及铝合金冷拉薄壁管材涡流探伤方法》A 级对比试样的要求，证明了涡流检测结果的一致性。

7 工程应用

根据管材涡流检测技术研究确定的检测工艺和参数，分别对两批共计 361 根外径 ϕ20 mm、壁厚1.0 mm 的 6061 - T6 铝合金管材，按照 GB/5126—2013《铝及铝合金冷拉薄壁管材涡流探伤方法》A级验收标准开展了铝合金管材的涡流检测工作。

对361根铝合金管材进行涡流检测发现,其中的194根铝合金管材超出了A级验收要求。由于该检测系统具备缺陷的自动标识功能,在检测过程中对缺陷位置进行了自动标识,铝合金管在下料时避开了缺陷位置,确保了加工零件的材料质量,避免了194根超标管材装机后带来的质量隐患。

参考文献

[1] 张家骏.无损检测技术的发展及其对国民经济发展的影响[J].无损检测,1993,15(2):1.

[2] 任吉林,武太峰.现代无损检测技术展望[J].无损探伤,1993,3:1-3.

[3] 徐可北.《涡流检测》培训教材[M].北京:机械工业出版社,2004.

激光铣削在复合材料挖补胶接修理中的应用

汤浩，陶冉，郑炳金，邱培坤，孙涛

上海航翼高新技术发展研究院有限公司，上海 200433

摘要：复合材料在航空装备上的广泛应用带来了对其修理的迫切需求，挖补胶接修理是复合材料结构修理的主流技术。本文综述了先进的复合材料加工方法——激光铣削在复合材料挖补胶接修理中的应用，阐述了激光铣削技术基本原理、加工过程，介绍激光铣削在复合材料挖补胶接修理中的三种方法，列举了复合材料挖补胶接修理中激光铣削的案例，总结了激光铣削技术在复合材料修理中的技术特点，最后对激光铣削技术在复合材料挖补胶接修理中的应用进行展望。

关键词：复合材料；激光铣削；胶接修理；航空装备；激光加工

Application of Laser Milling in Composite Bonded Scarf Repair

TANG Hao，TAO Ran，ZHENG Bingjin，QIU Peikun，SUN Tao

Shanghai Hangyi Research Institute of High-tech Development Co. Ltd.，Shanghai 200433，China

Abstract：The extensive application of composite materials in aviation equipment has brought an urgent demand for its repair. Bonded scarf repair is the mainstream technology of composite material structure repair. The application of advanced composite material processing method laser milling in bonded scarf repair of composite materials is reviewed，the basic principle and processing process of laser milling technology are expounded，and the application of laser milling in composite material repair is introduced. Further，there are three kinds of repair methods in bonded scarf repair，the cases of laser milling in patching repair of composite materials are listed，and the technical characteristics of laser milling technology in patching repair of composite materials are summarized. Finally，the application of laser milling technology in bonded scarf repair of composite materials is prospected.

Keywords：composites；laser milling；bonded scarf repair；aviation equipment；laser processing

1 引 言

复合材料具有轻质、高强、耐腐蚀及可设计性等特点，在航空航天技术、武器装备等领域具有广泛的应用，特别是随着复合材料设计与制作技术成熟度的提升和成本的降低，其在民用客机及军用飞机用量呈现不断提高的趋势。然而在飞机服役期间，复合材料结构不可避免地产生由环境和载荷作用引起的各类损伤，如分层、脱粘等。此外，由于复合材料结构的各向异性以及铺层特性，其损伤容易在层间扩展，造成结构承载能力的大幅下降，直接影响飞机的安全性。同时，复合材料部件多采用一体化成型，其制造工艺复杂、成本高昂、生产周期长，通过直接更换损伤结构件的方式维修成本高，备件供应困难，难以保证飞机修理按时交付。

挖补胶接修理是重要的复合材料结构损伤修理方法，具有不影响气动外形、无应力集中、结构增重小、偏心载荷小、成本低的优势，对提高航空装备的维护性和降低成本具有重要意义[1]。其中，挖补胶接修理较重要的步骤之一是去除受损伤区域的复合材料。目前，损伤区域通常以人工打磨的方式完成，因此也存在质量不稳定、易破坏基体材料等问题。激光铣削技术是一种以激光为刀具对材料进行加工的技术，由于具有加工精度高、非接触式等特点，作为一种在复合材料加工领域应用前景可观的非常规加工技术，受到了研究人员的广泛关注[2-3]。本文对比了激光铣削技术与传统的技术特点，介绍了激光铣削技术的基本原理、铣削过程、铣削方法与案例，并对应用进行展望。

2 复合材料加工方法简介

2.1 复合材料修理传统加工方法

传统的复合材料挖补常采用人工气动打磨工具对损伤区域进行去除。人工打磨是一项费时费力的工作,其打磨质量和效率很大程度上取决于操作人员的专业知识,并受到打磨工具的限制,容易出现打磨区域不规则、去除区域偏差大、损伤完好区域等情况,存在“人为”错误的可能性较大,为后期修理带来隐患。特别是对于安全性要求苛刻的航空工业,落后的人工打磨方法大大限制了复合材料挖补修理的应用。另外,磨削作用导致打磨工具快速磨损,并且所产生的粉尘对操作人员身体健康造成极大损害。

2.2 复合材料修理加工新方法

针对复合材料挖补型腔的加工,出现了磨料水射流[4]、激光铣削等非常规加工技术。磨料水射流技术的主要优点是切削速度快、无热影响区(HAZ)和射流带沫清除粉尘。然而,磨料水射流铣削复合材料也存在一些缺陷,如复合材料吸湿老化,表面潮湿影响胶接修复,高速水射流引起复合材料分层,水射流的反射与不稳定性影响加工精度[5]。另外,水射流加工还需要复杂水回路,以便有效地收集使用过的水和磨料浆液[6]。

基于激光烧蚀的复合材料铣削技术正在迅速发展,它消除了复合材料损伤去除过程中的人为因素,并具有较高的加工精度与自动化程度,提供更好的胶接机械性能和在修复设计中更多的灵活性[7]。激光铣削具有可控性好、无需借助液态介质等优势,相对于磨料水射流,激光加工具有更强的加工适应性。

3 复合材料激光铣削原理

复合材料激光铣削是利用聚焦的高能量密度激光照射材料,使其迅速熔化、汽化或化学降解,从而去除损伤区域复合材料,为修理提供型腔。激光对复合材料的去除机理较为复杂,涉及多种物理、化学作用,主要包括材料烧蚀、树脂热解、力学剥蚀、气体输运等多机理的耦合[8],图 1 为激光烧蚀复合材料示意图。各机理在复合材料去除中所占比例与材料特性和激光工艺参数有关。Fischer 等人认为,在复合材料激光加工过程中普遍存在的材料去除机制涉及基质、纤维的热解和光化学烧蚀[9]。每种机制对材料去除所产生的贡献的百分比在很大程度上取决于波长,在低波长(紫外范围及以下)存在光化学烧蚀纤维,而在较高波长热烧蚀占主导地位。

复合材料吸收激光能量,当激光强度与能量足够大时,复合材料基体吸收能量诱发等离子体,生成多相流,发生烧蚀现象。当激光在复合材料上扫描时,复合材料中的纤维被高能激光切断,基体被热解,产生的热解气流将切断的纤维带走,复合材料吸收的激光能量无法全部用于材料去除,一部分能量将在烧蚀区域附近扩散形成热影响区域。热影响区中存在树脂炭化、纤维溶胀、裂纹、分层等损伤形式。其中,树脂基体丧失了固定碳纤维与传递载荷的能力,造成材料力学性能衰减,对材料服役可靠性具有显著影响。因此,提高激光能量在材料去除中的有效利用率是保证复合材料损伤去除质量的重要前提,并可在提高加工效率的同时减小激光热影响区。在相邻的激光轨迹之间的热影响区域为力学剥蚀提供了必要条件。通过力学剥蚀去除热影响区材料,缓解了热扩散、热积累所造成的热影响区过大问题;同时还可以提高材料的去除效率,缩短去除时间。

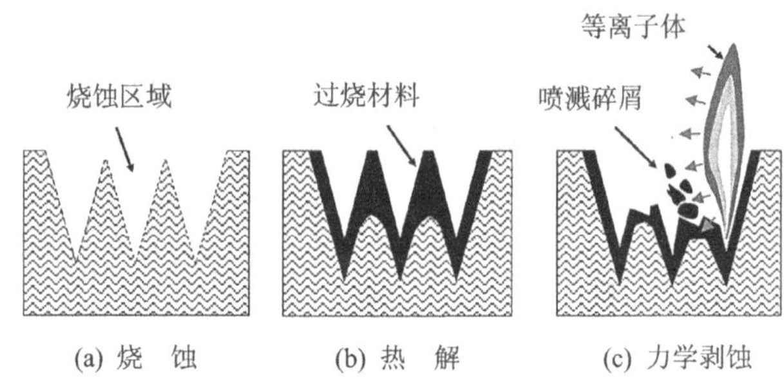

图 1　激光烧蚀示意图[8]

4 复合材料激光铣削过程

复合材料激光铣削包含激光吸收、受损区域材料去除等核心过程。图 2 为激光对损伤复合材料的逐层去除示意图。根据无损检测结果与修理要求确定损伤去除区域,采用脉冲激光扫描沿扫描轨迹对损伤去除区域加工,去除一定厚度的单层材料,然后通过逐层去除实现挖补修理所需的阶梯状型腔;同时,可通过减小阶梯宽度,实现连续斜坡状型腔加工[10]。

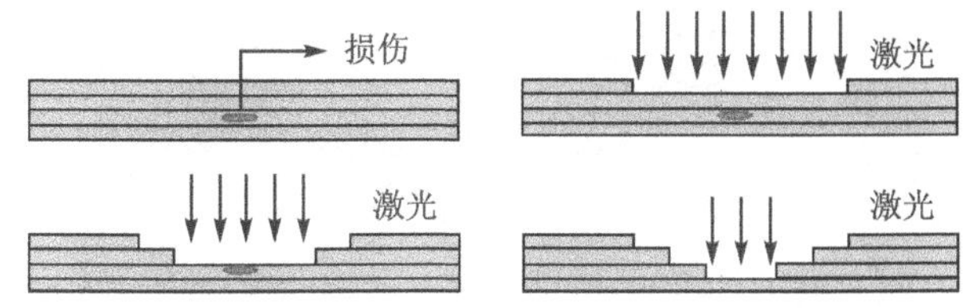

图 2 复合材料激光铣削过程

复合材料激光铣削过程以激光束为刀具，与人工采用气动打磨工具打磨损伤区相比，可以精确控制打磨阶梯宽度、挖补斜度。激光束通过镜子引导到检流计驱动的扫描仪单元中，从而实现了高度动态的光束偏转。图 3 为典型的激光挖补装置示意图，其中 a 为激光源，b 为光束整形装置，c 为光束引导装置，d 为 xyz 定位系统[11]。此外还有用于清理烧蚀的残留物的清理装置和深度测量装置[12]。为保障精确去除复合材料损伤区域的同时，降低对损伤去除区域周围完好复合材料的影响，需对激光脉冲能量、扫描速度、扫描线宽和扫描次数等工艺参数进行精确控制。

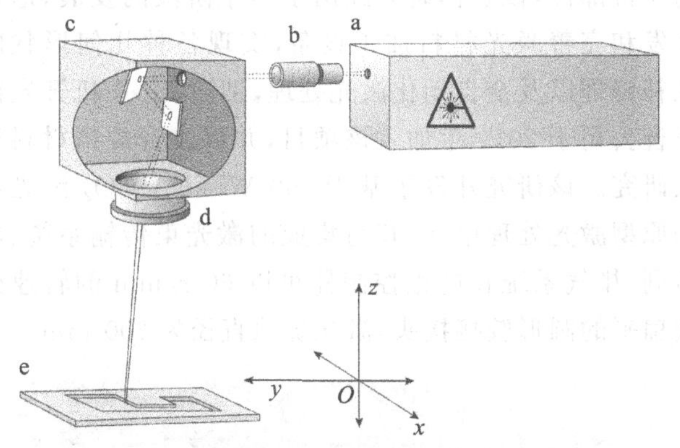

图 3 复合材料激光铣削装置示意图[11]

5 复合材料激光铣削方法

在复合材料挖补胶接修复中，需要为挖补修理提供型腔，将损坏的材料从待修复的截面上移除。激光铣削被认为是一种可行的复合材料损伤去除方法，目前，用于复合材料损伤去除的激光铣削有三种不同的方法。

5.1 烧蚀-刷除法

烧蚀-刷除法挖补复合材料包括激光烧蚀与机械刷除两个步骤。首先，激光在摆动模式下，利用低脉冲能量在复合材料表面上移动。此时，施加在复合材料上的能量足以使基体材料充分汽化，但不足以使纤维脱落。随后，中断激光烧蚀，通过机械方法将表面的纤维刷除，并重复该过程[13]。

5.2 开槽-移除法

开槽-移除法挖补复合材料也包括两个步骤，但中间不需要更换工具。第一步是确定待烧蚀区域的轮廓，并将其切割到所需的深度，有效地切断受损区域的增强纤维与周围完整的材料的连接。然后激光扫描待烧蚀区域，烧蚀过程只是对表面树脂的汽化。随着待烧蚀区域复合材料中树脂的去除，裸露的碳纤维可以使用强大的排气系统或气流去除[14]。

5.3 完全烧蚀法

完全烧蚀法使用高脉冲能量(大约 $H_p>40\ J/cm^2$)，同时热解纤维和基体材料。虽然这个过程比前两种方法的时间效率要低，但能有效控制烧蚀深度，并使用实时测量技术，从而允许更精确地去除受损复合材料，在烧蚀-刷除法和开槽-移除法过程中，测量技术都会受到工作面中仍然存在的纤维的干扰[15]。

三种激光挖补方法使用的都是脉冲激光，与连续激光相比，脉冲激光由于作用时间短、能量密度高等特点，可以实现较高的材料去除与较小的热影响区域，而用于复合材料铣削。激光烧蚀最重要的处理参数是脉冲能量通量、扫描宽度和扫描速度，因为它们决定了进入复合材料表面的能量。研究发现，在烧蚀的当前层中，占主导地位的纤维取向也会影响加工结果[2]。在与纤维取向相同的方向上进行激光扫描时，易导致更多的基体材料被烧蚀，使部分纤维从基体中暴露，导致表面更加粗糙，类似于烧蚀-刷除过程。垂直于纤维方向的激光束使得加工表面较光滑。

6 应用案例

希腊帕特雷大学机械与航空工程应用力学实验室使用 IPG 光学公司的脉冲光纤激光器(GLPM-20-Y13 型，波长为 532 nm，功率为 20 W，脉冲重复频率 10～600 kHz)进行了复合材料烧蚀试验，激光束由 CNC-Cat 公司的数控加工机器(3 轴运动龙门机器人)引导，激光和数控加工器均采用专用软件控制。图 4 为相关设备和加工过程。设备扫描速度≤8 000 mm/min，精度±10 μm，所加工的复合材料为 15 层 300 mm×300 mm 的 CFRP 板(0/90)，所用预浸料来自 CYCOM®

CytecSolvay 集团的 977-2-24KIMS-196[16]。

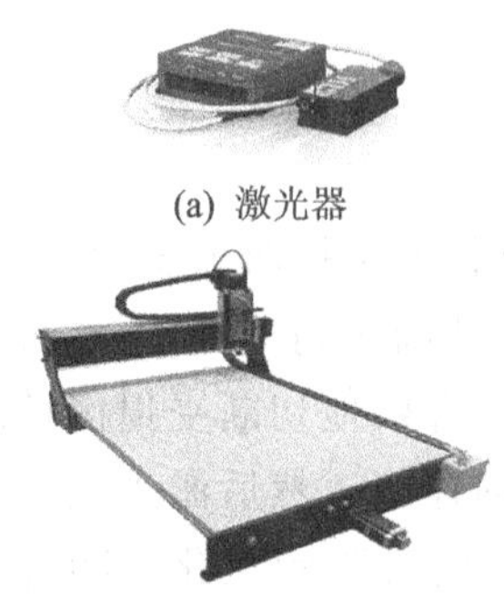

(a) 激光器

(b) 数控加工机器

(c) 复合材料加工过程中的照片

图 4 相关设备及过程照片[16]

德国汉诺威激光联合德国航空航天中心对复合材料激光铣削技术展开了深入的研究[11]。使用固态二极管泵浦(DPSS)激光器为复合材料修理制造阶梯形胶接面，该激光器为 Coherent® (Deutschland) GmbH, AVIATM23-355-300 型，激光器利用集成光学晶体，激光器以三次谐波发射紫外光，波长为 $\lambda=355$ nm。该激光器的超短脉冲(15～50 ns)可以在 200～300 kHz 的重复频率下产生高质量的高斯光束轮廓($M_2<1.2$)。激光束被反射镜引导到振镜驱动的扫描仪中，从而实现了高度灵活的光束偏转。对于 CF-PEEK 复合材料层压板，可以通过改变激光参数来控制每次扫描周期的烧蚀深度在 1～25 μm 范围内。激光铣削得到的台阶型空腔的尺寸为：每台阶深度为 140 μm，比例为 1:20，总深度为 1.96 mm，方形，宽度为 84.8 mm，图 5 和图 6 为激光加工的不同形状。该激光加工装置可以高精度地逐层去除 CFRP 层合板，通过微型计算机断层扫描(μCT)材料加工后发现，表面几乎不产生热损伤或分层。激光铣削与传统打磨后修理的试件的强度基本一致，但修理工艺时间显著减少。此外，该激光加工装置可以加工各种复杂的修补几何形状，也可用于制备与修理结构烧蚀精度相同的填充修理片。

(a) 激光工艺加工过程

(b) 精确逐层去除 1:20比例的阶梯腔

图 5 激光加工不同形状

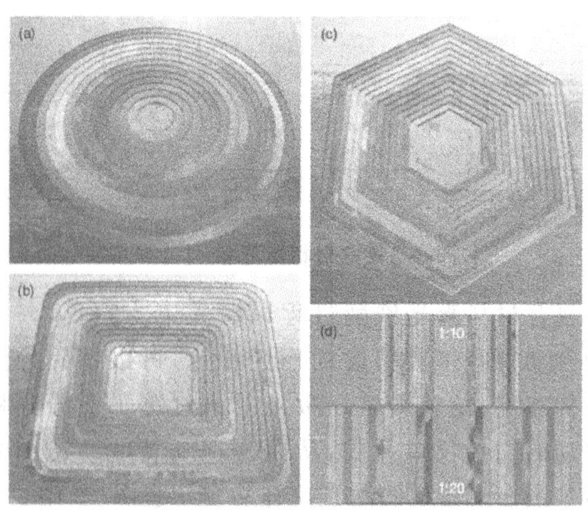

图 6 激光烧蚀制备各种复杂的修补几何形状

英国 GKN 航空航天公司与激光表面处理系统开发商 SLCR 公司，从 2009 年起开始共同开发了几种基于 CO_2 激光的烧蚀系统，用于处理和维修复合材料基础组件[4]。研发旋转激光头，用于圆形胶接维修损坏的飞机部件，该合作研究经历了多个阶段的发展，通过开发和完善激光材料加工设备，实现各种几何形状的挖补修理以及全自动化激光处理，见图 7。飞机开发商波音公司于 2011 年加入该项目，并将波音规格材料纳入研究。该研究开发了基于 250 W TEA CO_2 激光器的原型激光处理单元，其与集成的激光束传输系统、旋转刷、排气系统和过程控制器可以 60 r/min 的转速处理扁平的圆形胶接接头，激光烧蚀直径为 200 mm。

图 7 GKN 航空航天公司的复合激光处理原型机

意大利那不勒斯费德里克二世大学对碳纤维增强聚合物板材进行激光铣削加工[9,17]。采用 30 W 调 Q 光纤激光器，激光源为 IPG 公司的 YLP-RA30-1-50-20-20 型号激光器，脉冲宽度为 50 ns，基本波长为 1 064 nm。脉冲频率可在 30～80 kHz 范围内选择，产生的脉冲能量可达 1 mJ、脉冲功率高达 20 kW。激光束由放置在头部的两个振镜移动，振镜由 LASIT 开发，然后由 LINOS 用平透镜聚焦到 CFRP 板的表面，为了减少 HAZ 的扩张和纤维取向的影响，激光光斑激光尺寸约为 80 mm，加工所用的复合材料以 T400 碳纤维作为增强材料，基体为 HMF934 环氧树脂。试验采用的激光铣削策略是沿四个不同方向(0°、90°、+45°、−45°)平行扫描，铣削深度在 2 mm 内。此外，在样品附近放置了一个强大的吸力系统，以避免碎片沉降和减少等离子体屏蔽效应。

7 技术特点

激光铣削去除复合材料损伤区域本质上是一种热加工过程，无需给复合材料施加外部机械力，无需频繁更换打磨片，降低了成本；通过非接触式去除损伤复合材料，不会导致非去除区域产生应力。聚焦光斑可达微米级别，加工精度高且柔性好。

对于复合材料修理而言，在修理效果上，与传统打磨去除方式相比，激光铣削去除后修理的试验件，在材料强度的一致性上更高。激光铣削去除复合材料损伤区域还能活化胶接修理界面，降低复合材料表面接触角，增加表面自由能，提高胶接修理后的界面强度[18]。在修理周期上，采用激光铣削去除损伤区域还可以缩短维修周期，一个修理周期的总处理时间可以从 40 h 减少到 12 h[19]。激光铣削复合材料也能够在曲面材料上进行，能够实现更多的几何形状控制，为难以修理的受损复合材料提供新的选择，具有较高的加工灵活性。

在复合材料激光铣削去除损伤区域过程中，并非全部能量都用于损伤复合材料的去除，有部分能量通过扩散在非去除区域形成热影响区，造成材料力学性能衰减。由于物理和热性能不同，纤维和基体相对高能激光器的响应不同[20]。聚合物基体具有高吸收系数、低导热系数、低热扩散率和低烧蚀阈值的特点[21]。为了减小热影响区域，需要根据纤维和基体材料的类型选取激光器，优化激光工艺参数。此外，激光和复合材料相互作用产生的有毒副产物可能对修理技术人员造成健康隐患。

8 展　望

激光技术在复合材料切割、转孔和表面处理中的应用较为常见，国内对激光铣削技术在复合材料挖补胶接修理中的研究较少，相关成果尚未实际应用到航空复合材料维修中。相比于传统打磨方式，激光铣削在复合材料挖补胶接修理领域优势显著。但激光去除复合材料损伤区域受限于基体与纤维之间热性能的差异以及激光工艺参数，目前适用于采用激光铣削工艺进行损伤去除的复合材料还有限。将该技术实际应用到复合材料损伤去除中还有很多工作需要开展。

研究激光对复合材料的去除机理、激光铣削工艺参数、降低热影响区域、提高加工效率，依旧是复合材料激光铣削加工的重要内容。今后，针对挖补胶接修理的实际需求，根据复合材料的损伤特征优化工艺参数，在损伤去除的同时提高胶接表面性能，保证损伤去除的一致性，确保去除精度要求，为高质量的胶接维修提供保障，对提高飞机维护性具有重要意义。

参考文献

[1] 贺强，杨文锋，唐庆如. 复合材料挖补修理技术研究现状与发展趋势[J]. 玻璃钢/复合材料，2015(4)：85-90.

[2] 朱德志，胡俊. 皮秒激光加工碳纤维复合材料工艺试验[J]. 航空制造技术，2017，60(20)：54-59.

[3] 徐合兵. 机织碳纤维复合材料短脉冲激光铣削的实验研究与数值模拟[D]. 上海：上海交通大学，2017：1-15.

[4] Dunsky C，Tacheron P，Hashish M. Water jet techniques for composite material jet engine component repair. Phase 1，1996.

[5] Srinivasu D S，Axinte D A. Mask-less pocket milling of composites by abrasive waterjets：An experimental investigation[J]. Journal of Manufacturing Science and Engineering，Transactions of the ASME，2014，136(4)：041005.

[6] Shanmugam D K，Nguyen T，Wang J. A study of delamination on graphite/epoxy composites in abrasive waterjet machining[J]. Composites Part A，2008，39(6)：923-929.

[7] Kbk A，Lfmds B，Tmy A. Bonded repair of composite aircraft structures：A review of scientific challenges and opportunities[J]. Progress in Aerospace Sciences，2013，61：26-42.

[8] Leone C，Papa I，Tagliaferri F，et al. Investigation of CFRP laser milling using a 30W Q-switched Yb：YAG fiber laser：Effect of process parameters

on removal mechanisms and HAZ formation[J]. Composites Part A: Applied Science and Manufacturing,2013,55:129-142.

[9] Fischer F,Kreling S,Jaschke P,et al. Laser surface pre-treatment of CFRP for adhesive bonding in consideration of the absorption behaviour[J]. Journal of Adhesion,2012,88(4-6):350-363.

[10] F Völkermeyer,Fischer F,Stute U,et al. Laser-based approach for bonded repair of carbon fiber reinforced plastics[J]. Physics Procedia,2011,12:537-542.

[11] Fischer F,Romoli L,Kling R,et al. Laser-based repair for carbon fiber reinforced composites[J]. Machining Technology for Composite Materials,2011:309-330.

[12] Dittmar H,Jaeschke P,Suttmann O,et al. Automatic control for laser-based repair preparation of composites by fiber orientation detection and short coherent interferometry[J]. Journal of Laser Applications,2019,31(2):022204.

[13] Blohowiak K Y,Watson M N,Marcus A,et al. Laser scarfing for adhesive bonded composite repairs//SAMPE 2013 proceedings: education & green sky-materials technology for a better world. Long Beach,CA,2013.

[14] Zahedi E,Freitag C,Wiedenmann M,et al. High ablation rate laser processing of CFRP for repair purpose[C]. 34th International Congress on Laser Materials Processing,Laser Microprocessing and Nanomanufacturing, 2015.

[15] Amend P,Pfindel S,Schmidt M. Thermal joining of thermoplastic metal hybrids by means of mono- and polychromatic radiation[J]. Physics Procedia,2013,41:98-105.

[16] Loutas T H,Sotiriadis G,Tsonos E,et al. Investigation of a pulsed laser ablation process for bonded repair purposes of CFRP composites via peel testing and a design-of-experiments approach-Science Direct[J]. International Journal of Adhesion and Adhesives,95:102407-102407.

[17] Genna S, Tagliaferri F,Papa I,et al. Multi-response optimization of CFRP laser milling process based on response surface methodology [J]. Polymer Engineering & Science,2017,57(6):595-605.

[18] 李长青,许艺,任攀,等. 碳纤维/环氧树脂复合材料表面激光选择性消融预处理[J]. 中国表面工程,2016,29(1):118-124.

[19] Fischer F,Romoli L,Kling R. Laser-based repair of carbon fiber reinforced plastics[J]. CIRP Annals-Manufacturing Technology,2010,59(1):203-206.

[20] Goeke A,Emmelmann C. Influence of laser cutting parameters on CFRP part quality[J]. Physics Procedia,2010,5:253-258.

[21] Sheikhahmad J Y. Machining of polymer composites[M]. Springer US,2009.

飞机油量值跳变抑制方法研究

张梁[1]，韩淑梅[2]，张兴浩[1]，李群[1]，王亚盟[1]

1. 沈阳飞机设计研究所 机电系统部，沈阳 110035

2. 沈阳飞机设计研究所 飞行控制部，沈阳 110035

摘要：空中所受合力的不稳定造成飞机油箱中油面波动，准确测量非稳态液面以下燃油质量始终是飞机油量测量系统不可回避的难题，已经投入使用的系统运行表现差强人意，为了改善现状和提升新系统研制能力，从防止飞机空中油量指示值跳变的维度，对复杂形状油箱多传感器阵列设计和该阵列反馈的测量初始数据处理方法进行了研究，提出了覆盖补偿油面姿态全设计域的传感器布局方法，纳入传感器测量历史数据的变化幅值，作为新数据采信权重分配依据，体现了容器几何形心稳定液面的作用，符合液体运动基本物理规律，经过仿真和分析检验典型油箱应用收益，保证了全设计域内测量连续，降低了 24％的传感器浸没高度波动幅值，具有可观的油量指示值平抑效果。

关键词：油量测量；传感器布局；油量值跳变；加权；动态分配

Method of Suppressing the Jump of Aircraft Fuel Indication Value

ZHANG Liang[1], HAN Shumei[2], ZHANG Xinghao[1], LI Qun[1], WANG Yameng[1]

1. Shenyang Aircraft Design Institute, Electromechanical System Department, Shenyang 110035, China

2. Shenyang Aircraft Design Institute, Flight Control Department, Shenyang 110035, China

Abstract: The instability of the force in the air causes the fuel level in the aircraft fuel tank fluctuate, and the accurate measurement of the fuel quantity below the unsteady state is always. It is dificult problem that the aircraft fuel measurement system cannot avoid. The preformance of the system that has been put into use is not satisfactory. In oeder to improve the status quo and upgrade the new system developed ability. From the perspective of preventing the jump of the aircraft fuel quantity indicator value in the air, the design of multi-sensor array of the complex shape fuel tanks and the initial data processing method of the measurement feedback from the array are studied. A sensor layout method that covers the entire design domain of the compensated fuel surface attitude is propsoed. Incorporate the sensor to measure the change amplitude of historical data, as the basis for the weight distribution of new data adoption. It reflects the role of the geometric center of the container to stabilize the liquid level, which symbolizes the basic physical laws of liquid movement. The application benefits of typecal fuel tanks has been simulated and analysis, ensuring the volume is continuous in the entire design domain, reduces the immersion height fluctuation range of the sensor by 24%, and has a considerable effect of smoothing the fuel quantity.

Keywords: fuel quantity measurement; sensor layout; fuel quantity jump; weighted algorithm; dynamic allocation

1 引　言

飞行中燃油运动与油面倾斜，是可用油量指示值跳变和振荡的外因；传感器反馈原始数据直接或仅经简单滤波处理即用于显示，是油量指示值不准和难辨识的内因。本文致力于改善、消除内因，以复杂内形飞机油箱为对象，从油量传感器的阵列布置和浸没高度处理两个维度，抑制可用油量值跳变，使飞行全程油量变化符合缓慢下降的物理规律。

2 背景需求

飞机在空中受推力、升力、阻力、惯性力等共同作用，产生俯仰/滚转/偏航复合姿态和航向/纵向/侧向复合过载，驱动机载燃油在油箱内晃动或维持倾斜油面，广泛、频繁地出现在各种用途飞机运行过程中，始终困扰着追求准确、稳定测量机内剩余可用油量测量的工程师们。

测量液面高度感知剩余油量的原理，存在对液面运动敏感的天然缺陷，未经精细设计和合理控制的弥补，无法避免油量指示值跟随油面晃动而跳变或振荡，不能正确反映真实可用油量，变化趋势违背守恒规律。长此以往，在飞行员群体中产生对油量指示值的潜在不信任，危急时刻往往扰乱飞行员的判断力。

国内已投入使用的飞机油量测量系统，受技术认知和工艺成熟度的制约，往往因追求可靠而采用了较为保守的技术，未能优化油量测量系统方案，未能全面把控功能开发、生产加工和实际使用过程中的关键细节，未能挖掘优秀算法的巨大潜力，造成飞行期间油量指示值不准、不稳、不规律、不可信的较差体验。

为扭转飞行员对油量指示值的怀疑态度，应从研发、生产和保障多个维度全面提升飞机油量测量系统质量，而复杂内形油箱油量传感器阵列优化布局和油面大角度倾斜时的浸没高度算法，无疑是系统研发阶段的技术核心，迫切需要开展深入的研究。

3 现存问题

通常情况下，飞机油量测量系统具有一定的油面姿态误差补偿能力，在不同油面姿态角度下，由阵列排布的多个传感器接续工作，确保油量测量过程不中断。当飞机油箱中油面倾角超过补偿姿态角度范围时，放弃对油量测量精度要求，传统上不再对油量指示值进行管理，任由其按照最接近的补偿角度对应油-高曲线，计算、输出非正确的可用油量。

基于上述设计指导原则，传统研制流程中布局油量传感器阵列和处理燃油浸没高度时，一般采用以下方法：

3.1 单独分析俯仰、滚转方向油面倾角

补偿油面姿态角度范围由俯仰和滚转两个方向的角度域组合表示，是油量传感器阵列设计的约束，民用飞机补偿范围按消耗100%燃油的各种飞行姿态包络确定，军用飞机补偿范围按常用飞行剖面消耗80%燃油的各种飞行姿态包络确定。

传统的油量传感器布局方法，通过俯仰和滚转方向的最大、最小补偿油面倾角和容许的最大不可测油量，确定沿航向和展向的油量传感器位置。

由这些传感器组成形成的空间阵列，不能完全覆盖补偿范围内由俯仰和滚转方向油面倾角的所有组合情形，在实际使用中系统往往表现为，在设计补偿姿态范围内仍偶尔出现油量指示值的跳变现象。

3.2 均值滤波抑制测量值波动

油量信息处理普遍采用限幅、低通、中值、算术平均、滑动平均等数值平滑方法，后两者都属于均值滤波，是基于不同油量传感器的测量值置信度相当的假设，然而，该前提在大部分情况下均不适用。

分析油箱几何特征可知，晃动过程中当油面仅与侧壁面相交时，油箱几何形心处的油面高度变化量最小，传感器离形心越近测量高度变化越小，置信度也应该更高。

4 解决途径

4.1 全设计域测量连续的传感器布局

工程项目中油箱几何形状复杂，确定油量测量传感器数量和空间位置是一项艰巨任务。制作1:1的油箱试验件反复进行摸底试验，总结出满意的传感器布局方案，这种方法因变量组合情形太多，试验的状态近乎无穷，所需投入的人力和物力十分惊人，再加上周期长、可预见性差、无法确定是否为最优解，使其几乎不可接受。

借助模型对开放性问题求最优解，必须驱动CAD软件自动完成一系列复杂操作，计算飞机复杂形状油箱模型内满足测量误差要求的不可测油面轨迹极值，形成传感器可布置区域，按传感器数量最少、距离油箱型心最近原则确定传感器数量和安装位置，考虑安装维护要求，最终形成油量传感器最佳布局方案，实现步骤如下：

① 根据飞机结构包络的油箱内形，创建油箱载油模型。

② 确定油箱底部不可用油和顶部膨胀空间。

③ 输入油量测量系统补偿的最大油面角、系统的

测量精度、油箱底部不可用油和顶部膨胀空间等约束条件，计算满足测量精度要求的不可测油面轨迹极值。

④ 程序运行完成后，在油箱载油模型上得到满足系统测量误差要求的不可测油面轨迹极值曲线族。

⑤ 按所有传感器与油箱型心距离最小确定最优的传感器列阵，轨迹极值曲线的交点是传感器的安装位置。

图 1 所示为油量传感器布局流程图。

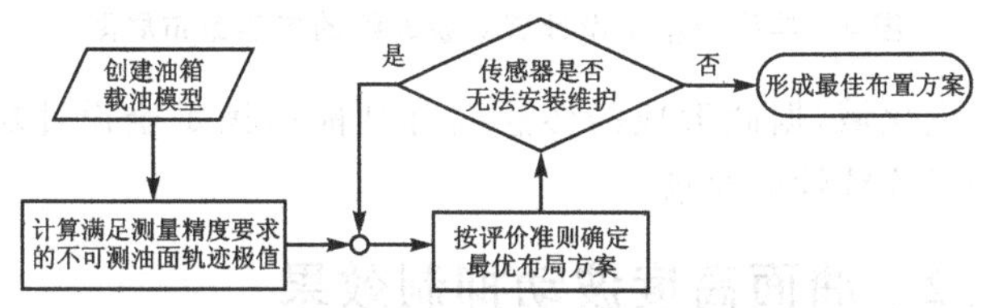

图 1　油量传感器布局流程图

计算满足测量精度要求的不可测油面轨迹极值，可以通过驱动 CAD 软件进行反复递归迭代实现，具体运行步骤如下：

① 首选确定满足测量精度要求的最大不可测油量。

② 创建由复合姿态角确定的油平面。

③ 计算油平面以下不可测油量。

④ 比较当前不可测油量是否满足测量精度要求：

a. 不满足时修改油平面高度，再次计算新的油平面以下不可测油量；

b. 满足时保存当前油平面与传感器安装面的交线，继续往下运行。

⑤更新复合油面角度，重新运行步骤②至步骤④，直到所有的油面组合角度均处理完成，运算过程中保存了补充姿态范围内各种组合情况下的不可测油面临界轨迹。

图 2 所示为全设计域测量连续的布局流程图。

计算结果与系统设计要求进行对比，传感器数量没有满足设计要求时，可反向提出降低系统测量精度或减小系统补偿姿态误差范围的要求，充分评价实现代价后，形成传感器优化布局方案。

4.2　浸没高度采信权重的动态分配

采用数字滤波算法可以抑制油面高度测量值的波动幅值，但是以固定的权重对待不同传感器，与储箱中不同区域液面变化速率不等的事实不符，不能充分发挥数字滤波算法优势，导致目前仍然存在可用油量指示精度低、变化大、稳定性差等现象，通过优化多传感

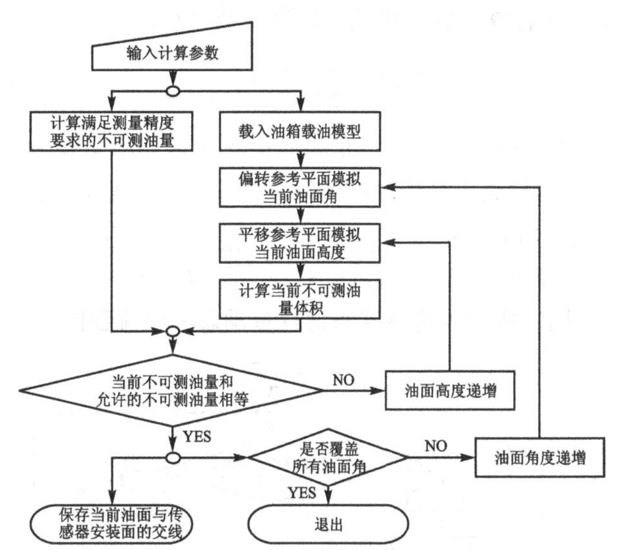

图 2　全设计域测量连续的布局流程图

器权重分配方法，运用动态加权算法可以修正不恰当处理方式引入的误差。

燃油流动顺畅的油箱中设置多个油位测量传感器，在每个采样周期取传感器阵列输出的高度测量值，分别与上一周期的采样值进行比较，获得传感器阵列的高度变化速率，以每个元素之和作归一化处理后，获得单个传感器的权重系数。

以采样周期 $T=1.0$ s 为例，用 i 表示传感器编号，H_i 表示编号 i 的传感器浸没高度，$H_i(t)$表示 t 时刻编号 i 的传感器采集到的油位高度，$\dot{H}_i(t)$表示 t 时刻编号 i 的传感器的油位变化率，$\mathrm{Sum}(t)$表示 t 时刻所有传感器油位变化率之和。不同传感器浸没高度采信权重形成过程如下：

① 读取 $t-1$ 时刻不同传感器浸没高度的历史数据$[H_1(t-1),H_2(t-1),\cdots,H_i(t-1)]$。

② 采集 t 时刻传感器阵列油位高度值$[H_1(t),H_2(t),\cdots,H_i(t)]$。

③ 计算 t 时刻传感器的液位变化率 $\dot{H}_i(t)$，每个传感器的浸没高度变化率为

$$\dot{H}_i(t)=\frac{H_i(t)-H_i(t-1)}{T} \tag{1}$$

④ 计算所有传感器变化率之和：

$$\mathrm{Sum}(t)=\sum_{n=1}^{i}\dot{H}_n(t) \tag{2}$$

⑤ 将所有传感器液位变化率之和 $\mathrm{Sum}(t)$分别与每个传感液面变化率 $\dot{H}_i(t)$作比值，得到

$$\left[\frac{\mathrm{Sum}(t)}{\dot{H}_1(t)},\frac{\mathrm{Sum}(t)}{\dot{H}_2(t)},\cdots,\frac{\mathrm{Sum}(t)}{\dot{H}_i(t)}\right]$$

⑥ 计算步骤⑤中的无量纲参数之和：

$$S(t)=\sum_{n=1}^{i}\frac{\mathrm{Sum}(t)}{\dot{H}_n(t)} \tag{3}$$

⑦ 以和值 $S(t)$ 将步骤⑤中无量纲参数集作归一化处理，得到 t 时刻分配到每个传感器的权重系数：

$$\left[\frac{\mathrm{Sum}(t)}{\dot{H}_1(t)S(t)},\frac{\mathrm{Sum}(t)}{\dot{H}_2(t)S(t)},\cdots,\frac{\mathrm{Sum}(t)}{\dot{H}_i(t)S(t)}\right]$$

图 3 所示为传感器采信权重动态分配流程图。

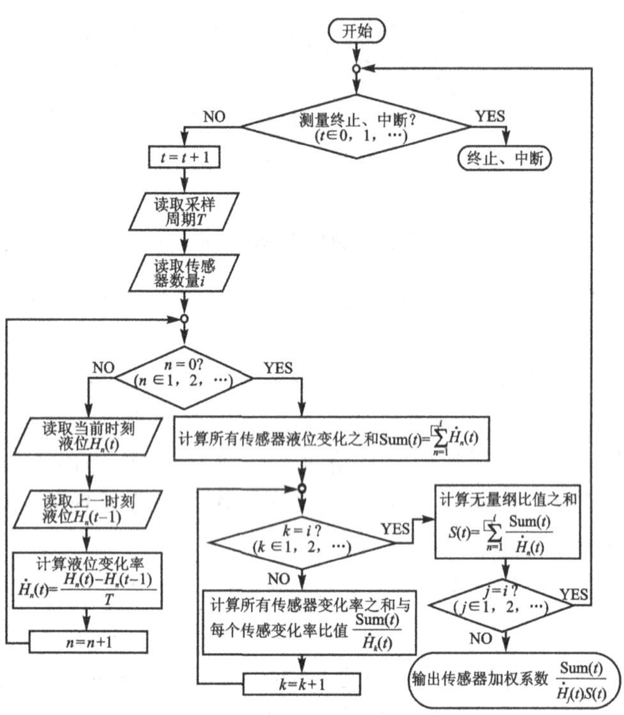

图 3 传感器采信权重动态分配流程图

5 应用效果

5.1 全设计域测量连续的传感器布局方案

典型扁平油箱应用全设计域测量连续的传感器布局方法，首选分析设计时承诺的补偿油面姿态范围内各种角度组合，获得油面和传感器安装面的交线族，如图 4(a)所示。然后从表征可布置区边界线集合中，选出最少数量的线段，满足线段间首尾相交的连续要求，确定满足全设计域测量连续性的最少传感器数量。最后从最少数量传感器的可行组合中，选择传感器与油箱形心距离最短的一组，即最优的传感器布局方案，如图 4(b)所示。

布局传感器的前置条件覆盖了承诺的补偿油面姿

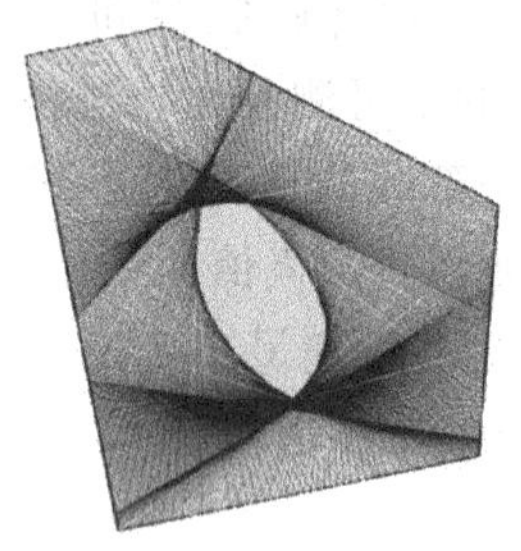

(a) 可布置区边界线族

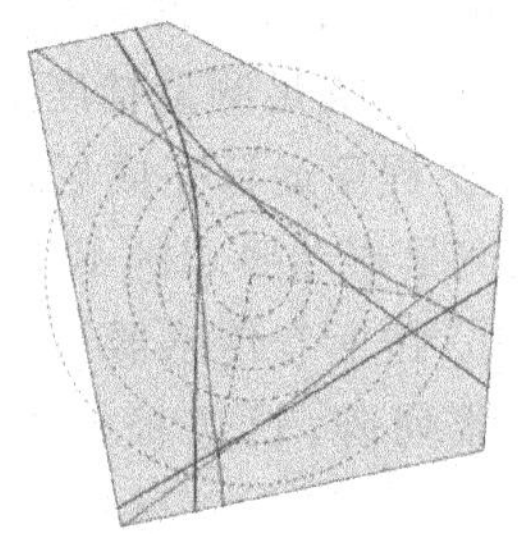

(b) 多传感器空间阵列

图 4 典型油箱全设计域测量连续的传感器布局图

态变化域，据此形成的传感器阵列能够满足全设计域测量连续性的要求。

5.2 油面高度波动抑制效果

典型油箱绕着机翼翼展方向轴(Z 轴)和飞行航向轴(X 轴)以 1 (°)/s 的角速率倾转，通过 CFD 仿真获得布置在该油箱中的 3 个油量传感器高度变化曲线如图 5 所示。浸没传感器的高度变换幅度和变化速率都比较大，直接将油面高度测量值的几何平均值

$$\bar{h}_{e,t}=\sum_{i=1}^{n}\frac{h_{i,t}}{n} \tag{4}$$

转换成当前时刻剩余可用油量，根据关系式 $m=f(h)\rho$ 可知，油量指示值将以特定比例跟随波动。

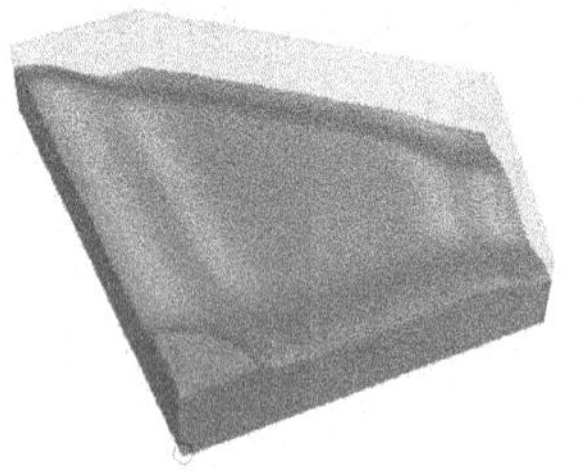

(a) 油面运动仿真

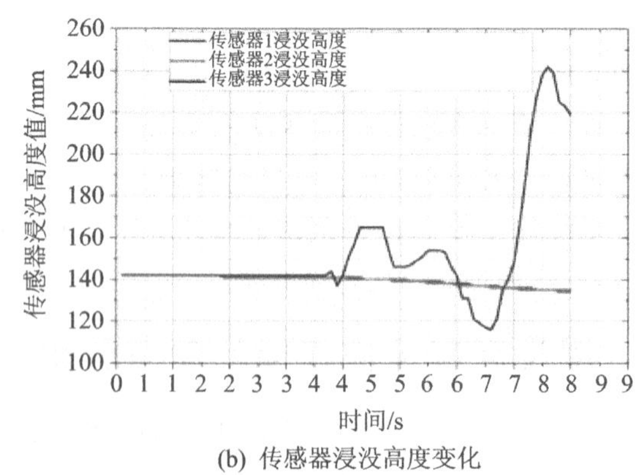

(b) 传感器浸没高度变化

图 5 油面运动时传感器浸没高度仿真

采用图 3 所示流程，输入传感器安装空间的几何信息、传感器反馈的原始浸没高度，处理形成 t 时刻编

号为 i 传感器的采信权重动态信息，据此进行传感器浸没高度加权平均值：

$$\bar{h}_{w,t}=\sum_{i=1}^{n}h_{i,t}\times\frac{\mathrm{Sum}(t)}{\dot{H}_i(t)S(t)} \tag{5}$$

对比 $\bar{h}_{e,t}$ 和 $\bar{h}_{w,t}$ 可以看出，加权平均油面高度更加平缓，最大偏差 34 mm 占真实油面高度(142 mm)的 24%，方差的变化幅值更加明显。由于油量指示值与传感器浸没高度成线性关系，因此采用加权平均算法具有可观的抑制油量波动幅值效果。

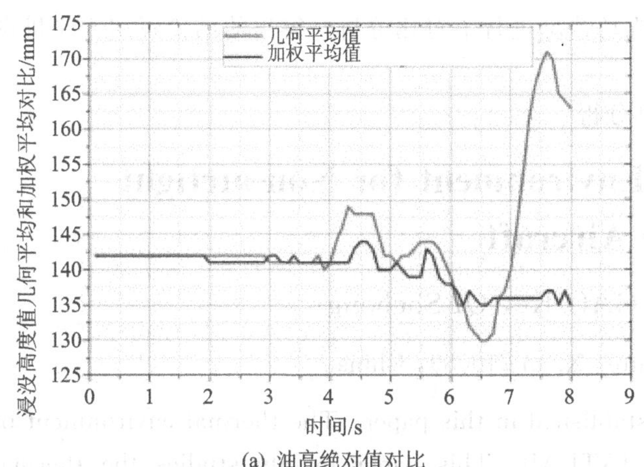

(a) 油高绝对值对比

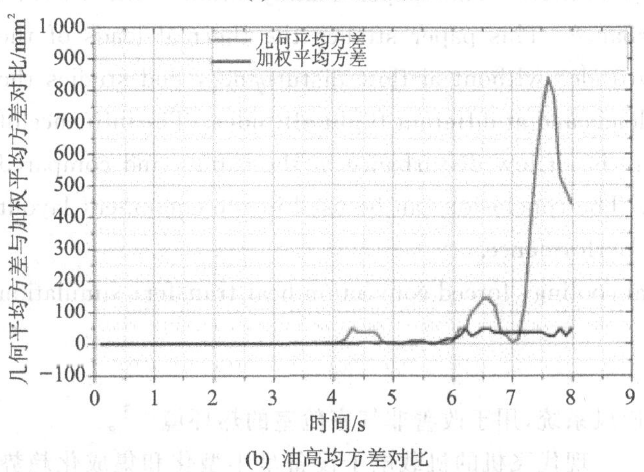

(b) 油高均方差对比

图 6　加权平均与几何平均处理效果对比

6 结　论

结合硬件布置和软件算法两个维度的综合性方法，有效防止飞行过程中油量指示值跳变，抑制飞行过程中油量波动幅值，能够改善飞行员对油量指示不信任的现状。

① 硬件设计方面，新的传感器布局方法将承诺补偿油面姿态范围内各种角度组合作为前置条件，保证了传感器阵列在全设计域内的测量连续性。

② 软件算法层面，新的采信权重分配方法体现了几何形心稳定油面的作用，引入历史测量数据的波动性特征，确保了非稳态条件下油量指示值的稳定性。

参考文献

[1] 刘建民，庄达民，李德刚. 飞机油量测量传感器的寻优布置[J]. 飞机设计，2001(3)：42-45.

[2] 王向杨，庄达民，刘建民. 飞机燃油测量方法研究[J]. 飞机设计，2004(1)：47-51.

[3] 袁梅，吴昊，张建. 采用 CAD 技术对飞机燃油测量进行姿态误差修正[J]. 北京航空航天大学学报，2002，28(1)：119-121.

[4] 杨朋涛，牛量，蒋军昌. 基于飞机油箱模型形状特征的油量测量切片步长选择方法研究[J]. 航空学报，2008，29(3)：657-663.

[5] 蒋军昌. 飞机数字式燃油管理系统研究[D]. 西安：西北工业大学，2002.

[6] 黄文锋，于海玉，薛均晓，等. 基于计算机视觉的飞机燃油非接触式测量系统[J]. 图学学报，2019，40(3)：466-472.

[7] 钱海军，聂华北. 基于光纤压力计算的飞机燃油油量测量研究[J]. 自动化测试技术，2013，21(5)：1189-1192.

[8] 王瑾，李少雄，杜超超. 电容式燃油油量测量和指示系统常见故障分析[J]. 航空科学技术，2017，28(9)：56-58.

[9] 欧阳平超，刘红梅，焦宗夏. 基于等效传感器和插值法的燃油量测量算法[J]. 北京航空航天大学学报，2006，32(8)：950-953.

[10] 金宇林，庄达民，杨钦. 民航客机油箱模型与油量传感器姿态误差修正[J]. 北京航空航天大学学报，2005，31(2)：218-222.

[11] 彭克顺，古远康，朱光蔚，等. 油量计算方法对油量测量系统姿态误差的影响分析[J]. 教练机，2013(2)：35-38.

[12] 何建新，钟若瑛. 飞机过载对燃油量测量的影响[C]//第三届中国航空学会青年科技论坛文集：313-321.

飞机非气密舱室热环境仿真分析

马兰*，薛长乐，高珂，齐社红

航空工业一飞院，西安 710089

摘要：本文针对某非气密舱室，建立了非气密舱室的数学模型，基于MATLAB软件对非气密舱室的热环境进行了仿真计算与分析。主要研究了舱内无气流扰动及有气流扰动两种情况的舱室热环境；研究了舱内无气流扰动情况下各飞行高度下可容纳的设备热载荷及不同设备热载荷、不同飞行高度下的舱室热环境；研究了舱内有气流扰动情况下，舱内气流速度对舱室环境的影响，并与舱内无气流扰动情况进行了对比分析。得出的结论可用于飞机设备布置参考以降低系统性能代偿损失。

关键词：非气密舱室；热环境；自然散热；强迫对流换热；仿真分析

Simulation Analysis on Thermal Environment for Non-airtight Cabin of the Aircraft

MA Lan*, XUE Changle, GAO Ke, QI Shehong

AVIC the First Aircraft Institute, Xi'an 710089, China

Abstract: A mathematical model of non-airtight cabin is established in this paper. The thermal environment of non-airtight cabin is simulated and analyzed based on MATLAB. This paper mainly studies the thermal environment of the cabin without and with airflow disturbance. This paper studies the thermal loads of the equipment that can be accommodated at different flight altitudes without airflow disturbance, and studies the thermal cabin environment of different equipment thermal loads and at different flight altitudes. The influence of airflow velocity on cabin environment is studied when there is airflow disturbance in the cabin, and compared with the situation without airflow disturbance in the cabin. The conclusion can be used in the equipment layout of aircraft cabin to reduce the compensation loss of system performance.

Keywords: non-airtight cabin; thermal environment; natural cooling; forced convection heat transfer; simulation analysis

1 引 言

传统飞机中，飞机结构多为金属材料，电子设备多布置在温度压力适宜的气密舱中，因此系统设计时对非气密舱室的热环境一般不予关注。

随着飞机结构材料发展，复合材料大量应用于飞机结构或蒙皮上，导致应用复材结构或蒙皮的非气密舱室热环境变得越来越差[1-4]，越来越多的飞机在容易形成高温区域的非气密舱室（比如环控设备舱）设置了通风系统，用于改善非气密舱室的热环境[5-7]。

现代飞机的机载电子设备呈小型化和集成化趋势发展[8-11]，使得机载电子设备热载荷越来越大，因此电子设备热载荷对舱室温度的影响不容忽视。有些飞机的气密舱少，导致机载电子设备必须布置在非气密舱室中，此时必须对非气密舱的热环境进行分析以确保安装在非气密舱室电子设备在合适温度环境下工作。

本文主要利用MATLAB软件对非气密舱室的热环境进行仿真分析，为非气密舱室热环境的初步评估提供一种方法，对电子设备布置提供参考。

* 通讯作者. malan_6@163.com

2 问题描述

本文中非气密舱室选取某机型,结构尺寸 X 方向按 2 000 mm、Y 方向按 2 600 mm、Z 方向按 1 500 mm,结构材料按铝合金进行计算,舱室壁面厚度按 2 mm,不考虑长桁或梁等骨架结构,简化为立方体。

非气密舱室上壁面按绝热壁面考虑,其余五个壁面均和飞机内部其他非气密舱相接。飞机内部非气密舱室环境按外界环境大气,舱室内部布置有电子设备。非气密舱室示意图见图 1。

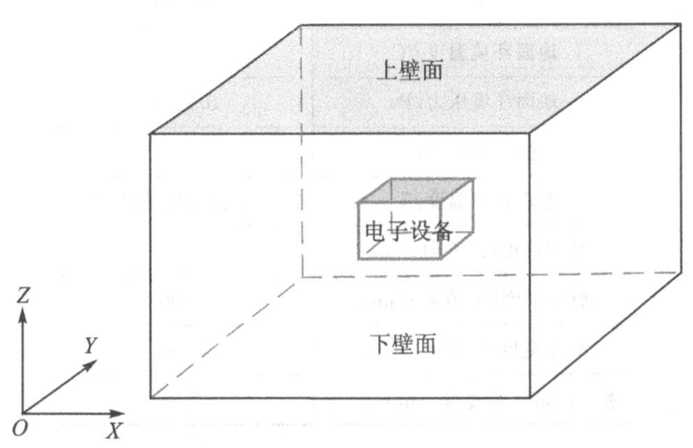

图 1 非气密舱室示意图

本文对此非气密舱室的热环境进行仿真分析,为设备布置从散热角度提出参考。

3 数学模型

非气密舱室有 6 个壁面,其中上壁面按绝热壁面,其他 5 个壁面外部是机上其他非气密区域。

非气密舱室换热按舱内无气流扰动和舱内有气流扰动两种情况进行分析,两种情况下的非气密舱室换热示意图见图 2 和图 3。

舱内无气流扰动的非气密舱室换热分析如下:

① 非气密舱五个壁面与非气密舱内空气之间是自然散热,非气密舱 5 个壁面和外部非气密空间壁面之间是结构导热,外部非气密空间壁面与外部非气密空间空气之间是自然散热。

② 电子设备热载荷等于非气密舱空气温升热容量加 5 个壁面向外传递的热量。公式如下:

$$Q_6 = Q_m/\tau + Q_1 + Q_2 + Q_3 + Q_4 + Q_5 \tag{1}$$

式中,Q_6 为电子设备热载荷(W);Q_m 为非气密舱内空气温升热容量(J);τ 为时间(s);Q_1 为通过非气密舱左侧壁面的散热量(W);Q_2 为非气密舱前壁面的散热量(W);Q_3 为非气密舱下壁面的散热量(W);Q_4 为非气密舱后壁面的散热量(W);Q_5 为非气密舱右壁面的散热量(W)。

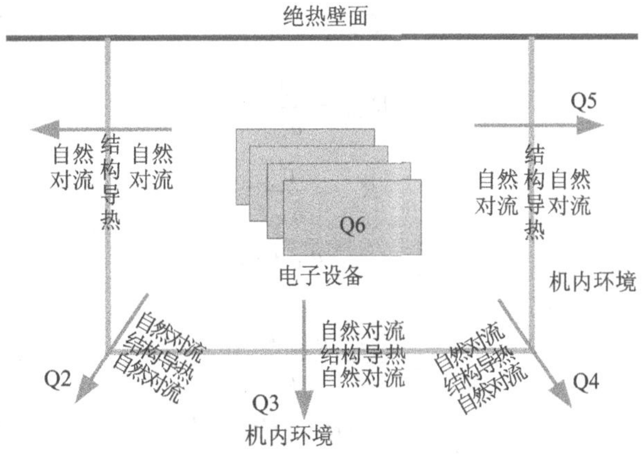

图 2 非气密舱室换热示意图(舱内无气流扰动)

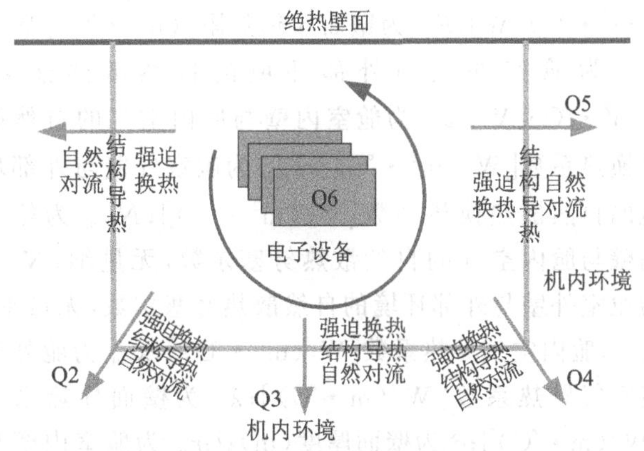

图 3 非气密舱室换热示意图(舱内有气流扰动)

非气密舱内空气温升热容量 Q_m 计算式如下:

$$Q_m = m \cdot c_p \cdot \Delta t_m \tag{2}$$

式中,m 为非气密舱内空气质量(kg);c_p 为非气密舱内空气的比定压热容[J/(kg・℃)];Δt_m 为非气密舱内空气的温升(℃)。

非气密舱前壁面、后壁面、左侧壁面和右侧壁面换热按照竖壁面自然散热进行计算,下壁面按照水平壁面自然散热进行计算。此处详细给出左侧壁面散热量的计算过程,其余壁面类似。

取舱内空气温度为 $t_{cang\text{-}air}$,舱外机内环境温度为 $t_{wai\text{-}air}$,总热阻为 R_z,则换热量 Q 按下式计算:

$$Q = \frac{t_{cang\text{-}air} - t_{wai\text{-}air}}{R_z} \tag{3}$$

$$R_z = R_{in} + R_w + R_{out} \tag{4}$$

$$R_{in}=\frac{1}{\alpha_{in}} \tag{5}$$

$$R_{out}=\frac{1}{\alpha_{out}} \tag{6}$$

$$R_{w}=\frac{\delta}{\lambda_{w}} \tag{7}$$

$$\alpha_{in}=\frac{Nu_{in}\cdot\lambda_{in}}{l_c} \tag{8}$$

$$\alpha_{out}=\frac{Nu_{out}\cdot\lambda_{out}}{l_c} \tag{9}$$

$$Nu_{in}=c(Gr_{in}\cdot Pr_{in})^{n} \text{[12]} \tag{10}$$

$$Nu_{out}=c(Gr_{out}\cdot Pr_{out})^{n} \text{[12]} \tag{11}$$

式中，R_{in} 为舱室内壁与舱内空气的自然散热热阻[(m^2·℃)/W]；R_w 为壁面导热热阻[(m^2·℃)/W]；R_{out} 为舱室外壁与外部环境的自然散热热阻[(m^2·℃)/W]；α_{in} 为舱室内壁与舱内空气的自然散热换热系数[W/(m^2·℃)]；α_{out} 为舱室外壁与外部环境的自然散热换热系数[W/(m^2·℃)]；Nu_{in} 为舱室内壁与舱内空气的自然散热努塞尔数，无量纲；Nu_{out} 为舱室外壁与外部环境的自然散热努塞尔数，无量纲；λ_{in} 为舱内空气导热系数[W/(m^2·℃)]；λ_{out} 为舱外环境空气导热系数[W/(m·℃)]；λ_w 为壁面导热系数[W/(m·℃)]；δ 为壁面厚度(m)；Gr_{in} 为舱室内壁与舱内空气的自然散热格拉晓夫数，无量纲；Gr_{out} 为舱室外壁与外部环境的自然散热格拉晓夫数，无量纲；Pr_{in} 为舱内空气的普朗特数，无量纲；Pr_{out} 为舱外空气的普朗特数，无量纲。

系数 c 与指数 n 根据流态及换热壁面角度进行选择。

对于竖壁面，层流时，c 取 0.59，n 取 0.25；湍流时，c 取 0.1，n 取 0.33；l_c 为特征尺寸，竖壁面为壁面高度(m)。

对于壁面，c 取 0.27，n 取 0.25；l_c 为特征尺寸，水平壁面取两边长的平均值(m)。

舱内有气流扰动的非气密舱室和无气流扰动的非气密舱室除了舱室内部 5 个壁面与舱室空气之间为强迫对流换热外，其他一致。

强迫对流换热系数按平板换热计算：

当 $Re\leqslant 5\times 105$(层流)时，

$$Nu=0.664Re^{1/2}Pr^{1/3}$$

当 $Re>5\times 105$(紊流)时，

$$Nu=0.037Re^{4/5}Pr^{1/3}$$

式中，Re 为雷诺数，无量纲。

4 仿真计算结果及分析

利用 MATLAB 软件根据非气密舱数学模型进行编程，对舱内无气流扰动和有气流扰动的情况进行了计算分析。

4.1 输入条件

输入条件见表 1。

表 1 输入条件

参数名	数 值
地面环境温度/℃	38
地面环境压力/Pa	101 325
壁面厚度/mm	2
舱内初始温度/℃	对应高度环境温度
舱室高度(Z 方向)/mm	1 500
舱室长度(X 方向)/mm	2 000
舱室宽度(Y 方向)/mm	2 600
舱室内部气流速度/(m·s^{-1})	0,2,3,5

4.2 舱内无气流扰动时的计算结果分析

1. 舱内可容纳设备热载荷计算结果

根据表 1 输入条件计算了舱室温度最高 70 ℃，各飞行高度下的可容纳设备热载荷，详见表 2 和图 4。

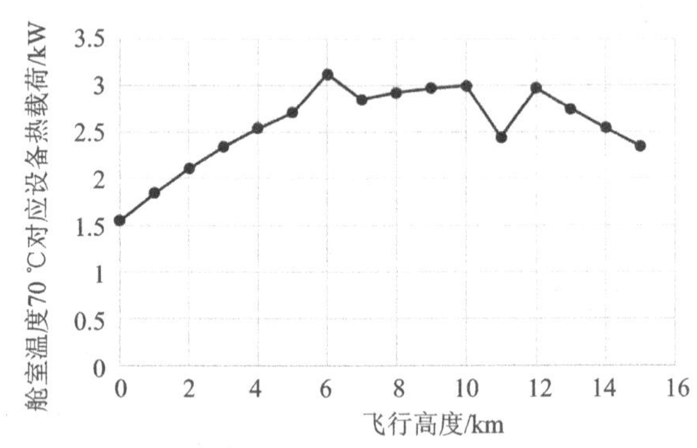

图 4 各飞行高度下的可容纳设备热载荷（舱室温度 70 ℃）

从表 2 和图 4 中可以看出：

① 飞行高度 6 km 以下，随着飞行高度增加，可容纳设备热载荷呈增加趋势。主要原因是 6 000 m 以下阶段换热性能受温度降低的影响大于密度降低的影响。

表 2　舱室温度最高 70 ℃,各飞行高度下的可容纳设备热载荷计算结果

飞行高度/km	舱室温度/℃	设备热载荷/W
0	70	1 552
1	70	1 846
2	70	2 110
3	70	2 342
4	70	2 542
5	70	2 710
6	70	3 125
7	70	2 851
8	70	2 927
9	70	2 975
10	70	2 998
11	70	2 442
12	70	2 975
13	70	2 750
14	70	2 541
15	70	2 349

② 飞行高度 7～10 km 时,可容纳设备热载荷变化不大,均低于 6 km 可容纳设备热载荷。主要原因是此阶段换热性能受温度降低的影响与密度降低的影响持平。

③ 飞行高度 11 km 作为高空分界点,可容纳设备热载荷低于飞行高度 10 km 可容纳设备热载荷,主要原因是此时换热性能受密度降低的影响大于温度降低的影响。

④ 飞行高度 12 km 可容纳设备热载荷大于飞行高度 11 km 可容纳设备热载荷,主要是温度降低带来的影响。

⑤ 飞行高度 12～15 km 时,因初始温度相同,此时换热性能主要受密度变化的影响。随着飞行高度增加,空气密度降低,换热性能降低,可容纳设备热载荷也随着飞行高度增加而降低。

2. 各飞行高度下不同设备热载荷对应的舱室温度计算结果

对各飞行高度下,设备热载荷分别是 1 kW、2 kW、3 kW、5 kW、7 kW、8 kW 进行了计算,计算结果见表 3、表 4、表 5 和图 5。

表 3　设备热载荷 1 kW、2 kW 时,各飞行高度下的舱室温度计算结果

飞行高度/km	设备热载荷/kW	舱室温度/℃	设备热载荷/kW	舱室温度/℃
0	1	59.7	2	77.3
1	1	55.2	2	72.6
2	1	49.8	2	68
3	1	44.5	2	62.2
4	1	39.2	2	57.8
5	1	34.1	2	53.9
6	1	29.0	2	52.9
7	1	24.0	2	49.2
8	1	19.2	2	45.9
9	1	14.5	2	42.8
10	1	16.9	2	40.1
11	1	12.7	2	52.4
12	1	−10.3	2	30
13	1	−6.9	2	36.7
14	1	−3.3	2	43.9
15	1	0.5	2	51.7

表 4　设备热载荷 3 kW、5 kW 时,各飞行高度下的舱室温度计算结果

飞行高度/km	设备热载荷/kW	舱室温度/℃	设备热载荷/kW	舱室温度/℃
0	3	92.8	5	123.8
1	3	88.9	5	121.7
2	3	85.3	5	119.9
3	3	81.9	5	118.5
4	3	78.7	5	117.7
5	3	73.3	5	114.4
6	3	71	5	117.7
7	3	68.9	5	118.8
8	3	71.8	5	115.6
9	3	70.6	5	118.5
10	3	70	5	132.2
11	3	92.4	5	176.3
12	3	71	5	157.9
13	3	81.3	5	176.7
14	3	92.6	5	197.5
15	3	104.9	5	220.4

表 5 设备热载荷 7 kW、8 kW 时，各飞行高度下的舱室温度计算结果

飞行高度/km	设备热载荷/kW	舱室温度/℃	设备热载荷/kW	舱室温度/℃
0	7	154.4	8	169.9
1	7	154.1	8	170.7
2	7	154.5	8	172.2
3	7	155.5	8	174.5
4	7	157.3	8	177.8
5	7	160	8	182.1
6	7	163.8	8	187.8
7	7	168.8	8	194.9
8	7	175.2	8	203.8
9	7	183.2	8	214.8
10	7	236.4	8	275.2
11	7	267	8	294.2
12	7	234.9	8	281.5
13	7	281.5	8	337.5
14	7	313.5	8	375.7
15	7	349	8	418.3

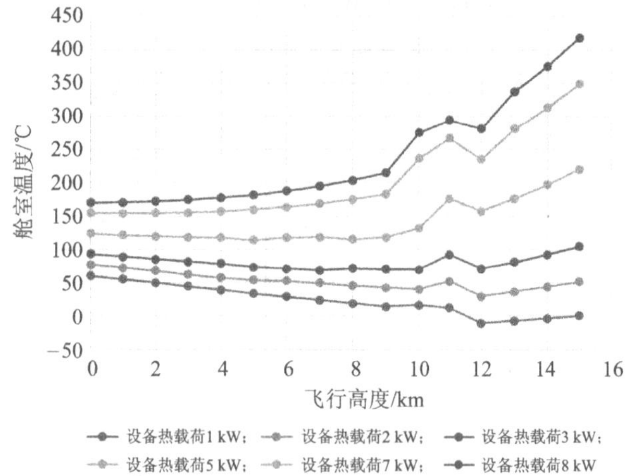

图 5 各飞行高度不同设备热载荷对应的舱室温度

从表 3、表 4、表 5 和图 5 中可以看出：

① 相同飞行高度下的舱室温度随着设备热载荷增加而增加，并且随着飞行高度增加舱室温度增加幅度增大。

② 飞行高度 10 km 以下，设备热载荷小于 5 kW，舱室温度随着飞行高度增加而降低，随着设备热载荷增加，舱室温度降低速率呈降低趋势；设备热载荷 5 kW，舱室温度几乎不随飞行高度变化；设备热载荷大于 5 kW，随着飞行高度增加而增加，随着设备热载荷增加，舱室温度增加速率呈增加趋势。

③ 飞行高度 11 km 舱室温度有个阶跃，随着设备热载荷增加舱室温度呈增加趋势。

④ 飞行高度 12 km 以上，舱室温度随着飞行高度增加而增加，随着设备热载荷增加，舱室温度增加速率呈增加趋势。

3. 舱室温度动态计算结果

本文给出了设备热载荷 1 kW 在各飞行高度下的舱室温度动态计算结果，见图 6。

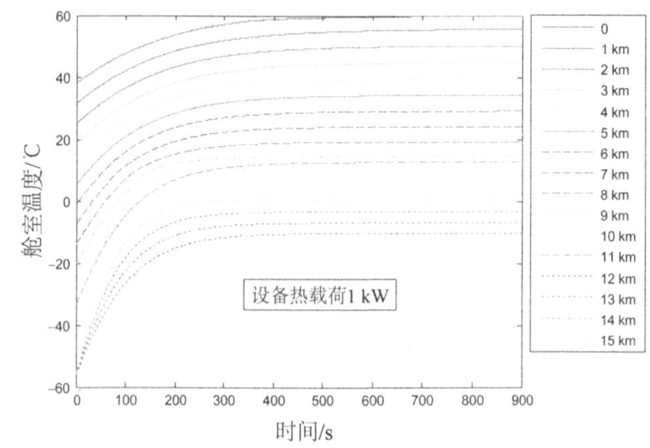

图 6 各飞行高度下的舱室温度动态计算结果（设备热载荷 1 kW）

从图 6 中可以看出：

① 飞行高度 11 km 及以下，舱室温度稳定时间随着飞行高度增加而减小。其中，地面稳定时间约为 500 s(8.3 min)，飞行高度 11 km 稳定时间约为 200 s (3.3 min)。

② 飞行高度 12 km 及以上，舱室温度稳定时间几乎不随飞行高度变化，约为 250 s(4.2 min)。

4.3 舱内有气流扰动时的计算结果分析

对舱内有气流扰动的情况进行了计算，主要计算了舱内气流速度分别为 2 m/s、3 m/s 和 5 m/s 的情况，并将舱室温度计算结果与舱内无气流扰动进行了对比分析。

舱内气流速度为 2 m/s 与舱内无气流扰动的舱室温度对比分析图见图 7。

舱内气流速度为 3 m/s 与舱内无气流扰动的舱室温度对比分析图见图 8。

舱内气流速度为 5 m/s 与舱内无气流扰动的舱室温度对比分析图见图 9。

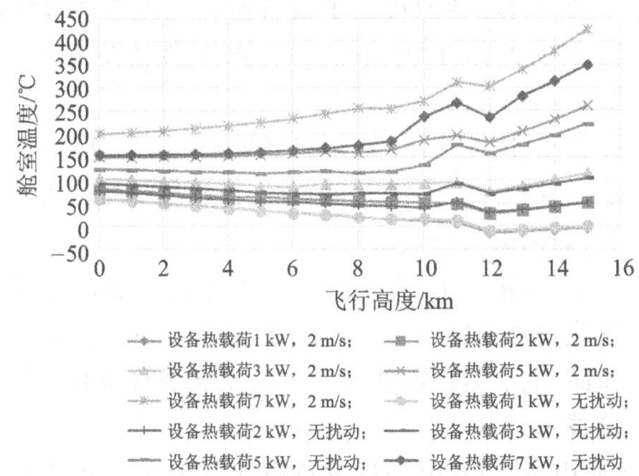

图 7　舱内气流速度为 2 m/s 与舱内无气流扰动的计算结果对比图

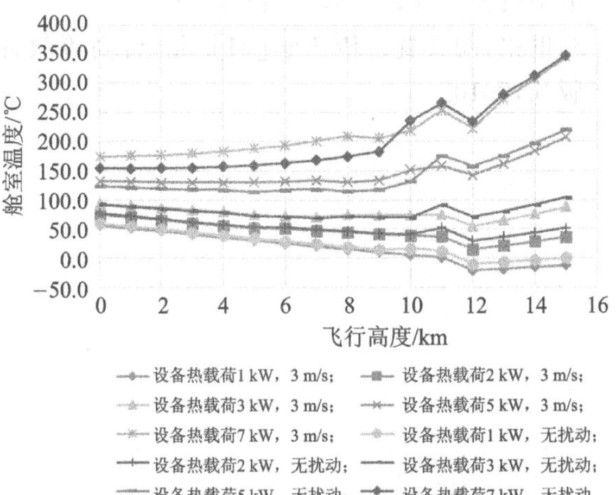

图 8　舱内气流速度为 3 m/s 与舱内无气流扰动的计算结果对比图

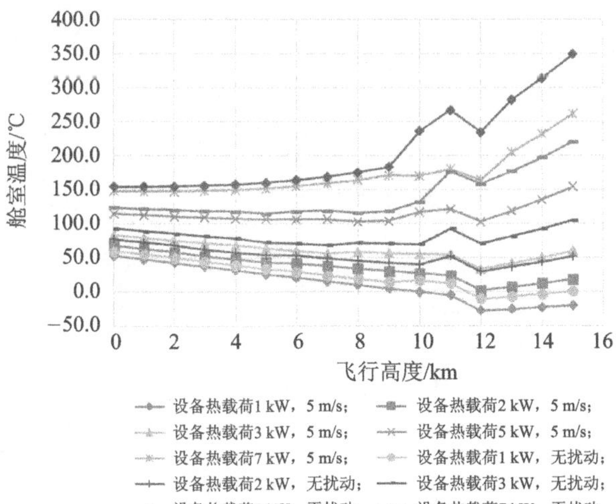

图 9　舱内气流速度为 5 m/s 与舱内无气流扰动的计算结果对比图

从图 7、图 8 和图 9 中可以看出：

① 舱内有气流扰动对应相同热载荷，舱室温度随飞行高度的变化趋势与舱内无气流扰动保持一致。

② 舱内气流速度 2 m/s，设备热载荷低于舱室可容纳热载荷时，全飞行高度对应的舱室温度和舱内无气流扰动保持一致；设备热载荷高于舱室可容纳热载荷时，全飞行高度舱室温度低于舱内无气流扰动情况，且随着设备热载荷增加差距增大。

③ 舱内气流速度 3 m/s 时，设备热载荷低于舱室可容纳热载荷时，飞行高度 10 km 及以下对应的舱室温度和舱内无气流扰动保持一致，飞行高度 11 km 及以上对应的舱室温度低于舱内无气流扰动情况；设备热载荷高于舱室可容纳热载荷时，飞行高度 10 km 及以下舱室温度高于舱内无气流扰动情况，且随着设备热载荷增加差距增大，比舱内气流速度 2 m/s 时差距降低；飞行高度 11 km 及以上对应的舱室温度低于舱内无气流扰动情况，且随着设备热载荷增加差距减小。

④ 舱内气流速度 5 m/s 时，飞行高度 10 km 及以下对应的舱室温度低于舱内无气流扰动对应的舱室温度，随着设备热载荷增加差距变化不大；飞行高度 11 km 及以上对应的舱室温度低于舱内无气流扰动情况，且随着设备热载荷增加差距增大。

5　结　论

本文建立了某非气密舱室的换热数学模型，根据此数学模型基于 MATLAB 软件对此非气密舱室的热环境进行了仿真计算与分析。主要研究了舱内无气流扰动及有气流扰动两种情况的舱室热环境；研究了舱内无气流扰动情况下各飞行高度下可容纳的设备热载荷及不同设备热载荷、不同飞行高度下的舱室热环境；研究了舱内有气流扰动情况下，舱内气流速度对舱室环境的影响，并与舱内无气流扰动情况进行了对比分析。得到结论如下：

① 舱内无气流扰动，舱室温度 70 ℃，最大可容纳设备热载荷在飞行高度 6 km(3 125 W)，最小可容纳设备热载荷在地面(1 552 W)。飞机布置参考此计算结果可取消舱室/设备冷却，降低系统性能代偿损失。

② 当飞行高度 6 km 以下时，换热性能受温度降低的影响大于密度降低的影响；当飞行高度 7～10 km 时，换热性能受温度降低的影响与密度降低的影响持平；当飞行高度 11 km 及以上时，换热性能受密度降低的影响大于温度降低的影响。

③ 当换热性能受温度降低的影响大于或等于密度降低的影响时，舱内气流扰动带来的收益较小；当换热性能受密度降低的影响大于温度降低的影响时，舱内气流扰动带来的收益明显。

参考文献

[1] 朱建玮. 复合材料智能蒙皮设计及其实验研究[D]. 南京：南京航空航天大学，2016.

[2] 马立敏，张嘉振，岳广全. 复合材料在新一代大型民用飞机中的应用[J]. 复合材料学报，2015，32(2)：317-322.

[3] 党婧，高丽红，杨利. 通用飞机用复合材料应用现状与发展趋势[J]. 粘接，2013(7)：73-76.

[4] 何红娥. 通用飞机复合材料设计要求及应用现状[J]. 飞机设计参考资料，2012(2)：24-28.

[5] 寿荣中，何慧姗. 飞行器环境控制[M]. 北京：航空航天大学出版社，2004。

[6] 安杨，马俊. 某型机电子设备舱空气冷却系统设计[D]. 第八届中国航空学会青年科技论坛文集，2018：640-644.

[7] 孙贺江，冯连元. 飞机后设备舱自然对流换热的实验与模拟[J]. 天津大学学报(自然科学与工程技术版)，2016，49(8)：863-868.

[8] 吕振远，张兴娟. 先进战斗机电子设备舱冷却系统优化方法研究[J]. 飞机设计，2013，33(5)：12-17.

[9] 郭磊. 电子器件散热及冷却的发展现状研究[J]. 制冷技术，2014，42(2)：62-66.

[10] 乔雨. 密封式电子设备热设计及仿真研究[D]. 哈尔滨：哈尔滨工程大学，2015.

[11] 周海峰，邱颖霞. 电子设备液冷技术研究进展[J]. 电子机械工程，2016，32(4)：7-10.

[12] 杨世铭，陶文铨. 传热学[M]. 北京：高等教育出版社，2010.

一种射前最优弹道快速生成模型设计方法

柏绍波[1,2],粟华[1,2],龚春林[1,2,*],张腾飞[1,2]

1. 西北工业大学 航天学院,西安 710072

2. 陕西省空天飞行器设计重点实验室,西安 710072

摘要: 弹道设计通过直接影响导弹弹道的自主制导段从而影响导弹武器系统效能的发挥,而采用优化手段进行弹道设计往往难以满足实时性要求。针对这一难点,本文基于伪谱法和自适应 Kriging 模型,结合本征正交分解(Proper Orthogonal Decomposition,POD)设计了一种射前最优弹道快速生成模型设计方法。测试结果表明,算法训练得到的模型生成控制指令耗时 20 ms 左右,大小在 1.2 M 左右,同时实现了 97%的准确率和与伪谱法优化弹道相近的性能表现,具有工程应用价值。

关键词: 弹道设计;伪谱法;自适应 Kriging 模型;本征正交分解

A Model Design Method for Prefiring Optimal Trajectory Fast Generation

BAI Shaobo[1,2], SU Hua[1,2], GONG Chunlin[1,2,*], ZHANG Tengfei[1,2]

1. School of Astronautics, Northwestern Polytechnical University, Xi'an 710072, China

2. Aerospace Flight Vehicle Design Key Laboratory, Xi'an, 710072, China

Abstract: Ballistic design affects the effectiveness of missile weapon system by affecting the autonomous guidance section of missile trajectory, but it is difficult to meet the real-time requirements of ballistic design by using optimization methods. Aiming at this difficulty, based on pseudo spectral method and adaptive Kriging model, combined with POD, this paper designed a method for prefiring optimal trajectory fast generation. The test results show that the model trained by the algorithm takes about 20 ms to generate the instruction of control, and its size is about 1.2 M. Meanwhile, it achieves 96% accuracy and similar performance to the pseudospectral method to optimize the trajectory, which has engineering application value.

Keywords: ballistic design; pseudo spectral method; adaptive Kriging model; POD

1 引 言

随着现代军事科技的发展,导弹设计逐渐表现出模块化、多用途、多发射平台的发展趋势。这种趋势下,为保证导弹的武器系统效能,其弹道设计需要同时具备灵活性和实时性。一来有别于传统弹道设计仅针对少量典型弹道设计的单一形式,弹道设计需要在考虑自身发射状态、目标状态、环境状态及任务需求的情况下灵活开展;二来弹道设计需要具备实时性[1],保证良好的作战反应能力。

目前,射前弹道生成可参考两种方式实现:射表法和实时轨迹优化。

射表法,建立发射状态和发射诸元的对应关系,可以保证实时性。但存在两个问题:一是射表规模有限,所以射表外工况精度受限;二是发射诸元的选取具有主观性,而且固定的诸元形式也会限制导弹性能的发挥。

实时轨迹优化则是在射前采用优化手段根据具体任务需求进行弹道设计,可以充分发挥导弹性能。但也存在两个问题:一是效率低,不适合的初值选取和算法本身特性可能导致计算时间长;二是不稳定,存在无法得到可行解的可能[2]。

针对提高实时轨迹优化效率的研究较多,思路可

* 通讯作者. E-mail: leonwood@nwpu.edu.cn

分为两类。一类是减少轨迹优化设计变量，如给定控制量形式或表达式，优化其控制参数[3]-[4]。另一类是采用神经网络等手段替代轨迹优化过程某一环节，节省计算时间，如预报关机点状态[5]、预测弹道参数[6]、评估机动能力[7]。

由于对实时轨迹优化方法的改进还要依赖优化算法，所以仍存在不稳定的可能性。因此，本文借鉴射表法进行射前弹道快速生成模型设计：基于优化得到的弹道构建最优弹道数据库，基于数据库构建弹道生成模型。

2 运动模型

对象选定为某空地导弹，为保证一般性，采用纵平面质点运动方程：

$$\begin{cases} \dfrac{\mathrm{d}V}{\mathrm{d}t}=\dfrac{P\cos\alpha-C_x qS}{m}-g\sin\theta \\ \dfrac{\mathrm{d}\theta}{\mathrm{d}t}=\dfrac{P\sin\alpha+C_y qS}{mV}-\dfrac{g\cos\theta}{V} \\ \dfrac{\mathrm{d}x}{\mathrm{d}t}=V\cos\theta \\ \dfrac{\mathrm{d}y}{\mathrm{d}t}=V\sin\theta \\ \dfrac{\mathrm{d}m}{\mathrm{d}t}=\dot{m} \end{cases} \tag{1}$$

式中，V 为导弹速度；θ 为弹道倾角；x，y 为导弹位置；m 为导弹质量；P 为作用在导弹上的推力；α 为攻角；q 为动压；S 为参考面积；g 为重力加速度；C_x，C_y 分别为阻力系数和升力系数，是攻角和马赫数的函数。

为保证杀伤能力最大，性能指标选定为落点速度最大。设目标位置为(x_f, y_f)，则终端约束可表示为

$$\psi_f=[x-x_f, y-y_f]=0 \tag{2}$$

以攻角为控制量，控制量约束为

$$\alpha_{\min}\leqslant\alpha\leqslant\alpha_{\max}$$

3 算法流程

对象确定后问题可描述为建立最优弹道快速生成模型以实现给定导弹发射高度、发射速度和目标位置后，快速生成满足终端约束的最优弹道。

由于确定控制量序列后即可确定弹道形状，所以本文通过构建发射状态、目标位置和控制量序列的对应关系构建最优弹道快速生成模型；考虑到样本点分布影响模型精度，本文基于自适应代理模型的思路构建模型：构建过程同时更新样本数据库；在满足算法收敛准则后，采用POD提取控制量主要特征来重新构建发射状态、目标位置和控制量的主要特征的对应关系，并以此作为最终模型，从而减少模型大小。其算法流程如图1所示。

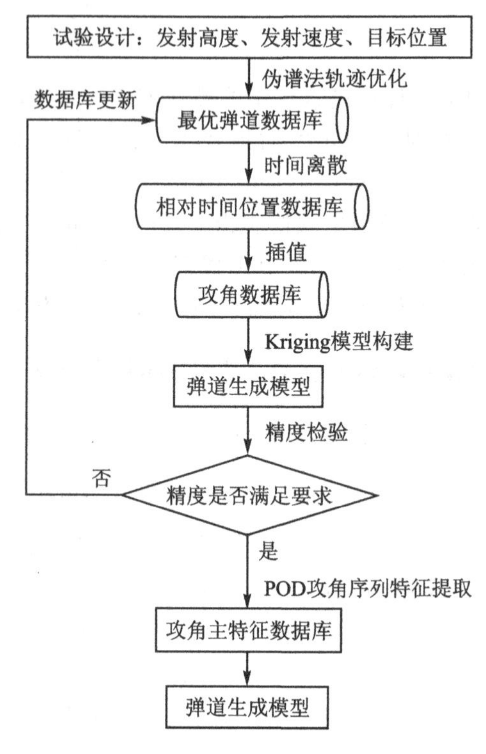

图1 算法流程

具体流程描述如下：

① 对发射高度、发射速度和目标位置进行拉丁方试验设计生成初始的样本点，通过伪谱法求解其对应优化轨迹构成初始最优弹道数据库。

② 提取各弹道飞行时间并等距离散，在各离散时间位置提取攻角序列，获得攻角序列数据库。

③ 使用Kriging模型构建输入为发射高度、发射速度和目标位置，输出为飞行时间和攻角序列的多输入多输出映射关系。

④ 采用蒙特卡洛打靶法生成测试点，基于Kriging模型进行弹道生成测试，判断落点精度是否满足要求。若不满足，则将该点更新至数据库中，并转入②；若满足，则转入⑤。

⑤ 采用POD对②得到的攻角序列数据库进行主特征提取，使用Kriging模型构建输入为发射高度、发射速度和目标位置，输出为飞行时间和攻角序列主特征的多输入多输出映射关系，保留主特征提取得到的

降维矩阵，则 Kriging 模型及降维矩阵共同构成最优弹道快速生成模型。

模型使用时，首先基于 Kriging 模型生成相应飞行时间及攻角主特征，然后基于降维矩阵对攻角主特征进行重构，获得攻角序列，进一步积分即可获得弹道。

4 求解原理

4.1 伪谱法原理

轨迹最优问题属于连续时间最优控制问题：求解状态量 $\boldsymbol{x}(t)\in R^n$ 和控制量 $\boldsymbol{u}(t)\in R^m$，在满足动力学约束、路径约束、终端约束的情况下，使得 Bolza 型代价函数达到最小[8]。

代价函数：

$$J=\phi\left[\boldsymbol{x}(t_0),t_0,\boldsymbol{x}(t_f),t_f\right]+\int_{t_0}^{t_f}g\left[\boldsymbol{x}(t),\boldsymbol{u}(t),t\right]\mathrm{d}t \tag{3}$$

动力学约束：

$$\dot{\boldsymbol{x}}=f\left[\boldsymbol{x}(t),\boldsymbol{u}(t),t\right],\quad t\in[t_0,t_f] \tag{4}$$

路径约束：

$$C\left[\boldsymbol{x}(t),\boldsymbol{u}(t),t\right]\leqslant 0,\quad t\in[t_0,t_f] \tag{5}$$

终端约束：

$$\phi\left[\boldsymbol{x}(t_0),t_0,\boldsymbol{x}(t_f),t_f\right]=0 \tag{6}$$

对于上述 Bolza 型问题，Gauss 伪谱法的求解思路是在一系列离散的 Legendre Gauss(LG)节点上，采用拉格朗日全局插值多项式来近似状态量和控制量：通过对插值多项式进行求导来近似动力学方程中状态量对时间的导数，且在配点上严格满足动力学方程约束。性能指标函数中的积分项采用高斯积分来近似。经过以上变换，可以将连续最优控制问题转化为离散的非线性规划问题。

性能指标函数转化为

$$J=\phi\left[\boldsymbol{x}(-1),t_0,\boldsymbol{x}(1),t_f\right]+\frac{t_f-t_0}{2}\int_{-1}^{1}g\left[\boldsymbol{x}(\tau),\boldsymbol{u}(\tau),\tau;t_0,t_f\right]\mathrm{d}t \tag{7}$$

约束转化为

$$\dot{\boldsymbol{x}}=\frac{t_f-t_0}{2}f\left[\boldsymbol{x}(\tau),\boldsymbol{u}(\tau),\tau;t_0,t_f\right],\quad \tau\in[-1,1] \tag{8}$$

$$C\left[\boldsymbol{x}(\tau),\boldsymbol{u}(\tau),\tau;t_0,t_f\right]\leqslant 0 \tag{9}$$

$$\phi\left[\boldsymbol{x}(-1),t_0,\boldsymbol{x}(1),t_f\right]=0 \tag{10}$$

将性能指标函数中的积分项利用高斯积分来近似，可得

$$J=\phi\left[\boldsymbol{x}(-1),\boldsymbol{x}(1),t_0,t_f\right]+\frac{t_f-t_0}{2}\sum_{i=1}^{K}W_i g(\boldsymbol{X}_i,\boldsymbol{U}_i,\tau_i,t_0,t_f) \tag{11}$$

式中，W_i 为高斯权重。问题转化为离散的非线性规划问题，即求得初始时刻 t_0、终端时刻 t_f、离散状态变量 $(X_1,X_2,\cdots,X_k)$、离散控制变量 $(U_1,U_2,\cdots,U_k)$，使得性能指标在满足如下约束的情况下最小。

动力学约束：

$$\sum_{i=0}^{K}\boldsymbol{D}_{ki}\boldsymbol{X}_i-\frac{t_f-t_0}{2}\boldsymbol{f}(\boldsymbol{X}_k,\boldsymbol{U}_k,\tau_k;t_0,t_f)=0 \tag{12}$$

式中，$\boldsymbol{D}_{ki}$ 为微分矩阵。

终端状态约束：

$$\boldsymbol{X}_f=\boldsymbol{X}_0+\frac{t_f-t_0}{2}\sum_{k=1}^{N}W_k\boldsymbol{f}(\boldsymbol{X}_k,\boldsymbol{U}_k,\tau_k;t_0,t_f) \tag{13}$$

式(9)、式(10)所述路径约束和终端约束。

4.2 Kriging 模型原理

Kriging 模型是一种插值模型[9]，其插值结果定义为已知样本函数响应值的线性加权，即

$$\hat{y}(x)=\sum_{i=1}^{n}\omega^{(i)}y^{(i)} \tag{14}$$

式中，ω 为加权系数。Kriging 模型引入统计学假设：将未知函数看成是某个高斯静态随机过程的具体实现。该静态随机过程定义为

$$Y(X)=\beta_0+Z(x) \tag{15}$$

式中，β_0 为未知常数，也称为全局趋势模型，代表$Y(X)$的数学期望值，$Z(x)$为均值为零、方差为 $\sigma^2(\sigma^2(x)\equiv\sigma^2,\forall x)$的静态随机过程。

采用拉格朗日乘子法，经过推导可得 Kriging 模型预估值：

$$\hat{y}(x)=\beta_0+\boldsymbol{r}^{\mathrm{T}}(x)\boldsymbol{R}^{-1}(\boldsymbol{y}_S-\beta_0\boldsymbol{F}) \tag{16}$$

式中，$\boldsymbol{R}$ 为相关矩阵，表示已知点相关性；$\boldsymbol{r}$ 为相关矢量，表示未知点和已知点的相关性；$\beta_0=(\boldsymbol{F}^{\mathrm{T}}\boldsymbol{R}^{-1}\boldsymbol{F})^{-1}\cdot\boldsymbol{F}^{\mathrm{T}}\boldsymbol{R}^{-1}\boldsymbol{y}_S$；$\boldsymbol{F}=[1\ \ 1\ \ \cdots\ \ 1]^{\mathrm{T}}\in\mathbf{R}^N$。

4.3 POD 原理

POD 方法将一个函数投影到若干个基模态上，得到映射后的一系列标量系数，通过这组系数和对应的基函数来近似原问题。原实际物理模型的模态信息可以通过系统的若干已知解得到，与这些模态对应的特

征值则表征着模态包含信息的多少，将特征值按大小排列时，只需要很少的前几阶模态就能够有效地描述整个系统的基本特征，因此可以起到减少未知量的作用[10]。

n 维空间 $\Omega \in \mathbf{R}^n$ 中的场向量函数 $u(x)$ 可以通过场中的有限个基本特征 $\varphi_i(x)$ 来实现对 $u(x)$ 的近似表达：

$$u(x)=\sum_{i=1}^{d}\eta_i\varphi_i(x) \tag{17}$$

式中，基本特征 $\varphi_i(x)$ 为 $u(x)$ 的基函数；η_i 为基函数 $\varphi_i(x)$ 的相关系数；d 为基函数的个数。

假设已知响应组成的数据集合为

$$U_s=\{u_i(x)\}_{i=1}^{k}$$

此时 $\{\varphi_i(x)\}_{i=1}^{d}(d\leqslant k)$ 为由集合 U_s 空间中的一组规范正交基函数。

上述问题的数学描述形式为使集合 U_s 中的所有元素到这组基上的平均投影最大，即满足下述关系：

$$\begin{cases}\max\limits_{\varphi}\dfrac{1}{k}\sum\limits_{i=1}^{k}|\langle u_i,\varphi\rangle|^2\\ \text{s.t.}\quad \|\varphi\|^2=1\end{cases} \tag{18}$$

式中，〈 〉为内积运算符。利用拉格朗日乘子法将上述约束问题转化为无约束问题：

$$J(\varphi)=\frac{1}{k}\sum_{i=1}^{k}|\langle u_i,\varphi\rangle|^2-\lambda(\|\varphi\|^2-1) \tag{19}$$

由推导可知，基函数 $\varphi_i(x)$ 必须满足：

$$\int_{\Omega}\langle u(x),u(x')\rangle\varphi(x')\mathrm{d}x'=\lambda\varphi(x) \tag{20}$$

$$\langle u(x),u(x')\rangle=K(x,x') \tag{21}$$

求解核函数 K 的特征向量和特征值，即可得到最佳的基函数。

5 仿真结果分析

仿真参数设置如表 1、表 2 所列。其中，误差限指可接受的最大落点误差；精度指标表示当前精度检验中满足误差限的测试点占全部测试点的比例；测试规模指精度检验中随机生成的测试点数。

表 1 样本范围设置

样本参数	下 界	上 界
发射高度/km	1	10
发射速度/(m·s^{-1})	10	250
目标位置/km	1	30

表 2 算法设置

参 数	数 值
误差限/m	40
精度指标/%	99
测试规模	1 000
时间离散规模	250
POD 保存阶数	15

算法应用前后样本点分布如图 2 所示，模型所需样本在空间上分布并不均匀，而本文算法采用的自适应代理模型的思路可以根据模型误差表现有效调整样本点分布。

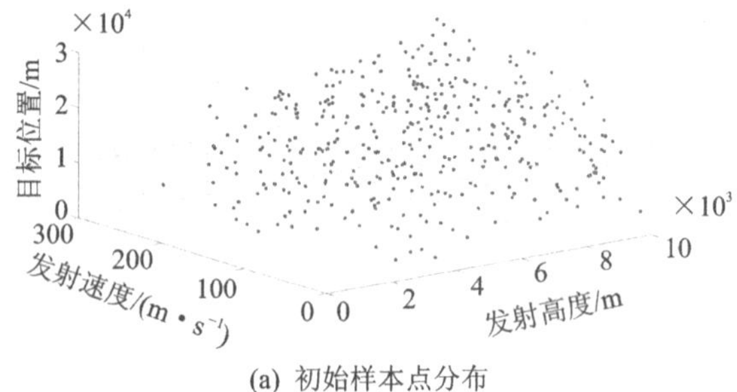

(a) 初始样本点分布

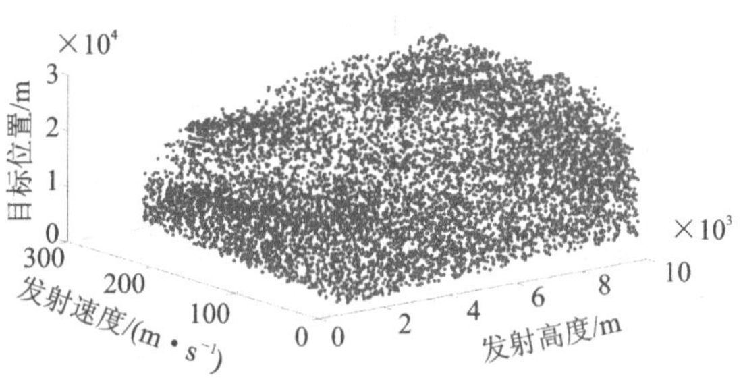

(b) 最终样本点分布

图 2 样本点分布变化

在 5 000 个测试点上对算法最终得到的降阶模型进行测试，测试环境为 MATLAB R2020b，处理器为 AMD Ryzen5 3550H。精度检验结果如表 3 所列。可以看出，模型生成的弹道具备 97.4% 的准确率以及和轨迹优化结果相近的性能指标。

表 3 精度检验结果

平均落点偏差/m	最大落点偏差/m	平均落点速度偏差/(m·s^{-1})	最大落点速度偏差/(m·s^{-1})	准确率/%
15.87	1 058.4	0.238 5	8.957 5	97.4

模型信息如表 4 所列，显然，模型不仅计算耗时短，而且因为 POD 降阶后，输出从 250 维降至 15 维，

占用内存小,有部署到芯片上应用的潜力。

表 4 模型信息

模型大小/M	生成攻角指令耗时/s	积分弹道耗时/s
1.2	0.02	0.2

6 结束语

本文通过样本点自适应更新的思想设计了最优弹道快速生成模型构建算法,算法构建的模型同时具备体积小和计算快的特点,以及生成弹道的准确性和性能指标近似最优性,具有潜在的工程应用价值。

参考文献

[1] 张远龙,谢愈.滑翔飞行器弹道规划与制导方法综述[J].航空学报,2020,41(1):45-57.

[2] 胡军,李毛毛.航天器进入制导方法综述[J].航空学报,2021,42(11):525048.

[3] 何睿智,刘鲁华,汤国建,等.机动发射条件下助推滑翔导弹射击诸元快速解算[J].国防科技大学学报,2017,39(4):56-61.

[4] 杨铮,岳瑞华,李冰,等.基于SQP法的助推-滑翔导弹助推段弹道优化[J].指挥控制与仿真,2014,36(5):45-48.

[5] 刘哲,郑伟,王磊,等.机动发射导弹助推段弹道快速规划方法[J].飞行力学,2020,38(4):46-52.

[6] 郭玮林,鲜勇,张大巧,等.高超声速飞行器助推段弹道快速计算方法[J].中国惯性技术学报,2018,26(1):109-114.

[7] 邵会兵,崔乃刚,韦常柱.滑翔导弹末段多约束智能弹道规划[J].光学精密工程,2019,27(2):410-420.

[8] Benson D A, Huntington G T, Thorvaldsen T P, et al. Direct trajectory optimization and costate estimation via an orthogonal collocation method[J]. Journal of Guidance Control & Dynamics, 2006,29(6):1435-1439.

[9] Bu Y P, Song W P, Han Z H, et al. Aerodynamic/aeroacoustic variable-fidelity optimization of helicopter rotor based on hierarchical Kriging model[J]. Chinese Journal of Aeronautics, 2020, 167(2):91-107.

[10] Liu Q, Luo Z B, Deng X, et al. Numerical investigation on flow field characteristics of dual synthetic cold/hot jets using POD and DMD methods[J]. Chinese Journal of Aeronautics, 2020, 33(1):73-87.

基于 V 形沟槽的低速飞机减阻性能研究

王巍，张贺*，左宁，李珍

沈阳航空航天大学 民用航空学院，沈阳 110136

摘要： 为减少飞行阻力，依据湍流减阻技术，分别构建了横向和纵向分布的 V 形沟槽结构。依据平板湍流公式，确定微沟槽尺寸以及计算域大小，选定来流速度范围。通过数值模拟验证计算模型的合理性。对横向与纵向沟槽的减阻性能进行对比，分析影响横向沟槽减阻性能的因素。通过沟槽表面与光滑平面的近壁区流场特性的比对，分析了沟槽的减阻机理。结果表明，在规定的速度和尺寸范围内，横向沟槽在 $h=s=0.08$ mm，$v=88$ m/s 时减阻率最高为 6.05%；纵向沟槽在 $h=s=0.12$ mm，$v=80$ m/s 时减阻率最高为 8.17%。纵向沟槽顶部存在对称的反向涡，大幅降低湍流触发频率，减小壁面摩擦阻力。横向沟槽底部存在顺时针流动的旋涡，将滑动摩擦转化为滚动摩擦，减小壁面摩擦阻力。

关键词： 湍流减阻；V 形沟槽；数值分析；减阻机理

Research for Drag Reduction Performance of Low Speed Aircraft Using V-shaped Groove

WANG Wei，ZHANG He*，ZUO Ning，LI Zhen

Civil Aviation Institute Shenyang Aerospace，Shenyang 110136，China

Abstract： To reduce the flight drag of the aircraft，based on turbulence drag reduction technology，V-shaped grooves with horizontal and vertical distribution were respectively constructed. According to the turbulent formula of flat plate，the size of micro groove and calculation domain are determined，the range of incoming flow speed is selected and the rationality of the calculation model is verified by numerical simulation. The drag reduction performances of horizontal groove and vertical groove are compared，and the factors influencing the drag reduction performance of horizontal groove are analyzed. Compared the flow field characteristics of the groove surface with that of the smooth plane near the wall，the drag reduction mechanism of the groove is investigated. The results show that the maximum drag reduction rate of the horizontal groove is 6.05% when $h=s=0.08$ mm and $v=88$ m/s. The maximum drag reduction rate of the vertical groove is 8.17% when $h=s=0.12$ mm and $v=80$ m/s. There is a symmetrical reverse vortex at the top of the vertical groove，which greatly reduces the trigger frequency of turbulence and the frictional resistance of the wall. There is a clockwise flow vortex at the bottom of the transverse groove，which converts sliding friction into rolling friction，so that this can reduce the frictional resistance of the wall.

Keywords： turbulent drag reduction；V shaped groove；numerical analysis；drag reduction mechanism

1 引 言

随着能源危机的日益严峻，提高能源的使用效率对社会发展具有重要意义[1]。生活中，能耗多来源于流体的流动，飞机、轮船以及汽车等在运动过程中主要能耗均为壁面阻力[2]。对于亚声速巡航的航空器，其壁面摩擦阻力约占总阻力的 50%，潜水艇水下航行时

基金项目：辽宁省自然科学基金项目（2019-ZD-0223）

* 通讯作者. E-mail：279199842@qq.com

的壁面阻力更是可以达到70%以上[3]。因此，减小壁面阻力是节约能源的重要途径。目前，航空领域的减阻技术主要包括层流减阻技术和湍流减阻技术[4]。Walsh等[5]人简化了鲨鱼皮盾鳞结构，提出顺流向V形沟槽具有最佳的减阻效果，并指出沟槽在满足高$h^+ \leqslant 25$且间距$s^+ \leqslant 30$时具有减阻特性，当$h^+ = s^+$时减阻率最高可达到8%。Bechert等[6]人指出，V形沟槽在顶角为60°时具有最佳的减阻效果。Djenidi等[7]人指出，沟槽间距的设置对减阻效果有明显影响。Debisschop等[8]人指出，逆压力梯度的减阻率高达13%。Kramer等人指出，横向沟槽具有较好的减阻效果。Choi[9]等人对横向沟槽的减阻机理作出解释。刘占一等[10]人指出，横向沟槽在应对高来流速度时减阻效果较差。本文设计了横向与纵向的表面沟槽结构，并与光滑表面的近壁区边界层结构进行比较，深入解析沟槽减阻机理，为后续沟槽减阻研究提供参考。

2 数值计算

计算流体力学(CFD)依赖于当代强大的计算机软件、硬件环境，通过数值计算的方式对航空、航天以及航海等领域的各类流体力学问题进行求解。本文应用Fluent软件对模型进行仿真分析求解。基于有限体积法(FVM)，Fluent采用积分形式的流体运动守恒方程来构建离散方程，并通过高斯方程进行离散处理，从而对目标问题进行求解。离散方程如下：

$$\int_v \frac{\partial}{\partial t}(\rho\varphi)\mathrm{d}V + \int_A \vec{n}\cdot(\rho\mu\vec{\varphi})\mathrm{d}A = \int_A \vec{n}\cdot(\Gamma \mathrm{grad}\ \varphi)\mathrm{d}A + \int_v S\mathrm{d}V \tag{1}$$

式中，φ是对流扩散物质函数。

3 模拟参数设置及验证

诸多研究表明，V形结构的沟槽表现出较好的减阻性能，本文以光滑平板为研究对象，重点对V形沟槽的减阻情况进行仿真分析。

3.1 计算域与边界条件

对光滑平板而言，层流场转化为湍流场的临界雷诺数为5.0×10^5。本文最小流速为80 m/s，为使层流充分发展为湍流，已知计算域平板长度L_z最小为95 mm，本文设为120 mm。平板的雷诺数Re计算公式如下：

$$Re = \frac{UL}{v} \tag{2}$$

式中，v为流体运动粘度，$v=1.48\times10^{-5}\ \mathrm{m^2/s}$；$U$为平均流体流度；$L$为平板长度。

为更好地还原真实流场，计算域展向长度L_x满足大于10条沟槽长度，故取$L_x=1.5$ mm。为避免计算域两侧壁面互相干扰影响模拟结果，计算域高度设置为平板湍流边界层厚的10倍以上。光滑平板湍流边界层公式如下：

$$\delta = 0.37\times\frac{y}{\sqrt[5]{Re}} \tag{3}$$

式中，y为流向位移。

就本文速度范围，流速为80 m/s对应的湍流边界层厚度最大，约为3.05 mm。为避免上、下平面互相干扰影响仿真结果，计算域高L_y设置为15 mm。仿真域流向、纵向与展向尺寸分别设置为120 mm、15 mm、1.5 mm。本文选用速度进口为入口边界，压力出口为出口边界，上、下壁面设置为无滑移壁面，侧面设置为对称边界条件。入口位置湍动能、湍流强度以及湍流耗散率依据式(4)、式(5)、式(6)设置。

湍动能：

$$I \simeq 0.16Re^{-\frac{1}{8}} \tag{4}$$

湍流强度：

$$k = \frac{3}{2}(UI)^2 \tag{5}$$

湍流耗散率：

$$\varepsilon = C_\mu^{\frac{3}{4}}\frac{k^{\frac{3}{2}}}{l} \tag{6}$$

计算域尺寸以及边界条件如图1所示。

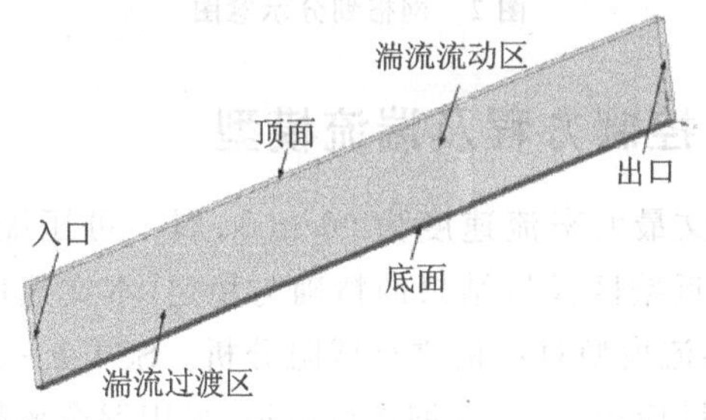

图1 计算域示意图

3.2 沟槽尺寸

根据Walsh对V形沟槽的试验结果，确定V形沟槽尺寸：

$$h^+=h\ \frac{\mu_\tau}{v}=\frac{0.17hURe^{-\frac{1}{10}}}{v} \tag{7}$$

$$s^+=s\ \frac{\mu_\tau}{v}=\frac{0.17sURe^{-\frac{1}{10}}}{v} \tag{8}$$

式中,h 为槽高;s 为槽宽。

本文在流速为 80～96 m/s 的情况下,对 V 形沟槽在不同气流速度下的减阻特性进行模拟分析。由式(7)、式(8)计算可知,不同流速对应 $h^+=25$ mm 和 $s^+=30$ mm 的沟槽尺寸如表 1 所列。为比较两种不同分布方式下沟槽的减阻性能,本文中横向与纵向沟槽采取相同的尺寸。结合上述计算结果,沟槽尺寸依据 $h=s$ 原则,分别设定为 0.12 mm、0.11 mm、0.10 mm、0.09 mm、0.08 mm。

表 1　沟槽尺寸

流速 $U/(\mathrm{m\cdot s^{-1}})$	80	84	88	92	96
h/mm	0.104	0.099	0.095	0.091	0.088
s/mm	0.124	0.119	0.114	0.110	0.106

3.3 网　格

为保证平板湍流流动状态的真实性,在流向上设置均匀网格($\Delta x^+=0.8$);在纵向上设置非均匀的双曲正切网格,对近壁面进行加密处理($\Delta y^+=0.9$);展向上设置均匀网格。边界层网格划分如图 2 所示。

图 2　网格划分示意图

3.4 控制方程及湍流模型

本文最大来流速度为 96 m/s,属不可压缩流体。为保证近壁区模拟结果的精确与稳定,本文选取 SST $k-\omega$ 湍流模型对沟槽进行减阻分析。SST $k-\omega$ 通过在近壁区应用 $k-\omega$ 模型进行模拟,采用混合函数使近壁区更加完美地过渡到充分发展区,更加精确地反映出低雷诺数条件下壁面的流动情况。模型方程如下:

$$\frac{\partial(\rho k)}{\partial t}+\frac{\partial}{\partial x_j}\left[\rho\mu_j k-(\eta+\sigma_k\eta_t)\frac{\partial k}{\partial x_j}\right]=(\tau_{i,j})_t S_{i,j}-\beta^*\rho\omega k \tag{9}$$

$$\frac{\partial(\rho\omega)}{\partial t}+\frac{\partial}{\partial x_j}\left[\rho\mu_j\omega-(\eta+\sigma_\omega\eta_t)\frac{\partial\omega}{\partial x_j}\right]=P_\omega-\beta\rho\omega^2+2(1-F_1)\frac{\rho\sigma_{\omega 2}}{\omega}\frac{\partial k}{\partial x_i}\frac{\partial\omega}{\partial x_j} \tag{10}$$

式中,P_ω 为交错扩散项。

3.5 计算精度验证

为保证结果的准确性,对计算域及边界条件进行验证。将平板上、下两侧均设置为光滑平面,选定边界条件,对该计算域进行仿真分析,得到光滑平板摩擦阻力系数 C_{ff},并与理论值 C_f 对比,求得相对误差,从而判断计算域与边界条件设置的合理性。平板摩擦阻力系数公式为

$$C_f=0.072Re^{-\frac{1}{5}} \tag{11}$$

对不同来流速度下的流场进行仿真分析,将仿真结果与理论摩擦阻力系数做对比。由表 2 可知,最大误差为 4.29%,在允许的误差范围内。计算域尺寸、边界条件以及湍流模型设置合理,能较好地还原流场特征。

表 2　相对误差

来流速度/$(\mathrm{m\cdot s^{-1}})$	理论值	模拟值	相对误差/%
80	0.004 954	0.005 167	4.29
84	0.004 906	0.005 097	3.89
88	0.004 860	0.005 039	3.68
92	0.004 817	0.004 977	3.32
96	0.004 776	0.004 921	3.03

4 数值计算结果

应用 Fluent 对横向与纵向分布的 V 形沟槽进行减阻性能分析,流速分别设置为 80 m/s、84 m/s、88 m/s、92 m/s、96 m/s。其中,计算域、边界条件以及湍流方程均与验证模型保持一致。经过仿真计算,得出沟槽壁面的摩擦阻力系数 C_f,沟槽表面减阻率如下:

$$E=\frac{C_f\times A_s-C_f\times A_r}{C_f\times A_s} \tag{12}$$

式中,A_s 为光滑平板面积;A_r 为沟槽面的面积。

图 3 所示为横向与纵向沟槽数值模拟的减阻率曲线图。由图可知,相比光滑平面,横向与纵向沟槽均有一定的减阻性能。在低流速时,纵向沟槽减阻效果要优于横向沟槽,随着速度增加,横向沟槽表现出更为稳

定的减阻特性。沟槽尺寸相同时，流速越大，纵向沟槽减阻性能越差。流速不变时，横向沟槽的减阻率随着沟槽尺寸的增大而减小。当面对低来流速度时，沟槽尺寸的变化对减阻率影响较小。在本文涉及速度范围内，纵向沟槽在来流速度为 80 m/s，沟槽尺寸为 $h=s=0.12$ mm 时减阻效果最好，可达到 8.17%；横向沟槽在来流速度为 88 m/s，沟槽尺寸为 $h=s=0.08$ mm 时减阻效果最好，可达到 6.05%。

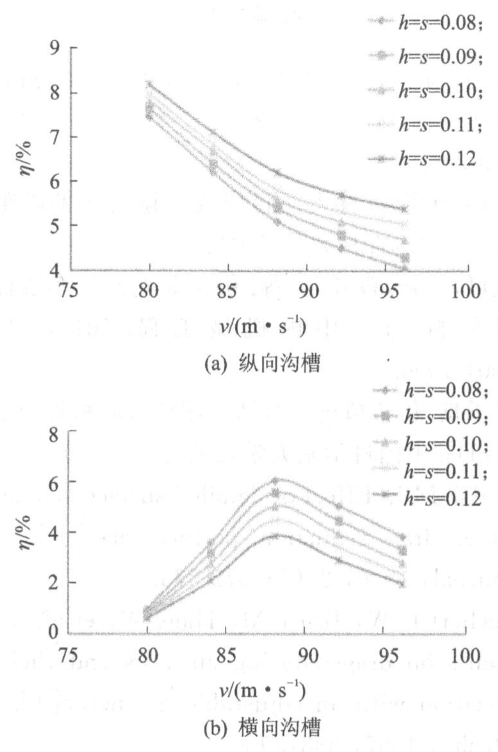

图 3 沟槽减阻率

5 沟槽减阻机理

沟槽尺寸为 $h=s=0.10$ mm，纵向沟槽 $v=80$ m/s 时减阻率最高，横向沟槽 $v=88$ m/s 时减阻率最高，故本节针对这两种情况进行分析。

5.1 纵向沟槽

为排除出、入口效应对仿真分析结果的影响，选取 $x=70$ mm 位置处的截面对沟槽进行分析。如图 4 所示，光滑平面与沟槽表面外层流场无明显差别，但沟槽表面在近壁区产生明显变化，沟槽的设置改变了流场内部的微观结构。与光滑平面相比，沟槽底部的粘性底层厚度较大，依据粘度公式

$$\tau=\eta\frac{\mathrm{d}u}{\mathrm{d}z} \tag{13}$$

可知，沟槽壁面摩擦阻力系数小于光滑平面。沟槽底部垂直壁面方向形成“安静流体”，导致高速流体从低速区上方经过，流体与壁面之间因相互作用而产生的能量损失大幅降低，从而达到减阻效果。同时，因沟槽槽顶存在对称的反向涡对，降低了湍流猝发的频率，槽面整体湍流强度减小，验证了“突出高度”论，此处不再赘述。

(a) 光滑平面

(b) 纵向沟槽

图 4 速 度

5.2 横向沟槽

如图 5 所示，对比光滑平面，沟槽壁面边界层厚度增大，导致近壁区速度梯度减小，降低了壁面摩擦阻力。同时，边界层厚度的增加，也促使壁面与底层流向涡之间产生距离，减小流体流动时的能量损耗，从而达到减阻的目的。

如图 6 所示，沟槽底部均存在顺时针流动、大小相等的稳定旋涡，促使流体从低速旋涡上方流过，平板与来流间的滑动摩擦转化为流体间的滚动摩擦，降低了壁面摩擦阻力。低速旋涡的顺时针流向对外层流体产生助推作用，并抵消部分剪切应力，降低了壁面摩擦阻力。同时，低速旋涡的存在也减小了壁面的湍流强度，从而减少了能量损耗。

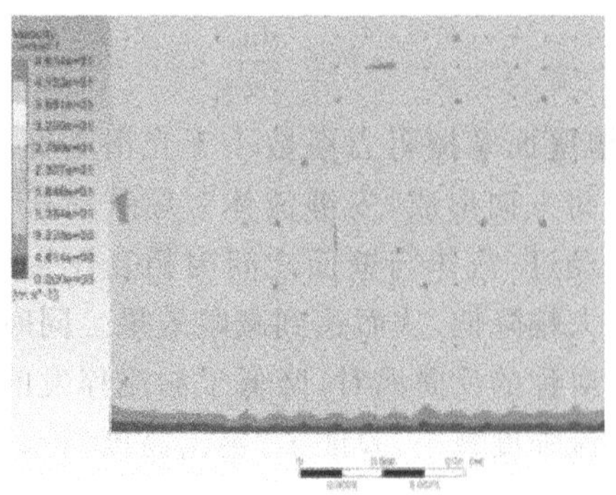

(a) 光滑平面

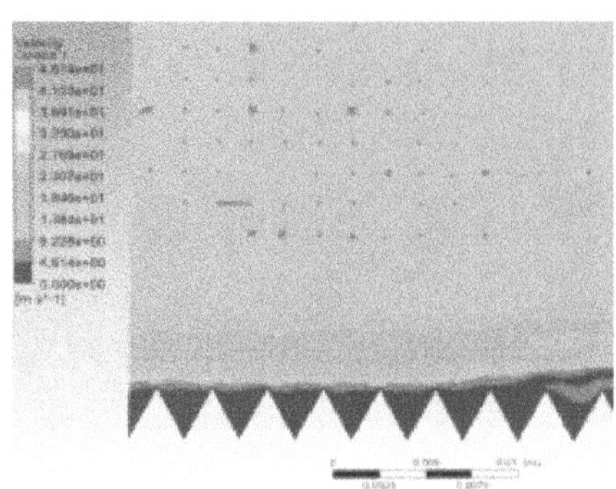

(b) 横向沟槽

图 5 速度云图

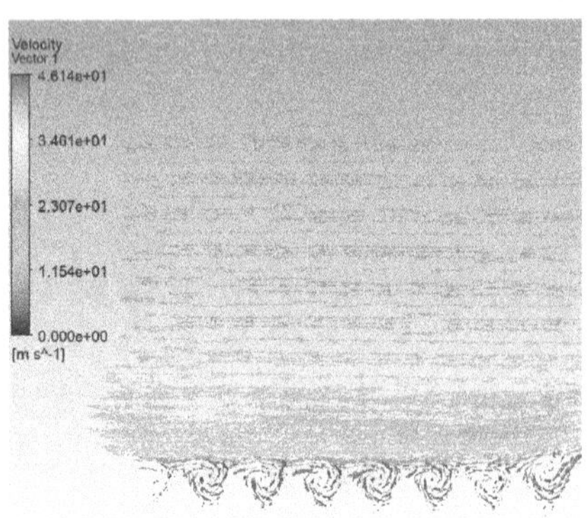

图 6 横向沟槽速度矢量图

6 结 论

本文分别设计了横、纵向分布的 V 形沟槽结构的平板模型，通过仿真计算，对不同来流速度以及不同沟槽尺寸的模型进行分析。主要得出以下结论：

① 横、纵向分布的 V 形沟槽结构均具有减阻特性。流速较小时，纵向沟槽减阻效果较好。流速增大时，横向沟槽表现出较高的稳定性。

② 在本文研究范围内，横向沟槽在 $h=s=0.08$ mm，$v=88$ m/s 时减阻率最高为 6.05%；纵向沟槽在 $h=s=0.12$ mm，$v=80$ m/s 时减阻率最高为 8.17%。

③ 来流速度、沟槽尺寸以及沟槽个数对横向沟槽的减阻性能的影响较为明显。

④ 纵向沟槽因槽顶存在对称的反向涡对，大大降低了湍流猝发的频率，在沟槽底部形成“安静流体”，从而达到减阻的目的。横向沟槽因槽底形成顺时针流动、大小相等的稳定旋涡，流体从低速旋涡上方流过，将平板与来流间的滑动摩擦转化为流体间的滚动摩擦，从而达到减阻的目的。

参考文献

[1] 唐焜，马术文，梁红琴，等. 高速列车微结构表面减阻仿真研究[J]. 机械设计与制造，2020(9)：213-216.

[2] 王伟. 平面板材表面辊压成形微沟槽的减阻研究[D]. 吉林：吉林大学，2015.

[3] 谌可，王耘，曹开元，等. 仿生非光滑汽车表面的减阻分析[J]. 中国机械工程，2012，23(8)：1001-1006.

[4] 张子良. 仿鲨鱼皮二维肋条湍流减阻机理与模化研究[D]. 中国科学院大学，2020.

[5] Walsh M J. Effect of detailed surface geometry on riblet drag reduction performance[J]. AIAA Journal，1990，27(6)：572-573.

[6] Bechert D W，Bruse M，Hage W，et al. Experiments on drag-reducing surfaces and their optimization with an adjustable geometry[J]. Fluid Mech.，1997，338：59-87.

[7] Djenidi L，Antonia R A. Laser Doppler anemometer measurements of turbulent boundary layer over a riblet surface[J]. AIAA Journal，1996，34(5)：1007-1012.

[8] Debisschop J R，Nieuwstadt F T M. Turbulent boundary layer in an adverse pressure gradient-Effectiveness of riblets[J]. AIAA Journal，1996，34(5)：932-937.

[9] Choi K S. Near-wall structure of a turbulent boundary layer with riblets，J. Fluid Mech，1989，208，417-458.

[10] 刘占一，胡海豹，宋保维，等. 不同间隔脊状表面的减阻数值仿真研究[J]. 系统仿真学报，2009，21(19)：6025-6028.

[11] 孟祥攀. 疏水性微沟槽液动减阻的仿真分析及其实验研究[D]. 哈尔滨：哈尔滨工业大学，2013.

基于小波包分解 GA-BP 算法的液压泵故障诊断技术研究

张自来，陈丽君，陈爽，郭文军

航空工业南京机电，南京 211106

摘要： 针对液压泵智能化故障诊断的需求，本文提出了一种基于小波包分解的方式提取振动信号的特征和基于GA-BP神经网络的故障诊断方法。该方法利用三层db3的小波包分解的方式提取了不同状态的液压泵信号特征，采用遗传算法的寻优方式获取BP神经网络全局最优的初始权值和阈值，确保BP神经网络的收敛和准确性，大大提高了BP神经网络的诊断结果的精度。训练集的精度为100%，测试集的精度为98.57%，远高于普通的BP神经网络和SVM神经网络，为液压泵的智能化故障诊断提供一种新的思路与方案。

关键词： 液压泵；故障诊断；小波包；GA-BP 算法

Research on Fault Diagnosis Technology of Hydraulic Pump Based on Wavelet Packet Decomposition and GA-BP Algorithm

ZHANG Zilai, CHEN Lijun, CHEN Shuang, GUO Wenjun

Nanjing Engineering Institute of Aircraft Systems, Nanjing 211106, China

Abstract: Demand for intelligent fault diagnosis of hydraulic pump, this paper proposes a method of extracting vibration signal characteristics based on wavelet packet decomposition and a fault diagnosis method based on GA-BP neural network. This method uses the three-layer db3 wavelet packet decomposition method to extract the signal characteristics of the hydraulic pump in different states. Use genetic algorithm to obtain the global optimal initial weight and threshold of BP neural network. This solution ensures the convergence and accuracy of the BP neural network and greatly improves the accuracy of the BP neural network diagnosis. The accuracy of the training set is 100%, and the accuracy of the test set is 98.57%, which is much higher than the general BP neural network and SVM neural network. The research results of this paper provide a new idea and scheme for the intelligent fault diagnosis of hydraulic pumps.

Keywords: hydraulic pump; fault diagnosis; wavelet packet; GA-BP algorithm

1 引　言

由于液压系统具备输出功率大、工作效率高、运动准确性高、工作平稳等优点，从国防装备到民用设备，液压系统都得到了广泛的应用。其中，液压泵被誉为液压系统的“心脏”，是整个液压系统的动力元件，其工作性能的优劣将直接影响系统的工作状态。作为高速旋转机械，并且在液压系统中运行时间最长，工作负载最大，所以液压泵磨损劣化的速度也快[1]。统计表明，在所有工程机械的故障中，液压泵的故障比重约占30%～40%，因此其故障诊断是液压系统故障诊断的重要部分。液压泵一旦发生故障，容易导致整个液压系统失效，造成不可挽回的损失[2]。因此，如何及时、准确地分析诊断出液压泵的故障成为了一个亟需解决的问题。

正是由于这种现实的需求，液压泵的故障诊断与健康管理的研究受到了国内外学者[3-5]的广泛关注。目前，液压泵的故障诊断所依据的核心技术的区别大致可以分为以数学模型为基础和以信号处理为基础的方法。基于数学模型的方法需要结合从历史经验中所获取的先验知识，针对所研究的对象，根据其物理、数学等原理建立精确的数学模型。该方法通过残差的检验来判定故障，比较对象正常情况下和故障状况下残差的区别来判断故障是否发生，进一步判断引起故障发生的原因。但该方法的诊断精度依赖于数学模型的准确度，而液压泵功能和机械结构的复杂都影响着数学模型的精度，从而降低液压泵故障诊断的精度。

而以信号处理为基础的诊断方法，是对液压泵正常工作与故障状态下的信号进行分析诊断，不需要建立精确的数据模型，因此得到了广泛的研究与应用，王少萍等[6-8]人针对液压泵源系统高度非线性和易受环境干扰的特点提出基于信号处理的办法，依据泵源系统常见的故障模式进行传感器优化布局，并且开发了嵌入式系统去实现传感器数据的采集和诊断，提出一种基于功率谱分析的液压泵鲁棒故障检测与快速故障诊断算法，诊断正确率高达 90%。Muralidharan 等[9]利用小波分析和 J48 算法较好地区分了齿轮泵的 5 种故障状态。而随着人工智能技术的发展，基于人工智能的方法[10-11]主要是依据大量历史数据，结合机器学习算法的进行诊断，不需要知道诊断对象模型，同时可以对多种故障进行诊断，诊断准确率得到提升，是一种最新发展起来的智能诊断方法，也是诊断以后主要的发展方向。田瑶瑶等[12]结合神经网络采用遗传算法对支持向量机参数寻优，提升了支持向量机的分类方法。刘红梅等[13]人基于小波包和 Elman 神经网络对液压泵故障进行诊断，它是一种将小波包变换和改进Elman 神经网络相结合，进行液压泵故障诊断的新方法。

而在本文中，主要研究了基于小波包分解和 GA-BP 算法的液压泵故障诊断技术。通过小波包分解的时频处理方法，提取液压泵在正常和故障状态下的振动信号特征，并通过结合遗传算法的 BP 神经网络对液压泵的故障进行诊断分析，提高液压泵故障诊断的精度。

2 液压泵的工作原理及故障模式

以航空某型斜盘轴向液压泵为研究对象，结构如图 1 所示，液压泵主要部件为传动轴、小轴承、大轴承、配油盘、柱塞缸、柱塞、滑靴、回程盘、斜盘以及变量机构等。配油盘为配油装置，通过定位销固定。配油盘有两个腰槽，分别为吸油腰槽和排油腰槽，吸油腰槽连通进油管路，排油腰槽连通出油管路，在油泵运转过程中实现管理油流的功能。传动轴带动柱塞缸做圆周运动，柱塞在柱塞缸孔中做往复运动，因此柱塞的运动分为两部分：牵连运动为柱塞缸的旋转，相对运动为柱塞相对于缸孔的往复运动。回程盘使滑靴紧贴斜盘，滑靴与柱塞球头之间通过铆合加工为万向运动副，在柱塞缸旋转过程中柱塞、滑靴、回程盘相互作用，实现柱塞腔容积周期性的变化。斜盘倾角由变量机构控制，改变斜盘倾角可以改变柱塞的往复行程，进而改变泵的出油流量。

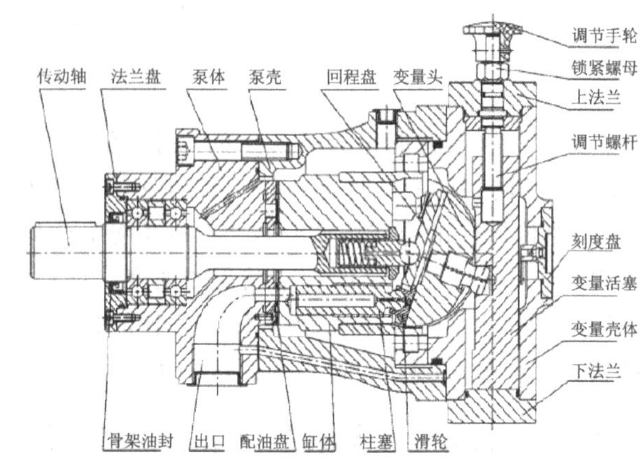

图 1 某型斜盘式轴向液压泵

通过内外场调研统计及历史经验，可以得到对液压泵性能产生的故障原因：一是由于油污污染和自身结构部件的磨损导致的，二是油液污染导致的泵的关键部件的堵塞[14]。本文研究的主要故障类型和特征分析如表 1 所列。

表 1 液压泵典型故障特征分析表

故障类型	故障现象	故障原因	故障特征
滑靴斜盘磨损	滑靴与缸体和斜盘间干摩擦，壳体振动加剧，油泵回流流量增大	油液污染物磨损、接触疲劳磨损等	泵内部泄漏增大、执行机构速度降低
配流盘磨损	配流盘与缸体间干摩擦，壳体振动加剧，油泵回流流量增大	配流盘内、外封油带损坏，缸体与配流盘之间的油膜被破坏	泵容积效率下降，回油流量变化明显，故障特征较明显
斜盘不对中	壳体振动异常	装配误差，斜盘一侧磨损严重	轴基频处故障特征明显
轴承损伤	轴承内外圈及滚动体局部或大面积损伤，引起油泵振动	轴承润滑不良、液压泵处于高速重载或瞬间载荷下工作	轴承故障引起的振动相对油泵固有振动微弱，故障特征不明显
柱塞球头松动	柱塞在上、下死点产生两次冲击。油泵振动加剧	由于制造误差或泵工作时压力冲击。使球头与球窝沉凹变形	产生 2 倍轴频率的附加振动信号，故障特征明显

通过对液压泵的典型故障分析，可以得到各个典

型故障中的故障特征较为重合。例如，滑靴斜盘磨损与配流盘磨损的故障特征皆为泵的容积效率降低，泄漏量增加。因此，简单通过故障的特征分析液压泵故障容易导致故障诊断不准确，进而影响液压泵的维修。本文采用了基于 GA-BP 的液压泵故障诊断方法，通过分析液压泵的正常信号和故障信号，实现了液压泵的故障诊断分析。

3 基于 GA-BP 的故障诊断方法

3.1 基于小波包液压泵信号特征提取方法

本文中主要分析的液压泵的信号为振动信号。由于故障信号的特征提取会直接影响故障诊断的准确性和可靠性[15]，本文将采用 db3 小波分析技术结合实现情况对振动信号的三层小波包分解，并提取各个频段的信号能量，其三层小波包分解树图如图 2 所示。其中第三层小波的分解信号为 AAA3，…，DDD3，对应原始信号中的 S0，…，S7 八个频段的信号。各个频段的信号能量可由下式计算：

$$E_j = \sum_{k=1}^{n} |x_j(k)|^2 \tag{1}$$

式中，$x_j(k)$ 为第 j 个节点分解信号离散点的幅值；n 为信号的长度。

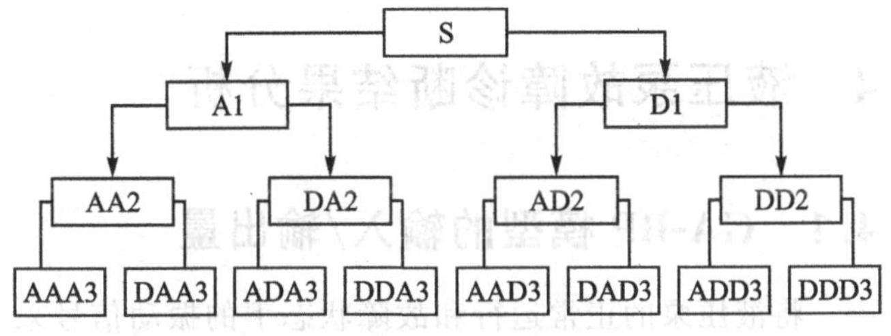

图 2 三层小波包分解树图

根据公式(1)，可以获取液压泵在不同工作状态下振动信号的不同频段的信号能量值 $E_0, E_1, E_2, E_3, E_4, E_5, E_6, E_7$，作为信号的特征参数，并将其归一化处理后得到的向量作为智能算法的输入参数。归一化的公式如下：

$$E'_j = \frac{E_j - E_{\min}}{E_{\max} - E_{\min}} \tag{2}$$

3.2 GA-BP 的故障诊断方法

GA-BP 算法的实现主要是通过遗传算法(Genetic Algorithms，GA)来优化 BP 神经网络的初始权值与阈值，解决 BP 神经网络因随机初始权值与阈值导致网络不收敛或者模型精度较差等问题。其算法流程图如图 3 所示。

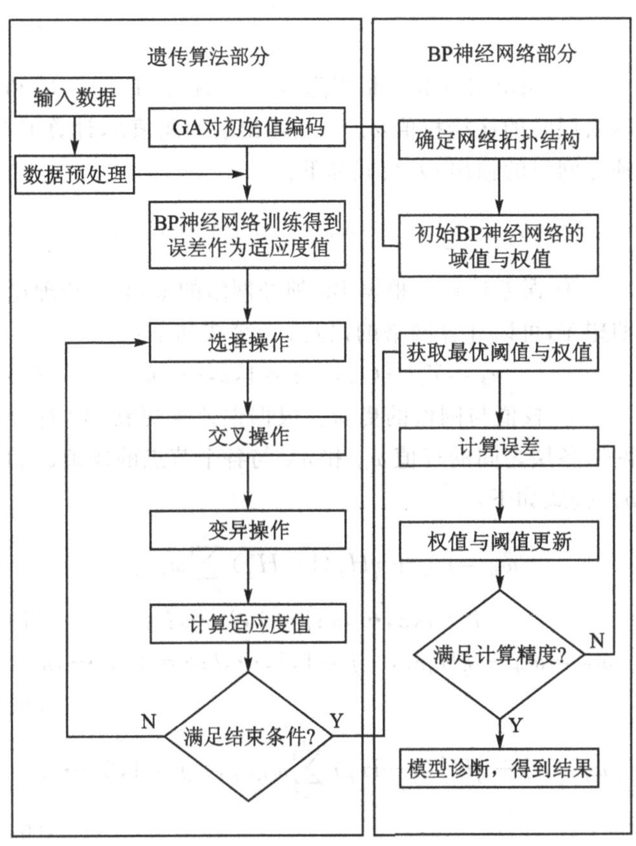

图 3 GA-BP 算法流程图

BP 神经网络是一种多层的前馈神经网络，该网络的主要特征是信号前向传递，误差反向传播。在信号前向传递的过程中，输入信号通过输入层经隐含层处理后到输出层输出结果。在误差反向传播过程中，主要将输出层与理论期望之间的误差反向传播，使用误差梯度降低的方法逐层调整网络的权值与阈值，经过迭代训练使输出层的结果不断逼近理论的期望。其计算的步骤如下：

① 网络初始化。根据系统输入与输出序列(X，Y)，确定网络输入层节点数 n，隐含层节点数 l，输出层节点数 m，初始化输入层，隐含层和输出层神经元之间的权值 ω_{ij}、ω_{jk}，初始化隐含层和输出层阈值 a 和 b，确定神经元的激活函数。

② 隐含层输出计算。根据输入变量 X、输入层与隐含层间的连接权值 ω_{ij} 以及隐含层的阈值 a，可以计算隐含层的输出 H，计算公式如下：

$$H_j = f\left(\sum_{i=1}^{n} \omega_{ij} x_i - a_j\right), \quad j = 1,2,\cdots,l \tag{3}$$

式中，l 为隐含层的节点数；f 为隐含层的激活函数，本文选用的激活函数公式如下：

$$f(x) = \frac{1}{1+\mathrm{e}^{-x}} \tag{4}$$

③ 输出层计算。根据隐含层的输出 H、隐含层和输出层间的连接权值 ω_{jk} 以及输出层的阈值 b，计算 BP 神经网络的输出 O，公式如下：

$$O_k = \sum_{j=1}^{l} H_j \omega_{jk} - b_k, \quad k = 1,2,\cdots,m \tag{5}$$

④ 误差计算。根据 BP 神经网络的输出 O 和理论期望 Y，可以计算网络的误差 e。公式如下：

$$e_k = Y_k - O_k, \quad k = 1,2,\cdots,m \tag{6}$$

⑤ 权值与阈值的更新。根据误差来更新 BP 神经网络各层之间的权值 ω_{ij} 和 ω_{jk} 与各个节点的阈值 a 和 b。公式如下：

$$\omega_{ij} = \omega_{ij} + \eta H_j (1 - H_j) \sum_{k=1}^{m} \omega_{jk} e_k \quad i = 1,2,\cdots,n; j = 1,2,\cdots,l \tag{7}$$

$$\omega_{jk} = \omega_{jk} + \eta H_j e_k, \quad j = 1,2,\cdots,l; k = 1,2,\cdots,m \tag{8}$$

$$a_j = a_j + \eta H_j (1 - H_j) \sum_{k=1}^{m} \omega_{jk} e_k, \quad j = 1,2,\cdots,l \tag{9}$$

$$b_k = b_k + e_k, \quad k = 1,2,\cdots,m \tag{10}$$

式中，η 为学习速率。

⑥ 根据判断算法判断迭代是否结束，若没有，返回步骤②重新迭代。

从计算步骤中可以看出，由于 BP 网络的权值和阈值的初始化都是随机生成的，所以会直接影响网络的收敛结果，即可能出现两次训练的结果差距较大，特别是在训练样本较少的问题中。因此本文采用 GA 算法对 BP 网络的权值与阈值进行寻优处理[16]，提高 BP 网络的训练精度。

GA 算法是一种模拟自然界遗传机制和生物进化论发展起来的并行随机全局搜索和优化方法[17]，其择优机制是一种"软"决策，加之良好的并行性，使它具有良好的全局优化性能和稳健性，效率高，通用性好。

其计算步骤如下：

① 根据 BP 神经网络拓扑结构，初始化相应的连接权值与各层的阈值，包括：种群规模、优化参数的搜索范围（核函数、惩罚函数等）、遗传算法（选择、交叉和变异操作等）、终止进化代数等。

② 适应度计算，构建模型诊断结果的准确度是由分类结果和理论期望之间的匹配度反映，因此 GA 算法中的适应度函数可以用如下公式计算。

$$F(x) = \frac{1}{n} \sum_{i=1}^{n} (\hat{x}_l = x_i) \tag{11}$$

式中，n 为需要检验的数据个数，$\hat{x}_l$ 为分类结果，x_i 为理论期望。显然，故障分类准确率越高，表明分类效果越好，则 $F(x)$ 值越大，被选中参与交配的概率越大，越有利于群体的优化。

③ 对计算得到的适应度进行排序，根据对群体 P_i 进行选择、交叉和变异操作运算得到新的子代群体 P_{i+1}。

④ 重复步骤②和③的操作寻优，直至满足设置的终止条件，返回最优的参数，详细的运算流程如图 3 所示。

4 液压泵故障诊断结果分析

4.1 GA-BP 模型的输入/输出量

将液压泵的正常运行和故障状态下的振动信号采用三层小波包分解计算得到各个频段的信号能量，其计算结果如表 2 所列。

表 2 液压泵信号特征提取结果

状 态	E_0	E_1	E_2	E_3	E_4	E_5	E_6	E_7
滑靴斜盘磨损	557.75	376.95	193.43	113.65	3.60	6.61	92.57	8.11
滑靴斜盘磨损	571.78	361.54	163.07	87.08	7.14	16.64	123.65	19.03
配流盘偏磨	540.82	359.96	644.00	107.12	306.02	133.53	350.54	39.74
配流盘偏磨	482.67	268.05	675.06	65.78	261.84	181.60	370.86	38.99
斜盘不对中	363.86	89.62	49.38	25.25	4.10	3.41	30.39	5.82

续表 2

状 态	E_0	E_1	E_2	E_3	E_4	E_5	E_6	E_7
斜盘不对中	366.94	99.38	42.17	31.69	4.67	2.42	27.48	4.29
轴承内圈损伤	2 976.00	1.12	0.79	0.53	2.54	2.63	3.08	1.89
轴承内圈损伤	2 877.50	0.83	1.07	0.33	2.80	1.39	3.13	2.78
轴承外圈损伤	961.72	1.55	2.64	1.48	1.26	2.15	1.19	1.15
轴承外圈损伤	9 422.40	1.36	1.88	0.64	1.49	0.81	1.51	2.12
柱塞球头松动	161.09	122.41	82.89	113.65	23.82	313.60	49.50	324.37
柱塞球头松动	178.92	86.72	70.13	85.03	18.42	251.78	118.25	294.57
正常	236.45	92.94	41.63	29.79	1.61	1.58	22.47	1.48
正常	199.55	80.73	38.57	33.24	2.08	3.33	26.44	3.17

由于篇幅限制，文中仅列出各个状态的两组提取结果，本文总共处理了 7 种状态液压泵的信号，每种状态各分析了 50 组数据。同时将小波包分解后的结果归一化处理后作为 GA-BP 模型的输入参数。

同时对液压泵不同状态进行编码，编码如表 3 所列。编码的结果即为 GA-BP 模型的输出参数。

表 3　液压泵不同状态的编码表

序 号	状 态	编码表
1	滑靴斜盘磨损	1 0 0 0 0 0 0
2	配流盘偏磨	0 1 0 0 0 0 0
3	斜盘不对中	0 0 1 0 0 0 0
4	轴承内圈损伤	0 0 0 1 0 0 0
5	轴承外圈损伤	0 0 0 0 1 0 0
6	柱塞球头松动	0 0 0 0 0 1 0
7	正常	0 0 0 0 0 0 1

4.2 液压泵故障诊断结果分析

根据液压泵的输入与输出参数可以确定 BP 神经网络的结构：输入层 8 个节点，隐含层为 13 个节点，输出层为 7 个节点，并在 MATLAB 环境中构建 GA-BP 神经网络。将各个状态的 50 组参数中随机选择 40 组作为训练集，其余的 10 组数据作为测试集，并对 GA-BP 网络和 BP 神经网络、SVM 网络的诊断结果进行对比分析。

图 4 为 GA-BP 算法的适应度曲线，在进化第 18 步时适应度达到 100%，且后面的进化操作适应度保持稳定不变。可见遗传算法可以获取 BP 网络初始权值与阈值的最优参数，保证 BP 网络收敛的稳定性和诊断模型的精度。

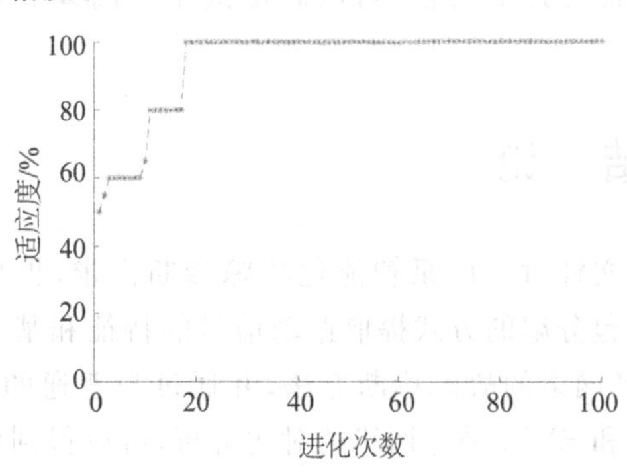

图 4　GA-BP 算法的适应度曲线

GA-BP 神经网络、BP 神经网络和 SVM 网络的诊断结果的对比分析见表 4 和图 5。从结果中可以得到，GA-BP 网络的训练集精度和测试集精度都高于 BP 和 SVM 网络，但训练耗时也最长。

表 4　GA-BP、BP 和 SVM 诊断结果分析表

诊 断	GA-BP	BP	SVM
训练集准确率/%	100 (280/280)	95.71 (268/280)	96.43 (270/280)
测试集准确率/%	98.57 (69/70)	92.86 (65/70)	94.28 (66/70)
训练时间/s	201	8	185

由于 GA-BP 神经网络需要对随机生成初始权值和阈值的 BP 神经网络训练结果进行寻优，即需要进行多次的 BP 神经网络训练，因此 GA-BP 神经网络的训练耗时远大于 BP 网络。但通过遗传算法的寻优方式可以获取 BP 神经网络全局最优的初始权值和阈值，确保 BP 神经网络的收敛和准确性，因此 GA-BP 神经网络精度高于普通的 BP 神经网络。同时 GA-BP 神经网

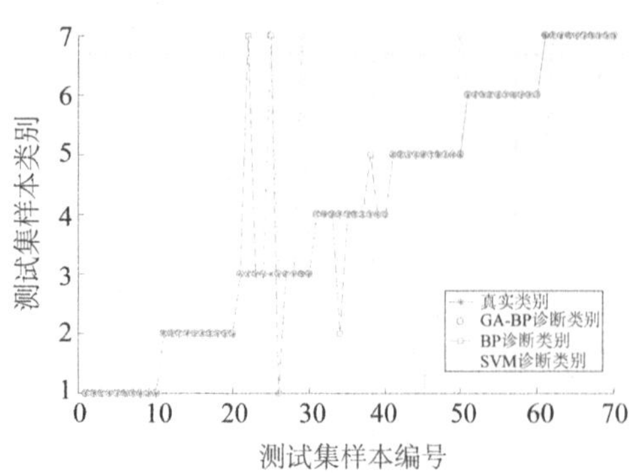

图 5　测试集诊断结果对比图

络的训练时间和 SVM 网络相距不远，但测试精度高于 SVM 网络的诊断结果。因此基于 GA-BP 神经网络的液压泵故障诊断方法，可以满足液压泵离线故障诊断的需求。

5　结　论

本文针对液压泵智能化故障诊断需求，提出了基于小波包分解的方式提取振动信号的特征和基于 GA-BP 神经网络的故障诊断方法，并通过与普通的 BP 神经网络和 SVM 神经网络的对比分析，可以得到以下的结论：

① 利用小波包分解的方式提取液压泵状态信号，可以将信号分解成各个频段的信号，从而提高了信号特征提取的准确性。

② 利用遗传算法的寻优方式可以获取 BP 神经网络全局最优的初始权值和阈值，确保 BP 神经网络的收敛和准确性，大大提高了 BP 神经网络的诊断结果的精度。

③ 同时，GA-BP 神经网络需要对随机生成初始权值和阈值的 BP 神经网络训练结果进行寻优，因此其训练时间高于其他的智能诊断方法。

因此基于小波包分解和 GA-BP 神经网络可以大大提高液压泵故障诊断的精度，可适用于液压泵的离线故障诊断。

参考文献

[1] 黄志坚，袁周. 液压设备故障诊断与监测实用技术[M]. 北京：机械工业出版社，2005.

[2] 蔡伟，李慧，戴民强，等. 液压泵检测诊断技术的研究现状与发展趋势[J]. 液压与气动，TH137：2014(8).

[3] Zhang X D, Tang L, Decastro J. Robust fault diagnosis of aircraft engines: A nonlinear adaptive estimation-based approach[J]. IEEE Transactions on Control Systems Technology, 2013, 21(3): 861-868.

[4] Donovan A B, Roberts R A, Wolff M. Fuel pump trade study for a conceptual design of an integrated air vehicle system[C]. Propulsion and Energy Forum, 2015: 1-9.

[5] Liu Z, Liu Y, Shan H, et al. A fault diagnosis methodology for gear pump based on EEMD and Bayesian network[J]. PloSone, 2015, 10(5): e0125703.

[6] Xiong J B, Zhang Q H, Sun G X, et al. Fusion of the dimensionless parameters and filtering methods in rotating machinery fault diagnosis[J]. Journal of Networks, 2014, 9(5): 1201-1207.

[7] 杜竣，王少萍，张文超. 航空液压泵源健康管理系统硬件平台设计[J]. 流体传动与控制，TH137：37-40.

[8] 赵四军，王少萍，尚耀星. 飞机液压泵源预测与健康管理系统[J]. 北京航空航天大学学报，2010，36(1)：14-17.

[9] Murlidharn V, Gumarn V. Feature extraction using wavelets and classification through decision tree algorithm for fault diagnosis of mono-block centrifugal pump[J]. Measurement, 2013, 46(1): 353-359.

[10] Tao X, Wang Z, Ma J, et al. Study on fault detection using wavelet packet and SOM Neural Network[C]//Prognostics and System Health Management Conference PHM. 2012 IEEE, 2012: 1-5.

[11] Muralidharan V, V Sugumaran, V Indira. Fault diagnosis of monoblock centrifugal pump using SVM[J]. Engineering Science and Technology, an International Journal, 2014, 17(3): 152-157.

[12] 田瑶瑶. 基于机器学习的机电系统关键部件 PHM 技术研究[D]. 南京：南京航空航天大学，2018.

[13] 刘红梅，王少萍，欧阳平超. 基于小波包和 Elman 神经网络的液压泵故障诊断[J]. 北京航空航天

大学学报,2007,33(1):67-71.

[14] 常应文.斜盘式柱塞泵故障特征分析[D].哈尔滨:哈尔滨工程大学,2016.

[15] 曾庆虎,张培林,任国全,等.基于模糊熵与 LS-SVM 的轴承故障诊断[J].机械强度,2014,36(5):666-670.

[16] Chen H H,Wang Q,Shen Y. Decision tree support vector machine based on genetic algorithm for multi-class classification[J]. Journal of Systems Engineering and Electronics,2011,2(4):322-326.

[17] 梁威,景博,等.基于进化支持向量机的机载燃油泵故障诊断及实验研究[J].机械强度,2018,38(5):933-939.

电动环控系统冲压进气道结冰防护研究

张国良[1,*]，李延[1]，史璐璐[1]，孟繁鑫[2]

1. 航空工业第一飞机设计研究院机电系统研究所，西安 710089

2. 南京机电液压工程研究中心航空机电系统综合航空科技重点实验室，南京 211106

摘要： 本论文分析了波音 787 飞机冲压进气道防冰系统原理，基于理想飞机，根据冲压进气道外形开展多工况的水滴撞击特性计算、结冰计算，确定进气道唇口存在结冰风险，并根据结果开展电热防冰热载荷计算。进气道防冰采用电加热涂层方案，开展多工况下防冰效果评估，最终根据设计计算结果给出了系统的加热区域、加热功率密度、温度监控等结果，完成电动气源系统冲压进气道结冰研究。

关键词： 电动环控；唇口防冰；电热防冰；电加热涂层

The Research of Deicing of Ram Inlet Duct of Electrical Environment Control System

ZHANG Guoliang[1,*], LI Yan[1], SHI Lulu[1], MENG Fanxin[2]

1. Electromechanical System Research Institute, the First Aircraft Institute, Xi'an 710089, China

2. Aviation Key Laboratory of Science and Technology on Aero Electromechanical System Integration in Nanjing Engineering Institute of Aircraft Systems, Nanjing 211106, China

Abstract: This thesis analyzes the principle of deicing of electrical environment control system of Boeing 787 aircraft, based on ram inlet duct of ideal aircraft environment control system, according analysis of water droplet impact characteristics, frozen calculations, the result show that there is an ice-frozen risk. And based on the results, electric heating heat load is calculated. The intake road anti-ice uses electric heating coating scheme, anti-ice effect assessment under several conditions is calculated, and finally, results are calculated, including system heating area, heating power density, temperature monitoring, etc. The research of deicing of electrical environment control system are completed.

Keywords: electrical environment control system; inlet lip deicing; electric heating deicing; electric heating coating

1 引　言

电动环控系统在波音 787 飞机上成功应用，电动环控系统取消了传统的发动机引气，采用电动压气机通过压缩冲压空气进行增压[1]。波音 787 飞机全电动环控系统冲压进气道如图 1 所示。进气道位于机身左右侧下方，在进气道前方设置冲压空气风门，必要时打开风门以遮挡进气道的进气。

图 1　波音 787 冲压空气进气装置

在正常飞行过程中，冲压空气活门处于关闭位置，

* 通讯作者. E-mail: zhangguoliangbuaa@126.com

而若在飞行过程中遇到结冰气象条件，进气道唇口可能发生结冰。一方面影响进气效率，另一方面若出现冰层脱落进入进气道，可能损坏电动压气机[2-3]。

波音 787 飞机在冲压进气道唇口处设置了电热防冰系统，其中：

① 冲压进气道唇口采用电热防冰，防冰加热元件内嵌在进气道唇口前缘组件上。

② 在进气道唇口前缘组件上布置有两个温度传感器，用于监控前缘部件的温度，并向公共总线网络反馈当前温度值。

③ 系统的控制与发动机进气道防冰系统共用旋钮开关，正常情况下系统根据结冰探测系统的信号自动打开和关闭。若结冰探测系统故障，可通过发动机进气道防冰旋钮手动控制。

本文以波音 787 飞机作为参考机型设计电动环控系统，系统使用工况与波音 787 飞机相同。对于冲压进气道唇口，由于其布置突出于机身表面，在结冰气象条件下飞行时进气道唇口可能出现结冰现象，影响进气效率或电动压气机的正常运行。

本文所选用的飞机外形模型如图 2 所示。进气道的外形及位置参考波音 787 飞机并结合电动压气机参数进行设计，其外形如图 3 所示，本部分设计计算在此基础上开展。

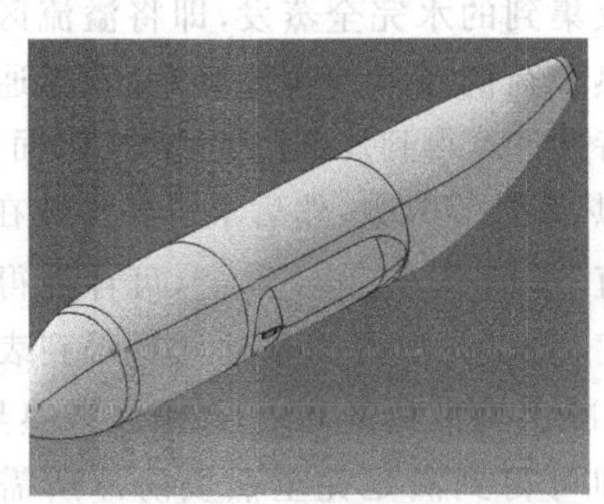

图 2　选用飞机外形模型

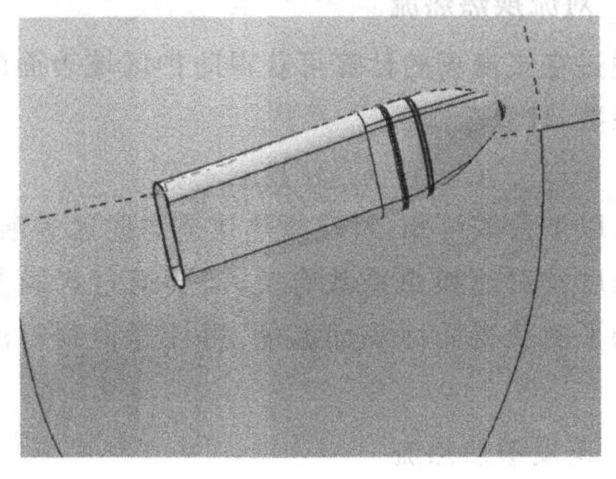

图 3　机身及进气道外形

2　系统防冰热载荷计算

2.1　计算条件

根据防除冰系统设计经验，确定的计算条件见表 1。

表 1　计算状态

状态	高度/m	速度/($m \cdot s^{-1}$)	飞行马赫数	静温/℃	液态水含量 LWC/($g \cdot m^{-3}$)	水滴平均容积直径 MVD/μm
1	600	162.77	0.5	−9.4	0.50	20
2	4 000	146.49	0.45	−9.4	0.50	20
3	6 000	193.09	0.6	−15.4	0.31	20

2.2　计算域及网格划分

由于机翼、尾翼等部件距离冲压进气道距离较远，因此计算时不考虑机翼、尾翼等的影响，仅针对机身和冲压进气道进行网格划分，为了保证计算的准确性，计算域为距离机身前后各 60 倍机身长度的半圆柱形计算域，并对冲压进气道唇口处进行了局部加密以保证计算精度。

2.3　流场计算结果

采用 Fluent 软件进行了各工况下的流场计算，计算域外边界设为压力远场，飞机表面设置为等温壁面，湍流模型选为 S－A 模型。图 4 为冲压进气道附近的压力分布，可以看出，在机头和起落架舱附近流场压力由于气流的滞止作用变化较剧烈。

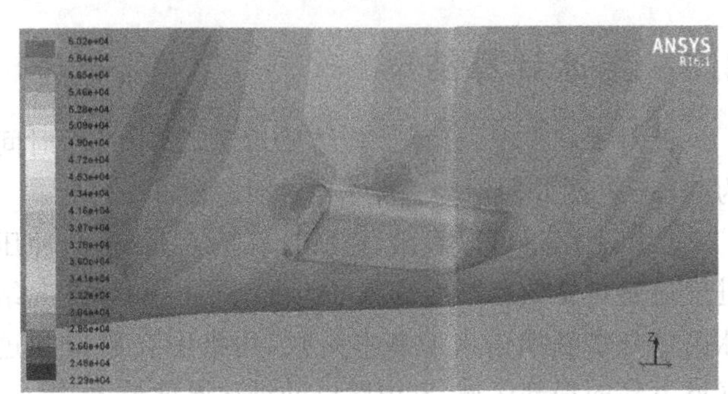

图 4　冲压进气道附近的压力分布

2.4 水滴撞击特性计算结果及防护区域的确定

水滴撞击特性反应部件对空气中液态水的收集情况，其主要参数为局部收集系数，定义为水滴实际收集率与理论最大收集率的比值。

采用 Fensap-Ice 软件计算机身及进气道唇口的局部收集系数[4-5]。可以看出，由于进气道唇口厚度较小，水滴撞击区域集中在进气口附近，局部收集系数最大值约为 0.83。唇口内部下部区域也有少量的水滴收集情况。此外，进气道与机身之间的过渡区域也出现了明显的水滴收集，但该部分结冰并不会影响进气道的正常进气，可以不考虑该部位的结冰防护。

从局部收集系数的分布可知，由于唇口区域厚度较薄，导致局部收集系数较大，且撞击区域集中在唇口前缘附近。为兼顾不同攻角及侧滑角情况下的结冰防护，选定距离唇口平面 0.05 m 以内的区域作为防护区域，整个防护区域面积为 0.065 m^2。图 5 为工况 1 进气道唇口的局部收集系数、防护区域及水滴撞击区域的对比。

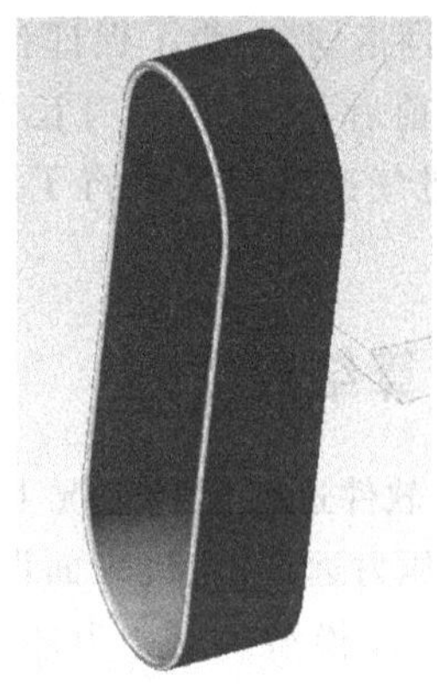

图 5　进气道唇口的局部收集系数、防护区域及水滴撞击区域的对比

2.5 结冰计算结果

针对不同工况，计算了其结冰情况，其中结冰时间为 6 min。图 6 所示为工况 1 结冰计算结果。

从以上结果可以看出，在所计算的 6 min 内，冲压进气道唇口处结冰厚度最高可达到 7.6 mm，各工况结冰区域与水滴撞击区域基本一致，均集中在唇口和进气道下部的局部区域，其中唇口处结冰厚度最大。

整体上看，冲压进气道唇口的结冰较明显，必须采取结冰防护措施以避免结冰影响进气效率，甚至冰层脱落进入进气道损坏压气机。

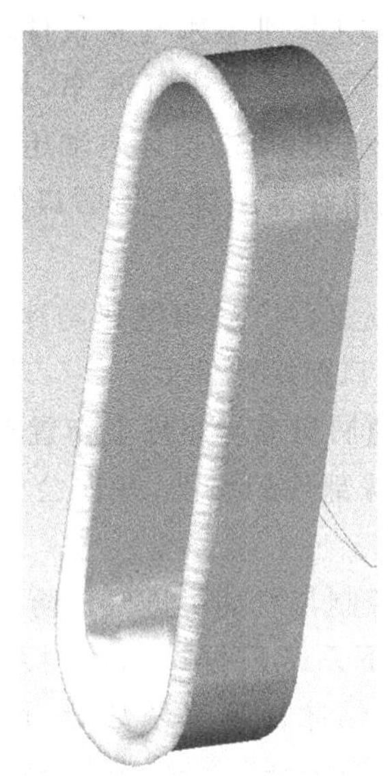

图 6　工况 1 结冰计算结果(最大厚度 7.6 mm)

2.6 防冰热载荷计算结果

1. 方法概述

对于防冰系统而言，需要通过电加热热流来平衡对流换热热流、过冷水被加热的热流和水蒸发吸收的热流。对于本文研究的冲压进气道，应保证在防护区域内使得收集到的水完全蒸发，即将溢流区不超过防护区作为热载荷的条件。在计算时，首先通过流场和水滴撞击特性计算得到局部收集系数、附面层速度、温度、对流换热系数等参数，然后求得各参数在防护范围内的平均值，进而令 $M_{evap}=M_{drop}$，可计算得到防护表面平均温度，并以此温度为基础计算得到表面换热热流 Q_{conv}、过冷水携带热量 Q_{drop} 和蒸发散热热流 Q_{evap}，三者叠加即可得到满足完全蒸发防冰所需的加热热流[6-10]。求解流程见图 7。

2. 对流换热热流

通过空气流场的计算可获得防护区域表面的对流换热系数，计算公式为

$$Q_{conv}=h_{conv}(T_{wall}-T_0)$$

从以上公式可知，对流换热热流与防冰表面温度、环境温度及对流换热系数有关，需要通过水滴蒸发与撞击的平衡获得防冰表面温度，再计算得到对流换热热流。

3. 蒸发散热热流

通过水滴撞击特性的计算结果得到防护表面的水

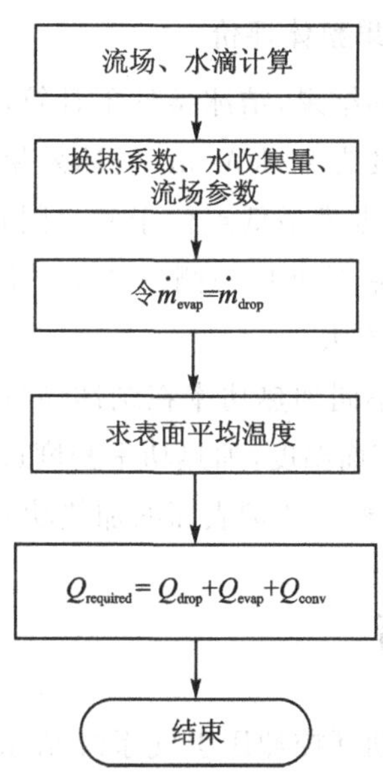

图 7　防冰热载荷计算流程

滴收集率：

$$M_{drop}=\mathrm{LWC}\cdot V_0\cdot\beta\cdot S_{anti}$$

式中，LWC 为防护表面的平均收集系数。

水的蒸发散热热流可按下式计算：

$$Q_{evap}=M_{drop}L_v/S_{anti}$$

式中，L_v 为水的蒸发潜热，为 2 500 kJ/kg。

4. 加热收集水的热流

云层中的水滴撞击到防冰表面，被加热至防冰表面温度后蒸发，在加热中吸收的热量可按下式计算：

$$Q_{drop}=c_{pw}M_{drop}(T_{wall}-T_0)/S_{anti}$$

5. 防冰表面平均温度的确定

在防护范围内，水滴的蒸发率可由下式计算得到

$$M_{evap}=\frac{0.7h_{conv}}{c_{pa}P_{wall}}[e(T_{wall})-e(T_\infty)]S_{anti}$$

式中，c_{pa} 是空气的定压比热；$e(T_{wall})$ 和 $e(T_\infty)$ 分别为表面温度下的饱和水蒸气分压力以及远场水蒸气分压力；T_{wall} 是表面温度；T_∞ 是无穷远处来流温度；P_{wall} 为防冰表面的静压。

饱和水蒸气压力可由下式计算得到

$$\begin{cases} e(T)=6\,894.7\exp\left(20.15-\dfrac{11\,097.2}{1.8T}\right), & T<273.15 \\ e(T)=6\,894.7\exp\left(14.57-\dfrac{7\,129.2}{1.8T-72}\right), & T\geqslant 273.15 \end{cases}$$

影响水滴蒸发率的三个因素中，环境温度、表面对流换热系数与飞机所处的环境和飞行状态有关，而壁面温度是由外部环境和防冰系统的共同作用决定的，在给定的外部环境下，防冰系统能否满足完全蒸发防冰的要求，其外在表现为壁面温度。对于防冰热载荷的计算而言，将表面平均温度作为输入条件，进而计算得到水滴蒸发率，从而判断给定的表面平均温度是否满足完全蒸发防冰的要求。

6. 防冰热载荷计算结果

上述计算得到了防冰热载荷的三个组成部分，分别为对流换热热流、蒸发散热热流、加热收集水的热流，三者相加可得到防冰表面所需的热流密度：

$$Q_{required}=Q_{drop}+Q_{evap}+Q_{conv}$$

本文三种工况下防冰表面平均温度分别为 288.1 ℃、285.6 ℃、280.9 ℃。

三种工况下的防冰表面热流密度分别为 23 205 W/m^2、18 524 W/m^2、13 888 W/m^2，因此最终确定的加热热流密度为 23 kW/m^2。

3　系统初步设计方案及防冰效果评估计算

3.1　系统电加热方案

目前飞机上使用较为成熟的电加热方式主要包括电阻丝、电阻片式加热，其中在透明介质中导电薄膜的使用也较为广泛。电阻丝和电阻片加热方式有重量、加热效率、加热均匀度方面的劣势，在未来飞机上将逐渐被目前研究较多的涂层式电加热所取代。

近年来，国内电加热涂层方面的研究较多，其中石墨烯加热涂层已经在民用领域较大规模应用。涂层加热方式具有加热均匀、热传导效率高、局部破损不影响整体加热性能等优点。

3.2　防冰效果评估

1. 概　述

本部分的防冰效果评估计算基于涂层的均匀加热，分别计算不同工况下的防冰表面温度。

根据防冰热载荷的计算结果，为满足各个工况下的防冰，防冰热流密度取工况 1 条件下的热流密度，为 23 kW/m^2。考虑到热载荷计算与实际防冰效果必然有一定差距，以及蒙皮自身沿航向的导热，因此在评估防冰效果时热流密度按 20 kW/m^2 进行试算。

2. 结冰条件下的防冰效果

图 8 所示为工况 1 条件下 20 kW/m^2 防冰表面

温度。

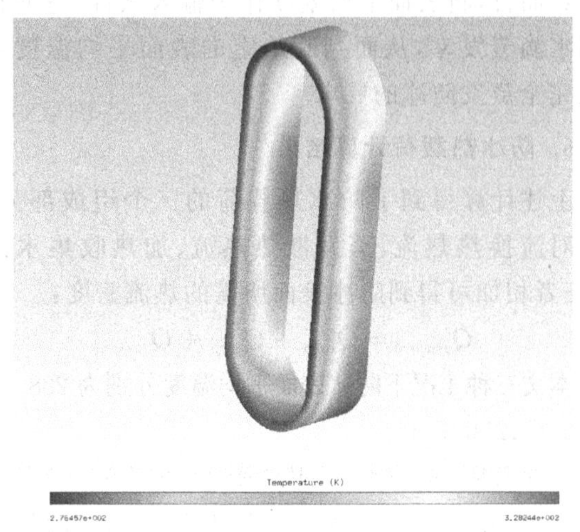

图 8　工况 1 条件下 20 kW/m² 防冰表面温度

从不同工况下的防冰表面温度分布可以看出，表面最低温度出现在前缘出口附近(约 276.9 K)，由于唇口区域为水滴撞击区，且此处对流换热系数明显大于其他区域，因此该位置防冰所需的热载荷最大，在同等加热功率下，加热后表面的温度也最低。其余区域由于几乎没有水的收集，且对流换热相对较弱，因此这些区域的加热温度较高(最高为 313.7 K)。

此外，根据计算结果，三种工况下防冰表面的液态水均达到了完全蒸发的防冰效果，图 9 是典型的表面液膜厚度分布，可以看出液态水未流出防护区域。

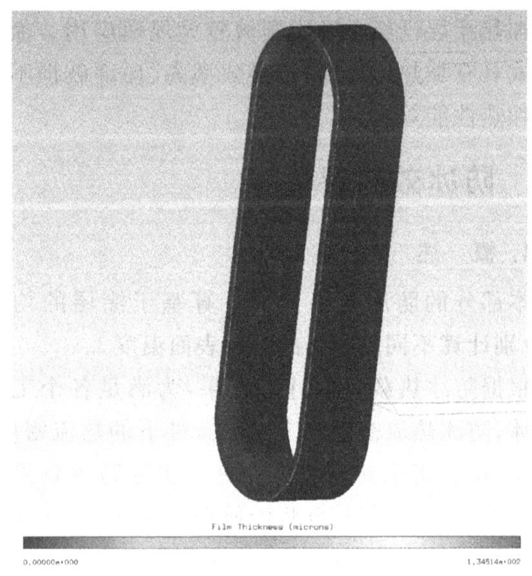

图 9　防冰表面液膜厚度分布

3. 防冰效果整体评价

根据计算的结果，结冰条件下计算的三个工况，防冰表面热流密度为 20 kW/m² 防冰效果均满足完全蒸发的防冰要求，温度最低点位于唇口附近，温度最高点位于远离唇口靠近机身一侧。其中，唇口最低温度约 3 ℃，热流余量不大。

综合考虑不同加热功率在结冰条件和干空气飞行条件下的防冰表面温度，加热功率密度选为 20 kW/m²，无需调整功率，整个防护表面的加热功率为 1.3 kW。

4 总　结

本文对电动环控冲压引气系统结冰防护技术进行了研究，分析了波音 787 飞机冲压进气道防冰系统的原理及构架，并根据冲压进气道外形进行了电热防冰热载荷计算。结果表明，电动环控冲压进气道存在结冰风险。

本文确定了电加热涂层防冰方案，开展多工况下防冰效果评估，最终根据设计计算结果给出了系统的加热区域、加热功率密度、温度监控等结果。结果表明，防冰效果均满足完全蒸发的防冰要求，且热流余量不大，完成了电动环控冲压引气系统结冰防护设计。

参考文献

[1] 黄辉，崔丹丹，崔高伟. 引气环控系统和全电环控系统性能对比分析[J]. 中国科学信息，2013，15：132-135.

[2] 韩凤华，裘燮纲. 飞机防冰系统[M]. 北京：航空专业教材编审组，1984.

[3] 程海龙. 多电飞机机电系统关键技术研究[J]. 科技信息，2013(19).

[4] Pellissier M，Habashi W G，Pueyo A. Design optimization of hot-air anti-icing systems by FENSAP-ICE [R]. AIAA 2010-1238，Reston：AIAA，2010.

[5] Wang H Z，Tran P，Habashi W G. Anti-icing simulation in wet air of a piccolo system using FENSAP-ICE [R]. SAE 2007-01-3357，2007.

[6] Dong W，Zhu J，Min X H. Calculation of the heat transfer and temperature on the aircraft anti-

icing surface[C]//27th International Congress of the Aeronautical Sciences.

[7] Domingos R H, Papadakis M, Zamora A O. Computational methodology for bleed air ice protection system parametric analysis[R]. AIAA-2010-7834, 2010.

[8] Morency F, Brahimi M T, Tezok F, et al. Anti-icing system simulation using CANICE [J]. Journal of Aircraft, 1999, 36(6):999-1006.

[9] Wright W B. User Manual for the NASA Glenn Ice Accretion Code LEWICE Version 2.2.2[R]. NASA-CR-2002-211793, 2002.

[10] 郭涛,朱春玲,李延,等. 基于参数平均的防冰热载荷计算方法[J]. 世界科技研究与发展,2016,38(2):292-296.

空投搜救式机动救生系统设计技术研究

王晓强[1,2]，万曲[1,2]，翟红军[1,2]，苏炳君[1,2]，王秀娟[1,2,*]

1. 航宇救生装备有限公司，襄阳 441003

2. 航空防护救生技术航空科技重点实验室，襄阳 441003

摘要：通过需求及场景分析，提出了空投搜救式机动救生系统的救援模式。通过机动艇舟体结构设计、Hullspeed仿真分析计算得到了最优的艇体构型方案，并验证了机动艇航速航程满足要求。通过采用多支路流量控制及单向进气方式解决了机动艇多隔舱不同体积、不同内压快速充气设计难点。搜索定位系统通过采用多信息源检测定位手段及多源感知信息融合技术，实现了优势信息或互补性信息的有机结合，显著提高了对目标的探测、识别、定位能力。通过配置多人漂浮平台、救生物品实现海上遇险人员机动搜救后的漂浮和长时间的生存待救。采用可漂浮货台与着陆脱离方式，实现了系统稳降着水后与空投系统的分离与快速解脱。

关键词：空投；搜索定位；机动艇；救生

Research on Design Technology of Airdrop Search Mobile Rescue System

WANG Xiaoqiang[1,2], WAN Qu[1,2], ZHAI Hongjun[1,2], SU Bingjun[1,2], WANG Xiujuan[1,2,*]

1. Aerospace Life-support Industries Co. Ltd., Xiangyang 441003, China

2. Aviation Key Laboratory of Science and Technology on Life-support Technology, Xiangyang 441003, China

Abstract: Through the analysis of requirements and scenarios, the rescue mode of airdrop search and rescue mobile lifesaving system are proposed. The optimal hull configuration is obtained by the hull structure design and Hullspeed simulation analysis. It is verified that the speed and range of the motor boat meet the requirements. Through the use of multi-branch flow control and one-way air intake, the design difficulties of rapid inflation of the motor boat with different volumes and different internal pressures are solved. The search and positioning system realizes the combination of superior information or complementary information with adopting multi-information source detection and positioning methods and multi-source perception information fusion technology, and significantly improves the ability to detect, identify, and locate targets. By configuring multi-person floating platforms and life-saving products, people in distress at sea can float after mobile search and rescue and survive for a long time. The floating cargo platform and the landing separation method are used to realize the separation and rapid release of the system from the airdrop system after the system has steadily landed in the water.

Keywords: airdrop; search and location; motor boat; lifesaving

1 引 言

空投搜救式机动救生系统是以远海搜救为需求，通过救援对象和救援场景的分析，开展海上快速救援技术研究。主要针对的救援对象是海上遇险人员，主要应用场景是，当航空器发生紧急事件后，由航空器携带救援队和空投搜救式机动救生系统[1]抵达遇险海域，由航空器在海域附近空投机动救生系统[2]，救援人员利用机动救生系统快速救起、收拢遇险人员，并将被

基金项目：空投型救生保障系统研究(BS317C009)

*通讯作者. E-mail：1564049766@qq.com

救起人员转移至漂浮平台待援，待救人员利用救生物品进行生存待救。

2 国外现状

对于遇险人员，美军常用的远海救援手段美军舟船空投系统，如图 1 所示，是利用远程航空器空投机动艇及救生员(如美国空军伞降救援队，简称 PJ)，直接对遇险人员进行支援或开展救援行动。

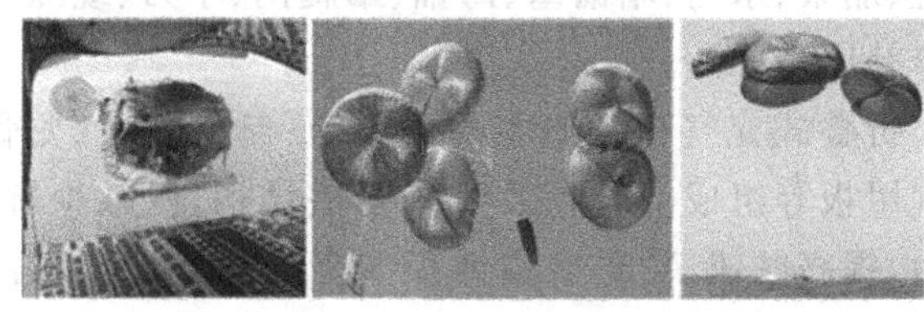

图 1 美军舟船空投系统(空投、着水)

2014 年 5 月 2 日，一艘中国渔船在距墨西哥西海岸近 2 000 km 的海域起火沉没，11 名中国船员乘救生筏在海上漂浮。渔船发现后发出求救信号，美国空军救援协调中心接收到信号后，对遇险人员身份和位置进行确认，派出 2 架"战斗王 2"救援飞机、3 架 HH-60"铺路鹰"直升机、10 名"守护天使"中队成员以及 38 名救援中队成员参与远距离救援。到达救援位置后，精确空投两艘充气船，随后伞兵救援人员空降着水实施救助。

俄罗斯研制了两款典型的空投型机动艇，质量分别为 8 t 和 5.2 t，艇长分别为 12.4 m 和 9.8 m。可使用安-12、伊尔-76 空投，牵引空投方式出机，救援人员和机动艇同降(3 名救援人员搭载机动艇一起空投)，能够迅速形成救援能力。图 2 所示为俄罗斯舟船空投系统。

国外发达国家海上搜索救援活动明显反映出其海上航空搜索救援技术已经十分成熟。

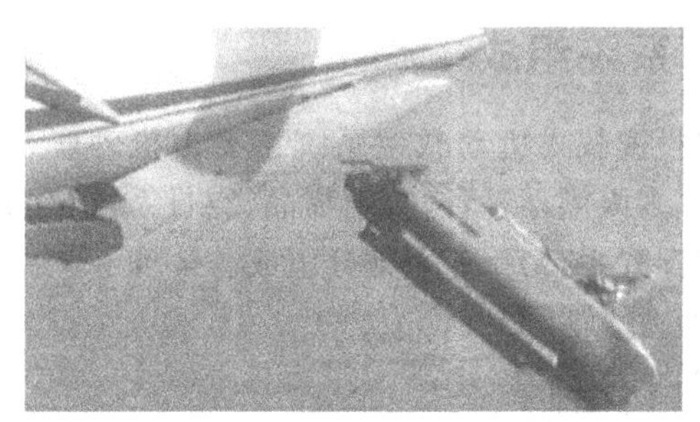

图 2 俄罗斯舟船空投系统

3 救援模式及系统组成研究

3.1 救援模式

根据海上空投救援需求：

① 系统可适用航空器空投。

② 救援人员可使用机动救生系统将遇险人员转运到漂浮平台上。

③ 机动艇具备在 3 级海况下的航行能力。

④ 额定载人数：机动艇 6 人，多人漂浮平台 10 人。

⑤ 系统可提供 6 人 3 天生存需要的物品存放空间。

⑥ 系统应具备搜索定位功能。

为满足救援需求，救援模式及工作原理为：救援航空器飞抵遇险人员所在海域上空，实施机动救生系统空投[3]；机动救生系统空投着水瞬间实现物伞分离并漂浮于海面；救援人员到达机动救生系统附近，解除空投包装后启动机动救生系统上充气装置，待机动艇充气成型后登艇；利用艇上搭载的搜索定位系统对海面遇险人员实施定位，开展海上机动施救；遇险人员数量较多或海况环境恶劣时，需要启用多人漂浮平台及救生物品实现长时间生存待救。图 3 所示空投搜救式机动救生艇救援模式。

图 3 空投搜救式机动救生艇救援模式

3.2 系统组成

空投搜救式机动救生系统主要由机动艇、搜索定位系统、多人漂浮平台、救生物品、空投系统(包括伞系统和漂浮式平台)等5个部分组成。

① 机动艇;

② 搜索定位系统;

③ 多人漂浮平台;

④ 救生物品;

⑤ 空投系统。

总体采用柔性充气机动艇海上空投的方式,机动艇搭载搜索定位系统用于遇险人员的近距离搜索,同时机动艇上配备多人漂浮平台及救生物品,满足至少6人3天的海上漂浮生存待救需求。

4 机动艇设计研究

4.1 设计思路

机动艇是空投搜救式机动救生系统的核心组成部分,由空投系统实现稳降着水。救援人员着水后可快速解开包装,拉动充气装置,在几分钟内机动艇充气至适用状态,救援人员登上机动艇后安装搜索定位系统,启动船外机,开始执行搜救任务。救援人员可使用机动艇将遇险人员转运到多人漂浮平台中,且配备有救生物品,可满足6人3天海上漂浮生存待救。

首先,通过选择合适的机动艇结构型式,满足机动艇高抗浪要求,并通过试验验证。

其次,开展舟体结构、动力与阻力、流场的关系趋势研究,确定机动艇底角度、艇底高度、浮筒直径,选择合适的动力设备,满足机动艇的高速航行要求,并通过不同载重航速试验验证机动艇的航速及航程。

充气系统是机动艇设计的关键及难点,在机动艇多隔舱设计的要求下,一键式快捷充气,既可节省救援时间,又可极大地降低对救援人员的操作熟练度要求。

4.2 舟体结构设计

机动艇结构一般采用三种结构型式:全硬式机动艇、充气折叠式机动艇和半硬式机动艇。

全硬式机动艇具有航速快、操作方便快捷等特点,但因其整体硬质材料的原因,在海面风浪高速航行时稳定性较差,尤其是轻载重量的小型船只。因此,全硬式机动艇通常适用于载重量不小于10人的中、大型船只结构。

半硬式机动艇采用高强度涂层面料制作艇身,加上刚性底壳,兼具了硬质艇底航速高和柔性浮筒抗风浪稳定性的优点;但由于其刚性底壳的设计,使得其体积较大,无法折叠至较小尺寸,用于空投需要机舱具有足够的空间,且刚性底壳在空投中容易碎裂,对空投缓冲追撞要求较高。

充气折叠式机动艇具有可折叠包装体积小、重量轻等特点,舟体全部使用柔性涂层材料粘接而成,启动航行前整船充气成型;在海面风浪高速航行时稳定性较好。但由于艇底的刚度较差,水面航行速度较低,需要进行优化设计,整体空投后可快速投入使用作为海上搜索救援工具。

因此,为满足高抗浪要求,确定高抗浪空投机动艇采用柔性可折叠充气式结构。

机动艇主要包括艇体、充气系统、船外机、附件等。船外机采用汽油为燃料提供动力。附件包含手动补气装置、船桨、水勺、堵漏塞、海锚、攀爬网、小刀、缆绳、紧急修补用品等。

折叠式充气机动艇主要由浮筒、艇底、充气龙骨、充气甲板等组成。艇底采用V形底结构,以减少航行阻力,提高航速,V形底由变径龙骨、充气甲板组合实现,以保持艇底形状。

为了提高航行速度,需对机动艇流线形及艇底V形角进行优化设计。通过三维建模与仿真计算,建立了机动艇的实体模型与有限元模型。

应用Maxsurf软件中Hullspeed模块(见图4)对不同的艇底V形角度模型进行航速-阻力计算,不同V形角航速-阻力曲线见图5。

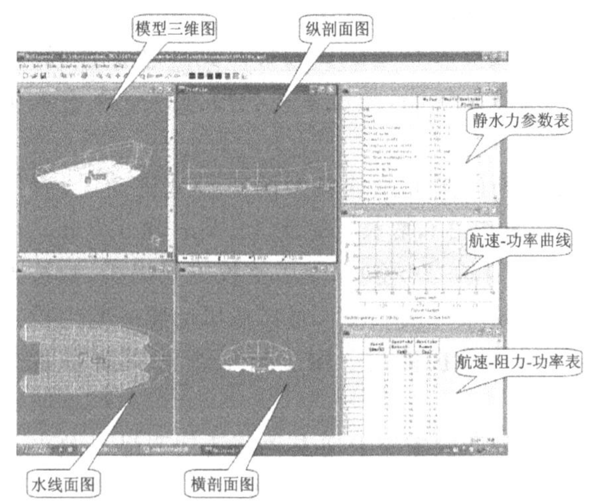

图4 Hullspeed模块计算界面

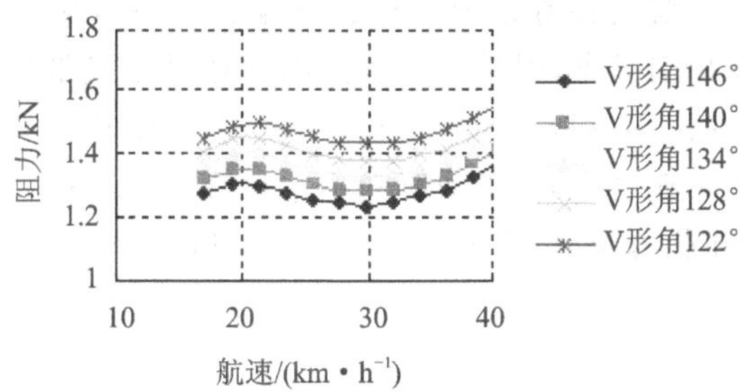

图 5 机动艇不同 V 形角航速-阻力曲线

通过优化设计，机动艇头部采用 A 形流线形线条，船艏向上抬升，减小粘压阻力、摩擦阻力与兴波阻力，艇底 V 形角采用 146°以获得较大航速。浮筒外侧宽为 1.9 m，艇体内侧宽为 0.9 m。艇体总长约 4.3 m，艇体高约为 0.8 m。

为了防止浮筒破损导致的机动艇功能失效，浮筒被分为 4 个互相隔开的舱室，左右对称，每个隔舱体积相同。根据机动艇载重量和外形尺寸，为保证航行速度，选用 30 马力的船外机。

图 6、图 7 所示分别为三级海况机动艇满载（8 人）、2 人航行。

图 6 三级海况机动艇满载(8 人)航行

图 7 三级海况机动艇载 2 人航行

通过开展机动艇三级海况航速航程试验，表明机动艇在载 2 人航行时，最大航速为 35 km/h，满足要求。机动艇载 2 人航行时，载 24 L 汽油航程 100 km 以上。

4.3 充气系统设计

分别采用多个气瓶充气，至少需要 2～3 次操作，增加了用户使用复杂度，操作复杂使得用户体验较差，因此选择采用一个气瓶充气。

为实现机动艇多隔舱不同体积、不同内压快速充气，其中浮筒 4 个舱室，龙骨与甲板各 1 个舱室，共 6 个舱室，龙骨体积最小，甲板体积次之，浮筒 4 个舱室体积相同，龙骨与甲板压力较浮筒压力更高，且充气完成后舱室之间应保持隔断，以保证即使两个舱室损坏漏气，也可保证乘员的正常漂浮。

充气系统采用高压气源与高软软管及单向进气阀组建而成，通过控制气流支路不同流量实现多隔舱不同体积、不同内压快速充气。通过拉动高压气体释放拉索，可快速启动充气系统，实现 2 min 内将机动艇充气成型。

图 8 所示为充气系统示意图。

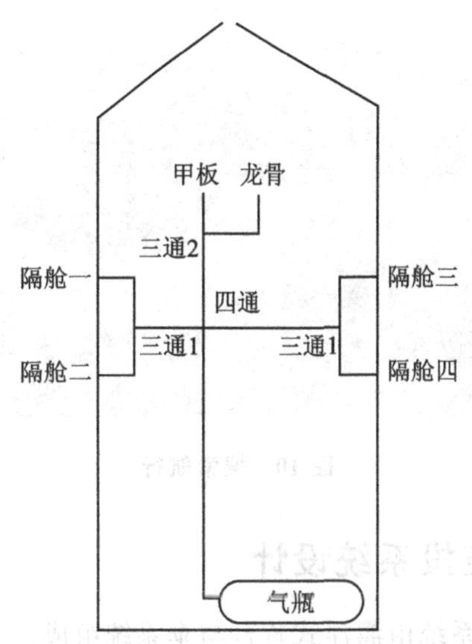

图 8 充气系统示意图

5 配套设计

5.1 搜索定位系统设计

搜索定位系统[4]采用多信息源检测定位手段，获得待救目标位置信息，辅助救援人员驾驶机动艇向待救目标靠近完成救援任务。可在白天、夜晚以及各种不利的天气条件下完成识别定位任务。搜索定位系统通过显控终端与救援人员交互。搜索定位系统主要由北斗定位导航系统、可见光/红外融合定位传感器、电磁频谱定位系统、紫外探测定位传感器四部分组成。

采用多源感知信息融合技术将不同类型传感器获取的图像(如可见光、红外、紫外图像)、目标方位等信息进行预处理,再采用一定的算法将所获得的多源信息中包含的优势信息或互补性信息有机地结合起来,以生成新的更完整或更真实准确的目标信息,可以显著提高对目标的探测、识别、定位能力。图 9 所示为多源感知信息融合方案。图 10 所示为搜索航行图片。

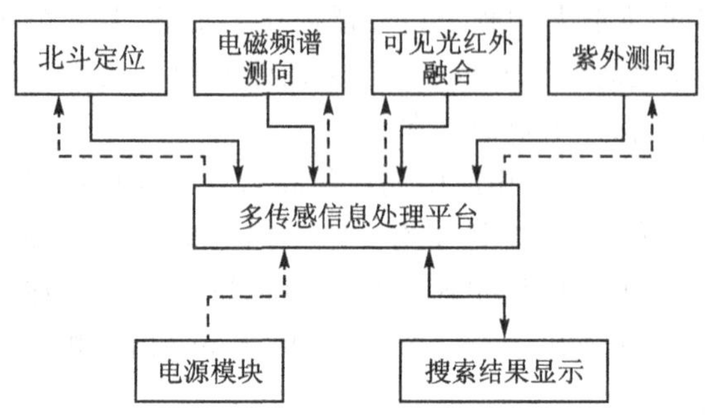

图 9 多源感知信息融合方案

图 10 搜索航行

5.2 空投系统设计

空投系统由漂浮式货台与伞系统组成。

货台具有水上漂浮功能,当救援装备及物资脱离货台后,货台可沉入水中。

伞系统[5]主要包含稳定引导伞系统(含稳定伞分离机构)、主伞系统、着陆脱离锁等部分,主要实现机动艇的空投及系统着水后伞系统的快速解脱。

漂浮式货台利用容积腔体充气漂浮与放气下沉的原理,设计漂浮体并为机动救生艇提供浮力。货台上设置入海水脱离装置。折叠状态的机动艇捆绑在货台上,系留带通过海伞锁与漂浮货台连接。漂浮货台入水后,入海水脱离装置解脱系留带,机动艇充气漂浮于海面。

伞系统由开伞拉绳、引导伞(见图 11)、主伞、伞包、装伞套、脱离锁等组成。通过开伞拉绳打开引导伞封包,拉出引导伞,引导伞充气张满并通过连接带打开主伞包并拉出主伞;主伞充气,随后切割器工作解除收口,主伞充气张满,机动艇随主伞稳降,系统着水后,脱离锁卸载力脱离,实现伞系统与机动艇的分离。

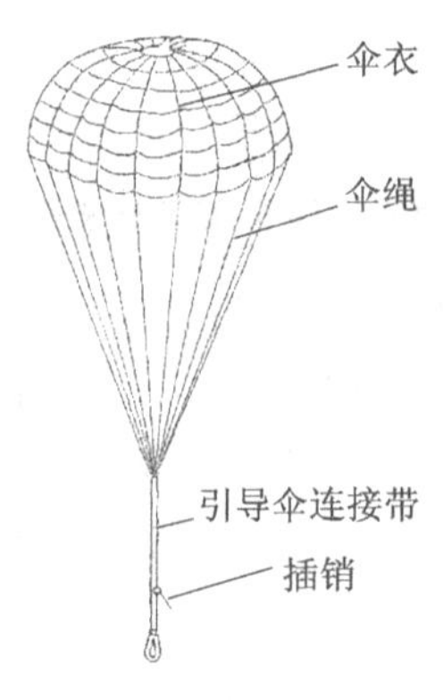

图 11 引导伞

5.3 多人漂浮平台及救生物品

多人漂浮平台[6]用于配合机动艇完成海上遇险人员机动搜救后的漂浮和长时间的生存待救,可实现对小规模多人的漂浮待救。

救生物品包能提供可靠、有效的联络求救物品、医保用品、生存自救物品及防御自卫武器等,满足 6 人 3 天海上漂浮生存待救。

多人漂浮平台设计成不可翻转式结构,主要由船体、充气系统、附件组成。其中附件主要包括主缆绳、小刀、扶手、船梯、海锚、救生位置灯等;充气系统包括气瓶/释放阀组件和充气接头。多人漂浮平台总体结构见图 12。

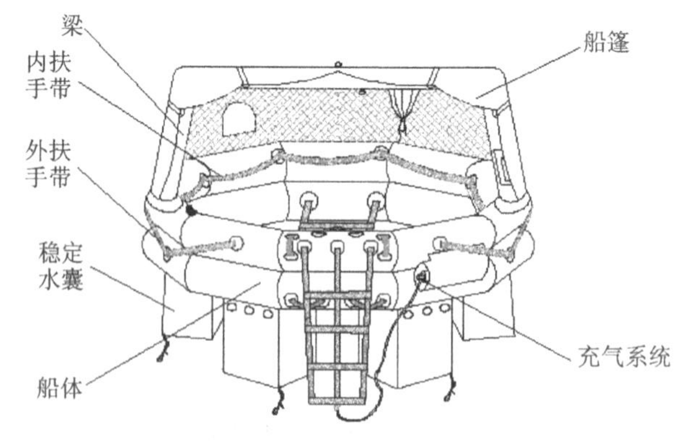

图 12 多人漂浮平台

多人漂浮平台额定载人量为 10 人,展开后,长为 2.7 m、宽为 2.5 m;未载人时,水面以上的部分高为

1.4 m,水面以下的部分(水囊)高为 0.5 m。

6 结 论

本文对空投搜救式机动救生系统的设计进行了设计研究,空投搜救式机动救生系统的设计已满足要求,并通过三级海况航行试验及搜救试验验证了机动救生系统的功能性能,机动艇可在 2 min 内完成一键式快速充气,且有效实现了机动艇的搜索定位功能。

机动艇通过搭配多人漂浮平台、救生物品包,可实现海上小范围内跳伞待救人员的机动搜索救援,并可提供6人3天生存需要的物品,大幅度提高待救人员的生存几率。

参考文献

[1] 冯淑珍. 新型船载小艇—救助艇[J]. 机电设备,1990,4(1):46-48.

[2] 赵秋艳. X-38 救生艇全尺寸模型进行首次空投试验[J]. 航天返回与遥感,1998,19(2):46-48.

[3] 郭华,陈立雄,李晅. 军事飞行人员海上航空救生能力情况分析[J]. 空军医学杂志,2016,32(6):422-424.

[4] 于洋. 基于给定非光滑搜索带的动力定位船循迹控制方法研究[D]. 哈尔滨:哈尔滨工程大学,2019:12-25.

[5] 姜现伟,杨东凯,刘龙飞. 空投物资搜索终端的设计与实现[C]//全国第4届信号和智能信息处理与应用学术会议论文集. 北京:北京航空航天大学,2010:88-91.

[6] 船舶和海上技术. 救生艇和救生船用救生设备:ISO 18813—2006[S]. 国际标准化组织,2006:22-26.

飞机外挂副油箱铺贴防雷材料工艺研究

王云智[1],陈闯[2],石伟林[1],张玉白[1],刘孝东[1],常方园[1]

1. 合肥江航飞机装备股份有限公司工艺技术部,合肥 230041

2. 空装驻合肥地区第二军事代表室,合肥 230041

摘要: 大气雷电环境给飞行安全带来重大隐患,为保证飞行安全,设计时需切实考虑飞机的雷电防护性能。其中,燃油系统的雷电防护设计是飞机雷电防护最重要的任务之一,某型直升机外挂副油箱雷电防护设计要求在副油箱蒙皮外表面铺贴防雷击金属材料。工艺技术部门通过开展工艺研究和试验,确定了防雷击复合材料表面膜的关键技术指标;摸清了真空袋压技术过程参数和注意事项;实现了在有大曲率球面和弧面的外挂副油箱上铺贴防雷材料。试验油箱通过了雷击试验,满足雷电防护性能要求;通过制定、落实相关优化措施,试验油箱满足外观质量要求。

关键词: 雷电防护;外挂副油箱;防雷击复合材料表面膜;大曲率;外观质量

Study on the Technology of Anti-lightning Material for External Auxiliary Tank of Aircraft

WANG Yunzhi[1], CHEN Chuang[2], SHI Weilin[1], ZHANG Yubai[1], LIU Xiaodong[1], CHANG Fangyuan[1]

1. Process and Technology Department of Hefei Jianghang Aircraft Equipment Co. Ltd., Hefei 230041, China

2. Second Military Representative Office in Hefei, Hefei 230041, China

Abstract: In order to ensure the flight safety, the lightning protection performance of aircraft should be considered in the design, the lightning protection design of fuel system is one of the most important tasks of aircraft lightning protection. The lightning protection design of an external auxiliary fuel tank of a helicopter requires that the outer surface of the auxiliary fuel tank is covered with lightning protection metal material. Through the process research and test, the key technical indexes of the composite surface film against lightning strike are determined, and the technical process parameters and points for attention are found out. The lightning protection material is overlaid on the external auxiliary fuel tank with large curvature spherical surface and arc surface. The test fuel tank has passed the lightning test and meets the requirements of lightning protection performance. The test fuel tank meets the appearance quality requirements by formulating and implementing relevant optimization measures.

Keywords: lightning protection; external auxiliary tank; composite surface film for lightning protection; largecurvature; appearance quality

1 引 言

某型外挂副油箱雷电防护实验条件:该外挂副油箱本体电磁环境效应应满足 XX2B 区域的雷电防护直接效应。XX2B 区域是扫掠冲击区域,也是雷电流长时间悬停可能性较大的区域,因此需要可靠性更高的防雷设计,根据设计要求需在外挂副油箱蒙皮表面铺贴金属铜网。

现阶段在机翼或雷达罩平面上铺贴铜网比较常

见，很少有在大曲率球面和弧面上铺贴铜网的案例，因为曲率大会影响防雷材料的铺覆性以及铺贴后的产品外观。通过将球面和弧面进行近似展开，再将防雷材料按展开尺寸裁剪、铺贴，能够减少铺贴褶皱，提升外观质量。通过对比试验，铺贴防雷击复合材料表面膜和涂刷环氧胶粘剂铺贴铜网一样能满足雷电防护性能，还具有施工工艺性好、提升工作效率和外观质量等优点，最终确定了使用防雷击复合材料表面膜铺贴方案。

2 分 析

某型飞机外挂副油箱主要由帽头、中段和后段焊接而成(见图1)。其中帽头是半球形，中段是圆柱形，后段是弧形。众所周知，在大曲率的弧面和球面上铺贴相较在平面或其他规则表面上铺贴更困难，因为在大曲率面上铺贴会产生“多肉”褶皱。副油箱中段是规则的圆柱形，因此铺贴的主要难点在于帽头和后段两处，需要解决两处“多肉”褶皱问题，终初形成了两种方案：

图1 某型外挂副油箱外形图

方案一：定制与帽头、后段外形相符的铜网，或将铜网拉深成帽头、后段形状。

方案二：将帽头、后段进行近似展开，按展开尺寸裁剪铜网。

3 铜网拉深试验

据了解该铜网国内供应商仅一家，其生产设备均为纯进口设备，不能实现铜网外形定制。

因而进行铜网拉深试验，考虑将铜网拉深成帽头和后段形状。帽头处的铜网拉深，参考帽头的加工方式，使用油压机和拉深模具进行拉深，第一次拉深时铜网即拉裂。为增加铜网韧性，使用两块厚度1 mm铝板夹持铜网，进行多次拉深，成形的铜网在顶点下方约10 cm处出现拉裂，此时铜网网格间距增大，丝径变细，影响雷电防护性能，排除该方案。

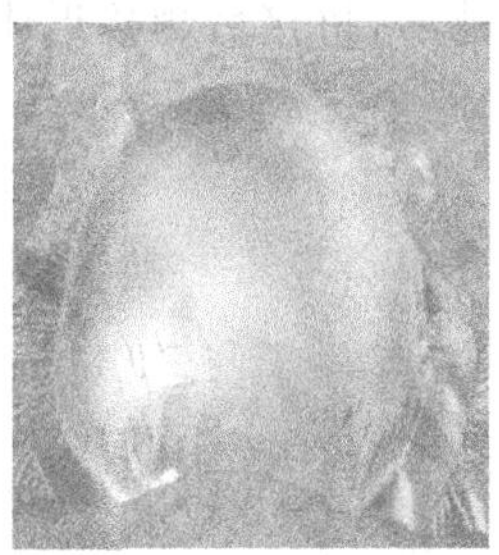

图2 铜网拉深试验

4 帽头和后段的展开

因铜网幅面受限，设计上允许搭接，因此可将帽头、中段和后段分别进行展开，再将防雷材料按展开尺寸进行裁剪和铺贴。

中段是圆柱形的展开，展开料的长度尺寸是中段长度和搭接长度的和，宽度尺寸是外圆的周长。

帽头有两种展开方式，可以分别按水平面或柱面进行展开。

4.1 按水平面展开

用平面将帽头分成5份，编号1处可近似当成圆柱面展开，编号2、3、4、5当作圆锥面展开。最终展开状态见图3。

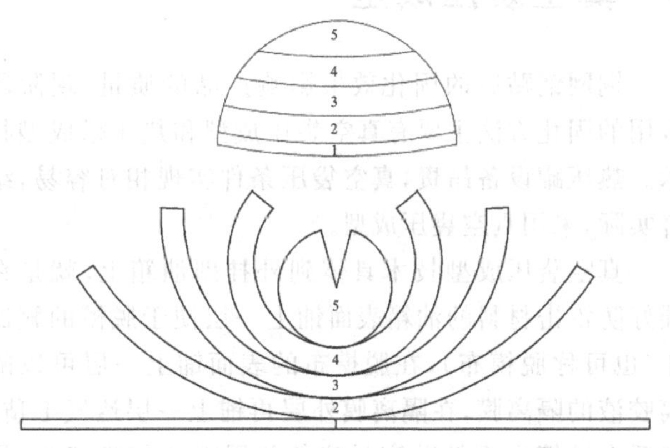

图3 帽头按平面展开

4.2 按柱面展开

将帽头均分成8份，8份拼成一个圆，所以长度L等于圆的周长，球体的展开高度实际是圆周长的一半，所以半球展开高度H应是圆周长的1/4。图4中$AB=ab$，$CD=cd$，$EF=ef$，…，通过计算对应圆的周长即可确定各点的坐标；用样条曲线连接各点，即是外形展开图，取的点越多，展开尺寸越精确。帽头分成的份数越多，拼接后越接近球形。

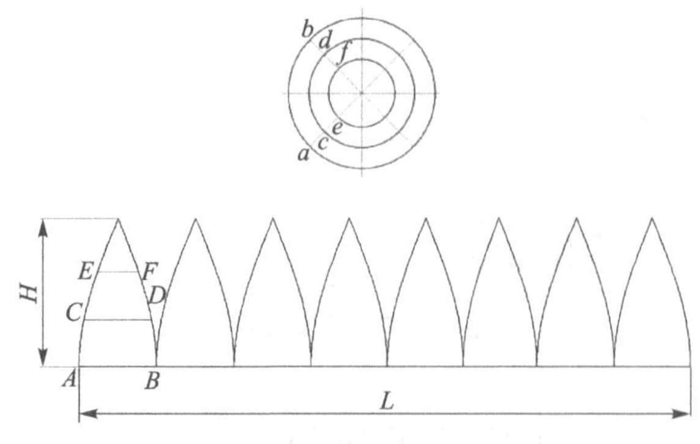

图 4 帽头按柱面展开

副油箱的后段，按设计图样给出的坐标位置进行展开(图 5 按 8 份展开)，展开料的长度对应两点的弧长，图中 $ab=AB$，$ac=AC$，$ad=AD$，宽度尺寸 H 即是圆周长的 1/8。

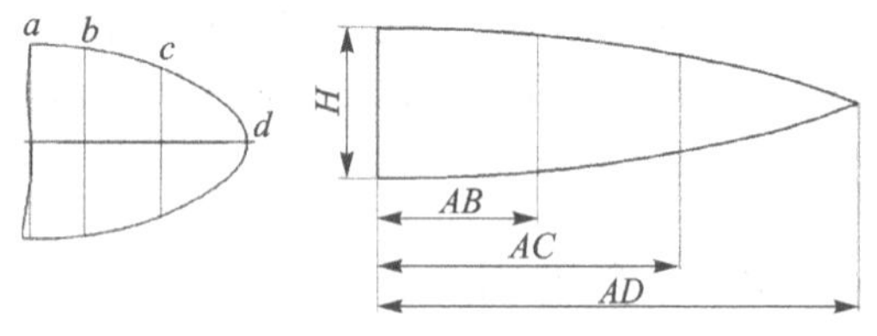

图 5 后段展开图

5 真空袋压成型

铜网铺贴后的固化效果影响产品的质量，现阶段常用的固化方法主要有真空袋压成型和热压罐成型技术。热压罐设备昂贵，真空袋压条件实现相对容易，结合实际，采用真空袋压成型。

真空袋压成型技术具体到外挂副油箱上，就是在铺好防雷击材料的油箱表面铺上一层便于脱模的氟四布(也可称脱模布)，在脱模布的表面铺上一层可以隔离胶液的隔离膜，在隔离膜外层再铺上一层透气毛毡，然后在油箱表面粘贴密封胶条并用真空袋膜密封，最后连接真空泵、真空吸盘抽真空固化。图 6 所示为铺层顺序图。

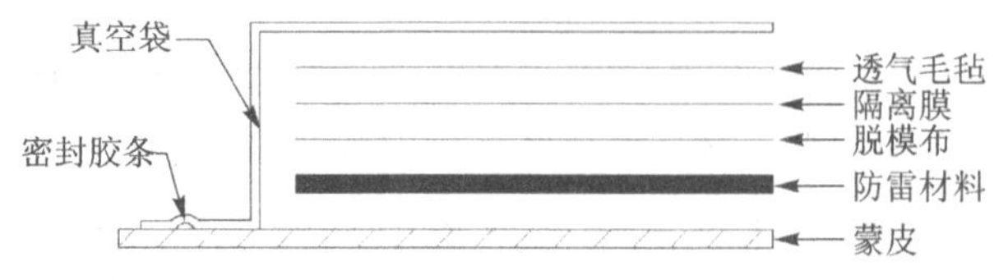

图 6 铺层顺序图

整理外挂副油箱真空袋压成型所需的原材料和辅助材料的名称及用途(见表 1)。

表 1 原材料和辅助材料的名称及用途

序号	名称	用途
1	防雷击材料	防雷击，原材料
2	脱模布	便于脱模，辅助材料
3	隔离膜	防止胶液渗透，辅助材料
4	透气毛毡	抽真空导气，辅助材料
5	真空袋膜	密封抽真空，辅助材料
6	密封胶条	密封作用，辅助材料
7	压敏胶料、特氟龙胶带	固定作用，辅助材料

6 铺贴铜网

根据设计输入，在蒙皮上涂刷环氧脂烘干绝缘漆后，再涂刷 HN419 环氧胶粘剂，铺贴铜网。喷漆工艺在我厂是成熟工艺，需要摸清的是环氧胶粘剂的性能参数：

① 环氧胶粘剂的配制和固化条件；

② 环氧胶粘剂涂刷后铜网最佳铺贴时间。

环氧胶粘剂配比以及涂刷注意事项及固化条件可按胶粘剂产品规范执行，涂刷均匀性在过程中保证，铺贴最佳时间通过工艺试验得出。

领取 3 只帽头，使用毛刷均匀地将胶粘剂涂刷在帽头表面，分别在涂刷后 30 min、60 min、90 min 开始铺贴铜网，测试出 90 min 后铺贴铜网效果最好。

环氧树脂烘干绝缘漆干燥后，铜网铺贴工艺流程图如图 7 所示。

铜网裁剪方案：根据铜网幅面，将油箱中段处铜网裁剪成 3 个长方形进行搭接；帽头处铜网按平面展开法裁剪成 5 片环条状进行搭接；后段处铜网按展开图裁剪成 8 瓣进行搭接，并在最后缘增加一个圆形搭接进行压盖。将各段铜网按编号存放。

清洗油箱表面保证清洁无油，调制环氧胶粘剂并均匀涂刷在油箱蒙皮表面静置约 1.5 h，再将各段铜网按帽头、后段、中段顺序铺贴在相应位置，并用压辊滚压平整；然后在油箱表面按顺序铺贴辅助材料，密封真空袋膜，抽真空固化。脱模后，对油箱表面进行打磨处理。

制作的帽头试验件(见图 8)，通过了合肥航太的雷击试验，满足防雷击性能要求。

制作的油箱试验件(见图 9)，存在局部表面未粘

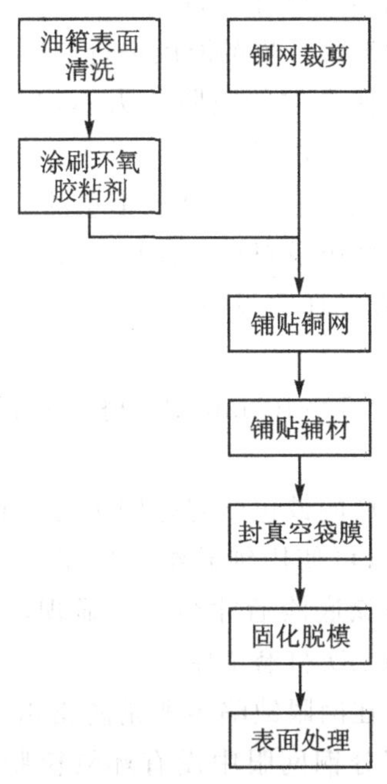

图 7　铜网铺贴工艺流程图

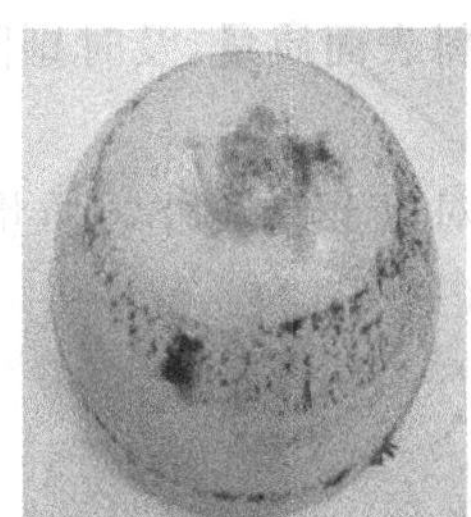

图 8　帽头试验件

牢、褶皱、凸起、油漆面未完全遮盖网眼等缺陷，外观质量差，未能通过厂内验收。

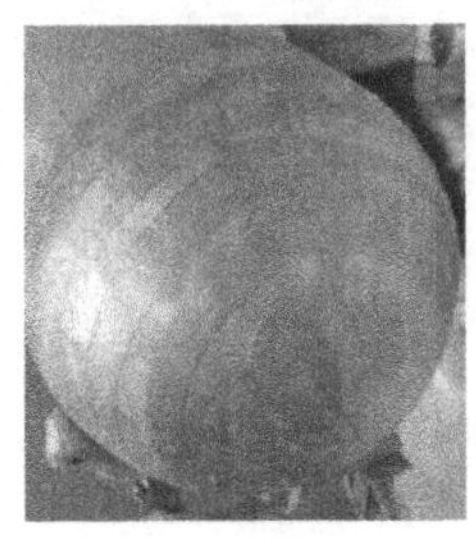
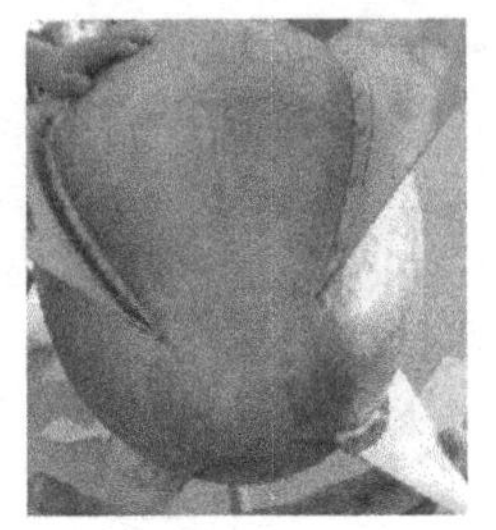

图 9　油箱试验件(帽头按平面展开)

总结涂刷环氧胶粘剂铺贴铜网的主要难点：

① 环氧胶粘剂黏稠度高，人工涂刷难以保证涂刷均匀性，影响铜网粘合。

② 涂刷施工不便，工艺性不好，分段铺贴需要分段涂刷，耗时费力。

7　铺贴防雷击复合材料表面膜

在进行铺贴铜网试验的同时，技术人员积极寻求新材料、新技术、新方法，与国内高校、企业进行技术交流和探讨，了解到使用预浸料(由铜网、衬层环氧树脂等材料复合而成)铺贴，具有加工工艺性好，能够提升工作效率和外观质量等优点。经过评审，确定了三组选用不同面密度的铜网和玻纤布的预浸料铺贴方案(见表 2)，分别在平板和帽头上开展预浸料铺贴试验(见图 10)。

表 2　不同预浸料及雷击试验结果

序　号	铜网面密度/(g·m^{-2})	玻纤布面密度/(g·m^{-2})	试验结果
1	73±7.3	0±0.1	试验件击穿
2	195±19.5	100±10	试验件击穿
3	300±30	100±10	通过

根据雷击试验结果，使用面密度 300 g/m^2 铜网复合面密度 100 g/m^2 玻纤布的预浸料铺贴试验件通过了雷击试验。从而确定了防雷击复合材料表面膜(预浸料)中所含铜网和玻纤布的主要技术参数。

图 10　帽头(上)和平板(下)雷击试验

注：飞机外挂油箱蒙皮在雷电环境下的失效形式是蒙皮被烧穿或蒙皮表面形成热点点燃燃油蒸气。而实际上铝的熔化温度(约为 600 ℃)低于大多数碳氢类燃油蒸气的短时燃点温度，因此铝制油箱内的燃油一般不会点燃，除非蒙皮完全被烧穿形成穿孔且燃油蒸气处于高的雷电电弧温度下。因此，油箱蒙皮是否通

过雷击试验，主要指标就是看铺贴铜网后的蒙皮在模拟的雷电环境下是否被击穿。

防雷击复合材料表面膜裁剪方案：中段和后段处裁剪方式不变，帽头处按柱面展开（该方式更利于雷电流的传导）。在帽头前缘设置圆形搭接进行压盖，各瓣交接边缘增加条形搭接。

防雷击复合材料表面膜铺贴时不用涂刷环氧胶粘剂，后续工艺路线参照图 7 铜网铺贴。

清洗油箱表面后，按帽头、后段、中段顺序依次铺贴防雷击复合材料表面膜，依次铺贴辅助材料，密封真空袋膜，抽真空送入固化炉加温固化，脱模后打磨表面。

通过几轮试验摸索，总结注意事项如下：

① 封真空袋膜时，需要将各安装口置于密封区域外，保证油箱内部和外部压力平衡，避免油箱内部因被抽负压产生变形（瘪皱）。

② 固化过程中抽真空设备需全程工作。

制作油箱试验件（见图 11），试验件通过了航太的雷击试验。

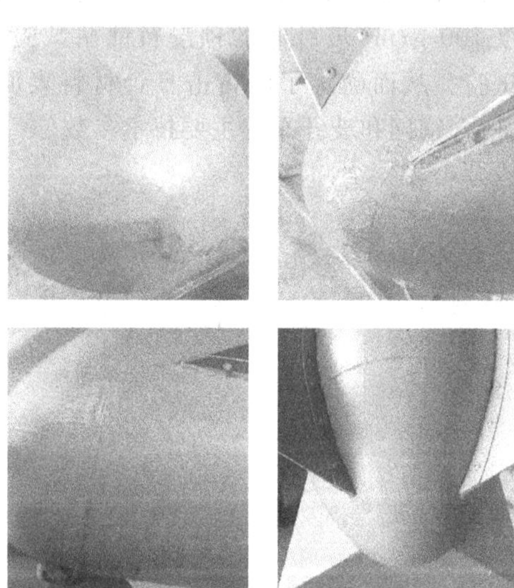

图 11　油箱铺贴后和喷漆后效果

显而易见，使用防雷击复合材料表面膜铺贴的外观质量明显优于涂刷环氧胶粘剂铺贴铜网。同时，省去涂刷胶粘剂工序，提升了工作效率，加工工艺性好。但铺贴表面也存在少许褶皱、鼓包凸起、油漆面未完全覆盖网眼等缺陷。

8　改进提升

根据试验结果，外观缺陷虽不影响雷电防护性能，但也要求我们尽快提升产品外观质量。

根据外观缺陷产生的原因进行逐项分析：

褶皱是由抽真空的吸附压力不均匀造成的，解决褶皱问题需要加强过程控制：

① 将脱模布、隔离膜、透气毛毡的外形尺寸与防雷击复合材料表面膜下料尺寸保持一致。

② 使用两台真空设备分别从帽头处和后段处抽真空。

③ 抽真空 5～10 min 内，捋顺辅助材料和真空袋膜。

固化后形成的鼓包凸起是因为环氧树脂固化时产生了胶液溢流，可使用细砂纸打磨平整。某些区域的凸起只有在喷涂底漆后才会放大显现，因此在底漆烘干后需要增加二次打磨工序。

喷漆后存在网眼缺陷主要是防雷击复合材料表面膜原材料的部分铜网眼中没有环氧树脂，原材料问题是造成外观缺陷的主要因素，因此需要加强供应商质量控制。同时，操作人员在裁剪、铺贴过程中，注意观察原材料表面质量，及时剔除表面褶皱、胶液不均匀的材料。

针对以上保证外观质量的措施，厂内进行改进提升试验（见图 12）。

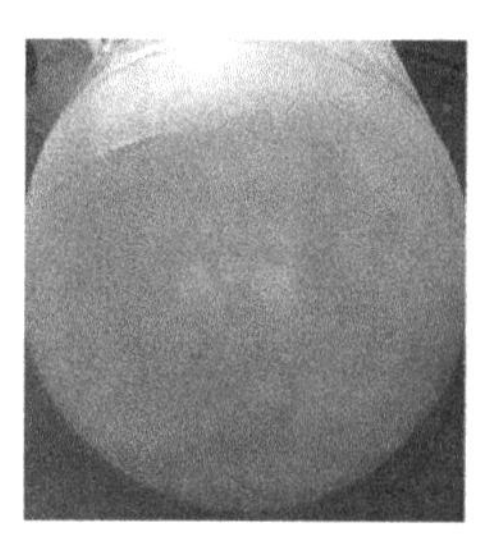
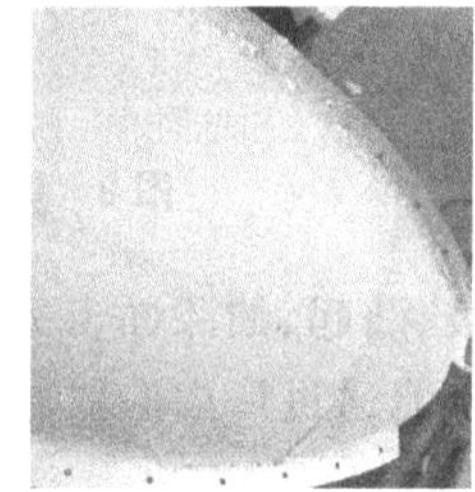

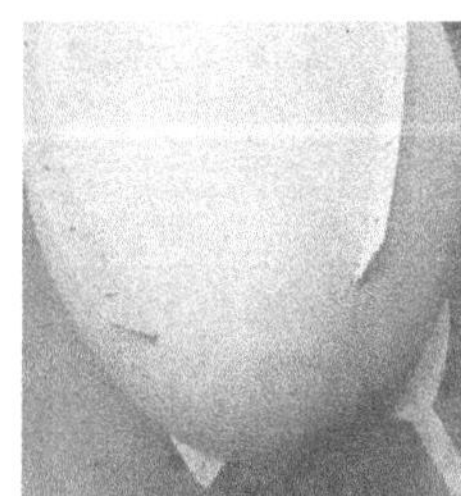

图 12　改进试验

制造过程中严格落实相关控制措施，在固化工序前、固化打磨工序后、底漆打磨工序后增设军检点以保证外观质量，外挂副油箱铺贴防雷击复合材料表面膜满足外观质量要求。

9 结　论

① 外挂副油箱涂刷环氧胶粘剂铺贴铜网、铺贴防雷击复合材料表面膜，均能满足雷电防护性能要求。

② 采用防雷击复合材料表面膜铺贴，加工工艺性好，提升了工作效率和产品外观质量。

③ 大曲率帽头和后段处防雷击材料按展开尺寸裁剪、铺贴、搭接，能减少褶皱的产生，提升产品外观质量。

④ 施工中落实保证外挂质量的控制措施，能够有效提升产品外观质量。

参考文献

[1] 合肥航太电物理技术有限公司. 航空器雷电防护技术[M]. 北京：航空工业出版社，2013：217-218.

[2] 段泽民. 飞机雷电防护概述[J]. 高压电技术，2017，43(5)：1397-1398.

[3] 许金龙. 飞机燃油系统的雷电防护[J]. 飞机工程，2001，(1)：32-37.

[4] 杨春光. 直升机雷电防护关键技术研究[D]. 哈尔滨：哈尔滨工业大学，2013：16-28.

[5]张海龙. 直升机防雷击措施研究[J]. 直升机技术，2014，(4)：35-38.

[6] 爱邦电磁. 复合材料防雷金属网的应用[D]. 西安：爱邦电磁技术有限责任公司，2018：1-8.

[7] 沃西源. 复合材料成型工艺中辅助材料的应用[J]. 航天返回与遥感，1996，17(2)：54-59.

[8] 张小溪. 复合材料成型工艺方法及优缺点分析[J]. 科技与企业，2014，(18)：165.

[9] 张杨，李洪峰，王德志，等. 复合材料表面膜的研究进展[J]. 化学与黏合，2016，38(1)：59-62.

[10] 李洪峰，曲春艳，王德志，等. 航空航天领域复合材料表面膜及防雷击表面膜[C]//第三届中国国际复合材料科技大会论文集. 杭州：工程科技 1 辑，2017：8.

基于 ADRC 的机载永磁同步电机伺服控制研究

马辉*，刘雪杰，张坤，陈文仙

航空机电系统综合航空科技重点实验室，南京 210007

摘要：针对多电飞机中具有高伺服响应特性需求的电作动系统用永磁同步电机控制，采用基于 ADRC 的控制策略，消除传统 PID 控制方法对被控对象特性的依赖，建立了电机的速度环 ADRC 模型，通过仿真分别分析了电机空载与额定载荷条件下的动态、稳态特性和负载突变时的特性，并对最高转速时的频响特性进行了仿真。与基于传统 PID 控制方法的仿真结果进行了对比，仿真结果表明，基于 ADRC 方法的控制策略的电机性能，在动态性能、稳态性能及抗干扰性能上均优于 PID 调节，且最高转速时的频响可达到 5 Hz。

关键词：永磁同步电机；ADRC；PID；频响

Research on Airborne PMSM Servo Control Based on ADRC

MA Hui*, LIU Xuejie, ZHANG Kun, CHEN Wenxian

Aviation Key Laboratory of Science and Technology on Aero Electromechanical System Integration, Nanjing 210007, China

Abstract: ADRC based control strategy is adopted, aiming at the electric actuator system with high servo response characteristics in MEA, which is controlled by permanent magnet synchronous motor (PMSM), to eliminate the dependence of the traditional PID control method on the characteristics of the controlled object. The ADRC model of the speed loop of the motor is established. The dynamic and steady characteristics of the motor under no-load and rated load conditions are analyzed by simulation. The characteristics of load sudden change, and the frequency response characteristics of the highest speed are also given. Compared with the simulation results based on the traditional PID control method, the simulation results show that the motor performance of the control strategy based on ADRC method is better than that of PID control in dynamic performance, steady performance and anti-interference performance and the frequency response at the highest speed can reach 5 Hz.

Keywords: PMSM; ADRC; PID; frequency response

1 引　言

多电/全电化是飞机的发展趋势。对于机载机电系统的多电化，是将传统由液压、气压或机械能驱动的系统改为电驱动；但是对于一些对伺服响应特性要求较高的强耦合非线性系统，受系统模型强耦合、外部负载不确定、军用航空环境干扰等条件限制，电驱动系统尚达不到传统液压系统的响应速度。

韩京清教授提出的自抗扰（ADRC）控制技术[1]不依赖于系统精确模型，适应性好且抗干扰能力强。从提出以来，被广泛应用于永磁电机的控制[2-10]，完全适应现今数字控制的需求，并且能够补偿传统 PID 控制的不足。

本文借鉴自抗扰控制（ADRC）的思想，通过设计状态观测器对模型中的耦合项和外部负载等不确定项进行观测和补偿，并对补偿后的模型进行控制律设计，最后利用空间矢量调制技术对自抗扰控制器输出的参考电压调制，实现系统对期望转速的跟踪。最后利用半物理仿真平台对上述控制方案进行仿真验证，仿真结

* 通讯作者. E-mail: valenmania@163.com

果表明，该方案与 PID 结构的控制方案相比有更优的动态性能、稳态精度以及更强的抗干扰能力。

2 ADRC 技术原理

传统 PID 控制依赖于对象或过程特性，需要每次重新进行设计和调试，这个过程需要大量的经验知识。而自抗扰控制可以做到不依赖于对象模型或者具体工业过程，通过观测扰动(包括内扰和外扰)设置补偿环节来实时消除。与此同时 ADRC 的关键组成部分：跟踪微分器 TD 能很好地解决传统 PID 控制策略中初始时刻输出问题；非线性状态反馈律是比 PID 控制线性加权更优的形式；ADRC 还提出了“总和扰动”的概念，其中包括外部和内部扰动。外扰即造成系统期望偏移的外部干扰，内扰即系统自身的不确定部分。在 ADRC 中，它们统称为总和扰动，不对其进行区分，观测出来之后会进行统一处理。ADRC 中用来专门估计总和扰动的模块为 ESO，这也是 ADRC 中最核心的部分。根据上述思想，ADRC 的基本框架如图 1 所示。

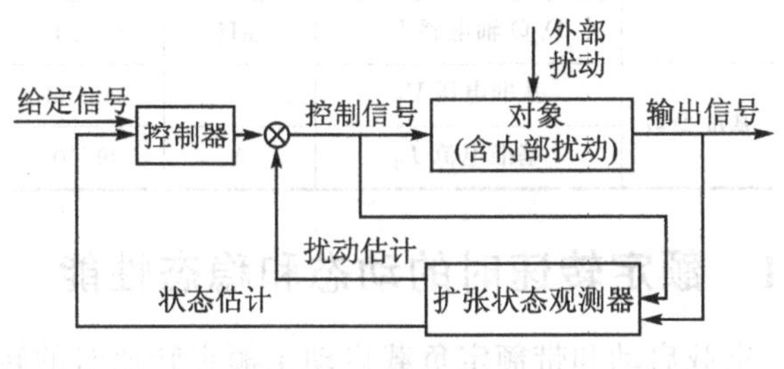

图 1 ADRC 基本框架

3 永磁同步电机速度环 ADRC 控制器设计

3.1 永磁同步电机模型

假设永磁同步电机三相定子绕组在空间上呈正弦分布。忽略饱和效应、涡流和磁滞损耗，则永磁同步电机系统模型描述如下：

$$\begin{cases}\dfrac{\mathrm{d}\omega}{\mathrm{d}t}=\dfrac{K_{\mathrm{t}}i_q}{J}-\dfrac{B\omega}{J}-\dfrac{T_L}{J}\\ \dfrac{\mathrm{d}i_d}{\mathrm{d}t}=-\dfrac{R_{\mathrm{s}}i_d}{L_d}+\dfrac{P\omega i_q L_q}{L_d}+\dfrac{u_d}{L_d}\\ \dfrac{\mathrm{d}i_q}{\mathrm{d}t}=-\dfrac{R_{\mathrm{s}}i_q}{L_q}-\dfrac{P\omega i_d L_d}{L_q}-\dfrac{P\omega\psi_{\mathrm{f}}}{L_q}+\dfrac{u_d}{L_d}\end{cases} \tag{1}$$

式中，u_d, u_q, i_d, i_q 为 d、q 轴系下的电压和电流分量；ω 为转子机械角速度；ψ_{f} 为转子永磁体磁链；L_d, L_q 为 d、q 轴定子电感；R_{s} 为定子电阻；K_{t} 为转矩常数。

3.2 跟踪微分器 TD

使用非线性跟踪微分器 TD 来实现安排过渡过程，能够在有限时间内单调地跟踪上输入信号，同时也给出了此过程的微分信号，其中阶跃响应能够以有限时间无超调地进入稳态，过渡过程的快慢可以通过调整参数 r 来调节。

二阶非线性微分跟踪器表达式：

$$\begin{cases}\dot{x}_1=x_2\\ \dot{x}_2=-r\,\mathrm{sign}\left(x_1-v_0(t)+\dfrac{x_2|x_2|}{2r}\right)\end{cases} \tag{2}$$

3.3 速度环扩张观测器

基于永磁同步电机的数学模型，速度不等式可以被改写为

$$\frac{\mathrm{d}\omega}{\mathrm{d}t}=f_0+b_0 i_q^*=\frac{K_{\mathrm{t}}i_q}{J}-\frac{B\omega}{J}-\frac{T_L}{J} \tag{3}$$

式中，$f_0=[-B\omega-T_L+K_{\mathrm{t}}(i_q-i_q^*)]/J$，表示综合干扰，其中包括了摩擦力、外部干扰 q 轴电流的跟踪误差；$b_0=K_{\mathrm{t}}/J$ 为一个常数。因为 ω 为测量输出，即为观测器的输入，因此速度环的二阶扩张状态观测器可以设计为

$$\begin{cases}e_\omega=z_1-\omega\\ \dot{z}_1=z_2-\beta_0 f_{\mathrm{al}}(e_{\mathrm{m}},\alpha_0,\delta)+b_0 i_q^*\\ \dot{z}_2=-\beta_1 f_{\mathrm{al}}(e_{\mathrm{m}},\alpha_1,\delta)\end{cases} \tag{4}$$

式中，z_1 观测的是速度；z_2 观测的是综合扰动 f_0。

为了分析 ESO 算法的收敛性，必须建立观测器误差动态的表达式。假设 $e_\omega=z_1-\omega$，$e_2=z_2-f_0$，所以观测器动态误差可以表示为

$$\begin{cases}\dot{e}_\omega=e_2-\beta_0 f_{\mathrm{al}}(e_\omega,\alpha_0,\delta)\\ \dot{e}_2=-g(t)-\beta_1 f_{\mathrm{al}}(e_\omega,\alpha_1,\delta)\end{cases} \tag{5}$$

式中，$g(t)=f(t)$ 并且 $|g(t)|<g_0$，观测器的稳定性取决于参数 β_0, β_1。当系统趋向于稳定时 $\dot{e}_\omega=0, \dot{e}_2=0$，误差函数可以表示为

$$\begin{cases}e_\omega=-f_{\mathrm{al}}^{-1}(g(t)/\beta_1)\\ e_2=\beta_0 f_{\mathrm{al}}(e_\omega,\alpha_0,\delta)\end{cases} \tag{6}$$

由式(6)可以看出，当 $|e_\omega|\geqslant\delta$ 时，观测器误差为

$$\begin{cases}|e_\omega|=|g(t)/\beta_1|^{1/\alpha_1}\\ |e_2|=\beta_0|g(t)/\beta_1|^{\alpha_0/\alpha_1}\end{cases} \tag{7}$$

当 $|e_\omega|<\delta$ 时，观测器误差可表示为

$$\begin{cases} |e_\omega| = |g(t)\delta^{1/\alpha_1}/\beta_1| \\ |e_2| = \beta_0 |g(t)\delta^{(1-\alpha_1)/(1-\alpha_0)}/\beta_1| \end{cases} \tag{8}$$

式中，$\beta_0>0,\beta_1>0,0<\alpha_0<1,0<\alpha_1<1$。因此，只要$\beta_1 \gg g_0, g(t)/\beta_1$ 就会足够小，即 e_ω 趋于 0；同样，只要 β_0 足够小，e_2 也会趋于 0。所以只要选取合适的参数，e_ω, e_2 将会收敛在一个足够小的区间内。这样意味着，$z_1 z_2$ 将会收敛到状态量 ω 与 f_0 的实际值附近。

3.4 非线性控制律设计

由于经典 PID 控制中应用了误差积分反馈，常使得闭环系统产生反应迟钝、容易产生振荡等负面作用，采用自抗扰控制中的非线性 PID 控制器，可改善系统性能。控制律表达式如下：

$$u = k_0 \times f_{al}(e_0,\alpha,\delta) + k_1 \times f_{al}(e_1,\alpha,\delta) + k_2 \times f_{al}(e_2,\alpha,\delta) \tag{9}$$

式中，k_0,k_1,k_2 为控制器增益；$e_0=\int_0^t e_1(\tau)\mathrm{d}\tau$，$e_1=x_1-z_1$，$e_2=x_2-z_2$。$x_1,x_2$ 为 TD 的输出，z_1,z_2 为 ESO 的输出。

实际当中，为了降低系统超调，通常去掉控制律中积分项。对于速度环控制器而言，仅用线性比例控制和 ESO 负载转矩补偿控制，即可实现较好的控制效果，同时可以大大减少待整定控制器参数。因此，上述控制律可以改为

$$u = k_p(\omega_{use}^* - \omega) + \frac{1}{b_1} z_1 \tag{10}$$

4 仿真分析

基于前述思想的永磁同步电机速度环控制结构框图如图 2 所示，针对表 1 所列电机负载参数的电驱动系统，分别搭建基于 ADRC 控制方法和 PID 控制方法的仿真系统，并对其特性进行仿真分析。

表 1 仿真用电机参数

电机参数	电机极对数	Nu	5
	额定转速 ω	r/min	7 000
	最高转速 ω_{max}	r/min	12 000
	额定电流 I	A	28
	额定转矩 T	N·m	6
	最大转矩	N·m	9
	额定功率 P	kW	4.4
	转子惯量 J_{ort}	kg·m^2	5.5×10^{-4}
	转矩常数 K_t	N·m/A	0.163
	定子电阻 R	Ω	0.032
	D/Q 轴电感 L_w	mH	0.324
基准参数	基准电压 V_B	V	155.88
	基准电流 I_B	A	39.60

4.1 额定转速时的动态和稳态性能

空载启动和带额定负载启动至额定转速时的转速

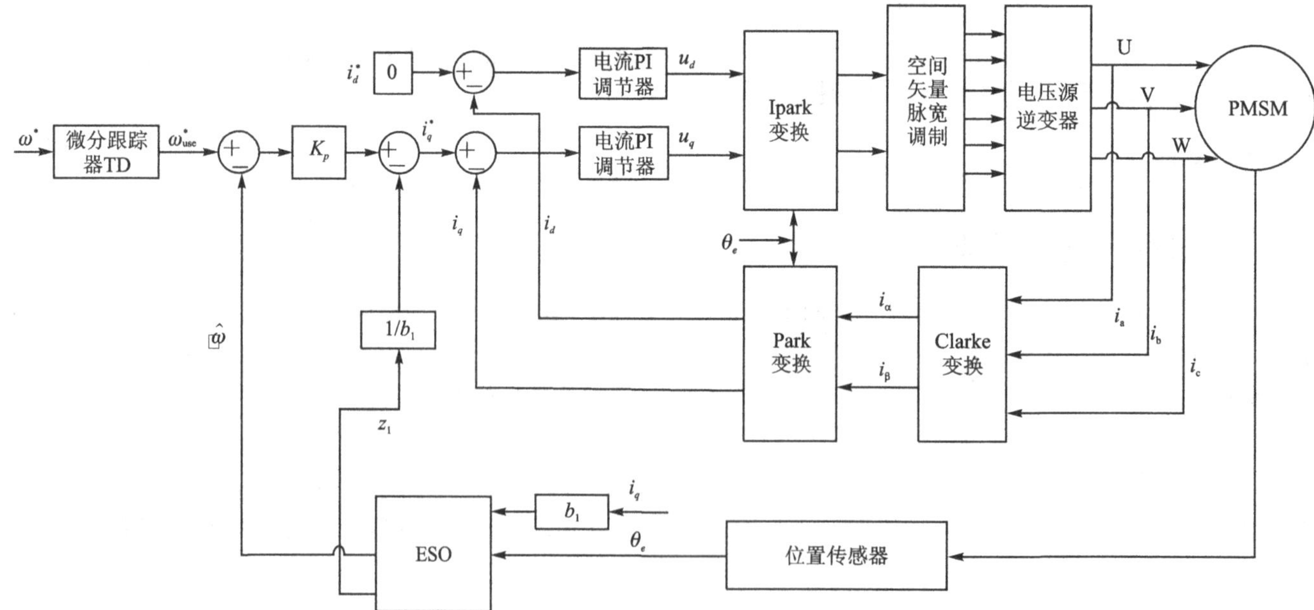

图 2 速度环 ADRC 控制结构框图

曲线如图3～图6所示。可见，基于ADRC策略的，其响应时间更快，其系统超调量明显小于PID控制，且到达额定转速后的转速波动也小于PID控制。从表2的统计结果显示，不论是空载还是额定负载，两者的稳态精度一致，最后都能达到6 999转，但是方差所体现的转速波动，ADRC明显优于PID。达到稳定状态时间短，超调小，稳态精度高，速度波动小。

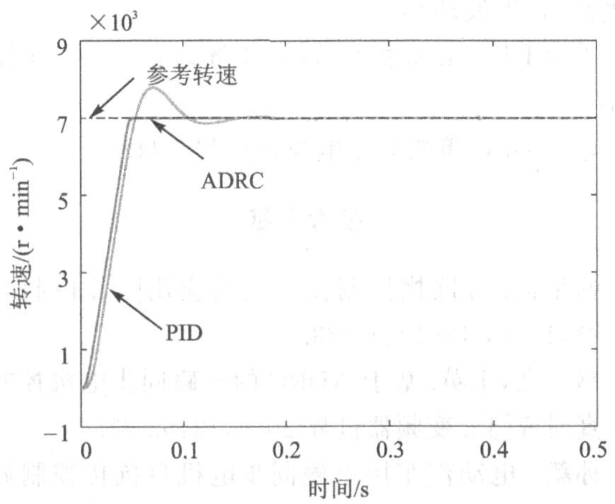

图3 空载启动转速响应

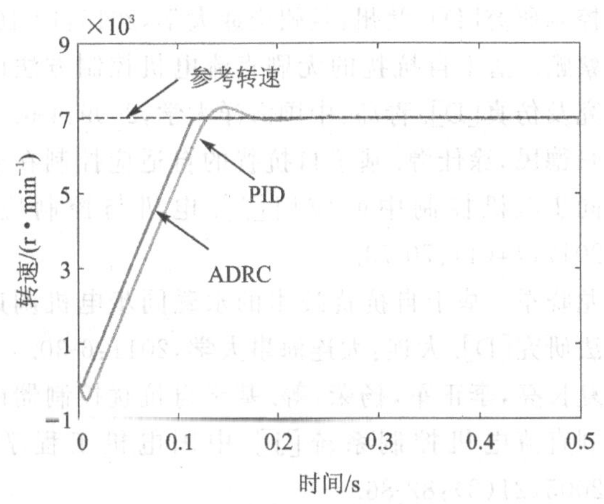

图4 带额载启动转速响应

表2 稳态跟踪性能对比

统计信息	运行工况	PID	ADRC
平均值	额定负载	6 999	6 999
方差		5.079 5	0.882 6
平均值	空载	6 999	6 999
方差		1.540 1	0.872 8

4.2 加载性能测试

在额定转速时，对电机突加或突卸额定负载，以考核系统的抗干扰特性，其仿真结果如图7、图8所示。可见，基于ADRC策略的控制，电机转速波动及回归额定转速的时间均远小于基于PID策略的控制，表明其抗外部负载扰动能力强，速度振荡小。

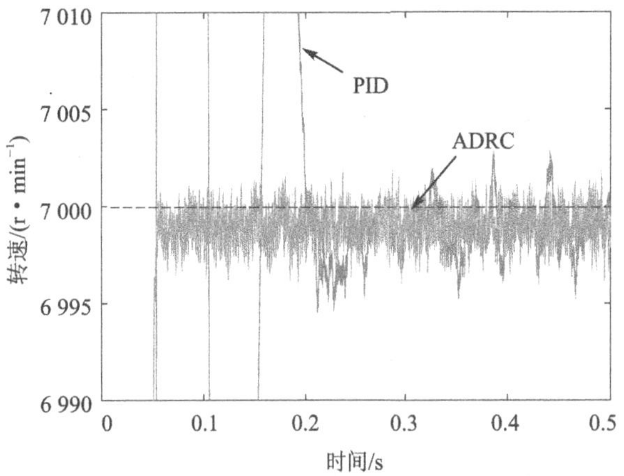

图5 空载启动转速波动

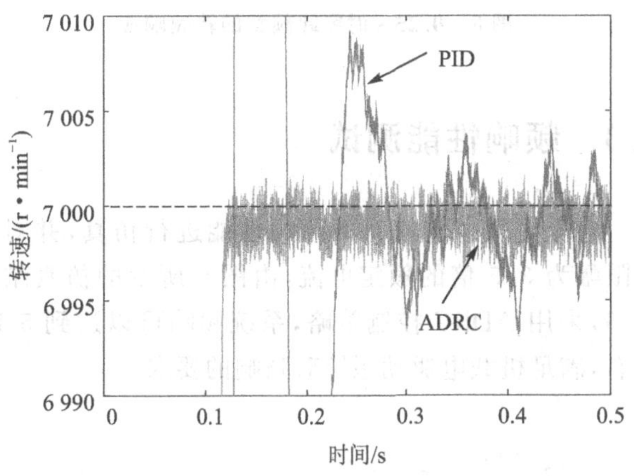

图6 额载启动转速波动

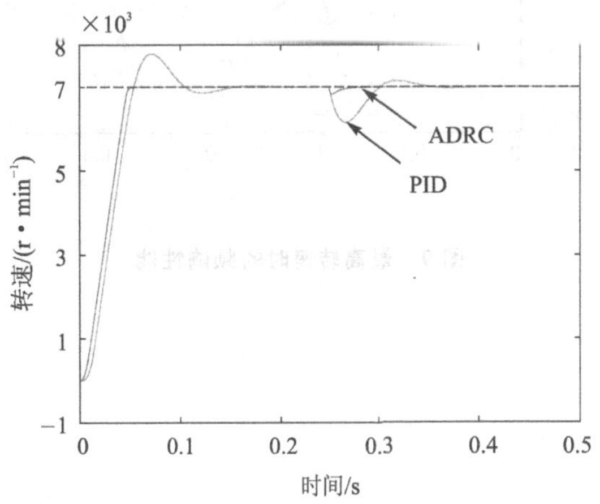

图7 0.25 s时突加额载的转速响应

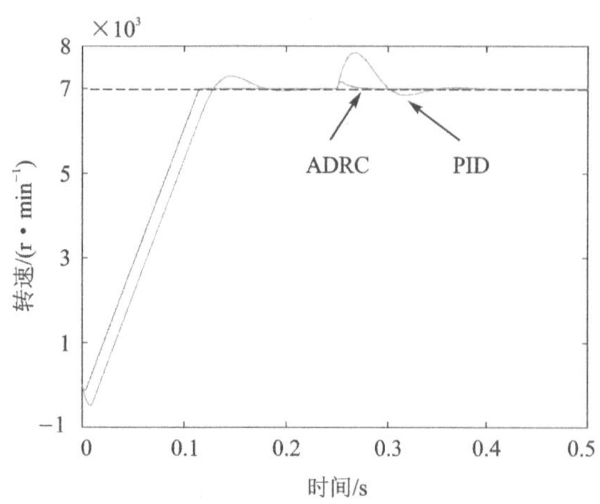

图 8　0.25 s 时突卸额载的转速响应

4.3　频响性能测试

对电机最高转速时的频响性能进行仿真，并对电流限幅为 3.5 倍的额定电流，由图 9 所示的仿真结果可知，采用 ADRC 控制策略，系统频响可以达到 5 Hz 左右，满足机载电驱动系统对频响的要求。

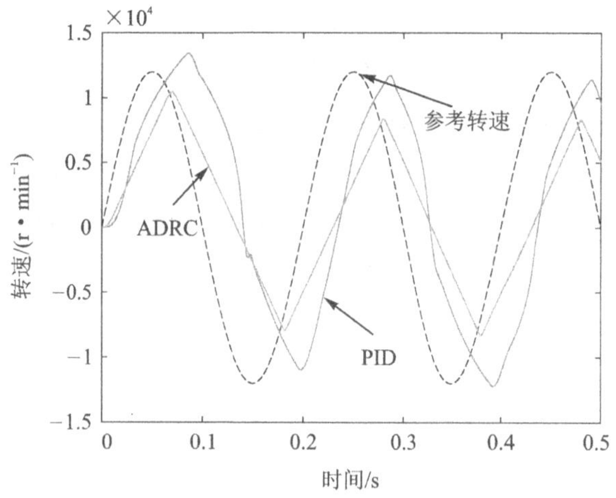

图 9　最高转速时的频响性能

5　总　结

本文针对机载永磁同步电机设计了速度环 ADRC 控制器并开展了动态、静态及频响特性仿真研究，相比 PID 控制：

① ADRC 策略达到稳定状态时间短，超调小，稳态精度高，速度波动小。

② ADRC 策略抗外部负载扰动能力强，速度振荡小。

③ ADRC 策略频率响应可达到 5 Hz。

参考文献

[1] 韩京清. 自抗扰控制技术及其应用[J]. 控制与决策，1998，13(1):19-23.

[2] 赵玉亮，王英. 基于 ADRC 的永磁同步电机控制仿真研究[J]. 变频器世界 2016，12:62-65.

[3] 孙毅. 电动汽车用永磁同步电机自抗扰控制研究[D]. 吉林：吉林大学，2008:12-06.

[4] 王斌. 基于改进型自抗扰控制器的无刷直流电机控制研究[D]. 兰州：兰州交通大学，2015:12-16.

[5] 蔡鹏. 基于自抗扰的无刷直流电机控制方法的研究及仿真[D]. 青岛：中国海洋大学，2009:4-6.

[6] 张德民，徐仕源. 基于自抗扰的自适应控制在永磁同步电机控制中的应用[J]. 电机与控制应用，2017，44(4):70-73.

[7] 龙晓军. 基于自抗扰技术的永磁同步电机调速方法研究[D]. 大连：大连海事大学，2011:6-30.

[8] 夏长亮，李正军，杨荣，等. 基于自抗扰控制器的无刷直流电机控制系统[J]. 中国电机工程学报，2005，21(2):82-86.

[9] 冯光，黄立培，朱东起. 采用自抗扰控制器的高性能异步电机调速系统[J]. 中国电机工程学报，2001，21(10):55-58.

[10] 李梦秋，汪亮，黄庆，等. 采用自抗扰控制器的高性能异步电机调速系统[J]. 中国电机工程学报，2001，21(10):55-58.

CFIT 事件信息熵量化分析及预警研究

刘俊杰，杜尹岚，叶英豪，张瑞瑞，董立映*

中国民航大学飞行分校，天津 300300

摘要：航空安全信息量的量化可以为有效的风险控制与安全预警提供支持。本文提出了一种基于事件等级的航空安全事件信息熵计算方法，为事件类航空安全信息量化分析提供了重要的技术指标。以 CFIT（Controlled Flight Into Terrain，可控飞行撞地）事件类型信息为例，基于已知样本事件等级建立样本事件信息熵，分析不同样本事件等级信息量变化导致的样本信息熵的变化情况；依据事件信息熵的相对变化提出当量熵概念，并据此确定量化表示的样本事件预警等级，确定样本事件量化的监控标准。以航空安全网收集的 2000—2019 年 CFIT 事件信息为样本，验证了样本事件信息量化和建立预警监控标准的可行性。

关键词：航空安全信息；信息熵；当量熵；信息预警

CFIT Event Information Entropy Analysis and Early Warning Research

LIU Junjie, DU Yinlan, YE Yinghao, ZHANG Ruirui, DONG Liying*

College of Flight Technology, Civil Aviation University of China, Tianjin 300300, China

Abstract: In order to analyze and use aviation safety information deeply and effectively, and to mine the value of information quantity. using the event information of CFIT (controlled flight into terrain) as an example, by calculating the event information entropy, the effect of the amount of event consequence state information on the event information entropy is obtained; Combined with the equivalent entropy, the event warning level is divided to provide a standard for CFIT event monitoring within a certain period. The feasibility of quantifying the event information and establishing the standard of early warning and monitoring is verified by using the CFIT event information from 2000 to 2019 collected by the aviation safety network.

Keywords: aviation safety information; information entropy; equivalent entropy; information early warning

1 引　言

安全信息是获取和识别安全风险的重要渠道，对其进行深入分析和量化是安全风险管理和事故预防的数据基础，也是安全管理系统的重要环节[1]。近年来，随着我国民航事业的发展，航空安全信息的收集量已经达到一定规模，以民航局方的强制报告信息为例，每年信息收集量大约 2 万条，各民航企事业单位获取的信息量则远高于此。但由于航空安全信息具有类型多、影响因素复杂及后果严重程度不一等特点，致使开展针对性的风险管理存在目的性不强、效果不明显等问题。

香农经典信息理论是将信息荷载在实际物理载体——信号上，来研究信息的提取、计算、传输和处理等[2]。在民航领域，安全信息的收集量虽然已经达到一定规模，但对于信息中蕴含的信息量的价值仍然难以满足信息分析和挖掘的需求[1,3]，因此本文结合信息熵对航空安全信息进行量化研究。考虑到 CFIT 事件具有后果严重性、影响因素复杂等特点，选取该类型事件为研究样本对航空安全信息量化展开分析。

CFIT 事件是指一架完全满足适航要求的飞机，在非失效、可控的状态下撞到地面、山体、水面或其他障碍物的情况[4]。关于 CFIT 事件研究主要集中在事故分析和降低风险上。2000 年，Alex 等[5]首次将飞行性能风险评价模型应用于分析 CFIT 事故；2005 年，汪磊等[6]用建立 CFIT 事故树模型对致因因子进行了详细

* 通讯作者. E-mail: 918572711@qq.com

分析,为 CFIT 事故树分析奠定了基础;2009 年,杜红兵等[7]提出将事故树与贝叶斯网络融合的概念,计算出了 CFIT 机组人员失误的概率;2012 年,Jason[8]最先提出通过地形识别警告系统来降低 CFIT 事件发生的风险;2017 年,Wang 等[9]首次结合 Bow-tie 模型与 QAR 数据,实现了 CFIT 风险预警功能;2019 年,航科院与川航合作项目,基于 WQAR 大数据构建的 CFIT 事件严重程度计算器,将 CFIT 事件进行风险值量化[10]等。

本文基于收集的 CFIT 事件信息,提出了一种基于事件等级的航空安全事件信息熵计算方法,首先基于事故三角形建立 CFIT 事件模型并进行信息熵实验,分析事件等级信息量变化对信息熵的影响;引入当量熵概念分析事件信息熵的相对变化,作为安全信息预警等级划分的依据,建立 CFIT 事件安全监控标准,并以 2000—2009 年航空安全网收集的 CFIT 事件信息为样本集,以 2010—2019 年该类事件信息为验证集验证本文方法的有效性。

2 信息熵与当量熵

香农认为信息熵是离散随机事件出现的概率,信息熵显示其信息价值。信息在传播过程中具有不确定性:一则价值大的信息对应的信息熵是很低的,而信息价值含量低的信息熵值很高。对于某个离散型随机变量 X,具有 n 种可能结果 $x_1,x_2,\cdots,x_n$,$p(x_i)$ 代表结果 $x_i(i=1,2,\cdots,n)$ 出现的概率,则该离散概率事件 X 的信息熵[11]:

$$H(X)=-\sum_{x}p(x)\log p(x)=-\sum_{i=1}^{n}p(x_i)\log p(x_i) \tag{1}$$

式中,$0\leqslant p(x_i)\leqslant 1$ 且 $\sum_{i=1}^{n}p(x_i)=1$,当 $p(x_i)=0$ 时,规定 $0\log 0=0$。对数一般选取底为 2,单位为 bit。

根据 CCAR-396-R3(事件信息等级包括事故、征候以及一般事件信息)[12]定义样本事件信息熵为

$$H(A)=-\sum_{i=1}^{3}p(A_i)\log p(A_i) \tag{2}$$

式中,A_i 表示 CFIT 事件信息等级,$i=1,2,3$;$p(A_i)$ 表示 A_i 等级事件的概率。

为了描述样本事件信息熵的相对变化,本文将当前确定的事件信息熵定义为基准信息熵 H_O。将当量熵 E_q 定义为事件信息数量变化后的熵值与基准信息熵之比:

$$E_q=H(A)/H_O \tag{3}$$

式中,H_O 是不为 0 的常数;$H(A)$ 为信息数量变化后的熵值,由极值性 $H(A)$ 存在最大值,得 E_q 存在最大值。

3 基于 CFIT 事件等级的信息熵分析

3.1 事件模型信息熵实验

为了研究事件等级信息数量对事件信息熵的影响,依据事故三角形法则[13]建立了 CFIT 事件模型信息熵实验。实验目的、实验步骤和实验结果分述如下。

实验目的:

研究事件信息各等级信息数量增加,信息熵的变化情况。

实施步骤:

(1) 按照海因里希法则[13]设置事件信息各等级初始信息数量,(A_1 类)事故 1 起,(A_2 类)征候 29 起,(A_3 类)一般事件 300 起。由公式(2)计算事件基准信息熵 $H_O=0.458\ 66$ bit。

(2) 增加事件信息数量,计算变化后的信息熵 $H(A)$ 和熵增 ΔH。讨论以下情况:

① 当只有 $A_i(i=1,2,3)$ 等级信息数量增加 1 起、10 起、50 起,其余等级事件的数量不变时,信息熵及熵增变化情况见图 1。从图中可以看出,当 A_1、A_2 类事件增加时,信息熵显著增加;A_3 类事件增加,信息熵减少。

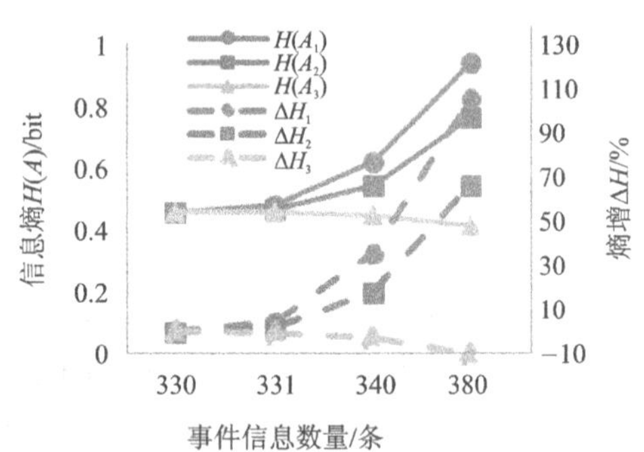

图 1 增加某种等级数量信息熵及熵增变化折线图

② 两种等级信息数量同时增加 1、10、50,其余等级数量不变,见图 2。

③ 三种等级信息数量等量增加 1、10、50,见图 3。

实验结果:

① 在模型实验中事故和征候增加导致信息熵增加显著,事件数增加越多,信息熵变化越大。与此相反,一般事件数量增加信息熵呈减少趋势。

② 熵增影响程度与事件等级关系密切,事件等级

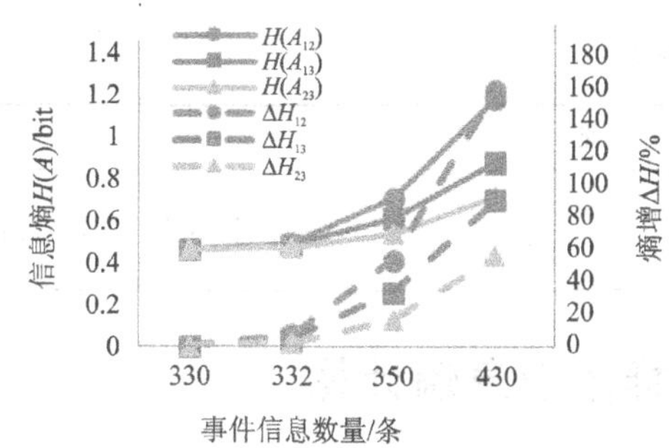

图 2　增加两种等级数量信息熵及熵增变化折线图

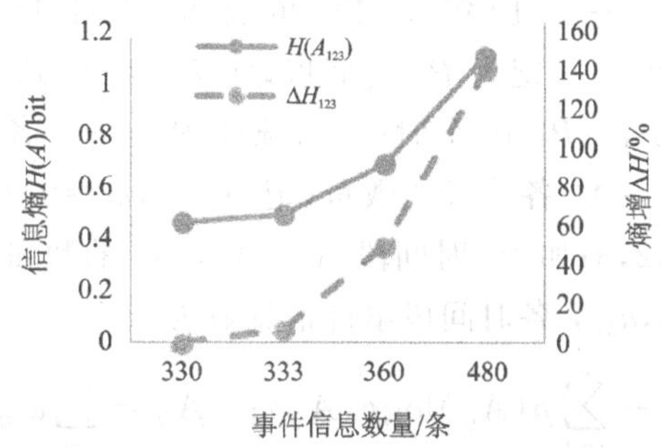

图 3　增加三种等级数量信息熵及熵增变化折线图

越严重熵增变化越显著。

③ 信息熵变化量与信息数量呈正相关。

3.2　事件模型各等级相对数量关系

由上述实验情况可知，在事件的信息熵保持相同的情况下，各等级事件的相对数量关系。在事件信息的初始数量中，仅某一个等级事件数量发生变化后的事件信息熵，经计算达到相同信息熵时，其余等级事件数量变化方法如下：

$$
\begin{cases}
\left(\sum_{i=1}^{3}a_i+a\right)H_1=(a_1+a)\log\dfrac{\sum_{i=1}^{3}a_i+a}{a_1+a}+a_2\log\dfrac{\sum_{i=1}^{3}a_i+a}{a_2}+a_3\log\dfrac{\sum_{i=1}^{3}a_i+a}{a_3}\\
\left(\sum_{i=1}^{3}a_i+b\right)H_2=(a_2+b)\log\dfrac{\sum_{i=1}^{3}a_i+b}{a_2+b}+a_1\log\dfrac{\sum_{i=1}^{3}a_i+b}{a_1}+a_3\log\dfrac{\sum_{i=1}^{3}a_i+b}{a_3}\\
\left(\sum_{i=1}^{3}a_i+c\right)H_3=(a_3+c)\log\dfrac{\sum_{i=1}^{3}a_i+c}{a_3+c}+a_1\log\dfrac{\sum_{i=1}^{3}a_i+c}{a_1}+a_2\log\dfrac{\sum_{i=1}^{3}a_i+c}{a_2}\\
H_1=H_2=H_3
\end{cases}
\tag{4}
$$

式中，a_i 表示 A_i 等级的初始信息数量，$\sum_{i=1}^{3}a_i$ 表示事件初始信息数量的总和；a,b,c 分别表示仅变化 A_1，A_2，A_3 等级的数量；H_i 表示仅变化 A_i 等级数量后的事件信息熵，$i=1,2,3$；令 $H_1=H_2=H_3$，在已知仅变化某等级信息数量的情况下，可求出其余等级的对应变化数量。

例如，当 CFIT 事件信息初始数量为事故 1 起、征候 29 起、一般事件 300 起时，事件总量若增加 1 起，事件信息熵变为 0.480 88 bit，保持相同信息熵相当于大约增加 3 条征候或减少 22 条一般事件。

因此这也从侧面说明了事件等级对于事件信息熵的影响是不同的。

3　CFIT 事件安全信息预警

3.1　信息熵和当量熵计算

事件数增加时，信息熵的变化取决于事件等级。为了说明样本信息熵相对变化情况，需引入当量熵联系事件信息熵与事件等级信息数量的变化，通过计算当量熵得到信息量的变化程度。计算结果同时为信息预警等级划分奠定了基础。

4.2　信息预警

1. 确定预警等级

利用当量熵划分 CFIT 事件预警等级，见表 1。表中 $E_{q\,\mathrm{in}}$，$E_{q\,\mathrm{ac}}$，$E_{q\max}$ 含义分别是在基准信息数量上增加 1 起征候的当量熵、增加 1 起事故的当量熵以及最大当量熵；$\min\{1, E_{q\,\mathrm{in}}, E_{q\,\mathrm{ac}}\}$、$\mathrm{mid}\{1, E_{q\,\mathrm{in}}, E_{q\,\mathrm{ac}}\}$、$\max\{1, E_{q\,\mathrm{in}}, E_{q\,\mathrm{ac}}\}$ 分别表示 1、$E_{q\,\mathrm{in}}$、$E_{q\,\mathrm{ac}}$ 三者最小值、中间值以及最大值。

$E_{q\,\mathrm{in}}$ 与 $E_{q\,\mathrm{ac}}$ 的大小与事件等级的基准数量有关。预警等级一般可以划分为 4 种，参考中国气象局《气象灾害预警信号发布与传播办法》中对于各类气象预警灾害信号颜色的规定，本文将安全信息预警分类为预警Ⅰ蓝色、预警Ⅱ黄色、预警Ⅲ橙色、预警Ⅳ红色。预警程度依次递增，颜色越深表示越需要重点关注当前事件信息量的变化；当 1、$E_{q\,\mathrm{in}}$、$E_{q\,\mathrm{ac}}$ 任意两值相等时，预警等级划分为 3 种，对应的预警颜色为预警Ⅰ蓝色、预警Ⅱ黄色、预警Ⅲ橙色；当三者相等时，预警等级划分为2种，对应的预警颜色为预警Ⅰ蓝色、预警Ⅱ黄

表 1　CFIT 事件信息预警等级

预警等级	Ⅰ	Ⅱ	Ⅲ	Ⅳ
当量熵 E_q 的范围	$(0,\min\{1, E_{q\,in}, E_{q\,ac}\})$	$[\min\{1, E_{q\,in}, E_{q\,ac}\}, \mathrm{mid}\{1, E_{q\,in}, E_{q\,ac}\})$	$[\mathrm{mid}\{1,E_{q\,in}, E_{q\,ac}\}, \max\{1, E_{q\,in}, E_{q\,ac}\})$	$[\max\{1, E_{q\,in}, E_{q\,ac}\},E_{q\,max}]$

色。当量熵 E_q 范围的左端点值代表预警等级转化的阈值,需要特别关注。

2. 预警等级的含义

由于当量熵 E_q 与基准熵 H_O 有关,设置不同的基准熵,划分出的预警等级及表示的含义也不同。

在上述实验中,$H_O=0.458\ 66$ bit,$E_{q\,in}=1.02$,$E_{q\,ac}=1.05$,$E_{q\,max}=3.46$,因此事件模型信息预警等级及其含义如下述。

预警Ⅰ:$E_q\in(0,1)$,信息熵减小,表示增加了一般事件数,且 E_q 值越小,一般事件数增加越多。预警Ⅰ反映了后果层一般事件状态的变化。

预警Ⅱ:$E_q\in[1,1.02)$,信息熵增加,一般事件减少量不超过 9 起或征候数为零。预警Ⅱ反映了此时一般事件数减少量的信息熵值小于征候数增加 1 条后的信息熵值,此时有增加 1 起征候的趋势,需要保持警惕。

预警Ⅲ:$E_q\in[1.02,1.05)$,信息熵增加,一般事件数减少量不超过 21 起或征候数增加量小于 3 起或事故数为零。预警Ⅲ反映了已经至少增加了 1 起征候数,事故数不足 1 但有增加趋势,此时需要强烈关注。

预警Ⅳ:$E_q\in[1.05,3.46]$,信息熵增加,一般事件数减少量不少于 22 起或征候数增加量不少于 3 起或至少增加了 1 起事故。预警Ⅳ反映了已经至少增加了 1 起事故数,这是最不希望看到的结果,此时需进行事故调查和原因分析,防止事故再次发生。

5　实例验证

5.1　样本信息收集与统计

本文以航空安全网(ASN)收集的 2000—2019 年 CFIT 事件(主要是事故类事件)作为样本。其中 2000—2009 年样本事件 153 起,事故 149 起,征候 4 起,一般事件 0 起。2010—2019 年样本事件 82 起,比前 10 年减少 46.41%,事故 75 起,减少 98.67%,征候 7 起,增加了 75%,一般事件 0 起,无变化。

5.2　样本信息熵计算

以 2000—2009 年 10 年的 CFIT 事件数量为基准,计算 2010—2019 年 CFIT 事件信息量变化。将 2000—2009 年记为 P_0 时间段,将 2010—2019 年按年划分为 $P_1\sim P_{10}$ 10 个时间段,统计 $P_0\sim P_{10}$ 各时间段事件 $A_1\sim A_3$ 各等级的数量,记为 a_{mj},$m=0,1,2,\cdots,9$;$j=1,2,3$;如 P_2 时间段 A_1,A_2,A_3 的数量分别为 a_{21},a_{22},a_{23},各时间段事件信息熵为

$$H_i=-\sum_{j=1}^{3}p(A_{ij})\log p(A_{ij});\quad A_{ij}=\sum_{m=0}^{i}a_{mj}\tag{5}$$

式中,$i=1,2,\cdots,9$;$j=1,2,3$。

$P_0\sim P_{10}$ 各时间段事件信息熵记为 H_i,$i=0,1,2,\cdots,9$。P_0 时间段发生了 149 起事故,4 起征候,0 起一般事件,事件信息熵 $H_O=0.174\ 67$ bit,其余时间段数量统计与分析见表 2。

表 2　2010—2019 年 CFIT 事件统计与分析结果

时间段	事故 A_1	征候 A_2	一般事件 A_3	信息熵 $H(A)$/bit	当量熵 E_q 以 P_0 时间段为基准 ($H_O=0.174\ 67$)	当量熵 E_q 以上一个时间段为基准 ($H_O=H_{i-1}$)
P_1	10	0	0	0.166 22	0.95	0.95
P_2	5	0	0	0.162 33	0.93	0.98
P_3	11	0	0	0.154 42	0.88	0.95
P_4	9	0	0	0.148 55	0.85	0.96
P_5	9	0	0	0.143 15	0.82	0.96
P_6	5	1	0	0.166 70	0.95	1.16
P_7	13	0	0	0.158 77	0.91	0.95
P_8	4	1	0	0.179 89	1.03	1.13
P_9	6	3	0	0.238 29	1.36	1.32
P_{10}	3	2	0	0.272 68	1.56	1.14

5.3　信息预警分析

为了实现 2010—2019 年各时间段安全信息预警,需要计算各时间段的当量熵值,各时间段当量熵一般公式为

$$E_{qi}=H_i/H_O \tag{6}$$

式中，H_i 可由公式(5)得，H_O 表示基准熵。

不同基准下的当量熵值不同，信息预警等级值也不同，因此信息量化和预警结果也有所不同。不同基准下的各时间段当量熵变化见表 2。

为分析 2010—2019 年事件信息量相对于前 10 年的信息预警，以 P_0 时间段发生各等级事件数量为基准，$E_{q\,\text{in}}=1.18$，$E_{q\,\text{ac}}=0.99$，$E_{q\,\max}=9.07$ 将预警等级分为四类：

预警Ⅰ：$E_q\in(0,\ 0.99)$；

预警Ⅱ：$E_q\in[0.99,1)$；

预警Ⅲ：$E_q\in[1,1.18)$；

预警Ⅳ：$E_q\in[1.18,\ 9.07]$。

为实现监控某个时间段相对于前段时间的信息预警，本文以上一时间段各等级事件数量为基准，预警等级分为四类：

预警Ⅰ：$E_q\in(0,\min\{1,E_{q\,\text{in}},\ E_{q\,\text{ac}}\})$；

预警Ⅱ：$E_q\in[\min\{1,\ E_{q\,\text{in}},\ E_{q\,\text{ac}}\},\text{mid}\{1,\ E_{q\,\text{in}},\ E_{q\,\text{ac}}\}$；

预警Ⅲ：$E_q\in[\text{mid}\{1,E_{q\,\text{in}},\ E_{q\,\text{ac}}\},\ \max\{1,\ E_{q\,\text{in}},\ E_{q\,\text{ac}}\})$；

预警Ⅳ：$E_q\in[\max\{1,\ E_{q\,\text{in}},E_{q\,\text{ac}}\},\ E_{q\,\max}]$。

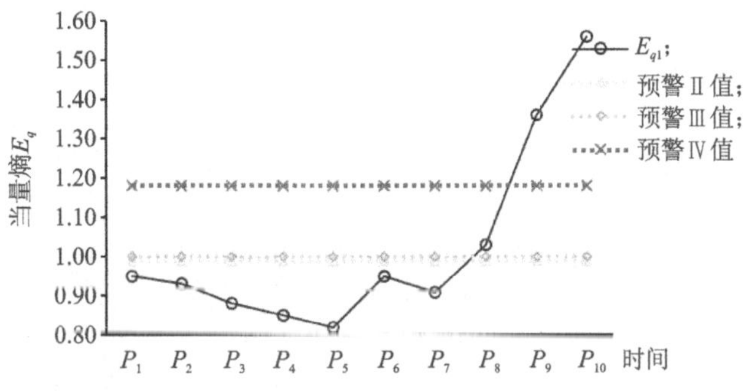

(a) 以P_0时间段为基准(H_O=0.174 67)

(b) 以上一个时间段为基准($H_O=H_{i-1}$)

图 4　2010—2019 年各时间段当量熵变化图

通过当量熵的计算可以实现对 2010—2019 年各时间段 CFIT 事件信息量的变化情况进行定量化分析并实现风险预警。由图 4 可得，以 P_0 时间段数量为基准，$P_1\sim P_7$ 各时间段信息预警均为Ⅰ，P_8 预警为Ⅲ，P_9 和 P_{10} 预警为Ⅳ；以上一时间段数量为基准，2010—2019 年各时间段预警Ⅱ值、Ⅲ值和Ⅳ值有动态变化，$P_1\sim P_5$、P_7 时间段预警为 I，P_6 和 P_8 时间段预警为Ⅲ，P_9 和 P_{10} 时间段预警为Ⅳ。在两种基准下，P_6 时间段 E_q 相对于 P_5 均增加，前者预警无变化，后者由预警Ⅰ变为Ⅲ；P_7 时间段 E_q 相对 P_6 均降低，前者预警无变化，后者由预警Ⅲ变为Ⅰ，当以 P_5 时间段各等级事件数量为基准，由公式(4)可得，各等级事件数量的对应关系样本信息，若增加 1 起征候，相当于大约减少了 39 起事故，而 P_6 时间段新增了 1 起征候和 5 起事故导致预警上升为Ⅲ。以 P_6 时间段为基准，各等级事件数量的对应关系样本信息若增加 1 起征候，相当于大约减少了 33 起事故，而 P_7 时间段新增 13 起事故，导致预警下降Ⅰ。

6　结　论

结合信息熵理论，引用当量熵将事件后果状态变化与事件信息熵联系起来，实现信息量化与风险预警。结论如下：

① 由设计的 CFIT 事件模型实验发现一般事件数量增加信息熵减少，事故和征候增加信息熵增加；事故熵增的影响程度大于征候熵增的影响程度大于一般事件熵增的影响程度；信息熵变化量与信息数量呈正相关。

② 当量熵关联了事件信息熵与各事件等级数量变化，划分安全信息预警等级，为有效监控 CFIT 事件信息提供安全监控标准，为掌握某一时间段 CFIT 事件信息量变化提供了依据。

本文仅研究了 CFIT 事件信息量，建立了事件等级与信息熵之间的对应关系模型，并据此划分了预警等级；此类信息量化方法也可拓展到其他事件类型，实现信息量化的同时也可对该类事件可能引发的风险提出预警。

参考文献

[1] 史亚杰，陈艳秋. 航空安全信息管理的问题与对策[J]. 中国安全生产科学技术，2010，6(3)：116-120.

[2] 傅祖芸. 信息论-基础理论与应用[M]. 4 版. 北京：电子工业出版社，2010，6(3)：116-120.

[3] 韩静茹.以风险管理为导向的航空安全信息管理探讨[J].民航学报,2018,2(5):50-53.

[4] Damien K,Marina E. An analysis of human factors in fifty controlled flight into terrain aviation accidents from 2007 to 2017[J]. Journal of safety research,2019,69.

[5] Smith A,Cassell R, Yang Y E,et al. Feasiblitity demonstration of an aircraft performance risk assessment model[C]. Digital Avionics Systems Conference,2000,4D4:1-8.

[6] 汪磊,孙瑞山.可控飞行撞地的事故树分析[C].第六届全国交通运输领域青年学术会议,2005:1120-1124.

[7] 杜红兵,王雪莉.基于贝叶斯网络的可控飞行撞地事故原因分析方法[J].安全与环境学报,2009,9(5):136-139.

[8] Jason Lee. Modeling terrain awareness and warning systems for airspace and procedure design[C]. 31st Digital Avionics Systems Conference,2012,2B2:1-9.

[9] Wang Haofeng. Research on controlled flight into terrain risk analysis based on bow-tie model and WQAR data[C]. Proceedings of the 2017 Asia-Pacific Computer Science and Application Conference,2017:5.

[10] 中国民航科学技术研究院. 基于 WQAR 大数据的可控飞行撞地风险量化与预防研究[R].2019.

[11] Shannon C E. A mathemetical theory of communication[J]. The Bell System Technical Journal,1948.

[12] 中国民用航空局. CCAR-396-R3 [L].2016-03-04.

[13] 李彤.基于隐患报告的事故预测模型及预警方法研究[D].北京:中国地质大学,2017.

大柔性太阳能无人机载荷计算和评估

侯英昱，刘子强

中国航天空气动力技术研究院，北京 100074

摘要：本文全面分析了大柔性结构飞机的载荷特性，从此类飞机独有的速度低、翼载低、结构大变形的特点方面，分析现有设计规范中载荷计算误差产生的原因。通过时域瞬态分析方法开展了大柔性结构飞机的阵风载荷分析。研究结果表明，由于速度低、翼载低、大变形等原因，现有设计规范方法——阵风载荷 Pratt 方法，不完全适用于此类飞行器，载荷计算可能存在一定程度的高估。

关键词：柔性无人机；气动弹性；过载系数；Pratt 方法

1 引 言

结构的载荷计算是飞行器设计工作中的重要环节，以往的结构载荷计算大都依靠飞行器设计规范进行，目前各个国家的飞行器设计规范、条例、标准中的突风载荷计算均依照 NACA R1206 中提供的方法和计算公式进行。NACA1206 中给定了简要的突风载荷设计计算方法，使各种飞行器的结构载荷计算变得非常简单快捷。

自从 1915 年 NASA 的第一份出版物开始，就确定了突风载荷的方法[1]。这些年里，这种方法一直在运用于飞行器设计和验证过程中，并且持续进行改进[2]。这些方法主要为准定常方法、瞬态方法以及连续方法。

准定常方法提供了一种低准确度却又容易计算的选择。在飞行器设计工作的早期，并没有计算机和更高阶的计算方法，准定常计算方法使用非常广泛。准定常的分析方法可以分为以下两类。

1.1 锐边突风曲线

1931 年，首次提出了锐边突风的概念[3]。其基于这样一个假设：飞行器遭遇垂直方向的一个突然的速度改变 U。这引起了飞行器攻角的改变，从而导致升力的改变。这种计算并没有考虑非定常气动力、飞行动力学以及结构动力学。升力的改变取决于最基本的升力方程。

$$\Delta L = \frac{1}{2}\rho V^2 S C_L^\alpha \Delta\alpha \tag{1}$$

式中，L 是升力，ρ 是大气密度，V 是飞行速度，S 是机翼的参考面积，C_L^α 是升力曲线斜率，攻角的改变取决于 $\Delta\alpha = \arctan(U/V)$。对于载荷上的改变，一般仅简单地关注于 $\Delta n = \Delta L/W$。方程(1)是 1934 年制定的，这形成了以后突风载荷计算的基础。

1.2 改进突风曲线

Pratt 和 Walker 于 20 世纪 50 年代中期对突风公式进行了校订，利用突风修正系数计算突风载荷。Pratt 方法将飞行器动力响应从气动弹性响应中分离出来，利用一个简单的刚度飞机动力学方程(EOM)来确定遭遇突风过程中的极限载荷系数。这个 EOM 仅仅是一个无量纲时间和一个无量纲质量率 μ_g 的函数。Pratt 和 Walke[4] 又假定了一个 1-cos 的突风外形，并且对动力学方程进行数学求解，从而获得阵风条件下的极限载荷系数。再利用极限载荷系数得到对锐边突风载荷的一个削减系数 K_g。公式如下：

$$\mu_g = \frac{2W}{\rho g S \bar{c} C_L^\alpha} \tag{2}$$

$$K_g = \frac{0.8\mu_g}{5.3 + \mu_g} \tag{3}$$

$$\Delta n_{\text{pratt\_method}} = K_g \Delta n_{\text{sharp\_edge}} \tag{4}$$

式中，μ_g 为无量纲的质量；W 是飞行器质量；L 是升力；ρ 是大气密度；V 是飞行速度；S 是机翼的参考面积；C_L^α 是升力曲线斜率；$\bar{c}$ 为平均弦长。

自 1950 年中期以来，这种方式就成为准定常气动力分析的主导，一直延续至今，是目前国内外飞行器阵风载荷计算的基本公式[5]。

21 世纪以来，以“太阳神”“探路者”为代表的高空长航时无人机(HALE)大量出现，相对于其它无人机，这一类飞行器具有飞行速度低、翼载低、机翼大柔性等特点。例如，某型号太阳能无人机的巡航速度为 12 m/s，相比于一般飞行器大概少了一个量级。又比如，此飞行器翼载荷为 2.8 kg/m²，相比于一般飞行器少了两个量级。传统的飞行器载荷计算方法是否适用于这一类飞行器值得关注。

本文将按照无人机设计规范对载荷的规定计算这一类飞行器的结构载荷，并对计算的载荷进行简单的分析和评估，希望分析结果会对无人机载荷计算提供帮助。

2 飞行器结构模型

以某一飞翼布局飞行器为例，该飞行器由 5 个螺旋桨和 3 个吊舱组成，飞行高度为海平面，飞行器结构参数和气动参数分别参见表 1、表 2，飞行器几何参数参见图 1。

表 1 飞行器结构参数

弹性轴位置	重心位置	单位长度质量	扭转惯性矩	弯曲惯性矩
25%弦长	25%弦长	8.929	4.146	0.691

表 2 机翼气动参数飞行参数及吊舱参数

机翼				吊舱	
C_{1a}	V_b	V_c	V_d	中心吊舱质量	左右吊舱质量
2π	10 m/s	12.19 m/s	15 m/s	27.22 kg	22.68 kg

飞行器几何形状如图 1 所示。其中吊舱质量为空载时的吊舱质量，按照飞行器的结构参数，几何参数和气动参数可以获得飞行器的一些数据：

① 飞行器质量为 725 kg。

② 飞行器重力为 $G=mg=725\times9.8=7\ 105$ N。

③ 机翼面积为 $S\approx177.55\ \text{m}^2$。

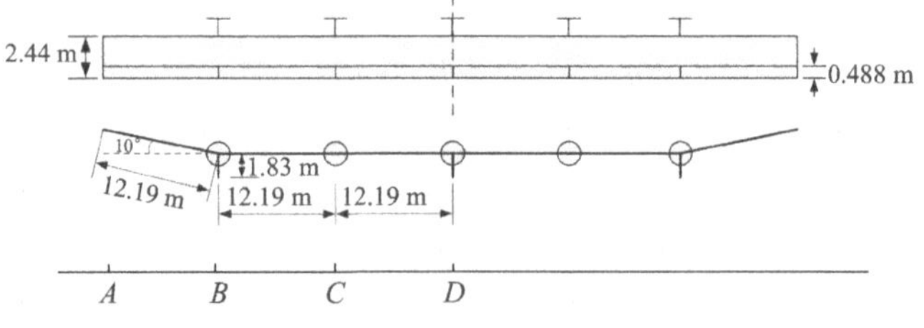

图 1 飞行器结构模型和基本参数

3 飞行器的飞行包线

飞行器的飞行包线主要包括机动包线和阵风包线，这里按照飞行器设计规范计算、绘制此飞行器的阵风包线。首先计算飞行器的阵风削减系数[6]：

$$\eta_g=\frac{2G/S}{gC_y^a\rho_H b_{pj}}=\frac{2\times7\ 105/177.55}{9.8\times2\times3.14\times1.225\times2.44}=0.435$$

$$K_W=\frac{0.88\mu_g}{5.3+\mu_g}=\frac{0.88\times0.435}{5.3+0.435}=\frac{0.383}{5.735}=0.067$$

式中，G/S 为翼载；η_g 为飞行器无量纲质量；G 为起飞重量；S 为机翼面积；V 为飞行器速度；W 为当量阵风速度；g 为重力加速度；C_y^a 为全机升力曲线斜率；ρ_H 为所在高度空气密度；b_{pj} 机翼平均几何弦长；K_W 为阵风削减系数。

按照飞行器设计规范，飞行器海平面巡航时(飞行速度 V_c)需要承受的突风速度为 12.25 m/s，飞行中(飞行速度 V_b)需要承受的极限突风速度为 20.1 m/s，俯冲时(飞行速度 V_d)需要承受的最大突风速度为 7.61 m/s(这个速度比已经使升力方程不成立)。

由此可以得到在海平面巡航过程中简化的阵风载荷大小。空载时升力大小计算如下：

对于 AB 段，

$$\Delta L=\frac{1}{2}\rho VS_W C_l^a W=1\ 109.57\ \text{N}$$

对于 BD 段，

$$\Delta L=\frac{1}{2}\rho VS_W C_l^a W=2\ 288.19\ \text{N}$$

$$\Delta n=\frac{\Delta L}{G}=(1\ 109.57+2\ 288.19)\times2/7\ 105=0.956$$

海平面巡航时阵风过载系数为 1.956。

同样，还可以求取飞行器在最大突风时的过载系数，此时飞机飞行速度为 10 m/s，突风速度为 20.1 m/s，由于固定飞行器的过载系数计算与飞行速度与突风速度的积成正比，因此可以得到在最大突风时的突风过载系数：

$$n=0.956\times10\times20.1/(12.19\times12.19)=1.28$$

在飞行器俯冲过程中的突风过载系数：

$$n=0.956\times15\times7.6/(12.19\times12.19)=0.73$$

进而可以计算得到飞行器的突风包线，如图 2 所示。

对飞行器的机动特性进行分析，此类飞行器属于大型无人机，飞行器设计规范规定的大型无人机机动过载的过载系数为：飞行器空载过程需要承受的机动过载为 −1～2.5，飞行器满载过程需要承受的机动过载为 0～2。进而可以得到飞行器空载时的机动包线，如图 3 所示。

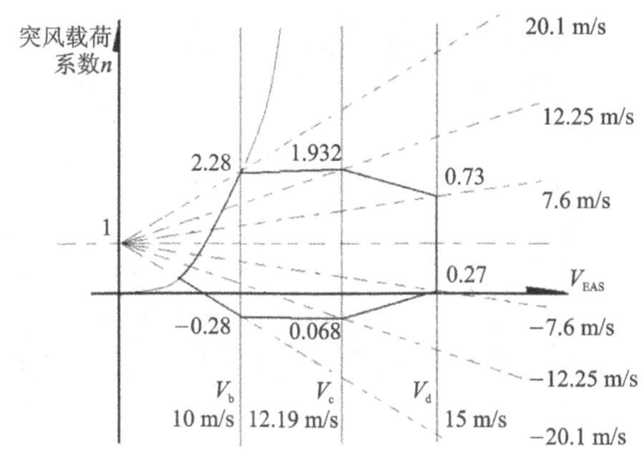

图 2　此飞行器阵风包线

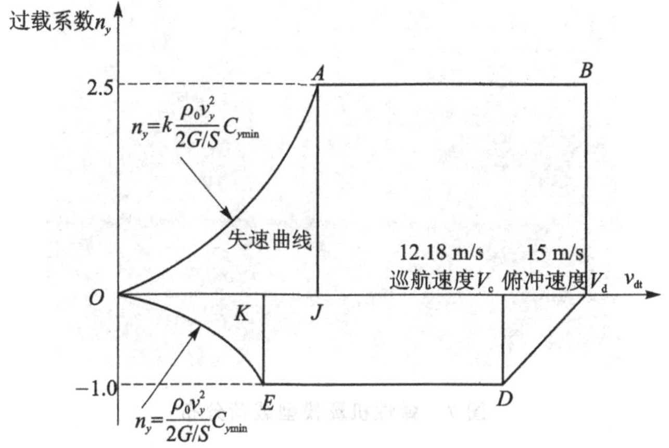

图 3　此飞行器机动包线

4　飞行器载荷评估

上文按照飞行器设计规范计算了此类飞行器的结构载荷，但是计算过程中发现很多问题。下面针对计算中遇到的问题进行分析，从而对 Pratt 方法用于大柔性飞行器时的有效性进行评估。

首先，突风过载的计算受到飞行器飞行速度的干扰，一般飞行器的飞行速度远大于突风的风速，而对于太阳能无人机来说，这种假设是不成立的。对于这种低速的飞行器，如果仍然使用传统的无人机设计规范，会发现突风速度跟飞行器的飞行速度相当，飞行器将会产生失速的问题。假定在那样的风速下飞行器仍然保持正常飞行而不发生失速，飞行器的突风过载计算也会产生误差。误差的来源如图 4 所示：

第一，不可以用飞行器飞行速度 V 代替由于阵风引起的的合速度 $V_1=V/\cos\theta$。

第二，不可以用与速度方向相互垂直的升力 L_1 代替用来计算过载系数的升力 $L=L_1\cos\theta$。

第三，不可以用 W/V 代替表示攻角实际变化量的 $\theta=\arctan(W/V)$。

经计算，这种传统简化方式产生的误差如图 5 所示，如果采用巡航工况下的阵风速度，过载系数将由于飞行器飞行速度低而被高估 22%。如果采用 7.6 m/s 的俯冲工况阵风速度，过载系数也要被高估 10%，如图 5 所示。

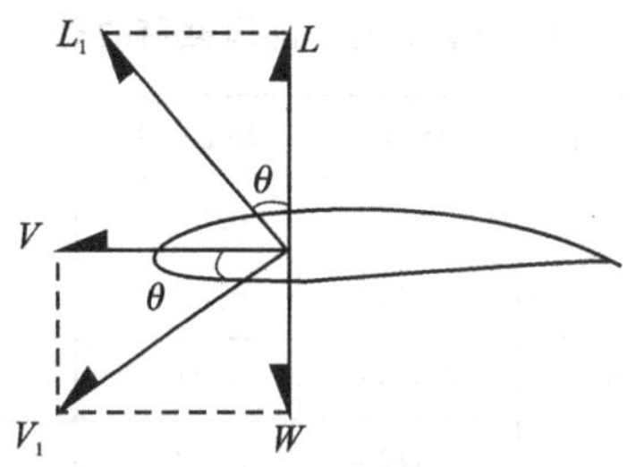

图 4　突风下机翼的受力示意图

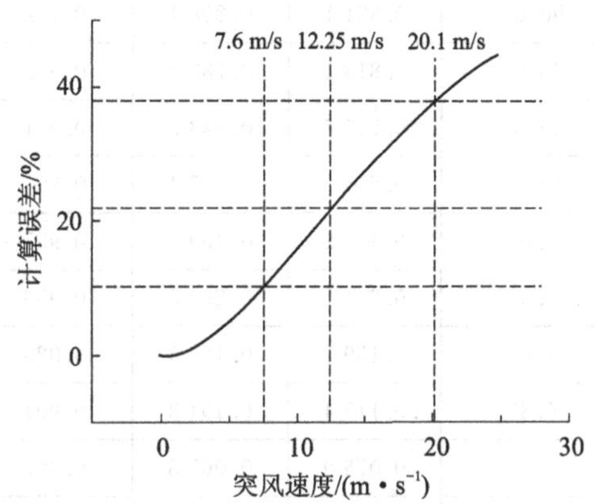

图 5　不同突风下的计算误差

还有一个问题值得注意，就是飞行器在突风的作用下，机翼有可能出现失速，这时，突风引起的作用力将会出现更大的偏差。

另外，飞行器的低翼载也会对载荷的计算产生影响。这是因为在计算阵风的过程中使用了如方程(4)所示的阵风削减系数，而对于飞行器计算来说，阵风削减系数是一个拟合函数，是通过求解动力学方程对过载系数的最大值进行拟合的曲线。可以看到，阵风削减系数的方程中仅有一个变量，也就是无量纲的质量，如方程(3)所示无量纲质量主要与翼载有关。

关于阵风削减系数准确的计算方法，可以通过求解飞行器的结构动力学方程实现[7]，公式如下：

$$\frac{d^2 z}{ds^2}+\frac{1}{\mu_g}\int_0^s K_W(s-s')\frac{d^2 z}{ds'^2}ds'=$$

$$\frac{1}{\mu_g}\frac{\bar{c}U_0}{V}\int_0^s K_G(s-s')\frac{d}{ds'}\left(\frac{U}{U_0}\right)ds'$$

对方程两端同时进行 Laplace 变化,化简后再进行反 Laplace 变换,可以求解出对应的过载系数。通过计算可以得到,对于一般飞行器,利用方程(4)计算得到的阵风削减系数非常准确,误差在 4%以内。但是当无量纲质量低于 1 时,这种计算的差别就会变得非常明显。对于算例中给定的飞行器,由于低翼载的作用,阵风载荷被高估了 17%左右。如表 3 所列。

表 3　低翼载对于阵风载荷的影响

无量纲质量	Pratt	动态方程	比　例
200.00	0.857 3	0.857 9	1.001
180.00	0.854 8	0.852 7	0.998
150.00	0.850 0	0.843 1	0.992
120.00	0.842 8	0.830 2	0.985
100.00	0.835 7	0.816 8	0.977
90.00	0.831 1	0.808 1	0.972
70.00	0.818 1	0.783 9	0.958
50.00	0.795 7	0.748 9	0.941
10.00	0.575 2	0.557 4	0.969
5.00	0.427 2	0.409 0	0.957
2.00	0.241 1	0.230 5	0.956
1.00	0.139 7	0.128 5	0.920
0.80	0.115 4	0.104 3	0.904
0.50	0.075 9	0.065 8	0.867
0.20	0.032 0	0.026 0	0.813
0.10	0.016 3	0.012 9	0.792

再者,另一个对载荷计算产生误差的地方来自于机翼内载荷的计算。在利用刚性机翼模型、弹性机翼模型计算飞行器内载荷时,可以看到,翼根弯矩的极限值计算上两者是相同的,但对于大柔性机翼结构将发生几何非线性变形。在考虑几何非线性时,产生的实际结构内力要比利用刚性模型弹性模型计算的结果小,以本文给定的数据计算为例,飞行器在 3.3g 过载下,利用 abaqus 计算结构在考虑几何非线性时的内载荷,可以得到飞行器实际载荷与传统计算载荷之间的关系,如图 6、图 7 所示。

通过计算对比可知,机翼的内载荷计算中,结构的几何非线性因素会对计算结果产生影响,在考虑结构的几何非线性情况下,相对于弹性机翼,机翼的最大应力要少 5%,最大变形要少 10%。

动态情况下的机翼内载荷计算还在进行中,初步

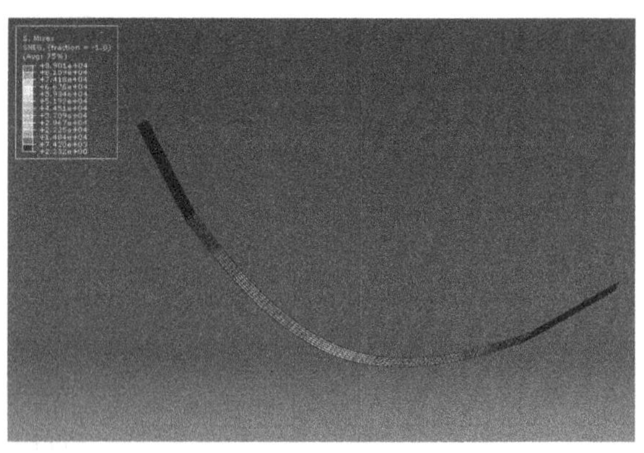

图 6　柔性机翼模型载荷分布

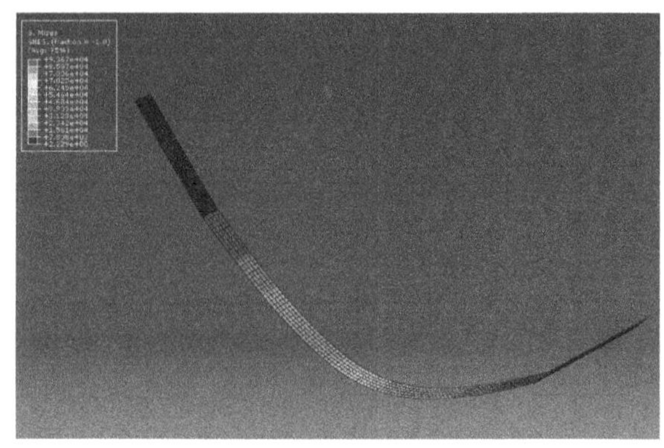

图 7　弹性机翼模型载荷分布

的计算结果显示,在动态情况下,机翼的几何非线性现象对于机翼的载荷影响不大,只有当变形量很大时才产生一定的影响。对于定量的计算结果,还需要进一步计算得到。

5　结束语

综上所述,由于 HALE 太阳能无人机具有翼载低、飞行速度低、机翼大柔性等特性。大柔性无人机实际的载荷要比传统计算方法计算值要小,传统载荷评估方法可能将结构载荷高估了 20%以上,使用《无人机强度和刚度规范》并不适合对此类无人机进行载荷评估,需要针对这一类飞行器的特点制定或者修正《无人机强度和刚度规范》。

本文在研究机翼结构几何非线性对载荷大小影响过程中,并没有考虑由于机翼弹性变形引起的载荷重新分布以及非定常气动力对结构载荷的影响,这方面内容将结合后续进行的仿真计算和试验进行分析。

参考文献

[1] Hunsaker J C, Wilson E D. Report on Behavior

of Aeroplanes in Gusts. NACA Rept. 1, 1915.

[2] Hoblit F M. Gust Loads on Aircraft: Concepts and Applications. AIAA Education Series, AIAA, Washington, DC, 1988:1-14.

[3] Nissim E, Gilyard G B. Method for experimental determination of flutter speed by parameter identification[C]. AIAA, 1989:89-1324.

[4] Zimmerman N H, Weissenburger J T. Prediction of flutter onset speed based on flight testing at subcritical speeds[J]. Journal of aircraft, 1964, 1 (4):190-202.

[5] Pratt K G, Walker W G. A Revised Gust-Load Formula and a Reevaluation of V-G Data Taken on Civil Transport Airplanes from 1933 to 1950. NACA Rept. 1206, 1954.

[6] The Code of Federal Regulations of the United States of America, U. S. Division of the Federal Register, Title 14, U. S. Government Printing Office, Washington, DC, 2007.

[7] Wright J R, Cooper J E. Introduction to Aircraft Aeroelasticity and loads. John Wiley & Sons Ltd in Chichester England, 2010.

[8] 陈桂彬,邹丛青,杨超. 气动弹性设计基础[M]. 北京:北京航空航天大学出版社,2004.

卫星导航系统航空服务性能评估平台设计

钟伦珑*，朱文丹

中国民航大学智能信号与图像处理天津市重点实验室，天津 300300

摘要：卫星信号在传播过程中容易受到电离层闪烁、电离层暴等电离层异常因素的影响，使得卫星导航系统航空服务性能产生波动，性能恶化会给航空运行安全带来巨大的风险。因此，电离层异常影响下的卫星导航系统航空服务性能评估成为航空运行安全保障过程中的关键问题。针对这一关键问题，本文提出了电离层异常对卫星导航系统航空服务性能影响评估平台的设计方案，利用电离层异常观测数据模拟受影响的卫星信号，并利用接收机模拟器模拟导航参数解算，实现电离层异常影响下的性能指标计算评估。

关键词：GPS；电离层异常；性能评估；精度；完好性

Design of Aviation Service Performance Evaluation Platform for Satellite Navigation System

ZHONG Lunlong*，ZHU Wendan

Civil Aviation University of China，Tianjin Key Laboratory for Advanced Signal Processing，Tianjin 300300，China

Abstract：The Satellite signals are prone to the influence of ionospheric anomalies such as ionospheric scintillation and ionospheric storms during their propagation，which makes the aviation service performance of satellite navigation system fluctuate，and the deterioration of the performance will bring great risks to the safety of aviation operation. Therefore，the evaluation of aviation service performance of satellite navigation system under the influence of ionospheric anomaly has become a key issue in the process of aviation operation security assurance. According to the key problem，put forward the ionosphere anomaly of satellite navigation system airline service performance evaluation platform design scheme，using the ionosphere anomaly observation data affected by the satellite signal，and use the navigation receiver simulation parameters，implementation performance index calculation under the influence of the ionosphere anomaly assessment.

Keywords：GPS；Ionospheric anomaly；performance evaluation；accuracy；integrity

1 引 言

卫星导航系统是基于性能导航(PBN)的主用导航系统，它的服务性能对保障航空运行非常重要。但是，卫星导航信号传播中的电离层异常降低了导航定位精度、完好性等性能，国际民航组织也提醒各国注意加强电离层对导航系统性能的影响研究。对于中国区域而言，常见电离层异常有低纬电离层异常和电离层暴、电离层闪烁等。本文依据导航服务性能规范，针对不同电离层异常情形，设计航空服务性能评估平台，并对航空服务性能的指标进行计算分析，开展电离层异常对航空服务性能影响的评估。

2 平台总体设计

不同的飞行阶段、不同的导航要求对航空服务性能要求不同。民航界用来评价卫星导航系统航空服务

基金项目：国家重点研发计划资助(2020YFB0505603)

* 通讯作者. E-mail：zlunlong@163.com

性能参数主要包括精度、完好性、连续性和可用性四大性能指标[1]。平台利用电离层延迟模型来模拟受电离层影响的接收信号，通过评估算法来对电离层异常情况下 GPS 航空服务性能进行评估。平台设计方案如图 1 所示。

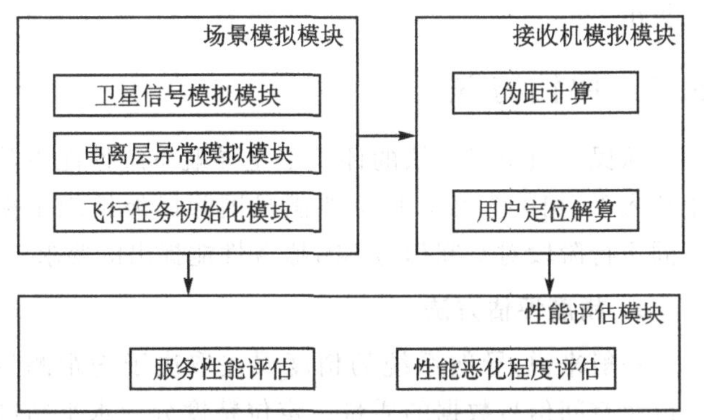

图 1　平台设计流程图

平台主要包括了场景模拟模块、接收机模拟模块和性能评估模块。其中，场景模拟模块实现了对飞行任务、运行环境的初始化。接收机模拟模块则是对受电离层异常影响的卫星信号进行伪距计算及用户定位解算，生成必要的导航参数信息[2]。性能评估模块结合场景数据对环境正常的卫星信号和受电离层影响的卫星信号的性能参数进行评估和对比。由于电离层异常是不确定量，评估指标选取了能够反映评估参数变化情况的指标，包括水平定位误差 UHNE、垂直定位误差 UVNE、垂直保护级 VPL、水平保护级 HPL、系统连续性 C、系统可用性 A 等，生成性能评估结果和性能恶化程度评估结果，进而分析不同电离层异常造成的不同影响。

3　场景模拟模块

3.1　飞行任务初始化模块

根据不同的场景条件、不同的导航需求，平台需要对运行场景的基本参数进行初始化，编辑设置不同参数的飞行任务，设置不同的环境参数，以此实现平台控制。

3.2　电离层异常模块

电离层闪烁将影响信号的测量精度，严重时会导致接收机跟踪信号的失锁。电离层风暴导致电离层时空相关性降低[3]。在研究卫星信号受电离层影响的过程中，常用电离层总电子含量（Total Electron Content，TEC）描述电离层对信号的延迟[4]。

本设计方案提出了多场景分析方法模拟电离层异常。对卫星信号观测数据进行统计，进行电离层异常事件的分析与判定，把观测数据分类，结合混合高斯模型，计算电离层闪烁指数与电离层 TEC，最终生成电离层暴模拟数据和电离层闪烁模拟数据，描述不同的电离层异常场景。

接着利用 GNS 双频改正模型和 Klobuchar 模型计算出 IGS 测站点的电离层 VTEC 值，获取两种模型之间的电离层 VTEC 差值。同时，利用 ARIMA 模型对 IGS 测站点的电离层 VTEC 进行偏移估计，最后根据估计的偏移值对 Klobuchar 模型进行修正，并对其改进效果进行评估。改进后的 Klobuchar 模型如图 2 所示。

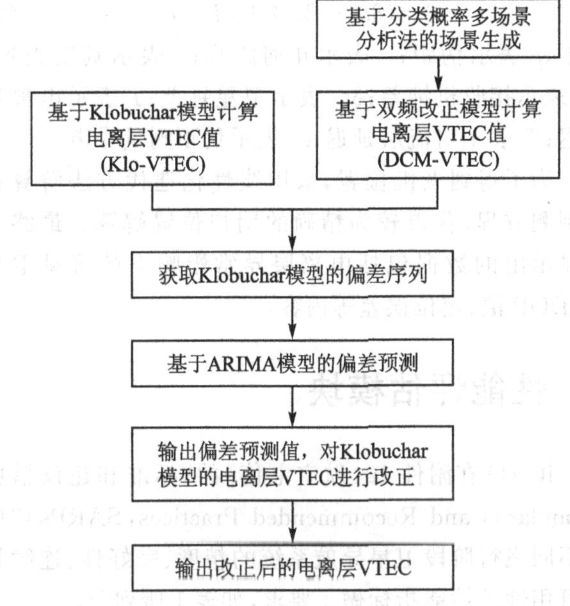

图 2　改进的 Klobuchar 模型流程图

3.3　卫星信号生成模块

在信号模拟模块，要较为真实地模拟出接收机在运动状态下接收到的卫星信号，接着再考虑电离层异常对信号的延迟影响。当不考虑 P 码调制信号时，模拟 C/A 码扩频的 GPS 信号。假设第 i 颗卫星信号到达接收机时的信号幅度为 A_i，第 i 颗卫星的星历数据为 $D_i(t)$，调制码为 $C_i(t)$，由于各个卫星信号到达接收机时具有时延、信号衰减等，接收机在 t_1 接收时刻接收到的 GPS 信号为[5]

$$r(t)=\sum_{i=1}^{M}\{A_iC_i(t_1-\tau)D_i(t_1-\tau)\cdot \sin[(\omega_1+\omega_{1d})t_1+\phi_i]\} \quad (1)$$

式中，M 为接收机在 t_1 时刻观测到的卫星数目；τ 为接收机在 t_1 时刻接收到信号的空间传播时间；ω_{1d} 为接收机和第 i 颗卫星相对运动产生的不同的多普勒频移；ϕ_i 为第 i 颗卫星的初相位。

4 接收机模拟模块

在此次平台设计中，运用接收机的伪距计算功能和用户定位解算模块，来分析受到电离层干扰下的卫星导航系统定位性能有怎样的变化。

伪距是信号接收时间 t_u 与信号发射时间 t_s 之间的差再乘以真空光速，即

$$\rho=r+c(\delta t_u-\delta t_s)+cI+cT+\varepsilon_\rho \quad (2)$$

式中，ρ 表示伪距；r 表示几何距离；c 表示真空光速；δt_u 表示接收机钟差；δt_s 表示卫星钟差；I 表示电离层延迟；T 表示对流层延迟；ε_ρ 表示伪距测量噪声。

为了得到飞机位置，采用线性化迭代方法解算伪距观测方程，获得较为精确的用户位置解算。最终平台显示出的数据包括电离层异常影响下的可见卫星数、DOP 值、定位误差等内容。

5 性能评估模块

ICAO 在附件 10《航空电信》的“标准和建议措施(Standards and Recommended Practices，SARPs)”中对不同飞行阶段卫星导航系统的精度、完好性、连续性和可用性的性能指标做了要求，如表 1 所列[6]。

卫星导航系统航空服务性能影响评估平台的核心是性能评估模块，下面通过性能评估指标和评估方法两个方面来设计航空服务性能评估模块。

5.1 性能评估指标

选择精度、完好性、连续性和可用性的基本性能参数作为评估对象，观察电离层异常影响下对应的各评估指标的变化。平台的评估指标参数平台总体设计时已提出。

5.2 评估方法

从民用航空界公认的评价卫星导航系统性能参数集合入手，相关参数和指标要满足国际民航组织根据不同飞行阶段对空间信号 SIS 服务性能提出的要求。

1. 精度评估方法

一般来说，导航系统的精度误差取决于伪距测量值以及空间信号数据的质量。定位精度分为水平精度和垂直精度。评估精度时采用精度因子 DOP 和用户等效距离误差 UERE。UERE 是与之相关联导航卫星的所有误差源影响作用的统计和[7]。

精度误差 E 的计算方法如图 3 所示。

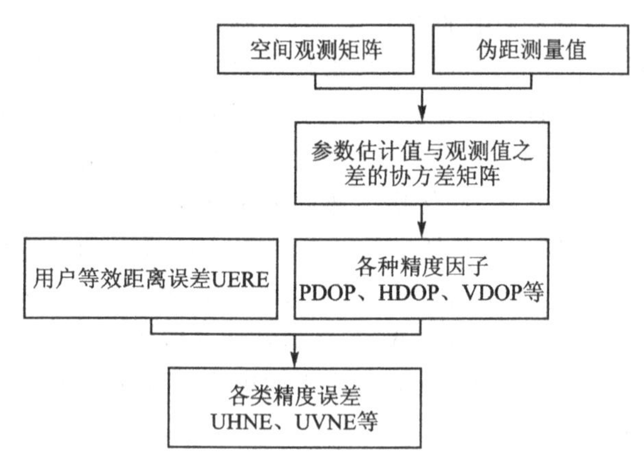

图 3 精度误差计算方法

精度误差 E 可由下式进行估计：

$$E=\text{UERE}\times\text{DOP} \quad (3)$$

表 1 SIS 的性能要求

服务性能 / 飞行阶段	水平精度(95%)	垂直精度(95%)	完好性	连续性	可用性
终端区	0.74 km	N/A	$1-1\times10^{-7}$/h	$1-1\times10^{-4}$/h～$1-1\times10^{-8}$/h	0.99～0.999 99
NPA	220 m	N/A	$1-1\times10^{-7}$/h	$1-1\times10^{-4}$/h～$1-1\times10^{-8}$/h	0.99～0.999 99
APV-I	16 m	20 m	$1-2\times10^{-7}$/approach	$1-8\times10^{-6}$/15 s	0.99～0.999 99
APV-II	16m	8m	$1-2\times10^{-7}$/approach	$1-8\times10^{-6}$/15s	0.99～0.999 99
CAT-I	16 m	6.0～4 m	$1-2\times10^{-7}$/approach	$1-8\times10^{-6}$/15 s	0.99～0.999 99

结合水平精度因子 HDOP、垂直精度因子 VDOP，便可计算出水平精度 UHNE、垂直精度 UVNE[8]，公式如下：

$$UHNE = UERE \times HDOP \tag{4}$$

$$UVNE = UERE \times VDOP \tag{5}$$

精度误差会受到卫星信号在受到电离层异常的影响下精度因子和伪距残差因子差值的联合变化的影响。当电离层异常情况不同时，对精度因子和伪距残差因子的影响也不同，故而造成不同情况下的精度误差。

2. 完好性评估方法

在此评估方法中，导航系统的完好性指标为保护级 PL，它衡量了用户定位误差大小。告警限值 AL，包括水平告警限值 HAL 和垂直告警限值 VAL，由具体的飞行场景环境所决定[9]。ICAO 对于完好性的部分相关参数规定如表 2 所列。

表 2 不同飞行阶段完好性要求

飞行阶段	终端区	NPA	APV-I/II	CAT-I
HAL/m	1 850	586	40	40
VAL/m	N/A	N/A	50/20	10～35
告警时间/s	15	10	6	6

下面提出两种假设：无地面基准站接收机与卫星故障的情况为 H_0（无故障发生），仅一台地面基准接收机发生故障的情况为 H_1（单接收机故障）。垂直保护级 VPL 与水平保护级 HPL 的计算公式如下：

$$VPL = \max\{VPL_{H0}, VPL_{H1}\} \tag{6}$$

$$HPL = \max\{HPL_{H0}, HPL_{H1}\} \tag{7}$$

式中，无故障发生时，计算公式如下：

$$VPL_{H0} = K_{ffmd}\sqrt{\sum_{i=1}^{N} S_{ve}^2 \sigma_i^2} \tag{8}$$

$$HPL_{H0} = K_{ffmd,pos} d_{major} \tag{9}$$

单接收机故障发生时，计算公式如下：

$$VPL_{H1} = \max\{|B_{i,ve}| + K_{md}\sigma_{ve,H1}\} \tag{10}$$

$$HPL_{H1} = \max\{|B\_horz_j| + K_{md,pos} d_{major,H1}\} \tag{11}$$

式中，K_{ffmd} 的取值与地面基准站的个数有关；σ_i 为第 i 个测距源残留的不确定度；S_{ve} 为第 i 个卫星的伪距误差在 y 与垂直方向上的投影；d_{major} 为误差椭圆半长轴的标准差。

电离层闪烁和电离层暴造成的用户定位误差关系到服务性能中的完好性，如图 4 所示。

比较保护级和告警限值，当保护级在相应飞行阶段的警告限值之内时，说明定位结果可信；反之，则结果不可信，完好性不可用，系统会在最短时间内发出告警。

3. 连续性评估方法

从导航服务层可用性角度分析，连续性作为一个性能指标，其可用性需要和用户需求的判定条件相比[10]。在仿真时间$[t_1, t_2]$内，仿真步长为 Δt，连续可用时段为 T，则系统连续性 C 的计算公式为

$$C = \frac{\sum_{t=t_1,\Delta t}^{t-T}\left[\prod_{t_2=t,\Delta t}^{t+T} I(t)\right]}{\sum_{t=t_1,\Delta t}^{t-T} I(t)} \tag{12}$$

式中，$\Delta t \leqslant T$，$T \in (0, t_2 - t_1]$。

连续可用时段 T 是指各类用户对导航连续时间要求。在 Ⅱ 类进近中的要求 15 s，这个限值直接影响仿真采样步长大小，否则计算没有意义。$\prod_{t_2=t,\Delta t}^{t+T} I(t)$ 说明只要在连续时段限值 T 内出现一次不满足要求，则之后的时间内是不满足连续性要求的，即系统不连续可用。

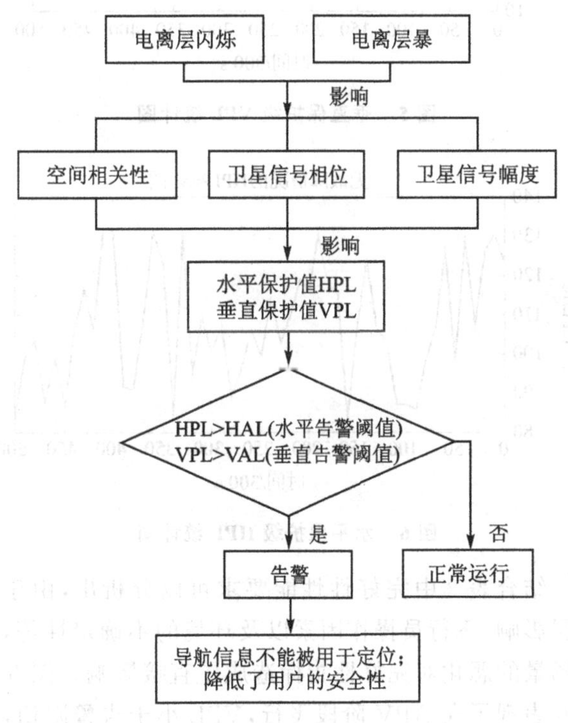

图 4 电离层对完好性的影响

4. 可用性评估方法

可用性是指在规定的时间范围内，系统的精度和完好性同时符合民航规范的概率。

在仿真时间$[t_1, t_2]$内，仿真步长为Δt，连续可用时段为T时系统可用性的计算公式如下：

$$A = \sum_{t=t_1,\Delta t}^{t_2} \frac{\{I(t)\}}{t-t_1} \tag{13}$$

$$I(t) = \begin{cases} 1, & \text{HPL}(t) < \text{HAL}, E < J \\ 0, & \text{其他} \end{cases} \tag{14}$$

式中，$\Delta t \leqslant T$，J为水平精度限值。

6 平台仿真

平台测试期间，对飞行任务进行场景模拟后，平台性能评估模块将计算出24 h内的每300 s取样的无故障情况H_0的垂直保护级VPL和水平保护级HPL，分别如图5、图6所示。

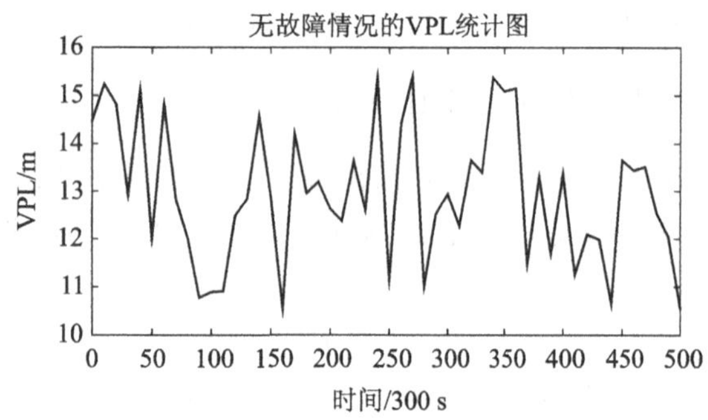

图5 垂直保护级VPL统计图

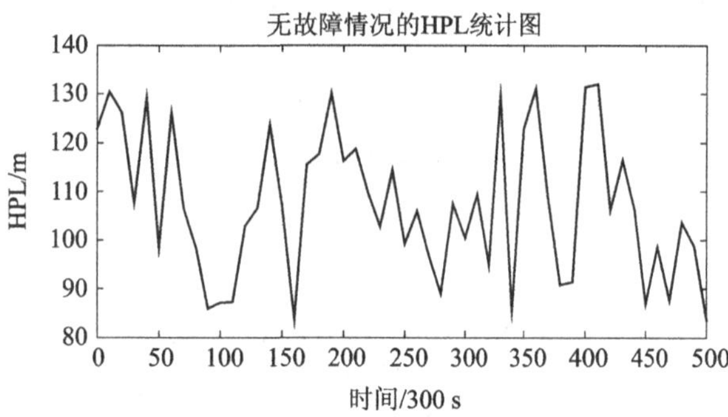

图6 水平保护级HPL统计图

结合表2中完好性性能要求可以分析出，由于电离层影响、飞行员操作因素以及环境的不确定性等，飞行场景的恶化对完好性指标造成了直接影响。图5和图6表现了在APV阶段飞行，VPL小于告警限值，但HPL在评估时间段内超过了40 m水平告警限值，则不满足该飞行阶段的飞行要求。对于CAT-I阶段，仿真结果HPL超过了水平告警限值，不满足该飞行阶段要求。

7 结　论

结合民航导航服务性能规范，电离层异常下卫星导航系统航空服务性能平台设计结论如下：

① 电离层闪烁会引起接收机跟踪信号强度的降低，引起接收机测量误差增大，闪烁严重时可引起接收机失锁，影响完好性保护级。

② 中国地处中低纬度地区，具有明显的区域电离层环境特性，电离层暴可影响电离层的时空相关性，影响民用航空导航的精度和完好性。

因此，卫星导航系统的民航应用要针对中国区域的电离层环境特征进行研究和分析，减弱电离层对卫星导航系统服务性能的影响。本平台能够有效地评估卫星信号的定位精度、完好性保护级等指标，证明了本平台的可用性。

参考文献

[1] U.S. Department of Defense. Global Positioning System Standard Positioning Service Performance Standard[R]. 5th ed. Washington, DC, 2020.

[2] Ghafoori F. Modeling the Impact of Equatorial Ionospheric Irregularitied on GPS Receiver Performance[D]. Alberta: Department of Geomatics Engineering, Calgary University, 2012.

[3] Parkinson B W, Spilker J J Jr. Global Positioning System Theory and Applications[J]. AIAA, 1996, 1: 793.

[4] Zhao Lin, Yang Fuxin, Li Liang, et al. GBAS Ionospheric Anomaly Monitoring Based on a Two-Step Approach. [J]. Basel, Switzerland: Sensors, 2016, 16(6).

[5] Hu Lianhuan, Yue Xinan, Ning Baiqi. Development of the Beidou Ionospheric Observation Network in China for Space Weather Monitoring[J]. Space Weather, 2017, 15(8):

[6] ICAO SARPs, Annex 10: International Standards and Recommended Practices: Aeronautical Telecommunications, Volume I: Radio Navigation

Aids [S]. 7th ed. International Civil Aviation Organization, 2018.

[7] Wang Donghui, Liu Wenxiang. User Range Error Analysis of Multiple Satellite Navigation System [J]. Applied Mechanics and Materials, 2013, 2700 (5).

[8] Xie Gang. Optimal On-Airport Monitoring of the Integrity of GPS-based Landing System[D]. Dissertation, Stanford University, 2004.

[9] Fricks R, Trivedi K. Availability Modeling of Energy Management Systems[J]. Microelectronics Reliability, 1998, 38: 727-743.

基于紧组合导航的欺骗式干扰检测技术研究

钟伦珑*，刘炅坡

中国民航大学 智能信号与图像处理天津市重点实验室，天津 300300

摘要：欺骗环境下组合导航系统中滤波器的误差跟踪作用会导致错误的惯导误差校正，最终影响惯导信息辅助的欺骗检测方法的检测性能。针对这一问题，本文采用了误差估值累加的开环校正结构，设计具有欺骗式干扰检测功能的卫星/惯导紧组合系统，并使用滑窗累计的新息卡方检测法检测欺骗式干扰。与传统的新息卡方检测法相比，该方法对缓变式欺骗干扰的检测延时更低。仿真结果表明，设计的具有欺骗式干扰检测功能的卫星/惯导紧组合系统对突变式欺骗干扰检测延迟低，相比于传统的新息卡方检测法对缓变式欺骗干扰的检测延时降低了25%。

关键词：组合导航；开环校正；新息；欺骗式干扰检测

Research on Spoofing Attacks Detection Technology Based on Tightly Integrated Navigation

ZHONG Lunlong*, LIU Jiongpo

Tianjin Key Lab of Intelligent Signal and Image Processing, Civil Aviation University of China, Tianjin 300300, China

Abstract: The error tracking effect of the filter of the integrated navigation system in a deceptive environment will lead to erroneous inertial navigation error correction, and ultimately it will affect the detection performance of the inertial navigation information-aided detection method. For this problem, an open-loop correction structure with accumulated error estimates is adopted, a satellite/inertial integrated navigation system with spoofing attacks detection is designed, and a sliding window cumulative innovation chi-square detection method is used to detect spoofing attacks. Compared with the traditional innovation chi-square detection method, this method has a lower detection delay for slow-changing spoofing attacks. The simulation results show that the designed satellite/inertial integrated navigation system with spoofing attacks detection function has a low detection delay for sudden-changing spoofing attacks. Compared with the traditional innovation chi-square detection method, the detection delay of slow-changing spoofing attacks is reduced by 25%.

Keywords: integrated navigation; open-loop correction; innovation; spoofing attacks detection

1 引 言

由于卫星民用频段扩频码字信息和信号结构类型的公开，并且卫星信号到达接收机信号强度微弱，用户接收机容易受到欺骗式干扰攻击，若不采取相应措施，会产生难以预测的重大安全风险和挑战。

在民用接收机受到欺骗式干扰时，与单纯的卫星导航系统相比，卫星/惯导组合导航系统抗欺骗式干扰能力更强。但是在受到缓变式欺骗干扰攻击时，由于组合滤波器的误差跟踪作用，欺骗信号依然会逐渐“污染”状态估计过程，使得组合导航定位结果逐渐偏离真实位置。及时检测出这种欺骗式干扰并进行预警，对安全关键应用领域非常重要。

在导航信息层面上常用的欺骗式干扰检测方法包括接收机自主完好性监视(RAIM)检测算法[1]、位置跟

基金项目：中央高校基本科研业务费项目(3122019050)

* 通讯作者. E-mail:zlunlong@163.com

踪数学评估[2]、加速度计辅助对比检测算法[3]、位置跟踪的GNSS检测算法[4]等。基于组合导航的欺骗式干扰检测算法使用惯性导航信息来检测欺骗式干扰，从机载实现角度看，这是一种切实可行的欺骗式干扰检测方案。

2004年，Yaakov Ohman针对存在欺骗干扰的情况下提出了一种基于交互多模态（IMM）滤波的GNSS/INS组合导航方法，以此提高导航的鲁棒性[5]。2013年，南京航空航天大学袁超等人提出了一种以加权估计为基础的紧组合抗欺骗式算法，分析误差模型的异方差问题并加以解决，这种算法提高了接收机的抗欺骗式干扰的性能[6]。2019年，国防科技大学的武智佳等人提出了一种基于INS/GNSS紧组合的逐步诱导式欺骗信号检测方法，利用惯导提供的位置和速度对伪距和伪距率时间序列进行预测估算，实现对欺骗式干扰的检测[7]。这些方法利用惯导信息，并结合卡尔曼滤波技术检测欺骗式干扰，但这些检测算法没有考虑组合导航系统中滤波器的误差跟踪作用导致检测延迟增加的问题。

针对上述问题，本文针对精度更高的紧组合导航模式，设计了具有欺骗式干扰检测功能的卫星/惯导紧组合系统，并采用了误差估值累加的开环校正结构，避免组合滤波器的误差跟踪作用对欺骗检测的影响。针对传统新息卡方检验对缓变式欺骗干扰检测延时高的不足，提出一种使用滑窗累计的新息卡方欺骗干扰检测法，提高了缓变式欺骗干扰检测的灵敏度，并将该方法应用于设计的卫星/惯导紧组合导航系统中。

2 基于紧组合的检测系统设计

2.1 系统方案设计

本文设计的欺骗式干扰检测系统由两部分构成，一部分是组合导航模块，另一部分是欺骗式干扰检测模块。组合导航模块采用了误差估值累加的开环校正的方法，既保证了线性滤波方程误差小量假设不会因惯导误差增大而失效，又避免了欺骗式干扰"污染"惯导解算过程，使得原始的惯导解算结果依然可用。

欺骗式干扰检测模块采用新息滑窗累计的方法，和传统的新息卡方检测法相比较，它对缓变式欺骗干扰的检测延时更短，灵敏度更高，检测算法具体过程在3.2节说明。若欺骗干扰检测模块检测出系统受到欺骗式干扰，将进行欺骗式干扰告警，暂时切断组合导航输出，采用独立的惯导输出。系统结构图如图1所示。

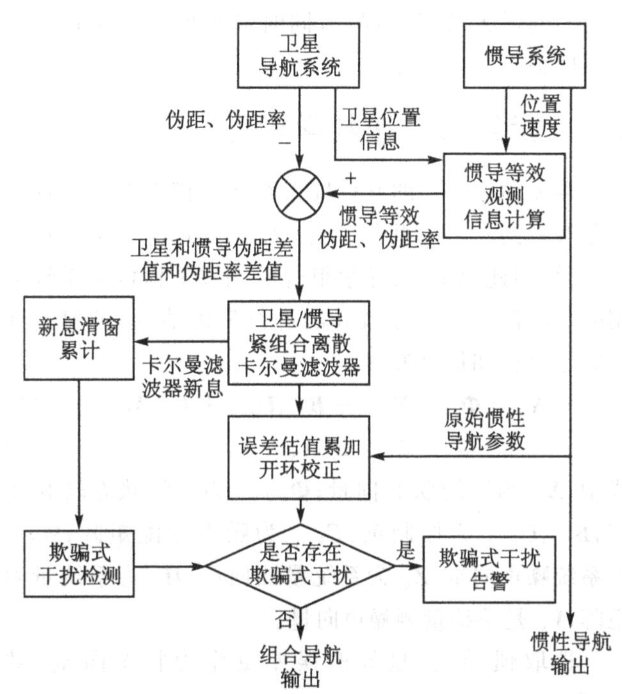

图1 基于紧组合导航的欺骗式干扰检测系统结构图

2.2 采用开环校正的紧组合系统

采用开环校正的组合导航系统工程实现简单，系统受到欺骗式干扰后不会影响惯导系统的解算。但由于INS误差会随时间累加，使导航精度随工作时间增长而下降。为了补正INS随时间增大的误差，本文采用一种用误差估值累加的开环校正结构[8]。

用误差估值累加的开环校正结构累加组合滤波器输出的估计误差，并将累加的估计误差反馈回惯导系统和卫星导航系统的输出端，抵消各子系统的输出误差，结构如图2所示。

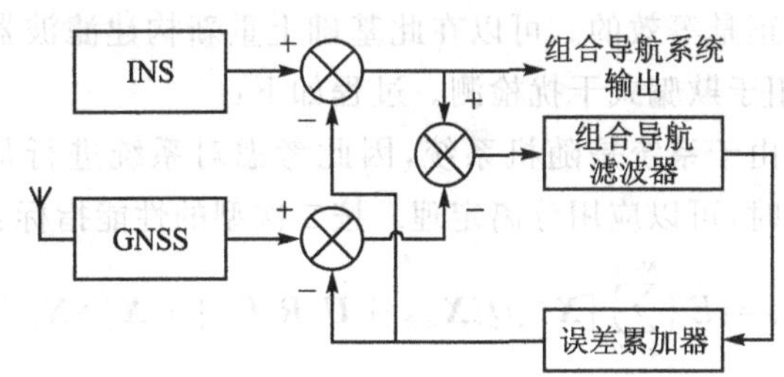

图2 用误差估值累加的开环校正结构

由于累加的估值误差和子系统误差同步增大，使相减后的滤波器输入总保持小量，保证了线性滤波方程微小量误差假设成立；又由于校正是用误差累加抵消子系统输出，不是用滤波误差估计去直接调整子系统内部导航参数，所以这种校正方法既校正了惯导系统随时间增大的累计误差，同时又避免了欺骗式干扰“污染”惯导系统解算。

2.3 紧组合系统数学模型

误差估值累加的开环校正在数学模型上与闭环校正是等效的[8]。紧组合系统的状态变量应满足闭环滤波方程，因此卫星/惯导紧组合欺骗式干扰检测系统采用闭环离散卡尔曼滤波算法进行最优估计，可建立如下状态方程和量测方程：

$$\boldsymbol{X}_k=\boldsymbol{\Phi}_{k,k-1}\boldsymbol{X}_{k-1}+\boldsymbol{B}_{k-1}\boldsymbol{U}_{k-1}+\boldsymbol{\Gamma}_{k-1}\boldsymbol{W}_{k-1} \tag{1}$$

$$\boldsymbol{Z}_k=\boldsymbol{H}_k\boldsymbol{X}_k+\boldsymbol{V}_k \tag{2}$$

式中，$\boldsymbol{X}_k$ 为系统状态向量；$\boldsymbol{\Phi}_{k,k-1}$ 为系统状态转移矩阵；$\boldsymbol{B}_{k-1}\boldsymbol{U}_{k-1}$ 为控制项；$\boldsymbol{\Gamma}_{k-1}$ 为噪声分配矩阵；$\boldsymbol{W}_{k-1}$ 为系统噪声向量；$\boldsymbol{Z}_k$ 为系统量测向量；$\boldsymbol{H}_k$ 为系统量测矩阵；$\boldsymbol{V}_k$ 是系统量测噪声向量。

选取惯导、卫星导航误差量作为状态向量（共20维）：

$$X=[\delta L,\delta\lambda,\delta h,\delta v_N,\delta v_E,\delta v_D,\varphi_N,\varphi_E,\varphi_D,\epsilon_{bx},\epsilon_{by},\epsilon_{bz},\epsilon_{rx},\epsilon_{by},\epsilon_{rz},\nabla_{bx},\nabla_{by},\nabla_{bz},\delta t_u,\delta t_{ru}]^{\mathrm{T}} \tag{3}$$

紧组合系统量测方程由伪距方程和伪距率方程组成。式(1)、式(2)中各矩阵的具体形式可参见文献[9]和[10]，因篇幅限制不再赘述。

3 基于开环校正新息的检测算法设计

3.1 开环校正新息模型

由于误差估值累加的开环校正在数学模型上与闭环校正是等效的。可以在此基础上重新构建滤波器新息，用于欺骗式干扰检测。过程如下：

由于系统是随机系统，因此考虑对系统进行最优控制时，可以应用分离定理。按二次型的性能指标：

$$J_N=E\left\{\sum_{k=0}^{N-1}[\boldsymbol{X}_{k/k}^{\mathrm{T}}\boldsymbol{Q}_k^0\boldsymbol{X}_{k/k}+\boldsymbol{U}_k^{\mathrm{T}}\boldsymbol{R}_k^0\boldsymbol{U}_k]+\boldsymbol{X}_N^{\mathrm{T}}\boldsymbol{S}\boldsymbol{X}_N\right\} \tag{4}$$

式中，$\boldsymbol{Q}_k^0$，$\boldsymbol{R}_k^0$，$\boldsymbol{S}$ 为加权矩阵；$\boldsymbol{X}_{k/k}^{\mathrm{T}}\boldsymbol{Q}_k^0\boldsymbol{X}_{k/k}$ 控制过程中的误差；$\boldsymbol{U}_k^{\mathrm{T}}\boldsymbol{R}_k^0\boldsymbol{U}_k$ 为控制能量；$\boldsymbol{X}_N^{\mathrm{T}}\boldsymbol{S}\boldsymbol{X}_N$ 为终端误差。用动态规划的方法可以求得使 J_N 最小的最优控制为

$$\boldsymbol{U}_k^*=-\boldsymbol{A}_k\boldsymbol{X}_{k/k} \tag{5}$$

式中

$$\boldsymbol{A}_k=[\boldsymbol{R}_k^0+\boldsymbol{B}_k^{\mathrm{T}}\boldsymbol{P}_{k+1}^0\boldsymbol{B}_k]^{-1}\boldsymbol{B}_k^{\mathrm{T}}\boldsymbol{P}_{k+1}^0\boldsymbol{\Phi}_{k+1,k} \tag{6}$$

其中，$\boldsymbol{P}_k^0$ 满足离散形式的 Riccati 方程：

$$\begin{aligned}\boldsymbol{P}_k^0=&\boldsymbol{Q}_k^0+\boldsymbol{\Phi}_{k+1,k}^{\mathrm{T}}\boldsymbol{P}_{k+1}^0\boldsymbol{\Phi}_{k+1,k}-\boldsymbol{\Phi}_{k+1,k}^{\mathrm{T}}\boldsymbol{P}_{k+1}^0\boldsymbol{B}_k\cdot\\&[\boldsymbol{R}_k^0+\boldsymbol{B}_k^{\mathrm{T}}\boldsymbol{P}_{k+1}^0\boldsymbol{B}_k]^{-1}\boldsymbol{B}_k^{\mathrm{T}}\boldsymbol{P}_{k+1}^0\boldsymbol{\Phi}_{k+1,k}\end{aligned} \tag{7}$$

在二次型性能指标中不考虑控制能量，取 $\boldsymbol{R}_k^0$ 为零，故 $\boldsymbol{A}_k$ 可表示为

$$\boldsymbol{A}_k=\boldsymbol{B}_k^{-1}\boldsymbol{\Phi}_{k+1,k} \tag{8}$$

将式(8)代入式(5)，并用估计值 $\hat{\boldsymbol{X}}_{k/k}$ 代替状态 $\boldsymbol{X}_{k/k}$，得最优控制 $\boldsymbol{U}_k^*$ 为

$$\boldsymbol{U}_k^*=-\boldsymbol{B}_k^{-1}\boldsymbol{\Phi}_{k+1,k}\hat{\boldsymbol{X}}_{k/k} \tag{9}$$

根据闭环卡尔曼滤波方程：

$$\hat{\boldsymbol{X}}_{k/k-1}=\boldsymbol{\Phi}_{k/k-1}\hat{\boldsymbol{X}}_{k-1/k-1}+\boldsymbol{B}_{k-1}\boldsymbol{U}_{k-1} \tag{10}$$

将式(9)代入式(10)，得

$$\begin{aligned}\hat{\boldsymbol{X}}_{k/k-1}&=\boldsymbol{\Phi}_{k/k-1}\hat{\boldsymbol{X}}_{k-1/k-1}+\boldsymbol{B}_{k-1}\boldsymbol{U}_{k-1}^*\\&=\boldsymbol{\Phi}_{k/k-1}\hat{\boldsymbol{X}}_{k-1/k-1}+\boldsymbol{B}_{k-1}\cdot\\&\quad(-\boldsymbol{B}_{k-1}^{-1}\boldsymbol{\Phi}_{k,k-1}\hat{\boldsymbol{X}}_{k-1/k-1})=\boldsymbol{0}\end{aligned} \tag{11}$$

所以，可以得出误差估值累加的开环校正中滤波器新息：

$$\boldsymbol{\delta}_{Z_k}=\boldsymbol{Z}_k-\hat{\boldsymbol{Z}}_{k/k-1}=\boldsymbol{Z}_k-\boldsymbol{H}_k\hat{\boldsymbol{X}}_{k/k-1}=\boldsymbol{Z}_k \tag{12}$$

在误差估值累加的开环校正中，每次迭代时反馈所有状态估计值，$\hat{\boldsymbol{X}}_{k/k-1}$ 为零，此时新息 $\boldsymbol{\delta}_{Z_k}$ 和观测值 $\boldsymbol{Z}_k$ 是相等的。

3.2 基于新息的干扰检测算法

在组合导航欺骗式干扰检测方法中，传统新息卡方检测法是一种常用的检测方法。它是一种时间序列算法，以滤波器新息作为检验统计量，通过卡方分布函数确定检测阈值，这种检测方法对突变式欺骗干扰检测效果较好。

但系统受到缓变式欺骗干扰时，欺骗信号引入的初始伪距误差小，难以检测。随着引入的伪距误差逐渐增大，由于组合导航系统的反馈校正过程导致惯导解算过程被逐渐“污染”。因此，当欺骗干扰引入的伪距误差逐渐增大到较大值后，以惯导信息作为检测基准的新息卡方检测法才可能检测到缓变式欺骗干扰，导致检测延时高。

为了提高卫星/惯导紧组合系统对缓变式欺骗干扰的检测灵敏度，本文采用误差估值累加的开环校正结构，避免惯导解算被逐渐“污染”，影响检测基准信息；并且通过设置一个包含最新三个新息量的滑窗，对

归一化处理后的最新三个新息进行累计，实现对微小伪距偏差的放大，减低对缓变式欺骗干扰的检测延迟时间，提高了检测灵敏度，使用滑窗累计的新息卡方检测法检测过程如下：

(1) 构建滤波器新息。采用误差估值累加的开环校正的滤波器新息值如式(12)所示。

(2) 构建新息协方差矩阵。当系统未受到欺骗式干扰时，卫星/惯导的组合导航系统中卡尔曼滤波器的新息 $\boldsymbol{\delta z}_k$ 服从零均值的高斯白噪声分布，其协方差矩阵为

$$\boldsymbol{C}_{\boldsymbol{\delta}_k}=E\{\boldsymbol{\delta}_{Z_k}\boldsymbol{\delta}_{Z_k}^{\mathrm{T}}\}=\boldsymbol{H}_k\boldsymbol{P}_{k/k-1}\boldsymbol{H}_k^{\mathrm{T}}+\boldsymbol{R}_k \tag{13}$$

式中，$\boldsymbol{P}_{k/k-1}$ 为状态预测协方差矩阵；$\boldsymbol{R}_k$ 为量测噪声协方差矩阵。

新息的协方差 $\boldsymbol{C}_{\boldsymbol{\delta}_k}$ 是测量噪声协方差以及转换到测量空间的状态估计的误差协方差之和。

(3) 构建检验统计量。当系统受到欺骗式干扰时，新息 $\boldsymbol{\delta}_{z_k}$ 不再服从零均值的高斯白噪声分布，通过检测新息 $\boldsymbol{\delta}_{z_k}$ 的统计特性即可判断系统是否存在欺骗式干扰。检测统计量设置如下：

$$\lambda_k=\boldsymbol{\delta}_{Z_k}^{\mathrm{T}}\boldsymbol{C}_{\boldsymbol{\delta}_k}^{-1}\boldsymbol{\delta}_{Z_k} \tag{14}$$

λ_k 是对 n 维量测值 $\boldsymbol{Z}_k$ 归一化后，$\boldsymbol{Z}_k$ 各行向量 $\boldsymbol{Z}_{k,j}$ $(j=1,2,\cdots,n)$ 的平方和。根据数理统计理论，λ_k 服从自由度为 n 的卡方分布，即 $\lambda_k\sim\chi^2(n)$。λ_k 表示当前迭代周期 k 的检测统计量，可反映伪距误差信息。

(4) 设置滑窗。如图 3 所示，滤波器当前迭代周期为 k，设置的滑窗长度为 3，包含 k、$k-1$、$k-2$ 迭代周期的检测统计量。进入下一迭代周期 $k+1$ 后，滑窗随之移动一格，包含 $k-1$、k、$k+1$ 迭代周期的检测统计量。

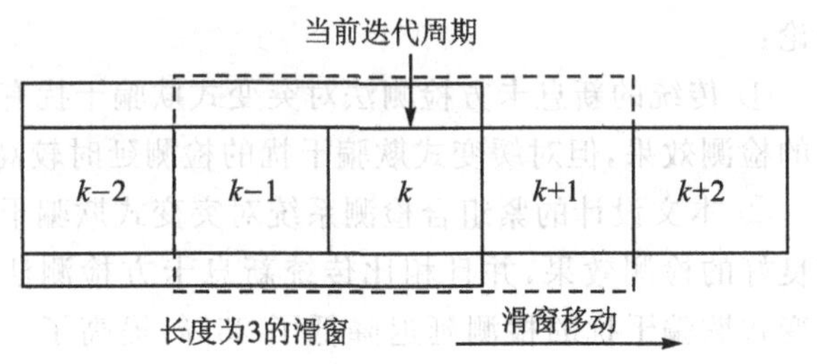

图 3 新息滑窗设置

(5) 累计滑窗内最近三个迭代周期的检测统计量，构建新的检测统计量 q_k：

$$q_k=\sum_{i=k-2}^{k}\lambda_i=\sum_{i=k-2}^{k}\boldsymbol{\delta}_{Z_i}^{\mathrm{T}}\boldsymbol{C}_{\boldsymbol{\delta}_i}^{-1}\boldsymbol{\delta}_{Z_i}\quad(k\geqslant 2) \tag{15}$$

(6) 计算检测阈值 T_{s}。计算步骤如下：

① 计算检验统计量 q_k 的自由度。实际量测量 Z_k 的维数为 n，对最新三个新息量累加后，根据数理统计理论，得到的检验统计量 q_k 依然服从卡方分布，且自由度为 $3n$，即 $q_k\sim\chi^2(3n)$。

② 确定阈值 T_{s}。在给定虚警率 P_{FA} 后，检测阈值 T_{s} 可由下式确定：

$$P_{\mathrm{r}}(r<T_{\mathrm{s}})=\int_0^{T_{\mathrm{s}}}f_{\chi^2(3n)}(x)\mathrm{d}x=1-P_{\mathrm{FA}} \tag{16}$$

(7) 设置欺骗式干扰判断条件：

① 若 $q_k>T_{\mathrm{s}}$，则判断组合导航系统受到了欺骗式干扰。

② 若 $q_k\leqslant T_{\mathrm{s}}$，则判断组合导航系统正常。

4 仿真验证与分析

4.1 仿真条件

导航坐标系选为东北天地理坐标系；初始位置误差为 10 m，初始速度误差为 0.1 m/s，初始姿态误差为 0.01°。仿真系统中惯性元件误差参考航空级传感器测量精度进行设置，见表 1。

表 1 加速度计和陀螺仪精度

	零 偏	随机噪声
加速度计	0.1 mg	$20\ \mu g/\sqrt{\mathrm{Hz}}$
陀螺仪	0.01 (°)/h	$0.01\ (°)/\sqrt{\mathrm{h}}$

由于仿真飞行时间较短，可以认为仿真过程可见星数量 n 不变，设置为 8。卫星轨道平均半径设为 2.65 万公里，卫星角度设为 55°，屏蔽角设为 10°。卫星信号传播过程中存在的电离层误差和对流层误差设定为常值。

使用 MATLAB R2016a 软件进行仿真实验，仿真时间为 418 s，设置飞机运动轨迹中包含正东方向的直线飞行，以及两次相反的 45°转向和 500 m 爬升。

4.2 欺骗干扰检测性能仿真结果分析

为模拟传统新息卡方检测法和滑窗累计的新息卡方检测法对突变式欺骗干扰和缓变式欺骗干扰的检测效果，在仿真的 418 s 内欺骗式干扰引入的额外伪距设置如下：

① 突变式欺骗干扰，在 200～300 s 内引入 5 m 的额外伪距。

② 缓变式欺骗干扰，引入的额外伪距函数为

$$\rho^{+}(t)=1+0.02\times(t-200)\quad(200\leqslant t\leqslant 300) \tag{17}$$

设置的缓变式欺骗干扰在 200 s 引入 1 m 的初始额外伪距，之后以 0.02 m/s 的伪距变化率缓慢增加，在 300 s 时引入的额外伪距达到 3 m，欺骗式干扰引入的额外伪距变化曲线如图 4 所示。

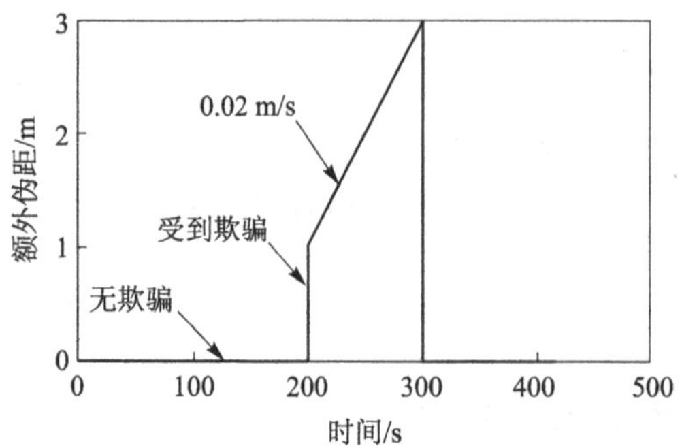

图 4　缓变式欺骗干扰额外伪距变化曲线

设定虚警率 P_{FA} 为 6.5×10^{-5}，传统的新息卡方检测法的检验统计量服从自由度为 $n=8$ 的卡方分布，使用滑窗累计的新息卡方检测法的检验统计量服从自由度为 $3n=24$ 的卡方分布，可分别得到这两种方法的阈值。

传统的新息卡方检测法和使用滑窗累计的新息卡方检测法对突变式欺骗干扰的检测效果如图 5 所示。

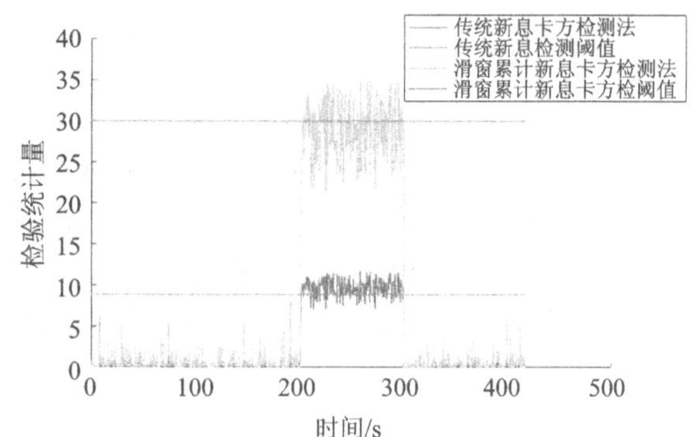

图 5　两种检测方法检测突变式欺骗干扰

可以看出，检验统计量在 205 s 左右超出阈值，延迟低，传统的新息卡方检测法和使用滑窗累计的新息卡方检测法都对突变式欺骗干扰有良好的检测效果。

传统的新息卡方检测法和滑窗累计的新息卡方检测法对缓变式欺骗干扰的检测效果如图 6、图 7 所示。

传统的新息卡方检测法在检测缓变式欺骗时，检验统计量在 280 s 超出阈值，延迟 80 s，表明传统的新息卡方检测法检测缓变式欺骗延时高。而使用滑窗累计的新息卡方检测法在检测缓变式欺骗时，检验统计量在 260 s 超出阈值，延迟 60 s，对比传统新息卡方检测法，改进的新息卡方检测法检测延迟降低了 25%。

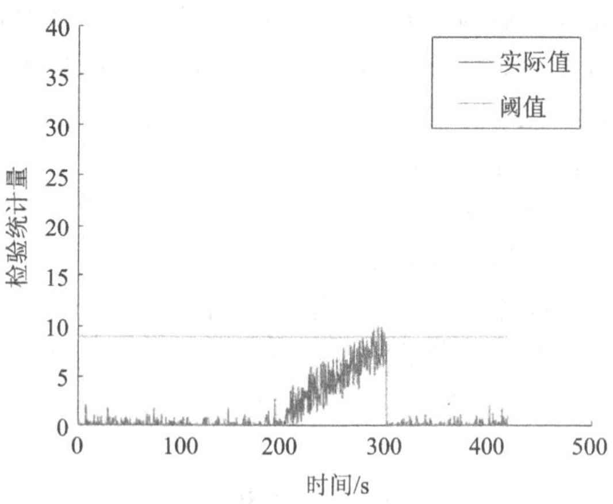

图 6　传统的新息卡方检测法检测缓变式欺骗

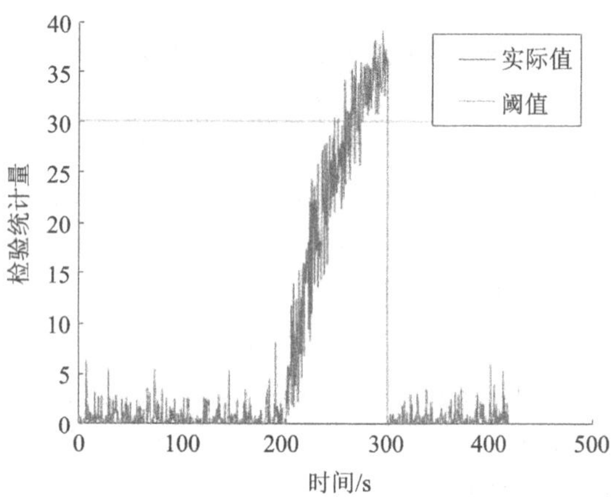

图 7　滑窗累计的新息卡方检测法检测缓变式欺骗

5　结　论

本文设计了采用误差估值累加的开环校正结构的紧组合欺骗检测系统，并进行了仿真实验，得出如下结论：

① 传统的新息卡方检测法对突变式欺骗干扰有良好的检测效果，但对缓变式欺骗干扰的检测延时较高。

② 本文设计的紧组合检测系统对突变式欺骗干扰有良好的检测效果，并且相比传统新息卡方检测法对缓变式欺骗干扰的检测延迟降低了 25%，提高了检测灵敏度。

参考文献

[1] Khanafseh S, Roshan N, Langel S, et al. GPS spoofing detection using RAIM with INS coupling [C]//Position, Location & Navigation Symposium-plans, IEEE/ION. IEEE, 2014.

[2] Tanil C, Khanafseh S, Joerger M, et al. Kalman filter-based INS monitor to detect GNSS spoofers capable of tracking aircraft position [C]//2016 IEEE/ION Position, Location and Navigation Symposium (PLANS). IEEE, 2016.

[3] Lee J H, Kwon K C, An D S, et al. GPS spoofing detection using accelerometers and performance analysis with probability of detection[J]. International Journal of Control Automation & Systems, 2015, 13(4):951-959.

[4] Tanil C, Khanafseh S, Joerger M, et al. An INS Monitor to Detect GNSS Spoofers Capable of Tracking Vehicle Position[J]. IEEE Transactions on Aerospace and Electronic Systems, 2017, 54 (1):131-143.

[5] Oshman Y, Koifman M. Robust, IMM-Based, Tightly-Coupled INS/GPS in the Presence of Spoofing [C]//Aiaa Guidance, Navigation, & Control Conference & Exhibit, 2004.

[6] 袁超,康国华,郑峰婴,等.基于加权估计的紧组合导航抗欺骗算法研究[J].现代电子技术, 2013, 36(19):1-4.

[7] 武智佳,吴文启,刘科,等.基于INS/GNSS紧耦合组合的逐步诱导式欺骗检测算法研究[J].导航定位与授时, 2019, 6(1):7-13.

[8] 邹世开,庄琼琼,丁子明.用误差估值累加实现组合导航系统的闭环校正[J].电子学报, 2001(9):1221-1224.

[9] Mehrkanoon S, Suykens J. LS-SVM approximate solution to linear time varying descriptor systems [J]. Automatica, 2012, 48(10):2502-2511.

[10] Wu F M, Yang Y X. A new fusion scheme for accuracy enhancement and error modification in GPS/INS tight integrated navigation[J]. Survey Review, 2012, 44(326):208-214.

基于 CNN-LSTM-Attention 模型的机场地表风速预测方法

李尤，周圣禄，宋璟

中国航天空气动力技术研究院 创新与应用中心，北京 100074

摘要：机场的地表风对飞机的起飞和降落都有较大影响，但机场常用的测风设备受恶劣天气（如雨雾）的影响较大，导致预报不准确。因此，为了避免因地面大风等极端天气造成飞机在起降过程中出现安全事故，本文提出一种基于卷积神经网络（Convolutional Neural Networks，CNN）、长短期记忆网络（Long Short-Term Memory networks，LSTM）、注意力机制（Attention）的超短期风速预测方法。该方法在 LSTM-Attention 模型的基础上引入 CNN 网络，对输入数据进行提取和降维，能够精确预测未来短时间内的机场地表风速。使用该方法对海南某机场未来 15 min 的地表风速进行预测，MAPE 值仅为 0.065 67。本文提出的预测算法可以提高风场预报的准确率，为飞行员推荐飞机最佳起降时间。

关键词：机场风速预测；卷积神经网络；长短期记忆网络；注意力机制

A Method for Forecasting Airport Surface Wind Speed Based on CNN-LSTM-Attention Model

LI You，ZHOU Shenglu，SONG Jing

China Academy of Aerospace Aerodynamics，Center for Innovation and Application，Beijing 100074，China

Abstract：The surface wind of the airport has a great influence on the take-off and landing of airplanes. The commonly used wind measuring equipment in the airport will be affected by bad weather such as rain and fog, resulting in inaccurate forecast. Therefore, in order to avoid accidents caused by extreme weather such as ground wind during the take-off and landing of airplanes, this paper proposes an ultra-short-term wind speed prediction method based on the Convolutional Neural Networks (CNN) -Long Short-Term Memory Networks (LSTM) - Attention Mechanism Model. This method adds a CNN network to the LSTM-Attention model, which extracts and reduces the dimensionality of the input data. It can accurately predict the surface wind speed of the airport in a short period of time in the future. Using this method to forecast the surface wind speed of an airport in Hainan in the future 15 minutes, the MAPE value is only 0.065 67. The prediction algorithm proposed in this paper can improve the prediction accuracy of wind field, and recommend the best take-off and landing time of airplanes.

Keywords：airport surface wind speed prediction; convolutional neural network; long and short memory network; attentional mechanism

1 引 言

飞机飞行受风的影响较大，飞机的起飞、降落、着陆，高空飞行都要考虑风的影响。飞机的起飞降落和地表风相关，飞机的高空飞行需考虑高空风的影响。飞机的起飞降落受地面大风的影响较大，当风的强度不符合飞机起降的安全标准时，机场将及时调整飞机的起降计划。低空风切变、雷雨大风、冷锋后大风、热带气旋和在特殊地形特殊天气下形成的地方性大风等异常气候，均可能引起地面大风[1]。

为保障飞机正常起降，目前机场均通过测风设备进行风场监测和风危害预警。目前市场上较成熟的风场测量设备有天气雷达、激光雷达、自动气象站、风廓线、激光风廓线等[2]。微波风廓线雷达自动化程度高,时空分辨率高,可提供高分辨率、持续、实时的大气风和温度观测,但是观测盲区较大,200 m 以下的风场数据不稳定、不可靠,并且恶劣天气条件下数据质量较差。针对灾害性天气以及强天气,天气雷达可达到实时监测和鉴别的效果,是必备的气象探测设备。但晴空环境下天气雷达的监测能力受限,波长仅为厘米量级,同时地物杂波也会降低检测精度。自动气象站可探测地面的风速、风向、温度、湿度和气压等气象数据,但由于使用的是点探测,因此测量范围较小。测风激光雷达可探测三维风场,可满足实时监测、预警的需求,探测精度较高,但其在雨雾天气时,测量的量程受限[3]。

由此可见,目前机场均具备较完善的气象测量装置,但其探测效果要受到雨雾、地面杂物和特殊天气等周围环境的影响,并且探测范围有限。从数据分析角度,搭建数学模型进行风速预测,可以避免特殊天气对预测效果的影响。国内外学者提出多种风速预测方法,例如数值预报法、时间序列法、卡尔曼滤波、小波分析、神经网络、深度学习等[4]。其中,神经网络和深度学习在近年来取得了迅速的发展,并在许多工程领域得到了广泛的应用[5]。彭田等[6]人提出了一种基于负相关学习的正则化极值学习机集成模型(NCL-RELM),并将最优变分模式分解(OVMD)和样本熵相结合,用于多步风速预测。实验表明,该方法针对 1～3 步的预测效果优于其他 6 种对比试验模型。张亚钢等[7]人提出通过变分模式分解(VMD)改进基于 GA-ANN 的短期风速预测模型,重点挖掘风速数据的内在规律性。试验结果表明,该模型可以发现风速的周期性波动,从而显著提高了短期风速预测的精度。Farid Berrezzek 等[8]人结合人工神经网络(ANN)寻找最适合风速预测的离散小波变换(DWT),仿真结果表明,基于 5 层分解的 Daubechies 小波在风速预测精度方面优于其他标准小波。

本文提出一种基于 CNN-LSTM-Attention 模型的超短期风速预测算法,对未来 15 min 的机场地表风速进行预测。该模型从数据角度进行分析,可以避免恶劣天气(如雨雾)对地表风速预测结果的影响,并且该算法不受地理位置的约束。

地表风速预测实验的整体流程如图 1 所示,具体步骤如下:

① 将气象数据序列和地表风速序列进行相关性分析,将提取出的气象数据序列和地表风速序列输入网络模型中;

② 使用 CNN 网络对输入数据进行降维和特征提取;

③ 将处理后的数据输入 LSTM-Attention 网络模型中进行预测;

④ 输出层得到预测的地表风速值。

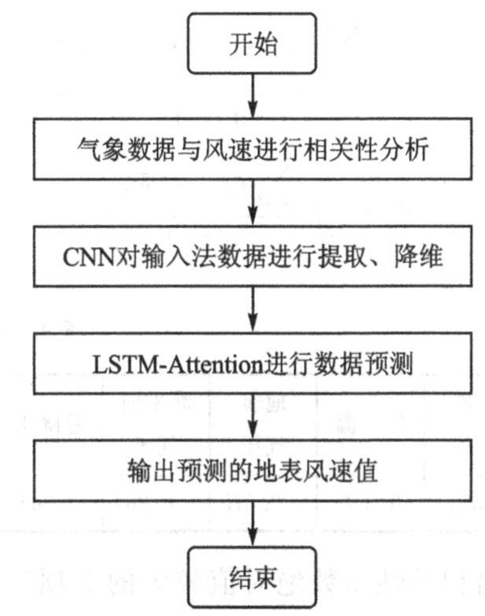

图 1 测模型流程图

在 LSTM 网络前端引入 CNN 网络,可以为 LSTM 网络提取有效输入信息,在 LSTM 隐藏层后引入 Attention 机制,可以避免 LSTM 网络输出层泛化处理的问题。

2 数据预处理

本实验采用的数据来源于海南某机场 2020 年 1 月 1 日 00:00 至 2020 年 12 月 31 日 24:00 的数据,样本点的采样间隔为 15 min。该机场提供的气象数据信息包括地表正弦风速、地表余弦风速、气温、地表气压、海平面气压、总降水、长波辐射、潜热通量、云量、对流降水、湿度、大尺度降水、预报风速、热感通量、2 m 湿度共 15 项气象因素以及实测的地表风速数据。

由于输入数据过多会导致神经网络预测精度下降,因此在训练网络前需要提前判断各气象因素和地表风速的相关性大小,采用相关性较大的数据作为神经网络的输入数据。因此本节引入相关性分析的概念并分别计算 15 项气象因素与地表风速之间的相关性系数。

相关性分析是针对变量元素的分析,目的是计算两个变量元素之间的相关程度[1]。相关性分析的方法有多种，本文选择皮尔森相关性系数来衡量气象因素与地表风速之间的相关性。计算公式如下：

$$r_{xy}=\frac{S_{xy}}{S_x S_y} \tag{1}$$

式中，r_{xy} 为两个变量 x 与 y 的相关系数；S_{xy} 为协方差；S_x 为变量 x 的样本标准差；S_y 为变量 y 的样本标准差。S_x、S_y、S_{xy} 的计算公式如下：

$$S_{xy}=\frac{\sum_{i=1}^{n}(x_i-\bar{y})(y_i-\bar{y})}{n-1} \tag{2}$$

$$S_x=\sqrt{\frac{\sum(x_i-\bar{x})^2}{n-1}} \tag{3}$$

$$S_y=\sqrt{\frac{\sum(y_i-\bar{y})^2}{n-1}} \tag{4}$$

式中，n 为样本个数；$\bar{x}$ 为 x 的平均值；$\bar{y}$ 为 y 的平均值。

相关性系数的取值范围为[−1,1]，相关性系数的绝对值越大，两个变量之间的关系越密切。若系数值为负数，则两个变量呈负相关；若系数值为正数，则两个变量呈正相关。

分别计算 15 项气象因素与地表风速之间的相关性系数，提取出相关性系数绝对值较大的 7 项气象因素作为预测地表风速的输入，各项气象因素与地表风速的相关性系数大小如表 1 所列。

表 1　气象因素与地表风速的相关性系数

正弦风向	余弦风向	气温	地表气压	海平面气压	总降水	长波辐射	潜热通量	云量	对流降水	湿度	大尺度降水	预报风速	热感通量	2 m湿度
0.358	0.371	0.358	−0.375	−0.264	0.364	0.012	0.078	0.120	0.096	−0.142	0.211	0.735	0.056	0.435

提取出相关性系数绝对值较大的 7 项气象因素作为预测地表风速的输入元素，分别是正弦风向、余弦风向、气温、地表气压、总降水、预报风速和 2 m 湿度。

3　背景知识

3.1　卷积神经网络

卷积神经网络(Convolutional Neural Networks，CNN)是一种深度学习模型。在处理原始数据信息量较大的问题时，卷积神经网络可对其进行降维，继而减少参数，使学习效果更精确且简洁。

CNN 网络包括以下五部分：输入层、卷积层、池化层、全连接层、输出层。结构如图 2 所示。

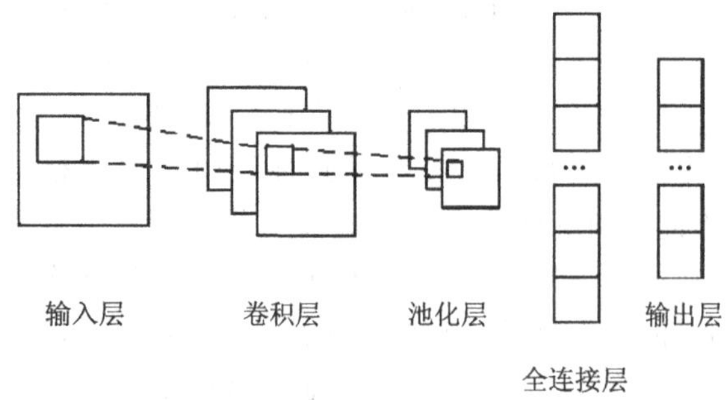

图 2　卷积神经网络结构图

输入层将每个数据视为一个特征点；卷积层通常包含多个卷积核，各个卷积核的尺寸大小一般不同，卷积层的主要作用是在原始输入数据上提取出重要信息；池化层对卷积结果进行降维和压缩，提取出重要特征，减少网络参数；全连接层将池化层输出的三维张量变成向量的形式，传递给下一层；输出层为 Softmax 层，Softmax 层的输入为全连接层的输出，Softmax 层的输出作为整个神经网络的输出。

3.2　长短期记忆网络

长短期记忆网络(Long Short-Term Memory Networks，LSTM)是 RNN 神经网络的一种改进网络，能够解决 RNN 在学习过长时间序列时出现的梯度消失问题，可以避免长期依赖问题[10]。LSTM 引入了细胞状态的连接，同时给隐藏层加入三个门，可以选择性保留有用的信息。加入的三个门分别是遗忘门、输入门和输出门。具体结构如图 3 所示。

遗忘门决定模型中的细胞单元要丢弃的信息，它接收 h_{t-1} 与 x_t，再随机赋予一个[0,1]之间的数值给细胞单元中的偏移量 b_{t-1}。输入门的任务包括确认哪些细胞需要更新和确认需要更新的信息，并将信息输入细胞中。输出门通过 sigmoid 函数确定要输出的信息，再通过 tanh 函数处理细胞状态，将两部分结果相乘得到最终的输出结果。变量间的计算关系如下：

$$f_t=\sigma(W_f\cdot[h_{t-1},\boldsymbol{x}_t]+b_f) \tag{5}$$

$$i_t=\sigma(W_i\cdot[h_{t-1},\boldsymbol{x}_t]+b_i) \tag{6}$$

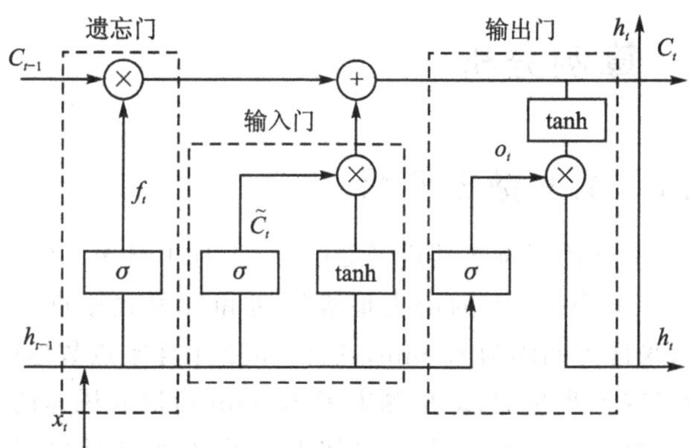

图3 长短期记忆网络结构图

$$\tilde{c}_t = \tanh(W_c \cdot [h_{t-1}, \boldsymbol{x}_t] + b_c) \tag{7}$$

$$\boldsymbol{c}_t = f_t \boldsymbol{c}_{t-1} + i_t \tilde{\boldsymbol{c}}_t \tag{8}$$

$$o_t = \sigma(W_o [h_{t-1}, \boldsymbol{x}_t] + b_o) \tag{9}$$

$$\boldsymbol{t}_t = o_t \tanh(\boldsymbol{c}_t) \tag{10}$$

式中，s_{t-1} 分别为遗忘门、输入门、状态单元、输出门对应的权重矩阵；b_f, b_i, b_c, b_o 分别为遗忘门、输入门、状态单元、输出门对应的偏移量；σ 为 sigmoid 函数；$\boldsymbol{x}_t$ 是 t 时刻的输入向量；$\boldsymbol{t}_t$ 是 t 时刻的输出向量；$\boldsymbol{c}_t, \tilde{c}_t$ 分别是状态单元和即时状态的向量；f_t, i_t, o_t 分别是3个门的激活函数。

3.3 注意力机制

注意力(Attention)机制参考了人类注意力的思想[11]，即给重要信息赋予一个较大的权重值，给不重要的信息赋予一个较小的权重值，最后通过加权平均操作得到结果。在神经网络中引入Attention机制可帮助网络捕获较重要的信息，从而使整个网络的计算性能得到优化。

注意力机制分为硬注意力机制和软注意力机制[12]。硬注意力可看作一种随机过程，某时刻只关注一个位置的信息，采用One-hot形式表现该时刻此位置信息是否被选中，不适合用于时间序列预测问题；软注意力机制某时刻会考虑所有位置的输入，为每一个特征分配一个注意力权值，再进行训练，更适用于时间序列预测问题。

注意力机制计算公式如下：

$$h^* = \sum_{i=1}^{k} \alpha_i h_i \tag{11}$$

式中，h_i 为现有数据；h^* 为计算得到的最终结果。注意力机制主要是计算权重值 α_i，本实验选用加性注意力机制计算权值，计算公式如下，

$$a(s_{t-1}, h_j) = \boldsymbol{v}_a^{\mathrm{T}} \tanh(\boldsymbol{U}_a h_i + \boldsymbol{W}_a s_{t-1}) \tag{12}$$

$$a_{t,j} = \frac{\exp(a(s_{t-1}, h_j))}{\sum_{j=1}^{T} \exp(a(s_{t-1}, h_j))} \tag{13}$$

式中，$\boldsymbol{W}_a, \boldsymbol{U}_a, \boldsymbol{v}_a$ 为权重矩阵；s_{t-1} 为 $t-1$ 时刻的模型隐状态；$a_{t,j}$ 为求取的 t 时刻、第 j 个参数的权重值。

4 基于CNN-LSTM-Attention的预测模型

4.1 CNN-LSTM-Attention网络模型

本文提出一种CNN-LSTM-Attention网络模型，是由CNN网络、LSTM网络和Attention机制组合得到的一种网络模型。该模型的数据处理过程包括五个步骤：

① 将输入的时间序列变换为神经网络需要的矩阵形式。

② 将矩阵输入CNN网络中进行数据的特征提取和降维。

③ 将提取的特征序列输入LSTM网络中进行训练。

④ 利用Attention机制对LSTM网络的输出进行自动加权平均计算。

⑤ 采用全连接层计算预测数据。

CNN-LSTM-Attention网络模型结构如图4所示。

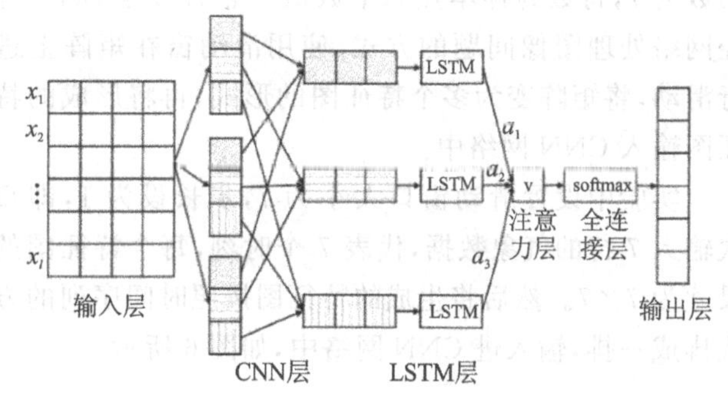

图4 CNN-LSTM-Attention网络模型结构

4.2 引入Attention机制的LSTM网络

针对LSTM网络对隐藏层的输出层泛化处理的问题，本文将Attention模型引入隐藏层和输出层之间。模型结构如图5所示。

图中 $x_0, x_1, x_2, \cdots, x_t$ 代表某时刻LSTM的输入数据，$h_0, h_1, h_2, \cdots, h_t$ 代表该时刻LSTM的隐藏层输

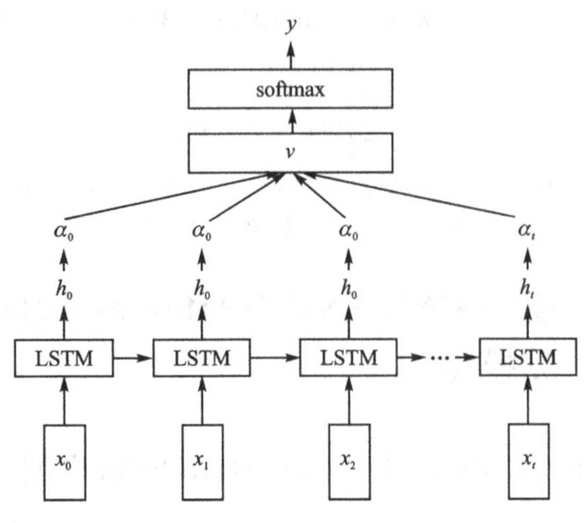

图 5 LSTM-Attention 模型结构

出。在隐藏层后加入注意力模型，便可计算各个 LSTM 单元隐藏层输出的注意力权重值，即 $\alpha_0, \alpha_1, \alpha_2, \cdots, \alpha_t$，然后进行加权平均计算得到输出 v，将 v 值传到 Softmax 层，进行全连接计算得到最终输出结果[13]。

4.3 CNN 网络的输入

在 LSTM 网络前加入 CNN 网络，可有效地对输入数据进行特征提取和降维。本实验已知历史的天气预报风速、正弦风向、余弦风向、气温、气压、实测地表风速等 7 个时间序列数据。

处理输入数据时，先将所有时刻的实测风速值和相关的 7 列气象因素串联组成一个 7 维的矩阵，矩阵列数为 7，行数为样本点总个数值。然后参考 CNN 神经网络处理图像问题的方式，使用滑动窗在矩阵上进行滑动，将矩阵变为多个特征图的形式，再将形成的特征图输入 CNN 网络中。

实验中设置滑动窗口大小为 7，步长设为 1，即每次输入 7 行的气象数据，代表 7 个时刻，每个特征图的尺寸为 7×7。然后将生成的特征图按照时间序列的方式排成一排，输入进 CNN 网络中，如图 6 所示。

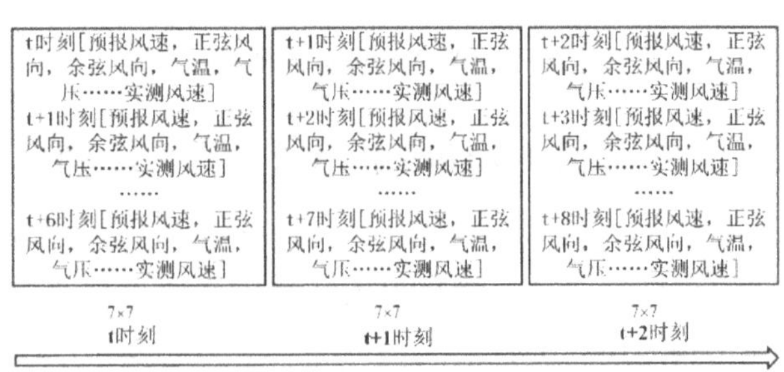

图 6 CNN 网络部分输入

5 算例分析

5.1 实验数据介绍

本文使用海南某机场 2020 年 1 月 1 日至 2020 年 2 月 6 日共 37 天的历史地表风速和气象数据进行实验，采样点间隔为 15 min，共计 3 552 个样本点数据；实验采取单步预测，即预测未来 15 min 后地表风速的数值。根据相关性分析提取如下气象数据进行预测实验：正弦风向、余弦风向、气温、地表气压、总降水、预报风速、2 m 湿度。网络预测时，将 80% 的数据设置为训练集，将 20% 的数据设置为测试集。

5.2 误差函数分析

在预测结果误差评估标准中引入平均绝对百分误差（Mean Absolute Percentage Error，MAPE）、均方根误差（Root Mean Squared Error，RMSE）和平均绝对误差（Mean Absolute Error，MAE）来评估模型的预测精度。MAPE 定义如下：

$$\mathrm{MAPE}=\sum_{t=1}^{n}\left|\frac{x_{\mathrm{obs}}(t)-x_{\mathrm{pre}}(t)}{x_{\mathrm{obs}}(t)}\right|\times\frac{100}{n} \tag{14}$$

式中，$x_{\mathrm{obs}}(t)$ 为 t 时刻的实际值；$x_{\mathrm{pre}}(t)$ 为 t 时刻的预测值；n 为测试的样本数。

RMSE 定义如下：

$$\mathrm{RMSE}=\sqrt{\frac{1}{n}\sum_{t=1}^{n}[x_{\mathrm{obs}}(t)-x_{\mathrm{pre}}(t)]^2} \tag{15}$$

MAE 定义如下：

$$\mathrm{MAE}=\frac{1}{n}\sum_{t=1}^{n}|x_{\mathrm{obs}}(t)-x_{\mathrm{pre}}(t)| \tag{16}$$

5.3 预测模型介绍

本实验采用 Visual Studio Code 作为开发环境，Python 作为编程语言，Tensorflow 作为框架搭建模型。CNN 网络部分，构造一个一维卷积神经网络，卷积层使用 Conv1D 函数，卷积层中采用 900 个大小为 2×2 的卷积核；池化层使用一维最大池化函数，卷积核大小设为 2×2。网络中设置了 Dropout 层来防止过拟合。LSTM 模型为双层网络模型结构，两层网络的隐藏层单元个数均为 100，迭代次数为 10，Batch Size 为 16；在设置 LSTM 网络步长时，将步长为 10～30 的测试集 RMSE 误差进行对比，测试集 RMSE 随步长变化的曲线如图 7 所示。

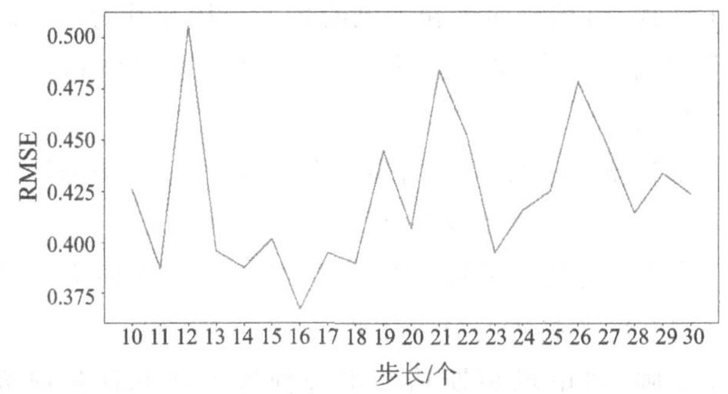

图7　测试集 RMSE 随步长变化曲线

由图7可知，当步长为16时，测试集的RMSE值最小，因此将LSTM的步长设置为16。

5.4　实验结果对比和分析

将LSTM模型、LSTM-Attention模型和CNN-LSTM-Attention模型的地表风速预测结果和实际地表风速值进行对比。随机截取测试集中460个样本点的测试结果展示，对比结果如图8所示。

由图8可看出，CNN-LSTM-Attention模型的预测曲线最逼近实测地表风速值曲线；LSTM预测曲线和实测地表风速值曲线相差最大。CNN-LSTM-Attention模型预测效果优于LSTM模型和LSTM-Attention模型。将三种模型的测试集误差绝对值进行对比，结果如图9所示。

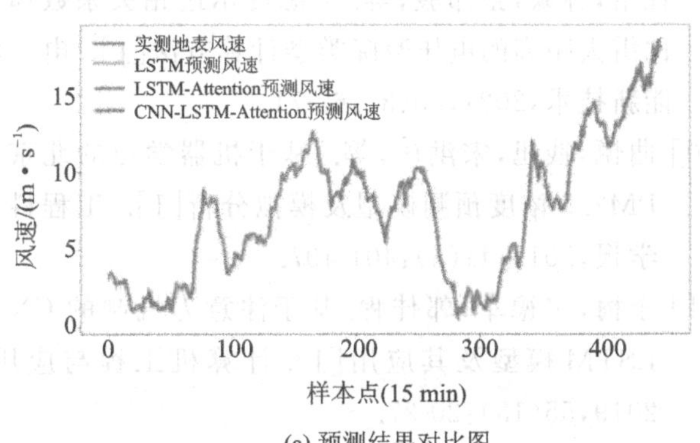

(a) 预测结果对比图

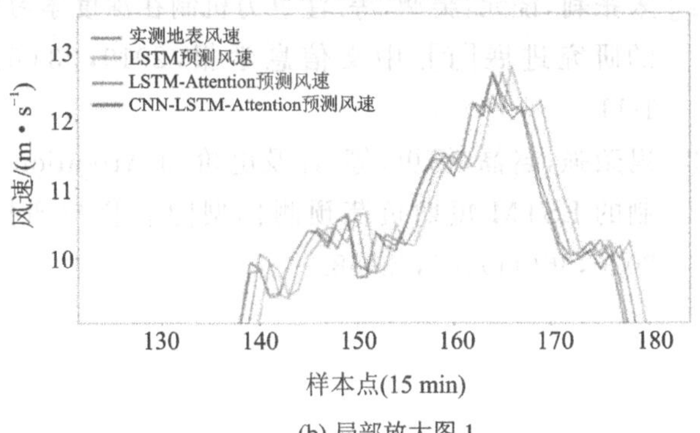

(b) 局部放大图1

图8　多种模型的预测结果对比图

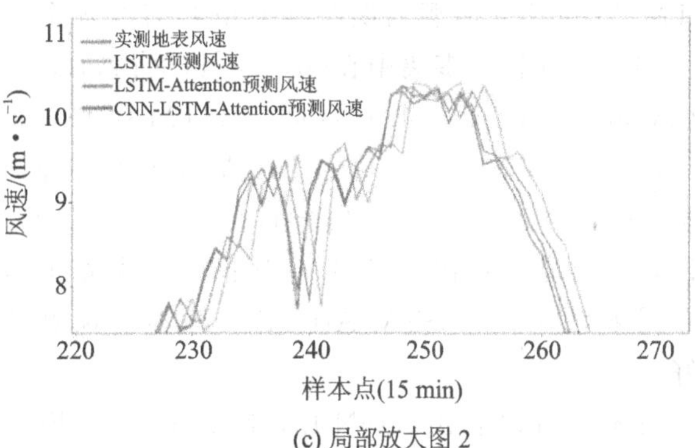

(c) 局部放大图2

图8　多种模型的预测结果对比图(续)

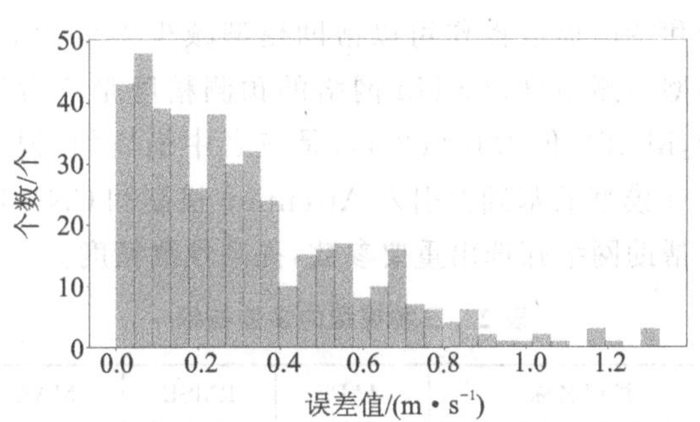

(a) LSTM预测误差绝对值分布直方图

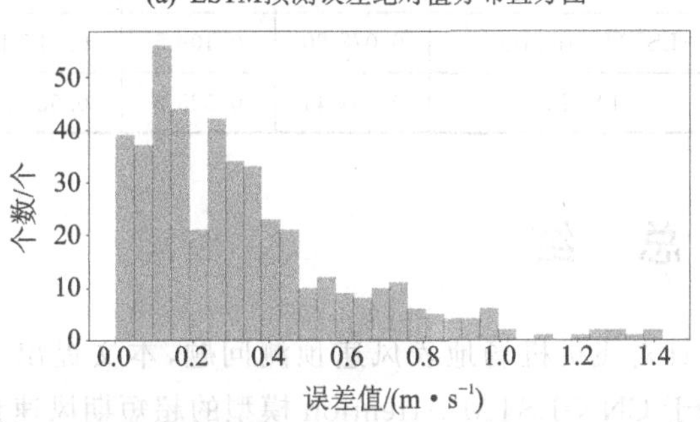

(b) LSTM-Attention预测误差绝对值分布直方图

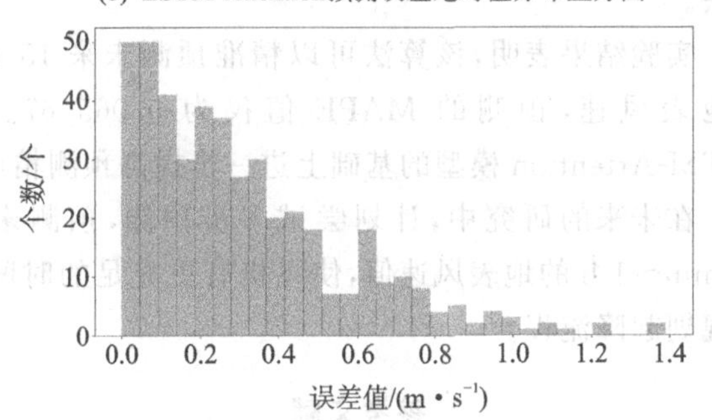

(c) CNN-LSTM-Attention预测误差绝对值分布直方图

图9　预测误差绝对值分布直方图

如图9所示，CNN-LSTM-Attention模型分布在[0,0.5]区间的误差绝对值个数在三种模型中最多，共有345个，且多数集中在[0,0.2]区间内，分布在[0.6,1.4]区间的个数在三种模型中最少，共有95个。

LSTM-Attention 模型的误差绝对值共有 324 个分布在[0,0.5]区间,大多集中在[0,0.4]区间内,103 个误差绝对值分布在[0.6,1.4]区间。LSTM 模型分布在[0.4,1.4]区间的误差绝对值个数要远多于另外两个模型,共有 306 个误差绝对值分布在[0,0.5]区间,141 个误差绝对值分布在[0.6,1.4]区间。从误差绝对值分布图来看,CNN-LSTM-Attention 模型的预测效果最好。

由表 2 可以看出,CNN-LSTM-Attention 模型的预测效果最好,MAPE 值仅为 0.065 67,LSTM-Attention 模型的 MAPE 值为 0.078 80,说明 CNN 网络的降维和特征提取操作可以帮助模型减少多余参数,提高模型预测精度;LSTM 网络的预测精度是三者里较差的,MAPE 值为 0.082 44,是三者中最高的,说明在 LSTM 模型的基础上引入 Attention 机制和 CNN 网络可以帮助网络筛选出重要参数,提高预测精度。

表 2 三种模型的误差结果

模型名称	MAPE	RMSE	MAE
CNN-LSTM-Attention	0.065 67	0.307 4	0.312 2
LSTM-Attention	0.078 80	0.409 5	0.415 4
LSTM	0.082 44	0.525 9	0.529 2

6 总 结

针对飞机机场地表风速预测问题,本文提出了一种基于 CNN-LSTM-Attention 模型的超短期风速预测方法。

实验结果表明,该算法可以精准预测未来 15 min 的地表风速,预测的 MAPE 值仅为 0.065 67。在 LSTM-Attention 模型的基础上进一步提高预测精度。

在未来的研究中,计划尝试多步预测,预测未来 30 min~1 h 的地表风速值,使飞机有更充足的时间合理规划起降流程。

参考文献

[1] 张卓,贾立刚. 不利气象条件对飞机安全飞行的影响及保障措施[J]. 南方农机, 2020,51(1):236.

[2] 陈猛. 机场地面风和大风的特征分析及其对飞行的影响[J]. 气象水文海洋仪器,2011, 28(4):44,46,52.

[3] 朱凯全,梁甍. 大风的预报及其对飞行安全的影响分析[J]. 空中交通管理,2008(2):15-16.

[4] 余平. 风电场风速及风电功率预测方法研究综述[J]. 电子技术与软件工程,2019(1):214.

[5] 王帅. 风电场短期功率组合预测方法和评价研究[D]. 北京:华北电力大学,2017.

[6] Peng Tian, Zhang Chu, Zhou Jianzhong, et al. Negative correlation learning-based RELM ensemble model integrated with OVMD for multi-step ahead wind speed forecasting[J]. Renewable Energy, 2020,156.

[7] Zhang Yagang, Pan Guifang, Chen Bing, et al. Short-term wind speed prediction model based on GA-ANN improved by VMD[J]. Renewable Energy, 2020,156.

[8] Berrezzek F, Khelil K, Bouadjila T. Efficient wind speed forecasting using discrete wavelet transform and artificial neural networks. 2020,33(6).

[9] 杜培,林焱,张伟骏,等. 考虑皮尔逊相关系数和切比雪夫距离的电压暂降类型计算方法[J]. 电工电能新技术,2021,40(3):63-71.

[10] 曲悦,钱旭,宋洪庆,等. 基于机器学习的北京市 PM2.5 浓度预测模型及模拟分析[J]. 工程科学学报,2019,41(3):401-407.

[11] 李梅,宁德军,郭佳程. 基于注意力机制的 CNN-LSTM 模型及其应用[J]. 计算机工程与应用,2019,55(13):20-27.

[12] 朱张莉,饶元,吴渊,等. 注意力机制在深度学习中的研究进展[J]. 中文信息学报,2019,33(6):1-11.

[13] 冯荣强,赵磊,杨勇,等. 计及电价和 Attention 机制的 LSTM 短期负荷预测模型[J]. 科技通报,2020,36(11):57,62,68.

电成型工艺技术改进研究

戴晓亮[1,*]，王朝琳[1]，梅长春[1]，杨雄飞[2]

1. 哈尔滨飞机工业集团有限责任公司 哈尔滨 150060

2. 陆军装配部驻哈尔滨地区航空军事代表室 哈尔滨 150060

摘要：哈飞的电成型为国内领先技术，主要粘接在直升机桨尖起到耐风沙作用。经过多年发展，国外的技术已经有了很多改进，电铸镍的理化性能也有了比较大的提高，力学性能指标更趋于合理，零件表面的针孔更少，镍层的致密度更高。为了提高电成型工艺性能及胶接质量，参照国外工艺对电铸镍主槽的氨基磺酸镍主盐由国产更改成进口，添加剂由原有糖精和十二烷基硫酸钠更改为成品添加剂 Triton X100；同时对电铸镍主槽的工艺参数进行加严控制。通过外观、性能及剥离强度等试验表明，电成型零件性能指标有了很大提高，胶接前的酸洗质量也更好。

关键词：电成型；胶接；调整；酸洗

Study on Improvement of Electric Forming Technology

DAI Xiaoliang[1,*]，WANG Chaolin[1]，MEI Changchun[1]，YANG Xiongfei[2]

1. AVIC Harbin Aircraft Industry Group Co. Ltd.，Harbin，150060，China

2. Army Equipment Department's Aviation Military Represemtive Office in Harbin，Harbin 150060，China

Abstract：Hafei's electroforming is the leading technology in China. After years of development，foreign technology has made many improvements. The physical and chemical properties of electroforming have also been greatly improved，the mechanical performance indicators are closer to reasonable，and the compactness of the nickel layer is higher. In order to improve the performance and bonding quality of the electroforming process. The formula and parameters of the electroforming main tank are adjusted and tested with reference to foreign processes. The test shows that the performance index of electroformed parts has been grectroformed parts has been greatly improved.

Keywords：electroforming；bonding；adjust；picking

引 言

电铸是通过在模芯上电沉积金属，然后将金属镀层从芯模上分离而制取金属制品的工艺。电铸能够制造某些难以用一般机械加工方法制造的特殊形状的金属制品，其优点为：

- 通过合理的模芯设计，选择恰当的工艺规范，可制取精度高、表面粗糙度低的零件。
- 能将较难实现的内型加工转化为较易实现的外型加工。
- 电铸有较好的“逼真性”，能很准确地复制出芯模的表面形貌。
- 能获得纯度很高的金属制品。
- 电铸层的厚度可以进行控制，可制取几微米至十几毫米厚的机构零件[1]。

直升机桨尖前缘镍包片的形状复杂[2]，而且是纯镍材料，采用普通的机械加工方法不能成型，只能采用电铸镍工艺。简单来说就是在工装上镀出与设计图纸形状、尺寸完全相同的纯镍层，并剥离下来，经机械切边，酸洗后用于桨叶的粘接，该零件的主要功能是抗气动和砂石磨损[3]，从而保证主桨叶的使用寿命。

为了提高电铸镍的成型及胶接质量，参照国外工艺对配方和参数进行了调整试验，试验结果表明，该生

* 通讯作者. E-mail：274936251@qq.com

产线试制的电铸镍件的各项性能指标比以往有了很大提高，胶接前的酸洗质量也更好。

1 试验规划

1.1 将氨基磺酸镍主盐改为进口材料

通过对电铸镍配方材料的标准对比，发现氨基磺酸镍的重金属杂质含量无控制指标，如果铅、铁杂质累积，将严重影响电铸镍件的纯度，实际生产中也出现表面颜色发暗，颜色均匀度差的问题。为控制和提高电铸镍的质量，将其更换为进口材料，进口和国产氨基磺酸镍的成分对比见表1。

表1 进口及国产氨基磺酸镍成分对比

材料名称	成　份	进　口	国　产
$Ni(NH_2SO_3)_2$	比重(d)	1.53～1.56	1.5～1.6
	Ni	>11.0%	11.25%～12%
	$Ni(NH_2SO_3)_2$	726～745 g/l	—
	pH	>4.9	4
	Pb^{2+}	<50 PPM	—
	Fe^{2+}	<100 PPM	—
	Zn^{2+}	<10 PPM	—
	Cu^{2+}	<10 PPM	—

1.2 更改添加剂

现用糖精和十二烷基硫酸钠作为添加剂，目的是改善电铸过程中工装和零件表面的润湿性，减少因电铸过程中气泡的长时间停留而形成"针孔"等缺陷，但是糖精作为电镀过程中常用的次级光亮剂，其致脆性不易控制。新型添加剂 Triton X100 具有更好的润湿性，易添加，并且致脆趋向小，因此选用 Triton X100 作为添加剂进行应用试验。

1.3 更改工艺参数

原有电铸镍主槽溶液温度为 55～60 ℃，主槽温控方式为手工调节蒸汽阀门控制，不同区域的温度有一定的温度差，对电铸镍主槽更改为电子温控热流体换热方式[4]，增强主槽的温控能力，将槽液温度均匀性控制在±1 ℃，有利于电铸镍的成型。

1.4 新工艺与现有工艺对比

新工艺与现有工艺对比见表2。

表2 新工艺与现有工艺对比表

项　目	类　型	
	新工艺	现有工艺
成分名称	氨基磺酸镍	氨基磺酸镍
	氯化镍	氯化镍
	硼酸	硼酸
	Triton X100	糖精
	—	十二烷基硫酸钠
pH	3.5～4	3.5～4.5
溶液温度/℃	59～61	55～60
电流密度/($A \cdot dm^{-2}$)	8～10	8～10

2 试验项目

此次试验除按常规对电铸出的试片进行外观和厚度检测外，还参照国外标准进行三项性能和剥离试验。

2.1 电铸镍外观对比

采用新工艺电成型的零件酸洗后与原有零件目视外观对比。

2.2 电铸镍的三项性能试验

三项性能指标的期望值如下：

拉伸强度 R=800～1 000 MPa；

屈服极限 $E_{0.2}$=500～800 MPa；

延伸率 A=20%～25%。

2.3 剥离试验

剥离试验包括干法浮动剥离试验和湿法浮动剥离试验[5]，通过标准小试样试验获得前缘包铁的静强度极限，测试桨尖前缘镍包片与桨叶间结合强度[6]。干法浮动剥离强度(N/25 mm)≥100，湿法浮动剥离强度(N/25 mm)≥50。

3 试验方法

3.1 工艺方法

典型电铸镍工艺流程如下：

模具检验→有机溶剂除油→隔离→化学手工除油→流动热水洗→流动冷水洗→电成型→流动冷水洗→流

动热水洗→干燥→脱模→零件加工→检验。

3.2 主要工序说明

1. 模具检验[7]

电成型前应检验模具，表面不应有划伤、碰伤等缺陷，有以上缺陷应修整合格后方可使用。

2. 有机溶剂除油

根据模具表面油污情况，可用三氯乙烯或丙酮进行除油[8]。

3. 隔 离

将模具不进行电成型表面用过氯乙烯清漆隔离。

4. 化学手工除油

用有机溶剂对电成型模具表面进行清洗。

5. 电成型[9]

模具在表2中新工艺槽液进行电成型工艺。注意：模具进入槽液后应预热3～5 min后通电。

6. 干 燥

用无油无水的干燥压缩空气吹[10]，吹干前应检查压缩空气清洁度。

7. 拆 卸

用专用工具将镍制件从模具上脱下来，在脱模过程中防止划伤模具。

8. 零件加工

用剪刀或电化学切割方法将零件多余的部分切掉，并修整符合图纸尺寸。

4 试验结果

4.1 外观检验

由于原工艺电铸零件成型槽液中含有大量有机、金属杂质，镍成型过程中孔隙较多，若清洗不彻底或被污染，在酸洗后表面会有发花现象。新工艺成型零件表面结晶细致，平滑带有暗光的乳白色。

图1、图2分别为用原工艺电铸零件和新工艺电铸零件酸洗后的外观。

4.2 镍镀层的三项性能

新工艺与现有工艺试片性能对比见表3。

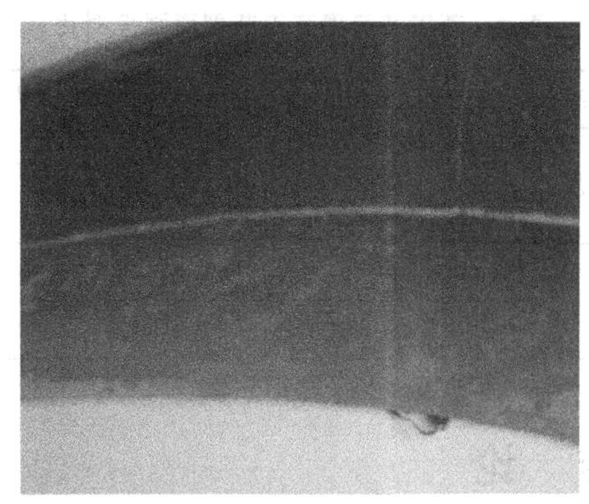

图1 原工艺电铸零件酸洗后的外观

图2 新工艺电铸零件酸洗后的外观

表3 新工艺与现有工艺试片性能对比

槽 液	试验项目	指 标	试验结果
新工艺	强度/MPa	800～1 000	971
	极限/MPa	500～—800	795
	延伸率	20%～25%	4.6
原工艺	强度/MPa	800～1 000	1 214
	极限/MPa	500～800	1 058
	延伸率	20%～25%	2.6

从表3可以看出，新工艺的三项性能明显好于现有工艺，其中强度和极限符合期望值，延伸率也从2.6%上升为4.6%，有较大的提高。

4.3 剥离试验

试验结果见表4。

从表4可以看出，新工艺的干法浮动剥离强度和湿法浮动剥离强度明显好于现有工艺。

表4 新工艺与现有工艺剥离强度对比

槽液	试验项目	指标	结果
新工艺	干法浮动剥离强度/MPa	≥100	127.03
	湿法浮动剥离强度/MPa	≥50	46.52
原工艺	干法浮动剥离强度/MPa	≥100	30.04
	湿法浮动剥离强度/MPa	≥50	8.25

5 结论

经试验，并与现用工艺进行对比，通过理化性能检测表明，新工艺的理化性能全面超越现用工艺；经过长期工艺调试和试制，电铸镍零件一直符合要求，说明该工艺稳定，产品质量符合企业质量标准和技术规范，可用于批量生产。采用该工艺，能够提高电铸镍工艺技术水平，提高产品合格率，并且酸洗效果优于现用工艺。有益于提高电铸镍产品的胶接质量，使哈飞的电铸镍制造工艺水平接近国际航空制造业的技术标准。

参考文献

[1] 沈品华. 现代电镀手册[S]. 北京：机械工业出版社，2010：4-3.
[2] 朱增伟. 航空制造中的电铸技术[J]. 电加工与模具，2019.
[3] 王正峰. 复合材料桨叶前缘包铁研制及使用现状[J]. 直升机技术，2018.
[4] 金品充. 电镀生产线设计手册[S]. 北京：化学工业出版社，2019：1005.
[5] GB 7122：高强度胶粘剂剥离强度的测定 浮辊法[S]. 中华人民共和国国家标准，1996.
[6] 余洵，岳巍. 直升机复合材料桨叶前缘包铁疲劳评定方法研究[J]. 直升机技术，2009(3).
[7] 杨彤. 微流控芯片电铸镍模具铸层的均匀性研究[D]. 大连：大连理工大学，2016.
[8] 陈治良. 电镀车间技术指南[S]. 北京：国防工业出版社，2013：83.
[9] 张忠诚. 水溶液沉积技术[M]. 北京：化学工业出版社，2005.
[10] GB 13277：一般用压缩空气质量等级[S]. 中华人民共和国国家标准，1991.

欧盟大型航空科技创新计划的技术评估

鲁劲松，邓向阳

中国航发上海商用航空发动机制造有限责任公司，上海 201306

摘要：技术评估是技术创新管理方法之一。技术评估就是要综合地评价技术在经济、政治、社会、心理、生态等方面的全面影响，最终实现社会效益的最佳化。欧盟从 2008 年起实施了大型航空科技创新计划“洁净天空(Clean Sky)”计划，在技术开发的同时，也开展了技术评估，评估其产生的新技术对环境和社会经济的影响。在长期的项目跟踪和分析研究的基础上，本文重点介绍了该计划采用的技术评估的思路、工具、方法和评估效果，最后总结并给出了一些启示和建议。

关键词：技术创新；技术评估；洁净天空；工具和方法

Technical Evaluation of the EU Large Aviation Technology Innovation Program

LU Jinsong, DEN Xiangyang

AECC Shanghai Commercial Aircraft Engine Manufacturing Co. Ltd., Shanghai 201306, China

Abstract: Technology Evaluation is one of the methods of technology innovation management. Technology evaluation is to comprehensively evaluate the overall impact of technology in economy, politics, society, psychology, ecology and other aspects, and finally realize the optimal social benefits. Since 2008, the European Union has conducted the “Clean Sky” program. In addition to technology development, it has also carried out Technology Evaluation to assess the impact of new technologies on the environment and social economy. On the basis of long-term project tracking and analysis research, this paper mainly introduces the program object, tools, methods and evaluation effects of the technical evaluation adopted in this plan, and finally summarizes some enlightenment and suggestions.

Keywords: technical innovation; technical evaluation; cleaning sky; tools and methods

1 引　言

技术评估是技术创新管理方法之一。技术评估即对新技术的开发、使用和扩散在经济、社会文化、政治、生态、伦理等方面可能产生的影响(特别是负面影响)进行的研究和评估。一般包含 7 个步骤：(1) 确定评估任务和研究范围；(2) 对被评估技术进行定义或描述；(3) 设定关于社会状态的假设；(4) 识别新技术的影响领域和种类；(5) 进行初步的影响分析；(6) 确定处理影响的行动方案的评估准则和识别可能的行动方案；(7) 对采取行动和不采取行动两种情况下的影响进行比较，完成影响评估。[1]

技术评估具有以下特点：系统性或整体性、高度有序性、跨学科性、中立性和批判性等特点[2]。技术评估不仅重视技术开发带来的利益，同时更注意那些潜在的、高层级的、不可逆的消极影响。综合评价技术在经济、政治、社会、心理、生态等方面的全面影响。技术评估的最终目标是社会效益的最佳化。狭义的社会效益与经济效益对应，同时还与政治效益和生态效益并列。对经济效益的评估，各个行业有成熟的方法论和工具，评估成本和经营收入是常见的方法，也容易评估。

依赖航空科技开展的航空运输活动主要通过燃烧燃料释放 CO_2 和 NO_x 来服务人类，同时也影响了气候变化。目前，航空运输行业的排放量占运输总量的 12%，占人类排放总量的 2%[3]。同时飞机噪声也是一个重要的环境问题，特别是对于机场附近和处在起飞和降落航路下的人们。

我国已制定了到2030年前碳达峰、2060年前碳中和的目标。如何开展航空技术对环境和社会的影响评估已经提到了我们的议程上。欧盟从2008年起开展了大型航空科技创新计划“洁净天空(Clean Sky)”计划(以下简称CS计划),在开发航空新技术的同时,开展了航空领域新技术成果对环境和社会经济的影响的研究。虽然这些研究依然在进行,而且方法工具目前仍然不完善,但是计划中采用的评估机制、思路和方法非常值得我们学习和借鉴。

2 CS计划

CS计划是由欧盟提出的为配合新环保要求、针对欧洲航空业设计的大型科技研发计划。计划通过改善飞机、发动机及各子系统等举措,降低未来设计生产的飞机噪声和温室气体排放,减少航空运输对环境的影响,从而建立一个创新和具有竞争力的欧洲航空运输体系。

CS计划分阶段实施,CS1计划(2008—2017年),开始于2008年,2017年结束。CS2计划(2014—2024年)开始于2014年,目前正在实施中。

CS1计划由6个集成技术验证(ITD:Integrated Technology Demonstrators)和1个技术评估(TE:Technology Evaluator)项目组成。6个技术集成验证(ITD)项目包括:智能固定翼飞机、绿色支线飞机、绿色旋翼飞机、绿色运行系统和可持续与绿色发动机。图1是CS1计划的项目框架。

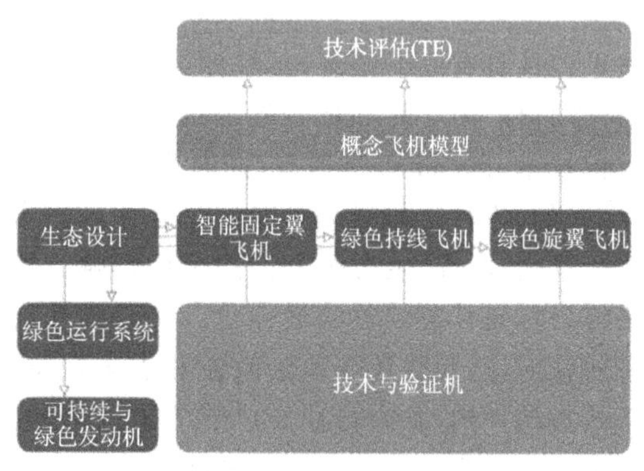

图1 CS1计划的项目框架

16亿欧元投资的50%来自欧盟委员会(现金),50%来自航空工业界(实物贡献),其中的50%来自集成技术验证项目(ITD)的领导者(25%来自参与单位,25%来自合作伙伴)。CS1计划为2020年的欧洲民用飞机做好了技术储备。

CS2计划是第一阶段的自然延续,覆盖的内容更为广泛。该计划包括3个创新飞机验证平台(IADP:Innovative Aircraft Demonstration Platform)(大型客机、支线飞机和高速旋翼飞机),3个集成技术验证(ITD)平台(飞机、发动机和系统),2个横向活动(生态设计、小型航空运输)和技术评估(TE)。CS2计划投资40亿欧元,欧盟出资18亿欧元(来自地平线2020项目预算),22亿欧元来自工业界。图2是CS2计划的项目框架。

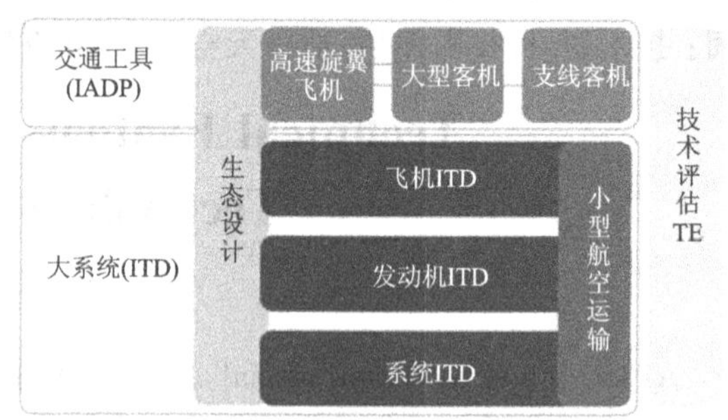

图2 CS2计划的项目框架

2.1 计划目标

图3给出了CS1计划和CS2计划的环境目标以及欧洲航空研究和创新咨询委员会(ACARE)2020年和2011年“航迹2050”的环境目标。[4]

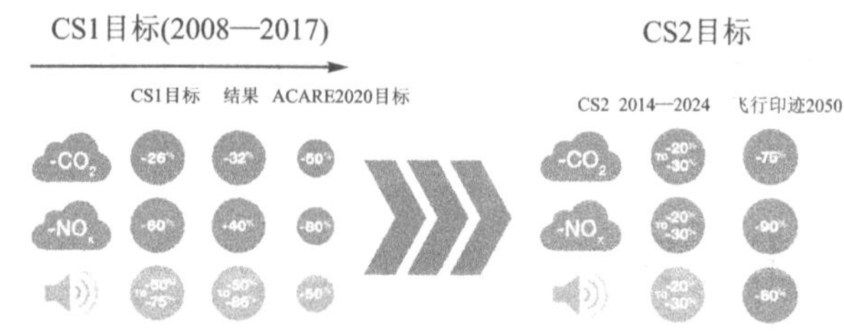

图3 CS1和CS2计划的环境目标[5]

2.2 进展情况

“洁净天空计划”的进展情况是CS1已于2018年完成。CS2计划受新冠疫情影响,2020年的进展情况是:48%的项目未受影响,31%的项目延迟,3%的项目范围缩小经费不变,7%的项目由于策略演变和研究活动减少或停止,11%的项目由于策略演变和研究活动重新调整目标或增加计划。[6]

3 技术评估

无论在 CS1 计划还是 CS2 计划中，均把技术评估作为其中 1 个子项目，是 CS 计划的重要组成部分。被命名为：Technology Evaluator。本文翻译为“技术评估器”(以下简称为 TE)。TE 最初的设想是建立一个全面评估工具平台，使它能够持续地监测技术发展做出的贡献。项目内容包括：CS1 计划和 CS2 计划的评估工具的建立，以及技术成果对环境和社会经济的影响进行监测和评估。在 CS 计划中采用了 2 种技术评估方法。

3.1 技术评估方法

1. 技术成熟度评估

第 1 种技术评估方法是传统的技术成熟度的评估方法，技术成熟度的标准参考“Technology readiness levels”[7] 即首先根据现有飞机型号的具体指标，如：减重、燃料节省、维护或生产效率提升、飞机整机系统提升和降噪等来确定面向来 2030—2035 年民用飞机需要的新技术及指标。通过仿真、地面试验和飞行试验来开展技术研究，逐级提升技术成熟度的(TRL)。这也是广泛采用和有效的评估方法。具体的技术评估是在“清洁天空”的各个技术集成验证项目(ITDs)中进行，也就是利用工业验证平台进行技术集成验证和跟踪技术成熟度(TRL)。图 4 给出了 CS2 计划的“推进效率突破”主题下的发动机领域的 ITD 项目的 TRL 技术成熟度计划。各项目在通过概念设计时技术成熟度为 TRL2，初步设计时技术成熟度达到 TRL3，关键设计评审时技术成熟度达到 TRL4，完成实验室、地面试验和飞行试验验证后技术成熟度达到 TRL5～TRL6。

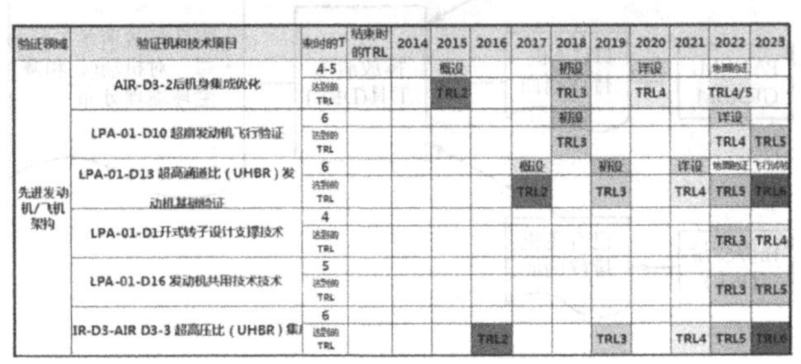

验证领域	验证机和技术项目	束时的T	结束时的TRL	2014	2015	2016	2017	2018	2019	2020	2021	2022	2023
先进发动机/飞机架构	AIR-D3-2后机身集成优化	4-5			概设			初设		详设		地面验证	
		达到的TRL			TRL2			TRL3		TRL4		TRL4/5	
	LPA-01-D10 超扇发动机飞行验证	6						初设				详设	
		达到的TRL						TRL3				TRL4	TRL5
	LPA-01-D13 超高涵道比（UHBR）发动机地面验证	6					概设		初设		详设	地面验证	飞行验证
		达到的TRL					TRL2		TRL3		TRL4	TRL5	TRL6
	LPA-01-D1开式转子设计支撑技术	4											
		达到的TRL										TRL3	TRL4
	LPA-01-D16 发动机共用技术技术	5											
		达到的TRL										TRL3	TRL5
	IR-D3-AIR D3-3 超高压比（UHBR）集	6											
		达到的TRL				TRL2			TRL3		TRL4	TRL5	TRL6

图 4 发动机 ITD 技术成熟度计划

2. “技术评估器”评估

第 2 种评估是通过“技术评估器”TE 来完成的。TE 是一系列复杂的计算机模型，它可以预测飞机和飞机子系统的技术效能，例如：发动机提升的性能、机翼形状、导航系统、有害气体排放和噪声的减少，具体的步骤如下：

第 1 步采用飞机概念模型来进行飞机级的技术评估，评估飞机级对环境和社会经济的影响。

第 2 步由 CS 计划中的独立的合作伙伴进行飞机级评估，首先实施飞机级的单一技术项的评估，并在自己的概念飞机模型上进行集成。其次，这些概念飞机模型交付给最高级进行技术评估，并检查合理性。完成概念飞机与 CS 计划合作伙伴自身的飞机任务级别评估结果的对比和分析。

根据上述两步的结果，机场级和全球级的评估将利用已有的技术评估结果作为输入，并集成到机场级和全球级，通过使用预测机队规模并分别结合 2025 年和 2035 年的交通预测结果以及 2050 年更长时间的情况。这方面的预测和场景将会考虑到整个市场需求的发展，考虑 CS 计划中特定市场视角下所有类型的飞机，比如：干线飞机、支线飞机、公务飞机、小型航空运输飞机、高速旋翼机。

3. 评估范围和方法

在 CS1 计划和 CS2 计划评估的范围有所不同，相关评估范围见表 1。CS1 计划的技术评估仅仅包括环境效益(排放和降噪)评估，CS2 计划的技术评估包括“环境”、“经济”和“流动性”的评估[8]，主要原因是 CS1 计划中主要的活动技术验证，没有整机级的验证工作。到了 CS2 计划主要的活动变成了验证平台项目，具备开展社会经济方面的评估。

表 1 CS1 与 CS2 的评估范围

工具套件	评估结果与影响		
	环境	经济	流动性
CS1 的技术评估	噪声、CO_2、NO_X	/	
CS2 的技术评估	噪声与烦恼度、CO_2/气候和 NO_X	职业+GDP(欧盟国家)	ACARE 4 小时目标、旅程时间节省和连通性、未来机场能力约束、有效载荷

4. 评估方法

“概念飞机模型”是技术评估的基础，基于概念飞机模型考虑了全球机队群甚至超出 CS 计划的范围的技术范畴，而不仅仅是某一种人造机械装备的概念模型。CS 计划中共计有 11 种新型飞机(含旋翼飞机)概念模型。TE 技术评估方法的核心是将"清洁天空"项目中开发、成熟和验证的技术"插入""清洁天空"概念飞机中开展多场景的评估,图 5 为技术评估过程示意。

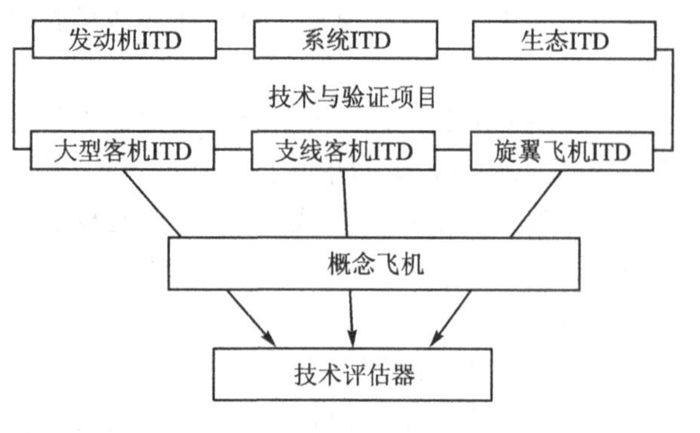

图 5 技术评估的过程

1) 飞机级

飞机级即用一架飞机进行一次飞行并将 CS 计划 ITD 项目中产生的技术集成到对应的概念飞机模型中去进行评估。然后这些技术在 ITD 项目中的物理平台通过相应的验证机进行确认,飞机级的评估包括下列技术领域:飞行系统技术(如优化飞机轨迹)、层流机翼技术以及发动机技术(例如:开式转子发动机)。

以先进长程飞机概念模型为例见图 6,将 CS1 计划中可持续绿色发动机(SAGE)ITD 验证的高涵道比发动机和绿色运行系统(SGO)ITD 中采用优化后的多梯度巡航功能(MSC)和增强自适应下滑(A-IGS)轨迹优化方法(该方法不再采用经典的固定负 3 度的下降轨迹,而是采用根据风力、高度和温度优化的下滑轨迹)三项技术集成到先进长程概念飞机仿真模型平台进行评估。

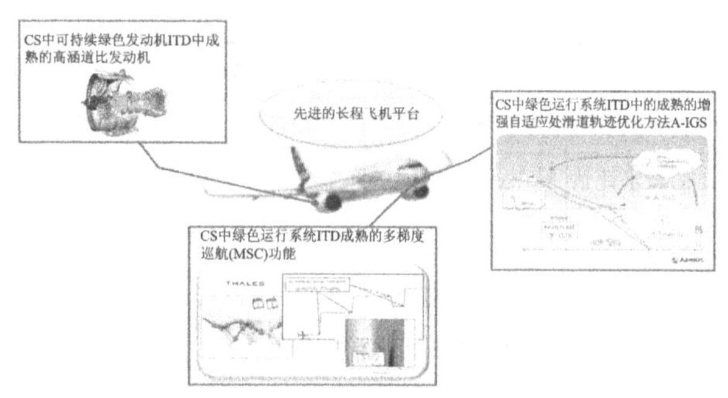

图 6 飞机级评估的过程方法

2) 机场级

机场层级,即研究机场某一天参考的机队情况。选择若干个欧盟有代表性机场,评估对当地空气质量和噪声干扰的影响,计算和仿真绘制出噪声等值线,并确定了这些噪声区域内受影响的人口。根据现有的空中交通管制程序和各自机场的运行情况,模拟现实的机场交通场景。在具有代表性的一天内比较 CS 计划概念飞机和参考飞机(CS1 计划中的参考飞机为 2000 年技术的飞机,CS2 参考飞机为 2014 年技术的飞机)在同一个机场运输场景进行环境影响分析对比。图 7 为机场级评估过程的方法。其中 PANEM 和 GRASM 分别是德国航空太空中心(DRL)的参数飞机噪声和排放模型(中短途飞机,长程飞机以及公务机)。

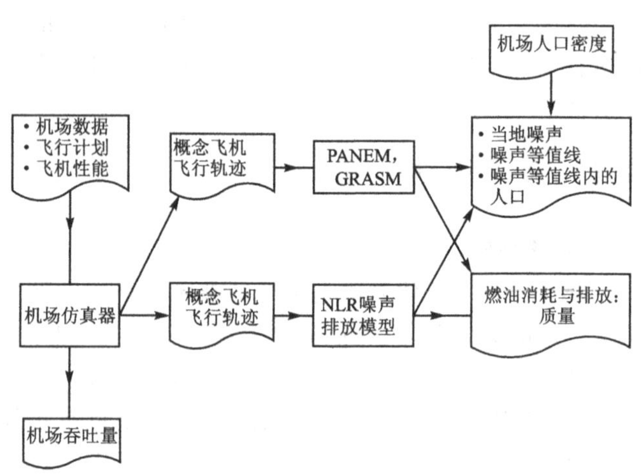

图 7 机场级评估的过程方法

3) 全球级

全球级即航空运输系统级。调研全球航空运输系统,评估 CS 计划开发的技术的潜力。选定基准年份(如 2020 年),对有和没有洁净天空技术的飞机的机队进行比较,以量化计算减排量。图 8 为全球级评估的过程方法。

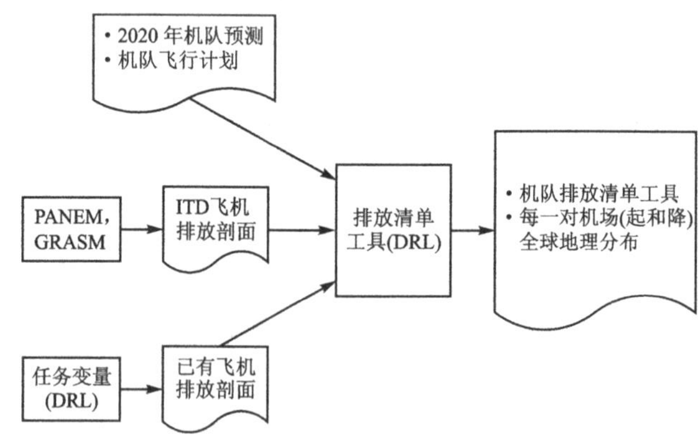

图 8 全球级评估的过程方法

选定一个具有代表性的月份,比较采用 CS 计划技术的飞机全球机队交通飞行与相同情景下参考飞机对环境的影响。交通场景是基于 2020 年的机队预测,保持与 ACARE 的目标和时间框架一致。这种方法的难点在于在选定的某个时间段内,CS 计划技术在市场上的渗透率有限以及自然变化与 CS 计划的进展的差异难以预测。

4) 生命周期级

进行生命周期级评估的目的是:在飞机整个生命周期内,将用参考飞机测量的排放和材料方面对环境的影响与 CS 计划的飞机的进行比较。由于该方法比较复杂和新颖,故仅在中短途运输飞机、公务机、旋翼飞机进行。

5. 评估结果

1) CS1 计划的评估结果

CS1 计划于 2017 年结束,通过技术评估发现 CS1 计划基本实现了预期的目标。2017 年 CS1 计划飞机级和机场级的评估结果见表 2 和表 3。

表 2 飞机级的评估结果

飞机类型		CO_2	NO_X	其他 ITD 贡献
长程飞机(LR)	任务	1 000～7 000 NM	1 000～7 000 NM	低排放燃烧室
	平均下降值	−19%	−39%	
支线飞机	任务	300～1 000 NM	300～1 000 NM	齿轮驱动风扇发动机
	平均下降值	−27%	−38%	
公务机	任务	1 000～6 400 NM	1 000～6 400 NM	齿轮驱动风扇发动机
	平均下降值	−27%	−38%	

表 3 机场级评估结果

评估指标	指 标	结 果
噪声	Lden 噪声等值线	覆盖区域减少 35%～70%,影响的人口减少 10%～90%
	平均 Lden	减小 5 dB(A)
	CS 计划对 SRA1 目标的贡献	70%
燃油消耗和排放减少	燃油消耗和 CO_2	减少 30%～40%
	NO_X	减少 40%～45%

注:Lden:白天、傍晚和夜间用来测量与烦恼相关的噪声级。

全球级:燃油消耗和 CO_2 减少 32%,NO_X 减少 40%;排放消耗量在北美、欧洲区域内,以及欧洲跨大西洋和亚洲的交通中所占份额最高;2020 年 CO_2 总排放量减少约 1.7 亿吨,这比荷兰 2015 年的 CO_2 排放量略高,荷兰 2015 年的 CO_2 排放量约为 1.65 亿吨。

全生命周期级:除了持续从部件到飞机整机的升级活动外,2015 年进行了首次参考部件和被验证部件的生命周期比较分析。被验证部件的环境效益主要体现在减重和可维修性方面。

2) CS2 计划的评估结果

CS2 计划所有评估都将基于对新开发技术和 2014 年参考技术做比较,涵盖 2025 年、2035 年和 2050 年的时间段。CS2 的评估目前处于项目初期,2017 年进行以 1 次项目策划评审,对接了模型建立的过程、工作流程以及系统与平台验证项目(SPD)之间的接口。有以下几个方面的问题和工作。

① CS2 计划的评估重点应该只推算到 2035 年(大约 20 年的时间框架),到 2050 年的预测有太多的不确定性,不会产生多少附加价值。电动交通工具、运输无人机等不属于 CS2 计划的一部分,不应被考虑。

② 在机场级评估中,除了传统的燃料燃烧、CO_2、NO_x 和噪声之外,还要考虑其他参数,如 SO_x、CO、HC、凝结尾流、颗粒和颗粒大小等。

③ 提出了两个"经济足迹"的评估内容:首先评估 CS2 计划中技术额外的经济影响。此外,应该努力研究不同技术部门之间可能的溢出效应以及这些效应的影响。

④ 通过航空运输活动创造的直接和间接就业机会。为实现 CS2 计划的全面的技术评估,TE 将寻找与欧洲单一天空空中交通管理研究计划(SESAR 2020)和 EASA 合作的机会。用于机场级和全球级的 TE 方法和模型,已经纳入 2020 年 SESAR 中开发的概念和程序,如非部门和气候优化操作。在适航审定方面,提前与 EASA 进行方法、指标和取证方面的交流对双方都有益处。TE 还将研究如何加强与欧洲航空安全组(EUROCONTROL)的合作,并将由 EUROCONTROL 和/或 CAEP(国际民航组织航空环境保护委员会)对 TE 的环境评估方法进行同行评审。

4 评估的组织和机构

技术评估的实施由一个联合组织领导,联合组织由 5 个来自研究机构的成员构成,他们分别是:意大利航空研究中心(CIRA)、英国克兰菲尔德大学、德国航空航天中心(DLR)、荷兰国家航空航天实验室(NLR)、法国宇航法国国家航空航天研究院(ONERA)以及所有12个集成技术验证(ITD)项目的主要研究单位(空中客车集团、空客直升机、德国弗劳恩霍夫、意大利阿莱尼亚·马基航空公司、阿古斯特韦斯特兰、瑞典萨博、赛峰、泰雷兹、达索航空、利勃海尔和罗罗公司)。[9]

5 启示与建议

5.1 技术评估对大型科研创新计划持续开展监测和量化评估,评估结果反过来不断修正计划目标和指标

技术评估TE将对比未来的场景和基线场景,明确量化在航空领域预期的改善,同时发挥了三方面的作用:可以对飞机级、机场级和全球级航空运输系统对环境的影响进行评估;根据技术集成验证ITDs项目的需要可以开展决策权衡研究;以技术评估信息系统为平台可以访问和跟踪技术发展的结果。持续监测、咨询和评估工作关注相关方的利益并集思广益,从而为后续研发计划的不断优化和动态调整提供良好基础。

5.2 大型的航空技术创新计划建立了统一的“联邦系统”评估平台和机制

用于评估的“技术评估器”被构建成“联邦系统”的一个信息中心,即依据协议中规定的工作包(WP)的工作内容,通过一个面向所有技术评估成员基于web的应用程序,各个层级的评估结果通过专业仿真平台生成并上传到技术评估信息系统中。这样做可以使所有在评估过程中做出贡献的“成员”发挥他们的优势,更重要的是它允许专利技术和设计信息归其所有者所有。这对于保护技术竞争和知识产权保护非常重要。同时,它将广泛和分散的技术评估工作又整合在CS计划下,所有的技术、概念飞机模型和验证项目都将通过这个枢纽,提供CS计划各层级对于环境和社会的影响的评估结果。

5.3 CS计划注重科技计划全局性和系统性,改变了以往项目碎片化以及同质化的局面

CS1计划归属欧盟第七个研究与技术开发框架计划(FP7),CS2计划归属“地平线2020”框架计划。同时CS1计划从飞机、发动机及系统的技术验证,逐步扩大到CS2计划的全尺寸验证平台。通过规划和统一的项目管理机制,避免了在欧盟众多的国家和多个研究机构和工业部门出现碎片化和同质化的开展技术创新的局面。

5.4 采用了未来飞机技术需求的重大任务导向型技术创新策略和产学研用的创新模式

CS2计划的目标是在2025—2035年期间加速引进新技术。到2050年,世界上75%的现役(或订购)飞机将被采用CS2技术的飞机所取代。欧盟设定了欧盟层面的重大科研创新任务,更明确地侧重于需求侧和创新成果的扩散,力求与其他领域的政策连贯统一。整个计划实施采用了“创新三螺旋”模式[10],创新三螺旋指的是政府、大学与企业三者相互承担原本由对方所承担的任务所形成的复杂互动关系,即大学逐渐开始承担一些商业开发职能,企业开始进行基础研究生产知识等。

参考文献

[1] https://baike.so.com/doc/8609232-8930172.html 技术评估.

[2] 中国绿色低碳住区技术评估手册.

[3] 2019 Consolidated Annual Activity Report.

[4] Clean Sky2 Joint. Undertaking DEVELOPMENT PLAN (18 November 2020).

[5] Clean Sky 22019 Consolidated Annual Activity Report.

[6] Mankins, John C. “Technologyreadiness levels”, a white paper, Advanced Concepts Office. Office of Space Access and Technology, NASA, 1995.

[7] LAFAGEa, S. AUBRY The Clean Sky Technology Evaluator: review and results of the environmental impact assessment at mission level.

[8] ALF JUNIOR Michel van EenigeLaurent Meunier Results of Clean Sky 1 Technology Evaluator Innovation takes off.

[9] 付震宇,陈锡周.以提升企业创新能力为目标重塑产学研结合模式[J].中国科技论坛,2020(7).

基于 Abaqus 软件的工作梯台有限元分析

朱硕迪*，陈义龙，初旭更，唐喜媛，刘东洋

哈尔滨哈飞航空工业有限责任公司，哈尔滨 150066

摘要：工作梯台采用经验法进行设计，缺少科学依据，导致其结构笨重、缺乏规范性，造成制造成本的浪费。此外，由于铝型材截面复杂，导致铝型材工作梯台有限元分析周期长，不利于工作梯台的系统性分析和数据整理。为此，通过建立铝型材等效模型，将工作梯台仿真效率提升 80%以上，并以此为基础，对工作梯台各承载结构进行有限元分析，得出工作梯台相关参数与变形量的关系曲线，为设计员对工作梯台的结构优化提供科学性设计指导。

关键词：工作梯台；等效模型；有限元分析；变形量

Finite Element Analysis of Working Platform Based on Abaqus Software

ZHU Shuodi*, CHEN Yilong, CHU Xugeng, TANG Xiyuan, LIU Dongyang

Harbin Hafei Aviation Industry Co. Ltd., Harbin 150066, China

Abstract: Most working platforms are designed by experience. Lacking of scientific evidence causes irrational structure of working platform, lack of standardization of designs and waste of manufacturing cost. Major structures of working platform are composed of aluminum profile. Complicated section of aluminum profile leads to much modeling cycle and analysis cycle. It makes against to systematic analysis of working platform. Combined with the actual structure and main technology parameter of working platform, the finite element analysis efficiency of Abaqus software is upgraded 80% at least by building equivalent model of aluminum profile. Based on the equivalent model, bearing frameworks of working platform are analyzed. The finite element analysis conclusions are obtained for building curves of parameters and deformation. The users utilize the scientific curves to optimize the structure of working platform and reduce manufacturing cost. The working platform after optimization can be able to satisfy the requirements of modern production line.

Keywords: working platform; equivalent model; finite element analysis; deformation

工作梯台作为一种登高作业工具，使用安全是其设计过程中需重点考虑的因素。传统设计过程中，设计员往往依据经验确定工作梯台结构，通过大尺寸零部件、复杂结构确保工作梯台的使用安全。该方式导致工作梯台结构笨重、不合理，设计规范性差、不美观，既造成大量资金的浪费，又无法适应当今飞机工业化生产线的需要。

目前，国内多家航空企业将有限元分析软件应用到关键工艺装备设计当中，从而为设计员提供科学数据支持。如，利用 Hypermesh 软件，对某型号飞机发动机吊挂进行力学分析，确保其在两种典型危险工况下正常使用[1]；利用 Workbench 平台，对几种规格的移动工作梯进行有限元分析，为其安全性能及结构提供理论依据[2]。

本文针对典型铝型材工作梯台，利用 Abaqus 软件对其进行有限元分析。该软件能够自动选择合适的载荷增量和收敛准则，并在分析过程中对参数进行调整，保证结果的精确性[3]。

1 铝型材等效模型

典型工作梯台所采用的铝型材规格多以 40 mm×40 mm、40 mm×80 mm 和 80 mm×80 mm 为主。其截面复杂，导致利用 Abaqus 软件进行建模难度大，仿真周期长(3.5 小时/套)，不便于大批次工作梯台的有

* 通讯作者．zhushuodi@163.com

限元分析和数据采集。为此，本文选用长度 500 mm，厚度 4.5 mm，外廓尺寸 40 mm×80 mm 的铝矩形管与尺寸、规格相同的铝型材进行有限元分析比较。即在一端固定和两端固定条件下，分别在长、宽方向同一位置施加相同的力，比较二者的最大应力和变形量。经分析，不同状态下，二者最终数据接近，因此本文选用厚度 4.5 mm 的铝方(矩形)管替代相应尺寸的铝型材，进而降低工作梯台建模难度及仿真周期。40 mm×80 mm 铝型材截面如图 1 所示。

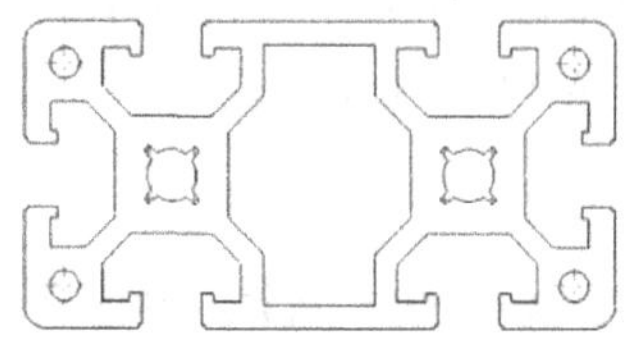

图 1 铝型材截面

2 工作梯台有限元分析

工作梯台的使用过程分为上梯和工作两种状态，因此可将工作梯台分为上梯组件和平台组件。由于两种组件的强度、刚度性能受多种因素影响，因此，本文单独对两种组件进行有限元分析。且由于铝型材强度性能良好，因此，本文主要从刚度的角度对各组件进行分析。无护栏状态下的工作梯台结构如图 2 所示。

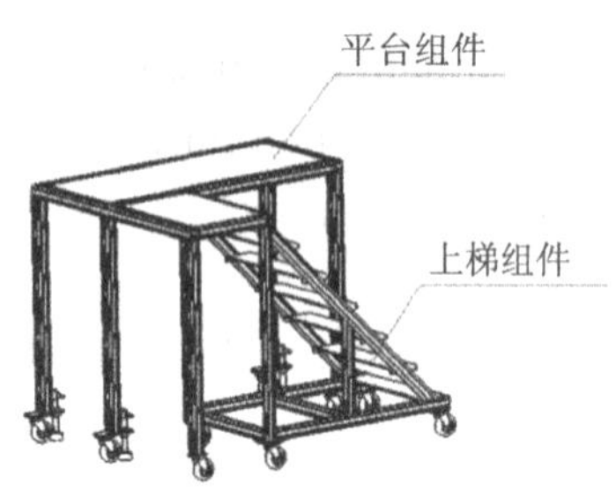

图 2 工作梯台

2.1 上梯组件有限元分析

上梯组件用于操作者上梯时使用。根据设计经验，上梯组件最大变形量即踏板变形量与上梯高度、上梯角度、踏板长度有关。常规设计中，踏板材料选用 Q235，结构为宽度 230 mm，高度 33 mm，厚度 3 mm 的钣金钢板。因此，原则上将变形量不超过 3 mm 作为踏板结构合理可行的依据。为便于数据比较，本文明确上梯组件共承重 300 kg，即 2 名全部负重人员，并逐一选取表 1 中所示的参数，进行有限元分析。具体分析内容如下：

表 1 上梯组件参数

参　数	数　值
上梯高度(h)/mm	1 200 、1 500、2 000、2 500
上梯角度(α)	45°、55°、65°、75°
踏板长度(l)/mm	800、900、1 000、1 100、1 200

(1) 当 $\alpha=45°$，$l=800$ mm 时，踏板变形量与上梯高度的关系曲线如图 3 所示。

(2) 当 $h=2\ 500$ mm，$l=800$ mm 时，踏板变形量与上梯角度的关系曲线如图 4 所示。

(3) 当 $\alpha=45°$，$h=1\ 200$ mm 时，踏板变形量与踏板长度的关系曲线如图 5 所示。

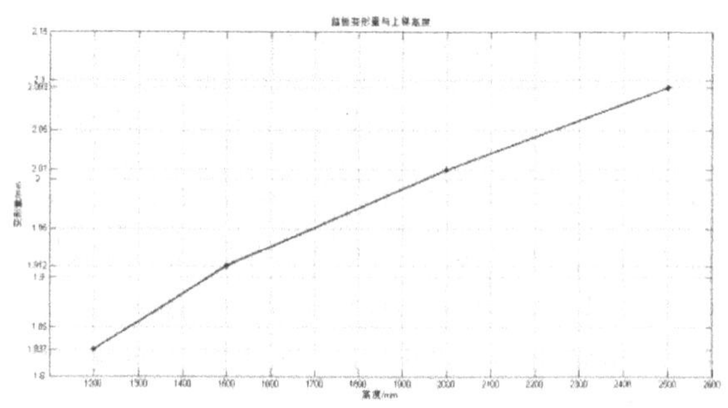

图 3 踏板变形量与上梯高度关系曲线

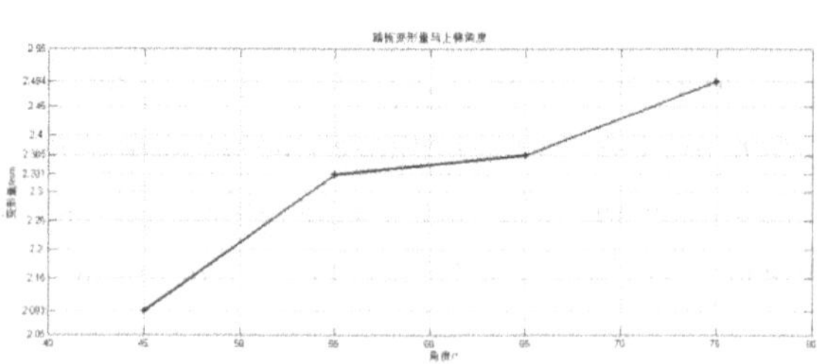

图 4 踏板变形量与上梯角度关系曲线

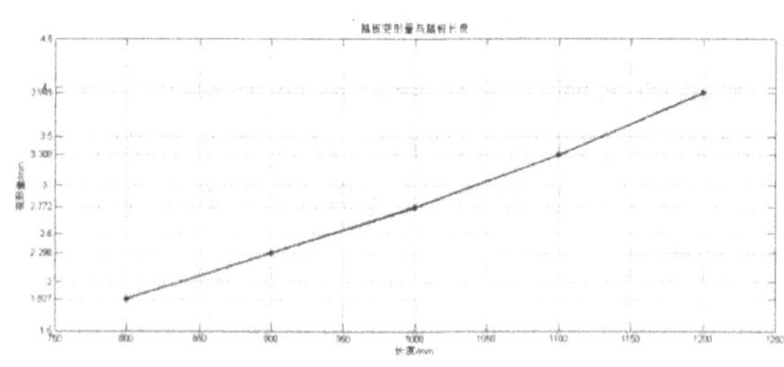

图 5 踏板变形量与踏板长度关系曲线

通过上述有限元分析结果，可知上梯高度、上梯角度对踏板变形量的影响较小，其变形量主要与踏板长度有关，当踏板宽度为 1 000 mm 时，变形量为 2.772 mm，接近极限值。若设计超过 1 000 mm 踏板时，应对踏板结构进行加强。

此外，通过取消斜铝型材下方的支撑铝型材，可对上梯组件进行结构优化，从而降低上梯组件的制造成本。而决定支撑铝型材可否取消的关键，除最大变形量外，斜铝型材的变形量亦是重要因素。斜铝型材和其支撑铝型材具体位置如图 6 所示。

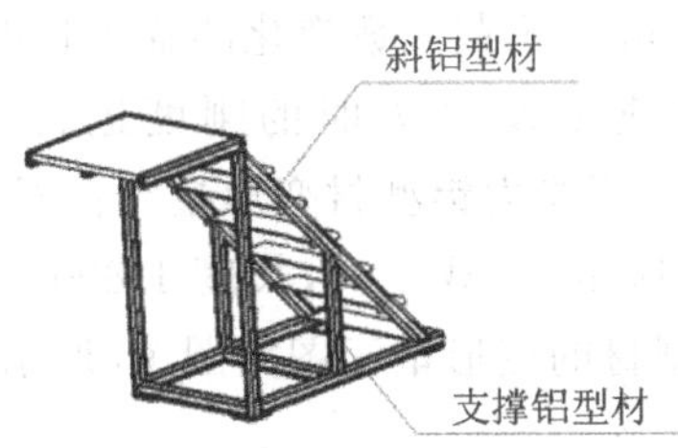

图 6　两种铝型材的位置

依据铝型材技术手册，铝型材变形量应在 $L/1\ 000$ mm 范围内，其中 L 为铝型材长度。因此，上梯组件中，结构合理可行的斜铝型材变形量应满足公式(1)。

$$\delta \leqslant \frac{h-80}{1\ 000 \times \cos\alpha} \tag{1}$$

本文在 $\alpha=45°$，$l=1\ 000$ mm 的条件下，选用表 1 中上梯高度参数，分别对不同承载人数、无支撑铝型材的上梯组件进行有限元分析，分别得出该状态下，斜铝型材变形量与上梯高度、最大变形量与上梯高度的关系曲线如图 7、8 所示。

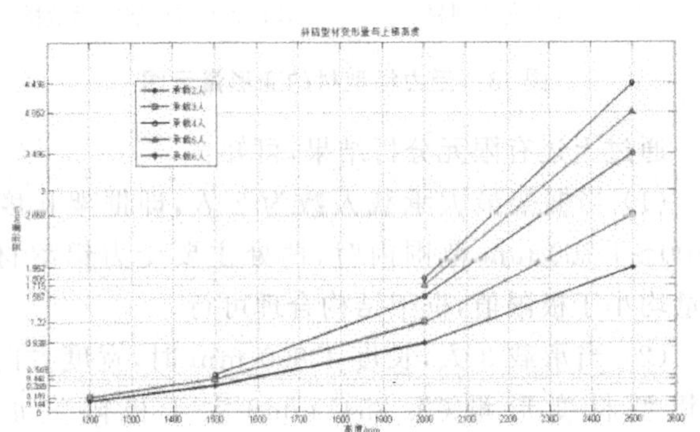

图 7　斜铝型材变形量与上梯高度关系曲线

通过公式(1)，高度 1 200 mm、1 500 mm、2 000 mm 和 2 500 mm 上梯组件的斜铝型材极限变形量分别为 1.584 mm、2.008 mm、2.716 mm 和 3.423 mm。因此，当上梯组件高度不超过 1 500 mm 时，上梯组件可直接取消支撑铝型材；当上梯组件高度在 1 500～2 000 mm 之间时，斜铝型材刚度满足要求，可通过提升踏板刚度的方法，取消支撑铝型材。

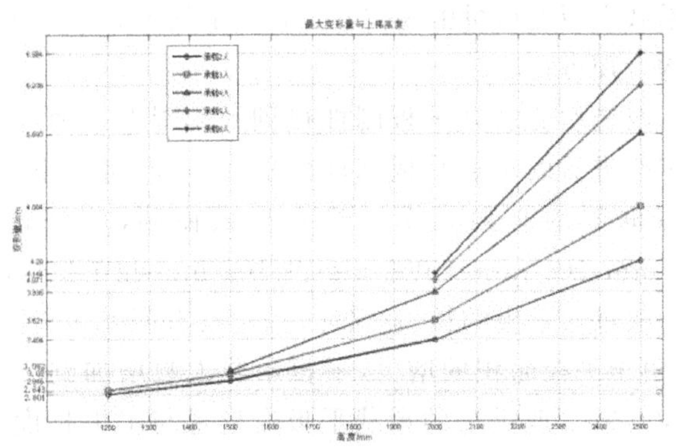

图 8　最大变形量与上梯高度的关系曲线

2.2　平台组件有限元分析

1. 承载平板有限元分析

平台组件用于承载操作者在指定高度下作业。对其进行有限元分析主要是对平台组件的承载平板和整体框架的刚度进行分析。常规设计中，承载平板由钢板和粘在其上方的厚度为 3 mm 的 PVC 胶板组成，其中，钢板为钣金件，材料 Q235，高度 37 mm，厚度 3 mm，其结构形式与踏板相似。因此，变形量不超过 3 mm 依然作为其结构合理可行的依据。本文明确承载平板的承载原则，即当平板长、宽均在 400～800 mm 时，平板最大承重 150 kg。平板长、宽分别选取 400 mm、500 mm、600 mm、700 mm 和 800 mm，进行有限元分析。承载平板变形量与平板长度、宽度的关系曲线如图 9 所示。

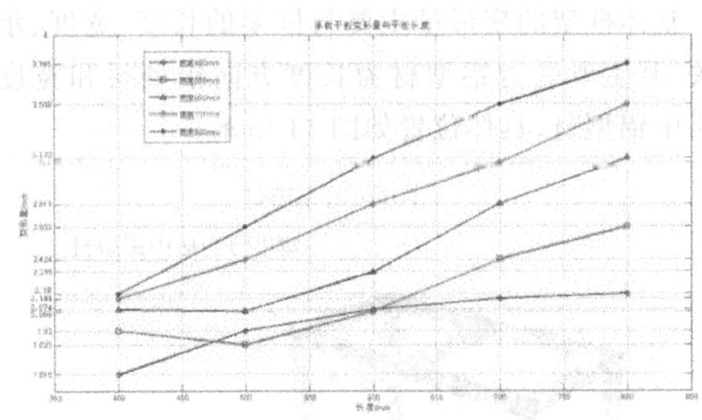

图 9　承载平板变形量与平板长度、宽度关系曲线

通过上述有限元分析结果，可知承载平板变形量随长度、宽度的增大而增大，当承载平板外廓尺寸为 700 mm×600 mm 时，平板变形量接近极限值。并且，由于承载平板长时间处于工作状态，因此，为延长使用寿命，本文通过在钢板下方增设一处加强筋的方法，提升平板刚性。改进后的外廓尺寸为 800 mm×800 mm

的承载平板变形量由 3.795 mm 减小到 1.949 mm，其结构合理可行。

改进后的承载平板刚性得到大幅提升。因此，为确定改进后的承载平板刚性极限尺寸，同时为下一步整体框架的有限元模型建立提供便利，分别选取 800 mm、900 mm、1 000 mm、1 100 mm 和 1 200 mm 作为改进后平板的长、宽尺寸，并进行有限元分析。此外，由于平板面积的增大，平板承载人数增加到 2 人，即 300 kg。改进后的承载平板变形量与平板长度、宽度的关系曲线如图 10 所示。

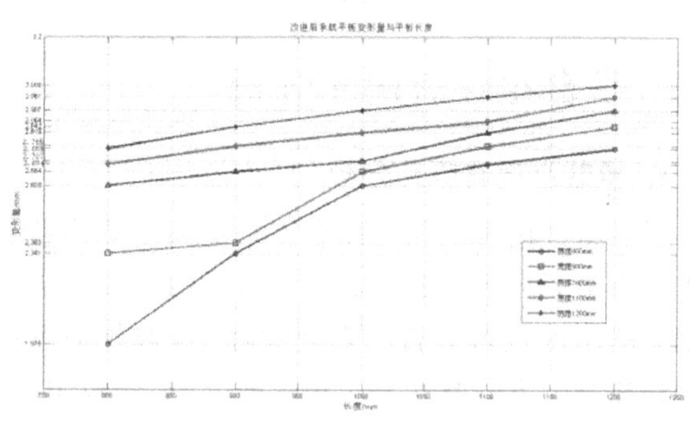

图 10　改进后承载平板变形量与平板长度、宽度关系曲线

改进后，外廓尺寸为 1 200 mm×1 200 mm 的承载平板的变形量为 3.008 mm，接近极限值。因此，在设计过程中，若无特殊要求，不建议设计员选用该尺寸承载平板，且为保证平板使用寿命，建议承载平板最大外廓尺寸不超过 1 100 mm×1 100 mm。

2. 整体框架有限元分析

整体框架的变形量主要与框架的长度、宽度、承载有关，其主要受力铝型材为长度方向铝型材和宽度方向居中铝型材，具体位置如图 11 所示。

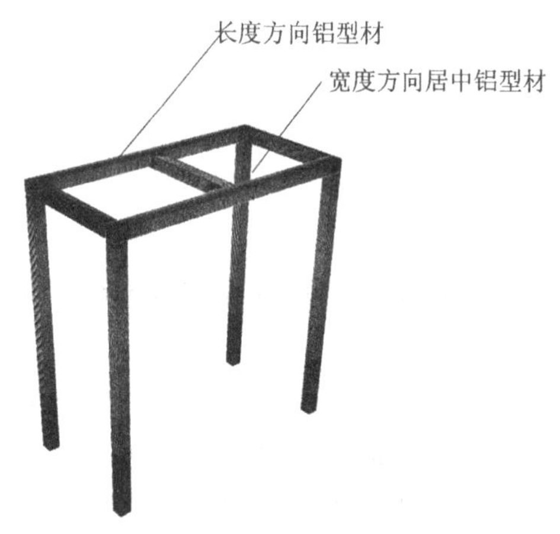

图 11　受力铝型材位置

本文根据现场操作人员使用习惯及工作梯台设计规范，明确整体框架宽度尺寸 900 mm，高度尺寸 1 800 mm；长度每增加 600 mm，框架承载人数增加 1 人。因此，本文分别选择 1 200 mm、1 500 mm、1 800 mm、2 010 mm、2 100 mm 和 2 400 mm 作为框架长度尺寸。逐一对各框架进行有限元分析。其中，长度 1 800 mm 为承载人数变化的临界长度，故分别对该长度下，承载 2 人、3 人时的刚度进行分析。承载 2 人时，两处主要受力铝型材变形量与框架长度的关系曲线如图 12 所示；承载 3 人，长度 1 800 mm 时，两处主要受力铝型材的变形量云图如图 13 所示。

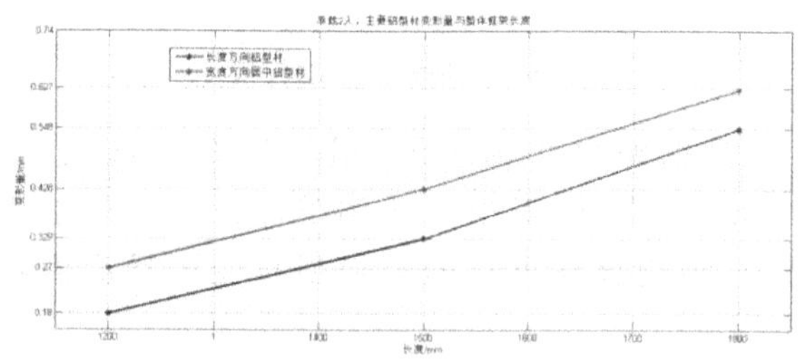

图 12　两处主要受力铝型材变形量与框架长度的关系曲线

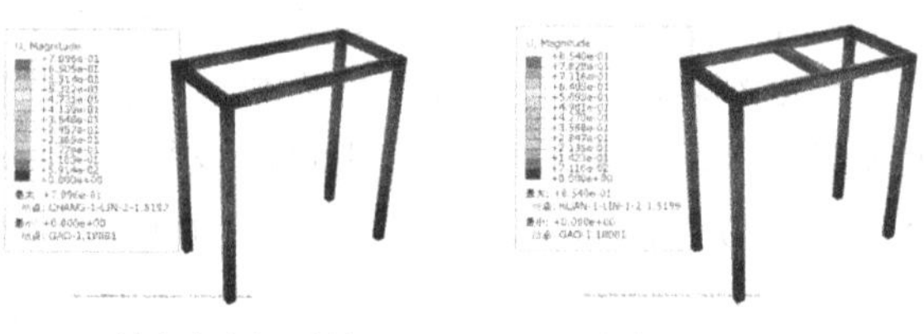

(a) 长度方向铝型材　　(b) 宽度方向居中铝型材

图 13　受力铝型材的变形量云图

通过上述有限元分析结果，可知：

(1) 当框架最大承载人数为 2 人，即框架长度在 1 200～1 800 mm 范围内时，两处主要受力铝型材变形量均小于极限值，框架结构合理可行。

(2) 当承载 3 人，长度 1 800 mm 时，宽度方向居中铝型材变形量（0.854 mm）大于极限变形量（0.74 mm）。

本文通过在框架各支腿处增设铝型材斜筋的方法，提升整体框架刚度。承载 3 人时，改进后两处主要受力铝型材的变形量与框架长度的关系曲线如图 14 所示。

通过数据对比，改进后，框架长度为 1 800 mm 的整体框架两处主要受力铝型材变形量分别由 0.709 6 mm 降至 0.455 8 mm、0.854 mm 降至 0.594 mm。且当框架长度为 2 010 mm 时，宽度方向居中铝型材变形量（0.731 9 mm）接近极限变形量。因此，为保证工作梯

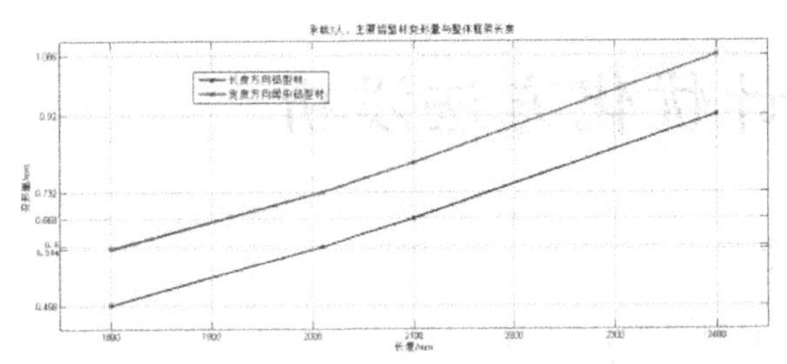

图 14　改进后两处主要受力铝型材变形量与框架长度的关系曲线

台整体刚度，框架相邻支腿间距不应超过 2 000 mm。

3　结　论

本文利用 Abaqus 软件对工作梯台主要承载组件进行有限元分析。具体结论如下：

(1) 在对工作梯台进行仿真过程中，可用厚度 4.5 mm 的铝方(矩形)管替代相应尺寸的铝型材，从而大幅降低建模难度和缩短仿真周期。

(2) 上梯组件中，踏板变形量主要与踏板长度有关。无特殊要求时，踏板最大长度为 1 000 mm。此外，当上梯组件高度不超过 1 500 mm 时，可通过取消支撑铝型材对上梯组件结构进行优化。

(3) 平台组件中，承载平板应增设一处加强筋，从而提升其刚度和使用周期。同时，承载平板最大外廓尺寸为 1 100 mm×1 100 mm。

(4) 平台组件中，当整体框架相邻支腿间距超过 1 800 mm 时，各支腿处应增设铝型材斜筋，用以提升整体框架刚度。此外，整体框架相邻支腿最大间距为 2 000 mm。

参考文献

[1] 杨蕾. 飞机发动机吊挂的静力学分析[J]. 无线互联科技，2018，2(4)：117-118.

[2] 范长庚，柏桐. 基于 Workbench 平台对移动式工作梯的有限元分析[J]. 航空精密制造技术，2015，51(4)：35-45.

[3] 张建华，丁磊. Abaqus 基础入门与案例精通[M]. 北京：电子工业出版社，2013：1-2.

提升飞机维护性的设计优化方法浅析

胡林，胡晓

中国航空工业集团公司成都飞机设计研究所，成都 610091

摘要： 本文主要研究和论述关于提升飞机维护性的一些设计优化方法和思路。一架飞机包含数十个系统，数十万零部件，是一个极其复杂的组合体。只有确保各系统及其全部零部件都按照设计要求生产、检测、联试和维护后，才能保证飞机能正常交付和使用。维护是保证飞机各项功能正常的必要工作，理想状态下只进行必要的功能维护工作即可。但是由于设计、制造、使用、维护、环境等影响，不可能完全避免故障的发生，为了提前发现和排除潜在故障隐患，导致实际机上需进行大量"额外"维护工作，例如间隙检查、渗漏检查、飞机表面修复和除锈防锈等。本文从飞机维护需求出发，结合生产交付及使用过程中常见磨损、渗漏、飞机表面损伤及零部件锈蚀问题发生原因，论述了一些防止磨损、渗漏和强化飞机表面及零部件保护的设计改进方法，来减少或避免相关故障的发生，从根源上减少处理潜在故障的日常维护工作需求，达到精简维护工作项目、提升飞机维护性的目标。

关键词： 维护性；磨损；渗漏；锈蚀

Analysis of Design Optimization Method for Improving Aircraft Maintainability

HU Lin, HU Xiao

AVIC Chengdu Aircraft Design & Research Institute, Chengdu 610091, China

Abstract: This text mainly studies and discusses some design optimization methods and ideas about improving aircraft maintainability. An aircraft contains dozens of systems, hundreds of thousands of parts, is an extremely complex combination. Only by ensuring that all systems and all parts are produced, tested, jointly tested and maintained according to the design requirements, can the aircraft be delivered and used normally. Maintenance is the necessary work to ensure the normal functions of the aircraft. In ideal condition, only the necessary functional maintenance can be carried out. However, due to the influence of design, manufacture, use, maintenance and environment, it is impossible to completely avoid the occurrence of faults. In order to find and eliminate potential faults in advance, a lot of "extra" maintenance work is needed on the actual aircraft, such as clearance inspection, leakage inspection, aircraft surface repair and rust removal. Starting from the aircraft maintenance requirements, combined with the causes of common wear, leakage, aircraft surface damage and parts corrosion problems in the process of production, delivery and use, this text discusses some design improvement methods to prevent wear, leakage and strengthen the protection of aircraft surface and parts, so as to reduce or avoid the occurrence of relevant faults, Reduce the daily maintenance work demand to deal with potential faults from the root, achieve the goal of simplifying maintenance work items and improving aircraft maintainability.

Keywords: maintainability; abrasion; leakage; rust

1 引 言

飞机全机包含数十个系统、数十万零部件，是一个极其复杂的组合体。只有确保各系统及其全部零部件都按照设计要求生产、检测、联试和维护后，才能保证飞机能正常交付及使用。

维护工作是保证飞机各项功能正常的手段，理想状态下只应进行必要的功能维护工作。但是由于设计、制造、使用、维护、环境等影响，不可能完全避免故障的发生，为了提前发现和排除潜在故障隐患，所以需对飞机进行大量“额外”维护工作，如针对生产及使用中常见的磨损、渗漏、飞机表面损伤和零部件锈蚀等问题，需要经常进行间隙检查、渗漏检查、飞机表面修复和除锈防锈等。这些检查工作既占用了机务人员的大量时间和周期，又影响了飞机的出勤准备周期。

图 1 所示为某型机生产交付检查中常见问题占比。

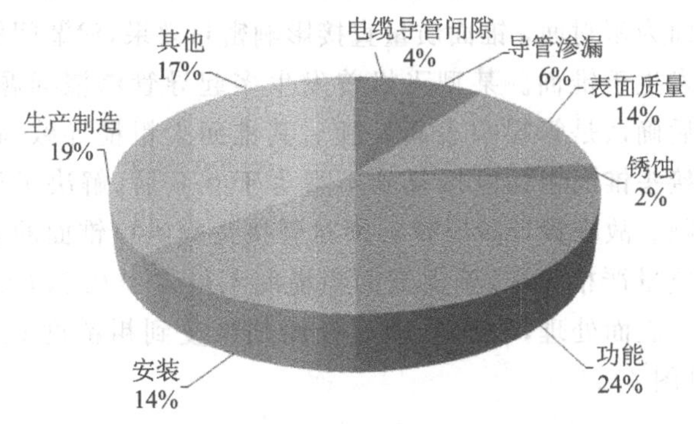

图 1 某型机生产交付检查中常见问题占比

2 提升飞机维护性的方向

以某型机在试飞站的日常维护为例，起飞前、再次飞行前、飞行后、每 50 飞行小时、每 300 飞行小时等阶段都要进行间隙、渗漏、飞机表面和锈蚀检查；参与检查的人员涉及军械、机械、特设等多个专业；以常规飞行前的检查为例，整个检查时间通常 1～2 小时。所以综合人员需求、工作频率和工作时长后，飞机总维护工作量是十分烦琐和巨大的。

如果能够精简飞机维护工作，则既可以解放人力，又能降低飞机准备时间，提升出勤率。所以，优化飞机维护工作，减少不必要的维护项目，是提升飞机维护性的一个重要的方向。

3 提升飞机维护性的措施

本文基于生产交付及使用中的常见磨损、渗漏、表面损伤和锈蚀等问题，从防止电缆管路磨损、减少管路渗漏、强化飞机表面及零部件保护等方面讨论一些设计改进方法和措施，以减少处理潜在故障隐患的维护需求，达到从源头上减少维护工作量，提升飞机的维护性的目的。

3.1 防止电缆管路磨损

飞机上电缆和导管数量十分庞大，且分布于全机各个部位，受限于机上狭小的空间，很难保证机上所有电缆、导管间隙满足要求。据某型飞机交付用户时检查问题统计，电缆、导管间隙问题大约占全机问题的 4%。如果机上零部件之间的间隙过小，由于零部件本体运动或飞行振动的影响，可能导致零部件相互刮擦磨损。实际使用中，间隙不足是导致机上电缆、导管磨损的主要原因之一。液压、燃油管路磨损破裂导致大量渗漏，或重要电缆绝缘层磨破导致短路，都有可能影响飞机安全，故磨损的危害十分严重。为了降低电缆、导管磨损风险，通常使用了胶布、革类等材料局部包裹保护。但此种方法不能从根本上解决磨损问题，只是由直接磨损电缆导管，优化为先磨损包覆层，如果包覆层被磨穿，则依然会磨损电缆导管。

由于未能从根本上避免磨损问题的发生，而磨损又可能引发严重后果，所以在飞机日常维护中，电缆、导管间隙检查就是一项十分重要和烦琐的维护工作。如果能保证电缆、导管的间隙，从根源上消除磨损风险，就可以延长间隙检查的周期或减少检查项目。

1. 保证电缆、导管间隙

飞机系统极为庞大和复杂，依靠人工进行间隙检查，难免存在疏漏，不能确保发现全部间隙过小的部位。目前飞机设计已逐步采用计算机三维数模软件，故可以结合三维数模设计软件，开发间隙检查程序，辅助设计人员对电缆、导管等零部件周边间隙进行检查，避免人为疏漏。

另外，在电缆实际安装时，由于电缆本身比较柔软，可弯曲，人员安装差异会影响电缆弯曲部位外形，机上电缆弯曲半径很难做到与数模完全一致，所以，经常出现三维数模上检查间隙是满足要求的，但是机上实物却是接触的问题。为了解决此类问题，可以设计电缆外形保持支架、线槽，对电缆拐弯部位外形进行一定的限制，保证与周边有足够间隙。

相信随着间隙检查程序和电缆固定方式优化的应用，经过一段时间之后，基本上可以在设计阶段消除间隙不满足要求的问题，进而降低机上出现磨损的概率，最终达到减少甚至取消维护工作中间隙检查项目的目标。

图 2 所示为无线槽设计和有线槽设计对比。

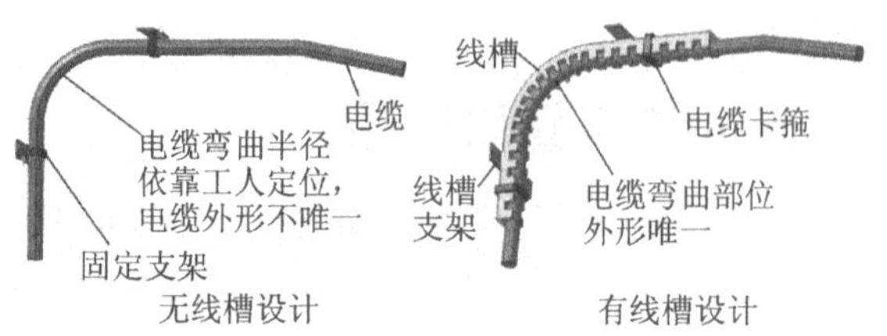

图 2　无线槽设计和有线槽设计对比

2. 改进防磨保护方式

飞机使用的胶布、革类，具有柔软和一定耐磨性的特点，便于包裹操作，但本身弹性较弱，不能通过压缩变形适应间隙较小部位。使用胶布、革类包裹电缆、导管后，包裹部位直径变大，包裹部位可能会与周边零部件发生挤压，出现较高的接触力，进而导致较大的摩擦力，在使用中加剧包裹材料的磨损。

为了解决现有胶布、革类包裹保护设计的弊端，可选用具有弹性、可压缩和耐磨特点材料制成的隔离支架，将该支架放入电缆、导管间隙小部位，因支架材料可压缩、有弹性，故可以保持支架与电缆、导管的紧密接触，且接触力不会很大。接触力小，则摩擦力就比较小，使用中支架磨损的可能性就较小，进而可以延长磨损检查的周期。

图 3 为弹性、可压缩隔离支架及使用方法示例。

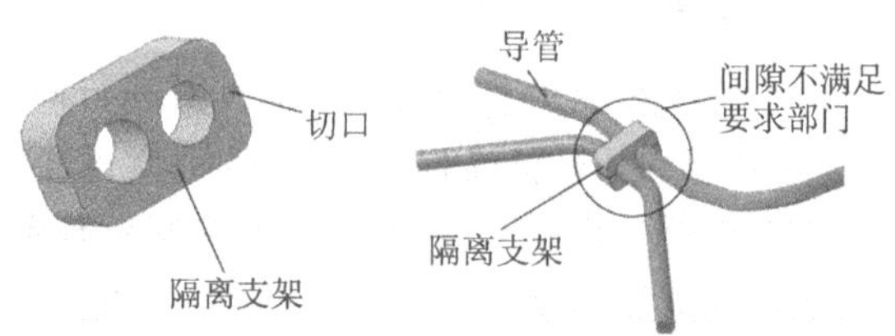

图 3　弹性、可压缩隔离支架及使用方法示例

3.2　减少管路渗漏

微量、少量渗漏通常不会导致系统功能失效，但是渗漏的油、液可能污染周边设备、管线及结构，有导致起火、短路的风险。大量的渗漏则可能导致机上系统功能失效，直接影响飞机安全。渗漏问题属于油气液为工质系统的主要故障模式之一，在各机型上频发。其中，全机各系统导管数量多、分布广，导管发生渗漏的比例较高。有研究表明空客 A320 飞机液压导管渗漏占液压系统渗漏的比例为约 11.6%。据某型飞机交付检查问题统计，各系统导管渗漏问题占比总计约 6%。故在飞机维护工作开展的各个时间段，都要严格检查全机各个部位有无渗漏情况，如有则需及时排除。与渗漏相关维护工作频率高，工作量大，需耗费大量人力和时间。

目前，国内飞机常采用的管路连接有 74°扩口、滚压无扩口和法兰连接等形式，与记忆合金接头等永久连接方式相比，存在相对较高的渗漏风险。可以通过改进现有连接方式质量，提升其可靠性，来降低渗漏发生概率；也可增加渗漏监控系统，实现渗漏的实时监控。

1. 提升现有连接方式的可靠性

针对 74°扩口连接方式，其接头和导管 74°喇叭口锥面为密封面，锥面质量直接影响密封效果，渗漏问题多发生于锥面。某型飞机曾发生多起导管渗漏问题，最后确认是管接头表面处理后其锥面太粗糙导致，将管接头锥面粗糙度恢复到不得劣于 0.8 后，解决了该问题。故在设计阶段就必须对管接头喇叭口锥面的表面质量严格要求，确保锥面粗糙度不得劣于 0.8，若进行了表面处理，表面处理后锥面须恢复到粗糙度 0.8（见图 4）。

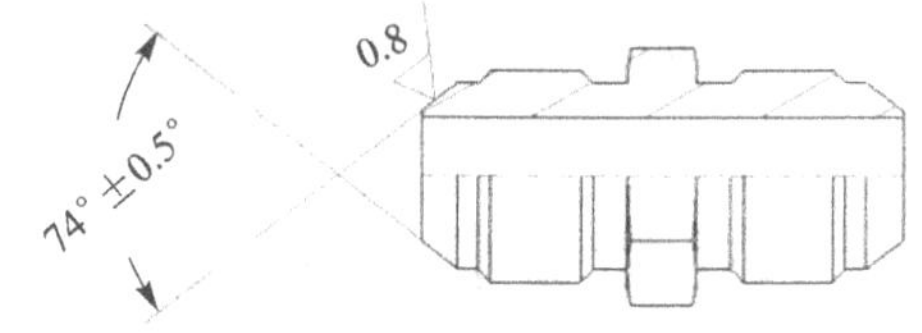

图 4　扩口导管接头锥面粗糙度要求

国内某型机上采用的不锈钢管和铝管无扩口导管连接形式，在使用中出现较多管材与管套滚压结合部位渗漏问题，经分析，认为主要是由于管材质量、管套内槽边质量、滚压加工工艺以及长期飞机振动综合影响导致。在设计阶段可以从以下两个方面采用措施提高无扩口导管连接的可靠性：一是，设计时必须明确管套内槽边 90°±1°尖角和粗糙度 0.8 等要求，且管套凸台宽度与凹槽宽度的比值不宜超过 2∶3（见图 5）；二是，国内钛合金管材也已基本成熟，可尽量选用强度高、质量轻的钛合金管材代替不锈钢和铝管材，以获得更好的振动耐受能力和减重效果。

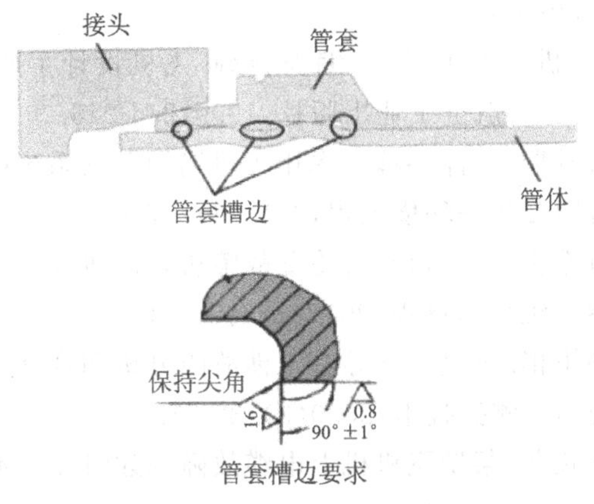

图 5 无扩口导管管套槽边要求

2. 增加渗漏监控系统

人工渗漏检查工作一般是在飞行前后进行，飞行中无法进行人工检查。如果飞机安装了渗漏监控系统，则可对飞机渗漏情况进行全程实时监控，可比人工检查更及时地发现渗漏问题，因此理论上渗漏监控系统可以代替人工渗漏检查，对安装了渗漏监控系统的飞机可以减少甚至完全取消人工渗漏检查工作。

目前在研究适用于燃油、液压油等液体工质的渗漏监控系统，该系统的工作原理为：监控系统储存箱内液体体积，结合正常损耗、热胀冷缩和高压压缩等因素，得到一个实际体积变化量，将实际体积变化量与标准模型进行对比，若实际液体体积是减少且变化量绝对值大于告警门限值，则判断系统存在渗漏。

对于气体工质，泄漏监控系统可以采用以下工作原理：监控气瓶内压力，结合正常损耗和热胀冷缩导致的压力变化等因素，得到一个实际压力变化量，若实际气体压力是降低且超过告警门限，则认为系统存在泄漏。例如，东航技术公司对 A320 飞机氧气系统泄漏监控主要方法为：在不改变原机氧气压力监控硬件布置的前提下，依据基于大量历史数据建立的正常航班和不正常航班数据模型，确定氧气的压力值门限值和压力-温度关系；通过监控氧气压力值变化是否超过门限，氧气压力值是否随温度回升等情况来判断是否存在泄漏。在实际运行中已提前发现了几起真实的氧气渗漏事件。

提升现有连接方式可靠性的改进，可以降低管路渗漏发生概率，达到延长渗漏检查周期和一定程度上减少维护工作量的目的。当渗漏监控系统成熟可靠后，渗漏监控系统可代替人工检查的维护工作模式，实现渗漏问题实时自动监控、视情排除，可极大地减少维护工作量。

3.3 强化飞机表面及钢制零部件保护

1. 保护飞机表面

据某型飞机交付检查问题统计，飞机表面质量问题较多，占比约 14%，主要是表面漆层和透明部件污染、磕碰、划伤、分层、脱落等。其中污染多为进行飞机维护时，液体、胶、油脂等不慎滴落飞机表面(若未及时清理，较长时间后可能浸入漆层，出现无法擦除的印记)。磕碰、划伤多为物体(如工具、电缆、绳索等)在飞机表面磕碰、刮擦、拖行导致。出现该类问题后往往需要进行表面清理、打磨和补漆等操作，会耗费较多人力和时间。

为了减少表面污染、磕碰、划伤的概率，可研究使用耐磨、防污保护层保护飞机表面。风电机组叶片前缘由于长期受到风力的摩擦以及沙粒、盐雾、雨水的冲击，是风电叶片上最容易出现损伤、腐蚀的部位。国内的叶片厂商大多采用在叶片前缘贴保护膜或增加涂层的保护方法，例如 3M 公司的 W8607 透明聚氨酯薄膜可为叶片提供 4～5 年的保护。而 LM Wind Power 公司推出的 LM ProBlade Collision Barrier 涂层耐久性更是前缘热塑性聚氨酯贴膜的 2 倍。风电叶片和飞机外表面工况有一定程度的相似性，故可以开展风电叶片前缘使用的保护膜、涂层技术在机上应用的可行性研究，提升飞机表面的保护设计。

除了采用新技术，还可以提升现有工装设计。如可设计可覆盖全机上表面(含主翼面)的软质保护垫，确保所有人员可达区域均被保护完好，全面的保护垫既可达到防止液体、胶、油脂等直接滴落到飞机表面污染漆层，也能防止其他物体磕碰、划伤漆层。所有可能与飞机表面接触的地面设备电缆、绳索、软管等，在设计时就需考虑包覆软质保护层，防止拖拽时划伤漆层。

2. 钢制零部件防锈措施

各型飞机上均会有一些钢制零部件使用弹簧钢或高强钢等材料，此类零部件较易生锈。例如某型机新机在出厂交付过程中，就发生过数起钢制零件(材质 65Mn、2Cr15 等)锈蚀问题，影响了飞机交付，该机在外场使用中也时有锈蚀问题发生。零部件锈蚀是用户比较关心的一个问题，部分重要零部件的锈蚀可能影响飞机功能，故为了保障飞机功能正常及安全，飞机使用中会定期检查是否发生锈蚀，如有锈蚀，需对锈蚀零部件进行除锈和防锈等处理,会耗费较多人力和时间。

为了减少机上发生钢制零部件锈蚀的问题,可在满足相关要求的前提下使用不易腐蚀的钛合金、不锈钢或铝材料代替。对不可替换的钢制零部件,除了进行表面镀层保护外,还应尽量喷涂底漆和面漆加强保护。对于无法喷涂底漆和面漆的部位,在设计时则需考虑采用涂抹润滑脂、防锈油等保护措施,并针对涂抹和检查油脂操作的便利性,进行优化设计。

4 结论

通过以上分析可见,我们可以从飞机设计角度采取研究新技术和新方法、改进材料、加严控制等措施,减少磨损、渗漏、表面损伤和锈蚀的发生概率,进而从源头上减少一部分处置潜在隐患的维护工作、实现精简飞机维护工作、提升飞机的维护性的目标。

本文只涉及了飞机维护工作中的几个典型方面,相信还有更多方向可以进行优化工作,随着研究的深入,会有越来越多的措施和手段可用来提升飞机的维护性,逐渐接近维护性最优设计。

参考文献

[1]《飞机设计手册》总编委会编. 飞机设计手册第 12 册[M]. 北京:航空工业出版社,2003:545-555.

[2]《飞机设计手册》总编委会编. 飞机设计手册第 13 册[M]. 航空工业出版社, 2006: 581, 915: 1059-1054.

[3]《飞机设计手册》总编委会编. 飞机设计手册第 16 册[M]. 航空工业出版社,1999:244-246.

[4] 曾凡阳. 海洋环境下军用飞机腐蚀及其系统控制工程[J]. 装备环境工程,2013(6):77-81.

[5] 肖军雷. 无扩口导管渗漏故障机理的研究[J]. 航空器的维护与修理,2017(12):71-73.

[6] 刘彬彬. 飞机液压导管干涉故障分析和维修方法研究[J]. 测控技术,2020(3):35-38.

[7] 刘长萍. 某型飞机机上电缆故障综述[J]. 技术与市场,2019(2):164.

[8] 哈恩华. 航空透明件有机-无机杂化耐磨涂层的应用研究进展[J]. 化工进展,2010(10):1913-1916.

[9] 苟俊哲. 空客 A320 飞机机组氧气系统渗漏的监控研究[J]. 航空维修与工程,2019(9):79-82.

[10] 沈建国. 浅析空客 A330、A320 飞行航线维护策略[J]. 科技咨询,2003(28):118.

[11] 李延林. 空客 A320 系列飞机液压系统渗漏维护要点[J]. 航空维修与工程,2015(7): 55-58.

[12] 卢家骐. 风电叶片前缘防护技术进展[J]. 玻璃钢/复合材料,2015(7):91-95.

[13] 张荣霞. 导管无扩口内径滚压连接接头连接强度性能研究[J]. 航空制造技术,2016(22):84-88.

基于伴随方程的气动隐身多频段优化设计系统

黎明[1]，刘超宇[1]，屈峰[1]，白俊强[1,2,*]

1. 西北工业大学航空学院，西安 710072

2. 西北工业大学无人系统技术研究院，西安 710072

摘要：结合自由变形参数化方法(FFD)、逆距离权重插值算法(IDW)、计算流体力学(CFD)、计算电磁学(CEM)、序列二次规划算法(SQP)和伴随方程方法建立了基于梯度的飞行器外形气动隐身优化设计系统。CFD模块通过求解雷诺平均N-S方程获得目标气动性能参数。CEM模块由矩量法(MoM)、多层快速多极子(MLFMA)和物理光学法(PO)三部分组成，前两种算法通过求解混合场积分方程(CFIE)获得目标的雷达散射截面积(RCS)，主要适用于中低频段的隐身性能分析，第三种算法则用于高频散射的近似计算。气动目标参数和隐身目标参数均可以通过求解相应的伴随方程获得目标特性参数对设计变量的梯度。算例测试表明，该多学科优化设计系统不仅可以提高目标的气动性能和多频段下的雷达隐身性能，还具有较高的优化效率。

关键词：伴随方程；矩量法；多层快速多极子；物理光学法；CFD；多学科优化

Adjoint-based Multi-band Aero-stealth Optimization Design System

LI Ming[1], LIU Chaoyu[1], QU Feng[1], BAI Junqiang[1,2,*]

1. School of Aeronautics, Northwestern Polytechnical University, Xi'an 710072, China

2. Unmanned System Research Institute, Northwestern Polytechnical University, Xi'an 710072, China

Abstract: A gradient-based aero-stealth shape optimization design system is established by coupling the Free-Form Deformation (FFD) approach, Inverse Distance Weighted (IDW) algorithm, Computational Fluid Dynamics (CFD), Computational Electromagnetics (CEM), Sequential Quadratic Programming (SQP) algorithm, and the adjoint method. The aerodynamic performance parameters of the object are obtained by calling the CFD module to solve the Reynolds-averaged Navier-Stokes equations. The CEM module consists of the Method of Moments (MoM), the Multi-level Fast Multipole Algorithm (MLFMA), and the Physical Optics (PO) method. The MoM and the MLFMA solve the Combined Field Integral Equation (CFIE) to compute the Radar Cross Section (RCS) in the low and medium frequency regions. In the high-frequency region, the RCS is obtained through the PO method. The gradient of the aerodynamic and stealth parameters is obtained by solving the adjoint equations. The optimization results demonstrate that the multidisciplinary optimization design system could improve the aerodynamic efficiency and the multi-band radar stealth performance rapidly and efficiently.

Keywords: adjoint equations; method of moments; multilevel fast multipole algorithm; physical optics; CFD; multidisciplinary optimization

隐身技术能够降低飞行器被雷达探测的概率，提升飞行器的生存力，成为当今军用飞行器的关键技术之一。目前军用雷达常用的波段为L、S、C和X波段，频段范围较宽，对飞行器威胁较大。这些雷达频率下的波长在0.025～0.3 m，远小于飞行器尺寸，属于高频散射的范畴。高频散射对飞行器外形比较敏感，因此目前隐身飞行器设计中，十分重视外形对雷达性能的影响。然而近年来，采用低频波段的米波雷达以及超宽带雷达来探测隐身飞行器成为研究热点[1]。因为目前采用的外形隐身技术和材料隐身技术往往在高频波

* 通讯作者. E-mail: junqiang@nwpu.edu.cn

段有比较好的效果，而在低频段的隐身效果不佳。因此在未来隐身飞行器气动外形设计中，需要考虑多个频段下的隐身性能，同时还需要保证较高的气动性能。

结合计算流体力学(Computational Fluid Dynamics，CFD)、计算电磁学(Computational Electromagnetic，CEM)和优化理论形成的气动隐身优化设计技术是实现隐身飞行器外形设计的有效途径。国内外在这方面的研究已经开展了十多年，取得了一定的成效[2-5]。目前的研究主要采用的是基于现代智能优化算法(如遗传算法)的气动隐身优化设计方法。遗传算法属于无梯度优化算法，具有全局搜索能力。但不足之处是迭代收敛较慢，反复调用气动与隐身求解器会带来巨大计算量。若要对全机外形进行精细化设计，设计变量维度通常达到几百维，优化效率会大大降低。Lyu的研究表明，当设计变量的数量过百时，无梯度优化算法需要高达上百万次的迭代才可能收敛[6]。

基于梯度优化算法的外形优化设计方法，在设计变量维度较大时，依然能够高效地收敛到局部最优解，而难点在于目标函数梯度的获取。伴随方程法用原始控制方程构造出伴随方程，求解一次伴随方程即可获得目标函数对所有设计变量的导数，效率较高，在飞行器气动外形优化设计上已经得到广泛应用[7]。一些研究机构以及高校已经在各自开发的CFD求解器上增加了伴随求解模块，如斯坦福大学的开源CFD求解器SU2[8]等。国内的学者也开展了相应的研究并取得了一定成效[9-12]。然而，伴随方程方法在气动隐身优化设计上的研究较少，而且考虑的频段较为单一[13-16]。

本文建立了一套基于伴随方程的气动隐身优化设计系统。该优化设计系统由自由变形方法(Free Form Deformation，FFD)[17]、逆距离权重插值算法(Inverse Distance Weighted，IDW)[18]、序列二次规划算法(Sequential Quadratic Pro-gramming，SQP)[19]、CFD/CEM模块以及对应的伴随梯度求解模块。其中CFD模块采用开源的ADflow求解器[6-7]，CEM模块则包含矩量法(Method of Moments，MoM)、多层快速多极子(Multilevel Fast Multipole Algorithm，MLFMA)和物理光学法(Physical Optics，PO)三种算法，分别用于不同频段的RCS评估。

1 优化设计流程

本文建立的基于伴随方程的飞行器气动隐身优化设计系统的优化流程如图1所示。首先，根据原始飞行器外形生成对应的CEM表面网格和用于CFD计算的空间网格，并从空间网格当中提取出目标物面网格。其次，根据优化的问题建立包裹飞行器外形的FFD控制体，将控制体上的坐标点位移作为外形设计变量。对控制体坐标点进行扰动之后，输出新外形的物面网格。对于CFD计算，还需要用新外形的物面网格更新对应的流场空间网格，该过程需要借助IDW网格变形算法来实现。随后，分别进行CFD计算和CEM计算，获取目标外形的气动力系数和RCS。在计算RCS之前，需要根据入射波频段选取相应的计算方法和表面网格。对于中低频段，采用MoM或MLFMA方法，对于高频波段，采用PO方法。再则，分别求解气动伴随方程和电磁伴随方程获得目标参数的梯度。对于多学科多目标优化问题，本文采用加权和方法将多目标优化问题转化为单目标优化问题。不同权重的设置能够改变优化的侧重点，以达到期望的优化结果。最后，目标函数、约束以及它们对应的梯度传入优化算法中，判断是否满足优化收敛准则。若不满足，优化算法SQP将计算搜索方向和步长，获得新的设计变量，进行下一步迭代。

2 气动隐身数值求解

ADflow通过求解基于有限体积法离散的RANS方程获得流场解。计算网格为结构网格，湍流模型采

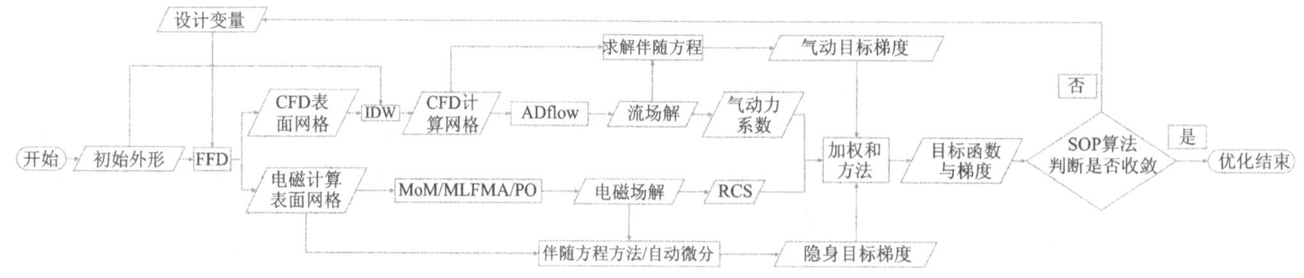

图1 气动隐身优化设计流程图

用单方程的 Spalart－Allmaras 湍流模型。流场控制方程由式(1)表示：

$$\frac{\partial}{\partial t}\iiint_{\Omega}\boldsymbol{Q}\mathrm{d}V+\iint_{\partial\Omega}\boldsymbol{F}_{\mathrm{c}}\mathrm{d}S=\iint_{\partial\Omega}\boldsymbol{F}_{\mathrm{v}}\mathrm{d}S \tag{1}$$

式中，$\boldsymbol{Q}$ 为流场守恒变量，$\boldsymbol{F}_{\mathrm{c}}$ 为无粘通量项，$\boldsymbol{F}_{\mathrm{v}}$ 为黏性通量项。在收敛的流场中对物面的压力和切向力进行积分，即可获得所需要的升力系数、阻力系数等气动参数。

隐身设计的目的是减小 RCS，从而减小雷达的有效探测距离，降低被探测的概率。目标 RCS 的理论定义为：

$$\sigma=4\pi\lim_{r\to\infty}r^{2}\left|\boldsymbol{E}_{\mathrm{s}}\right|^{2}/\left|\boldsymbol{E}_{\mathrm{i}}\right|^{2} \tag{2}$$

式中，r 为目标距离，下标 i 表示入射场，下标 s 表示散射场。即 $\boldsymbol{E}_{\mathrm{i}}$ 为入射电场，$\boldsymbol{E}_{\mathrm{s}}$ 为散射电场。RCS 的单位为平方米，通常转换成对数形式，即以分贝平方米(dBsm)来表示：$\sigma_{\mathrm{dBsm}}=10\ \log(\sigma_{\mathrm{m}^2})$。MoM 和 MLFMA 通过求解混合场积分方程(Combined Field Integral Equation，CFIE)获取目标表面电流，CFIE 是式(3)中的电场积分方程和式(4)中的磁场积分方程的线性叠加。

$$\hat{\boldsymbol{n}}\times(\eta\mathrm{L}(\boldsymbol{J})+\boldsymbol{E}_{\mathrm{i}})=0 \tag{3}$$

$$\hat{\boldsymbol{n}}\times(\mathrm{K}(\boldsymbol{J})+\boldsymbol{H}_{\mathrm{i}})=\boldsymbol{J} \tag{4}$$

式中，$\hat{\boldsymbol{n}}$ 为表面单位法向量，η 为波阻抗，L 和 K 为积分算子，$\boldsymbol{J}$ 为表面电流，$\boldsymbol{H}_{\mathrm{i}}$ 为入射磁场。采用 Rao-Wilton-Glisson 基函数[20]对表面电流进行离散，可将 CFIE 转化为形如式(5)的矩阵方程：

$$\boldsymbol{ZI}=\boldsymbol{V} \tag{5}$$

式中，$\boldsymbol{Z}$ 为阻抗矩阵，$\boldsymbol{I}$ 为电流系数解向量，$\boldsymbol{V}$ 是激励向量。对于 MoM，$\boldsymbol{Z}$ 是个大规模稠密复数矩阵，需要采用 LU 分解进行求解。对于 MLFMA，将矩阵 $\boldsymbol{Z}$ 中的元素按照近/远相互作用进行划分，对于近相互作用，采用矩量法计算；对于远相互作用，采用多极子方法进行展开[21]，最终通过迭代法进行求解。当获得电流解之后，通过式(6)计算相应的散射场。

$$\boldsymbol{E}_{\mathrm{s}}=-\mathrm{j}k\eta\int_{S}\left[\boldsymbol{J}\mathrm{G}(r)+\frac{1}{k^{2}}\nabla\cdot\boldsymbol{J}\,\nabla\mathrm{G}(r)\right]\mathrm{d}S \tag{6}$$

式中，k 为波数，$\mathrm{G}(r)$ 为自由空间的格林函数。

PO 方法则是一种高频近似方法，它的出发点是 Stratton-Chu 积分方程，根据高频散射的局部性原理，仅由入射场计算各部分的表面电流，不考虑其他部分之间的相互影响。而且 PO 方法不考虑阴影区的表面电流贡献，即在阴影区表面电流为 0。对于高频散射问题，PO 方法的求解精度能够满足实际工程需求，同时具有非常高的效率。

3 伴随方程

采用伴随方程求解梯度是本优化设计系统的核心。CFD 和 CEM 虽然采用不同的控制方程，但是它们的伴随方程形式都比较类似。假设目标参数为 f，则它可以是气动上关注的升力系数、阻力系数，也可以是 RCS。f 是网格坐标点和流场(或电磁场)解的函数，因此有：

$$\frac{\mathrm{d}f}{\mathrm{d}x}=\frac{\partial f}{\partial\boldsymbol{X}}\frac{\mathrm{d}\boldsymbol{X}}{\mathrm{d}x}+\frac{\partial f}{\partial\boldsymbol{G}}\frac{\mathrm{d}\boldsymbol{G}}{\mathrm{d}x} \tag{7}$$

式中，$\boldsymbol{x}$ 是设计变量，$\boldsymbol{X}$ 是流场解(或电磁场解)，$\boldsymbol{G}$ 是网格。上式的难点在于 $\mathrm{d}\boldsymbol{X}/\mathrm{d}x$ 的计算，若采用有限差分法，计算效率很低。考虑从控制方程出发，假设 $\boldsymbol{R}$ 为控制方程的残差，当方程收敛时，有：

$$\boldsymbol{R}[\boldsymbol{X}(\boldsymbol{x}),\boldsymbol{G}(\boldsymbol{x})]\simeq 0 \tag{8}$$

将其对 $\boldsymbol{x}$ 求全导数得到：

$$\frac{\partial\boldsymbol{R}}{\partial\boldsymbol{X}}\frac{\mathrm{d}\boldsymbol{X}}{\mathrm{d}x}+\frac{\partial\boldsymbol{R}}{\partial\boldsymbol{G}}\frac{\mathrm{d}\boldsymbol{G}}{\mathrm{d}x}=0 \tag{9}$$

将式(9)作恒等变换：

$$\frac{\mathrm{d}\boldsymbol{X}}{\mathrm{d}x}=-\left[\frac{\partial\boldsymbol{R}}{\partial\boldsymbol{X}}\right]^{-1}\left[\frac{\partial\boldsymbol{R}}{\partial\boldsymbol{G}}\frac{\mathrm{d}\boldsymbol{G}}{\mathrm{d}x}\right] \tag{10}$$

代入式(7)可得：

$$\frac{\mathrm{d}f}{\mathrm{d}x}=\frac{\partial f}{\partial\boldsymbol{G}}\frac{\mathrm{d}\boldsymbol{G}}{\mathrm{d}x}-\frac{\partial f}{\partial\boldsymbol{X}}\left[\frac{\partial\boldsymbol{R}}{\partial\boldsymbol{X}}\right]^{-1}\left[\frac{\partial\boldsymbol{R}}{\partial\boldsymbol{G}}\frac{\mathrm{d}\boldsymbol{G}}{\mathrm{d}\boldsymbol{x}}\right] \tag{11}$$

构造一个与 $\boldsymbol{X}$ 维度相同的伴随变量 ψ，满足如下线性方程组：

$$\left[\frac{\partial\boldsymbol{R}}{\partial\boldsymbol{X}}\right]^{\mathrm{T}}\boldsymbol{\psi}=\left[\frac{\partial f}{\partial\boldsymbol{X}}\right]^{\mathrm{T}} \tag{12}$$

式(12)即为伴随方程，求解式(12)可以得到对应的伴随变量。将伴随变量代入式(11)中得：

$$\frac{\mathrm{d}f}{\mathrm{d}\boldsymbol{x}}=\frac{\partial f}{\partial\boldsymbol{G}}\frac{\mathrm{d}\boldsymbol{G}}{\mathrm{d}\boldsymbol{x}}-\boldsymbol{\psi}^{\mathrm{T}}\left[\frac{\partial\boldsymbol{R}}{\partial\boldsymbol{G}}\frac{\mathrm{d}\boldsymbol{G}}{\mathrm{d}\boldsymbol{x}}\right] \tag{13}$$

通过式(13)可以得到最终优化目标函数对设计变量的梯度。关于伴随方程，需要进一步说明的是，对于 MoM，$\partial\boldsymbol{R}/\partial\boldsymbol{X}$ 正好是阻抗矩阵，在求解电磁场的时候已经分解为三角矩阵，只需要进行回代操作即可获得伴随解；对于 MLFMA，则需要先对伴随方程进行多极子展开，再用迭代法求解。对于 PO 方法，不需要求解伴随方程，而是采用反向自动微分技术获取设计变量的梯度。

4 数值算例

采用本文建立的气动隐身优化设计系统对某后掠机翼进行气动隐身优化。飞行马赫数为 0.85，基于平均气动弦长的雷诺数为 571 万。CFD 网格量为 119 万，附面层第一层高度为 2×10^{-6}，增长率为 1.19。需要分析的雷达波段有 3 个，其中 500 MHz 的 RCS 采用 MoM 求解，3 GHz 的 RCS 采用 MLFMA 求解，10 GHz 的 RCS 则通过 PO 进行近似计算，表面网格量分别为 10 916、120 176 和 1 404 284。入射角范围为前向威胁扇区，即方位角±45°，俯仰角±10°，均为水平极化。

根据该外形，建立了如图 2 所示的 FFD 控制框。FFD 框有 3 个截面，每个截面可绕前缘进行扭转，对应 3 个机翼扭转角变量。图中红色框线上的节点为 FFD 控制点，通过改变它们的 Z 坐标的位移达到控制机翼表面变形的目的。图中共计 54 个控制点，对应 54 个机翼型面设计变量。绿色线段为当地厚度，从翼根至翼稍共设置了 3 个截面。对于弦向 25%～75%范围（即前后梁之间），厚度不小于初始厚度；对于从前缘至 25%弦长的范围则适当放宽，只需要大于初始的 10%即可。

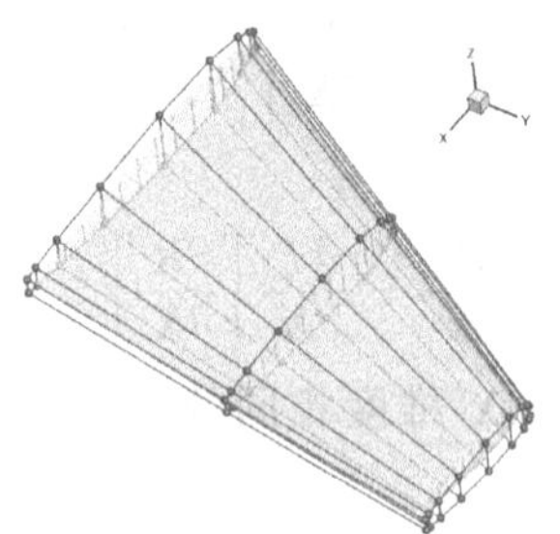

图 2 FFD 控制框和厚度约束

优化问题采用式(14)进行描述，气动隐身目标通过线性加权方式组成单一目标函数，约束条件包括升力系数约束、俯仰力矩系数约束和厚度约束，设计变量包括 54 个型面控制设计变量和 3 个扭转角变量，同时优化过程中调整攻角以满足升力系数约束。

$$
\begin{cases}
\min \quad f=0.4\dfrac{C_D}{C_D^{(0)}}+0.2\sum_{i=1}^{3}\dfrac{\bar{\sigma}_i}{\bar{\sigma}_i^{(0)}} \\
\text{s. t.} \quad C_L=0.2 \\
\qquad C_m=0.0 \\
\qquad t_n \geqslant t_n^{(\text{low})}, n=1,2,\cdots,42 \\
\qquad \forall x \in [\alpha, x_1, x_2, \cdots, x_{57}]
\end{cases}
\tag{14}
$$

式中，t 为厚度，上标(low)表示厚度下限，$\bar{\sigma}_i$ 表示 RCS 均值，上标(0)表示初始构型的气动隐身性能参数，目标函数中的阻力系数和 RCS 均值采用初始构型的值进行无量纲化。阻力系数权重为 0.4，三个 RCS 均值权重均为 0.2。

优化在 64 核主频为 2.6 GHz 的 CPU 上运行，迭代历史如图 3 所示，优化结果列于表 1 中。整个优化过程主迭代不到 40 步，子迭代 160 步，用时不超过 6 天，即可获得局部最优外形，说明该优化设计系统具有较高的设计效率。阻力系数、3 GHz 和 10 GHz 下的 RCS 均值均有明显下降。其中阻力降低 82 counts (1 count=0.000 1)，几乎全都来自压差阻力的降低。升阻比提高 5.1，并且实现力矩自配平。雷达波频率越高，RCS 均值降低越明显，10 GHz 下 RCS 均值降低了 10.8 dBsm，而 500 MHz 只下降 0.7 dBsm。说明外形隐身在高频下效果较好，在低频下效果不明显。另外应注意到，阻力系数迭代历史曲线并不是单调下降，优化开始时由于约束条件不满足，阻力波动较大。在优化后期，阻力系数虽然略有增加，但是总的目标函数值在下降，隐身性能提高但是损失了一部分气动性能。优化外形和初始外形的压力分布对比如图 4 和图 5 所示，优化构型消除了上表面机翼的激波，减小了激波阻力。注意到优化外形前缘上表面出现较大压力峰值，这是因为前缘半径过小，速度变化剧烈。优化外形的剖面翼型前缘出现明显的“鹰嘴”，同时前加载明显。这种翼型前缘不仅可以降低前向 RCS，还可以提高抬头力矩。

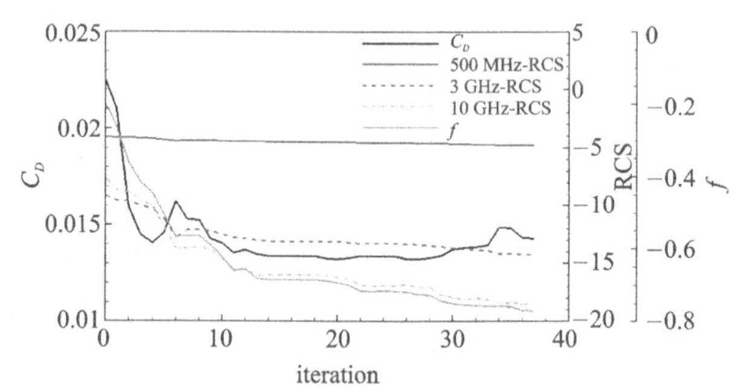

图 3 优化迭代历史

图 6 中展示了优化外形和初始外形的 RCS 对比。图中选取了 $\theta=90°$ 的结果，即雷达波沿着水平面入射时的 RCS 分布。从结果中看出，对于 3 GHz 和 10 GHz，RCS 在方位角为 30°时出现峰值，该角度的入射波正好垂直于机翼前缘。在中高频，优化构型的 RCS 几乎在所有角度上都有降低。而在低频 500 MHz，

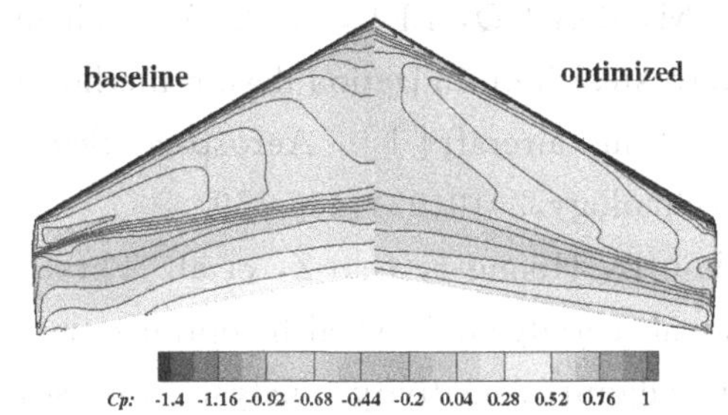

图 4　表面压力分布对比

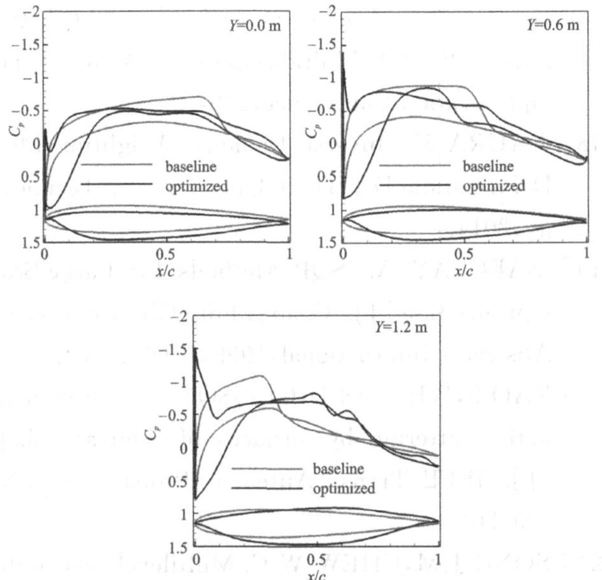

图 5　截面压力分布和翼型对比

没有出现明显的峰值，RCS 随着方位角的变化波动较小，在较大角域范围内保持较大的值。优化构型的 RCS 只在一部分方位角下略有降低，而在某些方位角下略有升高。这说明通过外形优化，可以较大程度提高高频下的隐身性能，而在低频区，隐身性能改善效果不明显。表 1 所列为优化结果对比。

表 1　优化结果对比

	C_D	C_m	C_L/C_D	RCS 均值/dBsm		
				500 MHz	3 GHz	10 GHz
初始	0.022 5	−0.002	8.9	−4.1	−9.1	−7.7
优化	0.014 3	−0.000	14.0	−4.8	−14.2	−18.5
差值	−0.008 2	+0.002	5.1	−0.7	−5.1	−10.8

5　结　论

(1) 本文建立的外形优化设计系统具有较高的设计效率，只需要较少迭代步即可获得气动隐身性能均有提高的外形。

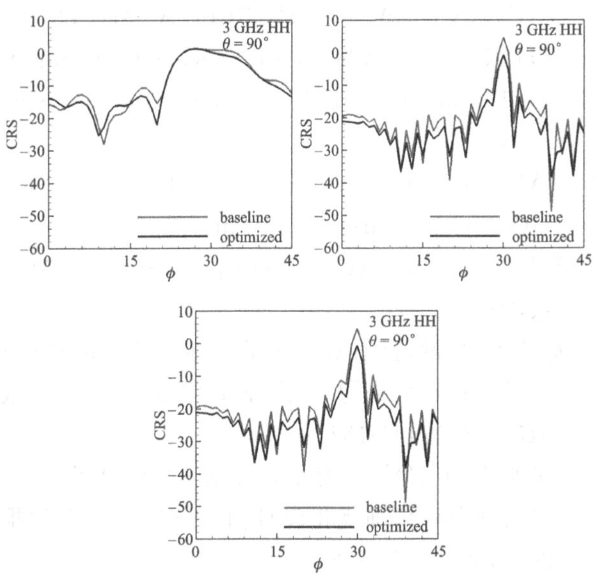

图 6　RCS 对比

(2) 通过气动隐身多频段优化，可以在提高气动性能的同时，改善多个频段下的雷达隐身性能。

(3) 通过外形优化设计，能够较大地提高目标高频隐身性能，而低频下的隐身性能对外形的变化不敏感。

参考文献

[1] 桑建华. 飞行器隐身技术[M]. 北京：航空工业出版社，2013:48-52.

[2] 何开锋，钱炜祺，陈坚强，等. 基于流体力学和电磁学方程数值求解的飞行器气动隐身一体化设计[J]. 空气动力学学报，2009，27(2):180-185.

[3] 陈曦，白俊强，李权. 某飞翼布局隐身飞行器的翼型优化[J]. 航空计算技术，2013，43(6):46-49.

[4] 王荣，闫溟，白鹏，等. 飞翼无人机平面外形气动隐身优化设计[J]. 航空学报，2017，38(S1)，78-85.

[5] LEE D S，GONZALEZ L F，SRINIVAS K，et al. Multi-Objective/Multidisciplinary Design Optimisation of Blended Wing Body UAV via Advanced Evolutionary Algorithms[C]. 45th AIAA Aerospace Sciences Meeting and Exhibit，2007.

[6] LYU Z，XU Z，MARTINS J. Benchmarking Optimization Algorithms for Wing Aerodynamic Design Optimization[C]. 8th International Conference on Computational Fluid Dynamics (ICCFD8)，2014.

[7] GAETAN K. W. K,CHARLES A. M,PING H, et al. Effective Adjoint Approaches for Computational Fluid Dynamics[J]. Progress in Aerospace Sciences,2019.

[8] PALACIOS F,ECONOMON T D,WENDORFF A D, et al., Large-Scale Aircraft Design using SU2[C]. 53rd AIAA Aerospace Sciences Meeting,2015.

[9] 徐兆可,夏健,高宜胜. 基于三维非结构网格的连续伴随优化方法[J]. 南京航空航天大学学报, 2015,47(1):145-152.

[10] 吴文华,范召林,陈德华,等. 基于伴随算子的大飞机气动布局精细优化设计[J]. 空气动力学学报, 2012,30(6):719-724.

[11] 李立,白俊强,郭同彪,等. 考虑放宽静稳定度的民用客机气动优化设计[J]. 航空学报,2017,38(9): 208-221.

[12] 黄江涛,刘刚,周铸,等. 基于离散伴随方程求解梯度信息的若干问题研究[J]. 空气动力学学报, 2017,35(4):554-562.

[13] WANG L, ANDERSON W K. Adjoint-Based Shape Optimization for Electromagnetic Problems Using Discontinuous Galerkin Methods[J]. AIAA Journal,2011, 49(6):1302-1304.

[14] VINH H, DAN C V, DWYER H. Shape Optimization for Aerodynamic Efficiency and Low Observability [J]. AIAA Journal,2013.

[15] LI M, BAI J Q, LI L, et al. A Gradient-based Aero-stealth optimization design method for flying wing aircraft [J]. Aerospace Science and Technology,2019(92):156-169.

[16] Zhou L, Huang J, Gao Z, et al. Three dimensional aerodynamic/stealth optimization based on adjoint sensitivity analysis for scattering problem[J]. AIAA Journal,2020(3):1-14.

[17] SAMAREH J A. Aerodynamic Shape Optimization based on Free-Form Deformation[C]. 10th AIAA/ISSMO Multidisciplinary Analysis and Optimization Conference,2004.

[18] LAURA U. Inverse Distance Weighting Mesh Deformation[D]. Delft University of Technology,2014.

[19] BARCLAY A. SQP Methods for Large-Scale Optimization [J]. Chair:Philip Gill,Dissertation Abstracts International,1999,60(6):2730.

[20] RAO S,WILTON D,GLISSON A. Electromagnetic scattering by surfaces of arbitrary shape [J]. IEEE Trans. Antennas Propag,1982,30: 409-418.

[21] SONG J M,CHEW W C. Multilevel fast-multipole algorithm for solving combined field integral equations of electromagnetic scattering[J]. Microw. Opt. Technol. Lett.,1995,8(1):14-19.

新构型垂直起降无人机抗风技术研究

杨兆*，叱干小玄，周海军

中国航空工业集团公司西安飞行自动控制研究所，西安 710065

摘要：本文以尾坐式垂直起降无人机为研究平台，针对实际飞行试验中出现的问题及技术瓶颈，提出解决方案，同时以该平台为基础，开展相关技术的试飞验证工作。首先针对在大风条件下现有的无人机构型抗风能力不足，且着陆姿态过大，影响飞行安全的现象，在飞机设计时引入了一对倾转旋翼，通过自适应配平算法，扩展纵向速度包线，改善无人机的姿态控制，提高飞行安全。其次建立旋翼模态下的六自由度方程，用于实现大风条件下的稳定起降控制。然后以此模型为基础，开展旋翼飞行阶段的控制技术研究，针对传统的PID控制算法的不足之处，引入包括自抗扰控制算法，改善PID控制算法鲁棒性不足的缺点，提升无人机旋翼状态下的抗干扰能力，实现在紊流条件下安全可靠的起飞和着陆，并完成仿真验证。

关键词：尾坐式垂直起降无人机；抗风；倾转旋翼；控制算法鲁棒性

Research on Wind Resistance of New VTOL UAV

YANG Zhao*，CHIGAN Xiaoxuan，ZHOU Haijun

AVIC Xi'an Flight Automatic Control Research Institute，Xi'an 710065，China

Abstract：This paper takes a tail-sitter UAV as the research platform，proposes solutions to the problems and technical bottlenecks in flight tests，and carries out test flight verification of relevant technologies based on this platform. Firstly，a pair of tilting rotors is introduced in the design of the aircraft to solve the problem that the existing UAV configuration has insufficient wind resistance ability and landing attitude is too large，which affects flight safety. Through the adaptive balancing algorithm，the longitudinal velocity envelope is expanded to improve the UAV attitude control and flight safety. Secondly，the six degrees of freedom equation of rotor mode is established to realize stable take-off and landing control under strong wind conditions. Then based on this model，to carry out the rotor phases of flight control technology research，aiming at the deficiency of the traditional PID control algorithm，introduced including the immunity control algorithm，the improved PID control algorithm robustness is insufficient shortcomings，improve the anti interference ability of the UAV rotor condition，realize safe and reliable under turbulent flow conditions of take-off and landing，and complete the simulation.

Keywords：tail-sitter UAV；wind resistance；tilting rotors；control algorithm robustness

传统的固定翼飞机具有航时长、速度快等优点，但是缺点是起降方式不够灵活，需要跑道或者弹射与拦阻设备；传统的直升机具有可垂直起降、可悬停飞行等优点，但是缺点是飞行速度较慢，航时较短。近年来，随着飞行器设计技术和飞行器控制技术的不断进步，能够同时具备固定翼飞机和直升机各自优点的新构型飞行器不断涌现。这些新构型飞行器具备垂直起降能力，起降阶段不需要跑道或者其他辅助设备，大大提升了起降的灵活性；另一方面，这些新构型飞行器还能以固定翼飞机的方式高速巡航，且巡航油耗低、航时长。新构型飞行器的这些优点使得它们在越来越多的军事应用领域中获得了用户的青睐。对于新构型的垂直起降飞行器，在悬停小速度下的飞行控制和飞行安全一直以来都是非常重要的关注点，直接影响到了飞行安

* 通讯作者. E-mail：keylab@facri.com

全和任务的可实现性，悬停小速度下的抗干扰能力是检验新构型飞行器是否能够满足实际需要的重要指标。众所周知，飞行器在空中飞行过程中最常见的干扰就是风的影响，风的影响主要体现在对飞行器姿态控制、位置控制、航迹规划等多方面的影响。在航空上风一般可以分为：定常风、阵风、紊流等。对垂直起降类飞行器在悬停小速度段抗干扰性控制的研究有很大的实际作用：(1) 对抗风性的研究可以提高飞行器导航轨迹的精确性。(2)飞行器抗风性的研究可以提高飞行器的抗风性能，从而使垂直起降类飞行器能够更好地适应作业环境。(3)飞行器抗风性的研究，提升飞行器的稳定性，降低了飞行器损坏的概率。

1 平台概述

新构型尾座式垂直起降固定翼无人机是一款油电混合动力无人机，具备垂直起降和高速平飞的能力，兼具旋翼类无人机和固定翼无人机的优点，具备较长时间的滞空能力，如图 1 所示。尾座式垂直起降固定翼无人机采用大展弦比后掠中单翼身融合布局，机翼分为内外两段，后缘布置升降副翼，以实现俯仰和滚转控制；机身尾段加装上下垂尾，垂尾后缘布置方向舵，以实现偏航控制；动力系统分为电驱动四轴对称与尾推两部分，尾推部分动力采用活塞发动机，电驱动四轴对称动力采用电机驱动，同时在外侧电动动力处增加倾转机构，如图 2 所示，以增强旋翼模态下的抗风能力。

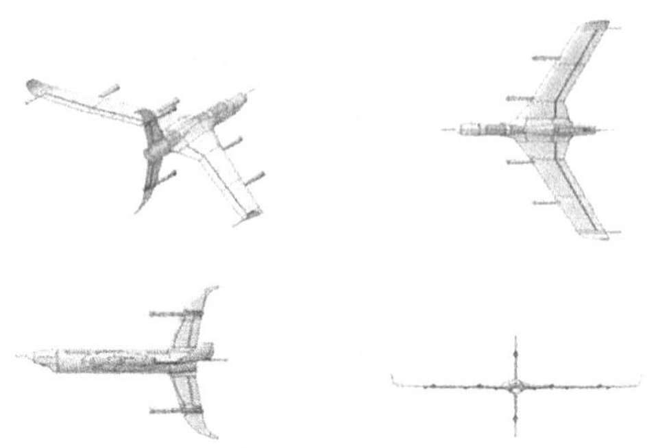

图 1　尾座式垂直起降固定翼无人机三视图

图 2　倾转机构示意

2 数学仿真模型搭建

2.1 无人机气动建模

为了利用建立的模型更好地为多旋翼飞行器设计控制器，使复杂的数学模型简单化，本文做了如下的假设：

(1) 在飞行器动力学模型建立的过程中，将地面看作是平面，对大地的曲率和旋转不予以考虑；

(2) 把地面坐标系作为惯性坐标系；

(3) 假设重力加速度是固定不变的；

(4) 认为飞行器是刚体结构，在飞行过程中质量是不变且均匀分布的，飞行过程中旋翼发生的振动和形变被忽略，即飞行器的质心是固定不变的。

由牛顿第二定律和合外力矩定理得，在地面坐标系下四旋翼飞行器的平移运动和旋转运动方程分别为：

$$\left.\begin{aligned}\sum\vec{F}&=\vec{F}_{\Omega}+\vec{F}_{T}+\vec{F}_{Q}-\vec{F}_{G}=m\frac{\mathrm{d}\vec{V}}{\mathrm{d}t}\\\sum\vec{M}&=\frac{\mathrm{d}\vec{L}}{\mathrm{d}t}\end{aligned}\right\}\tag{1}$$

飞行器受到的力包括四个固定旋翼产生的升力，两个可倾转旋翼产生的升力，尾推发动机产生的升力以及重力的作用。在地面坐标系下，机体自身的重力可用下面的形式表示，g 为重力加速度。

设发动机推力为 T，则发动机作用在无人机上的力可表示为：

$$\vec{F}_{G}=\begin{bmatrix}0\\0\\mg\end{bmatrix}\tag{2}$$

记每个固定旋翼产生的升力为 $f_i(i=1,2,3,4)$，四个旋翼产生的总升力为 U_1，所以得：

$$U_1=\sum_{i=1}^{4}f_i=f_1+f_2+f_3+f_4\tag{3}$$

同理，记每个可倾转旋翼产生的升力为 f_5 和 f_6 两个旋翼产生的总升力为 U_2，所以得：

$$U_2=f_5+f_6\tag{4}$$

设定两个旋翼相对于飞机轴向的偏转角为 γ，且两个旋翼的偏转角始终保持一致，则两个旋翼产生的总的升力又可以表示为：

$$\vec{F}_Q=\begin{bmatrix}U_2\sin\gamma\\0\\U_2\cos\gamma\end{bmatrix}$$
$$\sum\vec{F}=\begin{bmatrix}U_2\sin\gamma\\0\\T+U_1+U_2\cos\gamma\end{bmatrix} \tag{5}$$

由飞行器的飞行原理和力矩定理知识可以得到机体轴三个方向的力矩为：

$$\left.\begin{aligned}M_x&=l_1\cdot(f_4-f_2)+l_2(f_6-f_5)\cos\gamma+\\&\quad K_d(f_6-f_5)\sin\gamma\\M_y&=l_1\cdot(f_3-f_1)\\M_z&=K_d\cdot(f_1-f_2+f_3-f_4+f_5-f_6)+\\&\quad K_{d1}(f_6-f_5)\sin\gamma+K_{d2}\cdot T\end{aligned}\right\} \tag{6}$$

式中，l_1 为机翼上固定旋翼中心到飞行器质心的距离，l_2 为机翼上可倾转旋翼中心到飞行器质心的距离，K_{d1} 为飞行器旋翼的反扭矩系数，K_{d2} 为发动机的反扭矩系数。

2.2 风场建模

1. 风场中的无人机受力分析

飞行器在实际飞行过程中，经常会受到紊流风场作用的影响。风场的扰动作用会在飞行器上施加额外的风场力 F_w 的作用(以下简称为风力)。这里只考虑旋翼上收到的风力作用。

在图 3 中，V_w 表示风速，V_d 表示旋翼的诱导速度，V 表示合速度，表达式为：

$$V=V_d+V_w \tag{7}$$

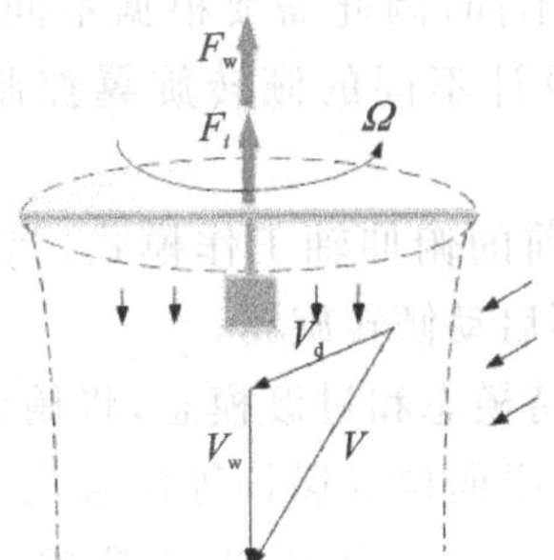

图 3　风场作用下的旋翼空气动力分析

旋翼诱导速度 V_d 可以表示为：

$$\|V_d\|=\sqrt{\frac{F_i}{2\rho A}} \tag{8}$$

式中，ρ 表示环境的空气密度，A 表示桨叶扫过的面积，F_i 表示旋翼所受拉力。四旋翼飞行器在风场飞行过程中，旋翼所受空气动力的合力 F_R 等于风力 F_w 与拉力 F_i 的矢量和，表达式为：

$$F_R=F_i+F_w=2\rho AV_dV \tag{9}$$

当风力作用时，在旋翼上产生的空气扭矩 Q_R 的表达式为：

$$Q_R=Q_T+Q_w=k_dV^2 \tag{10}$$

式中，k_d 是与旋翼形状和尺寸以及所处环境的空气密度有关的系数。

2. 紊流风场模型

首先进行模型的数值仿真，通过计算机产生 Gauss 分布的随机信号，按已知频谱设计滤波器，利用成形滤波器将白色噪声信号转化为大气紊流信号，完成对紊流风场模型的仿真模拟。

工作原理如图 4 所示，其中 $G(s)$ 表示成形滤波器传递函数，$u(r)$、$v(r)$、$w(r)$ 表示紊流信号的在三个方向上的速度分量。

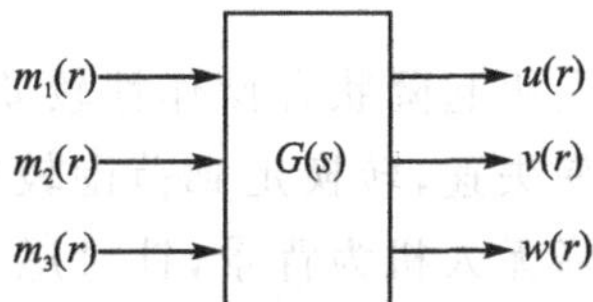

图 4　紊流模型

根据 Dryden 模型，紊流速度的空间频谱表达式为：

$$\left.\begin{aligned}\Phi_u(\Omega)&=\sigma_u^2\frac{L_u}{\pi}\frac{1}{1+(L_u\Omega)^2}\\\Phi_v(\Omega)&=\sigma_v^2\frac{L_v}{\pi}\frac{1+12(L_v\Omega)^2}{(1+4(L_u\Omega)^2)^2}\\\Phi_w(\Omega)&=\sigma_w^2\frac{L_w}{\pi}\frac{1+12(L_w\Omega)^2}{(1+4(L_w\Omega)^2)^2}\\\Phi_{V_x}(\Omega)&=\frac{\Omega^2}{1+\left(\frac{3b}{\pi}\Omega\right)^2}\Phi_v(\Omega)\\\Phi_{W_x}(\Omega)&=\frac{\Omega^2}{1+\left(\frac{4b}{\pi}\Omega\right)^2}\Phi_w(\Omega)\\\Phi_{W_y}(\Omega)&=\sigma_w^2\frac{0.2\left(\frac{\pi L_w}{2b}\right)^{1/3}}{L_w}\frac{1}{1+\left(\frac{4b}{\pi}\Omega\right)^2}\end{aligned}\right\} \tag{11}$$

利用紊流生成器进行紊流风场在 10 m 的高度上，

风速为 10 m/s 的状态下生成的紊流风场如图 5 所示。

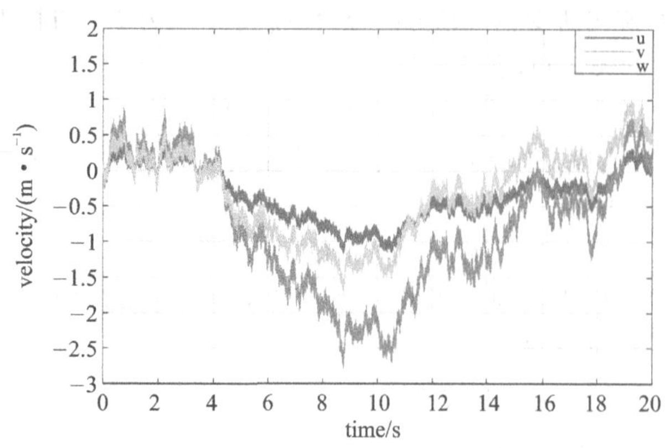

图 5　数值法生成的紊流风场

3　控制算法设计

3.1　基于自动配平跟随的倾转旋翼控制方法

尾坐式无人机起降状态操作性较差，在模态转换过程中机翼容易失速，转换走廊范围较窄。本课题以尾坐式垂直起降无人机为背景，针对尾坐式无人机旋翼段的上述缺点，通过引入一对倾转旋翼的动力系统，为旋翼段的控制提供额外的配平升力和纵向配平力。

为了简化控制，预先作如下限制：

(1) 两个可倾转旋翼的旋翼转向相反，相互抵消反扭矩；

(2) 两个旋翼仅作同向控制，不做差动控制。

以上限制相当于利用倾转旋翼仅对俯仰轴和高度轴进行补偿控制，不对滚转轴和航向轴补偿。

基本的控制策略如下：

(1) 倾转旋翼初始方向定义为竖直向上，与固定旋翼方向保持一致；

(2) 设定倾转旋翼启动门限，当俯仰轴的剩余权限已经不够时，便会启动倾转旋翼进行工作，对俯仰轴进行动态自适应配平补偿，工作原理如图 6 所示。

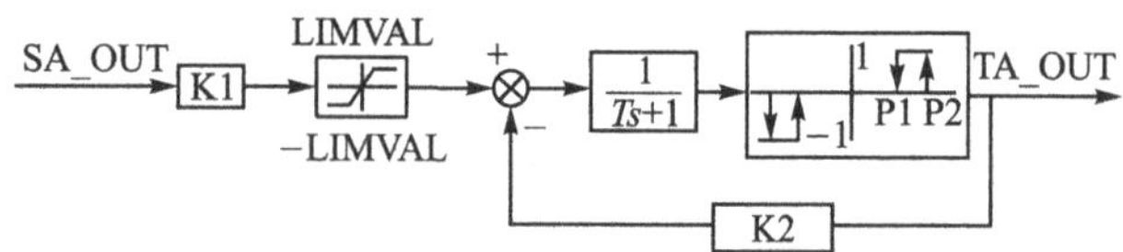

图 6　倾转旋翼控制原理框图

(3) 高度轴引入倾转旋翼补偿项，用于补偿倾转旋翼工作时带来的高度轴胜利变化，具体的补偿指令为：

$$T_Q = K_Q(T_5 + T_6)\cos\gamma \tag{12}$$

其中，T_5，T_6 分别为左右两个倾转旋翼产生的升力，K_Q 为补偿增益，γ 为旋翼偏转角度。

在倾转旋翼驱动指令的生成中，提出了一种基于可变脉冲调宽的自适应控制方法，在驱动倾转旋翼工作时，考虑了当前的工作模式及任务需求，根据不同的任务需求，驱动倾转旋翼以不同的速率及周期运动，简化了控制方式，同时在控制律设计的过程中，充分考虑了各个不同工作模态的具体特性。具体的实现步骤如下：

步骤一：可变脉冲调宽功能模块的设计：

(1) 定义输入量和输出量：该功能模块包含 3 个输入量，分别为：倾转旋翼启动指令、工作周期、输出占比，包含一个输出量：倾转旋翼驱动指令，输出 1 表示倾转旋翼正向运动，−1 表示倾转旋翼反向运动，0 表示倾转旋翼停止运动。

(2) 功能实现：该模块具体的实现步骤如下：

- 读取倾转旋翼的启动标志；
- 判断启动标志是否为 0，决定是否需要启动倾转旋翼；
- 若需要启动倾转旋翼，读取工作周期输入字；
- 当倾转旋翼启动标志位于 0 时，计数器为 0，否则对计数器进行周期性的累加；
- 当计数器大于工作周期输入字时，计数器为 0；
- 当计数器小于工作周期输入字时，计数器为 1 或−1。

步骤二：根据不同的任务需求，设计不同的倾转旋翼控制目标。

无人机在不同的工作模式对于控制的动态及稳态性能的要求均不同，因此需要根据不同的工作模态以及飞行状态，设计不同的倾转旋翼控制方式，具体步骤为：

- 判断目前的俯仰轴工作模式，当无机动模态投入时，不启动倾转旋翼；
- 定义保持模态和过渡模态，将俯仰保持、纵向速度保持、纵向位置保持等模态定义为保持模态，将加速，减速，自动复飞等模态定义为过渡模态；
- 判断是过渡模态还是保持模态，当投入模态为保持模态时，根据最小控制量计算结果判断是否需要启动倾转旋翼；
- 当投入模态为过渡模态时，根据最大控制量计算结果判断是否需要关闭倾转旋翼。

3.2 基于ADRC的控制设计

自抗扰控制器(ADRC)由扩张状态观测器ESO、跟踪微分器TD、非线性误差反馈控制律(NLSEF)三部分组成。其中跟踪微分器用来实现对系统输入信号的快速无超调跟踪,并给出其“广义”微分信号;扩张状态观测器用于对系统的状态和“总扰动”分别进行估计,并进行实时动态反馈补偿;非线性状态误差反馈控制律用于抑制补偿残差,提高控制性能。由于尾坐式无人机在飞行过程中存在水平飞行和垂直飞行两个阶段,会产生姿态奇异的问题,因此本文将采用基于四元数的自抗扰控制方法(见图7),通过两级跟踪微分器从期望四元数中逐步得到三通道解耦的角加速度信号,然后利用扩张状态观测器观测模型中的不确定项,最终采用动态逆得到解耦的三通道电机力和力矩等控制信号。

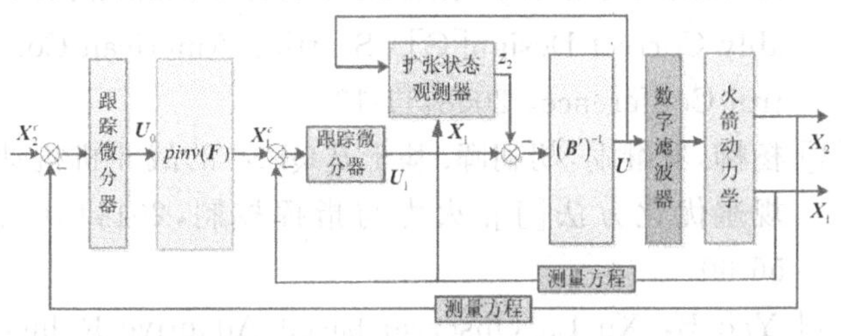

图7 基于四元数的自抗扰控制方法

1. 内回路控制结构

飞机转动动力学方程可改写为如下形式(在此仅考虑控制舵面无冗余配置的情况):

$$\begin{bmatrix}\dot{p}\\ \dot{q}\\ \dot{r}\end{bmatrix}=\begin{bmatrix}f_p(x_f)\\ f_q(x_f)\\ f_r(x_f)\end{bmatrix}+G_f(x_f)\delta \tag{13}$$

式中,x_f 由飞机运动状态变量中与快状态变化相关的分量构成,即 $x_f=[p\quad q\quad r\quad \alpha\quad \beta\quad \mu\quad V\quad \gamma]^{\mathrm{T}}$。控制向量 δ,分别代表四个固定电机的电机转速以及两个倾转旋翼的转速和偏转方向。

$G_f(x_f)$ 称为控制分布矩阵,代表操纵力矩,将电机控制转速和角加速度之间的关系连接起来,是一个3×3的非线性函数矩阵。表达式为:

$$G_f(x_f)=\begin{bmatrix}g_{p\delta_a}(x_f) & 0 & g_{p\delta_r}(x_f)\\ 0 & g_{q\delta_e}(x_f) & 0\\ g_{r\delta_a}(x_f) & 0 & g_{r\delta_r}(x_f)\end{bmatrix} \tag{14}$$

此可设计3个独立的一阶ADRC,表达式如下:

$$\begin{cases}fh_i=fhan(v_{1i}(k)-v_{ic}(k),v_{2i}(k),r_i,h_i)\\ v_{1i}(k+1)=v_{1i}(k)+t_s\cdot v_{2i}(k)\\ v_{2i}(k+1)=v_{2i}(k)+t_s\cdot fh_i\\ e_i(k)=z_{1i}(k)-y_i(k)\\ z_{1i}(k+1)=z_{1i}(k)+t_s[z_{2i}(k)-\\ \qquad\beta_{01i}fal(e_i(k),0.5,\delta_i)+b_{0i}u_{ic}(k)]\\ z_{2i}(k+1)=z_{2i}(k)-t_s\beta_{02i}fal(e_i(k),0.25,\delta_i)\\ e_{1i}(k)=v_{1i}(k)-z_{1i}(k)\\ u_{0i}=\beta_{1i}fal(e_{1i}(k),a_{1i},\delta_{1i})\\ u_{ic}=u_{0i}-z_{2i}/b_{0i}\end{cases} \tag{15}$$

式(15)中:

$$v_{pc}=p_c$$
$$v_{qc}=q_c$$
$$v_{rc}=r_c$$
$$y_p=p$$
$$y_q=q$$
$$y_r=r$$

2. 外回路控制结构

在设计外回路控制律时,忽略内回路状态的动态过程,且 $G_s(x_s)$ 的逆阵总存在,因此可设计3个PID控制器。飞行控制结构如图8所示。

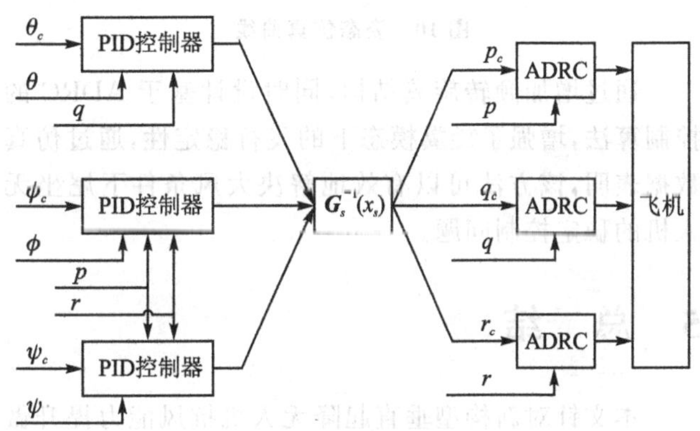

图8 控制律框图

4 仿真验证

对无人机在加入风场干扰,通过CFD计算,风场下无人机的受力情况如图9所示。

从图中分析在风干扰的环境下,偏航力矩受干扰较大,在迎风和侧风时最小,因此在控制设计中,需要

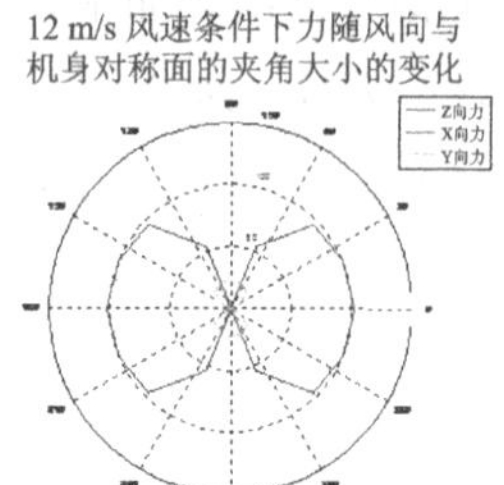

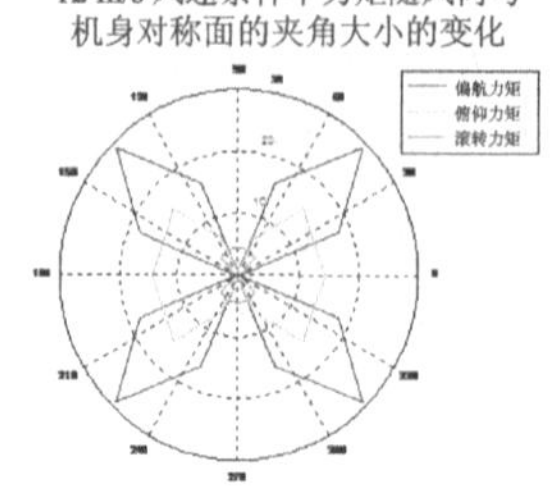

图 9　不同角度的受力情况

尽量规避由风干扰引起的偏航力矩，需要保证无人机在旋翼模态下，正面迎风或侧面迎风。

通过本文设计的控制方法进行仿真验证，仿真结果如图 10 所示。

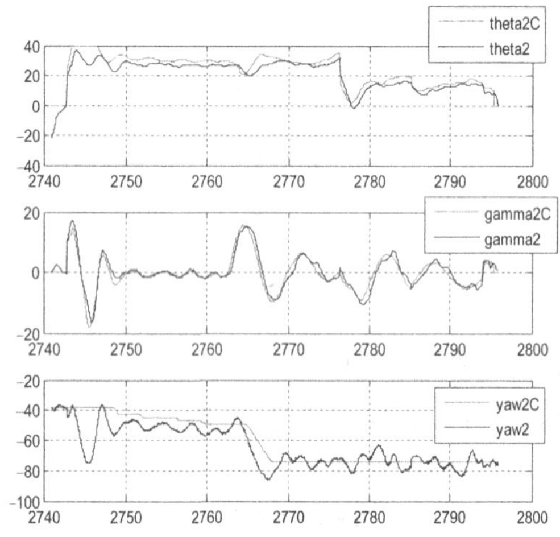

图 10　姿态仿真曲线

通过增加倾转旋翼结构，同时设计基于 ADRC 的控制算法，增强了旋翼模态下的飞行稳定性，通过仿真数据表明，该方法可以有效地解决大风条件下尾坐无人机的稳定控制问题。

5　总　结

本文针对新构型垂直起降无人机抗风能力提升做出研究，基于尾坐式垂直起降无人机提出增加倾转动力结构的方式以增强其抗风能力。

对增加倾转旋翼动力的尾坐无人机建立数学模型，同时对紊流风场进行建模。

在抗风方法研究上基于自动配平跟随的倾转旋翼控制方法，根据无人机所在的模态类型和控制余量决定是否调用倾转旋翼，同时采用 ADRC 四元数控制算法进行控制律设计，提高控制鲁棒性。

最后通过数学仿真进行验证，结果表明该方法对提高新构型垂直起降无人机具有较好的效果。

参考文献

[1] Wise K A, Lavretsky E, Zimmerman J. Adaptive Flight Control of a Sensor Guided Munition[C]//Proceeding AIAA Guidance, Navigation and Control Conference. San Francisco, CA, 2005: 21-24.

[2] Wise K A, Lavretsky E, Hovakimyan N. Adaptive Control in Flight: Theroy, Application and Open Problems[C]//Processding American Control Conference. Minnesota, United States, 2006:14-16.

[3] Dydek Z T, Annaswamy A M, Eugene Lavretsky. Adaptive Control and the NASA X-15 Program: A Concise History, Lessons Learned, and a Provably Correct Design[C]. Seattle: American Control Conference, 2008:11-13.

[4] 杨柳，罗继勋，胡朝晖. 基于 θ-QPSO 的战斗机机动规避优化方法[J]. 火力与指挥控制，2014(10): 56-60

[5] Yao B, Xu L. Observer-based Adaptive Robust Control of a Class of Nonlinear Systems with Dynamic Uncertainties[J]. International Journal of Robust and Nonlinear Control, 2001, 11(4): 335-356.

[6] Carrillo F J, Rotella F. A robust Adaptive Controller for Constant Turning Force Regulation [J]. Control Engineering Practice, 1997, 5(12): 1673-1682.

[7] Marino R, Tornei P. Robust Adaptive State-feedback Tracking for Nonlinear Systems[J]. IEEE Transactions on Automatic Control, 1998, 43(1):84-89.

[8] De M M, Lozano R. Robust Adaptive Identification of Slowly Time-varying Parameters with Bounded Disturbances[J]. Automatica, 1999, 35(7):1291-1305.

[9] 薛宏涛，沈林成. 作战飞机武器投放战术机动飞性能分析与计算[J]. 指挥控制与仿真，2010,(5): 34-41.

[10] 方振平. 飞机飞行动力学[M]. 北京：北京航空航天大学出版社，2005:53-69.

[11] Wen C Y. Robust Adaptive Controller with Minimal Modifications for Discrete Time-varying Systems[J]. IEEE Transactions on Automatic Control, 1994, 39(5):987-991.

[12] Hecker O, Knapp T, Isermann R. Robust Adaptive Control of a Time Varying Process Using Parallel Recursive Estimators[J]. Automatica, 1994,30(4):599-604.

[13] 孙勇,章卫国,章萌. 基于反步法的自适应滑模大机动飞行控制[J]. 控制与决策, 2011.

[14] Feng G. Robust Approach to Adaptive Control Algorithms[J]. IEEE Transactions on Automatic Control, 1994, 39(8):1738-1742.

[15] Feng G. New Robust Model Reference Adaptive Control Algorithm. IEE Proceedings: Control.

[16] 董文瀚,孙秀霞,林岩. 超机动飞行的非线性反推自适应控制[J]. 飞行力学,2007, 2(25):39-42.

[17] 朱荣刚,姜长生,邹庆元. 新一代歼击机超机动飞行的动态逆控制[J]. 航空学报,2003, 24(3):242-245.

[18] 刘淑祥,郭锁凤,徐肖豪. 基于动态逆的神经网络超机动飞行控制[J]. 航空学报,1997,18(1):26-30.

[19] Beal T R. Digital simulation of atmospheric turbulence for Dryden and von Karman models[J]. Journal of Guidance, Control and Dynamics, 1993,16(1):132-138.

[20] 王冠林,武哲. 垂直起降无人机总体方案分析及控制策略综合研究[J]. 飞机设计,2006(1).

[21] 段洪伟,赵长辉,王琦. 新型垂直起降无人机的发展[C]//第五届中国无人机大会论文集,2014.

[22] Hugh R Stone. Control architecture for a tail-sitter unmanned air vehicle[C]. Melbourne, Australia: 5th Asian Control Conference, 2004.

[23] 吴希明,仲唯贵,陈平剑. 倾转旋翼机气动设计技术[J]. 航空科学技术,2012(4).

[24] 刘敏,吉月辉,李俊芳,等. 四旋翼飞行器自抗扰姿态控制[J]. 计算机仿真,2016,33(3):42-47.

[25] Ehasana, Mohammada. Attitude Control Using an Extended Classifier System Algorithm for Offline Auto-Tuning of a PID Controller[C]. IEEERSI/ISM International Conference on Robotics and Mechatronics,2014:930-935.

[26] D Lee, et al. Robust tracking control of an underactuated quadrotor aerial-robot based on a parametric uncertain model[C]. 2009 IEEE International Conference on Systems, Man Cybernetices,2009: 3187-3192.

[27] Xing X J, Jia Q L, Qu Y H. Robust Controller Design for a Certain Helicopter's Lateral Motion Using Genetic Algorithm[C]//Proceeding of the IEEE International Conference on Automation and Logistics, ICAL 2008,2008:719-724.

[28] 郑金华. 多目标进化算法及其应用[M]. 北京:科学出版社,2007.

波音 787 飞机液压系统建模仿真分析

刘希军，陈韬，刘小涵，高丽霞

中国民用航空飞行学院航空工程学院，广汉 618307

摘要：建立基于 LabVIEW 的 B787 液压系统仿真模型，并对液压系统进行仿真和分析。采用 LabVIEW 软件建立仿真模型，对左右液压系统和中央液压系统的泵体转速、压力及泵体温度、液压油箱温度进行模型仿真，以及对勤务加油系统进行仿真。在 LabVIEW 的前面板上进行液压系统仿真测试，通过前面板演示液压系统的工作流程，以及应对当泵体温度过高、泵体压力过大、油箱温度过高时的泵体转换。通过液压系统模型仿真设计分析，掌握液压系统工作原理及流程，以便更好地设计飞机液压系统的功能。

关键词：LabVIEW；B787；液压系统；仿真模型

Modeling and Simulation Analysis of Boeing 787 Aircraft Hydraulic System

LIU Xijun, CHEN Tao, LIU Xiaohan, GAO Lixia

Civil Aviation Flight University of China, Guanghan 618307, China

Abstract: The B787 hydraulic system simulation model based on LabVIEW is established, and the hydraulic system is simulated and analyzed. Use LabVIEW software to establish a simulation model to simulate the left and right hydraulic system, the pump body speed, pressure and temperature of the pump body, and the temperature of the hydraulic oil tank of the central hydraulic system, as well as to simulate the duty refueling system. The hydraulic system simulation test is performed on the front panel of LabVIEW, and the working process of the hydraulic system is demonstrated through the front panel, as well as the conversion of the pump body when the temperature of the pump body is too high, the pressure of the pump body is too high, and the temperature of the fuel tank is too high. Through the simulation design and analysis of the hydraulic system model, master the working principle and process of the hydraulic system in order to better design the function of the aircraft hydraulic system.

Keywords: LabVIEW; B787; hydraulic system; simulation model

1 引 言

飞机液压系统是飞机的重要系统模块，民用飞机均配备有液压系统完成对飞机不同装置的控制，如飞机的起落架、机翼上的增升装置、反推装置，等等。利用液压系统控制不同舵面的运转，完成作动筒的作动，实现机械操作。

液压系统涵盖了飞机大部分的机体，如起落架、液压舱、电子舱、勤务舱、货舱、机翼、尾翼等各个区域。液压系统本身占用的空间小；工作可靠性强，重要的部件均可由性能可靠的液压系统控制。液压系统耗能低、稳定性好、经济性强，在特殊情况下可用作应急能源给飞机供够电能。

2 B787 液压系统结构

目前，大型民航飞机液压系统向着高压的方向发展。B787 飞机液压系统压力为 5 000 psi。液压系统的压力提高，可以有效缩小动力元件的尺寸、重量、活动行程，进而减小元件所占空间。压力的增高还可以提高飞机各舵面单元及飞行操纵的响应速度，让操控性得以增加。飞机通过液压系统可提高安全性、稳定性以及操控性，在设计飞机液压系统时常采用冗余设计和备份设计来增强可靠性。

B787 飞机的液压系统，分为左、中、右三个部分，每个部分分别控制不同的机体部件，从左至右，分别用红、绿、黄三种颜色表示。每个液压系统主要由 1 个液压油箱和 2 个液压泵组成，它们相互独立，左右两个油箱容量为 5 美加仑，中间的油箱容量为 11.1 美加仑。每个液压系统都拥有两个液压泵，每个液压泵都有各自的动力源，每个液压系统能提供 5 000 psi 的液压压力源。

左右发动机驱动泵(EDP)为主泵，电马达驱动泵(EMP)为需求泵，中系统 C1 和 C2 电动泵可以作为主泵或需求泵(奇数日历日 C1 为主泵，偶数日历日 C2 为主泵)。B787 液压系统结构图如图 1 所示。

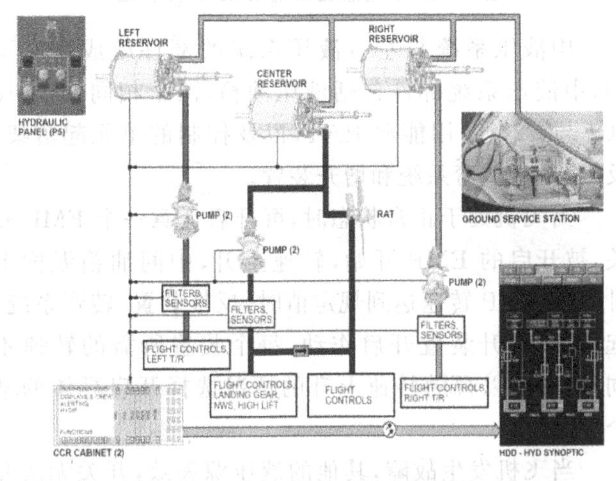

图 1　B787 液压系统结构图

B787 飞机液压系统包括三个主液压系统，分别是左液压系统红色、中液压系统蓝色、右液压系统绿色，还包括冲压空气涡轮系统 Ram Air Turbine(RAT)、地面勤务系统、液压指示系统。B787 的中液压系统由一个液压油箱、两个相同的泵体、油滤组件、热交换器、冲压空气涡轮以及控制的舵面单元所构成，如图 2 所示。

中系统液压源通过主起优先活门和增升装置优先活门两个优先活门确认优先顺序，确保主飞行控制用压系统供压。依次满足主飞行操纵、增升装置、主起落架的用压。

B787 左液压系统和右液压系统相对称，均由一个油箱、两个泵体、油滤组件、热交换器以及所控制的部件单元组成。液压泵均有作为主动泵的发动机驱动泵 EDP 和作为需求泵的电马达驱动泵 EMP，通过对液压油的流动控制进而控制飞机的舵面和其他单元。

B787 左右液压系统为 EDP 和 EMP，发动机驱动泵 EDP 作为主动泵，连续运转，而电马达驱动泵 EMP 作为需求泵，仅在系统需求大液压的情况下使用。中

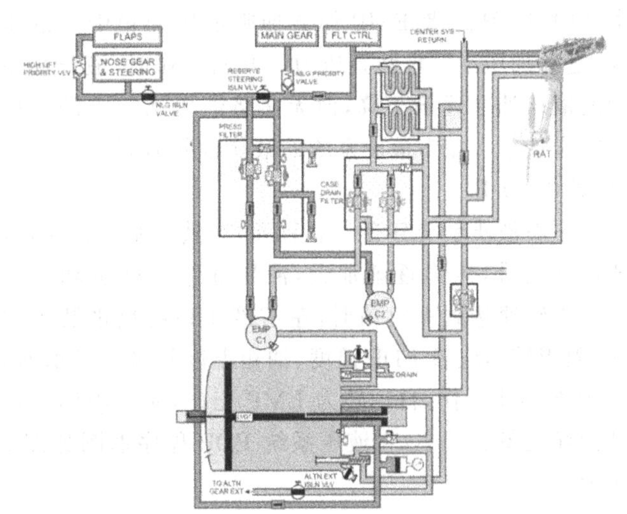

图 2　B787 中液压系统结构图

液压系统的两个泵都是电马达驱动泵 EMP，既可以是主动泵，也可以是需求泵。中间的液压系统含备用能源冲压空气涡轮 RAT，当其他能源失效时，可通过 RAT 供给液压源。

左右 EDP 为主泵，轴向斜盘柱塞式、变排量压力补偿液压泵。EDP 位于发动机右侧的附件齿轮箱前部，由 EDP 电门控制。EDP 内部的脉动阻尼器保证泵压力出口流量平稳，壳体回油出口的单向活门防止反流，压力单向活门作为脉动阻尼器减少大幅的压力波动。

EMP 包括电马达和液压泵，由不同的通用马达起动控制器得电。左右系统 EMP 为需求泵，液压控制通过通用马达起动控制器控制转速和自动开启关断。EMP 电马达温度传感器给液压界面功能模块信号，监控泵过热。EMP 装有外部压力衰减器减少大幅的压力波动，减少液压元件的疲劳损伤。

液压控制面板位于 P5 顶板，EDP、EMP 各有独立的控制电门，每个泵体都有相应的开关控制其开启还是关闭，按需控制不同的泵体，进而控制所需要控制的部件单元。EMP 电门飞行中正常置于 AUTO 位，自动控制。地面需要操作电门置于 ON 位，并校准好惯导。EDP 电门是交替开关式，正常置于 ON 位。OFF 位泵处于关断状态，ON 位泵处于连续运转状态，AUTO 位泵处于需求状态，通过液压系统的压力控制泵工作。

3　B787 液压系统建模仿真

左右液压系统的工作方式一致，当液压系统开始

工作时,EDP 或者 EMP 都会抽吸液压油箱中的液压油,之后加压给反推装置压力。开始工作时,液压油箱中的液压油会逐渐下降,但无法将液压油箱中的液压油完全抽干。左右液压系统的液压油箱容量为 5 美加仑,即 18.9 升。

左右液压系统各有一个 EDP,当其开始工作时,转速逐渐上升,压力逐渐加大,液压油箱温度也随之上升。当转速达到一定值时,左右液压系统反推装置作动,而当转速或者 EDP 温度、油箱温度超过一定值时,EDP 会停止工作,自动转为 EMP 工作,防止因温度过高损坏设备。其中,右液压系统 EDP 程序框图如图 3 所示。

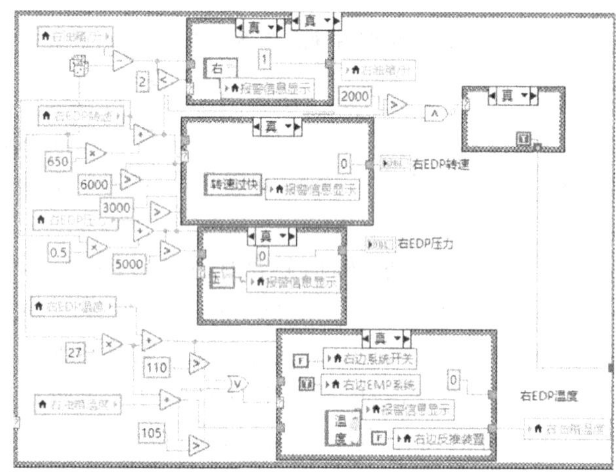

图 3 B787 右液压系统 EDP 程序框图

当开启工作时,左 EDP 的压力值逐渐上升,且压力有一阈值,在不超过 5 000 psi 的情况下 EDP 正常工作,当超过规定值时 EDP 自动停止,以防止因压力过大损坏 EDP。

左 EDP 在开始工作时,温度逐渐上升,当 EDP 温度大于 124 度或者油箱温度大于 110 度时,左边的系统开关停止,并显示报警信息,同时左边系统的 EMP 开关开启,表示 EDP 故障后转为 EMP 工作,代替 EDP 完成反推工作。

左右 EMP 在开启开关后,转速上升,且不能超过 6 800 转/分。左液压系统 EMP 程序框图如图 4 所示。

当 EDP 转速或者 EMP 转速值达到一定数值后,左右液压系统的反推装置开始工作。当 EMP 转速大于 6 800 转/分或 EDP 压力大于额定值时,完成反推程序。反推装置运行,符合液压系统的功能,即当 EDP 转速和压力达一定值时反推进行,当由于某种原因 EDP 无法工作而转为 EMP 开始工作后,当 EMP 转速达一定值后反推进行。

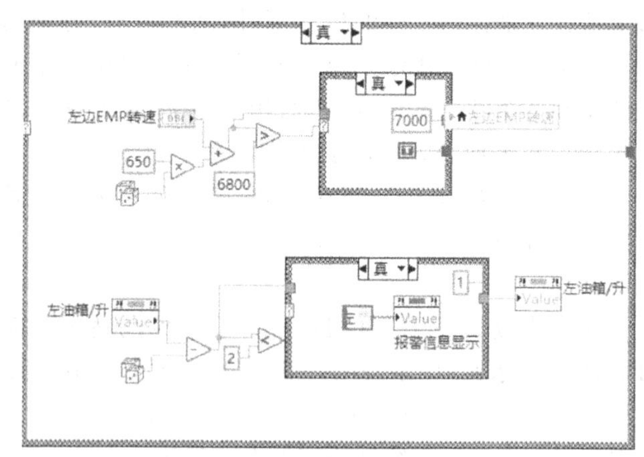

图 4 B787 左液压系统 EMP 程序框图

中液压系统与左右液压系统的部件组成略有不同,中液压系统部件包括液压油箱,两个相同的 EMP(C1 与 C2),备用能源 RAT,以及控制的单元起落架、反推装置、转弯系统和增升装置。

当飞机处于正常状态时,可开启任意一个 EMP 开关,被开启的 EMP 开始,转速上升,中间油箱温度上升。当 EMP 转速达到规定值时,反推装置、转弯系统、起落架、增升装置开启作动,每个装置所需的转速不同,因此可以视随转速上升的情况选择开启具体的某个单元。

当飞机发生故障,其他的液压源失效,开关无法开启时,则可以开启冲压驱动备用能源,此时 EMP 接收到备用能源开始工作,达到相应转速开启相应的装置。B787 中液压系统程序框图如图 5 所示。

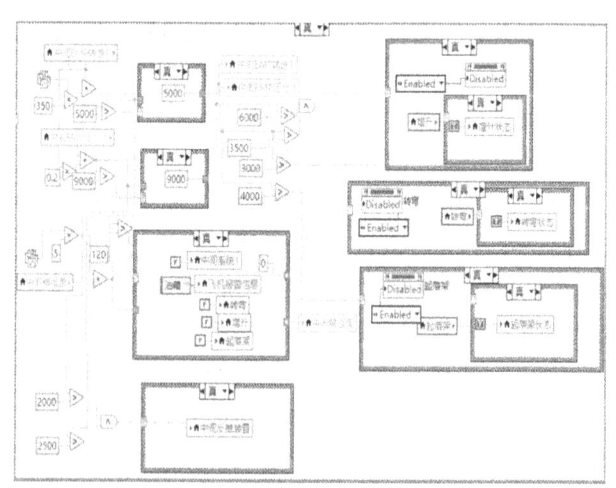

图 5 B787 中液压系统程序框图

中液压系统两个泵都是 EMP,分别为 C1 和 C2,通常根据日历日的不同选择用其中一个,比如奇数日时用 C1,偶数日时用 C2,其工作方式与左右液压系统中的 EDP 类似，同样也是将液压油抽吸并附一定压力值，后传输给所需要的单元，其间经过油滤器的过滤作用，滤除杂质，当需要收回系统回油时，又通过热交换器进行冷却操作，回收到油箱中。

4 B787 液压故障及勤务加油仿真

当 B787 处于故障状态时，各个开关无法使用，液压源也无法供给，故障情况程序如图 6 所示。

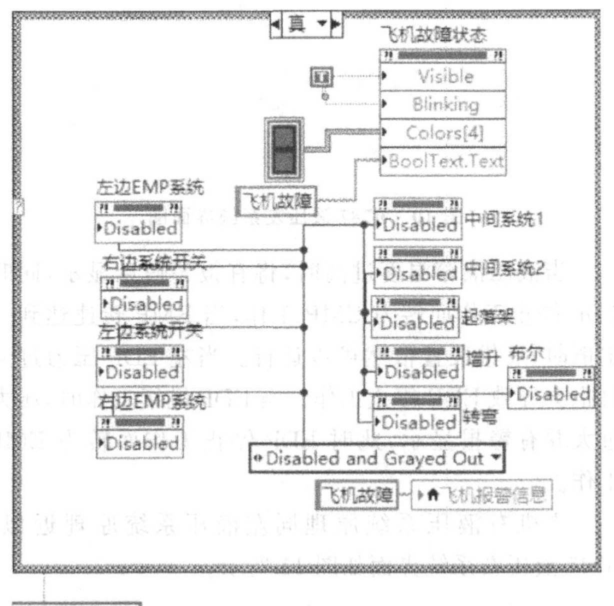

图 6 B787 故障情况程序框图

当开启飞机故障开关，模拟当飞机发生故障时的情况，此时程序框图内由于飞机故障，导致各系统的泵开关失效，各控制单元失效，没有能源开启各个单元，每个控件皆为禁用状态。

模拟飞机无故障情况，各开关允许使用，无故障程序如图 7 所示。

当无故障时各个开关控件为允许状态，当故障发生时，液压源无法正常供给，此时需要开启备用能源 RAT 来提供能源控制各个单元的操作。因此 RAT 开启也可以控制液压系统的作动开启。

液压系统由于使用过程中，无法避免会有损耗，液压油就是最主要的损耗物。因此，在飞机落地时，需要地面的勤务人员对飞机的液压系统进行一定的维护。

右轮舱后部的液压加油站可以单点为 3 个液压油箱勤务。分别为使用手摇泵和吸油管的人工方式，使用加油车和压力加油口的压力加油方式，使用液压车

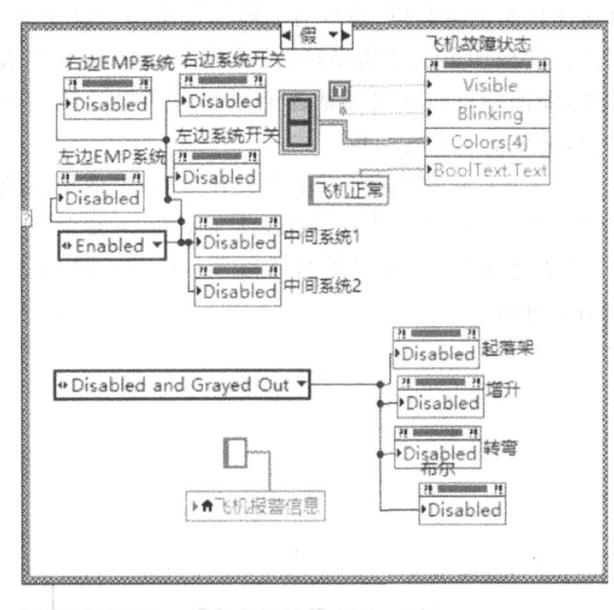

图 7 B787 无故障情况程序框图

通过压力油滤组件的高压加油方式。

油箱加油选择活门可选择对某个液压系统进行勤务或检查该系统油箱油量。4 个位置分别为 OFF/LEFT/GENTER/RIGHT。选择活门内部包含一个电门，发送离散信号。选择相应的液压油箱后，远程油量指示器才能指示。活门上安装有 3 个低压单向活门，防止液压系统回油反流。完成勤务或检查工作后，必须将活门置于 OFF 位。

B787 液压系统勤务加油程序框图如图 8 所示。

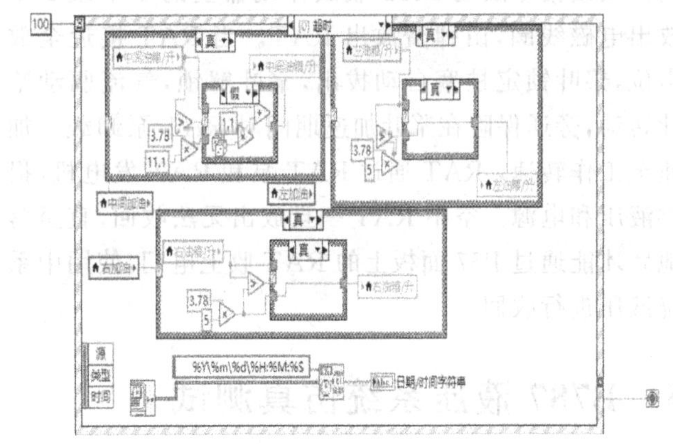

图 8 B787 液压系统勤务加油程序框图

左、中、右油箱的加油逻辑框图以及加油操作日期记录，三个油箱的加油逻辑原理一致。当右液压系统油箱加油开关开启，美加仑与升的换算比为 3.78，右油箱总油量为 5 美加仑。因此程序设计时用当前油箱油量与总油量进行对比，当目前油量值大于总油量时，则

直接输出总油量数值,当目前油箱油量小于总油量时,则进行内循环中的递增循环,油箱剩余油量的1.1倍相加,即依靠目前油箱油量逐渐增加来模拟油箱加油过程,最终显示在前面板。

当RAT或者中液压系统开关开启后,中液压系统都可以作动,但由于飞机故障,液压系统开关无法打开,只能通过RAT来提供循环信号。RAT开启程序如图9所示。

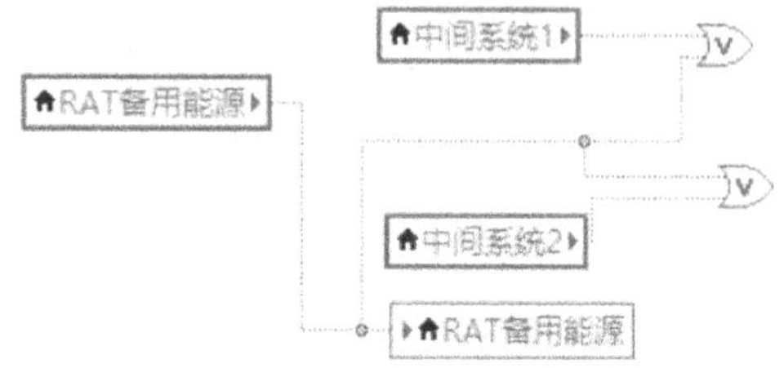

图9 RAT开启程序框图

RAT发电机提供应急电源,位于RAT支柱的上部。RAT发电机控制组件监控RAT发电机的输出电压。发电机内部有2个加热器,用于防止在RAT收上后发电机结冰,加热器由液压控制系统自动控制,远程动力分配组件供电。

当RAT在收上位,TAT< 6 ℃,液压控制系统指令1个加热器工作,另一个备份。地面极寒情况下TAT< −15 ℃,2个加热器同时工作。

RAT通过驾驶舱液压面板上的RAT释放电门人工放出,也可通过汇流排电力控制单元的指令自动放出。放出指令激励RAT收放作动器上的1个或2个放出电磁线圈,由弹簧放出RAT。当RAT接近全放出位,桨叶锁定柱塞自动拔出,桨叶解锁,气流驱动桨叶转动,旁通保险在桨叶加速期间对RAT泵卸载。加速至工作转速,RAT通过RAT泵和RAT发电机,提供液压和电源。空中RAT一旦放出无法收回,直至落地后才能通过P57面板上的RAT收上电门,使用中系统液压进行收回。

5 B787液压系统仿真测试

左边液压系统开关开启后,相应的参数达到规定值后,反推装置被开启。触发左边系统开关,当EDP转速及压力上升到一定值时,左边的反推装置运行,此时油箱油量下降,EDP与油箱温度上升。由于压力、温度两个参数过大会导致EDP停止工作,当EDP发生故障时会停止工作。B787液压左系统界面图如图10所示。

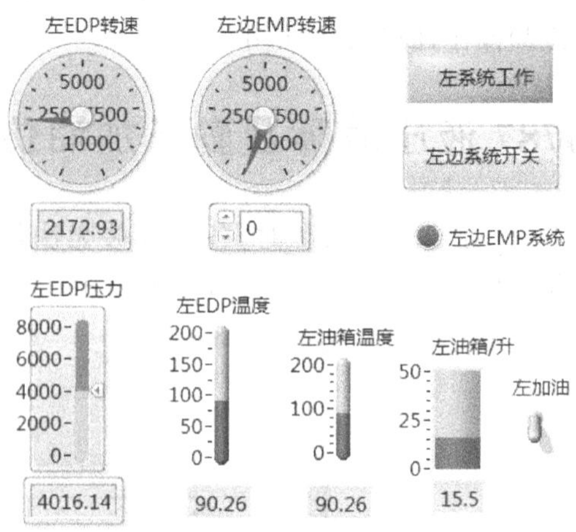

图10 B787液压左系统界面图

当液压油箱温度过高时,将有报警信息显示,同时EDP停止工作而转为EMP工作,当EMP转速达到一定值时,反推装置依然可以运行。当左EDP压力过大时也会导致EDP停止工作。当EDP继续工作时,压力过大并有警报显示,此时EDP停止工作而转为EMP工作。

飞机右液压系统原理同左液压系统原理近似,B787液压右系统界面如图11所示。

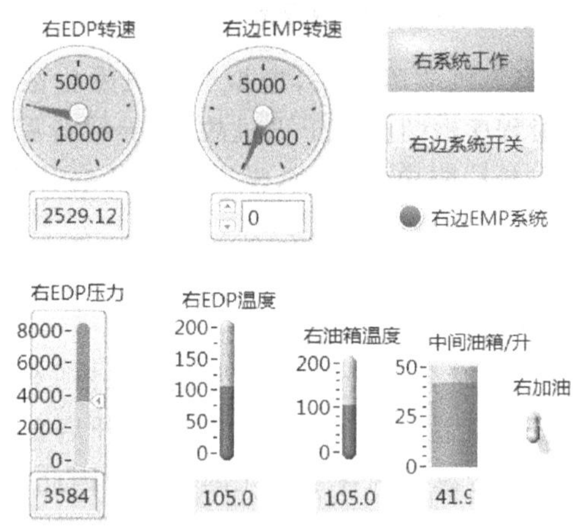

图11 B787液压右系统界面图

中液压系统的两个液压泵相同,当中间系统开关1打开,EMP1开始运转,转速增加,同时压力也增加,当达一定值时,反推装置开始运行。B787液压中央系统界面如图12所示。

设置飞机故障模拟,液压系统将进入故障状态,可

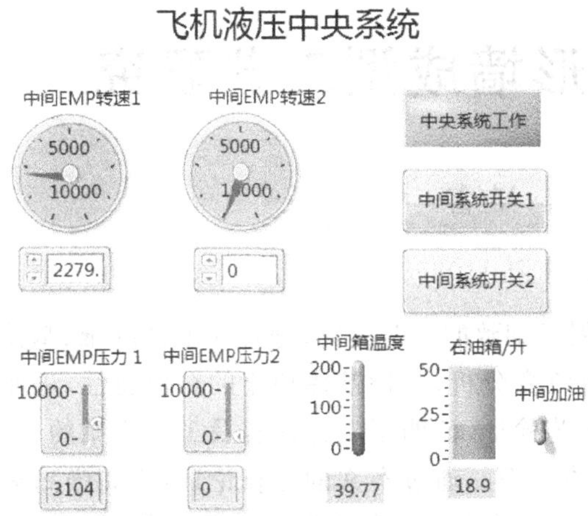

图 12　B787 液压中央系统界面图

显示飞机故障信息。此时，液压系统各个开关只有 RAT 备用可以操作，其他开关皆处于故障状态无法开启。若开启 RAT 状态，RAT 备用能源向中液压系统提供液压源，中液压系统的 EMP 开始运转。

6　结　论

采用 LabVIEW 建立波音 787 飞机液压系统仿真模型，仿真分析 B787 液压系统工作流程，通过仿真更有利于系统的建立和完善。

(1) 对 B787 的左右液压系统的泵体转速、压力和泵体温度、液压油箱温度、反推装置进行模型仿真。

(2) 对 B787 中液压系统的泵体转速、压力和泵体温度，油箱温度、反推装置、增升装置、起落架装置、转弯装置和冲压空气涡轮备用能源进行模型仿真，以及对 B787 勤务加油系统进行仿真。

(3) 仿真当泵体温度过高、泵体压力过大、油箱温度过高时的泵体转换。

(4) 仿真分析当出现故障状况时，B787 液压系统备用能源冲压空气涡轮进行供能的工作方式。

参考文献

[1] 郑建军，唐吉运，王彬文. C919 飞机全机静力试验技术[J]. 航空学报，2019，40(1)：522364.

[2] 潮群. EHA 轴向柱塞泵高速化若干关键技术研究[D]. 杭州：浙江大学，2019：1-6.

[3] 王磊，王立新，贾重任. 飞翼布局飞机开裂式方向舵的作用特性和使用特点[J]. 航空学报，2011，32(8)：1392-1399.

[4] 李壮云. 液压元件与系统[M]. 北京：机械工业出版社，2011：68-69.

[5] GUAN C B, JIAO Z X, HE S Z. Theoretical study offlow ripple for an aviation axial-piston pump withdamping holes in the valve plate[J]. Chinese Journal of Aeronautics, 2014, 27(1): 169-181.

[6] KOLLEK W K Z, STOSIAK M, MACKIEWICZ J. Possibilities of diagnosing cavitation in hydraulic systems[J]. Archives of Civil and Mechanical Engineering, 2007, 7(1): 61-73.

T800 级碳纤维复合材料 J 形墙成型工艺研究

马秘辉*，孟庆杰，程鹏，姚雷

沈阳飞机工业(集团)有限公司，沈阳 110850

摘要：本文针对 T800 级高韧性树脂基复合材料 J 形墙的成型开展了细致的工艺研究，通过对增强纤维、基体树脂及产品结构的分析，设计了产品制造的工艺方案及工艺流程；通过流变分析，掌握基体树脂的粘温特性，进而确定了优化后的固化工艺参数；在理论分析的基础上，开展了一系列工艺验证，证明了工艺流程及工装方案的合理性。在结果与讨论部分论证了各影响因素的利弊，并给出了相应的解决方案。通过本文的分析论证，为高强高韧性复合材料的成型工艺提供了理论基础和实验验证，为采用该材料生产高墙类复杂复合材料制件提供了良好的解决方案。

关键词：高韧性树脂；T800 级碳纤维；粘温曲线；凝胶时间

Research on Manufacturing of AC631/CCF800H Composites J spars

MA Mihui*，MENG Qingjie，CHENG Peng，YAO Lei

AVIC Shenyang Aircraft Corporation，Shenyang 110850，China

Abstract：In this paper，a detailed process study is carried out on the forming of T800 grade，high tenacity resin-based J spars. Through the analysis of reinforcing fiber，matrix resin and product structure，the process plan and process flow of manufacturing were designed. After completing the rheological experiment，the viscosity-temperature curve of the matrix resin and then the optimized curving parameters were determined. On the basis of theoretical analysis，the rationality of tooling plan and process flow has been proved by a series of process verifications. In the Result and Discussion part，the pros and cons of each influencing factor were demonstrated，and corresponding solutions were approved. Through the analysis and demonstration in this paper，it provides a theoretical basis and experimental verification for the forming process of high-strength and high-tenacity composite materials，and also offers an appropriate solution for the complex spar-ish composite parts manufacturing of T800 carbon fiber material.

Keywords：high tenacity resin；T800 carbon fiber；viscosity-temperature curve；gelation time

随着航空航天技术的发展，飞行器对结构重量和耐久性的要求愈发苛刻，在追求高强度的同时，结构既要轻，还要满足耐久性的要求，碳纤维复合材料以其高的比强度、高的比模量、良好的耐腐蚀性、优异的耐疲劳性等优点而成为设计员的首选材料。同样是碳纤维树脂基复合材料，常用的 T300 级碳纤维树脂基复合材料由于强度性能方面仍有差距已无法满足结构进一步减重的要求，鉴于此，新一代军、民机型号选用了 T800 级碳纤维高韧性树脂基复合材料，结构方面也进行了较大的改变，大量采用了结构效率更高的 J 型墙、肋和长桁。新结构、新材料的选用给传统的成型工艺带来了挑战，也必然带来工艺技术的革新。为了改善结构的抗损伤性能，高韧性树脂在基体树脂中添加了增韧剂，导致其流变性能变差，降低了树脂对纤维的浸润性能。为了解决上述问题，本文从材料基础性能分析、制件结构工艺分析、机加试验和性能测试等方面进行了研究，探索新材料新结构制件的成型方法。

* 通讯作者. E-mail：13998898351@163.com

1 分析与实验

1.1 材料分析

1. 增强材料——碳纤维

为了进一步降低结构重量，增强材料由 T300 级碳纤维改为了 T800 级碳纤维，其性能数据对比见表 1。

表 1 碳纤维性能数据对比[1]

纤维牌号	拉伸强度/MPa	弹性模量/GPa	断裂伸长率/%	密度/(g·cm^{-3})	单丝直径/μm	常用丝束/K
T300	3350	230	1.5	1.76	7.6	1/3/6
T800	5590	294	1.9	1.81	5.1	6/12
T1000	7060	294	2.4	1.82	5.1	12
CCF300	3500	230	1.5～1.95	1.78	7	3/6
CCF800	5500	294	1.9	1.80	5	6/12

从表 1 中的数据可以看出，T800 级碳纤维的拉伸强度是 T300 级碳纤维的 1.6 倍，伸长率也由 T300 级的 1.5%提高到了 T800 级的 1.9%，单丝直径由 7 μm 下降为 5 μm，密度略有增加。拉伸强度的增加为设计师提供了更大的发挥空间；断裂伸长率的增大可以使之与基体树脂更好地匹配，从而，提高冲击后的压缩强度和层间剪切强度；单丝直径变小，在纤维制造过程中可显著降低或消除皮芯结构，是制得高性能碳纤维的基础，因为碳纤维对各种缺陷空隙十分敏感，密度的增加，空隙所占体积分数减少，更加有利于拉伸强度的提高。

2. 基体树脂——双马树脂

基体树脂由 QY8911 改为高韧性 AC631 树脂，对应的预浸料分别为 CCF300/QY8911 和 AC631/CCF800H，预浸料性能参数见表 2。

表 2 预浸料性能参数表

预浸料牌号	AC631/CCF800H	CCF300/QY8911
最低粘度/(mPa·s)	1913	100
树脂含量/%	33±2	35±3
层间剪切强/MPa	95	90
弯曲强度/MPa	1900	1760
冲击后压缩强度/MPa	280	163
玻璃化转变温度/℃	240	220

预浸料的工艺性能主要取决于基体树脂，CCF300/QY8911(见图 1)预浸料由于树脂最低粘度值较小，需设置加压点，以防止树脂过度流失，同时，由于其树脂含量波动范围较大，需要根据制件具体情况进行预吸胶以保证最终的纤维含量；而 AC631/CCF800H(见图 2)预浸料由于树脂最低粘度值相对较大，无需设置加压点，即从固化开始就加压，同时，树脂含量波动范围小，无需进行预吸胶便可保证制件的厚度和内部质量。上述两点，避免了加压过早、过晚或吸胶量过多、过少导致产品出现空隙、富树脂及分层等无损检测缺陷。除了工艺性能外，拉伸、弯曲、层剪等力学性能也有较大幅度提高，特别是，增韧后材料的冲击后压缩强度显著改善，AC631/CCF800H 是 CCF300/QY8911 的 1.7 倍，耐热性也有一定提高(见图 3、图 4)。

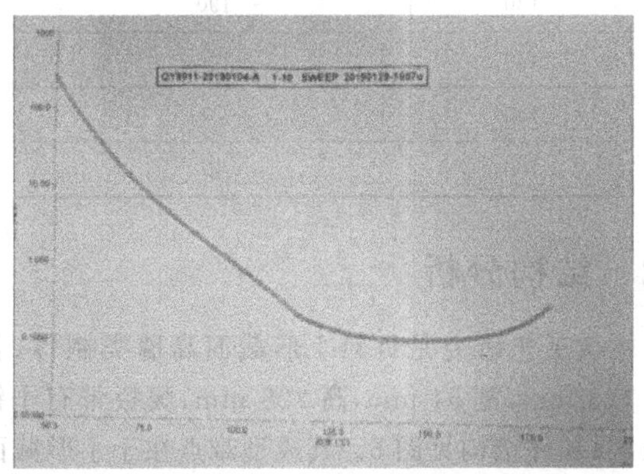

图 1 CCF300/QY8911 预浸料粘温曲线

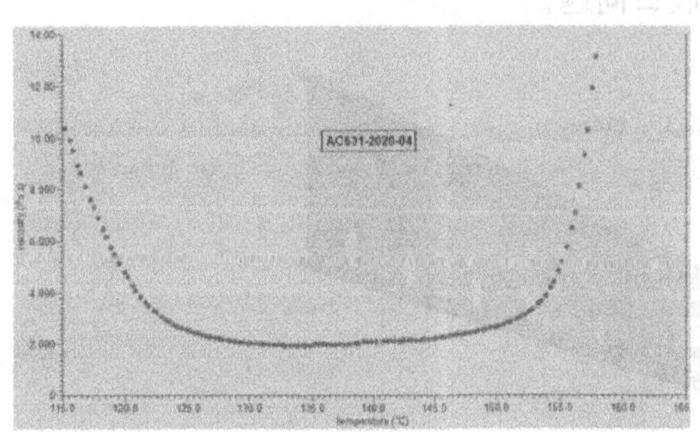

图 2 AC631/CCF800H 预浸料粘温曲线

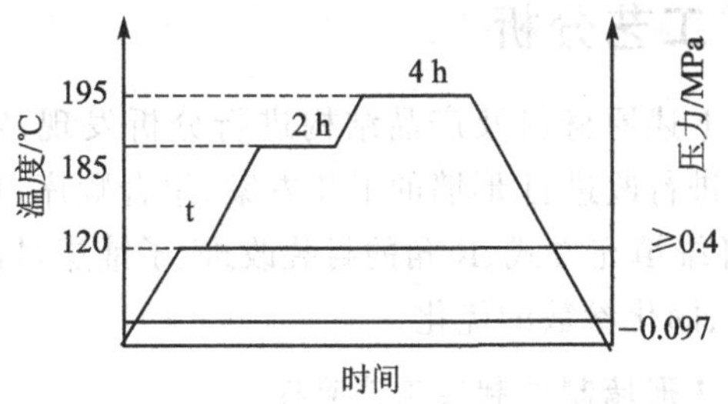

图 3 CCF300/QY8911 预浸料典型固化曲线

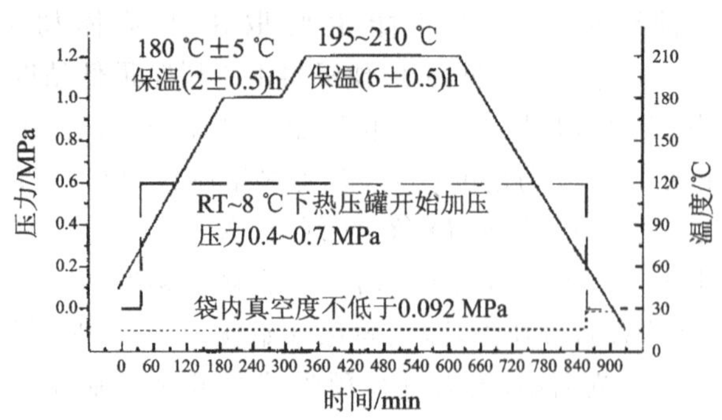

图 4 AC631/CCF800H 预浸料典型固化曲线

表 3 AC631 双马树脂在不同温度下的凝胶时间

温度/℃	凝胶时间/min
120	258
130	190
140	100
150	70
160	40

1.2 结构分析

本次工艺研究是针对J形截面高墙类制件，长度为2 173 mm，宽54 mm，高238 mm，腹板带有子铺层加强区；制件结构见图5。其成型难点在于J形截面0°填充纤维如何填实、J形的外R角内部质量和腹板及缘条的收口问题。

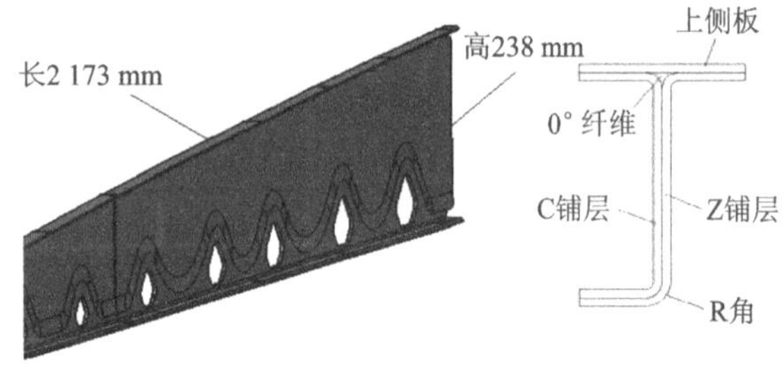

图 5 J形墙结构及截面示意图

1.3 工艺分析

对上述原材料及产品结构进行分析发现，需从以下方面进行改进：J形墙的工装方案、组合顺序、压实次数、0°纤维填充方式、R角的封装改进、子铺层过渡区质量控制、固化参数的优化。

1. J形墙制件制造工艺流程

根据J形墙的结构，制定了相应的工艺方案，即采用"h"型工装方案，分C铺层、侧板和Z铺层三部分铺叠，再加上0°纤维填充的总体制造过程。针对0°纤维问题，采用压实、多次填充的方式加以控制；对于R角皱褶及孔隙问题，采用Airpad盖板加以解决；子铺层过渡区通过刚性盖板来保证平整度及内部质量；此外，为了解决树脂粘度较高、流动性差问题，在低粘度段增加保温台阶，延长低粘度下的持续时间，使树脂有足够的时间充分浸润纤维，同时，保证R角区域的孔隙可以被更好地填充，以解决无损检测缺陷问题。上述控制点在J形墙的具体制造流程中分解如下：C铺层和侧板铺叠—热压实—第一次0°维填充—Z铺层铺叠—第二次0°纤维填充—C铺层、Z铺层和侧板组合压实(侧板加无孔隔离膜)—第三次0°纤维填充—正式组合—固化—脱模—外形切割—无损检测，其主要工艺流程见图6。

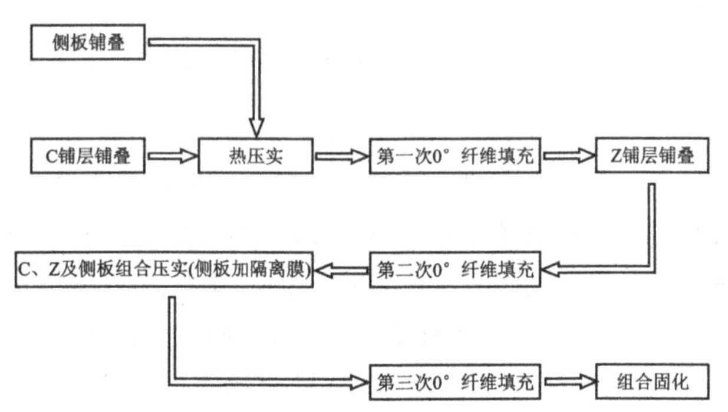

图 6 J形墙工艺流程图

2. J形墙工装方案

根据J形墙工艺流程确定了其工装方案，工装为框架式结构，腹板C铺层为贴模面，模具成型主体部分为"h"型，从"h"型工装到"J"制件的过程、工装截面及使用原理见图7，工装实际结构见图8。

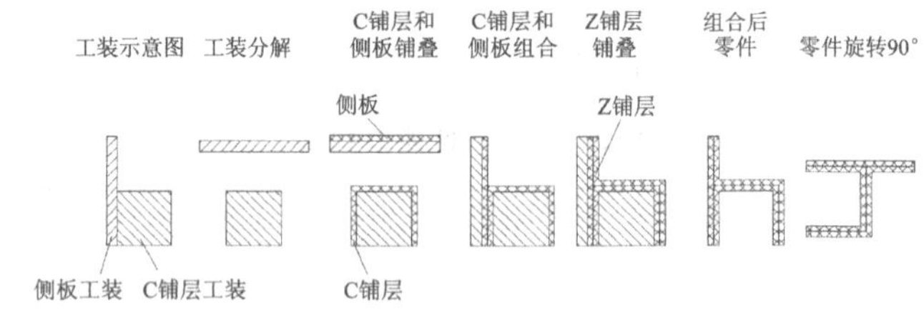

图 7 J形墙工装截面及使用原理示意图

1.4 实验验证

通过材料分析、产品结构分析、工装分析及所制定的工艺流程，开展了一系列试验。

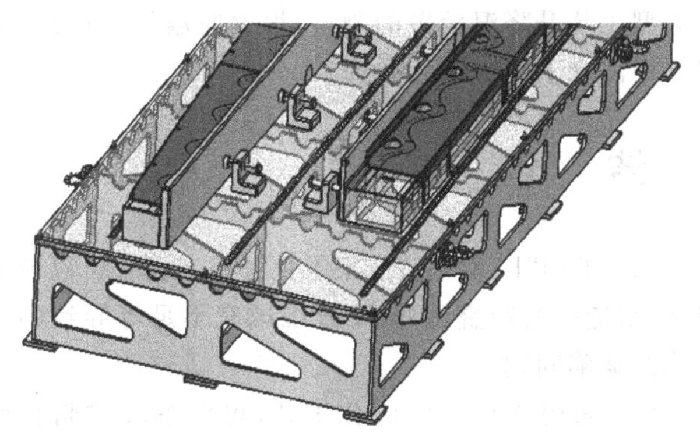

图 8　J 形墙工装结构示意图

1. 试片级验证

采用 AC631/CCF800 预浸料制作小尺寸层压板件，验证固化工艺参数、单层压厚和密度。

制作准各向同性的 200×300 的层压板 3 块，按照标准规定的温度、压力、时间及真空等要素进行固化及后处理。试片经无损检测合格，厚度偏差在 5%t 范围内，大部分达到了 3%以内，符合规范要求；密度实测平均值为 1.55 g/cm^3，符合规范要求的 1.57 g/cm^3 ± 0.03 g/cm^3 要求，但大部分都偏下差；实验证明按照给定的工艺参数可以生产出符合要求的平板类制件。

2. 工艺参数优化

根据材料规范、工艺规范的相关要求，考虑到产品结构的实际情况，在标准固化曲线上进行了相应的优化，以保证复杂结构的产品质量，即在 90℃和 130℃增加了保温平台。为了验证其可行性，采用流变仪模拟实际固化参数进行了流变分析，验证出所设定的固化曲线满足成型工艺的要求。

3. 制造工艺验证件

试片级验证和流变分析后，开展了工艺验证件的试制，主要是验证工装方案、工艺参数及封装方式等。验证件经无损检测基本合格，特别是比较关键的 0°纤维填充区，完全合格，只是在 R 角处存在部分空隙，上缘条存在一定的收口现象，证明了理论分析和工艺思路的正确性。

4. 制件制造

在正式制件制造过程中，针对工艺验证件存在的问题进行了工艺改进，R 角孔隙问题通过增加压实次数及增加 Airpad 盖板加以解决，收口问题通过在工装上缘条成型面处增加拔模角得到极大改善。目前，按照设定的工艺及工装方案已生产出多件合格的高墙类制件，实际固化曲线见图 9。

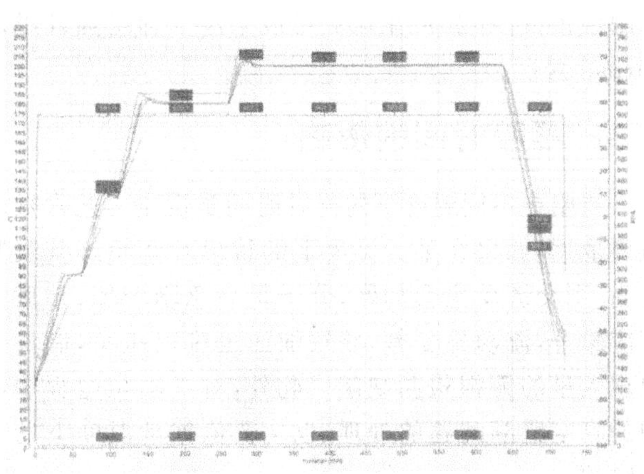

图 9　产品实际固化曲线

2　结果与讨论

2.1　粘度、保温台阶及升温速率的影响

复合材料制件成型工艺过程及参数的制定主要取决于基体树脂，特别是基体树脂的最低粘度，直接影响树脂对增强纤维的浸润性，AC631 树脂的最低粘度出现在 135 ℃左右，粘度值接近 2 000 mpa • s，略低于蜂蜜的粘度，为了使树脂在低粘度段有足够的时间浸润增强纤维，对于复杂结构在此处需设置保温台阶，为了不错过这一点，在 130 ℃增加了保温台阶。但是，粘度过低不利于排除夹裹的空气及挥发份，为解决此问题，必须使树脂在粘度相对较高时产生受迫流动，而且，其流动要远小于气体的挤出速度，才能使气体更好地排除，从而，避免产生孔隙等无损检测缺陷，而 90 ℃的台阶就起到了这个作用。如果规范不允许设置保温台阶，则可以通过调低所需温度点附近升温速率的方式来延长所需的浸润时间。

2.2　丝束大小及封装方式的影响

增强纤维丝束的大小对制件的贴袋面质量有较大影响。一般来讲，小丝束纤维容易展平，外观质量较好，大丝束纤维在展宽过程中，经常会出现纤维重叠，导致制件内表面存在凹凸不平的现象。AC631/CCF800 预浸料采用了 12K 的纤维，丝束相对较大，贴袋面外观较差，同时，在子铺层区域存在较大的凹痕，在 R 角处存在皱褶等问题。鉴于此，对于大丝束纤维制件贴袋面推荐采用 Airpad 加增强纤维的盖板，不建议放置透气材料后直接封袋；对于子铺层区域，必须增加刚性盖板；对于 R 角区域可以采用不加增强纤维的 Airpad 盖板。

2.3 凝胶时间的影响

树脂在不同温度下的凝胶时间是设定工艺参数的重要依据，如果在某一温度下的持续时间超过其凝胶时间，则交链反应会加剧，分子量会急剧增加，粘度也相应攀升，流动性变差，导致加压也难以压实，制件会出现大量的无损检测缺陷。此外，对于固化过程中出现的真空泄漏问题的处理，也主要依据该温度下的凝胶时间。

2.4 固化压力的影响

固化压力对产品的致密程度、厚度及无损检测结果有重要影响，对于较薄的制件，采用较低的固化压力即可，对于较厚、过渡区较多、阴角较小或结构复杂的复材制件必须采用较大的固化压力，例如，阴模制件和需要填充 0°纤维的制件一般都采用压力上限。

2.5 后处理温度的影响

后处理温度直接影响制件的固化度，进而影响固化后的玻璃化转变温度 Tg。对于 AC631 树脂，后处理温度为 195～210 ℃。如果采用 205～210 ℃进行后处理，其 Tg 可以达到 250 ℃；如果采用 195～205 ℃进行后处理，其 Tg 只有 230 ℃左右。对于 AC631 树脂的复材制件优先采用 205～210 ℃进行后处理，特别是耐热性要求高的制件，必须采用上限温度进行后处理；对于大型工装升降温较慢的制件，根据时温等效原理，可以采用温度下限进行后处理。

3 结　论

(1) 采用“h”型工装方案及上述工艺流程可以解决“J”墙制造中的铺叠困难、0°纤维填充不足等导致的无损检测缺陷问题；

(2) 采用优化后的固化工艺，可以解决树脂粘度大，流动性差、补偿能力不好的问题，有利于复杂结制件的成型；

(3) 在腹板处增加刚性盖板可以解决子铺层过渡区外观质量问题和无损检测缺陷问题；

(4) 在 R 角处增加 Airpad 盖板可以解决 R 角孔隙、分层问题和外观皱褶问题；

(5) 采用 C 铺层作为贴模面优于采用 Z 铺层作为贴模面，架桥概率小，无损检测缺陷少，更有利于提高腹板质量和纵墙定位精度；

(6) 采用密封胶带作为 R 角压实条，能够解决铺叠及固化时的架桥问题，保证内部质量和外观质量；

(7) 在上缘条处增加拔模角可以解决 J 形墙制件的收口问题。

参考文献

[1] 赵渠森. 先进复合材料手册[M]. 北京：机械工业出版社，2003：285-295.

航空复合材料层压板一次性精确钻孔问题研究

刘锦程*，王韬，马刚，姜洪博，朱亦斌，余永飞

沈阳飞机工业(集团)有限公司 复合材料制造中心，沈阳 110000

摘要：在复合材料制造过程中，在脱模前通常存在钻孔这一工序。传统的钻孔方法是先用一定尺寸的钻模和钻头在层压板表面钻出一定尺寸的孔径，再利用铰刀在此中间孔的基础上进行二次加工形成最终孔径。而在民机制造标准中，通过二次加工所形成的孔径无法保障位置度，因此需要对一次成型钻孔工艺方法进行探究。一次成型钻孔工艺目前存在几点问题：(1) 圆孔形状偏差较大，对操作者依赖程度较高。(2) 钻孔缺陷较大，无法保证钻孔质量的稳定性。本文对钻孔问题进行了深入研究，并得出改善钻孔质量的工艺方法。

关键词：钻孔；一次成型；形状精度；钻孔质量

Study on One Time Drilling Problem of Aviation Composite Laminate

LIU Jincheng*，WANG Tao，MA Gang，JIANG Hongbo，ZHU Yibin，YU Yongfei

Shenyang Aircraft Industry (Group) Limited Company，Shenyang 110000，China

Abstract：In the manufacturing process of composite materials，there is a drilling process before demoulding. Traditional drilling method is to use a certain size of coin mold and to drill a certain size of aperture. Howerver，through secondary processing aperture cannot guarantee position degrees，so you need to explore the method of drilling a molding process. At present，there are several problems in the one time molding drilling process：(1) The shape deviation of round hole is large，which depends on the operator highly. (2) The defects of hole are large，so the quality stability of hole cannot be guaranteed. This paper evaluates and studies the drilling problem and obtains a technological method to improve the drilling quality.

Keywords：drilling；one time molding；form accuracy；drilling quality

1 一次性钻孔的缺陷

航空复合材料的常用孔径范围是4.166～9.525 mm。表面劈裂是一次性钻孔的主要缺陷，主要出现在层压板的表面。表面劈裂主要是由钻头进入层压板所产生的剥离力与透出层压板所产生的冲击力造成的。通常，解决表面劈裂的方法是在层压板表面各加一个承力部件。

由于在钻孔的过程中会对环氧树脂基的材料产生热量，会导致环氧树脂基复合材料产生退化，因此需要控制工艺参数防止钻孔过程中存在过热现象。钻头的转速越高、进给速度越慢，钻头处越容易产生热量堆积。减小钻头速度、增大进给速度可以有效减小钻孔过程中过热现象。因此需要选择合适进给速度与转速。

纤维拔出是指在孔壁上的某些铺层被小块拔出，形成不光滑孔壁。这种缺陷可以通过钻头形状和加工参数来控制。

2 一次性钻孔表面劈裂试验设计

在钻削过程中，由于复合材料具有各向异性和异质性，在钻孔入口与出口附近最容易发生问题。其中钻头推力是研究钻孔劈裂的重点。

图1为钻削工艺示意图。

钻头的形状对于钻削推力影响比较大。选择合适形状的钻头可以改善钻削效果。在复合材料层压板钻

* 通讯作者. E-mail：liujinchengzi@163.com

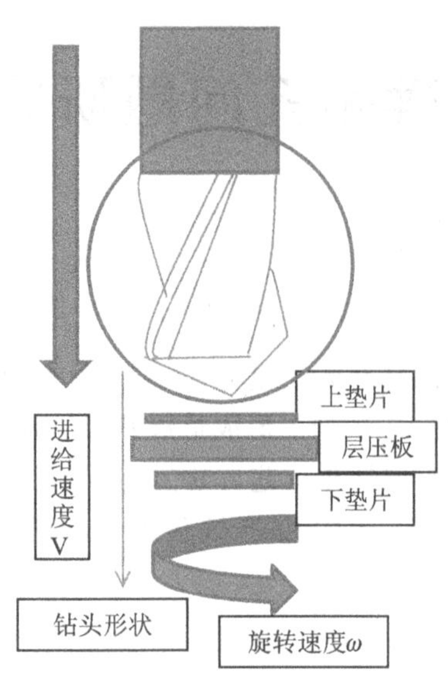

图 1 钻削工艺示意图

孔过程中,通常使用普通麻花钻钻头。因此应该对钻头的形状进行改善。由于钻头形状的复杂以及影响因素众多,本文提出一种新的检验钻头的方法,即随炉件方法。首先,对钻孔部位的层压板信息进行统计,主要涉及:(1) 曲率,(2) 铺层材料批次,(3) 铺层数量,(4) 铺层材料规格,(5) 铺层材料牌号,(6) 各个铺层材料的方向。将信息统计之后,根据局部曲率设计随炉件工装。在随炉件工装上铺叠随炉件,封装时与原零件进行同步封装。

图 2 为复合材料零件封装示意图。

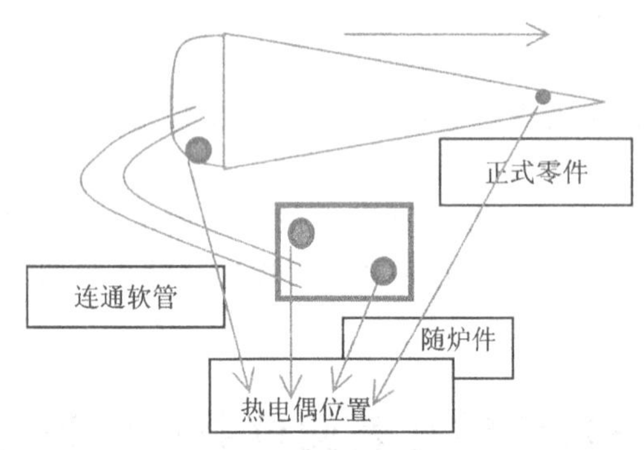

图 2 复合材料零件封装示意图

需要注意的一点是随炉件应该与正式零件共用同一真空。随炉件应该尽量扩大,以达到可以满足试验要求的目的。其次通过设计工艺参数,钻头材质、钻头种类、进给率、切削速度在随炉件中进行钻孔。表 1 所列为试验参数。

根据表 1 可以得知:如果将每一个参数都试验一次需要钻 250 个孔,这样不仅特别烦琐也不利于提高生产效率。因此需要对以上参数设计正交试验。如表 1 所示,之所以一个表格中存在两进给率或或者切削速度不同的现象,主要是因为硬质合金钻头与金刚石钻头相比其进给率较高而切削速度较低。而金刚石钻头所需要的进给率较低但切削速度较高。因此上述可以看成是 2 组 5×5×5 试验参数的试验。即该试验因素分别为钻头种类、进给率、切削速递。其分别对应的钻头具体种类、进给率大小、切削速度大小分别为各个因素对应的水平。因此该试验为三因素五水平试验。根据正交试验原理可以把 125 次试验简化为 25 次分别为

a1 b1 c1　　a1 b2 c3
a1 b3 c5　　a1 b4 c2
a1 b5 c4　　a2 b1 c5
a2 b2 c2　　a2 b3 c4
a2 b4 c1　　a2 b5 c3
a3 b1 c4　　a3 b2 c1
a3 b3 c3　　a3 b4 c5
a3 b5 c2　　a4 b1 c3
a4 b2 c5　　a4 b3 c2
a4 b4 c4　　a4 b5 c1
a5 b1 c2　　a5 b2 c4
a5 b3 c1　　a5 b4 c3
a5 b5 c5

表 1 试验参数

钻头材质	钻头种类(A)	进给率 (mm/r)(B)	切削速度 (m/min)(C)
硬质合金	八面钻(a1)	0.04/0.025(b1)	30/200(c1)
金刚石	匕首钻(a2)	0.06/0.035(b2)	50/220(c2)
	球头钻(a3)	0.08/0.045(b3)	70/240(c3)
	麻花钻(a4)	0.1/0.03(b4)	90/260(c4)
	复合钻(a5)	0.02/0.04(b5)	110/280(c5)

正交试验共需要做 2 组,每一组的试验序列都与表 1 保持一致,2 组的不同之处主要对应的是不同的钻头材质。因此通过正交的方法一共需要钻 50 个孔,比全因素少了 200 个试验,大大提高了生产效率。

由于此方法设计为 50 次试验,因而对观测提出了较高的要求,因此本文提出的观测方法为显微镜加图像软件统计方法。可使用光学显微镜对 50 个钻孔进行拍摄,并采用图像处理软件对钻孔进行图像分析。

图 3 为钻孔缺陷分析示意图。

本文提出的评估方面有以下几点:

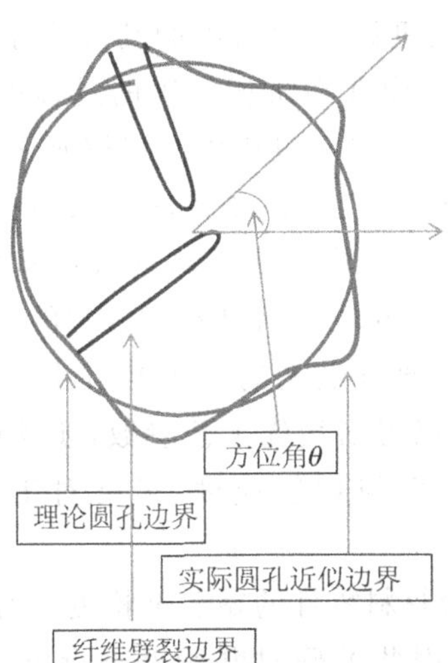

图 3　钻孔缺陷分析示意图

(1) 通过软件分析可以测得圆孔近似边界长度为 A_1，而圆孔理论长度为 A_2。记录：

$$\Delta A = A_2 - A_1 \tag{1}$$

(2) 通过软件测得实际圆孔近似边界所围成的面积为 B_1，理论圆孔近似边界所围成的面积为 B_2，则

$$\Delta B = B_2 - B_1 \tag{2}$$

(3) 通过软件测得实际纤维劈裂的数量为 N，每一部分劈裂的最大长度为 C_N

$$\Delta C = C_1 + C_2 + \cdots + C_{N-1} + C_N \tag{3}$$

(4) 通过软件测得实际纤维劈裂的数量为 N，每一部分劈裂的面积为 D_N，则

$$\Delta D = D_1 + D_2 + \cdots + D_{N-1} + D_N \tag{4}$$

(5) 通过软件测得方位角 θ 对应的实际边界的曲率半径为 $R\theta$，理论边界的曲率半径为圆孔的曲率半径 RT，则

$$\Delta E = \int_0^{360} (R\theta - RT)\mathrm{d}\theta \tag{5}$$

本文提出总偏差的计算公式为：

$$\Delta S = a_1 \cdot \Delta A^{a_2} + b_1 \cdot \Delta B^{b_2} + c_1 \cdot \Delta C^{c_2} + d_1 \cdot \Delta D^{d_2} + e_1 \cdot \Delta E^{e_2} \tag{6}$$

本文编译了一个 C++程序筛选出最小总偏差：

```
#include <isotream>
#include <cstdio>
using namespace std;
float  pow( );
int main()
{int smin;
float min;
float  a[50] = { ΔA1～ΔA50};//中间缩略//
floatb[50]  = { ΔB1～ΔB50};//中间缩略//
floatc[50]  = { ΔC1～ΔC50};//中间缩略//
floatd[50]  = { ΔD1～ΔD50};//中间缩略//
floate[50]  = { ΔE1～ΔE50};//中间缩略//
float s[50],p1[50],p2[50],p3[50],p4[50],p5[50];
float a1,a2,b1,b2,c1,c2,d1,d2,e1,e2;
int i;
for(i = 0,i < 50, i = i + 1)
{p1[i] = float pow(a[i],a2);
p2[i] = float pow(b[i],b2);
p3[i] = float pow(c[i],c2);
p4[i] = float pow(d[i],d2);
p5[i] = float pow(e[i],e2);
s[i] = a1 * p1[i] + b1 * p2[i] + c1 * p3[i] + d1 * p4[i]
 + e1 * p5[i]};
min = s[0];
smin = 0;
for(i = 0,i <50,i = I + 1)
{if (s[i] < min)
min = s[i];
smin = I;}
printf(" %d",smin);
return 0;
```

3　钻孔位置度与精度分析

钻孔偏差分析

图 4 为钻孔偏差示意图。

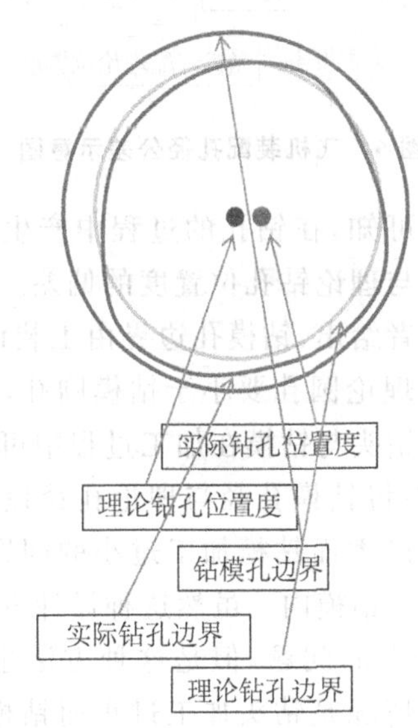

图 4　钻孔偏差示意图

图 5 为检验型架定位偏差示意图。

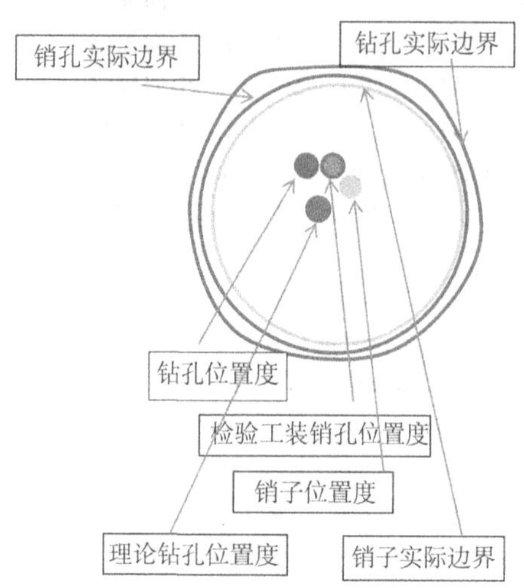

图 5 检验型架定位偏差示意图

图 6 为飞机装配孔径公差示意图。

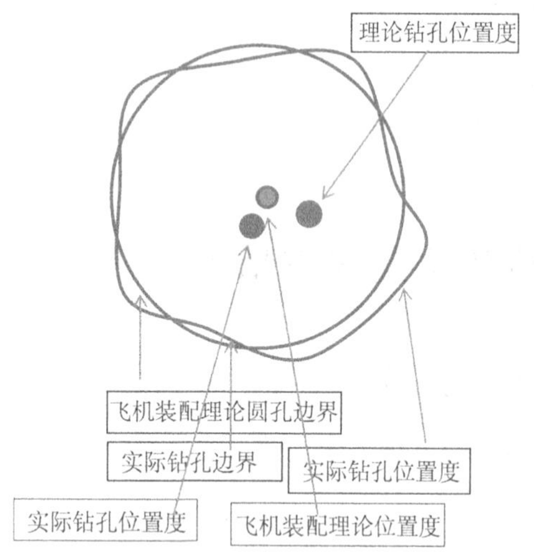

图 6 飞机装配孔径公差示意图

根据图 6 可知，在钻孔的过程中产生的偏差为实际钻孔位置度与理论钻孔位置度的偏差。理论钻孔边界由飞机设计者给出，钻模孔边界由工装设计者给出。根据上图可知理论圆孔要小于钻模圆孔，这是因为工装设计者考虑钻头与钻模在加工过程中可能存在合理误差，因此如果将钻模孔径与理论孔径设计成一致会出现钻头加工过大而钻模加工过小的问题，而这会导致钻头无法进入钻模内。虽然这种设计方法考虑到了实际生产过程中的问题，但是这种方法也存在弊端。其中一种典型情况是钻头加工过小而钻模加工过大，即使钻头与钻模都在理论范围之内，但这直接造成了钻孔位置度偏差过大。解决这一问题的方法是设计工装者依然按照扩大原则设计工装，通常钻模孔直径理论设计值在飞机设计者给出的孔径大小基础上扩大 0.1 mm。而钻模孔在机械加工的过程中按照负差控制，在钻头采购或加工过程中应该按照正差进行控制，而且需要保证二者的偏差之和小于 0.1 mm。这种方法既可以解决生产中钻头无法进入钻模孔的问题，又可以增大钻孔的精度。对钻孔过程中的工艺参数也应该进行控制。通过上文的三因素五水平正交试验与 C++程序可以得出最优工艺参数，涉及钻头材质、钻头形状、进给率与切削速度，最终对工艺过程进行控制。

飞机复合材料零件的贴胎度检测是对零件气动面精度的表征，因此准确对贴胎度进行测量至关重要。外形检测型架是进行贴胎度检测的重要工具之一，因此将零件在检验型架上定位这个过程十分重要。通常采用如图 5 所示的销子与销孔配合的方法来固定零件。在实际工装设计时需要考虑到操作的实际要求，即确保销子可以插进销孔内。因此在工装设计过程中使销子和销孔的直径保持一致，但在机械加工的过程中应该使销孔孔径按照负差控制，销子直径按照正差控制。零件在检验型架上定位必须使理论钻孔中心与销孔中心的间距在一定范围内。这需要对钻孔进行控制。钻头直径公差与钻模孔公差之和越接近 0.1 mm，越可以保证钻孔中心精度。在对检验型架的定位过程中还应该注意的一点是装配销孔时应该处于无应力状态。实际钻孔中心与理论钻孔中心的偏差过大会增大装配销子时的应力。此外，销子的外轮廓未包含在钻孔的实际边界时，也会产生装配应力。装配应力过大时，会对零件产生形变作用，无法准确表征贴胎度。

飞机装配时应该保证理论钻孔中心与装配位置中心重合。通常，如果钻孔工艺误差过大，会造成飞机装配公差过大和飞机装配应力过大。

4 结 论

通过上文可以得知，通过正交试验和制造随炉件的方法，并使用分析软件和计算机程序可以确定最佳工艺组合。

加工工装钻模孔径应该按照负差来控制，加工钻头应该按照正差来控制，且需要确保这两个公差之和小于 0.1 mm。检验型架的销孔与销子同样需要遵守这一标准。销孔与销子的设计直径应该小于钻模孔径。

参考文献

[1] F·C·坎贝尔. 先进复合材料的制造工艺[M]. 戴棣,朱月琴,译. 上海:上海交通大学出版社,2016:328-350.

[2] 辛志杰. 先进复合材料加工技术与实例[M]. 北京:化学工业出版社,2015:144-168.

[3] 谢富原. 先进复合材料制造技术[M]. 北京:航空工业出版社,2017:231-251.

[4] 孟宪超. 碳纤维复合材料钻孔加工工艺研究[D]. 大连:大连理工大学,2005.

基于不相关转换的被动目标跟踪

孙优[1]，兰剑[2]，张英杰[2]

1. 航空工业一飞院，阎良 710089

2. 西安交通大学电子信息工程学院，西安 710049

摘要：对于只有角度信息而无径向距离信息的被动目标跟踪问题成为纯角度跟踪问题。现有的纯角度跟踪技术由于受线性最小均方误差估计框架的限制，使其跟踪性能受到限制。因此，本文提出了将不相关转换技术用于这类纯角度被动目标跟踪问题中，打破线性估计器的框架，充分利用目标的角度量测信息，在现有的跟踪方法的基础上，解决跟踪精度受限制的问题。

关键词：被动目标跟踪；非线性滤波；纯角度跟踪；不相关转换

Uncorrelated Conversion Based Passive Target Tracking

SUN You[1], LAN Jian[2], ZHANG Yingjie[2]

1. AVIC The First Aircraft Institute, Yanliang 710089, China

2. Xi'an Jiaotong University School of Electronics and Information Engineering, Xi'an 710049, China

Abstract: For the passive target tracking problem, we only get the azimuth and elevation and cannot get the range information of the target. So it is called an angle-only target tracking problem. The existing methods toward the angle-only target tracking are constrained by the frame of the linear minimum mean square estimation, so their tracking performance is also confined. Therefore this paper comes up with a new method to this kind of angle-only target tracking problem which utilizes the uncorrelated conversion technology to break the linear frame and fully uses the information contained in the measurements. It solves the problem of confined tracking. performance based on the existing tracking methods.

Keywords: passive target tracking; nonlinear filtering; angle-only tracking; uncorrelated conversion

在许多实际应用中均存在利用单个移动传感器所获得受噪声影响的方位角和俯仰角量测信息，对三维空间中的被动目标进行跟踪的问题。对于只有角度量测的被动目标跟踪问题来说，传感器机动大于目标机动是目标状态估计的必要条件。针对二维空间的纯角度跟踪问题[1]，学者们已经提出了许多解决方法，并已将这些方法扩展到三维问题中。对于纯角度跟踪问题，一般传统方法是在笛卡尔坐标系下进行跟踪，例如笛卡尔坐标系下的扩展卡尔曼滤波器等，但是这种方法性能会由于协方差矩阵的崩溃而变差。因此一些学者提出修正球坐标系[2]，并在该坐标系中使用常见的扩展卡尔曼滤波器和无迹滤波器解[3][4]决纯角度跟踪问题，例如，修正球坐标系下的扩展卡尔曼滤波器和修正球坐标系下的无迹滤波器[5][6]。从本质上来说，上述的所有用来解决 3D 纯角度跟踪问题的滤波器都可以看做是对线性最小均方误差估计器的近似，只是近似方法不同而已。AOT 问题是一个高度非线性的问题，而 LMMSE 估计器[7][8]只有当状态和量测服从联合高斯分布的时候才是全局最优的，因而上述滤波器的估计性能受制于目标均值和协方差矩阵的精确度以及线性的滤波框架。不相关转换滤波器 UCF[9]由于打破了线性跟踪框架并可以抽取更多的量测信息使得其跟踪性能优于原始的 LMMSE 估计器。

综合考虑修正球坐标系下无迹滤波器和 UCF 的优越性能，我们将这两者结合起来提出了一种新型三维纯角度被动目标跟踪滤波器——MUF-UCF（Unscented Uncorrelated Conversion Based Filter in MSC），并通过仿真结果说明了本文所提算法的有效性。

1 三维被动目标跟踪问题描述

对于三维 AOT 问题，首先提出三个假设[2]：

(1) 假设目标在三维空间中做非机动运动，并可以得到其俯仰角和方位角量测信息。

(2) 目标在三维空间中按照近似匀速直线模型(Nearly Constant Velocity Module, NCVM)运动。

(3) 传感器运动是确定的，目标状态定义于跟踪器坐标(T frame)，传感器做机动运动并确保目标运动的可观性。

三维 AOT 问题中，目标状态被定义在 T 坐标系中，其 X，Y，Z 坐标轴分别表示当地东北天方向，目标方位角和俯仰角如图 1 所示。

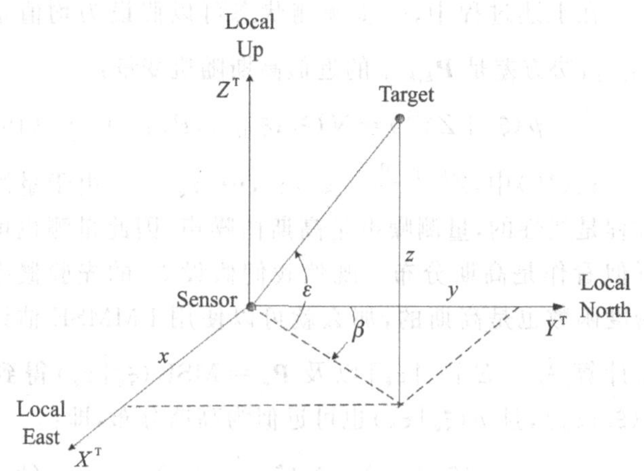

图 1 跟踪器坐标系定义

1.1 笛卡尔坐标系下问题描述

笛卡尔坐标系下，目标和传感器的在 T 坐标系中的状态如下所示：

$$x^t = [x^t \quad y^t \quad z^t \quad \dot{x}^t \quad \dot{y}^t \quad \dot{z}^t]$$

$$x^o = [x^o \quad y^o \quad z^o \quad \dot{x}^o \quad \dot{y}^o \quad \dot{z}^o]$$

目标在 T 坐标系中的相对状态为：

$$\boldsymbol{x} = \boldsymbol{x}^t - \boldsymbol{x}^o$$

令 $\boldsymbol{x} = [x \quad y \quad z \quad \dot{x} \quad \dot{y} \quad \dot{z}]^{\mathrm{T}}$ 表示目标在 T 坐标系中的相对笛卡尔状态向量，则目标的径向距离为：

$$r = \sqrt{x^2 + y^2 + z^2}$$

在相对笛卡尔坐标系中，目标的动态模型表示为：

$$\boldsymbol{x}_k = \boldsymbol{F}_{k-1}\boldsymbol{x}_{k-1} + \boldsymbol{w}_{k-1} - \boldsymbol{u}_{k-1} \tag{1}$$

式中：$\boldsymbol{F}_{k-1}$ 为状态转移矩阵，$\boldsymbol{w}_{k-1}$ 的均值为零。

$$\boldsymbol{F}_{k-1} = \begin{bmatrix} 1 & T \\ 0 & 1 \end{bmatrix} \otimes \boldsymbol{I}_3 \tag{2}$$

$$\boldsymbol{Q}_{k-1} = \begin{bmatrix} T^3/3 & T^2/2 \\ T^2/2 & T \end{bmatrix} \otimes \mathrm{diag}(q^x, q^y, q^z) \tag{3}$$

式(1)和(2)中，$\otimes$为克罗内积，$\boldsymbol{I}_3$ 为单位矩阵，q^x、q^y、q^z 为能量谱密度，$\boldsymbol{Q}_{k-1}$ 为协方差矩阵高斯过程噪声，T 为采样间隔。

传感器的转弯速率用 ω_k^o 表示，当 $\omega_k^o = 0$ 时传感器做匀速直线运动，否则做匀转弯运动，传感器的输入向量 $\boldsymbol{u}_{k-1}$ 为：

$$\boldsymbol{u}_{k-1} = \boldsymbol{x}_k^o - \boldsymbol{F}_{k-1}\boldsymbol{x}_{k-1}^o \tag{4}$$

在本文中，我们假设传感器只做匀速运动和匀转弯运动。既然传感器的运动是已知确定的，则其动态方程没有过程噪声，式(3)给出了匀速直线运动的状态转移矩阵，匀转弯运行的状态转移矩阵如下所示：

$$\boldsymbol{F}^{\mathrm{CT}}(T, \omega) = \begin{bmatrix} 1 & 0 & 0 & \sin(\omega T)/\omega & -[1-\cos(\omega T)]/\omega & 0 \\ 0 & 1 & 0 & [1-\cos(\omega T)]/\omega & \sin(\omega T)/\omega & 0 \\ 0 & 0 & 1 & 0 & 0 & T \\ 0 & 0 & 0 & \cos(\omega T) & -\sin(\omega T)/\omega & 0 \\ 0 & 0 & 0 & \sin(\omega T) & \cos(\omega T) & 0 \\ 0 & 0 & 0 & 0 & 0 & 1 \end{bmatrix} \tag{5}$$

其相对笛卡尔坐标系下的量测方程为：

$$\boldsymbol{z}_k = \boldsymbol{h}_k(\boldsymbol{x}_k) + \boldsymbol{v}_k \tag{6}$$

式(6)中，

$$\boldsymbol{h}_k(\boldsymbol{x}_k) = \begin{bmatrix} \beta_k \\ \varepsilon_k \end{bmatrix} = \begin{bmatrix} \arctan(x_k, y_k) \\ \arctan(z_k, \sqrt{x_k^2 + y_k^2}) \end{bmatrix} \tag{7}$$

$$\beta_k \in [0, 2\pi], \varepsilon_k \in [-\pi/2, \pi/2]$$

$\boldsymbol{v}_k$ 是均值为零的高斯噪声，其协方差矩阵为：

$$\boldsymbol{R}_k = \mathrm{diag}(\sigma_\beta^2, \sigma_\varepsilon^2) \tag{8}$$

式中：σ_β^2 为方位角量测协方差；σ_ε^2 为俯仰角量测协方差。

1.2 修正球坐标系下问题描述

在修正球坐标系中，目标相对状态向量[2]定义如下：

$$\xi_k = [\xi_1 \quad \xi_2 \quad \xi_3 \quad \xi_4 \quad \xi_5 \quad \xi_6] = \begin{bmatrix} \omega_k & \dot{\varepsilon}_k & \zeta_k & \beta_k & \varepsilon_k & \dfrac{1}{r_k} \end{bmatrix} \tag{9}$$

式中，

$$\omega_k = \cos(\varepsilon_k)\beta_k \tag{10}$$

$$\zeta_k = \ln(r_k), \zeta_k = \frac{\dot{r}_k}{r_k} \tag{11}$$

令 $f_C^{MSC}:\mathbb{R}^6\to\mathbb{R}^6$ 表示从相对笛卡尔坐标系到修正球坐标系的转换，相似地，令表示从修正球坐标系到相对笛卡尔坐标系的转换。

$$\xi_k = f_C^{MSC}(\boldsymbol{x}_k) \tag{12}$$

$$\boldsymbol{x}_k = f_{MSC}^C(\xi_k) \tag{13}$$

$f_C^{MSC}:\mathbb{R}^6\to\mathbb{R}^6$ 和 $f_{MSC}^C:\mathbb{R}^6\to\mathbb{R}^6$ 的定义可以参考文献[2]。因此我们可以使用三个嵌套函数 $f_C^{MSC}(\cdot)$，$f_{MSC}^C(\cdot)$ 和 F_{k-1} 表示从 ξ_{k-1} 到 ξ_k 的递推过程。

通过上述推导，我们可以得到修正球坐标系下的动态方程，如下：

$$\begin{aligned}\xi_k &= f_C^{MSC}[\boldsymbol{F}_{k-1}f_{MSC}^C(\xi_{k-1})+\boldsymbol{w}_{k-1}-\boldsymbol{u}_{k-1}]\\ &= b(\xi_{k-1},\boldsymbol{w}_{k-1},\boldsymbol{u}_{k-1})\end{aligned} \tag{14}$$

值得注意的是，式(14)中的过程噪声是非线性转换。

修正球坐标系下的量测方程如下：

$$\boldsymbol{z}_k = \boldsymbol{H}_k\xi_k + \boldsymbol{v}_k \tag{15}$$

$$\boldsymbol{H}_k = \begin{bmatrix}0&0&0&1&0&0\\0&0&0&0&1&0\end{bmatrix} \tag{16}$$

2 修正球坐标系下的无迹滤波器

对于三维空间中的 AOT 问题，通常有两类解决方法：一类是相对笛卡尔坐标系下的 LMMSE 估计器，如 CEKF 和 CUF；另一类是修正球坐标系下的 LMMSE 估计器，如 MEKF 和 MUF，而参考文献[10]证明了后者的性能优于前者。

对于高非线性问题，UF 利用无迹变换计算 LMMSE 估计器中所需要的前一、二阶矩，相较于 EKF，其避免计算雅可比矩阵并计算精度更高，因而其性能远优于 EKF 的性能。根据参考文献[10]可知，修正球坐标系下的无迹滤波器性能优于相对笛卡尔坐标系下无迹滤波器的性能。

修正球坐标系下无迹滤波算法

针对 AOT 问题，MUF 假设先验均值 $\xi_{k-1|k-1}$ 以及协方差矩阵 $\boldsymbol{P}_{k-1|k-1}$ 和量测 $\boldsymbol{z}_k$ 均已知。无迹变换中需要对一、二维随机变量进行非线性变换，因而需要使用 25 个 sigma 点，权值为 $\omega_0=\dfrac{\kappa}{12+\kappa}$，$\omega_i=\dfrac{1}{2\times(12+\kappa)}$，$i=1,2,\cdots,24,\kappa=9$，可以使用非线性函数(14)计算 sigma 点 $\Xi_{k,i}$ 以及转换后的 sigma 点 $E_{k,i}=b(\Xi_{k,i},\boldsymbol{u}_{k-1},\boldsymbol{w}_{k,i})$，其中 $\boldsymbol{w}_{k,i}$ 是采样噪声。

MUF 具体算法流程如下：

(1) 一步预测：

$$\begin{cases}E_{k,i}=b(\Xi_{k,i},\boldsymbol{u}_{k-1},\boldsymbol{w}_{k,i})\\ \hat{\xi}_{k|k-1}=\sum\limits_{i=0}^{24}\omega_iE_{k,i}\\ \boldsymbol{P}_{k-1|k-1}=\sum\limits_{i=0}^{24}\omega_i(E_{k,i}-\hat{\xi}_{k|k-1})(E_{k,i}-\hat{\xi}_{k|k-1})^{\mathrm{T}}\end{cases} \tag{17}$$

(2) 更新：

$$\begin{cases}\boldsymbol{S}_k=\boldsymbol{H}_k\boldsymbol{P}_{k|k-1}\boldsymbol{H}_k^{\mathrm{T}}+\boldsymbol{R}_k\\ \boldsymbol{K}_k=\boldsymbol{P}_{k|k-1}\boldsymbol{H}_k^{\mathrm{T}}\boldsymbol{S}_k^{-1}\\ \hat{\xi}_k=\hat{\xi}_{k|k-1}+\boldsymbol{K}_k(\boldsymbol{z}_k-\boldsymbol{H}_k\hat{\xi}_{k|k-1})\\ \boldsymbol{P}_k=\boldsymbol{P}_{k|k-1}-\boldsymbol{K}_k\boldsymbol{S}_k\boldsymbol{K}_k^{\mathrm{T}}\end{cases} \tag{18}$$

在上述过程中，一步预测状态可以假设为均值是 $\hat{\xi}_{k|k-1}$，协方差是 $\boldsymbol{P}_{k|k-1}$ 的近似高斯随机变量：

$$p(\xi_k \mid Z^{k-1})=N(\xi_k;\hat{\xi}_{k|k-1},P_{k|k-1}) \tag{19}$$

式(19)中，$Z^{k-1}\overset{\text{def}}{=\!=}\{z_1,z_2,\cdots,z_{k-1}\}$。由于量测方程是线性的，量测噪声是高斯白噪声，因此量测也可近似看作是高斯分布。既然我们假设 ξ_k 的先验概率密度函数也是高斯的，那么就可以使用 LMMSE 估计器计算 $\hat{\xi}_k=E[\hat{\xi}_k|z_k]$ 以及 $\boldsymbol{P}_k=\mathrm{MSE}(\hat{\xi}_k|z_k)$ 得到 $p(\xi_k|z_k)$，且 $p(\xi_k|z_k)$ 也可近似为高斯分布，即：

$$p(\xi_k \mid z_k)=N(\xi_k;\hat{\xi}_k,P_k) \tag{20}$$

然而，AOT 问题中的动态方程是高度非线性的，因此式(19)是非高斯的，从而导致量测也是非高斯的。由于 LMMSE 估计器只有在高斯假设成立的情况下才是最优的，因此在这种情况下使用上述 LMMSE 估计器获得 $\hat{\xi}_k$ 和 P_k 会产生很大的误差。

3 修正球坐标系下无迹不相关转换滤波器

根据参考文献[9]可知，UCF 具有更好的估计性能，并可以提供更加精确的计算后验概率密度函数时所需要的前一、二阶矩。而 MUF 具有自身本质上的估计缺陷。因此，本文提出一种新型的解决 AOT 问题的估计算法——MUF-UCF。该算法结合了 UCF 和 MUF 的优点，可以有效提高估计性能。

在 LMMSE 框架下，可以直接获得不相关转换滤波器(UCF)。假设 $k-1$ 时刻的状态估计 $\hat{\boldsymbol{x}}_{k-1}$ 与协方

差矩阵 $\boldsymbol{P}_{k-1}$ 已知，则不相关转换滤波器具体算法流程如下：

步骤 1：给定滤波器初始条件 $\hat{\boldsymbol{x}}_0, \boldsymbol{P}_0, \boldsymbol{Q}_0, \boldsymbol{R}_0$。

步骤 2：利用无迹变换或 GHQ 等方法，基于状态方程，计算一步预测状态 $\hat{\boldsymbol{x}}_{k|k-1}$ 和一步预测协方差 $\boldsymbol{P}_{k|k-1}$。

步骤 3：利用与计算状态一步预测和 MSE 矩阵 $\boldsymbol{P}_{k|k-1}$ 相同的数值方法，基于量测方程，计算量测一步预测 $\hat{z}_{k|k-1}$ 及其协方差矩阵 $\boldsymbol{P}^{z}_{k|k-1}$，以及状态与量测之间的互协方差矩阵。

步骤 4：根据文献[9]定理 3 生成 UC：

$$\boldsymbol{y}_k = g_k^{\mathrm{UC}}(\boldsymbol{z}_k) \tag{21}$$

步骤 5：量测扩维：

$$z^a \xlongequal{\text{def}} [\boldsymbol{z}^{\mathrm{T}} \quad \boldsymbol{y}^{\mathrm{T}}]^{\mathrm{T}}$$

利用数值方法，计算 $\boldsymbol{x}_k$ 和 $\boldsymbol{z}_k^a$ 的互协方差 $\boldsymbol{P}_k^{xz^a}$，z_k^a 的自协方差 $\boldsymbol{P}_k^{xz^a}$ 以及 $\hat{\boldsymbol{y}}_k = E(\boldsymbol{y}_k)$。

步骤 6：状态更新：

$$\hat{\boldsymbol{x}}_k = \hat{\boldsymbol{x}}_{k|k-1} + \boldsymbol{P}_k^{xz^a}(\boldsymbol{P}_k^{z^a})^{-1}(\boldsymbol{z}_k^a - [\hat{\boldsymbol{z}}_{k|k-1}^{\mathrm{T}} \quad \hat{\boldsymbol{y}}_k^{\mathrm{T}}]^{\mathrm{T}}) \tag{22}$$

$$\boldsymbol{P}_k = \boldsymbol{P}_{k|k-1} - \boldsymbol{P}_k^{xz^a}(P_k^{z^a})^{-1}\boldsymbol{P}_k^{xz^a} \tag{23}$$

3.1 修正球坐标系下无迹不相关转换滤波算法

根据参考文献[9]中的定理 3，我们可以使用不相关转换 $\boldsymbol{y}_k = g_k(\boldsymbol{z}_k)$ 对量测进行扩维，得到扩维后的量测 $\boldsymbol{z}_k^a \triangleq [z_k^{\mathrm{T}} \quad \boldsymbol{y}^{\mathrm{T}} v]^{\mathrm{T}}$。利用式(22)和式(23)可以计算得到前一二阶矩，如下：

$$\hat{\xi}_k = \hat{\xi}_{k|k-1} + \boldsymbol{P}_{\xi z^a}(\boldsymbol{P}_{z^a})^{-1}(\boldsymbol{z}_k^a - [\hat{\boldsymbol{z}}_{k|k-1}^{\mathrm{T}} \quad \hat{\boldsymbol{y}}_k^{\mathrm{T}}]^{\mathrm{T}}) \tag{24}$$

$$\boldsymbol{P}_k = \boldsymbol{P}_{k|k-1} - \boldsymbol{P}_{\xi z^a}(\boldsymbol{P}_{z^a})^{-1}\boldsymbol{P}_{\xi z^a}^{\mathrm{T}} \tag{25}$$

式中 $\hat{\boldsymbol{y}}_k = E[\hat{\boldsymbol{y}}_k]$。

根据式(36)可知，MSE(25)小于 MSE(18)。换句话说，$\hat{\xi}_k$(24)比 $\hat{\xi}_k$(18)更精确，更加接近于全局最优估计——MMSE 估计 $E[\xi_k|z_k]$。

MUF-UCF 的具体算法流程如下：

在 k 时刻，MUF-UCF 的输入是 $\hat{\xi}_{k-1}, \boldsymbol{P}_{k-1}$ 和 z_k，输出是 $\hat{\xi}_k$ 和 $\boldsymbol{P}_k$。

步骤 1：初始化。

在 $k=1$ 时刻使用量测 z_1 以及目标径向距离和速度的先验信息进行初始化。我们可以使用向量 $\boldsymbol{\phi} = [\beta \quad \varepsilon \quad r \quad s \quad \alpha \quad \gamma]^{\mathrm{T}}$ 完全表示目标在 $k=1$ 时刻的状态，其中 β 是偏航角，ε 是俯仰角，r 是径向距离，s 是速度，α 是偏航角的航向，γ 是俯仰角的航向。给定 z_1 以及径向距离和速度的先验信息 $\boldsymbol{\phi}$ 的分布为：

$$\phi_1 \mid z_1 \sim N(\phi_1; \hat{\phi}_1, P_1) \tag{26}$$

式中，

$$\hat{\phi}_1 = [\bar{\beta} \quad \bar{\varepsilon} \quad \bar{r} \quad \bar{s} \quad \bar{\alpha} \quad \bar{\gamma}]^{\mathrm{T}} \tag{27}$$

$$P_1 = \mathrm{diag}(\sigma_\beta^2, \sigma_\varepsilon^2, \sigma_r^2, \sigma_s^2, \sigma_\alpha^2, \sigma_\gamma^2) \tag{28}$$

我们假设初始径向距离先验 r 和初始速度先验 s 均为高斯分布，且 α 和 γ 也服从高斯分布。公式(26)是笛卡尔坐标系和修正球坐标系中，AOT 跟踪算法的基础。具体计算细节可以参考文献[2]。

步骤 2：一步预测。

根据式(14)可知动态模型是高度非线性的且噪声是非加性非高斯的。因此量测也为非高斯的。我们首先构建扩维状态 $\xi_{k-1}^a = [\xi_{k-1}^{\mathrm{T}} \quad \boldsymbol{w}_{k-1}^{\mathrm{T}} \quad \boldsymbol{v}_k^{\mathrm{T}}]^{\mathrm{T}}$。sigma 采样点数为 $n = 2\times14+1 = 29$ 并只进行一次采样，避免量测近似为高斯分布。

1. 状态预测

将扩维状态变量定义为 $\xi_{k-1}^a = [\xi_{k-1}^{\mathrm{T}} \quad \boldsymbol{w}_{k-1}^{\mathrm{T}} \quad \boldsymbol{v}_k^{\mathrm{T}}]^{\mathrm{T}}$。$\breve{\xi}_{k-1}^a = [\hat{\xi}_{k-1}^{\mathrm{T}} \quad \bar{\boldsymbol{w}}_{k-1}^{\mathrm{T}} \quad \bar{\boldsymbol{v}}_k^{\mathrm{T}}]^{\mathrm{T}}$ 和 $\breve{P}_k = \mathrm{diag}(P_{k-1}, Q_{k-1}, R_k)$ 分别表示其均值和协方差矩阵。其中 $\bar{\boldsymbol{w}}_{k-1} = 0_{n_w\times1}$，$\bar{\boldsymbol{v}}_k = 0_{n_v\times1}$。

基于 $\breve{\xi}_{k-1}^a$ 和 $\breve{P}^k$ 利用确定性采样生成 sigma 点 $\{\boldsymbol{\chi}_{k-1}^{i,a}\}_{i=0}^{2n}$，计算一步预测和其协方差矩阵，如下：

$$\hat{\boldsymbol{\chi}}_{k|k-1}^{i,\xi} = b(\boldsymbol{\chi}_{k-1}^{i,\xi}, \boldsymbol{\chi}_{k-1}^{i,w}, \boldsymbol{u}_{k-1}) \tag{29}$$

$$\hat{\xi}_{k|k-1} = \sum_{i=0}^{2n}\omega_i\hat{\boldsymbol{\chi}}_{k|k-1}^{i,\xi} \tag{30}$$

$$P_{k|k-1} = \sum_{i=0}^{2n}\omega_i(\hat{\boldsymbol{\chi}}_{k|k-1}^{i,\xi} - \hat{\xi}_{k|k-1})(\hat{\boldsymbol{\chi}}_{k|k-1}^{i,\xi} - \hat{\xi}_{k|k-1})^{\mathrm{T}} \tag{31}$$

2. 生成扩维量测

使用上面所计算的 sigma 点，对量测进行一步预测，并计算其协方差矩阵：

$$\hat{\boldsymbol{Z}}_{k|k-1}^i = H_k\boldsymbol{\chi}_{k-1}^{i,\xi} + \boldsymbol{\chi}_{k|k-1}^{i,v} \tag{32}$$

$$\hat{z}_{k|k-1} = \sum_{i=0}^{2n}\omega_i\hat{\boldsymbol{Z}}_{k|k-1}^i \tag{33}$$

$$\boldsymbol{S}_{k|k-1} = \sum_{i=0}^{2n}\omega_i(\hat{\boldsymbol{Z}}_{k|k-1}^i - \hat{z}_{k|k-1})(\hat{\boldsymbol{Z}}_{k|k-1}^i - \hat{z}_{k|k-1})^{\mathrm{T}} \tag{34}$$

基于量测一步预测 $\hat{z}_{k|k-1}$ 和量测 z_k 生成不相关转

换：

$$\boldsymbol{y}_k = g(\boldsymbol{z}_k - \hat{\boldsymbol{z}}_{k|k-1}) \tag{35}$$

根据参考文献[9]中的定理 3，$g(\cdot)$可以是如下形式：

$$\boldsymbol{y}_k = (\boldsymbol{z}_k - \hat{\boldsymbol{z}}_{k|k-1})^{\mathrm{T}}(\boldsymbol{z}_k - \hat{\boldsymbol{z}}_{k|k-1}) \tag{36}$$

扩维后的量测可以写为：

$$\boldsymbol{z}_k^a \stackrel{\text{def}}{=\!=} [\boldsymbol{z}_k^{\mathrm{T}} \quad \boldsymbol{y}_k^{\mathrm{T}}]^{\mathrm{T}} \tag{37}$$

步骤 3：状态更新。

(1) 使用一步预测的结果：$\hat{\xi}_{k|k-1}$，$P_{k|k-1}$，$\hat{\boldsymbol{Z}}_{k|k-1}^i$ 和 $\hat{z}_{k|k-1}$ 可以进行如下更新：

(2) 计算扩维量测的期望。

根据 sigma 点和公式(32)可得：

$$\breve{y}_{k|k-1}^i = g(\hat{\boldsymbol{Z}}_{k|k-1}^i - \hat{z}_{k|k-1}) \tag{38}$$

$$\breve{z}_{k|k-1}^{i,a} = [(\hat{\boldsymbol{Z}}_{k|k-1}^i)^{\mathrm{T}} \quad (\breve{y}_{k|k-1}^i)^{\mathrm{T}}]^{\mathrm{T}} \tag{39}$$

$$\hat{z}_{k|k-1}^a = \sum_{i=0}^{2n} \omega_i \breve{z}_{k|k-1}^{i,a} \tag{40}$$

3. 计算前一、二阶矩

ξ_k 和 $\boldsymbol{z}_k^a$ 之间的互协方差矩阵 $\boldsymbol{P}_{\xi z^a}$ 以及 $\boldsymbol{z}_k^a$ 的协方差矩阵 $\boldsymbol{P}_{z_k^a}$ 计算如下：

$$\boldsymbol{P}_{\xi z^a} = \sum_{i=0}^{2n} \omega_i (\hat{\boldsymbol{\chi}}_{k|k-1}^{i,\xi} - \hat{\xi}_{k|k-1})(\breve{\boldsymbol{z}}_{k|k-1}^{i,a} - \hat{\boldsymbol{z}}_{k|k-1}^a)^{\mathrm{T}} \tag{41}$$

$$\sum_{i=0}^{2n} \omega_i (\breve{\boldsymbol{z}}_{k|k-1}^{i,a} - \hat{\boldsymbol{z}}_{k|k-1}^a)(\breve{\boldsymbol{z}}_{k|k-1}^{i,a} - \hat{\boldsymbol{z}}_{k|k-1}^a)^{\mathrm{T}} \tag{42}$$

基于式(22)和(23)计算更新的状态及其协方差矩阵：

$$\hat{\xi}_k = \hat{\xi}_{k|k-1} + \boldsymbol{P}_{\xi z^a}(\boldsymbol{P}_{z^a})^{-1}(z_k^a - \hat{z}_{k|k-1}^a) \tag{43}$$

$$\boldsymbol{P}_k = \boldsymbol{P}_{k|k-1} - \boldsymbol{P}_{\xi z^a}(\boldsymbol{P}_{z_k^a})^{-1}\boldsymbol{P}_{\xi z^a}^{\mathrm{T}} \tag{44}$$

比较可知 MSE(44)小于 MSE(18)，这说明 MUF-UCF 的性能优于 MUF。根据参考文献[9]中的定理 3 可以构造许多 UC 来解决不同的非线性滤波问题。

4 仿真分析

本实验场景使用的是测评针对 AOT 问题的滤波算法的典型场景，目标的初始化参数如表 1 所列。

目标做匀速直线运动，初始径向距离为 138 km，初始偏航角为 45°，初始俯仰角为 −0.415°，目标高度为 9 km，速度为 297 m/s，在 z 平面上的速度为 0，其在笛卡尔坐标系下的初始位置和速度均可由表 1 计算得出，分别为$(138/\sqrt{2}, 138/\sqrt{2}, 9)$和 $297/\sqrt{2}(-1, -1, 0)$。目标在一个平行于 XY 平面高 9 km 的平面内以 NCV 模型运动。

表 1　目标初始化参数

变　量	值
ρ_1/km	138.0
β_1/°	45.0
ε_1/°	−0.415
z_1^t/km	9.0
s_1/(m·s^{-1})	297.0
c_1/°	−135.0
$\dot{z}_1^t$(km)	0.0

传感器的运动是已知的，它在一个平行于 XY 平面高 10 km 的平面内做 CV 和 CT 交替运动，具体运动模式如表 2 所列。

表 2　传感器运动状态

时间区间 /s	时间间隔 /s	转弯角度 /rad	运动模式	转弯角速度 /(rad·s^{-1})
[0,15]	15	0	CV	0
[15,31]	16	−π/4	CT	−π/64
[31,43]	12	0	CV	0
[43,75]	32	π/2	CT	−π/64
[75,86]	11	0	CV	0
[86,102]	16	−π/4	CT	−π/64
[102,210]	108	0	CV	0

目标和传感器的运动轨迹如图 2 所示。

本文在高噪声(噪声协方差为 85 mrad)和低噪声(噪声协方差为 35 mrad)情况下，对 MUF，MUF-UCF 以及 CUF 分别进行 100 次蒙特卡洛实验，对其位置和速度的均方根误差(RMSE)进行了比较，比较结果如图 3～图 6 所示。

如图 3、图 4 所示，在低噪声情况下，无论是目标位置均方根误差还是目标速度均方根误差，本文所提的 MUF-UCF 的估计性能相较于笛卡尔坐标系下的无迹滤波算法和修正球坐标系下的无迹滤波算法而言均有所提升。

如图 5、图 6 所示，在高噪声情况下，MUF-UCF 的估计性能均为最好的，相较于低噪声情况下，MUF-UCF 性能提升显著，这说明在传感器精度不高的情况

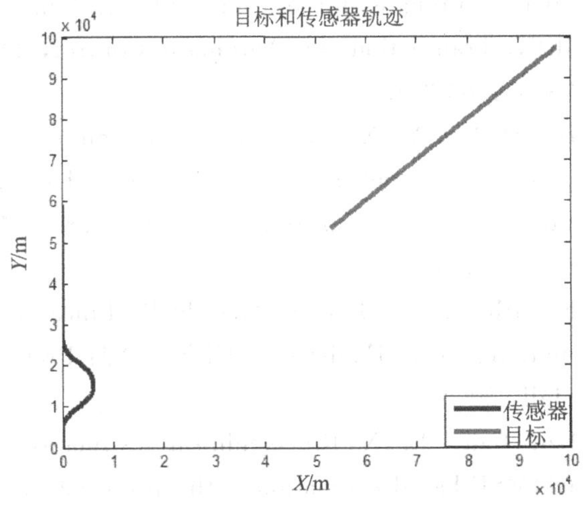

图 2 目标和传感器轨迹

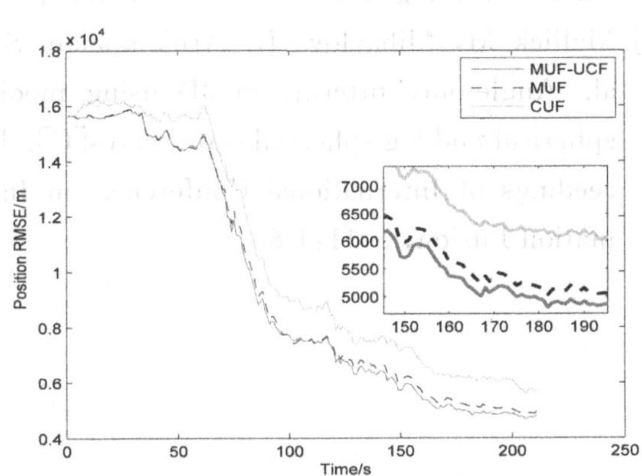

图 3 量测噪声标准差为 35 mrad 时，目标位置 RMSE(m)

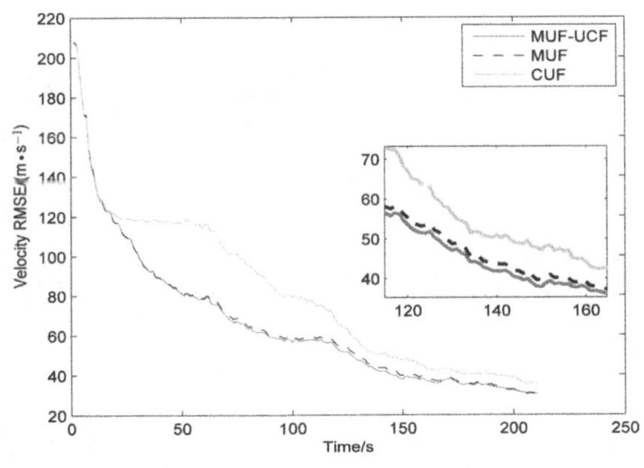

图 4 量测噪声标准差为 35 mrad 时，目标速度 RMSE(m/s)

下，MUF-UCF 仍然能够有效地抽取量测中更多的信息从而提高性能。

5 结 论

(1) 针对三维 AOT 问题传统滤波算法，比如

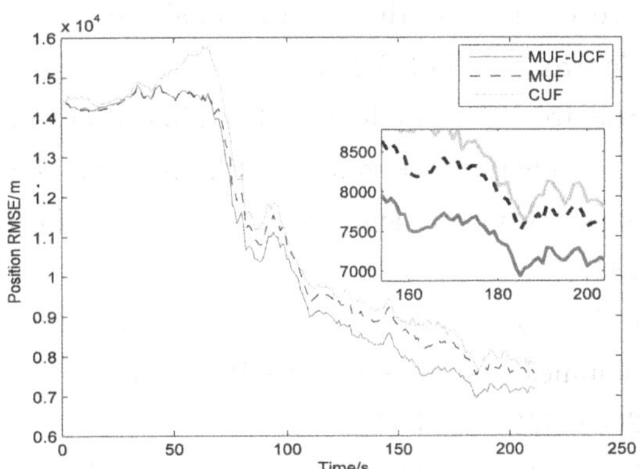

图 5 量测噪声标准差为 85 mrad 时，目标位置 RMSE(m)

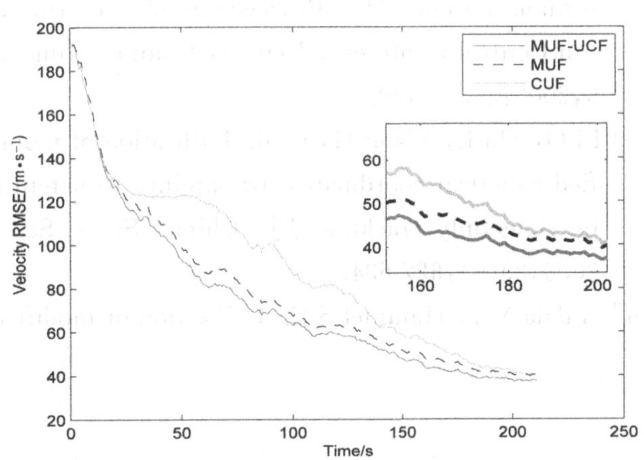

图 6 量测噪声标准差为 85 mrad 时，目标速度 RMSE(m/s)

CEKF，CUF，MEKF 和 MUF 中，MUF 的性能最好。

(2) MUF 的本质还是对 LMMSE 估计器的近似，在高斯假设不成立的情况下，该算法不能达到全局最优，这说明其仍有改进空间。

(3) 考虑现存算法的局限性以及 UCF 的优越性，本文将 MUF 与 UCF 相结合提出一种新型的解决 AOT 的滤波算法——MUF-UCF。该方法结合了修正球坐标系下滤波算法的解耦性，无迹滤波器自身的有效性以及不相关转换滤波器的先进性。对量测数据首先进行不相关转换，将转换量测与原始量测扩维，再利用扩维后的量测进行目标跟踪。这样做打破了原有 MUF 估计器的线性框架，将估计范围从线性估计扩展到非线性估计，在更大的空间中计算得到目标状态的更好估计，使得跟踪精度得到有效提高。仿真结果也进一步说明了本文所提方法的有效性。

参考文献

[1] Zhang Q, Park S H, Song T L. Improved 3D angle-only target tracking with smoothing[C].

Proceedings of the International Conference on Control, 2017:238-243.

[2] Stallard D V. Angle-only Tracking filter in modified spherical coordinates[J]. Journal of Guidance, Control and Dynamic, 1991, 14 (3): 694-696.

[3] Julier S J, Uhlmann J K. Unscented filtering and nonlinear estimation[J]. Proceeding of IEEE, 2004,92(3):401-422.

[4] Joseph J, Jr LaViola. A comparison of unscented and extended kalman filtering for estimating quaternion motion[C]// Proceedings of the American Control Conference Denver, Colorado June 4-6,2003:2435-2440.

[5] Li Q, Shi L, Wang H, et al. Utilization of modified spherical coordinates for satellite to satellite bearings-only tracking[J]. China, Space Sci., 2009,29(6):627-634.

[6] Aidala V J, Hammel S E. Utilization of modified polar coordinates for bearings-only tracking[J]. IEEE Transactions on Automatic Control,1983, 28(3):283-294.

[7] Bar-Shalom Y, X Rong Li, Kirubarajan T. Estimation with applications to tracking and navigation: Theory, Algorithms and Software[M]. New York:Wiley, 2001.

[8] Kailath T, Sayed A H, Hassibi B. Linear Estimation[M]. Englewood Cliffs, NJ: Prentice-Hall, 2000.

[9] Lan Jian, Li X R. Nonlinear estimation by LMMSE-based estimation with optimized uncorrelated augmentation[J]. IEEE Transactions on Signal Processing,2015,63(16):4270-4283.

[10] Mallick M, Mihaylova L, Arulampalam S, et al. Angle-only filtering in 3D using modified spherical and log spherical coordinates[C]. Proceedings of International Conference on Information Fusion, 2011:1-8.

自动铺丝用高性能双马预浸丝束关键特性研究

马如飞[1]，潘翠红[2]，齐利剑[1]，赵志国[1]

1. 成都飞机设计研究所，成都 610091

2. 中航复合材料有限责任公司，北京 100016

摘要： 航空飞行器复合材料结构的自动铺丝技术是大型结构件自动化制造技术的发展方向，适应自动铺丝技术的高铺叠性碳纤维双马树脂预浸料的研究至关重要，高铺放效率和铺放质量对材料提出了更高的要求，是航天航空主承力结构件自动化制造的关键基础材料。本论文开展了国产 T700 碳纤维/双马树脂预浸料自动铺丝工艺适用性研究，通过纤维树脂含量、转弯半径、丝束粘性、挺度以及力学性能等试验研究，确定了满足自动铺丝工艺要求的预浸丝束关键指标，研究数据表明，自动铺丝用预浸丝束纤维含量由 132 g/m² 提高到 145 g/m²，树脂含量 33%，通过控制树脂对纤维的浸润程度实现纤维浸润性与粘性的平衡，丝束的粘性提高到 0.23 N/mm，挺度提升明显，预浸丝束的自动铺放质量得到大幅提高。

关键词： 航天航空；自动铺丝工艺；预浸料；力学性能

Research on the Key Characteristics of High-performance Bismaleimide Resin Prepreg Tow for Automatic Fiber Placement

MA Rufei[1], PAN Cuihong[2], QI Lijian[1], ZHAO Zhiguo[1]

1. Chengdu Aircraft Design Institute, Chengdu 610091, China

2. AVIC Composite Materials Co. Ltd., Beijing 100016, China

Abstract: Automatic fiber placement technology of aviation aircraft composite structures is the development direction of the large structure automated manufacturing technology, bismaleimide resin prepreg is essential to adapt to the high fiber placement technology carbon, high efficiency and laying quality puts forward higher requirements on materials, and it is a key basic material for the automated manufacturing of aerospace main load-bearing structural parts. In this paper, the applicability of the automatic laying process of 双马树脂 prepreg was carried out. Through the experimental research of fiber resin content, turning radius, tow viscosity, stiffness and mechanical properties, the key indicators of 双马树脂 prepreg tow was determined. Research data shows that the fiber content of prepreg tow for automatic laying is increased from 132 g/m² to 145 g/m², and the resin content is maintained at 33%. The fiber infiltration is realized through the secondary coating technology of resin film. The balance of performance and viscosity, the viscosity of the tow is increased to 0.230 N/m, the stiffness is improved significantly, and the automatic laying quality of the 双马树脂 prepreg tow has been greatly improved.

Keywords: Automatic fiber placement; 双马树脂; prepreg tow

复合材料的预浸料自动铺丝技术是航空航天复合材料零件大力发展的方向[1]，自动铺丝技术可实现设计和制造大型复杂先进复材结构，自动铺丝技术推动预浸料从传统的人工铺叠向自动化、精准化制造转变，解决预浸料人工铺叠时生产中存在的制造符合性差、质量稳定性不足、生产效率低等问题[2]。当前，自动铺丝的瓶颈短板在于双马预浸丝束材料的铺放适应性差，预浸料丝束在铺放过程中，会产生侧向翘曲问题[3]，从而降低铺层的铺放质量，因此，急需开展适应自动铺放设备的预浸丝束研制，突破制约铺放质量、效率低的关键材料技术，全面提升自动铺放装备的工作效率，支撑复合材料的自动铺放制造。

高性能碳纤维增强双马树脂预浸料是航空飞行器的主要材料，具有良好的韧性及耐温能力，适用于飞机的机翼、机身壁板等主承力结构件，达到复合材料的整体化设计、一体化制造的需求，因此，双马预浸料能否适应自动铺丝工艺用的研究至关重要。黄志军等人通过对自动铺放成型工艺的分析，探索了双马预浸料自动铺带成型过程中预浸料温度对复合材料黏性的影响规律。对影响预浸料温度的热风温度和铺放速度两个因素进行了研究，从理论上建立了热风加热温度和铺放速度与预浸料温度之间的关系[4]。方宜武等人根据预浸料丝束在铺放过程的受力特点，建立了预浸料的侧向弯曲变形模型，通过理论计算与试验验证，表明温度、压力、铺放速度以及预浸料黏附力对侧向弯曲性能有显著影响[5]。

自动铺丝预浸料粘性与铺覆型是评价其工艺性能的重要指标。一般来说，粘性可以被近似地定义为在短时间的接触下，用很低的接触压力形成的一种不完全的粘接特性[6]。预浸丝束粘性的高低决定了预浸丝束的铺敷特性，进而影响铺放铺质量。陆楠楠[7]基于自动铺丝预浸料黏性指标，通过实验方法，对影响黏性的三种工艺参数即铺放温度、铺放压力和铺放速度对预浸料黏性的影响进行了定量分析，表明预浸料黏性随着空气中放置时间的增加而剧烈下降。针对预浸料黏性行为表征和铺放工艺参数的调控，舒展与彭啸通过实验及有限元方法对预浸料黏性进行了分析，探索了预浸料丝束在铺设过程中的应力分布情况，建立了影响铺放质量的评价体系[8,9]。朱黎黎、Neoh 和 Ahn 等人以通过分析其树脂与纤维的浸润接触角度，进而得出了黏度对预浸料浸润特性的影响特性，升温阶段有利于树脂与纤维的浸润作用[10-12]。

自动铺丝铺覆性是针对预浸料特有的属性，它是指预浸料与模具的不同曲率表面之间的适应性[13]。黄文宗[14]等人提出了以最大弯曲力定量表征预浸料铺覆性，并通过三点弯曲试验研究了预浸料的粘弹性以及主要工艺参数对预浸料铺覆性的影响，结果表明预浸料的铺覆性会随着温度的升高而提高，随着老化时间和铺放速率的增加而减少。文琼华[15]等人提出了一种基于热弹性理论计算预浸料形变的方法，并通过试验验证了温度对预浸料铺放性能的影响。

1 自动铺丝工艺对材料的关键需求

自动铺放工艺因为具有高效率（自动铺带效率为大于 6.8 kg/t，效率是手工铺叠的 5 倍以上）、低废料率（自动铺带技术的废料率为 5%，小于手工铺叠的 1/3）、制备的复合材料构件尺寸精度高、重复性、内应力低等优点在世界范围内越来越多的制造领域中得到应用。当前型号用的双马树脂预浸料是基于手工铺叠技术研发，用手工铺叠预浸料分切的丝束在自动铺放时的关键特性如粘性、挺度、转弯半径、毛团等问题多，手工料分切的双马树脂预浸丝束自动铺放时的缺陷见图 1，如丝束粘性低易卷边、挺度小下垂幅度大、转弯半径小、纤维浸润差毛团多，这些因素相互作用，自动铺放时铺放质量问题就多，并且需要大量的人工干预进行缺陷处理，限制了自动铺放设备的效率。

(a) 粘性低卷边

(b) 挺度小下垂幅度大

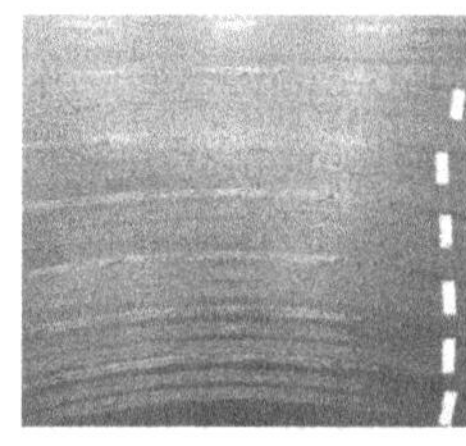

(c) 转弯皱褶

(d) 浸润差毛团多

图 1 铺放缺陷类型示意图

2 试 验

本文采用双马树脂预浸料，开展了预浸料自动铺丝工艺适用性研究，通过对纤维树脂含量、转弯半径、丝束粘性、挺度、力学性能等方面进行研究，确定了满足自动铺丝工艺要求的双马树脂铺丝预浸丝束。

实验材料：T700 碳纤维双马树脂预浸丝束，根据纤维含量和树脂重量的不同，实验研究了 4 种不同规格的预浸丝束。纤维面密度分为 132 g/m^2、145 g/m^2，树脂质量含量 33%、36%。丝束宽度 6.37 mm。

3 结果与讨论

3.1 丝束粘接力

粘性是预浸料的基本物理性能之一，是指预浸料表面的粘着能力。预浸料的粘性是评价材料自动铺放工艺适应性的一个关键指标。粘性低，丝束之间层间粘结力差，铺放时容易出现开裂现象，影响铺放效率；粘性高，分切时容易造成丝束粘刀、传输时丝束粘连等影响。对于丝束粘性的要求是：丝束既能有效粘接在工装的脱模布表面，又能在丝束之间有较好的粘接力、但是一旦质量不好丝束之间还能彼此撕开，因此对丝束的粘接力具有很高的要求："粘（nián）而不粘（zhān）"。当前测试预浸丝束粘性的方法较多（图 2），但普遍操作复杂、不能客观反映丝束的粘接力。通过分析不同方法间的差异，本文选择 T 型剥离作为粘接力的测试方法。

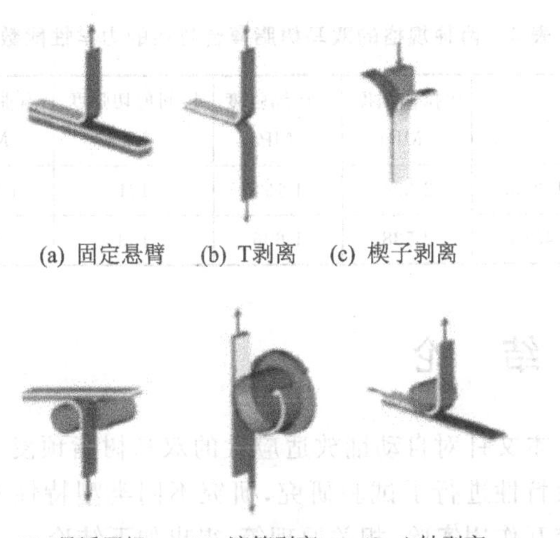

图 2　预浸丝束的粘结力测试方法图

测试了纤维面密度（g/m^2）/树脂胶量（%）分别为 132/33、145/33、132/36、145/36 四种规格的预浸丝束的 T 型剥离强度，其平均值分别为 0.183 N/mm、0.230 N/mm、0.208 N/mm、0.218 N/mm。纤维含量提高，预浸丝束刚度增加，在 T 型剥离测试粘接力时提高了丝束的粘接力。树脂含量提高，预浸料表面树脂含量增加，相应增强了预浸丝束表面的粘结力，提高数量低于纤维含量增加贡献的效果；综合对比发现，4 种预浸丝束的粘接力大小排序为 145/33＞132/36＞145/36＞132/33（见表 1），比 132/33 均高出 20%以上。

表 1　预浸丝束粘接力测试数据

规　格	132/33	145/33	132/36	145/36
厚度/mm	0.125	0.138	0.132	0.146
粘接力/($N\cdot m^{-1}$)	0.183	0.230	0.208	0.198

3.2 转弯半径

转弯半径是衡量双马树脂预浸丝束在自动铺放时适应最小半径的能力。图 3 是 145/33、132/36、132/33、145/36 等 4 种规格的预浸丝束在自动铺放时的丝束外观质量图。转弯半径 R1000 时，4 种规格的预浸丝束均出现严重的纤维褶皱，132/32 丝束的褶皱更加严重，转弯半径小导致丝束转弯时刚度低丝束易弯折翻边。随着转弯半径的增大，预浸丝束的外观质量越来越好。145/33 的丝束综合适应能力强，丝束纤维含量少许增加提高了丝束的刚度，使得丝束的转弯半径在 R1500 基本合格，转弯半径下限可以达到 R1500。

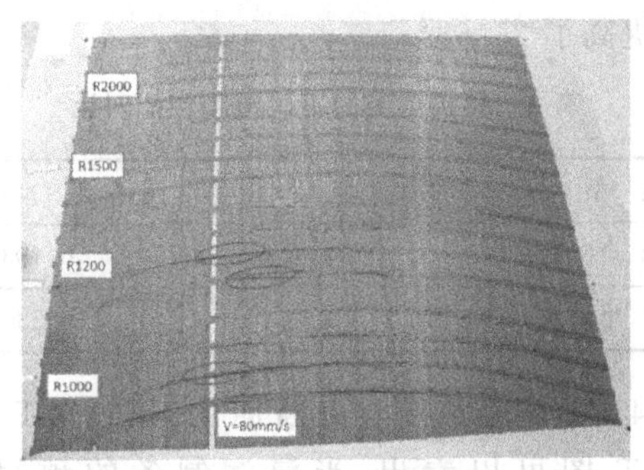

图 3　转弯半径对铺放质量的影响

按照不铺放质量要求对转弯半径能力进行了等级划分（见表 2），设置 4 个等级以表征材料适应不同半径的能力。质量可接受的 145/33 的极限转弯半径 R 最小可以达到 1 500 mm，为丝束的轨迹设计提供了精准的数据，丝束为复合材料复杂结构的自动铺放的可制造性提供了良好的材料基础。

表 2　预浸丝束的转弯半径能力

转弯半径	132/33	145/33	132/36	145/36
R1000	×	×	×	×
R1200	×	☆	×	☆
R1500	×	☆☆	×	☆
R2000	☆	☆☆☆	☆☆☆	☆☆

注：×表示铺放褶皱、弯折、翻边多，铺放质量差不予接受。
☆表示褶皱、弯折、翻边较少。质量轻微改善仍不合格。
☆☆表示褶皱、弯折、翻边少。质量可接受基本合格。
☆☆☆表示褶皱、弯折、翻边基本没有。质量好且合格。

3.3 纤维浸透程度

预浸料制备时树脂对纤维的浸润程度直接影响了预浸料表面的树脂含量，进而影响了预浸丝束的粘接力。树脂对纤维浸润程度高，则预浸料表面的树脂相对较少，分切后的丝束表面树脂含量较低，丝束表面粘性低；树脂对纤维浸润程度低，则预浸料表面的树脂含量相对较多，丝束表面树脂含量高，则丝束表面粘性大。但是纤维的浸润程度又影响了预浸料在分切以及丝束铺放时的起毛、劈丝、干纱等工艺性，因此需要寻找浸润程度与工艺性的平衡点。通过控制双马树脂预浸料的浸润程度达到树脂对纤维的半浸润，从而提高了预浸料的表面树脂含量，通过平衡浸润性与工艺性，实现了分切以及铺放时良好的工艺性。对比了不同浸润程度的双马树脂预浸料 132/33（全浸润）、145/33（半浸润）粘接力性能。从表 3 的数据可以看出，全浸润、半浸润预浸料的粘接力分别为 0.183 N/m 和 0.230 N/m，粘接力提高了 25.68%。

表 3　预浸丝束的不同覆膜性能对比

类　型	树脂面密度/($g \cdot m^{-2}$)	粘接力/($N \cdot m^{-1}$)
132/33(全浸润)	33	0.183
145/33(半浸润)	39	0.230

图 4、图 5 为预浸丝束断面的 SEM、CT 图。从 SEM、CT 图可以看出，半浸润制备的预浸丝束，QY9611 树脂大多存在 ZT7H 碳纤维丝束的表面层，中间的纤维存在较多的孔隙，通过控制树脂的黏度和浸润温度，来控制树脂进入碳纤维的程度，实现了预浸料的粘接力与分切质量之间的平衡。

图 4　预浸丝束断面的 SEM 图

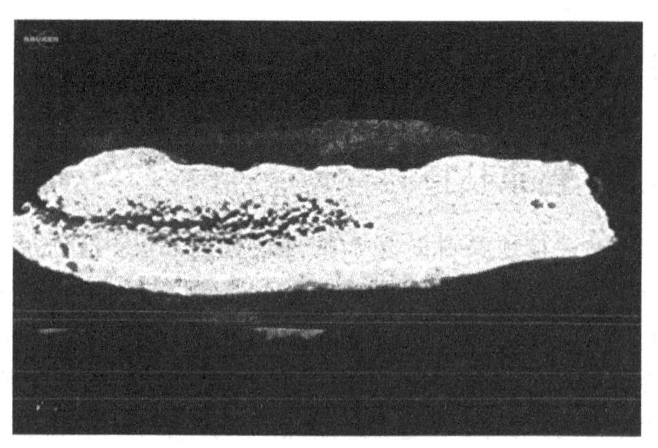

图 5　预浸丝束断面的 CT 图

3.4 力学性能分析

表 4 所列为两种规格的双马树脂复合材料 132/33、145/33 的性能对比。从数据可以看出，纤维含量增加后，分切后的预浸丝束与手工铺叠材料相比，力学性能基本相当，甚至 0°压缩强度采用自动铺放之后，排除了很多人为因素的影响，强度出现了较大程度的提升。

表 4　两种规格的双马树脂复合材料的力学性能数据

类　型	0°拉伸强度/MPa	0°压缩强度/MPa	层间剪切强度/MPa	弯曲强度/MPa
132/33	2 394	1 194	121	1 837
145/33	2 538	1 606	133	1 964

4　结　论

本文针对自动铺放适应性的双马树脂预浸丝束的铺放特性进行了试验研究，研究不同类型特性及参数间交互作用实验、相关原理等，得出如下结论：

（1）本文开展了预浸料铺丝质量的定量研究，确定了粘性表征的 T 型剥离试验方法，并分析了预浸料的主要物理特性对铺放质量的影响，为适应自动铺放的材料验证提供了参考。

（2）通过控制双马树脂预浸料的浸润程度实现纤维浸润性与粘接力的平衡，丝束的粘性提高到 0.230 N/m，使双马树脂预浸丝束的自动铺放质量得到大幅提高。

参考文献

[1] 张小辉，朱玉祥，张少秋，等. 先进复合材料自动铺丝技术研究进展[J]. 航空制造技术，2018，61(7).

[2] 文立伟,肖军,王显峰,等.中国复合材料自动铺放技术研究进展[J].南京航空航天大学学报,2015,47(5).

[3] 林胜.自动铺带机、铺丝机(ATL/AFP)——现代大型飞机制造的关键设备(上)[J].世界制造技术与装备市场,2009(Z4):81-89.

[4]黄志军,王显峰,戴振东,等.自动铺放过程双马树脂预浸料温度与黏度[J].玻璃钢/复合材料,2012,29(3).

[5] 方宜武,王显峰,顾善群,等.自动铺丝过程中预浸料的侧向弯曲[J].材料工程,2015,43(4):47-52.

[6] 黄文宗,孙容磊,连海涛,等.预浸料的铺放适宜性评价(一)——粘性篇[J].玻璃钢/复合材料,2013,Z2.

[7] 陆楠楠.面向自动铺放的预浸料黏性研究[D].南京:南京航空航天大学,2014:3.

[8] 舒展.预浸料黏性行为表征及其铺放工艺参数调控[D].杭州:浙江大学,2018:1.

[9] 彭啸.基于自动铺放工艺的预浸料丝束转向铺贴质量表征与调控[D].杭州:浙江大学,2018:1.

[10] 朱黎黎,张佐光,李敏,等.工艺温度下树脂与纤维的接触角及其粘附作用研究[J].复合材料学报,2010,27(5):41-46.

[11] Neoh E. Drape properties of thermostetting prepregs[D]. Massachu-setts Institute of Technology,1992.

[12] Ahn K J, Seferis J C, Pelton T, et al. Analysis and characterization of prepreg tack[J]. Polymer Composites,1992,13(3):197-206.

[13] Seferis J C, Meissonnier J. Development of a tack and drape test for prepregs based on viscoelastic principles[J]. SAMPE Q, 1989,20(3):55-64.

[14] 黄文宗,孙容磊,连海涛,等.预浸料的铺放适宜性评价(二)——铺覆性篇[J].玻璃钢/复合材料,2013,Z3.

[15] 文琼华,王显峰,何思敏,等.温度对预浸料铺放效果的影响[J].航空学报,2011,32(9):1740-1745.

基于 SysML 与 Simulink 的飞机供电系统联合仿真研究

徐德胜[1]，高倩[2]，胡士强[1]，张迪[2]，郑先成[2,*]

1. 上海交通大学，上海 200030

2. 西北工业大学自动化学院，西安 710129

摘要：针对传统的基于文本文档的系统工程方法(Text-Based Systems Engineering，TSE)存在的需求追溯困难、早期系统设计验证难以实现等问题，采用基于模型的系统工程方法(Model Based Systems Engineering，MBSE)对飞机供电系统进行分析与设计，使用系统建模语言(Systems Modeling Language，SysML)在 Rhapsody 平台中构建飞机供电系统的控制逻辑模型，在 Simulink 平台中搭建飞机供电系统的物理架构模型，通过代码级融合实现 SysML 和 Simulink 的联合仿真。最后，通过仿真结果验证了飞机供电系统控制保护逻辑的正确性，结果表明该方法能有效支持飞机供电系统分析与设计。

关键词：多电飞机；飞机供电系统建模；基于模型的系统工程方法；系统建模语言；模型集成

Research on Co-simulation of Aircraft Electrical Power System Based on SysML and Simulink

XU Desheng[1]，GAO Qian[2]，HU Shiqiang[1]，ZHANG Di[2]，ZHENG Xiancheng[2,*]

1. Shanghai Jiaotong University，Shanghai 200030，China；

2. School of Automation，Northwestern Polytechnical University，Xi'an 710129，China

Abstract：Aiming at the problems of traditional text-based systems engineering (Text-Based Systems Engineering，TSE)，such as difficulty in demand traceability and difficulty in early system design verification，this paper adopts a model-based system engineering method Model (Based Systems Engineering，MBSE) to analyze and design the aircraft power supply system. The control logic model of aircraft power supply system is built in Rhapsody platform by using SysML modeling language，and the physical architecture model of aircraft power supply system is built in Simulink platform. The co-simulation of SysML and Simulink is realized through code level fusion. Finally，the simulation results verify the correctness of the control and protection logic of the aircraft power supply system. The simulation results show that the method can effectively support the analysis and design of the aircraft power supply system.

Keywords：MEA；aircraft power supply system modeling；MBSE；SysML；model integration

引　言

随着多电飞机概念的提出，飞机供电系统正面临着深刻的改革，机载用电设备对飞机供电系统提出了更高的要求，飞机供电系统的复杂度和集成度越来越高，专业间的耦合也更加紧密[1]。传统的 TSE 具有设计人员之间难以沟通、需求追溯困难等缺陷，已经不能满足飞机供电系统设计过程中日益增长的需求。基于以上缺陷，国际系统工程学会在 2007 年提出了 MBSE 的概念[2]，将系统架构模型的建模语言从"自然语言、文本格式"转向了图形化的系统建模语言 SysML[3-4]，且建模过程和方法有规范标准，保证了跨领域模型间的协同性。

由于 SysML 建模语言不能提供对系统连续动态行为的描述，而 Simulink 是目前连续系统动态建模领

* 通讯作者. E-mail：zxcer@sina.com

域事实上的标准,因此需要研究 SysML 建模语言与 Simulink 这种连续行为建模语言之间的集成[5]。

本文针对飞机供电系统研究了一种实现 SysML 与 Simulink 模型集成及联合仿真的方法。首先,通过分析飞机供电系统的架构需求和控制逻辑,采用 SysML 建模语言在 Rhapsody 平台构建飞机供电系统中的控制逻辑模型,在 Simulink 中对飞机供电系统各个基础部件进行模块化建模。最后,在 Harmony-SE 流程得到的功能分解和初步系统架构的基础上,通过代码嵌入的方式[6-8]将 Simulink 物理架构模型嵌入到 SysML 控制逻辑模型中,以此实现 Simulink 和 SysML 的联合仿真,验证控制保护逻辑的正确性。

1 SysML 与 Simulink 集成

由于 Rhapsody 平台下 SysML 模型在运行时是通过底层代码实现的,而 Simulink RTW 也提供了将 Simulink 模型转换成代码的能力,因此本文通过代码嵌入的方式将 Simulink 模型嵌入到 SysML 模型中,从而实现两者之间的集成,为协同仿真奠定基础。图 1 给出了实现两者集成的原理示意图[9],SysML 模型与代码相关,SysML 模型与 Simulink 模型交互通过底层代码交互来完成。

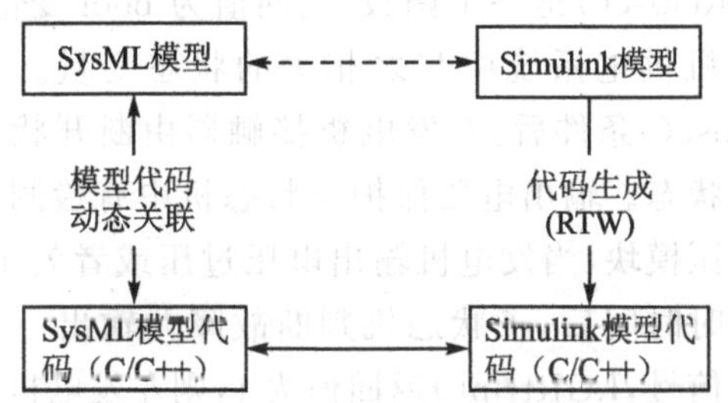

图 1 SysML 与 Simulink 代码集成原理

为了方便 SysML 与 Simulink 代码级融合,通过应用 SysML 扩展概要文件来实现两者的仿真同步。添加概要文件后,将 Simulink 模型以 Blocks 的形式进行封装,并将其输入输出口映射为封装 Blocks 的流端口,即可将 Simulink 模型以 Blocks 的形式嵌入到 SysML 模型中,最后基于这些流端口为与该 Block 存在数据通信关系的 SysML Block 添加必要的属性、流端口及链接。

2 飞机供电系统建模

飞机电源系统由主交流电源通道、辅助电源通道、飞机外电源通道和应急电源通道组成。主电源系统包括三个发电机控制器、一个汇流条电源控制器、一个外电源电流互感器组件、两个变压整流器和两个蓄电瓶控制器。应急电源通道由主蓄电瓶、飞控专用蓄电瓶、应急变压整流器、单相静止变流器和冲压空气涡轮系统组成。

2.1 飞机供电系统功能划分

如图 2 所示,Rhapsody 不支持连续动态行为建模,根据 Rhapsody 和 Simulink 的功能划分,本文采用 Rhapsody 建立飞机供电系统中的控制逻辑模型,如发电机接触器控制逻辑模型、过压欠压保护逻辑模型和信号采集模型等。在 Simulink 中建立飞机供电系统的物理架构模型,如发电机模型、变压整流器模型、负载模型、汇流条模型和接触器模型等。

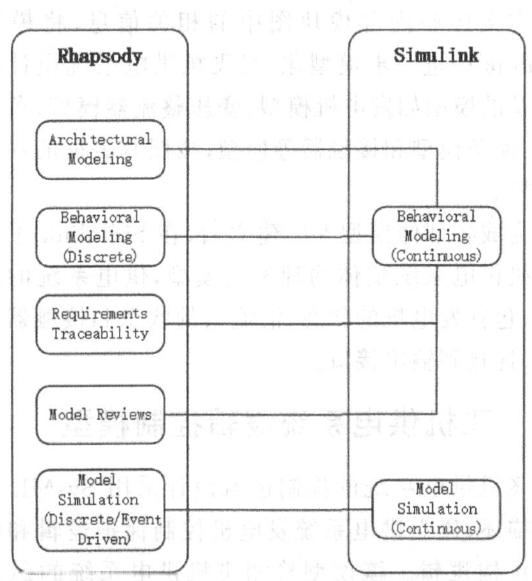

图 2 Rhapsody 和 Simulink 功能划分

通过分析供电系统的架构需求,将系统划分为两块,如图 3 所示。其中,control 为 SysML 块,在 control block 下添加状态图,用状态图描述飞机供电系统的控制保护逻辑;simu 为 Simulink 块,Simulink 中搭建的模型可以通过接口传送到 Rhapsody 中,Rhapsody 状态图根据传送的数据判断是否满足触发条件,并伴随状态转移给 Simulink 控制输入接口发送控制信号,进而控制供电系统的运行状态。

2.2 飞机供电系统物理架构模型

Harmony-SE 架构分析中的白盒内部模块图(即飞机供电系统架构模型)能够通过专业模型转换工具

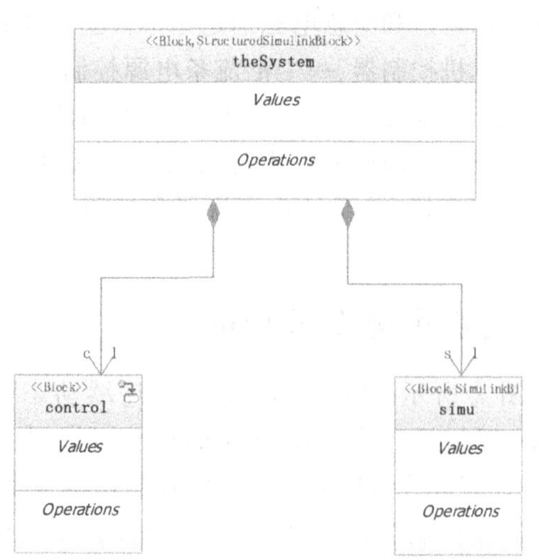

图 3 飞机供电系统模块定义图

自动导入到 Simulink 中，便于进一步进行系统建模仿真。本文按照内部模块图中的相关信息，将模型在 Simulink 中进一步模型化，对飞机供电系统设计仿真所涉及的模型如发电机模型、变压整流器模型、负载模型、汇流条模型和接触器等模型，按照其表征的功能进行建模。

完成各部件模型[10-11]建立后，在 Simulink 平台搭建飞机供电系统整体物理架构模型，供电系统的运行状态(包括发电机的状态、汇流条的状态和接触器的状态等)连接到输出接口。

2.3 飞机供电系统逻辑控制模型

飞机供电系统的控制逻辑设计采用 SysML 状态图来描述，建立供电系统发电机控制保护逻辑和电网故障重构逻辑。该模型检测飞机供电系统的运行状况，检测结果经过判断与计算作为状态转移的触发事件。当某一状态的触发事件发生时，该状态向下一状态转移；并发送相应的操作/动作输送到供电系统的接触器控制信号，各接触器根据信号完成开通或者闭合转换。

本文以飞机供电系统过欠压反延时保护逻辑建模为例，对过欠压检测模块的实现进行叙述。

发电机控制器将检测调压点处的电压，来获得执行过压保护所需的电压信息，过压保护按照反延时特性曲线断开发电机接触器。如图 4 所示是过欠压保护功能逻辑实现模型，初始状态为正常(normal)状态，normal 状态每隔 1 ms 进行自转换，同时执行操作 setVo(getVss())，即读取发电机输出电压有效值 Vss，将其赋值给 Vo。当 Vo≤102 V 时，转换至欠压计时(uvtiming)状态。当欠压持续时间≥7s 时，进入到欠压(uv)状态，执行欠压保护。若欠压持续时间没有达到 7 s 过程中电压大于欠压保护极限值 1 V，则欠压保护复位。过压保护的功能实现同理，不再详细叙述。

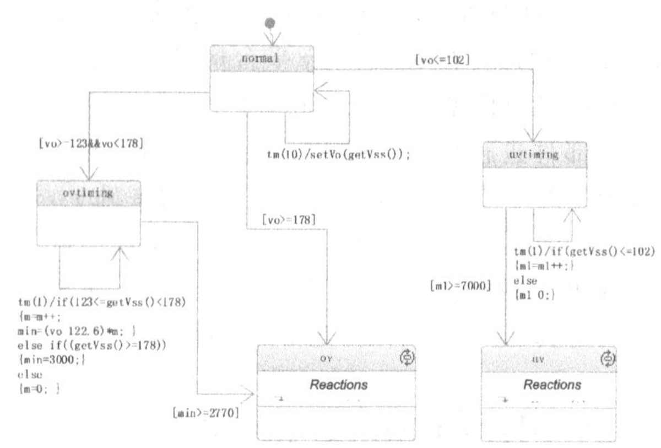

图 4 过压欠压保护功能实现

图 5 是各个发电机接触器的状态框图，其均处于并行的状态。左发电机接触器、右发电机接触器与辅助发电机接触器状态并行运行；在每个接触器状态中，接触器依据逻辑关系开通关断的同时，又进行发电机输出电压保护功能的实现。输出电压保护功能依照过压欠压保护的逻辑对主发电机和辅助发电机进行保护。以左发电机为例，发电机接触器的默认状态为断开，LGRclose()是一个函数，返回值为 bool 变量，输入值为飞机供电系统中与之相关的状态变量。当满足 LGRclose()条件后，左发电机接触器由断开状态转移到闭合状态。输出电压保护子状态机中有检测发电机输出电压模块，当发电机输出电压过压或者欠压，到达保护延时时间后，子状态机判断故障并输出一个过压或欠压信号，LGRtrip()返回值为 1，则左发电机接触器由闭合状态转移到断开状态。

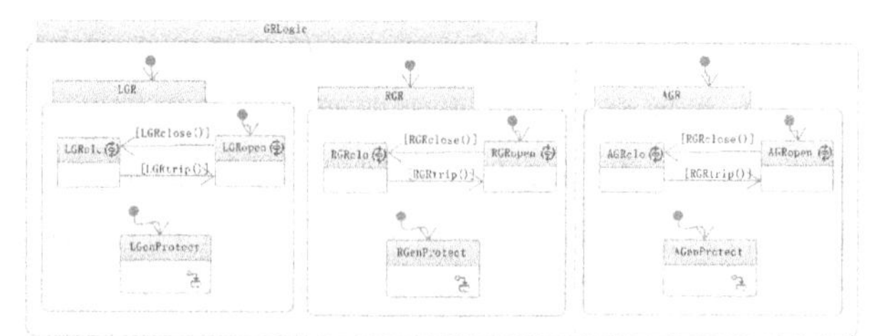

图 5 发电机接触器逻辑控制模型

根据控制逻辑方程和系统架构的分析，将飞机供电系统状态机的逻辑控制部分分为若干个模型片段。各个片段为各个接触器的分逻辑，而各个分逻辑彼此之间进行组合，构成一个复杂的有限状态系统。

3 仿真结果分析

以正常供电状态下左直流汇流条突然短路过程作为检验数字仿真模型典型故障，验证系统模型是否具有隔离故障、重组运行的功能。仿真开始前设置短路信号注入时间为 0.035 s，短路故障持续到仿真结束(见图 6)。

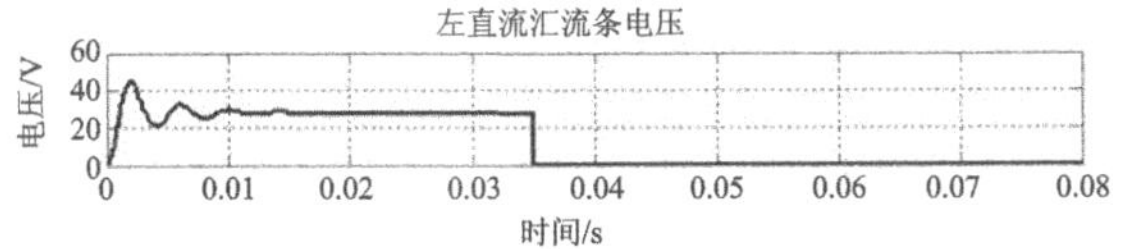

图 6 左直流汇流条故障电压波形

如图 7 所示，在正常运行期间，如果左直流汇流条直接短路到飞机外壳，左变压整流器接触器将断开并且左应急直流汇流条接触器的闭合将被禁止。如果发生这种情况，系统将重新配置，左应急互联接触器将关闭，左应急直流汇流条接触器将通过直流应急汇流条从应急变压整流器为左侧直流重要汇流条供电。

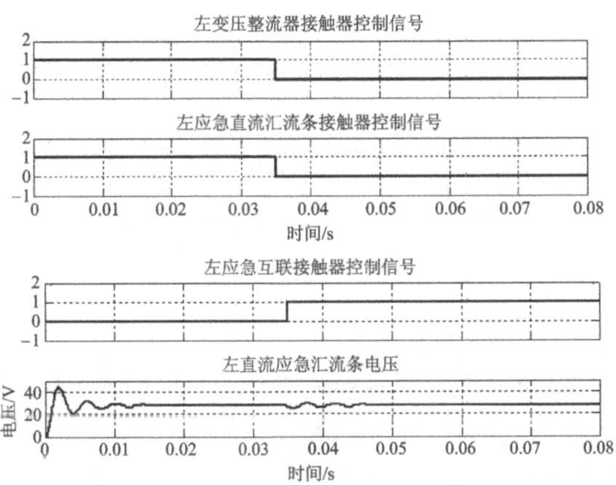

图 7 左直流汇流条故障时汇流条波形及接触器信号

以左主发电机过压为例，如图 8 所示，0.04 s 电压突然升高超过设定保护点，发电机控制器检测到过压时开始计时，在反延时时间过后过压情况依然存在，自动断开左发电机接触器，切断左主发电机供电。

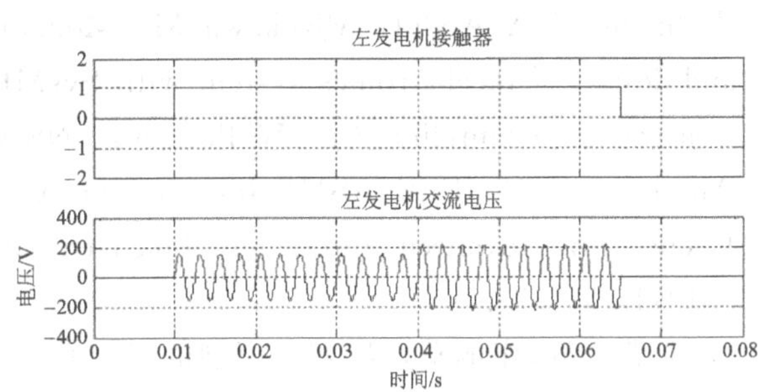

图 8 左主发电机过压保护波形图

4 结 论

本文以飞机供电系统为研究对象，研究了一种基于 SysML 与 Simulink 的联合仿真方法。

(1) 基于 MBSE 对飞机供电系统进行分析与设计，使用 SysML 建模语言在 Rhapsody 平台中建立飞机供电系统发电机控制保护逻辑和电网故障重构逻辑；

(2) 在 Simulink 平台中搭建飞机供电系统的物理架构模型；

(3) 采用代码级融合的方式将 Simulink 物理架构模型嵌入到 SysML 控制逻辑模型中，以此实现 Simulink 和 SysML 的联合仿真；

(4) 通过该集成模型能更加清晰直观地验证飞机供电系统的控制逻辑，便于快速发现飞机供电系统中存在的相应问题，大大提高了工程研究的效率。

参考文献

[1] 张兵，陈建伟，杨亮，等. 基于模型的系统工程在航天产品研发中的研究与实践[J]. 宇航总体技术，2021，5(1)：1-7.

[2] 朱静，杨晖，高亚辉，等. 基于模型的系统工程概述[J]. 航空发动机，2016，42(4)：12-16.

[3] 王崑声，袁建华，陈红涛. 国外基于模型的系统工程方法研究与实践[J]. 中国航天，2012(11)：52-57.

[4] 白洁，吕伟，张磊，等. 基于模型的系统工程在机载电子系统领域的应用[J]. 航空制造技术，2015(4)：96-99.

[5] 刘兴华，曹云峰，王彪，等. 基于 SysML 与 Simulink 的飞控系统概念样机设计[J]. 电子科技大学学报，2011，40(6)：887-891.

[6] Chabibi B, Douche A, Anwar A, et al. Integrating SysML with Simulation Environments (Simulink) by Model Transformation Approach[C]. IEEE International Conference on Enabling Technologies: Infrastructure for Collaborative Enterprises, 2016.

[7] Sakairi T, Palachi E, Cohen C, et al. Designing a control system using SysML and Simulink[C]. Sice Conference, IEEE, 2012.

[8] Rahman M A Abdul, Mizukawa M. Modeling and design of mechatronics system with SysML, Simscape and Simulink[C]. Wollongong, NSW, Australia: 2013 IEEE/ASME International Conference on Advanced Intelligent Mechatronics, 2013:1767-1773.

[9] 孙刚,曹云峰,庄丽葵,等. 基于模型的飞控系统虚拟样机平台[J]. 云南民族大学学报,2014,23(4):289-292.

[10] 李冰洁,张晓斌,吴小华,等. 基于 Dymola 及 Modelica 语言的飞机三级发电机的建模与仿真[J]. 微电机,2016,49(3):40-44.

[11] 孙文明. 多脉冲变压整流器的设计与计算[J]. 科学与财富,2015,7(36):224-225.

供输油过程中燃油系统纵向重心分析及试验研究

甘发金[1,2,*]，王朝阳[1,2]，宣鹏程[1,2]

1. 中国航天空气动力技术研究院，北京 100007

2. 彩虹无人机科技有限公司，北京 100007

摘要：燃油系统重心变化是影响无人机稳定性和安全性的主要因素之一。本文首先介绍了无人机燃油系统供输油系统，分析了输油箱引射泵喷射压力与吸入量，建立了供输油过程中燃油系统纵向重心模型，得出输油箱燃油液位、飞行高度以及供油流量为影响燃油系统供输油过程中纵向重心的因素。由于模型复杂造成理论计算困难，搭建了燃油系统全尺寸试验台，模拟供输油过程中各因素对燃油系统纵向重心的影响规律测试试验。试验结果表明，影响因素变化会导致前油箱的输油速率与后油箱的输油速率的比例发生变化，进而造成燃油系统重心变化。在各因素常用范围内，输油箱油面高度每下降 200 mm，飞行高度增加 3 000 m，供油流量每增加 40 kg/h，燃油系统纵向重心平均每小时分别向航向前移动量增加 3 mm，减少 1 mm，以及增加 7 mm。研究结果可为无人机燃油系统高精度重心调节方案设计提供依据。

关键词：燃油系统；供输油；纵向重心；无人机；引射泵

Analysis and Experimental Research on Longitudinal Center of Gravity of Fuel System in the Process of Fuel Supply and Transportation

GAN Fajin,[1,2,*]，WANG Zhaoyang[1,2]，XUAN Pengcheng[1,2]

1. China Academy of Aerospace Aerodynamics，Beijing 100007，China

2. Caihong UAV Technology Co. Ltd.，Beijing 100007，China

Abstract：The change of gravity position of the fuel system is one of the main factors affecting the stability and safety of the UAV. Fuel Supply and Transportation System is introduced firstly，the injection pressure and suction volume of the jet pump of the delivery tank analyzed，and the center of gravity model of the fuel system is established. The fuel level of the delivery tank，the flight height and supply flow rate are the factors that affect the center of gravity is conducted. Due to the complexity of the model，a full-scale fuel system test bench is built，and the center of gravity test of the fuel system is carried out during the fuel delivery process. Results show that changes in influencing factors caused changes in the ratio of the fuel delivery rate between the fuel tanks，which caused the center of gravity of the fuel system to change. Within the commonly used range of each factor，the oil level of the fuel delivery tank drops by every 200 mm，each increase in flight height by 3 000 m，each increase in supply consumption by 40 kg/h，the longitudinal center of gravity of the fuel system moves forward 4 mm per hour，1 mm decreased per hour and 3. 5 mm increased per hour. The research results can provide a basis for high-precision center of gravity adjustment of the UAV system.

Keywords：fuel system；fuel supply and transportation；longitudinal center of gravity；UAV；jet-pump

无人机飞行过程中，全机重心变化影响飞行安全和稳定性。燃油系统在中大型无人机内位置分布范围大，重量占比高，重心变化成为影响无人机重心变化的主要因素之一[1]。而在飞行过程中，燃油系统在持续向发动机供油的同时，各油箱会向供油箱输油，其重心也必然随之变化。因此，分析飞行过程中燃油系统重

* 通讯作者. E-mail：gan_fajin@126. com

心变化成为保证飞行安全的重要课题。由于引射泵可靠性高,因此被广泛应用于燃油系统输油[2-4],也是目前研究输油系统的主要方向。

闵兴明[5]研究了引射泵混合管长径比和喷嘴-混合式面积比对引射泵效率的影响,并未进一步分析引射泵性能对燃油系统输油比例的影响。蔡天赐,唐毅等[6,7]针对某高空长航时无人机,仿真分析了其输油过程对燃油系统重心的影响,但仅考虑供油箱与输油箱压力差对输油速率的影响。周昌申[8]建立了引射泵的出口流量与入口压力、入口流量的模型,但未进一步分析引射泵工作与燃油系统重心的关系。丛炜等[9]针对引射泵的出口压力和燃油温升效果进行了优化设计,但未考虑引射泵的特性对燃油系统重心的影响。孟鹏等[10]以及钟功祥等人[11]分析了引射泵在不同操作压力比以及结构参数下的性能表现,未考虑引射泵输入参数不同对其特性的影响;张晶等[12]人基于燃油系统建立了飞机重心位移模型,提出了最佳重心位置设计准则,未考虑飞机重心模型与影响因素间的变化规律。李征鸿等[13]针对飞机燃油系统输油方案,建立了高精度的数据库,可迅速实现重心计算,未考虑供油系统参数对燃油系统重心的影响。

Bogdan George Gherman 和 Ion Malael 分析了不同入口流量对引射泵效率的影响规律,但缺少试验验证[14]。M. El Gazzar 等人研究了燃油系统中引射泵自身结构参数变化对出口流量的影响,但未进一步分析其对燃油系统重心的影响[15]。Yuri V. Fairuzov 等人针对燃油系统内引射泵不同的配置方案对输油的影响进行了试验,但分析因素不充分[16]。目前,鲜有文献对飞行过程中燃油系统重心变化进行整体性研究。

本文分析了无人机典型的供输油工作原理,建立了供输油过程中燃油系统纵向重心模型,得出了影响燃油系统的因素,搭建了全尺寸试验台,分别分析了输油箱的油面高度、飞行高度以及发动机耗量变化对燃油系统纵向重心的影响规律。

1 供输油系统组成与工作原理

无人机飞行过程中,燃油系统中只有其中的供输油系统会影响其重心变化。中高空长航时无人机典型的供输油系统组成如图 1 所示。中油箱 1 内的燃油通过燃油泵增压后经过供油管路流向发动机。供油管路上分别设立两个分流口,第一个分流口分别流向前油箱 2 与后油箱 3,第二个分流口分别流向左油箱 4 与右油箱 5,这四路燃油分别作为四个输油箱内引射泵的动流,动流射入引射泵后吸入各输油箱内的燃油,并一起输送至中油箱,实现输油。在各引射泵动流管路上,各设置电磁阀,以控制输油管路的通断,可按预定逻辑实现输油顺序。

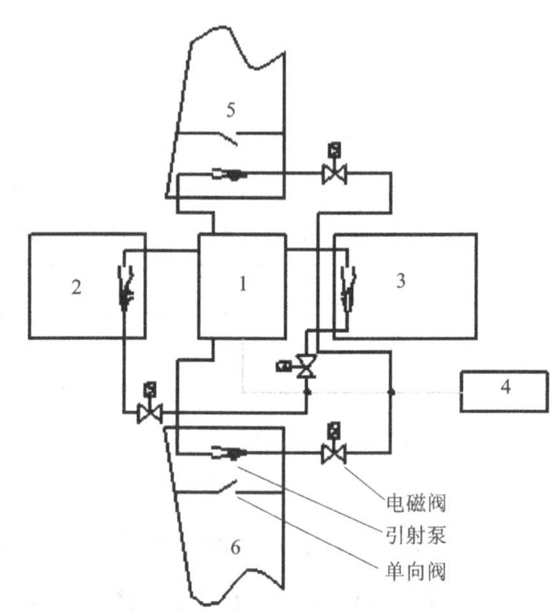

1—中油箱;2—前油箱;3—后油箱;4—发动机;5—左油箱;6—右油箱

图 1 供输油分系统构成图

为减少燃油系统重心减少变化,一般前、后油箱或左、右油箱同时输油。因此燃油系统纵向重心主要受机身内各油箱油量影响。下文以图 1 所示的机身燃油系统为例,建立供输油过程中,燃油系统纵向重心变化模型。

2 燃油系统纵向重心模型

供输油过程中,各燃油箱油量在实时变化。首先建立引射泵的吸入量模型,即输油箱的消耗量,结合供油量得到中油箱的实时油量,最后得到燃油系统实时纵向重心模型。

2.1 引射泵喷射压力

引射泵的工作原理图如图 2 所示,引射泵动流进入引射泵喷嘴室,将输油箱中的燃油从吸入室吸走,一起经过混合室后从出口室流出。

前、后油箱引射泵的喷射流均来自供油泵输出,在供油管路同一个分流口分出,经过不同的管路形成。假设供油泵输出流量为 q_p,压力为 p_p,在供油管路上

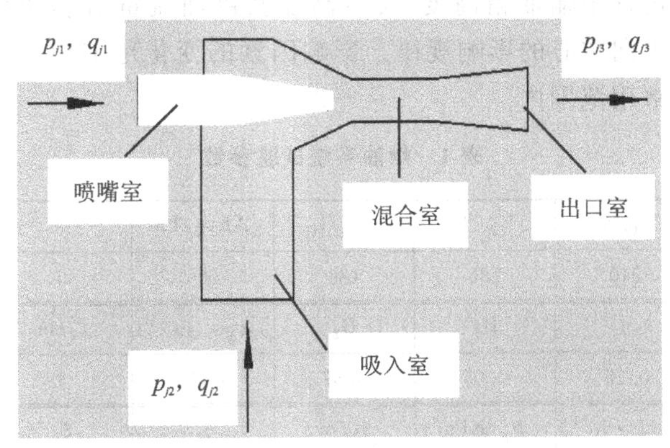

p_{j1}—喷射流压力；q_{j1}—喷射流流量；
p_{j2}—吸入燃油压力；q_{j2}—吸入流量；
p_{j3}—出口压力；q_{j3}—出口流量

图 2　引射泵工作原理图

的分流口流量 q_{p1} 与压力 p_{p1} 分别为

$$\begin{cases} q_{p1}=q_p \\ p_{p1}=p_p-\sum\lambda\dfrac{l}{d}\dfrac{V^2}{2}\rho-\sum\dfrac{V^2}{2}\xi\rho \end{cases} \tag{1}$$

$\sum\lambda\dfrac{l}{d}\dfrac{V^2}{2}\rho$ 为供油泵至供油管路分流口的各段管路的沿程阻力损失和，$\sum\dfrac{V^2}{2}\xi\rho$ 为供油泵至供油管路分流口的局部阻力损失和。

设分流口至前油箱管路沿程阻力损失为Δp_2，分流口至后输油箱的管路沿程阻力损失为Δp_3，

$$\left.\begin{aligned} \Delta p_2=\sum\lambda\frac{l_2}{d_2}\frac{{V_2}^2}{2}\rho-\sum\frac{{V_2}^2}{2}\xi_2\rho \\ \Delta p_3=\sum\lambda\frac{l_3}{d_3}\frac{{V_3}^2}{2}\rho-\sum\frac{{V_3}^2}{2}\xi_3\rho \end{aligned}\right\} \tag{2}$$

l_2 为分流口至前油箱引射泵入口的管路长度，V_2 为前引射泵入口前的等效流速，l_3 为分流口至后油箱引射泵入口的管路长度，V_3 为后引射泵入口前的等效流速。

联立式(1)(2)，即可得到前油箱引射泵的喷射压力 p_f 以及后油箱引射泵的喷射压力 p_b，

$$\left.\begin{aligned} p_f=p_{p1}-\sum\lambda\frac{l_2}{d_2}\frac{{V_2}^2}{2}\rho-\sum\frac{{V_2}^2}{2}\xi_2\rho \\ p_b=p_{p1}-\sum\lambda\frac{l_3}{d_3}\frac{{V_3}^2}{2}\rho-\sum\frac{{V_3}^2}{2}\xi_3\rho \end{aligned}\right\} \tag{3}$$

2.2　引射泵吸入量

前、后油箱燃油的减少均通过引射泵泵出，引射泵在输油箱的吸入量即为各油箱的耗油量。引射泵喷射流量与喷射压力关系为

$$q_{j1}=\sqrt{\frac{p_{j1}-\Delta p_{TK}-h_2\times\rho\times g-p_H}{\sum K_i}} \tag{4}$$

式中，Δp_{TK} 为油箱增压值，Pa；p_H 为飞行高度上的大气压力，Pa；h_2 为输油箱内的油面高度，m；$\sum K_i$ 为引射泵喷嘴段、混合段、出口段的流量模数之和，$kg\cdot m^{-7}$。

喷射流流量 q_{j1} 与吸入流量 q_{j2} 的关系为

$$2\left(1+\frac{q_{j2}}{q_{j1}}\right)\cdot\left(1+\frac{(1-B_1)\left(\frac{q_{j2}}{q_{j1}}\right)^2}{m-1}-\frac{(1+B_2)\left(1+\frac{q_{j2}}{q_{j1}}\right)^2}{m}\right)=m\cdot\eta \tag{5}$$

式中，m 为混合段与出口段的截面面积比；B_1 为吸入段的相对动能损失系数；B_2 为混合段及出口段的相对动能损失系数之和；η 为引射泵效率。

联立式(3)(4)(5)，可分别得到前油箱瞬时耗量 $q_2(t)$以及后油箱瞬时耗量 $q_3(t)$。

2.3　燃油系统纵向重心

假设各油箱内燃油的密度相等。设初始状态，燃油系统纵向重心为CG_{x0}，则有

$$CG_{x0}=\frac{V_{10}\cdot x_1+V_{20}\cdot x_2+V_{30}\cdot x_3}{V_{10}+V_{20}+V_{30}} \tag{6}$$

式中，V_{10} 为中油箱内燃油初始体积，x_1 为中油箱内燃油质心位置，V_{20} 为前油箱燃油初始体积，x_2 为前输油箱内燃油质心位置，V_{30} 为后油箱内燃油初始体积，x_3 为后油箱燃油质心位置。

假设前油箱引射泵每分钟从前油箱的吸入量为 q_2，后油箱引射泵每分钟的吸入量为 q_3，发动机每分钟耗油量为 $q_1(t)$，经过时间 t 后，

$$V_2=V_{20}-\int_0^t q_2(t) \tag{7}$$

$$V_3=V_{30}-\int_0^t q_3(t) \tag{8}$$

可得供输油过程中纵向重心模型$CG_x(t)$为

$$CG_x(t)=\frac{\left[V_{10}+\int_0^t q_2+\int_0^t q_3-\int_0^t q_1(t)\right]\cdot x_1}{V_{10}+V_{20}+V_{30}-\int_0^t q_1(t)}+\frac{\left(V_{20}-\int_0^t q_2\right)\cdot x_2+\left(V_{30}-\int_0^t q_3\right)\cdot x_3}{V_{10}+V_{20}+V_{30}-\int_0^t q_1(t)} \tag{9}$$

2.4 影响因素

供输油过程中，油泵输出油量由于供电电压，保持不变，因此其值不会发生变化。油箱质心位置以及引射泵结构参数也不会发生变化。

结合式(1)～(8)，供输油过程中纵向重心$CG_x(t)$中变量有实时输油箱高度$h_2(t)$、实时飞行高度$H(t)$和实时供油流量。因此式(9)可以列为

$$CG_x(t)=C_0\cdot f(h_2(t))\cdot f(H(t))\cdot f(q_1(t)) \tag{10}$$

式中，C_0为常数，但可以看出其计算复杂，难以通过理论计算直接得出各变量对燃油系统的影响规律。因此，搭建了全尺寸燃油系统试验台模拟无人机飞行时的状态，并进行燃油系统重心测试试验研究。

3 试验台

某型长航时无人机机身燃油系统组成如图3所示。

主要由燃油箱、管路、供油泵、引射泵以及传感器等元部件组成。此外，通过节流阀控制供油流量要求。

试验台还包括燃油测量系统，可实时显示各油箱的燃油油量，以及由通过各油箱油量和重心计算得出的燃油系统纵向重心。初始状态，燃油系统参数如表1所列。

4 纵向重心影响规律试验

利用全尺寸试验台，用唯一变量法分别测试供输油过程中输油箱高度、飞行高度及供油流量对燃油系统纵向重心的影响规律。影响因素的变化范围均在工作常用范围内。

表1 燃油系统试验参数

V_{10}/L	V_{20}/L	V_{30}/L	Δp_{TK}/Pa	m
240	185	180	0	6
η	B_1	B_2	$\rho/(g\cdot cm^{-3})$	l_2/m
0.25	0.05	0.37	0.725	3
$q_p/(L\cdot h^{-1})$	p_p/KPa	l_3/m	ξ_2	ξ_3
800	14	1.2	0.7	0.4
d_2	d_3	$\sum K_i/(kg\cdot m^{-7})$		
8 mm	8 mm	3.2×10^{-7}		

4.1 输油箱油面高度

分别进行了三组试验，试验中供油速率均为60 kg/h，模拟飞行高度均为0 m。分别向前、后油箱加油，将油面高度分别加至600 mm、400 mm以及200 mm，分别进行重心测试试验。

图4分别显示在不同输油箱油面初始高度下无人机燃油系统纵向重心的变化。

图4显示，随着前、后油箱油面高度下降，燃油系统纵向重心逐渐往航向前偏移，说明油面高度降低，会导致前油箱的输油速率与后油箱的输油速率的比例增大。

图4显示前、后油箱油面高度每下降200 mm，燃油系统纵向重心平均每小时往航向前移动量增加3 mm。

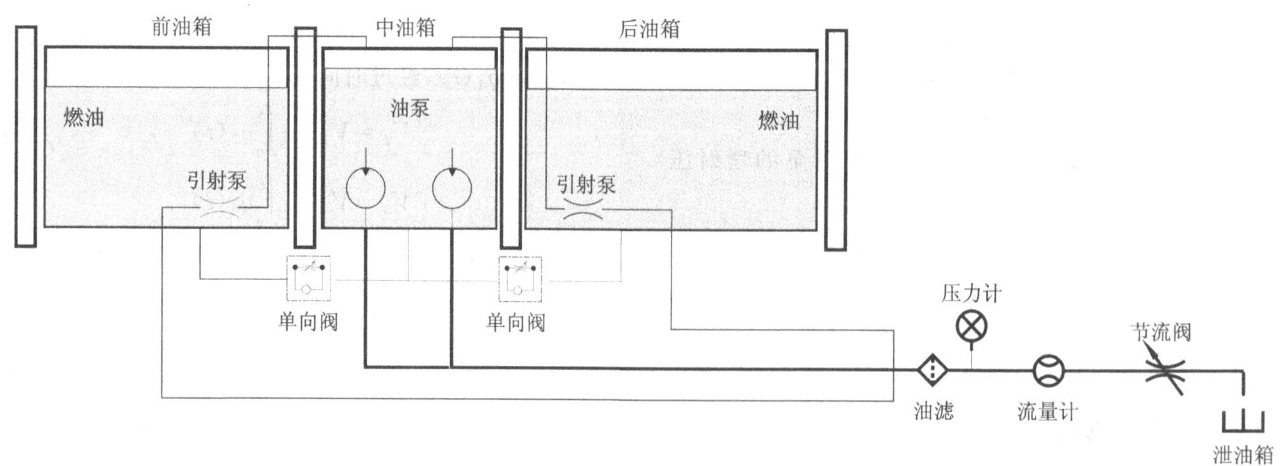

图3 某无人机燃油系统试验台

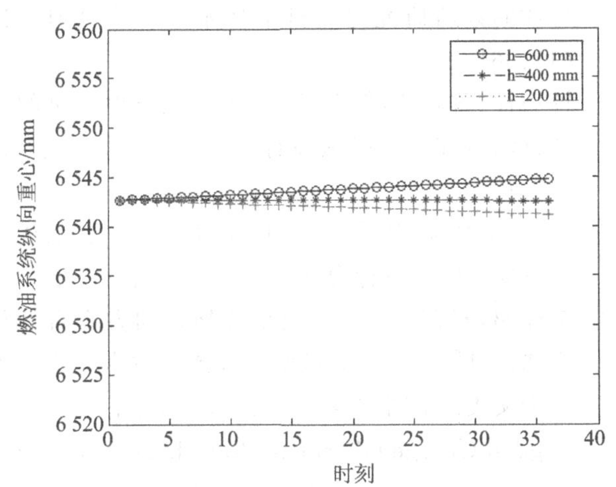

图 4 输油箱油面高度-纵向重心关系图

4.2 飞行高度

地面试验台上，通过设置气压模拟分别进行三组试验，模拟飞行高度分别是 3 000 mm，5 000 mm，8 000 mm。试验中，前、后油箱油面高度均保持为 600 mm，供油流量为 60 kg/h。图 5 分别显示了三组试验中供输油过程中燃油系统纵向重心变化。

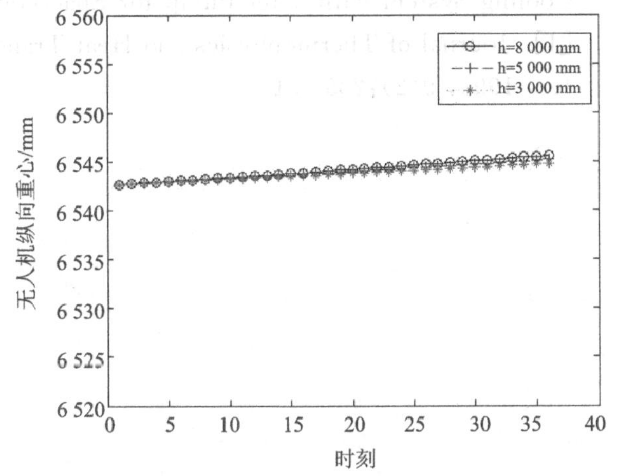

图 5 飞行高度-纵向重心关系图

图 5 显示，飞行高度越高，燃油系统的纵向重心越缓慢向航向后移动，说明飞行高度越高，前、后输油速率的比值会缓慢降低。结果显示，每增加 3 000 m，燃油系统纵向重心平均每小时向后增加 1 mm。

4.3 供油流量

分别进行三组试验，供油流量分别为 30 kg/h、70 kg/h 与 110 kg/h。试验中，前、后油箱油面高度均保持为 600 mm，飞行高度为 0 m。图 6 分别显示了三组试验中供输油过程中燃油系统纵向重心的变化。

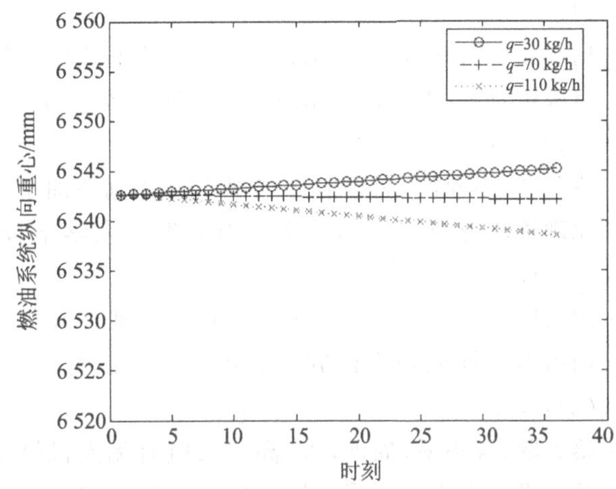

图 6 供油流量-纵向重心关系图

图 6 显示，随着供油流量增大，燃油系统纵向重心逐渐往航向前偏移。说明供油流量增大，会导致前油箱输油速率与后油箱输油速率的比值增大。发动机耗量每增加 40 kg/h，纵向重心平均每小时向前移动量增加 7 mm。

5 结 论

本文分析了造成燃油系统在供输油过程中纵向重心变化的因素，研究了其影响规律。通过建立燃油系统纵向重心模型，得出纵向重心影响因素主要为输油箱油面高度、飞行高度及供油流量，这些因素变化会导致前油箱的输油速率与后油箱的输油速率的比例发生变化，进而造成燃油系统重心变化，变化规律如下：

(1) 输油箱油面高度下降 200 mm，燃油系统纵向重心平均每小时往航向前移动 3 mm。

(2) 飞行高度每增加 3 000 m，燃油系统纵向重心平均每小时往航向后移动 1 mm。

(3) 供油流量每增加 40 kg/h，燃油系统纵向重心平均每小时往航向移动 7 mm。

研究结果可为无人机飞行中燃油系统重心调节提供依据。由于试验条件，本文未对各因素如何影响引射输油比例的具体机理进行分析，这也是后续研究的方向。

参考文献

[1] 罗伊·兰顿. 飞机燃油系统[M]. 颜万亿，译. 上海：上海交通大学出版社，2010：135.

[2] 朱红,刘苏彦,佟兴嘉. 飞机燃油系统全尺寸地面模拟试验[J]. 南京航空航天大学学报,2017,49(S1):145-151.

[3] 杨小龙,罗铁苟,金华,等. 直升机燃油系统增压转自吸供油动特性[J]. 南京航空航天大学学报,2014,46(6):895-900.

[4] 姚开棣,施允涛,周志华. 长空无人机系列燃油系统原理性能分析研究[J]. 南京航空航天大学学报,1986(S1):145-156.

[5] 闵兴明,杨勇志. 基于 Flowmaster 的某直升机燃油引射泵性能仿真研究[J]. 内燃机与配件,2017(2):18-20.

[6] 蔡天赐,祝小平,周洲,等. 高空长航时无人机燃油系统设计与仿真[J]. 科学技术与工程,2011,11(13):2999-3003,3028.

[7] 唐毅,周洲,蔡天赐. 某型飞机机翼油箱输油仿真研究[J]. 计算机仿真,2012,29(1):32-35.

[8] 周昌申. 一种新型燃油供输油系统及其管网分析解决方案[J]. 教练机,2017(1):36-38.

[9] 丛炜,丁燕,廖盛祝,等. 射流泵在主燃油控制系统中的应用及优化设计[J]. 航空发动机,2020,46(1):27-31.

[10] 孟鹏,乐贵高,李仁凤. 航空燃油转输引射泵工作特性的数值研究[J]. 科学技术与工程,2018,18(4):361-367.

[11] 钟功祥,蒋晓波,邹明铭. 高压头比下射流泵的设计方法研究[J]. 机械设计与制造,2017(2):173-175,179.

[12] 张晶,申功璋,杨凌宇. 飞机主动重心控制系统设计及应用[J]. 飞行力学,2008,26(6):68-72.

[13] 李征鸿,赵营. 飞机燃油系统加输油方案自动化优选设计[C]//2015 航空试验测试技术学术交流会论文集. 中国航空学会,2015:23-27.

[14] Bogdan George Gherman. Ion Malael. Jet pump optimiz- ation through Reynolds averaged Navier-Stokes Simulation Analysis[C]. 22nd AIAA Computational Fliuid Dynamics Conference, 2015:22-26.

[15] Gazzar M EI, Tarek Meakhail, Samy Mikhail. Numerical Study of Flow Inside Flow an Annular Jet Pump[J]. Journal of Thermophysics and Heat Transfer, 2006, 20(4):930-933.

[16] Yuri V, Fairuzov, Victor V, et al. Two-Phase Cooling System with a Jet Pump for Spacecraft[J]. Journal of Thermophysics and Heat Transfer, 1995, 9(2):285-291.

基于数字激励的惯导半实物仿真测试技术研究

洪锐，杨勇*，康明杰，丁颖浩，罗天成

中国航空工业集团公司成都飞机设计研究所，成都 610091

摘要：针对航空惯导测试方法有限、动态范围低和测试覆盖性不足的情况，对基于数字激励的惯导半实物仿真测试方法进行了研究，采用了基于模型的惯导激励数据生成技术，给出了惯性元器件误差、惯导安装误差和飞行振动等惯导误差的数字仿真模拟实现方法，并在此基础上组建了相应的惯导半实物测试系统。某型飞行器惯导地面综合测试成功应用表明，基于数字激励的惯导半实物仿真测试技术有效拓展了惯导软硬件综合测试手段，扩展了惯导测试的动态范围，可以实现全飞行包线范围惯导功能性能测试。

关键词：惯导测试；半实物仿真；数字激励；惯导误差

Study on INS Semi-Physical Simulation Test Method Based on Digital Excitation

HONG Rui, YANG Yong*, KANG Mingjie, DING Yinghao, LUO Tiancheng

AVIC Chengdu Aircraft Design & Research Institute, Chengdu 610091, China

Abstract: As test methods of aviation inertial navigation system (INS) are limited with small dynamic range and insufficient coverage, this thesis carries out study on the INS semi-physical simulation test method based on digital excitation, adopts the INS excitation data generation technology based on model, presents the realization method of INS error digital simulation, including inertial instrument error, INS installation error, flight vibration, etc., and builds up the INS semi-physical test system. The successful INS ground integrated test for an aerial vehicle indicates that the INS semi-physical simulation test method can effectively rich the INS software & hardware integrated test means and expend the dynamic range of INS test, thus realize INS performance & function tests through flight envelope.

Keywords: INS test; semi-physical simulation; digital excitation; INS error

惯性导航设备(以下简称惯导)是在飞行器中广泛使用的自主导航设备之一，可通过内置的三轴陀螺和三轴加速度计，敏感和测量载体角运动和线运动，并基于角运动的角速度和线运动的加速度测量数据，通过内置的计算单元综合解算输出载体三轴姿态、位置和速度等导航信息。

在当前的航空飞行器惯导测试技术中，只能通过实际的物理运动激励惯导内置的陀螺和加速度计，实现对惯导综合解算输出载体姿态、位置和速度等导航信息的功能和性能的测试[1-3]。使用转台或离心机等惯导专用测试设备，只能实现对陀螺和加速度单独激励和测试，其局限在于无法同时模拟角运动和线运动以实现对惯导内置陀螺和加速度计同步激励，从而实现实际角运动和线运动复合运动状态下对惯导导航功能及性能的测试[4]。使用跑车和他机搭载试飞方法虽可实现角运动和线运动复合运动状态下对惯导导航功能及性能的测试，但限于其速度和动态范围较低，无法覆盖高速飞行器的飞行速度和飞行动态，存在测试覆盖性不足的问题。使用火箭橇试验和弹载试验虽然可以模拟高速大过载的飞行动态，但是前者是直线运动，主要针对加速度计进行过载测试，且测试时间短，振动载荷远大于实际环境；而弹载试验不具有重复性，且测试精度低。因此，研究一种能够模拟实际飞行动态且可快速反复使用的惯导测试系统显得尤为重要。

* 通讯作者. E-mail: 717028263@qq.com

本文研究的惯导半实物仿真测试系统，以数字仿真激励代替物理运动激励[5-6]，驱动惯导以半实物仿真模式动态运行，可方便实现各种飞行动态下惯导软硬件综合的功能性能测试。

1 惯导半实物仿真测试原理

惯导在正常工作模式下，使用内置的三轴陀螺和三轴加速度计测量的三轴角速率和三轴过载数据，进行导航解算输出导航信息。在半实物仿真测试时，可以使用外部输入的三轴角速率和三轴过载数据替代陀螺和加速度计实测数据，驱动惯导运行导航解算等功能并正常输出导航信息。

在惯导半实物仿真测试模式下，惯导受激励数据驱动，可以工作于实际飞行动态之下，以测试惯导的数据采集与处理，对准与导航解算，组合导航模式切换，组合导航信息源选取等软硬件综合功能及性能。

惯导硬件使用一个半实物仿真用地面测试接口接收来自仿真设备的激励数据；惯导软件增加激励数据和传感器实测数据切换功能，当接收到来自地面测试接口的激励数据时，软件使用激励数据替换传感器实测数据参与导航解算，输出导航数据。

地面测试设备提供惯导半实物仿真激励所需的硬件接口和软件接口，从地面仿真系统中实时提取飞行器载体的三轴角速率和三轴过载数据，并按照约定的数据格式对激励数据打包并按照约定周期发送至惯导的地测激励口，实现惯导地测激励数据的提取组包和发送。另外，地面测试设备还需激励卫星导航和天文导航等组合导航辅助信息源设备，使之工作于导航状态并向惯导输出导航数据，使得惯导能够以真实物理接口接收卫星导航数据和天文导航数据，进入惯性/卫星/天文组合导航状态并进行组合导航功能测试。

2 惯导半实物仿真测试系统设计

惯导半实物仿真测试系统由飞行数据生成设备、传感器激励设备、卫星导航模拟器、被测惯导、卫星导航接收机和天文导航设备星敏感器、数据记录分析设备组成。惯导半实物仿真示意图如图1所示。

飞行数据生成设备用于产生标称飞行动力学数据，可以读取数据文件进行回放，按照固定周期播放标称动力学数据，也可以接入闭环仿真系统，根据飞行动力学模型和飞行控制指令实时产生标称飞行数据。标称飞行数据中包含了标称不含误差的飞行器载体的过载、角速率、姿态、速度、位置等信息。标称飞行数据回放周期为5 ms(误差±1‰)，需利用卫星导航模拟器秒脉冲进行时钟修正，以保证时钟精度。

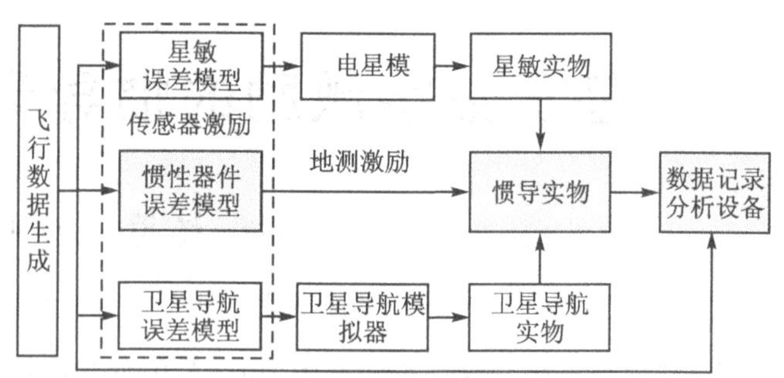

图1 惯导半实物仿真示意图

传感器激励设备可以根据标称飞行数据输入，经坐标转换和误差模型处理，生成惯导、卫星、星敏激励数据。惯导激励数据为三轴角速率和三轴过载；卫星激励数据为位置和速度，星敏激励数据为姿态四元素。

惯导激励数据通过直接发往惯导地面测试接口，惯导工作于地测仿真模式，使用激励数据替换陀螺和加速度计实测数据参与惯性导航解算。卫星导航激励数据发往卫星导航模拟器[7]，由模拟器生成模拟的卫星导航无线信号；卫星导航接收机接收无线信号，工作于正常模式并输出定位信号。星敏感器激励数据发往电星模，由电星模生成星图数据发往星敏感器地测仿真接口[8]，星敏感器工作于地测仿真模式，使用收到的星图数据替换传感器实测图像参与导航解算。惯导通过真实物理接口，接收来自卫星导航和星敏感器的位置和姿态等数据，进行组合导航解算。

数据记录设备可以通过RS422串口接收来自惯导的导航数据，通过光纤网络接收来自飞行数据生成设备的标称飞行数据，并将两种数据同步存储；通过与标称飞行数据进行对比分析可判断惯导输出导航数据的正确性和精度。

3 惯导半实物仿真测试系统运行方式

惯导半实物仿真测试系统运行方式设计如下：

(1) 数据传输接口设计和定义：惯导使用一个RS422接口作为地测激励数据接口，用于接收地测激励数据，数据传输周期与惯导采集内置陀螺和加速度计周期 T 一致(举例为5 ms)，数据传输协议包括帧头、帧计数、三轴角速率、三轴加速度、校验；地测激励设备使用一个硬件接口作为地测激励数据接口，用于发送地测激励数据，采用同样的接口类型，数据传输周期和数据传输协议。

(2) 地测激励设备按固定周期 T 从仿真系统的动力学模型或回放数据中提取惯导载体（飞行器）的三轴角速率、三轴加速度，并按照上述数据传输协议打包数据，且通过地测激励数据接口发出地测激励数据。

(3) 惯导按照固定周期 T 从地测激励接口接收地测激励数据，首先进行数据有效性判断：如果数据包校验通过且相对前一包数据帧计数有变化，则提取当拍数据包中的三轴角速率、三轴加速度，并置地测激励数据有效；如果校验错误或相对前一包数据帧计数无变化，则使用上一拍数据包中的三轴角速率、三轴加速度，并置地测激励数据无效。

(4) 惯导工作模式切换逻辑如图 2 所示：惯导初始化为正常工作模式；惯导判断连续 M 个周期 T 均收到有效的地测激励数据，则转入地测仿真模式；连续 N 个周期 T 均收到无效的地测激励数据，则退出地测仿真模式而改为正常工作模式；非上述 2 种情况，则保持当前模式。

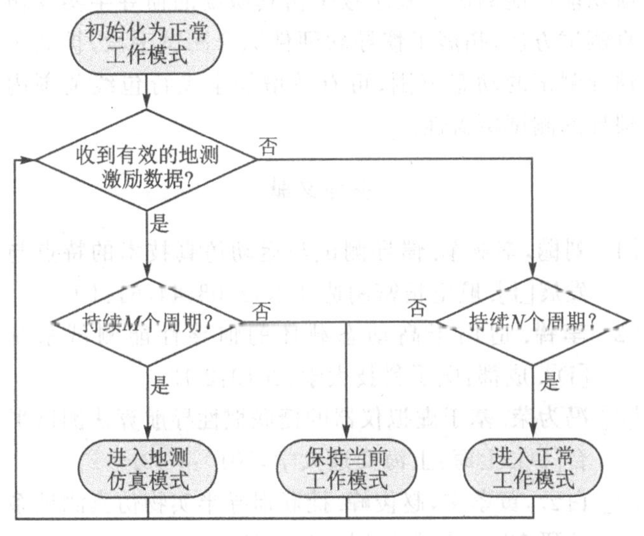

图 2　惯导工作模式切换逻辑

(5) 惯导在正常工作模式下，使用内置陀螺和加速度计测量的三轴角速率、三轴加速度，进行导航解算，输出姿态、位置、速度等导航信息；惯导在地测仿真模式下，使用地测激励数据中提取的三轴角速率、三轴加速度替代内置陀螺和加速度计测量的三轴角速率、三轴加速度，进行导航解算，输出姿态、位置、速度等导航信息。

4　惯导误差建模及激励数据生成

惯导激励数据生成是指使用来自动力学标称三轴角速率和三轴过载数据，进行惯性器件测量误差处理，输出带误差的三轴角速率和三轴过载，模拟实际使用的惯性元器件误差、惯导安装误差和载体振动噪声。按照误差产生原理，惯导激励数据需按照载体振动噪声、惯性器件误差、惯导安装误差的顺序进行误差的叠加，其中惯导安装误差是指惯导装机误差，区别于惯性器件在惯导内部的安装误差，后者已在惯性器件误差模型中建模。

载体振动噪声从惯导验收级力学环境试验数据提取，对力学试验数据进行傅里叶变换，对频域数据进行有效频率的抽取，再进行反傅里叶变换得到振动噪声数据，如图 3 所示。本问选取 20 Hz 以内的数据作为振动噪声数据。考虑系统拉偏测试，可选择 0～N 倍范围的噪声数据放大倍数。

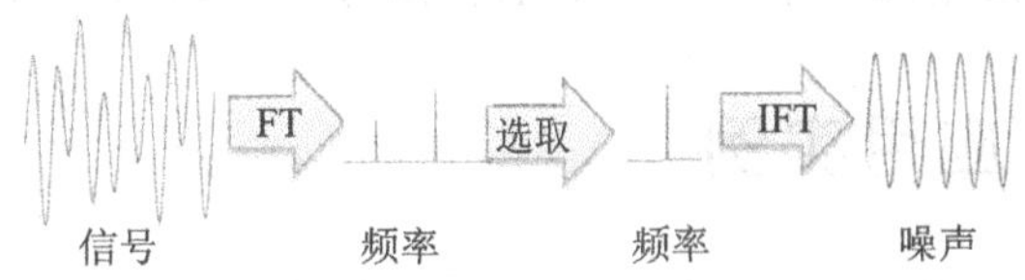

图 3　振动噪声提取

惯性器件误差注入，可以使用通用的陀螺和加速度计误差模型[9-10]，并根据惯导的陀螺和加速度计实测数据进行参数配置，本研究用到的某中等精度激光惯导的惯性器件误差参数如表 1 所列。同样的，考虑系统拉偏测试，可选择 0～N 倍范围的惯性器件误差放大倍数。

表 1　某型激光惯导的惯性器件误差模型参数

序　号	模型参数项目	参数配置
1	陀螺零偏(3×1，单位(°)/h)	[0.01,0.01,0.01]
2	陀螺零偏稳定性(3×1，单位(°)/h)	[0.01,0.01,0.01]
3	陀螺马尔科夫时间常数(3×1，单位 s)	无
4	陀螺随机游走(3×1，单位(°)/h^2)	[0.002,0.002,0.002]
5	陀螺刻度系数(单位 bit/(°))	4 200
6	陀螺刻度系数误差(3×1，单位 ppm)	[5,5,5]
7	陀螺安装误差(3×1，单位(′))	[5,5,5]
8	加计零偏(3×1，单位 μg)	[50,50,50]
9	加计零偏稳定性(3×1，单位 μg)	[10,10,10]

续表 1

序　号	模型参数项目	参数配置
10	加计马尔科夫时间常数(3×1,单位 s)	无
11	加计随机游走(3×1,单位 $\mu g/Hz^2$)	[5,5,5]
12	加计刻度系数(单位 bit/g0 * s)	16 000
13	加计刻度系数误差(3×1,单位 ppm)	[50,50,50]
14	加计二次项系数(单位 μg0/g0^2)	[2,2,2]
15	加计安装误差(3×1,单位(′))	[5,5,5]

惯导安装误差叠加方式:将注入振动噪声和惯性器件误差的过载和角速度信息,左乘惯导安装误差矩阵:

$$C_{\text{plane}}^{\text{ins}} = R(\Delta \text{roll}) \cdot R(\Delta \text{pitch}) \cdot R(\Delta \text{yaw}) \quad (1)$$

式中,$R(X)$分别表示惯导绕某个轴旋转 X 度对应的姿态转换矩阵,航空飞行器一般采用 $Z-Y-X$ 转序进行姿态定义,因此惯导安装误差矩阵由航向、俯仰、滚转姿态转换矩阵依次左乘得到。可选择是否注入惯导安装误差,默认值为 0,可配置范围为[−5°,5°]。

5　应用实例

应用本文设计的惯导半实物仿真测试系统,对某飞行器惯导进行了惯性/卫星/天文组合导航半实物仿真测试,注入 1 倍振动噪声和 1 倍惯性器件误差,注入三轴误差均为 0.5°的惯导安装误差,完成了飞行全程组合导航功能测试并考核了惯导组合导航和纯惯性导航(720 s 转入纯惯性导航)性能如图 4、图 5 所示,惯导性能指标与设计要求一致。

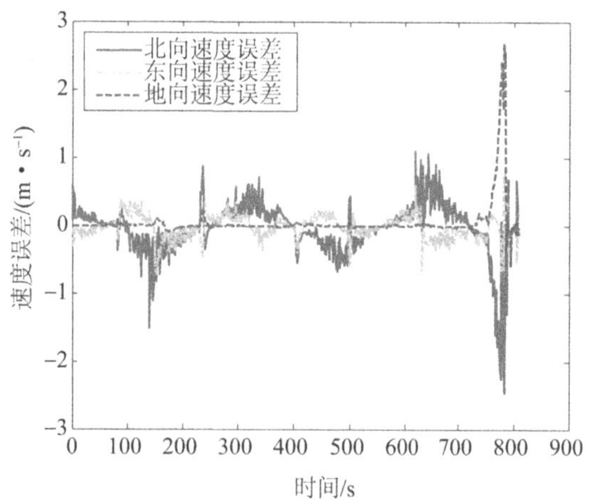

图 4　惯导半实物仿真速度误差

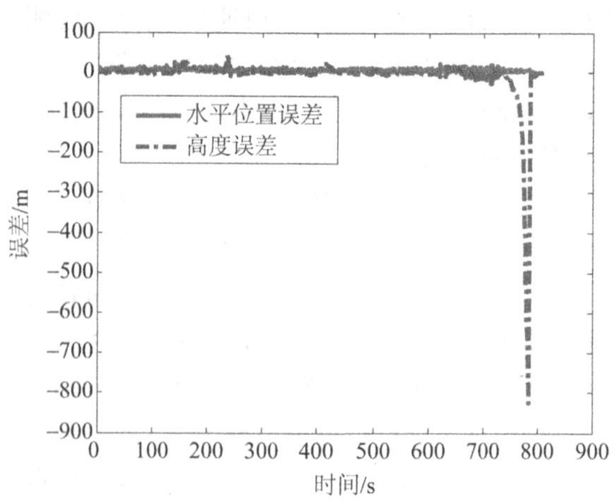

图 5　惯导半实物仿真定位误差

6　结　论

对惯导半实物仿真测试系统进行了研究,基于对导航传感器误差的精确建模,采用数字仿真激励方式,以数字仿真激励代替物理运动激励,能够模拟载体全飞行包线的飞行动态,驱动惯导及其他导航设备以半实物仿真模式工作,实现全飞行动态下惯导的组合导航功能性能测试。基于数字仿真激励的惯导半实物仿真测试方法,拓展了惯导软硬件综合测试手段,扩展了惯导测试的动态范围,可有效增加全飞行包线范围内惯导的测试覆盖性。

参考文献

[1] 刘樾,李亚军. 惯导测试与运动仿真技术的特点与发展[J]. 航空精密制造技术,2008,44(6):1-6.

[2] 李锋. 适用于高动态载体的惯导性能测试系统[D]. 成都:电子科技大学,2019:2-13.

[3] 冯为荣. 基于虚拟仪器的捷联惯性导航算法测试平台[D]. 上海:上海交通大学,2010:4-10.

[4] 白云,黄孝文,赵俊峰. 捷联惯导半实物仿真测试系统研究[J]. 航天控制. 2010,28(3):56-60.

[5] 赵建辉,房建成,刘东艳,等. 通用航空惯导软件可靠性测试中的激励器设计[C]// 中国航空学会控制与应用第九届学术年会论文集. 北京:中国航空学会,2000:291-295.

[6] 禹亮,程咏梅,李军伟,等. 通用惯导测试仿真系统的设计与实现[J]. 计算机仿真,2012,29(8):93-96.

[7] 侯博,刘光斌. 基于 PXI 射频测试平台的多模卫星

信号模拟器设计与实现[J]. 西安电子科技大学学报,2013,40(1):229-234.

[8] 韩慧媛,贯顺. 电子星模在卫星控制系统闭环测试中的应用[J]. 计算机测量与控制,2019,27(10):23-26.

[9] 张时东. 捷联惯性导航系统惯性器件误差建模与仿真技术[D]. 长沙:国防科学技术大学,2013:19-20.

[10] 熊智,刘建业,林雪原,等. 激光陀螺捷联惯性导航系统中惯性器件误差补偿技术[J]. 上海交通大学学报,2003,37(11):1795-1799.

压药压力对延期管延期精度的影响

李涛[1]，刘永强[2]，饶红霞[2]，李奇[2]，兰海英[2]

1. 海装驻武汉地区第七军事代表室，襄阳 441003

2. 航宇救生装备有限公司，襄阳 441003

摘要： 为实现某型延期弹指标要求的延期时间，选用钨系延期药作为毫秒级延期药，通过对压药压力、压药次数等工艺参数的分析，尽可能地控制延期时间精度。在 280～360 Mpa 的压药压力范围内，分别采用一次压药和三次压药的工艺方法，通过测量延期弹的延期时间，研究压药压力对延期管延期精度的影响。结果表明：延期管的延期时间随着压药压力的增大而增大，且呈良好的线性关系，且在三次压药次数下，二者的线性相关度比一次压药次数的线性相关度高；三次压药次数下的延期管延期精度比一次压药次数下的高，且随着压药压力的增大，延期精度越高，且趋于一致；在一定的压药压力范围内，可以通过线性插值获得目标延期时间及精度，可为今后采用钨系延期药的延期管设计提供参考。

关键词： 钨系延期药；压药压力；延期时间；延期精度

Influences of Loading Pressure on the Delay Precision of Extension Tube

LI Tao[1], LIU Yongqiang[2], RAO Hongxia[2], LI Qi[2], LAN Haiying[2]

1. The Seventh Military Representative Office of the Navy Equipment in Wuhan, Xiangyang 441003, China

2. AVIC Aerospace Life-support Industries, Ltd., Xiangyang 441003, China

Abstract: In order to achieve the delay time required by the index of a certain type of delay bomb, the tungsten delay charge was selected as the millisecond delay charge, and the precision of delay time was controlled as much as possible through the analysis of technological parameters such as pressure and times of pressing charge. In the range of pressing pressure of 280－360 MPa, primary pressing and tertiary pressing were adopted, respectively. By measuring the delay time of delay projectile, the influence of pressing pressure on the delay precision of delay tube was studied. The results showed that the delay time of the retarded tube increased with the increase of the pressing pressure, and the linear correlation between the retarded tube and the retarded tube increased with the increase of the pressing pressure, and the linear correlation between the retarded tube and the retarded tube was higher than the linear correlation between the retarded tube and the retarded tube. The delay precision of the delay tube under three times of pressing is higher than that under one time of pressing, and with the increase of pressing pressure, the delay precision becomes higher and tends to be the same. The target delay time and precision can be obtained by linear interpolation in a certain range of charging pressure, which provides a reference for the design of tungsten delay tube in the future.

Keywords: W-type delay composition; loading pressure; delay time; delay-time precision

引　言

延期类火工品通常用于武器系统中，以保证在点火一定时间后准确完成分离或爆炸。目前，延期类火工品具有构造简单、易于制作、原材料来源广泛和生产成本低等优点，在航天、武器系统和各项爆破工程中仍然被大量使用[1]。目前技术最成熟、应用最广泛的还是药剂式延时方式的延期类火工品[2]。

从具体应用角度分类，延期类火工品在时间上可分为毫秒级延期火工品（短延期药）、秒级延期火工品（长延期药）两类；从燃烧时是否有气体产生方面分类，可分为有气体、微气体和无气体延期药，通常将黑火药称为有气体延期药，而将以金属为主要可燃物的延期药称为无气体或微气体延期药[3]；从输入种类角度，可分为针刺延期火工品、撞击延期火工品、电延期火工品以及火焰延期体等；从火工药剂种类角度，可分为硼系延期药[4-5]、硅系延期药[6-9]、钨系延期药[10]等。

我国目前在大力研究的弹药类产品很多需要安装一些延期精度高、机械性能强的延期元件。但是，国内延期药研发以及应用中面对着两个主要问题：第一是延期时间精度不高，第二是长储性能差。其中，钨系延期药主要作为毫秒级延期药，其延期时效一般为 100～900 ms 时段，而我国毫秒级延期药正好是在这一阶段存在问题，因此，对采用钨系延期药作为装药的延期类火工品的延期时间进行研究是相当必要的。

朱帅等[11]采用光电法对硅系延期药的延期时间与压药压力的关系进行研究，结果显示随着压药压力的增大，燃烧时间缩短，燃速增大；韩体飞等[12]采用高速摄像技术记录了毫秒四段硅系延期药燃烧传播动态特性，并计算得到了药柱燃烧传播瞬时速度。

在弹射救生技术领域，延期抛放弹主要用于稳定伞射伞枪和双/多座飞机指令弹射系统。延期抛放弹的延期时间一般是由延期管决定的，延期管在－55～＋70 ℃范围内，需满足总体规定的延期时间和精度要求。结合某型抛放弹上使用的延期管的延期时间要求，选用 2 号延期药(钨系)作为延期药，在定药量下，研究压药压力与延期精度的关系。

1　延期管的结构

某延期管的结构如图 1 所示。延期管主要由壳体、发火元件(底火)、传火管、延期药、耐水药等组成，其中耐水药、延期药和底火分别按图 1 所示压入壳体中。在实际工作中，在击发发火元件后，发火元件的能量通过传火管点燃延期药，在延期药燃烧一定时间后点燃耐水药，耐水药产生较大的火焰，从而通过壳体的发火孔输出能量从而启动后续的传火序列。

在－55～＋70 ℃范围内，延期管的延期时间指标在 270～350 ms，是由延期药决定。延期药采用钨系延期药，属于毫秒级延期管装药。而在不改变传火结构及装药组分、含量的情况下，不同压药压力对延期时间的影响是显著的。压药压力对延期时间的影响具有多重性。压药压力的变化可改变药剂的导热、热容、孔隙

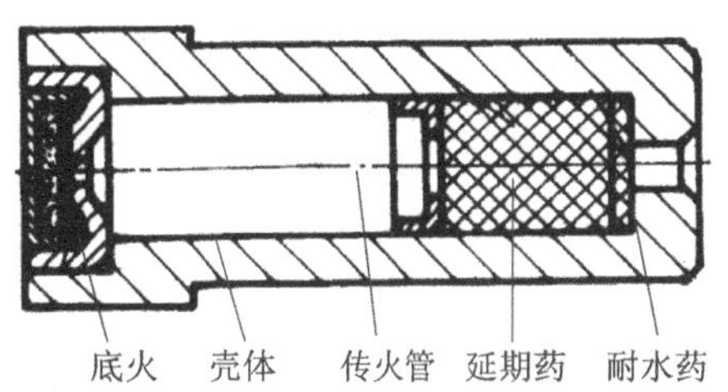

图 1　延期管结构示意图

率、反射率等化学性能。一般情况下，延期药密度增加时，药剂孔隙度会减小，对应的延期药燃速下降。当延期药密度高于一定值时，孔隙度变化很小，此时具有平行层燃烧的性质，燃速趋于稳定，延期精度也最高。

延期管的压药采用伺服电机驱动式气动压药机，其典型的压药力曲线如图 2 所示。

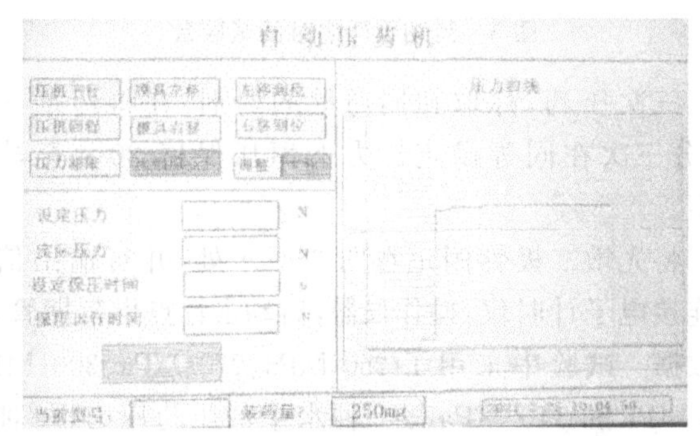

图 2　压药机的压药力监控曲线

2　试验部分

2.1　试验设备

延期管的延期时间测试试验装置如图 3 所示。

如图 3 所示，在击发体和击针上各引出一根电缆线(击发体未接触击针之前处于断路状态)，当击发体撞击击针后，两组电缆线接通，此时高精度测时仪启动计时，延期管火帽发火点燃延期药，延期药经过一段时间延期后发火，此时，延期管发火的火花触发光敏二极管，高精度测时仪结束计时，此测时仪记录的数字则为此发延期管的延期时间。

2.2　试验方案

一次压药，称取定量药剂，一次性装入壳体中，采用压药机在设定的一定压力值下恒压保持 20 s 至药柱成型。

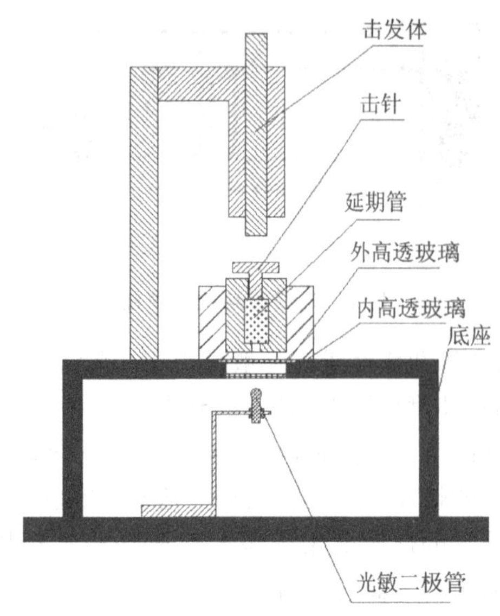

图 3 延期管延期时间试验台

三次压药，称取相同药量的药剂，并将药剂三等份，分三次在同等设定压力下恒压保持 20 s 至药柱成型。

将光敏二极管固定在图 3 所示处，并将输出信号端连接电子计时仪，操作仪器，启动击针点燃延期管，记录数据。试验中采用了 250 MPa、270 MPa、300 MPa、320 MPa 和 340 MPa 等 5 种水平的压药压力，每种水平压力下进行 20 组平行实验。

3 结果及分析

3.1 一次压药下，压药压力对延期精度的影响

根据高精度测时仪读出的延期时间获得一次压药下，各压力条件下的延期时间和延期时间的标准差，结果如表 1 所列。

表 1 一次压药下的延期时间

序 号	压药压力/MPa	平均延期时间/ms	标准差/ms
1	254.6	264	12.3
2	270.6	266	9.8
3	286.5	270	8.1
4	302.4	278	8.2
5	326.3	283	6.9
6	342.2	287	7.9

从表 1 可以看出，在 250～350 Mpa 压药压力范围内，随着装药压力的增加，延期管的延期时间逐渐增加，延期标准差在压药压力的影响下也有明显下降趋势，但在 300～350 MPa 范围内，呈现明显的波动。

图 4 为一次压药下，延期管的延期时间与压药压力的关系图，从中可以看出延期管的延期时间与压药力呈线性上升趋势，线性拟合后可得出方程 $T=188.8+0.288p$ ($R^2=0.9892$)，其中 T 表示延期时间，ms；p 表示压药压力，MPa。

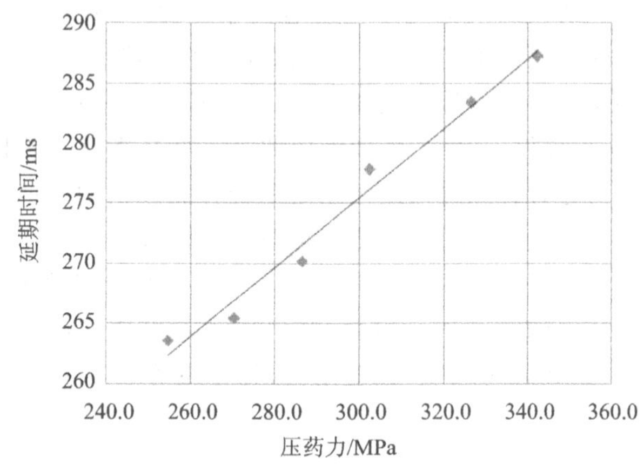

图 4 一次压药下压力与延期时间的关系

3.2 三次压药下，压药压力对延期精度的影响

采用相同的试验方法，得到在定药量的三次压药下，不同压药压力的延期时间如表 2 所列。

表 2 三次压药下的延期时间

序 号	压药压力/MPa	平均延期时间/ms	标准差/ms
1	286.5	297	14.1
2	302.4	302	11.2
3	326.3	306	10.1
4	358.1	314	7.6

图 5 为三次压药下，延期管的延期时间、标准差与压药压力的关系图。从中可以看出延期管的延期时间与压药力呈线性上升趋势，线性拟合后可得出方程 $T=229+0.238p(R^2=0.992)$，其中 T 表示延期时间，ms；p 表示压药压力，MPa。延期管的延期时间标准差与压药压力线性拟合后可得出方程 $\sigma=38.5-0.086\ p(R^2=0.973)$，其中 σ 表示延期时间的标准差，ms；p 表示压药压力，MPa。

结合表 1 和表 2 的数据分析可知：

(1) 延期管的压药压力与延期时间呈较好的线性

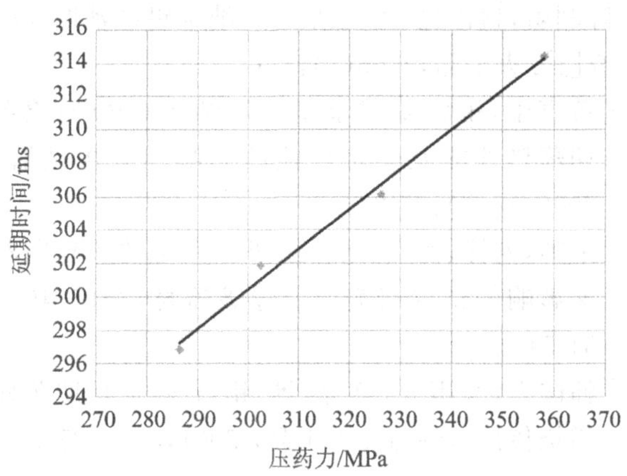

(a) 延期时间与压药压力的关系

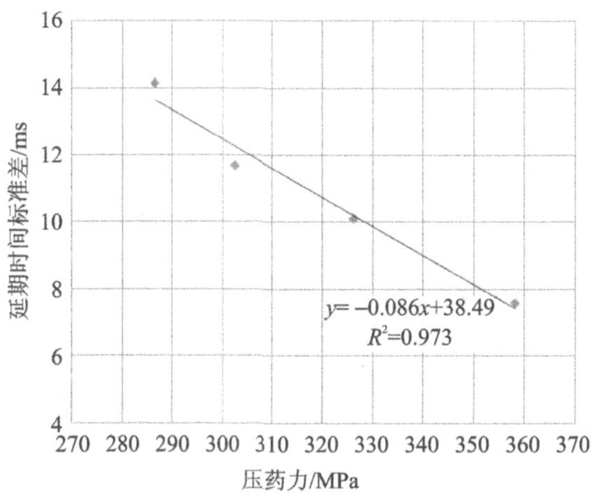

(b) 延期时间标准差与压药压力的关系

图5 压力与延期时间、标准差的关系

关系，可以认为压药压力的增加会导致药柱的密度增大，延期管装药符合端面燃烧特性；

（2）延期管装配过程中在定药量、定压药压力的条件下，采用多次压药方式的延期管，延期时间的线性度更佳，且延期精度在一定压力范围内更趋于线件。

（3）通过多次分药的压药方式，能够改善延期药剂组分配比、粒度、表面状态和密度等因素对到延期药的燃烧影响，延期药颗粒间接触更为紧密，孔隙率下降，导热性提高，燃烧趋于稳定，燃速标准差下降。

3.3 目标延期时间与延期精度的插值方法

在－55～＋70 ℃范围内，延期管的延期时间指标在270～350 ms，取指标均值310 ms作为延期管的目标值，根据上节所得的压药压力与延期时间的关系，确定生产的压药力为340.3 MPa，预估的该批延期时间的标准差为9.2 ms。

针对某批延期管，采用三次压药方式，称取相同药量的药剂，在设定压力为340.3 MPa的情况下，恒压保持20 s至药柱成型采用三次压药方式，共计进行100发试生产，并进行高低温试验（各50发），所得结果如表3所列。

表3 延期管的延期时间结果

压药压力/MPa	50发高温平均延期时间/ms	标准差/ms	50发低温平均延期时间/ms	标准差/ms
340.3	304.0	7.1	317	4.7
目标值	(310±9.2) ms			
试验值（100发）	(308±8.9) ms			

通过延期时间与压药压力的在一定压药力范围内的线性规律，可以采用插值方法获得目标延期时间所需的延期管压药力，试验所得延期时间与目标值的误差在3%以内，标准差的偏差在5%以内。

4 结 论

通过对硅系延期药的燃烧速度和燃烧温度测试研究，获得如下结论：

（1）一次压药下，在250～350 MPa压药压力范围内，随着装药压力的增加，延期管的延期时间逐渐增加，延期标准差在压药压力的影响下也有明显下降趋势，但在300～350 MPa范围内，呈现明显的波动。

（2）三次压药下，在280～360 MPa的压药压力范围内，延期管的延期时间与压药压力有良好的线性关系，获拟合线性曲线 $T=229+0.238p$ ($R^2=0.992$)。

（3）定药量、定压药压力的条件下，采用多次压药方式的延期管，延期时间的线性度更佳，且延期精度在一定压力范围内更趋于线性。

（4）可以通过建立定药量下压药力与延期时间的线性关系，确认目标延期时间和标准差的压力值，为延期管的设计提供参考。

参考文献

[1] 吴幼成，宋敬埔. 延期药技术综述[J]. 爆破器材，2010，29(2)：23-27，39.

[2] 时家俊. 某型延时起爆装置延期时间影响因素研究[J]. 爆破器材，2020，49：33

[3] 王凯民，温玉全. 军用火工品设计技术[M]. 北京：国防工业出版社，2005：20-21.

[4] 张彦.混药工艺对延期药延期时间精度影响的研究[D].淮南:安徽理工大学,2017.

[5] 汪磊.纳米金属氧化物对硅系延期药延期性能的影响[D].淮南:安徽理工大学,2016.

[6] 张颖颖.硼/铬酸钡延期药温度系数与耐冲击性能的研究[D].南京:南京理工大学,2009.

[7] 聂祥进,陈世雄,彭文林,等.卡腰对导爆管雷管延时精度的影响[J].爆破器材,2016,45(4):45-48.

[8] 张天.微尺度装药燃烧特性研究[D].南京:南京理工大学,2007.

[9] 陈利魁,盛涤伦,王克恭,等. 纳米钨系延期药的研究[J].火工品,2005(4):6-9.

[10] 黄寅生,崔晨晨,李锦涛,等.纳米CuO对钨系延期药热性能及燃烧性能的影响[J].爆破器材,2009,38(3):25-27.

[11] 朱帅,刘锋,张彦,等. 压药压力对硅系延期药燃速影响的试验研究[J].爆破器材,2017,46(2):51-54.

[12] 韩体飞,颜事龙,陈磊,等.铅丹-硅系延期药柱的燃烧传播特性[J].火工品, 2001,5(4):25-29.

基于硬式加油的受油机运动模拟系统

陈伟

中航工业第一飞机设计研究院，西安 710089

摘要：本文研究了一种基于硬式加油的受油机运动模拟系统方案，对模拟系统的需求、组成、原理进行了论述，并对受油机运动模拟系统的测试功能进行了详细阐述。

关键词：空中加油；受油机；伸缩套管式空中加油系统；运动模拟系统

The Motion Simulation System of the Receiver Aircraft Based on Boom Refueling Systems

CHEN Wei

AVIC the First Aircraft Institute，Xi'an 710089，China

Abstract：In this paper，the motion simulation system of the receiver aircraft based on boom refueling system is schemed. The principle，requirement and composing of the motion simulation system are introduced. The testing functions of the motion simulation system are discussed in detail.

Keywords：inflight refuelling；receiver aircraft；boom refueling systems；motion simulation system

1 引 言

空中加油在作战中的成功运用是现代战争取胜的关键因素之一，空中加油可以有效提高作战飞机的作战半径和续航时间，增加有效载荷，同时还可以提高作战部队的反应速度。目前空中加油分为探管锥套式（软式）与伸缩套管式（硬式）两种。

软式空中加油的优点是一架飞机可以加装多个加油吊舱进行多机同时加油，缺点是对大气湍流敏感，对驾驶员技术要求高，输油速度慢。硬式加油具有输油速度快，大气湍流影响小，对接操纵方便的优点；缺点是设备复杂，适合大型加油机，一次只能给一架飞机加油，需要专业加油员。

2 硬式加油受油机运动模拟系统

美国加油机 KC-X 项目[1]，三个投标的方案，波音公司 KC-767 加油机方案、欧洲宇航防务集团（EADS）的 A330MRTT 方案，美国航宇公司/安东诺夫团队的安-112KC 方案都提出了硬式＋软式的加油机方案，由此可见先进的硬式加油技术已是现代化加油机的标准配置。目前，我国已实现了软式加油，而硬式加油还处于研究阶段，如何检验先进的硬式加油技术的有效性是一个愈发凸显的问题。如果靠实物检验，周期长、耗费高；如果仅靠计算机模拟仿真技术，模拟结果又会有大的偏差；这就显现出了地面模拟系统的作用：耗费低、周期短、可靠性高。

一种基于硬式加油的受油机运动模拟系统（见图1）属于半物理仿真，针对受油机预接触、对接、加油、分离等四个过程进行地面模拟验证研究，将受油机运动系统的一部分以物理模型方式引入仿真回路，其余部分以数学模型描述，并把它转化为仿真计算模型。借助物理效应模型，进行实时数学仿真与物理仿真的联合仿真。此受油机运动模拟系统由三部分组成，指令层、软件模拟以及硬件。

指令层是整个受油机运动模拟系统的控制中心，用来命令六自由度机械臂进行规定的动作，完成预设的任务，比如说指令层命令机械臂前进 2 m，然后保持不动，那么机械臂就应该前进 2 m，然后保持不动；指令

通讯作者. E-mail：jfm603@163.com

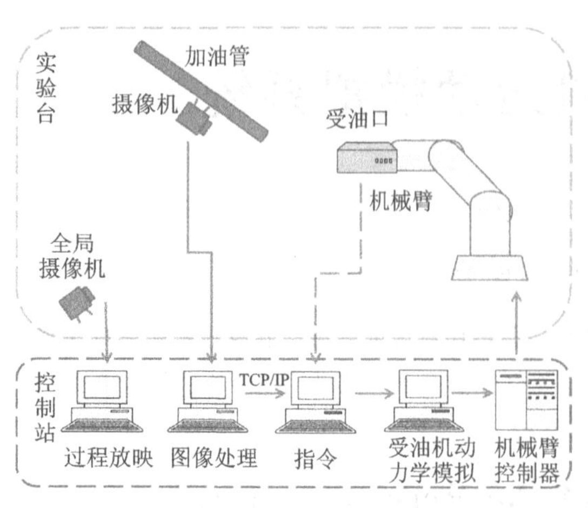

图1 受油机地面运动模拟系统

层还可以进行事件警报(比如当硬件部分超速或者活动范围将要超出最大范围时下令紧急停止等)、记录仿真数据、自动分析数据等功能。指令层接收来自硬件部分的信息从而发出指令,一般性的指令传给软件模拟部分,当进行事件警报时则将信息直接传给硬件部分,要求硬件部分立刻停止危险动作。

软件模拟主要是用计算机来模拟受油机在空中的动力学、运动学过程。受油机的动力学过程就由计算机来进行数学模拟。软件模拟接收来自指令层的信息(比如现在需要前进 2 m 等),将其转化成输入进行受油机下一时刻的模拟,然后将下一时刻受油机的飞行信息(速度、姿态、飞行距离等)转化成受油机模拟系统相应的控制命令传给硬件部分。

硬件即运动模拟系统的物理部分,用来进行受油机的物理仿真。由于实物无法在地面模拟受油机的动力学过程,因此硬件部分是用来再现受油机的运动。硬件部分由受油口、六自由度机械臂、通信线路,接口、燃油管路等零件组成。硬件部分接收来自软件模拟部分传来的控制指令,从而操纵六自由度机械臂运动,与加油管模拟装置配合完成空中加油的物理仿真,再把信息(六自由度机械臂当前位置、姿态、速度等)传给指令层,从而让指令层规划下一步指令。

从功能上看,指令层和软件模拟组成了控制站,硬件部分组成了实验台。

系统组成

整个运动模拟系统由实验台、控制站两部分组成,整个系统应该是指令发出受油口运动指令,受油口运动指令最终转化成机械臂控制信号,控制机械臂再现受油口的运动;加油管按照相应系统的运动指令最终转化成加油管的控制信号,模拟加油管的运动,两者结合从而模拟了整个加油过程;另外,摄像机传送回相关信息,从而帮助指令发出下一步指令信号。

实验台是用来模拟加油机和受油机的相对运动,验证真实加油管和受油口的空中对接加油过程。实验台分为加油管模拟装置和受油口模拟装置。这里主要介绍受油机模拟装置,模拟装置由一个真实受油口和一个六自由度机械臂组成(如图 2 所示),机械臂固定在地面上,固定位置与加油管处在同一条直线上,与加油管支架的水平距离为 12.91 米,受油口的有效活动范围是半径为一米的球形区域,受油口可以任意姿态到达此区域内的任意位置。在加油过程中,机械臂模拟受油机(即受油口)的运动,加油管再现加油管的运动,从而模拟硬式空中加油过程。

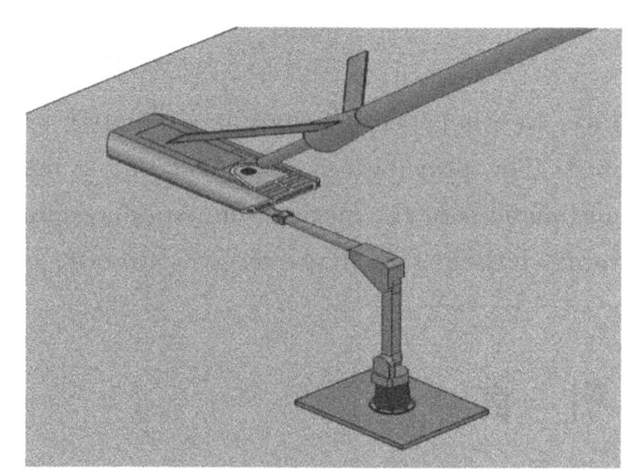

图2 受油口模拟装置

控制站用来仿真受油机的动力学、运动学过程,并将信息传达给实验台;控制站由五部分组成:

(1) 过程放映:用来完整地记录下整个实验过程,用于以后的分析、展示,不应出现死角等因素。

(2) 图像处理:图像处理部分是接收来自摄像机的信号从而判断出加油管和受油口的相对位姿信息,并将信息传给指令部分;其应该能够实时判断出加油机和受油机的相对位置姿态。

(3) 指令:接收相对位姿信息并将新的指令传给受油机动力学模拟部分;操作人员应该可以下达相关指令,并且能够在发生意外时发出停止指令。

(4) 受油机动力学模拟:根据新的指令,进行下一时刻的动力学模拟,并将下一时刻的受油机运动学信息传给机械臂控制器;应该能够准确、及时地仿真出每一时刻受油机的飞行姿态。

(5) 机械臂控制器:通过转化输出相应的机械臂控制信号给机械臂。

3 受油机运动模拟系统的功能

3.1 受油包络加油模拟

硬式加油中,由于扰动的存在(如阵风、紊流、尾流等),受油口会在一定的范围内来回摆动,加油管则会跟随运动;但是当超过某一范围时,加油管和受油口就会脱离,这个范围所形成的包络就是受油包络,或称脱离包络,如图3所示。因此从理论上来说,受油机运动模拟系统可以让受油口运动到受油包络内的任意位置。但实际上,硬式空中加油只可以在静流和轻度大气紊流下进行,受油口(即受油机)的运动范围可以保持在某点附近(一般受油机在轻度紊流下运动范围都在2 m之内),实际操作中对接点一般会选择在标准位置点进行对接,因此在实际情况下,受油口只会在标准位置点附近运动(标准位置点为加油管伸出4 m,俯仰角向下30°,偏航角0°)。

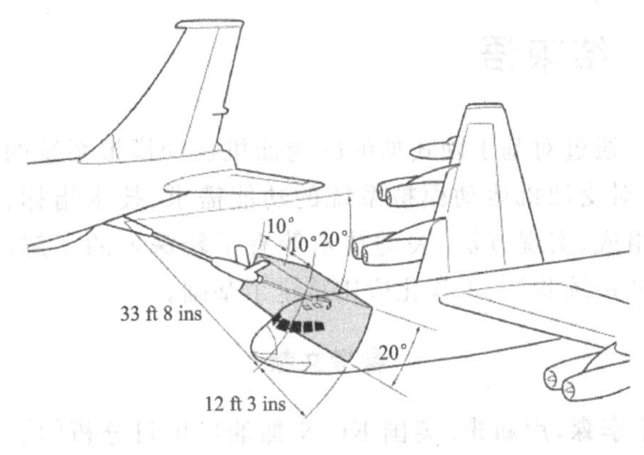

图3 受油包络

受油机运动模拟系统可以实现标准位置附近的受油机运动模拟,当把加油管固定住后,此时模拟的就是对接过程中受油口保持在对接位置附近,然后就可操控加油管进行后续的对接段;当对接完成后,加油管随受油口而动,此时模拟的就是受油过程。

3.2 干接触和湿接触模拟

干接触就是在加油过程中不涉及输油问题,只进行加油管和受油口的对接、随动、脱离,完成控制功能和结构验证。

湿接触就是在加油管和受油口对接后进行输油,输油之后关闭阀门,然后加油管和受油口分离。进行湿接触可以验证输油速率能否达到规定值;在规定速率下是否会对受油口产生结构变形,加油管和受油口对接和分离时加油管和受油口的自封装置、缓冲装置能否工作正常,是否可以保证不漏油,等等;对于受油机运动模拟系统来说,要实现湿接触功能,需要在机械装置上安装输油管路,设置储油箱,因此必须考虑输油线路如何绑在机械装置上并且不影响机械装置的运动,机械装置的运动会不会干涉输油线路,在规定输油速率下机械装置能否承受住液体带来的压力并且保持稳定,能否在规定输油速率下正常模拟受油机的运动,漏油、起火时的紧急处理措施,储油箱如何连接,实现加油管和受油口输油循环等。

3.3 静流和轻度紊流下的运动模拟

飞机在空中飞行时有可能遇到大气紊流、尾流的影响,这会改变飞机的飞行轨迹,因此需要考虑扰流影响。

尾流在硬式加油中一般不考虑,或者将其当做小扰动,利用控制方法的鲁棒性将其抑制。这是因为尾流对于受油机的影响较小;尾流主要分为两部分,一部分是发动机产生的喷流或螺旋桨产生的滑流;另一部分则是伴随机翼和尾翼升力产生的尾涡系(尾翼产生的尾涡较小);在硬式加油中加油位置是在机体正后方,喷流和机翼尾涡基本影响不到受油机,尾流相对较小,对受油机影响亦较小;由某两型飞机的风洞数据可知,尾涡对受油机产生的力在0.01 N级别,力矩也在0.01 NM级别,因此可以将尾流对受油机的影响看作小扰动。

大气紊流一般分为无(即静流)、轻、中、重四级强度。通过采用drydcn大气紊流仿真可知,当受油机在中、重度大气紊流下进行加油时,飞机在纵向范围(即上下运动)的活动距离可达5~6 m;而受油机和加油机在进行空中加油时相距不过5~6 m,在中、重度大气紊流下进行加油的话是十分危险的,因此禁止加油过程在中、重度紊流下进行。

3.4 对接加油过程运动模拟

硬式加油预接触和分离过程所需距离较长,大概是15 m左右,而对接过程和加油过程所需空间较小,一般是在对接点附近;因此对接过程和加油过程可以模拟空中的真实过程;但预接触过程和分离过程较长,如果要完整模拟预接触过程和分离过程则需要很长的机械结构(20 m以上);由于在加油过程中,受油机的运动是直线平飞,因此受油机的飞行状态(比如速度、角速度、姿态等)不会发生太大的改变,因此可以将预接触过程和分离过程缩短以减小工程量(比如设计长度为 2 m 的轨道代替 15 m 的预接触过程和分离过程)。对接过程和加油过程是空中加油的核心,受油机运动模拟系统可以进行对接测试,对接时碰撞特性测试,输油功能测试,加油过程中受油口与加油管是否会脱离测试,等等。

3.5 不同受油机型和控制方法的运动模拟

对于半物理仿真来说,对飞机的动力学过程等不能物理模拟的部分可采用数字仿真完成。空中加油的受油机既有大型客机,也有战斗机,甚至无人机等。不同机型的油箱容量不同,受紊流影响不同,其在加油过程中的运动特性也会不尽相同,因此在受油机运动模拟系统中应考虑合适的模型来模拟不同受油机的空中加油运动,比如飞机的动力学模型采用线性还是非线性、大气紊流模型采用 von Karman 模型还是 dryden 模型,等等,都需要根据目的、条件进行适当选择。

相应的,飞机在不同的控制律的运动是不一样的,对于加油过程中的受油机运动,其控制律应尽可能提高精度,增强稳定性;为了达到这个目的,就应该尝试各种不同的控制方法,寻找对于受油机来说最为合适的空中加油模态控制律。受油机运动模拟系统只需要在控制站中的受油机动力学模拟模块上增加不同机型的模型和控制律,即可验证不同的机型的空中加油技术。

此外,除了用动力学仿真模拟整个受油过程,也可采用实际的空中运动数据。数据分为两类,一类是实际的大气数据,可用来代替大气紊流的仿真,从而模拟飞机在真实大气中的运动;另一类是实际的空中加油飞行数据,通过模拟实际的空中加油飞行轨迹,可以令加油管操作员进行更为真实的对接训练。这些功能通过调整受油机动力学模型即可实现。

3.6 加/受油机相对位姿识别模拟

空中加油需要时刻了解加油机和受油机的相对位置姿态,受油机才能保持在加油管操纵员希望受油机保持的位置;判断加油机和受油机相对位置姿态的方法主要有 GPS 法、视觉机器法、综合法三种方式。采用 GPS 的方法判断相对位姿,就是通过获取两者的绝对位姿信息,从而得到受油机的相对期望位姿,因此就需要在模拟设备上安装 GPS 装置。视觉机器法就是采用固定在加油管上的摄像机判断相对位置姿态,需要在受油口上留下相应的标识;采用综合方法,就是 GPS 和视觉机器两者的结合,相互协调完成加/受油机相对位姿识别。

4 结束语

通过对基于硬式加油的受油机运动模拟系统的研究,对受油机运动模拟系统的功能需求、技术指标、部件组成、实现方法、关键技术等有了较深入的了解,为加油系统验证、工程化应用奠定了基础。

参考文献

[1] 李淼,卢新来. 美国 KC-X 加油机项目分析[J]. 航空科学技术,2011(4):21-23.

机载三相感应电动机电磁兼容性设计与优化

周宇，朱叶

南京机电液压工程研究中心航空机电系统综合航空科技重点实验室，南京 211106

摘要：军用机载系统中，对设备的电磁兼容性能要求较高。三相感应电动机广泛应用于军机系统中，其电磁兼容性设计与优化尤为重要。本文从电机的电磁设计、材料选取、表面处理方式、电缆选择等方面提出了电磁兼容性的设计方法，并以某型军用三相感应电动机为例，分析其电源线传导发射项目电磁干扰超标的原因，采用定子斜槽的改进措施，制造样机，并通过试验证明原超标频率点处电磁噪声明显降低，验证定子斜槽方案对减小传导干扰噪声切实有效。

关键词：电磁兼容性；传导干扰；机载设备；三相感应交流电动机；定子斜槽

1 引　言

飞机系统内集成大量高低压电子电力设备，当系统工作时，会产生严重的电磁干扰。这些干扰信号会影响飞机系统中的电气设备正常工作[1-4]。而军用飞机中，要求电子设备的尺寸重量更小、集成度更高，产品的电磁兼容性设计与优化尤为重要[5]。

军机设备的电磁兼容性应满足 GJB 151A—1997 与 GJB 152A—1997 的相应要求和电磁环境效应设计要求的相关规定。电子设备在规定的电磁环境中工作时，能够不受电磁干扰的影响，实现正常功能，且不会对环境造成电磁干扰，影响其他设备的正常工作[6-7]。

三相异步交流电动机广泛应用于军机系统中，目前已经形成系列化，产品功率覆盖范围从 200 W 到 20 kW，转速等级为 4 800 r/min、6 000 r/min、8 000 r/min 和 12 000 r/min。产品的种类多、成熟度高、性能稳定、环境适应性好、故障少。

本文分析了异步交流电动机的电磁兼容性设计方法，并以某型军用三相异步交流电动机为例，分析了定子斜槽对电磁兼容性的优化效果[4-6]。

2 三相异步交流电动机电磁兼容性设计

影响电磁兼容性的因素主要包括电磁干扰源、电磁传播途径、敏感设备。三相异步交流电动机由定子组件、转子组件、壳体等部分组成。定子组件和转子组件为电磁部分，定子上的绕组通电后在气隙间产生旋转磁场，带动转子旋转，通过输出轴传递力矩。由于三相绕组的存在，电机可以视作一个感性元件。电机导线也存在寄生电感，因此短时间内频繁变化的电流容易产生大的电动势，形成严重的传导干扰。因此传导与辐射电磁干扰源主要来自定子绕组，电机本体设计中可采取如下措施减弱电磁干扰：

(1) 电机绕组采用对称的三相 Y 形连接，三次谐波合成磁势为零，消除三次谐波；

(2) 通过有限元仿真，分析电机稳态工作时的磁场分布，如有磁场畸变，则进行定、转子齿槽的局部调整，减小磁场畸变。

辐射干扰是通过空间电磁波传播(如 RE101、RE102)，电磁屏蔽是在空间某个区域内有效减弱辐射干扰的途径。在绝大多数情况下，屏蔽体可由钢、铜、铝等金属制成，但对于恒定和极低频磁场可采用铁氧体等材料作为屏蔽体。对于常用军用异步交流电机，定、转子被固定在相对密闭的铸铝壳体(ZL－105)中，其对电场和高频磁场有较好的屏蔽作用。穿过壳体的导线通过圆形电连接器输入，插座与产品壳体接触处采用导电阳极化处理，保证良好的电连接。输入电缆线的辐射干扰也不可忽略，一般采用电缆外层缠绕防波套并可靠接地的方法。在搭接设计方面，电机与飞机采用金属连接件如螺栓连接，形成低阻抗电气回路。产品壳体与飞机的接触面可采用导电阳极化，形成良好的接地回路。

3 三相异步交流电动机电磁兼容性优化

本节以某型军用三相异步交流电动机为例，分析定子斜槽对电磁兼容性的优化效果。表1为电机的主要参数,图1为电机实物。

表1　电机主要参数

参　数	数　值	参　数	数　值
额定电压	115 V AC	额定功率因素	0.72
额定功率	300 W	定子槽数	36
频率	400 Hz	转子槽数	47
额定转速	7 700 r/min	定子外径	114 mm
额定功率	6.6 kW	转子外径	73.4 mm
额定工作电流	38 A	电机长度	59 mm

图1　电机实物

在电机按国军标要求进行电磁兼容性试验时,CE107项目和RE102项目均顺利通过考核。CE102项目,即10 kHz～100 MHz电源线传导发射的电磁干扰超标。A、B、C三相噪声曲线几乎一致,选取A相噪声测试曲线为例,如图2所示,其中红线表示要求极限值,高于该极限值时表示不通过。可以看出,超标频率点在37.5 kHz左右,最大超出限幅值1 dB左右。

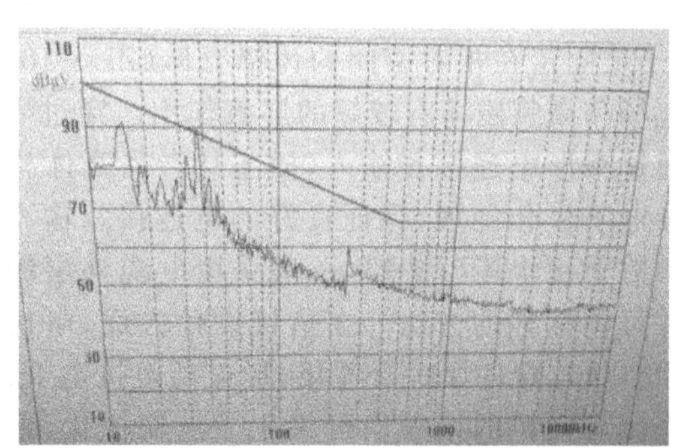

图2　CE102测试曲线(改进前)

分析CE102超标原因如下:

(1) 实际试验中,产品的输入电源不可能为三相完全对称的400 Hz理想电流,存在高次谐波电流分量;

(2) 电机电枢绕组均为人工手绕,无法做到完全对称,会引入相带谐波;

(3) 电机定转子的开槽结构,会引入齿谐波。

针对三相交流电机传导干扰20～50 kHz频段的小幅超标,改进措施是采取电机的定子铁芯由直槽改为斜槽。斜槽对电机谐波磁场具有较好的削弱作用,可减小由齿谐波引起的电机损耗及气隙谐波磁场引起的电机振动和噪声[8-12]。

υ次谐波的斜槽因数应为[13]:

$$k_{sk\upsilon}=\frac{\sin\frac{\upsilon\beta}{2}}{\frac{\upsilon\beta}{2}}=\frac{\sin\upsilon\left(\frac{c}{\tau}\cdot\frac{\pi}{2}\right)}{\upsilon\left(\frac{c}{\tau}\cdot\frac{\pi}{2}\right)}$$

其中,c为定子斜过的距离,τ为极距,β为整个定子斜过的电角度。根据公式,可推算通过斜槽可削弱电机的高次谐波。

电机定子铁芯由168片0.35 mm厚的硅钢冲片叠压而成,在不改变冲片数量和尺寸的情况下,叠压过程中斜一齿,如图3所示。但该改进措施也会产生负面影响,主要会造成电机起动力矩小幅下降[14],实际应用中需考虑电机的相关性能与指标要求是否有余量。

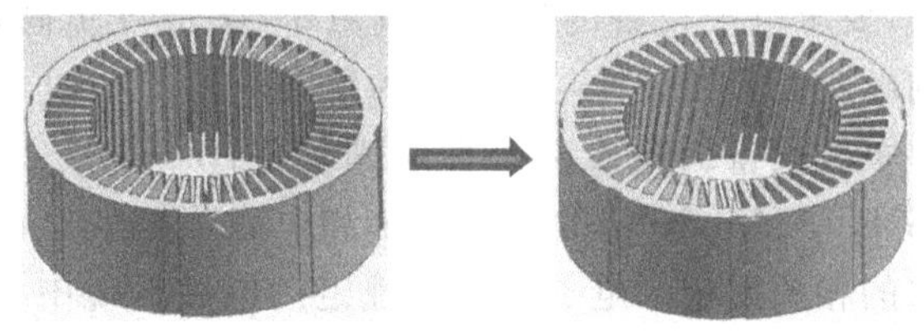

图3　定子铁芯斜槽叠装示意图

斜槽优化后的一台样机进行电磁兼容性试验,通过CE102项目,测试曲线见图4。原超标频率点处电磁噪声明显降低。试验证明定子斜槽方案对减小传导干扰噪声切实有效。

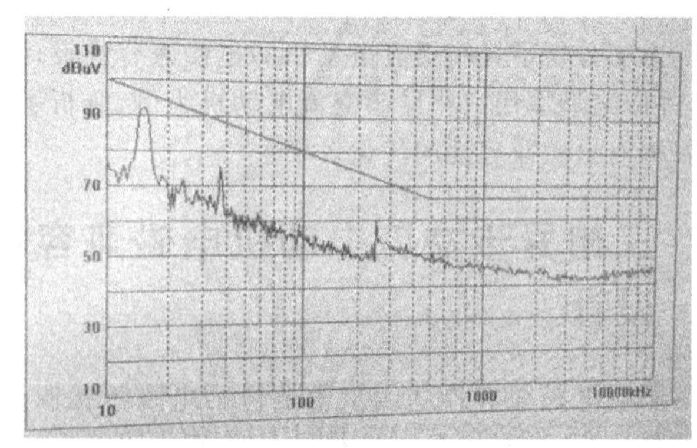

图4　CE102测试曲线(采用斜槽改进后)

4 结论

(1) 对三相异步交流电动机进行电磁兼容性设计时,需综合考虑电磁参数设计、材料选取、表面处理方式、电缆选择等多个方面。

(2) 定子斜一齿的方案可有效优化三相异步交流电动机电磁兼容性,减小传导干扰噪声。

参考文献

[1] 王晓杰.电磁干扰的危害与防护[J].科技博览,2010(15):1-2.

[2] 余世里.电磁兼容及干扰抑制[J].环境技术,1996(1):23-27.

[3] 张桐.航空机载电源系统电磁兼容性及设计应用[J].电子质量,2012(10):75-79.

[4]赵航.浅析机载电子设备电磁兼容故障诊断与预防处理[J].机械研究与应用,2017(6):177-182.

[5] 刘尚合.武器装备的电磁环境效应及其发展趋势[J].装备指挥技术学院学报,2005,16(1):1-6.

[6] 韦锦松.军用设备和分系统电磁发射和敏感度要求:GJB151A-1997[S].北京:原国防科工委军标出版发行部,1997.

[7] 曲长云.军用设备和分系统电磁发射和敏感度测量GJB152A-1997 [S].北京:原国防科工委军标出版发行部,1997.

[8] 周传华,肖长春.高压电机电磁噪声的分析及控制[J].防爆电机,2009,44(3):54-56.

[9] 张爱军.计及斜槽时感应电机动态过程研究[D].北京:华北电力大学,2006:5-6.

[10] 江建中,傅为农.斜槽异步电动机的多截面有限元法分析[J].电工技术学报,1997,12(5):11-16.

[11] 谭桂珍.铜条笼型转子斜槽的工艺研究[J].中小型电机,2001,28(5):50-52.

[12] 王庆山.定子斜槽高压感应电动机三维磁场与运行性能分析[J].哈尔滨理工大学学报,2017(22):85-89.

[13] 丁树业.多工况条件下异步电机斜槽与谐波特性[J].哈尔滨理工大学学报,2014:127-132.

[14] 李广海.定子斜槽的泵用高压感应电机磁场与性能分析[J].哈尔滨理工大学学报,2014:22-30.

美国高空 E 级空域管理(ETM)运行概念

黄宛宁[1,*],武宏勋[2]

1. 中国科学院空天信息创新研究院,北京 100094

2. 中国科学院大学,航空宇航学院,北京 100094

摘要: 近年来,随着在动力和推进、飞机结构、飞行自动化和空气动力学方面的技术进步,能在低大气密度空域飞行的飞行器数量大大增加。复杂的高空、长航时运载工具、无人驾驶的无动力自由气球、平流层飞艇和超声速/高超声速飞行器能够高效、经济地满足研究目标、广泛覆盖服务(遥感、通信)和超声速客运飞行的需求。原有的ATM(空中交通管理)制度已经无法满足此类飞行器航空管制的需求。为了确保为当前及未来的飞行能够提供安全和高效的服务,美国联邦航空管理局(FAA)正在探索一种高空 E 类空域交通管理(ETM)模式。文章介绍 ETM 运行概念第一版的主要内容。

关键词: ETM;高空;长航时;航管;空域

Upper Class E Traffic Management (ETM) Operation Concept in USA

HUANG Wanning[1,*], WU Hongxun[2]

1. Aerospace Information Research Institute, Chinese Academy of Sciences, Beijing 100094, China

2. College of Aeronautics and Astronautics, University of Chinese Academy of Sciences, Beijing 100094, China

Abstract: Recent advances in technologies, relating to power and propulsion, aircraft structures, flight automation, and aerodynamics have led to an increase in the number of vehicles that can operate in low atmospheric density airspace. Sophisticated high altitude, long endurance (HALE) vehicles, unmanned free balloons, airships, and supersonic/hypersonic aircraft can efficiently and economically satisfy research objectives, demands for broad coverage services (earth sensing, telecommunications) and supersonic passenger flight. This increase in demand for upper Class E operations, combined with disparate vehicle performance characteristics and unconventional operational needs, present novel challenges for the current communications, navigation, and surveillance (CNS) infrastructure and airspace management model. The future use of this airspace creates a common desire to re-evaluate the current traffic management approach and realize innovative solutions through public-private partnerships to support this burgeoning market in meeting their objectives, while maintaining the safety, security, efficiency, and equity of the National Airspace System (NAS).

Keywords: ETM; HALE vehicles; ATC; air space; NAS

2020 年 5 月,美国联邦航空局发布了一个 1.0 版本的运行概念[1],用于运行在 18 km 以上的飞行器的 E 级交通管理(ETM),这份文件来源于 2019 年 4 月和 12 月,美国宇航局艾姆斯研究中心与美国联邦航空局 FAA 和 NASA 共同举办的桌面演习[2],目的是了解在这些罕见飞行高度的飞行操作。

参加演习的业内人士包括 AS2 超声速公务机的开发商 Aerion 公司、RQ-4 全球鹰高空长续航无人机制造商诺斯罗普·格鲁曼公司、推进高空气球的 Alphabet 子公司 Loon、平流层飞艇开发商 Sceye、太阳能固

基金项目:国家自然科学基金(61733017,91638301);中国科学院战略性先导专项(XDA17020203)

* 通讯作者. E-mail: hwn@aoe.ac.cn

定翼无人机 hawk - 30(现已经改名为 sunglider)的开发商 AeroVironment、西风高空太阳能无人机开发商空客公司和奥德修斯高空太阳能无人机的开发商波音极光飞行科学公司。这些公司研究的飞行器都是可以在 FL600 以上高度飞行的,这个高度就是 ETM 运行概念中提到的高空 E 类空域。

高层 E 类空域就是 FL600 以上的管制空域。在 E 类空域的定义中,包含了在 FL600(飞行高度层 60 000 ft 见图 1)以上的管制空域(这一点通常会被忽视),所以在本文中 ETM 概念的空域环境称为高空 E 类空域(upper class E),它依然属于 E 类空域的范畴。

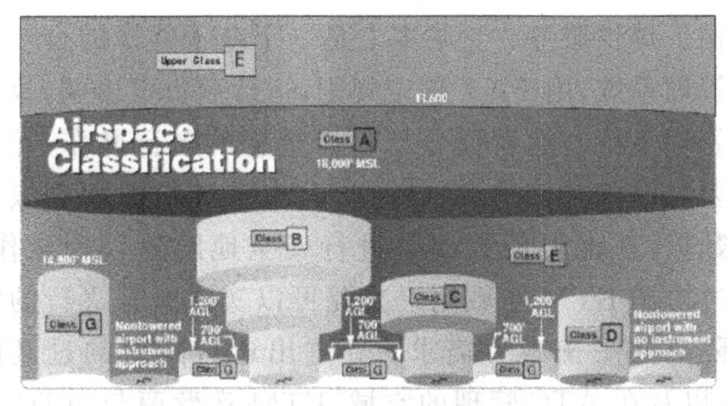

图 1　高空 E 类空域位置

由于传统固定翼飞机在平流层上层和中间层的大气密度降低所面临的挑战,高空 E 类空域的飞行历来受到限制。然而,最近在动力和推进、飞机结构、飞行自动化和空气动力学方面的技术进步,使得能在低大气密度空域飞行的飞行器数量大大增加。复杂的高空、长航时(HALE)运载工具、无人驾驶的无动力自由气球、飞艇和超声速/高超声速飞行器能够高效、经济地满足研究目标、广泛覆盖服务(遥感、通信)和超声速客运飞行的需求。随着对上层 E 类空域航空管制的需求不断增加,结合不同的飞行器性能特征和非常规业务需求,给当前的通信、导航和监视(CNS)的基础设施和空域管理模式提出了新的挑战。未来对该空域的使用产生了一个共同愿景,即重新评估当前的交通管理方法,并通过公私合作实现创新解决方案,以支持这个新兴市场,实现其目标,同时维护国家空域系统(NAS)的安全、保障、效率和公平。

1　需　求

在美国,目前没有专门针对在 FL600 以上飞行的民用航空器的空域管理规定。FL600 以上空域飞行使用的是低空 E 类空域飞行规则。虽然 FAA 已经为监视(雷达)和程序(非雷达)间隔管理建立了标准,但大多数标准都是针对军事飞行的。一些由国家实体主导的飞行操作并不由空管提供间隔管理服务(例如,军事当局负责飞机的间隔管理、限制空域)。这些规定在当时满足了国家空域系统的需要,因为采用这些规定时没有民用飞机在 FL600 以上飞行(目前的空域管理模式见图 2)。然而,现在情况已不再如此。[3]

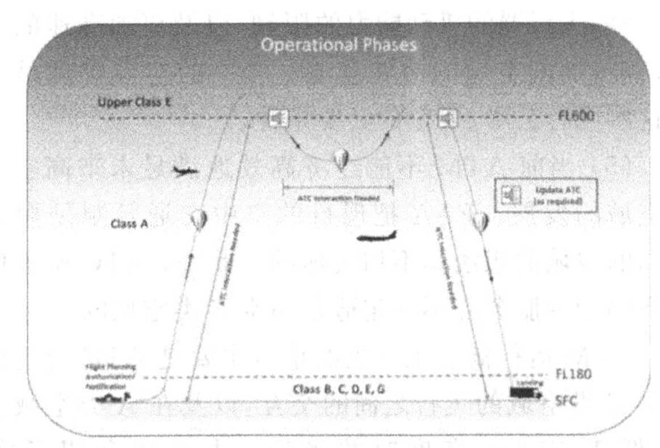

图 2　现行空域管理模式

设计用于高海拔飞行的新型飞行器已被证明很受商业投资的欢迎。高空平台可以实现地面服务区域的广泛覆盖,太阳能和无人驾驶飞行器的创新可以支持长期飞行,而这在历史上对载人飞行来说是不切实际的,强大的摄像机/传感器和新兴技术使精确、复杂的数据收集能力成为可能。其中,这些创新创造了对高空空域的民用市场需求。随着新技术和商业市场的到来,这种需求可能会继续增长,并对高空 E 类空域服务管理的能力、资源、基础设施和监管结构不断施加压力。

为了确保能够为当前及未来的飞行提供安全和高效的服务,FAA 正在探索一种高空 E 类交通管理(ETM)模式。这一概念的发展必须考虑到下列各点[4]:

(1) 新的通信,导航,遥感的需求[6]。

(2) 与常规飞行器截然不同的机动性能。超声速和高超声速的飞行器,缓慢移动(或静止)的无人气球,非常缓慢(或静止)的长航时固定翼飞行器,以及高速、长航时的固定翼飞行器,必须在高空 E 类空域安全交互,而且还要确保不与现有飞行发生冲突。

(3) 预期飞行的时间范围从小时到几个月再到一年,在此期间它们可以跨多个飞行情报区(FIR)、甚至国家飞行[7]。这种飞行场景为 ETM 提出了两个重要的考虑因素:①它必须支持长航时任务;②它必须适当考虑国际飞行。

(4) 高空E类空域飞行的特性对空域管理的公平性提出了独特的挑战。尽管一些飞行是从这一点到另一点的,但也有许多飞行始终保持一种模式,移动非常缓慢,甚至在很长一段时间内保持静止。此外,许多飞行器容易受到尾流或环境条件的影响,这意味着它们将需要相当大的空域来缓冲。对长时间大空域的需求,一些飞行器的机动能力的限制,以及更加高速的飞行,都将加剧空域的潜在竞争。公平的空域管理是确保这些飞行公平、安全的必要条件。

(5) 当前ATM不能经济高效地满足未来高空E类空域的发展。FAA把现行的空中交通管制硬搬到更高的空域的想法是不切实际的。此外,ATC所提供的间隔管理服务并不一定适合高空E类空域的飞行。

ETM运行概念1.0版的重点主要是ATC与进出高空E类空域的飞行之间的交互,以及在A类空域上部,低于FL600高度时的飞行。本文还介绍了在60 000 ft以上的ETM操作的基本原理。首先关注运营商如何计划在高空E类空域的飞行,在飞行过渡阶段如何与ATC和ATM系统交互,以及如何管理突发事件。该版本描述了运营商和ATC/ATM的角色和职责,并提供了高质量的用例和飞行过程来演示ETM是如何来管理这些飞行的[8]。文中提出了柔性飞行区域的概念,利用协作间隔管理原则,为需要运行在FL600以下的飞行提供支持[9]。

2 ETM操作概念

FAA将支持ETM的扩展和新业务引入,包括但不限于商业、国家/政府和研究实体,在高空E类空域上的载人和无人飞行器飞行。

ETM环境在概念上定义为FL600以上的高空E类空域(如图3所示)。ETM包括由运营商自己合作管理的飞行,以及在需要时由ATC管理的飞行。ETM环境包括参与者(各自扮演的角色和职责)、支持服务、信息流和支持FL600高度以上飞行(包括获准进入FL600高度以下的飞行)的结构元素。

ETM解决方案超越了当前的管理模式,在满足政府飞行需求和确保国家安全利益的前提下,通过合作交通管理,促进高空E类运营商共享态势感知。当ANSP(空中导航服务提供者)间隔管理服务不理想、不合适或不可用时,ETM利用行业资源在FAA的监管

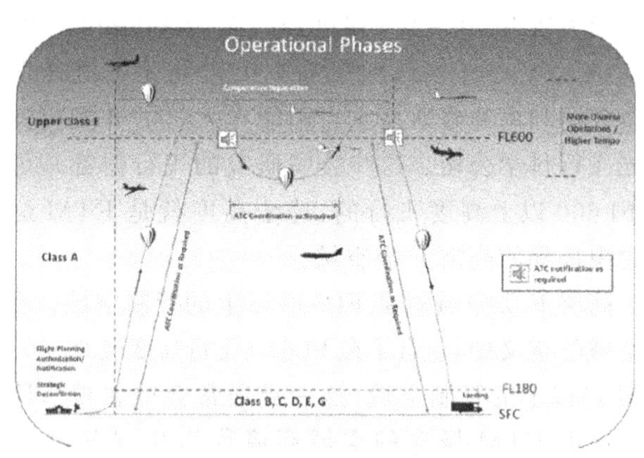

图3 ETM空域管理模式

机构下提供服务。它基本上是一个基于共享的合作交通管理系统,由FAA制定规则,运营商负责协调、执行和管理飞行。运营商分享自己近期的飞行操作,并在必要时消除冲突。ATC访问合作系统和国家空域系统数据,在他们的控制下进行安全地间隔管理操作。通过协调ETM空域用户交互可以实现所有飞行的安全隔离并平衡各方需求。在进出运行高度的过渡阶段,以及在ATC管理的空域,ETM运营商与ATC相互协调,接受ATC服务(根据需要),并满足FAA的飞行要求。

由于长时间飞行和其他高空E类空域飞行任务的特点,如有些飞行可以跨越多个飞行情报区、甚至国家,这使得ETM程序上和系统上的兼容性成为关键考虑因素,这为它们将来扩展到全球提供了可能。

2.1 参与者

高空E类空域参与者包括运营商、第三方服务供应商(如用于协作飞行)、ATC、FAA,如图4所示。监管机构FAA也是参与者,空域内的所有飞行都是由它授权的。

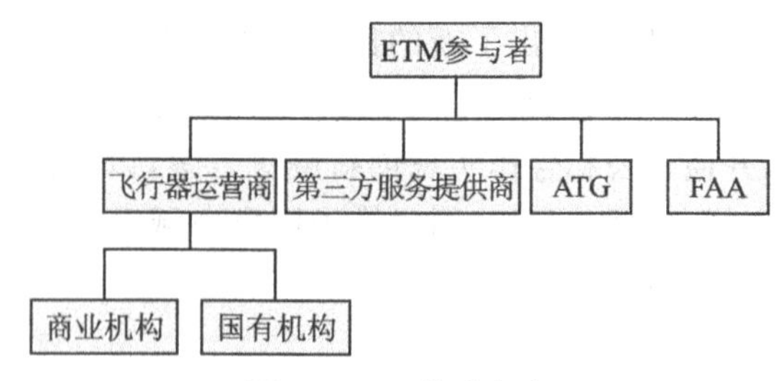

图4 ETM的参与者

高空E类空域运营商包括那些代表商业和国家利益的部门(例如国防部)。他们运营管理包括有人固定翼、超声速飞机、固定翼无人高速飞行器、HALE固定翼无人飞行器、无人气球和飞艇等一系列飞行器。

如果高空E类空域运营商选择不自行提供服务，第三方服务供应商可以协助该运营商满足FL600以上空域的ETM飞行要求，使其能够在没有FAA直接参与的情况下仍然能安全高效地使用空域。第三方服务供应商：①可以作为ETM运营商之间的沟通桥梁，协助运营商满足上层E类飞行的监管和运营；②为运营商提供飞行计划及其周边空域范围内的信息，以确保他们能够安全、有效地进行飞行任务；③将飞行数据存入历史数据库中，以实现数据的分析和监管以及对运营商职责和义务履行情况的监督。第三方服务可以支持飞行规划、意图共享、飞行冲突消除、一致性监视和其他空域管理功能。

2.2 空域管理服务

ETM是一个用于FL600上国家空域系统飞行的空域管理概念。在ATC基础设施和服务有限的环境下，它采取新的方案确保飞行器之间的间隔，维护对空域的公平使用，并实现运营商之间的信息共享。ETM包含支持高空E类飞行所需的所有基础设施、策略、规程、服务和人员。它需要建立监管框架，发展与飞行要求相适应的操作规则和性能要求，以及支持参与者之间共享态势感知的数据交换和信息架构。

ETM包括以下间隔管理方法：

(1) 协作间隔管理——以共享为基础的间隔管理，运营商负责协调、执行、操作和管理，遵守FAA制定的交通规则。

(2) ATC间隔管理——由空管部门提供的间隔管理服务。

(3) 飞行器的运营商可以在协作间隔管理服务和ATC提供的服务之间二选一，来保证在ETM环境中的飞行间隔管理。协作间隔管理可能更适用于在FL600以上进行的敏感操作(如要求匿名的状态调整操作)，因为协作间隔管理要求各方飞行参与的程度应与它们共享的数据相称。ATC管理服务也可用于敏感的操作，但可能会限制运营商的操作灵活性(例如，按照固定飞行计划的飞行)。

1. 协作间隔管理业务

在FL600之上的ETM协作飞行是参与者共同组织、协调和管理的。运营商的服务与ATC服务的相互补充，来保证飞行的安全。运营商的服务可以是自己提供的，也可以由第三方服务供应商的网络提供的。ETM服务可以支持运营商制定飞行操作计划、消除飞行器间冲突、一致性监控、传播和接收空域限制信息(例如临时飞行限制)以及紧急信息。提供服务的运营商在符合适用的法规和政策的前提下，还要获得政府的认证。

参与协作飞行的运营商有责任在整个飞行过程中保持与其他飞行器的间隔管理，并避免危险情况(如大气条件、太阳耀斑)。运营商之间以及FAA和运营商之间的信息交换，应确保责任方能够及时获取飞行数据、环境数据(如大气、天气)、空域限制信息以及支持安全、高效和公平飞行所需的飞行建议及危险信息。信息交换协议为运营商提供了共享信息和访问FAA信息的手段，为所有利益相关者(运营商、其他政府机构和FAA)提供了共同的态势感知。联邦航空局和其他空域用户可以按需访问ETM的飞行信息：

(1) 意图信息：包含空间和时间上计划飞行的数据(例如，预计轨迹和时间)。意图信息使运营商(以及ATC)能够获得附近飞行的态势感知，以便协助它们提供需求和性能平衡、消除冲突，以及向受影响的空域用户分发约束、建议和飞行操作数据等服务。

(2) 飞行信息更新：正处于飞行中的信息支持实时间隔管理功能。它由主动飞行数据组成，包括但不限于飞行轨迹跟踪与一致性数据、位置数据、V2V数据。实时有效的飞行信息有利于合作环境中的冲突消除/空管间隔管理功能，报告生成和分发(例如，识别不符合要求的飞行和向近距离飞行分发报告)，以及应急管理。

(3) 空域约束信息：FAA支持将国家空域系统空域约束数据提供给合作运营商，这样他们就可以更好地应对飞行限制、特殊活动空域活动和其他国家空域系统约束。

(4) 补充信息：旨在保证飞行任务在过渡阶段和平飞阶段的飞行安全，补充信息可以通过自身或第三方服务供应商获得。补充数据可以包括但不限于大气数据、天气、监测和与过渡有关的报告/危险信息(如地形和障碍物数据)。

(5) 历史合作信息：合作运营商或第三方服务供应商，根据联邦航空局规定归档操作数据。FAA可以根据FAA分析、监管和运营商问责的需要访问这些历史数据。

2. 空管间隔管理服务

高空E级空域为管制空域。因此，在高度层FL600以上的仪表飞行(IFR)应接受空管雷达(如果监视数据可用)和非雷达间隔管理服务。在工作量允许的情况下,可以提供飞行建议。空管还负责将飞行器与高度层 FL600 以上的特殊用途空域(例如临时飞行限制、预留高度、空间过渡走廊)分隔开来,并在需要时提供紧急服务。

今天,国家/军事行动占据了上层 E 类空域的大部分。这些飞行器的飞行计划必须提交书面的 IFR 飞行计划并按照批准的计划飞行,或取得等效的 FAA/DoD 授权。在高度 FL600 以上运行时,他们通常选择停止 IFR 服务(例如,在受限空域飞行,军方负责飞机间隔管理)。这些飞行器在可能的情况下保持与空管部门的通信,并允许他们灵活地自行决定何时返回 A 类空域。

在 ETM 管理模式下,现今高度 FL600 以上的飞行任务仍可以根据要求获得空管服务。

空中交通管制管理的运行受到空管限制,空域限制,以及其他空中交通参与者的约束(协作间隔管理和空管间隔管理)。

在 ETM 管理模式下,进出其他飞行高度的飞行器将获得与其飞行空域相适应的空管服务,就像目前 ATM 中规定的一样。运营商应遵守所在空域的 FAA 规则和条例。

ETM 的空域管理服务根据前面的描述,可以分为两大类,包含 5 种情况,如图 5 所示。

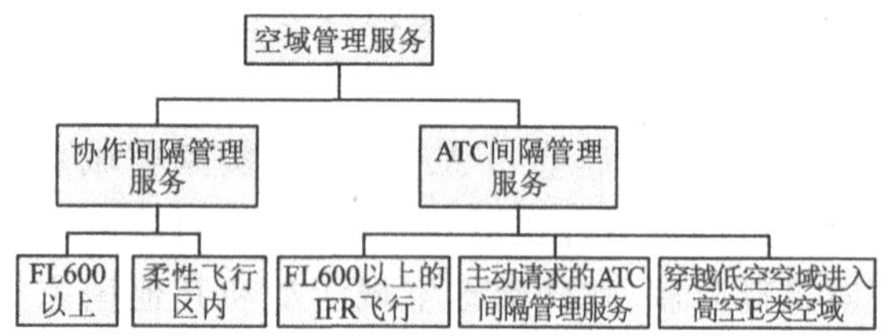

图 5 空域管理服务的分类

2.3 飞 行

在 ETM 运行概念 1.0 版本中,根据占用空域高度的不同,对在高空 E 类空域的飞行操作分了 6 种情况描述,分别是:①飞行前的准备;②起飞后经由 A 类空域进入高空 E 类空域;③在高空 E 类空域飞行;④在略低于高空 E 类空域的柔性飞行区(过渡区)飞行;⑤从高空 E 类空域下降到着陆(经过 A 类空域);⑥应急情况。

1. E 类空域飞行前准备

运营商进行必要的飞行前操作,可能包括飞行规划、飞行计划备案、请求授权、提交适用的通知,并与其他 ETM 运营商共享飞行意图以满足冲突检测和识别需求。

对于参与协作间隔管理的运营商,必须在飞行前与其他运营商进行规划和协调。在飞行前的规划中,运营商可以获得在其预期飞行路径附近飞行高度上的其他运营商正在飞行或将要飞行的飞行意图。运营商还能获取空域受限信息(如空域限制、特殊用途空域、对飞行员的通知)、与高空飞行相关的天气和大气事件(如太阳耀斑)以及与飞行计划相关的其他因素信息;运营商也可以通过第三方服务来获取这些信息。

利用从参与协作间隔管理的其他运营商处获得的信息,运营商制定他们的初始飞行意图,确保不与其他飞行发生冲突。可以通过调整他们的航线/飞行时间来确保不与其他飞行发生冲突,或通过与其他运营商的协商/协调来实现。一旦确定了飞行意图,运营商将与其他合作运营商共享该信息,以支持态势感知,并使消除冲突服务得以实现。

除了在协作间隔管理环境下,与其他飞行器飞行意图共享和协调外,ETM 运营商应满足有关飞行规划、通知和授权的适用监管要求,总结如表 1 所列。

表 1 现行不同类型飞行器飞行规划、通知和授权要求

项目	有人操纵固定翼(超/亚声速)飞行器	高速无人驾驶固定翼飞行器	HALE 无人驾驶固定翼飞行器	高空气球	HALE 飞艇
飞行规划	提前 6~24 h * 提交 IFR 飞行计划 * 仅针对超声速飞行	提前 1~2 h 提交 IFR 飞行计划。应涵盖从机场和到每个特殊用途空域(SUA)之间的飞行路线	根据国家法规要求进行申请	由于轨道的不确定性,暂无	提前 24 h 提交 IFR 飞行计划
通知要求	N/A	通知最近的 ATC	在起飞前 24 h 发出航行通告请求	在起飞前 6~24 h 向最近的 ATC 发出通知	CFR 第 14 条第 101.37 部分
授权要求	在提交飞行计划后,飞行员收到一个完整的航线许可和应答机代码	提前提供放行许可,或和载人飞机一样实时修正	符合 ANSP 的 LOA 要求	CFR 第 14 条第 101.33 部分的授权要求	CFR 第 14 条第 101.31 部分

如图6所示，在发射和进出ETM环境期间，运营商要遵从适用的法规管理ATC服务环境内的操作，包括已建立的许可证书或已批准的授权认证。运营商按要求与空管保持通信。

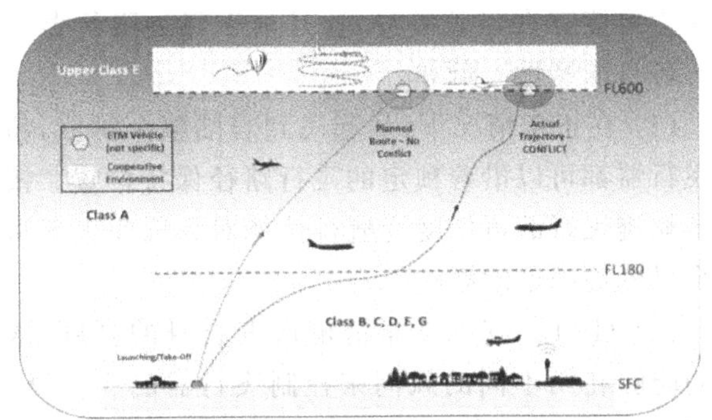

图6　发射并进入高层E类空域的过程

2. 发放/转移至ETM飞行高度(经由A类空域)

ATC根据政策/法规和建立的间隔管理标准，使用飞行器可用的监视信息(如雷达、ADS-B)和运营商提供的信息(如预测轨迹)间隔管理各飞行任务。间隔管理标准基于飞行器的性能、机动性和承受来自其他飞行器尾流的能力而制定。ATC在提供间隔管理服务和发出指示时需要考虑这些限制因素。ATC发出的控制指令应与飞行器的爬升能力相适应。具体的空管净空能力将取决于冲突的几何形状和飞行器的性能(例如，是否具有矢量飞行能力，重新规划路线能力，瞬时状态，速度调整能力，垂直高度上的速度，或它们的一些组合)。在进入高空E类空域之前ATC必须清除指定空域的飞行干扰。

每个飞行器都有一个爬升模式，这取决于各飞行器不同的飞行特性，包括机动性、可用的动力、飞行控制和飞行器的结构限制。如果飞行的理想上升模式破坏了国家空域系统操作，国家空域系统效率也是一个需要考虑的因素。

不同类型飞行器上升机动能力如表2所列。

表2　不同类型飞行器上升机动能力

类　型	机动能力	飞行计划	ATC处理策略
浮空器	自由上升，几乎无机动能力	预估(并非常规的飞行计划)	对突发事件反应能力有限，ATC区别对待
高空长航时固定翼飞行器	螺旋爬升，易受风影响	根据风向制定	仅用有限的能力保持自身的高度和机动
超声速飞机	有望像传统的有人驾驶飞机一样	爬升率远大于常规飞机	需要更大的间隔管理距离

场景1—— ETM HALE气球飞行规划并上升至高空E类空域

HALE气球运营商Helium Eagle通信，计划用把HALE气球送入上层E类空域，来作为遭受地震区域的地面通信基础设施，为其提供4G-LTE互联网服务。通过压力控制副气囊，改变飞行高度，利用不同高度分风向从而控制HALE气球的飞行轨道。该飞行器装备ADS-B设备、一个应答器和用于连接到运营商控制站的主用及备份通信设备。

运营商通过订购第三方服务，来为其提供飞行规划、天气/大气数据和其他与飞行相关的支持信息。初始规划信息，包括起飞和上升当前的天气预报，高空空域的大气预报，在气球上升阶段和平飞阶段，在气球附近的其他飞行任务的合作意向和飞行信息。在运营商计划飞行的起初，重点应集中在起飞和上升阶段，并应确定初始飞行阶段的最佳高度，并应对计划进行调整，以确保与其他合作运营商不发生飞行冲突。

一旦飞行规划完成，Helium Eagle的运营商应与其他参与协作间隔管理的运营商分享相关意向信息。运营商还应根据14 CFR第101.37(a)的要求通知ATC，并向其提供必要的信息(例如，气球识别、预计发射日期或时间、发射位置、轨道/上升到飞行高度的时间)。ATC利用这些通知信息来评估在要求的时间内管理飞行的可行性，并在必要时通知运营商更改发射时间。

在气球发射后，运营商根据14 CFR第107.37(d)部分的要求通知ATC处。气球根据适用的操作要求，通过ADS-B或应答器进行信息传输。一旦气球进入管制空域，ATC就会在其上升过程中管理其附近的所有交通，并确与其他飞行器保持间隔管理。气球最终达到它的操作高度，趋于平稳，并开始最初的平飞阶段。

场景2——HALE飞行器在过渡到高空E类空域时飞行途中飞行路线和意图的改变

StratoWing通信公司正在控制着固定翼飞行器从A类空域上升至高空E类空域。StratoWing通信公司在高空中利用4G-LTE通信平台，来为偏远地区及农村用户提供广泛的互联网覆盖服务。发射前，运营商应满足飞行规划、通知/授权和合作信息共享的所有要求。在进入A类空域时，飞行器呈螺旋上升趋势。ATC有权获取高空HALE飞行的飞行/监视信息，这些信息可能来自ATC系统(例如，雷达)或由Strato Wing通信公司提供。ATC中心管理附近所有的交通，确保其他飞行任务与HALE的飞行保持间隔管理。

在上升过程中,ATC在HALE飞行器螺旋上升时改变在附近活动的一条商业航线(见图7)。同时,ATC命令平流层通信运营商暂时停止HALE的上升。运营商控制飞行器在垂直方向上暂时保持现在高度,在水平方向上围绕一个指定的航点保持环形飞行。一旦改变航线的飞机通过,ATC会指示运营商继续上升。运营商恢复上升,然后重新规划飞行路线,以确定飞行器将在上层E空域达到其操作高度并开始其初始飞行阶段。作为重新规划的一部分,运营商可以获得参与协作间隔管理的其他运营商的任何更新信息,并在发现任何问题时消除飞行冲突。一旦重新规划完成,更新后的意图将与协作间隔管理生态系统中的其他运营商共享;如果需要,ATC可以访问这些信息。

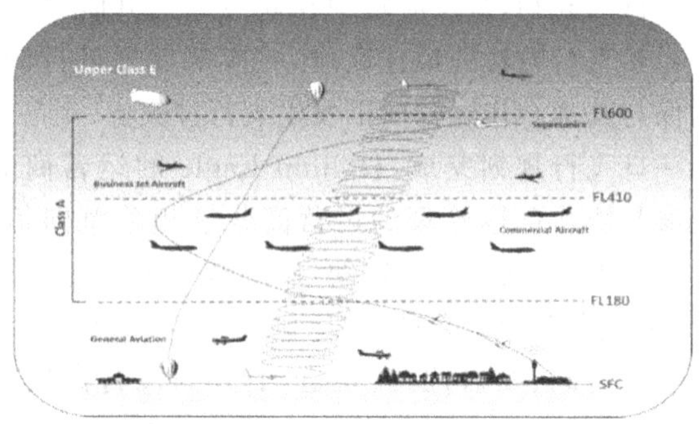

图7 重新规划上升到高空E类空域的航线

3. 飞行高度在高空E类空域内

高空E类空域涉及的行业利益相关者正在共同努力,为协作交通管理架构提出建议和解决方案,在实际的范围内充分利用UTM原则[5]和当前ATM规则,以支持高空E类空域的运营管理。这包括考虑到飞行器的性能和间隔管理包线来建立航线规则(如通行权规则)。行业利益相关方还在制定公平的空域进入规则和参考准则,以处理正常、紧急或优先业务。

下面章节描述了协同管理环境下保证航线间隔管理的一些关键部分,并提出了高空飞行器由于性能差异而对协作解决方案构成的一些挑战。

协作间隔管理通过共享意图、共享意识、消除飞行冲突、一致性监测、支持冲突消除的技术以及航线程序规则(如通行规则)的建立来实现。运营商相互分享他们的飞行意图,协调消除冲突,安全间隔管理轨道。

冲突消除可以解决两个或多个飞行之间的潜在冲突,主要通过事先的规划和信息交换来实现。飞行意图是飞行员之间交换的一种信息,可用于识别冲突。它是一种可信度已知的四维(时间和空间)信息,以此来指示飞机未来某个点的位置。飞行意图的信息包括飞行轨迹和体积。不同类型的飞行器(例如,超声速飞行器vs. HALE气球)对于遵守运营商共享飞行意图的能力可能存在显著差异,这是由于每种飞行器类型具有各自的特性。例如:

(1) 在正常情况下,从起飞到着陆整个阶段,超声速飞行器都可以沿着预定的飞行路径保持位置。按照预定航迹飞行的可信度受航行性能对天气和大气事件的容忍度等因素的影响。

(2) HALE气球通常能够改变自身的高度,这使它们能够利用不同的风向来控制飞行器的飞行路径。然而,这种级别的控制不像其他飞行器那样可预测。气球的路径可以根据现有的数据进行预测,预测的时间跨度越大,结果的不确定性就越高。

考虑到这些飞行器不同程度的控制可信度,运营商应定期更新他们的飞行意图,并与其他运营商分享。随着时间的推移,不确定性增加的运营商可能需要及时更新他们的意图,并比那些可信度高的运营商更频繁地分享自身的飞行信息。

如果冲突消除未能规划好或失败了,操作人员应启动冲突避免程序。并将此程序分享至协作间隔管理环境中,同时告知此环境中所有运营商。由于操纵性、性能等因素的不同,不同飞行器的冲突避免程序也不同。

每一种飞行器都有各自的特性,冲突消除程序基于飞行器自身的结构、机动性、性能和与其他飞行器的间隔管理要求而制定出来的,因此这可能会限制另一飞行器遵守某一特定的冲突消除程序的能力。表3所列为不同高空飞行器自身特点对协作间隔管理的影响。

表3 飞行器性能对协作间隔管理的影响

飞行器类型	控制能力	协作飞行影响因素
浮空器	最差	受高速大型飞机带来的大气扰动的影响
HALE固定翼飞行器	有方向和高度控制	重量轻,推进力有限,受到风场条件变化的影响,容易受到高速大型飞机带来的大气扰动
超声速飞机	高性能机动性	超声速飞行时,它们规避突发因素的机动能力有限(例如大角度的转向操作),降低速度需要很大的距离

雷达和非雷达空中交通管制服务仍然对ETM高度FL600以上的IFR飞机有效。空中交通管制

(ATC)使用国家空域系统数据源和协同飞行数据,管理目标IFR与其他IFR和协作飞行器间隔。空管部门根据规定的间隔管理标准管理IFR飞机与特殊空域使用飞机在高度FL600以上的间隔。在工作量允许时,可以向飞行器发出交通建议。

如果空管所管理的飞机需要紧急服务,或有可能受到紧急情况的影响,空管会提供相应的服务。空管部门不负责向协作间隔管理飞行提供服务。

4. 低于高空E类空域飞行:协作环境的柔性飞行带

高度层FL600以下的空域经常被高空气球和固定翼飞行器运营商占用。

今天,在FL500和FL600之间飞行的传统飞机(即高速/固定翼飞机)很少,而对于低于FL500以下的商业飞行,一般仅限于高性能的公务机和国家航空器。商务舱飞机的飞行高度为FL510(在配备齐全,获得认证情况下),通常在2 000 ft的垂直间隔标准下飞行。国家航空器的飞行主要包括有人驾驶和无人驾驶的研究和监视任务。传统飞机的飞行高度范围预计不会随着HALE和超声速飞机飞行高度范围的增加而显著增加。表4所列提供了这些飞机类型的概述。图8显示了高度FL600以下的空域使用情况。

表4 不同飞行器在FL500-600间的飞行特性

飞行类型	操作描述
亚声速飞机	可以在FL510及以下高度进行巡航阶段飞行
国家航空器	根据任务需要和飞机性能,可在不同高度飞行,最高可达FL600及以上。可以以亚声速和/或超声速飞行,可以有人驾驶或无人驾驶/遥控驾驶
超声速飞机	将在高度FL500以上启动超声速巡航。随着高度增加,且包括在高度FL600以上的部分飞行,但这时燃料消耗也随之增加
HALE气球	利用不同的风向(控制地理位置的主要方法),可以在~FL500和FL700(+)之间上升/下降
HALE固定翼	白天将利用太阳能(同时电池充电)上升——主要是在高度FL600以上。将在夜间下降(仅使用电池能源),飞行器可能下降到高度FL600以下
HALE飞艇	有控制横向轨迹的设备(电机/螺旋桨和方向舵)。飞行器可在高度FL600以上或以下,通过自身上升/下降来利用不同的风向,并能够平衡压差

随着发展,预计HALE飞行器飞行高度的范围将显著增加,人们将发现该空域新的用途并实现飞行器更高的性能,同时飞行器承载能力也将得到提高,并且不断有新的(包括在FL500到FL600高度飞行)飞行器从测试/开发阶段转移到常规飞行阶段。

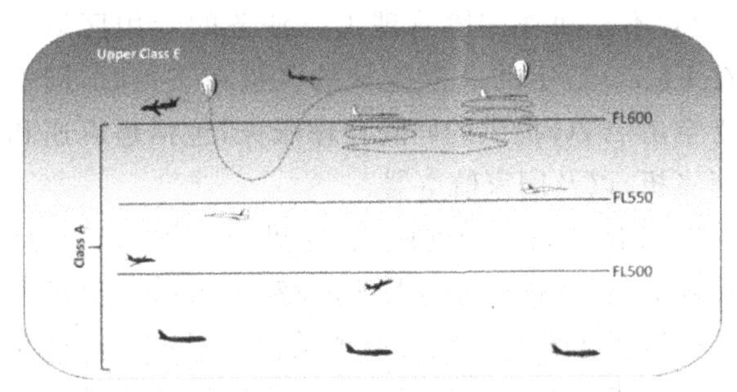

图8 跨越高度FL600的飞行

由于常规飞机在FL500和FL600之间的飞行任务较少,因此在这个高度范围内空管(ATC)/FAA认为合适的区域内,可以扩展协作飞行。这将使ETM运营商在没有空管(ATC)协调的情况下,能够继续协作,保持各自的飞行器处于间隔管理状态。这类延伸的区域在本文档中称为柔性飞行区。图9所示为概念上的柔性飞行区范围。

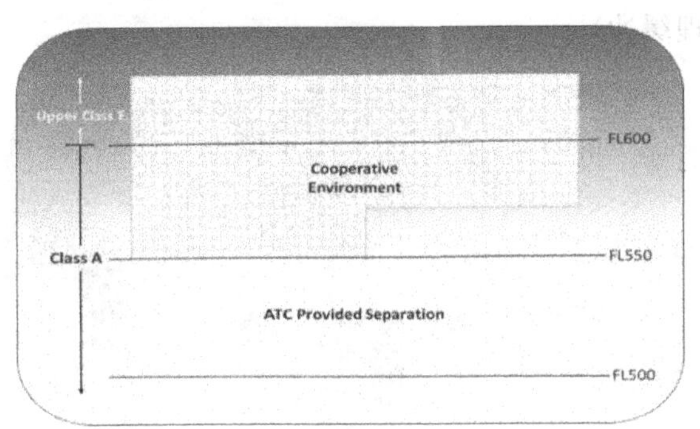

图9 高度FL600以下的协作间隔管理

柔性飞行区的范围由联邦航空局指定,并通过某些方式(如数字发布)传达给空域用户。柔性飞行区的范围划定是灵活的,既非静态也非动态,因此它们需要提前来建立,并根据满足用户需求的可靠时间表进行更改(例如,按季节昼夜更改)。希望在柔性飞行区内协作间隔管理的飞行任务,需要在进入前通知空管(ATC)处/或请求空管的授权(例如,从下面爬升至柔性飞行区,应获得高度上升的授权;从高空E类空域下降至柔性飞行区,应获得高度下降的授权)。飞行员可以①手动与空管协调,或②自动发出通告和获得授权。自动通知/授权可以提供类似于现今空管部门的协调/态势感知,同时利用数字信息的相互交换可以使得工作效率最大化并降低工作负载。获得批准并进入柔性飞行区协作飞行的飞行器,ATC不负责其提供飞行间隔管理服务。

虽然柔性飞行区主要用于飞行器的协作间隔管

理，但它不是协作间隔管理飞行任务的专用区域。一些在FL500以上的A类空域的飞机在飞行时，同样会接受空由ATC提供的间隔管理服务，包括超声速和亚声速飞机，以及国家航空器。

按IFR计划飞行的航线，这里指空管部门管理的飞行任务，拥有选择飞行路线的权利，可以避免进入柔性飞行区（见图10），或者穿越柔性飞行区。选择在柔性飞行区飞行的运营商有责任在前期规划阶段消除自身飞行任务与协作飞行任务之间的冲突，并提交相应的IFR飞行计划，其中包括不发生冲突的飞行轨迹。由于HALE飞行器的性能限制，需要大量的时间来调整自身/调整它们相对于高速飞行器（例如，亚声速或超声速飞机或国有飞机）的位置，进行这类情况的机动操作来避免飞行器之间的冲突是不实际的，正常情况下避免使用。协作运营商在各自特定的缓冲时间前调整自己的飞行器，以确保在自身的间隔管理包线下能够避免飞行冲突（例如，超声速飞机与气球之间的间隔管理缓冲）。

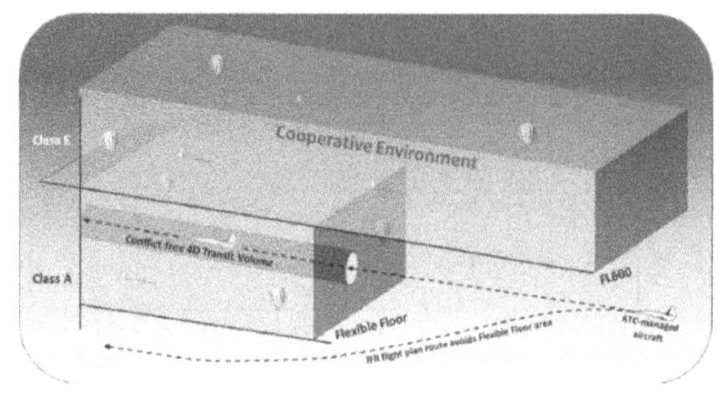

图10　由空管所管理的飞行通过柔性飞行区

当空管所管理的航班沿航线接近柔性飞行区时，空管部门在提前确认飞行器将要进入的区域无冲突后，再批准其进入；空管不为飞机或飞行器在柔性飞行区提供间隔管理服务。如果需要的话，空管可以获取柔性飞行区内飞行任务的通告/授权和意图/飞行数据。意图/飞行数据包括实时位置报告、预测轨迹，协作操作者之间用于消除冲突而进行交换的其他信息。

场景——超声速飞行飞机通过A类空域的柔性飞行区

Quiet Boom Charter公司正在计划一条在12 h内从IAD（华盛顿杜勒斯国际机场）飞往LAX（洛杉矶国际机场）的超声速飞行航线。Quiet Boom飞行部门（QB－Ops）将自己的航线与已知的柔性飞行区域进行比较，以识别确定航线上A类空域中重叠的协作间隔管理环境的位置（见图11）；其间进行两次握手。对于每个确定的区域，QB－Ops利用上述过程来识别在超声速飞机过境期间区域内任何将飞行的合作运营商。图中HALE飞行器A和飞行器B所在的柔性飞行区进行了识别操作；图中其他柔性飞行区则在这一特定时间内没有识别操作。

QB－Ops启动与飞行器A和B的数据交换，请求获取A、B在规定时间内4D飞行轨迹的预测信息；每个飞行器都要响应这一请求的信息。QB－Ops将他们的预计4D飞行路径与自身的航线进行比较，确定不与飞行器A、B发生冲突的间隔管理包线。

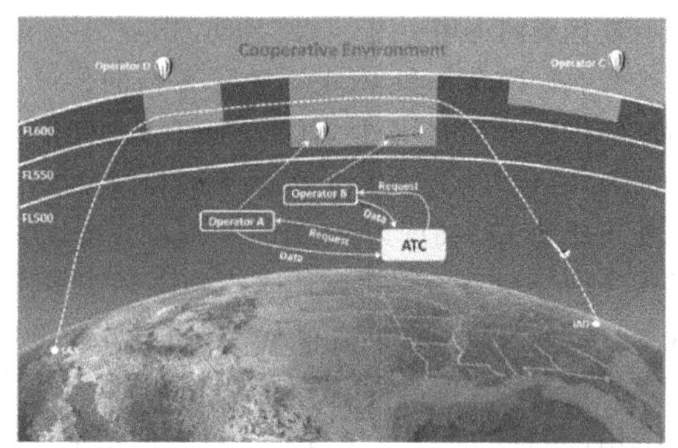

图11　空管与协作运营商进行信息交换

QB－Ops通过与飞行器A、B进行协调，来调整4D飞行轨迹参数并解决冲突。飞行器B表示可以及时调整以解决冲突的一类飞行器，而飞行器A表示需要额外20 min以确保HALE飞行器的间隔管理包线不会与超声速过境空域冲突。QB－Ops在调整其4D飞行路径的参数，应考虑飞行器A即HALE飞行器移动所需的时间。QB－Ops确定自身的飞行计划后，将更新信息发送给飞行器A和B；A、B飞行器对更新信息应答，并保持与划定空域的间隔管理。QB－Ops在其他识别的柔性飞行区同样会有一个划定的飞行空域；关于该划定过程中及所划定的空域的详细信息应包含该空域中所有合作飞行器所需的所有内容。QB－Ops生成IFR飞行计划，并通过相应的服务进行提交。ATC对该飞行计划做出批准。

超声速飞机的起飞前，处于高空E类空域的飞行器D，已经开始执行进入（飞行器A、B未使用的）另一柔性飞行区的飞行计划。飞行器D获取其他飞行器相关计划信息，其中包括从QB－Ops获取的其飞行所需的空域信息；飞行员在规划下降时间和飞行剖面时要考虑到这一因素，确保飞行器在飞行过程中不会与超声速飞机发生冲突。规划完成后，飞行器D向ATC系统提交申请，请求授权进入柔性飞行区。ATC发送一条批准消息作为对请求的响应。

超声速飞机按照批准的飞行计划起飞，并使用空管间隔管理服务进行飞行。空管获取飞机进入每个柔性飞行区的四维飞行区域信息。这架超声速飞机安全地飞过每一个柔性飞行区，并安全降落在洛杉矶国际机场。

5. 从高空E类空域下降到着陆(包括进入或穿过A类空域)

在飞行器从上层E类空域下降进入A类空域时，应提前获得空管的飞行许可。进入A类空域时，空管根据相应的政策/法规和建立的间隔管理标准，获取飞行器可用的监视信息(如雷达、ADS-B)和飞行员提供的信息(如预测轨迹)，对空域内飞机进行间隔管理。

空管根据飞行器下降能力，发出控制指令以保证间隔管理。具体的空管指令取决于冲突的几何形状和飞行器的性能能力(例如，矢量、重新规划能力、临时调整能力、速度调整能力、垂直方向上的升降能力或它们的一些组合)。

每个飞行器都有一个下降模式，这取决于各自不同的飞机性能，可能包括机动性、可用的动力、飞行控制和飞行器的结构限制。不同飞行器的下降模式如表5所列。如果飞行器的理想下降模式破坏了国家空域系统的操作，国家空域系统效率也是一个需要考虑的因素(见图12)。

表5 不同飞行器下降模式

飞行器类型	申 请	ATC	下降操作
浮空器	运营商向ATC发出通知，提供诸如预期下降时间，预计出口点，以及从上层E类到A类空域的预测轨迹等信息	ATC可能会由于空域内的其他交通或限制而推迟其下降。空管允许飞行器下降，并在下降过程中将其他飞行器与该飞行器隔离开来	降落伞被打开以减缓气球下降的速度
高空长航时固定翼飞行器	操作员向ATC提供预计下降时间和预计从上层E类到A类空域的出口点等信息。操作员向ATC提供类似于飞行计划的下降预测轨迹	ATC向运营商发送进入A类空域的许可，并将交通与飞行器隔离开来	ATC可以在飞行器下降时为其安排一个停留间隙，使有效地安排当前的航路。当飞行器能量较低时，可能无法有效地执行停留间隙命令，ATC则作出特殊的安排
超声速飞机	飞行员提交的IFR飞行计划应包含ATC所要求的所有信息，包括指定航线和飞机性能相关的数据	ATC会为运营商提供下降许可，使其在规定时间内按照规划路线完成下降	ATC将为其提供间隔管理服务甚至重新路线规划服务，以引导飞机绕开潜在的冲突

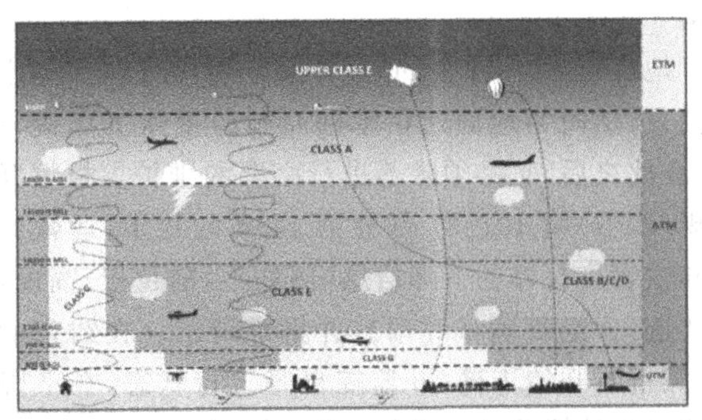

图12 下降到着陆

场景1——无人HALE固定翼飞行器通过受控空域降落

Stratowing Communications是一家HALE固定翼飞行器运营商，它拥有一架在高空运行的飞行器，为偏远/农村地区提供商业高速互联网通信服务，该服务必须定期着陆来进行维护。由于飞行器自身的下降特性，以及出于尽量减少空域使用的考虑，运营商与ATC进行协调，安排未来10～12 h的螺旋下降过程。由于在下降过程中飞行器需要与其他飞行保持间隔，空管会要求其夜间下降，以尽量减少对国家空域系统的干扰。

在安排筹备时间内，空管先安排飞行器下降到高度FL450，并让其在目的地附近的一个航路点停留至午夜，之后飞行器申请进一步的放行。在FL450高度的停留是由于，高度层FL430以下在白天和前半夜的流量较大(例如，在航线上的商业航空、低空通用航空的飞行活动)。飞行器记录下降轨迹，并根据需要与空管保持通信，这可能包括通过数字手段补充空管监视数据和/或保持语音通信。

晚上11:45左右，ATC中心发出一个允许飞行器螺旋下降到高度FL240的许可，飞行器被移交给负责无塔台地面机场的低空部门。由于此时流量较少，低空控制部门立即为HALE飞行器放行。

当HALE飞行器通过10 000 ft时，一架通过目视飞行规则(VFR)飞行的通用航空(GA)飞机进入由低空管制部门管理的空域。低空管制员通过无线电把HALE UAS(无人飞行器系统)有限机动性的IFR飞行计划通告给GA飞行器。GA飞机回应说，通过使用ADS-B IN和交通警报与碰撞避免系统(TCAS)，已经探测到这一飞行器，并将设法绕行。一旦HALE飞行器足够接近机场时，雷达服务终止，它的飞行结束，全程无事故发生。

场景 2——无人驾驶的气球降落通过控制空域降落

地震过后，一个 Helium Eagle 通信气球在高空停留数月，从而为地面通信基础设施的重建工作提供支持，在此之后，它必须降落进行必要的维护。根据联邦法规(CFR)第 101.37 部分第 14 条的要求，运营商应告知空管飞行器的下降信息(例如，当前位置/高度，预计轨迹)。空管确认此信息并批准请求。在约定的时间，飞行器开始下降，并监控自身飞行状态，在下降时定期重新计算着陆轨迹和位置，并向适时向 ATC 提供更新信息。一线经理负责气球即将落地的空管中心区域，如有必要，与气球运营商定期通过电话进行沟通。气球运营商将提供预计降落点的大致纬经度，以及距降落点一定半径的附近区域信息。一线经理将这个信息通知给其即将降落的整个区域的所有飞行器。管制员在雷达上记录气球下降的大致区域，并确定气球预计将通过该区的可能性最大的降落轨迹。当气球通过高度 FL450 下降时，控制人员开始主动引导在下降区域周围飞行的飞行器。一线经理得知气球飞行对该区域的影响后，建议 ARTCC 交通管理部门改变在受影响地区附近起飞的所有飞机的航线。当气球下降到高度 FL200 以下时，它对该区域的正常飞行的影响变小。气球的球体和有效载荷在预定的高度分离，打开降落伞进行软着陆。

6. 应急管理

ETM 运营商已经为可能影响飞行器飞行或安全降落能力的事件建立了应急程序(例如，无人机失去指挥和控制数据链，失控下降)。已知的、可预测的响应程序包括运营商和空管所管理的，可能对地面和空中人员造成伤害以及对财产造成损害的各类事件。

应急响应可能根据事件类型、飞行器能力、飞行特性、飞行器所处飞行阶段(如起飞、过渡、平飞阶段)、位置(如人口集中地区 vs 海洋上空)、ETM 运营商使用哪一空域管理系统(如 ATC 或合作管理系统)等其他因素而变化。

运营商必须能够及时识别意外情况，并制定能够纠正或减轻这一情况影响的措施。如果情况无法纠正或对将他人造成危害时，运营商必须尽快通知潜在的受影响方，为其提供足够的飞行信息以便它们采取行动。

合作管理的 ETM 运营商根据通用通告标准和消息传递协议，使用自己或第三方服务通知其他可能受影响的合作空域用户(例如，沿预期轨道飞行的空域用户)，以协助受影响飞行任务消除冲突。如果事件需要 FAA 监视或干预，或可能影响空管所管理的航班，应及时通知空管部门。空管所管理的 ETM 运营商在发生突发情况时，应尽快向其报告情况。已知的相关信息(如最后已知位置、预计飞行路径)会提供给受影响方(如空管部门、受影响合作飞行器)，并用于直接制定必要的措施以应对或缓解影响。应急响应人员(如消防部门)、公共/私营实体(备用着陆点)或其他受影响方(如地面上的公民)也会得到通知。

ETM 中有一个假定的优先级，即飞行轨迹受影响的飞行器根据商定的规则按照实际情况为事故飞行器让路。

运营商有责任在指定的时间内收集和保留 FAA 规定的事故/事件数据。第三方服务可以通过保留记录和其他数据(如遥测数据)来帮助运营商履行这些职责。

场景——无人驾驶气球紧急降落

由 Helium Eagle 运营的 HALE 气球在 FL610 高度上为偏远地区和农村地区提供互联网和电信服务。在凌晨 3 点，监控设备向运营商发出警报，气球正在缓慢下降，自动控制程序无法控制其返回到设定的位置(见图 13)。操作人员执行故障排除程序，确定设备问题无法远程修复，因此，开始制定应急程序。

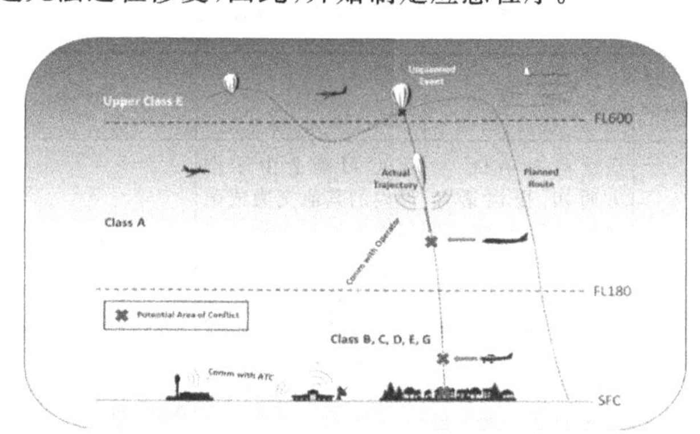

图 13　失控下降

气球是协作飞行的，因此，它的运营商应与其他合作者进行协调，以识别发生的突发情况可能导致的潜在冲突。由于气球打算在不偏离其意图的情况下直接下降到 A 类(这片空域中没有柔性飞行区)，没有发现任何冲突。随着事态的发展，运营商将继续监控共享信息是否与自身冲突。

气球被设置为应答机 7700，空管开始协调。运营商利用现有的交通信息源(如 FlightAware 网站，可以跟踪航班信息)来制定出可将对A类及以下空域内其他交通的影响降到最低的飞行计划。虽然现在气球当前位置下方的空域中飞行活动较少,并处于一个偏远地区,但它正朝着一个空中交通密度更高、人口更密集的地区移动。情况表明,通过下降过程中的快速放气将最大限度地减少对国家空域系统飞行的影响,并更有利于空中交通和地面人员/建筑的安全。

气球运营商请求空中交通管制中心批准通过放气进行快速下降,并通知空中交通管制中心周围的情况。空中交通管制中心管理气球下降所需的所有操作信息,包括气球当前位置、高度、预计下降轨迹和程序(例如,快速放气、降落伞部署)。

空管评估气球所提供的信息,批准其下降请求,并为其下降做出准备。气球运营商确认并向ATC提供与垂直下降速度相关的最新轨迹信息。运营商命令气球执行放气下降过程。在下降过程中,空中交通管制中心根据运营商的预计轨迹和当前位置引导所控制的其他飞行器。

运营商与空中交通管制中心合作,尽快向其他空域用户发送有关气球下降的通知(如航行通告、建议报告)。到达预定的低空时,气球切割,回收降落伞展开。飞行器进行软着陆,运营商使用气球的位置数据完成回收过程。

2.4 空域使用权的公平性

ETM需要确保飞行器公平地共享空域,从而实现各自的飞行目标。由于高空飞行器的非传统性能,必须制定对应的公平的规则、航线上的飞行规则和空域访问优先级指南。行业利益相关者目前正在为ETM合作环境制定这些公平访问规则,以及如何按照商定的指导方针执行这些规则。这种规则的制订在本质上是可进化的,随着飞行器密度的增加、不断出现的挑战以及ETM环境的成熟,规则的复杂性也会随之增加。修改或调整规则的过程应是透明的,并按照既定的政策和程序进行。如果行业制定的业务规则或行动对FAA的某些方面产生不利影响(如公平、准入或竞争环境),FAA会要求其进行更改以解决问题。

1. 空域访问

通过空域和在高空平飞阶段的飞行器公平地享有空域准入权力。运营商不能以次优整个ETM环境(或ATC管理的环境)为代价来优化自己的飞行。

对于从进出平飞高度(控制和非控制空域)的飞行,无论飞行器在爬升或下降时的性能如何,空域的使用必须是公平的。运营商应尽量减少自身飞行对他人可能造成的影响。例如,运营商可以修改爬升剖面(如螺旋爬升),在飞行任务稀疏的地区发射和降落,并提升飞行器性能以将产生的影响降到最低并最大限度地减少所需的隔离带。

对于FL600以上的合作飞行,运营商遵循一套共同的规则,以实现所有运营商的公平访问空域。在空域存在竞争的情况下,通过明确的行业建立的空域规则、高效的空域规划和FAA规则来保证空域访问地公平性。民用/商用飞行不得影响联邦安全/公共飞机在ETM环境下执行任务的能力。在飞行意图信息共享的前提下,运营商根据商定的飞行规则——通过运营商之间的协调或通过内置规则集的自动流程——消除冲突操作,解决空域中竞争问题。

运营商和第三方服务(如果使用)确保在意向制订/共享过程中空域容量分配/设计尽可能高效,以优化空域承载力,并最大限度地减少飞行对他人产生的影响。

2. 飞行优先级

在紧急情况下,无论运营商是接受空管提供(过境或平飞阶段)还是运营商协作的间隔管理服务,都使用预置的飞行优先级。协作环境的优先规则将由行业利益相关者商定并建立。就实际而言,将会有一套通用的标准化术语和程序来管理这些突发情况。

2.5 安 全

安全是ETM的首要任务,也是公众的期望。安全是能够指针对来自故意行为(例如,恐怖主义)或非故意行为(例如,人为错误)的威胁,进而影响空中或地面上的人或财产的安全情况做出的保护。ETM系统和信息可免受外部和内部的安全威胁,因此具有较高的安全性。安全风险管理目标包括平衡需要进入空域的ETM组织成员的需求,并保护利益相关者(包括FAA、公共实体、国家空域系统参与者和普通公众)利益和资产。在飞行器自身受到威胁或飞行器的使用受到威胁的情况下,ETM运营商和第三方服务会向负责当局提供相关信息和协助。

联邦航空局建立需求和响应协议,以保护国家空域系统和公众免受相关的安全威胁。FAA使用ETM合作系统以及ATC/ATM系统的具有可追溯性的数据①确保运营商遵循和符合监管标准,②识别并追究在调查期间对飞行事故/事件负有责任的运营商,③如有需要,通知其他国家空域系统用户,他们飞行空域附近发生的相关飞行事件和事故。FAA可以使用准实时的合作或ATC数据来解决ETM飞行的安全需求,包括管理非常规情况和紧急情况。他们使用存档数据来分析ETM飞行,并确保国家空域系统需求和安全指标得以满足。联邦航空局还可以使用所有可用的ETM数据(合作的和ATC提供的)来告知联邦航空局所管辖各成员空域中存在的安全威胁。

ETM合作组织有必要的安全和问责职能。它们符合有关当局(如FAA、DoD)提出的所有安全要求,旨在保护国家空域系统和架构免受安全威胁。ETM系统和网络在符合相关安全要求的前提下,通过数据收集、归档和制订协议,来确保飞行数据能够满足利益相关方的需求。

1. 数据管理和访问

所有运营商必须满足FAA规定的数据存档和共享要求,无论其服务提供方式(合作或ATC提供),以保证空域的安全和保障。利益相关者(例如,国防部、公共安全部门)可能需要ETM主动提供飞行信息,以实现飞机间隔管理和识别可能影响空中/地面资产的活动(例如,飞机机械故障、恶意活动)。运营商被要求在给对象授权的过程中(如FAA、公共部门的授权)存档某些数据,来协助航后检查。这些数据可能包括,但不限于,飞行意图,4D位置轨迹,飞行意图的改变,以及非常规事件记录(如违反安全规定)。如果使用第三方服务,这些运营商也应满足FAA设定的适用数据管理要求,例如响应运营商数据的授权请求,这些数据必须准实时地提供。在提供数据归档服务时,ETM服务还可以支持运营商授权的历史信息请求。

2. 网络系统

运营商依赖于相互之间互连和融合,这为ETM带来了新的安全挑战。ETM服务连接、运营商和政府资源增加了整个网络的复杂性,并为网络事件和网络攻击提供了机会——包括对系统安全的威胁和系统性能意外或恶意的破坏。为了防御这些系统漏洞,ETM开发和实施了网络安全体系和结构,以减少潜在的恶意活动,防止第三方系统和FAA系统的非法访问。

无人机的设计架构因制造商和型号而异,可能被操控用于危害地面和空中人员的安全。指挥和控制链路基础设施、蜂窝通信、地面控制站的安全问题以及全球定位系统信号漏洞,都可能造成高空飞行器的误操作(有意或无意)和恶意干扰(如黑客攻击、恶意接管)。FAA会考虑飞行任务的安全风险和要求,并评估所提议的解决方案(如加密链接)是否妥当。运营商遵守相应的FAA规则和规章,执行空中交通管制和合作服务环境下的指令。运营商在进行ETM操作之前,必须获得所有相应的监管批准、认证和/或FAA政策豁免。飞行器系统,包括飞行器和地面控制站,按照适用的要求操作。运营商的飞行记录信息受FAA的有关部门监管。

3 结 论

随着飞行器速度的增加,从目前低密度、有限基础设施的上层E环境过渡到一个操作多样化、技术复杂的环境的过程中,FAA对待管理空域的新解决方案是谨慎的。鉴于目前的空中交通管理系统无法支持扩展的高空E类空域业务,协作间隔管理,加上空管间隔管理服务,为维持现有服务机制、支持新的服务机制提供了一个理想的基础。然而,向安全、有保障、公平的上层E类空域管理的转变需要一种非常规的实施策略。

ETM的实施需要FAA、NASA、工业界和国家机构的共同协作,以发展更新当前的服务机制并实现解决方案。通过NASA的《太空法案》,FAA、NASA和工业界正在合作,正在提出ETM合作飞行的概念并对其进行开发和论证。虽然ETM的开发一定程度上借鉴了UTM的概念元素,但它的合作间隔管理环境经过了修改,以支持该空域独有的特征——长时间飞行、跨国飞行、飞行速度和性能特征,以及高空安全风险的考虑等[10]。

FAA对ETM规定的要求将考虑国际应用。通用解决方案将优化行业投资,减轻运营的复杂程度。随着充分论证的、灵活的ETM概念的建立,国际团体可以参与到信息管理与共享、战略规划、间隔管理标准、态势感知和高空飞行安全的通用框架的建设中来。

参考文献

[1] FAA. Upper Class E Traffic Management(ETM)[EB/OL]. (2020-05-26)[2021-0520]. https://nari.arc.nasa.gov/sites/default/files/attachments/ETM_ConOps_V1.0.pdf.
[2] NASA Ames Research Center. Upper E Traffic Management (ETM) Tabletop 2 Summary[EB/OL]. (2019-12-12)[2021—5-20]. https://www.faa.

gov/uas/advanced_operations/upper_class_etm/.

[3] Stilwell R. Unmanned Aircraft and Balloons in Class E Airspace above FL600, Challenges and Opportunities[C]. Space Traffic Management Conference, 2016:13.

[4] Robert Eftekari. Preliminary Assessment of Surveillance Alternatives for Upper Class E Traffic, Management (ETM)[EB/OL]. (2019-04)[2021-05-20] https://www.faa.gov/uas/advanced_operations/upper_class_etm/media/ETM_Surveillance_Alternatives_Assessment.pdf.

[5] FAA. Unmanned aircraft system traffic management, UTM_ConOps_V2. [EB/OL](2020-03-02)[2021-05-20]https://www.faa.gov/uas/research_development/traffic_management/.

[6] FAA. Upper Class E Traffic Management (ETM) Communication, Navigation, and Surveillance (CNS) White Paper Summary Report [EB/OL] (2020-03) [2021-05-20] https://www.faa.gov/uas/advanced_operations/upper_class_etm/media/ETM_CNS_White_Paper_Summary_Report.pdf.

[7] Peter Markus, Robert Ebtekar. Existing and Emerging Communication Technologies for Upper Class E Traffic Management (ETM) [EB/OL] (2020-03)[2021-05-20]https://www.faa.gov/uas/advanced_operations/upper_class_etm/media/ETM_Comm_Technologies_Assessment.pdf.

[8] Booz Allen Hamilton. Conceptual Strategy for Cooperatively Managed Upper E Airspace Operations Report. Mclean, VA.

[9] Peter Markus, Robert Eftekari. Existing Navigation Capabilities for Upper Class E Traffic Management (ETM)[EB/OL](2019-10-02)[2021-05-20] https://www.faa.gov/uas/advanced_operations/upper_class_etm/media/ETM_NAV_Existing_Capabilities_Assessment.pdf.

[10] Federal Aviation Administration. Promotion of a Global Framework for Operations above Flight Level 600 [C]. International Civil Aviation Organization: Thirteenth Air Navigation Conference, Montreal, Canada, 2018.

舰载机起落架弹射突伸试验及分析

胡锐[1,2]，陈熠[1,2]

1. 中国飞机强度研究所，西安 710065

2. 结构冲击动力学航空科技重点实验室，西安 710065

摘要：舰载机在弹射起飞行程末端，前起落架突伸以获得附加升力，起落架在垂向及航向都会产生较大的振动响应。此突伸过程直接影响舰载机短距离起飞性能，亦可能对起落架造成损伤，危害飞行安全。本文提出了一种舰载机起落架突伸试验方案，其弹射载荷沿起落架航向加载并瞬间释放，可模拟真实的弹射加载及释放过程，仿升系统可在试验过程中提供恒定的载荷以模拟真实飞机所受升力，并以此为基础搭建了舰载机起落架突伸试验系统，对某型飞机前起落架突伸性能进行了试验验证，针对不同工况试验数据分析了缓冲器充填参数、轮胎压缩量以及当量质量等因素对起落架突伸性能的影响。

关键词：舰载机；起落架；弹射突伸；试验

Test and Analysis on the Catapulting Sudden-extension of Carrier-based Aircraft Landing Gear

HU Rui[1,2], CHEN Yi[1,2]

1. Aircraft Strength Research Institute of China, Xi'an 710065, China

2. Aero Science and Technology Laboratory of Structural Impact Dynamics, Xi'an 710065, China

Abstract: At the end of the catapult take-off trip, the carrier-based aircraft nose landing gear is sudden extended to obtain additional lift, and the landing gear will produce a large vibration response in vertical direction and heading. This process directly affects the take-off performance of carrier-based aircraft in short distance and damages landing gear, which is harmful to flight safety. This paper proposes a plan for the sudden-extension test of carrier-based aircraft landing gear. The ejection load is loaded along the nose gear heading to simulate the actual ejection loading and release process. The imitation lift system can provide a constant load during the test to simulate the actual lift received the aircraft. The the sudden-extension test system of carrier-based aircraft landing gear was built, and the sudden-extension performance of a certain model of aircraft's nose landing gear was tested and verified. The influence of factors on the sudden-extension performance of the landing gear, such as the buffer filling parameters, tire compression, and equivalent mass were analyzed based on the test data of different working conditions.

Keywords: carrier-based aircraft; landing gear; catapult sudden-extension; test

舰载机在弹射起飞时，由于弹射器的拖拽及发动机的推力作用，会在短时间内迅速获得较大的滑跑速度。在弹射行程结束时，前起落架弹射杆与弹射器分离，储存在缓冲器内的能量被释放，前起落架突伸，使飞机头部迅速抬起增大起飞迎角以获得附加升力，起落架在垂向及航向都会产生较大的振动响应，此突伸动态响应过程可能对起落架造成损伤，且直接影响舰载机短距离起飞性能，关系飞行安全[1-2]。

当今世界范围内，舰载机相关技术属美国发展较为成熟，其研制了谱系较为全面的舰载机，对于舰载机弹射突伸的动力学问题已进行深入的研究，舰载机起落架突伸试验设施、试验方法、试验流程等已形成较为成熟的标准和体系[3]。我国的舰载机研究起步较晚，起落架突伸试验技术研究方面与国外相比较为落后，就突伸问题开展了的研究工作主要有：黄再兴[4-6]等研究了舰载飞机前起落架的突伸运动，计算了前起落架突伸运动位移及速度，并建立了以突伸时间为优化目标的前起落架突伸性能优化模型，得到突伸位移和速度曲线。魏小辉等[7]建立了全机弹射起飞动力学模型，进行了全机弹射起飞动力学分析，提出了基于当量质量的前起落架突伸动力学试验方法。张明等[8]发明了一种舰载机前起落架突伸试验装置及试验方法，该试验方法可实现舰载机俯仰惯量以及前起落架停机载荷的真实模拟，并且可通过调整飞机质量惯量模拟机构的重心高度以等效舰载机气动力对前起落架突伸性能的影响，同时可在试验过程中模拟飞机的俯仰运动。豆清波[9]等设计了一种适用于弹射起飞舰载机起落架突伸性能测试试验方案，对起落架突伸过程及影响起落架突伸性能的因素进行了分析。

本文提出了一种起落架突伸试验方案，其弹射载荷沿起落架航向加载并瞬间释放，可模拟真实的弹射加载及释放过程，仿升系统可在试验过程中提供恒定的载荷以模拟真实飞机所受升力，搭建了起落架突伸试验系统，并对某型飞机前起落架突伸性能进行了试验验证，针对不同工况试验数据分析了不同参数对起落架突伸性能的影响，为起落架设计提供参考。

1 理论假设

舰载机前起落架突伸过程动力学模型的基本简化假设如下[7]：

(1) 弹射过程中，仅考虑飞机在其纵向对称面内的平面运动。

(2) 将飞机分成弹性支撑质量和非弹性支撑质量，弹性支撑质量包括机身、机翼、缓冲器外筒等；非弹性支撑质量包括缓冲器活塞杆、刹车装置、机轮、弹射杆等。

(3) 将飞机机身作为刚体系统处理，不考虑机身柔性对计算的影响。

基于以上假设，本文提出的舰载机前起落架突伸试验仅以前起落架作为试验对象，通过模拟前起落架的当量质量模拟其在整机弹射突伸时的惯量特性。

2 试验方案

2.1 试验设备

舰载机前起落架突伸试验设备主要由试验台架、仿升系统、提升/释放系统、吊篮及配重、测力传感器、三向测力平台以及弹射载荷加载/释放系统组成，如图1所示。

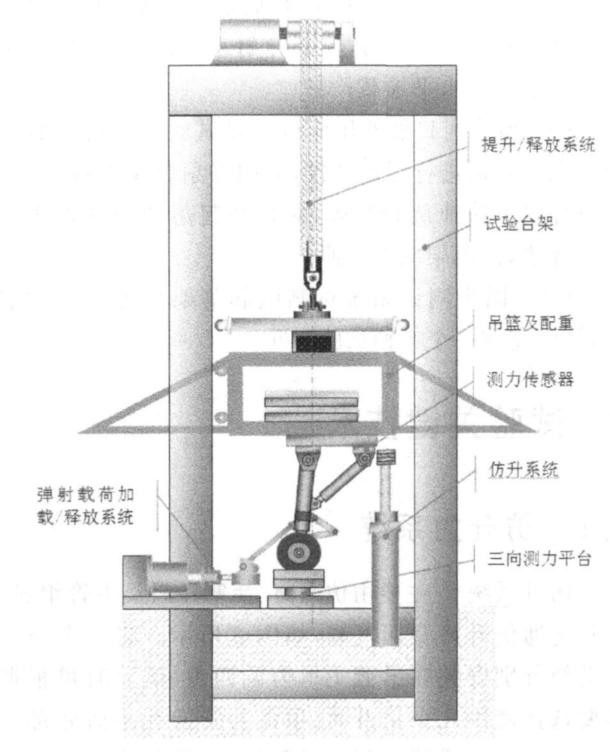

图1 弹射突伸试验设备及原理图

2.2 试验方法及试验流程

突伸试验利用仿升系统模拟弹射过程中飞机产生的升力，吊篮及配重模拟前起落架当量质量，以弹射载荷加载/释放系统模拟弹射器拖梭对弹射杆加载及释放，通过弹射载荷加载/释放系统对弹射杆进行水平加载，迫使缓冲支柱压缩至试验值时，弹射载荷加载/释放系统释放弹射杆，起落架系统突伸，触发测试系统，测试起落架系统的动力学响应。

试验过程如下：

(1) 将起落架通过刚性安装夹具固定于吊篮底部，调节配重块使起落架、吊篮和配重组成的突伸系统质量满足试验要求；

(2) 仿升系统充压直至试验要求的压力，使仿升力满足试验要求；

(3) 控制提升/释放系统，将起落架提离测力平台台面，系统清零；

(4) 控制提升/释放系统下降，将起落架静压至地面载荷测试平台上；

(5) 释放吊篮，使吊篮压在仿升筒活塞杆端上；

(6) 给起落架弹射杆收放系统供压，通过控制阀操纵弹射杆向下旋转至地面；

(7) 控制弹射载荷加载/释放系统与弹射杆锁紧；

(8) 弹射杆锁紧后，控制弹射载荷加载/释放系统对起落架进行水平加载；

(9) 加载到起落架压缩量满足试验要求后，加载/释放系统自动进行释放动作，此时弹射杆上载荷卸载，弹射杆向上快速旋转回收，储存在起落架缓冲器里的能量释放，起落架向上突伸；

(10) 同步测试系统对测试起落架系统动力学响应，从而完成一个突伸试验工况。

3 试验关键技术

3.1 仿升力系统

仿升系统[10]主要由仿升筒、活塞杆以及主管组成，主管连通仿升筒及储气罐，如图 2 所示。将 4 个仿升作动筒分别安装在吊篮主承力梁四角，试验时可根据需要选择使用几个仿升筒，顶盘与安装在吊篮底部的仿升力测试传感器的顶头对顶加载，控制管道上的通断阀给仿升作动筒供气。活塞杆在外力作用下可在仿升筒内运动，由于储气罐内的气体远远多于仿升筒内的气体，可近似认为在活塞杆运动范围内管道内及储气罐的压力不变，从而在压缩或者伸出过程中提供恒定的作用力。

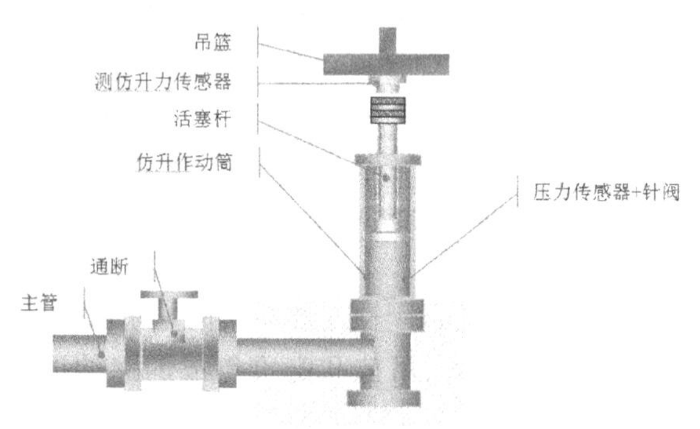

图 2 仿升力系统原理图

在突伸试验中，根据试验要求在仿升作动筒中预充指定压力，达到所需仿升力，在仿升筒全伸长时，调整仿升筒高度，保证起落架轮胎刚触及地面载荷测试台台面时，仿升筒顶部刚好触及吊篮底部。弹射载荷加载/释放系统开始加载使起落架支柱压缩时，仿升系统内活塞杆向下压缩，当弹射杆突然释放引起起落架向上伸出时，仿升力若需持续作用，则活塞杆向上伸出的加速度应不小于吊篮向上运动的加速度。

吊篮运动加速度与试验系统上部质量运动加速度一致，其计算公式为

$$a_1=(F_z+F_f\cdot n)/m_1 \tag{1}$$

式中：F_z 为起落架所受地面垂直载荷，N；

F_f 为单个仿升筒作用力，N；

n 为仿升筒个数；

m_1 为试验系统上部质量，近似为试验系统总质量，kg。

活塞杆运动加速度为

$$a_2=F_f/m_2 \tag{2}$$

式中：m_2 为活塞杆质量，kg。

由此计算可满足试验要求时，活塞杆的最大质量为

$$m_2=F_f\cdot m_1/(F_z+F_f\cdot n) \tag{3}$$

3.2 弹射载荷加载/释放系统

弹射载荷加载/释放系统工作原理如图 3 所示，主要包括水平加载伺服作动器、弹射杆锁紧/释放装置(脱锁机构)和固定安装座等设备。在弹射杆下压的状态，脱锁机构保持锁紧，加载伺服作动筒沿航向向前运动，挂弹射杆并牵引弹射杆加载，在达到预定支柱压缩量后，脱锁机构脱锁，弹射杆释放，起落架突伸。

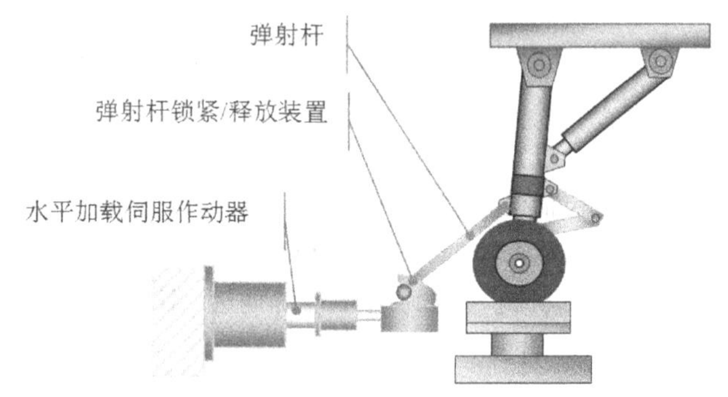

图 3 弹射载荷加载/释放系统示意图

根据现有飞行数据，舰载机在弹射起飞时，从弹射载荷施加至弹射起飞所需时间小于 3 s，弹射杆脱离弹射梭的时间在毫秒级。因此，弹射载荷加载/释放系统需满足：

(1) 加载至目标值时间不大于 3 s；

(2) 脱锁机构可瞬间释放弹射杆，时间不大于 10 ms。

脱锁机构利用电磁铁，通过直流电源来控制动力传动的分离和吸合，锁钩为可旋转的凸轮机构，通电吸合，脱锁机构保持锁紧，在加载结束后，断电分离，脱钩旋转释放弹射杆。典型试验记录曲线如图 4 所示，可以看出，弹射杆瞬间释放。

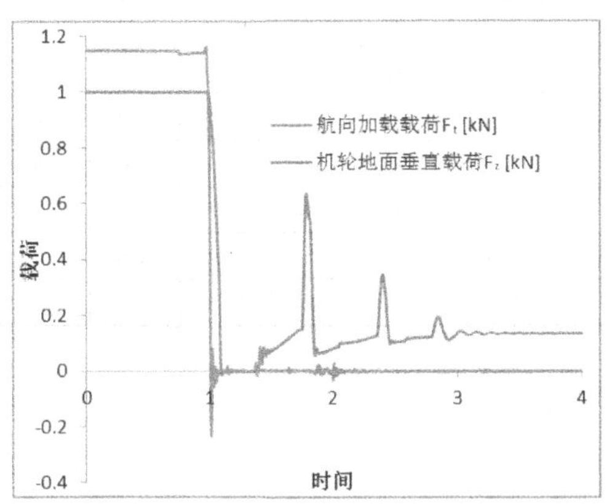

图 4 弹射突伸试验典型参数记录曲线

4 试验结果及分析

4.1 充填参数对突伸性能的影响

给定当量质量及轮胎充气压力下，在不同支柱充填参数下机轮加速度及突伸速度试验数据如表 1 所列，随支柱压缩量的变化曲线如图 5 和图 6 所示，可以看出机轮加速度及突伸速度随着支柱压缩量的增大而呈现增大的趋势，且机轮加速度及突伸速度随着气腔充填压力的增大而逐渐增大，其主要因素为支柱气压增大后，在同等支柱压缩量下支柱力逐渐增大，缓冲器内储存的能量更大，突伸释放后突伸速度及机轮加速度都会随之增加。(图表中所有数据均进行归一化处理)

表 1 不同充填参数下的试验数据

支柱行程	高压 1.0 低压 1.0		高压 1.175 低压 1.175		高压 1.35 低压 1.35	
	机轮加速度 g	突伸速度/(m·s^{-1})	机轮加速度 g	突伸速度/(m·s^{-1})	机轮加速度 g	突伸速度/(m·s^{-1})
1.00	1.00	1.00	1.10	1.07	1.46	1.25
1.03	1.27	1.17	1.31	1.26	1.87	1.42
1.06	1.29	1.33	1.57	1.43	2.10	1.58
1.09	1.55	1.46	1.52	1.54	2.18	1.71
1.12	1.89	1.60	1.85	1.66	2.24	1.88
1.16	1.81	1.89	1.92	1.97	2.60	2.19
1.21	1.78	2.16	1.94	2.13	3.20	2.55

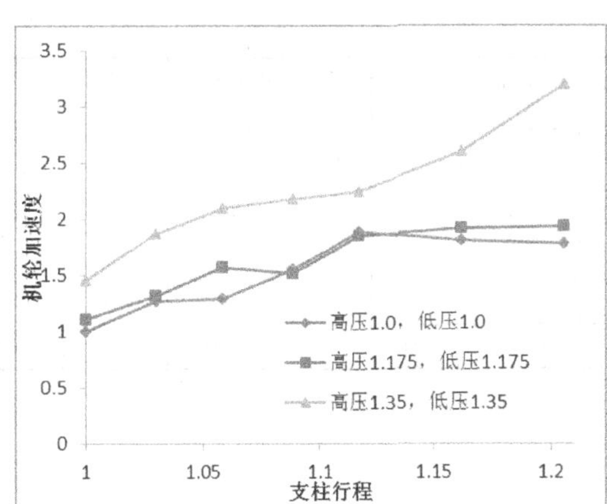

图 5 不同充填参数下机轮加速度随支柱压缩量的变化

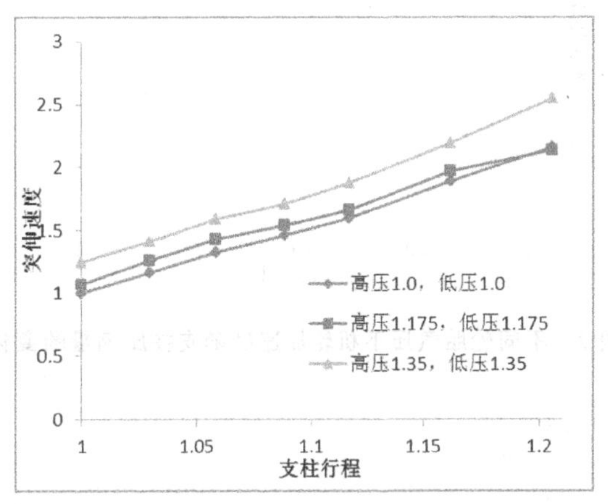

图 6 不同充填参数下突伸速度随支柱压缩量的变化

4.2 轮胎压力对突伸性能的影响

给定当量质量及高、低压腔压力下，在不同轮胎充填参数下，机轮加速度及突伸速度的试验数据如表 2 所列，随支柱压缩量的变化曲线如图 7 和图 8 所示，可以看出机轮加速度及突伸速度在不同轮胎气压下所呈现的变化并不明显，主要因为在试验范围内，存储于支柱内的能量要远大于轮胎内的能量，轮胎气压的变化对整个系统能量的影响较小，气压的变化才对突伸性能的影响不明显。(图表中所有数据均进行归一化处理)

表 2 不同轮胎压力下的试验数据

支柱压缩量/mm	轮胎气压 1.0		轮胎气压 1.25		轮胎气压 1.375	
	机轮加速度 g	突伸速度/(m·s^{-1})	机轮加速度 g	突伸速度/(m·s^{-1})	机轮加速度 g	突伸速度/(m·s^{-1})
1.00	1.00	1.00	0.93	0.95	0.99	0.95
1.03	1.18	1.10	1.11	1.12	1.13	1.12
1.06	1.20	1.21	1.33	1.27	1.29	1.23

续表 2

支柱压缩量/mm	轮胎气压 1.0		轮胎气压 1.25		轮胎气压 1.375	
	机轮加速度 g	突伸速度/(m·s^{-1})	机轮加速度 g	突伸速度/(m·s^{-1})	机轮加速度 g	突伸速度/(m·s^{-1})
1.09	1.41	1.34	1.28	1.37	1.39	1.31
1.12	1.65	1.44	1.57	1.48	1.62	1.48
1.16	1.70	1.73	1.62	1.75	1.63	1.68
1.21	1.71	1.94	1.64	1.90	1.79	1.90

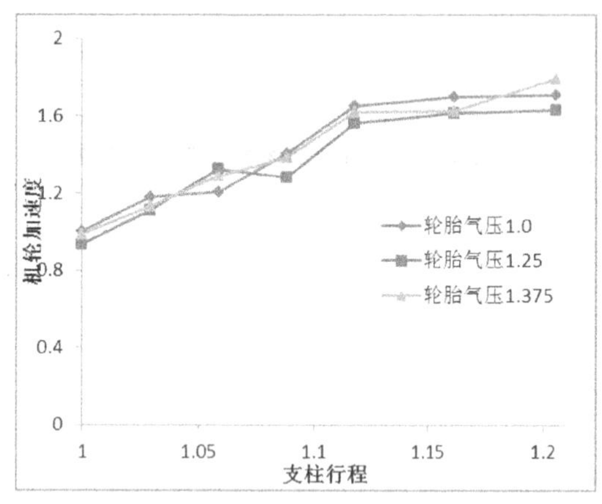

图 7 不同轮胎气压下机轮加速度随支柱压缩量的变化

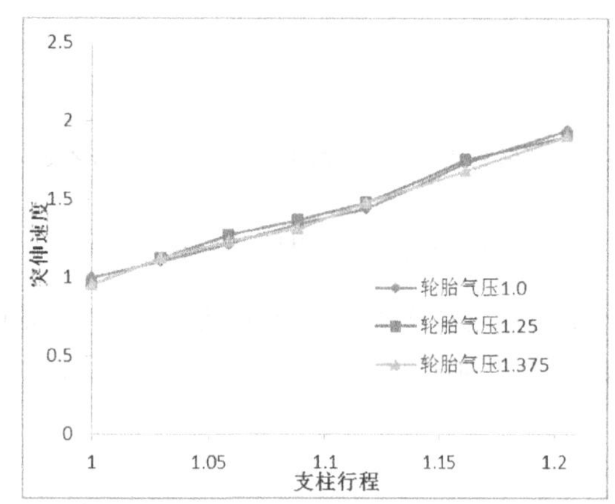

图 8 不同轮胎气压下突伸速度随支柱压缩量的变化

4.3 突伸质量对突伸性能的影响

给定高、低压腔压力及轮胎充气压力下，在不同突伸质量下，机轮加速度及突伸速度的试验数据如表 3 所列，随支柱压缩量的变化曲线如图 9 和图 10 所示，可以看出机轮加速度及突伸速度随着突伸质量的增大而逐渐减小，其主要因素为突伸质量增大后，在同等支柱压缩量下支柱力位置相当，缓冲器内储存的能量相当，使得突伸释放后突伸速度及加速度随之减小。(图表中所有数据均进行归一化处理)

表 3 不同突伸质量下的试验数据

支柱行程	突伸质量 1.0		突伸质量 1.02		突伸质量 1.06		突伸质量 1.12	
	机轮加速度 g	突伸速度/(m·s^{-1})	机轮加速度 g	突伸速度/(m·s^{-1})	机轮加速度 g	突伸速度/(m·s^{-1})	机轮加速度 g	突伸速度/(m·s^{-1})
1.00	1.00	1.00	0.98	0.96	0.98	0.99	0.98	0.94
1.03	1.12	1.16	1.17	1.13	1.09	1.17	1.09	1.11
1.06	1.30	1.33	1.39	1.28	1.29	1.28	1.28	1.24
1.09	1.53	1.49	1.35	1.38	1.41	1.45	1.33	1.40
1.12	1.85	1.63	1.64	1.49	1.78	1.57	1.68	1.49
1.16	1.69	1.86	1.70	1.77	1.65	1.84	1.64	1.75
1.21	2.15	2.21	1.72	1.92	1.91	2.18	1.81	2.07

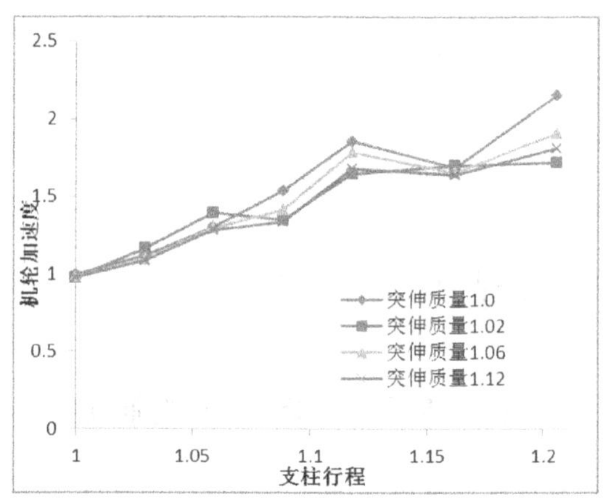

图 9 不同突伸质量下机轮加速度随支柱压缩量的变化

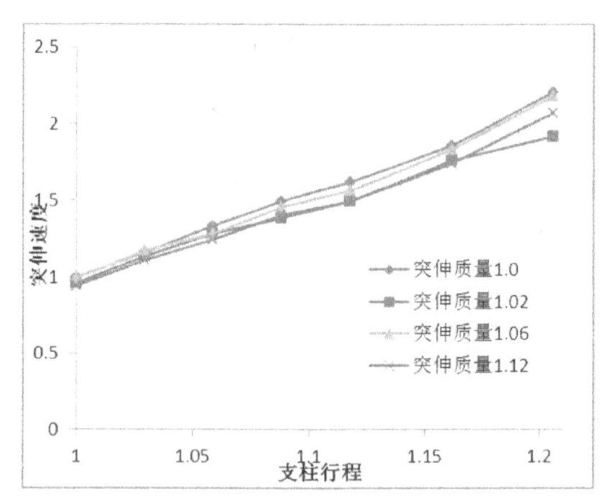

图 10 不同突伸质量下突伸速度随支柱压缩量的变化

5 结 论

对于舰载机起落架，突伸性能影响飞机的起飞性能以及结构安全，本文提出的突伸试验方法可真实模拟突伸过程，考核起落架的突伸性能以及动态响应，并对影响其性能的因素进行了研究。

(1) 本文提出了一种可模拟升力及弹射杆水平加载的舰载机前起落架突伸性能试验方法,并进行相关试验,试验结果表明,文中所述试验方法可行,取得的测试数据可靠,可满足舰载机前起落架突伸试验要求,为舰载机前起落架突伸性能测试提供了重要的试验方法和验证手段。

(2) 本文提出了一种弹射载荷加载/释放装置和仿升力模拟装置等突伸试验关键技术的基本原理及要求,并应用于突伸试验加载及升力模拟,试验结果表明弹射载荷加载及释放以及仿升装置满足实际使用要求。

(3) 试验结果表明机轮垂向加速度及突伸速度随着支柱压缩量的增加而逐步增加,缓冲器充气压力、轮胎充气压力及突伸质量等因素都对突伸性能有影响,且缓冲器充气压力及突伸质量影响较为明显。

参考文献

[1] GJB 67.9A—2008,军用飞机结构强度规范 第9部分:地面试验[S]. 总装备部军标出版发行部,2008.

[2] 聂宏. 房兴波. 魏小辉. 等. 舰载飞机弹射起飞动力学研究进展[J]. 南京航空航天大学学报,2013,45(6):727-738.

[3] Naval Air Engineering Center, Systems Engineering and Standardization Department. MIL-L-22589D(AS) Launching system nose gear type aircraft,1991.

[4] 黄再兴. 樊蔚勋. 高泽迥. 舰载机前起落架突伸的动力学分析[J]. 南京航空航天大学学报,1995,27(4):466-473.

[5] 沈强,黄再兴. 舰载机前起落架突伸性能优化[J]. 计算机辅助工程,2009,18(3):31-36.

[6] 沈强. 黄再兴. 舰载机起落架突伸性能参数敏感性分析[J]. 航空学报,2010,31(3):532-537.

[7] 魏小辉. 刘成龙. 聂宏等. 舰载机前起落架突伸动力学分析及试验方法研究[J]. 航空学报,2013,34(6):1-7.

[8] 张明,房兴波,聂宏. 一种舰载机前起落架突伸试验装置及试验方法:中国,106932187[P]. 2017-07-07.

[9] 豆清波. 陈熠. 舰载机前起落架突伸性能试验研究[J]. 振动工程学报,2018,31(1):106-113.

[10] 齐丕骞,史惟琦. 起落架落震试验中的仿升动力模拟[J]. 机械科学与技术,2002,21: 36-37.

基于密流分布对加力燃烧室燃烧效率误差修正

文清兰*，周开福，周公铜，王亚，何泌朋

中国航发贵阳发动机设计研究所，贵阳 550081

摘要： 为研究某型中等涵道比加力燃烧室扇形试验燃烧效率失真的问题，采用数值模拟和扇形试验综合对比分析方法，提出了一种基于密流分布对加力燃烧室燃烧效率误差修正的方法。该方法利用数值模拟可以反馈连续流场信息的特点，修正部分因工程试验离散点测试带来的误差。结果表明，当加力燃烧室出口温度测点按等环面分布时，须考虑出口流场密流的分布情况，当密流分布均匀时，才可将出口温度按算术平均进行处理作为加力燃烧室出口平均温度；若出口气流流场密流分布不均匀度较大，则加力燃烧室出口按质量流量平均温度应考虑密流分布带来的影响；加力燃烧室出口气流密流分布与油气比相关，油气比越大，加力燃烧室出口气流密流分布差异越小；在保证仿真精度的前提下，可通过基于流场密流分布对加力燃烧室燃烧效率进行修正。

关键词： 加力燃烧室；密流分布；燃烧效率；修正；误差

Combustion Efficiency Error Correction of Afterburner Based on Dense Flow Distribution

WEN Qinglan*, ZHOU Kaifu, ZHOU Gongtong, WANG Ya, HE Qinpeng

AECC Guiyang Engine Design Research Institute, Guiyang 550081, China

Abstract: In order to study a certain medium bypass ratio afterburner fan test combustion efficiency distortion problem, by numerical simulation and fan test comprehensive comparative analysis method, a method based on dense flow distribution was proposed to correct the efficiency error correction of the afterburner, the method uses the characteristics of continuous flow field numerical simulation can feedback information, revised parts for engineering test discrete point test error. The results show that when the temperature measurement points at the outlet of the afterburner are distributed according to the equal torus area, the distribution of the dense flow field at the outlet must be considered. When the dense flow is evenly distributed, the outlet temperature can be treated as the average temperature at the outlet of the afterburner. The influence of dense flow distribution on the mass-weighted average outlet temperature of the afterburner should be considered if the dense flow distribution is not uniform. The dense flow distribution at the outlet of the afterburner is related to the oil-gas ratio. The larger the oil-gas ratio is, the smaller the difference of the dense flow distribution at the outlet of the afterburner is. On the premise of ensuring the simulation accuracy, the efficiency error correction of afterburner can be modified based on the dense flow distribution of the flow field.

Keywords: afterburner; dense flow distribution; combustion efficiency; correction; error

1 引 言

加力燃烧室试验一般包括全环试验、扇形试验。在加力燃烧室部件试验中，加力燃烧室出口温度的测试结果是评价加力燃烧室燃烧效率的重要参数。通常采用燃气分析法[1-4]和热电偶法[5-7]测量加力燃烧室出口截面平均温度，进而计算燃烧效率。燃气分析法和

* 通讯作者. E-mail:1056586391@qq.com

热电偶法都需在加力燃烧室出口径向及周向位置设置采样通道。一般工程试验中采样通道的布点按等环面原则进行，将出口圆截面分成若干个面积相等的同心圆环。在每一个同心圆环的面积等分处设置测点即采样点。通常对采样通道的测点数据直接进行算术平均进而得到加力燃烧室出口平均温度。由于采样点数量有限、采样点不具代表性，且实际试验过程中加力燃烧室出口温度场分布存在较大不均匀度的情况，可能导致加力燃烧室燃烧效率误差偏大的问题。

李亚娟通过[8]试验数据表明燃烧室燃烧效率分布随着油气比增加才逐渐趋于均匀。同时，加力燃烧室相对于主燃烧室，油气比的相对偏差对燃烧效率的相对偏差有更大的影响[9-10]。对于主燃烧室，燃油喷射造成的温度场不均匀是产生偏差的主要原因，而对于加力燃烧室，除燃油浓度场导致温度场不均匀外，由于涡扇发动机加力燃烧室存在内、外涵道两个进口，当内、外涵气流混合度较低且涵道比较大时将进一步导致燃烧效率测试的偏差。文献[11]显示采样点代表性不足、采样点密度偏低是燃烧效率最大的偏差原因。而对于加力燃烧室，由于出口腔道高度和面积偏大，增加出口取样密度[12]是十分不经济的，同时受限于测试通道的影响，热电偶的数量也是极其有限的。可见，加力燃烧室实际试验中燃烧效率的评估受油气比、采样密度、多涵道进口等因素影响存在较大的误差，有时处理得到的试验数据甚至出现燃烧效率大于1，即燃烧效率失真的情况。

本文采用数值模拟和扇形试验综合对比分析方法，总结了某型机中等涵道比加力燃烧室扇形试验燃烧效率偏差较大的原因。利用数值模拟可以反馈连续流场信息的特点，并提出了一种基于出口气流密流分布对加力燃烧室燃烧效率误差修正的方法。

2 加力燃烧室扇形试验描述

加力燃烧室扇形试验件状态如图1所示，试验件为60°扇形段，包括2个蒸发式稳定器、平行混合器、点火电嘴、曲壁式截锥、两段隔热屏等部件。加力燃烧室进口以平行混合器为界，分为内涵进口及外涵进口。

加力燃烧室扇形试验内涵进口采用燃油直接加温和换热器间接加温的方式，保证内涵温度的同时，调整内涵含氧量质量百分数为14%，外涵通道为间接加温，保证外涵氧气质量分数为23%。加力燃烧室进口参数由布置在扇形试验进口测量段的总压耙和热电偶获

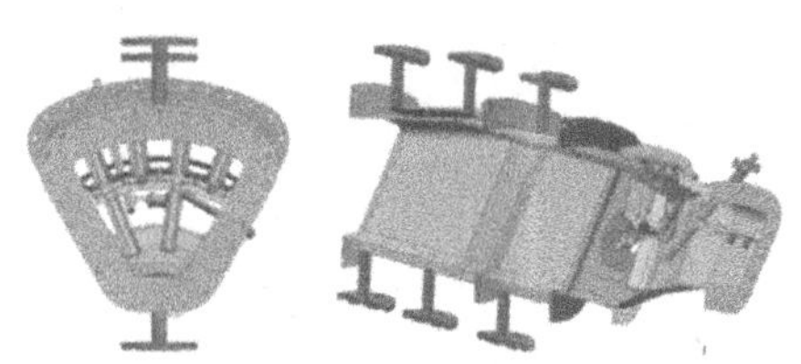

图1 加力燃烧室扇形试验件模型示意图

得。通过本次扇形试验主要模拟了某高空典型点，工况参数如表1所列。表1中P_c为外涵气体入口静压，T_c为外涵气体入口总温，P^*为气体总压、P为气体静压，T^*为气体总温。

表1 试验工况参数

工况	P^*/Pa	T^*/K	P/Pa
内涵	$0.96P_c$	$2.5T_c$	$0.92P_c$
外涵	$1.06P_c$	T_c	P_c

本文从加力燃烧室工作状态，即小加力、全加力开展试验及分析。小加力状态加力燃烧室余气系数为8。一般加力燃烧室全加力状态余气系数在1.1～1.2之间。而该型加力燃烧室高空典型点涵道比约为1.1，且加力比略小，为1.5。因此该型加力燃烧室高空典型点全加力状态余气系数约1.7，偏大。

加力燃烧室扇形试验开展了表1工况下油气比分别为0.008 5和0.04的加力燃烧室扇形性能试验，分别模拟该工况点下小加力状态及全加力状态加力燃烧室燃烧试验，燃烧试验状态如图2所示。

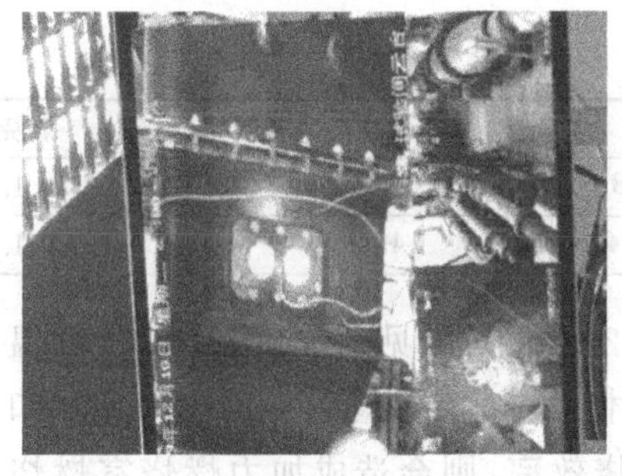

图2 加力燃烧室扇形试验状态

试验出口温度的测量采用旋转测温装置。图3中加力燃烧室扇形试验件旋转测温装置的出口测温耙，在径向方向，探针按等环面[13]布置9个测点。沿周向方向，探针旋转54°，出口截面可采集18个测量位置(每3°一个测量位置)，即出口截面共162个测试数据。

工程试验中，为便于数据处理，将出口温度测点按等环面进行分布，数据处理时将所有测点测量温度的算术平均值作为扇形段试验的出口平均温度。按算术

图3 加力燃烧室扇形试验件出口测温耙

平均对两个工况出口所测的温度处理后，可得出口总温见表2。燃烧效率计算采用焓增法，按《航空燃气涡轮发动机加力燃烧室性能试验方法》(HB 20357—2016)进行计算，公式为

$$\eta_{AB}=\frac{f_{65}(iT_8-iT_{65})+C_pT_8-C_pT_{65}+f_{AB}(iT_8-iT_0)}{f_{AB}H_f} \tag{1}$$

式中：C_pT_8 为加力燃烧室出口算术平均温度为 T_8 的空气焓，C_pT_{65} 为加力燃烧室入口平均测量温度为 T_{65} 的空气焓，iT_8、iT_{65}、iT_0 分别表示温度为 T_8、T_{65}、288.16 K时的等温燃烧焓差，f_{AB} 为加力燃烧室油气比，f_{65} 为加力燃烧室入口平均油气比，H_f 为燃料低热值。得到的各状态的燃烧效率计算结果如表2所列。

表2 试验温度处理结果

工　况	算术平均出口总温	燃烧效率
$F_{ar}=0.0085$	$2.58T_c$	1.12
$F_{ar}=0.04$	$4.17T_c$	1.02

由表2中数据可见，若将出口旋转测温装置所测数据按算术平均直接处理为加力燃烧室出口平均温度来计算燃烧效率，则会造成加力燃烧室燃烧效率大于1，燃烧效率失真的问题。

3 数值模拟描述

3.1 控制方程

数值模拟涉及的基本控制方程为：连续性方程、动量方程、能量方程、组分方程、湍流方程及状态方程详见文献[14]。

3.2 计算模型及计算网格

本次计算模拟仿真对象与扇形试验件状态对应，以60°的扇形区域作为研究对象。网格划分采用Fluent Meshing生成六面体及多面体网格，并对稳定器区域、稳定器蒸发孔等进行了加密，网格示意见图4、图5。

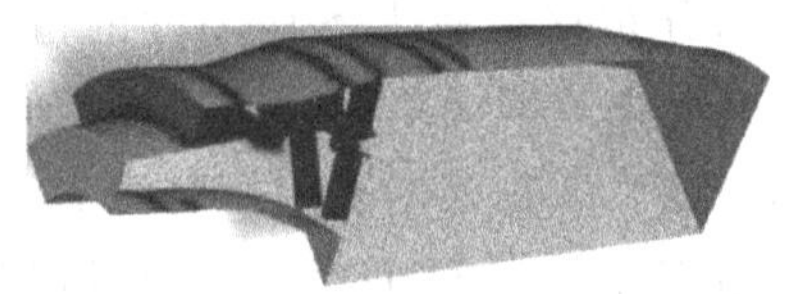

图4 带整流支板加力燃烧室计算网格

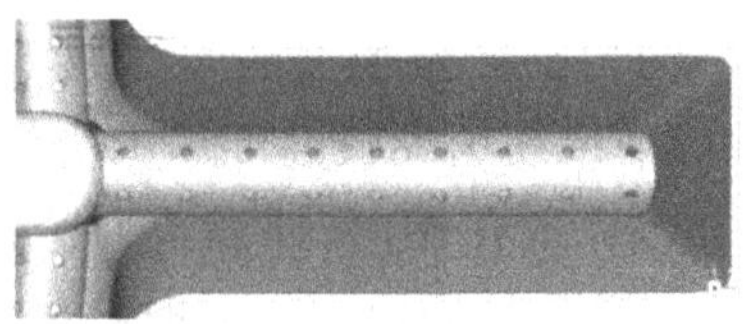

图5 局部稳定器网格示意图

为了排除网格数量对加力燃烧室性能计算的影响，对本次计算的模型开展了网格的独立性的验证。文中采用1 158万、1 445万、1 933万、3 618万4种网格数量，计算结果分析中选取稳定器后50 mm横截面与通过内外伸径向稳定器中间纵截面($y=0$截面)交线作为对象，对比分析四种网格数量模型在 x 方向的速度，如图6所示。

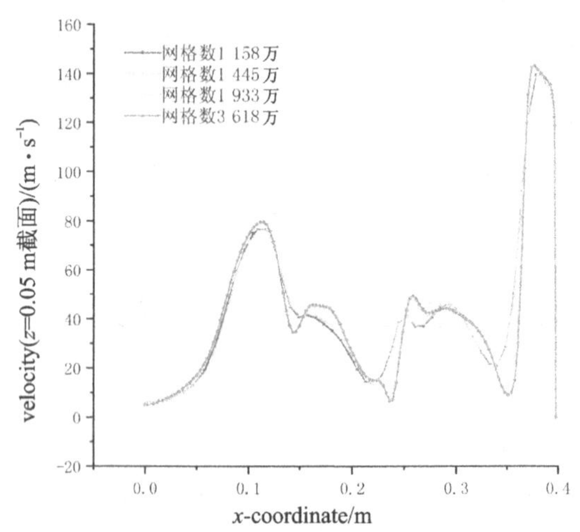

图6 网格独立性验证

从图6中可以看出，当网格数量达到1 933万后，再加密网格至3 618万，速度分布大小基本一样，即可认为网格数量达1 933万后，加力燃烧室内部流场结构

基本不受网格数量的影响。因此,文中选取 1 933 万数量的网格进行流场计算。

3.3 边界条件及计算方法

模型边界条件如表所示,采用基于压力的隐式求解器,湍流模型为 Realizable $k-\varepsilon$ 模型[15]、壁面为绝热边界条件,标准壁面函数、压力-速度耦合基于 COUPLED 算法,动量、湍流动能和湍流耗散率等方程的对流项采用二阶迎风离散格式。

根据加力燃烧室流动特点,采用 DPM 模型模拟加力燃烧室燃油雾化、运动和蒸发,采用 Rosin - Rammler 分布描述燃油粒径初始状态的分布情况,燃油粒子离散相与气相之间的相互作用采用随机轨道模型进行计算[14],采用 Eddy - Dissipation 涡耗散非预混燃烧模型[16]模拟了小加力、全加力状态燃烧反应。

3.4 结果分析

1. 扇形试验结果与仿真对比

选取全加力状态加力燃烧出口两条特征线的径向温度分布与试验测温数据进行对比分析,两条特征线位置如图 7 所示。

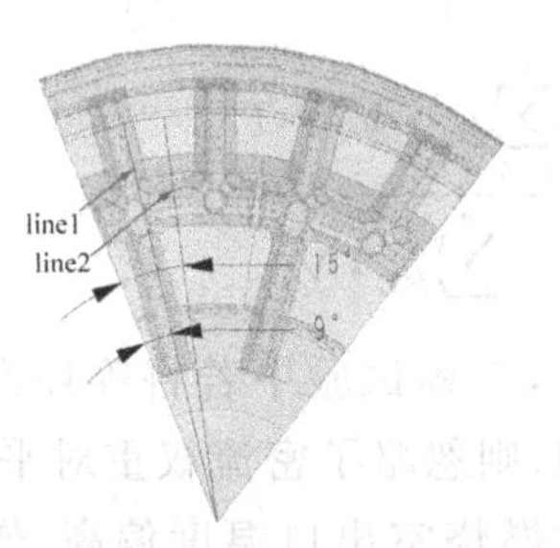

图 7 加力燃烧室出口特征线位置示意图

图 8 所示为试验与仿真在两条特征线上温度沿径向的分布图,可见加力燃烧室出口温度沿径向存在较大的温度梯度,同时仿真得到的径向温度分布与试验散点温度的趋势基本一致,与试验结果吻合性较好,表明采用的仿真计算方法合理可靠。

2. 加力燃烧室出口密流分布仿真结果

该型加力燃烧室在小加力、全加力状态下的出口密流比分布仿真结果见图 9 和图 10,其中密流比为该点的密流值与该面密流平均值之比。密流定义为加力燃烧室出口截面轴向速度分量与密度的乘积。

可见,不同加力状态,即对应不同油气比时,加力燃烧室密流分布差异较大。小加力状态密流分布梯度

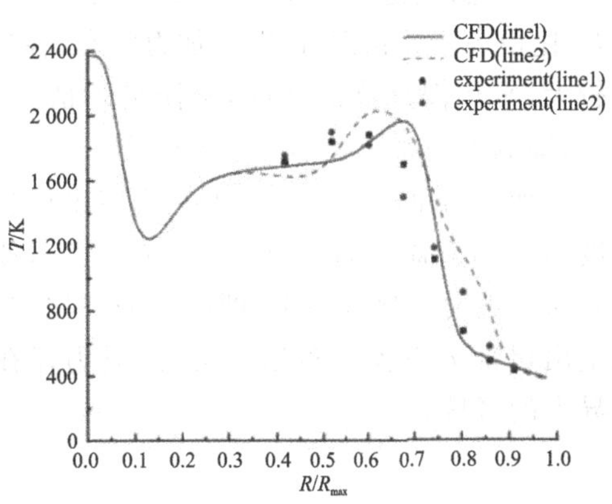

图 8 仿真与试验温度对比曲线图

较大,全加力状态密流分布梯度相对较小。小加力状态大部分区域密流与平均值差异在 30%～60%之间,全加力状态部分密流与平均值差异在 10%～30%之间。可见,针对该型加力燃烧室,即使处于全加力状态,加力燃烧室出口密流分布仍存在较大程度的不均匀。同时,根据小加力及全加力的加力燃烧室出口密流等值线分析可见,沿圆周分布,密流沿周向分布基本一致,主要差异在径向方向。

图 9 加力燃烧室出口小加力状态密流比等值线示意图

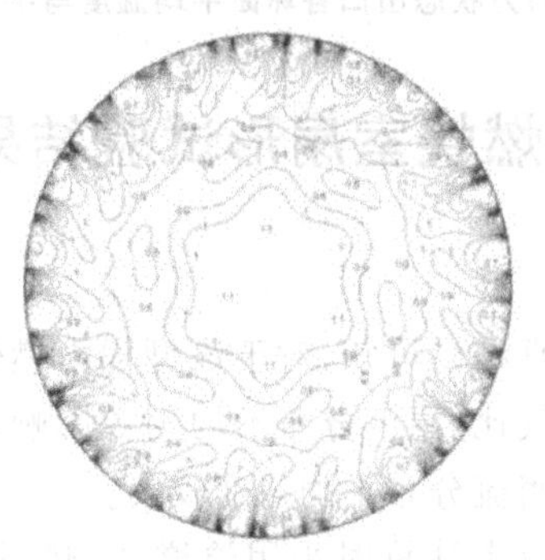

图 10 加力燃烧室出口全加力状态密流比等值线示意图

图 11 和图 12 所示为表中两种工况下,9 个等环面按质量平均得到的平均温度与平均密流的仿真结果。

其中,图中平均温度进行了无量纲处理,按平均温度 $\overline{T}_{ab}$ 与 T_c 比值表示。由图可见,小加力状态,各环面密流差异较大,平均温度高的环面,密流平均值较低;反之则相反,即温度与密流大小的趋势相反。

对比小加力与全加力状态加力燃烧室出口各环面平均温度与平均密流分布图可见,全加力状态各环面密流值相对小加力变化范围小,即随着油气比增加,加力燃烧室出口部分密流分布趋于均匀,但仍存在环面密流差异大的区域。

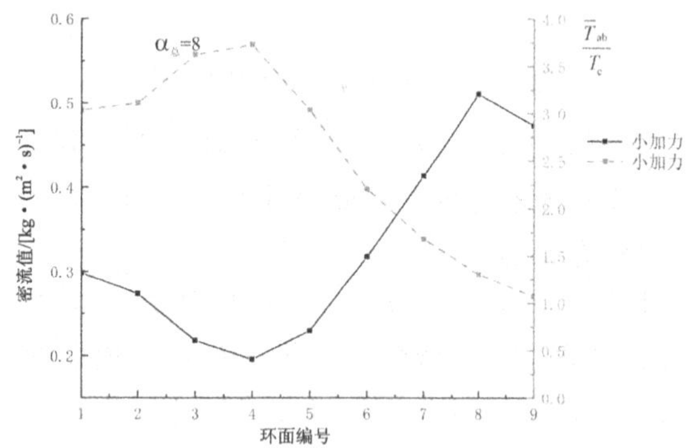

图 11　小加力状态出口各环面平均温度与平均密流分布

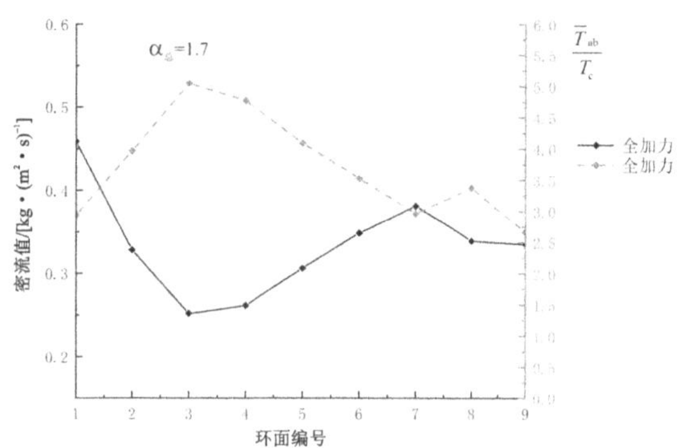

图 12　全加力状态出口各环面平均温度与平均密流分布

4　加力燃烧室扇形试验结果失真分析

综合上述仿真结果可知,对于该型加力燃烧室,由于加力燃烧室油气比、温度分布不均匀等影响,使得加力燃烧室出口的密流分布不均匀度较大。

而燃烧效率计算时采用焓增法,热量是按质量进行度量的,因此加力燃烧室出口平均温度应按质量流量进行加权平均求得才具有相应的物理意义,如式(1):

$$\overline{T}_{ab}=\frac{\sum_{i=1}^{n}\dot{m}_i\cdot T_i}{\sum_{i=1}^{n}\dot{m}_i} \tag{1}$$

式中:n 为加力燃烧室出口环面数量,$\dot{m}$ 为各环面的质量流量,T_i 为 i 环面平均温度,ρ_i 为 i 环面的平均密度,V_i 为 i 环面的平均速度,A 为环面面积。

采用等环面布点的假设条件为各截面密流分布均匀。当该截面密流分布均匀一致时,则平均温度即为测点温度的算术平均值,即式(2):

$$\overline{T}_{ab}=\frac{\sum_{i=1}^{n}\dot{m}_i\cdot T_i}{\sum_{i=1}^{n}\dot{m}_i}=\frac{\sum_{i=1}^{n}\rho\cdot V\cdot A\cdot T_i}{\sum_{i=1}^{n}\rho\cdot V\cdot A}=\frac{\sum_{i=1}^{n}T_i}{n} \tag{2}$$

若此时加力燃烧室出口平均温度仍按所测温度进行算术平均,则会产生较大的误差,即未按式(3)考虑密流不均匀时,密流作为权重对平均温度的影响。

$$\overline{T}_{ab}=\frac{\sum_{i=1}^{n}\dot{m}_i\cdot T_i}{\sum_{i=1}^{n}\dot{m}_i}=\frac{\sum_{i=1}^{n}\rho_i\cdot V_i\cdot A\cdot T_i}{\sum_{i=1}^{n}\rho_i\cdot V_i\cdot A}=\frac{\sum_{i=1}^{n}\rho_i\cdot V_i\cdot T_i}{\sum_{i=1}^{n}\rho_i\cdot V_i} \tag{3}$$

由此可见,工程试验中若将等环面温度直接按算术平均值处理,则忽略了密流权重对平均温度的影响,进而导致加力燃烧室出口温度偏高,燃烧效率失真的问题。

5　试验结果修正

根据上述分析可知,该型加力燃烧室出口密流分布不均匀度大,且密流等值线分布呈现周向一致性较好,径向分布差异较大的特点。

若要进一步按本文式(3),按密流对温度修正,则须增加出口静压测点,进而换算出各环面的密流值。而由于出口测温耙受限于空间和测试堵塞比要求,因此测试数据数量有限,测量出口各位置的静压存在一定难度。因此,提出采用 CFD 数值计算方法,在保证仿真精度的前提下,基于仿真结果密流分布对加力燃烧室出口温度修正的方法,流程如图 13 所示。

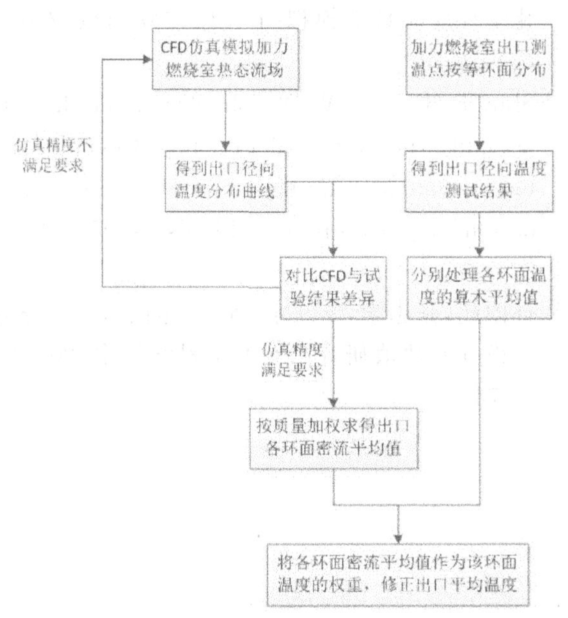

图 13　对加力燃烧室出口温度修正的流程图

该方法利用了 CFD 数值计算方法可以较为准确地反馈连续流场信息的特点，修正部分工程试验离散点测试带来的误差。

结合仿真结果开展基于密流分布的修正，结果见表 3。两种工况下，修正后的燃烧效率避免了燃烧效率大于 1 的问题。另外，两种工况在整机状态性能符合设计要求，故可认为在该工况下加力燃烧室燃烧效率满足设计要求，故修正后的燃烧效率可与设计值对比。总体来看，修正前燃烧效率偏差最大为 40%，最小为 20%。当油气比增加时，燃烧效率偏差相对降低。而修正后的燃烧效率与设计值偏差可控制在 3.5%～3.7%之间，较修正前偏差大幅下降。可见，基于仿真密流分布对加力燃烧室出口温度进行修正后得到的燃烧效率，与直接按算术平均求得的燃烧效率相比，数据可靠性有所提升。

表 3　燃烧效率修正前后结果及偏差

工　况	修正前效率	修正后效率	设计值	修正前效率偏差/%	修正后效率偏差/%
$F_{ar}=0.0085$	1.12	0.77	0.8	40	3.7
$F_{ar}=0.04$	1.02	0.82	0.85	20	3.5

6　结　论

本文通过试验及数值模拟对某型中等涵道比加力燃烧室燃烧效率失真问题进行了相关研究，分析了加力燃烧室扇形试验出口温度偏高的主要原因，并提出了基于仿真结果修正加力燃烧室出口温度的方法，得到以下结论：

(1) 若按等环面布置加力燃烧室温度测点，需考虑加力燃烧室出口流场状态，出口密流分布应尽可能均匀，否则易导致燃烧效率失真的问题；

(2) 加力燃烧室出口密流分布与油气比相关，油气比越大，加力燃烧室出口密流分布差异越小；

(3) 在保证仿真精度的前提下，通过基于流场密流分布对加力燃烧室出口平均温度进行修正后的燃烧效率偏差较修正前大幅下降，数据可靠性有所提升。

参考文献

[1] PENG Yunhui, LIN Yuzhen, XU Quanhong. Experimental investigation of the pattern factor and LBO of high temperature rise combustor [R]. International Symposium on Air Breathing Engines, ISABE 2007-1185, 2007.

[2] HE Yongpan, HAN Lei, LI Lihan. Analysis of the error in liquid-fuel ramjet combustion efficiency calculation[R]. AIAA-2012-5831, 2012.

[3] JAMES D. Research on miniature gas analysis systems[R]. Cleveland: Lewis Research Center, 1974.

[4] BAHR D W. Technology for the design of high temperature rise combustors [R]. AIAA 85-1292, 1985.

[5] 刘立平，薛秀生，孙琪，等. 高精度水冷高温热电偶的研制与应用[J]. 航空发动机，2009，35(4)：48-50.

[6] 杨志民，孙咏飞，赵煜，等. 航空发动机燃烧室出口温度场双向测量方法[J]. 航空发动机，2010，36(1)：42-43.

[7] 彭建，白庆雪. 航空发动机燃烧室温度测量[J]. 燃气涡轮试验与研究，2000，12(2)：50-52.

[8] 李亚娟，王明瑞，张宝华，等. 油气比对燃气分析法燃烧效率、气态污染物测试精度的影响[J]. 航空动力学报，2018，33(3)：557-564.

[9] MARCHIONNA N R. Effect of inlet-air humidity on the formation of oxides of nitrogen in a gas turbine combustor [R]. Cleveland: Lewis Research Center, 1973.

[10] MELLOR A M. Design of modern turbine com-

bustor[M]. New York: Academic Press,1990.

[11] 李亚娟,王明瑞,张宝华,等.燃气分析法测试燃气轮机主燃烧室燃烧效率、气态污染物误差分析[J].航空动力学报,2017,32(5):1051 -1057.

[12] 马宏宇,赵传亮,程明,等.取样密度对燃烧室试验测量结果的影响[J].航空发动机,2014,40(3):19-23.

[13] 苏彦勋,盛健,梁国伟.流量计量与测试[M].北京:中国计量出版社,1992.

[14] 徐兴平,张孝春,刘宝,等.加力燃烧室三维两相化学反应流数值模拟[J].航空发动机,2009,35(5):15-18.

[15] Shin T H, Liou W W, Shabbir A, et al. A new k-ε eddy viscosity model for high Reynolds number turbulent flows model development and validation[J]. Computers Fluids, 1995, 24(3): 227-238.

[16] 孙雨超,张志学,李江宁,等.一体化加力燃烧室方案设计及数值研究[J].航空科学技术,2011(4):71-74.

基于数字假人的抗荷服优化仿真设计

马帅[1,2,*]，田少平[1,2]，邹磊[1,2]，张海波[1,2]，张巍[1,2]

1. 航宇救生装备有限公司，襄阳 441003

2. 航空防护救生技术航空科技重点实验室，襄阳 441003

摘要： 基于满足飞行员身材数据库尺寸要求的数字假人，提出了一种抗荷服仿真优化方法。该方法建立了覆盖面积分别为45％和65％的两种抗荷服三维数字模型，模拟了给定抗荷加压制度曲线下的人体体表压力分布情况，并开展了一定数量的真人体表加压试验，从而对仿真结果进行验证，并根据仿真结果及试验结果，提出了后续抗荷服工程改进的思路。通过抗荷服优化仿真分析，可以缩短产品研发周期，降低产品研发的成本，提高产品研发效率和质量，降低研制风险，凸显产品正向设计优势。

关键词： 数字假人；抗荷服；仿真优化；体表加压试验；工程改进

Optimal Simulation Design of Anti-G Suit Based on Digital Dummy

MA Shuai[1,2,*]，TIAN Shaoping[1,2]，ZOU Lei[1,2]，ZHANG Haibo[1,2]，ZHANG Wei[1,2]

1. Aerospace Life-support Industries，Ltd.，Xiangyang 441003，China

2. Aviation Key Laboratory of Science and Technology on Life-support Technology，Xiangyang 441003，China

Abstract： In this paper，a simulation and optimization method of anti-load suit is proposed based on the digital dummy which meets the size requirement of the pilot body database. Established the area covered by this method were 45％ and 65％ respectively of the two kinds of load resistance to take 3D digital model of simulated under a given load resistance pressure system curve of human body surface pressure distribution，and conducted a number of human body surface pressure test to validate the result of the simulation，and according to the results of simulation and experiment results，puts forward the subsequent load resistance engineering improvement ideas. Through the optimization simulation analysis of anti-load clothing，the product research and development cycle can be shortened，the cost of product research and development can be reduced，the efficiency and quality of product research and development can be improved，the development risk can be reduced，and the advantages of product forward design can be highlighted。

Keywords： digital dummies；anti-G suit；simulation optimization；surface pressure test；engineering changes

高性能战斗机加速度 g 值高、增长率快、持续时间长，飞行员会发生周边视力丧失，中心视力丧失，甚至在无视觉改变先兆下发生意识丧失，严重影响飞行安全[1]。抗荷服是战斗机飞行员最普遍，也是最基本、最重要的一种抗荷装备，在机动飞行中正确使用抗荷服能明显提高正加速度耐力[2]。在抗荷服发展过程中，经历了五囊式抗荷服、管式抗荷服、扩大面积抗荷服。但管式抗荷服质量重、舒适性低，故现在普遍使用囊式抗荷服[3-6]。有研究表明，某型囊式抗荷服在加速度增长率为 $6g$/s、峰值作用时间长达 15 s 的条件下，抗荷性能为 $2.5g$[7]。

目前在抗荷服研制过程中，需要真人加压测试抗荷性能，由于需要加压数值过大，试验环境复杂，需要离心机才能测试抗荷服的抗荷性能，往往会超过人的生理耐受能力而具有危险性[8]，在地面难以模拟出真实加压环境，并且在研发过程中难以及时暴露出产品

* 通讯作者. E-mail：362125726@qq.com

的不足，影响产品研发进度。随着计算机应用技术的发展，假人有限元模型已经普遍应用在国外汽车公司的产品设计阶段[9]，并且采用数字人体模型进行防护服热舒适和动态舒适工效学评价得到广泛应用[10]。因此，本文基于真实飞行员身体尺寸建立人体模型，对囊式抗荷服不同区域进行仿真研究，得到抗荷服加压时不同区域的压力，并对真人进行加压测试，与抗荷服加压仿真模型对比，从而为抗荷服的改进设计提供理论依据。

1 抗荷优化仿真模型的搭建

1.1 人体模型的建立

GJB 4856—2003《中国男性飞行员人体尺寸》确定第3、第50和第97百分位飞行员的主要外形尺寸(身高、躯干参数、手足参数等)，使数字仿真试验假人的外形尺寸符合现役相应百分位飞行员人体尺寸。坐姿姿态符合GJB_19A《歼击机座椅基本几何尺寸》中对飞行员坐姿的尺寸规定。

根据此尺寸建立50%分位人体坐姿模型，小腿长363 mm，大腿长492.5 mm，大腿围555 mm，小腿肚373 mm，如图1所示。

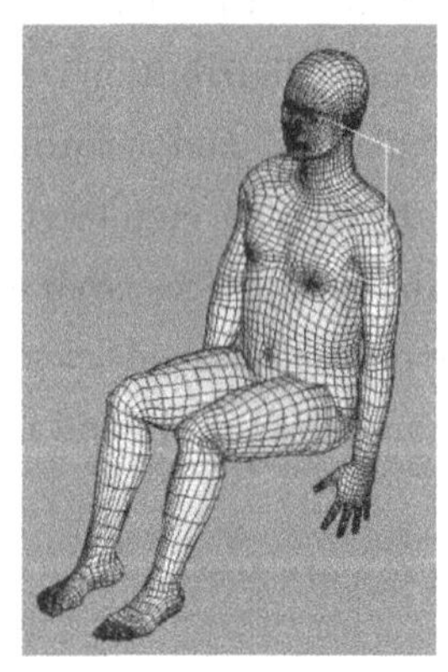

图1 50%分位人体坐姿模型

1.2 抗荷囊模型的建立

在抗荷优化仿真模型中，采用抗荷囊覆盖面积45%的抗荷服和65%的抗荷服，其结构相同，由5个相互连通的气囊构成，如图2所示。其中，45%的抗荷服囊体覆盖为黄色，65%的抗荷服囊体覆盖为绿色，如图3所示。

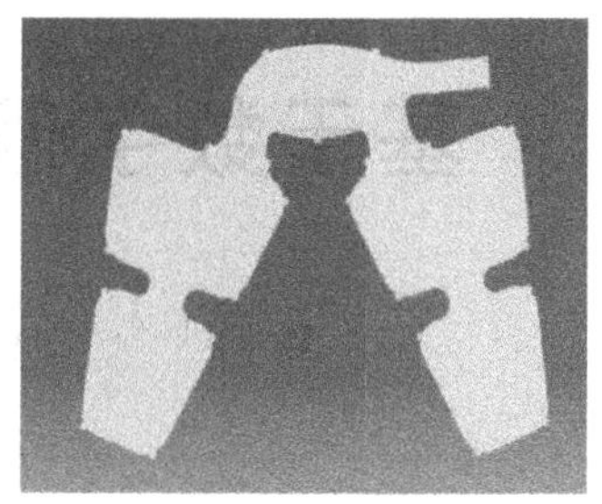

图2 抗荷服三维示意图

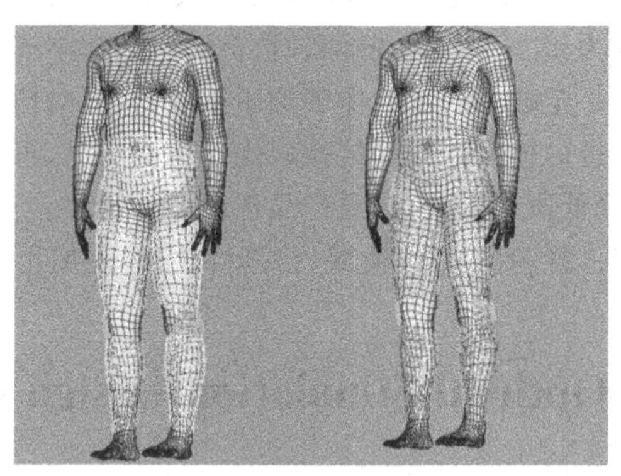

图3 抗荷服加载模型(左:45%覆盖面积;右:65%覆盖面积)

1.3 抗荷服下肢加压模型的建立

抗荷服仿真优化分析应建立骨骼、肌肉、抗荷服模型，在此假定抗荷服囊体与腿部距离为1 mm，外裤与腿部距离为15 mm，如图4所示。

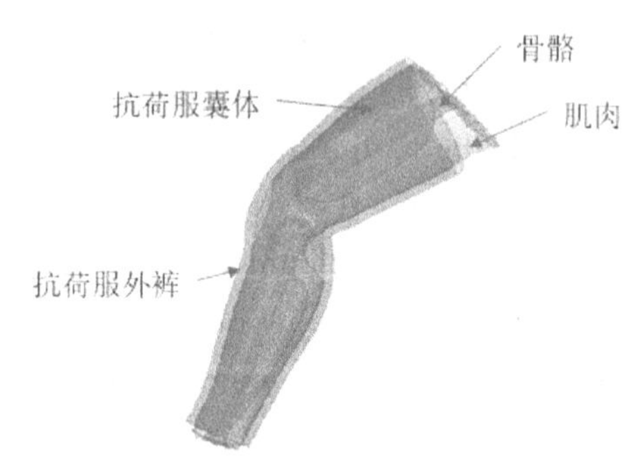

图4 抗荷服下肢加压模型

1. 材料设置

本文中定义了人体大腿部、骨骼和抗荷服的材料属性，如表1所列。

由于不同位置的骨骼差异较大，本文采用简化模型，将骨骼定义为弹性材料。肌肉采用超弹性材料Mooney-Rivlin，用来模拟肌肉的变形[11-12]。抗荷服采用Abaqus中的纤维本构，纤维材料的经纬向分布如

图 5 所示，其中细线表示经向，粗线表示纬向。在分析中创建局部坐标系，从而可以正确赋予材料方向。

表 1　材料属性定义

部　位	材料类型	材料属性
腿部肌肉	超弹性材料 (Mooney - Rivlin)	C10=0.49 MPa； C01=0.245 MPa；ν=0.49
骨骼	弹性材料	E= 16 200 MPa；ν=0.36

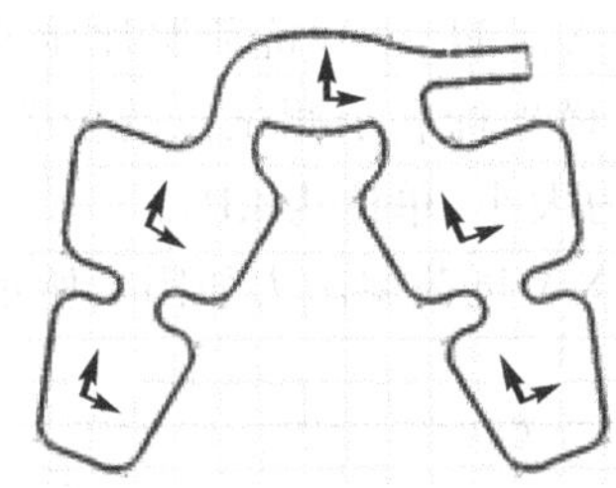

图 5　抗荷服纤维材料经纬向分布

2. 接触条件设置

抗荷服充气仿真过程中，各部分有着复杂的接触关系，因此选择显式动态算法进行求解。同时为了缩短计算时间，对整体分析模型采用质量缩放技术提高计算效率[13]。分析中定义的接触关系有：

(1) 靠近人体侧抗荷服、抗荷服衣面与人体皮肤间的接触；

(2) 靠近人体侧抗荷服与远离人体侧抗荷服间的接触；

(3) 靠近人体侧抗荷服的自接触；

(4) 远离人体侧抗荷服的自接触；

(5) 远离人体侧抗荷服与抗荷服外裤间的接触；

(6) 抗荷服与人体间的摩擦系数取为 0.1。

3. 边界条件设置

抗荷服充气仿真分析有限元过程中施加的载荷及边界条件如下：

(1) 腿部肌肉和骨骼上面端固定；

(2) 抗荷服上下端以及膝盖位置固定 3 个位移方向；

(3) 抗荷服囊体施加压力 0.06 MPa。

1.4　仿真结果分析

1. 腿部接触压力

腿部接触压力如图 6 所示。

2. 抗荷服变形

抗荷服变形如图 7 所示。

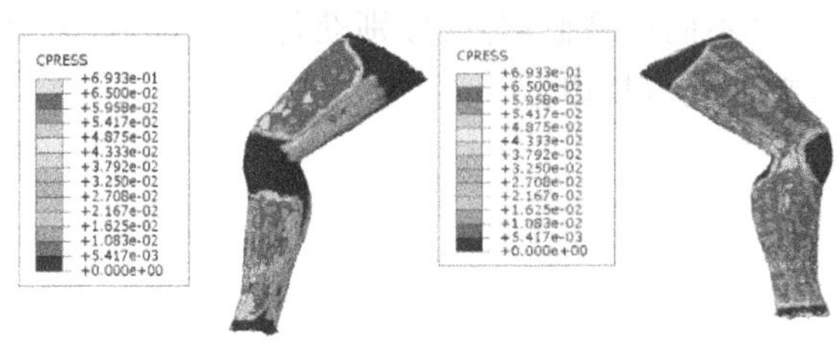

左：45%覆盖面积；右：65%覆盖面积

图 6　腿部接触压力

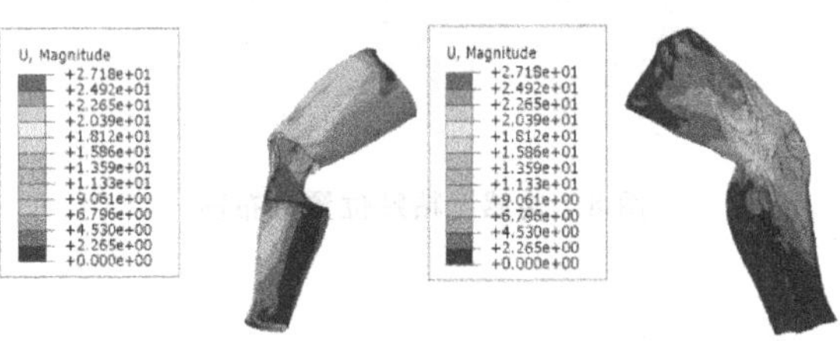

左：45%覆盖面积；右：65%覆盖面积

图 7　抗荷服囊体与外裤变形位移

由腿部受压结果分析，在抗荷服囊体位置的压力约为 0.06 MPa，单层没有囊体位置最大加压 0.1 MPa，也就是：

(1) 囊体位置腿部受压力约为施加载荷的 1 倍；

(2) 无囊体位置腿部受压力最大压力约为施加载荷的 2 倍，且覆盖面积为 45%、65% 的两款抗荷服，均满足以上规律。

2　抗荷服加压试验验证

为了验证此抗荷服下肢加压模型腿部受压规律，针对同一批人员，选用不同服装型号、不同加压大小进行加压试验。

2.1　试验方法

本试验采用的抗荷服包括：KH - XA 型抗荷服一大一小两件、KH - XB 型抗荷服一大一小两件。KH - XA 型抗荷服内含 5 个互相连通的气囊，其囊覆盖面积约为 45%；KH - XB 型抗荷服内含 5 个互相连通的气囊，其囊覆盖面积约为 65%。对抗荷服以 5.3～6.7 kPa/s 的充气速度手控充气，由汞柱压力计监测充气压力。对 KH - XA、KH - XB 型抗荷服的充气压力均为 16、26、36 及 46 kPa。

在人体大腿粘贴压力传感器，主要分为以下几点，如图 8 所示。

(1) 囊下区域：监测点 1、2、3、4、6；

(2) 囊体边界区：监测点 5、7。

通过不同区域监测点，分别获得囊下区域、囊体边界区，腿部受压规律。

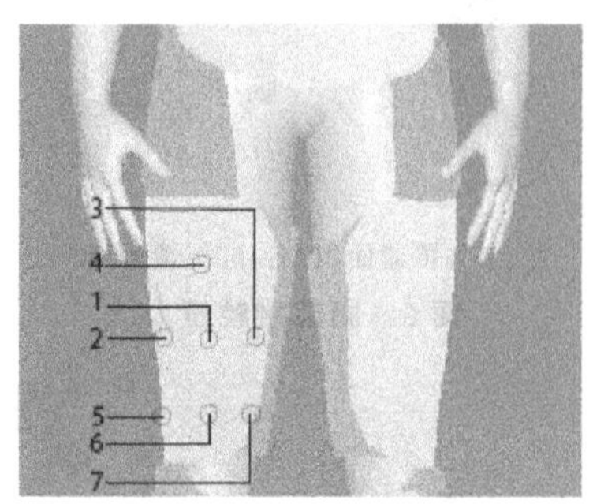

图 8　传感器粘贴位置分布图

2.2　试验步骤

为受试者穿好抗荷服并严格按要求调节松紧。实验时受试者采取坐位，双腿静止不动，然后按 2.1 所述的压力依次对两种抗荷服分别进行充气至 16、26、36、46 kPa，每一压力值保持 50 s，各压力间休息 10 min[14]。对 KH－XA、KH－XB 型抗荷服最高充气压力限在 48 kPa。

将 KH－XA、KH－XB 抗荷服加压所得到的数据绘制成点线图，横坐标表示测试点的位置，纵坐标表示该测试点的压力大小，单位为 kPa。

(1) KH－XA 抗荷服压力如图 9 所示。

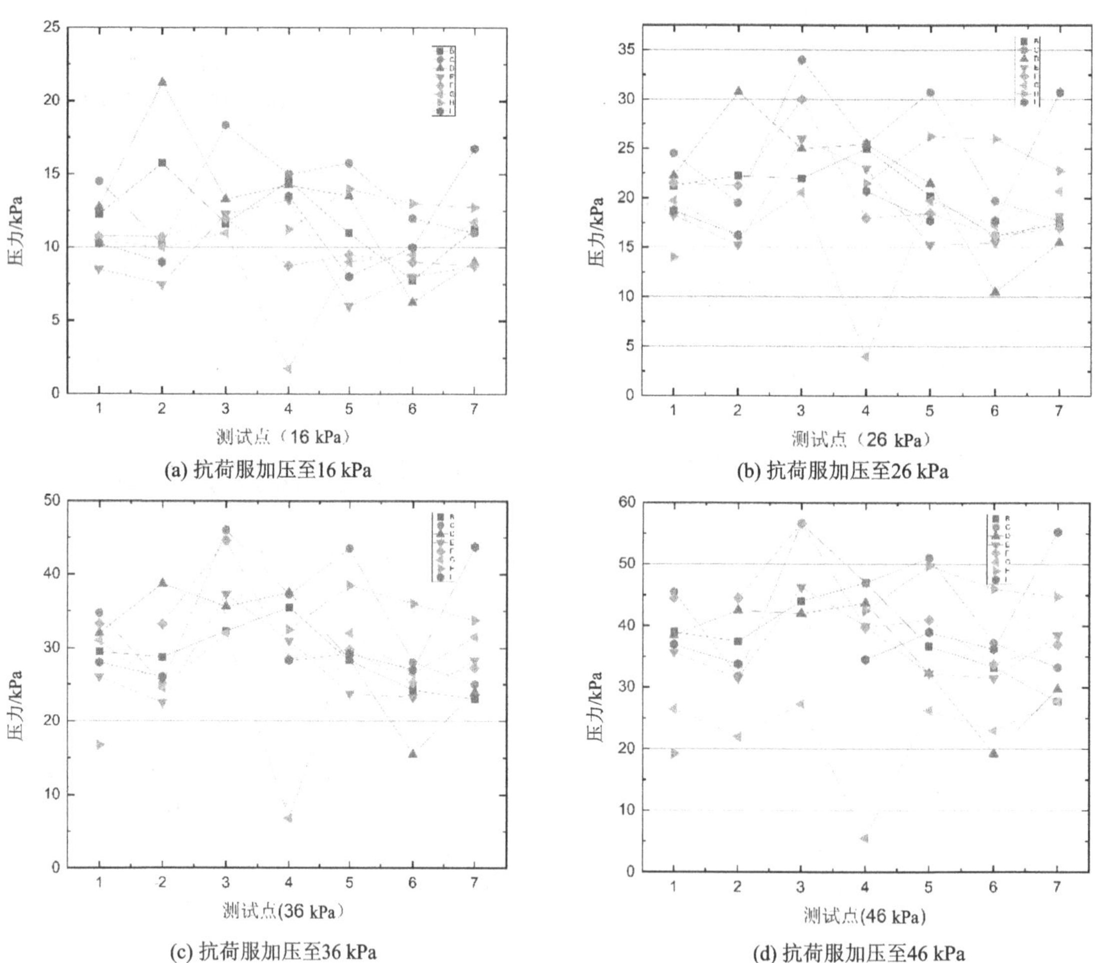

(a) 抗荷服加压至16 kPa

(b) 抗荷服加压至26 kPa

(c) 抗荷服加压至36 kPa

(d) 抗荷服加压至46 kPa

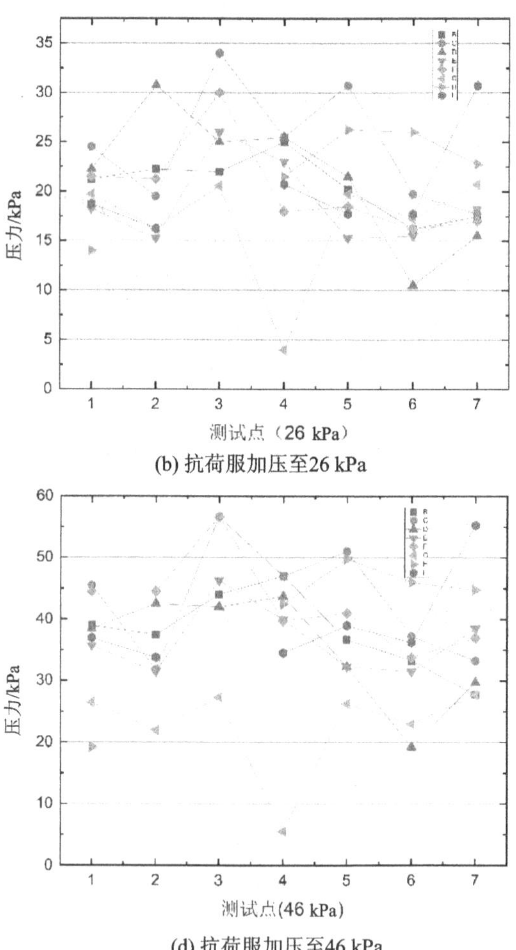

图 9　KH－XA 抗荷服测试点压力

(2) KH－XB 抗荷服压力如图 10 所示。

由图 9、图 10 可以看出：

对于 KH－XA 型号抗荷服：

(1) 囊下压力较为稳定，在 16 kPa 左右；

(2) 在上下分布上，腿粗侧 4 点稍高，腿细侧 6 点稍低。

对于 KH－XB 型号抗荷服：

(1) 囊下压力较稳定，均在 16 kPa 左右；

(2) 在上下分布上，腿粗侧 4 点稍高，腿细侧 6 点稍低，与 KH－XA 规律相同。

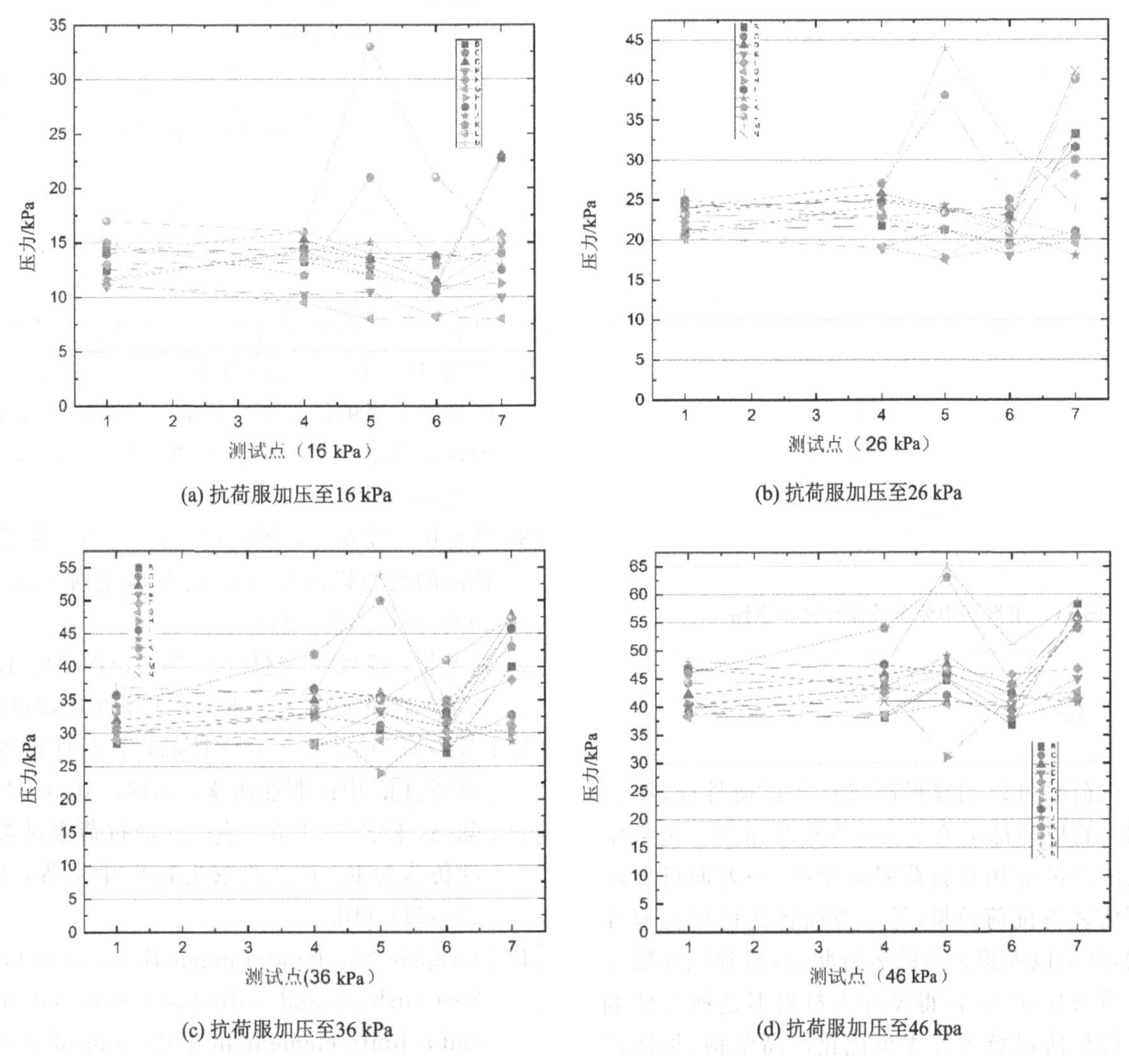

(a) 抗荷服加压至16 kPa

(b) 抗荷服加压至26 kPa

(c) 抗荷服加压至36 kPa

(d) 抗荷服加压至46 kpa

图 10 KH－XB 抗荷服测试点压力

3 仿真结果与试验结果验证分析

通过真实人体压力测量可以看出，抗荷服加压仿真模型模拟的服装压力分布与服装压力测量时的分布有较一致的趋势。模拟得到的加压随着围度的增加而增大，其与真实加压腿部表面的生理曲度变化趋势相吻合，腿粗处较腿细处压力偏大[15]。通过抗荷服加压分析获得的下肢表面受压力情况，得到抗荷服-下肢压力分布规律。对下肢抗荷服覆盖区域进行分区，如图 11 所示。

图 11 中：

区域 1 为大腿囊体覆盖腿部区域；

区域 2 为大腿内侧无囊体覆盖腿部区域；

区域 3 为大小腿连接区域囊体覆盖腿部区域；

区域 4 为小腿囊体覆盖腿部区域；

区域 5 为小腿内侧无囊体覆盖腿部区域。

结合抗荷服加压仿真模型与真人加压，下肢各区域腿部受压力大小与抗荷服加压关系如表 2 所列。

表 2 抗荷服下肢压力分布数据

区 域	压力数据/（倍数＝下肢受压力/抗荷服加载压力）
区域 1	0.9～1.08
区域 2	0.95～1.8
区域 3	1.0～1.3
区域 4	0.9～1.08
区域 5	0.8～1.5

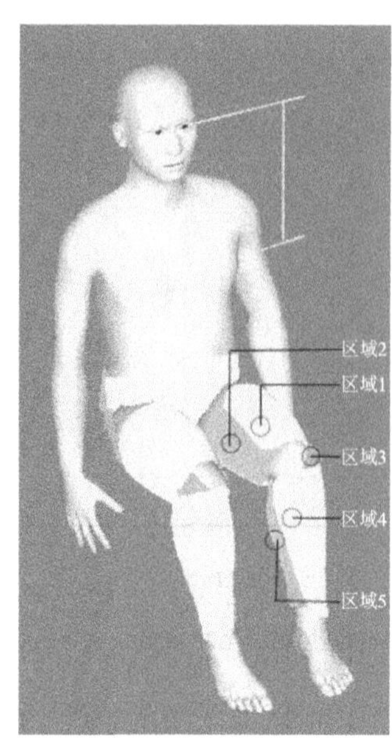

图 11 下肢压力分布数据分区示意图

4 结 语

由于抗荷服可以明显提高飞行员抗荷性能，抗荷服的研制一直以来都是关乎飞行安全的重点。把数字仿真假人成功的应用在抗荷服研制中，一方面可以较精确的评估装备抗荷效果；另一方面将使得抗荷服在设计初期，就可以模拟人体的运行状态，得到抗荷服穿着时飞行员身体状态，使得设计人员根据这些人体响应数据在设计阶段就可以逐步优化产品结构，加快产品研制进度，降低开发成本。

本文通过对囊式抗荷服加压仿真分析，结果证实囊下压力几乎等同于服装充气压力，而囊体边界区会出现压力较大现象。同时，在真人加压试验阶段中，部分被测试人员出现抗荷服边缘即囊体边界区有明显压痛感现象，此现象与仿真结果对应，推测由于气囊拉扯裤子边缘造成受力较大，后续将对此现象加以改进。

参考文献

[1] Albery WB. Acceleration in other axes affects + Gztoler-ance: dynamic centrifuge simulation of agile flight[J]. Aviation Space and Environmental Medicine，2004，75(1)：1-6.

[2] 孙喜庆，姜世忠. 航空航天生物动力学[M]. 西安：第四军医大学出版社，2013.

[3] 刘亚楠，贾镇远. 抗荷服的发展综述[J]. 甘肃科技，2015，31(18)：15-16.

[4] 耿喜臣. 先进囊式抗荷系统与侧管式抗荷系统的抗荷性能比较研究[J]. 空军医学杂志，2003，19(3)：286-289.

[5] 王洋. 飞行员—囊式抗荷服—环境系统热湿传递模型研究[D]. 南京：南京航空航天大学，2013：1-10.

[6] 耿喜臣. 高性能战斗机先进囊式抗荷系统的生理研究[D]. 西安：第四军医大学，1997：15-30.

[7] 叶佳波，徐艳，王海霞，等. 一种新型综合防护服的抗荷性能试验研究[J]. 空军医学杂志，2018，34(3)：150-152.

[8] 耿喜臣，陈立君，颜桂定，等. 新型抗荷系统抗荷性能的离心机评价[J]. 中华航空航天医学杂志，2005，16(4)：241-244.

[9] 郭凤骏，赖兴华，赵佳庆，等. VDM 假人模型开发及实车碰撞试验[J]. 上海汽车，2016，2：16-22.

[10] 黄燕娣. 防护服工效学性能指标与评价方法研究进展[J]. 中国职业医学，2016，43(5)：618-623.

[11] 陈尧，李学先，丁立. 囊式充液抗荷服过载响应特性仿真分析[J]. 北京生物医学工程，2019，38(2)：111-118.

[12] Grujicic M，Pandurangan B，Arakere G，et al. Seat-cushion and soft-tissue material modeling and a finite element investigation of the seating comfort for passenger-vehicle occupants[J]. Materials & Design，2009，30(10)：4273-4285.

[13] Agus Dwi Anggon，Tri Widodo Besar Riyadi，Waluyo Adi Siswanto. Dynamic Explicit Finite Element code for U-Bending Simulation and Springback Prediction [J]. Applied Mechanics and materials，2014：337-341.

[14] 邱义芬，李艳杰，任兆生. 某型囊式抗荷服热性能分析[J]. 北京航空航天大学学报，2009，35(9)：1035-1038.

[15] 于洁. 基于人体臂部模型的服装压测试与数值模拟[D]. 天津：天津工业大学，2019：34-44.

飞行员疲劳评价方法研究

田少平[1,2,*],张海波[1,2],张晓燕[3],石大勇[1,2],汪正勇[1,2]

1. 航宇救生装备有限公司,襄阳 441003

2. 航空防护救生技术航空科技重点实验室,襄阳 441003

3. 西北工业大学航海学院,西安 710072

摘要:飞行疲劳是影响飞行安全的重要因素之一。本文对疲劳评价方法进行了分类,总结了航空领域中疲劳评价的常用方法,其中主要包括主观评价法和客观评价法。主观评价法主要通过使用量表测量,以个体主观的疲劳感受来判断其是否疲劳以及疲劳的程度;客观评价法主要通过测量人体生理信号变化对疲劳进行判断,包括对心率、脑电、表面肌电、眼动等生理信号的测量。在分析这两类评价法优劣的基础上,对飞行员疲劳评价方法的现状及存在的问题进行了归纳,为后续开展飞行员疲劳阈值研究及建立飞行员疲劳评估模型指明了方向。

关键词:飞行员;飞行安全;疲劳;评价方法

Research on Pilot Fatigue Evaluation Method

TIAN Shaoping[1,2,*], ZHANG Haibo[1,2], ZHANG Xiaoyan[3],SHI Dayong[1,2],WANG Zhengyong[1,2]

1. Aerospace Life-support Industries, Ltd., Xiangyang 441003, China

2. Aviation Key Laboratory of Science and Technology on Life-support Technology, Xiangyang 441003, China

3. School of Navigation, Northwest University of Technology, Xi'an 710072, China

Abstract: Flight fatigue is one of the important factors affecting flight safety. In this paper, the fatigue evaluation methods are classified, and the common fatigue evaluation methods in aviation field are summarized, including subjective evaluation method and objective evaluation method. The subjective evaluation method mainly uses the scale to measure whether the individual is tired or not and the degree of fatigue according to the subjective fatigue feeling. The objective evaluation method mainly measures the changes of human physiological signals to judge fatigue, including heart rate, EEG, surface EMG, eye movement and other physiological signals. Based on the analysis of the advantages and disadvantages of these two evaluation methods, the current situation and existing problems of pilot fatigue evaluation methods were summarized, which pointed out the direction for the follow-up study of pilot fatigue threshold and the establishment of pilot fatigue evaluation model.

Keywords: pilot; flight safety; fatigue; evaluation method

影响飞行安全的方面众多,有天气原因、机械故障、航班对飞行员产生的疲劳等。21 世纪航空领域进入"以人为中心的自动化"时代,更为先进完善的技术和装备对处于中心地位的人的因素提出了更高的要求,在较长时间内,人因将是影响航空安全的关键因素,而疲劳是人因中影响航空安全的重要因素之一。根据美国国家航空航天局(NASA)统计:送交航空安全报告系统的 261 000 起秘密事件报告中有 52 000 起已被列为由疲劳引起的,占总数的 21%[1]。由此可见,飞行员疲劳已经成为航空安全方面不可忽视的问题。

飞行员由于疲劳导致的不良症状,包括反应时间较慢、注意力不集中、无法预测事件、对风险的耐受性较高、健忘以及决策制定能力降低等。处于疲劳状态的飞行员在飞行过程中可能造成无法预估的损失,科

* 通讯作者. Email:tianshaoping521@163.com

研人员对飞行员疲劳展开大量研究,建立了众多针对飞行员的疲劳状态的评价方法,本文集中总结了当前在研究中较常用的飞行员疲劳评价方法。

1 飞行员疲劳评价方法分类

导致疲劳的因素众多,其中包括工作强度、工作持续时间、环境因素、工作节奏因素、个人身体素质等,从疲劳诱因角度评价疲劳较为繁杂不易处理,研究人员从疲劳自身定义角度出发,将疲劳分为生理疲劳和心理疲劳,生理疲劳又具体分为体力疲劳和脑力疲劳。

疲劳是一种人类生理和心理上主观的不适感觉,疲劳状态通常是几种疲劳类型共同作用的结果,因此对于疲劳的评价也不局限于单一手段,按照疲劳类型,对于疲劳所采用的评价方法主要针对体力、脑力和心理三个方面,其中,有的方法只能够对应评价单一疲劳类型,有的方法能够同时评价多种疲劳类型。按照评价方法评价角度划分,目前的飞行员疲劳评价方法主要分为主观和客观两类评价方法。主观评价法主要通过使用量表测量,以个体主观的疲劳感受来判断其是否疲劳以及疲劳的程度,使用的主观评价量表主要包括:Cooper - Harper 评价量表[2]、NASA - TLX 评价量表[3]、SP(Samn - Perelli)评价量表[4]、KSS(Karolinska Sleepiness Scale)评价量表[5]等;客观评价法主要通过测量人体生理信号变化对疲劳进行判断,包括对心率、脑电、表面肌电、眼动等生理信号的测量[6]。

2 飞行员疲劳评价方法研究进展

在航空领域由于人机系统的不断改进,操作方式已经由手动作业慢慢进化到自动化系统作业,在工作过程中体力劳动所占比例逐渐减小,脑力劳动的工作比重增大,两者都是造成疲劳的主要因素。由于飞行员疲劳与脑力负荷的相关性,且体力负荷在工作中所占比重逐渐减小,部分关于脑力负荷的主观评价方法被应用于评价飞行员疲劳。当部分航空任务导致疲劳的主要因素为脑力负荷时,部分研究人员会采用脑力负荷评价方法来测量疲劳程度。

Cooper - Harper(库柏-哈柏)评价方法是在 20 世纪 60 年代,针对美军对于具体评价飞机驾驶难易程度的要求,由美国国家航空航天局科学家 GeorgeE. Cooper 和 Robert P. Harper 在前者工作的基础上于 1969 年合作完成的飞行员评估手段,该方法主要通过量表评测实现,把飞机驾驶的难易程度分为 10 个等级,飞机驾驶员在驾驶飞机之后,根据自己的感觉,对照所给的难易等级的定义,给出自己对这种飞机的评价。在 60 年代后期,美国空军用 Cooper - Harper 方法评价新式飞机操作的难易程度取得了很大的成功。由于飞机操作的难易程度与脑力负荷极为相关,1983 年,Wierwille 和 Casali 提出改进版 Cooper - Harper 量表(又称贝德福德量表),通过对任务难度和作业人员努力程度的评估来反映任务过程中的脑力负荷。至此,该量表不再局限于对任务难易度的衡量,而逐渐应用于脑力负荷评价领域。由于脑力负荷是导致飞行员疲劳的主要因素,该量表现也常用于飞行疲劳评价。

NASA - TLX 评价法是由 NASA 的 Hart 等人在 1988 年建立起来的,该模型的核心思想是工作负荷是一个多维的概念。Hart 等人在对飞行员进行调查后,首先拟从中找出工作负荷的影响因素,经过大量的调查研究后,确定六个影响工作负荷的因素,分别为:脑力需求、体力需求、时间需求、努力程度、绩效水平、挫折程度。因为该量表简单易操作,没有其他冗余措施,使得该方法目前广泛应用于人的工作负荷和疲劳的主观测定。

SP(Samn - Perelli)评价法与 KSS(Karolinska Sleepiness Scale)评价法较为相似,两者都是直接对试验对象当前状态进行量化评级的调查量表。两个量表之间的区别在于对当前状态等级的划分数量不同,SP 评价法是由 Samn 和 Perelli 两人在 1982 年提出的,将试验对象状态划分为 7 个等级;KSS 方法则划分为 9 个等级进行衡量。该调查问卷形式较为简单,占用时间较短,可在任务前后或任务进行过程中对试验对象状态进行评价,便于较为快速地得出试验对象实时疲劳程度。

客观测量评价方法一般通过生理测量仪器测量对应的生理数据,对试验对象的生理数据变化趋势进行分析,得出较为客观的实验结果。下面对于心率、脑电、表面肌电信号、眼动测量几种方式的发展历程,以及在疲劳方面的应用进行简要介绍。

心电信号是最早应用于临床医学的生物信号,1903 年心电之父 Einthoven 应用弦线电流计成功从体表记录心电信号,心电图开始作为心血管疾病诊断的重要手段,随着检测方法和检测设备的进步,心电采集技术不断完善,最初的心电记录手段只能瞬时记录心电数据,动态心电图(Dynamic Electrocardiogram,

DCG)的创建实现了对于心电信号的连续记录方式[7]，于 1978 年被我国引入应用于临床医学，1985 年出现了把模拟心电信号转换成数字信号并将之储存在芯片上的固态 Holter 系统，心电数据逐渐演变成为当前的 ECG(Electrocardiograph)数据。在心电数据采集手段不断进步的同时，心电信号也被应用于更多生理信息的检测，对于疲劳机理的研究，心电信号的分析主要集中在心率及心率变异性两方面。根据研究报道，在产生疲劳时，会出现显著的、大幅度的心率降低，心率变异性在该方面的检测有较好效果；关于心率的分析，研究人员认为心率对于不同的任务要求比较敏感。Al - Libawy 等[8]使用胸带式心脏监控仪和可测心率的腕表获取人体 HRV 来分析人体疲劳程度。Tsai 等[9]用 HRV 和脑电信号结合的方法来分析建筑工人的疲劳程度，以此来规避疲劳造成的安全事故。郭玮珍等[10]从心电信号中提取 HRV，并对其进行时域分析，对人体疲劳做出定量化的评价。综合其他研究者的成果，可以看出心率信号是一个全面的指标，它反应不同任务需求下的心理及生理负荷水平。在对疲劳程度的检测上具有较高的可信度。

脑电(Electroencephalogram，EEG)检测方式可以直接反映大脑的神经活动状态，能够反映大脑中的某些有效信息。Budi Thomas Jap 等人[11]使用快速傅里叶变换提取了脑电信号不同频段，发现随着疲劳程度的加深，Beta 频段功率显著减少，Alpha 频段功率减少趋势较缓，该项结果对于疲劳监测有较大意义，可为今后疲劳监测装置的开发提供特征选择参考依据。Jianping Liu 等人[12]利用近似熵和 Kolmogorow 熵两个复杂度参数量化比较了两种精神状态下 EEG 信号的复杂性和不规则性，研究指出多种方法融合的疲劳监测模型会使评价结果更加可靠和准确。Chunxiao Chen 等人[13]利用上述提出的特征指标，结合主观评价法，评价检测观看 3D 影视引起的中枢疲劳，他们认为客观评价指标与主观评价方法结合的模式可以有效地评价 3D 观影导致的疲劳。Laurent 等人[14]通过工作诱导中枢疲劳，发现基于脑电信号的中枢疲劳分类准确率较高，运动性疲劳会使大脑的耦合发生变化，当造成疲劳的主要因素为运动疲劳时，EEG 信号是疲劳监测中最可靠的指标。

肌电信号测量主要针对疲劳中的体力疲劳评价。体力疲劳一般表现为局部肌肉长时间过度受力等原因造成的肌肉功能的暂时性下降与不适，主观感受为局部酸痛，客观表现为运动效率、最大主动收缩力量的降低。肌肉疲劳过程一般伴随着多种生理变化，如代谢物浓度增加、肌纤维传导速度下降等。通过测量肌肉状态来评价体力疲劳，研究人员进行了大量的探索，瑞士科学家 Borg 在 1962 年提出主观感知用力评定表(Rating of Perceived Exertion，RPE)[15]，该量表利用运动过程中试验对象的主观感受来定义运动强度，此运动强度下的心率数值大体上等于 RPE 量表上数值的 10 倍，根据受试者的主观感受对运动强度与疲劳程度进行分级，但方法较为主观化，每个人耐受程度的不同对结果影响很大。王丽萍等人[16]在 2005 年利用红外热成像技术探讨动力和负荷作用下，随着疲劳的不断加深，以及肌肉热效应与 PRE 的关系，得出两者具有较高相关性，肌肉的热效应特征可作为局部肌肉疲劳程度的有效参考，但热效应具有滞后性，不适用于实时检测。Taelman 在 2011 年利用近红外光谱技术 NIRS 分析肌肉氧合指数与肌肉疲劳之间的关系，得出肌肉氧合指数与平均功率频率(MPF)有较强的相关性[17]，但其灵敏度低，抗干扰性差。上述针对肌肉疲劳的研究方法虽都取得了一定的成果，但是存在着灵敏度低、抗干扰性差、不便携带等缺点。表面肌电信号(sEMG)是浅层肌肉运动单位的运动电位(Motor unit action potential，MUAP)在时间和空间上的叠加以及神经干上点活动在皮肤表皮的综合效应，能在一定程度上反映肌肉活动的水平和功能，其具有测量方法简单、测量结果客观、可局部化测量等优点，被认为是研究局部肌肉疲劳最合适的方法，对于体力疲劳评价有较大意义。

眼动数据最早被应用于心理学领域，在 19 世纪就有人通过考察人的眼球运动来研究人的心理活动，通过分析记录的眼动数据来探讨眼动与人的心理活动的关系。近年来，随着计算机技术的发展，图形处理技术逐渐进步，为了更为方便地获取眼动数据，科研人员设计出能够有效直接地获取眼动数据的眼动仪。眼动数据是泛化的概念，它具体又包括眨眼频率、瞳孔直径、扫视或注视频率等具体指标，在疲劳监测方面，Eriksson 在 1997 年通过跟踪、定位与识别眼睛状态来获取疲劳状态[18]；Grace 结合眼睑闭合度(PERCLOS)方法开发出用于重型卡车司机的瞌睡检测系统[20]。眼动仪能够对视觉注意力分配进行测试，并且眼动指标具有非入侵性、可靠性高等优点，更适合实际应用。

3 飞行员疲劳主观评价方法

疲劳的主观评价法主要是依据试验对象的自身体验和感受,对工作负荷或直接对当前疲劳状态进行评价,具有很大的灵活性,能反应一定的疲劳程度,是一种很直观的评价方法。主观评价法针对人主观易变的特点描述了试验对象的直接心理感受,在运用过程中,引导试验对象对自己的感受做出最为直接的判断,具有很好的效果。

主观评价法有很多具体的实现途径和方法,研究人员对于主观评价法的评价模型一直在不断改进。在不同的场景下根据不同的任务和客观条件做出相应的主观评价是对主观评价法最高效的应用。

3.1 Cooper - Harper 评价法

Cooper - Harper 量表作为应用最广泛的评价量表,存在众多版本。最原始的 Cooper - Harper 方法是将飞行员的评价划分为 10 个相应的等级,该等级序列主要是对飞机的驾驶的难易程度进行评价,在宏观上对飞机做出评估。评估数据通常包括两个部分:飞行员基于观察做出的评述和飞行员打分。评述和打分同等重要,都是人机匹配闭环测试能够获得的重要数据。

量表采用树状决策的形式进行评定,量表评定值为 1~10。当飞行员完成飞行任务后,按照相应困难程度的定义,给出自己对该型飞机的主观评价值。20 世纪 60 年代后期,美国空军使用 Cooper - Harper 法评价军机驾驶员任务负荷,并取得了成功。随着专家学者们后期对其的改进与发展,该量表具有较好的普适性。

整个评定过程分为四步:

第一步,系统可控制否?如受试者回答肯定,则进入第二步;否则评定为 10。

第二步,飞行任务规定的要求能否达到?如肯定,则评定值为 1~6 并进入第三步;否则,评定值为 7~9 并直接进入第四步。

第三步,为达到飞行任务所规定的要求,系统是否需要作出某些调整?如肯定,则评定值为 4~6;否则,评定值为 1~3,均进入第四步。

第四步,将每种情形继续细分,确定最终评定值。

在 1986—1989 年,美国空军为了推进军机航行审查工作,开展了对于机组工作负荷测量方法、技术和规程的研究。结果发现,修订版库柏-哈柏或贝德福德量表(Modified Cooper - Harper or Bedford Scale)是度量飞行员工作负荷的一个良好工具,因此修订版库柏-哈柏量表目前更多用于工作负荷和疲劳的评定上。

修订版量表遵守传统的步骤顺序,该量表是在充分借鉴库柏-哈柏量表理念精髓基础上建立起来的,但在决策点内容、试验对象打分具体定义上已完全不同于库柏-哈柏量表,是测量飞行员工作负荷的专门工具。

关于库柏-哈柏方法,研究人员在应用评价方法过程中通常有以下几点误区[21],应在使用量表评测过程中尽量避免:忽略分段决策过程,前期三层决策,各有规定含义,不可随便跨越和更改;对实验对象跨级评分,量表的评价过程为树状决策逻辑,量化打分决不允许在“是”“否”两个层级之间出现交叉;文字描述不详尽造成理解的偏差,量表中试验人员打分事实上是一种“尺码”式测量,必须严格应对于方框中的文字描述。

3.2 NASA - TLX 评价法

NASA - TLX 是由美国国家航空航天局(NASA)在 20 世纪提出的一个主观评价方法。该方法一共设置 6 个维度的评价标准,这 6 个方面的评价标准是影响工作负荷的 6 个影响因素,相应的每个方面存在不同权重。NASA - TLX 方法较为全面的考虑了体力和脑力的负荷对工作负荷的影响,而不是单纯的对脑力负荷进行分析。这是相对于其他的主观评价法只关注脑力负荷导致疲劳的先进之处。评价的 6 个方面分别为:脑力需求(MD)、体力需求(PD)、时间需求(TD)、业绩需求(PE)、努力程度(EF)和受挫程度(FR)。其中每个方面的评价均由一条 20 等分的直线所形成的评价标准组成。

关于权重分配的最常见方法为两两配对法,该方法将 6 个维度两两比较,共组成 15 个组合,要求受试者从每个组合中选出与本次任务工作负荷更为密切的维度,根据每个因素被选中的次数确定各个维度的权重,结合权重和各维度所得分数便可得到加权平均值,即为工作负荷得分,分值越大,表示工作负荷越大。该量表要求管制员完成一段时间工作后,对 6 个负荷维度进行打分,同时比较各维度与负荷的相关性。该量表因其简便性和有效性被广泛运用于工作负荷主观评价。关于6个维度的具体解释见表1。

表1 NASA-TLX工作负荷评价因素

影响因素	各因素的概念
脑力需求	需要多少脑力或知觉方面的活动(即思考、决策、计算、记忆、寻找)。这项工作是简单还是复杂,容易还是要求很高,明确还是容易忘记
体力需求	需要多少体力类型的活动(推、拉、转身、控制活动等)。这项工作是容易还是要求很高,肌肉感到松弛还是紧张,动作轻松还是费力
时间需求	指工作运行速度或节奏,其节奏是缓慢并使人感到从容不迫,还是快速而令人慌乱
操作业绩	指对完成目标所取得的成绩怎样,操作者对自己业绩的满意度如何
努力程度	指完成操作所需付出的努力(脑力及体力)是大还是小
困惑程度	在完成操作时,操作者感到是没有保障还是有保障,很泄气还是劲头很足,是否感到沮丧,烦恼的程度有多大

3.3 SP和KSS评价法

SP(Samn - Perelli)评价法和KSS(Karolinska Sleepiness Scale)评价法在评价功能与方法上较为相似,两者都是让试验对象通过量表选择当前精神状态对自身进行简单直接的主观评价,在划分维度上,SP方法将疲劳状态划分为7个等级,KSS方法划分为9个等级,如表2所列。当试验对象用量表评价时,只需根据自身当前实际情况,选择对应的等级,这两种方法在应用上相较于前面两种评价方法十分简便,能够快速主观地评价试验对象的疲劳状态,可以用于试验过程中,某一时间节点的评价。该方法更多是直观记录试验人员的心理即时感受,能在一定程度上反应试验对象的心理疲劳程度。

表2 KSS评价量表

1=十分清醒,能够保证对事物做出迅速的高质量反应分析
2=非常清醒,对事情分析反应迅速
3=清醒,能够对外界变化保持关注
4=略清醒,比正常状态略好一些
5=正常状态,不偏向清醒也不偏向困倦
6=略困倦,比正常状态略差一些
7=困倦,但不需要花精力保持清醒
8=困倦,需要花一些精力保持清醒
9=非常困倦,需要花很大精力保持清醒,要与瞌睡作斗争

3.4 飞行员疲劳主观评价方法的优劣性

主观评价法主要有以下几个优点。其一,主观评定中的部分量表(如SP、KSS评价量表等)是对心理疲劳评定的唯一直接评定方法,它引导评定者对心理疲劳(如操作难度、时间压力、紧张等)做出某种判断,这种判断过程直接涉及心理负荷本质,易为评定者接受。其二,主观评定一般在事后进行,不会对主操作(即飞行)产生干扰。而生理测定需与主操作同时进行,一般不适于飞行这类危险性高的情境使用。其三,主观评定一般使用统一的评定维度,不同情境、不同机型和不同飞行员的疲劳评定结果可互相比较,而操作测量与生理测定大都采用不同的绩效或生理生化指标,相互之间的比较难以实现,因而评定结果的概化也受到很大限制。其四,主观评定的操作较为简单,评定者只需阅读有关指导语或通过简短的培训即可进行,花费不大,其他测定技术则不然。此外,主观评定不仅能区分超负荷与非超负荷,而且对中、低负荷水平的变化也较敏感。

但主观评定方法也并非完美无缺。其一,评定结果容易混淆,主观评定一般反映心理疲劳和生理疲劳共同作用的结果,这在测定总体疲劳状态时不会导致严重问题,但在评定各类疲劳程度时却由于结果混淆而易产生错误。其二,评定个体之间差异较大,研究发现,在双任务情境下,A型性格被试一般比B型性格被试操作得更好,测量显示的疲劳感较小,但挫折感较高;在单任务情境下,情况相反,因此主观评价法并不适用于比较不同个体之间的差异性。其三,方法的使用存在局限性,主观评价方法受短时记忆消退的严重局限,如果要求操作者同时进行几项评定,且操作与评定间存在较长的时滞,则很可能出现评定偏差。在实际或模拟飞行环境下,评定的滞延往往不可避免。其四,方法敏感度存在特异性,主观评定的敏感性在某些领域受到限制,研究表明,主观评定对影响知觉或中枢加工的工作更敏感,而对影响运动反应输出的工作相对不敏感。

4 飞行员疲劳客观评价方法

飞行员疲劳的客观评价方法主要方式为生理指标测量。生理指标测量在20世纪60年代就被提出并运用在运动员体能消耗的检测中。后续有许多领域借鉴了这种方法,在疲劳测量领域,研究人员通过统计并总结大量的人体生理指标实验数据得出,在人体产生疲劳状态时,具体的外在表现是相关的生理信号产生波动变化,这些生理信号包括脑电、心率、瞳孔直径、眨眼频率、血压等。使用生理参数测量可以客观地检测对象的疲劳状态。当试验对象进行不同难度、强度的任务时,与其相关的生理参数也会发生规律性的改变。使用生理测量对进行认知活动的人进行疲劳评价是一种实时有效并且可以避免主观影响的方法。

疲劳的产生会导致脑电等一系列的生理参数产生变化,神经系统的活动剧烈程度会导致机体新陈代谢的变化,这便是疲劳与生理指标的联系[19]。随着仪器科学的进步,眼动仪、脑电仪等红外测量仪器的使用让生理测量法的应用有了更广阔的发展前景。类似于脑电、心率变异性、眨眼频率、瞳孔直径等参数指标的测量因为有较为科学精确的测量手段,同时,根据医学上的研究,人的生理状态确实与这些指标存在相关性。在多次试验的基础上,研究人员渐渐总结出部分指标的度量标准和所反映的负荷等级。生理测量法可以在试验对象进行某些任务的同时获取相关的参数指标,因此该方法具有很强的实时性。生理测量法由于是实时的采集相关的信息,环境对人的生理状态有很强的影响作用,因此在不同的场景下的工作负荷测量也应该被考虑进生理测量法的对比范畴,进行相关的对比实验是获得较为可观的生理参数的重要途径。但是,同样存在部分场景不适合进行有关参数的测量,因此生理测量法具有很强的实验环境限制要求,即在某些场景下生理指标会产生很大的波动,在这种情况下会使该项参数的复杂性增加,使其逐渐缺少可参考性,如果对这些波动进行进一步的分析,那么将导致实验方向的偏离。在不同的场景下,除去客观可测量的生理参数的变化外,情感因素的变化也会导致所测量的生理参数的改变,因此在设计相关的生理参数的测量实验中,我们尽量选择最贴近工作环境的场景进行具体的分析实验。

4.1 心电测量评价法

心电指标是心脏引起的在体表的电位变化,心脏是人体血液循环的主要器官,当人体的情绪波动变化时,血液循环的速度会因为神经系统的反馈作用产生变化,这就会直接导致心电的变化,我们可以通过测量心脏电位的波动变化获取其反映的生理信息。心电信号的指标主要有心率(Heart Rate,HR)和心率变异性(Heart Rate Variability,HRV),其中各项指标又可以细分为测量的微小指标。

心率(HR)即是心脏在 1 min 之内的跳动次数,这直接反映了人体血液循环的速率,当飞行员处在疲劳状态时心率会减慢,当飞行员处在激动状态时心率会不自主地加快,这关系着工作负荷的增减,当飞机的驾驶模式从自动驾驶改为人为驾驶时,飞行员的心率会上升,这一点与汽车的模拟驾驶和飞机飞行员的交通管制有相似之处。由于外界的感知所引起的心率变化十分显著,我们可以把这一变化当作辅助的测量指标。飞行员在执行任务的阶段会因为不同的任务场景出现不同的心理状态,激动和焦虑会引起心率的加快,新手飞行员和经验丰富的飞行员面对任务的时候也会有不同的心理反应,从而引起相关的心率变化,从这一点来说,心率可以作为工作负荷的表征指标。心率的变化会根据不同的年龄和身体状况,以及飞行员的飞行经验的不同而产生变化幅度和变化速率的不同,所以我们更应该注重相关实验的对比。

心率变异性(HRV)是指连续窦性心跳间期的微小涨落,也即瞬时心跳的变化。与心率的宏观性不同的是 HRV 更加关注的是心率的变化性,通过变化的心率来反映生理状态的波动,人的心跳是窦性心跳,而窦房结的活动受到交感神经和迷走神经的调节,人在安静的状态下窦房结会受到迷走神经的支配,当人进入紧张、激动、焦虑的状态后,窦房结会受到交感神经的支配[20]。这两种神经的调节机制虽然大体相同,但是它们控制窦房结活动的频率不同,这就是心率变异性出现的原因所在。HRV 能反映交感神经和迷走神经的平衡关系,因为它的灵敏性比较高,所以 HRV 通过反映交感神经的活动强弱可以作为工作负荷的表征指标。HRV 是一项较为可靠的指标,但是该指标因为涉及神经机制的算法问题,所以它的分析较为困难,还有待进一步研究。

4.2 脑电测量评价法

大脑作为人的最高神经中枢,不仅是控制我们情绪的最高级器官,我们的日常行为也受到它的约束和控制。在航空领域,飞行员的状态极易受到外部环境的干扰,工作负荷大已经成为飞行员的日常状态,当飞行员的状态改变时,他的大脑的电位会发生相应的改变,研究认为,通过测量大脑的脑电位变化可以较为准确地观测人的精神状态和疲劳状态[21]。神经医学界将脑电波通过频率等划分为不同的波,低频脑电波和高频脑电波的相应变化将反映着大脑的反应的灵敏性的大小,低频波为 θ 波和 α 波,高频波为 β 波[25]。通过在脑部的不同部位的电极可以测量前额等部位的脑部电位,通过记录脑部电位的变化可以得知被试者的疲劳程度的大小，不同波形的特征信息如表3所列。

表3 脑电波特征表

波 形	频率范围/Hz	振幅/μV	测量部位	表征信息
α波	8～13	50～150	顶枕部、枕部	清醒、安静、闭目休息
β波	13～30	10～30	顶叶、额叶	大脑活动积极，思考
θ波	4～8	100～150	枕叶、顶叶	情绪紧张焦虑
δ波	0.5～4	20～200	额叶、颞叶	深度休息

4.3 肌电测量评价法

肌电测量常被用于体力疲劳方面的测量，体力疲劳定义为机体不能将自身机能保持在某一特定的水平，或者不能维持某一特定的运动强度。当体力疲劳程度较深时，人可能会出现心跳加速、心慌、呼吸急促、脸色苍白、胸闷和虚脱等自主神经活动异常症状，注意力、知觉等心理功能以及血乳酸、血尿素和肝糖原等生化指标也会受到影响，如果疲劳不能及时恢复，将会发展成过度训练综合征、慢性疲劳综合征等。但在正常试验环境中，出于对试验对象健康的保护，一般不会设置让试验对象产生深度疲劳的试验条件，这同时也给测量试验数据带来难度。应对这种情况，肌电信号的检测方式起到关键作用。

表面肌电信号是浅层肌肉运动单位动作电位(Motor Unit Action Potential，MUAP)在时间和空间上的叠加和神经干上电活动在皮肤表面的综合效应，能在一定程度上体现肌肉的活动；通过提取要测试部分的肌肉生物电信号的特征参数，可以建立数学模型，评估测量部分肌肉的疲劳程度。

人体在日常生活和劳动中各种形式的运动是以骨骼肌的运动为基础，神经系统的控制而产生的。在大脑中枢神经系统的调控下，骨骼肌纤维产生兴奋性或收缩性，肌肉细胞内会产生电位的变化，即肌电信号。在肌电信号的检测中，组成单一运动单位的各肌纤维都会产生运动电位并产生电场，并非单独的某一肌纤维的活动，是几十甚至上百肌纤维的电活动，因此电极所记录的肌电信号是综合的结果。表面肌电信号很微弱，幅值在20 μV～5 mV，均方根一般在0～1.5 mV。采用针电极采集的肌电信号的频带为20～1 000 Hz，而采用表面电极时肌电信号的频带在500 Hz以下。由于肌电信号是非常微弱且非平稳的生物电信号，组织或皮肤同时都会对肌电信号产生衰减作用，对于测量飞行员疲劳试验，采集到的表面肌电信号会比针电极采集的肌电信号弱很多，更容易受到噪声干扰，对信号采集的质量产生较大影响，甚至会无法采集，所以分析肌电信号的噪声干扰来源并排除干扰至关重要。

在生物医学领域，经常将表面肌电图中的肌肉电位峰值作为评价肌肉收缩程度的指标，峰值被认为是观察肌肉活跃程度最直接的指标。表面肌电功率谱中功率峰值的大小可以用来评价肌肉的活跃状态，进而判断肌肉的疲劳程度，当肌肉疲劳时，最直观的表现是在相同的实验要求下峰值降低。

4.4 眼动测量评价法

眼动信号指标是由眼动仪采集的眼动数据。当人体处于疲劳的状态时，眨眼的频率会有所改变，当飞行员处于着陆和起飞状态时，眨眼频率会有所增加，这是因为当处于这些场景时飞行员会更加专注于任务。因此，研究人员利用眼动来研究驾驶员的疲劳机制。眼动有很多的测量指标，瞳孔的尺寸、眼睑开度、眨眼频率、眼球转动等指标已经在眼动的测量实验中得到了广泛应用。受试者的脑力负荷增大时，瞳孔的尺寸和眼睑开度会先增大后减小，当受试者处于疲劳状态时，注视的焦点会发散，这也反映了注意力的下降[22]。在进行眼部信号指标测量时，研究者还需要注意受试者的眼动时间指标，当人处于工作负荷变化状态时，眼睛的视觉注视时间也会发生变化，这在一定程度上也反映了受试者的疲劳程度和工作负荷的大小[28]。眼部信号之所以重要是因为人的视觉采集的有关信息会通过眼部神经返回大脑进行处理，有的会引起脑部的兴奋反馈，这一反馈信号也会在眼部的眼动信号上反映出来，是判断工作负荷大小的一项主要参考机制。具体的眼动指标与脑力负荷的关系如表4所列，据此我们可以通过观测这些指标简单判断受试者的脑力负荷的大小和变化[23-25]。在许多文献中记载了许多人关于眼动指标的实验应用，Ma和其他研究者通过慢速眼动来进行单一任务中的人的警觉水平和神经灵敏性的测量；Hu和Zheng则通过研究眨眼时间、眨眼幅度等指标进行人的疲劳强度测试。眼动相对于脑电、肌电指标来说对试验对象影响较小，因此对眼球的转动、瞳孔直径的变化、扫视频率等动作的研究在许多试验中更有研究的意义。

表 4　各眼动指标与疲劳的大致关系

眼动指标	与疲劳关系
注视时长（fixation duration）	正相关
瞳孔直径（pupil diameter）	正相关
眨眼频率（blink frequency）	负相关
眨眼时长（blink duration）	负相关
扫视峰值速度(saccadic peak velocity)	负相关
注视范围（fixation range）	负相关

4.5　飞行员疲劳客观评价方法的优劣性

飞行员疲劳客观评价方法(主要指生理指标测量法)的优点在于无干扰性，可实时连续记录，不存在正在执行任务过程中，进行暂停操作后再进行评价的行为；测量结果一般较为客观，相较于主观评价方式存在部分数据主观性过强的问题，客观评价方法会真实地记录试验对象在任务过程中的生理数据；客观方法可记录的生理指标较多，能够得到的对于疲劳状态评价的维度较多，便于多任务、多环境间的疲劳状态比较；由于生理测量方式所测量数据一般为连续性数据，能够更具体地表现个体在进行任务过程中的状态变化，对于考虑个体差异性方面有很大帮助。

但生理测量方法也存在一定的局限性，人体是一个复杂系统，存在着多种多样的生理指标，从众多繁杂的指标中挑选出能够合适有效地反映疲劳状态的指标无疑难度较大，但却至关重要。相关并不意味着因果，即使疲劳与某个生理指标间存在些许关联，并不表示这个指标与疲劳之间存在直接的因果联系。此外，该方法对实验设备条件要求较高，需要使用专门的生理状态记录仪器记录生理指标变化，记录完成后会产生大量数据，需要专业人员进行复杂的数据处理。

5　总　结

5.1　关于飞行员疲劳评价方法优劣的评价标准

为了提出更好的评价方法，衡量标准显得十分重要，应从以下几个方面来评价方法的适用性：

(1) 评价方法应在不同难度的任务之间呈现显著的差异性。

(2) 评价方法应“有效诊断”引起疲劳变化的原因。

(3) 评价方法对于主任务的执行无入侵性，其使用过程不会造成试验对象疲劳的增加。

(4) 评价方法应能够令受试者接受，执行起来不困难。

(5) 评价方法应采取尽可能少的设备，以免其影响实验对象的表现。

(6) 评价方法应能够及时、充分地捕捉瞬时疲劳状态的变化。

(7) 该方法应该是可靠的，可以通过重复使用来验证。

(8) 该方法不应该受其他非疲劳因素影响。

疲劳评价方法优劣总结如表 5 所列。

表 5　疲劳评价方法优劣总结

疲劳评价方法	优　点	局限性
主观评价方法	直接评定	评定结果容易混淆
	对任务干扰性小	评定个体可能差异较大
	评价具有统一标准，便于不同条件下比较	方法适用存在局限性
		受短时记忆消退局限
	操作简单，经济性高	方法敏感性存在特异性
		对某些方面评价敏感性低
客观评价方法	无干扰性	对试验设备要求较高
	数据客观	对实验环境要求较高
	可记录多维度指标	数据量大，处理复杂
	可充分考虑个体差异性	疲劳与指标因果关系不完善

5.2　飞行员疲劳评价方法现状及存在问题

关于疲劳的测试方法种类繁多，并且各种方法都存在暂时无法完美解决的缺陷。从评价方法类别角度分析，主观评价方法的实验数据过于主观化的情况，虽然各种主观模型结构各不相同，但在关键核心环节大多为试验对象主观打分，试验对象在相同试验条件下，重复试验最后得出的实验结果也可能不尽相同，因此主观试验结果的可信度是当前亟待解决的问题；客观实验方法虽然能够得出客观生理数据，但对于试验环境要求较高，疲劳试验对象通常与生物体相关，任何与试验内容无关的干扰，都可能对机体生理状态产生影响，因此在设置实验方案过程中，应认真考量试验环境干扰。从疲劳试验主体分析，由于疲劳是一个复合的概念，导致疲劳的因素众多，评价方法一般针对某一或部分疲劳类型展开评价，只应用单一方法可能对于疲劳的评价结果并不全面。

基于前文所描述的对于方法优良的评价标准对现存的方法进行评价，相关研究人员逐渐意识到，不同的测评方法分别适用于不同的情境、不同的疲劳类型的测量，没有一种方法可以全面地评价疲劳，并且满足所有的方法适用条件。目前对于疲劳的评价方法，大多数采用多种评测手段，联合评价的方法，最大限度地避免了各种方法的局限性，达到了较好的评价效果。

参考文献

[1] McCallum M, Sanquist T, Mitler M, et al. Commercial transportation operator fatigue management reference[J]. Prepared for the US Department of Transportation Research and Special Programs Administration,2003:200-205.

[2] Cooper Ge H J R. The use of polit rating in the evaluation of aircraft handling qualities[J]. Advisory Group for aerospace research and development Neuilly-Sur-Seine(France), 1969.

[3] Hart S G, Stateland Legaip. Development of NASA-TLX(Task Load Index): Results of Empirical and theoretical Research [J]. 1988, 52 (6): 139-83.

[4] Powell D, Spencer M B, Holland D, et al. Fatigue in two-polit operations: implications for flight and duty time limitations [J]. Aviation Space & Environmental Medicine, 2008,79(11).

[5] Kaida K, Takahashi M, Akerstedt T, et al. Validation of the Karolinska sleepiness scale against performance and EEG variables[J]. Clinical Neurophysiology, 2006, 117(7):1574-1581.

[6] Wierwille W W, Eggemeier F T. Recommendations for mental workload measurement in a test and evaluation environment[J]. Human Factors, 1993,35(2):263-281.

[7] Jinseok L, Mcmanus D, Merchant S, et al. Automatic Motion and Noise Artifact Detection in Holter ECG Data Using Empirical Mode Decomposition and Statistical Approaches [J], IEEE Transactions on Biomedical Engineering, 2012, 59(6):1499-1506.

[8] AI-Libawy H, AI-Ataby A, AI-Nuaimy W, et al. HRV-based operator fatigue analysis and classification using wearable sensors[C]// 2016 13th International Muiti-Conference on Systems, Signals & Devices(SSD). Leipzig: IEEE, 2016: 268-273.

[9] Tsai M K. Applying physiological status monitoring in improving construction safety management [J]. KSCE Journal of Civil Engineering, 2017, 21(6):2061-2066.

[10] Jap B T, Fischer P, Fischer P, et al. Using EEG spectral components to assess algorithms for detecting fatigue[J]. Expert Systems with Applications, 2009,36(2):2352-2359.

[11] Liu J, Zhang C, Zheng C. EEG-based estimation of mental fatigue by using KPCA-HMM and complexity parameters[J]. Biomedical Signal Processing & Control,2010,5(2):124-130.

[12] Chen C, Li K, Wu Q, et al. EEG-based detection and evaluation of fatigue caused by watching 3DTV[J]. Displays, 2013,34(2):81-88.

[13] Laurent F, Valderrama M, Besserve M, et al. Multimodal information improves the rapid detection of mental fatigue[J]. Biomedical Signal Processing & Control, 2013,8(4):400-408.

[14] Grassi B, Rossiter H B, Zoladz J A. Skeletal muscle fatigue and decreased efficiency: two sides of the same coin[J]. Exercise & Sport Sciences Reviews, 2015,43(2):75.

[15] Eriksson M, Papanikotopoulos NP. Eye-tracking for detection of driver fatigue[C]. Intelligent Transportation System ITSC 97, IEEE Conference. Boston, Massachusetts,1997.

[16] Grace R, Byrne VE, Bierman DM, et al. A drowsy driver dection system for heavy vehicles [C]. Digital Avionics Systems Conference. Seatttke, 1998.

[17] Veltman, J. Ajijoap. A Comparative Study of physiological Reactions During Simulator and Real Flight[J]. 2002,12(1):33-48.

[18] Char Bonnier S, Roy R N, Bonnet S, et al. EEG index for control operators' mental fatigue monitoring using interactions between brain regions[J]. 2016,52(6):91-98.

[19] Balasu Bramanlan V, Ada Larasu K, Gupta Ajijoi, et al. EEG based analysis of cognitive fa-

tigue during simulated driving[J]. 2011, 7(2): 135-149.

[20] Hu S, Zheng Gjeswa. Driver drowsiness detection with eyelid related parameters by Support Vector Machine[J]. 2009, 36(4):7651-7658.

[21] LEANDRO, LUIGI, DI, et al. Evaluating mental workload while interacting with computer-generated artificial environments [J]. 2013.

[22] MIGUEL ANGEL R. Mental workload and visual impairment: differences between pupil, blink, and subjective rating[J]. The Spanish journal of psychology, 2008, 2(11).

[23] BENGUIGUI, NICOLAS, FAURE, et al. The effects of driving environment complexity and dual tasking on drivers' mental workload and eye blink behavior [J]. 2016.

[24] SIMONE, BENEDETTO, et al. Driver workload and eye blink duration [J]. 2011.

[25] MALSABL J. Vigilance estimation by using electrooculographic features [C]// 2010 Annual International Conference of the IEEE Engineering in Medicine and Biology, Buenos Aires, 2010: 6591-6594.

基于人机工程和3D打印的飞机驾驶盘迭代优化

赵畅*，杜荃，李文龙

哈尔滨飞机工业集团有限责任公司，哈尔滨 150066

摘要：为满足某型机全面提升驾驶舱操纵器件人机功效的研制要求，以及满足新增开关、按钮的接口需求，保持产品的先进性，提高驾驶舒适度，需对该型机驾驶盘结构重新设计。本文通过完成飞机驾驶盘人机功效分析和3D打印快速成型，将理论分析与实物比测相结合，在产品设计阶段及时发现驾驶盘存在的人机功效问题，并根据飞行员提出的意见制定相应解决方案，最终完成飞机驾驶盘迭代优化设计工作，对于缩短产品设计生产周期，节约研制成本有着借鉴意义。

关键词：人机工程；3D打印；飞机驾驶盘；迭代优化

Iterative Optimization of Aircraft Steering Wheel Based on Ergonomics and 3D Printing

ZHAO Chang*, DU Quan, LI Wenlong

Harbin Aircraft Industry Group Co. Ltd., Harbin 150066, China

Abstract: In order to meet the requirements of the advanced ergonomics of cockpit control devices and meet the new interface requirements of switches and buttons, we need to redesign the steering wheel structure of the aircraft. In this paper, through the analysis of human-machine efficiency and 3D printing rapid prototyping of the aircraft steering wheel, the theoretical analysis and physical comparison are combined to find out the human-machine efficiency problems of the steering wheel in the product design stage, and formulate the corresponding solutions according to the opinions of the pilot. Finally, the iterative optimization design of the aircraft steering wheel is completed, which has the advantages of the shortening the product design and production cycle, saving development cost.

Keywords: ergonomics; 3D printing; aircraft steering wheel; iterative optimization

3D打印技术又称增材制造技术或3D快速成型技术，是一种以三维模型为基础，采用粉末或丝材等离散材料，通过逐层堆叠累积的方式来制造任意复杂形状物体的技术[1]。其凭借设计空间大、成本低、效率高、产品多样化等优点，在航空航天领域的应用正逐步深化。人机工程学着重研究"物"与"人"之间的协调关系，实现"物"与"人"的完美结合，将人机工程学与产品设计相结合已是工业制造的大势所趋[2]。

为满足某型机全面提升驾驶舱操纵器件人机功效的研制要求，达到保持产品先进性和提高驾驶舒适度的目的，本文利用软件对飞机驾驶盘进行人机功效分析，并凭借3D打印平台完成驾驶盘快速成型，将理论分析与机上实物比测相结合，在产品研制阶段及时、准确地暴露出存在的人机功效问题，并完成迭代优化设计。

1 驾驶盘人机功效分析

驾驶盘人机功效分析主要分为驾驶员模型建立、驾驶员视界分析、操纵可达性分析、驾驶员舒适性分析四个方面。

* 通讯作者. E-mail: zhaoc023@avic.com

1.1 驾驶员模型建立

驾驶员模型参数按 GB10000《中国成年人人体尺寸》中 18～60 岁男性 5%～95%分位的人体尺寸规定设置，主要参数见表 1。

表 1 中国人体模型主要参数

mm

序 号	项目名称	5%	50%	95%
1	身高	1 583	1 678	1 830
2	上臂长	289	313	338
3	前臂长	216	237	258
4	肩高	1 281	1 367	1 507
5	手功能高	680	741	831
6	坐姿颈椎点高	615	657	718
7	坐姿眼高	749	798	868
8	坐姿肩高	557	598	658
9	肩宽	344	375	417
10	手长	170	183	202
11	食指长	63	69	79
12	足长	230	247	273

按照表中参数取 95%分位完成驾驶员模型建立，摆放驾驶盘、座椅、仪表板，模拟驾驶员操纵场景，见图 1。

图 1 驾驶员操纵示意图

1.2 驾驶员视界分析

根据 CCAR－23 部规章要求，驾驶员的视界应足够宽阔、清晰和不失真，不影响飞行安全(CCAR－23.773)，因此驾驶盘外形的设计需考虑到仪表板的可视性，避免造成不必要地遮挡。

驾驶员最佳内视界范围为水平方向±15°，垂直方向 0°～－30°，见图 2。

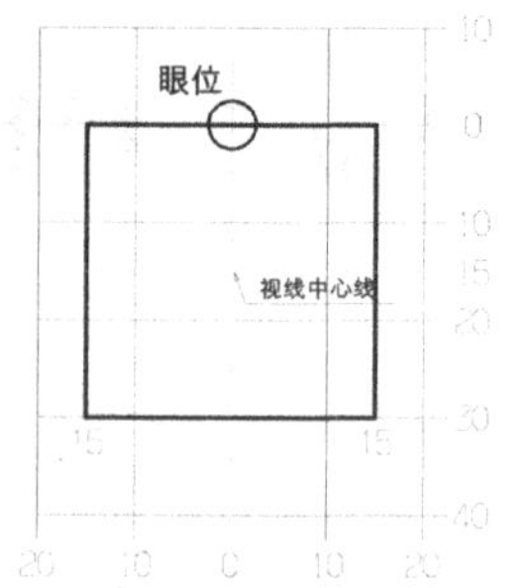

图 2 驾驶员最佳内视界范围

当驾驶员保持标准眼位点驾驶时，利用软件人机工程分析模块对驾驶员的视界进行模拟，模拟结果见图 3。

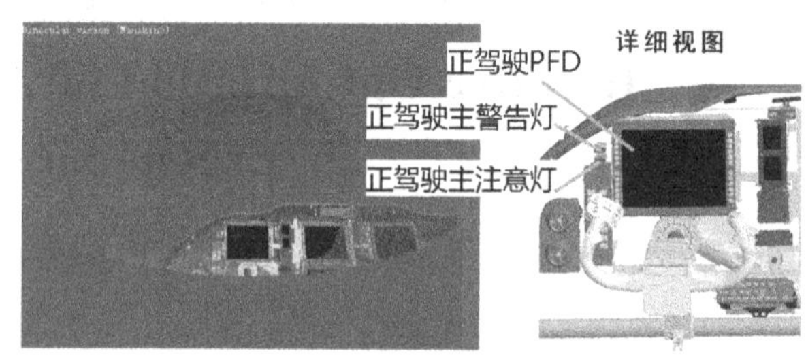

图 3 驾驶员视界分析

根据分析结果可知，正驾驶 PFD、正驾驶主警告灯和正驾驶主注意灯均在最佳视界内，符合 CCAR－23 部规章要求。

1.3 操纵可达性分析

根据使用需求，驾驶盘体上的开关按钮需在驾驶员手指的可达范围内。按照 GB10000《中国成年人人体尺寸》，取驾驶员手臂最短的状态(上臂长 289 mm、前臂长 216 mm、手长 170 mm)建模，将驾驶员调整至正常坐姿，同时将驾驶员座椅调整至最佳位置，通过软件模拟驾驶员手指触摸的范围，见图 4。

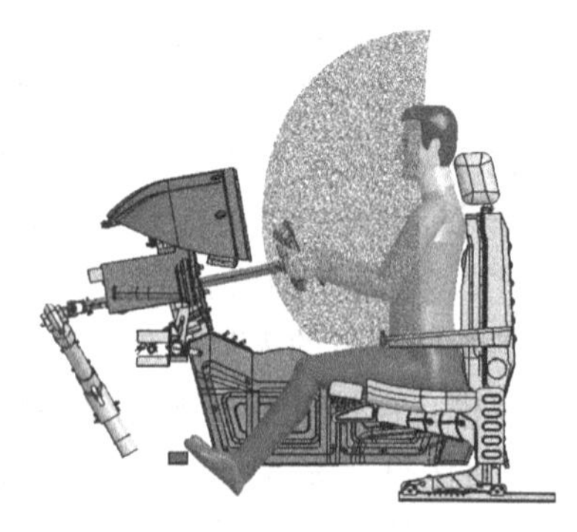

图 4 驾驶员手指可达范围

通过模拟可知，驾驶员在正常坐姿下手指可达范围能够覆盖整个驾驶盘，满足操纵要求。

1.4 驾驶员舒适性分析

1. 驾驶盘壳体外形分析

为保证驾驶员的舒适性，在左右握把的正面设置了流线型的凸台，该装置在增大接触面积的同时，也为拇指提供了一个休息的平台，增加了驾驶舒适度。在两侧握把的背面设有一系列小凹槽，在起到防滑作用的同时，也为驾驶员提供了舒适的握感，详见图5。

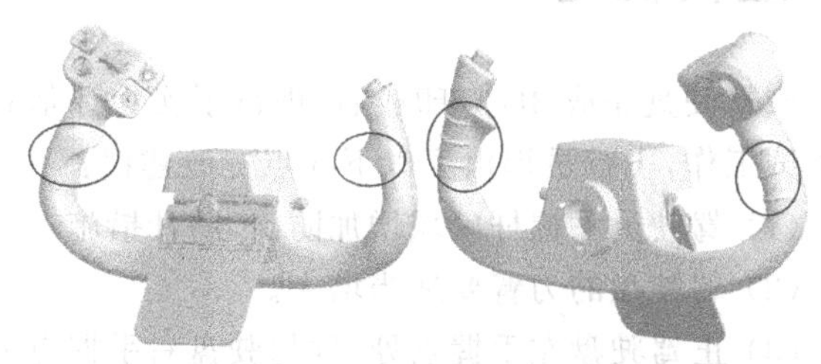

图5 驾驶盘壳体外形分析

2. 驾驶盘标牌标识字体大小及颜色分析

该驾驶盘标牌上的标识采用3.5号长印刷体，用激光直接刻在盘体上，颜色为白色；盘体材料为ZL101A，颜色为黑色。为保证驾驶员在任何情况下都能够看清驾驶盘标牌上的标识，需对标识字体大小及颜色进行分析。

字符的高度通常取不小于观察距离的1/200[3]，根据标准眼位点推算，驾驶员观察距离约为491.5 mm，见图6。因此，字符高度应不小于：491.5 mm÷200＝2.46 mm；由于3.5号长印刷体字体高度为3.5 mm，满足要求。

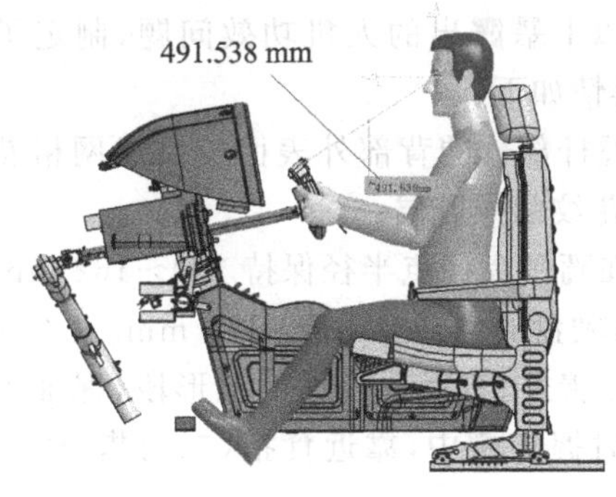

图6 观察距离

根据色彩搭配原理，不同的颜色搭配有着不同的清晰程度，由于驾驶盘体为黑色，标牌标识为白色，属于清晰度高的配色，满足要求。

2 驾驶盘3D打印

利用软件完成驾驶盘的3D模型建立（见图7），并进行STL格式转化。将转化好的STL文件导入3D打印机后处理软件完成切片处理等设置，最后进行打印并对产品进行后处理，详细流程如下。

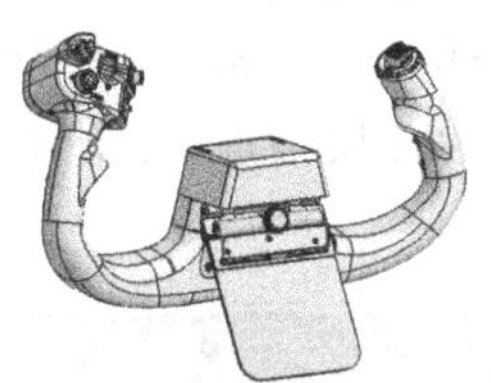
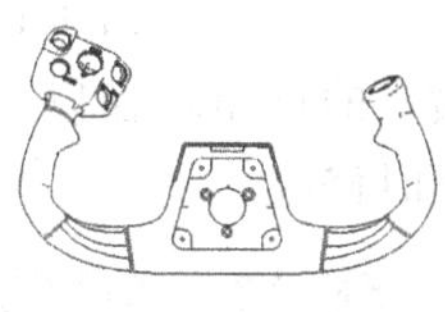

图7 三维数模及打印方案

2.1 打印方案选择

本次打印采用熔融沉积成型（FDM）技术，主材及支撑结构均选用ABS材料。由于驾驶盘外形结构由多个复杂曲面构成，且内部有较多中空结构，若采用整体一次性成型的方式，不仅浪费材料和时间，而且增加后处理难度。

因此，考虑到时间、材料成本，将驾驶盘分解为左手柄、中间壳体、右手柄等几部分打印（板夹、盖板、按钮等零件单独打印），分割部分用红色线标识，各部分单独打印完成后胶接。

2.2 切片设置

在3D软件中对模型进行移动、旋转、缩放等操作（见图8），尽量使模型以较大的平面与打印底板接触。同时，由于模型中过多的支撑结构不仅影响打印效率，造成耗材的浪费，也增加了模型后期处理的工作量，故应尽可能减小模型悬空的部分。

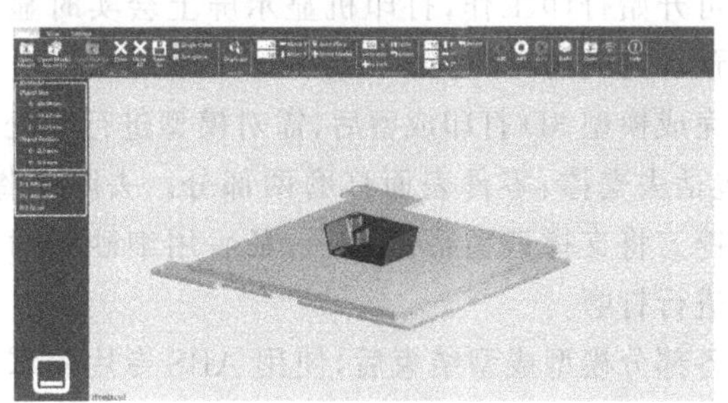

图8 移动、旋转、缩放界面

在软件中完成模型位置布置后，即可进行切片处理。切片的目的是将空间三维问题转化为 X 和 Y 的平面运动问题并进行路线优化[4]，包括文件校核、增加支撑和设置切片参数三个过程。单击 Build 选项，在该选项中可以对打印模型每层的细节和平滑度、产品内部的结构强度、内部填充的打印路径、模型成型和支撑材料的类型等参数进行设置。同时，该软件还有高级设置选项，在高级设置中可以对填充层厚度以及外壳选项进行进一步设置，见图 9。在完成构建工作前，可以单击 Show Print Jet 以及 Show all layers 查看打印机喷头的打印路径以及模型的分层情况，如有不合理处及时修改。

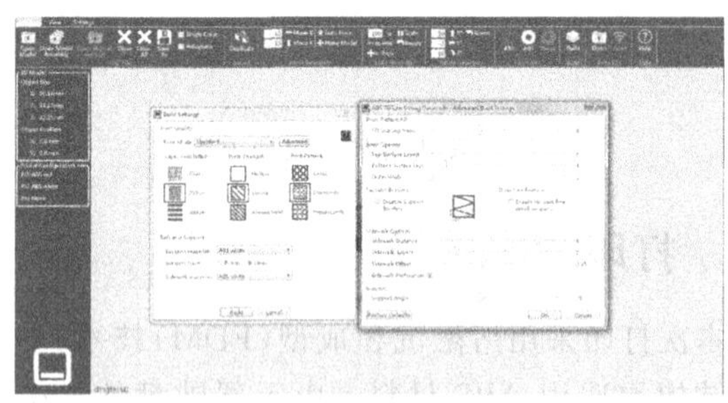

图 9　数模切片处理界面

对于模型中的空孔及与竖直方向夹角成 45°以上的悬空部分，为防止在打印过程中材料下坠进而影响模型打印的成功率，需进行支撑结构的设置。常见的支撑结构有树状支撑、线性支撑等，在本次打印工作中，由于悬空部分多为扁平悬垂结构，故采用的是线性支撑。

2.3　打印及后处理

完成模型的构建工作后，单击 OK 按钮，软件即可自动对模型进行分层处理并将 STL 文件转化为打印机可识别的格式文件，将格式文件通过 U 盘导入打印机，在打印底板上涂好胶水，待打印喷头完成温度加热后即可开始打印工作，打印机显示屏上会实时显示出打印预计完成的时间。

完成模型 3D 打印成型后，需对模型进行后处理工作，包括去支撑、零件表面打磨两部分。去除支撑后，先用锉刀将支撑残留部分磨平，最后用细砂纸对模型整体进行打磨。

各部分模型成型结束后，使用 ABS 专用胶水将驾驶盘的各部分胶接在一起，静置 48 h 后，对表面进行喷漆，成品图见图 10。

图 10　3D 打印成品图

3　迭代优化

该驾驶盘完成 3D 打印成后，进行了实物评估和机上比试工作，飞行员提出了以下 5 点更改建议：

(1) 驾驶员手握杆区域增加防滑、防汗措施。

(2) 驾驶盘的力臂要适当增大。

(3) 正驾驶盘左手握点处、副驾驶盘右手握点处的弧形段需进行完善(见图 11)。

(4) 驾驶盘外形上棱边处过渡圆角尺寸增大，保证驾驶员操纵舒适度。

(5) 安装图表夹组件的凸台厚度需减小，照明灯灯光往下直接照射到图表夹上。

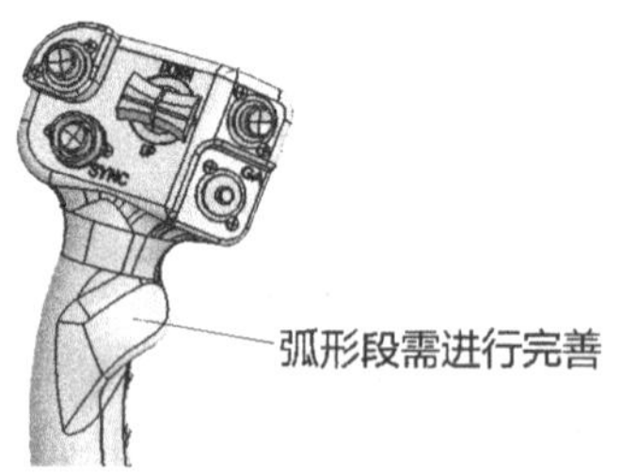

图 11　更改建议示意图

针对以上暴露出的人机功效问题，制定了相应解决方案，详情如下：

(1) 握杆部分的背部外表面应制成网格花纹或包上带网格花纹的橡胶层。

(2) 在驾驶盘握点半径保持 160～162 mm 的前提下，增大驾驶盘的力臂至 168～170 mm。

(3) 完善左、右手握点处的弧形段，保证大拇指与食指能同时握在槽中，靠近食指(二拇指)的弧形段应接近水平。

(4) 将过渡圆角尺寸由 $R4$ 改为 $R6$。

(5) 将凸台厚度由 32 mm 缩减至 27 mm。

驾驶盘更改前后对比如图 12 所示，更改完成后，利用3D打印技术再次打印成型，见图13，优化后的驾驶盘经飞行员评估满足使用要求。

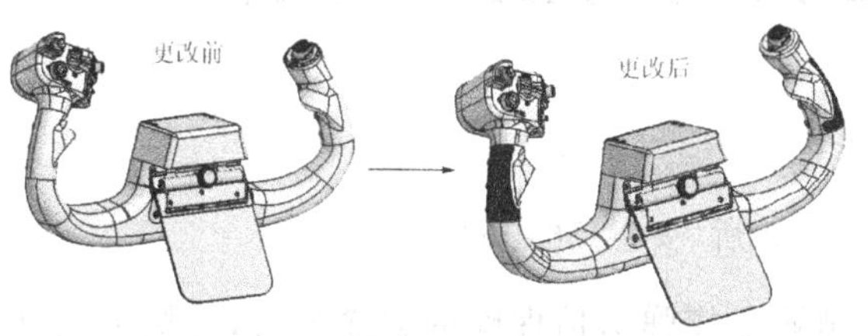

图12 更改建议示意图

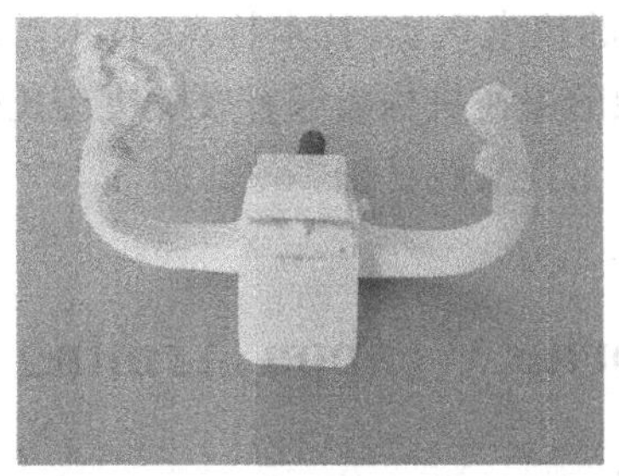

图13 优化后的3D打印驾驶盘

4 存在的不足及分析

本次3D打印产品精度较低、拉伸强度较低；表面粗糙度较大，部位存在丝状毛刺；对于与底板大平面接触的零件打印时，存在基底翘曲变形的情况。针对以上现象，分析如下：

(1) 本次打印材料为ABS热塑性塑料。ABS材料其凭借着强度高、韧性好、耐冲击、色彩丰富等优点在3D打印中得到了广泛应用，但同时它也具有成型件收缩率高、耐磨性和表面质量较差的缺点。由于FDM打印机的工作原理是将加热熔化后的材料由喷头挤出，细丝状的材料逐层堆积最终形成指定形状。因此，表面会呈波纹状，整体精度较低；在垂直于打印纹理的方向上拉伸强度较差，仅能达到铸件的30%～60%[6]。

(2) 在打印作业中，喷头的温度一直保持在稍高于材料熔点的温度，当出现喷头空走时，熔化的材料细丝会因惯性流出并附着在上一层上，凝固后就形成了表面的丝状毛刺，进而影响表面粗糙度。因此，在3D打印路径规划时，应尽可能地降低喷头空走的频率，特别是零件外表面打印过程中，应尽可能避免喷头空走的情况。

(3) 零件3D打印过程中需经历由固态变为液态，再由液态变为固态的过程。在凝固时，若材料的收缩率不均匀，则会产生部分位置收缩较明显，进而导致凝固后产生翘曲的情况。因此，在实际加工时，应选择收缩率较为均匀的材料，同时在产品设计时尽量避免出现大面积基底的情况。

5 结　论

主要完成以下工作：

(1) 通过对飞机驾驶盘人机功效分析，完成了驾驶员视界、操纵可达性以及舒适性等人机功效指标的验证工作。

(2) 利用3D打印平台先后两次对驾驶盘进行3D打印成型，通过实物评估和机上比试的方式提前发现驾驶盘存在的人机功效问题，最后完成驾驶盘迭代优化工作。

本项目的研究方法适用于操纵系统新研操纵机构的人机功效分析、新构型的原理验证、新产品的实物比测等方面，对于缩短产品研制周期，降低研制经费，提高产品质量等方面有着借鉴意义。

参考文献

[1] 卢秉恒，李涤尘. 增材制造(3D打印)技术发展[J]. 机械制造与自动化，2013，42(4)：1-4.

[2] 袁修干，庄达民，张兴娟. 人机工程计算机仿真[M]. 北京：北京航空航天大学出版社，2005：1-15.

[3] 周鹤，张阳，鲁辉，等. 汽车方向盘设计与人机工程学[J]. 汽车科技，2018，5：67-72.

[4] 鞠峰. 飞机驾驶舱人机工程设计研究[D]. 西安：西北工业大学，2007：3-5.

[5] 侯高雁，朱红，刘凯，等. 3D打印成形件后处理工艺综述[J]. 信息记录材料，2017，18(7)：19-21.

[6] 孙春华. FDM打印的表面质量问题及改善措施[J]. 苏州市职业大学学报，2019，30(93)：27-30.

[7] 黄平. 浅谈通用飞机驾驶舱人机工程设计基本原则[J]. 动力与电气工程，2018(8)：37.

[8] 徐华文. 基于人机工程的产品设计与仿真研究[D]. 武汉：武汉理工大学，2004：43-57.

[9] 柴春雷. 基于驾驶姿势预测模型的人机工程设计技术研究[D]. 杭州：浙江大学，2005：85-100.

[10] HOSSAIN S M, LUCKHAM R E, MCFADDEN M J, et al. Reagentless Bidirectional Lateral Flow Bioactive Paper Sensors for Detection of Pesticides in Beverage and Food Samples [J]. Analytical Chemistry, 2009, 81(21): 15-23.

机载悬挂投放装置爆控机构的技术发展

陈辉，滕堪

贵州风雷航空军械有限责任公司 设计所，安顺 561000

摘要：爆控机构是机载悬挂投放装置的重要组成部件，用于控制航空炸弹引信保险的解除与否，直接关系到投弹任务成败和载机安全。为了提升爆控机构的投放安全性和工作可靠性，对传统的爆控机构的结构原理技术特点进行分析，梳理传统爆控机构存在的问题；通过分析爆控环断电保持技术的技术概念、技术特点、技术需求和技术可行性，论证了爆控机构新的技术发展方向。本文认为具备断电保持功能的爆控机构能够有效解决传统爆控机构存在的问题，同时开展基于常闭式爆控机构的断电保持技术研究也已具备工程实践基础。

关键词：爆控机构；安全性；可靠性；断电保持技术

Research on Technical Development of Airborne Weapon Arming Unit

CHEN Hui, TENG Kan

Guizhou Fenglei Aviation Armament Co. Ltd., Anshun 561000, China

Abstract: The arming unit is an important part of the suspension release equipment. It is used to control fuse safety of the aerial bomb, because it is directly related to the result of the bombing reliability and the flight safety. In order to improve the safety and reliability of arming unit, the main limitation of existing technology is analyzed and studied. The main limitation is, to obtain the development direction of arming unit. The paper thinks that the non electric tether technology can effectively solve the existing problems of arming unit, and can carry out practical application.

Keywords: arming unit; security; reliability; non electric tether technology

1 引 言

爆控机构是机载悬挂投放装置的重要组成部件，是航空炸弹引信保险拉环（俗称爆控环，以下统称爆控环）在悬挂投放装置上的系留装置，用于对航空炸弹进行选择性投放，即爆炸投放和不爆炸投放。在进行爆炸投放时，炸弹的爆控环能够被爆控机构可靠系留，随着炸弹的投放、下落，直至炸弹上的保险钢条被抽出，即炸弹的引信保险被解除。相反，在进行不爆炸投放时，炸弹上的爆控环绝对不能被爆控机构系留，以确保投放安全[1]。

2 技术现状

目前，常见的爆控机构主要分为两种，即联动式爆控机构和非联动式爆控机构，各有优缺点，在使用过程中，或多或少都暴露出一些问题。

2.1 爆控机构分类

1. 联动式爆控

联动式爆控指爆控机构上的爆控环系留组件能够与悬挂投放装置中的悬挂投放组件关联作动，即当悬挂投放装置中的悬挂投放组件完成对炸弹的悬挂锁闭时，爆控机构的爆控环系留组件也同步完成对炸弹爆控环的锁闭系留，当悬挂投放装置中的悬挂投放组件完成对炸弹的投放时，爆控机构的爆控环系留组件也同步完成对炸弹爆控环的释放。

这种联动过程是可控的，是一种软联动，可由爆控机构内的电磁铁进行控制，当需要对炸弹进行爆炸投放时，先给爆控机构中的电磁铁通电工作，以锁定爆控环系留组件，使其在后续的炸弹投放过程中不能随悬挂投放组件联动，进而确保炸弹上的爆控环被可靠系留，直至炸弹上的保险钢条被抽出，炸弹引信保险被解除。当需要对炸弹进行不爆炸投放时，投放炸弹前不给爆控机构中的电磁铁通电即可，此时的爆控环系留组件未被锁定，在后续的炸弹投放过程中随悬挂投放组件同步作动，炸弹爆控环被系留组件自由释放，投放后的炸弹引信保险不被解除。

2. 非联动式爆控

非联动式爆控指爆控机构上的爆控环系留组件不与悬挂投放装置中的悬挂投放组件联动，是一个独立的模块。该爆控环系留组件可视为一个弹性限力销，弹簧力值很关键，一般规定该系留组件的拉脱力控制在44.5～64 N之间[2,9]，以便在进行不爆炸投放时，炸弹上的引信保险拉环能够克服弹性限力销的弹力而顺利滑脱。

当需要对炸弹进行爆炸投放时，先给爆控机构中的电磁铁通电工作，以锁定弹性限力销，确保炸弹上的爆控环被可靠系留，直至炸弹上的保险钢条被抽出，炸弹引信保险被解除。当需要对炸弹进行不爆炸投放时，投放炸弹前不给爆控机构中的电磁铁通电即可，此时的弹性限力销被锁定，投放武器后，炸弹上的爆控环克服弹性限力销的弹力并随着炸弹一起下落，炸弹引信保险不被解除。

2.2 两种爆控技术比较

联动式爆控，优点是在进行不爆炸投放时，炸弹上的爆控环不受力，即拉脱力为零，安全性较高，缺点是爆控机构在完成投弹任务后，必须持续通电才能系留爆控环，以满足用户需要“投弹后带回爆控环”的要求。非联动式爆控，优点是当爆控机构工作后，即使在断电情况下，也能有效系留爆控环，缺点是进行不爆炸投放时，炸弹上的爆控环必须克服一定的拉脱力，才能被释放，随着使用次数和日历寿命的累积，因锈蚀、杂物卡涩等原因致使弹性限力销的摩擦阻力会有不同程度增大[3]，即爆控环的拉脱力也会相应增大，当这个力值趋近炸弹上引信保险钢条的抽脱力时，所投放炸弹的引信保险就存在被意外解除的重大安全隐患。

两种爆控技术在功能实现方面各有利弊，但在投放安全性方面，联动式爆控因具备“零拉脱力”功能，所以更胜一筹，这也是欧美系悬挂投放装置采用联动式爆控机构的主要原因。但其“爆炸投放后需要持续通电才能保持爆控环”的缺点限制了用户需要，所以开展爆控环断电保持技术研究是未来爆控技术改进的重点。

3 爆控环断电保持技术

3.1 技术概念

断电保持技术指完成爆炸投放后爆控机构在不通电的情况下，仍然具有能够可靠系留爆控环的技术，该保持技术也不依赖于其他辅助能量[4]。当不需要带回爆控环时，可随时投弃，具有较高的自主选择性。

3.2 技术优势

断电保持技术将彻底改变爆控机构需要持续通电的不利影响，能够有效解决以下几个方面的问题。

1. 解决爆控机构意外释放爆控环问题

传统爆控机构在完成炸弹投放后，为了强制带回炸弹上的爆控环，飞机上的爆控线路开关就不能关闭，但飞机飞航途中避免不了各种振动、冲击影响，当电气线路中的元器件出现偶发失效，或者供电品质不稳定时，爆控线路就存在瞬间断开的情况[5-6]，爆控机构一旦失电，爆控环即被爆控机构的爆控环系留组件释放，从而达不到将爆控环带回基地以备检查的目的。如果爆控环随着飞机着陆而掉在飞机跑道上，将严重影响飞机及机场安全。如果爆控机构具备断电保持功能，那么爆控机构对炸弹爆控环的系留将不再依赖持续的通电，自然也就避免了电信号瞬间断开的风险。

2. 解决爆控线圈温升影响问题

爆控机构的核心控制部件为电磁铁组件，其作动能源为电磁线圈在通电情况下产生的电磁能，通过电磁力驱动衔铁作动，从而给爆控环提供保持力。由于电磁线圈在通电时的温升效应比较明显，尤其对需要较长实践通电工作时，当电流增大时，温度升高，且呈二次曲线关系[7]。为了保证爆控机构能够长时间通电工作，一般对电磁线圈的工作电流进行了限制，爆控机构的工作电流不应大于0.6 A。但随着飞机续航能力的提升，传统爆控机构的爆控环通电保持时间会越来越长，电磁线圈的温升影响将不容忽视[8]，必将对电磁吸合性能和爆控环系留效果产生影响，甚至加剧电磁线圈的老化进程，缩短使用寿命。而具备断电保持功能的爆控机构，将不再依赖持续的爆控信号，也就解决了电磁线圈的温升问题。

3. 解决应急投弹方式意外转换问题

炸弹上的爆控环通常是一组由挂机索、安全夹、保险钢条等组成的柔性机构，一般具有一定的拉伸余量，以方便在爆控机构上装挂[9]，正是这个拉伸余量的存在，致使炸弹的引信保险解除时间稍稍滞后于炸弹投放时间，这个时间不足1 s，虽然时间非常短，但在这个时间内如果机载火控系统因故启动了应急投放程序[10]，那么爆控机构将出现断电情况，而之前已经按照爆炸投放程序投放的炸弹将不能解除引信保险，从而无法达到爆炸投放的毁伤效果，这是用户不能接受的。而不再依赖持续通电的爆控机构，就不会受到这个滞后时间的影响，也就不会出现类似的应急投放方式意外转换的问题。

4 断电保持技术可行性分析

4.1 基于常闭式爆控机构的断电保持技术

常闭式爆控机构(见图1)即爆控机构的初始状态为闭合位置，即不需要通电爆控机构就能保持住爆控环，从而实现爆炸投放，当需要进行不爆炸投放时，给爆控机构通电，使爆控机构的电磁铁作动，并释放爆控环。这与传统的爆控机构结构类似，但工作原理恰好相反。

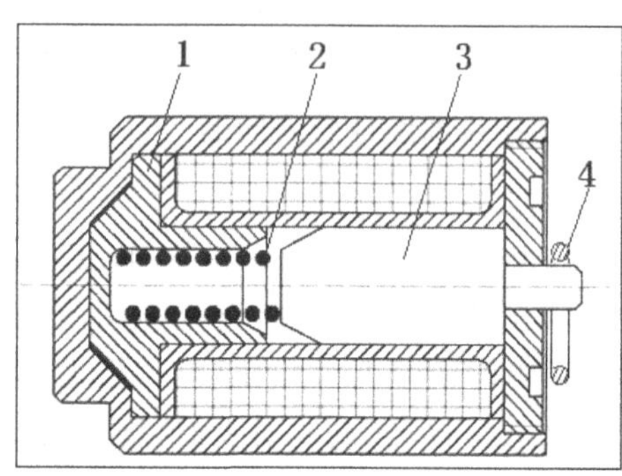

1—电磁挡铁；2—复位弹簧；3—系留铁芯；4—爆控环

图1 常闭式爆控机构示意图

4.2 断电保持技术工作原理

断电保持技术的工作原理包括下面两个投放过程。

1. 爆炸投放原理

因为有复位弹簧的作用，可确保爆控环时刻处于被系留状态。当进行爆炸投放时，只需打开投放开关，炸弹在下落过程中，其上的引信保险钢条被抽出，即进入保险激活模式。完成投弹后，爆控环则一直系留在爆控机构上，直至带回基地，且无需给爆控机构通电。如果不需要带回爆控环时，则给爆控机构通电，系留铁芯被电磁挡铁吸合作动，并释放爆控环。

2. 不爆炸投放原理

如需应急投弃炸弹时，只需给爆控机构通电，然后打开投放开关，此时炸弹被投放后不发生爆炸。

因爆控机构作动方式的不同，致使上述两个投放过程的工作原理与传统爆控机构的工作原理恰恰相反，为了迎合用户的使用习惯，可通过在投放线路和爆控线路之间增加控制开关(见图2)，以兼顾投放逻辑和使用习惯。

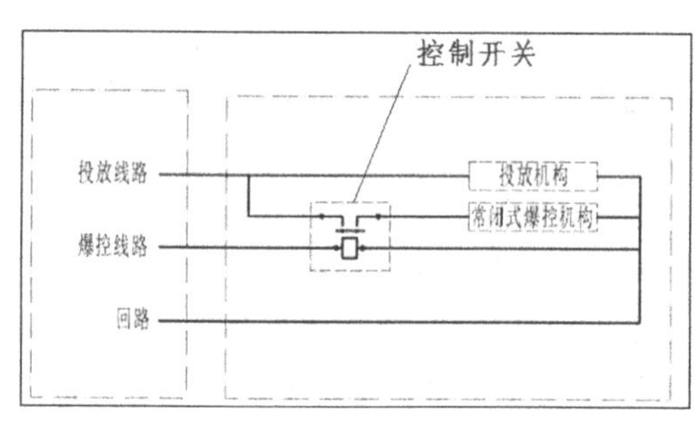

图2 控制线路示意图

5 结 论

本文对传统的爆控机构的结构原理和技术特点进行了分析，对目前存在的问题和未来爆控技术改进方向进行了总结，具体如下：

(1) 传统的联动式爆控和非联动式爆控各有利弊，不能同时兼顾爆控环的投放可靠性和系留安全性。

(2) 发展具备断电保持功能的爆控机构可以彻底解决传统爆控机构的持续通电带来的不利影响。

(3) 基于常闭式爆控机构的断电保持技术已具备工程实践基础。

参考文献

[1] 王明，赵虎. 爆控机构对炸弹重力投放姿态的影响分析[J]. 航空兵器，2013(1):11.

[2] 冯金富，齐晓林，宋凯，等. 机载悬挂装置爆控机构通用规范：GJB 5280—2004[S]. 北京：中国人民解放军总装备部，2005.

[3] 刘宝华. 某型飞机机载设备受潮故障模式影响及防护[C]. 北京：中国电子学会可靠性分会，2004.
[4] 陈辉，邵波. 一种爆控拉环断电保持机构：ZL 2019 2 1206689.8 [P]. 2020-08-07.
[5] 王建军. 电连接器在动态应力环境中接触电阻的变化及电接触瞬断的监测与研究[J]. 机电元件，2003，23(2)：36.
[6] 陈银环. 电气接插件可靠性与瞬断监测研究[D]. 成都：西南交通大学，2010：4-5.
[7] 王露，刘潜峰，薄涵亮. 直动电磁阀线圈温升试验研究[J]. 原子能科学技术，2012，46：282.
[8] 王春民，沙超，孙磊，等. 基于 ANSYS 的直流电磁铁温度场仿真分析[J]. 液压与气动，2015(12)：83.
[9] 沈金忠，王成铎，孟繁滨. 爆控拉杆规范：GJB 1529—96[S]. 北京：国防科学技术工业委员会，1993.
[10] 戴水生. 强 5 某型飞机副油箱掉落事故症候原因探析[J]. 洪都科技，2008(4)：16.

基于系统工程的新一代军机技术状态更改管理

李晓曦*，张立新，郭科志，段萍萍

成都飞机设计研究所 总体部，成都 610091

摘要： 新一代军用飞机装备是高度复杂的产品系统，技术状态受控是装备质量保证的关键。建立相应的技术状态更改管理体系，应与飞机装备研制的系统工程过程相结合，综合考虑研制生产和保障的全过程、全要素、全周期，在数字化环境下建立一套完整规范的新型技术状态更改管理体系，解决基线控制不完整、更改不齐套、验证不充分、需求/设计/实物一致性差的问题，实现飞机技术状态受控，适应用户需求的动态变化。通过技术状态更改管理体系来保证技术状态更改的“论证充分、验证完整、各方认可、审批完备、落实到位”。

关键词： 技术状态管理；更改控制；系统工程；军用飞机

New Gnenration Military Aircraft Configuration Change Management Based on SE

LI Xiaoxi*, ZHANG Lixin, GUO Kezhi, DUAN Pingping

Chengdu Aircraft Design & Research Institute, Chengdu 610091, China

Abstract: The new generation of military aircraft is a highly complex product system, configuration control is the key to quality assurance. To establish the corresponding configuration change management system, it should be combined with the systems engineering process of aircraft development. Consideration should be given to the whole process, elements and cycle of development, production and maintenance, a complete and standardized new configuration change management system should be established under the digital environment, to solve the problems of incomplete baseline control, inconsistent changes, insufficient verification, and poor consistency between requirements, design and real objects, to realize the control of aircraft configuration and adapt to the dynamic change of user needs. Through the configuration change management system to ensure the configuration change: full demonstration, complete verification, recognition from all parties, complete approval, and implementation in place.

Keywords: configuration management; change control; systems engineering; military aircraft

在飞机装备的研制中，一代新的技术往往需要匹配一套新的管理体系，技术状态更改管理是与装备研制过程结合尤为紧密的技术管理工作，管理体系的创新必须适应技术手段的快速发展和满足用户需求的动态变化。

本文以某新型战斗机的研制为背景，总结提炼了技术状态更改管理在实施、改进和推广过程中的优秀实践和经验，可供其他大型复杂装备系统的研制作参考。

1 背 景

1.1 技术状态受控是飞机装备质量保证的关键

技术状态管理是系统工程管理的重要组成部分，更改控制是技术状态管理的核心，飞机装备是一个高度复杂的产品系统，更改控制是否有效，直接影响装备的质量和项目的成败。

* 通讯作者. E-mail: lxxmailbox@163.com

1.2 传统更改管理难以满足新一代飞机装备的研制和保障需求

新一代飞机装备是以用户需求为驱动、在信息化环境下按照系统工程过程自主创新研制的，每个更改控制过程反映了一个完整的系统工程过程，而传统的技术状态更改管理，控制流程简单、基线对象和控制要素不完整、系统工程过程覆盖不全，难以满足新一代飞机装备的研制和保障需求。

1.3 构建基于系统工程的新型更改管理体系是满足用户要求的必要条件

新一代飞机装备系统复杂程度前所未有，一个更改事件可能导致多个系统的一系列产品软硬件发生变化，研制过程中，会基于原型机形成不同能力、不同批次、不同架次状态的飞机，更改控制难度极大。因此，必须构建一套数字化环境下基于系统工程过程的技术状态更改管理体系，才能保证设计状态与用户要求相符、实物状态与设计状态相符，可随时追溯到装备部队每一架飞机的实物状态。

2 管理体系策划

体系的策划应覆盖管理的对象、流程、工具和规范：以一套覆盖系统工程过程[1-4]的技术状态基线为管控对象，从源头上保证更改的完整性和齐套性；以一套体现系统工程过程要素的标准化更改文件[5]模板，记录控制过程信息，检查管理要素的完整性、追溯性和更改结果的正确性；以一套融入系统工程活动要素的更改控制流程[6]为引导，保证管理活动的规范性和有效性；利用一套数字化环境下的协同工作平台[7]，建立信息高速公路，开展跨组织的并行协同工作，提高工作质量和效率，实时将更改控制过程数据结构化地记录，并建立自动化的追溯关系，保持技术状态数据库的有效性和完整性；通过一套线上线下灵活立体的培训机制，保证对管理规则的理解和工具的掌握；通过一套基于客观数据监控的风险管理[8]机制，发现问题，分析风险，采取措施；形成一套管理规范文件[9]，明确和固化管理要求。

3 管理体系构建

3.1 构建一套覆盖系统工程过程的基线集

技术状态基线是在研制过程中逐步形成的，基于系统工程设计过程识别技术状态基线，以及系统工程产品实现和使用过程，形成单机实物基线，以完整基线集为管控对象，保证更改的协调性和完整性。系统工程过程与输出的技术状态基线集的关系见图1。

构成基线集的主要技术状态文件类型见图2。

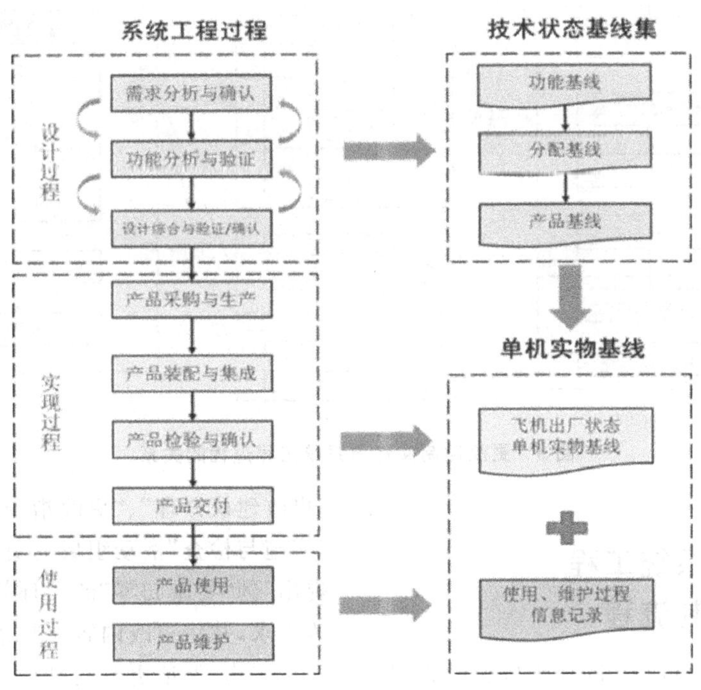

图1 系统工程过程与输出的技术状态基线集

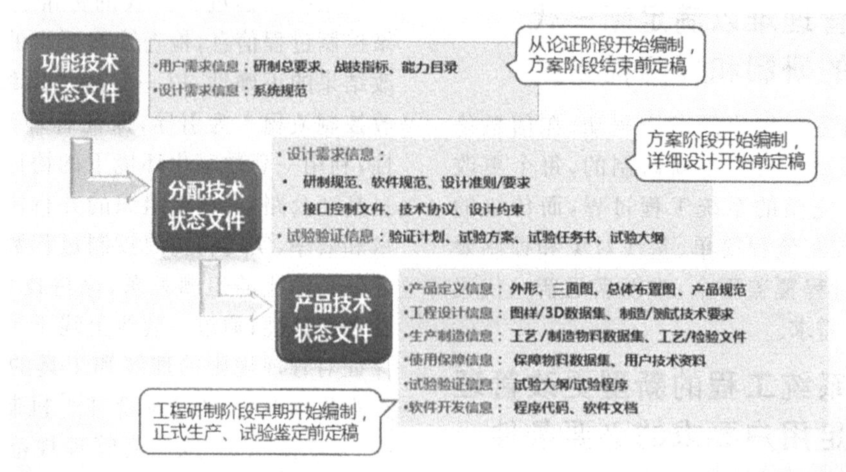

图2 基线集的技术状态文件构成

3.2 构建一套体现系统工程过程要素的标准化更改文件模板

通过对系统工程过程控制要素的梳理，按GJB 3206A的要求[10]，根据不同的控制对象和使用场景设计了一套标准化、结构化的更改文件模板，将系统工程过程的控制要素融入其中，打通更改文件之间的输入输出关联，做到“更改需求分析—功能分析—设计与验证—实物落实”的全过程信息可追溯。

更改控制文件与系统工程过程的关系见图3。

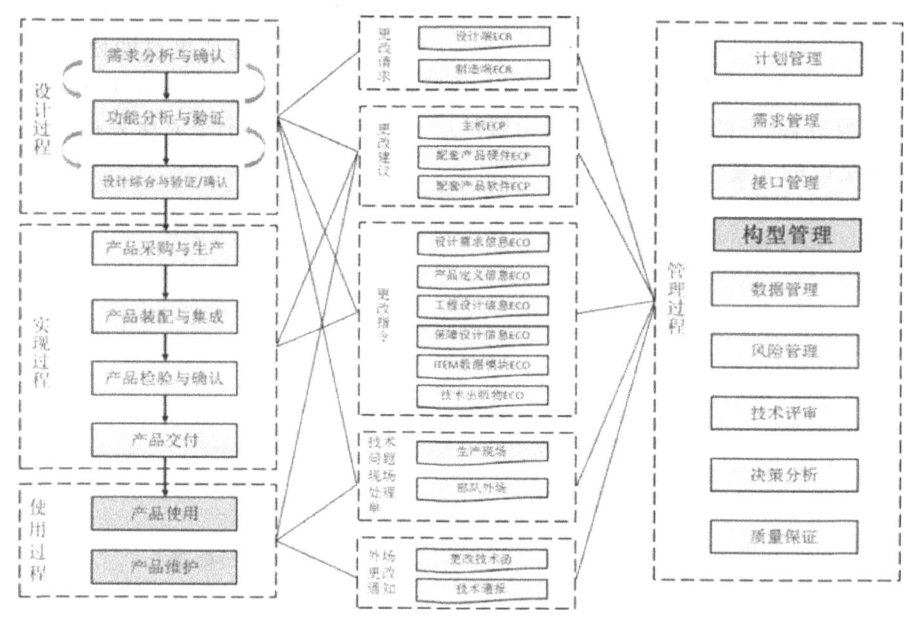

图3 更改控制文件与系统工程过程的关系

3.3 构建一套基于系统工程活动的更改控制流程

基于一个更改事件，将更改控制活动与更改再设计的系统工程过程对应匹配，建立由“更改需求判定”、“更改建议办理”、“更改指令编发”、“外场通知编发”和“实施与检查”活动组成的更改控制流程，形成从“需求提出”到“实施归零”的闭环管理，确保设计方案满足更改需求，并将更改内容完整落实到在产、在试和在役的飞机实物，保证更改的过程规范、结果正确、落实到位。

更改控制流程与系统工程活动的对应关系见图4。

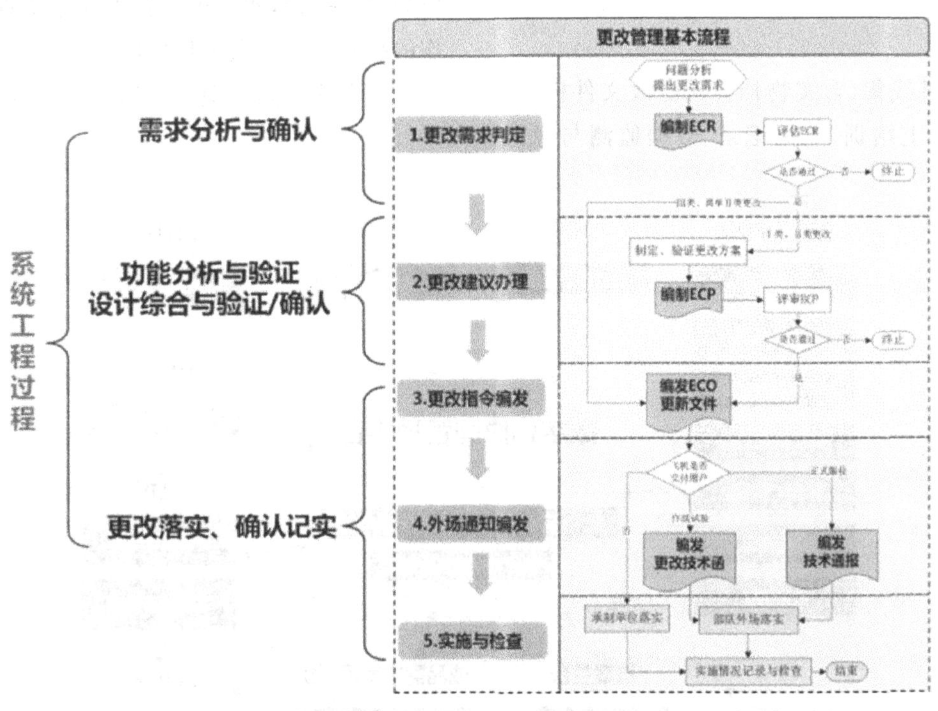

图 4 更改控制流程与系统工程活动的对应关系

3.4 构建一套线上线下立体、灵活的培训机制

通过多种形式的线下培训和智能化的线上培训，使科研人员全面掌握更改管理规则，并熟练应用管理系统工具。

1. 建立多样化的线下培训机制

开展线下培训：一是在发布新管理规定或新管理流程上线时，由人力资源部集中组织对研制全线的线下培训，宣贯流程原理和管控要素，讲解管理系统环境的具体操作；二是针对流程运行中发现的普遍问题，不定期开展专题补充培训或随访解答；三是在更改控制流程，为遇到问题的使用者直接进行点对点辅导；四是为供应商提供办理指南、模板范例和远程指导。

2. 建立智能化的线上培训机制

将培训要点融入数字化平台的操作流程，实现培训的智能化：一是将管理要求植入电子流程中，为使用者提供在线辅导；二是对于需要主观描述的内容，基于知识工程提供优秀的填写范例，供使用者参考；三是通过系统提供条目化提示，引导使用者按一定逻辑、完整准确地描述相关内容；四是将控制活动路径表决逻辑定制在数字化平台中，帮助使用者自动做出正确选择。

3.5 构建一套基于客观数据监控的风险管理机制

通过对管理平台技术状态数据和流程运行过程数据的提取与分析，形成多视角、实时、直观展示的报表或看板，对更改设计质量、任务完成情况、系统运行情况进行监控，给出风险提示，为项目管理和质量管理提供参考或决策依据。

具体为：一是对更改原因、更改类型、更改数量在各部门/各系统/各配套单位的分布情况和发展趋势进行分析，将监控结果推送项目质量主管人员，使其掌握设计更改过程的质量问题，并及时采取措施、规避质量风险；二是设置控制活动的处置时限，对主机所/厂和配套单位的任务完成时间进行监控，给出超期预警，并通知相关责任人或主管领导，使其掌握更改项目工作进展情况，及时督促员工完成任务或调整工作计划，规避进度风险；三是对主机所/厂协同平台的数据传输不畅、流程卡滞等异常情况进行监控，通知信息化和档案部门，及时排除系统运行故障、采取补救措施。

3.6 构建一套数字化环境下的协同管理平台

将技术状态基线集(含实物档案)、更改文件模板、更改控制流程、线上培训、数据记录、数据监测与风险提示等管理功能统一集成，构建一套数字化环境下的协同工作平台，实现更改管理体系落地，为更改管理工作的高效运行提供工具环境。

信息化协同管理平台的架构见图5。

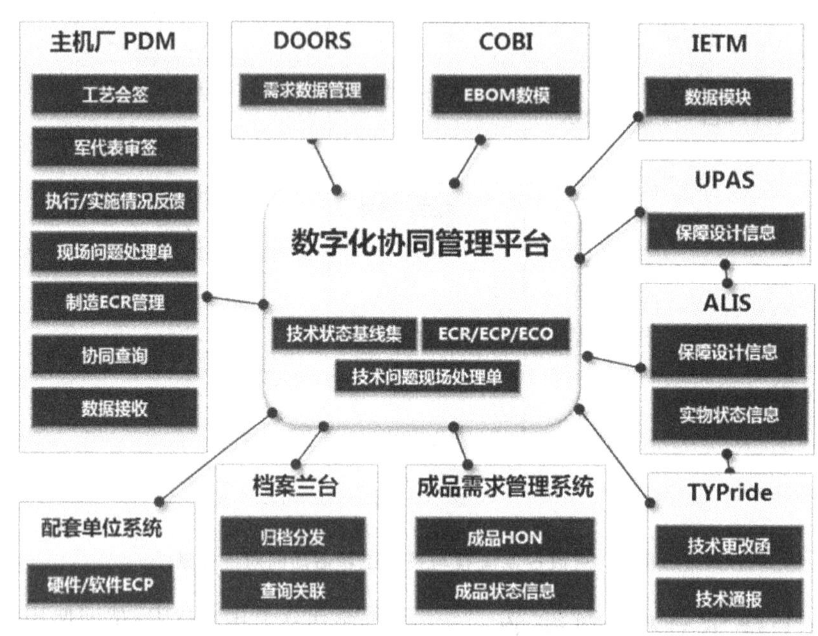

图5 信息化协同管理平台架构

3.7 构建一套成文的管理规范体系

编发一套成文的管理规范，包括管理要求及操作指南，固化管理职责、要求、方法、流程和工具，规范体系覆盖了飞机、配套产品软硬件、试验件、技术资料等技术状态对象，覆盖了设计开发、生产制造、使用保障等系统工程过程，更改管理规范体系见图6。

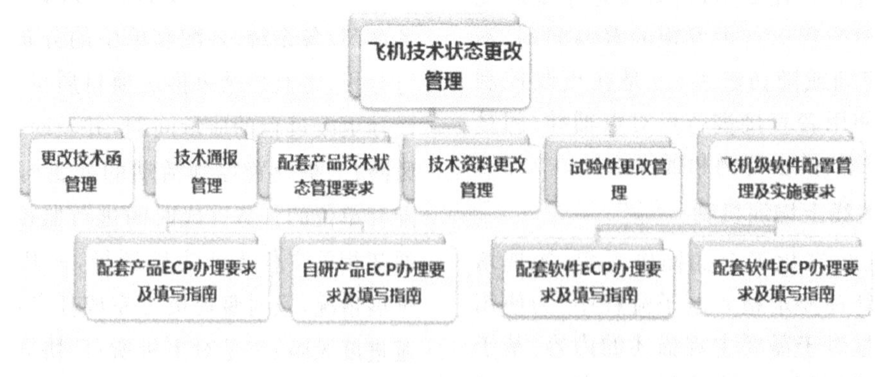

图6 更改管理规范体系

4 结 论

4.1 高质量完成了新一代飞机装备更改管理任务

以用户动态能力需求和研制/保障问题为驱动，对飞机研制、生产、使用保障全生命周期过程的技术状态更改进行有效控制，确保飞机装备的设计状态和实物状态清晰受控，为飞机装备实战能力和战场适用性提供了高效的质量保证能力。

4.2 形成适应新一代飞机装备更改管理的新模式

构建了基于系统工程的新一代飞机装备更改管理模式，实现了复杂航空装备系统技术状态更改管理能力跨代提升。实现了技术状态管理的“四个扩展”：更改控制的规范管理由图样扩展到基线全集、由研制过程扩展到全生命周期、由设计状态扩展到实物状态、由主机扩展到辅机；工作模式实现“三个转变”：从手工向信息化转变、从串行向并行协同转变、从单点活动向全过程转变。

4.3 在国防科技等领域推广示范效果显著

形成了一系列可复制推广的方法、流程、规范和工具，形成的完整管理体系已在本单位的其他型号研制、保障工作中实施贯彻；专项编发用于配套产品软硬件技术状态管理的相关要求和操作指南，在所有配套单位贯彻应用；已在航空工业的其他重点型号项目中推广应用，提升重点型号的技术状态管理能力；丰富了航空武器装备项目系统工程管理的理论和方法，获得用户的高度认可和外界的一致好评。

参考文献

[1] 王庆林. 基于系统工程的飞机构型管理[M]. 上海：上海科学技术出版社，2017:3-19.

[2] NASA. NASA 系统工程手册[M]. 朱一凡，李群，杨峰，等译. 北京：电子工业出版社，2012:4-16.

[3] INCOSE. 系统工程手册[M]. 张新国，译. 北京：机械工业出版社，2012:17-42.

[4] 郭宝柱，王国新，郑新华，等. 系统工程[M]. 北京：机械工业出版社，2020:54-108.

[5] 崔丽娟，朱恺旻，蒯晓云. 大型航天器研制设备建设中的技术状态控制与文件管理[J]. 航天器环境工程，2012,29(2):231-234.

[6] 郭宝柱. 技术状态管理-对基线更改的控制[J]. 航天器工程，2014,23(5):1-5.

[7] 黄兴园. PDM 系统在技术状态管理中的应用研究[J]. 航空计算技术，2007,37(1):88-95.

[8] 吴静. 以技术状态信息的型号研制为基础的风险主动控制管理探讨[J]. 中国管理信息化，2014,17(16):86-87.

[9] 陈明晖，刘艳，王晓月，等. 数字化产品技术状态管理体系构建探讨[J]. 质量与可靠性，2018,193:29-33.

[10] 曾相戈，郭杰，张宇，等. 技术状态管理：GJB3206A—2010[S]. 北京：总装备部军标出版发行部，2010:4-6.

舰载机起落架越障动力学分析与验证方法

刘冲冲[1,2,*]，刘胜利[1,2]，杨正权[1,2]

1. 中国飞机强度研究所，西安 710065

2. 结构冲击动力学航空科技重点试验室，西安 710065

摘要：舰载机起落架碾过航母甲板突起物，轮胎位移边界条件的突然变化会导致瞬态冲击。为预测该冲击载荷，本文建立了一套舰载机起落架越障动力学分析与验证方法，通过该方法可以较为准确地预测舰载机起落架越障动载荷，模拟起落架动态越障动力学过程，为舰载机起落架动力学设计提供技术支撑。

关键词：轮胎；柔性环；起落架；越障；缓冲器

Analysis and Test on Going over Obstacles of Landing Gear of Carrier-based Aircrat

LIU Chongchong[1,2,*]，LIU Shengli[1,2]，YANG Zhengquan[1,2]

1. Aircraft Strength Research Institute of China，Xi'an 710065，China

2. Aviation Key Laboratory of Technology and Science on Structure Impact Dynamics，Xi'an 710065，China

Abstract：Landing gear going over cables is analyzed by building a dynamic model. The model includes a flexible ring model，a rigid ring model and a landing gear damper model. The landing gear going over cables loads are analyzed by the rigid ring model and landing gear damper model using the calculation from flexible ring model. The calculation results is verified by landing gear going over cables test.

Keywords：tire；flexible ring model；landing gear；damper；obstacle

1 引 言

飞机在滑跑过程中越过障碍物，会产生一个瞬态的冲击力作用于飞机机体及起落架，特别是舰载飞机滑跑的速度更快，舰面环境更为复杂，对飞机机体和起落架的强度考核就更为严格，因此需要对该动力学过程及冲击载荷进行计算预测。为研究越障问题，美国开展了起落架的越障试验，试验在 Vought 公司的全机落震试验场开展，以单个起落架为研究对象，试验结果表明突起物对起落架载荷有着显著影响。本文通过分析与试验相结合的研究手段，建立了一套舰载机起落架越障动力学分析与验证方法，可以较好地解决起落架越障动载荷预测与试验验证技术问题。

2 舰载机起落架越障动力学分析

为提高舰载机起落架越障动力学分析的精度与效率，首先研究轮胎与地面障碍物的接触与互相作用，计算得出轮胎准静态通过障碍物的载荷与变形，轮轴重心位移。

将轮胎准静态通过载荷物的轮轴重心位移等计算结果代入到舰载机多体动力学分析模型中，研究不同滑跑速度下，越障动力学响应。

2.1 轮胎与障碍物相互作用力学建模

地面障碍物或者地面短波的不平激励对轮胎作用过程的动力学过程复杂。轮胎的作用类似于滤波器[1,2]，见图 1，相对于对障碍物的原始形状，轮轴重心

* 通讯作者. E-mail：liuchongchong623@163.com

的位移更加平滑。因此，为研究轮胎高速通过障碍物的载荷预测问题，需要考虑轮胎的滤波作用。为模拟轮胎的滤波过程，国内外学者建立了很多轮胎模型，见图 2，相对于其他模型，轮胎柔性环模型，其计算精度与计算代价综合最优。

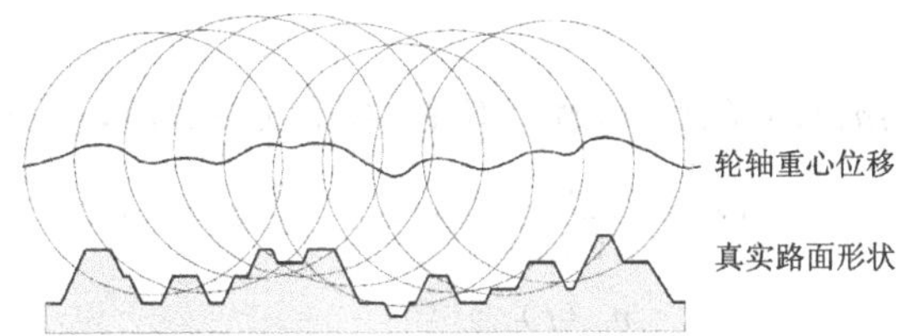

图 1　轮胎的滤波作用

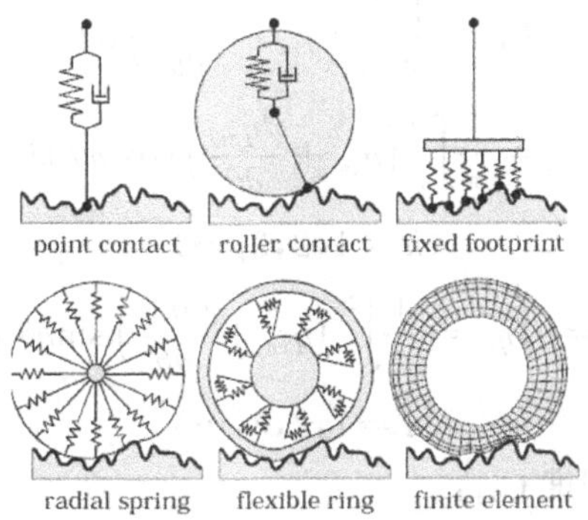

图 2　模拟轮胎滤波作用的不同模型

1. 轮胎柔性环模型建立

如图 3 所示，将轮胎简化为柔性环模型，用来计算障碍物对轮胎的准静态激励响应。计算模型和方程参考 S. Gong 的博士论文[3]。该模型可以计算轮胎的高频响应，但计算代价较高，因此，可通过该模型计算轮胎准静态过障碍物的变形。该柔性环包括可变形的圆梁模拟胎体，径向、切向弹簧模拟轮胎的高压气体、轮胎侧壁(sidewall)。动力学方程通过哈密尔顿方程推导得出。建立两个坐标系，一个固定坐标系(x,z)，和一个旋转坐标系(x^*,z^*)，见图 4。

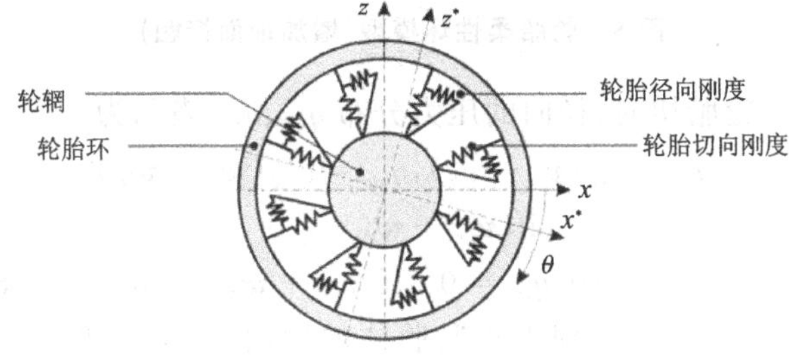

图 3　轮胎柔性环模型

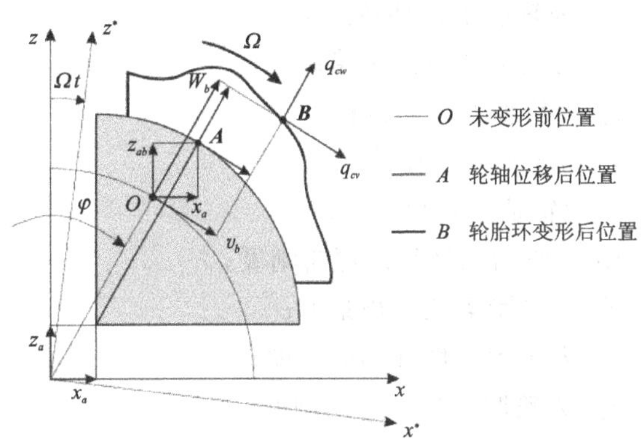

图 4　轮胎柔性环变形及坐标系

基于图 4 坐标系，建立柔性环动力学方程，参考文献[1]，方程如下：

$$\frac{EI}{r^4}\left(\frac{\partial^3 w_b}{\partial\theta^3}-\frac{\partial^2 v_b}{\partial\theta^2}\right)-\frac{EA}{r^2}\left(\frac{\partial w_b}{\partial\theta}+\frac{\partial^2 v_b}{\partial\theta^2}\right)+\frac{F_s}{r^2}\left(v_b-\frac{\partial w_b}{\partial\theta}\right)+\frac{P_0 b_R}{r}\left(\frac{\partial w_b}{\partial\theta}-v_b\right)+c_{bv}(v_b+x_a\sin\theta+z_a\cos\theta-r\theta_a)+\rho A(\ddot{v}_b+2\Omega\dot{w}_b-\Omega^2 v_b)=q_{cv} \tag{1.a}$$

$$\frac{EI}{r^4}\left(\frac{\partial^4 w_b}{\partial\theta^4}-\frac{\partial^3 v_b}{\partial\theta^3}\right)-\frac{EA}{r^2}\left(w_b+\frac{\partial v_b}{\partial\theta}\right)+\frac{F_s}{r^2}\left(\frac{\partial v_b}{\partial\theta}-\frac{\partial^2 w_b}{\partial\theta^2}\right)-\frac{P_0 b_R}{r}\left(\frac{\partial v_b}{\partial\theta}+w_b\right)+c_{bw}(w_b+x_a\cos\theta+z_a\sin\theta)+\rho A(\ddot{w}_b+2\Omega\dot{v}_b-\Omega^2 w_b)=q_{cw} \tag{1.b}$$

$$m_a\ddot{x}_a+\pi r(c_{bv}+c_{bw})x_a-r\int_0^{2\pi}(c_{bw}w_b\cos\theta-c_{bv}v_b\sin\theta)\mathrm{d}\theta=F_{ax} \tag{1.c}$$

$$m_a\ddot{z}_a+\pi r(c_{bv}+c_{bw})z_a-r\int_0^{2\pi}(c_{bw}w_b\sin\theta-c_{bv}v_b\cos\theta)\mathrm{d}\theta=F_{az} \tag{1.d}$$

$$I_{ay}\ddot{\theta}_a+2\pi c_{bv}r^3\theta_a-r^2\int_0^{2\pi}c_{bv}v_b d\theta=M_{ay} \tag{1.e}$$

式中：

q_{cv} 为作用在轮胎环上切向分布力；
q_{cw} 为作用在轮胎环上径向分布力；
F_{ax} 为作用在轮轴外力航向分力；
F_{az} 为作用在轮轴外力垂向分力；
M_{ay} 为作用在轮轴处的外部力矩；
v_b 为轮胎柔性环切向位移；

w_b 为轮胎柔性环径向位移；

x_a 为轮轴处航向位移；

z_a 为轮轴处垂向位移；

θ_a 为轮轴处角位移；

Ω 为轮轴旋转角速度；

EI 为轮胎柔性环的弯曲刚度；

F_s 为轮胎柔性环预紧力；

c_{bv} 为轮胎柔性环切向刚度；

c_{bw} 为轮胎柔性环径向刚度；

r 为轮胎半径；

b_R 为轮胎柔性环的宽度；

P_0 为轮胎气压；

m_a 为轮胎柔性环质量；

I_{ay} 为轮胎柔性环惯量。

基于轮胎柔性环的不可伸展假设，适用于大延展刚度的轮胎（子午线轮胎），假设轮胎胎体部分在圆周方向不可伸展。

$$w_b = -\frac{\partial v_b}{\partial \theta} \tag{2}$$

该方程用于计算准静态下轮胎越障工况，因此，设轮胎旋转速度为 0，则式(1)可简化为

$$-\frac{\mathrm{EI}}{r^4}\left(\frac{\partial^2 v_b}{\partial \theta^2}+2\frac{\partial^4 v_b}{\partial \theta^4}+\frac{\partial^6 v_b}{\partial \theta^6}\right)+\frac{P_0 b_R}{r}\left(\frac{\partial^2 v_b}{\partial \theta^2}+\frac{\partial^4 v_b}{\partial \theta^4}\right)+c_{bv}(v_b-r\theta_a)-c_{bw}\frac{\partial^2 v_b}{\partial \theta^2}+(c_{bv}+c_{bw})(x_a\sin\theta+z_a\cos\theta)=q_{cv}+\frac{\partial q_{cw}}{\partial \theta} \tag{3.a}$$

$$\pi r(c_{bv}+c_{bw})x_a+r\int_0^{2\pi}\left(c_{bw}\frac{\partial v_b}{\partial \theta}\cos\theta+c_{bv}v_b\sin\theta\right)\mathrm{d}\theta=F_{ax} \tag{3.b}$$

$$\pi r(c_{bv}+c_{bw})z_a+r\int_0^{2\pi}\left(-c_{bw}\frac{\partial v_b}{\partial \theta}\sin\theta+c_{bv}v_b\cos\theta\right)\mathrm{d}\theta=F_{az} \tag{3.c}$$

$$2\pi c_{bv}r^3\theta_a-r^2\int_0^{2\pi}c_{bv}v_b\,\mathrm{d}\theta=M_{ay} \tag{3.d}$$

2. 轮胎柔性环模型求解方法

由于方程的最高次为 6 次，通过龙格库塔方法进行数值计算过于烦琐且影响精度，不可行。因此采用 Modal Expansion Method。该方法的基本思想就是在外力作用下的线性系统的响应，可以简化为多个模态振型的叠加。

$$v_b(\theta,t)=\sum_{n=0}^{+\infty}a_n(t)\cos n\theta+b_n(t)\sin n\theta \tag{4.a}$$

$$w_b(\theta,t)=-\frac{\partial v_b}{\partial \theta}=\sum_{n=0}^{+\infty}na_n(t)\sin n\theta-nb_n(t)\cos n\theta \tag{4.b}$$

式中：$a_n(t)$，$b_n(t)$为模态位移，模态力 $\xi_{cn}(t)$，$\eta_{cn}(t)$为

$$a_n(t)=\frac{\xi_{cn}(t)}{C_{bn}}\quad(n=0,1,2,3,\cdots) \tag{5.a}$$

$$b_n(t)=\frac{\eta_{cn}(t)}{C_{bn}}\quad(n=0,1,2,3,\cdots) \tag{5.b}$$

式中：n 为模态阶数，模态力 $\xi_{cn}(t)$，$\eta_{cn}(t)$表示为

$$\xi_{c0}=\frac{1}{2\pi}\int_0^{2\pi}\left(q_{cv}+\frac{\partial q_{cw}}{\partial \theta}\right)\mathrm{d}\theta$$

$$\xi_{cn}=\frac{1}{\pi}\int_0^{2\pi}\left(q_{cv}+\frac{\partial q_{cw}}{\partial \theta}\right)\cos n\theta\,\mathrm{d}\theta\quad(n=1,2,3,\cdots) \tag{6.a}$$

$$\eta_{c0}=0,\ \eta_{cn}=\frac{1}{\pi}\int_0^{2\pi}\left(q_{cv}+\frac{\partial q_{cw}}{\partial \theta}\right)\sin n\theta\,\mathrm{d}\theta\quad(n=1,2,3,\cdots) \tag{6.b}$$

模态刚度 C_{bn}：

$$C_{bn}=\left[\frac{\mathrm{EI}}{r^4}(n^2-1)+\frac{P_0 b_R}{r}\right]n^2(n^2-1)+c_{bv}+n^2c_{bw} \tag{6.c}$$

轮胎接触地面的接触力与轮胎胎体部分变形相关，因此在图 3 柔性环基础上增加径向、切向弹簧模拟轮胎与地面的接触，见图 5。

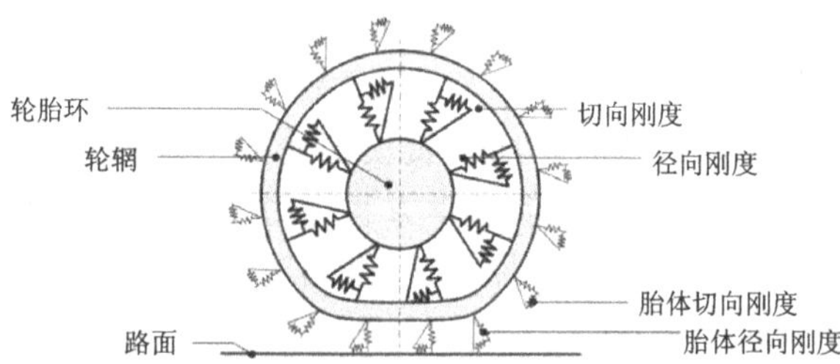

图 5　轮胎柔性环模型(增加地面接触)

轮胎切向、径向的压力分布 q_{cv}、q_{cw} 表示为

$$q_{cv}=c_{cv}(v_r-v_b),\ q_{cw}=c_{cw}(w_r-w_b)\quad \text{if}(w_r-w_b)>0 \tag{7}$$

$$q_{cv}=0,\ q_{cw}=0\quad \text{if}(w_r-w_b)\leqslant 0 \tag{8}$$

式中：c_{cv}、c_{cw} 分别为轮胎胎体的切向、径向刚度分布；v_r、w_r 分别为轮胎接触点的切向、径向位移。

为计算轮胎与路面的接触压力，必须先计算轮胎柔性环的变形以及轮胎环的内力、外力压力分布。图6所示为计算轮胎柔性环方程的步骤流程，按照上述流程进行计算，直至计算结果稳定。

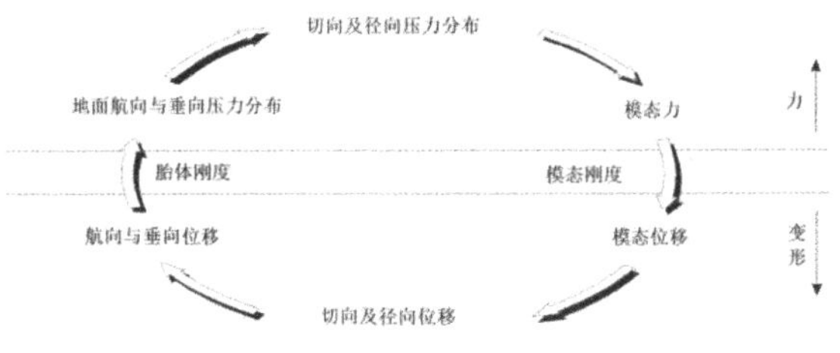

图6　轮胎柔性环方程计算流程

3. 轮胎柔性环模型计算结果

障碍物为直径0.038 m的钢索，将轮胎的相关参数(见表1)代入到上述方程得到计算结果，其中模态阶数取前30阶，轮胎接触区划分100个单元，在不同时间段的轮胎压力分布见图7，垂向力、航向力历程曲线见图8和图9。通过轮胎垂向力与航向力可以求出轮轴重心位移即障碍物有效输入高度、障碍物有效输入角度等，见式10和式11。

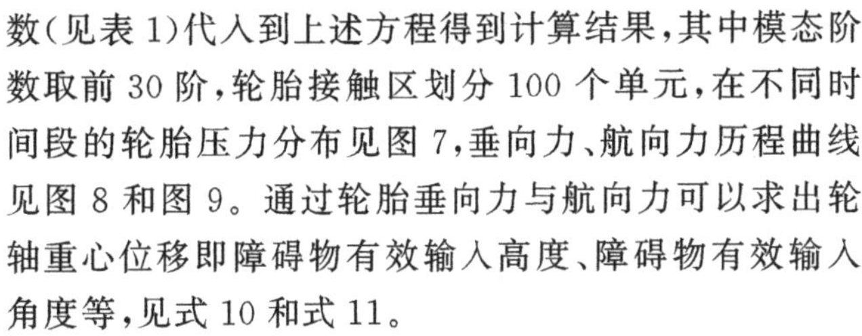

表1　轮胎柔性环参数

参　数	取　值	单　位
c_{cz}	11.4×10^6	N/m
c_{cx}	3.125×10^6	N/m
c_{bv}	6.5×10^6	N/m
c_{bw}	1.93×10^6	N/m
EI	4	N/m
P_0	2.0×10^6	N/m^2
b_R	0.125	m
r	0.3	m

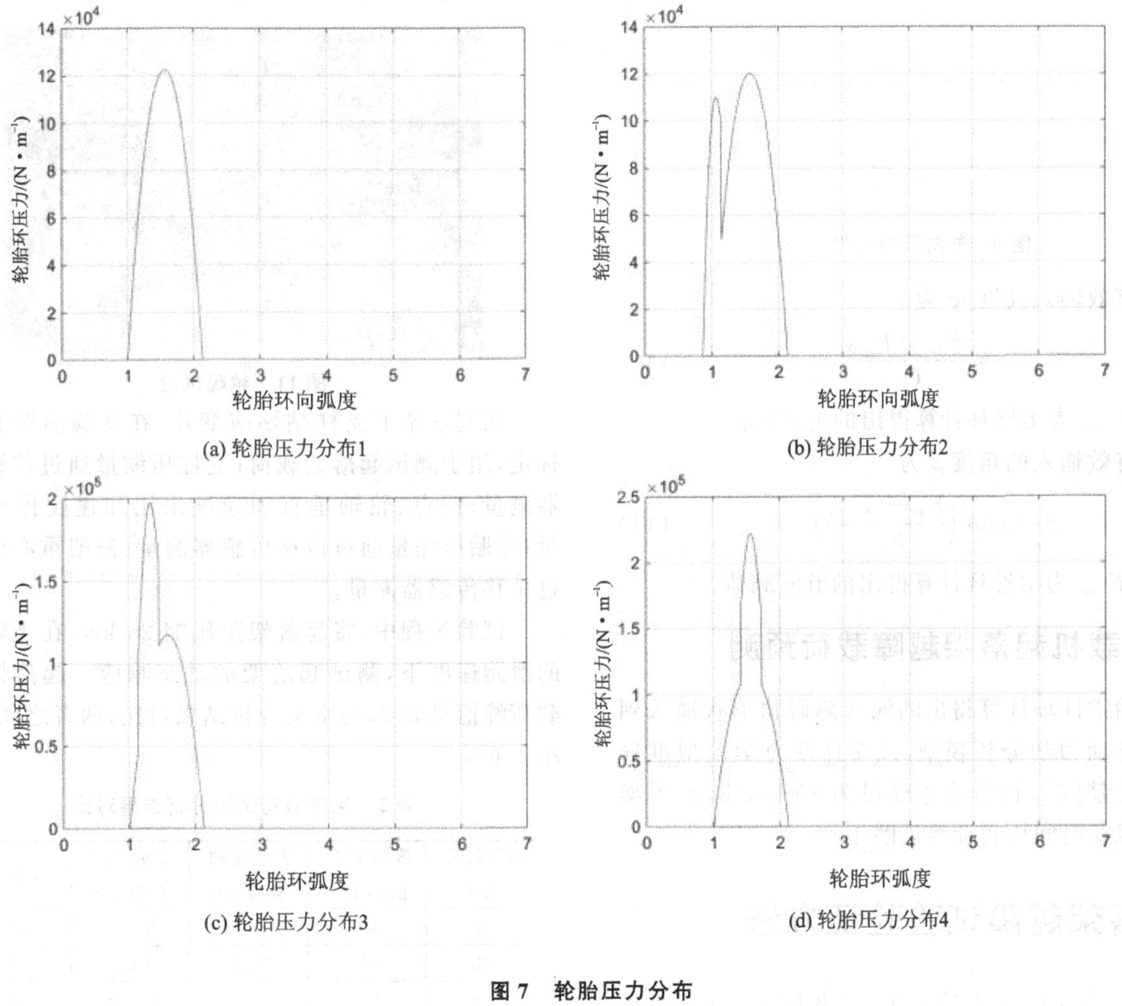

(a) 轮胎压力分布1

(b) 轮胎压力分布2

(c) 轮胎压力分布3

(d) 轮胎压力分布4

图7　轮胎压力分布

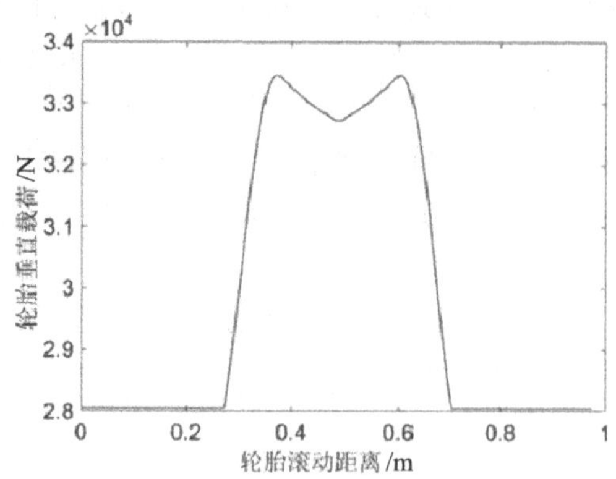

图8 垂向载荷历程

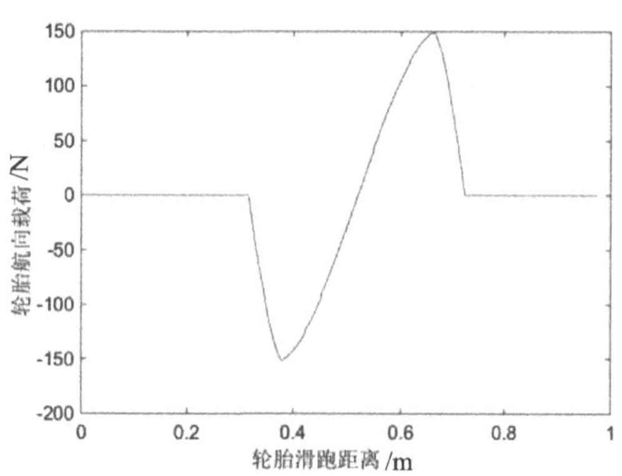

图9 航向载荷历程

地面有效输入高度 w 为

$$w=\frac{F_{zr}-F_{zr0}}{C_z} \tag{10}$$

式中：F_{zr}、F_{zr0} 为柔性环计算得出的垂向载荷。

地面有效输入的角度 β 为

$$\beta=a\tan\left(\frac{F_{xr}-F_{xr0}}{F_{zr}}\right) \tag{11}$$

式中：F_{xr}、F_{xr0} 为柔性环计算得出的航向载荷。

2.2 舰载机起落架越障载荷预测

将轮胎柔性环计算得出的输入障碍物形状输入到舰载机多体动力学分析模型，该多体动力学模型推导过程参见文献[6]，将滑跑速度设为 80 km/h，起落架越障垂向载荷时间历程曲线见图10。

3 起落架越障试验验证方法

该试验系统包括飞轮系统、加载框架、液压作动筒、障碍物等组成。试验选用钢缆直径为 $\phi38$，通过专用夹具将钢缆沿飞轮轴向紧贴飞轮表面固定，同时采

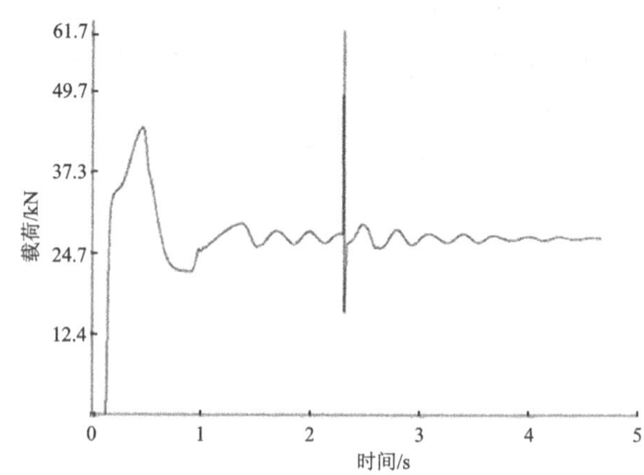

图10 起落架越障垂向载荷时间历程

用四根钢带沿飞轮圆周紧固，飞轮位于起落架轮胎下部，飞轮旋转则带动轮胎滚动。起落架通过夹具固结于加载框架上，液压作动筒通过框架对起落架施加预压缩载荷。

越障试验如图11所示。

图11 越障试验

在起落架下支柱粘贴应变片，在试验前对其进行标定，用于测试起落架载荷；支柱压缩量通过位移传感器测量；铰点、轮轴垂直加速度采用加速度传感器测量；轮胎压缩量通过位移传感器测量；框架重心位移通过位移传感器测量。

试验过程中，将起落架预压缩 28 kN，在飞轮不同的滑跑速度下，测试起落架的动态响应。起落架垂向载荷峰值见表2，与本文分析结果对比，两者之间，误差小于6%。

表2 越障载荷试验分析结果对比

静态载荷/kN	滑跑速度/($km\cdot h^{-1}$)	理论垂向载荷/kN	试验垂向载荷/kN	误差/%
28	60	60.69	58.88	3.07
28	80	59.27	61.1	3.00
28	100	59.12	62.68	5.68
28	120	60.43	62.74	3.82
28	160	63.70	63.36	0.53

4 结 论

本文通过分析与试验相结合的方法，建立了一套舰载机起落架越障动力学分析与验证方法，通过该方法可以较为准确地预测舰载机起落架越障动载荷，模拟起落架动态越障动力学过程。相对于详细的刚柔耦合多体动力学建模，其计算代价更小，计算效率更高，适用于飞机、起落架设计过程中的越障载荷预测。从本文研究结果可以得出以下结论：

（1）本文的轮胎柔性环建模方法，以及起落架越障动载荷预测建模方法是可靠的，可用于起落架越障载荷工程计算；

（2）通过起落架越障垂向载荷分析结果与试验结果对比，两者峰值误差在可接受的范围内，变化趋势也是相符的，随着起落架滑跑速度的增加，垂向载荷增加的幅度并不大，在7%以内；

（3）通过分析与试验结果显示，起落架越障载荷相对于起落架正常的滑跑载荷，增加的幅度是非常明显的，在起落架设计过程中应加以考虑；

（4）轮胎动力学建模与分析过程可通过轮胎地面低速滚动模拟试验替代。

参考文献

[1] Medzorian John. An investigation of landing gear shimmy: Tire Modals, Tire Methodologies, Analysis and Parameter Studies. SAE 1999-01-5527, 1991.

[2] Daugherty. Robert A Study of the Mechanical Properties of Modern Radial Aircraft Tires[J]. NASA TM 2003-212415, 2003.

[3] Gong Sunrong. A study of tire in-plane dynamics [D]. Delft University of Technology, 1993.

[4] 刘冲冲，牟让科，等. 考虑机体弹性的起落架着陆仿真分析[J]. 航空工程进展，2011(2).

[5] Zegelaar T P. He dynamic response of tyres to brake torque variations and road unevenesses[D]. Delft University of Technology, 1998.

[6] 黎伟明，马晓利. 舰载机多体动力学建模与弹射起飞模拟[J]. 机械科学与技术，2016(11).

[7] Bakker E, Nyborg L, Pacejka H B. Tyre modelling for use in vehicle dynamics studies. SAE paper 870421, 1987.

[8] Higuchi A, Pacejka HB. The relaxation length concept at large wheel slip and camber [J]. 2nd International Colloquium on Tyre Models for Vehicle Dynamic Analysis, Berlin, Germany, February 20-21, 1996, Vehicle System Dynamics, supplement, 1996, 27: 50-64.

[9] Hans B. PACEJKA. In-Plane and Out-of-Plane Dynamics of Pneumatic Tyres [J]. Vehicle System Dynamics, 1981, 10: 221-251.

[10] ZEGELAAR P W A, PACEJKA H B. A Vehicle System Dynamics[J]. International Journal of Vehicle Mechanics and Mobility, 2013, (9).

[11] Schuring D J. Dynamic Responses of Tires [J]. Tire Science and Technology, TSTCA, 1976, 4 (2): 115-145.

[12] Ushijima T, Takayama M. Modal analysis of tire and systemsimulation [J]. SAE paper 880585, 1988.

[13] Domenico deFalco. WHEEL SHIMMY EXPERIMENTAL INVESTIGATION[J]. ESDA2012-82282.

[14] Ned J Lindsley. A Tire Model for Air Vehicle Landing Gear Dynamics[J]. International ADAMS User Conference, 2000.

[15] Pamela A. Davis. Quasi-Static and Dynamic Response Characteristics of F-4 Bias-Ply and Radial-Belted Main Gear Tires. NASA Technical Paper 3586.

[16] 管迪华，代易宁，谢先海. 利用试验模态参数建立轮胎滚动模型[J]. 清华大学学报（自然科学版），2003, 43.

[17] Nanthakumar A J D, Debopriyo Baisya. Development of mathematical model for real time estimation and comparison of individual lateral tire force generation[J]. Materials Today: Proceedings, 2020(12).

机载永磁同步电机驱动器电流重构设计

黄义红，张峻涛，刘丹

中国航空工业金城南京机电液压工程研究中心电机部，南京 211106

摘要： 在航空机载系统中，高性能的永磁同步电机得到了越来越广泛的应用，通常采用比较成熟的 SVPWM 矢量控制策略，需要通过电流采样传感器进行精确的相电流信息采集。为了提高系统的可靠性，本文分别针对一相电流传感器及两相电流传感器均出现故障的情况下，进行了相电流重构设计，提出了一种基于母线电流霍尔传感器的相电流重构技术，并结合坐标变换将电流进行滤波处理。仿真结果表明，采用该种电流重构手段能够有效解决相电流传感器出现故障的问题。

关键词： 电流重构；坐标变换；一阶滤波；矢量控制；永磁同步电机

随着机载设备性能水平的提升和结构复杂程度的提高，对机载产品的可靠性要求越来越高。永磁同步电机由于其高功率密度、高效率、高可靠性等优点，在航空机载领域得到广泛应用[1-2]。

采用 Id=0 的矢量控制策略是目前永磁同步电机最常用的策略[3]。该控制策略的实现需要采集相电流的精准信息，通常采取的措施是在两相绕组上安装电流霍尔传感器进行电流信号采集[4-5]，第三相电流通过计算三相电流之和为 0 来实现；母线上通常会安装电流霍尔传感器进行母线电流采集，并用做驱动器的保护。但电流霍尔传感器存在着失效的可能，当某一相或两相电流霍尔传感器功能失效后，电流传感器无法对相电流进行采样，传统的 SVPWM 矢量控制算法无法在采集不了相电流的情况下完成控制功能。

为了提高驱动器的可靠性，保证机载任务的完成，针对相电流传感器出现故障的情况，本文提出了相电流的重构技术。当一相电流传感器故障后，通过计算推理的方式进行电流重构；当两相电流传感器均失效的情况下，通过功率管的开关状态与母线电流值进行推算，结合坐标变换将电流处理置于重构完成后，将重构出的电流变换至两相旋转坐标系下，并进行一阶低通滤波。整个重构策略过程简单，可以在电机满额运行条件下实现重构，电机稳定工作，但在低速运行条件下，电机工作在低调制区域扇区内，无法根据母线电流传感器反推出相电流信息，此时无法实现相电流重构。

1 基于 SVPWM 控制的永磁同步电机架构

典型的高压直流电机驱动系统的结构如图 1 所示。

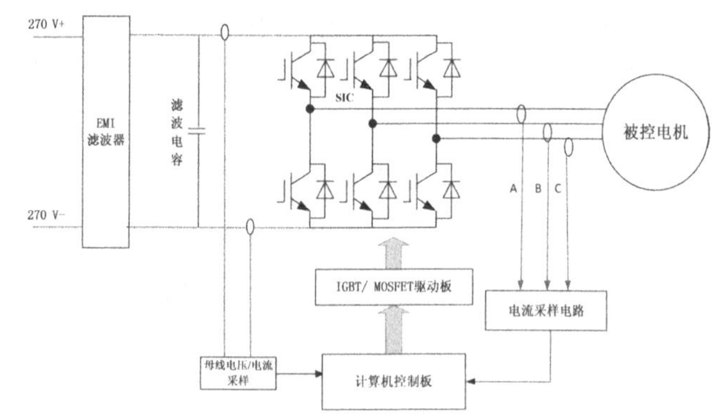

图 1 典型的电机驱动系统硬件结构

永磁同步电机驱动系统通常采用三相全桥逆变拓扑结构。该结构中使用了三只电流霍尔传感器，母线电流霍尔传感器安装在母线滤波电容与逆变器之间，A 相与 B 相电流霍尔传感器分别安装在 A 相与 B 相绕组处，C 相电流则通过三相电流之和为 0 来计算得到。

永磁同步电机采用 SVPWM 矢量控制策略。根据逆变中 6 只 IGBT 的开关情况，将电压矢量分为 6 个空间矢量和 2 个零矢量，每个任意输出的电压矢量均由该 8 个基本矢量组成[6-9]，如图 2 所示。

基金项目：国家自然科学基金；航空科学基金

* 通讯作者. E-mail：hkxb@buaa.edu.cn

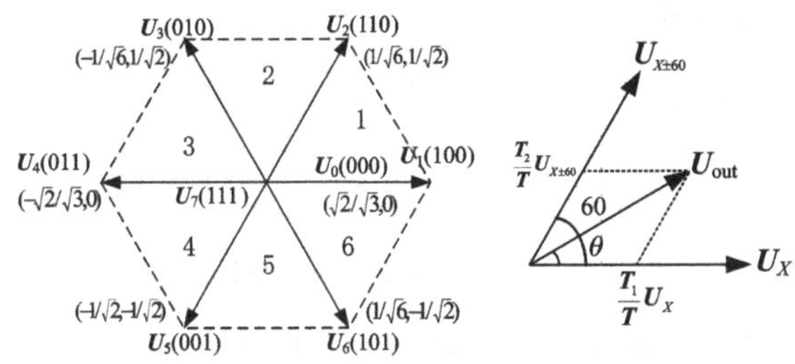

图 2 空间矢量电压合成图

2 相电流与母线电流关系

在每个基本电压矢量作用期间，其开关状态保持不变，电流回路固定，此时母线电流与相电流存在一定的对应关系。将每相桥臂上管导通状态定义为 1，下管导通状态定义为 0[10-11]。图 3 所示为开关状态为 100 时电流回路，此时，电流从 A 相绕组流入，B、C 相绕组流出，母线电流与 A 相电流一致。

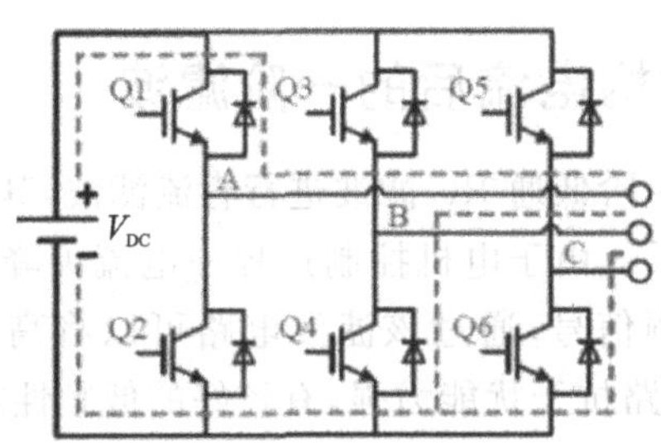

图 3 开关状态为 100 电流回路图

通过对 8 个基本电压矢量开关状态下电流回路分析，得出不同开关状态时母线电流与相电流的关系如表 1 所示。以扇区 1 为例，参考电压矢量由 000，100，110，…，111 组成，当开关状态为 100 时，母线电压为 $+i_a$，当开关状态为 110 时，母线电压为 $-i_c$。

表 1 不同开关状态下母线电流与相电流关系

开关状态	母线电流	开关状态	母线电流
000	0	011	$-i_a$
100	$+i_a$	001	$+i_c$
110	$-i_c$	101	$-i_b$
010	$+i_b$	111	0

3 一相电流传感器故障

当单个相电流传感器损坏时，可以通过完好的相电流传感器和位置传感器完成对三相电流的重构。通过当前的电机角度，假设 ABC 三相电流满足幅值相等且相位角相差 60°，则 ABC 三相电流的公示如下：

$$\begin{cases} I_a = I\cos\theta \\ I_b = I\cos(\theta - 60^\circ) \\ I_c = I\cos(\theta - 120^\circ) \end{cases}$$

在已知电机角度和某相电流的情况下，可以直接通过 Clark 变换得到 I_α、I_β，它们之间的夹角为 90°且幅值相等。

因此，一相电流霍尔传感器出现故障时，通过三相电流之间的相位差及位置关系，即可以反推算出相电流信息，从而实现相电流的重构，保证了系统任务的可靠性。

4 两相电流传感器故障电流重构盲区

在实际电路中，为防止同一桥臂的上下管同时导通造成直通现象，通常会设置一定时间的死区。此外，由于电力电子器件的工作特性，其开通或关断均具有延时效应。如图 4 所示，上下管的驱动信号设置死区时间为 T_D，功率管开通延迟时间 T_{ON}，功率管关断延迟时间 T_{OFF}。从图中可以看出，驱动信号与功率管最终的开通关断延时时间为 $T_D + T_{ON/OFF}$。

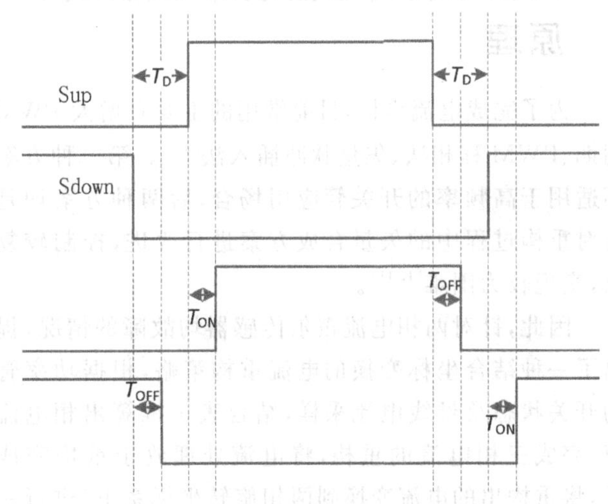

图 4 死区时间与开关时间图

由于电机绕组为感性负载，在功率管开通瞬间电流不能瞬时达到稳定值，因此需要等待一段时间 T_W，待电流稳定后，再进行电流采样。图 5 所示为理想电流与实际电流的对比图。

因此，为了保证电流采样的准确性，每个非零电压矢量的作用时间 $T_S \geqslant T_D + T_{ON} + T_W$。当电压矢量作

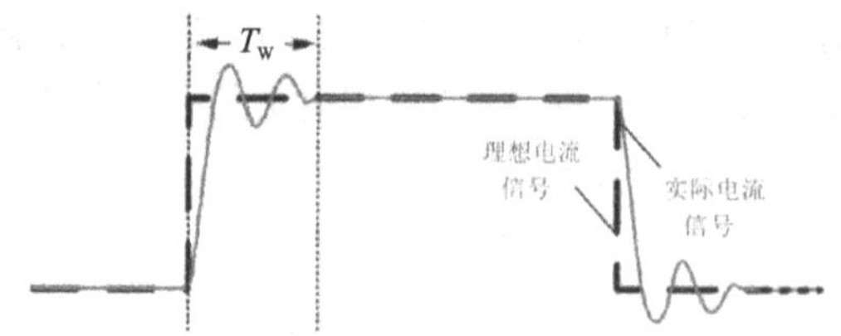

图 5 理想电流与实际电流图

用时间 T_S 小于该值时，就无法获得准确的母线电流信息，从而构成了相电流重构盲区，如图 6 所示。当电压矢量在扇区边界区域时，在任一扇区内都会存在某个电压矢量的电压时间变得很短，无法完整地完成相电流重构。当电压矢量在低调制区域时，功率管开关状态大多为 111 或 000 状态，两相电流均不能有足够的时间被完整地重构出来。

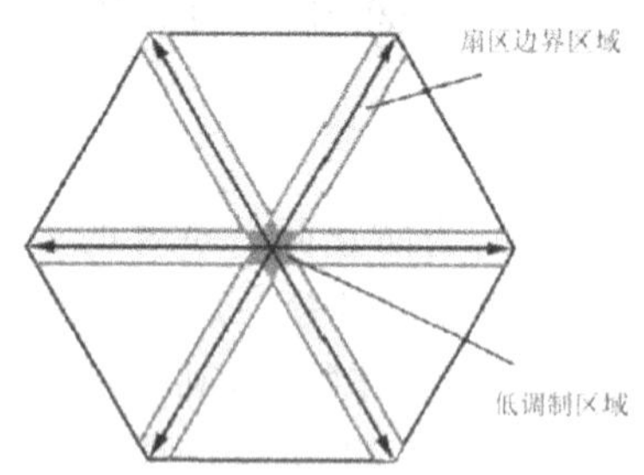

图 6 相电流重构盲区

5 两相电流传感器故障电流重构原理

为了完成电流重构，目前常用的主要有增大 PWM 周期、PWM 移相法、矢量脉冲插入法[8-9]。第一种方案不适用于高频率的开关管应用场合，后两种方案均是针对重构过程中的矢量合成方案进行改进，控制较复杂，实现较为困难[10-11]。

因此，针对两相电流霍尔传感器均故障的情况，提出了一种结合坐标变换的电流重构策略，根据功率管的开关状态及母线电流采样，结合表 1 推算出相电流值，完成三相电流的重构，将电流处理放于重构完成后，将重构出的电流变换到两相旋转坐标系下，进行一阶低通滤波，该重构策略过程简单，在 DSP 程序中容易实现，且电流尖峰带来的畸变多为高频信号，滤波处理后的 dq 轴电流可直接用于电机驱动控制。

5.1 重构电流后的坐标变换

如图 7 所示，为重构电流的变换原理图。采用了结合坐标变换的滤波方式来消除最小重构时间对电流重构的影响。

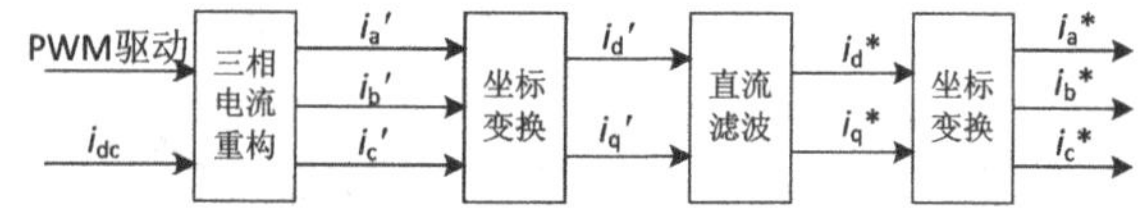

图 7 重构电流变换原理图

经三相电流重构后得到了三相静止坐标系下的交流电流 i'_a、i'_b、i'_c，经坐标变换后转为两相旋转坐标下的交直轴分量 i'_d 和 i'_q。变换公式如下所示：

$$\begin{bmatrix} i'_d \\ i'_q \end{bmatrix} = \sqrt{\frac{2}{3}} \begin{bmatrix} \cos\theta & \cos(\theta-2\pi/3) & \cos(\theta+2\pi/3) \\ -\sin\theta & -\sin(\theta-2\pi/3) & -\sin(\theta+2\pi/3) \end{bmatrix} \begin{bmatrix} i'_a \\ i'_b \\ i'_c \end{bmatrix}$$

将 i'_d 和 i'_q 分量经直流滤波后得到 i^*_d 和 i^*_q，坐标变换后得到三相电流 i^*_a、i^*_b、i^*_c，作为三相交流电流输入。变换公式如下：

$$\begin{bmatrix} i^*_a \\ i^*_b \\ i^*_c \end{bmatrix} = \sqrt{\frac{2}{3}} \begin{bmatrix} -\cos\theta & -\sin\theta \\ \sin(\theta+\pi/6) & \cos(\theta-\pi/6) \\ \sin(\theta-\pi/6) & -\cos(\theta-\pi/6) \end{bmatrix} \begin{bmatrix} i^*_d \\ i^*_q \end{bmatrix}$$

5.2 重构电流后的一阶滤波

采用一阶低通 RC 滤波进行直流滤波，其电路结构如图 8 所示。由于电机控制过程中电流尖峰带来的畸变多为高频信号，通过该滤波电路可以将高频信号衰减，且该电路抗干扰能力强，有较好的低频性能。

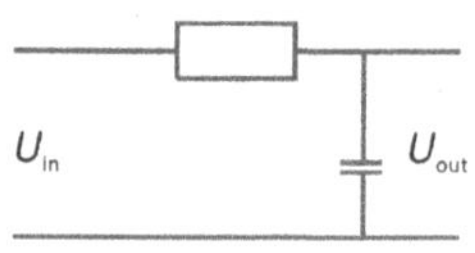

图 8 一阶低通 RC 滤波

该滤波电路的微分方程为

$$u_{in} = RC\frac{du_{out}}{dt} + u_{out}$$

即用软件算法来替代硬件电路的滤波功能，算法如下：

$$Y_n = a \times X_n + (1-a)Y_{n-1}$$

当前滤波输出值主要取决于上一次滤波输出值和当前采样值，输出与输入形成闭环反馈，提高了算法精度。若 a 的取值远小于 1，在当前采样值对滤波输出的影响并不大，该算法具有较大惯性的低通滤波，对周期性干扰信号具有良好的抑制作用。

6 仿真及结果分析

针对一相及两相电流传感器均损坏的情况，搭建仿真平台，对上述分析的基于母线电流传感器位于电容与逆变器之间的电流重构技术进行仿真验证。其中，电机转速给定为 11 500 r/min，负载力矩为 5 N·m。

6.1 一相电流传感器损坏仿真

在 T=0.5 s 时，假设 A 相电流传感器故障，切换为重构电流进行控制，仿真波形如图 9 所示。可以看出，由于切换前重构电流与实际电流基本重合，切换后电流几乎没有波动。

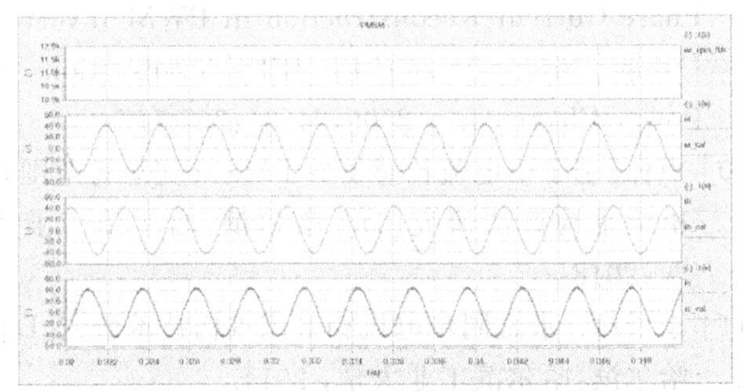

图 9　A 相电流传感器损坏电流重构图

6.2 两相电流传感器损坏仿真

不加入滤波计算，对三相电流进行重构，仿真波形如图 10 所示。可以看出，重构出的相电流波形含有尖峰，这与 SVPWM 算法有一定的关系，在功率管状态为 000 或 111 时，母线电流采样值为 0，相电流在绕组内流通，不经过母线，此时无法根据母线电流重构出相电流波形。

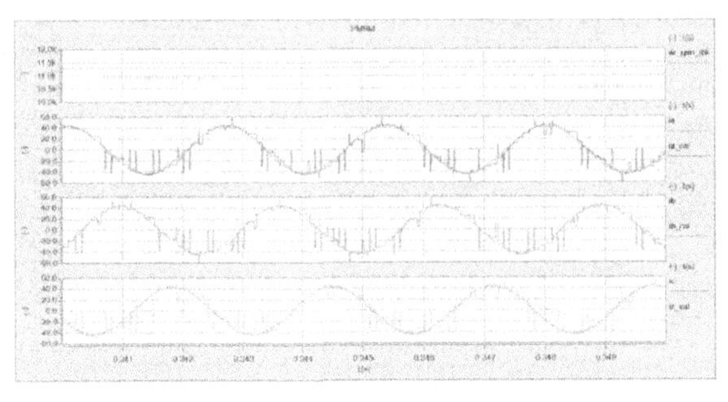

图 10　加入滤波计算前电流重构图

在 T=0.5 s 时，假设 A、B 相电流传感器均故障，切换为重构电流进行控制，仿真波形如图 11 所示。可以看出，由于切换前重构电流与实际电流基本重合，切换后电流几乎没有波动。

给定转速 1 000 r/min，负载转矩 5 N·m，在 T=0.5 s 时，假设相电流传感器故障，切换为重构电流进行控制，仿真波形如图 12 所示。可以看出，由于电机在低速下运行，功率管开关状态信号大多为 111 或 000 状态，此时工作在低调制区域，切换前重构电流无法获取全部信息，切换后电流波动明显，转速波动明显，无法实现相电流重构。

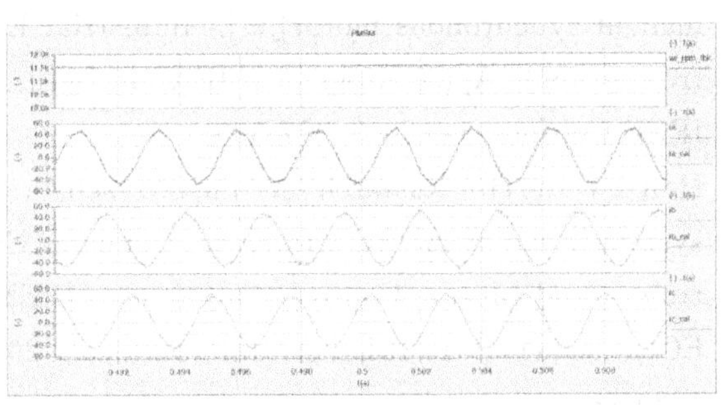

图 11　加入滤波计算后电流重构图

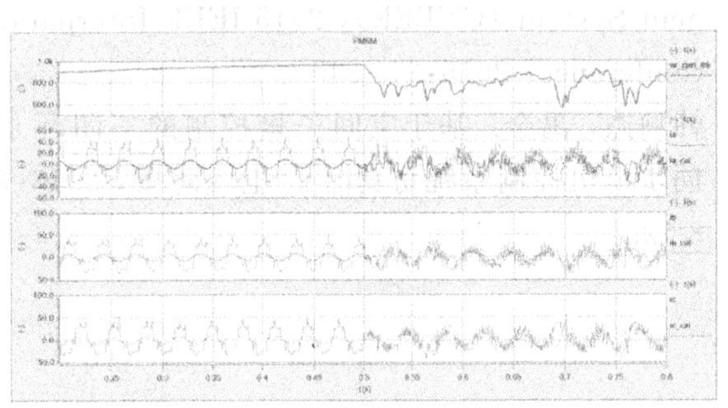

图 12　低速条件下电流重构图

7 结　论

本文针对永磁同步电机的相电流重构问题进行分析。针对一相电流传感器故障的情况，采用了结合电机位置与另一相电流信息进行推算的方式进行电流重构。

针对两相电流传感器均故障的情况，采用了一种结合坐标变换的电流重构技术，根据功率管开关状态与对应的母线电流值，推算出对应的相电流值，将电流处理放于重构完成后，将重构出的电流变换到两相旋转坐标系下，进行一阶低通滤波。该重构策略在满载条件下可以实现相电流的精确重构，但在低速条件下，PWM 驱动大多为 000 或 111 状态，处于低调制区域，无法实现电流重构。通过仿真进行验证，该电流重构方式合理。

参考文献

[1] Wen J, Huang Y. Robust speed control of per-

manent synchronous motor[C]. Industrial Electronics and Applications (ICIEA), 2013 8th IEEE Conference, 2013:327-330.

[2] Han Y, Li H. Research on PMSM sensor-less system based on ADRC strategy[C]. Power Electronics and Motion Control Conference (IPEMC-ECCE Asia), 2016 IEEE 8th International, 2016: 1829-1834.

[3] 蒋家强,曹建福. 永磁同步电机矢量控制及其仿真研究[J]. 电气开关,2011(4):51-53.

[4] Chen H, Xu H, Liu B, et al. The compensated Active Disturbance Rejection Controller based on Sliding Mode Control for PMSM [C]. Cyber Technology in Automation, Control, and Intelligent Systems(CYBER), 2015 IEEE International Conference, 2015:240-245.

[5] 韩顺杰, 禹金. 基于空间矢量控制的三闭环永磁同步电机控制系统仿真[J]. 电气防爆, 2013(3): 8-12.

[6] 郑征,王鹏超,朱艺锋. PWM 整流器电流重构的问题研究[J]. 电工技术学报,2017,51(1):33-36.

[7] 杜凡,李云辉,魏延羽,等. 两种基于母线电流传感器的相电流重构方法[J]. 微电机,2013,46(12): 55-59.

[8] Green T C, Williams B W. Derivation of motor line-current waveforms from the DC-link current of an inverter[J]. IEEE Proceedings B-Electric Power Applications, 2002, 136(4):196-204.

[9] Ha J I. Voltage Injection Method for Three-Phase Current Reconstruction in PWM Inverters Using a Single Sensor[J]. IEEE Transactions on Power Electronics, 2009,24(3):767-775.

[10] 卢伟. 基于单电流传感器的 PMSM 宽运行范围相电流重构算法研究[D]. 哈尔滨:哈尔滨工业大学,2018.

[11] 李云辉. 永磁同步电机相电流重构技术研究[D]. 哈尔滨:哈尔滨工业大学, 2014.

一种基于无人机的射频兼容设计方法

贾韵桦*，于泽，王江

中国航空研究院第六一一研究所，成都 610091

摘要： 随着无人机应用领域的不断扩大，以及信息化武器装备大量投入战场，无人机平台系统射频兼容性设计的问题日益突出。本文主要通过研究无人机内部电磁环境所造成的射频互扰问题，对不同类型的射频冲突进行研究及分析，并综合运用时域、空域、频域等多种兼容手段，提出一种新的基于无人机平台的射频设备兼容设计方法。跳出了兼容设计传统的“出现兼容问题再解决问题”的被动局面，为复杂电磁环境下无人机平台以及其他平台的系统级兼容设计提供了新的思路。

关键词： 无人机；机载电子设备；电磁互扰分析；兼容设计

无人机是无人驾驶航空器的简称，早期无人机的主要用途为目标定位和火炮校射，或被当作各种新型导弹、飞机的靶标。近年来，无人机的发展进入了崭新的时代，性能各异、用途广泛的新型机种不断涌现，由单纯地执行侦察任务向侦察监视信息中继、直接空战或对地攻击的一体化方向发展。随着无人机应用领域不断扩大，现代无人机平台装备的射频设备越来越多，其面临的电磁环境日益恶化：除了要受到敌机、友机的天线辐射，以及自然环境中的电磁辐射，还有可能受到同平台其他射频设备不同形式的干扰，这种干扰不仅可能导致飞机航电系统中设备本身的性能下降，而且可能对飞机的作战使用造成巨大隐患。

从 20 世纪 70 年代起，美国率先建立起多个专业的电磁兼容仿真机构，并制定相应的技术规范和标准，至今已有一套完整的仿真软件和标准体系。对于无人机，目前已经可以利用计算机技术和现代计算电磁学开展无人机的射频干扰预测分析。国内对于无人机射频兼容的研究起步较晚，目前国内的一些高等院校和研究院所均开展了相关技术方面的研究，不仅深入分析了射频互干扰产生的机理，也积累了射频兼容预测的宝贵经验，主要有：基于舰艇设备分析的时空频管控措施对作战效能的影响[1]；针对机载射频设备收发系统间的电磁兼容性进行的预测分析和研究[2]；针对机载电子设备所处复杂电磁环境中的各种干扰等[3]。

在无人机平台的射频兼容设计方面，大多数研究还停留在兼容预测与系统设计各自进行的阶段，很少站在全机整体的角度进行射频兼容设计。本文通过分析复杂电磁环境中，无人机各设备工作时可能存在的射频冲突，提出一种新的射频兼容设计方法，实现无人机平台射频设备在空域、时域、频域的兼容工作。

1 电磁环境分析

1.1 形成电磁干扰的基本要素

对任何航电系统而言，形成电磁干扰必须具备的三个要素是：辐射源、耦合路径以及敏感源[4]，如图 1 所示。

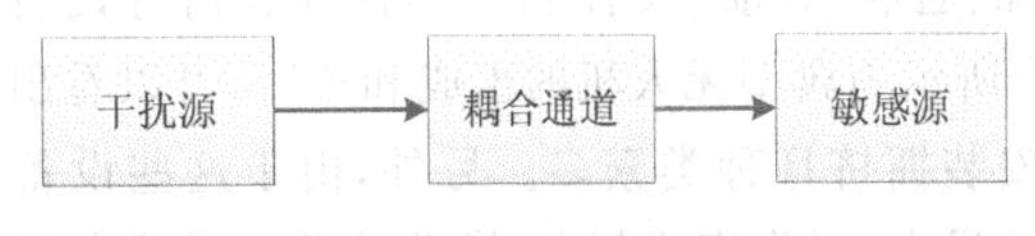

图 1 电磁干扰三要素

由干扰源发出电磁干扰能量，经耦合途径传输到敏感源，进而使敏感源的工作受到影响的过程，即为电磁干扰效应[6]。当这样的干扰过程发生在射频设备之间，就称干扰源对敏感源产生了射频干扰。

随着无人机应用领域的扩大，对这些设备的可靠性、环境适应性以及射频兼容性等方面提出了更高的要求，尤其是射频兼容性设计方面。由于射频设备间的距离有限，当干扰源和敏感源的工作频带存在重叠，且同时处于工作状态时，就可能会造成相互之间的射频干扰。

* 通讯作者．E-mail：jiayunhua12@163.com

1.2 无人机电磁环境分析

1. 外部电磁环境分析

无人机系统外部电磁环境可分为两大类：自然电磁环境和人为电磁环境。自然电磁环境起源于地球和宇宙的自然过程，人为电磁环境则是来自人类的活动包括由无线电发射机有意产生的各种电磁场以及这些发射机和其他设备产生的附加电磁场[7]。战场环境典型信号频率分布如图 2[6] 所示。

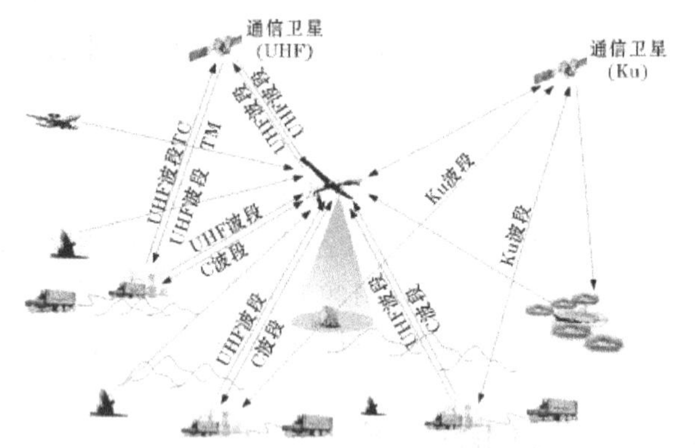

图 2 战场环境典型信号频率分布图

2. 内部电磁环境分析

与有人飞机相比，无人机机身狭小，重量和载荷受到更严格的限制，但随着空战中敌对双方对制电磁权争夺的白热化，无人机平台的功能要求是舱内必须安装电源、通信、导航、飞控和各类任务载荷等设备。如图 3[7] 所示为典型无人机的组成和布局，可以看出这些设备安装拥挤且种类繁多。另外，由于这些设备工作特性差异大，工作模式复杂，因此这些电子设备虽然在单独实验时都符合技术标准，但在系统联试、训练和作战过程中，常常出现设备性能下降，甚至功能失常等问题[8]。

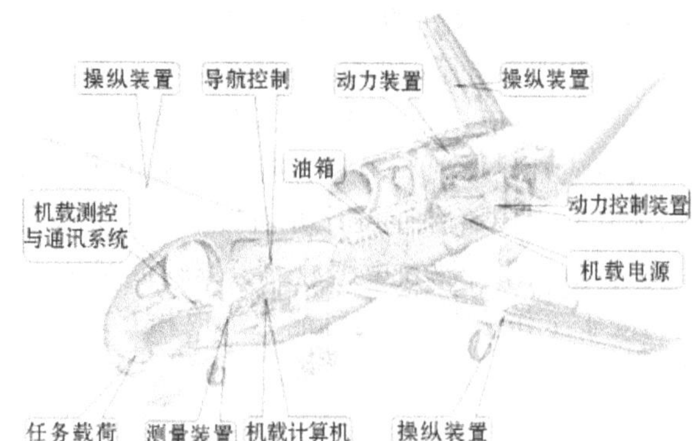

图 3 典型无人机组成和布局示意图

2 基于无人机的射频兼容设计

2.1 射频兼容总体设计

射频兼容设计是无人机平台航空电子系统设计的重要环节之一，它是在飞机设计阶段通过对各射频设备间的互干扰情况进行预测，并通过系统设计实现兼容工作，使得原来在联试或作战使用中才暴露的射频兼容问题随飞机设计一并考虑，避免研制时间和费用的双重浪费。

无人机射频兼容总体设计如图 4 所示。其中，射频互扰预测是进行干扰源对敏感源的影响分析，包括分析互扰的类型和强度，是系统兼容设计的主要依据。目前大多数对无人机平台射频设备的兼容分析都集中在了互扰预测阶段，很少提出在后续如何针对不同类型的干扰进行系统的兼容设计方法。

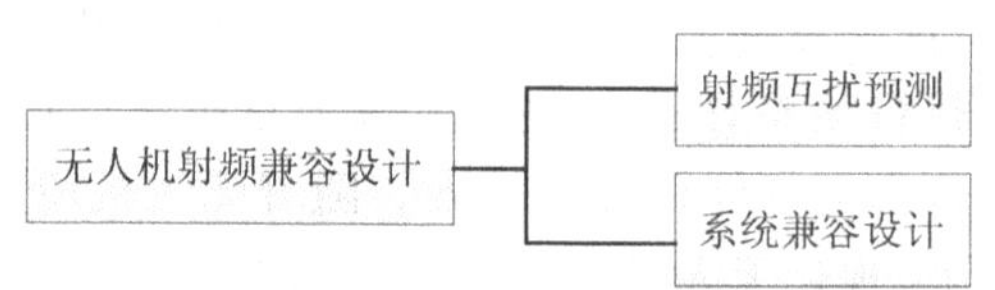

图 4 无人机射频兼容总体设计

基于此，本文重点关注如何解决由内部电磁干扰造成的射频兼容问题，主要通过对无人机平台各设备间的射频互扰进行研究分析，综合应用空间隔离、频域隔离、时域隔离等多种手段，进行无人机机载射频设备的系统兼容设计，提出一种无人机射频兼容设计方法如图 5 所示。

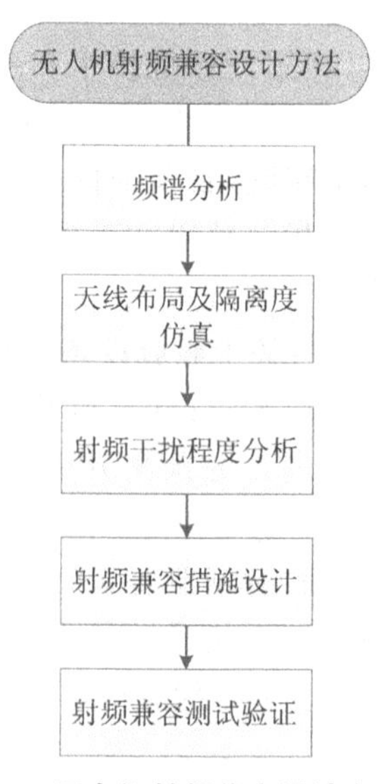

图 5 无人机射频兼容设计方法

2.2 频谱分析

当无人机平台的射频设备同时满足以下三个兼容条件时,各设备之间就可能存在射频冲突:

(1) 在空域上存在共同的作用范围;

(2) 在频谱上存在频域的重叠;

(3) 在时域上存在执行任务的同时间段。

可能存在的冲突类型有同频干扰、互调干扰、阻塞干扰、邻频干扰等[9],这些干扰会造成敏感源接收出现阻塞现象,甚至可能造成射频前端烧毁。

在进行无人机射频兼容分析时,首先从频域入手,对全机的射频设备工作频谱进行整理,通过频谱分析初步确定各设备间干扰的类型。对各设备的工作频段整理可得到无人机射频设备基带频谱示意图如图6所示。

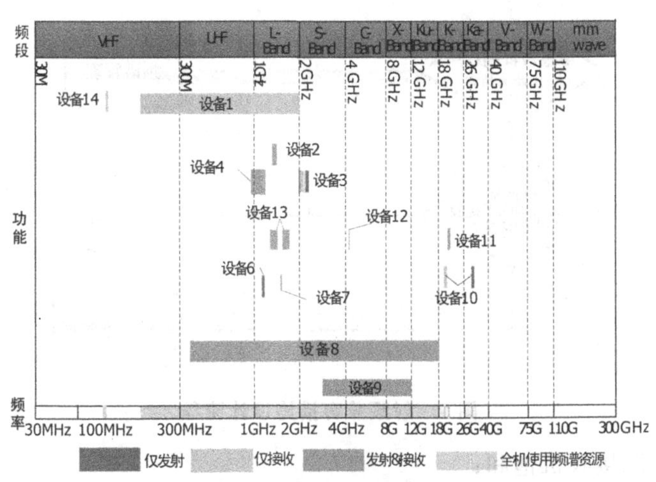

图6 无人机射频设备基带频谱示意图

根据图6可知,无人机全机射频设备具备天线数量众多、频谱占用宽、各个频段均存在重合的特点,同时由于各个设备工作特性复杂,必然会出现不同程度和不同类型的射频互干扰,需要进一步设计天线布局并仿真隔离度。

2.3 天线布局及隔离度仿真

天线布局设计流程如图7所示。

第一步:基于天线预布局方案,以及无人机平台的尺寸建立整机的仿真模型。

第二步:对装机前后的天线进行电磁特性仿真,并分析由于安装位置的金属结构对方向图造成的畸变。

第三步:先根据电磁波空间损耗公式(1),可以对装机后各个天线间的隔离度仿真分析

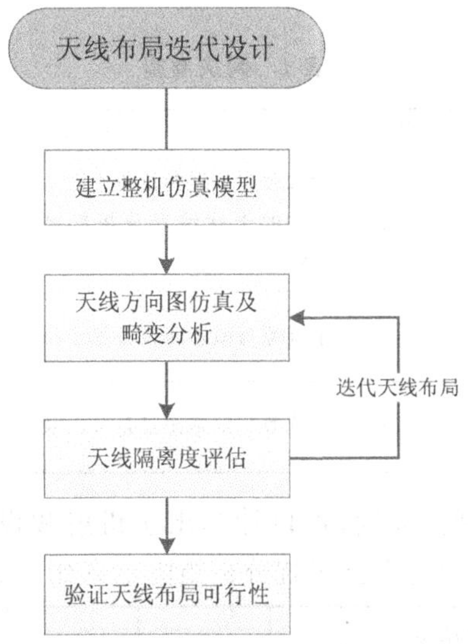

图7 天线布局设计流程

$$L=-32.44-20\lg(f\times d) \tag{1}$$

式中:L 为电磁波空间损耗,dB;f 为辐射频率,MHz;d 为空间衰减的距离,km [10]。再综合考虑各天线的工作方式、工作频率、极化形式、安装位置等因素[5],对全机天线布局进行科学合理的迭代设计。

第四步:应用数学模型法分析和缩比模型试验来验证天线布局方案的可行性。

通过迭代天线的布局方案来获得空间隔离度是抑制无人机各设备间射频干扰的有效方法,在空域上最大限度地减少各类天线之间的耦合,是进行系统射频兼容的设计基础。但由于无人机平台空间所限,且需要满足不同设备的作战任务需求,最终的天线布局是各种因素折中的结果,因此只通过天线布局设计无法为各天线提供足够的隔离度,需要进一步确定天线布局下各设备仍存在的射频互扰的程度。

2.4 射频干扰程度分析

射频干扰程度分析是通过对接收机灵敏度、干扰裕度、接收机信道等相关概念的研究,计算各设备间射频干扰信号的强度,为解决无人机各设备之间的射频干扰提供理论支持。

为分析在复杂电磁环境下的无人机各射频设备之间的互干扰程度,选用干扰裕度IM(Interference Margin)作为判决指标,IM表达式为

$$\mathrm{IM}=P_N-S_{\min} \tag{2}$$

式中:P_N 为敏感源接收机端口干扰信号功率;$S_{\min}$ 为敏感源接收机的灵敏度。应对IM留有一定余量,一般可取 −6 dB,基于此得到射频干扰判决准则如表1

所列。

表1 判决准则

序 号	判决准则	判决结果
1	IM>−6 dB	干扰源与敏感源设备不能兼容工作，需根据不同的干扰情况分析敏感源性能受到的影响
2	IM=−6 dB	干扰源与敏感源设备处于临界状态
3	IM<−6 dB	干扰源与敏感源设备可以兼容工作

基于判决准则，可以计算出全机射频设备的互干扰程度，从而建立互干扰分析矩阵示意如图8所示。

干扰源 \ 敏感源	敏感源1	敏感源2	敏感源3	敏感源4
干扰源1	■	◆	●	●
干扰源2	●	■	●	●
干扰源3	●	●	●	●
干扰源4	◆	●	◆	◆
干扰源5	●	◆	●	●

■表示干扰源和敏感源为同一设备；
●表示干扰源和敏感源间不存在干扰；
◆表示干扰源和敏感源间存在干扰。

图8 射频互干扰分析矩阵示意

如图8所示，互干扰分析矩阵的建立可直观体现出各设备间的射频干扰程度，可能是一个干扰源对若干个敏感源产生射频干扰，也有可能是一个敏感源受到若干个干扰源的射频干扰。

2.5 射频兼容措施设计

根据仿真获得的天线隔离度和各子系统的性能指标，以及各设备间射频互扰分析矩阵，进一步进行射频兼容方案设计。

首先，解决饱和问题，针对天线布局无法解决的饱和问题，采用在发射机或接收机端加滤波器的方式进行滤波，将互干扰的频段滤除，从而避免敏感源接收机的饱和。

然后，在解决饱和问题的基础上，针对无人机平台的射频设备众多，互干扰情况复杂的特点，射频兼容措施的设计流程如图9所示。

(1) 判断在现有天线布局下，是否仍存在饱和问题：

① 若存在，则采用在发射机或接收机端加滤波器的方式进行滤波，将互干扰的频段滤除，从而避免敏感

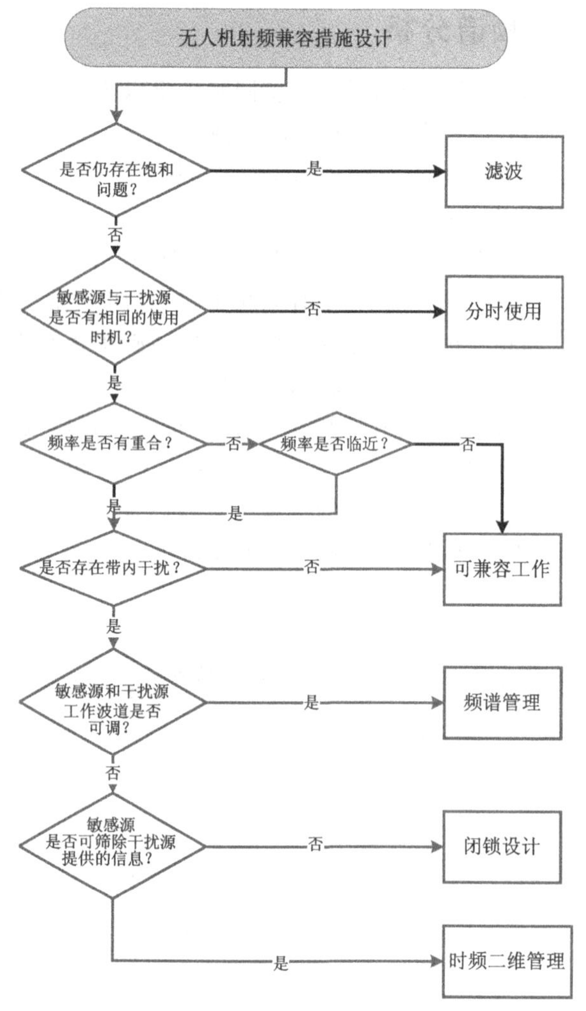

图9 射频兼容措施设计流程

源接收机饱和；

② 若不存在，则进入(2)。

(2) 判断干扰源和敏感源是否有相同的使用时机：

① 若没有相同使用时机，则使干扰源及敏感源按任务优先级分时使用；

② 若有相同使用时机，则进入(3)。

(3) 判断干扰源发射频率与敏感源接收频率是否存在交叠，令干扰源工作范围为 $f_{L1} \sim f_{H1}$，敏感源工作范围为 $f_{L2} \sim f_{H2}$，按以下准则进行判断：

① 当 $f_{L2} < f_{H1} < f_{H2}$ 或 $f_{L1} < f_{L2} < f_{H1}$，认为干扰源与敏感源存在频率交叠，进入(4)。

② 否则认为不交叠，继续判断干扰源和敏感源频率是否临近，按以下准则进行判断：

a) 若 f_{H1} 与 f_{L2} 在同一个波段内，认为干扰源与敏感源频率临近，进入(4)；

b) 若不在一个波段内，认为干扰源与敏感源频率不临近，即干扰源与敏感源可兼容工作。

(4) 判断是否存在带内干扰，即判断接收机端口接收电平 S 是否大于接收灵敏度 $S_{\min}$，端口接收电平的表达式为

$$S=P_T+G_T+G_R-L \tag{3}$$

式中：P_T 为发射天线功率；G_T 为发射天线增益；G_R 为接收天线增益；L 为式(1)中的空间衰减。

① 若 $S<S_{\min}$，则认为不存在带内干扰，即认为干扰源和敏感源可以兼容工作；

② 若 $S>S_{\min}$，则认为存在带内干扰，进入(5)。

(5) 判断干扰源和敏感源的工作波道是否可以调整，即工作频率是否可自主变化：

① 若可以调整，则采取频谱管理的措施；

② 若不可以调整，则进入(6)。

(6) 判断敏感源是否具有信号匹配剔除处理能力：

① 若不具备，则采取闭锁设计；

② 若具备，则采取时频二维管理措施。

1. 频谱管理

频域隔离是实现电磁兼容的主要设计方法，主要用于解决存在带内干扰且工作在相同任务阶段的设备间的射频干扰问题。射频兼容的频谱管理是频域隔离的主要措施之一，指根据频谱分布情况以及射频设备配置情况，对无人机射频设备的使用频率进行统一规划和管理，在一定的频带范围内将射频设备使用频段错开。

频谱管理的主要依据是：有的射频设备工作频率范围很宽，但瞬时工作时并没有占据整个工作频带。基于此，频谱管理的主要措施是使干扰源和敏感源其中一方主动调节自身工作频率，从而避免频率冲突。

频谱管理工作示意图如图 10 所示。

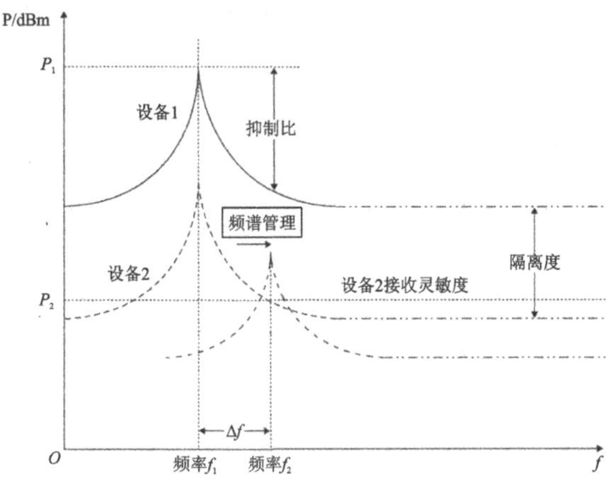

图 10　频谱管理示意图

(1) 设备 1 作为干扰源，工作在 f_1 时，其发射信号经空间耦合到设备 2，根据式(3)计算，若耦合到设备 2 的信号强度超过了其接收灵敏度，则会使设备 2 的接收受到干扰；

(2) 因此，设备 2 采取频谱管理措施，切换工作频率为 f_2，设备 1 仍以频率 f_1 进行辐射，如图 10 所示，可知设备 1 号耦合到设备 2 接收机处的干扰信号不会对其造成干扰。

由图 10 可知，可采取频谱管理的设备多为频率可自主变化的设备，如机载雷达、电子对抗设备等[5]。例如，电子战开干扰时只需要调节瞬时工作频率到敌方雷达搜索的频段，因此，当电子战的干扰频率与本机雷达工作频率不重叠时，两种功能可以同时工作，当电子战干扰频率在本机雷达工作频率范围内时，由电子战给出干扰频率，并通过给出可行的雷达工作频段，本机雷达自动跳至该范围内工作。

2. 闭锁设计

时域隔离是实现射频兼容最简单的方法，当无法通过空间隔离和频谱隔离实现射频兼容时，通过分时工作来使不同设备实现时域上的兼容工作，分时有宏观上的分时和微观上的分时两种方式。

宏观上的分时工作指从任务阶段上划分不同射频设备的使用时机，如格斗、拦截、导航、空地等。这种分时工作可以解决不必同时工作的设备的射频互扰，但很多互干扰设备仍需要在同样的任务时段使用，兼容问题并未完全得到解决。

闭锁设计是微观上的分时工作，其主要依据是：有的射频设备不需要持续工作，因此在宏观任务上需要同时工作的设备，从微观上看可能没有占据所有使用时段。基于此，闭锁设计的主要措施是通过微观上分析射频设备辐射信号的时间特征，对于一些辐射信号占空比较低的设备，利用其不辐射的时间供给其他设备发射使用。闭锁设计的原理示意图如图 11 所示。

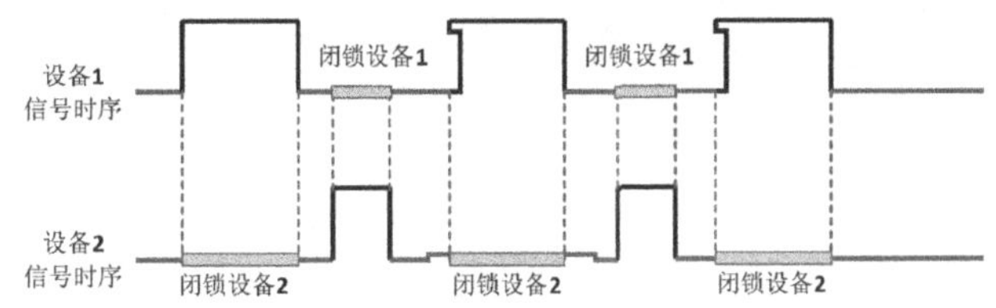

图 11　闭锁设计原理示意图

(1) 当设备 1 辐射信号时，同步将闭锁信号发送给设备 2，使其接收机处于待机状态，不接收信号；

(2) 同理，当设备 2 辐射信号时，同步将闭锁信号

发送给设备1,在闭锁信号有效的时间内,设备1的接收机被闭锁,从而通过微观时隙的使用实现时域上射频设备的兼容工作。

3. 时频二维设计

时频二维设计是利用时域和频域的信息的一一对应,通过向敏感源提供干扰源的发射信号的频谱特征以及时序,敏感源根据这些特征把干扰源信号从处理进程中剔除,进而实现两个设备兼容工作。该方法是频谱管理和闭锁设计的结合,要求干扰源和敏感源之间信息更加实时,并具备快速响应和处理能力。

综上所述,基于无人机的射频兼容设计方法是根据无人机任务系统的战术使用要求,以及当前装机射频设备的工作状态、工作频率、发射时机等特性,通过分析射频设备之间潜在的射频冲突,获得全机射频设备互干扰矩阵,基于射频互干扰矩阵,对全机射频设备的兼容问题进行的综合管理和合理设计,旨在为实现无人机平台射频设备在空域、时域、频域的兼容工作提供理论依据和设计方法。

3 结　语

无人机作为现代空战中一种有效的侦察、攻击手段,解决好其射频兼容问题能够整体改进无人机作战飞行性能,对提高作战任务保障能力、夺取战场电磁环境主导权具有重大意义。

本文针对无人机平台现存的兼容问题提出了一种射频兼容的总体设计方法,同时对解决其他平台的兼容问题也具有借鉴意义。

随着航电系统的功能和复杂度不断提升,作战体系、对抗样式不断发展,不同射频设备兼容方式也会随之不断变化,综合化兼容管理是解决系统兼容的必然发展趋势,还需要综合其他领域进行更深入的研究。

致　谢

感谢中国航空研究院第六一一研究所航电部电磁兼容室对本文2.5节的帮助。

参考文献

[1] 黄清云,夏惠诚,徐亚光. 舰艇电磁兼容管控效果分析[J]. 指挥控制与仿真,2010(6).

[2] 王涛,白天明,李威,等. 机载射频收发系统电磁兼容性预测分析方法研究[J]. 火控雷达技术,2013(1).

[3] 戴兴龙,王自立. 复杂电磁环境下无人机载电子设备电磁兼容研究[J]. 通信对抗,2014(1).

[4] 杜广波. DSP应用系统电磁兼容设计探讨[J]. 微处理机,2010(2).

[5] 王胜喜,曾小东. 机载平台电磁兼容性预测与设计[J]. 现代防御技术,2020(2).

[6] 文富忠,苟晓波,程号. 基于无人机的电子战电磁兼容设计[J]. 电子信息对抗技术,2017(2).

[7] 李勃. 无人机电磁兼容专家系统软件平台中若干关键问题的研究[D]. 南京:南京航空航天大学,2012.

[8] 王星,郝重阳,陈游. 机载雷达与对抗设备电磁兼容建模与仿真[J]. 火力与指挥控制,2010(8).

[9] 王宝聪. 舰船电子设备干扰分析及排查方法研究[D]. 北京:北京邮电大学,2018.

[10] 胡水才,黄福贵,杨华高. 机舰电磁兼容性分析技术设计[J]. 舰船电子工程,2016(5).

[11] 李冉,陈海波. 一种航天器射频设备频谱兼容性分析方法[J]. 航天器工程,2012(1).

面向靶机快速研制的 MBOM 构建与管理

常芬芬

航空工业成都飞机工业(集团)有限责任公司工程技术部,成都 610091

摘要: 靶机泛指作为射击训练目标的一种军用飞行器,具有短寿命、低风险、市场主导性强、研制周期短的特点,航空制造企业为验证先进设计制造技术和向潜在客户展示无人机研发能力,需要通过靶机平台快速衍生研制满足不同需求的系列靶机。如何提高靶机平台多机型科研试制的快速研制能力,已经成为当前航空制造企业重点关注的难点问题。本文结合航空制造企业基于 PDM 的 BOM 管理现状,提出靶机快速研制过程中 EBOM 与 MBOM 的融合管理,将靶机 MBOM 一级消耗的构建周期缩减了 40%,有效提升靶机 MBOM 管理效率,适应靶机快速研制形势下全生命周期的 BOM 管理要求。

关键词: 靶机;快速研制;MBOM;一级消耗

MBOM Construction and Management for Rapid Development of Target Drone

CHANG Fenfen

AVIC Chengdu Aircraft Industrial(Group)Co. Ltd., Chengdu 610091, China

Abstract: Target drone generally refers to a kind of military aircraft as the target of shooting training, which has the characteristics of short life, low risk, strong market dominance and short development cycle. In order to verify advanced design and manufacturing technology and demonstrate UAV R&D capability to potential customers, aviation manufacturing enterprises need to rapidly develop a series of target drone to meet different needs through target drone platform. To improve the rapid development ability of multi model research and trial production of target drone platform is a key problem for aviation manufacturing enterprises. Combined with the current situation of aviation manufacturing enterprises, the integration management of EBOM and MBOM in the rapid development process of target drone is proposed, which reduces the primary consumption construction cycle of MBOM of target drone by 40%, effectively improves the management efficiency of MBOM of target drone, and adapts to the BOM management requirements of the whole life cycle under the situation of rapid development of target drone.

Keywords: target drone; rapid development; MBOM; primary consumption

随着 F-22、F-35、Su-57 等具备低可侦测性、超机动性、超声速巡航、超级信息优势等特点的第五代战斗机研发和列装,对防空武器系统和空空作战系统的战术性能和作战指标提出了更高更全面的挑战。防空武器系统和空空作战系统必须进行贴近实战的实弹试验,以获得充足的试验数据来支撑研发和验证战斗力[1]。因此,发展用于防空武器系统和空空作战系统效能评估的靶机成为当前航空制造企业的首选。

新研靶机为满足隐身、超声速巡航、超机动能力、结构轻量化等方面性能的要求,大量采用新技术、新结构、新材料,导致其研制成本居高不下。靶机过高的成本会限制其应用,以致降低部队的训练效果[2]。航空制造企业为了提高靶机快速研制能力,降低研发成本,利用靶机平台开展多个衍生型号的靶机同步研制,进一步导致靶机零组件设计状态更改频繁、有效性架次信息复杂多变,对靶机 MBOM 管理提出了更高的要求。

BOM 是飞机设计和制造过程中重要的集成数据,

航空制造企业以PBOM、MBOM为基础建立的工艺设计是企业各部门生产和管理的源头之一[3]。航空制造企业通常将EBOM向PBOM视图映射转换[4]，然后再生成MBOM，虽然实现了产品一级消耗的建立以及材料定额的有效管理，但BOM管理流程复杂，周期长，数据不互通。为满足新研靶机快速研制的高要求，航空制造企业需要精简BOM管理流程，缩短靶机从设计发图到专业厂生产制造的响应周期，进一步实现产品信息的数据互通和有效利用。

1 MBOM管理现状及特点

1.1 国内外研究现状

波音公司通过飞机构型定义、控制和制造资源管理DCAC/MRM项目从精简化、现代化和柔性化改造原有技术和生产管理体系结构，以单源产品数据库为基础，以精简作业流、简化构型管理、单一产品数据源和改进物料管理四大关键要素重构飞机构型定义和生产过程[5]。通过构建产品的单一产品数据源将原来800多个应用系统精简到4个商品软件，将原来14个BOM统一成1个BOM管理，实现了对整个飞机构型工作的有效管理[6]。空中客车公司提出了空中客车技术信息系统(ATIS)，以实现产品设计、制造、工程分析的CAD/CAM/CAE软件集成，以及产品在世界范围内获得唯一数据源的目的。在DCAC/MRM项目带动下，BOM在企业产品研制信息管理方面受到制造企业的青睐。

国内航空制造企业当前通常将EBOM向PBOM视图映射转换[7]，然后再生成MBOM，虽然实现了产品工艺流程设计以及材料定额的有效管理，但BOM管理流程复杂，周期长，数据不唯一。

1.2 BOM管理特点

航空制造企业在开展飞机研制的过程中，产品的制造工艺数据信息主要通过PDM进行BOM数据的调取和管理。BOM是产品以树状数据结构展开的技术性描述文件，具有产品父子关系和清晰的层级关系。在飞机的研制过程中，BOM主要体现为三种形式：EBOM、PBOM和MBOM，如图1所示。

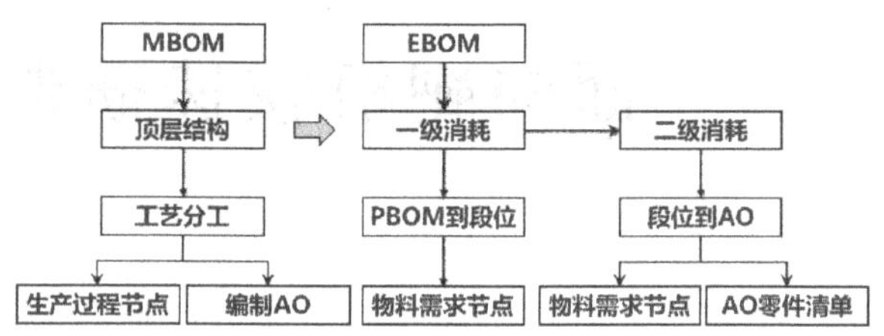

图1 BOM管理构成

EBOM是产品设计信息源，包含了设计要求的产品结构和零组件组成关系，以及产品属性和零件间设计关系。

PBOM将EBOM进行初步工艺路线设计，包含了EBOM的部分属性信息，主要对产品零部件制造的工艺分工路线与交付顺序进行工艺设计。

MBOM广泛用于生产计划、工艺流程设计、物料供应、设计更改发布、工时定额、材料定额、产品成本管理等生产一线的各个方面，以实现产品制造过程的基础性数据共享。

1.3 MBOM管理特点

MBOM是产品的制造物料清单，包含了产品所有的零组件、装配等信息，反映零组件间的工艺装配关系和配套资源交付先后顺序等信息[8]。

工艺设计人员利用PDM系统将EBOM、PBOM等信息转制成MBOM数据，实现对产品装配工艺、工艺流程、零组件树状层级关系等信息的管理[9]。MBOM可分为顶层结构和底层结构，如图2所示。顶层结构又细分为段位、工位、AO三层结构，用来表达装配流程的先后顺序。底层结构则是产品制造所需的物料和资源。

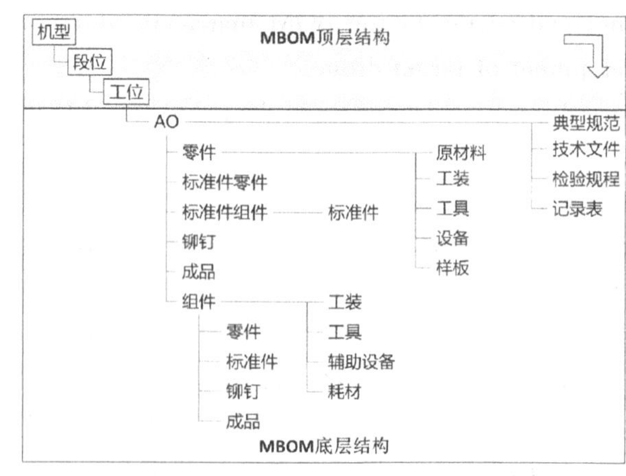

图2 MBOM的结构示意图

2 构建EBOM与MBOM融合管理策略

2.1 EBOM与MBOM融合管理目的

航空制造企业通常是根据飞机制造过程设置段位、工位、AO节点，通过消耗式分配将EBOM中的零组件、标准件、成品分配至所属部件或段位和AO，经过物料的一级、二级消耗实现对飞机装配节点的准确定义。EBOM与MBOM融合管理实现了以下功能：

(1) 确保了产品的制造数据与设计数据一致性，有效保障了单架次飞机研制的技术状态，实现对产品架次技术状态的有效控制；

(2) 从MBOM顶层完成了飞机的整体工艺流程设计，界定了各流程节点的交付要求与时序关系，强化了企业的工艺流程设计能力；

(3) 精确指导生产管理部门制定各物料的生产计划排程，实现对生产的精细化管理；

(4) 促进了各系统基于MBOM数据库进行业务的统筹管理，合并多种管理平台，简化管理流程，提高管理效率，实现产品从原材料采购、物流以及财务等方面的精细化管理。

2.2 构建EBOM与MBOM融合模型

构建EBOM与MBOM融合模型，从EBOM向MBOM直接视图映射转换，如图3所示。通过PDM系统直接调用产品相关工艺数据，辅助工艺设计人员快速高效完成EBOM向MBOM的直接视图映射转换，有效缩短MBOM一级消耗作业周期，提高工艺流程设计的敏捷性。

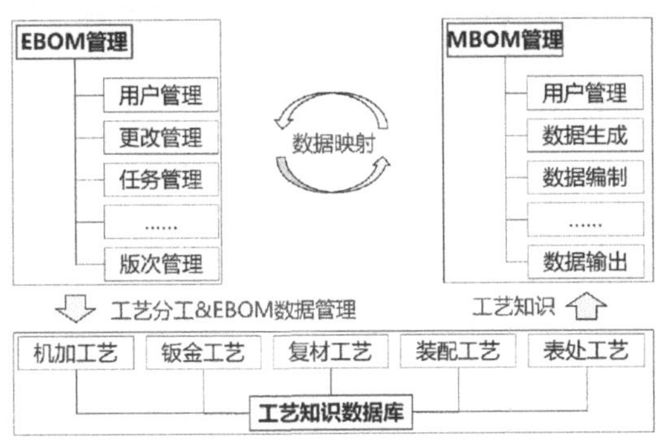

图3 EBOM与MBOM融合模型

通过建立MBOM顶层结构，实现从飞机到段位、工位、AO等信息的统筹管理，利用MBOM顶层结构指导EBOM向MBOM直接视图映射转换，形成飞机零部件的一级消耗，以实现EBOM快速准确地转换成MBOM的目的。

同时，依托PDM建立工艺知识数据库，将BOM管理过程的经验和历史数据沉淀为显性知识，通过MBOM管理进一步迭代优化工艺知识数据库，指导工艺设计人员开展产品零部件的工艺流程设计，提升航空制造企业BOM管理能力。

2.3 建设EBOM与MBOM融合环境

为了有效开展EBOM与MBOM融合管理，航空制造企业还需在企业管理制度方面建立相应的管理规范，形成适应新形势下的BOM管理体系，指导MBOM管理落地。

同时，航空制造企业还可以通过标准化、知识工程等项目形式在PDM系统中建立起底层工艺知识数据库，通过开发基于EBOM与MBOM融合的模块化功能，已达到精简BOM管理流程，提升产品设计更改敏捷性的目标，实现PDM系统中MBOM一级消耗的快速建立。

3 面向快速研制的靶机起落架MBOM一级消耗

起落架是飞机的关键部件，承力并兼具操纵性，在飞机安全起降过程中有着重要作用，是飞机起飞、着陆、滑跑、地面移动和停放必需的支持系统[10]。靶机起落架的研制生产涉及数控加工、导管制造、电缆制造、组件装配等数十个专业分工，其MBOM的一级消耗需要综合考虑多种生产制造资源，具有工作流程复杂、设计周期长、设计更改反复等特点。

某航空制造企业以飞机整机研制为主，在当前市场前景下开展系列靶机的快速研制工作，以快速实现演示验证为目标，通过构建并实施EBOM与MBOM融合管理，工艺设计人员可在PDM系统中直接映射EBOM数据，实现对零组件、标准件等材料的一级消耗，如图4所示。

经统计，新研靶机起落架MBOM一级消耗的构建周期缩减了40%，有效提升了靶机MBOM管理效率。

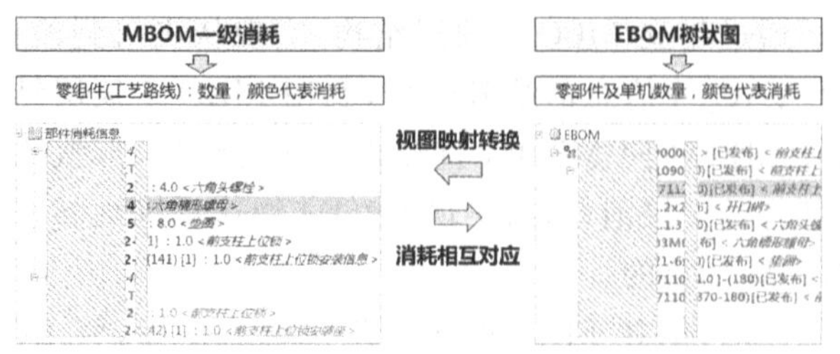

图 4　靶机起落架 MBOM 一级消耗的构建

4　结束语

靶机的短寿命、低成本、研制周期短等特点要求航空制造企业必须拥有快速研制、靶机试制架次生产管理能力，利用 EBOM 与 MBOM 融合管理策略，结合航空制造企业产品数字化管理体系的升级，开发 BOM 管理模块，有效解决设计数据到生产数据的流程跨度，获得单一产品数据源，精简流程，对于缩短靶机研制周期，降低制造成本，提升企业快速研制能力意义重大。

参考文献

[1] 方斌，许瑞，高翔，等. 靶机装备现状与发展需求[J]. 科技导报，2020，38(20)：50-56.

[2] 刘靖，刘志强. 超音速靶机的总体设计与研究[J]. 宇航计测技术，2016，36(4)：60-63，67.

[3] 厉慧，张远，李广娟，等. ERP 与 PDM 集成中的 BOM 研究[J]. 锻压装备与制造技术，2014，49(6)：104-106.

[4] 单林庆. 飞机制造 BOM 管理方法的研究与实现[D]. 西安：西北工业大学，2005：15-20.

[5] J. Illback，J. Sholberg. Application Integration in the Boeing Enterprise[J]. Fourth International Enterprise Distributed Object Computing Conference(EDOC'00)，2000.

[6] 顾元杰，王玉昌. 对波音公司 DCAC/MRM 战略的研究[C]//中国航空学会工业工程第五次学术交流会论文集. 景德镇：中国航空学会，2001：43-51.

[7] 王静宜. 基于 PDM 的工艺 BOM 管理系统研究[J]. 机械制造与自动化，2016，(6)：130-132.

[8] 姚展，广韦，刘卫东. 基于 MBOM 的飞机制造过程管理技术研究[J]. 军民两用技术与产品，2015(22)：16.

[9] 李盛，贾鸿盛. 装配树柔性层级模式的 BOM 统计算法[J]. 制造业自动化，2014 (21)：44-48，60.

[10] 陈永新. 飞机起落架系统简介[J]. 大众科技，2014 (6)：127-128，130.

钛合金薄壁筒体零件化铣的研究进展

王江，张安琴，高军，尹翔

中国航发贵阳发动机设计研究所，贵阳 550081

摘要：结合国内外钛合金薄壁筒体零件化铣的研究成果，总结了钛合金薄壁筒体零件在表面清洗、保护胶的涂覆、曲面激光精确刻型、化铣液的循环再生和挂装用化铣夹具等化铣工艺上的研究进展；分析了化铣对零件表面质量、氢含量和力学性能的影响，化铣后网格筋条尖边的处理方法；最后针对某型机钛合金复杂机匣零件化铣后尺寸偏差较大的问题，讨论了出现尺寸偏差的原因并提出了改进措施，以期该类机匣零件在后续化铣加工后能够满足设计要求。

关键词：化铣；薄壁筒体零件；激光刻型；化铣液；尺寸偏差

Research Progress on Chemical Milling of Titanium Alloy Thin-walled Cylinder Parts

WANG Jiang, ZHANG Anqin, GAO Jun, YIN Xiang

AECC Guiyang Engine Design Research Institute, Guiyang 550081, China

Abstract: Based on the research of chemical milling of titanium alloy thin-walled cylinder parts at home and abroad, the research progress of titanium alloy thin-walled cylinder parts in the surface cleaning, the coating of protective adhesive, the surface laser precise engraving, the recycling of chemical milling fluid and the chemical milling fixture are summarized. The influence of chemical milling on the surface quality, hydrogen content and mechanical properties of the parts is analyzed, and the processing method of the grid rid after chemical milling is proposed. Finally, aiming at the problem of large dimension deviation of complex titanium alloy casing parts after chemical milling, the causes of dimension deviation are discussed, and the improvement measure are put forward, in order to meet the design requirement of this kind of gearbox parts after chemical milling.

Keywords: chemical milling; thin-walled cylinder parts; laser engraving; chemical milling fluid; sharp edge

钛合金具有高的比强度、优良的耐腐蚀性和高温性能，在航空航天领域获得了迅速发展[1]。然而，钛及钛合金热导率小，切削加工时散热困难，不仅加快刀具的磨损，还容易使工件烧损，特别是航空发动机机匣等复杂薄壁零件，加工难度大，加工周期长，无法满足发动机生产要求[2-3]。化学铣切是将金属材料的被加工部位暴露于化学介质中进行腐蚀，通过化学溶液腐蚀工件预先确定的部位，从而获得所需要的形状、加工尺寸和尺寸精度的一种加工方法[4-6]。化学铣切加工零部件时具有不产生切削应力、无刀具损耗、工件无变形、加工成本低等优点[7-10]。因此，化铣在钛合金成形和减重方面具有独特的优越性，尤其是形状复杂的薄壁筒体零件，在航空发动机上带筋的整体机匣等构件的加工上具有广泛应用[10-13]。化铣一般需要通过清洗工件表面、涂覆防护胶、刻型、挂装、化学腐蚀、冲洗、去除保护层等工序。工件最终要获得良好的表面质量、均匀性且符合图纸要求的铣切深度与每一步工序的工艺息息相关。本文将对钛合金化铣工艺的最新研究进展进行总结，并且分析了影响某机钛合金薄壁筒体机匣化铣质量的因素及调整措施。

1 化铣工艺过程

1.1 工件表面清洗

在化铣前工件一般经过了铸、锻、机加工等工序，表面会残留油污，必须进行清理，以确保保护胶与工件之间的结合力，避免在化铣过程中由于保护胶结合不牢而引起胶膜翘曲和化铣液渗漏，而导致的工件部分位置过铣。

钛合金表面清洗主要有两种方法。①化学法：可用有机溶剂擦洗或热碱清洗，有机溶剂可采用丙酮或航空汽油，需要注意的是有机溶剂不能采用含卤离子的溶剂（如甲基卤化物、三氯乙烯、高氯乙烯等），另外，对于表面的氧化皮和外来杂质可以采用酸洗或电解侵蚀去除[14]。②超声波清洗：该方法主要用于工件表面存在孔隙用化学清洗不到的部位。钛合金零件不允许使用电化学方法除油，原因是阴极除油时零件增氢，或阳极除油时表面氧化及渗氧。

1.2 保护胶涂覆

保护胶又称防蚀层，喷涂、刷涂或浸润在工件表面用来保护不需要化铣部位。选择保护胶时主要考虑保护胶的耐蚀性、涂层与基体之间的结合力、弹性、可剥性及与化铣液之间的配套性[15]。目前钛合金化铣时使用最为普遍的是丁苯橡胶和聚乙烯基树脂[14]。

1.3 刻　型

通过刻型将需要铣切的区域暴露在腐蚀性溶液中进行选择性腐蚀，最终形成凹槽和凸台。目前刻型主要有手工刻型和激光刻型两种。

手工刻型是将样板套在产品上，由操作者手持刻型刀沿样板边缘划刻胶层。手工刻型设备要求简单，操作灵活度高，但存在刻型精度不高，且极易出现局部未刻透、留有刻型刀痕等质量问题，从而影响化铣质量。图1所示为手工刻型造成的化铣后工件局部缺陷[16]。

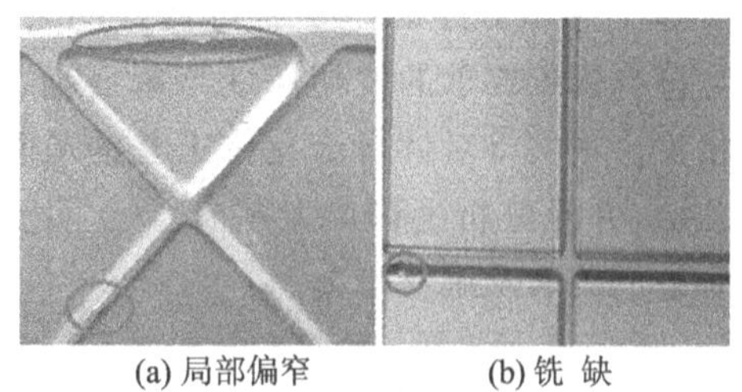

(a) 局部偏窄　　(b) 铣 缺

图1　手工刻型造成的筋条化铣缺陷[16]

激光刻型是利用激光切割机代替手工来完成划刻胶层，具有加工快速、走线精准等优点[17]。对于二氧化碳激光器，其激光波长为10.6 μm，保护胶对该波长激光的吸收率接近100%，而钛合金仅为8%，因此百瓦左右的输出功率既可以切透保护胶，又不至于切伤工件[18]。但是对于机匣类的大型环形薄壁类复杂构型零件的三维刻型依然存在以下问题[18]：

(1) 激光刻型需要形成闭环，对于需铣的带筋的筒体零件，只能沿周向分组刻型，组与组之间的距离形成纵筋，因此，工件的尺寸误差将在纵筋上累积。

(2) 激光焦点与工件表面需保持基本恒定的关系，使激光刻线的宽度与深度保证均匀一致，当工件表面有高于筒体表面的安装座等区域时，激光喷嘴将与该区域产生干涉，刻线的宽度与深度均匀性无法得到保证。

高献娟等人[18]针对以上问题，采用分组刻型，用设备的聚焦传感器自动测量形状偏差调整组宽度的方法来保证组与组之间的距离为纵肋。该方法采用在程序中使用刀补语句进行调整来解决柔性精确可调的技术问题。同时，还对激光刻型的工艺参数进行了研究，发现当功率为50 W，切割速度为600 mm/s时，线宽均匀，涂层完好。

滕志强等人[17]采用五轴直角坐标实验装置，配合二氧化碳激光器在三维筒形薄壁零件上做刻型加工，并开发出图形分割及单元图形在线检测制造软件。大型环形薄壁机匣的具体加工方法是：首先在具有一定曲率的外表面上加工出尺寸精准、表面精细的三角形网格图案（见图2(a)）；然后对图2(b)的工件表面进行图案分割，将工件圆柱表面的面型数据和刻型三角形图案多格式导入，并将“三角形网格图案”文件“缠绕”至工件圆柱形面上（见图2(c)）；再将图片转换成为五坐标轴数控实验装置能识别的法线坐标后开始加工得到三角形案（见图2(d)），完成加工所得到的带毛刺工件（见图2(e)）只需进一步化铣处理，就可得到完整精细的三角形网格图案（见图2(f)）。

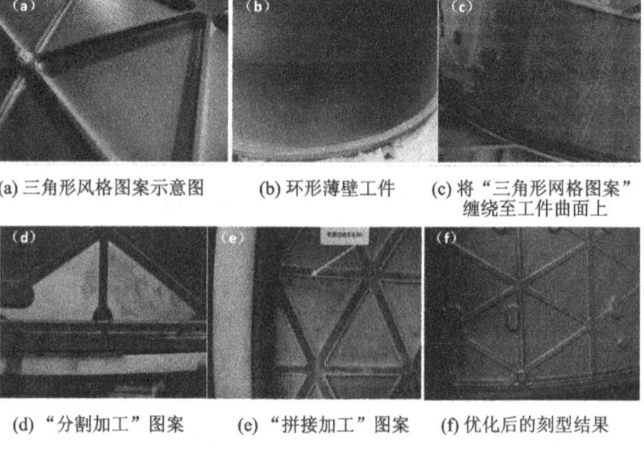

(a) 三角形风格图案示意图　(b) 环形薄壁工件　(c) 将“三角形网格图案”缠绕至工件曲面上

(d) “分割加工”图案　(e) “拼接加工”图案　(f) 优化后的刻型结果

图2　大型环形薄壁机匣加工方法[17]

1.4 挂 装

工件在腐蚀液中发生剧烈的化学反应，产生大量气体和热量，将在工件表面形成明显的气流冲刷痕迹。目前主要通过设计专用夹具工装和通压缩空气搅拌溶液的方法来排除化学反应产生的气体。钱本实等人[19]设计了一种用于薄壁筒体零件化铣的夹具，如图 3 所示，该夹具主要通过固定架(见图 3(a))和活动中轴(见图 3(b))组成。挂装时先将工件安装到夹具的固定架上并固定，通过活动中轴吊装到化铣设备上，由设备旋转机构带动活动中轴转动，从而带动零件旋转。

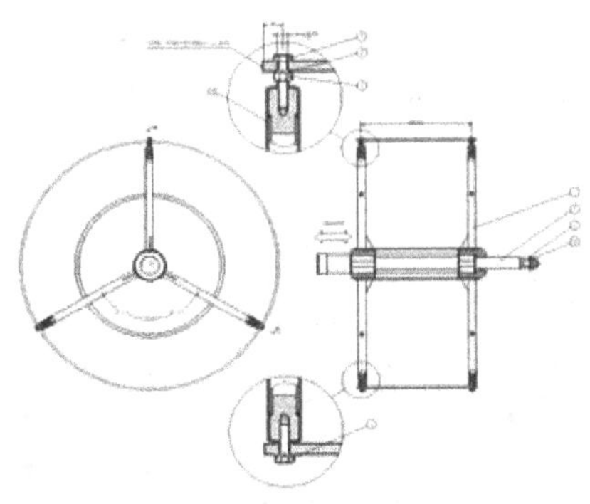

(a) 化铣夹具

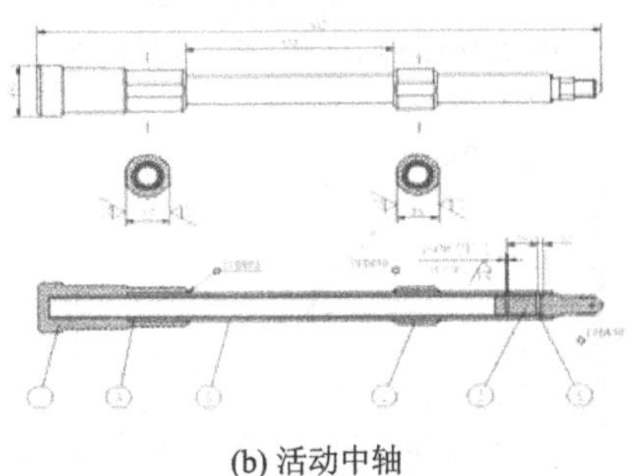

(b) 活动中轴

图 3　用于薄壁筒体零件化铣的夹具[20]

1.5 化 铣

挂装完成后，剥离需要化铣区域的保护胶，剥离后需检查工件表面是否残留有未清理干净的保护胶。最后检查工件所有需保护部位，尤其是棱边位置是否有破损或薄弱区域，及时补胶。

1. 化铣液的选用

通常化铣液由腐蚀剂、氧化剂和添加剂组成[9,20]。钛合金常见的化铣液有氢氟酸型、氢氟酸-硝酸型和氢氟酸-铬酸型，目前使用最为成熟的是氢氟酸-硝酸型。氢氟酸作为腐蚀剂，使钛合金发生腐蚀溶解(反应式(1))；硝酸为氧化剂，与钛反应生成 $3TiO(NO_3)_2$ 膜附着在工件表面(反应式(2))，随后 $3TiO(NO_3)_2$ 膜被氢氟酸溶解(反应式(3))，两种反应的交替进行可以控制化铣的速度，改善工件表面的粗糙度；同时由于有硝酸的存在，钛溶解产生的氢气被氧化成水(反应式(4))，减小了材料吸氢的可能；总反应式如反应式(5)所示[6,9,21-22]。添加剂一般选用尿素或非离子表面活性剂，尿素可以提高化铣液的使用寿命，还可以减少黄烟的放出；非离子表面活性剂可以减小工件表面张力，使化铣过程中产生的气体呈小气泡从工件表面排出，进而提高工件表面质量[5]。

$$Ti + 4HF = TiF_4 + 3H_2\uparrow \tag{1}$$

$$3Ti + 10HNO_3 = 3TiO(NO_3)_2 + 5H_2O + 4NO\uparrow \tag{2}$$

$$TiO(NO_3)_2 + 4HF = TiF_4 + 2HNO_3 + H_2O \tag{3}$$

$$3H_2 + 2HNO_3 = 4H2O + 2NO\uparrow \tag{4}$$

$$3Ti + 12HF + 4HNO_3 = 3TiF_4 + 8H_2O + 4NO\uparrow \tag{5}$$

2. 化铣液的循环再生

随着工件在化铣池中不断发生腐蚀反应，化铣液中的钛离子浓度不断升高，当浓度达到 70～90 g/L 时，溶液开始变得黏稠，加工性能变差，然后报废。周礼君等人[23]提出了一种钛合金化铣液调整和再生的方法，通过在变得黏稠的化铣液中添加氟化钾，去除溶液中的钛离子，在相对较低的温度下去除率可达 90%。对沉淀物进行成分测试，结果表明沉淀物为 K_2TiF_6(见图 4)。通过向沉淀后的溶液中补加酸液和添加剂，溶液可重新恢复化铣性能，化铣速度和工件表面粗糙度均满足工业要求。石超等人[24]以提取出的 K_2TiF_6 为主盐，在镁合金表面制备了转化膜，能有效提高镁合金的耐蚀性，进一步提高了化铣液的利用率。

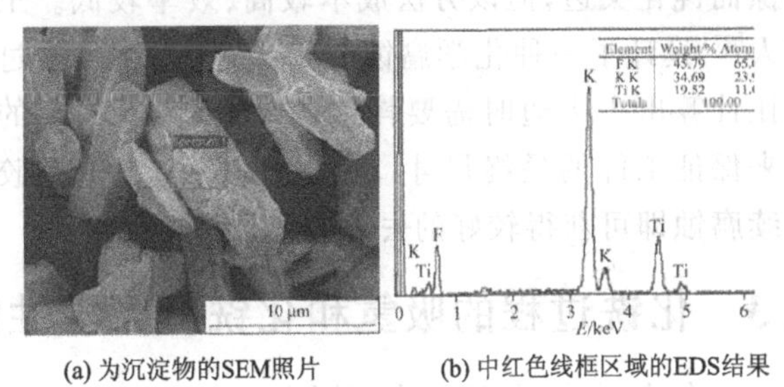

(a) 为沉淀物的SEM照片　　(b) 中红色线框区域的EDS结果

图 4　测试沉淀物的成分[23]

2 化铣质量控制

2.1 化铣均匀性和表面质量控制

钛合金化铣速度是影响工件尺寸均匀性和表面质量的主要因素，化铣速度过快，工件容易出现因气体冲刷产生的流痕，腐蚀不均，表面粗超度较差；化铣速度过慢，吸氢量增加，加工时间长，工件表面粗糙度下降。化铣速度主要受氢氟酸浓度、钛离子浓度、槽液温度和硝酸浓度的影响。化铣速度随各个因素变化的规律如图5所示，随氢氟酸浓度和槽液温度升高而提高，随钛离子浓度增加而降低。化铣速度随硝酸浓度的变化稍复杂，在常温(25 ℃)及以上温度时，化铣速度随硝酸浓度的升高先增加再降低；当温度低于常温时，变化趋势相反，化铣速度随硝酸浓度的升高先降低再增加[9,25]。因此，要获得均匀的尺寸分布和良好的表面质量，必须要对氢氟酸浓度、硝酸浓度、钛离子浓度和槽液温度进行控制，以获得合适且稳定的化铣速度。李庆春[26]对TA12钛合金深度化铣工艺参数进行了研究，发现氢氟酸120 g/L、硝酸80 g/L、添加剂A 5 g/L，在温度24～28 ℃时，化铣工件有较好的表面质量，随着钛离子浓度的上升工件的表面粗糙度下降，钛离子含量达到25.5 g/L，槽液化铣速度低于0.3 mm/h，平整度低于0.1 mm，化铣加工达到极限。

2.2 化铣网格筋条尖边处理

化铣过程中由于化学反应的各向同性，除了涂覆保护胶面不参加化学反应，其他方向均发生反应，对于带有加强筋的筒体工件，将在加强筋的上边缘形成尖边，如图6所示，随着化铣深度的增加，尖边变得越加锋利[27]。目前去除尖边常采用机械振动法，具体方法是将工件放在装有弹簧的筒形或碗形开口的容器中，容器上下左右振动，使零件与容器中的磨削介质相互摩擦而钝化尖边，但该方法成本较高、效率较低。王辉等人[27]设计了一种化学腐蚀去除尖边的方法，通过浸蚀比计算出去尖边时需要耗损的尺寸，留下一定的余量来保证工件的最终尺寸，将化铣完后的工件揭胶后继续腐蚀即可获得较好的去尖边效果。

2.3 化铣过程的吸氢和化铣后力学性能

钛合金的氢含量一般不得高于0.012 5%～0.015%，否则组织中析出氢化物，并出现明显的氢脆现象[28]。戚运莲等人研究了化铣对TA1、TA2、TC4和Ti-15-3四种牌号钛合金氢含量和力学性能的影响，试样从1.2 mm减薄到0.2 mm时，Ti-15-3钛合金的氢含量是TC4的5倍，是TA2的15倍，吸氢量的不同是因为氢在β钛中的最大固溶度是α钛中最大固溶度的150倍，因此β型钛合金比纯钛的吸氢要强烈很多；

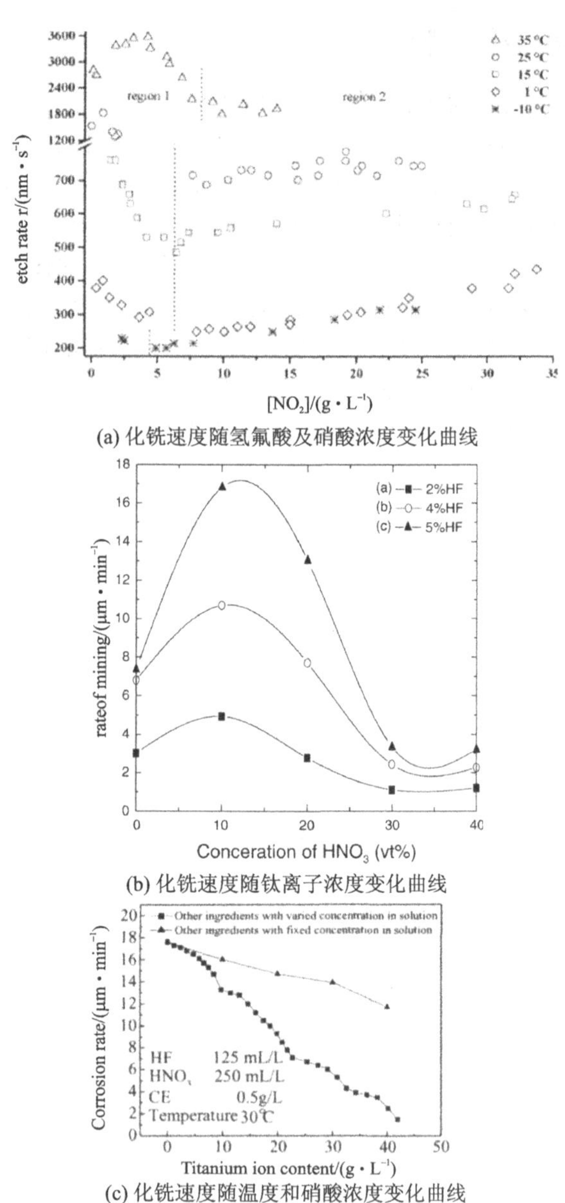

(a) 化铣速度随氢氟酸及硝酸浓度变化曲线

(b) 化铣速度随钛离子浓度变化曲线

(c) 化铣速度随温度和硝酸浓度变化曲线

图5 钛合金化铣速度随不同影响因素的变化曲线[30-31]

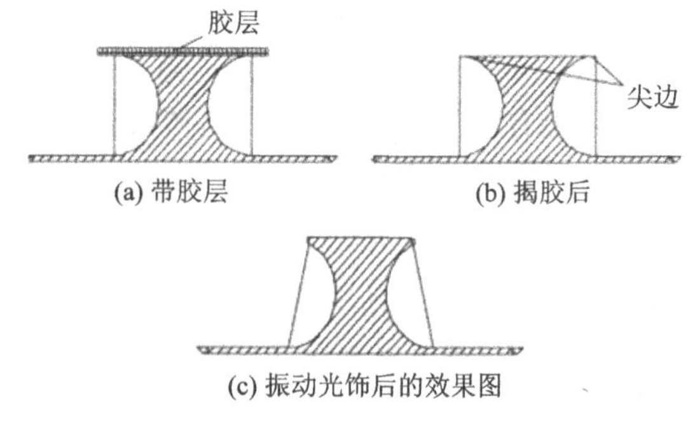

(a) 带胶层　(b) 揭胶后

(c) 振动光饰后的效果图

图6 去尖边的方法[33]

随着化铣深度的增加，所有试样的吸氢量都增加，相比于纯钛，TC4厚度小于0.2 mm时，氢含量急剧增大，呈直线上升，如图7所示；化铣之后TA2的抗拉强度基本不变，TC4和Ti-15-3的抗拉强度分别降低6%和9%，化铣后的塑性均有不同程度的提高。塑性的提高可能是因为化铣后材料表面粗糙度更低，此外化铣去除了材料表面的硬化层或退火产生的富氧层也对塑性有利。

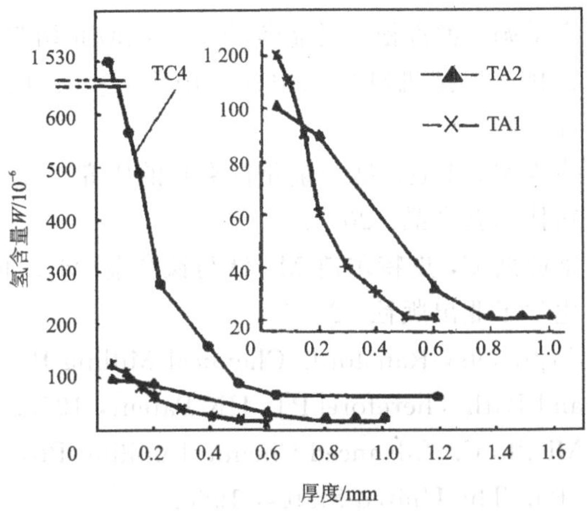

图7 钛材化铣吸氢量和剩余金属厚度的关系

2.4 复杂薄壁筒体零件尺寸偏差问题

某型发动机机匣为中间带安装边且具有一定锥度的薄壁筒体零件，需要铣出网格筋条，毛坯厚度4 mm，加工后尺寸要求为$1^{+0.1}_{0}$mm，加工深度3 mm，化铣一定时间后从化铣槽中取出进行厚度测量，如表1所列，表中的位置分布件见图8。化铣60 min后，零件的厚度偏差为0.03 mm；化铣至120 min时，尺寸偏差为0.09 mm，接近零件的极限偏差。此时，将槽液温度由30 ℃提高到35 ℃，化铣至180 min时，偏差达到0.2 mm。继续化铣60 min，厚度偏差为0.21 mm，部分薄区厚度已经低于要求厚度，在靠近中间安装边附近区域厚度超过极限尺寸。化铣中后期出现尺寸分布不均的主要原因如下：

(1) 化铣初期，化铣液中氢氟酸和硝酸的浓度分布均匀，零件各区域的化铣速度基本相同，化铣后尺寸偏差小。

(2) 化铣的中后期，由于中间安装边的遮挡，压缩空气对零件安装边附近的区域的搅拌效果不佳，该区域氢氟酸浓度随反应进行逐渐下降，钛离子浓度上升，并且反应产生的腐蚀产物附着在工件表面无法及时被带走，该区域反应速度下降。因此，化铣后的尺寸偏差增大。

表1 零件不同位置厚度随化铣时间的变化

mm

化铣时长/min	位置1	位置2	位置3	位置4	位置5	位置6	位置7	位置8
0	3.98	3.98	3.97	3.99	4.00	3.97	3.96	3.97
60	3.24	3.25	3.23	3.23	3.24	3.25	3.22	3.23
120	2.53	2.60	2.52	2.51	2.43	2.47	2.46	2.45
180	1.86	1.90	1.80	1.80	1.68	1.72	1.70	1.69
240	1.12	1.19	1.08	1.07	0.98	1.02	1.01	0.99

图8 带安装边筒体零件化铣后照片

3 结语

将化铣应用于钛合金薄壁筒体零件的成形可以极大地缩短加工周期，减小刀具磨损，且加工后零件无变形。然而，对于带网格筋条、安装座和安装边的复杂筒体零件，尤其是需深度铣削时，零件最终成形时尺寸偏差较大，单个零件加工可进行多次化铣来控制尺寸，但对于此种类型零件批量生产方面还需要进一步研究。后续可在以下两个方面开展研究来改善尺寸偏差问题：

(1) 调整化铣工装结构。让零件在化铣池中实现连续多向正反转动，让零件周围溶液浓度尽可能均匀。

(2) 调整化铣槽中溶液的搅拌方式。通过调节压缩空气通入方向和数量，增加机械搅拌或其他更为有效的溶液搅拌方式等来加快溶液中离子扩散速度。

参考文献

[1] 付艳艳，宋月清，等. 航空用钛合金的研究与应用进展[J]. 稀有金属，2006.

[2] 杨海燕，陆联弟，王家颖，等. HX-O1A 化学铣切保护胶的应用[J]. 化学工程师，1998 (4):

48-49.

[3] Robert T G. Chemical milling of aluminum alloys: choosing the latest technology to achieve a competitive advantage[J]. Metal Finishing, 2003(3):8-12.

[4] Takasaki A, Ojima K, Taneda Y. New phas formation in titanium aluminide during chemical etching[J]. Scripta Metallurgic Materialia, 1994, 30(9):1095-1098.

[5] Coggins D L, Louis S, Gumbelevicius J, et al. Chemical Milling of Titanium and Refratory Metals[P]. USA Patent, 1978.

[6] Takasaki A, Furuya Y. Hydrogen Evolution from Chemically Etched Titanium Aluminides [J]. Journal of Alloys and Compounds, 1996, 243(1-2):167-172.

[8] Capmaels, Ransford. Chemical Milling Process and Bath Therefor[P]. UK Patent, 1973.

[9] Say W C, Tsai Y Y. Surface Characterization of Cast Ti-6Al-4V in Hydrofluoric nitric Pickling Solutions[J]. Surface and Coatings Technology, 2004(176):337-343.

[10] 金蕾，李荻. 钛合金化学铣切及电化学加工[J]. 稀有金属材料与工程，1989(2):66-71.

[11] 威廉·T·哈里斯. 化学铣切[M]. 王廖，朱永昌，译. 北京：国防工业出版社，1983.

[12] 郑百战. 大型化铣零件的铣切加工技术[J]. 西飞科技，2002(2):27-28.

[13] 付明，侯朋. 化学铣切工艺在15-5PH精密机械零件加工中的研究与应用[J]. 航空兵器，2006(2):56-59.

[14] 赵永岗，张春刚，王辉，等. 化学铣切在钛合金加工中的研究及应用[J]. 表面技术，2009.

[15] 张红，朱彦海. 钛合金化学铣切工艺研究[J]. 航空工艺技术，1996.

[16] 尚洪帅，邹松华，王帅东，等. 铝合金表面化铣保护胶层激光刻型的可行性分析[J]. 电镀与涂饰，2018.

[17] 滕志强，李明，王辉. 一种大尺寸环形薄壁零件激光刻型新方法[J]. 机械设计与制造，2016(12):177-179，183.

[18] 高献娟，黄青松，刘宝琪，等. 三维激光切割工艺在化铣焊接机匣加工中的应用研究[J]. 机械设计与制造，2012.

[19] 钱本实，李赞. 钛合金化铣夹具的研究[J]. 中国新技术新产品，2011.

[20] 莱茵斯 C，皮特尔斯 M. 钛与钛合金[M]. 北京：化学工业出版社，2005.

[21] Arpmaels, Ransford. Chemical Milling Pro-cess and Bath Therefore[P]. UK Patent, 1973.

[22] Micillo C. Advanced Chemical-milling Processes [P]. The United States, 1968.

[23] 周礼君，赵晴，杜楠，等. TC4钛合金化学铣切槽液调整与再生[J]. 表面技术，2018.

[24] 石超，孙杰. 钛合金化铣废液中氟钛酸根的提取与应用[J]. 材料保护，2013.

[25] 林翠，刘枫，赵晴. TC4钛合金腐蚀加工速度和表面质量影响因素研究[J]. 航空材料学报，2008(5): 50-54.

[26] 李庆春. TA12钛合金深度化铣工艺及铣后性能研究[D]. 2015.

[27] 王辉，杜兴盛，杨俊坤. 钛合金化铣尖边化学法去除工艺研究[J]. 电镀与精饰，2018.

[28] Ronald S V, Kanji Ono. Hydrogen solubility in alpha tinium [J]. Metall Trans, 1971(2): 608-609.

作战飞机智能辅助决策技术研究

朱妍*，马晓，郭润兆

航空工业第一飞机设计研究院，西安 710089

摘要：在未来战场上，信息化的不断提高、战场环境的日益复杂，对作战飞机飞行员在完成作战任务时提出更多挑战。本文从飞行员能力限制与座舱功能限制两个方面，分析了智能辅助驾驶技术的需求；结合 OODA 过程及人工智能技术特征，说明驾驶员辅助决策系统的定义和原理；与传统机载系统设计方式进行对比，提出以人为中心的系统功能需求设计方法；基于需求分析结果，对驾驶员辅助决策系统功能架构和物理架构进行研究，并针对系统功能和实时性的要求，对该系统的五个评估过程及评估方法进行分析总结。

关键词：作战飞机；智能驾驶辅助；OODA；系统评估

Research on Intelligent Assistant Technology for Combat Aircraft

ZHU Yan*，MA Xiao，GUO Runzhao

AVIC The First Aircraft Institute，Xi'an 710089，China

Abstract： With the INCREASES OF future battlefield information and battlefield environment complexity，more challenges were proposed to pilot during the execution of combat mission. In this paper，requirements for pilot assistant technology were analyzed at the aspects of limitations of pilots abilities and cockpit functions. According to the OODA process and intelligent technology characteristics，the pilot assistant system definition and principle were presented. Comparing with the traditional airborne system design method，the pilot centered function requirements design method was proposed. Based on the result of requirement analysis，the functional and physics architecture of pilot assistant system was given. Aiming to the function realization and real-time demand，the five evaluation stages and methods for this system was analyzed.

Keywords： combat aircraft；intelligent driving assistance；OODA；system evaluation

未来战争将是以信息为中心、基于特定作战目的、多兵种联合、全面网络化的协同作战模式。与传统作战飞机相比，未来作战飞机作战范围更广、火力强度更高、响应速度更快、生存能力更强，要求飞行员能完成高隐身突防、长时间飞行、多任务执行、战略战术武器投放等任务。随着未来战场信息化程度的不断提高，战场环境复杂性的日益增加以及机载设备的增多，对作战飞机飞行员在完成作战任务时提出更多挑战。

当前，人工智能技术已进入快速发展期，是推动军事发展、改革战争形态的颠覆性技术，其在军事战争中应用广阔，世界各大军事强国已经着手开展智能化军事装备的竞赛。因此，通过人工智能对作战飞机增效赋能是使其适应未来智能化战争环境的必由之路。研制具有感知、推理、判断和决策功能的人工智能系统，是减轻飞行员负担的重要途径[1]。

1 智能辅助的需求

1.1 飞行员能力限制

1. 大量信息处理能力限制

在现代体系作战环境下，作战飞机必须实现与指挥控制系统、电子对抗装备等作战装备的互联互通，有效完成作战任务；为实现飞机自身操控，飞行员还涉及与大量设备及多种信息的交互。因此，提供给飞行员

* 通讯作者．E-mail：faizy828@163.com

的信息将呈爆炸性增加趋势。面对繁多的信息数据和复杂的设备操控，飞行员很难承担如此繁重的管理和控制任务。迫切需要飞机具备自主综合管理和控制机载系统的能力，以减轻飞行员压力，改善其精力分配。

2. 高精度控制、长航时飞行时操控能力限制

未来作战飞机，具有作战范围广、覆盖持久、强战略威慑、高强度火力、高响应速度、高可靠运行、强生存等任务要求，飞机平台必须具有高隐身、远航程、适应多任务、战略战术武器投放等能力。这就使得飞行控制精度要求更高，飞行、战术操作更加复杂，且飞行时间更长，飞行员的工作负荷剧增；这就需要飞机本体控制更加自动化、自主化、智能化，以减轻驾驶员操纵负担，提高任务执行效率，实现飞机平台整体性能与作战能力的提升。

3. 复杂环境变化的快速决策能力限制

未来作战形式将朝着信息化、智能化、一体化联合作战的形式发展。未来战场也是陆、海、空、天、电一体化作战的战场，飞机的作战环境将具有复杂多变、不确定性强、信息量庞大、作战模式体系化等特点。面对瞬息万变的复杂作战环境，系统的实时性要求也日益增加。这就要求飞行员在非常短的时间内进行正确决策。而人的生理和心理承受能力有限，在高强度的负担之下，飞行员在执行任务过程中决策的正确性将受到限制，直接影响飞行安全和任务执行。

1.2 座舱功能限制

飞行员需要通过各种机载传感器获取信息，信息的来源包括飞机气动数据、位置数据、空中交通数据、天气数据和机载系统状态数据等。随着可获取的数据类型越来越多，其复杂度及数据间的关联度也在提升，需改进信息显示技术以辅助飞行员理解信息。即使所有数据都能有效地提供给飞行员，但仍然面临着数据爆炸的问题，需要更多的信息显示器满足这一需求，然而座舱空间有限，飞行员处理问题的时间也有限，而且随着任务的变化，飞行员所需的信息类型也在变化，从而增加了飞行员的操控时间，降低了信息获取效率。虽然执行任务前能预载任务、地形、天气等数据，但是，随着时间的推移，部分数据会发生变化，飞行员必须定期更新预载信息以保证系统正确运行，限制了飞行员将更多的精力投入到作战规划中[2]。

综上所述，由于飞行员自身条件以及座舱环境所限，飞行员从大量信息中快速准确地提取出与任务目标紧密关联的内容，快速做出正确决策并执行将是相当困难的，可能无法完全满足未来战场在信息获取、理解，任务规划，行动及协同上的需求。

2 驾驶员辅助的概念

驾驶员辅助(Pilot Associate，PA)是一种智能支持系统，它以任务要求为核心，在充分利用机载设备提供的信息和对当前态势评估的基础上，通过智能算法完成基于任务目标的决策，利用推理、规划等手段将决策意图分解为系统相应设备的可执行指令并自动执行，帮助飞行员完成正常、战损和故障情况、特殊任务(加油、突防、编队)下的飞行操控，并具备态势感知、实时战术决策与规划等能力。通过智能人机交互以及不断提升机器的智能水平，使飞机在强实时、高动态、不确定态势和不完备信息条件下，实现对飞行员的辅助、协同以及融合，减轻飞行员负担，不断提升大型空中作战装备任务执行效能。

结合 OODA 过程及人工智能技术特征，驾驶辅助系统基本原理如图 1 所示。通过外部环境及飞机本体传感器等获取信息，借助相关人工智能软硬件技术，根据不同任务自主生成最佳传感策略，对不同类型和范围的感知目标进行特征提取；智能认知对态势感知信息通过滤波、变换、融合、特征提取、识别等算法，综合不同数据源信息，依据认知系统已形成的知识库数据，形成可供决策系统处理的信息；智能决策通过运用神经网络、专家系统、模糊推理、对策论等决策方法自主或辅助人类对认知数据进行整合、分类、分析、规划、推演、评估，最终可提供基于规则、认知、类脑运算等模式下的决策推理，并结合智能体 Agent 的执行能力，在期望时间内给出决策结果；智能执行对决策结果利用推理、规划等手段将决策意图进行人-机权限分配，分解为智能系统相应设备的可执行指令或相应显示、语音等信息，并通过相应执行机构来实现。

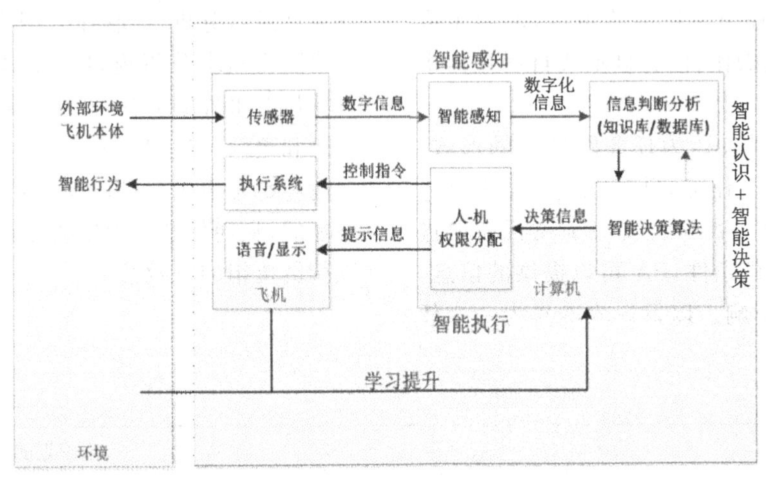

图 1　作战飞机驾驶辅助决策系统原理

3　驾驶员辅助决策系统需求捕获

3.1　以人为中心的智能驾驶辅助设计理念

机载系统的传统设计方法侧重于各系统功能的体现，各系统根据其功能组成进行定义和设计，最后将各系统的功能综合到座舱中，由飞行员进行控制和管理。而对于智能驾驶员辅助决策系统设计，采用以人为中心的设计理念，强调在任务中，功能对飞行员的可达性和可用性，如图 2 所示，关键设计点在于辅助系统是否能帮助飞行员利用所有机载系统的功能。辅助系统的行为是依据规划和未规划的任务事件以及响应这些事件所需的任务序列来描述的，而不是仅从一个方面来确定某个特定的电子设备对输入完成的功能[3]。

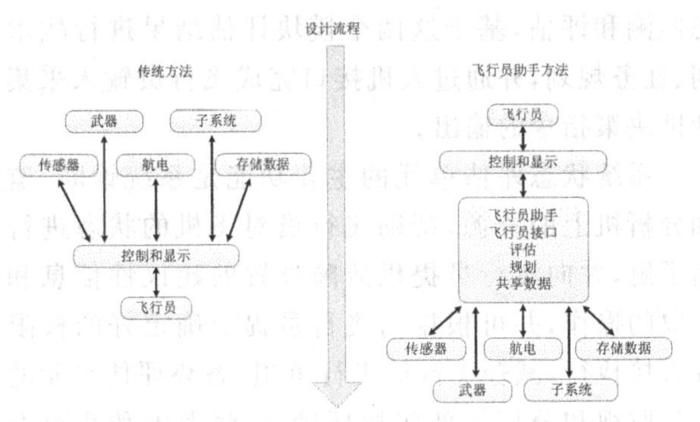

图 2　传统机载系统与 PA 系统设计理念对比

因此，辅助系统设计是由飞行员需求确定的，而不是由机载系统与飞行员间接口确定的。所有需求都与辅助飞行员执行的任务有关，这就体现出任务分析和机载系统需求之间紧密的关系。

3.2　PA 系统需求定义

PA 系统的功能需求定义从描述相关机载系统和任务事件的分析开始，通过任务分析结果提出对飞行员的辅助内容，从而确定系统功能，整个过程如图 3 所示。其中，任务分析是对飞行员操作和信息需求的分析过程，即由经验丰富的飞行员和工程师一起，对任务事件、相应的飞行员操作以及与任务事件相关的信息进行描述和分析。这种描述方法也遵循了飞行员处理问题的顺序：发现事件(Detect)、分析事件(Analyze)、对状态需求做出反应(Respond)、行动规划(Plan)并执行(Execute)。DARPE 是一种分析飞行员在执行任务时所需完成工作的方法，这其中也包括了思考类的工作：如考虑威胁能力，预测威胁行为，并决定对策。

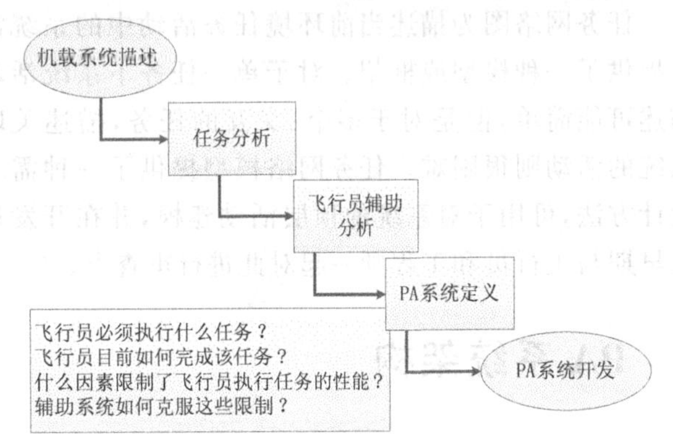

图 3　PA 需求定义过程

任务事件包括任务规划和对突发事件的反应，如突发威胁或系统故障。任务事件推动了一个辅助决策功能设计过程，即从人的限制因素识别，到定义 PA 在支持飞行员完成任务过程中所扮演的角色，最后生成PA系统需提供的飞行员操作、信息显示或自动化需求的精确说明。

任务事件的分析结果表达为任务网络图的形式，任务事件被分解为多项子任务，并进行分级，这也与DARPA过程相对应。任务网络图说明了飞行需要进行的操作，开始进行操作的条件，PA可以提供的信息，以及各操作之间的相互影响。以目标攻击作为一个任务事件进行分析，绘制任务网络图，如图4所示。任务网络图为需求分析提供了基础，通过任务事件分析和飞行员对事件的剪裁，产生清晰的、具有一定优先权的信息和建议。通过这项工作，保证系统功能和辅助显示内容都是由飞行员所需的信息和自动化支持程度来确定的，从而保证了PA系统的需求对任务支持和减轻飞行员负担的有效性。

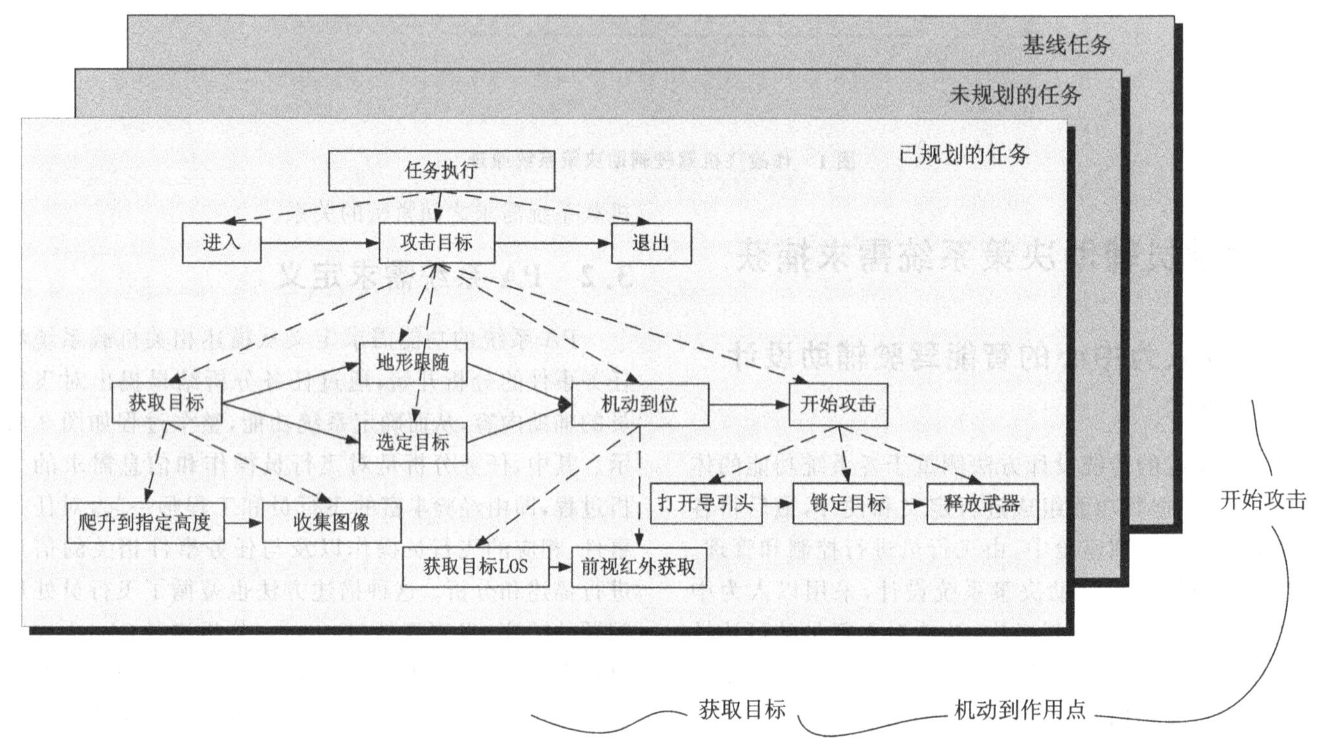

图4 攻击目标的任务网络图架构

任务网络图为描述当前环境任务活动中的系统需求提供了一种模型或框架。对于单一任务下系统活动描述可能简单，但是对于多个、交互的任务，描述关联系统的活动则很困难。任务网络模型提供了一种需求设计方法，可用于对系统的顶层活动建模，并在开发过程早期与飞行员和工程师一起对此进行审查[4]。

4 PA系统架构

4.1 功能架构

根据任务网络图捕获出的PA系统功能都可以在DARPE过程找到相对应的环节，因此建立驾驶辅助系统功能架构如图5所示。通过态势感知模块完成外部事件的探测和分析，系统状态评估完成飞机平台的状态监测和评估，基于这两个模块评估结果进行战术规划、任务规划，并通过人机接口完成飞行员输入采集和辅助决策指令的输出。

系统状态评估单元的主要功能是系统诊断、监视和分析机上的资源，帮助飞行员对飞机的状态进行全面了解，并向飞行员提供故障处置的建议性信息和应采取的操作，并可根据与飞行员提前确定好的权限设置直接执行，减轻飞行员飞行负担；态势评估单元的功能是监视和分析外部作战环境，它将考虑敌我双方的飞机和地面力量、地形、气象、飞机状态和可用资源，对获得的信息进行分析以确定目标的属性和意图；战术规划单元的目标是在关键情况下，根据由其他模块提供的有关当前环境的信息，制定或改变飞行航线，对威胁作回避动作，利用电子对抗，使用可用的武器或替代的方案等；任务规划单元的主要目的是向驾驶员提供执行任务更大的灵活性，它包括导航、威胁回避、燃油管理和修改航线等功能，能根据系统状态评估的结果，优化燃油量并减少被敌方攻击的危险；人机接口单元通过建立合理的人一机交互方式，转换飞行员命令（动作）至PA，并高效显示PA系统所提供给飞行员关于突发事件、需完成任务、自动规划等信息，并将执行方案转换至各个执行系统，实现由警示到自主执行不同等级的辅助决策，达到飞行员与PA系统的相互协调的目标[5]。

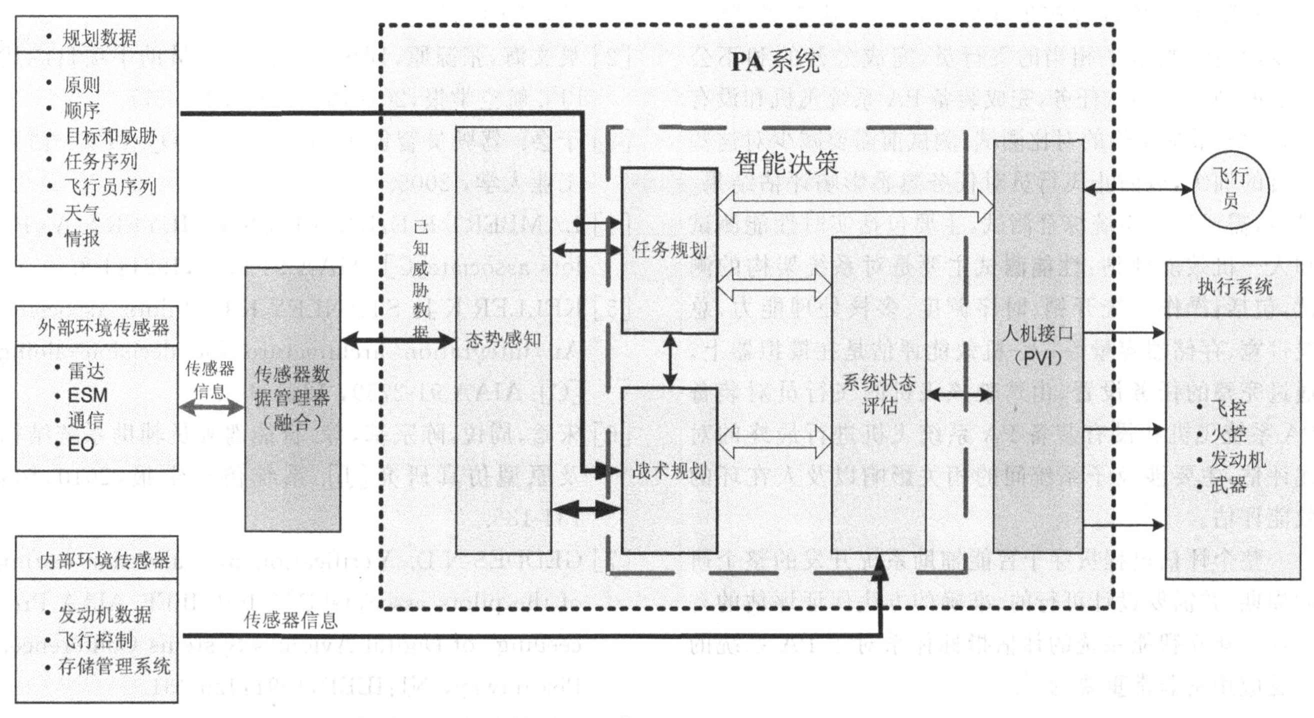

图5　驾驶员辅助系统功能架构

4.2　物理架构

图5中的每个功能单元都包含不同任务阶段所实现的不同具体功能，这些功能之间又具有信息交互关系，因此，PA系统的物理架构在保证各功能单元独立运行的基础上，需要实现各功能间的信息共享，还需要将各功能统一进行调度管理。

当前广泛采用的是一种基于黑板模型的分布式架构，如图6所示。功能单元加载在不同的处理器，由不同的物理模块实现，每个功能单元求解或者推理的结果都写入黑板，功能单元间通过黑板进行数据交互，功能单元中的子功能由各硬件模块的应用分区来实现。这种方式保证了各功能单元的独立性，又便于实现辅助系统软件的灵活管理和调用，实现了各功能间的协调运行[6]。

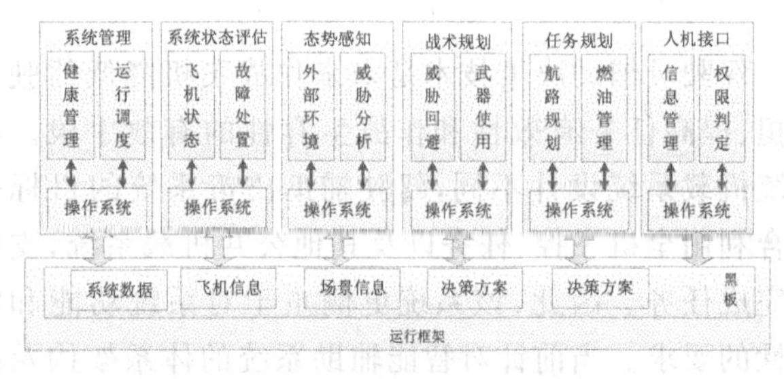

图6　驾驶员辅助系统物理架构

5　PA系统的评估

驾驶员辅助决策系统设计的成功与否取决于飞行员对系统的认可程度。因此，对人一机混合智能辅助程度的评估是很重要的。对于PA系统，不仅仅是系统性能参数的测量，还要对状态感知程度、战术灵活性，规划能力以及对飞行员辅助需求的满足程度等方面进行评估，以满足对PA系统的实时性和功能收益的要求。

PA系统的评估主要分为五个阶段：数字仿真、工程开发测试、物理样机测试、功能测试、系统综合测试。数字仿真是对功能设计结果，显而易见的PA收益进行初步评估。在物理样机测试前，先要进行工程开发测试，即对每个子系统进行验证，然后，通过一定的测试场景对整个系统进行初步评估。在进行功能测试时，需要两组经验水平相当的飞行员，完成公开的和不公开的两种飞行测试任务，完成装备PA系统飞机和没有装备PA系统飞机的对比测试，测试前需要减少对这些项目的训练，以防止飞行员对任务熟悉影响评估结果。最后，需要进行系统综合测试，主要包括实时性能测试和人一机效能评估：性能测试主要是对系统架构的测试，包括：操作系统开销、时序调度、多核处理能力，总线带宽、存储器容量等；人-机效能评估是在模拟器上，通过完整的任务设置，由驾驶该飞机的飞行员对装备PA系统飞机和没有装备PA系统飞机进行最终的对比评估，主要涉及子系统间的相关影响以及人在环的效能评估。

整个评估过程贯穿于智能辅助系统开发的整个研制周期，并需要设计可行的、准确的方法保证评估的有效性。建立智能系统的评估指标体系对于PA系统的广泛应用是非常重要的[7]。

6 结束语

驾驶员辅助决策技术是未来作战飞机降低驾驶员负担、提高任务有效性和作战生存性的有效手段。与传统机载系统设计不同，驾驶辅助决策系统的目标是综合利用全机飞控、任务以及其他公共机载系统，支持人完成任务。因此，该系统更侧重于对系统功能和实时性的要求。当前针对智能辅助系统的体系架构及决策方法等方向已开展较多研究，但对于建立标准、可行的评估指标体系和验证方法还缺少一定的积累。这需要有经验的飞行员和工程师共同参与进行设计，以保证通过完整、正确的测试评估，使该系统真正从实验室走向实际型号应用。

参考文献

[1] 刘宝善. 人-机关系研究与飞行安全[A]// 人-机-环境系统工程研究进展：第五卷. 北京：海洋出版社，2001：182-187.

[2] 吴文海，张源原，周思羽，等. 飞行员助手项目综述[J]. 航空学报，2016，37(12)：3563-3577.

[3] 于会. 驾驶员智能辅助专家系统[D]. 西安：西北工业大学，2005.

[4] LAMBERT R E，KELLER K J，MEYER S A. Pilots associate[C]. AIAA 91-2757，1991：4-8.

[5] KELLER K J，STANLEY K C. Pilots Associate-An integration architecture for decision aiding [C]. AIAA 91-2759，1991：4-6.

[6] 宋晗，周锐，陈宗基，等. 智能驾驶员辅助系统结构及原型仿真研究[J]. 系统仿真学报，2010，S1：134-136.

[7] GEDDES N D. Verification and validation testing of the pilots associate[C]//10th IEEE/AIAA Proceedings of Digital Avionics Systems Conference. Piscataway，NJ：IEEE，1991：426-431.

[8] BANKS S B，LIZZA C S. Pilot's associate：A cooperative knowledge-based system application [J]. IEEE Except，1991，6(3)：18-29.

[9] Lapuma A A，Marlin C A. Pilot's associate：a synergistic system reaches maturity：AIAA 934665 [C]. San Diego，CA：AIAA Computing in Aerospace Conference，1993：1131-1141.

[10] SMALL R L，HOWARD C W. A real-time approach to information management in a pilot's associate [C]. Piscataway，NJ：10th IEEE/AIAA Proceedings of Digital Avionics Systems Conference，1991：440-445.

粗糙接触界面建模及热-电-力耦合特性研究

张磊,郭建设,付金辉*,张小娟,高玉涛

中航光电科技股份有限公司,洛阳 471000

摘要:基于分形理论,采用 $W-M$ 函数建立了粗糙表面的三维模型,借助有限元仿真软件建立了三维粗糙接触界面模型,并对不同正压力的接触状态进行了研究,分析了接触正压力和接触电阻之间的关系,并结合试验进行了验证,以此为基础研究了接触界面的热-电-力耦合特性,分析了粗糙接触界面的温度分布随正压力的变化规律,结果表明:接触电阻和正压力呈非线性关系,通电流后接触界面的电阻和温度随正压力的增加而减小,应用中可通过提高接触部位的正压力提升接触件电传输性能。

关键词:分形理论;粗糙表面;接触特性;有限元;耦合

Modeling of Rough Contact Interface and Study on Thermo-electric-mechanic Coupling Characteristics

ZHANG Lei, GUO Jianshe, FU Jinhui*, ZHANG Xiaojuan, GAO Yutao

AVIC Optoelectronics Technology Co. Ltd., Luoyang 471000, China

Abstract: Based fractal theory, the three-dimensional model of the rough surface is established by using the W-M function. The finite element model of rough surface are analyzed with finite element analysis software and the contact characteristics are discussed. The relationship among contact pressure and contact resistance is studied, and the results was verified by experiment. Based on these analysis, the thermal, electrical and mechanical properties about contact regions are analyzed, the temperature distribution of rough contact interface with normal force is also studied. Shows that: The electrical resistance and the contact pressure have a nonlinear corelationship. The electrical resistance and temperature of the contact interface decreases with the increase of the contact force. In application, the electrical performance of contact can be improved by increasing the pressure of the contact regions.

Keywords: fractal; rough surface; contact characteristics; finite element; coupling

1 引 言

随着航空技术的发展,电气系统在整个飞机功率系统中的占比明显提高,大功率负载显著增多[1],对电传输的可靠性提出了越来越高的要求。在电路系统中,设备之间主要靠连接器件进行电能传输,接触件是连接器件的核心部件。电流通过接触件及其接触部位进行传输,接触部位的接触界面均存在一定的粗糙度,电流沿粗糙表面传输时会产生接触电阻,进而产生热量,使接触部位的温度升高,温度过高时会烧坏器件,影响整个系统的功能。因此,对接触部位的电传输特性进行研究具有非常重要的工程意义。

电传输过程包括了电、热、力等多个物理场的耦合,国内外众多学者对接触区域的建模方法、力学特性等进行了研究,杨文英等人[2]论述了微观形貌接触建模方法;施迅、吴少雷、杨国庆等人[3-5]借助有限元仿真方法,建立粗糙表面对不同接触压力作用下的弹塑性变形、接触面积等开展研究,但未对电特性进行分析;周鑫、张彤等人[6-7]结合电接触表面的粗糙度建立粗糙

* 通讯作者. E-mail: fujinhui@jonhon.cn

接触界面，分析了接触界面的多物理场耦合问题，接触电阻和力学性能的关系等，但未对力、热、电之间的耦合关系深入研究。

本文研究并建立了三维粗糙接触界面模型，借助有限元仿真方法对粗糙表面的接触状态进行分析，在此基础上建立粗糙表面的电传输模型，分析了接触电阻和正压力的关系并进行了试验验证，同时研究了接触界面的热-电-力耦合特性，获取了不同正压力和接触电阻时接触界面的温升。研究结果可为连接器件的性能设计、可靠性优化等提供依据。

2 三维粗糙接触界面建模

2.1 粗糙表面数学表征

表面微观轮廓被放大后，形貌表现出局部和整体的自相似和统计相似[8]，这些特征和分形理论相吻合，因此部分学者采用分形对粗糙表面进行表征并证明了有效性。Majumdar 等人[9]在分形理论的基础上建立了分形参数和传统统计学参数的联系，确定了两个接触界面的等效结构函数，即 $W-M$ 函数。该函数可准确地描述表面形貌的统计自仿射特性、连续但不可导等分形特性，被普遍应用于粗糙表面的建模。

本文研究采用 $W-M$ 函数构造三维粗糙表面，Yan 等人[10]给出了三维粗糙表面的 $W-M$ 函数表达式为

$$z(x,y)=\frac{G^{(D-2)}}{L^{(D-3)}}\left(\frac{\ln\gamma}{M}\right)^{0.5}\sum_{m=1}^{M}\sum_{n=0}^{n_{\max}}\gamma^{(D-3)n}\cdot\left\{\cos\phi_{m,n}-\cos\left[\frac{2\pi\gamma^{n}(x^{2}+y^{2})^{1/2}}{L}\cdot\cos\left(\arctan\left(\frac{y}{x}\right)-\frac{\pi m}{M}\right)+\phi_{m,n}\right]\right\} \tag{1}$$

式中：$z(x,y)$为粗糙表面轮廓的高度；D 为分形维数，它代表了轮廓结构复杂程度，D 越大表面轮廓细节越丰富，对三维模型，$2<D<3$；G 为粗糙度系数，它影响了表面轮廓的幅值，G 越大表面粗糙程度越大；γ 一般取 1.5；n 为波数；L 为取样长度；M 为分形曲面褶皱的重叠数，对三维模型，一般取 10；$\phi_{m,n}\in[0,2\pi]$为随机相位；$n_{\max}=\mathrm{int}[\log(L/L_s)/\log\gamma]$为最高频率系数，其中 L_s 为截止长度。当 L 确定后，$z(x,y)$就是关于 G 和 D 的函数。根据粗糙表面的真实轮廓，采用分规法、概率密度法、频谱法等可得到分形维数 D，进而得到粗糙度系数 G。

2.2 粗糙表面建模

根据 $W-M$ 函数，在软件中建立了三维粗糙表面的表达式，采用文献中的参数，D 取 2.1，G 取 0.005 μm，取样长度 L 取 15 μm，L_s 取 0.05 μm。根据公式(1)可获取整个粗糙面上的坐标信息，通过软件建立粗糙表面模型，如图 1 所示。

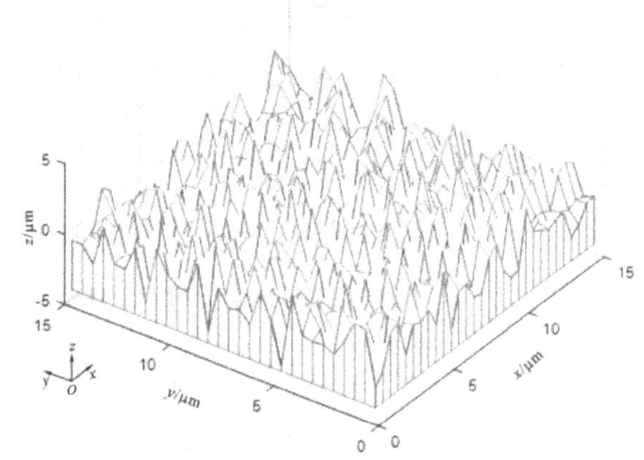

图 1 粗糙表面模型

通过提取各个点的坐标，导入三维设计软件，即可建立了粗糙表面的三维模型，如图 2 所示。

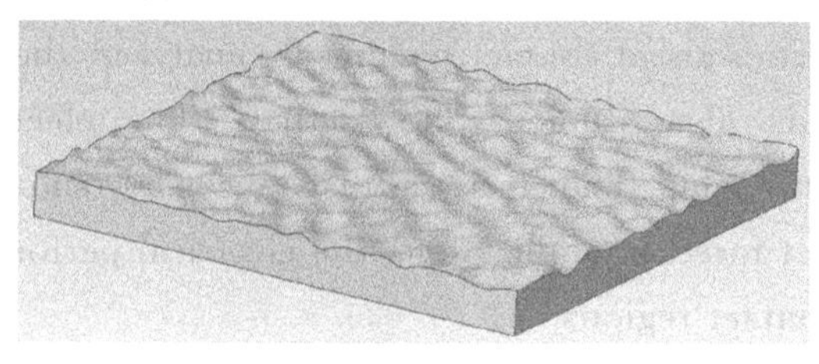

图 2 三维粗糙表面模型

3 有限元模型建立

粗糙表面的接触状态比较复杂，为保证获得较为可靠的结果，将粗糙表面实体模型导入有限元分析软件，建立粗糙表面的接触仿真模型。根据文献[11]，接触件接触部位材料的弹性模量为 80 GPa，屈服强度为 300 MPa。最终建立的有限元仿真模型如图 3 所示。仿真时，通过施加边界条件使两个粗糙表面相互接触，获取接触过程中的正压力、接触面积等参数，在此基础上，在两个接触体的表面施加 10 A 电流，设置环境温度为 25 ℃，获取不同正压力下的接触电阻和温升。

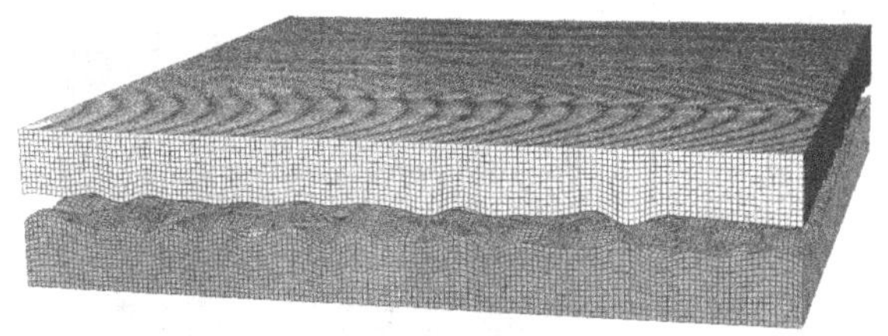

图 3　有限元模型

4　仿真分析结果

4.1　接触电阻和正压力关系

通过仿真获得接触面之间的接触状态随正压力变化的规律。图 4 所示为不同正压力时，粗糙表面的接触状态。由图 4 知，当正压力为 1 mN 时，接触面之间的接触斑点数量较少，接触面积较小，随着正压力的增加，两个粗糙表面之间的接触斑点发生弹塑性变形，接触斑点的高度降低，其他的斑点开始接触，接触斑点数量明显增多，同时已经产生接触的接触斑点的接触面积也显著增加。

通过仿真还可获得不同正压力和接触状态下，接触界面之间的接触电阻，并对接触电阻随正压力和接触状态的变化规律进行分析。

根据仿真结果，以实际应用中的大功率片式接触件为对象，结合仿真模型的尺寸，将正压力和接触电阻进行了等比例换算，获取实际应用中接触电阻与正压力关系的变化曲线，如图 5 所示。由图 5 知，随着正压力的增加，接触电阻呈减小趋势。

根据接触电阻的变化趋势可知，接触电阻与正压力的关系呈明显的非线性关系。当正压力较小时，接触电阻随正压力的增加而急剧减小，当正压力达到 20 mN 以上时，接触电阻的减小幅度显著降低，接触电阻趋于平稳。由结果可知，正压力较小时，接触面积较小，接触斑点的数量也较少，接触电阻相对较大，随着正压力的增加，在已接触斑点接触面积增加的同时，接触斑点的数量也明显增多，各个接触部位的电阻呈并联关系，进一步降低了接触部位的整体电阻。随着正压力的继续增加，接触状态趋于稳定，接触面积和接触斑点数量的增加幅度降低，对接触电阻的影响程度也随之降低，接触电阻趋于稳定。

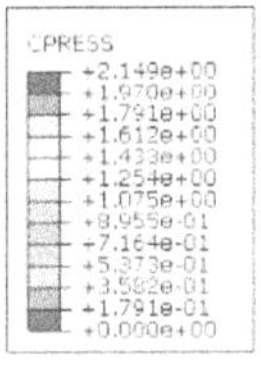

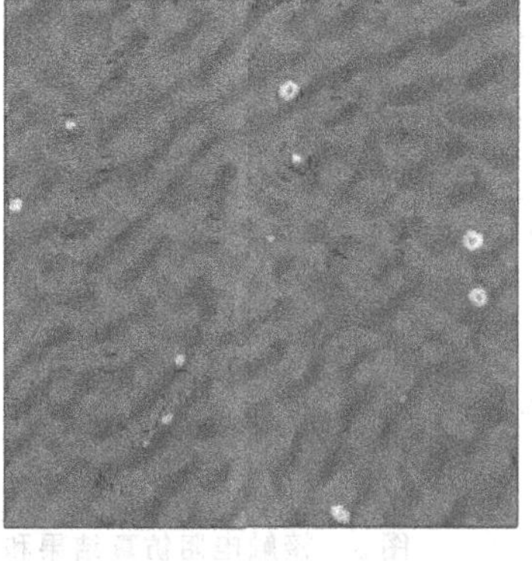

(a) 1 mN

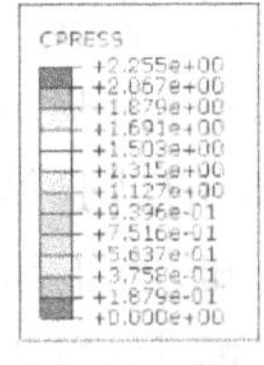

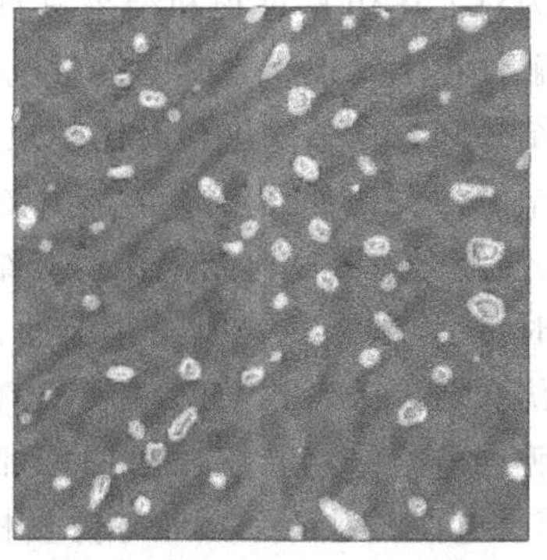

(b) 20 mN

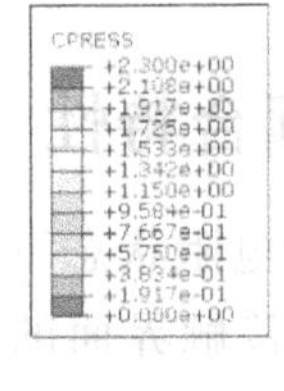

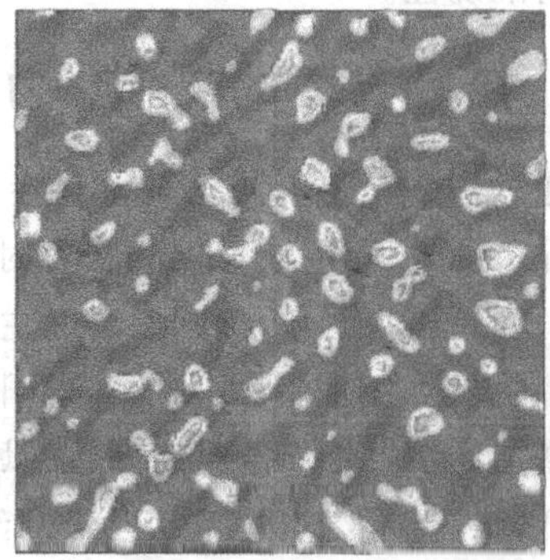

(c) 40 mN

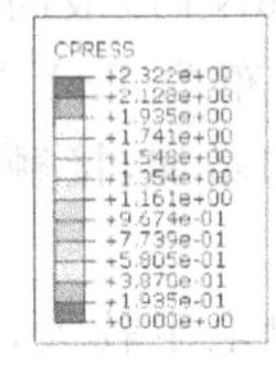

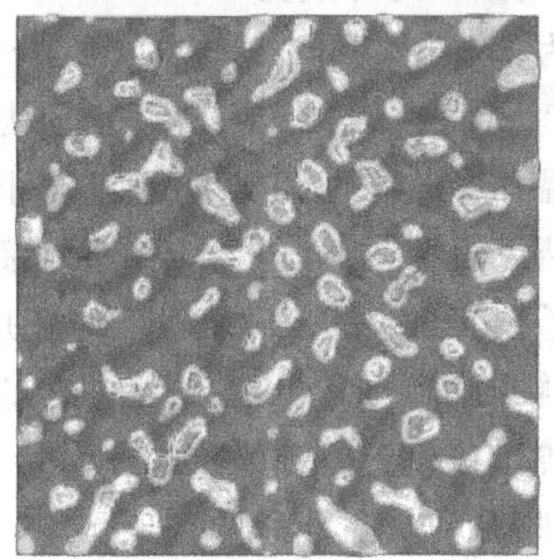

(d) 60 mN

图 4　不同正压力时接触状态

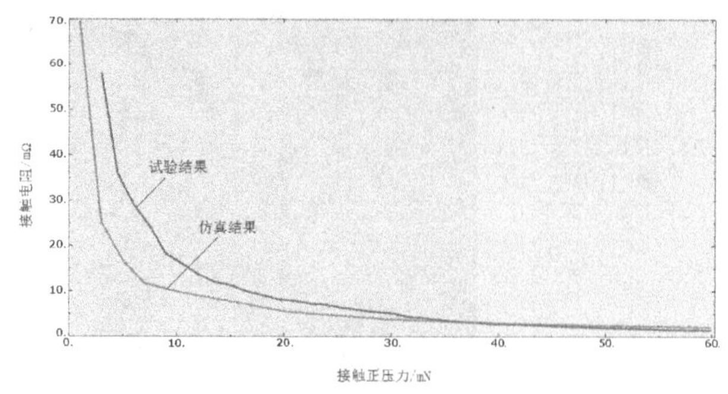

图 5　接触电阻仿真结果和试验结果

为对上述仿真过程和结果进行验证，采用四线法对接触件在不同正压力时的接触电阻进行了测试。将测试结果和仿真结果进行对比。换算后的试验结果和仿真结果的对比如图 5 所示。由图 5 知，当正压力较小时，接触电阻的试验结果比仿真结果略大；当正压力较大时，试验结果比仿真结果略小。这是因为接触电阻的仿真结果未考虑接触件表面氧化膜、污染物等引起的膜层电阻。随着正压力的增加，接触斑点膜层破裂，膜层电阻的影响减小，与仿真模型的状态趋于一致，仿真结果和试验结果吻合较好，由对比结果可证明模型的准确性。

4.2　接触界面的热-电-力耦合特性

通过仿真获得不同正压力和接触电阻状态下的温升情况。图 6 所示为不同正压力时，接触界面的温度分布。当正压力为 1 mN 时，温度主要集中在接触斑点上，最高温度达到了 230.6 ℃，温升为 205.6 ℃；当正压力增加到 20 mN 时，温度分布区域明显增加，温度显著降低，最高温度约 38.1 ℃，温升约为 13.1 ℃，随着正压力的增加，温度分布区域进一步增加，温度进一步下降；当正压力分别为 40 mN 和 60 mN 时，最高温度分别为 30.1 ℃和 28.3 ℃，温升分布为 5.1 ℃和 3.3 ℃。由仿真结果知，随着正压力的增加，接触件温度及温升降低，降低的幅度逐渐减小。

结果表明，当正压力较小时，接触电阻较大，电流产生了较多的热量，随着正压力的增加，接触电阻减小，接触面积增加，电流产生的热量减小，同时接触面积的增加有利于接触部位的热量传导到温度较低的部位，因此温度及温升降低。

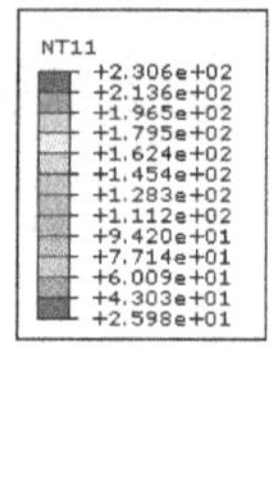

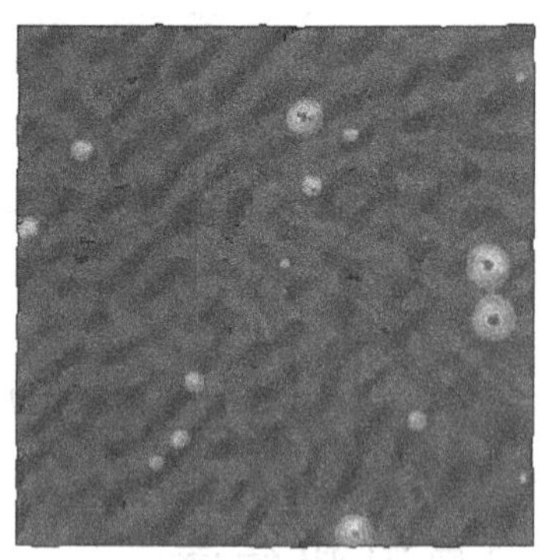

(a) 1 mN

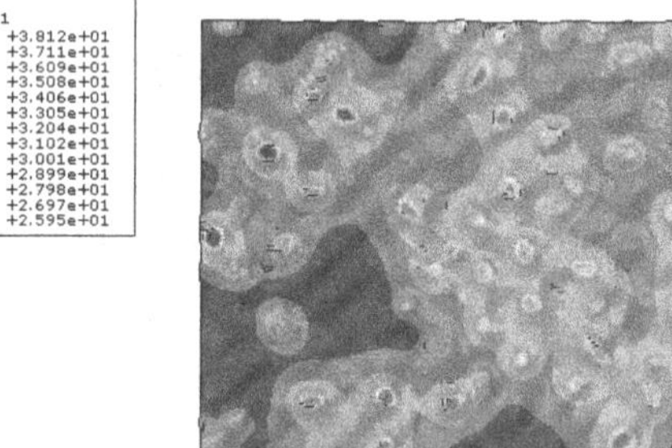

(b) 20 mN

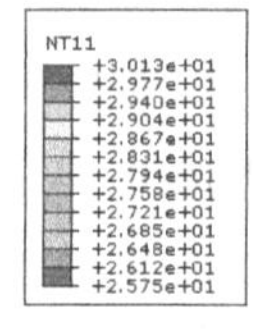

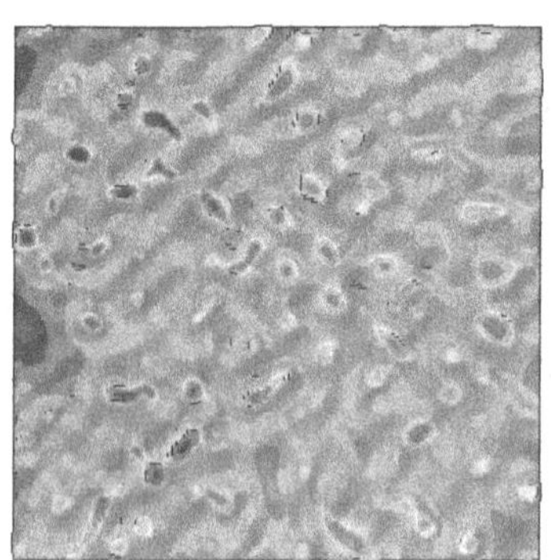

(c) 40 mN

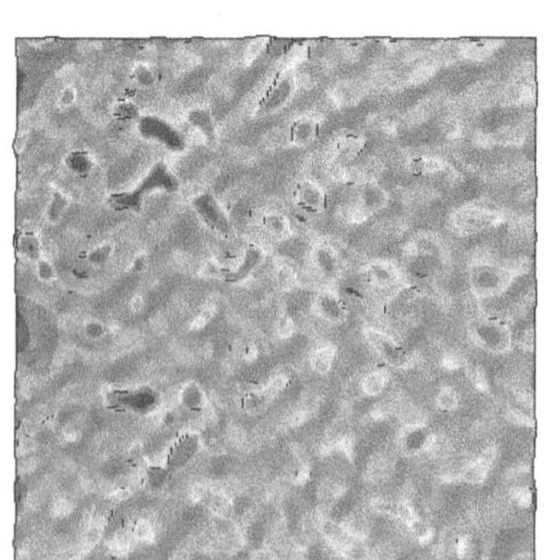

(d) 60 mN

图 6　不同正压力时接触界面温度分布

5 结　论

基于分形理论,采用 $W-M$ 函数建立了三维粗糙表面的三维实体模型,借助有限元仿真方法对粗糙表面接触时的接触状态进行了分析,获取了接触电阻与正压力的关系并进行了验证。在此基础上研究了接触界面的温度与力、接触电阻的关系,结论如下:

(1) 粗糙表面之间的接触斑点随着正压力的增加而增多,接触电阻随正压力的增加而减小,接触电阻与正压力呈明显的非线性关系。

(2) 三维粗糙接触界面通流时,温度主要集中在接触斑点上,随着正压力的增加,接触部位的温度和温升减小。

(3) 应用中,可通过增加接触界面之间的正压力降低接触电阻与接触部位的温升,提升接触部位的电传输性能。

参考文献

[1] 李永东,章玄,许烈.多电飞机高压直流供电系统稳定性研究综述[J].电源学报,2017,25(2): 2-11.

[2] 杨文英,刘兰香,翟国富.基于微观形貌的直流电器接触建模研究综述[J].电器与能效管理技术,2018(22):20-27.

[3] 施迅,王伟,刘焜,等.微观随机粗糙表面接触有限元模型的构建与接触分析[J].润滑与密封,2020,45(5):25-29.

[4] 吴少雷,冯玉,吴凯,等.基于有限元的三维粗糙表面电接触模型构建与仿真分析[J].合肥工业大学学报(自然科学版),2018,41(11):1441-1445.

[5] 杨国庆,熊美华,洪军,等.3D 粗糙表面的数字化表征与接触特性分析[J].西安交通大学学报,2012,46(11):58-63.

[6] 周鑫,鲁铁成,张博,等.基于三维分形接触电阻模型的粗糙表面多物理场耦合分析[J].电工技术学报 2015,30(14):226-232.

[7] 张彤,郁大照.航空电连接器力学性能和电学性能仿真[J].海军航空工程学院学报,2020,35(2):181-188.

[8] Sayles R. Surface Topography as a Nonstationary Random Process[J]. Nature,1978(271):461-464.

[9] Majumdar A,Bhushan B. Fractal model of elastic-plastic contact between rough surfaces[J]. ASME Journal of Tribology,1991,113(1):1-11.

[10] Yan W, Komvopoulos K. Contact analysis of fractal surfaces[J]. Journal of Applied Physics,1998,7(84):3617-3624.

[11] Hong Liu,Stephane Colin. Finite Element Based Surfaced Roughness Study for Ohmic Contact of Microswitches [C]. Electrical Contacts,IEEE,2012:1-10.

基于 DSP 的飞机电动前轮转弯技术研究验证

李政[1,*],徐海鑫[2],宋宪龙[1],莫胜男[1]

1. 哈尔滨飞机工业集团有限责任公司,哈尔滨 150066

2. 陆军装备部航空军事代表局驻哈尔滨地区航空军事代表室,哈尔滨 150066

摘要: 在飞机多电化、全电化发展的大趋势下,电动前轮转弯技术应运而生。基于 TMS320F28335 DSP 处理器设计的电动前轮转弯系统,相较于传统液压驱动系统取消了遍布机身的液压管路,减轻了系统质量,释放了更多空间;采用模块化设计,降低了结构复杂度,减少了液压系统中高故障率液压元件的使用,降低了系统的维护需求;采用数字信号控制方式,系统具有更好的伺服控制性能和抗电磁干扰能力。通过试验样机的制作,验证了基于 DSP 的飞机电动前轮转弯系统的可行性。

关键词: 电动前轮转弯;DSP;TMS320F28335;伺服控制

Research and Verification of Aircraft Nose Wheel Electric Drive Turning Technology Based on DSP

Li Zheng[1,*], Xu Haixin[2], SONG Xianlong[1], Mo Shengnan[1]

1. Harbin Aircraft Industry Group Co. Ltd., Harbin 150066, China

2. The Military Representative Office of the Representative Bureau of Army Armament Department in Harbin Region, Harbin 150066, China

Abstract: Under the general trend of increasingly-electric and fully-electric development of aircraft, electric drive nose wheel turning technology has arised. Compared with the traditional hydraulic drive system, the electric drive nose wheel turning system based on TMS320F28335 processor eliminates the hydraulic pipelines covering all over the body, which could reduce the weight of the system and release more space. The modular design could reduce the structural complexity and requirements in system maintenance. It is also found the decrease in the use of high failure rate hydraulic components in the hydraulic drive system. Using digital signal control mode, the system has better servo control performance and anti-electromagnetic interference ability. The feasibility of the electric drive nose wheel turning system based on DSP is verified by building the experimental prototype.

Keywords: electric drive front wheel turning; DSP; TMS320F28335; servo control

前轮转弯系统是飞机的重要系统之一,担负飞机地面滑行方向控制和防止前轮摆振的重要功能,其功能与性能关系到飞机地面机动的操纵品质和滑跑安全。与差动刹车、发动机推力差动等转弯方式相比,前轮转弯技术让飞机在地面操纵时更灵活,易控制,并且可以延长机轮刹车的使用寿命。

传统的前轮转弯系统多采用机械控制的液压驱动方式,需要由集中的液压源供能,液压管路需要从机翼或机身尾部穿过整个机身布置到机头下方,在体积、质量上缺点明显。同时,液压系统多发的跑冒滴漏故障也对飞机的使用和维护造成了不可避免的影响。因而,传统液压系统在飞机技术发展中将逐渐被效率更高、可靠性更强的新系统代替。在这种大环境下,电静液作动器与机电作动器应运而生。这两种新型作动器

* 通讯作者. E-mail:liz101@avic.com

具有集成度高、功重比大、可靠性高、效率高、安装维护性好等优点，可以替代传统集中油源阀控液压作动系统，被广泛应用于飞机、舰艇、机器人等移动平台的重载场合，具有广泛的研究价值和应用前景。本文主要论述了一种基于 DSP 控制用于飞机前轮转弯的机电作动器。

1　飞机电动前轮转弯系统总体设计

该电动前轮转弯技术演示验证样机主要包括台架、前起落架、电动前轮转弯系统。其中，电动前轮转弯系统主要由动力传动部分和伺服控制部分组成。

动力传动部分如图 1 所示。动力传动部分由产生机械功率的电机和减速增扭的减速器以及驱动前轮转动的摇臂、环体、连杆等组成，为前起落架提供转弯驱动力，同时满足转弯角度和角速率的要求。

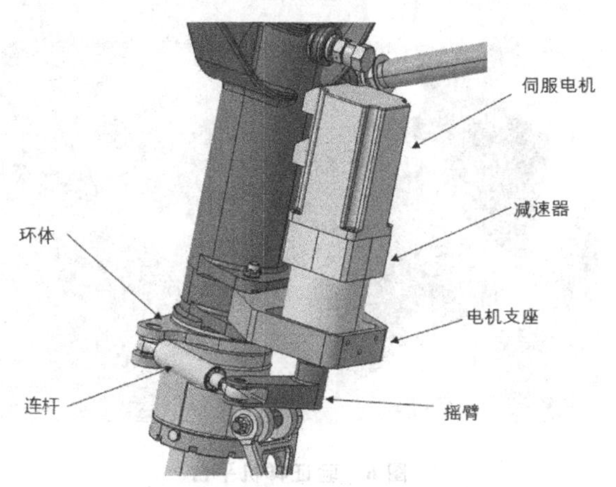

图 1　电动前轮转弯机构组成示意图

伺服控制部分如图 2 所示。伺服控制部分由电源模块、码盘、DSP 和伺服电机驱动器等组成。控制系统接收输入转向位置信号和前轮位置信号，经过数据的处理和计算，最终向电机发出控制指令，控制前轮进行

图 2　控制盒内部结构

偏转。

2　控制系统硬件设计

控制系统选用的是 TI 公司 TMS320F28335 DSP 芯片，再集成两个 RS485 信号收发器用于收发码盘的数据信息和一个专门用于数/模转换的 TLV5620 芯片用于输出控制电机的信号。码盘精度为 10 bit (1 024)，每 10 ms 发送一次当前位置信息。电机选用的是 SDGA－01CZZAB 型伺服电机，适配驱动器 TSDA－C11A，该伺服电机工作电压 24 V，功率 100 W，额定扭矩 0.32 N·m。其中电机驱动器为电压控制，输入电压 0～5 V 对应转速－3 000～＋3 000 r/min。

整个系统的硬件工作原理图如图 3 所示，DSP 控制器获取操纵信息、控制计算、起落架偏转行程限制。控制命令的输入采用方向盘的操纵表示，控制装置采用伺服电机控制起落架的偏转。在方向盘位置安装有一个码盘，码盘信号输入到 DSP 控制器作为控制命令输入，DSP 控制器经过计算，将控制信号输出到伺服电机控制前轮偏转，在起落架环体位置处也设有一个码盘实时监测轮胎的偏转角度。

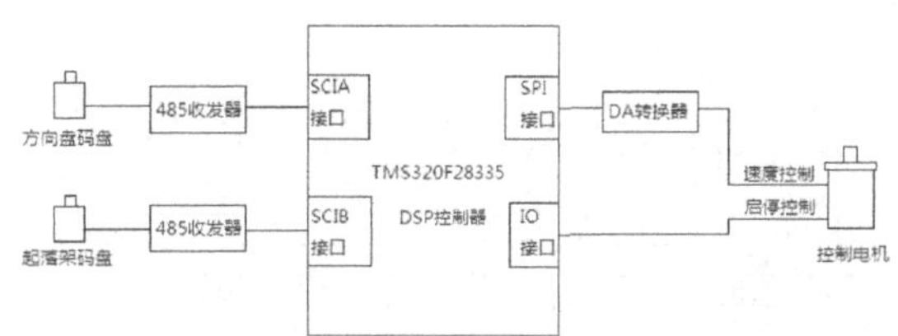

图 3　硬件原理图

3　控制系统软件设计

控制系统逻辑如图 4 所示，采用 CCS6.0 进行编辑调试，主要功能为读取两码盘数值进行比较后发送电机控制信号。F28335 处理器共有 3 个 SCI 接口，具有通信速率自动检测和 FIFO 缓冲等功能，为了减小串口通信时 CPU 的开销，F28335 的串口支持 16 级接收和发送 FIFO。本项目中的两个码盘的数据分别接入 SCIA、SCIB 端口，采用接收 FIFO 进行数据接收。程序运行过程中，循环读取两个码盘的数值，并进行校验字校验判断通信是否正常。由于码盘输出在 0 位置有跳变，0 和 1 023 两个刻度为相邻刻度，如图 5 所示，为避免数据突变，对得到的数据进行了处理，当码盘刻度

小于 512 时，码盘读数加 1 024 保证了在轮胎旋转的范围内数据的连贯性。

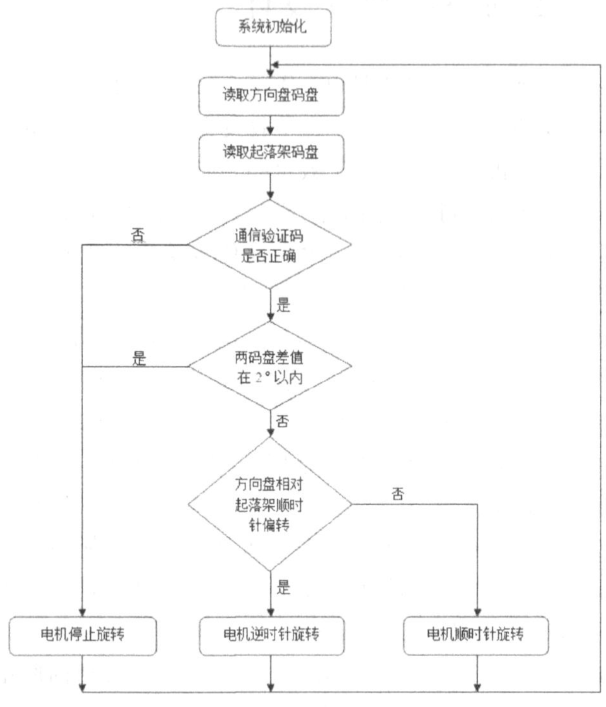

图 4 系统逻辑图

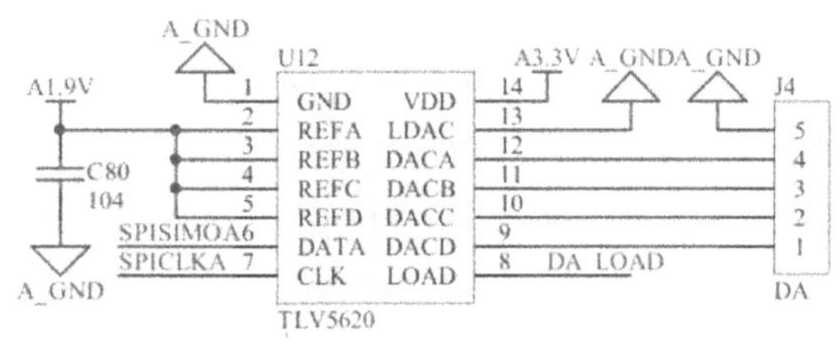

图 5 TLV5620 芯片电路

TLV5620 是一个四通道 8 位数/模转换(DAC)器件，3～3.6 V 单电源供电，3 线串行总线，可与 COMS 器件兼容，非常容易与微处理器或微控制器设备连接。通过 DSP 控制器直接使用 SPI 控制端口往 TLV5620 芯片内写数据达到输出控制电压的目的。它具有 11 位命令字，包括 8 位数据、两个 DAC 选择位和一个范围位，后者允许进行选择 1 或 2 倍的输出范围。DAC 寄存器是双缓冲的，允许一组完整的新值写入到设备，然后所有的 DAC 输出通过控制 LDAC 同时更新。DAC 可产生一个介于参考电压和 GND 两者之间的 1～2 倍的输出电压。

计算公式为

$$V=(1+\mathrm{RNG})\mathrm{REF}\times \mathrm{code}/256$$

4 电动转弯试验样机平台

本电动前轮转弯技术演示验证样机基于一套在试验中报废的某型无人机前起落架进行搭建，对该前起落架进行修理、改装后作为电动前轮转弯系统的验证平台，如图 6 所示。

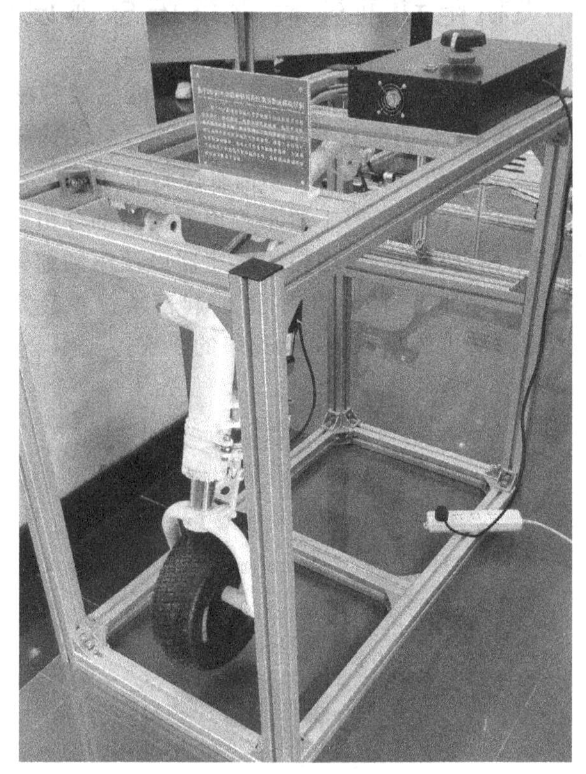

图 6 验证样机平台

经过装配和调试，基于 DSP 的飞机电动前轮转弯系统稳定运行，具有良好的转弯性能，在转弯过程中可根据所需手轮位置和前轮位置差距大小自行调整转动速度，具有良好的伺服性能。该系统转弯精度可达 ±1°，安装方便，结构简洁，便于改进维护。

5 结 语

本文对基于 DSP 的飞机前轮电动转弯系统进行了介绍，并详细叙述了该系统的结构组成以及工作逻辑。经过平台试验，该系统可以满足飞机前轮弯的需求，但是在减摆方面还需要进一步研究，距离正式上机还有一段距离。此外，该系统中使用的 TMS320F28335 芯片还有大量的接口并未被使用，在未来飞机全电、多电化发展的同时，可以将更多的控制功能集成在该芯片上，进一步简化飞机结构，增加使用效率，推进飞机技术发展。

参考文献

[1] 飞机设计手册总编委会. 飞机设计手册：第 14 分册[M]. 北京：航空工业出版社，2002.

[2] 符晓，朱洪顺. TMS320F28335 DSP 原理、开发及应用[M]. 北京：清华大学出版社，2017.

[3] 班华，李长友. 运动控制系统[M]. 北京：电子工业出版社，2012.

[4] 张晓娟，刘可娜，王山，等. 飞机电动前轮操纵系统测试装置设计与应用[J]. 检测技术与数据处理，2019，34(1)：58-60.

[5] 廖平，张祥，李文旭. 小飞机起落架电动转弯控制系统设计[J]. 驱动控制，2010，8：35-37.

[6] 韩瑞，刘可娜，王山，等. 航空电动静液作动器技术浅谈[J]. 科技视界，2019，17：34-35.

[7] 付永领，韩旭，杨荣荣，等. 电动静液作动器设计方法综述[J]. 北京航空航天大学学报，2017，10.

[8] 吴蔚. F35 采用创新飞行控制系统[J]. 航空科学技术，2006(1)：22.

[9] 李军，付永领. 机载电静液作动系统的发展现状与关键技术研究[J]. 航空制造技术，2005(11)：73-77.

[10] 聂宏，魏小辉. 飞机起落架动力学设计与分析[M]. 西安：西北工业大学出版社，2013.

机载激光武器系统作战效能评估分析

余驰*，张钢峰，杨超

庆安集团有限公司航空设备研究所，西安 710077

摘要：机载激光武器系统是一种集光机电热于一体的新概念武器系统。随着作战环境、应用场景、目标特性的差异化作战需求，对机载激光武器系统的总体论证、装备应用和对体系的贡献度分析等显得非常重要。以机载激光武器系统为研究对象，通过对机载激光武器系统作战效能评估分析步骤、指标体系、效能评估模型建立。对载体平台运动和目标运动的典型应用场景机载激光武器系统效能进行了计算分析。可为机载激光武器系统装备立项、装备性能指标的论证、装备应用和作战效能评估提供参考和支持。

关键词：机载激光武器系统；作战效能；效能评估；评估分析

Analysis of Airborne Laser Weapon System Operational Effectiveness Evaluation

YU Chi*, ZHANG Gangfeng, YANG Chao

Aviation Equipment Institute, Qing-an Group Co. Ltd., Xi'an 710077, China

Abstract: Airborne laser weapon system is one kind new concept weapon system which integrates optical, mechanical, electrical and temperature. With the combat environment, application scenarios, the differentiated operational requirements of target characteristics, the overall demonstration of airborne laser weapon system, equipment application and contribution analysis to the system are very important. Taking the weapon station as research object, established the operational effectiveness evaluation analysis steps, index system and effectiveness evaluation model of weapon station. The effectiveness of airborne laser weapon system in typical application scenarios of carrier platform motion and target movement was analyzed by numerical examples. It could provide reference and support for weapon equipment project approval, equipment performance index demonstration, equipment application and combat effectiveness evaluation.

Keywords: airborne laser weapon system; operational effectiveness; effectiveness evaluation; evaluation analysis

1 引 言

激光武器是集光机电热于一体的新概念武器系统。可以根据作战应用需求与卫星、载机、舰船、车辆、地面固定等方式实现结合应用。激光武器具有光速发射、发射控制对载体无作用力、可多次发射使用、能量聚焦等特点，可形成对目标的快准稳瞄准、干扰、致盲和攻击毁伤。随着复杂作战环境、体系协同作战、应用场景的多样性、作战装备的领先性等应用需求，激光武器已经成为未来不同平台新武器装备的研究和关注热点。文献[1]针对激光武器对飞机等效靶的热烧蚀进行研究；文献[2]以舰载激光武器为对象，通过考虑误差的激光指向模型、考虑照明能量毁伤阈值等因素的毁伤模型建立，来评估毁伤效果。文献[3]在研究激光武器效能对抗和机理的基础上，构建了激光武器对抗效能指标体系。文献[4]将支持向量机的神经网络应用于激光武器的作战效能建模仿真。文献[5-6]对连续波强激光武器的动态毁伤概率及非毁伤检测法进行研究。文献[7]通过目标特性和部位材料分析、大气传输损耗评估和激光对目标热破坏等效，对典型高能激光武器作战参数进行仿真和毁伤威力分析。文献[8-9]分别运用层次分析法对激光武器非致命效能评估和高能激光武器反导进行研究。

* 通讯作者. E-mail:jiangyh20@163.com

对于新型的机载激光武器系统装备论证、列装和使用,及其对体系的贡献度和费效比等均有不确定因素和未识别风险。因此,开展效能评估分析和研究,对于机载激光武器系统装备立项、装备性能指标的论证、装备使用均有分析和科学判断支持。武器系统的效能评估分析是基于效能模型、现代数学、军事运筹学、数字化建模仿真等基本理论和方法,而开展的武器装备效能评估和分析。其方法有多种,各有优缺点和适应条件,针对不同的效能评估对象,以及被评估对象的相关信息的了解和已有的工程经验,选择合适的方法开展效能评估。不同的分析方法可以独立进行效能评估分析,也可综合运用。

本文以机载激光武器系统为研究对象,涉及目标光电探测、武器发射控制、武器系统综合管理与操作控制、伺服运动控制、温度控制等光机电热一体化集成。机载激光武器系统的复杂度较高,交联关系与边界隶属划分无法清晰确定且不易定量,因此选择模糊综合评判评估。模糊综合评估(fuzzy comprehensive evaluation,FCE),也称模糊综合评判,是以模糊数学为基础,应用模糊关系合成的原理,对受到多种因素制约的对象,存在边界不清、不易定量的因素定量化,进行综合评价的一种方法。模糊综合评估法的主要优点在于整个模糊综合评估的过程与被评估对象的认识过程是一致的,是研究者对被评估对象认识过程的一种数学表达。通过对机载激光武器系统作战效能评估分析步骤、指标体系、效能评估模型建立,以及对载体平台运动和目标运动的典型场景应用进行了计算分析,可为机载激光武器系统作战效能评估提供研究支持。

2 作战效能评估分析步骤

对机载激光武器系统进行效能评估分析可贯穿于其全生命周期,是一个迭代的过程。在机载激光武器系统生命周期不同阶段,模糊综合评判的模型和方法,可进行反复的分析。在机载激光武器系统论证分析、研制、生产、试验、装备应用、演习和作战使用的过程中,对机载激光武器系统了解和效能评估都在不断加深。因此机载激光武器系统效能评估可以支持设计改进、装备研制方向调整、装备定型和作战使用。模糊综合评判法对机载激光武器系统效能的评估分析步骤如图1所示,从确定机载激光武器系统的规定任务、系统描述、确定效能度量、指标体系建立、确定影响效能的因素、建立模型、使用模型算例分析和评估结果分析,最后形成效能评估分析结论。

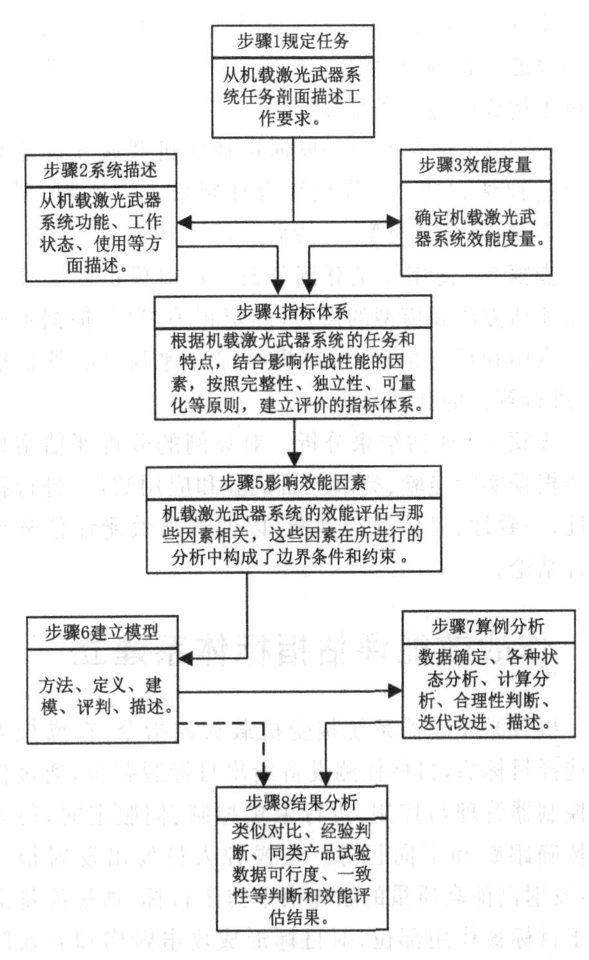

图1 效能评估分析步骤

步骤1　规定或设定机载激光武器系统的任务剖面。使其能够在多种典型任务剖面中使用,完成预期的攻击、防御和威慑等任务,满足期望的作战应用需求。所以,对机载激光武器系统的效能评估分析,首先的工作就是确定其的工作要求(或任务要求),因此需要明确机载激光武器系统在其任务过程,时时刻刻的状态或所持续的时间及所应提供的功能和所处的环境等任务剖面要素。

步骤2　系统描述。机载激光武器系统的可工作状态、状态的切换模式、不可工作状态以及机载激光武器系统的使用、维护方式等。

步骤3　确定效能度量。确定以何种方式、什么单位度量,能够科学有效地评估机载激光武器系统的效能。

步骤 4　指标体系建立。根据机载激光武器系统的任务和特点，结合影响作战性能的因素，按照完整性、独立性、可量化等原则，建立机载激光武器系统评价指标体系。

步骤 5　确定影响效能的因素。机载激光武器系统的效能评估与哪些因素相关，这些因素在所进行的分析中构成的边界条件和约束。

步骤 6　建立模型。根据选择的机载激光武器系统效能评估方法——模糊综合评判来进行评判，利用因素集、权重集等模型，支持后续计算分析。

步骤 7　使用模型算例分析。针对模拟综合评判效能评估方法和模型的需要，确定相关参数，根据不同作战应用和任务剖面，按照模糊综合评判效能评估模型，进行算例的计算分析。

步骤 8　评估结果分析。对算例的分析评估结果需要根据实际经验、类似产品试验和应用数据，进行符合性、一致性、可信性等判断，以便给出效能评估分析综合结论。

3　作战效能评估指标体系建立

机载激光武器系统接受机载火控指令，在操控人员选择目标后，目标探测设备给出目标脱靶量，通过任务控制器管理与控制，进行聚焦控制、伺服定向，使光轴精确跟踪和定向目标。在操控人员发出发射指令后，发射高能高质量的激光束聚焦于目标，通过能量汇聚于目标被作用部位，对目标形成攻击毁伤和有效防御，完成作战任务。根据机载激光武器系统承担的任务使命和定向能武器的特点，并充分考虑作战性能效能分析的需要，按照机载激光武器系统指标体系确立的针对性、完整性、相对独立性、定性和定量相互结合的原则，建立机载激光武器系统作战效能分析评价指标体系如图 2 所示。

机载激光武器系统效能分析指标体系主要包括机载激光武器系统的伺服能力、毁伤能力、探测能力和温控能力，全面涵盖了影响机载激光武器系统攻击能力的主要因素，可作为方案、优选的参考和效能评估。

(1) 伺服能力：机载激光武器系统伺服能力是其对目标进行快速跟踪、高速响应、精确瞄准、精确定向的关键指标要求，是进行精确打击和高精度命中毁伤的前提。

(2) 毁伤能力：机载激光武器系统毁伤能力是与其配置的激光发射能量、作用距离、大气传输损失、光束质量、发射控制、能输聚焦及口径等有关，是进行目标干扰、致盲和毁伤的保障。

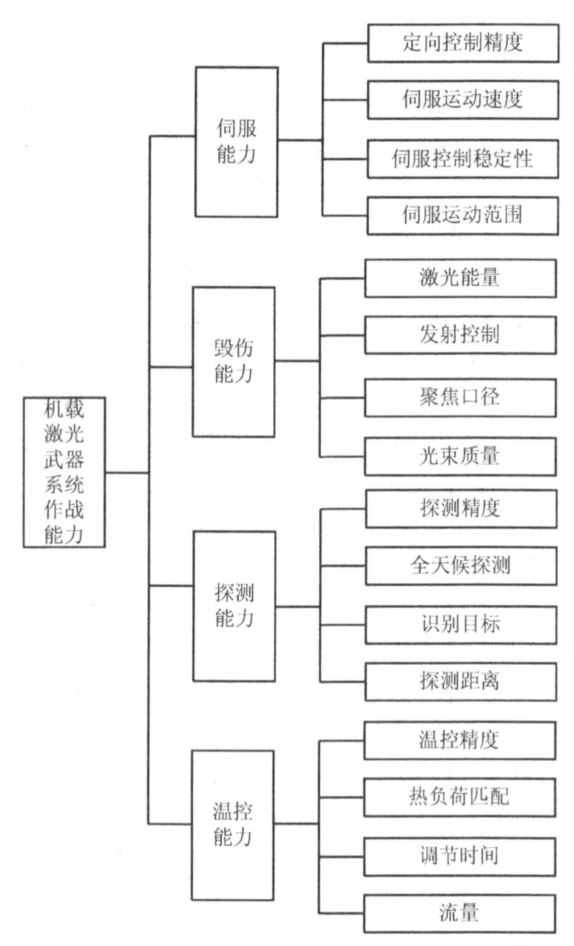

图 2　效能评估分析评价指标体系

(3) 探测能力：机载激光武器系统的探测能力是其在不同环境、任务条件下对目标进行搜索、捕获、识别、探测、信息获取的重要保障，是操控人员感知态势、指挥控制和判断决策的重要依据，其输出的目标脱靶量将是伺服跟踪与定向目标的输入。

(4) 温控能力：机载激光武器系统温控能力是其在载机平台不同环境应用、发射高质量激光束的重要保障。激光器及其发射控制器需要高精度恒温环境，以保证发射能束定向性好、能束质量高的激光。温控能力与热负荷、温控精度、流量、调控时间、压缩机变频控制等密切相关。

4　作战效能评估模型建立

1. 因素集建立

因素集是影响机载激光武器系统评价对象的各种

因素所组成的集合。可表示为：$U=\{U_1, U_2,\cdots,U_n\}$，其中 $U_i(i=1,2,3,\cdots,n)$ 理解为各个影响因素，称为第一级因素集。各个因素集又由子因素集组成，$U_i=\{u_{i1},u_{i2},\cdots,u_{im}\}$，其中 $u_{im}(i=1,2,3,\cdots,t)$，称 u_{im} 为第二级因素集。

机载激光武器系统的因素集按照上述原则，建立如下：

第一级因素集为 $U=\{U_1,U_2,U_3,U_4\}$，可理解为：机载激光武器系统攻击能力={伺服能力，毁伤能力，探测能力，温控能力}。

第二级因素集分别为 $U_1=\{u_{11},u_{12},u_{13},u_{14}\}$，伺服能力={定向控制精度，运动速度，伺服稳定性，运动范围}。$U_2=\{u_{21},u_{22},u_{23},u_{24}\}$，毁伤能力={激光能量，发射控制，聚焦口径，光束质量}。$U_3=\{u_{31},u_{32},u_{33},u_{34}\}$，探测能力={探测精度，全天候探测，识别目标，探测距离}。$U_4=\{u_{41},u_{42},u_{43},u_{44}\}$，温控能力={温控精度，热负荷匹配，调节时间，流量}。

2. 权重集确定

对于因素集 $U_i(i=1,2,3,\cdots,n)$，各因素的重要程度各异，因而对各个因素应赋予相对应的权数 $W_i(i=1,2,3,\cdots,n)$，其中 w_i 理解为第 i 个因素的重要程度。设权重集 $W_i=\{W_1,W_2,\cdots,W_n\}$，各权数 $W_i(i=1,2,3,\cdots,n)$ 应满足归一化和非负性条件要求，即 W_i 求和等于 1，$W_i\geqslant 0$ $(i=1,2,3,\cdots,n)$。

权重确定的方法有德尔菲法、专家调查法和层次分析法等。在此采用层次分析法，首先对因素之间的重要程度两两进行比较，建立如表 1 所列的判断值，然后写出判断矩阵 $\boldsymbol{W}=(w_{ij})$，其中 $w_{ij}=f(x_i,x_j)$。可求出矩阵的最大特征值以及与之对应的特征向量，将特征向量做归一化处理，即可得到权重集。

表 1 因素重要程度的判断值

因素 x_i 和 x_j 之间的比较	$f(x_i,x_j)$	$f(x_j,x_i)$
x_i 和 x_j 同等重要	1	1
x_i 和 x_j 稍微重要	3	1/3
x_i 和 x_j 明显重要	5	1/5
x_i 和 x_j 十分重要	7	1/7
x_i 和 x_j 极其重要	9	1/9
x_i 和 x_j 处于上述相邻判断之间	2,4,6,8	1/2,1/4,1/6,1/8

对于判断矩阵 $\boldsymbol{W}$ 的最大特征根 $\lambda_{\max}$ 与阶数 n 来进行一致性检验。$\lambda_{\max}$ 与 n 按照公式(1)计算，其数值越大说明一致度越低。

一致性指标 CI：

$$\mathrm{CI}=\lambda_{\max}-n/(n-1) \tag{1}$$

一致性率 CR：

$$\mathrm{CR}=\mathrm{CI}/\mathrm{RI} \tag{2}$$

式中：RI 为平均随机指标，表 2 中列出了 500 个样本的均值，当 CR＜0.1 时，判断矩阵 $\boldsymbol{W}$ 的一致性满足要求。

表 2 平均随机一致性指标

阶数 n	3	4	5	6
RI	0.515	0.893	1.119	1.249

3. 备选集建立

备选集是评判者对机载激光武器系统评判对象可能做出的各种评判结果所组成的集合，即 $R=\{r_1,r_2,\cdots,r_j\}$。其中 $r_j(j=1,2,3,\cdots,k)$ 理解为各种可能的评判结果。

4. 单因素评价

单独考虑一个因素进行评判，以确定评判对象对备选集元素的隶属程度，称为单因素模糊评判。对评判对象的第 i 个因素进行评判所得到的结果称为单因素评判集，即 $D_i=\{d_{i1},d_{i2},\cdots, d_{ik}\}$[10]。其中 D_i 理解为第 i 个因素评判集。d_{ij} 理解为第 i 个因素对备选集中第 j 个元素的隶属度。

根据各单因素评判集的隶属度为行组成的矩阵 $\boldsymbol{D}=[d_{ij}]_{n\times k}$ 称为单因素模糊评判矩阵，可表示为

$$\boldsymbol{D}=\begin{bmatrix} d_{11}^{(i)} & \cdots & d_{1n}^{(i)} \\ \vdots & & \vdots \\ d_{n1}^{(i)} & \cdots & d_{nm}^{(i)} \end{bmatrix} \tag{3}$$

先对二级因素集评判，设 $U_i=\{u_{i1},u_{i2},\cdots,u_{im}\}$ 的权重为 $W_i=\{w_{i1},w_{i2},\cdots,w_{im}\}$，可以得出综合评判为 $W_iD_i=B_i=\{b_1,b_2,\cdots,b_j\}$。采用主因素突出型算子 $M(\bullet,\vee)$，即可得到：

$$b_j=\bigvee_{j=1}^{i}(d_j\cdot q_{ij}) \tag{4}$$

在二级因素综合评判的基础上，再对上一级因素进行综合评判，可以得到总评价矩阵为

$$\boldsymbol{D}=\begin{bmatrix} B_1 \\ B_2 \\ \vdots \\ B_k \end{bmatrix} \tag{5}$$

综合评价矩阵为

$$\boldsymbol{B}=\boldsymbol{W}\cdot\boldsymbol{D} \tag{6}$$

在构建的机载激光武器系统子因素集的评判矩阵采用专家评判法确定隶属度，首先组建具有充分代表

性的专家评判小组，每位专家根据专业、经验和可借鉴的数据进行判断，确定各个影响因素的评语{优秀，良好，中等，一般，较差}，可采用1分制评判打分，对不同专家打分结果进行整理、统计和处理，得到对应评价集矩阵。专家打分评价标准见表3。

表3 专家打分评价标准

评 价	分数/S
优秀	$0.9<S\leqslant 1$
良好	$0.8<S\leqslant 0.9$
中等	$0.7<S\leqslant 0.8$
一般	$0.6<S\leqslant 0.7$
较差	$S\leqslant 0.6$

5 算例分析

机载激光武器系统应用于机载平台，其典型的应用场景有承载平台运动机载激光武器系统对静态目标或动态目标的攻击及防御，承载平台静止机载激光武器系统对静态目标和动态目标的攻击及防御。以最典型的动态对动态，即平台运动、目标运动为算例进行机载激光武器系统作战效能评估分析。其他状态是动态对动态的特例，可采用相同的方法进行分析计算。

(1) 机载激光武器系统因素类权重集如表4~8所列。

表4 性能层因素权重值

U	U_1	U_2	U_3	U_4
U_1	1	2	3	5
U_2	1/2	1	3	5
U_3	1/3	1/3	1	3
U_4	1/5	1/5	1/3	1

表5 U_1 因素权重值

U_1	u_{11}	u_{12}	u_{13}	u_{14}
u_{11}	1	3	3	5
u_{12}	1/3	1	1	3
u_{13}	1/3	1	1	3
u_{14}	1/5	1/3	1/3	1

表6 U_2 因素权重值

U_2	u_{21}	u_{22}	u_{23}	u_{24}
u_{23}	1	3	5	5
u_{24}	1/3	1	3	3
u_{21}	1/5	1/3	1	1
u_{22}	1/5	1/3	1	1

表7 U_3 因素权重值

U_3	u_{31}	u_{32}	u_{33}	u_{34}
u_{31}	1	3	7	7
u_{32}	1/3	1	5	5
u_{33}	1/7	1/5	1	1
u_{34}	1/7	1/5	1	1

表8 U_4 因素权重值

U_4	u_{41}	u_{42}	u_{43}	u_{44}
u_{41}	1	3	5	7
u_{42}	1/3	1	3	5
u_{43}	1/5	1/3	1	3
u_{44}	1/7	1/5	1/3	1

通过不同 U_i 的权重集判断矩阵，可以得出对应的 W_i 权重，分别为

$W_1=\{0.5228, 0.1996, 0.1996, 0.0778\}$；

$W_2=\{0.5601, 0.2492, 0.0953, 0.0953\}$；

$W_3=\{0.5836, 0.2822, 0.0671, 0.0671\}$；

$W_4=\{0.5658, 0.2619, 0.1173, 0.0549\}$；

$\boldsymbol{W}=[0.4605 \quad 0.3250 \quad 0.1480 \quad 0.0665]$。

(2) 机载激光武器系统效能评估因素集和评价集如表9~12所列。

表9 U_1 子因素集和评价集

子因素集	影响因素	评价集				
		优秀	良好	中等	一般	较差
U_1	u_{11}	0.4	0.2	0.2	0.1	0.1
	u_{12}	0.3	0.3	0.2	0.1	0.1
	u_{13}	0.3	0.2	0.3	0.1	0.1
	u_{14}	0.3	0.3	0.2	0.1	0.1

表10 U_2 子因素集和评价集

子因素集	影响因素	评价集				
		优秀	良好	中等	一般	较差
U_2	u_{21}	0.4	0.3	0.2	0.1	0
	u_{22}	0.3	0.3	0.2	0.1	0.1
	u_{23}	0.3	0.2	0.2	0.2	0.1
	u_{24}	0.3	0.3	0.2	0.1	0.1

表 11　U_3 子因素集和评价集

子因素集	影响因素	评价集				
		优秀	良好	中等	一般	较差
U_3	u_{31}	0.3	0.3	0.3	0.1	0
	u_{32}	0.3	0.3	0.2	0.1	0.1
	u_{33}	0.2	0.3	0.3	0.1	0.1
	u_{34}	0.2	0.2	0.3	0.2	0.1

表 12　U_4 子因素集和评价集

子因素集	影响因素	评价集				
		优秀	良好	中等	一般	较差
U_4	u_{41}	0.4	0.3	0.2	0.1	0
	u_{42}	0.3	0.3	0.2	0.1	0.1
	u_{43}	0.3	0.3	0.2	0.2	0
	u_{44}	0.2	0.2	0.3	0.2	0.1

$$B_1=W_1D_1=\{0.352\,3, 0.227\,8, 0.219\,9, 0.100\,0, 0.100\,0\}$$

$$B_2=W_2D_2=\{0.356\,1, 0.290\,5, 0.200\,0, 0.109\,5, 0.043\,9\}$$

$$B_3=W_3D_3=\{0.286\,6, 0.293\,3, 0.271\,8, 0.100\,0, 0.041\,6\}$$

$$B_4=W_4D_4=\{0.351\,1, 0.294\,5, 0.205\,5, 0.117\,2, 0.031\,7\}$$

$$\boldsymbol{D}=\begin{bmatrix}B_1\\B_2\\B_3\\B_4\end{bmatrix}$$

$$\boldsymbol{B}=\boldsymbol{WD}=[0.343\,7\quad 0.262\,2\quad 0.220\,2\quad 0.104\,2\quad 0.068\,7]$$

机载激光武器系统在平台运动和对运动目标作战任务应用场景下，机载激光武器系统的效能评价为好的隶属度为 0.343 7，较好的隶属度为 0.262 2，中等的隶属度为 0.220 2，一般的隶属度为 0.104 2，差的隶属度为 0.068 7，中等以上隶属度为 0.826 1。按照上述的分析方法可以对机载激光武器系统不同应用场景的作战效能进行分析，以全面评估机载激光武器系统的作战效能。

机载激光武器系统作战效能涉及目标探测、随动控制、激光发射控制与任务管理、温度控制、能量配置与毁伤等方面。机载激光武器系统的总体性能与上述因数均有密切关系，根据上述模糊综合评价法效能评估的建模、计算和分析，对机载激光武器系统应用攻击防御目标分别进行了模糊综合评价法效能评估分析。

机载激光武器系统在承载平台运动对运动目标进行攻击和防御效能评估分析时，对效能的影响程度：伺服能力与毁伤能力相当，温控能力与探测能力相当，但是伺服能力与毁伤能力的重要性和对效能的贡献度要高于温控能力与探测能力。

对于机载激光武器系统攻击防御能力的指标层级实施：在随动控制能力应重点关注随动控制精度；在毁伤能力中应着重分析激光能量及其影响因素对于机载激光武器系统的效能影响；在温控能力中应重点满足温控精度，是机载激光武器系统持续发射高质量激光束的保障；在探测能力中应优先关注对目标的探测精度，可为机载激光武器系统的总体实现、装备应用效能和先进性提供技术研究和分析支持。

6　结　论

（1）模糊综合评价法在机载激光武器系统效能分析时，可以清晰地得出重点能力和重点指标层对效能的重要程度。

（2）可为机载激光武器系统研究和指标体系的确定提供科学定性分析依据，可作为依据开展工作，能够为机载激光武器系统的装备应用和作战效能发挥提供支持，对机载激光武器系统研制有一定的参考和应用价值。

参考文献

[1] 杨腾，赵捍东. 激光武器对武装直升机等效靶的毁伤研究[J]. 科技创新与生产力，2014，10：64-67.

[2] 彭聪，卢发兴，邢昌风. 舰载激光武器毁伤评估仿真模型[J]. 红外与激光，2017，47(8)：1006-1012.

[3] 鲍俊雷，孙华燕，宋丰华，等. 激光武器对抗效能指标体系研究[J]. 装备指挥技术学院学报，2005，16(3)：19-22.

[4] Li Hui，Guo Lihong. effectiveness evaluation of laser weapon based on SVM neural network [C]// Proceedings of 2011 IEEE international conference on intelligent computing and intelligent systems(ICIS 2011). Guangzhou，2011，2：47-50.

[5] 王向民，王军，郭治. 连续波强激光武器的动态毁伤概率数学模型[J]. 火力与指挥控制，2016，41(2)：

55-59.

[6] 王向民,王军,郭治.连续波强激光武器的动态毁伤概率的非毁伤检测法[J].火力与指挥控制,2016,41(5):121-125.

[7] 宋乃秋,张昊春,王丽,等.高能激光武器毁伤威力仿真建模[J].兵工学报,2016,37(6):146-151.

[8] 刘小华,郭三学.低能激光武器非致命效能评估研究[J].激光杂志,2015,36(11):99-103.

[9] 陈卫,邓潘,樊祥,等.一种新的高能激光武器反导能力评估方法[J].弹箭与指导学报,2012,32(4):191-194.

[10] 杨纶标,高英仪.模糊数学原理及应用[M].广州:华南理工大学出版社,2005:97-100.

无人机任务规划软件通用化设计研究

方元*，赵军，邹贵，廖文韬

中国航空无线电电子研究所，上海 200241

摘要：伴随着未来无人机作战体系化、联合化的任务场景需求，地面指控系统通用化的装备需求以及当前国内任务规划系统烟囱式发展的现状，无人机通用化任务规划的研究显得有必要而且有价值。无人机任务规划系统与装备作战使用密切耦合、与装备作战的全过程紧密交互，其通用化的实现，对提高用户基于信息系统的体系作战能力具有重大的促进作用，同时也将成为无人装备作战效能提升的倍增器。本文概述了典型的无人机任务规划概念，并从需求分析与设计研究两个方面对无人机任务规划软件通用化思路进行了探讨。

关键词：无人机；任务规划；通用化；需求分析

Research on Generalization Design of Mission Planning Software for UAVs

FANG Yuan*, ZHAO Jun, ZOU Gui, LIAO Wentao

China National Aeronautical Radio Electronics Research Institute, Shanghai 200241, China

Abstract: With the demand of prospective systematic and joint operations for UAVs(Unmanned Aerial Vehicle), development of generalization ground command and control systems and the status quo of the "stove-pipe" development of domestic UAV mission planning systems, it is imperative and valuable to research on the generalization of UAV mission planning systems. UAV mission planning systems are tightly coupled with military utilization of equipment and closely involved in the entire operation process. The realization of generalization of UAV mission planning system, will enormously advance the military capabilities of the troops and operation efficacy of the equipment. This article describes typical concept of UAV mission planning and demonstrates the generalization for UAVs mission planning software from the two aspects of requirement analysis and design solutions.

Keywords: UAV, mission planning system, generalization, requirement analysis

1 引 言

近年来，伴随着未来无人机作战体系化、联合化的任务场景需求，通用化地面指控系统正在推广与普及，但目前国内各型号无人机任务规划系统烟囱式发展，标准不统一、平台各异、功能扩展困难，不仅造成资源和人力的浪费，而且也给使用和维护带来极大困难，因此，无人机通用化任务规划的研究显得十分必要。无人机通用化任务规划的应用，对于提高用户基于信息系统的体系作战能力具有极大的促进作用，势必成为无人装备作战效能提升的倍增器，同时也将逐步牵引用户在指挥方式、行动组织、装备发展、综合保障等方面向标准化、流程化、数据化、网络化等方式转变，推动战场作战模式和组训方式的转型建设，最终提高无人装备在信息化条件战场下的实际作战效能[1]。本文从需求分析、设计思路两个方面对无人机通用化任务规划软件设计进行了探讨。

2 无人机任务规划概述

无人机任务规划是指针对基层作战航空兵团旅使用，充分利用地理/情报/气象信息，以及飞行器/武器/航电的技术性能，对飞行器的突防/突击战术、飞行航

* 通讯作者. E-mail：evanyfang@126.com

线、武器投放，以及传感器/电子对抗/数据链等设备的操作序列，进行综合设计与优化的任务支持系统。虽然其本身不具有任何杀伤效果，但其规划的结果数据将直接加载给无人机装备，将作为装备运行过程中的执行依据，规划过程具有显式的信息流动和信息控制。由此可见，无人机任务规划与装备作战使用密切耦合、与装备作战的全过程紧密交互。

典型的无人机任务规划主要业务流程包括：

1）任务领受

接收、显示上级指挥所发送的指挥命令，对任务命令中各种要求进行分解，明确任务的类型、时间、区域、任务优先级等各要素。

2）任务资源配置

分析当前的可用资源，根据任务要求进行飞机、武器的选型，并结合地理、气象、载荷性能等信息，概略规划出飞行空域与任务目标。

3）航路规划

在任务要求、时间要求、威胁分布、气象地形、平台机动性能、燃油消耗、多机协同等各种条件约束下，规划出满足飞行安全和任务完成要求的飞行航线，包括巡航阶段、低空突防阶段、攻击阶段的航路规划[2]。

4）侦察载荷规划

根据侦察任务、情报信息、战场态势，结合侦察载荷性能对各侦察任务载荷在不同的任务阶段的工作状态、工作模式、工作参数进行规划；根据目标性质、气象条件、载荷性能参数对任务区域的航路提出优化建议[3]。

5）武器投放规划

根据侦察任务、情报信息、战场态势，结合目标特性和武器性能对攻击占位点、投弹角度、用弹量等进行规划[4-5]。

6）任务推演

模拟战场环境、敌情我情，模拟执行的侦察任务，进行作战过程的全过程模拟和飞行过程的可视化推演，显示对地面目标的侦察效果和武器打击效果[6]。

7）任务计划加载

模拟战场环境、敌情我情，对拟执行的侦察任务，进行作战过程的全过程模拟和飞行过程的可视化推演，显示对地面目标的侦察效果和武器打击效果。

8）任务评估

任务完成，数据卸载后，将记录数据进行结构化处理，并进行同步回放显示与综合分析[7]。

3 任务规划软件通用化需求分析

3.1 软件架构需求分析

面向当前“一机多站控、一站控多机”的无人机通用化指控场景，通用化任务规划软件架构应具备开放式、可扩展、可裁剪的系统特征，满足复杂软件系统研制规范与质量保证要求，兼顾分布式设计开发模式、功能组件多、接口交联复杂、专业涉及广、集成难度大等系统研制约束条件。

3.2 通用算法需求分析

无人机任务规划软件本质上是一种信息化决策支持系统，可通过系统嵌入算法实现对程式化规划过程的计算机辅助决策。通过对各型无人机平台、无人机载荷、无人机典型作战任务剖面的共性进行抽象与提炼，可形成通用的任务规划求解目标与求解条件，进而构建出通用算法服务。

3.3 信息接口需求分析

无人机通用化任务规划软件存在类型丰富的数据信息交互，主要包括上级指挥控制信息、地理信息、目标信息、态势信息、气象信息、航管信息、鸟情信息等输入信息以及任务规划结果等输出信息。

统一规范的信息接口构成任务规划环境通用化的基础：一是要规范信息来源，避免信息来源多元化导致的系统混乱和不一致，同时确保任务规划能体现战场的最新态势；二是制定信息输入、输出的标准格式，确保信息资源可被任务规划系统正确接收和解析，也便于系统后续升级维护；三是明确数据信息的详细内容和精度要求，确保信息能用、可用、够用。

3.4 人机接口需求分析

人机通用化任务规划软件应充分考虑与用户友好的交互性和使用的便捷性。为方便不同类型使用用户快速准确了解整个战场态势，应提供统一的二、三维战场态势标绘、图层控制、显示控制、数据访问等服务，以及浏览、选择、查询、编辑等用户使用服务。同时，建立统一的界面风格和统一的操作方式，人机交互界面的尺寸应与显示设备匹配，同类人机交互窗口的界面布局与构成要素及其显示样式应统一，对具有相同数据模型的数据的人机交互方式设计应一致，人机交互权限设计应统一，便于规划人员简便高效地完成规划作业，特别是面对突发事件和任务变更，能够使规划人员在短时间内迅速完成任务重规划。

4 任务规划软件通用化设计研究

4.1 通用化软件架构设计

通用化任务规划软件架构总体上可采用基于"基础平台＋通用组件＋专用组件"的开放式软件架构，如图1所示。

图1 通用化任务规划软件架构

软件架构采用面向服务的分层软件架构，提供计算硬件和应用软件的分离，增强了软件可移植性以及可重用性。规范的软件分层策略和定义可以很好地处理一个或多个软件层或基础计算硬件发生改变所带来的影响。通过构件封装技术，形成了功能服务层以及相关的接口标准和构件规范，可以将各服务的功能统一实现和管理起来，使得软件功能模块的高内聚和低耦合，并允许对基于软件组件功能进行直接修改，而减少对其他单元的影响，提高了系统可扩展性和可维护性，降低了软件更改的周期和成本。

开放式软件体系架构分为人机交互层、应用任务层、功能服务层、资源访问层和资源层五层架构。

(1) 人机交互层　提供与用户交互，显示内容包括静态画面和动态显示内容，静态画面关注显示要素、显示格式、显示区域。应用任务层提供人机交互层的动态数据，供人机交互层实时刷新显示动态内容，其他层有显示请求时须通过应用任务层来完成。

(2) 应用任务层　在软件开放式体系架构中，从功能应用的角度描述了业务逻辑的组合和编排，通过调用功能服务层提供的功能快速实现业务逻辑，并由人机交互层进行展示。因此，应用任务层通过人机交互层与使用者进行交流，通过功能服务和资源访问层实现功能和资源访问。

(3) 功能服务层　介于应用任务层和资源访问层之间，主要实现专用和通用功能组件组合，提供新的组合式的服务。应用任务层的业务流程功能模块可调用若干个功能服务，并提供标准的接口，基于这些服务，可以快速组合所需的业务流程。服务屏蔽了专业细节，可实现专业能力的独立升级而不影响其他功能，服务由服务规范描述，应用任务层通过已发布的接口规范进行访问。功能服务层是独立的，共享的，可互操作的，松耦合的。功能服务以软件组件形式提供，由业务逻辑调用，功能服务本身要考虑可重用。

(4) 资源访问层　主要关注持久化数据的组织和管理。需要集中管理的业务数据包括来自数据链地面终端的链路数据、上级指挥系统的数据、情报处理站的数据，以及存储在数据库服务器数据、记录设备的数据和其他各种数据。这些数据需要在不同系统之间传递、复制和存储，往往还会涉及不同的物理机器。因此，资源访问层重点关注持久化数据存储方案和数据传递、数据复制、数据同步策略等方面工作的设计。

(5) 资源层　资源包括以下内容：

① 数据库资源，存储在综合处理分系统中以服务形式提供的飞行平台、载荷特性等数据库资源；

② 网络数据资源，包括遥控信息、遥测信息、业务数据和情报数据；

③ 地理信息资源，包括 2D、3D 地形和图源信息资源；

④ 存储卡资源，外网以太网数据记录文件、日志文件等读/写物理磁盘的数据资源；

⑤ 操作系统和硬件资源，软件运行的操作系统和

硬件资源等基础环境。

4.2 通用化算法集成设计

通用化算法集成设计包括通用算法组件设计与通用规划环境设计。主要面向的是需求相对稳定的通用任务规划业务功能(比如战场环境分析、目标分析、航路规划、性能计算、效能评估等),可适用于大多数类型无人机的应用。

通用算法组件提供了不同型号无人机平台任务规划需要的公共算法服务,包括任务分配、威胁分析、飞行航线规划、链路规划、传感器规划、应急规划、动态实时规划等公用功能。

对于通用算法组件的开发应符合以下几个特点:

(1) 接口与实现分离　对外提供接口文件,在组件内部用类来实现一个或多个接口,不需要对外导出该类或说明具体实现细节;

(2) 多接口转换、引用计数管　采用智能指针来管理接口的引用计数及生命期,可从一个接口动态转换为另一个接口,可以区分组件内部的接口引用和插件外部的接口引用;

(3) 组件透明部署　一个组件只需要使用其他组件的接口,不需要关心该接口是在哪个组件中实现的;

(4) 组件可替换、可扩展　可根据需要替换某个组件,只要该组件实现了相同的接口,即使内部功能不相同,也可实现不同组件可替换、按需组合;

(5) 跨开发环境和跨平台　做到一次开发,多处运行。

通用规划环境提供图层显示管理、外部系统交联接口管理、系统管理、任务命令分析处理、数据库管理等系统基础服务,同时提供支持无人机任务规划的地理信息数据、威胁模型、任务数据等数据环境以及数据访问接口,为通用化算法组件的集成提供环境基础与接口规范。

支持通用算法组件集成的环境应具备以下几个功能:

(1) 组件接口　定义整套的接口模板,组件管理服务通过该接口完成对注册组件的处理;

(2) 组件管理　负责通用算法组件的注册、加载、定位、记录、查询、切换和卸载;

(3) 资源管理接口　通过该接口,可为每个组件分配以及管理相应的资源,内存、文件句柄等;

(4) 基础服务　提供平台内置的一些服务组件,支持开发通用算法组件;

(5) GUI 服务　提供通用算法组件的图形界面支持,方便图形界面动态生成[8]。

本文以无人机任务规划中最常用的巡航航路规划功能为例说明通用算法组件的构建。

1) 算法功能

自动规划一条到达目标点的航路,同时保证具有较小的被敌方威胁发现或杀伤的概率以及可接受的航程,如图 2 所示,三个圆形代表威胁,要规划一条从起点到终点的航路。在整个作战区域被划分为栅格之后,可以构造一个二维数组,如图 3 所示,用于存储栅格点处的综合威胁程度。地形、威胁规避的自动巡航航路规划的任务是在所建立的威胁空间的基础上,规划出一条或者几条从起点到终点,并满足某种性能指标的可飞航路。

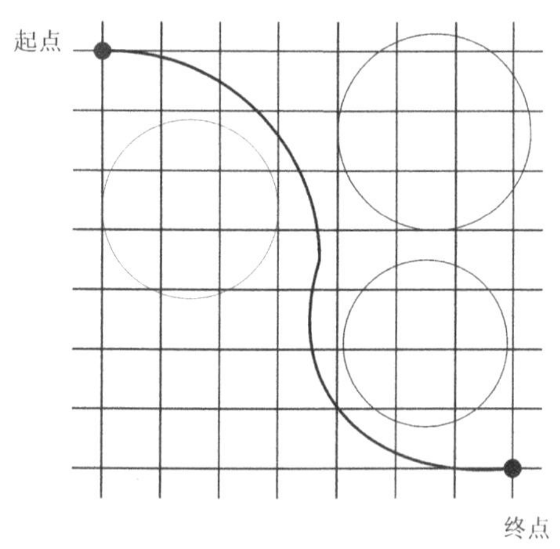

图 2　无人机基于威胁规避的巡航航路规划示意图

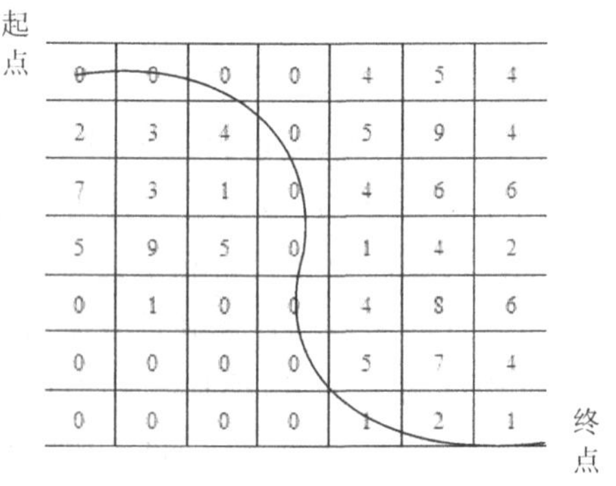

图 3　基于栅格搜索得到规避巡航航路

2) 算法接口

输入参数描述见表 1,输出参数描述见表 2。

表 1　输入参数描述

序　号	变　量	类　型	范　围	单　位	备　注
1	Map	vector<vector<unsigned char>>			威胁栅格
2	StartLon	double		°	起点经度
3	StartLat	double		°	起点纬度
4	StartAlt	double		m	起点高度
5	EndLon	double		°	终点经度
6	EndLat	double		°	终点纬度
7	EndAlt	double		m	终点高度

表 2　输出参数描述

序　号	变　量	类　型	范　围	单　位	备　注
	CruisePathLLH	vector<C3dPoint>			航路点的经纬高

3）算法约束条件

除了本身需要考虑的航程以及威胁之外，还包括与飞机自身性能相关的约束，比如最小转弯半径、最大爬升/下滑角等，可用于缩减节点扩展空间，提升搜索效率。

4）算法流程

地形、威胁约束下的自动巡航航路规划流程如图 4 所示。

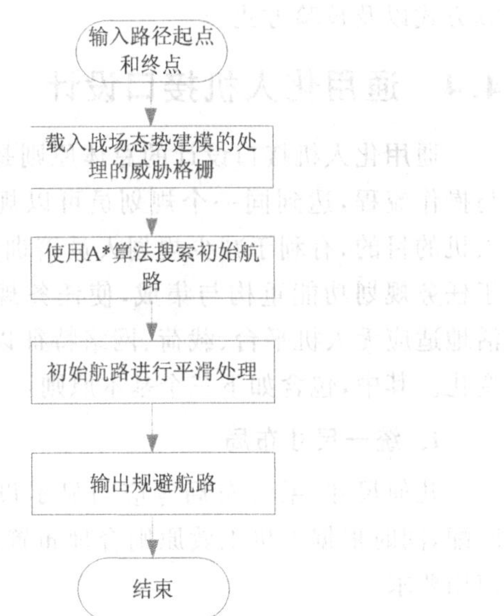

图 4　无人机基于威胁规避的巡航航路规划流程图

5）算法说明

A^* 算法的代价函数由已知代价和估计代价两部分组成，函数的形式为

$$f(n)=g(n)+h(n) \tag{1}$$

式中：n 为当前节点；$g(n)$ 表示从初始节点到当前节点 n 的实际代价；$h(n)$ 表示从当前节点 n 到目标节点的代价的距离。这样 $f(n)$ 就表示从起点经由当前节点 n 到达目标点的最小代价路径的估计值。

设 A^* 算法从初始节点 q^0 搜索到当前节点 q^n，形成了航路点集合 $\{q_0,q_1,\cdots,q_n\}$。节点 q_i 的坐标为 (x_i,y_i,z_i)，初始节点 q^0 的坐标为 (x_0,y_0,z_0)，目标节点 q_e 的坐标为 (x_e,y_e,z_e)。则可以将从初始节点 q_0 到当前节点 q_n 的实际代价函数表示为

$$\left.\begin{aligned} g(q_n) &= \sum_{i=1}^{n}(w_1 l_i + w_2 T_i) \\ w_1 + w_2 &= 1 \end{aligned}\right\} \tag{2}$$

式中：l_i 是第 i 段航路 (i) 的长度；T_i 是第 i 个节点 (q_i) 受到各已知威胁源的威胁程度。

A^* 算法的流程图如图 5 所示。

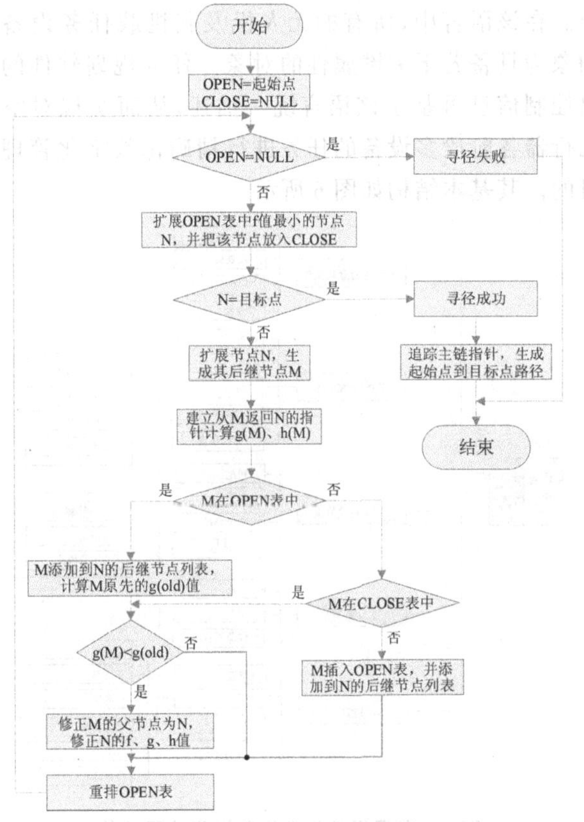

图 5　A^* 算法流程图

通过对任务规划求解问题抽象、泛化，形成标准的接口设计与函数体设计，模块化、组件化的设计思想也便于实现新算法的扩充[9]，基于上述方法构建出的算法模型具有良好的易于封装、可移植、可复用的通用化特性，可大幅度缩减算法编程人员的重复性工作，降低开发工作量与软件复杂度。

4.3 通用化信息接口设计

通用化信息接口设计主要包括专用规划组件控制接口设计、传输协议通用化设计。前者关注任务规划信息本身的通用化描述问题，后者关注任务规划信息网络化传输的通用化问题。

1. 专用规划组件控制接口设计

专用规划组件控制接口设计应遵循标准化、完备性、简洁、易实施、易纠/查错的原则，从作战使用的角度定义任务载荷设备/机载设备/链路设备与任务规划软件的控制接口标准。

可采用一种分层节点的描述语言描述任务规划信息，进而构建无人机任务规划专用组件的标准化控制接口。该描述语言是一种面向抽象设备应用的、用于描述独立于任何具体设备任务流程的，对空中飞行器任务规划进行标准化管理和控制的集成化任务指令系统。在该语言中，所有的无人机及其机载任务设备被抽象为具备若干关键属性的对象。任务规划软件的输出控制信息可基于该语言统一描述，从而实现对空中飞行器各阶段多设备的任务进行精确化数字化管理的目的。其基本结构如图 6 所示。

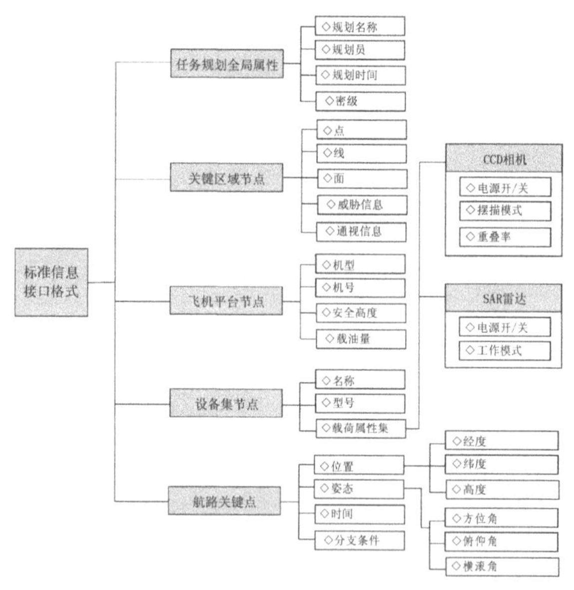

图 6 专用组件标准信息接口分层结构

基于上述语言设计的标准化控制接口具备如下几个特性：

① 完备性，即不借助其他外部工具，可以完整地描述各种无人机及机载任务设备从领受任务到任务完成整个作战/训练流程中所有的规划信息。

② 设备无关性，不局限于某一种或几种特定的无人机或机载任务设备，而是通过对无人机及机载任务设备的属性进行抽象，从而独立于具体设备之外。

③ 可扩展性，由于各种无人机及机载任务设备随着技术发展不断演进，会具备新的特定属性，因而需具备合理的扩展机制，提供简便有效的接口，兼容新的机型或设备。

④ 二次开发支持，标准化信息接口用标准指令集和可扩展的属性集描述的任务规划需求。但是基于上述描述语言所描述的这些设备无关的特性最终都需要直接加载或通过解释器加载对应到具体的无人机或任务设备去执行，所以需要提供对多种常用语言的二次开发支持。

2. 传输协议通用化设计

无人机任务规划信息对外进行网络传输时，其协议设计可参考北约无人机控制站互操作性接口标准 STANAG 4586，遵循开放式架构设计原则，基于此原则设计的通用消息格式如表 3 所列。

表 3 传输协议通用化格式

帧头→帧尾									
消息特征码	消息类型	消息有效长度	飞机标识	地面站标识	数据包序号	优先级	时间戳	消息内容	CRC校验

在此基础上定义通用大小端传输标准、分辨率计算方式以及校验方式。

4.4 通用化人机接口设计

通用化人机接口设计的总体原则是统一界面风格与操作流程，达到同一个规划员可以规划不同类型无人机的目的，有利于减少规划人员培训的复杂性，有利于任务规划功能重构与集成，使任务规划系统能够灵活地适应无人机平台、载荷、网络特征以及作战概念的变化。其中，包含如下三个基本原则：

1. 统一尺寸布局

几何尺寸、系统布局等应与显示设备技术指标相匹配，同时根据人机工效原则合理布置，符合操作人员使用要求。

2. 统一视图风格

遵循统一的界面布局设计的基本原则，功能相近或相关的显示信息安排在一起；依据显示信息模块的重要程度确定布局位置的优先权；依据显示信息模块的使用频次确定布局位置的优先权；显示信息模块功能或用途的编码与人们已有概念相一致；空间关系与人们对这种关系的预想相一致；显示与操作的运动关系与人们对这种关系的预想相一致；遵循统一的界面色彩设计原则，界面色彩要考虑使用统一的颜色，并要限制色彩种类，一般一个界面中的色彩种类应限制在7种以内；遵循统一的界面元素设计原则，信息显示中的图形和符号需要经过对显示内容的高度概括和抽象处理而设计，图形和符号与标志客体间有着相似的特征，让人便于识别辨认。

3. 统一操作方式

始终以人为核心的基本原则，人机交互方式要充分考虑操作者的体型、生理、心理、体力和能力，大小、形态等要适应人手的运动特征，重要的或使用频繁的交互应布局在人反应最灵敏、操作最方便、肢体能够达到的空间范围内；遵循联动适应基本原则，操作-显示的运动相合性应好。

具体实现上，人机界面可采用模块化窗口[10]的设计方法，通过对无人机任务规划的功能进行聚类分析，将二维地图操作、地理信息显示、态势显示设置、态势图层控制等设计成为通用窗口模块，同时对于航线规划、航点编辑、数据加载等，通过分析各型号无人机任务规划操作界面，找出界面的共同点和差异点，针对共同点进行通用设计，针对差异点可进行灵活配置，通过界面在线配置和界面配置库实现通用。界面显示窗口的大小、位置都做到可调整，并且窗口中显示的内容也可根据不同无人机定制的内容自动变化。通过这种模块化界面设计，可以适应不同类型无人机的规划操作需求。需要注意的是，界面可以模块化定制、组合与配置，但是显示与操作的风格应保持统一。

5 结　论

无人机是未来空中作战体系的关键节点，未来空战的作战样式，必然是复杂电磁环境下多机种多任务联合作战。无人机通用化任务规划软件采用通用化软件架构设计（通用的平台框架）、通用化算法集成设计（标准的通用环境与服务）、通用化信息接口设计（兼容的数据格式）、通用化人机接口设计（规范的界面布局、一致的操作习惯和统一的显示风格），实现与上层作战任务规划及其他作战单元之间的任务交互和信息共享能力，满足与其他装备协同作战规则的一致性，使得无人机融入整个作战体系，成为未来联合作战装备体系中的关键节点，为未来联合作战规划系统的发展奠定重要基础。

参考文献

[1] 冯琦，周德云. UCAV任务规划系统的研究进展及发展趋势[J]. 飞行力学，2003，21(2)：01-04.

[2] 林林，孙其博，王尚广，等. 多无人机协同航路规划研究[J]. 北京邮电大学学报，2013，36(5)：36-40.

[3] 庞强伟，胡永江，李文广. 多无人机协同侦察任务规划方法研究综述[J]. 电讯技术，2019，59(6)：741-748.

[4] 杨涛. 无人机对地自动攻击占位轨迹生成研究[J]. 航空计算技术，2009，39(2)：25-28.

[5] 张耀中，胡波，李寄玮，等. 不确定环境下无人机多任务区侦察决策研究[J]. 2016，34(6)：1028-1034.

[6] 王相生. 联合作战筹划与方案推演研究[J]. 舰船电子工程，2014，34(6)：14-18.

[7] 武健，李亚雄，刘新学，等. 目标毁伤效果预测研究[J]. 火力与指挥控制，2017，42(9).

[8] 马聪颖，高瑞周，朱玉祜. 无人机地面控制站通用化软件架构[J]. 航空计算技术，2013，43(3)：112-113，118.

[9] 童艳，方建勋. 实时测控数据处理软件集群通用化框架设计[J]. 火力与指挥控制. 2018，43(6)：153-157.

[10] 李奇. 飞行器通用地面控制系统架构研究[J]. 无线电工程，2015，45(5)：4-7，37.

HC120 型直升机 LACU 的改进研究及应用

张洪侠[1,*]，修杰辰[1]，杨培滋[2]

1. 哈尔滨飞机工业集团有限责任公司 飞机设计研究所，哈尔滨 150066

2. 陆军装备部航空军事代表局驻哈尔滨地区航空军事代表室，哈尔滨 150066

摘要：因 HC120 型直升机上的照明辅助控制单元(简称 LACU)出现面板温度升高至 82.2 ℃，严重影响了飞行员对 LACU 控制按钮的控制。通过 LACU 过热原因排查，排除了舱内环境温度的影响，确定是照明调谐功率器件和控制按钮中灯泡产生的热量，并针对这两个主要因素进行改进。首先将功率控制元件与控制面板有效分离，同时控制按钮中白炽灯泡更换为 LED 灯泡。LACU 改进后的接口与后续的产品相兼容，改进后的 LACU 经机上验证功能正常、控制面板温度降低至 49 ℃。对机上现有产品进行了改进，避免了直接更换为后续产品带来的经济损失。

关键词：LACU；热源；功率放大器；VEMD

Improvement and Application of HC120 Helicopter LACU

ZHANG Hongxia[1,*], XIU Jiechen[1], YANG Peizi[2]

1. Harbin Aircraft Industry Group Co. Ltd., Harbin 150066, China

2. The Military Representative Office of the Representative Bureau of Army Armament Department in Harbin Region, Harbin 150066, China

Abstract: The panel temperature of the lighting auxiliary control unit(LACU for short)on HC120 helicopter rose to 80℃, which seriously affected the pilot's control of the LACU control button. Through LACU overheating cause investigation, the influence of cabin ambient temperature was eliminated, the lighting tuning power device and the heat generated by the bulbs in the control button were determined, and the two main factors were improved. firstly, the power control element is effectively separated from the control panel, and the incandescent bulb in the control button is replaced with LED bulb. The improved LACU has been verified to be functional and the temperature of the control panel is reduced to 49 ℃. he existing products on the aircraft are improved to avoid the economic loss caused by direct replacement for subsequent products.

Keywords: LACU; heat source; power amplifier; VEMD

HC120 型机是中、法、新在 20 世纪 90 年代共同合作开发的直升机，其控制及显示均采用了当年最新技术成果，特别是用于直升机各系统及照明调谐控制的照明辅助控制单元(简称 LACU)。2004 年，哈飞开始进行总装生产，在早期的设计中，LACU 一直存在控制面板过热现象，面板温度升高至 82.2 ℃。在后续直升机换成了新型的 LACU 和电源盒，但由于早期设计的直升机已交付用户，如果将所有机上 LACU 更改为改进后的 LACU 和电源盒，将带来成本增加。本文主要对原 LACU 进行系统原理分析，研究解决原 LACU 过热改进方案及后续试验结果验证，以解决 LACU 的过热问题。

基金项目：国家自然科学基金；航空科学基金

* 通讯作者. E-mail：hkxb@buaa.edu.cn

1 功能概述

1.1 系统控制功能

系统控制功能主要包含冷转(CRANK)控制、测液压(ACCU TST)控制、蓄电池/地面电源(BAT/EPU)控制、发电(GENE)控制、音响(HORN) 控制、防撞灯(A/COL LT)控制、燃油泵(FUEL P)控制、V/A 选择(V/A SELECT)控制、发复位(ELEC RST)控制、空速管加温(PITOT)控制、航行灯(POS LT) 控制、风挡雨刷(WIPER)控制、风扇(FAN)控制、照明测试(LIGHT TST)控制、火警测试(FIRE TST)、交流电源控制(INV)。GYRO、S/BY HOR、100 ft 控制在 HC120 型机上并未选装,所以不进行详细说明。

1.2 照明调谐控制

照明调谐控制系统主要由 LACU 左上角的底粗上细的控制旋钮实现照明调谐控制。LACU 可调谐仪表板、操纵台上的设备照明电源。

仪表板设备和操纵台设备均有单独的照明调谐旋钮控制,分别对仪表板和操纵台照明进行统一亮度调谐,以满足飞行员对亮度需求。

LACU 上的“断开/日/夜”开关实现座舱照明用电设备白天和晚上的亮度转换。

1.3 信号显示

LACU 控制盒上的部分测试按钮上具有琥珀色和蓝色指示灯具有系统监测功能,见图 1。

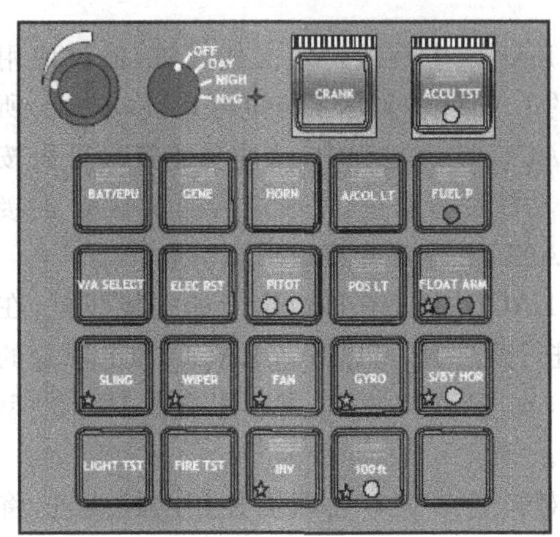

图 1 照明辅助控制单元(简称 LACU)控制面板

2 LACU 热源分析

HC120 直升机抛弃了传统的直升机控制方式,利用现代电子集成技术,对直升机系统控制、照明调谐控制、信号警告等显示进行了集成。传统的直升机控制,将照明调谐控制等功能控制盒放置在设备舱等通风良好的地方,而 HC120 直升机将其集成在 LACU 中,LACU 安装驾驶舱中,使 LACU 产生不正常的升温,其内部热量得不到良好的释放。通过温度测试,整个 LACU 面板温度最高达 82.2 ℃,不利于飞行员的操作(测量数据见图 6 菱形曲线)。

2.1 热源初步分析

通过对 LACU 内部工作原理及结构分析,初步认定产生 LACU 过热主要有以下几个原因:

1. 驾驶舱过热导致 LACU 内部过热

驾驶舱中的中央操纵台上紧密排列各种设备,设备自身均有发热,且因紧密排列热量无法及时释放,使温度上升。

2. LACU 产品本身内部功率模块发热

LACU 的照明调谐是通过电位计改变大功率三极管的基极电压,在 LACU 内部集成了多种功率器件,在进行照明调谐时产生热量。

3. 控制旋钮本身发热

LACU 面板上的控制按钮,每个按钮内部有 4 个灯泡用于导光板照明,机上 LACU 处于工作状态,则按钮内的 4 个灯泡一直燃亮,每个灯泡的消耗电流为 0.018 A,但面板上共使用 16 个按钮,且紧密排列,则内部共计 64 个灯泡,因灯泡为普通白炽灯,所以使整个面板温度升高。

4. 仪表设备导光板照明的增加

原型机对仪表板只有聚光灯照明,根据用户需求,对 HC120 型直升机仪表板部分设备增加了导光板照明,以更好地适应用户需求。由于这些导光板的增加,增加了 LACU 内部照明调谐的功率,使 LACU 面板温度过热。

2.2 LACU 过热原因排查

针对以上可能因素,我们需要对 LACU 有更深入的了解来确认过热因素。

(1) 对上述驾驶舱过热导致 LACU 面板过热现象，驾驶舱温度是可控的，为给驾驶员提供舒适的环境有风扇和通风，为进一步验证是否为相邻设备散热影响，我们在室温 27 ℃，同时将其从操纵台中取出，使 LACU 正常工作给所有照明设备供电，通过温度测试面板温度稳定后达 82.2 ℃。所以得出驾驶舱过热导致 LACU 面板过热的因素可以忽略。

(2) 对于大功率器件工作产生热量，因该产品并未有产品内部的详细资料，仅通过 LACU 内部功能图可以看出其照明调谐原理与 Z9 系列机上的照明调谐控制基本一致，其原理模型见图 2。

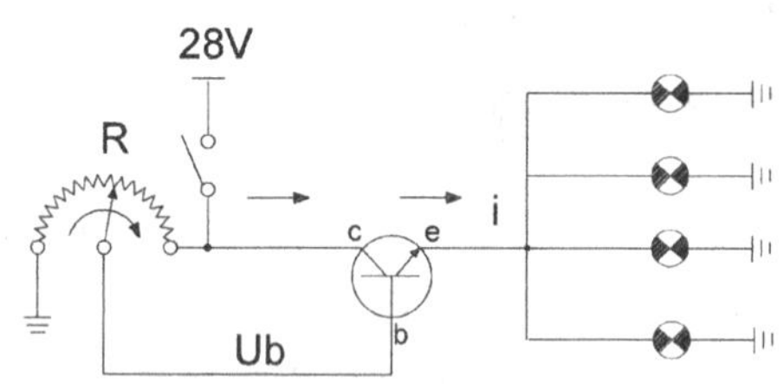

图 2 照明调谐原理图

在功率放大器中使用了三极管的电流放大功能，三极管因 bc 结反向电压可观，本身要消耗一部分直流功率，称为管子的热管耗，若管耗超过它的散热能力，其结温就无法避免升高，结温会引起集电极电流增加，进一步使结温增加，形成恶性循环。结温升高到极限值之外就免不了会烧坏。通过以上分析可得出三极管功耗散热也是 LACU 过热的一个重要因素。

(3) LACU 面板上的控制按钮中灯泡热量产生，因没有相关技术资料计算确认，但通过温度试验可确认是否为热源产生因素，因按钮中的灯泡仅为按钮导光板提供照明，并不影响 LACU 的各项功能，所以通过将控制按钮中灯泡取出，在室温 27 ℃进行温度测试发现 LACU 面板温度稳定后达 43 ℃。由此确认 LACU 控制按钮中的灯泡是热源产生的一个重要因素。

(4) 为了进一步判断增加导光板照明，是否会导致 LACU 面板过热，将从两个方面进行验证：一是通过详细分析 LACU 的照明输出接口有仪表板和操纵台两部分其带载能力均为 2 A。通过统计原照明设备的用电量和新增设备用电量，得出统计结果为仪表板消耗电流为 1.58 A，操纵台消耗电流为 0.75 A，满足带载能力要求。二是通过试验验证，首先对原有照明设备正常供电进行温度测试，其温度稳定在 75 ℃，然后增加新增照明设备进行温度测试其温度稳定在 82.5 ℃。通过测量数据可以看出新增设备对温度影响较小。

通过以上分析，确定产生热源的主要原因是功率模块的集成和控制按钮内灯泡的发热。针对以上两个热源产生的主要因素，我通过以下两种方法进行解决：一是将 LACU 内的功率模块分离出来，单独设计成一个 LACU 电源盒；二是将控制按钮内的灯泡进行改进。新增导光板照明虽然对 LACU 面板过热也有影响，但考虑到影响较小。又因照明实际需求无法减少新增导光板照明，如果在通过新增加一套照明调谐系统来解决较小的温度增加，将带来巨大的经济损失，而且会对整机状态改动较大，所以对于这部分将忽略。

3 技术分析

对 LACU 面板产生过热的原因进行系统分析确定 LACU 改进方案。通过对老 LACU 的改进，达到与新 LACU 和电源盒的安装形式和电气接口相互兼容的目标。利用现有 LACU 进行改进，解决 HC120 型直升机的后期保障问题，节约成本，同时还满足新 LACU 和电源盒整套互换要求。

4 电气接口分析

为了实现我们改进后的 LACU 与新 LACU 和电源盒整套互换的目的。其电气接口也需要达到相兼容，所以需对新老 LACU 电气接口进行分析。

对于 LACU 中接口相同部分可直接保留接口功能，下面仅对接口不同部分进行分析处理来实现与新型 LACU 接口相兼容的目的。

对于接口不同部分经过分析主要有如下 3 种方法：

(1) 老 LACU 中有接口定义接线桩，但没使用其功能，但新的 LACU 中新增了与电源盒接口功能，所以在对老的 LACU 改进过程中，这些功能接口可以按新 LACU 接口功能进行改进，使改进后的 LACU 的接口功能与新 LACU 和电源盒接口功能一致。

(2) 老 LACU 中没有接口定义的空接线桩，在对老 LACU 进行改进时，可以按新 LACU 和电源盒的接口功能实施，改进后的 LACU 并不影响在 HC120 型直升机的使用。

(3) 针对新老 LACU 都没有使用的接线桩，将对此接线桩不做任何改动。

通过以上分析可以看出，利用老 LACU 的原有结构进行改进，使其改进后的接口与新 LACU 和电源盒保持一致，HC120 型直升机上的现有使用的功能均能实现。

5 产品改进

经过以上功能结构到电气接口的分析确定了方案的可行性，决定将原 LACU 改进成由 LACU 控制盒和 LACU 电源盒两部分组成。

5.1 产品结构改进

1. LACU 控制盒

改进后 LACU 控制盒（见图 3）主要包含照明调谐和系统的控制部件，完成机上照明的控制和对机上各系统的控制功能，此次改进沿用了原 LACU 外部结构及控制部件见虚线部分。LACU 控制盒内部仅增加了两块电路板，实现 LACU 控制盒和 LACU 电源盒之间接口的转接。

LACU 上的控制按钮内灯泡被替换。按照 GJB455 新研了 LED 灯，替换原来按钮内的白炽灯，解决灯泡发热问题。

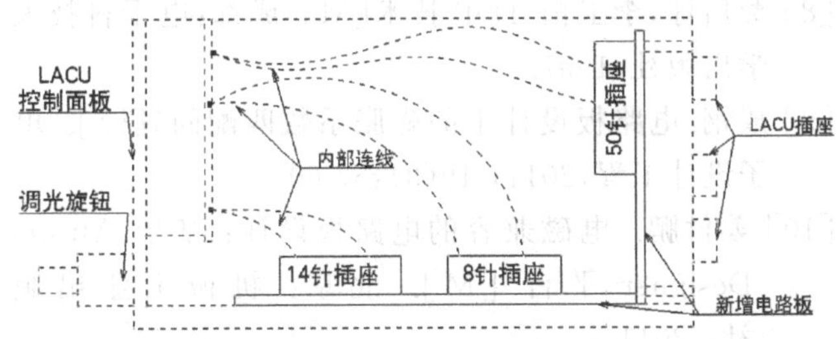

图 3 改进后 LACU 控制盒内部结构示意图

2. LACU 电源盒

新增 LACU 电源盒（见图 4）内部通过新增一个电路板，实现与原 LACU 内功率模块的转接和机上照明控制所需的各种功率接口的转接。

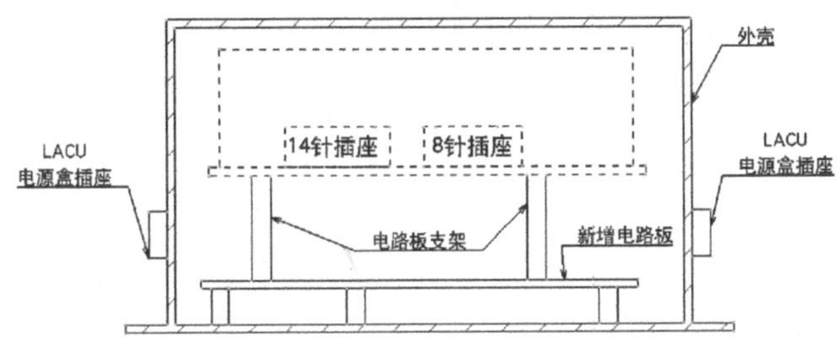

图 4 新增 LACU 电源盒内部结构示意图

5.2 电气接口改进

由图 5 可以看出，改进前后的 LACU 对机上的连接的电源和信号的输入/输出控制仍用原控制盒 J1、J2 和 J3 接口，仅将原来给功率模块供电的电源线转接至改进后的 LACU 电源盒，这是为了与新 LACU 和电源盒的线路连接达到互换的目的。但在改进后的 LACU 控制盒与 LACU 电源盒之间的线路连接因改装需要新增了三根连接线，但这些线使用的接口均为新 LACU 未使用的接口，所以在与新 LACU 可直接整套更换，保证不影响起使用功能。

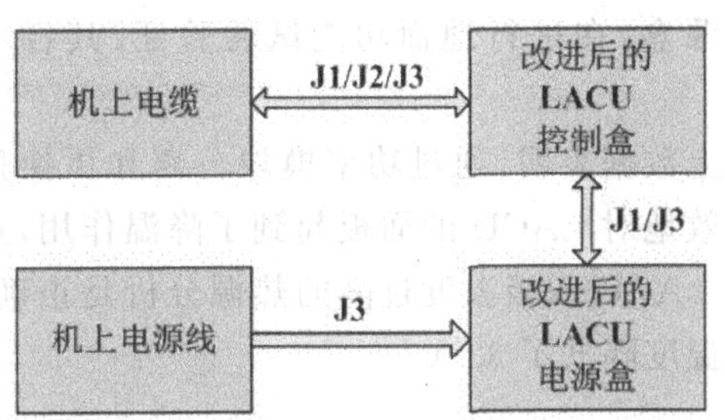

图 5 改进前后 LACU 电气接口框图

6 地面试验验证

为了验证 LACU 改进后取得的效果，将通过机上验证实现。因为地面试验便可完成验证 LACU 的工作，所以这里只描述地面试验验证情况，主要验证如下 3 个方面：

（1）功能试验。

验证了改进后的 LACU 控制功能、照明谐调功能及各照明设备工作良好。

（2）面板温度。

在地面进行功能验证良好后，需进行温度测试来验证我们的改进效果，分为两种情况分别验证两种改进所起到的效果：

- 验证改进后的 LACU，但保留使用原有白炽灯泡，用来验证功率模块分离效果。温度试验每 10 分钟记录一次温度，直到温度不在上升为止，测量数据见图 6 中的正方形曲线。

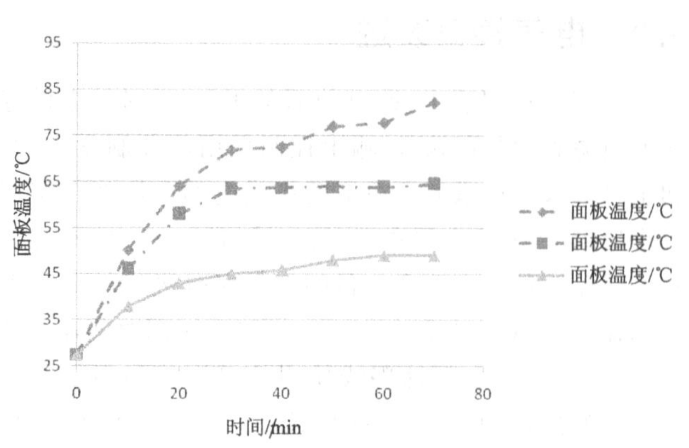

图 6　面板温度随时间变化曲线(3 种情况)

➢ 验证改进后 LACU 的整体效果,包括功率模块分离和更换新研制的 LED 灯后进行温度测试,测量数据见图 6 中的三角形曲线。

(3) 用新 LACU 整套替换改进后的 LACU 控制盒和电源盒,在进行地面功能试验验证,其各项功能正常。

以上数据表明,通过功率模块分离和更换按钮灯泡均有效地对 LACU 的面板起到了降温作用,这说明对引起 LACU 面板温度过高的热源分析是正确的,所以面板温度降低了 33 ℃。

7　结　论

由 HC120 型机 LACU 过热引起我们更多的思考,在电子设备高度集成的今天,如何做到控制部件与功率部件有效的分离,保证直升机系统可靠性是非常重要的。控制显示部件应放在驾驶员易于操作的位置;功率部件由于其环境及电磁兼容等要求,需放在设备舱或通风好的地方,不能盲目集成。

参考文献

[1] 飞机设计手册 16 册:电气系统设计[M]. 北京:航空工业出版社,1999:22-62.

[2] 宋显威. 航空电源控制保护器测试系统设计与实现[J]. 中国新技术新产品,2017(7):23-24.

[3] 李银霞,杨锋,王黎静,等. 飞机座舱功效学综合评价研究及应用[J]. 北京航空航天大学学报,2005,35(6):652-656.

[4] 杨章,和新阳,杨飞. 基于 GaN HEMT 的高效率 Doherty 功率放大器设计[J]. 固体电子学研究与进展,2017,37(3):187-190.

[5] 郭东亮,薛红喜. 非对称 Doherty 功率放大器的研究与设计[J]. 电路与系统学报,2011(3).

[6] 张雄伟. DSP 芯片的原理与开发应用[M]. 北京:电子工业出版社,1997.

[7] 王念旭. DSP 基础与应用系统设计[M]. 北京:北京航空航天大学出版社,2000.

[8] 彭启棕,李玉柏. DSP 技术[M]. 成都:电子科技大学出版社,1997.

[9] 成钢. 电路板设计中的膨胀系数匹配问题[J]. 电子设计工程,2011,19(3):57-60.

[10] 姜付鹏. 电磁兼容的电路板设计:基于 Altium Designer 平台[M]. 北京:机械工业出版社,2011.

民航客改货飞机的载重配平问题研究

李云飞，赵向领*

中国民航大学空中交通管理学院，天津 300300

摘要： 由于受疫情的影响，民航客运受到抑制，而疫情物资的运输却存在很大缺口，因此很多航空公司临时用客运航班运输货物。但临时的客改货飞机在载重配平方面与传统货机和客机均存在差异，因此本文主要研究客改货飞机的配载方法及其优化问题。并以波音 757－200 为例进行重量与平衡的研究，以重心偏移量最小为目标函数，运用 Lingo 寻找最优解。算例分析中测试了 5 组数据，结果表明，相比人工配载，优化模型重心偏离量平均小于 1% MAC。证明了该模型的有效性，为今后的航空货运配载工作提供了参考。

关键词： 客改货；航空货运；载重平衡；Lingo

Study on Load Balancing of Civil Aviation Passenger to Cargo Aircraft

LI Yunfei，ZHAO Xiangling*

College of Air Traffic Management，Civil Aviation University of China，Tianjin 300300，China

Abstract： Because of the impact of the epidemic，civil aviation passenger transport is restrained，but there is a big requirement in the transportation of epidemic materials，so many airlines temporarily use passenger flights to transport cargos. However，there are differences between the temporary passenger cargo aircraft and the traditional cargo aircraft and the passenger plane in the aspect of load balancing. Therefore，this paper mainly studies the stowage method and optimization of passenger cargo aircraft. The weight and balance of Boeing 757－200 are studied. The objective function is the minimum of the optimal center of gravity offset，and lingo is used to find the optimal solution. The results show that the deviation of the center of gravity of the optimized model is less than 1% MAC on average compared with manual loading. The validity of the model is proved，and it provides a reference for the future air cargo stowage.

Keywords： passenger planes to freighters；air cargo；load balance；Lingo

1 引 言

受疫情的影响，全球客运需求持续下跌，但货运需求却在不断上涨。为了缓解货运运力短缺的压力，不少航空公司启用客运飞机来执飞货物运输。

然而客改货还存在着很多重量与平衡的问题，飞机客改货会导致原始配载数据发生变化，改装后的飞机地板对货物的承载能力需要综合研判，这使得我们迫切需要进一步研究配载问题。优化复杂的航空货物装载计划和操作在航空货运业是至关重要的，因为它直接影响装载时间、安全和盈利能力。好的配载计划不仅可以保证飞机良好的重量平衡，确保高效安全运行，还可以为航空公司节省燃油费用，降低环境中碳的排放量，提高操作效率(如装卸时间、移动力度和误操作风险等)，一旦配载工作发生错误，那么后果将不堪设想。因此，对民航客改货飞机的配载优化研究是实现其高效安全运行的重要前提。

民航局规章[1]明确规定客机改为货机后应满足重心和重量的要求。同时还应满足结构完整和货物装载区域的设计，包括分布和重量限制。客机改为货机在投入运营后还必须要进行必要的风险评估和安全验证

基金项目：国家自然科学基金（7180020810）；中央高校基本科研业务费专项资金资助项目(3122018D025)

* 通讯作者．E-mail：zxl-llx@163.com

以及适航审定,证明符合适航规章标准。

客改货与货机的不同在于客改货需要重新综合考虑客舱地板对集装箱的承载能力、ULD布局方案、累积重量约束、联合重量约束、重心包线限制等,验证其合理性。

客改货与客机的不同在于客改货主要是把原来整个客舱改成货舱,原来的下货舱即腹舱可以继续使用。而客机只需要根据旅客体重进行分配位置,限制每段客舱的最大座位数量,无需考虑上下舱联合重量约束,改装完成后的客机配载数据在用于货物运输时还需进一步适航审定。

学术界在民航配载与平衡方面进行了大量研究,建立了很多模型也开发了很多软件和系统。在货运方面的学术研究有谷润平等[2]针对货机主货舱以装载量最大和重心偏移量最小为目标,建立了双目标混合整数线性规划模型;张丽霞[3]以航空集装器的载重量利用率和容积利用率最大化为目标建立模型来优化航空货运装载问题,应用混合遗传算法进行求解;史永胜等[4]针对货机主货舱以实际重心与最优重心偏移量最小为目标,建立了多约束的复杂集装器装载优化模型,采用遗传算法来寻找最优解;黄涛等[5]在以货物密度的基础上,考虑了货机下货舱的配载研究,确保飞机结构上的完整性,建立了以运输货物利润最大和飞机重心与目标重心偏差最小模型;孟超[6]针对民航宽体客机腹舱装载问题建立了以综合载重利用率和容积利用率最大的双目标模型,运用启发式算法和混和遗传粒子群算法进行求解。

在国外Eugene Y.C. Wong和Kev K. T. Ling[7]建立了一套混合整数优化模型,并使用优化工具Lingo进行求解,以协助航空公司制定空运货物装载计划,实现货物装载利润最大化,但此模型没有考虑重心约束;Eugene Y. C. Wong、Daniel Y. Mo和Stuart So[8](2020)开发了针对航空货物装载计划操作的闭环数字孪生系统,该系统在传感器数据捕获过程中使用一个反馈回路,以改善对最优货物装载计划的决策过程;No-San Lee, Philipp Gabriel Mazur, Moritz Bittner, Detlef Schoder(2021)[9]针对航空货物码垛过程开发了智能决策支持系统,该系统支持手动码垛过程,并运用遗传算法进行求解;S Limbourg[10]等在满足一组现实约束、重心接近最优的情况下建立了一个新的混合整数线性规划模型,并开发了优化配载软件解决人工配载耗时的问题;Wim Vancroonenburg, Karel Tavernier[11]等以航空货运利润最大化和横纵向重心偏差最小为目标建立了混合整数规划模型,并运用商业MIP求解器Gurobi进行求解,以B747不同机型为算例验证了算法的有效性和高效性;Jannes Verstichel[12]等同样以货运利润最大和重心偏差最小为目标建立了混合整数规划模型,通过商业求解器Gurobi进行求解。

在客运方面的学术研究有谢春生[13]建立了民航客机的装载配平模型,运用遗传算法寻找模型可行解,并以某客机为例开发了一套可视化软件解决了客机配载员工作强度大、效率低的问题;张洪[14]基于蚁群算法建立了面向C919的货舱和客舱的整体配载优化模型,并开发了相关配载优化系统解决了航司相关人员的工作负担大的问题。由于客运配载主要是由旅客所在位置决定,并且一般认为旅客的平均重量是不变的,在问题类别上属于一维分配问题;而货运配载需考虑装载量最大、货舱体积利用率最大、各分舱承受的最大重量、舱门高度、ULD类型参数等问题,属于二维切割问题;显然客运配载在难度上要小于货运配载。因此有关客运方面的研究还有待进一步深入。

由于客改货是近几年衍生出来的一个研究方向,所以目前有关客改货方面的配载学术研究还比较少。但有关客改货技术分析与研究的文献居多,此处不在叙述。

相比国外目前国内对民航货运的配载研究还比较少,研究成果与生产一线相差较大,现有学者对民航货机的下货舱配载情况研究的较少,重点是对主货舱的货运配载研究。在求解方法上国外多采用商业求解器Lingo和Gurobi,对智能算法的研究较少。根据上文的综述研究,本文主要研究客改货的飞机配载限制及其优化问题,考虑了上下舱联合约束问题,并对下货舱散货的分配进行了优化。

2 模型构建

2.1 模型概述

常见的客改货航班有波音757-200,波音737-800等航班,本文以波音757-200为例进行载重配平研究。

货机一般分为上货舱(主货舱)和下货舱(散货舱),上货舱一般用来装载集装器或集装箱,下货舱一般用来装载散货,所以下货舱相对容易装载。出于对飞机结构上的完整性,建立有关上货舱和下货舱的载重配平模型。针对货机上货舱的配载实质是指派问题，即选择合适的集装器分配到上货舱的舱位中，而其下货舱配载的实质是背包问题，即选择合适的散货分配到下货舱中，使得在上下货舱满足约束的条件下实现重心偏移量最小。如图1所示为波音757-200的货舱侧视图，从图中可以看到上货舱共有15个舱位，下货舱共有4个舱位。

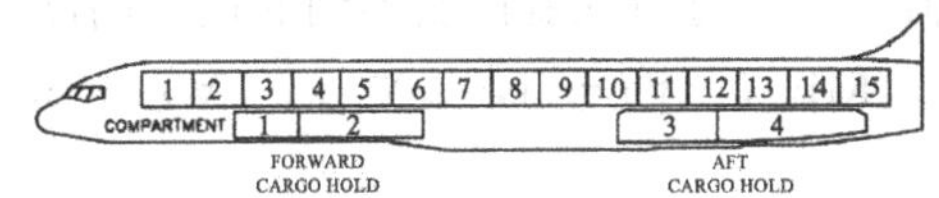

图1 波音757-200货舱侧视图

为了便于理解模型中相关符号所表示的含义，表1给出了相关符号及说明。

表1 符号说明

符 号	说 明	符 号	说 明	符 号	说 明
W_i	第 i 个集装器的重量	MW_j	第 j 个舱位最大载荷	BA_{FW}	飞机油箱力臂
H_i	第 i 个集装器的高度	MH_j	第 j 个舱位的最大高度	MAC_{OPT}	飞机在起飞重量下的最优重心MAC值
i	集装器下标	MW_{st}	第 s 号到第 t 号主舱位的最大载荷	CG_{ZFW}	飞机无油重心
w_k	第 k 个散货的重量	mv_l	第 n 个下货舱所能承受的最大容积	MAC_{ZFW}	飞机无油重心MAC值
v_k	第 k 个散货的体积	mw_l	第 n 个下货舱所能承受的最大重量	$minMAC_{ZFW}$	飞机无油重心前限MAC值
k	散货下标	mw_{qr}	第 q 到 r 号下货舱所能承受的最大重量	$maxMAC_{ZFW}$	飞机无油重心后限MAC值
N_{ULD}	集装器总数量	OEW	飞机基本空机重量	CG_{TOW}	飞机起飞重心
N_{CARGO}	散货总数	ZFW	飞机无油重量	MAC_{TOW}	飞机起飞重心MAC值
N_{POS}	飞机主货舱舱位数量	TOW	飞机起飞重量	$minMAC_{TOW}$	飞机起飞重心前限MAC值
N_{HOLD}	飞机下货舱数量	LW	飞机着陆重量	$maxMAC_{TOW}$	飞机起飞重心后限MAC值
j	飞机主货舱舱位下标	FW	飞机航程油量	CG_{LW}	飞机着陆重心
l	散货舱下标	RFW	飞机备用油量	MAC_{LW}	飞机着陆重心MAC值
BA_j	第 j 个舱位的力臂	MPL	飞机最大业载	$minMAC_{LW}$	飞机着陆重心前限MAC值
ba_l	第 n 个散货舱对应的力臂	BA_{OEW}	飞机空机力臂	$maxMAC_{LW}$	飞机着陆重心后限MAC值

2.2 目标函数

为保证飞机在运行过程中的安全，重心要时刻处于一定范围内，因此特意设立目标函数为起飞重心偏离指定重心最小，即

$$\min Z = |CG_{OPT} - CG_{TOW}| \tag{1}$$

2.3 约束条件

由于上下货舱所装载货物类型的不同，因此拟采用双决策变量来进行建模。

1. 主货舱

1）基本约束

决策变量 x_{ij} 即

$$x_{ij} = \begin{cases} 1, & \text{第 } i \text{ 个集装器装入第 } j \text{ 个货舱} \\ 0, & \text{否则} \end{cases} \tag{2}$$

每个集装器最多放置在一个舱位内：

$$\sum_{j=1}^{N_{POS}} x_{ij} = 1, \quad \forall i = 1, \cdots, N_{ULD} \tag{3}$$

每个舱位必须保证有一个集装器：

$$\sum_{i=1}^{N_{ULD}} x_{ij} = 1, \quad \forall j = 1, \cdots, N_{POS} \tag{4}$$

2）结构约束

集装器重量应不超过集装器所在舱位的最大重量，即

$$\sum_{i=1}^{N_{ULD}} W_i \cdot x_{ij} \leqslant MW_j, \quad \forall j = 1, 2, \cdots, N_{POS} \tag{5}$$

某区域所装载的集装器重量不超过该区域的最大重量，即

$$\sum_{j=s}^{t} \sum_{i=1}^{N_{ULD}} W_i \cdot x_{ij} \leqslant MW_{st}, \quad \forall i = 1, 2, \cdots, N_{ULD}, s \in sr, \quad t \in tr \tag{6}$$

3）高度约束

主货舱内通常会有集装器高度限制，因此所装载

的集装器不能超过所在舱位能容纳的最大高度：

$$H_i \cdot x_{ij} \leqslant \mathrm{MH}_j,\quad \forall i=1,\cdots,N_{\mathrm{ULD}},\quad \forall j=1,\cdots,N_{\mathrm{POS}} \tag{7}$$

2. 下货舱

1）基本约束

决策变量 y_{kl} 即

$$y_{kl}=\begin{cases}1, & \text{第 } k \text{ 个货物装载在第 } l \text{ 个散货舱}\\ 0, & \text{否则不装载}\end{cases} \tag{8}$$

2）结构约束

某个舱位所装载货物不超过该舱位的最大重量，即

$$\sum_{k=1}^{N_{\mathrm{CARGO}}} w_k \cdot y_{kl} \leqslant \mathrm{mw}_l,\quad \forall l \in \{1,2,3,4\} \tag{9}$$

某区域所装载的货物不能超过该舱位的最大重量，即

$$\sum_{l=q}^{r}\sum_{k=1}^{N_{\mathrm{CARGO}}} w_k \cdot y_{kl} \leqslant mw_{qr},\quad q\in\{1,3\},\quad r\in\{2,4\} \tag{10}$$

3）体积约束

每个舱位所装载的货物体积不能超过该舱位的最大容积：

$$\sum_{k=1}^{N_{\mathrm{CARGO}}} v_k \cdot y_{kl} \leqslant \mathrm{mv}_l,\quad l\in\{1,2,3,4\} \tag{11}$$

3. 综合约束

1）重量约束

飞机在运行过程中其业载量会受到最大业载的限制，即

$$\sum_{i=1}^{N_{\mathrm{ULD}}}\sum_{j=1}^{N_{\mathrm{POS}}} W_i \cdot x_{ij} + \sum_{k=1}^{N_{\mathrm{CARGO}}}\sum_{l=1}^{N_{\mathrm{HOLD}}} w_k \cdot y_{kl} \leqslant \mathrm{MPL} \tag{12}$$

2）安全性约束

在民航业中首当其要的是安全，其次是高效。飞机在运行的过程中重心要时刻处于安全范围内，其中包括无油重心、起飞重心、着陆重心。公式(13)～(15)是相应重心的计算表达式。

$$\mathrm{CG}_{\mathrm{ZFW}}=\frac{\mathrm{BA}_{\mathrm{OEW}}\cdot\mathrm{OEW}+\sum_{i=1}^{N_{\mathrm{ULD}}}\sum_{j=1}^{N_{\mathrm{POS}}} W_i\times\mathrm{BA}_j\times x_{ij}+\sum_{k=1}^{N_{\mathrm{CARGO}}}\sum_{l=1}^{N_{\mathrm{HOLD}}} w_k\cdot\mathrm{ba}_l\cdot y_{kl}}{\mathrm{OEW}+\sum_{i=1}^{N_{\mathrm{ULD}}}\sum_{j=1}^{N_{\mathrm{POS}}} W_i\cdot x_{ij}+\sum_{k=1}^{N_{\mathrm{CARGO}}}\sum_{l=1}^{N_{\mathrm{HOLD}}} w_k\cdot y_{kl}} \tag{13}$$

$$\mathrm{CG}_{\mathrm{TOW}}=\frac{\mathrm{BA}_{\mathrm{OEW}}\cdot\mathrm{OEW}+\mathrm{BA}_{\mathrm{FW}}\cdot\mathrm{FW}+\sum_{i=1}^{N_{\mathrm{ULD}}}\sum_{j=1}^{N_{\mathrm{POS}}} W_i\cdot\mathrm{BA}_j\cdot x_{ij}+\sum_{k=1}^{N_{\mathrm{CARGO}}}\sum_{l=1}^{N_{\mathrm{HOLD}}} w_k\cdot\mathrm{ba}_l\cdot y_{kl}}{\mathrm{OEW}+\mathrm{FW}+\sum_{i=1}^{N_{\mathrm{ULD}}}\sum_{j=1}^{N_{\mathrm{POS}}} W_i\cdot x_{ij}+\sum_{k=1}^{N_{\mathrm{CARGO}}}\sum_{l=1}^{N_{\mathrm{HOLD}}} w_k\cdot y_{kl}} \tag{14}$$

$$\mathrm{CG}_{\mathrm{LW}}=\frac{\mathrm{BA}_{\mathrm{OEW}}\cdot\mathrm{OEW}+\mathrm{BA}_{\mathrm{RFW}}\cdot\mathrm{RFW}+\sum_{i=1}^{N_{\mathrm{ULD}}}\sum_{j=1}^{N_{\mathrm{POS}}} W_i\cdot\mathrm{BA}_j\cdot x_{ij}+\sum_{k=1}^{N_{\mathrm{CARGO}}}\sum_{l=1}^{N_{\mathrm{HOLD}}} w_k\cdot\mathrm{ba}_l\cdot y_{kl}}{\mathrm{OEW}+\mathrm{RFW}+\sum_{i=1}^{N_{ULD}}\sum_{j=1}^{N_{\mathrm{POS}}} W_i\cdot x_{ij}+\sum_{k=1}^{N_{\mathrm{CARGO}}}\sum_{l=1}^{H_{\mathrm{HOLD}}} w_k\cdot y_{kl}} \tag{15}$$

这些重心应在相应重心范围之内，即

$$\min\mathrm{CG}_{\mathrm{ZFW}} \leqslant \mathrm{CG}_{\mathrm{ZFW}} \leqslant \max\mathrm{CG}_{\mathrm{ZFW}} \tag{16}$$

$$\min\mathrm{CG}_{\mathrm{TOW}} \leqslant \mathrm{CG}_{\mathrm{TOW}} \leqslant \max\mathrm{CG}_{\mathrm{TOW}} \tag{17}$$

$$\min\mathrm{CG}_{\mathrm{LW}} \leqslant \mathrm{CG}_{\mathrm{LW}} \leqslant \max\mathrm{CG}_{\mathrm{LW}} \tag{18}$$

3）飞机区域联合载量限制

该机型的联合限重是飞机制造商根据该机的结构将货舱分为15个区域，如图2所示。

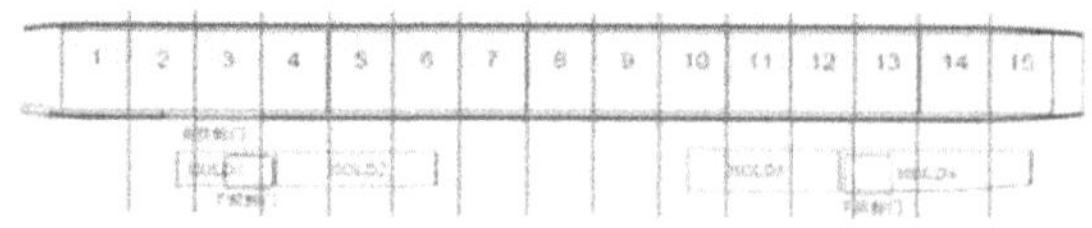

图2 B757-200联合限重区域图

联合区域载重公式如表2所列。

表2 联合区域载重计算公式

区　间	实际区间联合载量计算公式	最大区域联合限重/kg
↓ZONE1	C1	2 716
↓ZONE2	ZONE1+C2+HOLD1× 10%	4 360
↓ZONE3	ZONE2+C3+ HOLD1× 80%	7 871
↓ZONE4	ZONE3+C4+HOLD1×10%+HOLD2× 40%	11 557
↓ZONE5	ZONE4+C5+ HOLD2× 40%	14 043
↓ZONE6	ZONE5+C6+ HOLD2× 20%	15 893

续表 2

区　间	实际区间联合载量计算公式	最大区域联合限重/kg
↓ZONE7	ZONE6+C7	17 712
↑ZONE8	ZONE9+C8	23 748
↑ZONE9	ZONE10+C9	21 909
↑ZONE10	ZONE11+C10+ HOLD3× 20%	20 102
↑ZONE11	ZONE12+C11+HOLD3× 50%	18 257
↑ZONE12	ZONE13+C12+HOLD3×30%+HOLD4×10%	15 733
↑ZONE13	ZONE14+C13+HOLD4× 40%	11 969
↑ZONE14	ZONE15+C14+ HOLD4× 30%	8 239
↑ZONE15	C15+HOLD4×20%	3 476

表 2 的计算公式可以归纳为式(19)和式(20)：

$$\sum_{j=1}^{ZL}\left(\sum_{i=1}^{N_{ULD}}W_i x_{ij}+\lambda_j\sum_{k=1}^{N_{CARGO}}w_k y_{k1}+\beta_j\sum_{k=1}^{N_{CARGO}}w_k y_{k2}\right)\leqslant W_{ZL}$$

$$(ZL\in\{1,2,3,4,5,6,7,\})\qquad(19)$$

$$\sum_{j=15}^{ZR}\left(\sum_{i=1}^{N_{ULD}}W_i x_{ij}+\lambda_j\sum_{k=1}^{N_{CARGO}}w_k y_{k4}+\beta_j\sum_{k=1}^{N_{CARGO}}w_k y_{k3}\right)\leqslant W_{ZR}$$

$$(ZR\in\{15,14,13,12,11,10,9,8\})\qquad(20)$$

其中，λ_j 和 β_j 分别是式(19)和式(20)中的相关系数。

3　算例分析

3.1　案例数据

为验证算法的有效性拟采用某次航班机型为波音 757-200 的货物数据。指定目标重心为 23%MAC。表 3 是波音 757-200 的基本参数其最大业载 MPL 为 30 776 kg。表 4、表 5、表 6、表 7 分别是上货舱舱位限重及力臂，集装器重量、高度数据，下货舱舱位限重和散货的重量，以及体积数据。

表 3　波音 757-200 基本参数

B757-200F 载重平衡数据	单位/kg
OEW 基本重量	52 752
CG_{OPT}	23%MAC
MPL 最大业载	30 776

表 4　上货舱舱位限重及力臂

舱　位	力臂/inch	最大载荷/kg	最大高度/m	分区载荷/kg
C1	390.25	2 716	2	C1～C5 重量和不超过 18 000
C2	479	2 948	2	
C3	568	2 948	2	
C4	657	2 948	2	
C5	746	2 948	2	
C6	835	2 948	2	C6～C10 重量和不超过 24 000
C7	924	2 948	2	
C8	1 013	4 264	2	
C9	1 102	4 264	2	
C10	1 191	2 948	2	
C11	1 280	2 948	2	C11～C15 重量和不超过 29 000
C12	1 369	2 948	2	
C13	1 458	2 948	2	
C14	1 547	2 948	2	
C15	1 636	2 948	1.95	

表 5　集装器基重量、高度

集装器编号	重量/kg	第一高度/cm
1	1 562	186
2	1 724	186
3	1 262	186
4	1 757	186
5	1 522	192
6	1 214	192
7	1 648	186
8	1 102	192
9	1 013	186
10	1 078	186
11	1 361	130
12	1 602	186
13	1 187	186
14	1 612	192
15	1 342	186

表 6　下货舱舱位限制重量

下舱舱位	HOLD1	HOLD2	HOLD3	HOLD4
最大舱位限重/kg	2 496	4 672	3 773	5 606
最大舱位累加限重/kg	MAX FWD HOLD (Hold1+Hold2) 4 672		MAX FWD HOLD (Hold3+Hold4) 7 393	
力臂/inch	534.5	734	1 288.6	1 507.3
最大容积/m^3	4.9	13.9	14.2	16.7

表7 散货重量体积

货物编号	重量/kg	体积/m^3
1	340	1.8
2	350	1.9
3	345	1.83
4	360	2
5	365	2.1
6	355	1.92
7	378	2.31
8	290	1.4
9	330	1.7
10	356	1.95

3.2 仿真计算

为验证模型的有效性,再次引入4组不同的货物数据,每组货物计划使用两种方式分别计算10次取均值。使用商业求解器Lingo解得重心偏离量平均小于1%MAC,而人工配载结果平均为5.268%MAC。结果如表8所列。

表8 仿真结果

货物组别	本文计算配载结果	人工配载结果
	CG偏离量/(%MAC)	CG偏离量/(%MAC)
1	0.86	5.03
2	1.24	5.43
3	0.81	6.02
4	0.32	5.54
5	0.44	4.32
满意解	0.32	4.32
均值	0.734	5.268
最大值	1.24	6.02
最小值	0.32	4.32

从图3重心偏离箱线图可以得到模型优化的结果相比人工配载结果,重心偏移量较小且相对集中;而人工配载结果重心偏移量较大且分散。这是因为人工进行配载时经常采用手工加经验和计算机协助,所以配载结果不具有高效性。

4 结 论

飞机的配载优化工作属于典型的NP-hard问题,加之模型约束条件繁多且复杂,加大模型的求解难度。

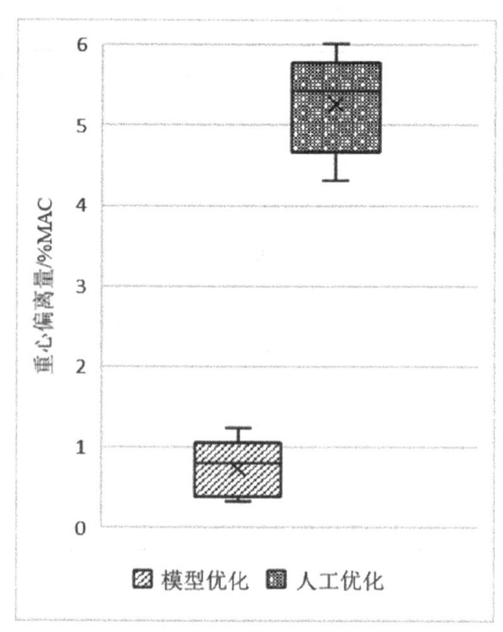

图3 重心偏离箱线图

本文分析研究了民航飞机客改货的重量与平衡问题。在考虑飞机结构完整性与安全下,以重心偏离量最小为目标,运用Lingo进行求解。但目前的模型仅用于波音757-200客改货的配载优化工作,此模型可以衍生到其他不同类的飞机,包括客机和货机。在实际的航空货运中约束条件相对更复杂,在今后的研究中可以考虑舱门大小,货舱单位面积载荷能力,集装器类型、特种货物的装载、超大货物的装载等。

参考文献

[1] 中国民用航空规章.在客机客舱区域运输货物的适航审定指导[S].中国民用航空局,2020:5-6.

[2] 谷润平,贾旭颖,赵向领,等.民航货机装载优化准确建模仿真研究[J].计算机仿真,2019,36(3):20-26.

[3] 张丽霞.航空货运飞机装载问题研究[D].南京:南京航空航天大学,2012:3-7.

[4] 史永胜,王策.货机主货舱多约束条件下集装器装载优化[J].科学技术与工程,2020,20(25):10517-10522.

[5] 黄涛,熊练.基于重心约束的航空货运装载优化[J].沈阳航空航天大学学报,2020,37(1):87-96.

[6] 孟超.民航宽体客机腹舱装载优化研究[D].天津:中国民航大学,2020:1-4.

[7] Kev K T Ling, Eugene Y C Wong. A Mixed Integer Programming Approach to Air Cargo Load

Planning with Multiple Aircraft Configurations and Dangerous Goods[C]//7th International Conference on Frontiers of Industrial Engineering. New York:IEEE Xplore,2020:123-130.

[8] Eugene Y C Wong, Daniel Y Mo, Stuart So. Closed-loop digital twin system for air cargo load planning operations[J]. International Journal of Computer Integrated Manufacturing,2020,20(4):1-13.

[9] Lee N S, Mazur Philipp Gabriel, Bittner Moritz, et al, An Intelligent Decision-Support System for Air Cargo Palletizing [C]//Proceedings of the 54th Hawaii International Conference on System Sciences. Hawail: University of Hawaii, 2021:1405.

[10] Limbourg S,Schyns M,Laporte G. Automatic aircraft cargo load planning[J]. Journal of the Operational Research Society, 2012, 63 (9): 1271-1283.

[11] Wim Vancroonenburg,et al. Automatic air cargo selection and weightbalancing: A mixed integer programming approach [J]. Transporta-tion Research Part E Logistics & Transportation Review,2014, 65(2):70-83.

[12] Jannes Verstichel,et al. A mixed integer programming approach to the aircraft weight and balance problem [J]. Procedia—Social and Behavioral Sciences,2011,20(6): 1051-1059.

[13] 谢春生. 民航运输飞机装载配平技术及应用研究[D]. 天津:中国民航大学,2008:4-8.

[14] 张洪. 面向 C919 的装载配平模型分析及系统开发[D]. 天津:中国民航大学,2014:1-4.

未来“空基高能战”作战概念探究

樊振凯*，李卫红，孟靖昊，张澍尧

航空工业第一飞机设计研究院，西安 710089

摘要：随着信息化技术的不断发展，空基作战样式正由平台为中心转变为以网络为中心，装备体系化水平逐步提升，装备协同和信息交互能力日益增强。未来随着装备技术和能源技术的不断进步，未来空基作战样式必将呈现新的特点，本文提出一种以“高能”为基础，以提升作战效能为核心的“空基高能战”作战概念，旨在解决现有装备的能量短板问题，发展新型高能作战平台和机载武器，提升单一装备的任务综合化能力，有效提升空基作战装备的作战能力，形成新的作战样式和战术战法。

关键词：空基装备；高能技术；作战概念；作战样式

Explore on the Concept of “Air-based High Energy Warfare” in the Future

FAN Zhenkai*, LI Weihong, MENG Jinghao, ZHANG Shuyao

AVIC the First Aircraft Institute, Xi'an 710089, China

Abstract: With the development of information technology, the air-based combat style is changing from platform-centric to network-centric, the level of equipment systematization is gradually improved, and the capability of equipment coordination and information interaction is enhanced day by day. With the development of equipment technology and energy technology in the future, the air-based combat style is bound to present new characteristics. In this paper, a concept of “air-based high-energy warfare” based on “high-energy” is proposed. The concept aims at solving the problem of energy short plate of existing equipment, developing new high-energy combat platform and airborne weapons, enhancing the integrated capability of single equipment, effectively improving the combat capability of air-based combat equipment, and forming new combat style and tactics.

Keywords: air-based equipment; high-energy technology; operation concepts; operation styles

能量是武器装备发挥效能的基础，随着新质能源技术的不断发展，陆基、海上等装备在核能、太阳能、氢能等能源利用上呈现出新的样式和突破，但受制于新能源机载应用的重量、体积、振动等种种限制，空基装备的“高能”应用目前仍处于探索阶段，随着高能技术机载化和空基装备设计技术的不断发展，未来空基装备的能源短板问题必将得到有效改善，“空基高能战”将成为未来发展的新趋势。

1 空基作战样式演进

在机械化作战时代，空基作战是以飞机平台为中心，强调飞机本体完成探测、决策、打击等过程。随着信息技术的不断发展，数据链技术使得不同种类空基平台之间实现信息的交互和共享，空基作战以体系网络为中心，强调网络内平台节点的协同和交互，进而实现联合一体化作战样式，增强体系作战效能[1]。随着智能技术的不断发展和武器装备的升级换代，武器装备对能量的需求越来越高，而随着核能、光能、氢能等新质能源的不断发展，新能源的机载应用在未来将成为现实，未来空基作战将以高能为基础条件，以高效作战效能为目标，发展“空基高能战”新型作战样式将成为一种发展方向。

* 通讯作者. E-mail: fanzhenkai@yeah.net

2 "空基高能战"发展需求

新的作战样式往往伴随着新的作战应用的场景的牵引，而随着机械化、信息化、智能化的技术革命及发展，战争样式也逐渐向分布式、智能化、跨域协同等方向转变，随着作战时效的不断提高，未来必将在能量域产生新的作战需求，高续航、高时效、高效能将成为新的竞争方向。

2.1 长续航需求

传统飞机的航程航时依赖于飞机的载油量，随着"空天一体，攻防兼备"新空军发展战略的转变，对于飞机的作战半径和作战任务时间要求越来越高，这就需要中途通过空中加油、基地补给等二次加油方式增大飞机的作战半径，对于瞬息万变的战场来说无疑增大了作战风险。未来亟须通过发展"高能"技术实现核能、光能、氢能等新质能源在飞机上的使用，满足空基装备的长航时作战能源需求，同时发展新的储能技术，满足飞机的长航时作战需求[2-3]。

2.2 作战时效需求

随着数字化信息化技术的发展，未来战场对于作战平台和机载武器的作战时效要求将更加严苛，时间优势将迅速转换为决策优势和行动优势。这将对空基装备的速度、机动性、作战效率等提出更高的要求，也将牵引发展高超声速飞行器、定向能武器等"高能"武器装备的需求，从而有效增强空基平台的快速抵达、快速打击能力，缩短 OODA 的环路时间，提升空基装备的作战时效性。

2.3 智能无人发展需求

随着智能化、无人化技术的发展，空基智能无人平台必将在未来有更大的发展和更广的用途，而智能无人平台也将对"高能"技术产生新的使用需求，能量将有效满足多样化任务载荷、智能自主决策、长续航免补给等使用场景。同时智能能量管理、高可靠高能机载能源应用等智能技术也必将取得发展，空基装备高能应用也将变为可能[4-5]。

2.4 机载设备能耗需求

现代空基作战装备的机载设备功能愈加齐全，信息化程度也越来越高，机载设备的种类和数量也不断丰富，特别是对于预警机、电子战飞机、反潜机、等信息化特种信息化作战装备以及未来发展的定向能武器装备，机载设备的能耗需求越来越高，这就要求机载平台具备强大的能量供给能力，保证机载设备正常运行的基础上，发展高能技术也可以进一步提升装备的任务执行时间，有效提升装备的使用效率。

3 "空基高能战"概念及特点

"空基高能战"面向空基作战平台，以提升作战效能为核心目标，通过发展核能、光能、氢能等高能技术，实现空基作战平台的"能量自由"，增强空基平台的作战半径和作战性能，同时牵引发展高能武器、高能飞行器等作战装备的有效应用，不断提升空基装备的作战能力和作战效率。

3.1 空基平台具备高作战性能

随着核能、光能等高能技术的突破，高能空基平台应运而生，由于能量的充足供给，空基平台本身可以实现长航时免补给飞行，减小因空中加油或基地补给造成的作战风险，满足大作战半径的作战任务要求。同时对于预警机、电子战飞机、反潜巡逻机等信息化特种装备来说，机载设备也可以发挥最大的使用性能，拓展任务执行时间和效率。

3.2 一机多能成为可能

伴随着能源技术的突破和机载设备综合化水平的提升，飞机可以实现多功能一体化设计，打破传统飞机分系统的设计壁垒，采用共用通用处理机和一体化综合架构，内部采用高速总线实现集中控制。同时机载功能采用模块化设计思路，具有高度的扩展能力，随着高能技术的突破，一机多能成为可能，空基平台将具备更加丰富的功能和设备配置，这将会极大提高单平台的综合任务能力。

3.3 高能武器得以应用

高能武器具备打击速度快、杀伤力大、隐蔽性强等优点，但由于其高能耗的需求限制了其在空基作战平台的使用。而机载高能技术的发展必将推动高能武器的发展，定向能武器、电磁炮等高能武器将成为未来空基作战平台的骨干装备，实现发现即摧毁的作战目标，这将大大提升空基作战平台的打击效能，同时有效提高了载机平台的安全性[6-7]。

3.4 高能飞行器得以发展

高能飞行器具有抵达速度快、作战范围广、战略威慑大等特点，可在未来超远程作战、空天作战等领域发挥巨大价值，可大大加速战场的进程。而高能技术的发展也可以为超远程飞行提供能量支援，同时牵引高超声速飞行涉及的发动机设计、能量管理等方面的技术攻关，不断催生高超声速飞行器、空天飞机、传感器飞机等高能飞行器的发展和升级。

3.5 高能交互协同

在网络体系化作战环境下，空基平台之间通过数据链路进行战场态势、指控指令等信息的传输，有效提升了空基装备的整体作战效能。随着高能技术和机间链路的发展，未来飞机之间的信息交互将不仅限于基本作战数据信息交互，而是包含感知数据、能量等高能信息交互，能量的获取和补给将变得更加便捷，空基平台之间的交互方式将变得更加丰富、智能、高效。

4 “空基高能战”典型作战样式

随着“能量自由”，空基装备的作战性能和样式将取得明显提升。一方面可以有效增强现有装备的使用性能，具备长航时能力；另一方面可以牵引未来发展新的作战装备，产生更加智能高效的作战样式。

4.1 快速远程投送

现代战争具有突发性强，作战区域大，作战行动迅速，节奏加快，战场物资消耗大等特点。要求快速组织作战部署，高效完成作战准备，是赢得战争主动权的关键。现代战争要求部队具有高速机动能力、快速反应能力和持续后勤保障能力，空中运输是我军实现这些能力最快捷的运输方式，特别是具备较大规模的战略空运能力，是保证我军各军兵种协同作战，快速完成作战部署，形成战略威慑的最有效手段。当前远程空中投送特别是跨境远程投送，需要通过空中加油或海外基地补给，对于外界的约束条件影响较大，一定程度也影响了远程投送的效率。高能技术可以有效减少中途能量补充环节，实现快速远距投送。

4.2 定向高能打击

通过发展机载高能技术使得激光武器、微波武器、粒子束武器等形式的机载高能武器得以有效应用，极大提高未来空基作战的时效性和打击范围。通过空基装备加装高能武器系统，实现空基反导、空基反卫能力，可阻止或延迟预警卫星对我方的跟踪和识别，掩护我方作战行动的隐蔽性，阻止敌方建立单方透明战场；同时可以为空基高价值装备提供强大的防空保护，干扰致盲或破坏来袭的导弹，提高生存能力，实现平台自卫防御能力；另外也可以在战术空中作战中对无人机、巡航导弹等目标的干扰和摧毁，提升空基平台战术打击能力[8-11]。

4.3 广域侦察预警

空基预警探测体系采用各种探测手段和处理技术，对空、海、地各类目标，重点是运动目标进行实时探测，获取、处理和分发目标信息，用于实现目标搜索、发现、跟踪、分类和识别，平时用于国土和周边地域警戒，战时用于获取战场目标信息，是指挥系统和武器系统的主要信息来源。机载高能技术可以使机载预警雷达、电子侦察、红外探测等高耗能设备处于持续工作状态，满足单平台长航时广域侦查预警工作需求，有效减少平台间交接环节，实现对空中、临近空间、地、海各类目标远距预警探测与高效侦察监视。

4.4 空中快速补能

支援保障平台是保障战场资源、提升作战能力、实现战略空军的有力支撑，目前通过发展空中加油技术实现了延长装备作战半径、扩展任务时间能力，但空中加油存在加油对接风险大、加油时间较长等突出问题，同时也受海外补给基地的限制。通过发展高能交互协同技术，未来可以实现能量的空中高效快速传递交互，也可通过模块化能量装置实现“高能模块”的快速换装，构建能量补给保障的新样式，有效提升战场支援保障效率。

5 “空基高能战”发展挑战

为实现“空基高能战”，必须突破能量管理、能量防护、能量交互等技术上的挑战，实现高能在空基平台的应用，同时需要提升空基装备设计水平以适应高可靠、长航时的使用需求。

5.1 能量安全防护

我们在利用高能技术的同时必须保证能源的安全使用，通过加强空基平台的安防能力建设保证空基装备的安全可靠。例如对于核能，需要解决使用过程中的散热、核磁防护问题，同时需要保证飞机在出现紧急故障以后的飞行安全和核泄漏污染问题。而对于光能、氢能等其他新质能源，在保证能量高效利用的同时需要保证能源利用的安全可靠。

5.2 能量管控技术

能量管控技术包括能量的产生、存储、传输、分配等多个环节，每个环节都应与载机平台、高能武器、机载设备等进行动态、实时的高效信息传递，对于能量的使用需求进行预估和评判，进而对能量进行合理科学地管理和分配，保证能量的高效使用。

5.3 能量交互技术

高效的能量交互是未来空基作战平台的发展趋势，平台之间将具备数据、能量、感知、任务等多样式的交互内容，可实现空基平台的“状态转移”和“能量转移”。这就需要我们对高能交互下的交互接口、交互协议、链路标准等开展研究，为高能技术的拓展应用奠定基础。

5.4 装备长航时挑战

在长航时作业状态下，空基装备面临高强度、高负荷的任务载荷，需在发动机维护、机载设备耐用性、关键设备保障能力、机体结构强度提升、等进行设计提升，满足长航时作战环境下的装备散热、可靠性、机载设备维护等要求。

6 结语

能量是发挥装备作战能力的基础，随着高能技术的不断发展，空基作战必将对能量产生更高的使用需求，“能量域”将成为未来争夺的制高点，同时以能量为核心的未来战争也将呈现出新的特点。通过解决机载高能安全防护、管控、交互、机载平台可靠性提升等技术难点，未来空基战场必将呈现出“空基高能战”的作战样式，空基作战平台以及机载设备的高性能将得以充分发挥，同时高能平台和高能武器也将会得以发展和应用，未来空基战场将实现平台综合化、战场高效化、效能最优化的全新高能特点。

参考文献

[1] 张佳琦，鹿瑶，张修社. 多域一体化作战下的多源异类信息融合研究概述[J]. 现代导航，2020，1：26-30.

[2] 离子鱼. 攻防兼备：中国航空兵的战略转型[J]. 舰载武器，2009，12：19-25.

[3] 王剑飞，郭嘉诚. 作战需求分析方法研究[J]. 指挥控制与仿真，2009，31(2)：9-13.

[4] 李林林，张承龙，卓志敏. 智能无人作战系统发展及关键技术[J]. 现代防御技术，2020，48(3)：37-43.

[5] 李洪峰，孙礼明，曹涛. 无人化作战力量发展浅析[J]. 飞航导弹，2016，10：24-27.

[6] 王明东，窦志国. 高能激光在武器装备中的应用[J]. 装备指挥技术学院学报，2004，15(2)：108-112.

[7] 张元涛，王巍，林娟娟. 高超声速武器发展及作战运用探析[J]. 军事文摘，2020，8:11-14.

[8] 李博，陈健. 防空反导高能激光武器[J]. 中国光学，2012，5(4)：352-357.

[9] 李大喜，杨建军. 空基反导作战需求分析及概念研究[J]. 现代防御技术，2015，43(2)：17-23.

[10] 刘志春. 区域激光反导多节点防空技术[J]. 光电技术应用，2005，20(2)：1-3.

[11] 潘慧敏. 机载定向能武器热管理技术[J]. 国际航空，2017，3：69-72.

基于双级 RBF 网络的作动器智能故障检测与诊断

王乾*，王可，张伟，夏立群

航空工业西安飞行自动控制研究所液压作动工程部，西安 710065

摘要：本文提出了一种基于双级径向基函数(RBF)神经网络的作动器故障检测与诊断方法。分析了以直接驱动阀式作动器为代表的典型作动器控制系统架构，建立了内、外回路观测器，将 RBF 网络作为观测器估计系统输出值，并与实际输出值比较产生残差和自适应阈值，构建起基于双级 RBF 网络的作动器故障检测与诊断模型。最后完成了作动器仿真实验，实验结果表明，基于双级 RBF 网络的作动器智能故障检测与诊断模型具有较强的故障检测与诊断能力，可以成为作动器智能故障检测与诊断的重要方法之一。

关键词：作动器；智能故障检测；故障诊断；径向基函数网络

Actuator Intelligent Fault Diagnosis Based on Double-stage RBF

WANG Qian*，WANG Ke，ZHANG Wei，XIA Liqun

AVIC I Xi'an Flight Automatic Control Research Institute，Xi'an 710065，China

Abstract：A method is presented for actuator fault diagnosis based on double-stage radial basis function network (RBF). The design scheme of typical actuator control system such as direct drive valve(DDV) actuator control system is analyzed，and the inner-loop and outer-loop monitors are constructed. The RBF network is applied to estimate the output of the entire system. Residual errors and thresholds are calculated with the double-stage RBF network. Finally，simulations are made，the results show that the double-stage monitor based on RBF network has advanced ability for actuator fault diagnosis. It can become an important method for actuator fault diagnosis and health management.

Keywords：actuator；intelligent fault diagnosis；fault measurement；RBF

1 引 言

直接驱动阀式作动器是面向四代先进战机飞控系统的重要执行部件，具有可靠性要求高、复杂度高、非线性因素多等特点。目前直接驱动阀式作动器的外场故障检测与诊断主要通过飞行前自检(PBIT)和维修自检(MBIT)完成。为了保障飞行安全，PBIT 及 MBIT 的故障检测门限设置较保守；同时各种飞行工况可能对作动器施加非常规指令扰动，使功能和性能正常的作动器监控器的输出仍超出设定门限，造成作动器的虚警。

由于作动器对系统输出的影响难以确定，导致常规的基于固定判别参数的故障检测方法误判率高、工程适用性较低。基于数据驱动的方法以数据为特征，通过对历史数据的大量训练构造数据分析模型，建模过程相对简单，通用性和实时性较好。该方法最早在电网设备故障诊断中已经得到了较多研究[1-3]，目前已成为复杂精密设备智能故障检测与诊断技术的发展方向[4-6]。

文献[7]在分析滚珠丝杆常见故障机理的基础上，引入自适应学习率和动量附加项因子的方法改进 BP 神经网络，建立滚珠丝杆故障诊断网络模型。有效提取发生故障的振动信号特征参数，将测试样本数据用于神经网络训练实现滚珠丝杆故障诊断。文献[8]提出了一种基于 PNN 神经网络的余度作动器故障诊断方法，分析了传统阀芯位置监控器的设计及缺陷，构建了基于 PNN 网络的阀芯位置监控器，实现了余度作动

* 通讯作者. E-mail：wangqian901023@126.com

器阀芯位置故障的准确识别。

本文以直接驱动阀式作动器为研究对象，提出了一种基于径向基函数（RBF，Radial Basis Function）神经网络的作动器智能故障检测与诊断方法。

2 作动器双级观测器

典型的直接驱动阀式作动器由第一级直接驱动阀（DDV1）、第二级直接驱动阀（DDV2）、直接驱动阀线位移传感器（DDV2_LVDT）、作动筒线位移传感器（RAM_LVDT）等组件构成，接收来自飞控计算机的控制指令，控制作动筒实现舵面的偏转控制。

直接驱动阀式作动器有两个控制环路（见图1），分别采用一个线位移传感器的输出信号作为反馈实现闭环控制。

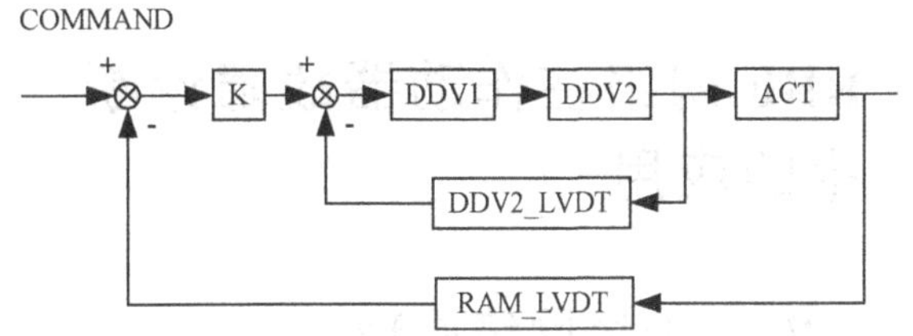

图1 作动器控制系统简图

基于观测器方法的故障检测基本思想是利用观测器估计系统输出，将估计输出值与实际输出值比较产生残差，对残差进行定量分析实现故障检测与诊断。

针对作动器的控制原理和架构，建立双级故障观测器：一个是以控制指令及RAM_LVDT的信号为基础，建立外回路故障观测器；另一个是以DDV1指令及DDV2_LVDT的信号为基础建立内回路观测器。利用两级观测器提升故障检测算法的准确度。

基于双级神经网络的故障观测器研究思路如图2所示。

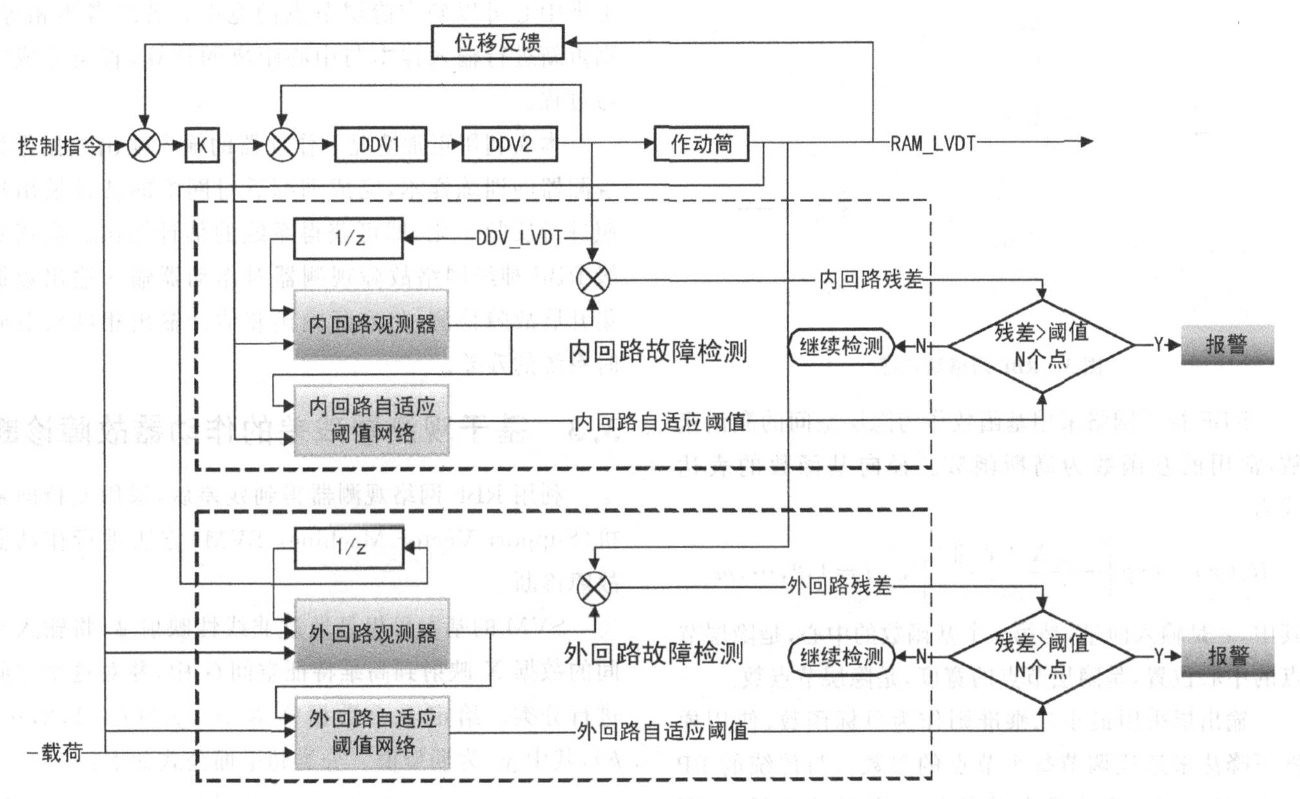

图2 正常状态下的观测器残差和自适应阈值

基于双级观测器的故障检测过程如下：通过外回路故障观测器，实时检测整个作动器回路的性能状态；通过内回路检测结果，检测内回路相关部件的性能状态。基于内外回路检测结果，联合判定作动器是否发生故障，当内外回路均为正常时，检测结果输出为正常。

同时，由于环境噪声、随机干扰等因素的影响，若采用固定阈值来进行故障检测，则会出现虚警问题，所以，本项目引入自适应阈值来降低检测虚警率。自适应阈值由神经网络产生。

3 RBF网络在作动器故障诊断中的应用

3.1 RBF神经网络原理

RBF网络是1988年由Broomhead和Lowe共同提出的，它将多变量函数插值应用于神经网络领域，是一种局部逼近网络。RBF网络具有简单的网络结构和优良的逼近性能，已广泛应用于各类系统的故障诊断。

RBF网络结构由输入层、隐层和输出层组成(见图3)。输入层作为感知层，将信号传递到隐层；隐层采用径向基函数作为激活函数，具有多个神经元，完成非线性变换；输出层对隐层输出进行线性组合。

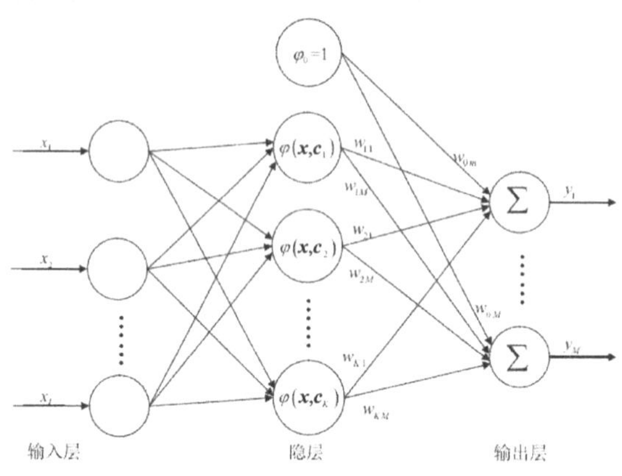

图3 RBF网络结构图

RBF神经网络采用基函数作为隐层空间的激活函数，常用的基函数为高斯函数。径向基函数的表达式为

$$R_i(x)=\exp\left[-\frac{\| X-c_i \|^2}{2\sigma_i^2}\right],\quad i=1,2,\cdots,m$$

其中，x是输入向量，是第i个基函数的中心，是隐层节点的中心位置，是隐层节点的宽度，是隐层节点数。

输出层采用最小二乘准则作为目标函数，使用梯度下降法来迭代调节每个节点的参数。与传统的BP网络相比，RBF网络具有很多优点：收敛速度很快、网络规模较小、计算量较小、具有鲁棒性和无局部极小值等。

鉴于以上特点，RBF神经网络辨识器可以很快地逼近被控对象的模型，并实时精确跟踪模型的变化。考虑到作动器本身的复杂特性以及RBF神经网络的优势，采用RBF神经网络作为观测器能够及时跟踪作动器的变化，有利于开展故障检测和诊断。

3.2 RBF学习算法

RBF学习算法过程要确定隐层对应基函数宽度以及数据中心。具体的学习过程如下：

(1) 在利用样本训练RBF神经网络之前，需要对数据进行归一化处理，利用MATLAB中的归一化函数将数据归一化到[−1,1]之间。

(2) 对网络进行初始化，选择t个不同的初始聚类中心，设置迭代步数为1，输入从样本中随即选取。

(3) 为使输入样本与聚类中心的距离最近，即

$$iX_k=\min\| X_k-C_i(m)\|,\quad i=1,2,3\cdots,t,\quad k=1,2,\cdots,n$$

(4) 计算和调整隐层节点的中心：

$$C_i(m+1)=\frac{1}{N_i}\sum_{x\in\omega_i(m)}x,\quad i=1,2,\cdots,t$$

(5) 若$C_i(m+1)=C_i(m)$，则聚类过程结束，根据聚类中心可以确定隐层节点的宽度。若二者不相等，则重新进行输入样本与中心距离的计算，直至完成学习过程。

本文利用正常情况下作动器的输入输出数据作为观测器的训练样本，完成训练后对网络的估计输出按照进行反归一化，即可获得系统的估计输出。应用双级RBF神经网络故障观测器对作动器输入输出数据集开展故障检测，将实际输出和估计输出相减获取此时系统的残差。

3.3 基于观测器残差的作动器故障诊断

利用RBF网络观测器得到残差后，采用支持向量机(Support Vector Machine，SVM)方法进行作动器故障诊断。

SVM的基本思想是通过非线性映射ϕ，将输入空间的数据X映射到高维特征空间G中，并对这个空间进行分类。给定k个数据样本$\{x_i,y_i\}(i=1,2,\cdots,k)$，其中$y_i$为期望值。分类超平面公式如下：

$$y=f(x)=(\omega,\phi(x))+b \tag{1}$$

$$\phi:R^n\rightarrow G,\quad \omega\in G \tag{2}$$

式中，ω为权重向量；b为偏置量。

将双级观测器输出的残差信号进行特征提取，包括均方根值、峰值和平均绝对值，继而组成特征向量。使用训练数据对支持向量机进行训练，待训练收敛后成为故障诊断模型。

4 实例分析

4.1 故障注入仿真实验

利用 AMESim 和 Simulink 构建的作动器精确仿真模型，开展故障注入与退化趋势模拟，获取不同故障模式下的仿真数据构建数据集。

利用故障检测与诊断算法，结合仿真数据集进行案例实施与分析，获得故障检测与诊断结果，验证并分析算法的有效性和准确性。

针对 DDV1 零偏大、DDV1 模型监控故障和电子放大器增益衰减故障等 9 类共计 14 种故障模式，故障注入类型与参数设置如表 1 所列。

表 1 故障注入类型与参数

序 号	故障类型	注入方法（设正常值为 K）
1	DDV1 电流恒增益	设电流为 1.3K
2	DDV1 模型监控故障	设力马达电流为 0
3	作动筒传感器零偏大	设传感器输出为 K+0.5
4	作动筒传感器断路	设传感器输出为 0
5	作动筒传感器恒增益	设传感器输出为 1.2K
6	DDV2 传感器零偏大	设传感器输出为 K+0.5
7	DDV2 传感器断路	设传感器输出为 0
8	DDV2 传感器恒增益	设传感器输出为 1.2K
9	电子放大器增益轻微突变	设放大倍数为 0.5K
10	电子放大器增益中度突变	设放大倍数为 0.1K
11	电子放大器增益重度突变	设放大倍数为 0.01K
12	电子放大器增益轻微缓变	设放大倍数随时间轻微变化
13	电子放大器增益中度缓变	设放大倍数随时间中度变化
14	电子放大器增益重度缓变	设放大倍数随时间快速变化

仿真实验按照指令谱为正弦指令，仿真时间均为 12 s。采样间隔均为 0.1 ms。

4.2 故障检测实例分析

在 Python 中利用自建函数创建 RBF 神经网络，得到不同故障模式下的内、外环观测器残差及自适应阈值。

观测器的阈值可以近似认为主要受系统输入输出的影响，据此可以建立作动器输入、输出与阈值的映射关系。假设系统的输入信号为 x_n，观测器的估计输出为 $\hat{y}_n$，系统正常时的残差为 r_n，该残差为基准残差，同时，经过多次仿真实验，获取自适应阈值的修正系数，设修正系数为 β，则自适应阈值为 $\mathrm{th}_n = r_n + \beta$。训练时，训练的输入样本为 $X_n = \begin{bmatrix} x_n \\ \hat{y}_n \end{bmatrix}$，训练输出样本为 $Y_n = [\mathrm{th}_n]$，在训练前，将输入和估计输入归一化到 $[-1,1]$，然后训练 RBF 神经网络。

正常状态下的观测器残差及自适应阈值如图 4 所示，故障状态下的观测器残差及自适应阈值如图 5 所示。

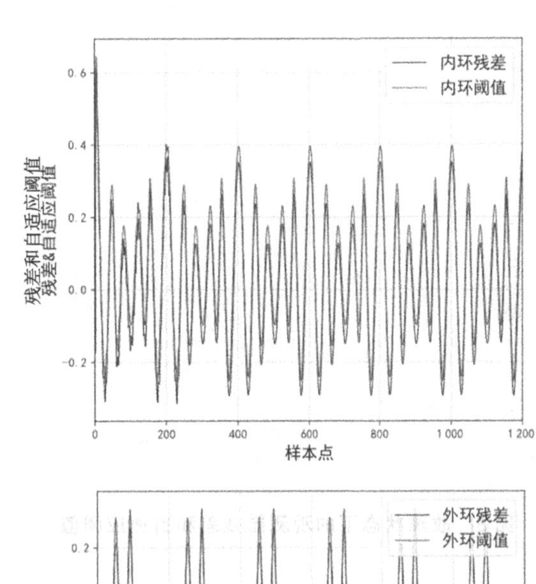

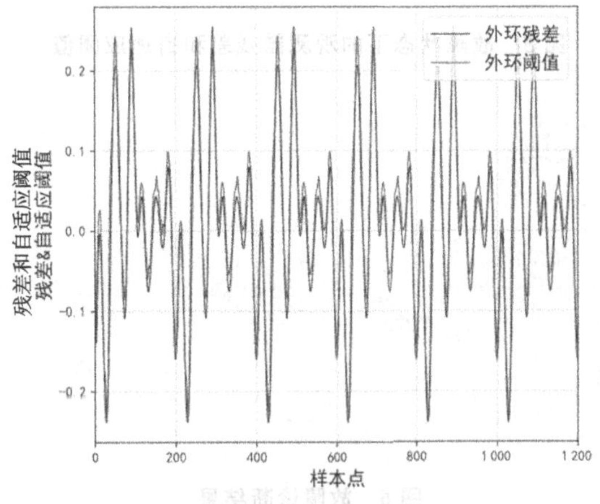

图 4 正常状态下的观测器残差和自适应阈值

经分析和统计，在 14 种典型故障模式仿真实验条件下，除 DDV1 模型监控故障未检测出故障，其余 13 种故障模式均检测出作动器发生故障，作动器智能故障检测的准确率为 92.86%。

4.3 故障诊断实例分析

应用双级 RBF 网络观测器残差，结合 SVM 诊断模型，对处于不同故障模式状态的作动器仿真数据集进行故障诊断，获得故障类型标签。诊断结果如图 6 所示。

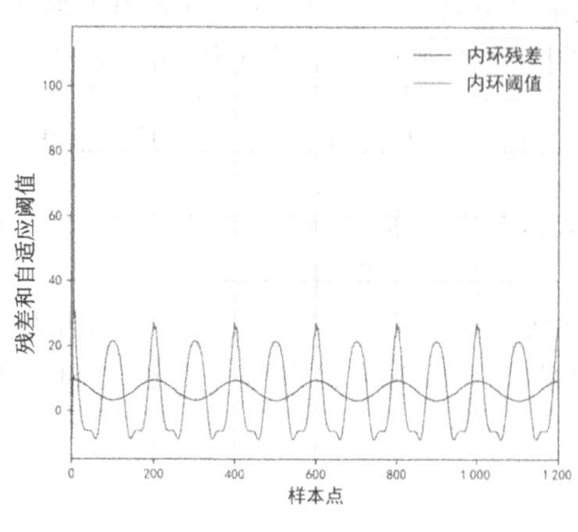

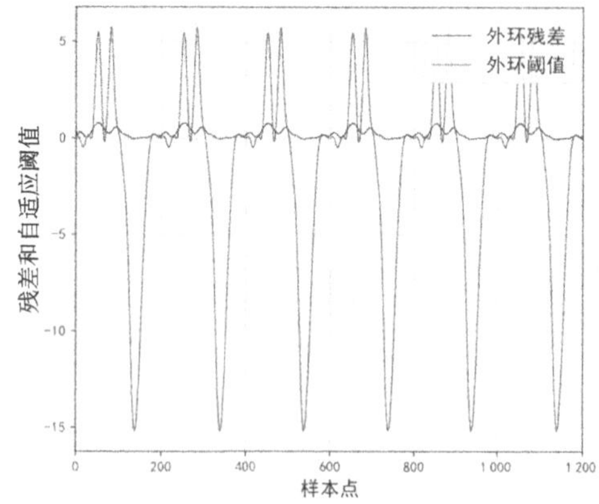

图 5 故障状态下的观测器残差和自适应阈值

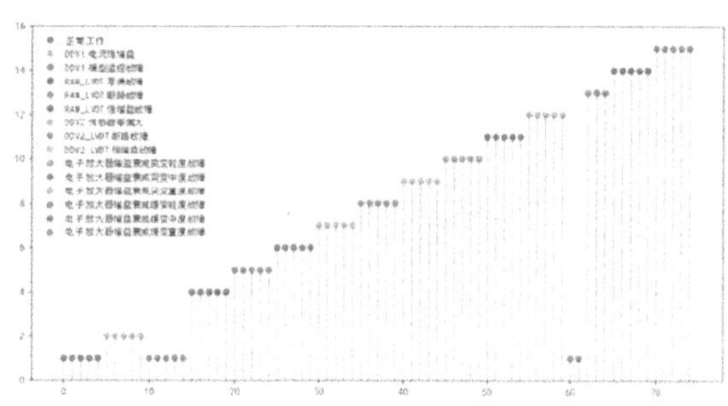

图 6 故障诊断结果

经分析和统计，针对 14 种典型故障模式和正常工作模式，共计 75 组数据样本的诊断中，有 68 个样本数据诊断正确。作动器智能故障诊断的准确率为 90.7%。

5 结 论

(1) 针对作动器系统内、外环控制特点，采用 RBF 神经网络建立双级观测器，可对航空作动器的典型故障模式进行有效检测和诊断，为作动器故障诊断和健康管理提供了新的方法和手段。

(2) 仿真实验证明，基于双级 RBF 网络的观测器能够发挥 RBF 网络较强的故障检测与诊断能力。随着对故障认知和测试数据的不断积累和提升，该网络可通过学习不断提高检测、诊断的精度，支撑未来作动器智能故障检测、诊断与健康管理需求的实现。

参考文献

[1] 毕天姝，倪以信，吴复立，等. 基于新型神经网络的电网故障诊断方法[J]. 中国电机工程学报，2002，22(2)：73-78.

[2] 石东源，熊国江，陈金富，等. 基于径向基函数神经网络和模糊积分融合的电网分区故障诊断[J]. 中国电机工程学报，2014，34(4)：562-569.

[3] 胡晓光，齐明，纪延超，等. 基于径向基函数网络的高压断路器在线监测和故障诊断[J]. 电网技术，2001，25(8)：41-44.

[4] 刘景艳，王福忠，杨占山. 基于 RBF 神经网络和自适应遗传算法的变压器故障诊断[J]. 武汉大学学报(工学版)，2016，49(1)：88-93.

[5] 徐活耀，陈里里，何颖. 基于深度置信网络的液压泵内泄漏状态的诊断[J]. 机床与液压，2020，48(16)：212-217.

[6] DAI J Y, TANG J, HUANG S Z, et al. Signal-based intelligent hydraulic fault diagnosis methods: review and prospects [J]. Chinese Journal of Mechanical Engineering, 2019, 32:75.

[7] 林名润，王杰，闫大鹏，等. 改进 BP 神经网络的滚珠丝杆故障诊断研究[J]. 机械设计与制造，2020，6：173-176.

[8] 夏立群，王可. 基于 PNN 网络的余度作动器智能故障诊断[J]. 航空科学技术，2014，25(1)：73-78.

[9] 李国平，张庆伟. 基于 BP 神经网络的液压挖掘机故障诊断的研究[J]. 机床与液压，2011，39(23)：160-164.

[10] 李泽宇，吴文全. 基于 RBF 神经网络的模拟电路故障诊断的研究[J]. 舰船电子工程，2016，36(1)：119-122.

基于模型的仿真设计在信号选择方案中的应用

迟玥*，单栋，黑鹏，杨韦韦，邵金石

航空工业西安飞行自动控制研究所飞行控制系统部，西安 710065

摘要：本文介绍了基于模型的系统工程设计流程与方法及其在某型飞控系统自动驾驶模态下大气信号选择方案设计中的应用。相比于传统设计方法，利用系统工程方法进行自顶向下的设计能够实现需求的传递和充分验证，保证系统设计过程的一致性，基于模型的分析过程能够生成衍生需求，保证设计过程的完整性。最后通过对状态图模型的仿真验证，实现了需求设计到桌面验证的完全覆盖，生成完整的方案级需求，以需求加模型的形式向下一级传递，降低了系统研制风险等级。

关键词：基于模型的系统工程(MBSE)；功能分析；飞控系统；仿真

Model-Based Design and Simulation for Signal Selection Scheme

CHI Yue*, SHAN Dong, HEI Peng, YANG Weiwei, SHAO Jinshi

AVIC I Xi'an Flight Automatic Control Research Institute, Xi'an 710065, China

Abstract: A method is presented for process and method of model-based system engineering (MBSE) and its application in the design of atmospheric signal selection scheme under the automatic driving mode of a certain type of flight control system. Compared with traditional design methods, top-down design using systems engineering methods can achieve the transfer and full verification of requirements, ensure the consistency of the system design process, and the model-based analysis process can generate derivative requirements to ensure the integrity of the design process. Through the simulation and verification of the state model, the complete coverage of the requirements design to the desktop verification is achieved, and complete scheme-level requirements are generated, which are passed to the next level in the form of requirements and models, which reduces the risk level of system development.

Keywords: model-based system engineering (MBSE); function analysis; flight control system; simulation

1 引 言

系统工程是一种跨学科的方法，用于创建满足一系列规定的流程要求和技术要求的复杂大型系统，它关注系统功能如何正常运转和作用于全局、系统如何与用户、其他系统连接，子系统如何交互，也清楚地规定了一种结构化方法，开发和描述系统[1-3]。

对于大型复杂飞控系统来说，由于涉及的学科很多，希望在设计早期就暴露出方案设计中的问题，减少工程更改带来的费用增加和进度拖延，降低系统的研制风险指数。系统工程使用模型在不同的级别处理复杂性、采用图形来定义系统的边界与参与者，为各方提供了一个通用的、无二义性的设计交流工具，适合在设计人员之间传递，同时也会大大减少系统研制过程中由于方案未充分验证带来的风险源[4-5]，降低了研制风险等级。

本文首先介绍了基于模型的系统工程的设计方法，然后着重介绍了这套方法在某型飞控系统自动驾驶模态下大气信号(ADS)选择方案设计中的应用，包括利用 Rhapsody 进行需求捕获和系统黑盒、白盒设计，并根据分析的结果利用状态图进行系统各状态的搭建与时序仿真，验证是否满足顶层需求，并对需求进行完善，最后对本文进行总结。

* 通讯作者. E-mail: chiyue1130@126.com

2 基于模型的系统工程设计流程

系统工程是实现成功系统的一个跨学科方法，其思想体现了自顶向下的分解和自底向上的综合，图 1 展示了系统工程的“V 形”开发流程，“V 形”的左翼描述的是自顶向下的设计流，“V 形”的右翼描述的是自底向上的验证流，包括从单元测试到顶层的系统验收测试。流程中的变更请求对其他层级的影响已经表示了出来，出现任何变更请求，开发流程都将重新从需求分析阶段开始。在此基础上，图 2 描述了基于模型的系统工程的流程和输入输出[6-7]：

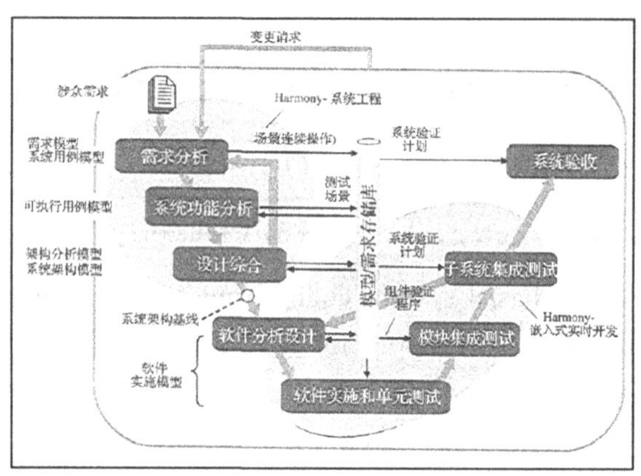

图 1 系统开发流程图

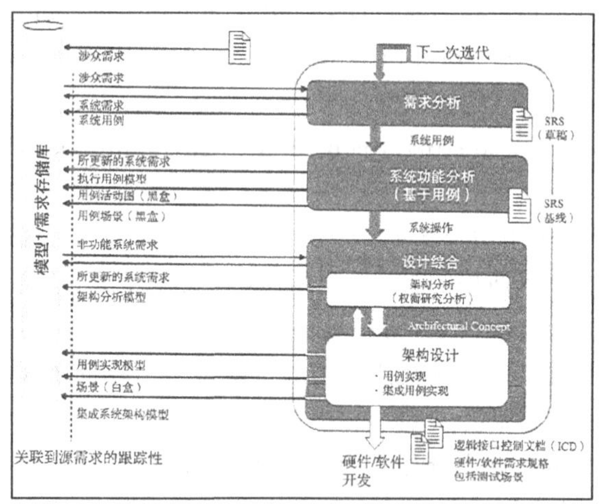

图 2 基于模型系统开发流程图

1. 需求分析-识别所系统的输入

需求分析主要通过捕获系统及潜在的功能需求，确定系统的边界和参与角色，建立系统的用例模型，从用例之间信息流的角度描述系统，最终形成系统顶层需求库，保证功能需求和性能需求完整地覆盖到系统用例上。对于复杂的系统，用例模型可以有效避免需求在传递时的歧义性。

2. 功能分析-识别功能描述

功能分析的目的是把系统功能需求转化成一个连贯的系统功能描述，一般称为“黑盒”阶段。可以通过构建活动图(功能流)、时序图(系统内部运转及与外部信息交换的先后次序)和状态机(可执行的模型验证功能运转)[8]来进行系统功能描述。

3. 架构设计-识别系统该怎么做

架构设计是属于“白盒”阶段，主要是识别和定义系统关键功能和候选解决方案[9]。在此过程中还需合并可能的解决方案，形成系统架构，完成产品性能指标向部件及组件的分配[10]。

上述的每个阶段都有一个模型与开发活动相对应，主要包括需求捕获分析阶段的用例模型、系统分析设计阶段的架构模型等，如图 2 所示。在这一过程中传递、衍生和调整的需求引导、推动了设计决策，最终形成的解决方案是基于架构评估后的优选方案，也能够保证需求的覆盖率。

MBSE 在需求分析和架构设计阶段主要关注系统的逻辑行为，利用建模工具进行需求分解和设计综合，并针对系统功能进行需求验证和确认，但对系统的连续性动态行为和性能的仿真分析支持不够。而 MATLAB/Simulink 是目前连续系统建模领域的标准软件，在连续性动态行为仿真分析时具有优势，所以本文在 MBSE 分级的基础上，利用 Simulink 和状态机完成了白盒阶段的综合建模工作。

3 信号选择方案设计流程

本文以某运输机飞控系统中自动驾驶模态下大气信号选择方案设计为例，进行了基于模型的系统工程开发设计与验证。自动驾驶仪模态下大气信号选择逻辑用于在自动驾驶模态下，从可获得的 4 余度大气信号中选择正常有效的信号作为控制律计算的数据源。本文首先完成需求的捕获，然后利用 Rhapsody 进行功能分解及接口设计，最后在状态图中完成模型的仿真验证，并完善顶层需求。

3.1 需求捕获

需求从客户、上级系统和相关标准规范中捕获，包括该功能正常运行和故障时的要求。通过梳理需求，形成顶层需求条目，如表 1 所列。然后定义系统边界与外部利益相关方，完成用例图的绘制，并将需求导入 Rhapsody，如图 3 所示。

表 1　顶层需求

序　号	需求描述
1	“自动驾驶模态 ADS 信号选择”综合逻辑用于在自动驾驶模态下，选择正常有效的 ADS 信号，作为控制律计算的数据源
2	可获得的 ADS 信号有 ADS1、ADS2、ADS3、ADS4 共四个余度
3	首先在四余度信号中指定某信号作为当前选择数据源
4	若当前选择的 ADS 信号故障，申报该信息
5	若当前选择的 ADS 信号故障，按顺序选择另一 ADS 信号作为数据源
6	选择其他信号的顺序为 ADS1 到 ADS2 到 ADS3 到 ADS4 到 ADS1
7	若四余度 ADS 信号均故障，则将安全值作为控制律计算的数据源

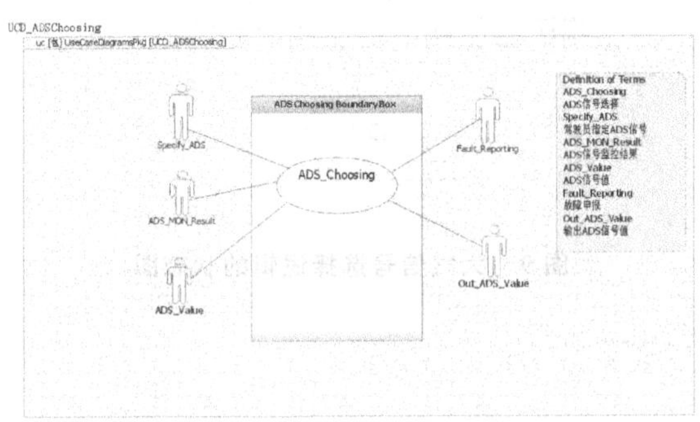

图 3　大气信号选择逻辑用例图

3.2　建模设计

1．功能模型(黑盒模型)

基于用例图中的系统边界和利益相关者，分别搭建各用例反映功能流程的活动图(Activity Diagram)和反映运行时序的序列图(Sequence Diagram)，细化系统的运行状态。图 4 为大气信号选择逻辑的活动图，在系统初始化后，首先接收驾驶员指定 ADS 信号，接下来判断指定信号的监控结果，如果该信号故障，则对外进行申报，再顺序选择下一信号进行判断，最后选定信号进入控制律进行解算，在这一过程中，故障监控是实时完成的，出现的故障记录到 NVM 区中。图 5 为描述驾驶员选择 4＃大气信号的时序图。

2．行为逻辑建模(白盒模型)

基于系统功能分析阶段的黑盒模型，将活动图中的各个元素分配到不同的子模块中。

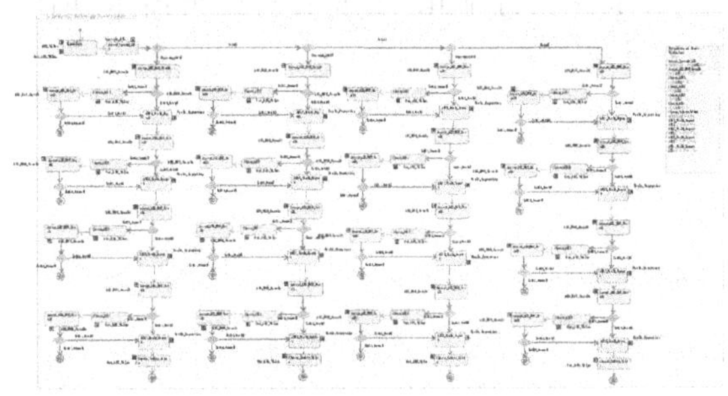

图 4　大气信号选择逻辑的活动图

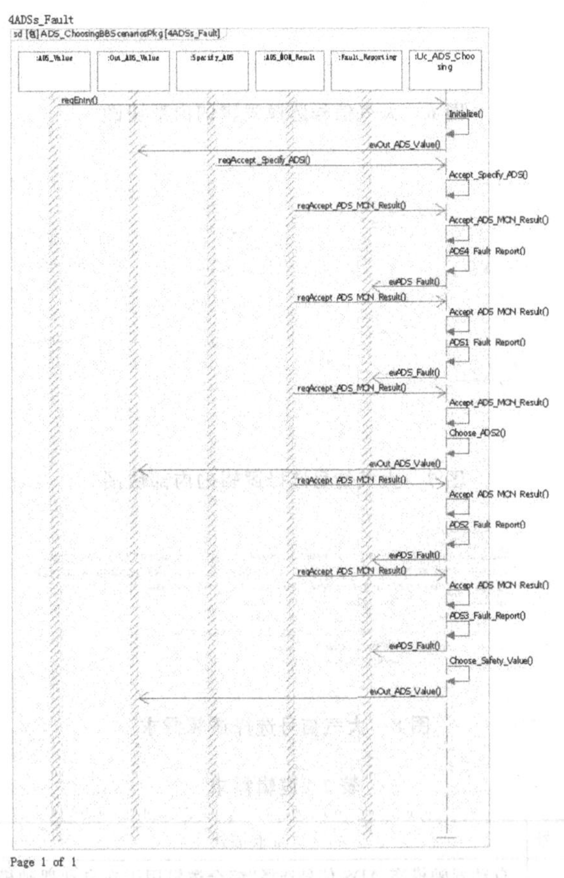

图 5　大气信号选择逻辑的时序图

根据该逻辑的功能，识别信号选择逻辑和输出大气信号值、选择大气信号、大气信号监控、大气信号故障申报、输入大气信号值 5 个子模块的交联关系和接口信息，并将前述活动图中的各个元素分配到各子模块中，如图 6 和图 7 所示。此处进行对需求的覆盖分析，可得出，目前的模型可以覆盖前述 7 条方案需求，但是顶层需求对于系统输入的描述不够准确，所以增加了一条衍生需求“自动驾驶模态 ADS 信号选择”综合逻辑根据 ADS 信号的监控结果、驾驶员指定 ADS 信号判断自动驾驶模态 ADS 信号数据源，并对顶层需求的执行条件进行细化，完善后的逻辑需求如图 8 所示、表 2 所列。

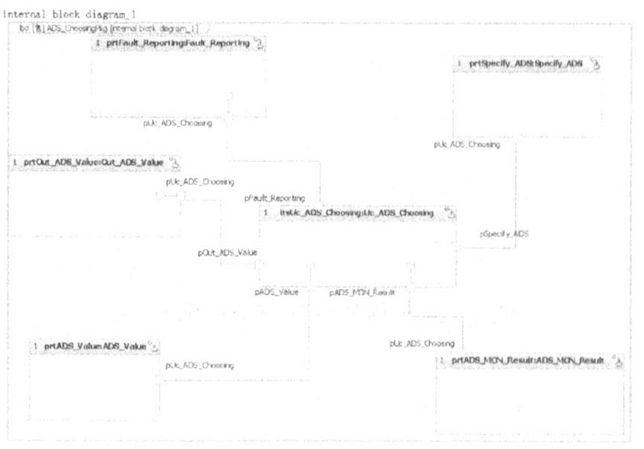

图 6 大气信号选择逻辑的内部块图

图 7 大气信号选择逻辑的内部块图

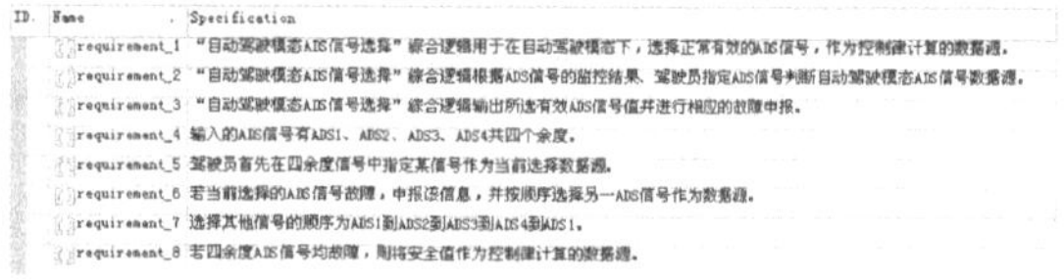

ID	Name	Specification
	requirement_1	"自动驾驶模态ADS信号选择"综合逻辑用于在自动驾驶模态下，选择正常有效的ADS信号，作为控制律计算的数据源。
	requirement_2	"自动驾驶模态ADS信号选择"综合逻辑根据ADS信号的监控结果、驾驶员指定ADS信号判断自动驾驶模态ADS信号数据源。
	requirement_3	"自动驾驶模态ADS信号选择"综合逻辑输出所选有效ADS信号值并进行相应的故障申报。
	requirement_4	输入的ADS信号有ADS1、ADS2、ADS3、ADS4共四个余度。
	requirement_5	驾驶员首先在四余度信号中指定某信号作为当前选择数据源。
	requirement_6	若当前选择的ADS信号故障，申报该信息，并按顺序选择另一ADS信号作为数据源。
	requirement_7	选择其他信号的顺序为ADS1到ADS2到ADS3到ADS4到ADS1。
	requirement_8	若四余度ADS信号均故障，则将安全值作为控制律计算的数据源。

图 8 大气信号选择逻辑需求

表 2 逻辑需求

序 号	需求描述
1	"自动驾驶模态 ADS 信号选择"综合逻辑用于在自动驾驶模态下，选择正常有效的 ADS 信号，作为控制律计算的数据源
2	"自动驾驶模态 ADS 信号选择"综合逻辑根据 ADS 信号的监控结果、驾驶员指定 ADS 信号判断自动驾驶模态 ADS 信号数据源
3	"自动驾驶模态 ADS 信号选择"综合逻辑输出所选有效 ADS 信号值并进行相应的故障申报
4	输入的 ADS 信号有 ADS1、ADS2、ADS3、ADS4 共四个余度
5	驾驶员首先在四余度信号中指定某信号作为当前选择数据源
6	若当前选择的 ADS 信号故障，申报该信息，并按顺序选择另一 ADS 信号作为数据源
7	选择其他信号的顺序为 ADS1→ADS2→ADS3→ADS4→ADS1
8	若四余度 ADS 信号均故障，则将安全值作为控制律计算的数据源

3.3 仿真验证

在黑盒、白盒分析的基础上，建立大气信号选择逻辑的状态图模型，如图 9 所示，从系统输出的角度，定义系统存在输出安全值、输出 1# 大气信号、输出 2# 大气信号、输出 3# 大气信号、输出 4# 大气信号 5 种状态，考虑每种状态间的跳转条件并进行仿真，仿真过程中的控制面板图如图 10 所示。

仿真得出，所有的顶层需求均能得到验证，增加衍生需求后的逻辑需求能够覆盖该逻辑包括输入、输出、逻辑描述、功能描述在内的所有行为，可以进行下一步的需求传递。

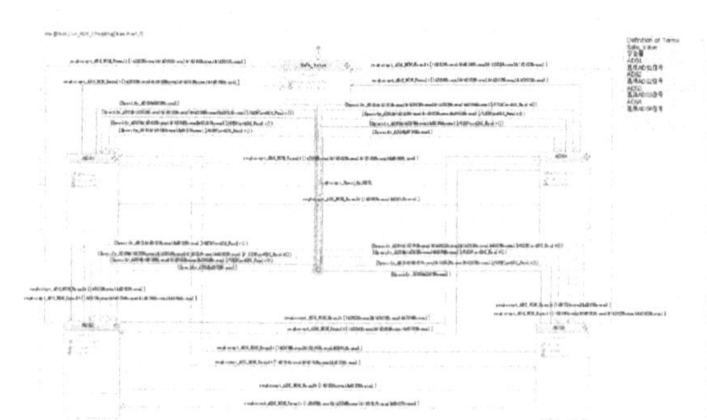

图 9 大气信号选择逻辑的状态图

paneldiagram_0
面板图 [包] FunctionalAnalysisPkg [paneldiagram_0]
SpecifyADS1
ADS1_Normal
Accept_Specify_ADS
Push
SpecifyADS2
ADS2_Normal
Accept_ADS_MON
Push
SpecifyADS3
ADS3_Normal
Outputs
SpecifyADS4
ADS4_Normal

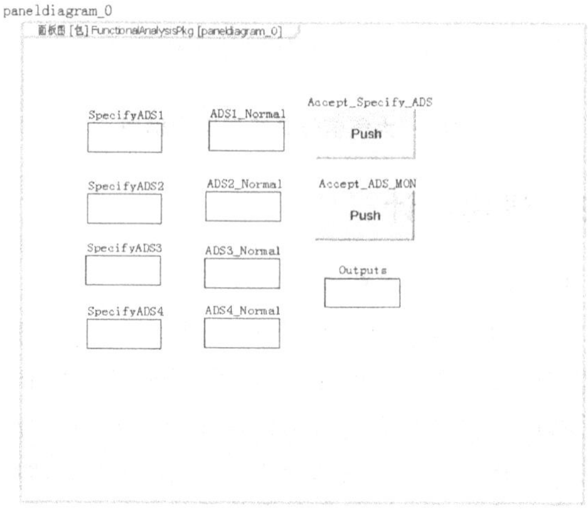

图 10 大气信号选择逻辑的面板图

4 结 论

(1) 针对某型飞控系统自动驾驶模态下大气信号选择方案设计，采用基于模型的系统工程设计流程与方法可实现该系统的建模分析，结合状态机仿真能够实现需求确认、功能架构设计、逻辑架构和需求传递，有利于降低系统研制风险。

(2) 仿真结果表明,所有顶层需求均能得到有效满足,引入衍生需求后覆盖系统所有逻辑行为,支撑系统需求的传递、验证与变更。

参考文献

[1] 吴颖，刘俊堂，郑党党. 基于模型的系统工程技术探析[J]. 航空科学技术，2015，26(9)：69-73.

[2] Hoffann H P. System engineering best practices with the rational solution for systems and software engineering[M]. New York，United State：IBM Corporaion，2011.

[3] 韩凤宇，林益明，范海涛. 基于模型的系统工程在航天器研制中的研究与实践[J]. 航天器工程，2014，23(3)：119-125.

[4] 白洁，吕伟，张磊，等. 基于模型的系统工程在机载电子系统领域的应用[J]. 机载设备及技术，2015(4)：96-99.

[5] 丁鼎. 基于模型的系统工程在民机领域的应用[J]. 沈阳航空航天大学学报，2012，29(4)：47-50.

[6] 孙刚，曹云峰，庄丽葵，等. 基于模型的飞控系统虚拟样机平台[J]. 云南民族大学学报，2014，23(4)：289-292.

[7] 乔文峰，李正强，黄帅，等. 基于模型的民用飞机集成设计研究[J]. 航空制造技术，2015(04)：72-77.

[8] 陈国慧，张娟，张博强，等. 基于模型的民用飞机自动刹车系统设计与研究[J]. 民用飞机设计与研究，2020(3)：61-66.

[9] 张柏楠，戚发轫，邢涛，等. 基于模型的载人航天器研制方法研究与实践[J]. 航空学报，2020，41(7)：78-86.

[10] 任金虎，张小雯，许成伟，等. 基于 MBSE 的副翼及其操纵系统研发技术及应用[J]. 民用飞机设计与研究，2020(1)：70-79.

机器视觉技术在空中加油中的应用研究

张澍尧，钱先云，樊振凯，孟靖昊，邢蓉

航空工业第一飞机设计研究院，西安 710089

摘要： 随着现代空中战场的规模范围巨大化，目标精准化，交战迅速化，空中加油技术扮演着越来越重要的角色。目前国外具有空中加油的机型有 A－330、KC－46 以及 MK－25 等，大多使用软式加油，为提高加油口与锥套的对接成功率，现引入机器视觉技术，本文将对目前主流 3D 成像技术：双目匹配方法、结构光成像以及 TOF（Time－Of－Flight，时间飞行法）进行分析，通过对相机的原理、体积、运算复杂度来进行空中复杂环境下高精度识别锥套的可行性进行研究。最终得到结果：TOF 相机体积小，测距广且拥有更强的抗干扰能力，因此较为适合作为锥套识别相机。

关键词： 空中加油；机器视觉；结构光相机；双目相机；TOF 相机

Application of Machine Vision in Aerial Refueling

ZHANG Shuyao, QIAN Xianyun, FAN Zhenkai, MENG Jinghao, XING Rong

AVIC First Aircraft Institute, Xi'an 710089, China

Abstract: As the scale of modern air battlefield is getting huge, the target is getting precise and the battle is getting rapid, the air refueling technology plays a more and more important role. At present, foreign models with aerial refueling, such as A-330, KC-46 and MK-25, mostly use soft refueling. In order to increase the success rate of docking between the refueling port and the cone sleeve, machine vision technology is now introduced. In this paper, we will analyze the current mainstream 3D imaging technology: binocular matching method, structured light imaging and TOF (Time-Of-Flight). By analyzing the principle, volume and computational complexity of the camera, we study the feasibility of high-precision identification cone sleeve in air complex environment. The result shows that the TOF camera is small in size, wide in range and has stronger anti-jamming ability, so it is more suitable to be used as a cone-sleeve identification camera.

Keywords: aerial refueling; machine vision; structured light camera; binocular camera ;TOF camera

1 空中加油

所谓空中加油就是在飞行中为歼击机、无人机或直升机等飞机补充燃料的技术。空中加油技术作为可以增加作战半径，延长巡逻时间以及提升执行任务成功率的关键技术，在如今空中战场有着举足轻重的地位[1-3]。

目前国外机型普遍可以进行软式加油，即通过加油机先抛出 22～30 m 长的软管，前端接有漏斗式浮锚，然后受油机伸出受油管，精准插进漏斗式浮锚，再通过接口的敏感装置，传递信号给机组工作人员加以控制，最后实现加油，如图 1 所示。

图 1 空中加油示意

虽然空中加油技术拥有诸多提升空中战斗力的优势，然而目前在实际操作中仍然有一定的风险。由于加油过程由受油机驾驶员来主动对接，因此驾驶员需要兼顾飞机的飞行姿态和加油口的位置，期间极易受到空气气流的影响以及光线和温度环境的影响从而使得对接过程受到干扰，严重时会出现折断插头或者油管鞭打等空中事故。

2　机器视觉成像技术

科技的飞速发展引领智能化时代的到来，计算机视觉在人工智能化领域占有重要地位，实现图像理解是计算机视觉的最终目标，其中目标跟踪技术是实现图像理解技术中不可或缺的元素。为了提高空中加油的对接过程，目前有很多学者提出了原理不一的平面目标追踪算法，都一定程度上提高了锥套的识别率，但是目前这些算法在众多挑战交错的场景下，如光照变化强烈，目标被持续遮挡，运动环境复杂等交织在一起，仍然不能有令人满意的良好适应性，在实际场景应用中更不能满足长时稳定地跟踪目标。由于 3D 成像技术在识别和追踪过程中对于减小环境干扰以及测量距离的能力有着较为显著的提升，因此本文针对机器视觉 3D 成像技术在空中加油管对接过程中应用进行分析。

目标跟踪要满足实际应用，必要的是实时性，然而也存在复杂场景与多干扰情况下鲁棒性偏弱，易受相似目标干扰等问题。目前三种主流的 3D 成像技术，分别是双目匹配方法、结构光成像以及 TOF 法。三种方法各有优劣，本文将对其在对接时复杂环境下的使用进行可行性分析。

2.1　双目匹配方法

1. 原理介绍

如图 2 所示为双目立体视觉原理图，两相机镜头的间距（基线）为 b，相机坐标系的原点在相机镜头的光心处；左右图像坐标系的原点为相机光轴与像平面的交点 O_1 和 O_2。实际上，相机的成像平面在镜头后 f 处（f 为相机焦距），为便于理解，在图中将成像平面绘制在镜头前 f 处。选取世界坐标系与左相机坐标系重合，空间中一点 $P\ (x^c, y^c, z^c)$ 在左右图像中相应的坐标分别为 $P_1(u_1, v_1)$ 和 $P_2(u_2, v_2)$。左右相机坐标系 x 轴及左右图像坐标系的 u 轴分别重合，且相机坐标系的 x 轴与图像坐标系的 u 轴平行，那么由几何约束关系，P_1P_2 与 O_1O_2 平行，于是点 P_1 和 P_2 的 v 坐标相同，即 $v_1=v_2$。

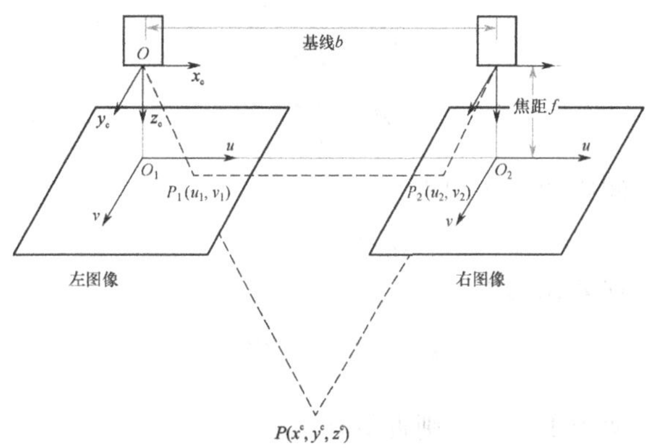

图 2　空间坐标与 2D 像素坐标之间的关系

$$u_1=f\,\frac{x^c}{z^c},\quad u_2=f\,\frac{(x^c-b)}{z^c},\quad v_1=v_2=f\,\frac{y^c}{z^c} \tag{1}$$

式中，f 为相机焦距，(x^c, y^c, z^c) 为点 P 在左相机坐标系（世界坐标系）中的坐标，P_1 和 P_2 在对应图像中像素位置的差别（P 点的视差）为

$$d=u_1-u_2=f\,\frac{b}{z^c} \tag{2}$$

由式(1)和式(2)可得点 P 的坐标表达式为

$$\begin{cases} x^c=\dfrac{b\cdot u_1}{d} \\ y^c=\dfrac{b\cdot v_1}{d} \\ z^c=\dfrac{b\cdot f}{d} \end{cases} \tag{3}$$

式(3)中的未知量仅有视差 d，所以只要得到 P 点的视差，就可以求出其空间坐标。利用视差计算深度的过程称为“三角化”。

注意式(3)中的相机焦距的单位为像素，在实际成像系统中，镜头的焦距的真实长度会随着成像元件的参数不同而变化。

2. 双目测距精度分析

双目测量系统中，距离上的误差（z 轴误差）显著高于 x、y 轴方向的误差，因此只考虑 z 轴方向测距精度。为了满足 2% 以内的测距误差，有如下推论：

假设飞机的真实距离为 Z，对应的精确视差为 d，则有

$$Z=\frac{b\cdot f}{d} \tag{4}$$

假设在实际测量时，视差的误差为 ±2 个像素，记两个极端情况所测得的距离为 Z' 和 Z''：

$$Z' = \frac{b \cdot f}{d+2} \tag{5}$$

$$Z'' = \frac{b \cdot f}{d-2} \tag{6}$$

测距的误差记为

$$\Delta Z = Z'' - Z' \tag{7}$$

误差比例 E 为

$$E = \frac{\Delta Z}{Z} = \frac{4d}{d^2 - 1} \tag{8}$$

假设 E＜2%，则近似有 d＞200 pixel[4-5]。

3. 相机系统参数计算与可行性分析

假设飞机在距离 1 000 m 时，根据上述推论，取视差为 200 pixel，相机基线为 10 m(根据双目相机原理，基线越大，精度越高)，则有

$$1\ 000 = \frac{10f}{200} \tag{9}$$

$$f = 20\ 000(\text{pixel}) \tag{10}$$

在飞机应用中，为了应对不同方位的飞机靠近，相机的视角不可太小。假设保证单个相机具有 60°的水平视角，根据针孔相机模型，成像元件的宽度应为

$$w = \frac{2f}{\sqrt{3}} = 23\ 094(\text{pixel}) \tag{11}$$

相机分辨率需求分析如图 3 所示。

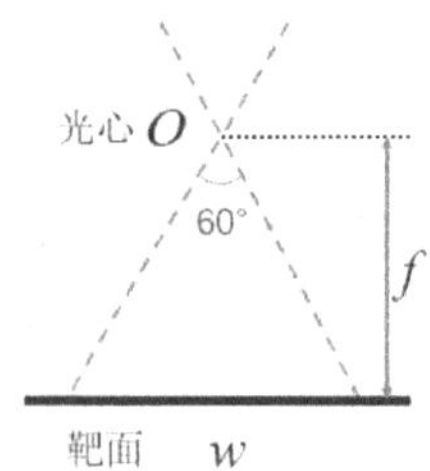

图 3 相机分辨率需求分析

而目前行业领先的海康威视 1.5 亿像素高分辨率相机分辨率仅为 14 208×10 640，仍然不满足本系统的误差要求，而且超高分辨率带来的巨大计算量使得此相机的最高帧率仅有 6.2 fps，不满足飞机所需的高速、高可靠性。

上文分析中将像素配对误差取值为 2，若在检测到飞机后，在图像中根据飞机形状提取出一些亚像素级的关键点，则将此误差缩小一个数量级，系统对双目相机的硬件要求将显著下降。

可供选择的关键点有：飞机头部的尖端、机翼的末端等，但由于距离远、分辨率不足，亚像素级的特征点难以提取。

综上所述，通过传统双目方法难以在 60°视角要求下实现在 1 000 m 处误差 2%以内的测距，需要通过特殊的设计达到此性能要求，难度要求较高。

4. 可变结构双目相机可行性分析

高的测距精度和大的视野是两个难以同时满足的要素，在飞机定位应用中，大的视野范围是为了应对任意方向靠近的飞机，若使用可变结构的双目相机，即可动态地根据飞机粗略位置调整相机的朝向，从而使用两个较窄视角的相机达到大视野的系统要求。可变结构双目相机示意图如图 4 所示。

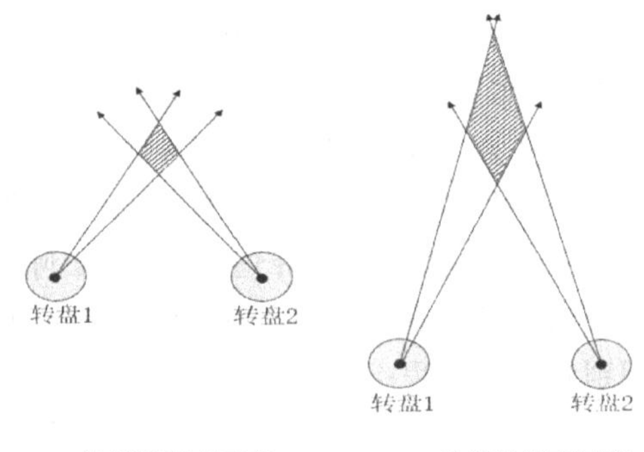

图 4 可变结构双目相机示意图

在本研究中，可以将相机安装在转盘上，改变相机的朝向，从而达到大范围的视角需求。由于两相机之间的空间位姿不固定，所以首先要求得两相机的空间位姿关系，一种方法是使用高精度的伺服系统控制转盘角度，从而直接地获得相机之间的位姿变换。

使用可变结构双目相机后，即可放开系统中的相机视角限制，增加相机分辨率限制(取 4K 分辨率)，根据同样的误差要求和距离要求，可计算得到相机视角为 11.42°，图像匹配的 2 像素误差对应误差角度约为 10 角秒。高精度转盘一般使用光栅编码器测量转盘角度，其角度分辨率可以达到角秒级甚至更高，比图像匹配误差小一个数量级，因此可以使用高精度转盘的角度直接参与三角测距计算，获得满足系统精度要求的距离测量结果[6]。

2.2 结构光成像

由于双目成像法对于光照强度比较敏感，且比较依赖图像本身的特征，因此在高空环境下极易受到顺光逆光等复杂光照环境下识别的准确率会有所下降，且空中加油时相机背景较为单一，缺少纹理，也会导致匹配误差增大甚至匹配失败。

1. 成像原理

基于结构光的深度相机在一定程度上解决了上述双目成像法的复杂性和鲁棒性。当应用的场景没有纹理用于匹配时，那便可以用投影仪主动投射出纹理到被测物体表面以获得被测物体表面信息，投射内容可以为单个光点，线条，时变图案，伪随机散斑或亮暗间隔的条纹等。

成像分为三个阶段校准阶段，测量阶段和计算阶段。在校准阶段，没有物体，投射条纹到平面，记录条纹图像；测量阶段，有物体，投射相同条纹到平面，记录条纹图像；计算阶段，计算有无物体时，两种条纹图案对应的正弦波的相位差，折算成高度差。

当正弦亮度条纹落在物体上，由于被测量物体形状不一，反射的条纹相位与无物体时的反射条纹相位有一定相位差，如图5所示。

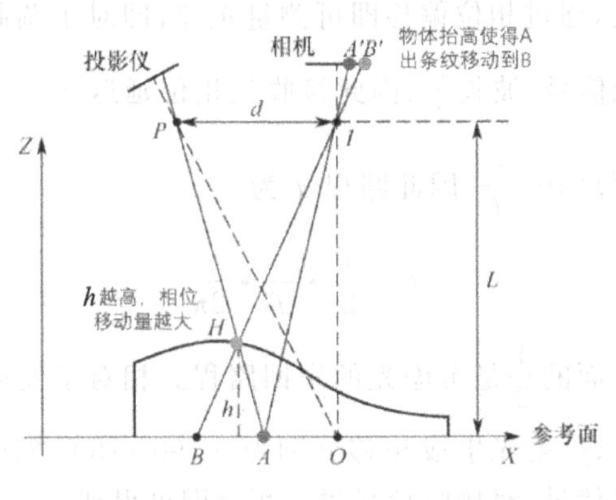

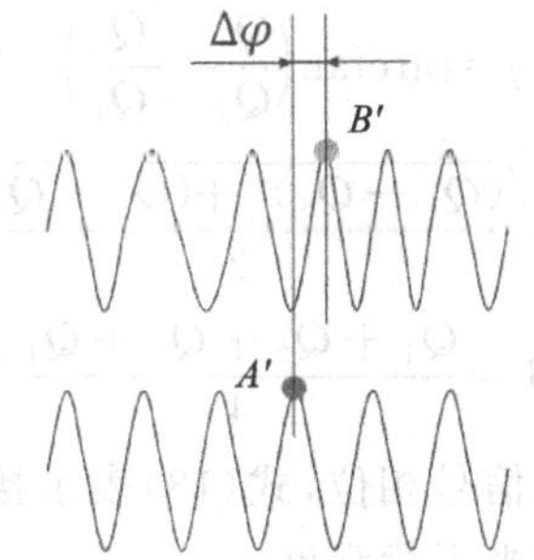

图5 结构光测距原理图

相位差可由下面公式得到，即

$$\Delta\varphi=\pi f_0\overline{AB} \tag{12}$$

$\Delta\varphi=\pi f_0$ 高度 h 的公式为

$$h=\frac{L\times\overline{AB}}{d+\overline{AB}} \tag{13}$$

相位和高度 h 之间的关系为

$$h=-\frac{L\times\Delta\varphi}{2\pi f_0 d+\Delta\varphi} \tag{14}$$

2. 可行性分析

结构光成像法不过度依赖于外界光源，且非常适合在光照不足(甚至无光)、缺乏纹理的场景使用；一般精心设计过的结构光投影也会使测量精度有效地提高。但是在高空环境时，光照和温度环境会使得投射的编码光被淹没，虽然可以增加透射光源的功率，但是效果并不能让人满意。因此判定其较难在空中加油任务中高精度完成识别过程。

2.3 TOF 法

TOF 法，即时间飞行法。时间飞行法是通过测量“光”飞行往返时差来实现测量物体信息的方法。基于该方法，可以制造一种新型、结构小型化的深度立体成像设备。由于相较于前两种方法制造成本低、数据处理简单、响应速度快、受外界光照影响较小等特点在深度相机领域广受欢迎。TOF 3D 相机根据测量原理分为直接法(D-TOF)和间接法(I-TOF)，而间接法又根据信号波形分类分为单脉冲(P-TOF)和连续波(CW-TOF)。TOF 相机分类示意图如图6所示。

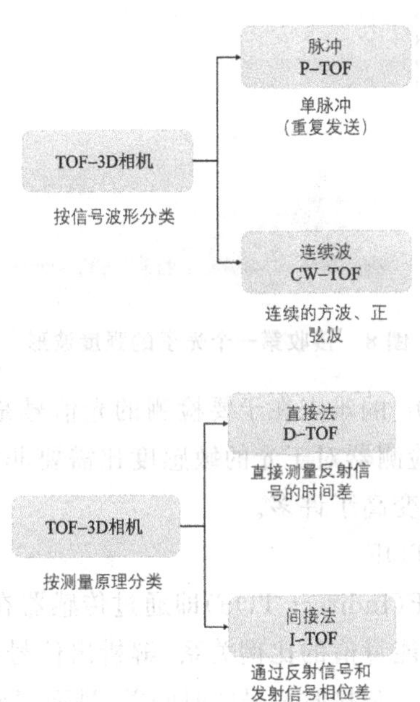

图6 TOF 相机分类示意图

1. 成像原理

1) D-TOF

D-TOF(Direct-TOF)即由相机侧直接发射光脉

冲,再接收由被测物体反射回来的第一个光子信号,根据时间差来测量物体表面信息。同时相较于单光子计数,TCSPC(Time-Correlated Single Photo Counting,时间相关仪)具有极高的时间分辨能力,还有更高的探测灵敏度。

TCSPC 原理示意图如图 7 所示,接收第一个光子的强度波形如图 8 所示。

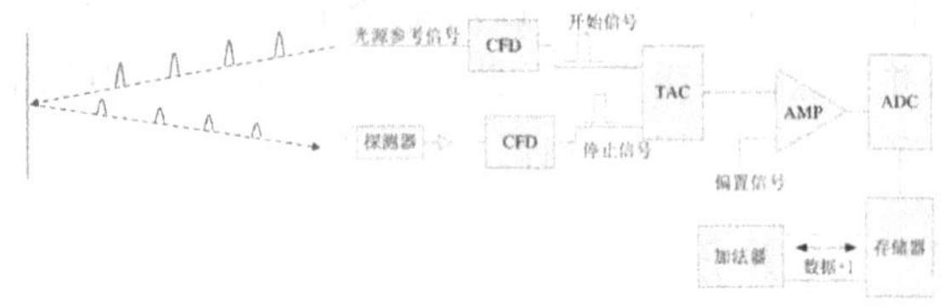

图 7 TCSPC 原理示意图

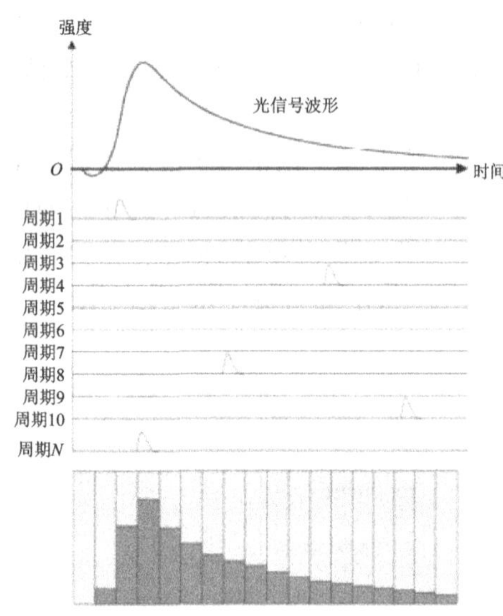

图 8 接收第一个光子的强度波形

D-TOF 的难点在于要检测的光信号是一个脉冲信号,因此检测器对于光的敏感度比需要非常高,造价成本也因此变高了许多。

2) I-TOF

I-TOF(Indirect TOF)即通过传感器在不同时间窗口采集到能量值的比例关系,解析出信号相位,间接测量发射信号和接收信号的时间差,进而得到深度。

a. P-TOF

在 P-TOF 系统中,激光发射已知方波脉冲,并以发射脉冲微积分开关,分别计算接收信号在下降沿前和后的积分量,随着接收延迟由 0~t,$\left(\frac{Q_2}{Q_1+Q_2}\right)$的值由 0 变为 1,即

$$d=\frac{c}{2}\cdot t\cdot\frac{Q_2}{Q_1+Q_2} \tag{15}$$

脉冲往返相位差示意图如图 9 所示。

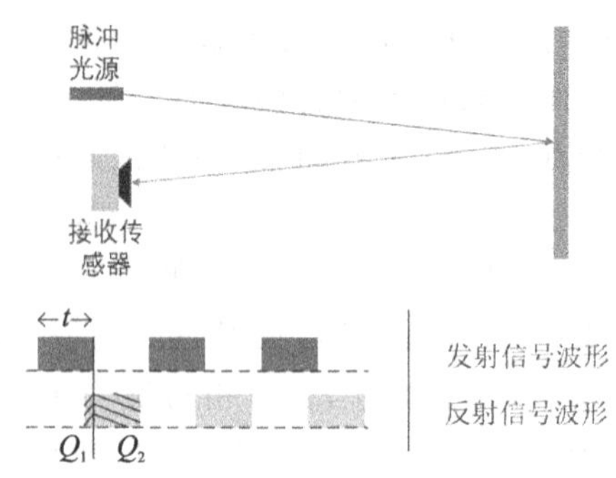

图 9 脉冲往返相位差示意图

b. CW-TOF

CW-TOF 通常采用正弦波的调制方式,发射端和接收端正弦波的相位偏移和物体距离摄像头的距离成正比,通过相位偏移即可测量距离,即对于调制频率 f 的光信号,波长$\frac{c}{f}$,因此接收光相位延迟 $0\sim2\pi$ 对应飞行距离 $0-\frac{c}{f}$,因此路程 d 为

$$d=\frac{1}{2}\cdot\frac{c}{f}\cdot\frac{\varphi}{2\pi} \tag{16}$$

上面的$\frac{1}{2}$是考虑光的来回路程。相对于发射信号的相位,反射光生成相移分别为 0°/90°/180°/270°的积分门控信号,对接收信号进行积分即可得到

$$\varphi=\arctan\left(\frac{Q_4-Q_2}{Q_3-Q_1}\right) \tag{17}$$

$$A=\frac{\sqrt{(Q_1-Q_3)^2+(Q_2-Q_4)^2}}{2} \tag{18}$$

$$B=\frac{Q_1+Q_2+Q_3+Q_4}{4} \tag{19}$$

式(17)表示接收信号相位,式(18)表示接收信号强度,式(19)表示环境光干扰强度。

CW-TOF 在工作过程中,不论目标物体的距离是多少,系统都采集了完整时长的反射光。相比之下,P-TOF 在两个窗口内采集的信号的信噪比与距离直接相关。相比 CW-TOF 连续波调试方式,P-TOF 解算深度更简单、计算量更低,对于平台后端处理能力要求也相应更低。然而,P-TOF 的精度取决于发光次数,发光次数越多,精度越高,但同时也会带来功耗的增加。即使在相同平均功耗的情况下,P-TOF 不仅精度弱于 CW-TOF,而且对于背景噪声和暗噪声更

加敏感。

2. 可行性分析

应对空中加油的特殊环境要求，所以对相机需求应不依赖外界光线条件，体积且响应速度要足够快。TOF 相机除了具有精度高、测距范围大两个明显的优点，引起使用主动光源，所以可以在无光环境中使用，且因为环境中的太阳光未受调制，所以 TOF 相机受环境光干扰小，抗环境光能力强。在奇才尺寸方面，由于 TOF 相机发射和接收路径的不同会引起误差，因此要求接收端和发射端尽可能地接近，而双目相机基线越大匹配度越高，结构光相机的投射器和相机之间需要保持一定的距离，从体积上来说 TOF 相机更加小巧。

同时，计算复杂度和实时性都是非常重要的性能指标。对于上述三种方法，双目匹配算法的计算量较大，所以帧率较低。在此以速度和准确性较为适中的半全局匹配算法为例，算法的总复杂度为 $O[H\times W\times \text{maxoffset}\times(\text{kernel}^2+N)]$，其中，kernel 一般至少取 3，否则用于匹配的窗口中将只有一个像素。在此假设 kernel 为 3，maxoffset 为 10，N 为 8，得到的复杂度为 $O[170\times H\times W]$。特征点匹配的复杂度主要取决于编码方式，以空间编码为例，匹配一张尺寸为 $W\times H$ 的图，取码字阵列长宽为原图的 1/10，则匹配过程的复杂度为 $O[100\times H\times W]$，时间编码方式的复杂度一般要高于高空空间编码方式的复杂度。但与双目匹配法相比，由于其提供了许多特征点，其匹配复杂度已大大降低。TOF 相机的计算复杂度相对来说较低，通过像素公式(16)和式(17)得到距离，一幅大小为 $W\times H$ 的深度图对应的计算复杂度为 $O[c\times H\times W]$，其中，c 可以从四次采样的 AMCW－TOF 距离计算公式得到，当 arctan 采用查表计算时，c 时一个常量(约为 5)，比双目匹配和结构光的复杂度要低十几倍[7-10]。

3 总　结

三种相机在如今不同的发展领域都有了长足的发展，在不同应用场景他们的优劣势也体现得淋漓尽致。针对于空中加油这种特殊的使用场景，TOF 相机有着更远的识别距离，更强的抗干扰能力以及更快的运算相应速度，更加适合安装在加油口端去识别追踪加油锥套。

参考文献

[1] Nalepka J P, Hinchman J L. Automated Aerial Refueling : Extending the Effectiveness of Unmanned Air Vehicles[C]. AIAA Modeling and Simulation Technologies Conference and Exhibit. August 2005, San Francisco, California. AIAA 2005-6005.

[2] Pollini L, Campa G, Giulietti F, et al. Virtual Simulation Set-up for UAVs Aerial Refueling [C]. AIAA Modeling and Simulatio Technologies Conference and Exhibit. Austin,,Texas: AIAA, Aug, 2003.

[3] Kimmett J,Valasek J, Junkins J L. Autonomous Aerial Refueling Utilizing a Vision Based Navigation System [C]. AIAA Guidance, Navigation, and Control Conference and Exhibit. Monterey, CA: AIAA, 2002.

[4] Richard H. Multiple View Geometry in Computer Vision[M]. Cambridge University Press, 2002.

[5] He K, Zhang X, Ren S, et al. Deep residual learning for image recognition[C]. Proceedings of the IEEE conference on computer vision and pattern recognition, 2016: 770-778.

[6] HIRSCHMULLER H. Stereo processing by semiglobal matching and mutual information [J]. IEEETransactions on Pattern Analysis and Machine Intelligence, 2008, 30(2): 328-341.

[7] 刘俊毅. 彩色图像引导的深度图像增强[D]. 杭州：浙江大学，2014.

[8] 刘轶彤. 基于 Kinect 和直方图均衡化的红外图像增强算法[J]. 舰船科学技术，2015，37(3)：173-176.

[9] 邹星星，钟莎，马增强. 基于边缘检测的 Kinect 深度图像去噪算法[J]. 湖南工业大学学报，2013，27(6)：36-39.

[10] 付琰，卢荣胜，夏瑞雪，等. 基于重要性采样的随机 Hough 变换圆检测算法 [J]. 电子测量技术，2012，35(5)：45-48.

舰载机起降动力学分析和控制技术研究

曲晓雷*，王业光[1]，王家兴[1]，米禹丰[1]，宋立廷[2]

1. 沈阳飞机设计研究所飞行控制部，沈阳 110035

2. 海军航空大学青岛校区控制科学工程系，青岛 266041

摘要： 舰载机是航母战斗群的进攻性打击力量和基本防御手段，也是对空作战核心装备。舰载机不仅要具备陆基飞机的相同特性，还要在飞行甲板等约束条件下，具有良好的低速起降控制特性，这是在多扰动条件下涉及人-机-舰多环节、多变量条件下的动态稳定控制过程，这使得舰载机起降控制系统设计成为了舰载机研发的几大核心难点之一。本文根据对舰载机发展过程中舰载机起降控制技术的研究和工程经验，总结出了滑跃起飞和弹射起飞的飞机控制和建模方法以及在起飞和降落阶段的关键控制技术和控制流程，并展望了未来舰载机起降技术的发展方向和起降控制技术的应用方向。

关键词： 舰载机；滑跃起飞控制；弹射起飞控制；人工着舰；自动着舰

Kinetics Analysis and Control Technology of Carrier Aircraft Taking Off and Landing

QU Xiaolei[1], WANG Yeguang[1], WANG Jiaxing[1], MI Yufeng[1], SONG Liting[2]

1. Shenyang Aircraft Design & Research Institute, Shenyang 110035, China

2. Control and Engineering Department, Qingdao Branch, Naval Aviation University, Qingdao 266041

Abstract: Carrier aircraft is the offensive strike force and basic defense means of aircraft carrier battle group, and is also the core equipment of air combat. Carrier aircraft should not only have the same characteristics of land based aircraft, but also have good low-speed take-off and landing control under the constraints of flight deck. The dynamic stability control process involving man-machine-ship multi-link and multi-variable conditions. In this paper, based on the research and engineering experience of the aircraft landing and landing control technology in the course of carrier aircraft development, the paper summarizes the aircraft control and modeling methods, the key control technology and control flow in the take-off and landing stage, and prospects the development direction and application direction of the aircraft landing and landing technology in the future.

Keywords: carrier aircraft; take-off and landing control; manual landing; automatic landing; magic carpet technology

1910 年 11 月 14 日，美国飞行员尤金·伊利驾驶一架寇蒂斯双翼飞机从停泊在港口的伯明翰号巡洋舰起飞，飞行了一段距离后安全降落在附近的一片海滩上，这是世界历史上人类第一次驾驶飞机从军舰上起飞[1]。

1911 年 1 月 18 日，伊利再次驾驶一架双翼飞机成功降落在停泊状态的宾夕法尼亚号上，标志舰载航空诞生[2]。20 世纪 50 年代，随着螺旋桨飞机逐渐被先进的高速喷气式飞机取代[3]。飞机在陆地上起飞和降落需要的跑道较长，在航空母舰有限长度的飞行甲板上起飞和着舰难度增大。最早上舰的喷气式舰载飞机进舰速度为 185～213 km/h[4]。随着舰载机的革新，起飞弹射器、拦阻索、着舰指挥官、光学助降系统等设备和舰载机起降控制技术应运而生[5]。1911 年舰载起降试验如图 1 所示。

图 1　1911 年舰载起降试验

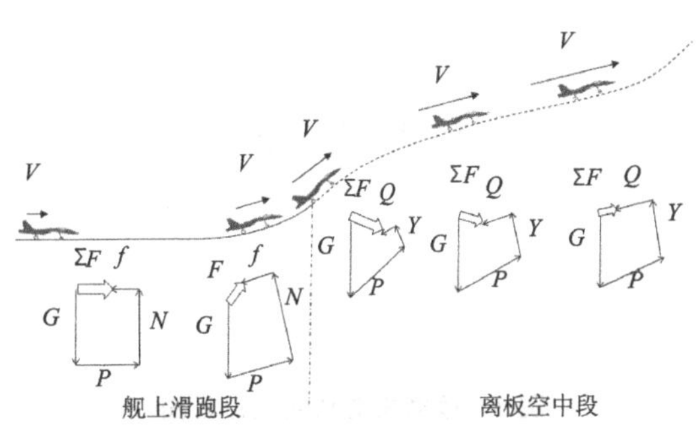

图 2　舰载机滑跃起飞过程受力图

1　起飞控制技术

常规陆基起飞是飞机达到起飞速度时，飞行员操纵飞机建立离地姿态和迎角，产生足够升力完成起飞过程。一般陆基战斗机起飞所需滑跑距离较长，地面机场跑道长度在 3 km 左右，宽度在 45～60 m，飞机有充足距离滑跑[6]，但航母所能提供的飞行甲板长度在 200 m 以内，不能保证飞机达到足够的起飞离地速度。

为解决这一问题，舰载机通常采用两种方式起飞，滑跃起飞和弹射起飞。

1.1　滑跃起飞

1. 滑跃起飞受力分析

飞机离开斜板时，由于气动升力小，合力方向斜向下，使得飞机升降速度减小，但仍大于零，轨迹保持上升趋势，高度不断升高，随着飞机速度的增加，升力增大，离板数秒后，飞机在铅垂方向达到力的平衡点，此时飞行员接杆操纵飞机，完成滑跃起飞任务[7]。整个过程受力情况，如图 2 所示。其中 V 为飞机速度，G 为飞机重力，P 为发动机推力，N 为支反力，f 为甲板摩擦力，Y 为飞机升力，Q 为阻力。

2. 滑跃起飞建模

(1) 滑跃起飞舰上加速滑跑段运动方程为

$$m\frac{\mathrm{d}v}{\mathrm{d}t}=F_T-F_f-D \tag{1}$$

式中，m 为舰载机质量；F_T 为发动机推力，F_f 为舰载机机轮摩擦力，D 为舰载机气动阻力，气动阻力为

$$D=C_DQS \tag{2}$$

式中，S 为机翼参考面积；Q 为动压，即 $Q=\rho V^2/2$，ρ 为空气密度，V 为空速。

舰载机机轮摩擦力 分别由下列公式计算

$$F_f=\mu N \tag{3}$$

式中，μ 为甲板摩擦系数；N 为甲板支持力。为了消去变量，需写出舰载机的 y 方向受力平衡方程

$$L+N=G \tag{4}$$

式中，G 为飞机重力；L 为舰载机的升力，其计算公式为

$$L=\frac{1}{2}C_L\rho V^2S \tag{5}$$

式中，C_L 为舰载机升力系数。

联立上述公式，可得舰载机在甲板上的运动学方程为

$$m\frac{\mathrm{d}v}{\mathrm{d}t}=F_T+\frac{1}{2}\mu C_L\rho V^2S-\mu G-\frac{1}{2}C_D\rho V^2S \tag{6}$$

(2) 飞机在进入斜板后受迫曲线运动方程为

$$\begin{cases}F_T-(D+F_f)-G\sin\theta_{\text{deck}}=\dfrac{G}{g}\cdot\dfrac{\mathrm{d}v}{\mathrm{d}t}\\(L+N)+F_T-G\cos\theta_{\text{deck}}=\dfrac{G}{g}\cdot\dfrac{v^2}{R}\end{cases} \tag{7}$$

式中，R 为斜板局部曲率半径；θ_{deck} 为曲线段局部切线角。

3. 滑跃起飞控制

滑跃起飞是在合适的速度下建立姿态，实现离板过程，如图 3 所示。其中离板速度由发动机推力和甲板风提供，姿态通过滑跃斜板产生[8]。由于滑跑距离短，为保证起飞安全，滑跃起飞控制必须保证在出板迎角下飞机有足够的升力，控制策略是采用开缝式襟翼、襟副翼和机翼变弯度方法。

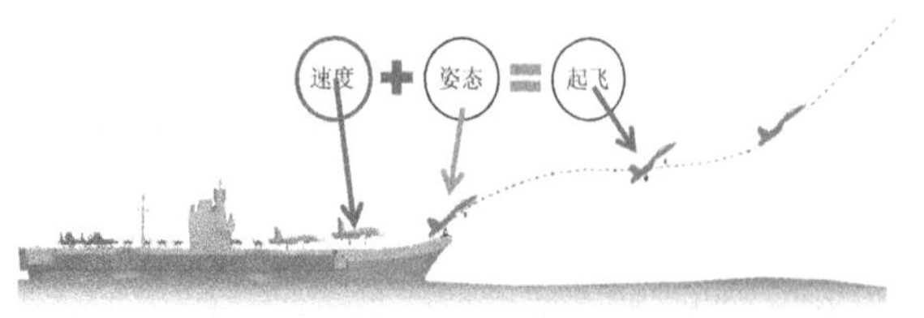

图 3 舰载机滑跃起飞流程图

1.2 弹射起飞

1. 弹射起飞受力分析

飞机在弹射准备就位时，受重力、支反力、牵制力、发动机推力和弹射力作用，处于平衡状态，随着弹射开始，飞机失去牵制力，弹射器牵引飞机加速，当飞机离开甲板时，弹射杆脱离弹射器前起落架突伸产生抬头力矩使飞机获得起飞姿态，数秒后，飞行员接杆完成弹射起飞[9]任务，整个过程如图所示 4。

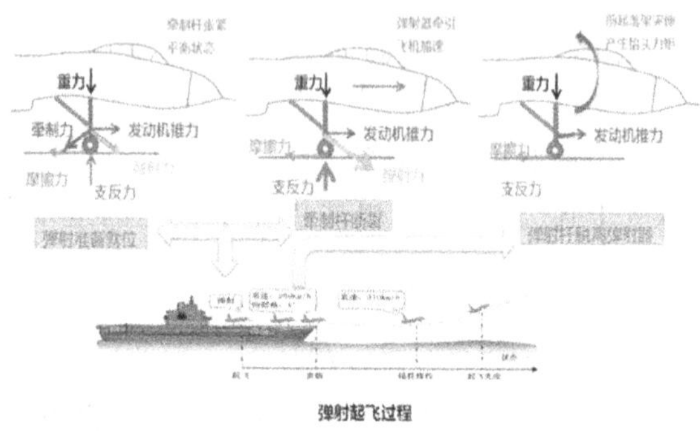

图 4 舰载机弹射起飞受力及流程图

2. 弹射起飞建模

1）滑跑阶段

飞机在弹射力的牵引作用下向前加速滑跑。此时的动力学方程为

$$F_C\cos\theta + F_T\cos\alpha - F_{f_1} - F_{f_2} - F_D = M\ddot{s} \tag{8}$$

$$F_{N_1} + F_{N_2} + F_L + F_T\sin\alpha - F_c\sin\theta - Mg = M\alpha_y \tag{9}$$

$$F_{N_1}L_{N_1} + M_z - F_cL_c - F_{f_1}L_f - F_{f_2}L_f - F_{N_2}L_{N_2} = J_0\ddot{\alpha} \tag{10}$$

其中，气动阻力和气动升力为

$$F_D = \frac{1}{2}C_x\rho_\infty\dot{s}^2D \tag{11}$$

$$F_L = \frac{1}{2}C_y\rho_\infty\dot{s}^2D \tag{12}$$

其中，前轮和后轮的摩擦力为 $F_{f_1}=F_{N_1}\mu$、$F_{f_2}=F_{N_2}\mu$，F_{N_1}、F_{N_2} 为轮胎支撑力，同时 F_{N_1}、θ 都是前起落架压缩量 $\dot{\mu}_1$ 以及 μ_1 的函数，F_{N_2} 是主起落架压缩量 $\dot{\mu}_2$ 以及 μ_2 的函数；F_C 为弹射器牵引力，F_T 为发动机推力。

2）自由滑跑阶段

当飞机达到弹射器动力冲程末端时，弹射杆从弹射器的拖梭中脱离，飞机在没有弹射力牵引的情况下继续滑跑，直至离舰起飞。

$$F_T\cos\theta - F_{f_1} - F_{f_2} - F_D = M\ddot{s} \tag{13}$$

$$F_{N_1} + F_{N_2} + F_L + F_T\sin\alpha - Mg = M\alpha_y \tag{14}$$

$$F_{N_1}L_{N_1} + M_z - F_{f_1}L_f - F_{f_2}L_f - F_{N_2}L_{N_2} = J_0\ddot{\alpha} \tag{15}$$

其中，

$$F_D = \frac{1}{2}C_x\rho_\infty\dot{s}^2D \tag{16}$$

$$F_L = \frac{1}{2}C_y\rho_\infty\dot{s}^2D \tag{17}$$

3）离舰阶段

舰载机离开舰面后失去了舰面的支撑力、轮胎摩擦力以及地面效应的作用，与之前阶段的运动特性不同，飞机的运动状态主要由气动力所影响，此阶段的建模主要为了设计控制律提供方便。舰载机在离舰上升段只受发动机推力、气动力和自身重力的作用。

此阶段在轨迹坐标系内建模，根据受力分析可得到飞机动力学方程

$$\begin{cases} m\dfrac{\mathrm{d}v_k}{\mathrm{d}t} = Tc_{(\alpha+\sigma)}c_\beta - D + s_\beta c_\beta C + c_\beta L - mgs_\gamma \\ mV_kc_\gamma\dfrac{\mathrm{d}\chi}{\mathrm{d}t} = T[s_\mu s_{(\alpha+\sigma)} - s_\beta s_\mu c_{(\alpha+\sigma)}] + c_\mu s_\beta c_\beta D + c_uC + s_\mu L \\ -mV_k\dfrac{\mathrm{d}\gamma}{\mathrm{d}t} = T[-s_\beta s_\mu c_{(\alpha+\sigma)} - c_\mu s_{(\alpha+\sigma)}] - c_\beta s_\beta.D + s_\mu C - c_uL + mgc_\gamma \end{cases} \tag{18}$$

飞机运动方程可表示为

$$\begin{cases}\dot{\alpha}=q-t_{\beta}(c_{\alpha}p+s_{\alpha}\gamma)+\dfrac{1}{mVc_{\beta}}(-L-Ts_{(\alpha+\sigma)}+mgc_{\gamma}c_{\mu})\\ \dot{\beta}=-c_{\alpha}\gamma+s_{\alpha}p+\dfrac{1}{mV}(Cs_{\beta}-Ts_{\beta}c_{(\alpha+\sigma)}+mgc_{\gamma}s_{\mu})\\ \dot{\mu}=\dfrac{c_{\alpha}p+s_{\alpha}\gamma}{c_{\beta}}+\dfrac{L}{mV}(t_{\gamma}s_{\mu}+t_{\beta})+\dfrac{C}{mV}(t_{\gamma}c_{\mu}c_{\beta})-\dfrac{Tc_{(\alpha+\sigma)}}{mV}t_{\gamma}c_{\mu}s_{\beta}-\dfrac{g}{V}c_{\gamma}c_{\mu}t_{\beta}\end{cases} \tag{19}$$

式中，c_*、s_*、t_*分别代表 cos *、sin * 及 tan *；V为舰载机的空速值；V_k为飞机的航迹速度；γ为飞机的航迹角；χ为航迹偏转角；μ为航迹滚转角；σ为发动机安装角；T为发动机推力；D为飞行阻力；C为飞机所受侧力；L为升力。

3. 弹射起飞控制

弹射起飞利用弹射装置输出，牵引飞机加速，离板速度达到 300 km/h 左右，但缺少上翘斜板，离板姿态通过前起落架突伸和舵面偏度预置获得，而起落架突伸能力固定，所以设计舵面偏度预置是弹射起飞控制核心[10]。

舵面偏度预置设计流程是：依据飞机重量、发动机推力和甲板风，计算离板速度，离板速度和飞机重心共同决定舵面预置偏度。舵面预置偏度设计原理如图 5 所示。

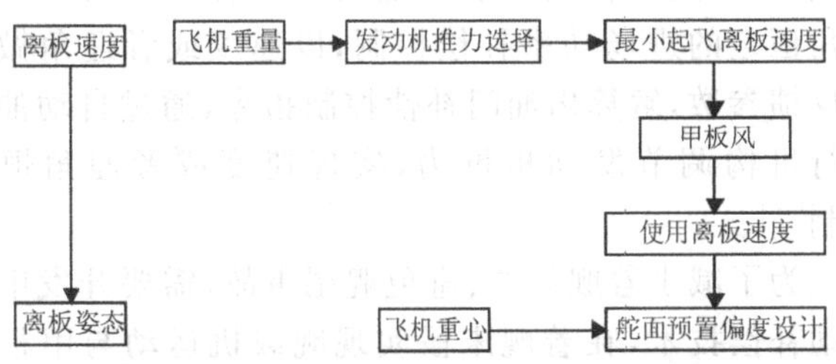

图 5 舵面预置偏度设计原理

2 着舰控制技术

着舰分为人工和自动两种，从舰载机出现的第一天起到五十年代初期，人工着舰采用“示牌进场”技术；20 世纪 50 年代初期和中期，采用光学着舰，引入保角下滑着舰技术；到 60 年代菲涅耳透镜光学助降系统出现，保角下滑技术更加成熟。

与人工着舰并行发展的还有全自动着舰技术，20 世纪 80 年代全自动着舰技术已经在 F/A-18 系列舰载机升级到第三代，2013 年 7 月无人固定翼 X-47B 无人验证机成功实现弹射起飞和拦阻着舰[11]。

舰载机着舰难度可概括为“场地小、舰在晃、扰动大，速度低”四方面：

(1) 着舰飞行甲板尺寸小，对轨迹控制精度要求高。

(2) 航空母舰在航速和海浪的作用下，会产生了六个自由度运动，严重影响着飞机的着舰精度。

(3) 舰尾气流对飞机着舰扰动大。

(4) 受着舰甲板长度、着舰重量和拦阻装置能量限制等约束，进场速度远低于陆基飞机，要求舰载机须具有良好的升力特性和低速起降操纵品质[12]。

2.1 下滑着舰建模

首先分析下滑着舰阶段飞机的运动特点，在机体坐标系上，飞机动力学与运动学的方程组如下：

线动力学方程组为

$$\begin{cases}\dot{u}=vr-wq-g\sin\theta+\dfrac{F_x}{m}\\ \dot{v}=-ur+wp+g\cos\theta\sin\Phi+\dfrac{F_y}{m}\\ \dot{w}=uq-vp+g\cos\theta\cos\Phi+\dfrac{F_z}{m}\end{cases} \tag{20}$$

角动力学方程组为

$$\begin{cases}\dot{p}=(c_1r+c_2p)q+c_3\bar{L}+c_4N\\ \dot{q}=c_5pr-c_6(p^2-r^2)+c_7M\\ \dot{r}=(c_8p+c_2r)q+c_4\bar{L}+c_9N\end{cases} \tag{21}$$

角运动学方程组为

$$\begin{cases}\dot{\Phi}=p+(r\cos\Phi+q\sin\Phi)\tan\theta\\ \dot{\theta}=q\cos\Phi-r\sin\Phi\\ \dot{\psi}=V\dfrac{1}{\cos\theta}(r\cos\Phi+q\sin\Phi)\end{cases} \tag{22}$$

线运动方程组为

$$\begin{cases}\dot{\chi}_g=V\cos\mu\cos\varphi\\ \dot{y}_g=V\cos\mu\sin\varphi\\ \dot{h}=V\sin\mu\end{cases} \tag{23}$$

2.2 人工着舰控制技术

人工着舰是涉及人-机-舰多环节、多变量的动态稳定控制过程。飞行员通过看菲涅耳透镜灯操纵飞机，确保眼位沿理想下滑道下滑；保持着舰迎角恒定，确保飞机姿态不变，尾钩落在理想着舰点；左右对准甲板中心竖线，防止偏离。

1. 着舰操纵与控制

舰载机下滑着舰速度小，处于速度反区和轨迹不稳定区。速度反区是指配平需用推力随速度增加而减小，增速时需先推后收油门，减速时需先收后推油门。处于轨迹不稳定区，要保持空速和飞行轨迹稳定，飞行员在操纵驾驶杆时，还要较大调节油门杆位置。

2. 人工着舰的短板

着舰过程中，飞行员要在短时间内，完成对中、看灯、保角等一系列动作，操纵负荷重。

“对中”“看灯”对天气能见度要求高：浓雾、沙尘、低云、雨雪等恶劣气象条件，难以保障着舰安全。

人会受到生理、心理以及外界多种情况干扰，严重影响着舰阶段飞行安全，特别是在经历着舰失败后，飞行员心理会产生较大变化，甚至会丧失着舰飞行能力[13]。

2.3 全自动着舰技术

全自动着舰技术主要解决有人机复杂气象着舰、飞行员失能以及无人机着舰问题，其中美军联合精密进近着陆/着舰系统已完成无人机平台验证，具备无人机型号应用条件。

全自动着舰技术是通过着舰引导系统、机载飞行控制系统和着舰引导数据链之间的协同工作，在无需飞行员人工操纵的情况下，实现飞机自动着舰任务[14]。

依据引导手段不同可分为雷达引导全自动着舰技术和卫星引导全自动着舰技术[15]。

1. 全自动着舰流程

进近阶段：当飞机进入集结区域(约在舰尾 40 km 处)，根据飞机燃油情况等开展着舰优先权排序。当允许着舰时，激活机载仪表着陆系统，将飞机引导至雷达截获窗口，在此阶段完成着舰检查和准备[16]。

着舰阶段：当飞机飞过雷达截获窗口，导引雷达开始跟踪飞机，并且发送“全自动着舰已准备好”指令至飞机，表明飞机已经被导引雷达截获、锁定。飞行员选择机舰耦合后，舰上向飞机发送下滑道误差修正指令，飞机响应俯仰和滚转指令，完成下滑高度修正与对中[17]。

2. 全自动着舰控制架构

自动着舰控制结构包括外环、中环、内环以及推力环，分别对应于引导控制、自动飞行控制、主飞行控制以及进场功率补偿控制，此外还有甲板运动补偿技术、舰艉流抑制技术实现下滑轨迹精确控制。自动着舰控制框架如图 6 所示。

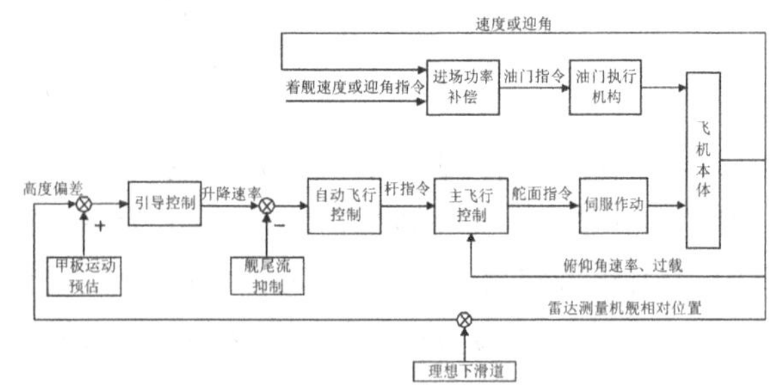

图 6 自动着舰控制框架

引导控制将舰载机实际位置与理想位置的误差，通过滤波及引导解算，给出引导指令至自动飞行控制律。其中，误差信号是由引导系统信号与甲板运动补偿信号叠加而成；而引导指令需要与舰尾流抑制补偿指令求和输出[18]。

自动飞行控制律位于全自动着舰控制系统中环，接收引导律的引导指令，解算出控制杆量和调效指令，并发送至主飞行控制律。

进场功率补偿控制位于全自动着舰控制系统推力环，有基于速度恒定的着舰进场功率补偿控制和基于迎角恒定的进场功率补偿控制，以速度或者迎角做为主反馈参数，解算出油门补偿控制指令，通过自动油门执行机构调节发动机推力，实现速度或者迎角恒定控制[19]。

为了减小着舰偏差、避免舰尾事故，需要开发甲板运动补偿技术，在着舰末段实现舰载机运动与甲板运动同步，解决舰载机响应滞后引起的着舰偏差。

舰艉流是干扰着舰控制、影响着舰精度的重要因素。需要建立准确的舰尾流模型，开展舰尾流影响分析，设计控制指令补偿策略，提升着舰精度。

3 起降控制技术展望

3.1 机器视觉着舰技术

未来可开展基于机器学习的海上舰船目标检测与跟踪技术研究，通过计算机视觉，应用人工智能算法，构建基于机器学习的舰船目标自动检测算法，自动实现舰船目标检测。

在实现舰船目标检测后，为实现精确着舰，采用人工智能技术，构建基于机器学习的舰船目标跟踪算法，通过图像快速处理，实时对着舰跑道中心线位置偏差结算，实现视觉着舰[20]。

3.2 短距起飞与垂直降落技术

目前美国、英国和前苏联等少数国家掌握固定翼飞机短距起飞与垂直降落关键技术。诸多的型号尝试中，最终进入生产的、较为典型舰载短距起飞与垂直降落战斗机的是美国的 F－35B 战斗机、英国的鹞式战斗机、前苏联的雅克－141。

4 结 论

舰载机起降控制技术已成为决定一个国家航母战斗力的关键技术之一。美、英等国历经几十年的研究积累了丰厚的技术储备，而我国虽然拥有航母和舰载机只有十几年的时间，但在控制技术等关键技术层面一直在奋勇直追，在多个关键技术上已处于领先地位，拥有完整的舰上起飞和着舰等技术能力，处于世界领先梯队的位置。

展望未来，制海权是一个大国保卫自己的贸易和物资航道必备能力，而制空权是制海权的必要条件之一，舰载机作为夺得制空权的基础成为我国重要科研重点装备，要向着有无人协同一体化，自主决策化，人工智能化，实现智能化的起降、制导、决策、故障重构、飞推综合等控制技术方向发展，进而推动整个飞行控制领域紧跟时代跨越化进步，为航空事业描绘出一幅更加美好的蓝图。

参考文献

[1] 李杰，于川. 航空母舰的舰载机着舰装备[J]. 军事装备，2006，10：56-58.

[2] 朱英富，熊治国，胡玉龙. 航空母舰发展的思考[J]. 中国舰船研究，2016(01).

[3] 潘镜芙. 国外航空母舰的发展和展望[J]. 自然杂志，2007，29(6)：315-321.

[4] 刘相春. 美国“福特”级航母“一站式保障”技术特征和关键技术分析[J]. 中国舰船研究，2013，8(6)：1-5.

[5] 史青海. 舰载机着舰控制技术研究[D]. 哈尔滨：哈尔滨工程大学，2006.

[6] 宋立廷，刘保果，吴文海. 飞机着舰与着陆比较研究[C]. 第八届中国航空学会青年科技论坛论文集，2008.

[7] 孙成，蒋丰亦. 舰载机着舰控制综述[J]. 航空电子技术，2017，48(2)：18-22.

[8] Umes J M, Hess R K, Moomaw R F, et al. H-Dot Automatize Carrier Landing System For Approach Control in Turbulence, AIAA79-1772R，1981，4.

[9] Urnes J M, Hess R. Development of the F/A-18A automatic carrier landing system [J]. Journal of Guidance, Control, and Dynamics, 1985，8(3)：289-295.

[10] 吴文海. 飞行综合控制系统[M]. 北京：航空工业出版社，2007.

[11] John L. Automatic landing systems are here [R]//AD-2714925. USA：1974：1-15.

[12] Hess R A, Judd T M. Improved automatic carrier landing using deck motion prediction [J]. Journal of aircraft (S0021-8669), 1976, 13(2)：153-155.

[13] LUNGU M, LUNGU R, TUTUNEA D. Control of aircraft landing using the dynamic inversion and the H-inf control[C]//Carpathian Control Conference IEEE, 2016：461-466.

[14] Andrew Brown, et al. JPALS Performance Model Using a Flexible Simulation Framework [C]. ION GNSS 18 th International Technical Meeting of the Satellite Division, September 2005.

[15] Eric C Schug, et al. Guidance and Control for Shipboard Automatic Landing Using GPS[C]. ION 57th Annual Meeting/CIGTF 20th Biennial Guidance Test Symposium, June 2001.

[16] Christopher Mather, et al. Performance of Integrity Monitoring Techniques for Shipboard Relative GPS Landing Systems[C]. ION GNSS 18th International Technical Meeting of the Satellite Division, September 2005.

[17] Michael Koenig, et al. Analysis of Reference Antenna Motion on the JPALS Shipboard Integrity Monitor[C]. ION NTM 2002, January 2002.

[18] Christopher J, Bett, et al. Flight Test of the JPALS LDGPS Demonstration System[C]. ION GPS 2001, September 2001 Conference. IEEE, 2016：461-466.

[19] 杨一栋，甄子洋，徐佳龙，等. 无人机着舰制导与控制[M]. 北京：国防工业出版社，2013.

[20] 李梦龙. 舰载机保障作业的静态与动态调度研究[D]. 武汉：华中科技大学，2020.

基于张量的矢量共形阵列DOA-极化联合估计方法

蓝晓宇*,李程程,王靖宙

沈阳航空航天大学电子信息工程学院,沈阳 110136

摘要: 本文提出了一种基于张量的矢量共形阵列波达方向(Direction of arrival, DOA)和极化参数联合估计方法。首先,将电磁矢量传感器放置在共形阵列上,建立了矢量共形阵列的接收信号数据模型。利用阵列接收数据固有的多维度结构特征,构造接收信号模型的高阶张量形式。然后,通过对协方差张量进行高阶奇异值分解来获得更为准确的信号子空间估计。最后,利用秩损思想将信源的方位信息与极化信息解耦合,避免了四维谱峰搜索,极大地降低了算法复杂度。仿真分析结果表明该方法在低信噪比和小快拍数条件下具有更高的估计精度和分辨能力。

关键词: 阵列信号处理;矢量共形阵列;DOA -极化联合估计;张量;高阶奇异值分解

A Tensor-based DOA and Polarization Joint Estimation Method for Vector Conformal Array

LAN Xiaoyu*, LI Chengcheng, WANG Jingzhou

School of Electronics and Information Engineering, Shenyang Aerospace University, Shenyang 110136, China

Abstract: A novel direction of arrival (DOA) and polarization estimation method based on tensor technique for the vector conformal array (VCA) is proposed in this paper. By placing electromagnetic vector sensors (EMVS) on the conformal array, the received signal data model of the VCA is formulated. Then, the high order tensor form of the received signal model is constructed by using the inherent multi-dimensional structure characteristics of the received data. In the next step, a more accurate estimation of the signal subspace could be obtained by higher-order singular value decomposition (HOSVD) of the covariance tensor. Finally, the DOA and polarization parameters could be jointly estimated successively by decoupling the polarization parameters with rank reduction estimator, which could help avoid the time-consuming four-dimensional spectrum peak searching and greatly reduce the complexity of the algorithm. The simulation results show that the proposed method has higher estimation accuracy and resolution ability under the condition of low SNR and small snapshots.

Keywords: array signal processing; vector conformal array; DOA and polarization joint estimation; tensor; high-order singular value decomposition

矢量阵列是由多分量电磁矢量传感器按一定空间位置排列组成的阵列,每个完备的电磁矢量传感器可视为一个6元子阵,由相位中心重合的3个正交电偶和3个正交磁偶组成,可以同时获得信号的空间波达方向(Direction of arrival, DOA)信息和极化信息。与常规标量传感器阵列相比,矢量阵列具有更好的性能:稳健的检测能力、较强的干扰抑制能力以及较高的空间分辨能力,这些优势使其在无线通信、雷达等领域具有极大的应用价值[1-3]。

目前,关于矢量阵列的DOA和极化参数的联合估计问题已得到很好的研究,常用的标量阵列的DOA估计方法也已经被成功推广到极化敏感阵列,特别是子空间类算法:如多重信号分类(MUSIC)算法、旋转不变子空间(ESPRIT)算法等。文献[4]提出了基于矢量阵列的降维MUSIC估计算法。文献[5]提出了可适用于矢量阵列的Root - MUSIC估计算法。文献[6]采用基

基金项目:国家青年科学基金(61801308);航空科学基金(2020Z017054001);辽宁省兴辽英才计划项目(XLYC1907195)

*通讯作者. E-mail: lanxiaoyu1015@163.com

于平行因子(PARAFAC)的参数估计方法。然而以上算法的参数估计问题多是基于线阵或均匀圆阵等平面阵展开的,并没有考虑阵列和安装载体共形的情况。

共形阵列是一种新型阵列,是指在具有曲率的载体表面上安装天线所构成的天线阵列,具有波束扫描范围宽,节约载体空间,降低雷达散射截面积和增强隐蔽性等优点,在雷达、通信和航空航天等领域有着重要的应用前景,从而也涌现出了一大批基于共形阵列的DOA估计算法。文献[7]将圆柱面共形阵划分为子阵,然后又将每个子阵转化为虚拟均匀线阵或者面阵,最后利用基于平面阵中的DOA估计算法估计入射角。文献[8]建立了极化信号接收的共形阵列数学模型。在此模型基础上,文献[9-10]通过设计合理阵列,利用ESPRIT算法对柱面和锥面共形阵列的入射信号进行极化DOA估计。文献[11]提出了基于锥面共形阵列的MUSIC算法对入射信号进行极化DOA估计。文献[12]通过构造特殊子阵对DOA与极化信息解耦合,研究了基于柱面及锥面共形阵列的DOA快速估计算法。鉴于共形阵列和矢量阵列所具有的独特优势,因此研究由矢量传感器构成的共形阵列(以下简称矢量共形阵列)的DOA-极化联合估计方法具有重要意义。

上述无论是基于共形阵列还是矢量阵列的DOA-极化估计算法多是利用信号子空间和噪声子空间的正交性,然而在实际电磁环境导致信噪比较低或者快拍数较少的情况下,子空间的正交性会变差,从而导致算法性能下降甚至失败。近年来基于高维数据结构的DOA估计算法逐渐涌现出来,提高了低信噪比和小快拍数下的估计能力,并且此类方法在矢量阵列和MIMO雷达中得到深入研究。文献[13]在矢量阵列的背景下,利用高维数据结构信息,将阵列接收数据用三阶张量的形式表示,再利用高阶奇异值的方法估计子空间,最后通过ESPRIT进算法行DOA估计,在低信噪比和小快拍数下提高了估计精度。然而,由于共形阵列的极化特性不一致,上述算法并不直接适用于矢量共形阵列。

针对上述问题,本文提出一种基于张量的矢量共形阵列DOA-极化联合估计方法。首先,利用阵列接收数据的多维度结构特征,建立矢量共形阵列的张量信号模型。然后,利用高阶奇异值分解方法估计信号子空间,最后通过秩损的谱估计算法获得DOA和极化估计。该方法既避免了四维谱峰搜索,又能使DOA和极化参数自动配对。

1 数据模型

如图1所示,考虑K个窄带平面波入射到由M个电磁矢量传感器构成的矢量共形阵列。假设第$k(k=1,2,\cdots,K)$个入射信号的参数为$(\theta_k,\varphi_k,\gamma_k,\eta_k)$,其中,$\theta_k\in[0,2\pi)$和$\varphi_k\in[0,\pi/2)$分别是方位角和俯仰角,$\eta_k\in[-\pi,\pi)$和$\gamma_k\in[0,\pi/2)$分别为信号的极化相位差角和极化幅度角。如果该电磁矢量传感器是完备的,那么它是由相位中心重合的三个正交电偶和三个正交磁偶组成的。对于第k个入射信号,每个传感器将输出三个电场分量$E_k=(e_x,e_y,e_z)$和三个磁场分量$H_k=(h_x,h_y,h_z)$,则单个传感器输出的6×1维导向矢量可以表示为

$$\begin{aligned}
&\boldsymbol{b}(\theta_k,\varphi_k,\gamma_k,\eta_k)\\
&=[\boldsymbol{E}_k\quad \boldsymbol{H}_k]^{\mathrm{T}}\\
&=[e_{xk}\quad e_{yk}\quad e_{zk}\quad h_{xk}\quad h_{yk}\quad h_{zk}]^{\mathrm{T}}\\
&=\underbrace{\begin{bmatrix}\cos\varphi_k\cos\theta_k & -\sin\varphi_k\\ \sin\varphi_k\cos\theta_k & \cos\varphi_k\\ -\sin\theta_k & 0\\ -\sin\varphi_k & -\cos\varphi_k\cos\theta_k\\ \cos\varphi_k & -\sin\varphi_k\cos\theta_k\\ 0 & \sin\theta_k\end{bmatrix}}_{\boldsymbol{V}(\theta_k,\varphi_k)}\underbrace{\begin{bmatrix}\sin\gamma_k e^{j\eta_k}\\ \cos\gamma_k\end{bmatrix}}_{\boldsymbol{\rho}(\gamma_k,\eta_k)}\\
&=\boldsymbol{V}(\theta_k,\varphi_k)\boldsymbol{\rho}(\gamma_k,\eta_k)
\end{aligned}\tag{1}$$

式中,$\boldsymbol{V}(\theta_k,\varphi_k)$和$\boldsymbol{\rho}(\gamma_k,\eta_k)$分别表示入射信号的空域信息和极化状态。因此,矢量传感器不仅含有入射信号的方位信息,而且还含有极化信息。

接下来考虑整个矢量共形阵列的导向矢量。由于共形阵列载体曲率的影响,每个阵元均具有不同的指向,因此需要求得在全局坐标系下每个阵元对入射信号的响应函数。如图1所示,$O(X,Y,Z)$是矢量共形阵列的全局坐标系,(θ,φ)是该全局坐标系的方位角和仰角。$O'_i(X',Y',Z')$表示第i个阵元的局部坐标系,(θ'_i,φ'_i)是该局部坐标系的方位角和仰角。因此,为了求出每个阵元在全局坐标系下对入射信号的响应,需要对全局坐标系和局部坐标系之间进行欧拉旋转变换,其变化关系简要如下:

$$(\theta,\phi)\Leftrightarrow(X,Y,Z)\Leftrightarrow(X',Y',Z')\Leftrightarrow(\theta'_i,\phi'_i)\tag{2}$$

详细步骤请参考文献[12]。经过上述正向及逆向变换,可以求出第i个阵元在全局坐标系下对第k个信号

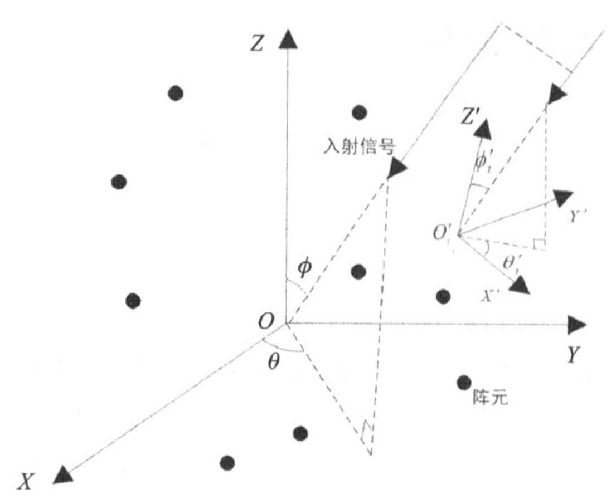

图 1 矢量共形阵列示意图

的响应函数 $g_i(\theta_k,\phi_k)$（这一过程也可以通过离线测试等手段完成）。由此，在求得式(1)所示的单个阵元导向矢量和每个阵元对第 k 个信号的响应函数 $g_i(\theta_k,\phi_k)$之后，对应第 k 个信号的整个阵列的空域一极化域导向矢量 $\tilde{\boldsymbol{a}}(\theta_k,\phi_k,\gamma_k,\eta_k)$可以写为

$$\begin{aligned}&\tilde{\boldsymbol{a}}(\theta_k,\phi_k,\gamma_k,\eta_k)\\&=(\boldsymbol{g}(\theta_k,\phi_k)\cdot\boldsymbol{a}(\theta_k,\phi_k))\otimes\boldsymbol{b}(\theta_k,\phi_k,\gamma_k,\eta_k)\\&=\bar{\boldsymbol{a}}(\theta_k,\phi_k)\otimes(\boldsymbol{V}(\theta_k,\varphi_k)\boldsymbol{\rho}(\gamma_k,\eta_k))\end{aligned}\tag{3}$$

式中，$\bar{\boldsymbol{a}}(\theta_k,\phi_k)=\boldsymbol{g}(\theta_k,\phi_k)\cdot a(\theta_k,\phi_k)$，符号"·"和"⊗"分别代表 Hadamard 积和 Kronecker 积，且

$$\boldsymbol{g}(\theta_k,\phi_k)=[g_1(\theta_k,\phi_k),\cdots,g_M(\theta_k,\phi_k)]^{\mathrm{T}}\tag{4}$$

$$\boldsymbol{a}(\theta_k,\phi_k)=[a_1(\theta_k,\phi_k),\cdots,a_M(\theta_k,\phi_k)]^{\mathrm{T}}\tag{5}$$

式中，$a_i(\theta_k,\phi_k)=\mathrm{e}^{-jk_0\boldsymbol{P}_i\cdot\boldsymbol{u}_k}$，$k_0=2\pi/\lambda$，$\lambda$ 为信号长，$\boldsymbol{P}_i=(x_i,y_i,z_i)$，$i=1,2,\cdots,M$，为第 i 个阵元的坐标，$\boldsymbol{u}_k=[\cos\theta_k\sin\phi_k,\sin\theta_k\sin\phi_k,\cos\phi_k]^{\mathrm{T}}$ 为信号的传播方向矢量。将 $\tilde{\boldsymbol{a}}(\theta_k,\phi_k,\gamma_k,\eta_k)$简写为$\tilde{\boldsymbol{a}}_k$，则当阵列有 K 个信号入射时，整个矢量共形阵列的接收数据为

$$x(t)=\sum_{k=1}^{K}\tilde{\boldsymbol{a}}_k s_k(t)+\boldsymbol{n}(t)=\tilde{\boldsymbol{A}}\boldsymbol{s}(t)+\boldsymbol{n}(t)\tag{6}$$

式中，$\tilde{\boldsymbol{A}}=[\tilde{\boldsymbol{a}}_1,\tilde{\boldsymbol{a}}_2,\cdots,\tilde{\boldsymbol{a}}_K]$为 $6M\times K$ 维的阵列空域-极化域导向矢量，$\boldsymbol{s}(t)=[s_1(t),s_2(t),\cdots,s_K(t)]^{\mathrm{T}}$ 为 t 时刻 $K\times1$ 维的入射信号，$\boldsymbol{s}_k(t)$为 t 时刻第 k 个入射信号的复包络，$\boldsymbol{n}(t)$为与信号相互独立的零均值高斯白噪声。当阵列接收数据的快拍数 $\boldsymbol{n}=1,2,\cdots,N$ 时，可将式(6)写成如下矩阵的形式，

$$\begin{aligned}\boldsymbol{X}&=\tilde{\boldsymbol{A}}\boldsymbol{S}+\boldsymbol{N}\\&=(\boldsymbol{G}\cdot\boldsymbol{A}\odot\boldsymbol{B})\boldsymbol{S}+\boldsymbol{N}\\&=(\bar{\boldsymbol{A}}\odot\boldsymbol{B})\boldsymbol{S}+\boldsymbol{N}\end{aligned}\tag{7}$$

式中，$\bar{\boldsymbol{A}}=\boldsymbol{G}\cdot\boldsymbol{A}$，符号"⊙"表示 Khatri-Rao 积，

$$\boldsymbol{G}=[\boldsymbol{g}(\theta_1,\phi_1),\boldsymbol{g}(\theta_2,\phi_2),\cdots,\boldsymbol{g}(\theta_K,\phi_K)]\tag{8}$$

$$\boldsymbol{A}=[\boldsymbol{a}(\theta_1,\phi_1),\boldsymbol{a}(\theta_2,\phi_2),\cdots,\boldsymbol{a}(\theta_K,\phi_K)]\tag{9}$$

$$\boldsymbol{B}=[\boldsymbol{b}(\theta_1,\phi_1,\gamma_1,\eta_1),\cdots,\boldsymbol{b}(\theta_K,\phi_K,\gamma_K,\eta_K)]\tag{10}$$

$$\boldsymbol{S}=[\boldsymbol{s}_1(n),\boldsymbol{s}_2(n),\cdots,\boldsymbol{s}_K(n)]^{\mathrm{T}}\tag{11}$$

$$\boldsymbol{N}=[\boldsymbol{n}_1(n),\boldsymbol{n}_2(n),\cdots,\boldsymbol{n}_K(n)]^{\mathrm{T}}\tag{12}$$

对式(7)求协方差矩阵并进行特征值分解，利用子空间估计类方法就可以估计出 DOA 和极化参数。

2 基于张量的 DOA 和极化参数联合估计

2.1 基于张量的数据模型

由式(7)可知，$\bar{\boldsymbol{A}}$ 是 $M\times K$ 维空域导向矢量，$\boldsymbol{B}$ 是 $6\times K$ 维极化域导向矢量，$\boldsymbol{S}$ 是 $N\times K$ 维入射信号矢量。因此，可以利用 CP 分解模型[14]构造一个三阶测量张量$\mathcal{X}\in\boldsymbol{C}^{M\times6\times N}$，可以表示为

$$\mathcal{X}=\sum_{k=1}^{K}\bar{a}_k\circ b_k\circ s_k+\mathcal{N}\tag{13}$$

式中，$\bar{a}_k\in\boldsymbol{C}^{M\times1}$，$\boldsymbol{b}_k\in\boldsymbol{C}^{6\times1}$，$\boldsymbol{s}_k\in\boldsymbol{C}^{N\times1}$，$\mathcal{N}\in\boldsymbol{C}^{M\times6\times N}$为噪声 $\boldsymbol{N}$ 的张量形式。式(7)和式(13)之间的关系为 $X=[\mathcal{X}]_3^{\mathrm{T}}$，$N=[\mathcal{N}]_3^{\mathrm{T}}$，$[\cdot]_i$ 表示张量的模一 i 展开。通过比较式(7)和(13)，可以看出传统的矩阵分解方法只是利用了张量模型的"一维"信息，忽略了接收阵元数目、阵元的多维感应分量、样本数这三者之间的多维信息结构，因此传统的方法在低信噪比，小样本数目下的估计性能将会受到影响，而采用张量结构的阵列接收信号模型将能有效地改善这一现象。

2.2 利用高阶奇异值分解(HOSVD)的方法获得噪声子空间估计

对式(13)求张量协方差矩阵，可得

$$\mathcal{R}=\mathcal{X}\mathcal{X}^*\tag{14}$$

可以看出$\mathcal{R}\in\boldsymbol{C}^{M\times6\times M\times6}$，并且$\mathcal{R}$是一个 Hermitian 张量。对$\mathcal{R}$进行 HOSVD 可得

$$\mathcal{R}=\mathcal{G}\times_1\boldsymbol{U}_1\times_2\boldsymbol{U}_2\times_3\boldsymbol{U}_3\times_4\boldsymbol{U}_4\tag{15}$$

其中，$\mathcal{G}\in\boldsymbol{C}^{M\times6\times M\times6}$ 为核张量。$\boldsymbol{U}_i(i=1,2,3,4)$为对张量$\mathcal{R}$的模一 i 展开矩阵进行奇异值分解获得的左奇异值矢量构成的矩阵，即$[\mathcal{R}]_i=\boldsymbol{U}_i\boldsymbol{\Lambda}_i\boldsymbol{U}_i^{\mathrm{H}}$。假设信号源

数目 K 是已知的,则协方差子空间张量由下式给出

$$\mathcal{R}_s=\mathcal{G}_s\times_1\boldsymbol{U}_{1s}\times_2\boldsymbol{U}_{2s}\times_3\boldsymbol{U}_{3s}\times_4\boldsymbol{U}_{4s} \tag{16}$$

式中,

$$\mathcal{G}_s=\mathcal{R}\times_1\boldsymbol{U}_{1s}^{\mathrm{H}}\times_2\boldsymbol{U}_{2s}^{\mathrm{H}}\times_3\boldsymbol{U}_{3s}^{\mathrm{H}}\times_4\boldsymbol{U}_{4s}^{\mathrm{H}} \tag{17}$$

$\mathcal{G}_s$ 表示核张量对应的信号子张量,$\boldsymbol{U}_{is}$ 是 $\boldsymbol{U}_i$ 中 K 个大特征值对应的矩阵。将式(17)代入(16),可以写成以下表达式:

$$\mathcal{R}_s=\mathcal{R}\times_1(\boldsymbol{U}_{1s}\boldsymbol{U}_{1s}^{\mathrm{H}})\times_2(\boldsymbol{U}_{2s}\boldsymbol{U}_{2s}^{\mathrm{H}})\times_3(\boldsymbol{U}_{3s}\boldsymbol{U}_{3s}^{\mathrm{H}})\times_4(\boldsymbol{U}_{4s}\boldsymbol{U}_{4s}^{\mathrm{H}}) \tag{18}$$

从式(18)中可以看出,$\mathcal{R}_s$ 实际上是通过 HOSVD 方法获得的信号子空间张量。

此外,通过比较 4 阶张量 $\mathcal{R}_s$ 与协方差矩阵 $\boldsymbol{R}=1/N\cdot\boldsymbol{XX}^{\mathrm{H}}$ 之间的关系,所需的矩阵形式的信号子空间可以通过信号子空间张量[15]来构造,即

$$\boldsymbol{R}_s=[(\boldsymbol{U}_{1s}\boldsymbol{U}_{1s}^{H})\otimes(\boldsymbol{U}_{2s}\boldsymbol{U}_{2s}^{H})]\boldsymbol{R}[(\boldsymbol{U}_{3s}\boldsymbol{U}_{3s}^{H})\otimes(\boldsymbol{U}_{4s}\boldsymbol{U}_{4s}^{H})]^* \tag{19}$$

因为 $\mathcal{R}$ 是一个 Hermitian 张量,所以有 $\boldsymbol{U}_{1s}=\boldsymbol{U}_{3s}^*$,$\boldsymbol{U}_{2s}=\boldsymbol{U}_{4s}^*$,对式(19)进行特征值分解或奇异值分解得

$$\boldsymbol{R}_s\approx[(\boldsymbol{U}_{1s}\boldsymbol{U}_{1s}^{\mathrm{H}})\otimes(\boldsymbol{U}_{2s}\boldsymbol{U}_{2s}^{\mathrm{H}})\bar{\boldsymbol{U}}_s]\Sigma_s[(\boldsymbol{U}_{3s}\boldsymbol{U}_{3s}^{\mathrm{H}})\otimes(\boldsymbol{U}_{4s}\boldsymbol{U}_{4s}^{\mathrm{H}})\bar{\boldsymbol{U}}_s]^{\mathrm{H}} \tag{20}$$

其中,$\bar{\boldsymbol{U}}_s$ 是对式(7)求协方差矩阵 $\boldsymbol{R}$ 并进行特征值分解得到的信号子空间,$\boldsymbol{\Sigma}_s$ 是由协方差矩阵 $\boldsymbol{R}$ 的 K 个大特征值组成的对角矩阵。因此,通过对式(20)进行特征值分解,由前 K 个大特征值对应的特征向量构成信号子空间,可以将其表示为

$$\boldsymbol{U}_s=[(\boldsymbol{U}_{1s}\boldsymbol{U}_{1s}^{\mathrm{H}})\otimes(\boldsymbol{U}_{2s}\boldsymbol{U}_{2s}^{\mathrm{H}})\bar{\boldsymbol{U}}_s] \tag{21}$$

2.3 DOA 与极化参数联合估计

由式(21),定义 $\boldsymbol{U}_{so}$ 是通过 HOSVD 的方法获得 $\boldsymbol{U}_s$ 的正交基,则可以通过以下方法获得噪声子空间

$$\boldsymbol{E}_N=\boldsymbol{I}_{MN}-\boldsymbol{U}_{so}\boldsymbol{U}_{so}^{\mathrm{H}} \tag{22}$$

式中,$\boldsymbol{I}_{MN}$ 是一个 $M\times N$ 的单位矩阵。根据子空间原理,可得

$$\tilde{\boldsymbol{a}}^{\mathrm{H}}(\theta_k,\phi_k,\gamma_k,\eta_k)\boldsymbol{E}_N\tilde{\boldsymbol{a}}(\theta_k,\phi_k,\gamma_k,\eta_k)=0 \tag{23}$$

为了获得上式的$(\theta_k,\phi_k,\gamma_k,\eta_k)$参数估计,通常构造如下谱估计函数

$$\boldsymbol{P}=\frac{1}{\tilde{\boldsymbol{a}}^{\mathrm{H}}(\theta_k,\phi_k,\gamma_k,\eta_k)\boldsymbol{E}_N\tilde{\boldsymbol{a}}(\theta_k,\phi_k,\gamma_k,\eta_k)} \tag{24}$$

通过搜索式(24)的 K 个极大值就可以获得目标的 DOA 与极化参数的联合估计。然而,由于需要四维谱峰搜索,计算量巨大。因此,为了降低计算量,本文需要进一步对 DOA 和极化参数进行解耦合。首先,将式(3)化为

$$\tilde{\boldsymbol{a}}(\theta_k,\varphi_k,\gamma_k,\eta_k)=(\bar{\boldsymbol{a}}(\theta_k,\phi_k)\otimes\boldsymbol{V}(\theta_k,\varphi_k))\boldsymbol{\rho}(\gamma_k,\eta_k) \tag{25}$$

为了表达方便,将上式进一步表示为

$$\tilde{\boldsymbol{a}}_k=(\bar{\boldsymbol{a}}_k\otimes\boldsymbol{V}_k)\boldsymbol{\rho}_k \tag{26}$$

将式(26)代入(23)中,可得

$$\boldsymbol{\rho}_k^{\mathrm{H}}(\bar{\boldsymbol{a}}_k\otimes\boldsymbol{V}_k)^{\mathrm{H}}\boldsymbol{E}_N(\bar{\boldsymbol{a}}_k\otimes\boldsymbol{V}_k)\boldsymbol{\rho}_k=0 \tag{27}$$

显然,上式中 $\boldsymbol{\rho}_k$ 只与极化参数 γ 和 η 有关,且为非零矩阵,而 $\bar{\boldsymbol{a}}_k\otimes\boldsymbol{V}_k$ 只与方位信息 θ 和 ϕ 有关。因此,可以定义

$$\boldsymbol{Q}=(\bar{\boldsymbol{a}}_k\otimes\boldsymbol{V}_k)^{\mathrm{H}}\boldsymbol{E}_N(\bar{\boldsymbol{a}}_k\otimes\boldsymbol{V}_k) \tag{28}$$

当 $\boldsymbol{Q}$ 为奇异矩阵时,当且仅当(θ_k,ϕ_k)是真实信源方位时,$\boldsymbol{Q}$ 是秩损的。因此可构造一个新的目标角度估计函数为

$$(\hat{\theta},\hat{\phi})=\underset{\theta,\phi}{\operatorname{argmax}}\frac{1}{\det[\boldsymbol{Q}]} \tag{29}$$

接下来,将估计的 K 对 DOA 值$(\hat{\theta},\hat{\phi})$依次代入式(28)中,获得 K 个 $\boldsymbol{Q}$ 函数。令 $\boldsymbol{\rho}_k=\boldsymbol{u}_{\min}[\boldsymbol{Q}_k]$,其中,$\boldsymbol{Q}_k$ 表示 $\boldsymbol{Q}$ 的第 k 对 DOA 值,$\boldsymbol{u}_{\min}[\cdot]$表示矩阵的最小特征向量,则极化参数可以通过下式求出[9]

$$\hat{\gamma}_k=\arctan(\mathrm{abs}(\boldsymbol{\rho}_k(2)/\boldsymbol{\rho}_k(1))) \tag{30}$$

$$\hat{\eta}_k=\mathrm{angle}(\boldsymbol{\rho}_k(2)/\boldsymbol{\rho}_k(1)) \tag{31}$$

通过式(29)~式(31)可以看出,先通过二维谱峰搜索得到 DOA 参数,再通过矩阵变化的方法求得极化参数,该过程避免了四维谱峰搜索,极大地减少了运算量,且估计出来的 DOA 与极化参数可以自动配对。

为了体现本文方法的优越性,将传统 MUSIC 算法在矢量共形阵列接收数据模型基础上与之比较,即在得到式(7)后,对式(7)求协方差矩阵并进行特征值分解,可得,

$$\hat{\boldsymbol{R}}=E[\boldsymbol{XX}^{\mathrm{H}}]=\bar{\boldsymbol{U}}_s\bar{\boldsymbol{\Sigma}}_s\bar{\boldsymbol{V}}_s+\bar{\boldsymbol{U}}_N\bar{\boldsymbol{\Sigma}}_N\bar{\boldsymbol{V}}_N \tag{32}$$

根据 K 个大特征值对应得特征向量构成信号子空间 $\bar{\boldsymbol{U}}_s$,$M-K$ 个小特征值对应的特征向量构成噪声子空间 $\bar{\boldsymbol{U}}_N$。最后根据子空间原理构造 MUSIC 空间谱函数

$$\boldsymbol{P}_{\mathrm{MUSIC}}=\frac{1}{\tilde{\boldsymbol{a}}^{\mathrm{H}}(\theta_k,\phi_k,\gamma_k,\eta_k)\bar{\boldsymbol{U}}_N^{\mathrm{H}}\bar{\boldsymbol{U}}_N\tilde{\boldsymbol{a}}(\theta_k,\phi_k,\gamma_k,\eta_k)} \tag{33}$$

同样,为了避免四维谱峰搜索,依然采用秩损的方法来分别求出 DOA 和极化参数,其估计步骤同式(25)~式(31)。

3 仿真结果分析

假设有 $M=M_c\times M_z$ 个电磁矢量传感器均匀分布在圆柱体表面,构成一个矢量共形阵列,如图 2 所示。沿 Z 轴的相邻阵元间距为信号半波长。假设 $M_c=5$,$M_z=5$,方位角和俯仰角的峰值搜索步长设置为 0.2°。在后续的仿真分析中均将本文方法与 2.3 节所介绍的 MUSIC 算法进行对比。

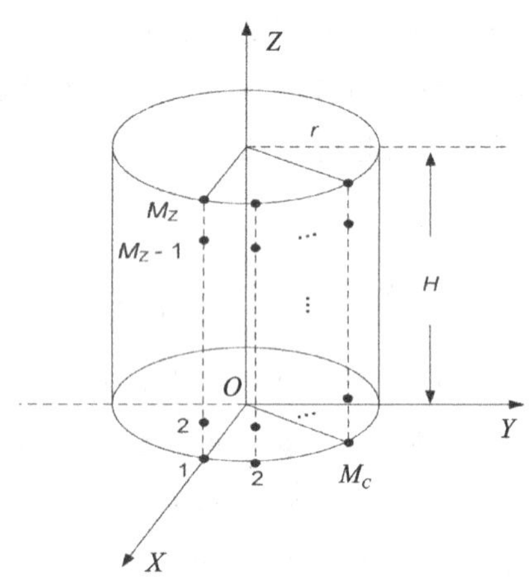

图 2 均匀圆柱面矢量共形阵列

3.1 估计精度与信噪比和快拍数的关系

假设空间有两个相互独立入射信号源,其 DOA 和极化参数$(\theta,\phi,\gamma,\eta)$分别为(30°,−5°,10°,7°)和(30°,20°,30°,20°),图 3 为快拍数为 100 条件下,当 SNR=5~30 dB 时得到的 RMSE 对比图,图 3(a)和图 3(b)分别为方位参数和极化参数估计情况;图 4 为 SNR=10 dB,快拍数 $N=50\sim500$ 时得到的 RMSE 对比图,图 4(a)和图 4(b)分别为方位参数和极化参数估计情况。以上仿真中的数据均通过 100 次 Monte Carlo 仿真试验获得。从图 3 和图 4 可以看出,两种算法的 RMSE 性能随着信噪比和快拍数的增加而提高。而且,所提出的方法优于 MUSIC 方法,特别是在 SNR 低且快拍数少的情况下。

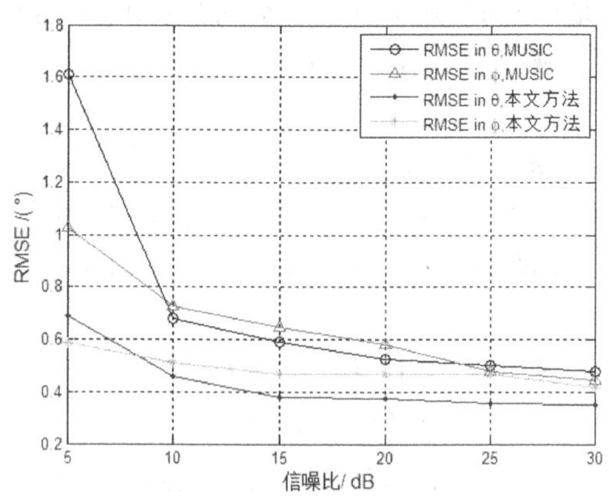

(a) 方位参数估计情况

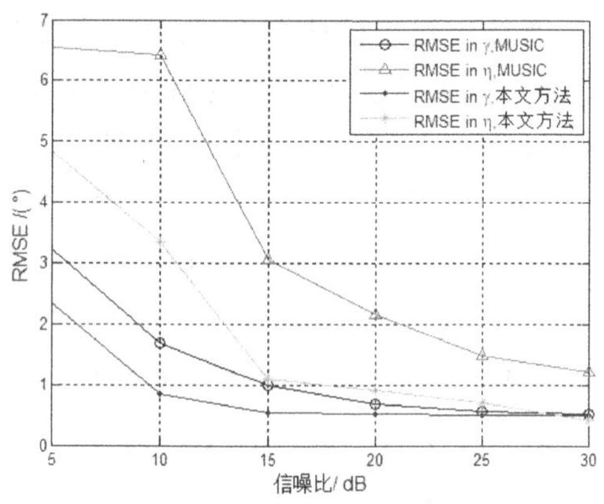

(b) 极化参数估计情况

图 3 RMSE 与信噪比的关系

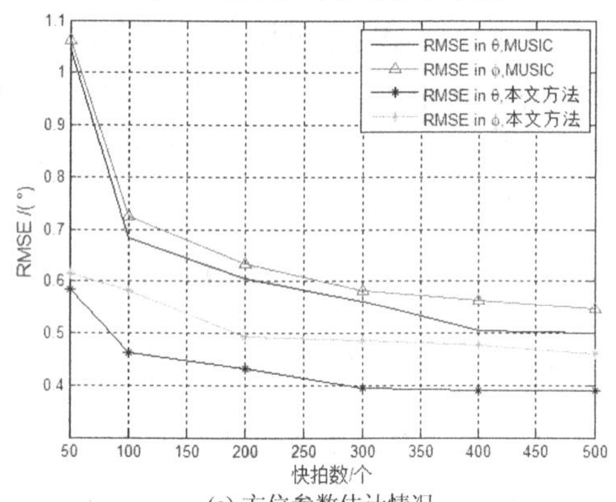

(a) 方位参数估计情况

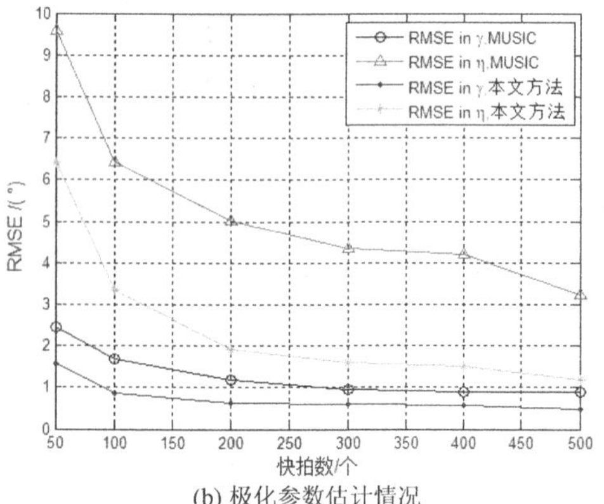

(b) 极化参数估计情况

图 4 RMSE 与快拍数的关系

3.2 分辨率与信噪比和快拍数的关系

本节采用分辨成功概率来评估算法的分辨率。这里将成功分辨定义为$|\hat{\theta}-\theta|<3°$，$|\hat{\phi}-\phi|<3°$，假设有两个独立入射信号源，其 DOA 和极化参数($\theta,\varphi,\gamma,\eta$)分别为(30°,5°,10°,7°)和(30°,25°,30°,20°)。图 5 为快拍数为 100，当 SNR=1～10 dB 时成功分辨概率与信噪比之间的关系对比图。图 6 为 SNR=5 dB 条件下，快拍数 $N=50\sim500$ 时成功分辨概率与快拍数之间的关系对比图。从图 5 和图 6 可以看出，成功分辨概率随着 SNR 和快拍数的增加而提高，而且本文方法比 MUSIC 方法具有更高的分辨性能。

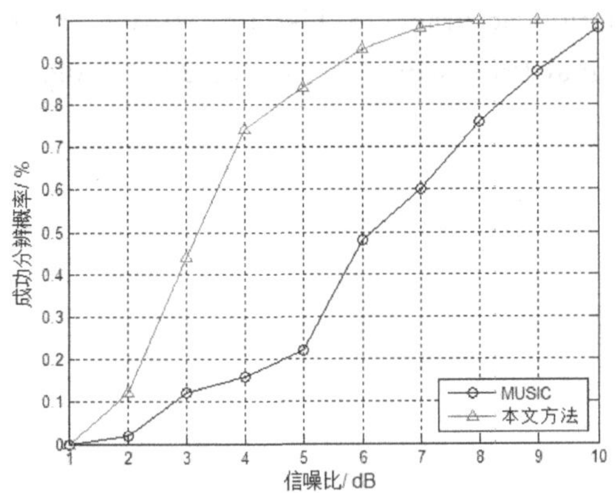

图 5 成功分辨概率与信噪比的关系

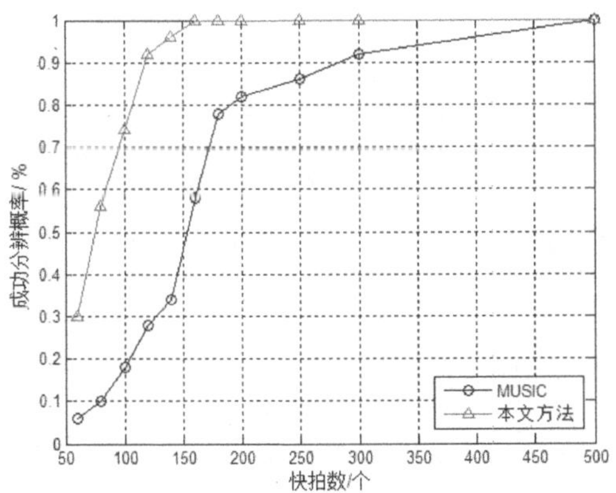

图 6 成功分辨概率与快拍数的关系

4 结 论

(1) 提出了一种基于张量的矢量共形阵列 DOA 和极化参数联合估计方法。将矢量传感器与共形阵列相结合，构造了矢量共形阵列的接收数据模型。

(2) 利用阵列接收数据固有的多维结构特征，构造具有三阶张量的信号模型。然后利用高阶奇异值分解的方法求得噪声子空间，该噪声子空间和导向矢量之间具有更好的正交性，因此在低信噪比和小快拍数下具有更高的估计精度和角度分辨能力。

(3) 在参数估计步骤采用秩损的方法对方位信息和极化信息进行解耦合，避免了四维谱峰搜索，降低了算法复杂度。

参考文献

[1] CHINTAGUNTA S, PONNUSAMY P. 2D-DOD and 2D-DOA estimation using the electromagnetic vector sensors[J]. Signal Process, 2018, 147: 163- 172.

[2] HOU H, MAO X, LIU Y. Oblique projection for direction-of-arrival estimation of hybrid completely polarised and partially polarised signals with arbitrary polarimetric array configuration [J]. IET Signal Process, 2017, 11: 893-900.

[3] KO C, ZHANG J, NEHORAI A. Separation and tracking of multiple broadband sources with one electromagnetic vector sensor[J]. IEEE Trans. Aerosp. Electron. Syst., 2002, 38(3): 1109-1116.

[4] WANG Z, ZHANG X F, ZHAN S. Two-dimensional direction of arrival estimation for coprime planar arrays via a computationally efficient one-dimensional partial spectral search approach[J]. IET Radar, Sonar & Navigation, 2017, 11(10): 1581-1588.

[5] ZHANG Y F, ZHOU Z, LI H Y. Multi-Parameters Estimation for L-Shaped Polarization Sensitive Array Using the Modulus Constraint[J]. Radar Science and Technology, 2016:81-85.

[6] JIANG H, ZHANG Y, LI J, et al. A PARAFAC-based algorithm for multidimensional parameter estimation in polarimetric bistatic MIMO radar [J]. EURASIP Journal on Advances in Signal Processing, 2013, 2013(1):1-14.

[7] YANG P, YANG F, NIE Z. DOA estimation with sub-array divided technique and interpolated ESPRIT algorithm on a cylindrical conformal array antenna[J]. Progress In Electromagnetics

Research, 2010, 103: 201-216.

[8] 王布宏，郭英，王永良，等. 共形天线阵列流形的建模方法[J]. 电子学报，2009，37(03)：481-484.

[9] 齐子森，郭英，王布宏，等. 共形阵列天线信源方位与极化状态的联合估计算法[J]. 系统工程与电子技术，2012，40(12)：2562-2566.

[10] QI Z S, GUO Y, WANG B H. Blind direction-of-arrival estimation algorithm for conformal array antenna with respect to polarization diversity [J]. Progress In Electromagnetics Research, 2011, 5(4): 433-442.

[11] 刘帅，韩勇，闫锋刚，等. 锥面共形阵列极化-DOA 估计的降维 MUSIC 算法[J]. 系统工程与电子技术，2017，49(5)：36-41.

[12] SI W J, WAN L T, LIU L, et al. Fast estimation of frequency and 2-D DOAs for cylindrical conformal array antenna using state-space and propagator method[J]. Progress In Electromagnetics Research, 2013, 137: 51-71.

[13] ROEMER F, HAARDT M, GALDO G D. Analytical performance assessment of multi-dimensional matrix-and tensor-based ESPRIT-type algorithms [J]. IEEE Trans. Signal Process, 2014, 62:2611-2625.

[14] TAMARA G K, BRETT W B. Tensor Decompositions and Applications[J]. SIAM REVIEW, 2009, 51(3): 455-500.

[15] CHENG Y, YU R, GU H, et al. Multi-SVD based subspace estimation to improve angle estimation accuracy in bistatic MIMO radar [J]. Signal Processing, 2013, 93: 2003-2009.

基于LQG自适应方法的着舰自动控制

周攀[1]，黄江涛[1,*]，何澳[2]，杜昕[1]

1. 中国空气动力研究与发展中心空天技术研究所，绵阳 621000

2. 西北工业大学航空学院，西安 710072

摘要：在舰载无人机降落的最后阶段，大气紊流和舰尾流会为舰载机的降落带来不利影响。为了消除大气紊流和舰尾流对舰载机带来的不利影响，提出了一种基于LQG自适应控制的舰载机着舰控制模型。首先对舰尾流扰动模型进行了分析，并建立了对应模型。然后针对建立的舰尾流模型基于LQG控制方法设计了舰载机着舰控制率。最后分别对理想情况（不考虑舰尾流）和加入舰尾流的情况进行了仿真验证。仿真结果表明在采用LQG控制方法时，加入舰尾流后舰载机着舰高度误差一直保持在±1 m内，这符合着舰要求（±1.5 m内都可着舰）。

关键词：舰载机；舰尾流；大气紊流；LQG控制

Automatic Control of Landing Based on LQG Adaptive Method

ZHOU Pan[1]，HUANG Jiangtao[1,*]，HE Ao[2]，DU Xin[1]

1. China Aerodynamics Research and Development Center Aerospace Technology Institute，Mianyang 621000，China

2. Northwestern Polytechnical University School of Aeronautics，Xi'an 710072，China

Abstract：In the final stage of the landing of the carrier-based UAV，atmospheric turbulence and ship wake will adversely affect the landing of the carrier-based aircraft. In order to eliminate the adverse effects of atmospheric turbulence and ship wake on the carrier-based aircraft，a carrier-based aircraft landing control model based on LQG adaptive control is proposed. First，the ship wake disturbance model is analyzed，and the corresponding model is established. Then according to the established ship wake model，the landing control rate of the carrier aircraft is designed based on the LQG control method. Finally，simulation verifications are carried out for the ideal situation（without considering the ship wake）and the situation of adding the ship wake. The simulation results show that when the LQG control method is used，the carrier-based aircraft landing height error has been kept within ±1 m after adding the ship wake，which meets the landing requirements（the ship can be landed within ±1.5 m）.

Keywords：carrier aircraft；ship wake；atmospheric turbulence；LQG control

1 引 言

舰载无人机是一种以航母为军事基地的特殊飞行器，该无人机不但能够执行对海、陆、空目标攻击，还能完成预警、侦察、电子对抗等诸多作战任务。但是，舰载无人机在赋予航母强大作战能力的同时，也带来了新的问题——舰载机的安全起飞和降落。对于舰载机来说，在整个着舰过程中面临着复杂的着舰环境，包括着舰甲板的几何尺寸、着舰时的海洋环境、甲板风、甲板运动以及舰尾气流等，这些条件给舰载机着舰带来巨大的安全风险[1]。

本文重点研究舰载机降落过程中的舰尾流问题。国内外学者对舰尾流已开展多年的深入研究，文献[2]采用基于模型参考模糊自适应方法抑制舰尾流，但该方法中PD参数由模糊控制计算求得，并不能实现最优化效果。张大发[3]等人针对固定翼舰载机提出了一种基于舰尾流扰动补偿的飞行控制方法。高杰[4]等人提

＊通讯作者．E-mail：hjtcyf@163.com

出了一种在航母尾部吹风的尾流主动控制技术。彭争[5]等人采用动态逆与自适应控制方法，设计了一种自动着舰控制律。文献[6]为了消除舰载机着舰最后阶段舰尾流的影响，设计了一种基于 L1 自适应纵向着舰控制律。

LQG 控制是指线性二次高斯控制，国内外学者LQG 控制开展了大量研究，已经验证了该方法的可靠性。目前 LQG 控制被国内外学者应用于各个方面。Dillsaver 和 Cesnik[7]等人使用 LQG 控制器进行了阵风载荷减缓控制仿真研究，取得了不错的效果。王玉荣、张海龙和王恩荣[8]利用 LQG 控制针对汽车主动悬架系统设计了一种控制器。曹松青[9]等人基于 LQG 方法设计了一种风力发电机组优化控制策略。文献[10]将 LQG 方法应用到了舰载机的自动着舰系统中。

本文以舰载无人机为研究对象，针对舰载机着舰时的舰尾流扰动问题，建立了舰载机本体动力模型和舰尾流扰动模型，分析了舰尾流对舰载机着舰最后阶段的扰动特性，并以此为基础，应用 LQG 控制进行舰载机的自动着舰控制。

2 舰载机着舰控制问题

2.1 着舰控制率结构

根据舰载机的特点以及着舰环境模型，将受到大气紊流和舰尾流等环境因素影响下的舰载机着舰模型方程化为如下形式：

$$\begin{cases}\dot{x}(t)=\boldsymbol{A}x(t)+\boldsymbol{B}\left[\omega u(t)+\boldsymbol{\theta}^{\mathrm{T}}(t)x(t)+\delta(t)\right]\\ y(t)=\boldsymbol{C}^{\mathrm{T}}x(t),x(0)=x_0\end{cases} \tag{1}$$

式中，$\boldsymbol{x}=[v,\alpha,q,\theta]^{\mathrm{T}}$ 为可观测的舰载机的状态量；v,α,q,θ 分别表示速度、迎角、俯仰角速率和俯仰角；$\boldsymbol{B},\boldsymbol{C}$ 为已知系统输入、输出矩阵；$\boldsymbol{A}\in\mathbf{R}^{4\times4}$ 为系统矩阵；$\omega\in\mathbf{R}^{2\times2}$ 是未知输入增益；$\boldsymbol{\theta}(t)\in\mathbf{R}^{2\times4}$ 为未知时变参数向量，此处主要是指大气紊流和舰尾流对舰载机状态量的影响；$\delta(t)\in\mathbf{R}^{2\times1}$ 是时变干扰；$y(t)\in\mathbf{R}$ 为系统输入；$u=[\delta_e,\delta_t]$ 为控制信号，分别表示升降舵和油门[6]。

本文所设计的自动着舰控制率的目的是实现舰载机的航迹控制而舰载机的航迹控制必须通过舰载机的姿态来实现，因此自动着舰制导控制必然由两个控制回路组成。其结构如图 1 所示。外环采用基于 PID 形式的制导控制，用来实现轨迹控制的目的；内环采用基于 LQG 方法的驾驶仪，以实现姿态控制的目的。从整体上来看，外环控制通过内环实现，外环的控制输出即为内环的控制目标。

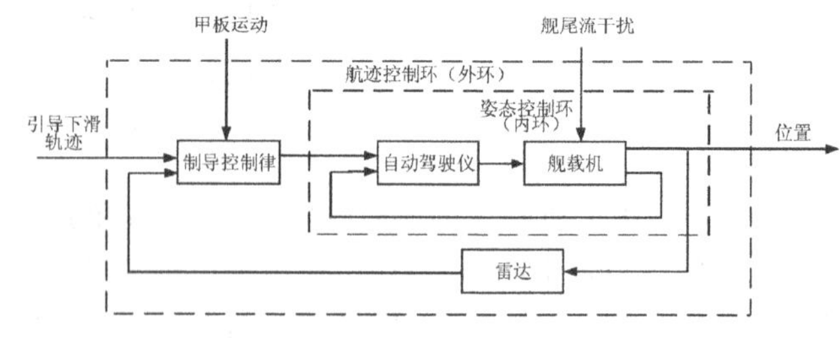

图 1 纵向自动着舰控制结构

2.2 舰尾流扰动稳态分量(雄鸡尾流)

航空母舰尾流是影响舰载机安全着舰的最重要因素之一，它直接影响到飞机在着舰过程中的迎角、速度、高度等状态参数，是导致舰载机着舰飞行事故和逃逸现象发生的一个重要原因。

稳态尾流(雄鸡尾流)是由舰前进产生的甲板风在舰尾的分布，形成过程如图 2 所示。稳态尾流由稳态风和舰船后的显著上洗流组成，上洗流随着舰尾距离的变化而变化，是距离的非线性函数。甲板风的方向对舰后稳态尾流的分布特性有很大的影响，甲板风与航母中心轴线方向的夹角越大，舰后稳态尾流的分布越复杂。对甲板形式为两段式的航空母舰来说，绝大部分甲板风来自母舰左舷，夹角在 10°左右，但是对直甲板舰来说，甲板风的方向正好跟母舰前进的方向相反，其流场分布就简单得多，这样 y 轴方向的风可以假设为零。本文在研究稳态尾流时假设甲板风速度和舰中心轴线平行，即仅有 x 轴和 z 轴方向的风，航空母舰俯仰姿态不影响舰后稳态尾流的基本形式，但对其强弱有影响。

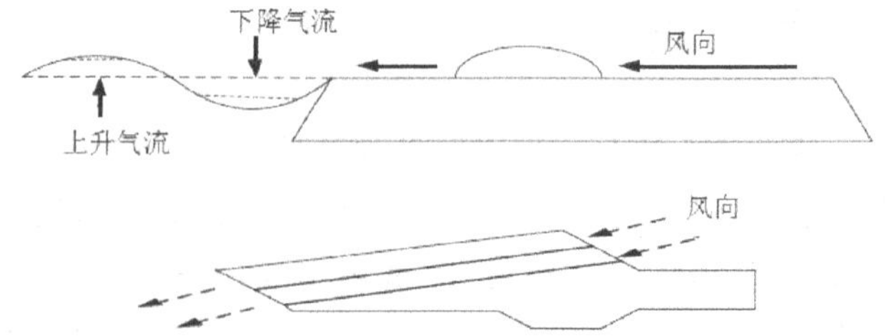

图 2 稳态尾流(雄鸡尾流)形成过程

仿真结果如图 3 和图 4 所示。

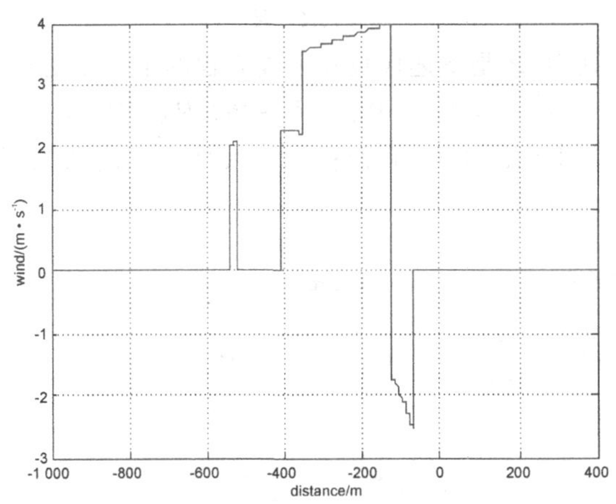

图3 舰尾流稳态水平分量

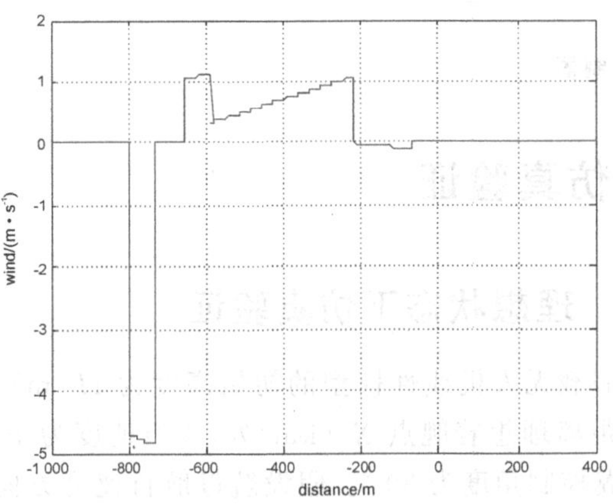

图4 舰尾流稳态垂直分量

3 基于LQG自适应方法的着舰控制率设计

3.1 LQG控制

传统的PID控制应用广泛，可以解决许多系统确定的简单设计问题。但对于许多复杂的控制系统，采用PID控制往往效果不尽如人意，因此需要在状态空间模型中建立最优的控制策略。最优控制是现代控制的核心，在一定条件下完成任务所需的控制时，它能够使系统的性能指标具有最优值。线性二次高斯最优控制器即LQG控制器，其在飞行控制系统中的应用在很多文献中都有提及，但在舰载飞行器上的应用却很少。

线性二次最优控制器即LQ控制器，是基于状态空间技术设计的动态控制器，其状态空间系统模型以线性系统、目标函数状态或控制输入的二次函数形式给出。考虑到系统的噪声和计量的噪声，通常将LQ问题转化为LQG问题，在LQG控制系统中，通常采用卡尔曼滤波器来观察系统的状态。

假设线性定常系统的状态方程如下：

$$\begin{cases}\dot{x}=\boldsymbol{A}x+\boldsymbol{B}u\\ y=\boldsymbol{C}x\end{cases}\tag{2}$$

二次方程的性能指标为

$$\boldsymbol{J}=\frac{1}{2}\int_0^{\infty}(x^{\mathrm{T}}Qx+u^{\mathrm{T}}\boldsymbol{R}u)\mathrm{d}t\tag{3}$$

所以最优控制是存在且唯一的，可以定义为

$$\boldsymbol{u}^*=-\boldsymbol{R}^{-1}\boldsymbol{B}^{\mathrm{T}}\boldsymbol{P}x=-K_{\mathrm{c}}x\tag{4}$$

式中，$K_{\mathrm{c}}=\boldsymbol{R}^{-1}\boldsymbol{B}^{\mathrm{T}}$是控制器增益，$\boldsymbol{P}$是满足黎卡提矩阵方程的$n\times n$维的正定矩阵：

$$\boldsymbol{PA}+\boldsymbol{A}^{\mathrm{T}}\boldsymbol{P}-\boldsymbol{PBR}^{-1}\boldsymbol{B}^{\mathrm{T}}\boldsymbol{P}+Q=0\tag{5}$$

卡尔曼滤波是基于最小均方误差准则进行最优估计的一种递推估计算法，其基本思想是：利用信噪比状态空间模型和前一时刻的估计值以及观测值更新的状态变量的估计值，从而得到当前时刻的估计值。

在大多数情况下，飞行器的状态信息x值很难测量，所以我们仿照系统状态的x值构造状态估计$\hat{x}$值，$\hat{y}$是系统输出的估计值。状态估计误差为$x_{\mathrm{e}}=x-\hat{x}$，则

$$\begin{aligned}\dot{x}_{\mathrm{e}}&=\mathrm{d}x-\mathrm{d}\tilde{x}=(\boldsymbol{A}x+\boldsymbol{B}u)-(\boldsymbol{A}\tilde{x}+\boldsymbol{B}u)\\&=\boldsymbol{A}(x-\tilde{x})=\boldsymbol{A}x_{\mathrm{e}}\end{aligned}\tag{6}$$

在方程(6)中可以看到，当矩阵$\boldsymbol{A}$渐近稳定时，对于任何速率的输入值u，状态估计误差都将收敛于零。这是一个好消息，因为这意味着当时间$t\to\infty$时，$\hat{x}$将收敛于x，$\hat{y}$将收敛于y。然而，矩阵$\boldsymbol{A}$并不总是稳定的，因此x_{e}是无界的，并且当时间$t\to\infty$时，$\hat{x}$与x的偏差会越来越大。为了避免这种情况，在方程(7)中加入一个修正项。

$$\begin{cases}\dot{\tilde{x}}=\boldsymbol{A}\tilde{x}+\boldsymbol{B}\tilde{u}+k_{\mathrm{e}}(y-\tilde{y})\\ \tilde{y}=\boldsymbol{C}\tilde{x}\end{cases}\tag{7}$$

当$x=\hat{x}$时，$\hat{y}$收敛到y时，则$k_{\mathrm{e}}(y-\hat{y})$项对方程几乎没有影响。当$\hat{x}$远离$x$时，这一项将校正误差。然而，一般情况下，控制系统会受到干扰v的影响，输出的测量值也会受到噪声影响而出现测量误差n。鉴于此，现在状态的估计误差为：

$$\begin{aligned}\dot{x}_{\mathrm{e}}&=\dot{x}-\dot{\tilde{x}}\\&=(\boldsymbol{A}-k_{\mathrm{e}}\boldsymbol{C})x_{\mathrm{e}}+\boldsymbol{Bv}-k_{\mathrm{e}}n\end{aligned}\tag{8}$$

由于干扰v和测量误差n的存在，并且v和n都是零均值高斯噪声过程，所以状态估计误差一般不会

收敛到零。但当$\boldsymbol{A}-k_e\boldsymbol{C}$逐渐趋于稳定时，我们仍然希望状态估计误差能够保持较小值。从数学的角度来说就是求极小值

$$J=\lim_{t\to\infty}E[\|x_e(t)\|^2] \tag{9}$$

求解方法是：

$$k_e=\boldsymbol{PC}^{\mathrm{T}}\boldsymbol{R}^{-1} \tag{10}$$

其中，$\boldsymbol{P}$ 是下述代数黎卡提方程的唯一正定解：

$$\boldsymbol{AP}+\boldsymbol{PA}^{\mathrm{T}}+\boldsymbol{BQ}_N\boldsymbol{B}^{\mathrm{T}}-\boldsymbol{PC}^{\mathrm{T}}R_N^{-1}CP=0 \tag{11}$$

从上面的推导，我们得到了线性二次高斯控制器，如图5所示。

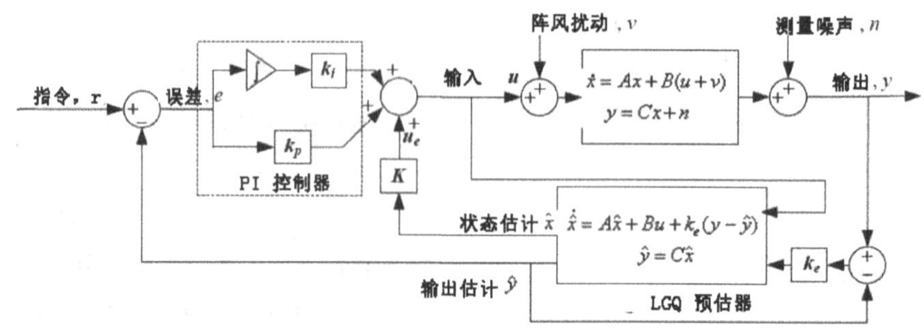

图5 线性二次高斯控制器

3.2 自动着舰制导律设计

在平静的情况下，并且不考虑甲板运动和舰尾流的影响，纵向自动着舰制导律通常采用常规的PIDD（比例、积分、微分、二次微分）的形式，此时自动驾驶仪所获得的指令为

$$\Delta\theta_c=K_0\left(K_P+\frac{K_I}{s}+K_Ds+K_{DD}s^2\right)H_{er} \tag{12}$$

舰载飞机在进行闭环下滑轨迹控制的过程中，当高度误差信号不为0时，通过轨迹控制器产生姿态指令$\Delta\theta_c$，对具有姿态控制系统和动力补偿系统的飞机进行控制，使飞机飞行高度跟踪高度指令信号，最终使得高度误差信号趋于零。

4 仿真验证

4.1 理想状态下仿真验证

舰载无人机线性模型的初始高度为H(m)，初始位置距离理想着舰点X (km)处，飞行速度为100 m/s，襟翼控制角度为30 °。假设航母航行速度方向与舰载无人机着舰方向一致，且速度为30海里/小时。着舰下滑角设定为－3.5°，开始下滑时，舰载无人机距甲板的理想着舰点的距离为X(m)，下降率约为－5.0 m/s。下文的仿真条件与此保持一致，仿真结果如图6所示。

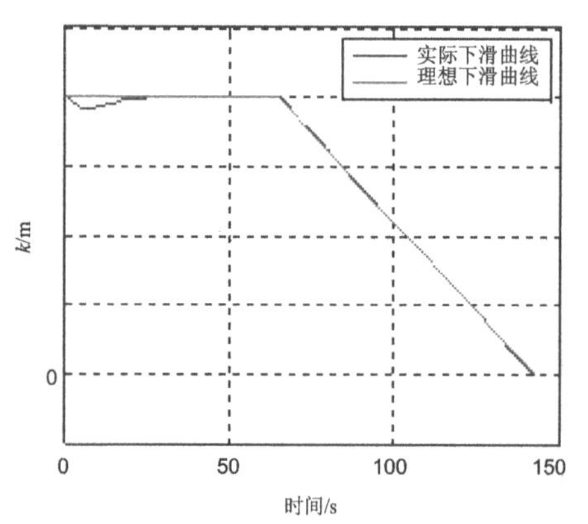

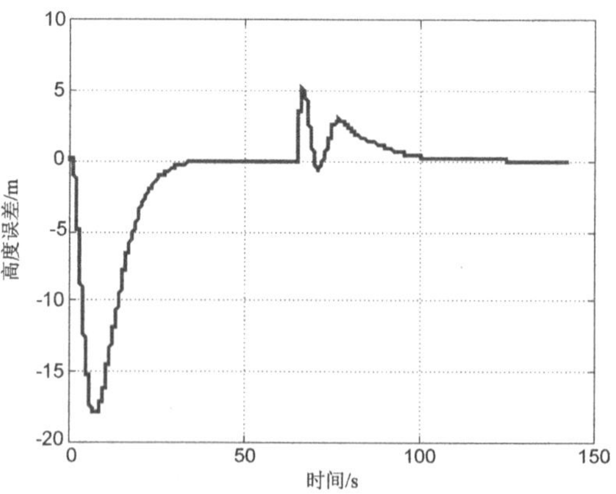

图6 理想情况下，纵向着舰仿真结果

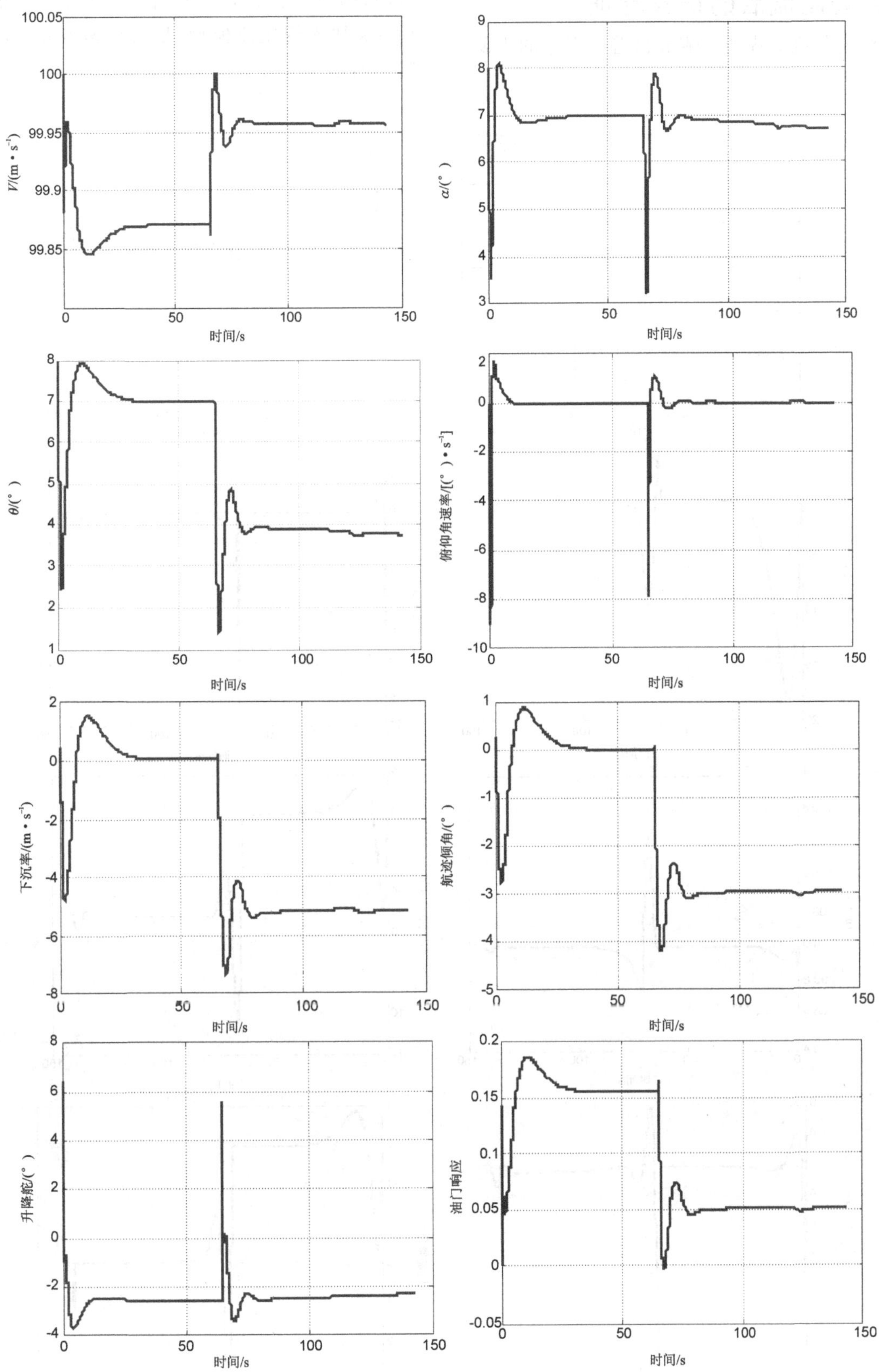

图6 理想情况下，纵向着舰仿真结果(续)

4.2 加入舰尾流后的仿真验证

舰尾流对舰载机的扰动是舰载机着舰误差的主要来源，因此在着舰最后 8 s 内，必须予以考虑，在着舰最后 8 s 加入舰尾流模型，最大风速 6 m/s，仿真结果如图 7 所示。

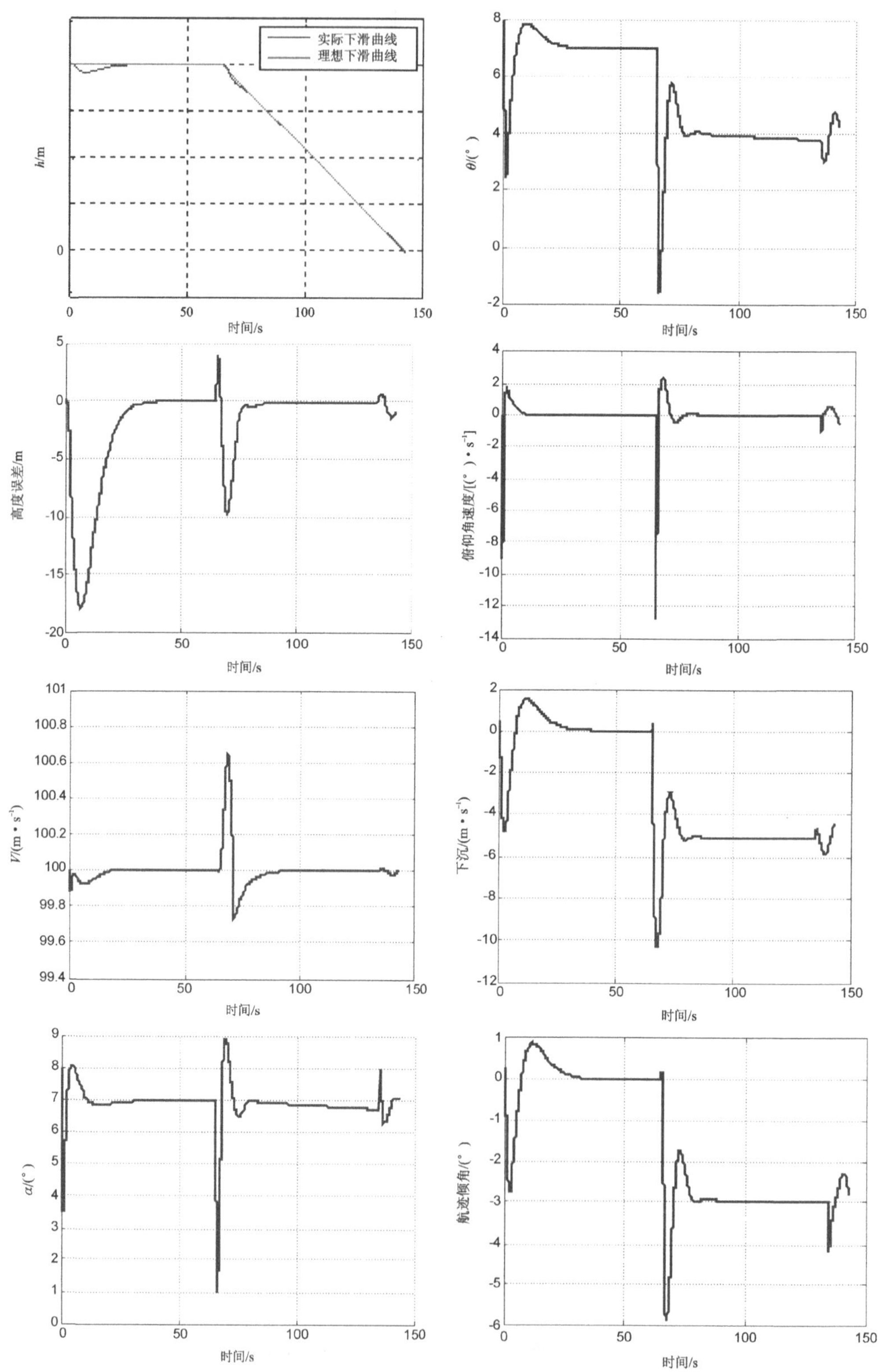

图 7　加入舰尾流后的着舰仿真结果

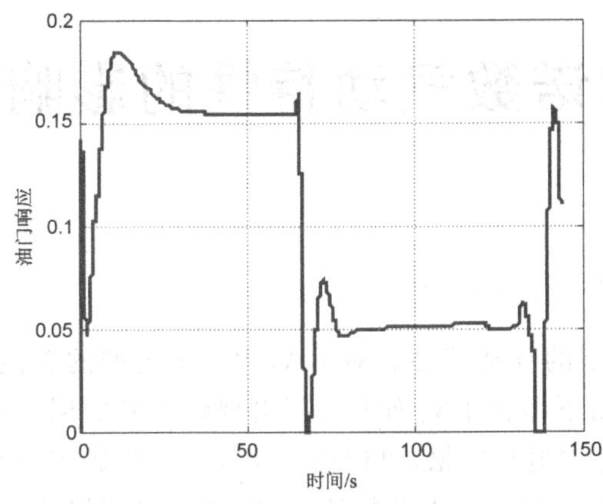

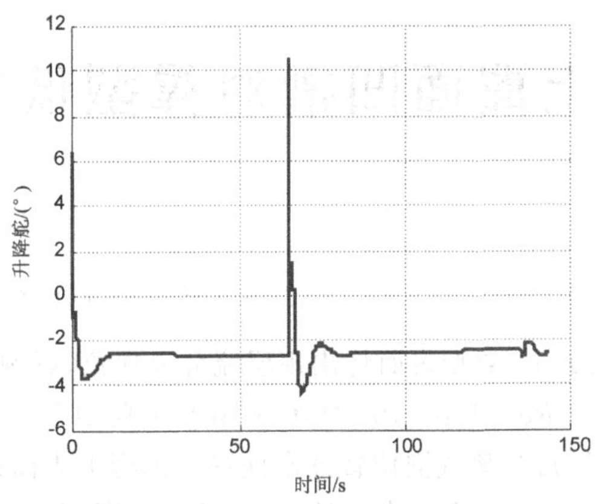

图 7　加入舰尾流后的着舰仿真结果(续)

着舰前 135 s 与理想状态基本一致,从最后 8 s 可以看出,舰尾流影响舰载机的迎角,进而使得其他状态量随之而动,得益于制导律良好的鲁棒性,出现舰尾流到舰载无人机着舰的 8 s 内,高度误差一直保持在 ±1 m 内,这符合着舰要求(±1.5 m 内都可着舰)。为了安全起见,仍需要减少最终着舰误差,使得舰载无人机能够抑制更大的舰尾流干扰。

5　结　论

本文基于 LQG 自适应控制方法设计自动着舰规律,并对结果进行仿真验证。针对着舰最后 8 秒大气紊流和舰尾流的影响,利用基于 LQG 自适应方法设计的控制率来克服其干扰。通过仿真验证了舰尾流对所涉及的控制率的影响,仿真结果表明基于 LQG 自适应控制的自动着舰控制率具有良好的鲁棒性,能够很好地克服舰尾流的影响。

参考文献

[1] 焦晓辉,王鹏. 着舰环境对舰载机着舰的影响分析[J]. 科技创新与应用,2019(16):20-21.

[2] N Bouaynaya, W Qu, D Schfeld. An on line motion—based particle filter for head tracking applications[C]. IEEE International Confer-ence on Acoustics, Speech, and Signal Processing, Philadelphia, 2005: 225-228.

[3] 张大发,王世岭,杜志伟. 基于舰尾流扰动补偿的固定翼舰载机着舰飞行控制方法[A]. 中国力学学会流体力学专业委员会. 2019 年全国工业流体力学会议摘要集[C]. 中国力学学会流体力学专业委员会:北京航空航天大学陆士嘉实验室,2019:1.

[4] 高杰,沙恩来,颉征,等. CVN-73 航母空气尾流主动控制技术[J]. 科技导报,2019,37(13):47-52.

[5] 彭争,聂宏,李春涛,等. 舰尾流扰动下无人机着舰纵向控制律设计[J]. 电光与控制,2020,27(8):69-74.

[6] 李煜,刘小雄,李吉宽,等. 基于 L1 自适应着舰纵向控制与特性分析[J]. 计算机测量与控制,2018,26(12):120-124.

[7] Dillsaver M J, Cesnik C E, Kolmanovsky I V. Gust load alleviation control for very flexible aircraft[C]. AIAA Atmospheric Flight Mechanics Conference, Portland, Oregon, 2011.

[8] 工玉蓉,张海龙,王恩荣. 基于 Kalman 滤波和 LQG 控制的主动悬架系统容错控制研究[J]. 南京师范大学学报(工程技术版),2020,20(4):30-36.

[9] 曹松青,郝万君,陈歆婧,等. 基于 LQG-I 的风力发电机组优化控制策略研究[J]. 可再生能源,2019,37(7):1061-1066.

[10] 刘冰. 基于 LQG/LTR 方法的舰载飞机自动着舰系统设计的理论及仿真研究[D]. 复旦大学,2010.

[11] 李献,骆志伟,于晋臣. MATLAB/Simulink 系统仿真[M]. 北京:清华大学出版社,2017.

上翼面凹槽对翼型低雷诺数气动特性的影响

王淞立

江西洪都航空工业集团有限责任公司，南昌 330095

摘要：低雷诺数下，翼型表面将出现层流分离现象，影响翼型的气动特性。对 GA(W)-1 翼型的数值计算结果表明，在低雷诺数 $Re=1.6\times10^5$ 时，GA(W)-1 翼型在小迎角下即在上翼面中后部出现较明显的层流分离气泡，随着迎角增加，层流分离气泡位置逐渐前移。翼型上表面设计尖劈形凹槽，可促使表面气流提早转捩，消除层流分离气泡。同时，转捩后的气流负压降低，相比基本翼型，升力有所损失。由此推测，如凹槽位置刚好位于基本翼型层流分离气泡前，可以在消除分离气泡的同时避免升力的过度损失。另外，研究发现，如凹槽斜面角度过小，会对翼型分离气动特性产生不利影响。

关键词：低雷诺数；翼型；层流分离；凹槽

Influence of Upper Wing Groove on Low Reynolds Number Aerodynamic Characteristics of Airfoil

WANG Songli

Jiangxi Hongdu Aviation Industry Group Co. Ltd., Nanchang 330095, China

Abstract: At low Reynolds number, laminar separation will occur on the surface of airfoil, which will affect the aerodynamic characteristics of airfoil. Numerical results of Ga (W)-1 airfoil show that at low Reynolds number $Re=1.6\times10^5$, there are obvious laminar separation bubbles in the middle and rear of the upper airfoil under small Angle of attack, and the position of the laminar separation bubbles gradually moves forward with increasing Angle of attack. The upper surface of the airfoil is designed with wedge grooves, which can promote airflow transition on the surface early and eliminate laminar separation bubbles. At the same time, the negative pressure of airflow after transition is reduced, and compared with the basic airfoil, there is a loss of lift. It is speculated that if the groove is located just in front of the basic airfoil laminar flow separation bubble, the separation bubble can be eliminated while avoiding excessive loss of lift. In addition, it is found that if the Angle of groove incline is too small, the aerodynamic characteristics of airfoil separation will be adversely affected.

Keywords: low reynolds number; airfoil; laminar separation; groove

近年来随着高空飞行器和微小型飞行器的发展，相应地提出了设计适用于低雷诺数飞行条件下($Re=10^4\sim10^5$ 量级)翼型的要求。在低雷诺数条件($Re=10^4\sim10^5$ 量级)下，空气粘性效应明显增加，翼面上流动将保持较大范围的层流区。在较小的逆压梯度影响下，表面即出现局部的流动分离，以及气流分离后在空间发生转捩，再附着形成湍流边界层的现象，即所谓“层流分离气泡”现象。由于这些复杂的流动变化，翼型更容易发生流动分离，并存在翼型升力系数的非线性变化现象，如随迎角变化的迟滞环效应[1]。

目前常用的低速翼型是针对雷诺数为 $10^6\sim10^8$ 量级的飞行条件设计的，翼型头部采用较大的前缘半径设计。在大雷诺数飞行条件下，翼面流动通常为湍流，其表面流动通常是在较大迎角下由于受后部较大的逆压梯度影响从后缘开始发生分离，具有良好的大迎角高升力气动特性。而在低雷诺数飞行条件，翼面上往往具有较长的层流区存在，产生前述层流分离气泡现象。

研究中发现，与常规的保持流线型外形的翼型不同，很多种类的昆虫如蝉、蜻蜓等的翅膀剖面有着明显的波状结构。在常规翼型相比，在低雷诺飞行条件下，这种非常规的外形反而会具有较好的气动特性，如具有较高的失速迎角。

研究表明[2]，在低雷诺数下，波状外形具有更好气动特性的原因在于其外形的尖锐角点起到了促使翼面流动由层流向湍流转捩的作用，避免出现层流分离现象；而凹槽内存在的涡流将促使翼面流动保持附着翼面流动，从而保持较好的气动特性。

目前国内外已对如何优化设计适用于低雷诺数条件下的翼型开展了很多研究工作。如陈学礼[3]等通过数值计算正优化方法和翼型外形参数化方法开展了低雷诺数翼型的单点和不同速度域不同加权系数的多点优化研究；王科雷[4]等研究了不同湍流模型对低雷诺数复杂流动的模拟能力并采用多目标进化算法研究了低雷诺数翼型的外形优化问题；崔钊[5]等研究了格尼襟翼对低雷诺数翼型流动特性的影响。这些研究工作中所研究的翼型仍然是外形保持流线变化的翼型。本文借鉴了昆虫翅膀剖面波状外形尖劈形凹槽改善低雷诺数翼型气动特性的原理，选择典型的低速高升力翼型 GA(W)-1 作为研究对象，在其上表面设计凹槽，并通过数值计算方法研究其对翼型低雷诺数气动特性，特别是对层流分离气泡现象的影响，探索其应用于改善翼型低雷诺气动特性的可行性。

1 数值计算方法

1.1 计算模型

使用软件 Star CCM+进行数值计算模拟。求解雷诺平均 N-S 方程，湍流模型为 $k-\omega$ SST 模型。使用 $\gamma-Re_{\theta t}$ 转捩模型模拟翼型流动层流向湍流的转捩。

$k-\omega$ 湍流模式是应用最为广泛的两方程涡粘性模型之一。本文中采用的两方程湍流模型为 Menter 提出的 $k-\omega$ SST 剪切应力输运模型。其基本思想是在近壁面流场区域采用 Wilcox $k-\omega$ 湍流模型，在边界层边缘和自由剪切层采用 $k-\varepsilon$ 湍流模型，两者通过引入一个混合函数来进行过渡。

$\gamma-Re_{\theta t}$ 转捩模型是一种两方程模拟，通过引入用于触发转捩过程的间隙因子 γ 和用于确定转捩点位置的局部转捩动量厚度雷诺数 $Re_{\theta t}$，与 $k-\omega$ SST 湍流模型进行耦合求解。

1.2 计算网格

计算的翼型弦长为 100 mm。计算网格为结构化网格，采用 C 形拓扑结构，绕翼型表面布置共 330 个网格节点。近壁面首层网格高度设为 0.01 mm，保证在计算雷诺下，近壁面网格尺寸 $y^+\approx 1$。空间网格分布满足增长率小于 1.2。远场位于翼型弦长 20 倍远处。翼型结构化网格如图 1 所示。

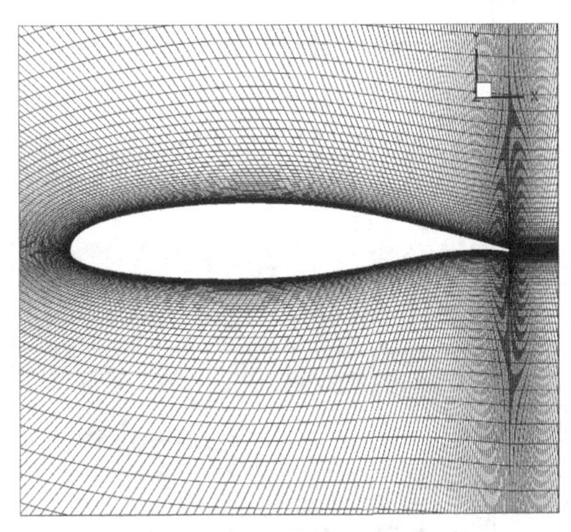

图 1　翼型结构化网格

2 GA(W)-1 翼型低雷诺数气动特性研究

通过计算研究低雷诺数条件下 GA(W)-1 翼型的气动特性。计算的雷诺数设为 $Re=1.6\times10^5$，计算迎角设为 2°、4°、6°。图 2、3 分别给出了计算得到的各迎角下流场的速度云图和局部流线图，图 4 给出了各迎角下翼型压力系数分布。表 1 给出了计算得到的各迎角下的升阻力系数。

由图 2 和图 3，$Re=1.6\times10^5$，计算各迎角下，翼型上部位置出现局部层流分离气泡。迎角 2°，分离气泡位于翼型相对弦长约 70%处。随着迎角增加，分离气泡位置逐渐前移，至迎角 6°，分离气泡已前移至翼型相对弦长约 50%处。由图 4 可以看出层流分离气泡对上翼面翼面压力的影响，即在分离气泡区出现压力系数曲线变平的现象。

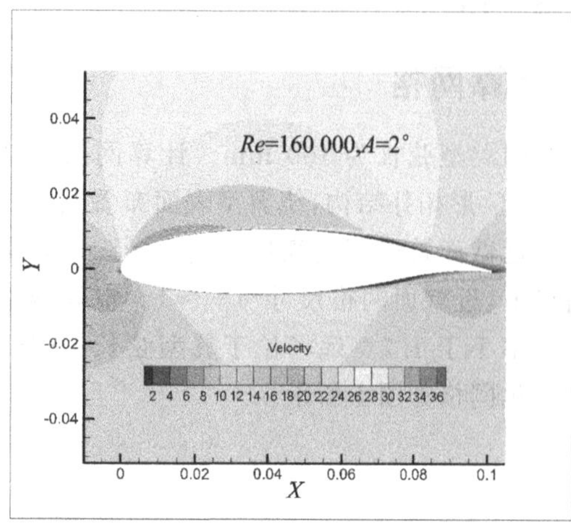

(a) $Re=1.6\times10^5$，迎角2°

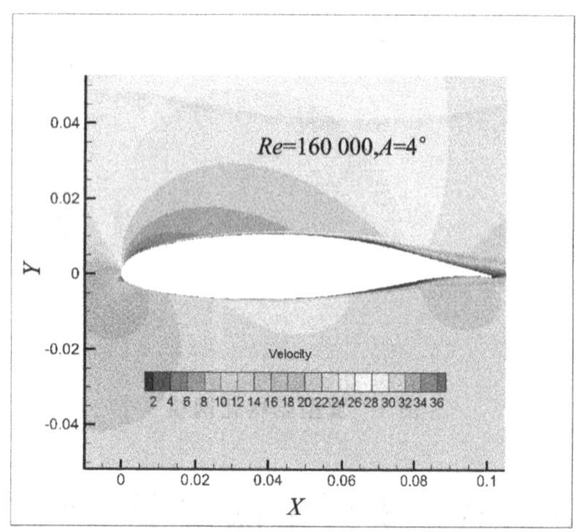

(b) $Re=1.6\times10^5$，迎角4°

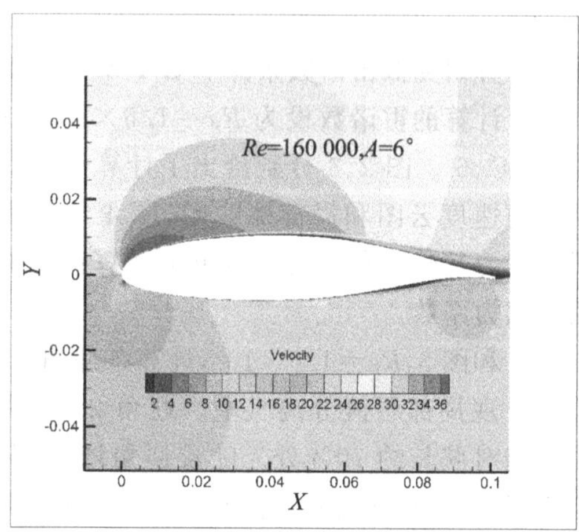

(c) $Re=1.6\times10^5$，迎角6°

图 2　翼型 GA(W)-1 速度云图

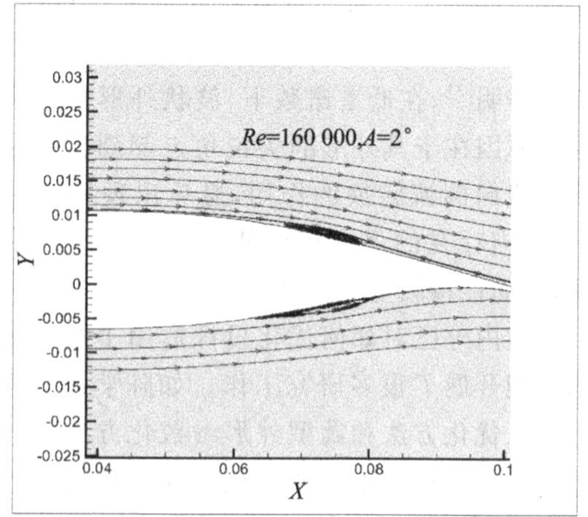

(a) $Re=1.6\times10^5$，迎角2°

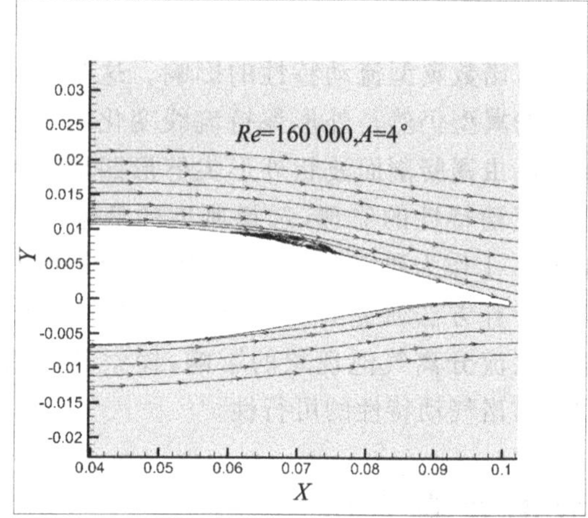

(b) $Re=1.6\times10^5$，迎角4°

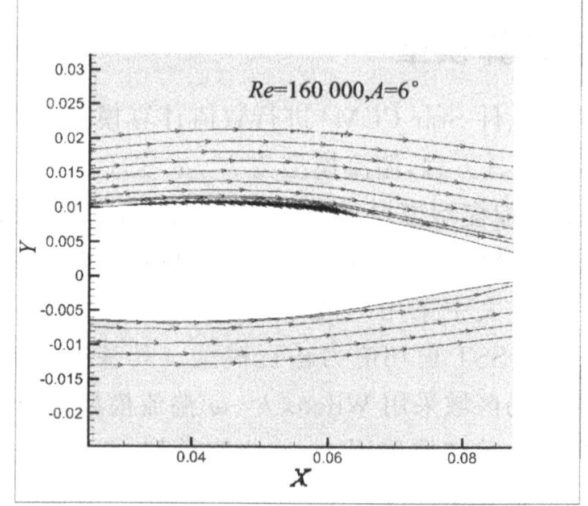

(c) $Re=1.6\times10^5$，迎角6°

图 3　翼型 GA(W)-1 附近的流线

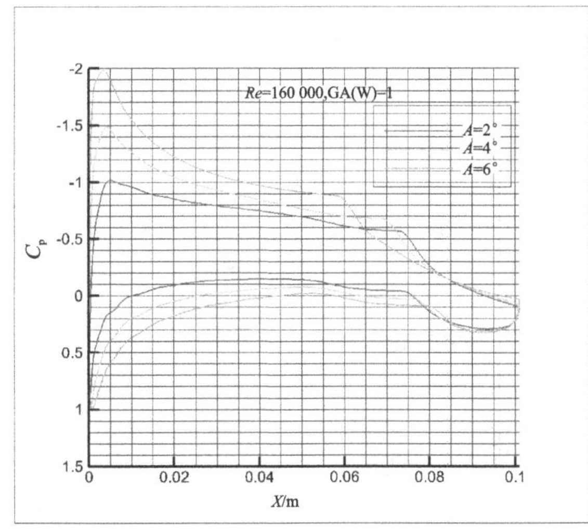

图 4　各迎角的压力系数

表 1　升力和阻力系数

迎角/(°)	升力系数	阻力系数
2	0.593	0.019 7
4	0.798	0.021 3
6	0.985	0.022 5

3　凹槽对翼型低雷诺数气动特性的影响

如图 5 所示，在 GA(W)-1 翼型上部划分一尖劈形凹槽。通过计算研究凹槽对低雷诺数条件下翼型气动特性的影响。凹槽前后位置分别位于翼型弦长的 50%和 55%处。通过改变凹槽前后斜面与水平线的夹角，研究凹槽形状对气动特性的影响。所研究的凹槽斜面与水平面夹角为 35°、30°、25°，3 个带翼型凹槽方案分别命名为 groove－d35、groove－d30、groove－d25。采用与基本翼型同样的拓扑结构划分网格(见图 6)。

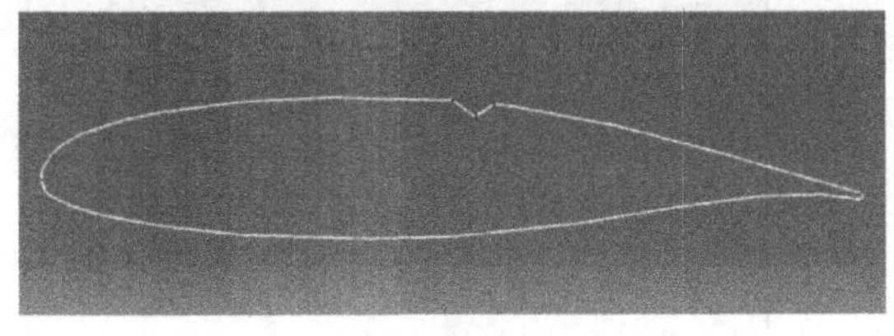

图 5　翼型凹槽

与前一节基本翼型计算相同，本节所计算的雷诺数为 $Re=1.6\times10^5$，计算迎角为 2°、4°、6°。

表 2 给出了计算得到的各迎角下 3 个带凹槽的翼型的升阻力系数。由计算结果可以看出相同迎角下，相比基础翼型，带凹槽的翼型升力都有较明显的降低，阻力略有减小或差别不大。比较 3 个方案，凹槽斜面与水平面夹角 30°的方案气动特性更好一些，同迎角下具有更高的升力和更低的阻力。

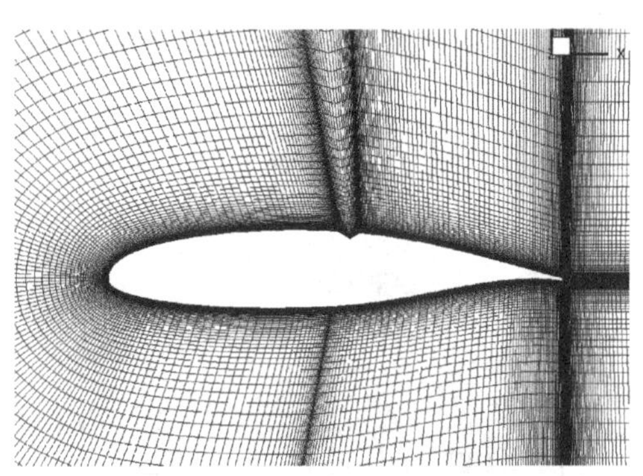

图 6　带凹槽翼型结构化网格

图 7 和图 8 分别给出迎角 4°，计算得到的各凹槽翼型方案的速度云图和局部流线图。图 9 给出迎角 4°，计算得到的各凹槽翼型方案与基本翼型的压力系数分布对比。由图 7、8 可以看出，由于凹槽的作用，翼型上表面流动在凹槽后即发生转捩，在翼型后部未出现基本翼型上的层流分离气泡。由图 9 可以看出，凹槽后转捩的气流负压降低，另外带凹槽翼型前部负压峰值也略有减小，导致同迎角下升力降低。由此推测，如凹槽位置刚好位于基本翼型层流分离气泡前，可以在消除分离气泡的同时避免升力的过度损失。由计算结果，几个不同角度凹槽翼型的流场差异不大，只是 groove－d25 方案在上翼面后缘出现了局部分离，表明凹槽斜面角度过小会对翼型分离气动特性产生不利影响。

图 10 和图 11 分别给出计算得到的 groove－30 凹槽翼型方案在迎角 2°、6°的速度云图和局部流线图。可见该方案的这两个迎角都未出现层流分离气泡，且流场良好，保持了上翼面的附着流动。

表 2　各凹槽翼型方案的升力和阻力系数

方　案	迎角/(°)	升力系数	阻力系数
groove－d35	2	0.541	0.020 2
	4	0.748	0.021 5
	6	0.960	0.023 1
groove－d30	2	0.546	0.019 4
	4	0.757	0.020 8
	6	0.964	0.022 6
groove－d25	2	0.532	0.020 5
	4	0.748	0.021 2
	6	0.964	0.022 4

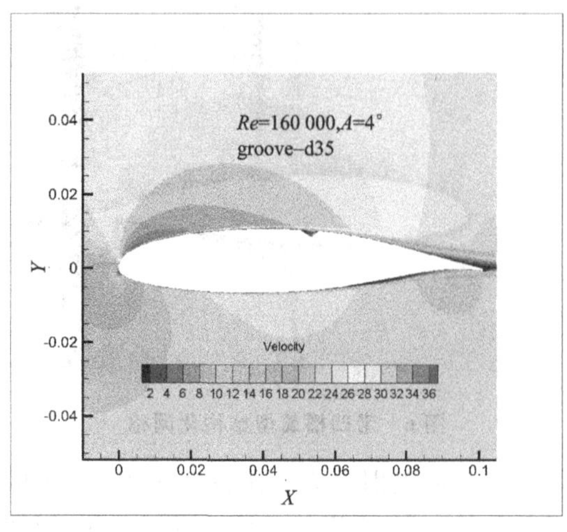

(a) groove-d35

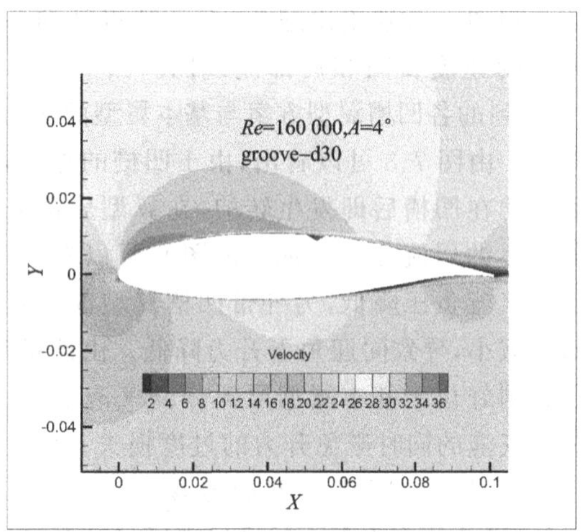

(b) groove-d30

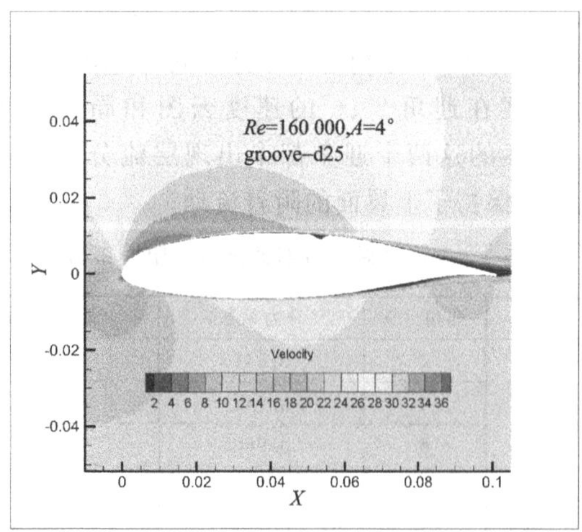

(c) groove-d25

图 7　带凹槽翼型的速度云图

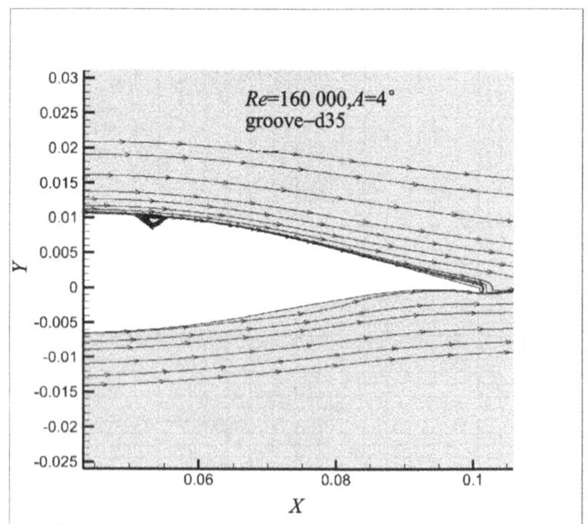

(a) groove-d35

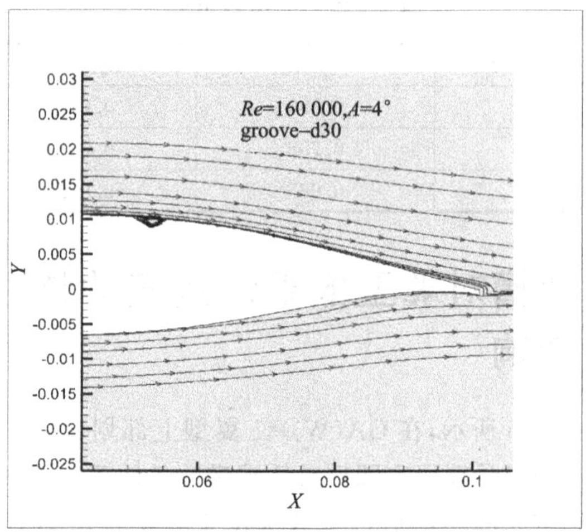

(b) groove-d30

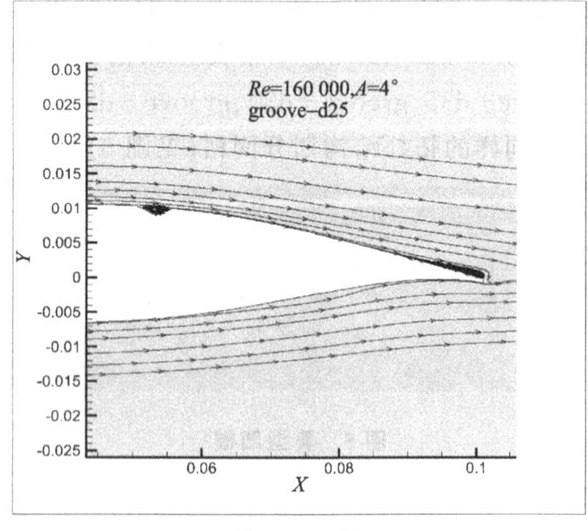

(c) groove-d25

图 8　带凹槽翼型附近的流线

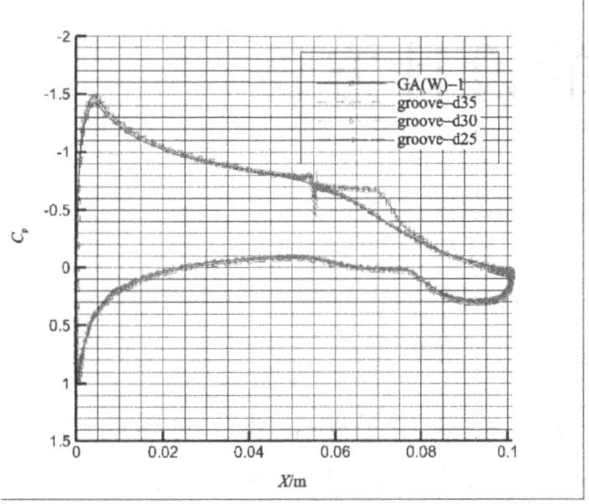

图 9 带凹槽翼型压力系数

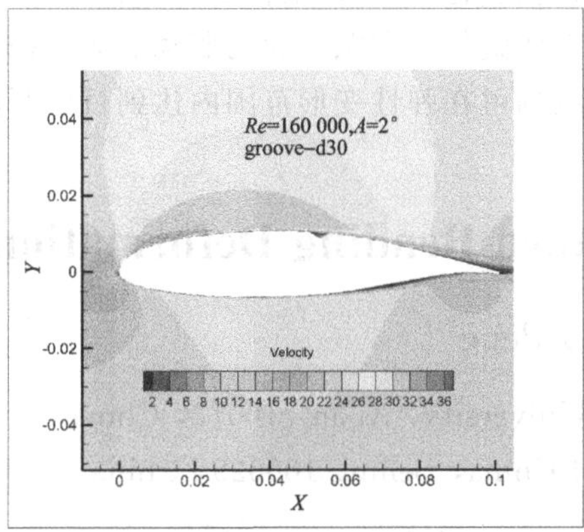

(a) $Re=1.6\times10^5$，迎角2°

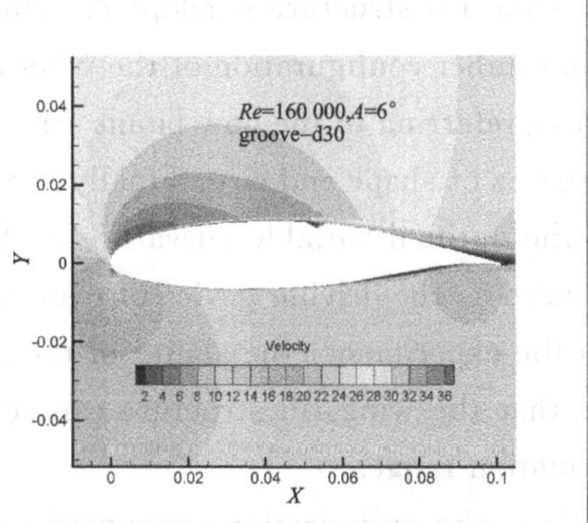

(b) $Re=1.6\times10^5$，迎角6°

图 10 翼型 groove－d30 速度云图

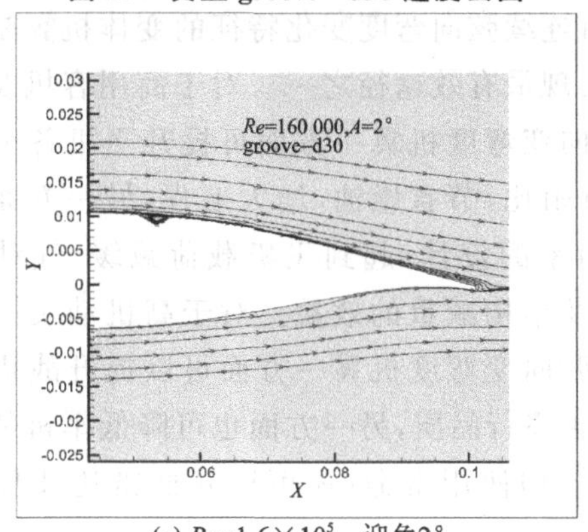

(a) $Re=1.6\times10^5$，迎角2°

图 11 翼型 groove－d30 附近的流线

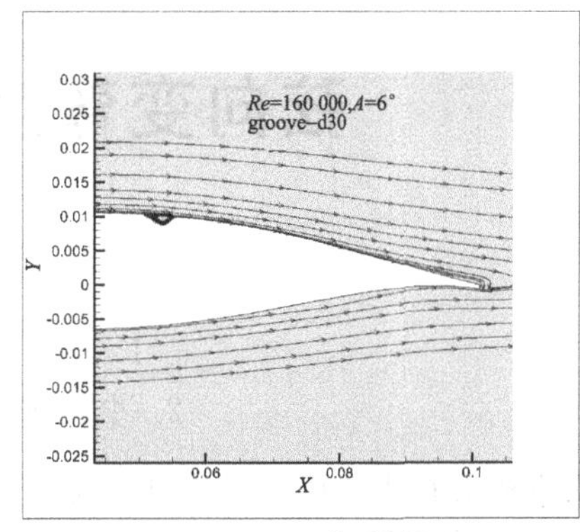

(b) $Re=1.6\times10^5$，迎角6°

图 11 翼型 groove－d30 附近的流线(续)

4 结 论

本文使用数值计算方法，研究了在常规低速高升力翼型 GA(W)－1 上表面设计尖劈形凹槽对其低雷诺数气动特性的影响。研究得出以下结论：

(1) 在低雷诺数 $Re=1.6\times10^5$ 时，GA(W)－1 翼型在小迎角下即在上翼面中后部出现较明显的层流分离气泡，随着迎角增加，层流分离气泡位置逐渐前移。

(2) 翼型上表面设计尖劈形凹槽，可促使表面气流提早转捩，消除层流分离气泡。同时，转捩后的气流负压降低，相比基本翼型，升力有所损失。由此推测，如凹槽位置刚好位于基本翼型层流分离气泡前，可以在消除分离气泡的同时避免升力的过度损失。另外，研究发现，如凹槽斜面角度过小，会对翼型分离气动特性产生不利影响。

参考文献

[1] Yang Zifeng. An Experimental Investigation on Aerodynamic Hysteresis of a Low-Reynolds Number Airfoil: AIAA-2008-315.

[2] Jeffery Murphy. An Experimental Investigation on a Bio-inspired Corrugated Airfoil: AIAA-2009-1087.

[3] 陈学礼. 低雷诺数翼型的气动外形优化设计. 空气动力学学报，2014，32(3).

[4] 王科雷. 基于转捩模型的低雷诺数翼型优化设计研究. 西北工业大学学报，2015，33(4).

[5] 崔钊. 格尼襟翼对低雷诺数翼型流场的影响研究. 计算机仿真，2018，35(7).

弦向变弯度柔顺翼肋的设计方法

李斌[1,*]，辛涛[1]，高鹏[2]

1. 西北工业大学航空学院，西安 710072

2. 中国航空工业发展研究中心，北京 100029

摘要： 为实现机翼在驱动控制下弦向连续弯度变化，并结合材料变形能力，采用了刚柔耦合的翼肋结构构型。通过对翼型中弧线优化得到了以升阻比与连续性为评价标准的翼肋变弯度构型。在此基础之上，针对柔顺部分，借鉴弓形仿生结构，对柔顺结构的形状、尺寸两个独立子空间进行交替迭代优化，分别以最优变弯度构型和结构强度为评价标准，最终得到柔顺翼肋结构的最优构型。随后，采用柔性气动肌腱作为柔顺翼肋的驱动装置，并搭建了变弯度试验平台。通过试验，验证了柔顺翼肋的变弯度能力，确定翼肋结构可在弹性变形范围内达到目标弯度。

关键词： 柔顺翼肋；中弧线；形状优化；尺寸优化；气动肌腱

Design Method of Compliant Ribs for Chord Bending Deformation

LI Bin[1,*], XIN Tao[1], GAO Peng[2]

1. School of Aeronautic, Northwestern Polytechnical University, Xi'an 710072, China

2. Aviation Industry Development Research Center of China, Beijing 100029, China

Abstract: In order to realize the continuous change of the chord curvature of the wing under the driving control, Considering material deformation ability, the rigid flexible coupling wing rib structure is adopted. Through the optimization of the central arced curve of the airfoil, got the variable camber configuration of the wing rib which based on the best lift-drag ratio. On this basis, for the compliant part, referring to the bow bionic structure, the compliant structure is iteratively optimized in two independent subspaces of shape and size, Finally, the optimal configuration of the compliant wing rib structure is obtained with the optimal variable curvature configuration and reasonable structural strength. Then, the pneumatic muscle is used as the driving device of compliant wing rib. And the variable bending experiment system is built. Through the experiment, the ability of the compliant wing rib to change the bending degree is verified. It is determined that the wing rib structure can achieve the target variable bending degree configuration within the elastic deformation range.

Keywords: compliant wing rib; central arced curve; shape optimization; size optimization; pneumatic muscle

变体飞行器在飞行过程中，通过局部或整体改变飞行器的外形使飞行器能够实时适应多种任务需求，且使其能够在多种环境下保持最优性能与效率，有效改善飞行器的飞行性能、扩展飞行包线并提高飞行效率[1]。

机翼作为飞机气动力最重要的承载部分，其气动性能直接影响到飞机的性能与飞行效率，因此设计一种外形可根据飞行状态及环境自适应调整的机翼将大幅提高飞机的性能及飞行品质。

具有连续弦向弯度变化特征的变体机翼是目前变体飞机实现最有效途径之一。对于商用客机及运输机而言，弦向变弯度机翼一方面可提升飞机各个攻角状态下的升阻比，节省燃油，增大航程；另一方面还可以结合控制率的设计，起到飞机载荷减缓、气动弹性剪裁、降噪及结构减重的效益。对于高机动飞行的军用战斗机，弦向变弯度机翼一方面可以提升战机的升阻特性，改善飞行品质，另一方面也可降低军机的机动载荷，提高结构使用寿命；还可以降低雷达波反射截面

* 通讯作者. E-mail: leebin@nwpu.edu.cn

积，提升飞机隐身能力。世界各国竞相把弦向变弯度机翼技术作为需要重点研究的技术领域之一。1985年，NASA 的 Dryden 研究所研发“任务自适应机翼”[2]，并在 F－111A 上进行了改装试验。改装后的机翼前后缘各由一部分用玻璃钢制成的活动面组成，由装在机翼内部的驱动机构根据不同的飞行条件操纵前后缘的活动面来改变机翼弯度和扭转角，以提供理想的机翼变弯度构型。后因机械结构笨重、复杂而未真正应用。自 2010 年起，NASA 与波音公司合作开展了“连续变弯度后缘襟翼系统”项目[3]。该项目以通用运输飞机为研究对象，致力于发展一种新型的采用记忆合金和分布式电机联合驱动的三段式光滑变弯度机翼后缘，该襟翼系统可使飞机在多任务状态下均实现最优升阻比，节省燃油消耗，但该系统目前仍处于原理样机研制阶段。Kota 等人[4-6]通过利用柔性机构完成了自适应后缘襟翼设计，并通过试验机上的动态飞行试验，对自适应后缘襟翼在飞行过程中的弯度变化能力进行了测试。德国宇航中心还提出了一种“可转动翼肋”方案[7]，这种翼肋可以分级转动，该设计方案不仅可以使机翼后缘弯度沿弦向变化，还可以通过沿展向的差动偏转以实现机翼的展向变形。机翼后缘的蒙皮由这些主动变形的翼肋支撑，每个可变形翼肋由一些独立的刚性单元用转轴和滑动铰链相互连接而成。Barbarino 等人[8]提出了一种形状记忆合金驱动的可变弯度机翼后缘设计方案，但是，该结构本质还是通过将变形曲面离散成多段刚性体来实现变形，很难满足严格意义上的连续光滑变形要求。

国内研究中，杨智春等人[9]将多片式翼肋通过连杆滑块及滑动铰组进行连接，设计了可变弯度的机翼后缘结构，同时对其偏转构型、受控运动学规律以及气动特性展开系统性研究。冷劲松等人[10,11]基于形状记忆合金与气动肌腱展开弦向变弯度机翼结构设计研究。葛文杰等人[12]提出了基于连续拓扑优化方法的全柔性机翼结构设计方案，将拓扑优化方法与机翼结构设计相结合，并分别对机翼的前后缘变弯度结构进行了优化设计研究。

基于柔顺机构使得机翼前、后缘变弯从而改变机翼弦向弯度的研究由 Kota 等人首次提出。柔顺机构是一种将输入载荷通过自身弹性变形实现输出端位移变化，并以应变能的形式储存部分输入能量的机构。柔顺机构有三大优势：首先，柔顺机构可以使结构实现连续光滑的变形；其次，柔顺机构能够减少所需的零部件数目，缩减加工装配时间同时降低成本；最后，由于柔顺机构中运动副的数量大大减少，这使得机构磨损降低，减少由于摩擦造成的振动或噪声影响。因此柔顺机构可以在很多应用场景中发挥其巨大的优势。

在驱动器的选择上，随着变弯度机翼技术的研究与发展，传统的油/气缸驱动器已经逐渐被新型驱动器所取代，Wang[13] 和 Vos[14] 等基于压电材料驱动器开展变形驱动的研究；Sofla[15]、Yang[16] 等基于形状记忆合金开展过相关研究；而气动肌腱作为一种仿生拉伸执行元件，其具备人体肌肉一样的运动方式。其结构组成简单，而且其结构特点具备柔性可弯折的特性且易于小型化的优势，可以布置于空间复杂且狭小的翼肋内部，同时由于其橡胶材质大大降低了其自身重量，有利于航空结构系统的减重。

鉴于此，将柔顺机构引入弦向变弯度机翼设计中，利用翼型中弧线参数描述法确定最优弯度构型，在此基础上借鉴长弓仿生特性，通过柔顺机构形状、尺寸的子空间交替优化，建立了实现机翼后缘连续变弯度的柔顺翼肋模型，并针对该结构设计了气动肌腱驱动控制系统，最后进行了柔顺翼肋的机构变形试验。

1 变弯度构型总体结构分析

安装在机翼后缘的襟翼通常占机翼剖面总弦长的 25%～35%，一些具有特殊任务要求的飞机后缘襟翼弦长占比可高达 40%。以常见中型运输机的机翼为设计参考尺寸，确定机翼设计总弦长为 3.33 m，后缘变弯度段为 1 m，占比为 30%，同时参照现有襟翼系统确定了弦向变弯度后缘段的目标偏转角度为 30°。选用 NACA0012 翼型为基础翼型进行设计及优化。

结构设计通常由输入点、结构形式以及输出点三部分组成。弦向变弯度后缘输出点集即为翼肋结构的外轮廓线。输入点即驱动位置，主要可以分为集中式单点驱动与分布式驱动两类驱动方法。由于集中式单点驱动，其载荷传递路径相对单一，易产生局部应力集中、变形不均匀平滑度较差等缺陷。故机翼后缘变弯度段按照刚性、柔性与刚性三段交替布置结构类型，三段驱动形式分别为刚性段的刚性转动，柔顺段的柔顺变形，后缘刚性段的随动。翼肋后缘结构布局示意图如图 1 所示。

显然，柔顺段的驱动方式及结构形式是该翼肋结构设计的重点与难点。由于柔性段需通过结构自身的弹性变形达到机翼弦向变弯度的要求，因此整个机翼后缘变弯度结构应当具有达到目标变形的柔度要求；

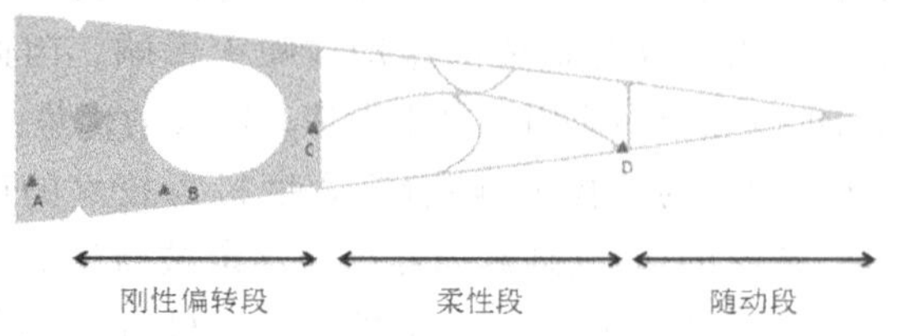

图 1 翼肋后缘结构布局示意图

除了柔度要求之外机翼结构作为飞机中最重要的气动载荷承载部件，又应具备承载外载荷的结构刚度要求。而结构柔度与刚度特性主要由三要素决定：材料、结构形状、结构尺度。

在可变弯度后缘翼肋的设计中，采用 7075 - T6 航空硬铝合金作为翼肋制作材料，根据材料力学性能，经过初步有限元分析，在强度允许范围内，确定中部柔顺段占整个机翼后缘的 40%，且通过其弹性变形贡献 10°的偏转角度。

2 翼型变弯度构型参数化描述

对于柔顺后缘机翼而言，即使机翼变弯度段的目标偏转角度相同，后缘偏转方式仍有多种选择。对于柔性偏转，中弧线首尾之间可以由无穷多条曲线构成。因此需基于机翼气动性能确定最优的翼型变弯度构型，使其连续性偏转且具有最优的升阻比特性。

将变弯度构型通过中弧线曲线进行等效描述，将一个相对复杂的翼型参数化描述问题简化成了曲线参数化描述问题。为确保弯度变化连续性与光滑性，同时增加弯度变化描述的多样性，采用三次样条线方程来描述翼型中弧线。

$$\begin{cases} y = a_1 x^3 + a_2 x^2 + a_3 x + a_4 \\ \int_{x_{\text{start}}}^{x_{\text{end}}} \sqrt{1 + \left(\frac{\mathrm{d}y}{\mathrm{d}x}\right)^2}\, \mathrm{d}x = l \\ y_{\text{start}} = 0 \\ y_{\text{end}} - y_{\text{start}} = (x_{\text{end}} - x_{\text{start}}) \cdot \operatorname{tand}(\theta_2) \end{cases} \tag{1}$$

式中：$(x_{\text{start}}, y_{\text{start}})$ 为中弧线初始偏转点坐标；$(x_{\text{end}}, y_{\text{end}})$ 为中弧线尾缘点坐标；l 为变弯度段中弧线长度；θ_2 为变弯度段等效偏转角度。

刚柔耦合结构形式下的翼型中弧线如图 2 所示。

图 2 中，$m_0 \sim m_5$ 这 6 个点都位于翼型中弧线上，其中 m_0 为机翼变弯度段的前缘点，令其为坐标原点。m_5 为后缘点，m_1、m_4 分别为刚柔结合处点，m_2、m_3 分别为横坐标为 400 mm 以及 600 mm 且位于柔顺段中

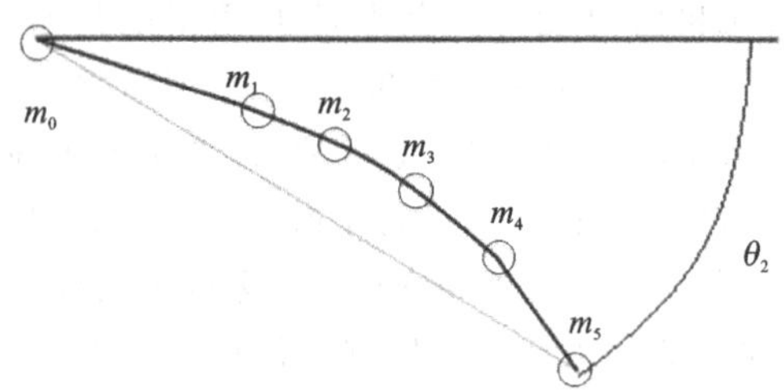

图 2 翼型后缘中弧线

弧线上的点，将各点坐标代入式(1)得几何关系式，进行化简后，可将中弧线曲线各参数化为关于点 m_2 坐标的方程，而该点 x 坐标由前部刚性段转动角度确定，因此以点 m_2 的 y 坐标绝对值为优化问题的设计变量。由于翼型设计的连续性，要求刚柔连接处光滑过渡，且柔顺段变化连续光滑，因此最优变弯度构型的评价函数为

$$S = \max\left(C_{L/D} + \frac{1}{\max(f''(x))}\right) \tag{2}$$

寻优变量 y_{m_2} 的区间设定为[147.6，175.6]，利用通过 XFoil 二维翼型气动力计算软件计算相应变弯度构型的升阻比，计算中，机翼后缘目标下偏转角度 30°为设计最大偏转角度，对应于飞机的起飞/降落状态，流场参数设置为飞机起飞/降落工况。翼型状态及环境参数如表 1 所列。

表 1 翼型状态及环境参数

翼型/环境参数	攻角/(°)	马赫数	空气密度/(kg·m^{-3})	空气粘性//(Pa·s^{-1})	雷诺数
	6	0.2	1.205	1.789 38e−5	4.58e6

根据式(2)的评价函数计算最终得到的最优结果为 $y_{m_2}=158.2$，所对应的变弯度构型如图 3 所示。

整体后缘段偏转角度为 30°，其中柔顺段与随动段弦向弯度等效偏转角为 10°，当不考虑前部刚性段偏转时，柔顺段与随动段翼肋结构的实际偏转角度为 15°等效偏转角。

3 柔顺翼肋结构尺寸、形状渐进优化方法

在初始结构构型中，柔顺翼肋结构由柔顺段与随动段两部分组成。柔顺段需要通过弹性变形达到最优翼肋弯曲构型，在此借鉴长弓结构的设计思路对柔顺翼肋结构的主承力梁结构进行初始化，在主承力梁与上下翼面间设置上部子结构与下部子结构进行连接，

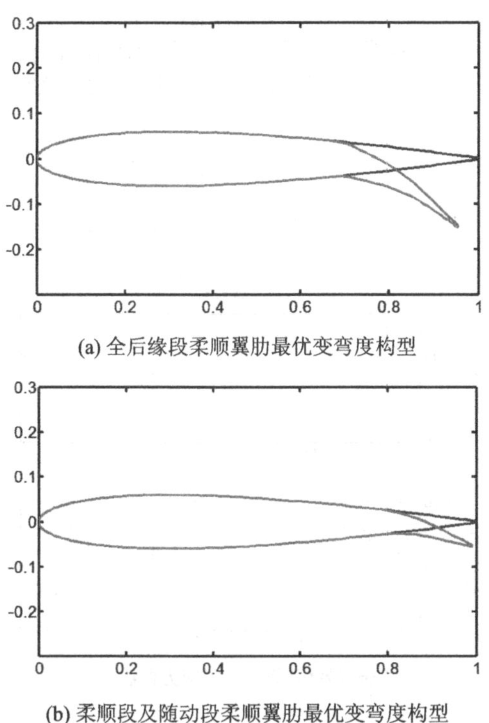

(a) 全后缘段柔顺翼肋最优变弯度构型

(b) 柔顺段及随动段柔顺翼肋最优变弯度构型

图 3　柔顺翼肋最优变弯度构型

其中子结构选用稳定性更好且具有更优变形性能的非线性弹簧结构，后缘随动段与柔顺段采用固定连接的方式，跟随柔顺段偏转。柔顺翼肋初始构型如图 4 所示。

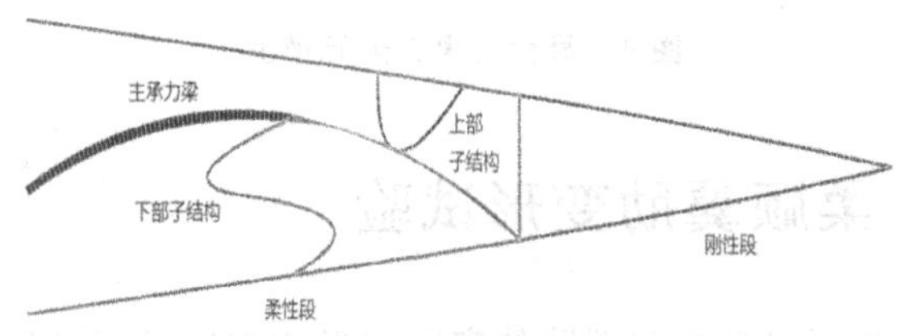

图 4　柔顺翼肋初始构型

对于柔顺翼肋结构的优化设计，是通过对主承力梁的单元节点位置与单元截面尺寸进行组合优化，使结构能够在满足应力约束的前提下最终变形结果与最优变弯度构型相贴合。

因此需要对梁单元截面尺寸与节点位置进行参数化设计，通过更新设计变量分别对结构尺寸与形状进行优化。由于在该过程中，结构尺寸与形状都对结构变形过程中的应力水平与变弯度构型起着重要作用。故在优化中存在二者耦合，针对该类问题，Gil[17] 将多类变量进行解耦处理，进而在各类变量的独立子空间进行优化设计。这里，将通过不同评价函数建立针对不同优化变量独立子空间，并在子空间之间进行交替迭代优化，从而获得最优解。子空间迭代流程图如图 5 所示。

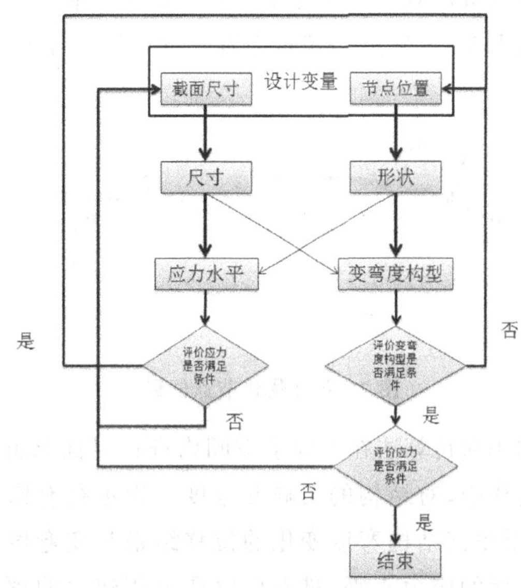

图 5　子空间迭代流程图

在形状优化子空间，以柔顺翼肋结构在驱动力作用下的变弯度构型与之前得到的最优变弯度构型的贴合程度为评价标准，建立其实际变弯度构型与目标构型的最小二次方差作为该空间优化过程的目标函数，即

$$\min f(x)=\sum_{i=1}^{n}\sqrt{(x_i-\bar{x}_i)^2+(y_i-\bar{y}_i)^2} \tag{3}$$

形状优化节点位置如图 6 所示。

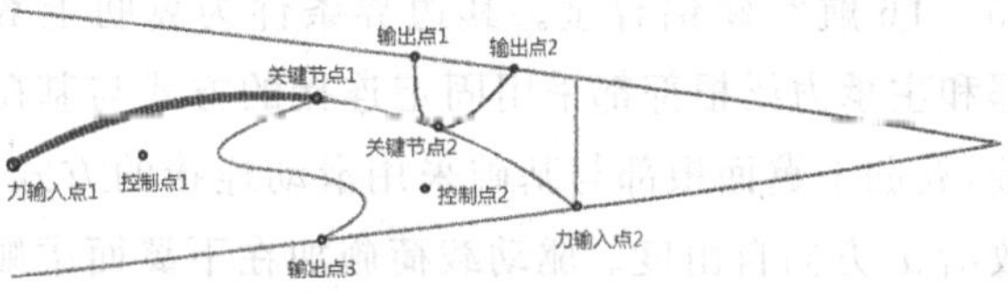

图 6　形状优化节点位置

在尺寸优化子空间中，结构变形主要通过主承力梁变形实现，则主承力梁也就成为了结构变形过程中应力危险点的集中区域，所以有必要对主承力梁结构进行尺寸优化。故对柔顺翼肋结构的主承力梁开展基于等强度梁理论的变截面梁单元尺寸优化。

$$\min g(x)=\sum_{j=1}^{m}\mathrm{abs}(\sigma_{\mathrm{target}}-\sigma_j) \tag{4}$$

$$\text{s.t.}\quad \max\sigma<\sigma_{\mathrm{yield}}$$

这里结构中选择矩形截面梁，柔顺翼肋结构沿弦向产生弯度变化时，梁单元厚度 H 对于结构弯曲/拉伸应力值起到决定性作用。主承力梁以两个关键节点为分界点可以划分为前中后三段，每段梁单元继续布置分段点 $W_1 \sim W_{11}$，分段点布置示意如图 7 所示。

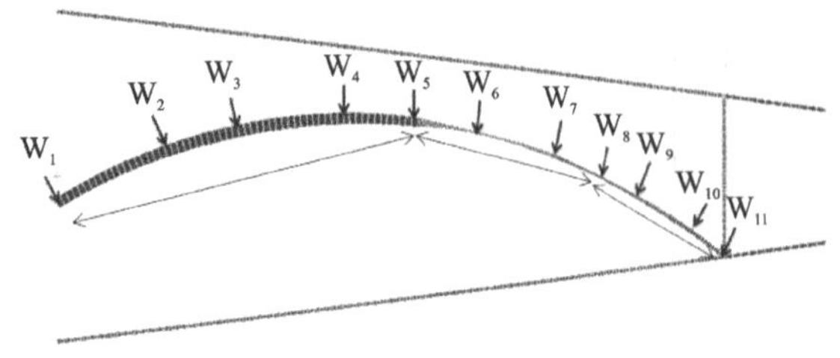

图 7　尺寸优化节点位置

利用遗传算法在不同子空间内进行寻优求解。而每次迭代中，对结构的柔顺变弯度过程进行有限元分析，结果得到结构弯度变化的位移结果与变弯度之后结构单元的应力水平，进而可以通过所建立的评价函数评价结构的设计是否符合要求。

在优化过程中应用 MSC. Patran 作为有限元建模前处理软件，建立结构的几何模型、划分网格、定义材料属性与载荷边界条件；利用 MSC. Nastran 作为有限元计算软件求解结构变形过程。

建立结构有限元模型，结构由梁单元组成，截面形状为标准矩形，全部梁单元沿机翼展向的宽度为 6 mm，除去主梁单元的梁单元截面高度为优化设计之外，其余结构单元高度统一为 2.5 mm。模型材料采用 7075－T6 航空硬铝合金。其边界条件为翼肋上翼面根部和主承力梁根部都采用固定连接的方式与基础相连接，翼肋下翼面根部与基础采用滑动连接的方式，仅释放沿 x 方向自由度。驱动载荷施加在下翼面柔顺段末端位置，指向翼肋主梁根部点，模拟气动肌腱产生的驱动载荷，驱动翼肋有限元模型的整体弯度变化。

整个柔顺翼肋结构经过形状优化与尺寸优化两个子空间的总共 8 次迭代优化，最终得到柔顺翼肋结构的设计结果，其中奇数代优化为尺寸优化，偶数代优化为形状优化，最后一代优化为形状优化，以确保柔顺翼肋结果变形在满足应力要求的情况下实现最优翼肋变弯度构型。

最终代结构变弯度构型与主梁应力曲线如图 8 所示，最优结果有限元模型如图 9 所示。

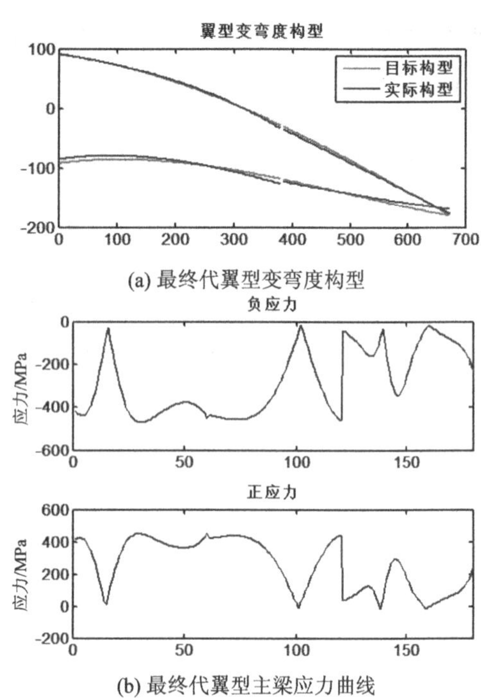

(a) 最终代翼型变弯度构型

(b) 最终代翼型主梁应力曲线

图 8　最终代结构变弯度构型与主梁应力曲线

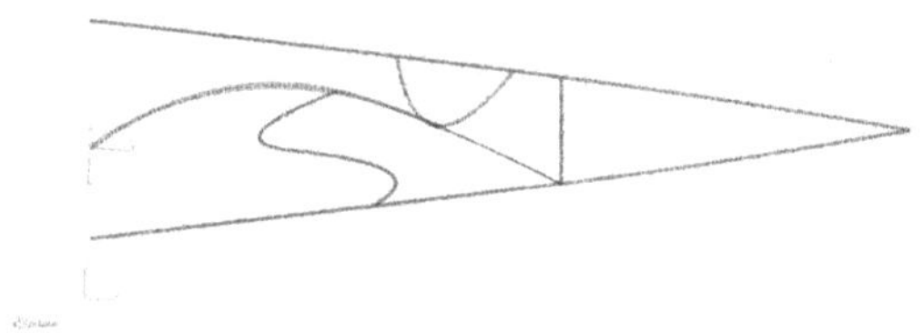

图 9　最优结果有限元模型

4　柔顺翼肋变形试验

为了验证柔顺翼肋的实际变形能力以及气动肌腱的驱动效果。首先利用 7075－T6 航空硬铝合金材料进行实物加工制作，得到的加工实物如图 10 所示。

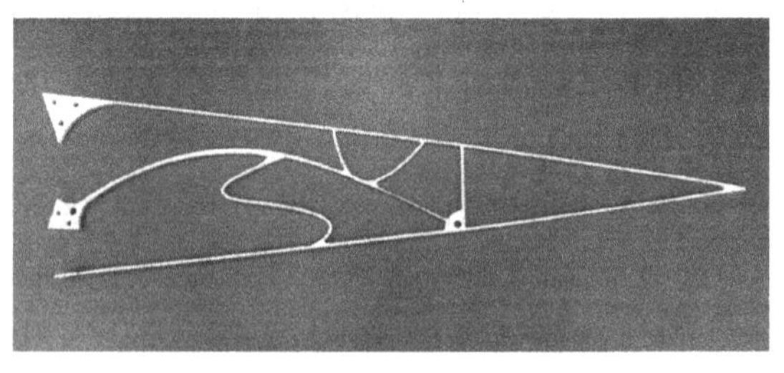

图 10　柔顺翼肋结构实物模型

试验系统搭建主要包括：试验件、应变采集监测系统、气动肌腱等驱动系统、半实物实时仿真系统、供电系统等。柔顺翼肋变形试验系统如图 11 所示。

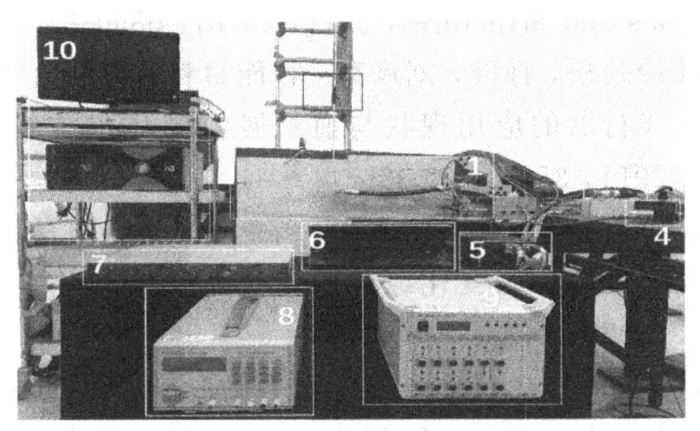

图 11　柔顺翼肋变形试验系统

通过计算得到在 6 V 驱动电压下柔顺翼肋结构等效偏转角度达到 15°，故验证试验从 0～6 V 逐级增加驱动电压，在每一级驱动电压下，保持柔顺翼肋结构 10 s 的稳定偏转状态，同时在稳定状态下分别判断应变片布置点处的应力值并根据柔顺翼肋结换算等效偏转角度，结果如表 2 所列。

表 2　分级驱动下气压、位移及等效偏角

驱动电压/V	气动肌腱气压/atm	下翼面根部位移/mm	等效偏转角度/(°)
0	1	0	0
2	3	6.6	1.94
4	5	25.3	7.72
6	7	45.6	15

通过柔顺翼肋变弯度能力验证试验可知，在 6 V 驱动电压下柔顺翼肋结构偏转角度达到了目标偏转角度 15°，此时可以测得的最大压应力值为−389.5 MPa，最大拉应力值为 307.6 MPa。在达到目标弯度状态时，结构应力水平均控制在材料线弹性变形段内，保证了柔顺翼肋具备达到目标弯度变化的能力。

通过对实际结构目标偏转角度下的翼肋上下翼面各标记点拟合，与优化计算得到的目标变弯度构型进行对比，如图 12 和图 13 所示。

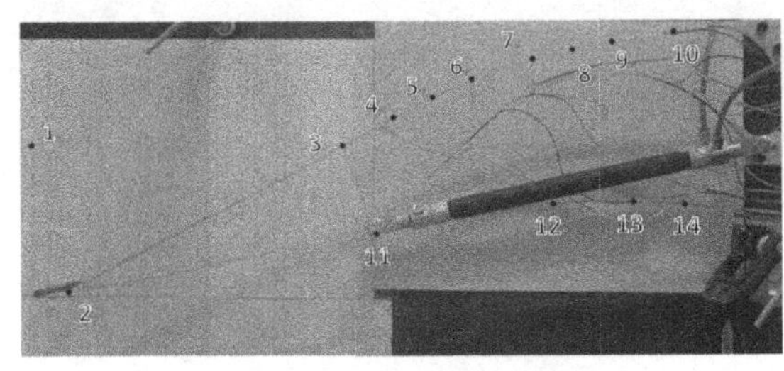

图 12　目标构型标记点位置

试验发现实际结构变弯度构型与目标构型相对误差较小，贴合度较好。其区别在于实际构型中柔顺翼肋结构上翼面中部弯度稍大，导致柔顺翼肋结构中部与后部尾缘处存在较小的构型误差，其误差最大值仅为 4 mm。

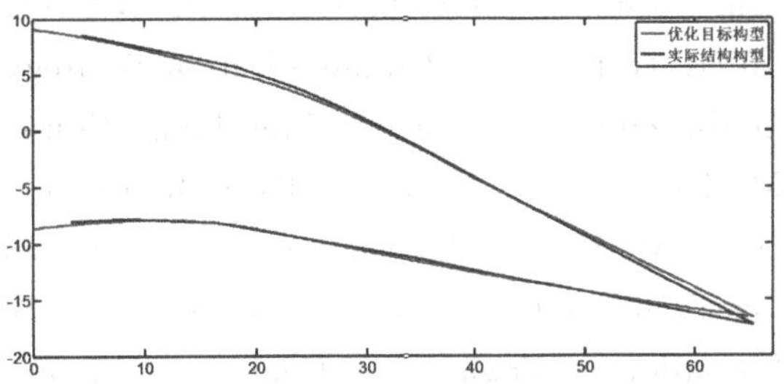

图 13　优化目标构型与实际结构构型对比

5　结　论

为了提高飞行器的飞行性能和飞行效率，综合考虑可变幅度、变形连续性、变形应力及驱动效率等因素，提出一种刚柔耦合的可变弯度翼肋构型方案以实现光滑变后缘机翼的设计。

引入了以翼型中弧线为基础的机翼变弯度构型参数化描述方法，以翼型升阻比与翼型弯度变化连续性为评价函数，优化得到了最优的变弯度构型。

通过建立形状优化子空间及形状优化子空间交替迭代进行优化，引入非线性弹簧子机构，分别以最优变弯度构型与等强度设计为评价函数，得到了满足材料屈服强度要求与变弯度构型要求的柔顺翼肋结构。

以气动肌腱作为驱动，对柔顺翼肋结构的实物模型开展了结构变形能力验证试验，结果表明，柔顺翼肋结构具备达到目标弯度变化的能力，同时，整体结构构型贴近优化得到的目标翼肋变弯度构型，达到了预期目标。

参考文献

[1] 刘卫东. 变形机翼关键技术的研究[D]. 南京：南京航空航天大学，2014：1-9.

[2] DeCamp R W，HARDY R. Mission adaptive wing research programme[J]. Aircraft Engineering and Aerospace Technology，1981，53(1)：10-11.

[3] Urnes J，Nguyen N. A Mission Adaptive Variable Camber Flap Control System to Optimize High Lift and Cruise Lift to Drag Ratios of Future N+3 Transport Aircraft[C]// AIAA Aerospace Sciences Meeting Including the New Hori-

zons Forum and Aerospace Exposition, 2013.

[4] Lu K J, Kota S. Parameterization Strategy for Optimization of Shape Morphing Compliant Mechanisms Using Load Path Representation [C]//ASME 2003 International Design Engineering Technical Conferences and Computers and Information in Engineering Conference. American Society of Mechanical Engineers, 2003:693-702.

[5] Miller E J, Cruz J, Kota S, et al. Evaluation of the Hinge Moment and Normal Force Aerodynamic Loads from a Seamless Adaptive Compliant Trailing Edge Flap in Flight[C]//AIAA Aerospace Sciences Meeting, 2015.

[6] Kota S, Flick P, Collier F S. Flight Testing of FlexFloil TM Adaptive Compliant Trailing Edge [C]//AIAA Aerospace Sciences Meeting. 2016.

[7] Monner H P. Realization of an optimized wing camber by using form variable flap structures[J]. Aerospace Science and Technology, 2001, 5(7): 445-455.

[8] Barbarino S, Pecora R, Lecce L, et al. A novel SMA-based concept for airfoil structural morphing[J]. Journal of materials engineering and performance, 2009, 18(5-6): 696-705.

[9] 杨智春，解江. 柔性后缘自适应机翼的概念设计[J]. 航空学报，2009，30(6)：1028-1034.

[10] Chen Y J, Yin W L, Liu Y J, et al. Structural design and analysis of morphing skin embedded with pneumatic muscle fibers[J]. Smart Materials and Structures, 2011, 20(8): 085033.

[11] 冷劲松，孙健，刘彦菊. 智能材料和结构在变体飞行器的应用现状与前景展望[J]. 航空学报，2014，35(1)：29-45.

[12] 陈秀，葛文杰，张永红，等. 基于遗传算法的柔性机构形状变化综合优化研究[J]. 航空学报，2007，28(5)：1230-1235.

[13] Wang D P, Bartley Cho J D, Martin C A, et al. Development of high-rate, large deflection, hingeless trailing edge control surface for the smart wing wind tunnel model[J]. Smart structures and materials, 2001: 407-418.

[14] Vos R, Barrett R, de Breuker R, et al. Post-buckled precompressed elements: a new class of control actuators for morphing wing UAVs[J]. Smart materials and structures,2007,16(3): 919.

[15] Sofla A Y N, Elzey D M, Wadley H N G. Two-way antagonistic shape actuation based on the one-way shape memory effect[J]. Journal of Intelligent Material Systems and Structures, 2008, 19(9): 1017-1027.

[16] Yang S M, Han J H, Lee I. Characteristics of smart composite wing with SMA actuators and optical fiber sensors[J]. International Journal of Applied Electromagnetics and Mechanics, 2006, 23(3, 4): 177-186.

[17] Gil L, Andreu A. Shape and cross-section optimisation of a truss structure[J]. Computers & Structures, 2001, 79(7): 681-689.

云平台容器技术在航空产品中的应用分析

宋胜攀*，刘振慧，庄东燃

中国航空工业发展研究中心，北京 100008

摘要： 在新型信息技术如物联网、5G、云计算等驱动下，飞机产品面临数字化、智能化带来的重要机遇。以虚拟化容器技术为支撑的 PaaS 云平台发展迅速，该类云平台结合了云计算和容器技术的优势，在提供弹性伸缩的计算和存储资源的基础上，一方面利用容器技术的体积小、启动快、可移植、动态迁移、部署便捷、高可用性等优势；另一方面利用微服务技术、边车技术实现不同容器之间的通信和协同，从而能够实现飞机边缘侧计算平台的虚拟集群化，支持飞机产品的智能化改造升级。在此基础上，进行了云平台容器技术在计算模式、边缘侧计算单元设计、软件交付方式等三方面的应用设计，结合现有工业界的实践和实际经验，分析验证了设计方案的可行性。

关键词： 云平台；容器；容器编排；边缘侧；虚拟化计算集群；飞机智能化

Application of Cloud Platform and Container Virtualization Technology in the Aviation Products

SONG Shengpan*, LIU Zhenhui, ZHUANG Dongran

Aviation Industry Development Research Center of China, Beijing 100008, China

Abstract: Under the driving of new information technology, 5G, cloud computing, aircraft products face important opportunities for digital, intelligent transformation. The cloud platform supported by virtualized container technology has developed rapidly. It combines the advantages of cloud computing and container technology, on the basis of providing resilient and elastic computing and storage resources on the one hand, the use of micro container technology, start fast, portable, live migration, deployment of convenient, high availability and other advantages, on the other hand the use of micro-services technology, sidecar technology for communications and collaboration between the different containers, thereby enabling virtual cluster aircraft side edge computing platform, intelligent transformation support aircraft product upgrades. On this basis, three applications are designed, including cloud platform container technology in computing model, edge side computing unit design, software delivery method, and finally analyze the feasibility of design.

Keywords: cloud platform; container; container orchestration; side edge computing; virtualized computing clusters; intelligent aircraft

1 引 言

1.1 需求和背景

伴随着现代工业制造产品如汽车、飞机、移动终端、智能机器人等的数字化、智能化程度不断提高的同时，产品设计、制造、交付的环节也越来越复杂，进度、质量、成本、安全等的控制难度也日益增大。利用新型信息技术如 5G、物联网、云计算等，为工业产品的数字化、智能化赋能，促进产品高质量发展是必然之路。

* 通讯作者. E-mail: swottt77@163.com

1.2 现代信息技术的发展

近年来，物联网、5G、云计算等技术发展迅速，大大促进了大数据、人工智能等技术在工业产品中的发展和应用，如智能驾驶汽车、工业机器人、各类智能终端等。一方面改变了工业产品的生产交付模式，另一方面改变了人类的生活方式和使用体验。

1.3 云平台容器技术的发展和应用

随着云计算的发展和应用，利用云计算技术的云平台逐渐向 PaaS(平台即服务)、SaaS(软件即服务)、FaaS(功能即服务)、Serverless(无服务器)等方向发展，这些平台主要为用户提供弹性的各类业务应用和服务，而不单是传统的计算或存储资源。

同时，以虚拟化容器技术[1]为支撑的 PaaS 云平台[2]发展迅速。该类云平台结合了云计算和容器技术的优势，在提供弹性伸缩的计算和存储资源的基础上，一方面利用容器技术的体积小、启动快、可移植、动态迁移、部署便捷、高可用性等优势，另一方面能够利用微服务[3-4]技术、边车技术实现云平台不同容器之间的通信和协同。

2 航空产品的特点和需求

2.1 航空产品的特点

航空产品是高精度、高质量、高安全、高可用要求的高端装备产品，对于计算单元的精度、灵敏度、性能、重量、体积、安全性、环境适应性等要求很高。信息化、数字化已贯穿现代航空产品的设计、制造、交付、维护等环节。

2.2 云平台容器技术为航空产品发展带来机遇

随着航空产品数字化程度的不断提高，数字化传感器如位置、高度、方向、大气等等得以广泛应用；由于物联网技术、大数据技术、人工智能技术的日益普及和通用化，智能驾驶技术、智能导航技术、目标检测技术[5-6]等算法和计算技术，已具备应用于航空产品的条件。

相对于物理机和虚拟化计算技术，虚拟化的容器技术(如 Docker)可以在单个运算资源(如 CPU)实现多个独立、隔离的虚拟化计算容器(类似于多个虚拟化的操作系统，但比操作系统更轻量级、启动更快，是进程级别的)，通过容器引擎运行封装的镜像(实现特定功能，如数据采集、数据分析等)具有资源利用率高、运行速度快、部署移植便捷等特性。利用软件定义网络、容器编排和微服务等技术能够大幅提高计算资源的利用率，在有限计算单元(甚至是单机上)实现灵活弹性、高可用的基础计算网络环境，支持新型的人工智能算法和技术，为构建智能应用提供基础分布式计算集群平台。这种运行在离线(不与计算中心或云中心联网)环境、有限计算单元(如 CPU)下的敏捷、弹性虚拟化分布式集群计算技术适合运行在现代化工业装备产品终端(边缘侧，相对于云中心或数据中心而言)，如飞机、汽车、工业机器人等。

3 云平台容器技术在航空产品中的应用分析

3.1 典型应用场景

云平台容器技术满足航空产品计算单元的高安全、高可用、灵活性等要求，利用云计算技术，既能实现能边缘侧(飞机产品端)计算单元高效、敏捷的计算集群要求，又能与云中心协同。航空产品作为边缘侧设备在具备与云平台中心互联的条件下，能够联机利用云平台中心的各类服务；同时，在脱离云中心环境下，利用飞机产品自身的云平台容器运行智能软件应用和服务，为飞机提供高可用支持智能算法语言的虚拟计算集群服务，从而实现飞机产品的智能化升级。

在云平台容器技术提供的虚拟计算集群上，能够支持飞机产品的智能化应用运行要求，如机载应用软件智能化、飞机实时计算系统智能化、飞行控制系统软件智能化等。

智能化的导航定位系统、智能化故障检测软件等，该类应用可以与云中心进行联机通信，进行在线的更新，同时可以离线单独运行；机载实时计算软件，该类软件通过固件运行，利用云平台可以实现固件的更新升级；利用基于云平台的敏捷开发方法可以加快机载软件的交付和迭代速度。

航空产品通信网络的移动特点，要求产品本身具备计算单元和智能分析单元及进行离线的计算分析能力和信息处理能力，在边缘侧进行独立的数据计算和分析。同时要求在具备联入云中心的条件下，能够进行信息的协同和软件、固件等信息系统的更新。

3.2 应用设计分析

下面从计算模式、飞机边缘侧计算单元设计、软件交付方式等三方面，对云计算和容器技术在飞机产品中的应用设计进行分析。

1. 飞机端边缘侧计算单元和云中心计算模式

如图1所示，整个飞机产品边缘侧和云平台中心的计算模式可以设计为4个部分：边缘设备、边缘设备网络、核心网络资源、云平台中心。边缘设备指单个产品的计算设备环境，如单体飞机；边缘设备网络指具备联网条件（如利用5G、卫星通信等）的多飞机（如无人机集群等）计算设备网络；边缘设备和边缘设备网络均可独立运行，在具备联网条件下，可通过核心网络资源，与云平台中心进行通信和交互。

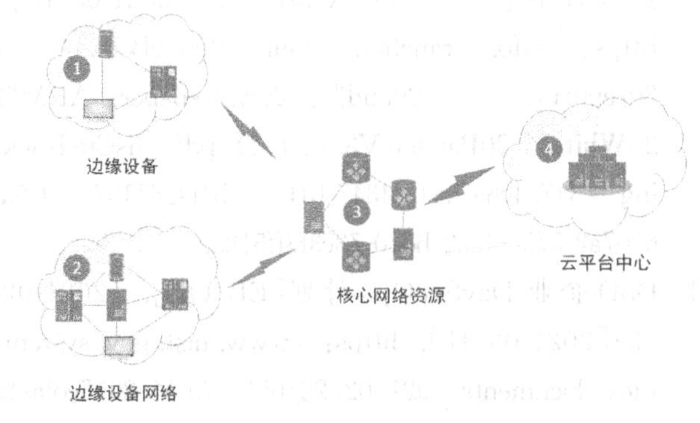

图1 计算模式设计

2. 飞机边缘侧计算单元设计

在飞机边缘侧[7-8]，通过容器和容器编排技术能够实现单个计算平台的计算集群构建，大大提高了飞机计算平台的可扩展性和智能化处理能力。如无人机的目标检测功能，一般方法是无人机进行图像的采集，返回地面控制台，进行数据分析和图像处理及目标检测。而利用容器技术，可以在边缘侧无人机端部署轻量级的容器计算集群，通过运行智能算法容器，实现实时的目标检测功能。与传统方案相比，无需实时回传图像在地面进行图像分析处理，效率大大提升。如图2所示，在无人机平台端设计3个容器，分别运行图像采集、目标检测和图像回传镜像，通过3个容器之间的协同，在无人机端实现智能化的目标检测功能。

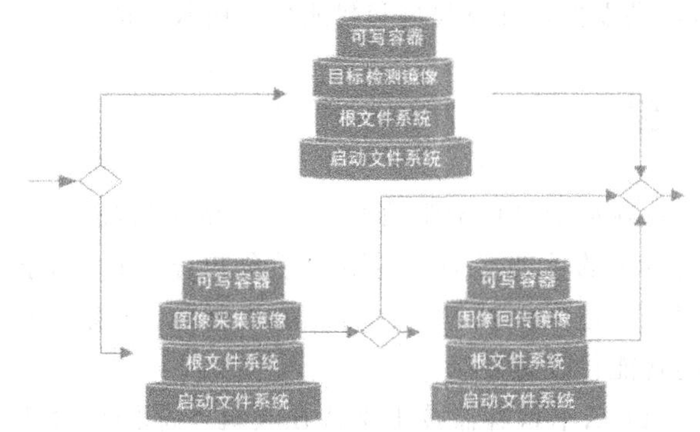

图2 边缘侧目标检容器集群设计

3. 基于容器的敏捷开发模式设计

飞机信息系统或软件交付方式仍以传统的瀑布开发模式为主，缺少灵活多变、快速迭代的能力，大大影响了飞机信息系统或软件系统升级的效率。国外的一些飞机制造商，已经开始关注和转变到敏捷软件开发交付模式，而快速迭代、CI/CD（持续集成和持续开发）是敏捷模式的核心；虚拟化容器技术由于具有一次打包、到处运行的优势，能大幅提高敏捷开发交付能力。如图3所示为利用容器技术的敏捷开发模式设计的流程示意图。图中开发人员将代码提交到CI/CD工具，进行应用的镜像构建，然后发布至云中心平台的镜像库。边缘侧的飞机产品在联网条件下，直接拉取镜像运行，能够大大提高飞机信息系统和固件的更新迭代速度。

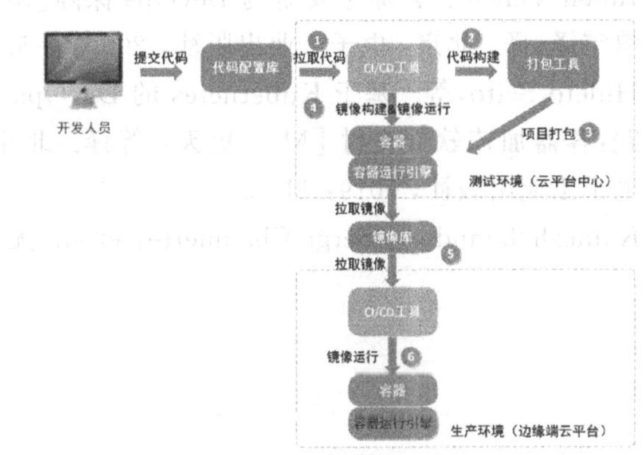

图3 利用容器技术的敏捷开发模式设计

3.3 应用前景分析

容器技术在边缘计算设备上的应用已证明是可行的，如容器技术在物联网计算平台树莓派上的运行已得到验证[9]；已有研究验证容器技术能够在实时操作系统上运行[10]；国外一些飞机产品已开始利用云平台和容器技术进行设备的智能化升级改造工作[11]。在实际工作中根据本文提供的设计方案，利用物联网技术和容器技术，实现了基于Pixhawk无人机开源平台的容器技术应用，证明提出的设计方案是可行的。云平台和容器技术能够为飞机产品的智能化升级改造赋能,提供虚拟化计算集群和智能化应用服务能力。

4 结 论

在新型信息技术驱动下,飞机产品面临数字化、智能化带来的重要机遇。利用云平台和容器技术,能够实现飞机边缘侧计算平台的虚拟集群化,支持飞机产品的智能化改造升级。

(1) 云平台容器技术支持在飞机产品侧计算平台上运行虚拟化的计算集群,支持智能化应用运行和智能化改造升级。

(2) 通过计算模式设计、边缘侧计算单元设计、敏捷开发模式设计能够支持云平台容器技术在飞机产品上的应用。

参考文献

[1] Ian Miell. Docker 实践[M]. 2 版. 杨锐,吴佳兴,梁晓勇,等译. 北京:人民邮电出版社,2020:45-46.

[2] Cornelia Davis. 云原生模式 [M]. 张若飞,译. 北京:电子工业出版社,2020:7-9.

[3] Julien Vehent. 云原生安全与 DevOps 保障[M]. 覃宇译,译. 北京:电子工业出版社,2020:2-5.

[4] Hideto Saito,等. 基于 Kubernetes 的 DevOps 实践:容器加速软件交付 [M]. 史天,等译. 北京:电子工业出版社,2019:11-13.

[5] KameshNamuduri, Serge Chaumette, et al. 无人机网络与通信 [M]. 刘亚威,闫娟,译. 北京:机械工业出版社,2019:146.

[6] 全权. 多旋翼飞行器设计与控制实践 [M]. 北京:电子工业出版社,2020:32.

[7] Rajkumar Buyya, Satish Narayana, Srirama. 雾计算与边缘计算:原理及范式 [M]. 彭木根,孙耀华,译. 北京:机械工业出版社,2020:100.

[8] 林庆峰,谌利,奚海蛟. 多旋翼无人飞行器嵌入式飞控开发指南 [M]. 北京:清华大学出版社,2017:54.

[9] Docker 集群在树莓派上的应用[EB/OL]. (2016-08-27)[2021-05-31]. https://blog.alexellis.io/live-deep-dive-pi-swarm/.

[10] 利用 Arm 和 Rancher k3s 轻量级容器集群加速边缘计算[EB/OL]. (2019-12)[2021-05-31]. https://info.rancher.com/hubfs/eBooks,%20reports,%20and%20whitepapers/ARM%20White%20Paper,-V3%20(2).pdf? hsCtaTracking=34754c8a-d543-4347-b1b5-38b4f4261192%7C6a-6807a2-575e-4aa2-bd70-73c3f3ff518a.

[11] DoD 企业 DevSecOps 计划[EB/OL]. (2021-02-22)[2021-05-31]. https://www.nist.gov/system/files/documents/2021/02/22/05%20-%20Nicolas%20-%20DoD%20Enterprise%20DevSecOps%20Initiative%20-%20Keynote%20Presentation%20v2.0-w%20ZT.pdf.

新型横向两点式布局固定翼无人机设计及验证

李支强[1,*]，李传江[2]，杨磊[2]，王稀维[1]

1. 中航贵州飞机有限责任公司 贵州贵飞飞机设计研究院有限公司，安顺 561000

2. 贵州大学机械工程学院，贵阳 550025

摘要： 本文针对现有固定翼无人机受起降环境限制等问题，设计了一种适用于野外环境下起降的新型横向两点式布局无人机，在分析其设计原则的基础上，依次对该机型的总体气动布局、重心布置、动力系统及起降系统的设计进行了详细阐述，最后利用仿真分析验证了气动布局的可行性，采用缩比验证方式制作缩比模型并通过试飞实验证明了该机型的优异性能。该新型方案在满足普通固定翼无人机的航程和载荷要求基础上，保证了机身的轻量化，具有较强的越野性能及灵活性，为特殊环境下固定翼无人机的任务执行提供了科学方案。

关键词： 新型无人机；固定翼；两点式布局；缩比验证

Design and Verification of a New Horizontal Two-point Layout Fixed-wing UAV

LI Zhiqiang[1,*], LI Chuanjiang[2], YANG Lei[2], WANG Xiwei[1]

1. Guizhou Guifei Aircraft Design and Research Institute Co. Ltd., AVIC Guizhou Aircraft Co., Ltd., Anshun 561000, China

2. School of Mechanical Engineering, Guizhou University, Guiyang 550025, China

Abstract: In view of the existing fixed-wing UAVs limited by the take-off and landing environment, a new type of horizontal two-point layout UAV suitable for take-off and landing in the field environment was designed. Based on the analysis of its design principles, the overall pneumatic layout, center of gravity layout, power system and take-off and landing system design of the aircraft were elaborated. Finally, the feasibility of the aerodynamic layout was verified by simulation analysis. The scaled-down model was made by the scaled-down verification method and the flight test experiment proved the excellent performance of the model. On the basis of meeting the range and load requirements of ordinary fixed-wing UAVs, this new model ensures the light-weight of the fuselage, has strong off-road performance and flexibility, and provides a scientific solution for the mission execution of fixed-wing UAVs in special environments.

Keywords: new UAV; fixed wing; two-point layout; scale-down verification

固定翼无人机凭借其优秀的续航能力和载重能力，近年来获得了迅猛发展，已成功应用于多个领域[1-5]。但固定翼无人机起降受场地环境的限制，尤其在野外复杂环境下其灵活性大大降低。针对该问题，现有研究大多基于前后三点式起落架系统，采用大直径机轮设计，但是存在机身笨重以及飞行阻力大等不足[6]。同时，由于固定翼无人机起降时迎角固定，在保证飞机其他性能、滑跑距离不变的前提下，若要保证主起落架以正迎角降落时先着陆，则对飞行员的飞控技术提出了较高要求[7-8]。

为此，迫切需要设计新型固定翼无人机以适应各种复杂野外环境下的起降。本文提出一种横向两点式布局固定翼无人机设计方案，在保持固定翼航程和载荷的基础上，可部署于戈壁滩、草原和硬质土地等区

基金项目：贵州省高等学校集成攻关大平台项目，无人机试验试飞集成公关大平台（黔教合 KY 字[2020]005）；智能制造人才培养基地（黔教合 KY 字[2020]009）；贵州省创新型领军企业（黔科合成果 KY 字[2016]4704）

* 通讯作者. E-mail: LiZhiqianggf@163.com

域,具有优异的越野性能,能够灵活实现野外军事作战及民用勘测等任务。

1 设计原则

横向两点式布局固定翼无人机在设计过程中除考虑一般固定翼无人机的设计原则外,还需兼顾其特殊性,具体包括:

(1) 起降环境的特殊性。横向两点式布局固定翼无人机应用于戈壁滩、草原和硬质土地,通常沙石体型较大且存在着一定的坡度。这对无人机的越野性提出了较高要求。

(2) 起降系统的特殊性。为满足横向两点式布局固定翼无人机的越野性,需设计直径相对较大的机轮,但是大直径机轮会导致机身过重。因此需要通过与飞机其余系统开展融合性设计来消除大直径机轮的弊端。

(3) 横向两点式起降系统布局稳定的特殊性。无人机的稳定性包含静态停放和起降阶段的稳定。其中静态停放需要满足停放环境的坡度要求,起降阶段则通过对飞控和气动布局的特殊设计以达到在动态环境下的飞机起降滑行轨迹可控。

(4) 起降方式的特殊性。起降方式涉及滑跑时飞机的姿态、俯仰姿态、航向姿态等方面,在设计中必须综合考虑,以实现无人机的安全平稳起降。

2 方案研究

根据横向两点式布局固定翼无人机涉及的特殊因素,结合国内外现役的同类级别的战术无人机,提出一种适用于野外环境下起降的固定翼无人机设计方案,并对其总体气动布局、重心布置、动力系统及起降系统布局等展开详细介绍。

2.1 设计参数

横向两点式布局固定翼无人机主要用于军事及民用领域,以执行侦察作战、地形勘测、抢险救灾等任务。为保证本文提出新型固定翼无人机具有一定的续航、载荷等能力,同时满足整机以及起降系统在结构设计方面的简便性,本方案主要设计参数如表1所列。

表1 主要设计参数

全机		起降系统	
翼展/m	4.8	机轮直径/m	0.7
机高/m	0.97	低头角/(°)	15
机长/m	2.56	擦地角/(°)	10
最大起飞重量/kg	100	轮距/m	0.85
机翼面积/m^2	2.6	平均气动弦长/m	0.563
前缘后掠角/(°)	3	安装角/(°)	2
上反角/(°)	3	失速迎角/(°)	15
起飞速度/(km·h^{-1})	≥100	巡航速度/(km·h^{-1})	200
航时/h	≥4	航程/km	≥800

2.2 总体气动布局

横向两点式布局固定翼无人机在结构上采用了椭圆形机身、中单翼、双尾撑的布局方式。其中,在椭圆形机身的前部安装光电吊舱,后部安装后推式发动机系统;两套大直径机轮系统分别布置于机身两侧,通过中等展弦比的梯形机翼实现轮、机身的贯穿连接;平尾置于双尾撑之间,垂尾安置在平尾中部且向外突出,平尾与垂尾的组合设计能够充分利用发动机产生的滑流,更好地实现无人机飞俯仰和航向操控性能。横向两点式布局固定翼无人机的三视图如图1所示。

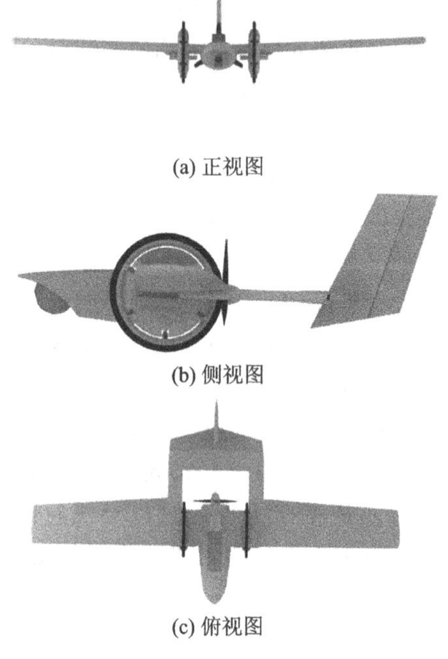
(a) 正视图
(b) 侧视图
(c) 俯视图

图1 无人机三视图

2.3 重心布置

为使横向两点式布局固定翼无人机具有较好的飞行姿态及控制稳定性，重心布置采用静稳定的配平方式，使重心 G 位于全机升力点 L 之前。大直径机轮停放在地面时会产生切点，通过切点做地面的法线，法线必通过机轮圆心 O，全机的质量重心 G 必须位于这条法线上，考虑到停放环境的坡度问题，全机质量中心同时需要低于大直径圆心 O。大直径机轮圆心 O、重心、升力点 L 的位置关系如图 2 所示。

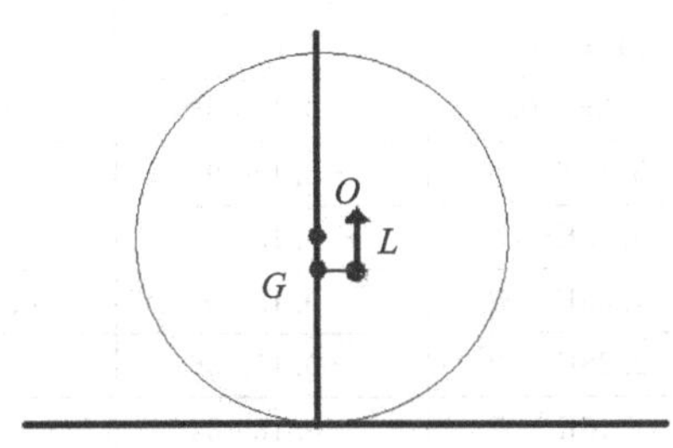

图 2　重心位置示意图

2.4 动力系统

在横向两点式布局固定翼无人机动力系统的位置设计中，考虑到发动机推力轴会给全机带来低头力矩，从而导致飞行过程中的低头效应；同时，由于两点式布局无起落架设计，则需保证飞机重心低于大直径轮圆心，实现飞机的自我平衡。因此，螺旋桨安装位置不宜距离圆心较远，否则飞机起降时俯仰角过大容易损坏螺旋桨。发动机安装角为正，保证发动机启动时飞机为正迎角起飞，螺旋桨桨尖形成的圆片靠近两个大直径机轮的圆心轴，在不露除大直径机轮形成的圆柱体基础上，桨尖与圆柱体需保持一定的距离。

2.5 起降系统布局

在横向两点式布局固定翼无人机的起降系统中，起落架装置的重量常常约占飞机整个结构重量的 10%[9]，如果在本方案大直径机轮基础上采用传统的起落架布局设计，起落架将会大大超重。为此，采用消除起落架和引入质量共用分摊两种方式控制重量比例，即不引入起落架设计，通过利用大直径机轮中间的空间融合油箱和挂架融合设计，实现重量和空间的共用。具体设计方案如图 3 所示。起降系统由滚动外圈和固定扁圆体油箱组成，中间通过限位减震器来连接固定，限位减震器沿变体油箱外圈布置，保证滚动外圈实验室转动和减震，限位减震器由 U 型轴承、减震弹簧和连接头构成。

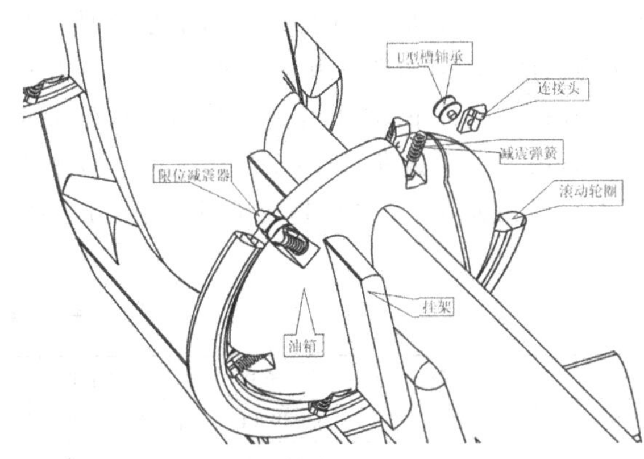

图 3　起降系统结构剖视图

2.6 起降控制设计

横向两点式布局固定翼无人机的起降控制采用了独特设计。在起飞阶段，全机通电飞控自动检测正常后才启动发动机。飞机的俯仰限制由机械性自平衡控制和飞控计算机控制，机械性自平衡控制利用不倒翁原理，通过自身的平衡性控制飞机机体和方向舵部与地面接触；飞控计算机通过对飞机姿态的感知，及时反馈控制升降舵和方向舵，升降舵面控制飞机的起飞迎角，方向舵面控制飞机滑跑纠偏。在降落阶段，调整对准跑道，利用飞控的增稳功能，减小油门控制量输出，飞机横向由飞控控制，平稳着陆时发动机带速便于飞机在地面滑跑实现转向控制。该机型的起降方式与常规起降方式的对比如表 2 所列。

表 2　横向两点式起降方式与常规起降方式对比

性能对比项	横向两点式布局固定翼	常规布局（含前后三点式和自行车式）
起飞迎角调整	有	无
原地转动	有	无
负迎角降落	有	无
起落架重量占比	较大	较小

3 无人机设计合理性验证

3.1 气动布局仿真验证

无人机的气动布局与飞机的动态特性及所受到的空气动力密切相关，关系到飞机的飞行特征及性能[10]。

为此，为保证横向两点式布局固定翼无人机的气动布局合理性，通过 CFD 软件对其气动布局进行模拟计算，计算结果如表 3 所列，并将计算结果生成马赫数云图及压力云图，分别如图 4 和图 5 所示。在设置速度为 0.06 马赫的条件下，得出升力系数与迎角的关系如图 6 所示，最大失速迎角为 15°，当设计起飞迎角为 8°时，升力系数约为 0.7。设计起飞重量为 100 kg 时，根据表 3 的 CFD 计算数据，通过飞机机翼升力公式 $Y=Cy\ \frac{1}{2}\rho V^2 s$，可计算出起飞速度约为 104 km/h。以 4°左右为巡航迎角的时候，巡航速度为 200 km/h，均符合表 1 中的设计参数要求。通过对气动布局的仿真验证，证明了该机型具有良好的机动性。

表 3　CFD 计算结果数据

迎角/(°)	马赫数	阻力系数	升力系数	滚转力矩系数	偏航力矩系数	俯仰力矩系数	稳定度
0	0.06	0.089 14	0.159 29	5.94E−03	3.13E−04	−0.082 31	—
4	0.06	0.069 7	0.453 38	−2.38E−03	5.13E−03	−0.108 65	−0.091 41
8	0.06	0.031 57	0.716 41	−1.17E−02	−5.11E−03	−0.130 94	−0.086 54
12	0.06	−0.008 8	0.944 4	−6.41E−03	−3.55E−03	−0.155 77	−0.112 58
16	0.06	−0.044 7	1.039 66	−2.37E−02	−1.68E−02	−0.151 01	0.055 333
20	0.06	−0.033 5	1.089 01	−4.21E−02	−2.28E−02	−0.172 36	−0.925 28
24	0.06	−0.023 5	1.144 53	−3.74E−02	−4.46E−02	−0.186 84	−0.711 81

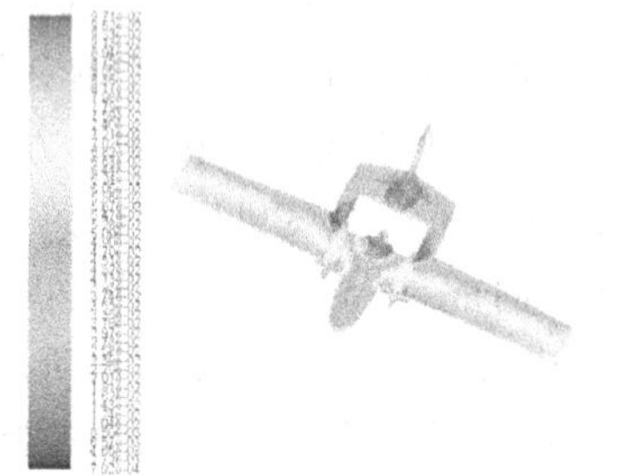

图 4　马赫数云图

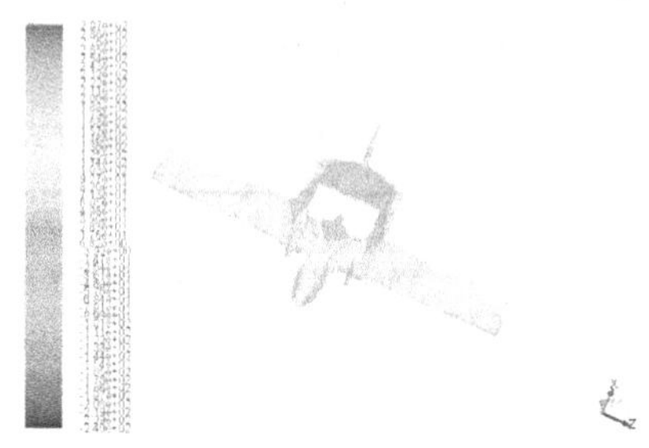

图 5　压力云图

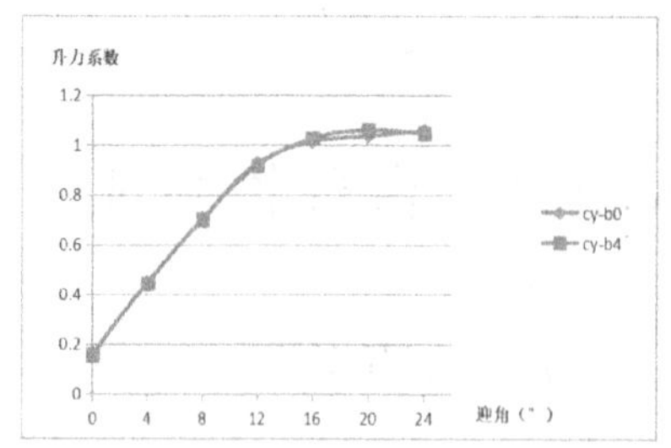

图 6　升力系数与迎角关系图

3.2　试飞验证

在仿真验证无人机气动布局合理性基础上，进一步采用缩比验证的方式对设计方案进行工程化验证，通过等比例缩小，将尺寸缩小为设计飞机的 40%，其中翼展 1.92 m，翼展 1.02 m，机高 0.44 m，起飞重量 6 kg。缩比验证机如图 7 所示。

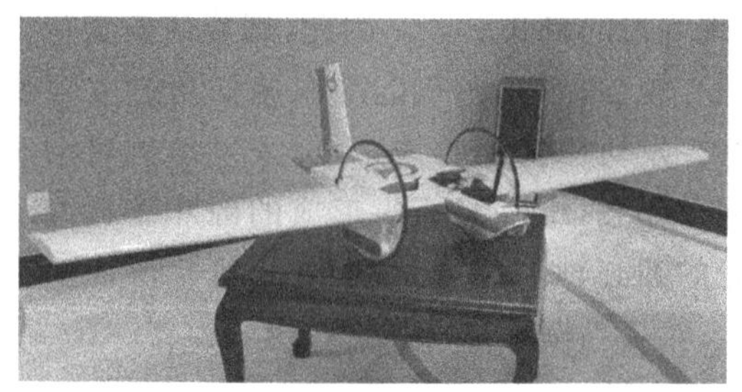

图 7　缩比验证机图

缩比模型的动力系统采用 2820，920 kV 的无刷电机，总功率为 750 W，螺旋桨型号为 13X6，在动力舱各配一套同规划的锂电池，规格为 4 s，电压为 14.8 V，总功率为 16 600 mA・h。起降系统机轮由两个外径为 307 mm 的等截面超薄壁轴承组成，外圈加装直径为 304 mm 的舰载橡胶圈，最终大直径机轮外径为 313 mm。超薄轴承内圈区域布置电池舱，电池舱设置在大直径机轮的重心下，挂点设计在大直径机轮圆心附近，保证挂载外物的时候不影响重心的移动。

3.3 验证结果分析

通过缩比验证机多次试飞实验证明了设计方案的可行性,起飞前全机通电,飞控启动正常工作,将飞控工作模式转换为普通增稳模式。在推起油门杆的同时轻拉升降杆,保证飞机滑跑的时候不低头,操控方向舵面控制飞机滑跑轨迹,当地面站显示速度超过最小起飞速度时,可拉升降舵使飞机起飞,进入设定的航线后进入降落阶段;降落时飞机横向纵向在飞控的控制下姿态保持平稳,减小油门降低高度进入降落跑道区域,降落的同时无需担心飞机负迎角降落,刚接触地面时由于惯性,飞机会保持低头滑行导致飞机迎风截面增大,能够缩小降落距离,当速度降低时发动机应保持带速以便于操控飞机在地面滑行,缩比验证机试飞实验如图 8 所示。

图 8 缩比验证机试飞图

3.4 验证问题讨论

同时,在试飞过程中,发现以下问题需要进一步讨论,飞机起飞离地时发现航向会右偏航。通过分析发现该现象发生原因为,飞机两个超薄轴承加速到起飞速度后离地,其摩擦力不同引起了外圈的角速度 w 和进动角速度 Ω 的差异。由赖柴耳定律及陀螺的近似理论得知,此时根据陀螺力矩公式 $M=J_Z w\Omega$ 计算出右机轮陀螺力矩向前,左机轮陀螺机轮向后,其中 J_Z 为超薄轴承外圈围绕圆心的转动惯量。产生的左右陀螺力矩会导致飞机偏航,但是本设计能够将其控制在飞机的有效偏航力矩范围内。

4 结 论

为实现野外环境下的无人机任务执行,本文设计了一种横向两点式布局固定翼无人机,针对其整体结构布局、重心位置、动力系统及起降系统等提供了详细的设计方案,并通过仿真分析软件及缩比模型试飞实验,分别验证了气动布局的合理性及设计方案的可行性。该机型与已有机型相比,具有较强的越野性能,通过起落系统、油箱系统和挂架系统之间的融合设计,实现起落系统的轻量化。综合而言,该机型综合性能优异,在野外环境下的军事与民用领域具有较大应用潜力。

参考文献

[1] 朱航,王月,兰玉彬,等. 长航时轻型固定翼家用遥感无人机设计与仿真[J]. 农业机械学报,2021,52(3):234-242.

[2] 陈飞,崔健,王郑. 垂起固定翼无人机激光雷达的电力巡检应用[J]. 测绘科学,2020,45(12):77-80,125.

[3] 鲁亚飞,邓小龙,郭正,等. RQ-21 舰载固定翼无人机及其在美军中的作用地位探析[J]. 飞航导弹,2020(2):55-59.

[4] 付国强,陈建国,司亮,等. 中程固定翼无人机发展综述及总体设计技术研究[A]. 2019 年(第四届)中国航空科学技术大会论文集[C]. 2019:7.

[5] 赵立根,姜霞. 固定翼无人机倾斜摄影在 1:500 地形图测绘中的应用[J]. 测绘与空间地理信息,2021,44(5):175-177,182.

[6] 王祥科,刘志宏,丛一睿,等. 小型固定翼无人机集群综述和未来发展[J]. 航空学报,2020,41(4):20-45.

[7] 邱潇颀,高长生,荆武兴. 变质心固定翼无人机动力学分析与抗扰控制[J]. 北京航空航天大学学报:1-12.

[8] 罗俊海,王芝燕. 无人机探测与对抗技术发展及应用综述[J]. 控制与决策.

[9] 刘媛媛. 垂直起降固定翼无人机设计、控制与试验[D]. 南京:南京航空航天大学,2018.

[10] 王军杰. 多旋翼飞行器的气动布局设计与气动特性分析[D]. 南京:南京航空航天大学,2019.

一种L形折叠"中"字形布局无人飞行器的设计及验证

王稀维[1,*],杨磊[2],李传江[2],李支强[1]

1. 中航贵州飞机有限责任公司贵州贵飞飞机设计研究院有限公司,安顺 561000

2. 贵州大学机械工程学院,贵阳 550025

摘要: 根据未来战场的需求,本文提出了一种L形折叠"中"字形布局无人飞行器设计方案,采用"中"字形气动布局能够实现极小空间里的存储与投放,详细介绍了三翼面设计、L形折叠机构及控制方式设计方案,通过气动仿真及飞行演示,证明了该设计的可行性及优越性。该新型无人飞行器相比现有设备,具有机身轻、折叠便捷、续航能力强等优势,同时能携带一定任务载荷设备,为未来战场复杂场景下的无人飞行器作战提供了新的技术方案和理论指导。

关键词: 无人飞行器;折叠;新型布局;飞行验证

Design and Verification of an Unmanned Aerial Vehicle With L-shaped Folding Mid-font layout

WANG Xiwei[1,*], YANG Lei[2], LI Chuanjiang[2], LI Zhiqiang[1]

1. Guizhou Guifei Aircraft Design and Research Institute Co. Ltd., AVIC Guizhou Aircraft Co. Ltd., Anshun 561000, China

2. School of Mechanical Engineering, Guizhou University, Guiyang 550025, China

Abstract: According to the needs of the future battlefield, an L-shaped folding mid-shaped layout UAV design plan is proposed. The use of a "zhong"-shaped aerodynamic layout can achieve storage and delivery in a very small space. The design of the three-wing surface, the L-shaped folding mechanism and the control method are introduced in detail, and the feasibility and superiority of the design are proved through aerodynamic simulation and flight demonstration. Compared with the existing equipment, this new type of unmanned aerial vehicle has the advantages of lighter body, convenient folding, and strong endurance. At the same time, it can carry certain mission load equipment, which provides new opportunities for unmanned aerial vehicle operations in complex scenarios in the future battlefield. Technical solutions and theoretical guidance.

Keywords: unmanned aerial vehicle; folding; new layout; flight verification

随着无人机技术的发展,其应用已经渗透到各个领域,如植保[1-2]、森林防火[3]以及湖泊管理[4]等。无人机因其"平台无人、系统有人"的属性以及非接触、可长时间工作、环境适应力强等特点,是世界各国高度重视的新方向、新技术[5]。近年来,越来越多的折叠翼无人机见之于新型无人机设计方案中,而且随着技术的进步,其优异的潜能逐渐被发掘出来[6]。

无人机的总体性能、运输携带以及使用部署一直是无人机设计考虑的主要因素[7-8]。其中运输携带和使用部署就涉及到无人机的折叠和展开技术,要求其存储空间尽量小,以便于携带运输;同时要求具有良好的续航能力与操控性能。传统的折叠机翼往往通过机械式的作动机构实现折叠展开,典型的折叠方式为横向折叠[9]和纵向折叠[10],如图1和图2所示。其中图1

基金项目:贵州省高等学校集成攻关大平台项目,无人机试验试飞集成公关大平台(黔教合KY字[2020]005);智能制造人才培养基地(黔教合KY字[2020]009);贵州省创新型领军企业(黔科合成果KY字[2016]4704)

* 通讯作者. E-mail: 287898332@qq.com

是以色列的"女妖"无人机，采用外翼段横向折叠，对于大展弦比的机翼折叠技术要求高；图2是通过机身上的特定转轴实现纵向折叠，不适用于太大的翼面。因此，若采用常规的折叠方式，即以机身为主，机翼围绕机身旋转，这将导致折叠结构笨重、机翼的强度与刚度减弱进而影响机翼传力效果和续航能力。

图1 横向折叠翼无人机

图2 纵向折叠翼无人机

为解决上述问题，本文设计了一种款全新布局的无人飞行器，通过L形结构件进行快速的展开与折叠，展开后呈"中"字形布局，前后机翼与主机翼呈阶梯分布，能够有效降低三个翼面间的相互干扰，在实现气动性能最优的同时有效提高飞机的升阻比，进一步提升了无人机的巡航性能。

1 设计方案

1.1 三翼面设计

本L形折叠"中"字形布局无人飞行器采用三发升力面设计，分为前机翼、主机翼、后机翼加腹鳍。通过一个折叠结构实现三个升力面的折叠，同时三个升力面成梯形分布，可降低相互之间的干扰。同时平飞的时候迎风面积小，以较小的推力即可获得较快的巡航速度，提升续航能力。通过锁机构能让飞弹射在安全高度后自动展开。动力系统、飞控系统和侦查设备装在主机翼中部。

1.2 L形折叠机构设计

本文设计的L形折叠"中"字形布局飞行器，如图3所示，包括前机翼、主机翼、后机翼、L形折叠件、折叠锁和动力系统，前机翼通过前机翼L形折叠件与主机翼连接，后机翼通过后机翼L形折叠件与主机翼连接，动力系统设置在主机翼中部，折叠锁系统设置在主机翼中部并分别与前机翼L形折叠件和后机翼L形折叠件对折叠连接。折叠机构通过里面的折叠锁系统，可以自动打开。该折叠无人机还避免了常规折叠飞机技术中存在的传力路线打断、强度降低的问题，采用L形折叠方式，即前、后机翼通过L形旋转连接件与主机翼连接，逆时针旋转折叠，主机翼不进行折叠。垂尾向内折叠，折叠后全机呈长方形，占用空间小，可自动展开，其折叠过程及折叠后分别如图4和图5所示。该L形折叠"中"字形布局无人机结构简单可靠，设计独具创新。采用飞控系统控制折叠系统工作，配合飞控增稳模式，保证飞机刚起飞时的姿态稳定，大大提高了无人机的运输便捷性。

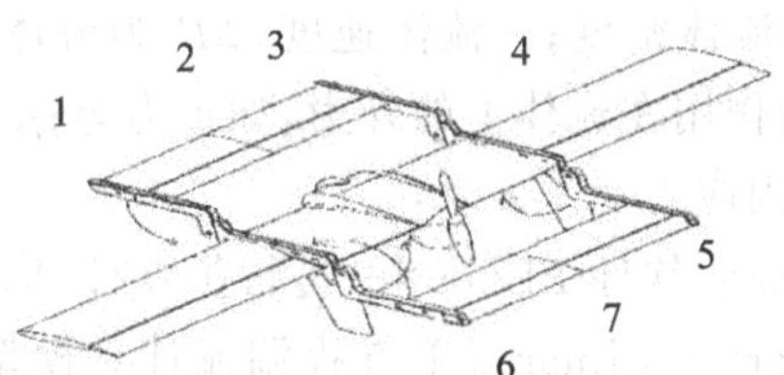

图3 L形折叠"中"字形布局无人机机构图

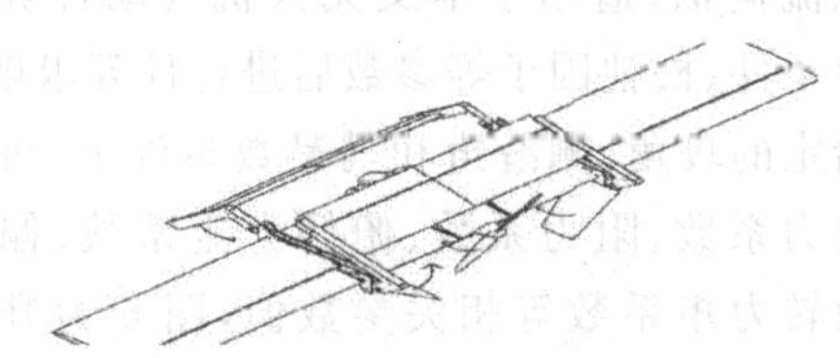

图4 折叠过程示意图

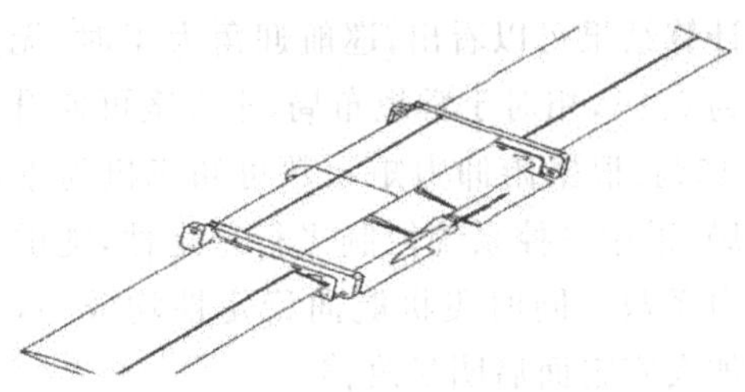

图5 折叠完成后示意图

1.3 控制方式设计

L形折叠“中”字形布局飞行器控制方式采用前翼和后翼联动，负责无人机俯仰控制，左右副翼负责无人机横滚。当无人机通过空中母机投放后，会受环境影响从而发生滚转，飞控能准确识别无人机在滚转多次后的姿态，到达指定高度后安全展开，然后按照指定的任务路线开展飞行任务。

2 实验验证

2.1 气动仿真与分析

为验证无人机的气动特性，通过三维建模，采用基于 Navier - Stokers 方程的飞行器气动系数有限元仿真计算分析方法，其仿真计算精度更高，为无人机的合理布局设计提供了保证。

建立飞行器气动 N - S 控制方程，模拟流体粒子动量、压力和耗散粘滞力的关系，N - S 方程的一般形式如下：

$$\rho(V/t + V \cdot \Delta V) = \Delta P + \rho P + \mu\rho \tag{1}$$

式中，ρ 为流体密度；V 流体速度；ΔP 为流体内部压力梯度；g 为作用在流体上的外力，如重力等；μ 为作用在流体上的内应力。

采用商业软件 FLUENT 进行仿真计算，计算模型采用 Spalart - Allmaras 单方程湍流计算模型，该模型相对简单，对网格质量不敏感，计算量小，多用于航空领域的绕流模拟，适用于本文无人机气动计算。通过设置边界条件、松弛因子等参数后进行计算求解。

在给定的攻角、侧滑角和马赫数条件下，可计算出对应的升力系数、阻力系数、俯仰力矩系数、偏航力矩系数和滚转力矩系数等相关参数值，图 6 为升力系数随攻角变化曲线，图 7 为俯仰力矩系数随攻角变化曲线。

从计算结果可以看出，巡航迎角为 4°时，无人机升力系数为 0.87，相对于常规布局，本方案可使升力系数增大约 15%；根据俯仰力矩系数可知飞机为纵向静不稳定布局，采用飞控系统控制飞行稳定性，能够获得更大的升力系数。同时飞机航向稳定性均较弱，在加装腹鳍或加大安定面后明显改善。

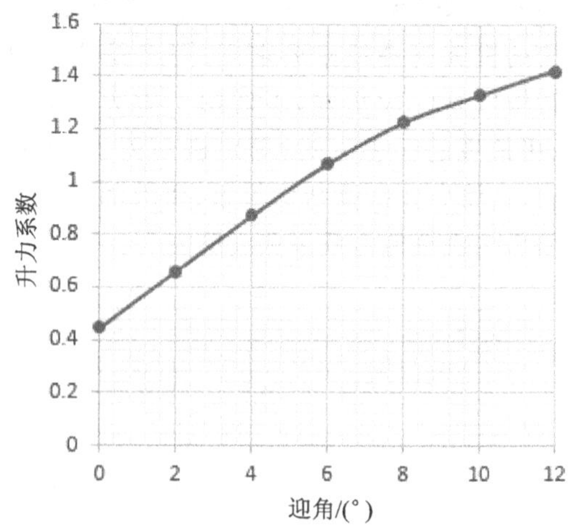

图 6 升力系数随攻角变化曲线

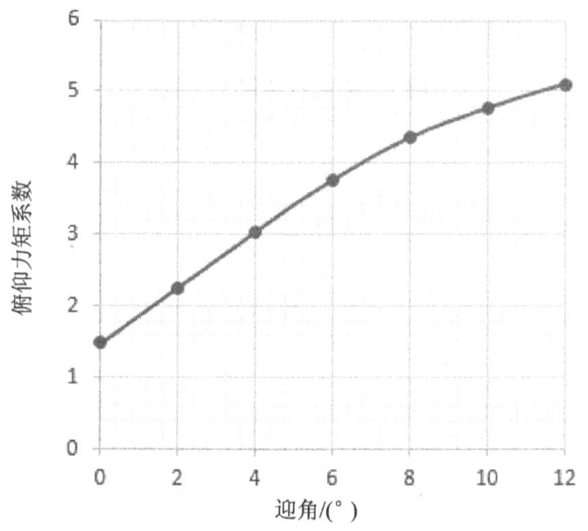

图 7 俯仰力矩系数随攻角变化曲线

2.2 飞行演示验证

进一步，制作了工程样机，如图 8 所示，经过多次试飞得出以下结论：起飞前打开前后翼折叠件，全机通电，飞控启动正常工作，把飞控工作模式切入普通增稳模式。推起油门杆，飞机螺旋桨启动，抛出飞机后轻拉升降杆，飞机起飞，操纵舵面控制飞机飞行轨迹，完成飞行后进入降落阶段；降落时飞机横向纵向在飞控的控制下姿态保持平稳，减小油门降低高度进入降落跑道区域，降低速度后平稳着地。切换至全自主飞行模式，推起油门杆，拉起升降舵飞机起飞，进入设定的航线进行自主飞行，进入降落模式后，采用兼容 rtk 高精度的飞控系统进行定点降落，着陆点精确且稳定。

根据飞行测试，得到该无人机的飞行性能：全机起飞重量在1.4 kg时，电机功率在70 W，11.1 V，1 500 mA·h电池可保持飞机续航时间为17 min。

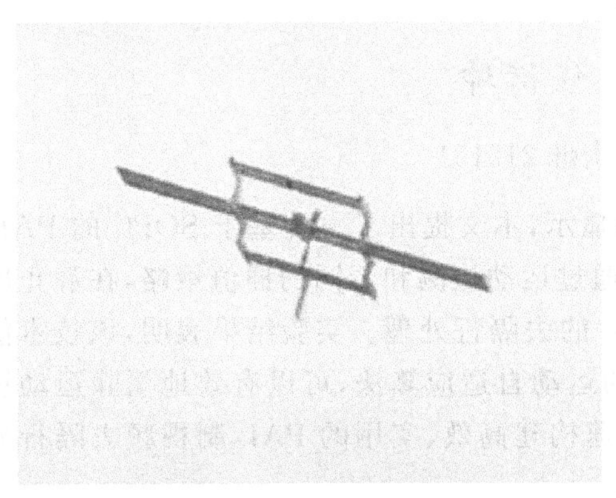

图8　飞行测试图

3　创新点

通过以上方案设计分析与验证，该L形折叠“中”字形布局无人飞行器创新点主要体现在以下三个方面：

1. 气动布局

气动布局设计满足了“中”字形飞机的气动力匹配，飞机采用三翼面布局，前、后翼与主翼采用串列式阶梯分布，有效降低三个机翼之间的相互干扰，提高了飞机的升力，增大了飞机的航程、航时等飞行性能。

2. 折叠机构

L形折叠方式克服了常规折叠带来的传力路线打断、强度/刚度减弱的难题，使飞机能够自动快速展开。L形折叠驱动装置主要由折叠锁系统组成，结构简单、重量轻，驱动能力稳定可靠。

3. 飞行控制

飞控系统在启动后能对飞机姿态进行识别，对于飞机在空中投放时会引起滚转，飞机滚转多次展开后正常工作。

4　结　论

本文围绕无人飞行器的折叠方式展开讨论，设计了一种L形折叠“中”字形布局无人飞行器，机身连接采用L形连接件折叠系统的方式，能够降低对飞机飞行性能的影响；利用仿真分析及试飞演示证明了其总体布局、气动布局、飞行控制系统的合理性与可行性，最终证明了该设计的应用效果及应用价值。

参考文献

[1] 徐小杰，陈盛德，周志艳，等. 值保无人机主要性能指标测评方法的分析与思考[J]. 农机化研究，2018，40(12)：1-10.

[2] 陈盛德，兰玉彬，李继宇，等. 植保无人机航空喷施作业有效喷幅的评定与试验[J]. 农业工程学报，2017，33(7)：82-90.

[3] 赵伟，于芳芳，范晓婧，等. 无人机森林防火系统的火灾图像识别仿真[J]. 计算机仿真，2018，35(9)：459-464.

[4] 黄宇，陈兴海，刘业林，等. 基于无人机高光谱成像技术的河湖水质参数反演[J]. 人民长江，2020，51(3)：205-212.

[5] 汪浩洋，杨梅枝. 美军无人机发展现状及趋势[J]. 飞航导弹，2020(2)：46-50.

[6] 廖波，袁昌盛，李永泽. 折叠机翼无人机的发展现状和关键技术研究[J]. 机械设计，2012，29(4)：1-5.

[7] 邵朋院，董彦非，李继广，等. 基于LPV系统的折叠翼仿生变形无人机模型预测控制方法研究[J]. 西安航空学院学报，2020，38(3)：3-10.

[8] 刘瑞，杨小川，孟德虹，等. 两种展弦比下折叠翼无人机气动特性模拟研究[A]. 第十一届全国流体力学学术会议论文摘要集[C]. 2020：1.

[9] 魏文菲. 无遮挡航拍四旋翼飞行器结构设计与仿真研究[D]. 太原：中北大学，2017.

[10] 姚铭，董高原，尹翔. 潜射无人机几种不同折叠翼方案分析比较[J]. 机械设计与制造工程，2014，43(10)：21-26.

机载 PAL 制视频信号去隔行技术研究与实现

于小燕，王昱煜，苗莉，任衍坤

苏州长风航空电子有限公司，苏州 215151

摘要：为了能够在飞机座舱显示器上实现模拟隔行视频信号源的显示，本文提出了一种基于 SOPC 的 PAL 制视频信号去隔行技术，以 FPGA 为硬件平台，采用运动自适应算法，通过运动检测和不同的插值策略，在静止区域采用场合并法，在运动区域采用单场插值算法，从而实现 PAL 制信号的去隔行处理。实验结果表明，该技术能够有效地实现模拟视频去隔行功能，显示画面完整。同时，本文提出的运动自适应算法，可以有效地消除运动锯齿现象，提高图像显示垂直清晰度。采用本文提出的技术方案能够快速构建高效、实用的 PAL 制视频去隔行显示系统，显示效果和硬件成本均满足机载座舱显示器的需求。

关键词：PAL 制模拟视频信号；SOPC；去隔行处理；运动自适应

The Research and Implementation of Deinterlacing Technology of Airborne PAL Video Signal

YU Xiaoyan, WANG Yuyu, MIAO Li, REN Yankun

Suzhou Changfeng Avionics Co. Ltd., Suzhou 215151, China

Abstract: To display several analog interlaced signals on airborne displayer, a video signal deinterlacing method based on SOPC is given in this paper. The method adopts motion adaptive algorithm, applies motion detection and different interpolation algorithm by using weave in static parts and bob in motion parts, and then implements deinterlacing process in FPGA. The result shows that the method can deinterlace PAL effectively and display correctly. Otherwise, the motion adaptive algorithm eliminates sawtooth and improves the vertical resolution. With the method proposed, an efficient and practical video deinterlacing system can be built quickly with good display quality and low hardware cost.

Keywords: PAL analog video signal; System on Programmable Chip (SOPC); deinterlacing process; adaptive motion

机载座舱显示器是飞行员与飞机系统、周围作战环境之间最重要的人机接口之一，在战场、海陆空三军的作战指挥、武器控制及信息处理系统中占有十分重要的地位[1-2]。随着视频显示技术的不断发展，机载显示器逐渐由体积大、能耗高的阴极射线管显示器(CRT)向更轻巧、更可靠的液晶显示器(LCD)发展[3]。现行的机载座舱显示器一般采用 LCD 显示器，其输入源为逐行视频信号，而多数机载显控处理系统发送给座舱显示器的信号是 PAL(Phase Alteration Line)制模拟视频信号。为了能够在 LCD 上兼容 PAL 制信号源的显示，需要将隔行视频转换为逐行视频[4]。

本文针对小体积、低功耗的机载显示器，基于 SOPC 实现模拟视频去隔行设计，采用运动自适应算法在画面不同区域进行运动检测和插值运算进而实现去隔行处理，最终在 LCD 上显示逐行视频画面，显示画面垂直清晰度高、无运动锯齿现象。本设计采用 SOPC 设计方法，方便了数据通道的建立、处理器核的添加以及外部存储器的访问，极大地简化了系统设计。

1 PAL 制信号及传统去隔行算法

1.1 PAL 制信号

PAL 制视频信号全称为倒相正交平衡调幅视频，

具有抗干扰、带宽小等特点[5]。标准的 PAL 制视频信号的帧频为 25 Hz,视频数据为 864×625(每行包含 864 个像素,共 625 行),其中有效视频数据为 720×575(每行包含 720 个有效像素,共 575 行)。完整的一帧 PAL 制视频信号由奇偶两场隔行视频信号组成,场频为 50 Hz,奇场在前(包括 1～312.5 行,有效行数为 23～310),偶场在后(包括 312.5～625 行,有效行数为 336～623),水平同步信号用来标志一行像素的开始,垂直同步信号用来标志一帧的图像开始。

1.2 去隔行算法

去隔行算法较多,传统的基本方法有:单场插值法和场合并法[6]。

单场插值法利用同一场内相邻行之间的相关性,通过复制前一行的像素或者利用前后行像素的平均值来产生新的像素。当图像亮度变化比较平稳时,单场插值去隔行技术的效果较好。但是,它会使视频信号垂直方向上的高频分量被抑制,降低图像垂直方向上的清晰度。与场合并法对比,单场插值法的硬件实现代价是最小的。

场合并法利用相邻场之间图像的相关性,将连续相邻的两场直接合并形成一个完整的帧图像。如果图像处于静止状态或运动缓慢时,则场合并法具有较好的效果;如果是运动图像,则由于视频画面在奇场和偶场的位置不同,合成的画面会在图像中运动物体的边界造成较为明显的"锯齿"现象。与单场插值法相比,场合并法需要较大的硬件实现代价。

2 自适应去隔行算法

本文提出运动自适应去隔行法,根据运动信息来调整去隔行策略,在不同区域采用适合于该区域的算法。通过运动检测将图像分为运动区域和静止区域,对于静止区域采用场合并法进行去隔行处理,对于运动区域采用单场插值法进行去隔行处理[7-10]。插值得到最终的像素点与原隔行场中的像素合并,形成完整的逐行视频画面输出。运动自适应法可以有效地消除运动锯齿,提高图像的垂直清晰度,是一种在硬件资源消耗和显示效果之间达到较好平衡的方法。

2.1 运动检测

为了在图像的运动和静止两个状态都能获得较好地插值效果,需要对图像进行运动检测,根据相邻图像的差异估算出图像的运动信息,针对不同的区域采用不同的插值方法。自适应去隔行算法的关键是进行精确的运动检测。

本文采用的运动检测算法为四场水平运动检测算法,使用了相邻的四场 3×3 的像素块,如图 1 所示,其中 X 为待插值像素,其他为原始像素。

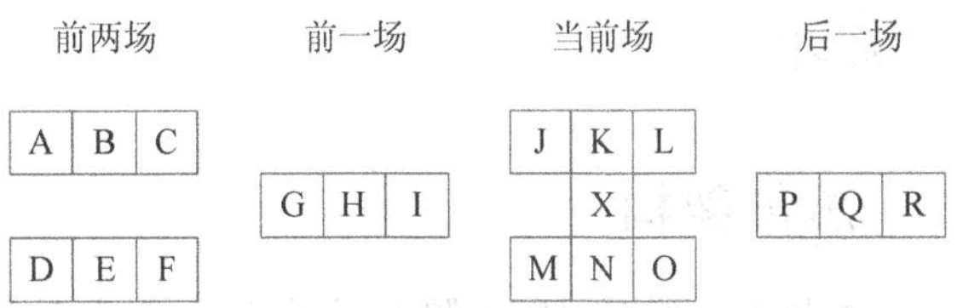

图 1 运动检测过程示意

定义前两场与当前场的绝对像素差为

$$D1=\{|A-J|,|B-K|,|C-L|,|D-M|,|E-N|,|F-O|\} \quad (1)$$

定义前一场与后一场的绝对像素差为

$$D2=\{|G-P|,|H-Q|,|I-R|\} \quad (2)$$

定义检测出的相关性变量为

$$D=\min\{D1,D2\} \quad (3)$$

将计算出相关性变量 D 和预先设定好的阈值 T 比较,T 由经验获得,输出检测结果,"1"表示运动点,"0"表示静止点,运动检测结果 α 即为

$$\alpha=\begin{cases}1, & D \geqslant T(\text{运动点}) \\ 0, & D < T(\text{静止点})\end{cases} \quad (4)$$

2.2 插值算法

通过运动检测区分出静止区域和运动区域后,对不同区域采用不同的插值方法。对于静止区域采用场合并法,方法简单而且效果很好,主要是使用前后两场对应像素点的平均值进行插补。插值算法如式(5)所示,其中,F_s 表示静止点。

$$F_s(x,y)=[F_{s-1}(x,y)+F_{s+1}(x,y)]/2 \quad (5)$$

对于运动区域采用单场插值法,本文综合考虑硬件实现代价和实际机载显示器常见画面,采用了具有代表性的帧内行平均法进行插补,大大简化计算量。插值算法如式(6)所示,其中,F_m 表示运动点。

$$F_m(x,y)=[F_m(x-1,y)+F_m(x+1,y)]/2 \quad (6)$$

针对机载视频画面显示特点,本文根据运动检测结果,选择场合并法或者单场插值法来计算新像素值。将(4)～式(6)的结果代入式(7),计算得到最终插值像素的加权平均值,形成逐行视频序列输出。

$$F_{out}(x,y)=\alpha F_m(x,y)+(1-\alpha)F_s(x,y) \quad (7)$$

式中，$\alpha=1$ 表示运动区域，$\alpha=0$ 表示静止区域，$F_{out}(x,y)$为插值后输出的最终像素，$F_m(x,y)$为单场插值法输出的像素，$F_s(x,y)$为场合并法输出的最终像素。

3 基于SOPC的运动自适应去隔行设计

3.1 总体架构

本文设计的模拟视频去隔行系统总体设计方案如图2所示。PAL制模拟视频信号来自机载显控处理系统，视频解码电路将PAL制视频信号解码成数字RGB信号以及相应的控制信号，然后送入FPGA进行去隔行处理，在FPGA内部实现运动自适应去隔行算法，生成逐行RGB数据，同时生成行同步、场同步、使能和时钟等控制信号。这些数据和控制位经过视频编码芯片编码成DVI信号，最后通过DVI视频接口输出到LCD上显示。

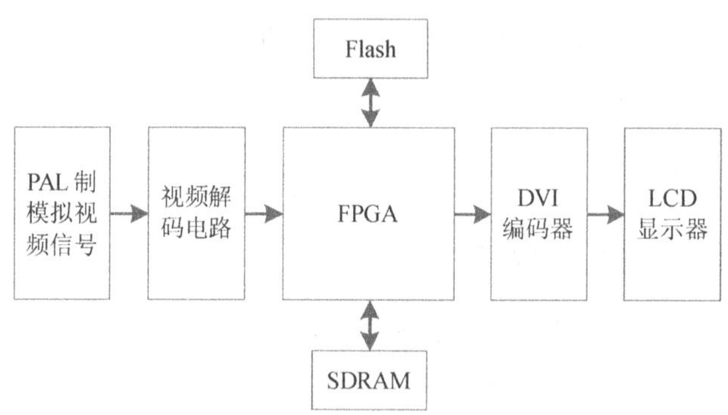

图2 模拟视频去隔行系统总体方案

方案中FPGA去隔行处理采用SOPC Builder进行系统设计，SOPC系统架构如图3所示。

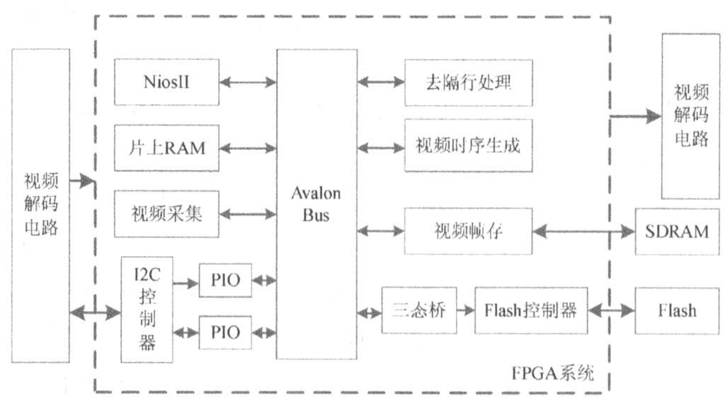

图3 SOPC系统架构

在图3所示的SOPC系统中，Nios Ⅱ处理器、片上RAM、PIO模块、视频帧存、Flash控制器及三态桥等由Altera组件提供。I²C总线控制器由GPIO模块提供，模拟产生I²C总线的控制时序，用来实现对视频解码电路的寄存器进行初始化；视频采集模块将解码出的数据转换成Avalon Bus能够接收的数据；去隔行处理模块用于实现隔行数据转为逐行数据；视频帧存模块实现视频数据的缓存处理；视频时序生成模块输出逐行的有效数据，并产生相应的视频时序。

3.2 模拟视频信号的采集

本文中PAL制信号的解码芯片采用的是ADI公司的集成电路解码芯片ADV7403，这是一款高质量、单芯片、多格式的视频解码器和图像数字化器，支持多种格式视频信号的解码，内部共有252个控制寄存器，它通过I²C总线配置所需寄存器，对ADV7403进行初始化配置，实现对芯片各种功能的设定[11]。在本设计中，I²C总线控制器的读地址为0x40，写地址为0x42，模拟视频信号使用设置为PAL制信号。

3.3 去隔行算法实现

本文所述的模拟视频信号去隔行处理技术采用的是运动自适应去隔行法，其算法实现流程如图4所示，具体过程如下：

(1) 首先判断接收到的模拟视频画面是否为隔行画面，如果是逐行视频画面，则直接输出逐行视频；如果是隔行视频画面，则找到隔行视频画面的插入点位置，判断当前插入点是否是奇/偶数帧视频的奇/偶数行上的像素点。

(2) 根据步骤(1)的判断结果，如果当前插入点位于奇/偶数帧视频的奇/偶数行上，则直接由当前奇/偶数场的相应像素填充到插入点得到像素值；如果当前插入点不是位于奇/偶数帧视频的奇/偶数行上，则判断当前插入点是否为静止点。

(3) 根据是否为静止点的判断结果，如果当前插入点为静止点，则采用场合并法计算获得插入点的像素值；如果当前插入点为运动点，则采用单场插值法计算获得插入点的像素值。

(4) 完成隔行视频画面到逐行视频画面的转换，将不同插值方法得到的插值点和奇/偶数帧的奇/偶数行上的像素点组成一帧逐行的视频画面，输出逐行的奇/偶帧视频。

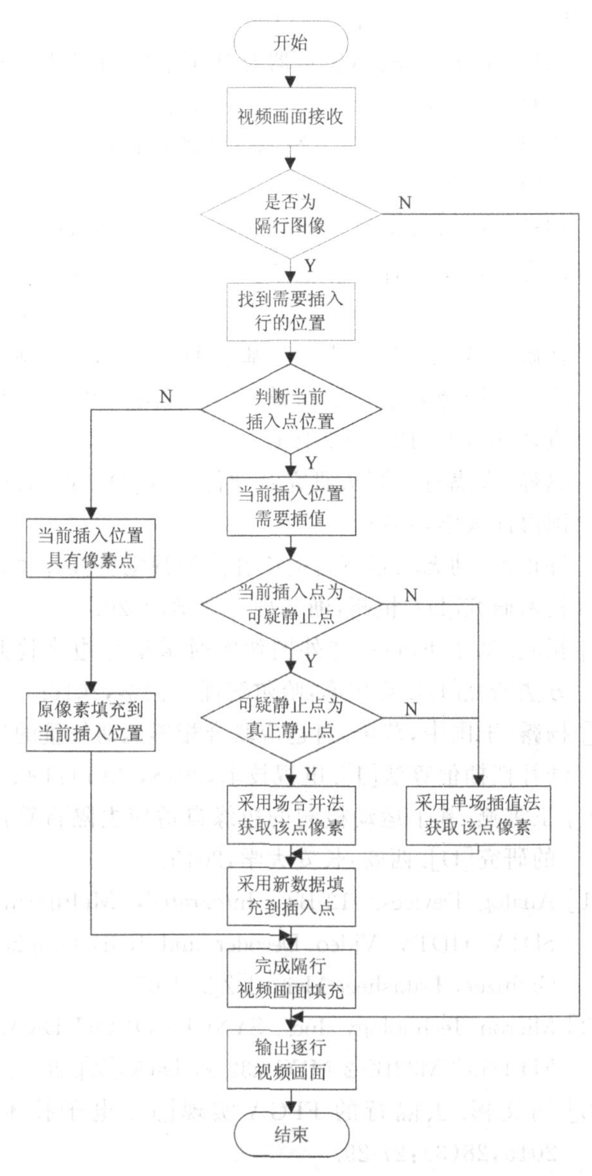

图 4　去隔行算法实现流程图

3.4　视频帧存处理

运动自适应去隔行的关键是视频帧的存取，本文中使用的外部存储器芯片为 Micron 公司的 SDRAM MT48LC8M32B2，最高时钟频率可达到 166 MHz，包含 4 个独立的 Bank，容量为 256 Mb[12]。设计中，使用 SOPC Builder 提供的 SDRAM 控制器，将 SDRAM 分为读和写两个存储空间，按照乒乓操作的工作原理，通过时钟线、地址线、数据线、控制线完成对 SDRAM 的读写控制操作[13]。

3.5　视频时序生成

视频时序生成模块根据 PAL 制信号的视频格式产生相应的视频输出时序，输出逐行的有效数据。PAL 制信号的时序为非标准 VESA 时序，其分辨率为 720×575，帧频率为 50 Hz，时钟频率为 27 MHz，输出时序如图 5 所示。

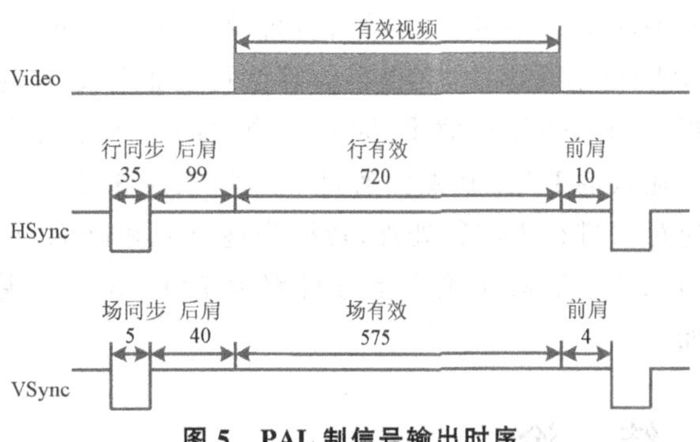

图 5　PAL 制信号输出时序

4　实验结果

本设计算法实现采用 Verilog 硬件描述语言完成，在 Altera 公司的 Stratix II 系列 FPGA EP2S130F1020I4 平台上进行验证。实验中，使用测试画面进行测试对比，采用场合并和本文提出的运动自适应去隔行法处理效果如图 6 所示。

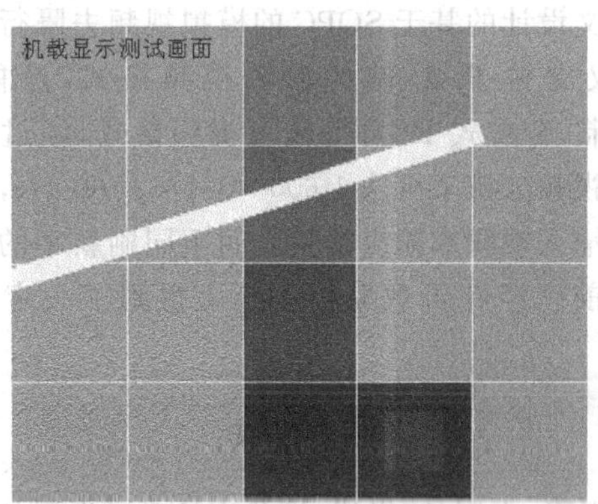

(a) 场合并算法显示效果

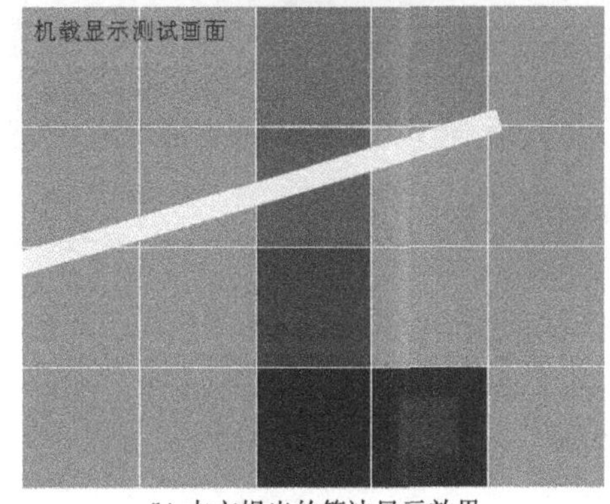

(b) 本文提出的算法显示效果

图 6　测试画面测试效果图

图 6(a) 采用的是传统的场合并法进行去隔行处

理,从图中可以看出运动画面与静止画面的交界处的边沿模糊,存在锯齿现象;图6(b)是本文提出的运动自适应算法处理后的效果,可以看出静止画面与运动画面的交界处的显示效果得到明显的改善,边沿较清晰,同时消除了边沿处的交错锯齿现象。对比图6(a)和图6(b)可以看出,本文提出的算法可以很好地改善运动视频画面的显示效果,同时也稳定的显示了静态画面。输入的PAL制视频通过SOPC系统采用运动自适应算法进行去隔行处理,转换为逐行视频画面,最终在显示器上能够正确显示分辨率为720×575的视频画面。

5 结论

本文提出了一种采用运动自适应算法实现去隔行处理的设计,将机载PAL制隔行视频画面显示在机载LCD显示器上。经实验验证,模拟视频画面能正确显示在LCD显示器上,同时本文提出的技术方案有效地提高了视频图像的垂直清晰度,消除了画面锯齿现象,改善了运动模拟视频画面的显示效果。

本文设计的基于SOPC的模拟视频去隔行处理系统,不仅支持PAL制的输入视频格式,还能支持NTSC制、分量式RGB等输入视频格式,经过扩展缩放输出视频分辨率可达1 600×1 200@60 Hz,同时能够实现输入视频和输出视频之间不同刷新率的相互转换。目前已经在机载显控系统上得到了一定范围的应用。

参考文献

[1] 邢新强,李国超,肖锋.机载座舱显示发展趋势分析[J].飞机设计,2010,4:34-36.

[2] 陈跃,王元庆.液晶显示器及其军事应用现状与发展趋势[J].国防技术基础,2002,3:36-38.

[3] 立早.飞机座舱显示系统的发展现状和趋势[J].航空电子技术,2004,35(3):53-54.

[4] 何伟,李佳,林英撑,等.视频压缩前端去隔行算法研究及系统设计[J].电子技术应用,2011,37(6):45-51.

[5] 钱敏,李富华,黄秋萍,等.基于HDL的PAL制数字视频图像采集控制器设计[J].微电子学与计算机,2007,24(12):191-194.

[6] 赵静.去隔行的算法研究及硬件实现[D].青岛:中国海洋大学,2013.

[7] 许正恒.动态场景下自适应补偿的视觉里程计关键技术研究[D].杭州:浙江理工大学,2020.

[8] 崔欣.基于FPGA红外图像实时采集与边缘检测方法研究[D].哈尔滨:哈尔滨理工大学,2016.

[9] 杨露,王国中,范涛.自适应联合相邻运动矢量的运动补偿插值算法[J].电视技术,2018,42(1):1-6.

[10] 王霄燕.基于运动检测的边缘自适应去隔行算法的研究[D].西安:长安大学,2019.

[11] Analog Devices. 12-Bit, Integrated, Multiformat SDTV/HDTV Video Decoder and RGB Graphics Gigitizer, Datasheet Manual[Z]. 2007.

[12] Micron Technology Inc.. SYNCHRONOU DRAM MT48LC8M32B2-2 MEG x32 x4 banks[Z]. 2003.

[13] 周文彬.去隔行的FPGA实现[J].电子技术,2015,28(3):27-29.

高空长航时无人机发展趋势及多任务构型研究

宋佳阳[1,*],徐海鑫[2],张琦[1],霍燃[1],朱东东[1],李宁浩[1]

1. 哈尔滨哈飞航空工业有限责任公司飞机设计研究所,哈尔滨 150066

2. 陆军装备部航空军事代表局驻哈尔滨地区航空军事代表室,哈尔滨 150066

摘要: 本文介绍了高空长航时无人机国内外的发展现状,对其发展趋势做出简要分析,并结合军民用领域任务需求,提出了一种单机多任务的高空长航时无人机构型,并对其可能的发展方向进行评估。

关键词: 高空长航时;无人机;发展趋势;多任务构型

Research on Development Trend and Multi Mission Configuration of High Altitude Long Endurance UAV

SONG Jiayang[1,*], XU Haixin[2], ZHANG Qi[1], HUO Ran[1], ZHU Dongdong[1], LI Ninghao[1]

1. Aircraft Design and Research Institute of Harbin Hafei Aviation Industry Co. Ltd., Harbin 150066, China

2. Aviation Military Representative Office of Aviation Military Representative Bureau of Army Equipment Department in Harbin, Harbin 150066, China

Abstract: The text introduces the development status of high-altitude long endurance UAV at home and abroad, and briefly analyzes its development trend. Combined with the mission requirements of military and civilian fields, a single machine multi task high-altitude long endurance UAV con-figuration is proposed, and its possible development direction is evaluated.

Keywords: high altitude long endurance; UAV; development trend; multitasking configuration

1 引言

高空长航时无人机通常指飞行高度在 18 km 以上,续航时间不小于 24 h 的无人机[1]。因具有飞行高度高,续航时间长和作战半径大的优点,可用于执行后勤保障、情报侦察、军事打击、信息对抗、通信中继等多领域任务,已成为当前世界各国无人机发展的重点。目前,世界上多个国家正在积极开展高空长航时无人机的研制工作,并就关键技术不断进行探索与研究。

本文对高空长航时无人机的发展现状进行简要介绍,对其发展趋势做出分析,并结合当前军民多领域的任务需求,提出了一种单机多任务无人机构型。

2 发展现状

2.1 国外发展现状

美国是最早开展高空长航时无人机研究的国家,技术水平居世界领先,主要有全球鹰、人鱼海神、捕食者,以及隐身性能良好的暗星、臭鼬、哨兵、复仇者等[2]。最为著名的全球鹰飞机续航时间在 42 h 以上,最大飞行高度达 20 000 m,最大飞行距离 26 000 km,巡航速度 635 km/h,可从美国本土飞往全球任何地区进行战略和战役侦察。

* 通讯作者. E-mail: 851192331@qq.com

英国在隐身高空长航时无人机方面有较深厚的研究基础。BAE系统公司的大乌鸦(Raven)、科莱克斯(Corax)、翱翔者(Soarer)、茶隼(Kestrel)[3]都采用了隐身设计,对隐身关键技术进行了验证。目前英国正在持续推进太阳能高空长航时无人机的研发。

以色列是全球最早研制和装备军用无人机的国家之一,在军用无人机的发展上积累了丰富的经验。先后推出有苍鹭无人机、赫尔墨斯、云雀等型无人机,技战术性能非常优秀,尤以"苍鹭"系列无人机(苍鹭1,苍鹭TP,苍鹭TP-XP)为最,其中苍鹭TP无人机是一款优秀的中空、长航时无人机,其机身全部采用复合材料,最大起飞重量5 670 kg,有效载荷达2 700 kg,续航时间达50 h,升限超过13 700 m,已出口德国、韩国、印度等多个国家。近年来,以色列又推出苍鹭家族最新产品——T-Heron战术无人机[4],可执行情报搜集、实时监控、电子侦察和干扰、通信中继、海上巡逻等任务,也可执行地质测量、环境监控、森林防火、搜索救援等民用任务。

俄罗斯无人机研制工作始于20世纪30年代,但由于苏联解体等原因,直至2011年才开始大力发展无人机技术。主要型号有"海雕-10"、"前哨"和"猎户座"等[5]。猎户座无人机类似于美国的捕食者,属察打一体无人机。滞空时间可达24 h。

2.2 国内发展现状

我国于20世纪50年代末开始了自主研发无人机的进程,为了满足国防建设和科学研究的需要,1969年起,我国开始了高空无人机的研制工作,成功研制出无侦5型无人机。该机可在高空、高亚声速条件下飞行,主要用于军事侦察、高空摄影、靶机或地质勘测等研究。

21世纪以来,我国军用无人机已形成了较为完善的作战体系,也拥有了较为成熟的无人机产品。"翼龙"长航时无人机,具有察打一体的能力;"翔龙"[6]无人机是我国自主研制的高空长航时战略无人机,主要用于侦察、电子干扰和通信中继等任务。虽然"翔龙"无人机没有全球鹰无人机的顶尖性能,但其高亚音速下良好的飞行姿态恢复能力也无人能及;彩虹系列无人机[7]CH-4,CH-5中高空无人机,具备察打一体和高空长航时的特点,不仅装备于我国解放军,其在外军中也有大量装备;"神雕"无人机是中国继"翔龙"之后,研制的第二款大型高空长航时战略级无人机,采用双机头设计,又称"双头鹰"。其机身前后装有两对机翼,位于后方的主翼中央布置涡轮风扇发动机舱。可用于远程预警、反隐身侦察等任务。

3 发展趋势分析

国外无人机正向着有人/无人协同作战发展,以提高无人机的作战效能;向着多功能、模块化和通用化发展,实现一机多用,信息共享,为信息化作战提供保障。

基于我国高空长航时无人机发展现状,结合军民用领域需求,高空长航时无人机主要向以下几个方向发展。

1. 多任务能力

随着高空长航时无人机的不断发展,其在军民领域的应用将进一步扩展,从目前的战略侦察发展到执行通信中继、预警、电子战等任务。通过研制开放式、模块化任务载荷组件,达到扩展无人机用途的目的,使其在军民多任务领域顺利发展。

2. 良好的隐身性能

美国、英国、俄罗斯对无人机隐身的研究已开展多年,也取得了较为可观的成果。通过选用雷达吸波材料、低噪声发动机、特殊外形、有源对消等措施实现无人机隐身。

目前各个国家都在积极开展等离子体隐身技术的研究,俄罗斯第五代隐身战斗机米格1.44很可能已经应用。美国也研究出了等离子体隐身天线。

3. 新能源的利用

为进一步延长无人机的续航时间,美国最早于1974年开始利用太阳能,研制出Sunrise Ⅰ无人机,目前世界上著名的太阳能无人机有美国的Solong、Helios,俄罗斯的猫头鹰,英国的西风,瑞士的Atlantik Solar等。

氢能源的利用也使无人机研制进入了一个新的领域,使用氢燃料电池具有高环保、低噪声、低振动等优点。波音公司研制的"幽灵之眼"[8]可在19 810 m的飞行高度运行近4天。

4. 飞行高度逐步趋近临近空间

空天一体化是现代战争空中力量发展的必然趋势,因此临近空间飞行器将成为连接航空和航天之间的纽带[9]。鉴于在临近空间的无人机有安全性高,覆盖范围广等优点,无人机任务飞行高度也逐步趋近临近空间。已发展有平流层无人飞艇,高超声速无人机等。目前,我国已研制有高空高速预警侦察机——无侦-8,应用能量管理系统,最大速度可达 3~4 km/s,可在 30~60 km 顶层大气中飞行。

5. 发展智能化、自主化

随着人工智能的持续发展,提升无人机的自主性成为无人机发展的必然趋势。由简单遥控、预编程向全自主控制方向发展。

本文主要对多任务能力进行简要分析,研究一种单机多任务高空长航时无人机构型。

4 多任务高空长航时无人机

当前世界各国的高空长航时无人机在军用警用领域主要任务有远程侦察、跟踪监视、对地攻击、远程打击、智能识别等;在民用领域主要任务有森林防火、气象勘测、海洋测绘、地质勘探等。执行不同任务所需载荷及性能指标各有不同,航时长短、作战半径也存在较大差异,单架飞机只能应用于单一固定任务领域。

为满足高空长航时无人机的单机多任务需求,创造最高效费比,研制了一种多任务无人机构型,通过选装可替换机身,满足不同的任务需求。构型示意图如图 1 所示。

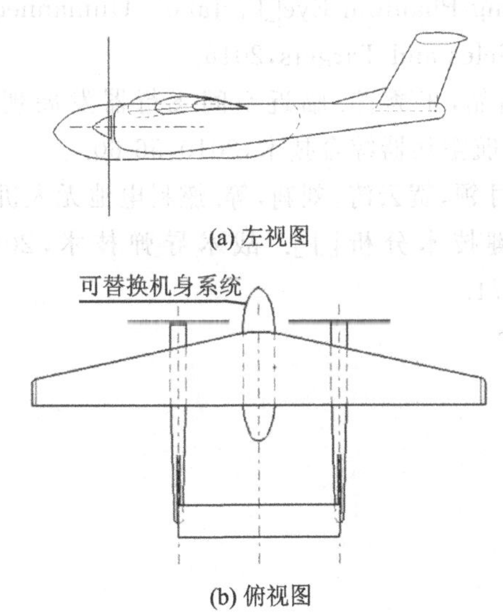

图 1 可替换机身构型示意图

如图 1 所示,飞机装有两台涡轮螺旋桨发动机,具有节能环保、系统简单、可靠性高的优点,能以 $Ma=0.6$ 的速度到达 17 000 m 高空。左右两侧发动机舱连接有双垂尾,采用上单翼,高平尾,前三点式起落架布局。在两发动机舱之间布置可替换机身系统作为选装系统。前起落架与机身系统相连,两主起落架分别与两侧发动机舱相连。可替换机身系统连接于机翼下部,能够根据具体任务需求更换。

4.1 机身选装系统

机身系统作为选装系统,可根据不同的任务用途,划分为辅助能源舱、军用武器装备舱和民用任务设备舱等。任务包线示意图如图 2 和图 3 所示。

(1) 辅助能源舱替换机身主要用于装备燃油等能源,旨在为无人机提供足够的动力源,在性能上满足长航时、长航程的需求。当无人机执行远程侦察、跟踪监视等任务时,需持续实施对目标区域的侦察或对特定目标的跟踪,因此必须有充足的能源作为保障。并且还可根据实际任务需求在机身系统中装备必要的任务设备(如数码相机、摄像机、红外热成像仪、雷达、无线电台中继等),辅助任务完成。

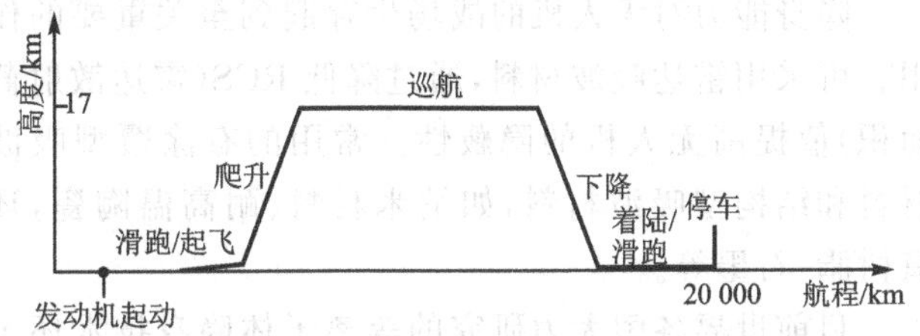

图 2 任务包线示意图(巡航)

(2) 武器装备舱替换机身多用于执行作战任务。除一些侦察用装备外,可在该类机身系统装备空地导弹或炸弹,对敌防空工事执行压制;装备反坦克导弹,对敌方坦克实施攻击;或装备集束炸弹,对敌地面部队进行轰炸等。

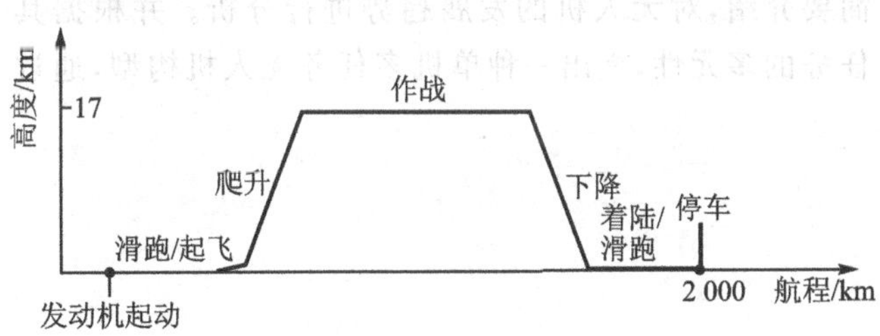

图 3 任务包线示意图(作战)

(3) 对于民用任务,如自然灾害(森林火灾,地震等)监测、地质与矿产勘探、农业资源探测、海洋与地理测绘、气象探测和人工降雨、公安监控与反恐、城乡山区电力巡检等。机身系统可有针对性地装备各类任务设备,必要时还可配置辅助油箱进行长时间作业。

4.2 改进方向

1. 续航时间

多任务构型高空长航时无人机还可在续航时间方面做进一步提升。

利用太阳能改装为混合动力无人机,在机翼上表面铺设太阳能吸收板,白天吸收并存储太阳能,夜间将其转化后为无人机供能,达到延长续航时间的目的。

2. 环 保

采用氢燃料电池[10]作为动力源,氢燃料电池能量密度高,环保无污染。与使用燃油驱动的无人机相比,维护工作更加简单。但目前氢动力技术还不成熟,氢燃料电池还存在功率密度低、响应速度慢、成本高与寿命短等问题亟须解决。

3. 提高隐身能力

隐身能力对无人机的战场生存起到至关重要的作用。可采用雷达吸波材料,通过降低 RCS(雷达散射截面积)值提高无人机的隐蔽性。常用的有涂覆型吸波材料和结构型吸波材料,如纳米材料、耐高温陶瓷,环氧树脂-石墨等。

目前世界各国大力研究的等离子体隐身技术还不成熟,但可以预见,这项技术必定在不久的将来成熟的应用在无人机上。

5 总　结

本文对高空长航时无人机国内外的发展现状做出简要介绍,对无人机的发展趋势进行分析。并根据其任务的多元性,提出一种单机多任务无人机构型,通过采用可替换机身系统,能够满足军民用不同领域的任务需求。同时结合高空长航时无人机的发展趋势,将进一步提升续航时间、提高环境保护性和隐身性作为未来发展的主要方向。

参考文献

[1] 段海滨,范彦铭,张雷. 高空长航时无人机技术发展新思路[J]. 智能系统学报,2012,7(3):195-199.

[2] 张德虎,李军府,王银虎. 高空长航时无人机发展现状和趋势[C]. 2014(第五届)中国无人机大会,2014:45-48.

[3] 曹秋生,张会军. 高空长航时无人机的发展特点及技术难点探讨[J]. 中国电子科学研究院学报,2008,3(1):8-13.

[4] 张亚,丁刚,吴素彬. 以色列中空长航时战术无人机系统研究[J]. 飞航导弹,2020,(9):80-84,95.

[5] 刘怡彪,薛珂,王春科. 国外无人机发展趋势研究[J]. 工程与试验,2020,60(3):41-42,64.

[6] 薛霸. 龙翔九天——中国"翔龙"高空长航时无人机[J]. 现代兵器,2007,(3):4-8.

[7] 闫东,周乃恩. 彩虹无人机系列应用及展望[J]. 软件,2018,39(9):117-122.

[8] Boeing Phantom Eye[J]. Jane's Unmanned Aerial Vehicles and Targets,2016.

[9] 刘晶晶,王秀萍. 临近空间飞行器发展现状概述[J]. 航空兵器综合技术,2010:56-60.

[10] 戴月领,贺云涛,刘莉,等. 燃料电池无人机发展及关键技术分析[J]. 战术导弹技术,2018(1):65-71.

基于 CIMS 的集成质量系统设计与实现

刘筠筠，杨万锋

沈阳飞机工业(集团)有限公司，沈阳 110850

摘要： 采用数据总线、WebServce 网络接口集成等信息技术，实现了飞机制造单位与设计单位、顾客的异地协同办公；采用数据库集成技术，实现集成质量系统与 ERP、主数据、MES、成本核算等系统的有效集成；结合“4Y”“PDCA”等现代质量管理理念，利用 Anychart、工作流等技术，建立了质量目标、不合格品控制、FRACAS 管理等功能模块；实现质量指标在线考核、不合格品闭环控制及 FRACAS 闭环管理；建立了质量综合看板，通过嵌入算法的使用，将分析工具与具体的数据和应用相结合，实现自动的数据处理和挖掘，为管理决策提供支持。

关键词： 计算机集成制造；质量控制；质量目标；FRACAS；质量特性波动

Design and Implementation of Integrated Quality System Based on CIMS

LIU Junjun, YANG Wanfeng

Shenyang Aircraft Industry GroupLimited, Shenyang 110850, China

Abstract: Adopt data bus, network integration interface and other information technology, Realize the cooperative office of aircraft manufacturing unit, design unite and customer in different places; Using database integration technology to realize the effective integration of integrated quality system with enterprise resource planning, master data, manufacturing execution system, cost accounting and other systems; Combining with modern quality management concepts such as “4Y” and “PDCA”, using Anychart, workflow and other information technologies, functional modules such as quality objectives, non-conforming product control, Failure Report Analysis and Corrective Action System and so on are established; realize online quality index assessment, real-time supervision and control of unqualified processes and FRACAS closed-loop management; through the use of embedded algorithms, the analysis tools are combined with specific data and applications to realize automatic data processing and mining, which provides support for management decisions.

Keywords: computer integrated manufacturing; quality control; quality objectives; FRACAS; fluctuation of mass characteristics

1 引 言

随着计算机及网络信息技术逐步应用，以“信息化带动工业化、以工业化促进信息化”已成为航空企业的发展趋势。目前，在航空产品的设计和制造领域，均实现了较高水平的计算机软件辅助应用，而在质量管理领域方面，绝大部分业务仍以传统的纸质管理和人工统计方式为主，落后的管理手段无法满足现代化质量管理的需求[1]。同时，航空企业外部和内部的信息孤岛现象依然存在，厂、军、所网络壁垒也未打通。传统的计算机辅助质量管理(Computer Aided Quality, CAQ)系统只能实现部分质量信息的管理，不能实现质量过程控制及过程集成，且缺乏柔性，无法满足现代制造环境下的质量控制要求[2]。

北京航空航天大学冷俊杰、刘鲁等人基于对航空制造企业 QIS 的实施，对质量信息管理模型、质量信息管理系统实施方法进行了研究和介绍。北京科技大学的郭曼莉、刘勇设计了飞机发动机数字化质量管理平台(QMAX)，主要完成了质量信息管理、故障信息管理、不合格品管理等内容，虽然实现与 PDM、OA、ERP 等系统的集成，但尚未形成全过程质量管控[3]。南京航空航天大学的金灿灿、左洪福开发了维修质量管理评估系统(Maintenance Quality Management, MQM)，形成一套集维修质量评估、趋势分析、警告分析和纠正反馈为一体的维修质量管理软件[4]，但企业内应用系统之间的集成度较低。西飞公司任英武对装配质量管理系统的关键技术与实现路径等进行了详细研究，实现装配过程的质量控制、质量问题处理、AO归档前检验等功能[5]，但该AQMS系统的应用业务范围较小，尚不能满足现代全面质量管理思想的要求。基于以上问题，本文开展了集成质量系统的架构设计及全生命周期核心质量管理功能研究与实现工作。

1 集成质量系统业务与架构设计

集成质量系统（Integrated Quality System，简称IQS）为CIMS（Computer Integrated Manufacturing System，计算机集成制造系统）的一个重要组成部分，IQS这一概念是1987年由美国Kapoor教授等人首先提出的[6]，是计算机辅助质量系统（CAQ）发展的新阶段。

对飞机制造业质量管理业务进行调研与需求分析，根据质量管理核心业务性质及特点，并采用“PDCA”方式对质量体系运行进行分析、诊断和持续的优化改进。改进以顾客需求为起点，按需求拆解出各类质量目标和指标，按质量指标控制产品生产过程，然后对质量体系进行运行诊断，进而提出改进要求，形成产品质量和质量管理水平不断提升的闭环。

为便于用户操作与业务管理，IQS实际业务模块划分为9个。其中一级模块包括：飞机体系管理、器材成品管理、供应商管理、型号质量管理、不合格品管理、质量问题管理、质量改进管理、质量综合管理、质量看板等。

2 集成质量系统技术架构设计

集成质量系统运用勤哲Excel服务器9.4.296平台，并结合实际需求定制开发，系统架构采用B/S和C/S相结合方式，数据库选用SQL Server。就Excel服务器而言，在用作服务器的那台计算机上安装有数据库和服务程序，用户通过网络上的其他计算机登录门户网，单击统一待办，登录到服务器，从服务器上的数据库中获取信息，进行各种操作，最终的结果再保存到数据库中去，通过这种方式实现了信息的共享。

集成质量系统技术架构设计，如图1所示，共为三个层，包括：应用层、平台软件层和基础软件层。底层是基础软件，包括：操作系统、数据库，电子表格软件等。在基础软件层之上，是Excel服务器，它构建了一个信息系统所必须的各种功能，包括：组织机构角色、用户权限管理、电子表单设计、工作流管理、门户网站、外部数据源接口，定时自动任务、应用集成接口等。

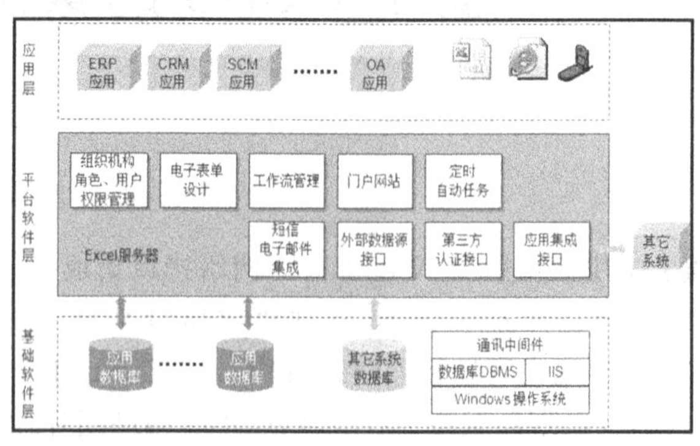

图1 集成质量系统技术架构设计

3 集成质量系统外部集成关系设计

CIMS又称计算机综合制造系统，它是将各个制造企业管理信息系统集成在一起，即通过计算机网络技术、数据库技术等硬件技术，把企业生产过程中经营管理、生产制造、售后服务等环节联系在一起，构成了一个能适应需求变化和生产环境变化的大系统，使整个企业的工作流程、物流和信息流都保持畅通和相互的有机联系。

IQS系统与公司内部应用系统进行集成，包括：MES系统、物资供应系统、成本核算系统、人力资源系统、ERP系统、主数据系统等。

IQS系统与公司内部应用系统进行集成，包括：顾客审签系统（顾客）、技术状态管理系统（设计单位）。

4 集成质量系统核心功能实现

4.1 质量目标下达与在线考核

通过IQS下达公司级年度质量目标，并进行三级分解，生成车间级质量目标，生产单位接到公司下达的质量目标后，编制年度质量工作计划，如图2(a)所示。

在产品生产过程中，每月由平台自动生成“产品质量状况月报”，包括各类故障、关重要件、关重工序、让步品、检验发现的缺陷等信息，数据采集方式分为自动与手动两种，其中“自动”的采集方式为从采用“查询”SQL语言从应用系统中相应数据库表中获取，如图2(b)所示。

通过IQS对一次交检合格率、废品率等质量指标的波动情况进行监控。同时对本月质量指标上升或下

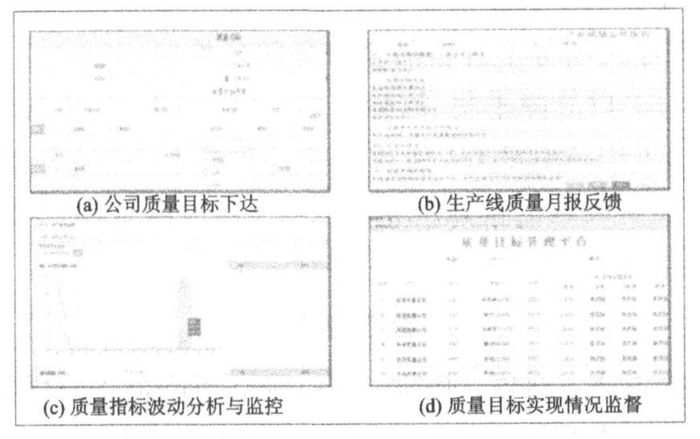
(a) 公司质量目标下达　(b) 生产线质量月报反馈
(c) 质量指标波动分析与监控　(d) 质量目标实现情况监督

图 2　质量目标在线管控示意图

降的原因，统计本月发生的厂级纠正措施、错漏检、违反工艺纪律、错混料、检验人员变动及外场提出故障数等信息，形成图表化界面。当质量指标超出预警线时，平台向责任单位发出“预警单”，并对责任单位进行绩效考核，由公司领导对责任单位厂长进行约谈，如图2(c)所示。

建立质量目标管理工作台，实现各单位年度质量目标的展示以及每季度完成情况的监督查看，当某一质量目标未完成时，责任单位通过相应目标后面，填写未完成、采取的措施等内容，如图2(d)所示。

质量目标管理模块，结合航空企业自身的管理实践，借鉴4Y新管理模式，4Y即Y1计划到位、Y2责任到位、Y3检查到位、Y4奖惩激励到位，并取得了很好的管理效果。

4.2　不合格品的厂、设计、顾客异地协同管控

不合格品分为让步品、返工返修品及废品。不合格品闭环控制流程，如图3所示。

在产品研制过程中，一旦被检验人员发现并判定为不合格品。首先，在“MES系统”中的产品制造记录上做出“工序预检”标记，记录不合格品发生日期、故障内容，零件图号、处理方式等内容。然后，通过数据库集成技术，连接MES系统数据库为外部数据源，从数据库中间表中获取不合格品信息，并触发IQS填的待处理品登记单流程。根据IQS中的处理结论，然后触发不同的处理流程，包括废品、返工返修及让步品处理流程。

启动报废流程后，审签结束后将废品信息传递至“ERP系统”，实现废品补制加工计划的动态下达，缩短产品加工周期。与ERP系统的集成需要注册Oracle外部数据源，并使用TCP/IP协议与数据库通信。

启动返工返修流程后，实现责任单位、中间单位、使用单位等部门各审签环节的连续闭环管控。

启动让步使用及装机交付流程：对于A、B类让步品，实现设计解答与顾客代表室的异地同步办公(技术状态管理系统-设计单位，顾客审签系统)。让步品审理流程结束后，IQS平台自动向工艺人员触发纠正措施落实、设计解答意见贯彻以及让步品交付控制单流程，进一步延伸让步品实物质量监督范围，通过让步品交付控制单，追溯让步品的厂际交付路线，直至装机。

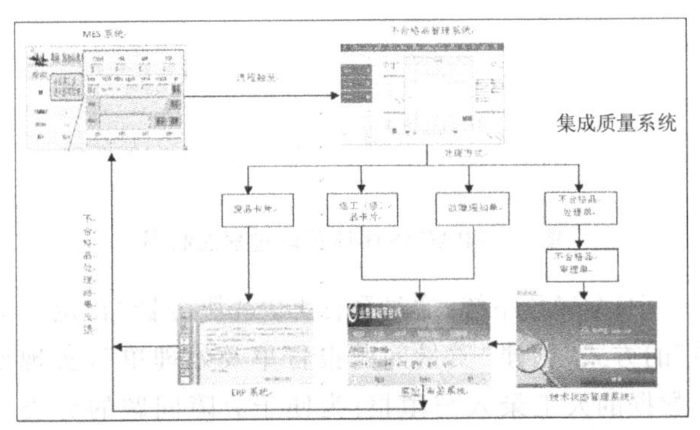

图 3　不合格品协同管控图

不合格品业务流程结束后，采用流程的“后处理事件”，即“Update ”SQL语句，更新MES系统数据库中间表的信息状态，检验人员可在MES系统中实时查看不合格品处置进展。最后，由检验人员在MES系统中对不合格工序进行预检清理、归档操作。至此，实现了IQS对MES系统的工序质量状态的动态监控与关闭控制。

4.3　FRACAS闭环控制

1980年美国国防部颁发了专门的FRACAS军用标准MIL-STD-2155(AS)《失效报告、分析和纠正措施系统》(Failure Report Analysis and Corrective Action System)，以有效地开展研制过程中的故障报告、分析和纠正措施活动[7]，由于及早地建立了全国共享的可靠性数据库，美国各个行业的FRACAS系统在本行业都发挥了极其重要的作用[8-9]，我国于1990年颁布了GJB 841—1990《故障报告、分析和纠正措施系统》[10]，目前，各军工研制单位相继建立了单位内部的FRACAS管理体系和计算机管理软件，重点实现装备生产和使用过程中产生的故障信息进行收集、处理[11-12]。为贯彻上级单位“主机牵头、系统保障”要求，构建飞机产品全流程、全寿命质量问题处理机制，打通顾客、厂、设计单位之间的问题信息传递壁垒，形成公司质量问题“一本账”，公司建立了FRACAS系统。

FRACAS即故障报告、分析及纠正措施系统，依托

FRACAS信息系统，以故障采集、故障诊断、预防纠正、预警预测为主线，实现内、外厂各类质量问题的快速上报、处理与分析诊断，如图4所示。

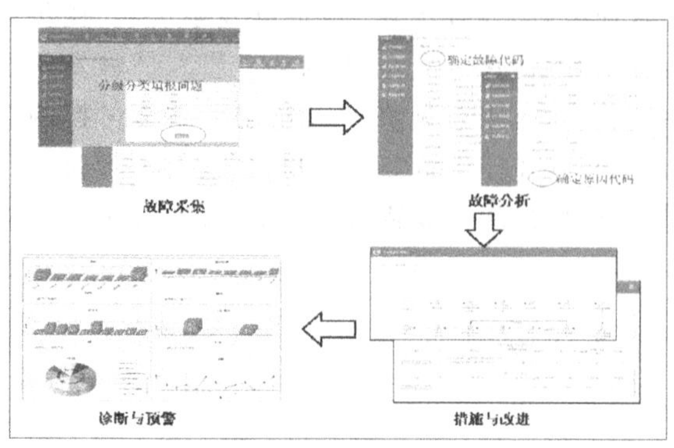

图4 FRACAS闭环管理过程控制图

FRACAS系统，通过勤哲Excel服务器"自定义表单"的方式，创建"质量问题报告单及处理单"，实现质量数据的人工录入与填报；为便于故障问题的分类处理与流程控制，设置了问题来源、问题类别、暂定问题等级等字段，支持接装、军检、总检、过程检查、主制造商检查等来源的各类质量问题的处理与纠正措施管理；平台采用"工作流管理"功能，实现工作流程的流转与转填，实现纠正措施和"双五归零"流程的触发，以及评审报告的在线评审；各级管理人员在同一界面完成某一质量问题的所有处理进展及归零状态的查阅。

质量问题诊断与预警方面，IQS采用AnyChart技术，创建跨浏览器和跨平台的交互式图表和仪表，基于该质量看板，可以实现按时间、故障发生地点、原因、机型、责任单位等维度的分析与统计，辅助进行故障诊断与管理决策支持。

5 结 论

CIMS环境下的集成质量系统，建立了全局产品质量数据模型和数据管理和共享机制，实现的功能主要包括：

（1）通过打通厂、设计单位、顾客之间的网络集成互联渠道。提高了飞机制造与设计的一体化协同研制能力，便于顾客实时地进行产品质量监督。

（2）采用"PDCA"方式对质量体系运行进行分析、诊断和持续的优化改进。

（3）运用4Y管理模式，实现对质量目标的下达与分解、生产线质量月报反馈、措施与改进、在线诊断与预警。

（4）采用数据库集成技术，关联MES、技术状态管理、ERP、主数据、顾客审签等系统。实现工序预检、不合格审理、纠正措施及设计解答意见贯彻、让步品交付、工序关闭等不合格品全流程闭环控制。

（5）以故障采集、故障诊断、预防纠正、预警预测为主线，采用Anychart、工作流等信息技术，实现内、外厂各类质量问题的快速上报、处理与分析诊断，为管理决策提供支持。

参考文献

[1] 冷俊杰，刘鲁，张旭．面向航空制造企业的质量信息管理系统及其实施[J]．航空制造技术，2012，17：26-29.

[2] 李成，高建民．基于过程控制的集成质量系统体系结构研究[J]．计算机集成制造系统，2007，13(10)：2041-2046.

[3] 郭曼莉，刘勇．发动机质量管理信息集成平台[J]．航空制造技术，2013(16)：44-46.

[4] 金灿灿，左洪福．航空公司维修质量管理系统设计与实现[J] 计算机集成制造系统，2013，19(12)：3107-3113.

[5] 任英武．飞机装配质量管理系统关键技术研究[J] 科技创新导报，2019，11：10-11.

[6] Dessouky M I，Kapoor S G. A methodology for integrated quality system [J]. Journal of Engineering for Industry，ASME，1987：241-247.

[7] MIL-STD-2155(AS)，Failure Report Analysis and Corrective Action System，U. S. Military Standard，1985.

[8] Mukherjee A. Integrated FRACAS systems for F117 infrared acquisition designation system (IRADS)，Support yield higher MTBMA，Reliability and Maintainability Symposium，2005：26-19.

[9] Ling J. Hsieh P，Cowing T. Reliability engineering practice in the light duty dodge ran truck chassis program，Quality and Reliability Engineering International，2005，21(1)：1-11.

[10] GJB 841—1990，故障报告、分析和纠正措施系统，国家军用标准，1990.

[11] 李兆勇，林淑彦．FRACAS在装备制造企业中的应用研究[J]．内燃机与动力装置，2017，34(4)：75-78.

[12] 闻丽，理海涛．故障报告、分析和纠正措施系统的应用研究[J]．航空标准化与质量，2017(2)：46-49.

一种在线飞机机动轨迹识别方法

魏政磊[1,2]，董康生[1,*]，岑飞[1]，贾英杰[1]，任忠才[1]，谢磊[2]

1. 中国空气动力研究与发展中心，绵阳 621000

2. 空军工程大学航空工程学院，西安 610038

摘要：在线机动轨迹识别作为空战智能化研究的关键步骤，是空战轨迹预测与态势评估的前提。针对传统机动识别方法没有考虑到机动轨迹的动态性以及时序性，空战目标机动识别问题被分解为多元时间序列分割与识别问题。利用支持向量机构建的机动轨迹分割点检测模型，同时采用基于马氏距离的动态时间规整神经网络构建机动轨迹单元识别模型。通过融合分割点检测模型与轨迹单元识别模型，构建在线机动轨迹识别平台。通过机动轨迹数据对该方法进行仿真分析，分割识别结果表明提出的方法能实时判别目标机轨迹模式的精度在90%以上。

关键词：在线机动轨迹识别；机动轨迹单元；动态时间规整神经网络；时序分割

An Online Aircraft Maneuver Trajectory Recognition Method

WEI Zhenglei[1,2], DONG Kangsheng[1,*], CEN Fei[1], JIA Yingjie[1], REN Zhongcai[1], XIE Lei[2]

1. China Aerodynamics Research & Development Center, Mianyang 621000, China

2. College of Aeronautics, Air Force Engineering, Xi'an 610038, China

Abstract: As a key step in the research of intelligent air combat, online maneuver trajectory recognition is the premise of air combat trajectory prediction and situation assessment. Aiming at the fault that traditional maneuver recognition method does not consider the dynamics and timeliness of maneuver trajectories, air combat target maneuver recognition problem is decomposed into multiple time series segmentation and recognition problems. The maneuver trajectory segmentation point detection model constructed by support vector machine is used, and the dynamic time warping neural network based on Mahalanobis distance is used to construct the maneuver trajectory unit recognition model. By fusing the segmentation point detection model and the trajectory unit recognition model, an online maneuvering trajectory recognition platform is constructed. This method is simulated and analyzed by maneuvering trajectory data, and the segmentation recognition results show that the proposed method can distinguish the target aircraft trajectory pattern with an accuracy of more than 90% in real time.

Keywords: online maneuver trajectory recognition; maneuver trajectory units; MDDTWnet; time series segmentation

随着人工智能的发展，无人作战飞机(UCAV)在现代战场中的作用及地位日益凸显。无人机感知技术作为UCAV自主空战的关键技术，为空战态势评估与决策提高一定的情报。无人机感知技术包括目标机机动识别以及轨迹预测。目标机轨迹识别为目标机轨迹预测提供历史轨迹与当前轨迹的特征信息。在高动态的空战对抗中，对目标机的机动动作进行快速、准确地识别不仅仅对预测目标机的战术机动意图具有重要意义，更是空战态势感知和战术机动决策的前提[1-2]。

空战目标机动识别问题实质上是一种多元时间序列模式识别问题，涉及特征选择、机动单元选取、机动分割点检测、相似性度量[3]、分类器设计等多个问题。目前机动识别方法包括专家系统[4]、支持向量机[2]、神经网络[5]、动态贝叶斯网络[6]、隐马尔科夫模型等，但

基金项目：航空科学基金(201951096002)

*通讯作者．E-mail：18792805060@163.com

没有考虑机动动作的动态性以及时序性，使机动识别失去战术意义。

针对以上问题，本文将基于机载测量飞行轨迹参数的在线机动动作识别问题等效为在线分割点检测和时间序列识别的融合问题。首先，根据机载传感器获取的目标飞行参数，提取轨迹特征参数，分解机动动作，设计新的机动轨迹单元；针对在线分割轨迹问题，提出基于支持向量机的分割点检测方法；为了解决多元时间序列识别问题，提出一种基于改进 DTW 的卷积神经网络方法。仿真结果验证了该融合方法的可行性与实时性。

1 机动轨迹问题分析

1.1 机动轨迹特征获取

根据轨迹特征，本章选取了速率 $v_{e,t}$、航迹偏转角变化率 $\Delta\psi_{e,t}$、倾斜角变化率 $\Delta\theta_{e,t}$、高度变化率 $\Delta H_{e,t}$、速率变化率 $\Delta v_{e,t}$、累积航迹偏转角 $\psi_{e,t}$、累积航迹倾斜角 $\theta_{e,t}$ 等特征[1-2]。假设目标机 $t-1$ 时刻与 t 时刻的位置坐标为

$$\boldsymbol{P}_{e,t-1}=[x_{e,t-1},y_{e,t-1},z_{e,t-1}]$$

和

$$\boldsymbol{P}_{e,t}=[x_{e,t},y_{e,t},z_{e,t}]$$

两个连续时刻的时间差值为 Δt，则当前时刻的速率可以定义如下：

$$v_{e,t}=|\boldsymbol{P}_{e,t}-\boldsymbol{P}_{e,t-1}|/\Delta t \tag{1}$$

式中，$v_{e,t}$ 表示目标机 t 时刻的速率，该特征可以体现目标机的速率状态信息。为了体现目标机加速、减速、匀速等信息，定义速度变化率为

$$\Delta v_{e,t}=v_{e,t}-v_{e,t-1}/\Delta t \tag{2}$$

在水平面内，机动轨迹单元明显可以分为左转弯、右转弯、直飞，主要是由航迹偏转角辨识。航迹偏转角变化率定义为目标瞬时运动方向在地面投影与正东方向的夹角：

$$\Delta\psi_{e,t}=\begin{cases}\arctan[(x_{e,t}-x_{e,t-1})/(y_{e,t}-y_{e,t-1})], & x_{e,t}-x_{e,t-1}\geqslant 0\\ \pi+\arctan[(x_{e,t}-x_{e,t-1})/(y_{e,t}-y_{e,t-1})], & x_{e,t}-x_{e,t-1}<0, y_{e,t}-y_{e,t-1}\geqslant 0\\ -\pi-\arctan[(x_{e,t}-x_{e,t-1})/(y_{e,t}-y_{e,t-1})], & x_{e,t}-x_{e,t-1}<0, y_{e,t}-y_{e,t-1}<0\end{cases} \tag{3}$$

式中，$\Delta\psi_{e,t}$ 为左转为正，右转为负。为了寻找分割点，累积航迹偏转角 $\psi_{e,t}$ 从一时刻开始直到角度加大到分割点处，重新开始累加角度。累积航迹偏转角 $\psi_{e,t}$ 表示为

$$\psi_{e,t}=\sum_t\Delta\psi_{e,t} \tag{4}$$

在垂直平面内，机动轨迹单元可以分为爬升、俯冲、水平直飞，主要是由高度变化率、倾斜角表示。倾斜角变化率是指目标机瞬时运动方向与水平面的夹角，其定义如下：

$$\Delta\theta_{e,t}=\arctan\left(\frac{\Delta H_{e,t}}{\sqrt{(x_{e,t}-x_{e,t-1})^2+(y_{e,t}-y_{e,t-1})^2}}\right) \tag{5}$$

式中，$\Delta H_{e,t}$ 表示为高度变化率，$\Delta H_{e,t}=(z_{e,t}-z_{e,t-1})/\Delta t$。$\Delta H_{e,t}$ 与 $\Delta\theta_{e,t}$ 上升为正，下降为负。累积倾斜角 $\theta_{e,t}$ 达到 90°，会可能突变为 −90°，所以要重新累加倾斜角。累积倾斜角 $\theta_{e,t}$ 表示为

$$\theta_{e,t}=\sum_t\Delta\theta_{e,t} \tag{6}$$

1.2 机动轨迹单元构建

目标机的轨迹预测不仅仅需要预测下一时刻的轨迹点，还要预测目标机的下一个战术机动轨迹。从战术角度来看，研究机动轨迹单元是识别与预测目标机动轨迹的关键与前提。为了快速直观地学习机动轨迹单元，空战机动可以分为水平面机动动作、垂直面机动动作和空间组合机动[1]。

在水平面内，根据航迹偏转角，机动动作可以分为平飞、右转弯和左转弯。水平面内的机动轨迹单元分为 3 种模式，如图 1 所示的 E01、E08 和 E15。

在垂直面内，根据倾斜角、高度变化率，机动动作可以分为爬升与俯冲。本文采用航迹倾斜角变化率来区分垂直面内的轨迹形状；同时，利用累积倾斜角来区分爬升与俯冲。在本文中，尽管直上飞与直下降轨迹在空战中较少使用，但是进行这两种轨迹机动为了更快地优势占位，减少对方对自己的威胁，具有战术意义，同时可以完备识别空间，因此，考虑将直上飞与直下降轨迹单元设为基本单元。垂直面内的机动轨迹单元分为 6 种模式：(凹上爬升、直上飞、凸上爬升、凸下俯冲、直下飞、凹下俯冲)，如图 1(a)所示的 E02～E07。

在空间中，可以将一个空间动作分解为水平面内机动与垂直面内机动。按照水平面内的分类，将空间机动轨迹单元分为两大类：空间左转弯机动与空间右

转弯机动；再按照垂直面内的分类，将空间左转弯机动分为左转弯凹上飞、左转弯直上飞、左转弯凸上飞、左转弯凸下飞、左转弯直下飞以及左转弯凹下飞，空间右转弯类似于空间左转弯。空间左转机动轨迹单元具体分类如图 1(b)中所示的 E09～E14。与左转弯类似，空间右转机动轨迹单元具体分为右转弯凹上飞、右转弯直上飞、右转弯凸上飞、右转弯凸下飞、右转弯直下飞以及右转弯凹下飞(除了水平右转弯)，分类图示如图 1(c)所示的 E16～E21。

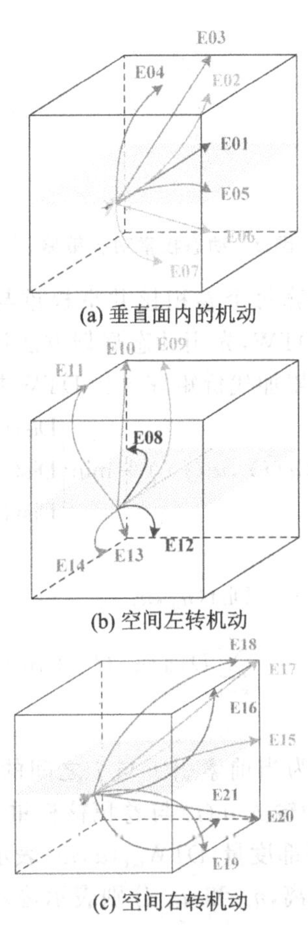

图 1　机动轨迹单元示意图

2　基于支持向量机的机动分割点检测方法

2.1　机动分割点检测模型

机动分割点检测主要是将一个长时域的飞机机动轨迹按照一定的规则进行分割，为机动轨迹单元识别提供可靠的飞行参数识别时间序列。假设机载传感器实时地提供目标机飞行轨迹参数，并且能够及时地计算获得特征参数，记起始时刻为 t_0，当前时刻为 t_{current}，该时间段提取的特征为 $X_{e,t}=[\psi_{e,t},\Delta\psi_{e,t},\theta_{e,t},\Delta\theta_{e,t},\Delta H_{e,t},v_{e,t},\Delta v_{e,t}]$，其中 $t\in[t_0,t_{\text{current}}]$。根据分割点检测技术，可以得到分割点集 $S=\{X_{e,s}|Y_{e,s}=1\}$，其中 $Y_{e,s}$ 表示分割点标签，$Y_{e,s}=1$ 表示该点为分割点，否则为机动轨迹单元内点(非分割点)，下标 s 表示分割点索引，表示为第 s 个分割点的时间点索引。根据空战训练数据提取的特征参数，可以通过有监督学习的方法去训练分类器，然后搭载到 UCAV，在线完成机动分割点的识别。

2.2　支持向量机

机动轨迹分割检测库训练数据是不平衡数据，分割点的样本数据少于非分割点样本数据；数据库中存在少量的噪声干扰数据，比如飞机失速的轨迹样本点；分割检测特征参数需要相邻两个时刻的机动轨迹样本点数据，则训练数据为非线性分布数据；本文要解决的分割点检测问题是一个二分类问题。根据机动分割点检测问题的特征，本小节采用基于高斯核函数的支持向量机。

假设机动轨迹数据样本集为 $P_s=\{(X_{e,i},Y_{e,i})|X_{e,i}=X_{e,t},Y_{e,i}=\pm1,i=1,\cdots,p\}$，其中，$p$ 为样本个数。每一个训练样本 $\boldsymbol{X}_e$ 对应一个类别标签 $Y_e=\pm1$，分别代表两类的类别标签。设 $\boldsymbol{X}_e$ 为 N 维输入空间的向量，$\phi(\boldsymbol{X}_e)$ 表示 $\boldsymbol{X}_e$ 通过非线性变换之后的特征向量，对应的划分超平面模型为

$$f(\boldsymbol{X}_e)=\boldsymbol{w}^{\mathrm{T}}\phi(\boldsymbol{X}_e)+b \tag{7}$$

为了解决样本点落在超平面与边界之间的问题，引入松弛变量，则目标函数为

$$\begin{cases}\min\limits_{w,b}\dfrac{1}{2}\|w\|^2+C\sum\limits_{i=1}^{p}\xi_i\\ \text{s. t.}\quad Y_{e,i}(\boldsymbol{w}^{\mathrm{T}}\phi(\boldsymbol{X}_{e,i})+b)\geqslant 1-\xi_i\quad(i=1,\cdots,p)\end{cases} \tag{8}$$

式中，$\xi_i\geqslant0$ 为松弛变量，$C>0$ 为惩罚参数，C 值可以调和公式中两项的影响程度。为了解决数据分布的非线性，采用高斯核函数；为了求解目标函数，将其转化为拉格朗日函数，具体求解详见参考文献[1]。

2.3　机动分割点检测流程

机动分割点检测流程如下：

步骤 1： 利用机动数据库中产生机动分割检测库，提取相关特征参数，离线训练 SVM，得到分割点检测器。

步骤 2：通过传感器接收到特征参数后，传入在线分割点检测器中，判断当前轨迹点是否为分割点。

3 基于 MDDTWnet 的机动轨迹识别方法

3.1 机动轨迹识别模型

机动轨迹识别问题是一个多维时间序列识别问题。机动轨迹识别将分割后的机动轨迹单元特征参数 $\boldsymbol{X}_e=[\psi_e,\Delta\psi_e,\theta_e,\Delta\theta_e,\Delta H_e,v_e,\Delta v_e]$ 为输入，以单元类别为输出，为预测目标机状态与态势评估提供关键信息。本文采用有监督学习的方法训练机动轨迹识别模型。

3.2 基于马氏距离度量的动态时间规整神经网络

多维时间序列分类识别是在线机动识别研究的核心技术，本文采用的核心方法是基于马氏距离的 DTW (Mahalanobis Distance-based Dynaminc Time Warping, MDDTW)与卷积神经网络(Convolutional Neural Networks, CNN)[7-12]。本文结合 MDDTW 与 CNN，提出一种新的时间序列识别神经网络，即 MDDTWnet。

1. 基于马氏距离度量的动态时间规整

为了适应训练样本数据的增加，本文采用了基于动态三元约束策略的马氏距离度量方法(Dynamic Triplet Strategy Based Mahalanobis Distance, DTSMD)[13]。DTSMD 学习方法是一个在线度量学习方法，相比较于传统离线度量学习算法，其可以在某一时刻接受不同的样本，而且期望马氏矩阵可以根据目标函数进行更新，得到最优的马氏矩阵。具体方法详见文献[13]。

2. 动态时间规整神经网络

CNN 处理不等长时间序列识别问题时，目前解决的方法主要分为两种：①将时间序列的动态数据点看作静态数据点，但该方法受到噪声点的干扰；②将不等长时间序列进行插入拟合，使不等长时间序列变为等长时间序列，但这种方法使原时间序列失真。针对 CNN 的卷积操作对时间序列的缺陷与不足，本文采用了一种基于动态权重对齐(Dynamic Weight Alignment, DWA)策略的神经网络，具体结构如图 2 所示。DWA 策略的前向传播主要分为两步，具体步骤如下：

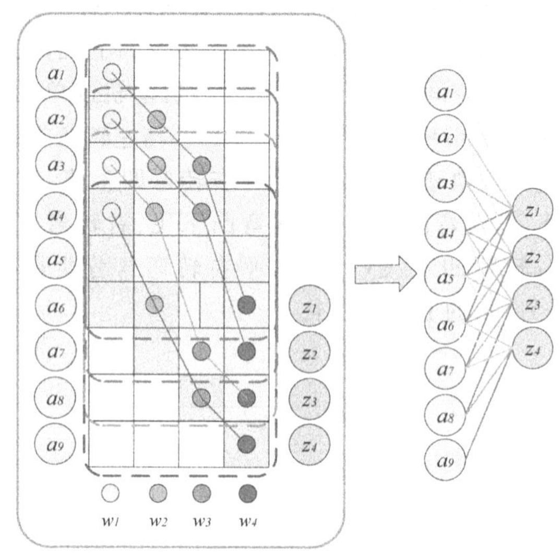

图 2 动态权重对齐策略

步骤 1：计算每个卷积核共享权重与感受视野窗口输入之间的 DTW，先用动态规划方法计算累加代价矩阵，然后利用累加代价矩阵寻找 DTW 规整路径：

$$\mathrm{Dist}(i,j)=D(a(i),w(j))+\min\begin{cases}\mathrm{Dist}(i-1,j-1)\\\mathrm{Dist}(i-1,j)\\\mathrm{Dist}(i,j-1)\end{cases}\tag{9}$$

$$\begin{aligned}\mathrm{DTW}_{\mathrm{net}}(a,w)&=\mathrm{Dist}(n_a,n_w)\\&=\sum_{k=1}^{p}D(\bar{a}(\omega_a(k)),\bar{w}(\omega_w(k)))\end{aligned}\tag{10}$$

其中，$\mathrm{Dist}(i,j)$为当前索引 i 与 j 之间的累加代价，$D(x(i),w(j))$为输入 $a(i)$与卷积核权重 $w(j)$之间的基于欧式距离局部度量，$\mathrm{DTW}_{\mathrm{net}}(a,w)$表示输入与权重之间的 DTW 距离，$n_a$ 和 n_w 分别表示输入的时间长度与卷积核的宽度，$\omega_a(k)$与 $\omega_w(k)$分别表示输入与权重规整后的第 k 个索引，$\bar{\boldsymbol{a}}$ 和 $\bar{\boldsymbol{w}}$ 表示规整后的输入与权重，p 表示规整路径。

步骤 2：根据规整路径 p、输入 $\boldsymbol{a}$ 与共享权重 $\boldsymbol{w}$，计算卷积之后的特征值：

$$z_j^{(l)}=\sum_{i=1}^{p}\bar{\boldsymbol{w}}_i^{(l)}\bar{\boldsymbol{a}}_{i+j-1}^{(l-1)}+b^{(l)}\tag{11}$$

利用规整路径去匹配输入与权重，然后让匹配规整后的路径进行卷积操作，这样就不用翻转激活函数。共享权重的对齐匹配随着卷积的每一步进行，且每一次迭代中仅仅保留当前的规整路径。

权重与偏置量的优化是损失函数误差通过反向传

播实施的。权重与偏置量的优化算法采用的是 Adam 优化算法[14]。

3. 基于马氏距离的 DTWnet

合基于 MDDTW 度量学习算法与 DTWnet 时间序列识别网络，提出了一种基于马氏距离的 DTWnet (MDDTWnet)，主要用来解决多维时间序列的识别分类问题。MDDTWnet 主要思路：首先利用度量学习算法学习马氏距离，然后利用该马氏距离去度量卷积层输入与共享权重之间 DTW 距离，最后采用 Adam 优化算法对 MDDTWnet 进行训练优化。

3.3 机动轨迹识别流程

机动轨迹识别主要分为离线训练与在线检测两部分。

(1) 离线训练。利用空战数据或者机动数据库，提取相关特征参数和机动轨迹单元库，通过基于 MDDTW 的度量学习算法，得到马氏矩阵 $\boldsymbol{M}_{7\times7}$，其中，“7”表示分类训练样本的维数；将马氏矩阵带入到 MDDTWnet 神经网络训练多维时间序列样本，得到 MDDTWnet 识别网络。

(2) 在线识别目标机动轨迹。在空战中，将分割后的机动轨迹输入到 MDDTWnet 识别网络，判断当前轨迹是属于哪个机动轨迹单元类别。

4 在线目标机动轨迹识别

根据上面的分析，基于 SVM 分割点检测与基于 MDDTWnet 分类的在线目标机机动识别融合方法 (SVM - MDDTWnet) 流程如图 3 所示，具体的步骤如下：

步骤 1： 利用空战数据或者上一章的机动数据，建立机动分割检测库与机动轨迹单元库。

步骤 2： 利用机动分割检测库训练 SVM 机动轨迹分割器。

步骤 3： 利用机动轨迹单元库通过 MTSMD 的度量学习算法获得马氏矩阵；利用机动轨迹单元库训练集训练 MDDTWnet 机动轨迹分割单元分类识别器。

步骤 4： 输入机载传感器获取的目标机机动轨迹参数，SVM 在线分割点检测器输出分割标识；根据分割标识，MDDTWnet 判断当前相邻分割点之间的机动轨迹单元类别。

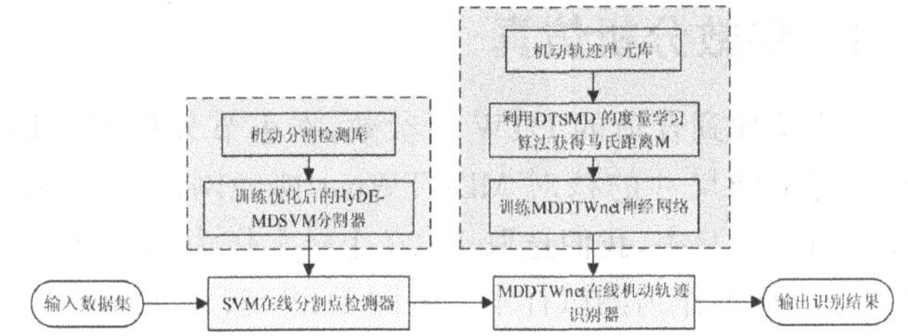

图 3 基于 SVM - MDDTWnet 的在线目标机动识别流程

5 仿真与分析

为了验证本文提出的在线机动轨迹识别方法的有效性与鲁棒性，本节首先利用机动轨迹单元库去获取 MDDTWnet 的 DTW 核数量与核尺寸（DTW 核的长度）；其次，利用机动轨迹单元库的训练与测试 MDDTW-net 神经网络性能。比较算法的参数设置如表 1 所列。机动轨迹单元库的样本数据主要来源于模拟飞机机动轨迹数据与真实空战训练轨迹数据，得到样本数量 77 470，其中垂直面内机动轨迹数量为 19 808，空间左转机动轨迹数量为 23 674，空间右转机动轨迹数量为 33 988。每个仿真实验运行 20 次，统计 20 次的识别结果。实验仿真环境为 Windows 10，CPU 为 2.80 GHz，8 GB 内存，编程语言 MATLAB 与 C++。

表 1 比较算法的参数设置

算 法	参数设置
CNN[7]	卷积层（30 个卷积核、Relu 激活），最大化池化层，全连接层（60 个节点、Relu 激活），softmax 层，输出层；权重初始化采用高斯分布初始化，训练算法为 Adam 算法，学习率为 0.001，L2 正则化系数为 0.004，MaxEpochs 为 100，最小批处理样本数 MiniBatchSize 为 20
LSTM[15]	LSTM 层（隐藏节点为 30、Relu 激活）；其他参数设置与 CNN 一样
SVM - GDTW[16]	高斯核函数，$C=1$，$\sigma=0.1$，DTW 度量
DTWnet	DTW 层（动态权重对齐策略、30 个 DTW 核、Relu 激活），最大化池化层，两个全连接层（40 个节点、Relu 激活），softmax 层，输出层；权重初始化采用高斯分布初始化，DTW 核的尺寸为数据集维度×0.5 倍的时间序列长度，训练算法为 Adam 算法，学习率为 0.001，正则化采用的 Dropout 技术，同时采用 Batch-normalization 技术
MDDTWnet	神经网络的参数设置与 DTWnet 一样

5.1 参数分析仿真

为了找到合适的 DTW 核参数，本小节分析了不同数量与不同尺寸的核对 MDDTWnet 神经网络的影响。在本仿真实验中，我们选取 4 120 个样本作为训练样本、1 050 个样本作为测试样本。不同 DTW 核对 MDDTWnet 的影响结果如图 4 所示。正如图 4 所示，随着 DTW 核数量增加，识别精度增加，识别时间也增加；随着 DTW 核长度增加，识别精度增加，识别时间也增加。为了增加 MDDTWnet 识别精度、减少识别时间，本文选取 DTW 核的数量为 25，核长度比例为 $S_{\text{kernel}}=0.9$，因此，核长度为 0.9 倍机动轨迹单元时间序列长度。

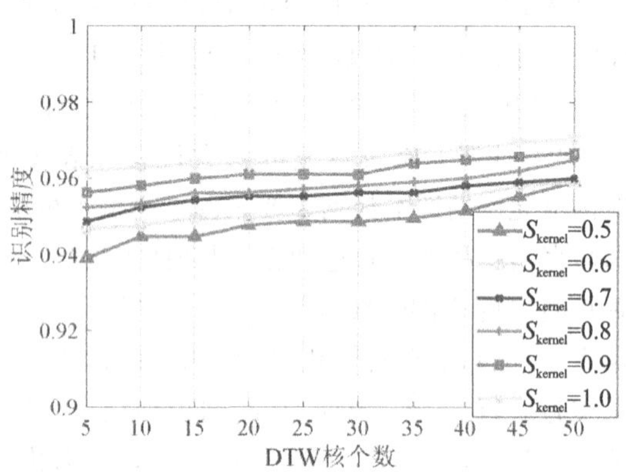

(a) 不同DTW核对算法识别准确率的影响

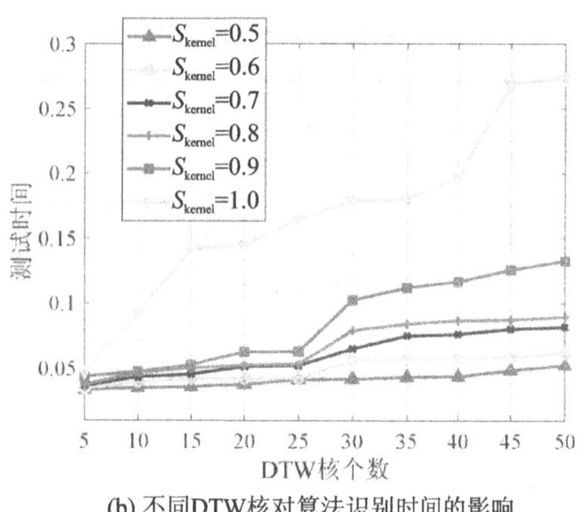

(b) 不同DTW核对算法识别时间的影响

图 4 不同 DTW 核对 MDDTWnet 的影响

5.2 工况分析

为了进一步验证本文在线机动轨迹识别方法的有效性与鲁棒性，本小节从空战对抗数据库中选取两段机动轨迹工况进行仿真。

1. Case 1 水平右转盘旋机动识别仿真

水平右盘旋轨迹机动的识别仿真结果如图 5 和图 6 所示。图 6 给出了 SVM 分割后不同识别算法的识别结果。MDDTWnet 将误分的分割点视为机动轨迹单元 E17，同时，其识别结果与真实机动轨迹单元分布情况相似。DTWnet 除了误分分割点，还将第一段轨迹单元误分为 E03；CNN 将第一段与最后一段误分为 E18 与 E20；LSTM 将第三段轨迹单元误分为 E20；SVM - GDTW 识别效果是最差的，误分三段轨迹单元。从图 6 可以看出，基于 SVM - MDDTWnet 的识别与原始分布情况很相似，仅仅在第一段轨迹之后的点误分割，导致将其识别为机动轨迹单元 E17。

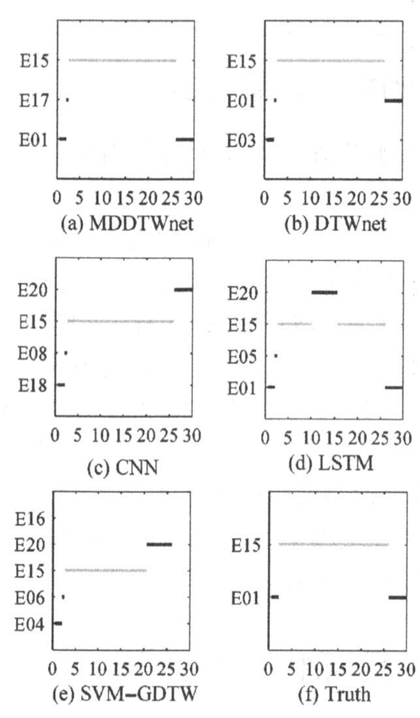

图 5 水平右转盘旋机动识别结果对比

2. Case 2 长时域复杂机动仿真

长时域复杂机动的识别仿真结果如图 7 和图 8 所示。图 7 给出了 SVM 分割后不同识别算法的识别结果。从图 7 可以看出，MDDTWnet 将 7～8 s 之间的机动轨迹单元 E04 误分为 E01，将 18～19 s 之间的机动轨迹单元 E02 误分为 E01。

上述两种机动轨迹中不同算法的在线分割识别率与时间代价统计如表 2 所列。从表 2 可以看出，MDDTWnet 的在线分割识别率是最高的，SVM - GDTW 在在线识别时间代价中是最少的。虽然，MDDTWnet 时间代价较高，但是满足在线识别的实时性，两个工况的机动轨迹平均每一秒识别代价分别是 1.20 ms 和 3.14 ms。综上分析，MD - SVM - DTWnet 在线分割识别系统在满足在线识别实时性的同时具有较高识别准确率。

表 2　不同机动轨迹中不同算法的在线分割识别率与时间代价

机动类型		MDDTWnet	DTWnet	CNN	LSTM	SVM－GDTW
水平右转盘旋机动(30 s)	Accuracy	**0.983 3**	0.916 7	0.783 3	0.783 3	0.600 0
	Time/s	0.036 1	0.032 5	0.010 5	0.012 7	**0.007 8**
长时域复杂机动(42 s)	Accuracy	**0.928 6**	0.714 3	0.738 1	0.619 0	0.785 7
	Time/s	0.132 0	0.111 9	0.009 6	0.011 2	**0.008 6**

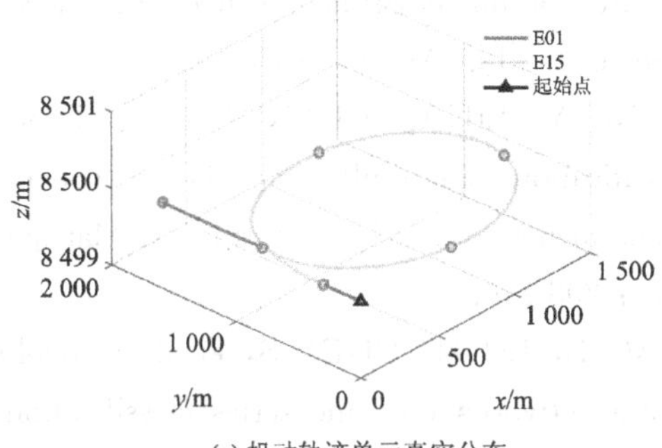

(a) 机动轨迹单元真实分布

(b) 基于MD-SVM-DTWnet识标结果

图 6　水平右转盘旋机动真实分布与识别的轨迹对比

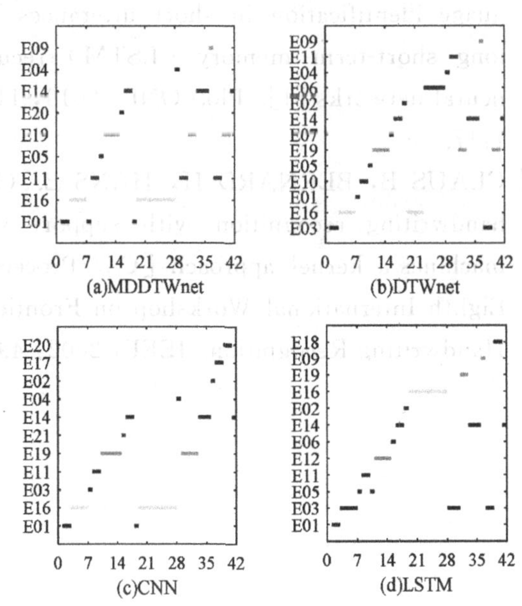

图 7　长时域复杂机动识别结果对比

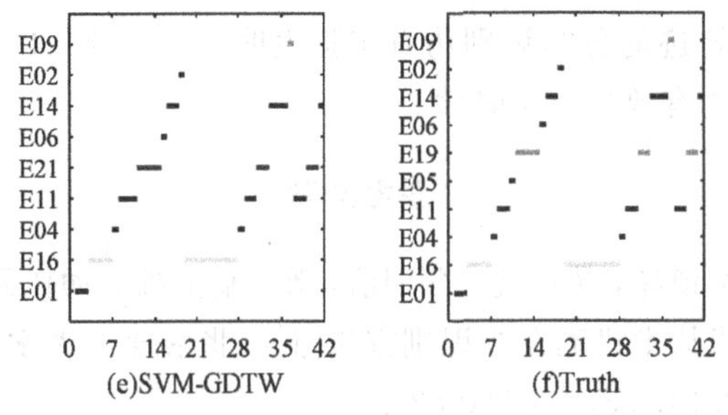

图 7　长时域复杂机动识别结果对比(续)

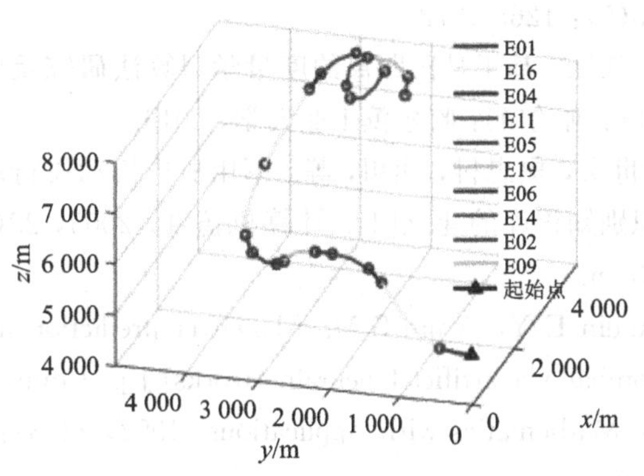

(a) 机动轨迹单元真实分布

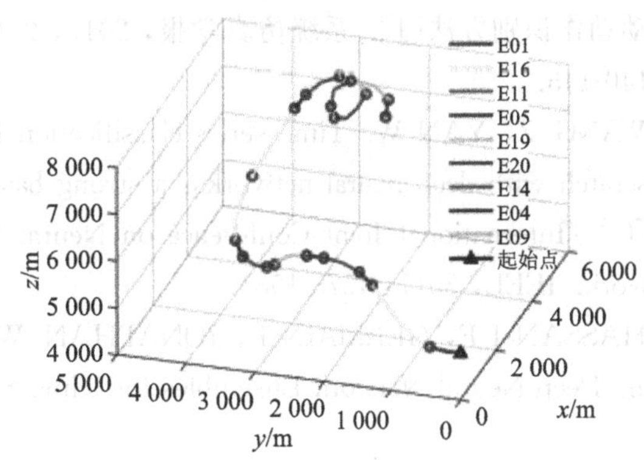

(b) 基于MD-SVM-DTWnet识别结果

图 8　水平右转盘旋机动真实分布与识别的轨迹对比

6 结 论

本文提出了一种基于监督学习的在线分割识别方法——SVM-MDDTWnet。本文以UCAV目标机在线机动轨迹识别问题为背景,采用基于SVM在线分割点检测模型与基于MDDTWnet在线识别模型的融合方法,构建在线机动轨迹识别平台。基于空战数据库两段机动轨迹的分割识别仿真实验表明SVM-MDDTWnet方法的有效性与实时性。

参考文献

[1] 贾镇泽,樊晓光,薛明浩,等. 基于机动动作元的敌机战术机动在线识别方法[J]. 北京理工大学学报, 2018, 38(8): 820-827.

[2] 徐西蒙,杨任农,于洋,等. 基于运动分解和H-SVM的空战目标机动识别[J]. 控制与决策, 2020, 35(5): 1265-1272.

[3] 梅江元. 基于马氏距离的度量学习算法研究及应用[D]. 哈尔滨: 哈尔滨工业大学, 2016.

[4]倪世宏,史忠科,谢川,等. 军用战机机动飞行动作识别知识库的建立[J]. 计算机仿真, 2005, 22(4): 23-26.

[5] Rodin E Y, Amin S M. Maneuver prediction in air combat via artificial neuralnetworks[J]. Computers & Mathematics with Applications, 1992, 24(3): 95-112.

[6] 孟光磊,陈振,罗元强. 基于动态贝叶斯网络的机动动作识别方法[J]. 系统仿真学报, 2017, 29(1): 140-145.

[7] WANG Z, YAN W. Time series classification from scratch with deep neural networks: a strong baseline [C]//International Joint Conference on Neural Network. IEEE, 2017: 1578-1585.

[8] HASSAN I F, GERMAIN F, JONATHAN W, et al. Deep Neural Network Ensembles for Time Series Classification [C]//International Joint Conference on Neural Network. IEEE, 2019: 1-6.

[9] HASSAN I F, GERMAIN F, JONATHAN W, et al. Deep learning for time series classification: a review [J]. Data Mining and Knowledge Discovery, 2019, 3: 1-47.

[10] SERRA J, PASCUAL S, KARATZOGLOU A. Towards a universal neural network encoder for time series [J]. ArXiv, 2018.

[11] ZHENG Y, LIU Q, CHEN E, et al. Time series classification using multi-channels deep convolutional neural networks [J]. Information Management, 2014: 298-310.

[12] ZHAO B, LU H, CHEN S, et al. Convolutional neural networks for time series classification [J]. Systems Engineering and Electronics, 2017, 28: 162-169.

[13] Mei J, Liu M, Wang Y, et al. Learning a Mahalanobis distance based Dynamic time warping measure for multivariate time series classification [J]. IEEE Transactions on Cybernetics, 2015, 46(6): 1363-1374.

[14] DIEDERIK K, JIMMY B. Adam: A Method for Stochastic Optimization [J]. Computer Science, 2014: 1-15.

[15] RUBEN Z, ALICIA L, JAVIER G, et al. Language identification in short utterances using long short-term memory (LSTM) recurrent neural networks [J]. PloS ONE, 2016, 11(1): 1:17.

[16] CLAUS B, BERNARD H, HANS B. Online handwriting recognition with support vector machines-a kernel approach [C]//Proceedings Eighth International Workshop on Frontiers in Handwriting Recognition. IEEE, 2002: 49-54.

ARAIM 发展趋势分析与最差 URE 估计研究

谢玉文，王志鹏

北京航空航天大学电子信息工程学院，北京 100191

摘要：从 2008 年 GNSS 发展框架研究小组提出 ARAIM 概念以来，ARAIM 技术经过十几年的发展已经具备比较成熟的技术框架，但是在 ARAIM 机载算法、互操作性、ISM 生成及评估等方面还未形成统一的国际标准，它的最终目标是利用双频多星座，使用户在全球范围内均可实现 LPV－200 服务。目前，国内对北斗应用于 ARAIM 展开了广泛的研究，北斗 ARAIM 的发展，完好性支持信息 ISM 是难点。ISM 中主要包含关于各个导航星座的核心性能的关键参数，北斗 ISM 中各个参数目前均采用经验值，这可能对 ARAIM 用户产生较大的完好性风险。因此确定北斗 ISM 各关键参数是其 ARAIM 技术发展的关键。本文利用实测数据分析北斗 ISM 中 URE，并且从完好性的角度出发，对获取最差用户测距误差（Worst URE）的方法进行研究，并采用实测数据进行仿真分析。最后，结合最新国内外 ARAIM 的研究现状以及研究成果，对 ARAIM 的技术发展趋势进行分析和展望。

关键词：ARAIM；北斗；Worst URE；完好性

ARAIM Development Trend Analysis and Worst URE Estimation Research

XIE Yuwen, WANG Zhipeng

School of Electronical and Information Engineering, Beihang University, Beijing 100191, China

Abstract: Since the GNSS development framework research group put forward the ARAIM concept in 2008, ARAIM technology has developed a relatively mature technical framework after more than ten years of development, but it has not yet formed a unified ARAIM airborne algorithm, interoperability, ISM generation, and evaluation. The ultimate goal is to use dual-frequency multi-constellation to enable users to realize LPV－200 services on a global scale. At present, extensive research has been carried out on the application of BDS ARAIM in China. The development of BDS ARAIM and the integrity support message (ISM) is a difficult point. The ISM mainly contains key parameters related to the core performance of each navigation constellation. Each parameter in the BDS ISM currently uses empirical values, which may cause a greater integrity risk to ARAIM users. Therefore, confirming the key parameters of BDS ISM is the key to the development of its ARAIM technology. This paper uses the measured data to analyze the BDS ISM URE, and from the perspective of integrity, the method of obtaining the worst user ranging error (Worst URE) is studied, and the integrity of the simulation results is analyzed. Finally, combined with the research status and results of ARAIM at home and abroad, the technical development trend of ARAIM is analyzed and prospected.

Keywords: ARAIM; BDS; Worst URE; integrity

1 ARAIM 技术和标准进展

随着 GPS、BDS、Galileo 和 GLONASS 的发展，卫星空间几何结构、定位精度、信号稳定程度、误差包络技术大幅提升，为要求更高的导航需求提供了有利条件。为了满足更高精度和完好性的使用要求，传统 RAIM（Receiver Autonomous Integrity Monitoring）技术同样需要进步[1]。

为此，从 2008 年 2 月到 2010 年 2 月，美国联邦航空局（Federal Aviation Administration, FAA）的 GNSS 发展框架研究小组（GNSS Evolutionary Architecture Study, GEAS）结合多星座多频的卫星导航系统发展现状发表两份研究报告[2-3]，给出三种保障完好性的备选方案，首次提出 ARAIM 概念并确定了其基本雏形：GNSS 完好性通道（GNSS Integrity Channel, GIC）、相对接收机自主完好性监测(Relative Receiver Autonomous Integrity Monitoring, RRAIM)和绝对接收机自主完好性监测(Absolute Receiver Autonomous Integrity Monitoring, ARAIM),并在第二份报告中正式将 ARAIM 更名为“先进接收机自主完好性监测(Advanced Receiver Autonomous Integrity Monitoring, ARAIM)”;提出了完好性支持信息(Integrity Support Message, ISM)的概念,其中主要包含 5 个关于星座性能的参数值,分别是用户测距误差(User Range Error, URE)、用户测距精度(User Range Accuracy, URA)、最大标称偏置(maximum nominal bias, Bnom)、卫星先验故障概率 Psat、星座先验故障概率 Pconst;强调 ARAIM 将从单星座双频应用推广到多星座双频应用。该报告详细介绍了 LPV - 200 性能需求、ARAIM 用户算法、ARAIM 性能和可用性结果、ISM 内容方案等。

2010 年 7 月在 GPS - Galileo 合作协议框架下成立的工作组 C(Working Group C, WG - C)建立了 ARAIM 技术工作组(ARAIM Technical Subgroup, TS)[4],开始主导 ARAIM 的发展。并在 2010—2016 年间发布 3 份里程碑报告。在 2012 年发布的“第一座里程碑报告”中阐述了 ARAIM 发展现状和性能需求,介绍了 ARAIM 系统完整的数据处理流程以及对 ARAIM 用户基准算法(Multiple Hypothesis Solution Separation, MHSS)进行优化的建议,同时对 ARAIM 误差模型进行详细分析。2015 和 2016 年该小组相继发布了第二份和第三份里程碑报告[5-6],WG - C 收集了相关航空电子设备生产商和集成商、空中导航服务提供者和标准化组织的意见和反馈,制定了 ARAIM 发展路线图;给出了适用于不同 ARAIM 框架的 ISM 电文格式;提出 3 种 ARAIM 架构:水平 ARAIM(Horizontal ARAIM, H - ARAIM);线下 ARAIM(Offline ARAIM);线上 ARAIM(Online ARAIM)。3 种架构将按照 ARAIM 技术推进时间谱依次实现,主要区别在于对地面监测站的依赖程度以及 ISM 的内容和更新速率不同,进而支持不同的服务标准,最终线上 ARAIM 将在全球范围内支持 LPV - 200 服务。

与此同时,国际民航组织(International Civil Aviation Organization, ICAO)也密切追踪 ARAIM 的发展,近年陆续发布了一系列关于 ARAIM 的标准与建议措施(SARP),对于 ARAIM 的技术细节、验证评估、标准统一做了大量讨论,旨在推动 ARAIM 尽快投入实际应用。2012 年,Salabert 和 Berz(EUROCONTROL)等人提交工作文件 WP21(Working Paper),提出对 ARAIM 支持 LPV - 200 运行的标准和建议措施;2013 年,Eldredge (FAA)和 Burns(FAA)等人向国际民航组织(ICAO)提交信息文件 IP12(Information Paper),阐述了 ARAIM 第一阶段报告成果;2014 年,Alexander (FAA), Eric Chatre (EC)等人提交 IP21,对 ARAIM 技术系统概念做了详细解读;2015 年,Alexander (FAA), Chatre(European Commission, EC) 等人提交 IP27,讨论进一步完善机载算法,地面监控架构和地面监控算法,以及安全性分配等关键要素;2017 年,Chatre(EC)和 Salabert(EUROCONTROL)等提交 WP40,讨论将 ARAIM 整合到 ABAS SARP 中,继续推动 ARAIM 标准化;2018 年,Chatre (EC),Alexander (FAA)等人提交 IP28,要求核心星座提供商评估之前 SARP 概念,并提供有关 ISM 生成方法的信息;2019 年,Chatre (EC), Alexander (FAA)等人提交 WP72,对 ISM 参数设置进行了规定,进一步完善 ISM 的内容;2020 年提交的 IP8 中,报告了欧美目前正着重于完成 ISM 参数的验证工作,且正在开发验证支持水平导航的第一个完整的 ARAIM SARP,以推进 H - ARAIM 实施进度。

学术界也对 ARAIM 展开了广泛的探索和研究,目前主要集中在以下几个方面:

1. 用户算法及其优化

斯坦福大学的 Blanch 团队提出的多假设解分离算法(MHSS)被 ARAIM 技术组定义为 ARAIM 的基准用户算法[7],该算法提供了包含故障的全可见星定位解、故障模式划分、阈值设定、故障排除、保护级计算、可用性预测等多方面的信号数据处理流程,目前被广泛应用于 ARAIM 验证和评估工作。此外现有的 ARAIM 算法还包括最优加权平均解算法(OWAS)、新型完好性优化算法(NIORAIM)以及卡方检验法[8-11]。它们从不同的角度对 ARAIM 的性能做了评估验证。在算法优化上,Blanch 团队对 MHSS 算法的完好性风险分配、保护级计算等方面给出了优化建议和方法[12];新南威尔士大学的 Wang 等人对 ARAIM 基准算法的系统间互操作性、水平保护级计算方法优化给出了多条建议和措施[13-16];慕尼黑联邦国防军大学的 Kroop 等人提出了一种新的基于 Q - MHSS 的 ARAIM 用户算法,提高了保护级的计算精度[17]。

2. ARAIM 性能评估与验证

其主要是评估 GNSS 各核心星座应用与 ARAIM 的实际表现、各种用户算法的优劣水平以及验证当前 ARAIM 满足 LPV - 200 标准的全球覆盖范围。国防科学技术大学的肖伟等人利用一组模拟数据和一组真实数据,仿真了在不同的空间信号误差模型中 ARAIM 在

LPV-200 下的可用性；得到必须保证用户测距精度(URA)才能保证较好的可用性的结论[18]；且在基于 MHSS 算法条件下，仿真得出在双频双星座下 ARAIM 并不在全球范围内完全支持 LPV-200 的要求，在三星座条件则可实现该目标，有效提高了 ARAIM 可用性[19]；上海交通大学的荆帅等人验证了 ARAIM 用户算法在预测多个完好性指标方面的有效性[20]；科廷大学的 Ahmed El-Mowafy 设计的三频信号模型对卫星标称误差进行了优化，并采用澳大利亚的观测数据对 ARAIM 可用性进行了验证[21-22]。

3. 故障检测模型和子集划分

随着 GNSS 的快速发展与可见星数量的不断增加，ARAIM 在实际使用时面对的故障模式势必增加，其 MHSS 算法主要依靠比较全可见星解和所有子集解来检测排除故障，在可见星大量增加的情况下，ARAIM 机载接收机需要计算和评估大量子集解，极大地加大了用户的计算负荷，因此业界对于减少检测子集开展了大量研究。最早关注此问题的是斯坦福大学的 Walter 等人，他们提出的星座选择法(ConOut)利用移除可能包含故障模式的星座来达到减少检测子集的目的[23]。该方法可以明显减少子集数量，但是移除整个星座的方法会导致卫星几何结构严重受损，甚至影响 ARAIM 的可用性；北京航空航天大学的王志鹏团队提出的轨道选择法故障检测模型以及基于仰角的子集聚集算法[24-25]，分别根据基于卫星轨道的子集优选方法和基于可见星仰角范围的子集划分算法在有效减少检测子集数量的同时，最大限度地保留星座的几何结构，能够保证 ARAIM 在工作时的完好性和可用性；南京航空航天大学的孟骞等人提出一种基于概率累加反馈的故障子集确定方法[26]，该方法按故障的概率大小遍历所有故障模式，通过可观测性判断后依次累加，最终故障子集数量由设定的完好性阈值确定；斯坦福的 Blanch 等人提出了一种故障子集的固定选择法[27]，该方法在双星座组合的背景下只考虑单卫星故障、单星座故障和单卫星+单星座故障的故障模式，从而降低用户算法的计算负荷，但该方法只用于双频双星座的应用背景。

4. ISM 参数生成与评估

目前完好性支持信息 ISM 是 ARAIM 技术发展的一大难点，ISM 参数的估计与确定，直接影响 ARAIM 的各项阈值设定与可用性评估。是现阶段限制 ARAIM 发展的最大挑战。目前所有关于 ARAIM 的性能仿真、算法评估以及测试，ISM 大多采用经验值。虽然 ICAO 以及各学术单位对 ISM 的生成和评估给出了很多可行方案，但 ARAIM SARP 还没有一套明确的标准和方法来确定 ISM 参数的具体值。ISM 包含的五个核心参数中，Psat 和 Pconst 的确定依赖于各星座长达数十年的稳定的观测数据，目前除 GPS 星座外，其他几大星座尚不具备此条件，因此在 ISM 中一般设定为与 GPS 量级相近的经验值。关于卫星的 URE、URA、Bnom，利用现有的历年观测数据、广播星历、精密星历、钟差等数据对各星座的卫星的实际性能进行统计和分析是目前广泛使用且被认可的评估方法，德国宇航中心(DLR)的 Meurer 团队[28-29]和 Montenbruck 等人[30]，研究分析了空间信号误差对各 GNSS 星座应用 ARAIM 的可能造成的影响。这些较早的研究成果主要集中在分析空间信号误差的统计特性，但是没有具体地归结到 ISM 及其参数确定的研究层面上；斯坦福大学的 Walker 和 Gunning 等人通过分析空间信号误差以及长期的卫星运行数据，对各星座的先验故障概率确定给出了可行的方法和策略，并且用实际观测数据证明了用其方法确定的卫星和星座在先验故障概率与之前所用经验值在数量级上一致，可有效应用于 ARAIM 用户[31-34]，欧盟委员会(EC)的 Martini 等人提出的 ISM 生成算法原型[35]首次将 ISM 各参数生成的数据处理流程进行整合，提出一个 ISM 生成器(ISM Generator, ISMG)的概念，该生成器分为四大模块，可同时利用卫星广播数据以及地面站精密数据生成 ISM 电文，由地面站播发给用户，此工作受到 ICAO 的肯定，将其作为 ISM 生成的备选方案；同时，斯坦福大学的 Walter 等人提出的 ISM 数据分析标准[36]，给出了 GPS 星座 ISM 数据的评估方案，并对各参数对 ARAIM 算法阈值设定的影响做了详细分析，最后用 GPS 和 GLONASS 的数据验证了该方案的可行性；德国宇航中心的 Martini 对 ISM 框架设计给出了建议[37]，他们对 ARAIM 系统中完好性风险重新进行分配，设计了 3 种不同更新速率的 ISM 框架，不同更新速率的 ISM 适用于不同的 ARAIM 模式，最后讨论了不同更新速率的 ISM 对 ARAIM 用户的影响；MITRE 公司的 Lee 和 Bian 分析了 ISM 参数偏差对 ARAIM 完好性连续性风险的影响[38-39]，这些研究成果展示了 ARAIM 的可用性对 ISM 的各参数的敏感度，因此在评估 ISM 参数值哪些需要更精确，而哪些参数则需要具备一定的冗余性，但对精确度要求可以低一些。此外国内也对北斗 ISM 参数估计做了大量研究，由于北斗系统目前缺乏长期观测数据，Psat 和 Pconst 还无法准确描述，目前一般采用与 GPS 相近似的值，因此国内研究主要集中在 Bnom、URE、URA 三个核心参数的评估验证上。北京航空航天大学的王志鹏团队对北斗系统的卫星标称偏差做了完备的分析[40]，并给出了双频北斗空间信号的标称偏置的估计模型；沈阳航空航天大学的王尔申等人开展了卫星导航空间信号用户测距误差评估方法研究[41]，给出了北斗系统空间信号 URE 的评估方法，并利用用实测数据对比了 GPS 与 BDS 的空间信号性能；装备学院的贾蕊溪等人对北斗系统 URE 与定位精度进行分析[42]，给出了分析用户等效测距误差(UERE)结合精度因子(DOP)值的精度评估方法计算模型；中国民航大学的刘瑞华等人也开展了北斗卫星导航系统 URE 计算方法研究[43]，在考虑仰角限制情况下，详细推导了适用于北斗系统的瞬时 URE 和均方根 URE 计算公式。总体来说目前国内外都在积极探索各星座的空间信号误差特性、先验故障概率、标称偏置等内容，以求尽快确定适用于各星座的 ISM 参数计算方法和评估标准。

2. 最差 URE 估计与分析

URE 定义为实际导航卫星位置与钟差与播报星历与钟差之差，投影在卫星到用户视线上的等效距离误差[44]。在计算时，一般选取用精密星历和钟差得到的卫星位置作为卫星实际空间位置，URE 反映了播报星历及钟差精度，并最终影响实时导航用户定位精度。

URE 主要包括轨道误差和时钟误差、信号产生误差和天线特性误差等。其中，轨道误差和时钟误差是最大误差源，在计算 URE 时一般只考虑这两项，而轨道误差实为矢量值，其包含径向误差 R(Radial errors)、切向误差 A(Along-track errors)以及法向误差 C(Cross-track errors)三个分量[45]。

URE 是评估卫星导航系统空间信号精度及服务性能的主要参数，一般用固定时间间隔得到的上述分量计算瞬时 URE 值，而采用 95%URE(95%分位数对应的值)来描述一段时间内 URE 的统计值。目前 GPS 和 GLONASS 以及 BDS 公布了其瞬时 URE 的计算方法[46-47]，如下：

$$\mathrm{URE}_{\mathrm{GPS}} = \sqrt{(R-T)^2 + \frac{1}{49}(A^2 + C^2)} \tag{1}$$

$$\mathrm{URE}_{\mathrm{GLONASS}} = \sqrt{(R-T)^2 + \frac{1}{45}(A^2 + C^2)} \tag{2}$$

$$\mathrm{URE}_{\mathrm{BDSMEO}} = \sqrt{(0.98R-T)^2 + \frac{1}{54}(A^2 + C^2)} \tag{3}$$

$$\mathrm{URE}_{\mathrm{BDSGEO/IGSO}} = \sqrt{(0.99R-T)^2 + \frac{1}{127}(A^2 + C^2)} \tag{4}$$

式中：R、A、C 分别表示轨道径向、切向、法向误差；T 为卫星钟差。上述式子反映出不同星座的轨道误差分量对导航定位的影响程度。

目前计算得到 URE 值可用于精度与可用性分析，但不符合完好性的分析要求，完好性分析中包括很多阈值以及告警限设置，因此必须包含最差的情况[35]，通过基于最差用户位置(Worst User Location, WUL)的方法，可以得到空间信号 URE 投影到用户可见范围内最大值，在此基础上计算得到的 URE 包含一些极端的情况，可以衡量和验证 ARAIM 用户算法的告警阈值和保护级是否过于保守。

通过基于最差用户位置(WUL)的方法，即同一颗卫星，对用户来说，所处地球表面不同位置，能观测到的误差的投影是不一致的，从而将空间信号误差矢量投影至卫星到地球表面可见范围内所能得到的最大值，称为最差用户测距误差，而投影点则称为最差用户位置，卫星轨道误差在用户可见范围内的投影(见图 1)，可分为以下几种情况：

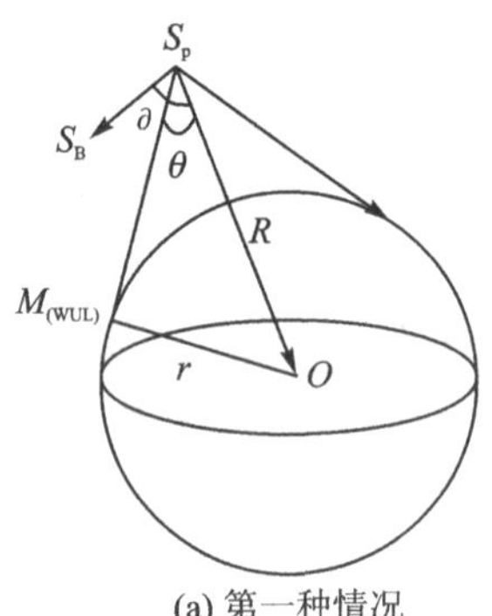

(a) 第一种情况

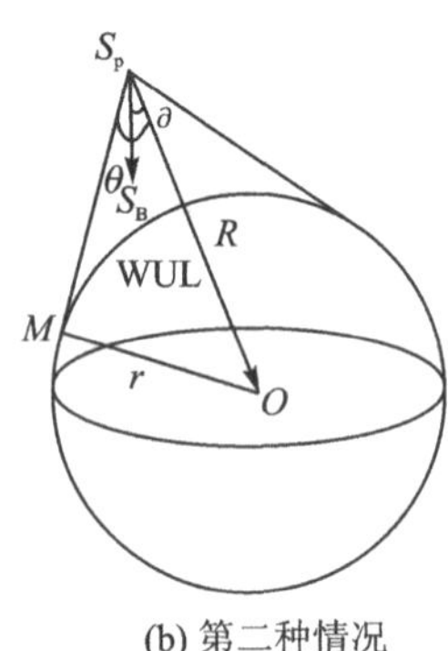

(b) 第二种情况

图 1 卫星轨道误差在用户可见范围内的投影

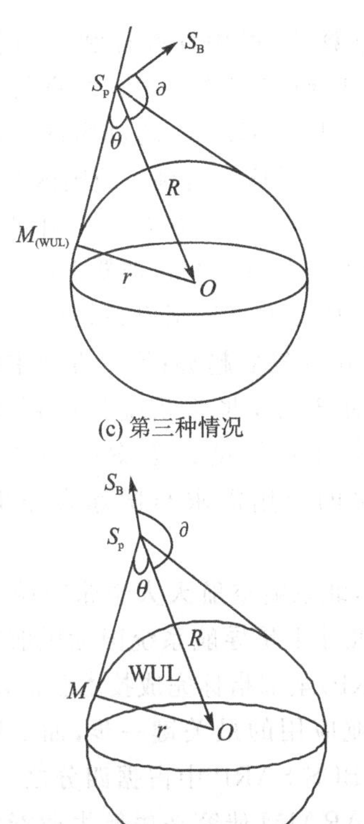

(c) 第三种情况

(d) 第四种情况

图 1　卫星轨道误差在用户可见范围内的投影(续)

图 1 中，S_P 为精密位置；S_B 为广播位置；M 为卫星在地球表面的覆盖边界点，即卫星与地球切点；r 为地球半径；R 为轨道半径；θ 为卫星、地球切线与卫星、地心连线夹角；∂为空间轨道误差矢量与卫星、地心连线夹角，取值范围(0～π)。

第一和第三种情况下，空间信号误差矢量投影在卫星到地球(用户)可见范围内的切线或切线延长线处可取得最大值；第二和第四种情况下，卫星在地球(用户)视线或其视线延长线上可观测误差矢量的最大值。

以北斗 MEO 卫星为例，文献[45]给出了当卫星钟差精度与轨道误差精度相关系数为 0(即二者互不影响)时的 URE 精度计算公式：

$$\mathrm{URE}_{\mathrm{BDS\_MEO\_orbit}} = \sqrt{0.98R^2 + \frac{1}{54}(A^2 + C^2) + T^2} \tag{4}$$

矢量 $\overrightarrow{S_PS_B}$ 和 $\overrightarrow{S_PO}$ 分别为从精密星历位置指向广播星历位置的误差矢量和卫星位置指向地心的矢量，有

$$|\overrightarrow{S_PS_B}| = \sqrt{0.98R^2 + \frac{1}{54}(A^2 + C^2) + T^2} \tag{5}$$

时钟误差为 T，综上，经分析可得情况一的最差 URE 可计算为

$$\mathrm{WorstURE} = \left|\cos(\partial - \theta)\sqrt{0.98R^2 + \frac{1}{54}(A^2 + C^2) + T^2}\right| \tag{6}$$

情况二的最差 URE 可计算为

$$\mathrm{WorstURE} = \left|-\sqrt{0.98R^2 + \frac{1}{54}(A^2 + C^2) + T^2}\right| \tag{7}$$

情况三的最差 URE 可计算为

$$\mathrm{WorstURE} = \left|\cos(\pi - \theta - \partial)\sqrt{0.98R^2 + \frac{1}{54}(A^2 + C^2) + T^2}\right| \tag{8}$$

情况四的最差 URE 可计算为

$$\mathrm{WorstURE} = \left|\sqrt{0.98R^2 + \frac{1}{54}(A^2 + C^2) + T^2}\right| \tag{9}$$

其中，

$$\theta = \arcsin\left(\frac{r}{R}\right) \tag{10}$$

选取北斗某 MEO 卫星在 2021 年一天的实测数据进行仿真，结果及分析如下：

图 2 展现了该卫星轨道误差分类 R、A、C 与钟差分量 T 一天的变化情况，可明显观察到径向方向的误差最大，可达到 3 m 以上，这与文献[47]的结论相同，而时钟误差则稳定在 1.5～2 m 左右。

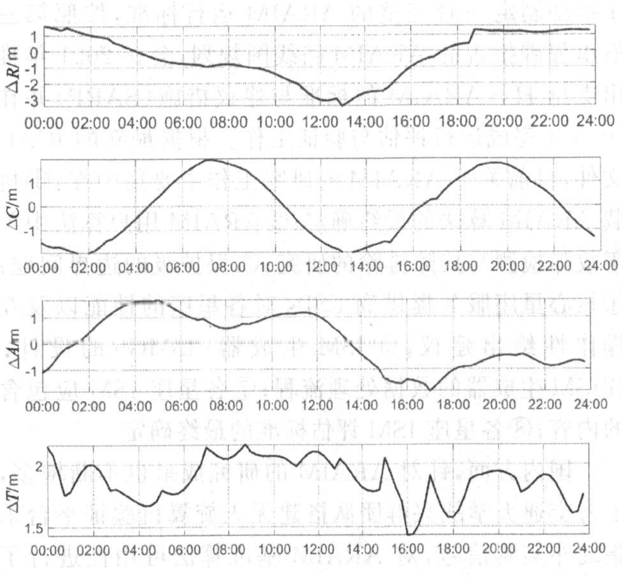

图 2　用户空间测距误差各分量值

图 3 给出了该卫星使用最差用户位置方法计算的最差 URE 在 24 小时内的变化情况，可看到最差 URE 在绝大部分时间都小于 1 m，整体在 0.85～1 m 之间浮动，这与 ARAIM 算法中使用的 0.67 m 的经验值量级一致，由于是在各个采样间隔计算卫星在地球可见范围内的最大值，其中包含极端情况，因此计算得到的

最差URE值较大是符合预期的，符合完好性分析的要求。

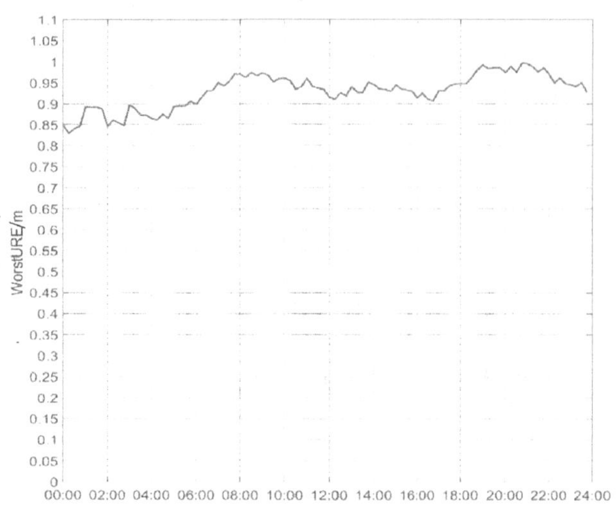

图3 24小时Worst URE统计值

3 ARAIM国际与国内发展趋势分析

国外方面，目前国际民航组织以及学术界都致力于推动制定一套完整的ARAIM运行标准，按照第三份里程碑报告的ARAIM路线图规划，会在2021年推出支持H-ARAIM的标准与建议措施(SARP)并在2023年完成运行评估与验证工作。根据最新的ICAO文件，目前关于ARAIM的研究工作主要集中在：①机载ARAIM算法的最终确定；②ARAIM用户算法中关于故障检测与故障排除的研究；③保护级的边界问题；④核心星座服务提供商CSPs对各星座的性能以及互操作性给出建议；⑤ISM生成器(ISMG)的设计；⑥ISM生成器的数据处理流程；⑦各星座ISM应包含的内容；⑧各星座ISM评估标准的最终确定。

国内方面，针对ARAIM的研究成果也不断增多，上海交通大学战兴群团队搭建无人旋翼机验证平台采集北斗实测信号，对ARAIM基准算法可用性进行了评估验证[48-49]，武汉大学的吴云等人利用地面监测站数据对ARAIM的可用性等一系列指标进行了验证，并对北斗的空间信号误差特性与其在ARAIM上的应用开展了一些研究[50-52]，此外，中国民航大学倪育德等人给出了垂直方向ARAIM的VPL实时和预测算法，用24颗GPS卫星和30颗Galileo卫星对中国西部航路区域ARAIM的可用性进行仿真[53-54]，北京卫星导航中心的牛飞，解放军信息工程大学的张倩倩等人在ARAIM基准算法、可用性验证和空间信号误差等方面，也做了一些研究工作[55-56]。北京航空航天大学的王志鹏团队对H-ARAM的可用性等进行了较为全面的研究[57]。但是应当看到目前国内对ARAIM的研究还处于“跟跑”状态，一方面是中国起初没有机会加入到针对GPS-Galileo合作框架下的ARAIM技术工作组，导致国内无法参与制定最初的ARAIM技术框架，很难跟进国际发展趋势；另一方面中国北斗系统全球服务运行刚开始，北斗系统目前还大量缺乏关于ARAIM技术开发与试行方案的评估验证工作，与ARAIM相关的应用需求与国际合作也还处于起步阶段。

2020年，北京航空航天大学张军院士团队承担制定的189项北斗卫星导航系统国际民航标准和建议措施(BDS SARP)全部指标完成技术验证，成功拿下北斗推广推广民航应用的最关键一步，而ARAIM的各项指标在整个BDS SARP中占据四分之一的内容，为北斗以及国内ARAIM研究在民航生命安全领域的应用推进到新的阶段。在国际国内ARAIM研究方兴未艾之际，本文认为ARAIM在以下方面还有非常值得研究的价值：

(1) H-ARAIM正处于标准制定与运行评估的关键时期，关于北斗支撑H-ARAIM的研究工作还很匮乏，包括H-ARAIM算法、完好性风险分配、可用性预测平台搭建等方面内容是亟待解决的关键问题。

(2) 由于北斗包含三种卫星类型，与其他三种星座存在着的一个显著差异，且这三种卫星类型存在一定的差异，这意味着这三种卫星的ISM参数其实也存在一定的差别，需要研究三种卫星的空间信号性能差异，进而对三种轨道ISM参数值差异、电文格式和内容、播发链路等给出建议。

4 结 论

从WG-C、ICAO以及学术界方面总结了国内外ARAIM的研究现状，并指出当前ARAIM技术的研究瓶颈之一是ISM的生成以及评估。从完好性的分析角度出发，对计算最差URE的方法进行了研究，仿真结果表明此方法计算的URE与当前使用的经验值量级一致，符合ARAIM可用性要求的范围。最后结合国内外最新研究成果，对ARAIM的发展前景以及趋势做了分析，给出了比较切合实际与需求的ARAIM研究方向，以推动ARAIM技术不断向前发展。

参考文献

[1] 陈金平. GPS 完善性增强研究[D]. 河南:解放军信息工程大学, 2001.

[2] Panel FAA GEAS. GNSS Evolutionary Architecture Study: Phase I-Panel Report [J]. Report. GNSS Evolutionary Architecture Study Panel, 2008.

[3] Panel FAA GEAS. Phase II of the GNSS evolutionary architecture study[J]. Report. GNSS Evolutionary Architecture Study Panel,2010.

[4] WG - C. ARAIM Technical Sub Group of the Working Group C, GPS-Galileo Working GroupC ARAIM Technical Subgroup Interim Report (Issue 1. 0, 19 December 2012) [R]. FAA, tech. rep,2012.

[5] WG - C. ARAIM Technical Sub Group of the Working Group C, ARAIM Technical Subgroup Milestone 2 Report[R]. FAA, tech. rep, 2015.

[6] WG - C. ARAIM Technical Sub Group of the Working Group C, ARAIM Technical Subgroup Milestone 3 Report[R]. FAA, tech. rep, 2016.

[7] BlanchJ, Walter T, Enge P, et al. Advanced RAIM user Algorithm Description: Integrity Support Message Processing, Fault Detection, Exclusion, and Protection Level Calculation[C]. Proceedingsof ION GNSS 2012, Nashville, TN, September 2012:2828-2849.

[8] Brenner M. Integrated GPS/inertial fault detection availability[C]//ION GPS, September 12-15, 1995, Palm Springs, CA, USA, 1995: 1949-1958.

[9] PERVAN B S, PULLEN S P, CHRISTIE J R. A multiple hypothesis approach to satellite navigation integrity[J]. Navigation, 1998, 45(1): 61-71.

[10] LEE Y C. Two new RAIM methods based on the optimally weighted average solution (OWAS) concept[J]. Navigation, 2007, 54(4): 333-345.

[11] HWANG P Y, BROWN R G. RAIM-FDE revisited: a new breakthrough in availability performance withNIORAIM (novel integrity-optimized RAIM) [J]. Navigation, 2006, 53 (1): 41-51.

[12] Blanch J, Walker T, Enge P, et al. Baseline advanced RAIM user algorithm andPossible improvements[J]. IEEE Transactions on Aero-space & Electronic Systems, 2015, 51(1):713-732.

[13] JiangY, Wang J. A New Approach to Calculate the Horizontal Protection Level [J]. Journal of Navigation, 2016, 69(1):57-74.

[14] Jiang Y, Wang J. A new approach to calculate the vertical protection level in A-RAIM [J]. Journal of Navigation, 2014, 67(4):711-725.

[15] WuY, Wang J, Jiang Y. Advanced receiver autonomous integrity monitoring (ARAIM) schemeswith GNSS time offsets [J]. Advances in Space Research, 2013, 52(1): 52-61.

[16] Jiang Y, Wang J. A-RAIM and R-RAIM performance using the classic and MHSS methods[J]. The Journal of Navigation, 2014, 67(1):49-61.

[17] Kropp V, Eissfeller B, et al. Optimized MHSS ARAIM User Algorithms: Assumptions, Protection LevelCalculation and Availability Analysis [C]. Proceedings of IEEE/ION PLANS 2014, Monterey, CA, May 2014: 308-323.

[18] 肖伟. GNSS 多系统自主完好性监测与信号质量评估技术研究[D]. 长沙:国防科学技术大学, 2014.

[19] 肖伟, 刘文祥, 徐博, 等. LPV-200 下中国区域内 ARAIM 可用性评估[J]. 全球定位系统, 2014, 39(5): 32-36.

[20] 荆帅, 战兴群, 苏先礼. ARAIM 算法应用于 LPV-200 服务[J]. 测控技术, 2012, 31(11): 75-79.

[21] El-Mowafy A. Advanced receiver autonomous integrity monitoring using triple frequency data witha focus on treatment of biases [J]. Advances in Space Research, 2017, 59(8): 2148-2157.

[22] El-Mowafy A, Yang C. Limited sensitivity analysis of ARAIM availability for LPV-200 overAustralia using real data [J]. Advances in Space Research, 2016, 57(2):659-670.

[23] Walter T, Blanch J, Enge P. Reduced subset analysis for multi constellation ARAIM[C]. In: Proceedings of ION ITM 2014, Institute of Navi-

gation, San Diego, California, 2014(1):89-98.

[24] Ge Yishan, Wang Zhipeng, et al. Reduced ARAIM Monitoring Subset Method Based on Satellites in Different Orbital Planes, GPS Solut 2017. doi: 10.1007/s10291-017-0658-x.

[25] Wang Zhipeng, Shao Wei, et al. Statistical Analysis of User Range Errors on BDS for ARAIM [C]. Proceedings of the 2018 International Technical Meeting of The Institute of Navigation, Reston, Virginia, January 2018:72-87.

[26] Meng Qian, Liu Jianye, et al. Improved ARAIM fault modes determination scheme based on feedback structure with probability accumulation [C]. GPS Solutions, 2019; DOI: 10.1007/s10291-018-0809-8.

[27] Walter T, Blanch J, et al. Reduced subset analysis for multi-constellation ARAIM [C]. Proceedings of ION ITM 2014, San Diego, California, January 2014: 89-98.

[28] Diaz S P, Meurer M, et al. URA/SISA Analysis for GPS-Galileo ARAIM Integrity Support Message[C]. Proceedings of ION GNSS+ 2015, Tampa, Florida, September 2015: 735-745.

[29] Perea S, Meurer M, et al. Nominal Range Error Analysis toSupport ARAIM [C]. Proceedings of ION GNSS+ 2016, Portland, Oregon, September 2016: 1726-1735.

[30] Montenbruck O, Steigenberger P, et al. Broadcast versus precise ephemerides: a multi-GNSS perspective [J]. GPS solutions, 2015, 19 (2): 321-333.

[31] Gunning K, Walter T, et al. Multi-GNSS Constellation Anomaly Detection and Performance Monitoring [C]. Proceedings of ION GNSS+ 2017, Portland, Oregon, September 2017: 1051-1062.

[32] Gunning K, Walter T, et al. Characterization of GLONASS Broadcast Clock and Ephemeris: Nominal Performance and Fault Trends for ARAIM [C]. Proceedings of ION ITM 2017, Monterey, California, January 2017:170-183.

[33] Walter T, Blanch J, et al. Determination of Fault Probabilities for ARAIM [C]. Proceedings of IEEE/ION PLANS 2016, Savannah, GA, April 2016: 451-461.

[34] Walter T, Gunning K, et al. Validation of the Unfaulted Error Bounds for ARAIM [J]. Navigation: Journal of The Institute of Navigation, 2018, 65(1): 117-133.

[35] Ilaria Martini, Matteo Sgammini. Integrity Support Message Generation Algorithms Prototype [C]. 32nd International Technical Meeting of the Satellite Division of the Institute of Navigation, ION GNSS, 2019: 552-572.

[36] Walter Todd, Blanch Juan, Kazuma Gunning. Standards for ARAIM ISM Data Analysis[C]. Navigation and Timing Meeting, Pacific PNT, 2019-April, 2019: 777-784.

[37] IlariaMartini, Markus Rippl, Michael Meurer. Integrity Support Message Architecture Design for Advanced Receiver Autonomous Integrity Monitoring[C]. European Navigation Conference, 2013.

[38] Lee YC, Bian B. Advanced RAIM Performance Sensitivity to Deviation of ISM Parameter Values[C]. Proceedings of ION GNSS+ 2017, Portland, Oregon, September 2017: 2338-2358.

[39] Lee YC, Bian B. Analysis of Advanced RAIM Performance Degradation Caused by Integrity-Support Message Parameter Errors and Neglecting Nominal Bias Errors [C]. Proceedings of ION ITM 2017, Monterey, California, January 2017: 210-225.

[40] Zhang Sida, Wang Zhipeng, et al. Analysis of BDS ARAIM user receiver nominal bias [C]. 16th Integrated Communications Navigation and Surveillance (ICNS 2016), Herndon, VA, USA: 3B2-1-3B2-11.

[41] 王尔申,张晴,等. 卫星导航空间信号用户测距误差评估方法[J]. 电信科学,2016.

[42] 贾蕊溪,董绪荣,等. 北斗卫星导航系统 URE 与定位精度分析[J]. 现代电子技术,2014.

[43] 刘瑞华,董立尧,等. 北斗卫星导航系统空间信号用户测距误差计算方法研究[J]. 中国空间科学技术,2017.

[44] SUN S, WANG Z P. Signal-in-space accuracy

research of GPS/ BDS in china region [C]//2016 China Satellite NavigationConference (CSNC) on Lecture Notes in Electrical Engineering, May 18 -20, 2016, Changsha, China. Berlin: Springer, 2016: 235-245.

[45] Zhao Q, Guo J, Li M, et al. Initial results of precise orbit and clock determination for COMPASS navigation satellite system[J]. Journal of Geodesy, 2013, 87(5):475-486.

[46] U. S. Department of Defense. Global positioning system standard positioning service performancestandard(4. 0th ed)[R]. Washington DC:U. S. DOD,2008:A17-A19.

[47]胡志刚. 北斗卫星导航系统性能评估理论与试验验证[D]. 湖北:武汉大学,2013.

[48] Zhang X,Mei H, et al. ARAIM with BDS Phase 3-Assumption, User Algorithm and Results [C]. Proceedings of the ION 2017 Pacific PNT Meeting, Honolulu, Hawaii, May 2017: 36-46.

[49] 王士壮,战兴群,等. 基于 UAV 的 ARAIM 测试技术研究[J]. 测控技术,2018,37(5):24-28.

[50] Bin Li B, Sang Jizhang, et al. Validation of GNSS ARAIM Algorithm using real data [C]. 第五届中国卫星导航学术年会论文集. 南京,2014.

[51] 李彬,吴云,李征航. GNSS 接收机自主完备性监测高级算法的有效性验证[J]. 武汉大学学报(信息科学版),2015,6:800-804,809.

[52] Wu Y, Lu X, et al. Long-term behavior and statistical characterization of BeiDou signal-in-space errors [J]. GPS Solutions, 2017, 21 (4): 1907-1922.

[53] 倪育德,朱金芳. 高级接收机自主完好性监视的可用性预测[J]. 中国民航大学学报,2013,4:32-37.

[54] 朱金芳,倪育德,王凯,等. ARAIM 可用性预测系统的设计与实现[J]. 计算机工程,2013,8:121-125,130.

[55] Niu Fei, Zhang Yisheng,Yang Long, et al. The Study and Analysis on ARAIM Performance [C]. 第三届中国卫星导航学术年会电子文集. 广州,2012:1.

[56] 张倩倩. 单星座 ARAM 算法可用性分析及其在垂直精密进近中的应用[J]. 测绘科学技术学报,2015,5:455-459.

[57] 葛奕杉,王志鹏. BDS/GPS 组合的 H-ARAIM PBN 和 ADS-B 应用可用性评估[J]. 北京航空航天大学学报,2017,43(6):1254-1263.

新型功能复合材料在电磁功能结构中的应用研究

张铁亮[1,*]，田国峰[2]，张翀[1]，王进[1]

1. 中国航空工业集团公司沈阳飞机设计研究所，沈阳 110035

2. 北京化工大学化工资源有效利用国家重点实验室，北京 100029

摘要：以高强高模聚酰亚胺(PI)纤维为增强体，以环氧树脂(EP)为基体，通过热熔法制备预浸料并采用热压罐成型技术制备复合材料层合板，对其力学性能和电磁性能进行了试验测试。结果表明：PI纤维与EP具有良好的界面结合力和低介电性能，是优质的轻质承载透波复合材料。采用直写技术，以导电墨水为介质，在PI/EP复合材料层合板表面制备串联馈电微带贴片阵列天线，形成承载与射频功能兼备的新型电磁功能结构。电磁功能结构试验件驻波比与方向图的仿真结果与测试结果吻合，验证了基于直写技术在PI/EP复合材料结构表面制备电磁功能结构是可行的。

关键词：高强高模；聚酰亚胺纤维；复合材料；电磁功能结构；直写技术

Application of New Functional Composite Material on Electromagnetic Functional Structure

ZHANG Tieliang[1,*], TIAN Guofeng[2], ZHANG Chong[1], WANG Jin[1]

1. Shenyang Aircraft Design and Research Institute, Aviation Industry Corporation of China, Shenyang 110035, China

2. State Key Laboratory of Chemical Resource Engineering, Beijing University of Chemical Technology, Beijing 100029, China

Abstract: Using high strength and high modulus polyimide (PI) fiber as reinforcement and epoxy resin (EP) as matrix, the prepreg was prepared by hot melt method, and the composite laminate was prepared by autoclave molding technology. The mechanical and electrical properties of the composite laminate were tested. The results show that PI fiber and EP have good interfacial bonding strength and low dielectric properties. PI/EP composites is a high-quality、light-weight、load-carrying and wave transmitting composite. A series fed microstrip patch array antenna was prepared on the surface of PI/EP composite laminate using direct writing technology and conductive ink as the medium. The new electromagnetic functional structure with both load-carrying and RF functions were formed. The simulation results of VSWR and pattern of electromagnetic functional structure test piece are consistent with the test results. On the surface of PI/EP composites, it is feasible to prepare electromagnetic functional structure based on direct writing technology.

Keywords: high strength and high modulus; polyimide fiber; composite material; electromagnetic functional structure; direct writing technology

1 引　言

随着飞机平台隐身性能、气动性能等不断提升，飞机平台布局已趋于扁平化，要实现飞机平台态势感知能力的提升，倘若采用传统孔径布置位置，已无法满足要求，必须突破布置位置的限制，充分利用机体表面，将天线孔径与机体结构一体化，形成新型的电磁功能

* 通讯作者. E-mail: tlzhang303@126.com

结构。它既需要具有承载属性又需要具有射频属性，进而需要既具有良好力学性能又具有良好低介电性能的材料。

聚酰亚胺纤维具有优异的高低温、低介电、耐化学腐蚀、力学和耐紫外线等性能特点[1-4]，基于其形成的复合材料是具有潜质的，可应用于承载/透波结构。以高强高模聚酰亚胺纤维环氧树脂复合材料为基板，在其表面制备天线阵列，形成承载与射频功能兼备的新型电磁功能结构。

2 基板制备与性能测试

选择高强高模聚酰亚胺(PI)纤维(S35)作为增强体，选择环氧树脂(EP)(EC150A)作为基体树脂，通过热熔法制备复合材料预浸料，树脂胶膜和预浸料的制备过程如图1和图2所示。聚酰亚胺(PI)纤维S35性能如表1所列。

表1 聚酰亚胺(PI)纤维S35性能

拉伸强度/MPa	拉伸模型/GPa	断裂伸长率/%	密度/$(g\cdot cm^{-3})$
3.5±0.1	120±10	3.0±0.2	1.44

图1 树脂胶膜加工过程

采用真空热压罐工艺制备PI/EP复合材料层合板。复合材料层合板表面平滑、光洁、无凹坑/凸起/裂纹/淤胶等缺陷，对复合材料层板进行超声波扫，进行层板质量检查。从超声波C扫图(见图3)中可以看到，层合板内部树脂分布均匀，缺陷较少，层合板制备质量良好。

按照ASTM对应标准进行力学性能测试，按照GB/T5597—1999进行介电性能测试，按照GB/T1463—2005标准进行密度测试，按照上述试验要求对复合材料层合板进行裁剪，形成测试样条和样件，测试结果如表2～表4所列。

图2 预浸料加工过程

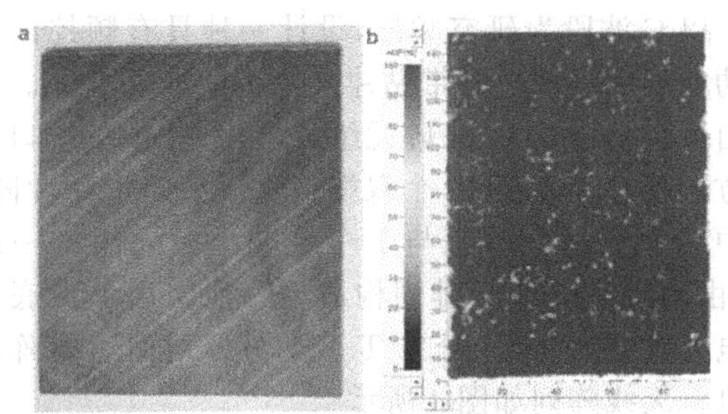

图3 成型层合板和超声波C扫描图

表2 力学测试结果

名　称	性能(平均值)
0°拉伸强度	2 202 MPa
0°拉伸模量	72.2 GPa
0°压缩强度	270 MPa
0°压缩模量	59.4 GPa
弯曲强度	732 MPa
弯曲模量	57 GPa
层间剪切	58.2 MPa

表3 介电性能测试结果

频　段	介电常数	介电损耗
2～7 GHz	3.82	0.011
7～18 GHz	3.78	0.012 8

表4 密度和单层厚度测试结果

名　称	树　脂
密　度	1.352 g/cm^3
单层厚度	0.1 284 mm

从表2～表4中测试的结果数据可知，PI/EP复合材料的力学性能(除0°压缩性能外)均超越石英/氰酸脂的力学性能，且其具有优异的介电性能，PI/EP复合

材料可作为承载/透波多功能复合材料应用。并且在对结构刚度要求不高的应用场景下，PI/EP 复合材料甚至可以替代碳纤维环氧树脂复合材料[5]，起到减重作用。

3 电磁功能结构设计与验证

3.1 阵列天线设计

采用直写技术[6-10]，以导电墨水为介质，在 PI/EP 复合材料表面制备微带贴片阵列天线，形成承载与射频功能兼备的新型电磁功能结构。

以 C 波段为研究频段，设计一种具有频控波束扫描功能的串联馈电微带贴片阵列天线典型单元。该天线由两种类型共 12 个阵元组成，包括 2 个单端口终端型方形贴片阵元及 10 个双端口过渡型矩形贴片阵元，其中 5 个过渡型单元与 1 个终端型单元组成一组线阵，由两组线阵并行排列构成。阵列使用单点底馈的馈电方式，由一个一分二 T 型功分器对两组线阵进行馈电。天线阵列如图 4 所示。

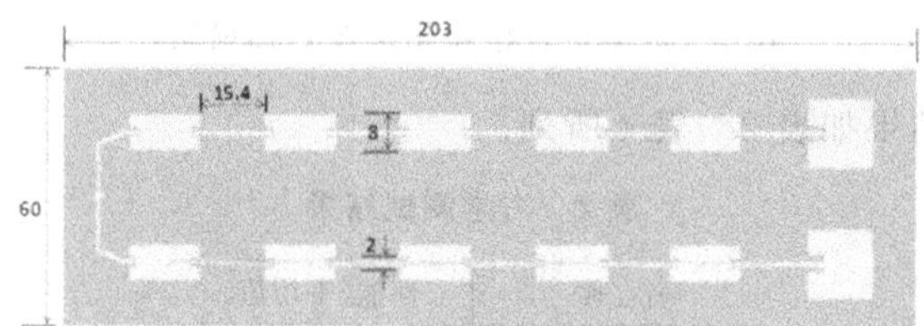

图 4　天线阵列

在 4.1～6 GHz 的频率范围内，串联馈电微带贴片阵列天线驻波比均小于 2（见图 5），具有良好的匹配性能。

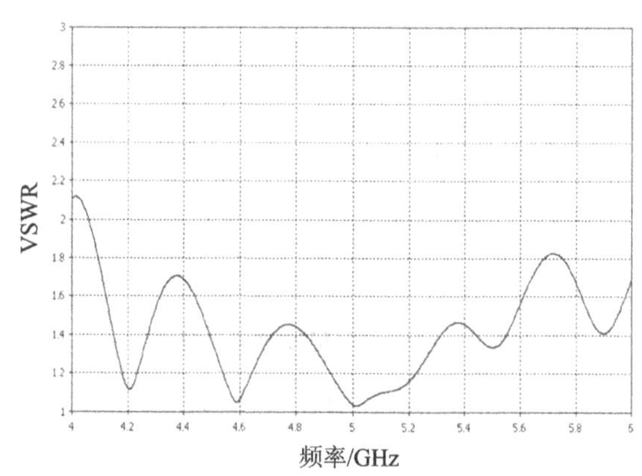

图 5　单元驻波比

对串联馈电微带贴片阵列天线单元方向图进行仿真，如图 6 所示。由分析结果可知，在 4.6～5.6 GHz 的工作频率范围内，天线主瓣波束指向由 −19°变为 9°，可以覆盖天线法相方向 28°的俯仰角域范围。当天线工作在 5.2 GHz 频率时，该阵列天线波束指向为正前向，天线增益为 15.2 dB。

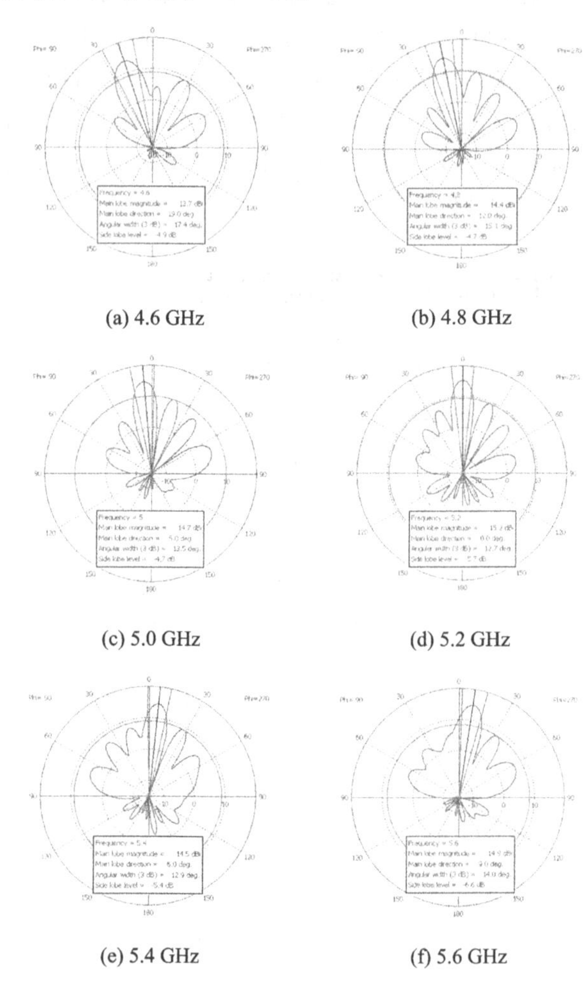

(a) 4.6 GHz　(b) 4.8 GHz

(c) 5.0 GHz　(d) 5.2 GHz

(e) 5.4 GHz　(f) 5.6 GHz

图 6　阵列天线仿真方向图

3.2 电磁功能结构制备

以纳米银浆导电墨水为介质，采用直写工艺技术，在 PI/EP 复合材料表面制备串联馈电微带贴片阵列天线。制备后的实物如图 7 所示。

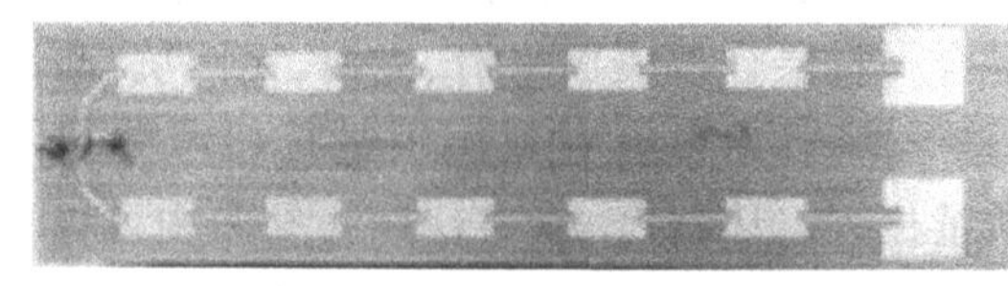

图 7　电磁功能结构

将电磁功能结构放置在暗室内进行方向图测试，测试环境如图 8 所示，测试结果如图 9 所示，并对电磁功能结构进行驻波比测试，测试过程和结果如图 10 所示。

图 8 测试环境

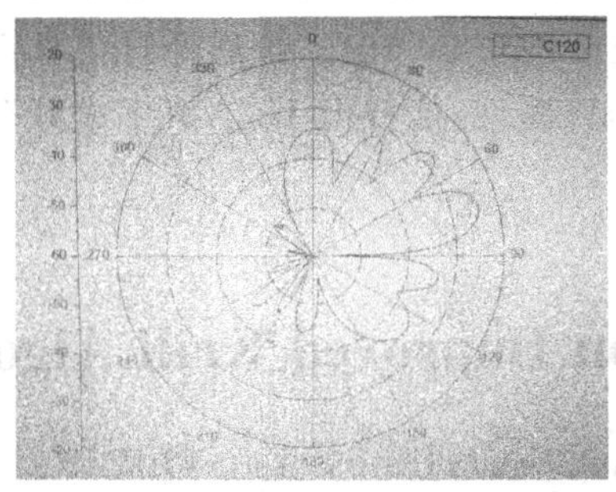

图 9 电磁功能结构测试方向图结果(5.2 GHz)

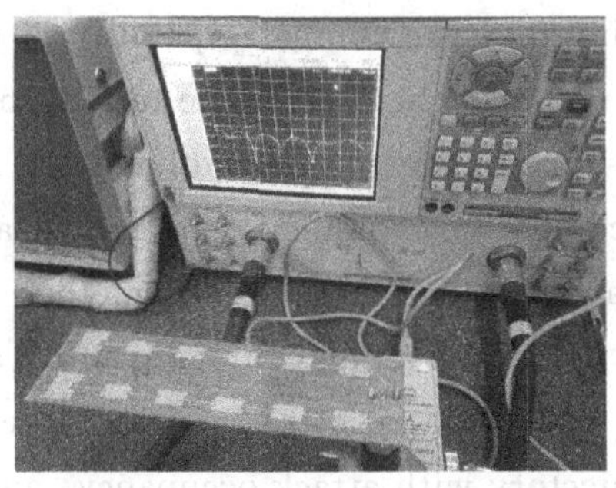

图 10 电磁功能结构测试驻波比

电磁功能结构的测试方向图与仿真方向图,虽然存在主瓣波束偏差,但是仍在 28°角域范围内;电磁功能结构的测试驻波比均小于 2。电磁功能结构方向图和驻波比的测试结果与仿真结果吻合。

4 结 论

(1) 采用高强高模型聚酰亚胺纤维和环氧树脂制备的复合材料层合板,其力学性能和电磁性能优异,可作为轻质承载透波多功能复合材料应用。

(2) 在聚酰亚胺纤维/环氧树脂复合材料基板上,采用直写打印技术,制备了新型电磁功能结构。通过对串联馈电微带贴片阵列天线试验件的测试,验证了基于直写工艺在 PI/EP 复合材料表面制备电磁功能结构是可行的。

参考文献

[1] 丁孟贤. 聚酰亚胺:化学、结构与性能的关系及材[M]. 北京:科学出版社,2012.

[2] 董南希,田国峰,齐胜利,等. 表面改性离子交换化学镀制备表面覆镍聚酰亚胺纤维[J]. 复合材料学报,2018,35(11):3154-3161.

[3] ARTEM-EVA V N, KUDRYAVTSEV V V, NEKRASOVAEM, et al. Investigation of the role of the pyrimidine ring in the main chain if polyimide acids and polyimides 1: Supermolecular structure of polypyromellitimides based on 2, 5-bis (paminophenol) pyrimidine and its carbocyclic analog 4,4'-diamionterpheny[J]. Bulletin of the Russian Academy of Sciences, Division of Chemical Science, 1992, 41(10): 1790-1796.

[4] 武德珍,牛鸿庆,齐胜利,等. 一种高强高模聚酰亚胺纤维及其制备方法:CN102345177A [P]. 2012-02-08.

[5] 陈蔚,张晨乾,成理,等. RFI 用 5228A 环氧树脂的制备及其对 5228A/CCF300 复合材料力学性能的影响[J]. 玻璃钢/复合材料,2015(5):38-41.

[6] HOLMES L R. Precision Rolled-Ink Nano-Technology;Development of a Direct Write Technique for the Fabrication of Thin Films and Conductive Elements: ARL-TN-0509[R]. 3 Aberdeen Proving Ground, MD: U.S. Army Research Laboratory, 2012.

[7] ZACHARATOS F, MAKRYGIANNI M, GERMEMIA R, et al. Laser Direct Write micro-fabrication of large area electronics on flexible substrates [J]. Applied Surface Science, 2016, 374: 117-123.

[8] WEI L J, OXLEY C H. Carbon based resistive strain gauge sensor fabricated on titanium using micro-dispensing direct write technology [J]. Sensors and Actuators A: Physical, 2016, 247: 389-392.

[9] SPACKMAN C C, FRANK C R, PICHA K C, et al. 3D printing of fiber-reinforced soft composites: Process study and material characterization [J]. Journal of Manufacturing Processes, 2016, 23:296-305.

[10] 张乃柏,郭秋泉,杨军. 数字打印柔性电子器件的研究进展[J]. 中国科学,2016,46(4):044608.

基于改进磷虾算法的 UCAV 机动决策方法

贾英杰*，魏政磊，赵俊杰，陈洪，严琦

中国空气动力研究与发展中心低速空气动力研究所，绵阳 621000

摘要：机动决策技术是提升无人作战飞机(Unmanned Combat Aerial Vehicle, UCAV)在复杂空战环境下作战能力的重要支撑，也是空战智能化研究的核心。战场环境信息具有明显的不确定性和不完备性特点，针对 UCAV 在陌生空战环境下的机动决策问题，首先研究了具有鲁棒性的空战态势目标函数，然后提出一种基于改进磷虾算法的 UCAV 机动决策方法，对机动决策控制量寻优，解决 UCAV 自主空战的核心问题。最后通过仿真模拟了高难度、高对抗性的空战机动决策任务。研究结果表明，该方法具备较高的鲁棒性，能够助 UCAV 生成具有攻击占位的轨迹，提升其在复杂战场环境下的机动决策能力。

关键词：无人作战飞机；机动决策；磷虾算法；态势目标函数

Maneuver Decision Method for UCAV Based on Improved Krill Algorithm

JIA Yingjie*, WEI Zhenglei, ZHAO Junjie, Chen Hong, Yan Qi

Low Speed Aerodynamics Institute, China Aerodynamics Research & Development Center, Mianyang 621000, China

Abstract: Maneuver decision technology is an important support to improve the combat capability of unmanned combat aerial vehicle (UCAV) in complex air combat environment, and also the core of the intelligent research of air combat. The battlefield environment information has obvious uncertainty and incompleteness. Aiming at the problem of UCAV maneuver decision-making in unfamiliar air combat environment, the robust air combat situation objective function is studied firstly. Then a UCAV maneuver decision-making method based on improved krill algorithm is proposed, which optimizes the maneuver decision-making control quantity and solves the core problem of UCAV autonomous air combat. Finally, the simulation results show that the proposed method has high robustness, and can help UCAV to generate the trajectory with attack occupancy, and improve its maneuvering decision-making ability in complex battlefield environment.

Keywords: unmanned combat aerial vehicle (UCAV); maneuvering decision; krill herd (KH); situation objective function

无人作战飞机自主空战机动决策是指 UCAV 在空中战场遭遇敌机后，根据当前敌我双方的机载武器性能和平台态势信息，灵活选择合理的战术机动策略，进而做出相对应的机动动作以完成对空中目标的作战任务。其中，机动决策是空战智能化研究的核心步骤，也是影响空战过程的关键因素。由于战场环境复杂多变，机动决策也由此存在较高的动态性和不确定性，因而研究有效性强、鲁棒性高的机动决策方法，对提高 UCAV 在复杂空战环境下的作战能力具有重要意义。

在 UCAV 的机动决策方面，目前所采用的方法主要包括两大类：基于对策的机动决策方法和基于人工智能的机动决策方法。其中，基于对策的机动决策方法借鉴了经典对策论中动态对策问题的研究思路，并在此基础上进行扩展延伸，具有代表性的研究成果包括矩阵对策法[1-3]、微分对策法[4-6]、影响图法[7,8]和近似动态规划法[9]等。人工智能自诞生以来，理论和技术日益成熟，目前基于人工智能的机动决策方法主要包括专家系统法[10-12]，人工神经网络[13-15]、智能优化算法[16-18]等。由于态势的剧烈变化，UCAV 难以像战斗机飞行员那样根据自身经验做出主观判断，从而无法

* 通讯作者. E-mail: jia_1112@foxmail.com

对目标机动意图进行预测，造成UCAV无法对目标的机动行为做出及时响应。

针对空战环境的高动态性与不确定性，本文利用群智能优化算法无需离线训练，并支持优化目标函数实时自适应变化的特点，提出一种基于改进磷虾算法(Improved Krill Herd，IKH)的空战机动实时在线决策方法。同时，考虑到陌生空战环境下UCAV空战的不确定性和信息不完备性，构建自适应隶属度态势函数。最后通过仿真分析，验证该方法在高难度复杂任务中的有效性。

1 空战机动决策模型构建

1.1 UCAV平台模型简述

为保证UCAV机动生成轨迹的精度，同时满足其在面对陌生空战情景时的在线机动决策系统适用性需求，模型选择文献[20]的连续动作空间UCAV平台模型，其三自由度质点运动学模型如下：

$$\begin{cases}\dot{x}=v\cos\gamma\cos\psi\\ \dot{y}=v\cos\gamma\sin\psi\\ \dot{z}=v\sin\gamma\end{cases}\tag{1}$$

式中，$\dot{x}$、$\dot{y}$、$\dot{z}$ 分别为UCAV速度 v 在惯性坐标系 x、y、z 坐标方向的分量；γ 表示航迹倾角；ψ 表示偏航角。其速度 v、航迹倾角 γ、偏航角 ψ 的更新公式，即质点动力学模型为

$$\begin{cases}\dot{v}=\dfrac{T\cos\alpha-D}{m}-g\sin\gamma\\ \dot{\gamma}=\dfrac{(L+T\sin\alpha)\cos\phi}{mv}-\dfrac{g}{v}\cos\gamma\\ \dot{\psi}=\dfrac{(L+T\sin\alpha)\sin\phi}{mv\cos\gamma}\end{cases}\tag{2}$$

式中，m 表示UCAV的总体质量；g 为重力加速度；D 为阻力参量，T、α、ϕ 分别为该模型的三个控制量，即攻角、发动机推力、滚转角；$\dot{v}$、$\dot{\gamma}$ 和 $\dot{\psi}$ 分别为速度变化率、航迹倾角变化率和偏航角变化率。为紧贴飞行控制实际情况，提高机动飞行轨迹的平滑性，UCAV空战机动决策的控制量选取3个平台控制量的变化量，即 $a=[\Delta\delta,\Delta\alpha,\Delta\phi,]$，分别表示油门推杆变化量、攻角变化量和滚转角变化量。

1.2 空战战术机动决策模型

空战态势目标函数常采用敌我角度、距离、速度、高度4个典型态势因子表征空战态势。考虑到本文空战机动决策系统主要承担陌生环境中的在线实时决策，需要针对空战环境信息的不确定性和不完备性提高决策系统的鲁棒性，因此需要对以上4个态势评价因子进行单独设计。

1. 角度态势因子

在对角度态势因子进行设计时应分为全向攻击模式回和尾后攻击模式。其中，全向攻击角度态势因子 η_{A-FRO} 设计为

$$\eta_{A-FRO}(\vartheta_u)=\begin{cases}1, & 0^\circ\leqslant\vartheta_A\leqslant\vartheta_{MAX}\\ 1-\vartheta_A/\pi, & 其他\end{cases}\tag{3}$$

式中，ϑ_{MAX} 表示UCAV机载空空导弹的最大离轴角；θ_u 表示UCAV的速度矢量与视线矢量夹角，计算如下：

$$\theta_u=\arccos\left(\frac{\boldsymbol{R}\times\boldsymbol{V}_u}{\|\boldsymbol{R}\|\times\|\boldsymbol{V}_u\|}\right)\tag{4}$$

式中，$\boldsymbol{R}$ 和 $\boldsymbol{V}_u$ 分别表示UCAV的速度矢量和视线矢量，具体计算方法为

$$\boldsymbol{R}=[x_u-x_t,y_u-y_t,h_u-h_t]\tag{5}$$

$$\boldsymbol{V}_u=\begin{bmatrix}V_u\cos\gamma_u\cos\psi_u\\ V_u\cos\gamma_u\sin\psi_u\\ V_u\cos\gamma_u\end{bmatrix}\tag{6}$$

此处需要说明的是，本文以下标 u 表示UCAV相关变量，下标 t 表示敌机相关变量。可见在全向攻击模式下，无需考虑敌机姿态，只要UCAV构成武器发射条件便可。

然后为对尾后攻击角度态势因子 η_{A-BAC} 的设计，考虑到当UCAV的武器性能处于劣势时，应在保证其安全的前提下，通过扭转角度态势绕至敌方尾后方向发起进攻。因此将 η_{A-BAC} 设计为

$$\eta_{A-BAC}=\eta_A(\theta_u)\eta_A(\theta_t)\tag{7}$$

其中，

$$\eta_A(\theta_u)=\begin{cases}1, & \pi\geqslant\theta_u\geqslant\pi-\lambda_{\max}^{\text{missile}}\\ 1-0.2\left(\dfrac{\lambda_{\max}^{\text{missile}}-\pi+\theta_u}{\lambda_{\max}^{\text{radar}}-\lambda_{\max}^{\text{missile}}}\right)^2, & \pi-\lambda_{\max}^{\text{missile}}\geqslant\theta_u\geqslant\pi-\lambda_{\max}^{\text{radar}}\\ 0.8-0.3\left[1-\left(\dfrac{\theta_u}{\pi-\lambda_{\max}^{\text{radar}}}\right)^2\right], & \theta_u<\pi-\lambda_{\max}^{\text{radar}}\end{cases} \tag{8}$$

$$\eta_A(\theta_t)\begin{cases}1, & \theta_t\geqslant 2\pi/3\\ 1-0.5\left(\dfrac{2\pi/3-\theta_t}{2\pi/3}\right), & \theta_t<2\pi/3\end{cases} \tag{9}$$

$$\theta_t=\arccos\left(\frac{\boldsymbol{R}\times\boldsymbol{V}_t}{\|\boldsymbol{R}\|\times\|\boldsymbol{V}_t\|}\right) \tag{10}$$

上式中 θ_u、θ_t 分别表示 UCAV 与敌机的速度矢量与视线向量的夹角；$\lambda_{\max}^{\text{missile}}$ 和 $\lambda_{\max}^{\text{radar}}$ 分别表示导弹最大离轴角与雷达最大视场角。

2. 距离态势因子

距离态势因子不仅起到是否满足武器最大攻击距离的判定作用，同时决定了 UCAV 在对抗中处理与敌方距离的机动战术战法。根据近距空-空导弹的性能，将距离态势因子设计为

$$\eta_R=\begin{cases}1, & R_{\min}\leqslant\|\boldsymbol{R}\|\leqslant R_{\max}\\ e^{\left[-\frac{(\|\boldsymbol{R}\|-R_{\max})^2}{2\sigma^2}\right]}, & \|\boldsymbol{R}\|>R_{\max}\\ e^{\left[-\frac{(\|\boldsymbol{R}\|-R_{\min})^2}{2\sigma^2}\right]}, & \|\boldsymbol{R}\|<R_{\min}\end{cases} \tag{11}$$

式中：

$R_{\max}$ 和 $R_{\min}$ 分别机载武器的最大发射距离和最小发射距离；

σ 是针对不确定信息的距离标准差。

当 UCAV 与敌机距离满足武器发射条件时距离态势因子取得最大值 1，不满足发射条件时通过距离态势因子引导 UCAV 向缩短相对距离采取机动。

3. 速度态势因子

速度态势因子的构建目的是引导 UCAV 通过速度变化达到距离态势优势，速度态势因子 η_V 的表达式如下：

$$\eta_V=\begin{cases}\exp\left[\dfrac{-(V_u-V^*)^2}{2\sigma^2}+0.5\right], & \eta_V<1\\ 1, & \eta_V\geqslant 1\end{cases} \tag{12}$$

式中，V^* 表示最佳速度，UCAV 速度 V_u 与 V^* 越接近，η_V 速度态势因子值越大。

V^* 的表达式为

$$V^*=\begin{cases}V_t+(V_{\max}-V_t)\{1-\exp[3(\|\boldsymbol{R}\|-R_{\text{far}}^{\text{attack}})/R]\}, & \|\boldsymbol{R}\|>R_{\text{far}}^{\text{attack}}\\ V_t+(V_t-V_{\min})\left(\dfrac{\|\boldsymbol{R}\|-R_{\text{far}}^{\text{attack}}}{R_{\text{far}}^{\text{attack}}-R_{\text{near}}^{\text{attack}}}\right)^2, & R_{\text{near}}^{\text{attack}}\leqslant\|\boldsymbol{R}\|\leqslant R_{\text{far}}^{\text{attack}}\\ V_{\min}, & \|\boldsymbol{R}\|\,R_{\text{near}}^{\text{attack}}\end{cases} \tag{13}$$

式中，$V_{\max}$ 和 $V_{\max}$ 是基于 UCAV 平台性能限制的飞行速度边界。当 UCAV 与敌机距离过小时，最佳速度 V^* 会偏小从而引导使 UCAV 减速，当相对距离大于武器最大发射距离时，V^* 会大于目标速度，由此引导 UCAV 加速从而缩小相对距离。

4. 高度态势因子

空-空导弹的攻击区边界与高度呈正比关系，但并非双方的高度差越大，空战优势也越大，因为飞行高度不仅对 UCAV 自身性能产生影响，而且还影响空空导弹的性能。综合考虑，在空战中应尽可能占据一定的优势高度，据此构建高度态势因子函数 η_H 为

$$\eta_H\begin{cases}\exp\left(\dfrac{1.5h_t-h_u}{1.5H_t}\right), & h_u>1.5h_t\\ 1, & 0.9h_t\leqslant h_u\leqslant 1.5h_t\\ \dfrac{h_u}{0.9h_t}, & h_u<0.9h_t\end{cases} \tag{14}$$

式中，H_u、H_t 分别为 UCAV 和目标的飞行高度；考虑能量机动性与空战格斗实际，给出优势高度为 $[0.9H_t, 1.5H_t]$，当 UCAV 飞行高度在此区间内，η_H 取值为 1。

1.3 UCAV 机动决策优化问题框架

为尽快占据态势优势，同时能够按照不同战术战法选择性设置态势因子优化敏感度，对优化目标函数设计如下：

$$
\begin{aligned}
J_{\max} &= [\omega_A, \omega_H, \omega_R, \omega_V]\begin{bmatrix}\eta_A \\ \eta_H \\ \eta_R \\ \eta_V\end{bmatrix} \\
&= \omega_A \cdot \eta_A + \omega_H \cdot \eta_H + \omega_R \cdot \eta_R + \omega_V \cdot \eta_V \\
&= \omega_A \cdot \begin{Bmatrix}\eta_{A-FRO}, & L_{\max}^{u} > L_{\max}^{e} \\ \eta_{A-BAC}, & L_{\max}^{u} > L_{\max}^{e}\end{Bmatrix} + \\
&\quad \omega_H \cdot \eta_H + \omega_R \cdot \eta_R + \omega_V \cdot \eta_V
\end{aligned} \tag{15}
$$

式中，ω_A、ω_H、ω_R、ω_V 为态势因子权重值，权重值的大小对应了寻优过程中态势因子的敏感度大小，这些权重值根据平台态势的不同而变化。因此在空战过程中，根据空战平台态势评估结果，设计不同态势下的回报因子权重。

2 改进磷虾算法

2.1 基本磷虾算法介绍

磷虾算法（Krill Herd，KH）由 Amir Hossein Gandomi[19] 于 2012 年提出，是一种元启发式的高效群智能优化算法，该算法受磷虾捕食过程及社会行为启发，具有结构简单，全局优化能力强，耗时短，收敛快等特点。KH 算法中食物的位置和食物与磷虾之间的距离构成了算法中的两个关键因素，算法示意图如图 1 所示。

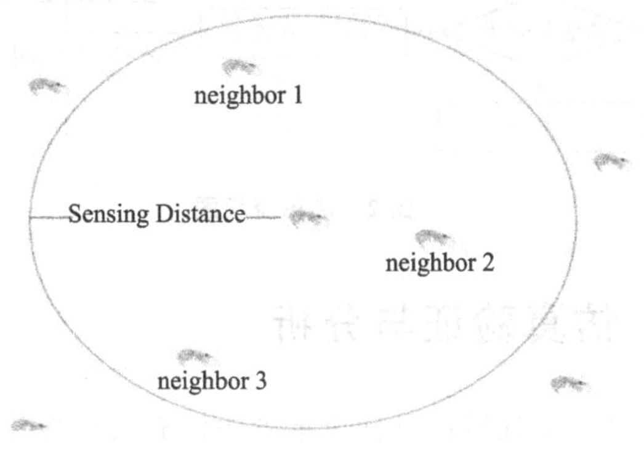

图 1　感知距离示意图

算法复现了磷虾种群的三个重要种群行为：①种群其他个体对磷虾的引导行为，即每个磷虾个体在种群内其他磷虾活动的基础上，可以移动到一个更优的位置；②觅食行为，即每个磷虾个体都在试图寻找食物；③种群扩散，即磷虾种群的扩散为随机分布。

采用一个拉格朗日模型对上述三个种群行为进行概括，表示为

$$
\frac{\mathrm{d}X_i}{\mathrm{d}t} = N_i + F_i + D_i \tag{16}
$$

式中，N_i 表示种群其他个体对磷虾的引导行为，F_i 表征觅食行为，D_i 表示种群分布。

算法设计是为了对战术机动特征向量进行优化求解。空战的高机动和强对抗性对算法的实时性和精确性提出了很高要求，或者说实时性和精确性是空战对算法的核心要求。前述传统 KH 算法虽然在一些寻优问题中表现出色，但是仍存在着部分情况无法脱离局部最优、收敛速度有待提升等缺点。针对上述缺点，下面讲引入观察蜂探索、反向学习和个体位置等约束机制，提出一种改进磷虾算法 IKH 以满足空战机动决策控制量优化问题。

2.2 改进磷虾算法设计

1. 观察蜂搜索机制

在 KH 算法中，随着寻优迭代次数的不断增加，初始化种群中的差异性会随之下降，导致在寻优过程中种群容易陷入局部最优难以摆脱。针对该问题，人工蜂群算法（Artificial Bee Colony Algorithm，ABC）给出了一种有效的解决方案，即观察蜂搜索机制。ABC 算法中的观察蜂能够根据与蜜源相关的概率值 p_i 选择蜜源，若蜜源位置经过一定次数的循环搜索后不能得到改进，那么该蜜源位置（即局部最优解）将被放弃，并随机搜索另一个蜜源位置代替原蜜源。借助上述思路，在 KH 算法中加入观察蜂的局部最优解脱离机制，即观察蜂搜索机制。

当算法判定陷入局部最优时，观察策略选择解的概率 p_i 表示如下：

$$
p_i = \frac{\mathrm{fit}}{\sum_{j}^{\mathrm{NP}} \mathrm{fit}_i} \tag{17}
$$

式中，NP 表示种群数量；fit_i 与第 i 个个体的适应度函数值 f_i 相关，即

$$
\mathrm{fit}_i = \begin{cases}\dfrac{1}{1+f_i}, & f_i \geqslant 0 \\ 1+|f_i|, & f_i \leqslant 0\end{cases} \tag{18}
$$

在概率 p_i 下，观察策略机制对新的位置进行搜索并进行解的更替从而跳出局部最优解，其搜索公式为

$$X_i'' = X_i + \text{rand} \times (X_{\text{best}} - X_i) + (1 - \text{rand}) \times (X_{r1,g} - X_{r2,g}) \tag{19}$$

式中，X_i'' 用以跳出局部最优的磷虾个体的更新位置；X_{best} 表示当前迭代中磷虾个体的最优位置；$X_{r1,g}$ 和 $X_{r2,g}$ 为种群中随机抽样的两个磷虾个体位置；X_i 为个体 i 的当前位置；rand 为 0～1 的随机数。

2. 反向学习策略

反向学习策略是优化算法领域中的一种有效技术手段，该策略已被成功应用于多种典型的元启发式寻优算法并证实对算法的收敛性能有着显著的提升，其思路是通过对解和解的反向值进行同步评价，从而增大种群个体接近全局最优解的概率。其中两个关键概念：反向数（1 维）和反向点（n 维）定义如下：

反向数：对于实数 $x \in [a,b]$，其反向数定义为

$$x^* = a + b - x \tag{20}$$

反向点：假设 $X = (x_1, x_2, \cdots, x_D)$ 为 D 维空间中的一个点，其中 $x_1, x_2, \cdots, x_D \in R$，$x_1, x_2, \cdots, x_D \in R$ 且 $x_i \in [a_i, b_i]$，$i \in 1, 2, \cdots, D$，则点 $X = (x_1, x_2, \cdots, x_D)$ 的反向点 $X^* = (x_1^*, x_2^*, \cdots, x_D^*)$ 定义为

$$x_i^* = a_i + b_i - x_i \tag{21}$$

结合上述两个关键概念定义，基于反向学习策略的最优化求解过程可以表述为：假设 $X = (x_1, x_2, \cdots, x_D)$ 为探索空间中候选解，其适应度函数值为 $f(x)$。通过式(21)得到 $X = (x_1, x_2, \cdots, x_D)$ 的反向点为 $X^* = (x_1^*, x_2^*, \cdots, x_D^*)$，如果 $f(x^*) < f(x)$，则用 $X^* = (x_1^*, x_2^*, \cdots, x_D^*)$ 更新替代 $X = (x_1, x_2, \cdots, x_D)$，否则 X 保持不变，即通过对解和解的反向值进行同步计算，从而使种群逐渐接近全局最优解。

3. 个体位置约束机制

为了在改进的 KH 算法中平衡探索能力和开发能力，对磷虾个体进行位置更新时引入个体位置约束机制，在传统 KH 算法中，随着反复的寻优迭代和位置更新，个体位置会得到较大程度扩散使位置幅值增大，尤其是磷虾个体位置与最优位置之间距离会急剧增长。针对这一问题，可以对磷虾个体的位置进行约束，从而一定程度约束算法的全局搜索能力。若磷虾个体在运动时超出了允许的位置约束，则将其位置规范化为允许位置的最大值 $X_{\max,j}$，用 $X_{\max,j}$ 和 $X_{\min,j}$ 分别表示 j 维度下的最大和最小位置极限。从而可以将磷虾个体的位置更新方程表示如下：

$$X_{i,j}(t+1) = \begin{cases} X'_{i,j}(t+1), & X_{ij(t+1)} < X_{\max,j} \\ X_{\max,j}, & \text{其他} \end{cases} \tag{22}$$

从式(22)可以看出，通过调整允许位置的最大值 $X_{\max,j}$ 可以实现对算法探索能力和开发能力之间平衡性的调整，位置的最大值和最小值初始化为

$$X_{\max,j} = \delta_1 (X_{\max,j} - X_{\min,j}) \tag{23}$$

$$X_{\min,j} = \delta_2 (X_{\min,j} - X_{\max,j}) \tag{24}$$

式中，δ_1 和 δ_2 为比例因子常数，此处分别取 0.4 和 0.6。

3 机动决策流程

每一个机动动作的实施都直接影响整个空战过程的发展，为此本文同样采用基于改进磷虾算法的自适应预测权重单步决策法对每一步机动决策最优化，具体的步骤为：①初始化敌我双方的状态变量 $\boldsymbol{X} = [x, y, h, \gamma, \psi, V]$；初始化双方的控制变量 $\boldsymbol{a} = [\Delta\delta, \Delta\alpha, \Delta\phi]$；②根据 UCAV 与目标的方位距离，判断 UCAV 是否满足攻击目标条件；③如果满足攻击条件，则空战结束，否则，对当前态势进行评估，同时更新态势因子权重；④将控制量 $\boldsymbol{a}$ 输入到 IKH 算法，根据计算决策目标函数，得到最优控制量；⑤根据 UCAV 运动学模型与动力学模型，得到新的状态量 $\boldsymbol{X}$；⑥返回步骤③，判断 UCAV 是否满足攻击条件。

根据上面的步骤，设计整个机动决策流程如图 2 所示。

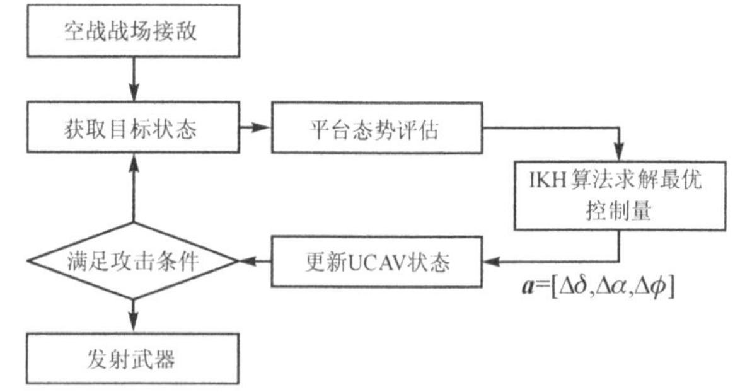

图 2　决策流程图

4 仿真验证与分析

为了验证所提机动决策方法的有效性与鲁棒性，通过空战对抗仿真平台模拟了具备对抗性特点的空战环境。仿真的初始条件如表 1 所列，模拟情形为敌我

双方迎头相遇，由于敌机机载武器性能占优，在迎头攻击时会先于UCAV发射导弹获取胜利，UCAV必须采取尾后攻击模式在保证安全的情况下发起进攻。仿真中设置敌机的决策方法为文献[20]中的滚动时域决策法。实验仿真环境为Windows 10，CPU为2.80 GHz，内存为8 GB，编程语言采用MATLAB与C++。

表1　UCAV与敌机对抗仿真初始状态

类　别	x/m	y/m	z/m	v/(m·s^{-1})	γ/(°)	ψ/(°)	最大对抗时间/s
UCAV	0	0	10 000	250	0	45	200
敌机	1 000	10 000	12 000	200	0	−135	

在该任务背景下，敌我双方的在线机动决策轨迹如图3所示。可见在初始阶段敌我双方迎面相遇，平台态势上处于互为优势，双方首先通过直飞俯冲拉近距离，随后UCAV采取右转拉升机动，由于对方俯冲幅度大速度大从而获取了高度优势，接着为获取角度优势与敌机一同俯冲，经过不断跟随敌机进行缠斗，最终由于低速导致的小转弯半径成功构成武器发射条件，完成战斗任务赢得了空战胜利。

图4展现了空战过程中UCAV的各个态势因子和总体态势目标函数变化情况，初始阶段由于敌机进入角为0，导致角度态势因子趋向于0。随着双方不断接近展开近距缠斗，UCAV为不断获取最大当前态势，导致各项态势因子变化剧烈并交替上涨，也反映出基于群智能优化算法进行空战的激烈程度。最终于172 s时，UCAV同时获取了所有态势因子的最大值，通过态势优势满足了武器发射条件，最终取得空战胜利。从图4(b)总体态势目标函数中可以看出，总体态势区间较为平滑，也反映出群智能决策方法每一步追求最大态势的特性。

图5展现了空战过程中油门杆、攻角和滚转角三个控制量的变化曲线。可以看出，由于对控制量的变化量进行寻优而非直接对控制量进行寻优，曲线总体较为平滑，未出现控制量突变的情况，体现了对变化量寻优的优势。图6是UCAV态势变化曲线，是经贝叶斯推理计算而得。该图表明在初始接敌阶段，UCAV与敌机处于均势的迎头态势，接着进入了均势分离、有利尾追等态势快速变化阶段，最后阶段UCAV保持在了尾追敌机的有利态势。该态势变化图与图3机动格斗过程是一致的，这也进一步证明了基于贝叶斯推理的态势评估方法是正确有效的。

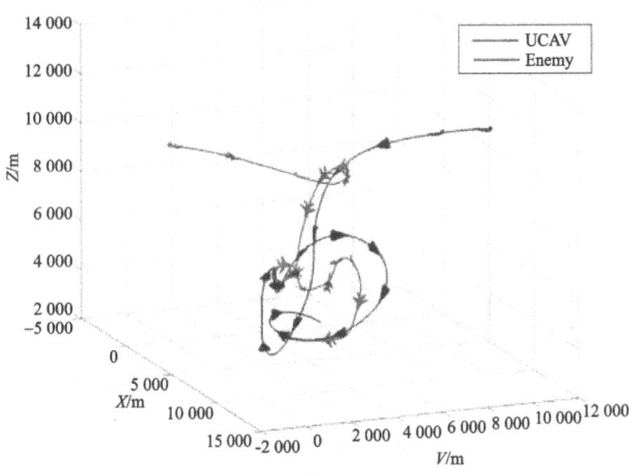

(a) 空战对抗轨迹3D视图

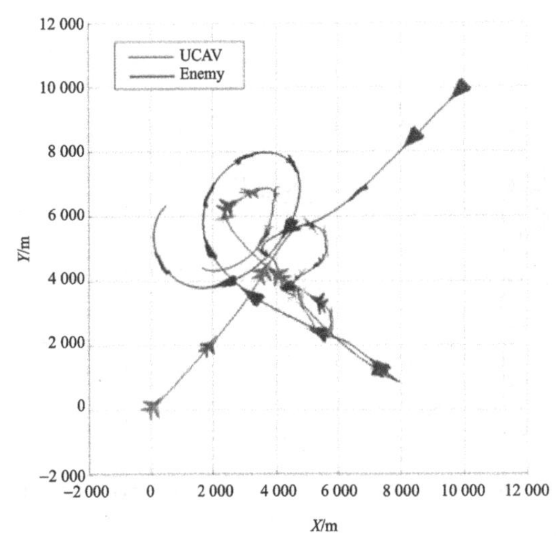

(b) 空战对抗轨迹俯视图

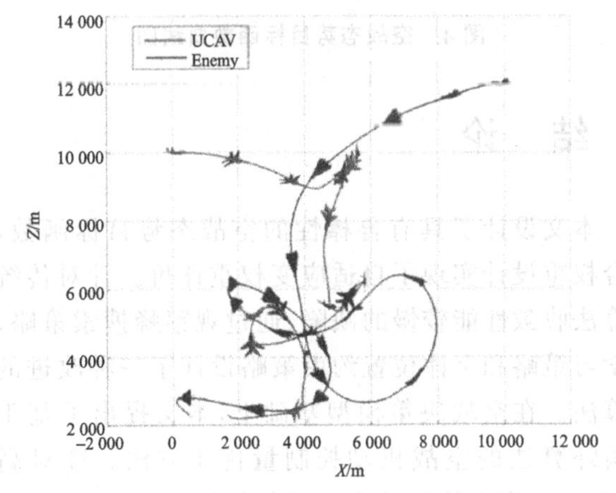

(c) 空战对抗轨迹水平视图

图3　敌机智能机动决策下的空战对抗轨迹

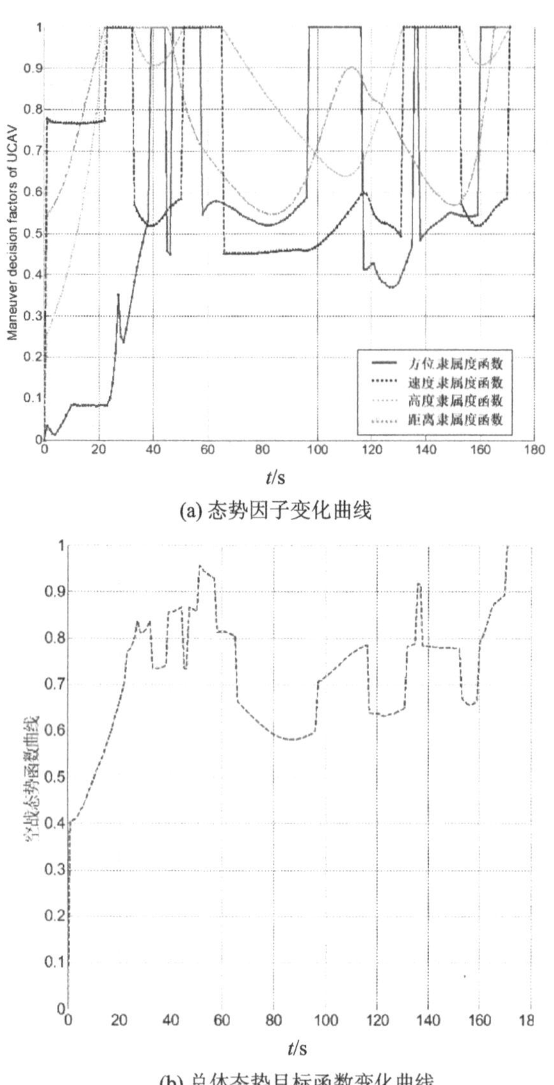

(a) 态势因子变化曲线

(b) 总体态势目标函数变化曲线

图 4 空战态势目标函数曲线图

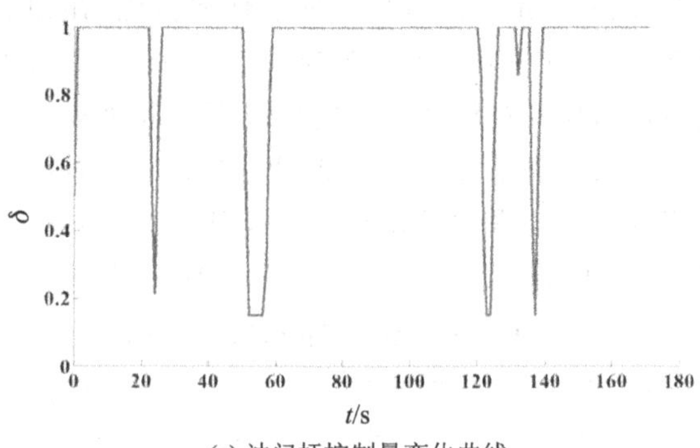

(a) 油门杆控制量变化曲线

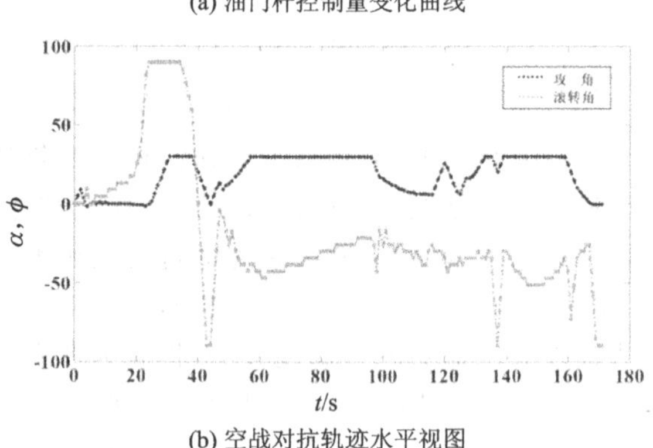

(b) 空战对抗轨迹水平视图

图 5 空战态势控制量变化曲线

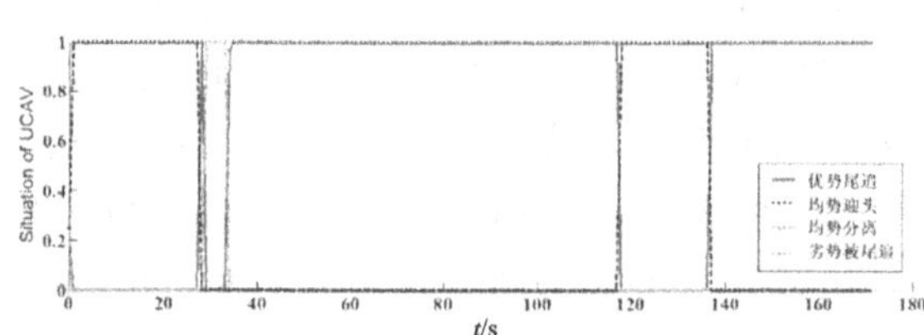

图 6 空战过程 UCAV 态势变化

5 结 论

本文设计了具有鲁棒性的空战态势目标函数，并结合权重设计实现了自适应变权重评价。针对传统磷虾算法收敛性能较慢的缺陷，通过观察蜂搜索策略、反向学习策略和个体位置约束策略设计了一种改进的磷虾算法。在空战决策模型基础上，本文提出了基于改进磷虾算法的空战机动控制量优化方法。针对高难度、高复杂度空战机动决策任务的仿真，验证基于本文提出算法的有效性。从仿真中可以看出，基于智能优化算法的机动决策方法在陌生空战对抗情境中最大程度地延长 UCAV 的生存时间，并引导 UCAV 伺机对敌发起进攻，满足了面对陌生空战环境的在线机动决策的需求。

参考文献

[1] Poropudas J, Virtanen K. Game-theoretic validation and analysis of air combat simulation models. IEEE Transactions on Systems, Man, and Cyber-netics-Part A: Systems and Humans, 2010, 40(5): 1057-1070.

[2] Park H, Lee B Y, Tahk M J, et al. Differential Game Based Air Combat Maneuver Generation Using Scoring Function Matrix. International Journal of Aeronautical and Space Sciences, 2016, 17(2): 204-213.

[3] 傅莉，李伟. 战机空战决策方法及分析[J]. 沈阳航空航天大学学报, 2013, 30(6): 48-52.

[4] Mukai H, Tanikawa A, Tunay I, Ozcan I A, Katz I, et al. Sequential linear-quadratic method

for differential games with air combat applications. Computational Optimization and Applications, 2003, 25(1-3): 193-222.

[5] Mauro P, Bruce A C. Numerical Solution of the Three-Dimensional Orbital Pursuit-Evasion Games. Journal of Guidance, Control, and Dynamics, 2009, 32(2):474-487.

[6] 王宏伦，佟明安. 空战仿真中的机动决策分析[J]. 航空学报，1997，18(3):116-119.

[7] Virtanen K, Raivio T, Hämäläinen RP. Modeling Pilot's Sequential Maneuvering Decisions by a Multistage Influence Diagram. Journal of Guidance, Control, and Dynamics, 2004; 27(4): 665-677.

[8] HU Xiaoxuan, CHEN Yi. Robust decision making for UAV air-to-ground attack under severe uncertainty. J. Cent. South Univ, 2015, 22 (11):4263-4273.

[9] Ma Y, Ma X, Song X. A case study on air combat decision using approximated dynamic programming. Mathematical Problems in Engineering, 2014.

[10] 魏强，周德云. 基于专家系统的无人战斗机智能决策系统[J]. 火力与指挥控制，2007，32(2): 5-8.

[11] 张磊. 无人作战飞机自主决策技术研究[J]. 航空科学技术，2014，25(5):49-53.

[12] 董卓宁，卢俊言，肖霄. 基于灰色区间关联的 UCAV 自主决策方法[J]. 北京航空航天大学学报，2013，39(11):1536-1541.

[13] Smith R E, Dike B A, Mehra R K, et al. Classifier systems in combat: two-sided learning of maneuvers for advanced fighter aircraft [J]. Computer Methods in Applied Mechanics and Engineering, 2000,15(9): 421-437.

[14] 张涛，于雷，周中良，等. 基于人工势场启发粒子群算法的空战机动决策[J]. 电光与控制，2013，20(1): 77-82.

[15] 韩瑾，王骁飞，周虎，等. 基于改进 SOS 算法的 UCAV 鲁棒机动决策研究[J]. 计算机工程与应用，2018，54(2): 168-172.

[16] Roger W S, Alan E B. Neural network models of air combat maneuvering [D]. New Mexico: New Mexico State University, 1992.

[17] Kawewong A, Honda Y, Tsyboyana M. Reasoning on the self-organizing incremental associative memory for online robot path planning [J]. IEICE Trans. On Information and Systems, 2010, 93(3): 569-592.

[18] Tangruamsub S, Ka Wewong A, Tsuboyama M, et al. Self-organizing incremental associative memory-based robat navigation [J]. IEICE Trans. On Information an Systems, 2012, 95 (10): 2415-2425.

[19] Gandomi A H, Alavi A H. Krill herd: a new bio-inspired optimization algorithm[J]. Communications in Nonlinear Science and Numerical Simulation, 2012, 17(12): 4831-4845.

[20] Kangshen Dong, Changqiang Huang. Autonomous air combat maneuver decision using Bayesian inference and moving horizon optimization [J]. Journal of Systems Engineering and Electronics, 2018, 29(1): 86-97.

飞机全机电缆自动测试技术研究与应用

谢银，夏丽娜，宋修科，刘禹宏

成都飞机工业(集团)有限责任公司，成都 610073

摘要： 飞机电缆作为飞机的“神经网络”，连接了航电、机电、飞控、武器等众多系统，为飞机各系统间信号传输提供介质。电缆检测作为检验电缆传输性能的关键工序，其检测过程非常重要。本文面向飞机电缆自动导通测试需求，分析了飞机电缆检测的现状、检测方法及存在的问题，结合国际先进自动检测技术进行了某型机电缆自动测试技术研究及现场应用实践，提出了飞机电缆自动化检测问题解决思路，为加快国内线束自动检测技术实现提供参考。

关键词： 飞机电缆；检测技术；导通；绝缘；转接电缆

Research and Application of Automatic Testing Technology for Full Aircraft Cables

XIE Yin, XIA Lina, SONG Xiuke, LIU Yuhong

AVIC Chengdu Aircraft Industrial(Group) Co. Ltd., Chengdu 610073, China

Abstract: As the “neural network” of the aircraft, the aircraft cable connects many systems such as avionics, electromechanical, flight control, weapons, etc., and provides a medium for signal transmission among various aircraft systems. As a key procedure for testing cable transmission performance, cable testing is very important. This paper is oriented to the needs of automatic conduction testing of aircraft cables, analyzes the current situation, testing methods and existing problems of aircraft cable testing, and combines the international advanced automatic testing technology to carry out a certain type of aircraft cable automatic testing technology research and field application practice, and proposes aircraft cables The idea of solving automatic detection problems provides a reference for accelerating the realization of domestic wire harness automatic detection technology.

Keywords: airplane cable; detection technique; conduction; insulation; transfer cable

1 引　言

飞机电缆是飞机的“神经网络”，连接了飞机航电、机电、飞控、武器等众多系统，对飞机的供电、通信等起着关键作用[1]。通用电气公司对所其研制的发动机空中停车事件调查结果显示，导致空中停车事件的真正原因中，有50%的事故是由于外部管路、线缆和传感器损坏和失效引起的[2]。国内航天研究院某批次产品质量问题的统计分析报告指出，产品所有故障当中，有20%的故障出在线缆上[3]。因此对飞机电缆的装机性能检测不可或缺，如何快速检测线束短路、断路和接线错误等故障对于整机故障排除及质量保证具有重要作用。

2 飞机电缆自动化检测技术发展现状

飞机电缆检测主要有人工手动检测、程序控制自动检测两种方式。

目前，美国的波音公司、洛克希德. 马丁公司，法国

基金项目：国防科工局基础科研项目(JCKY2018205B021)

的空客公司等国际知名航空制造巨头均已开始采用半自动或自动化的方式对飞机电缆进行通断、绝缘性与短路等电气性能测试[4]，高效、快捷、可靠的全机线束自动化检测技术已经被广泛使用。

在国内，依靠人工手动使用万用表或导通测试灯执行测试工作，仍然是飞机导通测试的主流[5]，其缺点主要有：

(1) 测试只能逐点进行，测试效率极低，测试周期长。以某型机 3 万点测试量计算，通常需要 18 人耗时 3 天才能完成，严重影响飞机生产制造周期。

(2) 人工检测工作量大、易疲劳，且人工测量易错测、漏测，不利于飞机质量控制。通常检测需要 3 人一组的模式进行，其中 2 人负责在电缆两端电连接器处查找针脚，使用导通测试灯逐点进行测试，另外 1 人位于这 2 人中间距离位置，按检测关系逐条宣读，并记录检测结果。此方式完全依靠人工判读，在人员疲劳、注意力分散情况下极易产生错误。

相比传统检测方式，电缆自动化检测在检测程序控制下，可实现高效、高质量检测。

随着国内技术的发展，以成飞、商飞、西飞为代表的几家主机制造厂，也已逐步开始引进自动检测设备来实现电缆导通、绝缘等性能检测，但由于应用时间较短，测试经验较为缺乏，在现场应用方面大都存在测试模块分布难以平衡、转接电连接器对接周期长、转接电缆整理收纳周期长等问题，比如：30 000 点检测关系，总检测周期 3 天，转接电缆准备及对接需耗时 2 天，严重制约了现场生产周期[7]。

3 飞机电缆自动化测试系统设计

线束自动化检测系统组成包含主控计算机、测试主机、分布式检测模块、转接电缆[4]，如图 1 所示。

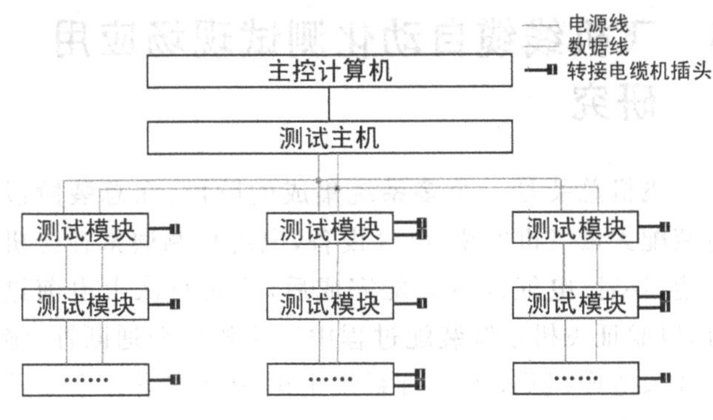

图 1 原理框图

在本系统中，计算机用于实现测试程序的编译、软件运行、测试结果输出；控制主机用于实现整个测试系统电源转换、执行测试程序进行测试地址分配；测试模块用于实现与主机、飞机电缆之间的通信，它们通过总线连接；转接电缆用于连接测试模块与飞机电缆[9]。

在测试时将测试系统与飞机电缆连接，形成测试网络，再通过操作计算机上的测试软件，实现自动化测试。

3.1 测试系统分布式设计

飞机全机电缆检测系统因不同飞机电缆分布特点、电气设备分布特点及飞机总体布局因素而采用不同的布局方式，通常情况下飞机电气设备集中于前机身设备舱、座舱等区域，具体布局根据不同机型的研制需求而异。本系统根据某型飞机检测需求制定了 30 000 点测试能力，包含了 1 000 点测试模块 30 个，每一通道挂载 10 个，采用分布式布局设计。

分布式系统的特征在于主机与输入/输出模块进行物理上的分离，也就是用于测试的模块不再安装于主机，而是安装于可移动的终端机架上。主机与终端采用通讯总线来连接，终端再通过周围的转接电缆与测试点相连。针对机上电缆完整性自动测试系统实际现场环境需求，分布式测试终端可根据测试需求放置在分布式测试柜中，测试柜可以布置在飞机所需要测试的部位，如座舱、起落夹舱、武器舱、发动机舱等部位，从而可以减少转接电缆的长度，整个测试现场也不会凌乱不堪。这不仅降低转接电缆的成本，而且整个系统测试电缆布线过程会井井有条，提高测试效率。也可根据检测电缆数量的多少自由组合模块，如图 2 所示。模块位置的摆放首要保证测试点需求，其次考虑布局位置合理性，便于人员维护及观察；模块位置需满足转接电缆长度，转接电缆对接后不紧绷，同模块对接转接电缆对应飞机同一区域。

3.2 测试地址分配方法设计

自动化测试采用基于继电器地址的分配方式，在测试时将继电器连接到电缆回路中后，只要通过控制不同继电器的接通组合就可以实现不同电缆的导通，从而实现地址的分配。

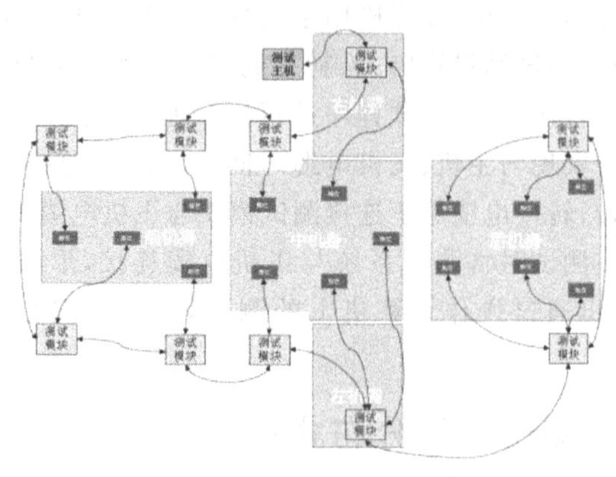
图 2　分布式系统测试图

本系统中每一块地址分配板集成了 100 个继电器，每 10 块集成板组成一个测试模块，即每个测试模块可实现 1 000 点检测。在实际测试时，多个模块之间彼此连接，通过操控计算机的控制，实现不同继电器的快速接通组合，从而实现不同地址的快速分配，如图 3 所示。

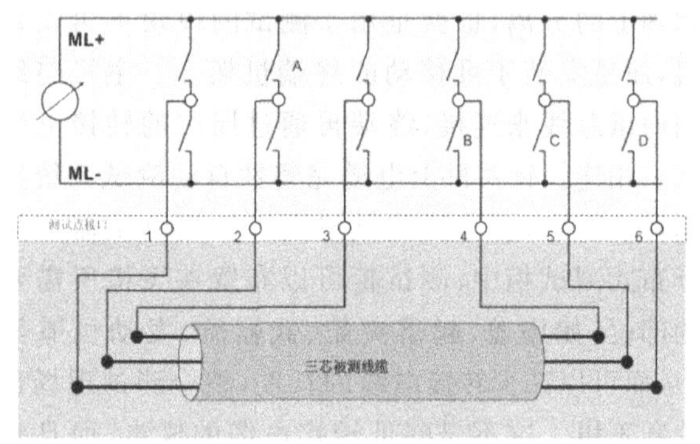

图 3　测试地址分配示意图

3.3　绝缘故障快速定位设计

安装机载电缆的过程中可能会发生绝缘层的意外破坏，因此需要进行绝缘性能检测，以保证电缆安装后的质量。电缆绝缘性能，通过检测两根相互之间没有导通关系的电缆之间的绝缘电阻，判断出这两根电缆之间是否发生绝缘层受损等故障。通过对电缆一端加高压，并检测其他电缆上是否出现"漏流"现象来检测绝缘电阻，常用的检测方法是串联法，其原来简单，实现方便。串联法的电路如图 4 所示[6]。

R_x 为绝缘电阻，U_0 为电源电压，R_2 为测量电阻，R_1 为限流电阻，R_s 为内阻，R_L 和 C_L 形成低通滤波器，其输出电压为 U_i。其中 R_1、R_2、U_0 已知，测量得到 U_i，内阻 R_s 可以通过实验得到，则有

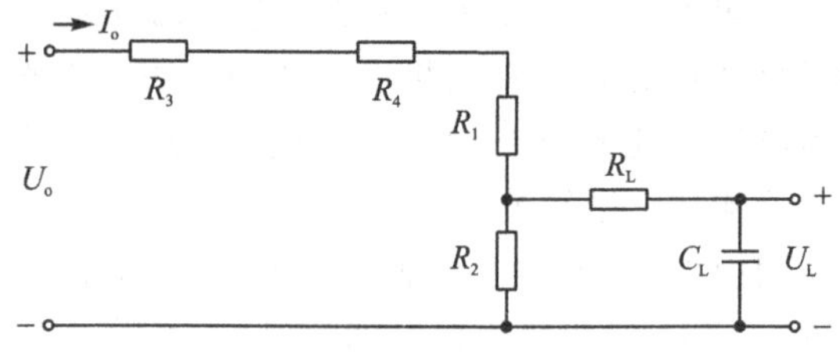

图 4　串联法检测原理图

$$U_i = U_0 \frac{R_2}{R_s + R_x + R_1 + R_2}$$

可以求得绝缘电阻[10]：

$$R_x = \frac{R_2 U_0}{U_i} - R_s - R_1 - R_2$$

基于以上理论，电缆检测前通过地址分配软件将检测关系中的电缆按序进行地址分配，将检测插头的每一个针脚对应到地址分配模块上的每一个地址。那么要实现绝缘故障快速定位，就需要进行快速的绝缘测量，且能够准确地给出故障信息。此时一种基于低阶测量的方法就能够解决这个问题，具体为：在进行绝缘检测时，首先将所有导通的电缆地址组合到一起，然后让地址中较低的一位对应比它地址低的所有组合进行测量，实现快速绝缘检测，且在检测不合格时进行显示，以此类推，以便快速定位问题电缆，如图 5 所示。

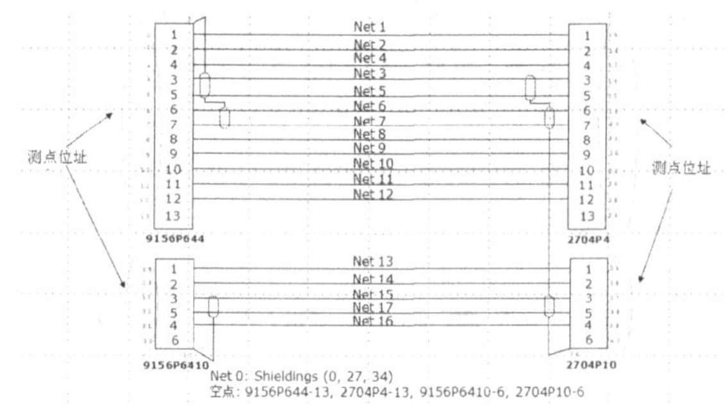

图 5　绝缘故障地址低阶排故法

4　飞机线缆自动化测试现场应用研究

飞机总装是一个多系统集成的阶段，在总装阶段将装配大量飞机电缆、电气设备，电缆检测通常在全机电缆、导管、电气设备装配完成后，飞机首次上电前进行，以验证飞机系统装配过程中对飞机电缆通断性、绝缘性未造成损伤，为飞机系统上电做好准备。本文结合现场应用情况主要从流程设计、转接电缆快速连接两大方面开展研究，现场应用如图 6 所示。

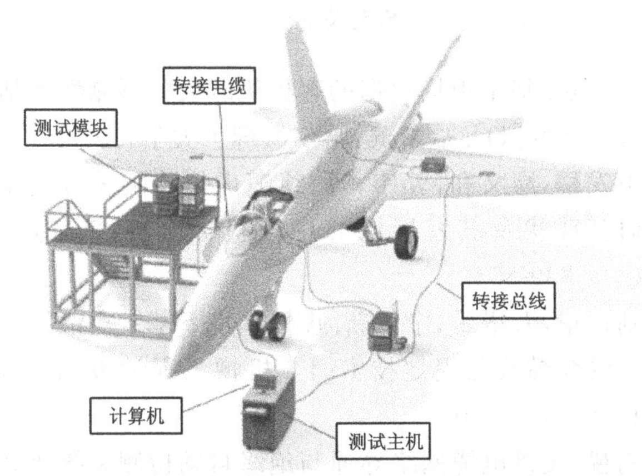

图 6　飞机电缆自动化检测现场应用示意图

4.1　自动化测试流程设计

检测系统在现场应用是一个较为烦琐的工作，其流程包含系统准备、上电自检、模式选择、检测执行、排故验证、报告生产、系统收整几大步骤[4]。

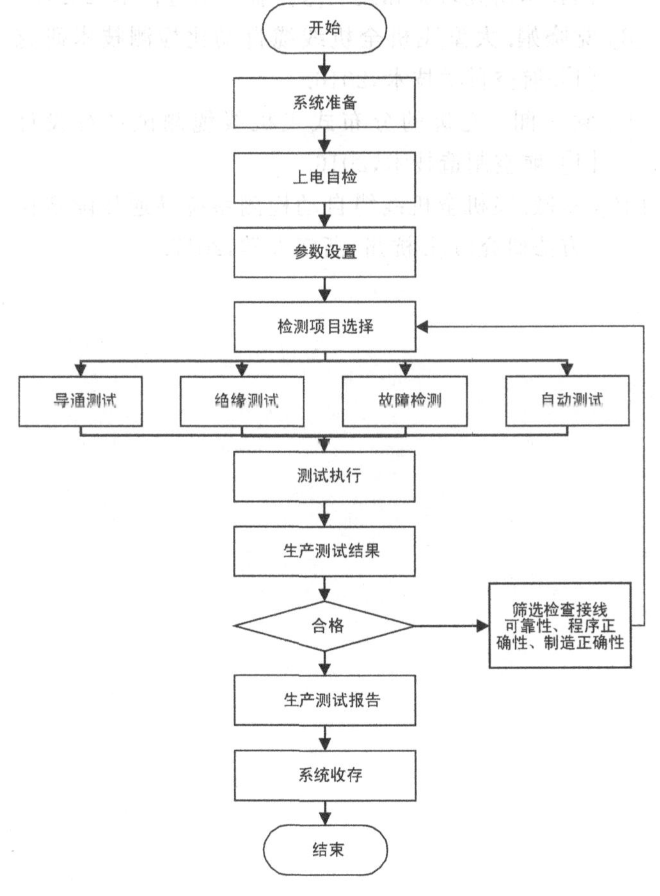

图 7　测试流程图

4.2　转接电缆快速连接设计

1. 电连接器快速引导对接方案设计

本系统针对传统电连接器对接效率低，对接工序烦琐的问题，提出了一种可快速对接的方案，如图 8 所示，在对接时只需将转接电缆端挂点按对应关系接入测试模块端对应挂槽，然后按压下端即可将锁紧夹卡住，实现紧固作业，较传统电连接器对接效率提升 80%。

图 8　快速对接电连接器

2. 基于舱位布局映射的电缆快速连接

转接电缆作为测试系统与飞机电缆连接的桥梁，其对接质量直接影响了最终检测结果的正确率，通常转接电缆的对接与拆除工作占据了整个测试周期的 70%，如何实现转接电缆的快速化转运与对接是生产效率提升的重要因素。针对此问题，基于飞机装机物理映射位置制定了用于显性化展示手册，手册中将飞机电缆装配位置通过图片的形式直观展示，实现了快速查找机上电网端子的效果，如图 9 所示。

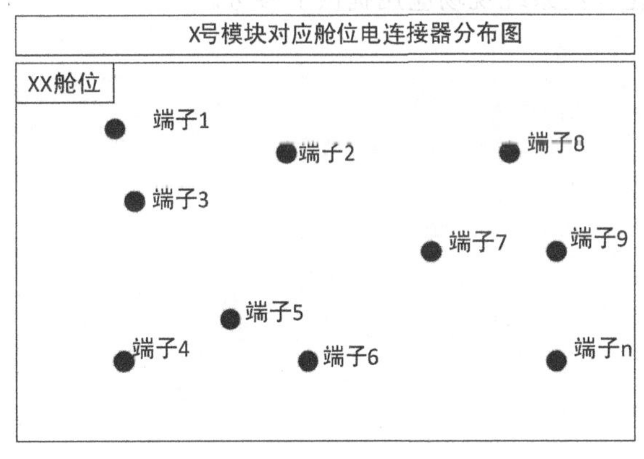

图 9　舱位电连接器引导图

4.3　现场应用验证

通过以上工艺方法的实施与应用，实现了现场检测流程快速实施、转接电连接器的快速查找对接，最终电缆自动化检测系统在某型飞机上取得成功应用，30 000 点电缆测试检测时间从平均 29.9 h 缩减至

10.12 h,检测效率提升了66.15%。某型机电缆不同检测方式所需时间对比图如图10所示。

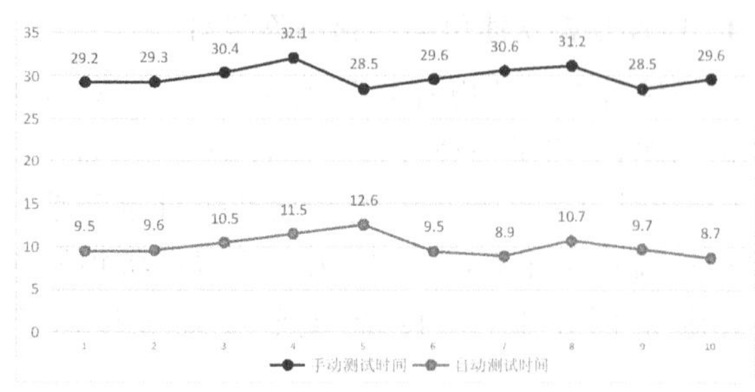

图10 某型机电缆不同检测方式所需时间对比图

5 结论

本文从目前国内飞机线束检测技术现状为切入点,分析了其存在的问题。并结合国外线束自动化检测技术分析了要实现线束自动化检测需解决的问题。飞机线束自动化检测技术的优势在国外飞机上已经得到充分的证实,是一项成熟的技术,但国内飞机应用中还存在较多影响因素用,必须根据各个型号飞机的特点及生产流程排布,设计出量身定做的方案,使设计更加符合不同飞机的特点,从而提高制造效率和产品质量[8]。本文通过对飞机电缆自动化检测系统的现场应用研究,验证了检测流程及转接电缆快速对接在现场应用可行性,极大提升了现场检测效率,为国内电缆自动化检测系统现场应用提供了参考。

参考文献

[1] 金颖超.基于现场数据的客机机载设备可靠性评估方法研究[D].哈尔滨:哈尔滨理工大学,2018.

[2] 王发麟,廖文和,郭宇,等.线缆虚拟装配关键技术研究现状及其发展[J].中国机械工程,2016,27(6):839-851.

[3] 刘检华,万毕乐,宁汝新.虚拟环境下基于离散控制点的线缆装配规划技术[J].机械工程学报,2006,42(8):125-130.

[4] 刘智.飞机电缆网络导通与绝缘自动检测系统研究应用[D].成都:电子科技大学,2019.

[5] 周启民.整机电缆集成检测技术研究与展望[M].西安:中航西安飞机工业(集团)有限责任公司,2008.

[6] 张美.某型飞机全机线缆自动化检测系统设计与优化[D].杭州:浙江大学,2016.

[7] 王发麟,李志农,王娜.飞机整机线缆自动化集成检测技术研究现状和发展[J].航空制造技术,2021.

[8] 党晓娟.大型飞机全机线缆自动化检测技术研究[J].航空科学技术,2016.

[9] 党一闻.先进的分布式飞机线缆测试系统设计[J].航空制造技术,2016.

[10] 章敏.飞机全机线缆自动检测系统导通故障定位方法研究[D].杭州:浙江大学,2017.

红外空空导弹导引系统抗干扰性能评估综述

张喜涛[1]，白晓东[1,2]，周珩[1,2]，王炜强[1,2]

1. 中国空空导弹研究院，洛阳 471009

2. 航空制导武器航空科技重点实验室，洛阳 471009

摘要：现代战场环境中，攻防互为博弈，红外干扰技术随着红外制导武器的发展而兴盛，红外导引系统作为红外制导武器识别目标的重要分系统，为了能够适应现代化作战环境，在研制过程中，必须准确评估其在复杂战场环境中的抗干扰能力。本文分析了红外空空导弹导引系统干扰对抗的特点，对导引系统抗干扰性能评估研究现状进行了归纳和总结，对当前评估指标和评估方法的优缺点进行了分析，从评估指标、评估方法及评估结果真实度三个方面，探索了当前导引系统抗干扰性能评估中急需解决的主要问题。

关键词：红外导引系统；抗干扰性能评估；评估指标；评估方法

Overview About Anti-jamming Performance Evaluation of Infrared Air-to-Air Missile Guidance System

ZHANG Xitao[1]，BAI Xiaodong[1,2]，ZHOU Heng[1,2]，WANG Weiqiang[1,2]

1. China Airborne Missile Academy，Luoyang 471009，China

2. Aviation Key Laboratory of Science and Technology on Airborne Guided Weapons，Luoyang 471009，China

Abstract: In the modern battlefield environment，attack and defense play a game with each other，and the infrared jamming technology flourishes with the development of infrared guided weapons. As an important subsystem of infrared guided weapons to identify targets，in order to adapt to the modern combat environment，the anti-jamming ability in complex battlefield environment must be accurately evaluated in the development process. This paper analyzes the characteristics of anti-jamming of Infrared Air-to-Air Missile Guidance System，summarizes the research status of anti-jamming performance evaluation of guidance system，analyzes the advantages and disadvantages of current evaluation indexes and methods，and explores the main problems that need to be solved urgently in anti-jamming performance evaluation of guidance system from three aspects of evaluation indexes，evaluation methods and authenticity of evaluation results.

Keywords: infrared guidance system；anti-jamming performance evaluation；evaluation index；evaluation method

1 引 言

空战双方攻防对抗是近距格斗空战的永恒主题，其演绎出干扰与抗干扰两项关键技术，两者相互博弈，不断发展。现代战场环境中，对敌方的红外制导武器实施人工干扰已经成为一种常规的作战手段[1]。作为红外制导武器识别目标的重要分系统，为了能够适应现代化作战环境，红外导引系统在研制过程中，必须准确评估其在复杂战场环境中的抗干扰性能，一方面，使得军方充分认识导引系统的抗干扰性能，有效发挥导弹实际作战效能，另一方面，使研制方掌控导引系统的抗干扰性能，避免研制过程中出现反复。

为了削弱红外制导武器的作战效能，红外干扰技术随着红外制导武器的发展而兴盛。目前主流的机载红外干扰按干扰机理可分为欺骗式干扰、压制式干扰及消光式干扰等类型，红外点源诱饵干扰作为欺骗式干扰，是目前应用最为广泛的机载干扰装备[2]，其结构简单、成本低，可大量携带使用，是应对红外空空导弹最主要的手段。

目前,国外在红外空空导弹制导系统抗干扰评估领域开展了持续的研究,建立了较为完善的评估中心,有力支撑了红外空空导弹的研制及作战[3]。国内抗干扰性能评估也主要集中在制导系统层面[4],对红外导引系统的抗干扰性能评估往往采用制导系统的抗干扰概率进行评估,该指标混淆了导引系统和制导系统的功能要求,导引系统无法输出脱靶量,无法形成抗干扰概率,该指标无法有效指导导引系统的抗干扰设计和评估。

2 导引系统干扰对抗分析

导引系统主要由探测系统、信息处理软件、控制与跟踪系统组成。探测系统接收来自外部的红外辐射,形成数字灰度图像,信息处理软件对图像进行处理,实现目标的检测、识别和跟踪,提取目标在视场中的位置信号给控制与跟踪系统,控制与跟踪系统利用该信号完成导引头的控制与跟踪功能,并输出视线角速度给飞控系统[5]。飞控系统按照一定的导引规律输出控制指令,控制导弹修正偏差,准确飞向目标。

红外点源诱饵干扰通过燃烧(火药引燃和氧化自燃)产生强烈的红外辐射在导弹视场中形成辐射源,从而达到诱骗或诱偏导弹的目的,如图1所示。

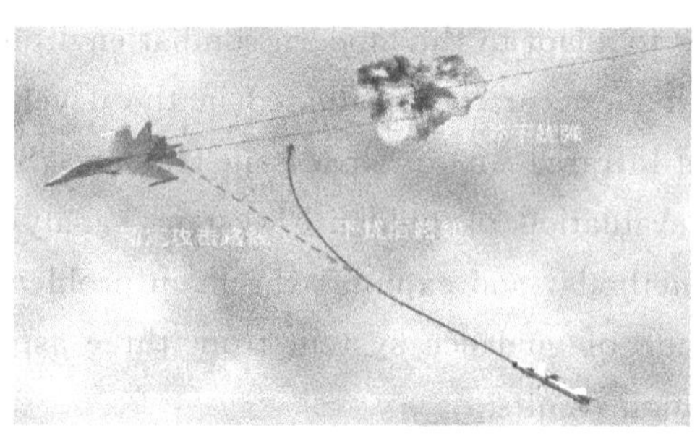

图1 红外诱饵弹效果示意图

点源诱饵投放并起燃后,一段时间内遮挡目标,导致导引系统测量目标视线角出现误差,导引信号上存在扰动,有可能影响制导精度,尤其在遇靶段内的扰动将使导弹脱靶量增大,从而"诱偏"导弹。

干扰投放后在导引系统视场中存在多个假目标,且点源诱饵成像特征与目标相似,干扰导引系统识别,使得导引系统识别时间加长。随着识别时间的加长,目标视线角测量误差加大,若识别错误则造成丢失目标,抗干扰失败,从而"诱骗"导弹。

综上,点源诱饵首先干扰导引系统,产生诱骗和诱偏的干扰效果,影响其对目标的准确测量,进一步影响导弹制导系统对目标的跟踪,造成制导系统脱靶量增大,最终影响导弹对目标的杀伤。

3 导引系统抗干扰性能评估研究现状

3.1 导引系统抗干扰性能评估指标

抗干扰性能评估指标体系是抗干扰性能评估工作的基础。导引系统抗干扰性能评估指标体系应该反映在干扰条件下,导引系统主要性能的下降程度。

唐善军等[6]提出识别概率、最大最小能量压制、视线角速度误差因子、干扰结束时间占比因子和干扰占空比等6项指标系统,对抗干扰过程中目标的识别能力和跟踪能力进行评价,该指标未有效区分环境参数和导引系统指标,设计较为复杂。许友平等[7]综合导引系统固有性能指标和性能改善指标,建立了导引系统抗干扰评估指标集合,该指标集合未有效筛选与抗干扰性能密切的指标。韩培骏等[8]详细分析了导引系统的红外光学系统、调制器、探测器、图像处理系统、陀螺伺服系统的性能参数,将指标设计为发射干扰时的弹目距离、抗干扰检测时间、抗干扰软件识别概率和干扰、目标能量比,该指标体系无法区分对抗条件与抗干扰性能之间的关系,其采用层次分析法建立了红外成像导引系统抗干扰性能计算模型,层次分析法具有一定的主观性,无法形成客观的评估结果。传统的识别概率常选择单帧识别概率或者片段识别概率[9],在弹道过程中,存在干扰对目标遮挡,目标不存在的场景,且该场景随机出现,无法利用单帧识别概率进行评估,导引系统的识别是一个连续判定过程,无法合理进行片段划分,因此,传统的识别概率不适用于导引系统识别能力的评价。周永恒等[10]区分了抗干扰识别性能和抗干扰跟踪性能指标,利用人工神经网络的决策系统对指标进行综合,但该综合过程受到训练数据的影响。张喜涛等[11]结合动态弹道过程,提出基于视线角速度精度扩展的识别概率,作为导引系统抗干扰评估指标,该指标不仅同时涵盖了导引系统的识别与跟踪,也能够反映在不同的飞行阶段,对导引系统的不同要求。但外场试验中,无法得到高精度的视线角速度真值,因此,需要进一步研究该指标在外场试验中的等效测试方法。

国外未查阅到专门针对导引系统的抗干扰评估指标体系,国内导引系统抗干扰性能评估指标与对抗条件相结合，易受对抗条件的影响，且评估的覆盖面大，无法有效提取抗干扰关键性能指标，导致后续的评估试验方法难以设计，对导引系统的抗干扰性能难以进行充分评估。

3.2 导引系统抗干扰性能评估方法

实际空战中，空中攻击过程的不确定性、目标机动的随机性和人工干扰的多样性等将导致复杂的对抗环境，抗干扰性能评估必须在上述作战场景下进行全面的验证。李权成等[12]将基于误差影响规律将实战化复杂场景转换成可量化的抗干扰评估试验条件，是抗干扰评估的前提，牛得清[13]等进一步将试验条件按照不同的复杂度进行分级，为抗干扰性能的细化评估奠定基础。

当前，红外导引系统抗干扰评估试验方法中，主要存在以下三方面的问题：第一，缺乏导引系统抗干扰评估指标的支撑，往往导致数字仿真、半实物仿真等以制导系统抗干扰概率代替导引系统的抗干扰评估指标，而系留飞行试验又采用导引头识别概率进行抗干扰评估，不同的指标导致内外场试验结果无法准确对应及融合；第二，由于外场试验耗费大量的人力、物力，使得大量地进行外场试验变得十分困难，在实际中无法得到足够的外场数据样本实现统计评估，同时，在导引系统研制过程中，各个阶段都有大量的内场和一定量的外场试验数据无法被充分利用；第三，缺乏对抗干扰性能评估结果的评估[14]，无法量化评估结果与导引系统的抗干扰真实性能的相似程度，因此，建立一套基于同一评估指标的红外导引系统抗干扰性能内外场综合试验评估方法，成为当前红外导引系统抗干扰性能评估的一个重要研究方向。

4 导引系统抗干扰性能评估面临的问题

4.1 导引系统抗干扰性能评估指标设计

红外导引系统在抗干扰过程中主要完成对目标的探测、识别与跟踪，涉及光学、探测器、图像识别及跟踪控制等多个学科，系统结构较为复杂，其部组件的抗干扰性能难以公式化描述，目前在国内外缺乏对导引系统抗干扰性能的评估指标体系的系统研究，导致红外导引系统抗干扰性能难以进行有效评估。

导引系统抗干扰性能评估指标是当前抗干扰性能评估研究的重点和难点，该指标的设计应该以干扰对抗机理为基础，围绕导引系统在抗干扰过程中的功能需求，分析干扰条件下导引系统信息损失的关键环节，在众多性能指标中提取抗干扰关键性能指标，降低后续试验设计的难度，提高评估的准确度。该指标同时能够有效兼容内外场试验设计，在内外场试验中均可以方便提取。

4.2 导引系统抗干扰性能评估方法

随着国内外对抗干扰性能评估重要性的认识不断地提高，抗干扰性能评估方法得到了不断的发展，产生了多项急需解决的复杂问题，除了评估试验条件的覆盖性和试验设计的高效性问题外，抗干扰性能评估方法的难点问题还包含内外场试验数据融合评估等方面。

1. 复杂战场环境样本空间构建

抗干扰性能评估与干扰条件密切相关，在评估抗干扰性能时需要规定一定的干扰对抗条件，脱离干扰对抗条件的抗干扰评估无意义。作战环境下，红外对抗过程是一个信息动态博弈的过程，其中涉及的影响因素众多，且各因素间相互制约。复杂战场环境构成要素包含目标、人工干扰及弹目对抗态势，红外对抗作战样本空间构建应遵循合理性、覆盖性和典型性原则，针对待评估对象的能力特点，形成覆盖该型导弹攻击区的红外对抗作战样本集合。

2. 内外场试验设计

一般受型号任务驱动和具体条件限制，抗干扰评估试验研究缺乏系统性，从方法和手段上滞后于导引系统快速提升的抗干扰能力评估需求。因此急需开展对抗环境下导引系统抗干扰性能评估试验技术研究，促进导引系统抗干扰设计及评估能力提升，以适应日益复杂的作战环境。

通过试验获取足够有价值的试验数据，然后应用统计学方法对被试装备性能进行统计推断是装备性能指标评估的基本流程。然而，对性能指标统计评估的精确度和假设检验的风险，都与试验样本量有关。试验样本量增加，就会提高评估的精度，降低检验的风险。外场试验子样少、但是可以获得较多其他来源的试验和评价信息，是现代武器装备试验鉴定的典型特点。因此，如何减少试验样本量、节省试验经费，同时又不降低评估精度或增加检验风险，是抗干扰性能评估试验设计方法亟待解决的问题。

3. 数据融合评估

受成本、资源以及其他方面的限制，导引系统在研制过程中不可能大量施行外场试验，原型系统级试验具有小子样性。因此，需要有效利用数字仿真试验、半实物仿真试验等各种先验信息，扩大信息量，补充评估信息源。而这些试验结果和原型试验结果往往不属于同一总体，并不能直接拿来使用，基于异源数据的数据特性分析，构造不同样本等效系数水平下的试验数据融合方法，是得到抗干扰性能评估结果的必经途径。

4.3 导引系统抗干扰性能评估结果真实度

当前的抗干扰评估试验评估结果的正确性无法验证，以致于抗干扰评估试验方法体系的合理性无有效方法进行证明，主要存在以下两个方面的问题：一个方面，来自不同试验方式、不同研制阶段、不同试验条件下的大量试验数据，由于测试条件不同，因而具有不同的样本量和置信度。例如数字仿真数据多，但是数字仿真系统自身的置信度较低；半实物仿真数据的置信度相对较高，但是受到成本的限制，数据量有限；外场系留和靶试试验数据的置信度虽然很高，但是受到样本量的限制，上述试验数据的融合基础和融合手段尚未达成共识，无法给出合理的导引系统抗干扰性能评估结果。另一个方面，抗干扰评估是采用大量仿真模型的试验，而非基于真实系统本身的试验，仿真的过程和结论只能有限地代表真实系统的情况，无法量化评估结果与导引系统真实抗干扰能力的差异程度。

5 结 论

作为红外制导武器识别目标的重要分系统，为了能够适应现代化作战环境，红外导引系统在研制过程中，必须准确评估其在复杂战场环境中的抗干扰性能。本文分析了红外空空导弹导引系统干扰对抗的特点，对导引系统抗干扰性能评估研究现状进行了归纳和总结，对当前评估指标和评估方法的优缺点进行了分析，从评估指标、评估方法及评估结果真实度三个方面，探索了当前导引系统抗干扰性能评估中急需解决的主要问题。

参考文献

[1] 王炜强，贾晓洪，杨东升，等. 制导武器效能评估试验设计方法综述与应用探讨[J]. 航空兵器，2015(6):46-48.

[2] 王泉，董维浩，刘新爱，等. 新型红外空空导弹抗干扰能力评估分析[J]. 航天电子对抗，2019,35(3): 16-19.

[3] 滕小虎. OSSIM系统在导弹对抗中的红外场景仿真应用[J]. 舰船电子工程，2018,8:93-97.

[4] 张凯，张邵宇，杨东升. 红外制导导弹抗干扰能力仿真鉴定评估技术[J]. 上海航天，2019,36(4):83-89.

[5] 周永恒，崔少辉，方丹. 红外导引头视线角速率误差测试方法研究[J]. 中国测试，2018,44(9):39-43.

[6] 唐善军，王枫，陈晓东. 红外导弹抗干扰能力指标体系和评估研究[J]. 上海航天，2017,34(4):144-149.

[7] 许友平，吴庆宪，姜长生，等. 基于支持向量机的红外成像导引头抗干扰性能评估方法[J]. 电光与控制，2013,20(12):6-9.

[8] 韩培骏，姜长生，许友平. 红外成像导引系统抗干扰性能评估研究[J]. 电光与控制，2012,19(5):82-86.

[9] 李萍，张波，尚怡君. 基于红外图像和特征融合的飞机目标识别方法[J]. 电光与控制，2016,23(8):92-96.

[10] 周永恒，崔少辉，方丹. 红外成像导引头抗干扰评估指标体系构建[J]. 现代防御技术，2019,47(3):175-180.

[11] 张喜涛，白晓东，闫琳，等. 红外空空导弹抗干扰性能评估指标体系研究[J]. 红外技术，2020,42(11):1089-1102.

[12] 李权成，朱传祥，凡永华，等. 复杂环境对红外空空导弹制导误差影响规律研究[J]. 西北工业大学学报，2019,37(3):457-464.

[13] 牛得清，伍友利，徐洋，等. 点源红外诱饵干扰下环境复杂度量化建模[J]. 红外与激光工程，2020,49(2): 211-219.

[14] 李奇，李凡，唐善军，等. 红外导引头抗干扰性能仿真试验与评估技术研究[J]. 空天防御，2020(3): 127-133.

氦质谱检漏在飞机系统管路装配中的应用

秦钰祺*，陈振，李尚强，杜亚，陈友

成都飞机工业(集团)有限责任公司，成都 610092

摘要：针对飞机研制过程中系统管路的密封性能检测耗时长、效率低的难题，介绍了装配过程中飞机系统管路的气密性试验流程及传统气泡检漏法存在的问题。阐述了氦质谱检漏法的基本原理及方法，对飞机系统管路装配工艺流程进行梳理，并在某型机燃油系统管路上开展氦质谱检漏应用，对氦质谱检漏法和气泡检漏法的对比试验，结果表明氦质谱检漏法具有快速准确定位漏点的优势，避免因传统检漏方法灵敏度低而带来的漏点定位难以查找问题，降低返工及时间周期成本，同时避免因传统气泡检漏法而带来的飞机系统管路腐蚀问题，具有明显的经济效益。采用氦质谱检漏法平均单架次节约用时 4.1 小时，提高检漏效率 66.1%。该方法可推广至飞机其他系统管路密封性试验，为氦质谱检漏在飞机系统管路的应用提供一定借鉴作用。

关键词：管路；装配；氦质谱；检漏；密封性能

Application of Helium Mass Spectrometer Leak Detection Technology in the Use of Aircraft Piping System

QIN Yuqi*, CHEN Zhen, LI Shangqiang, DU Ya, CHEN You

AVIC Chengdu Aircraft Industrial(Group) Co. Ltd., Chengdu 610092, China

Abstract: Aiming at the problems of time-consuming and low efficiency in the test of the sealing performance of the aircraft pipeline system, the airtight test process of the aircraft pipeline system during the assembly process and the shortcoming of the traditional bubble leak detection method are introduced. The basic principles and methods of the helium mass spectrometer leak detection technology are described, and the application of the helium mass spectrometer leak detection technology is carried out on a liquid-cooling system pipeline of a certain type of aircraft. Through the comparison of the helium mass spectrometer leak detection method and bubble leak detection method, the results show that the helium mass spectrometer leak detection method has the advantages of quickly and accurately locating the leak point and accurately detecting the leak rate, while avoiding the corrosion problem of the aircraft piping system caused by the traditional bubble leak detection method. The use of the helium mass spectrometer leak detection method saves 4.1 hours on average and improves the leak detection efficiency by 66.1%. It provides a certain reference for the application of the helium mass spectrometer leak detection technology in the aircraft pipeline system.

Keywords: pipe; assembly; helium mass spectrometer; leak detection; sealing performance

飞机系统管路通过连接各种装置和器件进行流体和介质传输，实现能量的传递、转换、分配和控制[1]。系统管路是飞机实现系统功能的重要组成单元，随着现代飞机逐渐向高机动性发展，对系统管路的可靠性提出了更高要求。一旦在飞行过程中系统管路发生泄漏，可能会造成液压油流失，传动系统失效；泄漏的燃油聚积，引发火灾；冷却液不足，散热能力下降等问题，严重影响飞机系统功能的实现，进而导致飞机整体性能的降低。因而，开展飞机系统管路密封性能研究，制定相应的检漏方案、查找漏点位置具有十分重要的

基金项目：国家自然科学基金；航空科学基金

* 通讯作者. E-mail: hkxb@buaa.edu.cn

意义。

为保证飞机系统管路的性能要求，在完成系统管路安装后进行气密性试验是一项必不可少的工作。目前在进行保压试验时主要采用压降法，对系统管路充入一定压力的气体，观察气密试验设备的压力值变化以检查系统管路的密封性是否符合要求；在进行漏气量试验时主要采用听音法和气泡法，对于明显泄漏，通过漏点发出的声响进行漏源定位，听音法的最小可检漏率约为 10^{-2} Pa・m^3/s[2]。采用气泡法时，将调好的检漏剂（如中性肥皂液），用毛笔涂刷并覆盖被测点周围，观察是否有气泡产生以检查该部位是否有漏点产生。气泡法的最小可检漏率约为 10^{-5} Pa・m^3/s[2]。在确定漏源时，气泡法存在以下问题：①试验效率较低，试验者需要逐个对被测部位涂抹和清除检漏剂，花费大量时间；②试验精度不高，对于微小泄漏，涂抹检漏剂后可能不易观察到气泡，试验结果易受试验者的主观因素影响；③飞机系统管路装配结构复杂，对于位置隐蔽的漏点可能难以涂抹检漏剂、观察到气泡，查漏及故障排除费时费力，严重制约生产的正常进行；④中性肥皂水涂抹在管接头连接处，擦拭不到位，则腐蚀管路连接件，且肥皂水的大量使用会流到其他部位如机体结构、飞机电缆表面等，造成隐患。

氦质谱检漏法具有响应速度快、检验精度高、可定量分析、对被测部件无腐蚀作用、对人体无害等优点，目前氦质谱检漏法在航空航天、石油化工等领域已得到广泛应用[3]，在飞机装配环节中运用于机翼整体油箱，可有效提高装配质量和生产效率[4-6]。氦质谱检漏法在飞机系统管路装配中的应用还比较少。本文采用氦质谱检漏法对某型飞机系统管路气密性试验进行探索，为氦质谱检漏法的工程应用提供参考。

1 氦质谱检漏法

氦气是一种无毒性、在常温环境下不与其他元素发生反应的惰性气体，由于氦气质量轻，运动速度快，并且氦气在空气中的含量极低[7]，当氦气的含量发生微弱变化时也易于被仪器检测到。基于氦气的特性，氦质谱检漏法以氦气作为示漏气体，对设备或密封部件进行漏源定位和漏气量检测[8]。

根据质谱学原理，在一个均匀的磁场空间中，运动的离子会在洛伦兹力的作用下发生偏转，由于不同质量的离子质核比不同，因而会产生不同的运动半径，形成不同的运动轨迹。当被测部件发生泄漏时，从漏点泄漏的气体进入检漏仪，氦质谱检漏仪依据氦离子的轨道半径设计，可以选择性地识别出氦离子，经过对检漏仪对电压信号的多次放大、处理转换，可以显示出被测部位的漏率大小。

氦质谱正压检漏法是指，在被测系统中充入高于大气压力的一定浓度氦气，采用氦质谱检漏仪，用吸枪进行检漏的方法。在正压检漏法中，定义漏率为常温下 23 ℃±1 ℃，在单位时间内处于高压力下的特定气体通过漏点向大气端泄漏的气体量，单位 Pa・m^3/s。图 1 为氦质谱正压检漏直测法的系统连接示意图，采用氦质谱检漏法的气密性试验所需设备包括气瓶、气密性试验设备、吸枪和氦质谱检漏仪。根据吸枪获得被测部件泄漏氦气的方法不同，正压检漏法可分为容器积累法和直测法。

采用容器积累法进行检漏时，罩盒为常用的检测密封装置，先将罩盒上部扣上待测接头，与罩盒底板一起移动，尽量使罩盒上部的单向阀处于最高位置，使用搭扣将罩盒底板与罩盒上部致密地固定在一起。达到检漏累积时间后，将吸枪插入积累罩盒单向阀，若被测接头存在漏孔，吸枪从积累罩盒内获得被测接头泄漏的氦气，通过氦质谱检漏仪可读取漏率值。采用容器积累法时，积累罩盒的密封性应满足被测部件的要求，并且要选用对氦气吸附量小的材料。飞机系统管路接头规格较多，为提高积累罩盒的适用性，需要订制与系统管路尺寸相适应的积累罩盒。

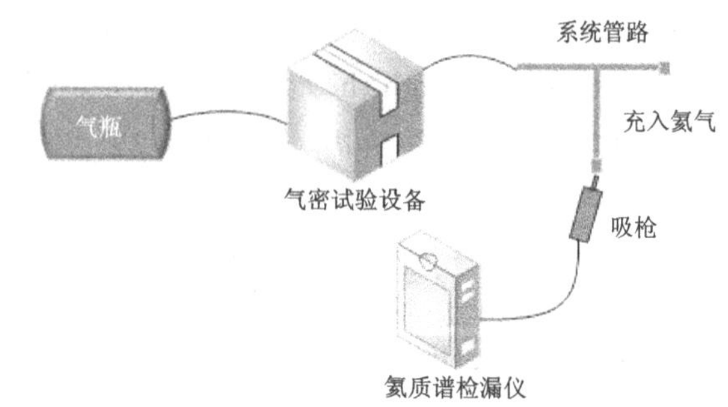

图 1 采用氦质谱检漏法的系统连接示意图

采用直测法进行检漏时，通过氦气源连接被测部件形成密封环境，对被测部件内部充入规定压力的氦气，使得被测部件内部气压高于外部大气压。使用与氦质谱检漏仪连接的吸枪在被测部件外进行探索，若被测部位存在漏孔，氦气将通过漏孔溢出大气端。当吸枪正对漏孔位置时，氦气会随周围空气一起被吸入，当氦质谱检漏仪识别到氦气并产生输出指示，即可实现检漏目的。由于直测法是用吸枪在大气环境条件下对被测部件进行泄漏检测，通过吸枪被吸入的是氦气和空气的混合气体，氦气的漏率在大气中被淡化，直测法适用于定性判断泄漏。由于容器积累法对积累罩盒的尺寸、形状及密封性要求较高，为实现氦质谱检漏法在飞机系统管路装配的应用，选择直测法进行系统管路的气密性试验。

2 飞机系统管路装配工艺流程

在飞机系统中，系统管路是由导管、软管、接头、连接件和管路的固定件组成的封闭通路，以液体或气体为工作介质，保证飞机在飞行过程中各系统功能的实现。随着航空技术的不断发展，为满足现代飞机在操纵、续航等方面的需求，飞机系统管路设计更为复杂，对性能要求更高。飞机系统管路主要有液压系统、燃油系统、液冷系统和环控系统，各系统间存在较多交联，管路错综复杂，大大提高了系统管路装配工艺流程设计难度。目前飞机系统管路装配工艺流程主要包括：①系统管路、连接件及成品的安装；②机身系统管路的气密性试验；③全机系统管路的气密性试验；④系统管路的工作性能检查。

进行飞机系统管路的气密性试验前，机上已完成系统管路和成附件的装配，若对系统管路的气密性能检查不到位，可能会因此产生不可预估的安全隐患，在后续工作性能检查中可能发生系统渗漏，污染或损伤飞机结构及其他成附件，严重的还会影响飞机系统功能。飞机系统管路涉及面广，失效模式众多，各类管路故障问题中，导管渗漏问题占故障总数的73.94%[9]。因此，系统管路的气密性试验是系统管路装配的一项重要环节，是飞机实现系统工作性能的重要保证。

3 氦质谱检漏在飞机系统管路装配中的应用

在某型飞机完成液冷系统管路安装后的机身气密性试验中应用氦质谱检漏法，使用XXX-340型氦质谱检漏仪，吸枪检漏灵敏度 5×10^{-10} Pa·m^3/s，气密性试验设备可提供高压（10～40 MPa）和中低压（0.2～10 MPa）氦气、氮气。可调吸枪连接金属软管长5 m，刚性端管嘴外径12 mm。由于橡胶是由高分子化合物，分子间隙大，而氦气分子半径小，很容易渗透进橡胶中[10]。选用金属软管连接被测管路，避免因选用橡胶管发生渗氦现象而影响氦质谱检漏仪结果。

气密性试验包括保压试验和漏气量试验，在进行漏气量试验前，需先对系统管路充气进行保压试验排除明显泄漏，再进行漏气量试验，查找漏点并加以排除。考虑到氦气较高的成本，以及氦气和氮气在常温下不发生反应的性质，采用氦质谱检漏法时，选择氮气作为保压试验的检漏操作介质，氦气作为漏气量试验的检漏操作介质，在试验氮气进行保压试验的压力值不满足设计要求时，需要对系统进行泄压，并对系统管路充入设计要求压力值的氦气以进行漏气量试验。图2为分别采用氦质谱检漏法和气泡检漏法的漏气量试验流程图。需要注意的是，由于吸枪软管较长，对被测部位检漏后，软管中可能存在一定氦气，使用吸枪对下一个被测部位进行检漏前，需等待数秒时间，观察氦质谱检漏仪漏率显示为大气本底值时，才能进行检测。

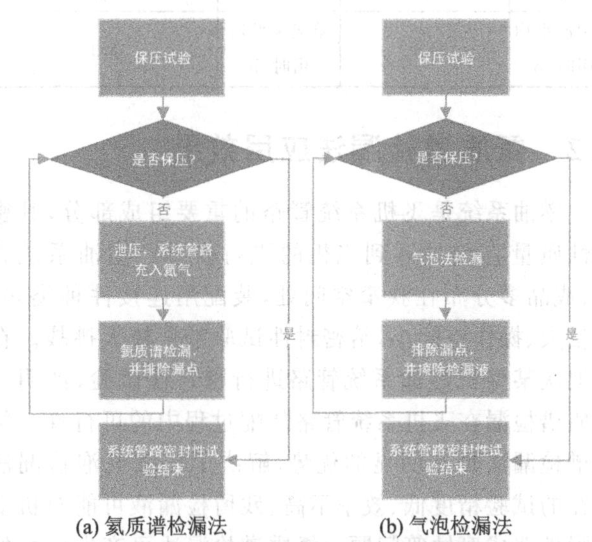

(a) 氦质谱检漏法 (b) 气泡检漏法

图2 采用氦质谱检漏法和气泡检漏法的系统管路漏气量试验流程

3.1 氦质谱检漏法与气泡检漏法的对比试验

为验证氦质谱检漏法对比气泡检漏法在漏气量试验中提高效率的优越性，选取某型飞机20架次的燃油系统管路进行试验，表1为其用时比较结果。由于氦质谱检漏仪检测灵敏度高，响应速度快，吸枪尺寸易于在系统管路各连接处进行检测，因而在单个被测部位进行氦质谱检漏的时间远小于通过气泡检漏法定位漏点的时间，大大节约了试验用时。并且采用氦质谱检漏不需在气泡排除法排除漏点后对系统管路各连接处擦除检漏液，缩短了密封性试验总用时。由表1可知，采用气泡检漏法检漏，平均单架次用时6.2 h，采用氦质谱检漏法检漏平均单架次用时2.1 h。两种方法比较可知,采用氦质谱检漏法可有效提高时间效率66.1%。

表1 氦质谱检漏法与气泡检漏法用时对比

架次	气泡检漏法用时/h	架次	氦质谱检漏法用时/h
1	6.6	11	2.1
2	6.4	12	2.3
3	6.2	13	1.8
4	6.1	14	2.1
5	6.0	15	1.9
6	6.3	16	2.0
7	5.8	17	1.8
8	6.2	18	2.0
9	6.5	19	2.3
10	6.3	20	2.2
单架次平均用时/h	6.2	单架次平均用时/h	2.1

3.2 氦质谱检漏法应用效果

燃油系统是飞机系统管路的重要组成部分,其密封性质量直接关系到飞机的飞行安全。燃油系统管路、成品多分布在狭窄空间处,装配用连接件种类多、数量大、操作空间小,给密封性试验带来极大挑战。在多架次某型机燃油系统管路进行密封性试验,证明了氦质谱检漏在飞机系统管路装配过程中的可行性。氦质谱检漏法具有明显的优势,解决了传统气泡检漏法存在的试验精度低、效率不高、残留检漏液可能对机上成附件造成腐蚀等问题。氦质谱检漏法可产生巨大的经济效益,有效提高产品质量,大大减少了试验者查找漏点及排故时间,试验效率得到显著提升。

在利用对飞机系统管路装配进行密封性试验的过程中,发现以下问题需要改进以提高应用效果:①使用氦质谱检漏仪时,仅有一支吸枪与氦质谱检漏仪连接用于检测。后续考虑增加吸枪数量,增加氦质谱检漏仪的检漏通道,实现多点检测功能,提高检测效率。②氦气成本高于氮气,进行氦质谱检漏完成后,充入系统管路的氦气被直接排出,气源未实现多次利用。后续考虑在气密性试验设备配置氦气回收系统,实现氦气回收功能以循环利用。

4 结论

(1)通过对系统管路装配过程中密封性试验的应用结果表明,在飞机系统管路中使用氦质谱检漏法是可行且有效的,氦质谱检漏法可以有效提高飞机系统管路装配的生产效率和产品质量。

(2)在飞机系统管路装配中应用氦质谱检漏后,大大减少了检漏及渗漏排除时间,排除了检漏液残留对飞机系统及结构件的腐蚀风险隐患,降低了人为因素对气密性试验结果的影响。。

参考文献

[1] 许锷俊.航空发动机导管结构完整性要求的初步研究[J].航空发动机,1994(3):53-62.
[2] 许国康. 面向先进检漏技术的航空产品密封实现及保证[J]. 航空制造技术,2013,20:103-108.
[3] 孙开磊,孙新利. 真空氦质谱检漏原理与方法综述[J]. 真空电子技术,2007(6):62-65.
[4] 周大,张进海,朱志坤. 氦质谱检漏在某型机翼装配中的应用[J]. 航空制造技术,2016,59(20):92-96.
[5] 唐勇军,辜亮波. 浅谈氦质谱检漏技术在机翼整体油箱中的运用[J]. 装配制造技术,2015(3):179-187.
[6] 陈向东,薛航,唐传兵. 机翼整体油箱氦质谱检漏技术[J]. 航空制造技术,2002(2):62-64.
[7] 肖祥正. 泄漏检测方法与应用[M]. 北京:机械工业出版社,2010.
[8] 何己有. 氦质谱检漏仪检测原理及应用[J]. 聚酯工业,2011,24(2):54-57.
[9] 张凌. 航空发动机副油路进油导管裂纹故障原因分析[J]. 航空维修与工程,2015(12):62-64.
[10] 孙开磊,许东升,甄占昌,等. 橡胶管在氦质谱检漏中渗氦研究[J]. 中国新技术新产品,2020,(1):47-49.

复合材料自动火焰喷铝工艺参数研究

邹承洪，何凯*，刘彦汝，陈金

成都飞机工业(集团)有限责任公司，成都 610000

摘要：高性能复合材料相对金属材料力学性能优异，但也具有导电性差、电阻率高等缺陷，在遭受雷击时存在安全风险。本文针对复合材料火焰喷铝防雷击技术，研究基于机器人自动化的火焰喷铝技术，具体研究机器人的移动速率、路径间距、燃气压力等要素与最终喷铝涂层电阻值之间的数学关系，通过 MATLAB 拟合公差带曲线，确定工艺容差范围。

关键词：复合材料；喷铝；自动化；参数试验；表面防护

Research on Auto-Thermal-Aluminising Technical Parameters of Composite

ZOU Chenghong, HE Kai*, LIU Yanru, CHEN Jin

AVIC Chendu Aircraft Industrial(Group) Co. Ltd., Chengdu 610000, China

Abstract: Compared with metal materials, high-performance composite materials have excellent mechanical properties except for defects such as poor conductivity and high resistivity which can easily cause safety risks when struck by lightning. This peper mainly focuses on the flame spray aluminum technology in the lighting protection technology of composite materials, mainly on automation, and specifically research on the resistances influence of move-speed, path space, oxygen and acetylene pressure and other parameters. The mathematical relationship between the aluminum coating resistances and thickness and these parameters is fitted with the tolerance zone curve through MATLAB to determine the process tolerance range.

Keywords: composite; aluminum-spraying; automation; parameter test; surface protection

先进复合材料(Advanced composite materials，简称 ACM)主要指高性能纤维增强的树脂基复合材料，随着材料工艺的成熟及产品质量的提高，高性能复合材料在航空航天领域的使用比例大幅度提升[1-2]。复合材料以其耐高温、耐疲劳、阻尼减震性好、破损安全性好、性能可设计等优势，逐渐取代金属部件，在现代飞行器表面上取得重要应用[4]。但复合材料具有导电性差、电阻率高等缺陷，在飞行过程中，飞机遭受雷击的事件在国内外时有发生[5]。因复合材料飞机结构在遭受雷击时无法迅速将电流导走，闪电产生强大的电流，形成电磁场、光辐射、冲击波和电弧，严重影响飞行安全[6-7]。

迄今复合材料雷击防护技术主要有 4 种，分别是网箔保护法、表面层保护法、复合胶膜保护法和添加导电材料保护法[8,11]，其中，火焰喷铝是最常用的表面层保护法之一。B787 及某些复合材料的外部构件采用了火焰喷铝的工艺，目前国内研究主要集中于火焰喷铝涂层的抗雷击性能[9-10]，对于形成涂层的工艺方法和涂层质量研究较少。

人工火焰喷铝工艺受操作者因素影响大，涂层均匀性差、不可控性高，机器人自动化能有效改善火焰喷铝的涂层质量、提高产品的稳定性，有助于形成良好有效的闪电防护结构，保证飞机可靠性和安全性。本文对基于机器人自动化的火焰喷铝技术进行研究，具体研究机器人的移动速率、路径间距、氧气乙炔气压等要素与最终喷铝涂层厚度与铝层电阻之间的数学关系，通过 MATLAB 拟合公差带曲线，确定工艺容差范围，为工艺参数的选择提供理论支持。

*通讯作者. E-mail: hek_hrh@126.com

1 试验条件简介

1.1 自动化火焰喷铝机器人简介

本文试验设备为自动火焰喷铝系统(如图 1(a)所示),其型号为 UC100FW-EC,机器人运动机构采用高架桥式结构吊装机器人方式,能达到 8 轴联动的自动化喷涂效果,其有效加工范围:≥10 m(长)×5 m(宽)×0.8 m(高)。执行端使用 EGD-K 型重型高能喷枪(如图 1(b)所示),采用直流伺服电机驱动动,配置有电机测速发电机闭环系统反馈电机速度,独特的丝材线速度测量编码器可实时监控送丝速度偏差,适用于全自动控制系统高负荷、大规模、自动化环境大批量生产。

(a) 自动火焰喷铝车间

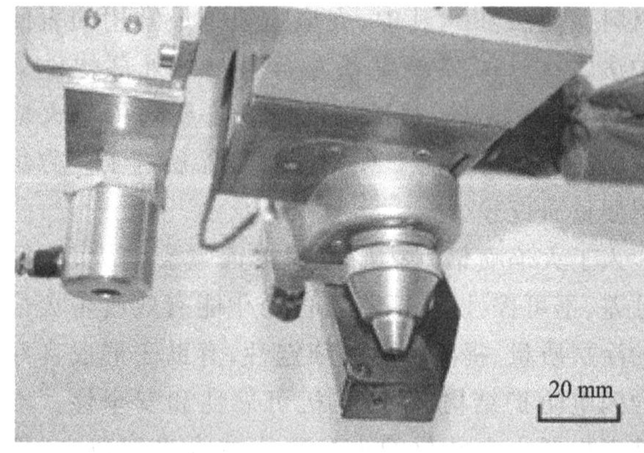

(b) 自动喷枪

图 1 自动火焰喷铝系统

自动火焰喷铝系统的许用参数和标准工艺参数如表 1 所列;采用 99.9 wt.%的铝丝,其直径为 3 mm,送丝速率为 35 mm/min;所采用的压缩空气流量为 420±40 NLPM,乙炔流量为 18±2 NLPM,氧气为 38±4 NLPM。

表 1 火焰喷铝标准工艺参数表

参 数	空气压力/MPa	氧气压力/MPa	乙炔压力/MPa
许用值	≥0.5	0.45~0.6	0.15~0.2
标准值	0.5	0.6	0.2
参 数	移动速率/(mm·s^{-1})	喷涂高度/mm	路径间距/mm
许用值	300~400	100~200	15
标准值	300	150	15

1.2 测量方法简介

本文采用 BT3562 型表面电阻测量仪测量铝层电阻,其测量精度为±0.5%读数值,读数时保留小数点后 3 位,单位为 mΩ。根据火焰喷铝工艺要求:电阻为 0.5~1.3 mΩ,故本文主要在[0.5~1.3] mΩ 区间内研究铝层表面电阻值与各变量之间的关系。

对于数据描述,如无特别说明,本文各参数分别进行 3 次试验,所有试验件均测量 10 个数据点,保留小数点后 3 位数据。使用 MATLAB 软件绘制电阻测量值频率分布直方图,拟合正态分布曲线,置信区间 95%得到正态分布的期望与标准差。图 2 所示为标准参数下铝层电阻的频率分布直方图,其中正态拟合曲线期望 μ=0.652 3 mΩ,标准差 σ=0.045 8 mΩ。

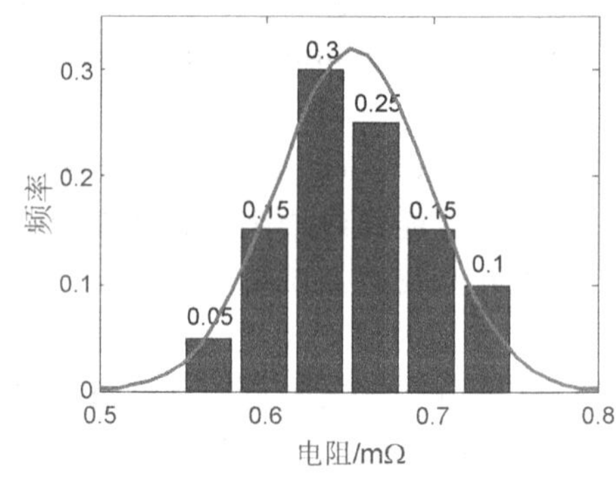

图 2 铝层电阻频率分布直方图

1.3 试验板简介

本试验选用 200 mm×200 mm×5 mm 碳纤维增强树脂基复合材料试验板。为减小脱模剂对涂层依附的影响并提高表面附着性,在火焰喷铝前进行自动吹砂粗化,自动吹砂主要参数如表 2 所列,采用的砂料为棕刚玉,采用的喷砂压力为 0.5 MPa。吹砂后的复合材料试验板如图 3 所示,喷砂后进行机器人自动火焰喷铝如图 4 所示。

表 2　自动吹砂的主要参数

参　数	移动速率/($mm\cdot s^{-1}$)	喷涂高度/mm	路径间距/mm
标准值	250	400	40

图 3　喷砂后的碳纤维试验板

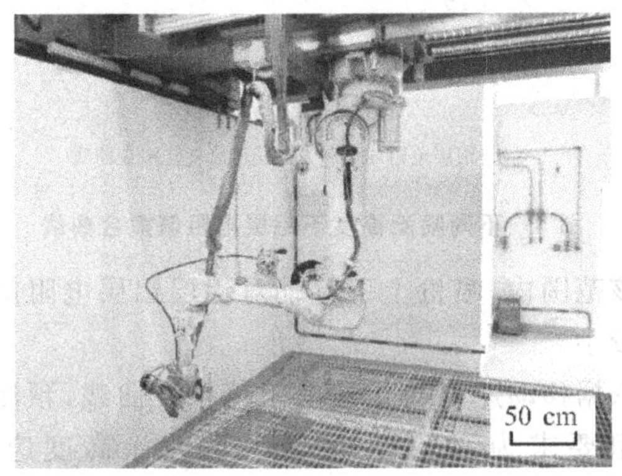

图 4　机器人喷涂试验

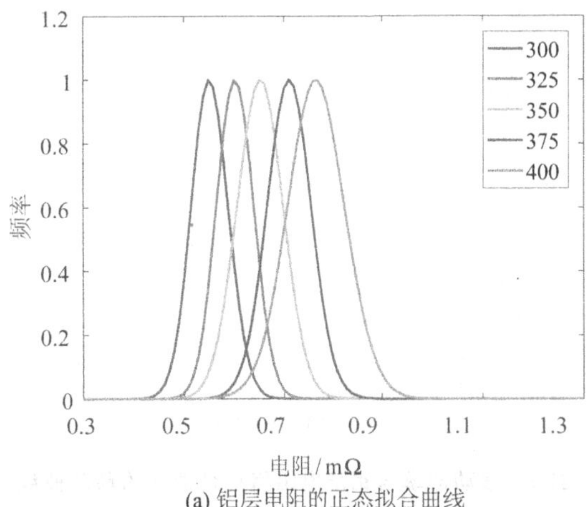

(a) 铝层电阻的正态拟合曲线

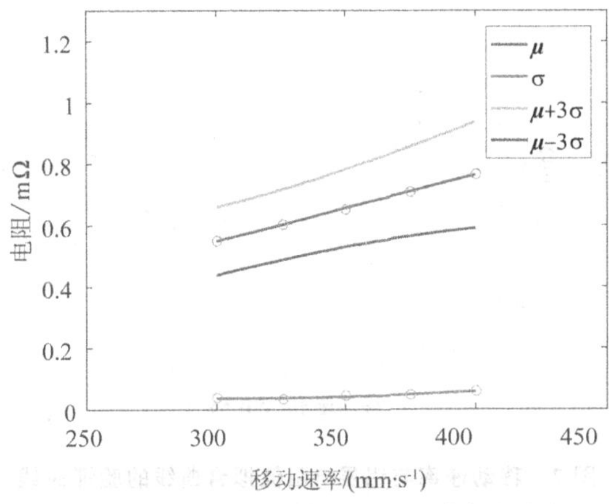

(b) 铝层电阻均值和方差随速度变化拟合曲线

图 5　不同移动速率下铝层电阻值拟合曲线

2　自动化火焰喷铝喷涂参数研究

本文采用对照试验，采取单一变量法，研究在许用范围内，不同移动速率、喷涂高度、氧气乙炔压力对最终电阻测量值的影响规律，拟合归纳数学关系，通过MATLAB拟合公差带曲线。

2.1　移动速率与铝层电阻的关系

本试验研究不同移动速度对试验电阻的影响。在许用范围[300,400] mm/s的范围内，均匀设置五组对照组，其余采用标准参数进行火焰喷铝。喷铝后铝层电阻，作正态拟合如图 5(a)所示。再将 5 组值的期望 μ 和标准差 σ 作散点图，使用 MATLAB 软件进行多项式拟合，得到图 5(b)。

采用一次多项式拟合，移动速率与电阻期望之间的数学拟合表达式为

$$R = 2.149V_x - 0.09527 \tag{1}$$

其中，R 为电阻期望，单位 mΩ；V_x 为移动速率，单位 m/s；拟合优度 $R^2 = 0.9989$。

本试验得到结论是：火焰喷铝喷枪移动速率在[300,400] mm/s 的范围内时，移动速率与铝层电阻的期望值呈现一次线性关系。

依据移动速率与铝层电阻值拟合曲线，预测当铝层电阻要求[0.5,1.3] mΩ 时，移动速率的可调节区间为[335,490] mm/s，如图 6 所示。

为进一步验证拟合曲线的准确性，另增加 10 组自动火焰喷铝试验，得到 10 组测量数据，如图 7 中红色星标，均落在公差带范围内，证明拟合公差带的正确性。

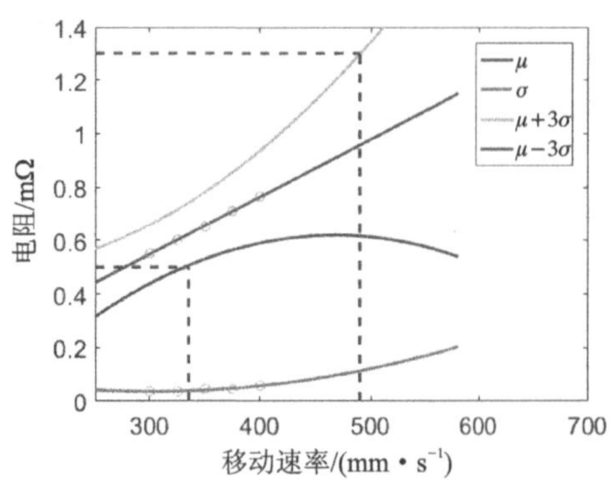

图 6　移动速率与铝层电阻值拟合曲线的预测曲线

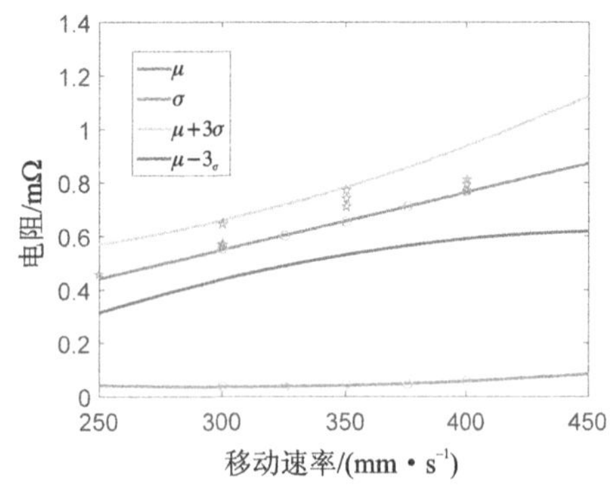

图 7　移动速率与铝层电阻值拟合曲线的验证曲线

2.2　喷涂高度与铝层电阻的关系

本试验研究不同移动速度对试验电阻的影响。在许用喷涂高度[100,200] mm/s 范围内,均匀设置 5 组对照组,其余采用标准参数。喷铝后测量电阻,作正态拟合如图 8(a)所示。再将 5 组值的期望 μ 和标准差 σ 作散点图,使用 MATLAB 软件进行多项式拟合,得到图 8(b)。

采用二次多项式拟合,喷涂高度与电阻期望之间的数学拟合表达式为

$$R = 51.01H_x^2 - 14H_x + 1.623 \quad (2)$$

其中,R 为电阻期望,单位 mΩ;H_x 为喷涂高度,单位 m;拟合优度 $R^2 = 0.9765$。

本试验得到结论是:火焰喷铝喷枪喷涂高度在[100,200] mm/s 范围内时,铝层电阻的期望及标准差呈现二次规律性变化,其中火焰喷铝喷枪喷涂高度在[125,175] mm/s 范围内时,铝层电阻的期望及标准差均较为稳定,电阻误差范围为[0.543 1,0.884 2] mΩ,

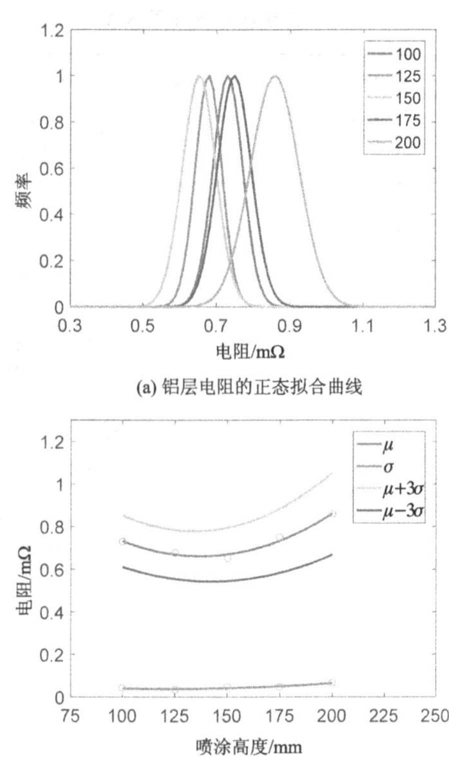

(a) 铝层电阻的正态拟合曲线

(b) 铝层电阻均值和方差随速度变化拟合曲线

图 8　不同喷涂高度下铝层电阻值拟合曲线

即在该范围内,喷枪上下移动对铝层铝层电阻的影响相对较小。

依据移动速率与铝层电阻值拟合曲线,预测当铝层电阻要求为[0.5,1.3] mΩ 时,喷涂高度应低于225 mm。受零件表面温度限制,喷涂高度应高于100 mm,预测曲线如图 9 所示。

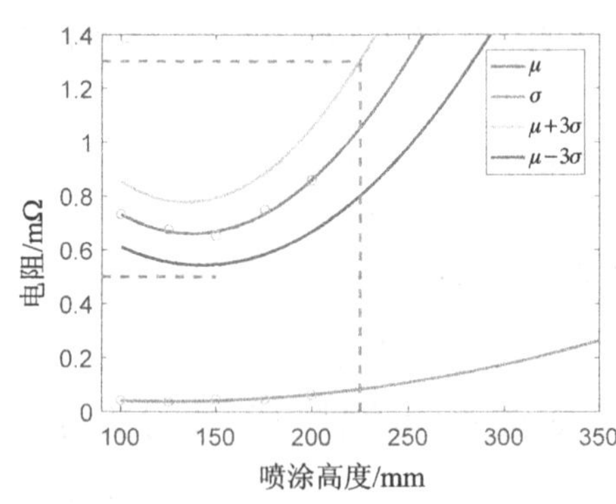

图 9　依据喷涂高度与铝层电阻值拟合曲线的预测曲线

为进一步做验证拟合曲线的准确性,另做 10 组自动火焰喷铝试验,得到 10 组测量数据,如图 10 中红色星标,均落在公差带范围内,证明拟合公差带的合理性。

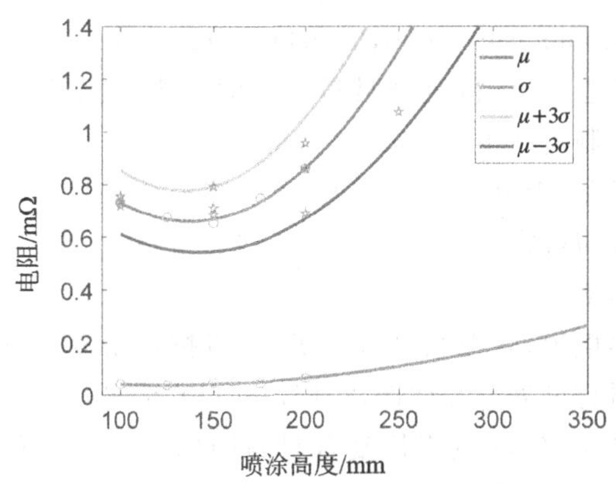

图 10　喷涂高度与铝层电阻值拟合曲线的验证曲线

2.3　氧气和乙炔气压与铝层电阻的关系

本试验研究氧气乙炔气压对铝层电阻的影响。设置 ABCD 四个试验组，每组机器人移动速率和喷涂高度如表 3 所列。

表 3　试验组编号表

	喷涂高度 100 mm	喷涂高度 200 mm
移动速率 300 mm/s	A	B
移动速率 300 mm/s	C	D

每个试验组中再设置 4 个子试验组，分别是：乙炔气压 0.15 MPa、氧气气压 0.45 MPa 组，乙炔气压 0.15 MPa、氧气气压 0.60 MPa 组，乙炔气压 0.20 MPa、氧气气压 0.45 MPa 组，乙炔气压 0.20 MPa、氧气气压 0.60 MPa 组。其余采用标准参数。喷铝后铝层电阻，进行正态拟合，如图 11 所示。

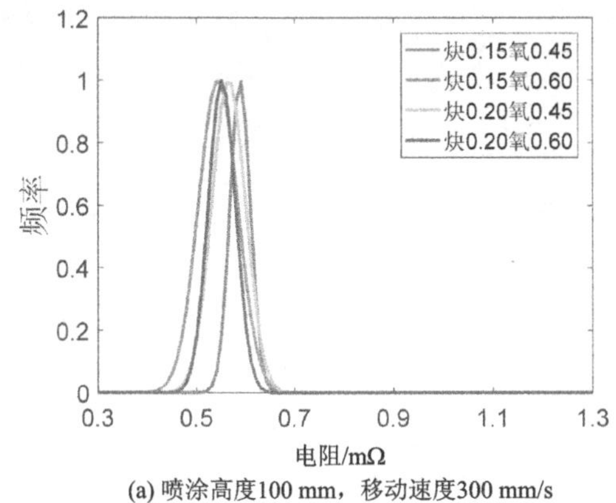

(a) 喷涂高度100 mm，移动速度300 mm/s

图 11　不同乙炔和氧气压力下，铝层电阻值拟合曲线

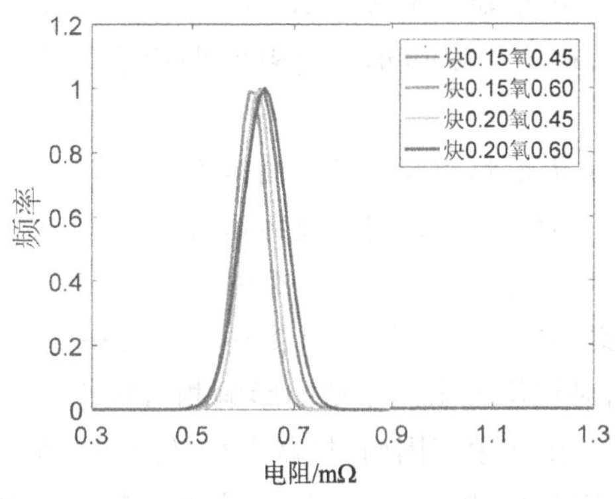

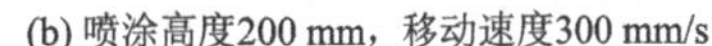

(b) 喷涂高度200 mm，移动速度300 mm/s

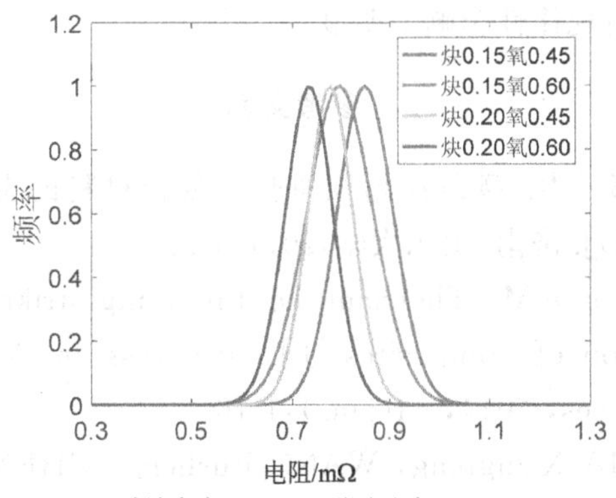

(c) 喷涂高度100 mm，移动速度400 mm/s

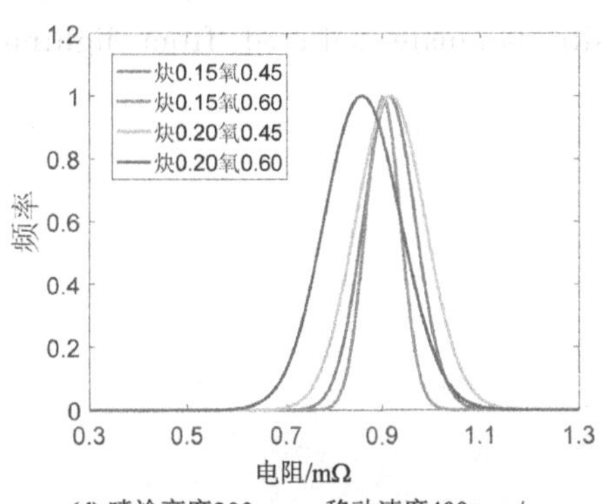

(d) 喷涂高度200 mm，移动速度400 mm/s

图 11　不同乙炔和氧气压力下，铝层电阻值拟合曲线(续)

由试验结果可知，在许用范围内，机器人移动速率和喷涂高度对铝层电阻的期望及方差有明显影响，氧气、乙炔压力对电阻值规律性影响不明显。

3　结　论

本文研究机器人自动火焰喷铝技术，具体研究机器人的移动速率、路径间距、氧气乙炔气压等要素与最终喷铝涂层电阻之间的数学关系，通过 MATLAB 拟合公差带曲线，确定工艺容差范围，为机器人火焰喷铝工艺参数的选择提供理论依据，并对其余喷涂专业的自动化研究提供思考借鉴。

(1) 火焰喷铝喷枪移动速率在[300,400]mm/s 范围内时,移动速率与铝层电阻的期望值呈现一次线性关系。

(2) 火焰喷铝喷枪喷涂高度在[100,200]mm/s 范围内时,铝层电阻的期望及标准差呈现二次规律性变化。火焰喷铝喷枪喷涂高度在[125,175]mm/s 范围内时,铝层电阻的期望及标准差均较为稳定,即喷枪上下移动对铝层电阻测量值的影响相对较小。

(3) 在许用范围内,机器人移动速率和喷涂高度对铝层电阻的期望及方差有明显影响,氧气、乙炔压力对电阻值规律性影响不明显。

参考文献

[1] 郭云力. 碳纤维增强树脂基复合材料的雷击防护[D]. 济南:山东大学,2014:1-2.

[2] Gagne M, Therriault D. Lightning strike protection of composites[J]. Progress in Aerospace ences, 2014, 64(jan.):1-16.

[3] MA Xiangteng, WANG Fusheng, CHEN Han, et al. Thermal damage analysis of aircraft composite laminate suffered from lightning swept stroke and arc propagation[J]. Chinese Journal of Aeronautics,2020,33(04):1242-1251.

[4] 吴志恩. 飞机复合材料构件的防雷击保护[J]. 航空制造技术, 2011(15): 96-99.

[5] 肖尧,李斌,刘晓山,等. 碳纤维复合材料电导率改性与抗雷击性能[J]. 航空材料学报,2021,41(1):74-82.

[6] 姜恺悦,张卫东,邱华,等. 飞机抗雷击复合材料的研究进展[J]. 粘接,2017,38(11):60-63.

[7] 吴亦铭. 民航飞机复合材料防雷击保护措施分析[J]. 技术与市场,2016,23(12):239.

[8] 陈文,刘锐. 复合材料飞机闪电防护设计[J]. 航空制造技术,2016(20):68-72.

[9] 朱健健,李梦. 航空复合材料结构雷击损伤与雷击防护的研究进展[J]. 材料导报,2015,29(17):37-42.

[10] 屈霞,孙文刚. 全碳纤维复合材料飞机雷电防护设计[J]. 科技传播,2013,5(21):97-99.

[11] 刘辉平. 碳纤维复合材料雷电损伤特性研究[D]. 合肥:合肥工业大学,2016:43-44.

直升机振动测试数据失真原因分析及对策研究

赵春状

哈尔滨飞机工业集团有限责任公司，哈尔滨 150066

摘要： 针对某型直升机振动测试出现的数据失真问题，首先，按照数据失真情况的不同，对失真问题进行辨识和分类，划分为间歇断路、零漂、毛刺、跳变和超量程失真五种类别；其次，对这五种类别的失真原因进行了分析，确定了主要原因是电缆组件接触不良、外力影响、地回路干扰、电磁感应干扰和信号线短接；最后，依据主要原因设计了解决措施，对测试系统进行了完善和试验验证，基本解决了全部失真问题。

关键词： 直升机；振动；测试；数据失真

Cause Analysis and Countermeasure Research of Data Distortion of Helicopter Vibration Test

ZHAO Chunzhuang

Harbin Aircraft Industry Group Co. Ltd., Harbin 150066, China

Abstract: In the light of data distortion problem of helicopter vibration test system, first of all, according to the difference in data distortion, identify and classify data distortion problem, divided into five categories for intermittent disconnection, zero drift, glitch, jump and over range distortion; second, analyze the reasons of the five types of data distortion, determine that the main reasons are poor contact of cable assembly, external influence, ground loop interference, electromagnetic induction interference and signal line shorted; finally, design solutions based on the main reasons, improve the test system and conduct test verification, basically solve all the data distortion problems.

Keywords: helicopter; vibration; test; data distortion

振动测试的数据失真主要源于引入测试系统的噪声，这种噪声可能来自测试系统的内部组成，也可能来自测试系统的外部环境。测试系统中的每一个元件都会以一定的方式将噪声引入整个测试系统。外界信号源的虚假电信号叠加到输入电信号上，就构成系统噪声的一部分。系统各元件之间的相互作用，或各元件与环境之间的相互作用也会成为系统噪声的来源。在输出数据中噪声信号经常是不可分割的误差分量。这些误差分量可以非常小，起不到较大影响，但有时也会对整个测试系统造成巨大干扰，甚至淹没目标数据。

在某型直升机的振动试验中，数据出现了一些失真现象，所采集的振动数据处理后，经分析发现存在间歇断路、零漂、毛刺、跳变和超量程失真等问题。这些问题对振动水平的确定和判断产生了影响，甚至造成数据无效。针对此问题，对数据失真情况进行了研究和分析，确定了失真问题的发生原因，设计并实施了解决措施，经试验验证，基本解决了全部失真问题。

1 失真问题辨识和分类

在某型直升机的振动试验过程中，测试数据出现了失真问题，按照数据失真情况的不同，将其进行辨识和分类，划分为间歇断路、零漂、毛刺、跳变和超量程失真五种类别。

间歇断路是指振动信号间歇性中断类似于断路的现象，特点是中断时间段的信号幅值接近于零、波形趋

基金项目：国家自然科学基金；航空科学基金

通讯作者. E-mail: hkxb@buaa.edu.cn

近于直线而其他时间段的信号幅值和波形均无异常。

零漂是指振动信号幅值的平均值不在零位线上，或指无信号输入时信号幅值偏移零位线的现象，特点是信号幅值的平均值连线与零位线不重合且偏移较大。零漂的出现，并不影响振动信号的频域处理，但影响时域分析。

毛刺是指在短时间内，振动信号的幅值出现激增和激减后再恢复至原状态的现象，特点是跳变的发生为双侧发生，且波形除幅值外并无异常。

跳变是指在某一瞬间或极短时间内，振动信号的幅值出现激增或激减后再恢复至原状态的现象，特点是跳变的发生为单侧发生，即只能出现激增或激减其中一种即两者不共存。

超量程失真是指测量的信号超出传感器量程范围的现象。超量程失真分为真实超量程失真和虚假超量程失真，真实超量程失真体现为信号波形正常但信号在传感器量程极值处出现平峰或测量信号超出传感器量程范围，虚假超量程失真体现为信号波形不正常且超出传感器量程范围。

2 失真问题原因分析

测试数据出现失真的原因来自两方面，一方面是测试系统硬件损坏，另一方面是测试环境干扰。测试系统硬件包含加速度传感器、电荷放大器、采集记录器和电缆组件，测试环境干扰包含地回路干扰和电磁感应干扰。首先，对测试系统进行现场标定试验，若失真复现，则表示测试系统硬件存在问题，更换硬件直至失真不复现；若失真不复现，则表示测试系统硬件存在接触不良或测试环境存在干扰，大概率仅可在飞行时复现，所以安排故检飞行。在现场标定试验和故检飞行时，采取排除法对各种失真的产生原因进行准确定位，为避免不同失真间的相互影响，每次试验状态仅验证其中一个因素。失真原因确定思路如下：

(1) 分析产生失真的全部可能原因。

(2) 进行现场标定试验，验证测试系统硬件是否存在问题。若失真复现，则更换硬件直至不复现；若失真不复现，则安排故检飞行。

(3) 进行故检飞行，每次仅验证其中一个因素，直至失真现象不复现。验证过程考虑多个因素同时产生失真的可能。

(4) 确定产生失真的原因。

间歇断路失真优先考虑测试设备损坏的可能，按照失真原因确定思路首先进行现场标定，标定结果如表1所列。

表1 间歇断路失真现场标定试验结果

序号	状态	次数	结果
1	原始状态	10	失真均未复现
2	仅更换加速度传感器	10	失真均未复现
3	仅更换电荷放大器	10	失真均未复现
4	仅更换采集记录器	10	失真均未复现
5	仅更换电缆组件	10	失真均未复现

在现场标定试验中失真未复现，存在两种可能，一是测试设备损坏形式为接触不良，在现场标定时飞机为静止状态难以复现失真，而飞行时受振动影响可出现失真；二是失真原因为测试环境干扰。采取故检飞行方式确定失真原因，试验结果如表2所列。

表2 间歇断路失真故检飞行试验结果

序号	状态	次数	结果
1	原始状态	3	失真复现2次、未复现1次
2	仅更换加速度传感器	3	失真复现1次、未复现2次
3	仅更换电荷放大器	3	失真复现2次、未复现1次
4	仅更换采集记录器	3	失真复现2次、未复现1次
5	仅更换电缆组件	3	失真未复现

故检飞行的成本较高，即使结合飞行任务进行，也会影响测试数据的完整性和有效性，因此试验仅安排3次。由表2分析可知，除更换电缆组件外，其他试验均复现失真且数据状态相同，由此判定，间歇断路失真原因为电缆组件接触不良。

零漂失真根据表现形式的不同划分为平行零漂和带斜率零漂。零漂数据在时间波形和幅值大小上表现正常，仅是平均线偏离零位线，对时域幅值范围影响较大，但对频谱分析影响较小。相比于平行零漂，带斜率零漂的影响更大。由于采集到的信号本身波形和幅值并没有问题，所以推断失真原因是信号采集和记录端失真。该型直升机振动信号的采集记录器有两台，对其进行对比分析结果如表3所列。

表 3　采集记录器对比分析结果

编　号	参数数量	失真现象
采集记录器 1	51	平行零漂、带斜率零漂
采集记录器 2	29	无零漂

由表 3 分析可知，零漂现象集中出现在采集记录器 1 上。首先，分析采集记录器 1 和采集记录器 2 的不同点，发现采集记录器 1 的模块位使用程度较高，除振动模块外还配置了 PCM 接收模块和遥测输出模块，而采集记录器 2 仅记录振动信号，使用程度较低，因此，采集记录器 1 长时间工作时温度较高；其次，寒冷天气（0 ℃以下）起动时，采集记录器存在低温起动预热机器的现象。由带斜率零漂主要出现在寒冷天气（0 ℃以下）起动阶段和高温（30 ℃以上）天气的长时间工作阶段可知，带斜率零漂产生的主要原因是测试环境温度过高或过低，采集记录器的采集模块需要对温度存在适应时间。对于平行零漂，在测试环境为室温时仍然存在，通过分析采集记录器的振动信号采集模块参数，发现采集记录器 1 的采集模块可调整设置为带恒流源的交流电压采集模式（IEPE 模式）或直流电压采集模式且不含归零电路（高通滤波器，主要作用是滤除直流分量），而采集记录器 2 的采集模块仅可设置为 IEPE 模式且含归零电路。将采集记录器 1 和 2 的部分振动信号采集通道对换，结果显示由采集记录器 1 记录的信号存在平行零漂，而采集记录器 2 记录的信号不存在平行零漂。综上，判定带斜率零漂失真原因是测试环境温度过高或过低，平行零漂失真原因是采集记录器硬件限制。

毛刺失真产生的时间点比较随机，结合测量位置进行分析，发现存在毛刺失真的振动测试参数主要集中在该型直升机的机舱（驾驶舱和客舱）内部，且出现失真的测试参数，不同传感器时间上不同步、相同传感器不同轴向时间同步，因此判定失真原因基于传感器而不是基于信号通道。观察机舱加速度传感器安装及电缆组件布线方式，发现由于加速度传感器使用转接支架侧立安装于机舱地板上，传感器高出地板平面约 21 cm，传感器与电缆组件接头处高出地板平面约 11 cm，而传感器平行安装于机舱地板上时，传感器高出地板平面约 12 cm，传感器与电缆组件接头处高出地板平面约 7 cm。所以，造成机组人员在机舱内活动时，更容易触碰到传感器或传感器与电缆组件的接头，造成对传感器的瞬时激励使其产生瞬时加速度，在信号显示上表现为波形激增和激减。综上，判定毛刺失真原因是加速度传感器和电缆组件受到外力影响。

跳变失真主要集中出现在地面开车、着陆后滑跑和关车阶段的个别时间点，且短时间内仅出现一次，幅值超出正常范围较少，但是不同测试参数的失真时间点一致。由此判断测试系统硬件损坏可能较低，失真原因应为测试环境的同步影响，且在现场标定时失真不复现，仅飞行试验时复现。对比分析现场标定和飞行试验，结果如表 4 所列。

表 4　现场标定和飞行试验对比分析结果

类　型	直升机状态	测试系统状态
现场标定	使用地面电源通电、发动机未工作	加速度传感器与测量对象分离（与直升机不接触）
飞行试验	发动机起动时使用地面电源、起动后切换为机上发电机	加速度传感器与测量对象连接（与直升机接触）

由表 4 分析可知，跳变失真产生的可能原因有两点：一是发动机处于地面工作状态时的某项操作；二是加速度传感器与测量对象接触。采取故检飞行方式确定失真原因，试验结果如表 5 所列。

表 5　跳变失真故检飞行试验结果

序　号	状　态	次　数	结　果
1	原始状态	1	失真复现
2	切换为机上发电机后测试系统再开始工作	3	失真均不复现
3	加速度传感器与测量对象连接处进行绝缘处理	3	失真均不复现

由表 5 分析可知，两种因素均可单独产生跳变失真，对两种因素进行深入分析，发现其本质均为测试环境引起的瞬时噪声信号被引入测试系统，造成信号的瞬时变化。直升机蒙皮下的构架基本为金属材料制造，整个构架的各个点原则上可以视为电势相同，实际结合具体情况分析。跳变失真产生原理如图 1 所示，当由加速度传感器、电荷放大器、电缆组件和采集记录器组成的测试系统在加速度传感器端和采集记录器端都接地时，如果加速度传感器接地点 M1 和采集记录器接地点 M2 的电势不同，则两点间的电势差会通过测试系统形成新的回路，产生电流噪声并将其引入测试系统，使测试信号产生失真。综上，判定跳变失真原因是多端接地造成的地回路干扰。

超量程失真失真集中在发动机和平尾上的测试通道，其中，发动机测试通道失真发生率较高，基本为 100%，而平尾测试通道失真率较低，且基本发生在雨

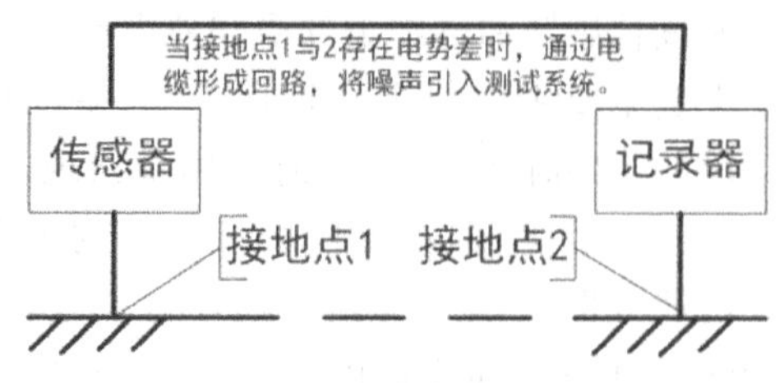

图 1 跳变失真产生原理

天过后的几个飞行日内，可自行恢复正常。分析两个测试位置的测试环境、传感器安装和电缆组件铺设方式，发现发动机位置传感器的安装方式为螺柱安装，传感器与发动机壳体直接相连且传感器的信号/地不隔离，即传感器的信号地与发动机壳体相接通，进而与发动机端的直升机地相接通，因此，地回路和电磁感应均可对测试信号产生影响；平尾位置的传感器是测试系统中仅有的两个直接暴露在空气中的传感器，每逢雨天，雨水直接拍打在传感器及传感器与电缆组件的接头处，因此，存在由于插头进水而造成信号线短接的可能。对发动机和平尾的测试通道进行现场标定，结果如表 6 所列。

表 6 超量程失真失真现场标定试验结果

位 置	次 数	结 果
发动机	10	失真均未复现
平尾	10	失真均未复现

现场标定失真未复现，采取故检飞行方式确定失真原因，推测发动机和平尾的测试通道间不存在相互干扰，在一次试验中同时验证两个位置的失真原因，试验结果如表 7 所列。

表 7 超量程失真失真故检飞行试验结果

序 号	位 置	状 态	次 数	结 果
1	发动机	原始状态	3	失真复现
	平尾	试验前将传感器浸水 1 h(模拟雨天环境)		失真复现
2	发动机	传感器与接触面绝缘处理	3	失真复现
	平尾	断开插头、烘干、重新连接		失真未复现
3	发动机	传感器屏蔽处理	3	失真复现
	平尾	断开插头、烘干、重新连接		失真未复现
4	发动机	传感器屏蔽处理、绝缘处理	3	失真未复现
	平尾	断开插头、烘干、重新连接		失真未复现

由表 7 分析可知，发动机测试通道在单独进行绝缘处理(消除地回路干扰)或屏蔽处理(消除电磁感应干扰)时，超量程失真失真均复现，而当两种处理均进行时，失真不复现；平尾测试通道在模拟雨天环境时，插头进水，内部信号线短接，失真复现，而在将插头断开、烘干、重新连接后，失真不再复现，且不受地回路和电磁感应干扰。综上，判定发动机测试通道超量程失真失真原因是地回路和电磁感应干扰；平尾测试通道超量程失真失真原因是信号线短接。

3 失真问题对策研究

确定失真原因后，结合测试位置和测试环境实际情况，针对各原因设计了对策(见表 8)，措施实施后进行了故检飞行，确认已基本解决全部失真问题。

表 8 失真对策

序 号	问 题	原 因	对 策
1	间歇断路	电缆组件接触不良	更换为新电缆组件
2	平行零漂	采集记录器硬件限制	软件数据处理归零
3	带斜率零漂	测试环境温度过高或过低	加装保温和散热装置
4	毛刺	外力影响	加装外层防护
5	跳变	多端接地造成的地回路干扰	传感器端绝缘处理
6	超量程失真(发动机)	地回路和电磁感应干扰	传感器端绝缘和屏蔽处理
7	超量程失真(平尾)	信号线短接	暴露插头的防水处理

4 结 论

(1) 总结了某型直升机振动测试数据失真的类型和特征。

(2) 完成了某型直升机振动测试数据失真的原因分析和对策研究，解决了数据失真问题。

(3) 为其他飞机的振动测试提供了参考，以便于在振动测试方案设计时，采取有效措施，避免数据失真问题的发生。

参考文献

[1] 陈春俊，王雪梅，李艳萍. 测控系统失真检测与诊断[M]. 成都：西南交通大学出版社，2008：1-10.

[2] 汪征风. 测试技术基础[M]. 北京：北京大学出版社，2007：2-9.
[3] 史天录，刘经燕. 测试技术及应用[M]. 广州：华南理工大学出版社，2009：7-22.
[4] 宋兆泓. 航空发动机典型失真分析[M]. 北京：北京航空航天大学出版社，1993：1-4.
[5] 李其汉，胡碧刚，徐志怀. 航空发动机强度振动测试技术[M]. 北京：北京航空航天大学出版社，1995：98-107.
[6] 贺尔铭，赵志彬. 飞行器振动及测试基础[M]. 西安：西北工业大学出版社，2014：195-226.
[7] 邓明，金业壮. 航空发动机失真诊断[M]. 北京：北京航空航天大学出版社，2012：59-106.
[8] 孙聪，王向明. 飞机结构典型失真分析与设计改进[M]. 北京：航空工业出版社，2007：5-7.
[9] 罗红英. 内燃机及动力装置测试技术[M]. 哈尔滨：哈尔滨工程大学出版社，2006：1-13，123-136.
[10] 张改慧，李慧敏，谢石林. 振动测试、光测与电测技术实验指导书[M]. 西安：西安交通大学出版社，2014：2-38.
[11] 郭迎福，焦峰，李曼. 测试技术与信号处理[M]. 徐州：中国矿业大学出版社，2009：116-121.

某滑油中断试验设计与分析

李玉杰*，丁光耀，李杰静，薛慧聪

中国航发贵阳发动机设计研究所，贵阳 550000

摘要： 通过分析发动机滑油中断试验要求，设计某发动机滑油中断装置，并对该发动机滑油中断试验过程中发动机振动及进、出口滑油压力参数变化情况进行分析。通过对比分析滑油中断前后相同状态各参数变化情况，得到该发动机滑油中断装置符合滑油中断试验要求，且发动机在滑油中断期间正常工作。本文对滑油中断试验过程及结果的分析，对后续该类试验的执行有指导意义。

关键词： 关滑油中断；滑油系统；电磁阀；性能参数；滑油位

Design and Analysis of an Oil Interruption Test

LI Yujie*, DING Guangyao, LI Jiejing, XUE Huicong

AECC Guiyang Engine Design Research Institute, Guiyang 550000, China

Abstract: By analyzing the requirements of engine oil interruption test, the oil interruption device of turbofan engine is designed, the engine vibration and the changes of oil pressure parameters at inlet and outlet during the oil interruption test are analyzed. By comparing and analyzing the chances of parameters in the same state before and after oil interruption, it is concluded that the test with this engine oil interruption device has no effect on engine performance parameters, and the engine works normally during oil interruption tests. This paper analyzes the process and results of oil interruption test, which is of guiding significance for the subsequent implementation of this kind of test.

Keywords: oil interruption; lubricating oil system; solenoid valve; performance parameter; oil level

1 引　言

滑油系统是航空发动机不可或缺的关键保障系统，对高速旋转部件起到润滑、散热、清洁和防腐作用，其性能好坏直接影响航空发动机的安全性及可靠性[1]。飞机在飞行期间由于机动飞行、格斗损伤或其他损伤可能出现滑油中断情况，为确保在该情况下发动机具备正常工作能力，需对发动机进行滑油中断试验验证，本文对某涡扇发动机滑油中断试验开展情况展开分析[2-4]。

2 试验要求

2.1 航空发动机滑油流量中断的工作要求

GJB241A－2010 中对发动机滑油流量中断有明确要求，要求停止滑油泵进口供油时，发动机能以中间推力工作 30 s，且在工作期间对发动机无有害影响；要求发动机在无润滑油情况下，30％中间推力状态下附加工作 5～30 min 不出现抱轴现象[5]。

2.2 航空发动机滑油流量中断的工作要求

滑油中断要求分别对航空发动机瞬时断油和永久断油情况进行约束。瞬时断油主要是防止发动机在进行机动飞行动作过程中，经历瞬时零、负过载导致的短暂断油对发动机产生有害影响，尤其是战斗机发动机对此有严格要求，需承受多次瞬时滑油流量中断的考验。永久断油主要考虑外部原因造成的滑油系统损坏导致滑油流量中断时，发动机的持续工作能力，需保证在该状况下不发生抱轴现象，给飞行员采取必要措施的时间(5 min)，并能使飞机从可能发生战斗损坏的恶

* 通讯作者. E-mail: liyujie@2011. cqut. edu. cn

劣区域输出(30 min)[3,6]。

2.3 试验内容

在地面台架上进行试验,滑油中断试验的瞬时断油过程仅向滑油泵进口供气,发动机在中间推力状态工作30 s,并在恢复正常润滑后发动机稳定工作 30 min[7]。

3 试验设计

3.1 滑油系统改造方案

滑油中断过程仅向滑油泵进口供气,需对滑油箱到滑油附件的进油管进行改造,以达到试验中断油及供气的转换[7-8],某发动机滑油中断装置原理如图 1 所示。

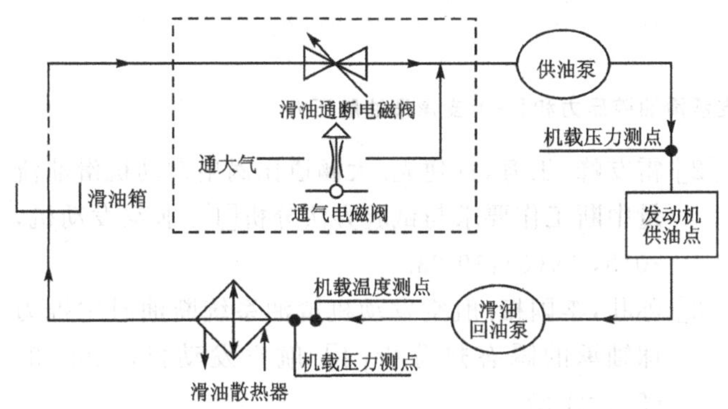

图 1 滑油中断试验原理图

本次滑油中断装置由金属软管、电磁阀(包括转接头)、金属三通管组成,如图 2 所示。装置使用电磁阀选择常开型(滑油中断)和常闭型(通大气);金属软管连接滑油箱出口管接嘴选用焊接方式,承压能力≮1 MPa。

台架软件改造部分包括两个电磁阀的同时控制及电磁阀开关自动切换的时间控制。

3.2 试验方法

在地面试车台开展滑油中断试验,检查发动机工作稳定性,并在试验前取滑油箱滑油、飞机附件机匣滑油、发动机附件机匣滑油做光谱分析,清理金属屑沫信号器,清洗油滤,完成试验准备[9-11]。试验过程应注意:

① 试验前运转发动机,填充滑油系统管路。

② 正常工作状态:电磁阀 1 开 2 闭;
断油开始状态:电磁阀 1 闭 2 开;
断油 30 s 后:电磁阀 1 开 2 闭。

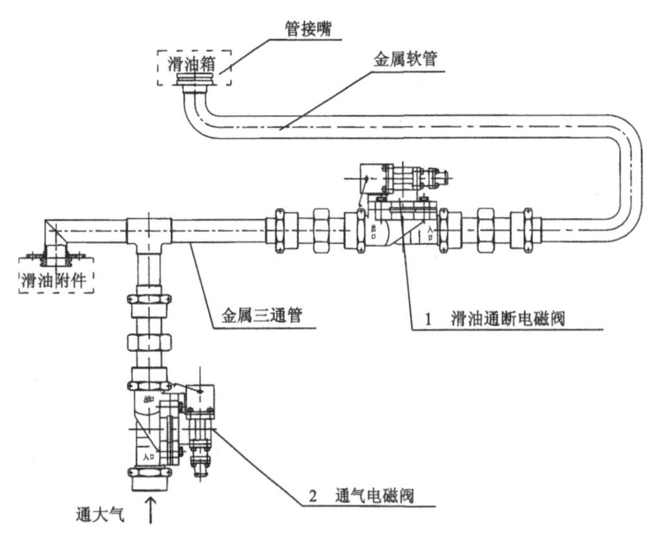

图 2 滑油中断装置示意图

③ 按试验程序进行试验并监测、记录各参数情况。

④ 试验后检查金属屑沫信号器和滑油滤芯,并对发动机滑油箱、飞机附件机匣、发动机附件机匣滑油做光谱分析。

4 试验结果分析

4.1 滑油检测结果

滑油中断试验前后,从附件机匣、滑油箱中对滑油取样进行检测,滑油的运动粘度、闪点、酸值、机械杂质及含水量等均合格,滑油中断试车前、后滑油清洁度合格,金属元素含量未有明显增加。

4.2 参数变化情况

本次发动机滑油中断试验过程中,监控发动机中间推力状态进行滑油中断试验过程中Ⅱ-Ⅲ支承滑油腔压力、Ⅳ-Ⅴ支承滑油腔压力及发动机水平、垂直、轴向振动变化情况,具体变化趋势如图 3 所示。图中可看出滑油中断过程中各方向振动有明显波动情况,支承滑油腔压力在中断过程中有明显增长。

该状态下,滑油中断后进口滑油压力在滑油中断后有明显下降,下降持续时间为 6 s,随后恢复;滑油出口温度下降近 20 ℃,随后上升至略高于中断前温度;滑油位在滑油中断过程中有明显升高,中断结束后逐渐恢复(见图 4)。

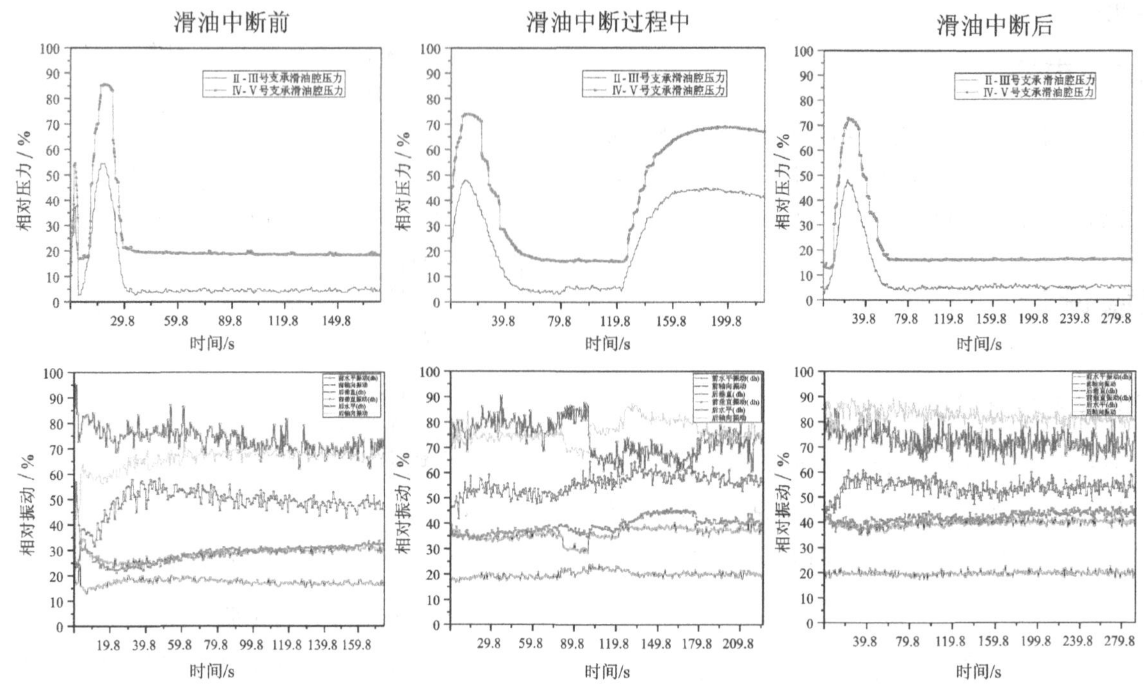

图 3　滑油中断前后发动机最大状态Ⅱ-Ⅲ支承滑油腔压力和Ⅳ-Ⅴ支承滑油腔压力

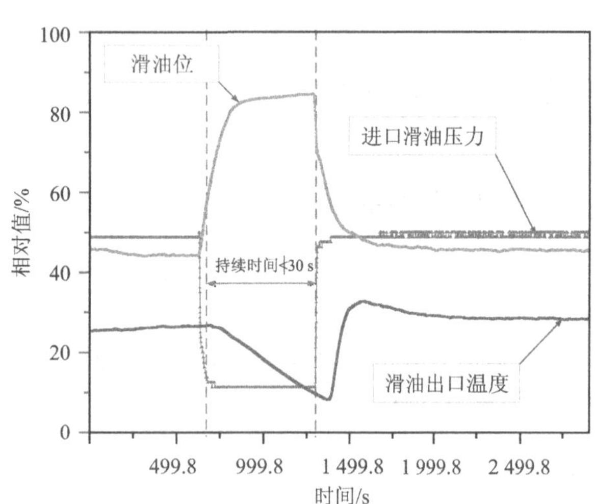

图 4　滑油中断前后进口滑油压力、滑油出口温度及滑油位变化关系曲线

5　结　论

本次滑油中断试验后滑油系统参数无明显变化，滑油中断期间发动机振动参数在滑油中断前及滑油中断后相当，滑油系统参数变化规律正常，发动机在滑油中断期间正常工作。

参考文献

[1] 刘明春，赵建炜，杨建丰. 涡轴发动机滑油中断试验浅析[J]. 机械化工，2018，128(5).

[2] 雷友峰，王海，宣建光. 大涵道比涡扇发动机滑油流量中断工作要求与试验方法分析[J]. 航空发动机，2013，39(6)：19-23.

[3] 苏壮，李国权. 航空发动机滑油系统断油时主推力球轴承的瞬态热分析[J]. 航空发动机，2009，35(2)：24-27.

[4] 李国权. 航空发动机滑油系统的现状及未来发展[J]. 航空发动机，2011，37(6)：49-52.

[5] 程卫华，杨士杰，魏德明，等. 国家军用标准 GJB 241A－2010 航空涡轮喷气和涡轮风扇发动机通用规范[S]. 北京：总装备部军标出版发行部，2010：45.

[6] 陈炳贻. 燃气涡轮发动机用润滑系统的发展[J]. 航空科学技术，1999，11(3)：23-25.

[7] 陈光. 航空发动机结构设计分析[M]. 北京：北京航空航天大学出版社，2006.

[8] 曾闻鼎，王海勇. 某滑油中断试验发动机振动故障分析[J]. 现代制造技术与装备，2019：07.

[9] 陈益林. 航空发动机试车工艺[M]. 北京：北京航空航天大学出版社，2010.

[10] 张宝诚. 航空发动机试验和测试技术[M]. 北京：北京航空航天大学出版社，2005.

[11] 朱子新，陈栋，等. 航空发动机大颗粒金属磨屑监控技术[J]. 航空维修与工程，2006：03.

某飞机燃油热负载系统试飞方法探讨

李丽，刘志远，牛嘉伟，王婕

中国飞行试验研究院发动机所，西安 710089

摘要：某飞机燃油系统除给液压油、发电机滑油散热外，还增加了对环控、IPU进行散热的功能，因此燃油热负荷大是该机型的一大特点。由于燃油热负荷大，油温上升高，可能对发动机、环控、液压等相关系统的使用性能、安全性能产生潜在的危害，所以热负载系统试飞验证是该型机燃油系统考核的重点之一。本文通过对该型机"热负载"系统供油箱燃油温度进行分析，提出热负载系统试飞方法，弥补了"GJB"在该项科目试飞方法的空白，为后续型号热负载系统试飞及今后飞机燃油系统的更新换代提供了可靠的数据和参考。

关键词：飞机；燃油系统；热负载；燃油温度；飞行试验

Research of Flight Test Method of Fuel Thermal Load System for an Aircraft

LI Li, LIU Zhiyuan, NIU Jiawei, WANG Jie

Chinese Flight Test Establishment, Engine Institute, Xi'an 710089, China

Abstract: In addition to cooling the hydraulic oil and generator oil, the fuel system of an aircraft has the function of cooling the environment control and the IPU. Because of the heavy heat load of fuel and the increase of oil temperature, it may cause potential harm to the service performance and safety performance of engine, environment control, hydraulic system and other related systems, flight test of thermal load system is one of the key projects of fuel system test. By analyzing the fuel temperature of the fuel tank of the "thermal load" system, this paper puts forward the thermal system flight test method, which makes up the blank of the "GJB" flight test method in this subject, it provides reliable data and reference for the flight test of heat load system and the renewal of aircraft fuel system in the future.

Keywords: aircraft; fuel system; thermal load; oil temperature; flight test

1 引 言

随着现代战斗机的隐身性、机动性、超声速巡航等方面能力的提高，飞机对机电系统的要求也越来越高，飞机上使用的电子设备数量也远远超过以前的机型，热负荷越来越大[1]。如三代机 Su-27 的电子舱热负荷仅为 18 kW；而作为四代战斗机代表的 F-22 飞机电子设备舱总设计热载荷达到 55 kW[2]，传统的空气循环制冷系统已不能完全满足飞机的设计要求[3-4]。需要考虑为高性能战斗机的正常运行能提供更可靠保障的新型环控制冷系统。利用燃油作为热沉来冷却飞机其他机载设备与系统，发挥燃油的最大使用效益，提高发动机及环境控制系统的性能是现代飞机设计的一个共识[5]。

某飞机燃油热管理系统充分利用了燃油的散热能力，不仅实现了对液压系统、发电机滑油散热，而且把辅助动力系统、环境控制系统、任务系统的热负荷也纳入了燃油冷却对象，因此燃油散热负荷很大。在整个飞行过程中，燃油的温度需要保证燃油作为热沉的要求。若燃油温度过高，不仅燃油的热稳定性将被破坏，而且容易形成相当危险的非溶性沉积物和树脂沉淀物，可能使发动机的精滤器堵塞，降低换热器的效率等。因此，燃油"热负载"系统的试飞验证是该型机燃油系统考核的重点之一[6]。

国内外对燃油热负载系统的研究主要集中在对飞

基金项目：国家自然科学基金；航空科学基金

通讯作者. E-mail: hkxb@buaa.edu.cn

机热管理方面的理论计算、软件仿真和实验室模拟试验等[7-11]。GJB 3212 在“正常使用条件下供油试验”“抽吸供油试验”“燃油系统高空性试验”“燃油系统环境试验”中要求测量燃油的温度，但未对燃油作为冷媒的热负载系统规定具体的试验方法，不便于型号具体使用。本文基于某型飞机燃油系统试飞，统计了热天不同飞行架次中输油箱和供油箱的燃油温度数据，分析了燃油箱温度的变化规律，提出热负载系统试飞考核方法，为热负载系统的优化设计及试飞验证方法的建立积累经验，还可为热燃油试飞、燃油系统高空性等科目的试飞提供参考。

2 热负载系统介绍

某飞机燃油箱包括机身油箱和机翼油箱，机身1号油箱和5号油箱为供油箱，其余油箱均为输油箱。正常情况下，5号油箱给飞机发动机供油，1号供油箱不供油，仅作为备份供油箱，当5号油箱燃油消耗尽时由1号油箱供油。热负载子系统主要由燃油-液体散热器(A)、燃油-液压油散热器(B)、燃油-滑油散热器(C)、空气-燃油散热器(D)及燃油流量调节阀、单向活门等组成。供油箱中的燃油经过供油泵增压后，分别径流液体/燃油-液体散热器(A)、燃油-液压油散热器(B)和燃油-滑油散热器(C)，经过流量调节阀回至供油管并供往发动机。当发动机入口燃油温度超过设计值时，向1号油箱回油以降低发动机入口温度；当环控液冷、液压或发电机滑油三者中任一温度超过各自规定的高温门限时，散热需求信号加大，燃油流量增大，加大燃油散热能力从而降低各系统温度。

热负载系统原理图如图1所示。

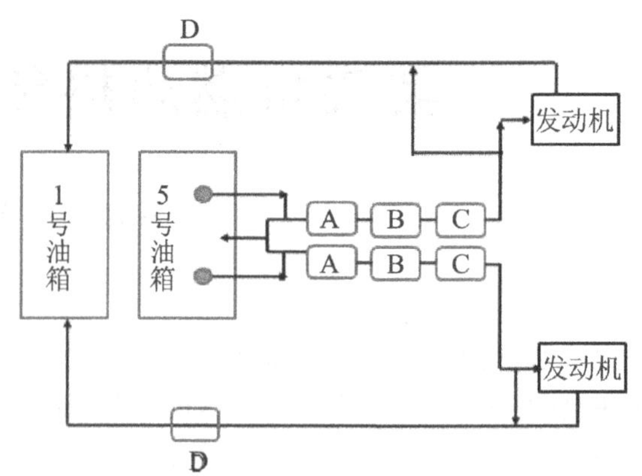

图1 热负载系统原理图

3 试飞结果

3.1 油箱油温

某飞机5号油箱的燃油作为冷源要对环控液冷系统、液压系统、发动机等燃油-液体散热器进行散热，5号油箱燃油温度过高，将降低利用燃油作为冷源的各热负载系统的工作性能。5号油箱燃油热量来源主要有两个：四个供油泵的发热和二级燃油-液体散热器带来的热量。为分析5号油箱的燃油温度变化，选择夏季6—8月等热天对某飞机进行了数据分析。

首先统计了不同飞行季节该飞机3号输油箱、5号供油箱和1号备份供油箱的燃油温度初始值和最高值，见表1。从表1中的数据可以看出，作为热负载冷源的5号油箱和1号油箱温度较高，而输油箱的油温相对较低。这是因为5号油箱作为液冷系统的冷源，飞行过程中，液冷系统的热回油回到5号油箱，导致5号油箱油温较高，而1号油箱作为备份供油箱虽然在正常飞行条件下部供油，但冷却发动机燃油-滑油散热器的热燃油在发动机工作期间回流到了1号油箱，从而使1号油箱的油箱明显高于输油箱。

表1 各油箱燃油温度最高值

飞行季节	初始油温/℃			最高油温/℃		
	1号	3号	5号	1号	3号	5号
6月	29.6	30.8	31.4	51.7	41.2	51.8
6月	39.5	32	42.2	53.2	46.8	54.3
7月	35.1	35.4	36.5	46.4	44.9	55.8
8月	43.3	34.8	42.5	54.9	44.7	55.7
8月	55.5	35.7	51.5	62.4	43.0	55.9
8月	48.2	36.3	44.8	55.6	53.5	56.5
8月	42.3	36.7	40.7	55	44.4	58.4

从表1中各油箱的初始油温值可以看出，各油箱初始油温受飞行日期和起飞时间的影响较大。通常，由于试验机场6月份的外界大气温度低于8月份的气温，因此，6月份各油箱的初始油温值较低，低于45 ℃。若飞机在8月飞行日当天下午14:00后起飞，供油箱的初始油温可高达50 ℃。GJB 3212—1998中5.8节“抽吸供油试验”5.8.2c)条、5.9节“燃油系统高空试验”5.9.2b)、5.13节“燃油系统环境试验”5.13.2g)条

均规定：燃油起始温度应不低于 45 ℃。通过对比分析各燃油箱的燃油温度变化，对于合理安排上述试验科目具有重要的指导意义。

3.2 油箱温度变化分析

某飞机在燃油系统设计中，将 5 号油箱作为液冷系统及发动机燃-滑油的主要冷却源，5 号油箱的油温变化是影响飞机相关系统是否正常工作的最要因素。因此，分析不同飞行架次中 5 号供油箱的燃油温度变化规律显得非常重要。

1. 典型剖面试飞结果

某飞行日该型飞机燃油箱油温和飞行高度试飞结果如图 2 所示。发动机开车前，5 号油箱初始油温 51.5 ℃，发动机开车，四个供油泵打开，液冷系统开始工作，5 号油箱燃油开始升温，油温上升率约为 0.48 ℃/min（见图中 A 段）。

随着 3 号油箱和 4 号油箱开始供油，5 号油箱油温持续下降，油温下降率为 −0.42 ℃/min（见图中 B 段），整个 B 段的温度变化值为 44～55.9 ℃。

当 3 号油箱油尽，4 号油箱开始输油，5 号油箱油温开始上升，当 4 号油箱剩油约 1 000 kg 时，5 号油箱油温快速上升（见图中 C 段），整个 C 段油温上升率基本上为 0.63 ℃/min。

整个飞行过程中，5 号油箱油温最高值出现在起飞阶段，最高值为 55.9 ℃，平均温升为 0.11 ℃/min。

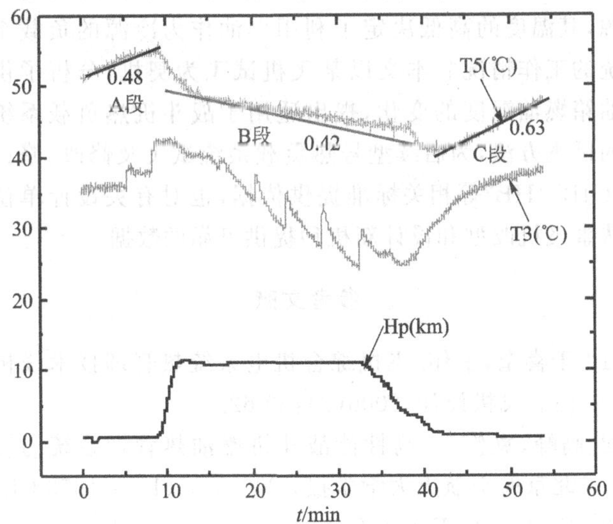

图 2 燃油温度和飞行高度试飞结果

2. 供油箱油温变化规律

通过对某飞机多架机不同飞行日试飞架次中油箱油量、油温等数据的析，得出 5 号油箱油温变化的原因主要受几方面的影响：一是由于其作为环控液冷、雷达等任务系统等燃油-液体散热器的冷源，吸收了液冷系统带来的热量而升高；二是受其他输油箱输入温度较低的冷油的影响。根据该型飞机设计耗油顺序，可以将 5 号油箱油温的变化分为 3 个阶段。

第一阶段为地面准备及起飞爬升阶段，在地面准备阶段，发动机开车后液冷系统工作，5 号油箱油温升高较快。随着 5 号油箱燃油的消耗，其他输油箱（副油箱、2 号油箱、3 号油箱、机翼油箱等）开始将温度较低的燃油输入 5 号供油箱，对油箱温度起到冷却的作用，但从数据上来看，冷油带来的冷却效果远小于液冷系统产生的热回油对 5 号油箱燃油的加热作用，导致5 号油箱温度在此阶段一直处于上升状态，油温变化率为 0.27～0.48 ℃/min。

第二阶段为飞机完成起飞后的执行任务阶段，由于其他油箱往 5 号油箱输油而 5 号油箱油温升高较慢，或其他油箱的冷油冷却能力大于液体冷却产生热回油的加热作用，导致油箱的油温变化不大，温度波动基本上在 5 ℃以内，可以认为油温恒定不变。

第三阶段为返航阶段，此时随着其他输油箱燃油的消耗，5 号油箱油温开始上升，当输油箱中剩下较少量的燃油或只有 5 号油箱和 1 号油箱有余油时，由于没有冷油的输入，5 号油箱油温快速升高，油温变化率为 0.28～0.63 ℃/min。

由于在不同阶段温升速度不一样，取整个架次中油温变化量和飞行时间的比值，得到整个飞行架次中的平均油温变化率为 0.1～0.21 ℃/min。油温平均变化率对于评估热负载系统的油温度变化、系统排故、液冷系统的散热能力、系统设计优化等均具有参考意义。

4 热负载系统试飞方法探讨

目前军用飞机燃油系统的设计定型试飞主要参照 GJB 3212—1998 中规定的试飞方法进行。而热负载系统主要是先进战斗机机电系统在向综合化、一体化、智能化方向迈进的重要技术飞跃之一。GJB 3212 中尚未专门规定热负载系统的试飞项目及试飞方法，通过对某飞机热负载系统中燃油箱温度变化的研究，提出适合战斗机的热负载系统试飞方法。

4.1 试验条件

热负载系统试验的目的主要考核燃油能否给其他

系统正常散热，是否能够保证油箱油温、发动机入口油温满足设计要求。建议试验在热天进行(试验机场环境温度应不小于35 ℃)，适宜选择7月和8月两个月份进行。将飞机置于无遮挡的停机坪暴晒，建议起飞时间在14:00～16:00。利用“暴晒”方式加热燃油温度，以达到起飞燃油温度不小于45 ℃的试验要求，这样可避免使用燃油加温车，节约人力、物力、财力等试验资源。

4.2 试飞参数确定

热燃油系统试飞除需要飞机基本的状态参数(飞行高度、速度、马赫数、飞机姿态角等)外，还需根据特定飞机热负载系统的设计特点，对以下参数进行评价：

① 发动机参数：发动机转速、油门杆角度、发动机入口油温，评估发动机入口油温是否满足发动机的使用要求等；

② 各油箱油量、供油箱油温、输油箱油温、燃油-液体散热器、燃油-液压油散热器、燃油-滑油散热器等散热器进/出口油温、散热器进/出口被冷却介质温度、散热器进/出口燃油和被冷却介质的压力等参数。用于评价燃油箱温度不超过使用限制及各种散热器出口温度是否满足被冷却对象的使用要求，必要时对各种散热器的冷却效果进行评价。

4.3 试验状态确定

对燃油热负载系统考核时，应重点考虑输油箱燃油用尽的飞行阶段，该阶段只有供油箱有燃油。因为热负载系统中高温热油一般是回到供油箱的，如果输油箱燃油用尽，供油箱的燃油温度会迅速升高。此外，利用燃油散热的所有系统都应处于工作状态，特别是注意任务系统的使用情况。通常情况下，飞机上的发电机滑油、环控、液压不会缺装，都会工作散热，而任务系统是选装的，但它的散热需求很高。推荐的试验状态应包括地面和飞行两种状态。

(1) 地面试验

试验前建议仅给输油箱加半箱油或不加油，供油箱加满油。试验前将飞机置于停机坪暴晒3～4 h，充分给油箱燃油进行加温。当外界大气温度等于或大于35 ℃时，发动机开车，环控、液压、任务系统等利用燃油散热的系统按使用要求工作，录取燃油系统及利用燃油散热的热负载系统的工作温度，评估热负载系统的情况。

(2) 飞行试验

试验前根据任务要求尽量减少输油箱的加油量，供油箱加满油。试验前将飞机置于停机坪暴晒3～4 h，当外界大气温度等于或大于35 ℃时，飞机正常起飞，环控、液压、任务系统等利用燃油散热的系统按使用要求工作，进行爬升限及连续下滑、平飞、平飞加/减速等。

4.4 风险分析及措施

热负载系统试飞时，油箱燃油温度或供油温度过高，可能产生以下危害：

① 发动机入口燃油温度超高，对发动机工作造成不利影响；

② 油箱油温或供油管路油温过高，燃油中的气体容易析出，造成气蚀、供油不稳定；

③ 油箱油温过高，引起利用燃油冷却的环控系统、液压系统、任务系统等散热介质温度过高，导致相关系统无法正常使用，影响飞行安全。

对于上述可能产生的风险，建议采取以下措施：

① 飞行中密切监控油箱油温、发动机入口油温、发动机状态参数等；在燃油温度即将超温前，采取措施。

② 飞行中密切监控液压、环控、发动机滑油等系统的相关参数，若出现异常情况，按飞行手册规定执行。

5 结　论

飞机供油箱燃油作为燃油热管理系统的关键冷源，其温度的高低决定了利用燃油作为冷源的负载系统的工作情况。本文以某飞机试飞为契机，分析了供油箱燃油温度的变化，提出适用于战斗机热负载系统的试飞方法，为后续型号热负载系统试飞及修改、修订“GJB”“HB”等相关标准提供依据，也对有关设计单位从事飞机改型和设计新机种提供可靠的数据。

参考文献

[1] 于喜奎，王伟. 飞机综合机电系统热管理技术浅析[J]. 飞机设计，2006(2):60-62.

[2]高峰，袁修干. 高性能战斗机燃油热管理系统[J]. 北京航空航天大学学报，2009，35(11)：1353-04.

[3] Fischer A. Future fuel heat sink thermal load system technologies[R]. AIAA-2006-4026，2006.

[4] 罗志会，李胜全，黄纯洲. 下一代飞机人管理技术的研究热点[J]. 航空科学技术，2015(8):74-76.

[5] 王文龙，王伟. 下一代战斗机综合环境控制/热管理

系统开发现状[J]. 飞机设计，2004，3：74-76.

[6] GJB 3212—1998. 飞机燃油系统飞行试验要求[S].

[7] Reeve H M, Finney A M. Probabilistic analysis for aircraft thermal load system design and evaluation [C]. 46th AIAA Aerospace Science Meeting and Exhibit, Reno, USA, 2008.

[8] German B J. A Tank Heating Model for Aircraft Fuel Thermal systems with Recirculation [C]. AIAA Aerospace Sciences Meeting Including the New Horizons Forum and Aerospace Exposition, 2011: 204-210.

[9] Seki N, Morioka N, Saito H, et al. A Study of Air/Fuel Integrated Thermal load System[C]. SAE 2015 Aero Tech Congress & Exhibition, 2015.

[10] 张兴娟，张作琦，高峰. 先进战斗机超声速巡航过程中燃油温度变化特性分析[J]. 航空动力学报，2010，25(2)：258-263.

[11] 鲁家伟. 航空发动机燃油热管理系统方案研究与验证[D]. 西安：西北工业大学，2016.

飞机复合材料热喷涂铝涂层雷击防护试验研究

李锋[1,*]，王文贵[2]，刘菲菲[2]

1. 海装驻北京地区第五军事代表室，北京 100041

2. 中国航空制造技术研究院复材中心，北京 101300

摘要： 介绍了飞机在飞行过程中遭受雷击的危害性，提出了树脂基复合材料机体结构的雷击防护措施。针对飞机复合材料结构表面热喷涂铝涂层防雷击工艺方法，基于 T700/BA9916 复合材料层合板，开展了典型工艺条件下的热喷涂铝防雷击涂层制备、模拟雷击试验和超声无损检测探伤研究，考察了模拟雷击对复合材料的冲击损伤直接效应和热喷涂铝涂层对复合材料雷击的防护作用。结果表明，在(27±1)kA/(50±2)kV 的模拟雷击载荷试验条件下，未喷涂铝涂层的复合材料试件发生显著的分层及纤维断裂损伤，损伤面积约 50 mm×100 mm，深度约 0.3 mm；喷涂铝涂层的复合材料试件内部铺层内部未见损伤，区域直径约为 20 mm 的表面铝涂层气化。

关键词： 树脂基复合材料；热喷涂铝涂层；雷击；冲击损伤；超声无损检测

Experimental Study on the Protective Effect of TSA Coating on Airplane Composite Against Lightning Strike

LI Feng[1,*], WANG Wengui[2], LIU Feifei[2]

1. Fifth Military Representative Office in Beijing Area, Beijing 100041, China

2. Composite Center, AVIC Manufacturing Technology Institute, Beijing 101300, China

Abstract: This paper briefly describes the dangerousness of airplane when encountering lightning strike and the protection measures on the airplane fiber reinforced polymer composite structures against that. Based on the typical coating process of Thermal Spray Aluminum (TSA) on composites, the lightning protective coating is fabricated on the T700/BA9916 composite laminate samples. Then the lightning strike tests are carried out under (27±1)kA/(50±2)kV simulated lightning strike loading conditions, and the impact damage is inspected by ultrasonic nondestructive method to investigate the damage effects of the direct impact of lightning strike and the protective effects of the TSA coating on the composites. Test results have shown that the composite samples without TSA coating have been delaminated by 50 mm×100 mm and the damage depth is up to 0.3 mm, and the composite samples with TSA coating have shown no damage inner plies although the TSA coating on the surface has been vaporized by diameter of 20 mm.

Keywords: Fiber Reinforced Polymer (FRP); thermal spray aluminum coating; lightning strike; impact damage; ultrasonic nondestructive testing

1 背　景

飞机在飞行过程中，复合材料的机体结构蒙皮表面产生大量静电荷，相对金属来说，由于其导电性较差(碳纤维复合材料的导电性大约是铝的 1/1 000)，未能及时释放的静电荷在飞机表面大量的堆积，极易遭到雷击；同时，当雷电闪击复合材料结构时，其很难在短时间内将电流导走，从而引起遭受雷击部位局部温度快速上升，可能导致复合材料深度分层、严重烧蚀或局部破坏，整个部件的强度、刚度大幅下降，危及正常服役，甚至造成巨大灾难性事故。相关试验表明，先进复

* 通讯作者. E-mail:13810777785@139.com

合材料在没有雷击防护层的情况下，经受 60～100 kA 峰值电流和 1.9 C 电荷量放电后就产生严重损伤[1]。美国军方 20 世纪 70 年代 10 年间的雷击事故统计表明：一架飞机平均每 3 000 飞行小时就有 1 次遭雷击的机会，军机平均服役周期遭受 2 次雷击。截至 2019 年，航空史上已有 2 500 多架飞机遭雷电击毁或损伤，表 1 所列是部分遭受雷击的飞机机型事故损失统计[2-5]。

表 1　国内外遭受雷击的部分飞机机型事故损失

时　间	机　型	发生地点	雷击部位及损失
1976	B747	马德里	遭雷击油箱爆炸坠毁
1987	4 架 B727、1 架 B737、1 架 T38A	洛杉矶	雷达天线罩等被击穿；爆炸着火，烧坏飞机中部外壳
1996	B-2	怀特曼	机翼表面损坏
2000	Y-7	武汉	坠毁，51 人遇难
2005	A340	加拿大	机身断裂并起火
2007	B6205	沈阳	左升降舵后缘、左发尾喷口、左侧机身等部位有 10 多处雷击损伤
2007	CA4174	北京	机头前端雷达罩 50 cm×50 cm 的孔洞
2008	B757	纽约	机头雷达天线罩裂缝和空洞
2009	F-16C	韩半岛	22 km 的上空被雷击，尾翼的垂直安定面 5～6 cm 穿孔，雷达天线盖子等 24 个部位也均受损
2010	B737-700	圣安德烈斯	1 人死亡，120 人受伤，飞机机身断裂
2010	米-26TC	本溪	尾桨损坏，后缘蜂窝结构脱离
2019	SSJ100	莫斯科	机上部分电子设备失灵

2　飞机复合材料结构雷击防护方法

为了保证飞机雷击安全，民用飞机型号合格审定 CCAR-23、军用飞机设计规范 MIL-B-5087(航空航天系统闪电防护与电搭接)都对雷击防护提出要求，并给出如下飞机复合材料结构抗雷击防护综合措施(见图 1)：

① 机体结构蒙皮设置金属导电层；

② 在复合材料结构中设置导流条；

③ 安装放电刷。

对于飞机复合材料结构蒙皮金属导电层，目前已成熟工业应用的工艺主要有 3 种：热喷涂铝、铝/铜网、铝箔[6-8]。其中，热喷涂铝涂层技术是复合材料抗雷击涂层防护措施之一，在国内外飞机复合材料结构防雷击有重要和广泛的应用[9-11]。树脂基复合材料(FRP)表面热喷涂铝涂层制备工艺如图 2 所示，该工艺是利用热源将线性铝丝加热至溶化或半溶化状态，并以一定的速度喷射沉积到经过预处理的复合材料基体表面形成涂层，使复合材料表面实现良好导电、导热功能。

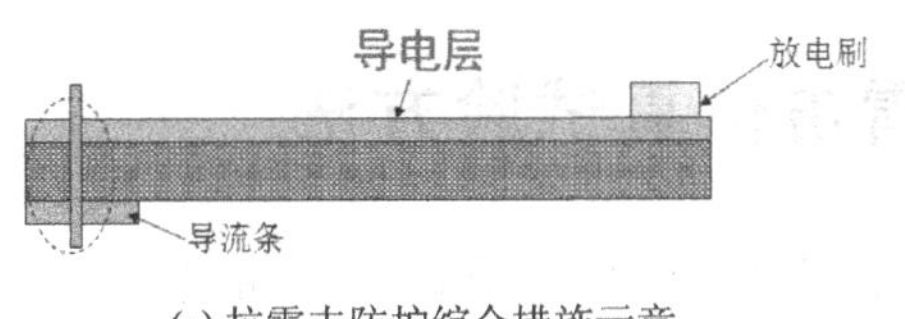

(a) 抗雷击防护综合措施示意

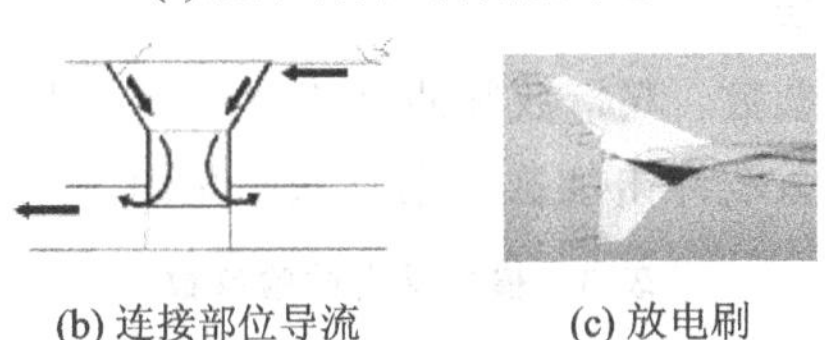

(b) 连接部位导流　　(c) 放电刷

图 1　飞机复合材料机体结构抗雷击防护综合措施

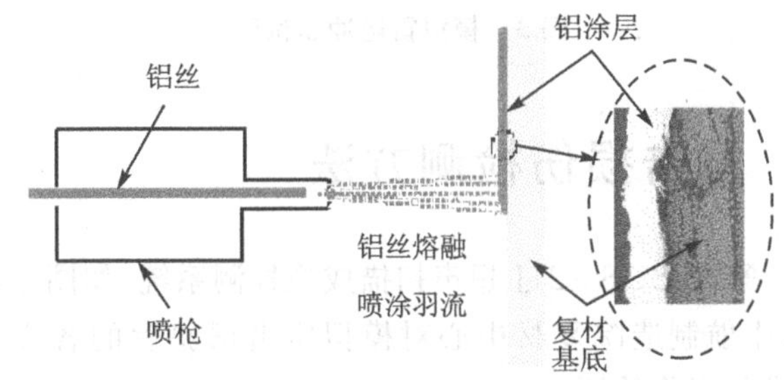

图 2　树脂基复合材料表面热喷涂铝涂层制备工艺

3　碳纤维复合材料表面热喷涂铝涂层雷击仿真样件制备

制备 T700/BA9916 碳纤维增强树脂基复合材料试样(类 1，基底)、热喷涂铝涂层复合材料试样(类 2，基底+TSA 涂层)、采用封孔工艺的热喷涂铝涂层复合材料试样(类 3，基底+TSA 涂层+ H01-103H 封孔)。试样尺寸 150 mm×100 mm、厚度 3 mm，材料及工艺参数见表 2。

表 2　材料及工艺参数

材料/工艺	规格/要求	单　位
T700/BA9916	$[45/0/-45/90]_{3s}$	中航复材
铝丝	纯度≥99.97%	浙江天龙
热喷涂铝涂层	δ0.1 mm/1.2 mΩ 口	中航复材
封孔剂	H01-103H	航发材料院

4 雷击仿真试验方法

试验设备：10/350 兼容 8/20 雷电流测试系统，西安交通大学。

试验参数：双指数脉冲电流波形[12]，见表 3。

模拟雷电冲击加载方案及状态见图 3。

表 3 模拟雷击试验参数

电流/kA	电压/kV
27±1	50±2

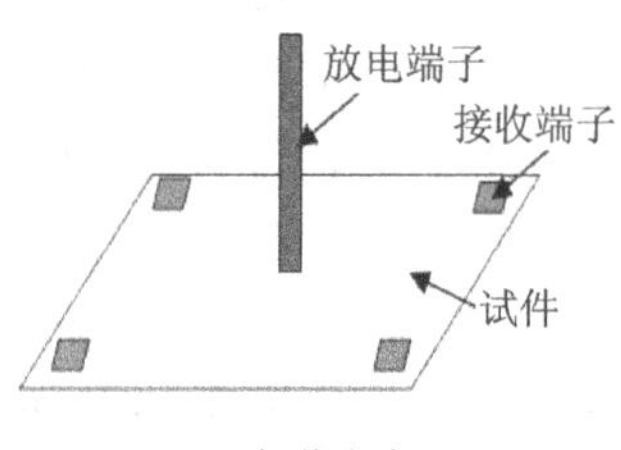

(a) 加载方案

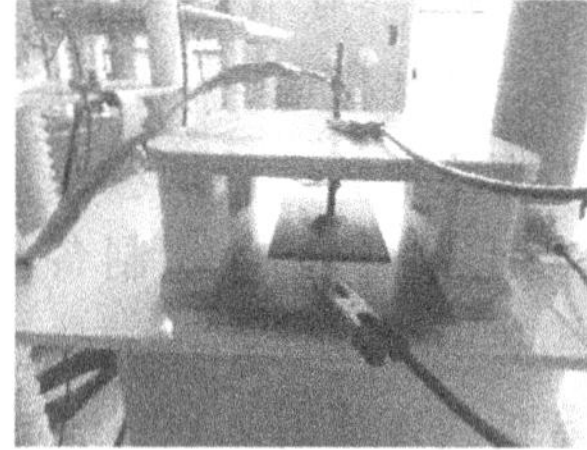

(b) 加载状态

图 3 模拟雷电冲击试验

5 雷击损伤检测方法

采用 CUS-21J 超声扫描成像检测系统，如图 4 所示，中航制造院复材中心对模拟雷击试验后的各类试样进行损伤检测。

图 4 CUS-21J 超声扫描成像检测系统

6 模拟雷击试验结果及分析

上述 3 类试样模拟雷电冲击测试后的结果如图 5 所示。

各试件模拟雷击试验后对内部损伤进行超声扫描检测，结果如图 6 所示(图中左侧是 C 扫描，右侧是 B 扫描结果)。

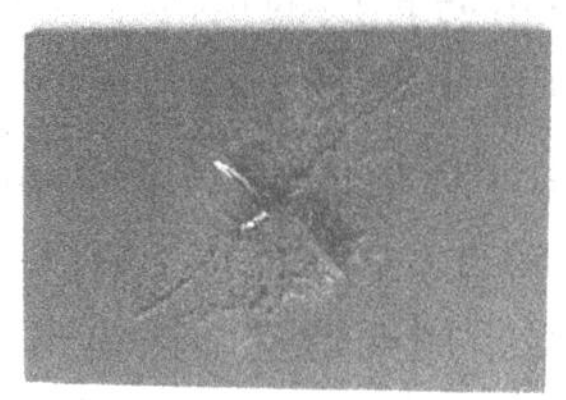

(a) 类1试样

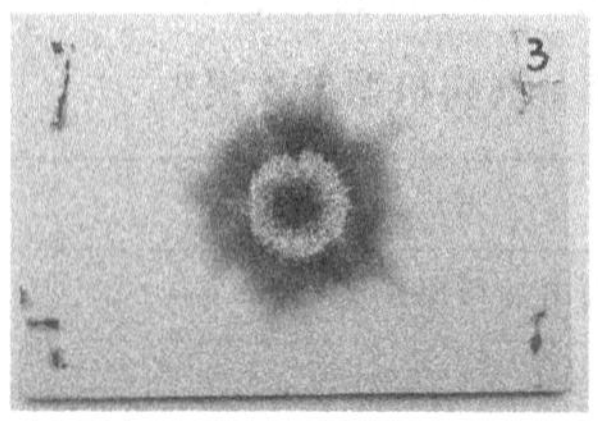

(b) 类2试样

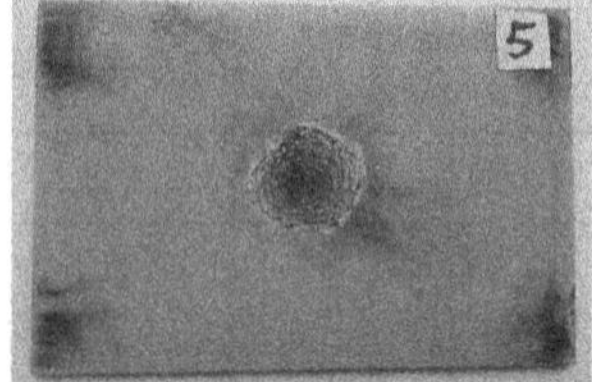

(c) 类3试样

图 5 各类试件模拟雷击测试后的结果

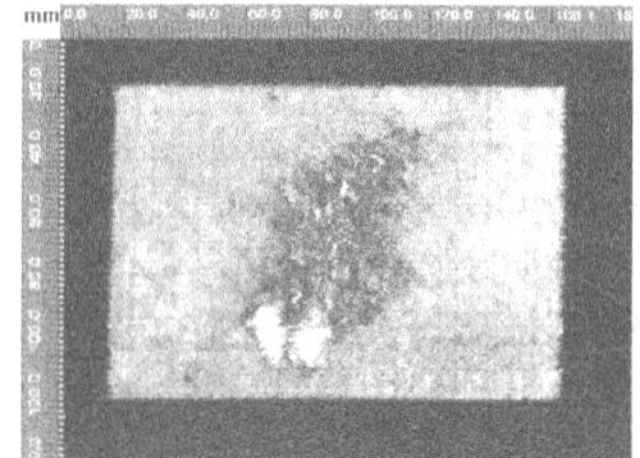

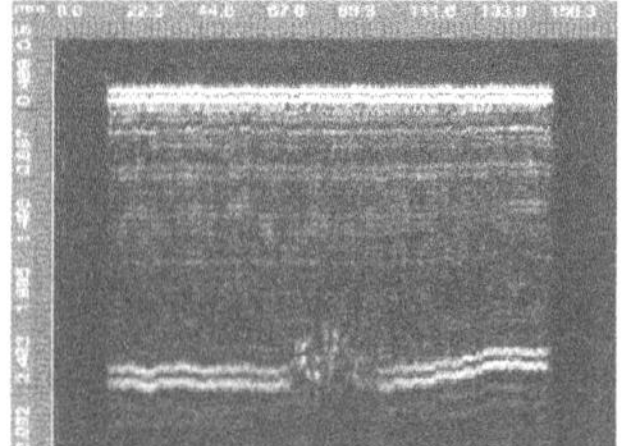

(a) 类1试样

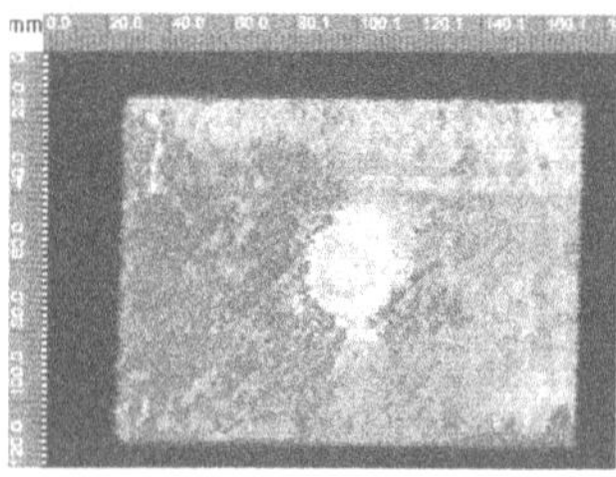

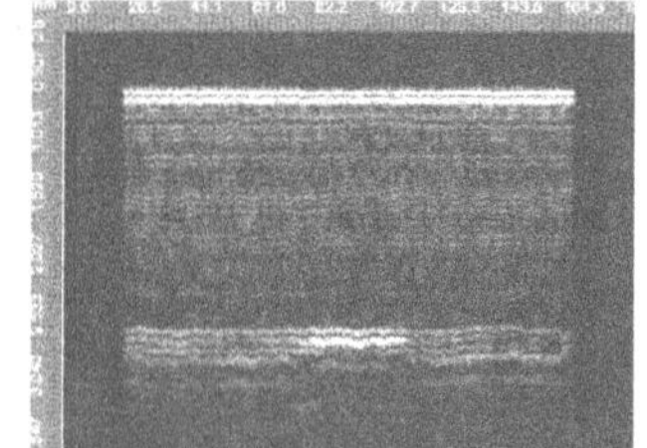

(b) 类2试样

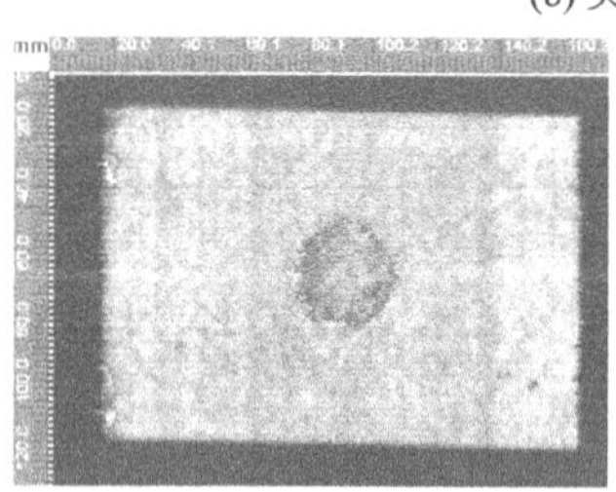

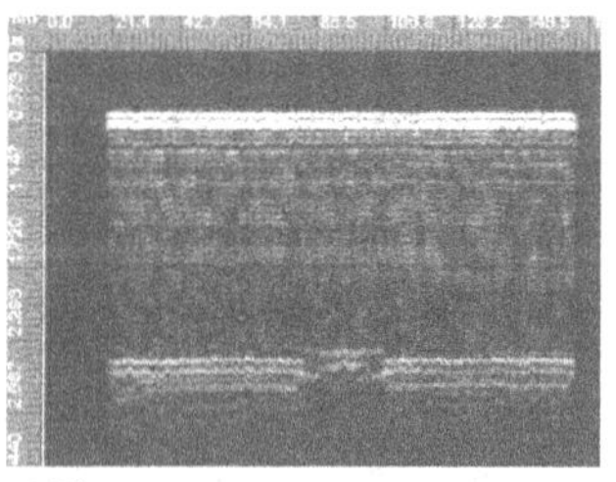

(c) 类3试样

图 6 各类型试验件模拟雷击后的损伤检测结果

对上述 3 类试样的模拟雷击损伤进行分析，具体见表 4。

具体损伤分析如下：

类 1 试样：形成以表层纤维方向及其垂直方向为主轴的椭圆形损伤区域 50 mm×100 mm，中心区域 50 mm×30 mm，损伤约 2 层(深度约 0.3 mm)，在该区域内复材发生铺层分层及纤维断裂损伤，越趋近冲击作用中心越严重。

表4 对各类试样模拟雷击后的损伤检测分析

项　目	类1试样	类2试样	类3试样
损伤形式	分层、纤维断裂	涂层气化、表层树脂气化	涂层气化、表层树脂气化
损伤形状	椭圆形	圆形	圆形
损伤面积	50 mm×100 mm	ϕ20 mm	ϕ20 mm

类2试样：表现3个典型区域，最中心区域铝涂层气化，约ϕ10 mm圆形区，该区域受到电流的热冲击，金属完全气化蒸发，复材基板表层树脂热烧蚀气化，基板完全裸露，基板未见表层纤维损伤；紧邻中心区域为金属熔融结晶区域，ϕ10 mm到ϕ20 mm环形区，该区域受电流瞬时释放时形成的等离子体区域的热冲击而形成，由中心向外扩散，呈喷射型，厚度从中间到边缘递增；最外层区域为弱热响应区，ϕ20 mm到ϕ70 mm的环形区，受中心区域树脂层及熔融结晶区域气化冲刷及电流弱热作用影响。

类3试样：表现2个典型区域，最中心区域铝涂层及封孔剂层气化区域，约ϕ8 mm圆形区，该区域受到电流的热冲击，金属涂层及封孔剂层完全气化蒸发，复材基板表层树脂热烧蚀气化，基板完全裸露，雷电附着点区域涂层下方基板表面有一定程度的热损伤，基板内部未见分层；中心区域外侧为金属熔融结晶区域，ϕ8 mm到ϕ20 mm的环形区，该区域受电流瞬时释放时形成的等离子体区域的热冲击而形成，由中心向外扩散，呈喷射型，厚度从中间到边缘递增。

7 结　论

综合比较不含涂层复合材料试样、热喷涂铝涂层复合材料试样、采用封孔工艺的热喷涂铝涂层复合材料试样在(27±1)kA/(50±2)kV的模拟雷击载荷条件下的雷击试验和损伤检测结果，可得出以下结论：

① 在上述模拟雷击载荷条件下，未喷涂铝涂层的复合材料发生显著的复材内部铺层分层及纤维断裂损伤，损伤面积约50 mm×100 mm，深度约0.3 mm；复材基材表面喷涂铝涂层的试件及表面喷涂铝涂层并采用封孔剂封孔的试件抗雷击性能都明显较好，仅发生直径约为20 mm的表面铝涂层气化，基材内部铺层未发生分层损伤。

② 热喷涂铝涂层可有效提高树脂基复合材料抗雷击损伤能力。

③ 封孔剂不利于涂层冲击能量散发，可能引起雷电附着点区域涂层下方复合材料的表面热损伤。

参考文献

[1] 张耀良，韩广才. 航空材料学[M]. 哈尔滨：哈尔滨工程大学出版社，2002.

[2] 赵金龙，陈晓宁，耿勇，等. 浅析飞机复合材料雷击防护措施与试验[J]. 玻璃钢复合材料，2013(6)：40-43.

[3] 徐秉君. 从战机怕闪电看飞机的防雷电设计[J]. 中国航空报，2014(8)：28.

[4] 胡挺，严红，王晓春，等. 直升机的雷击防护[J]. 桂林理工大学学报，2013(11)：775-778.

[5] 范瑞敏，胡宇群，乔新. 大型客机防雷击技术研究[J]. 江苏航空，2010(1)：10-11.

[6] King C H, East D A, Maksim J W. 757 Lightning Protection[D]. 1983.

[7] 牛春匀. 实用飞机复合材料结构设计与制造[M]. 北京：航空工业出版社，2010.

[8] 赵毅. 飞机复合材料蒙皮结构闪电直接防护分析[J]. 科技前沿，2013(17).

[9] 严旭，廖振魁. 复合材料零件表面喷涂铝涂层工艺[J]. 洪都科技，1999(4)：6-12.

[10] 陈志. 火焰喷涂铝技术在碳纤维复合材料飞机制件上的应用[J]. 表面技术，1998，27(5)：31-33.

[11] 纪朝辉，马倩倩，王志平，等. 飞机复合材料雷击防护层设计与应用[J]. 宇航材料工艺，2011(5)：51-54.

[12] 王永伟，严刚，郭飞. 含碳纳米管薄膜表层的蜂窝夹芯壁板模拟雷击试验研究[J]. 复合材料科学与工程，2021(3)：61-65.

基于半导体热泵技术的机载设备热设计研究

冯茂霖，李玉洪，王小培

成都飞机工业(集团)有限责任公司，成都 610091

摘要： 本文说明热设计的基本原理，引出半导体热泵技术，说明机载设备的特殊要求，介绍半导体热泵应用优点和技术特性研究，并结合机载设备特殊要求，介绍一种热设计方案。

关键词： 半导体热泵；机载设备；热设计

Research on the Thermal Design of On-board Equipment Based on Semiconductor Heat Pump Technology

FENG Maolin, LI Yuhong, WANG Xiaopei

Chengdu Aircraft Industry (Group) Co. Ltd., Chengdu 610091, China

Abstract: This paper explains the basic principle of thermal design, introduces the semiconductor heat pump technology, explains the special requirements of airborne equipment, introduces the application advantages and technical characteristics of semiconductor heat pump, and introduces a thermal design scheme combined with the special requirements of airborne equipment.

Keywords: semiconductor heat pump; airborne equipment; thermal design

1 引 言

由于设备工作会产生大量热，若产生的热不能够传导到环境中或被吸收掉，可能会导致热量积累，超过设备能够承受的高温。由于在低温下，电子材料活性低，结构、材料收缩，导致工作稳定性和可靠性降低。机载设备工作温度一般要求为−55～80 ℃。机载设备热设计是涉及稳定性、可靠性最重要的工作之一。热设计主要有两种方法：方法一是选择宽温元器件及材料；方法二是对设备进行主动的加温降温处理或被动的散热处理。通常会综合使用这两种方法。元器件温度筛选有众多专业机构，这不是本文的重点。

散热技术主要有主动技术和被动技术两种，主动技术采用加热或制冷的方法让热设备处于正常工作温度，该方法通过消耗能量对设备温度进行补偿；被动技术采用热良导体或其他导热方式给热设备进行热传导，将热设备产生的热迅速传导到环境中，从而使设备处于正常工作温度。该方法不消耗能量，但其有效的前提是环境温度在设备可以工作的温度范围内。

半导体热泵(heat pump)又称制冷片，由许多N型和P型半导体的颗粒互相排列而成，而N/P之间以一般的导体相连接而成一完整线路，通常是铜、铝或其他金属导体，由两片陶瓷片将其像夹心饼干一样夹起来，陶瓷片必须绝缘且导热良好。按照定义的极性，供电时，具有制冷效应；当把极性反接时，就是一个很好的加热器。

本文重点讨论基于半导体热泵技术的机载设备热设计。由于对象为机载设备，采用电池供电，因此在能耗、体积、重量、可靠性、安全性等方面有较高要求，需在多种目标之间寻求一种协调平衡。

2 半导体热泵应用优势

不需要任何化学药剂和机械结构，可长期持续工作，无污染，没有振动、噪声、寿命长，使用绿色环保。

既能制冷，又能加热，制冷效率一般不高，但制热效率很高，永远大于1。在电路的控制下，使用一片半导体热泵既可以成为加热系统也可以成为制冷系统。

通讯作者. E-mail：632612031@qq.con

热惯性非常小,制冷、制热时间很快,利用温度检测,控制输入电流,温度控制高精度,很容易遥控、程控、计算机控制,便于自动控制。

单个制冷元件的功率很小,但若组合成电堆,用同类型的电堆串、并联的方法组合成加热或制冷系统,功率就可以做到很大,从几毫瓦到上万瓦。

半导体热泵的温差范围为 90～－130 ℃。选对型号后,只要热传导和冷热两端隔热做好,加热制冷均能实现设备的正常启动工作。

3 半导体热泵热设计技术研究

半导体热泵设计主要考虑的因素有:半导体热泵自身品质、温度特性、多片组合特性、机械设计因素(安装方式、粗糙度等)、热接触状态、环境温度湿度、热循环、控制方式、电源纹波等。半导体热泵的型号编制规则如图 1 所示。

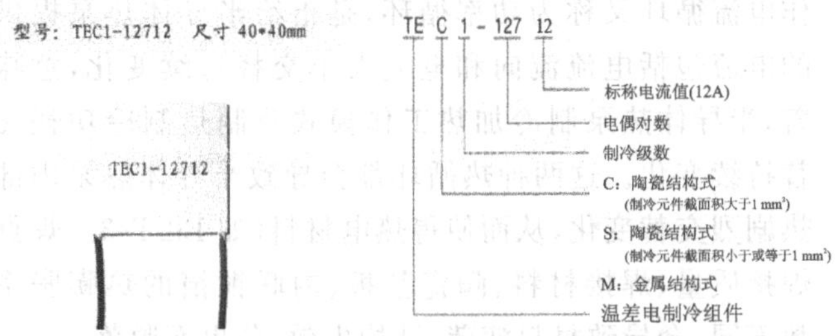

图 1 半导体热泵的型号编制规则

在设计良好的情况下,半导体热泵的平均无故障时间(MTBF)一般会超过 20 万小时。N/P 对的焊接品质、热电材料、陶瓷基板的选择等都是影响半导体热泵品质的重要因素。

3.1 工作温度特性

这完全取决于芯片内焊锡的熔点。一般制造制冷片所采用的是低熔点焊锡。半导体热泵的 N/P 结之间以锡焊的方式连接,当热泵工作温度热面超过焊点许可时,焊点可能会融化脱落,导致模块损坏。一般半导体热泵温度可分为三级,如表 1 所列。

表 1 半导体热泵温度分级

序 号	温度级别	许可温度范围/℃
1	普通级	－150～125
2	高温级	－150～150
3	特高温级	－150～200

普通级半导体热泵,红线接正极,黑线接负极,无字面是热面,热面最高工作温度不要超过 120 ℃,用作制热也是可以的,请控制好温度,恒温在 80 ℃以内,超过 120 ℃有可能烧坏。若制冷,则热面越低,冷面也就越低。

当温度高于 80 ℃时,热电材料固态溶度和铜材的扩散率显著增大;温度高于 85 ℃时,残留焊料形成微小的共晶相并将热电材料分层剥离,显著加速半导体热泵失效。

半导体热泵的热面一定要装有散热器。不拘散热器的型式。如果热面不装散热器,通电之后,热面温度上升很快。当它的温度超过焊锡的熔点时,制冷片就损坏了。至于冷面温度很低,是不会造成损害的。

3.2 机械设计因素

半导体热泵的尺寸有各种规格,P/N 结的多少,会影响热泵的尺寸、耐压和额定电流。单片额定电流主要与热泵 P/N 结材质和工艺有关系,通常额定电流在 2～20 A 范围内;P/N 结越少,尺寸越小,耐压越低。通常低耐压有 3 V 的,还有更低的;高耐压有 16 V 的,还有更高的。最小尺寸 4 mm×4 mm×2.4 mm,甚至还有更小的;最大的 62 mm×62 mm×5.3 mm,还有更大的;可以通过并、串的方式,面积基本不受限制。

半导体热泵可以将两片叠在一起使用,第一片的热面紧贴第二片的冷面,第一片产生的热全部被第二片的冷面完全吸收。理论上是如此。因此多层级结构,成金字塔排列,即第一片很小,第二片较大,第三片更大。整体变厚,制冷温差可以提高,但效率却降低很多。因此,多级制冷实现不了更强的冷冻力。

单片半导体热泵最大尺寸不会做到很大,因为冷缩热涨的物理现象、如果尺寸太大,热面膨胀,冷面收缩,晶粒容易破裂。目前最大的尺寸约在 50 mm²,4 mm 厚。如果需要很大的制冷量而刻意去制造尺寸很大的芯片,那是不切实际的,也不经济。如果在应用中,多加几组芯片,也可同样达到增加制冷量的目的。

半导体热泵承受压应力能力强,剪应力能力弱,通过机械设计确保安装、热应变对半导体热泵不承受剪应力可以确保半导体热泵不会出现早期失效。

3.3 组合特性

半导体热泵的组合,就是多片芯片串联或并联。其制冷能力,不会因串联或并联而有所改变。并联使用时,如果其中一片芯片坏了,剩余的芯片可继续运作;电压低,电流大;控制芯片电流的零组件如继电器晶体管或CMOS,耗损大,价格高。串联使用时,如果其中一片芯片坏了,所有的芯片都将停止运作;电压高,电流小;控制芯片电流的零组件如继电器晶体管或CMOS,耗损小,价格便宜。

3.4 效率特性

正常情况下,红线正极黑线负极,有字面为冷面,无字面为热面。有的芯片,两面看起来一模一样,难以分辨冷面、热面,可以将直流电源依红黑引线的极性施加到半导体热泵,发热面为热面;另外一面会制冷,称为冷面,通电时间不超过5 s。考虑效率因素,在设计上最好是冷面当制冷用,热面当散热来使用。

许多因素都会影响冷度,例如室温高低、冷面负载、电流大小、散热器优劣等。理论上来说,如果把热面温度设法维持在27 ℃,则冷面与热面的温差最高可达到最大温差值(DT_{max})。

实现高温差制冷有两个办法:一是可以采用多层级半导体热泵;二是可使用传统式冷冻压缩机,先把热面温度降低,冷面温度自然也跟着降低。

安装散热器一定要涂导热硅脂且要均匀,这很重要;制冷效果更取决于使用的散热片散热效果,散热越好,制冷效果越好;半导体热泵工作状态是一面制冷一面发热,工作时必须给发热面良好散热,严禁在无散热情况下通电超过5 s。半导体热泵的冷热两端面分别跟冷板和散热器接触。如果界面的热接触不理想,则会导致半导体热泵过热,明显降低半导体热泵性能,并加速和导致半导体热泵早期失效。

用作制冷的话,热面越低制冷效果越好,超过50 ℃制冷效果很差,散热很重要。

3.5 湿度影响

半导体热泵内部的湿度过大可导致降低性能,诱发早期失效。湿度过大带来的不利影响在于:①湿度过大容易导致产生水蒸气,水与残留的焊料形成具有腐蚀性的电解质溶液,腐蚀模组内部材料;②容易在模组热端和散热器之间形成电气上的低阻抗,导致电气损坏。

为防止湿度的不利影响,需要采用密封的办法将环境大气和半导体热泵有效的隔离。一般采用三层密封胶密封措施:①在半导体热泵四周密封;②在散热器/冷板密封;③整个热电组件全密封。各层密封胶的选择,密封效果是一个重要因素,密封胶的固化特性、操作因素也要考虑。

常见制冷片的密封材料有Acrylic、Epoxy、Polyurethane和SiliconeRubber如表2所列。

表2 常见制冷片的密封材料

材 料	水蒸气
Acrylic	NotListed
Epoxy	0.7~0.94
Polyurethane	0.94~3.43
SiliconeRubber	1.73~3.11

试验表明:Epoxy密封效果最佳,SiliconeRubber由于它的高渗透率而效果最差。

3.6 热循环影响

热循环通常有两种方式:一种为工作温度循环,是指在温度高低温交替持续变化的环境下工作,意味着半导体热泵工作环境温度交替持续变化,另一种为工作电流循环又称为功率循环,是指给半导体热泵提供的电流包括电流流向和电流大小交替持续变化,意味着,半导体热泵制冷加热工作模式及制热制冷功耗交替持续变化。这两种热循环都会导致半导体热泵内部热剧烈交替变化,从而使得热电材料(如Bi2Te3)、焊点焊接质量、焊接材料、陶瓷基板、内联铜箔的热膨胀系数不同,会导致材料疲劳、结构失效、分界面脱落。

试验表明:温度循环时,高低温度接近可工作范围,失效越快;高低温度越远离可工作范围,失效影响越小。电流循环时,电流变化度越接近额定电流,失效越快;电流变化度越小,失效影响越小。循环的次数越多,失效越快。

3.7 控制方式

半导体热泵可以近似认为是纯电阻组件,杂散电容很小,电感值几可忽略。使用一般直流电源来驱动,是不会有问题。

控制方式充分影响半导体热泵的寿命。来自许多单位的实验报告都证明冷热交替的伤害。设计良好的控温方式,平均无故障时间(MTBF)可达10~20年。

脉宽调制(PWM)控制,在频率低于1 000 Hz时,会产生热循环效应。经过试验测试,频率为1 Hz的脉宽调制(PWM)控制热电组件,其平均无故障时间(MTBF)不超过1 a=31 536 000 s;同样的系统,采用可变电流控制,其无故障时间(MTBF)可达到20万小时,或 22.8 年。采用 ON/OFF 控温方式,平均无故障时间(MTBF)只有 1～2 年。

因此,对于高可靠性系统,不推荐使用开关控制或者频率低于 1 000 Hz 的脉宽调制控制,而应该使用可变电流源控制。

4　一种机载设备热设计方案

4.1　组　成

各组件层次示意图如图 2 所示,包括:热设备、导热组件、储能组件、隔热组件、散热组件、半导体热泵、电源组件、控制组件、温度传感器显示组件。

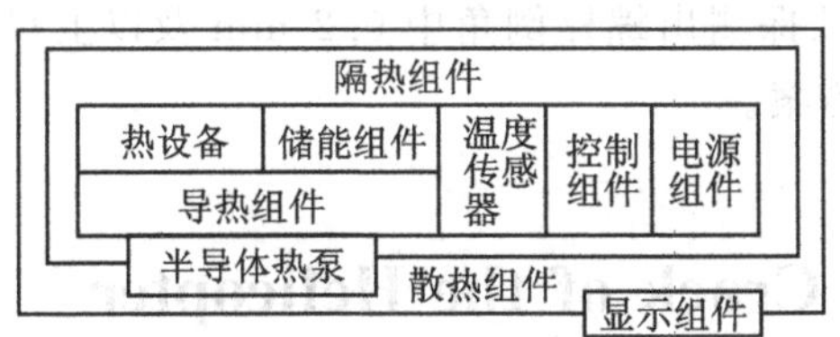

图 2　各组件层次示意图

4.2　机械设计

导热组件将热设备产生的热迅速导向储能组件。储能组件储存热量,增加整个系统的热惯性,降低控制组件启动频率,有利于低能耗控制。隔热组件,将外界环境与热设备、导热组件和储能组件进行热隔离。

散热组件包括热管、铜导热块和散热外壳等,将半导体热泵热面的热量迅速传递出去,以促使半导体热泵的热面温度尽可能接近环境温度,从而保证半导体热泵的稳定可靠地工作,实现温度控制。

半导体热泵四周采用环氧丙烯酸密封,并由隔热组件包裹,确保半导体热泵热面和冷面的热隔绝;半导体热泵冷面、半导体热面、导热组件与半导体热泵冷面连接面、半导体散热组件与热泵热面连接面均匀涂抹适量导热硅脂;半导体热泵冷面与导热组件结合边缘并用硅树脂 RTV 密封;半导体热泵热面与散热组件结合边缘并用硅树脂 RTV 密封。

由于空气是热的不良导体,所以设备外壳在空气中容易形成相对保温的空气膜,非常不利于导热。当然,在机场、飞行状态等空气流动很好条件下,基本不存在保温空气膜的问题,散热性非常好。考虑到散热组件在机库等封闭条件下工作散热问题,热泵产生热量会导出到设备外壳,将设备外壳与飞机安装面进行充分的热接触,充分利用飞机金属机体散热,散热效果非常好。

考虑到设备有安装于飞机翼尖等部位需求,设备抗震和抗冲击力要强。设备重量也是一个限制,在满足散热特性要求的情况下,要求设备重量轻、体积小,因此,设备的高低温适应性指标要与体积、重量综合考虑,形成合理的平衡指标,对导热组件和储能组件的结构优化。

4.3　电子设计

半导体热泵在控制组件的控制下,制热或制冷,对热设备、导热组件、储能组件进行温度补偿,实现热设备的高低温正常工作。电源组件,由锂电池及管理芯片构成,为热设备、半导体热泵、控制组件、显示组件供电,同时也对电池的充电、放电安全进行管理。

多点温度传感、多组件温度采集,实现温度综合控制。温度传感器传感储能组件的温度,单片机采集温度并控制半导体热泵电源极性和开启,对半导体热泵采用高频脉宽调制(PWM)单极性电流控制方式。单片机采集电源电压并通过显示组件显示电池容量。显示组件显示各组件温度、电池容量、电芯 PHM 信息、工作状态,为节约用电,显示组件处于常关状态,用户按动显示按钮后,显示 3 s 后自动关闭。

对电池电芯采用宽温配置,对放电依据工作温度采用模式管理方法,采用电池 PHM 算法控制实现电池宽温安全管理,对用电载荷和电芯充放电实施独立电路限流、限压和控温。

参考文献

[1] 李国强.太阳能半导体制冷系统实验平台的设计与研究.万方数据,2016.

[2] 杨亚新.微型热电制冷片用于激光器散热的研究.万方数据,2014.

[3] 张宇,张辉,丁燕.基于模糊自适应 PID 调节的半导体制冷片恒温系统.万方数据,2005.

[4] 宋平.半导体制冷片特性参数的测试方法及系统研究.万方数据,2016.

[5] 李晓忠,郑建明.热泵循环水供热项目边界参数的设定分析.万方数据,2015.

[6] 吴超.热泵型保温烤烟房节能性研究.万方数据,2015.

直升机在机螺栓倒角相控阵超声检测中的研究

黄景兴[1]，杨振轩[2]，白红超[1]，卢超[2,3]，陈尧[2,*]

1. 昌河飞机工业(集团)有限责任公司，景德镇 333002

2. 南昌航空大学，无损检测技术教育部重点实验室，南昌 330063

3. 赣南师范大学，赣州 341000

摘要： 直升机在机 M18－M20 直径螺栓裂纹的原位检测是无损检测领域的挑战性技术难题。本文采用相控阵超声检测技术对直升机螺栓倒角实施在机原位检测。根据倒角结构特点，在螺栓倒角不同位置加工了用于模拟裂纹的 0.1 mm、0.2 mm 和 0.3 mm 开口槽。采用直入射和斜入射检测工艺研究螺栓倒角的相控阵超声检测效果。通过分析开口槽回波幅值，实现相控阵超声检测参数的优化和倒角缺陷检测能力的验证。结果表明：将相控阵超声检测技术纵波直探头检测法与横波斜探头检测法相结合能够有效探测出螺栓倒角中 0.2 mm 及以上尺寸的裂纹。该检测技术为螺栓倒角的在机原位无损检测提供了一种解决方案。

关键词： 直升机；螺栓倒角；相控阵超声检测；裂纹；无损检测；在机

Phased Array Ultrasonic Test for the Crack of the Helicopter Bolts Chamfer in Servicing

HUANG Jingxing[1], YANG Zhenxuan[2], Bai Hongchao[1], LU Chao[2,3], CHEN Yao[2,*]

1. Aircraft Industries Group Co. Ltd., Jingdezhen 333002, China

2. Key Laboratory of Non-destructive Testing Technology, Nanchang Hangkong University, Nanchang 330063, China

3. Gannan Normal University, Ganzhou 341000, China

Abstract: The non-destructive testing of the helicopter bolts with the small-sized (M18－M20) in servicing is a challenging technical problem. In this paper, the Phased Array Ultrasonic Test (PAUT) technique is used for non-destructive testing the crack of the helicopter bolts chamfer in servicing conditions. According to the chamfering structure, the notches with 0.1 mm, 0.2 mm and 0.3 mm which are used to simulate the crack in different location of the bolts chamfer. Then the vertical incidence and oblique incidence detecting methods are used to investigate the PAUT detecting performance of the helicopter bolts chamfer. By analyzing the amplitude of the notch echo, the PAUT parameters are selected and the detect ability of the crack was verified. The results finally show that PAUT is capable of can detect the 0.2 mm or more cracks in the bolts chamfer. To sum up, the PAUT provides a solution for the non-destructive testing of the helicopter bolts chamfer in servicing.

Keywords: helicopter; bolts chamfer; phased array ultrasonic test; crack; non-destructive testing; inservicin

1 引 言

直升机安装中广泛使用螺栓连接，螺栓是直升机尾桨系统、传动轴、起落架、燃油箱上的重要紧固件，起到连接、定位以及密封等作用[1]。螺栓在制造和使用过程中，为避免螺帽一螺杆连接处出现应力集中，通常在该位置加工“R”形倒角，有助于热加工和受载时应力

基金项目：国家自然科学基金（51705232）；江西省自然基金(2019BAB216026)

* 通讯作者. E-mail：chenyao@nchu.edu.cn

的释放，有效避免倒角处裂纹的萌生。尽管如此，鉴于直升机的恶劣服役工况，螺栓倒角仍然是裂纹萌生、扩展的高发区域，极易引起螺栓的断裂或失效，为直升机安全运行埋下安全隐患[2]。

定期进行在役螺栓倒角实施无损检测，对直升机安全起到极为重要的作用。由于倒角位于螺帽下方，嵌入结构内部，因而以往的直升机在役螺栓倒角检测，通常是将螺栓拆卸后进行荧光或磁粉探伤[3-4]。然而，螺栓拆卸困难、检测周期长、效率低，无形中增加了作业人员的工作强度。更为重要的是，螺栓在拆卸、重现安装过程中可能出现装配、调试不当引起的潜在安全风险。因此，在不进行拆卸的前提下，对在机螺栓疲劳裂纹进行检测，可有效提升直升机安全指标和减轻作业人员的工作强度。

超声检测是一种广泛应用于航空金属、复合材料探伤的无损检测方法，非常适用于螺栓内部裂纹的探测和评价[5]。然而，由于倒角位于螺帽和螺杆连接处，因而倒角附近位置结构复杂。对螺栓进行以A形扫描信号为基础的常规超声检测时，检测信号中会出现复杂的非缺陷端角回波，严重干扰缺陷的检出和评判，引起螺栓倒角疲劳裂纹的误判和漏判。

相比于常规超声检测中的单压电晶片探头，相控阵超声探头由多个独立的压电晶片组成，每个压电晶片被称为阵元[6]。按照不同的延时法则，相控阵系统控制每个阵元发射声波的时间顺序，使相控阵探头发射的超声波束叠加形成超声波阵面，改变波束聚焦点和聚焦方向合成波束。相较于常规超声检测技术，相控阵超声检测技术的波束偏转角可任意改变，聚焦深度在进行试验过程中可调节，并以S扫描、B扫描和C扫描等多种视图对缺陷进行直观显示[7-8]。

目前，港口、核电等行业已开展螺栓疲劳裂纹的相控阵超声检测研究，并取得了一定的成果[9-11]。本文在此基础上，以直升机桨毂阻尼器M18螺栓为对象，研究了纵波直探头和横波斜探头下倒角结构的相控阵扇形视图特征，并研究了倒角结构对裂纹检测的影响，最后考察了螺栓倒角处裂纹的相控阵超声检测能力。

2 原　理

相控阵超声检测系统通过控制阵列换能器中不同阵元激励和脉冲时间延迟，实现声束的偏转和聚焦。由于螺栓倒角呈“R”形，因而选择偏转聚焦声场，确保对螺栓倒角位置的声场覆盖，进而有效发现螺栓“R”形倒角可能存在的缺陷。此外，声束的偏转控制方式也是保证缺陷有效检出的关键因素之一。为研究声场特性对缺陷检出能力的影响，本文选择纵波直入射和横波斜入射两种方式来实现声束声场的控制。

图1所示为纵波直入射和横波斜入射检测状况下的螺栓倒角检测示意图。由图1(a)可知，纵波直入射检测时，探头与螺栓的螺帽表面保持高度垂直，通过控制脉冲延迟时间使纵波声束倾斜射入“R”形倒角某位置。

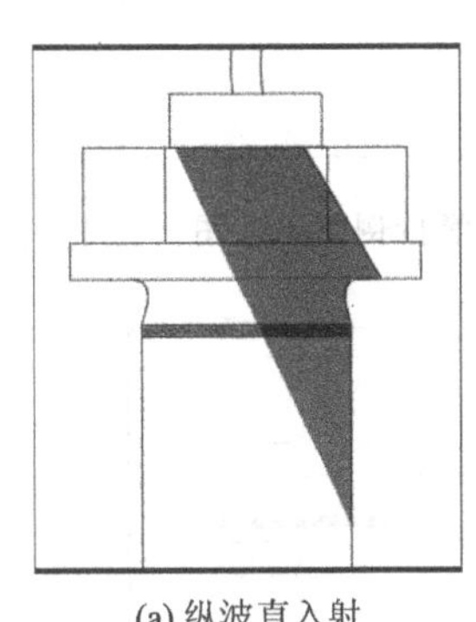

(a) 纵波直入射

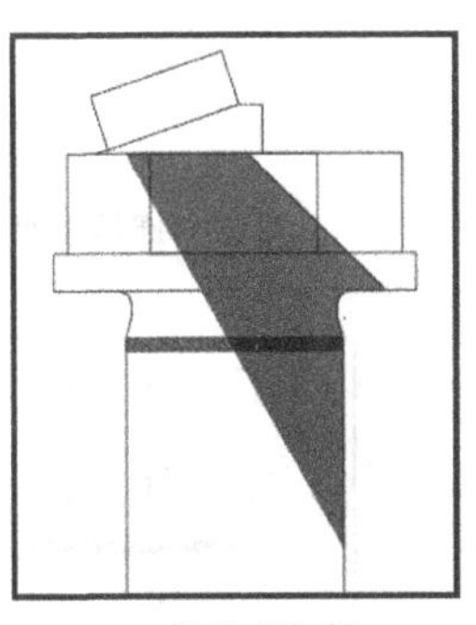

(b) 横波直入射

图1　螺栓倒角检测示意图

由图1(b)可知，横波斜入射需要在探头下垫置一定角度的斜楔块，斜楔块下方紧贴螺栓的螺帽处，使入射螺栓主声束发生偏转，到达楔块-螺栓界面处产生折射横波，使声束以横波方式倾斜射入“R”形倒角某处。为获得有效的声场覆盖特性，采用扇形扫查方式，使声束在每个扫查角度上偏转，用于覆盖整个“R”形检测区域。

3 实　验

3.1 实验试块

图2所示为直升机桨毂阻尼器M18螺栓实物图及“R”形倒角示意图，其参数如表1所列。

表1　直升机M18螺栓基本参数

总长/mm	螺杆长/mm	倒角厚/mm	螺帽厚/mm
121	110	3.8	11

考虑到螺栓倒角处可能出现的缺陷，在“R”形倒角不同位置加工人工刻槽，模拟可能产生的缺陷裂纹。分别在“R”形倒角的上端角位置、中间位置、下端角位置加工不同刻深的人工刻槽。不同位置加工缺陷示意图如图3所示，各缺陷基本参数如表2所列。

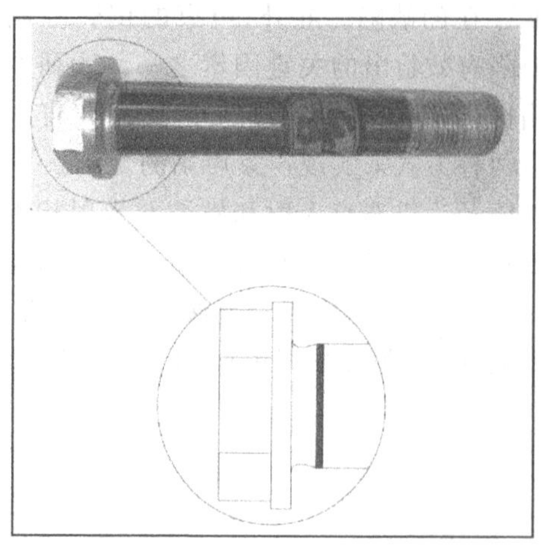

图 2 螺栓实物图及螺栓倒角示意图

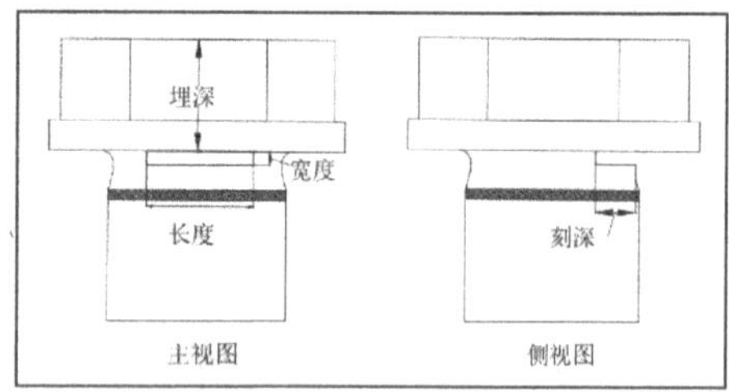

(a) 上端角位置刻槽

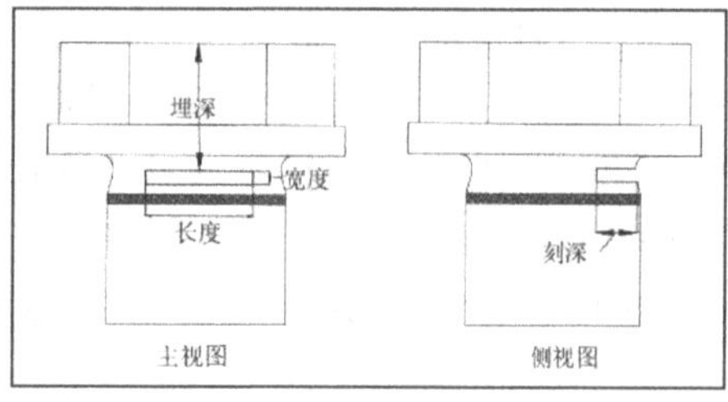

(b) 中部位置刻槽

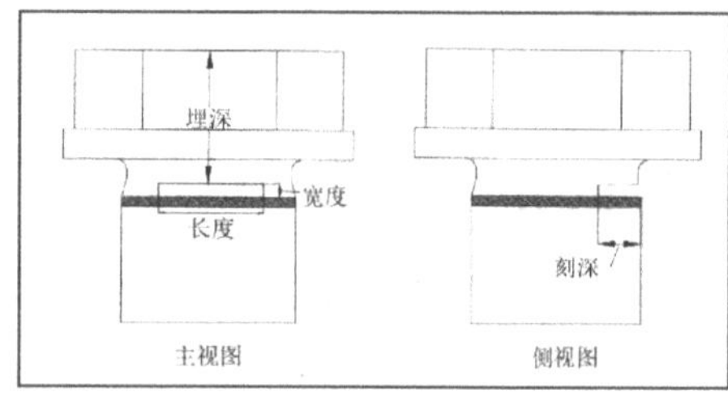

(c) 下端角位置刻槽

图 3 倒角缺陷位置示意图

由表 2 可知，同一埋深下的人工刻槽长度和宽度保持不变，仅改变人工刻槽的刻深，避免其他参数对实验的影响。通过对比直升机桨毂阻尼器 M18 螺栓"R"形倒角无缺陷试块的相控阵图像，探究相控阵对于螺栓"R"形倒角是否可检以及可检测出的最小缺陷。

表 2 倒角各缺陷基本参数

编 号	埋深/mm	长度/mm	宽度/mm	刻深/mm
1	11	10	0.1	0.1
2	11	10	0.1	0.2
3	11	10	0.1	0.3
4	12	10	0.1	0.1
5	12	10	0.1	0.2
6	12	10	0.1	0.3
7	13	10	0.1	0.1
8	13	10	0.1	0.2
9	13	10	0.1	0.3

3.2 实验平台

本次实验选择便携式相控阵检测仪搭配两种类型相控阵探头进行检测。两种类型的探头分别为纵波直入射探头和横波斜入射探头。纵波直入射探头不需要楔块，探头直接与螺栓的螺帽接触；横波斜入射探头需要搭配斜楔块共同进行检测。表 3～表 5 所列分别为纵波直入射探头、横波斜入射探头和楔块参数。

表 3 纵波直入射探头参数

型 号	频率/MHz	阵元数量	阵元间距/mm
15L32	15	32	0.25

表 4 横波斜入射探头参数

型 号	频率/MHz	阵元数量	阵元间距/mm
7.5S16	7.5	16	0.5

表 5 斜楔块参数

型 号	角度/(°)	高度/mm	声速/($m \cdot s^{-1}$)	主偏移/mm	次偏移/mm
SD10-N60s	39	3.42	2 337	16.25	0.00

3.3 探头摆放位置

纵波直入射检测螺栓时，探头摆放位置如图 4(a)所示，探头摆放俯视图如图 4(b)所示。

探头摆放在螺帽的中心位置，使呈中心对称的"R"形倒角的回波影像在扇扫图像中左右对称。上下移动，并且水平旋转探头，扫查螺栓"R"形倒角不同位置是否存在缺陷。

(a) 正视图

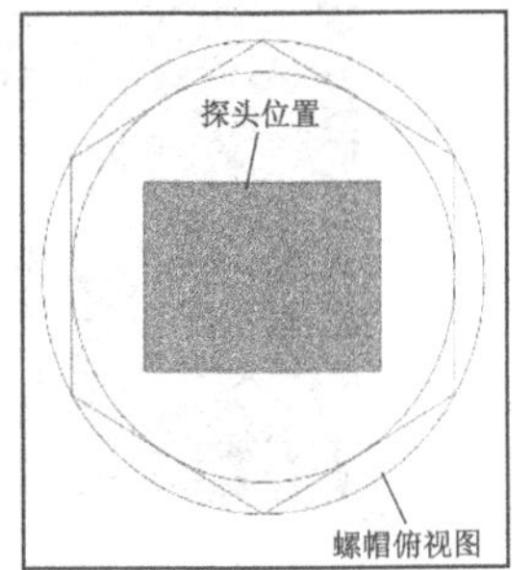

(b) 俯视图

图 4 纵波直入射探头摆放位置

将横波斜射入探头摆放在涂有润滑剂的螺帽处，探头的摆放位置如图 5(a)所示，探头摆放位置俯视示意图如图 5(b)所示。在探头紧贴螺帽的前提下，水平方向移动探头，并观察相控阵图像，使缺陷位于中心位置。水平旋转探头，可以检测到"R"形倒角每个位置上是否存在缺陷。

(a) 正视图

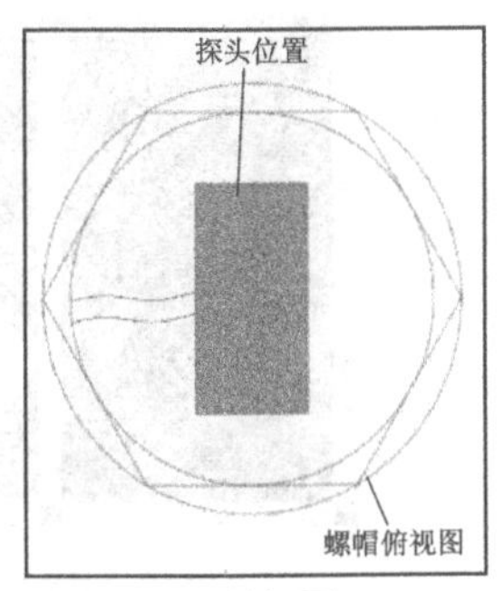

(b) 俯视图

图 5 横波斜入射探头摆放位置

纵波直入射探头与横波斜入射探头均采用扇扫检测，扫查布局为左侧 A 扫+右侧 S 扫，检测参数如表 6 所列。将扫查布局设置为左侧 A 扫+右侧 S 扫，可以通过 A 扫的波形与相控阵图像相结合的方式来确定缺陷。两探头检测过程中改变增益可以改变回波幅值的大小，若增益过小，缺陷回波不明显，则无法区分该回波是否为缺陷回波；若增益过大，产生过大的杂波，影响成像质量，进而影响缺陷识别。经调试，纵波直入射探头检测时，增益为 27 dB；横波斜入射探头检测时，增益为 21 dB，效果最好。

表 6 两探头检测参数

型　号	增益/dB	扇扫角度/(°)	聚焦深度/mm	角度步进/(°)
15L32	27	−45～45	10	0.5
7.5S16	21	20～67	10	0.4

由于螺栓"R"形倒角位于螺栓螺帽下方，仅与螺帽顶部相距 11 mm，螺栓杆直径为 18 mm，且直探头的芯片与螺帽紧贴，经计算角度最小为 41°，螺栓"R"形倒角的回波图像为圆形斑点，为将图像显示完全，角度需大于 41°。但是，如果角度设置过大，则扫查到螺帽底波，形成非缺陷回波，对识别缺陷造成影响。经验证，纵波直入射探头检测的扫查角度为 45°时效果最好。纵波直入射探头发射的声波垂直进入螺栓，所以可以检测螺栓中心对称的"R"形倒角。纵波直入射探头检测螺栓"R"形倒角时，应将角度设置为−45°～45°。横波斜入射探头检测螺栓时，由于声波斜入射到螺栓内部，所以只可以检测单侧的"R"形倒角，即将角度设置为单侧角度即可。检测过程中，水平移动探头回波影像也水平移动，可将角度设置偏大，通过水平移动探头确认缺陷回波，排除杂波干扰，所以角度设置为20°～67°。

聚焦深度影响相控阵成像质量，由于缺陷埋深分别为 11 mm、12 mm 和 13 mm，所以将聚焦深度设置为相近于缺陷埋深即可。角度步进值影响成像精度。角度步进越小成像精度越高。但仪器的计算能力有限，所以，将角度步进值设置为当前角度下的最小值即可，角度步进值分别为 0.5°与 0.4°。

4 结果分析

4.1 纵波直入射

相控阵超声纵波直入射法检测螺栓无缺陷位置图像如图 6(a)所示，对"R"形倒角上端位置刻深 0.3 mm 的开口槽进行检测，发现检测结果与无缺陷时的检测结果的相控阵图像无明显差异。故相控阵超声纵波直入射对"R"形倒角上端位置刻槽无法检测。图 6(b)所示为超声波检测"R"形倒角示意图。

由图 6(a)可知，图像中的两处回波为关于中心对称的"R"形倒角上端角的回波，若存在回波将在上端角回波附近出现另一处回波信号。由图 6(b)可知，当主声束进入螺栓后，被倒角上端角反射形成上端角回波信号，当声波被上端角刻槽反射时，形成上端角开口槽回波，但上端角回波较强将开口槽回波覆盖，导致两处回波无法在图像中区分。

为进一步研究对"R"形倒角上端位置，延晶片排列方向移动探头。此时原扇扫图像中的一处"R"形倒角的端脚回波型号消失，另一处回波信号向图像中心移动，同时四周出现干扰波。不同刻深的开口槽回波图

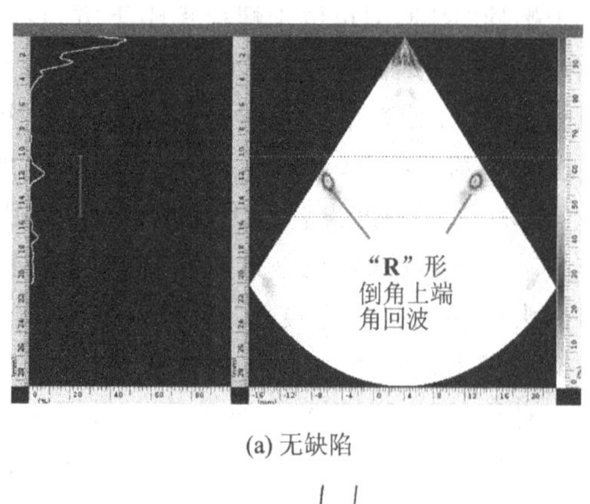

(a) 无缺陷

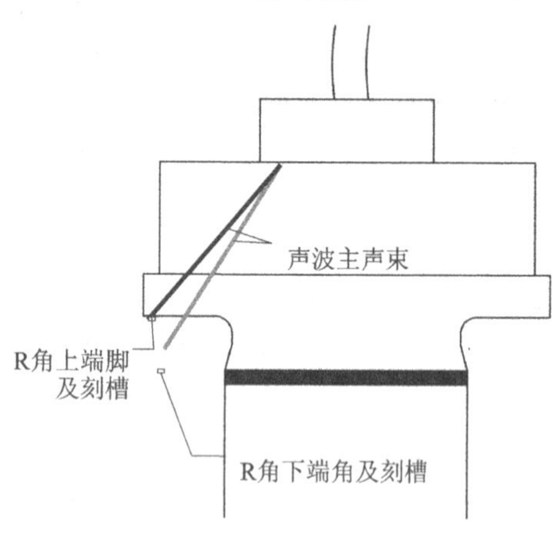

(b) 螺栓倒角检测示意图

图 6　纵波检测倒角上端角缺陷结果

像如图 7 所示，其中图 7(a)～(c)中的刻深分别为 0.1 mm、0.2 mm、0.3 mm 的相控阵图像，图 7(d)为无缺陷图像。

将图 7(a)与(d)对比可知无明显差异，且幅值百分比均为 8.5%，所以可以确定“R”形倒角的上端脚 0.1 mm 的开口槽无法检测出，将图 7(b)(c)分别与(d)对比，可以观察到“R”形倒角旁边存在一处小的回波信号，回波幅值分别为 33.8%与 56.6%，通过两回波信号的位置和幅值可以确定，该处回波为缺陷的回波信号。

纵波直入射探头对“R”形倒角中部位置进行检测，图 8(a)～(c)所示分别为 0.1 mm、0.2 mm、0.3 mm 的相控阵检测图像。

由图 8(a)～(c)可知，在左侧“R”形倒角的回波信号下方有一处与之相连的回波信号，该回波信号为“R”形倒角中部位置刻槽的回波信号，并分别对比图 6(a)无缺陷相控阵图像可知，图中左侧“R”形倒角的回波信号下方无与之相连的回波信号，所以可以判断出图 8 中与左侧“R”形倒角的回波信号相连的回波信号为刻槽的回波信号。记录 0.1～0.3 mm 三个开口槽的回波幅值百分比分别为 22.8%、32.8%、38.3%。而相同

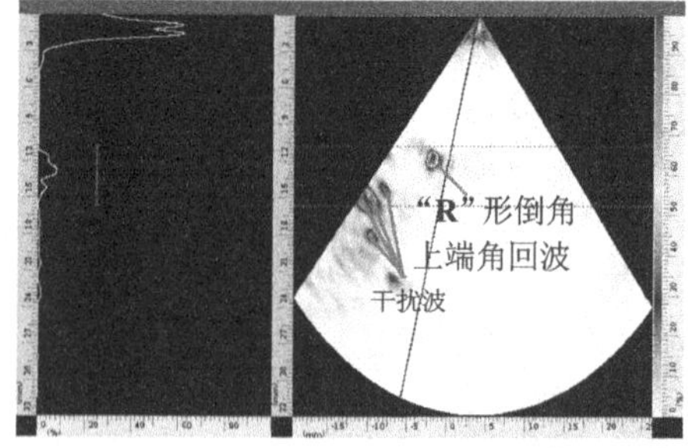

(a) 0.1 mm开口槽

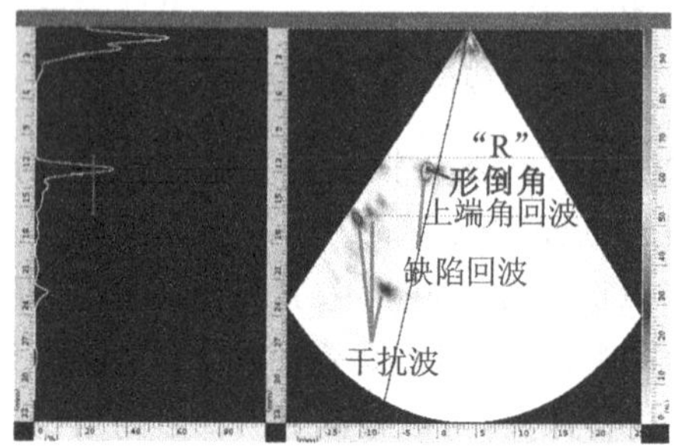

(b) 0.2 mm开口槽

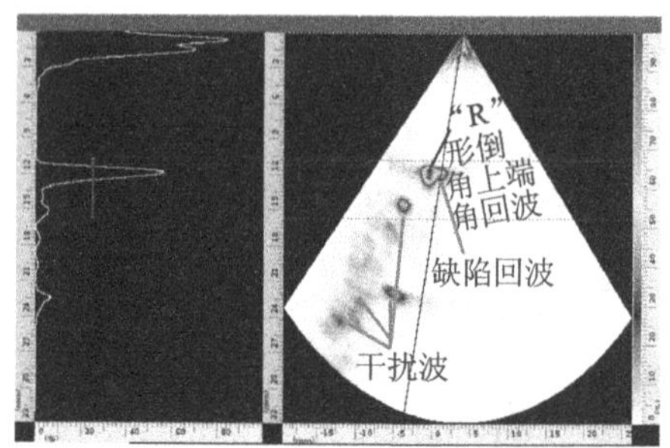

(c) 0.3 mm开口槽

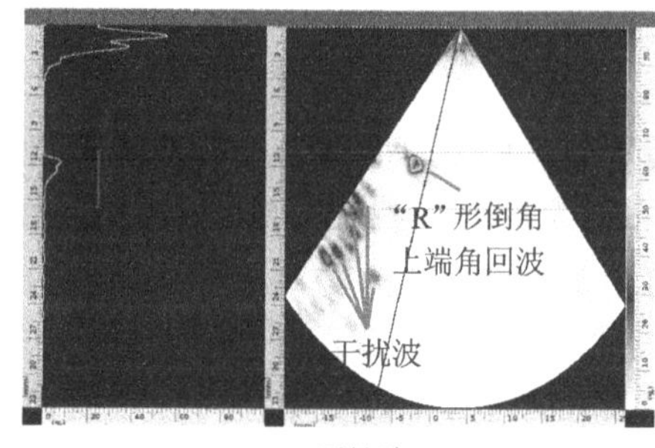

(d) 无缺陷

图 7　纵波检测倒角上端角缺陷结果

位置无缺陷的回波幅值为 6.8%，刻槽回波幅值与无刻槽回波幅值相差较大，所以纵波直入射探头可以识别“R”形倒角中部位置的人工刻槽。

纵波直入射探头对“R”形倒角下端角位置进行检测，并对比图 6(a)无缺陷检测图像，两图像除“R”形倒角的下端脚回波外无其他回波。由图 6(b)可知，因为“R”形倒角过大，而人工刻槽较小，使得声波被“R”形倒角凹陷位置反射，无法传到“R”形倒角下端角的人工刻槽处。故纵波直入射探头无法检测到“R”形倒角下

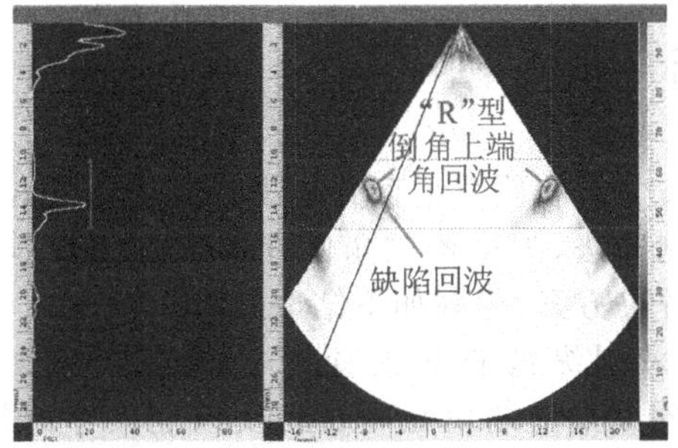

(a) 0.1 mm开口槽

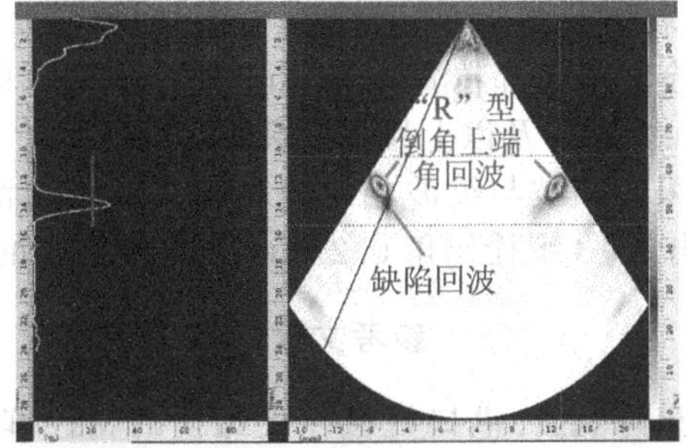

(b) 0.2 mm开口槽

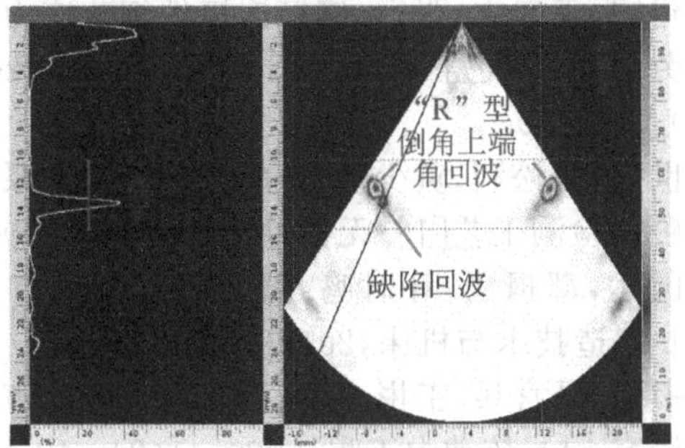

(c) 0.3 mm开口槽

图 8　纵波检测倒角中部缺陷结果

端角位置人工刻槽。移动探头再次对"R"形倒角下端角的人工刻槽进行检测，回波信号并无变化，因此，可以确定纵波直入射法无法对"R"形倒角下端角位置的人工刻槽进行检测。

4.2　横波斜入射

分别对"R"形倒角上端位置刻深为 0.3 mm 的开口槽与无缺陷螺栓进行检测，并对比无缺陷时的相控阵检测结果，发现两图像无明显差异，检测图像如图 9 所示。

如图 9 所示，仅存在倒角上端角回波，原因为"R"形倒角上端刻槽的回波被"R"形倒角上端角回波覆盖，导致两处回波无法从图像中分辨。左右移动探头图像并无明显变化，故横波斜入射探头对"R"形倒角上端角位置 0.3 mm 以下的缺陷无法识别。

使用横波斜入射探头对"R"形倒角中部位置进行检测，所得的检测图像如图 10 所示。

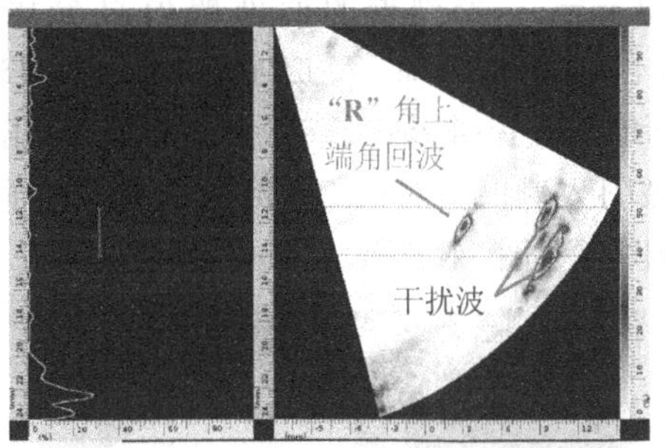

图 9　横波检测倒角上端角缺陷结果

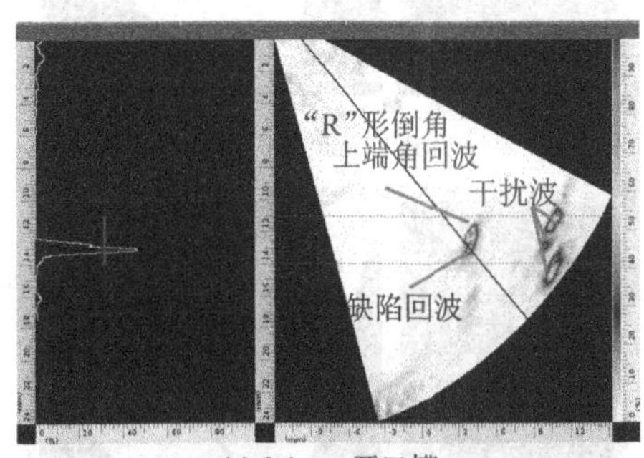

(a) 0.1 mm开口槽

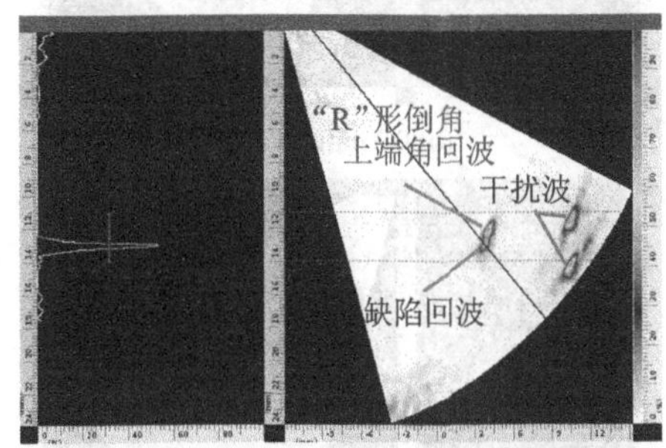

(b) 0.2 mm开口槽

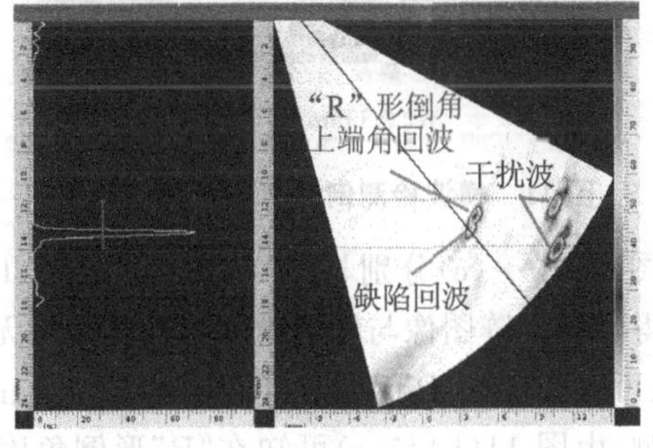

(c) 0.3 mm开口槽

图 10　横波检测倒角中部缺陷结果

由图 10 可知，图中检测图像中"R"形倒角中部位置存在两处回波信号，而图 10 检测无缺陷螺栓的图像中"R"形倒角中部位置只有一处回波信号，通过分析图像中回波信号位置与螺栓实物"R"形倒角和人工刻槽的位置，可以判断出图 10 中的两处回波信号分别为"R"形倒角上端角的回波和人工刻槽回波。记录

0.1～0.3 mm 三个刻槽的回波幅值百分比分别为47.2%、54.6%和74.0%。人工刻槽回波幅值随刻槽深度的增加而增大，进一步验证了变化该处回波为缺陷回波。

横波斜入射探头对"R"形倒角下端角位置进行检测，检测图像如图11所示。

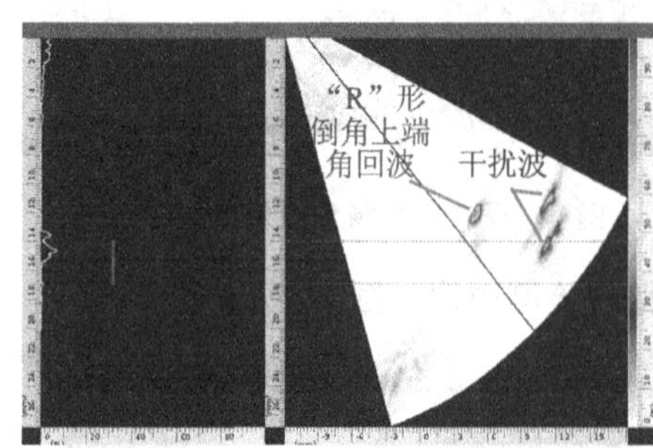

(a) 0.1 mm开口槽

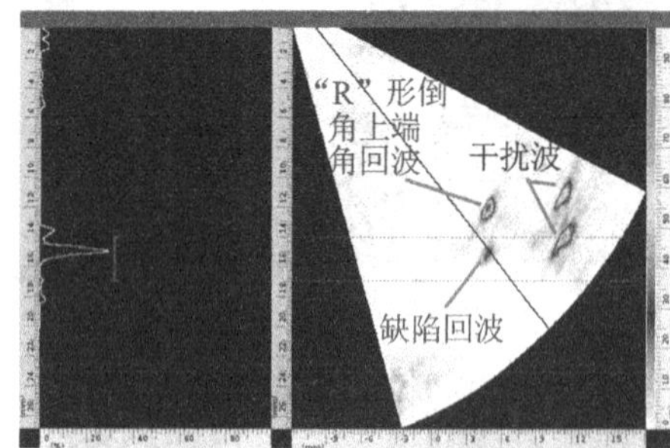

(b) 0.2 mm开口槽

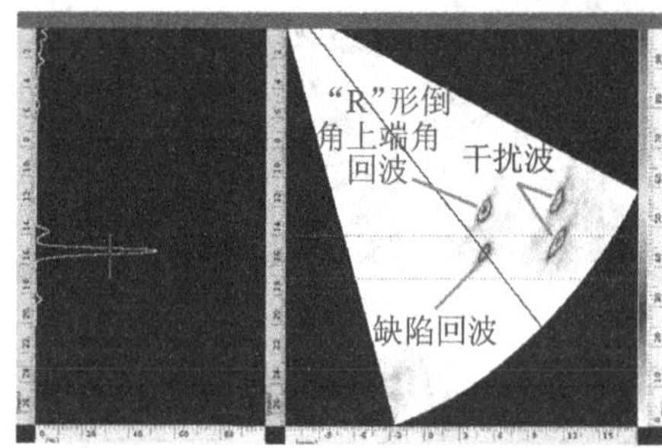

(c) 0.3 mm开口槽

图11 横波检测倒角下端角缺陷结果

将图11(a)～(c)分别与图9对比，检测0.1 mm开口槽所得的相控阵图像与无刻槽的相控阵图像无明显差异，所以可以断定在"R"形倒角下端角位置0.1 mm缺陷无法检测，由图11(b)与(c)可知在"R"形倒角固有回波的下方存在一处回波，该回波为人工刻槽的回波。记录0.1～0.3 mm三个刻槽的回波幅值百分比分别为7.3%、54.6%和74.0%。而相同位置无人工刻槽时的幅值百分比为6.3%，因此0.2 mm与0.3 mm人工刻槽的回波幅值远大于6.3%，所以可以识别0.2 mm与0.3 mm人工刻槽，但是，0.1 mm人工刻槽的幅值与6.3%接近，所以，无法通过横波斜入射探头法识别0.1 mm人工刻槽。

5 结 论

本文分析和研究了直升机螺栓倒角的原位相控阵超声检测方法，为螺栓倒角的在机原位无损检测提供了一种解决方案，得到如下结论：

① 采用纵波直入射探头检测能够有效探测出M18螺栓倒角上端角0.2 mm及以上尺寸的裂纹，倒角中部位置0.1 mm及以上尺寸的裂纹。

② 采用横波斜入射探头检测能够有效探测出M18螺栓倒角中部位置0.1 mm及以上尺寸的裂纹，下端角0.2 mm及以上尺寸的裂纹。

③ 采用横波与纵波相结合的方式进行检测，可有效检测出M18螺栓倒角0.2 mm及以上尺寸的裂纹。

参考文献

[1] 吕建，陈利新．港口机械在役螺栓的相控阵超声检测[J]．无损检测，2019，41(12)：54-56．

[2] 吴建国，王奇志，张行．铆钉连接件细节应力分析及疲劳裂纹形成寿命预估[J]．航空学报，2007，28(2)：336-339．

[3] 李世成，方松利，黄少衡．反应堆冷却剂主泵泵壳螺栓磁粉检测工艺[J]．无损检测，2016(1)：30-33．

[4] 陈国达，郗枫飞，计时鸣．螺栓无损检测方法综述[J]．制造技术与机床，2017(11)：22-28．

[5] 王韦强，马官兵，王彬．核电厂围板螺栓超声检测技术研究[J]．核动力工程，2020，41(2)：40-44．

[6] 宋逵，张洋，于达．在役螺栓的相控阵检测工艺[J]．无损检测，2019，41(12)：21-24．

[7] CHEN J, HE R, KANG X, et al. Simulation and experiment for the inspection of stainless steel bolts in servicing using an ultrasonic phased array [J]. Nondestructive Testing and Evaluation, 2015, 30(4): 373-386.

[8] BEARD M D, LOWE M J S. Non-destructive testing of rock bolts using guided ultrasonic waves [J]. International Journal of Rock Mechanics and Mining ences, 2003, 40(4): 527-536.

[9] 陈智聪，任剑波，朱佳震．核电厂主螺栓超声检测与信号分析[J]．核动力工程，2020，41(3)：170-175．

[10] 霍彦，吕胜军．火力发电厂高温紧固螺栓的在役超声波检测[J]．无损检测，2011，33(2)：69-71．

[11] SANG W C, LEE J H. Application of Ultrasonic Phased Array Techniques for Inspection of Stud Bolts in Nuclear Power Plants [J]. Solid State Phenomena, 2006(110): 97-104.

AC311 型民用直升机发动机排气温度分布规律研究

李明

昌河飞机工业(集团)有限责任公司,景德镇 333002

摘要: 为优化直升机结构与气动外形设计,减少因高温造成的机体机构损伤,提升飞行性能的安全冗余度,本文通过地面实验对 AC311 型民用直升机尾梁温度受发动机排气影响进行了监测和数据收集。基于实验得出的发动机排气后端尾梁不同区域的温度数据研究,得出了发动机排气后端机体近段(0~1.5 m)航向左侧温度明显高于右侧(20~30 ℃)、垂向温度先升后降等分布规律,同时对温度变化规律的原因进行了分析。根据尾梁温度数据和曲线,研究了温度分布公式算法,并对公式有效性进行了对比验证。尾梁排气温度的分布规律,将有助于辅助飞行员的安全驾驶,同时可以为直升机的地面维护、产品品质提升和持续设计优化提供方向参考。

关键词: 直升机;发动机;排气温度;分布规律;原因分析;温度波动

Research on the Exhaust Temperature Distribution of AC311 Civil Helicopter

LI Ming

Changhe Aircraft Industry(Group) Co. Ltd., Jingdezhen 333002, China

Abstract: In order to optimize the structure and aerodynamic shape of the helicopter, reduce the damage to the body structure caused by high temperature, and improve the safety redundancy of the flight performance, this paper monitors and collects data on the temperature of the AC311 civil helicopter tail beam affected by the engine exhaust through ground experiments. Based on the experimental temperature data in different areas of the rear end of the engine exhaust, it is concluded that the temperature on the left side of the engine body at the rear end of the engine exhaust is significantly higher than that on the right side (20 - 30 ℃), the vertical temperature first rises and then falls, and so on. At the same time, the reasons for the temperature change are analyzed. According to the temperature data and curve, the algorithm of the temperature distribution formula is studied, and the validity of the formula is compared and verified. The distribution law of exhaust temperature will help assist pilots to drive safety, and at the same time can provide direction reference for helicopter ground maintenance, product quality improvement and continuous design optimization.

Keywords: helicopter; engine; exhaust gas temperature; distribution regularity; cause analysis; temperature fluctuation

随着公众对飞行安全度和舒适度的日益关注,在直升机的初始设计环节,通过优化总体外形布局降低发动机排气温度对直升机传动部件造成损伤的概率,进而提升直升机的飞行性能和安全冗余,成为影响直升机品质提升的不容忽视的设计关注点。

基于此,通过设计合适的实验并监测收集 AC311A 型民用直升机发动机排气温度数据,分析温度数据的分布规律,是优化设计研究的行之有效的方法。

1 直升机机构布局

AC311 型直升机机体结构布局如图 1 所示,实验研究区域主要位于尾梁段。

2 测温实验设计

为使实验数据达到研究目的,排气温度监测实验设计如下:

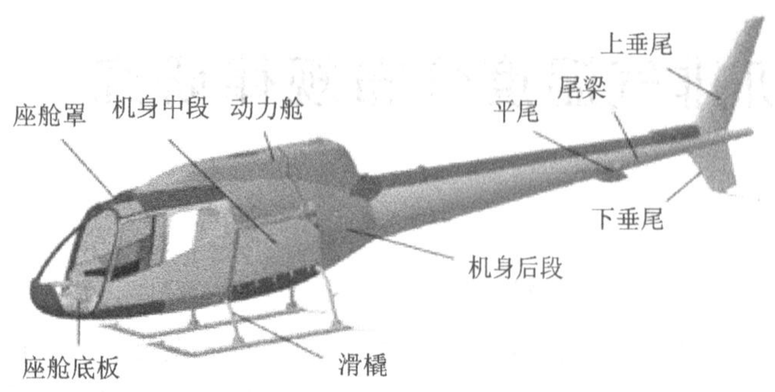

图 1　AC311 型直升机机体结构示意图

2.1　温度条件设计

为使数据可监测到极限高温情况，以研究高温影响，采集实验采取极限设计策略，根据历史气温记录采集时间取某地高温时节的一天中地面温度的最高时间点发动机地面开车后状态。

2.2　监测区域设计

温度数据采集区域采取顺应发动机排气走向及就近原则，集中于机身后段，监测尾梁及尾传动轴保护整流罩，如图 2 所示。

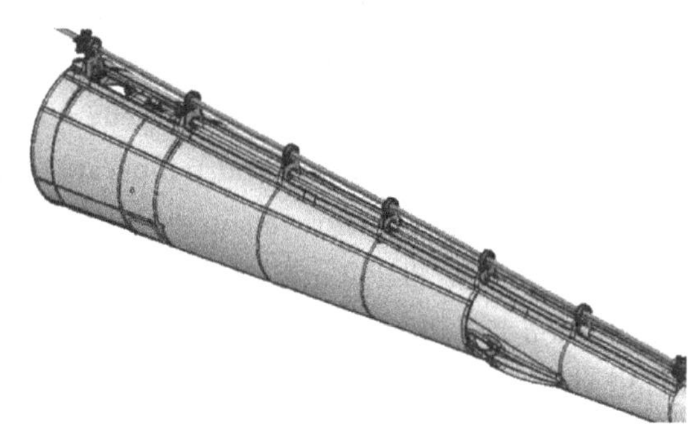

图 2　测温区域——尾梁

2.3　测温方法设计

由于发动机开车时的人员安全要求，实验无法采集发动机运转时的实时发动机排气温度数据。为使采集到的温度数据可反馈以上数据，测温方法设计采取 TMC10D 测温纸（见图 3），以满足监测记录发动机运转时的实时排气温度数据的要求。

TMC10D 测温纸是一种垂直自动粘贴式热敏试纸，试纸感温格具有根据感受到的温度，产生对应的颜色变化，从而记录曾经历过的具体温度的特性，不需要长时间在旁监测的优点。同时，TMC10D 试纸具有抗油性、抗水性、无毒性、无危险性等特点，测量公差为

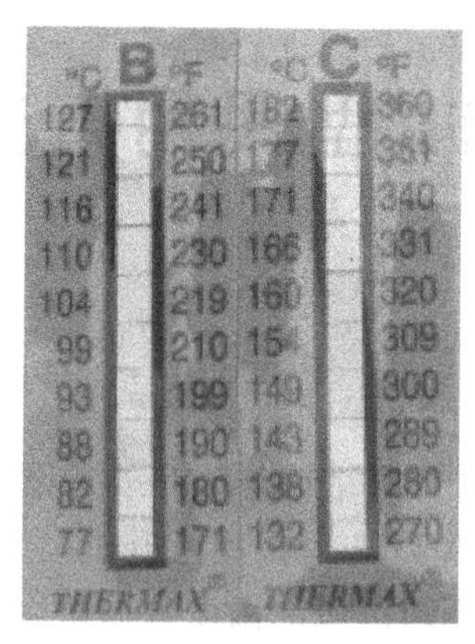

图 3　TMC10D 测温纸

5～6 ℃。经分析，适宜用于直升机发动机排气温度监测实验。

3　实验数据

3.1　实验环境

本次实验数据采集于 2020 年 7 月 12 日下午 15 点左右，外界大气温度 33.8 ℃。

3.2　发动机工作时长

实验数据采集前，直升机于下午 14:36 地面开车，14:39 起飞，15:05 结束飞行着陆，15:07 发动机关车停止运转。期间合计地面开车时长 5 min，飞行时长 26 min，发动机总运转工作时长 31 min。

3.3　温度监测区域

实验根据不同区域的温度范围差异，共使用了四类 TMC10D 测温纸。其中，在过渡段整流罩处，主要使用 CD 类 TMC10D 测温纸，其他区域主要使用 A、B、C 三类 TMC10D 测温纸。TMC10D 温度记录实测图如图 4 所示，TMC10D 测温点布局图如图 5 所示。

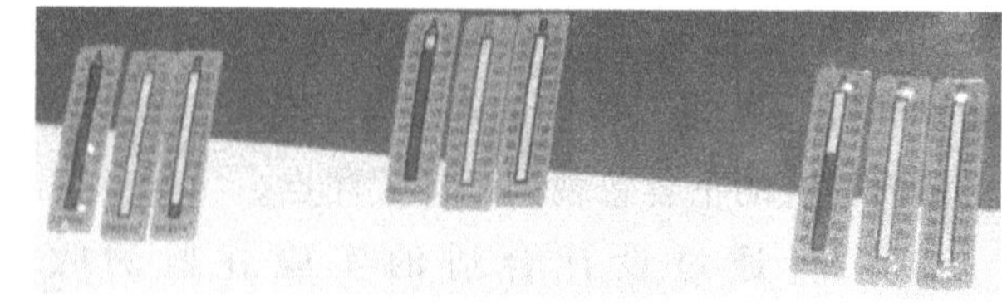

图 4　TMC10D 温度记录实测图

3.4　尾梁区域温度数据统计

尾梁温度分布如表 1 所列。

图 5 TMC10D 测温点布局图

表 1 尾梁温度分布

测温区域	左尾梁温度值/℃	右尾梁温度值/℃	纵向间距/cm	垂向间距/cm
尾梁	60	54	10	50
尾梁	48	52	10	60
尾梁	46	49	10	75
尾梁	47	46	10	85
尾梁	60	54	25	40
尾梁	49	52	25	50
尾梁	49	49	25	60
尾梁	52	54	25	70
尾梁	62	65	35	40
尾梁	54	60	35	50
尾梁	54	65	35	60
尾梁	54	62	35	70
尾梁	106	77	45	40
尾梁	60	75	45	50
尾梁	62	71	45	60
尾梁	141	110	60	40
尾梁	71	99	60	50
尾梁	71	80	60	60
尾梁	190	127	75	40
尾梁	104	127	75	50
尾梁	86	95	75	60
尾梁	194	154	90	40
尾梁	143	132	90	50
尾梁	110	110	90	60
尾梁	182	154	105	40
尾梁	160	134	105	50
尾梁	127	121	105	60

续表 1

测温区域	左尾梁温度值/℃	右尾梁温度值/℃	纵向间距/cm	垂向间距/cm
尾梁	160	143	120	55
尾梁	149	132	120	70
尾梁	152	127	120	80
尾梁	—	132	135	55
尾梁	143	127	135	65
尾梁	134	121	135	75
尾梁	121	132	150	50
尾梁	127	121	150	60
尾梁	130	110	150	70
尾梁	121	138	165	50
尾梁	127	121	165	60
尾梁	121	101	165	70
尾梁	116	127	180	50
尾梁	121	127	180	60
尾梁	116	99	180	70
尾梁	110	127	190	50
尾梁	116	127	190	60
尾梁	116	97	190	70
尾梁	104	127	205	50
尾梁	110	121	205	60
尾梁	110	102	205	70
尾梁	99	110	215	50
尾梁	104	110	215	60
尾梁	104	99	215	70
尾梁	88	110	230	50
尾梁	93	110	230	60
尾梁	93	104	230	70
尾梁	88	104	240	50
尾梁	88	104	240	60
尾梁	93	99	240	70
尾梁	82	99	250	50
尾梁	82	99	250	60
尾梁	82	99	250	70
尾梁	77	95	260	50
尾梁	77	99	260	60
尾梁	77	95	260	70

续表 1

测温区域	左尾梁温度值/℃	右尾梁温度值/℃	纵向间距/cm	垂向间距/cm
尾梁	71	93	270	50
尾梁	71	93	270	60
尾梁	71	93	270	70
尾梁	65	82	280	50
尾梁	68	82	280	60
尾梁	68	86	280	70
尾梁	64	77	290	50
尾梁	64	71	300	50
尾梁	62	71	310	50

注：(表 2 和表 3 同)

1.垂向间距以排气管尾中心为参考点，沿飞机垂轴方向，向下为正；

2.纵向间距以排气管尾中心为参考点，沿飞机纵轴方向，向后为正。

4 分布规律研究

为消除不可测的随机因素造成的温度波动，对实验取得的数据，求其平均值(取 2 位小数，下同)。进而比较左右两侧数据差值，数据统计如表 2 所列。

表 2 尾梁温度对比表

测温区域	左侧均值/℃	右侧均值/℃	均值差/℃	纵向间距/cm
尾梁	50.25	50.25	0.00	10
尾梁	52.50	52.25	0.25	25
尾梁	56.00	63.00	−7.00	35
尾梁	76.00	74.33	1.67	45
尾梁	94.33	96.33	−2.00	60
尾梁	126.67	116.33	10.33	75
尾梁	149.00	132.00	17.00	90
尾梁	156.33	136.33	20.00	105
尾梁	153.67	134.00	19.67	120
尾梁	138.50	126.67	11.83	135
尾梁	126.00	121.00	5.00	150
尾梁	123.00	120.00	3.00	165
尾梁	117.67	117.67	0.00	180
尾梁	114.00	117.00	−3.00	190

续表 2

测温区域	左侧均值/℃	右侧均值/℃	均值差/℃	纵向间距/cm
尾梁	108.00	116.67	−8.67	205
尾梁	102.33	106.33	−4.00	215
尾梁	91.33	108.00	−16.67	230
尾梁	89.67	102.33	−12.67	240
尾梁	82.00	99.00	−17.00	250
尾梁	77.00	96.33	−19.33	260
尾梁	71.00	93.00	−22.00	270
尾梁	67.00	83.33	−16.33	280
尾梁	64.00	77.00	−13.00	280
尾梁	64.00	71.00	−7.00	290
尾梁	62.00	71.00	−9.00	300

对尾梁温度数据进行对比处理，分析其分布规律如下：

4.1 尾梁纵向温度变化规律

- 在纵向间距 0～35 mm 区间：尾梁监测温度基本稳定在 50 ℃。
- 在纵向间距 35～140 mm 区间：尾梁监测温度逐渐上升，至 105 mm 处至峰值，随后略降。期间趋势近似正弦曲线，最高温度近 160 ℃。
- 在纵向间距 140～280 mm 区间：尾梁监测温度曲线变化较为平缓，近似直线。
- 在纵向间距 280～300 mm 区间：尾梁监测温度基本稳定在 65 ℃。

4.2 尾梁左右温度差值变化规律

通过图 6 中均值差波动分析，可以明显发现存在两处波动较大区域：

- 在纵向间距 70～150 mm 区间：尾梁左侧监测温度明显高于右侧监测温度，最大差值出现在 105 mm 处，达到 20 ℃。
- 在纵向间距 210～290 mm 区间：尾梁左侧监测温度明显低于右侧监测温度，最大差值出现在 270 mm 处，达到 22 ℃。

4.3 尾梁温度变化规律原因分析

在分析尾梁左右温度差值波动原因时，注意到直升机主桨叶具有俯视顺时针(见图 7)的动态运转特点，

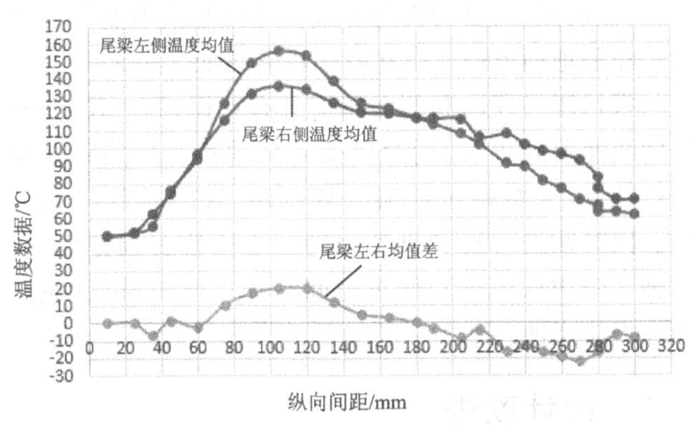

图 6 尾梁温度与纵向距离对应图

故此推断如下：

- 尾梁纵向温度变化原因：在 0～140 mm 区间，发动机尾部排气受桨叶旋转产生的下洗气流影响明显，呈现垂向偏移，尾梁在高温尾气的对冲下，温度快速曲线提升。在 140～300 mm 区间，下洗气流对垂向的影响减弱，温度下降趋势平稳。
- 纵向间距 70～150 mm 区间温度差值波动原因：发动机尾部排气同时受桨叶旋转下洗气流在垂向和旋向影响，存在沿直升机纵轴存在偏左的迹象，同时受高度差影响偏差随纵向距离先强后弱。
- 在纵向间距 210～290 mm 区间温度差值波动原因：因直升机尾气存在纵轴偏移现象，导致尾梁左侧表面风速＞尾梁左侧表面风速，加快了左侧尾梁罩体的散热，从而出现了尾梁左侧温度下降率＞尾梁右侧温度下降率的特征。尤其表现在 210～290 mm 区间，监测温度差值呈现反转的特征。
- 当纵向距离＞290mm 时，受直升机桨叶旋转桨盘面积限制，旋翼旋转产生的下洗气流逐渐减弱，对发动机尾部排气的影响逐渐消除，故此呈现出尾梁两侧温度差值逐渐降低至 0 的特征。

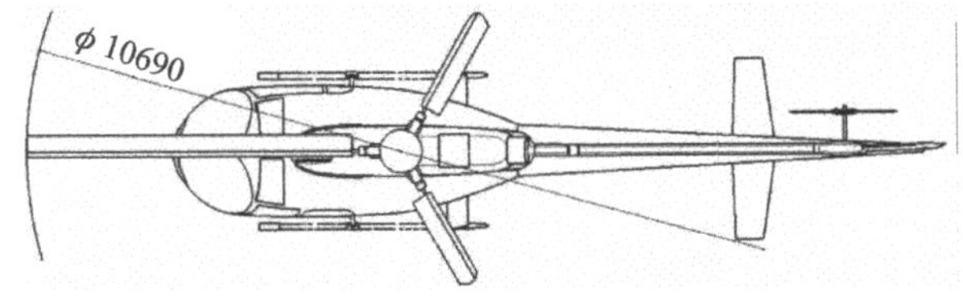

图 7 主桨叶旋转方向示意图

4.4 尾梁温度分布公式算法研究

1. 0 mm＜x＜150 mm 区间温度分布公式算法

$$t=\sin\left(\frac{x-60}{100}\times\pi\right)\times 50+100$$

式中：t 为尾梁温度；x 为尾梁某点距发动机尾喷管沿飞机纵轴的纵向间距；π 为圆周率常数。

2. 150 mm≤x≤300 mm 区间温度分布公式算法

$$t=130-0.43\times(x-150)$$

式中：t 为尾梁温度；x 为尾梁某点距发动机尾喷管沿飞机纵轴距离。

3. 尾梁温度分布公式算法验证

尾梁温度实测与计算对比表如表 3 所列。

表 3 尾梁温度实测与计算对比表

纵向间距 /cm	温度实测均值 t_1 /℃	公式计算值 t_2 /℃	t_1-t_2 值差 /℃
10	50.25	50.00	0.25
25	52.38	55.45	−3.07
35	59.50	64.64	−5.14
45	75.17	77.30	−2.13
60	95.33	100.00	−4.67
75	121.50	122.70	−1.20
90	140.50	140.45	0.05
105	146.33	149.38	−3.05
120	143.83	147.55	−3.72
135	132.58	135.36	−2.77
150	123.50	130.00	−6.50
165	121.50	123.55	−2.05
180	117.67	117.10	0.57
190	115.50	112.80	2.70
205	112.33	106.35	5.98
215	104.33	102.05	2.28
230	99.67	95.60	4.07
240	96.00	91.30	4.70
250	90.50	87.00	3.50
260	86.67	82.70	3.97
270	82.00	78.40	3.60
280	75.17	74.10	1.07
290	67.50	69.80	−2.30
300	66.50	65.50	1.00

由图 8 可见，差值在测量公差范围，曲线基本吻合。

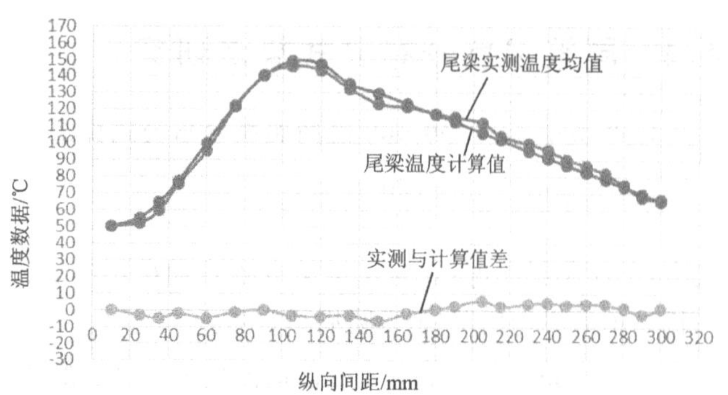

图 8 尾梁实测温度与计算温度对比图

5 分布规律应用前景

5.1 高温防护应用

在飞行和地面开车中，尾梁高温区需要予以格外关注，以防止高温造成的机体结构烧蚀。

根据尾梁纵向和侧向温度分布规律，可以发现高温区集中于纵向 80～150 mm 区间。为此，通过增加高温保护层或提高此段区域的材料耐温性，有助于避免高温损伤，保护机体结构。

5.2 地面维护应用

对直升机的维护工作不可避免会存在开车功能测试，如振动测试，发动机动力轴同心度检查调整等。此类工作需地面维护人员在发动机后端配合完成。

根据尾梁纵向和侧向温度分布规律，80～150 mm 区间快速曲线提升，同时尾梁左侧温度高于右侧。利用该特点，人员站位应避开该区域，优先选择尾梁右侧。同时在进行发动机动力轴同心度检查调整时(传动轴无防护罩保护)，开车时间需加以限制，以避免传动轴壳体烧蚀。

5.3 设计改进

在对尾梁纵向和侧向温度分布规律原因进行研究时，尾梁温度分布发现受旋翼下洗气流的影响明显。改良发动机排气管形状和朝向，进而抵消旋翼下洗气流的影响，将是提升温度安全冗余的有效的设计方向。

参考文献

[1] 黄后强. 热敏变色涂层的制备及其温变规律研究[D]. 长沙:湖南大学，2018.

[2] 任利锋，张靖周，单勇. 直升机旋翼下洗气流对排气涡流的影响[J]. 航空动力学报，2014:1 51-58.

[3] 苏媛，王吉飞，曹义华，等. 旋翼洗流对发动机喷流影响的计算分析[J]. 北京航空航天大学学报，2001:3.

铝合金大梁表面不同喷丸工艺的性能研究

张韶佳*，陈昕，胡方亭

昌河飞机工业(集团)有限责任公司质量保证部，景德镇 333002

摘要： 通过对铝合金断裂大梁、不同服役寿命的完好大梁和不同喷丸工艺参数喷丸强化后的大梁试验件横剖面进行扫描电镜高倍观察、能谱面扫描分析、粗糙度检测、表面低倍形貌观察以及残余应力检测等，提出了大梁在现有工艺喷丸强化后表面均会残留丸粒镶嵌物和类似微裂纹，属普遍现象，造成丸粒残留的原因是大梁喷丸技术参数设置不合理和工艺方法不完善，主要问题是喷丸压力设计过大和喷丸遍数设计过多，最后提出了有效改进建议。

关键词： 铝合金喷丸；丸粒残留物；类似微裂纹；表面性能

Study on Properties of Different Shot Peening Processes for Aluminum Alloy Blade Gider

ZHANG Shaojia*, CHEN Xin, HU Fangting

Changhe Aircraft Industry(Group)Co. Ltd., Quality Assurance Department, Jingdezhen 333002, China

Abstract: Based on aluminum alloy fracture girder, different service life of the intact beam and girder after shot peening process parameters of shot peening experiment a cross-section scanning electron microscopy at high magnification observation and energy spectrum scanning analysis, testing, surface roughness at low open appearance was observed and the residual stress test, put forward the girder in the existing process after shot peening surface will remain pill particle inlay and similar The microcrack, which is a yellow phenomenon, is caused by the shot peening technology parameter setting is not reasonable and the process method is not perfect, the main problem in the shot peening pressure design is too large and the shot peening times design is too many, at last some effective improvement suggestions are put forward.

Keywords: aluminum alloy shot peening; pellet inlay; similar to microcracks; surface performance

1 引 言

某直升机在执行飞行训练时主桨叶大梁出现贯穿性断裂，经失效分析，确认大梁断裂性质为疲劳断裂，引起大梁疲劳断裂的是一小块剥落，而剥落块的失效性质也为疲劳，为此展开对大梁疲劳剥落块的裂纹起始边缘横剖面分析，发现存在不连续分布的富含 Si、O 元素的不导电镶嵌物质，认定为喷丸使用的玻璃珠成分。为分析丸粒镶嵌物是偶发还是普遍现象、镶嵌物的形成原因，以及如何预防镶嵌物的产生，开展了系列工艺性能研究试验，这对分析查找大梁断裂的深层次原因具有重要意义，提高了铝合金零件表面喷丸强化质量，极大程度上降低了主桨叶大梁的使用安全风险。

2 研究过程

2.1 研究内容

研究不同服役寿命的大梁表面残留物状态，分析现有喷丸工艺参数设计的影响；研究不同喷丸技术条件和工艺方法的铝合金大梁试验件表面物理性能和残留物状态；分析出丸粒、喷丸压力、喷丸遍数和喷丸设备对大梁表面喷丸质量的影响。

* 通讯作者. E-mail: shaojiazhangnuaa@126.com

2.2 研究方法

试验取样统一规定在与断裂大梁裂纹起源相同的后缘 R 角位置，如图 1 中圆圈所示，减少喷丸位置的影响；制备横剖面金相试样后采用扫描电子显微镜在同一放大倍数下对表面残留物分布进行二次电子成像观察和面扫描能谱分析，减少观察方法的影响。

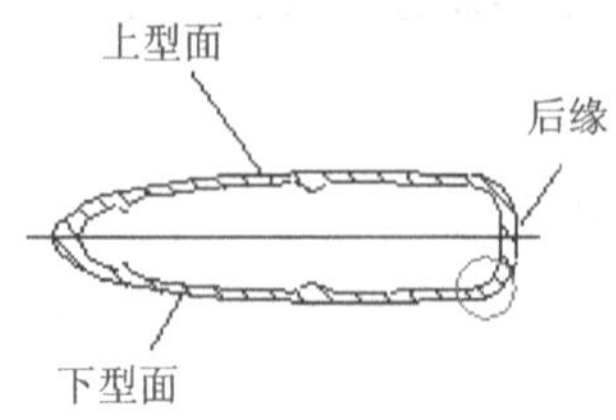

图 1 大梁取样示意图

3 结果与讨论

3.1 断裂大梁、到寿完好大梁和疲劳试验合格大梁的表面状态对比分析

断裂大梁表面金相分析形貌见图 2，丸粒残留物分布较多，丸粒残留物形状不规则且分布不均匀。外场 5 架次到寿完好大梁表面的典型金相分析形貌和能谱面扫分析结果见图 3 和图 4，均观察到类似微裂纹和丸粒残留物，且含量相当。图 5 所示为疲劳试验合格大梁的表面金相观察结果，同样观察到丸粒残留物。经过对比，不同状态的大梁表面均能观察到丸粒残留物，且外场到寿完好大梁表面的丸粒残留物数量略多于失效大梁，例行疲劳试验合格大梁表面的丸粒残留物数量与失效大梁数量相当，所以在现有喷丸工艺参数下，丸粒残留属普遍现象。

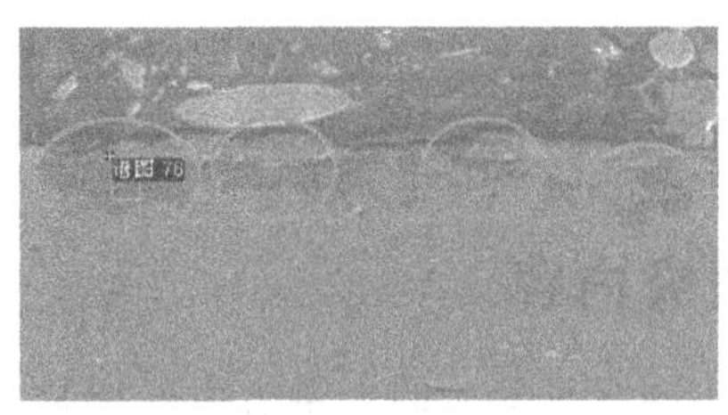

图 2 事故机大梁表面镶嵌物形貌 500×

3.2 采用不同喷丸压力及丸粒不循环和循环方式分别对大梁喷丸后的表面状态分析

1. 不同喷丸压力对比

在现有喷国产丸粒粗丸 2 遍、细丸 2 遍工艺下，对比采用 0.25 MPa 和 0.4 MPa 喷丸压力喷丸的大梁试验件横剖面丸粒残留物观察结果见图 6，表面低倍形貌见图 7。可以看出，压力采用 0.4 MPa 的丸粒残留物含量和类似微裂纹数量明显比采用压力 0.25 MPa 的要多，大梁表面的宏观喷丸凹坑形貌不明显，表面形成波纹状形貌，粗糙度也明显增高。

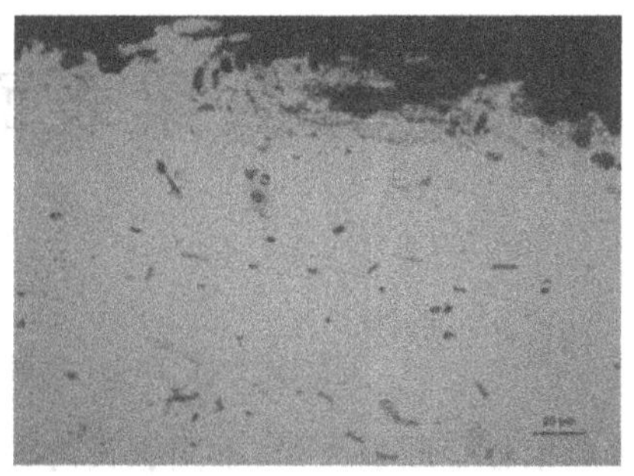

图 3 外场到寿大梁表面类似微裂纹形貌

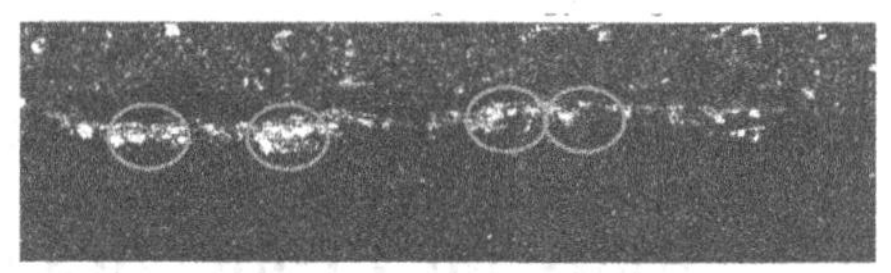

图 4 外场到寿大梁表面镶嵌物面扫形貌

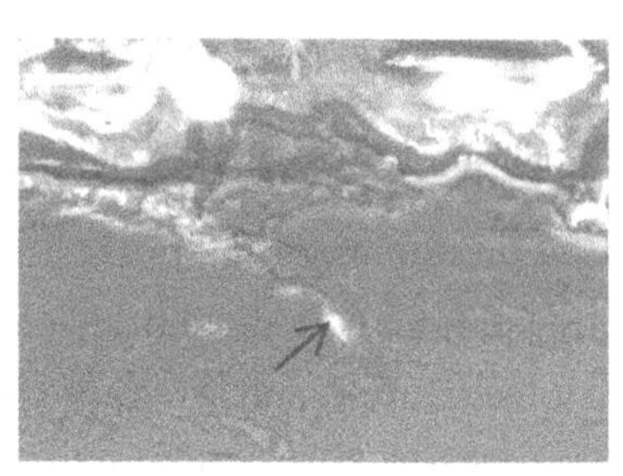

图 5 疲劳试验合格大梁表面镶嵌物面扫形貌

2. 丸粒循环和不循环对比

在现有 0.4 MPa 喷丸压力，喷国产丸粒粗丸 2 遍、细丸 2 遍工艺下，对比采用丸粒循环和丸粒不循环（新丸粒）喷丸试验的大梁试验件横剖面丸粒残留物观察结果见图 8 和图 9。可以看出，丸粒循环试验件表面观察到的富 Si 镶嵌物含量比丸粒不循环（新丸粒）试验件明显增多。

3.3 采用不同丸粒喷丸后的大梁表面状态分析

在现有 0.4 MPa 喷丸压力，丸粒不循环使用工艺下，对比采用国产丸粒和进口丸粒进行不同喷丸次数喷丸的大梁试验件横剖面丸粒残留物观察结果见图 10

(a) 0.25 MPa喷丸压力

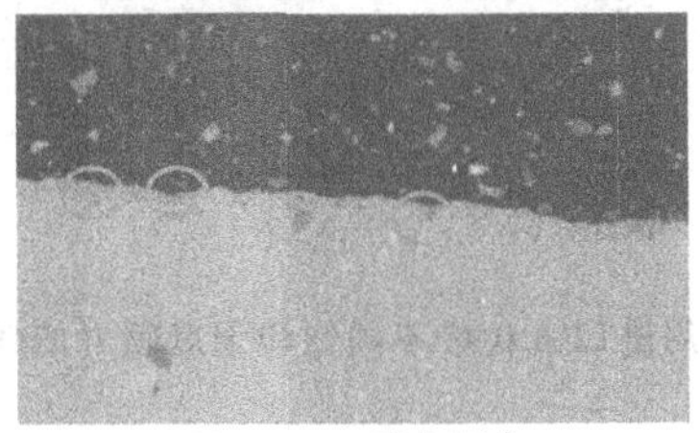

(b) 0.4 MPa喷丸压力

图 6　不同喷丸压力下表面丸粒残留物形貌 100×

(a) 0.25 MPa喷丸压力，凹坑状

(b) 0.4 MPa喷丸压力，波纹状

图 7　不同喷丸压力表面低倍形貌 8×

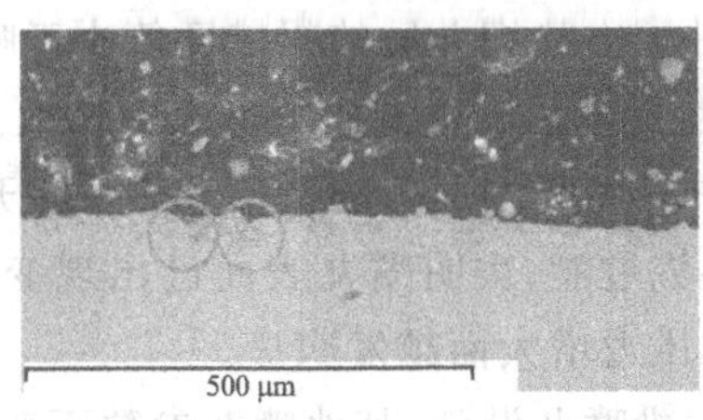

图 8　丸粒不循环表面残留物形貌

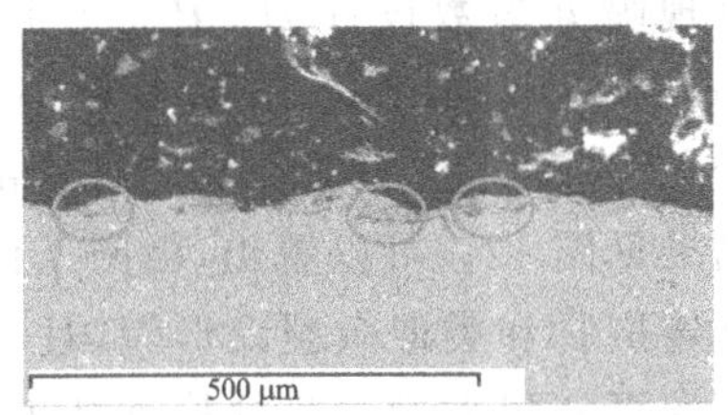

图 9　丸粒循环表面残留物形貌

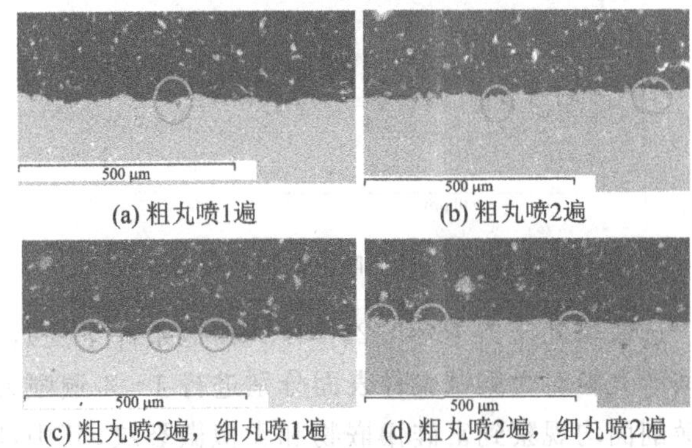

(a) 粗丸喷1遍　(b) 粗丸喷2遍

(c) 粗丸喷2遍，细丸喷1遍　(d) 粗丸喷2遍，细丸喷2遍

图 10　国产丸粒表面残留物形貌

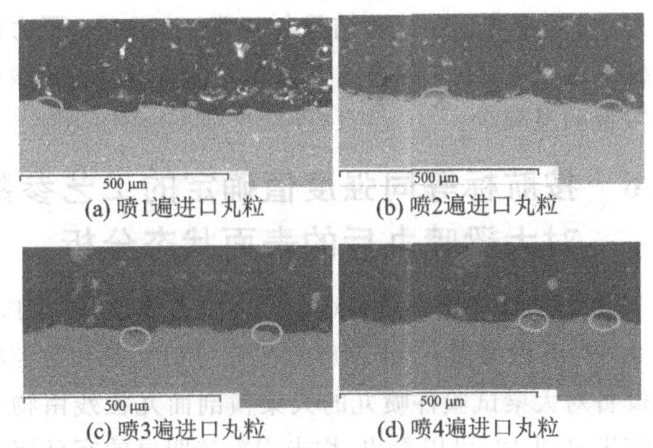

(a) 喷1遍进口丸粒　(b) 喷2遍进口丸粒

(c) 喷3遍进口丸粒　(d) 喷4遍进口丸粒

图 11　进口丸粒表面残留物形貌

和图 11。可以看出，采用国产不循环丸粒喷丸试验的 4 个试样均观察到少量丸粒残留物和类似微裂纹，开始喷细丸之后镶嵌物明显增多并呈递增趋势；采用进口丸粒喷丸试验的 4 个试样均观察到极少量的丸粒残留物和类似微裂纹，呈递增趋势；采用进口丸粒喷丸的试验件表面丸粒残留物数量少于国产丸粒。

3.4　现行大梁喷丸工艺 1－6 根梁的表面状态分析

对比分析现有喷丸技术条件和工艺方法下，一个喷丸批次金属大梁(连续喷 6 根)中每根大梁的富硅镶嵌物含量和类似微裂纹差异，均观察到明显的富硅镶嵌物和类似微裂纹形貌，未观察到镶嵌物分布规律。

3.5　极限参数条件下的大梁表面状态分析

选取喷丸压力 $P=0.44$ MPa，喷嘴距离 $L=180$ mm，大梁运行速度 $V=513$ mm/min，覆盖

率>100%(现喷丸参数设计为：$P=0.4$ MPa，$L=180\sim200$ mm，$V=570$ mm/min，覆盖率>100%)，第6遍国产丸粒进行喷丸的大梁试验件横剖面丸粒残留物观察结果见图12。可以看出，极限条件下观察到明显的富硅镶嵌物和类似微裂纹形貌，且与正常喷丸参数条件下的第6根大梁试验件检查结果相比，数量明显增多。

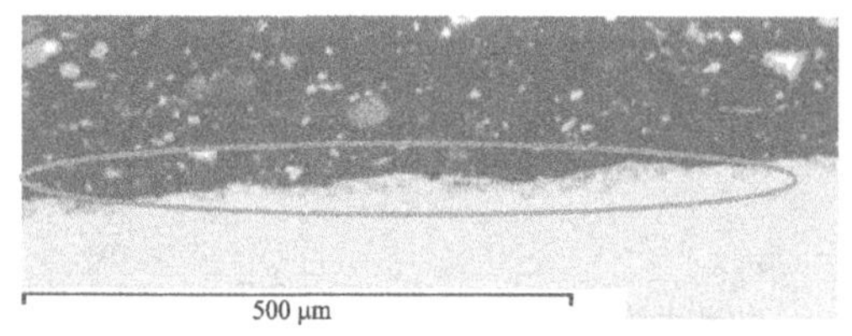

图12　极限高压力喷丸表面残留物形貌

选取喷丸压力 $P=0.25$ MPa(其他条件不变)，采用国产丸粒对大梁试验件表面分别进行1～4遍喷丸，其横剖面均观察到富硅镶嵌物和类似微裂纹，其中，喷1遍粗丸观察到极少量镶嵌物，从喷2遍粗丸开始，镶嵌物数量呈递增趋势；0.25 MPa极低压力值条件下的粗丸、细丸各喷2遍试验结果与正常0.4 MPa压力值条件下的粗丸、细丸各喷2遍试验结果相比，富硅镶嵌物数量明显减少。

3.6　按航标等同强度值确定的工艺参数对大梁喷丸后的表面状态分析

选取饱和强度分别为0.28 A(压力值0.35 MPa)和0.32 N(压力值0.11 MPa)，采用进口丸粒和数控喷丸设备对大梁试验件喷丸的大梁横剖面丸粒残留物观察结果见图13，可以看出，均未观察到明显的富硅镶嵌物形貌，但饱和强度为0.28 A的试块表面观察到类似微裂纹形貌。

3.7　不同喷丸工艺大梁表面的残余应力分析

分别对4种工艺共计18个大梁喷丸试验件表面进行残余应力检测，将检测数据汇总成曲线后见图14，可以看出，0.25 MPa压力下残余应力最高；0.25 MPa压力下，随喷丸次数增多残余应力降低；0.4 MPa压力下残余应力不随喷丸次数增多发生明显变化；正常生产的大梁残余应力与0.4 MPa压力喷一遍相当。

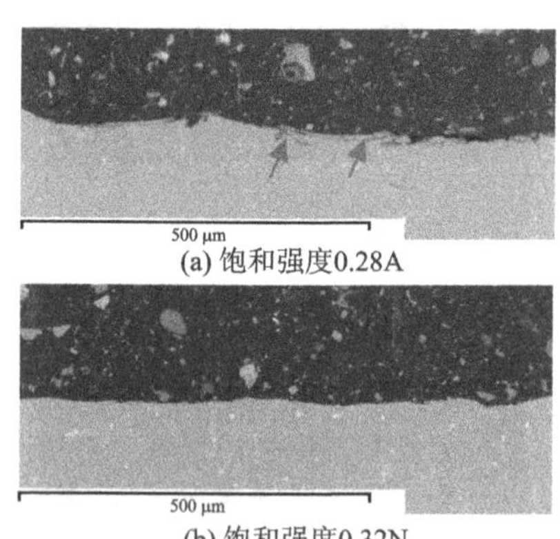

(a) 饱和强度0.28A

(b) 饱和强度0.32N

图13　采用进口丸粒按不同饱和强度喷丸的残留物形貌

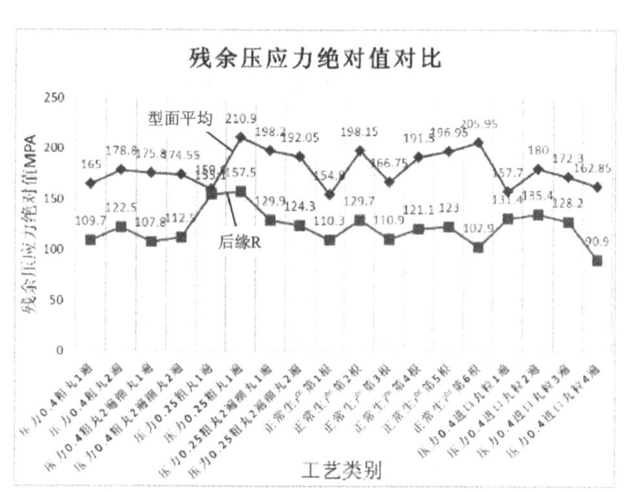

图14　残余应力分布曲线图

4　结　论

① 零件表面喷细丸后的粗糙度值小于喷粗丸后的粗糙度值，粗糙度值随喷丸压力增大而增大。

② 零件表面喷细丸后的低倍宏观形貌开始由凹坑向波纹状形貌过渡，表明喷丸表面已出现变形，波纹状形貌随喷丸压力增大而越发明显。

③ 在大梁喷丸设备，其他喷丸参数不变的情况下，采用0.4 MPa喷丸压力的试验件表面富硅镶嵌物数量明显于多0.25 MPa喷丸压力，表明现有喷丸参数压力偏大。

④ 按照正常喷丸参数喷丸4遍，每遍喷丸后均能从试样中观察到富硅镶嵌物形貌、类似微裂纹形貌，开始喷细丸之后，富硅镶嵌物含量明显增多并呈递增趋势；在其他技术条件不变的情况下，将国产丸粒换成进口丸粒，每遍喷丸均采用全新丸粒，一共喷丸4遍，每

遍喷丸后试样均能观察富硅镶嵌物形貌、类似微裂纹形貌，富硅镶嵌物含量呈递增趋势；试验表明，喷丸遍数越多，越不利于喷丸表面形貌。

⑤ 在现有喷丸工艺条件下均会产生富硅镶嵌物，属于普遍现象，不是造成大梁剥落疲劳断裂的主要原因。

⑥ 采用数控喷丸设备喷丸进口丸粒的试验件表面均不会产生富硅镶嵌物，表明设备使用不合理。

参考文献

[1] 张栋，钟培道，陶春虎，等．失效分析[M]．北京：国防工业出版社，2011：206-211.

[2] 李炯辉，林德成．金属材料金相图谱[M]．北京：机械工业出版社，2006：14-87.

[3] 李鹏．喷丸强化对新型 7055－T7751 铝合金疲劳性能的影响[J]．机械工程材料，2015：10-25.

[4] 张广良．不同强度钢喷丸残余应力的有限元模拟[D]．上海：上海交通大学，2012：9-14.

[5] 网妍洁．7075 铝合金超声喷丸表面改性研究[D]．山东：山东大学，2017：20-25.

[6] 邓红华．喷丸处理对铝合金抗再腐蚀性能的规律研究[D]．上海：华南理工大学，2015：40-42.

[7] 王帅．喷丸残余应力和表面粗糙度对疲劳寿命的综合影响研究[D]．山东：山东大学，2018：4-8.

[8] 郑林彬．喷丸残余应力及粗糙度对 2024 铝合金疲劳寿命的仿真和实验研究[D]．山东：山东大学，2017：12-18.

[9] 杨华高，洪海华．一起典型主桨叶大梁裂纹故障的分析与处理[J]．直升机技术，2019(1)：28-34.

[10] 王国才．直八主桨叶后锻件与大梁胶接早期失效分析[J]．直升机技术，2012(4)：8-12.

无人机直线舵机系统的设计研究

周文华*，侯隆斌，蒋旭

昌河飞机工业(集团)有限公司，景德镇 333002

摘要： 无人机的直线舵机系统是一种具有闭环反馈控制的机电系统，主要是由外壳、控制器、直流电机、位置检测器组成。工作原理是由飞控计算机给直线舵机系统发送一系列的脉宽信号，经过处理后得到转动速度以及方向的控制信号，并驱动直流电机转动，转动量经减速齿轮减速后输出舵机的伸缩量，位置检测器通过检测电位器电压判断舵机输出轴是否到达目标位置。然而经过研究分析，直线舵机系统控制性能不仅受到直流电机精度影响，而且更大程度上受到系统控制程序的影响。对于一般的舵机系统而言，会出现位置超调、稳态振荡和动态响应性能差等问题，同时以上缺陷可随控制参数的变化而改变，常规的控制策略无法完全消除。本文设计的模糊 PID 直线舵机系统，经实验验证可解决上述问题。

关键词： 无人机；直线舵机；动态响应；控制

Design and Research of UAV Linear Actuator System

ZHOU Wenhua*, HOU Longbin, JIANG Xu

Changhe Aircraft Industry Group Co. Ltd., Jingdezhen 333002, China

Abstract: The linear actuator system of UAV is an electromechanical system with closed-loop feedback control, which is mainly composed of shell, controller, DC motor and position detector. The working principle is that the flight control computer sends a series of pulse width signals to the linear actuator system. After processing, the control signals of rotation speed and direction are obtained, and the DC motor is driven to rotate. After the rotation is decelerated by the reduction gear, the telescopic amount of the actuator is output. The position detector judges whether the output shaft of the actuator reaches the target position by detecting the potentiometer voltage. However, after research and analysis, the control performance of linear actuator system is not only affected by the accuracy of DC motor, but also affected by the system control program to a greater extent. Generally speaking, the overshoot and overshoot of the control system can not be eliminated with the change of the control parameters. The fuzzy PID linear actuator system designed in this paper can solve the above problems.

Keywords: UAV; linear actuator; dynamic response; control

1 引 言

由于最近国际局势的不稳定发展和局部战争准备需要，无人机作战成为当今不可或缺的武器，大量使用在于军事作战中。对于民用飞机，无人机可作为交管监控、农业护林、电力巡线、搜索救援、环境监控、警用布防、航空遥测、矿产探储等[1-3]。电传飞控技术是无人机控制系统的核心，其运动执行机构是电机。由于电传飞控技术具备反馈精度高、动态响应速度快等优点，目前运用十分广泛。然而，舵机控制系统与一般机载产品而言，其研制成本高、研发周期长、开发技术强，如果设计时性能指标出现微小偏差，都有可能导致无人机试验失败，进而引发一系列的严重后果。当前国

基金项目：国家自然科学基金；航空科学基金

* 通讯作者. E-mail: hkxb@buaa.edu.cn

际上常见使用舵机系统可分电动、电液驱动，其核心都是控制信号驱动直流电机带动舵机运转[4-5]。

2 设备原理及性能指标

2.1 设备原理

直线舵机系统主要包含舵机控制器、电机驱动器、直流电动机、减速传动机构和舵机位置反馈及速度反馈传感器这五大部分组成，主要功能是通过比较舵机输出位置与飞控计算机给定位置，实现舵机输出位置的快速跟随。直线舵机系统组成结构如图 1 所示，具体工作原理如下。

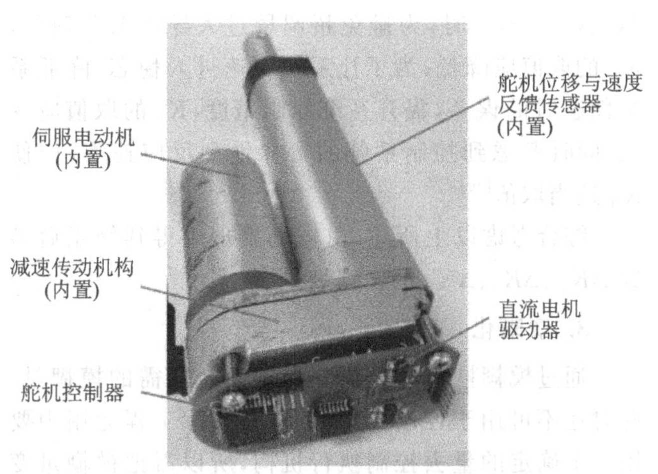

图 1 直线舵机系统结构

电动舵机控制系统均是采用数字控制方式，每个控制周期内舵机控制器接收计算机送来的位置控制指令信号，同时通过控制器的 A/D 采集模块采集舵机反馈的位置与速度信号，得到舵机的目标位置值与实际位置值的差值；根据当前的位置差值，采取相应的控制算法，计算下一周期内的控制量，向电机驱动器输出控制电机转速和伸缩的信号，驱动电动机变速、换向，经相应减速传动机构，驱动舵机偏转到达目标位置，之后舵机驱动器输出较小的维持电流，使舵机维持在目标位置不动。

2.2 性能指标

直线舵机要实现的主要技术指标包括：

- 使用行程：≮80 mm；
- 速度：16 mm/s；
- 输出力：≮500 N；
- 控制精度：0.1 mm；
- 额定电压：12 V；
- 工作环境：−30～80 ℃；
- 工作电流：≯4 A。

3 设备控制系统设计

3.1 设备控制策略

经典 PID 控制策略存在实时性好、较为简单实现等优点大量被运用在工业控制上，合理正确调整控制系数，PID 控制器就能实现很好的控制。针对舵机系统而言，其存在着非线性、时变性等不确定情况，此时，传统 PID 控制策略很难稳定状态。而模糊控制算法却对控制对象存在的非线性、时变性等因素有着较好的适应能力，有着很好的抗干扰性，同时控制算法也较为简单，在电气传动控制领域广泛运用[6]。值得注意的是，模糊控制策略几乎无法完全消除稳态偏差，进而导致控制精度无法符合要求。对于以上两类控制策略优缺点，为提高直线舵机控制系统的性能，本文设计出一种模糊自适应 PID 控制策略，吸取了两类控制策略的优势，通过模糊规则完成推理和决策，实现 PID 控制器参数的在线整定[7]。

模糊自适应 PID 控制策略系统如图 2 所示，由一个传统 PID 控制器和模糊控制环节构成。该自适应系统采用滑动电位计对位置进行检测，经过信号转换给主控芯片。图中，将设置给定信号 r 与位置反馈信号 y 进行运算得出误差信号 e，把误差信号划分为两路，一路进行 PID 运算，另一路则与其变化率一同进入模糊控制器运算，得到参数校正值 ΔK_p、ΔK_i、ΔK_d，自动校正初始的 PID 参数 K_p、K_i、K_d，最后运用校正完成的参数输入 PID 控制器得到系统控制量。

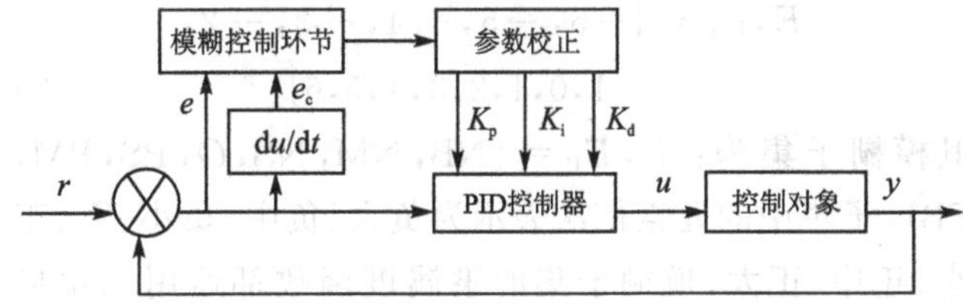

图 2 模糊自校正 PID 控制系统框图

考虑到选取的舵机为有刷直流电机，其调速控制较为容易，只需对逆变电路开关器件的通断进行控制，使输出端得到一系列幅值相等的脉冲，这样就可实现改变逆变电路输出电压的大小进行调压调速。为此，对舵机系统将采用速度内环和位置外环的双闭环控制策略，该双环控制属于串级控制系统。其中，位置外环是通过一个模糊PID调节器即可达到对输出位置的无精差控制，其给定值是飞控计算机发出的脉冲信号，且输出量是速度内环的给定值。而对于速度内环而言，运用P调节器提升舵机系统的阻尼系数，使得系统的稳定性大幅度增强。联系前面的控制策略，本文设计了基于模糊算法的双闭环控制系统，系统控制结构如图3所示。

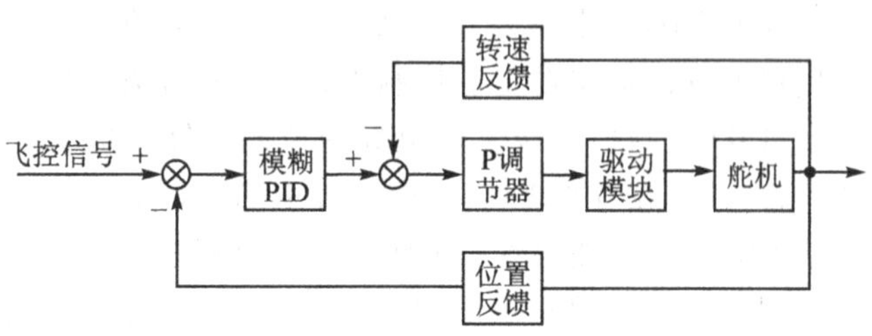

图3 系统控制结构图

3.2 模糊PID控制器设计

1. 确立输入/输出变量并模糊化

模糊控制器的输入变量为直线舵机位置的偏差 e 和偏差变化率 e_c，输出变量为PID控制器修正后的参数 ΔK_p、ΔK_i、ΔK_d。对于偏差或者偏差变化率而言，其都是精确的输入值，模糊化便是让这些量进行离散化，得到设定整数论域中的元素。设 e 和 e_c 定义为[8]

$$e=k_1[\theta(k)-\theta(k-1)]e_c=k_2[e(k)-e(k-1)] \tag{1}$$

式中：k_1、k_2 为舵机位置偏差和偏差变化率尺度转换的比例因子；设 e、e_c 的实际变化域为 $[-e_m,e_m]$、$[-e_{cm},e_{cm}]$，通过尺度转换和量化后的模糊变量分别为 E、E_C，对于舵机系统控制精度的需求，E 和 E_C 论域定义为

$$E,E_C=\{-6,-5,-4,-3,-2,-1,0,1,2,3,4,5,6\} \tag{2}$$

其模糊子集为：$E,E_C=\{NB,NM,NS,O,PS,PM,PB\}$，子集中的元素依次表示为负大、负中、负小、零、正小、正中、正大，模糊子集的隶属度函数都运用三角形函数进行运算。

输出量 ΔK_p、ΔK_i、ΔK_d 的论域、语言变量取值、隶属度函数的选取均同 E 和 E_C 一样[9]。

2. 建立模糊推理规则

模糊控制策略的重要部分是基于专家经验知识库或者工程师们实际运用的技术知识与操作经验，在系统的稳定性、快速性、超调量以及稳态偏差等各方面总结出的模糊推理规则。其一般形式为由模糊语言和模糊逻辑组成的模糊条件语句。本系统采用马丹尼模糊推理类型，即模糊量之间的关系为

If $E=A_i$ and $E_C=B_j$ then $\Delta K_p=C_{ij}$ and $\Delta K_i=D_{ij}$ and $\Delta K_d=F_{ij}$

模糊控制策略的推理基本思想是：当误差 E 比较大时，为了让系统有着较为快速的跟踪能力，K_p 需取值大一点；同时为防止输出溢出，K_d 的取值取理应小一点，并且为避免系统的超调作业，应对积分环节进行限制，K_i 的值常一般为0；如果误差 E 不大不小时，为了降低系统超调量，K_p 的值应减小；这时，K_d 值的大小对系统有着很大的影响，并且 K_i 的值需合理选取；当误差 E 不大时，为避免超调量过大导致振荡现象，K_p 的取值应降低；为了让系统快速进入稳态，降低系统稳态时的误差，提升系统控制精度，K_i 的取值应变大，同时考虑到控制系统的鲁棒性和反应速率，应使 K_d 适当取值[10]。

综合考虑以上所述，由模糊推理可得到修正后参数 ΔK_p、ΔK_i、ΔK_d 的模糊量。

3. 清晰化

通过模糊推理便可得到控制系统所需的模糊量，此时还不可用于控制被控对象，在实际工程运用中要用一个确定的量去控制执行机构，所以需把模糊量变成清晰量。考虑到直线舵机系统的需求，并且重心法可映射出全部模糊量信息的精确值，因此运用重心法实现模糊变量清晰化。重心法的求解公式如下：

$$\Delta K^*=\sum[\Delta K(\Delta K_n)\times\Delta K_n]\Big/\sum\Delta K(\Delta K_n) \tag{3}$$

式中：ΔK^* 为清晰化后的精确值；ΔK_n 为模糊值；$\Delta K(\Delta K_n)$ 为模糊值的隶属度。

4. PID控制算法

在一般的控制系统中，离散的PID控制器表达式如下：

$$u(k)=K_pe(k)+K_i\sum_{j=0}^{k}e(k)+K_d[e(k)-e(k-1)] \tag{4}$$

式中：$u(k)$ 为PID控制器输出的控制量；$e(k)$ 为角度误差信号；K_p 为比例系数，其可增加系统的响应速率，提升系统的调节能力；K_i 为积分系数，其可去除系统的稳态误差；K_d 为微分系数，其可改良系统的动态

特性。

PID 控制参数取值首先是要得到初始的 PID 参数 K_{p0}、K_{i0}、K_{d0}，其值与转速内环中的 K_p 均可由凑试法得到；其次就是在由凑试得到 PID 控制参数的基础上，根据模糊推理和参数修正输出的 ΔK_p、ΔK_i、ΔK_d，在线修正初定的 PID 参数，计算公式为

$$\begin{cases} K_p = K_{p0} + k_3 \times \Delta K_p \\ K_i = K_{i0} + k_4 \times \Delta K_i \\ K_d = K_{d0} + k_5 \times \Delta K_d \end{cases} \tag{5}$$

式中，k_3、k_4、k_5 为参数修正量 ΔK_p、ΔK_i、ΔK_d 的比例因子。

4 系统的软件程序设计

直线舵机系统通过控制芯片控制驱动系统实现舵机的位置控制，其控制系统软件设计则由宏晶公司研发的 STC89C52RC 在 51C 语言软件环境下进行编程开发的。为了提高控制程序的稳定性与阅读性，本文运用模块化的程序设计方法对系统程序进行编写，因此系统可通过调用子程序以及处理接收中断申请来完成对系统的整体控制。系统的程序结构主要包括 2 个部分：①主程序，首先进行 STC 软件系统的初始化设置，即定义全局变量、定时器配置等，并在结束系统初始化后进入无限循环等待中断服务程序请求；②周期中断子程序，完成对位置和转速的采样、PWM 波输出。

4.1 系统主程序

当 STC 控制器开始执行主程序时，首先进行屏蔽全局中断即 EA=0，其次对整体系统和寄存器、全局变量以及通用 I/O 口进行初始化操作，紧接着对 ADC 采样模块和 PWM 输出模块进行配置，最后使能全局中断即 EA=1，并且进入无限循环等待中断服务子程序请求的程序中。STC 控制器的主程序流程如图 4 所示。

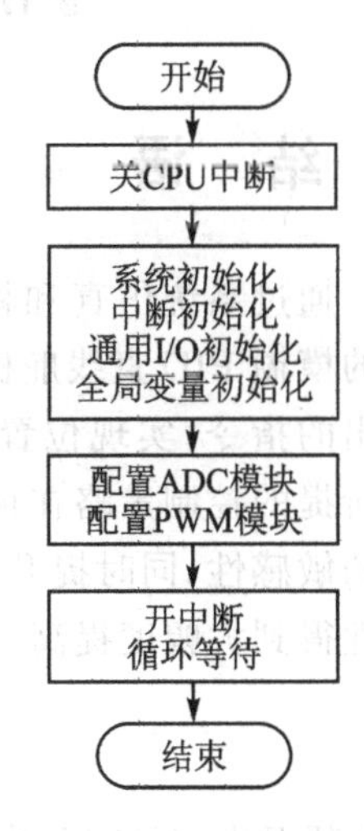

图 4 主程序流程图

4.2 周期中断子程序

周期中断子程序是整体系统的核心控制部分，按照其实现的功能可分为 ADC 中断子程序、PWM 中断子程序。其中，ADC 中断子程序实现对舵机位置及转速的采样转换；PWM 中断子程序实现输出 PWM 波进行调速及位置的跟踪。各个部分的流程图如图 5 和图 6 所示。

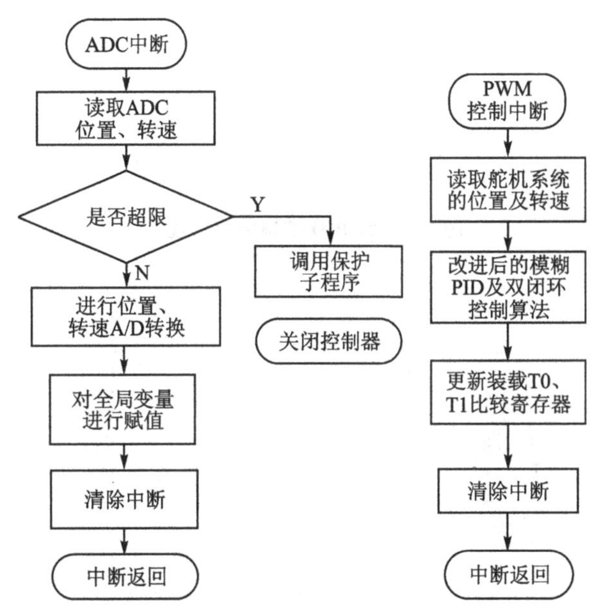

图 5 ADC 中断流程图　　图 6 PWM 中断流程图

5 仿真及实验结果分析

为了验证本文设计的直线舵机控制策略的正确性，搭建了仿真模型并在以 STC89C52RC 为控制芯片的直线舵机系统上进行了实验验证。通过 PWM 脉宽调制获得桥式电路所需的 4 路驱动信号来控制功率开关管的通断，得到一系列幅值不等的电压对舵机进行调速和位置跟踪。

在系统仿真中，直线舵机的给定值为 5 cm，由图 7 可知，传统的 PID 控制系统在 0.067 s 时达到给点值后进入超调，最终在 0.11 s 后返回给定值并进入稳态；由图 8 可知，模糊 PID 控制系统在 0.062 s 时到达给定值并直接进入稳态，波形平滑无振荡。由此可知，模糊 PID 控制有更好的动态特性，系统响应速度加快、调节精度较高，这是单纯的 PID 控制和模糊控制难以实现的，显著特点是在同样的精度下，系统的过渡时间变短。

在实物验证中，飞控计算机发出的指令是 50 Hz 占空比为(1 000 μs,2 000 μs)的方波信号，用该方波信号对应电位器两端的电压信号(0,5 V)。由图 9 可知，

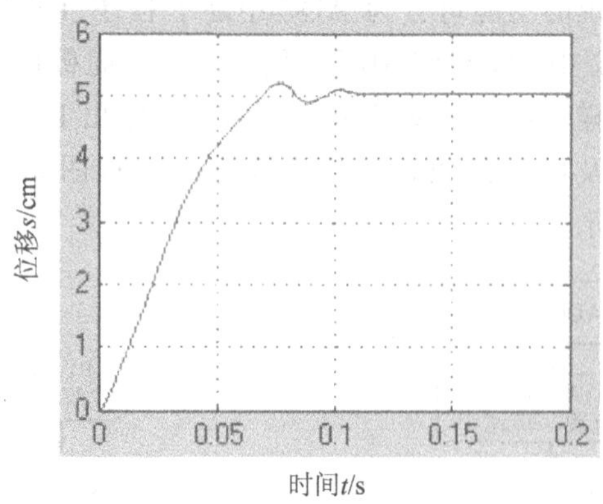

图 7　传统 PID 控制响应曲线

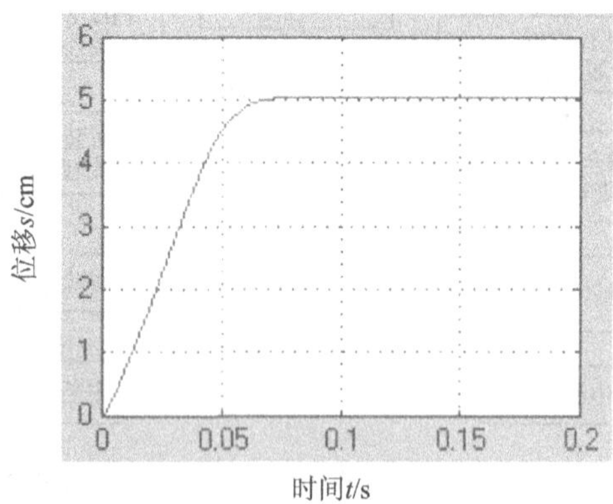

图 8　模糊 PID 控制响应曲线

当飞控技术机发出的信号为 1 750 μs，理论上对应的电位器电压为 3.75 V，而实际从图 10 显示电位器两端的电压为 3.776 V；由图 11 可知，当飞控技术机发出的信号为 1 500 μs，理论上对应的电位器电压为 2.5 V，而实际从图 12 显示电位器两端的电压为 2.525 V。考虑到电位器的基准电压为 5.2 V 左右以及测量误差等因素，本文设计的直线舵机系统能实现高精度的位置跟随。

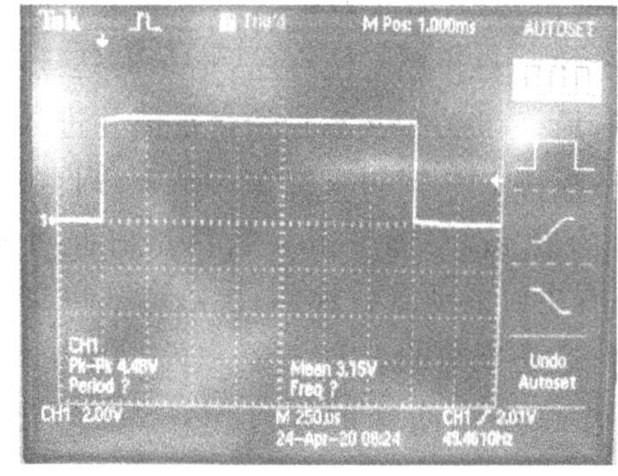

图 9　飞控计算机给定信号

图 10　电位器采样值

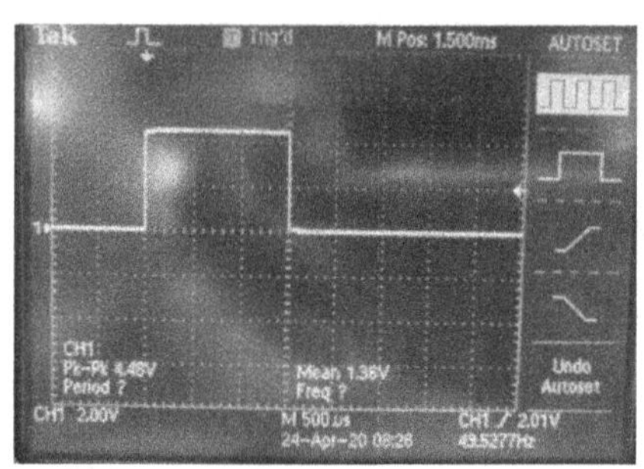

图 11　飞控计算机给定信号

图 12　电位器采样值

6　结　语

通过系统仿真和样机实验结果对比可知，本文设计的模糊 PID 直线舵机系统能快速跟踪位飞控计算机发出的指令，实现位置的无静差控制。从而验证了本文所提的控制策略在很大程度上削弱了对系统参数变化的敏感性，同时提升系统的动态响应速度，系统的鲁棒性得到大幅度提高。

参考文献

[1] 郝卫生，张新华. 电动舵机系统控制律的一种工程设计方法[J]. 战术导弹技术，2008 (6).
[2] 骆光照. 电动舵机的鲁棒控制研究[D]. 西安：西北工业大学，2003.
[3] 张洪国. 高速电机的高精度控制系统及其算法的研

究[D]. 哈尔滨:哈尔滨工业大学,2013.

[4] 张国元. 某型舵机改进设计及其仿真分析 [D]. 哈尔滨:哈尔滨工业大学,2016.

[5] 卜庆伟,陈雄,柴金宝,等. 基于模糊神经网络 PID 的舵机控制系统[J]. 计算机与现代化,2018 (3).

[6] 包振洲,陈洁卿,孙瑞胜,等. 一种舵面故障导弹控制分配优化方法[J]. 南京理工大学学报,2017 (5).

[7] 赵小龙,马铁华,刘艳莉. 一种数字化舵机系统设计与实现[J]. 核电子学与探测技术,2012,32(5):552-555.

[8] 卿浩,辜承林,唐小琦,等. 无刷直流电机模糊控制系统的建模及仿真分析[J]. 微电机,2006,39(3):19-21.

[9] Lee C. Fuzzy Logic in Control Systems: Fuzzy Logic Controller. Part II[J]. IEEE Trans. On S. M. C,1990,20(2):419-435.

[10] 石建国. 电动舵机系统的设计与试验研究[D]. 哈尔滨:哈尔滨工程大学,2003.

直升机发动机主喷管故障原因分析及改进研究

霍建飞*，张有富，徐志阳，钱国强

航空工业昌河飞机工业集团有限公司，景德镇 333000

摘要：通过对直升机发动机主喷管裂纹故障进行统计分析，得出了当前发动机主喷管裂纹故障的主要机型和位置，从产品的设计结构、原材料、工艺过程等方面对不同机型的主喷管进行差异性分析，结合裂纹部位的失效分析，找到造成直升机发动机主喷管裂纹故障的主要原因并制定后续解决措施，为直升机各类故障分析提供了丰富经验。

关键词：主喷管；裂纹；故障分析；优化措施

Cause Analysis and Improvement Measures of Main Nozzle Failure of Helicopter Engine

HUO Jianfei*, ZHANG Youfu, XU Zhiyang, QIAN Guoqiang

AVIC Changhe Aircraft Industry (Group) Co. Ltd., Jingdezhen 333000, China

Abstract: Through the statistical analysis of the main nozzle crack fault of helicopter engine, the main models and positions of the main nozzle crack fault of helicopter engine were obtained. By analyzing the difference of the main nozzles of different models from the aspects of product design structure, raw materials and technological process, combined with the failure analysis of the crack part the main reason of the crack fault of the main nozzles of helicopter engine was found out and the follow-up solutions were formulated, which provided rich experience for the analysis of various helicopter faults.

Keywords: primary nozzle; crack; fault analysis; optimization measures

近年来，直升机发动机主喷管裂纹故障一直是困扰公司的一项典型质量难题，内外场各型号直升机频发出现发动机主喷管裂纹故障，且呈现上升趋势。据统计，三年内外场共计出现发动机主喷管裂纹故障 19 次，内场共计出现发动机主喷管裂纹故障 20 次，严重影响飞行训练和直升机交付。

1 产品简介

直升机发动机主喷管是直升机发动机排气系统中的重要的部件，材料为 GH3030 - 0.8 - 1.5 mm，GH3030 是典型的镍基板材合金，强度低，但具有优良的抗氧化性、良好的冲压性和焊接性能[1]。直升机发动机主喷管由 4～5 块壁面焊接而成，管口需点焊一圈加强边。直升机发动机主喷管（见图 1）装配于直升机发动机排气口，直接与发动机连接，工作环境温度高，受发动机震动影响较大。

图 1 直升机发动机主喷管

2 故障统计分析

2.1 按机型进行分析

对直升机发动机主喷管裂纹故障所涉及的机型进行统计，从图 2 中可看出，裂纹故障主要发生在 ZXX1

* 通讯作者. E-mail: 314064498@qq.com

和 ZXX2 型机，其中 ZXX1 型机占 76.3%，Z8XX2 型机占 13.2%，各机型裂纹故障存在着明显差异。

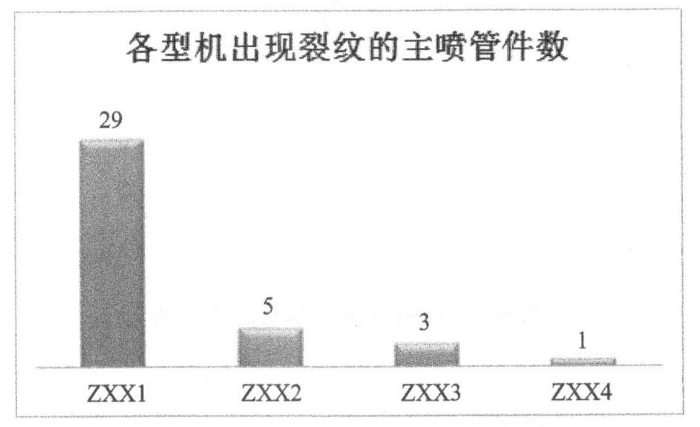

图 2　各机型发动机主喷管裂纹故障数量柱状图

我们对比各机型发动机主喷管的区别，发现 ZXX1 和 ZXX2 发动机主喷管在材料、结构上均存在差异：

（1）材料差异

ZXX1 型机：四个整体壁面材料为 GH3030 - δ1.0，加强边材料为 GH3030 - δ0.8，见图 3。

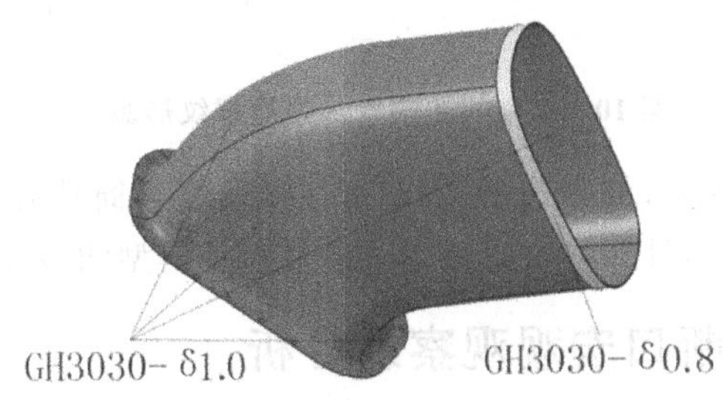

图 3　ZXX1 型机材料规格

ZXX2 型机：安装边材料为 GH3030 - δ1.5，壁面材料为 GH3030 - δ1.5，加强边材料为 GH3030 - δ0.8，见图 4。

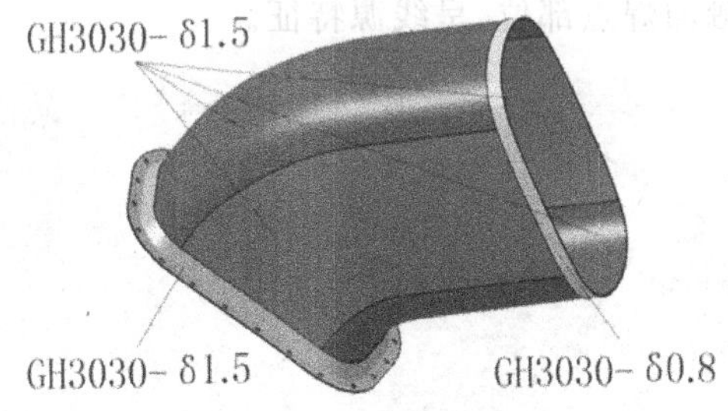

图 4　ZXX2 型机材料规格

（2）结构差异

ZXX1 型机：安装边和壁面为整体结构，四个壁面通过氩弧焊连接，出口端壁面与加强边通过点焊连接，加强边对接处氩弧焊连接，见图 5。

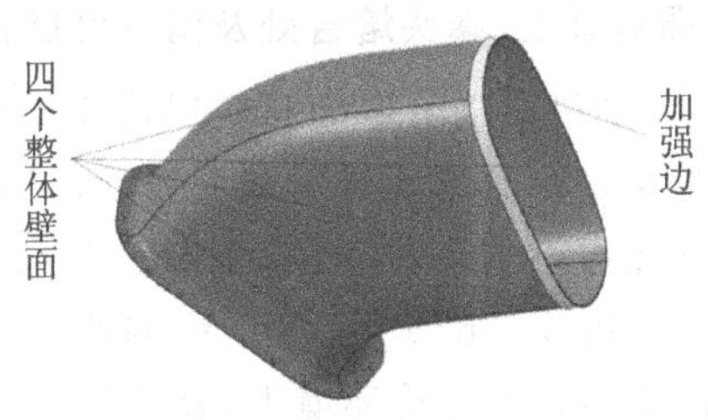

图 5　ZXX1 型机发动机主喷管结构

ZXX2 型机：安装边为整体结构，安装边与四个壁面通过氩弧焊连接，出口端壁面与加强边通过点焊连接，加强边对接处氩弧焊连接，见图 6。

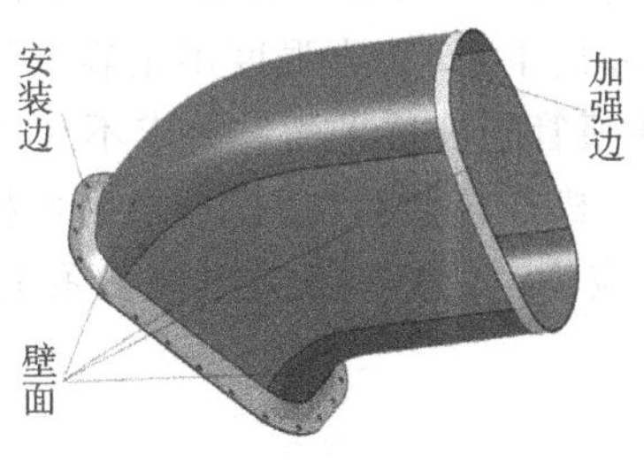

图 6　ZXX2 型机发动机主喷管结构

由以上可以看出，ZXX2 型机发动机主喷管在材料和结构上明显优于 ZXX1 型机。

2.2　按裂纹故障在主喷管上分布的位置分析

对直升机发动机主喷管裂纹故障在按在主喷管上分布的位置分为加强边裂纹（端头熔合处及附近区域）、筒体裂纹（非壁面焊缝处及附近区域）、安装边裂纹（螺栓连接处）和筒体根部与安装边过渡区裂纹，从图 7 可看出，裂纹位置主要集中在加强边裂纹（端头熔合处及附近区域）和安装边部位（螺栓连接处）两处，分别占 50.0%、40.5%。

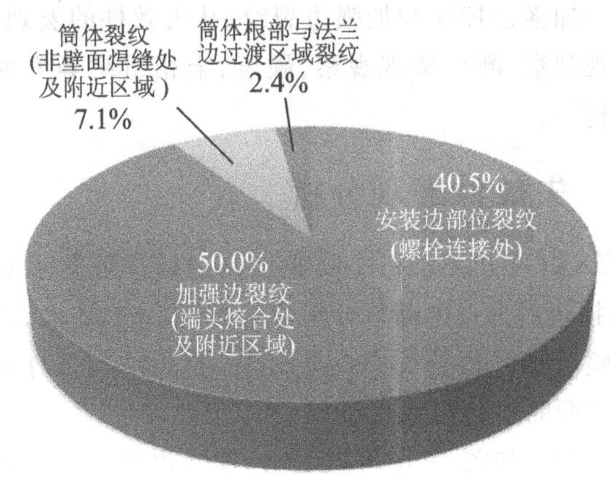

图 7　ZXX1 型机裂纹位置分布饼状图

1. 加强边裂纹(端头熔合处及附近区域)原因分析

ZXX1 发动机主喷管壁面材料厚度 1.0 mm、加强边材料厚度为 0.8 mm，点焊后强度降低，同时，加强边对接焊缝位置与点焊点位置距离较近，焊缝周围材料受到 2 次焊接热效应影响，强度受影响严重。因此，该区域材料在高温高频震动环境下，容易导致疲劳裂纹，具体需进行失效分析。

2. 安装边部位(螺栓连接处)原因分析

发动机主喷管通过安装边的 12 个螺栓孔与发动机安装面连接，通过对发动机主喷管装配示意图(见图 8)可以看出，发动机主喷管安装后成为悬臂梁结构，在高温高频震动环境下，安装边强度不足容易导致疲劳裂纹；发动机主喷管安装边平面度要求不大于 0.5 mm，安装后与发动机连接面存在间隙，采用螺栓进行刚性连接后存在应力，导致安装边沿螺栓孔边缘开裂并扩展。

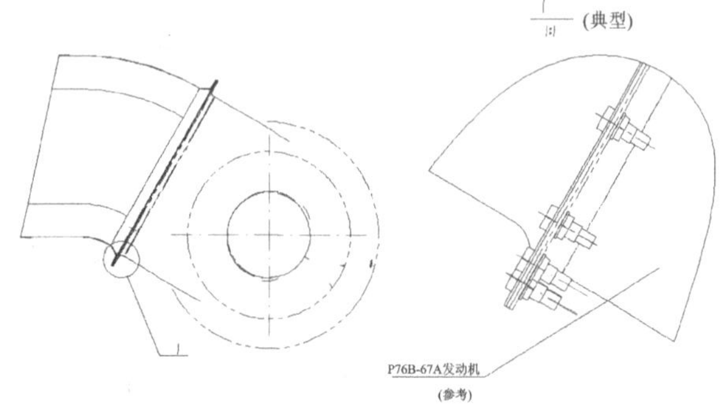

图 8　ZXX1 型机发动机主喷管装配示意图

3　理化分析

选取 ZXX1 发发动机主喷管加强边典型裂纹问题——加强边掉块和加强边裂纹，从失效件的宏观、断口宏观观察、断口微观观察、硬度、金相组织等方面进行分析[2]。

3.1　失效件宏观分析

ZXX1 型机发动机主喷管加强边掉块脱落形貌见图 9，掉块后形成两断口分别记为断口 2－1、2－2；发动机主喷管加强边裂纹形貌见图 10，将裂纹人工打开后形成的两断口分别记为 3－1、3－2。

从图 9 和图 10 中可以看出，加强边裂纹均在点焊点附近，裂纹呈不规则延伸；加强边掉块区域存在点焊

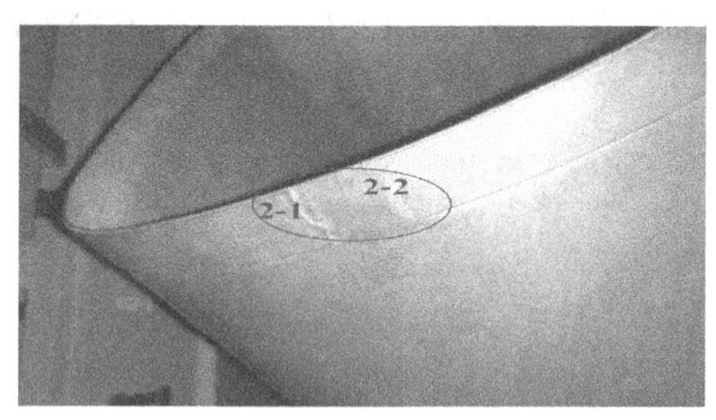

图 9　主喷管加强边掉块脱落形貌

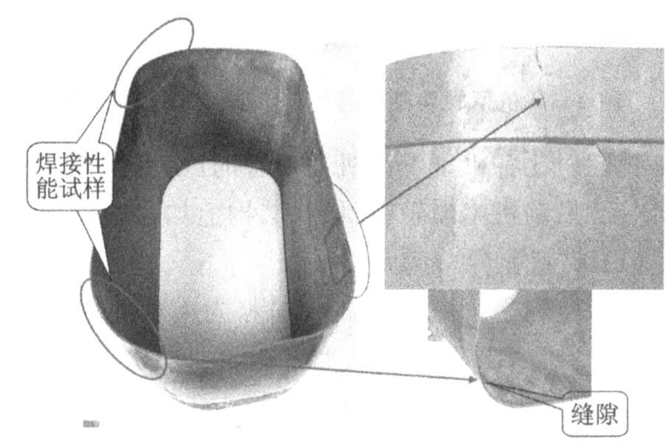

图 10　发动机主喷管加强边裂纹形貌

点脱落现象；加强边裂纹区域内加强边和筒体存在一定的间隙，且加强边氩弧焊对接处存在典型的裂纹。

3.2　断口宏观观察及分析

对 2 件失效件共 4 个断口进行宏观观察分析(低倍显微镜下观察)，断口宏观形貌见图 11 和图 12。2－1、3－1 断口裂纹源位于焊接点边缘两侧，起源于两板材接触面焊点部位，呈点源特征；2－2 断口裂纹起源于焊点边缘一侧，呈点源特征；3－2 断口裂纹起源于两板材接触面焊点部位，呈线源特征。

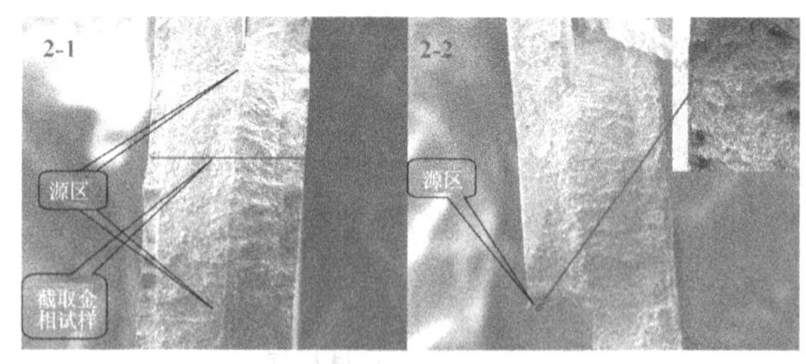

图 11　掉块断口宏观观察

3.3　断口微观观察及分析

对四个断口扩展区进行微观观察(高倍显微镜下观察)分析，在扩展区均可见扩展疲劳条带(见图 13 和

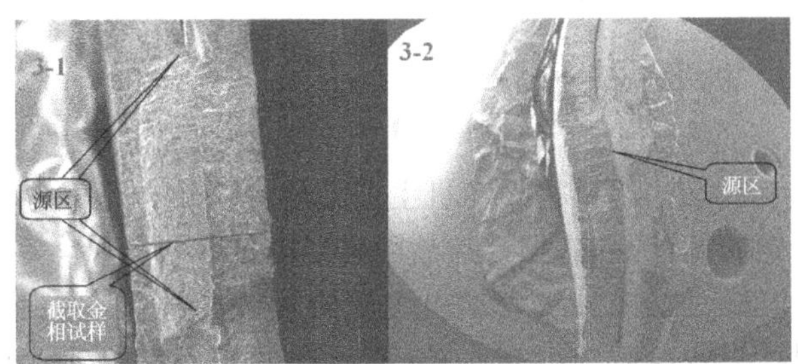

图 12　裂纹断口宏观观察

图 14)，可知四个断口均为疲劳断口。

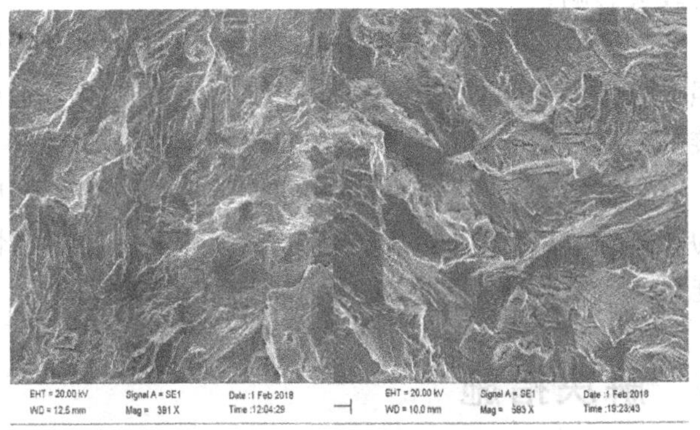

图 13　掉块断口微观观察

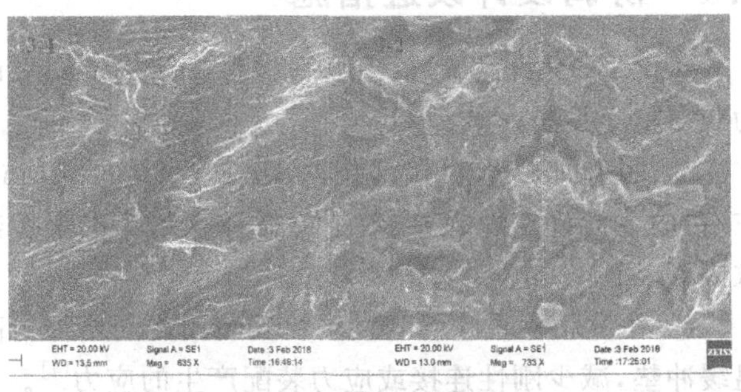

图 14　裂纹断口微观观察

瞬断区韧窝形貌见图 15(以 2－1 断口瞬断区形貌为例)。

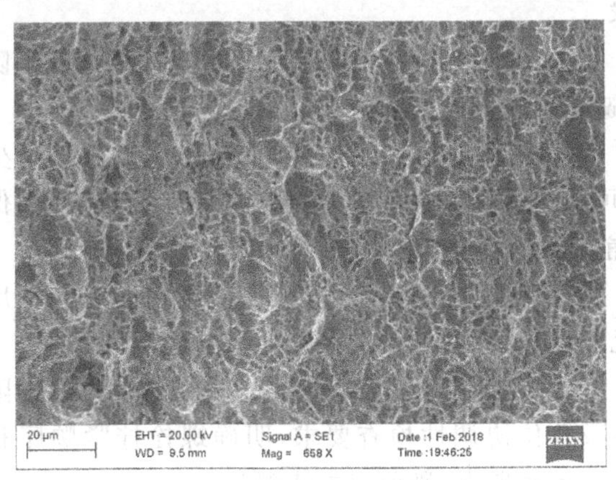

图 15　瞬断区韧窝形貌

3.4　硬度对比分析

沿 2－1、3－1 断口焊接中心 1/3 处纵截面(见图 14 和图 15)截取试样(见图 16)，磨制至焊点中心部位抛光后放于硬度检测计上进行维氏硬度检测对比分析。由表 1 可知，两失效件加强边点焊、主喷管固溶处理后，整个纵截面硬度值变化不大，即点焊并固溶后引起的加强边硬度变化不大。

表 1　2－1、3－1 断口纵截面试样硬度对比表

序　号	离断口表面距离/mm	2－1 硬度值/HV0.2	3－1 硬度值/HV0.2
1	0.05	322	332
2	0.1	320	320
3	0.15	310	330
4	0.2	328	319
5	0.4	319	329
6	0.8	333	310
7	1.6	332	326
8	3.2	332	315
9	6.4	329	324
10	12.8	315	321

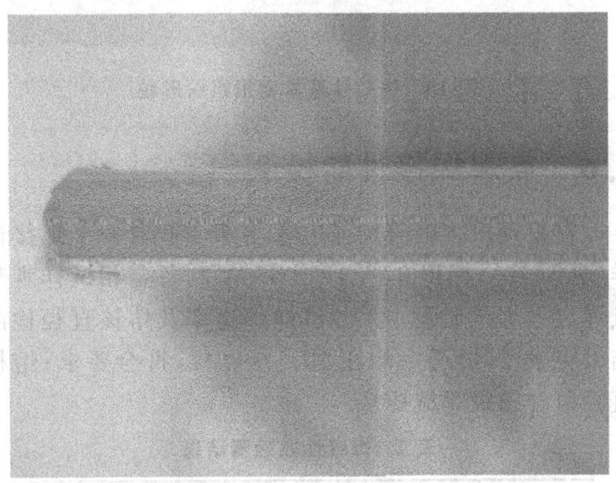

图 16　断口焊接中心处纵截面高倍形貌

3.5　金相分析

将 2－1 断口纵截面硬度试样腐蚀后进行金相观察分析，点焊区域组织形貌见图 17，失效件基体金相组织形貌见图 18，金相组织正常，未见原材料冶金等缺陷。

图 17　点焊区高倍组织形貌

图 18　失效件基体金相组织形貌

3.6　点焊焊接性能检测

在发动机主喷管加强边弯曲部位截取 6 个焊接试样(见图 10),标识 3#-1～3#-6,制备金相试样观察点焊点处焊接质量。六片试样焊透率及熔核直径检测结果见表 2,焊透率均在 20%～80%,符合要求;熔核直径符合三级焊缝要求[3]。

表 2　焊接性能检测结果

编　号	熔核直径/mm	上板焊透率/%	下板焊透率/%
3#-1	4.4	60	55
3#-2	4.2	40	37
3#-3	4	42	35
3#-4	3.8	30	32
3#-5	3.7	35	40
3#-6	3.8	40	50

4　故障结论

① ZXX1 型机发动机主喷管材料与结构形式存在一定的设计缺陷,导致产品的强度不足;

② ZXX1 型机发动机主喷管加强边掉块、加强边裂纹失效性质为疲劳失效,裂纹起源于两板材接触面焊点附近,尤其是加强边与筒体间隙较大的地方,表明点焊过程中加强边与筒体间的间隙对加强边产生裂纹有较大影响;

③ ZXX1 型机发动机主喷管加强边裂纹多发于加强边氩弧焊对接处,表明加强边处裂纹与受到 2 次焊接热效应影响有关;

④ ZXX1 型机发动机主喷管安装边裂纹失效性质为疲劳失效,与发动机主喷管和发动机安装面的刚性连接或应力装配有关。

5　解决措施

5.1　协调设计改进措施

① ZXX1 型机发动机主喷管材料与结构形式更改为与 ZXX2 型机一致;

② 明确加强边对接部位两端头适当距离(20mm 左右)内不允许点焊的要求,避免材料收到 2 次焊接热效应影响;

③ 在发动机主喷管与发动机安装面之间增加耐高温缓冲垫,减少刚性连接或应力装配产生的应力[4]。

5.2　生产过程改进措施

① 指令中细化筒体端面及法兰边边缘孔去毛刺要求。

② 加工工艺指令中明确加强边与筒体之间间隙要求,避免存在间隙时点焊造成的应力过大。

③ 氩弧焊时应控制焊接电流,小电流焊接减少热量,可减小焊接处热效应区;同时尽量延长正反面保护(提前和延时通气)时间。

④ 发动机主喷管筒体边缘、安装边所有孔正反面去毛刺倒角要均匀,避免存在一定的应力集中[5]。

⑤ 明确安装边与发动机对应安装部位贴合间隙均匀性及孔位协调性检查要求,明确螺栓拧紧顺序和拧紧力矩控制要求,避免应力装配[6]。

⑥ 同一处补焊次数仅为 1 次,补焊前裂纹部位及

裂纹内部清理、裂纹末端钻止裂孔、补焊过程中尽量延长正反面保护时间。

6 验 证

采取改进措施后跟踪 20 架机、共计 60 件发动机主喷管，3 处发生裂纹现象（飞行时间均超过 400 飞行小时）且补焊后均未再次发生裂纹情况，其余发动机主喷管均未发现裂纹。

7 结束语

通过对 ZXX 型直升机发动机主喷管裂纹故障的分析，利用数据分析、结构分析、理化分析等，结合发动机主喷管安装形式，得出发动机主喷管产生裂纹故障的结论，制定出一系列有效改进措施，且经过后续的架次验证中效果非常显著。

参考文献

[1] 安继儒，田龙刚. 金属材料手册[M]. 北京：化学工业出版社，2008，1：302.

[2] 张存信，陈玉如. 金属材料断裂的分析方法[J]. 理化检验-物理分册，2008，44(11)：622-642.

[3] 中国航空工业总公司航空材料热工艺标准化技术单位：HB/Z238—1993[S]. 北京：中国航空工业总公司第三〇一研究所，1994：3-6.

[4] 航空制造工程手册・飞机装配[M]. 北京：航空工业出版社，2010，12：423-434.

[5] 丁嘉志，王瑞山. 金属加工过程中应力状态的分析方法[J]. 金属成形工艺，1994，12(1)：24-29.

[6] 航空制造工程手册・飞机装配[M]. 北京：航空工业出版社，2010：390-421.

柔性转子系统支承不同心力学模型及振动响应分析

肖森，黄光强，赵正大，赵爽忻

航空工业成都飞机工业(集团)有限责任公司，成都 610037

摘要：工作转速位于弯曲振型临界转速以上的转子系统称为高速柔性转子系统，为提高转子的局部抗变形能力，常采用增加支点的结构设计，多个支点的支承不同心对转子系统振动响应的影响及其抑制成为高速柔性转子动力学设计的关键问题之一。本文提出了转子不同心挠曲变形引起附加激励力学模型，建立了不同心激励下多支点转子系统运动方程，并对转子系统运动学方程进行求解。结果表明，整体结构转子系统存在支承不同心时，转子会产生初始挠曲变形，并在支承位置产生初始附加激励力和力矩；此外，各轴承受到转子弯曲变形的影响，支承刚度表现出各向异性特征。转子系统振动响应表明，随着支承不同心量的增大，转子在初始弯曲方向的临界转速随之增大，且临界转速附近转子轴心轨迹趋近于一条直线，具有明显的非同步进动特征，在轴内具有较大的交变应力。

关键词：柔性转子；支承不同心；力学模型；运动方程；振动响应

Mechanical Model and Dynamic Response of Flexible Rotor System with Misalignment

XIAO Sen, HUANG Guangqiang, ZHAO Zhengda, ZHAO Shuangxin

Aviation Industry Chengdu Aircraft Industry (Group) Co. Ltd., Chengdu 610037, China

Abstract: The high-speed flexible rotor system is a kind of rotor system that the working speed of which is above the critical speed of the bending mode. In order to improve the local anti-deformation ability of the high-speed flexible rotor, the multi-support structure design is often used. Therefore the vibration response and suppress of rotor with misa-lignment becomes one of the key issues of multi-support rotor designs. In this paper, the extra excitation mechanics model of the rotor's distortions is proposed, and the equa-tion of motion for the multi-support rotor system with misalignment is established. The solution method for governing equations for the rotor system with misalignment is established by using the method of Newmark. The results show that the misalignment of integral structure rotor system leads to deformation in rotor, extra excitation and mo-ment in supports and resulting in anisotropic characteristics in the bearing stiffness. The vibration response shows that as the value of misalignment increase, the nature frequency of misalignment directions increase largely and the orbits between the nature frequency tending to a straight line has obvious non-synchronous precession characteristics, and large alternating stress exists in the shaft.

Keywords: flexible rotor; misalignment; mechanics model; kinematical equation; vibration response

1 引言

以航空发动机、燃气轮机为代表的重大旋转机械装备广泛应用于航空航天、能源动力、石油化工等许多重要部门。近年来，由于发动机对高性能和高可靠性等多方面综合需求的提升，其转子转速和工作负荷不断提升并呈现“轻柔”“重载”的力学特征，转子工作在弯曲临界转速以上，为了控制工作过程中转子挠曲变形过大，采用多支点支承的转子结构设计。受装配工艺的限制和使用环境的影响，很难做到同一转轴的多个支点保持在同一轴线，因此也就带来了转子系统支承不同心的问题。

工程上转子系统支承不同心故障经常发生，长期以来，国内外学者和工程人员在旋转机械动力学设计、制造质量和制造过程控制等方面，特别是在健康监测与故障诊断领域，针对转子系统支承不同心开展了大量的理论研究工作，主要包括动力学建模、不同心转子系统的振动分析与动态设计、不同心故障诊断方法等多个方面，并在工程实际中得到广泛应用[1-4]。具体而言，目前关于转子支承不同心的研究主要集中在支承不同心时连接结构附加激励力和力矩及其对转子系统动力学的影响。Gibbons[5]根据考虑不同心因素的几何关系和受力分析最先给出了转子系统不同心时联轴器与转轴连接点处的激励力和激励力矩。赵广[6]等推导出了花键联轴器不同心啮合力学模型，基于有限元分析建立了考虑花键联轴器不同心效应的转子系统动力学方程，数值计算模拟出不同心啮合力对转子-花键联轴器系统动力学特性的影响规律。马艳红[7-9]等针对某航空发动机转子系统基于 Lagrange 法建立了套齿联轴器不同心力学模型，考虑了套齿不同心产生的 2 倍频激励力和联轴器变形带来的附加弯曲刚度。Pennacchi[10]等利用 6 自由度节点单元模型描述方法，实现了转子系统支承不同心时联轴器的参数、不同心作用力和力矩的辨识。总之，大多数研究认为转子系统存在支承不同心时，主要表现在连接结构所产生的不同心激励力和力矩传递到转子系统，并使转子系统产生以 1 倍基频和 2 倍基频为主的复杂振动。认为转子系统支承不同心时，转子变形主要发生在连接结构位置，转轴不会发生挠曲变形或者变形较小，轴承受到转轴的附加激励可以忽略不计，轴承刚度具有较好的各向同性。然而对于现代先进的旋转机械尤其是具有代表性的航空发动机转子系统，一方面对于涡轴/涡桨发动机，为了简化结构，降低零部件数目，其动力涡轮转子常采用整轴无联轴器结构的设计；另一方面，对于涡扇发动机，其低压转子系统采用带有联轴器连接结构的设计，但转子系统在传递扭矩的同时，还承受较大的轴向力，在轴向力的作用下，整个转子系统轴向拉紧，连接段与轴段等效刚度基本相同。因此，对于该种类型的高速柔性转子系统，其转子系统整体性较强，支承不同心时整个转子系统（转轴及连接结构）发生挠曲变形，由于转轴受到轴承初始附加约束，支点位置处产生初始附加激励力和力矩，分别作用于转轴和轴承内环。Guo[11]等利用有限元法对轴承的轴承刚度进行计算分析，认为轴承刚度和轴承组件的运行状态会随载荷、转速、润滑的条件变化发生明显的变化。Ertas[12]等在压缩机实验台上进行了滚动轴承不同心的详细测试，揭示了不同心时滚动轴承径向刚度的变化，并且发现在较大不同心量时转子系统出现较强的非线性和分岔等复杂振动行为。Lim，Singh 和 Wlile[13-14]等利用数值仿真发现轴承受到初始附加激励对转子系统的不平衡响应、临界转速和稳定性等特征具有明显的影响。因此，对于高速柔性转子系统，支承不同心带来的初始挠曲变形及支承位置处的附加激励对转子系统的不平衡响应和转子系统的稳定性等动力特性的影响不容忽视。

本文借鉴上述分析，以高转速多支点柔性转子系统为对象，通过支承不同心时转轴初始挠曲变形，定量描述了转子系统支承位置初始附加激励，建立了多支点柔性转子系统的支承不同心力学模型及动力学方程，求解得到转子系统支承不同心振动响应，并总结分析了相关参数对转子系统振动响应的影响规律。

2 转子系统支承不同心力学模型

2.1 转子支承系统运动微分方程

图 1 所示为三支点支承的柔性转子系统，其中 1# 与 2# 支点之间以及 2# 与 3# 支点之间分别具有一刚性圆盘，整个转子系统为一无连接结构的整体结构。

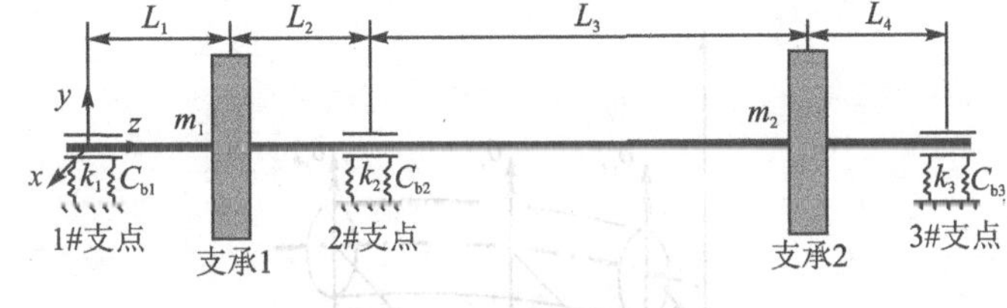

图 1 转子结构示意图

1. 单元划分和节点位移向量

本研究采用有限元法对转子系统进行建模分析。如图 1 所示的转子系统，包括两级轮盘，弹性轴段和支承组成。将转子系统分解为若干单元，各单元间彼此在结点处连接。结点处的径向位移 x、y 和结点截面的偏转角 θ_x、θ_y 组成的两个位移列向量为

$$u_1=\begin{bmatrix}x\\ \theta_y\end{bmatrix},\quad u_2=\begin{bmatrix}y\\ -\theta_x\end{bmatrix} \tag{1}$$

向量中的元素即为该节点的广义位移。

2. 刚性圆盘

设刚性圆盘的质量、过轴心的直径转动惯量和极转动惯量分别为 m、J_d 和 J_p。圆盘的广义坐标就是其轴心结点的位移向量 $u_{1d}=[x\quad\theta_y]^T$ 和 $u_{2d}=[y\quad -\theta_x]^T$，转子转速为 ω。刚性盘单元的动能 T 为：

$$T=\frac{1}{2}m\dot{x}^2+\frac{1}{2}m\dot{y}^2+\frac{1}{2}J_p\omega^2+\frac{1}{2}J_d\dot{\theta}_x^2+\frac{1}{2}J_d\dot{\theta}_y^2+\frac{1}{2}J_p\theta_x^2\dot{\theta}_y^2-J_d\omega\theta_x\dot{\theta}_y \tag{2}$$

利用 Lagrange 方程：

$$\frac{\mathrm{d}}{\mathrm{d}t}\left(\frac{\partial T}{\partial\dot{u}}\right)-\frac{\partial T}{\partial u}=Q \tag{3}$$

于是该单元的运动方程可以用矩阵表示为

$$\begin{cases}M_d\ddot{u}_{1d}+J\omega\dot{u}_{2d}=Q_{1d}\\ M_d\ddot{u}_{2d}-J\omega\dot{u}_{1d}=Q_{2d}\end{cases} \tag{4}$$

式中，$M_d=\begin{bmatrix}m&0\\0&J_d\end{bmatrix}$，$J=\begin{bmatrix}0&0\\0&J_p\end{bmatrix}$ 分别为单元的质量矩阵和回转矩阵；Q_{1d} 和 Q_{2d} 为作用在该节点位置相应的广义力。

3. 弹性轴段

图 2 所示为一弹性轴段单元，该单元的广义坐标是两端结点 A、B 的位移，即

$$\begin{cases}u_{1s}=[x_A\quad\theta_{yA}\quad x_B\quad\theta_{yB}]^T\\ u_{2s}=[y_A\quad -\theta_{xA}\quad y_B\quad -\theta_{xB}]^T\end{cases} \tag{5}$$

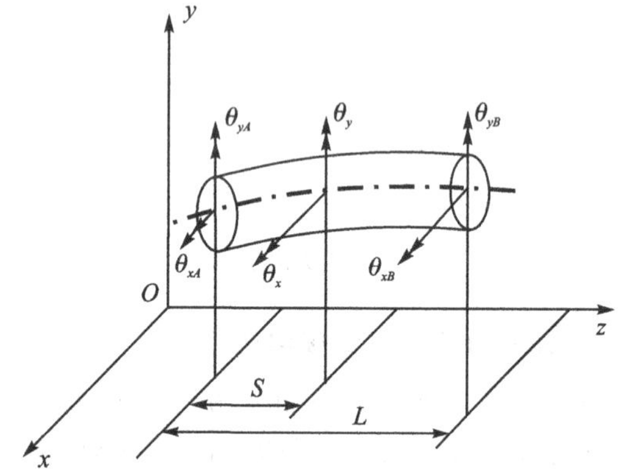

图 2 轴单元

单元内任一截面的位移 x,y,θ_x,θ_y 可通过位移插值函数，运用该单元结点的位移进行表示。其单元内微元体的弹性弯曲变形能 U_b，轴向力位能 U_a 及动能 T 分别为

$$\begin{cases}\mathrm{d}U_b=\frac{1}{2}EI\left[\left(\frac{\partial^2x}{\partial s^2}\right)^2+\left(\frac{\partial^2y}{\partial s^2}\right)^2\right]\mathrm{d}s+\frac{1}{2}GA\left[\left(\frac{\partial^3x}{\partial s^3}\right)^2+\left(\frac{\partial^3y}{\partial s^3}\right)^2\right]\mathrm{d}s\\ \mathrm{d}U_a=-\frac{1}{2}H\left[\left(\frac{\partial x}{\partial s}\right)^2+\left(\frac{\partial y}{\partial s}\right)^2\right]\mathrm{d}s\\ \mathrm{d}T=\frac{1}{2}\rho\left[\left(\frac{\partial x}{\partial t}\right)^2+\left(\frac{\partial y}{\partial t}\right)^2\right]\mathrm{d}s+\frac{1}{2}J_p\omega^2\mathrm{d}s+\frac{1}{2}J_d\left[\left(\frac{\partial\theta_{yA}}{\partial t}\right)^2+\left(\frac{\partial\theta_{xA}}{\partial t}\right)^2\right]\mathrm{d}s\end{cases} \tag{6}$$

式中：ρ 为单位长度质量，J_p、J_d 分别为轴段极转动惯量和直径转动惯量，H 为轴向力，下标 a，b 分别表示轴向变形和弯曲变形。

轴单元的整体变形能及动能为

$$\begin{cases}U=\int_0^l(\mathrm{d}U_a+\mathrm{d}U_b)\\ T=\int_0^l\mathrm{d}T\end{cases} \tag{7}$$

利用 Lagrange 方程：

$$\frac{\mathrm{d}}{\mathrm{d}t}\left(\frac{\partial T}{\partial\dot{u}}\right)-\frac{\partial T}{\partial u}+\frac{\partial U}{\partial u}=Q \tag{8}$$

于是该单元的运动方程可以用矩阵表示为

$$\begin{cases}M_s\ddot{u}_{1s}+J_s\omega\dot{u}_{2s}+K_{1s}u_{1s}=Q_{1s}\\ M_s\ddot{u}_{2s}-J_s\omega\dot{u}_{1s}+K_{2s}u_{2s}=Q_{2s}\end{cases} \tag{9}$$

式中，M_s 为考虑了转动惯性在内的质量矩阵，ωJ_s 为回转矩阵，K_s 为刚度矩阵，Q_{1s} 和 Q_{2s} 为作用在轴单元上的广义力，它包括结点处连接的圆盘或相邻轴段的作用力和力矩。

4. 转子支承

将转子系统支承结构简化成如图 3 所示的单元，轴承的横向支承刚度和角向支承刚度分别采用刚度矩阵 K_b 和 C_b 表示。如下式所示，与轴承对应的轴颈中心结点的编号记为 S_j，则轴颈中心的坐标为 $x_{S(j)}$、$\theta_{y(j)}$、$y_{S(j)}$、$-\theta_{x(j)}$。因此，轴承座的运动方程为

$$\begin{bmatrix}k_x&0&0&0\\0&C_{by}&0&0\\0&0&k_y&0\\0&0&0&C_{bx}\end{bmatrix}\begin{bmatrix}x_{S(j)}\\ \theta_{y(j)}\\ y_{S(j)}\\ -\theta_{x(j)}\end{bmatrix}=\begin{bmatrix}Q_{xb}\\M_{yb}\\Q_{yb}\\M_{xb}\end{bmatrix} \tag{10}$$

5. 转子—支承系统运动微分方程

对于具有 N 个结点的转子系统，如不计轴承座的等效质量，则系统的位移向量为：

$$\begin{cases}U_1=[x_1\quad\theta_{y1}\quad x_2\quad\theta_{y2}\quad\cdots\quad x_N\quad\theta_{yN}]^T\\ U_2=[y_1\quad -\theta_{x1}\quad y_2\quad -\theta_{x2}\quad\cdots\quad y_N\quad -\theta_{xN}]^T\end{cases} \tag{11}$$

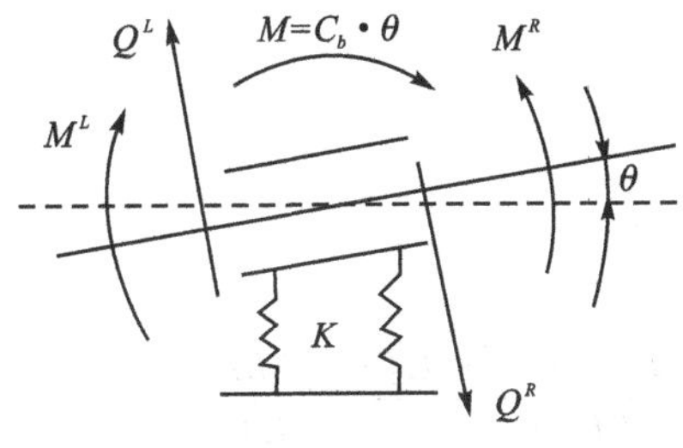

图 3　支承单元

综合各圆盘及轴段单元的运动方程表达式，可得转子系统的运动方程：

$$\begin{cases}M\ddot{U}_1+J\omega\dot{U}_2+K_1U_1=Q_1\\M\ddot{U}_2-J\omega\dot{U}_1+K_2U_2=Q_2\end{cases}\tag{12}$$

式中，M 为整体质量矩阵，$J\omega$ 为回转矩阵，Q_1、Q_2 为转子上的外力的广义表达式。

2.2　转子系统支承不同心激励

1. 转子系统质量不平衡广义激励力

一般转子系统上的质量不平衡广义力是由两部分组成：轮盘上的质量不平衡广义力和轴段上的质量不平衡广义力。其中轴段上的质量不平衡广义力一般不考虑，只考虑转子系统轮盘上的质量不平衡广义力。

如图 4 所示，为轮盘截面质心偏移的示意图。图中 O_0 为未发生挠曲变形时轮盘在该截面的转动形心，O_1 为挠曲变形后该截面的形心，O_2 为该截面的质心。其中轮盘截面质心相对形心的偏移距离为 e，相对 x 轴的夹角为 θ_e；当偏心圆盘的运动方程如式(4)所示时，圆盘对应的广义激励力表示为

$$\begin{cases}F_{ex}=me\omega^2\cos(\omega t+\theta_e)\\F_{ey}=me\omega^2\sin(\omega t+\theta_e)\end{cases}\tag{13}$$

式中，m 为轮盘质量，ω 为轮盘自转角速度，θ_e 为初始相位角。

2. 转轴挠曲变形及轴承附加激励

如图 1 所示的转子系统中各支点支承刚度采用横向支承刚度 K_b 和角向支承刚度 C_b 表示，两盘的质量分别为 m_1 和 m_2。由于 x 和 y 方向的结构对称，因此本文只考虑转子系统在 y 方向存在支承不同心时转轴挠曲变形(转子系统在 yOz 平面的运动)，即每个节点位置包含 2 个自由度，y 方向的平动位移和绕 x 轴的转角位移。为了简化推导过程，令 $a=L_1$，$b=L_1+L_2$，$c=L_1+L_2+L_3$，$d=L_3+L_4$，$L=L_1+L_2+L_3+L_4$。

该转子系统为一静不定转子系统，不能通过力平衡和力矩平衡进行直接求解。研究转子系统支承不同心对转子系统动力特性的影响时，假设 3＃支点在 y 方向存在支承不同心量 δ。因此将 3＃支点视为一冗余支承，移除该处支承并用一横向力 F 进行替代，得到的转子系统变形如图 5 所示。

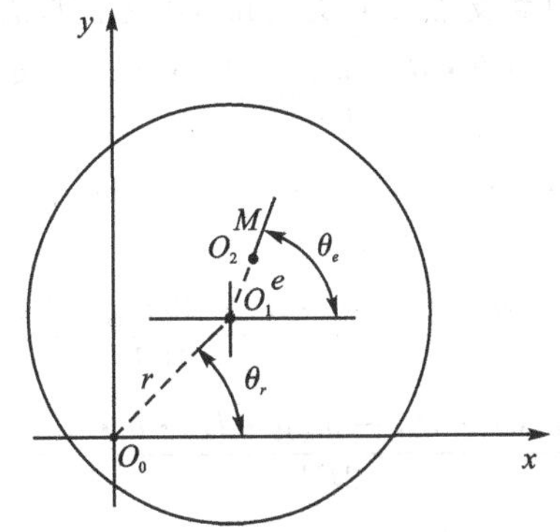

图 4　转子质量偏心结构示意图

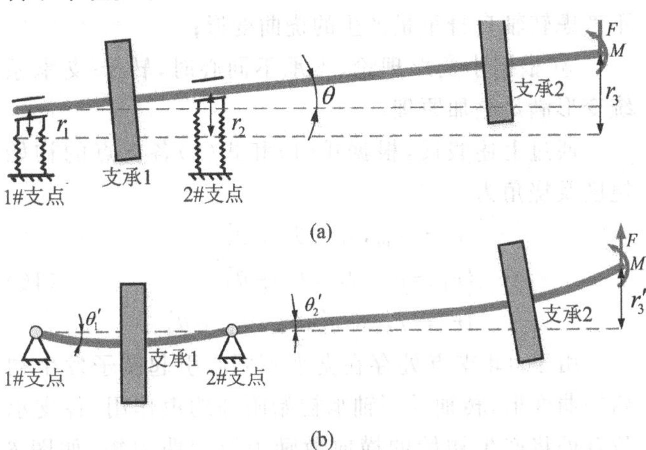

图 5　转子变形示意图

为了求解 3＃支点初始附加力 F 和 M 的大小以及 1＃支点和 2＃支点位置的初始变形量，根据小变形假设，转子系统在力 F 和 M 作用下的变形由两部分组成，分别为弹性支承的径向及角向变形和转轴自身的径向及角向变形。如图 5(a)所示，在横向力 F 和力矩 M 的作用下，支承 1 和支承 2 发生相应的径向及角向变形，通过力的平衡方程可以得到方程：

$$\begin{cases}-k_1r_{10}-k_2r_{20}-(m_1+m_2)g+F=0\\(-C_{b1}-C_{b2})\cdot\theta_0-k_2r_{20}\cdot b-m_1g\cdot a-\\m_2g\cdot c+F\cdot L+M=0\\\theta_0=\dfrac{r_{20}-r_{10}}{b}\\r_{30}=r_{10}+L\cdot\theta_0\end{cases}\tag{14}$$

如图 5(b)所示，在横向力 F 和力矩 M 的作用下，转轴自身发生挠曲变形，可以得到在力 F 和 M 的作用

下,转轴在1#支点、2#支点和3#支点的挠度及挠角分别为

$$\begin{cases}\theta'_1=-\dfrac{F\cdot b\cdot d-m_2g\cdot L_3\cdot b}{6EI}-\dfrac{m_1g\cdot L_2\cdot(b^2-L_2^2)}{6EIb}-\dfrac{Mb}{6EI}\\ \theta'_2=\dfrac{F\cdot b\cdot d-m_2g\cdot L_3\cdot b}{3EI}+\dfrac{m_1g\cdot L_1\cdot(b^2-L_1^2)}{6EIb}+\dfrac{M(b+3d)}{3EI}\\ \theta'_3=\dfrac{2F\cdot b\cdot d+3F\cdot d^2-2m_2g\cdot L_3\cdot b-3m_2g\cdot L_3^2}{6EI}+\dfrac{m_1g\cdot L_1\cdot(b^2-L_1^2)}{6EIb}+\dfrac{Md}{EI}\\ r'_3=\dfrac{Fd^2(b+d)-m_2g\cdot L_3\cdot b\cdot d}{3EI}-\dfrac{m_2g\cdot L_3^2\cdot(2d+L_4)}{6EI}+\dfrac{m_1g\cdot L_1\cdot d\cdot(b^2-L_1^2)}{6EIb}+\dfrac{Md^2}{2EI}+\dfrac{Mbd}{3EI}\end{cases}\tag{15}$$

为了描述转子初始挠曲变形产生的横向位移及转角,做出如下假设:

① 忽略轴承油膜对轴承的影响,将支承位置转轴的径向及角向变形视为轴承的径向及角向变形;

② 相对支承不同心造成的转轴挠曲变形而言,转轴自身重量造成的挠曲变形较小可以忽略不计,因此不考虑转轴自身重量产生的挠曲变形;

③ 根据小变形理论,支承不同心时,转子-支承系统变形满足叠加原理。

通过上述假设,根据式(1)和式(2)各支点的初始挠度及挠角为

$$\begin{cases}r_1=r_{10},\theta_1=\theta_0+\theta'_1\\ r_1=r_{20},\theta_2=\theta_0+\theta'_2\\ r_3=r_{30}+r'_3,\theta_3=\theta_0+\theta'_3\end{cases}\tag{16}$$

由于3#支点处存在支承不同心引起转子发生初始挠曲变形,转轴受到轴承初始附加约束作用,各支承位置处将产生初始的横向激励力及弯曲力矩,如图6所示。

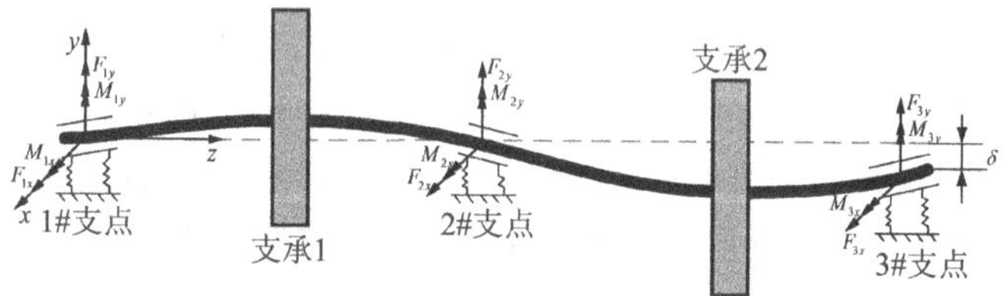

图6 转子支承不同心下的初始力

本文以滚棒轴承为例,如图7所示,滚棒轴承在横向外载荷F和M的作用下,内圈中心O点将沿着载荷方向在径向移动到O'点。此时,内圈相对于外圈产生径向位移δ和相对转角θ,其大小等于该位置处转轴初始变形量。根据文献[15-16]相关的推导可以得到初始载荷下轴承的动平衡方程:

$$\begin{cases}F_{iby}=\sum\limits_{j=1}^{Z}P_{ij}\cdot\cos\phi_{ij}\cos\phi_{ij},\\ F_{ibx}=\sum\limits_{j=1}^{Z}P_{ij}\cdot\cos\phi_{ij}\sin\phi_{ij}\\ M_{ibx}=\sum\limits_{j=1}^{Z}M_{ij}\cdot\cos\phi_{ij}\cos\phi_{ij},\\ M_{iby}=\sum\limits_{j=1}^{Z}M_{ij}\cdot\cos\phi_{ij}\sin\phi_{ij}\end{cases}\tag{17}$$

式中:i、j分别为支点编号和轴承滚棒数目;P_j、M_j分别为第j个滚棒所受的径向力和弯矩;ϕ_j为轴承中第j个滚棒相对于第一个滚棒的相对方位角。

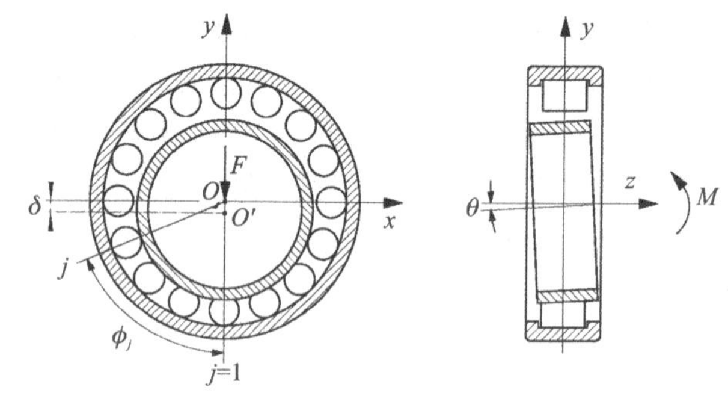

图7 轴承不同心示意图

由式(13)和式(17)便可得到整轴高速柔性转子系统的激振力F的表达式为

$$\begin{cases}F_u=[\cdots\quad m_ie_i\omega^2\cos(\omega t+\theta_e)\quad m_ie_i\omega^2\sin(\omega t+\theta_e)\quad 0\quad 0\quad\cdots]\\ F_b=[\cdots\quad F_{jbx}\quad F_{jby}\quad M_{jbx}\quad M_{jby}\quad\cdots]\end{cases}\tag{18}$$

式中:i、j分别为圆盘和支点位置所对应的节点号。

因此,激振力F的表达式为

$$F=F_u+F_b\tag{19}$$

3 转子系统支承不同心振动响应分析

转子系统运行过程中，在外部载荷的激励下，转子系统除具有一绕自身转轴的自转角速度外，同时还具有一绕着各支点连线公转的角速度。这样，转子动力行为包括转子自转和公转两个重要组成部分。不同的外载荷激励，转子系统表现出不同的动力行为，转轴上任意一点的应力状态也会不同。本节主要针对多支点高速柔性转子系统支承不同心时的振动响应特征进行分析。

3.1 模型参数

图 8 所示为 3 支点支承的柔性转子结构简图，共包括 4 个梁单元，2 个集中质量单元。转子材料密度为 7 833.5 kg/m³，弹性模量为 206.8 GPa，泊松比为 0.3。其他相关参数见表 1～表 3。

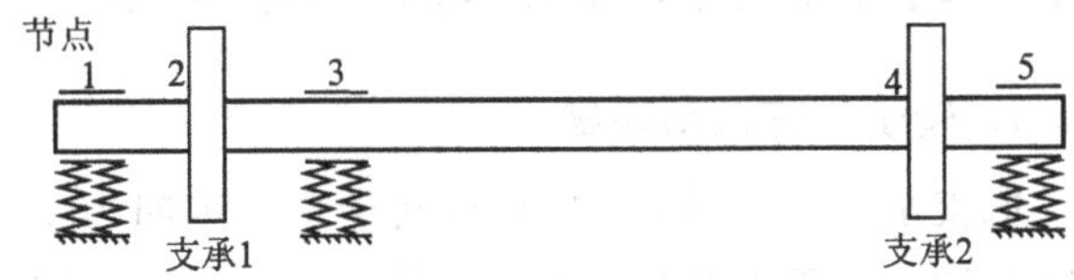

图 8 转子示意图

表 1 轴承结构参数

外径/mm	内径/mm	滚棒数目	滚棒直径/mm	滚棒长度/mm	径向油隙/mm	弹性模量/GPa	泊松比	材料密度/(kg·m⁻³)
159	131	8	13	13	0.01	206	0.3	7 800

表 2 轴段模型参数

轴 段	1	2	3	4
长度/mm	77	104.5	426.8	71.3
外径/mm	138.1	138.1	138.1	138.1
内径/mm	82.7	82.7	82.7	82.7

表 3 轮盘模型参数

	质量/kg	极转动惯量/(kg·m²)	直径转动惯量/(kg·m²)
盘 1	4.44	0.014 208	0.007 104
盘 2	3.05	9.8×10⁻³	4.9×10⁻³

3.2 支承不同心时轴承支承刚度变化规律

对支承不同心下转子的横向及角向支承刚度进行研究，轴承支反力与轴承变形关系式为

$$k_{ij}=\frac{\partial F_j}{\partial \delta_j};\quad \delta_j=x_j,y_j,\theta_{xj},\theta_{yj} \tag{20}$$

式中，F_j 为第 j 个轴承所受的横向力和力矩，x_j，y_j，θ_{xj} 和 θ_{yj} 分别为第 j 个轴承的变形量。以 2＃支点位置轴承为例，选取轴承内圈转速为较低转速 100 r/min，y 方向不同心量分别为 0 mm，0.5 mm，1 mm，1.5 mm，2 mm 时，计算轴承支承刚度随不同心量的变化规律。

如图 9 所示，当 3＃支点 y 方向存在不同心量时，2＃支点轴承支承刚度 k_{yy} 和 C_{xx} 随着支承不同心量的增加明显增大，而支承刚度 k_{xx} 和 C_{yy} 基本保持不变，表现出明显的支承刚度各向异性特征，且随着不同心量的增加各向异性特征也明显增大。主要因为 3＃支

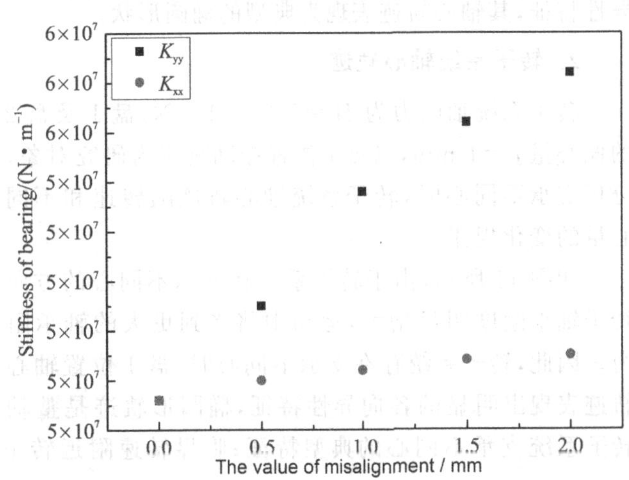

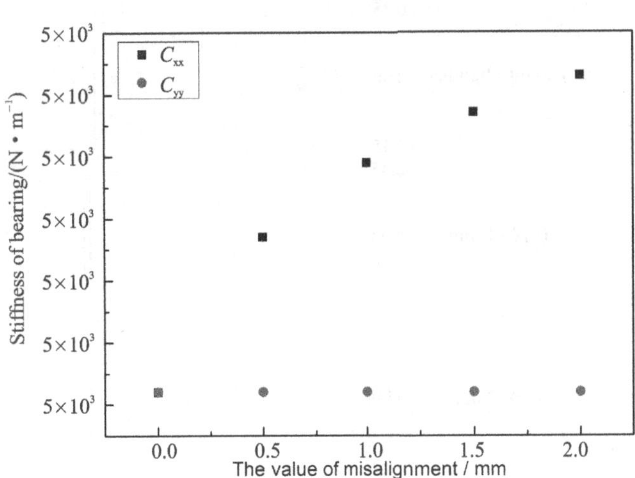

图 9 2＃位置轴承刚度随 y 方向支承不同心量的变化

点存在 y 方向支承不同心时，转轴发生挠曲变形进而产生初始的 y 方向的横向力和绕 x 轴的力矩作用于2#支点轴承内圈，轴承内外圈发生相对径向和角向变形，轴承内圆柱滚棒与内外圈的接触状态发生改变所致。

3.3 转子系统支承不同心振动响应

1. 转子系统振动响应

取支承不同心量 $\delta=1$ mm，转子系统轴向力 $H=1.96\times10^4$ N，盘1及盘2的偏心量 $e=1$ mm。转子在支承不同心情况下，盘1位置的响应特征如图10所示。

如图10所示，转子系统支承不同心时，临阶转速附近盘1振动明显。由于支承不同心引起的轴承支承刚度的各向异性以及初始支承位置的初始径向与角向不同心激励的作用，支承不同心方向振幅对应的临阶转速频率明显增大，转子振动响应表现出明显的各向异性特征，其轴心轨迹表现为典型的椭圆形状。

2. 转子系统轴心轨迹

转子系统轴向力为 $H=1.96\times10^4$ N，盘1及盘2的偏心量 $e=1$ mm，以盘1位置振动响应为研究对象，分析支承不同心时，转子系统轴心轨迹随转速和不同心量的变化规律。

如图11所示，由于转子系统在支承不同心的方向转子轴承刚度明显增大，运动中将受到更大的轴承阻力。因此，转子系统存在支承不同心时，盘1位置轴心轨迹表现出明显的各向异性特征，椭圆形轨迹是整轴转子系统支承不同心的典型特征；临界转速附近转子轴心轨迹表现出明显的非同步进动，且随着支承不同心量的增大，各向异性特征更加明显，转子系统临界转速附近轴心轨迹趋近于一条直线。由于临界转速附近转子系统振动幅值较大，转子轴内将产生较大的交变应力。对于多次循环使用的高速柔性转子系统，每次开停机均通过多阶临界转速，转子轴内产生大的交变应力，可能造成转子系统的低周疲劳破坏。

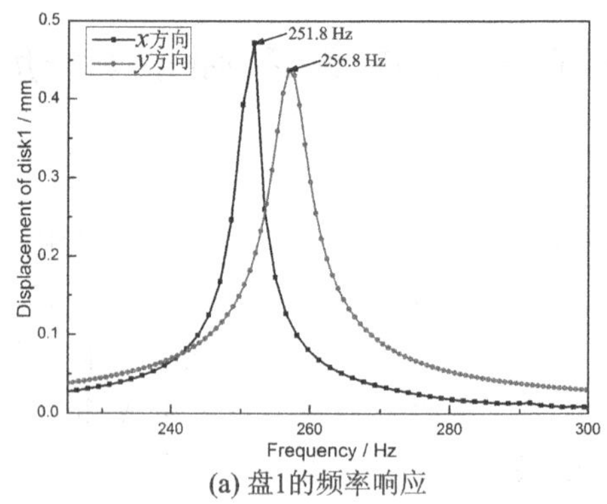

(a) 盘1的频率响应

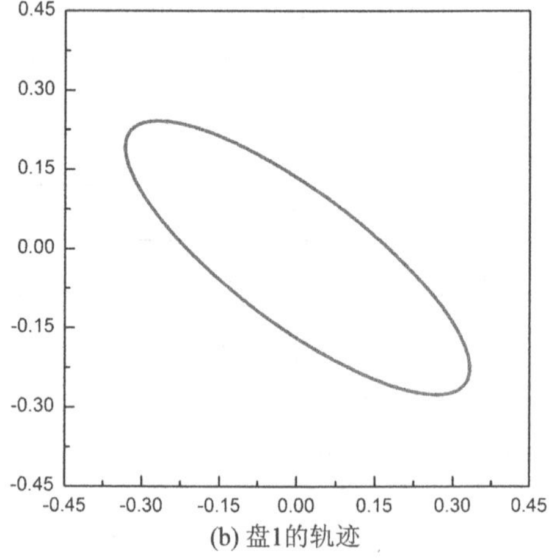
(b) 盘1的轨迹

图10　盘1的频率响应和轨迹

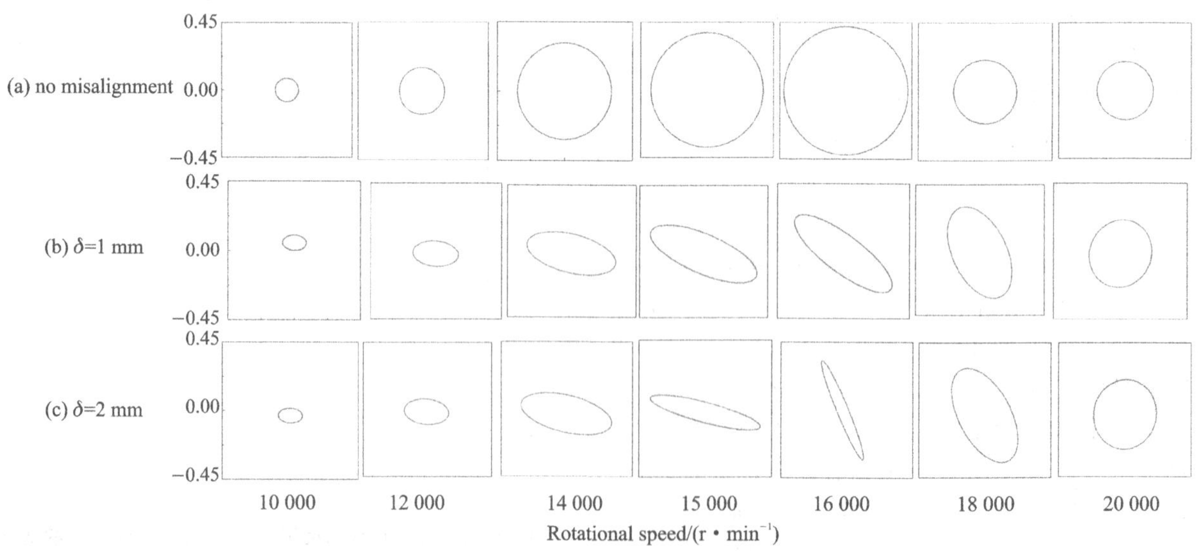

图11　不同支承不同心量下盘1的振动轨迹

3. 转子系统频域响应

转子系统轴向力为 $H=1.96\times10^4$ N，盘1及盘2的偏心量 $e=1$ mm，以盘1位置振动响应为研究对象，分析支承不同心时，转子系统频域响应随不同心量的变化规律。

如图12所示，随着 y 方向支承不同心量的增大，转子系统 y 方向振动响应幅值所对应的频率明显增大，而 x 方向振动响应幅值所对应的频率基本保持不变，主要因为随着支承不同心量的增大，支承不同心方向的轴承支承刚度增大而不存在支承不同心的方向轴承支承刚度基本保持不变。

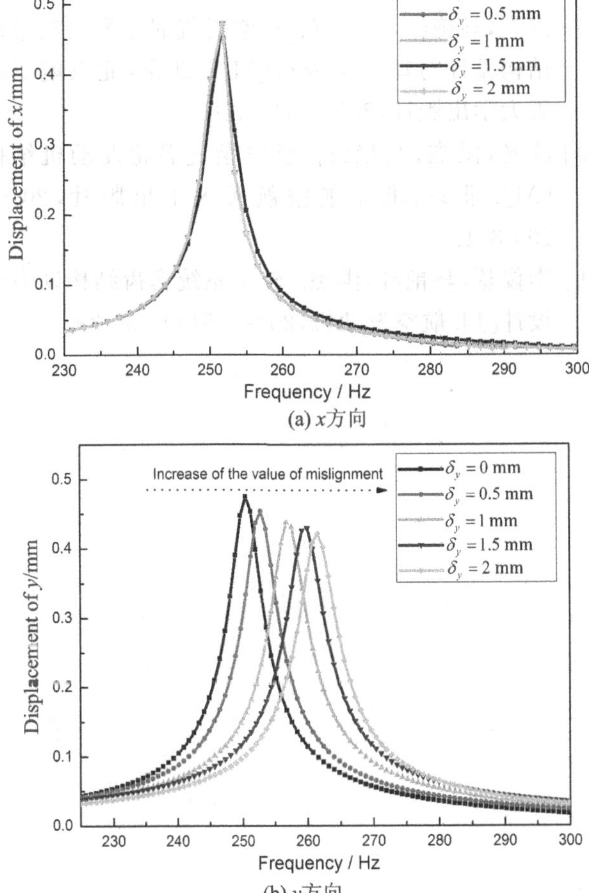

图12　盘1振动响应

4　总　结

① 建立了高速柔性转子系统支承不同心力学模型，进而定量描述了支承不同心所带来的动力学影响，主要包括两个方面：其一是转轴发生初始挠曲变形，支承位置产生初始附加激励力和力矩；另一方面轴承受到初始附加力的作用，轴承刚度表现出各向异性特征。

② 对于三支点整轴高速柔性转子系统而言，椭圆形状轨迹是支承不同心下转子系统振动响应的典型特征之一。转子系统临界转速附近轴心轨迹随不同心量 δ 的增加而趋于直线，表现出明显的各向异性特征，由于临界转速附近转轴具有较大振幅，因此，轴内将产生较大的交变应力，可能造成转子的低周疲劳破坏。

③ 支承不同心带来转子系统轴承支承刚度的各向异性特征，且不同心方向轴承刚度随转子系统支承不同心量的增加而增大，进一步使支承不同心方向的振动响应峰值对应的临界转速随支承不同心量 δ 的增大而明显增加。

参考文献

[1] Hu W, Miah H, Feng N S, et al. A rig for testing lateral misalignment effects in a flexible rotor supported on three or more hydrodynamic journal bearings[J]. Tribology International, 2000, 33(3): 197-204.

[2] Rao J S. Vibratory condition monitoring of machines[M]. CRC Press, 2000.

[3] MUSZYNSKA. Rotordynamics [M]. New York: CRCP press 2005.

[4] Piotrowski J. Shaft alignment handbook[M]. Crc Press, 2006.

[5] Gibbons C B. Coupling misalignment forces[C]// Proceedings of the 5th Turbomachinery Symposium, Turbomachinery Laboratory, Texas A&M University, College Station, TX, 1976: 12-14.

[6] 赵广，刘占生，叶建槐，等. 转子-不对中花键联轴器系统动力学特性研究[J]. 振动与冲击，2009, 28(3): 78-82.

[7] 张振波，马艳红，李骏，等. 航空发动机支承不同心转子系统力学模型研究 [J]. 工程力学，2014，31(7):208-214.

[8] ZHANG Z B, MA Y H, LI J, et. Dynamic response of aero-engine rotor system with bearing misalignment [J]. Journal of Aerospace power, 2012, 27(10): 2321-2328.

[9] LI J, HONG J, MA Y H. Modelling of misaligned rotor systems in aero-engines [J]. ASME, 2012, IMECE2012-85706.

[10] Pennacchi P, Vania A, Chatterton S. Nonlinear effects caused by coupling misalignment in rotors equipped with journal bearings [J]. Mechanical Systems and Signal Processing, 2012, 30: 306-322.

[11] Guo Y, Parker R G. Stiffness matrix calculation of rolling element bearings using a finite element/contact mechanics model[J]. Mechanism and Machine Theory, 2012, 51: 32-45.

[12] Ertas B H, Vance J M. Effect of static and dynamic misalignment on ball bearing radial stiffness [J]. Journal of propulsion and power, 2004, 20(4): 634-647.

[13] Lim T C, Singh R. Vibration transmission through rolling element bearings, part II: system studies[J]. Journal of sound and vibration, 1990, 139(2): 201-225.

[14] While M F. Rolling element bearing vibration transfer characteristics: effect of stiffness[J]. ASME J. Appl. Mech, 1979, 46: 677-684. ASME, 2015, GT2015-42729.

[15] 黄浩. 航空发动机主轴滚动轴承的刚度特性分析[D]. 哈尔滨:哈尔滨工业大学,2000.

[16] 邓四二,贾群义. 滚动轴承设计原理[M]. 中国标准出版社,2008:200-215.

[17] Bouaziz S, Hili M A, Mataar M, et al. Dynamic behaviour of hydrodynamic journal bearings in presence of rotor spatial angular misalignment [J]. Mechanism and Machine Theory, 2009, 44(8): 1548-1559.

[18] Park T J. Effect of roller profile and misalignment in EHL of finite line contacts[C]//ASME 2010 10th biennial conference on engineering systems design and analysis. American Society of Mechanical Engineers, 2010: 395-401.

[19] 洪杰,马艳红,张大义. 航空燃气涡轮发动机总体结构设计与动力学分析[M]. 北京:北京航空航天大学出版社,2012: 412-426.

[20] 陈光,洪杰,马艳红. 航空燃气涡轮发动机结构[M]. 北京:北京航空航天大学出版社,2010: 299-301.

[21] 李俊慧,马艳红,洪杰. 转子系统套齿结构动力学设计[J]. 航空发动机,2009,35(4): 36-39.

古代建筑仪式的测控观及其工艺质量保证启示

贺鹏程*，王海玲，王瑞琪，刘刚，赵鹏涛

中航工业南京机电液压工程研究中心，南京 210016

摘要：如福建土楼、侗族鼓楼等具有令人称奇的中国古建筑使用寿命，是一种高质量产品的重要特征，而这些古代建筑在建造过程中很少有明显独立的质量监督与检测机构。通过文献研究发现，这些古建筑的建造质量保证隐含在建筑的仪式过程中。本文从质量控制角度分析了古代建筑的建造典型流程，具体以测控思维详细探讨了其上梁过程，揭示了其质量保证体系，并由此提出了一体化质量保证理念，为生产制造质量保证提供一种新思想。

关键词：古代建筑；仪式；上梁；测控；质量保证；一体化质量保证

The Measurement-control Conception of Ancient Architecture Rituals and the Inspiration for Quality Ensurance of Manufacture

HE Pengcheng*, WANG Hailing, WANG Ruiqi, LIU Gang, ZHAO Pengtao

AVIC Nanjing Engineering Institute of Aircraft Systems, Nanjing 210016, China

Abstract: The Chines ancient architectures, such as Ancient Villages in Fujian and Dong Drum Tower, which have long lives are great wonders. Long life is one important performance of the production which came with high quality. However, there are no independence quality supervision and measurement-control institutions for the ancient architectures building processes which is unlike today manufacture. According to the folk literatures, there are implication quality supervision mechanisms in the ancient architectures building process rituals. The classical building process rituals are researched by quality control conception, the upper beam of building process rituals go into details, measurement-control conceptions are discovered, the high quality process design ensurance mechanisms are shown, the all-in-one quality control conception is proposed, which can be used for today production processes.

Keywords: ancient architecture; ritual; upper beam; measurement-control; quality ensurance; all-in-one

产品设计生产高质量保证是人们历来追求的目标，质量是企业的生命，众多企业管理者、专家学者为高质量生产保障理论贡献了真知灼见，质控理论被生产者实践。而中国古代建筑，如客家土楼、湘西少数民族的侗族鼓楼等物种文化遗产，是一种特殊产品，其超长生命周期可以看作高质量产品的代表，但其高质量产生根源鲜有学者文献详细探究。

笔者通过文献研究，发现了其潜在质量监控机制，即建筑仪式。建筑仪式是建造必不可少的流程部分，但大多学者都只是表面地记录了其仪式风俗的人文特性及样式，本文通过其建造的仪式过程分析，发现建造仪式过程中的测控观，揭示了其对建造质量的保证作用，可为我们当今设计生产等质控流程提供启示[1-10]。

1　建造过程的主要仪式

基本的建筑建造过程大致包括：选址、砍梁、开工、立柱、上梁、启用等重要仪式，其在一定程度可以和当今机械生产制造形成流程对应[2-4]。

1.1　选　址

建筑的作用是保障人及人群的生存生活，所以必

* 通讯作者. E-mail：suchsoup@126.com

须具有高效的衣食获取性，住的温度、湿度、压力、氧气、噪声、光照等，另外出行安全及有效防护。所以一般依山傍水、避风、朝阳等等。其如机械产品功能及所学环境，以风扇为例，其为空气提供压力，需要满足耗能、噪声，以及自身的振动可靠性等方面的影响要求，而总体系统设计者即风水师的角色，根据来流及输出空气的要求，以功耗和空间等约束条件，选定风扇位置，并确立适当的方位、空间。

1.2 坎 梁

坎梁过程："十年以上的松树作为做梁的材料""松树发的枝越多越好""寨子中四代同堂或三代同堂的人家出人员去砍梁木，男女不限""把梁抬回来时，梁不能落地""备料砍树一般是农历十月以后，这时天气比较干燥，雨水较少。木料回来以后，放几个月到一年时间自然阴干"，其包括材料的选取判据（十年成长期等）、相关人员安排特征（多代同堂等）、材料输运要求（不能落地）、材料处理（阴干等）[2,4]，类似机械产品的材料选择、采购和存储过程，其阴干过程类似于自然时效，如很早举世闻名的瑞士表工匠会把零件放入低温冰雪中，虽然自然时效如此源远流长，但我们对其理解仍然相当有限。

1.3 开 工

"地理先生选好吉日和吉时，祭祀所有木匠的祖师爷鲁班。开工仪式由掌墨师主持"[2]，其以一种盛大典礼的方式保障项目建筑时间节点，同时让团队认识到该项目的神圣的重要性。

1.4 立 柱

"立柱仪式同样也是由地理先生看好日子，之后按照既定的时辰进行立柱仪式。掌墨师同开工仪式一样，做完请先师礼仪后，接着念：……"，仪式是形成规范程序，表演式建造过程有效地激发操作者的能动性，同时众多的其他观众有监督强化作用，比如对危险的观察，柱子的倾斜程度等具有有效的测量。

1.5 上 梁

上梁是建造流程中较为重要的步骤，也是最为隆重的一个，记录也最为详细，中日等广泛的地域具有相似处，除了文化的渊源，其建造仪式的工程科学的合理性是其重要原因，该过程充分体现设计、建造和检测一体化的观念，具有较多科学性。后面第 3 节将从"钉入银圆"等几个上梁的典型过程要素进行详细阐述。

1.6 启 用

启用即所谓的乔迁之喜，是一个普遍的礼仪过程，其中主要有亲朋的光临，这是对房屋质量的细致目测监督的验收，还有众多人员的光临安全保障，也是对前期建造人员质量约束。

2 量具仪式测控观

建造过程中都用到大量的专用量具，比如罗盘、尺子、墨盒[5,7,8]。这些量具和当今的尺规指南针等具有一定的对应，但是其刻度是标识以吉凶的情感字眼表述。

"象征鼓楼坐向稳实妥当有后盾；选取背山向阳、卉物丰茂的藏风之地、得水之所的'汭'位。然后，具体的轴线朝向根据基地所处的实际位置，以罗经现场测定为准。理想条件下，选定罗经磁针指向的子午方向，即正南、正北，作为鼓楼的向位。实际情况中，每座鼓楼基址的位置和地势都不同，需要基于罗经刻度所指示的'吉凶'判定向位"[8]，表明了其对光、湿度、氧气、风等自然环境精确需求，这是一种历史大数据的综合经验规律总结，也是设计的首个约束条件的确定。

"坪坦河流域木作工匠的鲁班尺一般由本人亲制。因其师从的派别不一，实际所使用的尺长也有所出入。如李奉安师傅的鲁班尺以现代尺寸值（即 33.33 mm）为标准，尺长约 480 mm，合每寸 60 mm"，如图 1 所示的鲁班尺[8]，说明其尺寸没有明显吉凶尺寸，范围以宽度表示尺寸，是一种融入误差的标准。

图 1 鲁班尺[8]

墨盒是一种在木材上作标记的准绳性的工具，其具有较高的工艺要求，其柔性与刚性辩证统一显示高超"墨理"，这些精细测试者为"掌墨师"[8]。

3 上梁的测控观

上梁是个绝对隆重的时刻，也是众多文献记录最为详细的部分，也是整个建造过程中最为重要的环节[2-9]，除了各种择日祭祀外，如湘西有“上梁仪式主要由梁木选择砍伐、刨梁、燕梁、升梁、踩梁、抛梁、坐梁等七个部分构成”[6]，广西的鼓楼上梁有“发梁木、上梁、踩梁、抛梁等过程”[2]，其统一是梁上还有各种饰品(见图2)，“银圆钉入梁正中间，钉入以后，上放用万年历和符纸包裹的毛笔，在上面盖上四方形家织褐色染布，染布四角用四枚硬币钉入固定。再用五彩丝线和糯禾穗固定引木在染布上。引木是用香椿树枝干削成筷子式样。糯禾穗缠三支，五彩丝线缠三支。缠好引木之后，再在梁上挂上吉祥羽毛花五件。翻动梁到背面，盖上红丝布，红丝布上书‘紫微高照 上梁大吉’八字。”“把梁木慢慢吊上鼓楼顶，同时在鼓楼架子上的年轻人开始燃放鞭炮(鞭炮在梁附近)，进行抛梁，洒下糖果糍粑条到人群中。在四周吊脚楼上的妇女们也同时把袋子中的糖果糍粑条撒向人群。人群中的男女老少欢快地捡糖果，捡得越多，意味着沾的福气越多。整个仪式大概持续一个小时”[2]，在日本有的还在梁上挂上镜子[9]。这一过程暗含了一系列的具体的潜在测控观念，如银圆定中心位置，镜子光的反射更是一种常见的放大位移的测控方式。下面将就其典型仪式要素进行详细说明。

图2 上梁仪式[7]

3.1 钉入银圆

有经验的权威匠人将梁正中钉入“银圆”，竖直的[2]和平铺的[10]，银圆的钉入明显是用来找准和明显标记中心位置的作用，而这个过程有众多的围观者，其实是一个激发匠人自身能力和监督检测者的作用，观众的围观其实是一种实时的监控及预警系统。

3.2 踩梁和抛梁

这两个仪式是匠师行走梁上是运用自身对梁安放结构的检验，同时，鞭炮及人员长时间的热闹是梁具有微细的振动而达到最佳位置，另外众多人员的检查促使危险及早发现，都是一种潜在的测试过程。

3.3 仪式中的说辞

仪式中伴有说辞，说辞有统一大家步调，统一大家行程，其实仪式中大致分三类人：主持人、建筑师和其他参与者，说辞具有统一和协同三者行为的能力，对于升梁和踩梁过程，可以安静其他参与组织以及统一建筑师节奏。

3.4 梁上挂饰

挂饰采用鲜艳的色泽，其吸引观众的注意力，其处于梁的中间区域，形成一个升梁工匠和观众良好的测试目标，其形成水平及平面良好测试，其中日本的挂镜子[9]具有更为明显的测试效果，光学放大位移是常见的测试方法。

3.5 仪式上的观众

仪式上的观众似乎是建造过程的局外人，在笔者看来其是建造过程重要参与者，首先，其有激励施工人员的劳动积极性作用。其次，另外众多人员可看作良好的光学测量仪器，其被上梁过程中精彩演出部分吸引(如梁上鲜艳挂饰、建造人员惊险动作等为高效的测控目标)，其随机分布会发现可能的危险点。最后，大量观众活动会对地基和梁搭接部分具有振动作用，具有夯实地基和获取最佳搭接点的作用。

4 一体化质量保证体系

根据上述分析，民间的古建筑建造方式没有明显割裂的质量监督检验程序和机构，其是通过一体化质量体系保证的，即

① 让整个建造过程通过一系列的仪式统一的协调起来，将各个阶段的建造化为一种表演，工匠为仪式上表演而努力而兴奋。

② 建造的各个环节需要技艺精湛、经验丰富权威人士的统帅引领，比如掌墨师。

③ 确定有利放大的测试方式，因地制宜的选取适当的测试方式，设计工艺检测一体化集成，融建造测试于同一流程环节，例如仪式中的群众光学检测系统同时帮助建造和检验，而踩梁的匠师检验梁的强度同时踩踏振动使梁更好地贴合。

④ 标准统一的流程规划及建造过程，情感化的程

序规范，感情化度量表述，比如“吉”“凶”等。

⑤ 统一协调的方式，适当的节奏，时间阶段简单而固定，比如发放糖果等美食或观看表演的方式的盛大仪式及说辞。

⑥ 群体监督，对贡献及危害放大，从大系统角度考虑贡献和危害情况，而不是夸大，如任务分配告知相关系统性背景（最好应用相关影视激发），明晰贡献性的钱物发放以及系统危害性的责任警示，其具体表现在上梁过程中的建筑师梁上行走，以及乔迁过程中大量宾客观众的参与等。

综上，一体化质量保证体系为：统帅统筹，一职多能，造检集合，仪式信仰，实时表演，情感量度。

① 统帅统筹，即我们需要在建造过程中有步调统一的时空安排，即人机法料环的保障。

② 一职多能，即一种人员或者事物即使其具有单独称为但是多种功能（如观众也是建造者，建造者同时是表演者），比如定期组织制造作为检验者，工人互检产品等。

③ 造检集合，即我们需要有条件尽量缩减建造和检验的形式分离阶段，形成实时建造和检验，如我们可以利用逆向工程中零件扫描技术和虚拟装配技术，利用数字孪生技术检验其性能，实现自动化实时检验，做到实时告警并修正，又如实现装配机加零件的车床程序耦合，系列驱动等。

④ 仪式信仰，即我们需要当前建筑者有信仰和仪式感，如桌前摆放其信仰人或物进行某种誓言或者格言，如开机屏幕，进门口令等。

⑤ 实时表演，即让实施者处于表演者状态，比如我们可以采用 VR 技术将生产过程情景化为某种游戏，或者促成公园下棋的围观形式。

⑥ 情感量度，即我们需要将有人参与的量度进行情感化的表示，如红线、吉凶、VR 场景游戏等。

5 结论

本文对古代建筑建造过程分析，发现一些相关启示：

① 仪式是一种重要的非物质文化遗产，其中可能有些迷信等糟粕思想及行为，但是我们可能从中得到一些合理的科学解释和启示，我们需要以某种形式（比如旅游景区或者记录，如实物、文字、图片，甚至影像资料等）保存，以备未来的知识发掘利用。

② 我们都知道仿生，但是我们人类祖先的智慧是另一个巨大可仿资源库，所有我们在仿生的范畴中不要丢掉仿古这个自然宝库。

③ 仪式是建造过程的重要流程，其隐含了建造质量保证体系，其流程的特点带有较多的情感影响功能，这是当前工程技术流程缺乏的，而作为建造者的人相对于数字等测试结果，其具有更明显的时空心理特性的感知，而这也是当前工程技术流程需要改进的地方。

④ 建造的流程其实也是建造测试过程，人员、材质、周期等都可以测量的，也是需要测量的，测试构成人与物构成的环境强烈耦合，选择合适的测试方案，对其恰当约束是质量保证的前提。

⑤ 质量是可测的，而建造和质量的评估过程同样都是测试过程，质量和建造过程可以通过测试统一完成。

⑥ 提出了一体化质量保证体系，即统帅统筹，一职多能，造检集合，仪式信仰，实时表演，情感量度。

⑦ 本文的研究打破长期以历史考据方式研究古代仪式的方式，提出以工程科学的思维理解仪式，该思想为古文化及工程研究提出了新交叉点，开辟了新的研究方向，笔者暂定名为“传统文化工程学”。

参考文献

[1] 迈克尔 E 麦克哥拉斯. PACE-产品生命周期优化法[M].

[2] 刘洪波，蒋凌霞. 侗族鼓楼建造仪式—以三江县平寨新鼓楼建造为例[J]. 文化学刊，2015(9)：60-64.

[3] 杨书杰. 连城客家传统民居大木营造技艺研究[D]. 泉州：华侨大学，2016.

[4] 常勇. 卸甲坪土家族乡田野调查—房梁浅析[J]. 中国城市经济，2011(4)：277-279.

[5] 赵佳琪. 鲁班尺的应用及传统造物思想研究[D]. 北京：中国艺术研究院，2012.

[6] 唐友军. 湘西南上梁仪式语探微[J]. 民族论坛，2012(4)：90-93.

[7] 石红超. 浙江传统建筑大木工艺研究[D]. 南京：东南大学，2016.

[8] 张星照. 通道坪坦河流域侗族鼓楼结构类型与营造技艺的现代延续[D]. 长沙：湖南大学，2018.

[9] 叶春生. 玄学与科学之“殊途”与“同归”—以中日建筑民俗的比较研究为视点 [J]. 徐州工程学院学报（社会科学版），2016，26(5)：1-7.

[10] 陈庆懋. “一颗印”传统民居匠作特征研究[D]. 昆明：昆明理工大学，2011.

民用飞机复合材料结构件制造及验证

刘望子*，陈志超，李军，管海新，陈正生

昌河飞机工业(集团)有限责任公司，景德镇 333000

摘要：复合材料零件制造的工艺稳定性要求复合材料一体化设计研发，本文以典型复合材料夹芯结构件为研究对象，详细阐述了民用飞机复合材料制造及验证的流程与优先级关系，重点介绍了复合材料结构件试生产鉴定(PPV)的目的和流程，详细介绍了典型复合材料蜂窝夹芯结构件在 PPV 过程中关键要素控制、检测和验证。为民用飞机复合材料结构件制造及验证提供典型案例分析，具有一定的指导参考意义。

关键字：民用飞机；复合材料；制造；验证

Manufacture and Verification of Composite Structural Parts for Civil Aircraft

LIU Wangzi*, CHEN Zhichao, LI Jun, GUAN Haixin, CHEN Zhengsheng

Changhe Aircraft Industry Group Co. Ltd, Jingdezhen 333000, China

Abstract: Resin matrix composites are widely used in aerospace, and honeycomb sandwich structures are widely used in the fuselage structure of large airlines. Large composite Nomex honeycomb sandwich structure was researched in the paper, which was forming by autoclave processing, focused on the splicing honeycomb processing, honeycomb core stabilizing and the forming processing. The ultrasonic C-scan nondestructive testing method is used to detect of the parts, which reflects the internal defects of the honeycomb sandwich parts, through the destructive test to evaluate the adhesive quality, explore the key elements of controlling. The results show that the large single curvature Nomex honeycomb can be effectively satisfied the quality control of its shape by he way of mechaning prior to the splicing, the large single curvature Nomex honeycomb can be effectively solved the sharking problem by the grit strips method; the large single curvature Nomex honeycomb sandwich structure can be effectively satisfied the quality stability by Co-curing.

Keywords: civil aircraft; composite material; manufacture; verification

随着国民经济的发展，民用飞机在交通运输中的用途也越来越广。现代科技技术飞速发展，大量的复合材料用于民用飞机主承力结构和次承力结构件。先进复合材料的使用比例是衡量民用飞机的安全性、舒适性和经济性的重要指标。特别是安全性，作为民用飞机的首要要求，是飞机制造商赖以生存和发展的基础。安全性是民用飞机不发生事故的能力，是民用飞机最为重要的一个特性。为了提高民用飞机的安全性，在飞机的研制阶段，必须通过系统化、规范化的分析、设计和验证等工作，以避免灾难性事故的发生和减少事故损失，从而降低飞机运营时的风险，提高飞机的安全性和使用效能。复合材料在民机中的大量应用给民机试航验证带来了巨大的挑战。复合材料零件制造的工艺稳定性要求复合材料一体化设计研发，对于复合材料结构件需进行积木式的步骤验证，如图 1 所示。元件级试验件一般只为了验证材料和工艺验证，主要用于建立材料数据库。典型结构件、组合件和部件试验件用于结构设计、工艺设计的选择与验证[1]。

杨霓虹对复合材料质量和体系资格认证做了广义上的阐述[2]。王春寿[3]等人对民用飞机复合材料设计许用值试验矩阵设计进行详细的阐述，形成了一套完整的试验矩阵设计方法，具有可指导性，一般试验件所涉及的试样验证可参考。元件级试验件为试样的进一步验证，需进行力学性能测试及装机验证。在本文不进行展开。樊则文[4]在民用飞机复合材料后机身结构适航验证方法中，以某民机复合材料后机身适航验证

* 通讯作者. E-mail: wangziliu_87@163.com

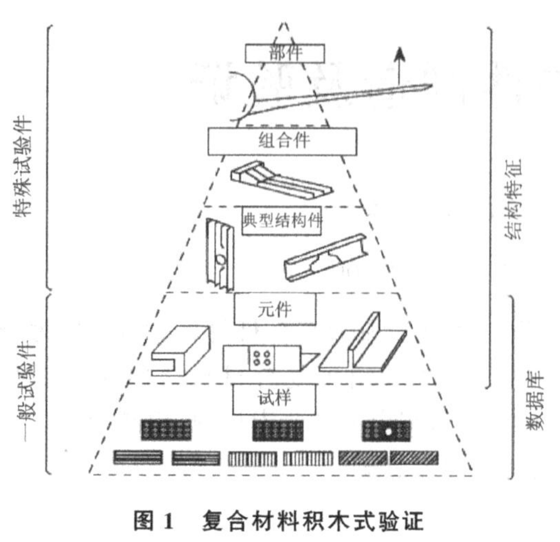

图1 复合材料积木式验证

思路和“积木式”试验方法为例，介绍了后机身复合材料结构受环境、损伤、重复载荷等影响的验证方法以及后机身全尺寸试验项目规划，供其他民机复合材料结构适航验证参考。前人从民用飞机复合材料研发设计一体化的思路中具有全局的认知和详细阐述。本文以实际生产制造过程为依托，主要围绕复合材料典型结构件制造及验证进行详细阐述。制造及验证过程主要包含：针对各类结构件分析，模具设计与制造，成型工艺研究，热分布测试、工艺能力鉴定、试验件试生产制造，剖切试验，结构件的试生产鉴定试验(Preproduction Verification, PPV)复合材料试生产鉴定工作，其流程如图2所示。本文将以典型蜂窝夹芯结构件实例进行详细制造验证过程。

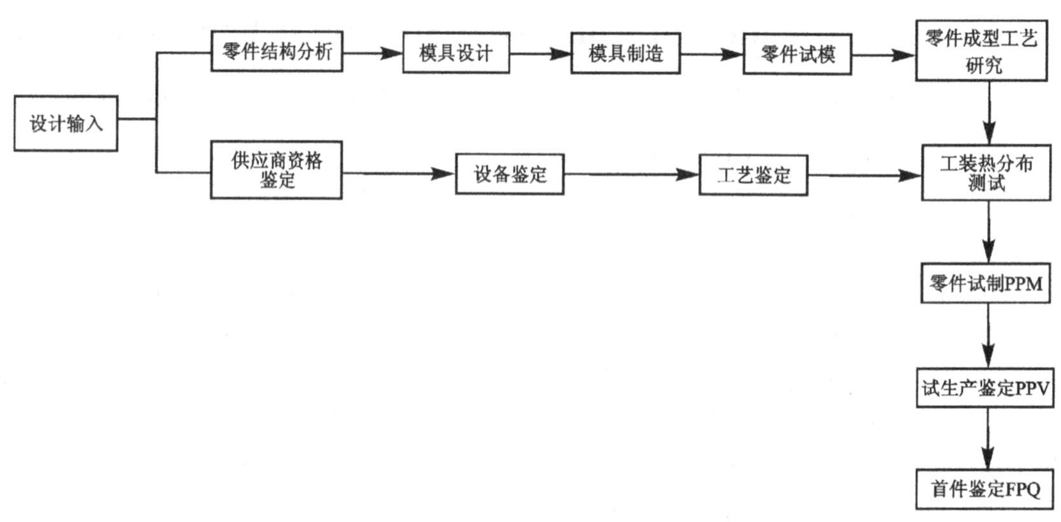

图2 复合材料零件制造验证过程

1 复合材料供应商资格鉴定

在CCAR、FAA和EASA颁布的适航规章和相应的咨询通告中，都对复合材料结构的材料与工艺质量控制提出了要求。复合材料供应商资格鉴定是承接民用飞机复合材料制造的首要条件。供应商资格鉴定需从人、机、料、法、环、测六个方面进行资格鉴定。人员资格培训属于软件认证，培训旨在通过对复合材料操作、检测人员进行系统培训，使有关人员掌握复合材料的有关工艺技术要求和操作程序。培训的内容主要包括：复合材料工艺性文件、质量控制文件和无损检测文件。材料、方法、环境、测量可结合工艺鉴定进行审查。

1.1 设备鉴定

复合材料设备鉴定主要是针对在复合材料成型过程中所涉及的自动化设备进行资格鉴定。常用的设备主要有：冷库、数控下料机、激光投影仪、热压罐和无损检测设备。

1.2 工艺能力鉴定

工艺能力鉴定是对复合材料零件制造商的相关人员、生产和检测设备、材料、生产过程、检验检测过程、生产环境等进行审核，并对复合材料制造商所制造出的试验件进行无损检测和力学性能测试，从而证实制造商的工艺过程与工艺规范的符合性，以及制造商按照工艺规范制造的试片性能与材料本身性能保持一致。工艺能力鉴定包括零件制造工艺鉴定、夹芯处理制造工艺鉴定、无损检测工艺鉴定及试验室能力鉴定。

2 复合材料典型蜂窝夹芯结构件制造及验证

复合材料零件制造检验是零件获得适航认可的重要途径，试验验证是零件制造检验的主要方法之一[5]。本文以某型号的典型蜂窝夹芯结构件为研究对象，详细阐述其制造验证过程。

2.1 零件结构分析

本文的研究对象为碳纤维蜂窝夹芯结构件，零件外形及简图见图 3。零件长为7 370 mm，大头宽约为660 mm，单曲型面。材料为碳纤维环氧预浸料，Nomex 芳纶纸蜂窝。为减少脱模后零件变形，本文采用INVAR 钢框架式阳模成型工装。采用蜂窝蒙皮共固化热压罐成型工艺。

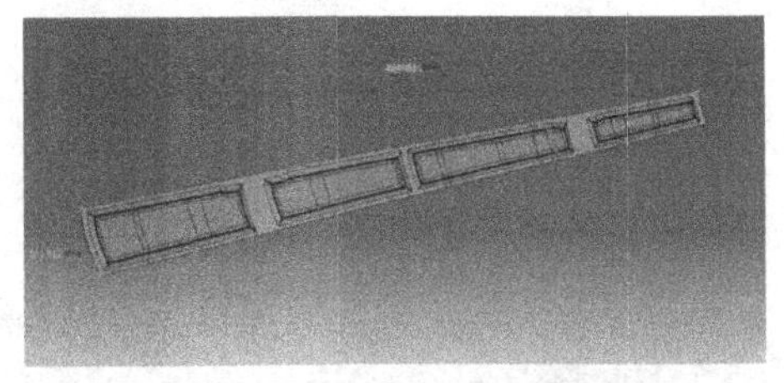

图 3 典型蜂窝夹芯结构件简图

2.2 零件工装热分布测试

复合材料工装热分布代表固化过程中工装工件温度场分布情况，温度场分布影响复合材料构件质量和变形控制[6]。复合材料零件工装热分布是试生产鉴定的前置条件。复合材料工装热分布旨在复合材料零件/工装的不同位置上放置热电偶，并按照工艺规范的固化周期对零件进行固化，从而找出零件或工装上的领先和滞后热电偶位置的过程。本文选取表 1 中固化参数对零件进行制造生产，其测试结果如图 4 所示。TC1 为领先热电偶，近工装侧，TC2 为滞后热电偶，布置在工装背面，覆盖隔热层。

表 1 固化参数

要 求	温度范围/℃	升降温速率、压力
升温	55～165	0.5～3 ℃/min
	166～(180±6)	0.15～3 ℃/min
保温	(180±6)	≥90 min
降温	(180±6)～60	≤3 ℃/min
压力	全过程	0.34 MPa

2.3 零件试生产鉴定

复合材料零件试生产鉴定是指采用产品件的材料、工装、设备和无损检测方法来生产零件，并对零件进行目视检查尺寸检查、无损检测和破坏性试验，从而证实制造商的制造方法、检验检测方法和技术符合相

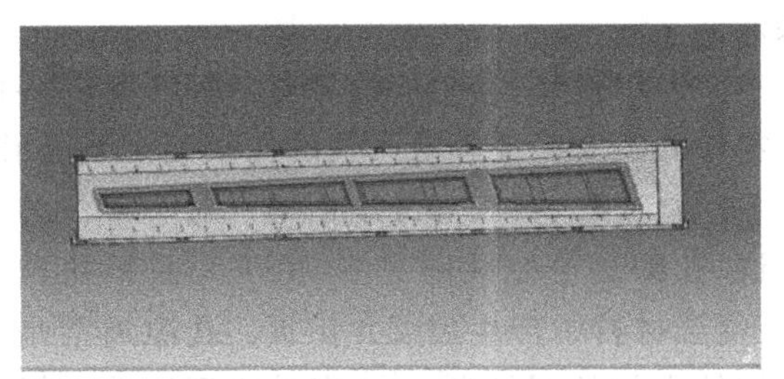

图 4 工装热分布布偶图

应的工程图样和规范要求的过程。零件固化脱模后需对零件的外部质量和内部质量进行检测和评估。外部质量包括由相应工程图纸定义的外形轮廓度、尺寸、厚度以及蜂窝位置；由相应工艺规范规定的外观缺陷，包括：表面划伤、表面凹陷、表面胶瘤、夹杂、表面纤维屈曲、表面纤维褶皱、表面不平、压痕、富胶、贫胶、纤维劈裂、Tedlar 膜缺失或褶皱等。内部质量是指需要通过NDI 无损检测手段或者破坏试验才能进行表征的复合材料质量要求，通常包括：孔隙、微裂纹、内部分层、内部夹杂、内部纤维褶皱、内部树脂分布、胶层厚度、脱粘、纤维体积含量等。

本文中典型复合材料蜂窝夹芯构件按照热分布测试结果进行热电偶布置，采用表 1 中参数生产，固化脱模后，前置条件为固化周期满足相应的工艺规范要求。然后对复合材料零件外部质量和内部质量关键参数进行评估。外部质量含表面质量检查、厚度，轮廓度检测和重量检测。内部质量含：零件无损检测，零件 T_g 检测，零件装配区孔隙率检测，零件胶层厚度检测，蜂窝芯位置检测。

1. 零件外部质量检查

典型复合材料零件外部检查要包括零件厚度检查，轮廓度检查和重量检测。表面质量检查主要是通过目视，检查固化后零件表面是否存在表面划伤、表面凹坑、表面胶瘤、铺层褶皱，此类检查按照相应的技术要求进行检测即可。轮廓度检查可采用数字化检测(如激光跟踪仪)或用成型工装检测，一般是将零件固化后转移至切边工装(真空吸盘结构)，切边后在线数字化测量零件轮廓度。本文采用生检共用的成型工装贴膜检测，用间接法进行轮廓度检测。

2. 零件内部质量检查

复合材料零件制造属于特殊工艺，管控过程属于特殊过程，无法从零件产品的最终质量结果追溯到具体某一个环节，因此，在零件研制阶段，需对整个过程进行破坏性评估以检测整个过程是否可控可检可

落实。

本文采用使用穿透法超声波检测成型后零件质量。零件的蒙皮区最容易产生的曲缺陷主要有孔隙、封层、夹杂、贫胶、富胶和纤维褶皱。对于零件的下蒙皮来说，孔隙是主要缺陷之一，由于大面积孔隙的连通，在复合材料中产生裂纹并扩展。孔隙通常是复合材料制件失效的裂纹源[7-8]。零件成型后的无损检测结果如图5所示。

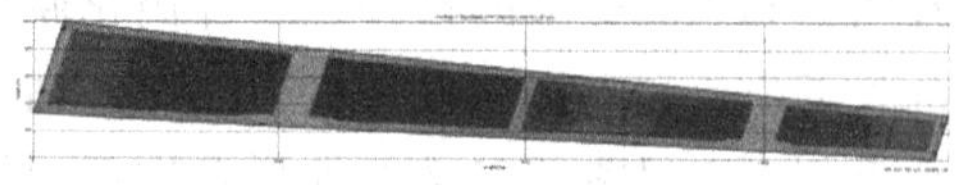

图5 无损检测结果

由图5可知，零件非装配区搭接区有不同程度的衰减，与装配区的衰减值具有一定的差异。为验证衰减区域是否会造成力学性能损失，进行破坏性评估并进一步量化。为了探究高衰减区域的缺陷性质，对该区域进行切割，对该层压区进行孔隙率检测。图6所示为高衰减层压区的金相图(25倍)。从图片中可知，复合材料铺层间因弱刚性Nomex蜂窝传压不均匀，会在铺层间形成孔隙。对于不同参考标准值，不同的孔隙会对不同材料体系产生不一样的力学性能损失，Ghiorse[9]等人对碳纤维/环氧树脂复合材料的研究结果指出，孔隙率在3%～4%是材料性能下降的临界值。实际上，固化过程中复合材料的孔隙发展是受多种因素共同作用的。固化过程中孔隙中的水蒸气含量受树脂基体中水浓度C、温度T、压强P等因素的影响将发生变化[10]。本文固化后测试其孔隙率，平均值不超过3%。

图6 搭接区蒙皮金相图

本文采用Nomex蜂窝与蒙皮共固化工艺，属于结构胶接，结构胶粘剂必须通过特殊检查，本文采用破坏性检查，以确定其是否适于粘接夹层结构，尤其对于蜂窝芯材，胶粘剂在芯格壁上形成的倒角提供了大部分的胶接强度。倒角的形状对芯材胶接的强度和耐久性非常关键[11]。图7所示为本文中，蜂窝倒角金相。由图7可知，该零件倒角较好，未出现一边倒角，芯材短导致无倒角，不均匀倒角和其他缺陷，能够很好地满足零件胶接要求。实测可知，胶层厚度在(0.35±0.2) mm。

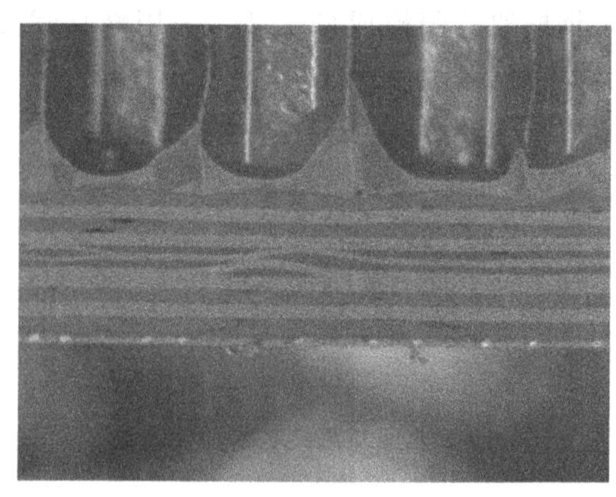

图7 蜂窝倒角金相图

蜂窝芯材的压塌一般发生在固化时蜂窝芯材部位的变形和位移。蜂窝芯材是否压塌，挤压等缺陷须通过射线检测超声方法进行检测，检测结果如图8所示。由图8可知，蜂窝芯格清晰，芯格整齐完整。

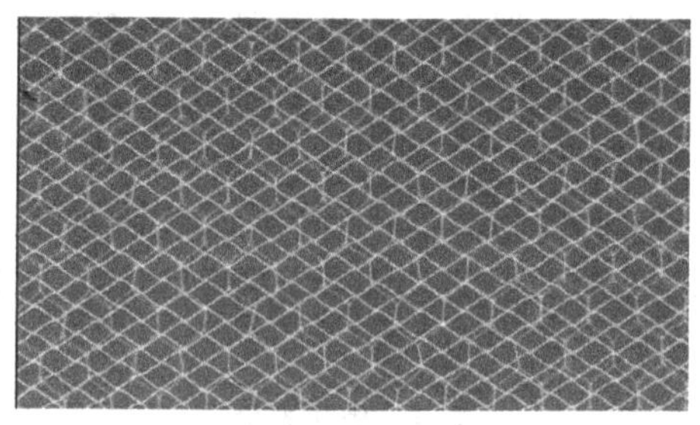

图8 蜂窝射线图

玻璃化转变温度(T_g)是指由玻璃台转变为高弹态所对应的温度。本文中需选取不同位置的试样来表征整个固化周期的T_g值，需按照复合材料工装热分布测试的结果，对零件领先区和滞后区都进行对应的T_g值检测。

2.4 零件首件鉴定

首件鉴定的目的在于通过第一个装机零件的成功制造来验证零件的制造程序、检验程序以及检验技术符合相应的工程图纸和规范的要求。通过首件鉴定，可以在生产开始之前对零件制造过程存在的任何不足进行识别和纠正。

3 结 论

民用飞机复合材料制造及验证是复合材料制造商举足轻重的环节，涉及制造过程中的人、机、料、法、环、测六个方面的验证，设备鉴定是工艺能力鉴定的基本保障，工艺鉴定是复合材料制造商的必要条件，复合材料工装热分布是复合材料试生产鉴定的前置条件，复合材料试生产鉴定是验证复合材料零件制造商工艺体系和质量体系的考核，是全方位的检测和验证，也是保证复合材料零件稳定生产的必备条件。本文可对民用飞机复合材料制造商提供一定的参考，具有一定的指导意义。

参考文献

[1] 郑晓玲.复合材料结构的适航符合性分析研究[J].民用飞机设计与研究，2017(1):1-5.

[2] 杨霓虹.复合材料结构制造的质量概念和资质认证[C].第三届民用飞机先进制造技术及装备论坛，2011.

[3] 王春寿，张冠彪，刘衰财.民用飞机复合材料设计许用值试验矩阵设计[J].机械设计与制造工程，2018,47(7):81-84.

[4] 樊则文，陈挺，张绪.民用飞机复合材料后机身结构适航验证方法[J].高科技纤维与应用，2018(2):36-40.

[5] 毛磊凯，刘连平，刘杰，等.民用飞机复合材料产品质量验证方法[J].沈阳航空航天大学学报，2016,33(2):82-86.

[6] 刘望子，管海新，陈志超，等.复合材料典型结构件热分布工程应用[J].成都航空职业技术学院学报，2020(1):41-45.

[7] 赵士洋.复合材料层合板损伤模型的构建方法及其应用[D].西安:西北工业大学，2014.

[8] 侯哲.复合材料内部缺陷的微波检测技术研究[D].太原:太原理工大学，2014.

[9] Chiorse S R. Effect of void content on the mechanical properties of carbon/epoxy laminates [C]. SAMPEQ, 1993:54.

[10] 任明法，黄其忠，陈浩然.复合材料成型工艺中的孔隙发展规律[C].第17届全国复合材料学术会议，2012.

[11] 汪海，沈真.复合材料手册:第6卷[M].上海:上海交通大学出版社，2016.

航空制造业数字化转型探索

蒋启梅

航空工业昌飞 科技信息部,景德镇 333000

摘要: 随着工业互联网、大数据、人工智能、云计算等新一代信息技术与先进制造技术的深度融合,制造业数字化转型蓬勃开展。本文结合航空制造业数字化转型中存在的现实问题,立足企业数字化转型的研究进展,根据当前数字化转型发展趋势,提出航空制造业构建以数字化为驱动力的生产制造和工业服务体系的对策建议与实施途径,为我国航空制造企业有效推进数字化转型并打造新的竞争优势提供经验参考。

关键词: 数字化转型;制造业;工业互联网;途径

Exploration on Digital Transformation of Aviation Manufacturing Industry

JIANG Qimei

AVIC Changhe Aircraft Industry, Jingdezhen 333000, China

Abstract: With the deep integration of new-generation information technologies and advanced manufacturing technologies such as industrial internet, big data, artificial intelligence and cloud computing. The digital transformation of manufacturing industry is booming. This paper combines the problems existing in the digital transformation of aviation manufacturing industry, based on the research progress of enterprise digital transformation, according to the current digital transformation development. Put forward the countermeasures, suggestions and implementation ways of constructing the manufacturing and industrial service system driven by digitization in aviation manufacturing industry, so as to effectively promote the digitization transformation of aviation manufacturing enterprises in our country.

Keywords: digital transformation; manufacturing; industrial internet; way

随着数字技术的快速创新和广泛应用,一方面赋予了制造业升级的绝佳机遇,另一方面也给制造业数字化转型带来了巨大挑战。美国、德国、日本等发达国家纷纷开展以新一代网络信息技术为核心驱动力的先进制造计划,并加快了实施速度。根据 2020 年 Gartner 针对全球 64 个国家和地区、各行业 473 名 CEO 的调查,要经济形势下行阶段,数字化成为 CEO 继业务增长之后最关心的问题,另据埃森哲调查,中国 67%的企业认为,未来 1~2 年,数字化转型将成为企业逆境发展的新动能。今年的《政府工作报告》指出,"加快数字化发展,打造数字经济新优势,协同推进数字产业化和产业数字化转型"。持续推进制造业转型升级将成为未来中国制造业的焦点。

1 航空制造业数字化转型存在的问题

航空制造业作为离散型制造企业,存在"多品种、小批量、高复杂"的制造特征,随着客户对产品功能、性能和质量的需求越来越高,面临"高质量、短周期、低成本"的矛盾,航空制造业作为建设科技强国、制造强国、质量强国的重要力量,急需突破传统模式的局限性,加快数字化转型,以先进的数字航空创新生态和能力体系,肩负起兴装强军的历史重任。当前航空制造业数字化转型存在的主要问题如下:

1.1 数字化业务基础薄弱

国外先进防务工业企业采用先进的数字化技术,正从根本上改变传统的装备设计和制造方式,实现了设计、制造和保障全生命周期和全产业链的协同,极大增强装备的全球竞争能力。而我国航空制造业的数字化业务基础还相对薄弱，还没有实现全生命周期、全产业链的全覆盖，智能制造仍处于初级阶段。

1.2 数字化贯通存在差距

航空制造业内部园区网与工控网两网设备端基本不联通，物联网尚未将制造资源，如加工类设备、物流设备等连接成网，使得新的网络技术难以在航空制造业快速普及应用，网络功能和性能不足已经成为制约军工数字化发展的最突出瓶颈之一。

1.3 数字化平台存在差距

航空制造业各类系统多为单体架构，应用架构老旧，开发、部署和运维成本高，资源利用率低，部署难以水平扩展，难以满足因业务所需的服务灵活部署、快速扩展及复用的需求，数字化平台的老旧也制约着航空制造业的数字化转型。

1.4 工业软件差距较大

国产设计、仿真、制造等领域工业软件整体功能不足、种类不全导致航空制造业核心软件绝大多数长期依赖进口，在研发设计类软件中，以达索、西门子 PLM 为代表，仍然占有技术和市场优势，在生产控制软件领域，西门子继续保持行业龙头地位，工业软件尚不能实现自主可控。

1.5 安全问题仍待解决

航空制造业中的设备安全、控制安全、网络安全、应用安全等问题仍待解决。设备智能化使生产装备和产品直接暴露在网络攻击之下，控制环境开放使外部互联网威胁浸透到工厂控制环境，无线网络的应用及灵活的组网方式给工厂网络带来更大安全风险，应用的开放使数据面临前所未有的挑战。需构建基于主动防御的网络、数据安全体系，提升网络安全风险防范和数据流动的监管水平，同时在制度保障层面上，加强网络和数据安全制度建设。

2 制造业数字化转型发展趋势

随着工业互联网、大数据、人工智能、云计算等各项技术的逐渐成熟和推广应用，促进了制造企业数字化、网络化、智能化发展，工业互联网的快速发展，对制造业的数字化转型产生了巨大的引领和支撑作用。

2.1 新一代信息技术推动制造技术创新

加速提升云计算、工业互联网、大数据、物联网、区块链、边缘计算等技术和工程应用成熟度，有效降低技术风险。在车间排产与调度、实时数字化检测、质量管理、工艺持续优化、仓储物流、试验测试、设备健康监视等方面进行智能化提升，集成应用自主开发的 ERP、MES、CAPP 等工业软件以及智能工艺装备，实现动态感知、实时分析、自主决策和精准执行，提升制造过程的精益化、可视化、网络化、数字化和智能化。

2.2 借助云平台实现企业间协同

高频率、大批量、高并发的数据采集规模已经远远超出了传统 IT 架构的数据存储、处理分析能力，亟须构建基于云计算的工业互联网平台体系，实现对海量、多样、高速、易变的工业大数据精准、高效、全面的分析，支撑制造资源泛在连接、弹性供给、高效配置。同时以推动业务全面上云为突破口，构建以云计算应用为核心的信息化发展新模式，从上游设计研发到制造、销售服务等全生命周期对制造业进行赋能，实现企业间高效协同，从而降低研发成本、缩短制造周期、提升产品质量。

3 航空制造业推进数字化转型措施

3.1 加强数字化转型顶层设计

数字化转型是一项复杂的系统工程，企业需要根据自身的发展需求和行业特点，制定企业数字化转型的发展规划、创新发展的目标、方案与实施途径。参考《数字化转型 新型能力体系建设指南》等，完善企业现有的数字化制造模式及管理流程，构建一套行之有效的数字化转型体系架构和方法机制，以架构引领全面转型升级，实现可持续的数字化转型企业的目标。

3.2 推动新型基础设施建设

围绕制造业数字化转型要求，增强信息基础设施支撑能力。加大工业互联网、大数据中心、人工智能等为代表的数字化基础设施建设，适应制造业高可靠、广覆盖、大连接、低时延的需求，夯实高速互联和智能控制的基础能力，为实现企业高质量发展、融合创新、数字化转型筑牢基础设施体系。

3.3 构建数字化转型生态圈

打造面向航空产业生态圈的工业互联网平台，汇聚优势资源，全面贯通产品研制、工艺设计、生产制造、试验试飞、客户服务、维护保障、客户服务全生命周期、全产业链、全业务协同的高度集成和智能精准决策的航空数字化发展创新生态，构建现代产业体系。

3.4 加强工业互联网安全防护体系建设

航空制造业对工业对安全要求高，涵盖设备、产品、运营、用户等多个方面，数据在采集、传输、处理、存储和应用过程中一旦泄露，会给企业带来严重的安全隐患，可能导致生产过程发生混乱，甚至会威胁人身安全、关键基础设施安全乃至国家安全。需完善全网可信身份认证体系、权限动态管控、安全态势感知体系、追踪溯源审计体系等方面的安全防护建设，为保障设备、网络、控制、应用和数据等安全，构建一个能覆盖业务全生命周期的，多维度、多层级的工业互联网安全防护体系。

3.5 推进制造业数字化标准制定

工业设备种类繁多、应用场景较为复杂，采用的工业协议不一致，数据格式差异较大，标准不统一，需建立统一数据参考模型，加快制定制造业数字化标准。重点推进工业设备连接、工业数据共享以及等工业软件方面的标准的制定，形成数据与技术标准规范体系，实现设备、数据的兼容连接，推进制造业工业软件综合集成应用。

4 结 论

工业 4.0 背景下企业数字化转型是小批量多品种生产模式下实现柔性制造和个性化定制的基础，应对航空制造业数字化转型的新需求，探索数字化转型的新路径，构筑数字化转型的新能力。数字化的转型可使制造业更快对市场需求的变化做出及时的反应，提高企业的效率，进而推动企业长足发展。

参考文献

[1] 李浩原. 制造业数字化转型之变[J]. IT 经理世界，2018，494(20)：52-53.

[2] 石耀东. 我国制造业数字化转型升级的趋势与路径[J]. 智慧中国，2018，29(5)：72-75.

[3] 安筱鹏. 重构：数字化转型的逻辑[M]. 北京：电子工业出版社，2019.

[4] 徐志华. 基于中国制造 2025 的南通中小企业创新发展战略任务[J]. 探索带，2017(1).

[5] 陈前程，李粟，郭存露."中国制造 2025"战略背景下中小企业实现智能制造途径探析 [J]. 安徽科技，2018(10).

基于六西格玛的航空蒙皮零件变形的技术研究

樊娜娜，张文权，岳俊，周璟，胡晓玲，万国俊

成都飞机工业(集团)有限责任公司检验检测部，成都 610092

摘要：在现代钣金成型过程中，因为需要不同结构、不同形状的零件来满足装配功能的需求，因此需要对零件进行不同的成型加工，但是对航空外缘类蒙皮零件进行成型加工后，零件容易出现变形，严重影响交付。针对航空外缘类蒙皮零件的变形问题，运用六西格玛管理方法，利用事实和数据驱动业务流程的改进方法分析航空外缘类蒙皮零件变形的问题，找出问题的主要原因，对主要原因采取措施控制，从而达到解决航空外缘类蒙皮零件变形的目的，促进航空外缘类蒙皮零件质量的持续提升，令顾客满意。

关键词：六西格玛；外缘类；蒙皮；变形

Research on Deformation Technology of Aviation Skin Parts Based on Six Sigma

FAN Nana, ZHANG Wenquan, YUE Jun, ZHOU Jing, HU Xiaoling, WAN Guojun

Inspection Department of Chengdu Aircraft Industry (Group) Co. Ltd., Chengdu 610092, China

Abstract: in the process of modern sheet metal forming, because parts with different structures and shapes are required to meet the requirements of assembly function, different forming processing is required for the parts. However, after the forming processing of aviation outer edge skin parts, the parts are prone to deformation, which seriously affects the delivery. In view of the deformation of aviation outer edge skin parts, the Six Sigma management method and the improvement method of fact and data-driven business process are used to analyze the deformation of aviation outer edge skin parts, find out the main causes of the problems, and take measures to control the main causes, so as to achieve the purpose of solving the deformation of aviation outer edge skin parts, promote the continuous improvement of the quality of aviation outer edge skin parts to achieve customer satisfaction.

Keywords: Six Sigma; outer edge class; skin; deformation

1 引 言

飞机蒙皮是飞机气动外形的关键零件，对保证飞机的空气动力学性能和保护飞机的内部机构有重要的作用，通常采用闸牙滚弯或是拉伸成型的方法进行加工制造，飞机蒙皮零件的加工制造技术是衡量飞机制造能力和水平的重要标志之一。飞机蒙皮零件具有形状精度要求高，截面不等厚的特点，包括面、下陷、通窗、孔等结构特征，蒙皮零件被广泛应用于现代制造行业中。由于零件设计需要不同形状的零件进行制造，因此在零件制造中需要采用拉伸成型的方式对零件的外形尺寸或性能进行改变，但在对航空外缘类蒙皮零件进行拉伸成型加工时，出现了变形的问题，如何有效解决航空外缘类蒙皮零件变形的问题，就成为提升航空外缘类蒙皮零件质量的关键环节。运用先进的管理方法来解决制造过程中遇到的技术问题，六西格玛管理方法成为解决问题的首选。

“中国企业在实施六西格玛过程中，也不断拓展六西格玛的理念和应用范围，并逐渐形成中国特色的六西格玛”。如何将六西格玛的方法灵活应用于现场制造中，解决具体问题，是目前技术人员面临的难题之一。本文以对航空外缘类蒙皮零件变形的质量改进为例，对六西格玛在现场技术问题中的应用和实施进行

研究。

2 项目简介

在现阶段，翼面类蒙皮零件材料大量采用了铝合金薄蒙皮，因材料太薄，零件制造难度很大，因此在零件成型后容易出现变形的问题，且变形量很大，严重影响了零件交付，顾客抱怨，要求尽快改进。为了满足顾客要求，提高航空外缘类蒙皮零件的合格率，基于六西格玛的方法，对航空外缘类蒙皮零件的变形进行技术研究及应用。

3 项目实施过程

3.1 组建团队

根据近年航空外缘类蒙皮零件变形的质量情况，确定题目，成立项目团队，团队成员包括项目工艺主管、工长、工人、检验人员。根据团队成员对六西格玛知识的掌握情况，分批分时段分情况对团队成员进行六西格玛知识普及和培训。

3.2 项目定义

例如，某航空外缘类蒙皮零件共生产 40 件，其中因发生变形导致与工装贴模度＞0.5 mm 的不合格件数共 32 件，不合格率高达 80%，顾客抱怨，要求改进。项目将航空外缘类蒙皮零件与工装贴模度＞0.5 mm 的 DPMO 从 800 000 降低到 160 000，改善 80%。

六西格玛强调“用数据说话，用数据决策”[2]，以数据为项目基础，团队成员经过对出现变形的航空外缘类蒙皮零件进行调查，从而确定缺陷定义——航空外缘类蒙皮零件发生变形，零件与工装贴模度＞0.5 mm，即为缺陷，如图 1 所示。

图 1 缺陷定义

3.3 原因分析

运用因果图法分析产生航空外缘类蒙皮零件变形的原因，采用因果图法能帮助我们快速分析出产生问题的根本原因，因果图法着重分析输入条件的各种组合，每种组合条件就是“因”，它必然有一个输出的结果，这就是“果”。因果图的特点是简捷实用，深入直观。团队成员通过头脑风暴法找出影响问题特性的这些因素，并将它们与特性值一起按相互关联性整理，并标出重要因素，形成层次分明、条理清楚的因果图，这是一种透着现象看本质的分析方法。

制作因果图需经过以下两个步骤：

(1) 分析问题原因

① 针对航空外缘类蒙皮零件变形的问题，选择层次方法(如人、机、料、法、环等)；

② 按照头脑风暴分别对各层类别找出所有可能原因；

③ 将找出的各要素进行归类、整理，明确其从属关系；

④ 分析选取重要因素；

⑤ 检查各要素的描述方法，确保语法简明、意思明确。

(2) 因果图的绘制

① 填写鱼头，画出主骨；

② 画出大骨，填写大要因；

③ 画出中骨、小骨，填写中小要因；

④ 用特殊符号标识重要因素。

团队成员根据上述两个步骤运用头脑风暴法画出航空外缘类蒙皮零件变形的因果图，如图 2 所示，可以看出影响航空外缘类蒙皮零件变形的主要原因是 X1 保护方式、X2 粗加工余量和 X3 余量翻边；其中关键原因是 X2 粗加工余量和 X3 余量翻边。

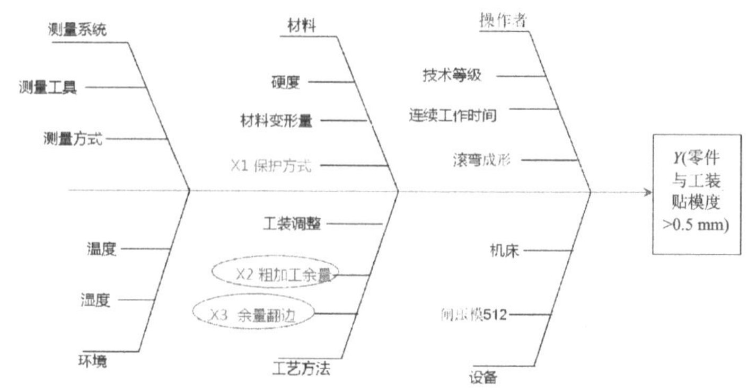

图 2 因果图

3.4 机理分析

X2 粗加工余量、X3 余量翻边的机理分析如图 3 所示，机理分析是通过对系统内部原因的分析研究，从而找出其发展变化规律的一种科学研究方法，通过机理分析可论证 X2 粗加工余量、X3 余量翻边是否为航空外缘类蒙皮零件变形的关键因素。

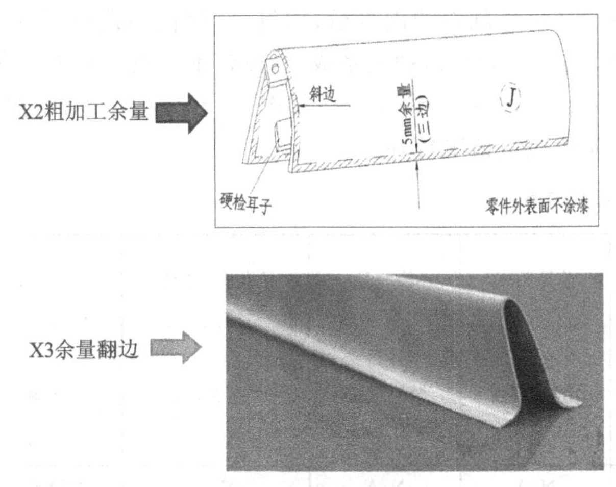

图 3　机理分析图

分析：留余量后，将留取的余量进行翻边后，可以有效拉伸零件材料因成型过程的惯性而引起的变形，因此可避免零件成型后要进行扭曲及翘曲变形的问题。

由以上的机理分析可以得出：X2 粗加工余量、X3 余量翻边是影响航空外缘类蒙皮零件变形的关键因素。

3.5 流程梳理与改进

团队成员通过对航空外缘类蒙皮零件的加工流程进行梳理，发现加工流程中存在的问题，并对存在的问题进行改进，进一步完善加工流程，改进前后的流程图如图 4 所示。

3.6 项目改善

项目改善过程中，团队成员大量采用了群策群力、流程分析、测量系统分析、风险分析、假设检验等六西格玛工具和方法。其中采用二进制逻辑回归分析影响航空外缘类蒙皮零件变形的关键因素，如图 5 所示，分析出粗加工余量、余量翻边是关键因素。具体项目改善点如图 4 所示，对蒙皮零件变形影响最大的是余量翻边，其次是粗加工余量和保护方式。因为 $p<0.05$，所以关系成立。

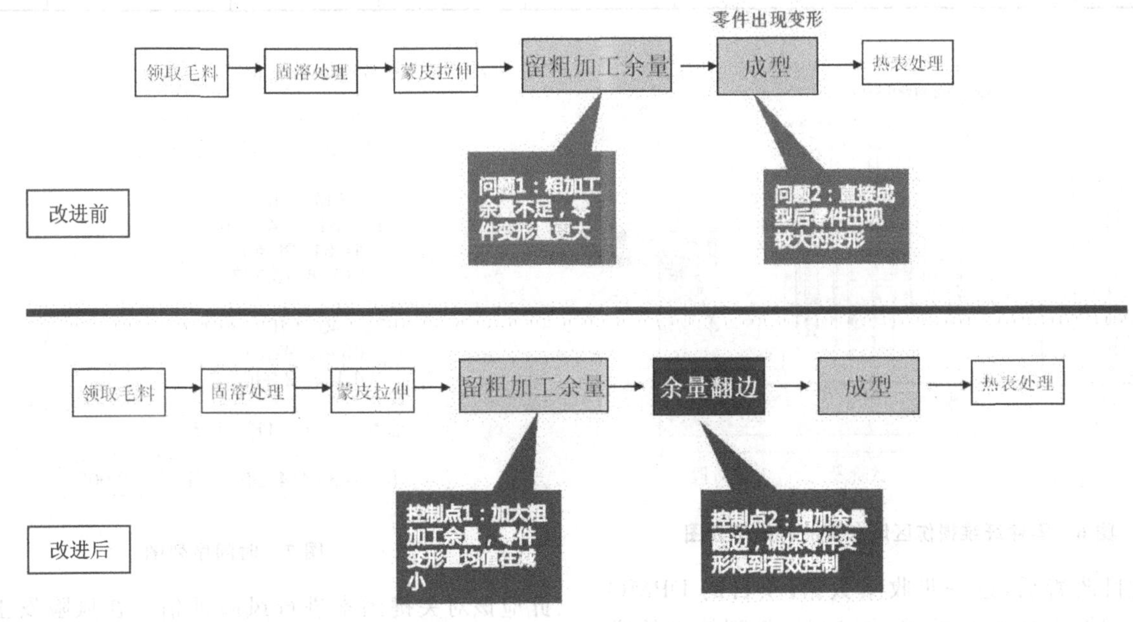

图 4　改进前后的流程图

① 优化粗加工余量：改善前，粗加工余量较小，无法进行余量翻边，因此零件变形很大；

② 优化余量翻边：改善前，未设置余量翻边。

3.7 项目控制计划

根据改善要点，在流程中“增加粗加工余量”“设置余量翻边”环节，对项目完善后，对关键因素进行控制才能保持改善后的效果，形成规范标准作为日后工作

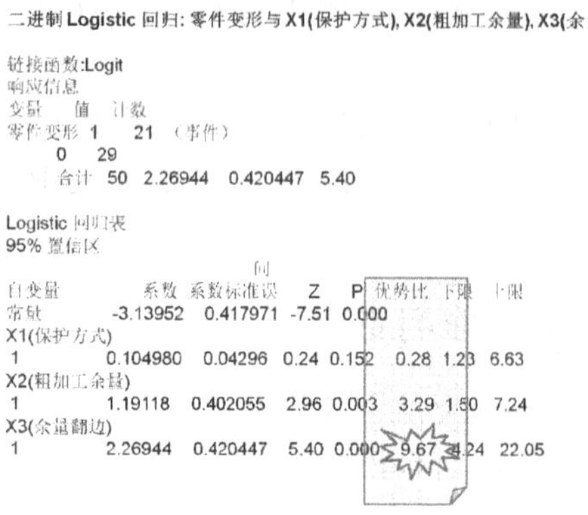

二进制 Logistic 回归：零件变形与 X1(保护方式), X2(粗加工余量), X3(余量翻边)
链接函数:Logit
响应信息
变量 值 计数
零件变形 1 21 (事件)
0 29
合计 50 2.26944 0.420447 5.40
Logistic 回归表
95% 置信区间
自变量 系数 系数标准误 Z P 优势比 下限 上限
常量 -3.13952 0.417971 -7.51 0.000
X1(保护方式)
1 0.104980 0.04296 0.24 0.152 0.28 1.23 6.63
X2(粗加工余量)
1 1.19118 0.402055 2.96 0.003 3.29 1.50 7.24
X3(余量翻边)
1 2.26944 0.420447 5.40 0.000 9.67 4.24 22.05

图 5　二进制逻辑回归

的准则，将流程标准化，固化下来以此有效控制关键因素，项目的控制计划如表 1 所列，随着六西格玛方法 DM、A、IC 阶段的推进，航空外缘类蒙皮零件变形逐步受到控制，IC 阶段可以受控。

3.8　项目改善效果

通过上述的流程改善，完善关键的 X2 粗加工余量、X3 余量翻边的因素后，项目改善前后如图 6 所示，因为 $p=0.000$ 这种关系成立，改善前与改善后有显著不同；项目的改善情况对比如图 7 所示，项目的改进控制阶段完成情况较好。

表 1　流程控制计划数据单

特　性	能　力	测量手段或方法	测量系统分析结果	监控手段或方法	监控频率	信　号	异常应对措施	负责人
Y	1.65	一致性检查	重复性 100% 再现性 100%	检验检查	100%检查	零件与工装贴模度 >0.5 mm	检查 X3、X4	樊娜娜
X3 粗加工余量	N/A	N/A	N/A	程序保证	N/A	N/A	N/A	胡晓玲
X4 余量翻边	N/A	N/A	N/A	检查 F0	100%检查	工艺校对发现无余量翻边工序	更改完善 F0	万国俊

零件变形的时间序列图
人为因素保护不当
不合格
合格
单位：件
零件变形
增加余量翻边
指数
DM阶段
A阶段
IC阶段

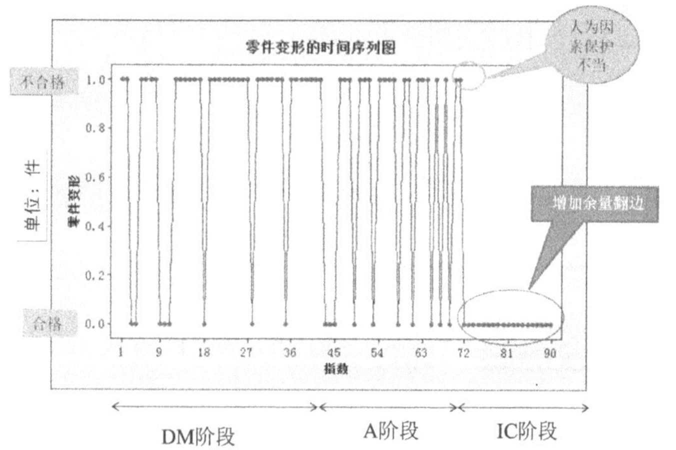

图 6　零件纤维损伤区域长度的时间序列图

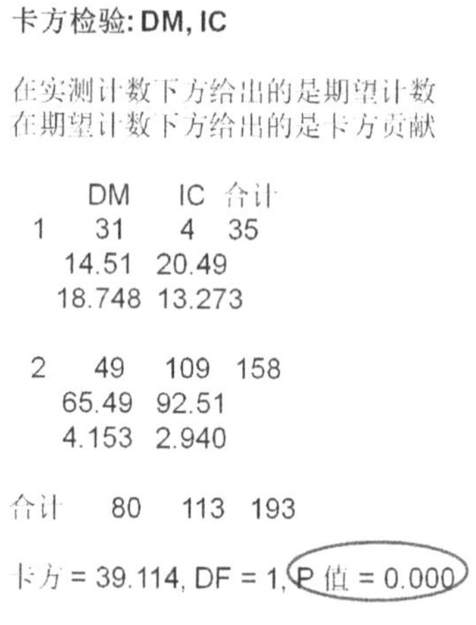

卡方检验: DM, IC
在实测计数下方给出的是期望计数
在期望计数下方给出的是卡方贡献
DM IC 合计
1 31 4 35
14.51 20.49
18.748 13.273
2 49 109 158
65.49 92.51
4.153 2.940
合计 80 113 193
卡方 = 39.114, DF = 1, P 值 = 0.000

图 7　时间序列图

在项目改善后，进一步收集数据，项目的 DPMO 从 800 000 降到 50 000，改善 93.75%，得到航空外缘类蒙皮零件变形的 DPMO 如图 8 所示，完成目标。

3.9　风险评估及管理

在对关键因素“粗加工余量 ”“余量翻边 ”改善后，应该事先评估改善关键因素可能带来的各种风险，因此应该对关键因素进行风险评估。在风险发生之前，该事件给人们的生活、生命、财产等各方面造成的影响和损失的可能性进行量化评估的工作，就是量化测评某一事件或事物带来的影响或损失的可能程度。团队成员运用 FMEA 风险分析方法对项目进行风险分析，风险分析结果如表 2 所列，RPN 均<120，属于低风险。

表 2 FMEA 分析

流程/零件序号	潜在失效模式	潜在失效影响	SFV	原 因	OCC	目前控制方法	DET	RPN	改进计划	负责人（完成日期）	SEV	OCC	DET	RPN
粗加工余量	F0 编制错误	零件发生变形	8	粗加工余量不足，会引起零件变形的概率大	4	不定期检查工艺纪律	2	64	N/A (RPN<120)					
余量翻边	F0 编制错误	零件发生变形	7	余量不翻边，零件会因成型过程的惯性而引起变形	3	不定期检查工艺纪律	2	42	N/A (RPN<120)					

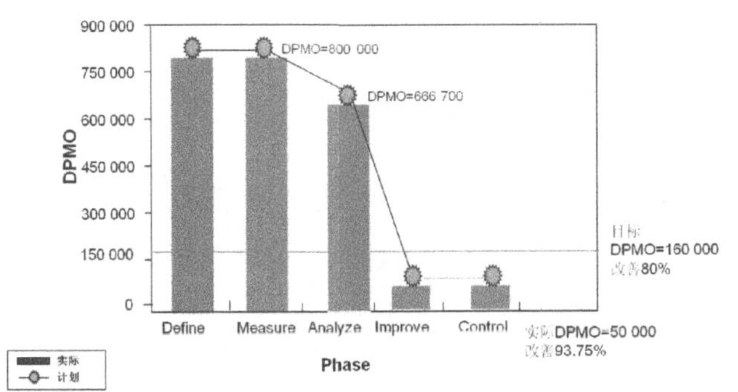

图 8 航空外缘类蒙皮零件变形的 DPMO

3.10 成果推广

蒙皮零件被广泛应用在现代制造企业中，因此该项目具有推广性，目前已在其余类蒙皮零件出现变形的控制中进行推广，下一步可推广至其他行业蒙皮类零件成型后出现变形的控制。

4 项目的启示

六西格玛是一套规范的解决问题的流程、方法和观念。六西格玛是基于数据的统计分析结果，关注精准的缺陷定义、可靠的测量系统分析、逻辑严密的机理分析等步骤，运用六西格玛的思维模式，能够切实解决生产现场或流程中存在的问题。

六西格玛的方法在生产实际中践行成功，是流程梳理、头脑风暴、系统思考和团队合作的结合使然。利用六西格玛的方法解决实际问题，是一种对理论的践行，同时在结束项目后，再一次对这种方法进行再思考，反刍的过程，固化这种解决问题的思维方法，融会贯通。

4.1 从小做起

在流程优化的过程中，其是一个循序渐进的过程，不可骤然进行颠覆性的更改，造成不可挽回的后果，在流程更改前有必要进行 FMEA 风险分析，尽量避免或消除可能发生的风险。在优化过程中，需要和真正使用该流程的人进行交流沟通，倾听他们的声音，真正了解使用过程中存在的问题，针对实际问题从小处作为切入点，层层铺开，最终达到解决此问题的目的。关注流程，以流程某一点为改革契机，以点带面，用专业的工具方法，建立改革、试点、推广的良性循环。

4.2 团队合作

完成一个项目依靠一个人的力量和智慧是行不通的，运用团队工作方法，群策群力，头脑风暴，不仅可以使流程中的人参与到流程改进中，使流程的梳理更加顺利，同时，团队中的成员不再是单纯的执行者，也是进行决策的改善者，从而形成自主改进的良性循环。

4.3 六西格玛的推进

在现场推进六西格玛管理时，应该选择适应组织的情况及需求的方式方法，如必须考虑自身的因素，包括行业本身的特点、产品、消费者关系和竞争力等，还有其他相关条件，如员工的培训标准、态度、工作氛围，管理者的承诺及知识水平等都有助于六西格玛管理的推进。

5 结束语

六西格玛管理是一套客户驱动的追求卓越绩效和持续改进的业务流程改进方法体系，目的是追求卓越绩效和客户完全满意，综合提高企业的竞争力和盈利能力。六西格玛管理是一种高效的质量改进方法，它是用数据说话，并且是用准确的数据说话，它需要将生产能力，缺陷，执行力等都量化为数据，同时需要人们不断在践行的过程中根据项目的实际情况进行相应的改进，将理论与实际融会贯通才能使这套高效的质量改进方法得以发挥出全部作用，同时六西格玛管理方法需要在生产过程中持续实施，并将成果融入本单位的体系、标准、规范当中去，才能固化成果，从而在此基础上稳步提升实际的质量水平。

参考文献

[1]唐晓芬.形成中国特色的六西格玛[J].中国质量报,2003.
[2] 董小林,于丹.六西格玛管理理论简介[J].中国证券期货,2011(12).

直升机桨尖罩电铸成型模具结构优化及制造

王朝琳*，刘恕，苏剑英，董广军，宋斌，文颖慧

哈尔滨飞机工业集团有限责任公司，哈尔滨 150060

摘要：本文对长期使用的直升机桨尖罩电铸成型模具材料、结构及使用中发现的问题进行分析，通过模具材料的替代、优化结构设计及3D打印技术在制造中的应用，达到提升模具使用寿命、电铸成型质量，提高成型效率，减轻模具重量的目的。

关键词：桨尖罩；电铸成型；模具；结构；3D打印；轻量化

Optimum Structural Design and Manufacturing Technology onthe Electroforming Molds of the Tip Mask of a Helicopter Blade

WANG Zhaolin*，LIU Shu，Su Jianying，DONG Guangjun，SONG Bin，WEN Yinghui

Harbin Aircraft Industry Group Co. Ltd.，Harbin 150060，China

Abstract：In this paper，analyze the problem about molds'material，structure and problems found in long-term use the electroforming molds of the tip mask. In the way as alternative material of molds，optimized design mold's structure and implicate of technology of 3D printing，achieved the aim of reduced the life of molds，reduced weight of mold，improved the quality and efficiency of electroforming.

Keywords：tip mask of blade；electroforming；mold；structure；3D printing；light weight

直升机旋翼桨叶是直升机重要的运动部件，受离心力、挥、摆、扭等复杂载荷作用，长期服役于风沙、高低温、海上盐雾和湿热等恶劣环境中，桨尖前缘如不加防护极易受损，轻微的损伤将使旋翼系统失去平衡，严重将造成机毁人亡。桨叶制造中通过采用硬度、耐磨性适中的纯镍材料制造桨尖罩，粘接在桨尖前缘使其在工作中免受气动和砂石的磨损，达到提高桨叶寿命的目的。

由于桨尖形状复杂，桨尖罩采用普通的机械加工无法加工出满足桨叶制造需求的产品，通常采用电铸镍工艺制造。将与桨叶尖端形状相同的专用工装模具放置于电铸镍溶液中，经电解沉积获得与设计图纸形状、尺寸完全相同的纯镍桨尖罩毛坯，脱模后采用电解或机械切割去除工艺余量，得到桨尖罩经表面处理后粘接于桨叶前缘。专用工装模具材料耐溶液腐蚀性能、导电性、辅助电极的设计和安装、局部绝缘结构设计等直接影响到桨尖罩电铸质量。

本文分析常用电铸成型模具的材料、模具结构及长期使用中暴露的问题，提出材料及结构优化方法，将3D打印技术应用于模具制造，并在某型号直升机桨尖罩模具制造中进行了实施验证，为直升机旋翼桨尖罩电铸镍前加工制造提供技术保障。

1 电铸镍成型模具及应用

1.1 模具材料及结构

电铸镍成型模具整体结构由模体、挂钩、压块三个部分组成，见图1。模体采用不锈钢材料1Cr18Ni9T，产品线以内粗糙度 $Ra0.4$ μm，其余表面 $Ra0.8$，厚板料通过机械方法加工而成；挂钩由杆体和钩两部分构成，材料H62，杆体直径为1.5 cm，两端加工为外螺纹，另一端拧入钩中，一端拧入模体使挂钩与模体相连。在电铸过程中挂钩一端装挂在电铸镍槽的阴极导电铜杠上，另一端连接的模具浸没在槽液水平面以下，起到模具装挂和导电的作用。压块用尼龙块等绝缘材料加

* 通讯作者．E-mail：alincyb@163.com

工，螺接在模体两侧，起到固定底部辅助电极、隔离屏蔽模体两端，避免在电铸中模体两端尖端放电使镍沉积层过厚，造成镍的浪费。模具底部采用镍丝作为辅助电极，分散模具底部电流避免由于尖端放电导致底部镀层过厚、粗糙等问题。

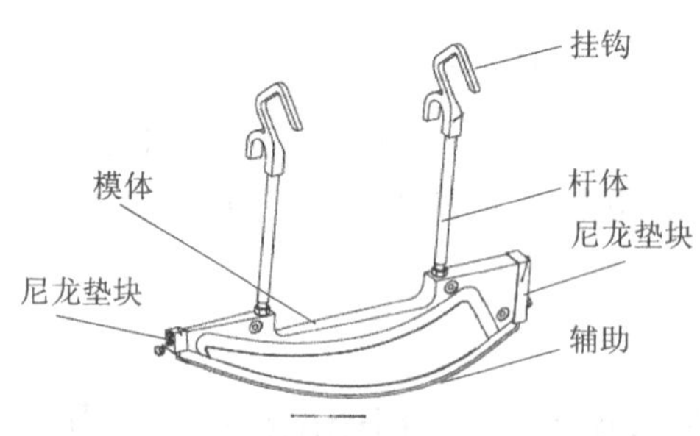

图 1　电铸成型模具

1.2　工艺应用

1. 电铸工艺流程

电铸工艺流程：模具检验—有机溶剂除油—隔离—化学手工除油—流动热水洗—流动冷水洗—电铸成型—流动冷水洗—流动热水洗—干燥—脱模—切割成形—检验。

2. 主要工序

除电铸成型工序以外，有机溶剂除油、隔离、化学手工除油、流动水洗、干燥等工序均为镀覆表面处理工艺中常见工序，在电铸成型前检查模具表面是否有磕、划、碰伤并去除成型模具表面有机及无机油污，使模具表面在后续的电铸成型过程中获得厚度均匀的镍制件。电铸成型工序为桨尖罩成型主要影响因素，低应力电铸镍溶液成分含量及主要参数如下：

氨基磺酸镍	700 mL/L
硼酸	38 g/L
添加剂 A	0.2 mL/L
添加剂 B	0.8 mL/L
pH 值	3.8
氯化镍	10 g/L
电流密度(Dk)	10 A/dm^2
温度：	60 ℃
电铸时间：	≥15 h

从以上参数可以看出，桨尖罩电铸成型过程中模具与 pH 值<4 的酸性溶液接触，在通电的情况下长时间装挂在槽体铜杠上，工作于 60 ℃左右的溶液中，因此模具材料应具有一定的耐酸性溶液腐蚀性能、机械强度并保证良好的导电性能。

1.3　存在的问题

1. 模体表面划伤

模体表面加工精度较高，在储存保管及工序间周转、电铸后桨尖罩脱模中的磕、划，均可造成模具表面损伤。尤其是桨尖罩完成电铸成型后，模具表面沉积一层 5～8 mm 的桨尖罩毛坯，操作者手持工具沿着模具边缘将镍制件从模体剥离，剥离操作过程中由于工具角度及用力不当极易划伤模具。模具表面损伤后通过打磨修复光滑过度，严重的损伤将影响模具尺寸，无法保证桨尖罩电铸成型后外形及开口度等要求，导致模具报废。

2. 杆体断裂、导电量不足

电铸工序中操作者手持一端挂钩拎取模具，螺接结构的杆体与模体由于杆体过细及用力角度偏斜，在长期使用中出现杆体断裂、螺纹部分断在模体中难以取出现象。

同时由于杆体过细，电铸过程中导电量不足。为提高电沉积速度，调整电源参数升高电流时，杆体及模具出现过热现象；电流过小，电铸镍溶液中铜、铅、锌等金属离子杂质易随镍沉积在模具表面，直接影响到成型的桨尖罩材料纯度；导电量不足导致桨尖罩电铸时间延长，耽误生产进度同时造成能源浪费。

3. 模具重

模体采用不锈钢 1Cr18Ni9Ti 厚板料经机械加工而成，直升机桨叶规格不同，包片及其成型模具规格不同。某中型直升机桨尖罩成型模具重量已超过 10 kg，电铸成型工艺实施过程中经隔离、手工除油等工序手工搬运及吊车装挂拆卸操作，在操作中拿取不慎极易造成模具表面损伤；槽液电铸过程中为提高镍沉积质量采用阴极移动，模具随阴极铜杠横向移动，模体过重将降低模具杆体的使用寿命，且存在较大安全隐患。大型直升机桨尖罩生产中，模具重量将成为制约生产及影响产品质量的关键性问题。

4. 辅助电极成本高

模具底部使用镍丝 N6 制作的随形辅助电极，电铸成型后表面镍渣较多，无法二次利用只能丢弃，增加了电铸镍成型的生产成本。且镍丝硬度 HRC28，高于镀覆工艺中常用的铜丝、不锈钢丝、铝丝，在制作随形辅助电极时不易弯折。

2 设计及制造技术优化

2.1 轻量化设计及3D打印技术的应用

通过模具轻量化结构设计达到减重的目的。缩小原模体预留的工艺余量，同时将桨尖罩模具设计为封闭空腔形式，保证模芯壁厚≥5 mm，且壁厚均匀可与绝缘垫块、杆体等相匹配；腔体内运用镂空结构，由截面1 mm×1 mm、间距8 mm的加强筋连接。机械加工方法无法实现复杂的封闭内腔结构，因此先行建立三维数字化模型，运用3D打印技术将粉末状金属通过逐层打印的方法实现电铸成型模具的加工制造。打印后通过机械加工及手工研磨、划线等方法完成模具外部轮廓、切割线及涂胶界限等的精加工，以满足电铸成型应用需求。模体内部结构见图2。

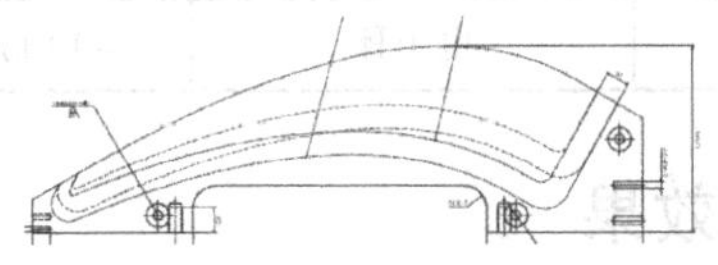

改进前外部结构

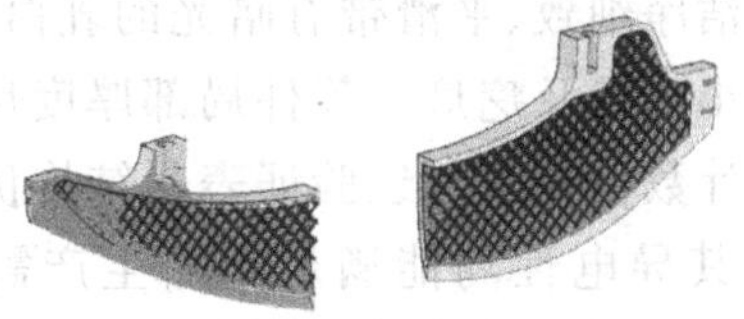

改进后外形及模腔结构

图2 模体外部轮廓及改进后内部结构

2.2 材料优化

1. 模体材料

鉴于1Cr18Ni9Ti不锈钢材料制造模具在生产中暴露出的问题，结合传统加工工艺中不锈钢材料切削力大、温度高导致刀具磨损；加工硬化严重；容易黏刀等问题，对工装制造中常用钢及不锈钢材料进行对比分析，确定选择316L粉末材料用于3D打印加工模体。模体制造材料分析见表1。

2. 辅助电极

对镀覆工艺中常用铝丝及铜丝、镍丝电导率等性能进行对比，见表2。铝丝电阻率介于镍丝与铜丝之间，质地柔软易于手工成型，且成本低于其他两种材料。经分析确定模体下端安装的辅助电极材料由镍丝改为质地较为柔软的铝丝，在辅助电极的手工制作中易于成形。为改善导电情况，加大辅助电极直径，选用≥ϕ4 mm的铝丝替代原ϕ3 mm的镍丝。

表1 模体制造材料分析

模体制造材料	选用分析	加工方法
1Cr18Ni9Ti	材质偏软，易划伤、出现腐蚀坑，抛光后易出现针孔，对含有氯离子的溶液较为敏感，易发生晶间腐蚀	机械加工
1Cr18Ni9Ti(锻造)	材质偏软，易划伤、出现腐蚀坑，抛光后出现针孔现象较非锻造状态材料有明显好转。对含有氯离子的溶液较为敏感，易发生晶间腐蚀	机械加工
Z15CN17-03	进口材料采购困难，材料成本较高	机械加工
A6CNT18-10	进口材料采购困难，材料成本较高	机械加工
40CrNiMo	合金钢材料，无法通过热处理强化表面提高硬度；材料耐蚀性较差	机械加工
0Cr17Ni4Cu4Nb固熔	加工成型模体耐蚀性及耐磨性较1Cr18Ni9Ti有改善	机械加工
316L	经316L打印成型的模体适用于机械加工；3D打印材料中硬度及耐蚀性较304材料有提高	3D打印

表2 常用丝材性能对比

材料及状态	电导率
铝丝2Al10	2.7×10^{-8}
铜丝T2M	1.7×10^{-8}
镍丝NG	6.84×10^{-8}

3. 杆体材料

对比黄铜HPb与紫铜T2Y材料导电性及硬度，见表3。采用纯铜材料T2Y替代黄铜HPb材料，可提高杆体导电性；同时为保证机械性能，加粗杆体至直径≥25 mm。

表3 杆体材料选用分析

材料及状态	电导率	性能分析
HPb	57	抗拉强度385
T2Y	52	具有良好的导电性和导热性，塑性极好，易于加工，抗拉强度295-380

2.3 局部结构优化

1. 尼龙块尺寸

模体两端用于绝缘及安装辅助电极用的尼龙快尺寸加长，使用其一端延伸出来，在模体底部辅助电极安装时，将铝丝一端插入尼龙垫块预先制备的孔中，并在端头用螺栓固定。加长尼龙块可加大铝丝插入深度，避免铝丝在电铸过程中脱落。尼龙块改进前后状态如图 3 所示。

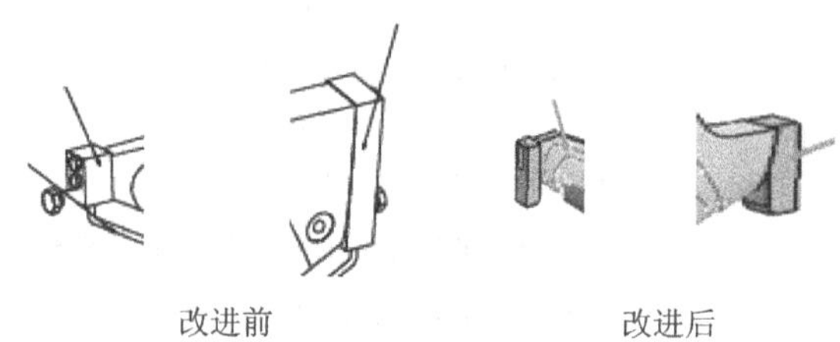

图 3 尼龙块改进前后状态

2. 杆体结构

模具装挂用杆体加粗，由直径 ϕ20 mm 的圆柱改为 25 mm×25 mm 的方形柱；原杆体与上部挂钩由螺接形式改为线切割技术一体加工成型，便于加工的同时减少了螺杆与挂钩的断裂风险。改进前后杆体结构如图 4 所示。

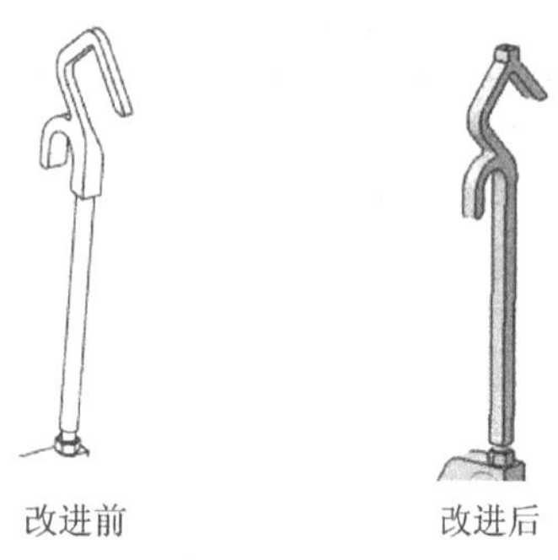

图 4 改进前后杆体结构

3 检测及应用

3.1 模具检测

结构优化及制造技术已应用于某型号直升机桨尖罩成型模具的加工，制造后的模具见图 5。经尺寸及形位精度检测、内部质量、表面质量、粗糙度检测，均可满足设计数模要求；模体重量比照改进前减少 55%，模具整体重量减少 45%。模具交付前检测方法及结果见表 4。

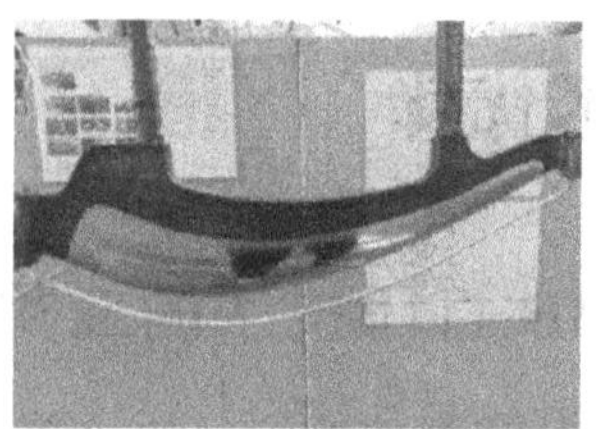

图 5 改进优化后的模具

表 4 检测方法及检测结果

检测位置	检测工具	检测结果
内部质量	超声波检测	合格
	X 射线检测	合格
	气密性检测	合格
表面质量	荧光检测	合格
尺寸和形位精度	CMM 三坐标测量计	合格
粗糙度 Ra	粗糙度仪	合格
重量	电子秤	≤10 kg，合格

3.2 电铸效果

依据电铸镍工艺流程及参数，电铸后桨尖罩见图 6。桨尖罩表面洁净细致、平滑带有暗光的乳白色，零件表面有轻微的小麻点及疙瘩。零件局部厚度尺寸经检测符合产品设计数模要求。经验证表明结构优化及制造后的模具及其导电性均能满足产品生产需求，耐磕、划、碰伤等性能还需在长期使用中加以验证。

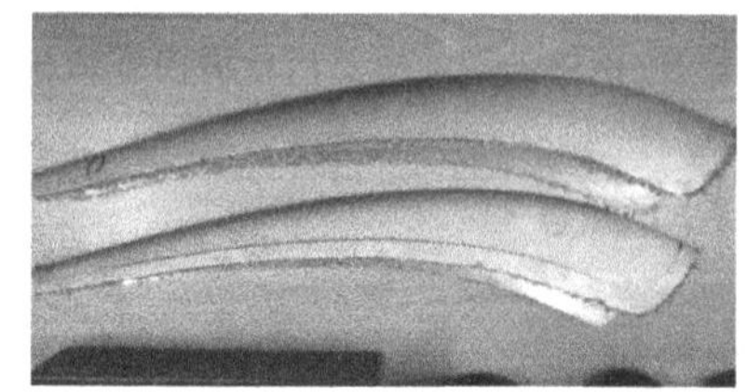

图 6 桨尖罩毛坯

4 结 论

通过对直升机桨尖罩电铸成型模具结构、使用环境及存在问题的分析，制定材料及结构设计改进优化方案，并运用 3D 打印技术与机械加工技术相结合完成模具的制造，经检测验证可满足直升机桨尖罩生产需要。结论如下：

① 通过模具结构优化设计和 3D 打印技术可实现直升机桨尖罩电铸成型模具轻量化制造；

② 材料优化可提升直升机桨尖罩电铸成型模具的导电性，提高电铸质量降低电铸生产制造成本。

参考文献

[1]刘晋春，赵家齐，特种加工[M]. 北京：机械工业出版社，2000.

[2] 陈治良. 简明电镀手册[M]. 北京：化学工业出版社，2008.

[3] 刘仁志. 实用电铸技术[M]. 北京：化学工业出版社，2006.

[4] 林鑫，黄卫东. 应用于航空领域的金属高性能增材制造技术[J]. 中国材料进展，2015，34(9)：684.

[5] 左景伊，译. 腐蚀工程[M]. 北京：化学工业出版社，1982.

[6] 朱保国，王振龙. 电铸技术的发展及应用[J]. 电加工与模具，2006(5)：1-5.

[7] 陈志良. 简明电镀手册[M]. 北京：化学工业出版社，2008.

[8] 洪奕，高鹏. 增材制造技术在模具制造中的应用研究[J]. 模具工业，2015，41(2)：67.

钛合金包片表面微纳制造与性能研究

毛琳虹[*]，隋金江，贾紫淇，谷颖，苏剑英

航空工业哈尔滨飞机工业集团有限责任公司工程技术部，哈尔滨 150060

摘要：本文分别以碱除油、喷砂、酸洗、硫酸阳极氧化(SAA)、氢氧化钠阳极氧化(SHA)、阿洛丁 1200S 和溶胶凝胶四种方式处理用于 TA2 钛合金胶接试样，制造含有微纳结构的钛合金试样并通过粘接强度进行性能评定。钛合金通过浮动剥离试验和剪切试验测量了钛合金胶接试样的剥离强度和剪切强度，分析了氧化时间和电压对钛合金粘接强度的影响。结果表明：氧化时间 8～12 min，硫酸阳极氧化电压 20 V、氢氧化钠阳极氧化时电压 8 V 的钛合金均能获得很高的粘接强度；采用刷涂或喷涂一层溶胶凝胶的方法也得到了很高的钛合金粘接强度 12.06 kN/m。这些方法的粘接强度比常规碱除油、喷砂和酸洗的粘接强度大 20%～35%。

关键词：钛合金包片；微纳制造；阳极氧化；溶胶凝胶；性能试验

Micro-nano Manufacturing and Properties of Titanium Leading Edge

MAO Linhong[*], SUI Jinjiang, JIA Ziqi, GU Ying, SU Jianying

Harbin Aircraft Industry of Aircraft Industry Group Co. Ltd., Harbin 150060, China

Abstract: It adopts alkali cleaning, etching, sandblasting, Sulphuric Acid Anodize(SAA), Sodium Hydroxide Anodize(SHA), Alodine 1200S and sol-gel respectively to treat the surface of TA2 titanium, study on micro-nano processing and bonding properties, analyzes the adhesive strength of titanium sample at different voltages and treatment time through peel resistance and lap shear tests. The results show that the shear strength is excellent when the specimens are anodized at 20 V by SAA treatment for 8—12 min or at 8 V by SHA treatment for 8—12 min, and that the shear strength is 12.06 kN/m by the sol-gel. SAA, SHA and sol-gel show that the shear strength is better than etching and sandblasting about 20%—35%.

Keywords: titanium leading edg; micro-nano processing; anodize; sol-gel; boning properties

不锈钢作为传统包片材料，存在质量大和容易与桨叶脱粘等问题。使用钛合金代替不锈钢或镍钢作为包片材料，克服包片与复合材料桨叶脱胶问题，提高直升机桨叶的综合性能，将为新型桨叶的研发提供技术支撑[1-2]。钛合金耐磨性好、抗腐蚀性强且质量轻，作为桨叶包片材料有重量优势，满足了飞机高机动性、高可靠性和长寿命的设计需求，其应用水平已成为衡量飞机选材先进程度的一个重要标志[3-4]。

钛合金胶接结构可有效减轻飞行器的重量，可广泛地应用于航空航天领域。使用胶接结构代替传统的机械连接方式使连接处应力分布更均匀，也使得飞行器零部件设计更为灵活，但需要解决一个重要问题是粘接强度问题[5]。钛合金表面处理方法是影响胶接强度和耐久性至关重要因素[6]。用于钛合金胶接的表面处理方法很多，主要有喷砂、打磨等机械方法，酸蚀、碱蚀等化学方法以、铬酸阳极化和 NaTESi 等电化学方法[7-11]及激光毛化等物理方法[12]。

本文研究了几种可以增强钛合金胶接强度的表面处理方式，分析了其相应的原理；针对大型钛合金包片不易采用阳极氧化表面处理方式，研究简单易操作的溶胶凝胶方法。

1 试样制备与试验方法

1.1 试样制备

① 本实验所用 TA2 钛合金由宝鸡钛业股份有限公司提供，其成分为：$w(Fe) \leqslant 0.30\%$，$w(C) \leqslant$

* 通讯作者. E-mail：516511944@qq.com

0.10%,w(N)≤0.05%,w(H)≤0.015%,w(O)≤0.25%,w(其他元素单一)≤0.10%,w(其他元素总和)≤0.30%,不含有 Al、Zr、Mo、V、Mn、Sn 元素,其余为 Ti。钛合金试样尺寸为 300 mm×120 mm、厚度为 0.6 mm 以及 180 mm×100 mm、厚度 1.6 mm,2024-T3 铝合金试样尺寸为 200 mm×120 mm、厚度 1.6 mm。

② TA2 钛合金试样用丁酮擦拭干净后,放入 55~65 ℃的碱清洗溶液(35~45 g/L Na_2CO_3,17~25 g/L Na_3PO_4,1 mL/L Na_2SiO_3)中浸渍 5~15 min。

③ 部分 TA2 试样碱清洗后放入室温酸洗溶液(400 mL/L HNO_3,30~60 mL/L HF)中浸渍 1 min,清洗干净后准备胶接或接后续表面处理。

④ 部分 TA2 试样采用喷砂处理。喷砂材料为 180 目白刚玉砂,喷砂距离为 60~100 mm,喷射压力为 0.25~0.35 MPa,喷射角度为 20°~45°,保证试样表面喷砂均匀。

⑤ 部分 TA2 试样,硫酸阳极氧化溶液成分为 150~220 g/L H_2SO_4,试验过程中保持温度 18~25 ℃,电压 5~20 V,保持电压 20 V,氧化时间取 1.5~12 min。氢氧化钠阳极氧化溶液成分为 190~210 g/L NaOH,试验过程中保持温度 18~25 ℃,电压取 5~10 V,氧化时间取 5~12 min。

⑥ 部分 TA2 试样,浸渍或手涂市售阿洛丁 1200S,温度 15~38 ℃浸渍 1~4 min 或手涂。

⑦ 部分 TA2 试样,常温喷涂或刷涂市售溶胶凝胶,常温干燥时间 10~30 min。

1.2 试验方法

1. 浮动剥离强度测试

按照 GB/T 7122—1996 制备好剥离试样在 AG-I 50KN 型万能材料实验机(日本岛津),上进行浮动剥离强度测试,加载速度 100 mm/min。

2. 剪切强度测试

按照 GB/T 7124—2008 制备好剪切试样在 inspekt 100 KN 型电子万能试验机(德国惠博)上进行剪切强度测试,加载速度 9 MPa/min。

2 试验结果与分析

2.1 硫酸阳极氧化方法对 TA2 钛合金粘接强度的影响

1. 阳极氧化时间对钛合金剥离强度的影响

图 1 所示为氧化电压为 20 V 时,时间对钛合金剥离强度的影响。氧化时间 8 min 时,可获得较高的剥离强度值;时间小于 8 min 时,剥离强度随着氧化时间的增加呈上升趋势;时间超过 8 min 时,剥离强度随着氧化时间的增加呈缓慢下降趋势。

两种底胶胶膜体系的剥离强度值存在一定差异,6726 和 1113.06 是国外的底胶和胶膜,J-100 和 J-99B 为国产底胶和胶膜。

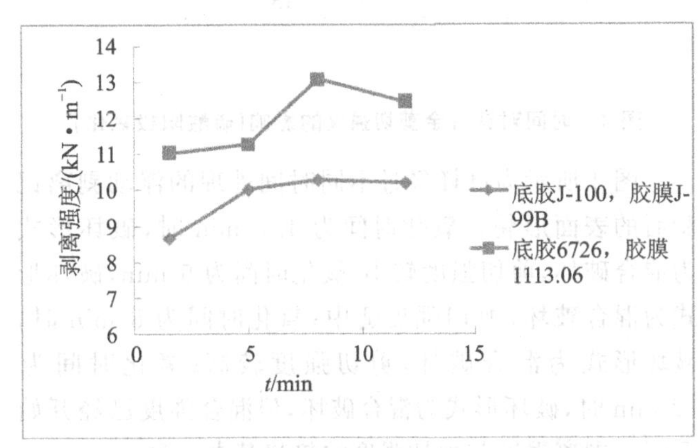

图 1 时间对钛合金剥离强度的影响(硫酸阳极氧化)

图 2 所示为试样经过不同时间处理的浮动剥离试验后的表面形貌。氧化时间为 1.5 min 时,破坏形式为混合破坏,剥离强度较小;氧化时间为 5 min,破坏形式为内聚破坏,剥离强度适中;氧化时间为 8 min 时,破坏形式为内聚破坏,剥离强度较高;氧化时间为 12 min 时,破坏形式为内聚破坏,但剥离强度已经开始

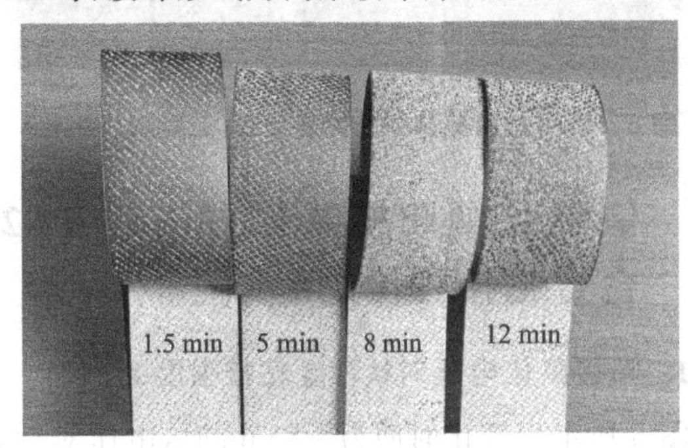

图 2 不同时间剥离强度强度失效形式(硫酸阳极氧化)

下降。

2. 阳极氧化时间对钛合金剪切强度的影响

图 3 所示为氧化电压为 20 V 时,时间对钛合金剪切强度的影响。氧化时间 8 min 时,可获得较高的剪切强度值;时间小于 8 min 时,剪切强度随着氧化时间的增加呈上升趋势;时间超过 8 min 时,剪切强度随着氧化时间的增加呈缓慢下降趋势。

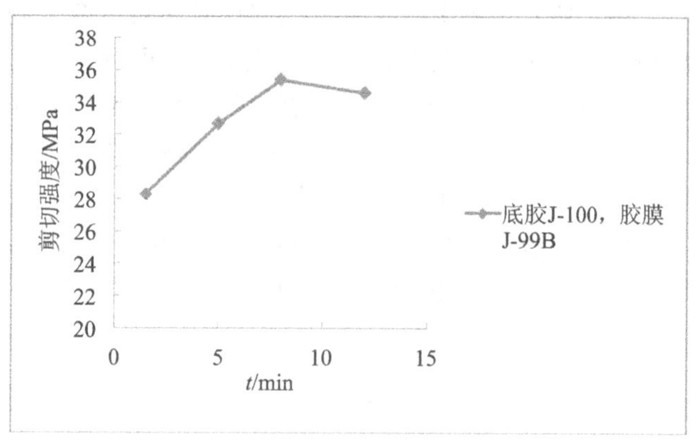

图 3 时间对钛合金剪切强度的影响(硫酸阳极氧化)

图 4 所示为试样经过不同时间处理的浮动剥离试验后的表面形貌。氧化时间为 1.5 min 时,破坏形式为混合破坏,剪切强度较小;氧化时间为 5 min,破坏形式为混合破坏,剪切强度适中;氧化时间为 8 min 时,破坏形式为混合破坏,剪切强度较高;氧化时间为 12 min 时,破坏形式为混合破坏,但混合强度已经开始下降。剥离强度与剪切强度的趋势基本一致。

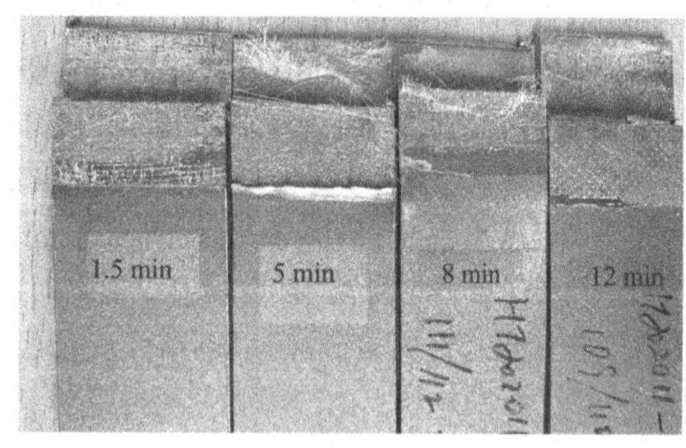

图 4 不同时间剪切强度失效形式(硫酸阳极氧化)

2.2 氢氧化钠阳极氧化方法对 TA2 钛合金粘接强度的影响

1. 阳极氧化电压对钛合金粘接强度的影响

图 5 所示为氧化时间为 10 min 时,电压对钛合金剥离强度的影响。阳极氧化电压 8 V 时,可获得较高的剥离强度;电压小于 8 V 时,剥离强度随着氧化电压的增大呈上升趋势;电压大于 8 V 时,剥离接强度随着氧化电压的增大呈下降趋势。

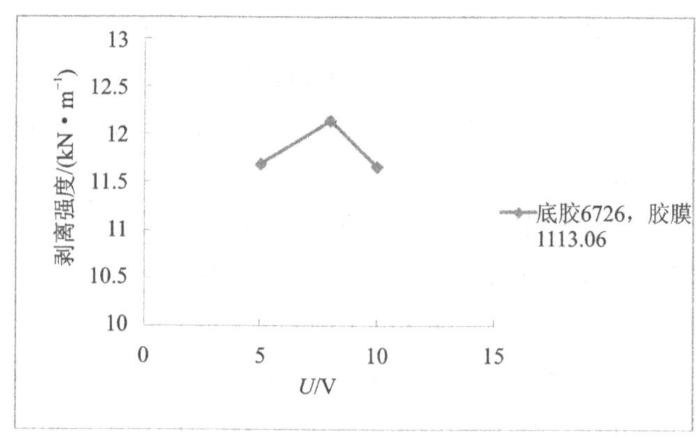

图 5 电压对钛合金粘接强度的影响(氢氧化钠阳极氧化)

图 6 所示为试样经不同电压处理浮动剥离试验后的表面形貌。电压为 5 V 时,氧化缓慢,阳极氧化膜层较薄,钛合金表面生成的微孔较小,剥离强度较小。经 8 V 电压处理的试样,阳极氧化膜层与钛合金基体结合强度大,钛合金表面生成的微孔大小适合,剥离强度提高。经 10 V 电压处理的试样,剥离强度有所下降,说明此时膜层与基体的结合力有所下降。因此采用氢氧化钠阳极氧化方法处理 TA2 钛合金时,电压为 8 V 时,钛合金有较好的粘接性能。

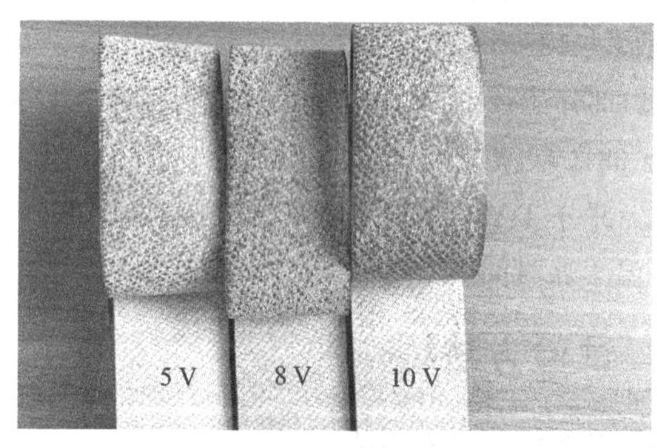

图 6 不同电压剥离强度强度失效形式(氢氧化钠阳极氧化)

2. 阳极氧化时间对钛合金粘接强度的影响

图 7 所示为氧化电压为 8 V,时间对钛合金剥离强度的影响。时间分别取了 5～12 min,根据试验数据 12 min 时剥离强度最大,应后续补充试验,找到最大剥离强度对应的时间。

图 8 所示为试样经不同时间处理浮动剥离试验后的表面形貌。所有试样破坏形式为内聚破坏,剥离强度随着氧化时间的增加呈上升趋势。

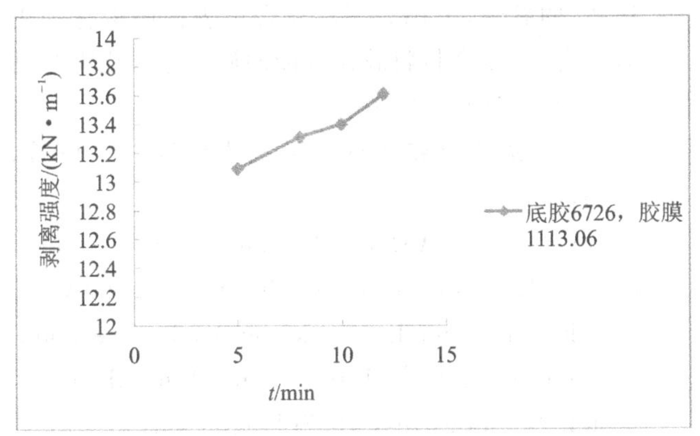

图 7　时间对钛合金粘接强度的影响(氢氧化钠阳极氧化)

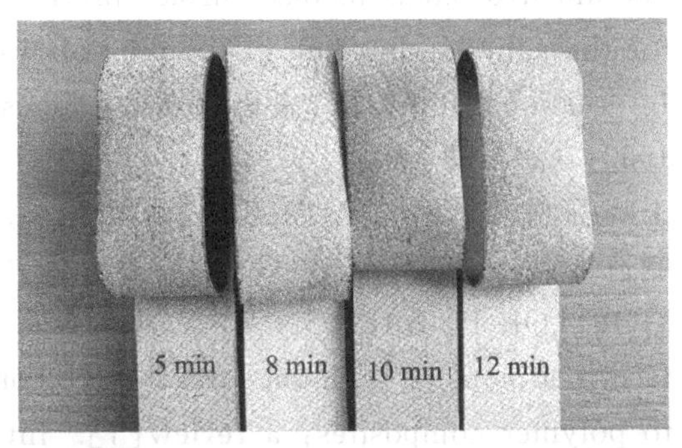

图 8　不同时间剥离强度强度失效形式(氢氧化钠阳极氧化)

2.3　阿洛丁 1200S 氧化法对 TA2 钛合金粘接强度的影响

图 9 所示为试样浸渍在阿洛丁 1200S 溶液处理的浮动剥离试验后的表面形貌。钛合金表面没有任何颜色变化，其剥离强度值约为 1 kN/m(底胶 6726、胶膜 1113.06)，破坏形式为粘附破坏。阿洛丁 1200S 不能与铬酸阳极氧化取得相似的粘接强度。

图 9　剥离强度强度失效形式(阿洛丁 1200S)

2.4　溶胶凝胶法对 TA2 钛合金粘接强度的影响

图 10 所示为试样经溶胶凝胶涂覆的浮动剥离试验后的表面形貌。溶胶凝胶为无色透明，其剥离强度值为 12.06 kN/m(底胶 6726、胶膜 1113.06)，破坏形式为内聚破坏。

图 10　剥离强度强度失效形式(溶胶凝胶)

2.5　几种表面处理方法比较

图 11 所示为几种表面处理方式试样浮动剥离值的比较。其中碱除油浮动剥离强度为 0.30 kN/m，喷砂浮动剥离强度为 8.30 kN/m，酸洗浮动剥离强度为 9.74 kN/m；硫酸阳极氧化、氢氧化阳极氧化和溶胶凝胶三种方法得到了较好的浮动剥离数据，比常规使用的酸洗和吹砂方法粘接性能好。

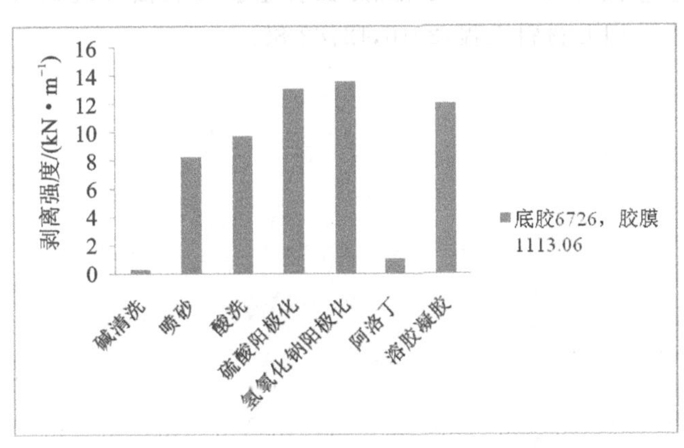

图 11　几种表面处理方式的浮动剥离值

3　结　论

① 阳极氧化可以显著提高钛合金粘接强度，对于钛合金包片胶接性能具有非常重要的意义。

② 硫酸阳极氧化和氢氧化钠阳极氧化溶液成分单一、稳定，工艺参数简单，适合工业化生产。

③ 溶胶凝胶法可以显著提高钛合金的粘接强度，且适用于不易通电阳极氧化的较大钛合金包片，操作简单方便、干燥快速，对于大型直升机的超大尺寸钛合

金包片具有很大的应用价值。

④ 阿洛丁1200S对于钛合金没有铬酸阳极氧化的作用，不能提高粘接强度。

⑤ 钛合金粘接强度不仅与表面处理方式有关，还与所使用的底胶和胶膜有关。

参考文献

[1] 胡和平，邓景辉. 直升机旋翼桨叶复合材料选材现状与分析[J]. 直升机技术，2002(1)：1-5.

[2] 余洵，岳巍. 直升机复合材料桨叶前缘包铁疲劳定寿方法研究[J]. 直升机技术，2009(3)：36-38.

[3] 黄旭，朱知寿，王红红. 先进航空钛合金材料与应用[M]. 北京：国防工业出版社，2012.

[4] 陈玮，李志强. 航空钛合金增材制造的机遇和挑战[J]. 航空制造技术，2018，61(10)：30-37.

[5] MERTENS T，GAMMEL F J，KOLB M，et al. Investigation of surface pre-treatments for the structural bonding of titanium[J]. International Journal of Adhesion & Adhesives，2012(34)：46-54.

[6] 曲春燕，李琳，王德志. 钛合金胶接表面处理研究[J]. 材料工程，2010，12：82-85.

[7] 宿凯，曲春艳，王德志，等. 钛合金表面阳极化处理对钛合金/复合材料胶接性能的研究[J]. 化学与粘合，2013，35(4)：33-36.

[8] 王嘉陵. 钛合金胶接件表面技术研究[J]. 胶接，2005，26(1)：24-25.

[9] INGRAM C，RAMANI K. The effect of sodium hydroxide anodizion on the durability of poly (ether ketone ether ketone ketone) adhesive bonding of titanium[J]. International Journal of Adhesion & Adhesives，1997(17)：39-45.

[10] KENNED Y A C，KOHLER R，POOLE P. A Sodium hydroxide anodize surface pretreatment for the adhesive bonding of titanium alloys[J]. International Journal of Adhesion & Adhesives，1983，3(2)：133-139.

[11] 王晓蔚，徐修成. 钛合金胶接及表面处理[J]. 航空制造工程，1996(2)：17-19.

[12] MOLITOR P，BARRON V，YOUNG T. Surface treatment of titanium for adhesive bonding to polymer composites：a review[J]. International Journal of Adhesion & Adhesives，2001(21)：129-136.

基于 Mode-S 和 ADS-B 融合数据的航空气象参数反演方法

安晨晖，卢晓光，韩萍*

中国民航大学天津市智能信号与图像处理重点实验室，天津 300300

摘要：风矢量、温度、压强和密度等是非常重要的航空气象信息，事关飞机飞行安全。航空器监视数据更新快、分布广，并可用于绝大多数的飞机和地区，基于航空器监视数据反演气象是一种经济可行的方法。为了补充和完善现有的航空气象信息系统，给出了一种基于广播式自动相关监视(Automatic Dependent Surveillance-Broadcast, ADS-B)和 Mode-S 二次监视雷达(Secondary Surveillance Radar, SSR)融合数据的气象参数反演方法，利用空速、地速、轨迹角和气压高度等反演气象参数，并采用单航线和区域性反演两种方式获取气象信息。将反演的结果与 AMDAR 和 ECMWF 气象信息对比验证，结果表明单航线和区域性反演都具有较高的反演精度，能够很好地补充现有的航空气象信息系统。

关键词：气象反演；航空器监视数据；ADS-B；Mode-S SSR

InversionMethod of Aviation Meteorological Parameters Based on ADS-B and Mode-S Fusion Data

AN Chenhui, LU Xiaoguang, HAN Ping*

Tianjin Key Lab for Advanced Signal Processing, Civil Aviation University of China, Tianjin 300300, China

Abstract: Wind vector, temperature, pressure and density are very important aviation meteorological information, which is related to the flight safety of aircraft. Aircraft monitoring data are updated quickly and distributed widely, and can be used in most aircraft and regions. It is an economical and feasible method to retrieve meteorology based on aircraft monitoring data. In order to supplement and perfect the existing aviation meteorological information system, a meteorological parameter inversion method based on the fusion data of Automatic Dependent Surveillance-Broadcast (ADS-B) and Secondary Surveillance Radar (SSR) Mode-S is proposed, which uses airspeed, ground speed, track angle, barometric altitude and other meteorological parameters to get meteorological information by single route and regional inversion. Comparing the inversion results with AMDAR and ECMWF meteorological information, the results show that both single route and regional inversion have high inversion accuracy, which can well supplement the existing aviation meteorological information system.

Keywords: meteorological inversion; aircraft monitoring data; ADS-B; mode-S SSR

气象条件严重影响飞机的飞行安全和航空公司的正常运营[1-2]。目前常规的航空气象探测手段有气象气球、气象雷达、气象卫星和飞机气象数据中继系统(Aircraft Meteorological Data Relay, AMDAR)等[3]，这些探测手段具有大尺度、依赖设备构成和准确度依赖布网密度等缺点。目前，越来越多的机构正在研究使用广播式自动相关监视(Automatic Dependent Surveillance-Broadcast, ADS-B)和 Mode-S 二次监视雷达(Secondary Surveillance Radar, SSR)数据进行气象参数反演。

2012 年，Haan 等使用荷兰航空交通管制局提供的 Mode-S 数据进行气象参数的反演[4]。2013 年，Leege

基金项目：国家重点研发计划(2016YFB0502405)

* 通讯作者. E-mail: hanpingcauc@163.com

等人提出一种基于 ADS-B 数据反演风矢量的方法[5]，该方法飞机须具备转弯条件。2014 年，Hurter 等人利用多架在不同方向飞行的飞机轨迹提取风参数[6]。2017 年，Sun Jun-zi 等人利用 ADS-B 和 Mode-S 消息反演气象参数，并与 NWP 气象信息对比验证[7]。2020 年，刘涛等人提出一种基于标准偏差的风矢量估计方法[8]。目前，基于单一数据来源的气象反演方法具有一定的局限性，一般只在飞机转弯时可用，且绝大多数 Mode-S 数据是空管部门提供的，但这些数据不会开放给个人或企业使用，不利于开展更加深入的研究。

基于此，本文使用 OpenSky 搜集的开源航空器监视数据反演航空气象参数，给出了一种基于 ADS-B 和 Mode-S 融合数据的气象参数反演方法，并应用于单航线和区域性场景，且将反演的气象参数与 AMDAR 和欧洲中期天气预报中心（European Centre for Medium-range Weather Forecasts，ECMWF）气象信息进行对比验证，证明了方法的准确性。

1 数据处理与应用

1.1 数据获取与解析

为了获取开源的 ADS-B 和 Mode-S 消息，并将其用于气象参数的估计，本文给出一种基于 OpenSky 网络的气象反演系统，系统构架如图 1 所示。OpenSky 网络与其他空中交通管制网络相比，同时具有 ADS-B 和 Mode-S 数据[9]，而这两种数据是反演航空气象参数的基础。其直接提供相同时间的 ADS-B 和 Mode-S 数据，ADS-B 数据间隔一般为 1 s，我们使用 ICAO 地址、时间和高度为基准，融合 ADS-B 和 Mode-S数据。

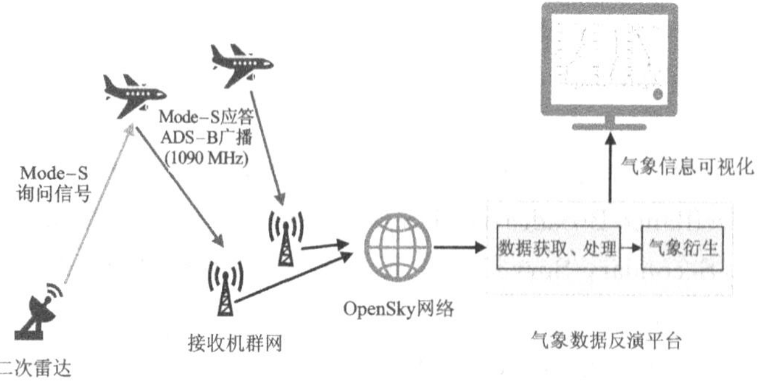

图 1　气象反演系统总体结构

从 OpenSky 网络上获取的 ADS-B 和 Mode-S 消息为十六进制报文格式，需要将原始报文解析为明码信息，总体流程如图 2 所示。根据 ADS-B 信息广播协议，解码 ADS-B 消息很简单，但是解码 Mode-S 信号比较困难，参考文献[7]提出一种概率解码器，本文采用此方法解码 Mode-S 消息。

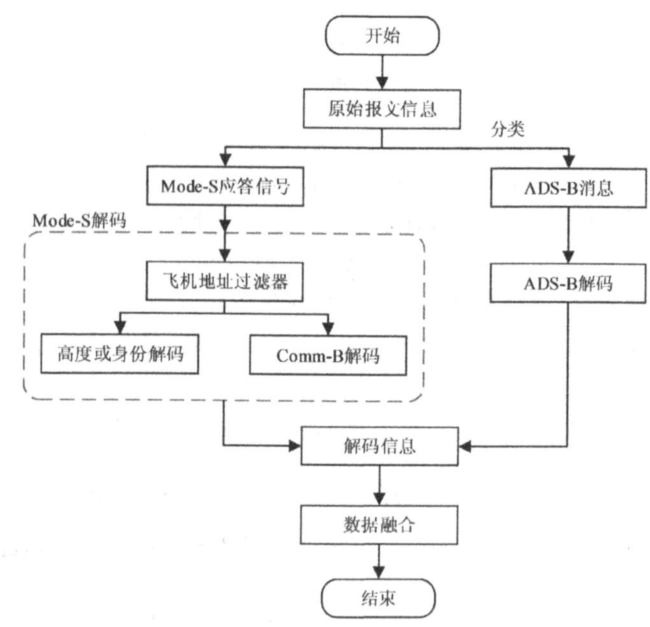

图 2　ADS-B 和 Mode-S 消息解码流程图

1.2 数据统计与分析

通过 OpenSky 网络，获取了 2020 年 6 月 5 日至 2020 年 6 月 11 日共 7 天的 ADS-B 和 Mode-S 消息，数据接收范围主要集中在德国、荷兰和法国等地区。因数据量过大，每天接收的范围有些许不同，但都集中在欧洲地区，图 3 显示了 7 天内途径数据接收设置范围内的飞机数量，该数量以飞机的 ICAO 地址码为基准统计。

2 气象参数反演算法

2.1 基本思想

气象参数反演平台的目的就是通过 OpenSky 网络收集 ADS-B 和 Mode-S 信号，并利用融合后的信息反演出风矢量、温度、压强等气象参数。为了确定风矢量，需获取真空速矢量和地速矢量；为了估计空气温度，需获取马赫数和真空速；为了估计压强，需获取飞机的气压高度，这些所需的数据项及其来源如表 1 所列。对于气象参数的估计，若 ADS-B 和 Mode-S 信息包含相同的数据项，此时优先使用 ADS-B 信息。因为

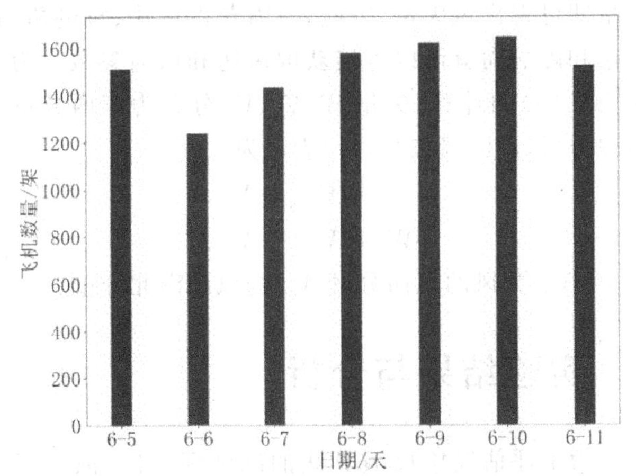

图 3　2020 年 6 月 5 日至 11 日飞机数量统计

对于 Mode-S 解码具有很大的难度，我们采用概率解码器进行解码，ADS-B 信息具有更好的稳定性和确定性，且具有更高精度的高度信息，这对获取高精度的温度和压强等参数至关重要。

表 1　ADS-B 和 Mode-S 的可用数据项

ADS-B	BDS 5,0	BDS 6,0
真轨迹角	真轨迹角	磁航向
地速	地速	指示空速
位置(经度,纬度)	真空速	马赫数
气压高度	—	—

2.2　压强和密度反演

飞机上通常使用气压高度表示飞行高度，气压高度来自飞机上的气压高度计，根据预先设定的参考压力值计算垂直距离，工作原理是测量飞机周围的大气压数值，然后将数值转换为飞机气压高度。压强和高度的关系可以表示为

$$h=\frac{T_b}{\lambda}\left[1-\left(\frac{P}{P_b}\right)^{\frac{-R\lambda}{g}}\right]+h_b \tag{1}$$

式中：g 为重力加速度，h_b、P_b 和 T_b 分别为大气层的基本高度、气压和温度，λ 为固定常数，如表 2 所列。

对式(1)进行反写，即可得到大气压强的计算公式：

$$P=\begin{cases}P_b\left[1-\dfrac{\lambda(h-h_b)}{T_b}\right]^{\frac{g}{\lambda R}}, & h\leqslant 11\ 000\ \text{m}\\ P_b\exp\left[-\dfrac{g(h-h_b)}{RT_b}\right], & h>11\ 000\ \text{m}\end{cases} \tag{2}$$

式中：R 为特定气体常数，$R=287.05\ \text{J/(kg·K)}$，其他参数的具体数值由飞机的实际飞行高度决定，如表 2 所列。

空气密度可以由理想气体定律得出，此时密度计算公式可以表示为

$$\rho=\frac{P}{RT} \tag{3}$$

式中：ρ 为密度，单位为 kg/m^3；T 为局部空气温度，单位为 K。

表 2　国际标准大气层参数

	h_b/m	T_b/K	λ/(K·km^{-1})	p_b/Pa	ρ/(kg·m^{-3})
对流层	0	288.15	−6.5	101 325	1 225
对流层顶	11 000	216.65	0.0	22 632	0.364
平流层	20 000	216.65	1.0	5 475	0.88

2.3　空气温度反演

可以使用真空速、指示空速和马赫数计算温度，马赫数是真空速与空气中声速的比值：

$$M=\frac{V_t}{c} \tag{4}$$

式中：c 为声速，大小为 340 m/s；V_t 为真空速，单位为 m/s。

声速不是恒定的，主要取决于温度，还受到湿度和其他因素的影响，但它们的影响要小得多，温度可以表示为

$$T=\begin{cases}\dfrac{V_t^2\cdot P}{V_i^2\cdot\rho\cdot R}, & M<0.3\\ \dfrac{V_t^2\cdot T_0}{Ma^2\cdot a_0^2}, & M\geqslant 0.3\end{cases} \tag{5}$$

式中：T 为温度，单位为 K；V_i 为指示空速，单位为 m/s；Ma 为马赫数，没有单位；a_0 为海平面声速，大小为 340.3 m/s。

2.4　风矢量反演

当飞机遇到风时，爬升和下降阶段的飞行轨迹角很小，飞机的速度分量在水平方向最大，垂直分量可以忽略不计。因此速度模型可以简化为仅包含真空速、地速和水平风矢量三个参数的矢量关系模型，此时地速矢量是风矢量和真空速矢量的总和，如图 4 所示，数学模型可表示为：

$$V_g=V_t+W \tag{6}$$

式中：W 为风矢量；V_g 为地速，V_t 为真空速；χ_a 为磁航向，是真空速与磁北方向的夹角；χ_g 为轨迹角，是地速与地理正北方向的夹角；χ_ω 为风矢量与地理正北方向

的夹角。

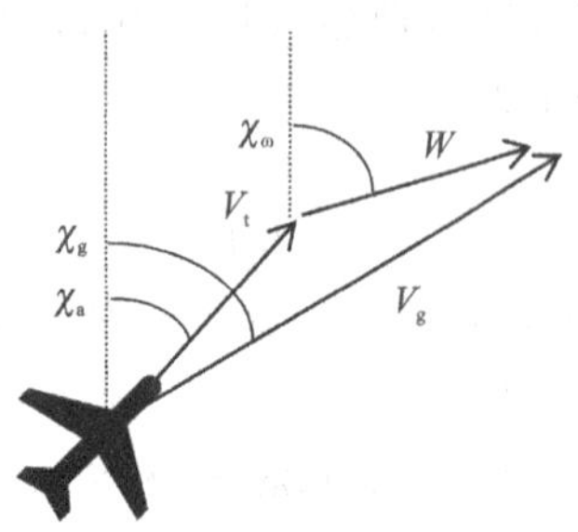

图 4 真空速、地面速度和风矢量之间的关系

真空速可以从 BDS 50 中直接获得，也可以从 BDS 60 中的指示空速和马赫数计算得出：

$$V_t=\begin{cases}V_i\sqrt{\dfrac{\rho_0}{\rho}}, & Ma<0.3\\ Ma\sqrt{\gamma RT}, & Ma\geqslant 0.3\end{cases} \tag{7}$$

式中：T 为温度，单位为 K；V_t 和 V_i 分别为真空速和指示空速，单位为 m/s；Ma 为马赫数，没有单位；γ 为比热容比，$\gamma=c_p/c_v=1.397\ 774$。

根据航空原理，任何矢量 0°都指向地理正北方向，角度沿顺时针方向增加。当没有风时，飞机将精确地沿着预期的航向角飞行，真空速等于地速；当存在风时，飞机会偏离预期或计划的轨迹，此时实际的飞行方向偏离预期航向角。在数学上，地速矢量减去真空速矢量即可得出风矢量，因此，只需获得地速、轨迹角、真空速和磁航向就可以直接获取风速和风向参数。为了化简式(6)的计算，矢量 W、V_g、V_t 分解为东西分量和南北分量，此时风矢量可以表示为

$$\begin{cases}W_x=V_{x,g}-V_{x,t}\\ W_y=V_{y,g}-V_{y,t}\end{cases} \tag{8}$$

式中：V_x 为风的东西分量；V_y 为风的南北分量。

3 实验结果与分析

为了评估气象反演算法的准确性，将反演的气象参数与验证气象数据进行对比验证，分为单航线和区域性场景两部分，反演的气象参数分别与 AMDAR 和 ECMWF 气象数据进行对比验证。

3.1 单飞机气象参数验证

单飞机气象参数验证每次选取一个航班的飞行数据，实验 1 选择了 2020 年 7 月 7 日 14 时 26 分至 43 分某航班起飞至巡航阶段共计 17 分钟的飞行数据，飞行高度为 1 500～32 000 ft，将实验 1 飞机记为飞机 1。为了验证算法的准确性，我们选取飞机 1 相同时间段的 AMDAR 数据，共计 39 个数据点，飞机 1 气象参数反演结果与 AMDAR 数据验证如图 5 所示。

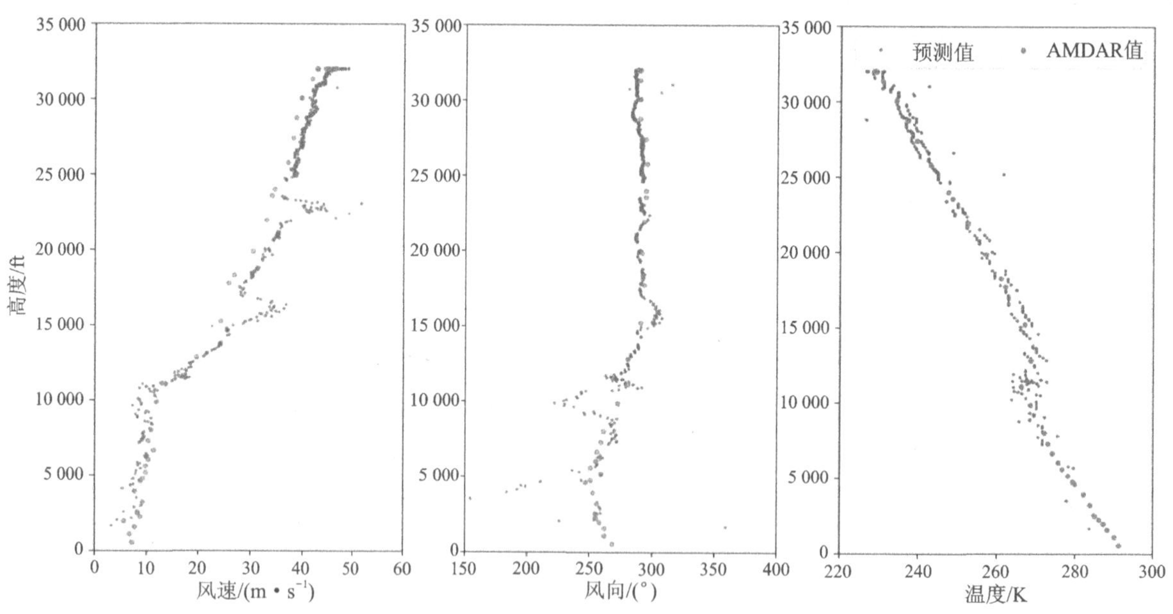

图 5 飞机 1 气象反演与验证

图 5 中红色点为风速、风向和温度的估计值，蓝色点为飞机 1 传输的 AMDAR 气象数据。由图可知风速和风向的估计曲线与 AMDAR 数据体现出较好的一致性，温度的估计曲线与 AMDAR 温度完全吻合，估计结

果精度较高。实验结果证明,本气象参数反演算法针对单航线气象参数反演是可行的。

3.2 多飞机气象参数验证

多飞机实验选取指定地区和时间段内的所有航班进行区域性的气象参数反演,并将反演的风速、风向和温度与 ECMWF 气象信息对比验证。区域性气象参数反演具有极大的数据量,为了更好地体现该地区的气象信息,采用箱型图对反演的气象参数进行展示。利用箱型图的统计学特性[10],可以更好地表示出特定区域内气象信息的分布情况。实验 2 选取 2020 年 6 月 5 日途经荷兰、比利时和德国等地区上午 8:30 至 9:30 一个小时内所有航班的 ADS-B 和 Mode-S 数据,经数据解码和融合后,共得到 19 多万条监视数据,如图 6 所示。

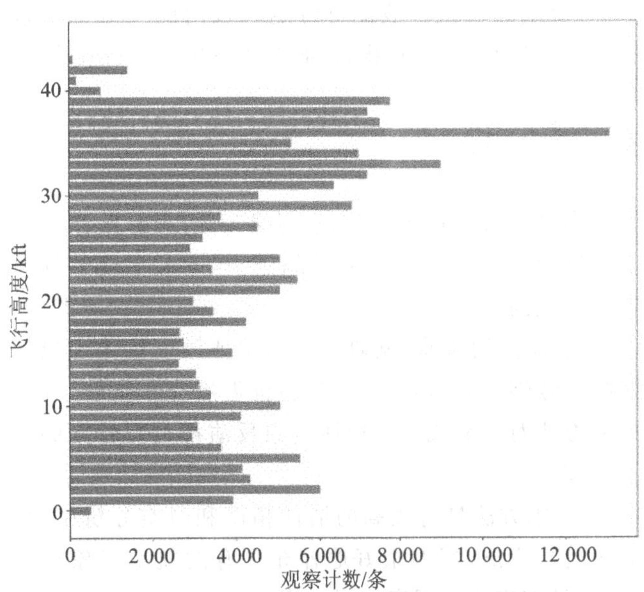

图 6 实验 2 数据融合后各高度层的数据数量

通过上述气象反演算法反演出该地区的气象参数,并将风速、风向和温度信息与该地区上午 9 时的 ECMWF 气象信息进行对比验证,如图 7 所示。图中每一个高度层都绘制了一个箱型图,每个箱型图从左至右分别为最小值、上四分位数、中位数、下四分位数与最小值,黑色加号为异常数据。箱体中的黄色短线为估计气象参数的中位数,绿色短线为平均数;蓝线折线和黄线折线分别为 ECMWF 数据中风速、风向和温度的平均值和中值。

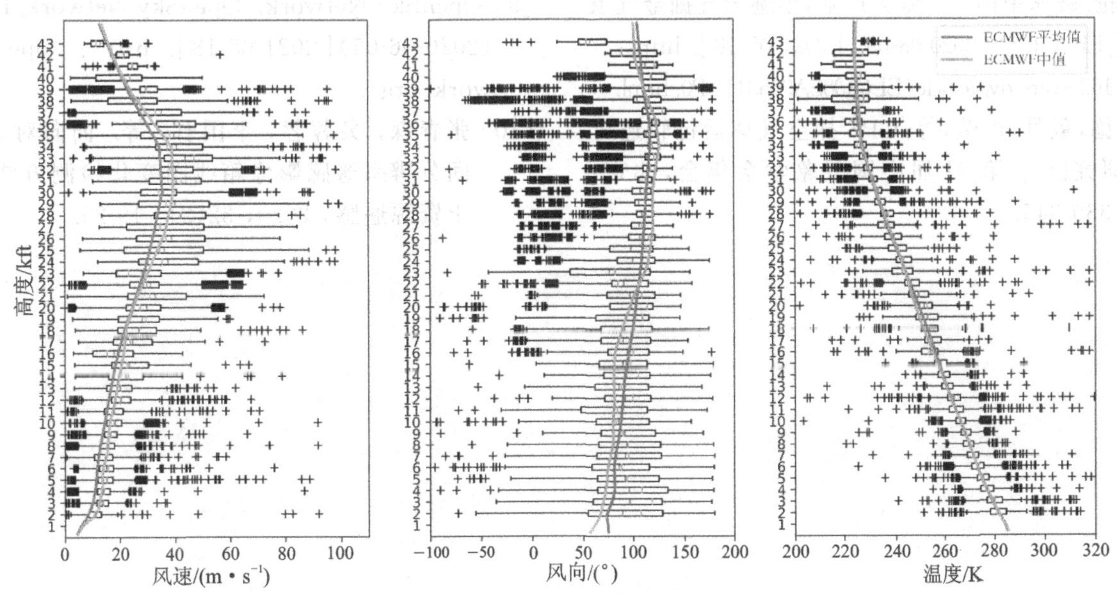

图 7 实验 2 气象反演与验证

由图 7 可知,ECMWF 风速和风向曲线大部分处于箱型图的箱内,证明反演的该地区的风矢量信息与 ECMWF 风矢量基本吻合;ECMWF 温度曲线全部在箱型图的箱内,证明反演的温度信息与 ECMWF 温度完全吻合。

通过实验 2 可知,风速随着高度的升高逐渐增大,高度达到 30 000 ft 以上时,风速开始逐渐减小;风向随着高度升高逐渐趋于稳定,波动范围更小,这是因为高空风比较稳定。温度随着高度的升高不断降低,达到 36 000 ft 以上时,逐渐趋于稳定,这是因为对流层顶的温度比较稳定。本气象参数反演方法对多架飞机区域性气象参数反演具有较高的估计精度,温度估计精度极高，反演的气象参数能对特定区域内的气象信息进行补充，可用于气象预报，进而保障飞机的飞行安全。

4 结 论

本文以开源的 OpenSky 网络为数据源，给出了基于 ADS-B 和 Mode-S 消息的风速、风向和温度等气象参数的反演方法：

① 反演的风速、风向参数与验证风矢量体现出较好的一致性，温度估计曲线与验证温度完全吻合，气象反演方法对单航线和区域性气象反演都具有较高的反演精度。

② 本方法具有较高的估计精度和时空分辨率，且应用场景广泛，能够很好地补充现有的航空气象信息系统，具有广泛的现实应用价值。

参考文献

[1]孙瑞山，张贯超，高路平. 民航事故征候的改进关联度分析和三角模糊数预测模型[J]. 安全与环境学报，2019，19(5)：1662-1668.

[2] 王海伦. 破冰中国气象服务产业，墨迹天气掘金气象经济[EB/OL]. (2020-08-05)[2021-05-18]. https://www.163.com/dy/article/ELQO8SA905311VP0.html.

[3] 孙钟德，戴月，卢莹，等. GPS 探空气球运行轨迹可视化研究[C]. 第 31 届中国气象学会年会，北京，2014：339-345.

[4] Haan S D, Stoffelen A. Assimilation of high-resolution Mode-S wind and temperature observations in a regional NWP model for nowcasting applications [J]. Wea Fore-Casting, 2012, 27 (4): 918-937.

[5] Leege A, Paassen M, Mulder M. Using automatic dependent surveillance-broadcast for meteorological monitoring[J]. Journal of Aircraft, 2013, 50(1): 249-261.

[6] Hurter C, Alligier R, Gianazza D, et al. Wind parameters extraction from aircraft trajectories [J]. Computers Environment and Urban Systems, 2014, 47(9): 28-43.

[7] Sun J, Huy Vû, Ellerbroek J, et al. Ground-based wind field construction from Mode-S and ADS-B data with a novel gas particle model[C]. Seventh SESAR Innovation Days, Belgrade, 2017.

[8] 刘涛，廖伟，卿烈华，等. 基于 ADS-B 数据的风矢量反演方法[J]. 成都信息工程大学学报，2020，35(4)：412-418.

[9] OpenSky Network. OpenSky Network[EB/OL]. (2020-06-05)[2021-05-18]. https://opensky-network.org/.

[10] 张春森，吴蓉蓉，李国君，等. 面向对象的高空间分辨率遥感影像箱线图变化检测方法[J]. 国土资源遥感，2020，32(2)：19-25.

基于共轭梯度法的线缆电磁串扰模式识别分析

祁雪峰*，张涛，甄国帅，王焱，毛宇

电磁环境效应航空科技重点实验室，沈阳 110000

摘要：机载线缆交联关系复杂且线束集成化程度较高，机舱空间的狭小使得线束故障的维修比较困难，由线缆束故障而引入的电磁兼容性问题解决起来比较棘手。为解决这一问题，利用神经网络的非线性映射特性，建立BP神经网络模型对模拟接地故障的线束进行模式识别分析。该BP神经网络采用共轭梯度算法作为训练函数，对网络输出使用交叉熵函数进行校验。计算结果显示，BP神经网络模型泛化能力较好且收敛速度高，从网络输出的综合混淆矩阵中可看出，网络对线缆接地故障的识别准确率达99.5%。后续可扩大线缆接地故障样本数据库，进一步提高机载线束接地故障的模式分析的准确率。

关键词：神经网络；模式识别；共轭梯度；电磁兼容；线缆串扰

Pattern Recognition Analysis of Electromagnetic Crosstalk of Cable Based on Conjugate Gradient Method

QI Xuefeng*, ZHANG Tao, ZHEN Guoshuai, WANG Yan, MAO Yu

Aviation Key Laboratory of Science and Technology on Electromagnetic Environmental Effects, Shenyang Aircraft Design and Research Institute, Shenyang 110000, China

Abstract: It is difficult to repair the wire harness fault because of the complexity of the air-borne cable crosslink and the high integration degree of the wire harness. In order to solve this problem, the BP neural network model is established to analyze the line beam pattern of simulated ground fault by using the nonlinear mapping characteristic of neural network. The BP neural network uses conjugate gradient algorithm as training function to verify the network and output using cross-entropy function. The results show that the BP neural network model has good generalization ability and high convergence rate, and the recognition accuracy of the network grounding fault is 99.5 % from the all matrix of network output. Subsequent expansion of the cable grounding fault sample database, further improve the accuracy of the airborne wire bundle grounding fault pattern analysis.

Keywords: neural network; pattern recognition; conjugate gradient method; electromagnetic compatibility; cable crosstalk

1 引 言

随着现代飞机内部机载电子设备逐步增多，线缆线束交联关系错综复杂，通过线缆束引入的电磁兼容问题日益增加[1-3]。通常来说机载线缆走向一旦确定下来，线缆就会被集束捆扎，并且为进一步提高线束的抗干扰能力，线束外部会再加上金属防波套，但面对机体舱段内部高集成化的线束电磁串扰问题的解决会非常棘手，而这些问题可能正是由于线束内部线缆芯线老化、绝缘层磨损或屏蔽层虚接地等因素所导致的。机载电子电气设备的性能降级一旦被认定为线缆电磁故障所引起的，则需要将已集成好的线束重新拆解、分析与定位，故障的维修时间与维修成本将会大幅上升。针对机载线束电磁问题所面临的复杂非线性电磁环境特性，可以利用人工神经网络的非线性映射能力，基于前期建立的线间串扰特征数据库，选择合适的神经网络训练算法，进行线缆电磁问题故障分类与诊断分析，

* 通讯作者：E-mail：qixuefeng08@sina.com

使线缆束的电磁故障修复工作能够做到有的放矢[4-6]。

2 BP神经网络模型建立

2.1 BP神经网络概述

人工神经网络是一个由大量简单的处理单元广泛连接成的人工网络，用来模拟人脑神经系统的结构和功能。该网络能够从已知数据中自动归纳规则，并获得这些数据的内在规律，具有很强的非线性映射能力[7-8]。目前，人工神经网络在模式识别、聚类分析和数据预测等领域已经有着较好的应用。本文所设计的BP(Back Propagation)神经网络是一种基于误差反向传播学习算法的多层前馈神经网络结构，如图1所示。该神经网络主要由三部分组成：输入层、隐含层和输出层[9]。输入层在获得原始数据后，通过对数据加权计算后传递至隐含层。通常来讲隐含层可以是一层或多层，层中每个神经元节点内的激励函数对输入的数据及节点包含的阈值进行计算，并将计算结果传递至输出层。输出层中各神经元节点利用激励函数会再次对隐含层的输出数据加权并计算。根据提前设定好的误差校验标准(本文中神经网络模型的误差校验标准是交叉熵验证[10])，如果输出层的输出数据与指标数据差别过大，那么将进入误差逆传播进程。此时误差信号逆向返回，从而对输入数据的权值和隐含层神经元的阈值进行调整，反复进行计算，神经网络通过不断调整神经元的权值与阈值直至模式识别结果符合预期，至此神经网络模型学习结束。BP神经网络工作原理如图1所示。

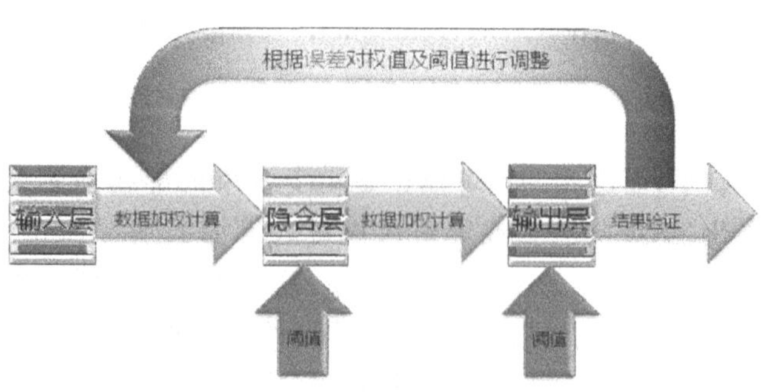

图1 BP神经网络工作原理

2.2 共轭梯度算法分析

常规的BP神经网络使用梯度下降法作为网络的训练算法，梯度下降法算法原理为函数增加最快的方向是它的梯度方向，所以函数的负梯度方向就是它下降最快的方向，该算法工作原理为

$$\omega(k+1)=\omega(k)+\alpha \cdot d(k) \tag{1}$$

式中：$\omega(k)$为初始位置点k；α为学习率；$d(k)$为初始位置的负梯度。

对于指定的目标函数，该算法从初始迭代点出发，沿负梯度$d(k)$方向进行一维搜索，结合适当的学习率α得到下一个迭代点$\omega(k+1)$，当梯度模小于提前设置好的精度时，学习停止。梯度下降法的优点在于，该方法易于理解且简单常用，但其在计算过程中算法收敛速率低，网络对参数的调整较为敏感，并易产生局部最优解等问题。即使采用动量梯度下降法(在式(1)中引入动量因子η，使得最优解的求解过程振荡趋势变小，提高网络泛化能力)和自适应调整学习梯度下降法(主要根据计算出的梯度方向改善学习率，避免出现梯度下降较慢的问题)，网络性能减低的效率能够较快，但这却不是网络收敛最快的算法。出于对梯度法优缺点的考虑，本文采用共轭梯度算法作为BP神经网络的训练函数，共轭梯度法与梯度下降法的算法简便程度和内存需求相近，可以在每次迭代中获得最优的学习率，在克服梯度下降法在目标点附近的振荡的同时保证目标函数递减。共轭梯度法可以认为是梯度信息的整合，即该算法把函数在某一时刻的梯度乘以共轭系数，加到下一时刻的梯度上作为迭代点的梯度进行搜索学习，该算法的工作原理为

$$\omega(k+1)=\omega(k)+\alpha \cdot d(k) \tag{2}$$

$$d(k+1)=-g(k)+\beta(k) \cdot d(k) \tag{3}$$

$$g(k)=\nabla f(k) \tag{4}$$

式中：$\omega(k)$为初始位置点k；α为学习率；$s(k)$为初始位置的负梯度；$\beta(k)$为共轭系数。由式(2)可看出，共轭梯度法在k时刻与梯度下降法求解步骤相同，但共轭梯度法在$k+1$时刻是现有的梯度与前一时刻方向矢量的线性组合的方向上完成的。这种算法的优势在于其能够摆脱局部极小值的限制，收敛迅速且迭代次数较少，求解精度较高。

3 模式识别训练结果

机载线缆终端接地点悬空是线缆的典型故障，由于机体振动、螺栓磨损或者盐雾腐蚀等，使得线缆的芯线或者屏蔽层接地不连续，从而产生一系列飞机电磁兼容问题，最直接的现象就是线缆终端未良好接地使得线束内部既定传输的信号受串扰或辐照效应变得恶

化，导致设备降级或者失灵。线束终端的悬地故障可以从受扰线缆传输信号中反映出来，因此可以通过检测线束串扰中受扰线的输出信号来得到正常数据（线缆双端接地）以及故障数据（线缆单端悬空-单端接地），有了线束传输信号的正常数据和故障数据，就可以利用本文设计的 BP 神经网络来进行模式识别，BP 神经网络的非线性特性可以判断线缆是否发生了接地的电磁兼容问题。

针对于机上线缆实际工作情况本文建立一个线缆串扰系统，系统布置示意图如图 2 所示，该串扰系统中干扰线缆双端均良好接地，受绕线缆有两种接地模式，即：双端接地和单端悬空-单端接地，以模拟机载线缆因接地问题而出现的电磁兼容故障。该串扰系统从线缆间距、线缆长度、线缆终端阻抗和线缆高度四个维度出发，通过监测单端/双端接地模式下受扰线缆芯线感应到的耦合电压数据，来进行线缆接地故障的识别。用于 BP 神经网络训练、验证和测试。原始数据如表 1 所列。

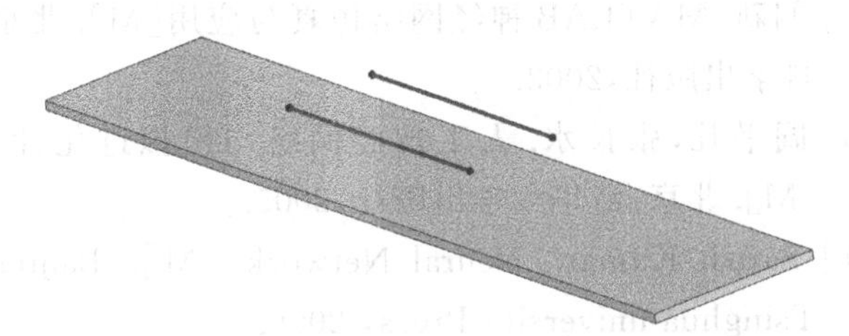

图 2　线缆串扰系统示意图

表 1　线束串扰数据

序　号	间距 d/mm	长度 l/mm	阻抗 Z/Ω	高度 h/mm	耦合电压 V_g/V	单端接地	双端接地
1	6	39	150	7	1.46E－04	1	0
2	11	18	100	8	5.03E－05	0	1
⋮	⋮	⋮	⋮	⋮	⋮	⋮	⋮
200	21	59	300	11	1.60E－4	0	1

在 BP 神经网络运行之前，将 200 组原始数据随机分为 3 部分，原始数据的 70%用于神经网络的训练，验证与测试均为原始数据的 15%。神经网络输出的结果使用交叉熵方法进行验证，从图 3 中我们可以看出随着迭代次数的增加，BP 神经网络输出误差逐渐收敛，在 52 次迭代网络性能达到了预设精度的要求。

图 4 所示是神经网络输出的混淆矩阵图，图中四个混淆矩阵绘制原理均相同，以左上角训练混淆矩阵

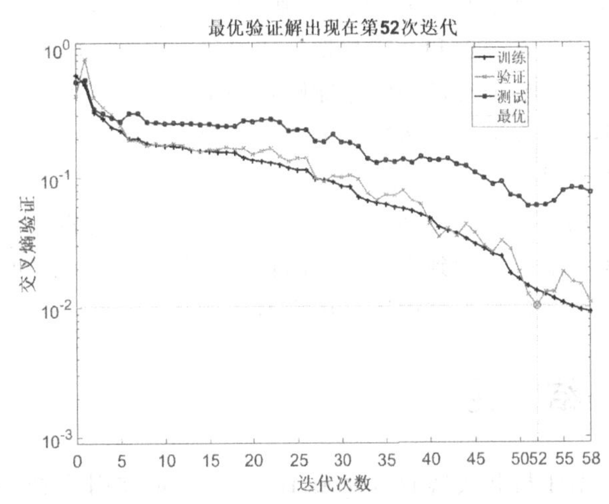

图 3　BP 神经网络输出性能图

图为例，每个输出格表示含义如下：

① 真阳性：第一行第一格表示的含义为在训练数据中有 64 个已知的 1 类数据（即单端接地类数据）被神经网络输出为 1 类。

② 假阳性：第一行第二格表示的含义为在训练数据中有 0 个已知的 1 类数据（即单端接地类数据）被神经网络输出为 2 类（即双端接地类数据）。

③ 假阴性：第二行第一格表示的含义为在训练数据中有 0 个已知的 2 类数据被神经网络输出为 1 类。

④ 真阴性：第二行第二格表示的含义为在训练数据中有 76 个已知的 2 类数据被神经网络输出为 2 类。

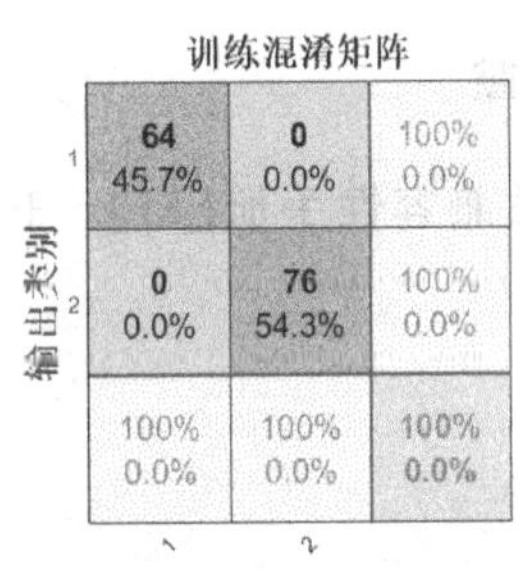

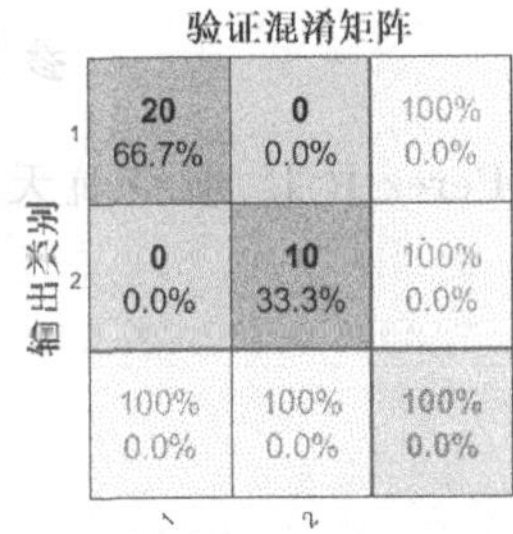

图 4　神经网络混淆矩阵输出结果

训练混淆矩阵显示，本文构建的神经网络能够很

好地对训练数据进行模式识别，即神经网络在训练中能够对正常数据和故障数据完成判别，相同的道理，我们能看出验证混淆矩阵也能够对验证数据进行良好的分类。但在测试混淆矩阵中有一个数据原本为1类数据但是被网络识别到了2类中，导致神经网络对测试数据的识别分类准确率略有下降，所以在综合混淆矩阵中我们可以看到本文设计的神经网络模型在线缆接地问题的模式识别中还存在些不足。

4 结 论

对于机载线缆存在电磁兼容问题，本文引入神经网络对线缆的接地模式进行模式识别分析，经计算求解分析该网络具有如下优势：

① 使用共轭梯度算法的BP神经网络收敛快速且稳定，网络泛化能力较强，可对非线性问题进行求解分析；

② 由模型混淆矩阵可看出，BP神经网络对训练、验证以及测试数据分类较为准确，从综合混淆矩阵也可看出网络模型对线束接地问题的模式识别是准确的；

③ 后续可对机载线束的接地故障原始数据进行收集，加大故障样本数量，通过对神经网络的持续训练以提高模型诊断准确率，达到机载线束接地故障的排查时间降低的效果。

参考文献

[1]Perez R J. 航空航天电磁兼容性手册[M]. 王明皓，译. 北京：航空工业出版社，2020.12.

[2] 王明皓. 飞机设计中的电磁环境效应[M]. 北京：航空工业出版社，2015.10.

[3] Paul C. Analysis of Multiconductor Transmission Lines[M]. New York：Wiley Interscience，1994.

[4] Schetelig B，Keghie J，Kanyou R，et al. Simplified modeling of EM field coupling to complexcable bundles [J]. Adv. Radio Sci.，2010，8：211-217.

[5] Sharma A，Capoor G K，Chattopadhyay A B. Advanced aircraft electrical systems to enable an All-Electric aircraft[C]. 2015 International Conference on Electrical Systems for Aircraft，Railway，Ship Propulsion and Road Vehicles（ESARS），IEEE，2015：1-6.

[6] XIE Huiling，HUO Liang，SUN Ying. Research on Integration and Separation Technology of Harness for Military Aircraft[J].

[7] 闻新. MATLAB神经网络仿真与应用[M]. 北京：科学出版社，2003.

[8] 阎平凡，张长水. 人工神经网络与模拟进化计算[M]. 北京：清华大学出版社，2005.

[9] Satish Kumar. Neural Networks[M]. Baijing：Tsinghua university Press，2006.

[10] Bishop C M. Pattern Recognition and Machine Learning[M]. New York：Springer，2006.

铺层对复合材料拉脱失效载荷影响的工程计算模型

程鹏飞，黄光启，杨胜春

中国飞机强度研究所力学性能评定与测试中心，西安 710065

摘要：为了获取铺层对复合材料层压板拉脱失效载荷的影响规律，研究了复合材料层压板拉脱失效的机制，在机制研究基础上推断紧固件拉脱过程中分层损伤、基体破坏和纤维断裂三种主要损伤形式均与层压板紧固件处的弯曲挠度有直接联系，基于经典层压板理论和弹性力学推导了拉脱载荷下复合材料层压板铺层与弯曲挠度之间的公式，建立了可以定性比较不同铺层拉脱失效载荷大小的工程计算模型，并进行了试验验证。研究表明：复合材料的拉脱失效载荷与层压板的弯曲刚度系数的某一组合有着重要联系，该弯曲刚度系数的组合越大，拉脱失效载荷越高，这一工程计算模型可以反映出铺层对拉脱失效载荷的影响规律。

关键词：复合材料；拉脱；铺层；弯曲刚度；失效机制

Engineering Calculation Model of the Influence of Layups on Pull-though Failure Force of Composites

CHENG Pengfei, HUANG Guangqi, YANG Shengchun

Mechanical Evaluation & Testing Center, China Aircraft Strength Research Institute, Xi'an 710065, China

Abstract: In order to obtain the rule of influence of the layup on the pull-though failure force of composite laminates, the mechanism of the pull-though failure of composite laminates was studied. Based on the mechanism research, it was inferred that the three main damage forms which included of delamination damage, matrix damage and fiber fracture during pull-off of fasteners were all related to the bending deflection of laminates at the fasteners. Based on classical laminate theory and elastic mechanics, the theoretical formula between composite layup and bending deflection under pull-though load was derived, which verified the engineering calculation model for qualitatively comparing the pull-though failure force of different layers. and finally the theoretical model was verified by experiments. Studies have shown that there is an important relationship between the pull-though failure force of composite materials and a certain combination of bending stiffness coefficients of laminates. The greater the combination of bending stiffness coefficients, the higher the pull-though failure force, and the engineering calculation model can reflect the theoretical influence of the laminates on the pull-though failure force.

Keywords: composite; pull-though; layup; bending stiffness; failure mechanism

机械连接是目前飞机复合材料结构主要的连接方式之一。按照受力方向，复合材料的机械连接问题可以分为沿面内的挤压问题和沿面外（即厚度方向）的拉脱问题两大类。虽然复合材料主要承受面内载荷，但拉脱问题仍然非常重要，这是由于复合材料常采用单搭接的机械连接方式，结构的不对称导致受力时复合材料会出现面外弯曲变形，使复合材料承受挤压-拉脱叠加的载荷形式，其破坏模式也呈现出挤压、拉脱以及其他模式的组合，而且复合材料层压板在垂直于板面作用力下的刚度和强度均相对较低，因此对拉脱问题的研究是十分必要的[1]。

虽然拉脱失效对于复合材料的连接强度有着重要

基金项目：国家自然科学基金；航空科学基金

通讯作者. E-mail: hkxb@buaa.edu.cn

的影响，却经常被忽视[2]，其主要原因在于工业界和学术界对复合材料通常只承受面内载荷的传统认知。学术界对复合材料拉脱问题研究的深度和广度尚远不及对机械连接面内问题的研究。目前的研究主要集中于拉脱失效载荷的影响因素和拉脱响应的仿真模拟分析。Pearce 使用堆栈壳有限元方法研究了动力学拉脱失效，显示该方法可有效模拟拉脱响应，同时发现 G_{IIC} 与连接响应成弱相关[2]。Gray 发展了一种基于弹簧理论的有限元模拟理论模型，较好地实现了拉脱响应模拟[3]。Cwick 比较了不同增强体结构对拉脱破坏的影响，发现预浸料结构的拉脱失效载荷比三向编织材料更高[4]。White R G 研究了三种典型铺层的面外拉脱失效载荷与应力分布[5]。国内，陆鹏鹏等实验比较了不同层压板厚度、环境以紧固件类型对层压板拉脱失效载荷的影响，发现拉脱失效载荷对板厚变化比较敏感[6]。张岩峰通过有限元模型研究了构件几何参数对 C/C 复合材料平板拉脱失效载荷的影响[1]。马文龙通过试验研究了板厚和温湿度条件对编制复合材料拉脱失效载荷的影响，并进行了拉脱失效过程的渐进损伤有限元仿真分析研究[7]。娄程飞等对夹层结构预埋玻璃纤维板后的拉脱失效载荷进行了试验研究，结果表明预埋可以提升拉脱失效载荷[8]。针对复合材料泡沫夹芯板，邹广平等进行了局部连接拉脱破坏的试验与数值仿真研究，分析了接头的破坏模式、失效载荷和面板对接头的影响[9]。

目前国内外学者主要依靠唯象的实验和仿真手段两种途径进行复合材料拉脱失效载荷的影响因素研究，研究的影响因素主要包括板厚、铺层顺序、紧固件和环境等，尚没有从失效机制角度建立起拉脱失效载荷的数学理论模型或者工程算法。而实验和仿真分析由于其较大的经济成本和时间成本，不利于实现复合材料结构的快速设计。本文主要研究铺层（包括铺层总厚度和铺层顺序）对拉脱失效载荷的影响，旨在建议一种可以快速定性比较不同铺层层压板拉脱失效载荷大小的工程算法，从而为铺层的优化设计提供工程计算模型。首先基于实验过程对拉脱失效的机制进行研究，通过一定的假设和简化，将复合材料层压板的三种主要失效形式与复合材料层压板在拉脱载荷下的弯曲挠度建立联系，推断在复合材料层压板拉脱失效载荷与面外弯曲挠度成反比。然后基于经典层压板理论和弹性力学公式，推导出拉脱载荷下复合材料层压板的弯曲挠度公式，由于层压板的弯曲挠度为铺层的函数，从而建立了铺层与拉脱失效载荷之间的关系，最后进行了实验证。

1 试验材料及方法

1.1 试验件

按照 ASTM D7332 - 2016 方法 B[10] 中对于试验件制备的要求，制备 7 种不同铺层的 T700 复合材料层压板拉脱试验件，层压板的单层名义厚度为 0.15 mm。具体的铺层信息见表 1。其中铺层 3 和铺层 4 的总厚度相同，但铺层顺序不同。其他五种铺层的铺层总厚度和铺层顺序均不相同。试验件尺寸见图 1，各铺层试验件的厚度为单层厚度乘以表 1 中相应的铺层总数，试验件长和宽均为 82 mm，中央有 6.35 mm 的沉头孔，埋头的角度为 100°。

表 1　试验件的铺层信息

铺层代号	铺层
1	$[45/-45/0/90/45/-45/90/0/-45/45]_S$
2	$[45/-45/0/90/45/-45/0/90/45/-45/90]_S$
3	$[45/-45/0/90/-45/45]_{2S}$
4	$[45/-45/0/90]_{3S}$
5	$[45/-45/0/90/45/-45/0/90/-45/45/90/0/-45/45]_S$
6	$[45/-45/0/90/45/-45/0/90/90/0/45/-45/90/45/-45]_S$
7	$[45/-45/0/90/45/-45/0/45/90/90/-45/0/-45/45/90/0/-45/45]_S$

1.2 试验方法

复合材料层压板拉脱试验采用 ASTM D7332 的方法 B。试验在 INSTRON 8801 电液伺服材料万能试验机上进行，图 2 所示为试验状态照片。试验前将试验件与 U 形加载块通过紧固件装配在一起，紧固件为高锁螺钉，装配时采用扭矩扳手扭紧螺母，扭矩大小统一为 6 N·m。将装配好的试验件放置于帽型夹具下，使 U 形加载块穿过帽型夹具的中间孔（孔的大小为 50.8 mm），然后采用销钉将 U 形加载块与加载杆连接。试验时以 0.5 mm/min 的恒定位移速率对 U 形加载块施加拉伸载荷（在复合材料层压板中心产生面外拉脱载荷），直到达到最大载荷并且载荷从最大载荷下降 30%为止，记录试验件的破坏模式。试验前后采用

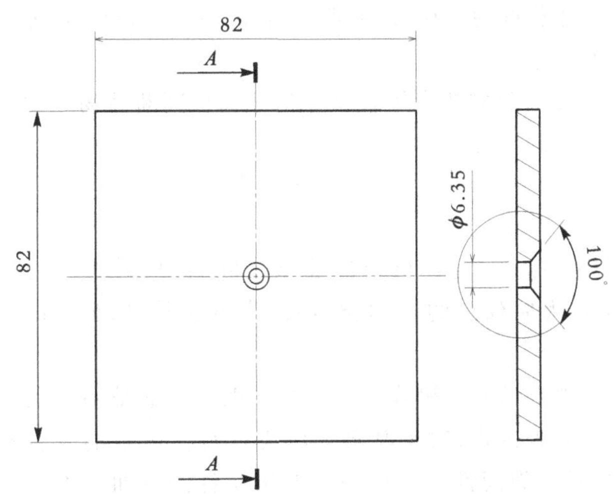

图 1　复合材料试验件的几何尺寸

超声 C 扫检测试验件的分层损伤情况。

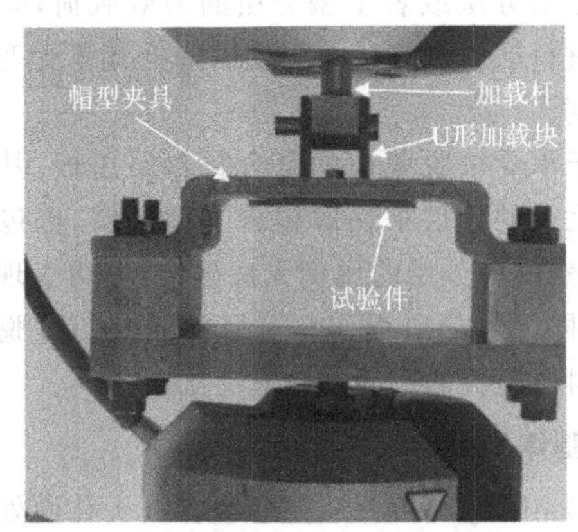

图 2　拉脱试验状态照片

2　拉脱失效与弯曲挠度的关系

2.1　拉脱失效模式

对拉脱试验结束后的试验件进行超声 C 扫，检测其损伤情况。图 3 所示为典型的拉脱试验件超声 C 扫描结果图片，图 3(a)所示为 1 铺层的损伤情况，图 3(b)所示为 2 铺层损伤情况，检测时的上表面为试验件埋头一侧。由图 3 可以看出：分层损伤是拉脱试验件的一种主要失效模式之一，分层损伤以孔为中心，损伤面积在试验件的埋头一侧较小，此后不断增加，在试验件的非埋头一侧最大，其损伤情况与冲击损伤类似；拉脱破坏的损伤形状与铺层相关，单层的损伤成椭圆形或纺锤形，试验件破坏时总的分层面积均较大。

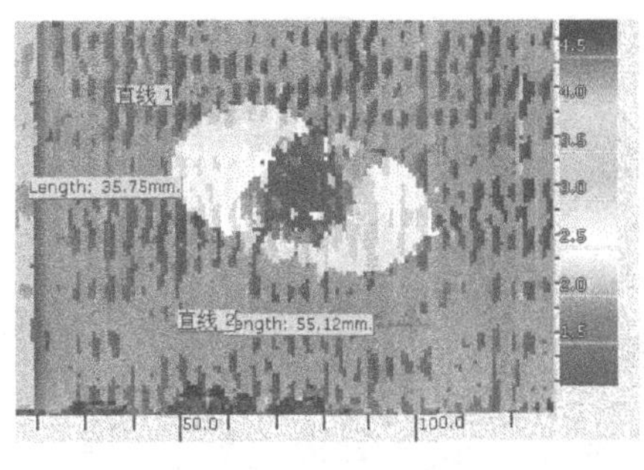

(a)

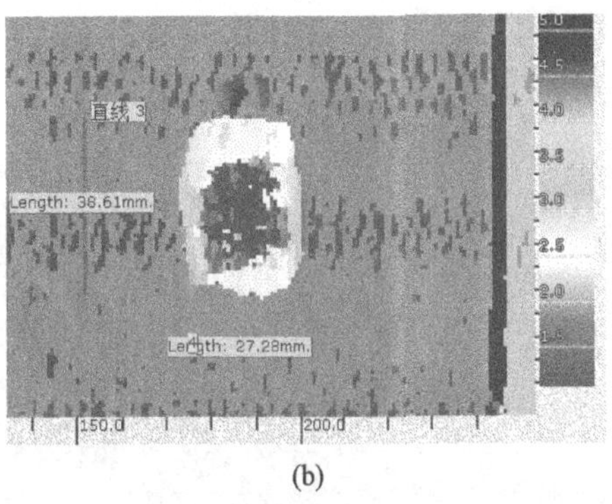

(b)

图 3　典型的拉脱试验件超声 C 扫描结果图片

采用显微镜镜观测拉脱试验件的孔边区域，如图 4 所示，可以明显看出层间分层、基体失效和纤维断裂三种损伤。在复合材料层压板的拉脱失效机制方面，A. Banbury 等人已经进行了深入的研究[11]，本文并不打算重复这一过程，而是基于其研究结论展开研究。A. Banbury 等人发现损伤从孔边缘起始延伸至四周，主要表现为基体失效和分层，且基体失效是最主要的失效形式，纤维失效占层压板整体失效的主导地位[11]。该研究结论与本文观测的结果是一致的。

2.2　拉脱失效与弯曲挠度的关系

复合材料的拉脱曲线上存在四个典型值[10]，按照先后顺序依次为初始临界失效载荷、失效载荷、最大载荷和最终断裂载荷。其中初始失效载荷和失效载荷对应的主要失效模式为基体失效和分层，以及孔边少量的纤维断裂。航空设计领域一般采用拉脱试验的失效载荷来表征复合材料层压板的拉脱失效载荷，而非最大载荷或者最终断裂载荷。失效载荷定义为在拉脱载荷-位移曲线上第一次明显下降(大于 10%)以前，载荷-位移曲线上观测到的第一个载荷峰值。之所以不采用最大载荷或者最终断裂载荷是因为破坏载荷时层压板孔附近已经存在较大的基体失效和分层损伤，此时结构虽然还有拉脱承载能力但承受其他载荷的能力已经很低。

由于复合材料层压板拉脱失效载荷对应的失效模

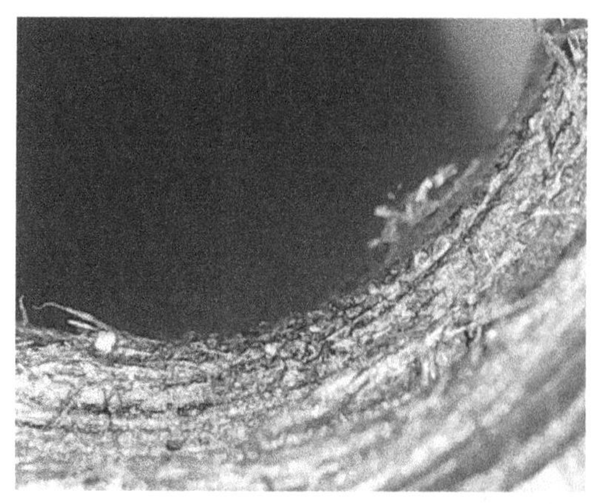

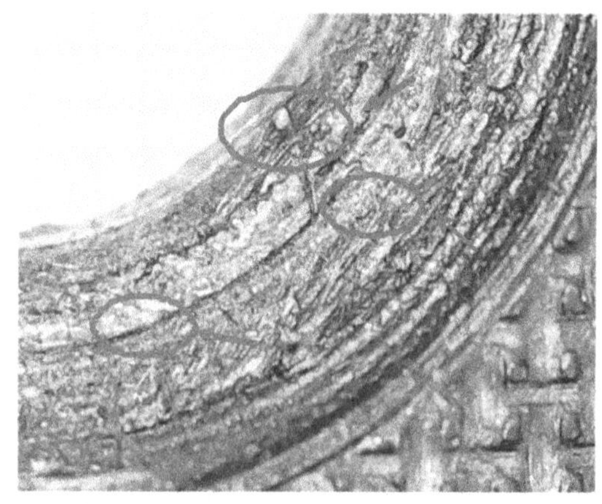

图 4 孔边损伤的照片

式主要以分层损伤和基体损伤为主。根据试验观测和理论分析并结合前人的研究[2,11]，笔者推测——“复合材料材料层压板拉脱过程中分层和基体破坏主要是由于层压板紧固件孔附近的弯曲变形引起的，弯曲变形的大小直接决定了层压板拉脱失效载荷的大小”。下面重点介绍这一推测的由来。

1. 分层失效与弯曲挠度的关系

拉脱试验过程中复合材料层压板会出现以孔为中心沿孔边缘起始的分层损伤，A. Banbury 研究发现分层失效是由于层压板沿厚度方向的变形以及基体破坏产生了层间剪切应力和剥离应力[11]。根据断裂力学，层间剪应力产生的分层为“剪切型分层”(即Ⅱ型分层)，剥离应力产生的分层为“张开型分层”(即Ⅰ型分层)，这说明复合材料层压板拉脱时层压板的分层既包含Ⅰ型分层成分，又包含Ⅱ型分层成分。

复合材料矩形平板试验件Ⅰ型层间断裂韧性的如下式所示[12]：

$$G_{\mathrm{IC}}=\frac{3P\delta}{2b(a+|\Delta|)} \tag{1}$$

式中，G_{IC} 为复合材料的Ⅰ型层间断裂韧性；P 为载荷；δ 为加载点的位移，即弯曲挠度；a 为分层长度；b 为试验件宽度。

复合材料矩形平板试验件Ⅱ型层间断裂韧性的如下式所示[13]：

$$G_{\mathrm{IIC}}=\frac{3P\delta a^2}{2b(2L^3+a^3)} \tag{2}$$

式中，G_{IIC} 为复合材料的Ⅱ型层间断裂韧性；P 为载荷；δ 为加载点的弯曲挠度；a 为分层长度；b 为试样宽度。

观察式(1)和式(2)可以发现：无论是 G_{IC} 还是 G_{IIC} 的表达式，对于某种 G_{IC} 或者 G_{IIC} 一定的复合材料，其断裂韧性试验的载荷和试验件的弯曲挠度成反比，试验件弯曲挠度越大则其断裂韧性试验时的载荷越低。由此可见，当材料一定时，为了提高复合材料层压板的Ⅰ型分层或者Ⅰ型分层的失效载荷，必须要提高复合材料层压板的弯曲刚度以降低其承受弯曲载荷时的挠度。

对于承受拉脱载荷的复合材料层压板，其主要失效模式之一的分层损伤既包含Ⅰ型分层，也包含Ⅱ型分层，虽然两种分层的比例无法确定，但均表现出同样的特性，即产生分层损伤和分层扩展时的拉脱载荷与复合材料层压板的弯曲挠度成反比。

2. 基体失效与弯曲挠度的关系

A. Banbury 研究发现层压板含沉头孔面处基体破坏主要是由于该区域内较高的剪切应力造成的。本文在此基础上仅一步推测，弯曲挠度越大复合材料层压板越容易出现基体失效。图 5 给出了这一推测的由来。拉脱载荷沿紧固件沉头面的分力产生层压板沿沉头孔面的剪切应力，图 5(a)所示为假设层压板承受拉脱载荷而未出现弯曲变形时紧固件附近区域的示意图，此时层压板的沉头孔面与紧固件的沉头面完全贴合。然而实际上层压板承受拉脱载荷时总会发生弯曲变形，如图 5(b)所示，此时层压板的沉头孔面由于弯曲变形并不能与紧固件的沉头面完全贴合，贴合面积小于未弯曲变形的情况，因此当拉脱载荷相同时，出现弯曲变形的层压板其沉头孔面与紧固件接触区域的剪应力(见图 5(b))要高于未出现弯曲变形层压板的拉脱载荷沿沉头孔的剪应力(见图 5(a))。按照 A. Banbury 剪应力造成层压板沉头孔面基体破坏的研究结论，剪应力越高，层压板沉头孔面基体越容易发生基体破坏，由此可以推断——对于同一种材料，弯曲挠度越大的复合材料层压板越容易发生基体失效，拉脱载荷也越低，即拉脱载荷与层压板的弯曲挠度成反比。

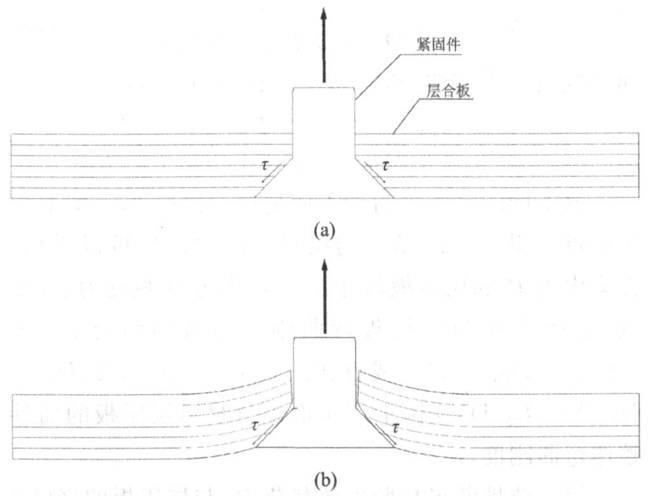

图5 复合材料层压板拉脱试验件紧固件附近区域示意图

初始临界失效载荷和失效载荷处的纤维断裂在仅发生在孔附近区域，并不占主导地位。沉头孔周边纤维的断裂同基体破坏一样，也是由于紧固件施加的剪切力引起的，因此参照基体失效的分析方法，也可以得出弯曲挠度越大的层压板越容易发生层压板沉头孔面附近纤维断裂的结论。

综合上面的分析可以推测，拉脱试验失效载荷处及失效载荷前的分层、基体破坏和纤维断裂均与层压板的弯曲挠度都有着重要联系，且呈现出相同的特征——在相同大小的拉脱载荷下弯曲挠度越大的层压板，越容易发生分层、基体破坏和孔周边的纤维断裂。由此推断，复合材料层压板的拉脱失效载荷与层压板弯曲挠度成反比。

3 拉脱失效载荷的表达式

按照第 2 节的推测，存在下面的关系式：

$$P_f \propto \frac{1}{\delta} \tag{3}$$

上式表示拉脱失效载荷与层压板弯曲挠度成反比，式中 P_f 表示拉脱失效载荷，δ 表示层压板受拉脱载荷集中力作用处的弯曲挠度。

下面推导弯曲挠度的公式，以确定复合材料层压板的铺层与弯曲挠度之间的关系，进而建立起复合材料层压板铺层与拉脱失效载荷的关系。

根据经典层压板理论，复合材料的广义本构关系如下式所示[14]：

$$\begin{bmatrix} N_x \\ N_y \\ N_{xy} \\ M_x \\ M_y \\ M_{xy} \end{bmatrix} = \begin{bmatrix} A_{11} & A_{12} & A_{16} & B_{11} & B_{12} & B_{16} \\ A_{12} & A_{22} & A_{26} & B_{12} & B_{22} & B_{56} \\ A_{16} & A_{26} & A_{66} & B_{16} & B_{26} & B_{66} \\ B_{11} & B_{12} & B_{16} & D_{11} & D_{12} & D_{16} \\ B_{12} & B_{22} & B_{26} & D_{12} & D_{22} & D_{26} \\ B_{16} & B_{26} & B_{66} & D_{16} & D_{26} & D_{66} \end{bmatrix} \begin{bmatrix} \varepsilon_x^0 \\ \varepsilon_y^0 \\ \gamma_{xy}^0 \\ \kappa_x \\ \kappa_y \\ \kappa_{xy} \end{bmatrix} \tag{4}$$

其中，N_x、N_y 和 N_{xy} 为层压板上的合力；M_x、M_y 和 M_{xy} 为层压板上的合力矩；A_{ij} 为拉伸刚度；B_{ij} 为拉-弯耦合刚度；D_{ij} 为弯曲刚度；ε_x^0、ε_y^0 和 γ_{xy}^0 为中面的应变；κ_x、κ_y 和 κ_{xy} 为曲率。

弯曲刚度系数的计算公式如下：

$$D_{ij} = \sum \frac{(\bar{Q}_{ij})_k}{3}(z_k^3 - z_{k-1}^3) \tag{5}$$

其中，$(\bar{Q}_{ij})_k$ 表示层压板第 k 层的单层刚度；z_k 表示第 k 层下表面沿厚度方向的坐标值。

力和力矩表示的平衡微分方程为

$$\begin{cases} \partial N_x/\partial x + \partial N_{xy}/\partial y = 0 \\ \partial N_{xy}/\partial x + \partial N_y/\partial y = 0 \\ \partial^2 M_x/\partial x^2 + 2\partial^2 M_{xy}/\partial x\partial y + \partial^2 M_y/\partial y^2 = -q(x,y) \end{cases} \tag{6}$$

式中，$q(x,y)$ 表示垂直于层压板平面的面外分布载荷；第 k 层的单层刚度；z_k 表示第 k 层下表面沿厚度方向的坐标值。

复合材料层压板的弹性力学几何方程为：

$$\begin{bmatrix} \varepsilon_x \\ \varepsilon_y \\ \gamma_{xy} \end{bmatrix} = \begin{bmatrix} \partial u/\partial x \\ \partial v/\partial y \\ \partial v/\partial x + \partial u/\partial y \end{bmatrix} \tag{7}$$

$$\begin{bmatrix} \kappa_x \\ \kappa_y \\ \kappa_{xy} \end{bmatrix} = \begin{bmatrix} \partial^2 w/\partial x^2 \\ \partial^2 w/\partial y^2 \\ 2\partial^2 w/\partial x\partial y \end{bmatrix} \tag{8}$$

上面两式中，u、v 和 w 分别表示沿 x、y、z 轴的位移。

将式(7)和式(8)代入式(4)，再把结果代入式(6)，得到位移表达的三个平衡微分方程。航空复合材料结构一般为对称均衡层压板。对于对称均衡层压板，其 $B_{ij}=0$，则对称层压板弯曲挠度 w 的平衡微分方程为

$$D_{11}\frac{\partial^4 w}{\partial x^4} + 4D_{16}\frac{\partial^4 w}{\partial x^3\partial y} + 2(D_{12}+2D_{66})\frac{\partial^4 w}{\partial x^2\partial y^2} + 4D_{26}\frac{\partial^4 w}{\partial x\partial y^3} + D_{22}\frac{\partial^4 w}{\partial y^4} = q(x,y) \tag{9}$$

可以将复合材料层压板在面外拉脱载荷下弯曲挠度的求解问题简化为如图 6 所示的经典层压板和弹性

力学问题：假设尺寸为 $a\times b$ 的复合材料层压板在正中心受到垂直于层压板平面的拉脱载荷 P 的作用，板的四边简支，求拉脱集中载荷 P 作用下层压板中点的挠度。

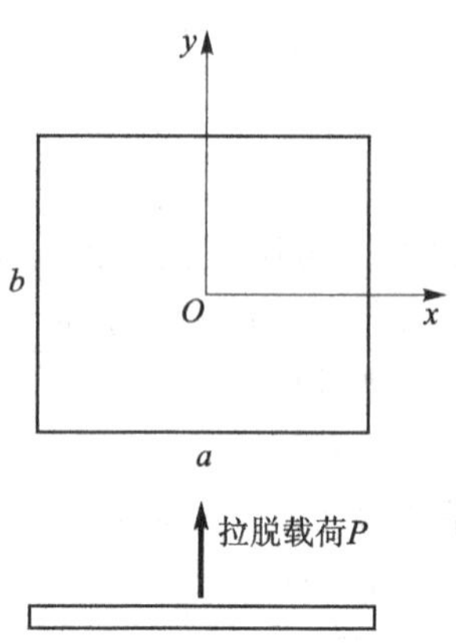

图 6　弯曲挠度求解的简化示意图

这样的简化和假设与拉脱试验中层压板的真实受力条件存在较大差异，忽略了紧固件孔的存在，同时将实际位于板中间区域试验夹具圆形边界的简支约束简化为板四边的简支约束。但由于本文旨在定性地给出铺层与拉脱失效载荷的关系，这样的简化和假设并不会影响分析结果，因为孔的存在与否，或者层压板的实际边界条件如何，并不会改变铺层顺序与拉脱失效载荷高低之间的定性关系。

飞机复合材料结构的层压板一般为对称铺层，其弯曲扭转耦合刚度系数（D_{16} 和 D_{26}）中有正负交替项，其数值相对于其他刚度系数相对较小，计算时可作简化[15]。首先考虑这种简化情况，即 $D_{16}=D_{26}=0$，此时挠度 w 的平衡微分方程(9)可简化为下式：

$$D_{11}\frac{\partial^4 w}{\partial x^4}+2(D_{12}+2D_{66})\frac{\partial^4 w}{\partial x^2\partial y^2}+D_{22}\frac{\partial^4 w}{\partial y^4}=q(x,y) \tag{10}$$

设挠度 w 为

$$w=\sum_{m=1}^{\infty}\sum_{n=1}^{\infty}A_{mn}\sin\frac{m\pi x}{a}\sin\frac{n\pi x}{a} \tag{11}$$

在此情况下，面外集中载荷 P 作用下的复合材料层压板中心的挠度 δ 可以表示为下式[16]：

$$\delta=w_{\max}=\sum_{m=1}^{\infty}\sum_{n=1}^{\infty}\frac{\frac{4P}{ab\pi^4}\sin^2\frac{m\pi}{2}\sin^2\frac{n\pi}{2}}{D_{11}\frac{m^4}{a^4}+2(D_{12}+2D_{66})\frac{m^2n^2}{a^2b^2}+D_{22}\frac{n^4}{b^4}}$$

$$(m=1,3,5,\cdots;n=1,3,5,\cdots) \tag{12}$$

式(2)的级数收敛很快，对于正方形层压板（拉脱试验均为正方向层压板 $a=b$），只取级数的第一项，即 $m=n=1$，有

$$\delta=0.001\,04\frac{Pa^2}{D_{11}+2(D_{12}+2D_{66})+D_{22}} \tag{13}$$

如果取级数的前四项，即 $m=1,3;n=1,3$，则有

$$\delta=0.001\,12\frac{Pa^2}{D_{11}+2(D_{12}+2D_{66})+D_{22}} \tag{14}$$

取不同的级数可得到不同精度的挠度 δ，一般取四项便可以得到足够精确的结果。由式(14)可以看出，在集中力 P 和层压板尺寸 a 一定时，层压板受力点（中点）的挠度 δ 与层压板弯曲刚度系数的组合 $D_{11}+2(D_{12}+2D_{66})+D_{22}$ 成反比。令 $D_0=D_{11}+2(D_{12}+2D_{66})+D_{22}$，$D_0$ 实际上表示的复合材料层压板的面外整体弯曲刚度。

第 2 节推断出拉脱失效载荷 P_f 与层压板的挠度 δ 成反比，而由式(14)可以看出 δ 又与层压板弯曲刚度系数的组合 $D_{11}+2(D_{12}+2D_{66})+D_{22}$ 成反比，则可以得出结论：复合材料层压板的拉脱失效载荷 P_f 与层压板弯曲刚度系数的组合 $D_{11}+2(D_{12}+2D_{66})+D_{22}$ 成正比，即存在如下表达式：

$$P_f\propto D_{11}+2(D_{12}+2D_{66})+D_{22} \tag{15}$$

D_{ij} 由复合材料的单层材料属性和铺层决定，因此上式定性地给出了铺层与复合材料拉脱失效载荷之间的定性关系。

式(15)推导过程实际上忽略了复合材料层压板的弯曲扭转耦合项（$D_{16}=D_{26}=0$）。如果不忽略 D_{16} 和 D_{26}，由于 D_{16} 与 D_{26} 的存在，挠度 w 的表达式并不能像弹性力学简支边矩形薄板的维纳解[17]那样用双三角级数展开，否则$\partial^4 w/\partial x\partial y^3$ 和$\partial^4 w/\partial x^3\partial y$ 将出现正弦和余弦齐次函数，变量不能分离，挠度展开式也不满足边界条件，因此只能采用瑞利-里茨(Raylei - Ritz)的近似解法（能量法）[15]。

按照能量法[15-16]，复合材料面外拉脱载荷工况下，内部应变能 U 为

$$U=\frac{1}{2}\iint\left[D_{11}\left(\frac{\partial^2 w}{\partial x^2}\right)^2+2D_{12}\frac{\partial^2 w}{\partial x^2}\frac{\partial^2 w}{\partial y^2}+4D_{16}\frac{\partial^2 w}{\partial x^2}\frac{\partial^2 w}{\partial xy}+D_{22}\left(\frac{\partial^2 w}{\partial y^2}\right)^2+4D_{26}\frac{\partial^2 w}{\partial y^2}\frac{\partial^2 w}{\partial xy}+4D_{66}\left(\frac{\partial^2 w}{\partial x\partial y}\right)^2\right]\mathrm{d}x\,\mathrm{d}y \tag{16}$$

集中力 P 可以看成作用在边长 $\Delta x=\Delta\zeta$，$\Delta y=\Delta\eta$ 的微小矩形面上的分布载荷 $q=P/\Delta\zeta\Delta\eta$，在微小面 $\Delta\zeta\Delta\eta$ 以外 $q=0$，则外力功 W 为

$$W=\iint qw\,\mathrm{d}x\,\mathrm{d}y=\int_{\xi-\frac{\Delta\xi}{2}}^{\xi+\frac{\Delta\xi}{2}}\int_{\eta-\frac{\Delta\eta}{2}}^{\eta+\frac{\Delta\eta}{2}}\frac{Pw}{\Delta\xi\Delta\eta}\mathrm{d}x\,\mathrm{d}y \tag{17}$$

则层压板的总势能为

$$\Pi = U - W = \frac{1}{2}\iint \left[D_{11}\left(\frac{\partial^2 w}{\partial x^2}\right)^2 + 2D_{12}\frac{\partial^2 w}{\partial x^2}\frac{\partial^2 w}{\partial y^2} + 4D_{16}\frac{\partial^2 w}{\partial x^2}\frac{\partial^2 w}{\partial xy} + D_{22}\left(\frac{\partial^2 w}{\partial y^2}\right)^2 + 4D_{26}\frac{\partial^2 w}{\partial y^2}\frac{\partial^2 w}{\partial xy} + 4D_{66}\left(\frac{\partial^2 w}{\partial x \partial y}\right)^2 \right] \mathrm{d}x\,\mathrm{d}y - \int_{\xi-\frac{\Delta\xi}{2}}^{\xi+\frac{\Delta\xi}{2}}\int_{\eta-\frac{\Delta\eta}{2}}^{\eta+\frac{\Delta\eta}{2}} \frac{Pw}{\Delta\xi\Delta\eta}\mathrm{d}x\,\mathrm{d}y \tag{18}$$

w 仍取式(11)的表达式，该式满足位移边界条件，但力的边界条件并不能严格满足。将式(11)的 w 表达式代入势能 Π 表达式(18)，由最小势能原理

$$\frac{\partial \Pi}{\partial A_{mn}} = 0 \tag{19}$$

可以取不同的 m 和 n 级数。如果选取 3 级，即取 $m=1,2,3$，$n=1,2,3$，则由上式可以得到 9 个线性代数方程，可解得 9 个未知量 A''—过程不再赘述，采用上面的方法可以得到类似式(15)但包含弯曲扭转耦合刚度系数 D_{16} 和 D_{26} 的关系式：

$$P_{\mathrm{f}} \propto D_{11} + 2(D_{12} + 2D_{66}) + D_{22} + 4D_{16} + 4D_{26} \tag{20}$$

式(15)忽略了弯曲扭转耦合刚度系数，式(20)考虑了弯曲扭转耦合刚度系数，两式均给出了复合材料层压板的铺层与其拉脱失效载荷之间的定性关系。用 D_0^* 表示公式(20)所示弯曲刚度系数的组合：

$$D_0^* = D_{11} + 2(D_{12} + 2D_{66}) + D_{22} + 4D_{16} + 4D_{26} \tag{21}$$

则式(20)可以表示为

$$P_{\mathrm{f}} \propto D_0^* \tag{22}$$

根据经典层压板理论，弯曲刚度系数的组合 D_0^* 还可以表示为

$$D_0^* = D_{11} + 2(D_{12} + 2D_{66}) + D_{22} + 4D_{16} + 4D_{26} = \sum_{k=1}^{n}(\bar{Q}_{11} + 2\bar{Q}_{12} + 4\bar{Q}_{66} + \bar{Q}_{22} + 4Q_{16} + 4Q_{26})(z_k^3 - z_{k-1}^3) \tag{23}$$

其中，

$$\begin{cases} \bar{Q}_{11} = Q_{11}m^4 + 2(Q_{12} + 2Q_{66})l^2m^2 + Q_{22}l^4 \\ \bar{Q}_{12} = (Q_{11} + Q_{22} - 4Q_{66})l^2m^2 + Q_{12}(l^4 + m^4) \\ \bar{Q}_{22} = Q_{11}l^4 + 2(Q_{12} + 2Q_{66})l^2m^2 + Q_{22}m^4 \\ \bar{Q}_{16} = (Q_{11} - Q_{12} - 2Q_{66})lm^3 + (Q_{11} - Q_{22} + 2Q_{66})l^3m \\ \bar{Q}_{26} = (Q_{11} - Q_{12} - 2Q_{66})l^3m + (Q_{11} - Q_{22} + 2Q_{66})lm^3 \\ \bar{Q}_{66} = (Q_{11} + Q_{22} - 2Q_{12} - 2Q_{66})l^2m^2 + Q_{66}(l^4 + m^4) \end{cases} \tag{24}$$

式中，$m=\cos\theta$，$l=\sin\theta$，θ 为复合材料层压板各单层的铺层角度。

复合材料单层板 Q_{ij} 与材料工程弹性常数之间的关系如下：

$$\begin{cases} Q_{11} = \dfrac{E_1}{1 - v_{12}v_{21}}, Q_{22} = \dfrac{E_2}{1 - v_{12}v_{21}} \\ Q_{12} = \dfrac{v_{12}E_1}{1 - v_{12}v_{21}}, Q_{66} = G_{12} \end{cases} \tag{25}$$

将式(24)和式(25)代入式(21)可以得到复合材料弹性常数、铺层角度和铺层厚度方向坐标表示的弯曲刚度系数的组合 D_0^*：

$$D_0^* = \sum_{k=1}^{n}\left[\frac{E_1(\sin^2 2\theta + 2\sin 2\theta + 2v_{12}\cos^3 2\theta)}{1 - v_{12}v_{21}} + \frac{E_2(\sin 2\theta - 1)^2}{1 - v_{12}v_{21}} + 4G_{12}\cos^2 2\theta\right](z_k^3 - z_{k-1}^3) \tag{26}$$

根据经典层压板理论，层压板拉伸刚度系数为 $A_{ij} = \sum(\bar{Q}_{ij})_k(z_k - z_{k-1}) = h_0\sum\bar{Q}_{ij})_k$，其中 h_0 层压板的单层厚度，拉伸刚度系数 A_{ij} 与每个铺层沿层压板厚度方向的位置(即铺层的顺序)无关[17]，当复合材料层压板的铺层总数和每个角度铺层的数量一定时，复合材料层压板的拉伸刚度系数并不会随着铺层的顺序不同而发生变化，例如$[45/-45/0/90]_{\mathrm{ns}}$ 与$[45/0/-45/90]_{\mathrm{ns}}$ 的拉伸刚度系数是一样的。复合材料层压板的弯曲刚度系数的表达式为 $D_{ij} = \sum(\bar{Q}_{ij})_k(z_k^3 - z_{k-1}^3)$，弯曲刚度系数的组合 D_0^* 的表达式为式(21)和式(26)，由各自的表达式可以看出，D_{ij} 和 D_0^* 的值均是各铺层距层压板中面距离的三次方的函数，所以铺层相对于中面的位置是十分关键的[17]，例如铺层$[45/-45/0/90]_{\mathrm{ns}}$ 与$[45/0/-45/90]_{\mathrm{ns}}$，虽然铺层总数和每个角度所占的比例均是相同的，但两种铺层每一个弯曲刚度系数 D_{ij} 以及弯曲刚度系数的组合 D_0^* 均是不相同的。

式(22)实际上给出了复合材料层压板铺层(包括总厚度和铺层顺序)与拉脱失效载荷之间的定性关系，即要使复合材料层压板具有越高的拉脱失效载荷，则其弯曲刚度系数的组合 D_0^*(式(21)和式(26))也要求越大。工程设计中可以采用式(21)或者式(26)作为目标函数进行复合材料铺层的优化设计。

4 试验验证

前面推导出复合材料层压板铺层与拉脱失效载荷

之间的定性关系(式(20)),对于该结论需要试验进行验证。本文采用第1节所述的试验方法和试样进行了7种不同铺层复合材料层压板的拉脱试验,测定了其拉脱失效载荷。试验件的铺层信息见表1,每种铺层制备3个批次的复合材料试板(每批次1块试板),每块试板切割成6个试验件,试验件的总数量为7×3×6=126。表2给出了试验测得的不同铺层复合材料层合板试验件的平均拉脱失效载荷(3批次18件的平均值)。

表2 不同铺层复合材料层压板的拉脱失效载荷试验结果

铺层代号	层合板理论厚度/mm	平均拉脱失效载荷 P_f/kN
1	3.00	6.47
2	3.30	7.22
3	3.60	7.92
4	3.60	7.98
5	4.20	9.2
6	4.50	10.2
7	5.40	11.8

按照式(5)计算不同铺层的弯曲刚度系数 D_{ij},按照式(21)或者式(26)计算弯曲刚度系数的组合 D_0^*,计算结果见表3。由表3可以看出,弯曲扭转刚度系数 D_{16} 和 D_{26} 相对于于其他弯曲刚度系数 D_{ij} 和弯曲刚度系数的组合 D_0^* 均较小。因此在一些近似分析情况,忽略弯曲扭转刚度系数 D_{16} 和 D_{26} 是合理的。

表3 不同铺层复合材料层压板的弯曲刚度系数

铺层代号	弯曲刚度系数 /(GPa·mm³)						
	D_{11}	D_{12}	D_{22}	D_{66}	D_{16}	D_{26}	D_0^*
1	114	46.9	107	51.3	9.76	9.76	598
2	158	61.4	139	67.0	7.08	7.08	744
3	196	85.2	178	92.5	3.15	3.15	939
4	205	78.6	182	85.7	8.26	8.26	953
5	323	122	299	133	6.29	6.29	1 445
6	445	155	435	170	11.4	11.4	1 963
7	683	250	654	273	20.1	20.1	3 091

绘制各铺层复合材料层压板弯曲刚度系数的组合 D_0^* 与试验所测拉脱失效载荷的对应曲线,见图7。由图7所示的试验结果可以看出,弯曲刚度系数的组合 D_0^* 明显与复合材料层合板的拉脱失效载荷成正比,这与第4节推导的式(20)和式(22)是吻合的,至此验证了式(20)和式(22)所表达的复合材料层合板刚度系数的组合与拉脱失效载荷之间的定性关系。

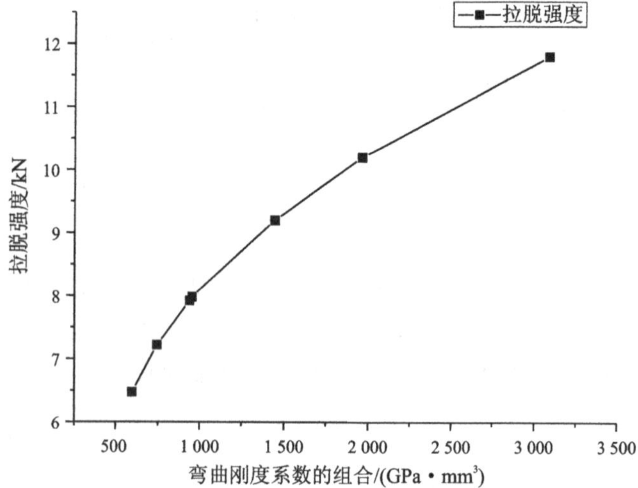

图7 复合材料层合板弯曲刚度系数的组合-拉脱失效载荷曲线

图7所示的试验结果表明,虽然复合材料层压板弯曲刚度系数的组合 D_0^* 与复合材料拉脱失效载荷 P_f 的成正比,但二者并不是线性相关,对图7中的曲线进行拟合,可以得出式(27)所示的拟合曲线,可见 D_0^* 与 P_f 为对数关系。在第5节中仅仅推导了复合材料层合板铺层与 P_f 的定性关系,关于两者之间的定量关系需要进一步的研究。

$$P_f = 3.192 \ln D_0^* - 13.92 \tag{27}$$

需要说明的是弯曲刚度系数的组合 D_0^* 为铺层角度、铺层顺序和层合板厚度的函数(见式(26)),因此本文推导的弯曲刚度的组合与拉脱失效载荷的定性关系式 $P_f \propto D_0^*$,不仅适用于相同层压板厚度下不同铺层之间的定性分析(例如本文试验中的铺层3和铺层4),也适用于不同层合板厚度、不同铺层之间的定性分析(例如本文试验中的铺层1~7),图7所示的试验结果已经验证了这一结论。在复合材料层合板连接结构的铺层设计时,可用 D_0^* 作为目标函数,筛选出 D_0^* 最大的几个铺层作为备选铺层。

5 结 论

① 复合材料层合板紧固件拉脱过程中损伤从孔边缘起始延伸至四周,主要表现为基体失效和分层,层合板最终整体失效时纤维失效占主导地位。

② 复合材料材料层合板拉脱过程中分层和基体破坏主要是由于层合板紧固件孔附近的弯曲变形引起的。

③ 复合材料层压板的面外拉脱失效载荷,与层压

板弯曲刚度系数的组合 D_0^* 成正比（$D_0^* = D_{11} + 2(D_{12} + 2D_{66}) + D_{22} + 4D_{16} + 4D_{26}$）。由于弯曲刚度系数 D_{ij} 为铺层顺序、铺层总厚度的函数，该工程计算模型可以反映出铺层顺序和总厚度对拉脱失效载荷的影响规律。在复合材料层合板连接结构的铺层设计时，可用 D_0^* 作为目标函数进行铺层优化设计。

④ 虽然复合材料层压板弯曲刚度系数的组合 D_0^* 与复合材料拉脱失效载荷 P_f 的成正比，但二者并不是线性相关，试验结果显示二者之间成形如 $P_f = A\ln D_0^* - B$ 的对数关系。

参考文献

[1] 张岩峰. 含螺栓孔的 C/C 复合材料平板面外拉脱力学性能分析[D]. 哈尔滨：哈尔滨工业大学，2014：2-78.

[2] Pearce G M K，Johnson A F，Hellier A K，et al. A study of dynamic pull- though failure of composite bolted joints using the stacked-shell finite element approach [J]. Composite Structures，2014，118：86-93.

[3] Cwik T，Iannucci L，Effenberger M. Pull-though performance of carbon fiber epoxy composites [J]. Composite Structures，2012，94：3037-3042.

[4] Gray P J，McCarthy C T. An analytical model for prediction of though-thickness in tension-loaded composite bolted joints [J]. Composite Structures，2012，94：2450-2459.

[5] White R G，Benchekchou B. Stresses around fasteners in composite structures in flexure and effected on fatigue damage initiation part 2：countersunk bolts[J]. Composite Structures，1995，33：109-119.

[6] 陆鹏鹏，金迪，卫二冬. M21/T800 复合材料层压板拉脱性能研究[J]. 西安航空学院学报，2019，37(1)：59-64.

[7] 马文龙. 碳/环氧编制复合材料层合板拉脱特性研究[D]. 南昌：南昌大学，2016：28-63.

[8] 娄程飞，张金奎，张伟. 夹层结构预埋玻璃纤维板拉脱失效载荷研究[J]. 玻璃钢/复合材料，2017(7)：74-76.

[9] 邹广平，张冰，唱忠良 等. 复合材料泡沫夹芯板局部连接拉脱破坏试验与数值仿真[J]. 复合材料学报，2019，36(4)：881-891.

[10] ASTM Committee D30 on Composite Materials. Standard test method for measuring the fastener pull-through resistance of a fiber-reinforced polymer matrix composite：ASTM D7332－2016 [S]. ASTM International：West Conshohocken，PA，2016.

[11] Banbury A，Kelly D W. A study of fastener pull-through failure of composite laminates[J]. Part2：Failure prediction Composite Structures，1999(45)：255-270.

[12] ASTM Committee D30 on Composite Materials. Standard test method for Mode I interlaminar fracture toughness of unidirectional fiber-reinforced Polymer Matrix Composites：ASTM D5528-2013 [S]. ASTM International：West Conshohocken，PA，2013.

[13] 中国航空工业总公司. 碳纤维复合材料层合板Ⅱ型层间断裂韧性 GⅡC 试验方法材料：HB 7403－96[S]. 中华航空工业标准，1996.

[14] 沈观林，胡更开. 复合材料力学[M]. 北京：清华大学出版社，2006：92-99.

[15] 克里斯托斯·卡萨波罗格. 飞机复合材料结构设计与分析[M]. 颜万亿，译. 上海：上海交通大学出版社，2011：91-100.

[16] CMH－17 协调委员会. 复合材料手册第 3 册[M]. 汪海，沈真，译. 上海：上海交通大学出版社，2015：357-365.

基于多信号流模型的 BIT 设计优化及应用

王魁*，李根成

中国空空导弹研究院，洛阳 471009

摘要：良好的机内测试(BIT)设计有助于简化外部测试、提高测试效率，促进武器装备快速战斗力的形成。通过对BIT设计与分析流程的研究，结合舵机研制，从工程实用角度提出了基于多信号流模型的适用于空空导弹的测试性正向设计思路与设计优化方法，在舵机产品上的应用简化了 BIT 设计、提高了测试效率，表明方法有效可行，为装备研制中测试性正向设计与优化工作提供了参考。

关键词：多信号流模型；关联矩阵；舵机

Design Optimization and Application of BIT Based on Multi-signal Flow Model

WANG Kui*，LI Gencheng

China Airborne Missile Academy，Luoyang 471009，China

Abstract：Good Built-In Test(BIT) design is helpful to simplify the external test，improve testing efficiency，and promote the formation of rapid combat effectiveness of weapon equipment. Based on the research of BIT design and analysis and the development of the actuator，the testability forward design and optimization method for Air-to-air missile based on multi-signal flow is proposed from the practical Applications. The application of the method in the actuator simplifies the external test and improves testing efficiency，which shows that the method is effective and feasible，and provides a reference for the testability forward design and optimization work.

Keywords：multi-signal flow model；relational matrix；actuator

现代化战争的高要求及电子技术的高速发展，促使空空导弹等武器装备集成规模、智能化程度等不断提高；对武器装备测试综合化、智能化、网络化及测试性指标等的虚高要求，加上机内测试(Built In Test，BIT)设计的不足，造成装备与外部测试设备接口多、连线复杂、准备及检测时间太长，影响了武器装备快速战斗力的形成，也增加了装备维修和保障成本。BIT 技术依赖装备系统内部的软硬件资源，对装备内部的状态进行监控、对故障进行检测和隔离，可以简化外部测试设备和检测流程，从而有效缩短修复时间，降低维修和保障费用，对提高装备的战备完好率和任务成功率有重要作用[1]。

现有相关标准规范都侧重于对测试性工作流程的说明，缺少针对 BIT 设计流程的详尽阐述[2]。目前BIT 设计大都采用继承式和经验式的设计方法，即在继承同类产品 BIT 设计的基础上，结合设计人员的经验对部分 BIT 检测内容及设计进行调整，来实现装备BIT 的设计。这种设计理念的优点是借用成熟电路、设计周期短；存在问题是由于没有对 BIT 设计需求的系统分析，设计的 BIT 缺乏装备针对性，装备测试性要求无法在设计上得到直接保证，在研制早期也无法给出 BIT 设计方案是否能满足规定要求的结论，可能带来后期设计改进的高额费用，甚至是研制进度推迟，另外还会导致测试项目多、过程烦琐、时间长等。

多信号流模型最早由 Somnath Deb 和 Krishna R. Pattipati 等人于 20 世纪 90 年代初提出[3]，是以分层有向图表示信号流导向和各组成单元的构成及相互连接关系，并通过定义信号(功能)以及组成单元(故障模式)、测试与信号之间的关联性，来表征系统组成、功能、故障及测试之间相关性的一种模型表示方法[4]，多信号流模型主要是为克服结构模型和信息流模型对于系统功能性故障描述的不足而提出的测试性建模方

* 通讯作者. E-mail：837965614@qq.com

法[5]。本文提出了基于多信号流模型的BIT系统设计优化方法，并通过某型舵机的BIT设计进行验证。

1 基于模型的BIT设计

1.1 BIT设计总体思路

BIT设计工作应从方案阶段开始，试样阶段完成。基于系统工程的概念[6]并结合导弹研制流程，将导弹BIT设计流程分解为输入要求分析、需求分析、方案设计、建立模型、仿真分析、设计优化、设计验证、产品设计[7]，提出BIT设计流程如图1所示。在产品设计方案形成后，进行需求分析并完成BIT设计方案，结合建模分析、设计验证等的结果完成方案优化，最后随产品设计完成BIT的设计实现。

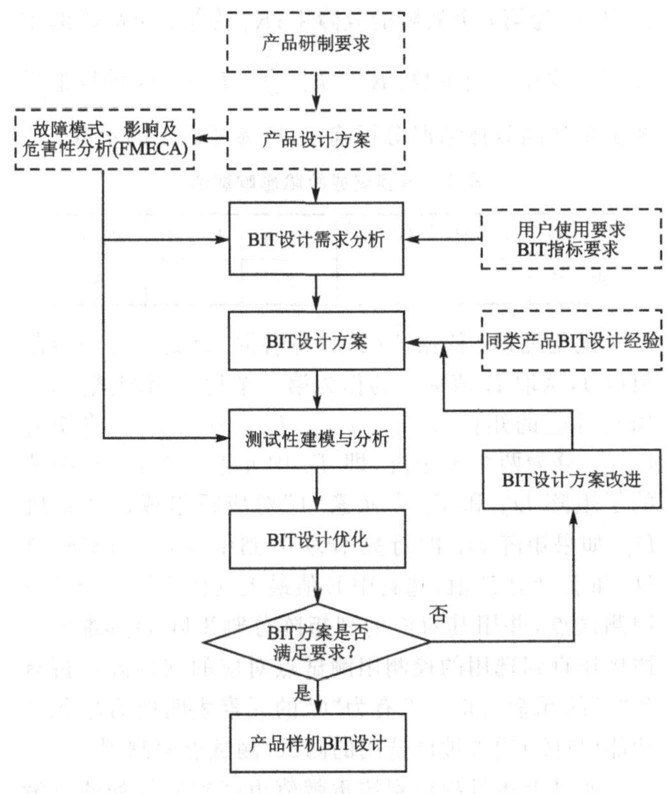

图1 BIT设计流程

输入要求分析：对所有可能约束或影响BIT设计的相关要求或条件进行梳理，如产品测试性定性/定量要求、产品设计方案、用户使用要求等，产品各组成单元可能影响产品BIT设计的测试性定性/定量要求也应一并考虑。

需求分析是在详细分析和理解产品功能、原理及输入要求的基础上，结合生产及使用阶段的测试需求，给出各规定测试手段下需检测的内容、范围及流程。分析的内容包括设置BIT的产品等级、BIT类型、BIT运行时机及时间、BIT检测范围、BIT存储/输出/显示内容及形式、需检测的功能/性能及故障内容等，需考虑的影响因素有产品内部空间、设计资源、BIT设计(包括传感器、测试回路、激励信号及布线等的设计)难度/费用、BIT电路可靠性及其故障的危害程度、BIT及外部设备测试的权衡、用户使用环境(包括外部测试设备接口兼容性、供电特性、温湿度等环境条件)等。

方案设计：依据需求分析结果，参考同类产品设计经验，结合产品软硬件资源，完成BIT设计规划，包括BIT功能分解及系统集成、BIT类型、测试/测试点(包括传感器布置)、诊断流程、输出信息格式等的内容及软硬件设计实现形式。

建立模型：依据FMECA及BIT方案，分析产品组成、功能、故障及测试间关联关系及信号(故障)在产品组成间的传递(或影响)关系，提炼模块组成、端口、故障等建模信息，基于测试性建模软件(如TEAMS、TMAS等)完成产品的测试性模型。模型的正确与否、故障的细化程度等决定了分析结果的真实性，因此需要在产品FMECA的基础上结合测试性建模需求进行强化的FMECA以提供符合要求的建模输入信息，在进行仿真分析前设计人员应对模型进行分析确认。

仿真分析：基于模型完成不可检测故障、模糊组、冗余测试、反馈环等的分析及测试性指标预计，形成产品诊断策略。

设计优化：结合建模分析、仿真试验等对BIT测试方法与范围、测试(点)、信息与集成等进行优化，实现BIT设计的简洁高效；设计优化需要结合各研制阶段技术状态更改及设计需求进行反复迭代。

产品设计：依据BIT方案完成产品实物设计，并结合仿真、试验等进行验证。

1.2 基于模型的BIT设计优化方法

测试(点)是BIT设计的基础，它的优化主要包括两部分内容，一是依据建模分析的结果，采取增加/合并/删除测试(点)等手段消减不可测故障、冗余测试、故障模糊组等；二是采用矩阵简化算法对故障与测试关联矩阵进行优化，并权衡设计难度、费用等因素完成测试(点)优选。BIT设计优化主要包括故障筛选、测试点优选及测试方法优化等。故障筛选依据强化的FMECA开展，测试方法优化结合电路设计执行，这里主要介绍基于模型的测试点优选和测试时序优化。基于模型的BIT设计优化是通过对指标预计结果、冗余测试、关联矩阵等测试性建模分析输出内容的分析，明确BIT设计的薄弱环节，并改进修正模型对应内容，最后对关联矩阵进行优化。舵机BIT设计的主要目的是故障检测，下面主要介绍面向故障检测的优化方法。

（1）基于建模分析结果的设计改进

基于建模分析结果的设计改进的目的是对建模初步分析给出的不可测故障、冗余测试、故障模糊组、掩盖故障、冗余测试、掩盖测试等进行分析及处理，形成完整的故障与测试的关联矩阵，给基于矩阵的优化提供基础保证。

通过测试性建模分析，可得到不可测故障、故障模糊组、掩盖故障、冗余测试、掩盖测试等信息。

不可测故障影响故障检测率；故障模糊组、掩盖故障不影响故障检测率，但影响故障隔离率。针对不可测故障、故障模糊组、掩盖故障，可通过在合适位置增加测试/测试点进行改进。

冗余测试对故障检测率和故障隔离率均没有贡献，优先保留实现方法简单、可靠且费用低的测试；掩盖测试对故障检测率没有贡献，对故障隔离率有贡献，但需要结合产品不同层级的故障隔离要求分析保留该测试的必要性。

（2）基于关联矩阵的设计优化

$m\times n$ 关联矩阵如图2所示，其中第 i 行矩阵 $F_i=[d_{i1}\quad d_{i2}\quad\cdots\quad d_{im}]$ 表示第 i 个功能（故障）在各测试/测试点上的反应信息，第 j 列矩阵 $T_j=[d_{1j}\quad d_{2j}\quad\cdots\quad d_{mj}]$ 表示第 j 个测试/测试点对各功能（故障）的测试信息[8-9]。

$$D_{m\times n}=\begin{bmatrix} d_{11} & d_{12} & \cdots & d_{1n} \\ d_{21} & d_{22} & \cdots & d_{2n} \\ \vdots & \vdots & & \vdots \\ d_{m1} & d_{m2} & \cdots & d_{mn} \end{bmatrix}$$

图2　关联矩阵

优化时首先对矩阵的行和列进行简化运算：对于互为冗余测试的 T_i 和 T_j（T_i 和 T_j 满足：$T_i=T_j$ 且 $i\neq j$），优先保留实现方法简单、可靠且费用低的测试；对属于同一模糊组的功能（故障）F_k 行和 F_l 行（F_k 和 F_l 满足：$F_k=F_l$ 且 $k\neq l$），既然无法通过前期分析确定合适的隔离测试点加以区分，就说明这两个功能（故障）关联紧密，需要在设计时考虑把对应的功能电路设计到一个可更换单元上。

在采用关联矩阵等进行测试性设计优化分析时，一般都是定义测试关联故障为1、不关联为0来进行优化分析，这在一定程度上忽略了不同故障的影响，在测试/测试点数量受限时可能无法提供合理结果。为区分不同测试/测试点的重要程度，定义测试的贡献值（E）如下：

$$E=f(\lambda,F,D,T,C) \tag{1}$$

式中：λ—复杂度或可靠性影响参数；F—重要度或故障影响参数；D—设计难易程度参数；T—测试时间；C—费用。

为简化计算，这里只考虑 λ 和 F，测试的设计难易程度、时间及费用等，可作为设计前对测试/测试点进行取舍时的考虑因素。针对矩阵 $D_m\times n$，第 j 个测试/测试点的贡献值（E）计算公式如下：

$$E=\sum_{i=1}^{m}(d_{ij}\lambda_i K_i) \tag{2}$$

式中，λ_i 为第 i 个故障的故障率；K_i 为第 i 个故障的重要度或故障影响系数，$K_i=F_i/\sum_{j=1}^{m}(F_j)$，$F_j$ 的取值需要依据产品具体情况分析确定，可参考表1的示例。

表1　重要度或故障影响取值

级　别	最　低	较　低	中　等	较　高	最　高
取　值	1	2	3	4	5

优化过程：依据式(2)计算各测试/测试点的贡献值(E)，选取 E 值最大的作为第一个检测用测试点，并用其对应的矩阵 $T_j=[d_{1j}\quad d_{2j}\quad\cdots\quad d_{mj}]$ 将矩阵 $D_{m\times n}$ 分为两个子矩阵，即 T_j 中元素“0”对应行组成的子矩阵 D_p^0 和 T_j 中元素“1”对应行组成的子矩阵 D_p^1；如果矩阵 D_p^0 的行数不为0，则依据式(2)对矩阵 D_p^0 重新计算E值，选其中E值最大的作为第二个检测用测试点，并用其对应的列矩阵分割矩阵 D_p^0；重复上述操作直到选用的检测用测试点对应的列矩阵不再有为“0”的元素为止。没有为“0”的元素表明所有单元的功能（故障）均可被已选用的测试/测试点检测到。

通过上述过程得到按贡献值由高到低排列的故障检测用测试点集合，产品实际设计时，由于空间、资源及测试时间等的限制，不可能保证全部测试点均采用，这时可结合测试的设计难易程度、占用资源情况、时间及费用等因素对贡献低的测试/测试点进行筛选。

2　舵机BIT设计及优化

舵机是导弹控制系统的执行机构，其功能是依据控制信号，驱动四个舵面形成与指令信号成比例的舵偏角，控制导弹机动飞行[10]。舵机由控制器、执行机构和解锁机构等组成[11]，原理框图如图 3(a)所示。

测试需求分析结合舵机实测数据及舵机线性化仿真模型[12-13]、舵机动力学模型[14]、舵机结构非线性力学特性[15]开展，通过分析确定舵面零位状态、动态性能、电池电压等关键功能/性能，提出 DSP 检测、零位检测等 15 个 BIT 测试子项(T1～T15)，建立舵机测试性框图如图 3(b)所示。由于没有区分四个通道，所以图示存在多个测试点引出位置一样的情况；在 FMECA 基础上开展强化分析，去掉对任务无影响或影响极低的故障，采用 TMAS 软件完成相关性分析及初步建模，得到舵机测试与故障的关联矩阵。

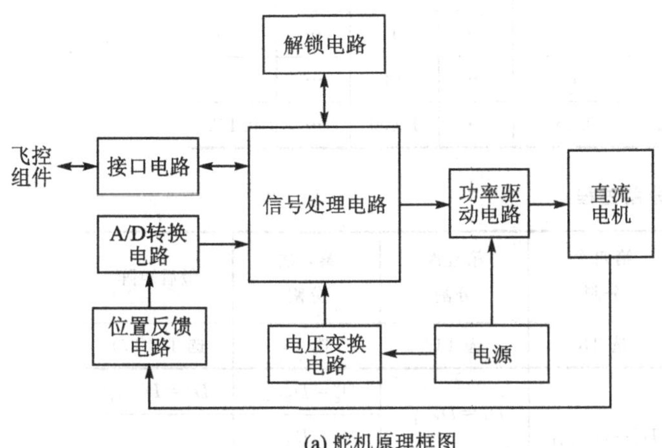

(a) 舵机原理框图

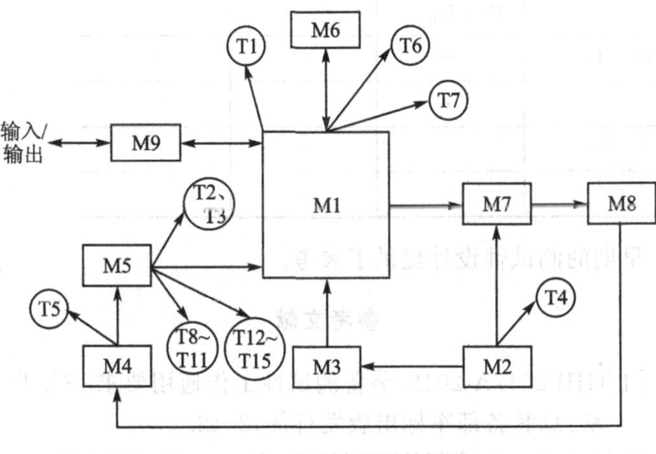

(b) 舵机测试性框图

图 3　舵机框图

(1) 结合建模分析结果的优化分析

由测试性建模及分析得到冗余测试 2 项、不可测故障 15 项。

冗余测试项处理："解锁状态检测 T6"和"解锁时间检测 T7"合并为"解锁状态检测 T6(T7)"、"初始舵偏角检测 T3"和"零位自检 T5"合并为"零位自检 T5(T3)"。

不可测故障(功能)15 项处理：

① 故障只在极端下才影响产品任务，1 项，"EMI 滤波器功能失效"；处理：分析表中删除、不进行测试，通过环境应力筛选对滤波器进行筛选；

② 由于 BIT 测试按工作时序执行漏掉的，10 项；增加"初始状态测试(T16)"测试，将输出信号通过光隔引入 DSP 空余端口进行判读；

③ 空间及资源有限而无法测试的，4 项，4 个通道"电机转速不平稳"；分析表中删除，不进行测试，通过电机工位性能测试进行筛选。

通过分析处理，从关联矩阵中删除不可测故障 5 项，合并掉测试 2 项，增加测试 1 项，保证了现有 14 项测试对 94 个故障的全部可检测。

(2) 基于关联矩阵的设计优化

形成的待分析关联矩阵 $D_{99\times14}$ 如表 2 所列。表中 $\lambda_i K_i$ 列为各故障的故障检测权值，统计值一行为各测试列中"1"的统计数，贡献值一行为各测试列考虑加入故障影响及重要度数据后计算得到的贡献值(在不影响分析的情况下该行数据小数点后保留 3 位)，由表中数据可知，T16 列"1"的统计值为 10，小于 T6 列的统计值 15，考虑故障影响及重要度后的贡献值 T16 列反而高于 T6 列，分析表明这符合设计实际。

计算可知 T8、T9、T10、T11 四列的贡献值完全一样、为最大值，这四列分别对应舵机 4 个通道的舵偏角测试，取 T11 为第一个故障检测用测试点，删除 T11 列所有"1"元素对应的行，得到子矩阵 $D_1^0 = D_{52\times14}$，重新计算矩阵 D_1^0 中各列的贡献值，取贡献值最大的 T10 列为第二个故障检测用测试点，重复执行上述分割过程，直到当前选择的故障检测用测试点对应的列没有"0"元素为止，如果分割中出现全"0"矩阵，说明结合建模分析结果的优化分析时未检测故障分析不彻底。分割过程见表 3，经过 6 步分割，形成故障检测用测试点的序列为：T11→T10→T9→T8→T16→T4→T6(T7)；结合功能/性能检测必要性分析，保留 T1 和 T5(T3)作为功能/性能监控测试点，形成舵机故障检测用测试点集合{T1、T5(T3)、T11、T10、T9、T8、T16、T4、T6(T7)}。

表 2 基于关联矩阵的优化分析

	$\lambda_i K_i$	T1	T2	T4	T5(T3)	T6(T7)	…	T11	…	T16
F1	0.499 1	0	0	0	0	0	…	0	…	1
F2	0.199 6	0	0	0	0	1	…	1	…	0
F3	0.066 5	0	0	0	0	0	…	0	…	0
F4	0.087 1	0	1	0	1	0	…	1	…	0
F5	0.034 9	0	0	0	0	0	…	1	…	0
F6	0.012 4	1	0	1	1	0	…	1	…	0
⋮	⋮	⋮	⋮	⋮	⋮	⋮	⋮	⋮	⋮	⋮
F96	0.128 7	0	0	0	0	0	…	0	…	0
F97	0.096 5	0	0	0	0	0	…	1	…	0
F98	0.064 3	0	1	0	1	0	…	1	…	0
F99	0.128 7	0	0	0	0	0	…	1	…	0
统计值		25	25	17	26	15	…	42	…	10
贡献值		0.234	0.981	0.213	0.982	0.154	…	1.450	…	0.172

表 3 矩阵分割过程

<table>
<tr><th>原始矩阵</th><th>第一次
分割</th><th>第二次
分割</th><th>第三次
分割</th><th>第四次
分割</th><th>第五次
分割</th><th>第六次
分割</th><th>最后矩阵</th></tr>
<tr><td></td><td>选 T11</td><td>选 T10</td><td>选 T9</td><td>选 T8</td><td>选 T16</td><td>选 T4</td><td>选 T6(T7)</td></tr>
<tr><td rowspan="7">$D_0^0=D_{99\times 14}$</td><td rowspan="6">$D_1^0=D_{52\times 14}$</td><td rowspan="5">$D_2^0=D_{40\times 14}$</td><td rowspan="4">$D_3^0=D_{28\times 14}$</td><td rowspan="3">$D_4^0=D_{16\times 14}$</td><td rowspan="2">$D_5^0=D_{6\times 14}$</td><td>$D_6^0=D_{2\times 14}$</td><td>$D_7^1=D_{2\times 14}$</td></tr>
<tr><td>$D_6^1=D_{4\times 14}$</td><td>—</td></tr>
<tr><td>$D_5^1=D_{10\times 14}$</td><td>—</td><td>—</td></tr>
<tr><td>$D_4^1=D_{12\times 14}$</td><td>—</td><td>—</td><td>—</td></tr>
<tr><td>$D_3^1=D_{12\times 14}$</td><td>—</td><td>—</td><td>—</td><td>—</td></tr>
<tr><td>$D_2^1=D_{12\times 14}$</td><td>—</td><td>—</td><td>—</td><td>—</td><td>—</td></tr>
<tr><td>$D_1^1=D_{17\times 14}$</td><td>—</td><td>—</td><td>—</td><td>—</td><td>—</td><td>—</td></tr>
</table>

通过设计优化，测试/测试点数量由最初的 15 个减少到 9 个，修正模型并对指标进行重新计算，BIT 的故障检测率由最初的 63.91%提高到 82.65%，且保证了对关键故障的全覆盖，表明设计优化的有效。

3 总 结

结合舵机研制，从工程实用角度提出了空空导弹研制早期基于多信号流模型的机内测试(BIT)正向设计思路及设计优化方法，应用验证的结果表明提出的流程和方法可操作性强、效果明显，对解决空空导弹研制早期测试性设计目的性不强、与测试性要求关联不紧密等问题有很好促进作用，同时也为其他装备研制早期的测试性设计提供了参考。

参考文献

[1]GJB 2547A-2012.装备测试性工作通用要求[S].北京：总装备部军标出版发行部，2012.

[2]刘私韬，石君友，李海伟，等.航电产品 BIT 研制流程设计与应用[J].工程设计学报，2013，22(5)：419-426.

[3] Deb S，Pattipati K R，Raghavan V，et al. Multi-signal flow graphs：a novel approach for system testability analysis and fault diagnosis[J]. Aeropace and Electronic System Magazine，1995，10(5)：14-25.

[4] 张晔,马彦恒,李刚,等.基于多信号流模型的雷达BIT测试能力分析[J].计算技术与自动化,2012,31(1):39-43.

[5] 林志文,马锐,万福,等.基于多信号流模型的诊断策略动态生成[J].计算机测量与控制,2016,25(5):18-25.

[6] 陈红涛,邓昱晨,袁建华,等.基于模型的系统工程的基本原理[J].中国航天,2016,3:18-23.

[7] 安世亚太科技股份有限公司.精益研发2.0:促进基于正向设计的自主创新[J].舰船科学技术,2015,37(12):184-185.

[8] 田仲,石君友,等.系统测试性设计分析与验证[M].北京:航空航天大学出版社,2003.

[9] 石君友,田仲,侯文魁,等.测试性设计分析与验证[M].北京:国防工业出版社,2011.

[10] 王婷,张昆峰,武飞,等.基于模型的舵机非线性因素补偿控制研究[J].航空兵器,2018(2):34-37.

[11] 付克亚.一种数字无刷电动舵机控制系统的设计[J].航空兵器,2018(4):84-88.

[12] 杨育荣,王建琦,李友年,等.空空导弹舵机性能分析方法[J].弹箭与制导学报,2012,32(5):57-60.

[13] 郭栋,李朝富.反操纵负载力矩对电动舵机性能的影响分析[J].航空兵器,2014(2):9-11.

[14] 张开敏,邓瑞清.舵机传动机构动力学建模与分析[J].航空兵器,2012(4):34-37.

[15] 张鹏,张开敏,沈颖.舵机结构非线性力学特性研究[J].航空兵器,2015(3):38-43.

脱粘对复合材料夹层结构剩余强度的影响

杨梦粤*，黄光启，杨胜春，程鹏飞

中国飞机强度研究所力学性能评定与测试中心，西安 710065

摘要：面板与夹层芯子之间的脱粘是复合材料夹层结构的一种常见缺陷。本文选取了复合材料压缩试验件和弯曲试验件两大类复合材料夹层结构试验件，进行了侧向压缩试验和四点弯曲试验，通过试验研究了脱粘缺陷对复合材料夹层结构压缩剩余强度和弯曲剩余强度的影响。研究表明：对于复合材料薄蒙皮夹层结构，脱粘缺陷的存在会对复合材料夹层结构的压缩剩余强度产生重要影响，在加载过程中脱粘区域的蒙皮会发生屈曲，脱粘尺寸越大，压缩剩余强度越低；对于厚蒙皮夹层结构，由于蒙皮较厚，脱粘区域不容易发生屈曲，一定范围内随着脱粘尺寸的增大，压缩剩余强度并不会发生明显变化；脱粘缺陷的存在会降低复合材料夹层结构的弯曲剩余强度，在加载过程中脱粘区域会发生屈曲、产生鼓包，随着载荷的增加，鼓包会越来越严重。

关键词：夹层结构；脱粘缺陷；屈曲；剩余强度

Effect of Debonding on Residual Strength of Composite Sandwich Structures

YANG Mengyue*, HUANG Guangqi, YANG Shengchun, CHENG Pengfei

Mechanical Evaluation & Testing Center, China Aircraft Strength Research Institute, Xi'an 710065, China

Abstract: Debonding between panel and sandwich core is a common defect of composite sandwich structure. In this paper, two kinds of composite sandwich structure test pieces, compression test piece and bending test piece, are selected to carry out lateral compression test and four point bending test. Through the test, the influence of debonding defects on the compressive residual strength and bending residual strength of composite sandwich structure is studied. The results show that the existence of debonding defects will have an important impact on the compressive residual strength of composite sandwich structure, and the skin in debonding area will buckle during the loading process. The larger the debonding size is, the lower the compressive residual strength is; for thick skin sandwich structure, because of the thick skin, the debonding area is not prone to buckling. Within a certain range, the compressive residual strength does not change significantly with the increase of debonding size; the existence of debonding defects will reduce the residual bending strength of composite sandwich structure. During the loading process, the debonding area will buckle and bulge. With the increase of load, the bulge will become more and more serious.

Keywords: sandwich structure; debonding defect; flexion; residual strength

复合材料夹层结构是复合材料面板胶接在轻质夹芯（如泡沫、蜂窝等）两侧所形成，具有抗弯刚度大、比强度高、性能可设计等优点，广泛应用于航空航天和轨道交通等领域[1-5]。损伤和缺陷的存在会对复合材料夹层结构的性能产生影响。脱粘缺陷（面板与夹芯之间的脱粘）是影响复合材料夹层结构的重要因素，需要在耐久性/损伤容限设计与验证中加以考虑[1,6-7]。

国内外多位学者均对含脱粘缺陷的复合材料夹层结构进行了研究，研究的内容包括脱粘缺陷对复合材料夹层结构强度的影响[8-9]、脱粘分析方法[10-12]、脱粘检测[13-15]与脱粘修补等。本文制造了含脱粘缺陷复合材料夹层结构压缩试验件和含脱战缺陷复合材料夹层

基金项目：国家自然科学基金；航空科学基金

*通讯作者．E-mail：hkxb@buaa.edu.cn

结构弯曲试验件，通过试验研究了脱粘缺陷对复合材料夹层结构压缩剩余强度和弯曲剩余强度的影响。

1 试验件

共制造了两大类试验件，分别为含脱粘缺陷复合材料夹层结构压缩试验件和含脱战缺陷复合材料夹层结构弯曲试验件。其中含脱粘缺陷复合材料夹层结构压缩试验件又包含薄蒙皮和厚蒙皮两类，试验矩阵见表 1，试验件尺寸、损伤/缺陷预制部位和应变计粘贴位置见图 1。含脱粘缺陷复合材料夹层结构弯曲试验件的试验矩阵见表 2，试验件尺寸、损伤/缺陷预制部位和应变计粘贴位置见图 2。

表 1　夹层结构压缩试验矩阵

试验件类型	铺层方案	缺陷尺寸	数量/件
薄蒙皮试验件	[45/90/90 蜂窝$_{19.05}$90/90/45]	ϕ15	6
		ϕ20	6
		ϕ25	6
		ϕ30	6
厚蒙皮试验件	[45/90/90/45/0/45/-45/-45/0 蜂窝$_{6.35}$0/-45/-45/45/0/45/90/90/45]	ϕ40	6
		ϕ50	6

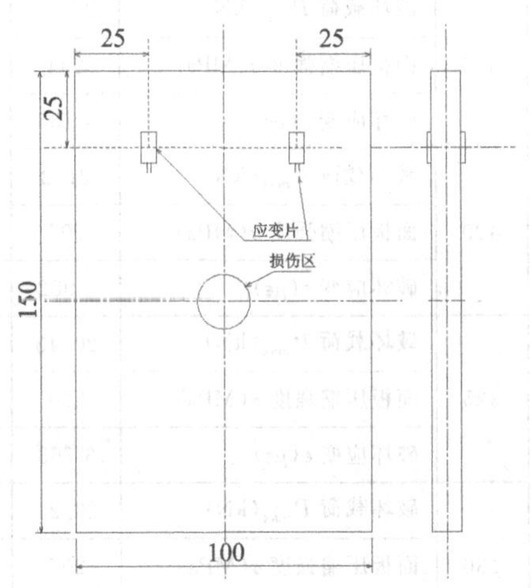

图 1　压缩试验件(单位：mm)

表 2　夹层结构弯曲试验矩阵

试验件类型	铺层方案	缺陷尺寸	数量/件
薄蒙皮试验件	[45/90/90 蜂窝 19.0590/90/45]	ϕ0	6
		ϕ20	6
		ϕ25	6

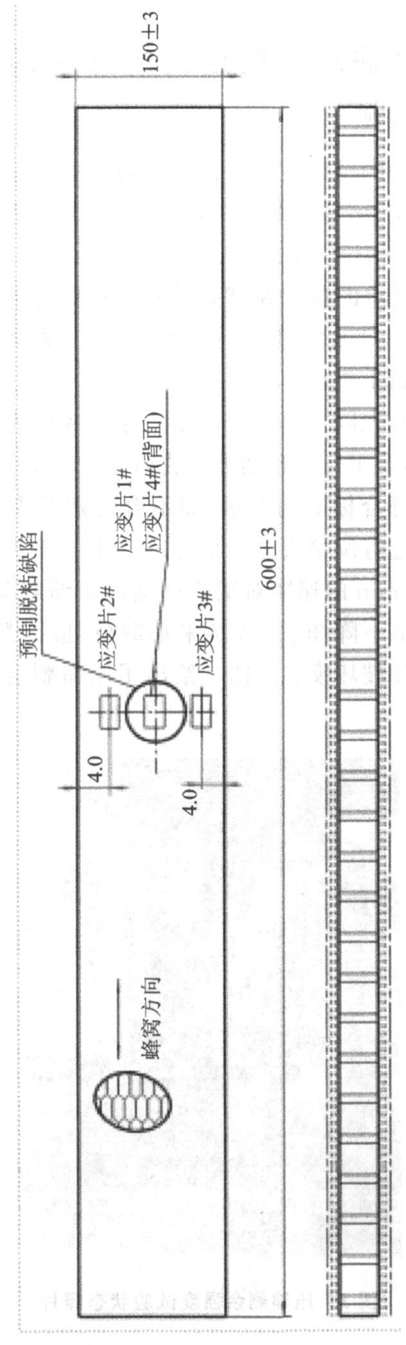

图 2　弯曲试验件(单位：mm)

2 试　验

试验件的脱胶缺陷在制造过程中进行预制，试验前对脱胶缺陷的试验件采用敲击法进行无损检测，给出缺陷尺寸/损伤面积。试验环境均为室温大气环境：温度(23±2) ℃。试验前所有试验件在实验室标准环境下(温度(23±2) ℃，相对湿度(50%±10%) RH)至少放置 24 h。

2.1 含缺陷夹层结构的压缩剩余强度试验

无损检测结束后进行含脱粘缺陷夹层结构压缩剩余强度试验，试验按照 ASTM D7137“聚合物基复合材料面板损伤后压缩剩余强度的标准试验方法”标准进行。按照图 1 所示的位置在试验件两面背对背地粘贴应变计，应变由 ST－24 数据采集仪采集。试验在 Instron 8804 试验机上进行。

试验时先以 1.25 mm/min 的速率对试验件施加压缩载荷，直至达到预期破坏载荷的 10%，检查弯曲百分比是否符合标准的要求，如不合格则对夹具的位置或者装配进行调整直至满足标准要求。正式试验时以 1.25 mm/min 的速率对试验件施加压缩载荷，直至载荷从最大值下降 30%，连续采集载荷-应变数据，记录最大载荷和破坏模式。图 3 给出了压缩剩余强度试验状态照片。

图 3　压缩剩余强度试验状态照片

2.2 含缺陷夹层结构的弯曲剩余强度试验

对夹层结构弯曲试验件无损检测结束后进行含脱粘缺陷夹层结构弯曲剩余强度试验。含脱粘缺陷四点弯曲试验按照 ASTM D7249 执行。试验前按照图 2 的要求进行应变计粘贴。试验夹具的下支座跨距为 560 mm，上压头跨距为 100 mm。采用 6 mm/min 的加载速率对试验件施加压缩载荷直至试验件破坏，连续采集载荷-应变、载荷-挠度数据。试验状态如图 4 所示。

图 4　弯曲剩余强度试验状态照片

3 试验结果与分析

3.1 含缺陷夹层结构压缩剩余强度试验结果

含脱粘缺陷夹层结构的压缩剩余强度试验的试验结果汇总表见表 3。

表 3　压缩剩余强度试验结果汇总表

结构形式	缺陷尺寸	性　能	平均值	变异系数/%
薄蒙皮试验件	ϕ15	破坏载荷 P_{max}(kN)	22.55	8.94
		面板压缩强度 σ(MPa)	234	10.5
		破坏应变 ε($\mu\varepsilon$)	4 135	7.85
	ϕ20	破坏载荷 P_{max}(kN)	21.3	8.43
		面板压缩强度 σ(MPa)	207	11.2
		破坏应变 ε($\mu\varepsilon$)	3 982	8.23
	ϕ25	破坏载荷 P_{max}(kN)	20.43	12.3
		面板压缩强度 σ(MPa)	200	12.4
		破坏应变 ε($\mu\varepsilon$)	3 763	14.9
	ϕ30	破坏载荷 P_{max}(kN)	20.21	16.8
		面板压缩强度 σ(MPa)	207	21.0
		破坏应变 ε($\mu\varepsilon$)	4 146	7.30
厚蒙皮试验件	ϕ40	破坏载荷 P_{max}(kN)	76.66	5.17
		面板压缩强度 σ(MPa)	163	3.54
		破坏应变 ε($\mu\varepsilon$)	4 702	7.81
	ϕ50	破坏载荷 P_{max}(kN)	76.47	3.97
		面板压缩强度 σ(MPa)	164	3.24
		破坏应变 ε($\mu\varepsilon$)	4 758	5.36

图 5 所示为含有脱粘缺陷的薄蒙皮蜂窝夹层压缩试验破坏载荷-缺陷尺寸曲线。图 5 中的各点破坏载荷为各缺陷尺寸下的平均破坏载荷。由图 5 可以看出，随着脱粘缺陷尺寸的增大，蜂窝夹层的剩余强度逐渐降低，剩余强度与缺陷直径呈非线性相关。试验过程中观测到当临近破坏时脱粘区域的蒙皮会发生屈曲，产生鼓包。

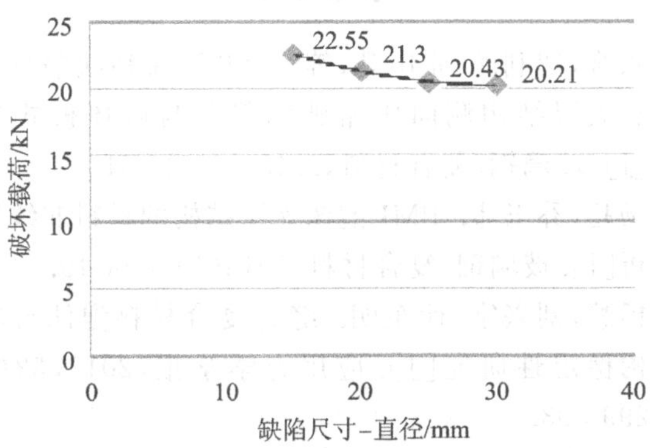

图 5　含有脱粘缺陷的薄蒙皮蜂窝夹层压缩破坏载荷-缺陷尺寸曲线

图 6 所示为含有脱粘缺陷的厚蒙皮夹层结构压缩破坏载荷柱状图。由图 6 可以看出，含有直径 40 mm 预制脱粘缺陷和含有直径 50 mm 预制脱粘缺陷的泡沫夹层压缩强度基本相当。试验过程中并未观测到临近破坏时脱粘区域的蒙皮发生屈曲，当试验件发生破坏的瞬间，蒙皮才会褶皱破坏。所以对于厚蒙皮夹层结构，脱粘区域不容易发生区域，导致其压缩剩余强度对脱粘尺寸并不敏感。

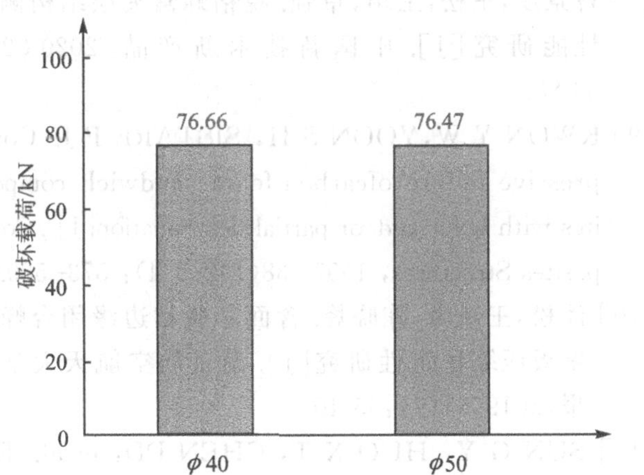

图 6　含有脱粘缺陷的厚蒙皮夹层结构压缩破坏载荷柱状图

3.2　含缺陷夹层结构弯曲剩余强度试验结果

含脱粘缺陷夹层结构的弯曲剩余强度试验的试验结果汇总表见表 4。

表 4　弯曲剩余强度试验结果汇总表

试验项目	缺陷尺寸/mm	性　能	平均值	变异系数/%
含脱胶四点弯曲试验	0	破坏载荷 P_{max}(kN)	4.92	3.39
		面板强度 σ(MPa)	382	5.23
		破坏应变 $\varepsilon(\mu\varepsilon)$	6 533	4.62
	ϕ20	破坏载荷 P_{max}(kN)	3.98	8.39
		面板强度 σ(MPa)	317	9.09
		破坏应变 $\varepsilon(\mu\varepsilon)$	5 579	7.78
	ϕ25	破坏载荷 P_{max}(kN)	3.97	5.84
		面板强度 σ(MPa)	315	5.79
		破坏应变 $\varepsilon(\mu\varepsilon)$	5 757	7.32

图 7 所示为含有脱粘缺陷的夹层结构四点弯曲破坏载荷-缺陷尺寸曲线。从图 7 可以看到，脱粘的出现会影响蜂窝夹层结构的四点弯曲强度，出现缺陷以后四点弯曲强度明显降低。

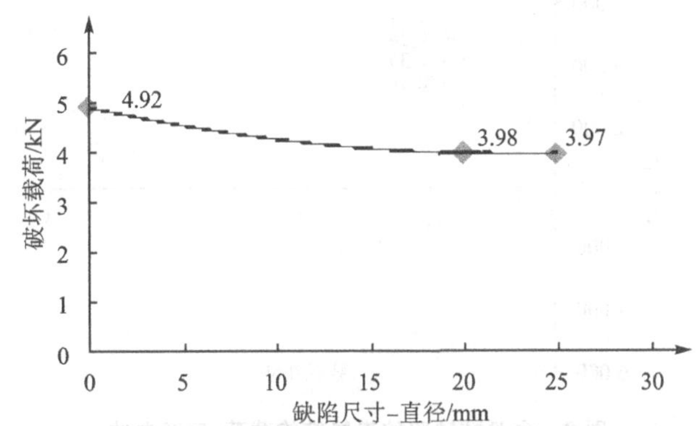

图 7　含有脱粘缺陷的夹层结构四点弯曲破坏载荷-缺陷尺寸曲线

试验中观察到的现象：

① 对于没有脱粘缺陷的试验件，整个试验过程中，夹层结构的上下面板在破坏之间均没有任何目视可见的变化。

② 对于有缺陷的试验件：开始加载时，上下面板无目视可见的变化；当载荷增大到一定程度，上面板脱粘区域附近发生屈曲，产生鼓包，随着载荷的增大，鼓包越来越严重，最终破坏时，上面板脱粘区域发生较大褶皱，面板与蜂窝之间分层严重。

图 8 和图 9 所示分别为无脱粘缺陷和有脱粘缺陷夹层结构的载荷-应变曲线。

① 对于无脱粘试验件，弯曲试验过程中上下面板

的应力应变均呈现为线性。

② 对于有脱粘试验件，当载荷较小、脱粘区域未发生屈曲时，位于脱粘区域和不在脱粘区域的点均呈现出线性；当载荷增大到一定程度，脱粘区域发生屈曲，当鼓包出现时，应变4(图2给出应变计的位置)的应变值由负变正，其他三个点的应变也发生波动和斜率改变。

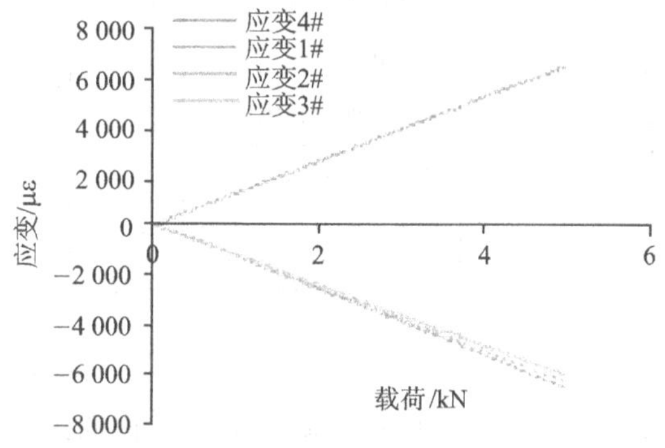

图8　无脱粘缺陷的夹层结构载荷-应变曲线

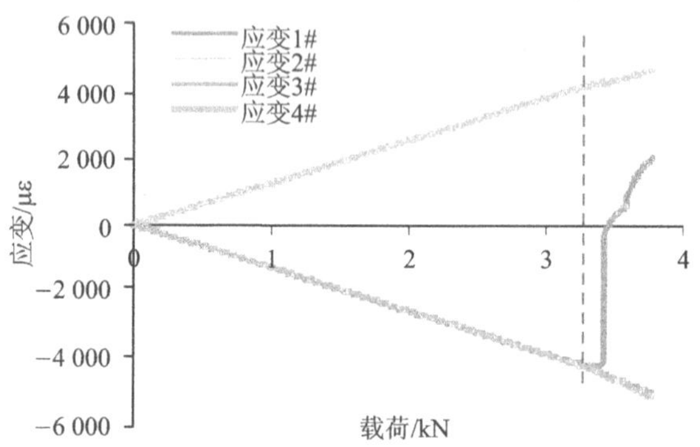

图9　含脱粘缺陷的夹层结构载荷-应变曲线

4 结　论

① 对于含脱粘缺陷的复合材料薄蒙皮夹层结构，在压缩加载过程中，当临近破坏时脱粘区域的蒙皮会发生屈曲，产生鼓包。

② 对于含脱粘缺陷的复合材料厚蒙皮夹层结构，在压缩加载过程中，当临近破坏时脱粘区域并不会发生目视可见的屈曲。厚蒙皮夹层结构的脱粘区域不容易发生屈曲。

③ 对于含脱粘缺陷的复合材料薄蒙皮夹层结构，脱粘缺陷的存在会对复合材料夹层结构的压缩剩余强度产生重要影响，脱粘尺寸越大，压缩剩余强度越低。

④ 对于含脱粘缺陷的复合材料厚蒙皮夹层结构，由于蒙皮较厚，脱粘区域不容易发生屈曲，一定范围内随着脱粘尺寸的增大，压缩剩余强度并不会发生明显变化。

⑤ 脱粘缺陷的存在会降低复合材料夹层结构的弯曲剩余强度，在加载过程中脱粘区域会发生屈曲、产生鼓包，随着载荷的增加，鼓包会越来越严重。

参考文献

[1] 张维，罗利龙，张国凡，等. 含圆形脱粘缺陷复合材料夹层结构侧向压缩破坏载荷与破坏模式分析[J]. 玻璃钢/复合材料，2018(9)：46-51.

[2] 汤超，乔玉炜. PMI泡沫夹层结构的材料非线性分析[J]. 玻璃钢/复合材料，2013(1)：14-19.

[3] 杨慧，刘兴宇，徐东明. 缝合复合材料泡沫夹层结构稳定性研究[J]. 应用力学学报，2015，32(2)：299-303.

[4] 张铁亮，丁运亮，金海波. 基于有限元法的蜂窝夹层结构稳定性研究[J]. 复合材料学报，2012，29(3)：184-190.

[5] 杜善义. 先进复合材料与航空航天[J]. 复合材料学报，2007，24(1)：1-12.

[6] 陈业标，汪海，陈秀华. 飞机复合材料结构强度分析[M]. 上海：上海交通大学出版社，2001.

[7] CMH－17G协调委员会. 复合材料手册第3卷[M]. 汪海，沈真，等译. 上海：上海交通大学出版社，2015：510-671.

[8] 曹景斌，王松，王珺，章强. 脱粘蜂窝夹层结构侧压性能研究[J]. 中国新技术新产品，2020(2)：86-88.

[9] KWON Y W，YOON S H，SISTARE P J. Compressive failure ofcarbon-foam sandwich composites with holes and/or partial delamination[J]. Composites Structures，1997，38(1/2/3/4)：573- 580.

[10] 潘松，王新峰，陈晓烽. 含面芯脱粘边缘闭合蜂窝壁板压缩稳定性研究[J]. 南京航空航天大学学报，2019，51(1)：35-40.

[11] SUN G Y，HUO X T，CHEN DD，et al. Experimental and numerical study on honeycomb sandwich panels under bending and in-panel compression [J]. Materials and Design，2017，133：154-168.

[12] 杜正兴，刘洪权. 复合材料蜂窝夹层结构轴压载荷下总体屈曲计算研究[J]. 强度与环境，2015，42

(6):11-16.

[13] 张继敏,周晖,刘奎. 航空复合材料多层蜂窝夹芯结构的空气耦合式超声检测技术研究[J]. 复合材料科学与工程,2020(9): 74-78,99.

[14] 彭博,税国双,汪越胜. 蜂窝夹层板结构中导波的传播特性及其脱粘损伤的检测[J]. 振动与冲击,2019,38(12): 140-147.

[15] 高飞,姬鼎丞,王军伟,等. 航天器蜂窝夹层结构脱粘损伤的导波检测与成像方法[J]. 航天器工程,2021,30(1): 57-63.

[16] 李莺歌,周占伟,尉世厚,等. 蜂窝夹层结构板-芯脱粘后的修补及对透气性的影响研究[J]. 复合材料科学与工程,2021(5): 92-97.

[17] 张娅婷,陈亮,李健芳,等. 复合材料蜂窝夹层结构的局部脱粘缺陷修补评价[J]. 玻璃钢/复合材料,2014(8): 67-71.

约束状态的飞行器 GVT 解耦自由状态动特性

刘继军

中国飞机强度研究所航空振动与噪声科学技术重点实验室，西安 710065

摘要： 考虑到未来大起飞重量和大展弦比翼展飞行器在地面振动试验中支承系统低频特性难以满足的问题，本文应用子结构解耦法的思路，从固支和弹性支承下的飞行器的动特性解耦出飞行器自由状态的动特性。建立固支和弹性支承下的飞行器等效模型，将支承结构-飞行器视为整体系统，支承结构和飞行器视为子结构，分别获得固支和弹性约束下支承结构与整体系统频响后，经过解耦计算获得飞行器的自由状态频响，并详细讨论了支承结构的参数对解耦结果的影响及方法的可行性。

关键词： 地面振动试验；模型综合；子结构解耦法；频响函数

Decoupling Free Body Dynamic Characteristics from Constrained Vehicle GVT

LIU Jijun

Aircraft Strength Research Institute of China, Aviation Key Laboratory of Science and Technology on Vibration and Noise, Xi'an 710065, China

Abstract: Taking into account the problem that the low-frequency characteristics of the support system of the future large take-off weight and large aspect ratio wingspan aircraft will be difficult to meet in the Ground Vibration Test (GVT), this paper applies the idea of substructure decoupling method to decouple the free state dynamic characteristics of the aircraft under fixed support and elastic support. The equivalent model of aircraft with fixed support and elastic support is established. The support-aircraft system is regarded as the whole structure, and the support structure and the aircraft are regarded as substructures respectively. After obtaining the frequency response of the support structure and the whole system with fixed support and elastic constraint, the free-state frequency response of the aircraft can be obtained through decoupling calculation. Furthermore, the influence of the parameters of the supporting structure on the decoupling results and the feasibility of the method are discussed in detail.

Keywords: ground vibration test; modal synthesis; substructure decoupling; frequency response function

近年我国航空工业的快速发展，研制出了很多不同用途、不同结构特征的飞行器，比如大型运输机、长航时大展弦比的无人机。大型运输机满载起飞重量可达上百吨，大展弦比的无人机翼展可达几十米。可以预见，未来飞行器将在起飞重量和翼展指标更加极端。这将带给相应的全机地面试验方法、设施和能力更多的挑战。地面振动试验(GVT)就是全机地面试验之一，是飞机首飞前地面最后一个全机试验，有着重要意义。GVT 虽然在地面上进行，但实际上是研究飞行器空中自由-自由状态下的动力学特性，所以飞行器的 GVT 需要频率非常低的支承系统，比如空气弹簧、橡皮绳、气囊等，一般航空要求支承系统频率低于飞行器最低弹性频率的 1/3[1]，而航天甚至要求低于 1/6[2]。对于数百吨起飞重量的大型飞行器，空气弹簧支承能力、支承频率将受到限制，无法实现有效支托，甚至会增加试验安全隐患。对于大展弦比翼展飞行器，其弹性模态的频率甚至低于上述支承系统，将导致无法准确识别飞行器的动力学参数。目前可行的支承系统是采用非线性硬弹簧，通过合理设计，充分利用载荷-变形特性曲线的近似零刚度区，从而获得非常低的支承或悬吊频率，但也存在载荷偏差难以保证的风险。

考虑到 GVT 中支承系统存在的问题，本文换一种思路，不再刻意追求支承系统的低频特性，而利用子结构解耦[3]思想，从固支和弹性支承下的飞行器结构动力学特性(频响函数,FRF)解耦出飞行器自由状态的FRF。将支承-飞行器视为整体结构AB,支承结构为子结构A,飞行器则为待测子结构B。支承结构A和待测结构B通过界面协调条件构成整体结构AB;在分别获得支承结构与整体结构频响后,经过解耦计算获得待测结构的自由频响。结构约束状态下的FRF提取自由状态的FRF问题可看作子结构综合的反问题——子结构解耦。子结构解耦法的具体思路为:

① 在整体结构AB上综合一个支承结构的"负结构"$-A$(合并求解);

② 在综合时,用界面力g_c来代替支承结构A对待测结构B的作用,从而识别待测结构B,即$AB-A=B$。

子结构解耦是近年结构动力学研究的热点之一,国外学者开展了子结构解耦方法对偶表示方法[4-5],还有模态截断[6]、界面连接自由度选择[7]、病态问题[8]、旋转自由度[9-10]等对解耦精度的影响问题的研究,但对不同边界条件下的结构动特性解耦研究非常少。Allen[11]等利用子结构解耦开展过结构在弹性夹具支持下获取固支状态的模态研究。国内王栋[12]等开展过弹性边界试验获取自由状态频响方法的研究,但主要集中在界面自由度选择对结果的影响研究。本文则飞行器GVT实际工程应用为背景,主要研究支承结构各参数对解耦精度的影响及误差的原因,为应用实施提供依据。

1 子结构解耦方法

子结构解耦法是子结构综合法的拓展应用,它们的基本原理和求解方法也相似。在图1中,在整体结构AB界面处施加附加力,即代替子结构A的连接力,使得子结构B作为整体结构AB的一部分的行为而不受子结构A的连接力作用,这时B的行为就像它与A分离一样,从而获得B的FRF即实现动力学特性解耦。

以整体结构AB为研究对象,对于线性时不变振动系统,结构动力学方程可表示如下:

$$\begin{bmatrix} \boldsymbol{Z}_{aa}^{AB} & \boldsymbol{Z}_{ac}^{AB} & \boldsymbol{Z}_{ab}^{AB} \\ \boldsymbol{Z}_{ca}^{AB} & \boldsymbol{Z}_{cc}^{AB} & \boldsymbol{Z}_{cb}^{AB} \\ \boldsymbol{Z}_{ba}^{AB} & \boldsymbol{Z}_{bc}^{AB} & \boldsymbol{Z}_{bb}^{AB} \end{bmatrix} \begin{bmatrix} \boldsymbol{u}_a \\ \boldsymbol{u}_c \\ \boldsymbol{u}_b \end{bmatrix} = \begin{bmatrix} \boldsymbol{f}_a \\ \boldsymbol{f}_c \\ \boldsymbol{f}_b \end{bmatrix} - \begin{bmatrix} 0 \\ \boldsymbol{g}_c \\ 0 \end{bmatrix} \tag{1}$$

对于子结构A,则

$$\begin{bmatrix} \boldsymbol{Z}_{aa}^{A} & \boldsymbol{Z}_{ac}^{A} \\ \boldsymbol{Z}_{ca}^{A} & \boldsymbol{Z}_{cc}^{A} \end{bmatrix} \begin{bmatrix} \boldsymbol{u}_a^{A} \\ \boldsymbol{u}_c^{A} \end{bmatrix} = \begin{bmatrix} \boldsymbol{f}_a^{A} \\ \boldsymbol{f}_c^{A} \end{bmatrix} + \begin{bmatrix} 0 \\ \boldsymbol{g}_c^{A} \end{bmatrix} \tag{2}$$

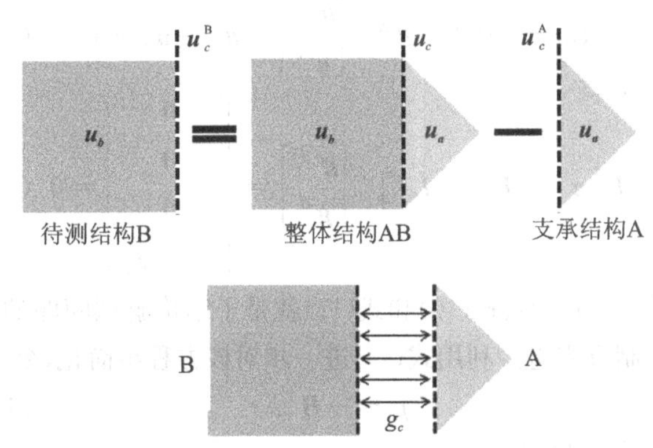

图1 子结构解耦法示意图

也可分别简写为

$$\boldsymbol{Z}^{AB}\boldsymbol{u}^{AB} = \boldsymbol{f}^{AB} - \boldsymbol{g}^{AB} \tag{3}$$

$$\boldsymbol{Z}^{A}\boldsymbol{u}^{A} = \boldsymbol{f}^{A} + \boldsymbol{g}^{A} \tag{4}$$

式中:$\boldsymbol{Z}^*$表示子结构的广义动刚度矩阵,$\boldsymbol{u}^*$表示子结构广义位移自由度向量,$\boldsymbol{f}^*$表示广义外力向量,$\boldsymbol{g}^*$表示附加连接力(界面力)向量,它们都是频率的函数(为了方便,不显示的表示)。下标a,b和c分别表示子结构A、B的内部自由度和界面综合自由度;上标A、B和AB分别表示子结构A、B和整体结构AB。

考虑刚性界面连接情形,界面上的协调方程和平衡方程为

$$\boldsymbol{u}_c - \boldsymbol{u}_c^{A} = 0 \tag{5}$$

$$\boldsymbol{g}_c + \boldsymbol{g}_c^{A} = 0 \tag{6}$$

为了方便程序实现,引入两个符号布尔矩阵$\boldsymbol{B}$和$\boldsymbol{L}$建立子结构界面自由度的协调和平衡关系。$\boldsymbol{B}$矩阵将整体结构AB和子结构A的自由度组合映射成它们界面协调关系;$\boldsymbol{L}$矩阵类似有限元中单元组集整体过程中的定位矩阵,将各子结构的界面自由度在整体自由度向量定位。一个重要的性质是,$\boldsymbol{B}$和$\boldsymbol{L}$可互相表示为对方的零空间(核空间),即

$$\begin{cases} \boldsymbol{L} = \mathrm{null}(\boldsymbol{B}), & \boldsymbol{B}^{T} = \mathrm{null}(\boldsymbol{L}^{T}) \\ \boldsymbol{L}^{T}\boldsymbol{B}^{T} = \boldsymbol{0}, & \boldsymbol{B}\boldsymbol{L} = \boldsymbol{0} \end{cases} \tag{7}$$

$\boldsymbol{B}$和$\boldsymbol{L}$矩阵分别为

$$\boldsymbol{B} = [\boldsymbol{B}^{AB} \quad \boldsymbol{B}^{A}] = [\boldsymbol{0} \quad \boldsymbol{I} \quad \boldsymbol{0} \mid \boldsymbol{0} \quad -\boldsymbol{I}] \tag{8}$$

$$\boldsymbol{L} = \begin{bmatrix} \boldsymbol{L}^{AB} \\ \boldsymbol{L}^{A} \end{bmatrix} = \begin{bmatrix} \boldsymbol{I} & \boldsymbol{0} & \boldsymbol{0} & \boldsymbol{0} \\ \boldsymbol{0} & \boldsymbol{0} & \boldsymbol{0} & \boldsymbol{I} \\ \boldsymbol{0} & \boldsymbol{I} & \boldsymbol{0} & \boldsymbol{0} \\ \hline \boldsymbol{0} & \boldsymbol{0} & \boldsymbol{I} & \boldsymbol{0} \\ \boldsymbol{0} & \boldsymbol{0} & \boldsymbol{0} & \boldsymbol{I} \end{bmatrix} \tag{9}$$

则协调方程和平衡方程可表示为

$$\boldsymbol{B}\boldsymbol{u}=[\boldsymbol{B}^{\mathrm{AB}}\quad \boldsymbol{B}^{\mathrm{A}}]\begin{bmatrix}\boldsymbol{u}^{\mathrm{AB}}\\ \boldsymbol{u}^{\mathrm{A}}\end{bmatrix}=\boldsymbol{u}_c-\boldsymbol{u}_c^{\mathrm{A}}=0 \tag{10}$$

$$\boldsymbol{L}^{\mathrm{T}}\boldsymbol{g}=[\boldsymbol{L}^{\mathrm{AB}}\quad \boldsymbol{L}^{\mathrm{A}}]^{\mathrm{T}}\begin{bmatrix}\boldsymbol{g}^{\mathrm{AB}}\\ \boldsymbol{g}^{\mathrm{A}}\end{bmatrix}=\begin{bmatrix}\boldsymbol{0}\\ \boldsymbol{0}\\ \boldsymbol{0}\\ \boldsymbol{g}_c+\boldsymbol{g}_c^{\mathrm{A}}\end{bmatrix}=\boldsymbol{0} \tag{11}$$

则式(1)、式(2)、式(10)和式(11)就是子结构解耦问题的完整控制方程组。利用式(7),进一步对该方程组简化,令

$$g=-\boldsymbol{B}^{\mathrm{T}}\lambda \tag{12}$$

则方程(11)可写为

$$\boldsymbol{L}^{\mathrm{T}}\boldsymbol{g}=-\boldsymbol{L}^{\mathrm{T}}\boldsymbol{B}^{\mathrm{T}}\lambda=\boldsymbol{0} \tag{13}$$

式中:λ 是 Lagrange 乘子,物理意义是界面力大小。此时,界面的平衡方程自动满足。重写控制方程组的对称形式为

$$\begin{bmatrix}\boldsymbol{Z}^{\mathrm{AB}} & \boldsymbol{0} & \boldsymbol{B}^{\mathrm{AB^T}}\\ \boldsymbol{0} & -\boldsymbol{Z}^{\mathrm{A}} & \boldsymbol{B}^{\mathrm{A^T}}\\ \boldsymbol{B}^{\mathrm{AB}} & \boldsymbol{B}^{\mathrm{A}} & \boldsymbol{0}\end{bmatrix}\begin{bmatrix}\boldsymbol{u}^{\mathrm{AB}}\\ \boldsymbol{u}^{\mathrm{A}}\\ \lambda\end{bmatrix}=\begin{bmatrix}\boldsymbol{f}^{\mathrm{AB}}\\ -\boldsymbol{f}^{\mathrm{A}}\\ \boldsymbol{0}\end{bmatrix} \tag{14}$$

待测结构 B 是解耦对象,为了推导简单,令 $\boldsymbol{f}^{\mathrm{A}}=\boldsymbol{0}$,则 $\boldsymbol{f}^{\mathrm{AB}}=[\boldsymbol{0}\quad \boldsymbol{0}\quad \boldsymbol{f}_b]^{\mathrm{T}}$,则由(14)得

$$\begin{gathered}\boldsymbol{u}^{\mathrm{AB}}=\boldsymbol{Z}^{\mathrm{AB}^{-1}}(\boldsymbol{f}^{\mathrm{AB}}-B^{\mathrm{AB^T}}\lambda)\\ \lambda=(\boldsymbol{B}^{\mathrm{AB}}\boldsymbol{Z}^{\mathrm{AB}^{-1}}\boldsymbol{B}^{\mathrm{AB^T}}-\boldsymbol{B}^{\mathrm{A}}\boldsymbol{Z}^{\mathrm{A}^{-1}}\boldsymbol{B}^{\mathrm{A^T}})^{-1}\boldsymbol{B}^{\mathrm{AB}}\boldsymbol{Z}^{\mathrm{AB}^{-1}}\boldsymbol{f}^{\mathrm{AB}}\end{gathered} \tag{15}$$

动刚度矩阵的逆即频响函数矩阵,即

$$\boldsymbol{Z}^{\mathrm{AB}^{-1}}=\boldsymbol{H}^{\mathrm{AB}},\quad \boldsymbol{Z}^{\mathrm{A}^{-1}}=\boldsymbol{H}^{\mathrm{A}} \tag{16}$$

将式(16)代入式(15)得到

$$\begin{gathered}\boldsymbol{u}^{\mathrm{AB}}=\boldsymbol{H}^{\mathrm{AB}}\boldsymbol{f}^{\mathrm{AB}}-\boldsymbol{H}^{\mathrm{AB}}\boldsymbol{B}^{\mathrm{AB^T}}\boldsymbol{Z}_{\mathrm{int}}\boldsymbol{u}_{\mathrm{int}}\\ \boldsymbol{Z}_{\mathrm{int}}=(\boldsymbol{B}^{\mathrm{AB}}\boldsymbol{H}^{\mathrm{AB}}\boldsymbol{B}^{\mathrm{AB^T}}-\boldsymbol{B}^{\mathrm{A}}\boldsymbol{H}^{\mathrm{A}}\boldsymbol{B}^{\mathrm{A^T}})^{-1}\\ \boldsymbol{u}_{\mathrm{int}}=\boldsymbol{B}^{\mathrm{AB}}\boldsymbol{H}^{\mathrm{AB}}\boldsymbol{f}^{\mathrm{AB}}\end{gathered} \tag{17}$$

式中:$\boldsymbol{H}^{\mathrm{AB}}\boldsymbol{f}^{\mathrm{AB}}$ 表示整体结构 AB 在外力 $\boldsymbol{f}^{\mathrm{AB}}$ 作用下的位移响应,其中界面处位移响应为 $\boldsymbol{u}_{\mathrm{int}}$,$\boldsymbol{Z}_{\mathrm{int}}\boldsymbol{u}_{\mathrm{int}}$ 为消除子结构 A 的影响而在界面自由度上施加的修正力,$\boldsymbol{Z}_{\mathrm{int}}$ 是界面处的修正刚度。

将式(17)写成矩阵形式:

$$\begin{bmatrix}\boldsymbol{u}_a\\ \boldsymbol{u}_c\\ \boldsymbol{u}_b\end{bmatrix}=\left(\begin{bmatrix}\boldsymbol{H}_{aa}^{\mathrm{AB}} & \boldsymbol{H}_{ac}^{\mathrm{AB}} & \boldsymbol{H}_{ab}^{\mathrm{AB}}\\ \boldsymbol{H}_{ca}^{\mathrm{AB}} & \boldsymbol{H}_{cc}^{\mathrm{AB}} & \boldsymbol{H}_{cb}^{\mathrm{AB}}\\ \boldsymbol{H}_{ba}^{\mathrm{AB}} & \boldsymbol{H}_{bc}^{\mathrm{AB}} & \boldsymbol{H}_{bb}^{\mathrm{AB}}\end{bmatrix}-\begin{bmatrix}\boldsymbol{H}_{ac}^{\mathrm{AB}}\\ \boldsymbol{H}_{cc}^{\mathrm{AB}}\\ \boldsymbol{H}_{bc}^{\mathrm{AB}}\end{bmatrix}(\boldsymbol{H}_{cc}^{\mathrm{AB}}-\boldsymbol{H}_{cc}^{\mathrm{A}})^{-1}[\boldsymbol{H}_{ca}^{\mathrm{AB}}\quad \boldsymbol{H}_{cc}^{\mathrm{AB}}\quad \boldsymbol{H}_{cb}^{\mathrm{AB}}]\right)\begin{bmatrix}\boldsymbol{0}\\ \boldsymbol{0}\\ \boldsymbol{f}_b\end{bmatrix} \tag{18}$$

则可得解耦后待测结构 B 的频响函数 $\boldsymbol{H}^{\mathrm{B}}$:

$$\boldsymbol{u}_b=\boldsymbol{H}_{bb}^{\mathrm{B}}\boldsymbol{f}_b=[\boldsymbol{H}_{bb}^{\mathrm{AB}}-\boldsymbol{H}_{bc}^{\mathrm{AB}}(\boldsymbol{H}_{cc}^{\mathrm{AB}}-\boldsymbol{H}_{cc}^{\mathrm{A}})^{-1}\boldsymbol{H}_{cb}^{\mathrm{AB}}]\boldsymbol{f}_b \tag{19}$$

2 飞行器约束状态动力学特性解耦

飞行器的 GVT 一般对支承频率要求远低于其固有频率。对于大型和大翼展飞行器来说,其固有频率很低,甚至小于 1 Hz,则支承系统的频率至少要低于 0.3 Hz,参考现有成熟的支承技术,很难实现。

根据子结构解耦原理,将支承结构-飞行器视为整体结构 AB;飞行器视为待测结构 B,即解耦对象;支承结构视为子结构 A,是固支或弹性夹具、支承弹簧、起落架系统等。通过测试或分析获得整体结构和"负"支承结构的 FRF,对它们进行综,解耦后即可获得自由状态下的飞行器动力学特性。这个解耦过程对支承结构的动力学特性没有设置任何前提条件(如低频要求)。

为了叙述方便,本文用动刚度和频响函数描述结构的动力学特性。后面针对飞行器 GVT 常用的两类支承方式即刚性约束和弹性支承,分别讨论飞行器从约束状态下解耦获取自由状态下的 FRF。

如图 2 所示,为某飞行器(待测结构)的等效 4 自由度弹簧系统。图 2(a)为固支约束下的飞行器等效模型。一般把飞行器固定在质量很大的结构或承力地面上,且局部连接刚度足够大时视为固支或刚性约束。但实际测试结果中,地面参与质量并不是理想无穷大,而是部分地面有效质量 M_0(后面称为"地面质量")进入测试结果中。图 2(b)所示为弹性支承下飞行器的等效模型。目前工程中大型结构的 GVT 的弹性支承系统主要是空气弹簧和硬弹簧(如碟簧)吊装,但对于子结构解耦法,理论上可以是任意弹性支承,包括飞行器自身部分结构,如飞机的起落架的支柱轮胎支承系统。弹性支承会带给飞行器部分附加质量 m_0,附加质量与飞行器在连接面处同步运动。k_0 为弹性支承的刚度,则支承结构为 m_0-k_0 组成的系统。其中 $m_1=10$ t,$m_2=3$ t,$m_3=3$ t,$m_4=2$ t, $k_1=2.0\mathrm{e}6$ N/m, $k_2=2.0\mathrm{e}6$ N/m , N/m, $k_3=1.0\mathrm{e}6$ N/m , $k_4=1.0\mathrm{e}6$ N/m,$k_5=5.0\mathrm{e}5$ N/m ,$c_1=2.0\mathrm{e}3$ N·s/m, $c_2=2.0\mathrm{e}3$ N·s/m,$c_3=1.0\mathrm{e}3$ N·s/m, $c_4=1.0\mathrm{e}3$ N·s/m, $c_5=5.0\mathrm{e}2$ N·s/m, $c_0=0$,$m_0=0.1m_4$,$k_0=k_1$,$M_0=10m_4$。

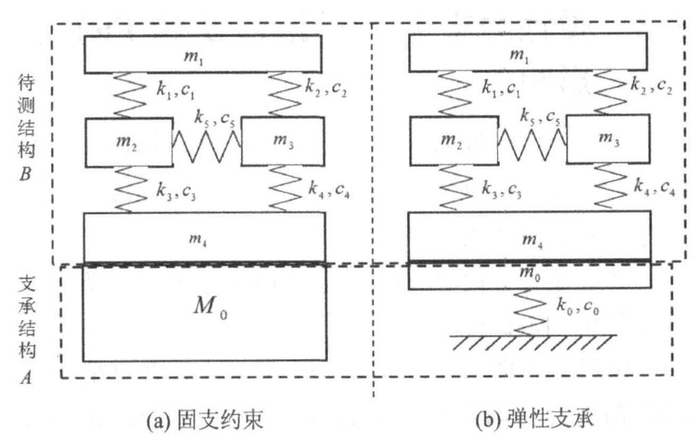

图2　飞行器等效模型

2.1　固支下 M_0 对飞行器的FRF的影响

在图2(a)所示的飞行器固支约束等效模型的试验中，假定实际测试时固支有效质量为 $M_0=10m_4$，即测试对象为整体系统（m_1,m_2,m_3,m_4+M_0）。为了获得飞行器（m_1,m_2,m_3,m_4），须解耦去除 M_0 的影响，但测试中很难获得 M_0 的具体值，只能估算，计为 M。下面选择固支有效质量 $M=0.9M_0$，$M=M_0$，$M=1.05M_0$，$M=1.2M_0$，讨论对待测结构FRF的影响。

选择具有代表性的飞行器FRF：H_{22} 和 H_{34}，图3所示为 H_{22} 幅频、相频曲线，图4所示为 H_{34} 幅频、相频曲线。每幅图的上子图为幅频曲线，下子图为相频曲线，频率范围0～15 Hz。

飞行器为无约束得4自由度系统，在原点频响函数 H_{22} 曲线上有3个峰值，代表3个特征频率点，还有1个是刚体模态。

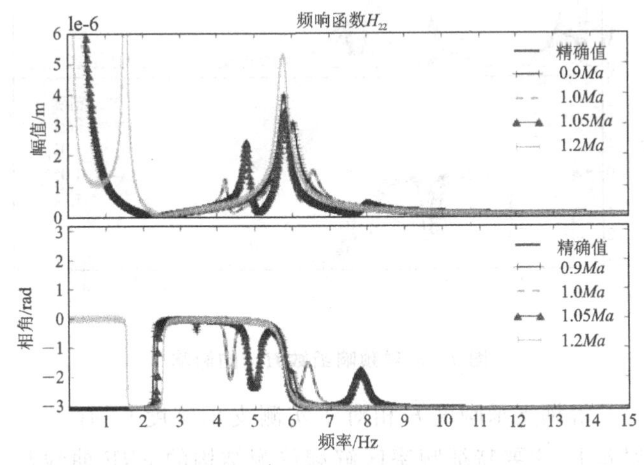

图3　M对频响函数 H_{22} 的影响

图3和图4中，当 $M=M_0$ 时，解耦结构的FRF曲线与精确值完全重合；当 $M=0.9M_0$ 时，虽然幅频曲线整体形态变化不大，但其特征频率点向左偏移，相应的相频曲线也向左偏移，这是因为等效系统解耦时“减去”了较少的固支有效质量，即待测结构的 m_4 保留部分固支有效质量，所以解耦后各阶频率都降低；当 $M=1.05M_0$ 时，也能保持幅频曲线整体形态，但其特征频率点向右偏移，相应的相频曲线也向右偏移，这是因为等效系统“减去”了较多固支有效质量，即待测结构的 m_4 失去了部分质量，从而解耦后各阶频率都升高；但当 $M=1.2M_0$ 时，$M-M_0=2m_4>m_4$，即等效系统解耦时“减去”了过多固支有效质量，并超过了 m_4，则待测系统 m_4 对应自由度“消失”了，幅频曲线只剩下两个峰值，即解耦后的结构与待测结构完全不同。

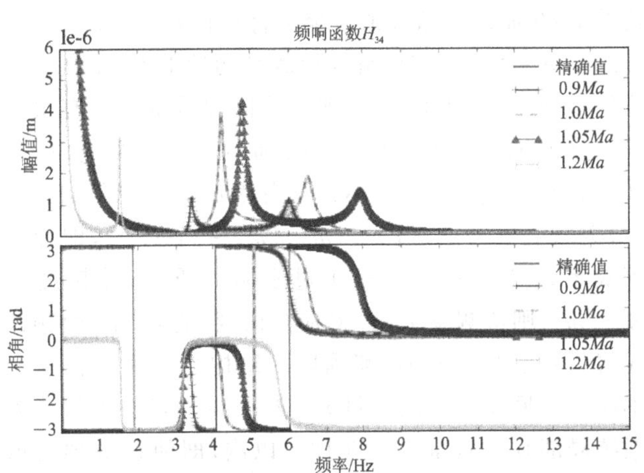

图4　M对频响函数 H_{34} 的影响

所以将结构固支约束，用子结构解耦的方法获取其自由状态的FRF，对 $M-M_0$ 非常敏感，结果不可靠，甚至不可行。

2.2　弹性约束下 m 对结构 B 的FRF的影响

在图2所示的弹性约束等效模型的试验中，假定实际测试时附加质量 $m_0=0.1m_4$，取与结构刚度相当的支承刚度 $k_0=k_1$，即测试对象为整体系统（$m_1,m_2,m_3,m_4+\Delta m$）。显然，$m_0\sim k_0$ 支承结构参数更加容易确定，并能控制在一定误差范围内。

在解耦过程时，k_0 不变，分别选取解耦附加质量 $m=0.8m_0$，$m=m_0$，$m=1.2m_0$，$m=2.0m_0$，讨论对飞行器FRF的影响。

仍选择具有代表性的飞行器FRF：H_{22} 和 H_{34}，频率范围0～15 Hz。

在图5和图6中可见，当 $m=m_0$ 时，解耦待测结构的 FRF 曲线与精确值完全重合；当 $m=0.8m_0$、$m=1.2m_0$、$m=2.0m_0$ 时，解耦待测结构的 FRF 曲线与精确值差别不大，基本重合，即解耦附加质量可以有很大的调整范围，即相对于实际附加质量 m_0 误差（可达 100%）对解耦结果影响不大。当然 m 不能无限制的增大，类似上节讨论，当 $m>m_0+m_4=11m_0$ 时，即弹性等效系统解耦时"减去"了过多附加质量，并超过了 m_0+m_4，则待测系统 m_4 对应自由度"消失"了，幅频曲线将只剩下两个峰值，解耦后的结构与待测结构完全不同了。另外若附加质量 m_0 能控制与其连接的待测系统局部有效质量 m_4 的 10% 以内，即使在解耦时取 $m=0$，即不考虑附加质量时，对解耦待测结构的 FRF 曲线精度影响也不大。所以若解耦附加质量控制在一定误差范围内，不影响解耦结果的精度，而一般附加质量是比较明确的，误差控制很容易实现。

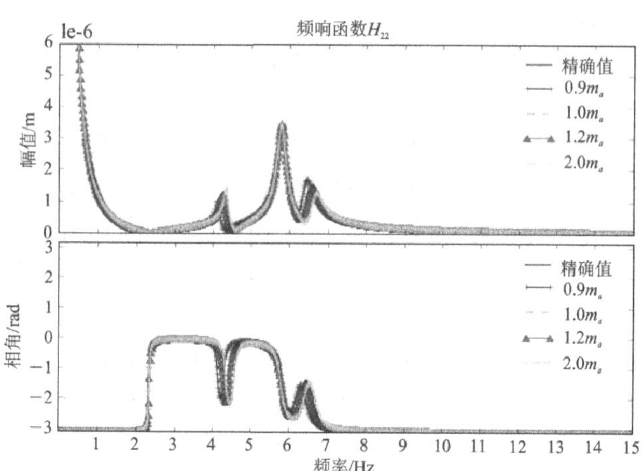

图 5　m 对频响函数 H_{22} 的影响

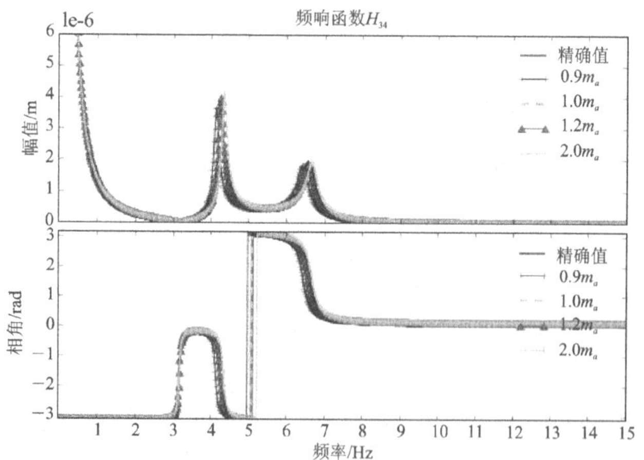

图 6　m 对频响函数 H_{34} 的影响

2.3　弹性约束下 k 对结构 B 的 FRF 的影响

选择附加质量 $m_0=0.1m_4$ 不变，选择解耦支承刚度 $k=0.9k_0$，$k=k_0$，$k=1.05k_0$，$k=1.1k_0$，讨论其对飞行器 FRF 的影响。

仍选择具有代表性的飞行器 FRF：H_{22} 和 H_{34}，频率范围 0～15 Hz。

在图 7 和图 8 中，当 $k=k_0$ 时，解耦待测结构的 FRF 曲线与精确值完全重合；当 $k=0.9k_0$ 时，主要特征频率区的幅频曲线整体形态变化不大，但其特征频率点向右偏移，相应的相频曲线也向右偏移，这是因为等效系统解耦时"减去"了较少的支承刚度，即部分支承刚度附加至待测结构上，所以解耦后各阶频率都升高；但也因为这个刚度差，使得解耦结构的刚体模态消失，增加了一个频率很低模态，所以在原点频响函数 H_{22} 中增加了一个峰。当 $k=1.05k_0$、$k=1.1k_0$ 时，同样主要特征频率区的幅频曲线整体形态变化不大，但其特征频率点向左偏移，相应的相频曲线也向左偏移，这是因为等效系统解耦时"减去"了较多的支承刚度，使得解耦结构刚度降低，所以解耦后各阶频率都降低，但并不明显。同样也因为存在刚度差，使得解耦结构的刚体模态消失，增加了一个频率很低模态，所以在原点频响函数 H_{22} 中增加了一个峰。

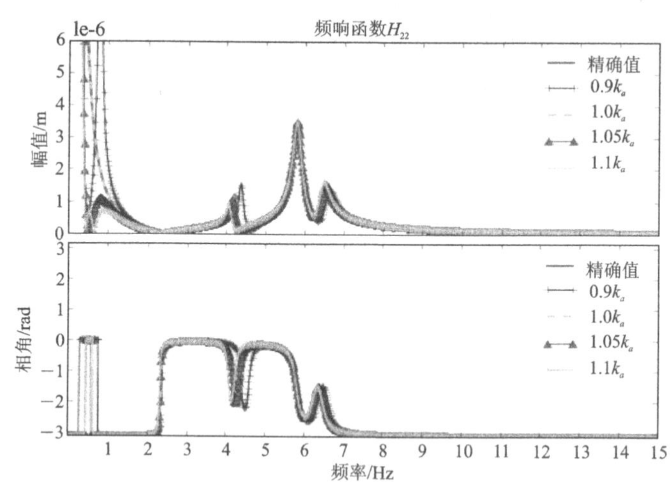

图 7　k 对频响函数 H_{22} 的影响

解耦支承刚度 k 相对于实测支承刚度 k_0 有 10% 误差下，主要特征频率区解耦待测结构的 FRF 曲线与精确值误差很小，特别是 $k>k_0$ 时。

在可设计的弹性支承中，支承刚度是比较明确的，解耦支承刚度误差控制在 10% 以内比较容易实现，当

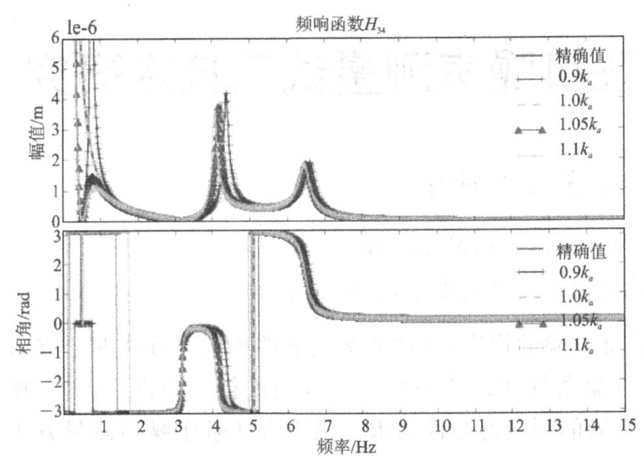

图 8 k 对频响函数 H_{34} 的影响

然最好是偏高误差。

3 结 论

本文采用子结构解耦的方法，对某飞行器从约束条件下的 GVT 获取其自由-自由状态下的动力学特性进行了研究，总结如下：

① 固支状态下，解耦所需地面有效质量难以确定，且解耦结果对地面质量很敏感，实际工程应用中操作性很差；由于地面有效质量不可测，在约束连接处，结构有效质量与地面有效质量不能区分，即结构部分信息丢失，导致不能解耦。

② 弹性状态下，解耦所需的附加质量和支承刚度容易测试确定，参数容许误差范围较大，有很强的操作性，且对支承系统的低频特性无强制要求，所以飞行器从弹性约束下 GVT 解耦自由状态下的动特性，不存在信息丢失，方法可行。

③ 本文飞行器等效模型自由度很小，实际大型飞行器测点可达 500 个甚至更多，进行全结构的 FRF 测试是一项巨大工作。可行的办法是，在一般弹性支承下测得整体的模态结果，重构 FRF，然后再测试弹性支承 FRF，最后进行解耦，从而获得自由状态下的飞行器 FRF，这将是进一步的研究工作。

参考文献

[1] 军用飞机结构强度规范 第 9 部分：地面试验：GJB 67.9A—2008 [S]. 2008.

[2] 导弹与运载火箭模态试验方法：GJ 3285A—2018 [S]. 北京：中国航天标准化研究所，2018.

[3] Ind P，Ewins D. Impedance based decoupling and its application to indirect modal testing and component measurement：A numerical investigation [C]. In Proceedings of the Twenty First International Modal Analysis Conference，Kissimmee，FL，2003 .

[4] Voormeeren S N，Rixen D J. A Dual Approach to Substructure Decoupling Techniques [C]//Proceedings of the IMAC-XXVIII. Jacksonville，Florida USA，2010.

[5] Voormeeren S N，Rixen D J. A family of substruture decoupling techniques based on a dual assembly aproach[J]. Mechanical Systems and Signal Prcessing，2012，27：379-396.

[6] D'Ambrogio W，Fregolent A. Decoupling of a substructure from modal data of the complete structure[C]//Proceedings of ISMA 2004-International Conference on Noise and Vibration Engineering. Leuven，Belgium，2004.

[7] D'Ambrogio W，Fregolent A. Promises and pitfalls of decoupling techniques[C]//Proceedings of the Twenty Sixth International Modal Analysis Conference. Bethel，2008.

[8] Sjovall P，Abrahamsson T. Substructure system identfication from coupled system test data[J]. Mechaical Systems and Signal Processing，2007，22(1)：15-33.

[9] D'Ambrogio A. Fregolent，Substructure decoupling without using rotational dofs：fact or fiction [J]. Mech Syst. Signal Process，2016：72-73，499-512.

[10] D'Ambrogio A. Fregolent，Replacement of unobservable coupling DoFs in substructure decoupling[J]. Mechanical Systems and Signal Processing，2017，95：380-396.

[11] S Allen A，M Gindlin，Randall L. Experimental modal substructuring to estimate fixed-base modes from tests on a flexible fixture [J]. Journal of Sound and Vibration，2011，330：4413-4428.

[12] 王栋，刘丽坤，郑钢铁. 弹性边界试验获取自由状态频响方法研究[J]. 航天器环境工程，2012，29(4)：414-418.

基于 CCAR－36 部的螺旋桨小飞机噪声测量试飞技术研究

赵春状[1,*]，赵琛[2]，高佳鑫[1]，赵珅宁[1]

1. 哈尔滨飞机工业集团有限责任公司，哈尔滨 150066

2. 陆军装备部航空军事代表局驻哈尔滨地区航空军事代表室，哈尔滨 150066

摘要： 针对 CCAR－36 部对于螺旋桨小飞机噪声合格审定验证试验的规定，分别从试飞条件和试飞方法两个方面对噪声测量试飞技术进行了研究。试飞条件基于场地条件、气象条件和设备条件三个方面进行了分析，给出了噪声试验场地和气象的具体要求，以及设备应满足中国民用航空局的制造符合性要求。试飞方法基于噪声测量方法和航迹测量方法两个方面进行了研究，给出了飞行试验的通用程序和航迹切入等效程序。为其他型号螺旋桨小飞机的噪声合格审定验证试验提供了参考。

关键词： CCAR－36；噪声；适航审定；螺旋桨小飞机；航迹切入

Research on Noise Measurement Flight Test Technology of Small Propeller Aircraft on CCAR－36

ZHAO Chunzhuang[1,*], ZHAO Chen[2], GAO Jiaxin[1], ZHAO Shenning[1]

1. Harbin Aircraft Industry Group Co. Ltd., Harbin 150066, China

2. Aviation Military Representative Office of Aviation Military Representative Bureau of Army Equipment Department in Harbin, Harbin 150066, China

Abstract: According to the requirements of CCAR－36 for the noise certification test of small propeller aircraft, studies the noise measurement flight test technology from two aspects: flight test conditions and flight test methods. The flight test conditions are analyzed based on three aspects: site conditions, meteorological conditions and equipment conditions, and we give specific requirements for noise test site and meteorology, and the equipment should meet the CAAC manufacturing compliance requirements. The flight test methods are based on the noise measurement method and the track measurement method, and we give the general procedure of flight test and the equivalent procedure of track cut-in. These provide a reference for the noise certification test of other types of small propeller aircraft.

Keywords: CCAR－36; noise; airworthiness certification; small propeller aircraft; track cut-in

适航性是指航空器适合/适应于飞行的能力，是航空器的固有属性。航空器的适航性是指该航空器包括部件及子系统整体性能和操纵特性在预期运行环境和使用限制下的安全性和物理完整性的一种品质。这种品质要求航空器应始终处于保持符合其型号设计和始终处于安全运行状态[1]。

为保障民用航空产品和零部件的适航性，国际民用航空组织（International Civil Aviation Organization，ICAO）制定了国际民用航空公约，美国制定了联邦航空条例（Federal Aviation Regulations，FAR），中国民用航空局（Civil Aviation Administration of China，CAAC）制定了中国民航规章体系（Chinese Civil Aviation Regulation，CCAR）。

《民用航空产品和零部件合格审定规定》（CCAR－21 部，现行有效版本 R4）规定了型号合格证的审定程序，作为所有航空器合格审定的一部分，必须满足《航

基金项目：国家自然科学基金；航空科学基金

* 通讯作者. E-mail：zhaochunzhuang@126.com

空器型号和适航合格审定噪声规定》(CCAR－36 部，现行有效版本 R2)的要求，另外，其现行有效的咨询通告(AC－36－AA－2008－04)对 CCAR－36 部的每一条款都给出了适当的解释说明、中国民用航空局(CAAC)执行该条款的有效政策以及其他指导信息。

本文研究基于 CCAR－36 部的螺旋桨小飞机噪声测量试飞技术。其中，文中提及的螺旋桨小飞机泛指适航规章中的“螺旋桨小飞机及螺旋桨通勤类飞机”，即“最大起飞质量为 8 618 kg 及其以下的螺旋桨驱动的飞机”[2]。新提交噪声合格审定验证试验申请的螺旋桨小飞机，适用附件 G“在 1988 年 11 月 17 日或者之后进行合格审定试验的螺旋桨小飞机和螺旋桨通勤类飞机的起飞噪声要求”[2]。

1 适航条款要求

CCAR－36 部的附件 G 部分规定了合格审定试验的螺旋桨小飞机的起飞噪声要求，主要分为 A 部分总则、B 部分噪声测量要求、C 部分数据修正要求和 D 部分噪声限制要求。本文主要研究噪声测量的试飞技术，即 B 部分噪声测量要求。

ICAO 附件 16 和 FAR－36 部中的噪声适航审定规定也可在基于 CCAR－36 部的噪声合格审定验证试验中提供一些有效参考[3]。

2 试飞条件分析

在噪声合格审定验证试验开始前，首先要满足 CCAR－36 部规定的试飞条件。试飞条件的确认方式必须事先经过中国民用航空局的认可和接受。按照系统不同，将试飞条件分为场地条件、气象条件和设备条件。

2.1 场地条件分析

噪声合格审定验证试验的场地需满足以下条件[2]：

① 地形平坦，没有吸声特性较强的茂密、高大的杂草、灌木或者树木。

② 测量点位置上方，轴线垂直于地面、半锥角为75 ℃的锥形空域(见图 1)内，没有严重影响飞机声场的障碍物(进行测量的人员本身禁止构成这样的障碍)。

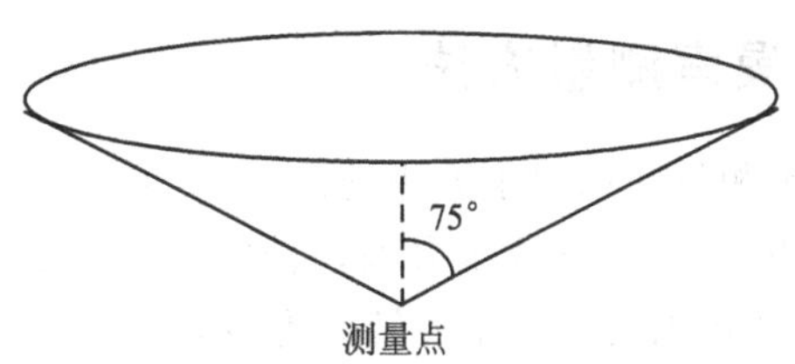

图 1　测量点位置上方圆锥空域示意图

2.2 气象条件分析

噪声合格审定验证试验的场地需满足以下条件[2]：

① 降水：无降水(雾、雨、雪等)。

② 环境温度：2～35 ℃。

③ 相对湿度：20%～95%(含)。

④ 风速：不超过 19 km/h，侧风不超过 9 km/h。

⑤ 在测量点记录噪声时，没有明显影响飞机噪声级的异常气象条件。

2.3 设备条件分析

噪声合格审定验证试验的设备需满足以下条件[2]：

① 测量设备[4](含传声器系统和测量、记录和重放设备等)必须符合 CCAR－36 部第 G36.105 条的规定。

② 三脚架或者类似的传声器支架，应对所测声音的干扰最小。

③ 设备需满足符合性检查，为中国民用航空局所接受。

3 试飞方法研究

噪声合格审定验证试验的飞行程序涉及三方面的测量内容，分别为气象测量、噪声测量和航迹测量。

3.1 气象测量方法

在环境温度、相对湿度、风速和风向的确认方式上，采取以下测量方法[2]：

① 环境温度、相对湿度、风速和风向的测量位置选取区域为地面上 1.2～10 m 之间，且环境温度和相对湿度在相同高度测量。

② 当测量点在固定气象站(如机场或者其他机构具有的)2 000 m 范围内时，经中国民用航空局同意，可使用其报告的温度、相对湿度和风速等气象测量值。

③ 风速由不大于 30 s 的连续平均方法确定。

3.2 噪声测量方法

噪声测量采取以下方法进行[2]：

① 传声器必须是压力型，直径 12.7 mm，带有保护格栅（传声器将声波信号转换为相应电信号[5]）。

② 传声器倒置安装于一个金属圆盘上方，薄膜与之平行，相距 7 mm，位于垂直于试验飞机飞行路线的圆盘半径上，距圆盘圆心四分之三半径处。示意见图 2。

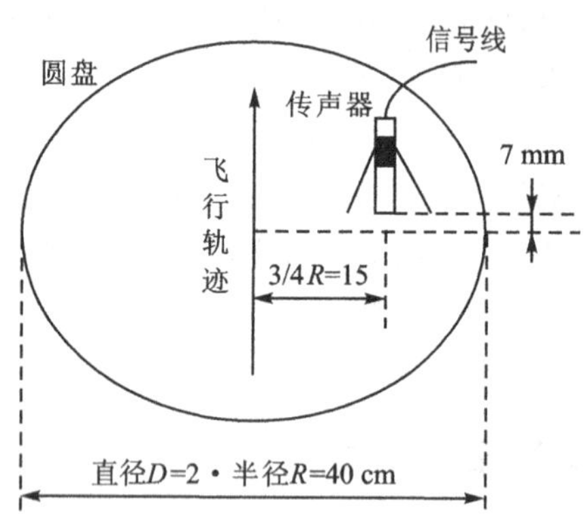

图 2 传声器安装方式示意图

③ 金属圆盘表面涂白漆，以反射太阳光降低传声器敏感元件的热效应[6]，直径 40 cm，厚度在 2.5 mm 以上，水平放置，与周边地面齐平，圆盘的下方没有空隙。

④ 在每次试验的前后，立即用声校准器在现场对系统做有记录的声学校准，以检查系统灵敏度和给声级数据分析提供声学基准级。

⑤ 在试验现场记录和确定环境噪声（声学背景噪声和测量系统电噪声）。当航空器声压级没有超过背景声压级至少 10 dB(A)时，要更靠近起飞滑跑起始点的起飞测量点，测量结果使用经审定部门认可的方法修正到基准测量点。

⑥ 测量点测得的噪声数据依据 CCAR－36 部附录 G 的 C 部分按需修正。

3.3 航迹测量方法

噪声合格审定验证试验的航迹分为基准航迹和实测航迹。基准航迹是基于计算的假设航迹，主要用于计算基准高度；实测航迹则是基于飞行试验的真实航迹。

试验需要满足 CCAR－36 部第 G36.111 条飞行程序(a)中对于基准航迹和实测航迹误差范围的规定：“航空器必须在相对于测量点处竖直方向±10°和基准高度±20%的范围之内飞越测量点”[2]。

1. 基准高度计算

在进行噪声合格审定验证试验之前，需要先计算基准高度，以确定飞行实测航迹高度在条款规定的±20%范围内。

在计算起飞基准航迹时，采用以下大气条件：

① 海平面大气压力 1 013.25×10^2 Pa。

② 外界大气温度 15 ℃。

③ 相对湿度 70%。

④ 无风。

基准航迹按照两个阶段计算（见图 3）：

① 第一阶段：选定起飞构型后，飞机重量为最大起飞重量（飞行时间超过一小时重新调整回该重量），以起飞功率从松刹车点到跑道上方 15 m 高度，该阶段长度符合适航批准值。

② 第二阶段：起于第一阶段的结束，到距松刹车点 2 500 m 的测量点上方为止。飞机收起起落架（如果可以收起），襟翼在整个第二阶段保持正常爬升位置，速度为最佳爬升率速度（发动机功率和螺旋桨转速按照 CCAR－36 部附录 G 第 G36.111 条飞行程序(C)(iv)执行）。

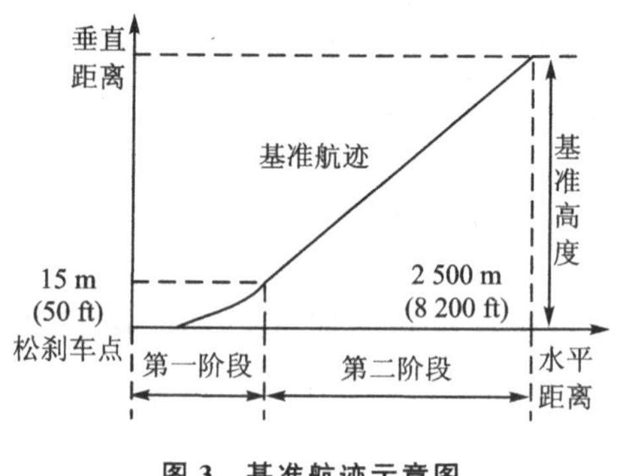

图 3 基准航迹示意图

基准航迹由飞行员操作手册及批准的飞行手册上公布的资料计算获得，用于数据修正或分析计算的任何资料都要经过中国民用航空局的批准。在计算基准高度时，首先了解爬升率、最佳爬升率和最佳爬升率速度的概念[7]。

爬升率：是指定常爬升时，飞行器在单位时间内增加的高度，国际计量单位为米每秒。

最佳爬升率：飞机按不同爬升角爬升，所能获得的爬升率的最大值。

最佳爬升率速度：以最佳爬升率爬升时，对应的飞行速度，国际计量单位为米每秒。

第一阶段达到 15 m 水平距离可由飞行手册获得，

规章假定第二阶段的飞机构型、空速和爬升梯度在第一阶段结束后立即改变，并保持不变(实际起飞和爬升中，参数可能会连续变化)。

由图 4 可知，基准高度 h_0 满足以下公式：

$$h_0 = BB_1 = BB_2 + B_2B_1 \tag{1}$$

$$B_2B_1 = AA_1 = OO_1,\ OA_1 = O_1A,\ A_1B_1 = AB_2 \tag{2}$$

$$BB_2 = AB_2 \times \tan\alpha \tag{3}$$

$$OB_1 = OA_1 + A_1B_1 \tag{4}$$

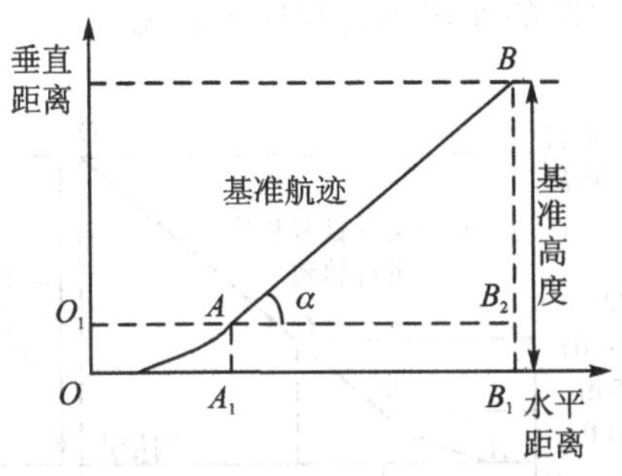

图 4　基准高度计算示意图

假设第二阶段发动机保持最大连续功率和转速下的最佳爬升率为 V，对应的最佳爬升率速度为 V_y，则有

$$\sin\alpha = \frac{V}{V_y} \tag{5}$$

由式(1)～式(5)可知，基准高度 h_0 的计算公式为

$$h_0 = (OB_1 - OA_1) \times \tan\left[\arcsin\left(\frac{V}{V_y}\right)\right] + OO_1 \tag{6}$$

式中，OA_1、V 和 V_y 由飞行手册获得，OB_1 为 2 500 m，OO_1 为 15 m。

2. 实测航迹测量

为方便测量航迹，将噪声测量圆盘放置于试验场地跑道的中心线或其延长线上，圆盘圆心位于该线上。试验时，飞机沿跑道中心线起飞并飞越测量点。

当按照上述方式执行设备安装和起飞程序时，可将“测量点处竖直方向±10°”要求简化为“测量点和飞机连线与垂直于圆盘的跑道中心线所在平面的夹角在10°以内”。取圆盘圆心为原点，垂直于跑道中心线所在平面的角度为 0°，取飞机航向为基准方向，向左角度为负，向右角度为正。

航迹的测量包含飞机高度和横向位置的测量，需要使用中国民用航空局接受的、独立于正常飞行仪表的方法确定，如雷达跟踪、经纬仪三角定位或者成像比例技术。本节研究成像比例技术。

成像比例技术是基于成像原理和三角函数关系的一种计算飞机高度和横向位置的技术，关键技术在于参照物的选取和与飞机比例的对比。下面介绍一种成像比例技术的应用实例(系统示意见图 5)。

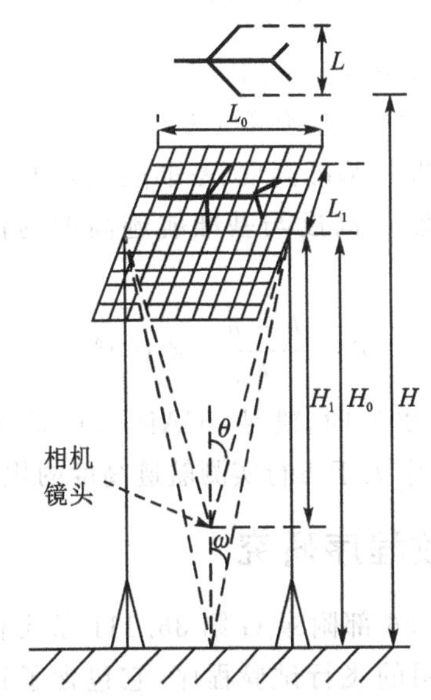

图 5　成像比例系统示意图

如图 5 所示，采用矩形框(正方形框)作为参照物，为便于观察和计算，可使用无弹性的细绳将矩形框划分为均等的 10 份。矩形框由长度可调的支架平行地置于地面上，通过调节支架长度使矩形框边缘刚好位于“竖直方向±10°”位置，当飞机出现在矩形框中时，横向位置即在规定范围内，偏离角度由每偏离 1 个网格即偏移 2°计算得到。测量人员平躺于地面上，手持相机，在飞机飞过测量点正上方时，进行拍照。

由成像原理和三角函数关系可知：

$$\frac{l}{f} = \frac{L_1}{H_1} = \frac{L}{H - (H_0 - H_1)} \tag{7}$$

$$\frac{L_0}{2} = H_1 \times \tan\theta = H_0 \times \tan\bar{\omega} \tag{8}$$

式中，f 为相机焦距，l 为飞机机翼在相机成像介质(如胶片)上的长度，ω 为矩形框边缘与地面垂直方向夹角，θ 为矩形框边缘与相机镜头垂直方向夹角(10°)，H 为飞机实测航迹高度，H_0 为网格平面到地面的垂直距离，H_1 为相机镜头到网格平面的垂直距离，L_0 为矩形框边长，L 为飞机机翼长度，L_1 为飞机机翼在矩形框上的长度。

假设在任意比例的照片上量取到的飞机机翼长度为 L_2，矩形框网格宽度为 L_3，则有

$$\frac{L_1}{L_2} = \frac{\frac{1}{10} \times L_0}{L_3} \tag{9}$$

式中 L_0、L、L_2、L_3、H_0 长度和 θ 角度已知。由式(7)～式(9)可得实测航迹高度 H 的计算公式如下：

$$H=\left(\frac{10\times L\times L_3}{L_0\times L_2}\right)\times\frac{L_0}{2\times\tan\theta}+H_0 \quad (10)$$

将实测航迹高度依据附录 G 的 C 部分按需修正，得到修正后的实测航迹高度为 h。

假设飞机的基准高度(基准航迹高度)为 h_0，则修正后的实测航迹高度与基准航迹高度的偏差百分比 δ 为

$$\delta=\frac{h-h_0}{h_0}\times 100\% \quad (11)$$

当 $|\delta|\leqslant 20\%$ 时，满足 CCAR－36 部第 36.111 条飞行程序(a)中关于飞行实测航迹高度的规定。

3.4 等效程序研究

CCAR－36 部附录 G 第 36.111 条飞行程序中规定了一种通用的飞行试验程序，它包含了正常的起飞和爬升程序，重复次数不少于 6 次。在 CCAR－36 部的咨询通告 AC－36－AA－2008－04 中，规定了一种特殊的航迹切入程序，也可满足噪声合格审定的验证要求[8]。

噪声适航审定需要多次重复的飞行试验，飞机每次的起降都会消耗大量的燃油、产生巨大的噪声。为了降低适航审定成本，减少噪声对机场周围环境的影响，基于中国民航局相关适航规定，使用等效飞行程序和等效飞行轨迹[9]。

使用航迹切入程序，不需要进行实际的起飞和着陆，在一定程度上降低了费用、减少了试验时间、增大了场地选择范围和方便了飞行机组实施，其中，最主要的优点为缩短试验周期使得试验过程中气象条件稳定的可能性更大，飞机磨损和燃料消耗减少，提高了试验中所获得噪声数据的一致性和品质[3]。

1. 通用飞行试验程序

以某型螺旋桨小飞机为例，该飞机的飞行手册中规定的起飞飞行航迹在包含五个部分，分别为起飞距离阶段、起飞第一阶段、起飞第二阶段、水平加速阶段和起飞最后阶段。

① 起飞距离阶段，飞机以起飞功率起飞至高于起飞表面 10.7 m 点(该起飞距离在飞行手册中可直接获取)。

② 起飞第一阶段，起飞距离阶段末端高于起飞表面 10.7 m 点算起，飞机以起飞安全速度 V_2 爬升至起落架收起点。

③ 起飞第二阶段，起飞第一阶段末端到高于起飞表面 122 m 点。

④ 水平加速阶段，起飞第二阶段末端到飞机速度由 V_2 加速到最佳爬升率速度 V_y 点，该阶段完成襟翼收起和功率转换。

⑤ 起飞最后阶段，水平加速度末端到飞机以最佳爬升率速度爬升到高于起飞表面 457 m 点。

由起飞飞行航迹可知，该飞机在进行噪声合格审定验证试验时的通用飞行程序示意见图 6。

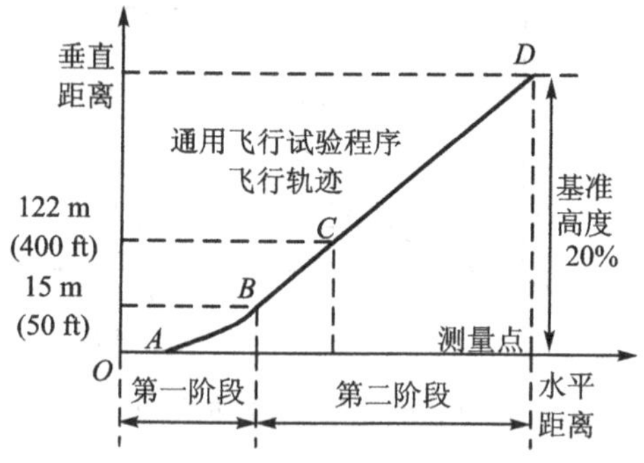

图 6 某型螺旋桨小飞机噪声通用飞行试验程序示意图

如图 6 所示，飞机在 O 点松刹车，以起飞功率起飞，在 A 点离地，继续起飞至高于地面 15 m 的 B 点，在 B 点切换为最大连续功率，以起飞安全速度 V_2 爬升至高于地面 122 m 的 C 点，将飞行速度由 V_2 加速到最佳爬升率速度 V_y，在此过程中完成襟翼收起，飞机继续以最大连续功率和最佳爬升率速度 V_y 爬升经过测量点上方的 D 点。全程螺旋桨转速恒定。

2. 航迹切入等效程序

以某型螺旋桨小飞机为例，该飞机噪声合格审定验证试验的航迹切入等效程序示意见图 7[10]。

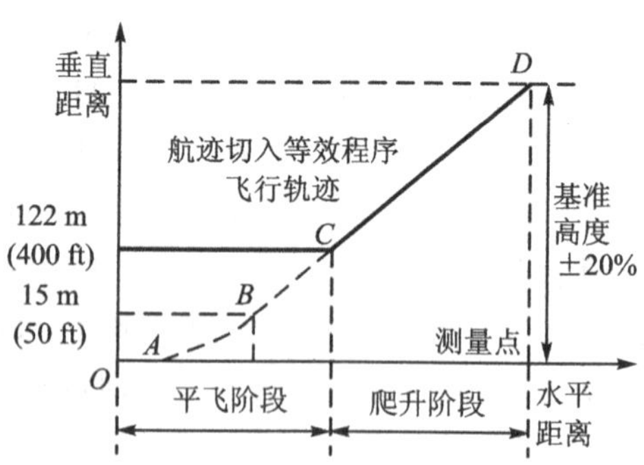

图 7 某型螺旋桨小飞机噪声航迹切入等效程序示意图

如图 7 所示，飞机按照通用飞行试验程序从 O 点起飞并完成首次噪声测试后，在 A_1 点以起飞功率和最佳爬升率速度 V_y 平飞至 122 m 的 C 点，在 C 点继续

以起飞功率和最佳爬升率速度 V_y 切入爬升阶段，保持功率和速度爬升经过测量点上方的 D 点。全程螺旋桨转速恒定。

4 结 论

① 研究了 CCAR-36 部的螺旋桨小飞机噪声合格审定试飞技术，主要分析了试飞条件和研究了试飞方法，为其他型号螺旋桨小飞机的噪声合格审定验证试验提供了参考。

② 针对某型螺旋桨小飞机，介绍了通用飞行试验程序和航迹切入等效程序的具体试飞方法。

参考文献

[1] 徐浩军. 航空器适航性概论[M]. 西安：西北工业大学出版社，2012.

[2] CCAR-36-R2，航空器型号和适航合格审定噪声规定[S]. 2017.

[3] 文放，岳宁，张龙. 民用航空器噪声适航性发展研究[J]. 航空标准化与质量，2019(1)：45.

[4] 陈德军，吴志刚，王凯. 直升机噪声适航审定试验测试系统设计及应用[J]. 计算机测量与控制，2018(6)：268-284.

[5] 张恩慧，殷金英，刑书仁. 噪声与振动控制[M]. 北京：冶金工业出版社，2012：47.

[6] AC-36-AA-2008-04，航空器型号与适航合格审定噪声规定咨询通告[S]. 2008.

[7] 中国空军百科全书编审委员会. 中国空军百科全书：上卷[M]. 北京：航空工业出版社，2005.

[8] AC-36-AA-2008-04，航空器型号与适航合格审定噪声规定咨询通告(附件)[S]. 2008.

[9] 闫国华，李捷. 等效飞行航迹在民用飞机噪声适航审定中的运用[J]. 声学技术，2018(2)：163.

[10] 高郭池，全敬泽，丁丽，等. Y12F 飞机噪声局方并行试飞适航审定技术[J]. 民用飞机设计与研究，2019(2)：57.

流动显示在阵风场校测中的应用研究

于金革*，韩超，牛中国，王昊，许相辉

中国航空工业空气动力研究院低速高雷诺数气动力航空科技重点实验室，哈尔滨 150001

摘要：本文介绍了粒子图像测速(PIV)和片光技术的设备组成及工作原理，叙述了 PIV 和片光技术在 FL－51 风洞阵风发生器流场校测中的应用情况，给出了采用 PIV 与热线风速仪进行阵风场校测的对比结果，应用自主研发的大尺寸流场 PIV 矢量数据拼接算法软件，实现了阵风速度场的定量精细测量，利用片光技术显示了阵风全流场波形。结果表明：PIV 与热线风速仪获得的阵风幅值接近，通过 PIV 技术可获得阵风流场的形成过程，为阵风流场校测提供了新手段。

关键词：FL－51 风洞；阵风发生器；阵风场校测；PIV；片光

Research on Application of Flow Visualization in Calibration of Gust Field

YU Jinge*, HAN Chao, NIU Zhongguo, WANG Hao, XU Xianghui

Aerodynamics Research Institute, Aerodynamics for Low Speed and High Reynolds Number, Harbin 150001, China

Abstract: The equipment composition and working principle of Particle Image Velocimetry(PIV) and sheet light technology were introduced, then the application of PIV and sheet light technology in the calibration of gust flow field in FL－51 wind tunnel was introduced, and the comparison results of the calibration of gust flow field by PIV and hot wire anemometer were given. The quantitative and fine measurement of gust velocity field was obtained by using the self-developed PIV vector data splicing algorithm software for large-scale flow field, and the whole flow field waveform of gust was displayed by using the sheet light technology. The results show that the amplitude of gust measured by PIV is close to that measured by hotline anemometer. The formation process of gust flow field can be obtained by PIV technology, which provides a new method for gust flow field calibration.

Keywords: FL－51 wind tunnel; gust generator; gust field calibration; PIV; sheet light

随着航空技术的发展，飞机性能要求不断提高，机翼结构呈低结构重量、大柔性趋势发展，进而导致阵风影响更加复杂[1]。在大型飞机上，由于结构刚度较小，若遇到周期性阵风时，机体会发生振动。对于轰炸机和战斗机而言，要求改善空勤人员乘坐的舒适度，而客机则要求改善沿整个机身的舒适性，阵风引起的机体结构振动也会使飞机某些部位的乘坐品质变坏[2-3]。为了掌握飞机的阵风载荷情况，通常需要做阵风响应风洞试验。为准确评估阵风对飞机模型的影响，需要掌握阵风发生器产生的流场幅值和频率特性[4]。

传统的阵风场校测主要采用热线风速仪或五孔探[5-6]，这些方法只能实现单点测量，无法实现阵风流场波形的显示。此外，风洞流场污染程度和电磁干扰情况对传统方式的阵风流场结果影响较大，而粒子图像测速(PIV)是在传统流动显示技术基础上，利用图形技术发展起图像处理来的一种全新的无接触、瞬态、全场速度测量方法[7-11]。PIV 可以快速准确地一次测量出某一瞬间模型周围某个截面的空间流场几千甚至上万个点的速度，得到该截面流场的空间结构和速度矢量场，既可测量定常流场又可测量非定常流场。它突破了空间单点测量技术的局限性，可在同一时刻记录下整个测量平面的有关信息，既具备单点测量技术的精度和分辨率，又能获得平面流场显示的整体结构和瞬态图像，还可实现无接触测量[12-16]。

* 通讯作者. E-mail: yujinge2005@163.com

本文给出了 PIV 进行阵风流场校测结果，与采用热线风速仪测得阵风幅值一致性较好，通过 PIV 给出的阵风速度场云图更加清晰了阵风场形成的过程，为阵风流场校测研究及数据分析提供了有效的技术手段。

1 风洞及阵风发生器

1.1 风 洞

阵风流场校测在航空工业空气动院 FL－51 风洞闭口试验段中完成。FL－51 风洞是一座开/闭口可更换试验段的单回路连续式风洞，闭口试验段截面为矩形，尺寸为 4.5 m×3.5 m×11 m(宽×高×长)，风速范围为 0～100 m/s。

1.2 阵风发生器

阵风发生器见图 1，主要由叶片、支撑转轴、摆动驱动机构、叶片组件和竖向支撑等成。发生器的三组叶片的翼型为 NACA0015，翼型展长 3 m，翼型弦长 0.4 m，叶片间距为 0.57 m；为降低叶片加工强度要求，以及防止叶片运动过程中振动过大，采用竖向支撑将叶片等分为两段，每段叶片与竖向支撑通过调心轴承相连，增加了支撑结构的刚度。发生器的传动形式为：伺服液压马达—弹性联轴器—叶片驱动端转轴—竖向支撑的调心轴承—叶片从动端转轴。

图 1 阵风发生器

2 PIV 系统及数据处理

试验中 PIV 系统设备采用的是德国 LAVISION 公司设备，主要由 CCD 相机、激光器、系统控制器、图像采集器、体光源形成组件等设备组成。PIV 系统组成如图 2 所示。

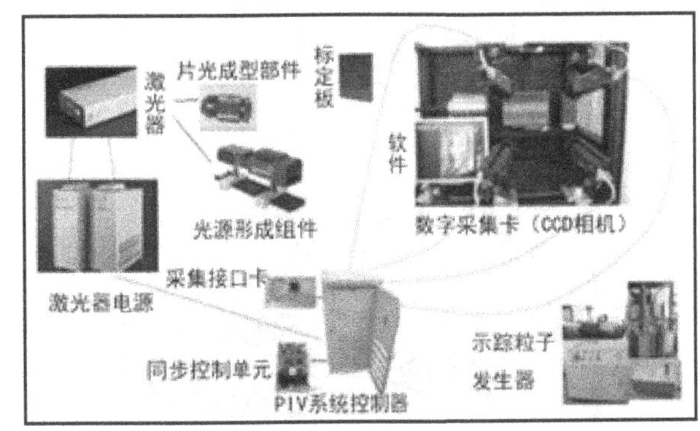

图 2 PIV 系统组成图

2.1 激光器

采用单脉冲能量 200 mJ 的双脉冲激光器、产生波长为 532 nm 的绿光，最大重复频率 10 Hz。试验时激光器安装在风洞内发生器后方 5 m 的位置处，片光直接照射阵风流场区，如图 3 所示。

图 3 安装在风洞中的激光器

2.2 CCD 相机

试验中采用两台相机拍摄，相机安装在风洞侧面光学导轨支撑的平台上，如图 4 所示，相机分辨率为 2 048×2 048 像素的 CCD 相机、逐行扫描 CCD 摄像机最小跨帧间隔为 1 μm，图像采集速率为 14 帧/秒，测量速度范围 0.01～1 200 m/s。1 号相机距离发生器叶片前缘为 3.2 m，两台相机的距离为 0.6 m，两台相机的测量的区域涵盖 FL－51 风洞阵风试验全模型机翼位置，该位置是阵风试验中最为关注的点位。

2.3 示踪粒子发生器

在 PIV 及片光试验中，示踪粒子选择是十分重要

图 4 CCD 相机布置位置

的。一方面粒子要有一定的大小来增加光的散射，增强图像对比度；另一方面粒子又要足够小，以保证它具有良好的跟随性，使粒子能真实地反映流体的流动[17-18]。PIV 试验采用便携式压力雾化示踪粒子发生器产生所需的粒子，产生的示踪粒子直径约为 1～2 μm。PIV 试验示踪粒子发生器照片如图 5 所示。

图 5 PIV 试验示踪粒子发生器

为定性的显示阵风波形，进行了片光试验，粒子发生器(见图 6)为便携电加热式，可手持、也可以固定在某个位置。本次试验采用手持方式，调整粒子发生器的喷嘴位置，使其释放的粒子与激光器光源在同一平面内，并根据需要调整示踪粒子的浓度。

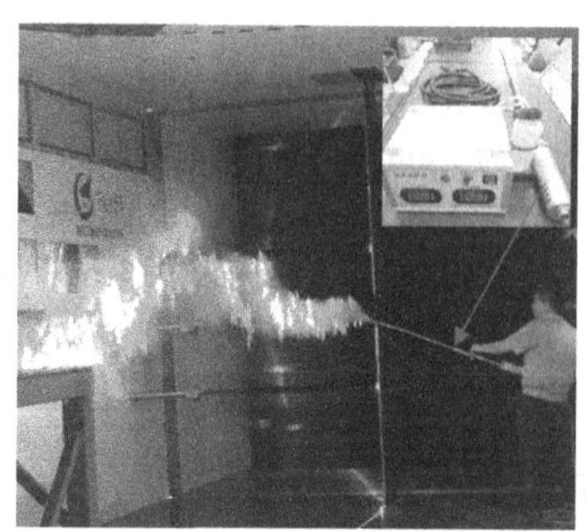

图 6 片光试验示踪粒子发生器

3 试验结果与分析

在 PIV 试验中，由阵风发生器摆动到某一固定角度后触发 PIV 系统进行数据采集，保证了与发生器摆角相位的一致性。

PIV 图像采集装置读取 CCD 摄像机的数字图像到内存，由 Davis 处理和分析软件进行速度场计算，该软件利用互相关数据处理技术对图像进行处理，可有效地避免速度矢量方向的奇异性。试验结果以文本数据格式输出，可由 Tecplot 软件显示。

由于相机的视场有限，采用自主研究的 PIV 矢量数据全场拼接算法程序(见图 7)，解决了风洞大尺寸流场的精细测量的关键问题，实现了平滑、无缝地对任意多个视场的粒子图像矢量数据拼接处理。程序算法包括优先拼接方向判定、多维结构变换、搭接区数据处理算法及对激光图像强光干扰区域和弱光区域等无效区域的自动判定与分类处理等。

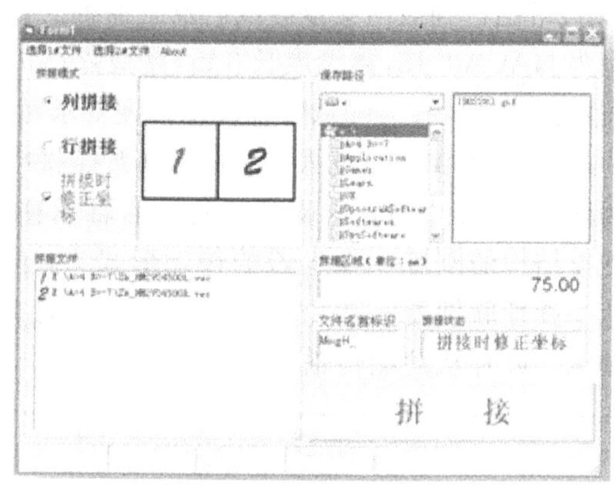

图 7 图像拼接程序

3.1 PIV 试验结果

PIV 与热线风速仪阵风流场校测的试验条件相同，试验风速为 20 m/s，发生器叶片摆动振幅为 10°、摆动频率为 8 Hz，可得阵风全周期扰动的波长为 2.5 m。

图 8 所示为热线风速仪获得的阵风流场曲线，校测位置为距阵风发生器叶片前缘 3.2 m，可知阵风波峰和波谷幅值分别为 3.91 m/s 和 4.12 m/s。

由 PIV 获得的阵风速度场(见图 9)可见，阵风幅值是由先增大，后变小，再增大，最大阵风幅值分别为 3.84 m/s 和 4.17 m/s，与热线风速仪获得的阵风波峰和波谷幅值接近。PIV 采集的视场约为 1.2 m，与阵风的半周期波长 1.25 m 相当，也印证了 PIV 与热线获得

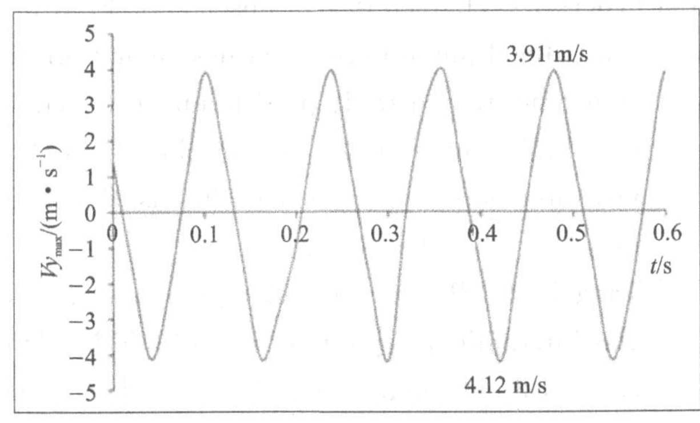

图 8 热线风速仪获得的阵风幅值

的阵风幅值位置是对应的。

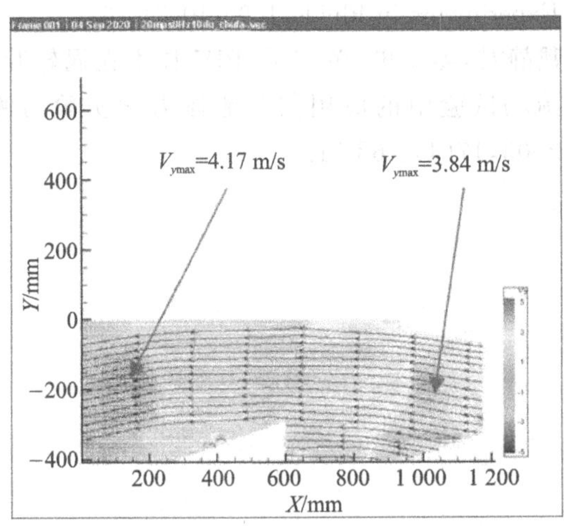

图 9 PIV 获得的阵风速度场与阵风幅值

3.2 片光试验结果

片光试验的风速、发生器运动参数同 PIV 试验一致，试验中除粒了发生器与 PIV 试验不同外，其余设备均为 PIV 试验中所用，获得了阵风全流场波形图(见图 10)，由图可见，波形逐渐增大，最终稳定。

图 10 阵风流场波形显示

4 结 论

① 片光有效获取阵风流场特征的图像信息，获得了阵风流场全波形。

② PIV 是基于示踪粒子的跟随性，获得阵风场内多点示踪粒子的瞬时位移，通过计算获得阵风的瞬时速度场及整体流态。

③ PIV 应用阵风流场校测，对于研究阵风流产的产生、发展及衰减的过程提供了详细数据，而其他单点测量法则无法提供。该技术提供了丰富的阵风流场信息，是获得阵风速度场的有效手段。

参考文献

[1] 杨希明，刘南，郭承鹏，等. 飞行器气动弹性风洞试验技术综述[J]. 空气动力学学报，2018，36(6)：995-1008.

[2] 楚龙飞，刘晓燕，吴志刚. 阵风减缓模型风洞试验的阵风发生器设计与应用[C]. 第十一届全国空气弹性学术交流会，2009.

[3] Ricci S, Scotti A. Wind tunnel testing of an active controlled wing under gust excitation [R]. AIAA 2008-1727.

[4] 陈磊，吴志刚，杨超，等. 多控制面机翼阵风减缓主动控制与风洞试验验证[J]. 航空学报，2009，30(12)：2250-2256.

[5] 梁鉴，唐建平，杨远志，等. FL-12 风洞阵风试验装置研制[J]. 实验流体力学，2012，26(3)：95-100.

[6] 金华，王辉，张海酉，等. FL-13 风洞突风发生装置研究[J]. 空气动力学学报，2016，34(1)：40-46.

[7] 李岩，武斌，董超. 初探二维 PIV 技术在风洞实验中的应用[J]. 实验室研究与探索，2009，28(12)：36-40.

[8] Watanabe S. Stereo PIV applications to large-scale low-speed wind tunnels[C]. AIAA 2003-0919.

[9] Hoffman J M, Arnette S A, Porter C B, etal. Application of particle image velocimetry in the korea aerospace research institute low speed wind tunnel[C]. 38th Aerospace Sciences Meeting and Exhibit, AIAA-2000-0411, 2000.

[10] Watanabe S, Stereo K H. PIV applications to large-scale low-speed wind tunnels [C]. 41st Aerospace Sciences Meeting and Exhibit, AIAA-

2003-919, 2003.

[11] Bueno P C, Hou Y X, Clemens N T, et al. Wide-field PIV study of pulsed jet injection upstream of mach 2 shock wave/boundary layer interaction[C]. 42nd Aerospace Sciences Meeting and Exhibit, AIAA-2004-707, 2004.

[12] Yu H Q, Leeser M, Tadmor G, et al. Real-time particle image ve-locimetry for feedback loops using FPGA implementation[C]. 43rd Aerospace Sciences Meeting and Exhibit, AIAA-2005-445, 2005.

[13] 史志伟.张海涛.合成射流控制翼型分离的流动显示与 PIV 测量[J].实验流体力学,2008,22(3).

[14] Kreizer M,Ratner D,Liberzon A. Real-time image pro-cessing for particle tracking velocimetry[J]. Experi- ments in Fluids,2010,48(1):105-110.

[15] Pedersen N,Larsen P S,Jacobsen C B. Flow in a cen-trifugal pump impeller at design and off-design condi-tions-part I: particle image velocimetry (PIV) and laser doppler velocimetry (LDV) measurements[J]. Journal of Fluids Engineering,2003,125 (1):61-72.

[16] Tang F P. PIV for propeller pumps[A]. The 2nd International Sym-posium on Fluid Machinery and Fluid Engineering. 22-25 October,2000, Beijing:128-134.

[17] GRANT I, LIU A. Directional ambiguity resolution in particle image velocimetry by pulse tagging[J]. Experiments in Fluids,1990,10:71-76.

[18] 戴静君,姜义忠,董守平. PIV 技术在涡轮叶栅内流场试验中的应用[J].流体力学实验与测量,2003,17(4): 68-71.

基于相界面能量平衡的机翼结冰计算模型研究

邓文豪，柯鹏*

北京航空航天大学交通科学与工程学院，北京 100191

摘要：飞机结冰会对飞行安全产生重要影响，针对过冷水滴结冰过程机理，分析了结冰过程中的多相传热与流动过程，提出了相界面能量平衡模型，考虑了控制体间的水膜流动和冰水相界面温度梯度的影响。利用此模型进行了圆柱霜冰工况和翼型明冰工况的结冰冰形计算，并分别与实验结果进行对比验证，表明了此模型在分别预测霜冰和明冰冰形时的准确性；利用此模型进行了翼型明冰工况的表面温升计算，并与实验结果进行对比验证，表明了结冰对翼型表面温度分布的影响。

关键词：相界面能量平衡；飞机结冰；翼型表面温升；多相传热流动

Numerical Simulation Research of Aircraft Icing Based on Energy Balance of Phase Interface

DENG Wenhao, KE Peng*

School of Transportation Science and Engineering, Beihang University, Beijing 100191, China

Abstract: Aircraft icing can have an important influence on the flight safety. According to the icing process theory of supercooled water, the multiphase heat transfer and flow are analyzed, and the energy balance model of the phase interface is put forward, which considers the influence of the water film flows in the control volume and the temperature gradient of the phase interface. The ice shapes of the cylinder rime condition and the airfoil glaze condition are calculated by this model. The results are compared with the experiment results, which show the accuracy of this model when predicts the ice shapes of the rime condition and the glaze condition. The temperature increases on the airfoil surface of the glaze condition are calculated by this model. The results are compared with the experiment results, which show the influence of icing on the airfoil surface temperature distribution.

Keywords: energy balance of the phase interphase; aircraft icing; temperature increase on the airfoil surface; multiphase heat transfer and flow

1 引 言

飞机/发动机结冰会严重危害飞行安全，影响飞机的气动性能和操纵稳定性[1]，结冰潜热的释放会导致翼型表面温度升高[2]，曾导致大量事故[3-4]，因此国内外开展了大量结冰数值模拟研究工作。

在壁面水膜流动的描述中，相较于经典的 SWIM 模型[5]，Tukovic[6] 和 Rauter[7] 提出了基于 FOAM-extend 的有限面积法（FAM）模型，Qiang Wang 等[8]在此模型的基础上利用拉格朗日法计算翼型局部水收集系数，并使用改进的 FAM 方法求解水膜流动。此模型缺乏对控制体间水膜流动的考虑，难以准确预测整体水膜流动过程。

在 Messinger 结冰模型的基础上，Dorian[9] 和 Ali[10] 开发出了基于 Level-Set 框架的单步法和多步法结冰模型，可以快速预测结冰冰形。卜雪琴等[11]建立了混合相结冰热力学模型，并在模型中增加了冰晶的

基金项目：国家重大科技计划项目（2017-VIII-0003-0114）

* 通讯作者. E-mail: p.ke@buaa.edu.cn

粘附效应经验公式，进行了明冰工况的结冰模拟。雷梦龙等[12]进行了基于 Myers 模型的三维结冰数值仿真研究，改进了原模型在霜冰转化为明冰时存在判断不准确的特点。但是在控制体内部多相传热流动模型还需要细化。

本文提出了一种基于准确模拟壁面水膜流动和控制体内部传热效应的结冰计算模型，能够充分考虑壁面液态水流动对结冰冰形的影响和控制体内部因温度梯度导致的多相传热问题。

2 相界面能量平衡模型与结冰算法

2.1 基本方程

在结冰的流动过程中，控制体内质量的变化主要来源于液态水流动、水滴撞击、水蒸发、水冻结成冰等，因此可以将质量方程表示为：

$$\Delta \dot{m}_{(\mathrm{VOF})} = \dot{m}_{\mathrm{flow}} + \dot{m}_{\mathrm{imp}} - \dot{m}_{\mathrm{evapo}} - \dot{m}_{\mathrm{ice}} \tag{1}$$

式中，$\Delta \dot{m}_{(\mathrm{VOF})}$ 表示控制体整体的质量变化，$\dot{m}_{\mathrm{flow}}$ 表示水沿壁面流动引起的控制体质量变化，$\dot{m}_{\mathrm{imp}}$ 表示水滴撞击带来的质量，$\dot{m}_{\mathrm{evapo}}$ 表示水蒸发带走的质量，$\dot{m}_{\mathrm{ice}}$ 表示水结冰减少的质量。

在结冰的传热过程中，控制体内能量的变化主要是因为过冷水滴结冰释放大量潜热，导致控制体温度升高，并伴随着导热和对流换热现象，因此能量方程可以表示为：

$$\dot{Q}_{\mathrm{evapo}} + \dot{Q}_{\mathrm{ice}} + \dot{Q}_{\mathrm{cond}} + \dot{Q}_{\mathrm{conv}} = \Delta E_{\mathrm{water}} \tag{2}$$

式中，$\dot{Q}_{\mathrm{evapo}}$ 表示水蒸发带走的能量，$\dot{Q}_{\mathrm{ice}}$ 表示因结冰释放的潜热，$\dot{Q}_{\mathrm{cond}}$ 表示与壁面导热引起的热量变化，$\dot{Q}_{\mathrm{conv}}$ 表示对流换热带走的热量，$\Delta E_{\mathrm{water}}$ 表示控制体的能量变化。

2.2 相界面能量平衡模型

根据结冰控制体不同时刻传热流动基本规律，遵照相变-传热-流动的基本求解顺序，基于相体积分数模型(Volume Of Fluid，VOF)算法对水膜流动进行更加精确的模拟，提出了相界面能量平衡模型，该模型考虑了在结冰的控制体内，冰、水相界面间存在的温度梯度的影响。如图 1 所示，基本假设包括：

① 当水的组分数 $\alpha_{\mathrm{new}}>0$，下一时刻控制体内有水，温度 $T_1>0$ ℃；当 $\alpha_{\mathrm{new}}=0$，下一时刻控制体内无水，$T_1<0$ ℃，表示完全结冰；

② 前一时刻控制体温度 $T_{\mathrm{cell}}<0$ ℃，控制体内能够发生结冰，否则当 $T_{\mathrm{cell}}>0$ ℃，直接判定为不能结冰；

③ 冰、水构成控制体焓的重新分配，下一时刻控制体温度 T_1，冰温度 T_{w}(认为冰与壁面始终保持热平衡)；

④ 冰、水的相界面传热平衡，形成冰水混合状态，温度为 0 ℃。

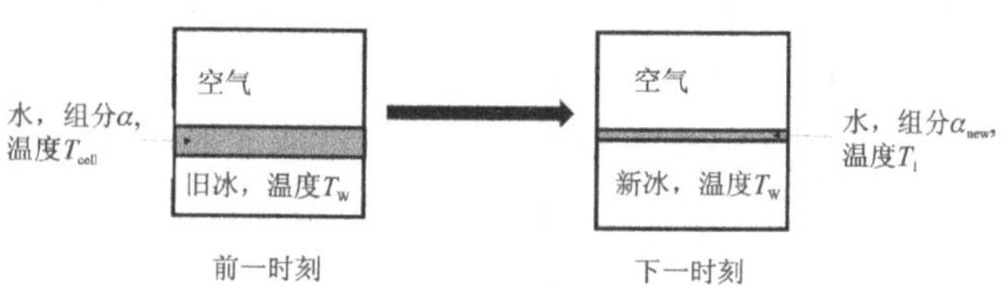

图 1 相界面能量平衡模型

综上所述，相界面能量平衡方程可以表示为

$$\lambda_{\mathrm{ice}} \times \left[\frac{0-T_{\mathrm{w}}}{(\dot{m}_{\mathrm{ice}}+\dot{m}'_{\mathrm{ice}})/\rho_{\mathrm{ice}}}\right] = \lambda_{\mathrm{water}} \times \left(\frac{T_1-0}{\dot{m}'_{\mathrm{water}}/\rho_{\mathrm{water}}}\right) \tag{3}$$

式中，λ_{ice} 和 λ_{water} 分别表示冰和水的导热系数，ρ_{ice} 和 ρ_{water} 分别表示冰和水的密度，T_{w} 表示冰的温度，$\dot{m}_{\mathrm{ice}}$ 表示旧冰的质量，$\dot{m}'_{\mathrm{ice}}$ 表示新冰的质量，T_1 表示水的温度。

3 模型验证

3.1 圆柱霜冰工况冰形验证

根据能量平衡模型进行了圆柱霜冰工况的冰形验证计算。选取流场工况条件：圆柱直径 0.152 m，气流来流速度 94 m/s，来流温度−26 ℃，来流压力 101 325 Pa，雷诺数为 10^6。计算结果与 David[13] 实验数据进行对比验证，保证了数值模拟工况和实验工况的一致性。

将数值模拟结冰冰形计算结果与实验结冰冰形结果进行比较如图 2 所示。数值模拟工况温度较低、液态水含量较小，为典型的霜冰结冰工况。工况(a)前驻点最大结冰厚度处，数值模拟结冰厚度计算结果(34.0 mm)与实验结冰厚度结果(32.0 mm)相差 2.0 mm，误差为 6.25%；工况(b)前驻点最大结冰厚度处，数值模拟结冰厚度计算结果(33.3 mm)与实验结冰厚度结果(31.5 mm)相差 1.8 mm，误差为 5.4%；工况(c)前驻点最大结冰厚度处，数值模拟结冰厚度计算结果(33.4 mm)与实验结冰厚度结果(27.5 mm)相差 5.9 mm，误差为 21.45%。数值模拟冰形结果与实验结冰冰形结果吻合较好,数值模拟的结果具有典型的霜冰完全冻结特征,过冷液滴撞击到圆柱表面后立即冻结。

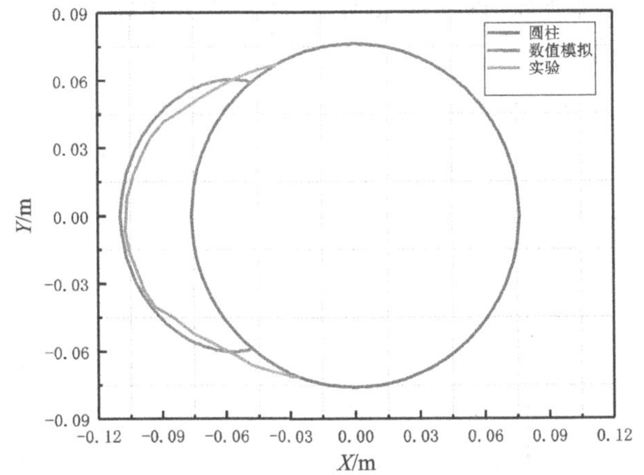

(a) 平均液滴直径MVD=30 μm, 液态水含量 LWC=0.8 g/m³, 结冰时间t=12.7 min

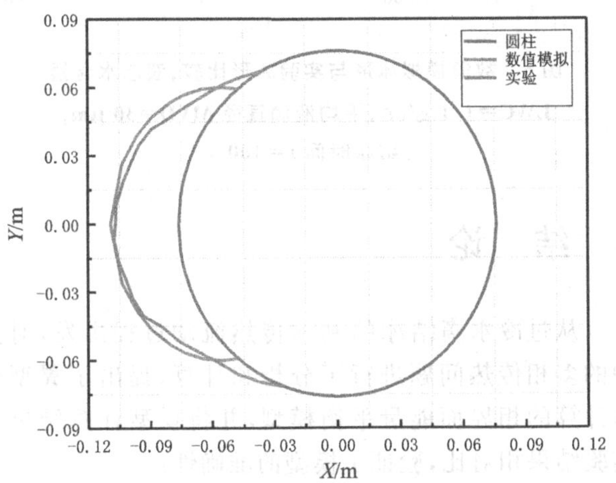

(b) 平均液滴直径MVD=30 μm, 液态水含量 LWC=0.8 g/m³, 结冰时间t=10.1 min

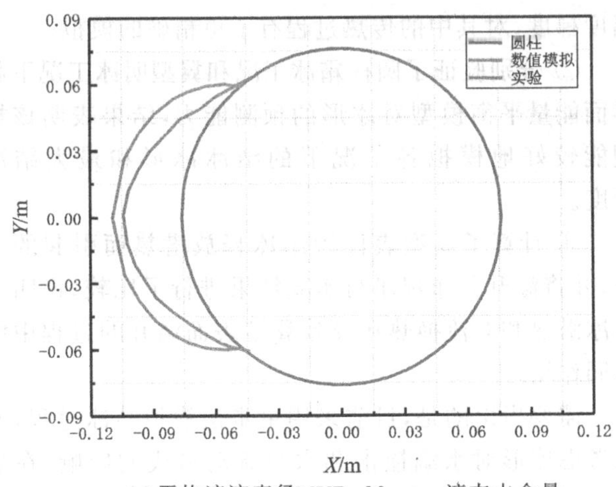

(c) 平均液滴直径MVD=30 μm, 液态水含量 LWC=1.3 g/m³, 结冰时间t=7.8 min

图 2　圆柱霜冰冰形对比

3.2　翼型结冰温度验证

通过相界面能量平衡模型进行了翼型明冰工况的温度验证计算。根据美国爱荷华州立大学飞机结冰与防除冰技术实验室所进行的冰风洞实验结果进行对比验证。

数值模拟采用的具体实验条件为:弦长 0.15 m,攻角−5°的 NACA0012 翼型,气流来流速度为 40 m/s,来流温度为 268.15 K,来流压力为 101 325 Pa。空气中液态水含量为 2.0 g/m³。本算例工况的选取保证了和实验工况在流场计算、结冰条件计算上的一致性。由于本实验是典型的明冰结冰工况,过冷液滴撞击到翼型前缘后并不会完全冻结,而是会因为结冰潜热的释放形成回流水向翼型后缘移动,热量积聚在翼型上导致表面温度升高。实验选取了翼型上表面 $A(x/C=7\%)/B(x/C=24\%)/C(x/C=42\%)$三点进行温度的测量,如图 3 所示。

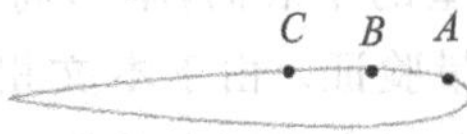

图 3　翼型测温点 A/B/C

翼型选用导热系数较小(约 0.22 W/m·K)的热塑性材料制作,基本可以忽略表面的导热作用,过冷液滴撞击到翼型表面后,会形成回流水,结冰释放的潜热也会作用于翼型表面导致较为明显的温升,翼型表面 A、B、C 三点温升与实验温升结果比较如图 4 所示。

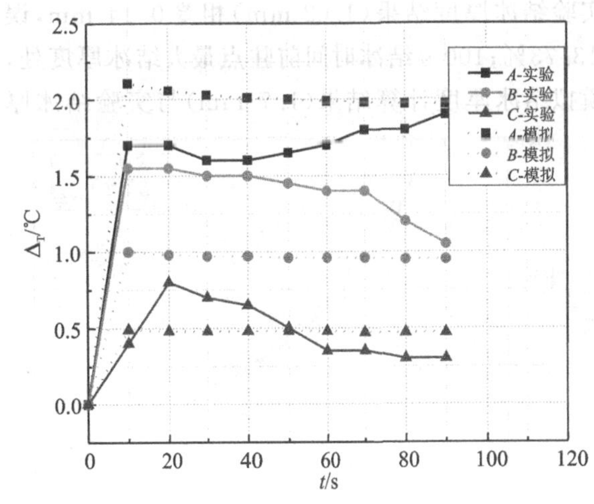

图 4　翼型表面温升

由数值模拟结果可知,翼型表面温度分布遵从 A、B、C 三点依次降低的规律,说明潜热在翼型前缘积聚较大,在翼型下游部分由于对流换热的作用,热量逐渐被空气带走，因此温度逐渐降低。由于实验冰风洞的温度测量是由红外热成像仪采集的，设备测温误差在0.5 ℃左右，因此数值模拟结果与实验结果有一定误差，但是误差范围在实验允许的范围内，数值模拟温度分布结果与实验结果是吻合的。

3.3 翼型明冰冰形验证

根据相界面能量平衡模型进行了翼型明冰冰形的验证计算。实验也是在美国爱荷华州立大学飞机结冰与防除冰技术实验室的冰风洞中进行。

数值模拟采用的具体实验条件为：弦长0.15 m，攻角10°的DU91-W2-250翼型，气流来流速度为40 m/s，来流温度为268.15 K，来流压力为101 325 Pa。空气中液态水含量为1.1 g/m^3，平均液滴直径30 μm，结冰时间分为50 s和100 s，数值模拟工况与冰风洞结冰实验工况保持了一致。因为采用了10°攻角的工况，所以在水滴撞击时大部分水滴将会聚集在翼型的下表面，结冰的主要部分也在翼型的下表面，本节将对翼型下表面的结冰冰形进行定量验证。由于本文相界面能量平衡模型未考虑明冰冰角对水滴撞击的影响以及实际结冰冰形对水膜流动的影响，所以选取较短的结冰时间，此时对应结冰的初始形成状态，上述两种因素的影响较小。数值模拟结冰冰形与实验结冰冰形进行比较，如图5和图6所示。由计算结果可知，50 s和100 s时间内，结冰最大高度都集中在翼型前缘，50 s结冰时间前驻点最大结冰厚度处，数值模拟结冰厚度计算结果（0.88 mm）与实验结冰厚度结果（1.02 mm）相差0.14 mm，误差为13.73%；100 s结冰时间前驻点最大结冰厚度处，数值模拟结冰厚度计算结果（1.7 mm）与实验结冰厚度

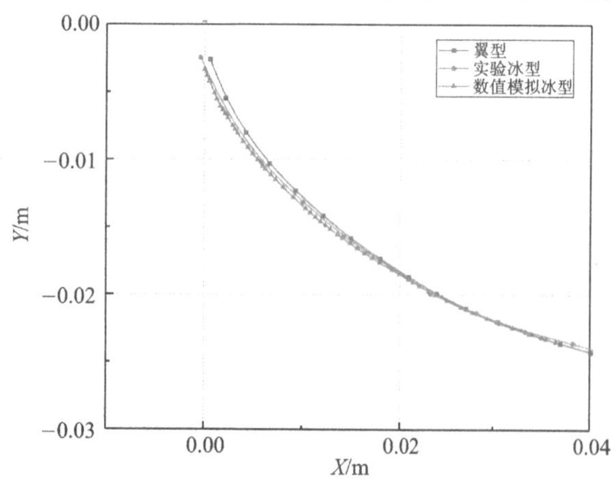

图5 数值模拟冰形与实验冰形比较，液态水含量LWC=1.1 g/m^3，平均液滴直径MVD=30 μm，结冰时间t=50 s

结果（1.95 mm）相差0.25 mm，误差为12.82%。结冰厚度沿翼型表面随尾缘方向逐渐降低，整体分布趋势与实验结果相符合，数值模拟冰形曲线与实验冰形曲线也相吻合，说明了相界面能量平衡计算模型的准确性。

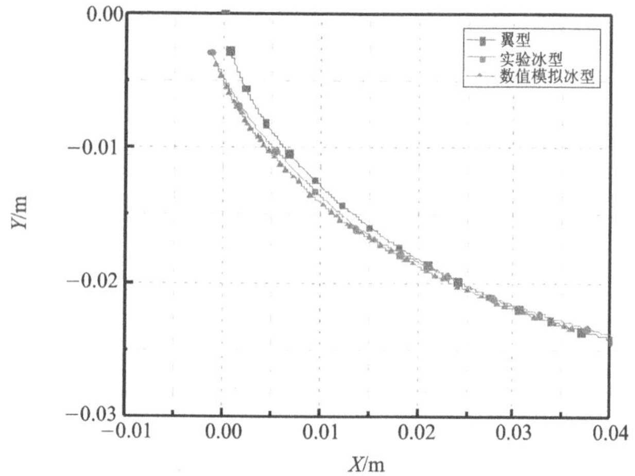

图6 数值模拟冰形与实验冰形比较，液态水含量LWC=1.1 g/m^3，平均液滴直径MVD=30 μm，结冰时间t=100 s

4 结 论

从过冷水滴结冰的基本传热流动过程出发，对其中的多相传热问题进行了分析和计算，提出了翼型结冰计算的相界面能量平衡模型，并将模型计算结果与实验结果相对比，验证了模型的准确性：

① 相界面能量平衡模型引入VOF算法考虑了水膜流动对结冰的影响，还分析了控制体内冰、水相界面温度梯度，对其中的传热过程有了更精确的模拟。

② 分别验证了圆柱霜冰工况和翼型明冰工况下相界面能量平衡模型对冰形的预测能力，结果表明该模型能较好地模拟各工况下的结冰冰形和最大结冰厚度。

③ 计算了翼型表面因结冰释放潜热而引起的温升，并将温升分布规律与实验结果进行了比较，说明了结冰潜热和对流换热在导致翼型表面温升的过程中的不同作用。

需要指出的是，目前采用单步法模拟结冰过程，并未考虑冰形对水滴撞击和水膜流动造成的影响，在后续的研究中需要考虑水滴撞击和动网格的实时更新，并兼顾计算效率。

参考文献

[1] LYNCH F T, KHODADOUST A. Effects of ice accretions on aircraft aerodynamics[J]. Progress in Aerospace Science, 2001, 37(8): 669-767.

[2] Yang Liu, Hui Hu. An experimental investigation on the unsteady heat transfer process over an ice accreting airfoil surface [J]. International Journal of Heat and Mass Transfer, 2018, 122: 707-718.

[3] Appiah-KUBBI. U. S. Inflight Icing Accidents and Incidents, 2006 to 2010[C]. Industrial and Systems Engineering Research Conference,2013.

[4] 刘学山,乔立民. 飞机结冰对飞行安全的影响[C]. 航空安全与装备学术研讨会, 2014: 292-295.

[5] BOURGAULT Y, BEAUGENDRE H, HABASHI W G. Development of a shallow-water icing model in FENSAP - ICE[J]. Journal of Aircraft, 2000, 37(4): 640-646.

[6] Tukovic Z, Jasak H. A moving mesh finite volume interface tracking method for surface tension dominated interfacial fluid flow[J]. Computers and Fluids, 2012, 55: 70-84.

[7] Rauter M, Tukovic Z. A finite area scheme for shallow granular flows on three-dimensional surfaces [J]. Computers and Fluids, 2018, 166: 184-199.

[8] WANG Q, XIAO J P, ZHANG T T, et al. A new wind turbine icing computational model based on free wake lifting line model and finite area method[J]. Renewable Energy, 2020, 146: 342-358.

[9] Dorian PENA, Yannick HOARAU. A single step ice accretion model using Level-Set method[J]. Journal of Fluids and Structures, 2016, 65: 278-294.

[10] Ali AL-KEBSI, Robert MOSE, Yannick HOARAU. Multi-Step Ice Accretion Simulation Using the Level-Set Method[C]. 2019 International Conference on Icing of Aircraft, Engine and structures, 2019:1-8.

[11] 卜雪琴, 李皓, 黄平, 等. 二维机翼混合相结冰数值模拟[J]. 航空学报, 2020, 41(12): 124085.

[12] 雷梦龙,常士楠,杨波. 基于 Meyers 模型的三维结冰数值仿真[J]. 航空学报, 2018, 39(9): 121952.

[13] David N. ANDERSON. Rime, Mixed and Glaze Ice Evaluation of Three Scaling Laws[C]. 32nd Aerospace Sciences Meeting & Exhibit, 1994: 1-13.

面向分布式作战的航空电子系统云架构研究

李卫红，吴莉莉，樊振凯，张靖

航空工业第一飞机设计研究院，西安 710089

摘要：本文根据“马赛克战”“分布式作战”“无人机蜂群作战”“多域作战”等国外先进分布式作战概念，梳理了对机载网络、软件架构等需求和下一代航空电子系统架构的发展需求，分析了微电子、云计算等基础技术对航电架构发展的影响，基于多平台间功能快速重组的航电系统架构的需求，在借鉴云计算概念的基础上，提出了一种跨平台航电云架构设计方案，并对该架构下的软件能力环境、资源虚拟化、机载应用 APP、系统调度管理及网络等相关技术进行了研究。

关键词：分布式作战；航空电子系统；跨平台；云架构

Research on Architecture of Avionics Cloud on Distributed Operation

LI Weihong，WU Lili，FAN Zhenkai，ZHANG Jing

AVIC the First Aircraft Institute，Xi'an 710089，China

Abstract： Aiming at the foreign advanced operational concepts like “Mosaic Warfare”“Distributed Operation” “Drone Swarm Combat”“Multi-Domain Operations”，Combed the requirement of the airborne network、software architecture and the next generation avionic system architecture，To satisfy the avionics architecture requirements based on rapid function reorganization among multiple platforms，Based on the concept of cloud computing，A cross-platform avionics cloud architecture design is proposed，And analyzed related technologies such as the software capability environment、Resource virtualization、Airborne application app、System scheduling management and airborne network.

Keywords： distributed operation；avionic system；cross platform；cloud architecture

当前国际上最具代表性的几类创新作战概念，如“马赛克战”“分布式作战”“无人机蜂群作战”“多域作战”等，其主要共同特征就是多个作战平台功能互补，通过先进网络互联，共同构成一个满足某任务需求的“云作战体”，该作战体内的各作战单元智能协同，实现环境自适应感知，功能自协调运行，行动自组织管理，任务自学习决策。这类作战概念的出现，打破了传统以单平台使用为主要牵引，仅考虑与外部交互接口的系统设计理念和系统架构形式。面向分布式作战的航空电子系统云架构正是在此需求背景下提出的，其基于多机分布云部署、伸缩弹性需求，面向未来的“云作战体”进行设计，实现特定作战要求下的多元化作战平台功能自由组合、系统灵活可组。

1 需求分析

1.1 机载网络需求分析

分布式作战下，由一组飞机及其机载系统完成任务协同。机载系统之间可动态互联、拓扑可变，满足协同云作战下跨域系统需求，具有简单、高效、透明、灵活的特点。当前的美国空军武器装备，在飞机内部是面向资源的任务组织模式，即基于静态资源编排任务和提供服务；在飞机之间，以飞机为组网资源最小节点，依赖数据链等方式实现机间通信，其互联架构如图 1 所示。

这样的架构由以往的单机作战发展而来，通信效率低下，限制了信息的交互能力。典型的工作方式为：当飞行器中的机载网络适配器监听到从机内高速数据

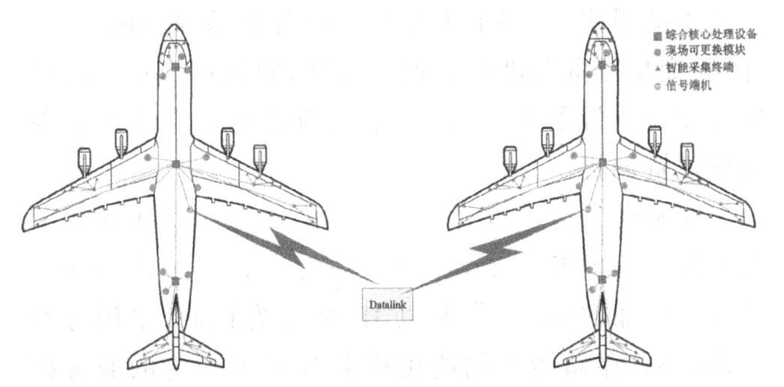

图 1　当前美国空军武器装备的互联架构

网络中其他设备发出的数据包之后，首先对数据包进行检测，并确定发送数据包的目的地是本机内部设备还是其他飞行器的设备。如果数据包是发往本机内部设备的，则可以直达目的设备；如果数据包是发往其他飞行器设备的，那么机载网络适配器首先对数据包进行处理，由于数据包不能直接在无线网络（数据链）中传输，机载网络适配器必须对数据包进行打包等处理流程，才能通过无线网络（数据链）进行发送或转发。而考虑到多飞行器系统中异构性差异，这种传统的路由式信息传递机制若面向未来高速多机协同作战的应用，其大宗的数据包会直接占用有限的无线通信资源，使整个系统执行效率降低。

传统机载网络与未来机载网络的特点如表 1 所列。

表 1　传统机载网络与未来机载网络的特点

	传统机载网络	未来机载网络
物理结构	固定连接	自由连接
业务配置	静态配置	动态组织
互连范围	封闭机内	开放空间
系统规模	有限设备	海量系统
可靠组网	单点故障	故障安全
数据共享	私有综合	共享融合
物理结构	固定连接	自由连接
数据共享	私有综合	共享融合

面向未来云作战环境，机载网络需要具备支持异构跨平台自适应交互的网络架构，提供支持多业务流、即插即用、透明传输、系统重构的分布式互联互通架构，如图 2 所示。具体能力要求包括：能够提供高带宽、高时间同步精度，满足先进武器传感器和作战应用的需要；支持任务系统、飞控系统、机电系统不同实时性、安全性需求的多种业务流的传输；基于标准的软硬件接口，支持机载设备的即插即用；采用面向数据的系统传输方式，实现数据的透明传输；系统具有灵活的可配置能力，支持航电架构的重构。

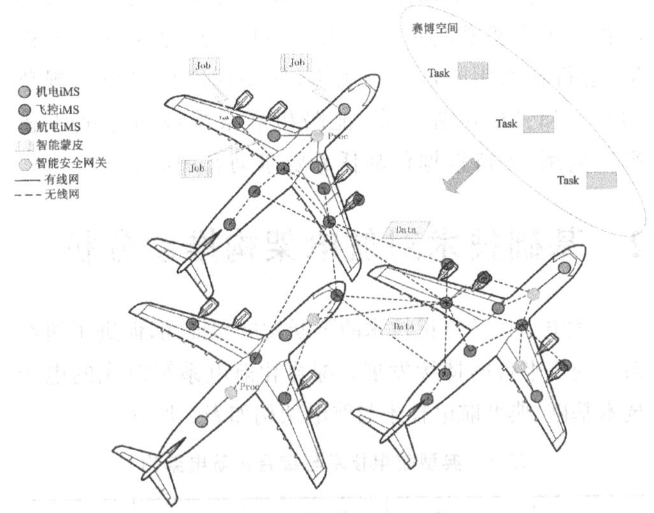

图 2　多平台互联互通网络

1.2　机载软件架构需求分析

未来航空电子系统软件需要采用开放式面向服务的架构，通过一个通用的基础软件平台隔离应用与硬件平台，提供跨平台资源管理与透明的分布式数据通信能力，机载应用要 APP 化，能动态加载和自组织，最终实现基于云作战模式下作战飞机的协同作战。

支持作战任务的分布协同：未来空中作战是体系对抗环境下的分布作战，强调跨作战平台的协同配合，各域作战平台在体系中互联互通，每个作战平台作为一个节点，既提供信息，也获取信息。因此未来机载软件需要采用云分布架构，提供跨作战平台的信息透明交互以及云资源的优化组合能力，实现应用功能的分布协同配合。

支持分区隔离的操作系统：未来航空电子系统将利用微智能处理系统技术，不同子系统的功能共同运行在微智能系统之上，不同的功能对安全性、时间性都有不同的要求，对机载基础软件提出了更加苛刻的要求，要求操作系统提供健壮的分区以实现功能在空间、时间、通信和 I/O 上的隔离，提供资源分级管理，支持混合安全关键、时间关键功能的综合。

机载应用 APP 化：当前，各型号飞机平台的机载功能应用的设计和实现，都与该飞机采用的架构以及具体的硬件平台紧密相关，定制性较强，开发出来的功能应用不能跨机载系统或型号飞机平台复用，导致不同型号飞机相同功能重复开发验证，研制成本较高，研制周期较长。与智能手持终端相比，存在架构体系不开放、运行环境不通用、第三方软件开发机制未形成等问题。未来机载功能应用需要APP化，基于开放的框架，运行在通用的运行环境中，使用标准接口采用规范的开发和管理过程开发，能跨机载系统或跨作战飞机平台复用，支持根据作战任务要求动态加载。

2 基础技术对航电架构推动分析

微电子及计算机技术的不断发展和推动，促进了机载系统处理平台的持续发展。综合化航电系统时代的电子技术基础、典型航电技术与航电架构如表2所列。

表2 典型航电技术与综合化航电架构

	系统	硬件/微电子	网络	软件
电子技术基础	并行计算、分布式计算	超大规模集成芯片	高速星形网络	多任务操作系统
航空电子技术	综合处理、功能综合	物理综合、模块化	高速星形统一网络	分区操作系统

在军事需求牵引和技术推动的共同作用下，航电的体系架构向新的方向发展。下一代航电系统的电子技术基础、典型航电技术与航电架构如表3所列。

表3 下一代典型航电技术与航电架构

	系统	硬件/微电子	网络	软件
电子技术基础	云计算	微系统芯片	透明化“云”网络	云服务
航空电子技术	体系云、机载云	智能微系统	由机间网、机内网组成的透明网络	实时云服务

在计算机系统架构领域，随着网络化的进一步发展，云计算技术成为计算机体系架构新的方向，未来基于云提供的各种服务大行其道：从网络存储到计算资源，从个人业务到企业服务，甚至从打车到吃饭，无不遍布着云计算的影子。

3 航电系统云架构设计

3.1 设计思想

异构多平台资源虚拟化：借鉴云计算中资源虚拟化技术的思想，对多个飞机平台中各类差异化的计算、存储、交换等资源进行虚拟化设计，向顶层应用屏蔽底层各硬件资源的差异性，为上层应用跨平台无差别使用硬件资源提供支持。

跨平台自适应互联互通：在传统机内总线和机间数据链交互的基础上，针对跨平台动态交互以及多业务混合传输的需求，借鉴以IP技术为核心，采用分组交换结构、存储转发的路由机制和尽力而为的服务模式，确保跨平台异构网络之间的互联互通。

跨平台系统自组织管理：参考美军未来机载软件能力环境(FACE)标准，构建支持系统功能开放和软硬件跨平台复用的基础软件框架，软件采用APP化设计，通过预先定义、动态组织等方式实现应用自组织管理调度。

3.2 架构设计

跨平台航电云架构概念如图3所示。平台间通过无线通信网络互联，平台内部仍采用传统机内总线互连。各平台内处理资源进行通用化和虚拟化设计，通过机内网络互连在平台内部构成平台私有云，即平台内处理资源池；平台间通过机间网络构成体系公有云，即体系处理资源池。

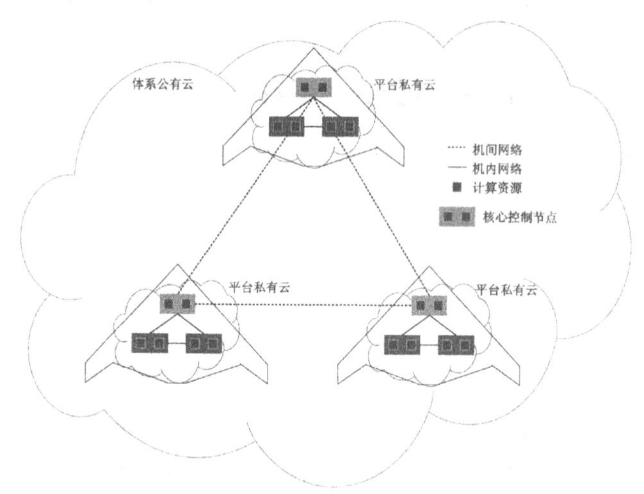

图3 跨平台航电云架构

雾计算和云计算的核心是对处理资源进行虚拟化，并按照任务需要分配或调度相应的处理资源完成分布式计算。借鉴雾计算(边缘计算)思想，为避免大量数据在机间网络传输和集中在云端进行处理，对部分如单平台内可完成处理的任务，通过系统调度管理，由平台内资源池完成处理，即雾计算。雾计算和云计算的关系如图 4 所示。

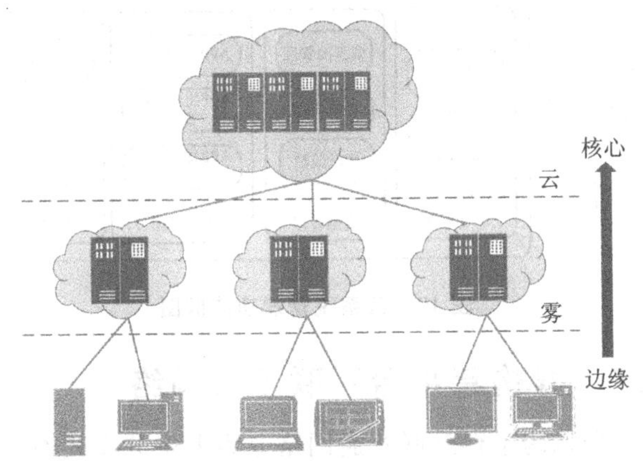

图 4 云计算与雾计算关系

对于需要调用跨平台资源完成处理的任务在云端完成，如图 5 所示。

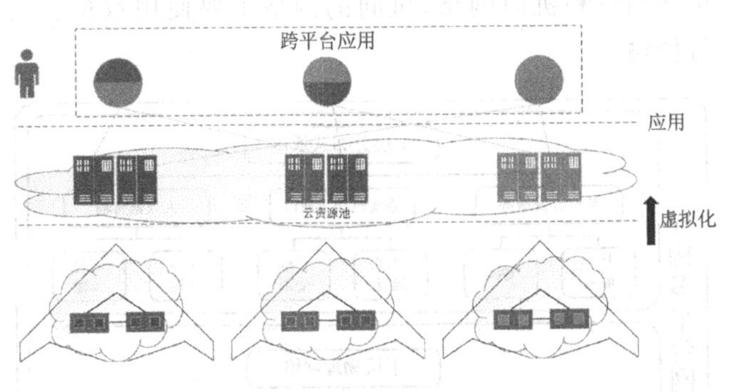

图 5 硬件资源虚拟化

系统中的资源可按级分类，在机间可分为战斗机、无人侦察机、预警机、电子战飞机、运输机、武装直升机等平台，在机内可分为航电任务处理类、飞管系统处理类、传感器/座舱处理类和人机/机电/武器接口处理类等。资源池中资源的分配按照先请求先分配的原则，资源池的管理与配置管理配合，资源池资源的分配与回收示意如图 6 所示。基于任务重要性的资源分配与回收由配置管理负责，配置管理在请求资源管理分配资源失败后，可停止低等级的任务，释放资源，再请求资源管理分配资源。

3.3 面向服务的软件架构

软件的管理与调度采用 APP 化设计、面向服务的架构、分级管理，以及以抢占优先权为主的调度方式。借鉴美军通用软件能力环境(FACE)标准，FACE 标准定义了操作系统、中间件、应用组件三个层次的 3 大类

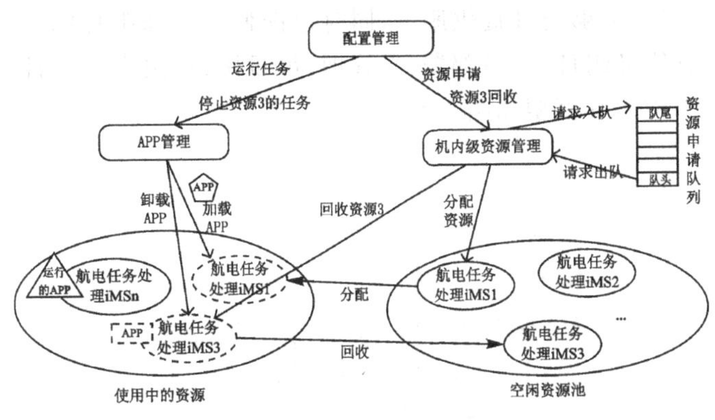

图 6 资源池资源的分配与回收

功能和 3 个标准接口，通过实现架构的通用、可兼容、可组合，功能和接口的标准化，支持系统功能的开放和软硬件跨平台的复用。面向服务系统架构将系统的软硬件功能分为基础服务、平台服务、软件服务三部分，通过服务的抽象、自治、重用、标准化等功能，降低系统的耦合度，增加系统的灵活性，支持系统规模的增长，提高系统的利用效率。面向服务的架构如图 7 所示。

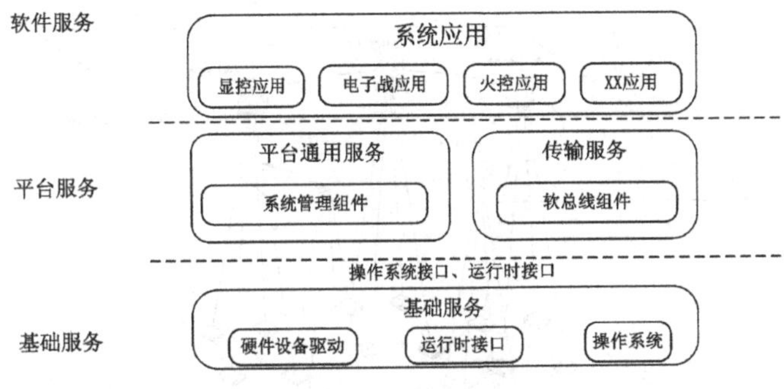

图 7 面向服务的软件架构

基础服务层由硬件设备驱动、运行时接口、操作系统、运行时等组件构成，提供分区、任务管理、基础数学运算、设备访问等能力。

平台服务层由平台通用服务和传输服务等组件构成，位于基础服务之上，提供平台设备管理、平台级健康监控/故障管理、模块间数据传输、面向服务的控制总线等能力。

软件服务层面向不同应用领域，由具有特殊功能的应用组成，为整个系统提供专用能力。

面向服务的系统架构提供了开放式、可扩展的软件框架，实现了异构分布式系统的互相协同。

机载 APP 具有高度模块化、动态化的特点，具备独立的生命周期，如启动、停止、更新等，并且可被管理，APP 框架能动态地增加、更新或删除 APP。机载应用 APP，是独立的逻辑功能实体，拥有自己的属性和

方法,能够对外提供服务,同时也能使用外部服务的一种服务组件,是可部署、易管理、可重用、可组合的软件单位。其模型如图8所示。

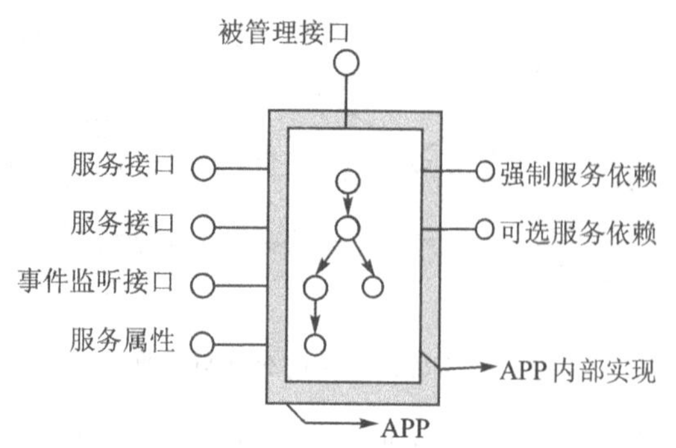

图8 机载应用APP模型

3.4 分层云资源管理

云资源管理采用三层的管理体制,如图9所示,分为:机间资源管理、机内资源管理和处理平台内资源管理。

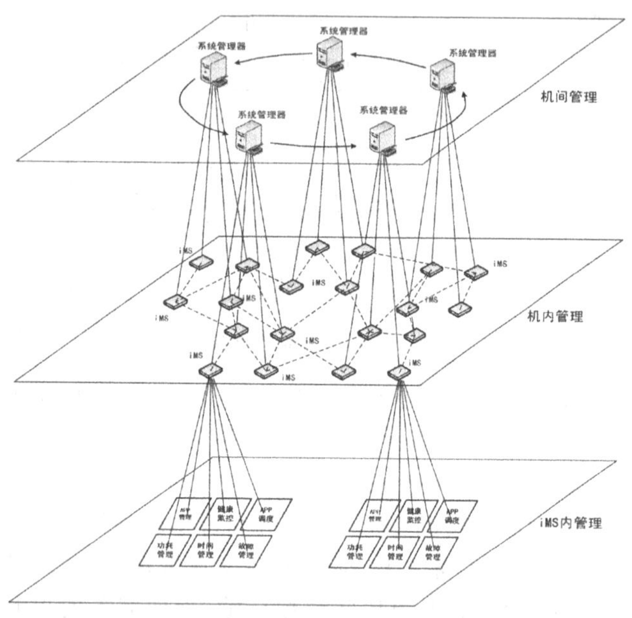

图9 云资源管理框架

云系统管理框架由资源管理、APP管理和服务管理构成,如图10所示。云系统管理的能力和行为由系统配置数据定义。系统配置数据汇集了系统中所有资源的数据和策略,描述了管理层次结构、行为和功能,定义APP部署、故障处理策略、系统通信方案等信息,指导云系统管理。

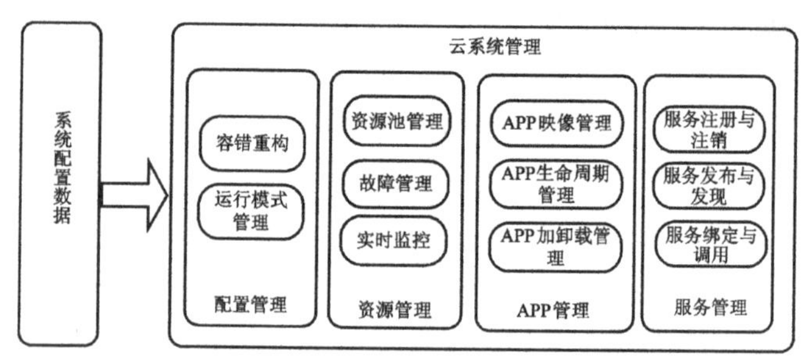

图10 云系统管理功能框图

3.5 异构跨平台互联互通网络

异构跨平台互联互通网络分为上层分布式通信和下层物理网络,如图11所示。上层分布式通信包括了数据分发服务、强实时静态通信以及大数据传输等,分别用于航电系统中的基础服务、时间触发以及传输受限的数据、文件传输和信号传输。下层物理网络包括机间网络和机内网络,机间的网络主要使用数据链进行传输。

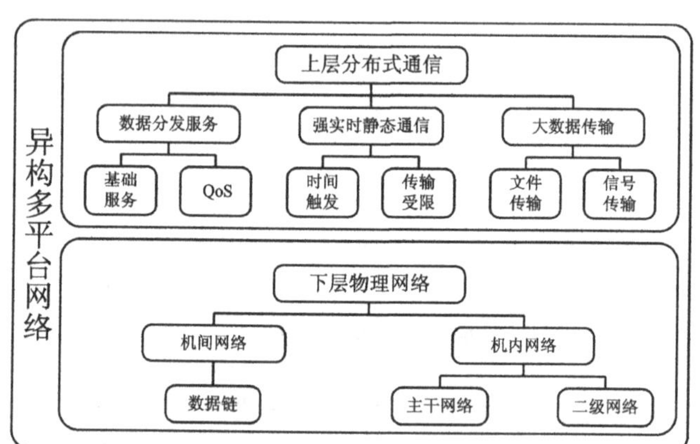

图11 异构跨平台互联互通网络架构

数据通信采用发布订阅模型,数据的发送方和接收方通过主题建立连接关系,在网络构建的初始化阶段,发送方与接收方之间通过通信,交互发送接收的主题信息,进行网络拓扑关系的构建。当有新的节点上线时,能够通过消息进行节点感知,对已有的网络关系没有影响。该技术对不同的网络协议进行了封装,使得不同的网络具有相同的通信接口,统一了数据的收发方式,减少了应用在不同网络间移植的工作量。

功能节点之上驻留应用APP,通过数据通信协同工作,提供大规模异构环境下的数据交换、多种通信策略、支持通信节点的动态性、降低系统间的耦合度等功能,为云中APP提供透明的、可靠的、安全的通信保障。同时智能微系统也对系统的体积、重量和功耗有严苛的要求，因此要求其上运行的分布式通信软件要占用资源较少、实时性强、功能组件可裁剪。基于智能微系统的分布式机载处理系统在一个统一的全局数据空间基础上，实现了多系统的继承以及云信息的实时共享。分布式数据通信架构如图 12 所示。

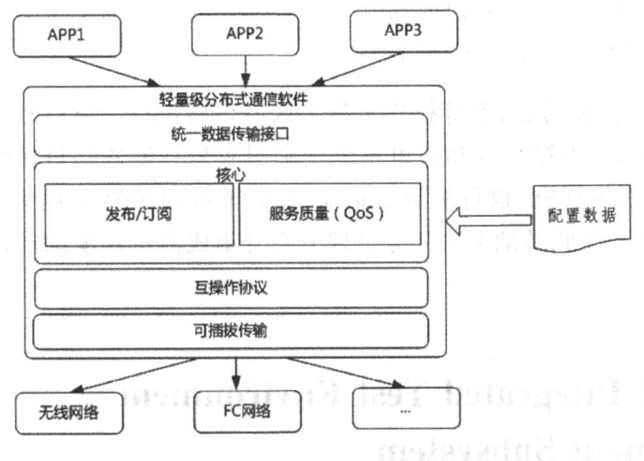

图 12 分布式数据通信架构

4 结束语

本文分析了国外先进作战概念“马赛克战”“分布式作战”“无人机蜂群作战”“多域作战”，梳理了对下一代航电架构的发展需求。从技术推动角度分析相关技术发展对航电架构的影响。在借鉴云计算概念的基础上，提出了一种跨平台航电云架构设计原型，并对该架构下的软件架构、资源管理和互联互通网络等相关技术进行了初步论证分析。本文可为未来航空电子系统架构设计提供参考。

参考文献

[1] 鲁俊，何锋，熊华钢. 航电电子云系统架构与网络[J]. 航空电子技术，2017，48(3)：1-9.

[2] 李耀华，尚金秋. 基于云计算的飞机 PHM 体系架构研究[J]. 计算机工程，2011，43(12)：7-10.

[3] 张菁，何友，邓瑛，等. 战斗机智能航电系统[J]. 航空计算技术，2018，48(4)：125-128.

[4] 张正勇，张菁，林明东，等. 智能空战系统研究[J]. 空军装备研究，2020，14(1)：4-8.

[5] 李铮，李峭，赵露茜，等. 面向航空电子云的混合式时间同步算法 [J]. 北京航空航天大学学报，2014，40(8)：6-10.

[6] BHATIA Anuj，SHAH Anant，THANTHRY Nagaraja，et al. Voice services and aviation data networks [C]. 26th Digital Avionics Systems Conference，2007，10：(4. E. 4-1)-(4. E. 4-13).

[7] JASTI Amarnath，MOHAPATRA Surya，POTLURI Bhargav，et al. Cloud computing in aircraft data network [C]. 2011 Integrated Communications，Navigation and Surveillance (ICNS) Conference，2011.

[8] KAMPICHLER Wolfgang，EIER Dieter. Cloud based services in air traffic management [C]. 2012 Integrated Communications，Navigation and Surveillance (ICNS) Conference，2012，4：(G5-1)-(G5-9).

[9] KIM Doo-Hyun，SONG Seunghwa，SHIN Seung-Jung，et al. An extended cloud computing architecture for immediate sharing of avionic contents [C]. Third International Conference，ACN.

[10] REN Liling，BECKMANN Benjamin，CITRINITI Thomas，et al. Cloud computing for air traffic management-framework analysis [C]. IEEE/AIAA 32nd Digital Avionics Systems Conference (DASC)，2013.

[11] GASKA Thomas，WATKIN Chris，CHEN Yu. Integrated modular avionics—past，present，and future[J]. IEEE Aerospace & Electronic Systems Magazine，2015.

任务管理分系统集成测试环境硬件设计研究

刘玥[1,*]，马明远[1]，李振峰[2]

1.航空工业第一飞机设计研究院，西安 710089

2. 航空工业西安翔讯科技有限责任公司，西安 710089

摘要： 任务管理分系统主要用于从机上将作战人员、武器装备、弹药、给养等投送至指定区域，进行空投、空运和空降[1]。任务管理分系统是飞机的核心部件，与飞机的航电系统、飞控系统和机电系统及牵引伞悬挂装置等机械结构交联[2]。任务管理分系统集成测试环境通过建立总线数据仿真机、执行机构采集器、视频前端模拟器和测试平台总控设备，支持飞机任务管理分系统机载设备的集成测试。在此基础上对任务管理分系统集成测试环境的硬件设计方案进行了研究。

关键词： 任务管理；航电系统；总线数据仿真机；总控设备

Research on Hardware Design of Integrated Test Environment for Task Management Subsystem

LIU Yue[1,*], MA Mingyuan[1], LI Zhenfeng[2]

1. Aviation Industry Corporation of China, The First Aircraft Institute, Xi'an 710089, China

2. AVIC Xi'an Xiangxun Technology Co. Ltd., Xi'an 710089, China

Abstract: The task management subsystem is mainly used to deliver combat personnel, weapons and equipment, ammunition, supplies and so on to designated areas from planes for AirDrop, air transport and airborne. The task management subsystem is the core component of the aircraft, which is cross-linked with mechanical structures such as avionics system, flight control system, electromechanical system and traction umbrella suspension. The integrated test environment of mission management subsystem supports the integrated test of airborne equipment of aircraft mission management subsystem by establishing bus data simulator, actuator collector, video front stage simulator and master control equipment of test platform. On this basis, the hardware design of integrated test environment for task management subsystem is studied.

Keywords: task management; avionics system; bus data simulator; general control equipment

1 引　言

任务管理分系统是飞机重要的组成部分，在几十年的发展中，系统结构不断演变，经历了一个从分立式、联合式、综合化到高度综合化的发展过程。任务管理分系统的功能依赖于各设备接口的交联、信息的传输，因此在将任务管理分系统向更高一级系统交付时，也应以任务管理分系统为单位进行生产，即系统集成测试。

在任务管理分系统集成测试过程中，测试内容及记录点多，操作复杂。在缩短周期、质量可控的前提下，如何设计任务管理分系统集成测试环境的硬件方案就成了关键因素[3]。

2 任务管理分系统概述

任务管理分系统主要用于从机上将作战人员、武

基金项目：国家自然科学基金；航空科学基金

* 通讯作者. E-mail: hkxb@buaa.edu.cn

器装备、弹药、给养等投送至指定区域，进行空投、空运和空降，与飞机的航电系统、飞控系统和机电系统及任务管理分系统的侧导轨、牵引伞悬挂装置等机械结构交联。任务管理分系统与外部系统交联关系如图 1 所示。

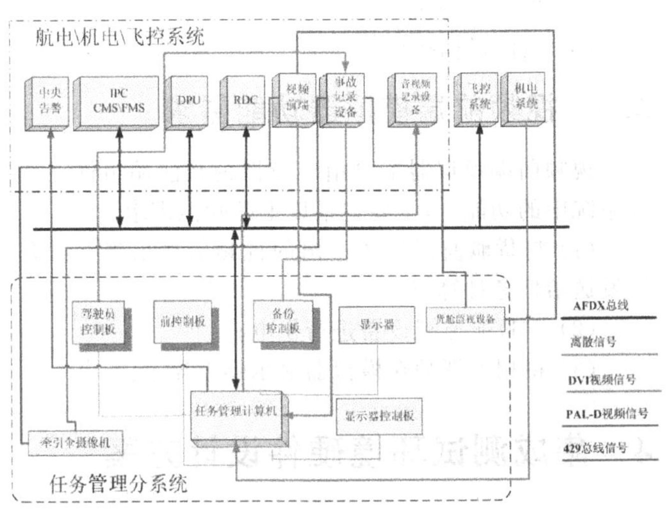

图 1　任务管理分系统与外部系统交联关系

任务管理分系统是实现任务管理分系统功能的控制部件，通过任务管理分系统可制定或加载合理的任务计划；控制空投\空运\空降等任务时序过程；并能以正常和备份、应急等多种方式完成对整个任务管理分系统的有序管理[4]，任务管理分系统的主要功能如图 2 所示。

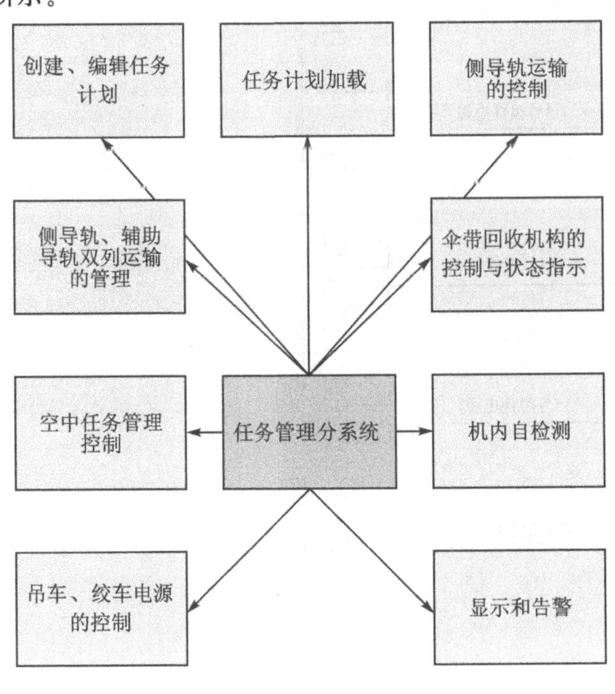

图 2　任务管理分系统功能示意图

3　集成测试环境建设需求

3.1　总体需求

基于任务管理分系统对外接口与功能，任务管理分系统集成测试环境建设需求如下：

(1) 对任务管理分系统的各个工作模式具备相应模式的检测逻辑以及检测判断能力；

(2) 具备模拟机上各个相关系统的信息交联及响应能力；

(3) 对任务管理分系统各投放流程，具备完整的投放流程测试逻辑及检测能力；

(4) 对任务管理分系统各组件所有对外发送信号的逻辑判断，发送时序及发送时延等特性具备测试能力；

(5) 对任务管理分系统工作中产生的所有输出信号的电器特性具备测试能力；

(6) 对任务管理分系统工作中所需的所有输入信号具备模拟能力；

(7) 具备支持任务管理分系统各组件自检测的控制及检测结果上报能力；

(8) 系统满足任务管理系统机载设备运行所要求的实时性；

(9) 健康监控功能：包括硬件状态和服务状态监控；

(10) 启停控制功能：包括硬件的开关机，服务的启动、停止、重启控制；

(11) 激励信号的电气特性符合机载设备要求；

(12) 激励信号应满足机载系统的总线协议和接口特性要求。

3.2　总控设备功能需求

总控设备作为任务管理分系统集成测试环境的中枢，实现以下主要功能需求：

(1) 上报各组件模拟器内软硬件版本，包括 ICD 及逻辑控制软件等；

(2) 上报各模拟器硬件工作状态；

(3) 管理控制总线数据仿真机、执行机构采集器和视频前端模拟器协同工作，完成测试任务；

(4) 具备对测试平台下属设备的静态设置功能：软件可静态设置激励数据，重要测试项参数可直接设置(反解算为激励信号)；

(5) 具备对测试平台下属设备的启停控制功能：包括各测试平台的硬件的开关机，服务的启动、停止、重启控制；

(6) 满足整机测试环境及机载设备要求的实时性。

3.3 总线数据仿真机功能需求

总线数据仿真机完成模拟或接收来自其他机载系统,诸如航电系统、飞控系统等需要通过 AFDX 及其他总线下发的信息[5],主要功能需求有:

(1) 完成向中央维护系统上报检测和维护信息;

(2) 在执行空投任务时向飞控系统上报货物离机状态;

(3) 执行投空降任务前,从机电系统确认舱门状态信息以及空降任务完成后关闭舱门时向机电系统报告伞带回收状态的信息;

(4) 通过 AFDX 接口任务管理分系统完成驾驶舱显示器货舱视频画面组合的选择;

(5) 完成任务计算机的任务加载功能。

3.4 执行机构采集器功能需求

执行机构采集器主要用模拟与任务管理控制设备交联的外部机构的接口功能[6],主要包括以下的接口模拟功能需求:

(1) 定力组件的接口;

(2) 电控锁的接口;

(3) 牵引伞悬挂装置、牵引伞投掷机构和电控系留带等的接口;

(4) 各机构传感器、微动开关的接口;

(5) 事故设备接口;

(6) 舱门机构接口。

3.5 视频前端模拟器功能需求

视频前端模拟器主要用于模拟视频前端组件在任务系统中的功能[7],主要包括以下的功能需求:

(1) 将货舱监视设备送出的视频信号采集并组合后发送给任务计算机;

(2) 对货舱监视设备进行供电;

(3) 将相关视频在模拟器显示器上显示。

4 集成测试环境硬件设计方案

任务管理分系统集成测试环境组成如图 3 所示。

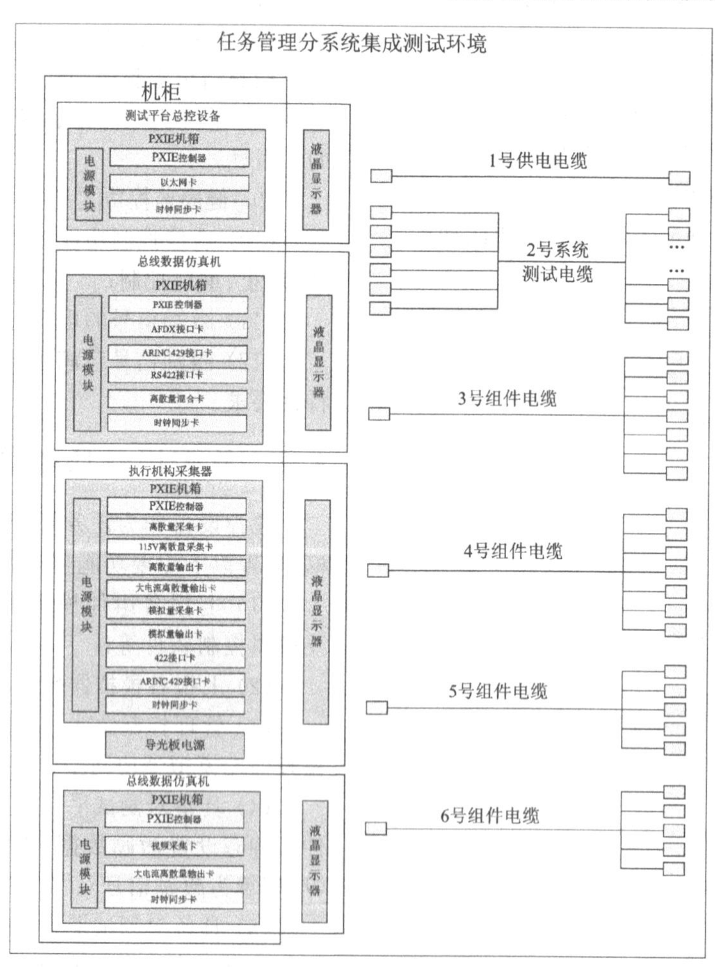

图 3 集成测试环境组成图

4.1 总控设备

PXIE机箱：为总控设备提供运行平台，机箱内部安装处理器模块和其他功能模块[8]，设计技术指标如下：

(1) 供电：交流220 V/50 Hz，功耗不高于500 V·A；

(2) 结构形式：19英寸上架式结构，机箱高度4U；

(3) 扩展插槽：具备17个3U PXI-E/PXI混合插槽，向下兼容32位CPCI总线；

(4) 总线接口：PXI-E总线。

PXIE控制器[9]：是总控设备的控制核心，用于对总控设备的硬件资源进行分配、管理和调用，通过与软件配合，实现总控设备的功能，设计技术指标如下：

(1) 处理器：Core I7-2715四核处理器，主频2.1 GHz；

(2) 内存：4 GB；

(3) 硬盘设计容量：1 TB；

(4) 串口：1路RS232；

(5) 千兆以太网口：2路。

时钟同步卡[10]：用于接收符合IEEE1588协议的授时信息，对测试平台总控设备进行对时同步。根据测试需求，需要1块时钟同步卡完成系统同步，设计技术指标如下：

(1) 总线接口：PXI总线；

(2) 支持以太网IEEE1588V2协议；

(3) 支持接收GPS时钟、IRIG-B格式的授时信息。

液晶显示器：安装于操作间操作台上，用于显示测试平台总控设备软件人机交互界面以及相关数据。液晶显示器选用24英寸商用显示器，设计技术指标如下：

(1) 显示器尺寸：24英寸；

(2) 最佳分辨率：支持1 080像素；

(3) 接口：DVI；

(4) 电源：~220 V，50 Hz。

4.2 总线数据仿真机

PXIE机箱：为总线数据仿真机提供运行平台，机箱内部安装处理器模块和其他功能模块，设计技术指标如下：

(1) 供电：交流220 V/50 Hz，功耗不高于500 V·A；

(2) 结构形式：19英寸上架式结构，机箱高度4U；

(3) 扩展插槽：具备17个3U PXI-E/PXI混合插槽，向下兼容32位CPCI总线；

(4) 总线接口：PXI-E总线。

PXIE控制器：用于对总线数据仿真机的硬件资源进行分配、管理和调用，通过与软件配合，实现总线数据仿真机的功能，设计技术指标如下：

(1) 处理器：Core I7-2715四核处理器，主频2.1 GHz；

(2) 内存：4 GB；

(3) 硬盘设计容量：1 TB；

(4) 串口：1路RS232；

(5) 千兆以太网口：2路。

AFDX接口卡：该接口卡用于模拟飞控系统、航电系统和任务分系统进行AFDX总线通信，同时下发驾驶舱视频组合选择指令，接收任务计算机上报的伞带回收状态信息。根据通道数量和测试需求，需要选用1块AFDX接口卡，设计技术指标如下：

(1) 符合ARINC664-7协议；

(2) 具备2路接口，支持冗余模式或独立模式；

(3) 1 000 Mbps传输速率，全双工操作；

(4) 总线接口：PXIE总线。

ARINC429接口卡：该接口卡用于模拟中央维护系统和任务计算机进行ARINC429总线通信，以及监控任务计算机和空投师前控制板之间的ARINC429总线通信。根据测试任务需要选用1块ARINC429接口卡完成测试任务，设计技术指标如下：

(1) 通道数：16路接收、16路发送。

(2) 发送通道：每路发送通道FIFO大小为4 KB×32位；发送FIFO可设置复位；具有内触发和外触发两种发送方式；在触发过程中可以随时更新数据；在触发的过程中可设置消息间隔，字间隔和发送帧的预定数量；发送波特率可自由设置(不仅限于100 kbps、50 kbps、48 kbps、12.5 kbps)。

(3) 接收通道：每路接收FIFO大小1 MB×32位；接收使能和接收FIFO复位功能；接收标号过滤功能；接收添加时标功能；接收波特率可自由设置(不仅限于100 kbps、50 kbps、48 kbps、12.5 kbps)。

422接口卡：该板卡用于监控MMC组件与SP控制板、DCP控制板间的RS422总线通信。1块RS422接口卡完成任务分系统的RS422总线监控任务，设计技术指标如下：

(1) 配置24个通道，每个通道可软件设置RS232、RS422或RS485模式；

(2) 每通道字长、校验方式、停止位、波特率可设置；

(3) 波特率支持 CCITT 标准通信速率 921.6 kbps～75 bps 和非标准速率(2.4 Mbps，1.44 Mbps、1 Mbps，500 kbps，200 kbps，100 kbps)，RS232 波特率最高支持 500 kbps；

(4) 字长：5～8 位；

(5) 停止位：1、2 位；

(6) 每通道发送 FIFO 容量 8 KB，接收 FIFO 容量 1 MB；

(7) 可编程中断源：每通道中断允许，接收数据个数中断可设置。

离散量混合卡：该模块用于模拟机电系统向任务计算机提供舱门状态信号。选用 1 块离散量混合卡完成激励任务，设计技术指标如下：

(1) 离散量输入：

① 32 通道，可通过跳线设置“电源/开”“地/开”“电源/地”三种工作模式；

② 每通道光电隔离；

③ 输入电压范围为－60～＋60 V；

(2) 离散量输出：

① MOSFET 型继电器输出：32 通道 MOSFET 型继电器输出，每通道可选择“电源/开”“地/开”两种工作模式，手动跳线选择；机械型继电器输出：

② 16 通道输出；每通道支持“短接/开”工作模式，常态为断开状态。

时钟同步卡与液晶显示器硬件设计同 4.1。

4.3 执行机构采集器

PXIE 总线机箱与 PXIE 控制器硬件设计同 4.1。

离散量采集卡：该板卡用于采集任务分系统输出的“28V/开”“地/开”等类型的离散量信号。根据统计的信号数量，需要 5 块离散量采集卡共同完成采集任务，设计技术指标如下：

(1) 输入通道：96，支持“电源/开”“地/开”输入模式；

(2) 输入电压范围：±30 V；

(3) 每个离散量信号的电压幅值可采集，采集精度≤0.1 V；

(4) 状态 1：0～0.8 V；

(5) 状态 2：24～32 V；

(6) 状态 3：其余电压范围；

(7) 支持同步触发功能，最大同步时钟频率：500 Hz(max)。

115 V 离散量采集卡：该板卡用于采集处理任务管理分系统输出的“115 V/开”类型的离散信号。根据信号数量，需要 3 块 115 V 离散量采集板卡完成对“115 V/开”类型的离散量信号采集任务，设计技术指标如下：

(1) 通道数量：48 路；

(2) 电源/开工作模式；

(3) 检测电压范围：0～＋138 V(交流有效值)。

离散量输出卡：该板卡用于输出任务分系统工作所需的离散量信号。根据信号数量，需要 1 块离散量输出板卡完成激励任务，设计技术指标如下：

(1) 通道数：96 通道 MOSFET 继电器输出；

(2) 工作模式：“电源/开”“地/开”两种工作模式，手动跳线选择；

(3) 每通道光电隔离；

(4) 最大开关电压：±60 V(AC/DC 通用)；

(5) 最大持续开关电流：200 mA；

(6) 自恢复断路保护电流：400 mA；

(7) 导通电阻：2 Ω(典型值)；

(8) 支持同步输出功能，同步时钟频率：500 Hz(max)；

(9) 板载 128 KB×32 位的 FIFO，用于同步输出功能。

模拟量采集卡：该板卡用于采集处理侧壁控制板输出的模拟量信号。根据测试需求，需要选用 1 块模拟量采集卡，设计技术指标如下：

(1) AD 分辨率：16 bit；

(2) 通道数：单端 64 通道，差分 32 通道；

(3) 采集精度：0.05%FSR；

(4) 单次采集：125 kHz；

(5) 连续采集：最大 500 kHz；

(6) 同步采集：400 kHz。

422 接口卡：该板卡用于在任务系统激励时模拟信号转换盒与 MMC 组件间的 RS422 总线通信，在单组件测试时模拟 MMC 组件和 SP 控制板进行 RS422 总线通信。根据统计的总线通道数，需要 1 块 422 接口卡完成通信及监控任务，设计技术指标如下：

(1) 配置 24 个通道，每个通道可软件设置 RS232、RS422 或 RS485 模式；

(2) 每通道字长、校验方式、停止位、波特率可设置；

(3) 波特率支持 CCITT 标准通信速率 921.6 kbps～75 bps 和非标准速率(2.4 Mbps，1.44 Mbps、1 Mbps，

500 kbps,200 kbps,100 kbps),RS232 波特率最高支持 500Kbps;

(4) 字长:5~8 位;

(5) 停止位:1、2 位;

(6) 每通道发送 FIFO 容量 8 KB,接收 FIFO 容量 1 MB;

(7) 可编程中断源:每通道中断允许,接收数据个数中断可设置。

时钟同步卡与液晶显示器硬件设计同 4.1。

4.4 视频前端模拟器

视频采集卡:该模块用于模拟视频前端采集货舱监视设备和牵引伞摄像机输出的复合视频,按照要求进行组合后输出。按照通道数要求,需要选用 1 块视频采集卡完成采集及输出任务,设计技术指标如下:

(1) 通道数量:6 路复合视频(差分或单端);

(2) 采集视频分辨率自适应,最大分辨率:1 080 P (60 Hz);

(3) 亮度、对比度、色度、饱和度软件可调;

(4) 支持字符叠加;中英文大小写字符、数字,通过软件可动态调整字体、字号、颜色、透明度,叠加位置可调;

(5) 支持图形叠加:可以参数化叠加十字线、圆和矩形;

(6) 具有视频压缩、记录功能;

(7) 具有视频组合功能;

(8) 具有视频输出功能,输出视频格式为 DVI。

大电流离散量输出卡:该板卡用于向货仓监视设备供电。根据信号数量,需要 1 块大电流离散量输出卡完成激励任务,设计技术指标如下:

(1) 2A 输出:24 通道;

(2) 5A 输出:16 通道;

(3) 导通电阻:1 Ω(典型值);

(4) 继电器动作时间:≤10 ms;

(5) 板载 128K×32 位的 FIFO,用于同步输出功能。

PXIE 总线机箱、PXIE 控制器、时钟同步卡、液晶显示器硬件设计同 4.1。

5 结 论

本论文中任务管理分系统集成测试环境的硬件设计方案,为整体集成测试环境建设奠定了设计基础,同时为同类型测试环境提供了借鉴。

参考文献

[1] 王金岩. 民用飞机飞行管理系统[M]. 上海:上海交通大学出版社, 2019: 92-93.

[2] 宫淑丽. 民航飞机电子系统[M]. 北京:科学出版社, 2015: 81-82.

[3] 李为吉. 飞机总体设计[M]. 西安:西北工业大学出版社, 2005: 32-33.

[4] 支超有. 飞机航空电子系统[M]. 北京:国防工业出版社, 2015: 78-79.

[5] 陈闵叶. 飞机系统[M]. 北京:国防工业出版社, 2014: 155-156.

[6] 冯培德. 民机先进航电系统及应用系列[M]. 上海:上海交通大学出版社, 2019: 42-43.

[7] 樊尚春. 航空测试系统[M]. 北京:北京航空航天大学出版社, 2005: 62-63.

[8] 路辉. 自动测试系统测试描述语言[M]. 北京:机械工业出版社, 2011: 79-80.

[9] 徐军. 未来的测试设备[J]. 国外电子测量技术, 1998: 32-33.

[10] 崔秀娟. 机载测试设备技术研究[J]. 才智, 2012: 3-4.

考虑热效应的高速离心式燃油泵空化分析

王维军[1,*]，王晓全[1]，谭向军[1]，吴大转[2]

1. 航空工业成都凯天电子股份有限公司预研中心，成都 610091

2. 浙江大学能源工程学院，杭州 310063

摘要： 燃油泵为航空动力系统的核心部件，其运输性能对整个燃油系统有着至关重要的影响，诸多研究发现，离心式燃油泵内部出现的空化现象及空化所引起的噪声，旋转失速及扬程、效率急剧下降等，是阻碍燃油泵性能优化提高的重要因素。本文基于实验研究了离心式燃油泵的外特性，并基于数值模拟研究了不同温度工况下离心式燃油泵的空化性能。结果表明，随着燃油温度的升高，流体在局部压强恒定的情况下愈加容易汽化，汽化程度随之逐渐加剧进而产生空泡团，并且向流道中部延伸堵塞流道、截断连续流体，造成叶轮空转、扬程断裂等，急剧恶化燃油泵的运输性能。

关键词： 航空燃油泵；热效应；空化；多相流；数值模拟

Numerical Investigation on Therm-sensitive Cavitation Flow of High Speed Centrifugal Fuel Pump

WANG Weijun[1,*], WANG Xiaoquan[1], TAN Xiangjun[1], WU Dazhuan[2]

1. AVIC Chengdu Caic Electronics Co. Ltd., Chengdu, Sichuan 610091, China

2. College of Energy Engineering, Zhejiang University, Hangzhou 310063, China

Abstract: Fuel pump is the core component of aviation power system, and its transportation performance has a crucial impact on the entire fuel system. Many studies have found that cavitation phenomenon and noise caused by cavitation in centrifugal fuel pump, rotating stall and sharp drop of head and efficiency are the important factors that hinder the improvement of fuel pump performance. In this paper, the external characteristics of centrifugal fuel pump are studied based on experiments, and the cavitation performance of centrifugal fuel pump under different temperature conditions is studied based on numerical simulation. The results show that with the increase of fuel temperature, the fluid is more likely to vaporize under the condition of constant local pressure, and the degree of vaporization is gradually intensified, resulting in cavitation, which extends to the middle of the flow passage to block the flow passage and cut off the continuous fluid, resulting in impeller idling, head fracture, etc., rapidly deteriorating the transportation performance of the fuel pump.

Keywords: aviation fuel pump; therm-sensitive; cavitation; multiphase flow; numerical simulation

空化是离心泵中是一种普遍存在的现象，离心泵运行时空化会使泵性能降低和产生振动噪声，严重时有可能导致过流部件空蚀破坏[1]。航空燃油泵作为航空发动机的重要附件，高可靠性和稳定性是至关重要的[2]。因此，抗空化性能在航空燃油泵设计过程中是必须要考虑的因素之一[3]。

温度会改变流体汽液密度比、饱和蒸汽压以及粘性等进而影响到泵的空化特性[4]。航空煤油的物性参数与一般液体有所差异，汽液密度比、饱和蒸汽压、粘性等参数，以及这些参数随温度的变化情况将对航空

基金项目：流体机械及工程四川省重点实验室（西华大学）开放课题资助（课题编号：szjj2019-029）；航空工业成都凯天电子股份有限公司预研项目（Y2174、Y2175）

* 通讯作者. E-mail：wwjjsdx@126.com

燃油泵空化的发生和发展产生重大的影响[5]。对于高空高温环境下工作的航空燃油泵来说，其高温下空化的热力学效应也变得突出[6]。

近年来，国内外学者对离心泵的空化特性进行了大量研究，探究了一些提高抗空化能力的结构和优化方案，部分学者对泵增加前置诱导轮对空化的影响进行了大量优化研究[7-8]。李嘉对一体式诱导轮与叶轮结构的航空燃油泵进行了汽蚀特性研究[9]，结果显示其汽蚀性能满足航空燃油泵的需求。Quangnha Thai 针对离心泵抗汽蚀能力对叶轮参数进行了优化，给出了长短叶片的优化结果[10]。航空燃油泵作为航空器稳定运行的关键部件，温度对其空化特性的影响有待进一步研究。

本文基于实验研究了离心式燃油泵的外特性，并基于数值模拟研究了不同温度工况下离心式燃油泵的空化性能。

1 研究模型及方法

1.1 计算模型

所研究的航空燃油泵模型如图 1 所示，为单级单吸离心泵，输送介质为航空煤油，密度为 780 kg/m^3，该泵的设计性能参数分别为转速 $n=9\ 600$ r/min，流量 $Q=120$ L/h，增压 $\Delta p=30$ kPa，比转速 $n_s=74$，泵设计结构参数为叶轮进口直径 $D_1=8$ mm，叶轮出口直径 $D_2=18.5$ mm，叶轮出口宽度 $b_2=2$ mm，叶片数 $Z=3$。

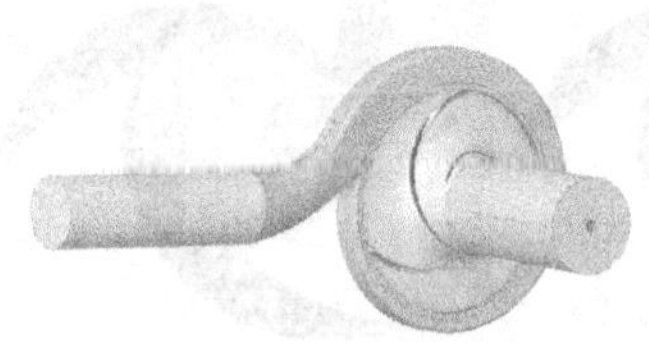

图 1　燃油泵计算水力模型

1.2 数值计算方法

采用计算流体动力学中广泛应用的商业软件 ANSYS CFX 对离心燃油泵进行空化状态下的模拟分析，采用 RNG k-ε 湍流模型、Zwart-Gerber-Belamri 空化模型，叶轮进口为压力进口，出口为质量流量出口。

对计算网格进行了网格无关性验证，并对叶片进行了边界层加密处理。图 2 所示为计算域网格数量和结果进出口压差随全局网格划分尺寸变化的趋势。当全局网格尺寸大小为 0.2 mm 时，计算域网格数量接近 230 万，计算增压值 Δp 趋于稳定，且网格数量相对较少，故选取 0.2 mm 作为全局网格划分尺寸。根据图 3 可以看出加密后的叶轮叶片大部分位置 $Y+$ 值接近于 1，蜗壳部位的 $Y+$ 值为 10 左右，$Y+$ 值符合计算要求。

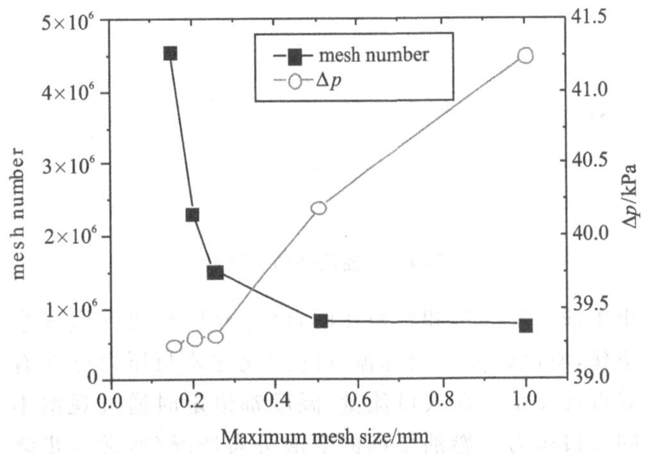

图 2　网格无关性验证

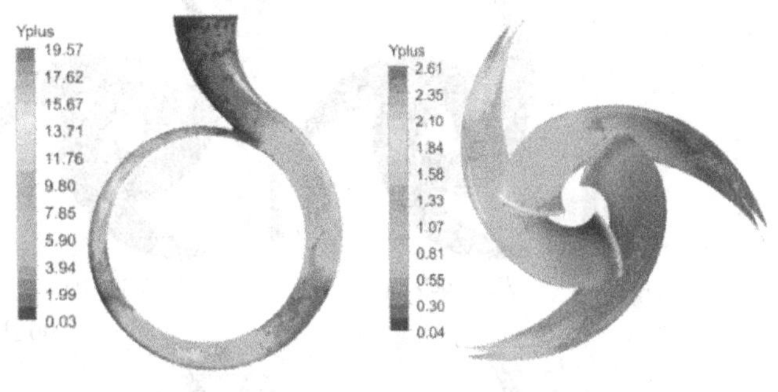

图 3　计算域的 $Y+$ 值分布

2 燃油泵外特性试验

通过试验得到离心燃油泵在不同流量条件下泵的进出口压力以及轴功率，与数值模拟结果进行对比，验证性能。图 4 给出了该型离心泵数值模拟和试验数据下不同流量工况的外特性曲线。仿真结果：泵的增压值整体高于试验值，轴功率整体小于试验值，但变化趋势相符，且增压值最大误差小于 3%，轴功率最大误差在小流量时较大，其余流量时小于 10%，仿真计算结果基本与试验相符。

3 温度对离心燃油泵空化性能的影响

当温度、转速和流量在较稳定的情况下，局部压力

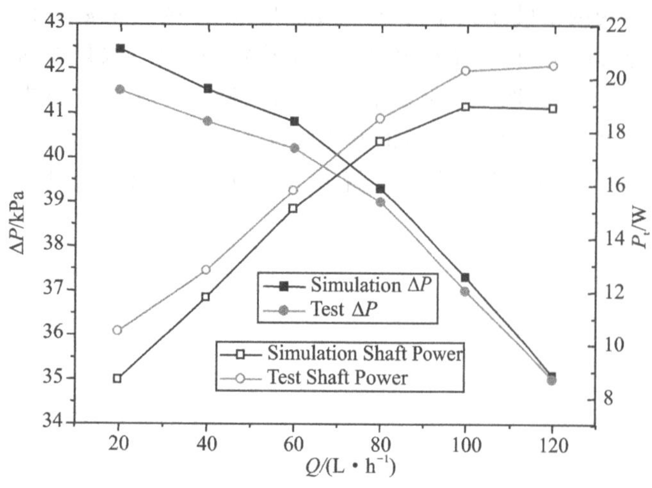

图 4　燃油泵外特性试验

小于该介质的饱和蒸汽压时，液体介质析出气泡发生空化，所以燃油泵内部流场的空化性能与压力分布有着直接关系。在入口流量、温度都恒定时通过观察不同入口压力下燃油泵内的空泡分布情况（通常逐步降低入口压力迫使流道内发生空化）研究泵内部的空化性能。因此对不同温度下泵内空化情况随入口压力变化的情况进行了探究。

3.1　温度为 30 ℃时泵的空化性能

图 5 所示为温度为 30 ℃时，三组流量工况下的空化性能。从子午面的空泡分布来看，在小流量工况下随着入口压力逐渐降低，发现空泡只是在叶轮入口处发生较轻程度的空化。从做功的角度分析，叶轮高速旋转赋予流体压能，从而进口与出口之间形成压差，叶轮入口部位的低压区是极容易发生空化的部位。小流量工况下流道内平均压强较高且压差较小，从而流体介质不易产生气相相变导致空化，即使将燃油泵入口压力降至最小所观察到的空化范围也十分狭小。

与小流量工况下泵内的空化性能相比较，随着入口流量增加至 60～100 L/h，从流道入口的前缘部位开始出现空泡并逐渐蔓延到了三分之一的叶片长度。入口流量增加使叶片吸力面形成较宽的低压区，从而导致局部压强低于航空燃油的饱和蒸汽压，使燃油汽化形成空泡。

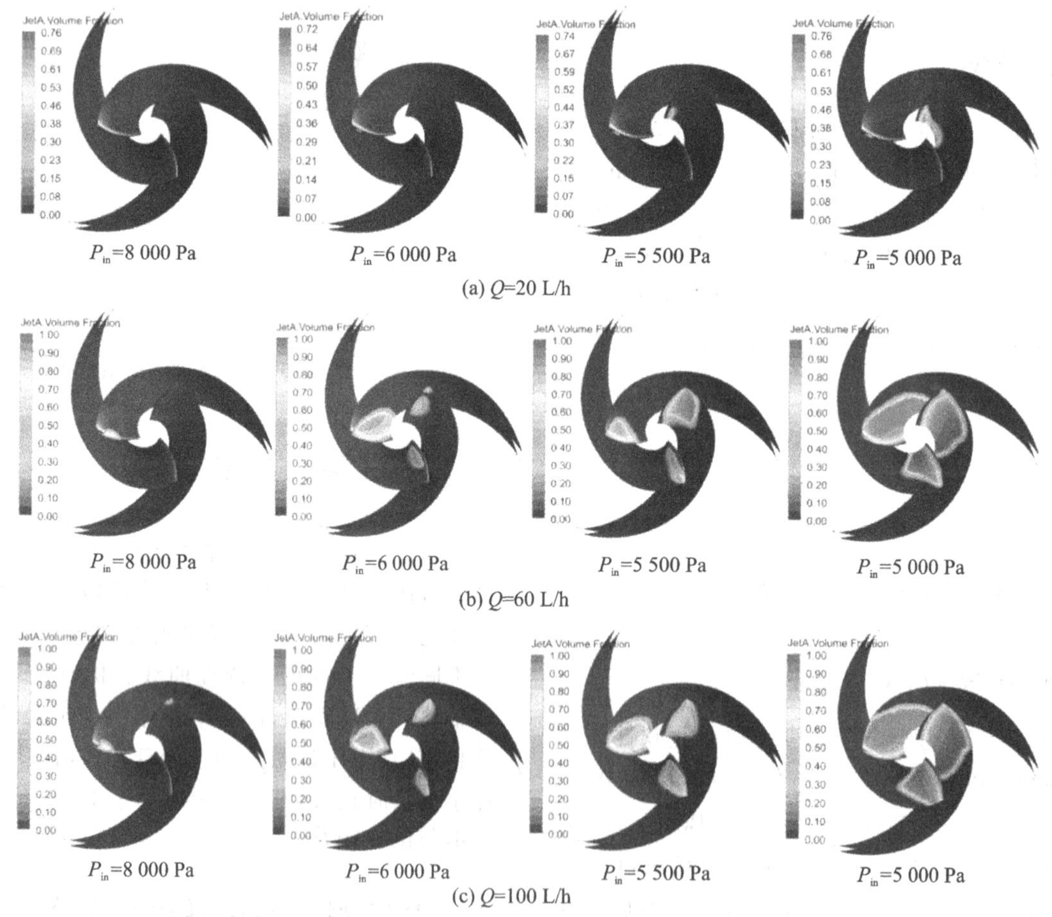

图 5　30 ℃时泵在不同流量工况下的空化性能

3.2 温度为 50 ℃时泵的空化性能

图 6 所示为温度为 50 ℃时，三组流量工况下的空化性能。随着温度升高至 50 ℃，可以观察到此时小流量工况下叶轮入口部位出现较大范围汽化，局部气体含量超过 93%，空泡有沿着叶轮内缘向出口延伸的趋势；空泡面积随着入口压力的降低逐渐增大。入口流量从 20 L/h 加大至 100 L/h 的过程中，叶轮前缘出现的空化范围进一步向流道中部显著延伸，叶轮进口稍后的叶片背面是叶片压力最低的地方，因为此处位于流道转弯的内壁，流体的离心效应以及逐渐增加的流体速度使得此部位压力下降最终使流体汽化而初生空化。逐渐增加流量意味着进口压力随之下降，空泡在叶片表面的分布逐渐增加并沿着叶片背面的低压区域向流道内扩展。空泡在叶轮内并不是均匀对称分布的，这是因为不对称的蜗壳结构造成的，使得叶片受到的空穴影响的程度不同，造成各流道受力不均，由此增加了泵运行的不稳定性。

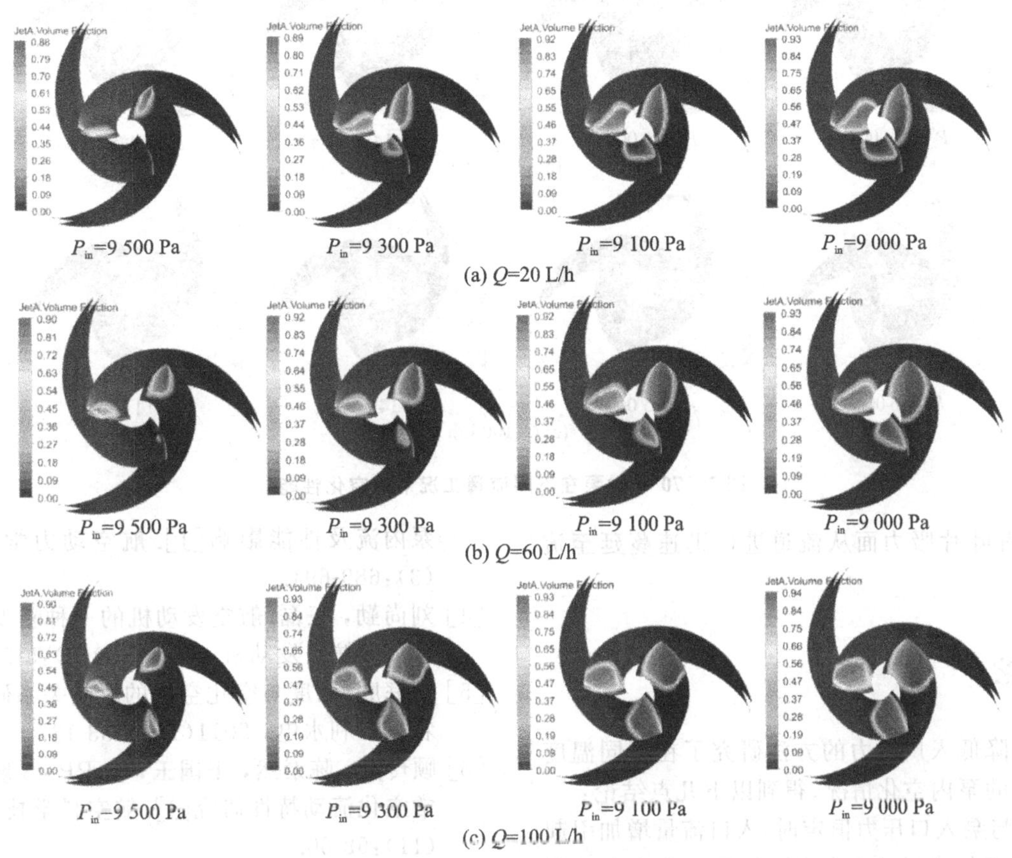

图 6 50 ℃时泵在不同流量工况下的空化性能

与温度为 30 ℃时的工况对比，即使将入口压力提高至 9 500 Pa 后，叶片入口处依旧存在明显空泡，这是因为航空燃油的饱和蒸汽压随着温度而上升，原流场中低于饱和蒸汽压的区域迅速扩张使得大面积的流场出现了汽化。

3.3 温度为 70 ℃时泵的空化性能

图 7 所示为温度为 70 ℃时，三组流量工况下的空化性能。70 ℃工况下，可以看出空化初步发生于叶片前缘部位进而占据大部分流道，相较于 30 ℃与 50 ℃空化的程度更加剧烈。即使在小流量工况下，流道内的空化面积就已经扩散至流道中部。随着入口流量增加至 60～100 L/h，此时空化已经完全发展，空泡团堵塞大部分流道，叶轮丧失部分做功特性。而此时入口压力在 16 000 Pa 就可以观察到明显空化。

综上所述，温度是影响燃油泵空化性能十分重要的因素：当入口流量与压力相同时，温度升高使流体饱和蒸汽压升高，低压区更易汽化促使发生大面积的空泡团从而影响燃油泵性能。温度与入口流量恒定时，采用逐步减小入口压力来观察空化发生的过程：刚开始只是叶轮入口与叶片前端部位捕捉到极少量空泡，在较低温度下甚至没有空化初生现象；随着压强逐步

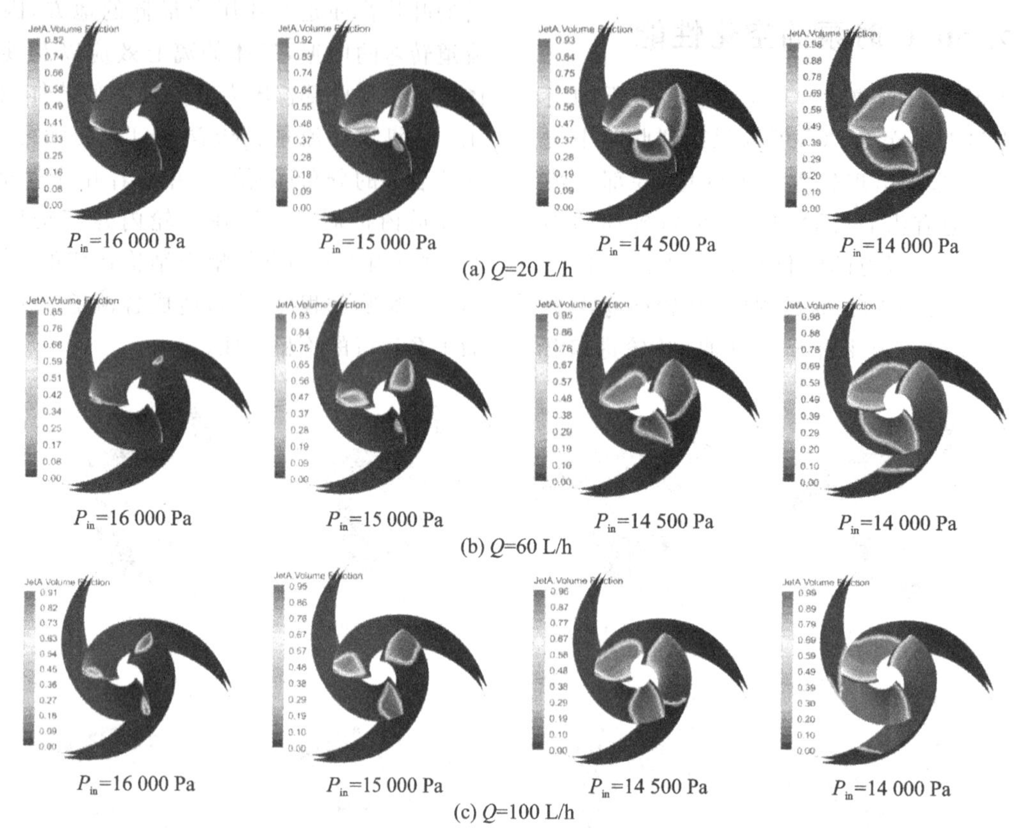

图 7　70 ℃时泵在不同流量工况下的空化性能

降低,空化沿着叶片吸力面从流道进口迅速蔓延至流道中部。

4　结　论

采用逐步降低入口压力的方法研究了在不同温度与入口流量时的泵内空化情况,得到以下几点结论:

(1) 温度与泵入口压力恒定时,入口流量增加引起低压区扩大从而使燃油汽化加剧,进而在叶轮入口部位出现空泡团逐渐占据流道,最终空化发展完全。

(2) 由于航空燃油的饱和蒸汽压随着温度的升高而升高,原流场内的流体在局部压强恒定的情况下更易汽化,汽化程度逐渐加剧进而产生空泡团,并且向流道中部延伸堵塞流道、截断连续流体,造成叶轮空转、扬程断裂等,急剧恶化燃油泵的运输性能。

参考文献

[1] 王维军,王洋.离心泵空化流动数值计算[J].农业机械学报,2014,45(3):37-44.

[2] 王维军.离心式航空燃油泵研究现状与展望[J].流体机械,2020,(10):59-63.

[3] 薛梅新,吴迪,朴英.环形腔室径向宽度对加力燃油泵内流及性能影响[J].航空动力学报,2012,27(3):689-694.

[4] 刘尚勤,王磊.航空发动机的一种新型主燃油泵设计[J].航空发动机,2003,29(2):5-7.

[5] 廖庭庭.温度与空化空蚀的影响关系研究[J].中国农村水利水电,2011(10):133-137.

[6] 顾玲燕,陈泰然,王国玉,等.RP-3 航空燃油非定常空化流动特性研究[J].航空科学技术,2016,27(11):52-60.

[7] 郭晓梅,李昳,朱祖超,等.前置不同诱导轮高速离心泵旋转空化特性研究[J].航空学报,2012,32(25):1-6.

[8] Lee K H, Yoo J H, Kang S H. Experiments on caviation instability of a two-bladed turbopump inducer[J]. Journal of Mechanical Science and Technology, 2009, 23(9):2350-2356.

[9] 李嘉,李华聪,符江锋,等.一体式诱导轮与叶轮航空离心泵汽蚀特性研究[J].推进技术,2015,36(7):1005-1012.

[10] QUANGNHAT, CHANGIN L. The cavitation behavior with short length blades in centrifugal pump[J]. Journal of Mechanical Science & Technology, 2010.

飞机整机雷电试验仿真分析与试验研究

司晓亮[1,2],仇善良[1,2],张波[1,2],李志宝[1,2],段泽民[1,2],张尔春[1,2]

1. 强电磁环境防护技术航空科技重点实验室,合肥 230031

2. 飞机雷电防护安徽省重点实验室,合肥 230031

摘要: 本文基于金属圆柱体机身的电磁场仿真,研究了飞机整机雷电试验返回导体回路对飞机表面电流的影响规律,还依据电流密度不均匀性规律提出了返回导体回路布置的设计准则,为精确模拟飞机整机的电磁环境效应提供了重要的依据。此外,结合直升机电子设备舱的整机雷电试验结果验证了返回导体回路布置设计准则的有效性,并根据该设计准则成功完成了 C919 飞机整机雷电试验的返回导体回路布置。

关键词: 飞机整机雷电试验;返回导体回路;电磁场仿真;C919 飞机

Simulation Analysis of the Return Conductor Loop on Aircraft Lightning Test

SI Xiaoliang[1,2], QIU Shanliang[1,2], ZHANG Bo[1,2], LI Zhibao[1,2], DUAN Zemin[1,2], ZHANG Erchun[1,2]

1. Key Laboratory of Aviation Science and Technology of Strong Electromagnetic Environmental Protection Technology, Hefei 230031, China

2. Anhui Key Laboratory of Aircraft Lightning Protection, Hefei 230031, China

Abstract: Based on the electromagnetic field simulation of the metal cylinder fuselage, this paper studies the effect of the return conductor loop on the surface current of the fuselage for the aircraft lightning test. In addition, the design criterion of the return conductor loop arrangement is proposed according to the law of current inhomogeneity, which provides an important solution for accurately simulating the electromagnetic environmental effect of the whole aircraft. At the same time, we verified the validity of the design criterion of the return conductor loop through the lightning test results for the helicopter nacelle, and successfully completed the arrangement of the return conductor loop of the C919 aircraft lightning test according to the design criterion.

Keywords: aircraft lightning test; return conductor loop; electromagnetic field simulation; C919 aircraft

据统计,固定航线的飞机平均每年遭遇 1 次雷击。巨大的雷电能量和电磁脉冲辐射场可能会对飞机飞行安全造成严重影响[1,2]。近年来,飞机上执行飞行关键/重要功能的传统机电控制、机电指示系统逐渐被电子式飞行控制系统、电子式显示指示系统和全权发动机数字控制系统等所替代,使得机载电子/电气设备对外部雷电环境更加敏感[3-6]。此外,为了飞机减重,而大量使用非金属材料,使得飞机本身对雷电所造成的外部电磁环境的屏蔽效能大大降低,所有这些都对飞机雷电防护设计提出了更高的要求[7]。

飞机整机雷电试验是通过雷电流发生器产生模拟雷电流并注入到直升机上某处雷电注入点,并通过另一注入点和返回回路将雷电流引回到发生器,当雷电流通过飞机机体结构时,飞机结构空间将激励出瞬态雷电电磁场,并在飞机互联电缆中感应出瞬态电压和电流。根据 SAE-ARP 5416 标准[8],开展固定翼飞机雷电间接效应试验时,需要搭建同轴回路导体框架。同轴回路导体的作用不仅能够使电流分布在机身表面相对均匀(更符合真实雷电环境),而且可以有效地减小系统的特性阻抗以获得足够大的实验电流。GJB 8848—2016[9]中对于金属柱体类设备的雷电间接效应试验的返回导体回路也有着详细的规定,要求构建的

基金项目:国家科技重大专项(J2019-VIII-0009-0170)

通讯作者. E-mail: hefeihangtai@163.com

返回导体回路需要将被试件包围，形成类似于同轴回路的导体框架。值得注意的是，SAE - ARP 5416 和 GJB 8848—2016 中并未对返回导体回路的布置进行明确的规定和要求，因此对返回导体回路的系统性进行研究是十分有必要的。

为了准确模拟飞机整机电磁环境效应，本文研究了飞机整机雷电试验返回导体回路布置对机身表面电流分布的影响和规律，依据金属圆柱体模型仿真获取的机身表面电流不均匀性规律，提出了返回导体回路的设计准则，结合直升机电子设备舱返回导体的试验结果，验证了返回导体布置设计准则的可靠性，并在 C919 飞机整机雷电试验的返回导体回路布置中得到了成功的应用，这对其他型号飞机的返回导体回路布置设计具有重要的理论指导意义和工程应用价值。

1 同轴型返回导体回路仿真分析和试验验证

1.1 基于金属圆柱体仿真模型的返回导体回路研究

利用商业电磁仿真软件建立了金属圆柱体的同轴型返回导体回路结构，如图 1 所示。试验电流通过注入点注入到金属圆柱体中，以模拟圆柱形飞行物体被雷电击中的真实情况。同轴返回导体回路作为电流返回通路，通常由多根相同规格金属导体均匀布置在机身周围，而机身舱段两端采用同样直径的金属导体与同轴返回导体连接构成返回通路。虽然这种方式很简化，但是却能够准确模拟出同轴回路对金属圆柱体舱段表面电流分布的影响特性。

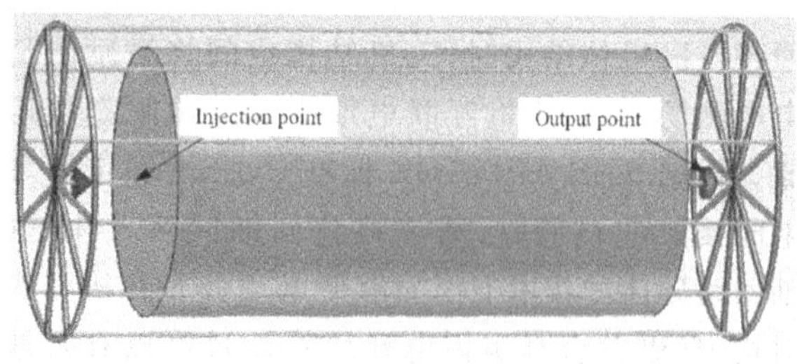

图 1 舱段的同轴回路仿真模型

理想的雷电是一个复合波形，由电流波形分量和电压波形分量组成，而飞机雷电间接效应试验主要使用的是电流分量 A 波和 H 波，两者均为双指数电流脉冲。为简化试验，本文以 A 波开展表面电流的仿真分析，其时域波形如图 2 所示。相关标准指出了雷电间接效应试验过程中主要使用的频率范围为 0～10 MHz[10]，因此利用商业电磁仿真软件模拟雷电流注入时，设置的频率范围应包含该频段(在此设置为 0～30 MHz)。

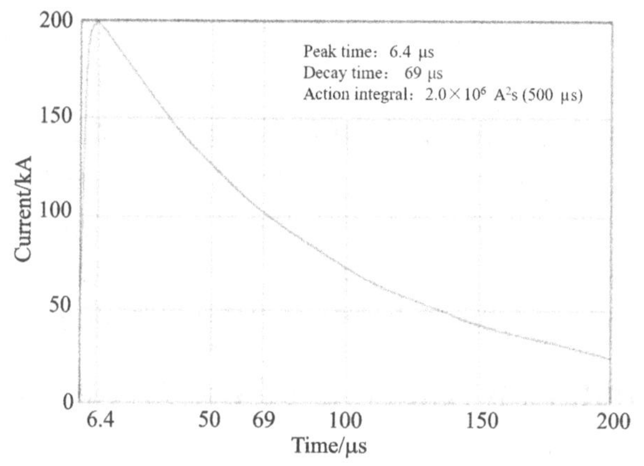

图 2 电流分量 A 的时域波形

返回导体等间距分布在金属圆柱体附近，其不同形式的返回导体构型会改变金属圆柱体的表面电流分布。为了研究返回导体对表面电流分布的影响，设置返回导体半径为 50 cm，在圆柱体模型外围均匀布置 12 根返回导体，高度为 0.5 m，终端的匹配阻抗为 0 Ω，并在注入点注入雷电流 A 波。因雷电流 A 波的峰值时间为 6.4 μs，因此选择 $t=6.4$ μs 时的电流密度分布进行分析。图 3 给出了在 $t=6.4$ μs 时刻下的金属圆柱体表面电流密度分布。可以发现，受返回导体影响，机身表面电流分布存在明显的不均匀现象，与真实的雷电流分布存在一定的偏差。

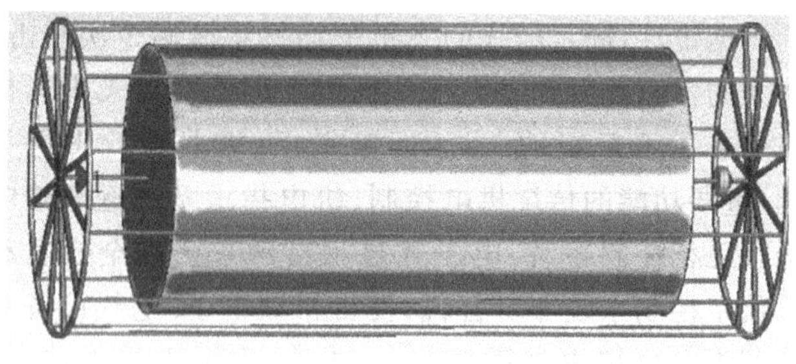

图 3 舱段表面电流密度分布

图 4 展示了在 $t=6.4$ μs 时刻时机身中部截面的局部磁场矢量分布和磁场强度分布。由于受返回导体磁场感应的影响，在靠近返回导体表面的空间区域，磁场强度有所增加，而在较远的区域，磁场强度则相对较弱，这表明返回导体的高度与磁场强度存在明显的负相关性。同时，返回导体数量增加，表面附近的磁场强

度值相近，表面电流密度均匀性较好。因此增加返回导体高度和数量均可有效地减弱对机身表面电流分布不均的影响，使机身表面电流分布不均的影响降低到可接受的程度，这与先前的研究结果基本一致[11]。

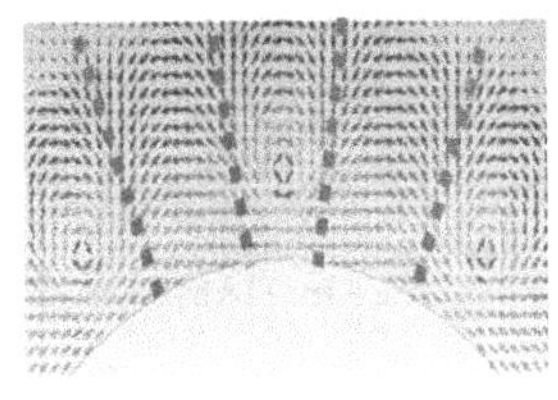

(a) 局部磁场矢量分布

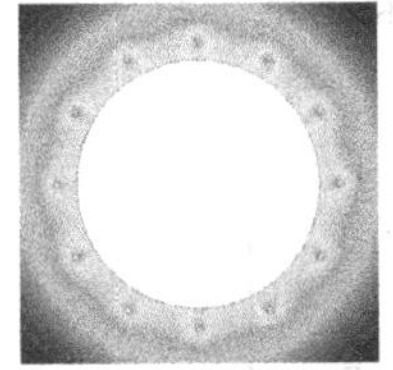

(b) 磁场强度分布

图 4　舱段中间位置截面的磁场分布

1.2　返回导体回路的设计准则

通过电流分布不均匀度 δ 来定量地分析金属圆柱体周围的电流分布情况。电流分布不均匀度 δ 计算公式可表示为

$$\delta=(J_{max}-J_{min})/[0.5\times(J_{max}+J_{min})]\times 100\% \quad (1)$$

式中，J_{max} 和 J_{min} 分别为机身表面一周电流密度最大值（A/m^2）和最小值（A/m^2）。

基于金属圆柱体模型下，不同返回导体构型下（数量 n 和高度 h 的变化）机身表面电流不均匀度的仿真数据结果见表 1。可以发现，在对数刻度坐标系中，电流分布不均匀度与返回导体高度和数量的变化呈现出明显的线性关系，因此我们假设电流分布不均匀度可能满足如下关系：

$$\delta=Be^{-(kn)h} \quad (2)$$

式中，B 和 k 为比例系数，n 和 h 分别为返回导体的数量和高度。通过对表 1 中的仿真数据进行最小二乘法拟合，可得 $B=3.113$，$k=0.279$。利用公式(2)计算出在不同返回导体构型下，电流分布不均匀度的数值（见表 1），与仿真结果对比发现，整体数据具有很好的符合性（两者误差在 3% 的范围内），进一步验证了公式(2)的准确性。然而对于电流分布度很低（小于 1%）或很高的情况（接近 100%），由于很难获取电流分布的极值，公式(2)可能不适用。

对于理想导体，机身表面电流分布仅取决于机身及外部返回导体的形状和相对比例，而与机身尺度无关，因此上述电流分布规律和不均度计算方法也适用于其他不同机身半径的情况。通过比例变换法，得到了不同机身半径、导体数量、导体高度情况下圆柱机身的电流分布不均匀度计算公式，即

$$\delta=Be^{-kn\,3h/R} \quad (3)$$

式中，R 为机身半径（单位：m），因此对于给定机身半径、返回导体高度和布置数量的情况下，我们就可以轻易地预估出机身表面电流分布的不均匀度。由公式(3)可知，当 nh/R 为定值时，不均匀度也为一定值。当要求电流分布不均匀度低于 10%时，$nh/R>4$；当要求电流分布不均匀度低于 20%时，$nh/R>2.4$，这对于同轴返回导体回路的布置极具指导和参考意义。

表 1　不同返回导体构型下表面电流分布不均匀度

Height (h)	Number (n)	Current distribution heterogeneity	
		Simulation results	Calculated results
0.5 m	12	60.9%	58.4%
	14	45.1%	44.2%
	18	24.3%	25.3%
0.7 m	12	31.6%	29.9%
	14	20.7%	20.2%
	18	8.8%	9.2%
1.0 m	12	12.0%	10.9%
	14	6.5%	6.3%
	18	2.0%	2.1%

1.3　直升机短舱飞机整机雷电试验

受试短舱为某型直升机电子设备舱，外形如图 5 所示，尺寸为 2 069 mm（长）×1 733 mm（宽）×1 584 mm（高）。返回导体为铝质金属，并通过螺钉固定在设备舱前后端面的大环形铝排上，以确保返回导体回路的可靠电搭接。电子设备舱通过高压绝缘柱子支撑，离地面高度大于 1 m（确保返回导体距离地面超过 0.5 m，避免地面感应的影响）。为测量电子设备舱表面蒙皮电流密度分布情况，在电子设备舱的某些位置上测量蒙皮切向磁场，从而获得蒙皮的电流密度分布，测量点布置如图 6 所示，所有蒙皮测量位置等间隔布置在电子设备舱某一截面的四周，共计 13 个测量点。考虑设备上、下具有一定对称性，因此我们仅测量容易布置磁场探头的设备舱下方位置。为验证返回导体回路的影响规律，我们将返回导体高度分别设置为 0.2 m 和 0.5 m，返回导体布置数量分别设定为 4 根和 12 根，并均匀分布在电子设备舱周围。

在设备舱外按 0.5 m 高度布置 4 根返回导体，此时蒙皮表面周长上 13 个探测点的电流密度分布如图 7 中曲线 1 所示。蒙皮表面电流密度的最大值为 44.8 A/m^2，最小值为 30.74 A/m^2，按公式(1)可计算电流密度分布

不均匀度约为19.5%。由于测量电流密度分布位置所在的截面半径约为0.65 m,通过公式(3)计算电流分布不均匀性为23.5%,与实测结果符合性较好。当返回导体高度降低为0.2 m时(返回导体仍为4根),蒙皮四周电流密度的最大值和最小值分别为82.40 A/m^{2}和15.37 A/m^2(如图7中曲线2所示),电流密度分布不均匀度约为115%,而理论计算结果为111%,尽管超过100%,但理论计算的结果与试验结果仍具有很好的符合性。

图5 电子设备舱试验同轴结构的返回导体布置图

(a) 探头的位置

(b) 磁场探头布置方式

图6 设备舱蒙皮电流密度测量位置和磁场探头布置方式

图7中曲线3展示的是返回导体高度和数量分布为0.5 m和12根时,蒙皮表面电流分布的试验测量结果。我们可以得到电流密度分布不均匀度的试验和理论结果分别为8.6%和0.2%,而造成这种明显差异的原因可能为:① 各返回导体搭接存在不同,导致每根返回导体的承载电流与理论不同,从而产生测量误差;② 理论公式在电流分布不均匀性很低时(<0.1%)符合性较差。尽管存在差异,但是当布置12根返回导体时,电流分布均匀性得到极大改善,与前述研究得出的结果完全一致。

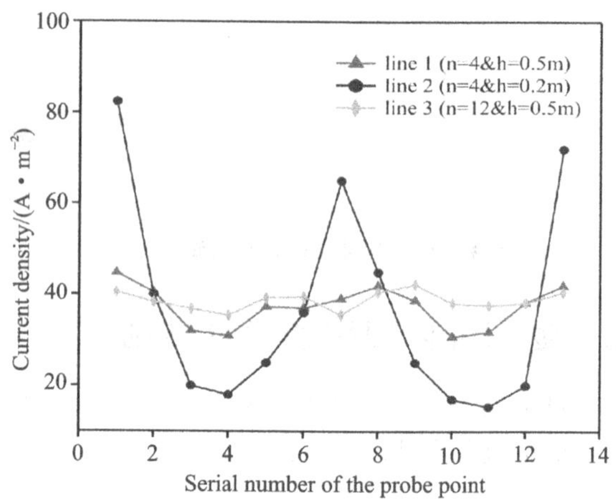

图7 设备舱四周电流密度分布与测量位置的关系

1.4 C919飞机整机雷电试验案例

作为我国按照国际民航规章自行研制、具有自主知识产权的大型喷气式民用飞机,C919飞机的项目发展一直备受瞩目。雷电防护直接关系到飞机的飞行安全,是飞机适航取证的强制要求。2021年3月,我国完成了C919飞机的全机雷电试验,这也是首次在国内开展的大型客机整机雷电试验。

为了抢占国际市场,C919飞机必须通过繁杂严苛的欧美适航认证,这就意味着整机雷电试验将是一个严酷而巨大的挑战。在进行整机雷电试验之前,需要在C919飞机四周布满雷电返回导体回路系统。由于C919飞机的复杂性,在满足相关标准的前提下,通过利用上述研究成果[2]对返回导体回路系统进行可行性设计和布置,并成功搭建了C919飞机同轴返回导体回路,如图8所示,有效缩减了试验周期,提高了试验效率。

2 结　论

本文研究了飞机整机雷电试验装置的返回导体回路,通过改变返回导体的布置数量和高度,结合电磁场仿真结果分析了机身表面电流分布的影响规律,并提出了返回导体回路的设计准则,而直升机电子设备舱的雷电试验有力地支撑了返回导体回路设计准则的有

图 8 C919 飞机整机雷电试验返回导体布置图

效性和准确性，并在 C919 飞机整机雷电试验返回导体回路的实际工程中得到了成功的应用。

但需要注意的是，实际直升机电流分布的复杂性以及电流雷电感应浪涌影响的多变性可能与理论仿真存在一定的差异，因此也需要通过飞机整机雷电试验结果来对仿真模型进行进一步的修正和完善。同时，在进行全机级雷电防护试验时，也需要注意回路电阻和试验环境等因素对试验结果的影响。

参考文献

[1] 段泽民，曹凯风，程振革，等. 飞机雷电防护试验与波形[J]. 高电压技术，2000，26(4)：61-63.

[2] 段泽民. 航空器雷电防护技术[M]. 北京：航空工业出版社，2013.

[3] 祁树锋，李夕海，韩绍卿，等. 基于时频图像分析的核爆与雷电电磁脉冲识别[J]. 强激光与粒子束，2013，25(2)：522-526.

[4] 李鹏，宋立军，韩超，等. 基于 AR 模型与神经网络的核爆与闪电电磁脉冲信号识别[J]. 强激光与粒子束，2010，22(12)：3052-3056.

[5] 黄立洋，陈晓宁，郭飞，等. 直升机雷电间接效应数值仿真[J]. 强激光与粒子束，2015，27(8)：176-181.

[6] 蔡志勇，包贵浩. 民用飞机雷电间接效应防护设计与适航验证[J]. 航空科学技术，2017，28(0)：07-12.

[7] Apra M, D'Amore M, Sarto M, et al. Lightning indirect effects certification of a transport aircraft by numerical simulation [J]. IEEE Trans，2008：513-523.

[8] SAE. Aircraft lightning test methods：SAE-ARP 5416 [S]. [S. l.]：SAE，2005.

[9] 系统电磁环境效应试验方法：GJB 8848-2016 [S]. 北京：中央军委装备发展部，2016.

[10] SAE. Aircraft lightning environment and related test waveforms：SAE-ARP 5412A[S]. [S. l.]：SAE，2005.

[11] 黄瑞涛，段艳涛，石立华，等. 金属柱体雷电间接效应的回路导体仿真分析[J]. 中国舰船研究，2018，13(增刊 1)：66-70，91.

厚截面复合材料层压板力学性能测试方法研究

宋贵宾*，黄光启，杨胜春

中国飞机强度研究所材料力学性能测试与表征研究室，西安 710065

摘要： 针对高强厚截面无缺口复合材料层压板，开展力学性能测试方法研究；通过试验研究对比分析了含/不含加强片试样对无缺口拉伸、无缺口压缩以及剪切试验结果的影响，同时分析了加强片材料、夹持力大小对试验破坏模式的影响，获取了成功开展厚截面无缺口层压板拉伸/压缩/剪切试验的建议。

关键词： 厚截面；加强片；无缺口拉伸；无缺口压缩；剪切

Mechanical Properties Testing Methods of Laminated Composites with Thick Cross Section

SONG Guibin*，HUANG Guangqi，YANG Shengchun

China Aircraft Strength Research Institute，Material Mechanical Property Testing and Characterization Laboratory，Xi'an 710065，China

Abstract：Mechanical property testing methods research is carried out for the laminated layers of high strength thick section unnotched composites；The influence of the specimens with/without reinforcement on the tensile/compressive/shear tests without notching，notchless compression as well as the shear test results were comparatively analyzed in a pilot study，meanwhile，the influence of the reinforcement material，the magnitude of the pinch force on the failure mode of the test was analyzed，and the recommendations for the successful development of tensile/compressive/shear tests in thick section non notched laminates were obtained.

Keywords：thick section；reinforced tablets；notch free stretch；non-notch compression；shear

1 引　言

复合材料广泛应用于飞机结构，随着复合材料制备技术的成熟、设计经验的丰富、试验数据的积累，已逐渐从次承力结构运用到主承力结构。由于承受载荷的提升，复合材料结构厚度逐渐增加，给材料设计许用值的测试带来新的问题。

对于无缺口拉伸/压缩/剪切试验，由于厚度增加，试样极限载荷成倍增加，而试样构型仍采用标准构型[1-3]，不得不提升夹持力以防止试样打滑，这将导致试样夹持区内夹持力过大而引发夹持区提前失效，无法获得有效失效模式，也无法获得可靠的试验数据。

目前，国内外许多学者开展相关试验方法研究，Chou PC[4]和 Bogetti TA[5]等人基于经典层压板理论，提出了厚板本构理论，考虑厚度方向相关的应力和应变，计算结果更加可靠。还有部分学者[6-7]采用基于破坏面的预测模型，预测结果更加可靠。关于失效分析的数值方法报道很多[8-10]，但少有针对厚截面复合材料层压板测试方法研究的报道。

本文针对厚截面复合材料层压板测试问题，开展无缺口拉伸/压缩/剪切试验方法研究，以获取有效试验数据，为结构设计提供试验数据支撑。

2 无缺口拉伸试验

目前，无缺口拉伸试验方法通常采用"ASTM D 3039 聚合物基复合材料拉伸性能标准试验方法"，其适用的复合材料层压板厚度为 2.5 mm，长度为 250 mm，宽度为 25 mm；通常无需加强片就能成功试验。当参照

* 通讯作者. E-mail：guibinsong@126.com

此标准开展厚截面复合材料层压板拉伸试验，试验件不粘贴加强片时往往不能成功。当夹持力较小时试验件在试验机夹持端内出现“打滑”现象，无法继续加载；增加夹持力通常可能导致试验件夹持区表面铺层剥落或试验件在夹块内断裂，如图 1 所示。

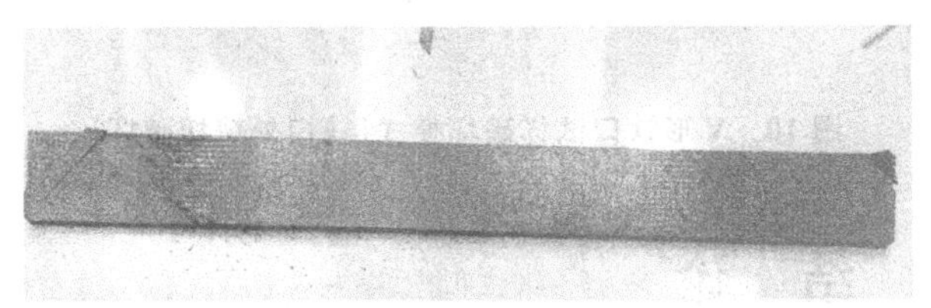

图 1　试验件夹持区表面铺层剥落

因此对于厚截面试验件开展无缺口拉伸时推荐粘贴加强片，大多数材料以及铺层形式的拉伸试验可能取得不错的效果(如图 2 所示)，但仍然有可能在夹持端加强片内失效(如图 3 所示)。同时，粘接加强片的胶黏剂选择尤为重要，应当选择足够韧的胶黏剂，而加强片的斜削角度并不关键，可优先选择易于应用、价格便宜、无斜削的 90°加强片。图 4 给出了由于胶黏剂脱粘导致试验失败的照片。

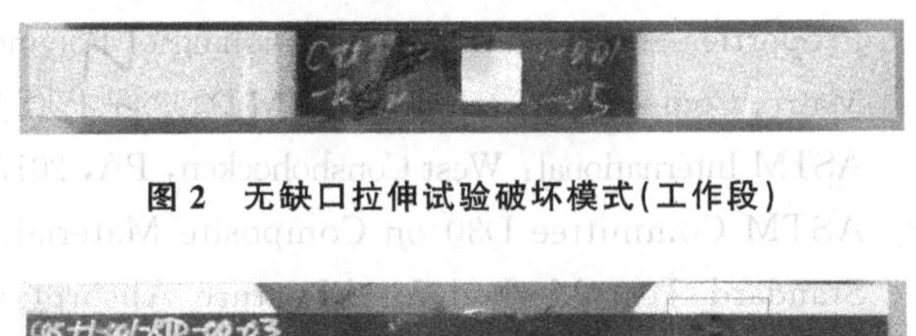

图 2　无缺口拉伸试验破坏模式(工作段)

图 3　无缺口拉伸试验破坏模式(加强片内)

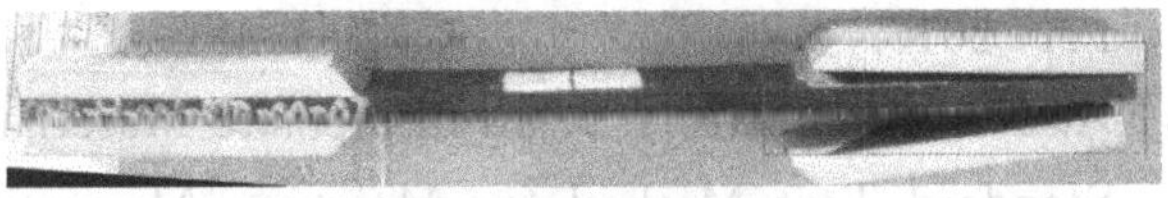

图 4　无缺口拉伸试验破坏模式

3　无缺口压缩试验

无缺口压缩试验方法主要包括三种：① 通过剪切将压缩载荷引入试样工作段；② 通过端部加载与剪切组合(CLC)将压缩载荷引入试样工作段；③ 通过端部压缩将载荷引入试样工作段。三种试验方法中组合加载压缩(CLC)和端头压缩是目前最常用的两种试验方法，对应的典型试验标准分别为 ASTM D6641 和 SACMA SRM 1R。组合加载压缩试验方法通常适用于复合材料层合板的厚度为 2～4 mm，其要求的长为 140 mm，宽为 13 mm。当参照此标准方法开展厚截面复合材料层合板无缺口压缩试验，若不粘贴加强片时，很难试验成功，基本都在试验件端部压塌，部分在夹具夹持根部断裂(分别如图 5 和图 6 所示)。

图 5　无缺口压缩失效模式(端头压塌)

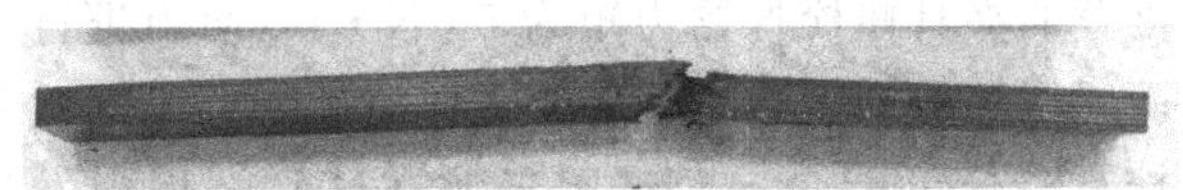

图 6　无缺口压缩失效模式(夹持根部断裂)

因此对于厚截面复合材料层压板无缺口压缩试验，推荐粘贴加强片。对于大部分聚合物基复合材料，采用玻璃织物/环氧树脂加强片具有很好的适用性，该材料具有最合适的柔度、剪切强度和韧性，这种加强片刚度较低，但又具有足够的强度来传递引入的力。同时，试样的形位公差必须满足标准要求，特别是试验件加载端面的平行度，较差的形位公差会导致试验过程中试样根部过早压碎、附加弯曲或者屈曲，从而使得试验结果无效。同时，试验过程中，还需增大夹具螺栓拧紧力矩，通常达到 10 N · m。图 7 给出了粘贴加强片后厚截面复合材料层合板无缺口压缩失效模式，所有试验件均在工作段破坏，具有不错的效果。

图 7　无缺口压缩失效模式(工作段破坏)

4　剪切试验

目前复合材料剪切试验方法包括三种：分别：① 采用±45°层压板拉伸试验得到聚合物基复合材料面内剪切响应的试验方法(又称为纵横剪切试验方法)；② V 形缺口试样压缩剪切试验方法；③ V 形缺口轨道剪切试

验方法。针对剪切设计许用值试验通常采用“ASTM D 7078 V 型轨道剪切方法测定复合材料剪切性能标准试验方法”。此方法适用的试验件厚度范围为 2～5 mm,试验件长度为 76 mm,宽度为 56 mm。当参照此试验方法开展厚截面复合材料层压板剪切试验时,通常也能获得不错的失效形式(如图 8 所示),只有少量试验件在加载夹持区域附近破坏(如图 9 所示);但是采用此试验方法所需夹具夹持力往往远超薄层压板,此标准推荐的夹具螺栓拧紧力矩为 55 N·m,而当进行厚截面层压板剪切试验时通常会达到 100 N·m,如此大的拧紧力矩可能会导致试验夹具在试验过程中发生破坏。

图 8 V 形缺口试样破坏模式(缺口处剪切破坏)

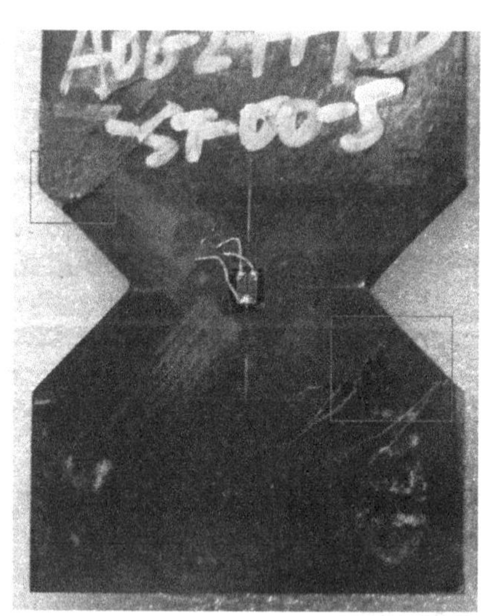

图 9 V 形缺口试样破坏模式(夹具夹持区附近破坏)

通过试验验证,给厚截面复合材料层压板粘贴加强片能获得更可靠、有效的失效模式,如图 10 所示。推荐进行厚截面复合材料层压板剪切试验时粘贴加强片。

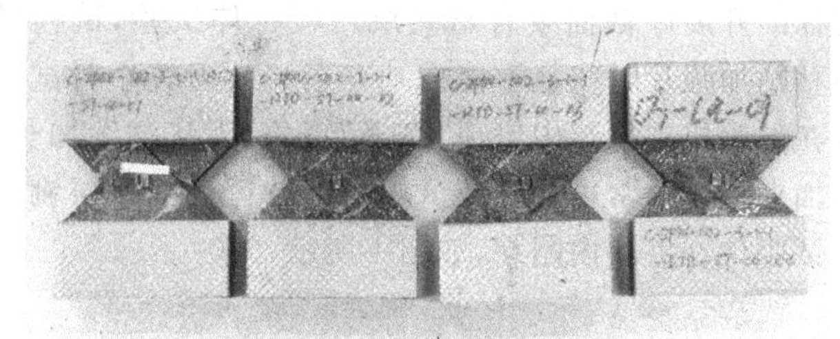

图 10 V 形缺口试样破坏模式(缺口处剪切破坏)

5 结 论

(1) 对于厚截面复合材料层压板无缺口拉伸/压缩/剪切试验,推荐试样粘贴加强片,更能获得可靠、有效的破坏模式。

(2) 对于大部分聚合物基复合材料,玻璃织物/环氧树脂的加强片具有很好的适用性。

参考文献

[1] ASTM Committee D30 on Composite Materials. Standard Test Method for Moisture Absorption Properties and Equilibrium Conditioning of Polymer Matrix Composite Materials: ASTM D3039 - 17[S]. ASTM International: West Conshohocken, PA, 2017.

[2] ASTM Committee D30 on Composite Materials. Standard Test Method for Moisture Absorption Properties and Equilibrium Conditioning of Polymer Matrix Composite Materials: ASTM D6641 - 16[S]. ASTM International: West Conshohocken, PA, 2016.

[3] ASTM Committee D30 on Composite Materials. Standard Test Method for Moisture Absorption Properties and Equilibrium Conditioning of Po-lymer Matrix Composite Materials: ASTM D7078 - 12[S]. ASTM International: West Conshohocken, PA, 2012.

[4] Chou P C,Carleone J,Hsu C M. Elastic constants of layered media[J]. Journal of Composite Material,1972,6:80-93.

[5] Bogetti T A,Hoppel C P R,Harik V M,et al. Predicting the nonlinear response and progressive failure of composite laminates[J]. Composite Science and Technology,2004,64:329-342.

[6] Puck A,Schurmannb H. Failure analysis of FRP laminates by means of physically based phenome-

nological models [J]. Composite Science and Technology,1998,58:1045-1067.

[7] Puck A,Schurmannb H. Failure analysis of FRP laminates by means of physically based phenomenological models [J]. Composite Science and Technology,2002,62:1633-1662.

[8] SUN F, SUN Y, ZHANG Q, et al. Experimentalinvestigation on bending behavior of 3D noncrimp orthogonal composite[J]. Journal of Reinforced Plastics & Composites, 2014, 33 (20): 1869-1878.

[9] ZIMMERMANN K, ZENKERT D, SIEMETZKI M. Testing and analysis of ultra thick composites [J]. Composites Part B Engineering, 2010, 41 (4): 326-336.

[10] CZICHON S, ZIMMERMANN K, MIDDENDORF P, et al. Three-dimensional stress and progressive failure analysis of ultra thick laminates and experimental validation[J]. Composite Structures,2011,93 (5): 1394-1403.

基于仿真分析对超短波通信距离优化技术研究

陆明明[1,*]，杨培滋[2]

1. 哈尔滨飞机工业集团有限责任公司飞机设计研究所，哈尔滨 150066

2. 陆军装备部航空军事代表局驻哈尔滨地区航空军事代表室，哈尔滨 150066

摘要：超短波通信距离是超短波通信性能考核的一项很重要的指标。机身上的任何金属突出物都有可能引起超短波的散射和反射，从而引起天线辐射方向图的畸变，最终导致超短波通信距离不满足要求。本文通过使用电磁仿真软件对装机前后的超短波天线辐射方向图进行分析，根据仿真分析结果找出超短波天线方向图发生畸变的原因，并通过模拟试验对仿真分析结果进行校核。同时，采用仿真分析模拟试验的方法给出解决辐射方向图畸变的思路和方法。该方法对今后解决此类问题有较好的借鉴意义。

关键词：电磁仿真；直升机；超短波；天线

Based on Simulation Studies VHF Communication Technology Solutions

LU Mingming[1,*]，YANG Peizi[2]

1. Harbin Aviation Industry Group Co. Ltd.，Aircraft Design and Research Institute，Harbin 150066，China

2. The Aviation Military Delegate Office of Aviation Military Representative Bureau of Army Armament Department in Harbin Area ，Harbin 150066，China

Abstract：VHF communication distance is a very important indicator for evaluating the performance of VHF communication. Any metal protrusions on the fuselage may cause the scattering and reflection of ultra-short waves，which will cause the antenna radiation pattern to be distorted，and eventually lead to an unqualified VHF communication distance. In this paper，electromagnetic simulation software is used to analyze the radiation pattern of the VHF antenna before and after installation. According to the simulation analysis result，the cause of the distortion of the VHF antenna pattern is found，and the simulation analysis result is checked by the simulation experiment. At the same time，the method of simulation analysis and simulation test provides ideas and methods for solving the distortion of the radiation pattern. This method has good reference significance for solving such problems in the future.

Keywords：EMC simulation；helicopter；VHF；antenna

1 引　言

超短波电台作为航空通信、数据链路传输的重要设备，主要用于载机与地面台站、载机与载机之间的双向话音通信和数据传输。超短波通信距离是超短波通信性能考核的一项很重要的指标[1]。机身上的任何金属突出物都有可能引起超短波的散射，从而引起天线辐射方向图的畸变，最终导致天线通信距离不满足要求。本文围绕直升机发动机整流罩上安装的超短波天线一直存在着背向塔台接收信号弱、通信距离近的现象，主要通过分析超短波通信的特点，使用电磁仿真软件分析超短波的方向图，结合试验模拟的手段对天线的安装位置进行模拟分析，并根据载机情况制定相应解决方案，解决超短波天线背台通信距离近的问题，减少因试验和试飞引起的人力、物力的浪费[2]。

* 通讯作者．E-mail：soalu@163.com

2 超短波通信的信道特性

在某直升机发动机整流罩上安装的超短波天线一直存在着背向塔台接收信号弱、通信不畅和通信距离近的问题。主要表现为：在直升机飞行高度为 1 000 m 时，使用 122 MHz 频率的超短波通信，直升机朝向塔台进行通信（以下简称向台）的通信距离能达到指标要求的 120 km，甚至能够达到 130 km 以上。但当直升机背向塔台进行通信（以下简称背台）的通信距离基本在 90～110 km，不能达到指标要求的 120 km，影响了直升机的正常工作。

由于超短波频率很高，其表面波衰减很快，传播距离很近，通信距离限制在视线距离内，也就是通常所说的通视距离，在理想情况下（即发射机功率足大，接收机灵敏度足够高）其传播公式为

$$d = 3.57(\sqrt{h_1} + \sqrt{h_2}) \quad (1)$$

式中：d 为距离，单位为 km；h_1、h_2 分别为收、发信机的天线高度，单位为 m。

在实际情况中，由于大气是不均匀的，对电波的传播会产生折射，所以，超短波传播所能达到的最大距离应修正为

$$d = 4.12(\sqrt{h_1} + \sqrt{h_2}) \quad (2)$$

式中：d 为距离，单位为 km；h_1、h_2 分别为收、发信机的天线高度，单位为 m。

经计算后得出塔台为 10 m 直升机飞行高度为 1 000 m 时，通信距离应为 146 km，远大于 110 km。

3 超短波通信距离主要影响因素

超短波具有不易被干扰，信号稳定等特点，非常适用于载机与地面或载机与载机之间进行通信。但受通信距离的限制，超短波容易出现通信中断的现象。为了确保载机通信的顺利进行，亟需提升超短波的通信距离和通信质量。而想要提升通信距离和通信质量，就必须找到影响通信的因素。只有这样，我们才有可能采取针对性措施，实现通信距离的提升[3]。

根据问题现象对影响超短波通信距离的几种常见的原因：视距出现的自然障碍、电磁环境、天线电压驻波比馈线损耗、发射机功率和接收机灵敏度[4]等进行了性能测量或测试，通过采取在天线安装位置加装铜片、增大天线与机壳内铝箔的接触面积、贴铝箔胶带增大反射板面积、加转接台以改善天线倾斜角度和将天线接地方向从后向改为前向等措施，经过多次的试验分析，最终认为装机环境（旋翼、反射面等综合因素）对天线的影响是导致天线方向图发生畸变的主要原因，从而使得天线后向电平降低，后向辐射能量减小，造成超短波背台作用距离未能满足指标要求。

通信距离为 120 km 和 110 km 体现在超短波通信上，就是传输 120 km 无线电波的传输损耗要比传输 110 km 无线电波的传输损耗要高。那么传输损耗相差多少呢？在超短波频段内，当接收天线高度大于 10 m，电波传播损耗可用下列 egli 模型描述[5]：

$$LM(dB) = 88.1 + 20\lg f - 20\lg h_1 h_2 + 40\lg d \quad (3)$$

根据上式：

当 $f = 122$ MHz，$d = 120$ km 时，空间损耗 LM＝133 dB；

当 $f = 122$ MHz，$d = 110$ km 时，空间损耗 LM＝131 dB。

即向台通信和背台通信在天线端的信号强度仅相差 2 dB。只要能够使背台通信在天线端的天线增益提高 2 dB 就可以使通信距离达到指标要求的 120 km[6]。

4 仿真分析及试验模拟

4.1 超短波天线仿真分析

为了能更准确找出此超短波天线在直升机上向台通信满足指标，背台通信不能满足指标的原因，将天线模型导入到电磁仿真软件中，对天线单独进行了仿真分析。

首先创立天线的结构模型，再设置边界条件和激励方式，然后设置求解频率、扫频设置，运行求解分析后计算出天线的性能。若计算出的天线性能不能满足设计要求，则通过参数扫描分析和优化设计对天线参数进行优化，直至天线性能满足设计要求。[7-8]

为了能更准确找出造成天线在直升机上性能不能满足指标的原因，我们将天线与直升机相结合，进行一体化仿真，找出问题所在。

图 1 为超短波天线在标准环境下的模型，其仿真的方向图见图 2。

可见超短波（VHF）天线在理想环境下，其立体方向图像一个“苹果”。平面方向图也符合超短波天线本身的性能，方向图是水平全向的，见图 3。也就是说天线本身在水平面方向“向台”和“背台”上的增益是一致

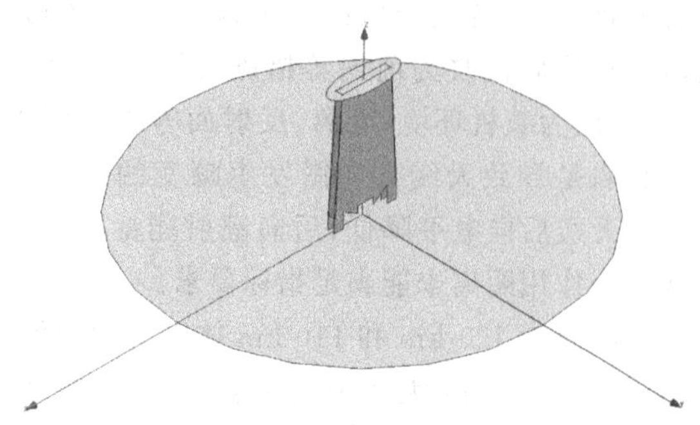

图 1　超短波天线模型

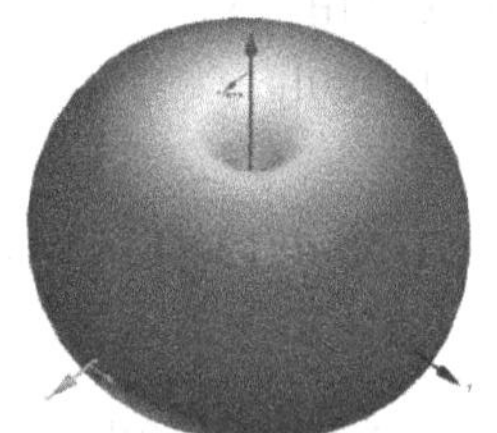

图 2　超短波天线立体方向图

的，不会产生导致超短波电台向台、背台通信距离不一致的现象。

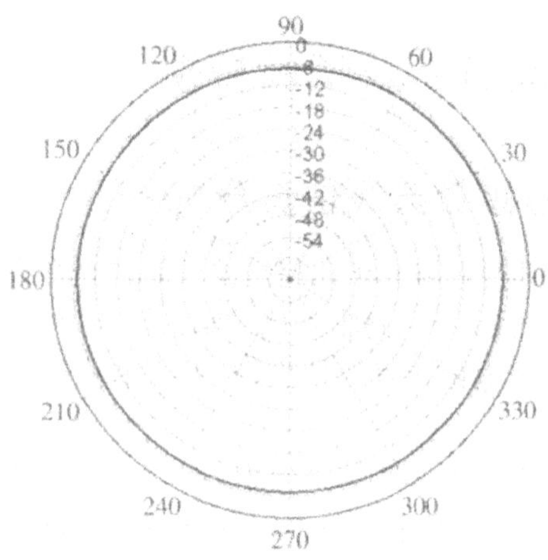

图 3　超短波天线平面方向图

下面就考虑到直升机的机体对天线的方向性图造成的影响。装机状态模型是自由空间状态天线几何模型与机体结构几何模型的结合，将超短波天线安装在直升机发动机舱后整流罩上，使用电磁仿真软件对其在超短波电台工作频率(108～400 MHz)范围内进行仿真分析，选取其中的 108 MHz 和 122 MHz 进行分析说明，这些频点的水平方向图示意如图 4～图 6 所示。

通过对天线的电磁仿真得知，天线本身受直升机机体的影响，超短波天线水平方向性图严重畸变，特别是在108～140MHz范围内，天线水平仿真方向图后

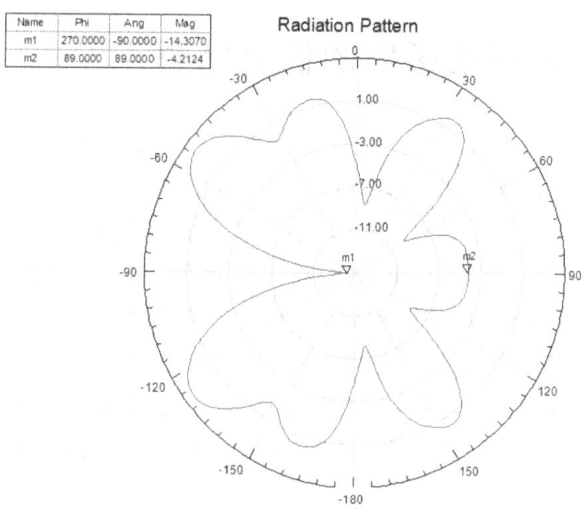

图 4　天线水平面仿真方向图(f=108 MHz)

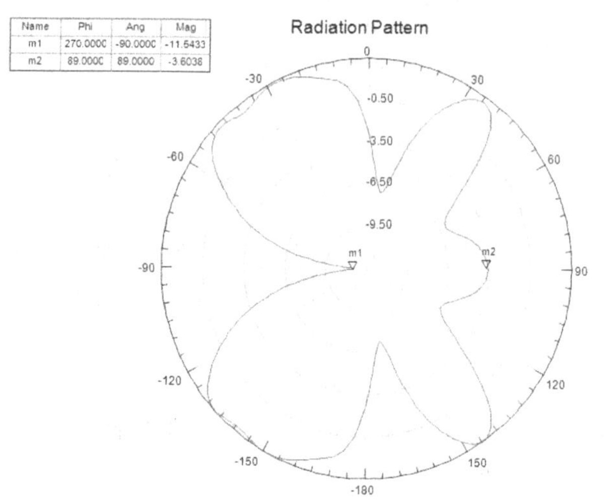

图 5　天线水平面仿真方向图(f=122 MHz)

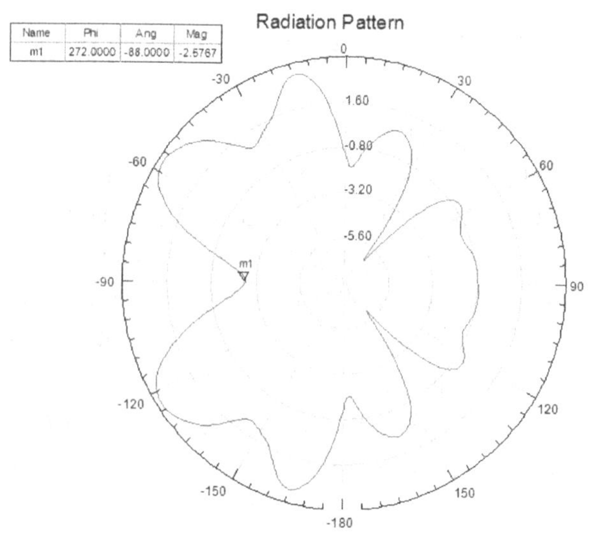

图 6　天线水平面仿真方向图(f=144 MHz)

向出现一个较大的“凹坑”，根据测量结果后向比前向的增益降低−10 dB以上；从140 MHz以后，虽然前后向也有较大的差别，但因为天线的整体增益提高，“凹坑”处的增益在−5 dB以上，超短波天线在140～174 MHz和225～400 MHz频带范围内性能基本满足指标要求。所以我们的重点是在尽量不降低140～174 MHz频带范围和225～400 MHz频带范围内天线性能的条件下，提高108～140 MHz频带范围内的天线性能[9]。

4.2 超短波天线模拟试验

在排除了天线本身经过对直升机机体金属反射面的整体研究和试验发现，直升机整个机体与超短波的天线组合成了一个大的八木天线[10]，其中当背向塔台时超短波天线充当八木天线的有源振子，旋翼轴充当反射器，直升机尾翼段充当引向器。旋翼轴将后方发射来的电磁波反射回天线振子，通信效果不好的时候正好为反射回波与入射波向干涉而抵消了一部分能量，导致通过天线传输到超短波电台的信号变弱，从而通信距离不够。

为了验证仿真的准确性，进行地面模拟试验，模拟旋翼轴影响对天试验。超短波天线作为接收天线安装在长1.0 m接宽1.0 m接高1.5 m的木架上，天线下垫有1.0 m的反射铝板，在木架后方立一根高2.5 m的金属杆来模拟旋翼轴的影响，发射天线距离木架50 m，与超短波天线处于同一高度，如图7所示。

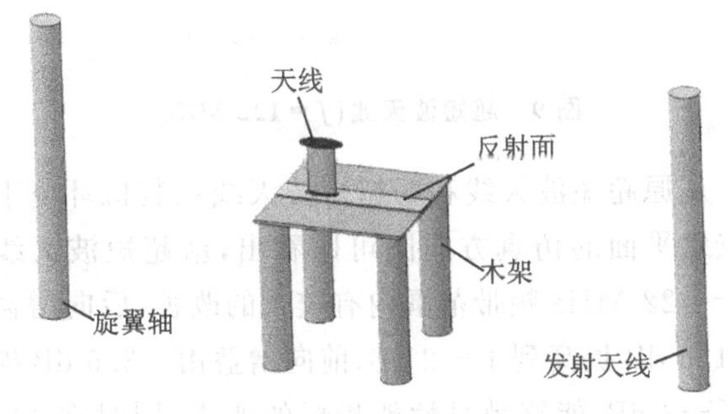

图7 地面模拟试验

当发射天线发射频率为122 MHz，使用反射面模拟装机时的反射板，固定反射铝板的位置不动，通过前后移动超短波天线在反射板上左右的位置观察电台发射和接收的电平。试验后发现，当天线位于反射面中央时，此时天线接收到的信号电平最高；当天线从反射铝板中央往发射天线方向靠近时，天线的电平缓慢降低；当天线从反射铝板中央远离发射天线时，天线的电平迅速降低，在122 MHz时，天线位于反射铝板中央效果最好。因此得到试验的结论：旋翼轴对天线的接收有影响，而且天线向前和向后影响效果不同。

4.3 利用电磁仿真软件制定天线

通过电磁仿真软件对不同安装位置的天线进行依据不同频率进行仿真，经过多次仿真，发现不同的安装位置天线方向性图变化很明显。

以 $f=122$ MHz为例，当天线往机头方向移动时，天线分别向后移动100 mm、150 mm、200 mm，从图8可以看出天线的水平面方向图的后向“凹坑”逐渐降低，当天线逐渐向前移动时，天线后向的增益从−11.5 dB提高到了−5 dB，前向和两侧的增益也未出现明显的降低。所以根据仿真结果推断，向前移动天线位置能够有效地改善天线后向通信的方向图，所提高的增益远大于空间损耗2 dB的要求。

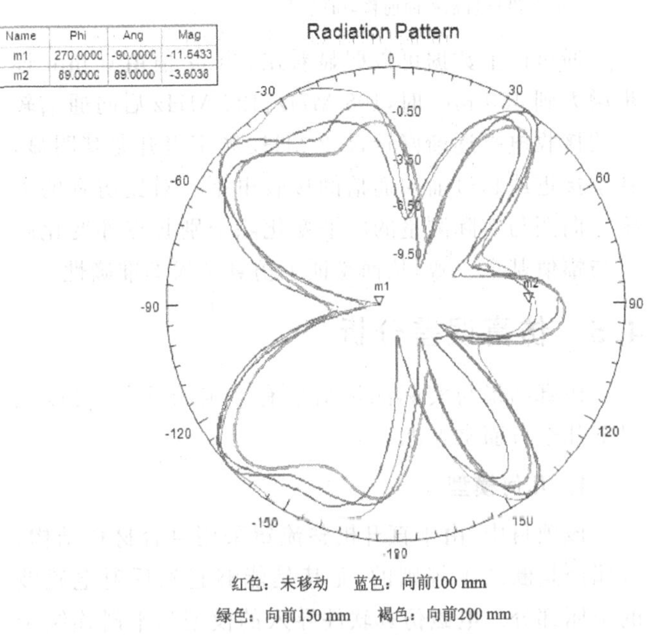

图8 超短波天线移动方向图

4.4 试验验证仿真分析结果

为了验证仿真计算的正确性，进行模拟试验，对天线的倾斜角度、反射铝板尺寸和“旋翼轴”距离等方面按照实际装机环境模拟试验，使试验更接近实际装机环境，将天线放在一个倾角22°的铝板上以模拟真实的装机环境，通过挪动天线的位置测试不同环境下天线的增益变化，分别选用了108 MHz、122 MHz、144 MHz、174 MHz、300 MHz、400 MHz，分别测量了天线前向和后向的接收电平数据，测试结果见表1。

表 1 天线移动试验

频 率	方 向	$m=0$	$m=200$	$m=250$	$m=300$	$m=350$	$m=400$
108	后向	−3.05	−1.16	−0.53	0.07	0.60	0.83
	前向	0.62	1.55	1.75	1.84	1.85	1.75
122	后向	−2.46	−0.06	0.31	0.56	0.74	0.54
	前向	2.30	0.48	0.15	0.02	−0.20	−0.06
144	后向	−1.28	−3.60	−3.35	−3.63	−3.54	−3.02
	前向	1.45	2.03	2.38	2.43	2.08	2.18
174	后向	−4.51	−7.03	−7.03	−7.94	−7.51	−8.14
	前向	−0.59	−1.53	−2.01	−1.82	−1.48	−2.21
300	后向	−6.09	−1.81	−1.57	−1.82	−2.41	−2.87
	前向	−1.07	−1.29	−1.30	−1.71	−1.91	−2.00
400	后向	0.64	1.15	1.36	0.67	0.56	0.81
	前向	−3.23	−6.74	−2.43	−0.65	−1.63	−1.34

注：m 为沿反射铝板向前移动的距离。

通过以上数据可以明显看出，当 m 值由 0 mm 逐步增大到 400 mm 时，108 MHz、122 MHz 后向通信较差的接收电平逐渐好转，122 MHz 频率提升尤其明显，甚至接近或超过前向通信的接收电平。对比仿真的天线方向图与实际测量的电平变化除个别频点外变化趋势与幅值基本一致，从而验证了仿真结果的准确性。

4.5 仿真误差分析

仿真结果与实际测量结果有一定的差异，可以从以下几个方面来考虑：

1. 几何模型

该项目中，由于直升机整流罩采用复合材料结构，金属面是断续不规则的，尤其是能够起到反射电磁波的金属部分。电磁仿真软件导入的模型为平滑连续全金属反射面，造成实际测试比仿真结果要差。

2. 频率误差

仿真计算中的频率为单点频率，实际电台发射和接收时的频率为带状频率，如 122 MHz 实际其频率为 122 MHz±5 Hz，这也是该仿真计算的误差来源之一。

3. 网格误差

由于在仿真计算中是将载机外形和天线按照工作频率剖分网格，将一个网格看成一个点，网格越小越接近真实情况，受计算机性能限制，本文中是按照每波长剖分 8 份的规则进行，这样也造成了一定的误差。

5 超短波通信距离近的解决方法

根据以上的仿真结果和试验结论，得出移动天线位置对改善天线方向图的有较大贡献。但由于在现有的装机环境下，天线向前可移动的距离有限，不允许过多的移动天线的安装位置，为此采用了一个折中的方法，将天线的顶部向前倾斜，即在不改变装机位置的条件下，达到将天线向前"移动"的目的。

最后通过多次仿真计算，得到一组最优化的天线"向前"移动方案，在基本不降低 140～174 MHz 和 225～400 MHz 频带范围内天线性能的条件下，较大地改善了 108～140 MHz 频带范围内天线的性能，其水平面方向图见图 9 和图 10。

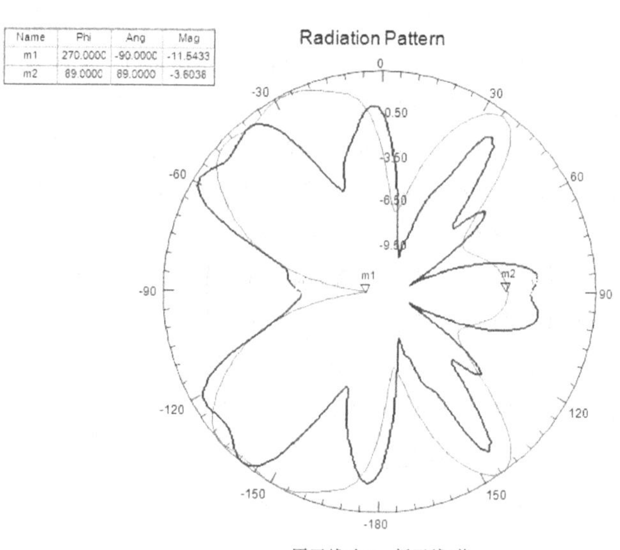

图 9 超短波天线（$f=122$ MHz）

从原超短波天线和新超短波天线在装机环境下各频点水平面的仿真方向图可以看出，新超短波天线在 108～122 MHz 频带范围内有较大的改善，后向增益由 −11.5 dB 提高到了 −2 dB，前向增益由 −3.5 dB 提高到了 −3 dB，能够满足性能指标的要求；同时在 140～174 MHz 以及 225～400 MHz 频带范围内，新超短波天线性能没有明显变差，只有个别频点的增益由原来的 −3 dB 降低到了 −3.5 dB，虽然降低了但仍然比 108～122 MHz 频带范围的增益高。根据以上的仿真结果，新超短波天线在各频段的指标都能够满足指标要求。

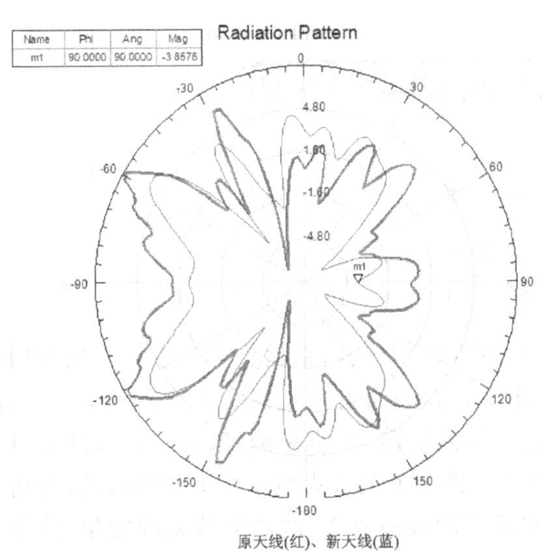

图 10 超短波天线(f=225 MHz)

6 结论

通过仿真对比分析超短波天线自由空间方向图与装机后天线方向图,可以明显看出机体对天线的辐射特性有明显阻挡,旋翼轴和垂尾对超短波天线的影响尤为明显,今后在进行天线布局时应充分进行仿真分析,避免天线和旋翼轴与垂尾布置在一条直线上,减少此类问题的发生。本文中解决超短波通信距离不够的方法使用了大量的软件仿真运算,运用此方法后准确定位了问题出现的原因,减少了确定天线"前移"方案所需要的工作量和缩短了确定天线问题的时间,为今后解决此类问题提供了良好的方法。同时通过模拟试验也验证了软件仿真方法的正确性,为软件仿真解决其他同类问题提供了方法和依据。

参考文献

[1] 李建儒,张蕊,王洪明,等.超短波电台传播特性仿真系统[J].通信技术,2013,46(7):1-3.

[2] 迟元彦.分析提高甚高频地空通信作用距离[J].通讯世界,2016,(12):291-292.

[3] 沈元康.航空无线电[M].北京:科学出版社,1992.

[4] 王海波.某型超短波电台通信距离近原因分析及对策[J].装备维修技术,2019(3):218.

[5] 姜斌.地、海杂波建模及目标检测技术研究/地、海杂波建模及目标检测技术研究[D].长沙:国防科学技术大学,2006.

[6] 杨胜学;吴志军.机载超短波电台通信距离近问题的分析与排除[J].科技经济导刊,2017,(5):18-19.

[7] 毛小莲.基于 FEKO 的机载导航天线方向图分析[J].2009 年全国天线年会论文集(下册)[C].北京:电子工业出版社,2009.

[8] 平怡.V/UHF 传播计算模型仿真研究[J].通信技术,2008,41(6):68-70.

[9] 鲍志泽;黄盼;汪良华.某型直升机超短波电台信号方向图测量[J].中国科技信息,2019,(18):42-43.

[10] 袁建涛.宽波束宽频带八木天线的设计与优化[C].西安电子科技大学,2013.

直升机线路故障分析及机理研究

李存[1,*],徐海鑫[2],修杰辰[1],檀婧杰[1]

1. 哈尔滨飞机工业集团有限责任公司飞机设计研究所,哈尔滨 150066

2. 陆军装备部航空军事代表局驻哈尔滨地区航空军事代表室,哈尔滨 150066

摘要: 直升机线路用于连接机上各个航电、机电系统等机载设备及电气控制组件,根据直升机总体布局和用电设备负载的限制,对机上导线的体积、重量、性能和规格有严格的要求。在执行直升机地面维护检查和飞行任务时,由于直升机机体结构振动特点,机上线路异常都可能造成系统短路、断路故障,严重影响设备的运行,甚至可能危及飞行员以及直升机的安全。本文通过某型直升机防火系统的线缆短路引发的灭火瓶意外工作的故障,分析和研究了线路故障的机理,形成线路维护和检查的有效措施,为预测非显性的故障隐患、线路故障精确定位、线路环境优化等提供有力支撑。

关键词: 短路;故障树;理化分析;虚接;靠磨

Fault Analysis and Mechanism Study of Helicopter Line

LI Cun[1,*], XU Haixin[2], XIU Jiechen[1], TAN Jingjie[1]

1. Harbin Aircraft Industry Group Co. Ltd., Aircraft Design and Research Institute, Harbin 150066, China

2. The Military Representative Office of the Representative Bureau of Army Armament Department in Harbin Region, Harbin 150066, China

Abstract: Helicopter circuits are used to connect airborne equipment and electrical control components such as avionics and electromechanical systems on the aircraft. According to the overall layout of the helicopter and the limitation of the load of electrical equipment, there are strict requirements on the volume, weight, performance and specification of the wires on the aircraft. During the helicopter ground maintenance inspection and flight missions, due to the structural vibration characteristics of the helicopter body, the abnormal wiring on board may cause the system short circuit and break fault, which seriously affects the operation of the equipment, and may even endanger the safety of the pilot and the helicopter. This paper analyzes and studies the mechanism of the line fault caused by the fire extinguishing bottle accidental work caused by the short circuit of the cable of a helicopter fire protection system, and forms effective measures for line maintenance and inspection, which provides strong support for predicting the hidden trouble of non-explicit fault, accurate location of line fault and optimization of line environment.

Keywords: short circuit; failure tree; physical and chemical analysis; virtual connect; by grinding

随着直升机的机载设备集成度越来越高,对机上电源系统的供电质量、用电、配电的要求也越来越严格。直升机线路是由不同的导线组成的,从机头设备架经驾驶舱、客舱敷设至机身尾桨及垂尾,用于连接机上各用电设备和信号装置,是直升机传递能源和信号的重要组成部分。本文通过某型直升机防火系统由于线路短路引发的灭火瓶意外引爆工作的故障,阐述线路控制原理、故障分析和检查试验的过程,研究故障机理及提出预防手段和措施,为线路短路故障的准确定位及线缆敷设提供有力支撑。

* 通讯作者. E-mail: licun8245@126.com

1 导线的组成

直升机导线在机上担负输送电能和传递电信号的重要任务，是直升机电网的主要组成部分。导线由线芯和外包绝缘层构成。电压较低的电路所使用的导线，其绝缘导线比较薄，结构如图1(a)所示，线芯由多股细铜丝绞合而成，铜丝外涂有锡、银或镍等金属保护层。而在发动机高压点火电路、发电机起动和部分无线电设备的高压电路中，用在这种电路中的导线绝缘层就应比较厚，这种导线叫高压导线，如图1(b)所示[1]。

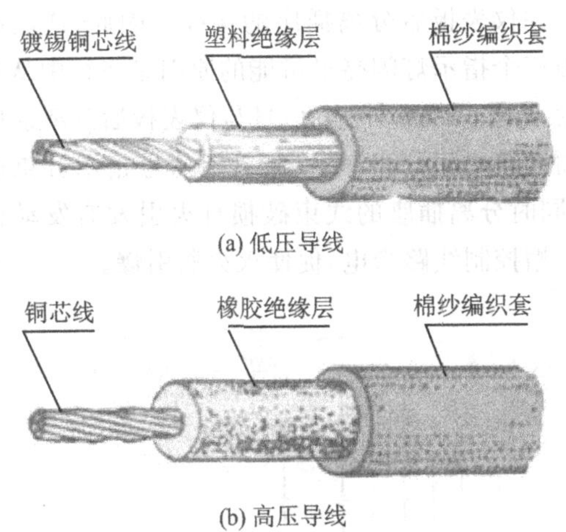

图1 导线示意图

直升机上部分采用铝导线，铝导线较轻，截面积大，但接头不易处理。无线电电子设备常用外包金属编织套的屏蔽导线，以上均为低压导线，如图2所示为几种常用的导线结构。

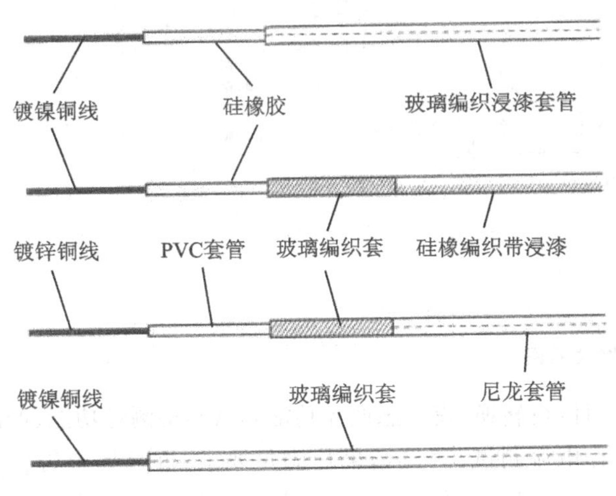

图2 几种常用导线的结构形式示意图

由于导线的镀层不同及所用的绝缘材料不同，导线的耐压和使用的温度也不同。而绝缘材料大部分是有机化合物，在热、湿作用下，材料产生分解、挥发导致绝缘性能下降，耐潮湿性能变差和机械强度下降，这就产生了热老化。因此，绝缘材料的寿命就是导线的寿命，应从寿命的角度规定材料的极限温度[2]。

直升机导线的材质通常选取铜或铝，而铜较铝电阻率更低，导电性和延展性更好，基本符合机上各系统导电性能指标要求。采用聚氯乙烯、乙烯一四氟乙烯共聚物等材料作为线缆的绝缘层以避免线缆之间短路，保证线缆间的电气隔离。在具体选材时还需考虑安装舱内环境、线缆功能的影响，如柔软性、耐热性、耐燃性等[3]。

2 线路短路机理

直升机线路短路通常发生在设备/负载端、线缆插头座的连接处（端子）等。通常在设备/产品端发生短路时，断路器、继电器等可有效切除故障线路部分，阻止危害进一步扩散。而在线路的连接点，即线缆与线缆插头座连接处，线缆与机体结构、成品/设备插头座连接处出现短路时，通常未加入直接快速保护的措施，易导致供电中断、设备/负载受损，严重时更可能发生火灾等事故[4]。综上所述，出现线路短路原因可分为：

① 导线绝缘层损坏导致线路短路，由于绝缘层损坏，电源直接由线路接通成闭合回路，回路电流大幅度增加并超过其额定电流值，电流越大则热功率越高，最终烧坏线路；

② 接触电阻影响线路的供电特性，由于直升机振动环境影响，出现线路虚接，在连接点处受到电流热效应影响，加快金属腐蚀，致使导线的有效导电面积减小，接触电阻增大，产生压降，进而导致连接处发热而损坏绝缘层致使短路故障；

③ 线路电流过载导致线路短路，负载输入端单相接地短路故障，则会反映到一路供电线路发生故障，其他两路供电线路就必须在短时内承担较大的负载，导致线路在极短时间需要承受较大短路电流[5]。

3 典型故障分析

3.1 故障现象

某型直升机在执行飞行训练任务时，直升机出现起落架信号板上三个放下指示灯闪亮，同时驾驶舱仪表板后方出现起火冒烟，机组进行起落架收起工作，随后直升机右发动机灭火瓶出现意外工作致使灭火剂喷出，同时警告系统指示右侧灭火瓶低压。

3.2 故障初步分析

根据驾驶员描述和直升机地面检查结果，飞行中冒烟和起火部位为仪表板后端与仪表板后部分离插头相连的导线线束，且线路出现烧灼故障。由于右发动机灭火瓶异常引爆，且烧蚀线路中存在触发右侧发动机灭火瓶的电源线路，因此首先分析右发动机灭火瓶异常引爆原因。根据该型直升机发动机灭火系统电气控制原理，结合机上出现的右发动机灭火瓶爆炸帽电源控制线路烧蚀现象，判断右发动机灭火瓶爆炸帽工作原因为电信号触发。

根据可发生右侧发动机灭火瓶意外工作的各种故障模式分析，引起右发动机灭火瓶意外工作的原因为触发灭火瓶爆炸帽的电源线路意外引入电信号，结合飞行员描述的起落架信号板上状态指示灯闪亮，进行综合分析如下：

引起该故障的相关系统线路交联关系如图 3 所示，根据起落架放下指示灯工作原理和电气控制逻辑，当三个起落架均放下锁死时，起落架三个放下指示灯的负端线路接地。出现起落架信号板上三个放下指示灯同时闪亮的原因是由于指示灯的电源供电不稳定（三个放下指示灯为同一个供电端输入），即来自转接模块的供电电源不稳。而转接模块上的电气线路去往各个系统（燃油、起落架、电动绞车、火警探测等系统）的离散灯正端，用于给相关离散灯供电。转接模块及其他离散灯的电源均是由集中告警灯盒供电，且该模块上同时连接了去往仪表板后分离插座的接线。因此，造成起落架信号板三个指示灯闪亮最可能的原因是飞行中从集中告警灯盒来的+28 V DC电信号与仪表板后分离插座的线束时而短接时而分离，导致起落架信号指示灯供电电源不稳，同时分离插座的线束破损打火引发右发动机灭火瓶爆炸帽控制线路带电，促使灭火瓶引爆。

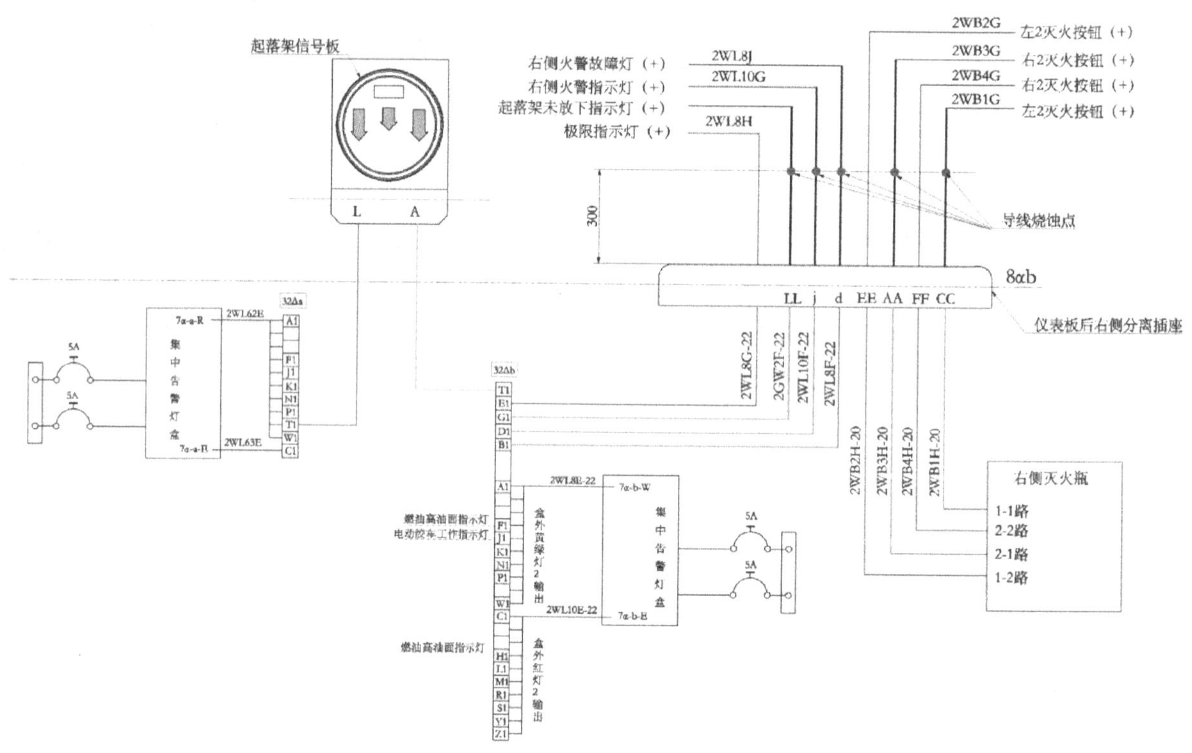

图 3　故障线路交联关系图

3.3 故障初步分析

1. 机上组件检查

通过对集中告警灯盒进行告警显示、输出信号灯电压、日/夜转换、夜状态调光功能测试和检测灯功能、产品工作电流测试，测试结果均满足要求；拆解集中告警灯盒，未发现内部有烧蚀现象。检查起落架信号板，不存在短路情况；拆解起落架信号板，未发现内部有烧灼现象。

检查起落架信号灯、火警故障灯，不存在短路情况。

通过对机上相关线路进行绝缘性试验检查和线路排查，发现相关线路中仅为仪表板后端一束线缆和减振器支架(良性导体)出现烧灼故障，如图 4、图 5 所示。

图 4　故障线缆示意图

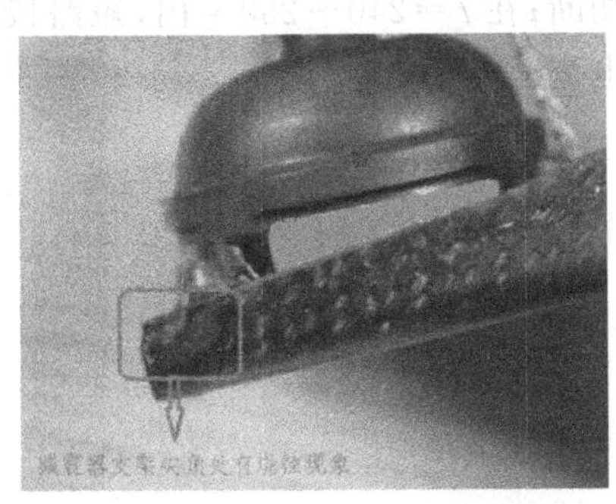

图 5　减振器支架损坏示意图

2. 理化分析检查

将受损的仪表板减振器支架及右护板经理化试验室进行理化分析，理化分析结论为仪表板减振器支架尖角处及护板发黑区域是由于烧蚀所致，如图 6 所示。

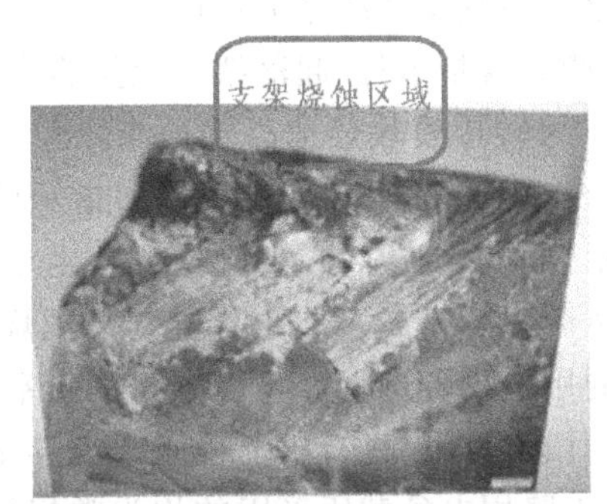

图 6　减振器支架理化检测示意图

3. 原因分析

基于上述的检查和测试结果分析，仪表板后分离插座线缆烧蚀原因为线路导线绝缘层损坏引起导线线芯短接。通过鱼骨图[6](见图 7)从导线原带缺陷、导线入厂复验、电缆制作及检查、电缆安装及检查、机上排故(或更改)五个方面对仪表板后分离插座线缆导线损坏原因进行分析。

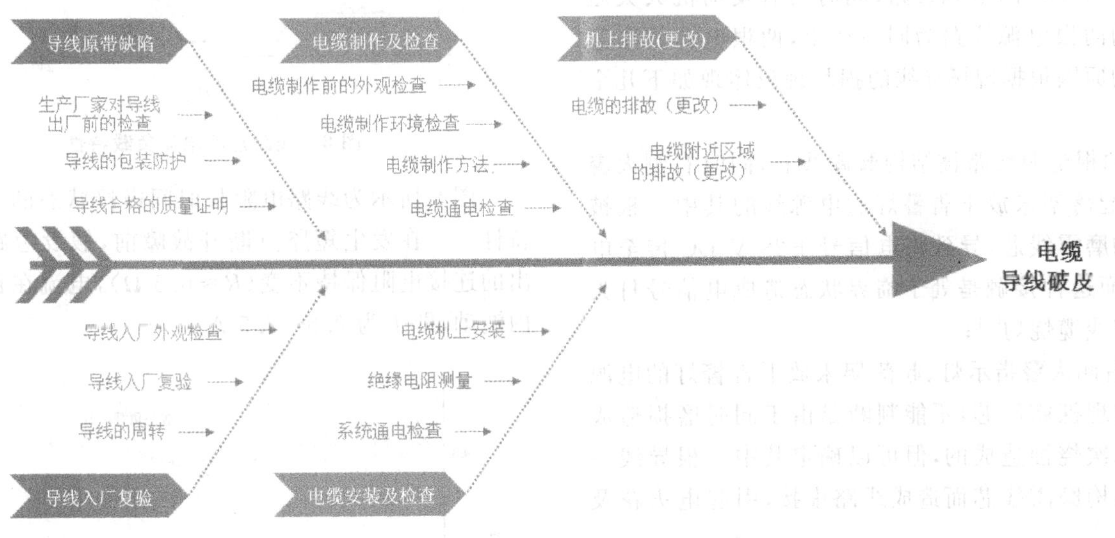

图 7　“鱼骨”故障分析图

4. 故障排查结果

基于上述检查和原因分析，得出结论如下：

① 飞行中冒烟和起火部位为仪表板后端，距离仪表板后分离插座约 30 cm 处的导线线束上，该处线束内五根导线被烧蚀出现裸露线芯；

② 机上除破损导线外无其他导线破损，所有未破损导线导通结果和绝缘电阻测试结果均为正常；

③ 机上除右发动机灭火瓶外无其他设备故障；

④ 机身结构除仪表板右侧缓冲支座与下内饰板对接处存在火焰烧灼痕迹外，故障点附近无其他位置出现火焰烧灼痕迹；

⑤ 右侧发动机灭火瓶插头上的双路供电接线点在故障发生时处于与机身结构短接状态；

⑥ 五根烧蚀导线间线芯的接触导致起落架信号板闪亮和右侧发动机灭火瓶引爆。

3.4 检查结果机理分析

结合电气系统交联线路上用电设备的用电负载指标特性，右侧火警指示灯、起落架未放下告警灯的电源线及其相连的转接模块燃油高油面指示灯、起落架位置指示灯、绞车工作指示灯、火警探测指示灯、应急浮筒准备指示灯、应急放油指示灯、应急救生定位指示灯的用电总负载不超过 2 A，同时结合对出现烧蚀的三根电源线上的用电设备进行拆解检查和试验室通电测试未见异常，对转接模块进行机上检查未见异常，理论分析结合该 14 路用电负载所采用的均为常规导线(最大负载为 7 A)，如果是由于用电负载过大造成故障，则先出现烧断的应为接插件的接触销(最大负载 5 A)或转接模块的接触销(最大负载 5 A)，因此不会出现因电流负载过大造成导线烧断。

根据上述检查结果和分析，引起导线及起落架未放下指示灯电源线破损而裸露线芯不是由于电流负载过大引起，故造成导线损坏的最大可能原因为机上结构件磨损导致，而该三根导线均为集中告警灯盒供电，均为+28 V DC 的电源线路，同时与右发动机灭火瓶爆炸帽的两根电源线路为同一线束，两根电源线路意外带电的原因根据现场导线的损坏现象体现如下几个方面：

① 两根电源线路被结构磨露线芯，同时右侧火警试验灯、起落架未放下告警灯的电源线的其中一根被机身结构磨露线芯，导致将电信号+28 V DC 传至电源线路，而这种接触是处于临界状态造成电信号打火进而引起线缆烧灼[7]；

② 右侧火警指示灯、起落架未放下告警灯的电源线同时出现裸露线芯，不能判断是由于同时磨损造成的还是二次烧蚀造成的，但可以确定其中一根导线一定是被结构磨露线芯而造成线路虚接，引起电火花及冒烟；

③ 根据现场测量结果和灭火瓶工作后状态，右发动机灭火瓶爆炸帽的两根电源线路是同时被结构磨露线芯而造成的意外带电。

3.5 仿真分析

通过读取直升机飞行参数数据，从直升机起落架信号板上三个放下指示灯闪亮开始到告警系统出现右侧灭火瓶低压告警的时间间隔 1 分 59 秒，而整个过程为记录灭火按钮的触发状态，判断起落架信号板上三个放下指示灯闪亮的原因为其供电线路出现虚接，即与机体结构靠磨处于临界状态造成。

利用仿真软件对起落架信号指示灯供电线路电流、电阻、时间与发热功率($Q=I^2Rt$)关系进行分析，为便于分析，定义熔化绝缘层的热平衡温度 t，对应热功率为 Q。

图 8 所示为某线路发生短路时的电流特性[8]。在发生电路短路时，电流会随时间迅速增大至线路负载断开。在 $t=0\sim120$ s 时，线路负载正常运行，额定电流 0.5 A；在 $t=120\sim240$ s 时，发生线路短路，电流随时间增加而不断增大；在 $t=240$ s 时，故障线路被电源保护系统切断；在 $t=240\sim250$ s 内，短路接触点承受瞬时的大电流。

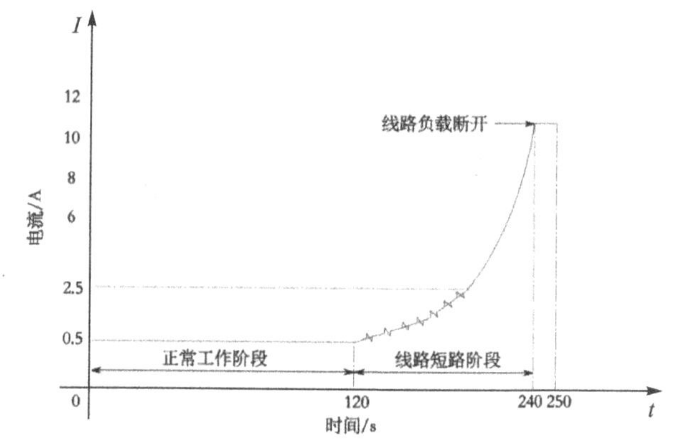

图 8 线路短路电流负载特性

图 9 所示为线路电阻长时间虚接状态的等效电阻特性[9]。在发生短路点断开故障前，假设短路接触点出的连接电阻保持不变($R\approx0.5$ Ω)，电流在正常状态内波动，即 I 为 0.5～2.5 A。

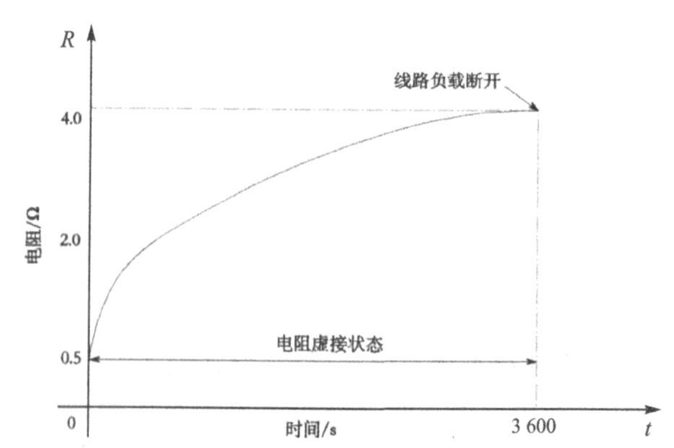

图 9 导线虚接时短路点连接电阻特性

图 10 所示为电阻虚接时线缆发热功率、过载时间

及电流的关系曲线。在线路虚接情况下，电流在正常值范围内逐渐增加。可以看出，若短路接触点处 $Q<1.35\times10^4$ J 时，安全断开线路，则线路仍处于安全范围内；而当 $Q>1.35\times10^4$ J，短路故障还未断开，线路已承担最大热功率，但发热功率仍主要受短路接触点电阻影响。

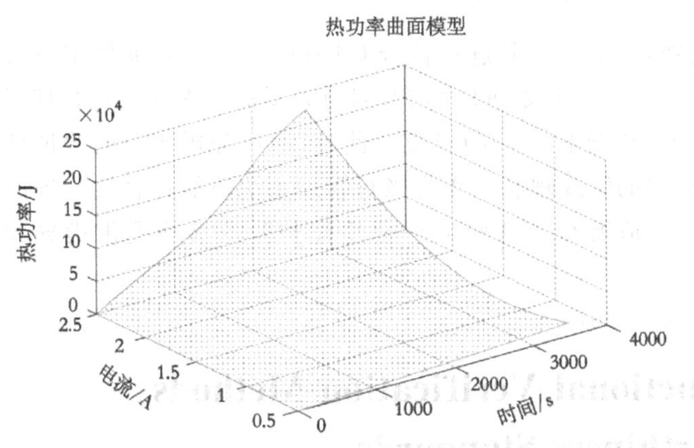

图 10　线路虚接热功率、电流关系特性

图 11 所示为线路发热功率、时间、短路接触点电阻之间的关系。在电阻虚接情况下，随时间增加接触电阻大幅度增加。可以看出，若短路接触点处 $Q<1.35\times10^4$ J 时，安全断开线路，则线路仍处于安全范围内；而当 $Q>1.35\times10^4$ J，短路故障还未断开，线路已承担最大热功率，则导线发生绝缘层损坏，进而熔化导致供电系统发生故障。

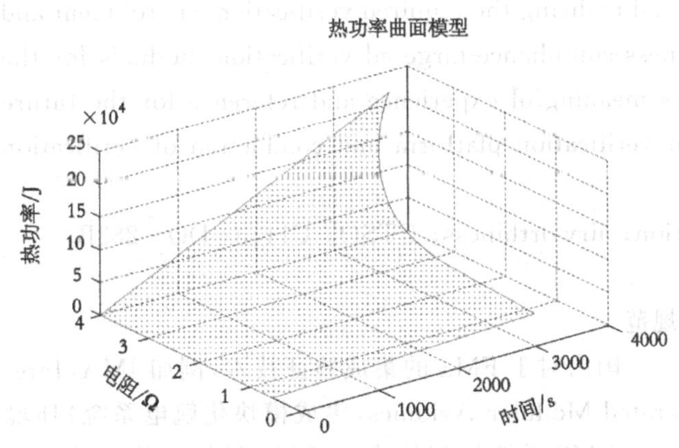

图 11　线路虚接热功率、电阻关系特性

以上分析表明，过载会导致多股线缆中内芯之间绝缘损坏。多芯导线由绝缘层分离，过载绝缘层软化损坏，致使导线的两根或多根导体直接接触而短路燃烧设备。同时短路瞬间大电流产生高温使线路起火、绝缘层熔化，熔化的导线高温致使周围的易燃物燃烧。

4　结束语

直升机线路故障在整个生命周期中十分常见，建议以优化线路维护和检查，降低维修成本，改善整体性能，大幅提高直升机的安全性和可靠性，故提出以下几方面的要求[10]：

① 线缆长时间与液压油、润滑油、防冰剂等接触时易产生接触污染，通过选用绝缘层抗氧化或腐蚀更强的线缆，能降低接触污染对线缆造成的影响。

② 受到振动应力作用会对线缆产生不同程度的物理损伤，规范的线缆敷设以及对线缆布局做合理优化，减少线缆靠磨或断裂、接触件松动或损坏概率。

③ 对线缆物理和化学性能进行周期性检查，更换隐患或故障线路，能降低事故率。

④ 对特殊线路和关键、重要设备应选取更加适应恶劣环境影响的线缆，周期性检查对环境影响敏感的线缆，及时发现、更换故障线缆，避免线缆故障造成飞行安全事故。

参考文献

[1] 韩世杰．徐荣林．直升机电气系统[M]．北京：国防工业出版社，1985.

[2] 何梅．直升机线路老龄化引发故障探讨[J]．中国民航飞行学院学报，2011.

[3] 王瑜．浅谈航线工作中的线路检查[J]．价值工程，2015.

[4] 覃萍．铝导线短路熔痕的形貌实验分析[J]．广西民族大学学报，2016.

[5] 吴雷明．老龄飞机线路故障经验总结[J]．科技论坛，2015.

[6] 杨朝旭．张炳蔚．关于老龄飞机线路维护探讨[J]．创新科技，2015.

[7] 冯又欣．飞机电子系统线路故障的维修及预防[J]．航空维修与工程，2010.

[8] 陈卫．王莉．航空电缆故障在线检测与定位技术研究[J]．飞机设计，2018.

[9] 陈卫．航空电缆故障检测与定位技术研究[J]．直升机设计，2017.

[10] 刘晓琳．飞机导线故障诊断与定位方法研究[J]．电力技术，2013.

飞行管理系统功能适航符合性验证方法研究与实践

蔡中天*，徐万萌，周卓，杨小会

上海航空电子有限责任公司，上海 200241

摘要： 国产飞行管理系统(FMS)的功能研究与开发日益成熟，但如何对其进行符合 CTSO－C115d 功能鉴定章节的适航取证要求的验证仍缺乏系统性研究。本文基于 CTSO－C115d 及 DO－283B 对符合适航要求的飞行管理系统功能验证方法进行了研究，包括测试场景构建方法及系统性能分析方法的研究。此外，通过分析相应的验证环境及工具需求，本文报告了按照适航符合性方法开展验证活动的实践现状。作为飞行管理系统适航符合性验证的先期系统性研究，本文可为未来国产 FMS 的适航取证策略、适航符合性验证平台建设和验证活动提供指导和参考。

关键词： 飞行管理系统；功能验证；适航；CTSO－C115d；DO－283B

Study and Practice on FMS Functional Verification Methods Compliant to Airworthiness Standards

CAI Zhongtian*, XU Wanmeng, ZHOU Zhuo, YANG Xiaohui

Shanghai Avionics Company Limited, Shanghai 200241, China

Abstract: The functional study and development of the domestic FMS are achieving increasing maturity. However a lack of systematic research is easily identified, on conducting thorough functional qualification in order to get the system approved by CTSO－C115d. Basing on CTSO－C115d and DO－283B, this paper studies the FMS functional verification methods that meets the airworthiness requirements, with the scope including the construction of test scenarios and the system performance analysis methodologies. In addition, a current practice on the verification activities is reported, through analyzing and realizing the required verification environment and tools. As a preliminary systematic study on the airworthiness-compliance-targeted verification methods for the Flight Management System, this paper effectively provides meaningful experience and reference for the future FMS airworthiness certification strategies, construction of verification platform and conduction of verification activities that are compliant to airworthiness standards.

Keywords: flight management systems; functional verification; airworthiness; CTSO－C115d; DO－283B

1 引　言

飞行管理系统(Flight Management System，即 FMS)是对各飞行阶段的航迹进行管理的系统。它将部分驾驶员操作集合自动化，支持航线计划和终端程序的自动执行，从而降低机组工作负荷，并提高飞行品质。FMS 功能要求来源于飞机预期的运行环境和运行能力，以及支持预期运行能力使用的适航标准和行业规范。[1]

国内对于 FMS 的集成验证技术，例如 IMA(Integrated Modular Avionics，集成模块化航电系统)环境下的 FMS 系统仿真技术[2]、FMS 导航功能的性能评估[3]和集成验证方法[4]，以及基于 ARP4754A 的 FMS 需求确认及系统验证[5]都有一定程度的研究。国外对于 FMS 的性能分析与验证已经有较系统而深入的研究，例如对于水平与垂直路径的综合构建及其依赖项分析[6]、对于不同机型垂直引导性能指标的采样及分

* 通讯作者. E-mail: caizt@avic.com

析方法研究[7]、对于 RF(Radius-to-Fix)航段实现的研究现状[8]、对于等待模式的性能分析[9]等。与上述研究有所区分，本研究侧重 FMS 设备对于当前最新的 CTSO(CAAC Technical Standard Order，中国民航局技术标准规定)的适航符合性工作中功能鉴定活动所涉验证方法的研究。

CAAC 于 2019 年 1 月 14 日发布了 CTSO－C115d，即《基于多传感器输入的所需导航性能(RNP)设备》。其中，要求设备的功能鉴定应按照 DO－283B 的 2.4 节规定的测试条件进行功能性能测试分析，以验证 FMS 及相关 RNP 设备满足 DO-283B 的 2.2 节和 2.3 节相应的设备需求[10]。

若以申请 CTSO－C115d 的技术标准规定项目批准书(Technical Standard Order Approval，即 TSOA)为目标，需深入了解 DO－283B 的各种符合性方法和测试分析要求。

本文的研究基于 CTSO－C115d 和 DO－283B 的测试分析要求及其对应的功能需求。

2 验证方法概述

2.1 符合性方法

FMS 的功能验证应基于以下符合性方法[11]：

(1) 分析(Analysis)，指对设备性能的分析，并出具相应分析报告。

(2) 演示(Demonstration)，指在静态或动态环境中演示功能及能力(包括显示特性)，且不要求数值结果。

(3) 检查(Inspection)，指检查设备硬件、规格或设计图纸。通常不需要动态操作设备。

(4) 测试(Test)，指在静态或动态环境中进行测试，并给出数值结果。

对于面向 CTSO－C115d 的功能鉴定，制造商应严格按照 DO－283B 中的功能/测试对照表中的要求对设备的各个功能提供相应的分析报告、检视报告及测试或演示结果。

2.2 测试类型

适航标准对于 FMS 测试类型的定义可分为静态测试(Static Tests)和动态测试(Dynamic Tests)两种[11]。

1. 静态测试

通过精确的输入操控，以验证输入信号和系统内部的数据处理是否正确完成，且使得输出在指定范围、分辨率和比例因子限制内。静态测试的设计应符合 FMS 设备本身的性能及操作条件。

2. 动态测试

通过简化的飞行状态仿真程序以提供 FMS 设备所需的动态数据。根据适航标准，完整、可信的实验室动态测试可以有效降低飞行测试在适航取证中的要求。

FMS 制造商有责任证明导航传感器性能的动态仿真保真度足以满足测试要求(见章节 4)。允许制造商自行选择动态测试中的飞行仿真设置所对应的具体飞机型号和性能特性，前提是它们应符合设备预期的载机类型。

动态测试环境应包括带有自动驾驶仪交联的飞行仿真。

3 测试与分析方法

3.1 测试场景构建

FMS 的功能项异常繁杂，因此符合 DO－283B 的功能鉴定通常要求通过构建多个数量且包含完整飞行阶段的测试场景(飞行计划和运行条件)，以达到综合、全面地展示功能符合性的目的。

1. 水平区域导航测试场景

测试用例中的飞行计划场景至少应具有下列特征(即包含以下每种特征的至少一个实例)[11]：

(1) DO－283B 要求支持下列 ARINC 424 航段类型：CF、DF、FA、IF、HM、HA、HF、RF 和 TF；此外，CTSO-C115d 的补充需求包括以下类型航段：FM、VA、VI、VM 和 CA。

(2) 不同航段类型之间的所有有效过渡。

(3) 旁切过渡(Fly-By Transition)、固定半径过渡(Fixed Radius Transition)、压点(也称飞越、过点)过渡(Fly-Over Transition)。

(4) 不同长度的航段。

(5) 不连续点。

(6) 航迹角变化小于 70°和大于 120°的转弯。

(7) 不可飞的平行偏置路径。

(8) 寻求批准的 RNP 典型程序和地理区域。

2. 垂直导航测试场景

DO－283B 中列举了较详尽的 VNAV(Vertical Navigation,垂直导航)测试用例中应包含的测试场景元素。作为示例,表 1 给出了适用于每个飞行阶段的高度和速度约束相关的用例特征。VANV 测试用例应包含这些特征的至少一个实例。

表 1 DO－283B 中对于垂直轨迹元素的验证要求

垂直路径元素	爬升①	巡 航	下降②	最后进近段
航路点高度约束	-AT 或 ABOVE; -AT; -AT 或 BELOW; -WINDOW	N/A	-AT 或 ABOVE; -AT; -AT 或 BELOW; -WINDOW; -AT 后接 WINDOW; -WINDOW 后接 WINDOW; -WINDOW 后接 AT	-AT 或 ABOVE; -AT
基于高度的速度限制	爬升速度/高度	N/A	下降速度/高度	N/A
航路点速度限制	-AT 或 ABOVE; -AT; -AT 或 BELOW;	N/A	-AT 或 ABOVE; -AT; -AT 或 BELOW	N/A

① 爬升包括离场程序和复飞航段;
② 下降包括初始和中间进近航段。

3.2 系统性能分析方法

1. 水平和垂直精度分析方法

导航精度的分析包括水平方向和垂直方向两种。FMS 及其他 RNP 设备的水平导航性能由包容极限定义:水平总系统误差保持在 RNP 区域内应不低于 2σ 概率,即 95%;表 2 反映了 DO－283B 对于 VNAV 性能指标,即垂直路径性能极限(VPPL,Vertical Path Performance Limit),并要求总系统误差保持在 VPPL 以内不低于 3σ 概率,即 99.7%。

在性能分析中,需对相关的误差项来源采用一定的假设,并证明这些假设的合理性。

表 2 DO－283B 规定的 VPPL

英尺

高度区域(MSL)	平飞段	沿指定下降路径飞行
5 000 英尺及以下	150	160
5 000～10 000 英尺	200	210
10 000～29 000 英尺	200	210
29 000～41 000 英尺	200	260

1) PDE(路径定义误差)

PDE 主要由 FMS 内部空间位置算法(地理参考系)的精度决定。应用测试结果证明水平和垂直 PDE 均小至可忽略不计。

2) FTE(飞行技术误差)

FTE 包括引导精度误差和显示误差。在分析中,可以对于 FTE 可以采取一些假设(如假设自驾仪耦合时最后进近段的垂直误差不超过 75 英尺),但这些假设需要测试结果证明。

3) PEE(位置估计误差)

PEE 源于传感器误差,因此所有 FMS 的测试程序(TP)中都应定义所使用的传感器配置,以明确执行测试所需的仿真设备。若 FMS 功能的正常运行须使用如空速、航向、高度等飞行器数据,则应在对这些输入进行仿真。应确保测试环境中传感器输入的仿真符合一定的标准。此外,垂直导航性能的分析可以采取一些符合 DO－283B 规定的简化数学模型假设。例如,ASE(高度测量系统误差)的 3σ 值可以简化为$-8.8\times10^{-8}\times H^2+6.5\times10^{-3}\times H+50$ 英尺;HCE(水平耦合误差)的 3σ 值可以简化为沿航迹 PEE(位置估计误差)与 FPA(下降路径角)正切值的乘积,并假设沿航迹 PEE$=1.225\cdot$RNP。

2. 性能预测精度分析方法

本节主要阐述预计到达时间(即 ETA)及相关功能的性能分析考虑。ETA 分析所有可能影响系统性能的要素,其分析方法可以有两类:

1) 参考轨迹法

此方法基于比较系统在若干组完整定义的条件集上所计算的 ETA 值与参考轨迹的 ETA 值。这种方法不需考虑仿真性能的建模误差,因为其并无符合性要求。每组计算的与参考轨迹的 ETA 值之间的误差均必须符合性能要求。

2）周期采样法

这种备选的测试方案基于在飞行仿真中在若干组完整定义的条件集上沿水平和垂直飞行剖面周期性收集 ETA 的数据样本。每个单独的 ETA 数据都应符合性能要求。

到达时间控制（TOAC）的性能分析基于 ETA 功能，其前提是 TOAC 的时间限制在约束固定点的可实现 ETA 范围内。

4 验证环境及工具需求

从前文阐述中可以看出，为了开展符合适航标准要求的验证活动，对于仿真环境和测试工具均有着较高要求。本节对于这些环境工具需求做出归纳。

4.1 仿真环境

1. 传感器仿真

如前文所述，适当的传感器输入仿真对于展示 FMS 设备符合性所开展的验证活动是必要的。本节展开一种可被适航局方认可的假设和仿真指标：

1）VOR（VHF Omni-directional Range）

$$\sigma_{\mathrm{VOR}}^2=(0.0087\times D)^2+(0.0087\times D)^2 \quad (1)$$

式中，σ_{VOR} 表示 VOR 设备在垂直于径向方向上的误差；D 为距 VOR 台的距离。此外，应假设 VOR 设施的 MTBF（平均故障间隔时间）为 10 000 h。

2）DME（Distance Measuring Equipment）

$$\sigma_{\mathrm{DME}}^2=(0.04\ \mathrm{nm})^2+(0.085\ \mathrm{nm})^2 \quad (2)$$

或

$$\sigma_{\mathrm{DME}}=0.0939\ \mathrm{nm} \quad (3)$$

式中，σ_{DME} 表示 DME 的测距（斜距）误差。此外，应假设 DME 设施的 MTBF 为 10 000 小时。

3）IRS（惯性参考系统）

由于 IRS 不依赖于外部信号，因此不需要外部误差分配。

4）GPS（全球定位系统）

当展示符合性时，应假设 GPS 设施会在沿航迹方向和交叉方向上均产生呈 $\mu=0,\sigma=50$ m 正态分布式的 PEE 分量。此外，应假设 GPS 的故障率为 $10^{-4}\ \mathrm{h}^{-1}$。

2. 飞行仿真模型

通过分析测试分析的要求，用于展示适航标准符合性的测试应在一套包括但不限于以下特征的飞行仿真系统中进行：

（1）支持通过同步调节飞行器位置与导航传感器仿真；

（2）飞机模型的保真度应经过实际飞行测试数据的验证；

（3）飞机模型的参数应可配置并用以模拟不同类型的飞机（如果所涉及的 FMS 及其他 RNP 设备可能会被安装于不同种类的飞机）；

（4）具有 ICAO 风场仿真（不同高度层下的不同风速风向）；

（5）能够保存飞行仿真的各种相关数据。

4.2 测试工具

根据前面测试及分析方法的研究，FMS 的适航符合性验证需要至少具备以下功能的工具：

（1）支持 PDE 的分析。为此，工具应：

① 具备读取标准 NDB 中任意飞行程序的能力。

② 具备基于 WGS－84（DO－283B 规定的标准地球参考系，其正、反解问题可通过 Vincenty 算法解析。该算法的应用能在有限的递归次数中快速收敛至 10^{-12} m），以支持路径定义误差、自定义航路点、距离计算等功能的验证。

③ 支持所有 ARINC424 定义的航段类型及其有效组合的解析（见图1）。

④ 支持 FMS 定义的路径与工具计算的路径之间的比较（见图 2）。

⑤ 支持按照适航标准中的定义建立旁切过渡区域（见图 3）和飞越过渡区域。

（2）支持 FTE 的分析。为此，工具应：

① 支持仿真实验结果与 FMS 定义路径之间的比较。

② 支持 FTE 与 RNP 包容区的比较（见图 4）。

（3）若测试中需要用到数据服务提供商无法提供的特定导航数据库特性，则有必要创建专用的测试飞行程序并形成测试数据库。因此，工具应：

① 具备符合 ARINC424 的飞行程序及相应 NDB 数据的建立（见图 5）。

② 具备合并 NDB 的能力。

（4）能够分析并展示测试中得到的 PDE、FTE、PEE 以验证 RNP 包容度连续性与完整性。

（5）支持在不同测试构型，例如纯仿真测试或硬件在环（HIL）测试中的使用。

（6）支持实时数据分析和展示。

（7）支持数据回放，以支持后验性数据分析。

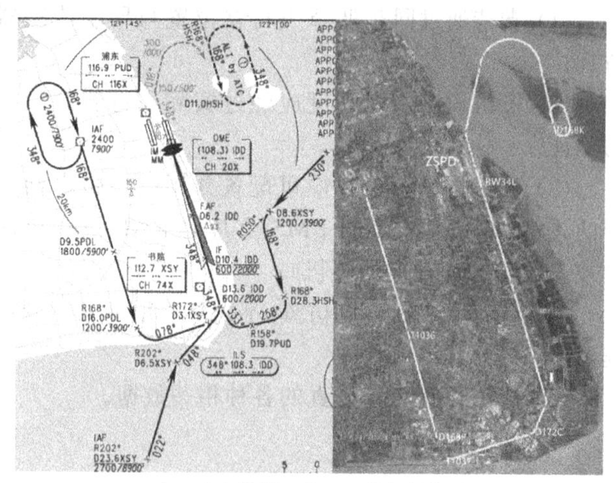

左：官方航图；右：工具解析结果

图 1　上海浦东机场(ZSPD)ILS 进近 34LY,PDL 过渡

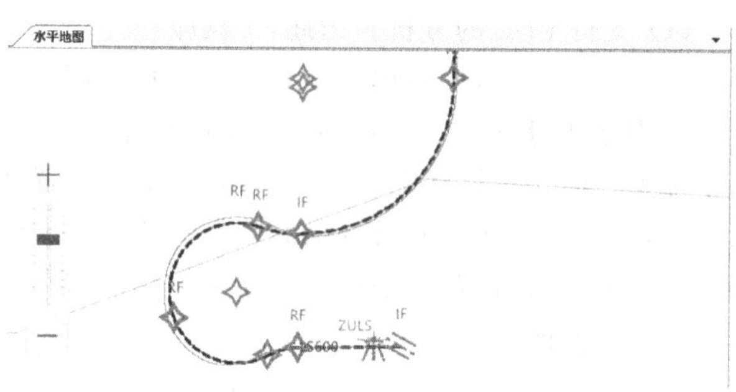

图 2　航迹叠加显示示意图

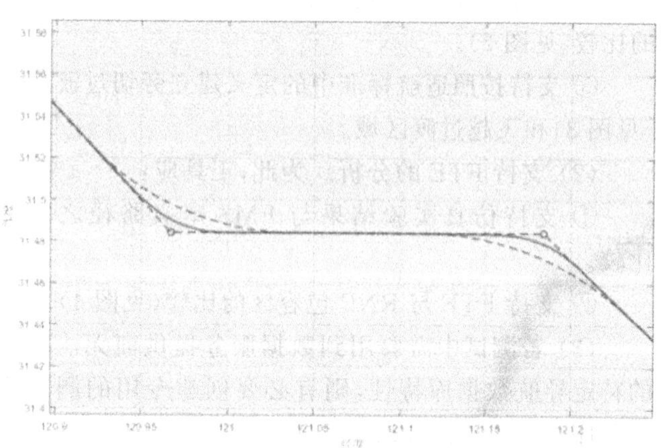

图 3　DO－283B 定义的过渡区域示意图

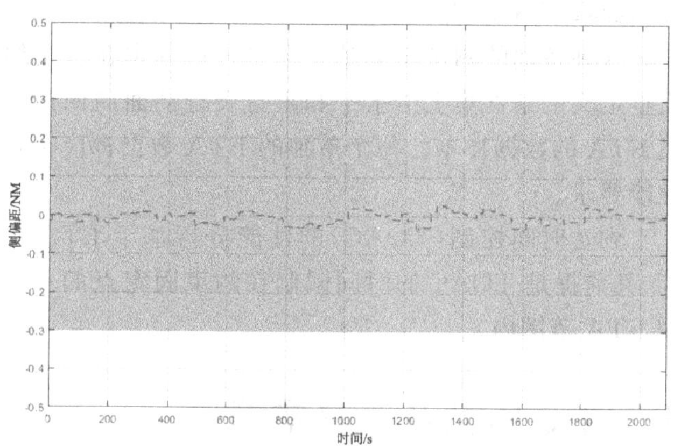

图 4　水平 RNP 性能验证示意图

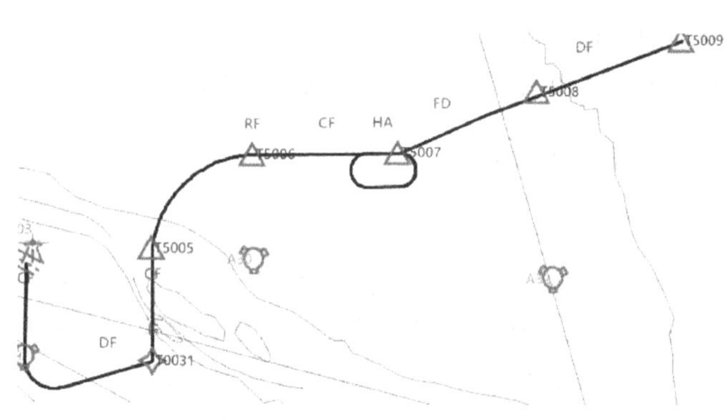

图 5　自定义飞行程序示例

5　结束语

从本研究中可以看出，FMS 的 CTSO 取证对于验证技术有着较高要求。其具体体现在适航标准对于测试场景构建的多样性、测试方法的全面性、所采取假设的合理性的要求上，以及由此所导致的测试环境及工具的多功能性所带来的设计和开发难度上。

本文对于 CTSO－C115d 所要求的基于 DO－283B 的功能鉴定中所涉及的通用测试场景构建方法、功能测试方法及性能分析方法做出了基本的归纳和分析，可以为验证计划的制定、测试用例开发、工具环境开发等活动提供理论依据。

参考文献

[1] 王金岩，孙晓敏，齐林. 民用飞机飞行管理系统[M]. 上海：上海交通大学出版社，2019.

[2] 徐万萌. IMA 环境的飞行管理系统模块设计与仿真研究[D]. 哈尔滨工程大学，2013.

[3] 王丹，马航帅，孙晓敏. 民用飞机导航性能实时评估与监视技术研究[J]. 航空电子技术，2014，45(4)：1-5.

[4] 孙立坤. 基于 IMA 架构的飞行管理系统导航功能的集成和验证[D]. 上海交通大学，2017.

[5] 徐万萌，陈芳，齐林. 基于 ARP4754A 的飞行管理系统需求确认以及系统验证研究[C]//第八届民用飞机航电国际论坛论文集，2019：643-647.

[6] Herndon A A, Cramer M, Nicholson T. Analysis of advanced flight management systems (FMS), flight management computer (FMC) field observations, trials; lateral and vertical path integration[C]. 2009 IEEE/AIAA 28th digital avionics systems conference. IEEE, 2009: (1. C. 2-1)-(1. C. 2-16).

[7] Herndon A A, Cramer M, Sprong K, et al. Analysis of advanced flight management systems (FMS), flight management computer (FMC) field observations trials, vertical path[C]. 2007 IEEE/AIAA 26th Digital Avionics Systems Conference. IEEE, 2007: (4. A. 4-1)-(4. A. 4-12).

[8] Herndon A A, Cramer M, Sprong K. Analysis of advanced flight management systems (fms), flight management computer (fmc) field observations trials, radius-to-fix path terminators[C]. 2008 IEEE/AIAA 27th Digital Avionics Systems Conference. IEEE, 2008: (2. A. 5-1)-(2. A. 5-15).

[9] Herndon A A, Cramer M, Nicholson T, et al. Analysis of advanced flight management systems (FMS), flight management computer (FMC) field observations trials: Area navigation (RNAV) holding patterns[C]. 2011 IEEE/AIAA 30th Digital Avionics Systems Conference. IEEE, 2011: (4A1-1)-(4A1-17).

[10] CTSO-C115d,基于多传感器输入的所需导航性能(RNP)设备[S]. 2019.

[11] DO－283B. Minimum Operational Performance Standards for Required Navigation Performance for Area Navigation[S]. 2015.

基于 DO－297 和 L4 标准的微内核技术研究

吴鹏，蒋克旋，周宝

上海航空电子有限责任公司，上海 200241

摘要： 在 DO－297 标准中，对实时操作系统做出鲁棒分区、健康监控等航空领域的要求。而微内核具备内核与应用模块化，可信任计算基和认证范围小，错误传播范围受限，应用通过内核调用来授权访问地址空间等特点；对于安全关键性系统来说，其高可靠性的优势非常明显。因此，使用存储器保护单元(MPU)或存储器管理单元(MMU)来设置地址空间权限，事件驱动的监控任务，内核调用的参数检查，以及再生服务器等机制的微内核能够具备鲁棒分区和健康监控的特性。

关键词： DO－297；L4；微内核；RTOS

Research on Microkernel Based on DO－297 and L4 Standards

WU Peng, JIANG Kexuan, ZHOU Bao

Shanghai Avionics Co. Ltd., Shanghai 200241, China

Abstract: In the DO－297 standard, aerospace requirements such as robust partitioning and health monitoring are made for the real-time operating system. The micro-kernel has the characteristics of modularization of the kernel and applications, small trusted computing base and small authentication range, limited error propagation range, and applications authorized to access the address space through kernel calls; for safety-critical systems, its high reliability advantages are very obvious. Therefore, micro-kernels that use memory protection unit (MPU) or memory management unit (MMU) to set address space permissions, event-driven monitoring tasks, parameter checking of kernel calls, and regeneration servers can have robust partitioning and health monitoring mechanisms characteristic.

Keywords: DO－297; L4; micro-kernel; RTOS

1 引　言

微内核是一种内核的设计架构。相较于宏内核，微内核在内核模式下只保留最基本的功能模块，包括进程间通信(IPC)、调度、内存管理等，其余功能模块放置在用户模式下，如图 1[1]右侧所示。在用户模式下的功能模块称为服务，这些服务进程运行在各自的地址空间中，而运行在内核模式下的进程称为特权任务。这样的设计，可以使微内核的代码数量比宏内核更小，其可信任计算基和认证范围更小，运行时也更稳定；服务组件间相对独立，单个服务失效后，不会造成整个系统的崩溃。

L4 是微内核的一个设计标准，前身为 L3 微内核，其家族包括 Pistachio、L4/MIPS、PikeOS 与 Fiasco 等，如图 2 所示[1]。其中，seL4 是安全性较高的操作系统，Data61/CSIRO 实现了对 seL4 内核的形式化证明；PikeOS 支持 ARINC653 标准，通过 DO－178B 认证，有着很好的资源隔离机制。MD Bennett 基于 L4 标准尝试构建了 IMA 系统[2]。L4 系统有两个特点，快速 IPC 和 Sigma0 RPC 页请求协议[3]。快速 IPC 利用系统调用中空闲的寄存器文件来传输较短长度的消息，以提升 IPC 的速度。Sigma0 RPC 页请求协议在确保任务 A 和 B 间空间隔离的前提下，使任务 B 可以访问

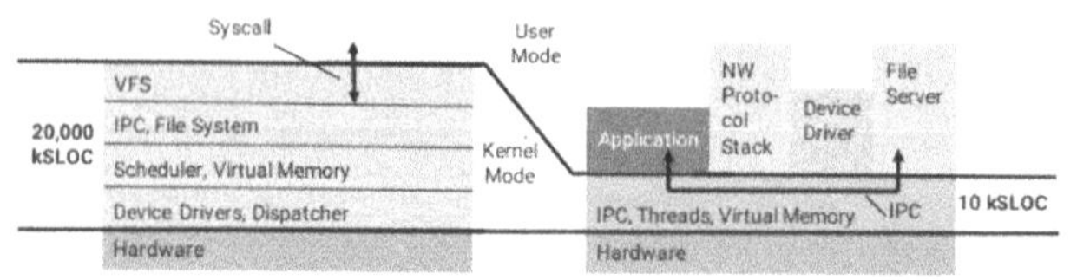

图 1　宏内核与微内核的架构和代码数量的区别[4]

任务 A 的内存空间,避免使用了共享内存。现今为了提高操作系统的安全性,L4 系统支持了权能特性[5]。权能是附加在资源上的一种属性,包含了用户访问资源的权限、名称以及数据等信息,这样就限制了用户对资源的访问范围。

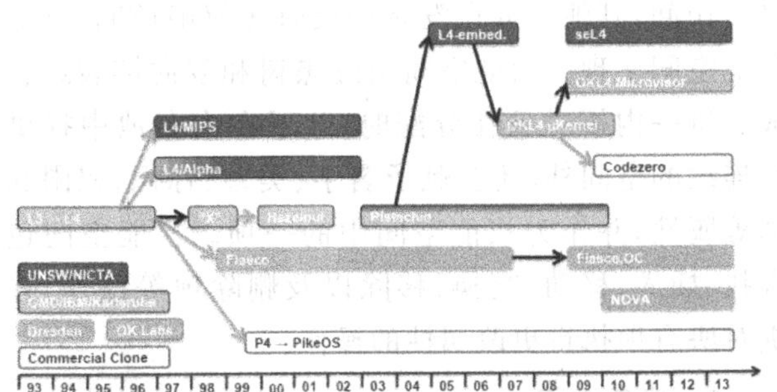

图 2　L4 家族谱系

DO - 297 标准中有对实时操作系统(RTOS)的一些要求,包括支持鲁棒分区、多应用间资源共享、资源管理和保护、应用间的交互接口,资源可配置以及健康监控和错误管理等[6]。资源包括中央处理器(CPU)时间、内存、输入输出接口(I/O)、数据总线、共享内存以及电源等。应用间的资源需要隔离和保护,并且避免单点故障对整个系统的影响。

2　微内核的功能和应用场景

本文实现了一个满足微内核架构和 DO - 297 标准,兼容 ARM Cortex - M/A 体系结构的内核原型(以下用"微内核"一词指代该原型)。微内核具备 IPC、地址空间权限配置、权能空间、时间管理、健康监控任务、调度器、内存管理、引导程序、内核调用、中断管理、硬件架构相关的接口以及内核所需的时钟、串口驱动等功能,如图 3 所示。微内核负责管理任务所需资源,包括 CPU 时间、硬件设备接口以及存储空间等,通过遵循 L4 标准的应用编程接口(API)与应用组件进行互操作。应用组件可以包含 I/O、内存以及外部设备的驱动,服务器以及主机应用等,应用组件间的通信仅通过 IPC(即内核操作)进行。在集成应用组件时,需要配置应用的关键等级、时间属性以及地址空间访问权限等。

微内核的模块化程度很高,其代码规模和功能的伸缩性很强。根据不同的应用场景,可以通过图形化的配置工具选择微内核相应的组件,如表 1 所列。对于控制面板(CP)而言,由于应用的功能较为简单,通常将其关键等级与内核保持一致,所以无需划分内核-用

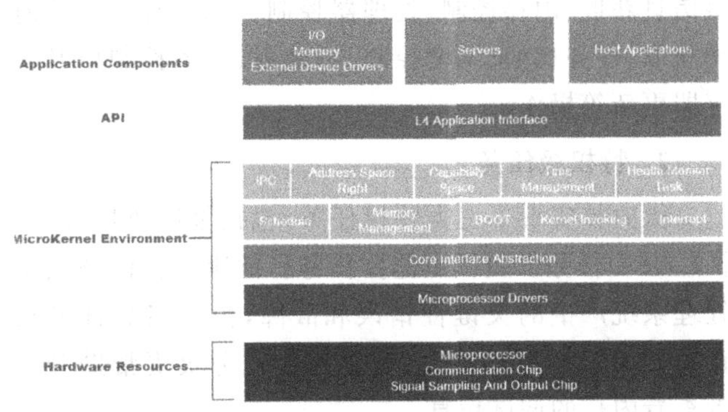

图 3　微内核操作系统架构

户空间,省略必要的隔离和访问控制措施。对于远程接口单元(RIU)、交换机(SWITCH)和通用处理单元(GPM)而言,由于应用间的关键等级可能不一致,所以需要利用内核的隔离和访问控制机制。为了减少内存碎片化,RIU 和 SWITCH 可以选择静态内存分配,GPM 需要有限度地使用动态内存分配。

表 1　微内核根据不同应用场景的配置

应用场景	IPC 时间管理 调度器 引导程序 硬件架构接口 时钟驱动	地址空间权限配置	权能空间	健康监控任务	内存管理	内核调用	中断管理
CP	√	×	×	√	×	×	√
RIU	√	√	√	√	×	√	√
SWITCH	√	√	√	√	×	√	√
GPM	√	√	√	√	√	√	√

微内核将从以下几个角度来说明相应功能所对应的设计策略。

3　微内核的特点和设计实现

3.1　基于 L4 标准的微内核操作系统

1. 应用编程接口

对应用程序提供唯一可操作的 L4 API,其包含所有内核功能的可见操作;应用不可直接访问其他主机应用、驱动程序、服务器等,只能通过 L4 API 与其他主机应用等进行通信。这里,驱动程序也在用户态执行(而不是在内核态),配合应用的隔离机制,可以减少相应错误对系统的影响。L4 API 提供诸如消息通信、内

核信息获取、内存控制、处理器控制、空间控制、系统时钟获取、任务切换、调度控制、页映射、任务控制以及寄存器更新等操作。

2. 特权级任务

微内核实现了三类特权任务，包括健康监控任务、快速 IPC 任务以及调试监控任务。健康监控任务负责处理系统产生的关键性错误和故障，快速 IPC 任务负责提升 IPC 调用的速度，调试监控任务负责帮助开发者查看内核的调试信息。

3.2 基于隔离和访问控制的安全系统

内核与应用分别在内核和用户模式下执行，应用程序通过应用级隔离和内核级隔离满足时间和空间隔离的要求，并且将可信任的 IPC 作为唯一应用通信的手段以阻止错误的传播，如图 4 所示。

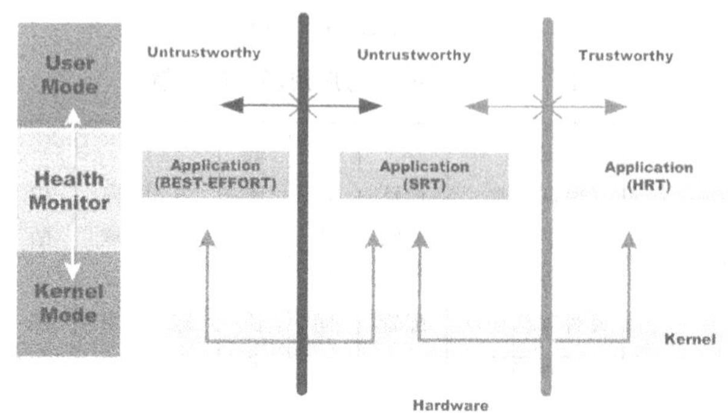

图 4 微内核的隔离与访问控制

1. 应用级隔离

为满足系统的安全性需求，当错误或故障发生时，需要确定相应的保护机制以及系统采取的补救行为。内核与应用分别在特权和用户模式下执行，内核作为可信任计算基可以访问系统资源，进行任务调度以及通信，而应用任务在时间和空间上相互隔离，且只通过内核提供的访问机制（系统调用）才能通信，保证错误不会传播。这允许保护小型且关键的应用任务，并与大型、不可信任但可用的应用任务在一个系统内共同执行。

实现空间隔离的手段是采取 Cortex－M 系列硬件的内存保护单元(MPU)或 Cortex－A 系列硬件的内存管理单元(MMU)来设置地址空间的权限，包括代码段、数据段、栈区以及设备空间等，避免当前任务对硬件资源的非法访问。

实现时间隔离的手段是基于时钟驱动的轮转调度器，仅在当前时间域内任务才可以执行，在下一时间域到达时，当前任务无论是否完成，都要切换到下一时间域内的任务；时间域内的多任务间是可以相互抢占的。

2. 内核级隔离

每一任务所需的内核对象级必须仅由该任务本身进行访问，其他任务在没有授权时无权限访问，这通过权能空间实现。权能空间由红黑树和双向链表组合构成。每一内核对象在分配时，除了在内存池中提供一块连续的空间外，还会赋予名字、类型、标识、权限和数据等属性，并作为权能空间中的一项。权能空间包含查找、插入、移动、交换、移除以及删除项等操作，并提供对所有项执行更改属性的操作。

3. 消息访问

IPC 是一种任务间通信的同步机制，负责传输任务间的消息，支持消息长度为 3 个字的快速 IPC。快速 IPC 避开“申请消息缓存（系统调用）—发送者写消息（系统调用）—接收者读消息（系统调用）”的机制，而是通过一次系统调用来实现通信过程。IPC 通信方存在两种角色，即请求者和响应者。请求者提出发送消息或接收消息请求后，任务进入 IPC 阻塞状态；而响应者处理完相应请求后，解除任务的阻塞状态。IPC 操作中含有时间限制，方便分析每次通信所产生的时间消耗。

通知是一种任务间通信的异步机制，负责传输任务间的信号。此外，硬件与任务间的通信也使用通知，其支持异步事件，包括非周期性的中断和异常。通知在有效中断激活时，会向目标任务发出信号，并使目标任务可被调度。但是，该任务是否运行，取决于该任务的优先级，也就是说，可以避免一些非关键中断对关键任务的干扰；另外，在目标任务未处理该信号时，重复向目标任务发出信号是不被受理的。

4. 内核-用户访问控制

应用通过系统调用访问内核对象时，需要在访问前检查该对象的拥有者是否为当前任务。除此之外，应用在访问内存空间时，需要验证该任务是否有访问该空间的权限，包括内存的读和写；另外，还需检查此次访问是否越界等。系统调用的参数检查也非常有必要，非法参数的传入会直接导致此次系统调用失败。

3.3 混合关键系统

DO－178B 规定的不同关键等级的任务是可以在同一系统内执行的，这样的系统称为混合关键系统[7]，如表 2 所列，即高关键等级任务（A/B level）设置为硬实时任务，次关键等级任务（C level）设置为软实时任务，末关键等级任务（D Level）设置为尽力而为任务，提高了空闲硬件资源的利用率[8]。

表 2　混合关键系统中 DO－178B 规定的不同关键等级任务的分配

DO－178B 关键等级	任务类型	任务特性	任务约束
A/B Level	硬实时任务（HRT）	周期	满足规定的截止时间
C Level	软实时任务（SRT）	非周期或偶发	可以拆分多个子任务，在多个任务周期内完成
D Level	尽力而为任务（Best-Effort）	非周期或偶发	非饥饿

1. 任务和调度

任务为系统执行的基本单元，任务管理包括创建、销毁、分配内存等操作，以及对任务执行时间的预算分配、核算、补给等操作。内核支持抢占和轮转调度，属于一个二级调度器，支持非对称保护机制，调度器依据任务的关键等级来调整处理任务的顺序，即硬实时任务（HRT）＞ 软实时任务（SRT）＞ 尽力而为任务（Best-Effort）。利用轮转调度器和非对称保护机制，使得当前时间域内的任务不会影响下一时间域的任务，并且 HRT、SRT、Best-Effort 任务满足各自的任务约束。

2. 地址空间和映射[9]

地址空间的管理采用二级分页结构，即页和页表，支持任务地址空间的映射、取消映射以及授权等操作。每一任务的地址空间为页表结构，最多包含 8 个页。对于支持 MPU 硬件的处理器，页可以采用 MPU 域来实现；对于支持 MMU 硬件的处理器，页可以采用 MMU 页框来实现。每一任务的地址空间完全隔离，包括任务代码、数据、栈帧以及设备空间，不会影响到其他任务的地址空间。

3.4　时间关键系统

1. 内核操作和功能性中断异常处理

对于时间关键的系统而言，需要对系统的最坏执行时间（WCET）[10]进行完整可靠的分析，这要求所有的内核操作和功能性中断异常处理都有一定的时间边界。本文采用对时间域和任务提供已知的时间预算的机制。

时间预算包含预先设置的时间额度和运行时的消耗时间量。在内核调用和中断异常处理前（除任务发布中断外）需要进行核算，即计算时间额度和消耗时间量的差值，以决定是否执行该操作，这保证了任务或时间域不会执行超负荷的任务，其中有如下规定：

（1）每一时间域的差值必须大于预先规定的最小预算值；

（2）每一任务的差值必须大于预先规定的最小预算值。

对于内核操作与功能性中断异常处理而言，除了 IPC 外，都有确定的最坏执行时间。对于 IPC 而言，其最坏执行时间与用户传输的数据量相关，需要用户的配置以确保 IPC 最坏执行时间是确定的。

核算完成后，将会更新任务的预算额度。值得注意的是，在核算时，如果预算不足以抵消消耗的时间量的话，则需要补给一定的时间量以确保更新预算的操作可以进行，不过相应的内核操作会推迟到下次周期执行；对于任务发布中断而言，必须保证该中断可以持续执行，所以需要在中断处理时进行核算。这里区分一下功能性和故障性，所谓功能性表示的是该中断或异常是实现正常的功能的，比如系统调用、任务发布中断等；故障性表示的是该中断或异常实现程序故障信息的上报，比如代码或数据访问越界、非法访问地址空间等。

2. WCET 分析

微内核中的 WCET 分析包括以下几个方面：

（1）确定的时间域；

（2）确定的任务时间；

（3）确定的内核操作和功能性中断异常处理时间；

（4）确保任务中实现应用功能的时间是确定的（即应用中除内核操作和功能性中断异常处理时间外的剩余时间）。

对于 HRT 任务的 WCET 而言，可以进行静态分析。首先，HRT 任务是周期性的，可以在线下对多个 HRT 任务做出调度表以及可调度分析；其次，HRT 任务的优先级较高；最后，HRT 任务有规定的截止时间。对于 SRT 任务的 WCET 而言，由于是非周期性或偶发性的，且可以拆分几个子任务来执行，所以确保其不影响硬实时任务即可。对于 Best-Effort 任务而言，不必作 WCET 分析。

3.5 健康监控系统

微内核在特权和用户模式下，需要对产生的错误和故障进行采集，根据错误和故障类型以及任务的关键等级对任务进行不同程度的处理。

微内核的健康监控任务需要考虑以下几个方面，如图5和图6所示：

(1) 考虑时间因素下，对HRT任务截止时间的监控；

(2) 考虑空间因素下，对任务缺页，非法映射和访问的监控；

(3) 考虑通信因素下，对任务间未授权通信的监控；

(4) 考虑硬件因素下，对CPU核、片上系统(SoC)以及板级错误或故障的监控。

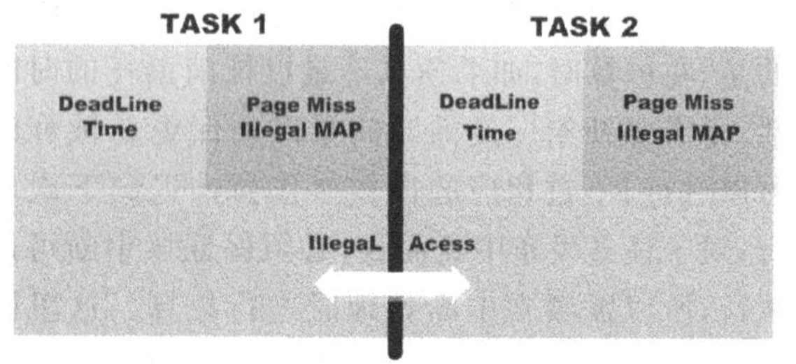

图5 微内核健康监控的任务级事件

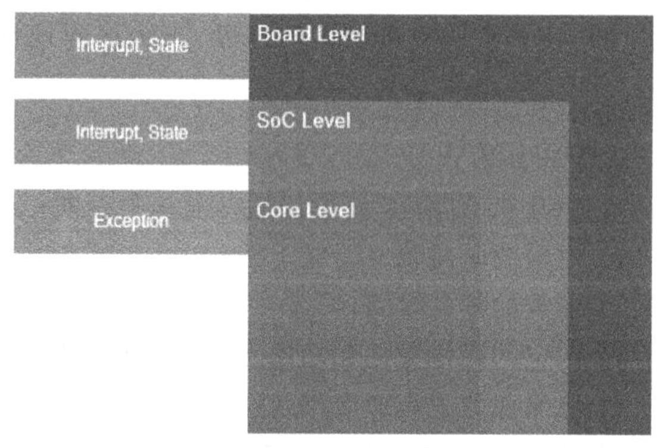

图6 微内核健康监控的硬件级事件

1. 检　查

根据任务不同的关键等级，微内核会作出相应的检查。其中，对于HRT任务，需要检查其截止时间的约束是否满足；在HRT任务执行时，需要检查其使用的内存和设备是否授权以及与其他任务的通信是否授权。对于SRT任务，需考虑空间和通信因素下的监控。对于Best-Effort任务，仅需考虑空间因素即可。

微内核也会检查硬件上的错误或故障的类型和触发条件。微内核利用CPU核的异常句柄、SoC的中断句柄或状态码以及板级的中断句柄或状态码来检查系统的错误与故障。

2. 记　录

微内核可以根据检查的结果记录关键性的故障信息，方便日后的排故，降低维护的人力成本。记录的信息分为两个部分，即任务级和硬件级，其中包括任务运行时错误、任务违反隔离策略以及硬件寄存器的Dump信息等。

3. 恢　复

对于造成系统功能失效的故障，微内核支持系统级的重启功能。

对于影响系统正常且关键功能的故障，微内核支持任务级的重启功能，同时为了提高系统的可靠性，避免任务级重启给其他任务带来的影响，需要对关键任务采用再生服务器的机制。再生服务器执行在用户态，会记录关键任务的状态，利用该状态再生服务器可以在关键任务重启期间，暂时接管该任务的工作；当关键任务重启恢复后，再归还控制权。

对于影响系统正常且不关键功能的错误，微内核通常会降级处理，甚至忽略该错误，同时支持用户自定义该类错误的处理方式。

3.6 高性能和扩展性的系统

1. 实时性和响应能力

为了满足系统对于实时和响应速度的需求，微内核利用非对称保护机制，可以保证硬实时任务的实时性；同时，可以屏蔽非关键中断的影响，提高关键任务的响应能力。在保证系统安全的前提下，微内核严格限制任务通信的方式，但利用快速IPC机制优化了任务通信的性能。

2. 扩展性

微内核利用Kconfig脚本实现内核功能的高度可配置，且支持图形化配置。微内核选择CMake和ARM交叉编译器工具来搭建构建系统，可以跨平台使用。微内核利用Python脚本实现脚手架代码的生成，并通过编写Device Tree来配置设备参数，生成配置数据。对于设备驱动与板级支持包(BSP)，微内核以统一的驱动模型对不同设备的属性、句柄、操作等进行构造，实现对不同设备的统一管理。微内核的扩展性很高，方便日后内核的移植以及扩展应用范围。

4 结 论

微内核具备高度的模块化、高性能和扩展性；使用健康监控机制，具备时间和空间隔离能力以及再生服务器的容错能力。微内核是一个时间关键的系统，在设计初期便考虑到 WCET 分析的工作。微内核满足 DO-297 标准中对 RTOS 的鲁棒分区和健康监控的要求，同时提高了对空闲资源的利用率。综上所述，微内核在航空、军事等关键领域的应用很广泛，并且可以根据实际需求，适配多种应用场景。

5 致 谢

在这篇论文的编写过程中，感谢平台软件组同事对本篇论文做同行评审的支持，提出了关键的问题和解决方案。在微内核原型编码过程中，平台软件组同事帮忙解决了 BSP 的适配问题以及代码的调试，特此感谢。

参考文献

[1] Gernot, Heiser, Kevin, et al. L4 Microkernels: The Lessons from 20 Years of Research and Deployment[J]. Acm Transactions on Computer Systems, 2016.

[2] Bennett M D. A Kernel For IMA Systems. 2003.

[3] L4Ka Team. L4 eXperimental Kernel Reference Manual. 2011.

[4] Gernot Heiser. The seL4 Microkernel: An Introduction. White paper, 2020.

[5] Lyons A, Mcleod K, Almatary H, et al. Scheduling-context capabilities: a principled, light-weight operating-system mechanism for managing time[C]. The Thirteenth EuroSys Conference, 2018.

[6] RTCA Inc. Integrated Modular Avionics (IMA) Development Guidance and Certification Considerations. RTCA DO-297, 2005.

[7] Anna Lyons. Mixed-Criticality Scheduling and Resource Sharing for High-Assurance Operating Systems, 2018.

[8] Lyons A, Mcleod K, Almatary H, et al. Scheduling-context capabilities: a principled, light-weight operating-system mechanism for managing time[C]. The Thirteenth EuroSys Conference, 2018.

[9] ElkaduweD. A principled approach to kernel memory management[J]. 2010.

[10] SandellD, Ermedahl A, Gustafsson J, et al. Static Timing Analysis of Real-Time Operating System Code[C]//Leveraging Applications of Formal Methods, First International Symposium, ISoLA 2004, Paphos, Cyprus, October 30-November 2, 2004, Revised Selected Papers, 2004.

民机飞控系统需求验证过程方法和技术研究

倪晓彬[1,*]，李麟[1]，路宽[1,2]，陈瑶[1]，何一强[1]

1. 航空工业西安飞行自动控制研究所，西安 710065

2. 西北工业大学，西安 710072

摘要： 本文基于某型民用飞机系统需求验证工作，总结了满足 ARP4754A 对民机飞控系统验证要求所需的验证过程、方法和技术。首先，针对某一条或某一组系统需求，从功能验证计划、验证目标、验证方法、验证步骤，直到验证总结报告的完整链条，给出该条/组需求正确实现的验证证据。其次，通过对被验证需求、验证过程文档、验证工具或环境、对应产品实现（软件和硬件）和验证结果状态等验证过程要素的一致性控制，保证验证结果的有效性。最后，给出了实现所述验证过程和方法对系统需求的开发要求、产品实现要求，以及对仿真测试能力和技术的要求。

关键词： 民用飞机；飞控系统；需求验证；验证数据

Research on Requirement Verification Process Method and Technology in Civil Aircraft Flight Control System

NI Xiaobin[1,*], LI Lin[1], LU Kuan[1,2], CHEN Yao[1], HE Yiqiang[1]

1. AVIC Flight Automatic Control Research Institute, Xi'an 710065, China

2. Northwestern Polytechnical University, Xi'an 710072, China

Abstract: This paper summarizes the necessary verification process, method and technology to satisfy ARP4754A related guidelines based on flight control system verification work of xxx civil aircraft. To verify that one (group of) requirement(s) have been correctly implemented, the integral verification evidence has to be provided, from function verification plan, verification objectives, verification methods, procedures, to verification summary reports. In the meaning time, to ensure the validity of the verification data, the status of all elements of the verification process should be under control, including requirements to be verified, verification documents, verification tools or environment, implementation products (software and hardware) and verification results. Finally, the technology needed for system requirement development and product implementation is provided. Finally, the technology for simulation and test environment development and the capabilities it should have are provided.

Keywords: civil aircraft; flight control system; requirement verification; verification data

1 引 言

民机飞控系统验证是基于需求的验证，不同层级的需求具有相应的验证过程、方法和实现方式。本文对应的是系统级需求，是在对应的系统级产品上验证对应系统需求实现的正确性。不关心产品具体的实现技术和方式，只关心所实现的产品是否满足需求。即我们通常说的关心“what”——做什么，而不关心“how”——怎么做，对于系统级产品来说，是黑盒验证。验证过程的进入条件是确认过的正确需求，随后基于需求开发相应的验证场景、验证用例和验证结果通过与否的判据，通过在真实产品上执行验证用例，取得验证结果，依据判据确定需求实现的正确性。因此，系统验证跟系统设计、产品实现具有明晰的界限、职责和目标，既是保证系统正确实现的独立的验证过程，也是保

* 通讯作者. E-mail: c919-nxb@facri.com

证系统产品质量的关键手段。

2 验证过程

验证过程是在确定的需求（基于确认矩阵）和对应的实现上，基于已有的验证环境或工具，设计足够的验证用例和详细的验证步骤并执行，得到验证结果，判断需求实现的正确性。ARP4754A 对验证过程各要素的要求包括：

(1) 需求是经确认过的，且处于版本控制下。

(2) 需求是可验证的，且对于安全保证等级为 A 的功能需求，必须能通过试验的方法验证，即在需求开发过程中要将产品的可测试性作为需求的一个必要属性，而不是仅规定功能需求。

(3) 产品是能验证的，即 ARP4754A 中所提的被测系统的状态要基于参数完全可视化，以确保产品具有足够的可测试性支撑需求的验证。通俗地讲就是所需的测试点和激励点都要作为产品的正常接口引出供验证的环境或工具进行测试操作。

(4) 验证步骤足够详细，能够随时复现测试过程和测试结果。

(5) 验证结果数据必须包括所用验证过程文档的版本、被测系统或部件的版本、所使用工具/设备以及校准数据的版本或参考的标准，每个测试结果，包括 PASS 或 FAIL 的说明、期望值和实际值之间的差异、测试步骤通过或失败的说明，包括其与所验证需求的关系等。

(6) 验证过程跟被验证需求间必须具有明确的追溯关系。

(7) 验证环境或工具要有足够的仿真和测试资源和能力实现对系统状态的可测和可控。

(8) 验证过程中任何偏离问题都要有记录（SCR：System Change Request）和原因分析。

某型民机飞控系统实际的验证过程如图 1 所示。

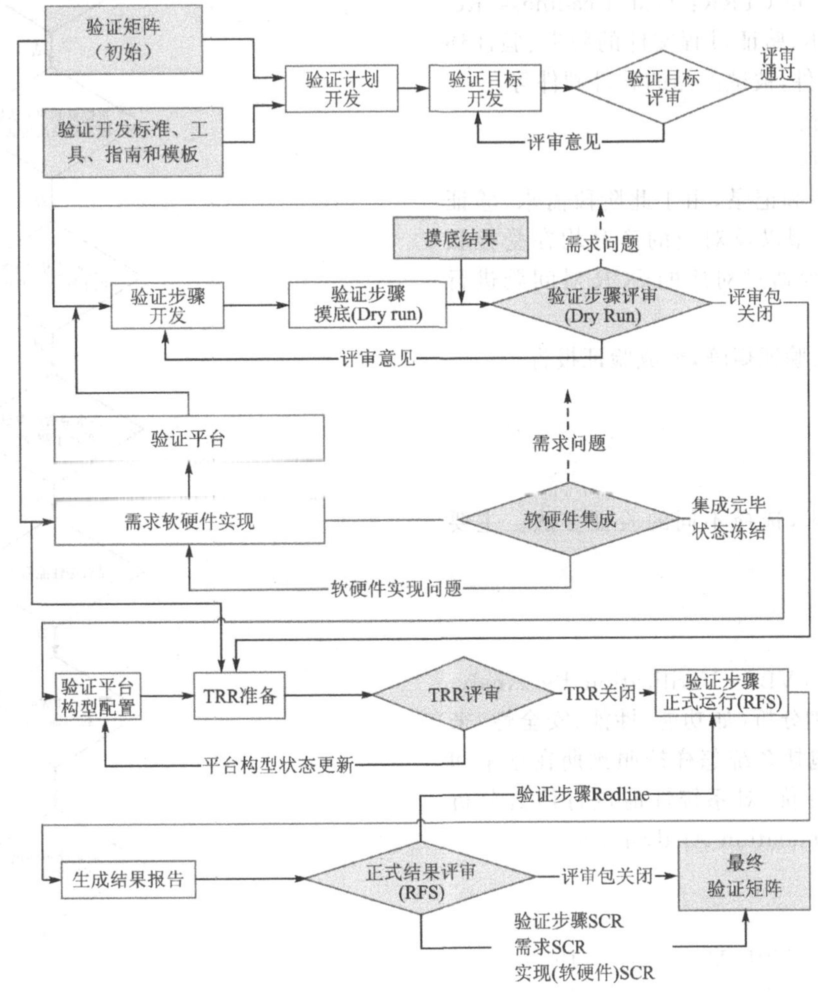

图 1　某型民机飞控系统验证过程

验证过程分为过程开发和验证实施两个阶段。开发阶段(Dry_ Run)是对具体验证步骤的开发和调试，验证结果仅供验证步骤调试参考，具体包括：

(1) 基于验证条件便利性，对被验证功能的需求进行分析，确定功能的边界和接口，根据现有验证环境的能力确定验证方法、目标和初步验证计划。

(2) 依据被验证功能接口关系，确定跟本功能相关的所有功能以及输入输出接口的最远端信号，以本功能为中心开发验证目标和步骤，覆盖本功能需求和其接口功能需求。

(3) 开发验证步骤和判据。

(4) 在验证环境上运行验证步骤，根据运行结果对验证步骤进行更新，确保验证步骤正确并评审直至批准受控。

验证过程实施阶段是在各要素状态确定的情况下对验证步骤执行的过程，是验证结果的正式获取过程(Run_for_Score)，该阶段的结果是判断需求是否正确实现的依据，具体包括：

(1) 验证就绪评审(TRR：Test Readiness Review)，包括需求的版本、验证过程文件的版本、验证环境的构型(环境软件硬件，被试产品的软件硬件等)。

(2) 验证步骤运行。

(3) 验证结果评审。

(4) 对问题的分析和记录，由于此阶段需求、验证过程文档、验证环境构型以及对应的产品均在受控状态下，不可更改，因此要通过对应的 SCR 对问题进行记录。

(5) 验证结果填入验证矩阵，形成验证报告。

3 验证方法

分析具体系统需求，选择不同的验证方法。主要应用的验证方法如下。

3.1 分 析

分析的验证方法(VBA：Verification By Analysis)，通过对系统的详细分析(如功能、性能、安全性)来提供符合性的证据。包括系统怎样按照预期在正常和非正常条件下工作的评价，对系统性能进行仿真分析(PSA：Performance Simulation Analysis)等。

3.2 检 查

检查的验证方法(VBI：Verification By Inspection)，通过对比不同级别的需求确定该系统需求是否在功能上与已验证低级需求相互等同。如果是，检查就可以用作该需求验证的证据，相应的低级需求的验证程序就可用于对该需求的验证。如通过软件或硬件实现的系统需求，其验证证据可参考所分解的软件或硬件具有等同功能的需求的验证过程和结果。

3.3 测 试

测试的验证方法(SITP：System Integration Test Procedure)，借助相应的试验环境为产品提供与真实工作环境相似的运行条件，利用仿真测试工具对产品进行测试，取得测试结果，验证需求实现的正确性。该方法是优先选择的验证方法，对安全等级为 A 的系统需求，首选测试的方法进行验证。

3.4 验证方法的确定

在某型民机飞控系统验证过程中，采用如图 2 所示的过程确定验证方法。

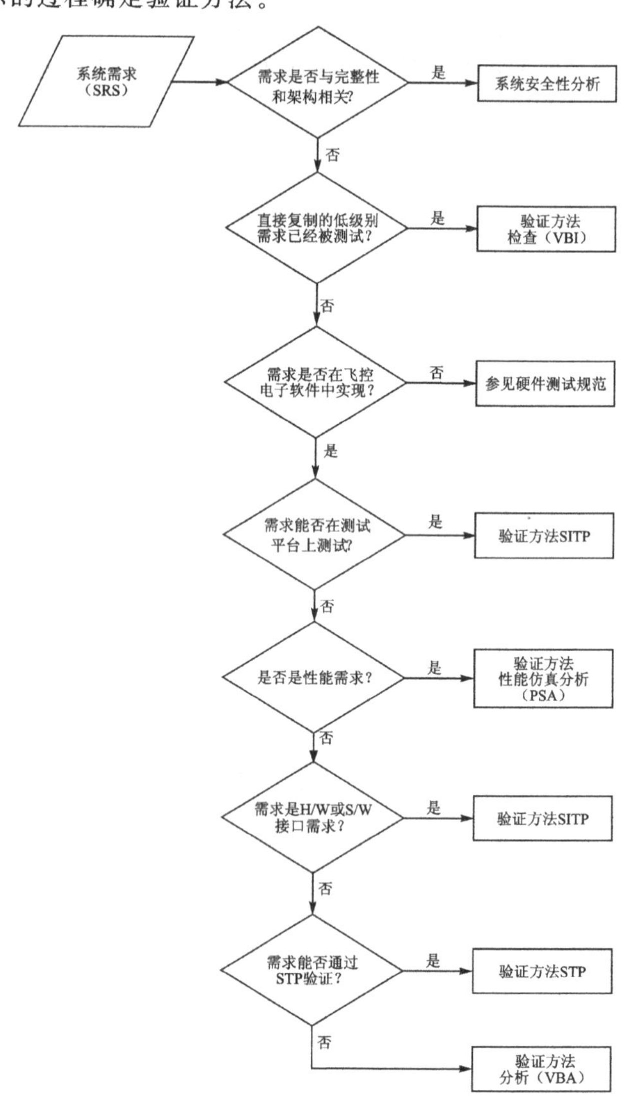

注：STP(Software Test Procedure)指基于模型实现的软件需求的验证方法。

图 2 需求验证方法的确定

4 支撑技术

为了实现上述验证过程和方法，特别是基于测试的验证过程和方法，在产品实现和测试环境方面，必须具有如下所述的支撑技术和能力。

4.1 系统白盒化设计

针对 ARP4754A 对测试环境提出的系统基于参数完全可视化的要求，需要被测产品内部功能模块的输入/输出参数可控可测。如飞控计算机内部数据处理、控制算法和监控器等功能的输入/输出参数，在其正常运行的同时，还要将参数通过特定接口以特定协议实时送出，测试环境或工具通过接收特定参数在特定时刻或特定输入条件下的值，判断产品功能是否满足需求。某型民机飞控系统，其飞行控制模块(FCM：Flight Control Module)内部操作系统和软件，通过双进程的运行方式，将内部功能模块的输入/输出和可激励参数以信号名的方式实时送出供实时监控和改写，再结合对飞控系统电气接口 EICD 中的电气参数的仿真和监控，使飞控系统基于参数完全可视化成为可能。实现此目标需要：

(1) 需求本身的可验证性，除了完整描述架构、功能、性能等具体要求外，还要将需求的实现具体到相应参数/信号逻辑或数值的变化上，在利于软硬件实现的同时，也保证了需求的可验证性。

(2) 产品的实现上要根据需求的可验证性要求开发对应的测试接口，包括硬件测试接口和软件测试接口，在实现产品正常功能的同时，额外将所用接口参数同步输出供测试验证。

(3) 验证环境要具备对系统参数的监控和改写能力，包括内部飞控软件的数字参数和外部总线、模拟、离散等参数。

最终将系统的工作状态体现为若干参数的变化上，通过改变输入参数，观测输出参数响应，验证系统的功能实现满足需求。

4.2 面向验证的信号控制指令

系统参数的开放，是实现系统可验证的基础。验证的过程是根据需求便利被验证功能的输入参数值，将功能的输出参数值与判据值(依据需求开发)进行比较，二者一致则证明需求实现正确。基于某型民机飞控系统的验证过程，常用的信号控制指令说明和举例如下：

(1) 在指令运行时刻读取指定参数的数值，如果参数的实际数值在期望范围内(判据)，则返回 TRUE(即通过)，否则返回 FALSE；

read_confirm(signal name，expected value，tolerance)；

(2) 从指令运行时刻起，持续监控被测信号值，如果在 t 时间内信号值在期望范围内，则返回 TURE，否则返回 FALSE；

read_confirm_transition(signal name，expected value，tolerance，t)；

(3) 此指令对应飞控系统功能中如：当某信号由 0 变到 1 时，在 t 时间内，对应输出信号应变为 xxx，改变了传统的先获取实际值，再跟期望值对比取的测试结果的方式，而是由指令直接给出对比结果，只有当 FALSE 时，才通过事后记录的数据分析实际值跟期望值的差异。

(4) 从指令运行时刻起，将特定参数改写成特定值 x，并持续 t 时间，t 时间后恢复参数的默认值；

override_bus_value_time(signaladdress，expected value，t)；

(5) 该指令适用于根据要求对特定参数进行故障激励。

(6) 验证特定参数值是否等于，大于或小于期望值；

verify_equal/greater/less_than(signal name，expected value)；

通过上述指令，实现了对信号值的自动改写和读取。在前述系统基于参数完全可视的基础上，使系统基于参数可控成为可能。实际验证过程中，可根据不同测试场景开发对应的控制指令。

此处的参数，不仅指参与系统功能的输入输出参数、激励参数，还包括系统产品的软硬件构型参数、验证环境的软硬件构型参数等。通过“信号＋指令”的操作，可实现对系统所有信息的获取。

4.3 指令编译运行环境

在实际验证过程中，必须考虑对多路信号的同时改写，如比较监控功能的输入，手动逐个改写信号引起的信号间更改时间差异不能满足测试过程中对多个信号同步更改的要求。因此，需要具有对 4.2 所述指令批量执行的编译运行环境，可根据测试者输入指令的先后顺序执行指令，完成对特定测试用例的运行。同时，编译环境应能支持对指令文件的加载运行，即通常所说的脚本文件。

脚本文件中的每一条指令，对应验证过程的每一个步骤，从而实现了验证过程的自动执行，有利于验证过程的复现。

4.4 验证环境

验证环境必须能实现如下功能：

（1）信号仿真能力，实现对被验证系统所有信号的实时仿真，既包括对系统总线、模拟、离散量等信号的仿真，也包括对4.1所述的内部功能参数的数字仿真。

（2）信号采集和分析能力，实时采集系统输入/输出参数的值，并进行分析处理，验证系统响应满足需求。

（3）支持4.2和4.3所述信号指令的编译和运行，以及脚本文件的运行。

（4）能够实时自动读取验证环境当前的构型信息，并跟期望的构型检查单进行对比，以实现对验证环境构型的确认。

5 总　结

为了满足ARP4754A验证过程开发要求，从系统需求开发，到产品实现、验证环境设计，以及验证过程实现，都必须具备相应的能力，满足相应的要求，缺一不可。最终目标是需求可验证，产品能验证，验证过程状态可控，步骤详尽，易复现。

参考文献

[1] SAE Aerospace. Guidelines for Development of Civil Aircraft and Systems: SAE_ARP_4754A [R]. 2010:65-70.

[2] Deflorio F. Airworthiness an introduction to aircraft certification a guide to understanding JAA, EASA, and FAA standards[M]. [S. l.]: Elsevier, 2006.

[3] Esposito C, Barbosa R, Silva N. Safety-Critical Standards for Verification and Validation [C]// Proceedings of innovative Technologies for Dependable OTS-Based Critical Systems. Milan: Springer, 2013:41-53.

[4] Panesar-Walawege R K, Sabetzadeh M, Briand L. A model-driven engineering approach to support the verification of compliance to safety standards [C]//Proceedings of 22th Software Reliability Engineering. [S. l.]: IEEE, 2011: 30-39.

一种无人机数据在线检索功能设计

杨鸿

中国航空无线电电子研究所，上海 200241

摘要：无人机在联合作战中扮演了越来越重要的角色，当地面操作员查询某一时刻无人机存储的原始数据时，无人机需具备大容量的数据存储以及快速在线检索能力。为提高对记录数据在线检索的效率，本文提出了一种基于连续存储和二级索引查找的检索功能设计，目前该功能已在多型无人机上完成鉴定试飞验证，取得了良好的使用效果。

关键词：无人机；数据存储；在线检索；索引查找

Design of UAV Data Online Retrieval Function

YANG Hong

China Aeronautical Radio Electronics Research Institute, Shanghai 200241, China

Abstract: Unmanned aerial vehicle (UAV) has played an increasingly important role in joint operations, When the ground operator queries the original data stored by the UAV, the UAV needs to have the ability of large-capacity data storage and fast online retrieval. To improve the efficiency of the UAV's online retrieval, this paper proposes a retrieval function design based on continuous storage and two-level index search. At present, the function has been verified in the flight test of multiple UAVs, and has achieved good results.

Keywords: UAV; data storage; online search; index lookup

1 引 言

无人机已成为当今重要的战术侦察设备，机上可携带雷达、光电等设备进行侦察，同步将数据传回地面控制站，为联合作战提供情报信息和清晰的视频图像等[1]。但受到空地传输带宽的限制，地面操作人员只能实时获取机上压缩处理后的侦察数据，为满足查询某一时刻存储的原始高清数据需求，无人机机载航电系统需具备大容量的数据存储以及快速在线检索能力[2]。如何在无人机存储的大量、多类型的数据中，快速准确地找到所需数据，已经成为急需解决的问题[3]。

2 研究现状

与有人机相比，无人机需要记录的数据种类越来越多，存储容量要求越来越大。早期有人机机载设备多采用基于FAT32文件系统的存储技术，存在文件管理复杂，长时间使用后存储空间碎片化，意外断电时出现文件无法读取、数据丢失或内容不完整等问题[4]，另外，FAT32文件系统的存储空间碎片化问题使数据存储和查找都需经过大量运算，效率低下，本身存在着不能快速定位的缺陷，已不再满足无人机机载数据管理的需求[5]。

针对以上问题，航空工业615所研究了基于块设备的机载数据循环存储技术，提出了块文件系统，能实时完成数据读取与写入；能够区分不同时间存储的数据；能循环利用存储介质空间；当设备掉电时，能保证存储到存储介质的数据完整，同时也可以降低应用程序后续开发的复杂度[6]。

本文基于以上研究，从无人机在线检索功能应用需求的角度，提出了一种基于数据连续存储和二级索

基金项目：国家自然科学基金；航空科学基金

通讯作者. E-mail: 84782337@qq.com

引查找的在线检索功能设计，提高了无人机航电系统数据在线检索的效率。

3 检索功能设计

通过分析无人机典型作战场景，本文总结了无人机机载设备的典型功能需求，具体如下：

(1) 能够按照自定义属性，在规定时间内检索出某种满足要求的存储数据；

(2) 支持对检索后的数据进行下传、删除或设置保护等操作。

3.1 连续方式设计

1. 连续存储设计

为满足快速的记录和卸载数据的要求，本文设计存储数据在物理上占用连续的磁盘地址，如图1所示。连续存储空间设计可以节约每次读写操作计算或查询操作地址的时间，配合直接存储器访问(DMA)的传输操作[7]，在硬件上加速了存储器的读写速度。另外，数据的存储区域连续分布，可以方便实现存储满盘后的数据循环覆盖功能。

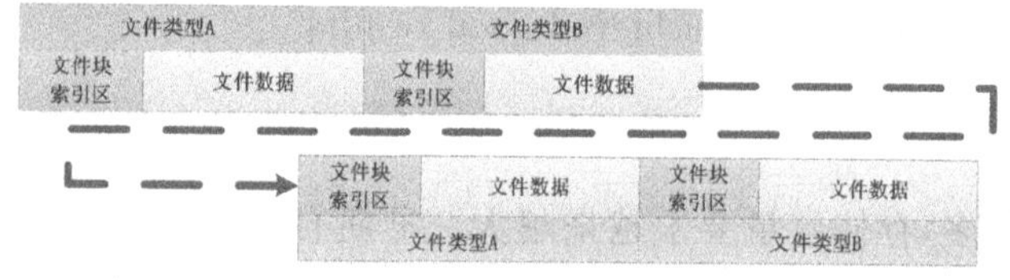

图1 连续存储设计

2. 文件块大小固定

如果每个存储的数据块大小可变，将会和传统FAT32文件系统一样在使用过程出现大量磁盘碎片，从而影响数据读取速度。本文对于记录的所有类型数据进行定量切分(如1 GB)，每个数据文件块大小固定不变，保证可以计算每个文件块相对磁盘的位置，同时也有利于提高后续检索效率。

3.2 二级索引查找

无人机机载设备可根据地面控制站的检索指令，对存储的多类型数据进行在线检索。为提高在线检索效率，本文设计了总文件索引区+文件块索引区的二级索引查找方式。

1. 建立文件索引

首先建立二级索引如下：

(1) 文件块索引：设备记录时把同类型的数据存储在同一个文件块中，同时把该文件块的特征范围信息(如时间信息)保存到该文件块的索引区中。

(2) 总文件索引：由于需要存储的数据种类多、存储量大，存储盘中存储数据将被等量切分为多个文件块。为方便后续检索，本文还会实时维护一个包含所有文件块特征范围信息的总文件链表。

2. 索引查找

在线检索时首先根据总文件索引区的属性标记，快速查找包含满足检索要求数据的文件块；然后遍历首轮检索出的文件块最前端的文件块索引，精确地查找到检索数据的存储地址。通过这两层查表结构可以大大提高数据检索速度。无人机执行检索流程如图2所示。

(1) 接收到地面控制站的检索命令，确认需要按照某种条件查找某类型的存储数据；

(2) 先检索总文件索引表，查找到该类型所有文件块，再对每个文件块的特征信息进行分析，判断该文件块中是否存在与查找条件相匹配的数据，如果相匹配则把该文件块添加到新建立的匹配文件索引表中；

(3) 进而依次遍历匹配文件索引表，根据每个文件块索引信息，对文件块内每一帧数据进行特征信息匹配，如果相匹配则把其所在的文件名、帧数据偏移量、帧数据大小信息放到一个消息队列，待后续应用处理。

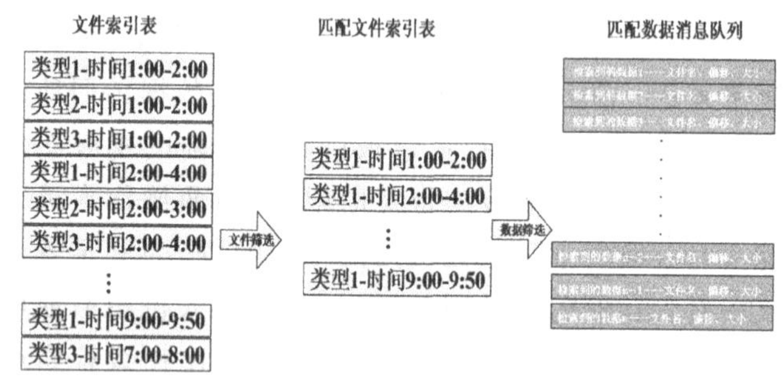

图2 二级索引查找

3.3 检索数据删除及保护设计

执行任务过程中无人机受到存储空间的限制，无法记录产生的所有数据。为保留关键的数据，无人机可通过数据循环覆盖记录或删除检索后的数据等操作重复利用存储空间，同时也可将检索后的数据设置为保护状态，防止该数据被误删或循环覆盖[8]。本文设计的检索数据删除功能以文件块为最小单位进行操作，因为如果对文件块进行拆分删除，再按照记录时间顺序对已经存储的其他文件块整体搬移，将严重影响系统运行效率。检索数据删除功能实现流程如下：

(1) 当整个文件块属性信息全都满足删除条件时才执行删除操作，防止关键数据被误删；

(2) 如果文件块中存在不满足删除条件的数据，则保留该文件块；

(3) 删除文件块后实时更新总文件索引信息，释放的存储空间后续可继续存储任何类型的数据。

如图 3 所示，文件块左边部分、文件块 n 右边部分不满足删除条件，那么文件块 1 和文件块 n 将被保留，只对文件块 2 至文件块($n-1$)执行删除操作。实际应用中最多保留两个单位文件块，不会造成大量的存储空间浪费。

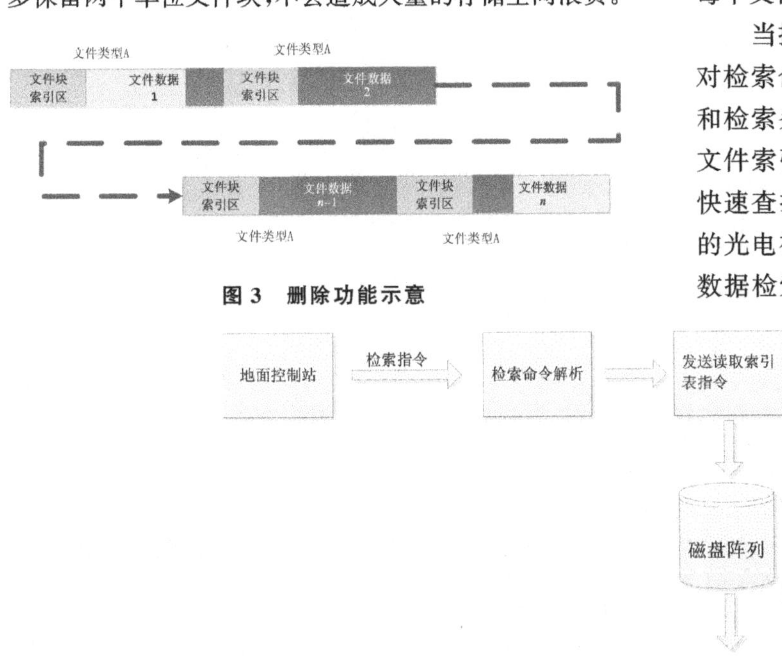

图 3　删除功能示意

同样，重要数据保护设置的功能也是以文件块为最小单位进行操作，如果该文件块中某帧数据的属性信息满足设置保护条件，则对整个文件块执行保护操作，当存储容量满开始循环记录时，含有保护数据的文件块将不会被循环覆盖或删除。

4　型号应用情况

本文设计的在线检索功能已经在多型无人机数据管理系统中应用。无人机接收多类型的侦察数据如光电、雷达等。首先将侦察数据按照时间戳顺序存入到数据缓冲区中，写盘过程中对侦察数据按 1 GB 进行定量切分，将文件块索引(包含对应数据帧块的首地址及时间戳信息)和侦察数据分别存放到存储盘的索引区和数据区，每个文件块存满后更新文件块索引和总文件索引表。

当接收到检索下传的指令后，数据管理系统首先对检索命令进行解析，识别出检索类型(如光电视频)和检索条件(如记录时间)后，向磁盘阵列发送读取总文件索引表的指令。然后根据检索条件进行二级索引快速查找，找到地面控制站所需要的数据帧后，将所需的光电视频搬移到内存中，按照固定的时序组帧下传。数据检索下传的处理流程如图 4 所示。

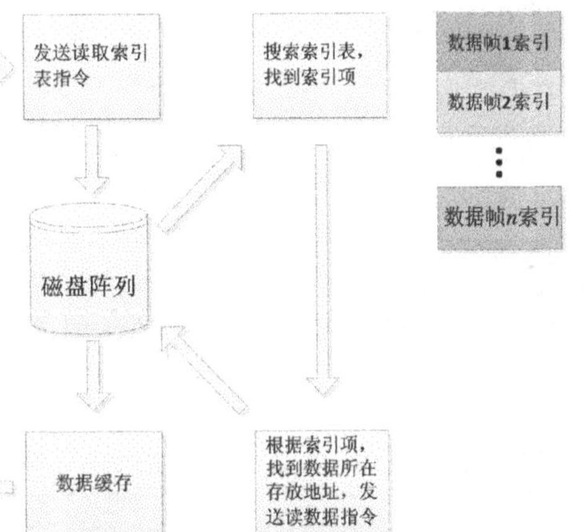

图 4　数据检索下传流程

根据无人机实际飞行情况，空地链路下传最大带宽远小于数据管理系统检索的数据量，本文对检索功能进一步优化如下：

(1) 通过采用多任务处理方式，使检索任务和下传任务分别独立运行，避免了检索任务长时间阻塞下传任务，提高了检索和下传的效率；

(2) 当检索到第一帧数据后开始进行下传处理，检索任务后台同步检索其他数据，不需要等检索完所有数据后再开始下传。

目前在线检索功能已随多型无人机通过了鉴定试飞考核，试验结果满足典型检索功能的指标要求。

5　结束语

本文提出了一种基于连续存储和二级索引查找的数据检索功能设计，提高了无人机在线检索的效率。

目前该功能已在多型无人机上完成鉴定试飞验证，取得良好的使用效果。

参考文献

[1] 徐新爱. 无人机海量飞行数据快速检索方法研究[J]. 计算机测量与控制，2014，22(12)：4181-4183，4196.

[2] 郭艳霞，颜军. 海量数据存储模式的研究[J]. 计算机与数字工程，2008，36(11)：162-165.

[3] 靳子璇，尹中义. 无人机大数据技术应用研究[C]//中国航天电子技术研究院科学技术委员会2020年学术年会论文集. 北京：航天电子发展战略研究中心，2020.

[4] 田林琳. 无人机空中通信数据库信息盲检索系统设计[J]. 计算机测量与控制制，2018，26(6)：211-214.

[5] 赵安学. 海量题库中的特定数据搜索系统的设计与实现[J]. 现代电子技术，2016，39(20)：49-52.

[6] 杨书凯，刘慧. 一种用于高速数据采集的改进FAT32文件系统[J]. 信息技术与信息化，2011，(6)：68-70.

[7] 王媛，韩琼磊，高原. 一种高速多通道DMA控制器设计[J]. 中国集成电路，2016(6)：47-50.

[8] 陈冬. 基于相关性的海量图像的可视化探索式搜索研究[D]. 湘潭：湘潭大学，2014：1-63.

机载娱乐系统架构研究

冉进刚*，唐宇

中电科航空电子有限公司，成都 611731

摘要：通过对 ARINC628、808、809、832 等客舱相关标准进行分析，简要介绍了第四代客舱娱乐系统网络架构，包括客舱系统总体架构、头端网络架构、座椅网络架构和多种构型的吊挂网络架构。针对客舱娱乐系统音视频服务，提出了客舱娱乐系统分层软件架构，描述了飞行数据服务、视频播放服务、音频播放服务、预录音频通告、外景视频服务、无限门户服务和空地通信服务的实现逻辑。总结了客舱系统的发展历程和未来必将向以头端网络服务器为主，同步发展无线门户和外部通信服务的方向发展趋势。

关键词：机载娱乐系统；网络架构；头端网络；分层软件架构

In-flight Entertainment System Architecture

RAN Jingang*，TANG Yu

China Electronics Technology Group Avionics Corporation，Chengdu 611731，China

Abstract：This paper briefly introduces the 4th generation network architecture of in-flight entertainment system based on the publications of ARINC628，808，809，832 and other cabin related standards，including the architecture of the in-flight system，the head-end network architecture，the overhead network architecture and the seat network architecture. For the solution of flight data service，VOE，BGM，PRAM，outdoor video，portal and air-to-ground communication service，a layered software architecture of in-flight entertainment system is provided. This paper also summarizes the history of the in-flight entertainment，and proposed the wireless portal，air-to-ground communication service and the head end server will be development tendency in the future.

Keywords：IFE System；network architecture；hierarchical software architecture

1 引 言

机载娱乐系统（In-flight Entertainment System，简称 IFE）为飞行途中乘客提供娱乐服务，是提升乘客空中飞行体验的重要手段。通常情况下，机载娱乐系统包含两部分功能，一是乘务发起的登机音乐、安全通告、音乐广播、视频广播等推送服务；二是乘客发起的电影、电视剧、音乐点播、游戏、电子杂志阅览和飞行信息查看等按需服务。机载娱乐系统目前已经成为民用航空电子系统中重要的组成部分，在很大程度上代表了航空公司的形象，良好的娱乐服务可以有效提升航空公司的品牌价值和促进航空公司的营业收入。

早期的机载娱乐系统大多采用广播服务方式，一个播放机和多个电视机就可搭建一个机载娱乐系统，媒体则以磁带、影带和光盘为主，传输方式为模拟信号。随着媒体内容和存储技术的发展，20 世纪 80 年代到 90 年代，大容量硬盘存储和智能计算机代替了传统的播放器，显示终端也越来越小巧。90 年代末期，在广播娱乐系统的基础上增加了点对点的视频点播服务，从而催生了座椅上的个人娱乐终端，并对头端服务器的存储能力、数据交换能力的要求大大提高[1]。从 21 世纪到现在，IFE 系统经历了快速的发展阶段，信号传输从模拟信号到数字信号，从有线到无线；服务内容从音视频广播到音视频点播、游戏、外景视图、无线门户、点餐、灯光调整等，甚至部分航班还提供基于卫通或 ATG 的空地通信服务。

* 通讯作者. E-mail：ranjg@cetca.net.cn

2 机载娱乐系统架构

ARINC628、808、809、832定义了通用的客舱娱乐系统架构和设备指南，以及设备间的通信接口。根据ARINC标准，机载娱乐系统由头端设备、吊挂设备、座椅设备、区域分配设备、远程控制设备和客舱电子设备柜组成[2]。其中，ARINC628 Part 4A定义了第一代菊花链网络架构，主要包含座椅网络和吊挂网络，以及连接两个网络的电子设备柜；ARINC628 Part 4B定义了星型客舱网络[3]；ARINC628 Part 4C在4A基础上定义了第二代菊花链网络，主要将网络分成两部分，一个是连接到电子设备柜的数据网络，另一个是连接飞机电源的供电网络[4]。ARINC808定义了第三代菊花链网络，增加了光纤技术，同时通过增加和改进部分模块使得网络架构更为灵活，可以兼容不同的飞机构型[5]；ARINC832定义了最新的第四代网络，替换了传统的模拟信号为全数字信号传输，且全部是菊花链网络，提高了系统的扩展性和可靠性[6]。AIRNC832定义第四代客舱系统架构如图1所示。

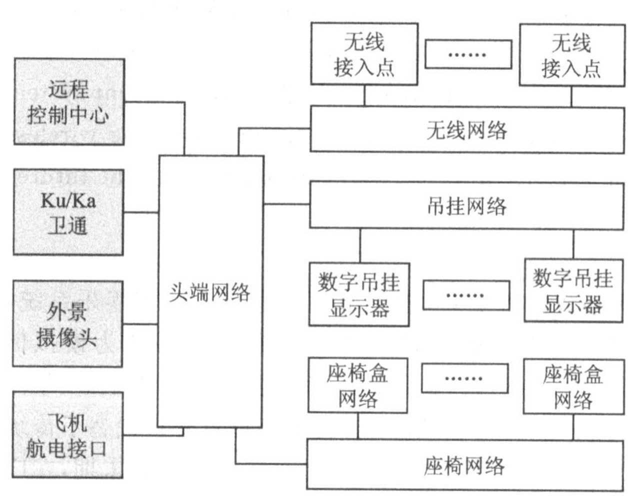

图1 系统网络架构图

2.1 头端网络架构

头端网络主要包含头端设备和电子配线柜，头端设备主要提供音视频等服务的机载娱乐媒体服务器。电子配线柜将Ku/Ka卫通、远程控制中心、航电接口等接入娱乐系统，并将无线网络、吊挂网络和座椅网络接入媒体服务器，为乘客提供娱乐服务。其中无线网络和吊挂网络通过客舱网络单元(CNU)接入，座椅网络通过地板分离面(FD)接入。头端网络架构如图2所示。

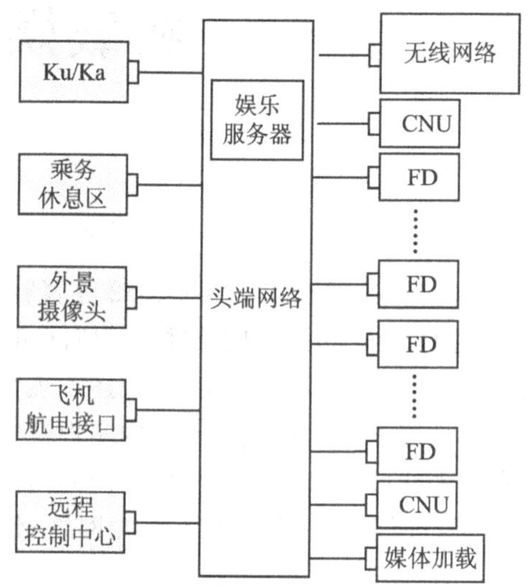

图2 头端网络架构框图

2.2 座椅网络架构

座椅网络将乘客座椅设备接入头端设备，为乘客传输视频和音频信号、控制信号和乘客服务指令，如阅读灯和乘客服务等。通过模块化的菊花链网络，提供了在不更改座椅网络的情况下扩展座椅设备。座椅网络由地板分离面(FD)和座椅单元组成(SEU)，座椅单元通过地面分离面接入头端网络，座椅娱乐设备再通过座椅单元接入。座椅网络架构如图3所示。

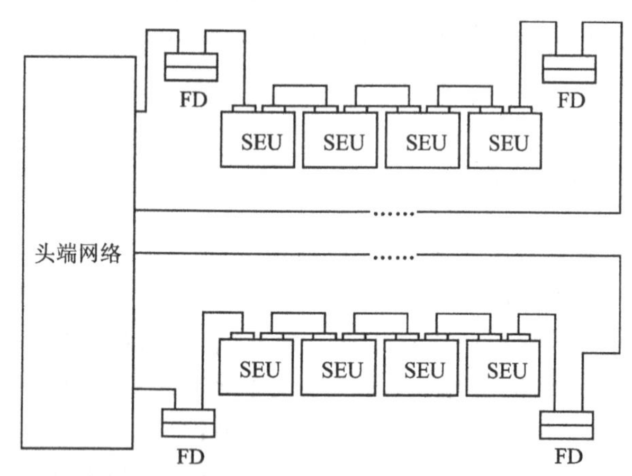

图3 座椅网络架构图

2.3 吊挂网络架构

吊挂网络可以将任意的头顶设备接入到吊挂网络中，如吊挂显示器、壁挂显示器和无线接入点等。通过无线接入点，可以将无线网络也融入吊挂网络中。

吊挂网络主要为乘客提供安全通告、视频广播、无线接入等服务。吊挂网络有三种不同的构型，第一种是标准的吊挂网络构型，包含客舱网络单元(CNU)、数字吊挂(DOM)和无线接入点(WAP)，CNU之间通过菊花链网络互联，DOM和WAP通过以太网接入CNU，如图4所示；第二种是基于改进的数字吊挂，取消客舱网络单元，数字吊挂直接连接为菊花链网络，如图5所示；第三种是将数字吊挂接入座椅网络中，与座椅网络一起形成菊花链，如图6所示。

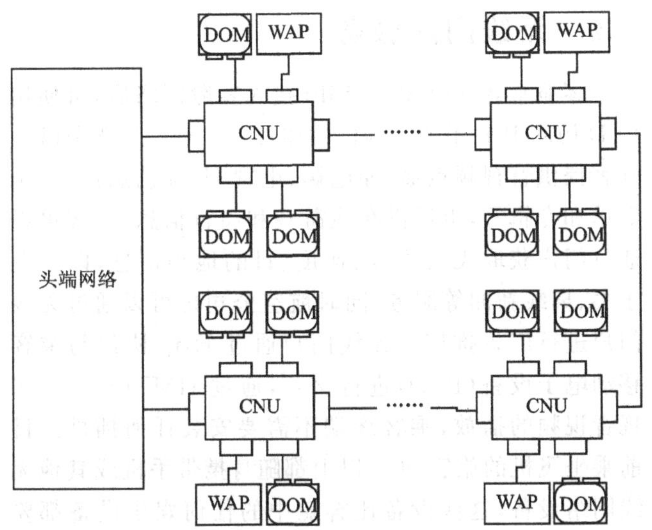

图4　标准吊挂网络

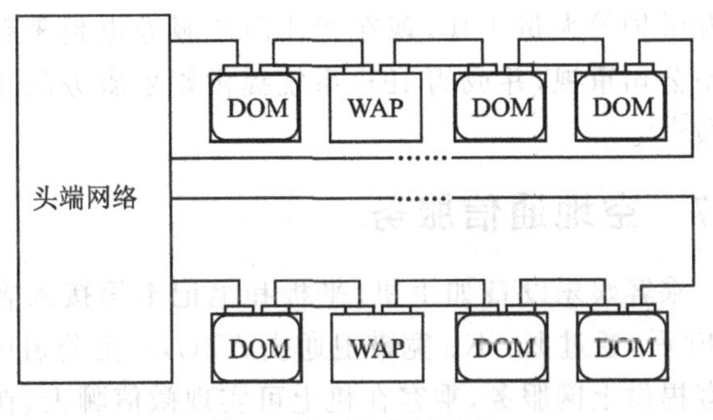

图5　第二种吊挂网络

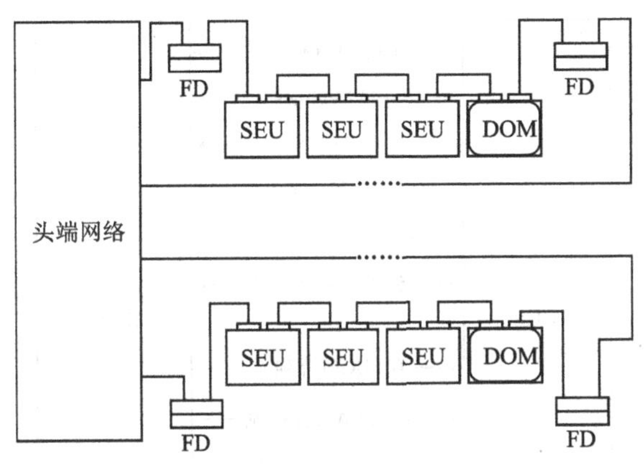

图6　第三种吊挂网络

件软件对系统的底层软件和接口进行封装，提供与系统硬件架构无关的设备间通信机制。应用软件基于中间件提供的统一接口，实现IFE系统的业务服务和人机交互功能[7]。详细的软件架构如图7所示。

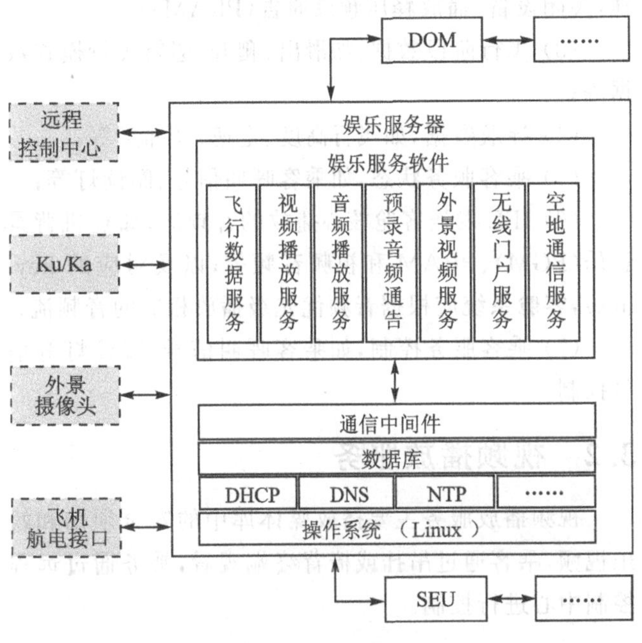

图7　IFE软件架构

3　机载娱乐系统分层软件架构

IFE系统设备种类繁多，乘客端设备更新换代较快，同时由于交付多家航空公司，且航空公司对于人机交互逻辑有着不同的要求，为了便于软件的维护和定制设计，通常将软件进行分层设计。通过底层软件抽象和屏蔽具体的设备，在底层软件之上构建IFE系统的业务软件。业务软件从层次上又可分为网络服务层软件、中间件和应用层软件。网络服务层软件提供通用的基础网络协议，如DHCP、DNS、HTTP等。中间

3.1　飞行数据服务

飞行数据服务从客舱核心接收飞行数据，将数据解析后存储到IFE系统，并通过数据流提供给各个娱乐终端。客舱核心系统与娱乐系统通过ARINC 628P3标准通信[8]，通信接口如图8[9]所示。

(1) 客舱核心系统(CCS)系统发送到IFE系统的乘客通告(PA Keylines)，当IFE收到PA时，暂停娱乐服务，并在耳机中播放PA音频；

(2) 客舱释压信号，IFE系统收到信号后收起吊

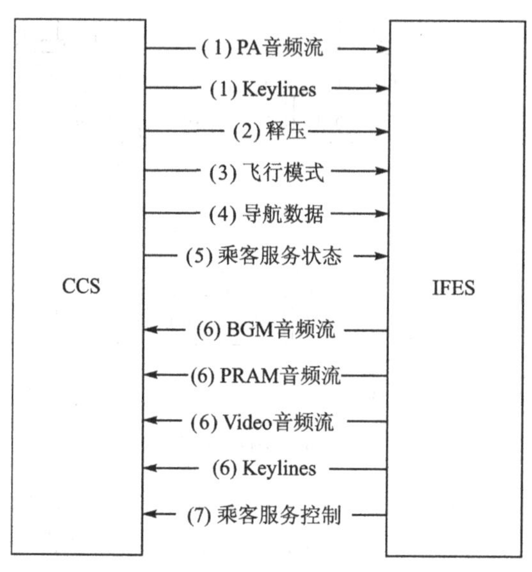

图 8　飞行数据服务输入/输出

挂，关闭设备，播放释压预录通告(PRAM)；

(3) 飞行阶段数据，如滑出、爬升、巡航飞行模式数据等；

(4) 导航数据，如飞行高度、空速、经纬度等；

(5) 乘客服务状态，如乘客呼叫信号、阅读灯等；

(6) IFE 发送客舱核心播放的音频流，如登机背景音乐(BGM)、PRAM 和视频音频等，以及对应的 keylines，客舱系统应根据音频优先级播放相应的音频流；

(7) 乘客服务控制，如乘客呼叫信号、阅读灯等信号控制。

3.2　视频播放服务

视频播放服务主要播放媒体库中的安全须知和娱乐视频，乘客通过吊挂或椅背终端观看，乘务通过远程控制中心进行控制。

3.3　音频播放服务

音频播放服务主要播放媒体库的音乐列表，乘客通过 ePCU 可以收听多通道的音频广播，特定的通道将保留为背景登机音乐，登机音乐通过乘客广播系统在客舱内播放。乘务通过远程控制中心操作和选择需要播放的音乐列表并控制音量，音乐播放器根据乘务的选择将每一个播放列表组播到不同的网络地址。

3.4　预录音频通告

预录音频通告将预先录制好的音频通过客舱广播系统播放，当接收到客舱离散信号或释压信号时，自动广播紧急客舱释压音频。

3.5　外景视频服务

外景视频服务将机舱外的摄像头实时景象通过视频流推送到客舱娱乐终端，一般提供 1～3 路外景摄像头视频流。当外景摄像头的视频流与客舱娱乐终端不兼容时，外景视频服务还需要将外景视频流转换为标准的实时视频流。

3.6　无线门户服务

客舱乘客通过无线 WiFi 接入客舱网络后，可使用 PED 访问 IFE 系统无线门户服务。无线门户服务既为乘客提供音视频点播，如电影、电视剧、综艺点播、音乐歌单和专辑等，也提供在线游戏和飞行信息，乘客可以通过门户获取飞机高度、速度、目的地等信息，以及电子书、离线新闻等服务，同时航空公司也可以通过无线门户进行广告推广。无线门户通过 Http 协议与乘客移动电子设备(PED)进行交互，通过 HMTL5 技术实现音视频的播放，乘客终端不需要安装任何插件。目前乘坐飞机的旅客 90%以上都随身携带手机或其他无线网络设备，这些设备比客舱中的任何娱乐设备都要先进得多。通过乘客自带的这些 PED，航空公司可以为乘客提供更为高质量的娱乐服务，同时还节省了管理和维护等大量工作，现在无线门户服务也越来越被航空公司重视，并成为 IFE 系统提供娱乐服务的主要手段[10]。

3.7　空地通信服务

乘客娱乐设备如手机、平板和笔记本等接入客舱 WiFi 后，通过 Ka/Ku 宽带卫通或 ATG，航空公司可为乘客提供上网服务，乘客在机上可实现微信聊天、在线购物、游戏、在线新闻等互联网服务。

4　总　结

机载娱乐系统经历了从模拟信号到数字信号的发展，从分散的机载播放设备到集中的数字化播放软件的转变，组网方式从复杂的星形网络发展到灵活的菊花链网络，并逐步演进到无线网络并向 IFEC 方向演进，系统的娱乐终端也向乘客的手机终端发展。在可预见的将来，随着个人娱乐设备越来越丰富和智能化，机载娱乐系统必将以头端网络服务器软件架构为主，同步发展无线门户和外部通信服务。

参考文献

[1] 黄崑. 机载娱乐系统发展的研究[J]. 科技信息，2012,(28):280-281.

[2] ARINC 628P4A-3：CABIN MANAGEMENT AND ENTERTAINMENT SYSTEM CABIN DISTRIBUTION SYSTEM DAISY CHAIN [S],2005.

[3] ARINC 628P4B：CABIN MANAGEMENT AND ENTERTAINMENT SYSTEM CABIN DISTRIBUTION SYSTEM-STAR WIRING [S],1999.

[4] ARINC 628P4C：CABIN MANAGEMENT AND ENTERTAINMENT SYSTEM-CABIN DISTRIBUTION SYSTEM-2ND GENERATION-DAISY CHAIN [S],2005.

[5] ARINC 808-2：3GCN- CABIN DISTRIBUTION SYSTEM [S],2005.

[6] ARINC 832：4GCN CABIN MANAGEMENT AND ENTERTAINMENT SYSTEM CABIN DISTRIBUTION SYSTEM [S],2005.

[7] 廖达科. 机载娱乐系统发展趋势研究[A]. 民用飞机航电国际论坛[C]. 上海：中国航空学会，2019：343-346.

[8] ARINC 628P3-2：CABIN EQUIPMENT INTERFACES SET [S],2012.

[9] ARINC 628P1-6：CABIN MANAGEMENT AND ENTERTAINMENT SYSTEM-PERIPHERALS [S],2012.

[10] 孔磊. 国内机载娱乐系统现状分析及未来发展的研究[J]. 山东工业技术，2013(9):20-21.

VxWorks - Cert 操作系统快速启动方法研究

赵羚钧[*]，唐法荣，吴夏风

中电科航空电子有限公司通信导航监视部，成都 611731

摘要： VxWorks 系列操作系统广泛应用于民机航电领域，对于使用该操作系统的航电设备而言，系统的启动耗时对设备的启动性能具有重要影响。本论文通过对一款使用 VxWorks - Cert 操作系统的航电设备启动性能优化方法的描述，介绍了一种实现 VxWokrs 系统快速启动的方法。该方法引入分布启动思想，最多能够降低 80% 的系统启动耗时，极大优化了启动性能。

关键词： VxWorks - Cert；航空电子；VxWorks；快速启动；性能优化

Research on Quick Start Method of VxWorks - Cert Operating System

ZHAO Lingjun[*], TANG Farong, WU Xiafeng

CETC Avionics Co. Ltd., Chengdu 611731, China

Abstract: The VxWorks operating systems are widely used in the field of avionics. For the avionics, system booting performance is very important. This article introduces a quick start method of VxWokrs system that optimizing the booting performance of an avionics device. With the idea of distributed startup, the method may reduce system startup time by up to 80%, which greatly improves the booting performance of device.

Keywords: VxWorks - Cert; avionics; VxWorks; quick startup; performance optimization

随着我国民用航空工业的发展，国产化航电设备在努力追赶国外同行的先进水平。航电设备启动时间是系统中的一个重要指标，设备启动耗时对系统的可用性和可靠性指标有重要影响。

VxWorks - Cert 是风河(Wind River)公司提供的满足 DO178C [1] 机载软件适航审定标准的操作系统，广范应用于各种航电设备。本文以某国产民机航电设备为例，研究 VxWorks - Cert 操作系统快速启动的方法。

1 背景介绍

此设备部署于驾驶舱，带有 LCD 显示屏和按键供飞行员使用。设备要求飞行员手动启动或失效重启后能尽快恢复工作，因此对启动时间有较高要求。国外同款产品启动性能优异，启动时间仅需 3 秒，其主要架构如图 1 所示。

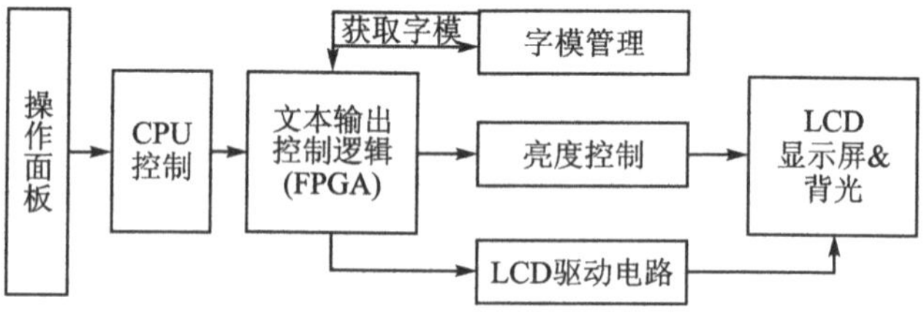

图 1 国外设备架构

该设备使用 FPGA 显示图元和字模，可显示的图像均固化在字模管理模块中。FPGA 逻辑根据输入数据，查询字模管理模块，将其转换为像素图(pixel map)，然后控制 LCD 驱动电路显示输出。该型设备通过 FPGA 实现主要的图形显示处理，运行在 CPU 上的软件仅处理按键和控制，没有使用操作系统，代码简单且规模小，因此设备启动很快。缺点是显示画面单一且升级困难，使用 FPGA 适航工作量大。在对标国外的自主研发中，新一代设备摒弃 FPGA，采用 VxWoks - Cert 系统上运行的显示控制程序(下称显控程序)管理绘图

* 通讯作者. E-mail: zhaolj@cetca.net.cn

和 LCD 输出，极大增加了灵活度，但也引发了设备启动慢的问题。

2 启动性能研究

2.1 VxWorks-Cert 默认启动流程

VxWorks-Cert 系统启动流程如图 2 所示。

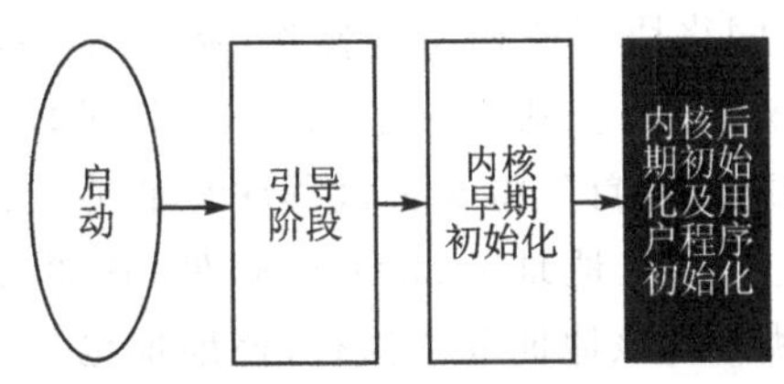

图 2 VxWorks-Cert 默认启动流程

其中引导阶段由 romInit.s 文件和 romStart 函数实现，完成部分硬件和 C 语言运行环境初始化，完成可执行程序从非易失区域向内存的拷贝；内核早期初始化由 usrInit 函数完成，完成部分硬件和内核初始化工作；最后进入 usrRoot 函数，完成内核后期初始化及用户程序初始化。对于本文描述的设备而言，用户程序就是显控程序，该程序具体实现和本文讨论内容无关，后续不做展开。

风河公司提供开发工具 WorkBench[2]，可以根据用户勾选的软件模块自动生成不同的初始化代码，初始化代码内嵌在 usrRoot 函数中，如图 3 所示。

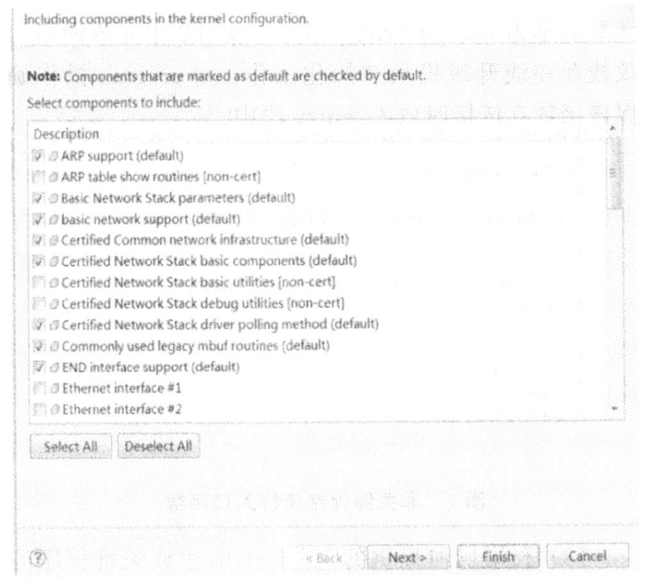

图 3 WorkBench3.2 工具生成 usrRoot 函数

WorkBench3.2 工具支持根据业务需求，添加软件模块，可添加的模块包括网络协议栈、文件系统等。此航电设备支持 ARINC615 在线升级功能，需添加 TFTP(RFC-1350 规范)网络协议栈模块，添加后点击 Finish 按钮，该工具会调用内置的 tclsh.exe 程序，创建 prjConfig.c 文件，并在该文件中实现了 usrRoot 函数，如图 4 所示。

```
void usrRoot (char *pMemPoolStart, unsigned memPoolSize)
 {
 excIntNestLogInit(); vxMsrSet(vxMsrGet() | taskMsrDefault);
 ......
 usrIosExtraInit ();

 usrNetworkInit ();
 usrAppInit ();
 usrTStackApplsInit ();
 }
```

图 4 userRoot 函数实现

excIntNestLogInit 函数到 usrIosExtraInit 函数之间的代码，完成内核后期初始化工作，和本文讨论内容无关，不做展开。usrNetworkInit 初始化网络设备，usrTStackApplsInit 初始化网络协议栈。

设备最终的可执行程序，是将操作系统和用户程序链接为一个二进制文件。因此整个启动过程也可以按启动先后顺序分为 VxWorks-Cert 系统初始化和用户程序初始化两部分。usrAppInit 为用户程序初始化入口，在 usrRoot 函数的固定位置被调用，是用户程序最早被调用的位置。

2.2 网络协议栈模块对启动性能的影响

设备启动性能主要测量从设备上电启动到用户关键程序(如 UI 界面显示和控制)初始化完毕所消耗的时间。经测试，在运行到 usrAppInit 函数入口时，设备启动耗时已接近 15 秒，也就是说 VxWorks-Cert 仅把用户程序加载到内存但还未运行的时间就远超出了系统能够容忍的极限。

根据对比分析，usrRoot 中是否添加网络协议栈模块对启动性能有重大影响，主要体现在两个方面。

首先，网络协议栈模块增加了可执行文件大小，导致程序加载到内存耗时增加，表 1 所列为增加网络协议栈模块前后，生成的可执行文件大小比较。可见增加网络协议栈模块后，可执行文件大小几乎增加了一倍。

表 1 添加网络协议栈模块前后可执行文件大小对比

是否添加网络协议栈	可执行文件大小/KB
无网络协议栈	235
添加网络协议栈	421

其次，网络协议栈初始化过程中，系统为其分配的优先级较高(50)，为用户程序分配的优先级较低(70)。根据 VxWorks - Cert 调度策略(见图 5)，低优先级任务只有在高优先级任务执行完毕后才能得到调度，所以用户程序总是在网络协议栈初始化完毕后才得到调度。此外，网络协议栈初始化过程中涉及 TFTP 协议规定的握手流程，本身耗时较长，导致用户程序长时间被阻塞。

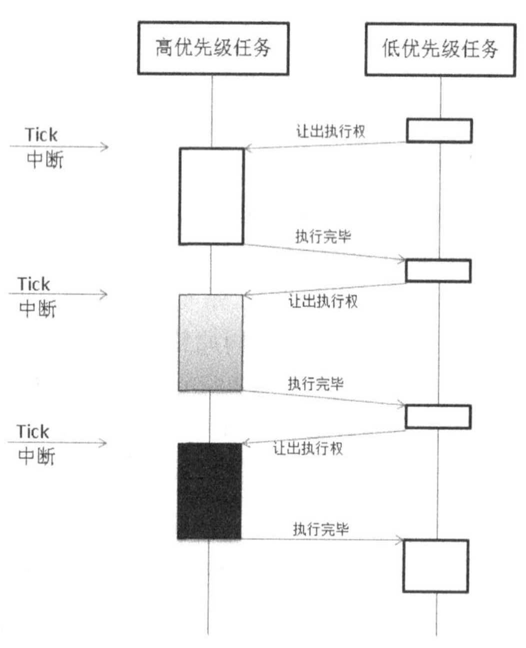

图 5 VxWorks - Cert 抢占调度方式

3 优化策略

针对上一节描述的两方面影响，显示面板设备采用"分步启动"方式进行优化，具体思路为：

(1) 拆分原有可执行文件，将关键的用户程序和 VxWorks - Cert 系统编译成一个二进制可执行文件(下称关键程序)。将非关键程序模块(本文以在线升级功能和其依赖的网络协议栈为例)另外打包为一个可独立运行的二进制可执行文件(下称为非关键程序)。

(2) 设备启动后先加载关键程序，完成即表示设备启动成功。关键程序加载完毕后再加载并运行非关键程序。这样非关键程序的加载和初始化耗时均不包括在设备启动时间内，既满足功能需求，又不影响设备启动速度。

由于 WorkBench 工具不支持更改系统模块的启动顺序(例如：usrRoot 函数中网络模块的初始化是在 usrAppInit 之前)，所以需要脱离 WorkBench 图形化开发流程并做以下手工改动：

(1) 利用 WorkBench 工具生成的 usrRoot 函数，移除所有网络协议栈初始化操作，修改 usrAppInit 函数，如图 6 所示。其中 low_priority_init 函数完成非关键程序加载。它首先将非关键程序从非易失存储区拷贝到内存中固定地址 0x30000000 处，拷贝完成后让 PC 指针跳转到该地址继续执行，该地址也是非关键程序入口函数在内存中的地址。

```
void usrAppInit (void)
{
   display_init(); /*关键程序初始化*/

   low_priority_init(); /* 非关键程序加载*/
}

void usrRoot (char *pMemPoolStart, unsigned memPoolSize)
   {
   excIntNestLogInit(); vxMsrSet(vxMsrGet() | taskMsrDefault);
   ......
   usrIosExtraInit ();
   usrAppInit ();
}
```

图 6 修改后的 usrRoot 和 usrAppInit 函数

(2) 编写非关键程序运行入口函数，如图 7 所示，函数名称为 low_priority_entry。该函数中完成网络协议栈及在线升级模块初始化工作。#pragma 操作确保该函数在链接时放入.entry 段中[3]。

```
void usrAppInit (void)
{
   on_line_update(); /*非关键程序初始化*/
}

#pragma DATA_SECTION(low_priority_entry,".entry");
void low_priority_entry (void)
{
   usrNetworkInit ();
   usrToolsInit ();
   usrAppInit ();
   usrTStackApplsInit ();
}
```

图 7 非关键程序运行入口函数

(3) 利用风河提供的工具 tclsh，生成关键程序的符号表文件 symTbl.c，该文件和非关键程序链接到一起，让非关键程序可以访问关键程序内部的接口函数。

(4) 编写非关键程序连接脚本，添加如下语句：

．＝0x30000000；．entry；

确保 low_priority_entry 函数处于 0x30000000 地址，即非关键程序入口地址。

（5）非关键程序链接 VxWorks－Cert 提供的 libcertNetcommon.a，该文件内含网络协议栈实现。

（6）在命令行环境下编译生成关键程序（WorkBench 工具会每次自动创建默认的 usrRoot 函数并覆盖手动修改内容）。

优化后系统启动流程如图 8 所示。

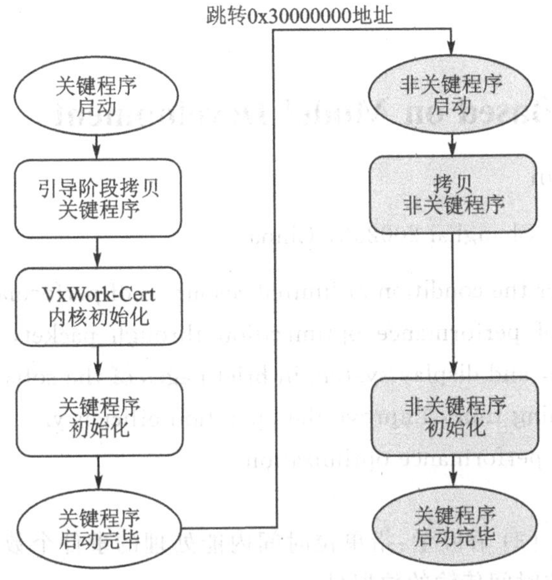

图 8　优化后系统启动流程

4　适航考虑

根据 DO-178C 适航标准，VxWorks－Cert 操作系统需要随客户的应用程序作为一个完整的软件功能体来通过适航鉴定。在实际应用中，VxWorks-Cert 操作系统提供了单独的适航支持包来支撑操作系统的适航，用户程序独立编写适航包，两个适航包联合到一起，作为软件的最终适航证据。

为了提高启动性能，本文中描述的方法改变了 VxWorks－Cert 原有的系统启动方式，和它自带的适航支持包发生了偏离。

针对这一偏离，用户需要补充适航证据和相关文档。方法有多种，可选用的一种方法是应用程序适航审定计划（PSAC）中阐述更改原因，并在后续的软件开发和验证环节对更改予以覆盖和测试，并和审定局方或适航委任代表进行充分沟通。

5　结束语

经测试，设备优化后的启动性能大幅提高，从优化前的 20 秒降低到了 3 秒，启动耗时降低了约 80%，达到国外厂商同等水平。本文所讨论的提高 VxWorks－Cert 操作系统启动性能的方法，可以方便地移植到其他类似设备，具有重要的参考价值。

参考文献

[1] RTCA. Software consideration in Airborne Systems and Equipment Certification[S]. DO178-C，2011.

[2] Wind River. Wind River Workbench user's guide 3.3 (edition 4) [EB/OL]. www.windriver.com，2012.

[3] Wind River. Wind River Compiler for x86 user's guide 5.6 [EB/OL]. www.windriver.com，2006.

基于模型开发的软件性能优化

张敏

中国航空无线电电子研究所，上海 200233

摘要： 针对基于模型开发的航空机载软件在有限资源状况下的性能难以满足的问题，提出一种性能优化方法，通过数据包、响应时间的优化设计，减少资源消耗，并在显示系统简图页软件的研制过程中分析并应用，减少应用运行时间，提高运行效率。

关键词： 模型开发；机载软件；简图页；性能优化

Software Performance Optimization Based on Model Development

ZHANG Min

Shanghai Avionics Company Limited, Shanghai 200233, China

Abstract: Airborne software based on model development under the condition of limited resources of performance is difficult to meet the problems, puts forward a method of performance optimization through packet, the optimal design of response time, reduce resource consumption, and display system in brief pages of the software development process analysis and application, reduce the running time, improve the operation efficiency.

Keywords: model development; airborne software; synoptics; performance optimization

1 引 言

随着航空电子系统的发展，其系统越来越复杂，综合程度越来越高。当今的机载软件功能复杂度也在不断提高，需求也越来越多，随之而来的对软件性能上的要求有时候是硬件不能完全解决的。很多项目经验证明，如果在开发软件时不注意软件性能的优化，虽然实现了要求的功能，但是也可能不会给用户带来很好的效益。

软件性能是软件的一种非功能特性[1]，指在既定条件下，相对于资源使用总量，一个软件产品正确恰当地提供其服务的能力和效率。其关注的不是软件是否能够完成特定的功能，而是在完成该功能时展示出来的及时性。一般包括如下一些方面：

(1) 时间响应：软件产品执行其功能时对用户提供恰当的响应和处理时间的能力。

(2) 资源的使用效率：在指定条件下，软件产品执行其功能时，占用恰当的资源的能力。

(3) 吞吐量：指单位时间内能处理的事件个数，或单位时间传输的数据量。

(4) 可用性：是衡量使用一种产品来执行指定任务的难易程度的尺度，用于评价软件是否能达到设计人员期望实现的目标。

如何取得功能性、实时性与能量开销之间的平衡是一个具有挑战性的课题，本文采用大型民用飞机简图页应用软件，分析其开发过程中的性能优化过程。

2 软件性能优化方法

软件的性能一直是计算机开发过程中需要注意的问题，其贯穿在软件发开发过程中。大多数人认为优化是放在开发周期的最后一段的，然而想要真正设计一个优化的产品[2]，就需要在开发过程中持续进行优化，达到提高运行的效率的目标。

软件开发过程包括：需求阶段、设计阶段、开发阶段和测试阶段。

(1) 需求阶段：需要确认性能需求及其相应的数据

通讯作者. E-mail: zhang_min_20413@careri.com

指标；

(2) 设计阶段：软件的架构决定了其性能；

(3) 开发阶段：算法优化、编译优化、代码优化能够很大程度提升软件性能指标；

(4) 测试阶段：完成对软件性能的验证。

开发阶段嵌入式程序的优化途径又分为 3 个方面：算法和数据结构优化、编译优化以及代码优化。

① 算法和数据结构优化。

算法和数据结构是程序设计的核心所在[3]，算法的好坏在很大程度上决定了程序的优劣。为了实现某种功能，通常可以采用多种算法，不同算法的复杂度和效率差别很大。选择一种高效的算法或对算法进行优化，可以使应用程序获得更高的优化性能。例如：在数据搜索时，二分查找法要比顺序查找法快。递归程序需要大量的过程调用，并在堆栈中保存所有返回过程的局部变量，时间效率和空间效率都非常低；若根据实际情况对递归程序采用迭代、堆栈等方法进行非递归转换，则可大幅度提高程序的性能。

② 编译优化。

现在，很多的编译器都具有一定的代码优化功能。在编译时，借用并行程序设计技术，进行相关性分析；获得源程序的语义信息，采用软件流水线、数据规划、循环重构等技术，自动进行一些与处理器体系无关的优化，生成高质量的代码。许多编译器有不同级别的优化选项，可以选用一种合适的优化方式。通常情况下，如果选用了最高级别的优化方式，那么编译器将片面追求代码的优化，有时会导致错误。在嵌入式软件开发过程中应选择一种优化能力强的编译器，充分利用其代码优化功能，生成高效的代码，提高程序的运行效率。

③ 代码优化。

代码优化，就是采用汇编语言或更精简的程序代码来代替原有的代码，使编译后的程序运行效率更高。编译器可以自动完成程序段和代码块范围内的优化，但很难获取程序语义信息、算法流程和程序运行状态信息，因而需要编程人员进行手工优化。

3 显示系统简图页软件简介

简图页软件驻留在飞机显示系统中，其显示了液压、电气、燃油、空管、飞控、舱门等多个重要系统的关键数据与参数，用于飞行员判断当前飞机各主要部件的运行状态。由于交联分系统多，显示数据量大，简图页软件必须清晰无误地为机组提供系统的工作状态，并提供相关的过程信息以操控飞机运行在预定的轨道上，在任何正常和非正常情况下这些信息都必须是准确易懂、清晰可辨的，因此提高简图页性能对于飞行安全非常重要。简图页软件交联系统分布如图 1 所示。

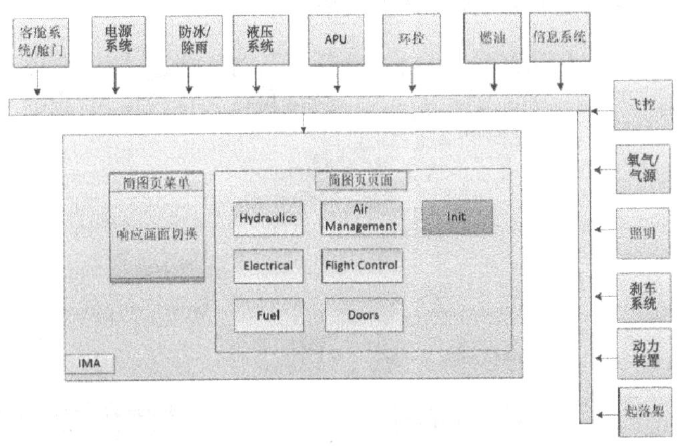

图 1 简图页软件交联系统分布图

现有既定的航空机载软件资源状况中，运行时间片、运行周期及报文长度等已限定，然而随着应用软件功能的增加和完善，应用的性能逐渐难以满足需求阶段的性能，会出现运行超时、画面未能正确显示刷新、多个显示窗口显示不一致及响应速度过慢等现象。

因此在软件开发生命周期中需要对以下两个方面进行性能优化：

(1) 时间性能：减少应用执行的时间；

(2) 空间性能：减小应用占用的空间。

4 简图页性能优化方法

4.1 设计阶段优化

软件架构决定了系统各个模块之间如何协同、交互。一个好的系统不应该仅仅局限于能完成最初始的功能，而是在面临变化所带来的调整时，能够使得整个系统表现出足够的灵活性和可调整性。因此模块化、轻耦合、减少各个组件之前的依赖关系和注意依赖所造成的链式失败及影响等是优秀的架构该考虑的原则。

由于简图页应用是基于 ARINC 661 协议开发的，需要根据此协议的特点进行软件架构的定制，而且是使用 SCADE 进行的模型化开发，根据以上两个因素应该遵循以下原则：

轻耦合：工程划分上保持页面之间的独立性以降低页面模块之间的耦合度并利于同步开发。

高内聚：找到那些必须放在一起来做处理而不能拆解的功能。如果这些功能是值得放在一起的，那我们就可以将它独立形成公用模块，提高软件内聚程度，较少重复开发，提升开发效率。

模块化：将简图页软件按照组件化的理念进行模块细分和数据细分，进一步提升软件重用性和可维护性。

因此，按照 ARINC661 标准，简图页软件可以分为多个页面，每一个页面由单个或多个 Layer 组成，每个层由多个 Widget 组成，达到减少应用占用空间的目的。其架构图如图 2 所示。

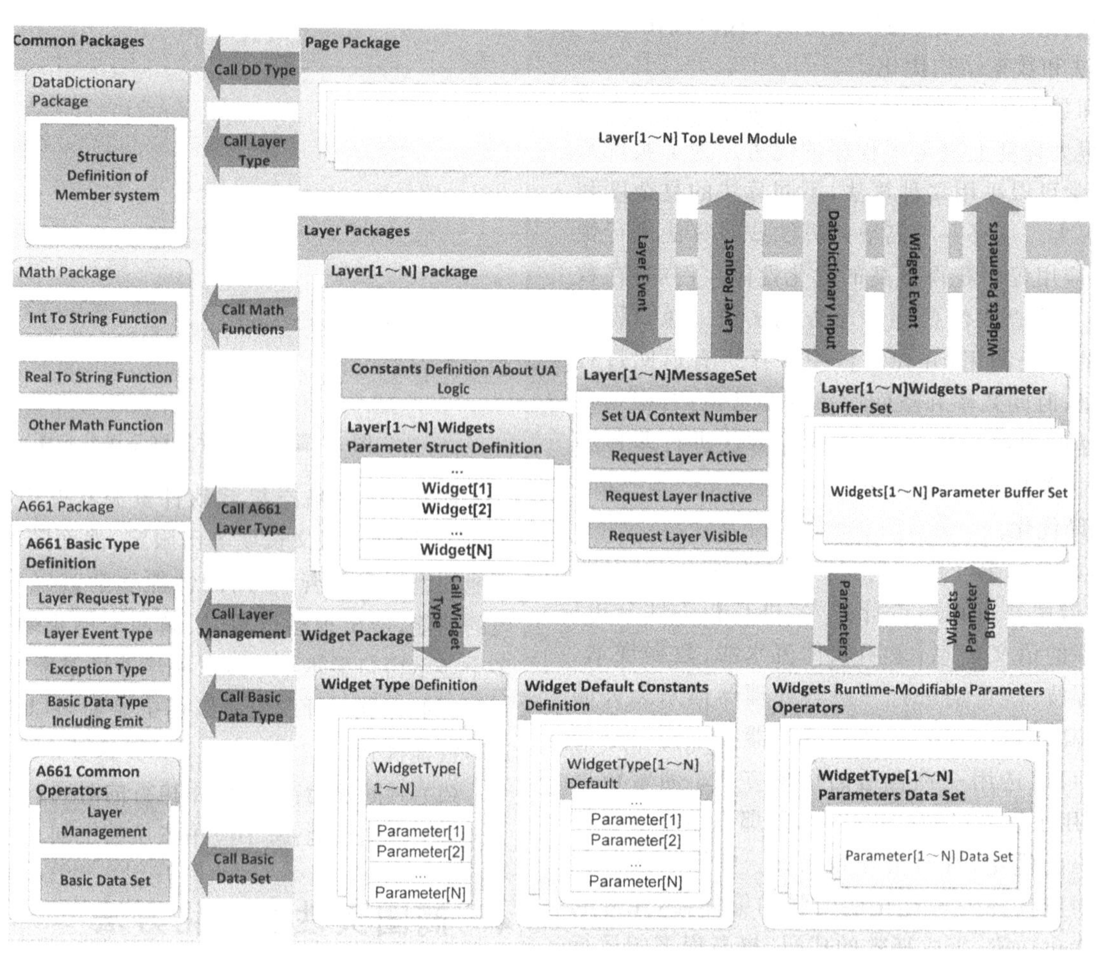

图 2　简图页软件逻辑架构图

4.2　开发阶段优化

1. 资源使用率优化

基于 A661 协议的应用都是通过 A661 消息包实现通信过程的。在基于模型开发的过程中，UA 逻辑模型设计完成之后需要和显示模型 sgfx 文件建立链接，链接的目的是利用 SCADE 的 UA Adapter 生成标准 ARINC661 消息和 ARINC661 数据字典之间的数据转换代码，即把接收到的 ARINC661 消息转化为模型中定义的 ARINC661 输入数据，然后把模型中定义的 ARINC661 输出数据转化为 ARINC661 输出消息。通过 Scade UApage Creator 和 Scade Suite 进行 UA DF 和逻辑之间的配置定义。通过图形化的接口定义方式，自动生成 UA 通信代码，实现了显示和逻辑之间的通信功能。因此 A661 数据包的大小和响应时间决定了应用的性能。

由于简图页交联了多个分系统，在全数据发送的情况下，过大的数据量会超出报文长度、影响运行时间或者可能导致终端系统丢包。因此根据每个页面交互的数据量和页面的重要等级，可以将简图页分成多个包异步发送数据，以此减小单个数据包的长度。

简图页每个页面用于建立通信的链接文件大小和发送的数据包长如表 1 所列。

表 1 简图页页面包长

分系统	实时性优先等级	动态显示控件的通信链接文件大小/KB	包长/KB
INIT	2	128	1 052
AIR	1	253	2 496
DOOR	2	36	368
FCS	1	127	1 236
FUEL	1	112	1 044
HYD	1	153	1 264
ELEC	1	178	1 724

由此可见，可以采取以下方案：

采取增量发送的方式，减少软件运行所需时间资源；

在不影响响应时间的情况下，防止显示终端丢包导致多台 IDU 显示不统一的情况，简图页应用软件需要定时给多台 IDU 发送所有数据；

全数据发送时，可以根据需求使用多种方式：①根据页面分工将 INIT 页面和其他页面异步发送；②所有页面异步串行发送；③根据优先等级和链接文件大小，将不需要动态显示的画面与其他页面异步发送；④仅仅发送当前显示的页面。

以此达到减少占用资源，减少运行时间，提高响应速率的效果。

2. 响应时间优化

前端性能是用户获取所需要页面数据或执行某个页面动作的一个实时性指标，一般以用户希望获取数据的操作到用户实际获得数据的时间间隔来衡量。例如用户希望获取数据的操作是打开某个页面，那么这个操作的前端性能就可以用该用户操作开始到屏幕展示页面内容给用户的这段时间间隔来评判。用户的等待延时可以分成两部分：可控等待延时和不可控等待延时。可控等待延时可以理解为能通过技术手段和优化来改进缩短的部分。

1）初始化响应时间

根据 A661 协议，UA 响应 CDS 消息的过程如图 3 所示。UA 未被调显时，server 会持续发送 LayerIsActive 信息；当 UA 开始运行且收到 server 的激活命令时，UA 会发送 RequestVisible 消息，Server 将激活的页面置为可见状态，同时 UA 需要将当前应用中所有的数据刷新一次；此后进入正常运行模式。

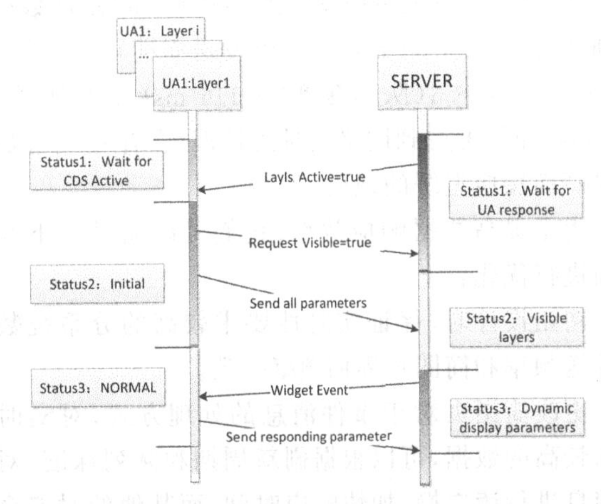

图 3 A661 应用页面调显过程

因此，为了提高简图页页面显示的响应速度，简图页应用在 Initial 状态和 Normal 状态之间增加一个状态，并在其中将所有页面需要刷新的数据提前发送给 server，在 server 将图层置为可见之前保证数据最新，当画面在 IDU 上显示时，不会导致飞行员观测时产生瞬时跳变。

2）实时动态数据响应时间

当简图页应用的输入发生变化时，从飞行员操作到在显示器上读取相关数值所需要的时间，非常直观地体现了应用的性能。如果应用响应时间过长，会造成飞行员感官上的迟滞。当前数据传输的时间包括硬件装置到外部分系统时间、分系统数据传输至总线上的时间、应用接收处理时间和 Server 接收到 A661 数据包到 IDU 上显示的时间，如图 4 所示。

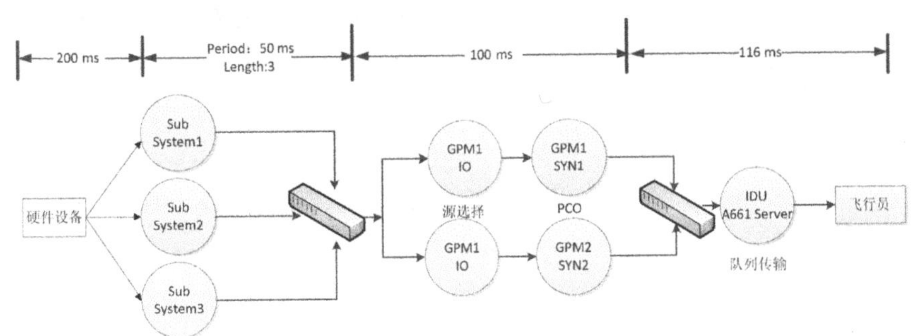

图 4 A661 应用响应时间时序图

简图页应用的处理速率为 10 Hz，当分系统数据发送速率与简图页的处理速率不匹配时，会存在周期延时。分系统发送数据的频率越快，产生的排队延时周期越长。在不考虑简图页超时的情况下的从分系统到最终显示的延迟分析构成为：

100 ms＊队列深度＋分系统数据丢失延迟＋显示延迟

比如飞控系统的数据的刷新周期为 20 Hz，那么从飞行员操作到显示之间的时长约为 200 ms(硬件数据传输到网络时间)＋50 ms(分系统发送周期)×2(丢包数量)＋ 100 ms×3(队列深度)＋116 ms(显示延时)＝716 ms，如果考虑到网络延时的情况，会存在飞行员操作时画面反应迟缓的现象。

为了提高数据响应效率，我们可以通过以下几个方面进行优化：

初始设计时，保证实时性要求较高的分系统数据的发送频率和简图页周期频率一致。

更改简图页对于事件消息的处理方式，对实时性要求较高的数据，可以根据刷新周期和队列深度，对输入消息进行读空操，加快响应时间；而其他的对安全性要求较高数据仍采用队列缓存的方式，防止数据丢包。

从而达到减少应用运行时间，提高运行效率的目的。

5 总 结

应用的性能优化与软件的开发周期、开发成本、软件的可读性之间通常存在矛盾。如何权衡利弊，作出合适的选择是一个值得研究的问题。本文根据当前民用飞机硬件和资源限定的情况，在软件设计阶段依据应用特性提出一种高内聚低耦合的软件逻辑架构；然后在开发阶段从时间和空间两个方面进行优化，最后达到了提升简图页应用性能的目标。

参考文献

[1] 史子旺，叶超群，蔡建宇. 嵌入式 Linux 内存使用与性能优化[M]. 北京：机械工业出版社，2009.

[2] 小田圭二，榑松谷仁，平山毅，等. 图解性能优化[M]. 北京：人民邮电出版社，2017.

[3] Md. Ashfaquzzaman Khan Can Hankendi Ayse Kivilcim Coskun Martin C Herbordt. Software Optimization for Performance, Energy, and Thermal Distribution: Initial Case Studies[C]. Green Computing Conference and Workshops (IGCC), 2011 International, IEE, Aug. 2011.

基于眼图的A664信号质量分析

马泽宇*，周卓，侯溪溪

上海航空电子有限责任公司，上海 200241

摘要：A664网络是一种常见的航电网络架构，广泛应用于多种机型。为了对A664网络中的机载数据进行监控，在集成测试时常在网络中增加若干监控设备，这些设备的引入对网络中的信号造成干扰。此外，集成环境的网线长度也影响着信号质量。信号质量的优劣则进一步影响数据传输结果，因而需要对集成环境中网络信号质量进行检测。眼图测试方法是一种常用的网络信号质量分析方法。因此，本文基于眼图测试方法，针对实际的集成环境架构，设计了三种测试方案，并根据测试结果，分析监控设备、网线长度等因素对网络信号的影响。

关键词：眼图测试；A664信号；信号质量分析

Analysis of A664 Signal Quality Based on Eye-Map

MA Zeyu*, ZHOU Zhuo, HOU Xixi

Shanghai Avionics Company Limited, Shanghai 200241, China

Abstract: A664 network is a common avionics network architecture, widely used in a variety of aircraft types. In order to monitor the airborne data translated in the A664 network, some monitoring devices are applied in the integration platform. These devices interfere the signal in the network. In addition, the cable length also affects the signal quality. The quality of the signal further affects data transmission, so it is necessary to measure the signal quality in the integrated platform. Eye-map testing is a commonly used method for network signal quality analysis. Therefore, this paper proposes three test strategies based on the eye-map test method. According to the test results, analyze the influence of monitoring equipment, network cable length and other factors on signal quality.

Keywords: eye-map testing; A664 signal; signal quality analysis

1 引言

A664协议是一种民机航电系统中常见的数据总线协议[1]。由多台交换机级联构成的A664网络转发传输飞机各终端系统的机载数据，因而A664网络信号的传输质量对整个航电系统的可靠性和安全性等有重要影响[2]。为了模拟真实的机上环境，常搭建航电测试平台进行集成联试。然而，平台为了对各节点的数据进行监控，引入了较多的监控节点，同时不同的布局方式导致实际环境中网线长度也有较大差异。监控设备的引入、网线长度以及节点数量等均会对平台网络中的信号质量产生较大影响，进而影响实际各模块的测试工作。

因此，针对平台网络信号质量分析问题，本文设计了基于眼图测试的测试方案，并结合实际在平台中测试的结果，分析了上述各因素在平台环境中对信号质量的影响。

本文主要介绍了眼图测试相关知识和航电系统集成环境，分别对三种测试方案做了说明并分析了测试结果，最后对本文工作做了小结。

2 眼图基础知识介绍

单个数字信号为高低电平交替变化的方波图形，将一段时间内的数字信号图形进行叠加，所呈现的图

* 通讯作者. E-mail: ma_zeyu@careri.com

形则称之为眼图[3-4]，如图 1 所示。

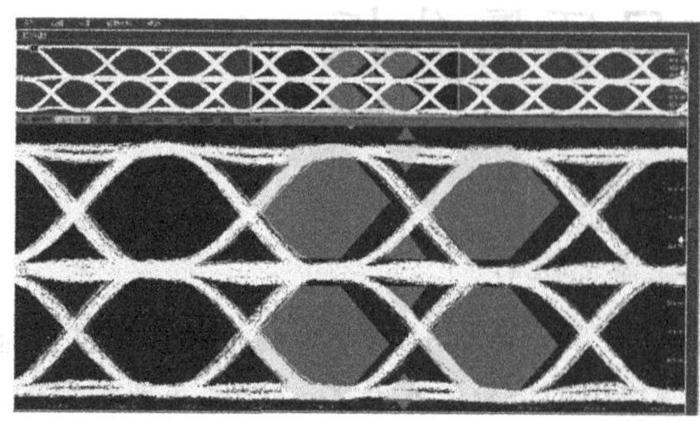

图 1 眼图示意图

数字信号波形包含平均上升时间、下降时间、上冲、下冲、门限电平等基本的电平变化参数[5]。在实际信号传输过程中，这些参数会因干扰或损耗等原因而发生变化，导致最终叠加而成的图形，信号线变粗出现模糊形象。

眼图包含了关于码间串扰和噪声的丰富信息，在纵轴电压轴上反映了噪声的大小，而横轴上则反映了时域的抖动。所以图中“眼睛”越大，且眼图越端正，表示码间串扰越小；反之表示串扰越大[6]。

根据眼图可分析信号质量的优劣，从而评估系统的整体性能，为改善系统的传输性能提供参考。

实际测试过程中，常将信号输出端接入具有眼图记录功能的滤波器，通过读取高低电平值，以及查看眼图模板被覆盖情况，分析网络信号质量。若网络信号良好，眼图模板清晰地位于“眼睛”中间，未被遮盖；反之，信号质量较差时，则较大部分模板会被信号波形覆盖，同时杂波也较多。

3 航电系统集成环境简介

随着航空电子系统规模的扩大，各系统间的交联和协作关系日益复杂，为了对系统性能进行测试，常搭建航电系统集成环境进行联试。从全系统的数字仿真开始，将数字仿真模型转变成为具有真实物理接口的实时仿真模型，通过真实件与仿真件的逐一替换，逐步完成整个航电系统的集成工作，以提高系统的集成效率，减少人力和时间的成本，降低试验测试的复杂度[7]。

平台中信号传输示意图如图 2 所示。在集成平台中，信号可分为仿真信号和真件信号两种，图中用红色线表示仿真信号的传输，蓝色线表示终端（真件）信号的传输。

仿真信号经过理线柜、监控设备、网线节点等传输至终端设备；不同终端间的信号传输，则需经过以上设备组成的平台网络转发，而后传输至另一终端。

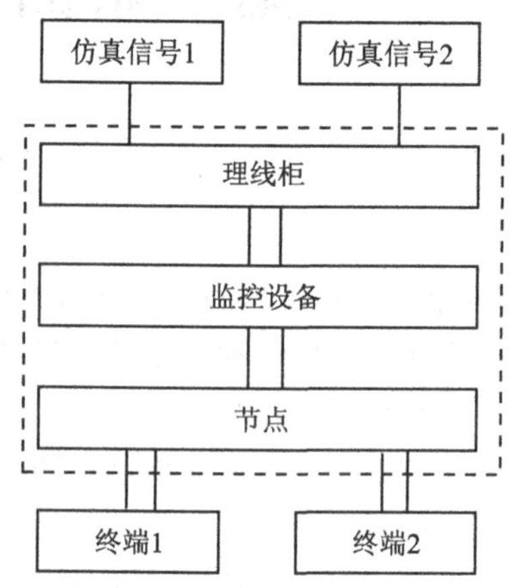

图 2 网络信号传输示意图

在集成环境中，为了对网络信号进行监控，引入了监控设备，而这对网络信号造成了干扰。此外节点的数量、网线的长度等因素也影响着信号质量。

因此在本文后续三部分中，针对实际平台的架构，设计了三种眼图测试方案，对不同因素的影响进行了比较分析。

4 仿真信号眼图测试

4.1 测试方案

针对仿真信号的传输，选择平台中的一条传输通路，设计了如图 3 所示的测试方案一，在仿真信号与终端设备间共有 5 个节点，其中节点 2 为监控设备，其中节点 3 与节点 4 间有 6 m 网线，节点 5 与终端设备间有 14 m 网线。

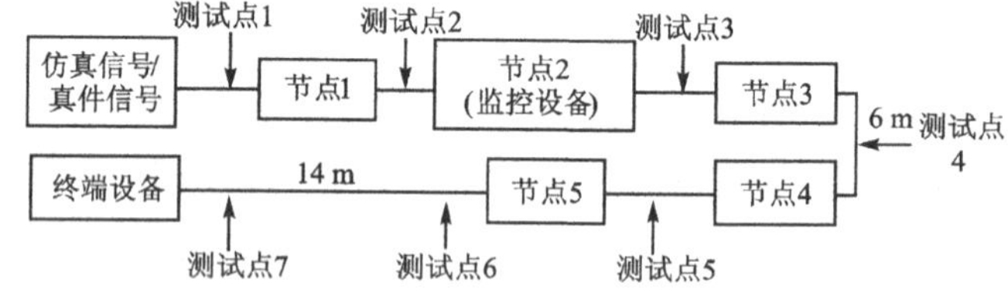

图 3 测试方案一示意图

在该测试中设置了 7 个测试点，前 6 个点所测信号皆为设备节点输出端的信号，测试点 7 则为输入端的信号。

4.2 测试结果

图 4～图 8 分别为测试点 1、测试点 2、测试点 3、测

试点 6、测试点 7 的眼图结果。表 1 为测试方案一各测试点信号幅值对比表。

图 4　测试点 1 眼图结果

图 5　测试点 2 眼图结果

图 6　测试点 3 眼图结果

图 7　测试点 6 眼图结果

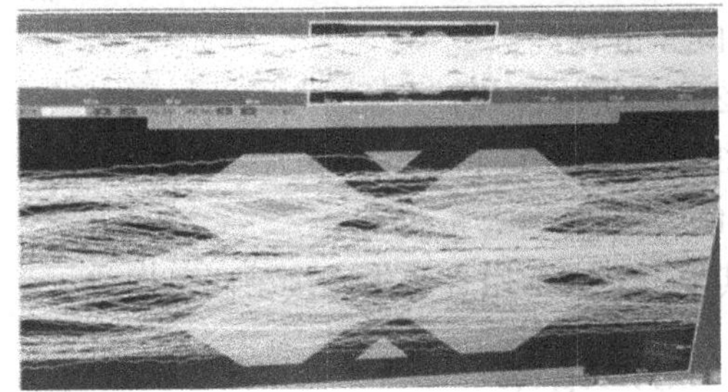

图 8　测试点 7 眼图结果

表 1　方案一各节点信号幅值对比表

测试点	幅值/mV
测试点 1	980
测试点 2	960
测试点 3	880
测试点 4	880
测试点 5	820
测试点 6	820
测试点 7	720

从表 1 以及眼图可分析得到以下结论：

(1) 随着与信号源的距离增大，信号幅值减小。

(2) 信号经过监控设备(即节点 2 与节点 3 对比)，幅值有较大衰减(80 mV)；当经过较长网线时，信号衰减也较为明显，如节点 4 与节点 5 之间有 6 m 网线，幅值衰减 60 mV，节点 6 和节点 7 之 14 m 网线，幅值衰减约为 100 mV。

(3) 从眼图分析，当经过节点 4，5 间的 6 m 网线后，图中的杂线开始明显增多，而当经过节点 6，7 间的 14 m 网线后，眼图已近乎混杂，眼的弧线只能依稀可见，未能清楚分辨。

5　交换机信号眼图测试

5.1　测试方案

在本节中测试了两台交换机的级联信号，测试方案如图 9 所示。信号由交换机 1 发出经两段网线和监控设备达到交换机 2。为了对级联信号在设备线路中的衰减情况进行检测，在 4 个测试点对信号进行了检测，分别为交换机 1 输出端(测试点 1)、监控设备输入端(测试点 2)、监控设备输出端(测试点 3)、交换机 2 输入端(测试点 4)。此外，监测了未接监控设备仅串联两根 14 m 网线后的信号质量。

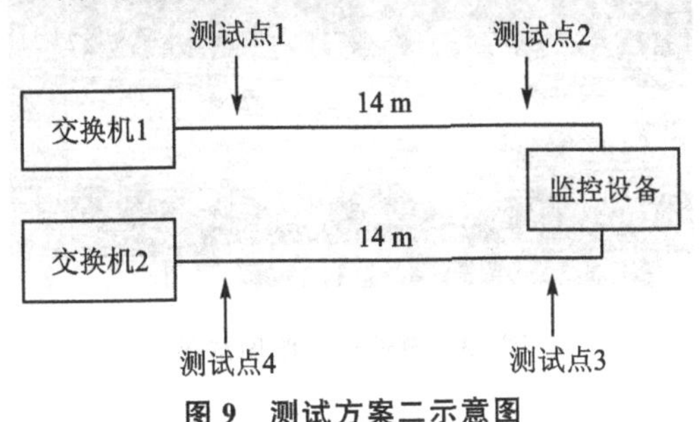

图 9　测试方案二示意图

5.2 测试结果

图 10～图 13 分别为测试点 1、测试点 2、测试点 3、测试点 4 眼图结果，图 14 为未过监控设备时测试点 4 的眼图结果。表 2 为测试方案二各测试点信号幅值对比表。

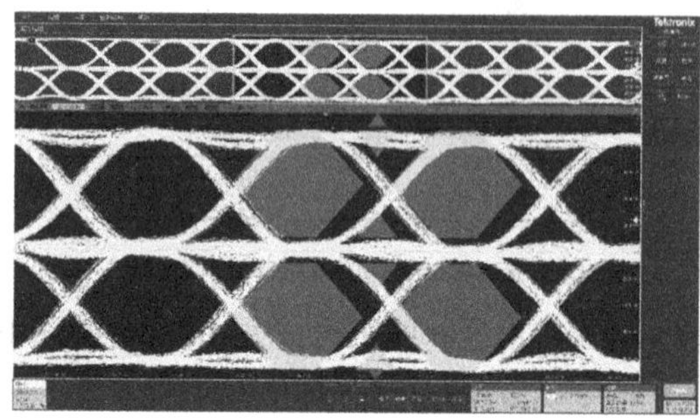

图 10　测试点 1 眼图结果

图 11　测试点 2 眼图结果

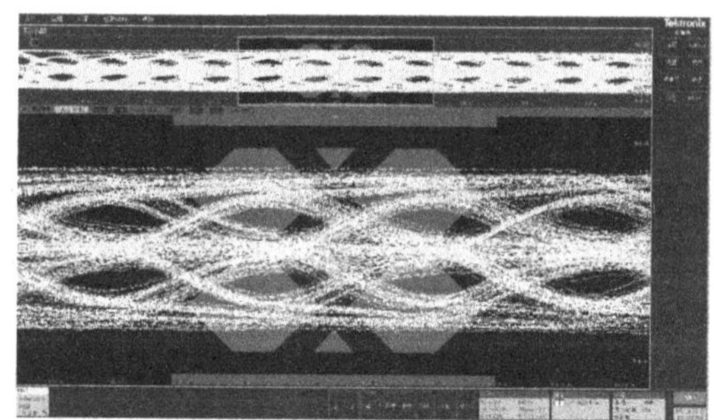

图 12　测试点 3 眼图结果

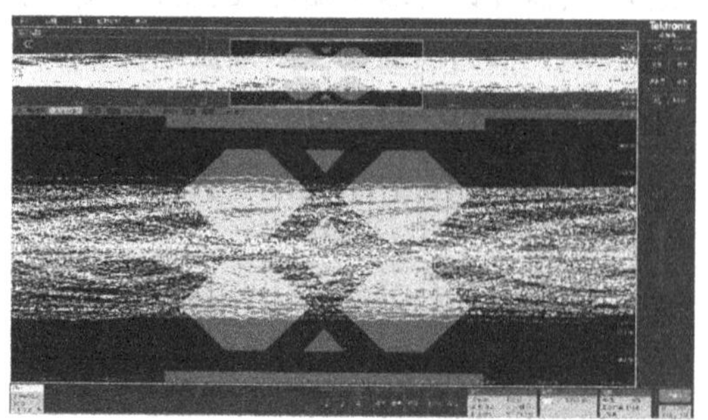

图 13　测试点 4 眼图结果

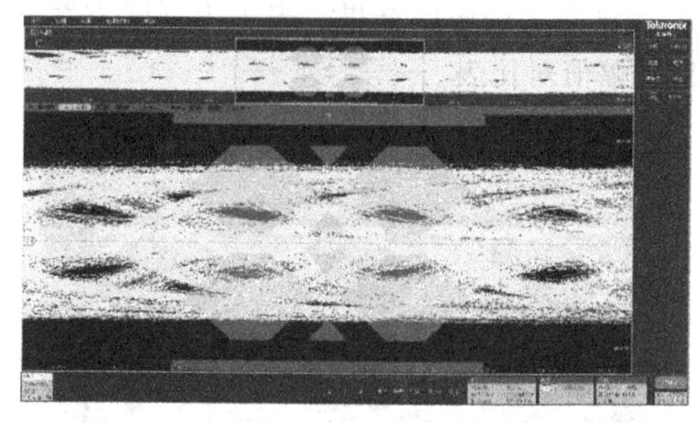

图 14　测试点 4 眼图结果(未过监控设备)

表 2　方案二各节点信号幅值对比表

测试点	幅值/mV
测试点 1	820
测试点 2	729.6
测试点 3	662.4
测试点 4	556.8
测试点 5 (未过监控设备)	681.6

从表 2 中的幅值和眼图结果可以分析得到以下结论：

(1) 随着与信号源交换机 1 距离的增加，信号的幅值降低，同样眼图效果也越差。

(2) 从交换机 2 输入端检测结果可见，经过监控设备之后效果显著变差。未过监控设备网线直连时，眼图中可以分辨出“眼”的轮廓曲线，而过监控设备得到的眼图中，杂线几乎全部覆盖了“眼”，使其难以辨认。同样信号幅值的对比也可发现两者的显著差异。

6　网线以及节点影响测试

6.1 测试方案

在本节中设计了测试方案三，用于分析网线长度、网线节点对信号质量的影响，测试了以下四种情况：

(1) 3 m 网线；

(2) 3+3 m 网线；

(3) 3+3+3 m 网线；

(4) 3+3+3+3 m 网线。

其中“+”表示用直通头连接了两段网线。

6.2 测试结果

图 15～图 18 分别为上述 4 种情况的眼图结果，

表3为方案三各测试方法信号幅值对比表。

图15　3 m网线眼图结果

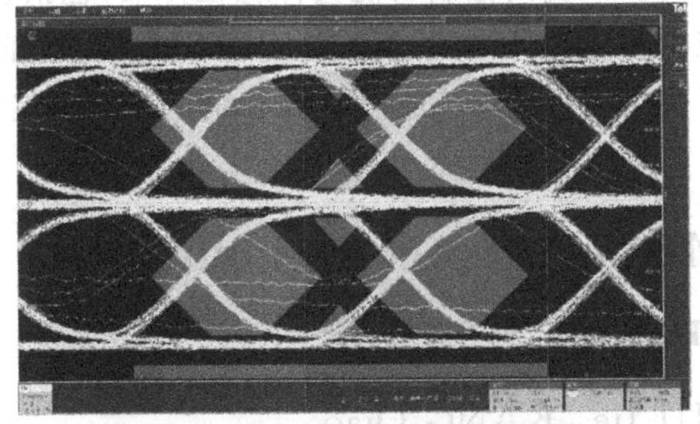

图16　3+3 m网线眼图结果

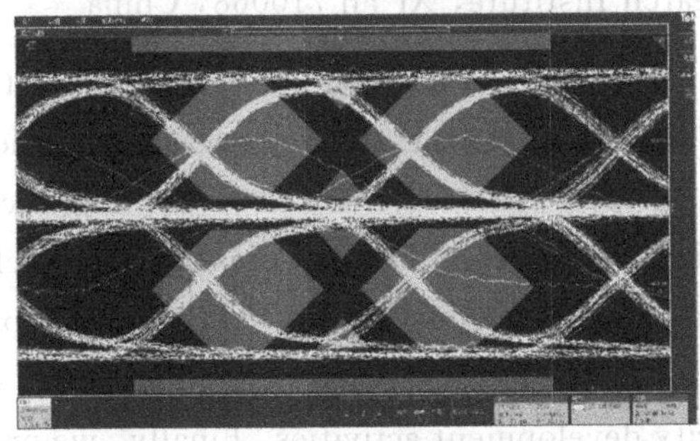

图17　3+3+3 m网线眼图结果

图18　3+3+3+3 m网线眼图结果

表3　方案三各测试方法信号幅值对比表

	幅值/mV
3 m网线	980
3+3 m网线	950
3+3+3 m网线	931
3+3+3+3 m网线	902

从表3中的幅值变化以及眼图结果分析可得以下结论：

(1) 随着网线的延长，信号的幅值降低。

(2) 从眼图也可得到相同的结论，当网线长度增加，眼图中的杂线变多，信号眼图效果变差。

7　总　结

本文用眼图测试方法检测了平台网络中的信号质量，进而分析了监控设备、网线长度等对信号质量的影响：

(1) 检测了仿真信号在传输线路中各节点处的眼图结果。

(2) 检测了真件信号在传输线路中各节点处的眼图结果。

(3) 补充测试了网线长度对信号质量的影响。

对三个测试方案的测试结果进行分析总结，得到以下结论：

(1) 网线越长，所检测到的信号幅值衰减越明显，同时眼图中的杂线也越多，"眼"中间部分被覆盖越多。

(2) 从测试结果分析，监控设备对信号的衰减也有一定的影响。

后续可进一步结合平台网络特性，构建更为系统的眼图检测评价方法，以更好地评估网络性能。

参考文献

[1] 王焕宇. 基于Wireshark的民用飞机A664数据总线系统解析[J]. 科技创新导报，2016(16)：4-5.

[2] 钟杰，何民，王怀胜，等. AFDX构架及协议分析[J]. 电讯技术，2010(1)：65-71.

[3] 付英华. 眼图测试在串行通信系统中的应用研究[D]. 南京大学，2016.

[4] 杜亮. 眼图测量技术[C]//面向航空试验测试技术——2013年航空试验测试技术峰会暨学术交流会论文集，2013.

[5] 张昌骏. 基于误码率的眼图测试——ISOBER[J]. 电子测试，2009(6).

[6] 汪进进. 关于眼图测量[J]. 中国集成电路，2015，24(12)：72-77，85.

[7] 徐永强. 航电系统集成测试技术应用研究[J]. 直升机技术，2019(4).

机载信息系统访问控制安保验证方法研究

杨佳*，张双，石杰，康乔

航空工业西安航空计算技术研究所，西安 710068

摘要：随着下一代飞机的网络互连，机载网络信息安保技术的研究迫在眉睫。参考 DO－326A 适航安保过程规范，研究适用于民用飞机机载网络安保验证过程和方法。概述了安保需求测试的原理，然后介绍了机载信息系统的安保功能；基于安保需求测试，研究了机载信息系统中的安全路由模块访问控制功能安保验证方法，包括包过滤功能、状态检测、动态开放端口以及地址绑定测试。研究了访问控制功能具体测试过程，主要验证设备的访问控制功能的完整性和有效性，为安保开发活动提供保障。最后，展望了民用机载网络安保验证技术的未来发展趋势。

关键词：机载系统；安保功能；安保验证；安保需求测试；访问控制

Research on Security Verification Method of Access Control for Civil Airborne Information System

YANG Jia*，ZHANG Shuang，SHI Jie，KANG Qiao

AVIC Xi'an Aeronautical Computing Technique Research Institute，Xi'an 710068，China

Abstract：With the network interconnection of the next generation of aircraft. Based on DO－326A airworthiness security process specification，we study in processes and methods of civil airborne network security technology. Firstly，the security requirements tests is introduced. Based on security requirements tests，the access control function of security verification in secure routing module in the airborne information system is studied，including the packet filter function，state detection，dynamic open port and address account testing. Then the test process of the access control function is studied. The main purpose is to verify the integrity and effectiveness of the access control function. This will provide guarantee for the security development activities. Finally，we prospect the trend of civil airborne network security verification technology in the future.

Keywords：airborne system；security function；security verification；security requirements tests；access control

1 引 言

随着局域网技术的启用，使得下一代飞机中的连通性增加[1]。使航电网络与外部网络隔绝的间隔将因网络的存在而消失，从而在安全和信息安保方面对机载网络造成巨大影响。目前国内在机载网络安保方面已有少量的研究，但与国外技术还存在很大的差距，因此迫切需要研制我国民用飞机机载网络安保技术。

本文以机载信息系统的安全路由模块为基础，基于 DO－326A 标准中验证方法的安保需求测试，开展对设备的访问控制功能的安保测试，详细介绍了访问控制各个子功能的测试方法，以及测试实现的过程。从而为民用机载信息安保验证提供理论和技术支撑，为安保技术提供有效的保障。

2 安保需求测试概述

机载网络安保验证技术应与开发过程相匹配，其目的是验证安保措施的正确性与有效性，以及验证系统、硬件以及软件是否能够满足安保开发需求。DO－326A 中将民用飞机信息安保验证所需的测试划分为

基金项目：国家某重点科研项目资助（MJ－2018－S－34）

＊通讯作者．E-mail：yangjia7788@163.com

三类，分别是安保需求测试、安保健壮性测试和脆弱性测试[2-3]。

基于安保需求测试是预期功能测试的一部分，用于验证任务的执行是否满足其详细需求。除此之外还包括在响应非授权事件时安保措施执行的正确性测试。功能性测试用例的开发、验证以及测试程序的开发来源于安保功能需求。具体活动包含对每条需求的分析，确保有足够的测试用例来验证需求覆盖的完整性；开发和验证功能性测试用例，从测试用例和验证中开发测试程序。由测试用例中获得覆盖功能的需求。

该验证的目的是确保从安保需求和接口开发足够的测试用例，以证明产品的能力来正确反映正常的输入和条件。活动包括分析对于每个安保需求都存在测试用例。

ARP4754A 标准定义验证为评估需求的执行过程，确定需求已经得到满足，即设计出来的飞机、系统和部件是满足产品需求的。需求的实施验证通常先从逐个部件开始，自下而上，逐步进行，最后完成整个飞机的验证工作。需求测试一般也是分层级进行的：飞机级、系统级和部件级。一个需求可以采用很多种不同的验证方法进行验证，以表明系统的符合性。针对每个特定的需求，尽量选取最合适、最有效的确认方法[4-5]。

3　机载信息系统安保功能

机载信息系统连接着航电核心网络和开放世界网络，要保证各个网络之间数据交换的安全，杜绝来自地面支持网络、客舱和电子飞行包的威胁隐患，保证飞机的安全飞行[6-7]。

其中，安全路由模块的安保功能由信息域/开放域的安保功能软件实现，通常应用在航空以太网环境下飞机信息交换的安全防护，为外部开放域提供虚拟专用网络(VPN)、访问控制、入侵检测、恶意代码防护、日志审计等安保功能，防止开放网络域大部分安全隐患和恶意攻击，保证了开放网络和信息系统间通信的完整性和可用性。

4　访问控制功能安保验证方法

本文以某飞机中机载信息系统的安全路由模块为被测设备，进行访问控制功能的安保测试实现，来验证该模块的访问控制功能是否有效满足安保需求。访问控制是进行网络安全保护应用的主要技术手段，它充分保证网络资源不会被攻击和非法访问[8]。访问控制功能是设备最基本的功能，大部分防护措施都需设置访问控制策略，因此访问控制控制条件是否精细对被测设备而言是非常重要的。

图 1 所示是总体测试环境图。该拓扑结构可根据被测设备的测试类型灵活配置，不同类型的测试过程使用的设备也不同。其中所有的设备都是通过网络交换机进行连通的，因此设备的管理地址需要在同一网段，测试地址的网段是根据被测设备的情况而定的。其中 TestCenter 设备是网络分析仪表，可以模拟各种协议的流量，能够覆盖以太网 2～7 层的测试，全面支持设备的性能测试、功能测试及一致性测试。

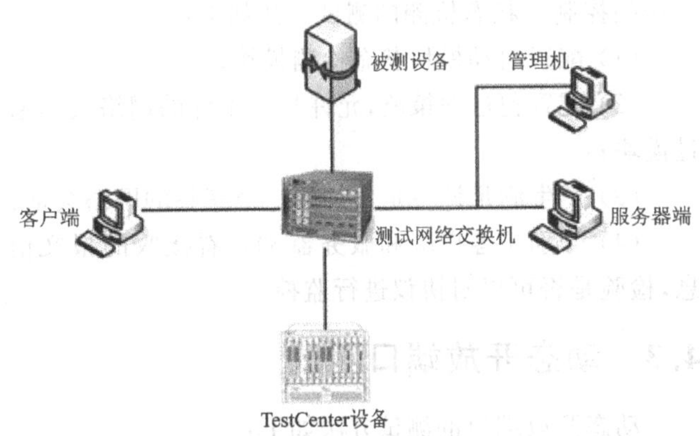

图 1　测试环境图

该模块访问控制功能，实现包过滤、状态检测、动态开放端口、IP/MAC 地址绑定等功能。访问控制功能软件按照功能划分为以下子功能：包过滤功能是指能够基于源 IP 地址、目的 IP 地址、源端口、目的端口、协议类型等五元组进行包过滤。状态检测功能是指能够对 TCP、UDP 连接状态进行检测；对 TCP、UDP 数据包的连接信息进行访问控制。动态开放端口功能是指能够对 FTP、HTTP 等支持动态端口的应用层通信协议的访问控制。IP/MAC 地址绑定功能是指能够通过绑定 IP 地址和 MAC 地址，对接收的报文进行访问控制。下面具体介绍各个子功能的具体测试方法。

4.1　包过滤功能测试

模块具备包过滤功能，支持基于包过滤的访问控制。包过滤的测试方法如下：

(1) 检查模块的缺省安全策略；

(2) 配置基于 MAC 地址的包过滤策略，产生相应的网络会话；

(3) 配置基于源 IP 地址、目的 IP 地址的包过滤策略,产生相应的网络会话;

(4) 配置基于源端口、目的端口的包过滤策略,产生相应的网络会话;

(5) 配置基于协议类型的包过滤策略,产生相应的网络会话;

(6) 配置基于时间的包过滤策略,产生相应的网络会话;

(7) 配置基于用户自定义的包过滤策略,过滤条件是(2)～(6)部分或全部组合,产生相应的网络会话。

4.2 状态检测测试

模块具备状态检测功能,支持基于状态检测技术的访问控制。状态检测的测试方法如下:

(1) 配置启动模块状态检测模块;

(2) 配置包过滤策略,允许特定条件的网络会话通过模块;

(3) 产生满足该特定条件的一个完整的网络会话;

(4) 分别从客户端和服务器端查看接收的报文信息,检验是否可以对协议进行监控。

4.3 动态开放端口测试

动态开放端口的测试方法如下:

(1) 设置模块基于 FTP、HTTP 应用的动态开放端口策略;

(2) 内部网络主机通过 FTP、HTTP(包括主动模式和被动模式)访问外部网络,检查模块是否能及时打开 FTP、HTTP 数据连接所使用的动态端口,网络会话是否连接正常。

4.4 IP/MAC 地址绑定测试

防火墙应支持自动或管理员手工绑定 IP/MAC 地址;应能检测 IP 地址盗用,拦截盗用 IP 地址的主机经过模块的各种访问。

IP/MAC 地址绑定的测试方法如下:

(1) 为模块设置 IP/MAC 地址绑定策略;

(2) 使用自动绑定或手工绑定功能将内部网络中主机的 IP 和 MAC 地址绑定;

(3) 分别产生正确 IP/MAC 绑定的会话和盗用 IP 的会话,检查绑定的有效性。

5 访问控制功能测试过程

测试过程中,首先要对模块设备进行功能需求分析,根据不同子功能的信息,制定各子功能的测试策略;然后选择相应的测试拓扑,进行测试用例设计。本次实现编写出测试用例共 133 个。表 1 所列是根据各个子功能细分的测试用例统计信息。

表 1 测试用例统计信息

测试功能项	测试内容	测试用例个数
包过滤测试	对五元组等信息进行包过滤测试	85
状态检测测试	对协议的连接状态进行测试	13
动态开放端口测试	主要测试应用层协议的动态端口	10
IP/MAC 地址绑定测试	测试 IP/MAC 绑定信息	5
其他测试	包括访问控制功能管理、日志记录等基本测试	20

因测试用例数量较多,下面以基于源地址的访问控制为示例,介绍详细的测试过程。

测试步骤如下:

(1) 按照如图 2 所示拓扑图搭建测试环境,占用 TestCenter 的端口 Port1、Port2、Port3,网关指向被测设备 Eth1、Eth2、Eth3,模拟客户端和服务器端的主机;

(2) 分别对 Client1、Client2、Server 的 IP 地址进行配置,IP 地址分别为 192.168.1.2、192.168.1.3、192.168.2.2;

(3) 配置被测设备 Eth1、Eth2 接口为交换 access 模式,vlan1 的 IP 地址为 192.168.1.1/24,eth3 接口为路由模式,接口 IP 地址为 192.168.2.1/24;

(4) 配置指定源地址 192.168.1.3 的访问控制规则,在最后添加 1 条全部拒绝的访问控制策略;

(5) 在 Client1 和 Client2 上使用 TestCenter 工具向 Server 发送 HTTP 的 get 连接请求;

(6) 在 Server 使用抓包工具 Wireshark 进行数据包捕获,验证是否收到 Client1 和 Client2 所发送的数据包;

(7) 查看设备访问控制规则命中数变化。

测试结果可以从图 3 中看出,Client 总共尝试的连接数 988,添加访问控制策略的 Client2 发出的连接数

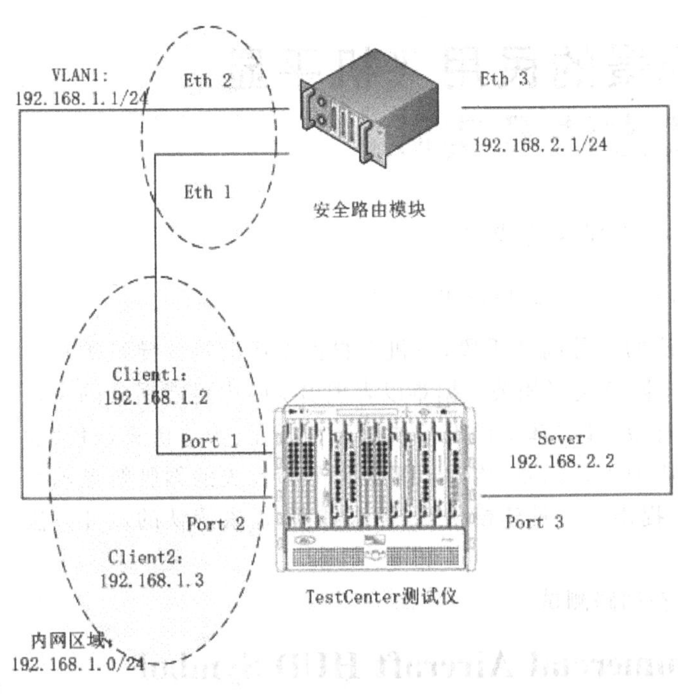

图 2　测试网络拓扑

494 全部失败，且 Client1 发送的数据包在 Server 上可以被抓包工具捕获；Client2 发送的数据包在 Server 上无法被抓包工具捕获；设备访问控制规则命中数加 1。测试结果表明被测设备能够根据源地址来对流量进行访问控制。

Top Level Summary

Result Summary - Transaction Statistics　　User Profile Summary - User Profiles - Transport Error Analysis

Test Results Summary	Transactions			Time (ms)						TCP Connections	
		Total	Rate Per Second		Page Response	URL Response	To TCP SYN/ACK	To First Data Byte	Est. Server Response		Total
	Attempted	988	10	Minimum	0.0	0.0	0.149	0.183	0.0	Attempted	988
	Successful	494	5	Maximum	0.0	0.0	0.805	0.604	0.13	Established	494
	Unsuccessful	494	5	Average	0.241	0.239	0.308	0.234	0.0		
	Aborted	0	0								

Transaction Summary	Test	Count	Transactions (Sub-Commands included)								Response Time (us)		
	Profile	URL	Average Successful Per Second	Attempted	Successful	Unsuccessful	Aborted	Percent Successful	Percent Unsuccessful	Percent Aborted	Minimum	Maximum	Average
	Default_0	1	5	494	494	0	0	100.0	0.0	0.0	167.0	628.0	238.887
	Default_1	1	0	494	0	494	0	0.0	100.0	0.0	0.0	0.0	0.0
	Totals	2		988	494	494	0	50.0	50.0	0.0			

图 3　测试结果

根据进行访问控制测试结果，设备的访问控制安保功能也比较完整，设备能存储最多 2 000 条访问控制策略。

6　结　论

本文以 DO－326A 为依据，对机载信息系统的访问控制功能进行了验证实现。民用飞机安全性级别较高，适航要求严格，飞机安保措施及相关技术的实现有效性是十分重要的，因此在未来工作中，需要对不同安保功能进行验证测试。由于安保功能种类多样，安保验证工作量也比较繁重，需要进行全面自动化验证，提高验证的有效性，形成一套信息安全综合验证平台。

参考文献

[1] Boeing Company. The e-Enabled Advantage[EB/OL]. (2009-04-24). www. boeing. com/commercial.

[2] RTCA 326A, Airworthiness Security Process Specification[S]. USA：RTCA，2014.

[3] 杨佳，张双，刘绚，等. 民用飞机机载系统信息安保验证技术研究[C]. 2018（第七届）民用飞机航电国际论坛，2018，4：137-140.

[4] SAE ARP475A. Guidelines for Development of Civil Aircraft and systems[S]. USA：SAE，2010.

[5] ISO/IEC. JSO/JEC-27005-2011， Information Technology-Security Techniques—Information Security Risk Management[S]. USA：ISO，2011.

[6] 曹全新，杨融，孙志强，等. 民用飞机网络安全问题与策略探究[J]. 网络安全技术与应用，2016(12)：150-153.

[7] Hamid Asgari，Sarah Haines. Security Risk Assessment and Risk Treatment for Integrated Modular Communication[C]. Salzburg，Austria：11th International Conference on Availability，Reliability and Security，2016：503-509.

[8] 刘慧芳. 工业防火墙的测评标准研究和测试方法实现[J]. 自动化仪表，2019，40(11)：15-19.

基于动态飞行仿真场景的民用飞机平显符号模型测试方法及实践

于桂杰*，高文正，丁浩，马兵兵

中国航空工业集团公司洛阳电光设备研究所，洛阳 471000

摘要：建模仿真是民用飞机设计中用于需求捕获、需求确认的一种高效手段，飞机六自由度运动特性导致仿真中所需的理想激励数据在数值及逻辑方面存在相关性，仿真中随意设置相关数据难以表现出实际中可能遇到的飞行剖面，仅通过最终的试飞验证进行评估，既成本高，又样本有限。以"基于模型的快速原型开发、快速仿真迭代"的MBD思想为指导，提出一种通过构建飞行仿真环境，模拟典型飞行场景，构建以平显符号为代表的驾驶舱显示系统逻辑及界面模型激励的方法，以平显符号画面设计为例，提出了一种建模仿真、需求捕获、需求确认的设计方法和实践，可推广至整个驾驶舱显示系统设计领域。

关键词：需求确认；基于模型开发；飞行仿真；平显符号；人在回路测试

Test Method and Practice of Commercial Aircraft HUD Symbol Model Based on Dynamic Flight Simulation Scenario

YU Guijie*, GAO Wenzheng, DING Hao, MA Bingbing

AVIC Luoyang Institute of Electro-Optical Equipment, Luoyang 471000, China

Abstract: Modeling and simulation is an efficient method for requirement capture and requirement validation in Commercial aircraft design. The six degree of freedom motion characteristics of aircraft lead to the correlation between the ideal input data needed in the simulation in numerical and logical aspects. It is difficult to set relevant data to show the flight profile that may be encountered in actual situation, and only through the final flight test demonstration will be both costly and limited in sample. Guided by the MBD idea of "rapid prototype development and fast simulation iteration", this paper proposes a method to construct flight simulation environment, simulate typical flight scenarios, construct cockpit instrument logic and interface model simulation represented by HUD symbols. Taking the design of HUD symbol as an example, a design method and practice of modeling and simulation, requirement validation and model testing are proposed. The proposed method and practice can be extended to the whole cockpit display system design field.

Keywords: requirement validation; model based development; flight simulation; head up display symbol; human in the loop test

作为现代民用飞机驾驶舱内重要的人机接口设备，以平视显示器(HUD)为显示载体的平视飞行指引系统承担着连接人-机之间重要桥梁的作用，在民用飞机领域得到了越来越多的关注[1-3]。根据中国民航要求，至2025年，在所有飞机上全面推广HUD的应用，所有适用的机场都按照HUD运行要求公布最低标准[4-5]。

平视飞行指引系统的作用主要通过两方面体现：

(1)良好的显示载体，即平显设备本身；

(2) 良好的人机界面，即显示符号画面。

对于平显设备，其显示效果相关的性能以满足行业内的相关标准(如SAE AS8055A)作为产品的评价

* 通讯作者. E-mail: yugj001@avic.com

准则。而符号画面属于人机工程领域，与人的感知特性以及飞机的实时运动状态相关，良好的符号外观设计以及符号动态特性设计，对于飞行员及时、准确、高效捕获所需信息，进而及时纠正飞机姿态或轨迹，具有重要的作用。符号外观所涉及到的线宽、字号、形状等，可基于设计实践经验及对静态画面评估确定；而对于符号动态特性所涉及到的运动范围、运动规律、显示消隐逻辑、显示优先级、显示范围、显示数值分辨率等，通过静态画面难以评估，且由于飞机的六自由度运动特性，导致画面中各符号的激励数据存在数值及逻辑方面的相关性，设计期间单独对某一或某几个符号进行仿真，既难以表征实际飞行中遇到的情况，又无法仿真出符号之间的、可能出现的真实动态关系；仅通过最终的试飞验证进行评估，既成本高，又样本有限。通过构建地面模拟飞行仿真环境，模拟各种飞行剖面及场景，对所设计的平显符号画面进行动态仿真测试，是一种低成本、高效的解决方案。

1 基于模型的开发

基于模型的开发（MBD）方法为平显符号功能/符号软件的设计开发提供了一种便捷的途径。MBD 开发方法使得在设计早期即可通过可视化的方法看到设计的效果或结果，方便地实现快速原型开发、快速需求确认、快速需求捕获。在民机显示系统画面设计领域，SCADE 工具获得了广泛应用。

1.1 SCADE 简介

SCADE 软件诞生于 20 世纪 80 年代的法国，经过 30 多年的发展，逐渐成为在航空航天、国防军工、轨道交通、核能重工、汽车电子等行业具有广泛应用的商业产品，其英文全称意为安全关键的应用开发环境，适用于开发嵌入式安全关键系统的软件[6]。SCADE 软件由于通过了航空高安全性工具鉴定，而被广泛应用于机载航电设备开发领域。

1.2 SCADE 在平显符号软件开发中的应用

SCADE 中的 Suite 主要用于逻辑建模，见图 1，Display 主要用于符号格式外观建模，见图 2。

为了实现对设计效果的评价，需要对 SCADE 模型进行仿真，SCADE 的 Suite（逻辑建模）和 Display（外观建模）二者可实现联合仿真，即在 Suite 模型的输入端施加仿真测试用例激励（SCADE 测试脚本），在 Display 模型的输出端观察符号画面动态变化。

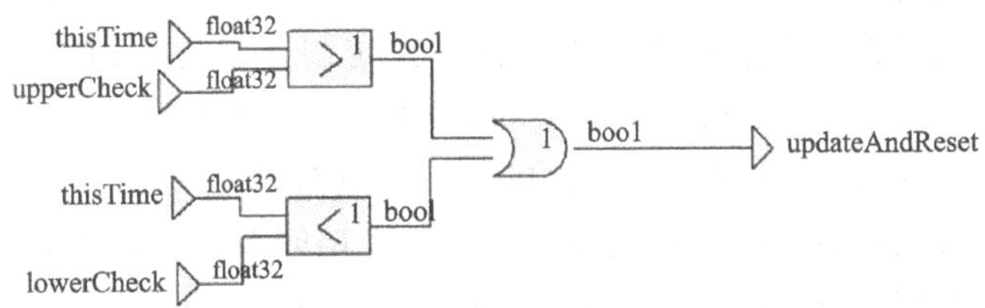

图 1　SCADE Suite 界面示意

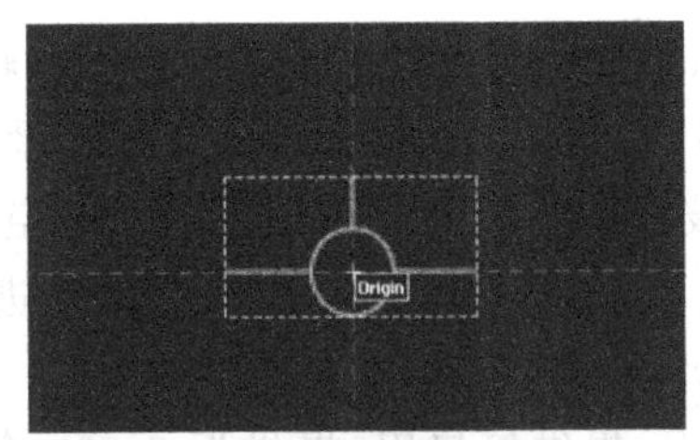

图 2　SCADE Display 界面示意

1.3 基于模型的仿真测试

在各飞行阶段，HUD 符号画面实时反映飞机状态信息，以图形化形式提供诸如空速、高度、姿态、垂直速度、航向等信息，以及部分机载系统相关的信息。

在基于模型的开发期间，可以通过对模型仿真尽早确认需求。模型仿真需要施加激励，早期需求开发期间，首先应对各飞行阶段画面进行总体评估，确认需求的完整性和正确性，评估整个画面的设计理念；在此期间，某些符号的显示使能及运动逻辑除依赖外部数据外，也可能依赖内部其他符号的显示使能及运动逻辑；基于动态飞行仿真环境构建适用于整个画面的外部仿真测试用例，以此激励 SCADE 模型，依据 SCADE 模型的单步/多步测试方法，可以实现符号逻辑及符号外观设计的不断优化。

2 飞行仿真环境

2.1 飞行仿真简介

计算机是一种解算工具，仿真是建立相应物理系统的数学模型在计算机上解算的过程。数学模型是仿真的基础，只有建立正确的数学模型和数据，才能得到正确的仿真结果，仿真才有意义和价值[7]。

飞行仿真主要是通过数学模型结合数字计算机模拟飞机的气动、运动以及机载系统的工作特性，输出相应的模拟飞行数据，供其他系统使用。飞行仿真的目标是建立逼真的飞行仿真环境。飞行仿真环境可基于建模语言、建模工具、建模软件自行建立，也可基于商用货架的飞行仿真软件进行二次定制开发应用；前者定制化开发，灵活性高，且可面向具体机型实现较高逼真度，但价格昂贵；相比之下，后者虽然约束较多，但相对成熟，成本低廉，适用于工程开发期间要求不高的仿真测试激励。

2.2 X-Plane 简介

X-Plane 是世界上针对个人计算机的较为逼真的飞行模拟器，它提供了高逼真度飞机模型及仿真引擎。X-Plane 被许多世界领先的国防供应商、空军、飞机制造商甚至是航空局使用，利用 X-Plane 进行飞行训练、概念设计及飞行试验[8]。

X-Plane 提供接口库，提供近 3 000 个数据供用户使用，支持第三方开发插件，用于实现对仿真数据的操作，如数据读取、数据写入等，且支持在视景显示画面上叠加 HUD 字符画面。

3 利用 X-Plane 构建 SCADE 模型仿真测试环境的方法

基于 X-Plane 可提供飞行仿真、视景仿真的特点，以及 SCADE 自动生成代码以及支持 Suite 和 Display 联合仿真的优势，可以构建以下两种仿真测试环境：

(1) 在线仿真：SCADE 模型自动生成代码，将代码封装为 X-Plane 的插件，构建模型所需输入数据，开展基于人在回路的实时飞行仿真，创建各种情景态势，仿真评估整体画面；

(2) 离线仿真：将在线仿真期间模型代码的激励数据以数据文件存储，基于该数据文件生成模型测试脚本，利用 SCADE 内置的单步、多步、断点调试等功能，进行模型故障定位、优化改进，直至故障排除并确认。

本文所提的思路及方法的流程总结归纳如图 3 所示。

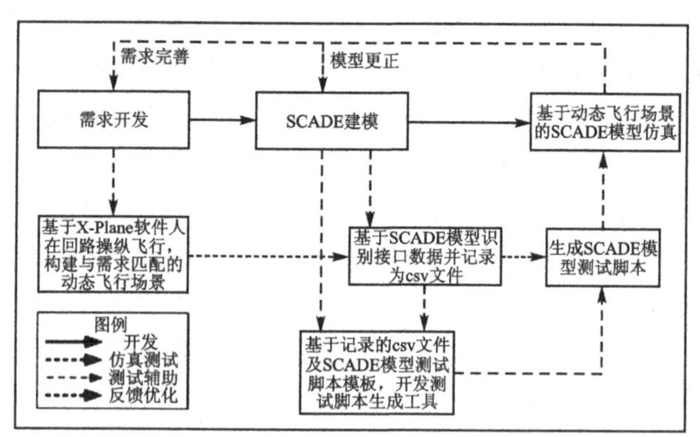

图 3 流程描述

4 飞仿在线仿真环境构建方法

4.1 SCADE 生成代码使用

SCADE 的 Suite 套件用于逻辑建模，逻辑中通常包括时间相关逻辑，Suite 模型生成的代码在运行期间需要以实时状态运行，即定周期调度。Display 套件用于界面(格式)建模，格式中通常不涉及时间相关运算，Display 模型生成的代码涉及符号生成，只要确保显示画面流畅即可，无需定周期调度。

基于上述分析，在程序中使用 SCADE 生成的代码时，可将对 Suite 模型代码和 Display 模型代码分开调度，二者之间通过全局变量进行数据传递。

4.2 X-Plane 插件开发

典型的 X-Plane 插件通常包括如下入口函数：XPluginStart( )、XPluginStop( )。X-Plane 刚启动运行时，会首先调用 XPluginStart( )函数，可在该函数中，利用 SDK 中的 XPLMRegisterFlightLoopCallback( )和 XPLMRegisterDrawCallback( )分别注册用于数据计算及图形绘制的回调函数 FlightLoopCallback( )和 DrawingCallback( )。X-Plane 在启动后进入正常工作模式后，在主线程的每个周期中都会调用这两个函数。

基于 X-Plane 的运行机制，对于 SCADE Display 生成的代码，可以在 DrawingCallback( )中进行调用；SCADE Suite 生成的代码需要在实时环境下运行，因此，可在 X-Plane 运行后，在 X-Plane 主线程之外单独创建一个定周期线程，在该线程中调用 SCADE Suite 生成的代码；二者之间通过全局变量进行数据交互传递。

X-Plane 支持用户创建菜单、面板等虚拟人机交互界面，菜单的创建可以在 XPluginStart( )函数中通过 XPLMAppendMenuItem( )和 XPLMCreateMenu( )函数及相应的菜单回调函数完成。虚拟面板中支持按键、文本框、选项等各种虚拟交互控件。

4.3 仿真测试实践

基于上述方法，以平显符号原型 Suite 模型和 Display 模型为例，自动生成代码并构建了 X - Plane 插件，基于所需的外部数据，构建了虚拟交互面板，如图 4 所示。

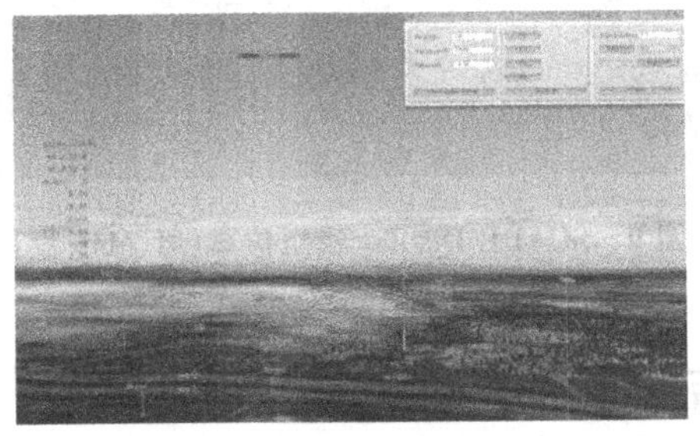

图 4 飞仿在线仿真效果

5 飞仿离线仿真环境构建方法

5.1 提取输入参数

在 SCADE 模型仿真期间，基于 SCADE 的“Save scenario”功能以及由此产生的测试脚本示例文件（见图 5），识别本 SCADE 模型所需的输入参数。

```
123.sss
SSM::set C919Build::C919Cycle/CalibratedAirspeed_Kts 0.0
SSM::set C919Build::C919Cycle/BarometricAltitude_ft 0.0
SSM::set C919Build::C919Cycle/Pitch_deg 0.0
SSM::set C919Build::C919Cycle/Roll_deg 0.0
SSM::set C919Build::C919Cycle/MagneticHeading_deg 0.0
SSM::set C919Build::C919Cycle/MagneticTrack_deg 0.0
SSM::set C919Build::C919Cycle/p_dps 0.0
SSM::set C919Build::C919Cycle/q_dps 0.0
SSM::set C919Build::C919Cycle/r_dps 0.0
SSM::set C919Build::C919Cycle/ax_g 0.0
SSM::set C919Build::C919Cycle/ay_g 0.0
SSM::set C919Build::C919Cycle/NormalAcc_g 0.0
SSM::set C919Build::C919Cycle/GroundSpeed_Kts 0.0
SSM::set C919Build::C919Cycle/InertialVerticalSpeed_ftmin 0.0
SSM::set C919Build::C919Cycle/RadarAltitude_ft 0.0
SSM::set C919Build::C919Cycle/LocaliserDeviation_miuA 0.0
SSM::set C919Build::C919Cycle/GlideslopeDeviation_miuA 0.0
```

图 5 SCADE 测试脚本示例文件

5.2 构建原始数据文件

为便于数据管理、分析、更改，动态飞行仿真数据激励文件采用支持 Excel 工具编辑的 csv 格式，表格定义如下：

（1）表头为各参数的名称，每个参数占据 1 列，每个仿真记录周期中所有的参数的数据占据 1 行；

（2）首列为“序号”。

当数据较多时，采用纯人工方法获取输入参数名称工作量较大，且容易出错，基于该考虑，可采用 Excel 工具实现。

根据 X - Plane 软件运行机制，在入口函数 XPluginStart()中创建文件，并基于提取的参数名称，构建文件表头。

根据 X - Plane 运行机制以及飞仿在线激励时 SCADE 代码调度策略，在调用 Suite 模型代码的定周期线程中，每次更新模型激励数据时，同步将该组数据记录为动态飞行仿真数据激励文件中的一行，并同步记录本组数据的周期数（Steps）。

模型激励数据源自 X - Plane 中的飞行仿真过程，基于模型所需数据的物理含义、单位，在 X - Plane 的 Dataref 中查找匹配的数据，通过 API 基于该数据的 Dataref 进行调用读取，并根据需要进行单位转换或简单计算。

将飞行仿真数据记录为 csv 格式的中间文件（见图 6），该做法有如下优势：

（1）可使用 Excel 工具打开，进而利用 Excel 的分析功能开展可视化分析；

（2）可对记录的全部数据文件进行人工二次增删、更改，灵活处理。

ModelInputExample.csv - Microsoft Excel

B1564 89.359871

1	TotalSteps	CalibratedAirs	GroundSpeed	Pitch_deg	Roll_deg	MagneticHead	MagneticT	Barometri	RadarAlti	InertialV	SelectedA	Comm
1560	1559	88.929359	90.896172	-0.118117	-0.475231	0.601654	0.601633	122.7422	0.14911	0.107933	145	
1561	1560	89.037018	91.00338	-0.119831	-0.475133	0.601685	0.601663	122.7432	0.141887	0.107933	145	
1562	1561	89.144646	91.111313	-0.121144	-0.474954	0.601685	0.601663	122.7439	0.137647	0.107933	145	
1563	1562	89.252251	91.218399	-0.122095	-0.474681	0.601685	0.601663	122.7444	0.130912	0.107933	145	
1564	1563	89.359871	91.326248	-0.122752	-0.47427	0.601654	0.601633	122.7446	0.137858	0.107933	145	
1565	1564	89.467384	91.434113	-0.12309	-0.473681	0.601654	0.601633	122.7445	0.137638	0.107933	145	
1566	1565	89.574875	91.541222	-0.12303	-0.47291	0.601654	0.601633	122.744	0.133914	0.107933	145	
1567	1566	89.682449	91.648354	-0.122478	-0.471978	0.601654	0.601633	122.743	0.126253	0.107933	145	
1568	1567	89.790024	91.756256	-0.121369	-0.470933	0.601654	0.601633	122.7416	0.116303	0.107933	145	
1569	1568	89.897537	91.863289	-0.119741	-0.469848	0.601624	0.601602	122.7397	0.107188	0.107933	145	
1570	1569	90.005035	91.971031	-0.117652	-0.468738	0.601624	0.601602	122.7375	0.101214	0.107933	145	
1571	1570	90.112465	92.07869	-0.115218	-0.467603	0.601624	0.601602	122.7351	0.099072	0.107933	145	
1572	1571	90.219826	92.185524	-0.112532	-0.466417	0.601624	0.601602	122.7325	0.099049	0.107933	145	
1573	1572	90.327248	92.292351	-0.109574	-0.465134	0.601624	0.601602	122.7297	0.098252	0.107933	145	
1574	1573	90.434708	92.399979	-0.106255	-0.463736	0.601624	0.601602	122.7265	0.094163	0.107933	145	
1575	1574	90.542084	92.506851	-0.102547	-0.462272	0.601624	0.601602	122.7229	0.086352	0.107933	145	
1576	1575	90.64949	92.614464	-0.098355	-0.46078	0.601593	0.601572	122.7189	0.07647	0.107933	145	
1577	[illegible]	[illegible]	[illegible]	[illegible]	[illegible]	[illegible]	[illegible]	[illegible]	[illegible]	[illegible]	[illegible]	
1578	1577	90.864174	92.828651	-0.088853	-0.457969	0.601593	0.601572	122.7103	0.062376	0.107933	145	
1579	1578	90.971466	92.935219	-0.083772	-0.456674	0.601563	0.601541	122.7058	0.061229	0.107933	145	
1580	1579	91.078835	93.042511	-0.078545	-0.455403	0.601593	0.601572	122.7012	0.062464	0.107933	145	
1581	1580	91.186073	93.149796	-0.073225	-0.454129	0.601593	0.601572	122.6966	0.063012	0.107933	145	
1582	1581	91.293266	93.25631	-0.067799	-0.452853	0.601624	0.601602	122.6918	0.060435	0.107933	145	
1583	1582	91.40052	93.363602	-0.062123	-0.451588	0.601654	0.601633	122.6869	0.054277	0.107933	145	
1584	1583	91.507637	93.470085	-0.056258	-0.45041	0.601654	0.601633	122.6817	0.046523	0.107933	145	

ModelInputExample

图 6 动态飞行仿真数据激励文件示例

5.3 构建模型仿真测试脚本

根据 SCADE 模型所需测试脚本格式，以记录的动态飞行仿真数据激励文件为基础，设计并开发工具软件，构建用于连续仿真的 SCADE 模型仿真测试脚本，思路如下：

（1）读取 csv 文件数据；

（2）按照 sss 文件格式要求，将读取的数据按周期写为 sss 文件。

5.4 仿真测试实践

在仿真期间，首先，应基于输入/输出关系建立好 Suite 输出与 Display 输入之间的映射关系；其次，通过 SCADE 测试脚本进行激励驱动仿真。

在 SCADE 模型仿真中，直接加载 5.3 节生成的测试脚本文件，基于 SCADE 的单步、多步、连续调试以及断点插入功能，可以很好地实现模型调试、优化以及画面优化，进而反馈更新需求(设计)，与需求开发形成快速迭代。

基于上述方法，以基于 SCADE 开发的平显符号原型 Suite 模型和 Display 模型为例，基于飞仿在线的 SCADE 模型仿真测试(见图 7)期间，收集了输入数据并按照上述描述生成了动态飞行数据激励文件(见图 8)，进而基于该文件生成了 SCADE 模型测试脚本，对 SCADE 模型开展了仿真测试(见图 9)，起到了发现故障、定位故障、优化设计、确认需求的目的。

以第 7446 步仿真为示例，从飞仿在线仿真到飞仿离线仿真的整个仿真过程以及对照关系，如图 7～图 9 所示。通过仿真，表明了该思路、实施方法的可行性以及对设计开发、需求开发工作促进作用的有效性。

图 7 飞仿在线仿真(第 7 446 步)

TotalSte	Calibrate	GroundSpe	Pitch_deg	Roll_deg	MagneticE	MagneticT	Barometri	RadarAlti	InertialV	SelectedA	Commandec	SelectedC
7443	145.2637	147.2291	0.863786	0.077898	0.173279	0.173332	832.1442	729.4394	-812.729	145	1500	0.160004
7444	145.2628	147.2279	0.864039	0.077898	0.173279	0.173349	831.9031	729.0692	-812.728	145	1500	0.160004
7445	145.2619	147.2269	0.864284	0.077898	0.173248	0.17331	831.6914	728.9415	-812.728	145	1500	0.160004
7446	145.2619	147.2258	0.864542	0.077897	0.173248	0.173299	831.487	728.9075	-812.727	145	1500	0.160004
7447	145.2601	147.2225	0.865069	0.077896	0.173218	0.173275	831.0507	728.3768	-812.724	145	1500	0.160004
7448	145.2584	147.2214	0.865609	0.077897	0.173218	0.173282	830.6005	728.1383	-812.719	145	1500	0.160004
7449	145.2584	147.2203	0.865882	0.077898	0.173187	0.173241	830.3748	728.1323	-812.717	145	1500	0.160004
7450	145.2584	147.2191	0.866155	0.0779	0.173187	0.173232	830.1492	727.9188	-812.714	145	1500	0.160004
7451	145.2574	147.218	0.86643	0.077902	0.173157	0.173218	829.9235	727.538	-812.711	145	1500	0.160004
7452	145.2565	147.2169	0.866706	0.077905	0.173157	0.173208	829.6979	727.2314	-812.707	145	1500	0.160004
7453	145.2557	147.2157	0.86698	0.077909	0.173187	0.17323	829.4716	727.1154	-812.703	145	1500	0.160004
7454	145.2547	147.2146	0.867256	0.077914	0.173157	0.173216	829.2462	727.0339	-812.699	145	1500	0.160004
7455	145.2539	147.2135	0.867532	0.077918	0.173157	0.173205	829.0206	726.7962	-812.694	145	1500	0.160004
7456	145.2539	147.2123	0.867811	0.077919	0.173126	0.173164	828.7956	726.4556	-812.689	145	1500	0.160004
7457	145.253	147.2112	0.868096	0.07792	0.173126	0.173181	828.5702	726.2324	-812.684	145	1500	0.160004
7458	145.2521	147.21	0.868375	0.077921	0.173126	0.173171	828.3413	726.2127	-812.679	145	1500	0.160004
7459	145.2512	147.2089	0.86866	0.077921	0.173096	0.17313	828.1182	726.1925	-812.673	145	1500	0.160004
7460	145.2512	147.2077	0.868948	0.077921	0.173096	0.173175	827.893	725.9652	-812.667	145	1500	0.160004
7461	145.2503	147.2066	0.869236	0.077921	0.173065	0.173134	827.6672	725.584	-812.661	145	1500	0.160004
7462	145.2494	147.2054	0.869524	0.077922	0.173065	0.173124	827.4423	725.2824	-812.654	145	1500	0.160004
7463	145.2494	147.2054	0.869524	0.077922	0.173065	0.173124	827.4423	725.2824	-812.654	145	1500	0.160004
7464	145.2485	147.2043	0.869816	0.077923	0.173065	0.173141	827.2162	725.146	-812.647	145	1500	0.160004
7465	145.2467	147.2017	0.870399	0.077927	0.173035	0.173089	826.7251	724.7795	-812.632	145	1500	0.160004

图 8 动态飞行仿真数据激励文件(第 7 446 步)

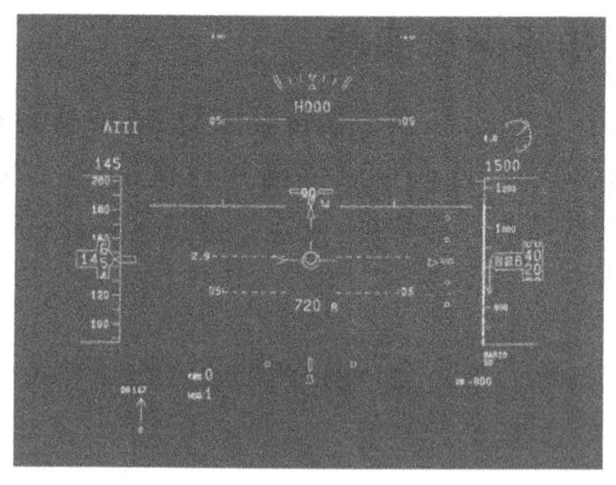

图 9 SCADE Display 模型仿真(第 7446 步)

6 结 论

本文面向现代民用飞机驾驶舱显示系统人机界面设计中的需求捕获、需求确认、模型仿真测试场景，以平显画面设计为例，参照“基于模型的快速原型开发、快速仿真迭代”的 MBD 思想，提出了一种基于实时动态飞行仿真场景的人机界面模型仿真测试的方法；通过综合利用 X - Plane、VisualStudio、MATLAB、Excel、SCADE 等工具，提出并开发了实现上述方法的一套环境、工具链及流程实践；通过开展仿真测试实践，表明了该方法及工具链的有效性，以较高费效比实现了产品需求的完整性和正确性，可推广应用至其他航电系统领域。

参考文献

[1] 费益，季小琴，程金陵. 平视显示系统在民用飞机上的应用[J]. 电光与控制，2012，19(3):95-99.

[2] 王全忠，高文正. 平视显示器在民用飞机上的应用研究[J]. 电光与控制，2014，21(8):1-5.

[3] 刘津宇. 平视显示器在民航中的应用研究[J]. 民航学报，2020，4(3):45-47.

[4] 高升. 使用 HUD 实施特殊Ⅱ类运行的研究 [D]. 广汉：中国民用航空飞行学院，2015:1-9.

[5] 中国民用航空局. 平视显示器应用发展路线图[S]. 民航发[2012]87 号，2012.

[6] 荆华，沈轶烨. ANSYS SCADE Suite 建模基础[M]. 北京：中国水利水电出版社，2018:8-18.

[7] 王行仁，等. 飞行实时仿真系统及技术[M]. 北京：北京航空航天大学出版社，1998:1-5.

[8] Laminar Research，X-plane 10 Manual[S]，2013.

机载系统微处理器选择和评估方法

许峥*

昂际航电，上海 200241

摘要： 考虑到货架微处理器日益增长的复杂性，仅在处理器芯片层面提供安全保证越来越不切实际。软件和硬件的复杂性不断增加，这两者的结合将提高在系统级评估大型复杂系统的需求。货架微处理器迭代的时间正在缩短。大多数货架处理器的复杂性已经超出了对其进行详尽测试的能力。微处理器的生命周期包括开发、取证、服役及维护产生了重叠阶段。本文关注机载系统对微处理器的评估，阐述了当前法规的适用性和局限性，介绍了微处理器在机载系统使用中遇到的问题。引入了评估框架和多层次安全网络的方法，为货架微处理器的评估提供了实践参考。

关键词： 微处理器；RTCA/DO－254；多层次安全网络；机载系统

Microprocessor Selection and Evaluation Method for Airborne Systems

XU Zheng*

Aviage Systems, Shanghai 200241, China

Abstract: Given the growing complexity of COTS microprocessors, it's increasingly impractical to provide safety assurance only at the processor level. The combination of software and hardware complexity will drive the need to evaluate it at the system level. The time frame for iterations of microprocessors is shortening. The complexity of microprocessors is beyond the ability to test them exhaustively. The microprocessor life cycle which include development, certification, in-service, and maintenance have overlapping phases. This paper is concerned with the approach to the evaluation of microprocessor for airborne systems, describes the applicability and limitations of current regulations, and presents the problems and solutions encountered in the use of microprocessors in airborne systems, a microprocessor evaluation framework and a multi-level safety network are introduced. A practical reference is provided for the evaluation of microprocessors.

Keywords: microprocessor; RTCA/DO－254; multi-level safety net; airborne system

1 引言的说明

随着民用航空业的发展和微处理器的快速迭代，从业者需要为下一代机载系统选择新的微处理器，其过程中不仅需要考虑目前市场可获得的货架微处理器的性能，还需要评估微处理器制造商能提供的数据是否可以支持机载系统申请方的取证活动，如果微处理器制造商提供的数据不能充分证明其在机载系统使用时的安全性，系统设计者需要在系统级别加以考虑，以确保机载系统的安全性。本文针对这些问题进行了研究，为机载系统的微处理器评估提供了实践参考。

2 DO－254 对货架微处理器的适用性分析

RTCA/DO－254[1]（下文简称 DO－254）为机载电子硬件开发提供指导，其阐述了机载电子硬件的开发活动以确保其在规定的环境中安全地发挥其预期功能。其考虑了开发硬件产品所需的完整阶段。从开发规划，到设计和实施，再到确认和验证，最后到生产转移。但是这些流程并不完全适用于微处理器的评估，

* 通讯作者. E-mail: allen. xu@aviagesystems. com

因为微处理器的制造商不会遵循DO-254定义的过程来开发产品,即使他们做了相关的活动,一般也不会公布这些信息。此外,DO-254没有考虑到一些微处理器特有的安全问题,例如:

① 制造商提供的微处理器信息没有包括关于其功能的具体实现架构,其提供的高级功能导致任务执行时间不可预测。

② 微处理器有限的内置自检(BIST)支持。

③ 由于测试复杂度的爆炸性增长,处理器制造商缺乏对包含许多先进功能的高性能微处理器的充分测试。

④ 高集成度微处理器中的高精度工艺带来的额外的安全性相关问题。

⑤ 微处理器相对短的生命周期,在机载系统产品的寿命结束之前就有可能停产。

因此,DO-254不能作为接受或拒绝在航空电子领域使用某个微处理器的充分判定依据。然而其某些目标仍然适用,例如:

第2章"硬件设计保证的系统方面"可以适用。其中所需的相关信息可以通过制造商的手册和系统层的测试等来源来获得。例如,硬件功能故障的概率和各功能的故障模式,用户可以通过处理器制造商提供的测试资料来获得,也可以通过直接测试来确认。硬件安全评估、随机故障的定量评估以及设计错误和异常情况,都可以通过在使用环境中的测试来获得。对由于环境压力引起的长期故障,可以采用加速测试的方法,如环境压力测试来确认。

第6章"确认和验证过程"描述了确认和验证的活动和方法。对于一个微处理器,可以考虑两种类型的确认和验证过程:由制造商完成的验证和由申请人完成的验证。当考虑由制造商完成的确认和验证时,第6章不适用,因为制造商提供的确认和验证的信息是保密的,通常无法获取。即使可以获得这些信息,制造商所做的确认和验证也不一定符合DO-254的要求。微处理器的确认和验证也可以由系统申请人完成,但是申请人应确保从微处理器制造商获得的输入是有效的、实时的。

第7章"配置管理过程"适用。因为配置管理对微处理器的开发很重要。同时该过程对完整的微处理器服役生命周期管理也很重要。

第11章"附加考虑因素"适用。当一个微处理器的新版本发布并将用于机载系统时,可以使用第11.1章节关于使用先前开发硬件的内容作为指导。第11章有专门的小节,对器件的使用和产品服务经验进行了指导。这些小节可以适用于货架微处理器。当考虑到微处理器制造商使用的工具时,DO-254中给出的关于工具评估和鉴定的指导很难适用,因为制造商很少会披露这方面的信息。

第4章"规划过程"不适用。因为微处理制造商通常不愿意分享这些信息,即使制造商分享这些信息,制造商的规划也可能与DO-254的指导意见不完全一致。同样第5章"硬件设计过程"和第8章"流程保证"也不适用,因为微处理器的硬件设计过程对制造商来说是保密的。第9章"取证联络程序"也不适用,因为微处理器制造商考虑的是一般的市场需求,通常不会与航空取证机构建立沟通。

3 机载系统使用货架微处理器面临的问题

PPC7448[2]是基于PowerPC架构的微处理器,该架构在航空工业领域有很长的服务历史,但由于市场问题,NXP将停止开发该架构的微处理器产品。

ARM架构是值得考虑的合适替代处理内核。ARM的Cortex R系列已经广泛使用在高可靠性系统中,其支持锁步策略以保证计算数据的高完整性。TI的TMS570LS31提供了2个ARM Cortex R4(主频600 MB,1 470 MIPS)的核工作在锁步模式。瑞萨半导体的R-Car H3,提供了ARM Cortex A57和ARM Cortex A53的核的同时,还提供了2个ARM Cortex R7(主频800 MB,2 700 MIPS)的核工作在锁步模式,可以用于高完整性的计算应用平台。

同时美国宇航局已经联合多个利益相关方开始研究把ARM的Cortex A系列内核用于高可靠性计算领域,Cortex A53是它的一个研究课题,其主频可达1 G以上。与此同时,ARM在2018年发布了Cortex-A76AE,其在支持锁步模式的同时,提供了更加强大的算力。但是目前市场上还没有成熟的基于ARM Cortex A系列的锁步芯片。在当前阶段申请方需要使用其IP,来开发机载系统所需要的FPGA或者SoC。

在评估货架微处理器时,市场上主流供应商的微处理器的一般都有以下三个共同问题:

① 可见性和可调试性差,在系统使用和开发过程中无法观察到芯片的内部操作。

② 配置问题,在系统运行时,软件可访问微处理器配置带来额外的配置改变风险。

③ 资源共享因素,由于片上共享资源,性能不可预测。

3.1 微处理器的可见性和可调试性问题

微处理器内部操作的可见性是有限的,其内部操作通常是不公开的。例如,芯片手册可能记录了如何配置使用缓存存储器,但处理器内部使用的缓存算法可能是专有信息。并且微处理器内部故障的注入能力是有限的,甚至是无法实现的。如果不能注入故障,就无法证明系统可以正确检测并纠正故障。

3.2 微处理器的配置问题

对于微处理器应用,配置寄存器是一个越来越令人关注的问题,复杂的设备集成使得整个系统通过软件配置的比例越来越大。如果微处理器配置不当,会导致系统出现错误行为。大多数货架微处理器的功能都超过了典型应用的需求,所以要注意保证未使用的功能被适当地禁用。在传统航空电子设备中,可以直接断开物理连接。然而在现代航电技术特别是综合航电系统,物理分离已经不现实,配置寄存器中一个比特位的翻转就可以使处理器失效。

3.3 微处理器的资源共享问题

现代微处理器的处理单元、内存和 I/O 组件都驻留在单个器件中,这些组件被设计成共享资源,以优化系统性能。如图 1 所示,NXP T2080 的四个 e6500 内核共享一个 2 MB 的二级缓存。此外四个核还共享一条片上总线。分析这些共享资源的访问协议以及这些共享资源在程序运行时的行为,以确保即使共享资源,系统也能以可预测的方式运行。共享资源是导致最坏情况执行时间(WCET)分析困难的主要因素。

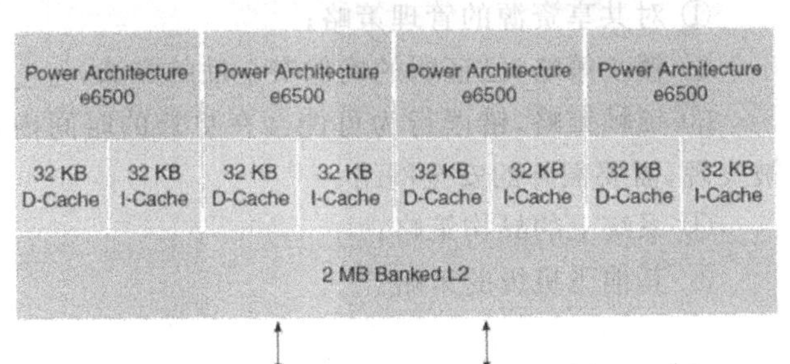

图 1 T2080 的架构图(局部)

4 微处理器评估框架

针对以上问题,本文提出了导入新微处理器的评估框架和多层次的安全网络。章节 3.1 到 3.5 分别介绍了评估框架的 5 个步骤,其可以缓解微处理器的可见性问题和共享资源的风险,后续章节 4 介绍的多级安全网络可以缓解微处理器的配置风险。

4.1 新的系统需求

系统需求是选择微处理器芯片的重要输入,系统需要对处理器的功能、性能、功率和可靠性有清晰的定义。

4.2 微处理器初选评估

这里需要评估处理器制造商历史和处理器系列家族历史,同时还要考虑微处理器以下五个方面:是否首次使用、可用性、适用性、稳定性和可测试性。

首次选择新的货架微处理器时,需要考虑该微处理器的投入使用的时间长短和是否有经证实的服务历史。可用性的重点是成熟度,包括使用工艺、流片次数、启动客户和目前已投入使用的数量。行业趋势表明新发布的微处理器稳定性较差,大多数情况下需要制造商进行持续迭代。适用性包括根据制造商公布的性能数据对预期应用进行降额使用。并对器件内的所有功能和其预期用途的管理。可测试性通常在多个级别进行体现,由于加密或知识产权的限制,无法获得微处理器行为的完全可视性,这会影响测试性和系统级别的内建自测试(BIT)覆盖率。

4.3 微处理器的鉴定准备

首先要识别微处理器的所有功能。这些功能是微处理器的微结构元素,可以从芯片手册中获得这些信息。

例如:PPC7448 功能的识别[3]:

① Load/Store Units (LSU)

② Cache

③ Memory Management Unit (MMU)

④ ……

其次,对于识别的功能,需要进行风险识别,要分析其功能的故障模式和故障影响。例如:PPC7448 的 MMU 是在块和页的颗粒度上控制这些空间的访问权限,以支持虚拟的分页内存系统。MMU 包含在 LSU 内,翻译 LSU 计算的有效地址,以确定内存访问的正确物理地址。因此,MMU 的可能失效模式有:翻译错误、延迟翻译、分区分页失败、控制失败等,之后需要和处理器制造商合作对这些故障模式所造成的潜在功能影响及其严重性进行分析。

接下来要为每个子功能建立模型。这是功能测试的基础，以确保它们符合指定的行为。例如，PPC7448的 Cache 会提供指令和数据 32 字节的缓存块。每个缓存块有 4 个状态，如图 2 所示。

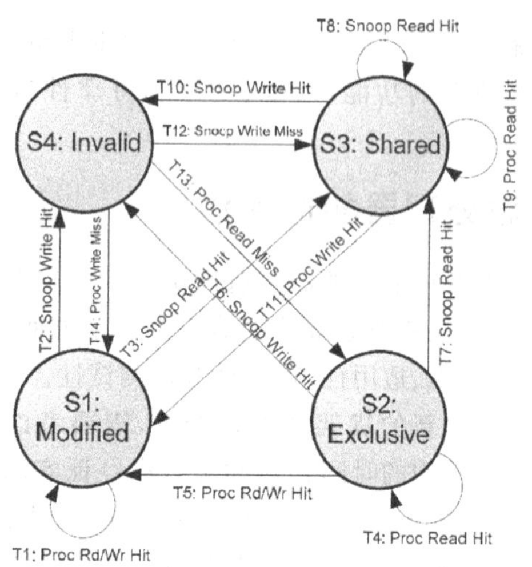

图 2 PPC7448 Cache Coherency 状态机

S1:Modified，在缓存中，并且相对于主内存已经被修改。它不存在于任何其他连贯的缓存中。

S2:Exclusive，存在于缓存中，这个缓存对这一行有独占权。

S3: Shared，寻址线在缓存中，也可能在另一个连贯的缓存中，它不能被任何处理器修改。

S4: Invalid，缓存位置不包含有效数据。

状态机转换描述如下：

T1: Proc Rd/Wr Hit，进程缓存读/写命中。

T2: Snoop Write Hit，检测到缓存 Snoop 写命中。

T3: ……

4.4 微处理器的系统鉴定

在微处理器集成到系统中后，需要使用功能模型对功能按照规范进行验证。成功的功能验证能够确保货架微处理器符合其规范。除了确保功能，还要进行更广泛的系统安全性评估，包括暴露在环境应力下的情况。最后需要进行功能风险定量分析，并给出相应的缓解措施。

4.5 持续迭代鉴定标准

在鉴定过程和后续的服役使用中，需要收集新的故障信息并吸取经验教训，纳入下一个系统的开发活动中。

5 多级安全网络

仅在芯片级满足微处理器的安全性要求已不可行，因此多级安全网络变得至关重要。多级安全网络的概念考虑了分立器件、电路、直接支持微处理器使用的各个组件以及更高级别的系统架构。多级安全网络可以看作是一种系统架构方法。

现代微处理器技术要求有多层次的安全网络来保证系统安全。错误检测和恢复可以设计在不同层次上。当发现微处理的性能无法充分满足系统的需求时，板级和系统级的设计可以帮助我们解决问题。例如：微处理器里的随机存取存储器(RAM)对宇宙射线的敏感性要大于采用闪存技术的设备，我们需要在基于 RAM 的设计中考虑多级安全网络，比如定期的存储器内容验证，以确保飞行关键系统中的无错误操作，还可以使用非 RAM 的监控电路。安全网络设计始终假设微处理器会出现错误行为，包括错误的配置，如果没有多级的安全网络，就会降低系统的安全性。

以下介绍了一些在各个级别的典型监控方法。在软硬件级别的方法包括：

① 存储器(奇偶纠错码/单粒子翻转监控)；

② 总线(协议校验、奇偶校验、冗余码)；

③ 异构硬件(解决硬件设计的共模问题)；

④ 配置寄存器监控；

⑤ 系统级和箱级内建自测试(BIT)；

⑥ 软件投票机制；

⑦ 外部监控，如看门狗设计。

在系统架构级别的方法包括：

① 对共享资源的管理策略；

② 锁步策略，已证明的确保安全性的方法；

③ 锁帧策略，错误行为可能会在更长的时间内未被发现，需要额外的安全网络；

④ 系统上的异构策略；

⑤ 其他飞机级的策略。

6 结 论

机载电子系统强烈依赖于所使用的微处理器。不断发展的微处理器架构包括缓存、多线程等概念，都会影响机载系统性能的可预测性和安全性。微处理器受市场需求驱动，很少考虑航空电子的需求，制造商为达到竞争目标而匆忙投产，处理器的迭代周期越来越短，机载系统被迫使用越来越复杂的处理器。在大多数情况下，处理器制造商所掌握的详细设计和测试信息是无法获得的。处理器制造商一般不保证充分的设计和验证来满足机载系统的安全性需求。所以仅在处理器层面确保系统安全是不够的。本文针对这些问题提出了微处理器的评估框架和多层次安全网络，为货架微处理器的评估提供了实践参考。

参考文献

[1] RTCA/DO－254，Design Assurance Guidance for Airborne Electronic Hardware [S]. 2000.

[2] MPC7450 RISC Microprocessor Family Reference Manual.

[3] MPC7448CE，MPC7448 RISC Microprocessor Hard-ware Specifications.

一种民用飞机水废水系统预加水控制方法研究

曹灿

上海飞机设计研究院，上海 201203

摘要：本文描述了一种新型民用飞机水废水系统加水控制方法，通过在典型机型控制架构基础上增加云计算功能，搭建了水废水系统机上用水数据库，并通过统计学方法对数据进行处理，更新预加水量算法。优化了传统四段制预加水控制方法，使每次飞行机上载水量更加精确，减少了不必要载水，降低了航空公司燃油消耗成本，提升了飞机运营经济性。

关键词：民用飞机；水系统；预加水；控制

A Research on the Pre-filling Control Method of Civil Aircraft Water and Waste System

CAO Can

Shanghai Aircraft Design and Research Institute, Shanghai 201203, China

Abstract: This article describes a new type of civil aircraft water and waste system pre-filling control method. By adding cloud computing function on the basis of the typical model control architecture, an on-board water use database of the water and waste system is built, and the data is processed through statistical methods to update the pre-filling algorithm. The traditional four-stage pre-filling control method is optimized to make the water amount of flights more accurate, reducing unnecessary water loading, reducing airline fuel consumption costs, and improving aircraft operating economy.

Keywords: civil aircraft; water system; pre-filling; control

引　言

对于航空公司而言，飞行成本是运营成本中最大的支出，而航油成本又是飞行成本中较大的一项支出。飞行过程中的燃油消耗随着飞机载重的增加而增长。在商载之外的载重越大，飞行的经济性就越低。

通常，机上水箱的容积被设计成满足最大航线运营需求，即满足飞行包线的载客人数与航行时间的最严酷要求的容积。目前，通用的处理方法是在航行前将水箱加水至满水状态。然而，在实际执飞过程中，执飞达到飞行包线的最严酷要求的飞行任务的概率较低。执飞过程中所需的水量常常远小于水箱容积能够提供的最大水量。特别地，在一些情形中，航班的上座率可能不足50%或更低的情况下，执飞过程中所需的水量更少。

因此，为了有效降低燃油消耗、减少航油成本，在不影响飞行安全和乘客舒适度的前提下合理减少机上载水量，迫切需要一种能够预测并控制民用飞机的预加水量的方法。[1-3]

1　典型机型水废水系统加水控制架构

典型机型水废水系统加水控制架构如图 1 所示。一般航空公司在执飞前加水勤务程序如下：[4]

(1) 通过客舱维护终端(CMT)选择本次执飞的预加水量(一般为四段制：25%、50%、75%和 100%)，若不选择则默认加水量为 100%；

(2) 地面勤务人员打开飞机蒙皮的勤务口盖，完成

通讯作者. E-mail：caocan@comac.cc

加水车与加水/排放接头连接；

(3) 地面勤务人员启动加水车水泵，并将加水/排放选择器置于加水位，加水/排放阀打开，机上水箱开始加水；

(4) 待水箱上的水位传感器探测到水箱中的水量达到勤务前预选的加水量时，系统控制器控制加水/排放阀关闭，停止加水；

(5) 加水停止后，地面勤务人员关闭加水车水泵，断开加水车与加水/排放接头的连接，关闭勤务口盖，结束加水勤务工作。

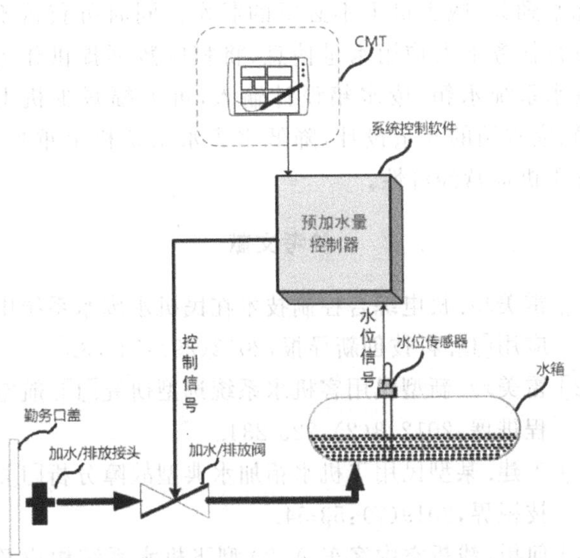

图 1　典型机型水废水系统控制架构

2　新型水废水系统加水控制架构

本文提出一种新型的水废水系统控制架构，如图 2 所示。该架构下执飞前的加水勤务程序如下：

(1) 航空公司将本次航班信息(航班人数、飞行时间、乘员性别、乘员年龄、乘员国籍等)发送给水废水系统控制软件；

(2) 系统控制软件将航班信息作为预加水量算法输入，输出本次预加水量推荐值，并将加水量推荐值发送给 CMT 界面；

(3) 勤务人员可直接确认预加水量推荐值，或根据经验手动修改预加水量值并确认；

(4) 地面加水程序同第 1 节中的加水勤务程序步骤(2)～(5)；

(5) 本次航班飞行结束后，记录本次飞行剩余水量，系统控制软件将本次航班信息、预加水量值、剩余水量值等数据发送给水废水系统云服务器；

(6) 云服务器对记录的数据进行处理，判断预加水量算法是否更新，若更新算法，则将更新后的算法发送给水废水系统控制软件，作为下一次航班预加水量的计算依据。

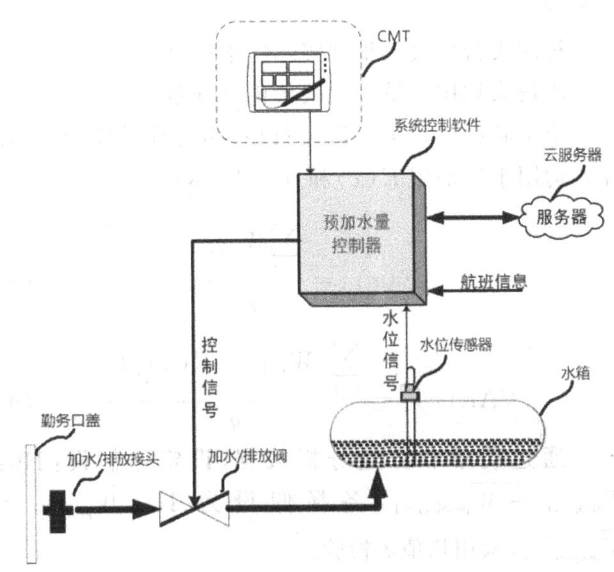

图 2　新型水废水系统控制架构

3　预加水量算法

预加水量计算基础：[5]

$$W_{total} = \overline{W}_{people} \times (n_{attendent} + n_{customer}) \times FH \times p \quad (1)$$

式中：W_{total} 为总加水量；$\overline{W}_{people}$ 为人均用水量；$n_{attendent}$ 为机组人数；$n_{customer}$ 为乘客人数；FH 为飞行时长；p 为是否提供餐饮系数。

总人数 n 定义为：

$$n = n_{attendent} + n_{customer} \quad (2)$$

人均用水量 $\overline{W}_{people}$ 定义为

$$\overline{W}_{people} = \overline{W}_{people0} \times \frac{\sum_{i=1}^{n} a_0}{n} \times \frac{\sum_{i=1}^{n} b_0}{n} \times \frac{\sum_{i=1}^{n} c_0}{n} \quad (3)$$

$$a_0 = \{a_0^1, a_0^2\} \quad (4)$$

$$b_0 = \{b_0^1, b_0^2, b_0^3, b_0^4, b_0^5\} \quad (5)$$

$$c_0 = \{c_0^1, c_0^2, \cdots, c_0^m\} \quad (6)$$

式中：$\overline{W}_{people0}$ 为初始人均用水量；a_0 为初始性别权重系数，a_0^1 为初始男性权重系数，a_0^2 为初始女性权重系数；b_0 为初始年龄权重系数，b_0^1 为初始幼儿权重系数，b_0^2 为初始青少年权重系数，b_0^3 为初始成年权重系数，b_0^4 为初始中年权重系数，b_0^5 为初始老年权重系数；c_0 为初始国家权重系数，c_0^1 为初始中国权重系数，c_0^2 为初始美国权重系数，……，c_0^m 为第 m 个国家初始权重系数。

是否提供餐饮系数 p 定义为：

$$p=\{p_0^1,p_0^2\} \tag{7}$$

式中：p_0^1 为初始有餐饮权重系数，p_0^2 为初始无餐饮权重系数。

每次飞行后会收集到实际用水量 W_{real}。

假设人均用水量总体服从正态分布。

第 j 轮（$j\geqslant 1$）第 q 次飞行后，用统计学原理[6]，计算人均用水量期望 $E(x)$ 和方差 $\text{VAR}(x)$：

$$E(x)_j=\frac{\sum_{i=1}^{q}W_{\text{real},i}}{q} \tag{8}$$

$$\text{VAR}(x)_j=\frac{\sum_{i=1}^{q}(W_{\text{real},i}-E(x)_j)^2}{q} \tag{9}$$

通过期望和方差分析数据，设定原假设：H0：$\overline{W}_{\text{people},j}=\overline{W}_{\text{people},j-1}$，备择假设为 H1：$\overline{W}_{\text{people},j}\neq\overline{W}_{\text{people},j-1}$，采用均值 t 检验：

$$Z_j=\frac{\overline{W}_{\text{real},j}-\overline{W}_{\text{people},j-1}}{\frac{\text{VAR}(x)_j}{\sqrt{q}}} \tag{10}$$

$$\overline{W}_{\text{real},j}=\frac{\sum_{i=1}^{q}W_{\text{real},i}}{\sum_{i=1}^{q}(n_{\text{attendent},i}+n_{\text{customer},i})\times\sum_{i=1}^{q}\text{FH}_i} \tag{11}$$

转化为服从 $N(0,1)$ 的标准正态分布，由于命题假设为双边假设，若 $|Z|>1.96$，则 P 值 <0.05，则否定原假设，承认备择假设，即人均用水量发生变化，更新 $\overline{W}_{\text{real},j}$ 人均用水量数值。

将第 j 轮飞行数据作为学习数据，通过神经网络计算出新的权重系数，即 a_j、b_j、c_j，若该轮数据无法收敛，则按上轮算法继续收集数据，直至新权重系数收敛，则更新算法。

4 总 结

通过新型水废水系统加水控制架构，构建了水废水系统机上用水数据库，通过持续迭代，按需完成水箱加水勤务，减少机上不必要的载水。同时可获得不同飞行任务下人均用水量信息，将相应数据提供作为水废水系统水箱、废水箱设计输入，可大幅减少机上水箱、废水箱的冗余设计，降低水废水系统机上重量，提升飞机运营经济性。

参考文献

[1] 雷美玲. 机电综合控制技术在民机水废水系统中的应用[J]. 科技创新导报，2012(29)：71-73.

[2] 雷美玲. 新型民用客机水系统选型研究[J]. 航空工程进展，2012，3(2)：229-234.

[3] 王建. 某型民用飞机水箱加水典型故障分析[J]. 科技视界，2019(7)：53-54.

[4] 何勇. 浅析空中客车 A320 型飞机水系统构成及日常勤务工作[J]. 西藏科技，2017(6)：77-80.

[5] 朱翀，雷美玲，张雪苹. 民用飞机水系统管路流动的数值模拟[J]. 航空工程进展，2014(4)：515-520.

[6] 王丽丽. 假设检验中关于检验问题探讨[J] 科技视界，2018，22 (January)：82-84.

民用航空通信导航系统仿真设计

封世领*，罗文军，周兵

中电科航空电子有限公司，成都 611739

摘要： 民用飞机通信导航系统是航空电子系统的重要组成部分，通过仿真手段对通信导航系统进行前期研制，模拟通信导航各设备的功能、性能、接口、通信时序等要素，可有效降低系统设计风险，加快通信导航系统研制进度，同时还可以在系统集成验证阶段将之作为通信导航系统测试工具对整个系统功能、性能测试项进行数据监控、故障定位。本文介绍了一种面向民用航空的机载通信导航系统仿真系统设计方法，该系统采用通用化设计，具备很好的适应性和扩展性。

关键词： 通信导航；仿真模拟；集成测试；数据监控

Simulation Design of Civil Aviation Communication and Navigation System

FENG Shiling*，LUO Wenjun，ZHOU Bing

CETCA Avionics Co. Ltd.，Chengdu 611739，China

Abstract: Civil aircraft communication and navigation system is a significant part of avionics system. We develop the communication and navigation system by simulation in the early stage, simulating the function, performance, interface, communication time sequence and other elements of communication and navigation equipment. It can effectively reduce the risk of system design and accelerate the development progress. Meanwhile, it can also be used as a communication and navigation system test tool for data monitoring and trouble shooting of the whole system function and performance test items in the system integration verification stage. This paper introduces a simulation system design method of airborne communication and navigation system for civil aviation, the system adopts universal design, which has good adaptability and expansibility.

Keywords: communication and navigation; simulation; integration test; data monitoring

引　言

通信导航监视系统（CNS）作为航电系统的重要组成部分用于飞机在起飞、航行和着陆等阶段，通过机载话音/数据通信、无线电导航设备和无线电监视设备完成信息获取、信息交换、信息处理，防撞告警、交通管制等功能，引导飞机按预定航路安全飞行的重要机载系统，是保障飞机飞行安全，为飞行员和乘客提供安全可靠飞行环境的必备技术手段。

通信导航系统仿真设计可提前对系统架构、安全性分析、设备功能、连接关系进行验证，并可根据实际情况进行调整，从而在研制前期暴露系统研制的一些问题，降低整体的研制风险；该仿真系统还可以作为测试手段，用于对系统功能的测试验证，可替代真实设备接入，模拟设备级故障，监控分析总线数据，可广泛应用于系统故障排查、系统功能测试验证。

1　系统仿真设计

1.1　系统概述

大型民用客机通信导航系统一般由通信类电台（VHF、HF、SATCOM）、导航类电台（DME、ALT、MMR、ADF）、控制管理设备（TCP、AMU、ACP）组成：

* 通讯作者. E-mail: fengsl@cetca.net.cn

(1) 通信类电台实现飞机与地面、飞机与飞机语音通信、数据通信；

(2) 导航类电台为机组成员提供飞机当前的位置，通过卫星导航、陆基导航(DME、VOR、ADF、ALT 等)解算飞机当前坐标(经度、纬度、高度、速度、时间)，从而引导飞机起飞、巡航、降落等操作；

(3) 控制管理设备为机组人员提供对通信电台、导航电台的集中控制管理，主要包括：频率调谐、工作模式选择、音频(通信话音、导航音、告警音)处理、发话通道选择、导航音通道选择，音量控制等，同时还可以实现驾驶舱飞行机组之间、驾驶舱与客舱成员之间的语言通信功能。

民用客机机载通信导航系统一般采用左右对称的架构，各电台类设备采用两套，具备冗余备份。通用民用客机通信导航系统架构如图 1 所示。

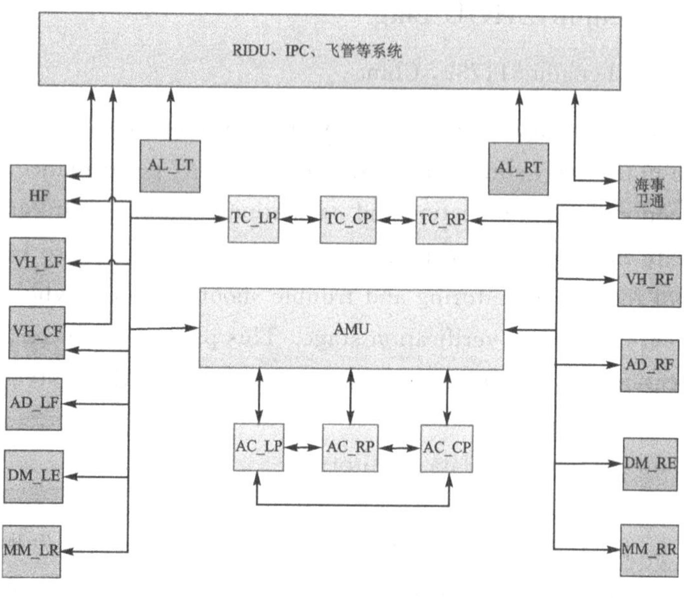

图 1 通信导航系统架构

图 1 中绿色部分为通信类电台：3 套超短波电台 VHF、1 套短波电台 HF＋耦合器、1 套海事卫星通信电台；紫色部分为导航类电台：2 套无线电高度表 ALT、2 套多模接收机 MMR、2 套测距机 DME、2 套自动定向仪 ADF；橘色部分为控制管理类设备：3 套调谐控制面板 TCP、3 套音频控制面板 ACP、1 套音频处理单元 AMU；浅蓝色部分为与通信导航系统相交联的其他系统，如 RDIU 设备、飞管系统、维护告警系统、显控系统等。

1.2 系统概述

民用通信导航系统仿真系统需要模拟系统内各设备的功能、电气接口、通信协议、收发时序等，还需要模拟各设备之间的连接关系、系统功能等要素，因此需要首先明确各设备接口的种类、数量、对外连接关系，并根据系统要求进行功能设计。需要特别说明的是，在进行仿真设计时不建议仿真模拟类信号(analog signal)，只需要完成总线数据信号(ARINC429、RS422、AFDX 等)、离散量信号(Discrete)仿真设计即可。同时为了更加提高计算资源的利用率，采用集约化设计，可将各类设备的仿真功能整合成 2 类：电台类设备仿真器(含通信类电台仿真、导航类电台仿真)、控制管理类设备仿真器。

以国内某型支线客机为例，各设备电气接口统计如表 1 所列。

表 1 各设备接口统计

设备类型	A429		DIO	
	in	out	in	out
控制管理类设备	80	79	54	40
电台类设备	63	49	58	7

因此，所需资源为：以通用的 ARINC429 板卡、离散量卡为例，控制管理类设备约使用 5 张 ARINC429 板卡、2 张离散量卡，电台类设备约使用 4 张 ARINC429 板卡、1 张离散量卡。

1.3 仿真设计

通信导航仿真器一般采用工控机＋板卡的物理形式，如图 2 所示。

工控机负责板卡管理、数据收发控制、总线数据解析、设备功能模拟；A429 板卡、离散量板卡通过总线(PXI、PCI)插槽插入工控机，负责模拟设备接口电气特性、总线协议等。

仿真系统需要模拟多种设备，对实时性要求高，因此软件建议使用 C＋＋语言开发，编译为本机代码执行，提高运行速度。采用多线程编程，每类航电信号都在独立的线程中运行，避免总线速度不同造成的采集延迟。每个设备的仿真功能设计为独立的逻辑模块，也在独立的线程中运行。软件使用 GIT 作为源代码管理工具。软件架构如图 3 所示，其应用程序运行于 Windows 操作系统。应用程序内部模块之间采取事件通知和函数接口的通信方式，应用程序底层模块与支持软件之间采用 API 通信。

在软件系统中，仪器驱动层由板卡厂商提供的驱

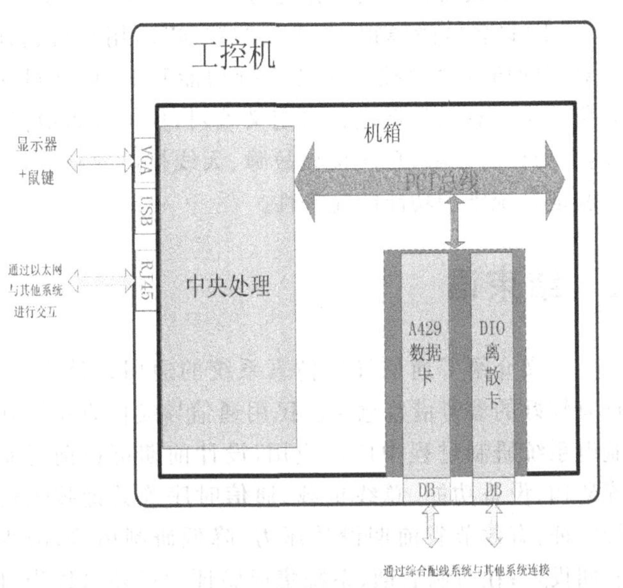

图 2 仿真器物理架构

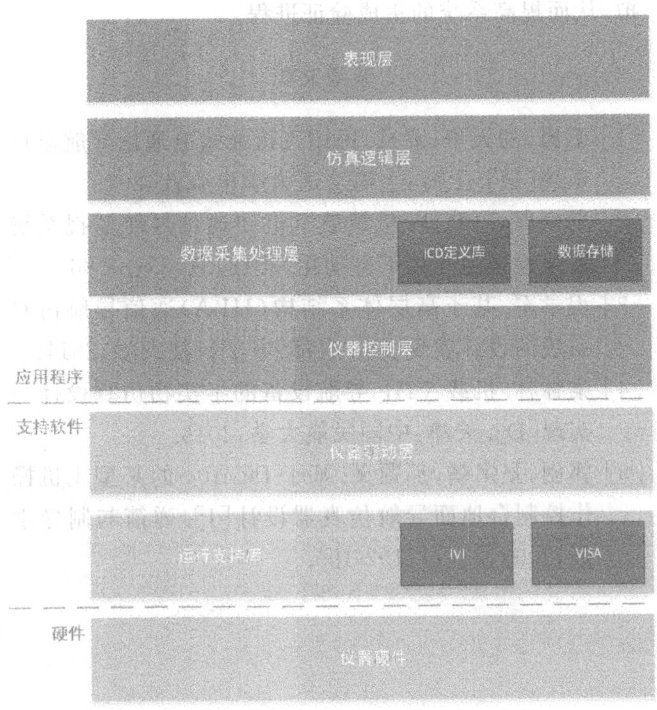

图 3 仿真器物理架构

动程序组成，通过驱动程序控制硬件。

仪器控制层管理所有测试仪器（板卡），提供一个统一的接口，供其他模块使用，使仿真软件独立于特定的硬件，方便硬件的更换和软件的编写。也包括对设备的常规参数进行设置，把各种设备当作测试任务的资源统一管理。各个测试仪器内部使用临界区技术，将多个线程对仪器同时访问转化为序列化访问。

数据采集处理层采用多线程技术处理仿真系统的数据，并将采集到的数据进行存储，通过 ICD 定义库将数据拆包，转换为工程数据，提供给仿真逻辑层。每类信号都拥有独立的处理线程，避免由于总线速率差异造成的数据采集延迟。

仿真逻辑层读取数据采集处理模块的数据输入和用户输入，进行仿真逻辑运算，维护内部仿真状态，运算结果输出并更新到航电信号总线上。每个仿真模块都拥有独立的处理线程，使其逻辑独立。

表现层提供用户界面和用户互动，设置仪器配置参数和仿真参数，显示仿真系统的数据信息。

仿真模块包含系统所需的各设备的仿真模块，模块设计为插件模式，可根据实际需要配置，与模拟仿真软件安装在不同的计算机上，如图 4 所示。

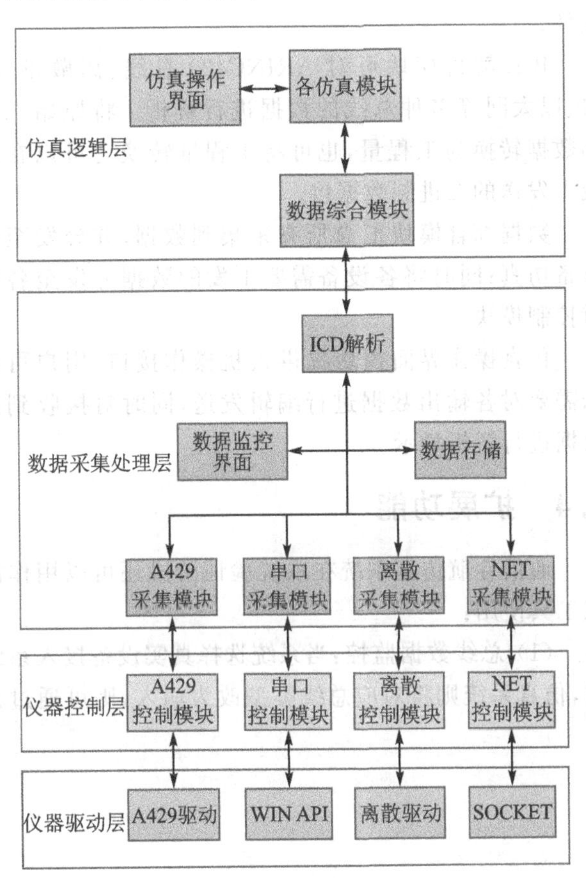

图 4 仿真器软件模块设计

仿真系统在层次结构的基础上按照高内聚、低耦合的设计原则，从而提高程序的可读性、复用性、可维护性和易变更性，提供模块的独立性。软件设计采用 MVC 模型，业务逻辑、数据、界面显示分离，将业务逻辑聚集到一个部件里面，在改进和个性化定制界面及用户交互的同时，不需要重新编写业务逻辑。

仪器控制模块由 ARINC429 控制模块、串口控制模块、离散控制模块、NET 控制模块组成，可提供一个统一的接口供其他模块调用，使模拟仿真软件独立于特定的硬件。信号模块的调用函数内部使用临界区同步技术，避免不同线程对模块的同时使用。

数据采集处理模块使用多线程技术采集总线上的数据，ARINC429、串口、离散量、NET 数据均拥有单独的采集线程，避免由于各个总线速率不同造成的采集延迟。每种总线数据采集模块分为 3 部分：数据缓存模块、数据监控视图和采集线程。

数据存储模块将数据采集处理模块采集的数据保存并记录到硬盘上。保存的数据用于事后数据分析，可以在模拟仿真软件的监控界面中查阅，提供原始数据和解析后的工程量数据，可以将数据导出为文本文件。

ICD 解析模块可对 ARINC429 总线、离散量、串口、以太网等多种总线的数据进行解析。将原始二进制数据转换为工程量，也可将工程量转换为可以在总线上发送的二进制数据包。

数据综合模块汇总所有采集到数据，并分发至各设备仿真；同时将各设备需要下发的数据分发至各通道控制模块。

仿真操作界面模块提供人机操作接口，用户可根据需要对各输出数据进行编辑发送，同时对接收到的数据进行解析显示。

1.4 扩展功能

通信导航仿真系统在系统验证阶段还可以用作测试工具使用：

(1) 总线数据监控：当系统选择真实设备接入系统时，仿真系统则将对应总线类型改为输入，则可通过该通道对真实设备发出的数据进行采集、解析、监控；

(2) 设备故障模拟：在系统验证阶段，用户可选择将对应的仿真模块接入系统进行功能测试，可通过对设备输出的总线数据进行自定义编辑，模拟设备故障，如：电源模块故障、总线接口故障、天线接口故障等，从而验证系统维护功能的完备性。

2 结束语

本文介绍了通信导航仿真系统的通用设计方法，具有较好的参考借鉴意义。民用通信导航仿真系统在航电系统研制过程中广泛应用，设计前期可提前对系统架构、设备功能、总线负载、通信时序等关键技术进行验证，有效节省前期设计压力，降低研制风险，减少前期投入；在研制后期，系统集成验证阶段还可以当过测试工具使用，对系统内各总线进行数据采集、分析，从而定位故障，其单独接入系统时，还可以用于故障模拟，从而提高系统的集成验证进程。

参考文献

[1] 王勇，刘天华，罗斌. 民用飞机无线电通信导航监视系统[M]. 上海：上海交通大学出版社，2019.

[2] 冯众保，冯晓波. 机载航空电子通信导航监视系统数字建模[J]. 兵工自动化，2018，37(8)：83-86.

[3] 程学军. 基于高层体系结构(HLA)通信导航仿真系统的设计实现[D]. 成都：电子科技大学，2011.

[4] 梁林林. 机载 VHF 导航设备的半实物仿真设计与实现[D]. 天津：中国民航大学，2016.

[5] 郭创，张宗麟，郝顺义. 基于 PC/104 的某型飞机操作控制台地面导航仿真器设计[J]. 弹箭与制导学报，2003，23(1)：192-195.

一种实现可靠传输的ACARS终端系统接口协议

刘晖

中电科航空电子有限公司技术创新中心，成都 611731

摘要： 本文提出了一种在综合模块化航空电子IMA系统架构下适用的机载数据链飞机通信寻址和报告系统ACARS终端系统接口协议，能够支持ACARS终端设备与数据链通信管理功能CMF通信，实现数据链消息订阅请求与回复、下链消息发送请求、上链消息接收通知、消息路由策略定义、消息校验重传等功能，解决了传统ACARS终端系统接口协议无法支持新机载数据链系统终端及应用的问题，独立于链路层功能提供了消息重发、流量控制、错误校验等消息传输机制，提高了ACARS终端系统的消息传输可靠性。该协议能够作为一种对于ARINC619 ACARS协议接口规范的必要补充。

关键词： 数据链；IMA；ACARS终端；接口协议

High Reliability Interface Protocol for ACARS End System

LIU Hui

Innovation Center, China Electronics Technology Group Avionics Corporation, Chengdu 611731, China

Abstract: A kind of new ACARS (Aircraft Communication Addressing and Reporting System) end system interface protocol is provided to support the communication between ACARS end system and the CMF (Communication Management Function) under the IMA architecture. This protocol can be used to subscribe uplink messages, request to send downlink messages, receive uplink messages notifications, define the routing strategy, perform error check and message resending. And this protocol supports the new defined data link ACARS end systems which are not defined in the old protocol. This protocol also provides some mechanisms about resending, flow control, error check independent of the link layer and increases the transmission reliability. This protocol could be a necessary complementarity of the ARINC619 specification.

Keywords: data link; IMA; ACARS end system; interface protocol

引 言

基于飞机通信寻址和报告系统ACARS (Aircraft Communication Addressing and Reporting System)[1]的飞机数据链通信是当前世界范围内最主要的空地数据通信方式之一，基于ACARS协议栈的机载航电数据链系统正在经历从传统联合式系统架构到综合模块化航空电子系统架构的转变过程中，这就对相关的ACARS终端接口协议的功能扩展及更新提出了要求，以适应多系统架构下的不同系统及软件构型的通信需求。

1 机载数据链系统架构概述

1.1 联合式数据链系统架构

联合式数据链系统架构是通过一个或者多个线性可替换单元LRU(Line Replaceable Unit)来实现一个或者多个功能，典型的机型如空客公司A320。该架构下数据链系统以通信管理单元CMU(Communication Management Unit)[2]为主要功能单元，能够支持外围设备通过ARINC(Aeronautical Radio Incorporated) 619规范[3]定义的接口协议通信，物理总线采用

通讯作者. E-mail: liuh@cetca.net.cn

ARINC429 总线[4]，系统架构图如图 1 所示。

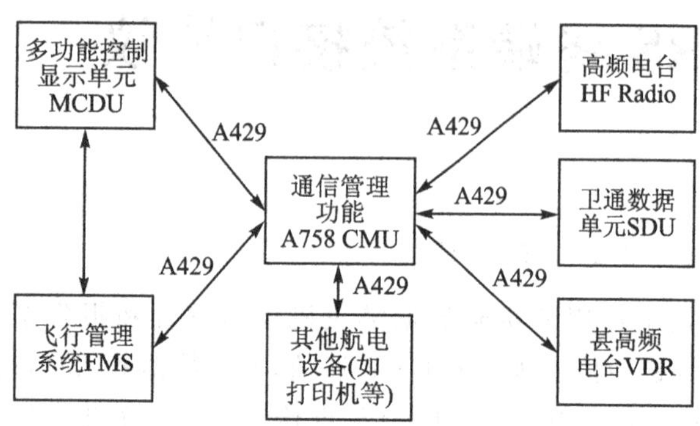

图 1　联合式数据链系统架构

1.2　综合模块化航空电子数据链系统架构

综合模块化航空电子 IMA(Integrated Modular Avionics)架构[5]通过使用通用处理模块 GPM(General Processing Module)计算资源、航空电子全双工交换以太网等技术来实现传统联合式架构下的数据链系统功能，将原本分散在各个 LRU 中的航电设备或软件功能集中在 IMA 系统中实现，典型机型如波音公司 B787。在基于 IMA 的数据链系统架构中，传统 CMU 功能一般被驻留在 IMA 中作为一个通信管理功能 CMF(Communication Management Function)分区应用实现，且其中一部分应用功能可能会被抽离作为单独的分区应用实现，系统架构如图 2 所示。IMA 的对外物理接口使用符合 ARINC664[6]的航空电子全双工交换以太网，数据链外围终端设备与 CMF 的通信协议仍可以使用 ARINC619 接口协议[3]，但由于外围终端设备种类和功能的改变及对于网络层可靠传输的需求，ARINC619 接口协议已无法完全满足终端设备与 CMF 的通信需求，因此需要定义一种终端设备通信接口协议对 ARINC619 接口协议进行扩展。

2　ACARS 终端系统接口协议分析

现有的 ARINC619 规范主要是为了满足数据链机载通信管理设备 ARINC724B MU(Management Unit)[7]或 ARINC758 CMU 与其他机载航电设备通信的需要而设计的，其链路层协议基于 ARINC429 COP(Character Oriented Protocol)[3]或者 ARINC429 Williamsburg BOP(Bit Oriented Protocol)[4]文件传输协议。处于网络层的 ARINC619 协议与链路层的 ARINC429 文件传输协议是紧耦合的，ARINC619 协议通过设置协议 Control/Accountability 报头的字段值来明确如消息源，消息目的地、消息属性码、媒介选择、优先级和有效时间等信息，再通过 ARINC429 链路层文件传输协议提供的特性可以实现包括虚拟通道建立、流量控制、消息组包拆包、内容校验及错误报告、消息重传机制等主要数据传输功能。

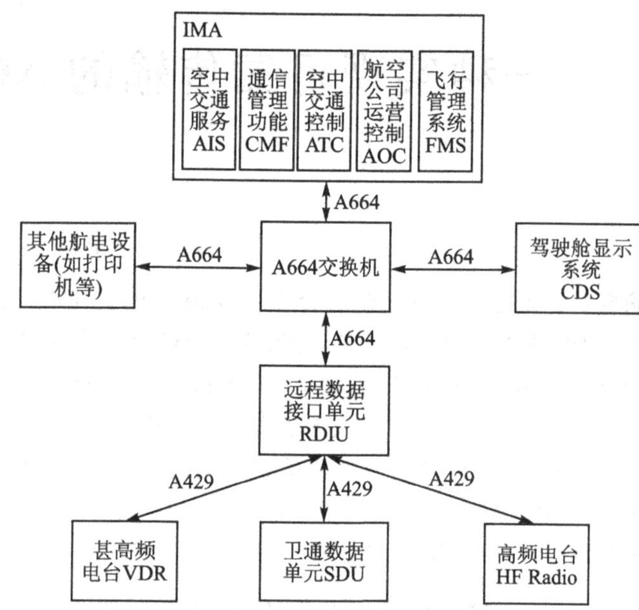

图 2　综合模块化航空电子数据链系统架构

基于综合模块化航电架构设计的数据链 CMF 及数据链应用功能的外部通信接口已由过去的 ARINC429 总线改变为 ARINC664 航空电子全双工以太网[6]，因此 ARINC429 COP 或 BOP 文件传输协议已不再适用，而改为使用 ARINC664 网络技术提供的应用程序接口实现数据收发，链路层实现已被底层封装而不对功能开发者开放接口[8]。虽然网络层 ARINC619 接口协议仍能够基于 ARINC664 传输接口实现数据收发，但是有如下几点无法满足新架构的要求：

(1) 由原有 CMU 架构中剥离出来的应用功能或其他新终端应用在 ARINC 相关标准中没有定义 ID 标识符，如数据链 ATS 应用[9]功能，无法填写 ARINC619 Control/Accountability 报头中与设备标识 ID 有关的字段；

(2) 因链路层功能被封装为一个黑盒子实现，而功能开发者需要一种新的手段基于实际业务逻辑实现消息重发、流量控制、错误校验等功能；

(3) 基于面向通用网络技术、增强复用性的设计理念，ACARS 终端设备接口网络层协议应与链路层协议是低耦合的。

为了解决上述问题，需设计一种更灵活可靠的传输协议，以便在IMA架构下替代ARINC619接口协议。

3 一种新的ACARS终端接口协议设计

基于综合模块化航电架构考虑，设计一种新的ACARS终端接口协议IPAES（Interface Protocol for ACARS End System），其定义了在基于综合模块化航电架构的数据链系统中用于机载终端系统应用与CMF之间消息传递的接口协议。

3.1 协议元语设计

机载ACARS终端系统与CMF通信时需要实现报文接收、报文发送、错误发现与恢复等功能，IPAES应包括如下功能元语[10]：

(1) 订阅请求，在机载终端系统应用使用IPAES协议之前应向CMF发送订阅请求，告知CMF该机载终端系统应用期望接收到的上链消息标号；

(2) 订阅回复，当CMF接收到机载终端系统应用的订阅请求后，CMF应回复订阅回复元语，订阅回复可能是接受也可能是否决；

(3) 消息发送请求，机载ACARS终端在收到肯定的订阅回复后，可以使用消息发送请求元语向CMF发送消息数据，消息数据可以是ACARS下行链路消息，也可以是机载终端路由消息，例如需经CMF转发的打印消息、记录消息；

(4) 消息发送状态，CMF使用消息发送状态元语响应消息发送请求元语，通知机载终端系统应用消息的发送状态；

(5) 删除消息请求，机载终端系统应用能够使用删除消息请求元语来向CMF请求删除在消息发送队列中挂起的、仍未发送或转发的消息；

(6) 删除消息回复，CMF使用删除消息回复元语通知机载终端系统应用消息的删除状态；

(7) 消息接收通知，当CMF有ACARS上链消息需要向机载终端系统应用发送时，需使用消息接收通知元语通知机载终端系统应用；

(8) 消息接收状态，机载终端系统应用使用消息接收状态元语通知CMF消息的接收状态。

基于以上IPAES协议元语，典型的通信过程如图3所示。

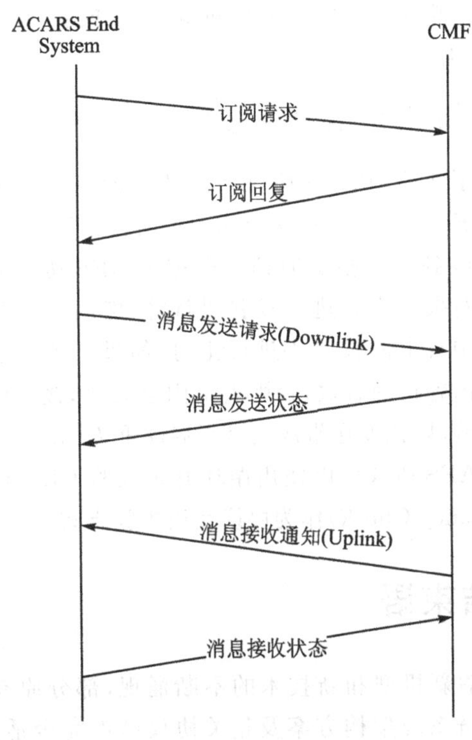

图3 典型的IPAES通信过程

ACARS系统终端首先通过订阅请求元语得到CMF的许可后开始通信，CMF作为机载数据链路由器能够接收ACARS系统终端的下链消息发送请求，同时监控地面发到飞机的上链消息，并在接收上链消息成功后将其发送到订阅该条上链消息的ACARS系统终端。

3.2 消息路由策略

当ACARS终端向CMF发送消息发送请求元语时，在元语内应包括消息路由策略，其中主要包括：

(1) 下链消息优先级（Priority），应设置从1～15的优先级，其中1为最高优先级，15为最低优先级；

(2) 下链消息有效时间长度（Lifetime），表示一条消息在超过一定的时长后即失去重要性。

当下链消息不需要定义路由策略字段而将路由策略交给CMF决策时，则将该字段全置为0。

3.3 重传机制

IPAES定义了元语重传计时器和计数器，其中计时器定义了超时时长，而计数器定义了最大的重传次数。

当元语消息传输计时器超时或传输错误时，发送端会发起重传机制向接收端再次发送元语消息。通过元语重传机制能够实现消息同步、流量控制、错误恢复及记录功能等。

3.4 协议元语报文校验

为了保证 IPAES 协议元语传输的正确性和完整性，IPAES 在每条元语中应加入报文校验字段，当元语接收端收到元语报文时即可根据 IPAES 协议元语校验算法对报文内容进行校验码计算，然后将计算结果与报文中自带的校验码进行比对，如果一致则表示元语报文内容正确有效，否则表示内容无效，接收端应告知发送端，以让发送端决定是否启动重传机制。

IPAES 协议可以使用循环冗余检验 CRC (Cyclic Redundancy Check)作为协议元语校验方式。

4 结束语

随着新机型和新技术的不断涌现，部分原有的机载数据链系统架构方案及相关协议已不完全适用，必须根据实际情况制定新的协议或规范对部分工业标准及协议进行补充或扩展，以适应新情况、解决新问题，设计出更灵活可靠的数据链产品。

参考文献

[1] ARINC. Air/Ground Character-Oriented Protocol Specification: ARINC Specification 618-6 [S]. Maryland: ARINC, 2006.

[2] ARINC. Communications Management Unit (CMU) Mark 2: ARINC Characteristic 758-3 [S]. Maryland: ARINC, 2011.

[3] ARINC. ACARS Protocols for AVIONIC End Systems: ARINC Specification 619-4 [S]. Maryland: ARINC, 2014.

[4] ARINC. Mark 33 Digital Information Transfer-system (DITS)-Part 3-File Data Transfer Techniques: ARINC Specification 429P3-19 [S]. Maryland: ARINC, 2009.

[5] RTCA. Integrated Modular Avionics (IMA) Development Guidance and Certification Considerations: RTCA DO-297 [S]. Washington, D.C.: RTCA, 2005.

[6] ARINC. Aircraft Data Network Part 7: AVIONICS Full Duplex Switched Ethernet (AFDX) Network: ARINC Specification 664P7 [S]. Maryland: ARINC, 2005.

[7] ARINC. Aircraft Communications Addressing and Reporting System (ACARS): ARINC Characteristic 724B-5 [S]: Maryland: ARINC, 2003.

[8] ARINC. Avionics Application Software Standard Interface: ARINC Specification 653-1 [S]. Maryland: ARINC, 2003.

[9] ARINC. Character-Oriented Air Traffic Service (ATS) Applications: ARINC Specification 623-3 [S]. Maryland: ARINC, 2005.

[10] ARINC. VHF DATA Radio: ARINC Characteristic 750-4 [S]. Maryland: ARINC, 2004.

民用飞机机组告警系统告警数据库设计

许凌志

上海航空电子有限责任公司，上海 200241

摘要： 随着航空电子系统的发展，航空电子系统的复杂性不断提高，综合化机组告警系统已经成为民用飞机驾驶舱的首选。作为综合化告警平台，机组告警系统需要收集成员系统告警定义数据以实现告警功能，机组告警系统数据库能通过统一的格式和详细的属性定义，快速、准确地收集和传递成员系统告警需求，能降低机组告警系统开发的难度和研制风险，降低民机驾驶舱告警系统虚警率，提高民机驾驶舱告警系统可靠性及置信度。本文研究了机组告警系统告警数据库收集的告警元素及其设计考虑，并提供了一种通用的告警数据库设计为民用飞机机组告警系统告警数据库设计提供参考。

关键词： 机组告警系统；告警元素；告警数据库；告警定义

Design of Alert Database for Civil Aircraft Flight Crew Alerting System

XU Lingzhi

Shanghai Avionics Company Limited, Shanghai 200241, China

Abstract: With the development of avionics systems, the complexity of avionics systems continues to increase. The integrated Crew Alerting System has become the first choice for civil aircraft cockpits. As an integrated alarm platform, the Crew Alerting System needs to collect member systems' alert definition data to realize the alert functions. Through a unified format and detailed attributes definitions, the crew alert system database can quickly and accurately collect member systems' alert requirements, greatly reduce the workload and risk of the Crew Alerting System, and improve the reliability and confidence of the Crew Alerting System. This paper introduces the elements collected in the Alert Database of the Crew Alerting System and their design considerations, and provides a general Alert Database design to provide a reference for the design of the Alert Database of the Crew Alerting System.

Keywords: crew alerting system; alert elements; alert database; alert definition

1 引言的说明

机组告警系统用于提示飞机系统的异常情况以及飞行员的异常操作。机组告警系统可通过告警数据库收集飞机各系统告警数据，通过听觉和视觉方式将飞机的非正常系统状态或要求机组人员意识到飞机当前的非正常运行事件呈现给机组人员，通知机组人员采用适当的行动来解决那些非正常状况。

机组告警数据库是机组告警系统实现告警功能的重要支撑，在机组告警数据库设计过程中，应考虑成员系统（需要通过机组告警系统实现告警功能的系统）告警需求及告警功能设计。本文将结合行业标准及部分机型告警系统设计经验，对民用飞机机组告警系统告警数据库设计进行研究。

2 机组告警系统介绍

机组告警系统的目的是吸引机组人员的注意，告知机组人员飞机的非正常系统状态或要求机组人员意识到飞机当前的非正常运行事件，通知机组人员采用适当的行动来解决那些非正常状况。告警系统想要完成其设计的目的，必须依赖于完整告警功能的设计及成员系统提供的告警数据。

如图 1 所示，机组告警系统解析告警成员系统提供的告警数据库数据，并实时接收成员系统信号，根据告警数据库定义的告警条件、紧急程度和优先级等数据实现相对应的告警呈现。

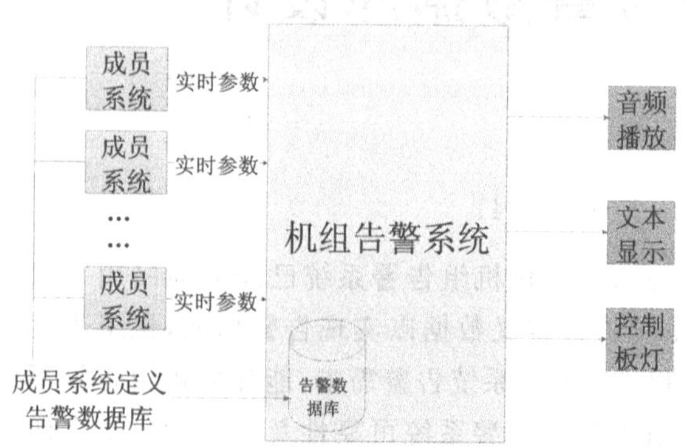

图1 机组告警系统

3 告警数据库设计考虑

3.1 数据库需收集内容

飞机机组告警数据库的数据内容是支撑机组告警系统完成其设计功能的必要组成部分，不同的飞机机组告警功能设计用到的数据库数据内容不完全一致，下文描述一种飞机机组告警数据库元素的通用定义。

1. 告警基本定义

飞机机组告警数据库通常包括以下基本属性定义：

(1) 告警索引号：告警索引号是告警成员系统提供的告警的唯一编号，通常以告警成员系统加数字的形式体现(如FMS-1)，告警数据库中告警的告警索引号不能重复。

(2) 告警等级：根据14 CFR 25.1322，飞机机组告警至少应定义警告、警戒、提示告警类别。具体定义如下：

① 警告(Warning)：触发警告的状况将极大降低飞机的运行能力或安全裕度，使机组处于危险状态，工作负荷极大增加，完成任务的能力极大降低，并造成小部分乘客和乘组严重受伤或死亡。警告状况要求机组人员立即知道并立即采取纠正或补偿行动，因此机组应在几分钟之内做出反应。

② 警戒(Caution)：触发警戒的状况将较大降低飞机的运行能力或安全裕度，使机组身体不舒适且较大地增加工作负荷，使乘客和乘组身体极度不适并可能导致受伤。警戒状况要求机组人员立即知道，随后需要采取纠正或补偿行动，因此与警告消息相比可以稍晚做出反应，但所有警戒状况需要在飞机降落之前得到处理和解决。

③ 提示消息(Advisory)：触发提示的状况将轻微降低飞机的运行能力或安全裕度，轻微增加机组的工作负荷，使乘客和乘组身体不适。提示状况要求机组人员知道，但不需要采取纠正或补偿行动，机组可以较其他告警稍晚知晓，提示消息的作用仅是引起机组的注意和警觉，因此不需要做出反应。

告警等级定义可根据飞机型号设计，在以上三类告警以外额外添加告警等级，如“状态”消息(Status)等。

(3) 告警呈现条件定义：告警呈现条件定义了告警需要呈现给飞行机组的场景，机组告警数据库通常收集以下告警呈现数据：

① 告警激活逻辑：告警激活逻辑通过逻辑表达式收集，此逻辑表达式由逻辑参数及运算符组成。

② 告警使用参数定义：告警使用参数为告警激活逻辑表达式中使用的参数，参数需定义数据类型，数据发送源。

③ 告警抑制定义：为了在特定飞行阶段，减少不影响安全操作的告警；为了降低由某些特定条件而引起的虚假告警；为了减少告警消息的数量，避免出现机组需同时处理多个关联故障的情况，机组告警系统需根据告警抑制定义，停止呈现相关被抑制告警。机组告警数据库收集的抑制信息有：

a) 连锁、等效或根源性的告警信息：抑制此告警的所有连锁、等效或根源告警。这类抑制的定义通常使用连锁、等效或根源告警的告警索引号。

b) 飞行阶段抑制信息：抑制此告警的所有飞行阶段。

2. 告警视觉呈现定义

飞机机组告警数据库通常包括以下视觉呈现属性定义：

(1) 告警显示文本：告警显示文本为呈现给飞行员的文本信息。告警文本消息的命名应使用统一的设计理念，以清晰表达告警消息的含义及其反映的状况。采用一致命名规则能够使机组迅速和正确地理解告警消息的含义，并引导机组找到正确的检查单程序从而将机组错误的风险降至最小。应尽量避免在告警文本消息中使用缩略语，只有在字符长度不够的情况下才会使用缩略语；如果必须使用缩略语，缩略语的含义应清晰明确而不会造成误解，并与驾驶舱内其他指示中使用的缩略语保持一致。

(2) 其他显示窗口影响:机组告警系统提供的告警信息往往会影响其他系统的显示功能,如简图页系统会根据机组告警系统的告警信息决定默认提供给飞行员的相关简图页信息,地图显示会根据机组告警系统的告警信息决定是否显示地形图层,是否显示风切变图层,以及禁用菜单和折叠。

(3) 相关控制板灯:机组告警系统视觉告警的表现形式不仅可通过在告警窗口显示告警文本,还可以通过点亮告警相关控制板灯来呈现告警,机组告警系统数据库通常通过控制板告警灯组件和显示效果来定义告警相关控制板灯。

3. 告警听觉呈现定义

飞机机组告警数据库通常包括以下听觉呈现属性定义;

告警播放音频:告警播放音频为呈现给飞行员的音频信息,当告警等级为警告、警戒时,此属性为必需项(依据 14 CFR 25.1322,警告、警戒类告警至少需要有两种呈现方式)。机组告警数据库通常收集以下音频告警数据:

① 音频告警信息:音频类别分为音调和语音,音调包括单弦音、三弦音和冲锋号等特定音调。语音包括“PULL UP”“WINDSHEAR”等提示飞机当前状态或建议飞行员采取的措施。音频告警信息不是实现机组告警功能所必须收集的告警元素,但文字化的音频告警信息能提高机组告警数据库数据内容的可读性,提高机组告警数据库音频告警定义的准确性,降低机组告警系统开发及验证的难度。

② 音频告警 ID:机组告警系统往往不直接与音频播放器交联,音频告警的播放通常由音频控制器完成。为每个音频文件定义一个唯一的 ID,使机组告警系统仅需发送音频 ID 给音频播放器,从而播放相应音频,能大大降低机组告警系统与音频播放器间通信接口的设计工作,降低机组告警系统音频告警功能设计及实现难度。

③ 音频告警类型:音频可以是单次播放,连续可取消(即他们被播放直到警报条件消失或被飞行员确认),或连续不可取消(即他们被播放直到警报条件消失,不能被飞行员确认)。

④ 音频告警优先级:由于音频告警的特殊性,即同一时间只能播放一个音频告警,机组告警数据库需收集音频告警的优先级,以对需要呈现的音频告警进行排序并按顺序播放。

4. 告警触觉呈现定义

飞机机组告警数据库通常包括以下视觉呈现属性定义:

触觉告警定义:触觉告警是通过物理触摸、力反馈或振动等触觉方式刺激飞行员以提示告警状况的告警呈现。机组告警数据库需收集告警相关触觉呈现内容。

3.2 数据库属性间约束

在机组告警系统数据库按照属性收集各告警成员系统告警数据时,不仅需要遵循各个属性的定义要求(如告警文本不能超过一定长度),还需要遵循数据库间属性的相互约束关系。机组告警数据库属性间约束关系主要有:

(1) 告警呈现约束:根据 AC 25.1322 要求,对于“Warning”与“Caution”告警,必须使用至少两种不同的感知以提供引人注意的特性,从而使飞机机组人员立刻知晓。当告警类别定义为“Warning”或“Caution”时,机组告警数据库必须收集告警视觉呈现元素(告警显示文本或控制板灯)、听觉呈现元素(音频信息、音频ID、音频类型和音频优先级)和触觉呈现元素中的两种告警呈现信息。

(2) 听觉呈现元素一致性约束:机组告警系统通过发送音频 ID 至音频播放系统实现音频告警功能,音频ID 与音频信息、音频优先级应为一一对应关系,机组告警数据库收集的音频呈现元素数据应基于机组告警系统与音频播放系统定义的音频信息表,使数据库中音频相关数据描述同一个“音频”。

(3) 告警激活逻辑使用参数约束:机组告警系统数据库中告警激活逻辑通过逻辑表达式的形式体现告警激活状,逻辑中使用的参数应在机组告警数据库的告警使用参数定义中定义,不能使用未定义参数。

(4) 告警抑制与告警索引号约束:每个告警在告警数据库中定义的连锁、等效或根源告警抑制信息必须基于已有的告警索引号,不能使用未定义告警内容的告警索引号作为连锁、等效或根源告警抑制信息。

4 结 论

机组告警数据库收集成员系统告警需求,为机组告警系统提供告警各类属性,使机组告警系统实现告警的呈现条件计算,并把相应的告警呈现内容呈现给飞行机组。机组告警数据库通过完善、详细的属性定义及属性间约束,实现机组告警系统告警数据的快速、准确收集和传递,有效地降低飞行机组告警系统收集、处理告警定义数据的难度,并通过统一的数据格式,降低飞行机组告警系统实现告警功能的难度,提高飞行机组告警系统的可靠性。

参考文献

[1] 张博. 民用飞机机组告警系统设计[J]. 中国高新技术企业, 2014(9): 29-30.

[2] 郭晓博,张鹏程,郭鼎. 飞行机组告警系统软件设计[J]. 航空电子技术,2017,48(3):32-36.

[3] 郭晓博,张新,陶洋,等. 通用飞行机组告警系统设计[C]. 上海:2018(第七届)民用飞机航电国际论坛,2018.

[4] 王菡,陆奇. 大型客机机组告警系统人机接口设计方法研究[J]. 中国高新科技,2019,5:51-54.

叠加交通信息显示的驾驶舱机场移动地图显示界面颜色使用人因设计研究

吴狄*,祝献捷,张鹏帆,蒋欣,唐剑

中国商飞北京民用飞机技术研究中心,北京 102211

摘要:驾驶舱机场移动地图是一种用于取代传统纸质机场终端区航图的显示系统功能应用,通过与导航信息、本机在机场场面的位置、其他飞机的位置、滑行规划路径、冲突告警提示等交通信息的叠加显示,为飞行员提供场面的态势感知增强及滑行辅助。本文提出了在开展功能显示界面设计时应考虑的颜色使用人因问题并给出相应的设计解决思路,为叠加交通信息显示的驾驶舱机场移动地图显示界面颜色设计给出顶层约束。

关键词:机场移动地图;交通信息显示;显示界面

Research on Human Factors Design of Color Usage of Cockpit Airport Moving Map Display Interface with Traffic Information

WU Di*, ZHU Xianjie, ZHANG Pengfan, JIANG Xin, TANG Jian

COMAC Beijing Aircraft Technology Research Institute, Beijing 102211, China

Abstract: The cockpit airport moving map is a display system's functional application used to replace the traditional paper airport terminal area aeronautical charts. It provides pilots with enhanced situational awareness of the taxi scenario and taxi assistance, through overlay display of navigation information, the location of the aircraft on the airport scene, the location of other aircraft, taxi planning path, conflict warning prompts and other traffic information. This paper puts forward the human factor problems of color usage that should be considered when designing the functional application human machine interface and gives the corresponding design solutions, and gives top-level constraints for the color design of the cockpit airport moving map display interface with traffic information.

Keywords: airport moving map; traffic information display; display interface

引 言

近年来,国内机场建设步伐的大幅加快,传统使用纸质机场图了解机场滑行道、跑道及停机坪等位置布局的方法已经难以满足现代机场的管理需求以及飞行员清晰了解终端区场面信息的需求。与此同时,机场的建设速度与飞机数量的高速增长不匹配,飞机在机场上滑行的时间在整个飞行过程中的占比越来越高,因此,发生事故的概率也随之增加。随着电子信息技术的发展,基于数字化的机场场面移动地图逐渐发展完善起来,通过驾驶舱显示技术,叠加交通信息显示的驾驶舱机场移动地图系统能够在原有导航显示信息的基础上,将本机在机场场面的位置、其他飞机或地面车辆的位置、滑行规划路径、冲突告警提示等信息提供给飞行员,帮助飞行机组快速掌握与管制员信息同步且实时的机场场面运行情况,在减轻飞行员工作负担的同时,有效降低其在场面运行中危险性错误的发生概率。叠加交通信息显示的驾驶舱机场移动地图系统是飞行员实时了解机场态势与感知信息的重要人机接口。因此,这一新功能在进行显示人机界面设计时应正确地使用颜色,帮助飞行员在显示界面中快速准确地捕获信息,并且保证驾驶舱人因设计的一致性。

*通讯作者. E-mail: wudi2@comac.cc

1 叠加交通信息显示的驾驶舱机场移动地图系统

叠加交通信息显示的驾驶舱机场移动地图系统，是在机场移动地图上叠加显示本机周围航空器的交通信息，通过飞行员与罗盘显示信息和地图信息的交互，向飞行员传达以本机为中心、以界面显示半径为最大距离的一定范围内的机场电子地图数据、周围航空器的综合交通态势数据，以及本机状态、冲突检测等增强态势感知功能信息，辅助飞行员执行避让任务、增强交通察觉，提高飞行活动的安全和效率[1]。

在民机驾驶舱内，为了帮助飞行员快速理解显示信息的含义，显示系统显示的颜色、字符都是人因设计过程中需要考虑的元素。在飞行员执行飞行任务时，往往把直观感知到的显示信息作为认知判断和操作的基础。一个友好而高效的界面，将大大提高飞行员的工作效率、减少飞行员的压力[2]。

如图1所示，叠加交通信息显示的驾驶舱机场移动地图系统显示界面包含有大量信息，各种显示元素（例如跑道、滑行道、登机口区域、交通状况、本机符号等）通常会使用不同颜色来表示，以便飞行员能够更轻松地区分和识别。从图1的示例中可以看出，机场移动地图由多种信息元素（跑道、滑行道、不可移动区域等）组成，以各种灰色阴影表示，如跑道为浅灰色，轮廓为亮白色。本机符号和交通信息叠加在机场地图表面上，本机符号为白色，其他运行中的飞机符号为棕褐色（飞机在机场表面上）或青色（飞行器在空中）。本机符号和其他运行中的飞机的信息是动态的，因为它们在跑道、滑行道等区域之间移动。设计这种显示页面时要确保在所有观看条件下信息元素都是独特且可区分的，因此在界面设计时应该仔细考虑使用颜色所涉及的人因问题。

2 显示界面颜色使用人因问题

颜色作为一种视觉信息元素，能够让查找和识别信息更加容易。如果目标的颜色唯一且已知，则利用颜色进行搜索和识别时的速度与单色（即灰度）显示相比能够提高200%。与单色显示相比，彩色显示可以帮助用户更快、更准确地查找和理解复杂信息。但是，在将颜色应用于驾驶舱显示系统界面设计时应仔细考虑，因为使用不当的颜色可能会使已经很复杂的环境

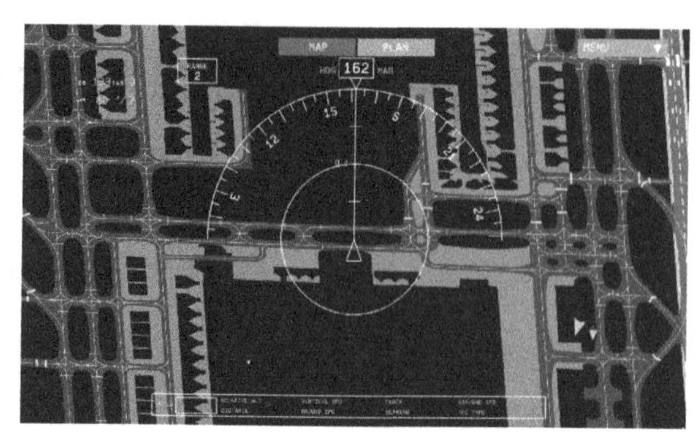

图1 叠加交通信息显示的驾驶舱机场移动地图典型界面

更为混乱。在设计叠加交通信息显示的驾驶舱机场移动地图时，应充分考虑以下人为因素问题[3]。

2.1 颜色使用

红色和琥珀色/黄色通常用于警告和警戒，在不告警的情况下过度使用这些颜色（或接近的颜色）可能会使机组人员对告警的紧迫性不敏感，或在本不需要告警的情况下分散机组人员的注意力。因此，应限制将红色和琥珀色/黄色用于告警以外的用途，其他用途可能会传达不存在的紧急性，并降低颜色编码告警吸引人注意的能力。

蓝色作为光学三原色之一，在人眼有一种类型的色敏细胞对蓝光的响应最佳，但是视网膜中对蓝光最敏感的细胞的数量远远少于对绿光或红光最敏感的细胞，并且蓝色磷光体的亮度通常比红色或绿色磷光体低得多，这使得人眼难以识别在深色背景（例如黑色或深灰色）上呈现的蓝色文本或其他蓝色元素。使用蓝色的另一个问题是，它位于视觉光谱的末端，这意味着眼睛可能难以做到将蓝色和其他颜色聚焦在眼内的同一平面上，导致当一种颜色聚焦时、另一种颜色将稍微失焦的结果。随着眼睛年龄的增长，对蓝色的识别困难的问题可能会加剧，由于各种年龄段的飞行员都会使用到驾驶舱的显示器，因此蓝色的选择和使用很重要。

2.2 颜色一致性

驾驶舱显示系统界面设计应符合相同的颜色编码原则。也就是说，赋予了含义的颜色应在所有显示器上以相同的含义使用。假如有两个包含交通信息显示的显示器，如果一个显示器通过颜色变化来区分空中交通和地面交通，而另一个显示器没有，则会使飞行员感到困惑。

2.3 颜色冗余

颜色的使用往往能够补充并增强符号之间的可分辨性，但并不是成为区分它们的唯一手段。除了颜色之外，使用其他的界面设计方式（例如形状）作为颜色的冗余也是很重要的。首先，飞行员可能存在不同程度的色觉缺陷，这会导致他们看到的颜色与“正常”色觉的人略有不同，但不会被诊断为“色盲”。其次，即使是具有完美色觉的飞行员也可能由于环境或其他显示问题而难以区分颜色。因此界面设计时使用其他设计方式作为颜色的冗余提供了一种区分符号的替代方法。

2.4 颜色可辨性

符号的可分辨性取决于符号和背景之间的对比度，这种对比度既要考虑颜色色差，也要考虑颜色亮度差异，对比度越大，越容易将其与背景区分开。如果一个符号的颜色与背景区域太相似，或者亮度差异太低，飞行员可能无法从背景中辨别该符号或从另一种颜色中辨别该符号的颜色。叠加交通信息显示的驾驶舱机场移动地图的界面设计需要特别考虑动态符号与背景色的对比度，在某种背景色上容易看到的符号在另一种背景色上可能不那么容易被看到。另外，告警符号的出现还可能临时改变符号或机场地图表面一部分的颜色，从而改变符号和背景的组合。在进行界面颜色设计时，应做到每个符号在所有可能的背景下以及在所有预期的亮度水平下都可以被区分。

2.5 残留影像

残留影像是指显示器上某种颜色消失后仍然能看到该颜色的一种幻觉。残留影像在视网膜中产生，特别是当在眼睛聚焦在某个明亮的颜色上之后，再将该颜色去除时尤其明显。例如，如果机场移动地图使用蓝色轮廓来突出显示使用中的跑道，则蓝色轮廓消失时可能会导致机组人员感觉到黄色的残留影像。残留影像将随着眼睛的移动而移动，因此，如果显示器很亮或者飞行员长时间盯着显示器之后移开视线，残留影像可能会看起来很真实，从而分散飞行员的注意力。

2.6 显示器亮度

环境照明在显示器上的信息显示中起着重要作用。在晚上，飞行员需要在较暗的驾驶舱环境中工作，以便他们既可以看到驾驶舱内部，也可以看到窗外。驾驶舱显示器需要调光功能来调整显示器的亮度，因此在显示界面设计时，要考虑在不同环境照明条件下的颜色使用问题。飞行员有可能在各种照明条件下飞行，因此显示界面应具有在日间模式和夜间模式之间切换的能力，由于这两种模式的背景颜色截然不同，覆盖在这些背景上的符号在两种模式下都必须具有较高的颜色和亮度对比度，以确保在所有照明条件和显示模式下都可以正确地识别和区分颜色。

3 显示界面颜色使用人因设计

3.1 颜色使用

在显示机场移动地图时使用红色和黄色是可以接受的，但黄色仅限用于滑行道中心线，选择这个颜色是为了与飞行员在窗外看到的颜色相匹配，因为机场表面上滑行道的中心线是黄色的；红色仅限用于重点区域，选择这种颜色是为了与飞行员习惯于在纸质航图上看到的重点区域颜色相匹配。

为了更好地利用蓝色，通过添加红色或绿色像素，可以创建比纯蓝色更容易看到的蓝色近似色，比如将绿色像素添加到纯蓝色中可以生成青色，青色在深色背景下的对比度比纯蓝色要高、更容易看清。因此在叠加交通信息显示的驾驶舱机场移动地图画面显示时，可以用青色代替蓝色显示相应的符号。

3.2 颜色一致性

如果在驾驶舱内多个显示器中显示不同的功能界面，设计颜色时应确认各个功能之间没有冲突的颜色编码方案。在不同显示器上，同一个颜色不能代表两种及以上相互冲突的含义，同一个含义也应由同一种颜色统一表示。

3.3 颜色冗余

在完整视域范围内，颜色不能作为区分符号的唯一特征，应同时采用至少一种其他特征（如形状、位置或文本）表示。当符号用灰度表示时，使用者应依然能够识别每个符号的含义。

3.4 颜色可辨性

限制颜色编码的数量将帮助飞行员区分所有使用的颜色，并记住每种颜色的含义。叠加交通信息显示的驾驶舱机场移动地图界面最多可使用六种颜色编码，包括：红色、绿色、蓝色、黄色、青色、洋红色。此外还可包括（取决于背景的）非彩色颜色：黑色、灰色、白色。

在某些情况下，某种颜色可能不会直接用于颜色编码，而是用于表示外界或描绘地形或天气特征。如果颜色不是用于编码，而是以某种方式表示外部世界，只要它不干扰飞行员查看任何叠加信息的能力，则可以使用六种以上的不同颜色（例如，作为描述不同高度的颜色层次）。

在考虑颜色是否可辨时，不仅要考虑信息元素与其背景之间的颜色对比度，而且还要考虑明亮度对比度，因为当两种即使看起来似乎完全不同的颜色以相同的亮度显示时，也可能难以区分。

显示器上的颜色外观会根据所使用的显示器而有所不同，使用不同的显示技术色差可能会特别大，即使是相同的显示技术，不同的制造商制作出来的硬件也可能有所不同。这意味着设计时必须考虑驾驶舱将要使用的硬件和软件，否则无法精确评估颜色的可辨性。

3.5 残留影像

残留影像最有可能在从屏幕上消除颜色后立即发生（例如，在告警被处理之后或是某些符号的状态发生变化之后）。设计人员应识别和评估可能造成残留影像的飞行操作，虽然目前并没有解决残留影像产生的方案，但要在设计时尽量降低残留影像的影响。

3.6 显示器亮度

为了保证在不同照明条件下都能看清屏幕，显示器可以分别设计“日间模式”和“夜间模式”，并且显示器应具备调光功能来调整显示器的亮度，以应对亮度急剧变化的状况。

4 结束语

在叠加交通信息显示的驾驶舱机场移动地图人机接口界面设计过程中，考虑颜色使用人因问题是必要的，如何恰当地设计颜色仍需要不断的实践和积累。本文尝试提出了一些界面设计时颜色使用的人因问题并给出相应的设计思路，可应用于叠加交通信息显示的驾驶舱机场移动地图显示界面颜色设计中，也可适用于其他所有驾驶舱显示系统功能人机界面的设计。

参考文献

[1] 王宝红. 机载移动地图研究探索及开发实例[J]. 科技风，2020，420(16)：21-22.

[2] 徐伟哲. 基于人因工程学的干线客机驾驶舱布局设计与仿真研究[D]. 南京：南京航空航天大学，2013.

[3] Gabree S, Chase S, Cardosi K. Use of Color on Airport Moving Maps and Cockpit Displays of Traffic Information (CDTIs)[J]. Human Factors, 2014.

基于某民机工程模拟器无线电导航系统的仿真设计与实现

李璐，周涛

中航飞机西飞民机公司，西安 710089

摘要：为验证传统导航系统在系统架构设计、导航性能算法以及显示的正确性，在工程模拟器中采用航电仿真系统的方法，按照真实航电系统进行仿真设计，在仿真系统的设计上采用模块化和自顶向下的设计思路，完成并实现了传统无线电导航系统的仿真。实践证明，此系统具有良好的可扩展性和可移植性，并在系统设计上避免反复迭代，节约成本。

关键词：模块化；可扩展性；迭代；仿真

The Design and Implementation of Avionic Radio Navigation System of Civil Airplane Engineering Simulator

LI Lu, ZHOU Tao

Xi'an Branch or XAIC Tech (Xi'an) Industrial Co. Ltd., Xi'an 710089, China

Abstract: In order to validate the correctness of the traditional navigation system in system architecture design, navigation algorithm performance and system display, using the method of the avionics simulation system in the engineering simulator. The avionics simulation system carried out in accordance with the real avionics system. The article adopts the modular and top-down design ideas, completing a certain kind of engineering simulator and implementing traditional navigation system simulation. Practice proves that this system has good extendibility and portability and can effectively guarantee the quality of the development, and avoids repeated iteration in the system design and saves the cost.

Keywords: modular; extendibility; repeated iteration; simulation

引　言

飞机的导航系统将飞机中各传感器采集的数据进行处理并综合，向机组人员提供飞机的即时地理位置、姿态、航向、速度以及飞行环境数据，对飞行进行计划管理，引导飞机按预定的航线，飞到既定路线。因此，对飞机导航系统的评估也成为民用飞机顶层设计的重要环节，而传统的无线电导航作为导航重要系统设备，在设计过程中对其的显示、精度验证尤为重要。无线电导航系统主要包含甚高频全向信标系统(VOR)、自动定向仪系统、测距器(DME)、仪表着陆系统(ILS)、指点信标系统(MB)、无线电高度表(RA)。本文就某型机传统无线电导航的仿真解算提供设计思路和实现方法。

在型号研制的概念阶段，可采用工程模拟器的形式，通过仿真建立飞机的无线电导航数据库、模拟仿真导航台选台以及其导航切换，来验证导航子系统的品质，并对整个系统的设计方案进行迭代设计以及验证，避免后期更改，为飞机研制节约成本。

1　总体设计

工程模拟器整体采用模块设计思路，对整个大框架进行划分，将航电仿真系统作为其中一个子模块，而无线电导航系统仿真属于航电仿真系统。无线电导航仿真系统设计采用主流的自顶向下的设计方法，通过模块分解，增强了系统的可重用性。

通讯作者. E-mail: lilu0621@126.com

系统硬件架构

整个工程模拟器的开发采用典型的C/S(客户端/服务器)架构，各仿真计算机与数据服务器之间采用以太网连接。从硬件采集的数据通过接口计算机发送给实时网络，并且通过软件数据接口将加载的飞机模型中的动态数据发送到实时网络中，航电仿真系统通过各自计算机接收实时网络中的数据，来驱动自身运行，航电仿真构架图如图1所示。

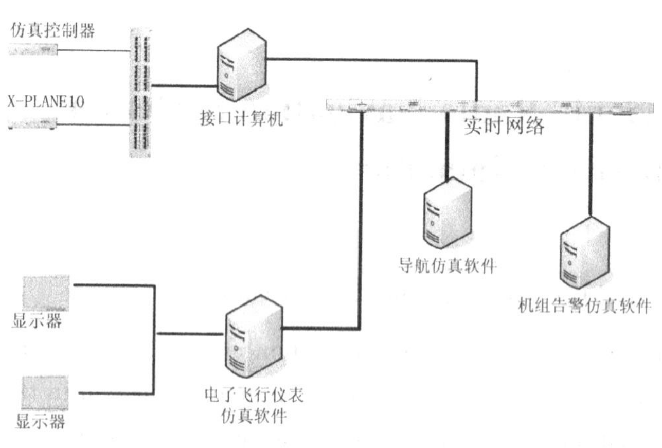

图1　航电仿真构架图

2　系统功能

某飞机工程模拟器航电系统主要模拟飞机导航、指示告警、显示控制、航电仪画面显示等系统功能，完成对飞机导航(包括VOR、DME、ILS等)，机组告警等级、飞行操纵相关信息、发动机状态等相关的信息显示以及对多功能显示器的显控操作逻辑等功能的仿真。其中航电系统功能模块划分如图2所示，在整个项目中，笔者主要参与无线电导航仿真模块的设计，即图2中虚线方框中的内容。

2.1　电子式飞行仪表仿真子系统

根据接口系统采集到的控制信息，以及飞行仿真系统、综控台发送的数据进行解算，完成动态显示、信息的交互显示、系统状态参数、导航解算数据显示等功能。

2.2　导航解算仿真子系统

依据仿真节点发出的飞机当前经纬度、高度等信息，并基于飞行员所选航路数据，对飞机所需求的导航模式进行解算，并将解算角度、偏差数据、距离等数据实时更新到实时网络，其中无线电导航为其子模块。

2.3　机组告警仿真子系统

完成对座舱内告警信息的逻辑判断以及告警信息优先级的解算，同时将相关的数据通过仿真网络发送给相关的仿真节点。

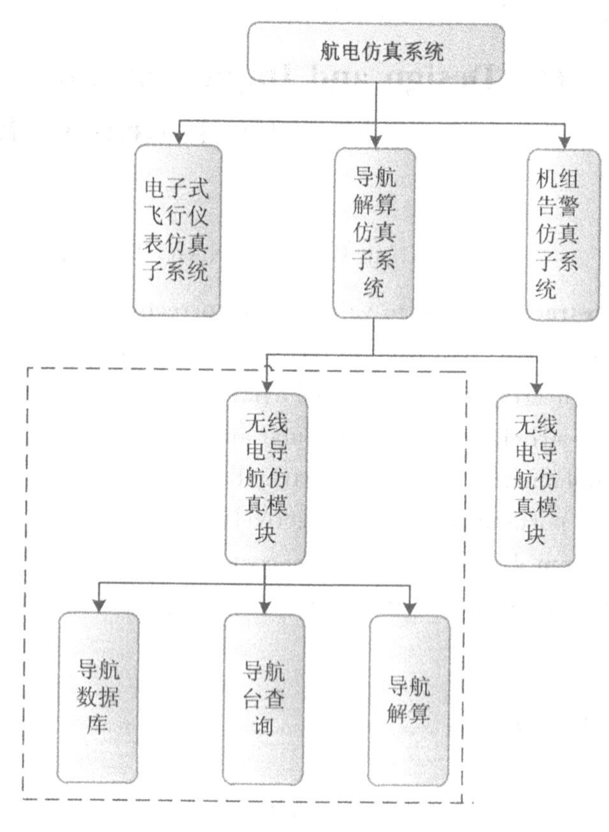

图2　功能模块图

3　系统实现

3.1　系统的软件架构

无线电导航仿真软件采用C++语言进行开发，整个系统包括导航数据库建立、导航台查询、导航解算三个子模块。由于在无线电导航仿真过程中，无法接收真实的无线电信号，因此可以通过飞行仿真系统获取飞机即时位置，反推出位置相应的导航台应该提供的导航参数。

无线电导航仿真软件流程如图 3 所示。

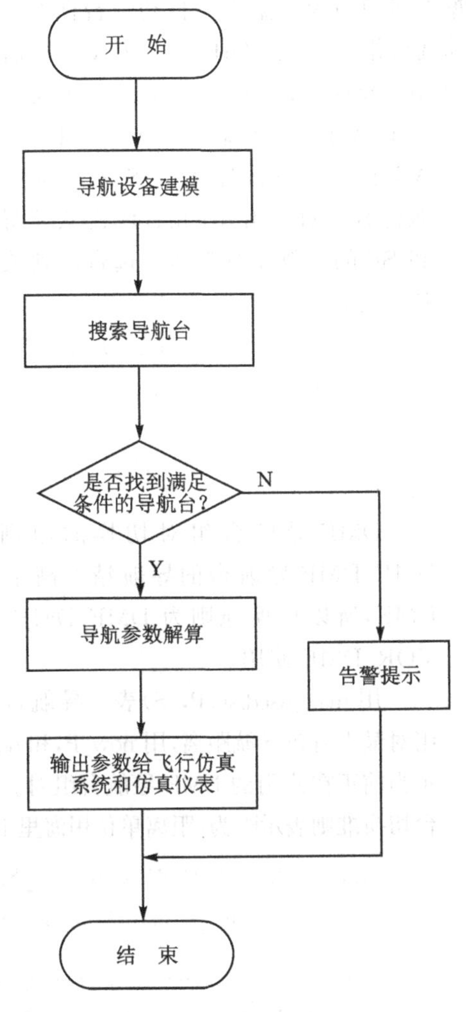

图 3 无线电导航仿真软件流程

3.2 导航数据库建立

将飞机的有效飞行地理范围内的机场(Airport)、航路点(WPT)、导航设备(包括 VOR、DME、LOC、GS 以及 MB)等各种导航台信息及参数封装成相应的数据结构数组,以实现导航数据的检索寻地、承兑数据。以 VOR/DME 共址台为例,按如下形式组织数据结构数组:数据结构包括了 VOR/DME 共址台的特性,成员变量有识别代码 VOR_DME_ID、位置名称 VOR_DME_NAME 、选择频率 VOR_DME_FREQUENCY、经度 VOR_DME_LATITUD、纬度 VOR_DME_LONGTITUDE 以及标高 VOR_DME_ALTITUDE,设备 LOC、GS、MB 有相似的结构。

```
struct VOR_DME
{
    string VOR_DME_ID;            //导航台代号
    float  VOR_DME_FREQUENCY;     //导航台频率
    string VOR_DME_NAME;          //导航台所处地区位置名
    float  VOR_DME_LOANGITUDE;    //导航台经度
    float  VOR_DME_LATITUDE;      //导航台纬度
    float  VOR_DME_ALTITUDE;      //导航台标高
};
```

在导航数据库中,根据数据库容量及飞行区域预先装订 WPT[30] 、AIRPORT[4] 、VOR[20]、DME[20]、MB[15]、LCO[15]、GS[15]等导航数据,飞行过程中即可以按照顺序航路点飞行,为实现航路点的自动切换,设立位字段结构,字段结构的模板如下:

```
struct OBJSYNATT
{
    char PURPOSE:1;    //1 为航路点,0为着陆点
    char WA:1;         //1 作为航路点,0 为机场点
    char NUM:4;        //说明航路点序号 0-9 或机场序号 0-3
};
```

申明的变量分别为 NEXTOBJSYNATT、PREOBJSYNATT、 ASTOBJSYNATT、 RECOBJSYNATT,分别表示将来、当前、过去、记录的目标点变量。按顺序飞行时,满足航路点转换条件后,上面 4 个变量的结构成员自动进行相应调整,当改变当前航路点的成员变量之后转入在此基础上的顺序飞行。

3.3 导航台查询

导航台查询类完成导航台的搜索,导航台选择可以人工选台,也可以自动选台。考虑到模拟器缺少必要的人机接口,无法完成导航台的人工选择,所以用自动选台方式进行导航台的选定。

1. 导航台自动选台算法原理

传统的区域导航一般采用 VOR/DME$\rho-\theta$ 和 DME/DME$\rho\quad\rho$ 两种导航定位方式。DME/DME 的导航性能以及精度优于 VOR/DME,在该模拟器的仿真算法设计时,将 DME/DME 导航方式排在首位。

在两套 DME 接收机匹配不到信号或者本身设备故障数据无法发送后,仿真算法选择 VOR/DME$\rho-\theta$ 导航方式进行飞机定位。

自动选台算法的设计流程如下:

第一,从仿真的导航数据选择飞机最靠近的 VOR 和 DME 导航台,在真实飞行中,只要满足信号要求都会进行匹配度计算,本次仿真为了简化要求,选择 10 个以内的导航台,该导航台的信号必须在覆盖范围内,在这些导航台中选取最佳的配对。

第二,依据选台准则挑出候选导航台,根据导航台切换准则比较候选导航台和当前所用的导航台,决定

是否切换为新的候选导航台。

图4为导航台自动选择算法程序流程图，先根据选台准则对本地导航台数据进行选择，挑选出候选导航台，然后根据导航台切换准则比较候选导航台和当前所用的导航台，决定是否切换为新的候选导航台。

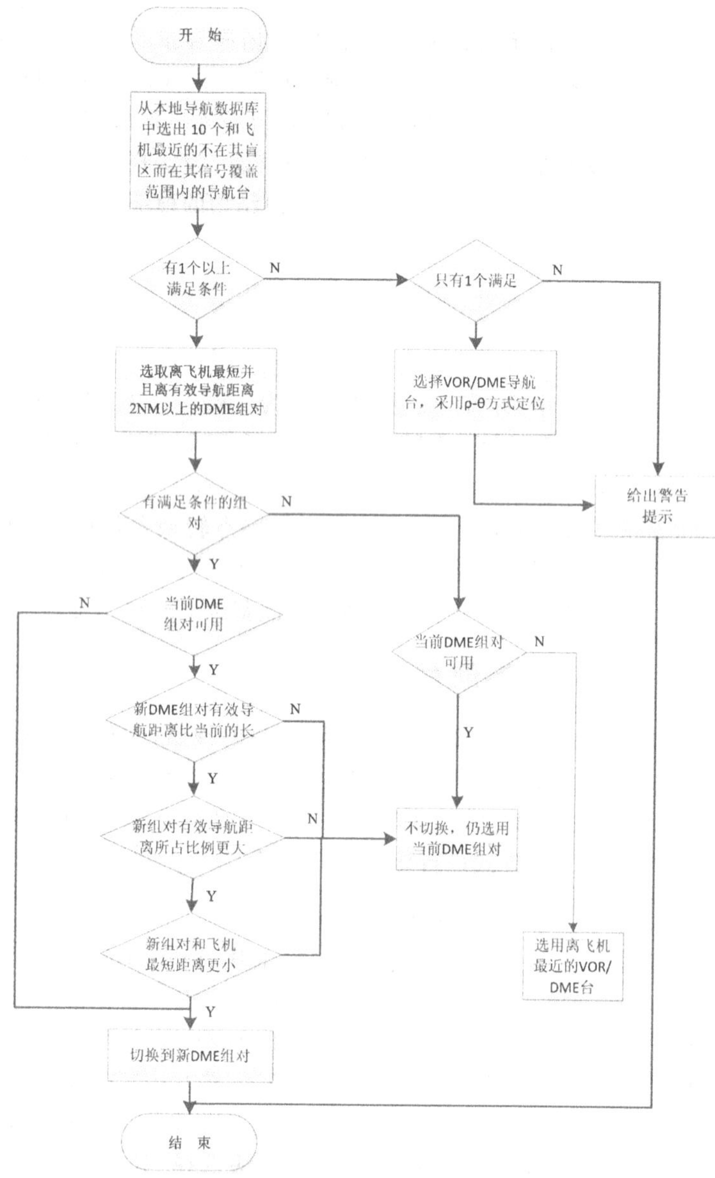

图4　导航台自动选择算法流程

2. 导航台选台和切换准则

DME导航台自动选台的原则：

① 在信号的覆盖范围内；

② 不在导航台上空的30°锥形区域内，因为在该区域信号可能是盲区；

③ DME/DME方式，测距线的交角要处于30°～150°之内[4]；

④ 认定DME导航台的2海里以及大于2海里为有效数据。

根据上述四项为依据进行自动选台标准。进行导航台自动选台排序算法SlctPair。以A为当前飞机位置，P为DME导航台，dist(A,P)表示当前飞机位置和DME导航台距离，usedist(A,P)表示组对A-P的有效导航距离，P-S表示导台P和导航台S组对。用usedist(P,S)表示导航台P和SP的有效导航距离。选台准则关系式表达[4]为：

$$dist(P-S,A)=\max(dist(P,A),dist(S,A))$$

$$slctPair=\min_{\substack{i=1,\cdots,10\\ j=1,\cdots,10\\ i\neq j}}(dist(P_i-S_j,A))$$

$$usedist(slct\_P,slct\_S)\geq 2NM$$

DME导航台组对切换的原则：依据DME/DME导航台的导航精度高于VOR/DME，所以切换原则为DME/DME优先于VOR/DME使用。

用max_usedist(P，S)表示导航台P和S组对最大有效导航距离，用now_P，和now_S表示当前正在使用的DME导航台组对。则导航台切换准则表示[4]为(距离单位用海里NM)：

$$\min(dist(slct\_P,A),dist(slct\_S,A))\leq$$
$$\min(dist(now\_P,A),dist(now\_S,A))$$

$$usedist(slct\_P,slct\_S)>usedist(now\_P,now\_S)+1$$

$$\frac{usedist(slct\_P,slct\_S)}{\max\_usedist(slct\_P,slct\_S)}>\frac{usedist(now\_P,now\_S)}{\max\_usedist(now\_P,now\_S)}$$

4　结束语

本文对基于某民用飞机工程模拟器基础上的无线电导航子系统提出了仿真设计思路和实现方法，可支持完成早期驾驶舱人机功效评估、系统设计与验证等任务，缩减设计成本。

参考文献

[1] 金德琨，敬忠良，王国庆，等. 民用飞机航空电子系统[M]. 上海：上海交通大学出版社，2011.

[2] 黄太平. 飞机性能工程[M]. 北京：电子工业出版社，2013.

[3] Ian Moir，Allan Seabridge. 范秋丽，等译. 民用航

空电子系统[M].北京:航空工业出版社,2009.
[4] 薛茜,程朋,程农.VOR/DME无线电区域导航系统仿真研究[C].中国制导、导航与控制学会会议,2012.
[5] 杨炽夫、郑淑涛,姜洪洲.飞行模拟器原型系统导航数据库的构建[J].吉林大学学报,2010,3.
[6] 吴德伟.航空无线电导航系统[M].北京:电子工业出版社,2010.
[7] 张光明.现代导航技术与方法[M].成都:西南交通大学出版社,2017.
[8] 黄智刚.无线电导航原理与系统[M].北京:北京航天航空大学出版社,2007.
[9] 严恭敏,翁浚.捷联惯导算法与组合导航原理[M].西安:西北工业大学出版社,2019.
[10] 汪捷,罗锐,赵学军,等.远程陆基无线电导航系统导论[M].北京:科学出版社,2017.

一种机载北斗短报文设备在民用飞机上的改装方法研究

王蒙*，张展，高易佳，于荟文

中国商飞北京民用飞机技术研究中心，北京 102211

摘要：本文研究了一种机载北斗短报文设备在民用飞机上的改装方法，描述了北斗设备在民航领域应用的基本背景，分析了机载北斗短报文设备的装机改装需求，根据民用飞机的电气改装和机械改装特点，提出了北斗短报文天线和北斗短报文接收机的详细改装方法，并描述了装机线缆和电源改装方法。

关键词：北斗短报文；改装方法；民用飞机

A Research of Onboard Beidou Short Message Equipment Modification Method on Civil Aircraft

WANG Meng*, ZHANG Zhan, GAO Yijia, YU Huiwen

COMAC Beijing Aircraft Technology Research Institute, Beijing 102211, China

Abstract: A modification method of onboard Beidou short message equipment on civil aircraft is studied in this article. The general background of Beidou equipment applying on civil aviation area is described, and the onboard Beidou short message equipment modification requirement is analyzed. Based on civil aircraft electrical and physical modification characteristic, the specific modification methods of Beidou short message antenna, Beidou receiver, onboard cable and power supply are proposed.

Keywords: Beidou short message; modification method; civil aircraft

引　言

北斗卫星导航系统作为我国自主实施、独立运行的全球卫星导航系统，是国家重要的时空信息基础设施[1]。目前，北斗系统已经广泛应用于我国诸多民用领域，产生了显著的经济效益和社会效益，但是由于民航领域具有极高的安全性要求，所以尚未得到全面应用，成了北斗民用领域的难点和“制高点”。2020 年 7 月 31 日，习近平总书记宣布北斗三号全球卫星导航系统开通，更是对北斗在民航领域的应用提出了迫切要求，因此，北斗设备在民用飞机上的改装方法就具有较强的研究价值和现实意义。

北斗短报文是我国北斗卫星导航系统的一个特色应用，允许用户通过北斗卫星的星基链路进行类似“短信”的信息传输。因此，如果民用飞机装有北斗短报文设备，地面可以实时掌握包括飞机位置信息在内的重要飞机信息，从而大大提高飞机的安全性，从而彻底避免类似马航 370 的惨案发生。本文正是研究了一种机载北斗短报文设备在民用飞机上的改装方法，使北斗短报文设备装机成为可能。

1　机载北斗短报文设备

机载北斗短报文设备一般包括北斗短报文天线和北斗短报文接收机两部分。其中，北斗短报文天线（以下简称“北斗天线”）安装在飞机机背上，用于接收和发射北斗短报文信号，多采用流线型外形设计，在飞行时暴露在机外，而北斗短报文接收机（以下简称“北斗接收机”）安装在机身气密舱中，一般采用 ARINC600 标准机载设备的外形设计，可进行北斗卫星定位解算并生成短报文消息。两个设备通过射频线缆进行连接，北斗天线由北斗接收机通过射频线缆提供馈电，北斗接收机由飞机 28V 直流电供电。设备架构示意图如

* 通讯作者，E-mail：wangmeng@comac.cc

图1所示。

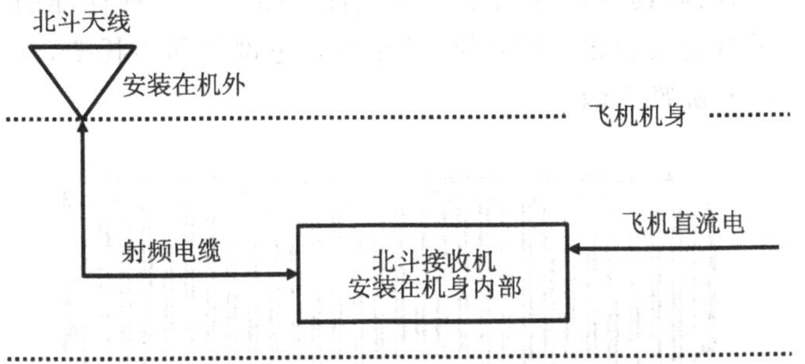

图1　北斗设备架构示意图

2　装机改装需求分析

根据上节可知，机载北斗短报文设备的装机改装需求包括设备安装、电源供应、线缆敷设等。具体分析如下：

(1) 由于北斗天线安装在机外，需飞机机背机体结构开孔，并在开孔处进行加强；

(2) 由于北斗短报文具有发射功能，其位置需满足天线隔离要求，距离飞机 GPS 天线应至少间隔 8 米以上；

(3) 北斗接收机安装在飞机气密舱内，可选位置包括 EE 舱、货舱三角区、客舱顶部板上方等，需要通过托架固定螺接在设备架或者飞机机体结构上。由于 EE 舱接电方便，通风良好，并具有很好的可维护性，故为优选；

(4) 需从飞机直流汇流条中引出 28 V 直流电至北斗接收机处，功率不小于 60 W，应有独立的断路器或保护开关。

(5) 供电线缆宜选用功能可靠、性能优良的屏蔽绞线，并应留有一定的余量长度；

(6) 射频线缆需从北斗天线射频接口处，敷设至北斗接收机处。

(7) 射频线缆应选择线损不大于 0.5 dB/m 的优质线缆，应留有一定的余量长度。

3　民用飞机改装特点

民用飞机是指非军事目的的飞机，一般用于运人载物，攸关人民生命财产安全，所以对适航性和安全性的要求很高[2]，从而带来了一些区别于其他飞机的改装特点。本文所述的民用飞机，专指运送乘客的民用航空飞机。

一般来说，民用飞机的改装可以分为电气改装和机械改装两部分，其中电气改装包括电源抽引、总线抽引、线缆敷设、电磁兼容检查等，机械改装包括结构开孔、结构加强、传感器和机载设备安装、管路调整、内饰拆除与恢复等。此外，对于民用飞机的试验机，可能还涉及重大改装，比如拖锥系统改装、失速改出伞改装、应急离机改装等，一般为专项管理[3]，本文不做赘述。

因此，在综合电气改装和机械改装两方面，民用飞机的改装特点主要包括：

(1) 改装都必须满足安全性要求，不能给飞机带来不可接受的风险；

(2) 电源和总线等抽引工作不能影响飞机原有系统的功能，不能给机组带来不可承受的工作负担；

(3) 任何涉及机体结构更改的改装，都必须经由强度校核，并对更改位置进行结构加强；

(4) 带有信号发射功能的设备(如本文所述的北斗短报文)工作时，不能影响飞机其他航电设备的正常工作，必要时，可考虑加入抑制机制；

(5) 所有设备安装应牢靠稳固，螺钉有防松设计，安装水平度、垂直度、配孔孔径误差等符合改装图纸要求；

(6) 改装线缆应尽量沿着飞机本体线缆敷设，如需穿越高温区域，需采用耐高温防火材料，应尽量避免靠近燃油管路、液压油管路，如无法避免，则应敷设在管路上方，防止渗液腐蚀；

(7) 设备在上机改装前，应该在地面实验室内开展充分的试验验证，应编制必要的试验报告或提供第三方质量认证文件，尤其是对于安装在机外的设备，要特别考虑其低温特性；

(8) 所有改装实施工作应由有资质的专业人员实施，并由质量安全部门进行过程监督，由适航管理部门进行检查确认；

(9) 改装工作应有完备的构型管理和构型纪实。

4　详细改装方法设计

4.1　北斗天线改装和机背结构开孔

北斗天线改装涉及机背结构开孔和天线隔离度要求两方面工作。对于常规布局的民用飞机，飞机本体 GPS 天线一般在机头附近，图2所示为波音 737MAX 的 GPS 天线位置示意(图片来源 http://baijiahao.

baidu. com/s? id = 1653326756337962802&wfr = spider&for=pc)。

图 2 波音 737MAX 飞机 GPS 天线位置示意

为了确保 8 米以上的隔离度要求，北斗天线改装位置可选择中后机身的背部，如 ADF 天线与 VHF 天线之间或者 VHF 天线与垂尾前缘之间均可，详细位置需要飞机总体布置专业根据下方的环控管路、液压管路、本体线缆等具体情况综合确定。

天线位置确定后，由飞机强度专业、结构专业共同进行强度校核和受力分析，并对开孔处进行结构加强。图 3 所示是一种民航业内较为常用的加强件和天线改装方法，加强件通过铆接的方式固定在开孔处，增强这一区域的蒙皮强度，并作为北斗天线固定安装的平台。同时，在蒙皮上实施 4～6 个安装通孔，用于安装天线螺栓，1 个通孔用于通过天线射频信号连接器。

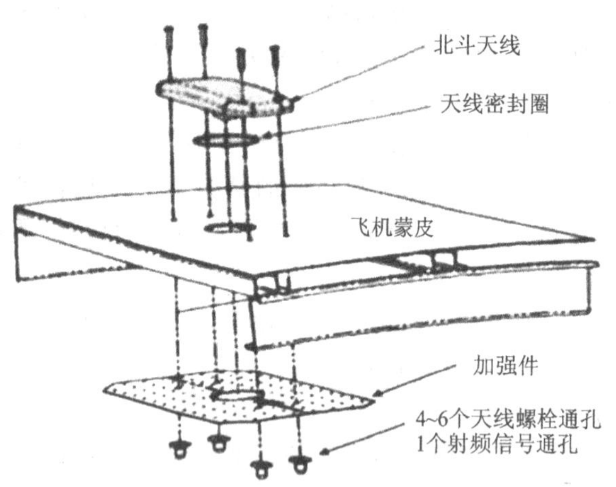

图 3 一种典型的加强件和天线改装方法

天线改装完成后，需使用密封胶对天线进行密封，并进行气密性检查。

4.2 北斗接收机的安装

北斗接收机通过托架安装在飞机 EE 舱的设备架上。EE 舱是民用飞机集中放置和安装电子电气设备的舱室，设有多套设备架，具有良好的通风散热条件，引电也较为方便，同时，机务人员可以通过 EE 舱门进出，因此具有很好的维修可达性。图 4 为一种标准的带有托架的北斗接收机，其中的灰色部分即为托架，并配有旋紧手柄。

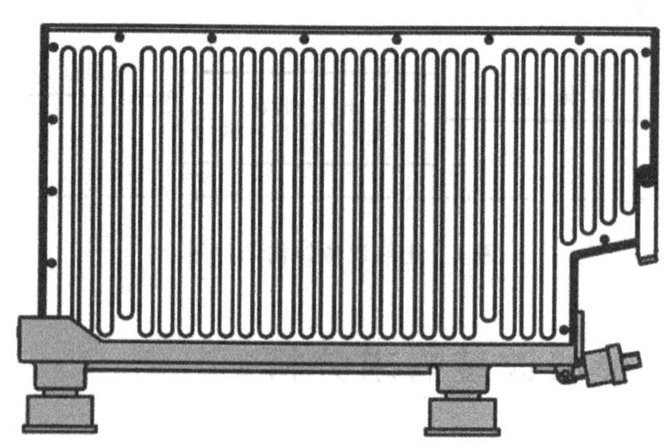

图 4 一种标准的带有托架的北斗接收机

对于民用飞机，一般有 1～2 个 EE 舱，多位于飞机的驾驶舱下方(即前 EE 舱)和飞机的中机身附近(即中 EE 舱)，由于北斗天线的位置位于飞机中后机身，所以为尽可能减少射频线缆的线损，应将北斗接收机安装在中 EE 舱设备架上。

4.3 线缆敷设和电源改装

线缆敷设工作主要涉及两根线缆，一个是连接北斗天线和北斗接收机的射频线缆，另一个是北斗接收机的供电线缆。相比于普通线缆，射频线缆具有更大的机械强度，需要特别留意其最小弯曲半径。一般来说，同轴电缆的最小弯曲半径是电缆直径的 6 倍。如果同轴线缆的线损优于 0.3 dB/m，那么最小弯曲半径应为电缆直径的 8 倍。对于供电线缆，应选用功能可靠、性能优良的屏蔽双绞线，并应使其在任何可能发生的工作环境中，均不超过线芯所能耐受的最高额定电流。一般来说，屏蔽双绞线的最小弯曲半径是电缆直径的 3 倍。线缆最小弯曲半径是指单根线缆的敷设方向旋转 180 度所需要的最小半径，如图 5 所示。

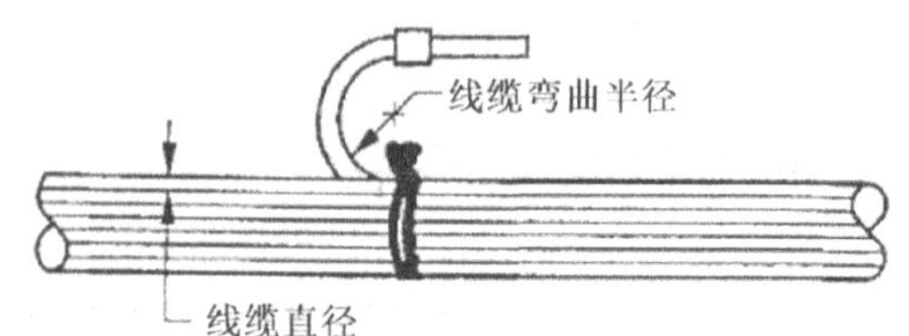

图 5 装机线缆最小弯曲半径示意

电源改装工作主要涉及从飞机直流汇流条抽引 28

V 直流电至北斗接收机处。由于北斗设备总功率不超过 60 W,所以对于一般民用飞机而言,完全不会影响飞机的正常运行。为了增加安全性,应加装一个不大于 10 A 的断路器,断路器开关可设置在驾驶舱座椅后部的接口板上。断路器的选择需要考虑以下两点,一是其容量与导线载流量相匹配,以防止在短路和长时过载下导线损坏,二是能够快速作用,及时隔离故障,防止故障升级扩散。

射频线缆从北斗天线信号连接器处绕客舱侧壁板向下,从回风格栅进入中 EE 舱,敷设至北斗接收机处即可。电源线缆从就近的直流汇流条引出后,敷设至中 EE 舱的北斗接收机处即可。装机线缆在敷设过程中,应尽量沿着飞机本体线缆平行敷设,并采用如图 6 所示的可靠捆扎方式。

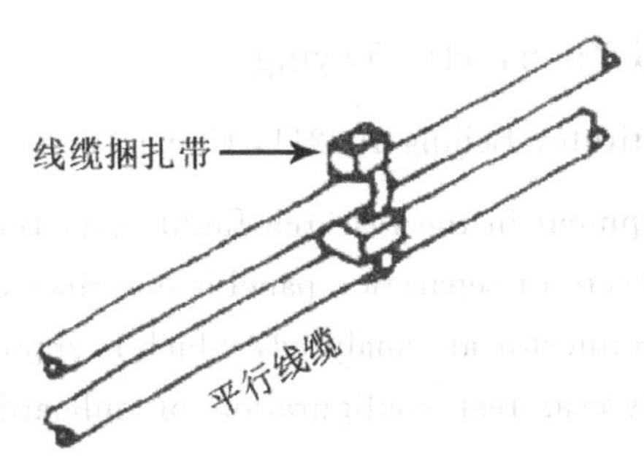

图 6　平行线缆捆扎方式示意图

4.5　改装后检查

改装完成后,需要开展若干检查工作,以确保改装实施工作的有效性,具体包括:

(1) 气密性检查:改装完成后,需进行全机密封性检查,确保开孔处气密良好;

(2) 电缆导通检查:完成装机电缆的导通工作,确保信号通路正常,针脚关系无误;

(3) 电源检查:完成改装装机电源电缆的线路检查,确保无短路现象,28 V 直流电压正常;

(4) 装机设备检查:对北斗短报文设备进行外观和连接关系检查,确保设备正常,连接正确;

(5) 通电联试:进行全机通电联试和电磁兼容,确保北斗短报文设备工作正常,且不影响飞机本体系统。

5　结　语

本文分析了机载北斗短报文设备的改装需求和民用飞机改装特点,提出了一种合理可行的在民用飞机上的改装方法,具有较强的可实施性。

需要注意的是,北斗系统在民航应用的远期目标是成为飞机主用导航源,与 GPS 或其他 GNSS 系统形成兼容互操作[4]。毋庸置疑,北斗短报文作为北斗系统特色,不涉及总线交联和飞机集成,现阶段即可作为独立设备推广应用。但导航系统是飞机核心系统之一,北斗导航设备的装机仍有较长的一段路要走,其改装方法在一定程度上参考北斗短报文设备,并仍有诸多不同,同样具有很好的研究价值。

参考文献

[1] 王艳红,赵文智,杨明.北斗卫星导航系统及其于民航导航的应用[J].计算机测量与控制,2014,22(2):496-498.

[2] 肖青.飞机加改装工程管理探析[J].管理观察,2017(22):48-49.

[3] 杨春霞.大型客机一体化试飞改装设计方法研究[J].民用飞机设计与研究,2015(2):55-59.

[4] 温泉.GPS 定位系统和北斗导航系统在民航中的应用[J].科技创新与应用,2019(28):168-169.

机载北斗设备科研试飞分离面改装方法研究

王蒙*，蒋欣，张展，胡疋盈

中国商飞北京民用飞机技术研究中心，北京 102211

摘要： 本文针对科研试飞中机载北斗导航设备的特点，提出了一种基于分离面的试飞改装方法，描述了分离面的概念，分析了分离面以及连接器的设计方法和原则，并辅以设计范例进行说明，最后提出了一种科研试飞中典型测试构型的北斗机载设备分离面。

关键词： 机载北斗设备；分离面；连接器

Research for Onboard Beidou Equipment Separation Panel Modification in Research Flight Test

WANG Meng*, JIANG Xin, ZHANG Zhan, HU Yaying

COMAC Beijing Aircraft Technology Research Institute, Beijing 102211, China

Abstract: For the characteristics of onboard Beidou navigation equipment in the research flight test, this article proposes a modification method based on separation panel. The concept of separation panel is described, and the design process and design principles of the separation surface and connector are analyzed, which is supported by design example. Finally, a separation panel is designed for a typical test configuration of onboard Beidou equipment in research flight test.

Keywords: onboard Beidou equipment; separation panel; connector

科研试飞，是指新研机载设备在正式进入适航审定试飞之前的飞行试验工作，一般在试验机上开展，其主要目的是验证真实的飞行环境下待测设备的各项功能性能。在科研试飞中暴露的问题和缺陷可以为新研机载设备的改进优化指明方向。目前，我国民航飞机的导航系统仍采用美国 GPS 作为主导航源，北斗尚未实际应用。作为我国自主建设的卫星导航系统，北斗系统近年来已经日趋成熟，北斗在民航领域的应用也有了愈发迫切的行业需求。因此，研究如何更高效地开展机载北斗设备的科研试飞改装方法便具有了现实意义，当前这一方面的研究仍然较少。基于此，本文创新性地提出了一种基于分离面的改装方法，可以使北斗机载设备的科研试飞改装工作更好地开展。

1 北斗机载设备

北斗机载设备一般包括北斗接收机和北斗天线两部分。安装在机背上的北斗天线用于接收北斗卫星导航信号，通过射频线缆将信号传递至安装在飞机舱内的北斗接收机，再由北斗接收机对信号进行解算和处理，处理后的经度、纬度、高度、速度等数据即可用于飞机导航。

科研试飞需要充分验证北斗机载设备的各种设计指标，所以，除待测北斗机载设备之外，还需要辅以各类支持设备，一般包括功分器、空间信号记录设备、RTK 接收机、总线数据采集设备、数据记录设备、实时监控设备、配置终端等。这些设备共同组成一个北斗机载设备的机上测试环境，可以更加高效地利用好每一个试飞架次。这些设备的连接关系可以根据不同的试验任务而适当调整，图 1 展示了一种较为常规的连接构型。

可以看到，设备交联关系呈现网状结构，每一个设备都至少包括若干路数据接口和一路供电接口，复杂的设备连接带来复杂的接口关系和接口控制文件

* 通讯作者. E-mail: wangmeng@comac.cc

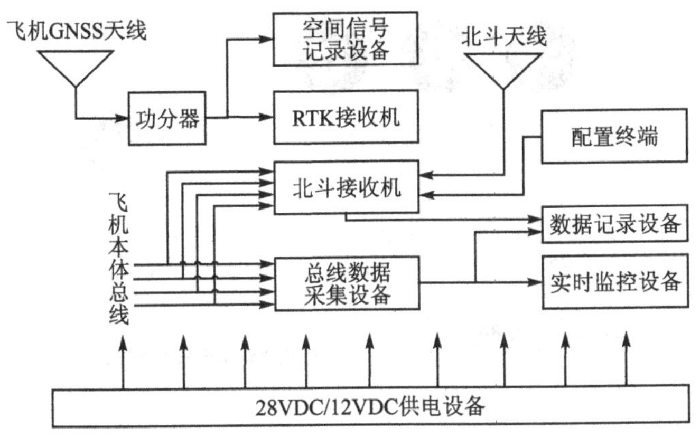

图 1　较为常规的北斗机载设备测试构型

(ICD, Interface Control Document)，同时，图中的信号类型也可以细分为数据、射频、电源三大类，不同线缆的敷设要求也不尽相同。因此，为了便于测试设备的统一管理和识别，也便于设备改装的界面划分，可以引入分离面的概念。

2　分离面的概念

分离面的概念是在民用飞机电气线路互联系统(EWIS, Electrical Wiring Interconnection System)设计过程中提出的，其基本做法是通过人为的设置接口面板，使不同系统、不同部段、不同区域的线缆可以统一的标准化管理。这些合理规划的线缆敷设"断面"，通过若干连接器，可以起到隔离电路的作用[1]，更起到了良好的接口管理作用，如图 2 所示。特别是对于北斗机载设备这样的"加装性"待测系统，更是可以通过分离面，使北斗待测系统成为一个"统一"的待测设备，达到设计清晰、改装快捷、工艺可靠、维护方便等目的[2]。

需要注意的是，由于北斗天线安装在飞机舱外，且接口方式仅为射频，一般由北斗接收机提供馈电，因此分离面不考虑天线端的情况，仅研究舱内待测北斗设备。

3　分离面设置方法

毋庸置疑，对于复杂机载系统的测试，优秀的分离面设计是事半功倍的正向设计。

分离面一般有两种设置方法，第一种方法是依据测试区域进行设置。以飞机为例，一般可分为机身前部、机身中部、机身后部、左机翼部、右机翼部等区域进

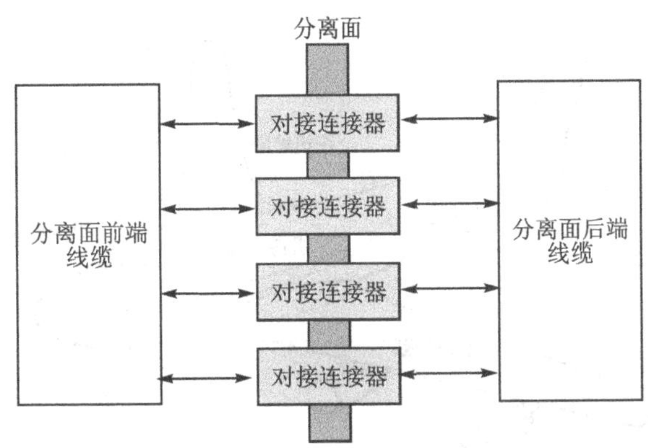

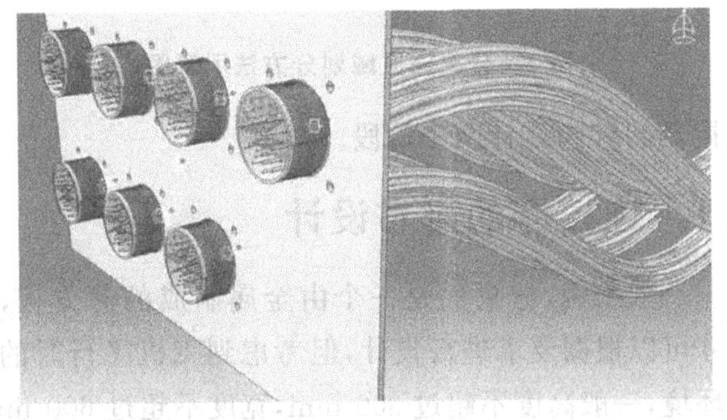

图 2　分离面示意图及数模图

行设置，如图 3 所示。对于安装尾吊式发动机的飞机，发动机系统的参数可以并入机身后部进行统一管理，对于安装翼吊式发动机的飞机，发动机系统的参数可以分别并入机身左部和机身右部进行统一管理。这种设置方式的优点是消除了参数除所在位置之外的属性，易于查找和定位，但是对于位于跨越飞机多个区域的系统参数，无法做到快速甄别。

第二种方法是依据测试对象进行设置。以飞机为例，可将发动机系统、飞控系统、液压系统、航电系统、电源系统等分别设置分离面。这种设置方式的优点是易于对测试对象整体进行把控，可以通过分离面启动仅涉及当前任务的测试设备，提高试飞效率，但缺点是飞机上系统较多，所以分离面的数量也会较多。

对于机载北斗待测设备而言，第二种设置方法更具有优势，可以将北斗设备直接看作是一个系统，从而通过一个分离面来统一管理。

4　连接器设计方法及设计原则

分离面规划完成后，即可对分离面上的连接器进行设计，这是整个设计过程中较为复杂的部分，同时，也是直接影响到待测系统线缆是否能够实现优化管理的关键之处。这个过程可以分为连接器的排布设计和

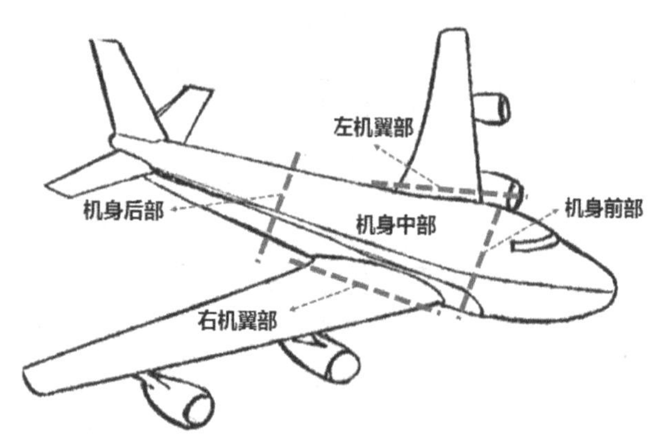

图 3　分离面区域划分方法示意图

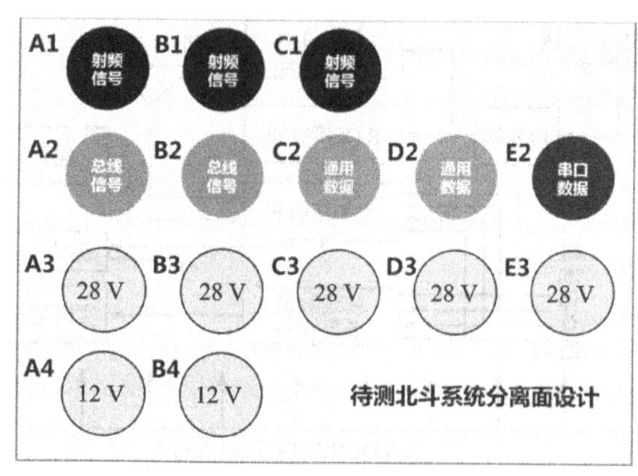

图 4　待测北斗设备分离面排布设计示意

连接器的针脚设计两个阶段。

4.1　连接器的排布设计

一般来说，分离面是一个由金属制成的薄方板，其尺寸可以根据要求进行设计，但考虑到飞机飞行时的振动环境，一般高度不超过 300 mm，宽度不超过 600 mm，厚度指标与所选取的金属材质相关，但需保证强度和刚度。连接器的总体排布需要根据通过该分离面的参数数量、信号种类等信息，同时，根据飞机试飞电气改装的相关要求，需按照以下的原则进行设计：

(1) 分离面上的连接器以行为基本单位，每行不超过 5 个连接器，总计不超过 4 行，并应考虑冗余设计；

(2) 连接器在分离面上的编号采用如下方法，横向编号采用 A、B、C……，纵向编号采用 1、2、3……，每个连接器的位置用字母和数字的组合唯一确定；

(3) 传递数据信号的线缆不与供电线缆共用同一个连接器，航空总线类信号线缆单独设置连接器，射频信号线缆单独设置连接器，并应考虑插损[3]；

(4) 一般情况下，设备供电线缆的连接器排布在面板最后一行，不同幅值的供电线缆不共用同一个连接器；

(5) 一般情况下，连接器为圆形连接器，宜选用美军标、国军标、国标等标准型号，应考虑防插错设计；

(6) 对于屏蔽线，应考虑屏蔽层的导通。

综合考虑以上原则，即可完成连接器的总体排布设计。以待测北斗设备为例，均选用标准的圆形连接器，应至少设置 3 个射频连接器、2 个 ARINC429 总线连接器、5 个 28 V 供电连接器、2 个 12 V 供电连接器、2 个通用数据连接器、1 个配置串口连接器，如图 4 所示。

4.2　连接器的针脚设计

连接器的排布设计完成后，即可开始对每个连接器上需通过的线缆进行具体设计。这个过程中，需要遵循的原则可以概括为以下两点：

(1) 线缆连接点的应力合力集中在连接器的几何中心附近，所有针脚应均匀使用，不宜有明显的倾斜；

(2) 为了让连接器具有一定的扩展性，针脚使用时应留有不低于 20%裕量[4]。

对于标准的圆形连接器，其针脚排布顺序可分为竖列式和环绕式，这两种排布顺序本质上没有差异。将总线连接器 A2 选定为一个 53 针的环绕式连接器进行解释说明，为简便起见，认为通过此连接器的线缆均为屏蔽双绞线，则图 5 中的每一对相邻的黑色实心点都代表一根双绞线，说明共有 13 根屏蔽双绞线经过了这个连接器，占用了 26 个针脚用于信号传递，占用了 13 个针脚（蓝色实心点）用于屏蔽导通，预留 14 个针脚（白色空心点）用于扩展，裕量比为 26%，且针脚使用均匀，没有明显倾斜。其他连接器的设计均可参考图 5。

需要注意的是，在连接器的针脚定义完成后，分离面的设计工作就基本完成了，但仍需要设计者根据上文论及的设计原则以及当前工程实际审慎检查核对，确保万无一失。

5　北斗机载设备分离面设计

按照科研试飞北斗机载设备的常规测试构型，并结合分离面设计要求和原则，就可以在图 5 的基础上开展北斗机载设备分离面设计，连接器选型如表 1 所列，总线抽引路数拟定为 4 路，C2、D2、E3 为备份。

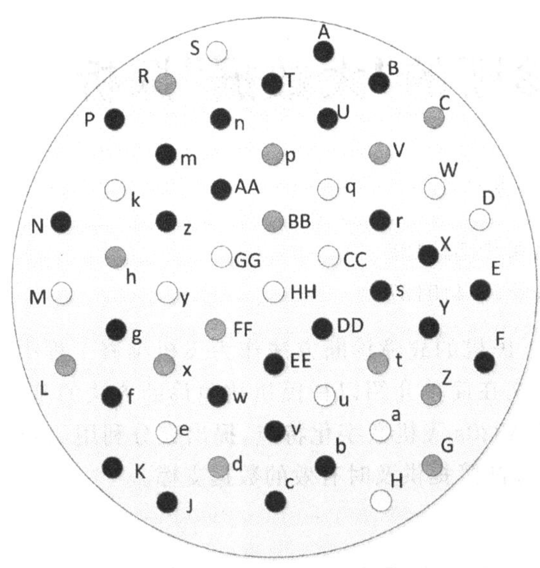

图 5　总线连接器 A2 针脚定义示例

表 1　北斗分离面连接器选型

信号类型及所属连接器	连接器选型
射频信号(A1 至 C1)	BNC
总线信号(A2、B2)	J599/26KH53SN
通用数据(C2、D2)	J599/26KC08SN
串口信号(E2)	J599/26KD15SN
28V 电源信号(A3 至 E3)	J599/26KA03SN
12V 电源信号(A4、B4)	J599/26KA03SN

如图 6 所示，分离面右侧的所有北斗待测设备均可以看作一个具有单一界面的系统。这种分离面改装方法，可以使北斗待测设备通过分离面与飞机进行交互。

6　结　语

本文提出了一种基于分离面的机载北斗设备科研

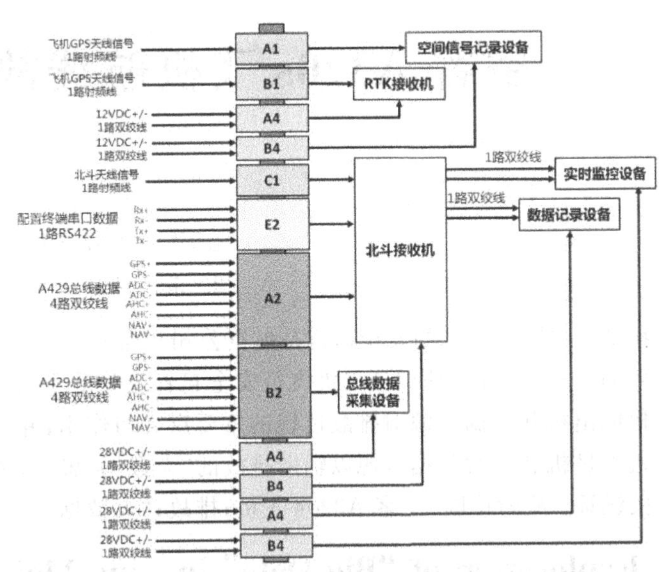

图 6　北斗机载设备分离面设计

试飞改装方法，通过详述分离面及连接器的设计方法和需遵循的原则，并辅以范例进行说明，最终设计出一种典型测试构型的北斗机载设备分离面，将原来复杂的网状信息结构优化为清晰的树形信息构型，进而提高北斗待测设备的科研试飞的工作效率。

参考文献

[1] 朱喜. 电气线路互联系统(EWIS)分离面设计研究[J]. 科技视界，2016(18)：128-128.

[2] 曹德明，吴峥峰. 浅谈民机测试改装线缆敷设[J]. 工业技术创新，2018，5(1)：68-71.

[3] 陈海兵. 民用飞机电气线路互联系统工艺分离面的设计[J]. 机械制造，2020，58(10)：41-43，68.

[4] 查奇峰. 浅谈 EWIS 分离面设计[J]. 技术与市场，2016，23(4)：13-15.

空客 A320s 飞机航线故障诊断的“大数据”探析

周久洲[1,*]，李志成[2]

1. 南航深圳飞机维修基地，深圳 518128

2. 南航湖南飞机维修基地，长沙 410137

摘要：中民航客机的安全运行是航空公司正常运作的基本要求。民机的故障诊断方法作为飞机维修工程中的重要的一环，对有效地保证飞机飞行安全起着至关重要的作用。本文在简单介绍以往民机故障诊断方法的基础上，提取出机载数据资源对排故过程的重要意义与作用，并结合空客 A320s 飞机数字化特点，提出充分利用 A320s 飞机大量机载实时数据资源以辅助排故的“大数据”思考，为航线排除故障提供及时有效的数据支撑。

关键词：故障诊断；空客 A320s 飞机；排故；“大数据”

Exploration of “Big Data” in Line Maintenance Fault Diagnosis of Airbus A320s

ZHOU Jiuzhou[1,*], LI Zhicheng[2]

1. China CSN SZX Aircraft Maintenance Base, Shenzhen 518128, China

2. China CSN HHA Aircraft Maintenance Base, Changsha 410137, China

Abstract: The safety operation of Civil Aviation aircraft is the basic requirement for Airlines' normal operation. As an important part of aircraft maintenance engineering, the fault diagnosis method of Civil aircraft plays an important role in effectively ensuring the flight safety of aircraft. Based on the brief introduction of the previous Civil aircraft fault diagnosis methods, this paper extracts the important significance and role of airborne data resources in the troubleshooting process. Combined with the digital characteristics of A320s aircraft, the “Big Data” thinking is proposed to make full use of a large amount of airborne real-time data resources providing timely and effective data support to assist in the T/S process.

Keywords: fault diagnosis; Airbus a320s; troubleshooting; “Big Data”

1 现有民机故障诊断方法简介

所谓故障诊断，是指鉴别系统和设备的工作状态是否正常，确定故障的性质，发现故障的部位，寻找故障的起因，并提出排除故障的相应措施[1]。

1.1 基于故障树分析的故障诊断方法[2]

故障树作为一种最基本的故障诊断方法，很早就被应用于民机的故障诊断。通常在飞机的设计阶段，飞机制造公司利用故障树将飞机可能发生的故障绘制出来，不仅方便日后排故手册的编制，也可以将故障树提供给飞机维修单位，帮助其完成飞机维修任务。

1.2 基于案例的故障诊断方法[3]

该方法是一种基于经验知识的推理方法，针对服役过程中积累的大量故障诊断和维修经验，通过构建案例库并将发生的故障与案例库中的案例进行比对，从而找出最近似的案例，帮助维修人员定位故障源。籍此，基于案例推理技术的智能故障诊断专家系统已在航空公司现场得到应用[3]。

1.3 基于 ACMS 报文实时监控与 QAR 数据分析的远程诊断

在飞机飞行过程中，各机载系统的参数被实时监控、采集和记录，这些数据既可以通过 ACARS 数据链

基金项目：国家自然科学基金；航空科学基金

* 通讯作者. E-mail: hkxb@buaa.edu.cn

路,按照预先定义的逻辑条件以飞机实时故障报告 ACMS 报文旳形式下传;也可以存储在机载 WQAR 设备中,在飞机落地之后自动下发。南航飞机远程诊断实时跟踪系统(ACRDRTS),利用机载设备 ACARS 实时传送飞行数据,通过接收和转换空地数据链下传数据,监控飞机和发动机运行状态,实现远程诊断飞机故障[4]。

随着新技术的开发与应用,民机故障诊断的方法也在逐渐增加和完善。但是无论技术怎样变化,笔者认为故障诊断方法的基本方式都是对飞机有效基础资源的整合,包括机型理论资源、历史排故知识和机载数据等。对航线维护人员来说,针对具体故障所掌握的有效资源越多,就越能快速、准确地定位故障源,以排除故障。如果说,机型理论资源是排故前的系统掌握,起指导作用,历史排故知识是排故后的经验总结,有借鉴意义,那么,机载数据资源就是针对具体故障排除过程的依据,起着导向和辅助支撑的作用。本文主要从机载数据资源的角度展开论述,通过整理数字化空客 A320s 飞机提供的所能获取的机载数据资源,尤其是机载实时数据资源,为航线机务人员有针对性地主动排故提供数据支持。

2 空客 A320s 机载数据资源的一般获取

2.1 机载数据资源的记录存储

空客 A320s 飞机数据记录系统,记录来自飞机系统的参数,用于确定事故原因或飞机的维护与监控。其基本功能,是用于记录适航要求的强制性参数和重要的基本参数,另一功能是用于记录作为维护和监控使用的附加参数。核心部件是飞行数据接口与管理组件 FDIMU。

如图 1 所示,FDIMU 与飞机不同系统连接,接收离散式和数字式数据。

(1) FDIMU 的 FDIU 部分(DFDRS 功能)收集来自不同飞机系统的所有关键飞行参数,并发送至 SSFDR。这些参数存储在 SSFDR,也可以存储在 QAR 里(若安装)。SSFDR 的数据为原始数据格式,这些原始数据需要译码后才能用于分析,一般在空难事故调查时使用。为了便于地面维护、性能状态监控等,作为 SSFDR 数据的拷贝,QAR 原始存储数据的调取相对简便,对装备无线功能 WQAR 的飞机,其数据亦可在飞机落地后,通过地面站自动下传。另外,如果飞机配

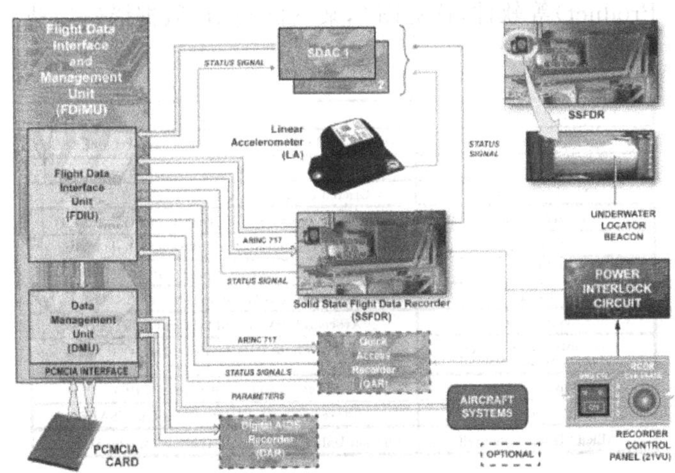

图 1 FDIMU 结构原理图

有用于记录 QAR 数据的 FDIMU/PCMCIA 卡接口,也可通过 FDIMU PCMCIA 卡获取相关飞行数据[5]。

(2) FDIMU 的 DMU 部分(AIDS 功能)收集、存储飞机系统参数用于内部处理,也可以发送至 DAR (若安装)。机组或维护人员可以通过 MCDUs 控制 FDIMU,并查看系统报告,也可以通过地面 GSE 设备对 DMU 部分重新配置。FDIMU 可将 AIDS 数据存储到外部 DAR 和集成于 FDIMU 内的 SAR 上,或存储在 PCMCIA 卡上。DAR 的存储数据用于地面性能、维护或状态监控,对装有 WDAR 的飞机,可将数据通过无线功能发送给地面站。

2.2 DFDR/(W)QAR/(W)DAR/PCMCIA 数据的译码与分析

当从飞机上下载数据资源后,原始数据必须依照 FDRPL(Flight Data Recording Parameter Library)规范,见图 2,通过特殊的地面读取工具,将其译码转换为初始工程值后才能用于后续分析与应用。FDRPL 是针对特定机型记录构型,访问 DFDR 数据帧定义的一款应用。

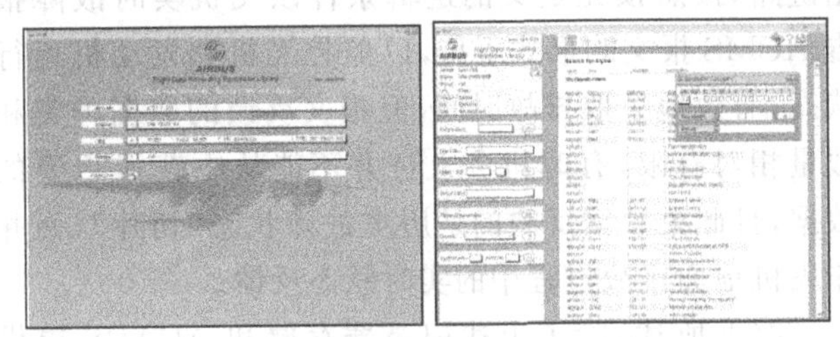

图 2 FDRPL 示意

另外,用于译码的读取工具,有如 ADRAS (Honeywell)、AirFASE (Airbus & Teledyne Controls Joint

Product)等软件，详见图 3，某飞机 QAR 数据译码后截图，见图 4。

软件开发商	FOQA软件
Airbus & Teledyne Controls	Aircraft Flight Analysis and Safety Explore(AirFASE)
SAGEM Inc.	Analysis Ground Station (AGS)
Spirent Systems	Ground Replay and Analysis Facility(GRAF)
Teledyne Controls	Flight Data Replay and Analysis System(Flidras III)
Flightscape	The Recovery Analysis Presentation System(RAPS)
L3 ROC	Read-Out Support Equipment(ROSE)
Airbus	Line Operations Monitoring System(LOMS)
Avionica, Inc.	AvScan.FleetView andAvScan.FlightView
Advanced Technology Manufacturing, Poland	Flight Data Service (FDS)
Austin Digital, Inc.	Event Measurement System (FDC)
Veesem Raytech Aerospace	Software Analysis of Flight Exceedance(SAFE)
Allied Signal/Honeywell	Airplane Data Recovery and Analysis System(ADRAS)

图 3　商用译码软件

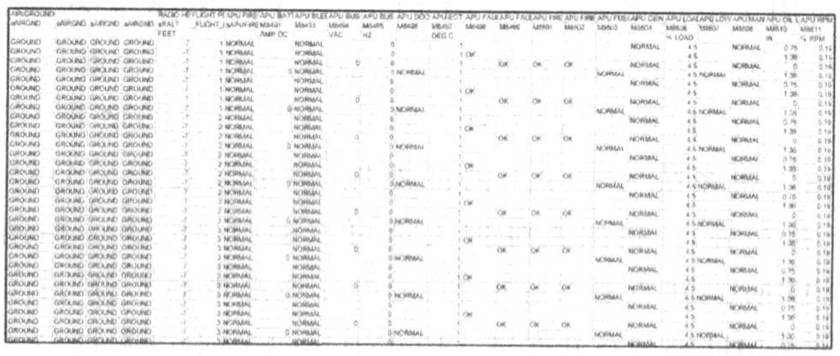

图 4　译码后截图

存储的数据(DFDR/(W)QAR/(W)DAR/PCMCIA)通过下载与译码后，能如实再现故障情形，确认故障状况和环境，有助于对重复故障及重要系统故障进行有效分析、判断和故障验证，有时还可以代替跟机观察。但它也存在着不足：第一，即使飞机装载了无线 WQAR 或 WDAR，数据的获取也需要在飞机落地后才可获得，而且还受限于网络传输状态，相较于 ACARS 系统，实时性较差，第二，要获得可用于分析的工程值，需要前述的机载数据下载与译码过程，也不满足航线及时排故的需求。

另一方面，虽然机载数据也可以通过 ACARS 数据链路，按照预先定义的逻辑条件以飞机实时故障报告 ACMS 报文旳形式下传，以监控飞机和发动机运行状态，有效地争取排故时间，但报文反馈的数据种类和数量相对有限，有时机务人员并不能从中获得想要的数据，且此类数据反映的是历史故障状态“切片”，而并非飞机地面排故过程中的实时状态反馈。

综上所述，除了上述记录器存储和 ACARS 提供的机载数据资源方式外，数字化 A320s 飞机，还有没有能为机务人员主动排故、提供数据支持的获取方式呢？

3　空客 A320s 机载数据资源的实时获取

3.1　驾驶舱故障状态显示

空客 A320s 飞机驾驶舱内两个 ECAM，可提供机组或维护人员关于发动机和各系统参数页面的直观显示，当系统故障时，需留意如下实时资源：

(1) 单谐音，或是连续警告声响；

(2) 主警戒灯，或是主警告灯；

(3) ECAM 警告、SD 和 STS 页面，不排除故障时的飞机状态、构型等信息；

(4) LOCAL 故障灯指示，不排除跳开关状态；

(5) CFDS 故障信息，包括相关计算机 BITE 测试。

3.2　AIDS 报告

AIDS 报告是 AIDS 系统的监控功能，其有固定的触发机制、固定的采集数据和固定的输出格式。这些报告可完成飞机要求的基本监控功能。当飞机运行异常时，如发动机超温，飞机的参数也会被收集，并自动生成报告。AIDS 报告可以通过人工触发按钮来实现远程打印，并将处于特定飞行航段的相关报告立即打印出来(独立于任何其他触发逻辑)。除此之外，也可以通过 MCDU 打印所有 AIDS 报告，包括已存储的报告(满足触发条件时自动生成的报告)和人工需求报告(人工触发生成的报告)等。FDIMU 的 DMU(AIDS-TELEDYNE)部分可以处理多达 16 个不同类型的报告，详见图 5，其中 13 个报告用于飞机、发动机和 APU 的基本监控，它们分别是：

〈01〉Engine Cruise Report、〈02〉Cruise Performance Report、

〈04〉Engine Take-Off Report、〈05〉Engine On-Request Report、

〈06〉Engine Gas Path Advisory Report、〈07〉Engine Mech Advisory Report、

〈09〉Engine Divergence Report、〈10〉Engine Start Report、

〈11〉Engine Run Up Report、〈13〉APU MES/TDLE Report、

〈14〉APU Shutdown Report、〈15〉Load Report 和〈19〉ECS Report。

其他 3 个为可设计的报告，它们是：〈16〉、〈17〉和

〈18〉Programmable Report。另外，不同的 DMU 所能提供的报告也略有差异，如 AIDS - SFIM 能提供多达 10 个可设计的报告。

关于每个报告的具体构成和各参数意义，本文不做详细介绍，请参考 AMM 31 - 36 - 00 PB 001，图 6 示例〈15〉Load Report 和〈16〉、〈17〉和〈18〉Programmable Report 页面内容。

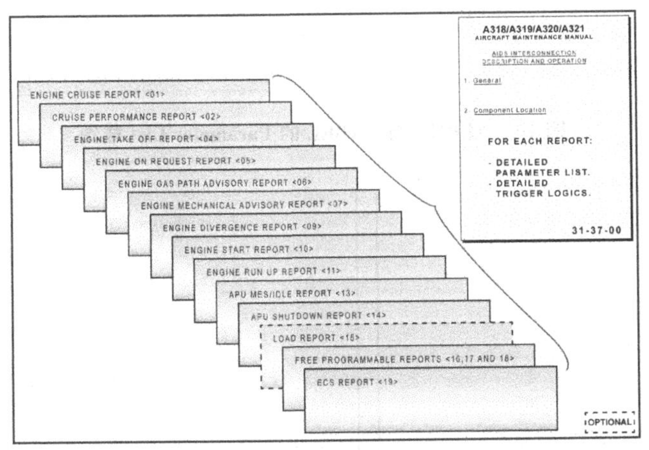

图 5 AIDS Reports

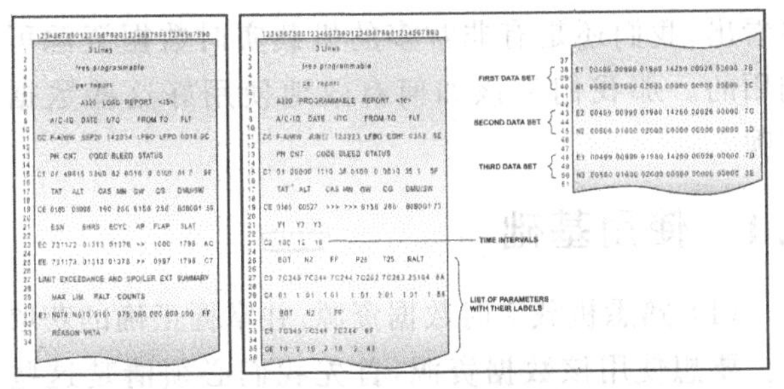

图 6 〈15〉Load Report(左)和〈16〉、〈17〉和〈18〉Programmable Report(右)

3.3 ALPHA & LABEL CALL - UP

FDIMU 的 DMU 部分，通过 ARINC 429 数据流接收来自各系统大约 13 000 个参数，并允许用户使用参数代码来调用、显示相应的参数。参数代码类型主要分为 ALPHA CALL - UP 和 LABEL CALL - UP 两类。使用 LABEL CALL - UP 代码，可以将数据流上的相应参数，以二进制代码的形式显示在 MCDU 上，为简化输入，已在 FDIMU 层面定义了近 200 个 ALPHA CALL - UP 代码，便于在 MCDU 上调取和显示，而且 FDIMU 允许人为定义并添加多达 1 500 个 ALPHA CALL - UP 代码。参数值每一秒刷新一次，如果没有接收到更新的参数，参数被标记为“XXX”，如果接收到异常参数，参数被标记为“——”。

(1) 一个 LABEL CALL - UP 代码，由三位 EQ 码、一位 SYS 码、三位 LAB 码、两位 SDI 码和两位 DATABITS(视需，默认为 18)构成，中间用“/”分开，LABEL 代码的构成及其系统所对应 EQ 代码详见图 7 和图 8。例如，左发 PRV 上游压力 PT1 代码记为 06F/1/141/01/10，分辨率为 0.5，单位为 PSIG。除了数值型，有些 LABEL 也反映系统或部件的状态，例如 06D/1/020/01，反映起落架及其舱门和起落架手柄位置状态，其二进制各 BIT 位含义见图 7。

Entry:	Digits	Description	Valid entry
EQ	3	Equipment Identifier	see Parameter or Port list
SYS	1	System Number	1, 2, 3 or 4
LAB	3	Label Number	see Parameter list
SDI	2	Source/Destination Ident.	00, 01, 10 or 11
DATABITS	2	LSB used for calculation of the decimal value	see Parameter list (opt. data), default = 18

06D	LGCIU	11	LH GEAR NOT LOCKED UP AND NOT SELECTED D
06D	LGCIU	12	RH GEAR NOT LOCKED UP AND NOT SELECTED D
06D	LGCIU	13	NOSE GEAR NOT LOCKED UP AND NOT SELECTED
06D	LGCIU	14	LH GEAR NOT LOCKED DOWN AND SELECTED DOW
06D	LGCIU	15	RH GEAR NOT LOCKED DOWN AND SELECTED DOW
06D	LGCIU	16	NOSE GEAR NOT LOCKED DOWN AND SELECTED D
06D	LGCIU	17	LH DOORS NOT UPLOCKED
06D	LGCIU	18	RH DOORS NOT UPLOCKED
06D	LGCIU	19	NOSE DOORS NOT UPLOCKED
06D	LGCIU	20	GEAR UPLOCK IN LOCKED POS WITH GEAR DOWN
06D	LGCIU	23	LH GEAR DOWNLOCKED
06D	LGCIU	24	RH GEAR DOWNLOCKED
06D	LGCIU	25	NOSE GEAR DOWNLOCKED
06D	LGCIU	26	LH GEAR NOT EXTENDED
06D	LGCIU	27	RH GEAR NOT EXTENDED
06D	LGCIU	28	NOSE GEAR NOT EXTENDED
06D	LGCIU	29	GEAR SELECTED DOWN (LEVER POSITION)

图 7 LABEL 代码的构成

(2) 一个 ALPHA CALL - UP 代码通常是一系列字母、数字组成的字符串，飞机所有可用的 ALPHA 代码可在 MCDU 的 AIDS/ALPHA LIST 页面查看，图 9 为某 A321 飞机 ALPHA CODE 打印截图。

ALPHA 或 LABEL 参数可在 AMM 31 - 37 - 00 PB 001 Parameter List(见图 10)、图 8 中各 EQ 所对应 AMM 章节的 Interface 段落中，或 TSM 所对应的 TASK SUPPORTING DATA 中，或 ASM 原理图中，或 ESLD 逻辑图中，或空客在线搜索 AIPL(ACMS - AIDS Input Parameter List)找到。

3.4 各系统计算机的监控数据 TSD

在系统计算机，如 28 章燃油 FQIC、FLSCU，监控自身系统各传感器(燃油量、燃油位等)信号状态，并可

EQ	SYSTEM	ENGINES	CHAPTER
001	FMGC - FGC	CFMI, IAE	22-86-00
002	FMGC OWN C/CB1/CB2- FMC	CFMI, IAE	22-86-00
004	ADIRU - IRS	CFMI, IAE	34-14-00
006	ADIRU - ADC	CFMI, IAE	34-13-00
00A	FAC	CFMI, IAE	22-66-00
017	FDIU	CFMI, IAE	31-33-00
01B	SFCC	CFMI, IAE	27-51-00
023	GPWS	CFMI, IAE	34-48-00
025	DMC	CFMI, IAE	31-62-00
026	FWC	CFMI, IAE	31-52-00
029	SDAC	CFMI, IAE	31-54-00
037	WBS (not connected)	CFMI, IAE	31-44-00
03D	EVM (old MOD)	CFMI, IAE	77-30-00
03D	EVM (Standard)	CFMI, IAE	77-30-00
03D	EVM (Advanced)	CFMI, IAE	77-30-00
05A	FQIS	CFMI, IAE	28-42-00
05A	FQIS (Mod J0247)	CFMI, IAE	28-42-00
05C	PRECON	CFMI, IAE	21-31-00
05D	ZONE	CFMI, IAE	21-63-00
06C	FCDC	CFMI, IAE	27-95-00
06D	LGCIU	CFMI, IAE	32-61-00
06E	BSCU	CFMI, IAE	32-42-00
60F	BMC	CFMI, IAE	36-11-00
07A	APU - ECB	CFMI, IAE	49-61-00
07C	ECU/EEC	CFMI, IAE	73-25-00
07E	CFDIU	CFMI, IAE	31-32-00
08E	PACK	CFMI, IAE	21-61-00
0A1	FCU	CFMI, IAE	22-81-00
039	MCDU	CFMI, IAE	22-82-00
040	PRINIER	CFMI, IAE	31-35-00
OD	DMU		31-37-00

图 8 各系统所对应 EQ 代码

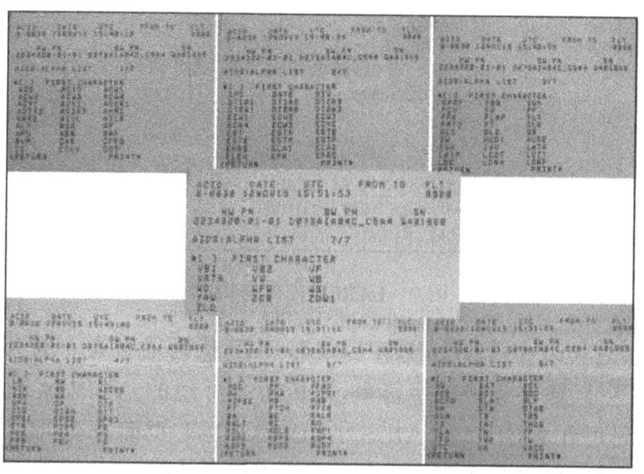

图 9 某 A321 飞机的 ALPHA CODE 打印截图

通过 MCDU 对其进行访问查看(见图 11),以辅助维护人员判断故障源,此类机载数据 TSD 已在实际排故中得到应用[6]。该数据释义一般在各章节 AMM 描述与 TSM TASK SUPPORTING DATA 中找到。

4 空客 A320s 机载实时数据资源的使用

通过介绍,除了经常使用的警告及故障信息外,可

IGV	APU 1	07A.1.130.01	DEG	IGV	IGV Position
IVV	IRS 1	004.1.365.01	FT/MIN	IVV01	Inertial Vertical Speed Sys. 1
IVV	IRS 2	004.2.365.10	FT/MIN	IVV02	Inertial Vertical Speed Sys. 2
LATA	SDAC 1	029.1.332.01	G	LATA1	Lateral Acceleration Sys. 1
LATA	SDAC 2	029.2.332.01			
LATP	IRS 1	004.1.310.NA	DEG	QLATP	Present Position Latitude (Variable)
LATP	IRS 1	004.2.310.NA			
LCDT	APU 1	07A.1.074.01	DEG C	LCDT	Bleed Air Temp
LCIT	APU 1	07A.1.110.01	DEG C	LCIT	Load Compressor Inlet Temperature
LOC	DMC 1	025.1.173.01	DDM	LOC1	ILS1 Localizer Deviation Sys. 1
LOC	DMC 1	025.1.173.10	DDM	LOC2	ILS1 Localizer Deviation Sys. 2
LOC	DMC 2	025.2.173.01			
LOC	DMC 2	025.2.173.10			
LONA	SDAC 1	029.1.331.01	G	LONA1	Longitudinal Acceleration Sys. 1
LONA	SDAC 2	029.2.331.01			
LONP	IRS 1	004.1.311.NA	DEG	QLONP	Present Position

图 10 ALPHA 与 LABEL 的 Parameter List 截图

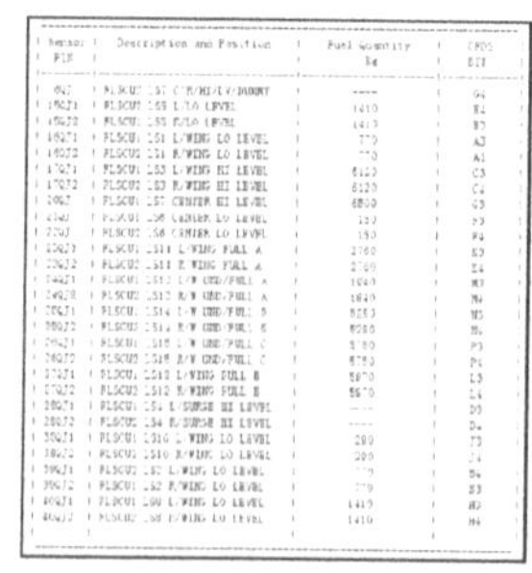

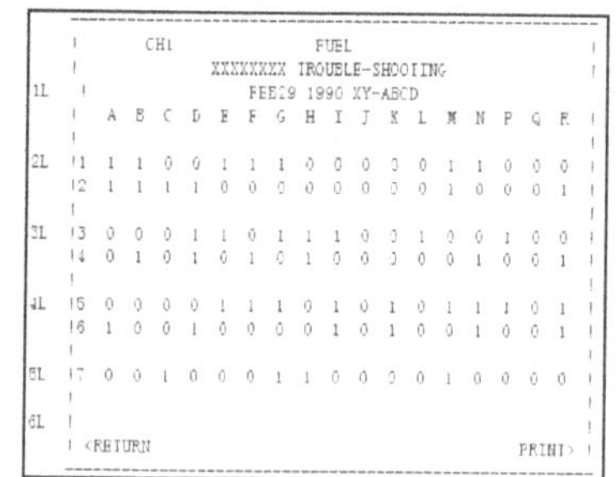

图 11 ATA 28 燃油位传感器监控参数状态图表

以看出,我们还是有非常多的机载实时数据资源可以利用的。那我们又该如何有效地使用好这些数据资源呢?

4.1 使用基础

(1) 熟悉机载实时数据资源,并掌握正确的获取方法。要想使用该数据资源,首先我们必须清楚这些数据的来源、正确理解各参数的含义,并掌握获取所需数据的正确方法。否则,一旦使用了不正确的参数或错误的数值,反而会误导排故思路,降低排故效率。维护人员可参考 AMM、ASM 和 FDRPL(Flight Data Recording Parameter Library)等相关手册。

(2) 深入掌握飞机系统知识。不仅要对相关系统有整体性掌握,更要对系统的数据处理,尤其是所需参数信号的来源与传递,有更深的了解。此外,还需对相关警告或故障信息的触发逻辑有所掌握。这是机务人员利用机载实时数据资源,进行主动分析排故的理论基础和关键。维护人员可参考学习 AMM、ASM、WDM 和 ECAM System Logic Data(ESLD)等相关手册。

(3) 排故人员需要有利用机载实时数据资源排故的意识。机务人员要循序渐进地学习、掌握并合理利

用机载实时数据资源，通过在不断的实践应用中摸索与积累，逐步提高自己充分利用机载实时数据资源的能力，同时，也逐渐培养自己的数据排故意识。

4.2 使用注意事项

(1) 切忌仅靠参数名称就盲目予以采用。虽然通常结合系统原理根据参数名称可以基本判明该参数的数据来源，但对于不熟悉的参数，切忌望文生义以致错误解读，建议采取通过与另一通道正常值进行对比，或理论分析得出的正常值域范围来辅助确认。

(2) 注意飞机构型，确保信号参数可正常调用。例如，如果要在发动机地面关车状态下调取发动机参数，需要确保EEC供电，可接通FADEC地面电源，避免不正常飞机构型状态下的异常参数显示影响排故方向。

(3) 注意参数状态判断图表的适用性。例如，对于燃油溢流传感器28QJ在FUEL FQIS DISCRETE INPUTS页面的位置，有的在M8/N8，有的则在D3/D4。

(4) 存储报告记录数据的单点瞬时性特征。例如，打印已存储/人工需求的标准报告，不同于QAR数据具有连续性，其所记录的数据是瞬时单点采集值，需要综合考虑当时飞机的构型、状态等因素进行判断，最好多次或连续采集所需参数加以确认。

4.3 使用案例举例

(1) 南航《排故百例》第七期案例[7]，译码发现机队有飞机LGCIU1与LGCIU2之间异常切换：正常情况下LGCIU1与LGCIU2每个航班切换一次，译码却发现有飞机每个航班切换两次，出现一直使用一部LGCIU主用控制收放起落架，另外一部LGCIU一直未参加主控工作。飞机一部LGCIU一直不参与起落架收放主用工作，如果有故障会成为隐性故障；而另一部LGCIU故障时，可能造成双LGCIU失效（见图12）。本次排故依托AIDS LABEL CALL UP参数的方法地面检查系统参数，提高排故效率。

(2) 某A321飞机曾出现APU自动关车，有CHECK OIL/GENERATOR(8XS)故障信息，因无APU滑油相关温度ALPHA参数，后通过调取LABEL代码07A/1/246/01/08(APU发电机滑油温度)和07A/1/247/01/08(APU滑油箱温度)等参数，直接观察温度变化，辅助确认故障。

(3) 某A321飞机地面启用APU引气时，其中一侧发动机预冷器出口温度，较另一侧上升较快，且短时

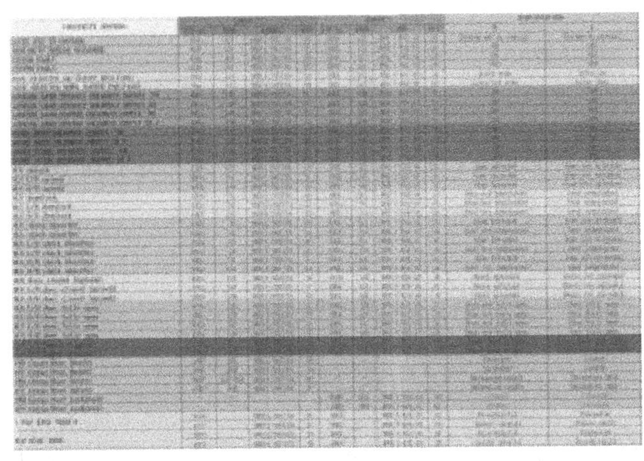

图12 LGCIU监控相关传感器状态LABEL参数参考[8]整理

间内的稳定温度比右发整体高出70～80 ℃，后检查发现左发预冷器本体有部分管路损伤断裂，辅助排查隐蔽缺陷。这个案例虽然相对简单，但其仍属于本文所讨论的A320s机载实时数据资源范畴。

(4) 某公司A320飞机航后报告中屡次出现"FUEL LEVEL SENSING FLSCU2 9QJ"二类故障信息，通过测试、分析TSD数据，判断出传感器25QJ2故障，后测量其电阻值不在330～480欧的正常范围内，确认该传感器故障[9]。

(5) 南航深圳《A320系列飞机故障处理指南》中的HYD X RSVR OVHT警告故障案例，提到通过AIDS系统LABEL代码可以显示分别来自SDAC1、2的两个液压油温度值和液压油箱过热离散信号，辅助检查液压油箱油温度[10]，如图13所示。

5 机载实时数据资源的总结与展望

上述几个实例，证明了机载实时数据资源对于实际排故的积极作用，但现实排故过程对该数据资源的利用还不够充分，主要存在如下问题：

(1) 对机载实时数据资源的认识和获取不明确。例如，根据LABEL代码名称无法匹配特定传感器，反之亦然，容易望文生义，造成误用；对LABEL代码的来源与构成项不熟悉，错误的输入造成数据无法被正确获取。

(2) 缺少对系统或部件级别的深入掌握，包括相关警告/故障信息的触发条件不明确，造成无法确定针对某具体故障所应该调用的参数。

(3) 临时应用效率低。由于参数多，且有些系统相对复杂，不宜临时使用，因此建议对于典型故障，利用

液压油箱过热离散信号，右图：SDAC1 和 SDAC2 接收到的绿液压油箱信号。

液压油箱温度值，右图：SDAC1 和 SDAC2 接收到的绿液压油箱温度。

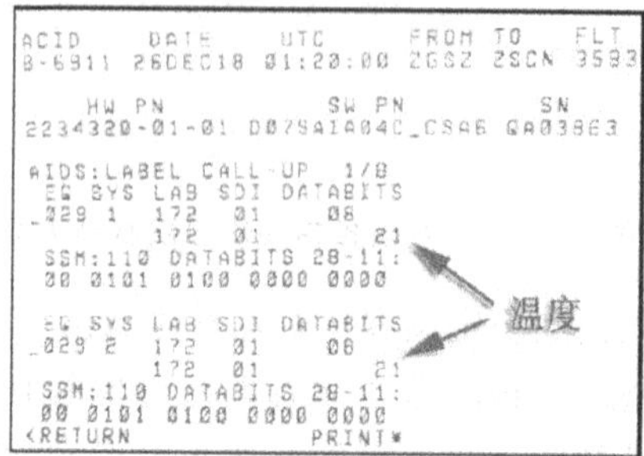

EQ	SYS(*)	LAB	SDI	DATA BITS	单位或状态		释文
					0	1	
029	1（2）	001	01	BIT23	Y	N	绿液压油箱过热离散信号OVHT
029	1（2）	001	10	BIT23	Y	N	黄液压油箱过热离散信号OVHT
029	1（2）	001	11	BIT23	Y	N	蓝液压油箱过热离散信号OVHT
029	1（2）	172	01	08	℃		绿液压油箱温度值
029	1（2）	172	10	08	℃		黄液压油箱温度值
029	1（2）	172	11	08	℃		蓝液压油箱温度值

SYS(*)：1代表数据来自SDAC1；2代表数据来自SDAC2

图 13 通过 AIDS 系统 LABEL 代码辅助检查液压箱温度

FDIMU 提供的可设计报告或可设计 ALPHA 代码，逐步建立各类数据模版，这样在排故时可以提高效率，并避免临时调用时考虑不周等情况。当前南航自主开发的 EBS 报文系统即充分利用这个功能，不但能提前发现引气系统异常，避免故障恶化影响航班正常，还能通过对大量引气系统数据进行分析，优化设计排故方案，甚至影响推动维修方案的改变。

（4）对空客飞机本身提供的数据资源功能认识不深入，也是造成未能充分利用机载实时数据资源的一个原因。

随着空客 A320s 飞机 FDIMU 和各系统计算机功能的不断强大，越来越多的机载数据资源可以被用来辅助故障诊断，也随着对机载实时数据资源的深入认识、有效利用和不断实践，相信，在充分分析机型理论资源、有效利用历史排故知识的基础上，正确合理地采用机载数据资源，进行“大数据”排故的意识会更加清晰，也将会对排故效率的提高和航材成本的降低产生积极的影响。

参考文献

[1] 米祖强. 飞机模拟机故障诊断专家系统研究[D]. 成都：电子科技大学，2008.

[2] 薛力寅，左洪福，苏艳. 民机故障诊断方法介绍[J]. 电脑知识与技术，2011，28：2-5.

[3] 董健康，耿宏. 民航飞机排故专家系统研究[J]. 电子科技大学学报，2004，6，3：298-300.

[4] 远程诊断 排故障——南航利用 ACRDRTS 实现实时跟踪飞机[N]. 每周电脑报，2003-4-28.

[5] ISI 31. 33. 00040，ACMS & DFDRS-DFDR，QAR and ACMS Data Download and Readout[Z]. 空客网站，2014-4-23.

[6] 汪元友. TSD 在空客 A320 飞机燃油油量传感器故障诊断中的应用[J]. 西藏科技，2013，6.

[7] 黄鹏军，李奎. A320 系列飞机 LGCIU 异常切换故障[Z]. 中国南方航空股份有限公司机务工程部，2020，7.

[8] ISI 32. 31. 00001，LGCIU Proximity Detector Trouble Shooting[Z]. 空客网站，2014-7-18.

[9] 刘永建. TSD 在 A320 飞机燃油传感器故障诊断中的应用[J]. 中国制造业信息化，2009，4.

[10] 王建学. 液压油箱过热警告[Z]. 修订版. 南航深圳飞机维修厂技术培训室，2018.

民机故障隔离手册编写研究

章剑飞，杨明宇*

中国航空无线电电子研究所，上海 200241

摘要： 飞机故障隔离手册是诊断和排除故障的重要技术文件，也是制造商交付给客户的持续适航文件之一。故障隔离手册的目的是指导运营方找出故障原因、排除故障、提高飞机的运行效率，降低运行成本。标准规范ATA2200，S1000D对故障隔离手册的编写有较强的指导意义。本文结合这些标准规范，探索故障隔离手册的编写方法。

关键词： 故障隔离；排故程序；故障原因；ATA2200；S1000D

Research on the Compilation of Civil Aircraft Fault Isolation Manual

ZHANG Jianfei，YANG Mingyu*

China National Aeronautical Radio Electronics Research Institute，Shanghai 200241，China

Abstract： The Fault Isolation Manual of aircraft is an important document for fault diagnosis and troubleshooting analysis. It is also one of the Continuous Airworthiness documents delivered by manufacturer to customer. The purpose of the fault isolation manual is to instruct the operator to find out the course of fault，eliminate the fault，improve the operation efficiency of aircraft and reduce the operation cost. The standard specification of ATA 2200 and S1000D have strong guiding significance for the compilation of Fault Isolation Manual. Based on these standards，this paper explores the compiling method of Fault Isolation Manual.

Keywords： fault isolation；troubleshooting analysis；fault course；ATA2200；S1000D

引　言

民机技术出版物是飞机制造商提供给用户用以使用和维护飞机的重要资料，也是局方对营运人开展持续适航管理的重要依据。除了对营运人提出使用经批准的现行有效的技术出版物开展工作外，也要求制造人按照国际技术出版物规范的要求开展手册的编制工作，以实现文件的标准化、规范化和结构化。

技术出版物一般有飞机维修手册（AMM）、故障报告手册（FRM）、故障隔离手册（FIM）、飞机图解零件目录（AIPC）、系统原理图册（SSM）等文件。本文重点研究故障隔离手册的编写方法。飞机故障隔离手册（FIM）是帮助维修人员迅速排除飞机故障隔离的主要维修类手册之一。FIM 主要供地面维修人员使用，给出了识别和分析飞机故障必要的技术数据和相关资料，并提供了相应的故障隔离程序，帮助维修人员准确、迅速地排除故障，以减少飞机停场时间和降低维修成本。

随着民机技术不断进步，要编制出安全、可靠并且实用的 FIM 文件必须遵循相关规范。目前国际上通用技术出版物规范包括“ATA2200”（航空维修资料标准）和“S1000D”（国际技术出版物规范）。两种规范中都规定了 FIM 的编制方法和要求。在 IDU 项目研制中，主要采用了 S1000D 规范进行编制，同时也借鉴了 ATA2200 中比较有针对性的方法。S1000D 最大的特点是采用数据模块技术创建技术文档，用数据模块编码区分和管理各个数据模块，使得技术信息得到最大限度的重用和共享。

中国民用航空局颁布的 CCAR25 部“运输类飞机适航标准”1529 条款、附录 H 及 AC－91－11《航空器的持续适航文件要求》对作为持续适航文件之一的飞

* 通讯作者. E-mail：yang_mingyu@careri.com

机故障隔离手册的编写原则和内容做了要求。FIM 在设计研发中编写，并随着产品的交付应用而不断更新完善。在产品交付客户之前，FIM 需要作为持续适航文件的一部分交由局方审查。

1 相关标准介绍

目前已有的标准规范 ATA2200、S1000D 等对故障隔离手册的标准规范和组织形式有较大的指导意义。规范用于明确 FIM 规划、手册编制、数据交换、分发、更改等全生命周期的要求、业务规则和相关信息。本节主要阐述这些标准对 FIM 内容部分的规范。

1.1 ATA2200

ATA2200 规范提出了文档电子化的概念，详细制定了改进技术信息过程的数字化资料标准。规范对 FIM 基本结构、编写进行了规定。

(1) 排故程序应当足够分析出故障并排除故障，一个排故程序可以用于多个故障；

(2) 排故程序应包括准备程序、警告、注意；

(3) 排故程序应当进行到更换设备或者能够在飞机上完成其他工作的程度。对于那些需要更换线路达到排除故障目的的元件，应该给出相应的图表；

(4) 排故程序应该包括跟该故障信息相关的完整的程序，不应要求用户为完成排故而参考其他章节。系统内容相互参考是允许的，如自检测(BIT)的排故程序编号；

(5) 如果给定的排故过程包括一个以上的设备，则应按照故障发生的顺序列出所有设备；

(6) 排故程序应该是排除故障最直接最简便的方法，不应包括任何不必要的步骤，不需要维护人员重复飞行机组人员采取的措施，要最大限度地使用机载检测装置。

1.2 S1000D 规范

S1000D 是一项国际规范，它规定如何创建、管理和维护航空航天业中的技术出版物。

规范要求采用数据模块(DM)的形式来存储和管理产品所有的相关数据信息。每个数据模块对应于唯一的数据模块代码(DMC)。DMC 包含 17～37 位代码涵盖了产品数据信息的各个方面，其中最主要的三部分：标准编号系统(SNS)、分组件代码(DC)和信息代码(IC)。

S1000D 规范规定了故障隔离程序的具体结构和内容，并给出了示例。示例中包括了参考资料、初步要求(需求条件、人员要求、支持设备、消耗性材料等)、安全条件、故障隔离步骤几个部分。

规范中将全部故障隔离程序的内容视为一个数据模块。该数据模块要求提供的内容更加全面和完善，包含了与故障隔离程序相关的各方面信息，而其中每一项内容都给出了单独的部分来描述。

2 故障隔离编写方法

2.1 故障分类

FIM 需要涵盖飞机在使用过程中所遇到的各种故障，根据 S1000D 规范和型号项目研发特点，需要包含以下几类故障。

(1) 已隔离的故障(Isolated fault)：监控系统探测到的故障，这类故障通常可以被监控系统隔离，并且不影响飞机和系统的正常工作。可以通过机上 BIT 功能或一些软件程序结合来实现。

(2) 探测到的故障(Detected fault)：监控系统探测到并随即自动存储的故障。具体有：EICAS 信息相关故障，OMS 故障信息，其他控制单元产生的故障信息。

(3) 观察到的故障(Observed fault)：机组人员或维护人员经验或感知而识别的故障。具体有：机组或乘务人员等在日常职责中识别的明显系统功能退化或异常现象，如发动机启动困难、起落架收起慢、振动、异响、异味等，在飞行中、勤务中、维修中发现的故障。

(4) 相关联的故障(Correlated fault)：监控系统将探测到的一系列故障进行过滤和分组，每组故障对应唯一的故障程序参考。

2.2 编写流程

FIM 手册编写流程如图 1 所示。

在部件级设备 FIM 编写中，总结的原则有下面三点：第一，尽量先更换部件；第二，进行量线，两端的部件先更换；第三，再对线路进行测试检查。涉及线路故障，线缆针脚信息需要提供，例如 ARINC825 总线引脚信息。有嵌套逻辑的故障及这个故障会触发其他 OMS 故障信息，需要排除大的故障，再排查小的故障。

部件级设备 FIM 编写中需要注意的要点：增加对于故障现象的描述，增加故障可能导致的现象，部件失效的类型等；提供以故障代码(FIM CODE)为索引的

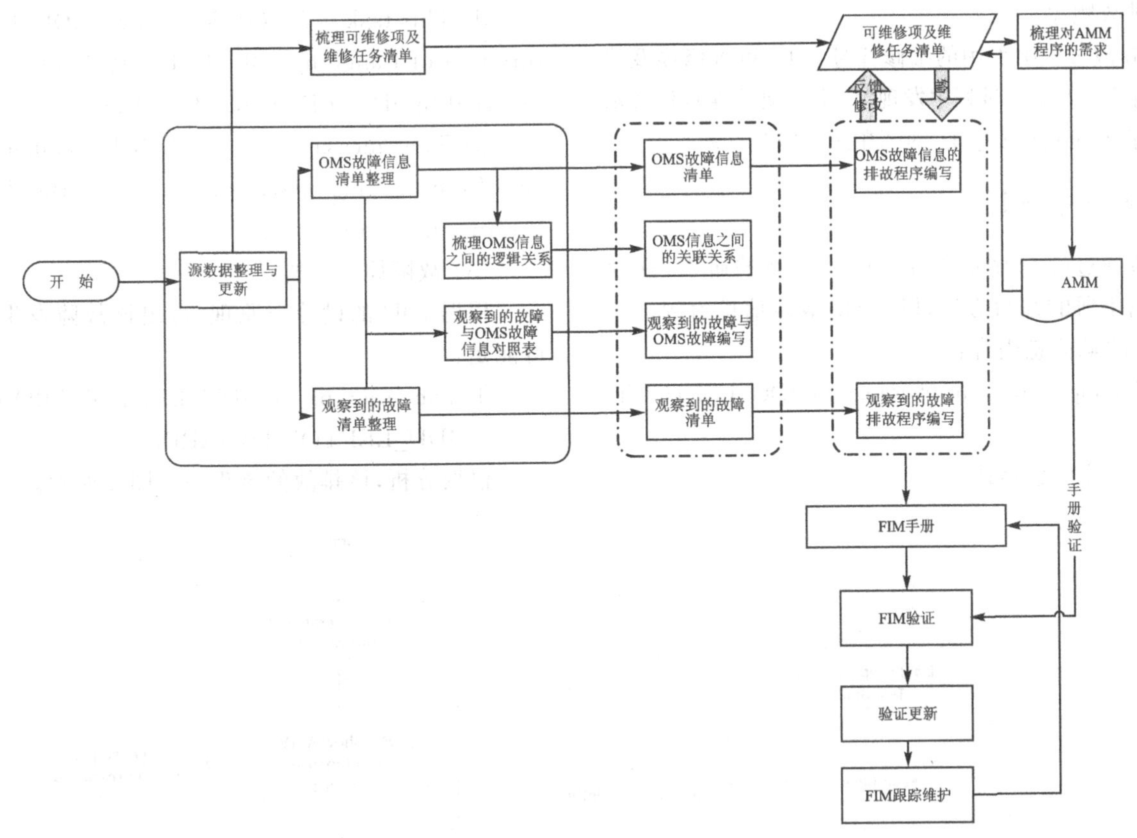

图1 FIM手册编写流程图

故障关联信息，针对FIM内单个维护信息，应列出与之相关的其他维护信息的故障代码或关键字；因为缺少OMS的相关环境以及页面，故障隔离的主要形式是以维护信息为参考，对报故单元链路中的部件以及线路进行检测，在此情况下需要了解相关LRU在OMS中的测试的方式是否有区别，手册内容的验证也需要结合OMS相关页面进行，验证操作步骤的适用性。

2.3 可维修项和维修任务清单

在编写FIM之前，需要系统设计师、安全性工程师一起梳理可维修项和维修任务，可以在FIM中确定排故的力度和故障排除的最终程序。一般来说，可维修项和维修任务清单来自于飞机维修手册(AMM)。由于FIM的编写是一个不断迭代的过程，所以在编写中，需要根据已有的设计数据梳理出适用FIM的可维修项和维修任务清单，并在后期进行更新完善。

2.4 故障信息收集

根据项目型号产品特点，OMS故障信息主要来源于工程设计文件。系统与OMS的电气接口控制文档EICD，这是OMS故障信息的主要来源，该文件中涉及的维护信息、与OMS之间的输入输出部分会包含OMS故障信息，有的故障信息甚至会包含故障发生的基本逻辑，这些信息对排故程序编写有重要指导意义。

2.5 排故程序编写

根据S1000D规范，故障隔离程序视为一个数据模块。该数据模块要求提供的内容更加全面和完善，排故程序一般包括以下内容。

(1) 故障信息名称及描述；

(2) 可能的故障原因：需要根据故障信息的发生逻辑判断故障发生的原因；

(3) 故障原因排序：不同的故障原因需要根据该故障原因导致故障发生的可能性及维修成本进行排序，一般来说，故障原因导致故障发生可能性较高的、维修成本较低的故障原因优先排除，这样可以达到高效排故的目的；

(4) 初步评估：用于进一步确认故障是否存在、是否是虚警的程序，一般可能是PBIT、BIT、CBIT、系统启动、观察检查等；

(5) 故障隔离程序：

① 确定排故顺序后，需要根据每个故障原因编写

相应的排故顺序；

② 排故过程中引用的维修任务参照“可维修项及维修任务清单”，若排故过程中发现“可维修项及维修任务清单”的内容不能满足要求的，对清单进行修改完善。

2.6 编写实例

本节通过综合显示单元(IDU)产品的研发，探讨故障隔离手册的编写方法，以 OMS 故障信息为例。

(1) 故障信息内容：

IDU Temperature out of Range by IDU_LEFTOUTBOARD。

(2) 故障信息描述：

① This task is for OMS message: IDU Temperature Out of Range by IDU_LEFTOUTBOARD. It is reported by IDU_LEFTOUTBOARD;

② This message means theIDU temperature is out of range. This message occurs when the IDU temperature is out of range.

(3) 故障原因分析：

根据 IDU 的设计与原理，得出该故障发生的原因可能是：

① Fan assembly on IDU_LEFTOUTBOARD;

② IDU_LEFTOUTBOARD.

根据分析，该排故的流程图如图 2 所示。

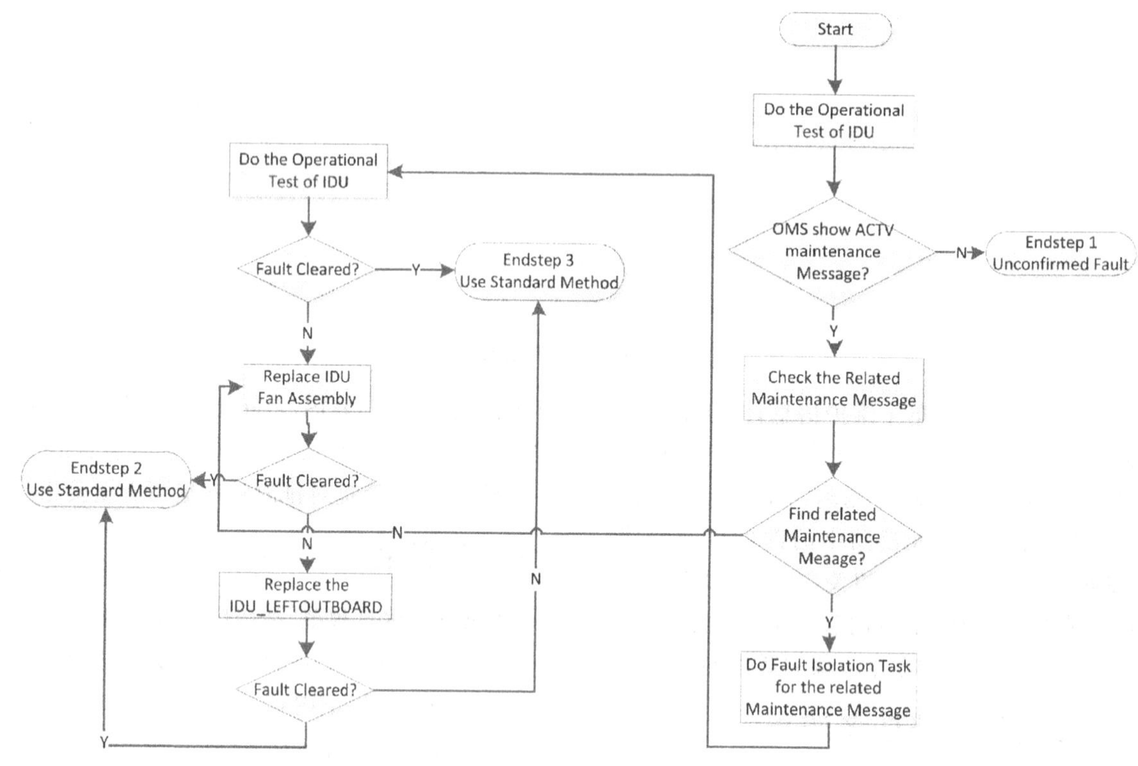

图 2 实例故障排故流程图

该实例故障排故流程中，引用的 AMM 手册维修任务清单如表 1 所列。

表 1 实例中维修任务清单

DMC (Data Module Code)	Title
XXXX-A-31-61-01-00A-320A-A	IDU-Operational Test
XXXX-A-31-61-01-00A-520A-A	IDU-Removal
XXXX-A-31-61-01-00A-720A-A	IDU-Installation
XXXX-A-31-61-01-00A-250A-A	IDU-Cleaning

续表 1

DMC (Data Module Code)	Title
XXXX-A-31-61-13-02A-520A-A	Fan on IDU mounting tray-Removal
XXXX-A-31-61-13-02A-720A-A	Fan on IDU mounting tray-Installation
XXXX-A-31-61-01-00A-320A-A	Fan on IDU mounting tray-Operational test

在这个实例排故程序中，分别用到了 IDU 操作测试程序、IDU 设备移除程序和 IDU 安装程序、IDU 设备清洗程序，同时也采用了 IDU 风扇的操作测试程序、IDU 风扇移除程序和 IDU 风扇安装程序。

3 总 结

高质量的故障隔离手册能够有效提高飞机的运行效率，降低维护成本。故障隔离手册内容的编写需要对飞机系统的设计原理深入了解，能够预测到系统的运行状况。民机设计过程中，为了保证飞机产品本身及运行产品的质量，设计团队与运行支持团队往往是两个并行工作的团队。因此，对于运行支持团队来说，故障隔离手册也是飞机持续适航文件中难度最大的手册之一。例如，很多 OMS 信息是由相关联的环路导致的故障触发。这种情况下编制内容成倍增长，需要对模块原理有相当的认知和理解，这样能减少编写的偏差。

故障隔离手册编写研究是基于有限的经验和数据的基础上的初步探索，在故障原因分析、故障原因排序、故障排除等方面还需要更深入的研究，也需要根据飞机各个系统的特点来丰富探索各种故障隔离排故程序内容的编写。

参考文献

[1] ATA Specification 2200(iSpec 2200). Information Standard for Aviation Maintenance[S]. ATA/A4A, 2012.

[2] ASD/AIA S1000D. International Specification for Technical Publication Utilizing a Common Source Database(Issue 4.1)[S]. ASD/AIA/ATA,2012.

[3] 陈金宇. 飞机故障隔离手册编制方法浅析[J]. 科技创新导报，2011(31)：59-60.

[4] 王会丽，姜朗. 故障隔离手册内容编写研究[J]. 科技创新导报，2015(24)：12-16.

地面站辅屏软件仿真测试平台的设计与实现

马慧芳，毛承永，范孝彬

中国航空无线电电子研究所软件部，上海 200241

摘要：针对地面站辅屏软件测试的规模庞大、数据类型复杂、测试记录维护困难等问题，结合地面站辅屏软件自身的特点，对辅屏软件仿真测试平台进行了研究与设计，并基于C#语言实现了仿真测试平台。介绍了平台的结构设计、平台的功能设计，以及采用的关键技术，并给出了应用实例的结果，最后对平台的架构设计进行了展望。实际应用表明，仿真测试平台的自动提取测试数据、自动生成仿真激励、周期自动发送仿真激励等特点显著提高了辅屏软件的测试水平，降低了60%的测试成本。

关键词：辅屏软件；仿真；测试平台；自动化

Design and Implementation of the Simulation Test Platform for Ground Station Auxiliary Screen Software

MA Huifang, MAO Chengyong, FAN Xiaobin

Software Department of China National Aeronautical Radio Electronics Research Institute, Shanghai 200241, China

Abstract: Aiming at the problem that the large test scale of the ground station auxiliary screen software, complex data types, and difficulty in maintaining test records, combined with the characteristics of the auxiliary screen software of the ground station, the auxiliary screen software simulation test platform was researched and designed, and implemented based on the C# language. Introduced the structural design of the platform, the functional design of the platform, the key technologies, and the results of application examples are given. Finally, the architecture design of the platform is prospected. Practical applications show that the characteristics of the simulation test platform such as automatic extraction of test data, automatic generation of simulation stimulus, and automatic periodic transmission of simulation stimulus have significantly improved the test level of the auxiliary screen software and reduced the test cost by 60%.

Keywords: auxiliary screen software; simulation; test platform; automation

1 引　言

随着无人机自主水平的提升和无人机指挥控制技术的发展，无人机的地面站系统近年来发展十分迅速[1]。通用地面站作为地面站系统的重要组成部分之一，是整个无人机的作战指挥中心，而辅屏软件又在通用地面站系统显示控制领域起到至关重要的作用。辅屏软件需要解析并显示符合RS422串口通信协议的所有机载系统详细参数，包括：飞控系统参数、机电系统参数、动力系统参数、导航系统参数、航电系统参数等。

由于辅屏软件解析和显示的数据众多，数据的属性、类型、大小和合法性约束复杂等特点[2]，加上辅屏软件的需求不断变化更新，使得辅屏软件的测试工作相当繁重。目前的测试工作完全依靠手动测试，手动测试工作效率低、测试周期长、引入错误的概率大，导致各个测试用例之间各自孤立，不能重用。因此迫切需要辅屏软件的仿真测试平台，规范统一测试工作的流程，提高测试效率、降低测试的成本[2]。

本文给出了仿真测试平台的结构和功能设计，并根据平台构建过程中遇到的问题对关键技术进行逐一阐述，最后应用到通用地面站中的辅屏软件的测试工作中。通过构建仿真测试平台，极大地提高了软件测试的效率，简化了测试用例的生成和维护过程[3]；同时减少手工测试的工作量和测试时间，提升了软件测试的整体水平。

2 平台结构和功能设计

2.1 平台的结构设计

辅屏软件测试的过程参见图 1。根据接口控制协议(以下简称 ICD)提取测试数据，这些测试数据包含引言涉及的六大系统的数据，该测试数据是符合 RS422 通信协议要求的二进制文件，二进制文件的字节长度不固定；依据软件需求文档，输出的是预期结果，预期辅屏软件接收到测试数据之后会显示的是数据；而实际运行辅屏软件会生成实际结果；通过比对预期结果与实际结果的值产生测试结果[4]，一致则为“通过”，否则为“不通过”。根据辅屏软件的测试特点，结合现有的自动化技术，虚线标示出的部分使用仿真测试平台自动化完成[5]。

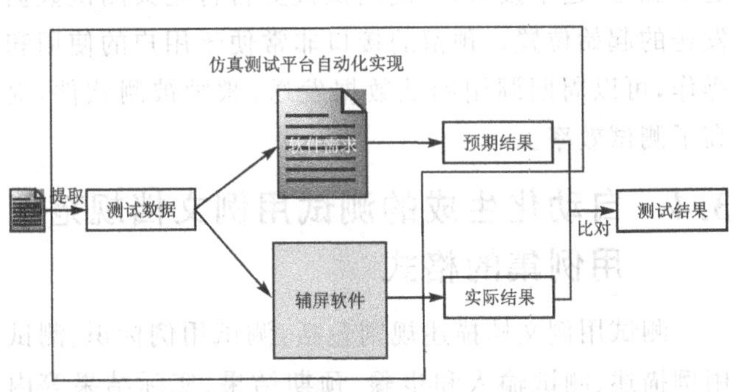

图 1 辅屏软件测试过程图

海量测试数据的提取、生成、变更、维护、保存使得辅屏软件仿真测试平台适合采用面向对象的技术平台实现，本文采用 VS2010、C＃语言来构建平台。基于 VS2010、C＃语言的客户端模式提供了统一的开发平台，具有良好的可维护性、可扩展性，在实际工程中得到广泛的应用[6-7]。同时结合 Excel 的存储技术、规范的测试用例生成策略，使平台具有自动化提取测试数据的功能和统一的数据操作流程，可以为辅屏软件的测试提供平台的支持。

2.2 平台的功能设计

辅屏软件仿真测试平台主要包括测试用例生成模块、被测软件启动模块、测试数据发送模块、测试用例文档生成模块，实现测试用例自动生成、测试程序自动执行等功能。功能结构如图 2 所示。

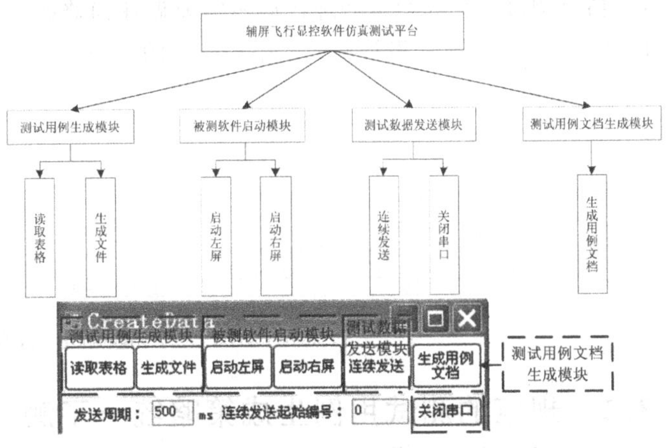

图 2 功能结构图

3 采用的关键技术

辅屏软件仿真测试平台涉及的测试数据庞大、结构复杂，同时需求变化频繁，要求平台具有流程清晰、操作简单、可扩展性强等特点，因此设计实现过程必须在充分分析平台特点的基础上结合 VS2010、C＃语言开发环境的优势来研究相关的关键技术，使平台具有较强的实用性和鲁棒性。下面分别从测试数据提取、测试数据生成、测试数据发送、测试用例文档生成等方面介绍关键技术实现。

3.1 统一的 Excel 存储文件设计保证测试数据提取的灵活性

辅屏软件要解析并显示的数据种类繁多，主要包括飞控系统、机电系统、动力系统、导航系统、航电系统等参数。这些参数有枚举类型、浮点类型、整型、字符类型等，且所占用的字节范围、分辨率、显示精度、显示值、取值范围偏移都是不一样的；同时随着辅屏软件的不断生产和投入使用，解析的数据也可能会发生变化，需要进行扩展或增删某些数据，而统一的 Excel 存储文件设计为这一功能的测试提供了先决条件[2]。

在实现过程中，按照 ICD 在 Excel 里统一定制测试数据包含的所有字段，仿真测试平台在实际运行时，逐行读取 Excel 的数据，生成辅屏软件能够解析的二进制文件。如果辅屏软件需求有变化，若要增加显示的数据，只要依据 ICD 在 Excel 增加行即可；若存在的测试数据本身有变化，只需更改其对应 Excel 中的字段；

若要删除显示的数据，只需要删除 Excel 对应的行即可，仿真测试平台的逻辑处理代码不需要做任何修改，图 3 给出了 Excel 的设计格式。采用统一的 Excel 存储文件设计方法，分离了测试数据提取和逻辑业务处理，保证了仿真测试平台的可扩展性，有利于平台的维护和升级[2]。

数据名称	类　型	字节范围	分辨率	显示精度	实际取值范围	实际范围偏移	枚举值	所属分系统（1：飞控；2：导航；5：航电；4：机电；3：动力）	所属信号名称	该数据用于左屏还是有右屏（0-左屏、1-右屏、2-左屏和右屏）	测试结果
数据项1	enum	0~4			0~4	0	state1、state2、state3、state4、state5	1		0	
数据项2	short	-32768~32767	20000/32767	1	-500~20000	0		2	参数指令画面	1	
数据项3	int	-2147483648~2147483647	180/2147483647	0.0000001	-180~180	0		3		2	
数据项4	ushort	0~65535	360/65535	0.01	0~360	0		5		1	
数据项5	uchar	0~255	1	1	-55~100	55		4		0	

图 3　Excel 存储文件示意图

3.2　规范的测试用例生成策略统一了测试数据生成的流程

辅屏软件能够解析的 RS422 数据是满足一定帧头、帧尾、校验方式的二进制文件，若手动编写二进制文件，不仅编写的格式不一致、工作量大，且错误率高、复用率低，所以本文采用自动生成测试数据文件(.txt 文件)。仿真测试平台读取满足 2.1 章节介绍的 Excel 存储文件，根据下面的测试用例生成策略自动生成测试数据文件。

辅屏软件中定义的参数数据类型有 uchar(8 位)，char(8 位)、int(32 位)，ushort(16 位)，uint(32 位)，float(32 位)，enum。对于 uchar、char、int、uint、ushort 类型，分别测试最小值、中间值、最大值；对于 float 类型，分别测试最小值、最小值＋0.000 001、0、最大值、最大值－0.000 001；对于 enum 类型，分别测试所有的 0、各有效枚举值、枚举最大值、枚举值最大值＋1[8]，测试将对 Excel 存储文件中的每一行数据进行测试。

同时平台提取 Excel 存储文件的相关信息，生成以“编号_数据项名称_数据值_界面显示值_有效/无效”规则命名的测试数据文件，这样的命名规则使得测试人员在测试过程中比对时一目了然，同时方便对测试数据文件的维护。

自动生成测试数据文件可以使测试人员更加专注于新的测试模块的建立和开发[9]，极大地提高了测试数据生成的时间，从而提高了测试的效率。

3.3　基于接口预留的方式实现测试数据的发送

测试数据的发送是仿真测试平台的核心，因为数据发送的实现方式直接影响整个测试工作的效率。测试过程中发送一组测试数据之后需要留出一段时间，供测试人员验证被测软件的界面显示数据是否正确，传统的处理方式读取一个测试数据等待人工验证，然后再人工触发读取下一个测试数据明显降低测试效率。为了提高仿真测试平台的自动化，测试数据的发送支持周期发送，测试人员可以根据自己验证所需的时间设定“发送周期”，这样仿真测试平台读取接口中设置的发送周期，定期地读取测试数据并发送；同时为了提高仿真测试平台的适配性，平台还预留“连续发送起始编号”这个接口，方便测试人员自行定义测试数据发送的起始位置。预留的接口非常便于用户的使用和操作，可以周期调用测试数据发送，激励被测软件，提高了测试效率。

3.4　自动化生成的测试用例文档规范了用例集的格式

测试用例文档描述规则包括：测试用例标识、测试用例描述、测试输入和步骤、预期结果、实际结果等内容[10]，测试用例文档模板参见图 4。根据辅屏软件的需求文档，需要设计用例近 5 000 个，即按照图 4 测试用例文档模板编写近 5 000 页的 Word 文档。若每一个用例都是手动编写，则其工作量对测试人员来说无疑是巨大的，且容易出错，复用率低。自动化生成测试用例文档，不但可以满足软件测试的要求、统一用例集编写的格式、提高软件测试整体效率，同时通过文档模板定制实现测试用例文档的多样化设置。

根据提取的测试数据、记录的实际操作步骤以及自动生成的预期结果，仿真测试平台会将这些信息自动提取出来，自动填入测试用例文档模板中。测试人员只要关注实际结果的填写即可，自动化生成测试用例文档极大地释放了测试人员编写的压力，使得测试人员更多关注在测试执行过程中以及检验测试结果上，也为后期用例集的维护带来了极大的便利。

<table>
<tr><td colspan="6">测试用例序号_</td></tr>
<tr><td>测试用例名称</td><td colspan="2"></td><td>测试用例标识</td><td colspan="2"></td></tr>
<tr><td>测试项目</td><td colspan="2"></td><td>测试需求追溯</td><td colspan="2"></td></tr>
<tr><td>测试类型</td><td colspan="5"></td></tr>
<tr><td>测试用例描述</td><td colspan="5"></td></tr>
<tr><td>预置条件</td><td colspan="5"></td></tr>
<tr><td>输入和步骤</td><td colspan="5"></td></tr>
<tr><td>预期结果</td><td colspan="5"></td></tr>
<tr><td>通过判断准则</td><td colspan="5"></td></tr>
<tr><td>实际结果</td><td colspan="5"></td></tr>
<tr><td>结论</td><td colspan="5">□通过 □不通过 □未执行</td></tr>
<tr><td>备注</td><td colspan="5"></td></tr>
<tr><td>用例设计人</td><td></td><td>用例检查人</td><td></td><td>设计时间</td><td></td></tr>
<tr><td>用例执行人</td><td></td><td>质量监督员</td><td></td><td>执行时间</td><td></td></tr>
</table>

图 4　测试用例文档模板示意图

4　应用实例及结论

仿真测试平台被成功应用到辅屏软件的测试中，辅屏软件实际测试需求数以百条，需要近 5 000 个测试用例来覆盖全部测试需求[2]。本文基于统一的平台服务技术设计实现了辅屏软件的仿真测试平台。该平台有效地实现了测试数据自动提取、测试用例自动生成、测试程序自动发送。正式投入运行以来，该平台实现了测试用例设计与执行之间的协调运行，又增强了测试用例维护和复用的管理，其应用效果得到了测试人员的充分认可。5 000 个测试用例纯手工整理需要 1.5 人月，而通过仿真测试平台来整理，则只需要 0.9 人月，减少了 60%的测试成本，极大地提高了测试效率，释放了测试人员重复枯燥的整理工作。

随着无人机通用地面站的逐步发展，大力推广辅屏软件自动化测试必将对通用地面站软件的测试验证起到重要的保障作用。本文开发的仿真测试平台对测试用例进行了统一有效管理，功能实用，交互性好，扩展性强，符合辅屏软件测试的要求，提高了测试验证的精细化水平。

5　展　望

目前该仿真测试平台实现测试数据自动提取、自动生成、自动发送，并且可以自动启动被测软件，但是比对预期结果和实际结果的步骤仍然由人工逐一完成，测试人员需要通过人眼逐一判断比较辅屏软件界面的实际显示数据是否与预期结果一致。这在一定程度上限制了测试的效率，日后希望引进成熟的人机交互界面自动化测试工具实现结果的自动比对。

参考文献

[1] 肖征宇. 无人机地面站软件的实际与实现[D]. 杭州：浙江大学，2010.

[2] 马慧芳，王辉，丁毅. ARINC661 服务器软件自动化测试的研究与实现[J]. 航空电子技术，2014，45(4)：36-40.

[3] 刘大铭. 面向 GUI 的自动化回归测试技术研究[D]. 长沙：湖南大学，2009.

[4] 陶怡. 基于 IPC 的航空嵌入式系统软件测试研究[D]. 西安：西安电子科技大学，2013.

[5] 温志军，高越，赵济民. 卫星地面站通用测试平台设计[J]. 工程建设与设计，2016，8：85-86.

[6] 潘丽丽. 面向图形用户界面的自动化测试技术研究[D]. 长沙：湖南大学，2009：1-41.

[7] 张恒. 图形用户界面自动化测试的研究[D]. 武汉：武汉理工大学，2011.

[8] 丁毅，王辉，马慧芳. 符合 ARINC661 规范的 DF 文件生成技术的研究与应用[J]. 航空电子技术，2014，45(3)：46-51.

[9] 江鲸. 软件自动化测试系统的研究与实现[D]. 成都：电子科技大学，2006.

[10] 谢晓燕. 基于用例复用的软件功能性比对测试方法研究[D]. 上海：上海交通大学，2011.

基于 Safety-SysML 的显示系统需求分析方法

尹伟[1,*]，高忠杰[1]，王辉[2]，康介祥[2]，刘静[3]，杨琛琛[3]

1. 上海航空电子有限责任公司，上海 200241
2. 中国航空无线电电子研究所，上海 200241
3. 华东师范大学，上海 200062

摘要：航电系统是安全关键系统，其软件功能占比及规模越来越高，随着软件规模的提升，复杂度和重要性也相应增加，对飞机的安全性影响也越来越高。由于软件较之其他传统组件，如电子元件、继电器元件等的复杂性以及软件生产本身的主观性，软件安全变得愈加难以控制，其不正确的功能或失效会导致严重后果。本文介绍一种基于 Safety-SysML 的需求分析方法，使其应用于显示系统，对其模型进行分析，能有效避免需求错误。

关键词：航电软件；需求分析；Safety-SysML 语言

YIN Wei[1,*], GAO Zhongjie[1], WANG Hui[2], KANG Jiexiang[2], LIU Jing[3], YANG Chenchen[3]

1. Shanghai Avionics Co. Ltd., Shanghai 200241, China
2. China Aeronautical Radio Electronics Research Institute, Shanghai 200241, China
3. East China Normal University, Shanghai 200062, China

Abstract: Avionics system is a safety-critical system. Its software increase more and more functions proportion and scale. With the amount improvement of software scale, the complexity and importance also are increased accordingly, and the impact on aircraft safety also are severely. Due to software are different than other traditional components, such as electronic components or relay component's complexity, and the subjectivity of production itself, that software security becomes even more difficult to control. The incorrect function or failure can lead to serious consequences since that. This paper introduces a requirement analysis method based on Safety-SysML, which applies in display system to analyze its model. It can prove effectively to avoid requirements errors.

Keywords: avionics software; requirement analysis; safety-SysML language

数字电子系统[1]可能导致灾难性的后果，如死亡或重大经济损失。虽然有许多潜在的原因，包括物理性失效，人为错误和环境因素，但是复杂需求的分析和设计错误越来越成为最严重的罪魁祸首。

实际工程中95%的时间用于构建复杂的软件系统，但却不知道如何构建复杂而可靠安全(即 Pf<10～7/小时)的软件系统。因此，建立安全关键系统的行业依赖于相对简单的系统设计，并将安全关键的软件数量降到最低。但并不依赖于软件的备份(例如，可以采取紧急行动的飞行员)。然而，即使采用这种方法，这种系统的核查和认证也非常昂贵，通常来说，电子设备的60%或70%的成本是验证和认证成本。而且对于民机航空电子设备[2]，产品的适航成本高昂。

1 形式化方法

基于用例的系统开发方法[3]在目前工程界被认为是进行早期验证需求和明确系统操作概念的一种比较有效的技术，尤其是当用例和表示系统行为需求的状态机模型[4]结合在一起的时候。但是，相对于 SCR[5]、

* 通讯作者. E-mail: yin_wei@careri.com

RSML[6]等基于FVM的方法而言，UML/SysML[7-8]所提供的图形化符号在完整性、一致性和数学的严谨性上强调得不够。用例的描述方式基本上都是无结构化的自然语言，会带来隐含的二义性和不一致性；即使是能够具备形式化数学定义语义的状态机模型，在Rhapsody[9]等商业工具中为了保证其较强的表达能力，并没有严格的定义其执行语义，即：状态机图中的状态转移顺序是依赖于具体的实现语义，这样其实是在动态行为需求规范中增加了不确定性的因素。这意味着同一状态图的需求规范可以由不同的实现方来按照多种方式来解释其语义和执行。从这个角度来看，仅仅采用UML/SysML中与用例相关的需求方法是不足以满足现代安全关键航电系统和软件的需求设计、分析与验证的[10]。

2 基于Safety_SysML的显示系统需求分析方法

基于安全自动机，以Safety_SysML（S^2M）语言规范为基础，支持使用S^2M语言进行系统建模与验证技术，可应用于航电软件需求阶段的形式化建模与验证。其核心理念是运用S^2M语言对航电系统需求进行建模，并通过模型验证来查找需求中的缺陷，例如需求状态模型中的约束冲突、约束违反检查等。借助S^2M语言可以在系统开发的早期阶段发现并修改需求规范中的错误、在系统最终交付验收阶段检查系统设计模型是否满足需求规范，从而有利于降低产品开发的成本与风险。

Safety_SysML安全状态机（Safety_SysML State Machines，S^2MSM）是用于安全关键软件需求行为建模，支持需求安全性验证的半形式化建模语言，是Safety_SysML建模语言的核心。

为了支持高安全航电软件需求建模与形式化验证，针对航电软件需求的多层次性和高安全性特点，S^2MSM应满足以下目标：

（1）S^2MSM以SysML行为状态机为其定义基础以支持系统级别上的行为建模。

（2）S^2MSM可以与SCADE安全状态机（SCADE Safety State Machines，SSM）对接，以支持细粒度行为建模。

（3）S^2MSM应是确定性的建模语言，以避免由于建模语言本身而导致模型存在二义性。

（4）S^2MSM的建模图元尽量重用BSM的相关项，以支持SysML建模者的使用习惯，降低语言学习成本。

BSM的建模元包括：状态（State）、状态内行为（entry/do/exit）、状态延时触发器（deferred）、区域（Region）、伪状态（Pseudo States）、结束状态（Final State）、子状态机（Submachines）、迁移（Transition）、触发器（Trigger）、卫士条件（Guard）、迁移行为（effect）等。图1所示给出了遵循SysML规范定义的BSM抽象语法。

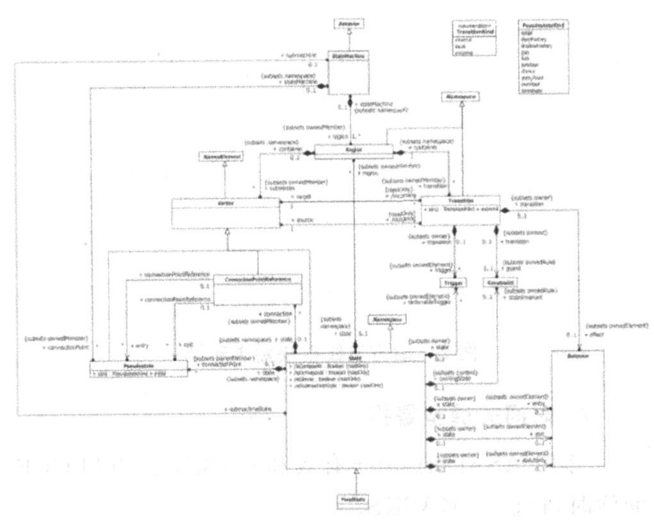

图1 BSM的抽象语法定义

为验证需求模型的正确性，选择Z3求解器。Z3求解器0是一个在广泛的解空间中检测某些约束条件是否有解的工具。Z3是基于SMT理论构建，用于判定一阶逻辑的可满足性。由于SMT引入了语义解释，因而缩减了必需的计算空间，将可满足Safety-SysML安全状态机（Safety-SysML）性问题转变为可判定性问题，因而，Z3具备较高的求解效率。在安全自动机验证方案将需求的验证问题归结为约束可满足性问题，通过Z3求解器判断约束是否可满足，给出需求是否满足期望系统属性的结论，包含执行在语法空间上的迁移冲突分析和在语义空间上的安全性验证。

3 航电显示系统应用案例

3.1 PFD需求和建模

1. 后方航线

当Flight_Director_Armed_Lateral_Mode有效且

等于 76 时，Back Course (B/C) 为真，或者 Flight_Director_Active_Lateral_Mode 有效且等于 77，否则 Back Course (B/C) 为假。

图 2 所示为后方航线模块需求建模。

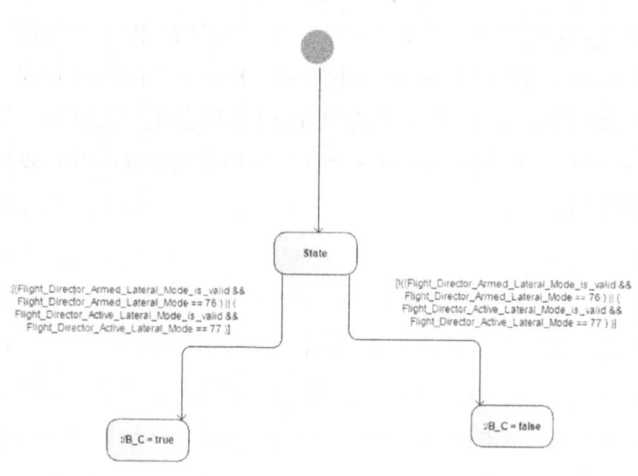

图 2 后方航线模块需求建模

2. 时间关键型警报

当 FDASAlertBuffer 有效和 CABIN ALTITUDE 激活时，将显示 MASKS。

当 DW34 的 FSB 为 NO 且 WXR_PWS_WARNING 为真时，应显示 WINDSHEAR。或 MT41 的 DS1 的 FSB 为 NO 且 TAWS_WINDSHEAR_WARNING 为真。

当出现以下情况时，应显示 PULL UP。

(1) MT41 的 DS1 的 FSB 为 NO 且(TAWS_MODE_2_WARNING 为真或者 TAWS_TERRAIN_AWARENESS_WARNING 为真)且 MS75 的 DS1 的 FSB 为 NO 且 TAWS_TERRAIN_OVERRIDE 为假；

-或者-

(2) MT41 的 DS1 的 FSB 是 NO 且 TAWS_MODE_1_WARNING 为真；

-或者-

(3) MT41 的 DS1 的 FSB 为 NO 且 TAWS_OBSTACLE_WARNING 为真。

时间关键型警报的显示优先级应是 WINDSHEAR > PULL UP > MASKS。

图 3 所示为时间关键型警报模块需求建模。

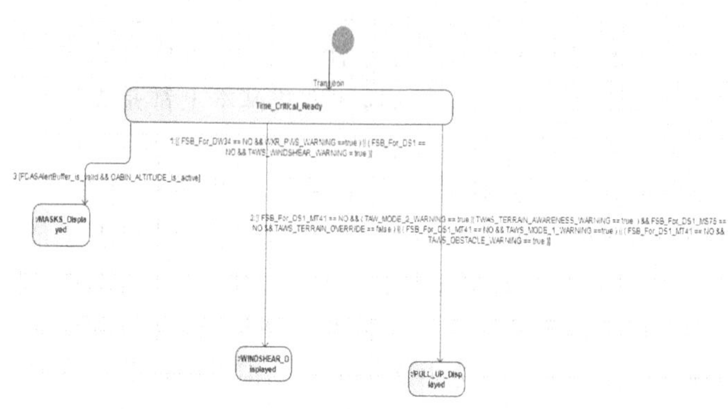

图 3 时间关键型警报模块需求建模

3. 推进力监视

当 Thrust_Director_Command 有效时，推力指示器应根据 Thrust_Director_Command 从横条直线向上移动，为正且递增。

当 Thrust_Director_Command 有效时，推力指示器应根据 Thrust_Director_Command 从横杆直线向下移动，为负值，并减小。

当 Thrust_Director_Command 有效且等于 50 或 −50 时，推力指示器应达到完全偏转。

图 4 所示为推进力监视模块需求建模。

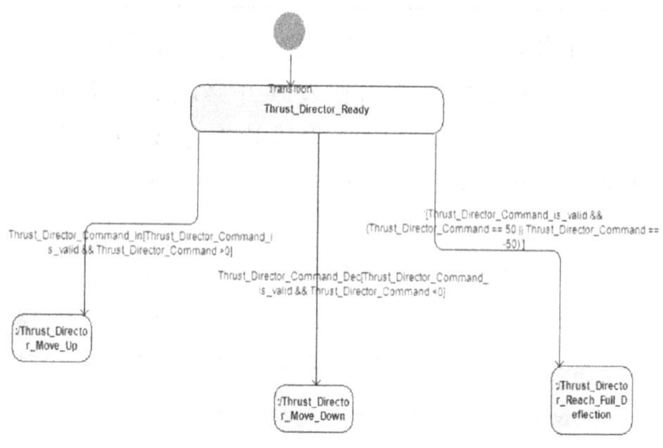

图 4 推进力监视模块需求建模

4. 当前垂直速度指针、读数和垂直速度刻度显示

当 Inertial_Vertical_Speed 有效时，应显示垂直速度刻度。图 5 所示为当前垂直速度指针、读数和垂直速度刻度显示模块需求建模。

垂直速度指针应根据指针的尾部和头部进行定位，其中

(1) 头部应根据 Inertial_Vertical_Speed 在 0 和 6 之间线性定位(0-Inertial_Vertical_Speed 等于 0，

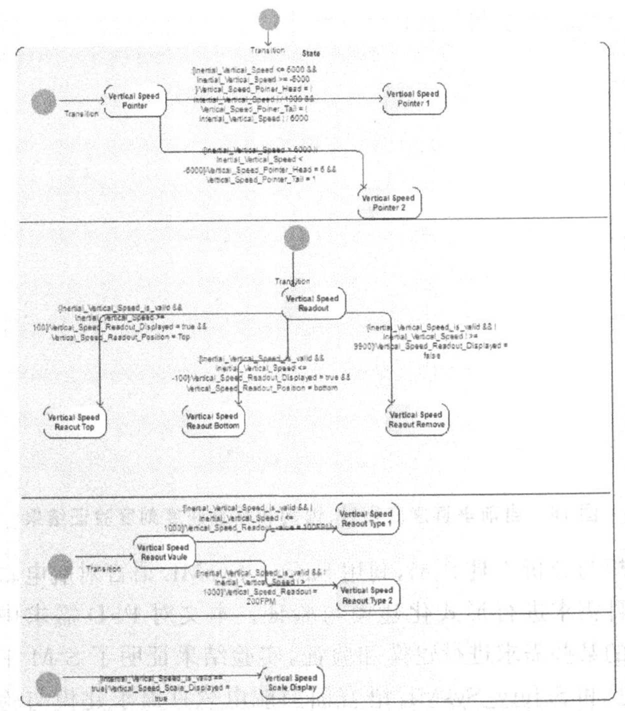

图 5 当前垂直速度指针、读数和垂直速度刻度显示模块需求建模

±6- Inertial_Vertical_Speed 的绝对值等于 6 000)。如果 Inertial_Vertical_Speed 的绝对值有效且大于 6 000,头部应保持在±6。

(2) 尾部应根据 Inertial_Vertical_Speed 在 0 和 1 之间线性定位(刻度 0-Inertial_Vertical_Speed 等于 0,刻度 ± 1-Inertial_Veltical_Speed 的绝对值等于 6 000)。如果 Inertial_Veltical_Speed 的绝对值有效且大于 6 000,则尾部应保持在±1。

当 Inertial_Vertical_Speed 有效且大于或等于 100 时,垂直速度读数应显示在垂直速度刻度的顶部。

当 Inertial_Vertical_Speed 有效并且小于或等于 −100 时,垂直速度读数应显示在垂直速度标尺的底部。

当 Inertial_Vertical_Speed 是有效的并且绝对值大于或等于 9 900 时,垂直速度读数应被移除。

垂直速度读数的显示分辨率应是

(1) 当 Inertial_Vertical_Speed 的绝对值有效且小于或等于 1 000 时,显示分辨率为 100 FPM。

(2) 当 Inertial_Vertical_Speed 的绝对值有效且大于 1 000 时,显示分辨率为 200 FPM。

Inertial_Vertical_Speed 应采用 50% 的显示分辨率。

3.2 分析结果

1. 后方航线验证结果

图 6 所示为后方航线验证结果。

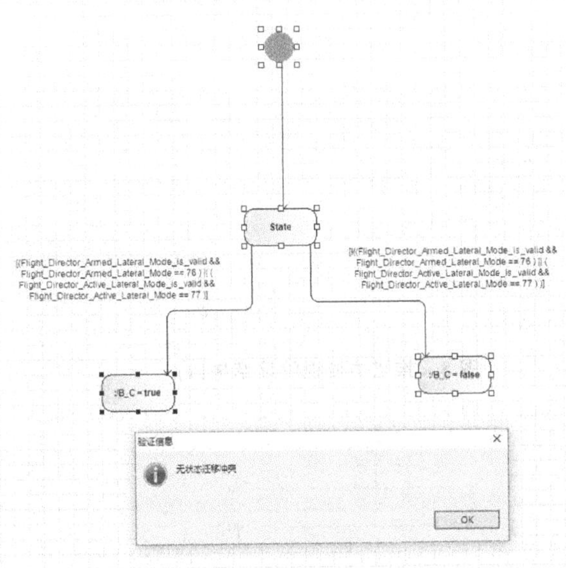

图 6 后方航线验证结果

2. 时间关键型警报验证结果

图 7 所示为时间关键型警报验证结果。

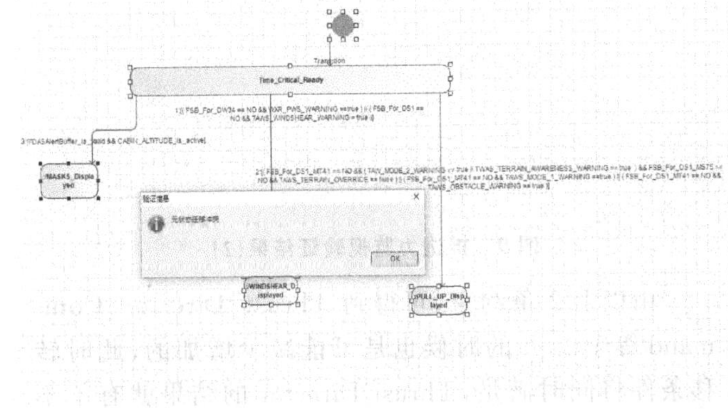

图 7 时间关键型警报验证结果

3. 推进力监视验证结果

图 8 和图 9 所示为推进力监视验证结果。

存在状态迁移冲突,这是因为

(1) 当 Thrust_Director_Command 有效时,推力指示器应根据 Thrust_Director_Command 从横杆直线向下移动,为负值并减小。

(2) 当 Thrust_Director_Command 有效且等于 50 或 −50 时,推力指示器应达到完全偏转。

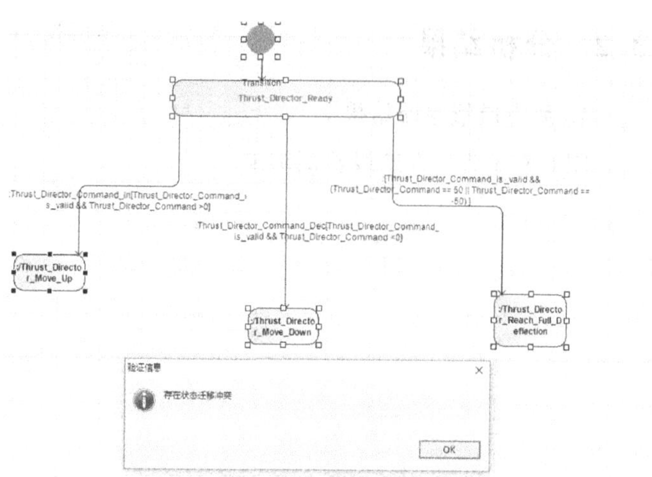

图 8　推进力监视验证结果(1)

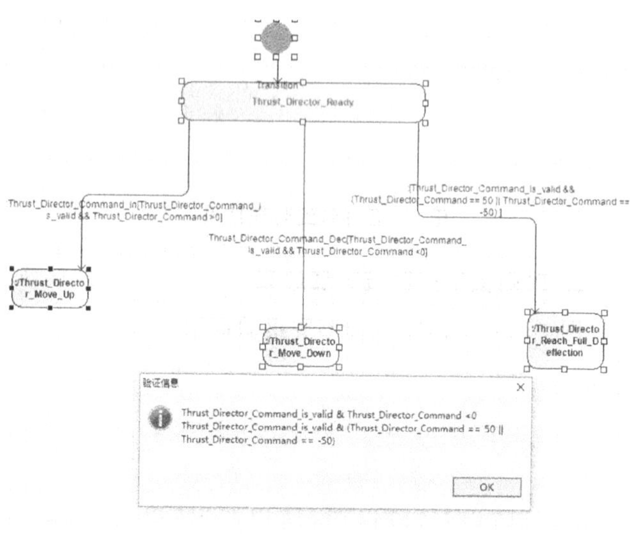

图 9　推进力监视验证结果(2)

由以上 2 条约束，可得到 Thrust_Director_Command 等于±50 的时候也是可能减少增加的，此时转移条件将同时满足，Thrust Director 的结果就有了不确定性的可能。

4. 当前垂直速度指针、读数和垂直速度刻度验证结果

图 10 所示为当前垂直速度指针、读数和垂直速度刻度验证结果。

其中存在迁移冲突的状态，经过人工排查后，无状态迁移冲突。

4　总　结

本文结合所开发的基于 Safety_SysML 语言的建模与分析工具 S²M，利用 Safety_SysML 语言对航电软件需求进行形式化建模与验证。本文对 PFD 需求中的某些需求进行建模和验证，实验结果证明了 S²M 工具和 Safety_SysML 语言面向航电软件需求建模与验证的有效性和正确性。

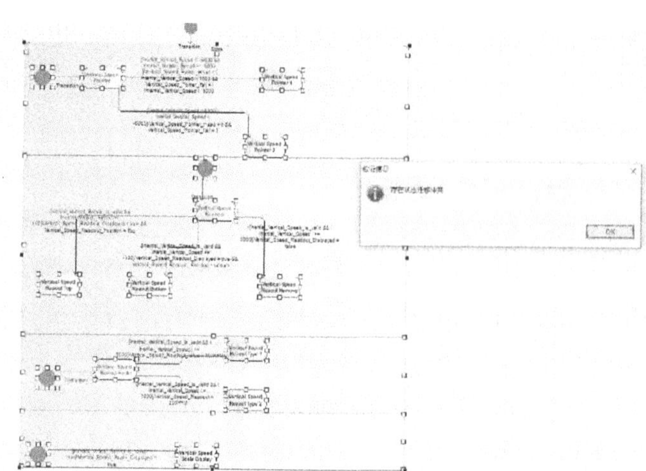

图 10　当前垂直速度指针、读数和垂直速度刻度验证结果

参考文献

[1] Nicholls P, Thompson D, Barnes P. Digital Electronics Systems[J].

[2] Souyris, J, V Wiels, David Delmas, et al. Formal Verification of Avionics Software Products. FM ,2009.

[3] 穆炜炜. 基于用例模型的面向对象需求分析[J]. 办公自动化,2009(11):28-29.

[4] Rosales R, Paulitsch M. Composable Finite State Machine-Based Modeling for Quality-of-Information-Aware Cyber-Physical Systems [J]. ACM Transactions on Cyber-Physical Systems, 2020, 5 (2).

[5] Jahanian M, Chen J, Ramakrishnan K K. Formal Verification of Interoperability Between Future Network Architectures Using Alloy[C]. International Conference on Rigorous State-Based Methods. Springer, Cham, 2020: 44-60.

[6] Whalen M W . A Formal Semantics for RSML- e [J]. 2000.

[7] Ober I, Ober I, Dragomir I, et al. UML/SysML Semantic Tunings[J]. Innovations in Systems & Software Engineering, 2011, 7(4):257-264.

[8] Huang E, Ramamurthy R, Mcginnis L F. System and Simulation Modeling Using SYSML[C]. Simulation Conference, 2007 Winter. IEEE, 2008.

[9] Schinz I, Toben T, Mrugalla C, et al. The Rhapsody UML Verification Environment[C]. Proceedings of the Second International Conference on Software Engineering and Formal Methods, SEFM 2004. IEEE, 2004.

[10] Laurent O. Using Formal Methods and Testability Concepts in the Avionics Systems Validation and Verification (V&V) Process[J]. Marie-Claude Gaudel, 2010:1-10.

[11] Bochot T, Virelizier P, Waeselynck H, et al. Model checking flight control systems: The Airbus experience[C]. International Conference on Software Engineering-companion Volume. IEEE, 2009.

[12] Moura L D, Bjrner N. Z3: An Efficient SMT solver[C]. International Conference on Tools and Algorithms for the Construction and Analysis of Systems. Springer, 2008.

基于 DO－178B 的某型号油门台软件验证过程的探究与实践

杨从笑[1]，张伟[2,*]

1. 北京青云航空仪表有限公司民机事业部，北京 101300
2. 北京青云航空仪表有限公司电子设计部，北京 101300

摘要：DO－178B 标准是针对民用飞机机载系统和设备软件质量控制的指导性文件，并经历了近三十年的实践。本文对 DO－178B 标准中描述的软件验证过程进行了解读，探究了该过程的实施方法和活动。某型号油门台软件的研制保证等级为 C 级，本文以该油门台软件研制为工程基础，对探究结果进行了实践，满足与 DO－178B 标准对 C 级软件要求的一致性，增强了软件的可靠性，保证了软件质量。

关键词：DO－178B；软件验证过程；油门台软件

Research and Practice of Software Verification Process of a Certain Type of Throttle Platform Based on DO－178B

YANG Congxiao[1], ZHANG Wei[2,*]

1. Civil Aircraft Business Department, AVIC Beijing Keeven Aviation Instrument Co. Ltd, Beijing 101300, China
2. Electronic Design Department, AVIC Beijing Keeven Aviation Instrument Co. Ltd, Beijing 101300, China

Abstract: DO－178B is a guidance document for the quality control of civil aircraft airborne systems and equipment software, and has experienced nearly 30 years of practice. This paper makes an understanding of the software verification process described in DO－178B, and explores the implementation methods and activities of this process. The DAL of a certain type of throttle software is Grade C. Based on the development of the throttle software, this paper practices the research results, and meets the consistency with the requirements of Grade C software of DO－178B, which enhances the software reliability and ensures the software quality.

Keywords: DO－178B; software verification process; throttle software

引　言

DO－178B(《机载系统和设备合格审定中的软件考虑》)由 RTCA 于 1992 年颁布，被国际航空界和适航审定当局普遍接受，并沿用至今。DO－178B 提出了软件生命周期过程需要满足的目标，指出了实现这些目标的活动和设计考虑，描述了满足这些目标所需的证据[1]。

油门台安装在驾驶舱的中央操纵台上，是飞机操控系统的关键部件之一。油门台在飞行员人工操纵时为发动机控制系统提供推力指令，在飞机进入自动油门模态后控制油门杆随动。油门台中包含一个软件配置项“油门台自动油门控制软件”，主要功能是接收和反馈油门杆速度信号、获取和反馈油门杆工作状态、控制电机、管理本地维护接口、监控系统工作状态等。

油门台自动油门控制软件为嵌入式软件，软件的工作流程如图 1 所示。油门台上电或复位后软件自动加载，执行初始化、上电自检测后进入周期任务(包括输入管理、数据处理、IFBIT、故障管理、输出管理等)并循环执行直至下电，同时定时中断根据设定的时间打断主程序，执行电机控制算法。

1　DO－178B 规定的软件生命周期

DO－178B 规定的软件生命周期过程，分为软件计

* 通讯作者. E-mail: 44148449@qq.com

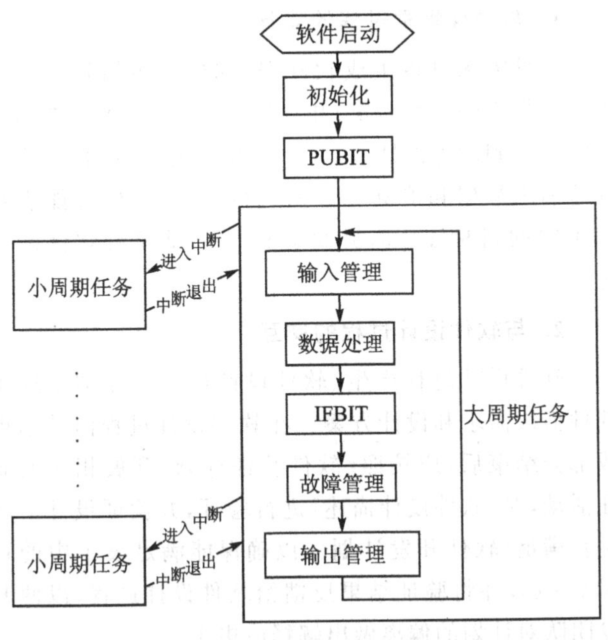

图1 油门台软件的工作方式

划过程、软件开发过程和软件综合过程,如图2所示。

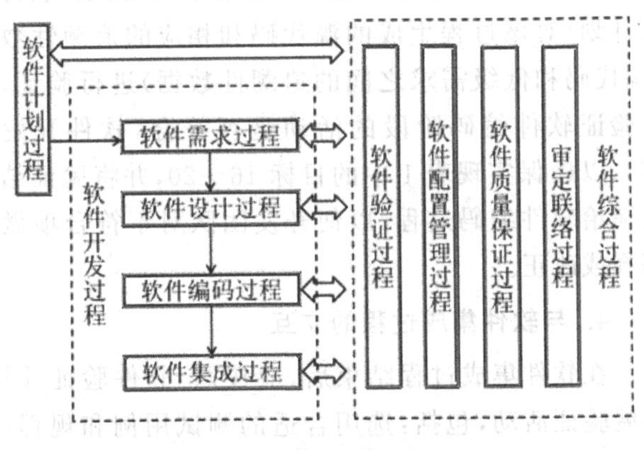

图2 软件生命周期过程

软件计划过程是软件生命周期的初始过程。该过程的工作产品包含五个计划和三个标准,用以指导软件开发过程和软件综合过程。五个计划和三个标准分别为:软件合格审定计划、软件开发计划、软件验证计划、软件质量保证计划、软件配置管理计划、软件需求标准、软件设计标准和软件编码标准。

软件开发过程分为软件需求过程、软件设计过程、软件编码过程、软件集成过程四个子过程。四个子过程在满足软件开发计划中定义的转换条件时,可进入下一个子过程。

2 软件验证过程

2.1 软件验证过程的目标

软件综合过程包括软件验证过程、软件配置管理过程、软件质量保证过程、审定联络过程,贯穿整个软件生命周期。其中,软件验证过程对于保证软件的质量和可靠性,起着十分重要的作用。C级软件验证过程满足的目标如表1所列。

表1 C级软件验证过程满足的目标

序 号	目 标
1	软件高级需求符合系统需求
2	高级需求满足准确性和一致性
3	高级需求可验证
4	高级需求符合标准
5	高级需求可追踪到系统需求
6	算法是准确的
7	低级需求符合高级需求
8	低级需求满足准确性和一致性
9	低级需求符合标准
10	低级需求和追踪到高级需求
11	算法是准确的
12	软件架构和高级需求满足兼容性
13	软件架构满足一致性
14	软件架构符合标准
15	确认软件分区的完整性
16	源代码符合低级需求
17	源代码符合软件架构
18	源代码符合软件编码标准
19	源代码可追踪到低级需求
20	源代码满足准确性和一致性
21	软件综合过程的输出是完整并正确的
22	可执行目标代码符合高级需求
23	可执行目标代码对高级需求具有鲁棒性
24	可执行目标代码符合低级需求
25	可执行目标代码对低级需求具有鲁棒性
26	可执行目标代码对目标机具有兼容性
27	测试规程是正确的
28	测试结果是正确的并能够解释差异性
29	完成了高级需求的测试覆盖
30	完成了低级需求的测试覆盖
31	完成了软件架构的测试覆盖(语句范围)
32	完成了软件架构的测试覆盖(数据耦合和控制耦合)

2.2 软件验证过程的活动

软件验证过程的活动形式包括评审、分析和测试，通过评审、分析、开发测试用例、开发及运行测试规程等各种活动的组合来达到软件验证过程的目标。

评审和分析适用于软件开发过程和软件验证过程的结果(包括软件需求、软件架构、源代码等)。评审提供正确性的定量评估，它是通过一个检查清单或类似方法作为指导来检验过程的输出。分析提供正确的可重复证据，它可详细检查软件部件的功能、性能、可追踪性和安全性以及它与机载系统或设备中其他部件的关系[2]。开发测试用例可对需求的内部一致性和完整性提供进一步的评估。运行测试规程用以表明软件对需求的符合性。

软件验证过程的输入包括系统需求、软件需求和结构、可追踪性数据、源代码、可执行目标代码和软件验证计划。软件验证过程的输出记录在软件测试用例、软件测试规程和软件测试结果中[3]。

3 软件验证过程与其他过程的交互关系

3.1 与软件计划过程的交互

在软件计划过程中，要对该过程进行验证，其目的是保证软件计划过程中产生的计划和标准符合DO-178B指南的要求，并且提出用于执行软件计划和标准的符合性方法，从而间接保证软件质量。在软件计划过程中开展软件验证，并实现以下目标：

① 检查软件计划中是否定义了满足DO-178B目标的符合性方法；

② 软件计划发生偏移时，确保软件计划的一致性以及正确性。

在软件计划过程中，对该过程的输出的五个计划和三个标准进行验证，并将验证结果反馈给软件计划过程。当各个计划满足一致性和正确性，并符合DO-178B标准时，软件计划过程的验证通过。

3.2 与软件开发过程的交互

软件验证过程与软件开发过程之间的交互，体现在与软件开发过程的四个子过程的交互上。

1. 与软件需求过程的交互

软件需求过程生成软件需求数据(包括软件高级需求和衍生的高级需求)和追溯性数据(高级需求和系统需求之间的追溯性数据)。在软件需求过程中，应对这些需求数据和追溯性数据进行验证，以确保能满足表1中的目标1～6，并将验证结果反馈给软件需求过程。

2. 与软件设计过程的交互

软件设计过程产生《软件设计描述》，详细描述了软件低级需求和设计方案。在软件设计过程活动结束或部分结束后，应按照《软件验证计划》开展相应的验证活动，对《软件设计描述》进行验证，并验证设计活动是否满足《软件开发计划》，以确保能满足表1中的目标7～15，并将验证结果反馈给软件设计过程，以便开发团队对计划的偏离做出解释或更正。

3. 与软件编码过程的交互

在软件编码过程结束或部分结束后，应按《软件验证计划》对该过程生成的源代码和相应的追溯性数据(源代码和低级需求之间的追溯性数据)进行验证，同时验证软件编码阶段的活动是否符合《软件开发计划》，以确保实现表1中的目标16～20，并将验证结果反馈给软件编码过程，以便开发团队对不符合项做出解释或改正。

4. 与软件集成过程的交互

在软件集成过程结束后，应按照《软件验证计划》开展验证活动，包括：选用合适的测试用例和规程，对软件集成过程产生的可执行目标代码进行验证；验证软件集成过程的活动是否符合《软件开发计划》。通过验证确保表1中的目标21～32得以实现，并将验证结果、追溯性数据、验证用例及规程反馈给软件集成过程，以便开发团队对不符合项做出解释或改正。

4 某型号油门台软件验证过程的探究与实践

4.1 评　审

本文所研究的某型号油门台软件的验证活动，包括在软件计划阶段、软件需求阶段、软件设计阶段、软件编码阶段、软件集成阶段对相关文档进行的评审，评审活动及与DO-178B标准的对照关系如表2所列。

评审范围涵盖检查单中的每一条内容，并做相应的记录。图3为本油门台软件评审过程采用的部分检查单示例。

表2　本油门台软件的评审活动与DO－178B标准要求的对照

过　程	DO－178B标准要求	本油门台软件的评审活动
软件计划过程	软件计划符合DO－178B标准 各计划之间满足协调性	评审《软件合格审定计划》 评审《软件开发计划》 评审《软件验证计划》 评审《软件配置管理计划》 评审《软件质量保证计划》 评审《软件需求标准》 评审《软件设计标准》 评审《软件编码标准》
软件需求过程	对高级需求进行评审	评审《软件需求规格说明》
软件设计过程	对低级需求进行评审 对软件架构进行评审	评审《软件设计描述》
软件编码过程	对源代码进行评审	评审《软件单元测试规程》 评审《软件单元测试报告》
软件集成过程	评审软件集成过程的输出 评审软件测试用例、规程和结果	评审《软件集成测试规程》 评审《软件集成测试报告》 评审《软件确认测试规程》 评审《软件确认测试报告》

软件需求标准评审检查单

序号	检查内容	检查结果
1	文档的格式和语法：	
	文档的格式是否与规定的标准一致？	
	文档是否有文字/语法错误？	
2	需求标准：	
	是否规定了用于开发高级需求的方法？	
	是否规定了用于表示高级需求的方法？	
	是否规定了需求开发工具的约束条件？	
	是否规定了用于对系统过程提供衍生需求的方法？	
主评审员		SQA

图3　部分检查单示例

4.2　分　析

对于本文所研究的油门台软件使用的分析方法包括三类：追踪和覆盖分析、数据流和控制流分析、实现分析。

1. 追踪和覆盖分析

在软件生命周期内对多层上下游的需求进行追踪和覆盖，建立了以下内容的双向追踪矩阵：

(1) 系统需求到高级需求的追踪以及高级需求到系统需求的追踪；

(2) 高级需求到低级需求的追踪以及低级需求到高级需求的追踪；

(3) 低级需求到源代码的追踪以及源代码到低级需求的追踪；

(4) 低级需求到软件单元测试的追踪以及软件单元测试到低级需求的追踪；

(5) 高级需求到软件确认测试的追踪以及软件确认测试到高级需求的追踪；

(6) 高级需求到软件集成测试的追踪以及软件集成测试到高级需求的追踪。

在软件开发过程中，追踪覆盖矩阵与相关的开发过程同步更新，系统、软件文档和代码之间的追踪关系如图4所示。

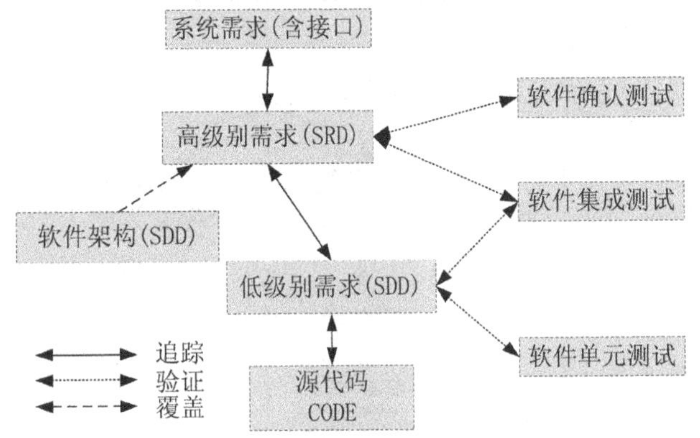

图4　追踪覆盖分析

2. 数据流和控制流分析

通过结构化覆盖分析数据流、控制流，可以对测试的充分性作出评价，也可以提供对函数调用、全局变量的使用、参数的传递以及测试结果等的评价分析。

本文所研究的油门台软件通过以下活动实现数据流分析：

(1) 集成测试和确认测试中检查对全局变量的访问和使用；

(2) 单元测试中，对照《软件设计描述》检查软件单元之间调用的参数；

(3) 单元测试中，对照《软件设计描述》检查对全局变量的访问和使用；

(4) 通过分析，检查对全局变量的初始化是否正确。

通过以下活动实现控制流分析：

(1) 在集成测试和确认测试过程，检查顶层调用顺序、包含控制信息的全局变量的访问；

(2) 在单元测试过程，对比《软件设计描述》中提供的树形调用关系，检查部件调用关系。

3. 实现分析

本文所研究的油门台软件，所进行的实现分析活动包括：编码规则检查、堆栈分析、最坏执行时间分析、对生成的内存映射的分析、浮点数分析、资源竞争分析、异常分析、软件架构分析。

4.3 测 试

软件测试活动如图 5 所示。本文所研究的油门台软件，通过正常范围测试用例表明了该软件具备响应正常输入和条件的能力；通过鲁棒性测试用例表明了该软件具备响应异常输入和条件的能力。

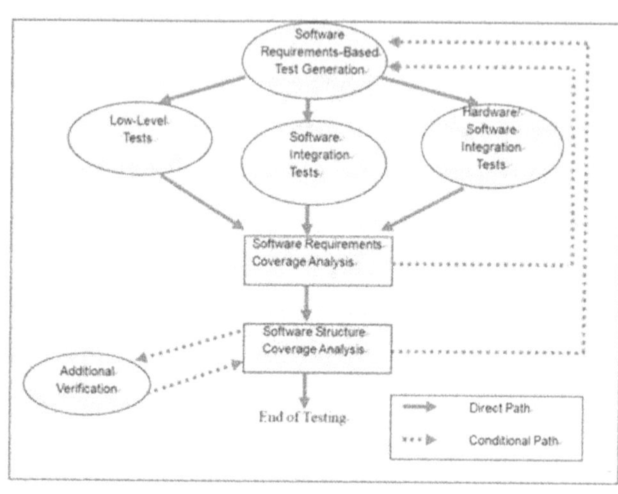

图 5 软件测试活动[1]

基于需求的低级别测试，进行软件单元测试，确保了软件单元满足其低级需求。通过基于需求的软件集成测试，确保了软件单元之间正确的相互作用并满足软件需求和软件架构。通过基于需求的确认测试，确保了目标机中的软件满足高级需求。

以确认测试为例，高级别需求的描述为“Label360/361 的 Bit 18～28 代表油门杆速率反馈，LSB 为 0.007 324 218 7，MSB 为 15。”设计相应的测试用例及结果如表 3 所列。

表 3 测试用例

测 试	描 述
测试目的	本场景用来验证 Label360/361 的 Bit 18～28 代表油门杆速率反馈，LSB 为 0.007 324 218 7，MSB 为 15
测试步骤	1. 启动目标环境； 2. 使用 Label063/064 输入油门杆速率为（15 - 0.007 324 218 7）； 3. 使用 Label063/064 输入油门杆速率为 15
判定准则	查看 Label360/361 的油门杆速率命令回绕值，步骤 2 时值为（15 - 0.007 324 218 7），步骤 3 时为 0，则测试结果为通过，否则测试结果为不通过
测试类别	正常测试
测试结果	测试通过

5 结束语

基于民机适航要求和项目研发需求，本文对 DO-178B 标准描述的软件验证过程进行了解读，并分析了软件验证过程与其他软件生命周期过程之间的交互关系。在以某型号油门台的软件研发过程中，对 DO-178B 标准要求的软件验证过程，通过评审、分析和测试三种方法进行了实践，目标和活动符合与标准的一致性，保证了该油门台软件的质量和可靠性。

参考文献

[1] Software Considerations in Airborne Systems and Equipment Certification: DO-178B [S]. RTCA SC-167, December 1, 1992.

[2] 蔡喁，郑征，蔡开元，等. 机载软件适航标准 DO-178B/C 研究[M]. 上海：上海交通大学出版社，2013.

[3] 王焕彬，崔利杰，任博，等. 软件工程化与机载软件适航审查实践[M]. 北京：国防工业出版社，2019，332-336.

基于DO-178C/DO-331的MBD和AFD测试方法

郭庆[1],陈李萍[2],刘文[1],王明[1],刘媛[1]

1. 航空工业西安航空计算技术研究所,西安 710065

2. 奥瑞思科技(天津)有限公司,天津 300300

摘要: 根据DO-178C和DO-331的MBD(Model Base Development)流程要求,针对AFD(Adaptive Flight Displays)测试过程进行研究。当前FAA/EASA已经采纳DO-178C和DO-331作为MBD的认可标准,这就要求在民用飞机机载软件生命周期过程中采用MBD的开发和验证技术时,采用DO-178C作为符合性方法的情况下,也应符合DO-331标准要求。本文详细研究了MBD的流程、基于模型的测试流程和方法、软件/硬件/系统应用之间的验证方法和流程。依据鉴定工具详细给出基于模型的需求关系和覆盖性分析方法,根据标准需求、测试环境、模型和鉴定工具的一致性和完整性,详细给出AFD基于模型的软件/硬件/系统应用之间的测试流程和方法。

关键词: DO-178C; DO-331; 基于模型开发;验证;覆盖性分析

Base on DO-178C/DO-331 MBD and AFD Testing Method

GUO Qing[1], CHEN Liping[2], LIU Wen[1], WANG Ming[1], LIU Yuan[1]

1. Xi'an Aeronautics Computing Technique Research Institute of AVIC, Xi'an 710065, China

2. AIUAS Intelligent Technology Co. Ltd., Tianjin 300300, China

Abstract: This paper research based on the MBD (Model Base Development) process requirements of DO-178C and DO-331 and the AFD (Adaptive Flight Displays) test process. FAA/EASA have adopted DO-178C/DO-331 as the MBD acceptance standard. This requires the use of MBD's development and verification technology during the life cycle of civil aircraft airborne software. DO-178C is determined as the compliance method. In the case, it should also meet the requirements of the DO-331 standard. This paper studies the MBD process, model-based testing process and method, and software / hardware / system application verification methods and processes in detail. According to the qualification tool, the model-based requirement relationship and coverage analysis method, the model-based test process and method are given in detail. According to the standard requirements, the test environment, the consistency and completeness of the model and the qualification tool, the AFD model-based system is given in detail Testing procedures and methods between software/hardware/system applications.

Keywords: DO-178C; DO-331; MBD; verification; coverage analysis

引 言

本文主要研究的是基于模型开发流程和软件的验证工作,确保充分表明满足DO-178C和DO-331的适航符合性。本文并不进行模型确认和验证活动(V&V)和基于模型开发软件的安全性分析与评估,模型V&V活动主要是确定模型的正确性和完整性[1]。

基于模型开发的收益是非常巨大的,根据霍尼韦尔(Honeywell)和洛克希德·马丁(Lockheed Martin)公司的报告。霍尼韦尔在采用基于模型开发后产品的设计时间减少了60%;洛克希德·马丁公司更是将产品的验证时间减少了90%,产品的开发时间迅速缩短到8个月。而根据基于模型开发的特点、关键算法的复用、高度准确的设计,确保在后续的开发项目中节省50%的设计工作。另外,在早期需求确认活动中,可以提前发现超过95%的问题,这些问题都可以在产品的详细设计前处理或规避掉。

FAA/EASA已经采纳DO-178C/DO-331作为民用飞机机载软件研制可接受的符合性方法和基于模型开发的认可标准，CAAC在部分项目中也接受DO-178C作为可接受的符合性方法。这就要求如果计划在民用飞机机载软件生命周期过程中采用基于模型的开发和验证技术时，确定采用DO-178C作为符合性方法的情况下，也应符合DO-331标准要求。DO-331在应用中，应以DO-178C为基础，综合考虑DO-178C和DO-331中的目标，充分地表明适航符合性[2]，同时需要考虑与其他DO标准的关系与符合性。如图1所示，MBD的认可需要考虑DO-330软件工具鉴定[3]、DO-332面向对象技术补充[4]及DO-333形式化方法补充[5]等要求的工具鉴定和补充方法，满足严格的软件工具鉴定需求。

DO-178C 核心内容

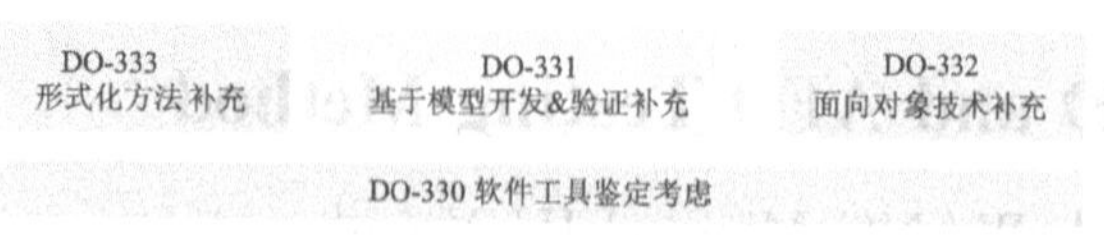

图1 DO-178C与MBD的标准符合考虑

本文主要基于模型开发的特点及DO-331定义的两种重要技术，仿真和模型覆盖分析，用于基于模型的设计，以满足基于模型设计的目标[6]。根据DO-178C和DO-331的认可要求，阐述了基于模型开发的航电产品开发和测试流程，结合基于模型的实际工程开发需要，给出测试案例和方法。

1 基于模型开发需求与覆盖性分析

DO-331中对模型进行了详细定义，包括规范模型和设计模型。

规范模型指一个模型主要体现高层级需求，提供一个抽象表现的功能、性能、接口或软件组件的安全性特征[7]。注意，一个特定的模型并不定义软件设计的详细特征信息，比如内部数据结构、内部数据流或内部控制流等。

设计模型指一个模型定义的任何软件设计[7]，例如低层级软件、软件架构、运算法则、计算组件内部数据结构、数据流和/或控制流。注意，设计模型可以直接产生源代码。

1.1 模型的需求关系

DO-331中明确强调模型不能同时划分为规范模型和设计模型(MB.5.0)[7]。

在进行模型使用时，需要明确产生生命周期流程和数据。针对系统需求和系统设计流程需要明确将需求分配到系统和软件中；在软件需求和软件设计过程中需要明确被开发模型的需求与高层级需求(HLR: High Level Requirement)(设计模型的需求，如图2高层级需求的验证是针对需求集进行的)，以及设计模型与低层级需求(LLR: Low Level Requirement)的匹配(设计模型包含低层级需求，如图2所示，低层级需求的验证是针对设计模型进行的)，软件代码过程则是源代码设计和源代码(代码级需求)。

在执行MBD验证工作时需要注意，包含在DO-331补充范围之内的任何类型的模型，都需要确定被开发模型的需求，对于DO-331范围内任何类型的模型，都需要开发该模型的需求。

1.2 基于模型覆盖分析方法

模型覆盖分析是一种根据开发的模型所依据的需求来确定模型所实现的需求是否全部通过验证的方法(MB.6.7)[7]。

基于模型覆盖分析方法的设计经验：

(1) 开发基于需求的验证用例，这里的需求指为设计模型开发所依据的需求；

(2) 确认经过验证的设计模型的覆盖度是否与计划过程中定义的模型覆盖准则一致；

(3) 模型覆盖的准则和方法：

① 覆盖定义功能的所有特征；

② 覆盖状态机的所有转换数据；

③ 覆盖逻辑方程的所有条件；

④ 覆盖数值数据的所有等价类和边界值。

(4) 设计模型中针对衍生需求也需要开发验证用例。

DO-331规定应当通过从HLR开发的测试中获得模型覆盖，也就是强调基于HLR的测试，而不是模型本身需求的测试或模型测试。基于HLR开发并运行功能性和健壮性测试。在进行HLR和LLR需求验证过程中，同时需要进行代码验证和模型验证，如图2所示。

如果模型覆盖没有达到要求，那么就需要详细分析可能的原因：如需求错误、需求遗漏、模型设计错误、测试用例不足等[8]。

注意，从需求集到目标代码的实现是软件代码过程，从目标代码到需求集则是软件需求和软件设计的验证过程：需要执行的活动包括：

(1) 需求集需要执行需求确认；

(2) 模型需要执行模型符合，自动完成；

(3) 源代码需要执行代码符合，自动完成；

(4) 模型和需求集之间需要执行模型追踪；

(5) 源代码和模型之间需要执行源代码追踪；

(6) 目标代码和源代码之间需要执行目标代码追踪；

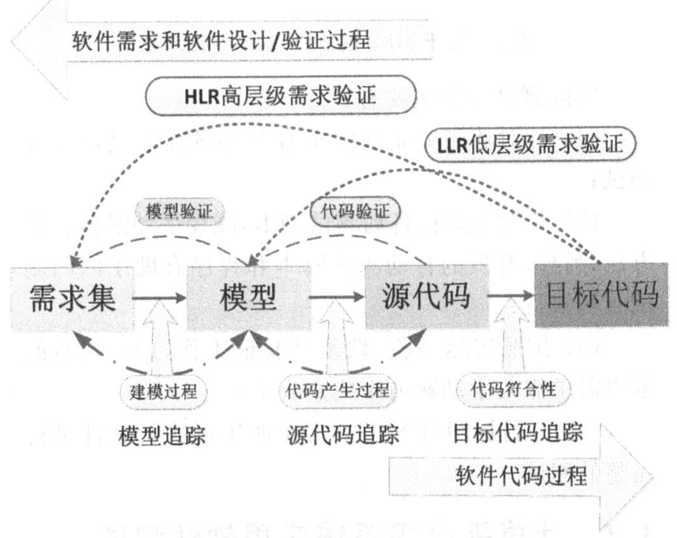

图2 基于模型开发与验证流程

2 基于模型开发的测试流程和方法

2.1 基于模型开发的测试流程

当前很多公司都在采用MBD的开发，特别是满足DO-178C的认证要求是主要驱动力。根据实际项目经验，在采用BMD进行产品开发过程中，可以更快/更高效地产生代码、执行模型覆盖分析和代码覆盖分析，以及综合考虑多种开发和仿真工具(例如MathWorks、Simulink、MATLAB等)的集成、模型调试、各类报告的产生，以及工具鉴定等主要方面。

在DO-331基于模型设计中，通过Simulink的确认和验证(V&V，Validation & Verification)来执行基于模型的覆盖性分析工作。可以通过Simulink的V&V来执行基于模型的测试用例和测试程序；对于源代码的符合则可以通过Code Inspector/Polyspace(运行时间错误、C、C++)等工具来执行和符合。如图3所示，测试过程主要分为两部分，左侧部分为测试开发阶段所要执行的活动，右侧部分为测试执行阶段的活动。

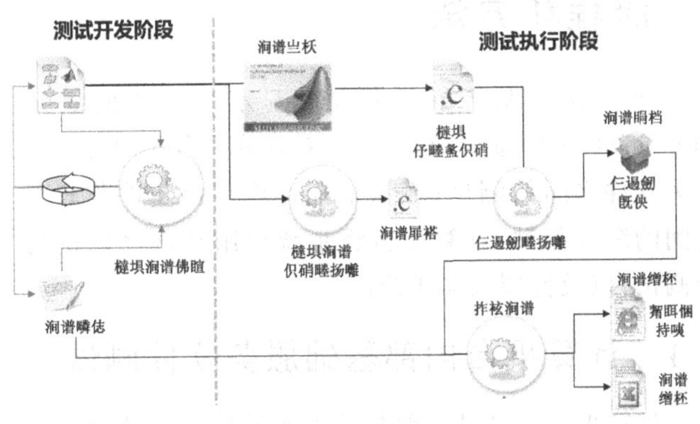

图3 基于模型的测试流程和方法

测试开发阶段主要包括模型测试仿真和测试用例；

测试执行阶段：测试主机和测试过程、测试目标为二进制文件、测试结果为覆盖性报告和测试结果。

基于模型的测试流程和方法在产品的单元测试、设计/数据流、处理/测试环节都得到很好的应用。当然在进行基于模型开发中，需要统筹确保MBD中所有的利益相关方都能在一个测试环境下操作。

设计经验，基于工具和模型的设计可以发现一些设计中可能存在的问题，但是在验证过程中，并不能完全依赖工具发现所有的设计问题。但是可以确保民机产品研发效率更高，适航要求的技术一致性证据更充分。

2.2 基于模型的测试方法

如图3所示，根据基于模型开发的结果和数据库搭建好的集成与验证环境，使用Python语言开发测试脚本(多数是自动测试脚本)，在测试主机阶段和测试目标阶段依次分别运行各自的测试脚本，验证代码产生的正确性和完整性，根据测试用例执行测试，产生认可的测试结果(覆盖性报告和测试结果)。

在测试主机里需要检查和测试在测试执行阶段产生代码的环境和设备是否正确和完整(基于DO-330的工具鉴定)，同时也要检查覆盖率分析的正确性。

在测试目标中需要确保产生的代码运行内容的正确性。根据产生的测试结果进行分析，在MathWorks运行环境下生成覆盖率分析报告，用Excel表格统计所有的测试结果数据。

3 软件、硬件、系统应用之间的测试流程和方法

下文说明基于模型开发的显示系统如何满足DO-178C的验证要求，分别针对计算平台级内部基础服务软件之间的测试；显示系统计算平台硬件与软件之间的综合测试；计算平台级系统应用软件之间的综合测试，以及低层级需求测试。

3.1 计算平台内部基础服务软件测试

计算平台内部基础服务软件和软件之间的测试工作主要考虑平台内主要特征的测试、虚拟机的测试、虚拟机内部之间的通讯、分区之间可能的交互功能、内部ARINC661数据的封装等。

如图4所示，此环节的测试中涉及低层级软件、配置表、配置文件、ARINC661图形服务、ARINC661数据包、输入/输出的ARINC429数据包、离散量I/O和以太网/AFDX I/O等。

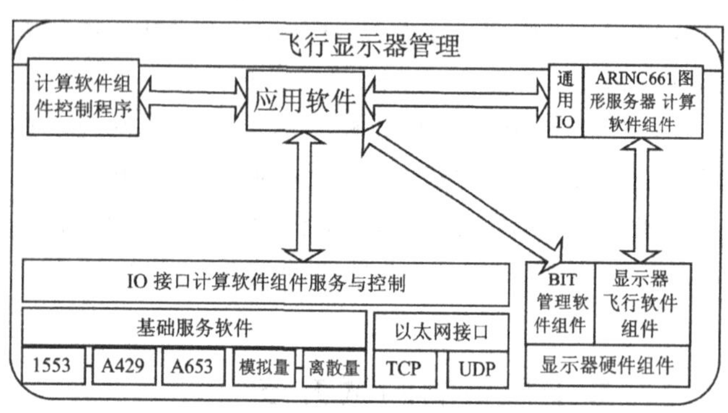

图4 基础服务软件测试

3.2 硬件、软件综合测试

如图5所示，自适应飞行显示器(AFD，Adaptive Flight Displays)计算平台部分综合测试由软硬件组成，涉及到的I/O板卡接口、AFDX端系统/以太网接口、CPU板接口(Flash、NVM、看门狗等)、图形/视频板卡接口等软硬件验证工作。完成此部分的测试工作需要满足DO-178C中规定的测试目标。

DO-178C中的测试目标包括[9]：

(1) 验证软件在目标环境下可以正确操作；

(2) 在目标环境下，必须重点对错误源关联的软件进行验证。这里主要包括但不限于对I/O接口、API接口、处理器运行、图形显示等关联计算和数据流进行验证。

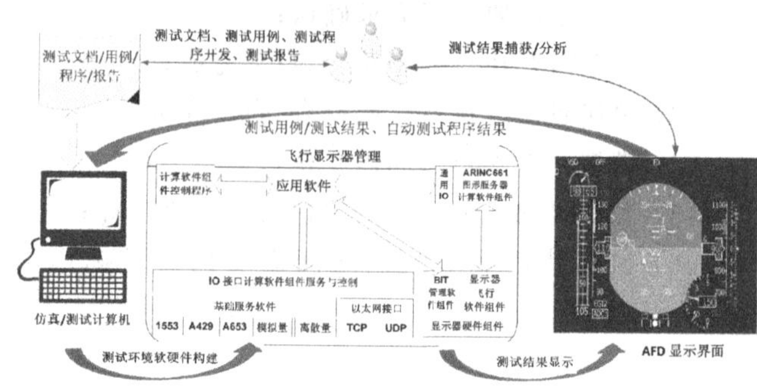

图5 基于MBD的AFD系统综合方法

实际测试经验主要有：

(1) 针对功能关联的需求合并测试程序进行综合测试；

(2) 开发并运行自动测试脚本，减少手动赋值验证方法，另外，开发的自动测试脚本和程序有助于回归测试顺利执行；

(3) 按照实际经验，软硬件验证工作，10%左右的本级需求需要手动赋值来完成验证；

(4) 在目标测试方法中需要使用可执行文件进行完整的测试。

3.3 计算平台级系统应用软件测试

针对计算平台级应用软件的验证测试。如图4中AFD飞行显示器管理和显示的数据，针对AFD中的显示数据，在图6中的验证活动即为基于模型开发的大气机应用软件功能Altitude_PressureStatus。根据DO-178C的测试要求，需要满足以下目标。

DO-178C中的测试目标包括[9]：

(1) 验证软件需求和组件之间的相互关系；

(2) 验证软件需求和软件组件在软件架构中执行预期功能的情况；

(3) 确保软件组件之间的相互作用是正确的。

根据实际项目经验，满足上述目标的方法有：

(1) 设定和明确待测组件的“功能范围限制”：根据HLR开发的测试活动，建议选取存在关联功能的组件并综合到一个测试功能设备中，此方法对圈定测试子集很重要；

(2) 包含组件基本功能的测试(需要基于HLR开发)，注意这里并不考虑设备本身的测试；

(3) 建议开发自动测试脚本，全部自动化测试，加快测试进程，且有益于后续可能的回归测试。

针对LLR实现的测试和DO-331中的验证补充

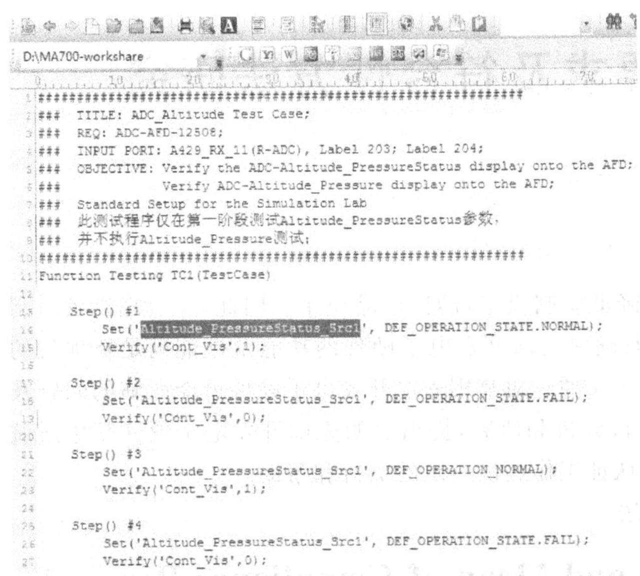

图6 基于模型开发的软件测试

条件的经验：

(1) 针对衍生需求和/或覆盖一些缺失的测试（一些用于安全保护的代码）可以增加补充测试用例；

(2) 基于LLR（模型）开发测试程序，并不考虑基于模型组件的测试，因为所开发的测试程序是依据LLR（模型）来开发的，而不是源代码。

通常在LLR测试中，基于模型的验证只适用于少数几个模型块，因为大多数功能测试/覆盖范围将取决于HLR的测试。

4 结 论

通过对DO-178C/DO-331基于模型开发流程和验证方法的研究，详述采用基于模型开发的流程、测试方法和工具支撑。

根据工具满足DO-178C/DO-331流程的条件详细给出模型覆盖准则、测试流程和方法，以及工程经验，结合AFD工程案例执行既定的测试要求：

(1) 满足标准中声明要求的方法。

根据DO-178C/DO-331要求执行测试环境、模型和鉴定工具的一致性和完整性，详细给出基于模型的软件与硬件、平台级应用软件之间、平台级内部基础服务软件和低层级需求测试方法和详细的设计经验，以满足MBD的DO-178C/DO-331标准规定的测试要求，依据标准要求开发并提交充分的MBD证据。

(2) 满足局方（CAAC/FAA/EASA）的认证要求，使得产品开发过程更加清晰可控。

参考文献

[1] FRANK ORTMEIER, ANTOINE RAUZY. Model-based Safety and Assessment. Proceedings of the 4th International Symposium, IMBSA, Munich, Germany, October 27-29, 2014: 8-12.

[2] 居慧. 民用飞机设计与研究RTCA/DO-331标准研究[J]. 上海飞机设计研究, 2018, 3(130): 118-112.

[3] Software Tool Qualification Considerations. RTCA DO-330. December 13, 2011.

[4] Object-Oriented Technology and Related Techniques Supplement to DO-178C and DO-278A. RTCA DO-332. December 13, 2011.

[5] RTCA DO-333. Formal Methods Supplement to DO-178C and DO-278A. RTCA DO-333. December 13, 2011.

[6] BILL POTTER. Complying with DO-178C and DO-331 using Model-Based Design, 12AEAS-0090. The Math Works, Inc, 2012.

[7] Model-Based Development and Verification Supplement to DO-178C and DO-278A. RTCA DO-331. December 13, 2011.

[8] 牟明. 模型开发在型号软件研制中的应用研究[J]. 航空计算技术, 2015, 45(3): 76-79.

[9] Software Considerations in Airborne Systems and Equipment Certification. RTCA DO-178C January 5, 2012.

先前开发电子硬件复用要求及符合性方法研究

江玉峰*，周红

中电科航空电子有限公司，成都 611731

摘要：先前开发电子硬件的复用可有效加快项目研制进度，降低研制成本，确保产品质量。因此，在机载设备研制时，制造商会尽可能地复用先前开发的电子硬件。但是，如何确保先前开发电子硬件的功能及性能满足新项目的要求，并顺利获得适航认证是一个需要研究和解决的问题。本文通过对复用先前开发电子硬件可能面临的问题及风险进行说明，对先前开发电子硬件复用的适航管理要求进行分析和研究，提出表明先前开发电子硬件复用适航符合性的方法建议，期望能够对制造商开展机载设备的适航认证工作提供一定的支持和帮助。

关键词：先前开发电子硬件；机载设备；适航要求；符合性方法

PDH Reuse Management Requirements and Mean of Compliance Research

JIANG Yufeng*, ZHOU Hong

CETC Avionics Company Limited, Chengdu 611731, China

Abstract: The reuse of previously developed electronic hardware (PDH) can speed up schedule of project effectively, reduce costs and ensure quality of product. Therefore, manufacturers will reuse PDH as much as possible in airborne equipment development. However, how to ensure the function and performance of PDH to meet the requirements of new project, and gain approval from airworthiness authority is a problem needs to be researched and solved. This paper describes the problems and potential risks when reusing PDH, analyze and research the certification requirement of PDH, raise mean of compliance suggestion used to gain approval of PDH from the authority, and expect to provide help and support to manufacturers who planned to apply for airborne equipment certification.

Keywords: PDH; airborne equipment; certification requirements; mean of compliance

引 言

20世纪80年代，数字化电子技术首次应用于空客A300/A310和波音757/767等型号民用飞机并获得成功，极大地推动了电子技术在民用航空领域的应用。数字化电子技术和数据总线技术的应用，使得飞机布线数量得以减少，极大地减轻了飞机的重量，降低了研制成本，提高了飞机的可靠性。2007年，我国大型飞机研制重大科技专项正式立项，有力促进了我国民用航空产业的蓬勃发展。为积极推动我国大型飞机的研制，国内各航空机载系统和设备制造商纷纷参与其中，并承担相应的研制任务。大型民用飞机的研制流程，有别于国内军用飞机的研制流程，而国内制造商大都主研军用飞机机载系统和设备，虽具备一定的成熟技术和产品，但难以完全满足民用飞机的相关适航要求。因此，依据民用飞机研制流程，依托现有的成熟技术和产品，通过产品复用的方式研制满足适航要求的机载系统和设备，是国内制造商迅速破局的有效手段之一。产品复用不仅可加快机载系统和设备的研制进度，降低研制成本，还可有效地确保其质量。复用的产品可以是系统、电子硬件和软件。其中，机载电子硬件包含

基金项目：国家自然科学基金；航空科学基金

* 通讯作者. E-mail: jiangyf@cetca.net.cn

航线可更换单元(LRU)、电路板组件(CBA)、专用集成电路(ASIC)和可编程逻辑器件(PLD)等[1]。受篇幅所限,本文仅针对PLD的复用开展研究,其他类型的产品暂不考虑。

复用的PLD可能存在以下情况:

(1) 依据其他标准(如军用标准或企业内部标准)研制;

(2) 依据DO-254标准研制,但安全等级较低;

(3) PLD研制中使用到商用知识产权(COTS IP)等。

这些类型PLD的复用可能存在如下方面的风险:

(1) 不是按照审查方认可的流程研制,缺少表明符合性的数据,适航认证困难;

(2) 虽然在军用航空或者其他领域使用过,但可能由于使用差异性,而导致缺乏充分的数据证明其能够在指定工作条件下实现预期的功能;

(3) 使用的COTS IP缺乏完整生命周期数据,功能及性能也可能未完整验证,存在安全性风险;

(4) 制造商对PLD复用的适航管理要求缺少清晰认知,也不清楚该如何表明符合性等。

基于上述原因,有必要开展PLD复用适航要求和符合性方法的研究,一方面可帮助制造商自我评估PLD复用的可行性和必要性,降低项目研制风险;另一方面在确定复用PLD的情况下,可为制造商顺利完成适航认证工作提供一定的支持和帮助。

1 背景说明

PLD定义为允许用户编程实现所需逻辑功能的器件,包含复杂可编程逻辑器件(CPLD)和现场可编程门阵列(FPGA)等[2]。由于采用PLD实现硬件设计,可在发现设计错误时,不需更换器件或重新接线即可排除错误,因此制造商在机载设备研制中广泛使用PLD。任何一种新设计、新技术、新材料在民用航空器上的应用,都有一个逐渐成熟完善的过程。为了保证民用航空器的安全,审查方会全面加强对新设计、新技术和新材料等方面的适航审定工作[3]。另外,PLD在项目中使用越多,积累就越多,技术也越成熟,制造商在新项目研制时会理所当然地考虑先前开发PLD的复用。

有鉴于此,美国联邦航空管理局(FAA)对PLD的使用提出相关的管理要求,并于2005年通过咨询通告(AC 20-152),将航空无线电技术委员会(RTCA)发布的DO-254标准认可为表明复杂PLD适航符合性的一种可接受方法[4]。而在AC 20-152发布前,已有很多PLD采用审查方可接受的方法证明了其适航符合性。在AC 20-152发布后,如何将先前开发PLD复用到新型号项目中,并顺利表明适航符合性,是制造商密切关注的问题。

针对先前开发PLD的复用问题,FAA于2008年发布Order 8110.105(简单及复杂电子硬件批准指南),将在AC 20-152发布之前已批准或计划类文件已批准的PLD定义为先前开发电子硬件(PDH),并提出相关管理要求[5]。欧洲航空安全局(EASA)则于2020年发布AMC-20 Amendment 19(适航产品通用可接受方法),将安装在机载系统或设备中,且已获得EASA型号合格证(TC/STC)或技术标准规定项目批准书(ETSOA)方式批准的客户化电子硬件定义为PDH,而后提出相应的管理要求[6]。我国局方在最新的软件审查要求中提出先前开发软件(PDS)的概念,并提出相应的适航管理要求。在电子硬件方面,我国局方目前虽暂未发布关于PDH管理的相关要求或指南,但在具体项目审查中,审查代表可能会根据项目实际情况,通过问题纪要的方式提出针对PDH的管理要求。

2 管理要求研究

2.1 FAA管理要求

在Order 8110.105中,FAA指出申请人建议在新研项目中复用PDH,甚至建议完整复用已获批准旧项目中的整个系统或设备。由于PDH的功能更改、机上安装环境变化和开发及运行环境变化等情况都可能导致先前已批准符合性数据的失效,因此,FAA建议申请人依据DO-254标准第11.1节定义准则及要求开展分析和评估,并提交相关的分析报告,确保PDH复用的合理性和正确性。即申请人需澄清是否需要对PDH进行更改;如需更改,则从PDH功能更改、机上安装环境变更、开发或运行环境变更影响等方面评估PDH在新项目中的适用性,并形成相应评估报告;在构型管理方面,申请人需开展PDH生命周期数据与新项目要求的追溯及相关的变更控制管理等。

2.2 EASA管理要求

在AMC 20-152A中,EASA也要求复用PDH的申请人根据DO-254标准第11.1节定义的准则开展分析和评估，并将评估结果记录到硬件合格审定计划(PHAC)中，以确保PDH复用的合理性和有效性，具体要求与FAA一致。

2.3 管理要求建议

通过对FAA和EASA管理要求的分析和研究可以看出，FAA与EASA对PDH的定义保持一致，且管理要求也一致，都要求根据DO-254标准第11.1节准则开展分析和评估，以确定PDH在新项目中复用的适航符合性。DO-254标准定义了PDH的四个使用场景，即PDH的功能更改、机上安装环境变化、开发及运行环境变化和设计基线升级。每一个场景都说明了PDH复用需考虑的要素，但是在实际项目中这些场景可能是交叉的。例如，PDH是数年前依据飞机型号A要求开发的，而复用到新飞机型号B中，制造商需考虑机上安装环境变化的影响，且可能涉及对PDH进行功能更改，或使用新的或升级的开发工具，或由于DAL变化导致设计基线升级等情况[7]。因此，制造商应根据项目的实际情况来考虑复用PDH需补充开展的工作和生成的数据。

基于目前各国局方关于PDH管理的现状，并参考DO-254指南第11.1节准则，建议的PDH适航管理要求如下：

(1) 制造商应在深刻理解PDH实质内涵的基础上与审查方进行沟通，在PHAC中说明PDH的使用情况，并提供PDH在新项目中适用性的评估报告；

(2) 当不对PDH进行变更即可适用于新项目时，制造商可完全引用原项目符合性数据。而当需要对PDH进行变更以适应新项目时，制造商应考虑包括但不限于如下方面：

① 当对PDH进行功能更改时，制造商应评估PDH研制保证等级(DAL)变化、更改内容及更改影响范围，并按需对更改内容及被影响内容进行重新验证；

② 当PDH的机上安装发生变化时，制造商应针对新的机上安装开展系统安全性评估，确定适用的适航要求。当要求对PDH进行功能更改时，则制造商应满足①条要求；当PDH的硬件DAL不适用新项目需升级设计基线时，则制造商应满足④条要求；

③ 当PDH的开发或运行环境发生变化时，制造商应评估开发工具是否发生变化及其变化影响，以及PDH的功能和接口是否发生变化及其变化影响等，并按需完成相关的验证工作；

④ 当需升级PDH的设计基线时，制造商应在PHAC中说明新基线需满足的DO-254标准中的适用目标，评估PDH已有生命周期数据的可用性以及其他额外考虑等，并表明适航符合性；

(3) 另外，制造商还应建立PDH生命周期数据与新项目要求之间的追溯性，及针对PDH变更开展合理的变更控制管理。

详细的PDH使用场景、管理要求及数据复用考虑如表1所列。

表1 PDH使用场景分类表

使用场景	管理要求	开发数据	PDH使用	验证及确认
新项目复用未修改的PDH	数据复用 建立PDH与新要求的追溯	复用数据	原样复用	验证PDH的对外接口
新项目复用修改后的PDH	更新相关数据 建立PDH与新要求的追溯	更新数据	修改使用	验证PDH新功能 验证PDH的对外接口
原项目PDH功能更改	更新相关数据	更新数据	修改使用	验证PDH新功能 开展PDH的集成验证
开发环境变化	数据复用	数据复用 差异分析报告按需补充工具鉴定数据	按需修改使用	按需开展PDH的功能验证 按需开展PDH的接口验证 按需开展工具鉴定
未修改PDH的运行环境变化	数据复用	数据复用	原样复用	验证PDH的对外接口
DAL变化	升级设计基线 按需升级追溯性	按需升级开发数据 按需升级追溯数据 按需补充工具鉴定数据	升级使用	按需开展验证 按需开展追溯 按需开展工具鉴定

3 符合性方法研究及建议

对于新型号项目中复用 PDH 的情况，建议的分析和评估流程如图 1 所示。

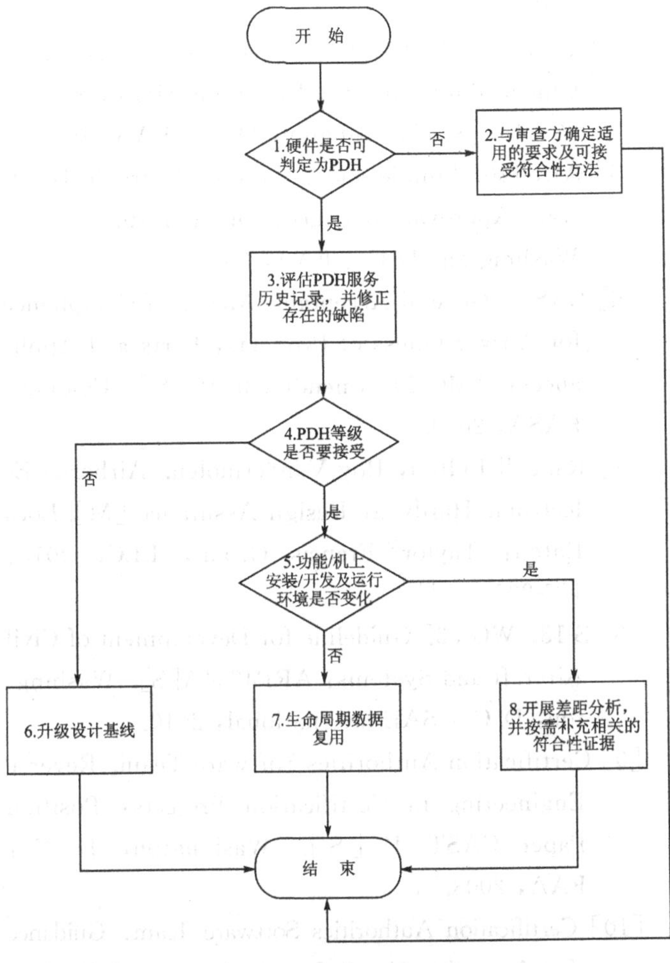

图 1 PDH 适用性评估流程图

(1) PDH 判定。在复用之前，制造商应依据定义明确判定复用的 PLD 为 PDH。

(2) 非 PDH 处理。如判定复用的 PLD 非 PDH，则制造商应与审查方沟通和确定适用的适航要求及可接受的符合性方法。

(3) PDH 复用前评估。制造商应对 PDH 目前的服务历史记录（如使用困难报告、适航指令或开口问题报告等）进行评估。如服务历史记录存在相关问题，则制造商应对发现问题进行安全性评估，并按需采取处置措施，确保已知的安全相关问题已得到解决。

(4) PDH 的 DAL 适用性评估。制造商应对 PDH 的 DAL 在新项目的适用性进行评估。如 DAL 满足要求，则开展下一步工作。如 DAL 不满足要求，则考虑升级设计基线的必要性。PDH 的 DAL 可接受性评估表如表 2 所列。

表 2 PDH 的 DAL 可接受性评估表

新 DAL 要求	PDH 的 DAL 现状				
	A	B	C	D	E
A	●				
B	●	●			
C	●	●	●		
D	●	●	●	●	
E	●	●	●	●	●

(5) PDH 技术适用性评估。制造商应对 PDH 在新项目的技术适用性进行评估（如功能、机上安装、开发及运行环境等是否变化，以及变化的影响），确定是否需要对 PDH 进行更改。如不需更改，则原样使用 PDH 生命周期数据。如需更改，则进行差距分析，确定需更改的内容及范围，并开展相关的验证及构型管理。

(6) 升级设计基线。升级 PDH 的设计基线需开展的工作包括但不限于如下方面：

① 制造商应在 PHAC 文件说明表明对 DO-254 标准适用目标的符合性策略，对可能使用到的新技术、新特性以及额外考虑进行描述，并与审查方提前沟通；

② 基于现有生命周期数据，制造商应评估 PDH 对 DO-254 标准第 4 章到第 9 章适用目标的符合性；

③ 在新项目中，制造商应确定 PDH 的 DAL 要求源于新项目系统安全性评估过程的结论[8]。另外，制造商应对设计基线升级的变更影响范围进行评估；

④ 制造商应评估 PDH 现有生命周期数据和新补充生命周期数据，对新 DAL 所要求的验证过程目标的符合性；

⑤ 如采用逆向工程方法生成符合性数据，则制造商应满足审查方关于逆向工程的管理要求[9]；

⑥ 如采用服务历史数据表明符合性，则制造商应满足审查方关于服务历史数据使用的管理要求[10]。

(7) PDH 生命周期数据复用。如 PDH 的 DAL 和技术特性对新项目适用，则制造商在与审查方充分沟通后，可对现有 PDH 生命周期数据进行完全复用，不需进行任何更改。

(8) 差距分析及符合性证据补充。如 PDH 的 DAL 符合要求，但需对其技术特性进行更改以满足新项目要求时，制造商需考虑如下方面：

① 由于需求变更、设计缺陷、技术升级或采购困难等问题导致的更改，制造商应首先开展变更影响分析，其次根据项目构型管理要求实施被影响数据的变更，再次开展相关的验证工作，最后按需生成表明符合性的证据；

② 由于机上安装环境变化导致的更改，制造商应开展先前安装环境与新安装环境的差异分析，并按需开展相关补充研制工作，表明 PDH 在新安装环境中的符合性；

③ 由于开发和运行环境变化导致的更改，制造商应评估是否需补充开展相关工具鉴定及 PDH 对外接口的验证工作。如需工具鉴定，制造商应满足工具鉴定相关要求[11]。如需开展 PDH 对外接口的验证工作，制造商应确保验证工作满足 PDH 在新项目中的验证目标要求。

构型管理方面，制造商不仅需建立 PDH 与新项目要求的追溯，还需按需对 PDH 更改进行变更控制管理。

4 结束语

本文通过对国内航空业电子硬件复用方面的需求及现状进行说明，指出开展电子硬件复用管理要求和符合性方法研究的必要性，列举了 PDH 复用可能造成的风险，通过对 PDH 复用适航管理要求的分析和研究，提出了表明 PDH 在新项目中复用的适航符合性方法建议，期望能够为国内机载系统和设备制造商了解 PDH 复用的适航要求，并表明对适航要求的符合性提供思路和帮助，为支持我国民用飞机的适航认证工作，促进我国民用航空产业的发展贡献一份力量。

参考文献

[1] RTCA SC-180. Design Assurance Guidance for Airborne Electronic Hardware: RTCA/DO - 254 [S]. Washington, D. C.: 2036-4001 USA: RTCA, Inc, 2000.

[2] 李艳志，于林宇，张津荣，等. 可编程逻辑器件软件开发通用要求：GB/T 33781-2017[S]. 北京：中国标准出版社，2017.

[3] 赵越让. 适航理念与原则[M]. 上海：上海交通大学出版社，2013.

[4] AIR-100. RTCA DO - 254, Design Assurance Guidance for Airborne Electronic Hardware: AC 20 - 152[S]. Washington, D. C.: FAA, 2005.

[5] AIR-120. Simple and Complex Electronic Hardware Approval Guidance: Order 8110. 105[S]. Washington, D. C.: FAA, 2008.

[6] EASA. General Acceptable Means of Compliance for Airworthiness of Products, Parts and Appliances: AMC-20 Amendment 19[S]. Cologne: EASA, 2020.

[7] Randall Fulton, Roy Vandermolen. Airborne Electronic Hardware Design Assurance [M]. Boca Raton: Taylor&Francis Group, LLC, 2015: 197-205.

[8] S-18. WG-63. Guideline for Development of Civil Aircraft and Systems: ARP4754A[S]. Washington, D. C.: SAE international, 2010.

[9] Certification Authorities Software Team. Reverse Engineering in Certification Projects: Position Paper CAST 18 [S]. Washington, D. C.: FAA, 2003.

[10] Certification Authorities Software Team. Guidance for Assessing the Software Aspects of Product Service History of Airborne Systems and Equipment: Position Paper CAST 1[S]. Washington, D. C.: FAA, 1998.

[11] RTCA SC-201. Software Tool Qualification Considerations: RTCA/DO - 330[S]. Washington, D. C.: RTCA, Inc, 2011.

需求工程在C919飞机显示系统软件开发中的应用

王学良*,张祺,韩光辉

上海航空电子有限责任公司,上海 200241

摘要:需求工程在软件开发过程中具有积极的指导作用。C919 飞机显示系统在整个软件开发生命周期中,通过相关的流程类文档、计划类文档、标准类文档和指南类文档等具体地规约了需求的获取、编写、确认和协商以及管理活动,最终实现软件高层需求和软件低层需求的高质量完成,进而可以正确地、高效地指导后续的软件实现、软件集成、软件维护、软件验证、软件排故、问题归零等活动,为 C919 飞机显示系统软件适航工作打下扎实的基础,并在适航审定过程中得到了局方专家的认可。

关键词:需求工程;C919 飞机;显示系统;软件开发

Application of Requirements Engineering in Software Development of C919 Aircraft Display System

WANG Xueliang*, ZHANG Qi, HAN Guanghui

Shanghai Avionics Co. Ltd., Shanghai 200241, China

Abstract: Requirements engineering plays an active guiding role in software development. C919 aircraft display system in the whole software development life cycle, through the relevant process documents, planning documents, standard documents and guide documents specifically stipulated the requirements of the acquisition, preparation, confirmation, negotiation and management activities, and ultimately achieve high quality software requirements and low-level software requirements. Thus, it can correctly and efficiently guide the subsequent software implementation, software integration, software maintenance, software verification, software troubleshooting, problem zeroing and other activities, laying a solid foundation for the airworthiness of the C919 aircraft display system software, and has been recognized by the bureau's experts in the airworthiness certification process.

Keywords: requirements engineering; C919 aircraft; display system; software development

需求工程是指在产品开发中,通过获取利益相关方的需求,以一种合适的方式记录需求,确认和验证这些需求,以及在整个产品生命周期过程中管理好这些需求。因此,需求工程的 4 个核心活动包括:获取需求、编写需求文档、确认和协商需求、管理需求。

对于不正确或不完整的需求,软件工程师通常会基于需求工程师能够发布正确需求的假设下,凭借自己的主观臆断或潜意识去完成软件开发,从而造成这些错误在项目后期阶段或者部署系统时才被发现。在项目开发过程越往后期去修正一个需求的缺陷,其花费的成本也越高[1]。

1 需求获取活动的具体实践

1.1 利益相关方

在需求工程中,利益相关方是需求最重要的来源。著名需求工程专家麦考利曾经说过,不考虑利益相关方而导致的结果往往是获取到一些零碎的片段化的需求,即不完整的需求。

基金项目:国家自然科学基金;航空科学基金

*通讯作者. E-mail: hkxb@buaa.edu.cn

显示系统的硬件包括：5 台综合显示器（IDU）、1 个转换控制面板、2 台显示控制面板、2 台光标控制器、2 台多功能键盘、2 台远程光传感器、2 台平显、1 台增强视景设备、1 台综合备用仪表。其中，上海航空电子有限责任公司（SAVIC）负责 IDU 的软硬件开发、综合模块化航电系统中显示系统应用软件的开发，以及整个显示系统的功能集成[2]。

因此，显示系统的利益相关方包括：潜在客户（航空公司）、试飞员、主机研制单位、航电系统承包商、显示系统设备研制单位，以及其他与显示系统交联的系统、设备或软件的研制单位。

1.2 需求获取的流程

根据 T4 级系统需求，软件工程师根据显示系统 T4 级系统需求编制相应的 T5 级需求（软件高层需求）和 T6 级需求（软件低层需求）。

显示系统的软件开发计划（SDP）中规定，在需求获取的初始阶段，软件工程师收集并分析需求的潜在输入，重点包括：

① 分析系统需求和安全性需求的模糊的、不一致的和未定义条件的需求，并通过问题报告单提供反馈；

② 分析与软件相关的架构和接口规范方面的模糊的、不一致的和未定义条件的需求，并通过问题报告单提供反馈。

软件工程师通过对上层需求的理解和分析，并与上层需求制定者进行沟通和反馈，解决不同利益相关方的意见冲突并达成一致，最终满足客户的切实需求。显示系统的需求获取流程如图 1 所示。

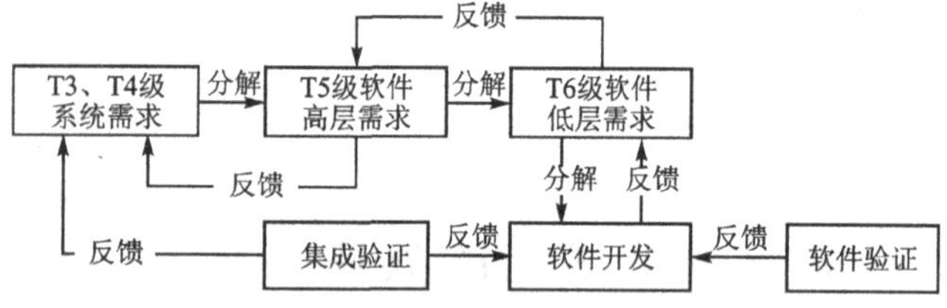

图 1 显示系统的需求获取的流程

1.3 需求的满意度模型

卡诺模型（见图 2）的提出者卡诺（Kano）根据客户满意度将需求分为三类：基本型需求、期望型需求和兴奋型需求。随着时间的推移，用户逐渐适应了系统的特征，兴奋型需求转变为期望型需求，期望型需求转变为基本型需求。

SAVIC 在显示系统的需求获取过程中，软件工程

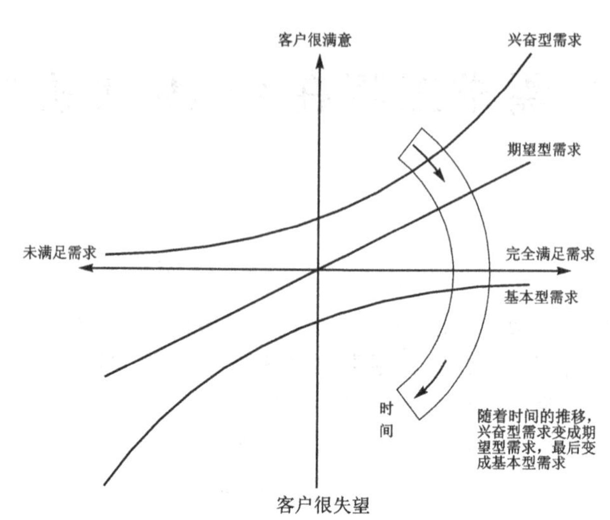

图 2 卡诺模型的图形化表示

师通过分解系统需求初步形成 T5、T6 级需求，然后通过用户（例如 COMAC）访谈、头脑风暴、沟通和反馈以及专题讨论会等方式，在满足用户下发的基本型需求之外，致力于为用户提出合理的期望型需求甚至兴奋型需求。

2 需求编写活动的具体实践

软件工程师根据系统需求文档进行需求分析和分解，依次形成软件高层需求和软件低层需求。

2.1 软件高层需求编写活动

SDP 规定了软件需求过程的主要活动：

① 分析分配给软件的系统需求；

② 编写软件高层需求；

③ 创建软件高层需求与系统需求的追踪关系；

④ 反馈派生需求的派生理由做系统安全性评估；

⑤ 评审软件高层需求。

软件工程团队根据 DO－178B 标准的 11.6 章节（Software Requirements Standards）和 11.9 章节（Software Requirements Data）[3]制定了显示系统的软件需求标准（SRS），规定了软件高层需求的编写方法、规则和工具，归类如下：

① 需求编写和分析工具：IBM Rational DOORS，简称为 DOORS（Dynamic Object Oriented Requirements System，动态的面向对象需求系统）；

② 软件需求的结构化开发方法，包括：数据字典、数据流图、状态转化图等；

③ 软件需求开发活动的方法，包括：获取需求、分

析需求、编写需求；

④ 高层需求在DOORS上的管理方法和路径规则；

⑤ 高层需求的属性列表；

⑥ 高层需求的术语（“shall”、“should”和“will”）使用；

⑦ 高层需求的基本规则，包括：简明的、一致性、完整性、无二义性、必要的和非冗余的、标识唯一、可行性、可验证性；

⑧ 派生需求和非派生需求的注意事项；

⑨ 图形化描述在需求中的辅助作用；

⑩ 非功能性需求的表达方式；

⑪ 通用性需求的提取原则；

⑫ 功能性需求应该描述的内容；

⑬ 接口需求的表达方式；

⑭ 性能需求应该包含的内容；

⑮ 设计约束应该包含的需求类型；

⑯ 需求追踪性需要注意的事项。

基于软件需求标准，软件工程团队制定出更加具有操作性的软件高层需求文档示例并在DOORS中入库，该示例除了规定软件高层需求文档的章节划分、内容格式、属性列表等信息，还包括了编写指南，进一步指导软件工程师如何编写出合格的软件高层需求文档。

2.2 软件低层需求编写活动

SDP规定了软件设计过程的主要活动：

① 开发软件架构；

② 编写软件低层需求；

③ 创建软件低层需求与软件高层需求的追踪关系；

④ 反馈派生需求的派生理由做系统安全性评估；

⑤ 通过PR反馈软件高层需求的不足；

⑥ 评审软件架构和软件低层需求。

软件工程团队根据DO-178B标准的11.7章节(Software Design Standards)和11.10章节(Design Description)[3]制定了显示系统的软件设计标准(SDS)，规定了软件低层需求的编写方法、规则和工具，归类如下：

① 架构设计和详细设计包含的内容；

② 低层需求的结构化开发方法的应用；

③ 低层需求的属性列表；

④ 通用设计需求，包括：易维护，连锁恢复，对硬件故障的考虑，禁止规避检测到的不安全情况，系统错误日志记录，反馈机制，峰值负载，CPU时间片分配，禁止动态任务，分区机制，中断和事件驱动的架构，堆栈空间分配，风险缓解措施；

⑤ 上电初始化的需求；

⑥ 软件自检需求；

⑦ 保护安全关键功能和数据的需求，包括：未授权系统交互的限制，未授权访问或修改软件的限制，意外跳转的检测和处理，加载数据或程序后优先确保完整性，重新配置期间确保数据和程序的完整性；

⑧ 输入/输出接口的需求，包括：满足接口设计规范，接口的可控性，决策语句的对输入接口的要求，消息格式保持固定，消息源的数量要求，数据有效性检查，数据比例转换的规定；

⑨ 软件实现阶段的需求，包括：编译器的验证，标识和变量的唯一性，循环入口点和循环外出口点的唯一性，软件易维护性的要求，变量/常量声明的作用域规定，禁止出现死代码，禁止出现未引用/未使用的变量或常量，安全关键性变量的标识，安全关键性函数不应该使用全局变量，条件语句的逻辑完备性，定时器相关数值必须有注释，数据并发读取的保护机制，可重入程序的规则；

⑩ 软件设计阶段的需求，包括：停止指令的超时设计，间接寻址的边界检查，优先使用操作系统自带函数，错误/异常的处理和恢复，可测试性的考虑，初步资源预算的考虑，时序资源（处理器吞吐量）预算，BIT（自检）引擎的设计；

⑪ 定时和中断功能的需求，包括：关键安全性的定时功能的规定，递归和循环的最大执行次数的规定，程序结果不依赖于程序的启动时间或执行时间；

⑫ 设计和开发过程的需求，包括禁止使用程序补丁；

⑬ 低层需求的命名规范；

⑭ 设计工具的约束；

⑮ 设计约束；

⑯ 复杂度限制。

基于软件设计标准，软件工程团队制定出更加具有操作性的软件低层需求文档编写模板并在DOORS中入库。该模板规定了软件低层需求文档的章节划分、内容格式、属性列表等信息。软件工程团队通过制定软件低层需求文档编写指南进一步指导软件工程师如何编写出合格的软件低层需求文档。

3　需求确认和协商活动的具体实践

对软件高层需求文档而言，确认和协商的目的是确保其满足软件需求标准；同理，对软件低层需求文档而言，确认和协商的目的是确保其满足软件设计标准。需求确认和协商是一个贯穿于整个需求工程中必须执行的（不同程度和强度）活动，因此会引起额外的工作量和成本，但它带来的收益（减少总成本、提高可接受度、支持创造力和创新等）通常明显高于自身增加的工作量和成本。

3.1　需求确认

需求确认的目标是发现并记录需求中的不满足需求标准的错误，这个过程决定了一个需求是否拥有满足需求标准的质量，以及需求是否能够被批准并用于后续软件开发和测试活动。

SAVIC 主要是通过同行评审和软件设计评审来完成需求确认活动的。

1. 软件设计评审

显示系统的软件设计评审工作流程文件（SDR）中规定软件设计评审分为 5 个阶段，依次为：软件计划评审（PPR）、软件初步设计评审（PDR）、软件关键设计评审（CDR）、软件测试就绪评审（TRR）和软件符合性评审（SCR），其中 PDR 和 CDR 与软件开发的关系更密切。

PDR 评审的软件生命周期数据包括：软件高层需求、软件架构设计；而 CDR 评审的软件生命周期数据包括：软件详细设计、源代码（包括模型）、可执行目标码。

SDR 规定的软件设计评审流程如下：

① 软件主任师组织召开设计评审；

② SQA 检查上一阶段评审的行动项是否都关闭，如果有开口项，并且没有对应的偏离/裁剪申请单的，驳回评审申请；

③ SQA 通过评审申请后，软件主任师组织设计师填写评审输入材料中的 4 张表（符合性矩阵、跟踪性矩阵、检查单、评审记录表）；

④ 软件配置管理员检查评审输入材料的正确性和完整性；

⑤ SQA 检查评审准入条件的符合性，如果偏差过大，驳回评审申请；

⑥ 如果⑤中 SQA 检查评审准入条件不完全符合，则软件主任师填写偏离/裁剪申请单，并准备评审会；如果完全符合，则无需填写偏离/裁剪申请单，准备评审会即可；

⑦ 被评审人邀请评审专家；

⑧ 评审专家审阅评审材料（线下）；

⑨ 评审组织者组织并举行评审会议（线上）；

⑩ 软件主任师在评审会上进行工作陈述（PPT）；

⑪ 评审专家评估项目工作内容与进展，进行风险分析；

⑫ 软件主任师出具评审会议纪要：记录评审内容与行动项。

2. 同行评审

显示系统的同行评审过程文件（PRV）规定，在上述软件设计评审之前，还需要召开内部同行评审。这样可以确保软件设计评审的输入材料的正确性、完整性、符合性等质量尽可能高，把软件设计评审的宝贵时间成本和人力成本用来讨论和解决关键的问题和冲突。

PRV 规定的同行评审过程如下：

① 软件主任师组织同行评审团队。

② 准备同行评审的输入材料。

③ 准备同行评审会议，包括：

a）被评审人提前三天以上发送邮件邀请，说明文档路径以及输入材料的路径；

b）评审专家将评审意见提交到评审记录表；

c）被评审人汇总所有评审意见。

④ 召开同行评审会议，包括：

a）确认每个问题是否接收并做标记；

b）评审专家可以现场提出新的问题；

c）对于未达成一致意见的问题，由软件主任师负责仲裁。

⑤ 评审问题归零。对于不能在下一版本中解决的问题，列入行动项中。

3. 行动项管理办法

SQA 通过行动项跟踪评审后产生的行动项，并督促行动项申请人和受托人按时关闭行动项，最终将评审产生的问题全部归零。

显示系统的行动项管理文件（AIM）中规定了行动项管理的 5 个步骤：

① 行动项识别（Identification）：发生在整个项目生命周期中。

② 行动项确认(Validation):一般通过评审或会议的形式达成的。

③ 行动项跟踪(Tracking):通过将行动项相关信息就在行动项管理记录表,并跟踪行动项的关闭情况。其中行动项管理记录表的信息包括:行动项描述,申请人,受托人,状态(open/closed),申请人说明,受托人说明,PR单号,到期日,实际关闭日期。

④ 行动项扩大(Escalation):如果行动项受托人及其上级觉得该行动项不能在工程级别解决,则需要扩大行动项的受托范围。

⑤ 行动项解决和关闭(Resolution & Closure):受托人解决并关闭行动项。

4. 软件高层需求评审输入/输出材料

显示系统的软件验证计划(SVP)规定了软件高层需求文档评审的输入/输出材料:

① 输入材料:

a) 软件验证计划;

b) 软件需求标准;

c) 系统需求文档;

d) 软件高层需求文档;

e) 符合性矩阵、追踪性矩阵、检查单、评审记录表。

② 输出材料:

a) 检查单、评审记录表。评审专家将审查到的问题填写到评审记录表中,并由被评审人负责汇总;SQA在评审会议上根据评审问题依次判断HLR是否满足检查单列出的各项指标,并勾选对应的选项;

b) 评审结论。

5. 软件低层需求评审输入/输出材料

显示系统的软件验证计划(SVP)规定了软件低层需求文档评审的输入/输出材料:

① 输入材料:

a) 软件验证计划;

b) 软件设计标准;

c) 软件建模标准(SMS);

d) 软件高层需求文档;

e) 软件低层需求文档;

f) 软件SCADE模型;

g) SCADE鉴定生命周期数据(工具鉴定);

h) 硬件和系统的相关设计文档(例如检查分区完整性需要的文档);

i) 符合性矩阵、追踪性矩阵、检查单、评审记录表。

② 输出材料:

a) 检查单、评审记录表;

b) 评审结论。

3.2 需求协商

需求协商的目标是所有的利益相关方对于待开发系统的需求取得共同的和一致的理解。

在显示系统的软件开发生命周期中,软件工程师可能会发现一些系统需求存在逻辑漏洞,或者系统需求规定的某个功能的实现方式存在缺陷。这时,软件工程师与系统工程师需要通过线下或会议讨论的形式重新评审相应需求的正确性、完整性和可行性等方面,识别出当前需求存在的问题,分析原因(如有需要,还可以与COMAC和AVIAGE进行协商),解决冲突,达成共识,提出解决方案并更新系统需求、软件需求和软件实现。

IDU的重构保持功能就是在需求协商活动中逐步完善的。根据初版需求,DMI软件根据当前正常显示的IDU个数来控制某台IDU显示上述软件某几个的显示画面,进而实现IDU的显示重构功能,并提出通过IDU间A664消息(定义在初版ICD中)互传的方式实现IDU重构保持功能(即软件画面在重构到其他IDU上进行显示时的第一个周期,某些参数的显示需要保持该软件画面在重构前的值)。但SAVIC的软件工程师在该功能的实现、联试和验证过程中,发现该重构保持的方案复杂度高、数据交联多、稳定性差,导致重构保持功能不能完全实现。

因此,软件工程师通过技术讨论设计了一种新的重构保持方案(参见图3),并与SAVIC、COMAC和AVIAGE的系统工程师沟通、反馈并召开专题讨论会,最终三方达成一致意见。在下一版本的功能基线中,软件工程师根据AVIAGE下发最新的ICD(接口控制文件,规定了新方案需要的接口定义)更新软件高层需求(HLR)和软件低层需求(LLR),最终完整地实现了重构保持功能。

在图3中,IDU内各应用软件分别将需要进行重构保持的参数通过A664通讯发送给驻留在IMA上的DMI软件,再由DMI经过相应的数据处理分发给5台IDU上的各应用软件。这样,当某一台IDU发生故障或断电等,进而导致该IDU中的画面重构到其他IDU时,显示该画面的软件在重构后的第一个周期会接收到DMI分发的最后一次有效的重构保持数据(与重构前该软件发送给DMI的最后一拍重构保持数据一致),进而保证了该软件在重构前后的数据一致性。

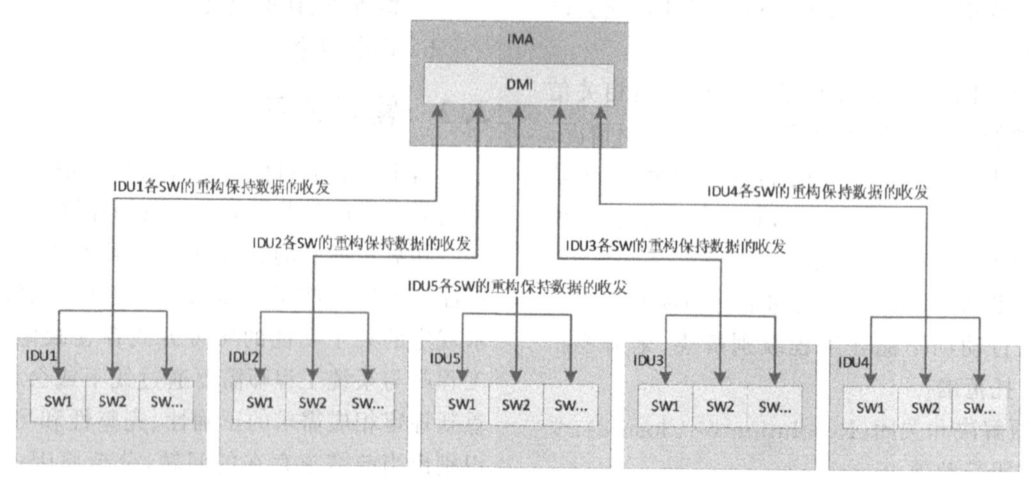

图 3 IDU 的重构保持功能实现的接口图

另外，该方案除了能够实现重构保持功能，还增加了跨 IDU 的不同软件之间的同类数据的同步功能，而该功能恰好用在了后续功能基线中新增的 MMAP 软件和 ND 软件同步显示综合监视的某些数据和叠加图层的功能实现中。

综上，需求协商的活动可以分为：识别冲突、分析冲突、解决冲突、编写或更新需求。

4 需求管理的具体实践

显示系统的软件配置管理计划(SCMP)和软件需求管理计划(SRMP)共同规定了需求管理活动中的工具选择、权限管理、需求基线、需求变更、需求的可追踪性等内容。

4.1 工具选择

① C919 显示系统的需求编写工具采用 DOORS。

② C919 显示系统的需求变更工具采用 DOORS Link，确保已经入到受控库的需求不能再被修改，除非已经提交更改需求的 CR 并且 CR 处于更新(IN PROGRESS)状态。

4.2 权限管理

DOORS 系统管理员由配置管理员担任，负责 DOORS 系统的账号以及相应访问权限的管理(包括：文档管理员权限、文档编辑权限、只读权限等)的设置。C919 显示系统的项目成员以及利益相关方可以在各自的访问权限下操作需求文档。

4.3 需求基线

需求文档的基线号格式为 A.B，其中，A 为大基线号(从 0 开始)，B 为当前大基线下的小基线号(从 1 开始)。例如：需求文档的首版基线号为 0.1。

软件工程师在编写或修改需求文档后，可以建立一个小基线(小基线号加 1)，例如：基线号由 0.1 改为 0.2。当需求文档通过软件设计评审后，需要建立一个大基线，例如：需求文档通过首次软件设计评审后的基线号为 1.0。

4.4 需求变更

当上层需求变更，需求文档评审后存在问题，或者软件验证提出需求问题等，软件工程师或者验证人员需要创建一个或者多个 PR，并依次列出当前需求文档需要解决的问题。问题报告委员会(PRB)通过签审流程后，PR 将被分配给对应的软件工程师，并由相关负责人通过问题跟踪，督促软件工程师尽快处理。

软件工程师根据项目实际情况，选择下一版本软件需要解决的问题，编写需求变更草稿(包括：需求 ID、更改前内容、更改后内容等)，创建 CR 并关联需要处理的一个或者多个 PR，填写需求文档的当前基线以及更新后的基线，将需求变更草稿作为 CR 的附件。当变更控制委员会(CCB)通过签审流程后，CR 进入更新状态，此时，软件工程师可以根据需求变更草稿中的更改项更新 DOORS 中的需求内容，并建立小基线。软件工程师将 CR 流程推进到校验请求(Verify Request)状态，并指派给配置项 B 角或他人进行校验，后者确认无误后将 CR 流程推进到 QA 评审状态。当 CR 流程依

次执行完QA评审、配管处理、配管校验后即可关闭，同时，需求文档也将成功入到受控库。

CR关闭后，与CR关联的PR所描述的问题如果全部被该CR解决，则可以通过PR的校验流程并关闭。

4.5 需求的可追踪性

DOORS可以实现低层级需求到高层级需求的链接。对于低层级需求而言，该链接称为出向链接(out-links)；对于高层级需求而言，该链接称为入向链接(in-links)。DOORS可以通过在视图中增加上层需求的属性列来进行需求追踪性的评审；也可以通过生成需求追踪性矩阵进行需求追踪性的评审。

5 结束语

SAVIC在承接C919显示系统上付出了巨大的人力、物力和财力，也收获了很多宝贵的专业人才和技术积累，并在业界有着很不错的口碑，这将为SAVIC承接后续的民用飞机项目打下扎实的基础。

C919显示系统软件开发团队将需求工程应用于整个软件开发的生命周期中，显著提高了软件正向设计的质量和效率，为后续申请中国民用航空局(CAAC)的适航认证打下了扎实的基础。同时，本项目形成的各种文档将作为组织资产，为后续项目提供丰富的参考材料，节省后续项目的人力、物力和财力成本。

参考文献

[1] Klaus Pohl, Chris Rupp. 需求工程基础[M]. 2版. 夏勇，王晓滨，陈德超，译. 北京：清华大学出版社，2019.

[2] 叶祥，范博书. 基于ADS2的航电系统综合测试平台设计与实现[J]. 航空电子技术，2016，47(3)：7-12.

[3] RTCA. Software Considerations in Airborne Systems and Equipment Certification: RTCA/DO-178B[S]. Washington D.C.: RTCA, 1992.